내가 뽑은 원픽! 최신 출제경향에 맞춘 최고의 수험서

2026

전기기사 필기 3주 완성

- 이론+핵심문제+과년도 기출문제 동영상 무료 제공
- 2016~2025년 과년도 기출문제 제공
- 한 권으로 단기간에 합격하는 3주 플랜 제공
- KEC 완벽 적용

인천대산전기직업학교 저

전 과목 무료동영상

Ⅰ권

요약 및 문제

▶ YouTube 전기의 희열 ▼

CBT 온라인 모의고사
5회분 무료제공

예문사

동영상 & CBT 모의고사 이용 안내

다음 단계에 따라 시리얼 번호를 등록하면 동영상 & CBT 모의고사를 이용할 수 있습니다.

STEP 1 | 사이트 접속
인터넷 주소창에 www.yeamoonsa.com을 입력하여 예문사 홈페이지에 접속합니다.

STEP 2 | 회원가입 로그인
홈페이지 우측 상단에 있는 회원가입 메뉴를 클릭하여 회원가입 후 로그인합니다.

STEP 3 | 마이페이지 클릭
로그인 후 우측 상단의 마이페이지 메뉴에 들어가 동영상 시리얼 / 모의고사 시리얼을 누른 후 오른쪽 정품등록을 클릭합니다.

STEP 4 | 시리얼 번호 등록
동영상 시리얼 / 모의고사 시리얼 정품등록 칸에 시리얼 번호 16자리를 각각 입력하면 이용할 수 있습니다.

시리얼 번호				
동영상	D526	B251	A015	Z1C2
CBT	D526	0PV1	5V14	H201

☆ 동영상 & CBT 모의고사 이용 안내

① 모바일 기기로 QR코드를 스캔합니다.
② 회원가입 및 로그인 후 시리얼 번호를 등록합니다.
③ 시리얼 번호를 입력하면 CBT 모의고사를 이용할 수 있습니다.

전기기사 필기 3주 완성

전 과목 무료동영상

Ⅰ권

요약 및 문제

머리말

ENGINEER ELECTRICITY

"지금 잠을 자면 꿈을 꾸지만 공부를 하면 꿈을 이룬다."

하버드대학 도서관에 쓰여 있는 너무나 유명한 이 문구는 학창시절부터 누구나 한번은 들어봤을 것입니다. 목표를 세우고 정진하는 사람들에게 있어 절제와 노력은 반드시 필요한 것이며, 이를 기본으로 하여 효율적인 방법이 더해질 때 확실한 결실을 거두게 될 것입니다.

이 책은 국가 기초산업의 근간이 되는 전기 분야에서 뜻을 세우고 그 목적을 이루기 위해 노력하는 모든 수험생들에게 보다 효율적이고 수월한 목표 달성을 위해 가장 최적화된 교재를 제공하기 위한 목적으로 기획되었습니다.

따라서 이 책의 각 과목들은 모두 15년 이상의 강의경험을 가진 최고의 강사들의 노하우를 토대로 어려운 수식들은 가능한 배제하고 기초가 부족한 수험생들도 쉽게 접근할 수 있도록 다음과 같이 구성되었습니다.

◆ 본서의 특징

- 어렵고 복잡한 수식을 최대한 간결하게 표현하여 쉽게 이해할 수 있도록 하였습니다.
- 각 단원별 핵심공식을 식별하기 쉽게 정리하였습니다.
- 전 과정(본문+과년도)의 무료 동영상을 제공하여 여러분의 합격을 응원합니다.

부디 이 교재가 목표를 위해 정진하는 모든 수험생들이 아름다운 결실을 거두는 데 좋은 길잡이가 되기를 기원하며, 출간을 위해 애써주신 예문사에 진심으로 감사드립니다.

인천대산전기직업학교 대표이사 송우근

INFORMATION

📅 21 3주 완성 학습 Plan!

- 1주 -	- 2주 -	- 3주 -
전력공학과 회로이론의 동영상 강의 시청 및 문제풀이	전기자기학과 전기설비기술기준의 동영상 강의 시청, 전력공학과 회로이론의 최종 마무리	전기자기학 마무리, 전기기기 동영상 강의 시청 및 문제풀이로 총복습

구분	월(1일 차)	화(2일 차)	수(3일 차)
1주	☐ ♣전력 1~5강 시청 ☐ ♣전력 1~5강 복습(1)	☐ ♣전력 6~10강 시청 ☐ ♣전력 1~5강 복습(2) ☐ ♣전력 6~10강 복습(1) ※ 단, 전력 1일 차 복습 시 해답이 기억나지 않는 문제는 별도 표시	☐ ♠회로 1~5강 시청 ☐ ♣전력 6~10강 복습(2) ☐ ♠회로 1~5강 복습(1) ※ 단, 전력 2일 차 복습 시 해답이 기억나지 않는 문제는 별도 표시
2주	☐ ♣전력 16~19강 시청 ☐ ♠회로 11~15강 복습(2) ☐ ♣전력 16~19강 복습(1) ※ 단, 회로 3일 차 복습 시 해답이 기억나지 않는 문제는 별도 표시 ※ 회로 복습 시 오래 걸린 학습자들은 주말을 이용하여 완벽 복습(3)	☐ ♥설비 1~5강 시청 ☐ ♣전력 16~19강 복습(2) ☐ ♥설비 1~5강 복습(1) - 전력공학 종강 - ※ 전력 4일 차 복습 시 해답이 기억나지 않는 문제는 별도 표시	☐ ♠회로 16~19강 시청 ☐ ♠회로 16~19강 복습(1) ☐ ♥설비 1~5강 복습(2) ※ 단, 설비 1일 차 복습 시 해답이 기억나지 않는 문제는 별도 표시
3주	☐ ★자기학 11~15강 시청 ☐ ★자기학 6~10강 복습(2) ☐ ★자기학 11~15강 복습(1) ※ 단, 자기학 2일 차 복습 시 해답이 기억나지 않는 문제는 별도 표시	☐ ♥설비 11~16강 시청 ☐ ★자기학 11~15강 복습(2) ☐ ♥설비 11~16강 복습(1) ※ 단, 자기학 3일 차 복습 시 해답이 기억나지 않는 문제는 별도 표시	☐ ★자기학 16~20강 시청 ☐ ♥설비 11~16강 복습(2) ☐ ★자기학 16~20강 복습(1) - 설비 종강 - ※ 단, 설비 3일 차 복습 시 해답이 기억나지 않는 문제는 별도 표시

★전기자기학(1과목) ♣전력공학(2과목) ♦전기기기(3과목) ♠회로이론(4과목) ♥전기설비기술기준(5과목)

※ 공부를 완료하면 네모 박스에 ✔ 표시하여 진도를 관리합니다.
※ 괄호 안의 숫자는 공부에 소요되는 시간을 의미합니다.

ENGINEER ELECTRICITY

학습 플랜

수학이 어려운 학습자를 위한 Plan

1강좌가 30분 정도로 과목당 19~22강이 되며 하루에 5~6강을 기본으로 수강해야 합니다. 이 학습 계획은 수학을 어려워하는 학습자를 위한 것으로, 반드시 어렵다고 하는 문제는 이해하는 것 보다 답을 암기 하여 반복하는 것이 매우 효과적입니다. 과목당 14문제 이상은 과년도에서 출제되므로 반복암기로 짧고 굵게 끝내는 과정으로 3주 동안만 열공하면 합격의 영광이 함께할 것입니다.

목(4일 차)	금(5일 차)	토(6일 차)	일(7일 차)
☐ ♠회로 6~10강 시청 ☐ ♠회로 1~5강 복습(2) ☐ ♠회로 6~10강 복습(1) ※ 단, 회로 1일 차 복습 시 해답이 기억나지 않는 문제는 별도 표시 ※ 회로와 자기학은 어려운 문제의 경우 답만 암기하고 기본 개념위주로 풀어야 합니다.	☐ ♣전력 11~15강 시청 ☐ ♠회로 6~10강 복습(2) ☐ ♣전력 11~15강 복습(1) ※ 단, 회로 2일 차 복습 시 해답이 기억나지 않는 문제는 별도 표시	☐ ♠회로 11~15강 시청 ☐ ♣전력 11~15강 복습(2) ☐ ♠회로 11~15강 복습(1) ※ 단, 전력 3일 차 복습 시 해답이 기억나지 않는 문제는 별도 표시 ※ 주말의 경우 기억나지 않는 문제 총 복습(3시간 이상)	☐ ■제어 1~8강 시청 ☐ ■제어 1~8강 복습(1) ■제어 1~8강 복습(2) ☐ ■제어 9~14강 시청 ☐ ■제어 9~14강 복습(1) ☐ ■제어 9~14강 복습(2) – 제어 종강 –
☐ ★자기학 1~5강 시청 ☐ ♠회로 16~19강 복습(2) ☐ ★자기학 1~5강 복습(1) – 회로이론 종강 – ※ 단, 회로 4일차 복습 시 해답이 기억나지 않는 문제는 별도 표시	☐ ♥설비 6~10강 시청 ☐ ★자기학 1~5강 복습(2) ☐ ♥설비 6~10강 복습(1) ※ 단, 자기학 1일차 복습 시 해답이 기억나지 않는 문제는 별도 표시	☐ ★자기학 6~10강 시청 ☐ ♥설비 6~10강 복습(2) ☐ ★자기학 6~10강 복습(1) ※ 단, 설비 2일 차 복습 시 해답이 기억나지 않는 문제는 별도 표시 ※ 주말의 경우 기억나지 않는 문제 총 복습(3시간 이상) ※ 전력, 회로 총정리	※ 전력, 회로이론 총정리 ☐ 과년도 풀어보기 (2016~2020년)
☐ ♦기기 1~5강 시청 ☐ ★자기학 16~20강복습(2) ☐ ♦기기 1~5강 복습(1) – 전기자기학 종강 –	☐ ♦기기 6~10강 시청 ☐ ♦기기 1~5강 복습(2) ☐ ♦기기 6~10강 복습(1) ※ 단, 기기 1일차 복습 시 해답이 기억나지 않는 문제는 별도 표시	☐ ♦기기 11~16강 시청 ☐ ♦기기 6~10강 복습(2) ☐ ♦기기 11~16강 복습(1) ※ 단, 기기 2일차 복습 시 해답이 기억나지 않는 문제는 별도 표시 ※ 설비, 자기학 총 마무리	☐ ♦기기 17~22강 시청 ☐ ♦기기 11~16강 복습(2) ☐ ♦기기 17~22강 복습(1,2) ※ 기기 총정리 – 전기기기 종강 – ☐ 과년도 풀어보기 (2021~2025년)

■ 자동제어(6과목)

INFORMATION

ENGINEER ELECTRICITY

📅 3주 완성 학습 Plan!

- 1주 -	- 2주 -	- 3주 -
기초내용 정리 및 공식 암기	개념 확인, 문제풀이 및 심화문제 암기	실력향상 문제풀이 및 과년도 문제풀이

구분	월(1일 차)	화(2일 차)	수(3일 차)
1주	☐ ♠회로 1~5강 시청 ☐ ♠회로 1~5강 복습	☐ ★자기학 1~5강 시청 ☐ ★자기학 1~5강 복습	☐ ♠회로 6~10강 시청 ☐ 기존 학습한 내용 및 문제풀이 중 기억나지 않는 문제 표시 및 복습 (2) ☐ ♠회로 6~10강 복습
2주	☐ ♣전력 1~5강 시청 ☐ ♠회로 16~19강 시청 ☐ ♣전력 1~5강 및 ♠회로 16강 ~19 복습 ☐ ♠회로 문제풀이 복습 및 그 동안 학습한 회로 총정리 - 회로이론 종강 -	☐ ♣전력 6~10강 시청 ☐ ♣전력 6~10강 복습	☐ ★자기학 11~15강 시청 ☐ 기존 학습한 내용 및 문제풀이 중 기억나지 않는 문제 표시 및 복습 (2) ☐ ★자기학 11~15강 복습
3주	☐ ♥설비 6~10강 시청 ☐ ♥설비 6~10강 복습	☐ ♣전력 11~15강 시청 ☐ ♣전력 11~15강 복습	☐ ♦기기 11~16강 시청 ☐ 기존 학습한 내용 및 문제풀이 중 기억나지 않는 문제 표시 및 복습 (2) ☐ ♦기기 11~16강 복습

★전기자기학(1과목)   ♣전력공학(2과목)   ♦전기기기(3과목)   ♠회로이론(4과목)   ♥전기설비기술기준(5과목)

※ 공부를 완료하면 네모 박스에 ✔ 표시하여 진도를 관리합니다.
※ 괄호 안의 숫자는 공부에 소요되는 시간을 의미합니다.

ENGINEER ELECTRICITY

학습 플랜

수학이 어렵지 않은 학습자를 위한 Plan

1강좌가 30분 정도로 과목당 19~22강이 되며 하루에 3~6강을 기본으로 수강해야 합니다. 이 학습 계획은 수학을 어려워하지 않는 학습자를 위한 것으로, 동영상 시청과 과년도 문제풀이를 함께하는 진도입니다. 기사를 준비하는 학습자는 주말을 이용해 자동제어의 동영상 시청 및 복습을 완료하면 됩니다. 이 학습 계획은 따로 표시하지 않았지만, 매일 전일 과정을 꼼꼼하게 풀어보며 복습하는 것이 필수입니다.

목(4일 차)	금(5일 차)	토(6일 차)	일(7일 차)
☐ ★자기학 6~10강 시청 ☐ ★자기학 6~10강 복습	☐ ◆기기 1~5강 시청(3) ☐ ◆기기 문제풀이 복습(2)	☐ ♠회로 11~15강 시청 ☐ ♠회로 11~15강 복습 ☐ 한 주간 학습한 내용 중 기억나지 않는 문제 표시 및 복습 ※ 주말의 경우 기억나지 않는 문제 총 복습	☐ ■제어 1~8강 시청 ☐ ■제어 1~8강 복습(1) ☐ ■제어 1~8강 복습(2) ☐ ■제어 9~14강 시청 ☐ ■제어 9~14강 복습(1) ☐ ■제어 9~14강 복습(2) – 제어 종강 –
☐ ♥설비 1~5강 시청 ☐ ♥설비 1~5강 복습 ☐ ♠회로 및 ★자기학 공식 정리 및 확인	☐ ◆기기 6~10강 시청 ☐ ◆기기 6~10강 복습	☐ ★자기학 16~20강 시청 ☐ 한 주간 학습한 내용 중 기억나지 않는 문제 표시 및 복습(3) ☐ ★자기학 16~20강 복습 ※ 주말의 경우 기억나지 않는 문제 총 복습 ※ 자기학 총정리 – 자기학종강 –	☐ 한 주간 학습한 ♠회로, ★자기학, ♥설비, ◆기기, ■제어의 중요 공식 정리 및 유도 ☐ 과년도 기출문제 풀어보기 (2016~2020년) ※ 주말의 경우 기억나지 않는 문제 총 복습
☐ ♥설비 11~16강 시청 ☐ 기존 학습한 내용 및 문제풀이 중 기억나지 않는 문제 표시 및 복습 ☐ ♥설비 11~16강 복습 및 그 동안 학습한 설비 총정리 – 설비 종강 –	☐ ♣전력 16~19강 시청 ☐ ♣전력 16~19강 복습 및 그 동안 학습한 전력 총정리 ※ 전력 종강	☐ ◆기기 17~22강 시청 ☐ 한 주간 학습한 내용 중 기억 나지 않는 내용 및 문제 표시 및 복습 ☐ ◆기기 17~22강 복습 및 그 동안 학습한 기기 총정리 ※ 주말의 경우 기억이 안 나는 문제 총복습 – 기기종강 –	☐ 과년도 기출문제 풀어보기 (2021~2025년)

■ 자동제어(6과목)

전기기사 출제기준

직무 분야	전기 · 전자	중직무 분야	전기	자격 종목	전기기사	적용 기간	2024.1.1.~2026.12.31.
직무내용 : 전기설비에 관한 이론을 기반으로 전기기계 · 기구의 선정, 전기설비의 계획, 에너지 절약기술 적용, 용량 산정, 재료선정 등 설계도서 작성, 감리, 유지관리 및 운용 등 시설관리 등의 업무를 수행							
필기검정방법	객관식		문제수	100		시험시간	2시간 30분	

❶ 1과목 : 전기자기학(20문항)

주요항목	세부항목	주요항목	세부항목
1. 진공 중의 정전계	1. 정전기 및 전자유도 2. 전계 3. 전기력선 4. 전하 5. 전위 6. 가우스의 정리 7. 전기쌍극자	4. 전계의 특수 해법 및 전류	1. 전기영상법 2. 정전계의 2차원 문제 3. 전류에 관련된 제현상 4. 저항률 및 도전율
2. 진공중의 도체계	1. 도체계의 전하 및 전위분포 2. 전위계수, 용량계수 및 유도계수 3. 도체계의 정전에너지 4. 정전용량 5. 도체 간에 작용하는 정전력 6. 정전차폐	5. 자계	1. 자석 및 자기유도 2. 자계 및 자위 3. 자기쌍극자 4. 자계와 전류 사이의 힘 5. 분포전류에 의한 자계
3. 유전체	1. 분극도와 전계 2. 전속밀도 3. 유전체 내의 진계 4. 경계조건 5. 정전용량 6. 전계의 에너지 7. 유전체 사이의 힘 8. 유전체의 특수현상	6. 자성체와 자기회로	1. 자화의 세기 2. 자속밀도 및 자속 3. 두자율과 자화율 4. 경계면의 조건 5. 감자력과 자기차폐 6. 자계의 에너지 7. 강자성체의 자화 8. 자기회로 9. 영구자석

시험 정보

주요항목	세부항목	주요항목	세부항목
7. 전자유도 및 인덕턴스	1. 전자유도 현상 2. 자기 및 상호유도작용 3. 자계에너지와 전자유도 4. 도체의 운동에 의한 기전력 5. 전류에 작용하는 힘 6. 전자유도에 의한 전계 7. 도체 내의 전류 분포 8. 전류에 의한 자계에너지 9. 인덕턴스	8. 전자계	1. 변위전류 2. 맥스웰의 방정식 3. 전자파 및 평면파 4. 경계조건 5. 전자계에서의 전압 6. 전자와 하전입자의 운동 7. 방전현상

❷ 2과목 : 전력공학(20문항)

주요항목	세부항목	주요항목	세부항목
1. 발·변전 일반	1. 수력발전 2. 화력발전 3. 원자력 발전 4. 신재생에너지발전 5. 변전방식 및 변전설비 6. 소내전원설비 및 보호계전방식	5. 옥내배선	1. 저압 옥내배선 2. 고압 옥내배선 3. 수전설비 4. 동력설비
2. 송·배전선로의 전기적 특성	1. 선로정수 2. 전력원선도 3. 코로나 현상 4. 단거리 송전선로의 특성 5. 중거리 송전선로의 특성 6. 장거리 송전선로의 특성 7. 분포정전용량의 영향 8. 가공전선로 및 지중전선로	6. 배전반 및 제어기기의 종류와 특성	1. 배전반의 종류와 배전반 운용 2. 전력제어와 그 특성 3. 보호계전기 및 보호계전방식 4. 조상설비 5. 전압조정 6. 원격조작 및 원격제어
3. 송·배전방식과 그 설비 및 운용	1. 송전방식 2. 배전방식 3. 중성점접지방식 4. 전력계통의 구성 및 운용 5. 고장계산과 대책	7. 개폐기류의 종류와 특성	1. 개폐기 2. 차단기 3. 퓨즈 4. 기타 개폐장치
4. 계통보호방식 및 설비	1. 이상전압과 그 방호 2. 전력계통의 운용과 보호 3. 전력계통의 안정도 4. 차단보호방식		

❸ 3과목 : 전기기기(20문항)

주요항목	세부항목	주요항목	세부항목
1. 직류기	1. 직류발전기의 구조 및 원리 2. 전기자 권선법 3. 정류 4. 직류발전기의 종류와 그 특성 및 운전 5. 직류발전기의 병렬운전 6. 직류전동기의 구조 및 원리 7. 직류전동기의 종류와 특성 8. 직류전동기의 기동, 제동 및 속도제어 9. 직류기의 손실, 효율, 온도상승 및 정격 10. 직류기의 시험	5. 유도전동기	1. 유도전동기의 구조 및 원리 2. 유도전동기의 등가회로 및 특성 3. 유도전동기의 기동 및 제동 4. 유도전동기제어 5. 특수 농형유도전동기 6. 특수유도기 7. 단상유도전동기 8. 유도전동기의 시험 9. 원선도
2. 동기기	1. 동기발전기의 구조 및 원리 2. 전기자 권선법 3. 동기발전기의 특성 4. 단락현상 5. 여자장치와 전압조정 6. 동기발전기의 병렬운전 7. 동기전동기 특성 및 용도 8. 동기조상기 9. 동기기의 손실, 효율, 온도상승 및 정격 10. 특수 동기기	6. 교류정류자기	1. 교류정류자기의 종류, 구조 및 원리 2. 단상직권 정류자 전동기 3. 단상반발 전동기 4. 단상분권 전동기 5. 3상 직권 정류자 전동기 6. 3상 분권 정류자 전동기 7. 정류자형 주파수 변환기
3. 전력변환기	1. 정류용 반도체 소자 2. 각 정류회로의 특성 3. 제어정류기	7. 제어용 기기 및 보호기기	1. 제어기기의 종류 2. 제어기기의 구조 및 원리 3. 제어기기의 특성 및 시험 4. 보호기기의 종류 5. 보호기기의 구조 및 원리 6. 보호기기의 특성 및 시험 7. 제어장치 및 보호장치
4. 변압기	1. 변압기의 구조 및 원리 2. 변압기의 등가회로 3. 전압강하 및 전압변동률 4. 변압기의 3상 결선 5. 상수의 변환 6. 변압기의 병렬운전 7. 변압기의 종류 및 그 특성 8. 변압기의 손실, 효율, 온도상승 및 정격 9. 변압기의 시험 및 보수 10. 계기용변성기 11. 특수변압기		

시험 정보

④ 4과목 : 회로이론 및 제어공학(20문항)

주요항목	세부항목	주요항목	세부항목
1. 회로이론	1. 전기회로의 기초 2. 직류회로 3. 정현파 교류 4. 비정현파 교류 5. 다상교류 6. 대칭좌표법 7. 4단자 및 2단자 8. 분포정수회로 9. 라플라스변환 10. 회로의 전달 함수 11. 과도현상	2. 제어공학	1. 자동제어계의 요소 및 구성 2. 블록선도와 신호흐름 선도 3. 상태공간해석 4. 정상오차와 주파수응답 5. 안정도판별법 6. 근궤적과 자동제어의 보상 7. 샘플값제어 8. 시퀀스제어

⑤ 5과목 : 전기설비기술기준(20문항) – 전기설비기술기준 및 한국전기설비규정

주요항목	세부항목	주요항목	세부항목
1. 총칙	1. 기술기준 총칙 및 KEC 총칙에 관한 사항 2. 일반사항 3. 전선 4. 전로의 절연 5. 접지시스템 6. 피뢰시스템	4. 전기철도설비	1. 통칙 2. 전기철도의 전기방식 3. 전기철도의 변전방식 4. 전기철도의 전차선로 5. 전기철도의 전기철도차량 설비 6. 전기철도의 설비를 위한 보호 7. 전기철도의 안전을 위한 보호
2. 저압전기설비	1. 통칙 2. 안전을 위한 보호 3. 전선로 4. 배선 및 조명설비 5. 특수설비	5. 분산형 전원설비	1. 통칙 2. 전기저장장치 3. 태양광발전설비 4. 풍력발전설비 5. 연료전지설비
3. 고압, 특고압 전기설비	1. 통칙 2. 안전을 위한 보호 3. 접지설비 4. 전선로 5. 기계, 기구 시설 및 옥내배선 6. 발전소, 변전소, 개폐소 등의 전기설비 7. 전력보안통신설비		

ENGINEER ELECTRICITY
CONTENTS

Ⅰ권 | 요약 및 문제

- 제1편　전기자기학
- 제2편　전력공학
- 제3편　전기기기
- 제4편　회로이론
- 제5편　전기설비기술기준(한국전기설비규정 반영)
- 제6편　제어공학
- APPENDIX　과년도 기출문제

Ⅱ권 | 정답 및 해설

- 제1편　전기자기학
- 제2편　전력공학
- 제3편　전기기기
- 제4편　회로이론
- 제5편　전기설비기술기준(한국전기설비규정 반영)
- 제6편　제어공학
- APPENDIX　과년도 기출문제

차례

Ⅰ권 | 요약 및 문제

제1편 전기자기학

CHAPTER 01 벡터의 해석 ··· 3
CHAPTER 02 진공 중의 정전계 ·· 7
CHAPTER 03 진공 중의 도체계 ·· 19
CHAPTER 04 유전체 ··· 27
CHAPTER 05 전기 영상법 ·· 36
CHAPTER 06 전류 ··· 40
CHAPTER 07 진공 중의 정자계 ·· 46
CHAPTER 08 자성체와 자기회로 ·· 59
CHAPTER 09 전자유도 ·· 68
CHAPTER 10 인덕턴스 ·· 72
CHAPTER 11 전자장 ·· 79

제2편 전력공학

CHAPTER 01 송전공학 ·· 89
    제1절 전선로 ··· 89
    제2절 선로정수 및 코로나 ·· 90
    제3절 송전선로 및 특성값 계산 ·· 91
    제4절 안정도 ··· 92
    제5절 고장 해석 ··· 93
    제6절 중성점 접지 ··· 94
    제7절 유도장해 ··· 95
    제8절 이상전압 ··· 95

CHAPTER 02 배전공학 · 128
　제1절 수전설비 · 128
　제2절 수전설비 계산 · 129
　제3절 배전방식 · 130

CHAPTER 03 발전공학 · 147
　제1절 수력발전 · 147
　제2절 화력발전 · 148
　제3절 원자력발전 · 149

제3편　전기기기

CHAPTER 01 직류기 · 159
CHAPTER 02 동기기 · 172
CHAPTER 03 변압기 · 185
CHAPTER 04 유도 전동기 · 198
CHAPTER 05 정류기 · 212

제4편　회로이론

CHAPTER 01 직류회로 및 정현파 교류 · 221
CHAPTER 02 기본교류회로(R.L.C 회로) · 226
CHAPTER 03 교류전력 · 231
CHAPTER 04 상호유도회로 · 235
CHAPTER 05 벡터의 궤적 · 238
CHAPTER 06 일반 선형 회로망 · 240
CHAPTER 07 다상교류 · 244
CHAPTER 08 대칭좌표법 · 248
CHAPTER 09 비정현파 교류 · 251

CHAPTER 10 2단자 회로망 ·········· 255
CHAPTER 11 4단자 회로망 ·········· 258
CHAPTER 12 분포정수회로 ·········· 264
CHAPTER 13 라플라스 변환 ·········· 267
CHAPTER 14 전달함수 ·········· 271
CHAPTER 15 과도현상 ·········· 275

제5편 전기설비기술기준(한국전기설비규정 반영)

CHAPTER 01 공통사항 ·········· 283
　제1절 총칙 ·········· 283
　제2절 일반사항 ·········· 283
　제3절 전선 ·········· 284
　제4절 전로의 절연 ·········· 285
　제5절 접지시스템 ·········· 286
　제6절 피뢰시스템 ·········· 289

CHAPTER 02 고압·특고압 설비 ·········· 300
　제1절 접지설비 ·········· 300
　제2절 기계·기구시설 ·········· 304
　제3절 발전소, 변전소, 개폐소 등의 전기설비 ·········· 302

CHAPTER 03 전선로 ·········· 311
　제1절 전선로 ·········· 311
　제2절 특수장소의 전선로 ·········· 318
　제3절 전력보안통신설비 ·········· 319

CHAPTER 04 저압전기설비 및 고압옥내배선 ·········· 341
　제1절 통칙 ·········· 341
　제2절 안전을 위한 보호 ·········· 343
　제3절 저압 옥내배선공사 ·········· 347

CHAPTER 05 전기철도 ··· 370

CHAPTER 06 분산형 전원 ··· 375
    제1절 전기저장장치 ··· 375
    제2절 태양광발전설비 ··· 375
    제3절 풍력발전설비 ··· 376
    제4절 연료전지설비 ··· 377

제6편 제어공학

CHAPTER 01 자동제어계의 요소 및 구성 ···························· 385
CHAPTER 02 라플라스 변환 ·· 390
CHAPTER 03 전달함수 ··· 395
CHAPTER 04 블록선도와 신호흐름선도 ······························ 401
CHAPTER 05 과도응답 ··· 410
CHAPTER 06 편차와 감도 ··· 416
CHAPTER 07 주파수 응답 ··· 419
CHAPTER 08 선형제어계통의 안정도 ································· 425
CHAPTER 09 근궤적법 ··· 432
CHAPTER 10 상태방정식 ·· 436
CHAPTER 11 시퀀스 제어 ··· 443

차 례

APPENDIX 과년도 기출문제

전기기사 2014~2015년도 과년도 기출문제(PDF 파일 제공)

- 전기기사 2016년도 1회 과년도 기출문제 ·················· 453
- 전기기사 2016년도 2회 과년도 기출문제 ·················· 465
- 전기기사 2016년도 3회 과년도 기출문제 ·················· 477

- 전기기사 2017년도 1회 과년도 기출문제 ·················· 489
- 전기기사 2017년도 2회 과년도 기출문제 ·················· 501
- 전기기사 2017년도 3회 과년도 기출문제 ·················· 515

- 전기기사 2018년도 1회 과년도 기출문제 ·················· 527
- 전기기사 2018년도 2회 과년도 기출문제 ·················· 540
- 전기기사 2018년도 3회 과년도 기출문제 ·················· 552

- 전기기사 2019년도 1회 과년도 기출문제 ·················· 564
- 전기기사 2019년도 2회 과년도 기출문제 ·················· 576
- 전기기사 2019년도 3회 과년도 기출문제 ·················· 589

- 전기기사 2020년도 1·2회 과년도 기출문제 ················ 601
- 전기기사 2020년도 3회 과년도 기출문제 ·················· 613
- 전기기사 2020년도 4회 과년도 기출문제 ·················· 626

- 전기기사 2021년도 1회 과년도 기출문제 ·················· 638
- 전기기사 2021년도 2회 과년도 기출문제 ·················· 651
- 전기기사 2021년도 3회 과년도 기출문제 ·················· 663

- 전기기사 2022년도 1회 과년도 기출문제 ·················· 676
- 전기기사 2022년도 2회 과년도 기출문제 ·················· 689
- 전기기사 2022년도 3회 과년도 기출문제 ·················· 702

ENGINEER ELECTRICITY
CONTENTS

- 전기기사 2023년도 1회 과년도 기출문제 ·················· 715
- 전기기사 2023년도 2회 과년도 기출문제 ·················· 728
- 전기기사 2023년도 3회 과년도 기출문제 ·················· 740

- 전기기사 2024년도 1회 과년도 기출문제 ·················· 752
- 전기기사 2024년도 2회 과년도 기출문제 ·················· 765
- 전기기사 2024년도 3회 과년도 기출문제 ·················· 778

- 전기기사 2025년도 1회 과년도 기출문제 ·················· 791
- 전기기사 2025년도 2회 과년도 기출문제 ·················· 803
- 전기기사 2025년도 3회 과년도 기출문제 ·················· 815

PART 01

전기 자기학

Chapter 01 벡터의 해석
Chapter 02 진공 중의 정전계
Chapter 03 진공 중의 도체계
Chapter 04 유전체
Chapter 05 전기 영상법
Chapter 06 전류
Chapter 07 진공 중의 정자계
Chapter 08 자성체와 자기회로
Chapter 09 전자유도
Chapter 10 인덕턴스
Chapter 11 전자장

이 편의 특징

전기자기학은 물질의 전·자기적 성질을 파악하고, 나아가 전기현상과 자기현상에 대한 다양한 법칙과 원리를 이해하여 이들을 응용하여 문제를 해결하는 과목이다. 전기자기학은 내용을 서술하는 방법과 내용 전개에 따라 수험생이 이해하는 데 큰 차이가 있다고 본다. 따라서 쉬운 문장을 사용하여 기술하려고 노력하였으며 내용 및 문제를 3주 안에 충분히 소화할 수 있는 분량으로 하였다. 수험생에게 내용의 이해와 문제풀이 능력을 돕기 위해 충분한 문제와 풀이를 함께 수록하였다.

Chapter 01 벡터의 해석

※ 기본용어 정리

① 스칼라 : 크기만을 가지고 나타낼 수 있는 양
② 벡터 : 크기와 방향성을 가지고 나타낼 수 있는 양
③ 단위벡터 : 크기가 1이고 방향만을 가지는 벡터
④ 기본벡터 : 직각좌표계에서 x, y, z 축의 양의 방향으로 크기가 1인 단위벡터
⑤ 직각 좌표계 : x, y, z축이 각각 $90°$를 이루며 공간 좌표를 표시하는 좌표계

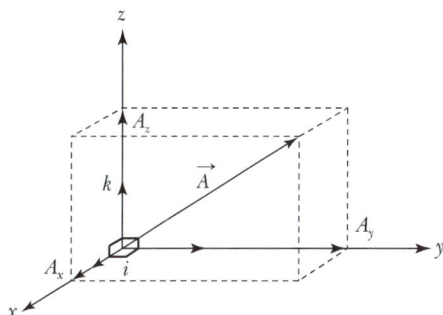

벡터 $\vec{A}$ 를 표시하면 $\vec{A} = A_x i + A_y j + A_z k$이며 벡터 $\vec{A}$ 의 크기는 다음과 같다.

$|\vec{A}| = \sqrt{A_x^2 + A_y^2 + A_z^2}$ 이다.

또한 벡터 $\vec{A}$ 에 대한 방향 벡터 $\vec{n} = \dfrac{\vec{A}}{|\vec{A}|}$ 이다.

01 같은 성분의 벡터의 합과 차

같은 성분의 단위벡터의 계수끼리 더하고 뺀다.
$\vec{A} = A_x i + A_y j + A_z k$, $\vec{B} = B_x i + B_y j + B_z k$,
$\vec{A} \pm \vec{B} = (A_x \pm B_x)i + (A_y \pm B_y)j + (A_z \pm B_z)k$

02 평행사변형의 원리

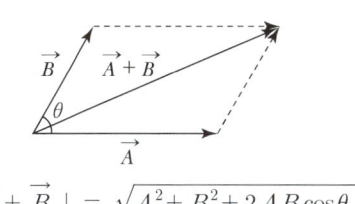

$|\vec{A} + \vec{B}| = \sqrt{A^2 + B^2 + 2AB\cos\theta}$

03 두 벡터의 곱

$\vec{A} = A_x i + A_y j + A_z k$, $\vec{B} = B_x i + B_y j + B_z k$일 때

(1) 벡터의 내적(·) : 벡터를 스칼라로 변환한다. (스칼라 곱)

① 내적의 정의식
$\vec{A} \cdot \vec{B} = |\vec{A}||\vec{B}|\cos\theta$

② 내적의 성질
$i \cdot i = j \cdot j = k \cdot k = 1 \times 1 \times \cos 0° = 1$
(같은 성분끼리 곱은 항상 1)
$i \cdot j = j \cdot k = k \cdot i = 1 \times 1 \times \cos 90° = 0$
(다른 성분끼리 곱은 항상 0)

③ 내적의 계산
$\vec{A} \cdot \vec{B} = (A_x i + A_y j + A_z k) \cdot (B_x i + B_y j + B_z k)$
$= A_x B_x + A_y B_y + A_z B_z$
(같은 성분끼리 계수만 곱하여 모두 더한다.)

(2) 벡터의 외적(×) : 벡터를 벡터로 변환한다. (벡터 곱)

① 외적의 정의식
$\vec{A} \times \vec{B} = n|\vec{A}||\vec{B}|\sin\theta$

② 외적의 크기
평행사변형의 넓이(면적)가 된다.

③ 외적의 방향
앞쪽 벡터에서 뒤쪽 벡터를 오른손으로 감았을 때 엄지손가락의 방향, 즉 오른나사법칙을 사용한다.

④ 외적의 성질

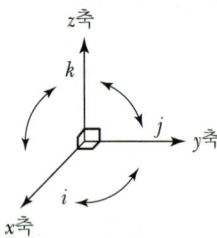

$i \times i = j \times j = k \times k = 0$

$i \times j = -j \times i = k$

(i에서 j를 감으면 엄지는 k를 가리킨다.)

$j \times k = -k \times j = i$

(j에서 k를 감으면 엄지는 i를 가리킨다.)

$k \times i = -i \times k = j$

(k에서 i를 감으면 엄지는 j를 가리킨다.)

⑤ 외적의 계산 : 행렬식으로 계산한다.

$$\vec{A} \times \vec{B} = \begin{vmatrix} i & j & k \\ A_x & A_y & A_z \\ B_x & B_y & B_z \end{vmatrix}$$

$$= i \begin{vmatrix} A_y & A_z \\ B_y & B_z \end{vmatrix} + j \begin{vmatrix} A_z & A_x \\ B_z & B_x \end{vmatrix} + k \begin{vmatrix} A_x & A_y \\ B_x & B_y \end{vmatrix}$$

$$= i(A_y B_z - A_z B_y) + j(A_z B_x - A_x B_z)$$
$$+ k(A_x B_y - A_y B_x)$$

04 미분 연산자

(1) ∇ (Nabla) : $\nabla = \frac{\partial}{\partial x}i + \frac{\partial}{\partial y}j + \frac{\partial}{\partial z}k$

(2) 라플라스 연산자(Laplacian)

$$\nabla \cdot \nabla = \nabla^2 = \Delta$$
$$= (\frac{\partial}{\partial x}i + \frac{\partial}{\partial y}j + \frac{\partial}{\partial z}k) \cdot (\frac{\partial}{\partial x}i + \frac{\partial}{\partial y}j + \frac{\partial}{\partial z}k)$$
$$= \frac{\partial^2}{\partial x^2} + \frac{\partial^2}{\partial y^2} + \frac{\partial^2}{\partial z^2}$$ 이며

이를 라플라스 연산자라 한다.

(3) 스칼라 V의 구배(기울기) $= (grad\,V)$

스칼라 함수 V를 벡터로 변환한다.

$$grad\,V = \nabla V = (\frac{\partial}{\partial x}i + \frac{\partial}{\partial y}j + \frac{\partial}{\partial z}k)V$$
$$= \frac{\partial V}{\partial x}i + \frac{\partial V}{\partial y}j + \frac{\partial V}{\partial z}k$$

여기서, $grad$는 gradient이며 $grad\,V$는 벡터량이다.

(4) 벡터의 발산($div\,\vec{A}$)

벡터함수 $\vec{A}$를 스칼라로 변환한다.

$$div\,\vec{A} = \nabla \cdot \vec{A} = (\frac{\partial}{\partial x}i + \frac{\partial}{\partial y}j + \frac{\partial}{\partial z}k) \cdot$$
$$(A_x i + A_y j + A_z k)$$
$$= \frac{\partial A_x}{\partial x} + \frac{\partial A_y}{\partial y} + \frac{\partial A_z}{\partial z}$$

여기서, div는 divergence이며 $div\,\vec{A}$는 스칼라량이다.

(5) 벡터의 회전(Rotation, Curl)

벡터함수 $\vec{A}$를 벡터로 변환한다.

$$rot\,\vec{A} = curl\,\vec{A} = \nabla \times \vec{A} = \begin{vmatrix} i & j & k \\ \frac{\partial}{\partial x} & \frac{\partial}{\partial y} & \frac{\partial}{\partial z} \\ A_x & A_y & A_z \end{vmatrix}$$

$$= i \begin{vmatrix} \frac{\partial}{\partial y} & \frac{\partial}{\partial z} \\ A_y & A_z \end{vmatrix} + j \begin{vmatrix} \frac{\partial}{\partial z} & \frac{\partial}{\partial x} \\ A_z & A_x \end{vmatrix} + k \begin{vmatrix} \frac{\partial}{\partial x} & \frac{\partial}{\partial y} \\ A_x & A_y \end{vmatrix}$$

$$= (\frac{\partial A_z}{\partial y} - \frac{\partial A_y}{\partial z})i + (\frac{\partial A_x}{\partial z} - \frac{\partial A_z}{\partial x})j$$
$$+ (\frac{\partial A_y}{\partial x} - \frac{\partial A_x}{\partial y})k$$

① Stokes의 정리 : 선적분을 면적적분으로 변환

$$\oint_c \vec{A}\,dl = \int_s rot\,\vec{A}\,ds = \int_s \nabla \times \vec{A}\,ds$$

② Gauss의 발산의 정리 : 면적적분을 체적적분으로 변환

$$\oint_s \vec{A}\,ds = \int_v div\,\vec{A}\,dv = \int_v \nabla \cdot \vec{A}\,dv$$

핵심 기출 문제

01 어떤 물체에 $F_1 = -3i + 4j - 5k$와 $F_2 = 6i + 3j - 2k$의 힘이 작용하고 있다. 이 물체에 F_3을 가했을 때 세 힘이 평형이 되기 위한 F_3은?

① $F_3 = -3i - 7j + 7k$
② $F_3 = 3i + 7j - 7k$
③ $F_3 = 3i - j - 7k$
④ $F_3 = 3i - j + 3k$

02 벡터에 대한 계산식이 옳지 않은 것은?

① $i \cdot i = j \cdot j = k \cdot k = 0$
② $i \cdot j = j \cdot k = k \cdot i = 0$
③ $A \cdot B = AB\cos\theta$
④ $i \times i = j \times j = k \times k = 0$

03 벡터 $A = i - j + 3k$, $B = i + ak$일 때 벡터 A가 수직이 되기 위한 a의 값은?(단, i, j, k는 x, y, z 방향의 기본벡터이다.)

① -2
② $-\dfrac{1}{3}$
③ 0
④ $\dfrac{1}{2}$

04 다음 벡터의 곱을 나타내는 식 중 틀린 것은?

① $A \cdot B = AB\cos\theta$
② $A \times B = AB\sin\theta$
③ $A \cdot B = B \cdot A$
④ $A \times B = B \times A$

05 두 벡터 $A = 2i + 4j$, $B = 6j - 4k$가 이루는 각은 몇 도인가?

① $30°$
② $42°$
③ $50°$
④ $61°$

06 어떤 삼각형의 두 변을 표시하는 벡터가 $A = i + 4j + k$, $B = -i + 2j + 2k$일 때 이 삼각형의 면적은 얼마인가?(단, 모든 단위는 [m]이다.)

① 2.5
② 3.5
③ 4.5
④ 13.5

07 원점에서 점 $A(-2, 2, 1)$로 향하는 단위벡터 a_0는?

① $-2i + 2j + k$
② $\dfrac{1}{3}i + \dfrac{2}{3}j - \dfrac{2}{3}k$
③ $-\dfrac{2}{3}i + \dfrac{2}{3}j + \dfrac{1}{3}k$
④ $-\dfrac{2}{5}i + \dfrac{2}{5}j + \dfrac{1}{5}k$

08 V를 임의의 스칼라라 할 때 $grad\,V$의 직각 좌표에 있어서의 표현은?

① $\dfrac{\partial V}{\partial x} + \dfrac{\partial V}{\partial y} + \dfrac{\partial V}{\partial z}$
② $i\dfrac{\partial V}{\partial x} + j\dfrac{\partial V}{\partial y} + k\dfrac{\partial V}{\partial z}$
③ $\dfrac{\partial^2 V}{\partial x^2} + \dfrac{\partial^2 V}{\partial y^2} + \dfrac{\partial^2 V}{\partial z^2}$
④ $i\dfrac{\partial^2 V}{\partial x^2} + j\dfrac{\partial^2 V}{\partial y^2} + k\dfrac{\partial^2 V}{\partial z^2}$

09 임의 점의 전계가 $E = iE_x + jE_y + kE_z$로 표시되었을 때 $\dfrac{\partial E_x}{\partial x} + \dfrac{\partial E_y}{\partial y} + \dfrac{\partial E_z}{\partial z}$와 같은 의미를 갖는 것은?

① $\nabla \times E$
② $rot\,E$
③ $grad\,E$
④ $\nabla \cdot E$

10 $f = xyz$, $A = xi+yj+zk$일 때 점 $(1, 1, 1)$에서의 $div(fA)$는?

① 3 ② 4
③ 5 ④ 6

11 모든 장소에서 $\nabla \cdot D = 0$, $\nabla \times \dfrac{D}{\varepsilon} = 0$과 같은 관계가 성립하면 D는 어떤 성질을 가져야 하는가?

① x의 함수 ② y의 함수
③ z의 함수 ④ 상수

12 $\int_s E\,ds = \int_{vol} \nabla \cdot E\,dv$는 다음 중 어느 것에 해당되는가?

① 발산의 정리 ② 가우스의 정리
③ 스토크스의 정리 ④ 앙페르의 정리

13 다음 중 Stokes의 정리는?

① $\oint H \cdot dS = \int\int_s (\triangle \cdot H) \cdot dS$

② $\int\int B \cdot dS = \int\int_s (\nabla \cdot H) \cdot dS$

③ $\oint_c H \cdot dS = \int (\nabla \cdot H) \cdot dl$

④ $\oint_c H \cdot dl = \int\int_s (\nabla \times H) \cdot dS$

Chapter 02 진공 중의 정전계

01 정전계의 정의
① 정지한 두 전하 사이에 작용하는 힘의 영역
② 전계 에너지가 최소로 되는 전하 분포의 전계
  (전계 내의 전하는 자신의 에너지가 최소가 되는 가장 안정된 전하분포를 가지는 정전계를 형성한다.)

02 쿨롱의 법칙
(1) 동종의 전하 사이에는 반발력이 작용한다.
(2) 이종의 전하 사이에는 흡인력이 작용한다.
(3) 힘의 크기는 두 전하량의 곱에 비례한다.
(4) 힘의 크기는 두 전하 사이의 떨어진 거리의 제곱에 반비례한다.
(5) 힘의 방향은 두 전하를 연결하는 일직선상에 존재한다.
(6) 힘의 크기는 매질과 관계있다.
  ① 매질 상수는 유전율 $\varepsilon = \varepsilon_0 \varepsilon_s$ [F/m]를 사용한다.
  ② 진공 시 유전율 $\varepsilon_0 = 8.85 \times 10^{-12}$ [F/m]
  ③ 비유전율 ε_s
    ㉠ 비유전율은 매질에 따라 모두 다르다.
    ㉡ 진공(공기) 비유전율 : $\varepsilon_s = 1$

03 정지한 두 전하 사이에 작용하는 힘

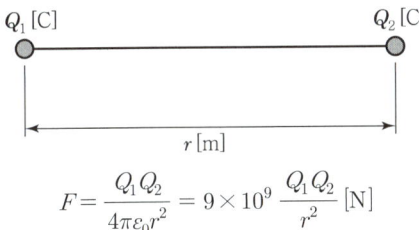

$$F = \frac{Q_1 Q_2}{4\pi\varepsilon_0 r^2} = 9 \times 10^9 \frac{Q_1 Q_2}{r^2} \text{ [N]}$$

04 진공의 유전율
$$\varepsilon_0 = \frac{1}{\mu_0 C_0^2} = \frac{10^7}{4\pi C_0^2} = \frac{10^{-9}}{36\pi} = \frac{1}{120\pi C_0}$$
$$= 8.85 \times 10^{-12} \text{ [F/m]}$$

Reference
- $\mu_0 = 4\pi \times 10^{-7}$ [H/m] : 진공 시 투자율
- $C_0 = 3 \times 10^8$ [m/sec] : 진공 시 광(光)속도

05 전계(전장, 전기장)의 세기 E [N/C = V/m]

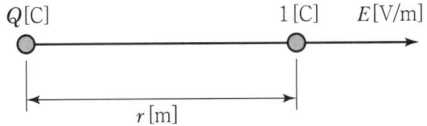

(1) 전계의 세기
$$E = \frac{Q}{4\pi\varepsilon_0 r^2} = 9 \times 10^9 \frac{Q}{r^2} \text{ [V/m]}$$

(2) 전계 내에 전하 Q[C]를 놓았을 때 전하가 전계에 의하여 받는 힘
$$F = QE \text{ [N]}$$

(3) 전계의 세기 단위
$$E [\text{N/C} = \text{V/m} = \text{A}\Omega/\text{m}]$$

(4) 전계의 세기가 0인 점
  ① 전하량의 부호가 같을 때
    두 전하 사이의 내부에 존재
  ② 전하량의 부호가 다를 때
    전하량의 절댓값이 큰 쪽의 반대편에 존재(= 전하량의 절대값이 작은 쪽의 외측)

(5) 정삼각형 정점의 전계 및 힘의 세기
  ① 전하량의 크기가 같고 부호가 같을 때
    $F = \sqrt{3} F_1$, $E = \sqrt{3} E_1$
  ② 전하량의 크기가 같고 부호가 다를 때
    $F = F_1$, $E = E_1 (\cos 120° = -\frac{1}{2})$

06 원형(원환)도체 전하에 의한 전계

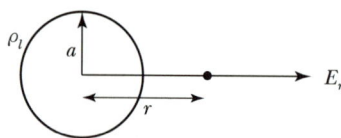

선전하 밀도	$\rho_l = \lambda \, [\text{C/m}] = \dfrac{Q}{l}$
면전하 밀도	$\rho_s = \sigma \, [\text{C/m}^2] = \dfrac{Q}{S}$
체적전하 밀도	$\rho_v = \rho \, [\text{C/m}^3] = \dfrac{Q}{v}$

(1) 전체 전하량으로 표현 시 전계의 세기

$$E_r = \dfrac{Qr}{4\pi\varepsilon_0(a^2+r^2)^{\frac{3}{2}}} \, [\text{V/m}]$$

(2) 선전하로 표현 시 전계의 세기

$$E_r = \dfrac{\rho_l \, a \, r}{2\varepsilon_0(a^2+r^2)^{\frac{3}{2}}} \, [\text{V/m}]$$

07 전기력선의 성질

① 전기력선은 정(+)전하에서 시작하여 부(−)전하에서 끝난다(전계의 불연속성).
② 전기력선의 방향은 그 점의 전계의 방향과 일치한다.
③ 전기력선은 전위가 높은 점에서 낮은 점으로 향한다.
④ 전기력선은 그 자신만으로 폐곡선을 이룰 수 없다.
⑤ 전기력선은 도체 표면(등전위면)에 수직으로 만난다.
⑥ 도체에 주어진 전하는 도체 표면에만 분포한다.
⑦ 전기력선의 수는 $\dfrac{Q}{\varepsilon}$ 개이다.
⑧ 전기력선은 서로 반발하여 교차할 수 없다.
⑨ 전기력선의 밀도는 전계의 세기와 같다.
⑩ 전기력선은 대전도체 내부에는 존재하지 않는다.

08 전기력선의 수

$N = \dfrac{Q}{\varepsilon} = \dfrac{Q}{\varepsilon_o \varepsilon_s}$ [개] (진공 시 $\varepsilon_s = 1$)

09 전속수

ψ[C] 전속(수)는 매질과 관계없이 폐곡면 내 전하량 Q[C]만큼 나온다.
① 진공 시 : $\psi_0 = Q$
② 유전체 : $\psi = Q$
③ 매질상수와 관계없다.

10 전속밀도

$$D = \dfrac{\psi}{S} = \dfrac{Q}{S} = \dfrac{Q}{4\pi r^2} = \varepsilon_0 E = \rho_s \, [\text{C/m}^2]$$

여기서, ρ_s : 면전하 밀도[C/m²]
S : 구의 표면적 $4\pi r^2$[m²]

11 가우스 법칙

진공 중의 전계 내에서 임의의 폐곡면을 통해서 나오는 전기력선의 총수는 그 폐곡면 내에 존재하는 전하 Q[C]의 $\dfrac{1}{\varepsilon_0}$ 배와 같다.

$$N = \int E \, ds = \dfrac{Q}{\varepsilon_0} \quad \psi = \int D \, ds = Q$$

12 점(구)전하에 의한 전계의 세기

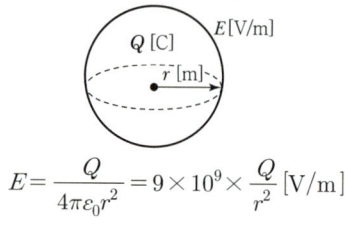

$$E = \dfrac{Q}{4\pi\varepsilon_0 r^2} = 9 \times 10^9 \times \dfrac{Q}{r^2} \, [\text{V/m}]$$

13 무한장 직선 전하에 의한 전계

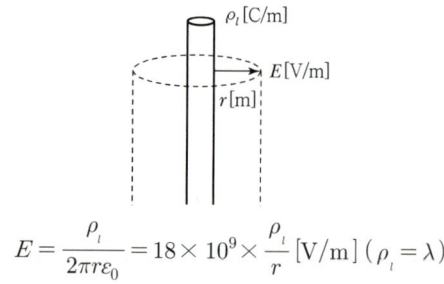

$$E = \dfrac{\rho_l}{2\pi r \varepsilon_0} = 18 \times 10^9 \times \dfrac{\rho_l}{r} \, [\text{V/m}] \, (\rho_l = \lambda)$$

14 구도체에 의한 내·외 전계의 세기

① 전하 균일 시(내부에도 전하가 존재한다.)

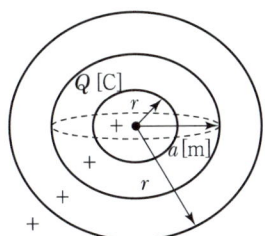

외부 ($r > a$)	내부 ($r < a$)
$E = \dfrac{Q}{4\pi\varepsilon_0 r^2}$ [V/m]	$E_i = \dfrac{Qr}{4\pi\varepsilon_0 a^3}$ [V/m]

② 대전 구도체(전하끼리 반발하여 내부에는 전하가 존재하지 않는다.)

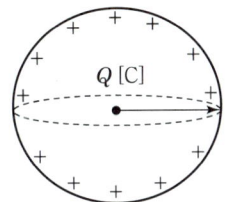

외부 ($r > a$)	내부 ($r < a$)
$E = \dfrac{Q}{4\pi\varepsilon_0 r^2}$ [V/m]	$E_i = 0$ [V/m]

15 원통(원주)도체에 의한 전계의 세기

① 전하 균일 시(내부에도 전하가 존재한다.)

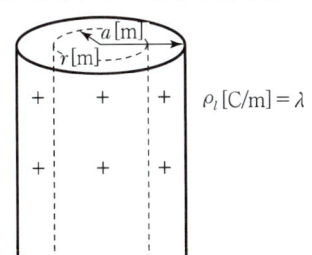

외부 ($r > a$)	내부 ($r < a$)
$E = \dfrac{\lambda}{2\pi\varepsilon_0 r}$ [V/m]	$E_i = \dfrac{r \cdot \lambda}{2\pi\varepsilon_0 a^2}$ [V/m]

② 대전 원주 도체(전하끼리 반발하여 내부에는 전하가 존재하지 않는다.)

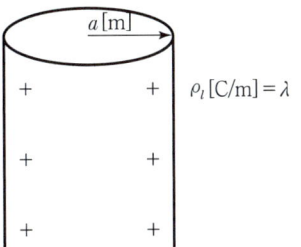

외부 ($r > a$)	내부 ($r < a$)
$E = \dfrac{\lambda}{2\pi\varepsilon_0 r}$ [V/m]	$E_i = 0$ [V/m]

16 무한 평면(무한 평판)에 의한 전계

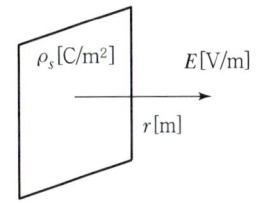

① 면전하에 의한 전체 전계의 세기(평행판, 구도체 표면)

$E = \dfrac{\sigma}{\varepsilon_o}$ [V/m] ($\sigma = \rho_s$)

② 한쪽 면에서 나가는 전계의 세기(무한 평면)

$E = \dfrac{\sigma}{2\varepsilon_o}$ [V/m]

③ 무한 평판에 의한 전계의 세기는 거리, 면적과는 무관하다.

17 전위 및 전위차

(1) 전위

단위 점전하가 무한히 먼 곳에서 관측점까지 전계의 방향과 역으로 이동해 갈 때의 일 에너지

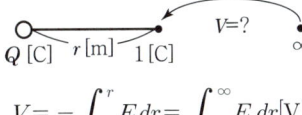

$V = -\displaystyle\int_\infty^r E\,dr = \int_r^\infty E\,dr$ [V]

여기서, ∞ : 출발점, r : 관측점

(2) 전위차

B점에 대한 A점의 전위

$$V_{AB} = -\int_B^A E\,dr = \int_A^B E\,dr\ [\mathrm{V}]$$

여기서, B : 출발점, A : 관측점

(3) 점전하 $Q[\mathrm{C}]$에 의한 전위

$$V = -\int_\infty^r E\,dr = \int_r^\infty \frac{Q}{4\pi\varepsilon_0 r^2}\,dr$$

$$= \frac{Q}{4\pi\varepsilon_0}\int_r^\infty \frac{1}{r^2}\,dr = \frac{Q}{4\pi\varepsilon_0}\int_r^\infty r^{-2}\,dr$$

$$= \frac{Q}{4\pi\varepsilon_0}\left[-\frac{1}{r}\right]_r^\infty = \frac{Q}{4\pi\varepsilon_0}\left[-\frac{1}{\infty}+\frac{1}{r}\right]$$

$$= \frac{Q}{4\pi\varepsilon_0 r} = 9\times 10^9 \frac{Q}{r}\ [\mathrm{V}]$$

전계 내에서 $r[\mathrm{m}]$ 떨어진 점의 전위

$$V = E\cdot r = E\cdot d = G\cdot r\ [\mathrm{V}]$$

18 중공도체구(= 동심구) 전위

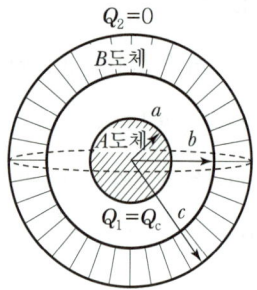

① A 도체에 $+Q[\mathrm{C}]$, B도체에 $0[\mathrm{C}]$인 경우의 A도체의 전위

$$V_a = -\int_\infty^a E\,dr$$

$$= -\int_\infty^c \frac{Q}{4\pi\varepsilon_0 r^2}\,dr - \int_b^a \frac{Q}{4\pi\varepsilon_0 r^2}\,dr$$

$$= \frac{Q}{4\pi\varepsilon_0}\left(\frac{1}{a}-\frac{1}{b}+\frac{1}{c}\right)[\mathrm{V}]$$

② A 도체에 $+Q[\mathrm{C}]$, B도체에 $-Q[\mathrm{C}]$인 경우

$$V_{AB} = V_A - V_B = \frac{Q}{4\pi\varepsilon_0}\left(\frac{1}{a}-\frac{1}{b}\right)[\mathrm{V}]$$

19 대전 구도체의 내외 전위

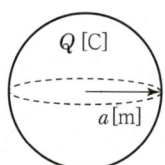

① 외부 $(r > a)$: $V = \dfrac{Q}{4\pi\varepsilon_0 r}\ [\mathrm{V}]$

② 표면 $(r = a)$: $V_a = \dfrac{Q}{4\pi\varepsilon_0 a}\ [\mathrm{V}]$

③ 내부 $(r < a)$: $V_i = \dfrac{Q}{4\pi\varepsilon_0 a}\ [\mathrm{V}]$

대전된 구도체 외부 전위는 거리에 반비례하고 표면전위와 내부전위는 같다.

> **Reference**
>
> 기타도체의 전위
> ① 무한장 직선도체 $V = \infty$
> ② 동심(원주)원통도체 : a와 b 사이의 전위차
> $$V = \frac{\lambda}{2\pi\varepsilon_0}\ln\frac{b}{a}[\mathrm{V}]$$
> (단, $a[\mathrm{m}]$: 내원통 반지름, $b[\mathrm{m}]$: 외원통 반지름)
> ③ 평행왕복도선 간의 전위$(D > a)$: $V = \dfrac{\lambda}{\pi\varepsilon_0}\ln\dfrac{D}{a}[\mathrm{V}]$
> (단, $D[\mathrm{m}]$: 중심 간 거리, $a[\mathrm{m}]$: 도선의 반지름)
> ④ 한 변의 길이가 $a[\mathrm{m}]$이고, 각 정점에 $Q[\mathrm{C}]$이 대전된 정사각형 중심 전위
> $$V = \frac{\sqrt{2}\,Q}{\pi\varepsilon_0 a}[\mathrm{V}]\ (단, 중심전계\ E = 0)$$
> ⑤ 한 변의 길이가 $a[\mathrm{m}]$이고, 각 정점에 $Q[\mathrm{C}]$이 대전된 정육각형 중심 전위
> $$V = \frac{3Q}{2\pi\varepsilon_0 a}[\mathrm{V}]\ (단, 중심전계\ E = 0)$$

20 전위의 기울기

전위함수를 가지고 전계의 세기를 구한다.

$$E = -\mathrm{grad}\,V = -\nabla V = -\frac{dV}{dr}$$

$$= -\left(\frac{\partial V}{\partial x}i + \frac{\partial V}{\partial y}j + \frac{\partial V}{\partial z}k\right)[\mathrm{V/m}]$$

21 등전위면

전위가 같은 점들을 이어 놓은 면
① 전기력선은 등전위면에 직교(수직)한다.
② 등전위면을 따라 전하 이동 시 하는 일은 0이다.
③ 폐곡면을 따라 전하 일주 시 하는 일은 0이다.

22 전기 쌍극자

정·부의 점전하 $+Q$, $-Q$가 미소거리 δ[m]만큼 떨어져 있을 때 이 한 쌍의 전하를 전기 쌍극자라고 한다.

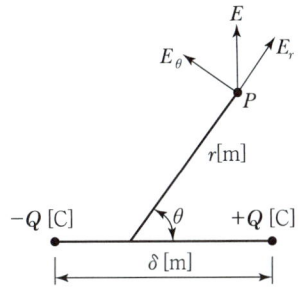

① 전기 쌍극자 모멘트 $M = Q \cdot \delta [\mathrm{C \cdot m}]$
  단, δ : 두 전하 사이의 미소거리[m]

② 전위 $V = \dfrac{M}{4\pi\varepsilon_0 r^2} \cos\theta = \dfrac{Q\delta}{4\pi\varepsilon_0 r^2} \cos\theta \,[\mathrm{V}]$

즉, 쌍극자에 의한 전위는 $\dfrac{1}{r^2}$에 비례한다.

또한 최대 전위 발생 시 $\theta = 0°$이다.

③ 전계의 세기

$\vec{E} = \vec{E_r} + \vec{E_\theta}$ 이고,

$E = -\mathrm{grad}\, V = -\nabla V = -\left(\dfrac{\partial V}{\partial r} r_0 + \dfrac{\partial V}{r\partial \theta}\theta_0\right)[\mathrm{V/m}]$

∴ $\vec{E} = \dfrac{2M\cos\theta}{4\pi\varepsilon_0 r^3} r_0 + \dfrac{M\sin\theta}{4\pi\varepsilon_0 r^3}\theta_0 [\mathrm{V/m}]$,

$|E| = \dfrac{M}{4\pi\varepsilon_0 r^3}\sqrt{1 + 3\cos^2\theta}\,[\mathrm{V/m}]$

즉, 쌍극자에 의한 전계는 $\dfrac{1}{r^3}$에 비례하고, 최대 전계 발생 시 $\theta = 0°$ or $180°$이다.

23 전기력선의 방정식

$$\dfrac{dx}{E_x} = \dfrac{dy}{E_y} = \dfrac{dz}{E_z}$$

① E_x, E_y가 같은 부호이면 $y = Cx = Ax = kx$

② E_x, E_y가 다른 부호이면 $y = \dfrac{C}{x}$

③ x, y 좌표가 주어지면 보기의 각 식에 대입하여 등식이 성립하면 답

24 가우스의 발산의 정리

$$N = \int_S E\, ds = \int_v \mathrm{div}\, E\, dv = \dfrac{Q}{\varepsilon_0}$$

[가우스의 미분형]

① $\mathrm{div}\, E = \dfrac{\rho_v}{\varepsilon_0}$

② $\mathrm{div}\, D = \rho_v [\mathrm{C/m^3}]$

(단, $\rho_v = \dfrac{Q}{v}[\mathrm{C/m^3}]$은 체적당 전하밀도(공간전하밀도)이다.)

25 푸아송의 방정식

전위함수를 가지고 공간전하밀도를 구할 수 있다.
전위의 기울기 $E = -\mathrm{grad}\, V = -\nabla V[\mathrm{V/m}]$이고 가우스 미분형에서

$\mathrm{div}\, E = \nabla \cdot E = \dfrac{\rho_v}{\varepsilon_0}$ 이므로 두 식을 종합하면

$\nabla \cdot E = \nabla \cdot (-\nabla V) = -\nabla^2 V = \dfrac{\rho_v}{\varepsilon_0}$ 가 된다.

결국 푸아송의 방정식은 $\nabla^2 V = -\dfrac{\rho_v}{\varepsilon_0}$ 가 된다.

또한 전하분포가 없는 공간 내의 전위 V일 때
$\nabla^2 V = 0$을 라플라스(Laplace) 방정식이라 한다.

단, $\nabla^2 = \nabla \cdot \nabla = \Delta = \dfrac{\partial^2}{\partial x^2} + \dfrac{\partial^2}{\partial y^2} + \dfrac{\partial^2}{\partial z^2}$이며 이를 라플라스 연산자라 한다.

26 전기 2중층

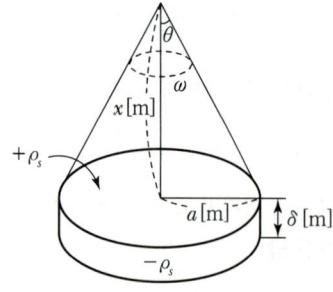

(1) 전기 2중층의 세기

$$M_\delta = \rho_s \cdot \delta [\text{C/m}]$$

여기서, ρ_s : 면전하밀도 $[\text{C/m}^2]$
δ : 판의 두께 $[\text{m}]$

(2) 입체각

$$\omega = 2\pi(1-\cos\theta)[\text{sr}]$$

(단, 관측점 판에 무한 접근 시 $\omega = 2\pi[\text{sr}]$)

(3) 전위

$$V = \frac{M_\delta}{4\pi\varepsilon_0}\omega[\text{V}]$$

핵심 기출 문제

01 두 개의 똑같은 작은 도체구를 접촉하여 대전시킨 후 1[m] 거리에 떼어 놓았더니 작은 도체구는 서로 9×10^{-3}[N]의 힘으로 반발했다. 각 전하는 몇 [C]인가?

① 10^{-8} ② 10^{-6}
③ 10^{-4} ④ 10^{-2}

02 그림과 같은 $Q_A = 4 \times 10^{-6}$[C], $Q_B = 2 \times 10^{-6}$[C], $Q_C = 5 \times 10^{-6}$[C]의 전하를 가진 작은 도체구 A, B, C가 진공 중에서 일직선상에 놓여질 때 B구에 작용하는 힘[N]은?

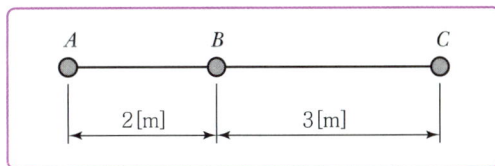

① 1.8×10^{-2} ② 1×10^{-2}
③ 0.8×10^{-2} ④ 2.8×10^{-2}

03 평등 전계 E 속에 있는 정지된 전자 e 가 받는 힘은?

① 크기는 e^2E 이고 전계와 같은 방향
② 크기는 e^2E 이고 전계와 반대 방향
③ 크기는 eE 이고 전계와 같은 방향
④ 크기는 eE 이고 전계와 반대 방향

04 전기력선의 기본 성질에 관한 설명으로 옳지 않은 것은?

① 전기력선의 방향은 그 점의 전계의 방향과 일치한다.
② 전기력선은 전위가 높은 점에서 낮은 점으로 향한다.
③ 전기력선은 그 자신만으로 폐곡선이 된다.
④ 전계가 0이 아닌 곳에서 전기력선은 도체 표면에 수직으로 만난다.

05 대전된 도체 표면의 전하 밀도는 도체 표면의 모양에 따라 어떻게 되는가?

① 표면 전하 밀도는 표면의 모양과 무관하다.
② 표면 전하 밀도는 평면일 때 가장 크다.
③ 표면 전하 밀도는 뾰족할수록 커진다.
④ 표면 전하 밀도는 곡률이 크면 작아진다.

06 진공 중에 있는 구도체 일정 전하를 대전시켰을 때 정전 에너지가 존재하는 것으로 다음 중 옳은 것은?

① 도체 내에만 존재한다.
② 도체 표면에만 존재한다.
③ 도체 내외에 모두 존재한다.
④ 도체 표면과 외부 공간에 존재한다.

07 대전도체의 성질 중 옳지 않은 것은?

① 도체 표면의 전하 밀도를 σ[C/m²]라 하면 표면상의 전계는 $E = \dfrac{\sigma}{\varepsilon_0}$[V/m]이다.
② 도체 표면상의 전계는 면에 대해서 수평이다.
③ 도체 내부의 전계는 0이다.
④ 도체는 등전위이고, 그 표면은 등전위면이다.

08 단위 구면을 통해 나오는 전기력선의 수[개]는? (단, 구 내부의 전하량은 Q[C]이다.)

① 1 ② 4π
③ ε_o ④ $\dfrac{Q}{\varepsilon_o}$

09 폐곡면으로부터 나오는 유전속(Dielectric Flux)의 수가 N일 때 폐곡면 내의 전하량은 얼마인가?

① N
② $\dfrac{N}{\varepsilon_o}$
③ $\varepsilon_o N$
④ $\dfrac{N}{2\varepsilon_o}$

10 지구의 표면에 있어서 대지로 향하여 $E = 300$ [V/m]의 전계가 있다고 가정하면 지표면의 전하밀도은 몇 [c/m²]인가?

① 1.65×10^{-9}
② -1.65×10^{-9}
③ 2.65×10^{-9}
④ -2.65×10^{-9}

11 진공 중에서 Q[C]의 전하가 반지름 a[m]인 구의 내부까지 균일하게 분포되어 있는 경우 구의 중심으로 부터 $a/2$인 거리에 있는 점의 전계의 세기 [V/m]는?

① $\dfrac{Q}{16\pi\varepsilon_o a^2}$
② $\dfrac{Q}{8\pi\varepsilon_o a^2}$
③ $\dfrac{Q}{4\pi\varepsilon_o a^2}$
④ $\dfrac{Q}{\pi\varepsilon_o a^2}$

12 점전하 $+2Q$[C]가 $x=0$, $y=1$인 점에 놓여 있고 $-Q$[C]의 전하가 $x=0$, $y=-1$인 점에 위치할 때 전계의 세기가 0이 되는 점은?

① $-Q$ 쪽으로 5.83 $\begin{bmatrix} x=0 \\ y=-5.83 \end{bmatrix}$
② $+2Q$ 쪽으로 5.83 $\begin{bmatrix} x=0 \\ y=5.83 \end{bmatrix}$
③ $-Q$ 쪽으로 0.17 $\begin{bmatrix} x=0 \\ y=-0.17 \end{bmatrix}$
④ $+2Q$ 쪽으로 0.17 $\begin{bmatrix} x=0 \\ y=0.17 \end{bmatrix}$

13 축이 무한히 길며 반경이 a[m]인 원주 내에 전하가 축대칭이며 축방향으로 균일하게 분포되어 있을 경우, 반경 $r > a$[m] 되는 동심 원통면상의 한 점 P의 전계 세기[V/m]는?(단, 원주의 단위 길이 당 전하를 λ[C/m]라 한다.)

① $\dfrac{\lambda}{2\varepsilon_o}$
② $\dfrac{\lambda}{2\pi\varepsilon_o}$
③ $\dfrac{\lambda}{2\pi a}$
④ $\dfrac{\lambda}{2\pi\varepsilon_o r}$

14 그림과 같이 $+q$[C/m]로 대전된 두 도선이 d[m]의 간격으로 평행하게 가설되었을 때 이 두 도선 간에 전계가 최소가 되는 점은?

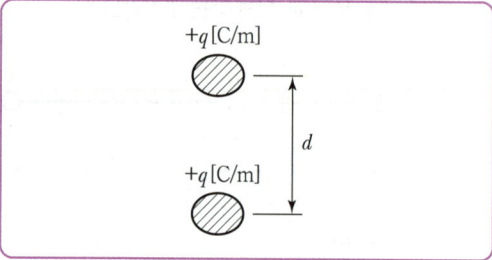

① $\dfrac{d}{3}$
② $\dfrac{d}{2}$
③ $\dfrac{2d}{3}$
④ $\dfrac{3d}{5}$

15 진공 중에 선전하 밀도 $+\lambda$[C/m]의 무한장 직선전하 A 와 $-\lambda$[C/m]의 무한장 직선전하 B가 d[m]의 거리에 평행으로 놓여 있을 때, A에서 거리 $\dfrac{d}{3}$[m] 되는 점의 전계의 크기는 몇 [V/m]인가?

① $\dfrac{3\lambda}{4\pi\varepsilon_o d}$
② $\dfrac{9\lambda}{4\pi\varepsilon_o d}$
③ $\dfrac{3\lambda}{8\pi\varepsilon_o d}$
④ $\dfrac{9\lambda}{8\pi\varepsilon_o d}$

16 진공 중에서 있는 임의의 구도체 표면 전하밀도가 σ일 때의 구도체 표면의 전계 세기[V/m]는?

① $\dfrac{\varepsilon_o \sigma^2}{2}$ ② $\dfrac{\sigma}{2\varepsilon_o}$
③ $\dfrac{\sigma^2}{\varepsilon_o}$ ④ $\dfrac{\sigma}{\varepsilon_o}$

17 전하밀도 ρ_s[C/m²]인 무한 판상 전하분포에 의한 임의 점의 전장에 대하여 틀린 것은?

① 전장은 판에 수직방향으로만 존재한다.
② 전장의 세기는 전하밀도 ρ_s에 비례한다.
③ 전장의 세기는 거리 r에 반비례한다.
④ 전장의 세기는 매질에 따라 변한다.

18 반지름 a인 무한히 긴 원통상의 도체에 전하 Q가 균일하게 흐를 때 도체 내외에 발생하는 전계의 모양은?(단, 전하는 도체의 중심축에 대하여 대칭이고, 그 전류 밀도는 중심에서의 거리 r의 함수로 주어진다고 한다.)

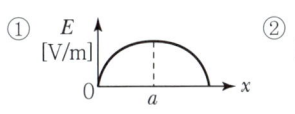

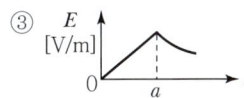

19 진공 중에서 전하 밀도 $\pm\sigma$[C/m²]의 무한 평면이 간격 d[m]로 떨어져 있다. $+\sigma$의 평면으로부터 r[m] 떨어진 점 P의 전계의 세기[N/C]는?

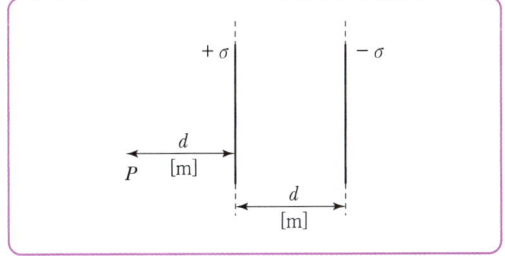

① 0 ② $\dfrac{\sigma}{\varepsilon_o}$
③ $\dfrac{\sigma}{2\varepsilon_o}$ ④ $\dfrac{\sigma}{2\varepsilon_o}\left(\dfrac{1}{r} - \dfrac{1}{r+d}\right)$

20 등전위면(Equipotential Surface)에 대한 설명으로 옳은 것은?

① 전기력선은 등전위면과 평행하게 지나간다.
② 전하를 갖고 등전위면에 따라 이동하면 일이 생긴다.
③ 다른 전위의 등전위면은 서로 교차한다.
④ 점전하가 만드는 전계의 등전위면은 동심구면이다.

21 진공 중에 반경 2[cm]인 도체구 A와 내외반경이 4[cm] 및 5[cm]인 도체구 B를 동심으로 놓고 도체구 A에 $Q_A = 2 \times 10^{-10}$[C]의 전하를 대전시키고 도체구 B의 전하는 0[C]으로 했을 때 도체구 A의 전위는 몇 [V]인가?

① 36[V] ② 45[V]
③ 81[V] ④ 90[V]

22 무한 평행판 평행 전극 사이의 전위차 V[V]는? (단, 평행판 전하 밀도 σ[C/m²], 판 간 거리 d[m]라 한다.)

① $\dfrac{\sigma}{\varepsilon_o}$ ② $\dfrac{\sigma}{\varepsilon_o}d$
③ σd ④ $\dfrac{\varepsilon_o \sigma}{d}$

23 30[V/m]인 평등전계 중의 80[V] 되는 점에서 1[C]의 전하가 전계 방향으로 80[cm] 떨어진 점의 전위는 몇 [V]인가?

① 9 ② 24
③ 30 ④ 56

24 정전유도에 의해서 고립 도체에 유기되는 전하는?

① 정전하만 유기되며 도체는 등전위이다.
② 정, 부 동량의 전하가 유기되며 도체는 등전위이다.
③ 부전하만 유기되며 도체는 등전위가 아니다.
④ 정, 부 동량의 전하가 유기되며 도체는 등전위가 아니다.

25 한 변의 길이가 a[m]인 정 4각형 A, B, C, D의 각 정점에 각각 Q[C]의 전하를 놓을 때, 정사각형 중심 O의 전위는 몇 [V]인가?

① $\dfrac{3Q}{4\pi\varepsilon_0 a}$ ② $\dfrac{3Q}{\pi\varepsilon_0 a}$

③ $\dfrac{\sqrt{2}\,Q}{\pi\varepsilon_0 a}$ ④ $\dfrac{2Q}{\pi\varepsilon_0 a}$

26 등전위면을 따라 전하 Q[C]를 운반하는 데 필요한 일은?

① 전하의 크기에 따라 변한다.
② 전위의 크기에 따라 변한다.
③ QV
④ 0

27 크기가 같고 부호가 반대인 두 점전하 $+Q$[C]와 $-Q$[C]가 극히 미소한 거리 δ[m]만큼 떨어져 있을 때 전기 쌍극자 모멘트는 몇 [C·m]인가?

① $\dfrac{1}{2}Q\delta$ ② $Q\delta$

③ $2Q\delta$ ④ $4Q\delta$

28 전기 쌍극자 모멘트 M[C·m]인 전기 쌍극자에 의한 임의의 점의 전위는 몇 [V]인가?(단, 전기 쌍극자 간의 중심점에서 임의 점까지의 거리는 R[m], 이들 간에 이루어진 각은 θ이다.)

① $9 \times 10^9 \dfrac{M\cos\theta}{R}$

② $9 \times 10^9 \dfrac{M\cos\theta}{R^2}$

③ $9 \times 10^9 \dfrac{M\sin\theta}{R}$

④ $9 \times 10^9 \dfrac{M\sin\theta}{R^2}$

29 그림과 같은 전기 쌍극자에서 P점의 전계의 세기는 몇 [V/m]인가?

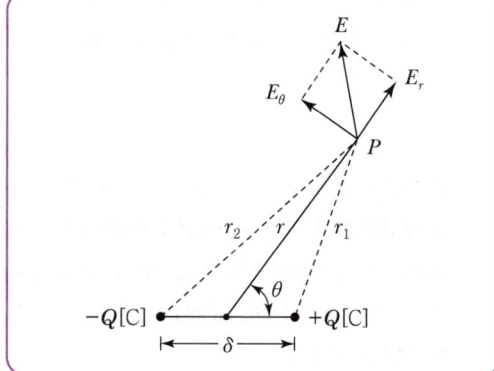

① $a_r \dfrac{Q\delta}{2\pi\varepsilon_o r^3}\sin\theta + a_\theta \dfrac{Q\delta}{4\pi\varepsilon_o r^3}\cos\theta$

② $a_r \dfrac{Q\delta}{4\pi\varepsilon_o r^3}\sin\theta + a_\theta \dfrac{Q\delta}{4\pi\varepsilon_o r^3}\cos\theta$

③ $a_r \dfrac{Q\delta}{2\pi\varepsilon_o r^3}\cos\theta + a_\theta \dfrac{Q\delta}{4\pi\varepsilon_o r^3}\sin\theta$

④ $a_r \dfrac{Q\delta}{4\pi\varepsilon_o r^3}\omega + a_\theta \dfrac{Q\delta}{4\pi\varepsilon_o r^3}(1-\omega)$

30 쌍극자 모멘트가 M[C·m]인 전기쌍극자에 의한 임의의 점 P의 전계의 크기는 전기 쌍극자의 중심에서 축방향과 점 P를 잇는 선분 사이의 각 θ가 어느 때 최소가 되는가?

① 0 ② $\pi/2$
③ $\pi/3$ ④ $\pi/4$

31 전기쌍극자의 중점으로부터 거리 r[m]만큼 떨어진 P점의 전계의 세기는?

① r^2에 비례 ② r^3에 비례
③ r^2에 반비례 ④ r^3에 반비례

32 반지름 a인 원판형 전기 2중층(세기 M)의 축상 x되는 거리에 있는 점 P(정전하 측)의 전위[V]는?

① $\dfrac{M}{2\varepsilon_o}\left(1-\dfrac{a}{\sqrt{x^2+a^2}}\right)$ ② $\dfrac{M}{\varepsilon_o}\left(1-\dfrac{a}{\sqrt{x^2+a^2}}\right)$
③ $\dfrac{M}{2\varepsilon_o}\left(1-\dfrac{x}{\sqrt{x^2+a^2}}\right)$ ④ $\dfrac{M}{\varepsilon_o}\left(1-\dfrac{x}{\sqrt{x^2+a^2}}\right)$

33 구의 입체각은 몇 [sr]인가?

① π ② 2π
③ 4π ④ 8π

34 정전계 E와 전위 V 사이의 관계, 즉 $E = -\mathrm{grad}\,V$에 관한 설명으로 잘못된 것은?

① 전계는 전위가 일정한 면에 수직이다.
② 전계의 방향은 전위가 감소하는 방향으로 향한다.
③ 전계의 전기력선은 연속적이다.
④ 전계의 전기력선은 폐곡면을 이루지 않는다.

35 $V = x^2$ [V]로 주어지는 전위 분포일 때 $x = 20$[cm]인 점의 전계는?

① $+x$ 방향으로 40[V/m]
② $-x$ 방향으로 40[V/m]
③ $+x$ 방향으로 0.4[V/m]
④ $-x$ 방향으로 0.4[V/m]

36 $E = i\left(\dfrac{x}{x^2+y^2}\right) + j\left(\dfrac{y}{x^2+y^2}\right)$인 전계의 전기력선의 방정식을 옳게 나타낸 것은?(단, c는 상수이다.)

① $y = c\ln x$ ② $y = \dfrac{c}{x}$
③ $y = cx$ ④ $y = cx^2$

37 $E = x\,a_x - y\,a_y$[V/m]일 때 점 (6, 2)[m]를 통과하는 전기력선의 방정식은?

① $y = 12x$ ② $y = \dfrac{12}{x}$
③ $y = \dfrac{x}{12}$ ④ $y = 12x^2$

38 $\mathrm{div}\,D = \rho$와 관계가 가장 깊은 것은?

① Ampere의 주회적분 법칙
② Faraday의 전자유도 법칙
③ Laplace의 방정식
④ Gauss의 정리

39 원점에 점전하 Q[C]가 있을 때 원점을 제외한 모든 점에서 $\nabla \cdot D$의 값은?

① ∞ ② 0
③ 1 ④ ε_0

40 Poisson의 방정식은?

① $\mathrm{div}\,\dot{E} = \dfrac{\rho}{\varepsilon_0}$ ② $\nabla^2 V = -\dfrac{\rho}{\varepsilon_0}$
③ $\dot{E} = \mathrm{grad}\,V$ ④ $\mathrm{div}\,\dot{E} = \varepsilon_0$

41 전위함수 $V = 2xy^2 + x^2yz^2$[V]일 때 점(1, 0, 0)[m]의 공간 전하 밀도[C/m³]는?

① $4\varepsilon_0$ ② $-4\varepsilon_0$
③ $6\varepsilon_0$ ④ $-6\varepsilon_0$

42 다음 중 전계 E가 보존적인 것과 관계되지 않는 것은?

① $\oint_c E \cdot dl = 0$ ② $E = -\,grad\,V$
③ $rot\,E = 0$ ④ $div\,E = 0$

43 다음 중 옳지 못한 것은?

① 라플라스 방정식 : $\nabla^2 V = 0$
② 발산정리 : $\oint_S A\,ds = \int_v div\,A\,dv$
③ 푸아송의 방정식 : $\nabla^2 V = \dfrac{\rho}{\varepsilon_0}$
④ 가우스의 정리 : $div\,D = \rho$

44 질량 $m = 10^{-8}$[kg], 전하량 $q = 10^{-6}$[C]의 입자가 전계 E[V/m]인 곳에 존재한다. 이 입자의 가속도가 $a = 10^2 i + 10^3 j$ [m/s²]인 것이 관측되었다면 전계의 세기 E[V/m]는?(단, i, j는 단위 벡터이다.)

① $E = 10^2 i + 10^3 j$ ② $E = i + 10j$
③ $E = 10^{-4} i + 10^{-3} j$ ④ $E = 10i + 10^2 j$

Chapter 03 진공 중의 도체계

01 정전용량

전위차에 의해 전하를 축적하는 장치

① 정전용량 $C = \dfrac{Q}{V} = \dfrac{전기량}{전위차}$ [F]

② 엘라스턴스 $= \dfrac{1}{정전용량} = \dfrac{V}{Q} = \dfrac{전위차}{전기량}$

   $[\text{V/C} = 1/\text{F}]$

02 전위계수 및 성질

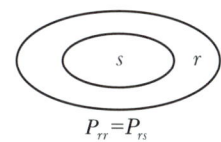

$P_{rr} = P_{rs}$

① $V_1 = P_{11}Q_1 + P_{12}Q_2$

② $V_2 = P_{21}Q_1 + P_{22}Q_2$

③ ㉠ $P_{rr} > 0$, $P_{rr} \geq P_{rs}$, $P_{rs} = P_{sr} \geq 0$

   ㉡ $P_{rr} = P_{rs}$ (r 도체는 s 도체를 포함한다.)

03 유도계수 및 용량계수의 성질

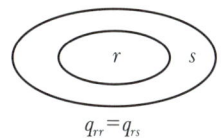

$q_{rr} = q_{rs}$

① $Q_1 = q_{11}V_1 + q_{12}V_2$

② $Q_2 = q_{21}V_1 + q_{22}V_2$

③ ㉠ $q_{rr} > 0$, $q_{rr} \geq -q_{rs}$, $q_{rs} = q_{sr} \leq 0$

   ㉡ $q_{rr} = -q_{rs}$ (s 도체는 r 도체를 포함한다.)

04 전위계수에 의한 전위차

$$V_1 - V_2 = (P_{11} - 2P_{12} + P_{22})Q \text{ [V]}$$

05 전위계수에 의한 정전용량

$$C = \dfrac{Q}{V_1 - V_2} = \dfrac{1}{P_{11} - 2P_{12} + P_{22}} \text{ [F]}$$

06 구도체의 정전용량

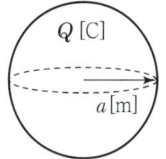

구도체의 표면 전위는 $V_a = \dfrac{Q}{4\pi\varepsilon_0 a}$ [V]이므로, 구도체의 정전용량 $C = \dfrac{Q}{V_a} = \dfrac{Q}{\dfrac{Q}{4\pi\varepsilon_0 a}} = 4\pi\varepsilon_0 a$ [F]가 된다.

여기서, a : 구도체의 반지름

> **Reference**
> 반구도체의 정전용량 $C = 2\pi\varepsilon_0 a$ [F]이다.

07 동심구(＝중공 도체구)의 정전용량

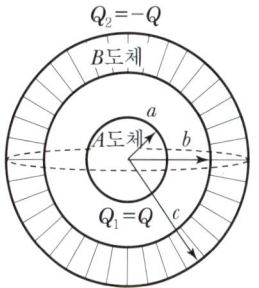

a : A 도체 반지름
b : B 도체 내 반지름

동심구 사이의 임의의 한 점의 전계의 세기는
$E = \dfrac{Q}{4\pi\varepsilon_0 r^2}$ [V/m]이므로 전위차

$$V_{ab} = -\int_b^a E\,dr = \int_a^b \dfrac{Q}{4\pi\varepsilon_0 r^2}\,dr = \dfrac{Q}{4\pi\varepsilon_0}\int_a^b \dfrac{1}{r^2}\,dr$$

$$= \dfrac{Q}{4\pi\varepsilon_0}\left[-\dfrac{1}{r}\right]_a^b = \dfrac{Q}{4\pi\varepsilon_0}\left(\dfrac{1}{a}-\dfrac{1}{b}\right)\text{[V]가 된다.}$$

이때, 동심구의 정전 용량은 단, $b > a$일 때

$$C = \dfrac{Q}{V_{ab}} = \dfrac{Q}{\dfrac{Q}{4\pi\varepsilon_0}\left(\dfrac{1}{a}-\dfrac{1}{b}\right)} = \dfrac{4\pi\varepsilon_0}{\dfrac{1}{a}-\dfrac{1}{b}} = \dfrac{4\pi\varepsilon_0 ab}{b-a}$$

$$= \dfrac{1}{9\times 10^9}\dfrac{ab}{b-a}\text{[F]가 된다.}$$

08 평행판 사이의 정전용량

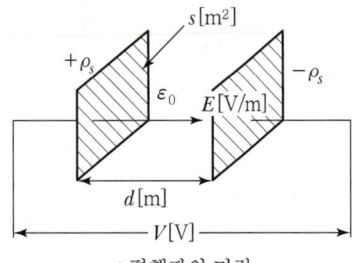

s : 평행판의 면적
d : 평행판의 간격

(1) 평행판 사이의 전계의 세기

$E = \dfrac{\rho_s}{\varepsilon_0}$ [V/m]

(2) 평행판 사이의 전위차

$V = E\cdot d = \dfrac{\rho_s}{\varepsilon_0}\cdot d$ [V]

(3) 평행판 사이의 정전용량

$C = \dfrac{Q}{V} = \dfrac{\rho_s \cdot S}{\dfrac{\rho_s}{\varepsilon_0}\cdot d} = \dfrac{\varepsilon_0 S}{d}$ [F]

09 동심 원통 도체의 정전용량

동심 원통에서 임의의 한 점 dr 지점의 전계의 세기

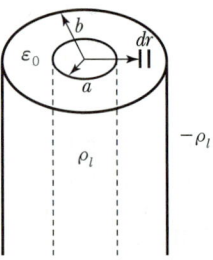

a : 내원통의 반지름
b : 외원통의 반지름

① $E = \dfrac{\rho_l}{2\pi\varepsilon_0 r}$ [V/m]이므로 동심 원통 사이의 전위차

② $V = -\int_b^a E\,dr = \int_a^b \dfrac{\rho_l}{2\pi\varepsilon_0 r}\,dr = \dfrac{\rho_l}{2\pi\varepsilon_0}\int_a^b \dfrac{1}{r}\,dr =$

$\dfrac{\rho_l}{2\pi\varepsilon_0}[\ln r]_a^b = \dfrac{\rho_l}{2\pi\varepsilon_0}[\ln b - \ln a] = \dfrac{\rho_l}{2\pi\varepsilon_0}\ln\dfrac{b}{a}$ [V]

가 된다.

③ $\therefore C = \dfrac{Q}{V_{ab}} = \dfrac{\rho_l \cdot l}{V_{ab}} = \dfrac{2\pi\varepsilon_0 l}{\ln\dfrac{b}{a}}$ [F]이 된다.

또한, 단위 길이당의 정전 용량을 구하면

④ $C' = \dfrac{C}{l} = \dfrac{2\pi\varepsilon_0}{\ln\dfrac{b}{a}}$ [F/m]이 된다.

10 평행 도선 간의 정전용량

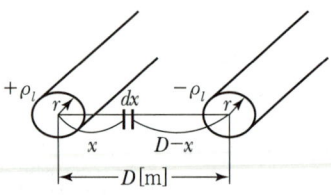

D : 평행도선 사이의 선간 거리
r : 도선의 반지름

(1) dx 지점에서의 전계의 세기

$E = E_1 + E_2 = \dfrac{\rho_l}{2\pi\varepsilon_0 x} + \dfrac{\rho_l}{2\pi\varepsilon_0(D-x)}$

$= \dfrac{\rho_l}{2\pi\varepsilon_0}\left(\dfrac{1}{x}+\dfrac{1}{D-x}\right)$ [V/m]

(2) 전위 V [V]

$V = -\int_{\infty}^{r} E\,dr = \int_{r}^{\infty} E\,dr$ 이므로

$V = \int_{r}^{D-r} \dfrac{\rho_l}{2\pi\varepsilon_0}\left(\dfrac{1}{x} + \dfrac{1}{D-x}\right)dx$

$= \dfrac{\rho_l}{2\pi\varepsilon_0}\left\{\int_{r}^{D-r} \dfrac{1}{x}\,dx + \int_{r}^{D-r} \dfrac{1}{D-x}\,dx\right\}$ 이고

$V = \dfrac{\rho_l}{2\pi\varepsilon_0}\left\{[\ln]_{r}^{D-r} + [\ln(D-x)]_{r}^{D-r}\right\}$

$= \dfrac{\rho_l}{\pi\varepsilon_0}\ln\dfrac{D-r}{r}$ [V]

(단, $D \gg r$ 이면 $V = \dfrac{\rho_l}{\pi\varepsilon_0}\ln\dfrac{D}{r}$ [V]이다.)

(3) 평행도선 사이의 정전용량($D \gg r$)

$C = \dfrac{Q}{V} = \dfrac{\rho_l \cdot l}{\dfrac{\rho_l}{\pi\varepsilon_0}\ln\dfrac{D}{r}} = \dfrac{\pi\varepsilon_0 l}{\ln\dfrac{D}{r}}$ [F] 이고

$C' = \dfrac{\pi\varepsilon_0}{\ln\dfrac{D}{r}}$ [F/m](단위 길이당)

11 합성 정전 용량

(1) 병렬접속

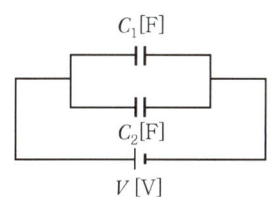

① 단자전압 일정 $\quad V = V_1 = V_2$ [V]
② 전체 전하 $\quad Q = Q_1 + Q_2$ [C]
③ 합성 정전용량 $\quad C = C_1 + C_2$ [C]
④ 전하량 분배 법칙

$Q_1 = \dfrac{C_1}{C_1 + C_2} Q$ [C], $Q_2 = \dfrac{C_2}{C_1 + C_2} Q$ [C]

⑤ 같은 정전용량 C를 n개 병렬연결 시 합성 정전용량 $C' = nC$가 된다.

⑥ 두 구를 가는 도선으로 연결 시 또는 두 구를 접촉 시는 병렬로 간주한다.

※ 도체구를 각각 충전 후 두 개를 가는 선으로 연결 시 공통 전위

$V = \dfrac{Q}{C} = \dfrac{Q_1 + Q_2}{C_1 + C_2} = \dfrac{C_1 V_1 + C_2 V_2}{C_1 + C_2}$

$= \dfrac{r_1 V_1 + r_2 V_2}{r_1 + r_2}$ [V]

(2) 직렬접속

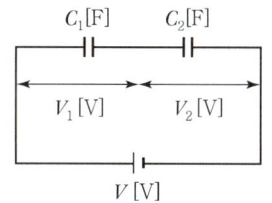

① 전하량 일정 $\quad Q_1 = Q_2 = Q_3$ [C]
② 전체 전압 $\quad V = V_1 + V_2$ [V]
③ 합성 정전용량 $\quad C = \dfrac{C_1 \cdot C_2}{C_1 + C_2}$ [F]
④ 전압 분배 법칙

$V_1 = \dfrac{C_2}{C_1 + C_2} V$ [V], $V_2 = \dfrac{C_1}{C_1 + C_2} V$ [V]

⑤ 같은 정전용량 C를 n개 직렬연결 시 합성 정전용량 $C' = \dfrac{C}{n}$이다.

12 콘덴서에 저축되는 에너지

$W = \dfrac{1}{2}CV^2 = \sum \dfrac{Q^2}{2C} = \dfrac{1}{2}QV$ [J]

> **Reference**
> 도체계 총에너지 $W = \dfrac{1}{2}\sum QV$ [J]

※ • 콘덴서 병렬연결 시 전위차가 같아지도록 전하 이동이 생길 때 줄열 손실에 의해 에너지는 감소
$W(\text{후}) < W_1 + W_2(\text{전})$
• 비눗방울이 합쳐질 때 에너지는 증가
$W(\text{후}) > W_1 + W_2(\text{전})$

13 전계 내에 축적되는 단위체적당 에너지

$$W_E = \frac{\rho_s^2}{2\varepsilon_0} = \frac{D^2}{2\varepsilon_0} = \frac{1}{2}\varepsilon_0 E^2 = \frac{1}{2}ED\,[\text{J/m}^3]$$

14 단위 면적당 받는 힘

$$f = \frac{F}{S} = \frac{\rho_s^2}{2\varepsilon_0} = \frac{D^2}{2\varepsilon_0} = \frac{1}{2}\varepsilon_0 E^2 = \frac{1}{2}ED\,[\text{N/m}^2]$$

15 전체적인 힘

$$F = f \cdot s\,[\text{N}]$$

핵심 기출 문제

01 모든 전기 장치에 접지시키는 근본적인 이유는?
① 지구의 용량이 커서 전위가 거의 일정하기 때문이다.
② 편의상 지면을 영전위로 보기 때문이다.
③ 영상 전하를 이용하기 때문이다.
④ 지구는 전류를 잘 통하기 때문이다.

02 공기 중에 고립된 금속구가 반지름 r일 때, 그 정전용량은 몇 [F]인가?
① $\dfrac{\varepsilon_0 r}{4\pi}$ ② $\varepsilon_0 r$
③ $4\pi\varepsilon_0 r$ ④ $8\pi\varepsilon_0 r$

03 진공 중에서 내구의 반지름 $a=3$[cm], 외구의 내반지름 $b=9$[cm]인 두 동심구 사이의 정전 용량은 몇 [pF]인가?
① 0.5   ② 5
③ 50   ④ 500

04 동심구형 콘덴서의 내외 반지름을 각각 10배로 증가시키면 정전 용량은 몇 배로 증가하는가?
① 5   ② 10
③ 20   ④ 100

05 간격 d[m]인 무한히 넓은 평형판의 단위면적당 정전 용량[F/m²]은?(단, 매질은 공기라 한다.)
① $\dfrac{1}{4\pi\varepsilon_o d}$ ② $\dfrac{4\pi\varepsilon_o}{d}$
③ $\dfrac{\varepsilon_o}{d}$ ④ $\dfrac{\varepsilon_o}{d^2}$

06 평행판 콘덴서의 양극판 면적을 일정하게 하고 간격을 1/2배로 하면 정전 용량은 처음의 몇 배가 되는가?
① 1/2 감소   ② 1/4 감소
③ 2배 증가   ④ 4배 증가

07 공기 중에 1변이 40[cm]인 정방형 전극을 가진 평행판 콘덴서가 있다. 극판 간격을 4[mm]로 할 때 극판 간에 100[V]의 전위차를 주면 축적되는 전하[C]는?
① 3.54×10^{-9} ② 3.54×10^{-8}
③ 6.56×10^{-9} ④ 6.56×10^{-8}

08 극판의 면적이 4[cm²], 정전 용량 1[pF]인 종이 콘덴서를 만들려고 한다. 비유전율 2.5, 두께 0.01[mm]의 종이를 사용하면 종이는 몇 장을 겹쳐야 되겠는가?
① 87장   ② 100장
③ 250장   ④ 885장

09 공기 중에 놓인 직경 2[m]의 구도체에 줄 수 있는 최대 전하는 약 몇 [C]인가?(단, 공기의 절연내력은 3,000[kV/m]이다.)
① 5.3×10^{-4} ② 3.33×10^{-4}
③ 2.65×10^{-4} ④ 1.67×10^{-4}

10 반지름 2[mm]의 두 개의 무한히 긴 원통 도체가 중심간격 2[m]로 진공 중에 평행하게 놓여 있을 때 1[km]당의 정전용량은 약 몇 [μF]인가?
① 1×10^{-3} ② 2×10^{-3}
③ 4×10^{-3} ④ 6×10^{-3}

11 내원통 반지름 10[cm], 외원통 반지름 20[cm]인 동축 원통 도체의 정전 용량[pF/m]은?

① 100 ② 90
③ 80   ④ 70

12 엘라스턴스(Elastance)란?

① $\dfrac{1}{전위차 \times 전기량}$

② 전위차 × 전기량

③ $\dfrac{전위차}{전기량}$

④ $\dfrac{전기량}{전위차}$

13 도체 2를 Q[C]로 대전된 도체 1에 접속하면 도체 2가 얻는 전하는 몇 [C]이 되는지를 전위계수로 표시하면?(단, $P_{11}, P_{12}, P_{22}, P_{21}$는 전위계수이다.)

① $\dfrac{P_{11} - P_{12}}{P_{11} - 2P_{12} + P_{22}} Q$

② $\dfrac{P_{11} + P_{12}}{P_{11} - 2P_{12} + P_{22}} Q$

③ $\dfrac{P_{11} - P_{12}}{P_{11} + 2P_{12} + P_{22}} Q$

④ $\dfrac{P_{11} + P_{12}}{P_{11} + 2P_{12} + P_{22}} Q$

14 용량계수와 유도계수의 성질로 틀린 것은?

① $q_{rr} > 0$
② $q_{rs} \geq 0$
③ $q_{11} \geq -(q_{21} + q_{31} + \cdots + q_{n1})$
④ $q_{rs} = q_{sr}$

15 도체계에서 각 도체의 전위를 $V_1, V_2, \cdots$으로 하기 위한 각 도체의 유도계수와 용량계수에 대한 설명으로 옳은 것은?

① q_{11}, q_{22}, q_{33} 등을 유도계수라 한다.
② q_{21}, q_{31}, q_{41} 등을 용량계수라 한다.
③ 일반적으로 유도계수 ≤ 0 이다.
④ 용량계수와 유도계수의 단위는 모두 V/C 이다.

16 도체계에서 임의의 도체를 일정 전위의 도체로 완전 포위하면 내외 공간의 전계를 완전히 차단할 수 있다. 이것을 무엇이라 하는가?

① 전자차폐   ② 정전차폐
③ 홀(Hall)효과 ④ 핀치(Pinch)효과

17 정전 용량이 각각 C_1, C_2, 그 사이의 상호 유도 계수가 M인 절연된 두 도체가 있다. 두 도체를 가는 선으로 연결할 경우 그 정전 용량은?

① $C_1 + C_2 - M$ ② $C_1 + C_2 + M$
③ $C_1 + C_2 + 2M$ ④ $2C_1 + 2C_2 + M$

18 반지름이 각각 a[m], b[m], c[m]인 독립 구도체가 있다. 이들 도체를 가는 선으로 연결하면 합성 정전용량은 몇 [F]인가?

① $4\pi\varepsilon_o(a+b+c)$ ② $4\pi\varepsilon_o\sqrt{a+b+c}$
③ $12\pi\varepsilon_o\sqrt{a^3+b^3+c^3}$ ④ $\dfrac{4}{3}\pi\varepsilon_o\sqrt{a^2+b^2+c^2}$

19 3개의 콘덴서 $C_1 = 1[\mu F], C_2 = 2[\mu F], C_3 = 3[\mu F]$을 직렬로 연결하여 600[V]의 전압을 가할 때 C_1 양단 사이에 걸리는 전압은 약 몇 [V]인가?

① 55   ② 164
③ 327 ④ 382

20 내압이 1,000[V] 정전용량 1[μF], 내압이 750[V] 정전용량 2[μF], 내압이 500[V] 정전용량 5[μF]인 콘덴서를 직렬로 접속하고 인가 전압을 서서히 높이면 최초로 파괴되는 콘덴서는?

① 1[μF]이 가장 먼저 파괴된다.
② 2[μF]이 가장 먼저 파괴된다.
③ 5[μF]이 가장 먼저 파괴된다.
④ 동시에 모두 파괴된다.

21 전압 V로 충전된 용량 C의 콘덴서에 용량 $2C$의 콘덴서를 병렬연결한 후의 단자 전압[V]은?

① $3V$ ② $2V$
③ $\dfrac{V}{2}$ ④ $\dfrac{V}{3}$

22 공기 중에서 5[V], 10[V]로 대전된 반지름 2[cm], 4[cm]의 2개의 구를 가는 철사로 접속 시 공통 전위는 몇 [V]인가?

① 6.25 ② 7.5
③ 8.33 ④ 10

23 반지름 R인 도체구에 전하 Q가 분포되어 있다. 이에 반지름 $R/2$인 작은 도체구를 접촉시켰을 때 이 작은 구로 이동하는 전하[C]를 구하면?

① Q ② $\dfrac{1}{2}Q$
③ $\dfrac{1}{3}Q$ ④ $\dfrac{1}{4}Q$

24 극판면적 10[cm²], 간격 1[mm]의 평행판 콘덴서에 비유전율 3인 유전체를 채웠을 때 전압 100[V]를 가하면 저축되는 에너지는 몇 [J]인가?

① 1.33×10^{-7} ② 2.66×10^{-7}
③ 3.5×10^{-8} ④ 6.9×10^{-8}

25 그림에서 2[μF]의 콘덴서에 축적되는 에너지[J]는?

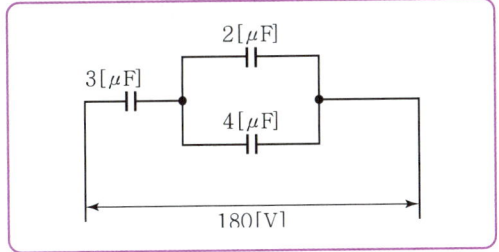

① 3.6×10^{-3}[J]
② 4.2×10^{-3}[J]
③ 3.6×10^{-2}[J]
④ 4.2×10^{-4}[J]

26 공기 중에서 반지름 a[m]의 도체구에 Q[C]의 전하를 주었을 때 전위가 V[V]로 되었다. 이 도체구가 갖는 에너지는?

① $\dfrac{Q^2}{4\pi\varepsilon_o a}$

② $\dfrac{Q^2}{8\pi\varepsilon_o a}$

③ $\dfrac{Q}{4\pi\varepsilon_o a^2}$

④ $\dfrac{Q}{8\pi\varepsilon_o a^2}$

27 한쪽 지름이 다른 쪽 지름의 6배인 2개의 금속구가 가늘고 긴 전선으로 접속되어 대전되어 있다. 큰 쪽에는 작은 쪽보다 몇 배의 정전에너지가 축적되는가?

① 3 ② 6
③ 18 ④ 36

28 최대 용량 C_o인 라디오용 바리콘의 정전 용량이 회전 각도에 비례하여 변한다고 할 때 전압 V를 충전하면 회전자에 작용하는 회전력[N·m/rad]은?

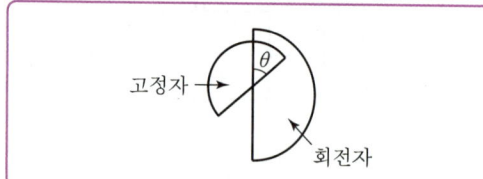

① $\dfrac{C_o V^2}{4\pi}$ ② $\dfrac{C_o V}{4\pi}$

③ $\dfrac{C_o V}{2\pi}$ ④ $\dfrac{C_o V^2}{2\pi}$

29 W_1, W_2의 에너지를 갖는 두 콘덴서를 병렬로 연결한 경우 총 에너지 W는?(단, $W_1 \neq W_2$)

① $W_1 + W_2 = W$
② $W_1 + W_2 \geq W$
③ $W_1 + W_2 \leq W$
④ $W_1 - W_2 = W$

30 도체 표면의 전하 밀도를 σ[c/m²], 전계를 E[V/m]라 할 때 도체 표면에 작용 하는 힘 f는?

① $f \propto E$ ② $f \propto \delta$
③ $f \propto E/\delta$ ④ $f \propto E^2$

31 무한히 넓은 2개의 평행판 도체의 간격이 d[m]이며 그 전위차는 V[V]이다. 도체판의 단위 면적에 작용하는 힘[N/m²]은?(단, 유전율은 ε_0이다.)

① $\varepsilon_0 \dfrac{V}{d}$ ② $\varepsilon_0 \left(\dfrac{V}{d}\right)^2$

③ $\dfrac{1}{2}\varepsilon_0 \dfrac{V}{d}$ ④ $\dfrac{1}{2}\varepsilon_0 \left(\dfrac{V}{d}\right)^2$

32 면적이 300[cm²], 판간격 2[cm]인 2장의 평행판 금속 간을 비유전율 5인 유전체로 채우고 양판 간에 20[KV]의 전압을 가할 경우 판 간에 작용하는 정전 흡인력[N]은?

① 0.75 ② 0.66
③ 0.89 ④ 10

33 반지름 2[m]인 구도체에 전하 10×10^{-4}[C]이 주어질 때 구도체 표면에 작용하는 정전 응력은 약 몇 [N/m²]인가?

① 22.4[N/m²] ② 26.6[N/m²]
③ 30.8[N/m²] ④ 32.2[N/m²]

34 커패시터를 제조하는데 A, B, C, D와 같은 4가지의 유전재료가 있다. 커패시터 내에서 단위체적당 가장 큰 에너지 밀도를 나타내는 재료부터 순서대로 나열하면?(단, 유전재료 A, B, C, D의 비유전율은 각각 $\varepsilon_{rA} = 8$, $\varepsilon_{rB} = 10$, $\varepsilon_{rC} = 2$, $\varepsilon_{rD} = 4$이다.)

① $B > A > D > C$ ② $A > B > D > C$
③ $D > A > C > B$ ④ $C > D > A > B$

35 유전율 $\varepsilon = 10$이고 전계의 세기가 100[V/m]인 유전체 내부에 축적되는 에너지 밀도는 몇 [J/m³]인가?

① 2.5×10^4 ② 5×10^4
③ 4.5×10^9 ④ 9×10^9

Chapter 04 유전체

01 유전체

(1) 정의

전계 내에 놓았을 때 유전체 내 속박전하의 변위에 의해서 분극현상이 나타나는 물질

(2) 유전체의 비유전율 특징

① 비유전율 : 진공중의 유전율을 1로 했을 경우 물질의 상대적인 유전율 $\varepsilon_s = \varepsilon_r = \dfrac{\varepsilon}{\varepsilon_0}$

② 유전체의 비유전율 $\varepsilon_s = \dfrac{\varepsilon}{\varepsilon_0} > 1$

③ 비유전율은 재질에 따라 다르다.

④ 진공이나 공기 중 또는 자유공간의 비유전율 $\varepsilon_s = 1$

⑤ 비유전율은 1보다 작을 수 없다.

(3) 진공 시와 임의 유전체 사이의 관계

	임의의 유전체 ($\varepsilon = \varepsilon_0 \varepsilon_s$)	유전율(ε_s)
$F_0 = \dfrac{Q_1 Q_2}{4\pi\varepsilon_0 r^2}$	$F = \dfrac{Q_1 Q_2}{4\pi\varepsilon_0 \varepsilon_s r^2}$	$\dfrac{1}{\varepsilon_s}$ 배 감소
$E_0 = \dfrac{Q}{4\pi\varepsilon_0 r^2}$	$E = \dfrac{Q}{4\pi\varepsilon_0 \varepsilon_s r^2}$	$\dfrac{1}{\varepsilon_s}$ 배 감소
$V_0 = \dfrac{Q}{4\pi\varepsilon_0 r}$	$V = \dfrac{Q}{4\pi\varepsilon_0 \varepsilon_s r}$	$\dfrac{1}{\varepsilon_s}$ 배 감소
$D_0 = \varepsilon_0 E_0 = \dfrac{Q}{4\pi r^2}$	$D = \varepsilon_0 \varepsilon_s E = \dfrac{Q}{4\pi r^2}$	불변
$C_0 = \dfrac{\varepsilon_0 S}{d}$	$C = \dfrac{\varepsilon_0 \varepsilon_s S}{d}$	$\varepsilon_s = \dfrac{C}{C_0}$
Q 일정 시 $W_0 = \dfrac{Q^2}{2C_0}$	$W = \dfrac{Q^2}{2\varepsilon_s C_0}$	$\dfrac{1}{\varepsilon_s}$ 배 감소
V 일정 시 $W_0 = \dfrac{1}{2} C_0 V^2$	$W = \dfrac{1}{2}\varepsilon_s C_0 V^2$	ε_s 배 증가

02 분극의 세기(분극전하밀도 = 전기분극도) $P[\text{C/m}^2]$

$$P = \rho_p = \varepsilon_0(\varepsilon_s - 1)E = D\left(1 - \dfrac{1}{\varepsilon_s}\right) = \chi E [\text{C/m}^2]$$

① 분극률 $\chi = \varepsilon_0(\varepsilon_s - 1)$

② 비분극률 $\chi_m = \dfrac{\chi}{\varepsilon_0} = \varepsilon_s - 1$

[분극현상]

(1) 전자분극

다이아몬드와 같은 단결정체에 전계를 가하면 양전하인 핵의 위치와 전자운의 위치가 변화하는 분극현상

(2) 이온분극

NaCl(염화나트륨) 등의 이온결합의 특성을 가진 물질에 전계를 가하면 (+), (-) 이온이 나누어져 이동하여 상대적인 변위가 일어나 쌍극자를 유발하는 분극현상

(3) 배향분극

물, 암모니아, 알코올 등 전기 쌍극자를 가진 유극분자들이 전계와 같이 같은 방향으로 회전하여 발생하는 분극현상

03 패러데이관

① 패러데이관 내의 전속수는 일정하다.
② 패러데이관 양단에는 정, 부 단위 전하가 있다.
③ 진전하가 없는 점에는 패러데이관은 연속이다.
④ 패러데이관의 밀도는 전속밀도와 같다.

04 경계면 조건

완전경계조건 → $\sigma = 0$(경계면에 진전하가 존재하지 않음)
경계면의 전위차는 없다.

(1) 경계면 조건의 수평(접선)방향과 수직(법선)방향의 관계

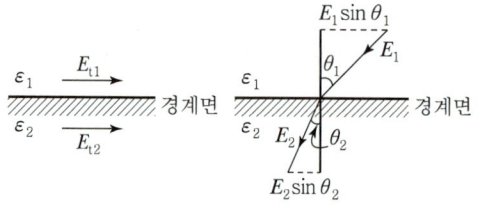

① $E_{t1} = E_{t2}$: 연속적이다(전계는 수평(접선) 방향에서 연속이다).
② $D_{t1} \neq D_{t2}$: 불연속적이다.
③ $E_1 \sin\theta_1 = E_2 \sin\theta_2$

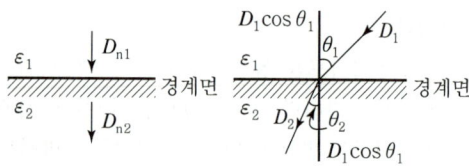

④ $D_{n1} = D_{n2}$: 연속적이다(전속밀도는 수직(법선) 방향에서 연속이다).
⑤ $E_{n1} \neq E_{n2}$: 불연속적이다.
⑥ $D_1 \cos\theta_1 = D_2 \cos\theta_2$

결국 ③/⑥ 을 계산하면 $\dfrac{E_1 \sin\theta_1 = E_2 \sin\theta_2}{D_1 \cos\theta_1 = D_2 \cos\theta_2} = \dfrac{\tan\theta_1}{\tan\theta_2}$

$= \dfrac{\varepsilon_1}{\varepsilon_2}$ 이 된다.

(2) 비례관계

① $\varepsilon_2 > \varepsilon_1$, $\theta_2 > \theta_1$, $D_2 > D_1$: 비례관계에 있다.
② $E_1 > E_2$: 반비례관계에 있다.

05 경계면에 작용하는 힘(Maxwell 변형력)

(1) 전속선은 유전율이 큰 쪽으로 집속한다(모인다).

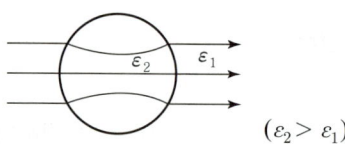

$(\varepsilon_2 > \varepsilon_1)$

(2) 경계면에 작용하는 힘은 유전율이 큰 쪽에서 작은 쪽으로 작용한다.

(3) 경계면에 작용하는 힘
① 전계가 경계면에 수평으로 입사 시($\varepsilon_1 > \varepsilon_2$) : 압축 응력(흡인력) 발생

$$f = \dfrac{1}{2}(\varepsilon_1 - \varepsilon_2) E^2 [\text{N/m}^2]$$

② 전계가 경계면에 수직으로 입사 시($\varepsilon_1 > \varepsilon_2$) : 인장 응력(반발력) 발생

$$f = \dfrac{1}{2}\left(\dfrac{1}{\varepsilon_2} - \dfrac{1}{\varepsilon_1}\right) D^2 [\text{N/m}^2]$$

06 평등 전계 중 유전체구

① $\varepsilon_2 > \varepsilon_1$ 유전체구의 전계

$$E' = \dfrac{3\varepsilon_1}{2\varepsilon_1 + \varepsilon_2} E [\text{V/m}]$$

② $\varepsilon_2 > \varepsilon_1$ 유전체구의 분극의 세기

$$P = \dfrac{3\varepsilon_1(\varepsilon_2 - \varepsilon_1)}{2\varepsilon_1 + \varepsilon_2} E [\text{C/m}^2]$$

07 콘덴서의 직·병렬연결 시 합성 정전용량

(1) 병렬연결(유전체를 수직으로 채운 경우)

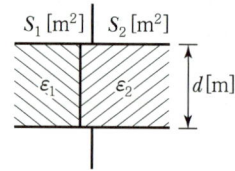

$C = C_1 + C_2 = \dfrac{\varepsilon_1 S_1}{d} + \dfrac{\varepsilon_2 S_2}{d} = \dfrac{1}{d}(\varepsilon_1 S_1 + \varepsilon_2 S_2) [\text{F}]$

(2) 직렬연결(유전체를 수평으로 채운 경우)

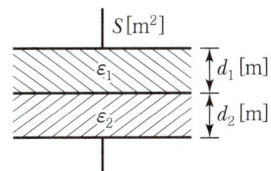

$$C = \frac{C_1 C_2}{C_1 + C_2} = \frac{\frac{\varepsilon_1 S}{d_1} \cdot \frac{\varepsilon_2 S}{d_2}}{\frac{\varepsilon_1 S}{d_1} + \frac{\varepsilon_2 S}{d_2}} = \frac{\varepsilon_1 \varepsilon_2 S}{\varepsilon_1 d_2 + \varepsilon_2 d_1} [\text{F}]$$

(3) 공기 콘덴서에 유전체를 판간격 반만 평행하게 채운 경우

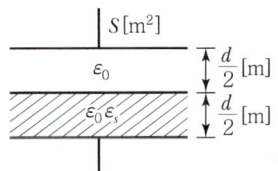

$$C = \frac{\varepsilon_0 \varepsilon_0 \varepsilon_s S}{\varepsilon_0 \frac{d}{2} + \varepsilon_0 \varepsilon_s \frac{d}{2}} = \frac{2\varepsilon_0 \varepsilon_s S}{d(1+\varepsilon_s)} = \frac{2\varepsilon_s}{1+\varepsilon_s} C_0 [\text{F}]$$

08 압전효과

① 어떤 유전체의 결정에 압력이나 인장응력을 가하면 그 응력으로 인하여 내부에 전기분극이 일어나고 그 단면에 분극전하가 나타나는 현상을 말한다.
② 압전기 진동자 : 압전기 현상이 가장 현저한 로셀염을 비롯하여 수정, 전기석, 티탄산바륨 등이 있다.
③ 응용범위 : 마이크, 압력측정, 초음파발생, 전기진동(발진기), 크리스탈픽업 등이 있다.
④ 응력과 분극방향이 동일방향인 경우를 종효과, 응력과 분극방향이 수직방향인 경우를 횡효과라 한다.

핵심 기출 문제

01 비유전율 ε_s에 대한 설명으로 옳은 것은?
① 진공의 비유전율은 0이고, 공기의 비유전율은 1이다.
② ε_s는 항상 1보다 작은 값이다.
③ ε_s는 절연물의 종류에 따라 다르다.
④ ε_s의 단위는 [C/m]이다.

02 공기 중 두 점전하 사이에 작용하는 힘이 5[N]이었다. 두 전하 사이에 유전체를 넣었더니 힘이 2[N]으로 되었다면 유전체의 비유전율은 얼마인가?
① 15 ② 10
③ 5   ④ 2.5

03 정전에너지, 전속밀도 및 유전상수 ε_r의 관계에 대한 설명 중 옳지 않은 것은?
① 동일 전속밀도에서는 ε_r이 클수록 정전에너지는 작아진다.
② 동일 정전에너지는 ε_r이 클수록 전속밀도가 커진다.
③ 전속은 매질에 축적되는 에너지가 최대가 되도록 분포한다.
④ 굴절각이 큰 유전체는 ε_r이 크다.

04 콘덴서에 대한 설명 중 옳지 않은 것은?
① 콘덴서는 두 도체 간 정전용량에 의하여 전하를 축적하는 장치이다.
② 가능한 한 많은 전하를 축적하기 위하여 도체 간의 간격을 작게 한다.
③ 두 도체 간의 절연물은 절연을 유지할 뿐이다.
④ 두 도체 간의 절연물은 도체 간 절연은 물론 정전용량의 값을 증가시키기 위함이다.

05 공기 콘덴서를 100[V]로 충전한 다음 전극 사이에 유전체를 넣어 용량을 10배로 했다. 정전 에너지는 몇 배로 되는가?
① 1/10배   ② 10배
③ 1/1,000배 ④ 1,000배

06 진공 중에서 어떤 대전체의 전속이 Q였다. 이 대전체를 비유전율 2.2인 유전체 속에 넣었을 경우의 전속은?
① Q ② ϵQ
③ $2.2Q$ ④ 0

07 비유전율이 4이고 전계의 세기가 20[kV/m]인 유전체 내의 전속 밀도[$\mu C/m^2$]는?
① 0.708   ② 0.168
③ 6.28   ④ 2.83

08 패러데이(Faraday)관에 대한 설명 중 틀린 것은?
① 패러데이관 중에 있는 전속수는 그 관 속에 진전하가 없으면 일정하며 연속적이다.
② 패러데이관의 양단에는 양 또는 음의 단위 진전하가 존재하고 있다.
③ 패러데이관의 밀도는 전속밀도와 같지 않다.
④ 단위전위차당 패러데이관의 보유에너지는 1/2[J]이다.

09 유전체 내 분극(유전분극)의 종류가 아닌 것은?
① 전하분극   ② 전자분극
③ 이온분극   ④ 배향분극

10 다이아몬드와 같은 단결정 물체에 전장을 가할 때 유도되는 분극은?

① 전자분극
② 이온분극과 배향분극
③ 전자분극과 이온분극
④ 전자분극, 이온분극, 배향분극

11 전기분극이란?

① 도체 내의 원자핵의 변위이다.
② 유전체 내의 원자의 흐름이다.
③ 유전체 내의 속박전하의 변위이다.
④ 도체 내의 자유전하의 흐름이다.

12 유전체 내의 전계의 세기 E와 분극의 세기 P와의 관계를 나타내는 식은?

① $P = \varepsilon_o(\varepsilon_s - 1)E$
② $P = \varepsilon_o \varepsilon_s E$
③ $P = \varepsilon_o(1 - \varepsilon_s)E$
④ $P = (1 - \varepsilon_s)E$

13 유전율이 10인 등방 유전체의 한 점에서의 전계 세기가 5[V/m]이다. 이 점의 유전체 표면 전하밀도는 몇 [C/m²]인가?(단 유전체의 표면과 전계는 직각이다.)

① 0.5
② 1.0
③ 50
④ 250

14 평등 전계 내에 수직으로 비유전율 $\varepsilon_s = 2$인 유전체 판을 놓았을 경우 판 내의 전속밀도가 $D = 4 \times 10^{-6}$[C/m²]이었다. 유전체 내의 분극의 세기 P[C/cm²]는?

① 1×10^{-6}
② 2×10^{-6}
③ 4×10^{-6}
④ 8×10^{-6}

15 전지에 연결된 진공 평행판 콘덴서에서 진공 대신 어떤 유전체로 채웠더니 충전전하가 2배로 되었다면 전기 감수율(Susceptibility) x_{er}은 얼마인가?

① 0
② 1
③ 2
④ 3

16 두 평행판 축전기에 채워진 폴리에틸렌의 비유전율이 ε_r, 평행판 간 거리 $d = 1.5$[mm]일 때 평행판 내의 전계의 세기가 10[kV/m]라면 평행판 간 폴리에틸렌 표면에 나타난 분극전하 밀도는 [C/m²]?

① $\dfrac{\varepsilon_r - 1}{18\pi} \times 10^{-5}$
② $\dfrac{\varepsilon_r - 1}{36\pi} \times 10^{-6}$
③ $\dfrac{\varepsilon_r}{18\pi} \times 10^{-5}$
④ $\dfrac{\varepsilon_r - 1}{36\pi} \times 10^{-5}$

17 공기 중에서 평등 전계 E[V/m]에 수직으로 비유전율이 ε_s인 유전체를 놓았더니 σ_P[C/m²]의 분극전하가 표면에 생겼다면 유전체 중의 전계 강도 E[V/m]는?

① $\sigma_P / \varepsilon_o \varepsilon_s$
② $\sigma_P / \varepsilon_o(\varepsilon_s - 1)$
③ $\varepsilon_0 \varepsilon_s \sigma_P$
④ $\varepsilon_0(\varepsilon_s - 1)\sigma_P$

18 종류가 다른 두 유전체 경계면에 전하 분포가 다를 때 경계면에서 정전계가 만족하는 것은?

① 전계의 법선 성분이 같다.
② 전속선은 유전율이 큰 곳으로 모인다.
③ 전속 밀도의 접선 성분이 같다.
④ 경계면상의 두 점 간의 전위차가 다르다.

19 유전체의 경계의 조건에 대한 설명이 옳지 않은 것은?

① 표면 전하밀도란 구속 전하의 표면 밀도를 말하는 것이다.
② 완전 유전체 내에서는 자유 전하는 존재하지 않는다.
③ 경계면에 외부전하가 있으면, 유전체의 내부와 외부의 전하는 평형되지 않는다.
④ 특수한 경우를 제외하고 경계면에서 표면 전하 밀도는 영(Zero)이다.

20 유전율이 각각 ε_1, ε_2인 두 유전체가 접해 있다. 각 유전체 중의 전계 및 전속밀도각 각각 E_1, D_1 및 E_2, D_2이고, 경계면에 대한 입사각 및 굴절각이 θ_1, θ_2일 때 경계 조건으로 옳은 것은?

① $\dfrac{E_2}{E_1} = \dfrac{\sin\theta_2}{\sin\theta_1}$

② $\dfrac{\cos\theta_2}{\cos\theta_1} = \dfrac{D_2}{D_1}$

③ $\dfrac{\tan\theta_2}{\tan\theta_1} = \dfrac{\varepsilon_2}{\varepsilon_1}$

④ $\tan\theta_2 - \tan\theta_1 = \varepsilon_1 \varepsilon_2$

21 두 유전체가 접했을 때 $\dfrac{\tan\theta_1}{\tan\theta_2} = \dfrac{\varepsilon_1}{\varepsilon_2}$의 관계식에서 $\theta_1 = 0$일 때, 다음 중에 표현이 잘못된 것은?

① 전기력선은 굴절하지 않는다.
② 전속 밀도는 불변이다.
③ 전계는 불연속이다.
④ 전기력선은 유전율이 큰 쪽에 모인다.

22 유전율이 각각 ε_1, ε_2인 두 유전체가 접한 경계면에서 전하가 존재하지 않는다고 할 때 유전율이 ε_1인 유전체에서 유전율이 ε_2인 유전체로 전계 E_1이 입사각 $\theta = 0°$로 입사할 때 성립되는 식은?

① $E_1 = E_2$
② $E_1 = \varepsilon_1 \varepsilon_2 E_2$
③ $\dfrac{E_1}{E_2} = \dfrac{\varepsilon_1}{\varepsilon_2}$
④ $\dfrac{E_1}{E_2} = \dfrac{\varepsilon_2}{\varepsilon_1}$

23 유전체 A, B의 접합면에 전하가 없을 때, 각 유전체 중 전계의 방향이 그림과 같고 $E_A = 100$ [V/m]이면, E_B는 몇 [V/m]인가?

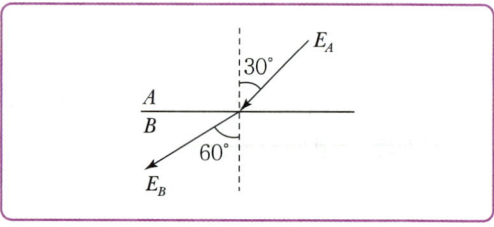

① $\dfrac{100}{3}$
② $\dfrac{100}{\sqrt{3}}$
③ 300
④ $100\sqrt{3}$

24 매질 1이 나일론(비유전율 $\varepsilon_s = 4$)이고, 매질 2가 진공일 때 전속밀도 D가 경계면에서 각각 θ_1, θ_2의 각을 이루고 $\theta_2 = 30°$라 하면 θ_1의 값은?

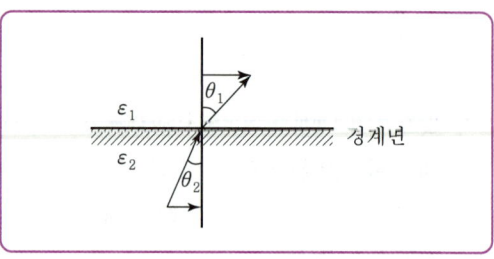

① $\tan^{-1}\dfrac{4}{\sqrt{3}}$
② $\tan^{-1}\dfrac{\sqrt{3}}{4}$
③ $\tan^{-1}\dfrac{\sqrt{3}}{2}$
④ $\tan^{-1}\dfrac{2}{\sqrt{3}}$

25 유전율이 각각 ε_1, ε_2인 두 유전체가 접한 경계면에서 $\varepsilon_1 > \varepsilon_2$이면 θ_1과 θ_2의 관계는?

① $\theta_1 = \theta_2$
② $\theta_1 < \theta_2$
③ $\theta_1 > \theta_2$
④ $\theta_1 < \theta_2$ 혹은 $\theta_1 > \theta_2$

26 그림과 같이 평행판 콘덴서의 극판 사이에 유전율이 각각 ε_1, ε_2인 두 유전체를 반반씩 채우고 극판 사이에 일정한 전압을 걸어준다. 이때 매질 1, 2 내의 전계의 세기 E_1, E_2 사이에는 다음 어느 관계가 성립하는가?

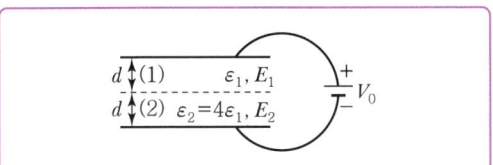

① $E_2 = 4E_2$
② $E_2 = 2E_1$
③ $E_2 = E_1/4$
④ $E_2 = E_1$

27 유전체에 작용하는 힘과 관련된 사항으로 전계 중의 두 유전체가 경계면에서 받는 변형력을 무엇이라 하는가?

① 쿨롱의 힘
② 맥스웰의 응력
③ 톰슨의 응력
④ 볼타의 힘

28 $\varepsilon_1 > \varepsilon_2$의 두 유전체의 경계면에 전계가 수직으로 입사할 때 경계면에 작용하는 힘은?

① $f = \dfrac{1}{2}\left(\dfrac{1}{\varepsilon_2} - \dfrac{1}{\varepsilon_1}\right)D^2$의 힘이 ε_1에서 ε_2로 작용한다.
② $f = \dfrac{1}{2}\left(\dfrac{1}{\varepsilon_1} - \dfrac{1}{\varepsilon_2}\right)E^2$의 힘이 ε_2에서 ε_1로 작용한다.
③ $f = \dfrac{1}{2}\left(\dfrac{1}{\varepsilon_1} - \dfrac{1}{\varepsilon_2}\right)D^2$의 힘이 ε_2에서 ε_1로 작용한다.
④ $f = \dfrac{1}{2}\left(\dfrac{1}{\varepsilon_2} - \dfrac{1}{\varepsilon_1}\right)E^2$의 힘이 ε_1에서 ε_2로 작용한다.

29 평행판 공기 콘덴서 극판 간에 비유전율이 6인 유리판을 일부만 삽입한 경우 내부로 끌리는 힘은 약 몇 [N/m²]인가?(단, 극판 간의 전위 경도는 30[kV/cm]이고, 유리판의 두께는 판 간 두께와 같다.)

① 199
② 223
③ 247
④ 269

30 그림과 같은 유전속의 분포에서 ε_1과 ε_2의 관계는?

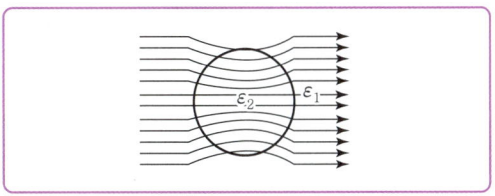

① $\varepsilon_1 > \varepsilon_2$
② $\varepsilon_2 > \varepsilon_1$
③ $\varepsilon_1 = \varepsilon_2$
④ $\varepsilon_1 > 0$, $\varepsilon_2 > 0$

31 $\varepsilon_1 > \varepsilon_2$인 두 유전체의 경계면에 전계가 수직일 때 경계면에 작용하는 힘의 방향은?

① 전계의 방향
② 전속 밀도의 방향
③ ε_1의 유전체에서 ε_2의 유전체 방향
④ ε_2의 유전체에서 ε_1의 유전체 방향

32 고전압이 가해진 유전체 중에 공기의 기포가 있으면 유전체 중의 기포는 절연에 영향을 준다. 절연은 유전체의 유전율에 대하여 어떠한가?

① 유전율이 클수록 절연은 향상된다.
② 유전율이 작을수록 절연은 나빠진다.
③ 유전율에는 무관계하다.
④ 유전율이 클수록 절연은 나빠진다.

33 면적 $S[m^2]$, 간격 $d[m]$인 평행판 콘덴서에 그림과 같이 두께 d_1, $d_2[m]$이며 유전율 ε_1, $\varepsilon_2[F/m]$인 두 유전체를 극판 간에 평행으로 채웠을 때 정전용량은 얼마인가?

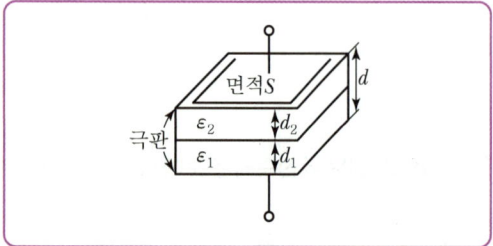

① $\dfrac{S}{\dfrac{d_1}{\varepsilon_1}+\dfrac{d_2}{\varepsilon_2}}$ ② $\dfrac{\varepsilon_1\varepsilon_2 S}{d}$

③ $\dfrac{\varepsilon_1 S}{d_1}+\dfrac{\varepsilon_2 S}{d_2}$ ④ $\dfrac{S}{\dfrac{d_1}{\varepsilon_2}+\dfrac{d_2}{\varepsilon_1}}$

34 정전용량이 $C_o[F]$인 평행판 공기 콘덴서가 있다. 이 극판에 평행으로 판 간격 $d[m]$의 1/2 두께가 되는 유리판을 삽입하면, 이때의 정전용량[F]은? (단, 유리판의 유전율은 $\varepsilon[F/m]$이라 한다.)

① $\dfrac{C_o}{1+\dfrac{1}{\varepsilon}}$ ② $\dfrac{2C_o}{1+\dfrac{1}{\varepsilon}}$

③ $\dfrac{C_o}{1+\dfrac{\varepsilon}{\varepsilon_o}}$ ④ $\dfrac{2C_o}{1+\dfrac{\varepsilon_o}{\varepsilon}}$

35 그림과 같이 정전용량 $C_0[F]$ 되는 평행판 공기 콘덴서의 판 면적의 2/3 되는 공간에 비유전율 ε_s인 유전체를 채우면 공기 콘덴서의 정전용량[F]은?

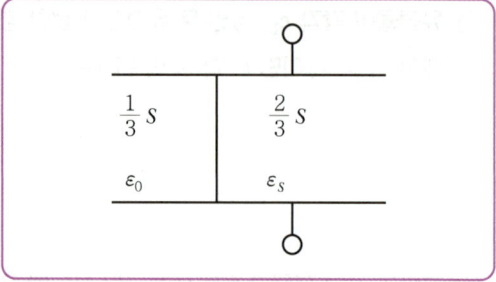

① $\dfrac{2\varepsilon_s}{3}C_0$ ② $\dfrac{3}{1+2\varepsilon_s}C_0$

③ $\dfrac{1+\varepsilon_s}{3}C_0$ ④ $\dfrac{1+2\varepsilon_s}{3}C_0$

36 그림과 같이 한 변의 길이가 500[mm]인 정사각형 평행 평판 2장이 10[mm] 간격으로 놓여 있고 유전율이 다른 2개의 유전체로 채워진 경우 합성 정전용량은 약 몇 [pF]인가?

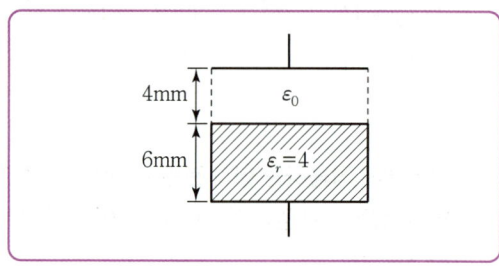

① 402   ② 922
③ 2,028   ④ 4,228

37 $Q[C]$의 전하를 가진 반지름 $a[m]$인 도체구를 비유전율 ε_s인 기름 탱크에서 공기 중으로 꺼내는데 필요한 에너지[J]는?

① $\dfrac{Q^2}{8\pi\varepsilon_o a}(1-\dfrac{1}{\varepsilon_s})$ ② $\dfrac{Q^2}{4\pi\varepsilon_o a}(1-\dfrac{1}{\varepsilon_s})$

③ $\dfrac{Q^2}{\pi\varepsilon_o a}(1-\dfrac{1}{\varepsilon_s})$ ④ $\dfrac{Q}{8\pi\varepsilon_o a}(1-\dfrac{1}{\varepsilon_s})$

38 전기석과 같은 결정체를 냉각하거나 가열하면 전기분극이 일어난다. 이와 같은 것을 무엇이라 하는가?

① 압전기 현상
② Pyro 전기
③ 톰슨효과
④ 강유전성

39 압전기 현상에서 분극이 응력에 수직한 방향으로 발생하는 현상을 무슨 효과라 하는가?

① 종효과
② 횡효과
③ 역효과
④ 간접효과

Chapter 05 전기 영상법

01 접지무한평판과 점전하

① 영상전하 $Q' = -Q[\text{C}]$

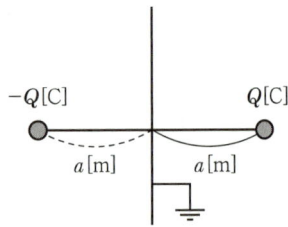

② 작용하는 힘 $F = -\dfrac{Q^2}{16\pi\varepsilon_0 a^2}[\text{N}]$

③ 전계의 세기 $E = -\dfrac{Qa}{2\pi\varepsilon_0 (a^2+y^2)^{\frac{3}{2}}}[\text{V/m}]$

④ 최대전계 $E_{\max} = -\dfrac{Q}{2\pi\varepsilon_0 a^2}[\text{V/m}]$

⑤ 최대전속밀도 $D_{\max} = \varepsilon_0 E_{\max} = -\dfrac{Q}{2\pi a^2}[\text{C/m}^2]$

02 접지도체구와 점전하

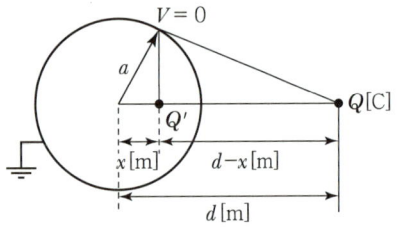

① 영상전하 $Q' = -\dfrac{a}{d}Q[\text{C}]$

② 영상전하 위치 $x = \dfrac{a^2}{d}[\text{m}]$

③ 작용하는 힘 $F = \dfrac{Q \cdot Q'}{4\pi\varepsilon\left(\dfrac{d^2-a^2}{d}\right)^2}[\text{N}]$

④ 항상 흡인력이 작용한다.

03 접지무한 평판과 선전하

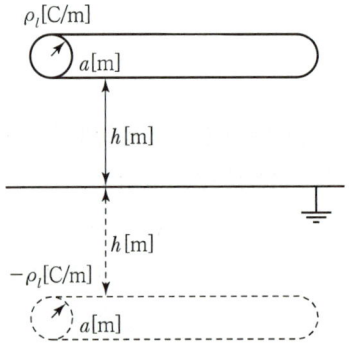

① 영상 선전하밀도 $-\lambda[\text{C/m}]$

② 작용하는 힘 $f = -\dfrac{\lambda^2}{4\pi\varepsilon h}[\text{N/m}]$

04 도체와 대지 사이의 정전용량

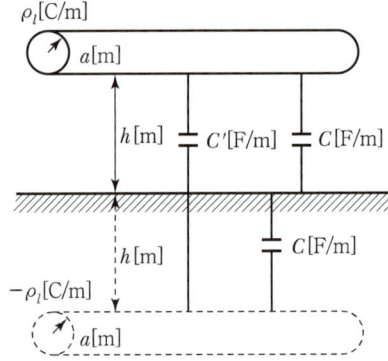

전기영상법에 의해서 대지면 반대편에 영상선전하밀도 $-\rho_l$을 생각하면 평행도선 사이의 정전용량 $C' = \dfrac{\pi\varepsilon_0}{\ln\dfrac{D}{r}}$

$= \dfrac{\pi\varepsilon_0}{\ln\dfrac{2h}{a}}[\text{F/m}]$이고 대지면과 도선 사이의 작용하는 정전용량 C는 2개가 직렬이므로 $C' = \dfrac{C}{2}$에서 $C = 2C'$

$= \dfrac{2\pi\varepsilon_0}{\ln\dfrac{2h}{a}}[\text{F/m}]$이다.

05 영상전하 개수

① 직교(수직) $n = \dfrac{360°}{\theta} - 1 = \dfrac{360°}{90°} - 1 = 3$

② 무한평면 $n = \dfrac{360°}{\theta} - 1 = \dfrac{360°}{180°} - 1 = 1$

핵심 기출 문제

01 점전하 $Q[C]$에 의한 무한 평면 도체의 영상 전하는?

① $-Q[C]$보다 작다.
② $Q[C]$보다 크다.
③ $-Q[C]$과 같다.
④ $Q[C]$과 같다.

02 전류 $+I$와 전하 $+Q$가 무한히 긴 직선상의 도체에 각각 주어졌고 이들 도체는 진공 속에서 각각 투자율과 유전율이 무한대인 물질로 된 무한대 평면과 평행하게 놓여 있다. 이 경우 영상법에 의한 영상 전류와 영상 전하는?(단, 전류는 직류이다.)

① $-I, -Q$
② $-I, +Q$
③ $+I, -Q$
④ $+I, +Q$

03 그림과 같이 무한 평면도체로부터 수직 거리 $a[m]$인 곳에 점전하 $Q[C]$이 있다. 점전하 $Q[C]$으로부터 $r[m]$ 떨어진 점 $(0, y)$의 전위[V]는?

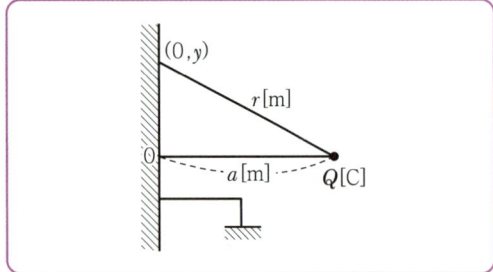

① 0
② $\dfrac{Q}{4\pi\varepsilon_0}\left[\dfrac{1}{\sqrt{a^2+x^2}}\right]$
③ $\dfrac{Q}{4\pi\varepsilon_0}\left[\dfrac{1}{(a^2+x^2)}+\dfrac{1}{(a^2-x^2)}\right]$
④ $\dfrac{Q}{4\pi\varepsilon_0}\left[\dfrac{1}{\sqrt{a^2+y^2}}+\dfrac{1}{\sqrt{a^2+y^2}}\right]$

04 무한 평면도체로부터 거리 $a[m]$인 곳에 점전하 $Q[C]$이 있을 때 $Q[C]$과 무한 평면도체 간의 작용력[N]은?(단, 공간 매질의 유전율은 $\varepsilon[F/m]$이다.)

① $\dfrac{Q^2}{2\pi\varepsilon_o a^2}$
② $-\dfrac{Q^2}{16\pi\varepsilon_o a^2}$
③ $\dfrac{Q^2}{4\pi\varepsilon a^2}$
④ $-\dfrac{Q^2}{16\pi\varepsilon a^2}$

05 공기 중에서 무한 평면도체 표면 아래의 $1[m]$ 떨어진 곳에 $1[C]$의 점전하가 있다. 전하가 받는 힘의 크기는 몇 $[N]$인가?

① $9\times 10^9[N]$
② $\dfrac{9}{2}\times 10^9[N]$
③ $\dfrac{9}{4}\times 10^9[N]$
④ $\dfrac{9}{16}\times 10^9[N]$

06 무한 평면도체로부터 거리 $a[m]$의 곳에 점전하 $2\pi[C]$이 있을 때 도체 표면에 유도되는 최대 전하 밀도는 몇 $[C/m^2]$인가?

① $-\dfrac{1}{a^2}$
② $-\dfrac{1}{2a^2}$
③ $-\dfrac{1}{2\pi a}$
④ $-\dfrac{1}{4\pi a}$

07 질량 $m[kg]$인 작은 물체가 전하 $Q[C]$을 가지고 중력 방향과 직각인 무한 도체평면 아래쪽 $d[m]$의 거리에 놓여 있다. 정전력이 중력과 같게 되는 데 필요한 $Q[C]$의 크기는?

① $\dfrac{d}{2}\sqrt{\pi\varepsilon_0 mg}$
② $d\sqrt{\pi\varepsilon_0 mg}$
③ $2d\sqrt{\pi\varepsilon_0 mg}$
④ $4d\sqrt{\pi\varepsilon_0 mg}$

08 반경이 0.01[m]인 구도체를 접지시키고 중심으로부터 0.1[m]의 거리에 10[μC]의 점전하를 놓았다. 구도체에 유도된 총 전하량은 몇 [μC]인가?

① 0
② -1.0
③ -10
④ +10

09 점전하와 접지된 유한한 도체구가 존재할 때 점전하에 의한 접지 구도체의 영상전하에 관한 설명 중 틀린 것은?

① 영상전하는 구도체 내부에 존재한다.
② 영상전하는 점전하와 크기는 같고 부호는 반대이다.
③ 영상전하는 점전하와 도체 중심축을 이은 직선 상에 존재한다.
④ 영상전하가 놓인 위치는 도체 중심과 점전하와의 거리와 도체 반지름에 결정된다.

10 그림과 같이 접지된 반지름 a[m]의 도체구 중심 O에서 d[m] 떨어진 점 A에 Q[C]의 점전하가 존재할 때, A'점에 Q'의 영상 전하를 생각하면 구도체와 점전하 간에 작용하는 힘[N]은?

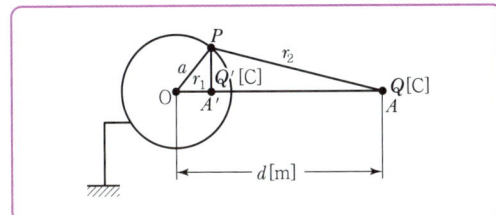

① $F = \dfrac{QQ'}{4\pi\varepsilon_o (\dfrac{d^2 - a^2}{d})}$

② $F = \dfrac{QQ'}{4\pi\varepsilon_o (\dfrac{d}{d^2 - a^2})}$

③ $F = \dfrac{QQ'}{4\pi\varepsilon_o (\dfrac{d^2 + a^2}{d})^2}$

④ $F = \dfrac{QQ'}{4\pi\varepsilon_o (\dfrac{d^2 - a^2}{d})^2}$

11 무한대 평면 도체와 d[m] 떨어져 평행한 무한장 직선 도체에 ρ[C/m]의 전하 분포가 주어졌을 때 직선 도체의 단위길이당 받는 힘은?(단, 공간의 유전율은 ε이다.)

① 0[N/m]
② $\dfrac{\rho^2}{\pi\varepsilon d}$[N/m]
③ $\dfrac{\rho^2}{2\pi\varepsilon d}$[N/m]
④ $\dfrac{\rho^2}{4\pi\varepsilon d}$[N/m]

12 대지면에 높이 h[m]로 평행 가설된 매우 긴 선전하(선전하 밀도[C/m])가 지면으로부터 받는 힘 [N/m]은?

① h에 비례한다.
② h에 반비례한다.
③ h^2에 비례한다.
④ h^2에 반비례한다.

13 무한 평면도체에서 h[m]의 높이에 반지름 a[m] ($a \ll h$)의 도선을 평행하게 가설하였을 때 도체에 대한 도선의 정전 용량은 몇 [F/m]인가?

① $\dfrac{\pi\varepsilon_0}{\ln\dfrac{h}{a}}$
② $\dfrac{2\pi\varepsilon_0}{\ln\dfrac{2h}{a}}$
③ $\dfrac{\pi\varepsilon_0}{\ln\dfrac{2h}{a}}$
④ $\dfrac{2\pi\varepsilon_0}{\ln\dfrac{h}{a}}$

Chapter 06 전류

01 전기의 발생원인
자유전자의 과부족현상

02 전류 I [A]
단위 시간당 이동한 전기량의 크기

$$I = \frac{Q}{t} = \frac{ne}{t} \ [\text{C/sec} = A]$$

여기서, n : 전자의 개수,
$e = 1.602 \times 10^{-19}$[C] : 전자의 전하량

03 전압 V[V]
전기량이 어떤 도선(도체) 내를 이동 시 잃거나 얻는 에너지의 비

$$V = \frac{W}{Q} \ [\text{J/C} = V], \ W = QV[J]$$

04 도선에서의 전기 저항 $R[\Omega]$

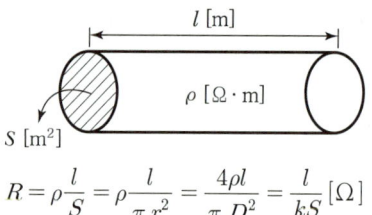

$$R = \rho \frac{l}{S} = \rho \frac{l}{\pi r^2} = \frac{4\rho l}{\pi D^2} = \frac{l}{kS} [\Omega]$$

① 고유저항 $\rho[\Omega \cdot m]$
단위 길이당 단위면적에 의한 전기저항
$$\rho = \frac{RS}{l}[\Omega \cdot m]$$

② 도전율(전도율) $k = \sigma [\mho/m]$
고유저항의 역수값
$$k = \frac{1}{\rho} [\mho/m]$$

> **Reference**
>
> **옴의 법칙**
>
> 전기 회로에 흐르는 전류의 세기 I는 전압 V에 비례하고, 전기저항 R에 반비례한다(컨덕턴스 G에 비례한다).
>
> ① $I = \frac{V}{R}$, $I = GV (I \propto \frac{1}{R}, I \propto V)$
>
> ② $R = \frac{V}{I}$, $G = \frac{I}{V}$
>
> ③ $V = IR$, $V = \frac{I}{G}$

05 저항의 접속 및 컨덕턴스 접속

(1) 저항의 직렬접속

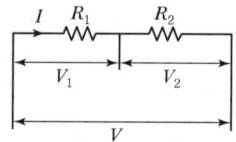

① 전류 일정 $I = I_1 = I_2$
② 전체 전압 $V = V_1 + V_2$
③ 합성저항 $R = R_1 + R_2$
④ 전압 분배 법칙
$$V_1 = I \cdot R_1 = \frac{R_1}{R_1 + R_2} \cdot V$$
$$V_2 = I \cdot R_2 = \frac{R_2}{R_1 + R_2} \cdot V$$
⑤ 동일저항 n개 직렬연결 $R' = nR[\Omega]$

(2) 저항의 병렬접속

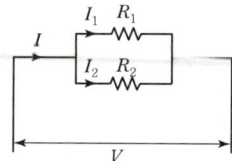

① 전압 일정 $V = V_1 = V_2$
② 전체 전류 $I = I_1 + I_2$

③ 합성저항

$$\frac{1}{R} = \frac{1}{R_1} + \frac{1}{R_2}$$

$$R = \frac{1}{\frac{1}{R_1}+\frac{1}{R_2}} = \frac{R_1 R_2}{R_1 + R_2}$$

④ 전류 분배 법칙

$$I_1 = \frac{V}{R_1} = \frac{R_2}{R_1+R_2}I, \quad I_2 = \frac{V}{R_2} = \frac{R_1}{R_1+R_2}I$$

⑤ 동일저항 n개 병렬연결 $R' = \dfrac{R}{n}[\Omega]$

> **Reference**
> 컨덕턴스의 연결
>
>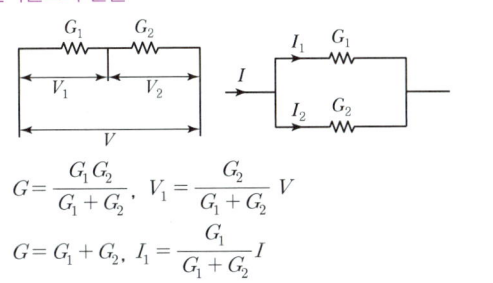
>
> $G = \dfrac{G_1 G_2}{G_1 + G_2}, \quad V_1 = \dfrac{G_2}{G_1 + G_2}V$
>
> $G = G_1 + G_2, \quad I_1 = \dfrac{G_1}{G_1 + G_2}I$

06 배율기 및 분류기

(1) 배율기

전압계의 측정범위를 확대하기 위해서 저항을 직렬로 연결한 것

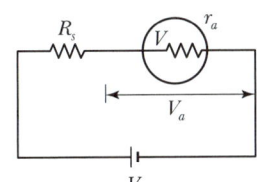

$V_a = \dfrac{r_a}{r_a + R_s} \cdot V$ (전압 분배 법칙)

$\dfrac{V}{V_a} = \dfrac{r_a + R_s}{r_a} = 1 + \dfrac{R_s}{r_a}$

$\therefore m = \dfrac{V}{V_a} = 1 + \dfrac{R_s}{r_a}$

여기서, m : 배율, V_a : 최고측정한도
V : 측정하려는 값, r_a : 내부저항
R_s : 배율기 저항

(2) 분류기

전류계의 측정범위를 확대하기 위해서 저항을 병렬로 연결한 것

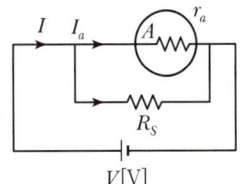

$I_a = \dfrac{R_s}{r_a + R_s} \cdot I$ (전류 분배 법칙)

$\dfrac{I}{I_a} = \dfrac{r_a + R_s}{R_s} = 1 + \dfrac{r_a}{R_s}$

$\therefore m = \dfrac{I}{I_a} = 1 + \dfrac{r_a}{R_s}$

여기서, m : 배율, I_a : 최고측정한도
V : 측정하려는 값, r_a : 내부저항
R_s : 분류기 저항

07 온도 변화에 따른 저항값

① 도체의 처음 온도가 $t[\text{℃}]$이고, 이때의 저항값이 R_t라면 나중 온도 $T[\text{℃}]$가 되었을 때의 저항값 R_T는 다음과 같다.

$$R_T = R_t\{1 + \alpha_t(T-t)\} = \frac{234.5+T}{234.5+t}R_t[\Omega]$$

이때 α_t는 $t[\text{℃}]$에서의 온도계수로서 $\alpha_t = \dfrac{1}{234.5+t}$ 이다.

② 온도계수가 α_{t1}, α_{t2}이고 저항이 R_1, R_2일 때 직렬 연결 시 합성저항 온도계수

$$\alpha_t = \frac{R_1 \cdot \alpha_{t1} + R_2 \cdot \alpha_{t2}}{R_1 + R_2}$$

08 전류의 열작용

(1) 전력 $P[\text{J/sec} = \text{W}]$

전기가 단위 시간 동안 행한 일의 양

$$P = \frac{W}{t} = \frac{QV}{t} = VI = I^2 R = \frac{V^2}{R}[\text{J/sec} = \text{W}]$$

(2) 전력량 $W[W \cdot \sec = J]$

어느 전력을 어느 시간 동안 소비한 전기적인 총량

$$W = Pt = VIt = I^2Rt = \frac{V^2}{R}t[W \cdot \sec = J]$$

(3) 단위환산(줄의 법칙)

① $1[J] = 0.24[cal]$

② $1[cal] = \frac{1}{0.24} = 4.2[J]$

③ $1[kWh] = 860[kcal]$

(4) 전열기 공식

전기에너지를 열에너지로 변환한 공식이며 물의 온도 상승에 관련된 문제를 풀 때 사용할 수 있다.

$860 \eta Pt = Cm(T_2 - T_1)[kcal]$

여기서, m : 질량 $[kg = l]$, C : 비열
P : 소비전력$[kW]$, t : 시간$[hour]$
T_2 : 상승 후 온도, T_1 : 상승 전 온도
η : 효율(%)

09 전기저항과 정전용량

① $RC = \rho\varepsilon$

② $R = \dfrac{\rho\varepsilon}{C}$

③ $I = \dfrac{CV}{\varepsilon\rho}$

여기서, ρ : 고유저항$[\Omega \cdot m]$
ε : 유전율$[F/m]$

10 전류 밀도 $i[A/m^2]$

단위 면적당 전류

$i = \dfrac{I}{S} = kE = nev = Qv[A/m^2]$

여기서, I : 전류$[A]$, S : 면적$[m^2]$
k : 도전율$[\mho/m]$
E : 전계의 세기$[V/m]$
n : 단위체적당 전자 개수$[개/m^3]$
v : 전자의 속도$[m/sec]$
Q : 단위체적당 전하량$[C/m^3]$

11 전류의 연속성

임의의 도체 단면에 유입하는 전류의 총합은 유출하는 전류의 총합과 같다. 이를 (Kirchoff의 제1법칙) 전류의 연속성이라 한다.

$\sum I = 0 = \int_s i \cdot dS = \int_v div\, i\, dv$ 가 되어 $div\, i = 0$이다. 즉, 단위체적당의 전류의 발산은 없다.

12 전기의 여러 가지 현상

(1) 제벡 효과(Seebeck Effect)

서로 다른 금속을 접속하고 접속점을 서로 다른 온도를 유지하면 기전력이 생겨 일정한 방향으로 전류가 흐르는 현상을 말한다.

(2) 펠티에 효과(Peltier Effect)

서로 다른 금속에서 다른 쪽 금속으로 전류를 흘리면 열의 발생 또는 흡수가 일어나는 현상을 말한다.

(3) 파이로(Pyro) 전기

롯셀염이나 수정의 결정을 가열하면 한 면에 정(正), 반대편에 부(負)의 전기가 분극을 일으키고 반대로 냉각시키면 역의 분극이 나타나는 현상을 말한다.

(4) 압전 효과

유전체 결정에 기계적 변형을 가하면, 결정 표면에 양, 음의 전하가 나타나서 대전하고, 반대로 이들 결정을 전장 안에 놓으면 결정 속에서 기계적 변형이 생기는 현상을 말한다.

(5) 톰슨 효과(Thomson Effect)

동종(하나)의 금속에서 각부에서 온도가 다르면 그 부분에서 열의 발생 또는 흡수가 일어나는 현상을 말한다.

(6) 홀 효과(Hall Effect)

전류가 흐르고 있는 도체에 자계를 가하면 플레밍의 왼손 법칙에 의하여 도체 내부의 전하가 횡방향으로 힘을 받아 도체 측면에 (+), (-)의 전하가 나타나는 현상을 말한다.

(7) 핀치 효과(Pinch Effect)

직류(DC)전압 인가 시 전류가 도선 중심 쪽으로 집중되어 흐르려는 현상을 말한다.

핵심 기출 문제

01 MKS 단위계로 고유 저항의 단위는?
① [$\Omega \cdot m$] ② [$\Omega \cdot mm^2/m$]
③ [$\mu\Omega \cdot cm$] ④ [$\Omega \cdot cm$]

02 도체의 고유 저항과 관계 없는 것은?
① 온도 ② 길이
③ 단면적 ④ 단면적의 모양

03 전선의 체적을 동일하게 유지하면서 2배의 길이로 늘렸을 때 저항은 어떻게 되는가?
① 1/2로 줄어든다. ② 동일하다.
③ 2배로 증가한다. ④ 4배로 증가한다.

04 지름이 3.2[mm], 길이가 500[m]인 경동선의 상온에서의 저항[Ω]은 대략 얼마인가?(단, 상온에서의 고유저항은 1/55[$\Omega \cdot mm^2/m$]이다.)
① 1.13 ② 2.26
③ 3.3 ④ 3.8

05 전자가 매초 10^{10}개의 비율로 전선 내를 통과하면 이것은 몇 [A]의 전류에 상당하는가?(단, 전기량은 1.602×10^{-19}[C]이다.)
① 1.602×10^{-9} ② 1.602×10^{-29}
③ $\frac{1}{1.602} \times 10^{-9}$ ④ $\frac{1}{1.602} \times 10^{-29}$

06 온도 t[℃]에서 저항 R_t[Ω]인 동선은 30[℃]일 때 저항은 어떻게 변하는가?
① $\frac{30-t}{234.5}R_t$ ② $\frac{234.5+t}{264.5}R_t$
③ $\frac{30-t}{234.5+t}R_t$ ④ $\frac{264.5}{234.5+t}R_t$

07 저항 10[Ω]인 구리선과 30[Ω]인 망간선을 직렬 접속하면 합성 저항 온도계수는 몇 [%]인가? (단, 동선의 저항 온도계수는 0.4[%], 망간선은 0이다.)
① 0.1 ② 0.2
③ 0.3 ④ 0.4

08 25[℃]에서 저항이 10[Ω]인 코일이 있다. 70[℃]에서 코일의 저항[Ω]은?(단, 25[℃]에서 코일의 저항 온도계수는 0.004이다.)
① 10[Ω] ② 10.6[Ω]
③ 11.2[Ω] ④ 11.8[Ω]

09 다음 중 20[℃]에서 저항온도계수(Temperature Coefficient of Resistance)가 가장 큰 것은?
① Ag ② Cu
③ Al ④ Ni

10 15[℃]의 물 4[l]를 용기에 넣어 1[kW]의 전열기로 가열하여 물의 온도를 90[℃]로 올리는 데 30분이 필요하였다. 이 전열기의 효율은 약 몇 [%]인가?
① 50 ② 60
③ 70 ④ 80

11 $\text{div} i = 0$에 대한 설명이 아닌 것은?
① 도체 내에 흐르는 전류는 연속적이다.
② 도체 내에 흐르는 전류는 일정하다.
③ 단위 시간당 전하의 변화는 없다.
④ 도체 내에 전류가 흐르지 않는다.

12 다음 중 옴의 법칙은 어느 것인가?(단, k는 도전율, ρ는 고유 저항, E는 전계의 세기이다.)

① $i = \dfrac{E}{\rho}$ ② $i = \dfrac{E}{k}$

③ $i = \rho E$ ④ $i = -kE$

13 평행판 콘덴서에 유전율 9×10^{-8}[F/m], 고유 저항 $\rho = 10^6$[Ω·m]인 액체를 채웠을 때 정전 용량이 3[μF]이었다. 이 양극판 사이의 저항은 몇 [kΩ]인가?

① 37.6 ② 30
③ 18 ④ 15.4

14 액체 유전체를 포함한 콘덴서 용량이 30[μF]이다. 여기에 500[V]의 전압을 가했을 경우에 흐르는 누설 전류는 약 얼마인가?(단, 유전체의 비유전율은 $\varepsilon_s = 2.2$ 고유저항은 $\rho = 10^{11}$[Ω·m]이라 한다.)

① 5.5[mA] ② 7.7[mA]
③ 10.2[mA] ④ 15.4[mA]

15 내반경 a[m], 외반경 b[m], 길이 l[m]인 동축 케이블의 내원통 도체와 외원통 도체 간에 유전율 ε[F/m], 도전율 σ[S/m]인 손실유전체를 채웠을 때 양 원통 간의 저항[Ω]을 나타내는 식은?

① $R = \dfrac{0.16\sigma}{\varepsilon l} \ln \dfrac{b}{a}$ [Ω]

② $R = \dfrac{0.08}{\sigma l} \ln \dfrac{b}{a}$ [Ω]

③ $R = \dfrac{0.32}{\sigma l} \ln \dfrac{b}{a}$ [Ω]

④ $R = \dfrac{0.16}{\sigma l} \ln \dfrac{b}{a}$ [Ω]

16 내반경 a[m], 외반경 b[m], 길이 l[m]인 동축 케이블의 내원통 도체와 외원통 도체 간에 유전율 ε[F/m], 도전율 k[S/m]인 유전체를 채워 놓고 전압 V[V]를 걸었을 때 전류는 몇 [A]인가?

① $\dfrac{\pi l V k}{\ln\left(\dfrac{b}{a}\right)}$ ② $\dfrac{2\pi l V k}{\ln\left(\dfrac{b}{a}\right)}$

③ $\dfrac{4\pi l V k}{\ln\left(\dfrac{b}{a}\right)}$ ④ $\dfrac{\pi l V k}{2\ln\left(\dfrac{b}{a}\right)}$

17 반지름 a, b인 두 구상 도체 전극이 도전율 k인 매질 속에 중심 간의 거리 l만큼 떨어져 놓여 있다. 양 전극 간의 저항[Ω]은?(단, $l \gg a$, b이다.)

① $4\pi k\left(\dfrac{1}{a} + \dfrac{1}{b}\right)$

② $4\pi k\left(\dfrac{1}{a} - \dfrac{1}{b}\right)$

③ $\dfrac{1}{4\pi k}\left(\dfrac{1}{a} + \dfrac{1}{b}\right)$

④ $\dfrac{1}{4\pi k}\left(\dfrac{1}{a} - \dfrac{1}{b}\right)$

18 그림과 같은 반지름 a인 반구도체 2개가 대지에 매설되어 있다. 이 경우 양 반구도체 사이의 저항[Ω]은?(단, 대지의 고유 저항을 ρ라 하고 도체의 고유 저항은 0이며, $l \gg a$이다.)

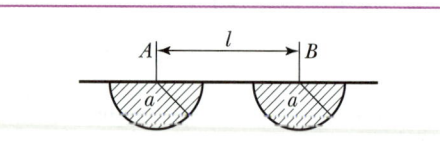

① $\dfrac{\rho}{4\pi a}$ ② $\dfrac{\rho}{2\pi a}$

③ $\dfrac{\rho}{\pi a}$ ④ $\dfrac{\rho}{2\pi}$

19 그림과 같은 정방형관 단면의 격자점 ⑥의 전위를 반복법으로 구하면 약 몇 [V]가 되는가?

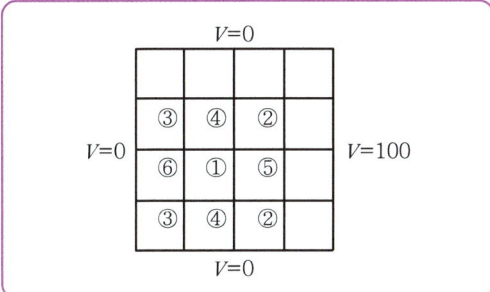

① 6.3
② 9.4
③ 18.8
④ 53.2

20 다른 종류의 금속선으로 된 폐회로의 두 접합점의 온도를 달리하였을 때 전기가 발생하는 효과는?

① 톰슨 효과
② 핀치 효과
③ 펠티에 효과
④ 제벡 효과

21 한 금속에서 전류의 흐름으로 인한 온도 구배부분의 줄열 이외의 발열 또는 흡열에 관한 현상은?

① 펠티에 효과(Peltier Effect)
② 볼타 법칙(Volta Law)
③ 제벡 효과(Seebeck Effect)
④ 톰슨 효과(Thomson Effect)

22 전류가 흐르고 있는 도체에 자계를 가하면 도체 측면에는 정·부의 전하가 나타나 두 면 간에 전위차가 발생하는 현상은?

① 핀치 효과
② 톰슨 효과
③ 홀 효과
④ 제벡 효과

23 DC전압을 가하면 전류는 도선 중심 쪽으로 흐르려고 한다. 이러한 현상을 무슨 효과라 하는가?

① Skin 효과
② Pinch 효과
③ 압전기 효과
④ Peltier 효과

Chapter 07 진공 중의 정자계

01 정전계와 정자계 비교

정전계		정자계	
유전율	ε[F/m]	투자율	μ[H/m]
전하	Q[C]	자하량 (자극의 세기)	m[Wb]
힘	F[N]	힘	F[N]
전계의 세기	E[V/m]	자계의 세기	H[AT/m]
전속 밀도	D[C/m^2]	자속 밀도	B[Wb/m^2]
분극의 세기	P[C/m^2]	자화의 세기	J[Wb/m^2]
전위	V[V = J/C]	자위	U[A = J/Wb]
전속수	ψ[C]	자속수	ϕ[Wb]

02 쿨롱의 법칙

(1) 서로 같은 극끼리는 반발력이 작용한다.
(2) 서로 다른 극끼리는 흡인력이 작용한다.
(3) 힘의 크기는 두 자하량의 곱에 비례하고 떨어진 거리의 제곱에 반비례한다.
(4) 힘의 방향은 두 자하의 일직선상에 존재한다.
(5) 매질 상수와 관계있다.
  ① 매질상수 : 투자율 $\mu = \mu_0 \mu_s$[H/m]
  ② 진공 시 투자율 $\mu_0 = 4\pi \times 10^{-7}$[H/m]
  ③ 비투자율 μ_s(ⓐ 재질에 따라 다르다. ⓑ 진공(공기), 자유공간 $\mu_s = 1$)

$$F = \frac{m_1 m_2}{4\pi \mu_0 r^2} = 6.33 \times 10^4 \frac{m_1 m_2}{r^2} \text{[N]}$$

03 자계의 세기 H[N/Wb = AT/m]

① $H = \dfrac{1}{4\pi \mu_0} \dfrac{m}{r^2} = 6.33 \times 10^4 \dfrac{m}{r^2}$ [N/Wb = AT/m]

② 자계 내에 m[Wb]를 놓았을 때 자계에 의해 작용하는 힘 $F = mH$[N]

04 자(기)력선의 성질

① 자기력선은 N극에서 S극으로 들어간다.
② 자기력선은 서로 반발하여 교차할 수 없다.
③ 자기력선의 방향은 자계의 방향과 일치한다.
④ 자기력선의 밀도는 자계의 세기와 같다.
⑤ 자기력선은 등자위면에 직교(수직)한다.
⑥ 자기력선은 스스로 폐곡선을 이룰 수 있다.
  : 자력선은 연속적이다. ⇨ N, S극이 공존한다.
    ⇨ $div B = 0$
⑦ 자기력선의 수는 내부 자하량의 $\dfrac{1}{\mu_0}$ 배이다.
⑧ 자기력선은 고무줄과 같이 응축력이 있다.

05 자(기)력선의 수

① 매질과 관계있다(매질상수인 투자율에 따라 다르다).
② 진공 시 자기력선의 수 $N_o = \dfrac{m}{\mu_o}$[개]
③ 자성체 내에서 자기력선의 수 $N = \dfrac{m}{\mu} = \dfrac{m}{\mu_o \mu_s}$[개]

06 자속(수) 및 자속밀도

① 자속수는 매질과 관계없다.
② 임의의 폐곡면에서 나오는 자속수 $\phi = m$[Wb]
③ 자속밀도 $B = \dfrac{\phi}{S} = \dfrac{m}{S} = \dfrac{m}{4\pi r^2} = \mu_o H$[Wb/m^2]
④ 자속밀도의 단위환산
$$B = 1[\text{Wb/m}^2] = 10^8 [\text{maxwell/m}^2]$$
$$= 10^4 [\text{maxwell/cm}^2] = 10^4 [\text{gauss}] = 1[\text{Tesla}]$$

07 자위 U[A]

① $U = -\displaystyle\int_\infty^r H dr = \dfrac{m}{4\pi \mu_o r}$ [A]
② 자계 내의 거리 r[m]인 지점의 자위 $U = Hr$ [A]

08 자기 쌍극자

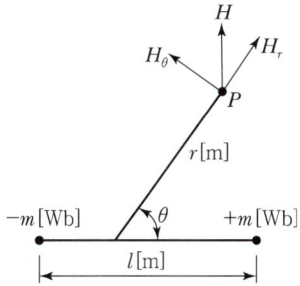

① 자기 쌍극자 모멘트 $M = m \cdot l \, [\text{Wb} \cdot \text{m}]$

② 자위 $U = \dfrac{ml}{4\pi\mu_0 r^2}\cos\theta = \dfrac{M}{4\pi\mu_0 r^2}\cos\theta \, [\text{A}]$

③ r 성분의 자계 $H_r = -\dfrac{dU}{dr} = \dfrac{M}{2\pi\mu_0 r^3}\cos\theta \, [\text{AT/m}]$

④ θ 성분의 자계

$H_\theta = -\dfrac{1}{r}\dfrac{dU}{d\theta} = \dfrac{M}{4\pi\mu_0 r^3}\sin\theta \, [\text{AT/m}]$

⑤ 전체의 자계 $H = \dfrac{M}{4\pi\mu_0 r^3}\sqrt{1 + 3\cos^2\theta} \, [\text{AT/m}]$

09 자기 2중층(판자석)의 자위

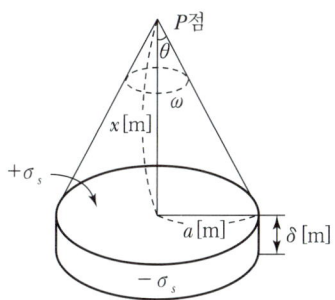

① 자위 $U = \dfrac{M_\delta}{4\pi\mu_0}\omega \, [\text{A}]$

② 판자석의 세기 (자기 2중층의 세기)
$M_\delta = \sigma_s \cdot \delta \, [\text{Wb/m}]$

③ 입체각 $\omega = 2\pi(1 - \cos\theta) \, [\text{sr}]$
(단, 관측점 판에 무한 접근 시 $\omega = 2\pi[\text{sr}]$)

10 자계 내 막대자석에 의한 회전력

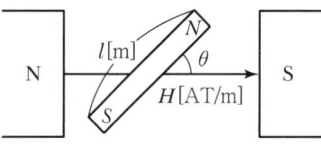

$T = mlH\sin\theta = MH\sin\theta = M \times H \, [\text{N} \cdot \text{m}]$

여기서, m : 자극의 세기[Wb], H : 자계의 세기[A/m],
l : 막대자석의 길이[m], θ : 자계와 이루는 각
M : 자기 모멘트[Wb·m]

11 막대자석을 θ 만큼 회전 시 필요한 일

$W = \displaystyle\int_0^\theta T d\theta = \int_0^\theta mHl\sin\theta \, d\theta = mlH(1-\cos\theta)$
$= MH(1-\cos\theta) \, [\text{J}]$

12 전류에 의한 자계의 세기

(1) 암페어(앙페르) 오른나사 법칙

도체에 전류를 흘려주었을 때 도체 주변에 생기는 회전하는 자장(자계)의 방향을 결정한다.

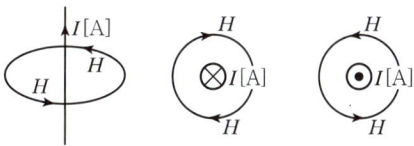

(2) 비오-사바르 법칙

전류에 의한 자계의 크기를 결정한다.

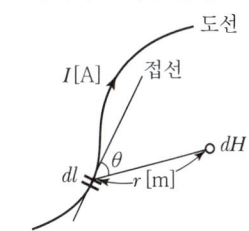

$dH = \dfrac{Idl}{4\pi r^2}\sin\theta \, [\text{AT/m}]$

13 원형 코일 중심축 및 중심점 자계의 세기

(1) 원형 코일 중심축상의 자계

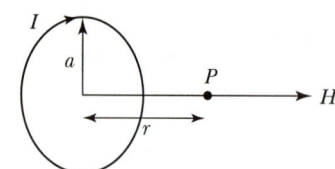

① 권선수 1회인 경우 $H_r = \dfrac{a^2 I}{2(a^2+r^2)^{\frac{3}{2}}}$ [AT/m]

② 권선수 N회인 경우 $H_r = \dfrac{Na^2 I}{2(a^2+r^2)^{\frac{3}{2}}}$ [AT/m]

(2) 원형 코일 중심점 자계($r=0$)

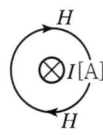

① 권선수 1회인 경우 $H_r = \dfrac{I}{2a}$ [AT/m]

② 권선수 N회인 경우 $H_r = \dfrac{NI}{2a}$ [AT/m]

14 앙페르의 주회적분 법칙

자계경로를 따라 선적분한 값은 중심점 전류의 대수합과 같다.

∴ $\int H dl = \sum NI$ (전류와 자계의 관계식)

(1) 무한장 직선 도체에 전류가 흐를 때 자계의 세기

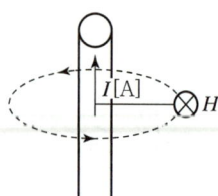

$\int H dl = I$, $Hl = I$, $H = \dfrac{I}{l}$

∴ $H = \dfrac{I}{2\pi r}$ [AT/m]

(2) 원통(원주) 도체에 의한 자계의 세기

① 전류가 균일하게 흐를 때(내부에도 전류가 존재한다.)

㉠ 외부($r > a$) : $H = \dfrac{I}{2\pi r}$ [AT/m]

㉡ 내부($r < a$) : $H_i = \dfrac{rI}{2\pi a^2}$ [AT/m]

② 전류가 표면에만 흐를 때(내부에는 전류가 존재하지 않는다.)

㉠ 외부($r > a$) : $H = \dfrac{I}{2\pi r}$ [AT/m]

㉡ 내부($r < a$) : $H_i = 0$ [AT/m]

15 유한장 직선 전류에 의한 자계의 세기

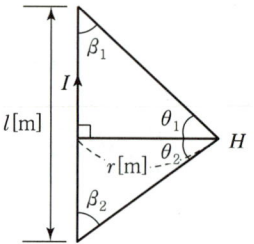

$H = \dfrac{I}{4\pi r}(\sin\theta_1 + \sin\theta_2)$

$= \dfrac{I}{4\pi r}(\cos\beta_1 + \cos\beta_2)$ [AT/m]

16 정 n각형 중심의 자계의 세기

$H_0 = \dfrac{nI\tan\dfrac{\pi}{n}}{2\pi a}$ [AT/m]

여기서, n : 배수, a : 반지름

17 정삼각형 중심의 자계의 세기

$H = \dfrac{9I}{2\pi l}$ [AT/m]

여기서, l : 정삼각형 한 변의 길이

18 정사각형 중심의 자계의 세기

$H = \dfrac{2\sqrt{2}\,I}{\pi l}\,[\text{AT/m}]$

여기서, l : 정사각형 한 변의 길이

19 솔레노이드 자계의 세기

(1) 환상 솔레노이드 내부자계

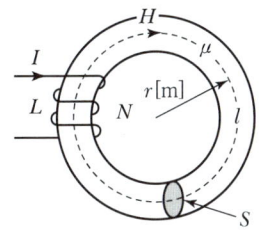

① 내부자계의 세기 $H = \dfrac{NI}{l} = \dfrac{NI}{2\pi r}\,[\text{AT/m}]$

② 중심점자계의 세기 $H_0 = 0$

(2) 무한장 솔레노이드 내부자계

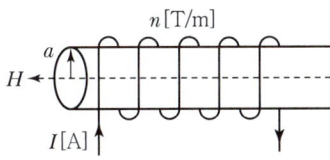

① 내부자계의 세기 $H = nI\,[\text{AT/m}]$
단, 내부자계는 균등자계이며 평등자계가 되며 n은 단위길이당 권선수이다.

② 솔레노이드 외부자계는 0이다.

20 전류에 의한 자위

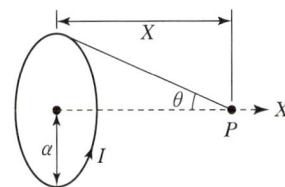

① 전류 $I = \dfrac{M_\delta}{\mu_0}$

여기서, $M_\delta = \sigma_s\,\delta\,[\text{Wb/m}]$: 자기 2중층의 세기

② 자위 $U = \dfrac{I}{4\pi}\omega = \dfrac{I}{2}(1-\cos\theta)$

$= \dfrac{I}{2}\left(1 - \dfrac{x}{\sqrt{a^2+x^2}}\right)[\text{A}]$

(단, $\omega = 2\pi(1-\cos\theta)\,[\text{sr}]$: 입체각)

21 플레밍의 왼손 법칙

- 전류가 흐르는 도선을 자계 안에 놓으면 이 도선에 힘이 작용한다.
- 이와 같이 자계와 전류 간에 작용하는 힘을 전자력이라 하며 그 세기는 다음과 같다.

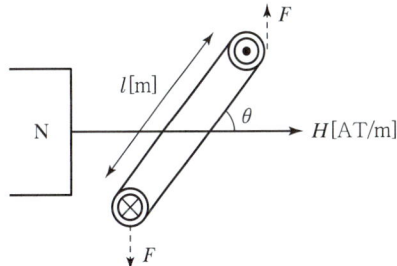

(1) 작용하는 힘

$F = IBl\sin\theta = I\mu_0 Hl\sin\theta = (\vec{I}\times\vec{B})l\,[\text{N}]$

여기서, I : 전류, B : 자속밀도
l : 도체의 길이, H : 자계의 세기

(2) 손가락의 방향

엄지 → 힘, 검지 → 자장(자속밀도), 중지 → 전류

(3) 자계 내에서 직사각형 코일(장방형 코일)의 회전력

$T = NI\phi = NBSI\cos\theta = NBIab\cos\theta\,[\text{N}\cdot\text{m}]$

여기서, N : 권수[T], B : 자속밀도[Wb/m²]
I : 전류[A], $S(A)$: 면적[m²]

22 로렌쯔의 힘

자계 내에 전하 입사 시 전하가 받는 힘

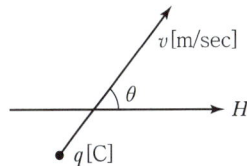

(1) 자계만 존재 시 작용하는 힘

$$F = Bqv\sin\theta = \mu_0 Hqv\sin\theta = (\vec{v} \times \vec{B})q [\text{N}]$$

여기서, B : 자속밀도, q : 전하량
v : 전하이동속도, H : 자계의 세기

(2) 자계와 전계가 동시 존재 시 작용하는 힘

$$F = F_E + F_H = q\{\vec{E} + (\vec{v} \times \vec{B})\} [\text{N}]$$

23 평행 도선 사이에 작용하는 힘

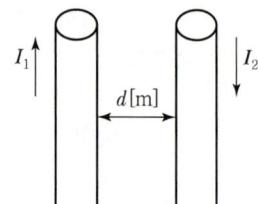

(1) 단위 길이당 작용하는 힘

$$F = \frac{\mu_0 I_1 I_2}{2\pi d} = \frac{2I_1 I_2}{d} \times 10^{-7} [\text{N/m}]$$

(2) 힘의 방향
 ① 전류의 방향이 같은 경우 : 흡인력
 ② 전류의 방향이 반대인 경우 : 반발력

24 자계 내에 전자 수직 입사

① 항상 원운동을 한다.

② 회전 반경 : $F = qBv\sin\theta = \dfrac{mv^2}{r}$ 이므로

$$r = \frac{mv}{Be} = \frac{mv}{\mu_o He} [\text{m}]$$

③ 각속도 : $\omega = \dfrac{\theta}{t} = \dfrac{2\pi}{T} = 2\pi f = \dfrac{v}{r}$ 이므로

$$\omega = \frac{Be}{m} [\text{rad/s}]$$

④ 주기 : $T = \dfrac{2\pi m}{Be} [\text{sec}]$

핵심 기출 문제

01 자극의 크기 $m = 4[\text{Wb}]$의 점자극으로부터 $r = 4[\text{m}]$ 떨어진 점의 자계의 세기$[\text{AT/m}]$를 구하면?

① 7.9×10^3 ② 6.3×10^4
③ 1.6×10^4 ④ 1.3×10^3

02 $1,000[\text{AT/m}]$의 자계 중에 어떤 자극을 놓았을 때 $3 \times 10^2[\text{N}]$의 힘을 받았다고 한다. 자극의 세기는?

① 0.1   ② 0.2
③ 0.3   ④ 0.4

03 비투자율 μ_s, 자속밀도 B인 자계 중에 있는 $m[\text{Wb}]$의 자극이 받는 힘은?

① $\dfrac{Bm}{\mu_o \mu_s}$ ② $\dfrac{Bm}{\mu_o}$
③ $\dfrac{\mu_o \mu_s}{Bm}$ ④ $\dfrac{Bm}{\mu_s}$

04 진공 중에서 $8\pi[\text{Wb}]$의 자하로부터 발산되는 총 자력선수는?

① 10^7 개   ② 2×10^7 개
③ $8\pi \times 10^7$ 개   ④ $\dfrac{10^7}{8\pi}$ 개

05 그림과 같이 공기 중에서 1[m]의 거리를 사이에 둔 2점 A, B에 각각 $3 \times 10^{-4}[\text{Wb}]$와 $-3 \times 10^{-4}[\text{Wb}]$의 점자극을 두었다. 이때 점 P에 단위 점자극을 두었을 때 이 극에 작용하는 힘의 합력은 몇 [N]인가?(단 $m(\overline{AP}) = m(\overline{BP})$, $m(\angle APB) = 90°$이다)

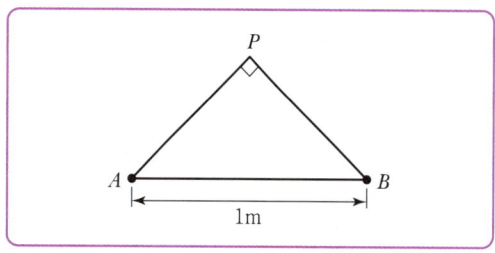

① 0   ② 18.9
③ 37.9   ④ 53.7

06 두 개의 자력선이 동일한 방향으로 흐르면 자계강도는?

① 더 약해진다.
② 주기적으로 약해졌다 또는 강해졌다 한다.
③ 더 강해진다.
④ 강해졌다가 약해진다.

07 등자위면의 설명으로 잘못된 것은?

① 등자위면은 자력선과 직교한다.
② 자계 중에서 같은 자위점으로 이루어진 면이다.
③ 자계 중에 있는 물체의 표면은 항상 등자위면이다.
④ 서로 다른 등자위면은 교차하지 않는다.

08 임의의 폐곡선 C와 쇄교하는 자속수 ϕ를 벡터 퍼텐셜 A로 표시하면?

① $\phi = \oint_c A\,dl$
② $\phi = \int_s A \cdot n\,ds$
③ $\phi = \int_v \text{div}\,A\,dv$
④ $\phi = rot A$

09 자속의 연속성을 나타낸 식은?

① $B = \mu H$ ② $\nabla \cdot B = 0$
③ $\nabla \cdot B = \rho$ ④ $-\mu H$

10 자기 쌍극자에 의한 자위 $U[A]$에 해당되는 것은? (단, 자기 쌍극자의 자기 모멘트는 $M[\text{Wb} \cdot \text{m}]$, 쌍극자의 중심으로부터의 거리는 $r[\text{m}]$, 쌍극자의 정방향과의 각도는 θ도라 한다.)

① $6.33 \times 10^4 \dfrac{M\sin\theta}{r^3}$ ② $6.33 \times 10^4 \dfrac{M\sin\theta}{r^2}$
③ $6.33 \times 10^4 \dfrac{M\cos\theta}{r^3}$ ④ $6.33 \times 10^4 \dfrac{M\cos\theta}{r^2}$

11 판자석의 표면 밀도를 $\pm\sigma[\text{Wb/m}^2]$라고 하고 두께를 $\delta[\text{m}]$라 할 때, 이 판자석의 세기$[\text{Wb/m}]$는?

① $\sigma\delta$ ② $\dfrac{1}{2}\sigma\delta$
③ $\dfrac{1}{2}\sigma\delta^2$ ④ $\sigma\delta^2$

12 그림과 같이 자기 모멘트 $M[\text{Wb} \cdot \text{m}]$인 판자석의 N과 S극 측에 입체각 ω_1, ω_2인 P점과 Q점이 판에 무한히 접근해 있을 때 두 점 사이의 자위차 $[\text{J/Wb}]$는?(단, 판자석의 표면 밀도를 $\pm\sigma[\text{Wb/m}^2]$라하고 두께를 $\delta[\text{m}]$라할때 $M = \sigma \cdot \delta[\text{Wb/m}]$이다.)

① $\dfrac{M}{\mu_0}$ ② $\dfrac{M}{4\pi\mu_0}$
③ $\dfrac{2M}{4\pi\mu_0}(\omega_1 - \omega_2)$ ④ 0

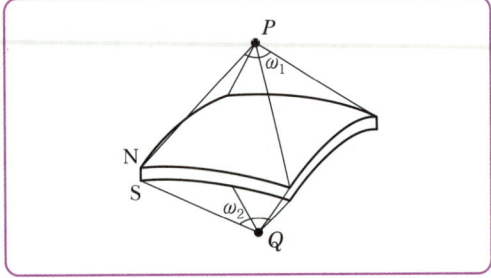

13 세기 M이 균일한 판자석의 S극 축으로부터 $r[\text{m}]$ 떨어진 점 P의 자위는?(단, 점 P에서 판자석을 본 입체각을 ω라 한다.)

① $\dfrac{M}{4\pi\mu_0}\omega$ ② $-\dfrac{M}{4\pi\mu_0}\omega$
③ $-\dfrac{M}{4\pi\mu_0 r}\omega$ ④ $\dfrac{M}{4\pi\mu_0 r}\omega$

14 전류에 의한 자계의 방향을 결정하는 법칙은?

① 렌쯔의 법칙 ② 플레밍의 오른손 법칙
③ 플레밍의 왼손 법칙 ④ 앙페르의 오른손 법칙

15 자장에 대한 설명 중 옳은 것은?

① 자장은 보존장이다. ③ 자장은 스칼라장이다.
③ 자장은 발산성장이다. ④ 자장은 회전성장이다.

16 그림과 같은 x, y, z의 직각 좌표계에서 z축상에 있는 무한 길이 직선 도선에 $+z$방향으로 직류 전류가 흐를 때, $y > 0$인 $+y$축상의 임의의 점에서의 자계의 방향은?

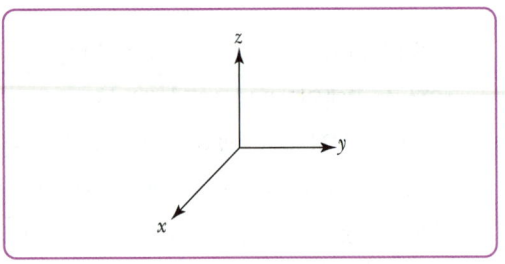

① $-x$축 방향 ② $-y$축 방향
③ $+x$축 방향 ④ $+y$축 방향

17 앙페르의 주회적분법칙을 설명한 것으로 올바른 것은?

① 폐회로 주위를 따라 전계를 선적분한 값은 폐회로 내의 총저항과 같다.
② 폐회로 주위를 따라 전계를 선적분한 값은 폐회로 내의 총전압과 같다.
③ 폐회로 주위를 따라 자계를 선적분한 값은 폐회로 내의 총전류와 같다.
④ 폐회로 주위를 따라 전계와 자계를 선적분한 값은 폐회로 내의 총저항, 총전압, 총전류의 합과 같다.

18 전류 및 자계와 직접 관련이 없는 것은?

① 앙페르의 오른손 법칙
② 플레밍의 왼손 법칙
③ 비오-사바르의 법칙
④ 렌쯔의 법칙

19 무한장 직선 전류에 의한 자계는 전류에서의 거리에 대하여 ( )의 형태로 감소한다. ( )에 알맞는 것은?

① 포물선　　② 원
③ 타원　　　④ 쌍곡선

20 2π[A]의 전류가 흐르고 있는 무한 직선으로부터 2[m]만큼 떨어진 자유공간 내 P점의 자속밀도의 크기는?

① $\dfrac{\mu_0}{8}$　　② $\dfrac{\mu_0}{4}$
③ $\dfrac{\mu_0}{2}$　　④ μ_0

21 그림과 같이 평행 왕복 도선에 $\pm I$[A]가 흐르고 있을 때 점 $P(\theta=90°)$의 자계의 세기는 몇 [AT/m]인가?

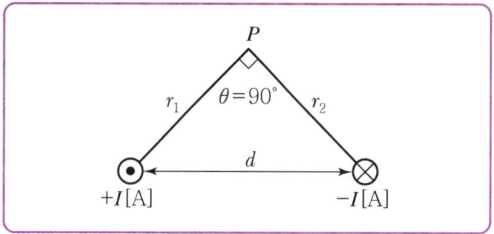

① $\dfrac{I}{2\pi d}$　　② $\dfrac{I}{2\pi r_1 r_2}$
③ $\dfrac{I\sqrt{r_1+r_2}}{2\pi d}$　　④ $\dfrac{Id}{2\pi r_1 r_2}$

22 무한장 직선 도체가 있다. 이 도체로부터 수직으로 0.1[m] 떨어진 점의 자계의 세기가 180[AT/m]이다. 이 도체로부터 수직으로 0.3[m] 떨어진 점의 자계의 세기는 몇 [AT/m]인가?

① 20　　② 60
③ 180　　④ 540

23 전류 분포가 균일한 반지름 a[m]인 무한장 원주형 도선에 1[A]의 전류를 흘렸더니, 도선 중심에서 $\dfrac{a}{2}$[m] 되는 점에서의 자계 세기가 $\dfrac{1}{2\pi}$[AT/m]이었다. 이 도선의 반지름은 몇 [m]인가?

① 4　　② 2
③ 1/2　④ 1/4

24 그림과 같이 평행한 두 개의 무한 직선 도선에 전류가 I, $2I$인 전류가 흐른다. 두 도선 사이의 점 P에서 자계의 세기가 0이다. 이때 $\dfrac{a}{b}$는?

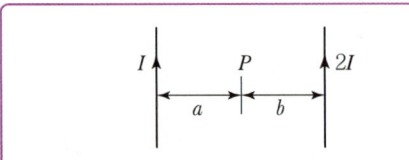

① 4
② 2
③ $\dfrac{1}{2}$
④ $\dfrac{1}{4}$

25 진공 중에 미소 선전류 $I \cdot dl$[A/m]에 기인된 r[m] 떨어진 점 P에 생기는 자계 dH[A/m]를 나타내는 식은?

① $dH = \dfrac{I \times a_r}{4\pi r^2} dl$[A/m]
② $dH = \dfrac{a_r \times I}{8\pi \mu_0 r^2} dl$[A/m]
③ $dH = \dfrac{I \times a_r}{4\pi \mu_0 r^2} dl$[A/m]
④ $dH = \dfrac{a_r \times I}{8\pi r^2} dl$[A/m]

26 그림과 같이 반지름 2[m], 권수 100회인 원형 코일에 전류 1.5[A]가 흐른다면 중심점 O의 자계의 세기는 몇 [AT/m]인가?

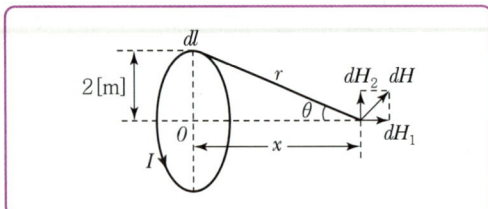

① 30[AT/m]
② 37.5[AT/m]
③ 75[AT/m]
④ 105[AT/m]

27 전류의 세기가 I[A], 반지름 r[m]인 원형 선전류 중심에 m[Wb]인 가상 점자극을 둘 때 원형 선전류가 받는 힘은 몇 [N]인가?

① $\dfrac{mI}{2\pi r}$
② $\dfrac{mI}{2r}$
③ $\dfrac{mI^2}{2\pi r}$
④ $\dfrac{mI}{2\pi r^2}$

28 지름 10[cm]인 원형 코일 중심에서 자계가 1,000[A/m]이다 원형 코일이 100회 감겨 있을 때 전류는 몇 [A]인가?

① 1
② 2
③ 3
④ 5

29 그림과 같이 반지름 1[m]인 반원과 2줄의 반직선으로 된 도선에 전류 4[A]가 흐를 때 반원의 중심 O의 자계 [AT/m]는?

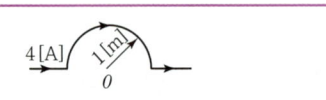

① 0.5
② 1
③ 2
④ 4

30 그림과 같이 반지름 r[m]인 원의 임의의 2점 A, B 각 θ 사이에 전위 I[A]가 흐른다. 원의 중심 O의 자계의 세기는 몇 [A/m]인가?

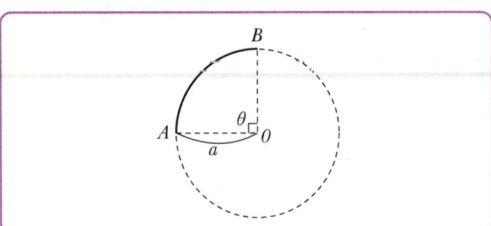

① $\dfrac{I\theta}{4\pi a^2}$
② $\dfrac{I\theta}{4\pi a}$
③ $\dfrac{I\theta}{2\pi a^2}$
④ $\dfrac{I\theta}{2\pi a}$

31 그림과 같이 l_1[m]에서 l_2[m]까지 전류 I[A]가 흐르고 있는 직선 도체에서 수직 거리 a[m] 떨어진 P점의 자계를 구하면 몇 [AT/m]인가?

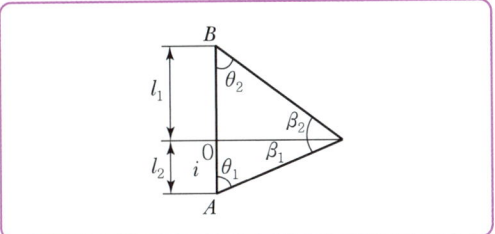

① $\dfrac{I}{4\pi a}(\sin\theta_1 + \sin\theta_2)$

② $\dfrac{I}{4\pi a}(\cos\theta_1 + \cos\theta_2)$

③ $\dfrac{I}{2\pi a}(\sin\theta_1 + \sin\theta_2)$

④ $\dfrac{I}{2\pi a}(\cos\theta_1 + \cos\theta_2)$

32 그림과 같은 길이 $\sqrt{3}$ [m]인 유한장 직선 도선에 π[A]의 전류가 흐를 때 도선의 일단 B에서 수직하게 1[m] 되는 P점의 자계의 세기[AT/m]는?

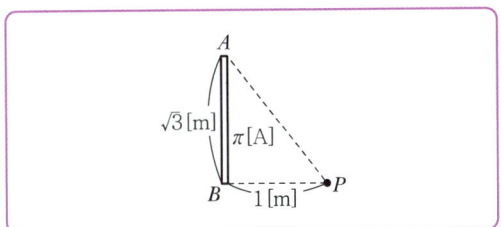

① $\sqrt{3}/8$ ② $\sqrt{3}/4$
③ $\sqrt{3}/2$ ④ $\sqrt{3}$

33 1변의 길이가 l[m]인 정방형 도체 회로에 직류 I[A]를 흘릴 때 회로의 중심점 자계의 세기[A/m]는?

① $\dfrac{2I}{2\pi l}$ ② $\dfrac{\sqrt{2}\,I}{2\pi l}$
③ $\dfrac{2I}{\pi l}$ ④ $\dfrac{2\sqrt{2}\,I}{\pi l}$

34 한 변의 길이가 2[cm]인 정삼각형 회로에 100[mA]의 전류를 흘릴 때, 삼각형 중심점의 자계의 세기[AT/m]는?

① 3.6   ② 5.4
③ 7.2   ④ 2.7

35 그림과 같이 한 변의 길이가 1[m]인 정육각형 회로에 전류 I[A]가 흐르고 있을 때 중심 자계의 세기는 몇 [A/m]인가?

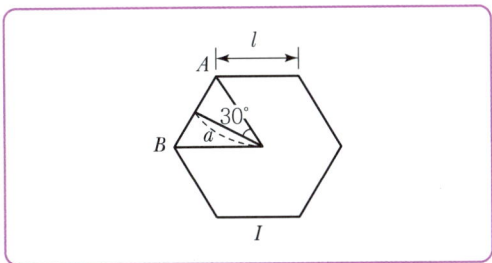

① $\dfrac{1}{2\sqrt{3}\,\pi l} \times I$

② $\dfrac{2\sqrt{2}}{\pi l} \times I$

③ $\dfrac{\sqrt{3}}{\pi l} \times I$

④ $\dfrac{\sqrt{3}}{2\pi l} \times I$

36 반지름 a[m]인 원에 내접하는 정 n변형의 회로에 I[A]가 흐를 때, 그 중심에서의 자계의 세기 [AT/m]는?

① $\dfrac{nI\tan\dfrac{\pi}{n}}{2\pi a}$ ② $\dfrac{nI\sin\dfrac{\pi}{n}}{2\pi a}$

③ $\dfrac{nI\tan\dfrac{\pi}{n}}{\pi a}$ ④ $\dfrac{nI\sin\dfrac{\pi}{n}}{\pi a}$

37 그림과 같은 반지름 a[m]인 원형코일에 I[A]가 흐르고 있다. 이 도체 중심축상 x[m]인 점 P의 자위[A]는?

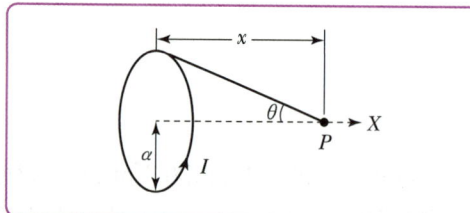

① $\dfrac{I}{2}\left(1-\dfrac{x}{\sqrt{a^2+x^2}}\right)$ ② $\dfrac{I}{2}\left(1-\dfrac{a}{\sqrt{a^2+x^2}}\right)$

③ $\dfrac{I}{2}\left(1-\dfrac{x^2}{(a^2+x^2)^{\frac{2}{3}}}\right)$ ④ $\dfrac{I}{2}\left(1-\dfrac{a^2}{(a^2+x^2)^{\frac{3}{2}}}\right)$

38 자극의 세기 4×10^{-6}[Wb], 길이 10[cm]인 막대자석을 150[AT/m]의 평등 자계 내에 자계와 60°의 각도로 놓았다면 자석이 받는 회전력 [N·m]은?

① $\sqrt{3}\times10^{-4}$ ② $3\sqrt{3}\times10^{-5}$
③ 3×10^{-4} ④ 3×10

39 그림에서 직선 도체 바로 아래 10[cm] 위치에 자침이 나란히 있다고 하면 이때의 자침에 작용하는 회전력은 약 몇 [N·m/rad]인가?(단, 도체의 전류는 10[A], 자침의 자극의 세기는 10^{-6}[Wb]이고, 자침의 길이는 10[cm]이다.)

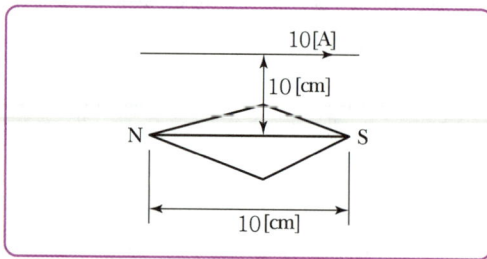

① 1.59×10^{-6} ② 7.95×10^{-7}
③ 15.9×10^{-6} ④ 79.5×10^{-7}

40 환상 솔레노이드(Solenoid) 내의 자계의 세기 [AT/m]는?(단, N은 코일이 감긴 수, a는 환상 솔레노이드의 평균 반지름이다.)

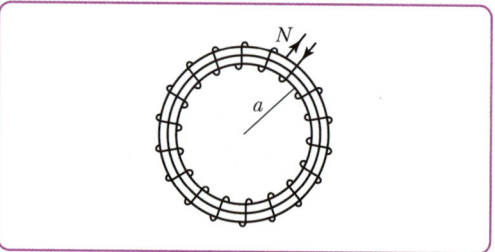

① $\dfrac{2\pi a}{NI}$ ② $\dfrac{NI}{2\pi a}$
③ $\dfrac{NI}{\pi a}$ ④ $\dfrac{NI}{4\pi a}$

41 철심을 넣은 환상솔레노이드의 평균 반지름은 20[cm]이다. 이 코일에 10[A]의 전류를 흘려 내부자계의 세기를 2,000[AT/m]로 하기 위한 코일의 권수는 약 몇 회인가?

① 200 ② 250
③ 300 ④ 350

42 무한장 솔레노이드에 전류가 흐를 때 발생되는 자장에 관한 설명 중 옳은 것은?

① 내부 자장은 평등 자장이다.
② 외부와 내부 자장의 세기는 같다.
③ 외부 자장은 평등 자장이다.
④ 내부 자장의 세기는 0이다.

43 1[cm]마다 권수가 100인 무한장 솔레노이드에 20[mA]의 전류를 유통시킬 때 솔레노이드 내부의 자계의 세기[AT/m]는?

① 0 ② 20
③ 100 ④ 200

44 같은 평등 자계 중의 자계와 수직방향으로 전류 도선을 놓으면 N극 S극이 만드는 자계와 전류에 의한 자계와의 상호 작용에 의하여 자계의 합성이 이루어지고 전류 도선은 힘을 받는다. 이러한 힘을 무엇이라 하는가?

① 전자력　　　　② 기전력
③ 기자력　　　　④ 전계력

45 자계 B의 안에 놓여 있는 전류 I의 회로 C가 받는 힘 F의 식으로 옳은 것은?(단, dl은 미소 변위)

① $F = \int_c (Idl) \times B$
② $F = \int_c (IB) \times dl$
③ $F = \int_c (Idl) \cdot (B)$
④ $F = \int_c (-IB) \cdot (dl)$

46 진공 중에서 e[C]의 전하가 B[Wb/m²]의 자계 안에서 자계와 수직 방향으로 v[m/s]의 속도로 움직일 때 받는 힘[N]은?

① $\dfrac{evB}{\mu_0}$　　　　② $\mu_0 evB$
③ evB　　　　④ $\dfrac{eB}{v}$

47 v[m/s]의 속도로 전자가 B[Wb/m²]의 평등 자계에 직각으로 들어가면 원운동을 한다. 이때 각속도 ω[rad/s] 및 주기 T[s]는?(단, 전자의 질량은 m, 전자의 전하는 e이다.)

① $\omega = \dfrac{m}{eB},\ T = \dfrac{eB}{2\pi m}$　② $\omega = \dfrac{eB}{m},\ T = \dfrac{2\pi m}{eB}$
③ $\omega = \dfrac{mv}{eB},\ T = \dfrac{2\pi B}{mv}$　④ $\omega = \dfrac{em}{B},\ T = \dfrac{2\pi m}{Bv}$

48 평등자계 내에 수직으로 돌입한 전자의 궤적은?

① 원운동을 하고 반지름은 자계의 세기에 비례한다.
② 구면위에서 회전하고 반지름은 자계의 세기에 비례한다.
③ 원운동을 하고 반지름은 전자의 처음 속도에 반비례한다.
④ 원운동을 하고 반지름은 자계의 세기에 반비례한다.

49 평등자계 내의 내부로 ⓐ 자계와 평행한 방향, ⓑ 자계와 수직인 방향으로 일정속도의 전자를 입사시킬 때 전자의 운동 궤적을 바르게 나타낸 것은?

① ⓐ : 원, ⓑ : 타원
② ⓐ : 직선, ⓑ : 타원
③ ⓐ : 직선, ⓑ : 원
④ ⓐ : 원, ⓑ : 원

50 그림과 같이 직류 전원에서 부하에 공급하는 전류는 50[A]이고, 전원 전압은 480[V]이다. 도선이 10[cm] 간격으로 평행하게 배선되어 있다면 1[m]당 도선 사이에 작용하는 힘은 몇 [N]이며, 어떻게 작용하는가?

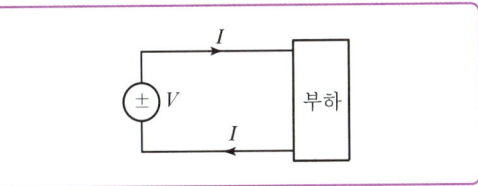

① 5×10^{-3}, 흡인력
② 5×10^{-3}, 반발력
③ 5×10^{-2}, 흡인력
④ 5×10^{-2}, 반발력

51 두 개의 길고 직선인 도체가 평행으로 그림과 같이 위치하고 있다. 각 도체에는 10[A]의 전류가 같은 방향으로 흐르고 있으며, 이격거리는 0.2[m]일 때 오른쪽 도체의 단위길이당 힘[N/m]은?(단, a_x, a_z는 단위 벡터이다.)

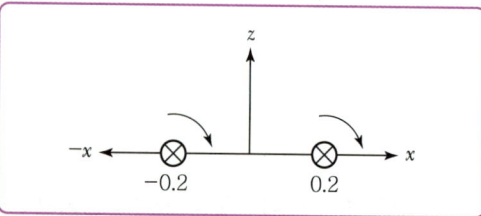

① $10^{-2}(-a_x)$
② $10^{-4}(-a_x)$
③ $10^{-2}(-a_z)$
④ $10^{-4}(-a_z)$

52 다음 중 정전계와 정자계의 대응관계가 성립되는 것은?

① $\operatorname{div} D = \rho_v \rightarrow \operatorname{div} B = \rho_r$
② $\nabla^2 V = -\dfrac{\rho_v}{\varepsilon_0} \rightarrow \nabla^2 A = -\dfrac{i}{\mu_0}$
③ $W = \dfrac{1}{2}CV^2 \rightarrow W = \dfrac{1}{2}LI^2$
④ $F = 9 \times 10^9 \dfrac{Q_1 Q_2}{R^2} a_R$
$\rightarrow F = 6.33 \times 10^{-4} \dfrac{m_1 m_2}{R^2} a_R$

53 다음 중 정전기와 자기의 유사점 비교로 옳지 않은 것은?

① $\oint_c E \cdot dl = V$ 와 $\oint_c H \cdot dl = NI$
② $E = -\operatorname{grad} V$ 와 $B = \operatorname{curl} A$
③ $\operatorname{div} D = \rho_{ev}$ 와 $\operatorname{div} B = \rho_{mv}$
④ $\nabla^2 V = \dfrac{\rho_v}{\varepsilon_o}$ 와 $\Delta^2 A = -\mu_o i$

Chapter 08 자성체와 자기회로

01 자화의 근본적인 원인
전자의 자전현상

02 자성체의 종류

(1) 상자성체 : $\mu_s > 1$
  알루미늄(Al), 백금(Pt), 주석(Sn), 산소(O_2) 등

(2) 강자성체 : $\mu_s \gg 1$
  철(Fe), 니켈(Ni), 코발트(Co) 등
  강자성체는 자석재료이며 자기차폐제로 이용된다.

[강자성체의 특징]
① 고투자율을 갖는다.
② 자기포화 특성이 있다.
③ 히스테리시스 특성이 있다.
④ 자구를 갖는다.

> **Reference**
> ① 자기차폐 : 강자성체로 물질이나 공간을 포위하여 외부 자계의 영향을 차폐하는 현상으로 완전 차폐는 되지 않는다.
> ② 퀴리온도(임계온도) : 자화된 강자성체의 온도를 서서히 높이면 자화가 점점 감소하다가 급격히 강자성을 잃어버리고 상자성체가 되는 온도지점을 말하며, 순철 기준으로 770~790[℃]가 된다.

(3) 반(역)자성체
  $\mu_s < 1$, 자화가 외부 자계와 반대 방향으로 자화
  납(Pb), 아연(Zn), 비스무트(Bi), 구리(Cu), 탄소, 실리콘, 안티몬 등

03 자성체의 스핀(Spin) 배열(자기 쌍극자 배열)

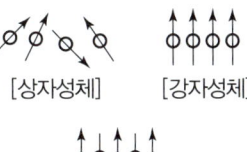

[상자성체]   [강자성체]

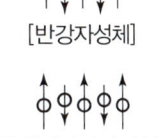

[반강자성체]

[훼리(페라이트)자성체]

04 자화의 세기 $J[\text{wb}/\text{m}^2]$: 단위체적당 모멘트

$$J = \sigma_s = \mu_o(\mu_s - 1)H = B\left(1 - \frac{1}{\mu_s}\right) = \chi H [\text{Wb}/\text{m}^2]$$

① 자화율 $x = \mu_o(\mu_s - 1)$
② 비자화율 $\dfrac{\chi}{\mu_o} = \mu_s - 1$

강자성체에서 자화의 세기 J는 B보다 약간 작다.

05 히스테리 곡선[$B - H$ 곡선]

① 횡축 : 자계(보자력)
② 종축 : 자속밀도(잔류자기)

[히스테리시스손]

$P_h = \eta f B_m^{1.6} [\text{W}/\text{m}^3]$이며 방지책으로 규소 강판을 사용한다.

※ 히스테리시스 루프의 면적은 강자성체의 단위체적당 필요한 에너지

> **Reference**
> **바크하우젠 효과**
> 자성체 내에서 임의의 방향으로 배열되었던 자구가 외부자장의 힘이 일정치 이상이 되면 순간적으로 회전하여 자장의 방향으로 배열되기 때문에 자속밀도가 증가하는 현상을 말한다. $B - H$곡선을 자세히 관찰하면 매끈한 곡선이 아니라 B가 계단적으로 증가 또는 감소함을 알 수 있다.

06 맴돌이 전류손(와전류손)

$$P_e = \eta(fB_m)^2 [\text{W/m}^3]$$

방지책으로 성층결선을 사용한다.

07 영구자석 재료의 조건

히스테리시스 곡선의 면적이 크고, 잔류자기와 보자력이 모두 큰 것

08 전자석 재료의 조건

히스테리시스 곡선의 면적이 작고, 잔류자기는 크며, 보자력이 작은 것

09 강자성체의 히스테리시스 루프의 면적

강자성체의 단위체적당 필요한 에너지

10 감자력 H'

자화의 세기에 비례한다.

$$H' = H_0 - H = \frac{N}{\mu_0}J$$

여기서, N : 감자율, J : 자화의 세기

[감자율의 특징]
① 가늘고 긴 막대 $N \fallingdotseq 0$
② 환상(솔레노이드) 철심 $N = 0$
③ 굵고 짧은 막대 $N = 1$
④ 구자성체 $N \fallingdotseq \frac{1}{3}$

11 단위체적당 에너지 밀도

$$W = \int_0^B H dB = \int_0^B \frac{B}{\mu} dB = \frac{B^2}{2\mu} = \frac{1}{2}\mu H^2 = \frac{1}{2}BH$$

$[\text{J/m}^3]$ 가 된다.

12 전자석의 흡인력(단위 면적당 받는 힘) $f_m [\text{N/m}^2]$

$$f_m = \frac{F}{S} = \frac{B^2}{2\mu} = \frac{1}{2}\mu H^2 = \frac{1}{2}BH [\text{N/m}^2]$$

13 경계면 조건

(1) 경계면의 접선(수평)성분

양측에서 자계가 같다.

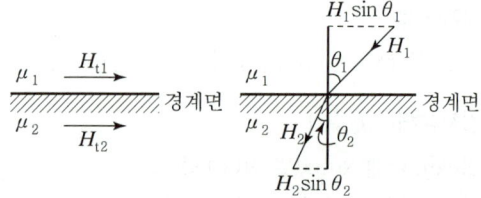

① $H_{t1} = H_{t2}$: 연속적이다(전계는 수평(접선) 방향에서 연속이다).
② $B_{t1} \neq B_{t2}$: 불연속적이다.
③ $H_1 \sin\theta_1 = H_2 \sin\theta_2$ (① 식으로 가정)

(2) 경계면의 법선(수직)성분

자속밀도는 양측에서 같다.

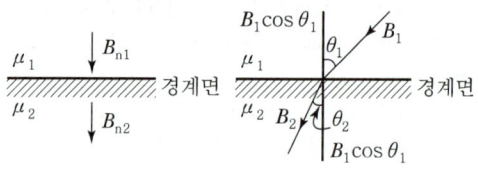

① $B_{n1} = B_{n2}$: 연속적이다(전속밀도는 수직(법선) 방향에서 연속이다).
② $H_{n1} \neq H_{n2}$: 불연속적이다.
③ $B_1 \cos\theta_1 = B_2 \cos\theta_2$ (② 식으로 가정)

결국 $\frac{①}{②}$ 하면 $\frac{H_1 \sin\theta_1 = H_2 \sin\theta_1}{B_1 \cos\theta_1 = B_2 \cos\theta_2} = \frac{\tan\theta_1}{\tan\theta_2} = \frac{\mu_1}{\mu_2}$ 된다.

(3) 비례관계

① $\mu_2 > \mu_1$, $\theta_2 > \theta_1$, $B_2 > B_1$: 비례관계
② $H_1 > H_2$: 반비례관계

14 전기회로와 자기회로의 대응관계

전기저항에 의한 손실(줄손실=동손)은 있으나 자기 저항에 의한 손실은 없다.

전기회로		자기회로	
도전율	$k = \sigma \, [\text{℧/m}]$	투자율	$\mu \, [\text{H/m}]$
기전력	$E \, [\text{V}]$	기자력	$F = NI \, [\text{AT}]$
전기저항	$R = \rho \dfrac{l}{S} = \dfrac{l}{kS} \, [\Omega]$	자기저항	$R_m = \dfrac{l}{\mu S} \, [\text{AT/Wb}]$
전류	$I = \dfrac{E}{R} \, [\text{A}]$	자속	$\phi = \dfrac{F}{R_m} = \dfrac{\mu SNI}{l} \, [\text{Wb}]$
전류밀도	$i = \dfrac{I}{S} \, [\text{A/m}^2]$	자속밀도	$B = \dfrac{\phi}{S} \, [\text{Wb/m}^2]$

① 자기저항의 역수 퍼미언스 $P = \dfrac{1}{R_m} \, [\text{Wb/AT}]$

② 자기회로의 특징 : 줄열에 의한 손실이 없다.

③ 키르히호프 법칙
  ㉠ 제1법칙 : $\sum \phi_i = \sum \phi_o, \ \sum \phi = 0$
  ㉡ 제2법칙 : $\sum F(NI) = \sum \phi R_m$

15 공극발생 시 자기저항

① 철심부의 처음 자기저항

$$R_m = \frac{l}{\mu S} = \frac{l}{\mu_0 \mu_s S} \, [\text{AT/Wb}]$$

② 미소공극 발생 시 합성 자기저항

$$R = R_m + R_g = \frac{l}{\mu S} + \frac{l_g}{\mu_0 S} = \frac{l + \mu_s l_g}{\mu S} \, [\text{AT/Wb}]$$

③ 미소공극 발생 시 합성 자기저항은 처음 자기저항의 몇 배인가?

$$\frac{R}{R_m} = \frac{\dfrac{l + \mu_s l_g}{\mu S}}{\dfrac{l}{\mu S}} = 1 + \frac{\mu_s l_g}{l}$$

여기서, μ_s : 비투자율, l_g : 공극의 길이
  l : 철심의 길이

핵심 기출 문제

01 물질의 자화 현상은?
① 전자의 이동
② 전자의 공전
③ 전자의 자전
④ 분자의 운동

02 인접 영구 자기 쌍극자가 크기는 같으나 방향이 서로 반대 방향으로 배열된 자성체를 어떤 자성체라 하는가?
① 반자성체
② 상자성체
③ 강자성체
④ 반강자성체

03 다음 자성체 중 반자성체가 아닌 것은?
① 창연
② 구리
③ 금
④ 알루미늄

04 금속물질 중에서 강자성체가 아닌 것은?
① 철
② 니켈
③ 백금
④ 코발트

05 강자성체의 세 가지 특성이 아닌 것은?
① 와전류 특성
② 히스테리시스 특성
③ 고투자율 특성
④ 포화 특성

06 일반적으로 자구를 가지는 자성체는?
① 상자성체
② 강자성체
③ 역자성체
④ 비자성체

07 다음 설명 중 잘못된 것은?
① 초전도체는 임계온도 이하에서 완전 반자성을 나타낸다.
② 자화의 세기는 단위 면적당의 자기 모멘트이다.
③ 상자성체에 자극 N극을 접근시키면 S극이 유도된다.
④ 니켈(Ni), 코발트(Co) 등은 강자성체에 속한다.

08 히스테리시스 곡선의 기울기는 다음의 어떤 값에 해당하는가?
① 투자율
② 유전율
③ 자화율
④ 감자율

09 히스테리시스 곡선에서 횡축과 종축은 각각 무엇을 나타내는가?

	횡축	종축
①	자속밀도	자계
②	기자력	자속밀도
③	자계	자속밀도(종축)
④	자속밀도	기자력(종축)

10 자기이력곡선(Hysteresis Loop)에 대한 설명 중 틀린 것은?
① 자화의 경력이 있을 때나 없을 때나 곡선은 항상 같다.
② Y축은 자속밀도이다.
③ 자화력이 0일 때 남아 있는 자기가 잔류자기이다.
④ 잔류자기를 상쇄시키려면 역방향의 자화력을 가해야 한다.

11 전자석에 사용하는 연철(Soft Iron)은 다음 어느 성질을 가지는가?

① 잔류 자기, 보자력이 모두 크다.
② 보자력이 크고 히스테리시스 곡선의 면적이 작다.
③ 보자력과 히스테리시스 곡선의 면적이 모두 작다.
④ 보자력이 크고 잔류 자기가 작다.

12 영구자석에 관한 설명 중 옳지 않은 것은?

① 히스테리시스 현상을 가진 재료만이 영구자석이 될 수 있다.
② 보자력이 클수록 자계가 강한 영구자석이 된다.
③ 잔류 자속 밀도가 높을수록 자계가 강한 영구자석이 된다.
④ 자석 재료로 폐회로를 만들면 강한 영구자석이 된다.

13 자화된 철의 온도를 높일 때 자화가 서서히 감소하다가 급격히 강자성이 상자성으로 변하면서 강자성을 잃어버리는 온도는?

① 켈빈(Kelvin) 온도
② 연화(Transition) 온도
③ 전이 온도
④ 퀴리(Curie) 온도

14 강자성체에서 히스테리시스 루프의 면적은?

① 강자성체의 단위 체적당에 필요한 에너지이다.
② 강자성체의 단위 면적당에 필요한 에너지이다.
③ 강자성체의 단위 길이당에 필요한 에너지이다.
④ 강자성체의 전체 체적에 필요한 에너지이다.

15 그림과 같은 모양의 자화곡선을 나타내는 자성체 막대를 충분히 강한 평등자계 중에서 매분 3,000회 회전시킬 때 자성체의 단위 체적당 약 몇[kcal/sec]의 열이 발생하는가?(단, $B_r = 2[Wb/m^2]$, $H_L = 500, [AT/m], B = \mu H$에서 $\mu \neq$ 일정)

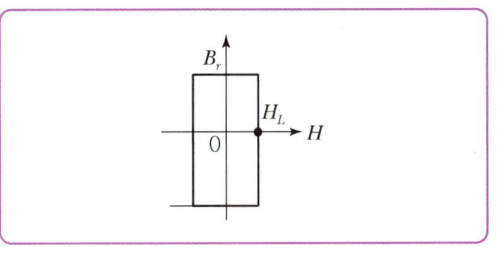

① 11.7 ② 47.6
③ 70.2 ④ 200

16 어느 강철의 자화 곡선을 응용하여 종축을 자속 밀도 B 및 투자율 μ, 횡축을 자화의 세기 J 라면 다음 중에 투자율 곡선을 가장 잘 나타내고 있는 것은?

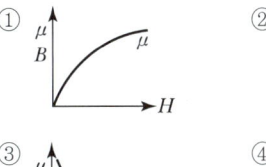 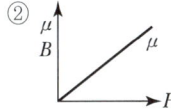
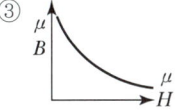 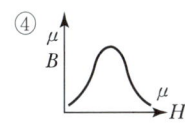

17 반경이 3[cm]인 원형 단면을 가지고 있는 원환 연철심에 같은 코일에 전류를 흘려서 철심 중의 자계의 세기가 400[AT/m]가 되도록 여자할 때 철심 중의 자속 밀도[Wb/m²]는 얼마인가?(단, 철심의 비투자율은 400이라고 한다.)

① 0.2 ② 2.0
③ 0.02 ④ 2.2

18 단면적 2[cm²]의 철심에 5×10^{-4}[Wb]의 자속을 통하게 하려면 2,000[AT/m]의 자계가 필요하다. 철심의 비투자율은 약 얼마인가?

① 332 ② 663
③ 995 ④ 1,990

19 자계에서 자화의 세기 J[Wb/m²]는 유전체에서 무엇과 동일한 의미를 가지고 대응되는가?

① 전속밀도 ② 전계의 세기
③ 전기분극도 ④ 전위

20 자화의 세기로 정의할 수 있는 것은?

① 단위 체적당 자기모멘트
② 단위 면적당 자위 밀도
③ 자화선 밀도
④ 자력선 밀도

21 다음 중 비투자율 값은?(단, μ_0는 진공의 투자율, X_m은 자화율이다.)

① $1+\dfrac{X_m}{\mu_0}$ ② $\mu_0(1+X_m)$
③ $\dfrac{1}{1+X_m}$ ④ $\dfrac{1}{1-X_m}$

22 비투자율 $\mu_s=400$인 환상 철심 내의 평균 자계의 세기 $H=3,000$[AT/m]이다. 철심 중의 자화의 세기 J[Wb/m²]는?

① 0.15 ② 1.5
③ 0.75 ④ 7.5

23 다음 설명 중 옳은 것은?

① 상자성체는 자화율이 0보다 크고, 반자성체에서는 자화율이 0보다 작다.
② 상자성체는 투자율이 1보다 작고, 반자성체에서는 투자율이 1보다 크다.
③ 반자성체는 자화율이 0보다 크고, 투자율이 1보다 크다.
④ 상자성체는 자하율이 0보다 작고, 투자율이 1보다 크다.

24 투자율이 μ이고, 감자율이 N인 자성체를 외부 자계 H_o 중에 놓았을 때의 자성체의 자화세기 J [Wb/m²]를 구하면?

① $\dfrac{\mu_o(\mu_s+1)}{1+N(\mu_s+1)}H_o$ ② $\dfrac{\mu_o\mu_s}{1+N(\mu_s+1)}H_o$
③ $\dfrac{\mu_o\mu_s}{1+N(\mu_s-1)}H_o$ ④ $\dfrac{\mu_o(\mu_s-1)}{1+N(\mu_s-1)}H_o$

25 다음 중 감자율이 0인 것은?

① 가늘고 짧은 막대 자성체
② 굵고 짧은 막대 자성체
③ 가늘고 긴 막대 자성체
④ 환상 솔레노이드

26 강자성체의 자속 밀도 B의 크기와 자화의 세기 J의 크기를 비교하면?

① J는 B보다 약간 크다.
② J는 B보다 대단히 크다.
③ J는 B보다 약간 작다.
④ J는 B보다 대단히 작다.

27 투자율이 다른 두 자성체가 평면으로 접하고 있는 경계면에서 전류 밀도가 0일 때 성립하는 경계 조건은?

① $\mu_2 \tan\theta_1 = \mu_1 \tan\theta_2$
② $\mu_1 \cos\theta_1 = \mu_2 \cos\theta_2$
③ $B_1 \sin\theta_1 = B_2 \cos\theta_2$
④ $\mu_1 \tan\theta_1 = \mu_2 \tan\theta_2$

28 투자율이 다른 두 자성체의 경계면에서의 굴절각은?

① 투자율에 비례한다.
② 투자율에 반비례한다.
③ 비투자율에 비례한다.
④ 비투자율에 반비례한다.

29 두 자성체의 경계면에서 경계 조건을 설명한 것 중 옳은 것은?

① 자계의 성분은 서로 같다.
② 자계의 법선성분은 서로 같다.
③ 자속밀도의 법선성분은 서로 같다.
④ 자속밀도의 접선성분은 서로 같다.

30 두 자성체 경계면에서 정자계가 만족하는 것은?

① 양측 경계면상의 두 점 간의 자위차가 같다.
② 자속은 투자율이 작은 자성체에 모인다.
③ 자계의 법선성분이 같다.
④ 자속밀도의 접선성분이 같다.

31 다음 중 자기회로와 전기회로의 대응관계로 옳지 않은 것은?

① 자속 – 전속
② 자계 – 전계
③ 투자율 – 도전율
④ 기자력 – 기전력

32 자기회로의 퍼미언스(Permeance)에 대응하는 전기회로의 요소는?

① 도전율
② 컨덕턴스
③ 정전용량
④ 엘라스턴스

33 자기 회로에 관한 설명으로 옳지 못한 것은?(단, C는 커패시턴스, L은 인덕턴스이다.)

① 기자력과 자속 사이에는 비직선성을 갖고 있다.
② 자기 저항에서 손실이 있다.
③ 누설 자속은 전기 회로의 누설 전류에 비하여 대체적으로 많다.
④ 전기 회로에서의 C 및 L에 해당하는 것은 없다.

34 자기 회로에 대한 키르히호프의 법칙 중 옳은 것은?

① 수 개의 자기 회로가 1점에서 만날 때는 각 회로의 기자력의 대수합은 0이다.
② 수 개의 자기 회로가 1점에서 만날 때는 각 회로의 자속과 자기저항을 곱한 것의 대수합은 0이다.
③ 하나의 폐자기 회로에 대하여 각 분로의 기자력과 자기저항을 곱한 것의 대수합은 폐자기 회로에 작용하는 자속의 대수합과 같다.
④ 하나의 폐자기 회로에 대하여 각 분로의 자속과 자기저항을 곱한 것의 대수합은 폐자기 회로에 작용하는 기자력의 대수합과 같다.

35 자기 회로의 단면적 S[m²], 길이 l[m], 비투자율 μ_s, 진공의 투자율 μ_o[H/m]일 때의 자기 저항 [AT/Wb]은?

① $\dfrac{l}{\mu_o \mu_s S}$
② $\dfrac{\mu_o \mu_s l}{S}$
③ $\dfrac{S}{\mu_o \mu_s l}$
④ $\dfrac{\mu_o \mu_s S}{l}$

36 단면적 S[m²], 길이 l[m], 투자율 μ[H/m]인 자기 회로에 N회의 코일을 감고 I[A]의 전류를 통할 때의 옴의 법칙은?

① $B = \dfrac{\mu SNI}{l}$ ② $\phi = \dfrac{\mu SI}{lN}$

③ $\phi = \dfrac{\mu SNI}{l}$ ④ $\phi = \dfrac{l}{\mu SNI}$

37 다음 그림과 같은 자기회로에서 A부분에만 코일을 감아서 전류를 인가할 때의 자기저항과 B부분에만 코일을 감아서 전류를 인가할 때의 자기저항을 각각 구하면 어떻게 되는가?(단, 자기저항 $R_1 = 1$, $R_2 = 0.5$, $R_3 = 0.5$[AT/Wb]이다.)

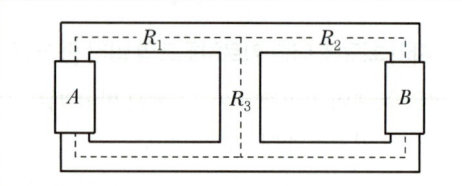

① $R_A = 1.25$, $R_B = 0.83$
② $R_A = 1.25$, $R_B = 1.25$
③ $R_A = 0.83$, $R_B = 0.83$
④ $R_A = 0.83$, $R_B = 1.25$

38 비투자율 μ_r인 철심이 든 환상 솔레노이드의 권수가 N회, 평균지름이 d[m], 철심의 단면적이 A[m²]라 할 때 솔레노이드에 I[A]의 전류가 흐르면, 자속은 몇 [Wb]인가?

① $\dfrac{2\pi \times 10^{-7} \mu_r NIA}{d}$

② $\dfrac{4\pi \times 10^{-7} \mu_r NIA}{d}$

③ $\dfrac{2 \times 10^{-7} \mu_r NIA}{d}$

④ $\dfrac{4 \times 10^{-7} \mu_r NIA}{d}$

39 비투자율 500, 단면적 3[cm²], 평균 자로 30[cm]인 환상 철심에 코일이 600회 감겨 있다. 이 코일에 10[A]의 전류를 흘릴 때 생기는 자기 저항 R[AT/Wb]과 자속 ϕ[Wb]는?(단, 진공 중의 투자율 $\mu_o = 1.257 \times 10^{-6}$[H/m]는 계산의 편의상 1×10^{-6}[H/m]로 하여 계산한다.)

① $R = 2 \times 10^{-6}$, $\phi = 3 \times 10^{-3}$
② $R = 2 \times 10^{-6}$, $\phi = 3 \times 10^{3}$
③ $R = 2 \times 10^{6}$, $\phi = 3 \times 10^{-3}$
④ $R = 2 \times 10^{6}$, $\phi = 3 \times 10^{6}$

40 코일로 감긴 자기 회로에서 철심의 투자율을 μ라 하고 회로의 길이를 l이라 할 때, 그 회로 일부에 미소 공극 l_g를 만들면 자기 저항은 처음의 몇 배가 되는가?(단, $l \gg l_g$이다.)

① $1 + \dfrac{\mu l}{\mu_o l_g}$ ② $1 + \dfrac{\mu_o l_g}{\mu l}$

③ $1 + \dfrac{\mu_o l}{\mu l_g}$ ④ $1 + \dfrac{\mu l_g}{\mu_o l}$

41 그림과 같이 진공 중에 자극면적이 2[cm²], 간격이 0.1[cm]인 자성체 내에서 포화 자속밀도가 2[Wb/m²]일 때 두 자극면 사이에 작용하는 힘의 크기는 약 몇 [N]인가?

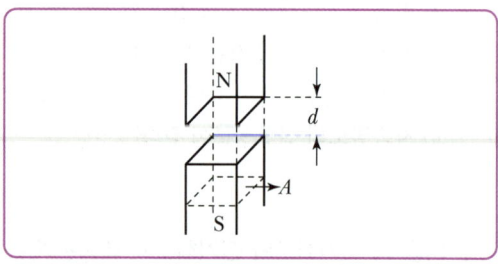

① 53   ② 106
③ 159   ④ 318

42 그림과 같이 Gap의 단면적 $S[m^2]$의 전자석에 자속밀도 $B[Wb/m^2]$의 자속이 발생될 때 철편을 흡입하는 힘은 몇 [N]인가?

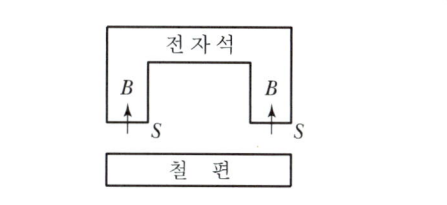

① $\dfrac{B^2 S}{2\mu_0}$ ② $\dfrac{B^2 S}{\mu_0}$

③ $\dfrac{B^2 S^2}{\mu_0}$ ④ $\dfrac{2B^2 S^2}{\mu_0}$

43 단면적 15[cm²]의 자석 근처에 같은 단면적을 가진 철편을 놓을 때 그곳을 통하는 자속이 3×10^{-4}[Wb]이면 철편에 작용하는 흡인력은 약 몇 [N]인가?

① 12.2 ② 23.9
③ 36.6 ④ 48.8

44 자기인덕턴스 $L[H]$인 코일에 전류 $I[A]$를 흘렸을 때, 자계의 세기가 $H[A/m]$이다. 이 코일에 전류 $\dfrac{I}{2}[A]$를 흘리면 저장되는 자기 에너지 밀도 [J/m³]는?

① $\dfrac{2}{2}LI^2$ ② $\dfrac{1}{8}LI^2$

③ $\dfrac{1}{2}\mu_0 H^2$ ④ $\dfrac{1}{8}\mu_0 H^2$

45 비투자율이 2,500인 철심의 자속밀도가 5[Wb/m²]이고 철심의 부피가 $4\times 10^{-6}[m^3]$일 때, 이 철심에 저장된 자기에너지는 몇 [J]인가?

① $\dfrac{1}{\pi}\times 10^{-2}[J]$ ② $\dfrac{3}{\pi}\times 10^{-2}[J]$

③ $\dfrac{4}{\pi}\times 10^{-2}[J]$ ④ $\dfrac{5}{\pi}\times 10^{-2}[J]$

46 공심 환상 솔레노이드의 단면적이 10[cm²], 자로의 길이 20[cm], 코일의 권수가 500회, 코일에 흐르는 전류가 2[A]일 때 솔레노이드의 내부자속 [Wb]은 얼마인가?

① $4\pi\times 10^{-4}$ ② $4\pi\times 10^{-6}$
③ $2\pi\times 10^{-4}$ ④ $2\pi\times 10^{-6}$

47 자성체 내에서 임의의 방향으로 배열되었던 자구가 외부자장의 힘이 일정치 이상이 되면 순간적으로 회전하여 자장의 방향으로 배열되기 때문에 자속밀도가 증가하는 현상은?

① 자기여효 ② 바크하우젠 효과
③ 자기왜 현상 ④ 핀치 효과

48 $B-H$곡선을 자세히 관찰하면 매끈한 곡선이 아니라 B가 계단적으로 증가 또는 감소함을 할 수가 있다. 이러한 현상을 무엇이라 하는가?

① 퀴리점 ② 자기왜 현상
③ 자기여자 효과 ④ 바크하우젠 효과

Chapter 09 전자유도

01 전자유도 법칙

(1) 유기기전력의 크기 결정 : 패러데이 법칙
 전자유도에 의해 회로에 발생하는 기전력은 자속 쇄교수의 시간에 대한 감쇄율에 비례한다.

(2) 유기기전력의 방향 결정 : 렌쯔의 법칙
 전자유도에 의해서 생기는 유도전압의 방향은 쇄교자속의 변화를 방해하는 방향이 된다.

(3) 자속의 변화에 의한 유기기전력
$$e = -N\frac{d\phi}{dt}\,[\text{V}]$$

02 정현파 자속에 의한 코일에 유기되는 기전력

① 정현파 자속 $\phi = \phi_m \sin \omega t\,[\text{Wb}]$

② 유기기전력
$$e = -N\frac{d\phi}{dt} = -\omega N\phi_m \cos\omega t = \omega N\phi_m \sin\left(\omega t - \frac{\pi}{2}\right)[\text{V}]$$
코일에 유기되는 전압은 자속보다 위상이 90° 뒤진다.

③ 유기기전력의 최댓값 $e_{\max} = \omega N\phi_m[\text{V}]$, $e \propto f \cdot B$

03 플레밍의 오른손 법칙(발전기의 원리)

$$e = Blv\,\sin\theta = (\vec{v}\times\vec{B})l = \frac{F}{I}v\,[\text{V}]$$

여기서, B : 자속밀도 $[\text{Wb}/\text{m}^2]$
  l : 도체의 길이 $[\text{m}]$
  v는 이동속도 $[\text{m}/\text{s}]$
  F : 전자력 $[\text{N}]$
  I : 전류 $[\text{A}]$

손가락 방향 ⇒ v : 엄지 $[\text{m}/\text{s}]$
  B : 검지 $[\text{Wb}/\text{m}^2]$
  e : 중지 $[\text{V}]$

04 원판 회전 시 유기되는 유기기전력(패러데이 원판 회전실험)

① $e = \dfrac{\omega B a^2}{2}[\text{V}]$

② $I = \dfrac{e}{R} = \dfrac{\omega B a^2}{2R}[\text{A}]$

※ 원판과 자석을 동시에 같은 방향, 같은 속도로 회전시킬 때 기전력이 발생하지 않는다.

05 표피효과에 의한 침투깊이(표피두께)

$$\delta = \sqrt{\frac{2}{\omega\cdot\sigma\cdot\mu}} = \sqrt{\frac{1}{\pi f \sigma \mu}}\,[\text{m}]$$

① 표피효과는 침투깊이 δ에 반비례한다.
 (표피효과 $\propto \sqrt{f\mu\sigma}$)

② 영향 : 표피효과는 주파수가 클수록 도선의 온도가 높을수록 크고, 저항을 증가시킨다. $R = \rho\dfrac{l}{S} \propto \sqrt{f}$

③ 방지책 : 압분철심, 연선, 중공도선 사용

핵심 기출 문제

01 전자유도에 의하여 회로에 발생되는 기전력은 자속쇄교수의 시간에 대한 감쇠비율에 비례한다고 정의하는 법칙은?
① 쿨롱의 법칙 ② 가우스 법칙
③ 노이만의 법칙 ④ 패러데이의 법칙

02 패러데이 법칙 중 옳지 않은 것은?
① $e = \dfrac{d\phi_m}{dt}$
② $e = -N\dfrac{d\phi_m}{dt}$
③ $e = \displaystyle\int_s \dfrac{\partial B}{\partial t} \cdot ds$
④ $e = -\dfrac{1}{N} \cdot \dfrac{d\phi_m}{dt}$

03 렌쯔의 법칙을 올바르게 설명한 것은?
① 전자유도에 의하여 생기는 전류의 방향은 항상 일정하다
② 전자유도에 의하여 생기는 전류의 방향은 자속 변화를 방해하는 방향이다.
③ 전자유도에 의하여 생기는 전류의 방향은 자속 변화를 도와주는 방향이다.
④ 전자유도에 의하여 생기는 전류의 방향은 자속 변화와는 관계가 없다.

04 다음에서 전자유도 법칙과 관계가 먼 것은?
① 노이만의 법칙
② 렌쯔의 법칙
③ 앙페르 오른나사의 법칙
④ 패러데이의 법칙

05 권수 500[T]의 코일 내를 통하는 자속이 다음 그림과 같이 변화하고 있다. bc구간 내에 코일 단자 간에 생기는 유기기전력 [V]은?

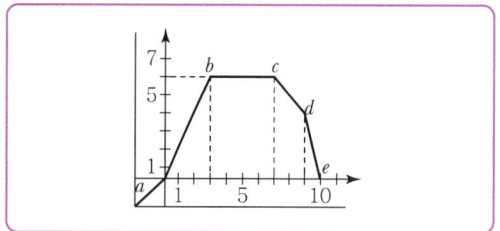

① 1.5 ② 0.7
③ 1.4 ④ 0

06 1권선의 코일에 5[Wb]의 자속이 쇄교하고 있을 때 $t = \dfrac{1}{100}$ 초 사이에 이 자속을 0으로 했다면 이 때 코일에 유도되는 기전력은 몇 [V]이겠는가?
① 100 ② 250
③ 500 ④ 700

07 자속 ϕ[Wb]가 주파수 f[Hz]로 $\phi = \phi_m \sin 2\pi ft$ [Wb]일 때, 이 자속과 쇄교하는 권수 N회인 코일에 발생하는 기전력은 몇 [V]인가?
① $-2\pi fN\phi_m \cos 2\pi ft$
② $-2\pi fN\phi_m \sin 2\pi ft$
③ $2\pi fN\phi_m \tan 2\pi ft$
④ $-2\pi fN\phi_m \sin 2\pi ft$

08 $\phi = \phi_m \sin \omega t$[Wb]인 정현파로 변화하는 자속이 권수 N인 코일과 쇄교할 때의 유기기전력의 위상은 자속에 비해 어떠한가?
① $\dfrac{\pi}{2}$만큼 빠르다. ② $\dfrac{\pi}{2}$만큼 늦다.
③ π만큼 빠르다. ④ 동위상이다.

09 저항 24[Ω]의 코일을 지나는 자속이 0.3cos 800t[Wb]일 때 코일에 흐르는 전류의 최대치는?

① 10[A]   ② 20[A]
③ 30[A]   ④ 40[A]

10 N회의 권선에 최댓값 1[V], 주파수 f[Hz]인 기전력을 유기시키기 위한 쇄교자속의 최댓값[Wb]은?

① $\dfrac{f}{2\pi N}$ ② $\dfrac{2N}{\pi f}$
③ $\dfrac{1}{2\pi fN}$ ④ $\dfrac{N}{2\pi f}$

11 권수 n, 가로 a[m], 세로 b[m]인 구형 코일이 자속밀도 B[Wb/m²]가 되는 평등 자계 내에서 각 속도 ω[rad/s]로 회전할 때 발생하는 유기기전력의 최댓값[V]은?

① ωnB ② ωabB^2
③ $\omega nabB$ ④ $\omega nabB^2$

12 자속 밀도 B[Wb/m²]의 평등 자계와 평행한 축 둘레에 각속도 ω[rad/s]로 회전하는 반지름 a[m]의 도체 원판에 그림과 같이 브러시를 접촉시킬 때 저항 R[Ω]에 흐르는 전류[A]는?

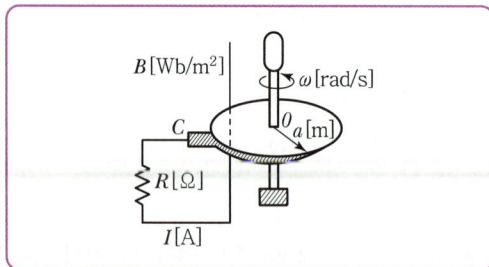

① $\dfrac{\omega Ba^2}{2R}$ ② $\dfrac{\omega Ba^2}{R}$
③ $\dfrac{\omega Ba}{2R}$ ④ $\dfrac{\omega Ba}{R}$

13 막대자석 위쪽에 동축도체 원판을 놓고 회로의 한 끝은 원판의 주변에 접촉시켜 습동하도록 해 놓은 그림과 같은 패러데이 원판실험을 할 때 검류계에 전류가 흐르지 않는 경우는?

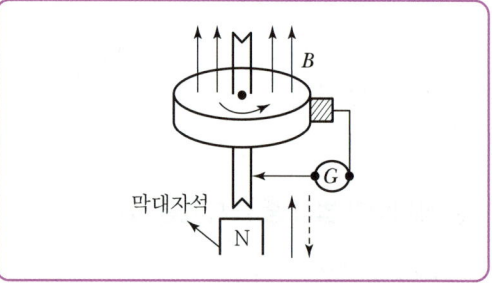

① 자석을 축 방향으로 전진시킨 후 후퇴시킬 때
② 자석만을 일정한 방향으로 회전시킬 때
③ 원판만을 일정한 방향으로 회전시킬 때
④ 원판과 자석을 동시에 같은 방향, 같은 속도로 회전시킬 때

14 자계 중에 이것과 직각으로 놓인 도선에 I[A]의 전류를 흘리니 F[N]의 힘이 작용하였다. 이 도선을 v[m/s]의 속도로 자계와 직각으로 운동시키면 기전력은 몇 [V]인가?

① $\dfrac{vI}{F}$ ② $\dfrac{F^2v}{I}$
③ $\dfrac{Fv}{I}$ ④ $\dfrac{Fv^2}{I}$

15 50[A]의 전류가 흐르고 있는 도선에 0.2초 동안 0.03[Wb]의 자속을 끊었다. 이때 일률[W]은 얼마인가?

① 3   ② 20
③ 7.5   ④ 5.5

16 그림과 같은 균일한 자계 B[Wb/m²] 내에서 길이 l[m]인 도선 AB가 속도 v[m/sec]로 움직일 때 $ABCD$ 내에 유도되는 기전력 e[V]는?

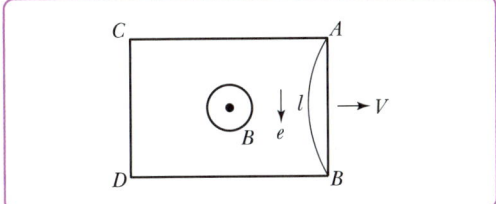

① 시계방향으로 Blv 이다.
② 반시계방향으로 Blv 이다.
③ 시계방향으로 Blv^2 이다.
④ 반시계방향으로 Blv^2 이다.

17 표피부근에 집중해서 전류가 흐르는 현상을 표피효과라 하는데 표피효과에 대한 설명으로 잘못된 것은?

① 도체에 교류가 흐르면 표면에서부터 중심으로 들어갈수록 전류 밀도가 작아진다.
② 표피효과는 고주파일수록 심하다.
③ 표피효과는 도체의 전도도가 클수록 심하다.
④ 표피효과는 도체의 투자율이 작을수록 심하다.

18 도전율 σ, 투자율 μ인 도체에 교류 전류가 흐를 때 표피 효과에 의한 침투 깊이 δ는 σ와 μ 그리고 주파수 f에 어떤 관계가 있는가?

① 주파수 f와 무관하다.
② σ가 클수록 작다.
③ σ와 μ에 비례한다.
④ μ가 클수록 크다.

19 다음 중에서 주파수의 증가에 대하여 가장 급속히 증가하는 것은?

① 표피두께의 역수
② 히스테리시스 손실
③ 교번자속에 의한 기전력
④ 와전류 손실

20 고주파를 취급할 경우 큰 단면적을 갖는 한계의 도선을 사용하지 않고 전체로서는 같은 단면적이라도 가는 선을 모은 도체를 사용하는 주된 이유는?

① 히스테리시스손을 감소시키기 위하여
② 철손을 감소시키기 위하여
③ 과전류에 대한 영향을 감소시키기 위하여
④ 표피 효과에 대한 영향을 감소시키기 위하여

21 일반적으로 도체를 관통하는 자속이 변화하거나 자속과 도체가 상대적으로 운동하여 도체 내의 자속이 시간적으로 변화를 일으키면, 이 변화를 막기 위하여 도체 내에 국부적으로 형성되는 임의의 폐회로를 따라 전류가 유기되는데 이 전류를 무엇이라 하는가?

① 변위전류
② 도전전류
③ 대칭전류
④ 와전류

Chapter 10 인덕턴스

01 자기인덕턴스 : 전류에 대한 자속의 비 $L[\text{H}]$

(1) 자기인덕턴스

$L = \dfrac{N\phi}{I}[\text{H}]$가 기본식이며 다음과 같이 구할 수도 있다.

$L = \dfrac{1}{I^2}\int_v BH\,dv = \dfrac{1}{I^2}\int_v AJ\,dv$

(2) 코일 전류 변화에 의한 유기기전력

$e = -L\dfrac{di}{dt}[\text{V}]$

(3) 자기인덕턴스의 단위

$L[\text{H} = \Omega \cdot \sec = \dfrac{V}{A}\cdot \sec]$

(4) 코일에 축적(저장)되는 에너지

$W = \dfrac{1}{2}LI^2 = \dfrac{1}{2}\phi I = \dfrac{\phi^2}{2L}[\text{J} = \text{W}\cdot\sec]$

02 환상솔레노이드의 인덕턴스

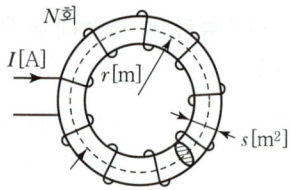

(1) 내부자계의 세기

$H = \dfrac{NI}{l} = \dfrac{NI}{2\pi r}[\text{AT/m}]$

(2) 내부자속

$\phi = BS = \mu HS = \dfrac{\mu SNI}{l}[\text{Wb}]$

(3) 자기인덕턴스

$L = \dfrac{N\phi}{I} = \dfrac{N}{I}\times \dfrac{\mu SNI}{l} = \dfrac{\mu S N^2}{l}$

$= \dfrac{\mu S N^2}{2\pi r} = \dfrac{N^2}{R_m}[\text{H}]$

여기서, $R_m = \dfrac{l}{\mu S}[\text{AT/m}]$: 자기저항

$l = 2\pi r[\text{m}]$: 자로의 길이

03 무한장 솔레노이드의 인덕턴스

$L = \mu S n^2 = \mu \pi a^2 n^2 [\text{H/m}]$

여기서, n : 단위길이당 권선수[T/m]

$S = \pi a^2 [\text{m}^2]$: 원의 단면적

04 동심 원통 사이의 단위길이당 인덕턴스

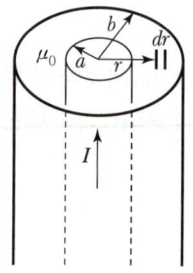

a : 내원통의 반지름
b : 외원통의 반지름

(1) $r[\text{m}]$위치 자계의 세기

$H = \dfrac{I}{2\pi r}[\text{AT/m}]$

(2) dr의 미소 원통을 지나는 미소 자속

$d\phi = Bds = Bl\,dr = \mu_0 Hl\,dr = \mu_0 \dfrac{Il}{2\pi r}dr$

(3) 전체자속

$\phi = \int_a^b d\phi = \dfrac{\mu_0 Il}{2\pi}\int_a^b \dfrac{1}{r}dr = \dfrac{\mu_0 Il}{2\pi}\ln\dfrac{b}{a}[\text{Wb}]$

(4) 자기인덕턴스

$L = \dfrac{\phi}{I} = \dfrac{\dfrac{\mu_0 Il}{2\pi}\ln\dfrac{b}{a}}{I} = \dfrac{\mu_0 l}{2\pi}\ln\dfrac{b}{a}[\text{H}]$

(5) 단위길이당 자기인덕턴스

$$L' = \frac{L}{l} = \frac{\mu_0}{2\pi} \ln \frac{b}{a} \ [\text{H/m}]$$

결국 자기인덕턴스는 동축선 간 투자율에 비례한다.

05 원주도체 내의 내부 인덕턴스

① $L_i = \frac{\mu l}{8\pi}$ [H] $W_i = \frac{\mu l I^2}{16\pi}$ [J]

② $L_i' = \frac{\mu}{8\pi}$ [H/m]

③ 전류 균일 시 내부 축적에너지
(도체의 단면적과는 관계없다)

06 평행 도선 사이의 단위길이당 인덕턴스

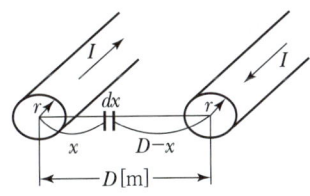

(1) dx 지점의 자계의 세기

$$H = \frac{I}{2\pi} \left(\frac{1}{x} + \frac{1}{D-x} \right) [\text{AT/m}]$$

(2) 평행도선 사이의 자기인덕턴스

$$L = \frac{\mu_0}{\pi} \ln \frac{D}{r} \ [\text{H/m}]$$

(3) L과 C와의 관계

$$L \cdot C = \mu \cdot \varepsilon$$

07 상호인덕턴스(M[H])

코일과 코일 사이에 작용하는 인덕턴스

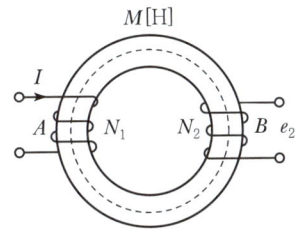

(1) 1차 전류 변화에 의한 2차 유기기전력

$$e_2 = \pm M \frac{di}{dt} \ [\text{V}]$$

(2) 상호인덕턴스

$$M = \frac{\mu S N_1 N_2}{l} \ [\text{H}]$$

08 결합계수

유도 결합된 두 회로 간의 결합의 정도를 표시하는 양을 결합계수(k)라 하며 $k = \frac{M}{\sqrt{L_1 L_2}}$ 으로 표현한다.

$$M = k\sqrt{L_1 L_2} \ [\text{H}]$$

① 단, 누설자속이 없다=완전결합=이상결합($k=1$)
② 단, 쇄교자속이 없다($k=0$).

09 합성인덕턴스(직렬 연결 시)

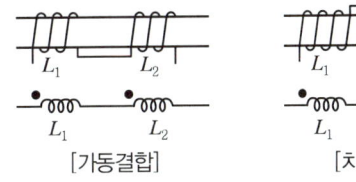

[가동결합]   [차동결합]

① 가동 결합 : $L_o = L_1 + L_2 + 2M$
② 차동 결합 : $L_o = L_1 + L_2 - 2M$

핵심 기출 문제

01 인덕턴스의 단위에서 1[H]는?
① 1[A]의 전류에 대한 자속이 1[Wb]인 경우이다.
② 1[A]의 전류에 대한 유전율이 1[F/m]인 경우이다.
③ 1[A]의 전류가 1초간에 변화하는 양이다.
④ 1[A]의 전류에 대한 자계가 1[AT/m]인 경우이다.

02 단면적 100[cm²], 비투자율이 1,000인 철심에 500회의 코일을 감고 여기에 1[A]의 전류를 흘릴 때 자계가 1.28[AT/m]였다면 자기인덕턴스[mH]는?
① 8.04 ② 0.16
③ 0.81 ④ 16.08

03 [ohm · sec]와 같은 단위는?
① [farad]   ② [farad/m]
③ [henry]   ④ [henry/m]

04 다음 중 자기인덕턴스의 성질을 옳게 표현한 것은?
① 항상 부(負)이다.
② 항상 정(正)이다.
③ 항상 0이다.
④ 유도되는 기전력에 따라 정(正)도 되고 부(負)도 된다.

05 그림 (a)의 인덕턴스에 전류가 그림 (b)와 같이 흐를 때 2초에서 6초 사이의 인덕턴스 전압 V_L은 몇 [V]인가?(단, $L=1$[H]이다.)

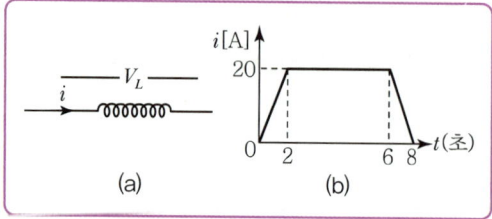

(a)   (b)

① 0   ② 5
③ 10   ④ -5

06 어느 코일에 흐르는 전류가 0.01[s]간에 1[A] 변화하여 60[V]의 기전력이 유기되었다. 이 코일의 자기인덕턴스[H]는?
① 0.4 ② 0.6
③ 1.0 ④ 1.2

07 자기인덕턴스 0.05[H]의 회로에 흐르는 전류가 매초 530[A]의 비율로 증가할 때 자기유도기전력[V]을 구하면?
① -25.5 ② -26.5
③ 25.5   ④ 26.5

08 그림과 같이 환상의 철심에 일정한 권선이 감겨진 권수 N회, 단면 S[m²], 평균자로의 길이 l[m]인 환상솔레노이드에 전류 i[A]를 흘렸을 때 이 환상솔레노이드의 자기인덕턴스를 옳게 표현한 식은?

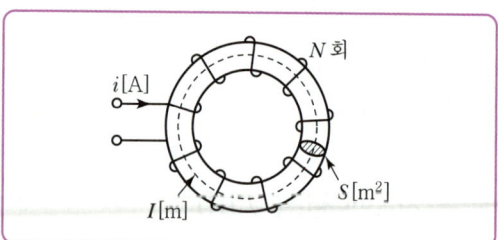

① $\dfrac{\mu^2 SN}{l}$ ② $\dfrac{\mu S^2 N}{l}$
③ $\dfrac{\mu SN}{l}$ ④ $\dfrac{\mu SN^2}{l}$

09 권수가 N인 철심이 든 환상솔레노이드가 있다. 철심의 투자율은 일정하다고 하면, 이 솔레노이드의 자기인덕턴스 L은?(단, 여기서 R_m은 철심의 자기 저항이고 솔레노이드에 흐르는 전류를 I라 한다.)

① $L = \dfrac{R_m}{N^2}$ ② $L = \dfrac{N^2}{R_m}$

③ $L = R_m N^2$ ④ $L = \dfrac{N}{R_m}$

10 코일에 있어서 자기 인덕턴스는 다음의 어떤 매질 상수에 비례하는가?

① 저항률   ② 유전율
③ 투자율   ④ 도전율

11 솔레노이드의 자기 인덕턴스는 권수를 N이라 하면 어떻게 되는가?

① N에 비례   ② $\sqrt{N}$에 비례
③ N^2에 비례   ④ $\dfrac{1}{N^2}$에 비례

12 자기회로의 자기저항이 일정할 때 코일의 권수를 $\dfrac{1}{2}$로 줄이면 자기인덕턴스는 원래의 몇 배가 되는가?

① $\dfrac{1}{\sqrt{2}}$ ② $\dfrac{1}{2}$
③ $\dfrac{1}{4}$ ④ $\dfrac{1}{8}$

13 권수 3,000회인 공심 코일의 자기인덕턴스는 0.06[mH]이다. 지금 자기인덕턴스를 0.135[mH]로 하자면 권수는 몇 회로 하면 되는가?

① 3,500회   ② 4,500회
③ 5,500회   ④ 6,750회

14 자기인덕턴스를 계산하는 공식이 아닌 것은?(단, A는 벡터포텐셜[Wb/m]이고, J는 전류밀도[A/m²]이다.)

① $L = \dfrac{N\phi}{I}$

② $L = \dfrac{1}{I^2} \int_v B \cdot H \, dv$

③ $L = \dfrac{1}{I^2} \oint_c A \cdot dv$

④ $L = \dfrac{1}{I^2} \int_v A \cdot J \, dv$

15 단면적 S[m²], 단위길이에 대한 권수가 n_0[회/m]인 무한히 긴 솔레노이드의 단위길이당 자기인덕턴스[H/m]를 구하면?

① $\mu S n_0$ ② $\mu S n_0^2$
③ $\mu S^2 n_0^2$ ④ $\mu S^2 n_0$

16 반지름 a[m]인 원통 도체가 있다. 이 원통 도체의 길이가 l[m]일 때 내부 인덕턴스[H]는 얼마인가?(단, 원통 도체의 투자율은 μ[H/m]이다.)

① $\dfrac{1}{2} \times 10^{-7} \mu_s l$ ② $10^{-7} \mu_s l$

③ $2 \times 10^{-7} \mu_s l$ ④ $\dfrac{1}{2a} \times 10^{-7} \mu_s l$

17 무한히 긴 원주 도체의 내부 인덕턴스의 크기는 어떻게 결정되는가?

① 도체의 인덕턴스는 0이다.
② 도체의 기하학적 모양에 따라 결정된다.
③ 주위 자계의 세기에 따라 결정된다.
④ 도체의 재질에 따라 결정된다.

18 내경의 반지름이 1[mm], 외경의 반지름이 3[mm]인 동축케이블의 단위길이당 인덕턴스는 약 몇 [μH/m]인가?(단, 이때 $\mu_r = 1$이며, 내부 인덕턴스는 무시한다.)

① 0.1[μH/m]   ② 0.2[μH/m]
③ 0.3[μH/m]   ④ 0.4[μH/m]

19 동축케이블의 단위길이당 자기인덕턴스는?(단, 동축선 자체의 내부 인덕턴스는 무시하는 것으로 한다.)

① 두 원통의 반지름의 비에 정비례한다.
② 동축선의 투자율에 비례한다.
③ 동축선 간 유전체의 투자율에 비례한다.
④ 동축선에 흐르는 전류의 세기에 비례한다.

20 반지름 a[m], 선간거리 d[m]의 평행 왕복 도선 간의 단위길이당 자기 인덕턴스[H/m]는?(단, 도체는 공기 중에 있고, d ≪ a로 한다.)

① $L = \dfrac{\mu_0}{\pi} ln \dfrac{a}{d} + \dfrac{\mu}{4\pi}$

② $L = \dfrac{\mu_0}{\pi} ln \dfrac{a}{d} + \dfrac{\mu}{2\pi}$

③ $L = \dfrac{\mu_0}{\pi} ln \dfrac{d}{a} + \dfrac{\mu}{4\pi}$

④ $L = \dfrac{\mu_0}{\pi} ln \dfrac{d}{a} + \dfrac{\mu}{2\pi}$

21 임의의 단면을 가진 2개의 원주상의 무한히 긴 평행 도체가 있다. 지금 도체의 도전율을 무한대라고 하면 C, L, ε 및 μ 사이의 관계는?(단, C는 두 도체 간의 단위길이당 정전용량, L은 두 도체를 한 개의 왕복회로로 한 경우의 단위길이당 자기인덕턴스, ε은 두 도체 사이에 있는 매질의 유전율, μ는 두 도체 사이에 있는 매질의 투자율이다.)

① $C\varepsilon = L\mu$ ② $\dfrac{C}{\varepsilon} = \dfrac{L}{\mu}$
③ $\dfrac{1}{LC} = \varepsilon\mu$ ④ $LC = \varepsilon\mu$

22 전원에 연결한 코일에 10[A]가 흐르고 있다. 지금 순간적으로 전원을 분리하고 코일에 저항을 연결하였을 때 저항에서 24[cal]의 열량이 발생하였다. 코일의 자기인덕턴스는 몇 [H]인가?

① 0.1   ② 0.5
③ 2   ④ 24

23 10[A]의 전류가 흐르고 있는 도선이 자계 내에서 운동하여 5[Wb]의 자속을 끊었다고 하면, 이때 전자력이 한 일은 몇 [J]인가?

① 25   ② 50
③ 75   ④ 100

24 그림에서 $l = 100$[cm], $S = 10$[cm^2], $\mu_s = 100$, $N = 1,000$회인 회로에 전류 $I = 10$[A]를 흘렸을 때 축적되는 에너지[J]는?

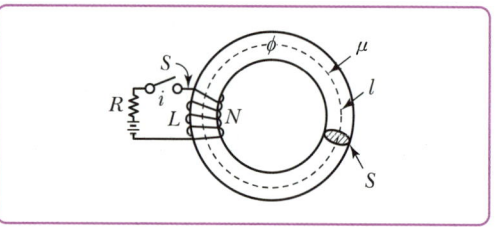

① 2×10^{-1} ② $2\pi \times 10^{-2}$
③ $2\pi \times 10^{-3}$ ④ 2π

25 어떤 자기회로에 3,000[AT]의 기자력을 줄 때, 2×10^{-3}[Wb]의 자속이 통하였다. 이 자기회로의 자화에 필요한 에너지는 몇 [J]인가?

① 3×10^{-3} ② 3
③ 1.5×10^{-3} ④ 1.5

26 그림과 같은 회로에서 스위치를 최초 A에 연결하여 일정 전류 I_0 [A]를 흘린 다음, 스위치를 급하게 B로 전환할 때 저항 $R[\Omega]$에는 1[s]간에 얼마만한 열량[cal]이 발생하는가?

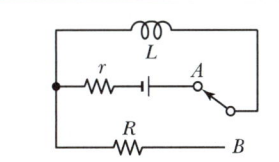

① $\dfrac{1}{8.4} L I_0^2$ ② $\dfrac{1}{4.2} L I_0^2$
③ $\dfrac{1}{2} L I_0^2$ ④ $L I_0^2$

27 반지름 a의 직선상 도체에 전류 I가 고르게 흐를 때 도체 내의 전자 에너지와 관계없는 것은?

① 투자율 ② 도체의 단면적
③ 도체의 길이 ④ 전류의 크기

28 두 코일이 있다. 한 코일의 전류가 매초 120[A]의 비율로 변화할 때 다른 코일에는 15[V]의 기전력이 발생하였다면 두 코일의 상호 인덕턴스[H]는?

① 0.125 ② 0.255
③ 0.515 ④ 0.615

29 그림과 같이 단면적이 균일한 환상 철심에 권수 N_1인 A코일과 권수 N_2인 B코일이 있을 때 A코일의 자기인덕턴스가 L_1[H]라면 두 코일의 상호인덕턴스 M[H]는?(단, 누설 자속은 0이다.)

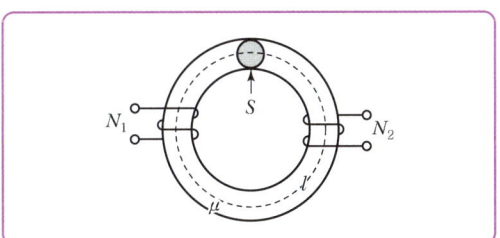

① $\dfrac{L_1 N_1}{N_2}$ ② $\dfrac{N_2}{L_1 N_1}$
③ $\dfrac{N_1}{L_1 N_2}$ ④ $\dfrac{L_1 N_2}{N_1}$

30 그림과 같이 단면적 S[m²], 평균 자로의 길이 l[m], 투자율 μ[H/m]인 철심에 N_1, N_2의 권선을 감은 무단 솔레노이드가 있다. 누설자속을 무시할 때 권선의 상호인덕턴스는 몇 [H]가 되는가?

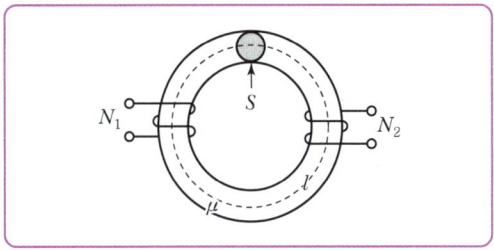

① $\dfrac{\mu N_1 N_2 S}{l^2}$ ② $\dfrac{\mu N_1 N_2 S}{l}$
③ $\dfrac{\mu N_1^2 N_2^2 S}{l}$ ④ $\dfrac{\mu N_1 N_2 S^2}{l}$

31 자기인덕턴스가 L_1, L_2이고 상호인덕턴스가 M인 두 회로의 결합계수가 1일 때, 다음 중 성립되는 식은?

① $L_1 \cdot L_2 = M$ ② $L_1 \cdot L_2 < M^2$
③ $L_1 \cdot L_2 > M^2$ ④ $L_1 \cdot L_2 = M^2$

32 자기인덕턴스와 상호인덕턴스와의 관계에서 결합계수 k의 값은?

① $0 \leq k \leq \dfrac{1}{2}$ ② $0 \leq k \leq 1$
③ $1 \leq k \leq 2$ ④ $1 \leq k \leq 10$

33 자기인덕턴스가 각각 L_1, L_2인 A, B 두 개의 코일이 있다. 이때, 상호인덕턴스 $M = \sqrt{L_1 L_2}$ 라면 다음 중 옳지 않은 것은?

① A코일이 만든 자속은 전부 B코일과 쇄교된다.
② 두 코일이 만드는 자속은 항상 같은 방향이다.
③ A코일에 1초 동안에 1[A]의 전류 변화를 주면 B코일에는 1[V]가 유기된다.
④ L_1, L_2는 $(-)$ 값을 가질 수 없다.

34 자기인덕턴스가 L_1, L_2이고 상호인덕턴스가 M인 두 코일을 직렬로 연결하여 합성인덕턴스 L을 얻었을 때 다음 중 항상 양의 값을 갖는 것만 골라 묶은 것은?

① L_1, L_2, M
② L_1, L_2, L
③ L, M
④ 항상 양의 값을 갖는 것은 없다.

35 직렬로 연결한 2개의 코일에 있어서 합성 자기인덕턴스는 80[mH]가 되고 한쪽 코일의 연결을 반대로 하면 합성 자기인덕턴스는 50[mH]가 된다. 두 코일 사이의 상호인덕턴스는 얼마인가?

① 2.5[mH]   ② 6[mH]
③ 7.5[mH]   ④ 9[mH]

36 150[H]인 같은 코일 2개를 직렬로 자속이 감쇠하는 방향으로 접속하였더니, 합성인덕턴스가 10[H]였다. 이때 상호인덕턴스[H]는?

① 45   ② 145
③ 200   ④ 245

37 서로 결합하고 있는 두 코일 C_1과 C_2의 자기인덕턴스가 각각 L_{c1}, L_{c2}라고 한다. 이들을 직렬로 연결하여 합성인덕턴스 값을 얻은 후 두 코일 간 상호인덕턴스의 크기 $|M|$을 얻고자 한다. 직렬로 연결할 때 두 코일 간 자속이 서로 가해져서 보강되는 방향이 있고, 서로 상쇄되는 방향이 있다, 전자의 경우 얻은 합성인덕턴스의 값이 L_1, 후자의 경우 얻은 합성인덕턴스의 값이 L_2일 때 다음 중 알맞은 식은?

① $L_1 < L_2$, $|M| = \dfrac{L_2 + L_1}{4}$

② $L_1 > L_2$, $|M| = \dfrac{L_1 + L_2}{4}$

③ $L_1 < L_2$, $|M| = \dfrac{L_2 - L_1}{4}$

④ $L_1 > L_2$, $|M| = \dfrac{L_1 - L_2}{4}$

Chapter 11 전자장

01 변위전류

시간에 대한 전속밀도의 변화율로서 유전체를 통해 흐르는 전류를 변위전류라 한다.

(1) 변위전류밀도

$$i_d = \frac{\partial D}{\partial t}[\text{A/m}^2] = \frac{\partial E\varepsilon}{\partial t} = \frac{\partial}{\partial t}\left(\frac{v}{d}\right)\varepsilon$$

(2) 전압

$$v = V_m \sin\omega t[\text{V}]$$

① 변위전류밀도 : $i_d = \omega\dfrac{\varepsilon}{d}V_m\cos\omega t\,[\text{A/m}^2]$

② 변위전류 : $I_d = i_d \times S = \omega C V_m \cos\omega t\,[\text{A}]$

02 파동 고유 임피던스 : $\eta[\text{ohm}]$

자계에 대한 전계의 비 $\Rightarrow \eta = \dfrac{E}{H} = \sqrt{\dfrac{\mu}{\varepsilon}}$

(1) 진공(공기) 중일 때

① $E = \sqrt{\dfrac{\mu_o}{\varepsilon_o}}\,H = 377H$

② $H = \sqrt{\dfrac{\varepsilon_o}{\mu_o}}\,E = \dfrac{1}{377}E = 0.265\times 10^{-2}E$

03 전자파의 전파속도 : $v[\text{m/sec}]$

$$v = \frac{1}{\sqrt{\varepsilon\mu}} = \frac{3\times 10^8}{\sqrt{\varepsilon_s\mu_s}} = \frac{\omega}{\beta} = \frac{1}{\sqrt{LC}} = \lambda f\,[\text{m/s}]$$

여기서, $C_0 = \dfrac{1}{\sqrt{\varepsilon_0\mu_0}} = 3\times 10^8[\text{m/sec}]$: 진공 시 빛의 속도

$\beta = \omega\sqrt{LC}$: 위상정수

$\lambda[\text{m}]$: 파장

04 전자파(평면파)

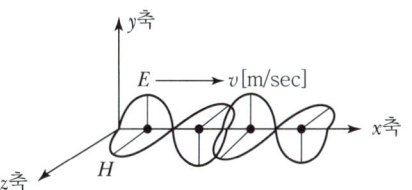

① 전자파에서는 전계와 자계가 동시에 존재하고 동상이다.
② 전계 에너지와 자계 에너지는 같다.
③ 포인팅 벡터 : 면적당 전력

$$P' = \frac{P}{S} = E\times H = EH\sin\theta = EH\sin 90°$$
$$= EH\,[\text{W/m}^2]$$

④ 진공, 공기 중에서 포인팅 벡터

$$P'' = EH = 377H^2 = \frac{1}{377}E^2 = \frac{P}{S}\,[\text{W/m}^2]$$

⑤ 전자파의 진행 방향 : $E\times H$의 방향이다.
⑥ 전자파는 진행 방향에 대한 전계와 자계의 성분은 없다.

05 맥스웰의 방정식(전자방정식)

(1) 맥스웰의 제1의 기본방정식

$$rot\,H = curl\,H = \nabla\times H = i_c + \frac{\partial D}{\partial t} = i_c + \epsilon\frac{\partial E}{\partial t}$$
$$= i\,[\text{A/m}^2]$$

① 암페어의 주회적분 법칙에서 유도한 식이다.
② 전도 전류, 변위 전류는 자계를 형성한다(전류와 자계와의 관계).
③ 전류의 연속성을 표현한다.

(2) 맥스웰의 제2의 기본방정식

$$rot\,E = curl\,E = \nabla\times E = -\frac{\partial B}{\partial t} = -\mu\frac{\partial H}{\partial t}$$

① 자속 밀도의 시간적 변화는 전계를 회전시키고 유기기전력을 형성한다.
② 패러데이의 법칙에서 유도한 전계에 관한 식이다.

(3) $div\, D = \nabla \cdot D = \rho\,[\text{C}/\text{m}^3]$
　　① 임의의 폐곡면 내의 전하에서 전속선이 발산한다.
　　② 가우스 발산 정리에 의하여 유도된 식이다.

(4) $div\, B = \nabla \cdot B = 0$
　　① N, S극이 항상 공존한다.
　　② 자기력선은 연속적이다.

(5) $rot\,\vec{A} = \nabla \times \vec{A} = B\,[\text{wb}/\text{m}^2]$
　　벡터 포텐셜($\vec{A}$)의 회전은 자속 밀도를 형성한다.

06 전자파의 파동방정식(완전 절연체인 경우)

① $\nabla^2 E = \varepsilon\mu \dfrac{\partial^2 E}{\partial^2 t}$

② $\nabla^2 H = \varepsilon\mu \dfrac{\partial^2 H}{\partial^2 t}$

핵심 기출 문제

01 유전체에서 변위전류를 발생하는 것은?
① 분극 전하 밀도의 시간적 변화
② 전속 밀도의 시간적 변화
③ 자속 밀도의 시간적 변화
④ 분극 전하 밀도의 공간적 변화

02 변위전류는 (A)의 시간적 변화로 주위에 (B)를 만든다. (A), (B)에 맞는 말은?
① A : 자속 밀도, B : 자계
② A : 자속 밀도, B : 전계
③ A : 전속 밀도, B : 자계
④ A : 전속 밀도, B : 전계

03 그림에서 축전기를 $\pm Q$로 대전한 후 스위치 k를 닫고 도선에 전류 i를 흘리는 순간의 축전기 두 판 사이의 변위전류는?

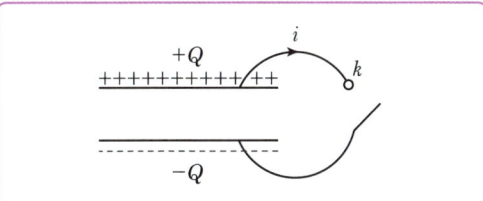

① $+Q$판에서 $-Q$판 쪽으로 흐른다.
② $-Q$판에서 $+Q$판 쪽으로 흐른다.
③ 왼쪽에서 오른쪽으로 흐른다.
④ 오른쪽에서 왼쪽으로 흐른다.

04 유전체 내의 전계의 세기가 E, 분극의 세기가 P, 유전율이 ε_0인 유전체 내의 변위전류밀도는?
① $\varepsilon \dfrac{\partial E}{\partial t} + \dfrac{\partial P}{\partial t}$
② $\varepsilon_0 \dfrac{\partial E}{\partial t} + \dfrac{\partial P}{\partial t}$
③ $\left(\dfrac{\partial E}{\partial t} + \dfrac{\partial P}{\partial t}\right)$
④ $\varepsilon \left(\dfrac{\partial E}{\partial t} + \dfrac{\partial P}{\partial t}\right)$

05 전력용 유입 커패시터가 있다. 유(기름)의 유전율이 2이고 인가된 전계 $E = 200\sin\omega t\, a_x$[V/m]일 때 커패시터 내부에서의 변위전류밀도는 몇 [A/m²]인가?
① $400\omega\cos\omega t\, a_x$
② $400\omega\sin\omega t\, a_x$
③ $200\omega\cos\omega t\, a_x$
④ $200\omega\sin\omega t\, a_x$

06 공기 중에서 E[V/m]의 전계를 i_d[A/m²]의 변위전류로 흐르게 하려면 주파수[Hz]는 얼마가 되어야 하는가?
① $f = \dfrac{i_d}{2\pi\varepsilon E}$
② $f = \dfrac{i_d}{4\pi\varepsilon E}$
③ $f = \dfrac{\varepsilon i_d}{2\pi^2 E}$
④ $f = \dfrac{i_d E}{4\pi^2 \varepsilon}$

07 한 공간 내의 전계의 세기가 $E = E_o \cos\omega t$일 때 이 공간 내의 변위전류밀도의 크기는?
① ωE_o에 비례한다.
② ωE_o^2에 비례한다.
③ $\omega^2 E_o$에 비례한다.
④ $\omega^2 E_o^2$에 비례한다.

08 극판간격 d[m], 면적 S[m²]인 평행판 콘덴서에 교류전압 $V = V_m \sin\omega t$[V]가 가해졌을 때 이 콘덴서에서 전체의 변위전류는 몇 [A]인가?
① $\dfrac{\varepsilon S}{d}\omega V_m \cos\omega t$
② $\dfrac{\varepsilon}{d} V_m \sin\omega t$
③ $\dfrac{d\omega}{\varepsilon S} V_m \sin\omega t$
④ $\dfrac{\varepsilon S}{\omega d} V_m \cos\omega t$

09 도전율 σ, 유전율 ε인 매질에 교류전압을 가할 때 전도전류와 변위전류의 크기가 같아지는 주파수는?

① $f = \dfrac{\sigma}{2\pi\varepsilon}$ ② $f = \dfrac{\varepsilon}{2\pi\sigma}$

③ $f = \dfrac{2\pi\varepsilon}{\sigma}$ ④ $f = \dfrac{2\pi\sigma}{\varepsilon}$

10 유전체에서 임의의 주파수 f에서의 손실각을 $\tan\delta$라 할 때, 전도전류 i_c와 변위전류 i_D의 크기가 같아지는 주파수를 f_c라 하면 $\tan\delta$는?

① $\dfrac{f_c}{f}$ ② $\dfrac{f_c}{\sqrt{f}}$

③ $\dfrac{\sqrt{f_c}}{f}$ ④ $2 f_c f$

11 맥스웰 방정식 중에서 전류와 자계의 관계를 직접 나타내고 있는 것은?(단, D는 전속 밀도, σ는 전하 밀도, B는 자속 밀도, E는 전계의 세기, i_c는 전류 밀도, H는 자계의 세기이다.)

① $\text{div} D = \sigma$
② $\text{div} B = 0$
③ $\nabla \times H = i_c + \dfrac{\partial D}{\partial t}$
④ $\nabla \times E = -\dfrac{\partial B}{\partial t}$

12 패러데이 – 노이만 전자 유도 법칙에 의하여 일반화된 맥스웰 전자방정식의 형태는?

① $\nabla \times E = i_c + \dfrac{\partial D}{\partial t}$
② $\nabla \cdot B = 0$
③ $\nabla \times E = -\dfrac{\partial B}{\partial t}$
④ $\nabla \cdot D = \rho$

13 다음 중 맥스웰의 방정식으로 틀린 것은?

① $rot H = J + \dfrac{\partial D}{\partial t}$ ② $rot E = -\dfrac{\partial B}{\partial t}$

③ $div D = \rho$ ④ $div B = \phi$

14 다음 중 전자계에 대한 맥스웰의 기본 이론이 아닌 것은?

① 전자계의 시간적 변화에 따라 전계의 회전이 생긴다.
② 전도전류와 변위전류는 자계를 발생시킨다.
③ 고립된 자극이 존재한다.
④ 전하에서 전속선이 발산한다.

15 Maxwell의 전자기파 방정식이 아닌 것은?

① $\oint_c H \cdot dl = nI$
② $\oint_c E \cdot dl = -\int_s \dfrac{\partial B}{\partial t} \cdot ds$
③ $\oint_s D \cdot ds = \int_v \rho dv$
④ $\oint_s B \cdot ds = 0$

16 자유 공간의 고유 임피던스[Ω]는?(단, ε_0는 유전율, μ_0는 투자율이다.)

① $\sqrt{\dfrac{\varepsilon_0}{\mu_0}}$ ② $\sqrt{\dfrac{\mu_0}{\varepsilon_0}}$

③ $\sqrt{\varepsilon_0 \mu_0}$ ④ $\sqrt{\dfrac{1}{\varepsilon_0 \mu_0}}$

17 전계 $E = \sqrt{2} E_e \sin\omega(t - x/c)$[V/m]인 평면 전자파가 있을 때 자계의 실효치 [A/m]는?(단, 진공 중이라 한다.)

① $5.4 \times 10^{-3} E_e$ ② $4.0 \times 10^{-3} E_e$
③ $2.7 \times 10^{-3} E_e$ ④ $1.3 \times 10^{-3} E_e$

18 $\varepsilon_s = 81$, $\mu_s = 1$인 매질의 전자파의 고유 임피던스(Intrinsic Impedance)는 얼마인가?

① 41.9[Ω]　　② 33.9[Ω]
③ 21.9[Ω]　　④ 13.9[Ω]

19 평면 전자파의 전계의 세기가 $E = E_m \sin \omega \left(t - \dfrac{Z}{V} \right)$[V/m]일 때 수중에 있어서의 자계의 세기는 몇 [AT/m]인가?(단, 물의 ε_s는 80이고 μ_s는 1이다.)

① $1.19 \times 10^{-2} E_m \sin \omega t$
② $1.19 \times 10^{-2} E_m \cos \omega \left(t - \dfrac{Z}{V} \right)$
③ $2.37 \times 10^{-2} E_m \sin \omega \left(t - \dfrac{Z}{V} \right)$
④ $2.37 \times 10^{-2} E_m \cos \omega \left(t - \dfrac{Z}{V} \right)$

20 유전율 ε, 투자율 μ의 공간을 전파하는 전자파의 전파속도 v[m/s]는?

① $v = \sqrt{\varepsilon \mu}$　　② $v = \sqrt{\dfrac{\varepsilon}{\mu}}$
③ $v = \sqrt{\dfrac{\mu}{\varepsilon}}$　　④ $v = \dfrac{1}{\sqrt{\varepsilon \mu}}$

21 전자계에서 전파속도와 관계가 없는 것은?

① 도전율　　② 유전율
③ 비투자율　　④ 주파수

22 유전율 ε, 투자율 μ인 매질 중을 주파수 f[Hz]의 전자파가 전파되어 나갈 때의 파장[m]은?

① $f\sqrt{\varepsilon \mu}$　　② $\dfrac{1}{f\sqrt{\varepsilon \mu}}$
③ $\dfrac{f}{\sqrt{\varepsilon \mu}}$　　④ $\dfrac{\sqrt{\varepsilon \mu}}{f}$

23 비유전율 4, 비투자율 4인 매질 내에서의 전자파의 전파속도는 자유공간에서의 빛의 속도의 몇 배인가?

① $\dfrac{1}{3}$　　② $\dfrac{1}{4}$
③ $\dfrac{1}{9}$　　④ $\dfrac{1}{16}$

24 비유전율 $\varepsilon_s = 3$, 비투자율 $\mu_s = 3$인 공간이 있다고 가정할 때, 이 공간에서의 전자파 파장이 10[m]였을 때 주파수[MHz]는?

① 1　　② 3
③ 6　　④ 10

25 전자파의 특징으로 맞는 것은?

① 전계만 존재한다.
② 자계만 존재한다.
③ 전계와 자계가 동시에 존재한다.
④ 전계와 자계가 동시에 존재하되 위상이 90° 다르다.

26 자유공간을 진행하는 전자기파의 전계와 자계의 위상차는?

① 전계가 $\dfrac{\pi}{2}$ 빠르다.　　② 자계가 $\dfrac{\pi}{2}$ 빠르다.
③ 위상이 같다.　　④ 전계가 π 빠르다.

27 전자파의 진행 방향은?

① 전계 E의 방향과 같다.
② 자계 H의 방향과 같다.
③ $E \times H$의 방향과 같다.
④ $H \times E$의 방향과 같다.

28 변위전류에 의하여 전자파가 발생되었을 때 전자파의 위상은?

① 변위전류보다 90° 빠르다.
② 변위전류보다 90° 늦다.
③ 변위전류보다 30° 빠르다.
④ 변위전류보다 30° 늦다.

29 전계 및 자계의 세기가 각각 E, H일 때 포인팅 벡터 R은 몇 [W/m²]인가?

① $E+H$
② $V(E \cdot H)$
③ $E \times H$
④ $\oint E \times H dl$

30 자유공간에 있어서의 포인팅 벡터를 P[W/m²]라 할 때, 전계의 세기의 실횻값 E_0 [V/m]를 구하면?

① $377P$
② $\dfrac{P}{377}$
③ $\sqrt{377P}$
④ $\sqrt{\dfrac{P}{377}}$

31 진공 중의 점 A에서 출력 50[kW]의 전자파를 방사하여 이것이 구면파로서 전파할 때 점 A에서 100[km] 떨어진 점 B에 있어서의 포인팅 벡터 값은 약 몇 [W/m²]인가?

① 4×10^{-7}[W/m²]
② 4.5×10^{-7}[W/m²]
③ 5×10^{-7}[W/m²]
④ 5.5×10^{-7}[W/m²]

32 자유공간에 있어서 포인팅 벡터를 S[W/m²]라 할 때 전장의 세기의 실횻값 E_e[V/m]를 구하면?

① $\sqrt{\dfrac{\mu_0}{\varepsilon_0}} S$
② $S\sqrt{\dfrac{\varepsilon_0}{\mu_0}}$
③ $\sqrt{S\sqrt{\dfrac{\mu_0}{\varepsilon_0}}}$
④ $\sqrt{S\sqrt{\dfrac{\varepsilon_0}{\mu_0}}}$

33 100[kW]의 전력이 안테나에서 사방으로 균일하게 방사될 때 안테나에서 1[km]의 거리에 있는 전계의 실횻값은 몇 [V/m]인가?

① 1.73
② 2.45
③ 3.68
④ 6.21

34 자계 실횻값이 1[mA/m]인 평면 전자파가 공기 중에서 이에 수직되는 수직 단면적 10[m²]를 통과하는 전력[W]은?

① 3.77×10^{-3}
② 3.77×10^{-4}
③ 3.77×10^{-5}
④ 3.77×10^{-6}

35 수평 전파의 내용으로 맞는 것은?

① 대지에 대해서 전계가 수직면에 있는 전자파
② 대지에 대해서 전계가 수평면에 있는 전자파
③ 대지에 대해서 자계가 수직면에 있는 전자파
④ 대지에 대해서 자계가 수평면에 있는 전자파

36 z방향으로 진행하는 평면파(Plane Wave)로 맞지 않는 것은?

① z 성분이 0이다.
② x의 미분계수(도함수)가 0이다.
③ y의 미분계수가 0이다.
④ z의 미분계수가 0이다.

37 자계분포 $H = jxy - kxz$[A/m]를 발생시키는 점(1,1,1)[m]에서의 전류 밀도는 몇 [A/m²]인가?

① 2
② 3
③ $\sqrt{2}$
④ $\sqrt{3}$

38 다음에서 무손실 전송회로의 특성 임피던스를 나타낸 것은?

① $Z_0 = \sqrt{\dfrac{C}{L}}$ ② $Z_0 = \sqrt{\dfrac{L}{C}}$

③ $Z_0 = \dfrac{1}{\sqrt{LC}}$ ④ $Z_0 = \sqrt{LC}$

39 안지름이 1[mm] 바깥지름이 10[mm]인 동축케이블에서 내부 도체와 외부 도체 사이에 폴리에틸렌($\varepsilon_s = 2.3$ $\mu_s = 1$)을 채우면 특성 임피던스는 몇[Ω]인가?

① 91 ② 115
③ 135 ④ 161

40 상이한 매질의 경계면에서 전자파가 만족해야 할 조건이 아닌 것은?

① 경계면의 양측에서 전계의 세기의 접선 성분은 서로 같다.
② 경계면의 양측에서 자계의 접선 성분은 서로 같다.
③ 경계면의 양측에서 자속 밀도의 접선 성분은 서로 같다.
④ 이상 도체 표면에서는 자계 세기의 접선 성분은 표면 전류 밀도와 같다.

41 높은 주파수의 전자파가 전파될 때 일기가 좋은 날보다 비오는 날 전자파의 감소가 심한 원인은?

① 도전율 관계임 ② 유전율 관계임
③ 투자율 관계임 ④ 분극율 관계임

PART 02

전력공학

Chapter 01 송전공학
Chapter 02 배전공학
Chapter 03 발전공학

이 편의 특징

1. 전력공학은 고득점 과목으로 총 20문제 중 계산(3~4문항)과 공식(2~3문항), 그리고 기타 서술형이 출제되어 암기과목이라 볼 수 있다.
2. 3주 과정에 맞게 요점정리부터 문제해설까지 중요한 핵심부분과 반드시 암기를 해야 하는 부분만 동영상과 같이 구성이 되어 있으며 과년도 기출문제 관련 동영상도 제공하여 이 책 한 권만 공부한다면 충분히 합격할 수 있다.
3. 전력공학 20점 맞기
   ① 요점정리를 동영상과 함께 2번 반복하여 수강하고 가능한 출퇴근시간, 식사시간 등을 이용한다.
   ② 요점을 이미 본 파트는 책상에 앉아서 문제를 밀도 있게 제공되는 동영상과 함께 같이 풀어본다.
   ③ 그 다음날 다른 요점을 듣고 다시 문제를 풀 때 어제 나간 문제를 먼저 복습하고 오늘 문제를 풀어본다.
   ④ 주말에 일주일 동안 공부한 것을 복습한다. 따라서 총 3번을 풀어보게 되는데, 이때 중요한 것은 답이 보이는 것은 눈으로 보고 넘어가고 답이 안 보이는 것만 풀어본다.
   ※ 위의 과정을 모든 과목을 적용해도 무방하다.
4. 암기방법
   ① 야(夜)동(動) 암기법 : 밤이나 새벽에 운동장이나 공원에서 조금씩 움직이면서 암기한다. 단, 기억이 안 나는 것은 조금씩 커닝한다.
   ② 3주 동안 금주하면 암기력이 엄청나게 증가하며 공부할 때 물을 마시면서 암기한다.
   ③ 암기할 때는 조금씩 입으로 소리내어 읊으면서 **암기**하면 **효과가** 좋다.

Chapter 01 송전공학

제1절 전선로

01 전선

(1) 구비조건
  ① 도전율이 커야 한다.
  ② 기계적 강도가 커야 한다.
  ③ 비중(밀도)이 작아야 한다.
  ④ 부식성이 작아야 한다.
  ⑤ 가선공사가 용이해야 한다.
  ⑥ 신장률이 커야 한다.
  ⑦ 내구성이 커야 한다.

(2) 옥내배선 3요소
  ① 허용전류(가장 중요)
  ② 전압강하
  ③ 기계적 강도

(3) 연선[mm²]
  ① 연선의 지름 : $D = (2n+1)d$
  ② 저압배전선 : OW 사용

(4) 경제적인 전선굵기 : 켈빈의 법칙

(5) 표피 효과
  전류가 바깥쪽으로 집중되는 현상(투자율이 클수록, 주파수가 클수록, 전선굵기가 클수록)

(6) ACSR
  경동선에 비하여 가볍고, 강하며 직경이 크다.

※ 댐퍼 : 진동 방지로 154, 345[kV]에서 이용된다.

02 철탑의 종류

(1) 종류
  ① 보강형
  ② 직선형
  ③ 각도형
  ④ 인류형
  ⑤ 내장형 : 경간이 넓을 때(E형 철탑, 10기 이하마다 1기 비율로 첨가)

03 애자

(1) 목적
  ① 전선 지지
  ② 전선과 지지물 간의 절연 간격 유지
    (154[kV] − 표준 : 1,400[mm], 최소 : 900[mm])

(2) 구비 조건
  ① 절연 내력이 커야 한다.
  ② 절연 저항이 커야 한다.
  ③ 기계적 강도가 커야 한다.
  ④ 정전 용량이 작아야 한다.
  ⑤ 값이 싸야 한다.

(3) 종류
  송전 : 현수, 핀, 내무, 장간

(4) 현수 애자
  ① 전압 분담
    • 최대 : 전선로에 가까운 쪽
    • 최소 : 철탑→철탑에서 3번째, 전선로에서 8번째
  ② 애자 보호 대책 : 소호각(초호각), 소호환(초호환)
    • 역섬락 방지
    • 뇌로부터 애자 보호
    • 애자련의 전압 균일
  ③ 애자 효율
    $$\eta = \frac{V_n}{n V_1} \times 100$$
  ④ 애자 섬락 전압
    • 건조 섬락 : 80[kV]
  ⑤ 전압별 애자 개수

22.9[kV]	66[kV]	154[kV]	345[kV]
2~3	4~6	9~11	18~23

(5) OFF SET
전선 도약에 의한 단락 방지

04 하중

(1) 빙설이 적은 지방의 합성하중
$$W = \sqrt{W_i^2 + W_p^2}$$

(2) 빙설이 많은 지방의 합성하중
$$W = \sqrt{(W_i + W_c)^2 + W_p^2}$$

여기서, W_i : 전선자중, W_c : 빙설하중
W_p : 풍압하중(가장 크다)

(3) 풍압하중(수평 횡하중이 중요)
① 빙설이 적은 지방
$$W_p = PKd \times 10^{-3} [\text{kg/m}]$$
여기서, P : 바람의 세기, d : 전선직경

② 빙설이 많은 지방
$$W_p = PK(d+12) \times 10^{-3} [\text{kg/m}]$$

05 Dip(이도)

(1) 이도 : 전선이 늘어지는 정도
$$이도\ D = \frac{WS^2}{8T} [\text{m}]$$
여기서, T : 수평 장력, W : 합성하중, S : 경간
- 수평 장력 $T = \dfrac{인장\ 하중}{안전율} = \dfrac{인장\ 강도}{안전율}$

(2) 전선의 실제 길이
$$L = S + \frac{8D^2}{3S} = S \times 0.1[\%]\ 이하$$

(3) 온도 변화 시 Dip 값 계산
$$D = \sqrt{D_1^2 \pm \frac{3}{8}\alpha t S^2}$$

(4) 지지물의 평균높이
$$h = H - \frac{2}{3}D$$

제2절 선로정수 및 코로나

01 선로정수

(1) L 인덕턴스
① 작용 인덕턴스 $= 0.05 + 0.4605 \log_{10} \dfrac{D'}{r} [\text{mH/km}]$
② 복도체 $= 0.025 + 0.4605 \log_{10} \dfrac{D'}{\sqrt{rd}}$
③ $D' = \sqrt[3]{D_1 D_2 D_3} = \sqrt[3]{2}\,D$ (수평배열)
$D' = \sqrt[6]{2}\,D$ (정사각배열)

(2) 정전용량 : 정상운전 시 충전전류를 계산(진상전류)
① 작용 정전용량 : $\dfrac{0.02413}{\log_{10} \dfrac{D}{r}} [\mu\text{F/km}]$

② 부분 정전용량 = 작용 정전용량
- 단상 : $C = C_s + 2C_m$
- 3상 : $C = C_s + 3C_m$

여기서, C_s : 대지 정전용량
C_m : 선간 정전용량

③ 충전전류
$$I_c = 2\pi f C \cdot E = \omega CE = \omega C \frac{V}{\sqrt{3}} [\text{A}]$$

④ 충전용량
$$P_{\triangle결선} = 3\omega CV^2 = 6\pi f CV^2 [\text{kVA}]$$
$$P_{Y결선} = \omega CV^2 = 2\pi f CV^2 [\text{kVA}]$$
$$\therefore \frac{\triangle}{Y} = 3배,\ \frac{Y}{\triangle} = \frac{1}{3}배$$

(3) 연가 : 각 상의 전압 전류의 평형(3등분)
① 선로정수 평형
② 통신선 유도 장해 경감
③ 직렬 공진에 의한 이상 전압 상승 방지

(4) 코로나 손실
① 공기 절연층이 파괴되어 빛과 소리가 나타나는 현상
② 파괴 전위 경도
- DC 30[kV/cm]
- AC 21.1[kV/cm] → 실횻값

③ 코로나 임계전압이 높아야 코로나 발생이 적다.

$$E_0 = 24.3\, m_0 m_1 \delta d \log_{10} \frac{D}{r} [\text{KV}]$$

• 날씨가 맑을수록 좋다.
• 공기상대밀도 크게(기압은 높을수록, 온도는 낮을수록)
• 직경을 크게

영향	• 유도장해(고주파) • 코로나 잡음, 전파 장해 • 전선의 부식(원인 : 오존 $-O_3$) • 송전용량 감소 • 진행파의 파고값 감쇠(장점)
대책	• 임계전압을 크게 • 전선의 지름을 크게 = 복도체 방식(주목적) • 가선금구 개량

(5) 복도체 방식(1상을 2선으로 분할)
① 인덕턴스는 감소하고 정전용량은 증가한다.
  → 송전용량 증가
② 코로나의 방지, 코로나 임계전압의 상승
③ 소도체 간에 충돌 현상이 생긴다(대책 : 스페이셔의 설치).
④ 전위경도 저감

제3절 송전선로 및 특성값 계산

01 단거리 송전선로

임피던스(Z) 적용하는 집중정수회로

(1) 전압강하

① $V_S = V_R + ZI$ → 전압강하

$= V_R + I(R\cos\theta + X\sin\theta)$ → 전압강하

② $e_{3상} = \sqrt{3}\, I(R\cos\theta + X\sin\theta)$ → 1선당 전압강하

$= \sqrt{3}\, \dfrac{P}{\sqrt{3}\, V_R \cos\theta}(R\cos\theta + X\sin\theta)$

$= \dfrac{P}{V_R}(R + X\tan\theta)\left(\because I = \dfrac{P}{\sqrt{3}\, V\cos\theta}\right)$

$e \propto \dfrac{1}{V_R}$

(2) 전압강하율

① $\delta = \dfrac{V_S - V_R}{V_R} \times 100$

② $\delta = \dfrac{\sqrt{3}\, I(R\cos\theta + X\sin\theta)}{V_R} \times 100$

③ $\delta = \dfrac{P}{V_R^2}(R + X\tan\theta) \times 100$

$\delta \propto \dfrac{1}{V_R^2}$

(3) 전압 변동률

$\varepsilon = \dfrac{V_{R_0} - V_R}{V_R} \times 100$

여기서, V_{R_0} : 무부하 시 수전단 전압
V_R : 수전단 전압

(4) 손실

$P_L = 3I^2 R = 3\left(\dfrac{P}{\sqrt{3}\, V\cos\theta}\right)^2 R \left(\because R = \rho \dfrac{l}{A}\right)$

$= 3\dfrac{P^2 R}{3V^2 \cos^2\theta} = \dfrac{P^2 R}{V^2 \cos^2\theta}[\text{W}]$

$= \dfrac{P^2 l \rho}{V^2 \cos^2\theta\, A}[\text{W}]$

$P_L \propto \dfrac{1}{V^2}$, $P_L \propto \dfrac{1}{\cos^2\theta}$, $A \propto \dfrac{1}{V^2}$, $P \propto V^2$

02 중거리 송전선로

Z, Y 존재 4단자 정수에 의하여 해석

(1) 전파정수

$\begin{bmatrix} V_S \\ I_S \end{bmatrix} = \begin{bmatrix} A & B \\ C & D \end{bmatrix} \begin{bmatrix} V_R \\ I_R \end{bmatrix} = \begin{bmatrix} AV_R + BI_R \\ CV_R + DI_R \end{bmatrix}$

(2) 4단자 상호 관계식

$A = D$
$AD - BC = 1$

(3) 기본 4단자

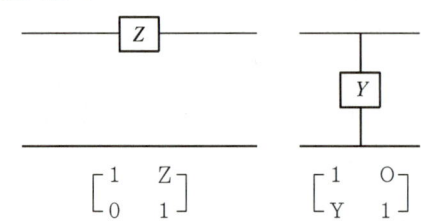

$$\begin{bmatrix} 1 & Z \\ 0 & 1 \end{bmatrix} \quad \begin{bmatrix} 1 & 0 \\ Y & 1 \end{bmatrix}$$

(4) 실제 4단자 망

	T 형	π 형
A	$A = 1 + \dfrac{ZY}{2}$	$A = 1 + \dfrac{ZY}{2}$
B	$B = Z\left(1 + \dfrac{ZY}{4}\right)$	$B = Z$
C	$C = Y$	$C = Y\left(1 + \dfrac{ZY}{4}\right)$
D	$D = 1 + \dfrac{ZY}{2}$	$D = 1 + \dfrac{ZY}{2}$

(5) 시험법

① 단락시험(단락전류) : $I_{SS} = \dfrac{D}{B} V_S$

② 무부하시험(충전전류) : $I_{SC} = \dfrac{C}{A} V_S$

(6) 2회선 방식(다회선 방식)

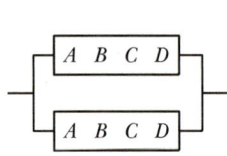

- $A_0 = A$
- $B_0 = \dfrac{B}{2}$
- $C_0 = 2C$
- $D_0 = D$

03 장거리 송전선로

분포정수 회로 해석

(1) 특성(파동) 임피던스 : 거리와 무관(일정)

$$Z_0 = \sqrt{\dfrac{Z}{Y}} = \sqrt{\dfrac{L}{C}} = 138 \log \dfrac{D}{r} \, [\Omega]$$

① $L = 0.4605 \dfrac{Z_0}{138}$ (∵ 0.05는 무시)

② $C = \dfrac{0.02413}{\dfrac{Z_0}{138}}$

(2) 전파정수

$$r = \sqrt{ZY} = \sqrt{(R + j\omega L)(G + j\omega C)} = \sqrt{L \cdot C}$$

(3) 전파속도

$$v = \dfrac{1}{\sqrt{LC}}$$

(4) 송전용량

$$P_s = K \dfrac{V^2}{l}, \quad P_s = \dfrac{V_s V_r}{X} \sin\delta$$

(5) 송전전압의 결정

Still의 식 $V_S = 5.5 \sqrt{0.6l + \dfrac{P}{100}}$ [kV]

제4절 안정도

01 의미

전력 계통에서 상호 협조하에 동기 이탈하지 않고 안정되게 운전할 수 있는 정도

02 종류

① 정태 안정도 : 부하가 서서히 증가 시의 안정도
② 동태 안정도 : 부하가 갑자기 증가 시의 안정도
③ 과도 안정도 : 사고 시에 정상운전이 가능한 능력

03 안정도 향상 대책(전압변동률을 작게)

발전기	송전선
• 리액턴스 작은 기기 • 단락비를 크게 한다. 　(대형화 및 손실증가) • 속응여자방식(AVR) • 제동권선	• 리액턴스 값을 작게 한다. 　- 복도체 채용 　- 병행 2회선 방식(다회선 방식) • 연계운전 : 경제급전 가능 　(연료비 절약) 　- 단점 : 사고확대, 유도장해 증가, 단락용량 증가 • 소호리액터 접지 • 중간 조상방식(조상설비) • 고속도 재폐로방식

04 송전전력

(1) 조상설비(콘덴서, 리액터, 동기 조상기)

1차 변전소의 변압기(Y-Y-△) : 3권선변압기, 3차 권선에 설치

① 콘덴서 : 충전 전류(90° 앞선 전류, 진상 전류)

직렬 콘덴서	전력용 콘덴서
$e = \sqrt{3}\,I(R\cos\theta + X\sin\theta)$ $X = X_L - X_C$ 전압강하 보상	역률 개선

② 리액터 : 뒤진 전류

직렬 리액터	제5고조파를 제거하며 콘덴서 용량의 이론상 4[%]로, 실제로 5[%]가 표준 정격이다.
병렬(분로) 리액터	페란티 효과 방지
소호 리액터	지락 아크의 소호
한류 리액터	차단기 용량의 경감(단락 전류 제한)

③ 페란티 효과
- 무부하 시 송전단 전압보다 수전단 전압이 커지는 현상
- 무부하 시 정전용량에 의하여

　$V_s < V_r$

　여기서, V_s : 송전단전압 V_r : 수전단전압

④ 동기 조상기 : 무부하로 운전하는 동기 전동기
- 중부하 시 → 과여자전류 공급(콘덴서 : 진상)
- 경부하 시 → 부족여자전류 공급(리액터 : 지상)

⑤ 비교(과여자 : 진상, 부족여자 : 지상)

구분	진상	지상	용량증설	시충전	조정
콘덴서	○	×	가능	×	진상
동기 조상기	○	○	불가능	○	진상, 지상

제5절 고장 해석

01 단락관계

(1) 백분율 임피던스(%Z)

① $\%Z = \dfrac{I_n Z}{E(\text{상})} \times 100 = \dfrac{PZ}{10V^2(\text{선간})}$

　(P[kVA], V[kV])

(2) 단락전류(I_S)

① $I_S = \dfrac{100}{\%Z} I_n$

② $I_S = \dfrac{E}{Z} = \dfrac{V}{\sqrt{3}\,Z}$

(3) 차단기 용량(P_S)

① $P_S = \dfrac{100}{\%Z} P_n$

　여기서, P_n : 기준용량

② $P_S = \sqrt{3} \times$ 정격전압 $\times$ 정격차단전류

③ 한류 리액터 : 단락전류 제한

02 대칭좌표법

사고 시에 성분 및 크기를 알 수 있다.

비대칭 3상 교류＝영상분＋정상분＋역상분

(1) 대칭분 전압

대칭성분
영상분 $V_0 = \dfrac{1}{3}(V_a + V_b + V_c)$
정상분 $V_1 = \dfrac{1}{3}(V_a + aV_b + a^2 V_c)$
역상분 $V_3 = \dfrac{1}{3}(V_a + a^2 V_b + aV_c)$

(2) 대칭좌표법으로 해석할 경우 필요한 것

구분	정상분	역상분	영상분
1선 지락	○	○	○
2선 단락(선간 단락)	○	○	
3선 단락	○		

03 영상 임피던스ㆍ전압ㆍ전류 측정

(1) 영상 임피던스 크기

① $Z_0 > Z_1 = Z_2$

② 역상＝정상＜영상(3배)

(2) 지락 시 영상분이 존재하므로 지락전류를 영상전류로 보며, 정상전류에 3배 증가

제6절 중성점 접지

01 목적

① 1선 지락 시 전위 상승 억제, 기계ㆍ기구의 절연 보호
② 지락 사고 시 보호 계전기 동작의 확실
③ 안정도 증진
④ 단절연ㆍ저감 절연
⑤ 지락 아크를 소멸시키고 이상전압 방지

02 종류

(1) 비접지방식

① 저전압 단거리(20～30[kV] 미만), △－△ 결선을 이용한다.
② 1상 고장 시 V－V 결선이 가능하다.
③ $\sqrt{3}$ 배의 전위가 상승한다.
④ 유도장해가 적다.
⑤ 지락전류가 적다.
⑥ $I_g = \sqrt{3}\,\omega C_s V$ [A]

여기서, I_g : 진상전류
C_s : 대지정전용량

(2) 직접접지방식(유효접지 : 154[kV], 345[kV])

1선 지락 사고 전압 상승이 1.3배 이하가 되도록 하는 접지방식

※ 직접접지의 장ㆍ단점

장점	단점
• 전위 상승이 최소 • 단절연, 저감 절연 가능 (목적) : 기기값이 저렴 • 지락 전류 검출이 쉬움 　－지락 보호가 작동 확실	• 1선 지락 시 지락전류가 큼 • 유도장해 큼 • 큰 전류를 차단하므로 차단기 용량 커짐 • 안정도 저하

(3) 저항접지방식

① 30[Ω] 정도 : 저저항접지
② 100～1,000[Ω] 정도 : 고저항접지

(4) 소호 리액터 방식(병렬공진 이용 : 지락전류 최소)

① 소호 리액터 크기

$$X_L = \omega L = \dfrac{1}{3\omega C_s} - \dfrac{X_t}{3}\;[\Omega],\; L = \dfrac{1}{3\omega^2 C_s}\,[H]$$

여기서, X_t : 변압기 리액턴스

② 소호 리액터 용량

$$Q_c = 3\omega C E^2 = \omega C V^2\,[KVA]$$

여기서, E : 상전압, V : 선간전압

③ 합조도

구분	공진식	공진 정도	합조도
$I_L > I_C$	$\omega L < \dfrac{1}{3\omega C_s}$	과보상	$+I_g = 0$

※ 과보상을 하는 이유는 직렬공진 시의 이상 전압의 상승을 억제한다.

④ 장·단점

장점	단점
• 지락 전류 최소 • 안정도 최대 • 고장 중 운전이 가능 • 유도장해 최소	• 전위 상승 최대($\sqrt{3}$ 배 이상) : 절연이 문제 • 보호 계전기 동작 불확실

(5) 중성점 잔류 전압공식

① $E_n = \dfrac{\sqrt{C_a(C_a - C_b) + C_b(C_b - C_c) + C_c(C_c - C_a)}}{C_a + C_b + C_c}$

$\times \dfrac{V}{\sqrt{3}}$

② 3상 평형 시 중성점 전압은 0[V]

제7절 유도장해

01 종류

(1) 전자유도장해

지락사고 시 영상전류(I_0)가 흘러 상호자속이 끊긴만큼 상호 인덕턴스(M) 값의 크기에 비례하는 전압이 통신선에 유도됨

※ 전자유도전압

$(E_s) = j\omega Ml \times 3I_0 = j\omega Ml \times (I_a + I_b + I_c)$

(2) 정전유도장해

영상전압(E_0)에 의한 전력선과 통신선과의 선간정전용량(C_{ab}) 값의 크기에 비례하는 전압이 통신선에 유도됨

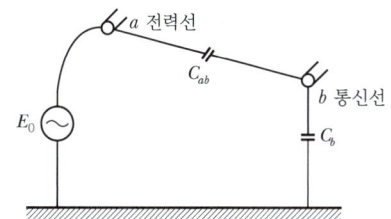

$E_s = \dfrac{C_{ab}}{C_{ab} + C_b} E_0$

여기서, E_0 : 영상전압[V]

C_{ab} : 전력선과 통신선 간의 선간정전용량

C_b : 통신선의 대지정전용량

02 유도장해 방지 대책

전력선 측	통신선 측
• 연가를 충분히 한다. • 소호 리액터 접지방식 • M 값을 작게 • 고속도 차단기 설치 • 이격 거리를 크게 • 차폐선 설치(30~50[%] 경감) • 지중전선로 사용	• 케이블화 • 절연 강화 • 배류 코일(초크 코일) 설치 • 피뢰기 시설 • 수직 교차 • 연피 케이블 • 절연 변압기

제8절 이상전압

01 종류

(1) 내부 이상전압

① 차단기 개폐서지 : 대지전압 4배 이하
  • 무부하 송전선로의 개폐(충전 전류) → 재점호 발생 우려가 많다.
  • 대책 : 차단기 내에 저항기 설치 - 개폐저항기(SOV) 설치

② 1선 지락 사고 : 전위 상승

③ 중성점의 잔류전압 : 연가

④ 페란티 현상 : 병렬 리액터

(2) 외부 이상전압
  • 직격뢰 : 뇌격이 직접 전선로에 내습
  • 유도뢰 : 구름에 의해 유도되는 뇌

(3) 외부 이상전압 방호 대책

① 가공지선
- 직격뢰 차폐(차폐각을 작게 할수록 좋다) → 2가닥 사용은 차폐각을 작게 한다.
- 전선의 종류 : 강심 알루미늄 전선(ACSR)
- 통신 유도장해 경감

② 매설지선 : 철탑의 접지저항을 작게 하여 역섬락 방지

③ 애자련 보호 : 아킹혼(소호각), 아킹링(소호환)

(4) 뇌서지

① 뇌서지(파두장 × 파미장)
- $1 \times 40[\mu sec]$
- $1.2 \times 50[\mu sec]$
- 뇌서지와 개폐 서지는 파두장, 파미장 모두 다름

② 파형 계수
- 반사 계수 $\beta = \dfrac{Z_2 - Z_1}{Z_2 + Z_1}$
- 반사 전압 $e_2 = \beta e_1 = \dfrac{Z_2 - Z_1}{Z_2 + Z_1} e_1$
- 투과 계수 $r = \dfrac{2Z_2}{Z_2 + Z_1}$
- 투과 전압 $e_3 = re_1 = \dfrac{2Z_2}{Z_2 + Z_1} e_1$

여기서, e_1 : 진행파

02 피뢰기(절연 협조에 기본이 되는 기계)

목적	① 뇌전압 방전 ② 속류 차단 ③ 선로 및 기기 보호
공칭방전전류	2,500[A], 5,000[A], 10,000[A]
구성	특성 요소와 직렬 갭
구비 조건	① 제한 전압은 낮게 → 절연 협조에 기본이 되는 전압 ② 속류 차단 능력 우수 ③ 충격 방전개시전압이 낮을 것 ④ 상용 주파 방전개시전압이 높을 것

(1) 피뢰기 정격전압

속류를 차단하는 교류 최고 전압
① 직접접지 계통 : 0.8~1.0배
② 소호접지 계통 : 1.4~1.6배

(2) 피뢰기 제한전압

① 뇌전류 방전 시 직렬 갭 양단에 나타나는 교류 최고 전압
② 피뢰기 동작 중 단자전압의 파고치

$$e_a = e_3 - V = \left(\dfrac{2Z_2}{Z_2 + Z_1}\right)e_1 - \left(\dfrac{Z_2 \cdot Z_1}{Z_2 + Z_1}\right)i_a$$

여기서, i_a : 공칭방전전류
(10,000[A], 5,000[A], 2,500[A])

(3) 절연 협조

① 절연 협조의 기본 : 피뢰기의 제한전압
② 절연 협조의 기본이 되는 기구 : 피뢰기

핵심 기출 문제

제1절 전선로

01 다음 그림에서 송전선로의 건설비와 전압과의 관계를 옳게 나타낸 것은?

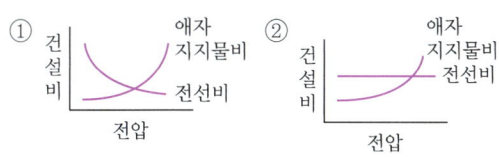

02 가공전선로에 사용되는 전선의 구비조건으로 틀린 것은?

① 도전율이 높아야 한다.
② 기계적 강도가 커야 한다.
③ 전압강하가 적어야 한다.
④ 허용전류가 적어야 한다.

03 옥내배선의 굵기를 설계하는 요령으로 가장 적당하게 설명한 것은?

① 부하의 위치와 전압강하를 고려하여 결정하여야 한다.
② 승강기 등의 부하와 동일 굵기로 사용할 수 있도록 하여야 한다.
③ 부하의 수용률과 허용전류를 고려하여 결정하여야 한다.
④ 전압강하, 허용전류, 기계적 강도 등을 고려하여 결정하여야 한다.

04 전선에 교류가 흐를 때의 표피효과에 관한 설명으로 옳은 것은?

① 전선은 굵을수록, 도전율 및 투자율은 작을수록, 주파수는 높을수록 커진다.
② 전선은 굵을수록, 도전율 및 투자율은 클수록, 주파수는 높을수록 커진다.
③ 전선은 가늘수록, 도전율 및 투자율은 작을수록, 주파수는 높을수록 커진다.
④ 전선은 가늘수록, 도전율 및 투자율은 클수록, 주파수는 높을수록 커진다.

05 ACSR은 동일한 길이에서 동일한 전기저항을 갖는 경동 연선에 비하여 어떠한가?

① 바깥지름은 크고 중량은 크다.
② 바깥지름은 크고 중량은 작다.
③ 바깥지름은 작고 중량은 크다.
④ 바깥지름은 작고 중량은 작다.

06 전선에서 전류의 밀도가 도선의 중심으로 들어갈수록 작아지는 현상은?

① 페란티 효과
② 접지 효과
③ 표피 효과
④ 근접 효과

07 켈빈(Kelvin)의 법칙이 적용되는 경우는?

① 전력 손실량을 축소시키고자 하는 경우
② 전압강하를 감소시키고자 하는 경우
③ 부하배분의 균형을 얻고자 하는 경우
④ 경제적인 전선의 굵기를 선정하고자 하는 경우

08 오프셋을 하는 주된 이유는?

① 불평형 전압의 유도 방지
② 지락사고 방지
③ 전선의 진동 방지
④ 상하선의 혼선 방지

09 소호각(Arcing Horn)의 역할은?

① 애자가 파손되는 것을 방지하는 효과가 있다.
② 풍압을 조절한다.
③ 송전 효율을 높인다.
④ 고주파수의 섬락 전압을 높이는 효과가 있다.

10 154[kV] 송전선로에 10개의 현수 애자가 연결되어 있다. 가장 전압 부담이 작은 것은?

① 철탑에 가장 가까운 것
② 철탑으로부터 3번째
③ 전선에서 가장 가까운 것
④ 전선으로부터 3번째

11 송전선에 낙뢰가 가해져서 애자에 섬락이 생기면 아크가 생겨 애자가 손상되는 경우가 있다. 이것을 방지하기 위하여 사용되는 것은?

① 댐퍼
② 아머로드(Armour Rod)
③ 가공지선
④ 아킹혼(Arcing Horn)

12 가공 송전선에 사용하는 애자련 중 전압 부담이 최대인 것은?

① 전선에 가장 가까운 것
② 중앙에 있는 것
③ 철탑에 가까운 것
④ 모두 같다.

13 345[kV] 고초압 송전선로에 사용되는 현수 애자는 1연 현수인 경우 대략 몇 개 정도 사용되는가?

① 6~8 ② 12~14
③ 18~20 ④ 28~38

14 보통 송전선용 표준 철탑 설계의 경우 가장 큰 하중은?

① 풍압 ② 애자 전선 중량
③ 빙설 ④ 인장 강도

15 풍압이 P[kg/m²]이고 빙설이 많지 않은 지방에서 직경이 d[mm]인 전선 1[m]가 받은 풍압[kg/m]은 표면계수를 k라고 할 때 얼마가 되겠는가?

① $\dfrac{Pk(d+12)}{1,000}$ ② $\dfrac{Pk(d+6)}{1,000}$
③ $\dfrac{Pkd}{1,000}$ ④ $\dfrac{Pkd^2}{1,000}$

16 전선로의 지지물에 가해지는 하중에서 상시 하중으로 가장 중요한 것은?

① 수직 하중 ② 수직 횡하중
③ 수평 종하중 ④ 수평 횡하중

17 전선의 자중과 빙설하중을 W_1, 풍압하중을 W_2라 할 때 그 합성하중은?

① $\sqrt{W_1^2 + W_2^2}$ ② $W_1 + W_2$
③ $W_1 - W_2$ ④ $W_2 - W_1$

18 전선로의 지지물 양쪽의 경간 차가 큰 장소에 사용되며, 일명 E철탑이라고도 하는 표준철탑의 일종은?

① 직선형 철탑 ② 내장형 철탑
③ 각도형 철탑 ④ 인류형 철탑

19 철탑의 사용 목적에 의한 분류에서 송전선로 전부의 전선을 끌어당겨 고정시킬 수 있도록 설계한 철탑으로 D형 철탑이라고 하는 것은?

① 내장 보강 철탑
② 각도 철탑
③ 억류지지 철탑
④ 직선 철탑

20 어떤 전선로의 전선 지지점이 동일 수평면에 있다고 할 때 전선의 길이를 산출하는 공식은?(단, D는 이도, S는 경간 거리, L은 전선의 길이이다.)

① $L = S + \dfrac{8D^2}{3S}$ ② $L = S\dfrac{3S}{8D^2}$

③ $L = S + \dfrac{3D^2}{8S}$ ④ $L = S\dfrac{8S}{3D^2}$

21 경간 200[m]인 가공 전선로에서 사용되는 전선의 길이는 경간보다 몇 [m] 더 길게 하면 되는가?(단, 사용 전선의 1[m]당 무게는 2[kg], 인장하중은 4,000[kg], 전선의 안전율은 2이고, 풍압하중 등은 무시한다.)

① $\dfrac{1}{2}$ ② $\sqrt{2}$

③ $\dfrac{1}{3}$ ④ $\dfrac{2}{3}$

22 가공전선을 200[m]의 경간에 가설하여 그 이도가 5[m]이었다. 이도를 6[m]로 하려면 이도를 5[m]로 하였을 때보다 전선이 몇 [cm] 더 필요하겠는가?

① 8   ② 10
③ 12   ④ 15

23 경간 200[m]의 가공 전선로가 있다. 전선 1[m]당의 하중은 2.0[kg]이고 풍압하중이 없는 것으로 하면, 인장하중이 4,000[kg], 안전율이 2인 전선을 사용할 때의 이도는 몇 [m]인가?

① 5   ② 5.4
③ 6.4 ④ 7

24 고저차가 없는 가공 전선로에서 이도 및 전선 중량을 일정하게 하고 경간을 2배로 했을 때 전선의 수평장력은 몇 배가 되는가?

① 2배   ② 4배
③ 6배   ④ 8배

25 송배전 선로에서 전선의 장력을 2배로 하고 경간을 2배로 하면 전선의 이도는 몇 배가 되는가?

① $\dfrac{1}{4}$ ② $\dfrac{1}{2}$
③ 2   ④ 4

26 그림과 같이 높이가 같은 전선주가 같은 거리에 가설되어 있다. 지금 지지물 B에서 전선이 지지점에서 떨어졌다고 하면, 전선의 이도 D_2는 전선이 떨어지기 전 D_1의 몇 배가 되겠는가?

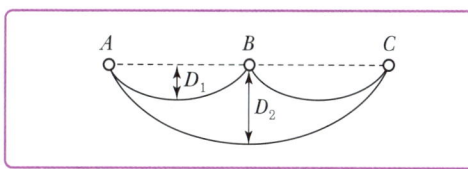

① $\sqrt{2}$ ② 2
③ 3   ④ $\sqrt{3}$

27 가공송전선로를 가선할 때에는 하중조건과 온도조건을 고려하여 적당한 이도를 주도록 하여야 한다. 다음 중 이도에 대한 설명으로 옳은 것은?

① 이도가 작으면 전선이 좌우로 크게 흔들려서 다른상의 전선에 접촉하여 위험하게 된다.
② 전선을 가선할 때 전선을 팽팽하게 가선하는 것을 이도를 크게 준다고 한다.
③ 이도를 작게 하면 이에 비례하여 전선의 장력이 증가되며 심할 때는 전선 상호 간이 꼬이게 된다.
④ 이도의 대소는 지지물의 높이를 좌우한다.

28 케이블의 전력 손실과 관계 없는 것은?

① 도체의 저항손　② 유전체손
③ 연피손　　　　④ 철손

29 케이블의 연피손의 원인은?

① 표피 작용　　　② 히스테리시스 현상
③ 전자 유도 작용　④ 유전체손

30 지중 케이블에 있어서 고장점을 찾는 방법이 아닌 것은?

① 머레이 루프(Murry Loop) 시험기에 의한 방법
② 메거(Megger)에 의한 측정법
③ 수색 코일에 의한 방법
④ 펄스에 의한 측정법

31 지중 전선로인 전력 케이블의 고장점 검출방법으로 머레이(Murray) 루프법이 있다. 이 방법을 사용하되 교류전원, 수화기를 접속시켜 찾을 수 있는 고장은?

① 1선 지락　　② 2선 지락
③ 3선 단락　　④ 1선 단선

32 가공 전선로와 비교해 지중 전선로의 장점에 해당하는 것이 아닌 것은?

① 경과지 확보가 가공 전선로에 비해 쉽다.
② 다회선 설치가 가공 전선로에 비해 쉽다.
③ 외부 기상 여건 등의 영향을 받지 않는다.
④ 송전용량이 가공 전선로에 비해 크다.

제2절 선로정수 및 코로나

01 송전선로의 선로정수가 아닌 것은 다음 중 어느 것인가?

① 저항　　　　② 리액턴스
③ 정전용량　　④ 누설 콘덕턴스

02 송전선로의 저항은 R, 리액턴스를 X라 하면 다음의 어느 식이 성립하는가?

① $R \geq X$　　② $R < X$
③ $R = X$　　④ $R > X$

03 송전선로를 연가하는 목적은?

① 페란티 효과 방지
② 직격뢰 방지
③ 선로정수의 평형
④ 유도뢰의 방지

04 3상 3선식 송전선을 연가할 경우 일반적으로 전체 선로길이의 몇 배수로 등분해서 연가하는가?

① 5　　② 4
③ 3　　④ 2

05 송배전선로는 저항 R, 인덕턴스 L, 정전용량(캐패시턴스) C, 누설콘덕턴스 g라는 4개의 정수로 이루어진 연속된 전기회로이다. 이들 정수를 선로 정수(Line Constant)라고 부르는데, 이것은 (가), (나) 등에 따라 정해진다. 다음 중 (가), (나)에 알맞은 내용은?

① (가) 전압·전선의 종류, (나) 역률
② (가) 전선의 굵기·전압, (나) 전류
③ (가) 전선의 배치·전선, (나) 전류
④ (가) 전선의 종류·전선의 굵기, (나) 전선의 배치

06 3상 3선식 가공 송전선로의 선간 거리가 각각 D_{12}, D_{23}, D_{31}일 때 등가선간거리는?

① $\sqrt{D_{12}D_{23} + D_{23}D_{31} + D_{31}D_{12}}$
② $\sqrt[3]{D_{12} \cdot D_{23} \cdot D_{31}}$
③ $\sqrt{D_{12}^2 + D_{23}^2 + D_{31}^2}$
④ $\sqrt[3]{D_{12}^3 \cdot D_{23}^3 \cdot D_{31}^3}$

07 3상 3선식에서 전선의 선간거리가 각각 1[m], 2[m], 4[m]라고 할 때 등가선간거리는 몇 [m]인가?

① 1   ② 2
③ 3   ④ 4

08 그림과 같은 전선의 배치에서 등가선간거리(기하학 평균거리)는?

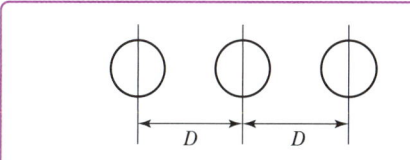

① $\sqrt{2}\,D$ ② $\sqrt{3}\,D$
③ $\sqrt[2]{3}\,D$ ④ $\sqrt[3]{2}\,D$

09 송배전선로에서 도체의 굵기는 같게 하고 경간을 크게 하면 도체의 인덕턴스는?

① 커진다.
② 작아진다.
③ 변함이 없다.
④ 도체의 굵기 및 경간과는 무관하다.

10 3상 3선식 송전선에서 바깥지름 20[mm]의 경동연선을 2[m] 간격으로 일직선 수평배치하여 연가를 했을 때, 1[km]마다의 인덕턴스는 약 몇 [mH/km]인가?

① 1.16   ② 1.32
③ 1.48   ④ 1.64

11 그림과 같은 전선 배치에서 등가선간거리[m]는?

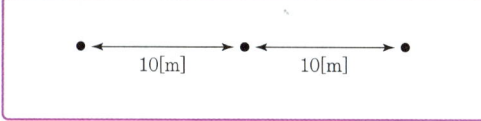

① 10   ② $\sqrt{10}$
③ $3\sqrt[3]{10}$ ④ $10\sqrt[3]{2}$

12 반지름 r[m]인 전선 A, B, C가 그림과 같이 수평으로 D[m] 간격으로 배치되고 3선이 완전 연가된 경우 각 선의 인덕턴스는?

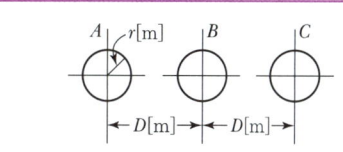

① $L = 0.05 + 0.4605 \log_{10} \dfrac{D}{r}$
② $L = 0.05 + 0.4605 \log_{10} \dfrac{\sqrt{2}\,D}{r}$
③ $L = 0.05 + 0.4605 \log_{10} \dfrac{\sqrt{3}\,D}{r}$
④ $L = 0.05 + 0.4605 \log_{10} \dfrac{\sqrt[3]{2}\,D}{r}$

13 소도체의 반지름 r[m], 소도체 간의 선간거리가 d[m]인 2개의 소도체를 사용한 345[kV] 송전선로가 있다. 복도체의 등가 반지름은?

① $\sqrt{r \cdot d}$ ② $\sqrt{r \cdot d^2}$
③ $\sqrt{r^2 \cdot d}$ ④ $r \cdot d$

14 복도체 선로가 있다. 소도체의 지름 8[mm], 소도체의 사이의 간격 40[cm]일 때, 등가 반지름[cm]은?

① 2.8 ② 3.6
③ 4.0 ④ 5.7

15 반지름 16[mm]의 강심 알루미늄 연선으로 구성된 완전 연가된 3상 1회선 송전선로가 있다. 각 상 간의 등가선간거리가 3,000[mm]라고 할 때, 이 선로의 작용 인덕턴스는 약 몇 [mH/km]인가?

① 0.8 ② 1.1
③ 1.5 ④ 1.8

16 역률 개선용 콘덴서를 부하와 병렬로 연결하고자 한다. △결선방식과 Y결선방식을 비교하면 콘덴서의 정전용량(단위 : μF)의 크기는 어떠한가?

① △결선방식과 Y결선방식은 동일하다.
② Y결선방식이 △결선방식의 $\frac{1}{2}$ 용량이다.
③ △결선방식이 Y결선방식의 $\frac{1}{3}$ 용량이다.
④ Y결선방식이 △결선방식의 $\frac{1}{\sqrt{3}}$ 용량이다.

17 충전전류는 어떤 전류를 말하는가?

① 앞선전류 ② 뒤진전류
③ 유효전류 ④ 누설전류

18 단위길이당의 3상 1회선과 대지 간의 충전전류가 0.3[A/km]일 때, 길이가 35[km]인 선로의 충전전류[A]는?

① 9.5 ② 10.5
③ 13 ④ 15.5

19 정삼각형 배치의 선간거리가 5[m]이고, 전선의 지름이 1[cm]인 3상 가공 송전선의 1선의 정전용량은 약 몇 [μF/km]인가?

① 0.008 ② 0.016
③ 0.024 ④ 0.032

20 3상 1회선의 가공 송전선로가 있다. 수전단을 개방한 상태로 3선을 일괄한 것과 대지 사이의 정전용량을 측정한 것이 C_1[μF]이고, 2선을 접지하고 남은 1선과 대지 사이의 정전용량을 측정한 것이 C_2[μF]라 한다. 이 송전선로의 작용 정전용량은 몇 [μF]인가?

① $\dfrac{9C_2 - C_1}{6}$ ② $\dfrac{3C_1 - C_2}{9}$
③ $\dfrac{6C_2 - C_1}{3}$ ④ $\dfrac{6C_1 - C_2}{6}$

21 선간거리가 $2D$[m]이고 선로 도선의 지름이 d[m]인 선로의 단위길이당 정전용량[μF/km]은?

① $\dfrac{0.02413}{\log_{10}\frac{4D}{d}}$ ② $\dfrac{0.02413}{\log_{10}\frac{2D}{d}}$
③ $\dfrac{0.02413}{\log_{10}\frac{D}{d}}$ ④ $\dfrac{0.2413}{\log_{10}\frac{4D}{d}}$

22 송전선의 정전용량은 선간거리를 D, 전선의 반지름을 r이라 할 때 옳은 것은?

① $\log \dfrac{D}{r}$ 에 비례한다.
② $\log \dfrac{D}{r}$ 에 반비례한다.
③ $\log \dfrac{r}{D}$ 에 비례한다.
④ $\log \dfrac{r}{D}$ 에 반비례한다.

23 단상 2선식의 송전선에 있어서 대지정전용량을 C, 선간정전용량을 C'라 할 때 작용정전용량은?

① $C + C'$
② $2C' + C$
③ $C' + 2C$
④ $C + 3C'$

24 3상 1회선 전선로의 작용정전용량을 C, 선간정전용량을 C_1, 대지정전용량을 C_2라 할 때 C, C_1, C_2의 관계는?

① $C = C_1 + 3C_2$
② $C = 3C_1 + C_2$
③ $C = C_1 + C_2$
④ $C = (C_1 + C_2)$

25 3상 3선식 송전선로에 있어서 각선의 대지정전용량이 $0.5038[\mu F]$이고, 선간정전용량이 $0.1237[\mu F]$일 때 1선의 작용정전용량은 몇 $[\mu F]$인가?

① 0.6275
② 0.8749
③ 0.9164
④ 1.9755

26 22[kV], 60[Hz] 1회선의 3상 송전선의 무부하 충전전류를 구하면?(단, 송전선의 길이는 20[km]이고, 1선 1[km]당 정전용량은 $0.5[\mu F]$이다.)

① 약 12[A]
② 약 24[A]
③ 약 36[A]
④ 약 48[A]

27 주파수 60[Hz], 정전용량 $\dfrac{1}{6\pi}[\mu F]$의 콘덴서를 △결선해서 3상 전압 20,000[V]를 가했을 경우의 충전용량은 몇 [kVA]인가?

① 12
② 24
③ 48
④ 50

28 단도체 대신 같은 단면적의 복도체를 사용할 때 옳은 것은?

① 인덕턴스가 증가한다.
② 코로나 개시전압이 높아진다.
③ 선로의 작용정전용량이 감소한다.
④ 전선 표면의 전위경도를 증가시킨다.

29 코로나 현상에 대한 설명으로 틀린 것은?

① 코로나 현상은 전력 손실을 일으킨다.
② 코로나 방전에 의하여 전파장해가 발생된다.
③ 전선 부식의 원인이 된다.
④ 코로나 손실은 전원 주파수의 제곱에 비례한다.

30 다음 사항 중 가공 송전선로의 코로나 손실과 관계가 없는 사항은?

① 전원주파수
② 전선의 연가
③ 상대공기밀도
④ 선간거리

31 가공선 계통과 비교하여 지중선 계통의 인덕턴스와 정전용량의 특징은?

① 인덕턴스, 정전용량이 모두 크다.
② 인덕턴스, 정전용량이 모두 작다.
③ 인덕턴스는 크고 정전용량은 작다.
④ 인덕턴스는 작고 정전용량은 크다.

32 3상 3선식 송전선로에서 코로나의 임계전압 E_0 [kV]의 계산식은?(단, $d = 2r$ 전선의 지름[cm], D = 전선(3선)의 평균선간거리[cm]이다.)

① $E_0 = 24.3\, d \log_{10} \dfrac{D}{r}$

② $E_0 = 24.3\, d \log_{10} \dfrac{r}{D}$

③ $E_0 = \dfrac{24.3}{d \log_{10} \dfrac{D}{r}}$

④ $E_0 = \dfrac{24.3}{d \log_{10} \dfrac{r}{D}}$

33 코로나 방지 대책으로 적당하지 않은 것은?

① 전선의 바깥지름을 크게 한다.
② 선간거리를 증가시킨다.
③ 복도체를 사용한다.
④ 가선 금구를 개량한다.

34 송전선로에 코로나가 발생하였을 때 이점이 있다면 다음 중 어느 것인가?

① 계전기의 신호에 영향을 준다.
② 라디오 수신에 영향을 준다.
③ 전력선 반송에 영향을 준다.
④ 고전압의 진행파가 발생하였을 때 뇌서지에 영향을 준다.

35 코로나 방지에 가장 효과적인 방법은 무엇인가?

① 선간거리를 증가시킨다.
② 전선의 높이를 가급적 낮게 한다.
③ 선로의 절연을 강화한다.
④ 전선의 바깥지름을 크게 한다.

36 복도체는 같은 단면적의 단도체에 비하여 어떠한가?(단, 인덕턴스를 L, 정전용량을 C라 한다.)

① L 및 C가 모두 감소
② L 및 C가 모두 증가
③ L은 증가하고 C는 감소
④ L은 감소하고 C는 증가

37 송전선로의 코로나 손실을 나타내는 Peek 식에서 E_0에 해당하는 것은?(단, Peek 식 = $P = \dfrac{241}{\delta}(f+25)\dfrac{d}{2D}(E-E_0)^2 \times 10^{-5}$[kW/km/선])

① 코로나 임계전압
② 전선에 걸리는 대지전압
③ 송전단 전압
④ 기준충격절연 강도전압

제3절 송전선로 및 특성값 계산

01 수전단 전압이 3,300[V]이고, 전압강하율이 4[%]인 송전선의 송전단 전압은 몇 [V]인가?

① 3,395 ② 3,432
③ 3,495 ④ 5,678

02 늦은 역률의 부하를 갖는 단거리 송전선로의 전압강하의 근사식은?(단, P는 3상 부하전력[kW], E는 선간전압[kV], R은 선로저항[Ω], X는 리액턴스[Ω], θ는 부하의 늦은 역률각이다.)

① $\dfrac{\sqrt{3}\,P}{E}(R + X \cdot \tan\theta)$

② $\dfrac{E}{\sqrt{3}\,E}(R + X \cdot \tan\theta)$

③ $\dfrac{P}{E}(R + X \cdot \tan\theta)$

④ $\dfrac{P}{\sqrt{3}\,E}(R \cdot \cos\theta + X \cdot \sin\theta)$

03 송전단 전압이 6,600[V], 수전단 전압은 6,100[V]였다. 수전단의 부하를 끊은 경우 수전단 전압이 6,300[V]라면 이 회로의 전압강하율과 전압변동률은 각각 몇 [%]인가?

① 3.28, 8.2
② 8.2, 3.28
③ 4.14, 6.8
④ 6.8, 4.14

04 수전단 전압이 66[kV], 전류가 100[A], 선로저항이 10[Ω], 선로 리액턴스가 15[Ω]인 단거리 송전선로의 전압강하율은 몇 [%]인가?(단, 수전단의 역률은 0.8이다.)

① 2.57
② 3.25
③ 3.74
④ 4.46

05 종단에 V[V], P[kW], 역률 $\cos\theta$인 부하가 있는 3상 선로에서, 한 선의 저항이 R[Ω]인 선로의 전력 손실[kW]은?

① $\dfrac{R \times 10^6}{V^2 \cos\theta} P^2$
② $\dfrac{3R \times 10^6}{V^2 \cos^2\theta P}$
③ $\dfrac{\sqrt{3}\,R \times 10^3}{V^2 \cos\theta} P^2$
④ $\dfrac{R \times 10^3}{V^2 \cos^2\theta} P^2$

06 전압과 역률이 일정할 때 전력 손실을 2배로 하면 전력은 몇 [%] 증가시킬 수 있는가?

① 약 41
② 약 50
③ 약 73
④ 약 82

07 공장이나 빌딩에서 전압을 220[V]에서 380[V]로 승압하여 사용할 때, 이 승압의 이유로 가장 타당한 것은?

① 아크 발생 억제
② 배전 거리 증가
③ 전력 손실 경감
④ 기준충격절연강도 증대

08 3상 송전선로의 공칭전압이란?

① 무부하 상태에서 그의 수전단의 선간전압
② 무부하 상태에서 그의 송전단의 상전압
③ 전부하 상태에서 그의 송전단의 선간전압
④ 전부하 상태에서 그의 수전단의 상전압

09 154[kV]의 송전선로의 전압 345[kV]로 승압하고 같은 손실률로 송전한다고 가정하면 송전전력은 승압 전의 몇 배인가?

① 2
② 3
③ 4
④ 5

10 선로의 전압을 25[kV]에서 50[kV]로 승압할 경우, 공급전력을 동일하게 취급하면 공급전력은 승압전의 (ⓐ)배로 되고, 선로 손실은 전의 (ⓑ)배로 된다.(단, 동일 조건에서 공급전력과 선로 손실률을 동일하게 취급함)

① ⓐ $\dfrac{1}{4}$, ⓑ 2
② ⓐ $\dfrac{1}{4}$, ⓑ 2
③ ⓐ 2, ⓑ $\dfrac{1}{4}$
④ ⓐ 4, ⓑ $\dfrac{1}{4}$

11 3상 3선식 전선에서 일정한 거리에 일정한 전력을 송전할 경우 전로에서의 저항손은?

① 선간전압의 2승에 비례한다.
② 선간전압의 2승에 반비례한다.
③ 선간전압에 비례한다.
④ 선간전압에 반비례한다.

12 부하 전력 및 역률이 같을 때 전압을 n배 승압하면 전압강하와 전력 손실은 어떻게 되는가?

　　　전압강하　　　전력 손실
① $\dfrac{1}{n}$　　　　$\dfrac{1}{n^2}$
② $\dfrac{1}{n^2}$　　　$\dfrac{1}{n}$
③ $\dfrac{1}{n}$　　　　$\dfrac{1}{n}$
④ $\dfrac{1}{n^2}$　　　$\dfrac{1}{n^2}$

13 동일한 부하전력에 대하여 전압을 2배로 승압하면 전압강하, 전압강하율, 전력 손실률은 각각 어떻게 되는지 순서대로 나열한 것은?

① $\dfrac{1}{2}, \dfrac{1}{2}, \dfrac{1}{2}$
② $\dfrac{1}{2}, \dfrac{1}{2}, \dfrac{1}{4}$
③ $\dfrac{1}{2}, \dfrac{1}{4}, \dfrac{1}{4}$
④ $\dfrac{1}{4}, \dfrac{1}{4}, \dfrac{1}{4}$

14 3상 3선식 배전선로에 역률이 0.8(지상)인 3상 평형 부하 40[kW]를 연결했을 때 전압강하는 약 몇 [V]인가?(단, 부하의 전압은 200[V], 전선 1조의 저항은 0.02[Ω]이고, 리액턴스는 무시한다.)

① 2　　② 3
③ 4　　④ 5

15 송전전력, 송전거리, 전선의 고유저항 및 전력손실률이 일정하다고 하면 전선의 단면적 A는 송전전압 V와 어떤 관계에 있는가?

① V^2에 비례
② V에 비례
③ V^2에 반비례
④ V에 반비례

16 장거리 송전선로에서 4단자 정수가 같은 것은?

① $A = B$　　② $B = C$
③ $C = D$　　④ $A = D$

17 송전회로의 일반회로 정수가 $A = 0.7$, $B = j190$, $D = 0.9$라 하면 C의 값은?

① $-j\,1.95 \times 10^{-3}$
② $j\,1.95 \times 10^{-3}$
③ $-j\,1.95 \times 10^{-4}$
④ $j\,1.95 \times 10^{-4}$

18 3상 154[kV] 송전선의 일반회로 정수가 $A = 0.900$, $B = 150$, $C = j\,0.901 \times 10^{-3}$, $D = 0.930$일 때 무부하 시 송전단에 154[kV]를 가했을 때 수전단 전압은 몇 [kV]인가?

① 143　　② 154
③ 166　　④ 171

19 그림 중 4단자 정수 A, B, C, D는?(단, 여기서 E_S, I_S는 송전단 전압, 전류, E_R, I_R는 수전단 전압, 전류이고 Y는 병렬 어드미턴스이다.)

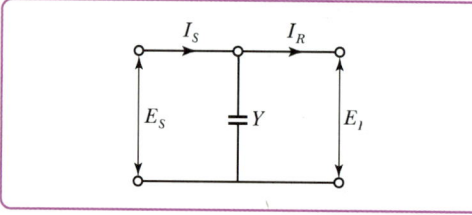

① 1, 0, Y, 1
② 1, Y, 0, 1
③ 1, Y, 1, 0
④ 1, 0, 0, 1

20 그림과 같은 회로의 일반회로 정수로서 옳지 않은 것은?

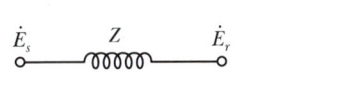

① $\dot{A} = 1$
② $\dot{B} = Z + 1$
③ $\dot{C} = 0$
④ $\dot{D} = 1$

21 송전선로의 송전특성이 아닌 것은?

① 단거리 송전선로에서는 누설 컨덕턴스, 정전용량을 무시해도 된다.
② 중거리 송전선로는 T회로, π회로 해석을 사용한다.
③ 100[km]가 넘는 송전선로는 근사계산식을 사용한다.
④ 장거리 송전선로의 해석을 특성임피던스와 전파정수를 사용한다.

22 그림과 같이 정수가 서로 같은 평행 2회선 송전선로의 4단자 정수 중 $\dot{B}$는?

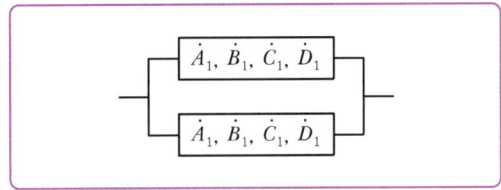

① $2\dot{B}_1$ ② $4\dot{B}_1$
③ $\dfrac{1}{2}\dot{B}_1$ ④ $\dfrac{1}{4}\dot{B}_1$

23 일반회로 정수가 같은 평행 2회선에서 4단자 정수 A, B, C, D는 1회선인 경우의 몇 배가 되는가?

① $A : 2, B : 2, C : \dfrac{1}{2}, D : 1$
② $A : 1, B : 2, C : \dfrac{1}{2}, D : 1$
③ $A : 1, B : \dfrac{1}{2}, C : 2, D : 1$
④ $A : 1, B : \dfrac{1}{2}, C : 2, D : 2$

24 그림과 같이 정수가 같은 평행 2회선의 4단자 정수 중 C_0는?

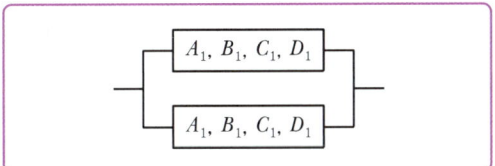

① $\dfrac{C_1}{4}$ ② $\dfrac{C_1}{2}$
③ $2C_1$ ④ $4C_1$

25 일반회로 정수가 $\dot{A}$, $\dot{B}$, $\dot{C}$, $\dot{D}$인 선로에 임피던스가 $\dfrac{1}{\dot{Z}_T}$인 변압기가 수전단에 접속된 계통의 일반회로 정수 중 $\dot{D}_0$는?

① $\dot{D}_0 = \dfrac{\dot{C} + \dot{D}\dot{Z}_T}{\dot{Z}_T}$

② $\dot{D}_0 = \dfrac{\dot{C} + \dot{A}\dot{Z}_T}{\dot{Z}_T}$

③ $\dot{D}_0 = \dfrac{\dot{B} + \dot{A}\dot{Z}_T}{\dot{Z}_T}$

④ $\dot{D}_0 = \dfrac{\dot{B} + \dot{A}\dot{Z}_T}{\dot{Z}_T}$

26 일반회로 정수가 $\dot{A}$, $\dot{B}$, $\dot{C}$, $\dot{D}$ 이고 송전단 상전압이 E_s 인 경우 무부하 시의 충전전류(송전단 전류)는?

① $\dfrac{C}{A}E_s$ ② $\dfrac{A}{C}E_s$
③ ACE_s ④ CE_s

27 그림과 같이 4단자 정수가 A_1, B_1, C_1, D_1 인 송전선로의 양단에 Z_s, Z_r 의 임피던스를 갖는 변압기가 연결된 경우의 합성 4단자 정수 중 A 의 값은?

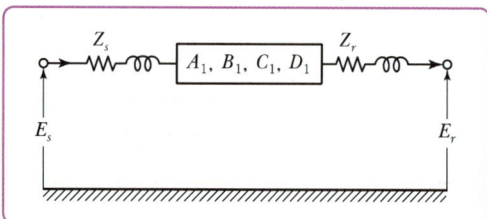

① $A = C_1$
② $A = B_1 + A_1 Z_1$
③ $A = A_1 + C_1 Z_s$
④ $A = D_1 + C_1 Z_r$

28 π형 회로의 일반회로 정수에서 B는 무엇을 의미하는가?

① 저항   ② 리액턴스
③ 임피던스   ④ 어드미턴스

29 장거리 송전선로의 특성은 무슨 회로로 다루어야 하는가?

① 특성 임피던스
② 집중 정수회로
③ 분포 정수회로
④ 분산 부하회로

30 전파 정수 r, 특성 임피던스 Z_0, 길이 l 인 분포 정수회로가 있다. 수전단에 이 선로의 특성 임피던스와 같은 임피던스 Z_0를 부하로 접속하였을 때 송전단에서 부하 측을 본 임피던스는?

① Z_0 ② $\dfrac{1}{Z_0}$
③ $Z_0 \tanh rl$ ④ $Z_0 \coth rl$

31 선로의 단위길이의 분포 인덕턴스, 저항, 정전용량, 누설 콘덕턴스를 각각 L, r, C 및 g로 할 때의 전파 정수는?

① $\sqrt{(r+j\omega L)(g+j\omega C)}$
② $(r+j\omega L)(g+j\omega C)$
③ $\sqrt{\dfrac{r+j\omega L}{g+j\omega L}}$
④ $\sqrt{\dfrac{g+j\omega L}{r+j\omega L}}$

32 단위길이당 인덕턴스 및 커패시턴스가 각각 L 및 C일 때 고주파 전송선로의 특성 임피던스?

① $\dfrac{L}{C}$ ② $\dfrac{C}{L}$
③ $\sqrt{\dfrac{C}{L}}$ ④ $\sqrt{\dfrac{L}{C}}$

33 선로의 특성 임피던스에 대한 설명으로 옳은 것은?

① 선로의 길이가 길어질수록 값이 커진다.
② 선로의 길이가 길어질수록 값이 작아진다.
③ 선로 길이보다는 부하 전력에 따라 값이 변한다.
④ 선로의 길이에 관계없이 일정하다.

34 3상 3선식 송전선로 1선 1[km]의 임피던스 Z, 어드미턴스를 Y라 하면 특성 임피던스는?

① $\sqrt{Y/Z}$ ② $\sqrt{Z/Y}$
③ $\sqrt{Z \cdot Y}$ ④ $\sqrt{Z+Y}$

35 송전선로의 특성 임피던스와 전파 정수는 무슨 시험에 의해서 구할 수 있는가?

① 무부하시험과 단락시험
② 부하시험과 단락시험
③ 부하시험과 충전시험
④ 충전시험과 단락시험

36 수전단을 단락한 송전단에서 본 임피던스는 200[Ω]이고 수전단을 개방한 경우에는 800[Ω]일 때 이 선로의 특성 임피던스[Ω]는?

① 600　② 500
③ 400　④ 300

37 가공 송전선의 인덕턴스가 1.3[mH/km]이고, 정전용량이 0.009[μF/km]일 때 파동 임피던스는 약 몇 [Ω]인가?

① 350[Ω]　② 380[Ω]
③ 400[Ω]　④ 420[Ω]

38 교류송전에서 송전거리가 멀어질수록 동일 전압에서의 송전 가능 전력이 적어진다. 그 이유로 가장 타당한 것은?

① 선로의 어드미턴스가 커지기 때문이다.
② 선로의 유도성 리액턴스가 커지기 때문이다.
③ 코로나 손실이 증가하기 때문이다.
④ 페란티 현상 때문이다.

39 30,000[kW]의 전력을 50[km] 떨어진 지점에 송전하려면 전압은 몇 [kV]로 하면 좋은가?

① 22　② 33
③ 66　④ 100

40 154[kV] 송전선로에서 송전거리가 154[km]라 할 때 송전용량 계수법에 의한 송전용량은?(단, 송전용량 계수는 1,200으로 한다.)

① 61,600[kW]　② 92,400[kW]
③ 123,200[kW]　④ 184,800[kW]

41 송전선로의 정상 상태 극한(최대) 송전전력은 선로 리액턴스와 대략 어떤 관계가 성립하는가?

① 송·수전단 사이의 선로 리액턴스에 비례한다.
② 송·수전단 사이의 선로 리액턴스에 반비례한다.
③ 송·수전단 사이의 선로 리액턴스의 제곱에 비례한다.
④ 송·수전단 사이의 선로 리액턴스의 제곱에 반비례한다.

42 송전압을 높일 경우에 생기는 문제점이 아닌 것은?

① 전선 주위의 전위 경도가 커지기 때문에 코로나 손, 코로나 잡음이 발생한다.
② 변압기, 차단기 등의 절연 레벨이 높아지기 때문에 건설비가 많이 든다.
③ 표준상태에서 공기의 절연이 파괴되는 전위경도는 직류에서 50[kV/cm]로 높아진다.
④ 태풍, 뇌해, 염해 등에 대한 대책이 필요하다.

43 송전단 전압 161[kV], 수전단 전압 155[kV], 상차각 60°, 리액턴스가 50[Ω]일 때 선로손실을 무시하면 송전전력은 약 몇[MW]인가?

① 300　② 321
③ 432　④ 580

제4절 안정도

01 각 전력 계통을 연락선으로 상호 연결하면 여러 가지 장점이 있다. 옳지 않은 것은?

① 각 전력 계통의 신뢰도가 증가한다.
② 경제 급전이 용이하다.
③ 배후 전력(Back Power)이 크기 때문에 고장이 적으며 그 영향의 범위가 적어진다.
④ 주파수의 변화가 적어진다.

02 전력계통을 연계시킴으로써 얻는 이득이 아닌 것은?

① 배후전력이 커져서 단락용량이 작아진다.
② 첨두부하가 시간적으로 다르기 때문에 부하율이 향상된다.
③ 공급예비력이 절감된다.
④ 공급신뢰도가 향상된다.

03 페란티 현상이 발생하는 원인은?

① 선로의 저항　　② 선로의 정전용량
③ 선로의 인덕턴스　④ 선로의 누설 컨덕턴스

04 수전단 전압이 송전단 전압보다 높아지는 현상을 무엇이라 하는가?

① 페란티 효과　② 표피효과
③ 근접효과　　④ 도플러효과

05 전선로의 페란티(Ferranti) 효과를 방지하는 데 효과적인 것은?

① 분로 리액터　② 복도체 사용
③ 병렬 콘덴서　④ 직렬 콘덴서

06 전력용 조상설비 중 무효전력 흡수를 진상과 지상 양용으로 할 수 있는 것은?

① 동기조상기　② 분로 리액터
③ 전력용 콘덴서　④ 직렬 리액터

07 조상설비에 대한 설명으로 잘못된 것은?

① 송·수전단의 전압이 일정하게 유지되도록 하는 조정 역할을 한다.
② 역률의 개선으로 송전 손실을 경감시키는 역할을 한다.
③ 전력 계통 안정도 향상에 기여한다.
④ 이상전압으로부터 선로 및 기기의 보호능력을 가진다.

08 송전선로의 안정도 향상 대책이 아닌 것은?

① 병행 다회선이나 복도체방식을 채용
② 속응여자방식을 채용
③ 계통의 직렬 리액터 증진
④ 고속도 차단기의 이용

09 송전용량이 증가함에 따라 송전선의 단락 및 지락 전류도 증가하여 계통에 여러 가지 장해요인이 되고 있는데, 이들의 경감 대책으로 적합하지 않은 것은?

① 계통의 전압을 높인다.
② 발전기와 변압기의 임피던스를 작게 한다.
③ 송전선 또는 모선 간에 한류 리액터를 삽입한다.
④ 고장 시 모선 분리방식을 채용한다.

10 변전소 구내의 지표면에 자갈을 포설하는 이유는?

① 배수를 쉽게 하기 위해서
② 변전소 미관을 위해서
③ 잡초 억제를 위해서
④ 보폭전압을 저감하기 위해서

11 직렬 축전기의 설명 중 옳지 않은 것은?

① 선로의 유도 리액턴스를 보상한다.
② 수전단의 전압 변동을 경감한다.
③ 정태 안정도를 증가한다.
④ 역률을 개선한다.

12 변전소에서 사용되는 조상설비 중 전력 손실이 출력의 최대 0.6[%] 이하이며 지상용으로 사용되는 조상설비는?

① 전력용 콘덴서   ② 분로 리액터
③ 동기조상기   ④ 유도 전압 조상기

13 전력 계통의 전압조정설비의 특징에 대한 설명 중 옳지 않은 것은?

① 병렬 콘덴서는 진상 능력만을 가지며 병렬 리액터는 진상 능력이 없다.
② 동기조상기는 무효 전력의 공급과 흡수가 모두 가능하여 진상 및 지상용량을 가진다.
③ 동기조상기는 조정의 단계가 불연속이나 직렬 콘덴서 및 병렬 리액터는 그것이 연속적이다.
④ 병렬 리액터는 장거리 초고압 송전선 또는 지중선 계통의 충전용량 보상용으로 주요 발·변전소에 설치된다.

14 교류 발전기의 전압조정장치로서 속응여자방식을 채택하고 있다. 그 목적에 대한 설명 중 틀린 것은?

① 전력 계통에 고장 발생 시, 발전기의 동기 화력을 증가시킨다.
② 송전 계통의 안정도를 높인다.
③ 여자기의 전압 상승률을 크게 한다.
④ 전압 조정용 탭의 수동 변환을 원활히 하기 위하여

15 1상당의 용량 150[kVA]의 콘덴서에 제5고조파를 억제시키기 위하여 필요한 직렬 리액터의 기본파에 대한 용량 [kVA]은?

① 3   ② 4.5
③ 6   ④ 7.5

16 기본 주파수에서 축전기의 용량 리액턴스의 4[%]보다는 조금 크게 5[%] 정도의 리액턴스를 그림과 같이 직렬로 넣으면?

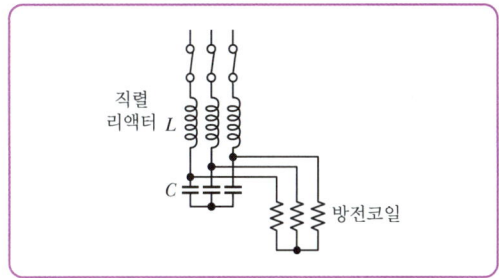

① 제3고조파 전압 단락 제거
② 제5고조파 전압 단락 제거
③ 이상 전압 발생 방지
④ 정전용량의 조절

17 주변압기에서 발생하는 제5고조파를 줄이는 방법은?

① 콘덴서에 직렬 리액터 삽입
② 변압기 2차 측에 분로 리액터 연결
③ 모선에 방전코일 연결
④ 모선에 공심 리액터 연결

18 전력용 콘덴서를 변전소에 설치할 때 직렬 리액터를 설치하려고 한다. 직렬 리액터의 용량을 결정하는 식은?(단, f_0는 전원 기본 주파수, C는 역률개선용 콘덴서의 용량, L은 직렬 리액터의 용량이다.)

① $L = \dfrac{1}{(2\pi f_0)^2 c}$ ② $L = \dfrac{1}{(6\pi f_0)^2 c}$
③ $L = \dfrac{1}{(10\pi f_0)^2 c}$ ④ $L = \dfrac{1}{(14\pi f_0)^2 c}$

19 전력용 콘덴서 회로의 전원 개방 시 잔류전하에 의한 인체의 위험방지를 목적으로 설치하는 것은?

① 직렬 리액터   ② 방전코일
③ 아킹혼   ④ 직렬저항

20 조상설비가 있는 1차 변전소에서 주변압기로 주로 사용되는 변압기는?

① 승압용 변압기   ② 중권 변압기
③ 3권선 변압기   ④ 단상 변압기

21 안정권선(Δ 권선)을 가지고 있는 대용량 고전압의 변압기가 있다. 조상기 전력용 콘덴서는 주로 어디에 접속되는가?

① 주변압기의 1차
② 주변압기의 2차
③ 주변압기의 3차(안정권선)
④ 주변압기의 1차와 2차

22 변압기 결선에 있어서 1차에 제3고조파가 있을 때 2차 전압에 제3고조파가 나타나는 결선은?

① Δ – Δ   ② Δ – Y
③ Y – Y   ④ Y – Δ

23 최근 초고압 송전 계통에 단권변압기가 사용되고 있는데, 그 특성이 아닌 것은?

① 중량이 가볍다.   ② 전압 변동률이 작다.
③ 효율이 높다.   ④ 단락 전류가 작다.

24 전력 계통 안정도의 종류에 속하지 않는 것은?

① 상태 안정도   ② 정태 안정도
③ 과도 안정도   ④ 동태 안정도

25 과도 안정극한전력이란?

① 부하가 서서히 감소할 때의 극한 전력
② 부하가 서서히 증가할 때의 극한 전력
③ 부하가 갑자기 사고가 났을 때의 극한 전력
④ 부하가 변하지 않을 때의 극한 전력

26 직류송전방식의 장점이 아닌 것은?

① 리액턴스의 강하가 생기지 않는다.
② 코로나손 및 전력 손실이 적다.
③ 회전자계가 쉽게 얻어진다.
④ 유전체손 및 충전전류의 영향이 없다.

27 장거리 대전력 송전에서 교류송전방식에 비하여 직류송전방식의 장점이 아닌 것은?

① 송전 효율이 높다.
② 안정도의 문제가 없다.
③ 선로 절연이 더 수월하다.
④ 변압이 쉬워 고압 송전이 유리하다.

28 전력 계통의 전압을 조정하는 주요 수단은?

① 발전기의 유효전력 조정
② 부하의 유효전력 조정
③ 계통의 주파수 조정
④ 계통의 무효전력 조정

29 동기조상기(A)와 전력용 콘덴서(B)를 비교한 것으로 옳은 것은?

① 조정 : A는 계단적, B는 연속적
② 전력 손실 : A가 B보다 적음
③ 무효전력 : A는 진상·지상 양용, B는 진상용
④ 시송전 : A는 불가능, B는 가능

30 송전선의 안정도를 증진시키는 방법 중 틀린 것은?
① 선로의 회선수 감소
② 재폐로방식의 채용
③ 속응여자방식의 채용
④ 리액턴스 감소

31 전력 계통의 안정도 향상 대책으로 직렬 리액턴스를 작게 하기 위한 방법이 아닌 것은?
① 발전기의 리액턴스를 작게 한다.
② 변압기의 리액턴스를 작게 한다.
③ 복도체를 사용한다.
④ 계통을 연계한다.

32 전력 계통의 안정도 향상 면에서 좋지 않은 것은?
① 선로 및 기기의 리액턴스를 낮게 한다.
② 고속도 재폐로 차단기를 채용한다.
③ 중성점 직접접지방식을 채용한다.
④ 고속도 AVR을 채용한다.

33 다음은 전력 계통의 안정도 향상 대책과 관련된 내용이다. 옳은 것은?
① 송전계통의 전달 리액턴스를 증가시킨다.
② 재폐로 방식(Reclosing Method)을 채택한다.
③ 전원 측 원동기용 조속기의 부동시간을 크게 한다.
④ 고장을 줄이기 위해 각 계통을 분리시킨다.

34 전력계통의 안정도 증진 대책이 아닌 것은?
① 리액턴스 조정
② 속응여자방식 채용
③ 무효전력 조정
④ 중간조상방식 채용

35 송전 계통의 안정도 향상대책으로 적당하지 않은 것은?
① 직렬 콘덴서로 선로의 리액턴스를 보상한다.
② 기기의 리액턴스를 감소한다.
③ 발전기의 단락비를 작게 한다.
④ 계통을 연계한다.

36 전력 계통 주파수가 기준값보다 증가하는 경우 어떻게 하는 것이 타당한가?
① 발전 출력[kW]을 증가시켜야 한다.
② 발전 출력[kW]을 감소시켜야 한다.
③ 무효전력[kVar]을 증가시켜야 한다.
④ 무효전력[kVar]을 감소시켜야 한다.

37 발·변전소에서 사용되는 상분리모선(Isolated Phase Bus)의 특징으로 틀린 것은?
① 절연열화가 적고 선간단락이 거의 없다.
② 다도체로서 대전류를 흘릴 수 있다.
③ 기계적 강도가 크고 보수가 용이하다.
④ 폐쇄되어 있으므로 안전도가 크고 외부로부터 손상을 받지 않는다.

38 수전단에 관련된 다음 사항 중 틀린 것은?
① 경부하 시 수전단에 설치된 동기조상기는 부족여자로 운전
② 중부하 시 수전단에 설치된 동기조상기는 부족여자로 운전
③ 중부하 시 수전단에 전력 콘덴서를 투입
④ 시충전 시 수전단 전압이 송전단보다 높게 된다.

39 송전 계통의 안정도의 증진방법으로 틀린 것은?

① 직렬 리액턴스를 작게 한다.
② 중간조상방식을 채용한다.
③ 계통을 연계한다.
④ 원동기의 조속기 동작을 느리게 한다.

40 직류송전방식에 비하여 교류송전방식의 가장 큰 이점은?

① 선로의 리액턴스에 의하여 전압강하가 없으므로 장거리송전에 유리하다.
② 지중송전의 경우, 충전전류와 유전체손을 고려하지 않아도 된다.
③ 변압이 쉬워 고압 송전이 유리하다.
④ 같은 절연에서 송전전력이 크게 된다.

41 1차 변전소에서는 어떤 결선의 3권선 변압기가 가장 유리한가?

① $\Delta - Y - Y$
② $Y - \Delta - \Delta$
③ $Y - Y - \Delta$
④ $\Delta - Y - \Delta$

42 전력용 콘덴서를 동기조상기와 비교할 때 옳은 것은?

① 지상무효전력분을 공급할 수 있다.
② 송전선로를 시송전할 그 선로를 충전할 수 있다.
③ 전압조정을 계단적으로밖에 못한다.
④ 전력손실이 크다.

43 전력 계통의 주파수 변동은 주로 무엇의 변환에 기여하는가?

① 유효전력
② 무효전력
③ 계통전압
④ 계통 임피던스

44 동기조상기에 대한 설명으로 옳은 것은?

① 정지기의 일종이다.
② 연속적인 전압 조정이 불가능하다.
③ 계통의 안정도를 증진시키기가 어렵다.
④ 송전선의 시송전에 이용할 수 있다.

45 송전선로에서 사용하는 변압기 결선에 △ 결선이 포함되어 있는 이유는?

① sin파의 제거
② 제3고조파의 제거
③ 제5고조파의 제거
④ 제7고조파의 제거

46 송수 양단의 전압을 E_s, E_r 이라 하고 4단자 정수를 A, B, C, D 라 할 때 전력 원선도의 반지름은?

① $\dfrac{E_r E_s}{A}$
② $\dfrac{E_s E_r}{B}$
③ $\dfrac{E_s E_r}{C}$
④ $\dfrac{E_s E_r}{D}$

47 전력 원선도에서는 알 수 없는 것은?

① 전력
② 손실
③ 역률
④ 도전율

48 전력 원선도의 가로축과 세로축은 각각 어느 것을 나타내는가?

① 최대전력 – 피상전력
② 유효전력 – 무효전력
③ 조상용량 – 송전손실
④ 송전효율 – 코로나 손실

49 수전단 전력원의 방정식이 $P_r^2 + (Q_r + 400)^2 = 250,000$으로 표현되는 전력 계통에서 무부하 시 수전단 전압을 일정하게 유지하는 데 필요한 조상기의 종류와 조상용량으로 알맞은 것은?

① 진상 무효전력 100   ② 지상 무효전력 100
③ 진상 무효전력 200   ④ 지상 무효전력 200

50 전력 원선도에서 구할 수 없는 것은?

① 조상용량   ② 송전 손실
③ 정태 안정극한전력   ④ 과도 안정극한전력

51 정전압 송전전력 원선도를 그리려면 무엇이 주어져야 하는가?

① 송수전단 전압, 선로의 일반회로 정수
② 송전전압 전류, 선로의 일반회로 정수
③ 조상기 용량, 수전단 전압
④ 송전단 전압, 수전단 전류

제5절 고장 해석

01 154/22.9[kV], 40[MVA], 3상 변압기의 %리액턴스가 14[%]라면 고압 측으로 환산한 리액턴스는 약 몇 [Ω]인가?

① 63[Ω]   ② 73[Ω]
③ 83[Ω]   ④ 93[Ω]

02 3상 변압기의 Impedance가 $Z[\Omega]$이고, 선간 전압이 $V[kV]$, 정격 용량이 $P[kVA]$일 때 이 변압기의 퍼센트 임피던스는?

① $\dfrac{10PZ}{V}$ ② $\dfrac{PZ}{10V^2}$
③ $\dfrac{PZ}{100V^2}$ ④ $\dfrac{PZ}{V}$

03 정격 전압 7.2[kV]인 3상용 차단기의 차단용량이 100[MVA]이다. 정격차단전류는 몇 [kA]인가?

① 2   ② 4
③ 8   ④ 12

04 66[kV] 송전 계통에서 3상 단락고장이 발생하였을 경우 고장점에서 본 등가정상 임피던스가 100[MVA] 기준으로 25[%]라고 하면 고장 피상전력은 몇 [MVA]가 되는가?

① 250   ② 300
③ 400   ④ 500

05 고장점에서 구반점 임피던스를 Z, 고장점의 성형 전압을 E라 하면 단락전류는?

① $\dfrac{E}{Z}$

② $\dfrac{E}{\sqrt{3}\,Z}$

③ $\dfrac{\sqrt{3}\,E}{Z}$

④ $\dfrac{3E}{Z}$

06 그림과 같은 3상 송전 계통에서 송전전압은 22[kV]이다. 지금 1점 P에서 3상 단락하였을 때의 발전기에 흐르는 단락전류[A]는?

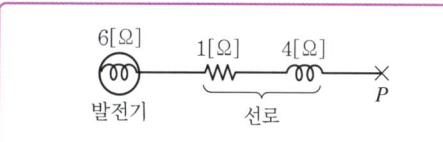

① 733   ② 1,270
③ 2,200   ④ 3,810

07 그림과 같은 전선로의 단락용량은 각 몇 [MVA]인가?(단, 그림의 수치는 10,000[kVA]를 기준으로 한 [%] 리액턴스를 나타낸다.)

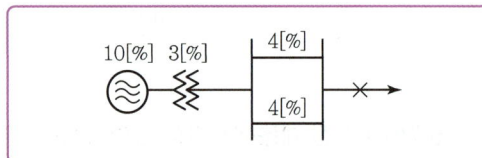

① 33.7　　② 66.7
③ 99.7　　④ 132.7

08 3상 선로에서 회로의 상규 선간전압을 V_n [kV], 계통의 전원의 용량에 상당하는 전류를 I_n [A], V_n 과 I_n 을 기준으로 하여 [%]로 나타낸 Z_s [%]를 %Z_s 라 할 때 3상 단락전류를 계산하는 식은?

① $\dfrac{V_n I_n}{\%Z_s}$　　② $\dfrac{100 I_n}{\%Z_s}$

③ $\dfrac{\%Z_s V_n}{\%Z_s}$　　④ $\dfrac{\%Z_s I_n}{V_n}$

09 3상용 차단기의 정격차단용량이라 함은?
① 정격전압 × 정격차단전류
② $\sqrt{3}$ × 정격전압 × 정격전류
③ 3 × 정격전압 × 정격차단전류
④ $\sqrt{3}$ × 정격전압 × 정격차단전류

10 선로의 3상 단락 전류는 대개 다음과 같은 식으로 구한다. $I_S = \dfrac{100}{\sqrt{\%Z_T^2 + \%Z_L^2}} \cdot I_N$ 어기서 I_N 은 무엇인가?
① 그 선로의 평균전류
② 그 선로의 최대전류
③ 전원변압기의 선로 측 정격전류(단락 측)
④ 전원변압기의 전원 측 정격전류

11 한류 리액터의 사용 목적은?
① 이상 전압 발생의 방지
② 접지전류의 제한
③ 단락전류의 제한
④ 코로나의 방지

12 수전용 변전설비의 1차 측에 있어서의 차단기 용량은 주로 다음의 어느 것에 의하여 정해지는가?
① 수전계약 용량
② 부하설비의 용량
③ 수전전력의 역률과 부하율
④ 공급 측의 전원의 크기

13 전력회로에 사용되는 차단기의 용량(Interrupting Capacity)은 다음 중 어느 것에 의하여 결정되어야 하는가?
① 예상 최대 단락전류
② 회로에 접속되는 전부하전류
③ 계통의 최고 전압
④ 회로를 구성하는 전선의 최대 허용전류

14 그림과 같은 전력계통에서 A점에서 설치된 차단기의 단락용량은 몇 [MVA]인가?(단, 각 기기의 %리액턴스는 발전기 G_1, G_2 = 15[%](정격용량 15 [MVA] 기준), 변압기 = 8[%](정격용량 20[MVA] 기준), 송전선 11[%](정격용량 10[MVA] 기준)이며 기타 다른 정수는 무시한다.)

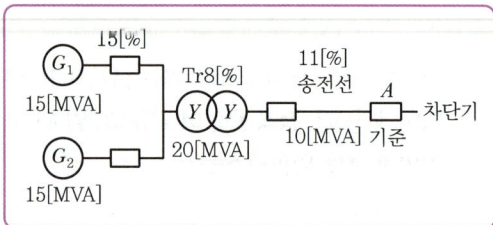

① 20　　② 30
③ 40　　④ 50

15 3본의 송전선에 동상의 전류가 흘렀을 경우 이 전류를 무슨 전류라 하는가?

① 영상전류 ② 평형전류
③ 단락전류 ④ 대칭전류

16 다음 설명 중 옳은 것은?

① 송전선로의 정상 임피던스는 역상 임피던스의 반이다.
② 송전선로의 정상 임피던스는 역상 임피던스의 배이다.
③ 송전선의 정상 임피던스는 역상 임피던스와 같다.
④ 송전선의 정상 임피던스는 역상 임피던스의 3배이다.

17 불평형 3상 전압을 V_a, V_b, V_c라고 하고 $a = \varepsilon^{j(2\pi/3)}$라고 할 때 영상전압 V_0는?

① $V_a + V_b + V_c$
② $\frac{1}{3}(V_a + V_b + V_c)$
③ $\frac{1}{3}(V_a + aV_b + a^2 V_c)$
④ $\frac{1}{3}(V_a + a^2 V_b + aV_c)$

18 그림과 같은 3상 발전기가 있다. a상이 지락한 경우 지락전류는 얼마인가?(단, Z_0 : 영상 임피던스, Z_1 : 정상 임피던스, Z_2 : 역상 임피던스이다.)

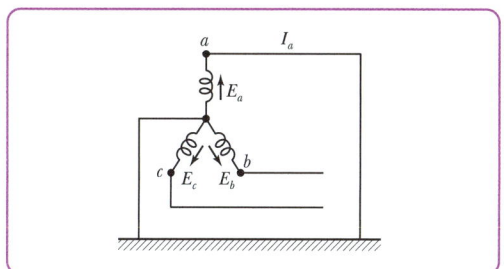

① $\dfrac{E_a}{Z_0 + Z_1 + Z_2}$
② $\dfrac{3E_a}{Z_0 + Z_1 + Z_2}$
③ $\dfrac{2Z_0 E_a}{Z_0 + Z_1 + Z_2}$
④ $\dfrac{2Z_2 E_a}{Z_1 + Z_2}$

19 3상 단락사고가 발생한 경우, 다음 중 옳지 않은 것은?(단, V_0 : 영상전압, V_1 : 정상전압, V_2 : 역상전압, I_0 : 영상전류, I_1 : 정상전류, I_2 : 역상전류이다.)

① $V_2 = V_0 = 0$ ② $V_2 = I_2 = 0$
③ $I_2 = I_0 = 0$ ④ $I_1 = I_2 = 0$

20 송전선로 고장 시 대칭좌표법에 의해 해석할 때 정상 및 역상 임피던스가 필요한 경우는?

① 선간 단락고장
② 1선 접지공사
③ 1선 단선고장
④ 3선 단선고장

21 송전선로의 고장전류 계산에 있어서 영상 임피던스(Zero Sequence Impedance)가 필요한 경우는?

① 3상 단락 ② 선간 단락
③ 1선 접지 ④ 3선 단선

22 다음 그림에서 * 표시 부분에 흐르는 전류는?

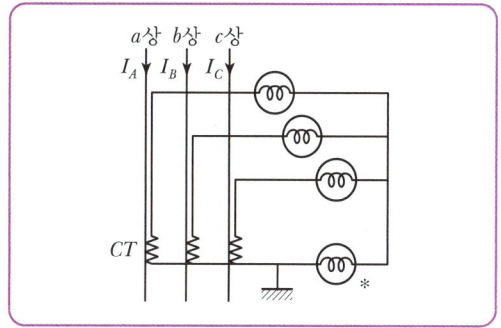

① b상 전류 ② 정상전류
③ 역상전류 ④ 영상전류

23 그림과 같은 회로의 영상, 정상 및 역상 임피던스 Z_0, Z_1, Z_2는?

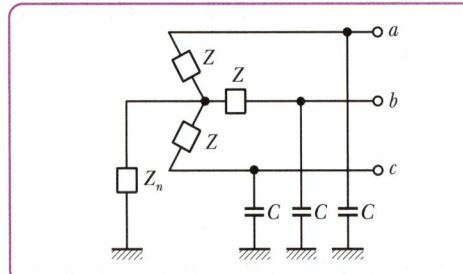

① $Z_0 = \dfrac{Z+3Z_n}{1+j\omega C(Z+3Z_n)}$ $Z_1 = Z_2 = \dfrac{Z}{1+j\omega CZ}$

② $Z_0 = \dfrac{3Z_n}{1+j\omega C(3Z+Z_n)}$ $Z_1 = Z_2 = \dfrac{3Z_n}{1+j\omega CZ}$

③ $Z_0 = \dfrac{Z+Z_n}{1+j\omega C(Z+Z_n)}$ $Z_1 = Z_2 = \dfrac{Z}{1+j3\omega CZ_n}$

④ $Z_0 = \dfrac{3Z}{1+j\omega C(Z+Z_n)}$ $Z_1 = Z_2 = \dfrac{3Z_n}{1+j3\omega CZ}$

24 송전선로의 정상, 역상 및 영상 임피던스를 각각 Z_1, Z_2 및 Z_0라 하면 다음 어떤 관계가 성립하는가?

① $Z_1 = Z_2 = Z_0$
② $Z_1 = Z_2 > Z_0$
③ $Z_1 > Z_2 = Z_0$
④ $Z_1 = Z_2 < Z_0$

25 Y결선된 발전기에서 3상 단락사고가 발생한 경우 전류에 관한 식 중 옳은 것은?(단, Z_0, Z_1, Z_2는 영상, 정상, 역상 임피던스이다.)

① $I_a + I_b + I_c = I_0$
② $I_a = \dfrac{E_a}{Z_0}$
③ $I_b = \dfrac{a^2 E_a}{Z_1}$
④ $I_c = \dfrac{aE_a}{Z_2}$

26 다음 설명 중 옳은 것은?

① %임피던스는 %리액턴스보다 크다.
② 전기기계의 %임피던스가 크면 차단기의 용량도 커진다.
③ 터빈 발전기의 %임피던스는 수차 발전기의 %임피던스보다 작다.
④ 직렬 리액터는 %임피던스를 작게 하는 작용이 있다.

27 송전 계통의 한 부분이 그림과 같이 3상 변압기로 1차 측은 △로, 2차 측은 Y로 중성점이 접지되어 있을 경우, 1차 측에 흐르는 영상전류는?

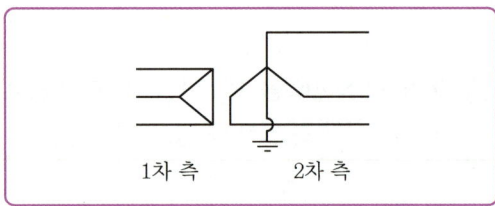

① 1차 측 변압기 내부와 1차 측 선로에서 반드시 0(Zero)이다.
② 1차 측 선로에서 반드시 0이다.
③ 1차 측 변압기 내부에서는 반드시 0이다.
④ 1차 측 선로에서 0이 아닌 경우가 있다.

28 다음 표는 리액터의 종류와 그 목적을 나타낸 것이다. 다음 중 바르게 짝지어진 것은?

종류	목적
㉮ 병렬 리액터	ⓐ 지락 아크의 소멸
㉯ 한류 리액터	ⓑ 송전 손실 경감
㉰ 직렬 리액터	ⓒ 차단기의 용량 경감
㉱ 소호 리액터	ⓓ 제5고조파 제거

① ㉮ - ⓐ ② ㉯ - ⓑ
③ ㉰ - ⓓ ④ ㉱ - ⓓ

29 다음 그림과 같은 전력 계통의 154[KV] 송전선로에서 고장지락저항 Z_gf을 통해서 1선 지락고장이 발생되었을 때 고장점에서 본 영상 임피던스 [%]는?(단, 그림에 표시한 임피던스는 모두 동일 용량(즉, 100[MVA]) 기준으로 환산한 [%] 임피던스임)

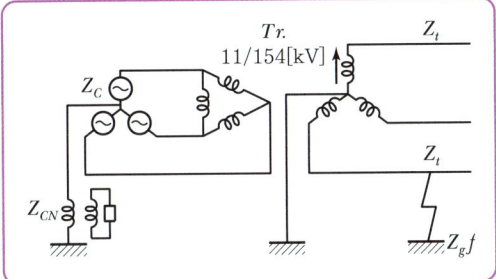

① $Z_0 = Z_l + Z_t + Z_g f + Z_q + Z_{qN}$
② $Z_0 = Z_l + Z_t + Z_q$
③ $Z_0 = Z_l + Z_t + Z_g f$
④ $Z_0 = Z_l + Z_t + 3 \cdot Z_g f$

제6절 중성점 접지방식

01 송전 계통의 중성점을 접지하는 목적으로 옳지 않은 것은?

① 전선로의 대지진위의 상승을 억제하고 전선로와 기기의 절연을 경감시킨다.
② 소호 리액터 접지방식에서는 1선 지락 시 지락점 아크를 빨리 소멸시킨다.
③ 차단기의 차단용량의 절연을 경감시킨다.
④ 지락고장에 대한 계전기의 동작을 확실하게 하여 신속하게 사고 차단을 한다.

02 송전선로의 중성점을 접지시키는 목적은?

① 전선동량의 절감 ② 전압강하의 감소
③ 유도장해의 감소 ④ 이상전압의 방지

03 송전선의 중성점을 접지하는 이유가 되지 못하는 것은?

① 코로나 방지
② 지락전류의 감소
③ 이상 전압의 방지
④ 지락 사고선의 선택 차단

04 중성점 비접지방식을 이용하는 것이 적당한 것은?

① 고전압 장거리
② 저전압 장거리
③ 고전압 단거리
④ 저전압 단거리

05 3,300[V], △결선 비접지 배전선로에서 1선이 지락하면 전선로의 대지전압은 몇 [V]인가?

① 4,125 ② 4,950
③ 5,715 ④ 6,600

06 비접지식 3상 송배전 계통에서 선로 정수 중 1선 지락 고장 시 고장전류를 계산하는 데 사용되는 정전용량은?

① 작용 정전용량 ② 대지 정전용량
③ 합성 정전용량 ④ 대선 정전용량

07 6.6[kV], 60[Hz] 3상 3선식 비접지식에서 선로의 길이가 10[km]이고, 1선의 대지 정전용량이 0.005[μF/km]일 때 1선 지락 시의 고장전류 I_g[A]의 범위로 옳은 것은?

① $I_g < 1$ ② $1 \leq I_g < 2$
③ $2 \leq I_g < 3$ ④ $3 \leq I_g < 4$

08 비접지식 송전선로에서 1선 지락고장이 생겼을 경우 지락점에 흐르는 전류는?
① 직류
② 고장상의 전압보다 90도 늦은 전류이다.
③ 고장상의 전압보다 90도 빠른 전류이다.
④ 고장상의 전압과 동상의 전류이다.

09 정격전압 6,600[V], Y결선, 3상 발전기의 중성점을 1선 지락 시 지락전류를 100[A]로 제한하는 저항기로 접지하려고 한다. 저항기의 저항값은 약 몇 [Ω]인가?
① 44
② 41
③ 38
④ 35

10 중성점 직접접지방식의 장점이 아닌 것은?
① 1선 지락 시 건전상의 전압은 거의 상승하지 않는다.
② 변압기의 단절연이 가능하다.
③ 다른 접지방식에 비해 개폐 이상전압이 적다.
④ 1선 지락 전류가 적어 차단기가 처리해야 할 전류가 적다.

11 직접접지를 다른 접지방식과 비교할 때 틀린 것은?
① 통신선에 미치는 유도장해가 최소다.
② 기기의 절연수준 저감이 가능하다.
③ 계전기 동작이 확실하여 신뢰도가 높다.
④ 접지고장 시 이상전압이 최저다.

12 다음 중 직접접지방식에서 변압기에 단절연을 할 수 있는 이유는?
① 고장전류가 크므로
② 중성점 전위가 낮으므로
③ 이상전압이 낮으므로
④ 보호계전기의 동작이 확실하므로

13 직접접지방식이 초고압 송전선에 채용되는 이유 중 가장 적당한 것은?
① 지락 고장이 생겨도 병행 통신선에 유기되는 전자 유도전압이 작기 때문에
② 지락 시의 지락전류가 작으므로
③ 계통의 절연을 낮게 할 수 있으므로
④ 송전선의 안정도가 높으므로

14 송전 계통의 중성점 접지방식에서 유효접지하는 것은?
① 저항접지 및 직접접지를 말한다.
② 1선 지락 사고 시 건전상의 전위가 상용 전압의 1.3배 이하가 되도록 중성점 임피던스를 억제한 중성점 접지방식을 말한다.
③ 리액터 접지방식 이외의 접지방식을 말한다.
④ 저항접지를 말한다.

15 1선 지락 시 전압 상승을 상규 대지 전압의 1.3배 이하로 억제하기 위한 유효접지에서는 다음과 같은 조건을 만족하여야 한다. 다음 중 옳은 것은? (단, R_0 : 영상저항, X_0 : 영상 리액턴스, X_1 : 정상 리액턴스이다.)
① $\dfrac{R_0}{X_1} \leq 1, \ 0 \geq \dfrac{X_1}{X_0} \geq 3$
② $\dfrac{R_0}{X_1} \leq 1, \ 0 \geq \dfrac{X_0}{X_1} \geq 3$
③ $\dfrac{R_0}{X_1} \leq 1, \ 0 \leq \dfrac{X_0}{X_1} \leq 3$
④ $\dfrac{R_0}{X_1} \geq 1, \ 0 \leq \dfrac{X_0}{X_1} \leq 3$

16 소호 리액터를 송전 계통에 쓰면 리액터의 인덕턴스와 선로의 정전용량이 다음의 어느 상태가 되어 지락전류를 소멸시키는가?
① 병렬공진
② 직렬공진
③ 고임피던스
④ 저임피던스

17 소호 리액터 접지 계통에서 리액터의 탭을 완전 공진상태에서 약간 벗어나도록 조절하는 이유는?

① 접지 계전기의 동작을 확실하게 하기 위하여
② 전력 손실을 줄이기 위하여
③ 통신선에 대한 유도장해를 줄이기 위하여
④ 직렬공진에 의한 이상전압의 발생을 방지하기 위하여

18 합조도가 (+)일 때 다음 중 옳은 것은?

① $\omega L > \dfrac{1}{3\omega Cs}$
② $\omega L < \dfrac{1}{3\omega Cs}$
③ $\omega L = \dfrac{1}{3\omega Cs}$
④ 부족 보상이다.

19 소호 리액터의 인덕턴스의 값은 3상 1회선 송전선에서 1선의 대지 정전용량을 C_0[F], 주파수를 f[Hz]라 한다면?(단, $\omega = 2\pi f$ 이다.)

① $3\omega C_0$
② $\dfrac{1}{3\omega^2 C_0}$
③ $3\omega^2 C_0$
④ $\dfrac{1}{3\omega C_0}$

20 1상의 대지 정전용량을 C[F], 주파수 f[H]의 소호 리액터의 공진 시의 리액턴스는 몇 [Ω]인가? (단, 소호 리액터를 접속시키는 변압기의 리액턴스는 X_t 이다.)

① $\dfrac{1}{3\omega C} + \dfrac{X_t}{3}$
② $\dfrac{1}{3\omega C} - \dfrac{X_t}{3}$
③ $\dfrac{1}{3\omega C} + 3X_t$
④ $\dfrac{1}{3\omega C} - 3X_t$

21 1상의 대지 정전용량 0.53[μF], 주파수 60[Hz]의 3상 송전선의 소호 리액터의 공진 탭[Ω]은 얼마인가?(단, 소호 리액터를 접속시키는 변압기의 리액턴스는 무시한다.)

① 1,665
② 1,980
③ 2,210
④ 2,825

22 저항접지방식 중 고저항접지방식에 사용하는 저항은?

① 30~50[Ω]
② 50~100[Ω]
③ 100~1,000[Ω]
④ 1,000[Ω] 이상

23 어떤 선로 양단에 같은 크기(즉, 용량)의 소호 리액터를 설치한 3상 1회선 송전선로에서 전원 측으로부터 선로 긍장의 1/4 지점에 1선 지락 고장이 일어났을 경우 영상전류의 분포는?

①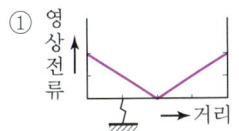
②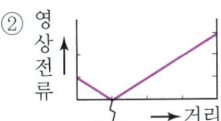
③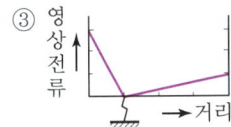
④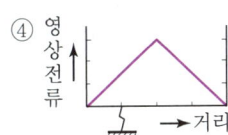

24 66[kV], 60[Hz] 3상 3선식 선로에서 중성점을 소호 리액터 접지하여 완전 공진 상태로 되었을 때 중성점에 흐르는 전류는 몇 [A]인가?(단, 소호 리액터를 포함한 영상회로의 등가저항은 200[Ω], 잔류전압은 500[V]라고 한다.)

① 2.5
② 4.5
③ 6.5
④ 10

25 3상 3선식 단일 소호 리액터 접지방식에서 1선 지락 고장 시에 영상전류의 분포는?

① 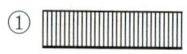 ②
③ 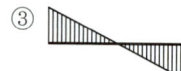 ④

26 3상 3선식 소호 리액터 접지방식에서 1선의 대지 정전용량을 $C[\mu F]$, 상전압 $E[kV]$, 주파수 $f[Hz]$라 하면, 소호 리액터의 용량은 몇 [kVA]인가?

① $6\pi f CE^2 \times 10^{-3}$
② $3\pi f CE^2 \times 10^{-3}$
③ $2\pi f CE^2 \times 10^{-3}$
④ $\pi f CE^2 \times 10^{-3}$

27 소호 리액터 접지의 합조도가 정(+)인 경우에는 어느 것과 관련이 있는가?

① 공진
② 과보상
③ 접지저항
④ 아크전압

28 선로의 길이가 50[km]인 66[kV] 3상 3선식, 1회선 송전선의 1선당 대지 정전용량은 0.0058 [μF/km]이다. 여기에 시설할 소호 리액터의 용량은 약 몇 [kVA]인가?(단, 소호 리액터의 용량은 10[%]의 여유를 주도록 한다.)

① 386
② 435
③ 524
④ 712

29 1선 지락 시 지락전류가 제일 적은 송전 계통은?

① 소호 리액터 접지식
② 비접지식
③ 직접접지식
④ 저항접지식

30 다음 중 지락사고 시에 건전상의 전압 상승이 가장 작은 접지방식은?

① 비접지방식
② 직접접지방식
③ 저항접지방식
④ 소호 리액터 접지방식

31 송전 계통의 접지에 대하여 기술하였다. 다음 중 옳은 것은?

① 소호 리액터 접지방식은 선로의 정전용량과 직렬공진을 이용한 것으로 지락전류가 타 방식에 비해 좀 큰 편이다.
② 고저항접지방식은 이중 고장을 발생시킬 확률이 거의 없으며, 비접지식보다는 많은 편이다.
③ 직접접지방식을 채용하는 경우 이상전압이 낮기 때문에 변압기 선정 시 단절연이 가능하다.
④ 비접지방식을 택하는 경우 지락전류 차단이 용이하고 장거리 송전을 할 경우 이중 고장의 발생을 예방하기 좋다.

32 우리나라 154[kV] 송전선로의 중성점 접지방식은?

① 비접지방식
② 직접접지방식
③ 소호 리액터 접지방식
④ 고저항 접지방식

33 다음 중성점 접지방식 중에서 단선고장일 때 선로의 전압 상승이 최대이고, 또한 통신장해가 최소인 것은?

① 비접지
② 직접접지
③ 저항접지
④ 소호 리액터 접지

제7절 유도장해

01 전력선에 의한 통신선로의 전자유도장해의 발생 요인은 주로 무엇 때문인가?

① 영상전류가 흘러서
② 부하전류가 크므로
③ 전력선의 교차가 불충분하여
④ 상호 정전용량이 크므로

02 3상 송전선의 각 선의 전류가 $I_a = 220 + j50$ [A], $I_b = -150 - j300$ [A], $I_c = -50 + j150$ [A]일 때 이것과 병행으로 가설된 통신선에 유기되는 전자유기전압 [V]은?(단, 송전선과 통신선 사이의 상호 임피던스는 15[Ω]이다.)

① 510
② 1,020
③ 1,530
④ 2,040

03 전력선과 통신선 간의 상호 정전용량 및 상호 인덕턴스에 의해 발생되는 유도장해로 옳은 것은?

① 정전유도장해 및 전자유도장해
② 전력유도장해 및 정전유도장해
③ 정전유도장해 및 고조파유도장해
④ 전자유도장해 및 고조파유도장해

04 전력선에 영상전류가 흐를 때 통신선로에 발생되는 유도장해는?

① 고조파유도장해
② 전력유도장해
③ 정전유도장해
④ 전자유도장해

05 전력선 1선의 대지전압을 E, 통신선의 대지 정전용량을 C_b, 전력선과 통신선 사이의 상호 정전용량을 C_{ab}라고 하면 통신선의 정전유도전압은?

① $\dfrac{C_{ab} + C_b}{C_b} E$
② $\dfrac{C_{ab} + C_a}{C_{ab}} E$
③ $\dfrac{C_b}{C_{ab} + C_b} E$
④ $\dfrac{C_{ab}}{C_{ab} + C_b} E$

06 3상 송전선로와 통신선이 병행되어 있는 경우에 통신유도장해로서 통신선에 유도되는 정전유도전압은?

① 통신선의 길이에 비례한다.
② 통신선의 길이의 자승에 비례한다.
③ 통신선의 길이에 반비례한다.
④ 통신선의 길이에 관계없다.

07 전력선 측의 유도장해 방지 대책이 아닌 것은?

① 전력선과 통신선의 이격 거리 증대
② 전력선의 연가를 충분히 한다.
③ 배류 코일을 사용한다.
④ 차폐선을 설치한다.

08 유도장해를 방지하기 위한 전력선 측의 대책으로 옳지 않은 것은?

① 소호 리액터를 채용한다.
② 차폐선을 설치한다.
③ 중성점 전압을 가능한 한 높게 한다.
④ 중성점 접지에 고저항을 넣어서 지락전류를 줄인다.

09 유도장해의 방지책으로 차폐선을 사용하면 유도전압은 얼마 정도[%] 줄일 수 있는가?

① 10~20
② 30~50
③ 70~80
④ 80~90

10 유도장해의 방지 대책이 아닌 것은?
① 가공지선 설치 ② 차폐선의 시설
③ 전선의 연가 ④ 직렬 콘덴서 설치

제8절 이상전압

01 가공 송전선로에서 이상전압의 내습에 대한 대책으로 틀린 것은?
① 철탑의 탑각 접지저항을 작게 한다.
② 기기 보호용으로서의 피뢰기를 설치한다.
③ 가공지선을 설치한다.
④ 차폐각을 크게 한다.

02 송전선로에서 이상전압이 가장 크게 발생하기 쉬운 경우는?
① 무부하 송전선로를 폐로하는 경우
② 무부하 송전선로를 개로하는 경우
③ 부하 송전선로를 폐로하는 경우
④ 부하 송전선로를 개로하는 경우

03 이상전압에 대한 방호장치가 아닌 것은?
① 병렬 콘덴서 ② 가공지선
③ 서지 흡수기 ④ 피뢰기

04 송전선로에서 매설지선을 사용하는 주된 목적은?
① 코로나 전압을 서감시키기 위하여
② 뇌해를 방지하기 위하여
③ 유도장해를 줄이기 위하여
④ 인축의 감전사고를 막기 위하여

05 뇌서지와 개폐서지의 다른 점으로 옳은 것은?
① 파두장이 같고 파미장이 다르다.
② 파두장만이 다르다.
③ 파두장과 파미장이 모두 다르다.
④ 파두장과 파미장이 같다.

06 아래의 충격파형은 직격뇌에 의한 파형이다. 여기에서 T_f와 T_t는 무엇을 표시한 것인가?

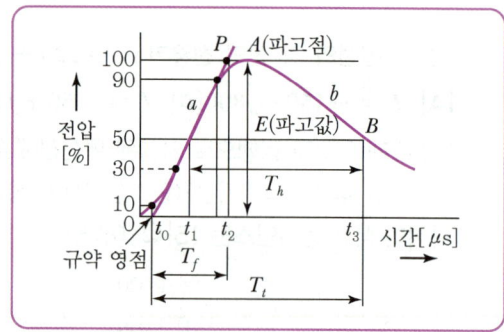

① T_f = 파고값, T_t = 파미 길이
② T_f = 파두 길이, T_t = 충격파 길이
③ T_f = 파미 길이, T_t = 충격반파 길이
④ T_f = 파두 길이, T_t = 파미 길이

07 기기 충격전압시험을 할 때 채용한 우리나라의 표준충격전압파의 파두장 및 파미장을 표시한 것은?
① $2 \times 30[\mu sec]$ ② $2 \times 50[\mu sec]$
③ $1 \times 40[\mu sec]$ ④ $1 \times 60[\mu sec]$

08 가공지선에 관한 설명으로 틀린 것은?
① 직격뢰를 방지하는 효과가 있다.
② 유도뢰를 저감시키는 효과가 있다.
③ 차폐각이 클수록 효과적이다.
④ 사고 시 통신선에 전자유도장해가 경감된다.

09 송전선로에서 가공지선을 설치하는 목적으로 옳지 않은 것은?

① 뇌(雷)의 직격을 받을 경우 송전선 보호
② 유도에 의한 송전선의 고전위 방지
③ 통신선에 대한 차폐효과를 증진시키기 위하여
④ 철탑의 접지저항을 경감시키기 위하여

10 가공지선에 대한 다음 설명 중 옳은 것은?

① 차폐각은 보통 15~30° 정도로 하고 있다.
② 차폐각이 클수록 벼락에 대한 차폐 효과가 크다.
③ 가공지선을 2선으로 하면 차폐각이 적어진다.
④ 가공지선으로는 연동선을 주로 사용한다.

11 가공지선의 설치 목적이 아닌 것은?

① 정전차폐 효과
② 전압강하의 방지
③ 직격차폐 효과
④ 전자차폐 효과

12 가공지선에 대한 설명 중 옳지 않은 것은?

① 직격뢰에 대해서는 특히 유효하며 탑 상부에 시설하므로 뇌는 주로 가공지선에 내습한다.
② 가공지선 때문에 송전선로의 대지용량이 감소하므로, 대지와 사이에 방전할 때 유도전압이 특히 커서 차폐 효과가 좋다.
③ 송전선 지락 시 지락전류의 일부가 가공지선을 흘러 차폐작용을 하므로 전자유도장해를 적게 할 수도 있다.
④ 가공지선은 아연도 철선, ACSR 등을 사용하며, 보통 300[m], 때로는 50[m]마다 접지하기도 한다.

13 송전선로에서 역섬락을 방지하기 위하여 가장 필요한 것은?

① 피뢰기를 설치한다.
② 초호각을 설치한다.
③ 가공지선을 설치한다.
④ 탑각 접지저항을 작게 한다.

14 송전선로에서 역섬락이 생기기 쉬운 때는?

① 선로 손실이 클 때
② 코로나 현상이 발생할 때
③ 선로 정수가 균일하지 않을 때
④ 철탑의 접지저항이 클 때

15 파동 임피던스 $Z_1 = 500[\Omega]$, $Z_2 = 300[\Omega]$인 두 무손실선로 사이에 그림과 같이 저항 R을 접속한다. 제1선로에서 구형파가 진행하여 왔을 때 무반사로 하기 위한 R의 값은 몇 $[\Omega]$인가?

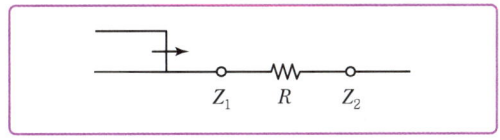

① 100
② 200
③ 300
④ 500

16 서지파(진행파)가 서지 임피던스 Z_1의 선로 측에서 서지 임피던스 Z_2의 선로 측으로 입사할 때 투과계수(투과(침입)파 전압÷입사파 전압) b를 나타내는 식은?

① $b = \dfrac{Z_2 = Z_1}{Z_1 + Z_2}$
② $b = \dfrac{2Z_2}{Z_1 + Z_2}$
③ $b = \dfrac{Z_1 - Z_2}{Z_1 + Z_2}$
④ $b = \dfrac{2Z_1}{Z_1 + Z_2}$

17 피뢰기의 직렬 갭의 역할은?
① 속류 차단
② 특성요소 보호
③ 저압분배 개선
④ 손실 감소

18 피뢰기의 구조에 해당되지 않는 것은?
① 특성요소
② 직렬갭(Gap)
③ 콘덴서
④ 실드링

19 변전소, 발전소 등에 설치하는 피뢰기에 대한 설명 중 옳지 않은 것은?
① 피뢰기의 직렬갭은 일반적으로 저항으로 되어 있다.
② 정격전압은 상용주파 정현파 전압의 최고 한도를 규정한 순싯값이다.
③ 방전전류는 뇌충격전류의 파고값으로 표시한다.
④ 속류란 방전현상이 실질적으로 끝난 후에도 전력 계통에서 피뢰기에 공급되어 흐르는 전류를 말한다.

20 피뢰기의 구조에서 전·자기적인 충격으로부터 보호하는 구성 요소는?
① 실드링
② 특성요소
③ 직렬갭
④ 소호 리액터

21 계통의 기기 절연을 표준화하고 통일된 절연 체계를 구성하는 목적으로 절연계급을 설정하고 있다. 이 절연계급에 해당하는 내용은 무엇이라 부르는가?
① 제한전압
② 기준충격절연강도
③ 상용주파 내전압
④ 보호계전

22 계통 내의 각 기기, 기구 및 애자 등의 상호 간에 적정한 절연강도를 지니게 함으로써 계통 설계를 합리적으로 할 수 있게 한 것을 무엇이라 하는가?
① 기준충격절연강도
② 보호계전방식
③ 절연계급 선정
④ 절연협조

23 다음 설명 중 옳지 않은 것은?
① 피뢰기는 제1종 접지공사를 한다.
② 유도뢰에 의한 진행파의 극성은 양극성이다.
③ 피뢰기의 직렬 갭은 이상전압이 내습하면 뇌전류를 방진한다.
④ 피뢰기의 용량은 [VA]로 표시한다.

24 피뢰기의 설명으로 틀린 것은?
① 충격방전개시 전압이 낮을 것
② 상용주파 방전개시 전압이 낮을 것
③ 제한전압이 낮을 것
④ 속류의 차단능력이 클 것

25 피뢰기의 제한전압이란?
① 상용 주파수의 방전개시전압
② 충격파의 방전개시전압
③ 충격파방전 종료 후 언제나 속류를 확실히 차단할 수 있는 상용주파허용 단자전압
④ 충격방전전류가 흐르고 있을 때의 피뢰기 단자전압의 파고값

26 154[kV] 송전 계통의 뇌에 대한 보호에서 절연강도의 순서가 가장 경제적이고 합리적인 것은?

① 피뢰기 → 변압기 코일 → 기기 부싱 → 결합 콘덴서 → 선로애자
② 변압기 코일 → 결합 콘덴서 → 피뢰기 → 선로애자 → 기기 부싱
③ 결합 콘덴서 → 기기 부싱 → 선로애자 → 변압기 코일 → 피뢰기
④ 기기 부싱 → 결합 콘덴서 → 변압기 코일 → 피뢰기 → 선로애자

27 피뢰기의 공칭전압으로 삼고 있는 것은?

① 피뢰기 뇌전압의 파고값
② 피뢰기 뇌전압의 평균값
③ 피뢰기의 제한전압
④ 피뢰기의 상용주파 허용단자전압

28 이상전압의 파고치를 저감시켜 기기를 보호하기 위하여 설치하는 것은?

① 리액터
② 아머로드(Armour Rod)
③ 피뢰기
④ 아킹 혼(Arcing Horn)

29 개폐서지 이상전압 발생을 억제할 목적으로 사용되는 것은?

① 단로기   ② 차단기
③ 리액터   ④ 개폐저항기

30 송전 계통의 절연협조에 있어 절연 레벨이 가장 낮은 기기는?

① 피뢰기   ② 단로기
③ 변압기   ④ 차단기

31 서지 흡수기를 접속시키는 곳은?

① 차단기 단자
② 변전소의 고전압 측 모선
③ 변압기 단자
④ 발전기 단자

32 송변전 계통에 사용되는 피뢰기의 정격전압은 선로의 공칭전압의 보통 몇 배로 선정하는가?

① 직접접지계 : 0.8~1.0배,
   저항 또는 소호 리액터 접지 : 0.7~0.9배
② 직접접지계 : 1.0~1.3배,
   저항 또는 소호 리액터 접지 : 1.4~1.6배
③ 직접접지계 : 0.8~1.0배,
   저항 또는 소호 리액터 접지 : 1.4~1.6배
④ 직접접지계 : 1.0~1.3배,
   저항 또는 소호 리액터 접지 : 0.7~0.9배

33 유효접지 계통에서 피뢰기의 정격전압을 결정하는 데 가장 중요한 요소는?

① 선로애자련의 충격섬락 전압
② 내부 이상전압 중 과도 이상전압의 크기
③ 유도뢰의 전압의 크기
④ 1선 지락고장 시 건전상의 대지전위, 즉 지속성 이상전압

34 외뢰(外雷)에 대한 조보호장치로서 송전 계통의 절연협조의 기본이 되는 것은?

① 선로   ② 변압기
③ 피뢰기   ④ 변압기 부싱

Chapter 02 배전공학

제1절 수전설비

(1) 차단기 목적

선로 이상 상태(과부하, 단락, 지락) 고장 시 고장전류 차단, 부하전류를 차단한다.

(2) 차단기 동작 책무(송전선로, 자동)
① 일반용
  - 갑호 : O−1분−CO−3분−CO
  - 을호 : CO−15초−CO
② 고속도 재투입용
  O−t초−CO−1분−CO

(3) 정격 차단시간
① 트립코일 여자로부터 소호시간
② 개극시간과 아크시간을 합한 것
③ 3, 5, 8[Hz]

(4) 차단용량

$\sqrt{3}$ (상계수) × 정격전압(회복전압) × 정격차단전류 (MVA)

(5) 차단기 종류

구분	특징	소호 매질
ABB 공기 차단기	• 투입과 차단을 압축 공기로 한다 (임펄스 차단기). • 154[kV], 345[kV]에 사용 • 소음이 크다. • 압축공기 15~30[kg/cm²] 이하	압축공기
GCB 가스 차단기	• 소음이 작다. • 절연 내력이 공기의 2~3배 정도 • 소호 능력이 우수하다. • 인체에 무해하다(무독, 무색). • 154[kV], 345[kV]에 사용	SF_6
OCB 유입 차단기	• 부싱 변류기를 사용할 수 있다. • 방음 설비가 필요 없다. • 화재의 위험이 있다. • 배전반에 취부할 수 없다.	절연유

MBB 자기 차단기	• 전류 절단이 우수하다. • 고유 주파수에 차단 능력이 좌우되는 일이 없다.	전자력
VCB 진공 차단기	• 전류차단현상 • 6[kV]급 • 개폐서지 발생 • 보수 점검이 비교적 쉽다. • 고유 주파수에 차단능력이 좌우되는 일이 없다.	진공

(6) 차단기와 단로기

차단기	차단 능력이 있다.	사고전류, 부하전류를 차단할 수 있다.
단로기	차단 능력이 없다.	무부하 시 회로를 개폐
계전기	최소 동작 전류에 의해 동작	• 정한시 : 일정 시간 이상이면 동작 • 반한시 : 반비례 특성 • 순한시 : 고속차단 • 정·반한시 : 2줄이상설명

(7) 인터록(DS와 CB)
① DS(단로기) → 부하전류 차단, 개폐 불가(소호장치가 없다)
② 회로 개폐 및 변경

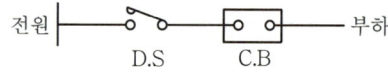

- 차단 : CB → DS
- 투입 : DS → CB

(8) 보호 계전기

선로보호용	• 거리 계전기(임피던스 계전기) 기억 작용 (고장 후에도 고장 전 전압을 잠시 유지) • 지락 계전기(단회선) 선택 지락 계전기(병렬 2회선, 다회선)
발·변압기 보호용	• 부흐홀츠 계전기(변압기 보호) 컨서베이터 연결관 도중에 설치·차동 계전기 • 양쪽 전류차에 의해 동작(비율 차동 계전기)

※ 모선, 발전기, 변압기에서 많이 사용하는 계전기는 차동 계전기

(9) 영상 전압 측정

GPT(접지형 계기용 변압기) 3대로 개방 델타 접속한다(개방단 전압 190[V]).

(10) 지락전류(영상전류) 검출은 ZCT가 한다. ZCT는 단회선일 경우 지락계전기(GR), 다회선일 경우 선택지락계전기(SGR)와 항상 조합된다.

(11) 영상변류기(ZCT)와 지락(G)으로 시작하는 계전기는 지락사고 보호

(12) 전력용 Fuse → 단락전류 차단
   ① 정전용량이 작다.
   ② 소음이 크다.

(13) 변류기(CT) : 대전류를 소전류로 변류한다.
   ① 2차 전류 : 5(A)
   ② 점검 : 2차 측 단락 → 절연보호

(14) 계기용 변압기(PT) : 고전압을 저전압으로 변성한다.
   ① 2차 전압 : 110[V]
   ② 점검 : 개방

제2절 수전설비 계산

01 변압기 용량 계산

(1) 부하율

전력 변동상태를 알 수 있다.

$$부하율 = \frac{평균\ 전력}{최대\ 전력} \times 100$$

$$= \frac{사용\ 전력량/시간}{최대\ 전력} \times 100$$

(2) 최대전력 = 설비용량 × 수용률

단독부하에 대하여 동시에 사용하는 정도를 알 수 있다.

$$수용률 = \frac{최대\ 전력}{설비용량} \times 100$$

$$kVA = \frac{수용률 \times 설비용량}{\cos\theta}$$

(3) 부등률

여러 부하가 전력을 동시에 사용하는 정도를 지수로 알 수 있다.

$$부등률 = \frac{각\ 개\ 수용전력의\ 합}{합성\ 최대\ 전력}$$

$$kVA = \frac{\sum(설비용량 \times 수용률)}{부등률 \times 역률 \times \eta}$$

$$= \frac{\sum(설비\ 용량 \times 수용률)}{합성\ 최대\ 전력}$$

- 1보다 크다.
- 1일 때 변압기 용량이 최대가 된다.

(4) 배전선의 손실 계수(H)와 부하율(F)의 관계

$$1 \geq F \geq H \geq F_2 \geq 0$$

02 전력용 콘덴서

(1) 목적

역률 개선(90% 이상)

(2) 역률 개선 시 효과
   ① 전력 손실이 작다.
   ② 전압강하가 작다.
   ③ 전기요금이 절약된다.
   ④ 설비이용률이 향상된다.

(3) 용량

$$Q_c = P(\tan\theta_1 - \tan\theta_2)$$

$$Q = P\tan\theta, \cos = \frac{P}{\sqrt{P^2+Q^2}} \times 100$$

여기서, P : 유효전력, Q : 무효전력

03 승압기 용량 계산

(1) 목적

말단의 전압강하 보상(권수비 30 : 1)

(2) 공식

$$V_2 = V_1\left(1+\frac{1}{a}\right)$$

제3절 배전방식

01 배전방식

(1) 가지식(수지상식) : 농·어촌지역
  ① 장점
    • 증설이 용이하다.
    • 공사비가 저렴하다.
  ② 단점
    • 전압 변동률이 크다. → 플리커 현상(깜박깜박)
    • 전압강하 최대
    • 고장 범위가 넓다.

(2) 루프식(환상식) : 중소 도시
  ① 장점
    • 가지식에 비하여 전압강하가 작다.
    • 전력 손실이 작다.
  ② 단점
    • 보호방식이 복잡하다.
    • 설비비가 비싸진다.

(3) 저압뱅킹방식
  부하가 밀집된 곳
  ① 장점 : 전압강하와 전력 손실이 작다.
  ② 단점
    • 캐스케이딩 현상 발생 : 저압선의 고장으로 건전한 변압기 일부 또는 전부가 차단되는 현상
    • 대책 : 고장 개폐기 설치

(4) 저압네트워크 방식 : 부하가 밀집된 지역
  ① 장점
    • 공급 신뢰도가 가장 좋다.
    • 무정전 공급방식
    • 전압강하 극소
  ② 단점
    • 설비비가 고가이다.
    • 접지 사고가 많다.
  ③ 네트워크 프로텍터 설치 : 차단기, 퓨즈, 방향성 계전기

02 전기방식별 비교

종별	1선당 공급전력	1선당 공급전력 비교	1ϕ 2W 소요 전선량을 비교
$1\phi 2\omega$	0.5	100[%]	
$1\phi 3\omega$	0.67	133[%]	3/8=37.5[%] 소요
$3\phi 3\omega$	0.57	115[%]	3/4=75[%] 소요
$3\phi 4\omega$	0.75	87[%]	1/3=33.3[%] 소요(가장 작다)

(1) 단상 3선식의 특징
  ① 전선 소모량이 단상 2선식에 비해 37.5[%](경제적)
  ② 110/220 두 종의 전압을 얻을 수 있다.
  ③ 전압의 불평형 → 저압 밸런서의 설치
  ④ 저압밸런서 특징
    ㉠ 여자 임피던스가 크고 누설 임피던스가 작다.
    ㉡ 권수비가 1 : 1인 단권 변압기이다.
  ⑤ 결선방법
    ㉠ 변압기 2차 측 1단자 제2종 접지공사
    ㉡ 개폐기는 동시 동작형
    ㉢ 중성선에 퓨즈 절대 안 됨

(2) 말단 집중 부하와 분산 분포 부하의 비교

구분	전압강하	전력 손실
말단 집중 부하	$I \cdot R$ 2배	$I^2 \cdot R$ 3배
분산 분포 부하	$\frac{1}{2}I^2 \cdot R$	$\frac{1}{3}I^2 \cdot R$

핵심 기출 문제

제1절 수전설비

01 계전기의 반한시 특성이란?
① 동작전류가 클수록 동작시간이 길어진다.
② 동작전류가 흐르는 순간에 동작한다.
③ 동작전류에 관계없이 동작시간은 일정하다.
④ 동작전류가 크면 동작시간은 짧아진다.

02 보호 계전기의 반한시성 정한시 특성은?
① 최소 동작전류 이상의 전류가 흐르면 즉시 동작하는 특성
② 동작전류가 커질수록 동작시간이 짧게 되는 특성
③ 동작전류가 크기에 관계없이 일정한 시간에 동작하는 특성
④ 동작전류가 적은 동안에는 동작전류가 커질수록 동작시간이 짧게 되고 어떤 전류 이상이면 동작전류의 크기에 관계없이 일정한 시간에서 동작하는 특성

03 정정된 값 이상의 전류가 흘렀을 때 동작전류의 크기와 관계없이 항상 정해진 시간이 경과한 후에 동작하는 계전기는?
① 순한시 계전기
② 정한시 계전기
③ 반한시 계전기
④ 반한시성 정한시 계전기

04 영상변류기를 사용하는 계전기는?
① 과전류 계전기
② 저전압 계전기
③ 지락과전류 계전기
④ 과전압 계전기

05 비접지 3상 3선식 전선로에서 선택지락 보호를 하려고 한다. 필요치 않은 것은?
① SGR
② CT
③ ZCT
④ GPT

06 중성점 저항접지방식의 병행 2회선 송전선로의 지락 사고 차단에 사용되는 계전기는?
① 거리 계전기
② 선택접지 계전기
③ 과전류 계전기
④ 역상 계전기

07 방향성을 가지지 않는 계전기는?
① 전력 계전기
② 비율 차동 계전기
③ mho 계전기
④ 지락 계전기

08 GIS(Gas Insulated Switch Gear)를 채용할 때, 다음 중 틀린 것은?
① 대기 절연을 이용한 것에 비하면 현저하게 소형화할 수 있다.
② 신뢰성이 향상되고, 안전성이 높다.
③ 소음이 적고 환경 조화를 기할 수 있다.
④ 시설공사방법은 복잡하나, 장비비가 저렴하다.

09 자가용 수전설비의 13.2/22.9[kV-Y] 결선에서 계기용 변압기의 2차 측 정격전압은 몇 [V]인가?
① 100
② $100\sqrt{3}$
③ 110
④ $110\sqrt{3}$

10 송전선로의 단락보호 계전방식이 아닌 것은?
① 과전류 계전방식
② 방향단락 계전방식
③ 거리 계전방식
④ 과전압 계전방식

11 전력용 퓨즈는 주로 어떤 전류의 차단을 목적으로 사용하는가?

① 충전전류 ② 과부하전류
③ 단락전류 ④ 과도전류

12 다음 중 차단기의 개방 시 재점호를 가장 일으키기 쉬운 경우는?

① 1선 지락전류인 경우
② 무부하 충전전류인 경우
③ 무부하 변압기의 여자전류인 경우
④ 3상 단락전류인 경우

13 전력 퓨즈(Fuse)에 대한 설명 중 옳지 않은 것은?

① 차단용량이 크다. ② 보수가 간단하다.
③ 정전용량이 크다. ④ 가격이 저렴하다.

14 차단기의 정격투입전류란 투입되는 전류의 최초 주파의 무엇으로 표시되는가?

① 실횻값 ② 평균값
③ 최댓값 ④ 순싯값

15 차단기의 차단시간은?

① 개극시간을 말하며 대개 3~8사이클이다.
② 개극시간과 아크시간을 합친 것을 말하며 3~8 사이클이다.
③ 아크시간을 말하며 8사이클 이하이다.
④ 개극과 아크시간에 따라 3사이클 이하이나.

16 차단기의 정격차단시간의 표준이 아닌 것은?

① 3[Hz] ② 5[Hz]
③ 8[Hz] ④ 10[Hz]

17 고속도 재투입용 차단기의 표준동작책무는?(단, t는 임의시간 간격이다.)

① $O-1분-CO-3분-CO$
② $CO-15초-CO$
③ $CO-1분-CO-t-CO$
④ $O-t-CO-1분-CO$

18 다음 차단기 중 투입과 차단을 다같이 압축공기의 힘으로 하는 것은?

① 유입 차단기 ② 팽창 차단기
③ 제로 차단기 ④ 임펄스 차단기

19 차단기에서 "$O-t_1-CO-t_2-CO$"의 표기로 나타내는 것은?(단, O : 차단동작, t_1, t_2 : 시간 간격, C : 투입 동작, CO : 투입 직후 차단)

① 차단기 동작 책무 ② 차단기 재폐로 계수
③ 차단기 속류 주기 ④ 차단기 무전압 시간

20 특별고압 차단기 중 개폐 서지전압이 가장 높은 것은?

① 유입 차단기(OCB) ② 진공 차단기(VCB)
③ 자기 차단기(MBB) ④ 공기 차단기(ABB)

21 진공 차단기(Vacuum Circuit Breaker)의 특징에 속하지 않는 것은?

① 소형 경량이고 조작 기구가 간편하다.
② 화재 위험이 전혀 없다.
③ 동작 시 소음만 크지만 소호실의 보수가 거의 필요치 않다.
④ 차단시간이 짧고 차단 성능이 고유 주파수의 영향을 받지 않는다.

22 (ABB)의 공기 압력[kg/cm²]은 대략 얼마쯤 되는가?

① 5~10 ② 15~30
③ 30~45 ④ 45~44

23 변전소의 가스 차단기에 대한 설명이 잘못된 것은?

① 불연성이므로 화재의 위험성이 적다.
② 자력소호가 가능하다.
③ 특별고압 계통의 차단기로 많이 사용된다.
④ 근거리 차단에 유리하지 못하다.

24 축소형 변전설비(GIS)는 SF_6 가스를 사용하고 있다. 이 가스의 특성으로 옳지 않은 것은?

① 절연성이 높다.
② 가연성이다.
③ 독성이 없다.
④ 냄새가 없다.

25 공기 차단기와 비교하여 SF_6 가스 차단기의 특징으로 틀린 것은?

① 절연내력이 공기의 2~3배이다.
② 밀폐구조이므로 소음이 없다.
③ 소전류 차단 시 이상전압이 높다.
④ 아크에 SF_6 가스는 분해되지 않고 무독성이다.

26 다음 차단기들의 소호 매질이 적합하지 않게 결합된 것은?

① 공기 차단기 – 압축 공기
② 가스 차단기 – SF_6 가스
③ 자기 차단기 – 진공
④ 유입 차단기 – 절연유

27 재폐로 차단기에 대한 다음 설명 중 옳은 것은?

① 배전선로용은 고장 구간을 고속 차단하여 제거한 후 다시 수동조작에 의해 배전이 되도록 설계된 것이다.
② 이 차단기는 재폐로 계전기와 같이 설치하여 계전기가 고장을 검출하여 이를 차단기에 통보 차단하도록 된 것이다.
③ 이 차단기는 송전선로의 고장구간을 고속 차단하고, 재송전하는 조작을 자동적으로 시행하는 재폐로 차단기를 장비한 자동 차단기이다.
④ 3상 재폐로 차단기는 1상의 차단이 가능하고 무전압 약 20~30초로 정하여 재폐로 하도록 되어 있다.

28 송전선로의 고장은 순간적인 일선 지락 고장이 대부분이므로 고장구간을 순시에 선택 차단한 후 즉시 재송전하면 이상 없이 계속 송전이 성공되는 경우가 많다. 이때 고장 차단시간을 빨리 할수록 성공률이 높은데 그 이유는?

① 송전선로의 고장이 일선지락이므로
② 선택차단하므로
③ 다중지락으로의 이행이 적으므로
④ 다중지락으로 발전되므로

29 고장전류와 같은 대전류를 차단할 수 있는 것은?

① 단로기(DS) ② 선로 개폐기(LS)
③ 유입 개폐기(OS) ④ 차단기(CB)

30 단로기(Disconnecting Switch)의 사용 목적은?

① 과전류의 차단 ② 단락사고의 차단
③ 부하의 차단 ④ 회로의 개폐

31 단로기에 대한 다음 설명 중 옳지 않은 것은?

① 소호장치가 있어서 아크를 소멸시킨다.
② 회로를 분리하거나, 계통의 접속을 바꿀 때 사용한다.
③ 고장전류는 물론 부하전류의 개폐에도 사용할 수 없다.
④ 배전용의 단로기는 보통 디스커넥팅바로 개폐한다.

32 인터록(Inter Lock)의 설명으로 옳게 된 것은?

① 차단기가 열려 있어야만 단로기를 닫을 수 있다.
② 차단기가 닫혀 있어야만 단로기를 닫을 수 있다.
③ 차단기가 열려 있으면 단로기가 닫히고, 단로기가 열려 있으면 차단기가 닫힌다.
④ 차단기의 접점과 단로기의 접점이 기계적으로 연결되어 있다.

33 다음은 변전소의 경우 수용가에 공급되는 전력을 끊고 소내 기기를 점검할 필요가 있을 경우와 다음에 점검이 끝난 후 차단기와 단로기를 개폐시키는 동작을 설명한 것이다. 옳은 것은?

① 점검이 필요한 경우, 차단기로 부하회로를 끊고 난 다음 단로기를 열어야 하며 점검이 끝난 경우 차단기로 부하회로를 연결하고 난 다음 단로기를 넣어야 한다.
② 점검이 필요한 경우, 단로기를 열고 난 다음 차단기를 열어야 하며 점검이 끝난 경우 단로기를 넣고 난 다음 차단기로 부하회로를 연결하여야 한다.
③ 점검이 필요한 경우, 단로기를 열고 난 다음 차단기를 열어야 하며 점검이 끝난 경우 차단기를 부하에 넣고 난 다음에 단로기를 넣어야 한다.
④ 점검이 필요한 경우, 차단기로 부하회로를 끊고 난 다음 단로기를 열어야 하며 점검이 끝난 경우, 단로기를 넣고 난 다음 차단기를 넣어야 한다.

34 배전반에 연결되어 운전 중인 PT와 CT를 점검할 때에는?

① CT는 단락
② CT와 PT 모두 단락
③ CT와 PT 모두 개방
④ PT는 단락

35 변류기 개방 시 2차 측을 단락하는 이유는?

① 2차 측 절연 보호
② 2차 측 과전류 보호
③ 측정 오차 방지
④ 1차 측 과전류 방지

36 다음 그림과 같이 200/5[CT] 1차 측에 150[A]의 3상 평형 전류가 흐를 때, 전류계 A_3에 흐르는 전류[A]는?

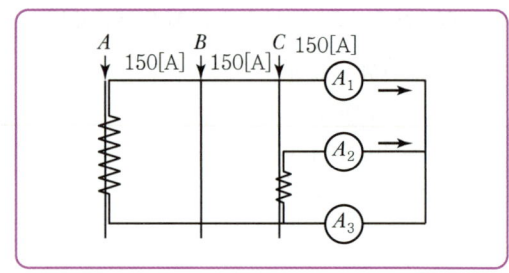

① 3.75
② 5
③ $\sqrt{3} + 3.75$
④ $\sqrt{3} \times 5$

37 영상전류를 검출하는 방법이 아닌 것은?

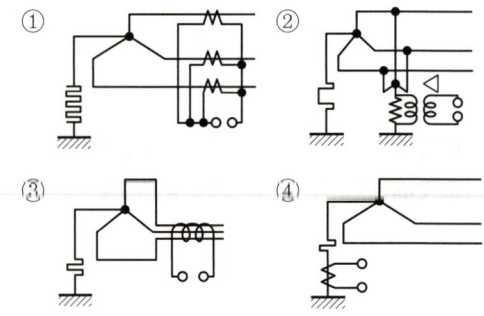

38 6.6[kV] 3상 3선식 배전선로에서 완전 1선 지락 고장이 발생하였을 때 GPT 2차에 나타나는 전압 [V]은?(단, GPT는 변압기 3대로 구성되어 있으며, 변압기의 변압비는 $\frac{6,600}{\sqrt{3}} / \frac{110}{\sqrt{3}}$ V이다.)

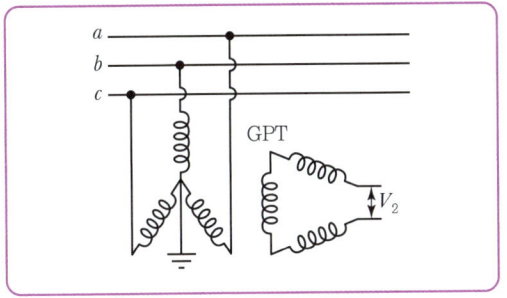

① $\frac{110}{\sqrt{3}}$ [V]　　② 110[V]
③ 110 $\sqrt{3}$ [V]　　④ 330[V]

39 차동계전기는 무엇에 의하여 동작하는가?
① 정상전류와 영상전류의 차로 동작한다.
② 양쪽 전류의 차로 동작한다.
③ 전압과 전류의 배수의 차로 동작한다.
④ 정상전류와 역상전류의 차로 동작한다.

40 발전기 보호용 비율차동 계전기의 특성이 아닌 것은?
① 외부 단락 시 오동작을 방지하고 내부 고장 시만 예민하게 동작한다.
② 계전기의 최소 동작전류를 일정치로 고정시켜 비율에 의해 동작한다.
③ 발전기 전류와 차전류의 비율에 의해 동작한다.
④ 외부단락으로 전기자 전류 격증 시 계전기의 최소 동작전류가 증대된다.

41 과부하 또는 외부의 단락사고 시에 동작하는 계전기는?
① 차동 계전기　　② 과전압 계전기
③ 과전류 계전기　　④ 부족전압 계전기

42 트랜지스터 계전기의 설명 중 옳지 않은 것은?
① 가동 부분이 없으므로 보수가 용이하다.
② 동작이 고속이고 정상값(Setting Value) 부근에서도 그 값이 변하지 않는다.
③ 접점 반조의 문제가 없다.
④ CT의 부담은 크나 PT의 부담이 작으므로 PT의 오차가 낮게 된다.

43 변압기 보호에 사용되지 않는 계전기는?
① 비율 차동 계전기　　② 차동전류 계전기
③ 부흐홀츠 계전기　　④ 임피던스 계전기

44 임피던스 계전기라고도 하며, 선로의 단락보호 또 계통 탈조사고의 검출용으로 사용되는 계전기는?
① 변화폭 계전기　　② 거리 계전기
③ 차동 계전기　　④ 방향 계전기

45 모선 보호에 사용되는 계전방식은?
① 전력평형 보호방식　　② 전압 차동 보호방식
③ 표시선 계전방식　　④ 위상 비교 반송방식

46 전원이 양단에 있는 환상선로의 단락 보호에 사용되는 계전기는?
① 방향거리 계전기　　② 부족전압 계전기
③ 선택접지 계전기　　④ 부족전류 계전기

47 송전선 보호에 있어서 주로 교류 표시된 방식인 표시선 계전방식(Pilot Wire Relaying)에 해당되는 것은?

① 전송차단방식(Transfer Trip Relaying)
② 주파수비교방식(Frequence Comparision Relaying)
③ 위상비교방식(Phase Comparision Relaying)
④ 전압방향방식(Oppsed Voltage Method)

48 과전류 계전기의 탭(Tap)의 값을 표시하는 것 중 옳게 설명한 것은?

① 계전기의 최소 동작전류
② 계전기의 최대 부하전류
③ 계전기의 동작 시한
④ 변류기의 권수비

49 파일럿 와이어(Pilot Wire) 계전방식에 대한 설명 중 옳지 않은 것은?

① 고장점 위치에 관계없이 양단을 동시 고속차단 할 수 있다.
② 송전선에 평행되도록 양단에 연락하게 한다.
③ 고장 시 장해를 받지 않게 하기 위하여 연피케이블을 사용한다.
④ 시한차를 두어서 선택 보호하는 계전방식이다.

50 3상 결선 변압기의 단상운전에 의한 소손방지 목적으로 설치하는 계전기는?

① 차동 계전기
② 역상 계전기
③ 과전류 계전기
④ 단락 계전기

51 변압기 운전 중에 절연유를 추출하여 가스 분석을 한 결과 어떤 가스 성분이 증가하는 현상이 발생되었다. 이 현상이 내부 미소방정(유중 아크분해)이라면 그 가스는?

① CH_4
② H_2
③ CO
④ CO_2

52 전력선 반송보호 계전방식에서 고장의 선택방법이 아닌 것은?

① 방향비교방식
② 순환전류방식
③ 위상비교방식
④ 고속도거리 계전기와 조합하는 방식

53 전력선 반송보호 계전방식의 장점이 아닌 것은?

① 장치가 간단하고 고장이 없으며 계전기의 성능 저하가 없다.
② 고장의 선택성이 우수하다.
③ 동작이 예민하다.
④ 고장점이나 계통의 여하에 불구하고 선택 차단 개소를 동시에 고속도 차단할 수 있다.

54 다음 중 보호 계전방식이 그 역할을 다하기 위하여 요구되는 구비 조건과 거리가 먼 것은?

① 고장 회선 내지 고장 구간의 선택 차단을 신속 정확하게 할 수 있을 것
② 과도 안전도를 유지하는 데 필요한 한도 내의 작동 시한을 가질 것
③ 적절한 후비 보호 능력이 있을 것
④ 고장 파급 범위를 최대로 하기 위한 재폐를 실시할 것

55 변압기 보호용 비율 차동 계전기를 사용하여 $\triangle - Y$ 결선의 변압기를 보호하려고 한다. 이때 변압기 1, 2차 측에 설치하는 변류기의 결선방식은?

① $\triangle - \triangle$
② $\triangle - Y$
③ $Y - \triangle$
④ $Y - Y$

56 후비보호 계전방식의 설명으로 틀린 것은?

① 주보호 계전기가 보호할 수 없을 경우 동작하며, 주보호 계전기와 정정값은 동일하다.
② 주보호 계전기가 그 어떤 이유로 정지해 있는 구간의 사고를 보호한다.
③ 주보호 계전기에 결함이 있어 정상 동작할 수 없는 상태에 있는 구간 사고를 보호한다.
④ 송전선로에서 거리 계전기의 후비보호 계전기로 고장선택 계전기를 많이 사용한다.

제2절 수전설비 계산

01 전력 수요 설비에 있어서 그 값이 높게 되면 경제적으로 불리하게 되는 것은?

① 수용률
② 부등률
③ 부하율
④ 부하 밀도

02 400[kW]의 동력설비를 가진 수용가의 수용률이 85[%]라면 최대수용전력은 몇 [kW]인가?

① 220
② 280
③ 340
④ 470

03 부하율이란?

① $\dfrac{\text{최대전력}}{\text{평균전력}}$
② $\dfrac{\text{최대전력}}{\text{설비용량}}$
③ $\dfrac{\text{설비용량}}{\text{최대전력}}$
④ $\dfrac{\text{평균전력}}{\text{최대전력}}$

04 전력 사용의 변동상태를 알아보기 위한 것으로 가장 적당한 것은?

① 수용률
② 부등률
③ 부하율
④ 역률

05 200[V], 10[kVA]인 3상 유도전동기가 있다. 어느 날의 부하실적은 1일 사용전력량 72[kWh], 1일의 최대전력이 9[kW], 최대부하일 때의 전류가 35[A]이었다. 1일의 부하율과 최대공급전력일 때의 역률은 몇 [%]인가?

① 부하율 : 31.3, 역률 : 74.2
② 부하율 : 33.3, 역률 : 74.2
③ 부하율 : 31.3, 역률 : 82.5
④ 부하율 : 33.3, 역률 82.5

06 수전용량에 비해 첨두부하가 커지면 부하율은 그에 따라 어떻게 되는가?

① 낮아진다.
② 높아진다.
③ 변하지 않고 일정하다.
④ 부하의 종류에 따라 달라진다.

07 연간 전력량 E[kWh], 연간 최대전력 W[kW]인 연부하율은 몇 [%]인가?

① $\dfrac{E}{W} \times 100$
② $\dfrac{W}{E} \times 100$
③ $\dfrac{8,760\,W}{E} \times 100$
④ $\dfrac{E}{8,760\,W} \times 100$

08 정격 10[kVA] 의 주상 변압기가 있다. 이것의 2차 측 일부하곡선이 다음 그림과 같을 때 1일의 부하율은 몇 [%]인가?

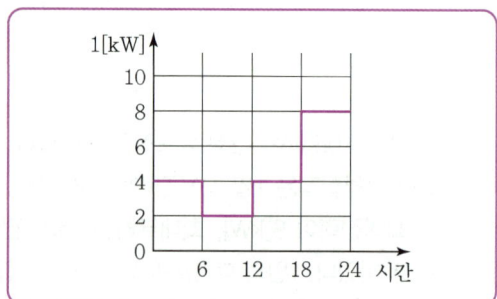

① 52.3
② 54.3
③ 56.3
④ 58.3

09 각 개의 최대수요전력의 합계는 그 군의 종합 최대수요전력보다도 큰 것이 보통이다. 이 최대전력의 발생 시각 또는 발생 시기의 분산을 나타내는 지표를 무엇이라 하는가?

① 전일효율
② 부등률
③ 부하율
④ 수용률

10 전력 소비 기기가 동시에 사용되는 정도를 나타내는 것은?

① 부하율
② 수용률
③ 부등률
④ 보상률

11 다음 중 그 값이 1 이상인 것은?

① 수용률
② 전압강하율
③ 부하율
④ 부등률

12 수용가군 총합의 부하율은 각 수용가의 수용률 및 수용가 사이의 부등률이 변화할 때 다음 중 옳은 것은?

① 수용률에 비례하고 부등률에 반비례한다.
② 부등률에 비례하고 수용률에 반비례한다.
③ 부등률에 비례하고 수용률에 비례한다.
④ 부등률에 반비례하고 수용률에 반비례한다.

13 '수용률이 크다, 부등률이 크다, 부하율이 크다'라는 것은 다음의 어떤 것에 가장 관계가 깊은가?

① 항상 같은 정도의 전력을 소비하고 있다.
② 전력을 가장 많이 소비할 때에는 쓰지 않는 기구가 별로 없다.
③ 전력을 가장 많이 소비하는 시간이 지역에 따라 다르다.
④ 전력을 가장 많이 소비하는 시간이 지역에 따라 같다.

14 설비 A가 130[kW], B가 250[kW], 수용률이 각각 0.5 및 0.8일 때, 합성 최대전력이 235[kW]이면 부등률은?

① 1.11
② 1.13
③ 1.21
④ 1.23

15 4회선의 급전선을 가진 변전소의 각 급전선 개개의 최대수용전력은 1,000, 1,100, 1,200, 1,450[kW]이고 변전소의 최대합성 수용전력은 4,300[kW] 라고 한다. 이 변전소의 부등률은?

① 0.9
② 1.0
③ 1.1
④ 1.2

16 시설용량 500[kW], 부등률 1.25, 수용률 80[%]일 때 합성최대전력은 몇 [kW]인가?

① 320　② 400
③ 500　④ 720

17 어떤 공장의 저압간선의 부하설비용량이 100[kW], 150[kW], 200[kW]이고 수용률이 다같이 50[%]이며, 각 저압간선 사이의 부등률이 1.2일 경우 이 공장의 수전설비용량은 최소 몇 [KVA]인가?(단, 평균부하역률은 80[%]이다.)

① 160　② 235
③ 355　④ 470

18 고압 배전선로의 중간에 승압기를 설치하는 주목적은?

① 전압 변동률의 감소
② 말단의 전압강하 방지
③ 전력 손실의 감소
④ 역률 개선

19 단상 승압기 1대를 사용하여 승압할 경우 1차 전압이 E_1이라 하면 2차 전압 E_2는?(단, 승압기의 변압비는 $\frac{e_1}{e_2}$이다.)

① $E_2 = E_1 + \frac{e_1}{e_2}E_1$　② $E_2 = E_1 + e_2$
③ $E_2 = E_1 + \frac{e_2}{e_1}E_1$　④ $E_2 = E_1 + e_1$

20 정격 1차 6,600[V], 2차 220[V]의 단상 변압기 두 대를 승압기로 V결선하여 6,300[V]의 3상 전원에 접속한다면 승압된 전압은 몇 [V]인가?

① 6,410　② 6,460
③ 6,510　④ 6,560

21 배전 계통에서 전력용 콘덴서를 설치하는 목적으로 다음 중 가장 타당한 것은?

① 전력 손실 감소
② 개폐기의 차단 능력 증대
③ 고장 시 영상전류 감소
④ 변압기 손실 감소

22 역률 개선용 콘덴서를 부하와 병렬로 연결할 때 △ 결선방법을 채택하는 이유로 가장 타당한 것은?

① 부하저항을 일정하게 유지할 수 있기 때문이다.
② 콘덴서의 정전용량[μF]의 소요가 적기 때문이다.
③ 콘덴서의 관리가 용이하기 때문이다.
④ 부하의 안정도가 높기 때문이다.

23 다음은 변전소 내에 설치될 역률 개선용 진상 콘덴서용의 차단기 선정에 대한 설명이다. 옳지 않은 것은?

① 차단기 투입 시 돌입 전류 때문에 차단기의 접점 손상이 발생하며 절연유가 오손되기 쉽다.
② 콘덴서 회로를 열 때 재점호하기 쉬우므로 재점호가 잘 발생하도록 개로시켜야 하며 점호가 발생하지 않으면 직렬 리액터의 층간 절연을 파괴한다.
③ 콘덴서 회로를 열 때 90°의 진전류가 흐르기 때문에 재점호가 잘 된다.
④ 차단기 투입 시 발생하는 돌입 전류를 제한하기 위해 일정 용량 이상의 것에는 보조접점이 있는 것을 사용한다.

24 P[kW], 역률 $\cos\theta_1$인 부하의 역률을 $\cos\theta_2$로 개선하기 위하여 필요한 전력용 콘덴서의 용량 [kVA]은?

① $P\left(\dfrac{\cos\theta_1}{\sqrt{1-\cos^2\theta_1}} - \dfrac{\cos\theta_1}{\sqrt{1-\cos^2\theta_2}}\right)$

② $P\left(\dfrac{\sqrt{1-\cos^2\theta_1}}{\cos\theta_1} - \dfrac{\sqrt{1-\cos^2\theta_2}}{\cos\theta_2}\right)$

③ $P(\cos\theta_1 - \cos\theta_2)$

④ $P(\sin\theta_1 - \sin\theta_2)$

25 불평형 부하에서 역률은?

① $\dfrac{\text{유효전력}}{\text{각 상의 피상전력의 산출합}}$

② $\dfrac{\text{유효전력}}{\text{각 상의 피상전력의 벡터합}}$

③ $\dfrac{\text{무효전력}}{\text{각 상의 피상전력의 산출합}}$

④ $\dfrac{\text{무효전력}}{\text{각 상의 피상전력의 벡터합}}$

26 피상전력 K[kVA], 역률 $\cos\theta$인 부하를 역률 100[%]로 하기 위한 병렬 콘덴서의 용량[kVA]은?

① $K\sqrt{1-\cos^2\theta}$
② $K\tan\theta$
③ $K\cos\theta$
④ $\dfrac{K\sqrt{1-\cos^2\theta}}{\cos\theta}$

27 역률 0.8인 부하 480[kW]를 공급하는 변전소에 전력용 콘덴서 220[kVA]를 설치하면 역률은 몇 [%]로 개선할 수 있는가?

① 82
② 85
③ 90
④ 96

28 지역률 0.8의 1,000[kW] 부하에 전력 콘덴서를 병렬로 접속하여 합성 역률 0.95로 개선하고자 할 때 소요되는 전력 콘덴서의 용량[kVA]은?

① 376
② 398
③ 422
④ 464

29 역률 80[%]인 5,000[kVA]의 3상 유도부하가 있다. 여기에 동기 조상기를 접속시켜 합성역률을 95[%]로 개선하려 한다. 동기 조상기의 소요 용량 [kVA]은?(단, 조상기의 전력 손실은 무시한다.)

① 1,350
② 1,550
③ 1,690
④ 1,980

30 정격용량 P[kVA]의 변압기에서 늦은 역률 $\cos\theta_1$의 부하에 P[kVA]를 공급하고 있다. 합성역률을 $\cos\theta_2$로 개선하여 이 변압기의 전용량까지 전력을 공급하려고 한다. 소요 콘덴서의 용량은 몇 [kVA]인가?

① $P\cos\theta_1(\tan\theta_1-\tan\theta_2)$
② $P\cos\theta_2(\cos\theta_1-\cos\theta_2)$
③ $P(\tan\theta_1-\tan\theta_2)$
④ $P(\cos\theta_1-\cos\theta_2)$

31 1대의 주상 변압기에 역률(뒤짐) $\cos\theta_1$, 유효전력 P_1[kW]의 부하와 역률(뒤짐) $\cos\theta_2$, 유효전력 P_2[kW]의 부하가 병렬로 접속되어 있을 경우, 주상 변압기 2차 측에서 본 부하의 종합역률은?

① $\dfrac{\cos\theta_1\cos\theta_2}{\cos\theta_1+\cos\theta_2}$

② $\dfrac{P_1+P_2}{\dfrac{P_1}{\cos\theta_1}+\dfrac{P_2}{\cos\theta_2}}$

③ $\dfrac{P_1+P_2}{\dfrac{P_1}{\sin\theta_1}+\dfrac{P_2}{\sin\theta_2}}$

④ $\dfrac{P_1+P_2}{\sqrt{(P_1+P_2)^2+(P_1\tan\theta_1+P_2\tan\theta_2)^2}}$

32 역률(늦음) 80[%], 10[kVA]의 부하를 가지는 주상 변압기의 2차 측에 2[kVA]의 콘덴서를 접속하면 주상 변압기에 걸리는 부하는 약 얼마인가?

① 8[kVA] ② 8.5[kVA]
③ 9[kVA] ④ 9.5[kVA]

33 부하역률이 $\cos\theta$인 배전선로의 저항손실은 동일 부하전력에서 역률 1일 때의 몇 배인가?

① $\cos\theta$ ② $\dfrac{1}{\cos\theta}$
③ $\cos^2\theta$ ④ $\dfrac{1}{\cos^2\theta}$

34 부하역률이 0.8인 선로의 저항 손실은 부하역률이 0.9인 선로의 저항 손실에 비해서 약 몇 배 정도 되는가?

① 0.7 ② 1.0
③ 1.3 ④ 1.8

35 어떤 콘덴서 3개를 선간전압 3,300[V], 주파수 60[Hz]의 선로에 △로 접속하여 60[kVA]가 되도록 하려면 1개의 정전용량은 몇 [μF]인가?

① 1.62 ② 3.22
③ 4.85 ④ 14.55

36 단상변압기 3대를 △결선으로 운전하던 중 1대의 고장으로 V결선할 경우 V결선과 △결선의 출력비는 몇 [%]인가?

① 52.2 ② 57.7
③ 66.6 ④ 86.6

37 다음 중 플리커 예방을 위한 수용가 측의 대책이 아닌 것은?

① 공급 전원을 승압한다.
② 전원 계통에 리액턴스분을 보상한다.
③ 전압강하를 보상한다.
④ 부하의 무효전력 변동분을 흡수한다.

38 다음 중 배전선로의 손실을 경감하기 위한 대책으로 적절하지 않은 것은?

① 전력용 콘덴서 설치
② 배전전압의 승압
③ 전류 밀도의 감소와 평형
④ 누전 차단기 설치

39 우리나라의 특고압 배전방식으로 가장 많이 사용되고 있는 것은?

① 단상 2선식 ② 3상 3선식
③ 3상 4선식 ④ 2상 4선식

40 저압 배전선의 배전방식 중 배선 설비가 단순하고, 공급 능력이 최대인 경제적 배분방식이며, 국내에서 220/380[V] 승압방식으로 채택된 방식은?

① 단상 2선식 ② 단상 3선식
③ 3상 4선식 ④ 3상 3선식

41 부하 불평형에 의한 손실 증가가 가장 많은 것은?

① 단상 2선식 ② 3상 3선식
③ 3상 4선식 ④ V결선

42 우리나라에서 현재 사용되고 있는 송전전압에 해당되는 것은?

① 150[kV] ② 220[kV]
③ 345[kV] ④ 500[kV]

43 변전소에 사용되는 축전지의 용량 계산에 고려되지 않는 사항은?

① 충전률
② 방전전류
③ 보수율
④ 용량환산시간

44 저압 배전선로의 플리커(Fliker) 전압의 억제 대책으로 볼 수 없는 것은?

① 내부 임피던스가 작은 대용량의 변압기를 선정한다.
② 배전선은 굵은 선으로 한다.
③ 저압뱅킹방식 또는 네트워크방식으로 한다.
④ 배전선로에 누전 차단기를 설치한다.

45 다음 중 플리커 경감을 위한 전력 공급 측의 방안이 아닌 것은?

① 단락용량이 큰 계통에서 공급한다.
② 공급전압을 낮춘다.
③ 전력 변압기로 공급한다.
④ 단독 공급 계통을 구성한다.

46 공통 중성선 다중접지방식의 배전선로에 있어서 Recloser[R], Sectio Nalize[S], Line Fuse[F]의 보호협조가 가장 적합한 배열은?(단, 왼쪽은 후비 보호 역할이다.)

① S-F-R
② S-R
③ F-S-R
④ R-S-F

47 선로 고장 발생 시 타 보호기와의 협조에 의해 고장 구간을 신속히 개방하는 자동구간 개폐기로서 고장전류를 차단할 수 없어 차단 기능이 있는 후비 보호장치와 직렬로 설치되어야 하는 배전용 개폐기는?

① 배전용 차단기
② 부하 개폐기
③ 컷아웃 스위치
④ 섹셔널라이저

48 다중접지 계통에 사용되는 재폐로 기능을 갖는 일종의 차단기로서 과부하 또는 고장전류가 흐르면 순시동작하고, 일정시간 후에는 자동적으로 개폐로 하는 보호기기는?

① 리클로서
② 라인퓨즈
③ 섹셔널라이저
④ 고장구간 자동개폐기

49 그림과 같이 A, B 양 지점에 각각 I_1, I_2 집중 부하가 있고 양단의 전압강하를 모두 균등하게 할 때 전선이 가장 경제적으로 되는 급전점 P는 A점으로부터 몇 [km]인가?

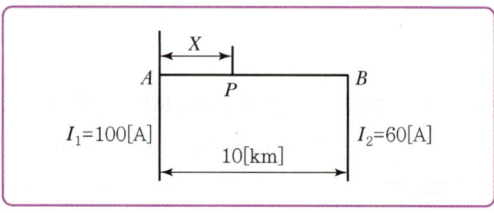

① 2.55
② 3.75
③ 5.45
④ 6.25

50 배전용 변전소의 주변압기는?

① 단권 변압기
② 삼권 변압기
③ 체강 변압기
④ 체승 변압기

51 배전선의 전압을 조정하는 방법으로 적당하지 않은 것은?

① 유도전압조정기
② 승압기
③ 주상 변압기 탭전환
④ 동기조상기

52 배전선의 역률이 저하되는 원인은?

① 전등의 과부하
② 유도전동기의 경부하 운전
③ 선로의 충전전류
④ 동기조상기의 중부하 운전

53 100[V]의 수용가를 220[V]로 승압했을 때 특별히 교체하지 않아도 되는 것은?
① 백열전등의 전구 ② 옥내 배선의 전선
③ 콘센트와 플러그 ④ 형광등의 안정기

54 우리나라에서 사용하는 공칭전압 22000(22000/38000)에서 (22000/38000)의 의미는?
① 접지전압/비접지전압 ② 비접지전압/접지전압
③ 선간전압/상전압 ④ 상전압/선간전압

55 변압기의 [%] 임피던스가 표준치보다 훨씬 클 때 고려하여야 할 문제점은?
① 온도 상승 ② 여자돌입전류
③ 기계적 충격 ④ 전압 변동률

56 옥내배선의 보호방법이 아닌 것은?
① 과전류 보호 ② 지락 보호
③ 전압강하 보호 ④ 절연접지 보호

57 그림과 같이 3,300[V], 비접지식 배전선로에 접속된 주상 변압기의 1차와 2차 간에 고저압 혼촉 고장이 발생하였을 경우, X 표시한 부분의 대지전위는 몇 [V]인가?(단, 접지저항은 20[Ω], 접지저항에 흐르는 지락전류는 5[A]이다.)

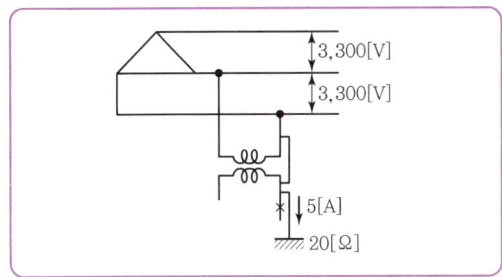

① $\dfrac{3,300}{\sqrt{3}}$ ② $3,300\sqrt{3}$
③ 3,300 ④ 100

58 배전선로 개폐기 중 반드시 차단기능이 있는 후비 보조장치와 직렬로 설치하여 고장구간을 분리시키는 개폐기는?
① 컷아웃 스위치 ② 부하개폐기
③ 리클로저 ④ 섹셔널라이저

59 고압 배전선로의 보호방식에서 고장 전류의 차단 방식이 아닌 것은?
① 퓨즈에 의한 보호방식
② 리클로저(Recloser)에 의한 방식
③ 섹셔널라이저(Sectionalizer)에 의한 방식
④ 자동부하 전환 스위치(ALTS : Auto Load Transfer Switch)에 의한 방식

60 옥내배선의 전압강하는 될 수 있는 대로 적게 해야 하지만 경제성을 고려하여 보통 다음 값 이하로 하고 있다. 옳은 것은?
① 인입선 1[%], 간선 1[%], 분기회로 2[%]
② 인입선 2[%], 간선 2[%], 분기회로 1[%]
③ 인입선 1[%], 간선 2[%], 분기회로 3[%]
④ 인입선 2[%], 간선 1[%], 분기회로 1[%]

제3절 배전방식

01 배전방식에 있어서 저압방사상식에 비교하여 저압뱅킹방식이 유리한 점 중에서 틀린 것은?
① 전압 동요가 작다.
② 고장이 광범위하게 파급될 우려가 없다.
③ 단상 3선식에서는 변압기가 서로 전압 평형작용을 한다.
④ 부하 증가에 대하여 융통성이 좋다.

02 그림과 같이 2차 변전소에 따로 전력을 공급하는 지중전선로 방식은?

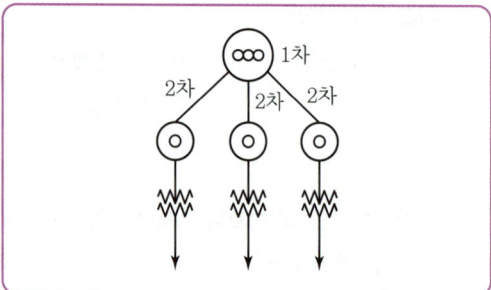

① 평행식　　② 다단식
③ 방사식　　④ 환상식

03 환상식(Loop) 배전방식에 대한 설명으로 틀린 것은?

① 증설이 용이하다.
② 전압 변동이 적다.
③ 변압기의 부하 배분이 균일하게 된다.
④ 부하 증가에 대한 융통성이 크다.

04 특고 수용가 근거리에 밀집하여 있을 경우, 설비의 합리화를 기할 수 있고 경제적으로 유리한 지중 송전 계통의 구성방식은?

① 루프(Loop) 방식
② 수지상 방식
③ 방사상 방식
④ 유닛(Unit) 방식

05 저압뱅킹(Banking) 배전방식이 적당한 지역은?

① 어촌
② 화학 공장
③ 부하 밀집 지역
④ 농어촌

06 저압뱅킹(Banking)방식에 대한 설명으로 옳은 것은?

① 깜박임(Light Flicker) 현상이 심하게 나타난다.
② 저압간선의 전압강하는 줄여지나 전력 손실은 줄일 수 없다.
③ 캐스케이딩(Cascading) 현상의 염려가 있다.
④ 부하의 증가에 대한 융통성이 없다.

07 저압 배전 계통의 구성에 있어서 공급 신뢰도가 가장 우수한 계통 구성방식은?

① 방사상방식　　② 저압 네트워크방식
③ 망상식방식　　④ 뱅킹방식

08 저압네트워크 배전방식의 장점이 아닌 것은?

① 정전이 적다.
② 전압 변동이 적다.
③ 인축의 접촉사고가 적어진다.
④ 부하의 증가에 대한 적응성이 크다.

09 저압네트워크 배전방식에 사용되는 네트워크 프로텍트(Network Protect)의 구성요소가 아닌 것은?

① 저압용 차단기　　② 퓨즈
③ 전력 방향 계전기　　④ 계기용 변압기

10 망상(Network) 배전방식에 대한 설명으로 옳은 것은?

① 부하증가에 대한 융통성이 작다.
② 전압 변동이 대체로 크다.
③ 인축에 대한 감전사고가 적어서 농촌에 적합하다.
④ 무정전 공급이 가능하다.

11 부하단의 선간전압(단상 3선식의 경우에는 중성선과 다른 선 사이의 전압) 및 선로전류가 같을 경우, 단상 2선식 대 단상 3선식의 1선당의 공급전력의 비는?

① 100 : 115　　② 100 : 133
③ 100 : 75　　　④ 100 : 87

12 배전선로의 전기방식 중 전선의 중량(전선비용)이 가장 적게 소요되는 방식은?(단, 배전전압, 거리, 전력 및 선로 손실 등은 같다.)

① 단상 2선식　　② 단상 3선식
③ 3상 3선식　　　④ 3상 4선식

13 송전전력, 부하 역률, 송전 거리, 전력 손실 및 선간 전압을 동일하게 하였을 경우 3상 3선식에 필요한 전선 총량은 단상 2선식에 필요로 하는 전선량의 몇 배인가?

① $\dfrac{1}{2}$　　② $\dfrac{2}{3}$
③ $\dfrac{3}{4}$　　④ 1

14 단상 2선식을 100[%]로 하여 3상 3선식의 부하 전력 전압을 같게 하였을 때, 선로전류의 비[%]는?

① 38　　② 48
③ 58　　④ 68

15 다음 중 직류 2선식에 대하여 1선당의 송전전력이 최대가 되는 전기방식은?(단, 중앙선은 다른 선과 동일한 굵기이며, 송전전력, 송전거리, 전선로의 전력 손실이 일정하고 같은 재료의 전선을 사용한 경우임)

① 단상 2선식　　② 단상 3선식
③ 3상 3선식　　　④ 3상 4선식

16 다중접지 3상 4선식 배전선로에 고압 측(1차 측) 중성선과 저압 측(2차 측) 중성선을 전기적으로 연결하는 목적은?

① 저압 측의 단락사고를 검출하기 위하여
② 저압 측의 지락사고를 검출하기 위하여
③ 주상 변압기의 중성선 측 부싱을 생략하기 위하여
④ 고저압 혼촉 시 수용가를 침입하는 상승전압을 억제하기 위하여

17 단상 3선식에 사용되는 밸런서의 특성이 아닌 것은?

① 여자 임피던스가 작다.　② 누설 임피던스가 작다.
③ 권수비가 1 : 1이다.　　④ 단권 변압기이다.

18 단상 3선식에 대한 설명 중 옳지 않은 것은?

① 불평형 부하 시 중성선 단선 사고가 나면 전압 상승이 일어난다.
② 불평형 부하 시 중성선에 전류가 흐르므로 중성선에 퓨즈를 삽입한다.
③ 선간전압 및 선로전류가 같을 때 1선당 공급 전력은 단상 2선식의 133[%]이다.
④ 전력 손실이 동일할 경우 전선 총중량은 단상 2선식의 37.5[%]이다.

19 그림과 같은 단상 3선식에 있어서 중성선의 점 P에서 단선 사고가 생긴 후, V_2는 V_1의 몇 배로 되는가?

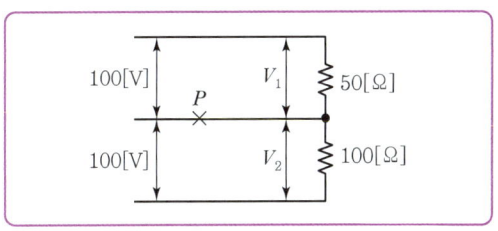

① 0.5배　　② 1.5배
③ 2배　　　④ 3배

20 그림과 같은 단상 3선식 회로의 중성선 P점에서 단선되었다면 백열등 A(100[W])와 B(400[W])에 걸리는 단자전압은 각각 몇 [V]인가?

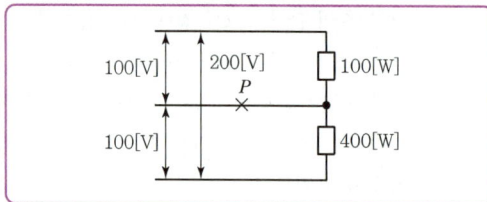

① $V_A = 160[V]$, $V_B = 40[V]$
② $V_A = 120[V]$, $V_B = 80[V]$
③ $V_A = 40[V]$, $V_B = 160[V]$
④ $V_A = 80[V]$, $V_B = 120[V]$

21 배전전압을 3,000[V]에서 6,000[V]로 높이는 이점이 아닌 것은?

① 배전 손실이 같다고 하면 수송전력을 증가시킬 수 있다.
② 수송전력이 같다면 전력 손실을 줄일 수 있다.
③ 전압강하를 줄일 수 있다.
④ 주파수를 감소시킨다.

22 선로의 부하가 균일하게 분포되어 있을 때 배전선로의 전력 손실은 이들의 전부하가 선로의 말단에 집중되어 있을 때에 비하여 어떠한가?

① 1/5 ② 1/4
③ 1/3 ④ 1/2

23 직류 2선식에서 배전선로의 끝에 부하가 집중되어 있는 경우 전선 1가닥의 저항을 R[Ω], 선로전류를 I[A]라 하면 이 배전선로의 전압강하 e는 몇 [V]인가?

① $e = \frac{1}{2}RI$ ② $e = RI$
③ $e = 3RI$ ④ $e = 2RI$

24 다음 중 고압 배전계통의 구성 순서로 알맞은 것은?

① 배전 변전소 → 간선 → 분기선 → 급전선
② 배전 변전소 → 급전선 → 간선 → 분기선
③ 배전 변전소 → 간선 → 급전선 → 분기선
④ 배전 변전소 → 급전선 → 분기선 → 간선

25 단상 2선식 배전선로의 송전단 전압 및 역률이 각각 400[V], 0.9이고 수전단 전압 및 역률이 각각 380[V], 0.8일 때, 전력 손실은 몇 [W]인가?(단, 부하전류는 10[A]이다.)

① 560   ② 640
③ 820   ④ 2,000

26 공장이나 빌딩 등에서 400[V] 배전을 하고 있는데 400[V] 배전의 이유가 되지 않는 것은?

① 전압 변동률의 경감
② 전선 등 재료의 절감
③ 배선의 전력 손실 경감
④ 변압기 용량의 절감

Chapter 03 발전공학

제1절 수력발전

01 낙차에 의한 분류
수로식, 댐식, 댐수로식, 유역 변경식 발전소

02 유량에 의한 분류
유입식, 저수식, 조정지식, 양수식 → 잉여 전력을 이용하여 펌프로 하부 저수지의 물을 상부 저수지에 양수해서 저장해 두었다가 첨두 부하 시에 이것을 이용

03 수력학
(1) 성질
　물의 밀도는 1기압하에서 온도 4[℃]일 때 최대밀도

(2) 수두[m]
　① 위치 수두 : $H \propto P$
　② 압력수두 : $H_P = \dfrac{P}{W} = \dfrac{P}{Wg}$
　③ 속도수두 : 위치에너지 = 운동에너지
　　$H = \dfrac{V^2}{2g}$ 수두 : 에너지(낙차)
　※ 물의 분출 속도 $V = \sqrt{2gH}$ [m/s]

04 하천의 유량과 낙차($Q = m^3/S$)
(1) 유량도 : 하천 유량 변동상태
(2) 유황곡선 : 연간 발전 계획의 기초 자료

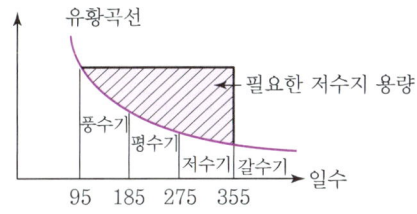

(3) 적산유량곡선 : 저수지 용량 결정
(4) 연평균 유량
$$Q = \dfrac{b \times a \times 10^{-3} \times k}{365 \times 24 \times 3{,}600}$$
　여기서, b : 유역 면적[m²]
　　　　a : 강수량[mm]
　　　　k : 유량계수 = $\dfrac{유출량}{강수량}$ ≒ 60~80

05 수력설비
(1) 취수구 : 취수구의 부속 설비
　① 제수문 : 유량 조절
　② 스크린 : 오물 제거
　③ 침사지 : 토사를 침전배지

(2) 수로
　① 무압수로
　② 압력수로
　　• 기울기 : $\dfrac{1}{300} \sim \dfrac{1}{400}$
　　• 유속 : 3~4[m/s]

(3) 수조
　수격 작용 완화, 토사 제거, 3~4분간의 수량을 저장할 수 있는 용량
　① 상수조(헤드탱크) : 무압수로
　② 조압수조(서지탱크) : 압력수로
　　• 단동 서지 탱크, 차동
　　• 서지 탱크(Surge 주기가 가장 빠름)
　　• 수실 서지 탱크(이용수심이 크다)

(4) 수압관
　• 길이 : 12~15[m] 정도
　• 직경 : 4~5[m] 정도

(5) 수차
  ① 펠턴 수차 : 300[m] 이상 고낙차(충동수차)
  ② 프란시스 수차 : 30~40[m] 정도 중낙차 - 양수 발전소 펌프
  ③ 사류 수차 : 30~130[m] 변낙차 변부하의 특성이 양호
  ④ 프로펠러 수차
  ⑤ 카플란 수차
  ⑥ 원통(튜블러) 수차 : 조력발전 15[m] 이하

(6) 수차의 특징
  ① 특유 속도
  $$N_s = N\frac{P^{\frac{1}{2}}}{H^{\frac{5}{4}}} = N\frac{\sqrt{P}}{H\sqrt{\sqrt{H}}}\,[\text{rpm}]$$
  ② 낙차 변화와 특성의 변화
  $$\frac{Q_2}{Q_1} = \left(\frac{H_2}{H_1}\right)^{\frac{1}{2}} \quad \frac{N_2}{N_1} = \left(\frac{H_2}{H_1}\right)^{\frac{1}{2}} \quad \frac{P_2}{P_1} = \left(\frac{H_2}{H_1}\right)^{\frac{3}{2}}$$

(7) 조속기
  출력의 증감에 관계없이 수차의 회전수를 일정하게 유지하기 위해서 출력의 변화에 따라서 수차 유량 조절

06 수력발전소의 출력
$P = 9.8\,QH\eta$
여기서, Q : 유량[m³/s]
   H : 낙차[m]
   η : 효율

제2절 화력발전

01 기력발전

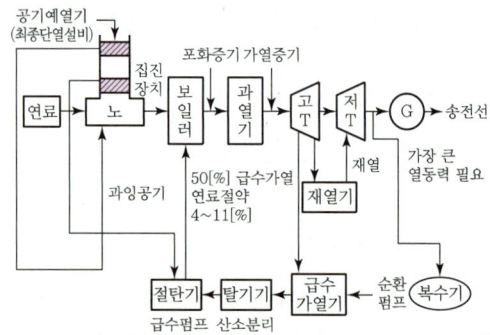

① 급수가열기만 존재 : 재생 사이클
② 재열기, 급수가열기 모두 존재 : 재생·재열 사이클
③ 재열기만 존재 : 재열 사이클

(1) 증기의 성질
  ① 임계점
    ㉠ 압력 : 225.65[kg/cm²]
    ㉡ 온도 : 374.15[℃]
  ② 엔탈피[i] : 단위무게의 물 또는 증기가 보유하는 전열량 [kcal/kg]
  ③ 엔트로피[S]
  $$ds = \frac{di(Q)}{dT}\,[\text{kcal/k·K}]$$
  $H = 860\,Ptn = C_1 m \quad Q = cm(T-t)$

(2) 열 사이클의 종류
  ① 카르노 사이클 : 가장 이상적인 사이클
  ② 랭킨 사이클 : 기력 발전에서 가장 기본이 되는 사이클
  ③ 재열 사이클 : 터빈 팽창 중단에서 '일단 증기를 전부 추출' 재가열하여 터빈에 공급
  ④ 재생 사이클 : 터빈 팽창 중단에서 '일단 증기를 일부만 추출'하여 급수가열기의 공급
  ⑤ 재생·재열 사이클 : 대용량 기력 발전소에서 가장 많이 사용

(3) 연료
  ① 고체연료
    - 석탄, 무연탄, 역청탄 발열량=5,000~5,500[kcal/kg]
    - 연소방식
      - 미분탄 연소방식
      - 스토커 연소방식
  ② 액체연료
    LNG, LPG 발열량=9,500~9,800[kcal/Ncm³]

(4) 노(화로)
  공급된 연료와 공기를 혼합하여 완전 연소시키는 장치
  ① 노의 종류
    - 벽돌벽
    - 공랭벽
    - 수랭벽 : 흡수열량이 가장 크다.

(5) 보일러의 설비
  ① 보일러 종류 : 자연순환식 보일러(밀도차 이용) 강제순환식 보일러(순환펌프 이용), 관류식 보일러(드럼이 없다.)
  ② 통풍장치 : 자연통풍, 강제통풍
  ③ 집진장치(공해 오염 방지)·전기식 : 코트랫 집진장치(효율이 가장 좋다)
    - 기계식 : 사이클론

(6) 복수기 : 표면 복수기

(7) 급수 가열기

(8) 보일러 급수 영향
  ① 스케일 : 열통과율 저하의 원인(스케일과 진흙)
  ② 포오밍 : 보일러 표면에 거품이 일어나는 현상
  ③ 프라이밍 : 부하가 갑자기 증가하여 압력이 떨어졌을 때 일어나는 보일러 물의 비등 현상
  ④ 캐리오버 : 터빈에 장해를 주는 것

(9) 탈기기 : 배관에 산소 등을 제거하여 부식 방지

(10) 절탄기 : 보일러 급수를 예열

(11) 공기 예열기(연도의 최종단 설비)

02 발전소의 열효율

$$\eta = \frac{860W}{mH} \times 100$$

여기서, W : 전력량[kWh]
m : 질량[kg]
H : 발열량[kcal/kg]

03 수소냉각방식

(1) 장점
  ① 출력 20~25[%] 증대
  ② 풍손 $\frac{1}{10}$ 감소
  ③ 권선 수명이 길다.

(2) 단점
  ① 공기와 혼합 시 폭발 우려
  ② 냉각수가 많이 들어간다.

제3절 원자력발전

01 핵연료

① 저농축 우라늄
② 고농축 우라늄
③ 천연 우라늄
④ 플루토늄(PU)

02 제어재

① 핵분열 시 연쇄반응 제어하여 중성자 수를 조절
② 재료 : 카드늄[cd], 하프늄[hf], 붕소[B]

03 감속재

① 핵 분열 시 연쇄반응을 제어하여 고속 중성자를 열 중성자로 감속
② 재료 : 경수[H_2O], 중수[D_2O], 흑연[C], 산화 베릴륨[Be]

04 냉각재

① 핵 분열 시 발산되는 열에너지를 노 외부로 인출하여 열교환기로 운반
② 재료 : 경수, 중수, 헬륨[He], 탄산가스[CO_2]

05 반사재

① 핵 분열 시 발산되는 열에너지가 노 외부로 인출되는 것을 차폐하여 핵 연료 소요량 감소
② 재료 : 경수, 중수, 흑연, 산화 베릴륨

06 차폐재

γ선이나 중성자가 노 외부로 인출되는 것을 차폐하여 인체유해 방지 또는 방열효과

07 원자로의 종류

(1) 경수형 원자로(LWR)
  연료 : 저농축 우라늄, 경수 냉각, 경수 감속
  ① 가압 수형 원자로(PWR)
  ② 비등 수형 원자로(BWR) – 열교환기 없다.

(2) 중수형 원자로(HWR)
  연료 : 천연 우라늄, 중수 냉각, 중수 감속

핵심 기출 문제

제1절 수력발전

01 수차의 특유속도(Specific Speed) 공식은?(단, 유효낙차를 H[m], 수차의 출력을 P[kW], 수차의 정격 회전수를 n[rpm], 특유속도를 N_s[rpm]이라 한다.)

① $N_s = \dfrac{nP^{\frac{1}{2}}}{H^{\frac{5}{4}}}$
② $N_s = \dfrac{H^{\frac{5}{4}}}{nP}$
③ $N_s = \dfrac{HP^{\frac{1}{4}}}{n^{\frac{5}{4}}}$
④ $N_s = \dfrac{nP^2}{H^{\frac{5}{4}}}$

02 특유속도를 선정할 때 그 한계를 표시하는 식으로 $N_s \leq \dfrac{13,000}{H+20} + 50$이 사용되는 수차는?

① 펠턴 수차
② 프란시스 수차
③ 프로펠러 수차
④ 카플란 수차

03 수차의 특유속도에 대한 설명으로 옳은 것은?

① 특유속도가 크면 경부하 시 효율의 저하는 거의 없다.
② 특유속도가 큰 수차는 주변속도가 일반적으로 적다.
③ 특유속도가 높다는 것은 수차의 실용속도가 높은 것을 의미한다.
④ 특유속도가 높다는 것은 수차 러너와 유수와의 상대속도가 빠르다는 것이다.

04 다음 중 특유속도가 가장 작은 수차는?

① 프로펠러 수차
② 프란시스 수차
③ 펠턴 수차
④ 카플란 수차

05 카플란 수차에 없어서는 안 되는 것은?

① 입구밸브
② 수압조정기
③ 디플렉터
④ 흡출관

06 전력 계통의 경부하 시 또는 다른 발전소의 발전 전력에 여유가 있을 때 이 잉여전력을 이용해서 전동기로 펌프를 돌려 물을 상부의 저수지에 저장하였다가 필요에 따라 이 물을 이용해서 발전하는 발전소는?

① 조력발전소
② 양수식 발전소
③ 유역 변경식 발전소
④ 수로식 발전소

07 우리나라 양수발전소의 입력은 주로 어떤 발전소에서 담당하는가?

① 원자력발전소 및 화력 대용량 발전소
② 소수력발전소
③ 열병합발전소
④ MHD발전소

08 수차의 유효 낙차와 안내 날개, 그리고 노즐의 열린 정도를 일정하게 하여 놓은 상태에서 조속기가 동작하지 않게 하고, 전부하 정격 속도로 운전 중에 무부하로 하였을 경우에 도달하는 최고속도를 무엇이라 하는가?

① 특유속도(Specific Speed)
② 동기속도(Synchronous Speed)
③ 무구속속도(Runaway Speed)
④ 임펄스속도(Impulse Speed)

09 수조에 대한 설명으로 옳은 것은?
 ① 무압수로의 종단에 있으면 조압수조, 압력수로의 종단에 있으면 헤드 탱크라 한다.
 ② 헤드 탱크의 용량은 최대사용수량의 1~2시간에 상당하는 크기로 설계된다.
 ③ 조압수조는 부하변동에 의하여 생긴 압력 터널 내의 수격압이 압력 터널에 침입하는 것을 방지한다.
 ④ 헤드 탱크는 수차의 부하가 급증할 때에는 물을 배제하는 기능을 가지고 있다.

10 수력발전소의 댐을 설계하거나 저수지의 용량 등을 결정하는 데 가장 적당한 것은?
 ① 유량도   ② 적산유량곡선
 ③ 유황곡선   ④ 수위-유량곡선

11 취수구에 제수문을 설치하는 목적은?
 ① 낙차를 높인다.   ② 홍수위를 낮춘다.
 ③ 유량을 조정한다. ④ 모래를 배제한다.

12 수차발전기가 난조를 일으키는 원인은?
 ① 발전기의 관성 모멘트가 크다.
 ② 발전기의 자극에 제동권선이 있다.
 ③ 수차의 속도 변동률이 적다.
 ④ 수차의 조속기가 예민하다.

13 댐 이외의 하천 하류의 구배를 이용할 수 있도록 수로를 설치하여 낙차를 얻는 발전방식은?
 ① 유역변경식   ② 댐식
 ③ 수로식   ④ 댐수로식

14 수력발전소에서 조압수조를 설치하는 목적은?
 ① 부유물의 제거   ② 수격작용의 완화
 ③ 유량의 조절   ④ 토사의 제거

15 화력발전이 점유하는 비중이 수력발전에 비하여 대단히 큰 전력 계통에서 수력발전의 운전방법으로 가장 적절한 것은?
 ① 일정 출력 운전   ② 기저 부하 운전
 ③ 예비 출력 운전   ④ 첨두 부하 운전

16 수력발전소를 건설할 때 낙차를 취하는 방법으로 적합하지 않은 것은?
 ① 댐식   ② 수로식
 ③ 역조정지식   ④ 유역 변경식

17 수력학에 있어서 수두의 단위는?
 ① m   ② kg · m
 ③ kg/m   ④ kg/m^3

18 유역면적 365[km^2]의 발전지점에서 연 강수량이 2,400[mm]일 때 강수량의 $\frac{1}{3}$이 이용된다면 연평균 유량은 몇 [m^3/s]인가?
 ① 5.26   ② 7.26
 ③ 9.26   ④ 11.26

19 낙차 350[m], 최대사용수량 20[m^3/s]인 발전소의 최대출력은 약 몇 [kW]인가?(단, 수차 및 발전기의 합성효율은 85[%]라 한다.)
 ① 58,310   ② 16,660
 ③ 24,990   ④ 33,320

20 유역면적이 4,000[km^2]인 어떤 발전 지점이 있다. 유역 내의 연강우량이 1,400[mm]이고 유출계수가 75[%]라고 하면, 그 지점을 통과하는 연평균 유량은 약 몇 [m^3/s]인가?
 ① 121   ② 133
 ③ 251   ④ 150

21 발전용량 9,800[kW]의 수력발전소 최대사용수량이 10[m³/s]일 때, 유효낙차는 몇 [m]인가?

① 100　　② 125
③ 150　　④ 175

22 유효낙차 400[m]의 수력발전소가 있다. 펠턴 수차의 노즐에서 분출하는 물의 속도를 이론값의 0.95배로 한다면 물의 분출속도는 약 몇 [m/s]인가?

① 44.2　　② 53.6
③ 62.6　　④ 84.1

제2절　화력발전

01 터빈발전기의 수소냉각에 대한 설명 중 옳지 않은 것은?

① 운전 중 소음이 매우 낮다.
② 절연 효과가 크게 된다.
③ 냉각효율이 좋다.
④ 화재에 안전하다.

02 터빈발전기에서 수조냉각방식을 공기냉각방식과 비교한 것 중 수소냉각방식의 특징이 아닌 것은?

① 동일 기계에서 출력을 증가할 수 있다.
② 풍손이 적다.
③ 권선의 수명이 길어진다.
④ 코로나 발생이 심하다.

03 기력발전소 내의 보조기 중 예비기를 가장 필요로 하는 것은?

① 미분탄송입기　　② 급수펌프
③ 강제통풍기　　　④ 급탄기

04 발전소 원동기로 이용되는 가스터빈의 특징을 증기터빈 내연기관에 비교하면?

① 평균 효율이 증기터빈에 비하여 대단히 낮다.
② 기동시간이 짧고 조작이 간단하므로 첨두 부하 발전에 적당하다.
③ 냉각수가 비교적 많이 든다.
④ 설비가 복잡하며, 건설비 및 유지비가 많고 보수가 어렵다.

05 증기압, 증기온도 및 진공도가 일정하다면 추기할 때는 추기치 않을 때보다 단위발전량당 증기소비량과 연료소비량은 어떻게 변하는가?

① 증기소비량, 연료소비량 모두 감소한다.
② 증기소비량은 증가하고, 연료소비량은 감소한다.
③ 증기소비량은 감소하고, 연료소비량은 증가한다.
④ 증기소비량, 연료소비량 모두 증가한다.

06 탄연소 화력발전소에서 사용되는 집진장치의 효율이 가장 큰 것은?

① 전기식 집진기　　② 수세식 집진기
③ 원심력식 집진장치　④ 직렬 결합식

07 복수기에 냉각수를 보내는 펌프는?

① 순환펌프　　② 급수펌프
③ 배출펌프　　④ 복수펌프

08 기력발전소의 열효율을 올리는 데 가장 효과적인 것은?

① 절탄기의 사용
② 포화증기의 과열
③ 재생·재열 사이클의 채용
④ 연소용 공기의 예열

09 화력발전소에서 가장 큰 손실은 주로 어떤 손실인가?
① 연돌 배출가스 손실 ② 복수기의 방열손
③ 소내용 동력 ④ 터빈 및 발전기의 손실

10 포밍(Foaming)의 원인은?
① 과열기의 손상 ② 냉각수의 불순물
③ 급수의 불순물 ④ 기압의 과대

11 "화력발전소의 ㉠은 발생 ㉡을 열량으로 환산한 값과 이것을 발생하기 위하여 소비된 ㉢의 보유 열량 ㉣을 말한다." 빈칸에 알맞은 말은?
① ㉠ 손실률 ㉡ 발열량 ㉢ 물 ㉣ 차
② ㉠ 발열량 ㉡ 증기량 ㉢ 온도 ㉣ 결과
③ ㉠ 열효율 ㉡ 전력량 ㉢ 연료 ㉣ 비
④ ㉠ 연료 소비율 ㉡ 증기량 ㉢ 물 ㉣ 화

12 기력발전소의 기본 사이클이다. 그 순서가 옳은 것은?
① 급수펌프 → 과열기 → 터빈 → 보일러 → 복수기 → 다시 급수펌프로
② 급수펌프 → 보일러 → 과열기 → 터빈 → 복수기 → 다시 급수펌프로
③ 보일러 → 과열기 → 복수기 → 터빈 → 급수펌프 → 축열기 → 다시 과열기로
④ 보일러 → 급수펌프 → 과열기 → 복수기 → 급수펌프 → 다시 보일러로

13 증기의 엔탈피란?
① 증기 1[kg]의 잠열
② 증기 1[kg]의 보유 열량
③ 증기 1[kg]의 기화 열량
④ 증기 1[kg]의 증발열을 그 온도로 나눈 것

14 고압 터빈에서 배기되는 증기를 용기 내로 도입하여 물로 냉각하면 증기는 응결하고 용기 내는 진공이 되며, 증기를 저압까지 팽창시킬 수 있다. 이렇게 하면 전체의 열낙차를 증가시키고, 증기 터빈의 열효율을 높일 수 있는데, 이러한 목적으로 사용되는 설비는?
① 조속기 ② 복수기
③ 과열기 ④ 재열기

15 그림과 같은 열 사이클은?

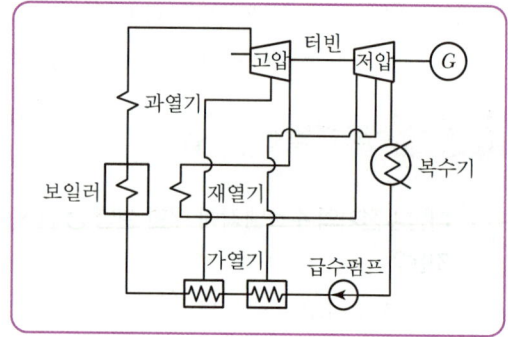

① 재열 사이클
② 재생 사이클
③ 재열·재생 사이클
④ 기본 열 사이클

16 증기터빈의 팽창 도중에 증기를 추출하는 형태의 터빈은?
① 복수터빈 ② 배압터빈
③ 추기터빈 ④ 배기터빈

17 화력발전소에서 재열기의 목적은?
① 급수 ② 석탄
③ 공기 ④ 증기

18 그림과 같은 열 사이클은 무슨 사이클인가?

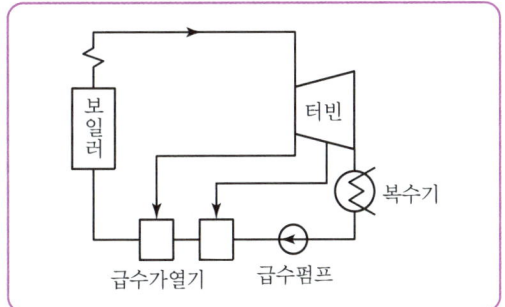

① 랭킹 사이클
② 재생 사이클
③ 재열 사이클
④ 재생 재열 사이클

19 기력발전소에서 탈기기의 설치 목적으로 가장 타당한 것은?

① 급수 중의 용존 산소 및 이산화탄소 분리
② 급수의 습증기 건조
③ 물때의 부착 방지
④ 염류 및 부유물질 제거

20 고압터빈 내에서 습증기가 되기 전에 증기를 모두 추출하여 한 번 더 보일러의 연소가스 또는 과열증기에 의하여 가열시키고, 다시 저압터빈에 넣어서 팽창을 계속하여 열효율을 좋게 하는 사이클은?

① 랭킹 사이클   ② 우드 사이클
③ 2유체 사이클 ④ 재열 사이클

21 발열량 5,500[kcal/kg]의 석탄 10[ton]을 속하여 24,000[kWh]의 전력을 발생하는 화력발전소의 열효율은 약 몇 [%]인가?

① 27.5   ② 32.5
③ 35.5   ④ 37.5

22 평균발열량 7,100[kcal/kg]의 석탄이 있다. 탄소와 회분으로 되어 있다면 회분은 약 몇 [%]인가?(단, 탄소만인 경우의 발열량은 8,000[kcal/kg]이다.)

① 11   ② 15
③ 17   ④ 19

23 발열량 5,000[kcal/kg]의 석탄을 사용하고 있는 기력발전소가 있다. 이 발전소의 종합효율이 30[%]라면, 30억 [kWh]를 발생하는 데 필요한 석탄량은 몇 톤인가?

① 300,000   ② 500,000
③ 860,000   ④ 1,720,000

제3절 원자력발전

01 원자로는 화력발전소의 어느 부분과 같은가?

① 내열기   ② 복수기
③ 보일러   ④ 과열기

02 다음 중 감속재로 가장 적당하지 않은 것은?

① 경수   ② 중수
③ 산화베릴륨 ④ 무기 화합물

03 다음의 감속재 중 감속비가 가장 큰 것은?

① 경수   ② 중수
③ 흑연   ④ 헬륨

04 원자로에서 고속 중성자를 열 중성자로 만들기 위하여 사용되는 재료는?

① 제어재   ② 감속재
③ 냉각재   ④ 반사재

05 농축 우라늄을 제조하는 방법이 아닌 것은?
① 물질 확산법　② 열확산법
③ 기체 확산법　④ 이온법

06 가압수형 원자력발전소에서 사용하는 연료, 감속재 및 냉각재로 적당한 것은?
① 연료 : 천연우라늄, 감속재 : 흑연, 냉각재 : 이산화탄소
② 연료 : 농축우라늄, 감속재 : 중수, 냉각재 : 경수
③ 연료 : 저농축우라늄, 감속재 : 경수, 냉각재 : 경수
④ 연료 : 저농축우라늄, 감속재 : 흑연, 냉각재 : 경수

07 원자로의 보이드(Void) 계수란?
① 연료의 온도가 1도 변화할 때의 반응도 변화
② 노심 내의 증기량이 1[%] 변화할 때의 반응도 변화
③ 냉각재의 온도가 1도 변화할 때의 반응도 변화
④ 연료 중의 독물질의 독작용을 나타내는 값

08 비등수형 원자로의 특색에 대한 설명이 틀린 것은?
① 열교환기가 필요하다.
② 기포에 의한 자기 제어성이 있다.
③ 순환펌프로서는 급수펌프뿐이므로 펌프동력이 작다.
④ 방사능 때문에 증기는 완전히 기수분리를 해야 한다.

09 고속 중성자를 감속시키지 않고 냉각재로 액체 나트륨을 사용하는 원자로를 영문 약어로 나타내면?
① FBR　② CANDU
③ BWR　④ PWR

10 원자로 내에서 발생한 열에너지를 외부로 끄집어내기 위한 열매체를 무엇이라고 하는가?
① 반사체　② 감속재
③ 냉각재　④ 제어봉

11 다음 (㉮), (㉯), (㉰)에 알맞은 것은?

> 원자력이란 일반적으로 무거운 원자핵이 핵분열하여 가벼운 핵으로 바뀌면서 발생하는 핵분열 에너지를 이용하는 것이고, (㉮)발전은 가벼운 원자핵을 (과) (㉯)하여 무거운 핵으로 바뀌면서 (㉰) 전후의 질량결손에 해당하는 방출 에너지를 이용하는 방식이다.

① ㉮ 원자핵융합　㉯ 융합　㉰ 결합
② ㉮ 핵결합　㉯ 반응　㉰ 융합
③ ㉮ 핵융합　㉯ 융합　㉰ 핵반응
④ ㉮ 핵반응　㉯ 반응　㉰ 결합

12 우라늄 235(U^{235}) 1g에서 얻을 수 있는 에너지는 일반적인 경우, 석탄 몇 톤 정도에서 얻을 수 있는 에너지에 상당하는가?
① 0.3　② 0.5
③ 1　④ 3

PART 03

전기기기

Chapter 01　직류기
Chapter 02　동기기
Chapter 03　변압기
Chapter 04　유도 전동기
Chapter 05　정류기

이 편의 특징

- 어렵고 복잡한 수식을 최대한 간결하게 표현하여 쉽게 이해할 수 있도록 하였습니다.
- 각 단원별 핵심공식을 식별하기 쉽게 정리하였습니다.

Chapter 01 직류기

01 중권과 파권의 차이점

항 목	단중중권(병렬권)	단중파권(직렬권)
a(병렬회로 수)	P	2
b(브러시 수)	P	2
균압환	필요	불필요
용도	저전압 대전류	고전압 소전류

02 발전기에 많이 이용되고 있는 권선법

고상권, 폐로권, 이층권 ┌ 중권
　　　　　　　　　　　└ 파권

03 전기자 전전류가 I 일 때 각각의 병렬회로에 흐르는 전류

① 중권 : $\dfrac{I}{a}$　　② 파권 : $\dfrac{I}{2}$

04 유기기전력(E)

$E = \dfrac{PZ\phi N}{60a}$ [V]　$E \propto \phi \cdot N$

여기서, a : 병렬회로수, Z : 총도체수, P : 극수
　　　　ϕ : 매극당 자속, N : 회전수[rpm]

05 전기자 반작용

전기자 전류에 의해서 발생된 전기자 자속이 계자의 자속에 영향을 주는 현상

(1) 현상
　① 편자작용 → 중성축 이동 → 브러시 이동
　　• 발전기 : 회전방향
　　• 전동기 : 회전반대방향
　② 감자작용 → 주자속감소
　　• 발전기 : $E\downarrow, V\downarrow, P\downarrow$
　　• 전동기 : $\tau\downarrow, N\uparrow$
　③ 감자기자력 $AT_d = \dfrac{Z \cdot I_a}{2ap} \times \dfrac{2\alpha}{\pi}$
　　(α : 브러시 이동각)

(2) 영향
　[중성축 이동]
　→ 브러시를 이동해야 하나 실제로는 그러하지 못함
　　• 리액턴스 전압발생
　　• 정류에 악영향(평균리액턴스 전압 발생)

(3) 대책
　[보상권선 설치]
　보상권선은 전기자 권선과 직렬연결하고, 전류의 방향은 전기자권선의 전류방향과 반대가 되게 흘려준다.

06 정류

브러쉬가 정류자편과 편을 단락시키는 구간 동안만 정류가 일어난다.

[양호한 정류의 대책]
• 평균리액턴스 전압이 작을 것 → 보극(전압정류역할) 설치 : 가장 양호한 대책
• 인덕턴스가 작을 것
• 정류주기를 길게 할 것
• 브러쉬의 접촉저항이 클 것 → 탄소브러쉬(저항정류역할) 이용

07 타여자발전기

① 전기자 전류 $I_a = I$
② 유기기전력 $E = V + I_a R_a$ [V]
③ 무부하 시 단자전압 $V_O = E$

08 분권발전기

① 전기자 전류 $I_a = I + I_f$

여기서, $\begin{cases} I = \dfrac{P}{V} \quad (P : 출력) \\ I_f = \dfrac{V}{R_f} \end{cases}$

② 유기기전력 $E = V + I_a R_a$ [V]

③ 단자전압 $V = E - I_a R_a \ (V = I_f R_f)$

④ 무부하 시 유기기전력 $I = 0, \ I_a = I_f$

$$E = V + I_f R_a [V]$$

※ 직류 발전기에서 무부하 시 전압이 확립되지 못하는 발전기 : 직권발전기
- 무부하 시 $I = 0, \ I_a = I = 0$
- 계자자속 $\phi = 0 \rightarrow E = 0$
$$V_o = 0$$

09 자여자 발전기의 전압 확립 조건

① 계자에 잔류자기가 있을 것
② 계자의 저항은 임계저항보다 작을 것
③ 회전자의 방향은 잔류기와 같은 방향일 것

※ 자여자 발전기는 역회전시키면 발전되지 않는다. 그 이유는 회전자가 잔류자기를 소멸시키기 때문이다.

10 발전기 특성곡선

① 무부하 포화곡선 : $I_f - E$
② 부하특성곡선 : $I_f - V$
③ 외부특성곡선 : $I - V$

11 병렬운전 조건

① 극성이 같을 것
② 단자전압이 같을 것
③ 외부특성이 일치하고 수하특성일 것
④ 부하분담 시 용량에 비례할 것

12 분권 전동기 속도

① $n = K \dfrac{V - I_a R_a}{\phi}$ [rps]

② 분권전동기가 위험 상태가 될 때
정격전압, 무여자($I_f = 0$) ⇒ 계자권선 단선

13 직권전동기 속도

① $n = K \dfrac{V - I(R_a + R_s)}{I}$ [rps]

② 직권전동기가 위험 상태가 될 때
정격전압, 무부하($I = 0$)

③ 직류전동기 속도 특성

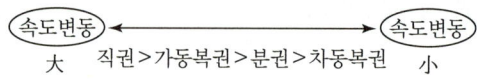

속도변동 大 ← 직권 > 가동복권 > 분권 > 차동복권 → 속도변동 小

14 분권전동기 토크 특성

$\tau \propto I_a \propto I, \ \tau \propto \dfrac{1}{N}$

15 직권전동기 토크 특성

① $\tau \propto I^2, \ \tau \propto \dfrac{1}{N^2}$

② 직권전동기 토크 특성
大 ← 직권 > 가동복권 > 분권 > 차동복권 → 小

16 직류전동기 운전

(1) 기동의 조건
① 기동 시 기동전류는 작을 것
∴ 기동저항기(R_s) = 최대
② 기동 시 기동 토크가 클 것
- $\tau = 0.975 \dfrac{P}{N}$
- $n = K \cdot \dfrac{E}{\phi}$

∴ 계자저항기(R_f) = 최소 0

(2) 속도제어

$$n = K \cdot \frac{V - I_a R_a}{\phi} [\text{rps}]$$

① 전압제어(V 제어) : 가장 효율이 좋다.
　　　　　　정토크 제어방식
　• 워드레오너드 방식
　• 일그너방식 : 플라이휠 설치(부하변동이 심한 곳)
② 계자제어법(ϕ 제어) : 정출력 제어방식
③ 저항제어법(R_a 제어) : 효율이 가장 나쁘다.

(3) 제동
① 발전제동
② 회생제동
③ 역상제동 : 역상토크를 발생시켜 제동하는 방식

17 손실 및 효율

(1) 손실
① 가변손(부하손)
　㉠ 동손 $P_c = I^2 \cdot R\,[\text{W}]$
　㉡ 표유부하손(측정이나 계산으로 구할 수 없는 손실)
② 고정손(무부하손)
　㉠ 철손 ─ 히스테리시스손 $P_h = f \cdot B^{1.6}[\text{W}]$
　　　　└ 와류손 $P_e = f^2 \cdot B^2 \cdot t^2[\text{W}]$
　㉡ 기계손 ─ 마찰손
　　　　　└ 풍손

(2) 효율
① 실측효율 $\eta = \dfrac{\text{출력}}{\text{입력}} \times 100\,[\%]$

② 규약효율 ─ 발전기효율 $= \dfrac{\text{출력}}{\text{출력} + \text{손실}} \times 100[\%]$
　　　　　　　(출력기준)
　　　　　└ 전동기효율 $= \dfrac{\text{입력} - \text{손실}}{\text{입력}} \times 100[\%]$
　　　　　　　(입력기준)

핵심 기출 문제

01 직류기에 탄소 브러시를 사용하는 이유는 무엇인가?
① 고유 저항이 작다.
② 접촉 저항이 작다.
③ 접촉 저항이 크다.
④ 고유 저항이 크다.

02 직류기의 3요소란 무엇인가?
① ┌ 계자
  ├ 전기자
  └ 정류자
② ┌ 계자
  ├ 전기자
  └ 브러시
③ ┌ 정류자
  ├ 계자
  └ 브러시
④ ┌ 보극
  ├ 보상 권선
  └ 전기자 권선

03 다음 권선법 중에서 직류기에 주로 사용되는 것은?
① 폐로권, 환상권, 이층권
② 폐로권, 고상권, 이층권
③ 개로권, 환상권, 단층권
④ 개로권, 고상권, 이층권

04 직류기의 전기자에 사용되는 권선법은?
① 2층권   ② 개로권
③ 환상권   ④ 단층권

05 직류기의 다중중권 권선법에서 전기자 병렬 회로수 a와 극수 p 사이에는 어떤 관계가 있는가?(단, 다중도는 m이다.)
① $a = m$ ② $a = 2m$
③ $a = p$ ④ $a = mp$

06 4극 전기자 권선이 단중중권인 직류발전기의 전기자 전류가 20[A]이면 각 전기자 권선의 병렬 회로에 흐르는 전류[A]는?
① 10   ② 8
③ 5   ④ 2

07 직류기의 권선을 단중파권으로 감으면?
① 내부 병렬 회로수가 극수만큼 생긴다.
② 내부 병렬 회로수는 극수에 관계없이 언제나 2이다.
③ 저압 대전류용 권선이다.
④ 균압환을 연결해야 한다.

08 전기자 도체의 굵기, 권수, 극수가 모두 동일할 때 단중 파권은 단중 중권에 비해 전류와 전압의 관계는?
① 소전류, 저전압
② 대전류, 저전압
③ 소전류, 고전압
④ 대전류, 고전압

09 자극수 4, 슬롯 40, 슬롯 내부 코일변수 4인 단중 중권 정류자편수는?
① 10   ② 20
③ 40   ④ 80

10 유기기전력 260[V], 극수가 6, 정류자 편수 162인 직류 발전기의 정류자 편간 평균 전압은 얼마인가?(단, 중권이라 한다.)
① 9.63[V]   ② 10.63[V]
③ 8.63[V]   ④ 7.63[V]

11 전기자 지름 0.2[m]의 직류 발전기가 1.5[kW]의 출력에서 1,800[rpm]으로 회전하고 있을 때 전기자 주변 속도[m/s]는?

① 18.84　　　　② 21.96
③ 32.74　　　　④ 42.85

12 매극 유효 자속이 0.035[Wb], 전기자 총도체수 152인 4극 중권발전기를 매분 1,200회의 속도로 회전할 때의 기전력[V]을 구하면?

① 약 106　　　　② 약 86
③ 약 66　　　　④ 약 53

13 4극, 중권, 총도체수 500, 1극의 자속수가 0.01[Wb]인 직류 발전기가 100[V]의 기전력을 발생시키려면 필요한 회전수[rpm]는?

① 1,000　　　　② 1,200
③ 1,600　　　　④ 2,000

14 4극의 직류 발전기가 있다. 축방향의 길이가 0.6[m], 전기자 지름이 0.4[m], 전기자 코일수가 24, 한 개의 코일 권수가 18, 권선법은 단중 중권, 공극의 평균자속밀도 0.1[Wb/m^2], 회전수 1,800[rpm]일 때 유기기전력[V]은 얼마인가?

① 약 204　　　　② 약 244
③ 약 407　　　　④ 약 489

15 포화하고 있지 않은 직류 발전기의 회전수가 $\frac{1}{2}$로 감소되었을 때 기전력을 전과 같은 값으로 하려면 여자를 속도 변화 전에 비해 얼마로 해야 하는가?

① $\frac{1}{2}$배　　　　② 1배
③ 2배　　　　④ 4배

16 직류기에서 전기자 반작용이란 전기자 권선에 흐르는 전류로 인하여 생긴 자속이 무엇에 영향을 주는 현상인가?

① 모든 부분에 영향을 주는 현상
② 계자극에 영향을 주는 현상
③ 감자 작용만을 하는 현상
④ 편자 작용만을 하는 현상

17 전기자 반작용이 직류 발전기에 영향을 주는 것을 설명한 것이다. 틀린 것은?

① 전기적 중성축을 이동시킨다.
② 자속을 감소시켜 부하 시 전압강하의 원인이 된다.
③ 정류자 편간 전압이 불균일하게 되어 섬락의 원인이 된다.
④ 전류의 파형은 찌그러지나 출력에는 변화가 없다.

18 전기자 반작용을 방지하기 위한 보상 권선의 전류 방향은?

① 전기자 권선의 전류 방향과 같다.
② 전기자 권선의 전류 방향과 반대이다.
③ 계자 권선의 전류 방향과 같다.
④ 계자 권선의 전류 방향과 반대이다.

19 직류기의 전기자 반작용에 의한 영향이 아닌 것은?

① 자속이 감소하므로 유기기전력이 감소한다.
② 발전기의 경우 회전방향으로 기하학적 중성축이 형성된다.
③ 전동기의 경우 회전방향과 반대방향으로 기하학적 중성축이 형성된다.
④ 브러시에 의해 단락된 코일에는 기전력이 발생하므로 브러시 사이의 유기기전력이 증가한다.

20 부하의 변화가 심할 때 직류기의 전기자 반작용 방지에 가장 유효한 것은?

① 리액턴스 코일
② 보상 권선
③ 공극의 증가
④ 보극

21 직류기의 전기자 반작용에 관한 사항으로 틀린 것은?

① 보상 권선은 계자극면의 자속 분포를 수정할 수 있다.
② 전기자 반작용을 보상하는 효과는 보상 권선보다 보극이 유리하다.
③ 고속기나 부하 변화가 큰 직류기에는 보상 권선이 적당하다.
④ 보극은 바로 밑의 전기자 권선에 의한 기자력을 상쇄한다.

22 그림은 단상 직권 정류자 전동기의 개념도이다. C를 무엇이라고 하는가?

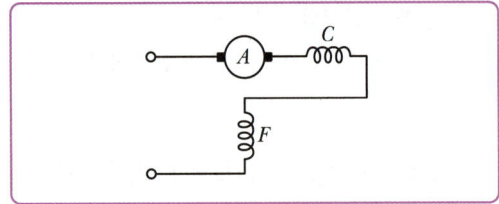

① 제어권선   ② 보상권선
③ 보극권선   ④ 단층권선

23 직류기의 전기자 반작용의 결과가 아닌 것은?

① 전기적 중성축이 이동한다.
② 주자속이 증가한다.
③ 정류자편 사이의 전압이 불균일하게 된다.
④ 자기여자 현상이 생긴다.

24 직류 발전기에서 기하학적 중성축과 각만큼 브러시의 위치가 이동되었을 때 감자기자력[AT/극]의 값은?(단, $K = \dfrac{I_a Z}{2aP}$)

① $K \cdot \dfrac{a}{180}$

② $K \cdot \dfrac{2a}{180}$

③ $K \cdot \dfrac{3a}{180}$

④ $K \cdot \dfrac{2a}{90}$

25 직류기의 전기자 반작용을 설명하는 것 중 옳은 것은?

① 전동기는 토크 감소
② 발전기는 전압 상승
③ 전동기는 속도 저하
④ 출력 증가

26 직류기에서 정류 코일의 자기 인덕턴스를 L이라 할 때 정류 코일의 전류가 정류 기간 T_c 사이에 I_c에서 $-I_c$로 변한다면 정류 코일의 리액턴스 전압(평균값)은?

① $L \dfrac{2I_c}{T_c}$

② $L \dfrac{I_c}{T_c}$

③ $L \dfrac{2T_c}{I_c}$

④ $L \dfrac{T_c}{I_c}$

27 그림과 같은 정류 곡선에서 양호한 정류를 얻을 수 있는 곡선은?

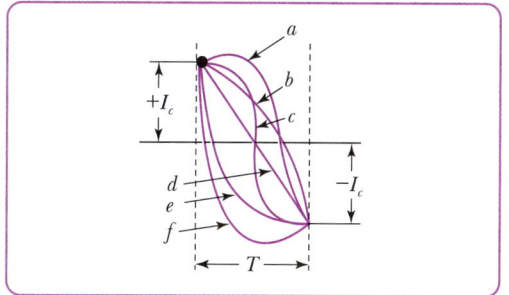

① a, b
② c, d
③ a, f
④ b, e

28 직류기에서 양호한 정류를 얻는 조건이 아닌 것은?

① 정류 주기를 크게 한다.
② 전기자 코일의 인덕턴스를 작게 한다.
③ 평균 리액턴스 전압을 브러시 접촉면 전압강하보다 크게 한다.
④ 브러시의 접촉 저항을 크게 한다.

29 불꽃 없는 정류를 하기 위해 평균 리액턴스 전압(A)과 브러시 접촉면 전압강하(B) 사이에 필요한 조건은?

① $A > B$
② $A < B$
③ $A = B$
④ A, B에 관계없다.

30 직류 발전기에서 양호한 정류를 하기 위한 방법이 아닌 것은?

① 보상 권선을 마련한다.
② 보극을 마련한다.
③ 브러시의 접촉 저항을 작게 한다.
④ 정류를 받는 코일의 자기 인덕턴스(Self Inductance)를 작게 한다.

31 직류발전기에서 회전속도가 빨라지면 정류가 힘든 이유는?

① 직류주기가 길어진다.
② 리액턴스 전압이 커진다.
③ 브러시 접촉저항이 커진다.
④ 정류자속이 감소한다.

32 직류기에서 정류(整流)를 양호하게 하는 조건이 아닌 것은?

① 정류 주기를 길게 한다.
② 전절권으로 한다.
③ 회전 속도를 적게 한다.
④ 리액턴스 전압을 감소시킨다.

33 직류 발전기의 단자 전압을 조정하려면 다음 어느 것을 조정하는가?

① 전기자 저항
② 기동 저항
③ 방전 저항
④ 계자 저항

34 정격이 5[kW], 100[V], 1,800[rpm]인 타여자 직류발전기가 있다. 무부하 시의 단자전압[V]은 얼마인가? (단, 계자전압은 50[V], 계자전류 5[A], 전기자저항은 0.2[Ω]이고 브러시의 전압강하는 2[V]이다.)

① 100
② 112
③ 115
④ 120

35 600[rpm]으로 회전하는 타여자 발전기가 있다. 이때 유기기전력은 150[V], 여자전류는 5[A]이다. 이 발전기를 800[rpm]으로 회전하여 180[V]의 유기기전력을 얻으려면 여자전류는 몇 [A]로 하여야 하는가?(단, 자기회로의 포화현상은 무시한다.)

① 3.2
② 3.7
③ 4.5
④ 5.2

36 정격 속도로 회전하고 있는 무부하의 분권 발전기가 있다. 계자 권선의 저항이 50[Ω], 계자 전류 2[A], 전기자 저항 1.5[Ω]일 때 유기기전력[V]은?

① 97　　　② 100
③ 103　　　④ 106

37 단자전압 220[V], 부하전류 50[A]인 분권발전기의 유기기전력[V]은?(단, 전기자 저항 0.2[Ω], 계자 전류 및 전기자 반작용은 무시한다.)

① 210　　　② 225
③ 230　　　④ 250

38 유기기전력 210[V], 단자 전압 200[V], 5[kW]인 분권 발전기의 계자 저항이 500[Ω]이면 그 전기자 저항[Ω]은?

① 0.2　　　② 0.4
③ 0.6　　　④ 0.8

39 정격 200[V], 10[kW]인 직류 분권발전기의 전압 변동률은 몇 [%]인가?(단, 전기자 및 분권계자 저항은 각각 0.1[Ω], 100[Ω]이다.)

① 2.6　　　② 3.0
③ 3.6　　　④ 4.5

40 전기자 권선의 저항 0.08[Ω], 직권 계자 권선 및 분권 계자 회로의 저항이 각각 0.07[Ω]과 100[Ω]인 외분권 가동 복권 발전기의 부하 전류가 18[A]일 때, 그 단자 전압 $V=200$[V]라면 유기기전력[V]은?(단, 전기자 반작용과 브러시 접촉 저항은 무시한다.)

① 201.5　　　② 203
③ 205.4　　　④ 207

41 직류 분권 발전기의 무부하 포화 곡선이 $V=\dfrac{940 i_f}{33+i_f}$이고 i_f는 계자 전류[A], V는 무부하 전압[V]으로 주어질 때 계자 회로의 저항이 20[Ω]이면 몇 [V]의 전압이 유기되는가?

① 140　　　② 160
③ 280　　　④ 300

42 직류 발전기의 무부하 포화 곡선은 다음 중 어느 관계를 표시한 것인가?

① 계자 전류 대 부하 전류
② 부하 전류 대 단자 전압
③ 계자 전류 대 유기기전력
④ 계자 전류 대 회전 속도

43 직류발전기의 특성곡선 중 상호 관계가 옳지 않은 것은?

① 무부하 포화곡선 : 계자전류와 단자전압
② 외부 특성곡선 : 부하전류와 단자전압
③ 부하 특성곡선 : 계자전류와 단자전압
④ 내부 특성곡선 : 부하전류와 유기기전력

44 무부하에서 자기 여자로 전압을 확립하지 못하는 직류 발전기는?

① 타여자발전기
② 직권발전기
③ 분권발전기
④ 차동 복권발전기

45 직류발전기의 계자철심에 잔류자기가 없어도 발전할 수 있는 발전기는?

① 타여자발전기　　　② 분권발전기
③ 직권발전기　　　　④ 복권발전기

46 직류 분권발전기에 대한 설명으로 옳은 것은?

① 단자전압이 강하하면 계자전류가 증가한다.
② 부하에 의한 전압의 변동이 타여자발전기에 비하여 크다.
③ 타여자발전기의 경우보다 외부 특성곡선이 상향(上向)으로 된다.
④ 분권권선의 접속방법에 관계없이 자기여자로 전압을 올릴 수 있다.

47 직류 분권 발전기를 역회전하면?

① 발전되지 않는다.
② 정회전일 때와 마찬가지이다.
③ 과대 전압이 유기된다.
④ 섬락이 일어난다.

48 가동 복권 발전기의 내부 결선을 바꾸어 분권 발전기로 하려면?

① 내분권 복권형으로 해야 한다.
② 외분권 복권형으로 해야 한다.
③ 분권 계자를 단락시킨다.
④ 직권 계자를 단락시킨다.

49 직류기에서 전압변동률이 (＋)값으로 표시되는 발전기는?

① 과복권 발전기
② 직권 발전기
③ 평복권 발전기
④ 분권 발전기

50 무부하에서 119[V] 되는 분권 발전기의 전압 변동률이 6[%]이다. 정격 전부하 전압[V]은?

① 11.22   ② 112.3
③ 12.5   ④ 125

51 직류 발전기의 병렬 운전 조건 중 잘못된 것은?

① 단자 전압이 같을 것
② 외부 특성이 같을 것
③ 극성을 같게 할 것
④ 유도 기전력이 같을 것

52 2대의 직류 발전기를 병렬 운전하여 부하에 100[A]를 공급하고 있다. 각 발전기의 유기기전력과 내부 저항이 각각 110[V], 0.04[Ω] 및 112[V], 0.06[Ω]이다. 각 발전기에 흐르는 전류[A]는?

① 10, 90   ② 20, 80
③ 30, 70   ④ 40, 60

53 직류 분권 발전기를 병렬 운전하려면 발전기 용량 P와 정격 전압 V는?

① P는 임의, V는 같아야 한다.
② P와 V가 임의
③ P는 같고 V는 임의
④ P와 V가 모두 같아야 한다.

54 직류 발전기의 병렬 운전에서 계자 전류를 변화시키면 부하 분담은?

① 계자 전류를 감소시키면 부하 분담이 적어진다.
② 계자 전류를 증가시키면 부하 분담이 적어진다.
③ 계자 전류를 감소시키면 부하 분담이 커진다.
④ 계자 전류와는 무관하다.

55 직류 복권 발전기를 병렬 운전할 때 반드시 필요한 것은?

① 과부하 계전기
② 균압선
③ 용량이 같을 것
④ 외부 특성 곡선이 일치할 것

56 직류 복권 발전기의 병렬 운전에 있어 균압선을 붙이는 목적은 무엇인가?

① 운전을 안정하게 한다.
② 손실을 경감한다.
③ 전압의 이상 상승을 방지한다.
④ 고조파의 발생을 방지한다.

57 직류 분권 전동기에서 운전 중 계자권선의 저항을 증가시키면 회전속도의 값은?

① 감소한다. ② 증가한다.
③ 일정하다. ④ 관계없다.

58 직류 전동기의 계자 전류를 감소시키면 회전수는 어떻게 변하는가?

① 변화 없음 ② 감소
③ 증가 ④ 관계없음

59 직류 전동기의 회전속도를 나타내는 것 중 틀린 것은?

① 공급전압이 감소하면 회전속도도 감소한다.
② 자속이 감소하면 회전속도는 증가한다.
③ 전기자 저항이 증가하면 회전속도는 감소한다.
④ 계자전류가 증가하면 회전속도는 증가한다.

60 부하가 변하면 심하게 속도가 변하는 직류 전동기는?

① 직권 전동기 ② 분권 전동기
③ 차동 복권 전동기 ④ 가동 복권 전동기

61 직류 전동기의 회전수를 $\frac{1}{2}$로 하려면 계자 자속을 몇 배로 해야 하는가?

① $\frac{1}{4}$ ② $\frac{1}{2}$
③ 2 ④ 4

62 공급 전압 525[V], 전기자 전류 50[A]일 때, 1,000[rpm]의 회전 속도로 운전하고 있는 직류 직권 전동기의 공급 전압을 400[V]로 낮추면 같은 부하 토크에 대하여 회전 속도[rpm]는 얼마인가?(단, 전기자 반작용은 무시하고 전기자 권선 저항과 직권 계자 저항의 합은 0.5[Ω]이다.)

① 500 ② 750
③ 1,000 ④ 1,250

63 전기자 저항 0.3[Ω], 직권 계자 권선의 저항 0.7[Ω]인 직권 전동기에 110[V]를 가하였더니 부하 전류가 10[A]이었다. 이때 전동기의 속도[rpm]는?(단, 기계 정수는 2이다.)

① 1,200 ② 1,500
③ 1,800 ④ 3,600

64 직류 분권 전동기의 공급 전압 극성을 반대로 하면 회전 방향은 어떻게 되는가?

① 변하지 않는다. ② 반대로 된다.
③ 회전하지 않는다. ④ 속도가 증가된다.

65 직류 직권 전동기가 전차용에 사용되는 이유는?

① 속도가 클 때 토크가 크다.
② 토크가 클 때 속도가 작다.
③ 기동토크가 크고 속도는 불변이다.
④ 토크는 일정하고 속도는 전류에 비례한다.

66 다음 중 옳은 것은?

① 전차용 전동기는 차동 복권 전동기이다.
② 분권 전동기의 운전 중 계자 회로만이 단선 위험 속도가 된다.
③ 직권 전동기에서는 부하가 줄면 속도가 감소한다.
④ 분권 전동기는 부하에 따라 속도가 많이 변한다.

67 다음 ( ) 안에 알맞은 내용은?

> "직류전동기의 회전속도가 위험한 상태가 되지 않으려면 직권 전동기는 (㉠) 상태로, 분권전동기는 (㉡) 상태가 되지 않도록 하여야 한다."

① ㉠ 무부하, ㉡ 무여자
② ㉠ 무여자, ㉡ 무부하
③ ㉠ 무여자, ㉡ 경부하
④ ㉠ 무부하, ㉡ 경부하

68 직류 분권전동기의 단자전압과 계자전류를 일정하게 하고 2배의 속도로 2배의 토크를 발생시키는 데 필요한 전력은 처음 전력의 몇 배인가?

① 불변　　② 2배
③ 4배　　④ 8배

69 부하전류가 크지 않을 때 직류 직권전동기 발생 토크는?(단, 자기회로가 불포화인 경우이다.)

① 전류의 제곱에 반비례한다.
② 전류에 반비례한다.
③ 전류에 비례한다.
④ 전류의 제곱에 비례한다.

70 직류 직권 전동기에서 토크 τ와 회전수 N의 관계는?

① $\tau \propto N$　　② $\tau \propto N^2$
③ $\tau \propto \dfrac{1}{N}$　　④ $\tau \propto \dfrac{1}{N^2}$

71 직류 직권전동기의 회전수를 반으로 줄이면 토크는 몇 배가 되는가?

① $\dfrac{1}{4}$　　② $\dfrac{1}{2}$
③ 4　　④ 2

72 정격 속도 1,732[rpm]인 직류 직권 전동기의 부하 토크가 $\dfrac{3}{4}$으로 되었을 때의 속도[rpm]는 대략 얼마로 되는가?(단, 자기 포화는 무시한다.)

① 1,155　　② 1,550
③ 1,750　　④ 2,000

73 부하전류가 100[A]일 때 회전속도 1,000[rpm]으로 10[kg·m]의 토크를 발생시키는 직류 직권 전동기가 60[A]의 부하전류로 감소되었을 때의 토크는 몇 [kg·m]인가?

① 3.6　　② 5.6
③ 7.6　　④ 9.6

74 정격 5[kW], 100[V]인 타여자 직류 전동기가 어떤 부하를 가지고 회전하고 있다. 전기자 전류 20[A], 회전수 1,500[rpm], 전기자 저항이 0.2[Ω]일 때 발생 토크는 약 몇 [kg·m]인가?

① 1.00　　② 1.15
③ 1.25　　④ 1.35

75 전기자 총 도체수 500, 6극, 중권인 직류 전동기가 있다. 전기자 전류가 100[A]일 때의 발생 토크[kg·m]는 약 얼마인가?(단, 1극당 자속수는 0.01[Wb]이다.)

① 8.12　　② 9.54
③ 10.25　　④ 11.58

76 직류 전동기의 역기전력이 200[V], 매분 1,200[rpm]으로 토크 16.2[kg·m]를 발생시키고 있을 때의 전기자 전류는 몇 [A]인가?

① 120　　② 100
③ 80　　④ 60

77 정격 출력 3[kW], 정격 전압 100[V]인 직류 분권 전동기를 전기 동력계로 측정하였더니 3.5[kg]를 나타내었다. 이때의 전동기의 출력[kW] 및 토크 [kg·m]는 약 얼마나 되는가?(단, 전기 동력계의 암의 길이는 0.5[m], 전동기의 회전수는 1,500[rpm]으로 한다.)

① $P=2.7$[kW], $T=1.75$[kg·m]
② $P=1.75$[kW], $T=2.7$[kg·m]
③ $P=5.4$[kW], $T=3.5$[kg·m]
④ $P=3.5$[kW], $T=5.4$[kg·m]

78 다음 중에서 직류 전동기의 속도 제어법이 아닌 것은?

① 계자 제어법
② 전압 제어법
③ 저항 제어법
④ 2차 여자법

79 직류 전동기의 속도 제어 방법 중 광범위한 속도 제어가 가능하며 운전 효율이 좋은 방법은?

① 계자 제어
② 직렬 저항 제어
③ 병렬 저항 제어
④ 전압 제어

80 직류 전동기의 속도 제어법에서 정출력 제어에 속하는 것은?

① 전압 제어법
② 계자 제어법
③ 워드레오너드 제어법
④ 전기자 저항 제어법

81 워드레오너드 방식의 목적은?

① 정류 개선
② 계자 자속 조정
③ 직류기의 속도 제어
④ 병렬 운전

82 워드레오너드 방식과 일그너 방식의 차이점은?

① 플라이휠을 이용하는 점이다.
② 직류 전원을 이용하는 점이다.
③ 전동 발전기를 이용하는 점이다.
④ 권선형 유도 발전기를 이용하는 점이다.

83 직류 분권 전동기의 기동 시에는 계자 저항기의 저항값은 어떻게 해 두는가?

① 0(영)으로 해 둔다.
② 최대로 해 둔다.
③ 중위(中位)로 해 둔다.
④ 끊어 놔둔다.

84 직류 분권 전동기의 기동 시 계자 전류는?

① 큰 것이 좋다.
② 정격 출력 때와 같은 것이 좋다.
③ 작은 것이 좋다.
④ 0에 가까운 것이 좋다.

85 정격전압 225[V], 전부하 전기자전류 30[A], 전기자저항 0.2[Ω] 되는 직류분권전동기가 있다. 이 전동기에 정격전압을 걸어서 기동할 때 전기자 회로에 몇 [Ω]의 저항을 넣어야 하는가?(단, 기동전류는 전부하전류의 1.5배로 제한하는 것으로 하고 계자전류는 무시한다.)

① 4.8   ② 5.7
③ 6.8   ④ 7.7

86 직류 전동기의 규약 효율을 구하는 식은?

① $\eta = \dfrac{출력}{입력} \times 100[\%]$

② $\eta = \dfrac{출력}{출력+손실} \times 100[\%]$

③ $\eta = \dfrac{입력-손실}{입력} \times 100[\%]$

④ $\eta = \dfrac{입력}{출력+손실} \times 100[\%]$

87 효율 80[%], 출력 10[kW]인 직류 발전기의 전손실[kW]은?

① 1.25　　② 1.5
③ 2.0　　④ 2.5

88 효율 80[%], 출력 10[kW]인 직류 발전기의 고정 손실이 1,300[W]라 한다. 이때 이 발전기의 가변 손실은?

① 1,000[W]　　② 1,200[W]
③ 1,500[W]　　④ 2,500[W]

89 일정 전압으로 운전하고 있는 직류 발전기의 손실이 $\alpha + \beta I^2$으로 표시될 때 효율이 최대가 되는 전류는?(단, α, β는 정수이다.)

① $\dfrac{\alpha}{\beta}$　　② $\dfrac{\beta}{\alpha}$
③ $\sqrt{\dfrac{\alpha}{\beta}}$　　④ $\sqrt{\dfrac{\beta}{\alpha}}$

90 직류기의 효율이 최대로 되는 경우는?

① 기계손＝전기자 동손
② 와류손＝히스테리시스손
③ 전부하 동손＝철손
④ 부하손＝고정손

91 직류기의 손실 중에서 부하의 변화에 따라서 현저하게 변하는 손실은 다음 중 어느 것인가?

① 표유 부하손　　② 철손
③ 풍손　　④ 기계손

92 전기 기계 사용 시 와류손(Eddy Current Loss) 감소 방법은?

① 보상 권선 설치
② 교류 전원을 사용
③ 규소 강판 성층 철심을 사용
④ 냉각 압연

93 보통 전기 기계에서는 규소 강판을 성층하여 사용하는 경우가 많다. 성층하는 이유는 다음 중 어느 것을 줄이기 위한 것인가?

① 히스테리시스　　② 와류손
③ 동손　　④ 기계손

94 직류기의 온도 시험에는 실부하법과 반환 부하법이 있다. 이 중에서 반환 부하법에 해당되지 않는 것은?

① 홉킨스법
② 프로니 브레이크법
③ 블론델법
④ 카프법

95 전기 기기에 사용되는 절연물의 종류 중 H종 절연에 해당되는 최고 허용 온도[℃]는?

① 105　　② 120
③ 155　　④ 180

Chapter 02 동기기

01 동기발전기

(1) 구조
① 계자(회전자) : 회전계자형
② 전기자(고정자)
③ 여자기
④ 베어링
⑤ 냉각장치
- 공랭식 : 소용량
- 수랭식 : 중, 대용량
- 수소냉각방식 : 고속기대용량, 터빈발전기는 수소냉각방식이다.

(2) 종류
① 회전자에 의한 분류
　㉠ 회전계자형 – 계자를 회전자로 한 것
　㉡ 회전전기자형
② 원동기에 의한 분류
　㉠ 수차발전기(수력)
　㉡ 터빈발전기(고속기)
　　• 2극~4극
　　• 회전자 지름이 작고 회전자 축의 길이를 길게 하여 원심력이 작게 된다.
　　• 수소냉각방식
　　• 회전자 형태는 비돌극기이며 횡축형 발전기다.
　㉢ 엔진발전기
③ 상수에 의한 분류
　㉠ 단상발전기
　㉡ 다상발전기
④ 회전자 형태에 의한 분류
　㉠ 돌극기(철극기)
　㉡ 비돌극기(원통형) – 표준모델
　　회전자 형태가 원형이어서 공극이 일정하고 자속분포가 균일하다.

(3) 회전계자형으로 하는 이유
① 전기적인 면
　㉠ 계자는 직류저압(DC 100~250[V])으로 인가, 전기자는 교류고압(AC 10,000~15,000[V])으로 유기되므로 저압인 계자를 회전시키는 편이 안전하다.
　㉡ 계자가 회전자이지만 저압 소용량의 직류이므로 구조가 간단하다.
② 기계적인 면
　㉠ 전기자보다 계자가 철의 분포가 많기 때문에 회전 시 기계적으로 더 튼튼하다.
　㉡ 전기자는 권선을 많이 감아야 되므로 회전자 구조가 커진다. 따라서 원동기 출력을 고려할 때 계자를 회전자로 하는 편이 더 좋다.

(4) 전기자 결선을 성형결선(Y결선)으로 하는 이유
- Y결선은 △결선에 비해 발전기 정격전압을 $\sqrt{3}$ 배만큼 더 크게 할 수 있다.
- 중성점을 접지할 수 있으므로 이상전압으로부터 발전기를 보호할 수 있다.
- Y결선은 중성점의 전류합이 0으로 되기 때문에 고조파 순환전류가 흐르지 않으므로, 권선에서 발생되는 열이 작고 선간전압에도 3고조파 전압이 나타나지 않는다.
- 중성점을 접지할 수 있으므로 보호계전기의 동작이 확실하다.

(5) 동기속도(N_s)

$$N_s = \frac{120f}{P}[\text{rpm}]$$

여기서, f : 주파수[Hz], P : 극수

(6) 동기발전기 유기기전력(E)

$$E = 4.44 \cdot f \cdot \omega \cdot \phi \cdot K_\omega [\text{V}]$$

여기서, f : 주파수, ω : 한 상의 직렬권선수
ϕ : 매극당 자속수, K_ω : 권선계수

(7) 단절계수(K_p)

$$K_p = \sin\frac{\beta\pi}{2} < 1$$

여기서, $\beta = \dfrac{\text{코일간격}}{\text{극간격}}$

(8) 분포계수(K_d)

$$K_d = \frac{\sin\dfrac{\pi}{2m}}{q\sin\dfrac{\pi}{2mq}} < 1$$

여기서, m : 상수, q : 매극 매상당 슬롯수

(9) 권선계수(K_w)

$$K_w = K_p \times K_d < 1$$

3상동기 발전기의 전기자 결선은 성형이므로 3고조파는 억제되고, 단절권·분포권으로 하면 5고조파가 제거된다.

(10) 전기자 반작용
- 전기자 전류와 유기기전력이 동상
  횡축반작용[현상 : 교차자화작용(편자작용)]
- 전기자 전류가 기전력보다 90° 뒤질 때
  직축반작용(현상 : 감자작용)
- 전기자 전류가 기전력보다 90° 앞설 때
  직축반작용[현상 : 증자작용(자화작용)]

[비돌극기 한상의 출력]

$$P = \frac{E \cdot V}{X_s}\sin\delta\,[\text{W}]$$

① 최대출력의 부하각(δ)
- 비돌극기 : 90°
- 돌극기 : 60°

② 비돌극기 3상출력 $P = 3 \times \dfrac{EV}{X_s}\sin\delta\,[\text{W}]$

(11) 단락전류
- 돌발(과도) 단락전류
  $\dfrac{E}{X_l}$ 로서 돌발 단락전류를 억제할 수 있는 것은 누설 리액턴스이다.

- 지속(영구) 단락전류
$$\frac{E}{X_a + X_l} = \frac{E}{X_s} \fallingdotseq \frac{E}{Z_s}$$

12) 단락비(K_s)

$$K_s = \frac{I_s}{I_n} = \frac{1}{Z_s[p \cdot u]}$$

※ 단락비가 큰 기계의 특성을 꼭 이해할 것

(13) 퍼센트 동기 임피던스
- $\%Z_s = \dfrac{I_n \times Z_s}{E} \times 100\,[\%]$ (여기서, E : 상전압)
- $\%Z_s = \dfrac{1}{K_s} = \dfrac{I_n}{I_s}$

$$\%Z_s = \frac{PZ_s}{10V^2}\,[\%]$$

여기서, V : 정격전압[kV], P : 정격출력[kVA]
Z_s : 동기임피던스[Ω])

(14) 동기발전기의 병렬운전조건
- 기전력의 크기가 같을 것
  $E_A \neq E_B \to$ 무효순환전류(무효횡류)가 흐른다.
- 기전력의 위상이 같을 것
  $\theta_A \neq \theta_B \to$ 유효순환전류(유효횡류)가 흐른다.
- 기전력의 주파수가 같을 것
- 기전력의 파형이 일치할 것
- 상회전이 일치할 것

(15) 무효순환전류

$$I = \frac{E_A - E_B}{2Z_s}\,[\text{A}]$$

(16) 유효순환전류

$$I_s = \frac{E_A}{Z_s}\sin\frac{\delta}{2}\,[\text{A}]$$

(17) 수수전력

$$P_S = \frac{E^2}{2Z_S}\sin\theta\,[\text{W}]$$

02 동기전동기

(1) 동기속도 $N_s = \dfrac{120f}{P}[\text{rpm}]$

(2) 토크 $\tau = 0.975 \dfrac{P_o[\text{W}]}{N_s}[\text{kg} \cdot \text{m}]$

(3) 동기와트

전동기 속도가 동기속도일 때 토크와 출력와트는 정비례하므로 출력와트도 토크라고 할 수 있다. 이때, 이 와트를 동기와트라고 한다(즉, 동기와트는 토크다).

(4) 동기전동기 특성
  ① 장점
   • 속도가 일정하다.
   • 언제나 역률 1로 운전이 가능하다.
     (역률을 지상, 진상으로 조정할 수 있다.)
   • 효율이 양호하다.
   • 공극이 크고, 기계적으로 튼튼하다.
  ② 단점
   • 기동 시 토크가 0이 되어 기동이 어렵다.
   • 속도제어가 어렵다.
   • 직류여자기가 필요하다.
   • 가격이 비싸다.
   • 구조가 복잡하다.
   • 난조가 일어나기 쉽다.

(5) 동기전동기 위상 특성곡선(V곡선)
  (조건 : 단자전압과 출력은 일정)
  여자전류(I_f)와 전기자 전류(I_a)의 관계
   • 여자전류 감소 : 역률은 뒤지고, 전기자 전류증가
   • 여자전류 증가 : 역률은 앞서고, 전기자 전류증가
   • 전기자 전류 최소 → $\cos\theta = 1$
   • 출력이 증가할수록 곡선은 상향이 된다.

핵심 기출 문제

01 극수 6, 회전수 1,200[rpm]인 교류 발전기와 병렬 운전하는 극수 8인 교류발전기의 회전수는 몇 [rpm]이어야 되는가?
① 800
② 900
③ 1,050
④ 1,100

02 60[Hz], 12극인 동기전동기 회전 자계의 주변 속도 [m/s]는?(단, 회전 자계의 극간격은 1[m]이다.)
① 120
② 102
③ 98
④ 72

03 보통 회전 계자형으로 하는 전기 기계는?
① 직류 발전기
② 회전 변류기
③ 동기 발전기
④ 유도 발전기

04 3상 동기 발전기의 전기자 권선을 Y결선으로 하는 이유 중 △결선과 비교할 때 장점이 아닌 것은?
① 출력을 더욱 증대할 수 있다.
② 권선의 코로나 현상이 작다.
③ 고조파 순환 전류가 흐르지 않는다.
④ 권선의 보호 및 이상 전압의 방지 대책이 용이하다.

05 동기 발전기에 회전 계자형을 사용하는 경우가 많은 이유로 적합하지 않은 것은?
① 전기자가 고정자이므로 고압 대전류용에 좋고 절연하기 쉽다.
② 계자가 회전자이지만 저압 소용량의 직류이므로 구조가 간단하다.
③ 전기자보다 계자극을 회전자로 하는 것이 기계적으로 튼튼하다.
④ 기전력의 파형을 개선한다.

06 동기기의 전기자 권선법이 아닌 것은?
① 분포권
② 전절권
③ 2층권
④ 중권

07 교류 발전기의 고조파 발생을 방지하는 데 적합하지 않은 것은?
① 전기자 슬롯을 스큐 슬롯으로 한다.
② 전기자 권선의 결선을 Y형으로 한다.
③ 전기자 반작용을 작게 한다.
④ 전기자 권선을 전절권으로 감는다.

08 동기 발전기의 전기자 권선을 단절권으로 하면?
① 고조파를 제거한다.
② 절연이 잘 된다.
③ 역률이 좋아진다.
④ 기전력을 높인다.

09 교류 발전기에서 권선을 절약할 뿐만 아니라 특정 고조파분이 없는 권선은?
① 전절권
② 집중권
③ 단절권
④ 분포권

10 3상 동기 발전기에서 권선 피치와 자극 피치의 비를 13/15인 단절권으로 하였을 때의 단절권 계수는 얼마인가?
① $\sin\frac{13}{15}\pi$
② $\sin\frac{15}{26}\pi$
③ $\sin\frac{13}{30}\pi$
④ $\sin\frac{15}{13}\pi$

11 동기 발전기에서 제5고조파를 제거하려면 어떤 단절권으로 하는 것이 가장 좋은지 코일간격/극간격 β를 구하면?

① 1.2
② 0.8
③ 0.6
④ 0.4

12 교류기에서 집중권이란 매극, 매상의 홈(Slot) 수가 몇 개인 것을 말하는가?

① 1/2개
② 1개
③ 2개
④ 5개

13 동기 발전기에서 기전력의 파형을 좋게 하고 누설 리액턴스를 감소시키기 위하여 채택한 권선법은?

① 집중권
② 분포권
③ 단절권
④ 전절권

14 동기 발전기의 권선을 분포권으로 하면?

① 집중권에 비하여 합성 유도 기전력이 높아진다.
② 권선의 리액턴스가 커진다.
③ 파형이 좋아진다.
④ 난조를 방지한다.

15 상수 m, 매극, 매상당 슬롯수 q인 동기 발전기에서 n차 고조파분에 대한 분포 계수는?

① $\left[\sin\dfrac{\pi}{2m}\right] \Big/ \left[q\sin\dfrac{n\pi}{2mq}\right]$
② $\left[\sin\dfrac{n\pi}{mq}\right] \Big/ \left[\sin\dfrac{n\pi}{m}\right]$
③ $\left[\sin\dfrac{n\pi}{m}\right] \Big/ \left[q\sin\dfrac{n\pi}{mq}\right]$
④ $\left[\sin\dfrac{n\pi}{2m}\right] \Big/ \left[q\sin\dfrac{n\pi}{2mq}\right]$

16 3상 동기 발전기의 매극, 매상 슬롯수를 3이라 할 때 분포권 계수를 구하면?

① $6\sin\dfrac{\pi}{18}$
② $3\sin\dfrac{\pi}{9}$
③ $\dfrac{1}{6\sin\dfrac{\pi}{18}}$
④ $\dfrac{1}{3\sin\dfrac{\pi}{18}}$

17 슬롯수가 36인 고정자 철심이 있다. 여기에 3상 4극의 2층권으로 권선할 때 매극, 매상의 슬롯수와 코일 수는?

① 3과 18
② 9와 36
③ 3과 36
④ 8과 18

18 동기기의 전기자 권선법 중 단절권, 분포권으로 하는 이유 중 가장 중요한 목적은?

① 높은 전압을 얻기 위해서
② 일정한 주파수를 얻기 위해서
③ 좋은 파형을 얻기 위해서
④ 효율을 좋게 하기 위해서

19 12극의 3상 동기발전기가 있다. 기계각 15°에 대응하는 전기각은?

① 30°
② 45°
③ 60°
④ 90°

20 3상 동기발전기에서 그림과 같이 1상의 권선을 서로 똑같은 2조로 나누어서 그 1조의 권선 전압을 E[V], 각 권선의 전류를 I[A]라 하고 2종 Y형(Double star)으로 결선한 경우 선간 전압[V], 선전류[A], 피상전력[VA]은?

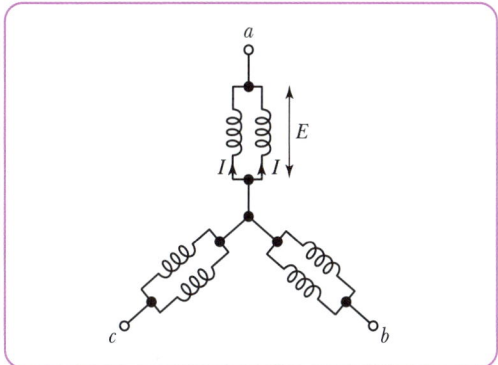

① $3E$, I, $5.19EI$
② $\sqrt{3}E$, $2I$, $6EI$
③ E, $2\sqrt{3}I$, $6EI$
④ $\sqrt{3}E$, $\sqrt{3}I$, $5.19EI$

21 동기 발전기에서 극수 4, 1극의 자속수 0.062[Wb], 1분간의 회전 속도를 1,800, 코일의 권수를 100이라 할 때 코일의 유기기전력의 실횻값[V]은?(단, 권선 계수는 1.00이라 한다.)

① 526　　② 1,488
③ 1,652　④ 2,336

22 3상 교류 발전기에서 권선 계수 k_ω, 주파수 f, 1극 당의 자속수 ϕ[Wb], 직렬로 접속된 1상의 코일 권수 ω를 Δ 결선으로 하였을 때의 선간 전압[V]은?

① $\sqrt{3}\,k_\omega f\omega\phi$　② $4.44k_\omega f\omega\phi$
③ $\sqrt{3}\,4.44k_\omega f\omega\phi$　④ $\dfrac{4.44k_\omega f\omega\phi}{\sqrt{3}}$

23 6극 60[Hz] Y결선 3상 동기발전기의 극당 자속이 0.16[Wb], 회전수 1,200[rpm], 1상의 감긴 수 186, 권선계수 0.96일 때 단자전압[V]은?

① 13,183　② 12,254
③ 26,366　④ 27,456

24 동기 발전기에서 전기자 전류를 I, 유기기전력과 전기자 전류와 위상각을 θ라 하면 횡축 반작용을 하는 성분은?

① $I\cot\theta$　② $I\tan\theta$
③ $I\sin\theta$　④ $I\cos\theta$

25 동기 발전기에서 앞선 전류가 흐를 때 전기자 반작용은?

① 감자 작용을 받는다.
② 증자 작용을 받는다.
③ 속도가 상승한다.
④ 효율이 좋아진다.

26 동기발전기에서 유기기전력과 전기자 전류가 동상인 경우의 전기자 반작용은?

① 교차 자화 작용
② 증자 작용
③ 감자 작용
④ 직축 반작용

27 3상 동기 발전기에 무부하 전압보다 90° 뒤진 전기자 전류가 흐를 때 전기자 반작용은?

① 교차 자화 작용을 한다.
② 증자 작용을 한다.
③ 감자 작용을 한다.
④ 자기 여자 작용을 한다.

28 3상 동기 발전기에 3상 전류(평형)가 흐를 때 전기자 반작용은 이 전류가 기전력에 대하여 A일 때 감자 작용이 되고 B일 때 자화 작용이 된다. A, B에 적당한 것은?

① A : 90° 뒤질 때, B : 90° 앞설 때
② A : 90° 앞설 때, B : 90° 뒤질 때
③ A : 90° 뒤질 때, B : 동상일 때
④ A : 동상일 때, B : 90° 앞설 때

29 동기 전동기에서 위상에 관계없이 감자 작용을 할 때는 어떤 경우인가?

① 진전류가 흐를 때   ② 지전류가 흐를 때
③ 동상 전류가 흐를 때 ④ 전류가 흐를 때

30 동기 전동기의 단자 전압보다 진상이 되는 전류는 어떤 작용을 하는가?

① 증자 작용   ② 감자 작용
③ 교차 자화 작용   ④ 아무 작용도 없다.

31 8,000[kVA], 6,000[V]인 3상 교류 발전기의 %동기 임피던스가 80[%]이다. 이 발전기의 동기 임피던스는 몇 [Ω]인가?

① 3.6   ② 3.2
③ 3.0   ④ 2.4

32 동기기에서 동기 임피던스 값과 실용상 같은 것은?(단, 전기자 저항은 무시한다.)

① 전기자 누설 리액턴스
② 동기 리액턴스
③ 유도 리액턴스
④ 등가 리액턴스

33 동기발전기의 무부하 포화곡선은 그림 중 어느 것인가?(단, V는 단자전압, I_f는 여자전류이다.)

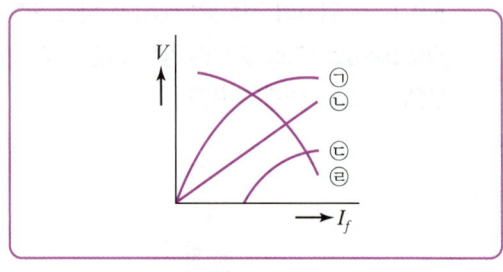

① ㉠   ② ㉡
③ ㉢   ④ ㉣

34 비철극형 3상 동기발전기의 동기 리액턴스 X_s = 10[Ω], 유도기전력 E = 6,000[V], 단자전압 V = 5,000[V], 부하각 δ = 30°일 때 출력은 몇 [kW]인가?(단, 전기자 권선저항은 무시한다.)

① 1,500   ② 3,500
③ 4,500   ④ 5,500

35 그림과 같은 동기발전기의 무부하 포화곡선에서 포화계수는?

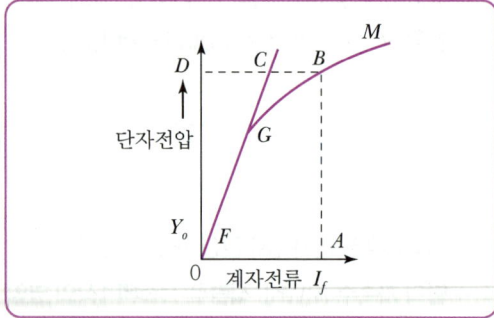

① $\overline{OA}$ / $\overline{OG}$ ② $\overline{OD}$ / $\overline{DB}$
③ $\overline{BC}$ / $\overline{CD}$ ④ $\overline{CD}$ / $\overline{CO}$

36 3상 66,000[kVA], 22,900[V]인 터빈 발전기의 정격 전류[A]는?

① 2,882　　② 962
③ 1,664　　④ 431

37 비돌극형 동기 발전기의 단자 전압(1상)을 V, 유도 기전력(1상)을 E, 동기 리액턴스를 x_s, 부하각을 δ 라고 하면 1상의 출력[W]은 대략 얼마인가?

① $\dfrac{E^2 V}{x_s}\sin\delta$　　② $\dfrac{EV^2}{x_s}\sin\delta$
③ $\dfrac{EV}{x_s}\sin\delta$　　④ $\dfrac{EV}{x_s}\cos\delta$

38 3상 동기발전기의 1상 값이 다음과 같을 때 3ϕ상 출력[kW]은?(단, $X_s=10[\Omega]$, $r_a=0.1[\Omega]$, $E=6,400[V]$, $V=4,000[V]$, $\sin30°$)

① 1,920　　② 2,159
③ 1,180　　④ 3,840

39 동기기의 전압 변동률이 유도 부하이면 어떻게 되는가?(단, V_0 : 무부하로 하였을 때의 전압, V : 정격 단자 전압이다.)

① $-(V_0<V)$　　② $+(V_0>V)$
③ $-(V_0>V)$　　④ $+(V_0<V)$

40 동기 발전기의 돌발 단락 전류를 주로 제한하는 것은?

① 동기 리액턴스　　② 누설 리액턴스
③ 권선 저항　　④ 역상 리액턴스

41 발전기의 단자 부근에서 단락이 일어났다고 하면 단락 전류는?

① 계속 증가한다.
② 처음은 큰 전류이나 점차 감소한다.
③ 일정한 큰 전류가 흐른다.
④ 발전기가 즉시 정지한다.

42 동기 발전기가 운전 중 갑자기 3상 단락을 일으켰을 때, 그 순간 단락 전류를 제한하는 것은?

① 전기자 누설 리액턴스와 계자 누설 리액턴스
② 전기자 반작용
③ 동기 리액턴스
④ 단락비

43 1상의 유기 전압 $E[V]$, 1상의 누설 리액턴스 $X[\Omega]$, 1상의 동기 리액턴스 $X_s[\Omega]$인 동기 발전기의 지속 단락 전류[A]는?

① $\dfrac{E}{X}$　　② $\dfrac{E}{X_s}$
③ $\dfrac{E}{X+X_s}$　　④ $\dfrac{E}{X-X_s}$

44 3상 동기 발전기가 있다. 이 발전기의 여자 전류 5[A]에 대한 1상의 유기기전력이 600[V]이고 그 3상 단락 전류는 30[A]이다. 이 발전기의 동기 임피던스[Ω]는 얼마인가?

① 2　　② 3
③ 20　　④ 30

45 3상 동기발전기의 여자전류 10[A]에 대한 단자전압이 $1,000\sqrt{3}$[V], 3상 단락전류 50[A]이다. 이때의 동기임피던스[Ω]는?

① 20　　② 15
③ 10　　④ 5

46 발전기의 단락비나 동기 임피던스를 산출하는 데 필요한 시험은?

① 단상 단락 시험과 3상 단락 시험
② 무부하 포화 시험과 3상 단락 시험
③ 정상, 역상 리액턴스의 측정 시험
④ 돌발 단락 시험과 부하 시험

47 동기 발전기의 단락 시험, 무부하 시험으로부터 구할 수 없는 것은?

① 철손
② 단락비
③ 전기자 반작용
④ 동기 임피던스

48 3상 교류 동기 발전기를 정격 속도로 운전하고 무부하 정격 전압을 유기하는 데 필요한 계자 전류를 i_1, 3상 단락에 의하여 정격 전류 I를 흘리는 데 필요한 계자 전류를 i_2라 할 때 단락비는?

① $\dfrac{I}{i_1}$
② $\dfrac{i_2}{i_1}$
③ $\dfrac{I}{i_2}$
④ $\dfrac{i_1}{i_2}$

49 동기기에서 동기 임피던스와 단락비의 관계는?

① 동기 임피던스[Ω] = $\dfrac{1}{(단락비)^2}$
② 단락비 = $\dfrac{동기\ 임피던스[Ω]}{동기\ 각속도}$
③ 단락비 = $\dfrac{1}{동기\ 임피던스[p \cdot u]}$
④ 동기 임피던스[p · u] = 단락비

50 정격용량 10,000[KVA], 정격전압 6,000[V], 극수 24, 주파수 60[Hz], 단락비 1.2 되는 3상 동기 발전기의 동기임피던스[Ω]는?

① 3.0
② 2.8
③ 2.4
④ 2.0

51 정격 전압 6,000[V], 용량 5,000[kVA]인 Y결선 3 동기 발전기가 있다. 여자 전류 200[A]에서 무부하 단자 전압 6,000[V], 단락 전류 600[A]일 때, 이 발전기의 단락비는?

① 0.25
② 1
③ 1.25
④ 1.5

52 정격전압 6,600[V], 정격출력 10,000[kVA], 매상의 동기임피던스가 3.6[Ω]인 3상 동기 발전기의 단락비는 얼마인가?

① 1.11
② 1.21
③ 1.31
④ 1.41

53 6,000[V], 5[MVA]인 3상 동기 발전기가 계자전류 200[A]에서의 무부하 단자전압이 6,000[V]이고, 단락전류는 600[A]라고 한다. 동기임피던스[Ω]와 %동기임피던스는 약 얼마인가?

① 5.8[Ω], 80[%]
② 6.4[Ω], 85[%]
③ 6.4[Ω], 73[%]
④ 6.0[Ω], 75[%]

54 단락비가 큰 동기기는?

① 안정도가 높다.
② 전압 변동률이 크다.
③ 기계가 소형이다.
④ 반작용이 크다.

55 단락비가 큰 동기기의 설명에서 옳지 않은 것은?

① 계자 자속이 비교적 크다.
② 전기자 기자력이 작다.
③ 공극이 크다.
④ 송전선의 충전 용량이 작다.

56 동기 발전기의 단락비는 기계의 특성을 단적으로 잘 나타내는 수치로서, 동일 정격에 대하여 단락비가 큰 기계의 특성 중에서 옳지 않은 것은?

① 동기 임피던스가 작아져 전압 변동률이 좋으며, 송전선 충전 용량이 크다.
② 기계의 형태, 중량이 커지며, 철손, 기계 철손이 증가하고 가격도 비싸다.
③ 과부하 내량이 크고, 안정도가 좋다.
④ 극수가 적은 고속기가 된다.

57 동기기의 구성 재료가 구리(Cu)가 비교적 적고 철(Fe)이 비교적 많은 기계는?

① 단락비가 작다.
② 단락비가 크다.
③ 단락비와 무관하다.
④ 전압 변동률이 크다.

58 원통형 회전자를 가진 동기 발전기는 부하각 δ가 몇 도일 때 최대 출력을 낼 수 있는가?

① $0°$
② $30°$
③ $60°$
④ $90°$

59 3상 동기 발전기를 병렬 운전하는 경우 고려하지 않아도 되는 조건은?

① 발생 전압이 같을 것
② 전압 파형이 같을 것
③ 회전수가 같을 것
④ 상회전이 같을 것

60 동기 발전기의 병렬 운전에서 일치하지 않아도 되는 것은?

① 전압
② 위상
③ 주파수
④ 부하전류

61 동기 발전기의 병렬운전 조건에서 같지 않아도 되는 것은?

① 주파수
② 용량
③ 위상
④ 기전력

62 병렬 운전을 하고 있는 두 대의 3상 동기 발전기 사이에 무효 순환 전류가 흐르는 경우는?

① 여자 전류의 변화
② 원동기의 출력 변화
③ 부하의 증가
④ 부하의 감소

63 병렬 운전하는 두 동기 발전기에서 스위치를 투입할 때 다음과 같은 경우 동기화 전류가 흐르는 것은 두 발전기의 기전력이 어떠할 때인가?

① 기전력의 파형이 다를 때
② 부하 분담의 차가 있을 때
③ 기전력의 크기가 다를 때
④ 기전력의 위상에 차가 있을 때

64 병렬 운전을 하고 있는 3상 동기 발전기에 동기화 전류가 흐르는 경우는 어느 때인가?

① 부하가 증가할 때
② 여자 전류를 변화시킬 때
③ 부하가 감소할 때
④ 원동기의 출력이 변화할 때

65 1[MVA], 3,300[V], 동기 임피던스 6[Ω]인 2개의 3상 교류 발전기를 병렬운전 중 한 발전기의 계자를 강화해서 두 유도기전력(상전압) 사이에 210[V]의 전압차가 생기게 했을 때 두 발전기 사이에 흐르는 무효횡류는?

① 17.5[A]
② 20[A]
③ 15.5[A]
④ 14[A]

66 8,000[kVA], 6,000[V], 동기 임피던스 6[Ω]인 2대의 교류 발전기를 병렬 운전 중, A기의 유기기전력의 위상이 20° 앞서는 경우의 동기화 전류[A]를 구하여라.(단, cos5°=0.996, sin10°=0.174이다.)

① 49.5
② 49.8
③ 50.2
④ 100.4

67 2대의 3상 동기 발전기가 무부하로 운전하고 있을 때 대응하는 기전력 사이의 상차각이 30°이면 한쪽 발전기에서 다른 쪽 발전기로 공급하는 1상당 전력은 몇 [kW]인가?(단, 각 발전기 1상의 기전력은 2,000[V], 동기 리액턴스 5[Ω]이고 전기자 저항은 무시한다.)

① 400
② 300
③ 200
④ 100

68 2대의 발전기가 병렬 운전되고 있을 때 B기의 원동기의 조속기를 조정하여 B기의 입력을 증가시키면 B기에는?

① 90° 진상 전류가 흐른다.
② 90° 지상 전류가 흐른다.
③ 부하 전류가 증가한다.
④ 부하 전류가 감소한다.

69 병렬 운전하는 두 동기 발전기 사이에 그림과 같이 동기 검정기가 접속되었을 때 상회전 방향이 일치되어 있다면?

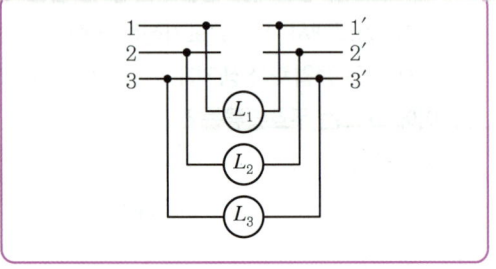

① L_1, L_2, L_3 모두 어둡다.
② L_1, L_2, L_3 모두 밝다.
③ L_1, L_2, L_3 순서대로 명멸한다.
④ L_1, L_2, L_3 모두 점등되지 않는다.

70 병렬 운전 중의 A, B 두 동기발전기 중에서 A 발전기의 여자를 B 발전기보다 강하게 하였을 경우 B 발전기는?

① 90° 앞선 전류가 흐른다.
② 90° 뒤진 전류가 흐른다.
③ 동기화 전류가 흐른다.
④ 부하 전류가 증가한다.

71 동기 전동기의 기동법 중 자기동법(Self-Starting Method)에서 계자권선을 저항을 통해서 단락시키는 이유는?

① 기동이 쉽다.
② 기동 권선으로 이용한다.
③ 고전압의 유도를 방지한다.
④ 전기자 반작용을 방지한다.

72 A, B 2대의 동기 발전기를 병렬 운전 중 계통 주파수를 바꾸지 않고 B기의 역률을 좋게 하는 것은?

① A기의 여자 전류를 증대
② A기의 원동기 출력을 증대
③ B기의 여자 전류를 증대
④ B기의 원동기 출력을 증대

73 동기 전동기는 유도 전동기에 비하여 어떤 장점이 있는가?

① 기동 특성이 양호하다.
② 전부하 효율이 양호하다.
③ 속도를 자유롭게 제어할 수 있다.
④ 구조가 간단하다.

74 동기 전동기의 특징으로 옳은 것은?

> A : 부하의 변화(용량의 한도 내에서)에 의하여 속도가 변동한다.
> B : 부하의 변화(용량의 한도 내에서)에 관계없이 속도가 일정하다.
> C : 역률 개선을 할 수 있다.
> D : 역률 개선을 할 수 없다.

① A, B
② B, C
③ C, D
④ D, A

75 동기 전동기에 관한 설명으로 옳지 않은 것은?

① 기동 토크가 작다.
② 난조가 일어나기 쉽다.
③ 여자기가 필요하다.
④ 역률을 조정할 수 없다.

76 역률이 가장 좋은 전동기는?

① 농형 유도 전동기
② 반발 기동 전동기
③ 동기 전동기
④ 교류 정류자 전동기

77 60[Hz], 600[rpm]인 동기 전동기에 직렬하여 이것을 기동하는 유도 전동기의 극수는 얼마인가?

① 8
② 10
③ 12
④ 14

78 동기 전동기의 전기자 전류가 최소일 때 역률은?

① 0
② 0.707
③ 0.866
④ 1

79 동기 전동기의 위상 특성이란?(여기서 P를 출력, I_f를 계자 전류, I를 전기자 전류, $\cos\theta$를 역률이라 한다.)

① $I_f - I$ 곡선, $\cos\theta$는 일정
② $P - I$ 곡선, I_f는 일정
③ $P - I_f$ 곡선, I는 일정
④ $I_f - I$ 곡선, P는 일정

80 동기 조상기의 구조상 특이점이 아닌 것은?

① 고정자는 수차발전기와 같다.
② 계자 코일이나 자극이 대단히 크다.
③ 안정 운전용 제동 권선이 설치된다.
④ 전동기 축은 동력을 전달하는 관계로 비교적 굵다.

81 동기전동기의 공급 전압, 주파수 및 부하가 일정할 때 여자 전류를 변화시키면 어떤 현상이 생기는가?

① 속도가 변한다.
② 회전력이 변한다.
③ 역률만 변한다.
④ 전기자 전류와 역률이 변한다.

82 전압이 일정한 도선에 접속되어 역률 1로 운전하고 있는 동기 전동기의 여자 전류를 증가시키면 이 전동기는?

① 역률은 앞서고 전기자 전류는 증가한다.
② 역률은 앞서고 전기자 전류는 감소한다.
③ 역률은 뒤지고 전기자 전류는 증가한다.
④ 역률은 뒤지고 전기자 전류는 감소한다.

83 동기전동기의 여자를 강화하면?

① 난조가 발생하기 쉽다.
② 토크가 증가한다.
③ 출력이 증가한다.
④ 전기자 전류의 위상이 앞서는 쪽으로 변한다.

84 동기조상기를 부족 여자로 사용하면?

① 리액터로 작용
② 저항손의 보상
③ 일반 부하로 뒤진 전류의 보상
④ 콘덴서로 작용

85 동기전동기의 공급 전압, 주파수 및 부하를 일정하게 유지하고 여자 전류만을 변화시키면?

① 출력이 변화한다.
② 토크가 변화한다.
③ 각속도가 변화한다.
④ 부하각이 변화한다.

86 동기전동기에 설치된 제동권선의 효과중 맞지 않는것은?

① 정지시간의 단축
② 출력전압의 증가
③ 기동토크의 발생
④ 과부하 내량의 증가

87 수차발전기가 난조를 일으키는 원인은?

① 발전기의 관성 모터가 크다.
② 발전기의 자극에 제동 권선을 감는다.
③ 수차의 속도 변동률이 적다.
④ 수차의 조속기가 예민하다.

88 동기 발전기의 난조 방지에 해당되지 않는 것은?

① 원동기의 조속기의 감도를 예민하게 한다.
② 전기자 회로의 저항을 크게 하지 않는다.
③ 제동 권선을 설치한다.
④ 플라이 휠 효과를 부족하게 하지 않는다.

89 3상 동기 발전기의 자극면에 제동 권선을 설치하는 이유는 무엇인가?

① 출력 증가
② 역률 개선
③ 난조 방지
④ 효율 개선

90 3상 교류 발전기의 손실은 단자 전압 및 역률이 일정하면 $P = P_0 + \alpha I + \beta I^2$으로 된다. 부하 전류 I가 어떤 값일 때 발전기 효율이 최대가 되는가?(단, P_0는 무부하손이며, α, β는 계수이다.)

① $I = \sqrt{\dfrac{P_0}{\beta}}$ ② $I = \dfrac{\alpha}{\beta}$
③ $I = \dfrac{P_0}{2\alpha}$ ④ $I = \dfrac{P_0}{2\beta}$

91 발전기 권선의 층간 단락 보호에 가장 적합한 계전기는?

① 과부하 계전기 ② 온도 계전기
③ 접지 계전기 ④ 차동 계전기

92 450[kVA], 역률 0.85, 효율 0.9 되는 동기 발전기 운전용 원동기의 입력[kW]은?(단, 원동기의 효율은 0.85이다.)

① 450 ② 500
③ 550 ④ 600

Chapter 03 변압기

01 변압기

(1) 변압기의 구조
- 철심
- 코일
- 절연유(절연작용, 냉각작용)
- 부싱
- 외함

[절연유 구비조건]
- 절연내력이 클 것
- 점도가 낮을 것
- 인화점이 높고, 응고점이 낮을 것
- 다른 재질에 화학작용을 일으키지 않을 것
- 변질하지 않을 것

(2) 열화
변압기 기름(절연유)이 화학적인 변화를 일으켜서 침식되는 현상을 말한다.
① 원인
- 공기 중 수분의 흡수
- 불순물 침투

② 영향
- 절연내력 감소
- 냉각작용 감소
- 온도 상승
- 침식작용

③ 방지책
- 밀폐식
- 흡습제 설치
- 콘서베이터 설치

(3) 변압기 유기기전력
$$E = 4.44\, f\, \phi_m\, N\,[\text{V}]$$

(4) 변압기 권수비 → 가장 중요한 부분
$$a = \frac{V_1}{V_2} \qquad a = \frac{I_2}{I_1}$$

(5) 무부하 시 특성
- 무부하시험(개방시험) → 무부하전류(I_0), 철손($P_i[\text{W}]$)
- 무부하전류(I_0)는 여자 어드미턴스(Y_0)가 결정
- $I_\phi = \sqrt{I_0^2 - \left(\dfrac{P_i[\text{W}]}{V_1}\right)^2}$

여기서, I_0 : 무부하전류, I_ϕ : 자화전류
$P_i[\text{W}]$: 철손, V_1 : 1차 전압

(6) 변압기 환산
- 변압기 환산 시 전압과 전류는 권수비로 환산한다.
- $Z_1 = a^2 Z_2$ (2차를 1차로 환산 시)
- $Z_2 = \dfrac{Z_1}{a^2}$ (1차를 2차로 환산 시)

(7) 주파수와 철손의 관계
[주파수 증가 시 현상]
- 철손 감소
- 여자전류 감소
- 리액턴스 증가

(8) 주파수와 와류손의 관계
와류손은 주파수와는 무관하며 V^2에 비례한다.

(9) 전압변동률
$$\varepsilon = \%p\cos\theta \pm \%q\sin\theta$$
$+$: 지상
$-$: 진상

① %p(퍼센트 저항 강하)
$$\%p = \frac{I_n \times r}{V_n} \times 100 = \frac{I_n^2 \times r}{V_n I_n} \times 100$$
$$= \frac{\text{동손}}{\text{정격출력}} \times 100$$

② %q(퍼센트 리액턴스 강하)
$$\%q = \frac{I_n \times x}{V_n} \times 100$$

③ %Z(퍼센트 임피던스 강하)
$$\%Z = \frac{I_n \times Z}{V_n} \times 100 = \frac{V_s}{V_{1n}} \times 100 = \frac{I_n}{I_s} \times 100$$
여기서, V_s : 임피던스 전압

④ $\cos\theta = 100[\%]$일 때 $\varepsilon = \%p$
$$\begin{cases} \varepsilon(최댓값) = \sqrt{\%p^2 + \%q^2} \\ \cos\theta(최대\ 시\ 역률) = \dfrac{\%p}{\sqrt{\%p^2 + \%q^2}} \end{cases}$$

(10) 임피던스 전압(V_s)
- 변압기 2차 측을 단락한 상태에서 1차 측에 정격전류가 흐를 때까지 인가하는 전압
- $V_s = I_{1n} \times Z_{[V]}$
- 이때 발생하는 와트를 임피던스와트(동손)라고 한다.

(11) 변압기 효율
$$\eta = \frac{출력}{입력} \times 100 \quad \eta = \frac{출력}{출력 + 손실} \times 100$$

① 전부하 효율
$$\eta = \frac{P[\text{W}]}{P[\text{W}] + P_i[\text{W}] + P_c[\text{W}]} \times 100$$
여기서, P : 전부하출력, P_i : 철손, P_c : 전부하 동손

② $\dfrac{1}{m}$ 부하 시 효율
$$\eta_{\frac{1}{m}} = \frac{\frac{1}{m}P}{\frac{1}{m}P + P_i + (\frac{1}{m})^2 P} \times 100$$

$$P_i = (\frac{1}{m})^2 P_c \Rightarrow 최대효율조건$$

$$\frac{1}{m} = \sqrt{\frac{P_i}{P_c}} \Rightarrow 최대효율\ 시\ 부하$$

③ 최대효율
$$\eta_{\max} = \frac{최대효율\ 시\ 출력}{최대효율\ 시\ 출력 + 2P_i} \times 100$$

(12) 3상결선
① Y결선(성형결선)
- $V_l = \sqrt{3}\, V_p$
- $I_l = I_p$

② △결선(환상결선)
- $V_l = V_p$
- $I_l = \sqrt{3}\, I_p$

③ Y−△의 위상차는 30°이다.

④ Y−△의 3상 출력
$P = 3 V_p I_p$(단상용량의 3배의 출력을 낸다.)

⑤ V결선
- V결선 3상 출력
$P = \sqrt{3}\, V_p I_p$(단상용량의 $\sqrt{3}$ 배의 출력을 낸다.)
- V결선은 △결선에 비하여 57.7[%]의 출력을 낸다.
- V결선의 이용률은 86.6[%]이다.

(13) 변압기 병렬운전조건
① 단상
- 극성이 같을 것
- 정격전압과 권수비가 같을 것
- 퍼센트 저항강하와 퍼센트 리액턴스 강하가 같을 것(저항과 리액턴스 비가 같을 것)
- 부하분담 시 용량에는 비례하고, 퍼센트 임피던스에는 반비례할 것

② 3상
단상조건에서 2가지가 더 있다.
- 각변위가 같을 것
- 상회전이 일치할 것

③ 변압기 극성시험
- 감극성일 때 V의 지싯값 $= V_1 - V_2$
- 가극성일 때 V의 지싯값 $= V_1 + V_2$

④ 부하분담

$$\left(\frac{P_A}{P_B}\right) = \frac{[kVA]_A}{[kVA]_B} \times \frac{\%Z_B}{\%Z_A}$$
(부하분담)　(용량)　(%Z)

⑤ 각 변위

가능 결선	불가능 결선
△−△와 △−△	△−△와 △−Y
Y−△와 Y−△	△−Y와 Y−Y
Y−Y와 Y−Y	* 홀수는 불가능하다.
△−Y와 △−Y	

(14) 특수 변압기
　① 3상 변압기
　　단상으로 쓸 수 없는 이유 : 독립된 자로가 없기 때문이다.
　② 상수변환
　　㉠ 3상을 2상으로 변환
　　　ⓐ 우드 브리지 결선
　　　ⓑ 스코트결선(T결선)
　　　ⓒ 메이어결선
　　　　• T좌 변압기 권수비

$$a = \frac{\sqrt{3}}{2} \times \frac{V_1}{V_2}$$

　　㉡ 3상을 6상으로 변환
　　　ⓐ 환상결선
　　　ⓑ 대각결선
　　　ⓒ 2중 △결선
　　　ⓓ 2중 Y결선
　　　ⓔ 포크결선−수은정류기
　③ 단권변압기
　　• 직렬권선의 $(V_2 - V_1)I_2$가 곧 자기용량(ω)이며 단권변압기 용량이다.
　　• 부하용량= $V_2 I_2$

• $\dfrac{\text{자기용량}(\omega)}{\text{부하용량}(W)} = \dfrac{(V_2 - V_1)I_2}{V_2 I_2}$

$$\frac{\text{자기용량}(\omega)}{\text{부하용량}(W)} = \frac{V_h - V_l}{V_h}$$

여기서, V_h : 고압, V_l : L저압

(15) 변압기 내부고장 보호계전기
　• 비율차동계전기 : 전기적인 고장보호
　• 부흐홀츠계전기 : 기계적인 고장보호

핵심 기출 문제

01 변압기 여자 전류에 많이 포함된 고조파는?
① 제2고조파　② 제3고조파
③ 제4고조파　④ 제5고조파

02 변압기의 누설 리액턴스를 줄이는 가장 효과적인 방법은 어느 것인가?
① 권선을 분할하여 조립한다.
② 권선을 동심 배치한다.
③ 코일의 단면적을 크게 한다.
④ 철심의 단면적을 크게 한다.

03 변압기 기름이 가져야 할 성능이 아닌 것은?
① 절연 내력이 작을 것
② 인화점이 높고 응고점이 낮을 것
③ 점도가 낮을 것
④ 변질하지 않을 것

04 변압기에 콘서베이터(Conservator)를 설치하는 목적은?
① 열화 방지
② 통풍 장치
③ 코로나 방지
④ 강제 순환

05 변압기 기름이 열화 영향에 속하지 않는 것은?
① 냉각 효과의 감소
② 침식 작용
③ 공기 중 수분 흡수
④ 절연 내력의 저하

06 변압기의 누설 리액턴스는?(단, N은 권수이다.)
① N에 비례한다.
② N^2에 비례한다.
③ N에 무관하다.
④ N에 반비례한다.

07 1차 전압 6,900[V], 1차 권선 3,000회, 권수비 20인 변압기를 60[Hz]로 사용할 때 철심의 최대자속 [Wb]은?
① 0.86×10^{-4}　② 8.63×10^{-3}
③ 86.3×10^{-3}　④ 863×10^{-3}

08 1차 전압 6,600[V], 권수비 30인 단상 변압기로 전등 부하에 20[A]를 공급할 때의 입력[kW]은? (단, 변압기의 손실은 무시한다.)
① 4.4　② 5.5
③ 6.6　④ 7.7

09 1차 전압이 2,200[V], 무부하 전류가 0.088[A], 철손이 110[W]인 단상 변압기의 자화 전류[A]는?
① 0.05　② 0.038
③ 0.072　④ 0.088

10 1차 측 권수가 1,500인 변압기의 2차 측에 접속한 16[Ω]의 저항을 1차 측으로 환산했을 때 8[kΩ]으로 되었다고 한다. 2차 측 권수를 구하면?
① 75　② 70
③ 67　④ 64

11 그림과 같은 정합 변압기(Matching Transformer)가 있다. R_2에 주어지는 전력이 최대가 되는 권선비 a는?

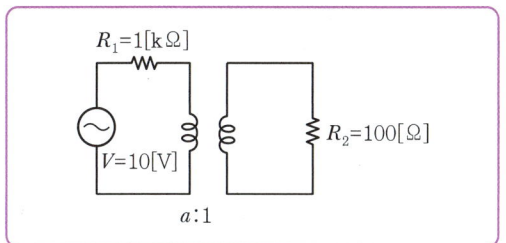

① 약 2
② 약 1.16
③ 약 2.16
④ 약 3.16

12 그림과 같은 변압기에서 1차 전류는 얼마인가?

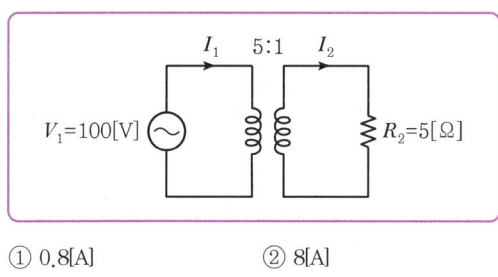

① 0.8[A]
② 8[A]
③ 10[A]
④ 25[A]

13 변압비 3,000/100[V]인 단상 변압기 2대의 고압 측을 그림과 같이 직렬로 3,300[V] 전원에 연결하고, 저압 측에 각각 5[Ω], 7[Ω]의 저항을 접속하였을 때 고압 측의 단자 전압 E_1은 대략 몇 [V]인가?

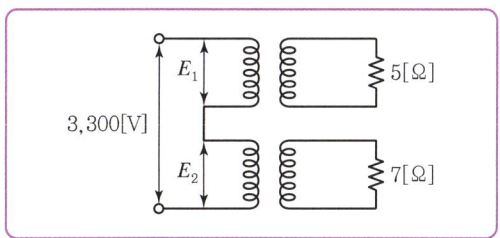

① 471
② 660
③ 1,375
④ 1,925

14 변압기의 임피던스 전압이란?

① 정격 전류가 흐를 때의 변압기 내의 전압강하
② 여자 전류가 흐를 때의 2차 측 단자 전압
③ 정격 전류가 흐를 때의 2차 측 단자 전압
④ 2차 단락 전류가 흐를 때의 변압기 내의 전압강하

15 3,300/200[V], 50[kVA]인 단상 변압기의 퍼센트(%)저항, 퍼센트(%)리액턴스를 각각 2.4[%], 1.6[%]라 하면, 이때의 임피던스 전압은 몇 [V]인가?

① 95
② 100
③ 105
④ 110

16 3상 변압기의 임피던스가 $Z[\Omega]$이고, 선간 전압이 $V[\text{kV}]$, 정격 용량이 $P[\text{kVA}]$일 때 %Z(%임피던스)는?

① $\dfrac{PZ}{V}$
② $\dfrac{10PZ}{V}$
③ $\dfrac{PZ}{10V^2}$
④ $\dfrac{PZ}{100V^2}$

17 10[kVA], 2,000/380[V]인 변압기 1차 환산 동기 임피던스가 $3+j4[\Omega]$이다. %임피던스 강하는 몇 [%]인가?

① 0.75
② 1.0
③ 1.25
④ 1.5

18 5[kVA], 3,300/210[V]인 단상 변압기의 단락 시험에서 임피던스 와트가 150[W]라 하면 퍼센트 저항 강하는 몇 [%]인가?

① 2
② 3
③ 4
④ 5

19 10[kVA], 2,000/100[V]인 변압기에서 1차에 환산한 등가 임피던스는 $6.2+j7[\Omega]$이다. 이 변압기의 % 리액턴스 강하는?

① 3.5　　② 1.75
③ 0.35　　④ 0.175

20 임피던스 전압을 걸 때의 입력은?

① 정격 용량　　② 철손
③ 임피던스 와트　　④ 전부하 시의 전손실

21 어떤 단상 변압기의 2차 무부하 전압이 240[V]이고 정격 부하시의 2차 단자 전압이 230[V]이다. 전압 변동률[%]은?

① 2.35　　② 3.35
③ 4.35　　④ 5.35

22 단상 변압기가 있다. 전부하에서 2차 전압은 115[V]이고, 전압 변동률은 2[%]이다. 1차 단자 전압[V]은?(단, 1차, 2차 권선비는 20 : 1이다.)

① 2,356　　② 2,346
③ 2,336　　④ 2,326

23 어떤 변압기의 단락 시험에서 %저항 강하 1.5[%]와 %리액턴스 강하 3[%]를 얻었다. 부하 역률이 80[%] 앞선 경우의 전압 변동률[%]은?

① −0.6　　② 0.6
③ −3.0　　④ 3.0

24 어느 변압기의 백분율 저항 강하가 2[%], 백분율 리액턴스 강하가 3[%]일 때 역률(지역률) 80[%]인 경우의 전압 변동률[%]은?

① −0.2　　② 3.4
③ 0.2　　④ −3.4

25 변압기의 정격 전류에 대한 백분율 저항 강하 1.5[%], 백분율 리액턴스 강하가 4[%]이다. 이 변압기에 정격 전류를 통하여 전압 변동률이 최대로 되는 부하 역률은 얼마인가?

① 0.154　　② 0.283
③ 0.351　　④ 0.683

26 변압기에서 등가 회로를 이용하여 단락 전류를 구하는 식은?

① $I_{1s} = V_1/(Z_1 + a^2 Z_2)$
② $I_{1s} = V_1/(Z_1 \times a^2 Z_2)$
③ $I_{1s} = V_1/(Z_1^2 + a^2 Z_2)$
④ $I_{1s} = V_1/(Z^2 + a^2 Z_2)$

27 단상 변압기의 1차 전압 E_1, 1차 저항 r_1, 2차 저항 r_2, 1차 누설 리액턴스 x_1, 2차 누설 리액턴스 x_2, 권수비 a 라고 하면 2차 권선을 단락했을 때 1차 단락 전류는 몇 [A]인가?

① $I_{1s} = \dfrac{E_1}{\sqrt{(r_1 + a^2 r_2)^2 + (x_1 + a^2 x_2)^2}}$

② $I_{1s} = \dfrac{E_1}{a \sqrt{(r_1 + a^2 r_2)^2 + (x_1 + a^2 x_2)^2}}$

③ $I_{1s} = \dfrac{E_1}{\sqrt{\left(\dfrac{r_1}{a^2 + r_2}\right)^2 + \left(\dfrac{x_1}{a^2 + x_2}\right)^2}}$

④ $I_{1s} = \dfrac{aE_1}{\sqrt{\left(\dfrac{r_1}{a^2 + r_2}\right)^2 + \left(\dfrac{x_1}{a^2 + x_2}\right)^2}}$

28 임피던스 강하가 5[%]인 변압기가 운전 중 단락되었을 때 그 단락 전류는 정격 전류의 몇 배인가?

① 15배　　② 20배
③ 25배　　④ 30배

29 75[kVA], 6,000/200[V]인 단상 변압기의 %임피던스 강하가 4[%]이다. 1차 단락 전류[A]는?

① 512.5　　② 412.5
③ 312.5　　④ 212.5

30 변압기를 V결선했을 때의 전용량은 변압기 1대 용량의 몇 배인가?

① 2　　② $\sqrt{3}$
③ $\dfrac{\sqrt{3}}{2}$　　④ $\dfrac{2}{\sqrt{3}}$

31 2대의 변압기로 V결선하여 3상 변압하는 경우 변압기 이용률[%]은?

① 57.8　　② 86.6
③ 66.6　　④ 100

32 △결선 변압기의 한 대가 고장으로 제거되어 V결선으로 공급할 때 공급할 수 있는 전력은 고장 전 전력에 대하여 몇 [%]인가?

① 86.6　　② 75.0
③ 66.7　　④ 57.7

33 3상 배전선에 접속된 V결선의 변압기에서 전부하 시의 출력을 P[kVA]라 하면 같은 변압기 한 대를 증설하여 △결선하였을 때의 정격 출력[kVA]은?

① $\dfrac{1}{4}P$　　② $\dfrac{2}{\sqrt{3}}P$
③ $\sqrt{3}P$　　④ $2P$

34 용량 100[KVA]인 동일 정격의 단상변압기 4대로 낼 수 있는 3상 최대 출력용량[kVA]은?

① $200\sqrt{3}$　　② $200\sqrt{2}$
③ $300\sqrt{2}$　　④ 400

35 2[kVA]인 단상 변압기 3대를 써서 △결선하여 급전하고 있는 경우 1대가 소손되어 나머지 2대로 급전하게 되었다. 이 2대의 변압기는 과부하를 20[%]까지 견딜 수 있다고 하면 2대가 부담할 수 있는 최대 부하[kVA]는?

① 약 3.46　　② 약 4.15
③ 약 5.16　　④ 약 6.92

36 정격 출력 P[kW], 역률 0.8, 효율 0.82로 운전하는 3상 유도 전동기에 V결선의 변압기로 전원을 공급할 때 변압기 1대의 최소 용량[kVA]은?

① $\dfrac{P}{0.8 \times 0.82 \times 2}$　　② $\dfrac{\sqrt{3}P}{0.8 \times 0.82 \times 2}$
③ $\dfrac{P}{0.8 \times 0.82 \times \sqrt{3}}$　　④ $\dfrac{2P}{0.8 \times 0.82 \times \sqrt{2}}$

37 22[kW]인 3상 유도전동기 1대를 운전하기 위해서 2대의 단상변압기를 사용한다. 이 변압기의 용량은?(단, 역률은 0.75이다.)

① 29.3[kVA]　　② 16.9[kVA]
③ 12.4[kVA]　　④ 9.78[kVA]

38 변압기의 병렬 운전 시 필요하지 않은 것은?

① 정격 출력이 같을 것
② 극성이 같을 것
③ 임피던스 전압이 같을 것
④ 정격 전압과 권수비가 같을 것

39 단상 변압기를 병렬 운전하는 경우 부하 분담을 용량에 비례시키는 조건 가운데서 필요 없는 것은?

① 정격 전압과 변압비가 같을 것
② 각 변위가 다를 것
③ [%]임피던스 전압이 같을 것
④ 극성이 같을 것

40 변압기의 병렬 운전에서 필요한 조건은?(단, A : 극성을 고려하여 접속할 것

> B : 권수비가 상등하며 1차, 2차의 정격 전압이 상등할 것
> C : 용량이 꼭 상등할 것
> D : 퍼센트 임피던스 강하가 같을 것
> E : 권선의 저항과 누설 리액턴스의 비가 상등할 것

① A, B, C, D
② B, C, D, E
③ A, C, D, E
④ A, B, D, E

41 단상 변압기를 병렬 운전하는 경우 부하 전류의 분담은 어떻게 되는가?

① 용량에 비례하고 누설 임피던스에 비례한다.
② 용량에 비례하고 누설 임피던스에 반비례한다.
③ 용량에 반비례하고 누설 임피던스에 비례한다.
④ 용량에 반비례하고 누설 임피던스에 반비례한다.

42 2차로 환산한 임피던스가 각각 $0.03 + j\,0.02$ [Ω], $0.02 + j\,0.03$ [Ω]인 단상 변압기 2대를 병렬로 운전할 때 분담 전류는?

① 크기는 같으나 위상이 다르다.
② 크기와 위상이 같다.
③ 크기는 다르나 위상이 같다.
④ 크기와 위상이 다르다.

43 정격이 같은 2대의 단상 변압기 1,000[kVA]가 임피던스 전압은 각각 8[%]와 7[%]이다. 이것을 병렬로 하면 몇 [kVA]의 부하를 걸 수 있는가?

① 1,865
② 1,870
③ 1,875
④ 1,880

44 3상 전원에서 2상 전원을 얻기 위한 변압기의 결선 방법은?

① △
② T
③ Y
④ V

45 3상 전원에서 2상 전압을 얻고자 할 때 다음 결선 중 틀린 것은?

① Fork 결선
② Scott 결선
③ Wood Bridge 결선
④ Meyer 결선

46 3상 전원을 이용하여 2상 전압을 얻고자 할 때 사용할 결선 방법은?

① Scott 결선
② Fork 결선
③ 환상 결선
④ 2중 3각 결선

47 T결선에 의하여 3,300[V]의 3상으로부터 200[V], 40[kVA]의 전력을 얻는 경우, T좌 변압기 권수비는?

① 약 16.5
② 약 14.3
③ 약 11.7
④ 약 10.2

48 단권변압기 2대를 V결선하여 선로 전압 3,000[V]를 3,300[V]로 승압하여 300[kVA]의 부하에 전력을 공급하려고 한다. 단권변압기 1대의 자기용량은 약 몇 [kVA]인가?

① 9.09
② 15.72
③ 21.72
④ 31.50

49 3,000[V]의 단상 배전선 전압을 3,300[V]로 승압하는 단권 변압기의 자기용량은 약 몇 [kVA]인가?(단, 여기서 부하용량은 100[kVA]이다.)

① 2.1　　② 5.3
③ 7.4　　④ 9.1

50 3상 전원에서 6상 전압을 얻을 수 없는 변압기의 결선 방법은?

① 스코트 결선　　② 2중 3각 결선
③ 2중 성형 결선　　④ 포크 결선

51 1차 전압 V_1, 2차 전압 V_2인 단권 변압기를 V결선했을 때 변압기 용량(등가 용량)과 2차 측 출력(부하 용량)의 비는?

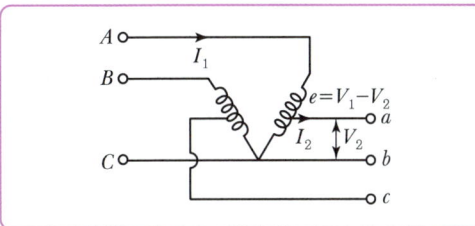

① $\dfrac{2}{\sqrt{3}} \cdot \dfrac{V_1 - V_2}{V_1}$

② $\dfrac{\sqrt{3}}{2} \cdot \dfrac{V_1 - V_2}{V_1}$

③ $\dfrac{1}{2} \cdot \dfrac{V_1 - V_2}{V_1}$

④ $\dfrac{1}{\sqrt{3}} \cdot \dfrac{V_1 - V_2}{V_1}$

52 용량 1[kVA], 3,000/200[V]인 단상 변압기를 단권 변압기로 결선해서 3,000/3200[V]인 승압기로 사용할 때 그 부하 용량[kVA]은?

① 16　　② 15
③ 1　　④ $\dfrac{1}{16}$

53 용량 10[kVA]의 단권 변압기를 그림과 같이 접속하면 역률 80[%]의 부하에 몇 [kW]의 전력을 공급할 수 있는가?

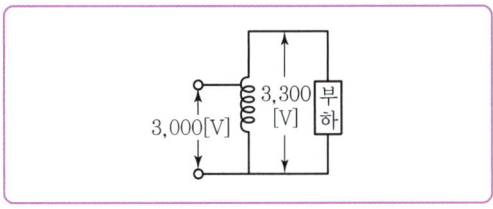

① 55　　② 66
③ 77　　④ 88

54 같은 출력에 대하여 단권 변압기를 표시한 글이다. 잘못 표시된 것은 어느 것인가?

① 사용 재료가 적게 들고 손실도 적다.
② 효율이 높다.
③ %임피던스 강하가 적다.
④ 3상에는 사용할 수 없다.

55 단권변압기를 2권선 변압기와 비교한 특징 중 틀린 것은?

① 동손, 철손이 많고, 효율이 약간 나쁘다.
② 전압변동률이 적다.
③ 누설자속이 적다.
④ 단락전류에 대한 기계적 강도를 강화할 필요가 있다.

56 변압기를 병렬 운전하는 경우에 불가능한 조합은?

① △ - △와 Y - Y
② △ - Y와 Y - △
③ △ - Y와 △ - Y
④ △ - Y와 △ - △

57 Y−△결선의 3상 변압기군 A 와 △−Y결선의 3상 변압기군 B를 병렬로 사용할 때 A군의 변압기 권수비가 30이라면 B군 변압기의 권수비는?

① 30   ② 60
③ 90   ④ 120

58 권수비 a : 1인 3개의 단상변압기를 △−Y로 하고 1차 단자 전압 V_1, 1차 전류 I_1이라 하면 2차의 단자 전압 V_2 및 2차 전류 I_2 값은?(단, 저항, 리액턴스 및 여자 전류는 무시한다.)

① $V_2 = \sqrt{3}\,\dfrac{V_1}{a},\ I_1 = I_2$

② $V_2 = V_1,\ I_2 = I_1\,\dfrac{a}{\sqrt{3}}$

③ $V_2 = \sqrt{3}\,\dfrac{V_1}{a},\ I_2 = I_1\,\dfrac{a}{\sqrt{3}}$

④ $V_2 = \sqrt{3}\,\dfrac{V_1}{a},\ I_2 = \sqrt{3}\,aI_1$

59 변압비 30 : 1의 단상 변압기 3대를 1차 △, 2차 Y로 결선하고 1차에 선간 전압 3,300[V]를 가했을 때의 무부하 2차 선간 전압[V]은?

① 250   ② 220
③ 210   ④ 190

60 내철형 3상 변압기를 단상 변압기로 사용할 수 없는 이유는?

① 1차, 2차 간의 각 변위가 있기 때문에
② 각 권선마다의 독립된 자기 회로가 있기 때문에
③ 각 권선마다의 독립된 자기 회로가 없기 때문에
④ 각 권선이 만든 자속이 $3\dfrac{\pi}{2}$ 위상차가 있기 때문에

61 변압기에서 철손을 구할 수 있는 시험은?

① 유도시험   ② 단락시험
③ 부하시험   ④ 무부하시험

62 6,600/210[V]인 단상 변압기 3대를 △−Y로 결선하여 1상 18[kW]인 전열기의 전원으로 사용하다가 이것을 △−△로 결선했을 때 이 전열기의 소비 전력[kW]은 얼마인가?

① 31.2   ② 10.4
③ 2.0   ④ 6.0

63 변류기 개방 시 2차 측을 단락시키는 이유는?

① 2차 측 절연 보호   ② 2차 측 과전류 보호
③ 측정 오차 방지   ④ 1차 측 과전류 방지

64 변압기 운전 시 효율이 최대가 되는 부하가 전부하의 75%였다고 하면, 전부하에서의 철손과 동손의 비는?

① 4 : 3   ② 9 : 16
③ 10 : 15 ④ 18 : 30

65 변압기의 철손과 전 부하 동손을 같게 설계하면 최대 효율은?

① $\dfrac{1}{2}$ 부하 시   ② $\dfrac{2}{3}$ 부하 시
③ 전부하 시   ④ $\dfrac{3}{2}$ 부하 시

66 어떤 변압기의 전 부하 동손이 270[W], 철손이 120[W]일 때 이 변압기를 최고 효율로 운전하는 출력은 정격 출력의 몇 [%]가 되는가?

① 22.5   ② 33.3
③ 44.4   ④ 66.7

67 주상변압기에서 보통 동손과 철손의 비는 (a)이고, 최대 효율이 되기 위한 동손과 철손의 비는 (b)이다. ( )에 알맞은 것은?

① a=1 : 1, b=1 : 1
② a=2 : 1, b=1 : 1
③ a=1 : 1, b=2 : 1
④ a=3 : 1, b=3 : 1

68 변압기의 전일 효율이 최대가 되는 조건은?

① 하루 중의 무부하손의 합=하루 중의 부하손의 합
② 하루 중의 무부하손의 합<하루 중의 부하손의 합
③ 하루 중의 무부하손의 합>하루 중의 부하손의 합
④ 하루 중의 무부하손의 합=2×하루 중의 부하손의 합

69 정격 150[kVA], 철손 1[kW], 전부하 동손이 4[kW]인 단상 변압기의 최대 효율[%]과 최대 효율 시의 부하[kVA]를 구하면?

① 96.8, 125
② 97.4, 75
③ 97, 50
④ 97.2, 100

70 출력 10[kVA], 정격 전압에서의 철손이 85[W], 뒤진 역률 0.8, $\frac{3}{4}$ 부하에서 효율이 가장 큰 단상 변압기가 있다. 역률 1일 때의 최대 효율[%]은?

① 96
② 97.8
③ 98.8
④ 99

71 200[kVA]인 단상 변압기가 있다. 철손이 1.6[kW]이고, 전부하 동손이 2.4[kW]이다. 변압기의 역률이 0.8일 때 전부하 시의 효율[%]은 약 얼마인가?

① 96.6
② 97.6
③ 98.6
④ 99.6

72 변압기의 철손이 전부하 동손보다 크게 설치되었다면 이 변압기의 최대 효율은 어떤 부하에서 생기는가?

① $\frac{1}{2}$ 부하
② $\frac{2}{4}$ 부하
③ 전부하
④ 과부하

73 사용 시간이 짧은 변압기의 전일 효율을 좋게 하기 위해서는 P_i(철손)와 P_c(동손)의 관계는?

① $P_i > P_c$
② $P_i < P_c$
③ $P_i = P_c$
④ 무관계

74 변압기의 전일 효율을 최대로 하기 위한 조건은?

① 전부하 시간이 짧을수록 무부하손을 적게 한다.
② 전부하 시간이 짧을수록 철손을 크게 한다.
③ 부하 시간에 관계없이 전부하 동손과 철손을 같게 한다.
④ 전부하 시간이 길수록 철손을 적게 한다.

75 철손 1[kW], 전부하에서의 동손 1.25[kW]인 변압기가 있다. 이 변압기가 매일 무부하로 10시간, $\frac{1}{2}$ 정격으로 8시간, 전부하로 6시간 운전되고 있다. 1일 중의 총손실은 몇 [kWh]인가?

① 36
② 40
③ 38
④ 34

76 변압기 철심의 와류손은 다음 중 어느 것에 비례하는가?(단, f는 주파수, B_m은 최대 자속 밀도, t는 철판의 두께이다.)

① $f B_m t$
② $f B_m^2 t$
③ $f^2 B_m^2 t^2$
④ $f B_m^{1.6} t$

77 인가 전압이 일정할 때 변압기의 와류손은?
① 주파수에 무관계
② 주파수에 비례
③ 주파수에 역비례
④ 주파수의 제곱에 비례

78 3,300[V], 60[Hz]용 변압기의 와류손이 720[W]이다. 이 변압기를 2,750[V], 50[Hz]에 사용하면 그 와류손은 몇 [W]인가?
① 500
② 330
③ 300
④ 250

79 일정 전압 및 일정 파형에서 주파수가 상승하면 변압기 철손은 어떻게 변하는가?
① 증가한다.
② 불변이다.
③ 감소한다.
④ 어떤 기간 동안 증가한다.

80 50[Hz]용 변압기에 60[Hz]의 동일 전압을 인가하면 자속 밀도(A), 손실(B)은 어떻게 변화하는가?
① A : 감소, B : 증가
② A : 감소, B : 감소
③ A : 증가, B : 증가
④ A : 감소, B : 일정

81 60[Hz] 변압기를 같은 전압, 같은 용량에서 60[Hz]보다 낮은 주파수로 사용할 때의 현상은?
① 철손 증가, %임피던스 전압 증가
② 철손 증가, %임피던스 전압 감소
③ 철손 감소, %임피던스 전압 증가
④ 철손 감소, %임피던스 전압 감소

82 정격 주파수 50[Hz]의 변압기를 일정 전압 60[Hz]의 전원에 접속하여 사용했을 때 1차 전류, 철손 및 리액턴스 강하는?

① 여자 전류와 철손은 $\frac{5}{6}$ 감소, 리액턴스 강하 $\frac{6}{5}$ 증가
② 여자 전류와 철손은 $\frac{5}{6}$ 감소, 리액턴스 강하 $\frac{5}{6}$ 감소
③ 여자 전류와 철손은 $\frac{6}{5}$ 증가, 리액턴스 강하 $\frac{6}{5}$ 증가
④ 여자 전류와 철손은 $\frac{6}{5}$ 증가, 리액턴스 강하 $\frac{5}{6}$ 감소

83 변압기의 등가 회로도 작성에 필요 없는 시험은?
① 단락 시험
② 반환 부하법
③ 무부하 시험
④ 저항 측정 시험

84 변압기의 개방 회로 시험으로 구할 수 없는 것은?
① 무부하 전류
② 동손
③ 철손
④ 여자 임피던스

85 단상 변압기의 임피던스 와트(Impedance Watt)를 구하기 위해서는 다음 중 어느 시험이 필요한가?
① 무부하 시험
② 단락 시험
③ 유도 시험
④ 반환 부하법

86 변압기 임피던스 전압이란 정격부하를 걸었을 때 변압기 내부에서 일어나는 임피던스에 의한 전압강하분이 정격 전압의 몇 [%]가 강하되는가의 백분율[%]이다. 다음 중 어느 시험에서 구할 수 있는가?
① 무부하시험
② 단락시험
③ 온도시험
④ 내전압시험

87 변압기의 2차 측을 개방하였을 경우 1차 측에 흐르는 전류는 무엇에 의하여 결정되는가?
① 여자 어드미턴스
② 누설 리액턴스
③ 저항
④ 임피던스

88 변압기 온도시험을 하는 데 가장 좋은 방법은?
① 반환 부하법 ② 실 부하법
③ 단락 시험법 ④ 내전압 시험법

89 변압기의 내부 고장 보호에 쓰이는 계전기로 가장 적당한 것은?
① 과전류 계전기 ② 차동 계전기
③ 접지 계전기 ④ 역상 계전기

90 부흐홀츠 계전기로 보호되는 기기는?
① 변압기 ② 발전기
③ 동기 전동기 ④ 회전 변류기

91 변압기의 보호 방식 중 비율 차동 계전기를 사용하는 경우는?
① 변압기의 포화 억제
② 고조파 발생 억제
③ 여자 돌입 전류 보호
④ 변압기의 상간 단락 보호

92 단상변압기 3대를 Y-△결선해서 3상 20,000[V]를 3,000[V]로 내려서 3,000[kW], 역률 80[%]의 부하에 전력을 공급할 때 변압기 1대의 정격용량 [kVA]은?
① 1,250 ② 1,767
③ 2,500 ④ 3,750

93 단상 변압기의 2차 측(105[V]단자)에 1[Ω]의 저항을 접속하고 1차 측에 1[A]의 전류가 흘렀을 때 1차 전압이 900[V]였다. 1차 측 탭전압[V]과 2차 전류[A]는 얼마인가?(단, 변압기는 이상 변압기, V_r는 1차 탭전압, I_2는 2차 전류이다.)

① $V_r=3,150, I_2=30$ ② $V_r=900, I_2=30$
③ $V_r=900, I_2=1$ ④ $V_r=3,150, I_2=1$

94 주상 변압기의 고압 측에는 몇 개의 탭을 내놓았다. 그 이유는?
① 예비 단자용
② 수전점의 전압을 조정하기 위하여
③ 변압기의 여자 전류를 조정하기 위하여
④ 부하 전류를 조정하기 위하여

95 누설 변압기에 필요한 특성은 무엇인가?
① 정전압 특성 ② 고저항 특성
③ 고임피던스 특성 ④ 수하 특성

96 변압기에서 발생하는 손실 중 1차 측이 전원에 접속되어 있으며 부하의 유무에 관계없이 발생하는 손실은?
① 동손 ② 표유부하손
③ 철손 ④ 부하손

97 평형 3상회로의 전류를 측정하기 위해서 변류비가 200 : 5인의 변류기를 그림과 같이 접속하였더니 전류계의 지시가 1.5[A]이었다. 1차 전류는 몇 [A]인가?

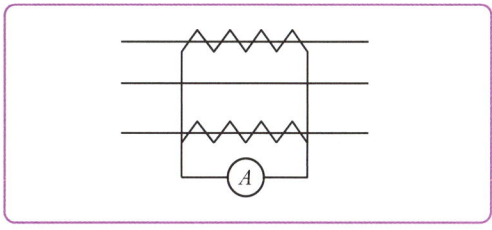

① 60 ② $60\sqrt{3}$
③ 30 ④ $30\sqrt{3}$

Chapter 04 유도 전동기

01 슬립과 속도

(1) 슬립(Slip)
- 회전자계속도 : N_s[rpm]
- 회전자속도 : N[rpm]일 때

$$S = \frac{N_s - N}{N_s} \times 100 < 1$$

($0 < S < 1$) → 3~5[%]
(일반적인 전동기 전부하 슬립)

> **Reference**
> 역회전 슬립
> $s' = \dfrac{N_s - (-N)}{N_s} \times 100$
> $s' = 2 - s$ (s : 정회전 슬립) ($1 < s' < 2$)

(2) 유도전동기(운전)속도

$$N = (1-S)N_s \text{[rpm]}$$
$$N = (1-S)\frac{120f}{P} \text{[rpm]}$$

02 3상 유도전동기의 종류

3상 유도전동기
- 농형
  - 보통농형
  - 특수농형
    - 2중농형
    - 심구홈(Deep Slot)
- 권선형

03 유도전동기 특성

(1) 회전 시 2차 주파수(f_2')

$$f_2' = Sf_1 \text{[Hz]}$$

여기서, f_1 : 1차 주파수

(2) 회전 시 2차 유기기전력(E_2')

$$E_2' = SE_2$$

여기서, E_2 : 정지 시 2차 유기기전력

(3) 권선형 전동기 기동 시 2차 전류(I_2')

- $I_2' = \dfrac{E_2}{\sqrt{\left(\dfrac{r_2}{S}\right)^2 + x_2^2}}$ [A]

- $\dfrac{r_2}{S} = r_2 + R$ 이므로 $\dfrac{r_2}{S}$를 2차 합성저항이라고 한다(r_2 : 2차 권선저항).

여기서, $R = \dfrac{r_2}{s} - r_2 = \left(\dfrac{1}{S} - 1\right)r_2 = \left(\dfrac{1-S}{S}\right)r_2 [\Omega]$

- R : −기계적인 출력의 정수, 등가부하저항, 2차 출력의 정수
  −2차 외부저항(이론적으로), 기동저항기(현장에서)

(4) 2차 입력과 2차 동손, 2차 출력의 관계

- 2차 입력(P_2)
$P_2 = E_2 I_2' \cos\theta_2 \text{[W]}$

$= E_2 \dfrac{E_2}{\sqrt{\left(\dfrac{r_2}{S}\right)^2 + x_2^2}} \cdot \dfrac{\dfrac{r_2}{S}}{\sqrt{\left(\dfrac{r_2}{S}\right)^2 + x_2^2}}$

$\therefore P_2 = I_2'^2 \cdot \dfrac{r_2}{S}$ ($I_2'^2 \cdot r_2$: 2차 동손)

- 2차 동손(P_{c2})

$$\therefore P_{c2} = SP_2 \text{[W]}$$

- 2차 출력(P_0) = 2차 입력 − 2차 동손
$P_0 = P_2 - SP_2 = (1-S)P_2$

$$\therefore P_0 = (1-S)P_2 \text{[W]}$$

- 2차 효율(η_2)

$$\eta_2 = \frac{2\text{차 출력}}{2\text{차 입력}} = \frac{(1-S)P_2}{P_2}$$

$$\therefore \eta_2 = (1-S) = \frac{N}{N_s}$$

(5) 토크와 동기와트

$$\tau = 0.975 \frac{P_0[\text{W}]}{N}[\text{kg} \cdot \text{m}]$$

- 기계손을 무시하면

$$\tau = 0.975 \frac{(1-S)P_2}{(1-S)N_s} = 0.975 \frac{P_2[\text{W}]}{N_s}[\text{kg} \cdot \text{m}]$$

- 동기와트 : 전동기속도가 동기속도일 때는 토크와 2차 입력와트는 정비례이므로 2차 입력와트도 토크라고 할 수 있다. 이때 이 와트를 동기와트라고 한다.

(6) 토크와 전압의 관계

$$\tau = P_2 = E_2 I_2' \cos\theta_2$$

$$= E_2 \cdot \frac{E_2}{\sqrt{\left(\frac{r_2}{S}\right)^2 + x_2^2}} \cdot \frac{\frac{r_2}{S}}{\sqrt{\left(\frac{r_2}{S}\right)^2 + x_2^2}}$$

$$\tau = \frac{E_2^2 \cdot \frac{r_2}{S}}{\sqrt{\left(\frac{r_2}{S}\right)^2 + x_2^2}}[\text{N} \cdot \text{m}] \quad \therefore \tau \propto V^2$$

(7) 비례추이(권선형)

권선형 유도전동기에서 2차 측 저항(R)을 증가시키면 비례해서 슬립이 증가하게 되어 속도가 감소되므로, 기동 시 토크를 크게 할 수 있다. 이때 슬립이 증가하는 가장 큰 원인은 최대토크가 일정하기 때문이다.

$$\frac{r_2}{S} = \frac{r_2 + R}{S'}$$

여기서, r_2 : 2차 권선저항
R : 2차 외부저항
S : 전 부하 슬립
S' : R 증가 시 슬립(기동 시 슬립)

(8) 기동 시 전부하 토크와 같은 토크로 기동하기 위한 외부저항

$$R = \frac{1-S}{S} r_2[\Omega], \ S' = 1$$

(9) 기동 시 최대토크와 같은 토크로 기동하기 위한 외부저항

$$R = \frac{1-S_t}{S_t} r_2[\Omega]$$

$$R = \sqrt{r_1^2 + (x_1+x_2)^2} - r_2[\Omega]$$

(10) 비례추이를 할 수 없는 것
- 출력
- 효율
- 2차 동손

(11) 유도전동기 기동법
① 권선형 기동법
- 2차 저항기동(기동저항기법)
- 비례추이 원리 이용
② 농형 기동법
㉠ 전전압기동(직입기동) : 5[HP] 이하 소용량
㉡ 감전압기동
- Y-△기동(5~15[kW]) ┌ Y기동
  └ △운전
- 리액터기동(15[kW])
- 기동보상기법(15[kW] 이상)
  (Tap : 50[%], 65[%], 80[%])

(12) 3상 유도전동기 속도제어
① 2차 저항제어(슬립제어) : 권선형만 가능
- 장점 : 구조가 간단하고 제어조작 용이
- 단점 : 효율이 나쁘다.
② 주파수제어
- 포트모터(방직공장)
- 선박용 모터만 가능
③ 극수변환 : 농형에서 가능
④ 종속법(극수 변환) : 권선형만 가능
- 직렬종속 : $P_1 + P_2$
- 병렬종속 : $\dfrac{P_1 + P_2}{2}$

- 차동종속 : $P_1 - P_2$
  이때 제어되는 속도는 동기속도로 제어된다.
⑤ 2차 여자법(슬립제어)
  - 권선형 회전자 슬립링에 외부에서 슬립 주파수 전압을 인가하여 회전자 슬립을 제어한다.
  - 슬립주파수전압(E_c) : 회전자에 유기되고 있는 주파수와 같은 주파수 전압

(13) 유도전동기 원선도(Hey Land 원선도)
  [원선도 작도전시험]
  - 무부하시험 : 여자전류, 철손
  - 구속시험(단락시험) : 2차 동손
  - 고정자저항 측정시험 : 1차 손실

(14) 3상 유도 전동기 이상현상
  - 크롤링 현상(농형에서만 일어나는 현상)
    방지책 : 회전자 슬롯을 사구(Skew Slot)로 한다.

기본파		
①	3	5
7	9	11
13	15	17
기본파와 동방향으로 회전자계 발생 $h=2mn+1$	회전자계가 발생하지 못함	기본파와 역방향으로 회전자계 발생 $h=2mn-1$

    (m : 상수, n =0, 1, 2, ……)

  - 게르게스 현상(권선형에서만 일어나는 현상)
    권선형 유도 전동기에서 회전자권선의 현상이 결상되더라도 전동기가 소손되지 않고 운전하는 현상으로, 무부하나 경부하 시에서만 가능하며, 속도는 정격속도의 $\frac{1}{2}$ 배이다.

(15) 단상 유도 전동기
  ① 기동법 : 계자 권선을 2중으로 권선하여, 2상에 의한 회전자계를 얻는다.
  ② 기동 시 토크가 큰 순서
    - 반발 기동형
    - 반발 유도형
    - 콘덴서 기동형
    - 콘덴서 전동기
    - 분상 기동형
    - 셰이딩 코일형

(16) 유도 전압조정기(슬라이닥스)
  유도전동기와 변압기의 원리를 이용한 전압 조정기

(17) 단상과 3상의 차이점
  - 단상 : · 교번자계를 이용한다.
    - 입력전압과 출력전압의 위상이 동상이다.
    - 단락코일이 있다.
      ↳ 역할 : 누설리액턴스에 의한 전압강하 방지
  - 3단상 : · 회전자계를 이용한다.
    - 입력전압과 출력전압이 위상차가 있다.
    - 단락코일이 없다.

(18) 단상과 3상의 공통점
  ① 1차 권선과 2차 권선이 독립되어 있다.
  ② 회전자의 위상각으로 전압이 조정된다.
  ③ 전압이 원활하게 조정된다.
    ㉠ V_2(2차전압) $= V_1 + E_2 \cos\alpha$
    ㉡ 조정범위 : $(V_1 - E_2) \sim (V_1 + E_2)$
    ㉢ 정격용량(정격출력)
      - 단상 : $P = E_2 I_2$
      - 3상 : $P = \sqrt{3}\, E_2 I_2$
  ※ 정격용량을 결정하는 전압은 E_2(조정전압)이다.

핵심 기출 문제

01 대칭 3상 권선에 평형 3상 교류가 흐르는 경우 회전 자계의 설명으로 틀린 것은?
① 발생 회전 자계 방향 변경 가능
② 발생 회전 자계는 전류와 같은 주기
③ 발생 회전 자계속도는 동기 속도보다 늦음
④ 발생 회전 자계 세기는 각 코일 최대 자계의 1.5배

02 유도 전동기의 슬립(Slip) s의 범위는?
① $1 > s > 0$
② $0 > s > -1$
③ $0 > s > 1$
④ $-1 < s < 1$

03 60[Hz], 8극인 3상 유도 전동기의 전부하에서 회전수가 855[rpm]이다. 이때 슬립은?
① 4[%]
② 5[%]
③ 6[%]
④ 7[%]

04 60[Hz]의 전원에 접속된 4극 3상 유도 전동기에서 슬립이 0.05일 때의 회전속도[rpm]는?
① 1,800
② 1,710
③ 1,700
④ 1,760

05 50[Hz], 슬립 0.2인 경우의 회전자 속도가 600 [rpm]일 때에 3상 유도 전동기의 극수는?
① 16
② 12
③ 8
④ 4

06 유도 전동기의 제동 방법 중 슬립의 범위를 1~2 사이로 3선 중 2선의 접속을 바꾸어 제동하는 방법은?
① 역상제동
② 직류제동
③ 단상제동
④ 회생제동

07 유도전동기의 제동법 중 유도전동기를 전원에 접속한 상태에서 동기속도 이상의 속도로 운전하여 유도 발전기로 동작시킴으로써 그 발생 전력을 전원으로 반환하면서 제동하는 방법은?
① 발전제동
② 회생제동
③ 역상제동
④ 단상제동

08 4극, 60[Hz]인 3상 유도기가 1,750[rpm]으로 회전하고 있을 때 전원의 b상, c상을 서로 바꾸면 이때의 슬립은?
① 2.03
② 1.97
③ 0.029
④ 0.028

09 유도 전동기로 동기 전동기를 기동하는 경우, 유도 전동기의 극수를 동기 전동기의 극수보다 2극 적게 하는 이유는?(단, N_s는 동기 속도, s는 슬립이다.)
① 같은 극수로는 유도기가 동기 속도보다 sN_s 만큼 늦으므로
② 같은 극수로는 유도기가 동기 속도보다 $(1-s)N_s$ 만큼 늦으므로
③ 같은 극수로는 유도기가 동기 속도보다 sN_s 만큼 빠르므로
④ 같은 극수로는 유도기가 동기 속도보다 $(1-s)N_s$ 만큼 빠르므로

10 10극, 50[Hz]인 3상 유도 전동기가 있다. 회전자도 3상이고 회전자가 정지할 때 2차 1상 간의 전압이 150[V]이다. 이것을 회전 자계와 같은 방향으로 400 [rpm]으로 회전시킬 때 2차 전압[V]은 얼마인가?
① 150
② 100
③ 75
④ 50

11 4극, 50[Hz]인 3상 유도 전동기가 1,410[rpm]으로 회전하고 있을 때 회전자 전류 주파수[Hz]는?

① 50   ② 25
③ 10   ④ 3

12 그림에서 고정자가 매초 50회전하고, 회전자가 45회전하고 있을 때 회전자의 도체에 유기되는 기전력의 주파수[Hz]는?

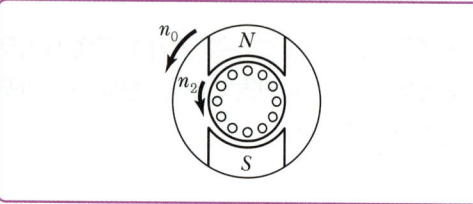

① $f = 45$ ② $f = 95$
③ $f = 5$ ④ $f = 50$

13 1차 권수 N_1, 2차 권수 N_2, 1차 권선 계수 K_{W_1}, 2차 권선 계수 K_{W_2}인 유도 전동기가 슬립 s로 운전하는 경우 전압비는?

① $\dfrac{K_{W_1} N_1}{K_{W_2} N_2}$ ② $\dfrac{K_{W_2} N_2}{K_{W_1} N_1}$

③ $\dfrac{K_{W_1} N_1}{s K_{W_2} N_2}$ ④ $\dfrac{s K_{W_2} N_2}{K_{W_1} N_1}$

14 권선형 유도 전동기의 슬립 s에서 2차 전류[A]는? (단, E_2, X_2는 전동기 정지 시의 2차 유기 전압과 2차 리액턴스로 하고 R_2는 2차 저항으로 한다.)

① $\dfrac{E_2}{\sqrt{\left[\dfrac{R_2}{s}\right]^2 + X_2^2}}$ ② $\dfrac{sE_2}{\sqrt{R_2^2 \dfrac{X_2^2}{s^2}}}$

③ $\dfrac{E_2}{\left[\dfrac{R_2}{1-s}\right]^2 + X_2}$ ④ $\dfrac{E_2}{\sqrt{(sR_2)^2 + X_2^2}}$

15 슬립 4[%]인 유도 전동기의 등가 부하 저항은 2차 저항의 몇 배인가?

① $32r_2$ ② $24r_2$
③ $12r_2$ ④ $4r_2$

16 유도 전동기에서 2차 입력 P_2, 출력 P_0, 슬립 s 및 2차 동손 P_{c2}의 관계를 선정하면?

① $P_2 : P_0 : P_{c2} = 1 : s : 1-s$
② $P_2 : P_0 : P_{c2} = 1-s : 1 : s$
③ $P_2 : P_0 : P_{c2} = 1 : 1/s : 1-s$
④ $P_2 : P_0 : P_{c2} = 1 : 1-s : s$

17 유도 전동기의 2차 동손, 2차 입력, 슬립을 각각 P_{c2}, P_2, s라 하면 관계식은?

① $P_2 \cdot P_{c2} \cdots = 1$ ② $s = P_2 \cdot P_{c2}$
③ $s = \dfrac{P_2}{P_{c2}}$ ④ $P_{c2} = sP_2$

18 60[Hz], 220[V], 7.5[kW]인 3상 유도 전동기의 전부하 시 회전자 동손이 0.485[kW], 기계손이 0.404[kW]일 때 슬립은 몇 [%]인가?

① 6.2   ② 5.8
③ 5.5   ④ 4.9

19 4극 7.5[kW], 200[V], 60[Hz]인 3상 유도 전동기가 있다. 전부하에서의 2차 입력이 7,950[W]이다. 이 경우의 슬립을 구하면?(단, 기계손은 130[W]이다.)

① 0.04   ② 0.05
③ 0.06   ④ 0.07

20 3,000[V], 60[Hz], 8극, 100[kW]인 3상 유도전동기의 전부하 2차 동손이 3[kW], 기계손이 2[kW]라면 전부하 회전수는?

① 약 986[rpm]
② 약 967[rpm]
③ 약 896[rpm]
④ 약 874[rpm]

21 3상 유도 전동기가 있다. 슬립 s[%]일 때 2차 효율은 얼마인가?

① $1-s$
② $2-s$
③ $3-s$
④ $4-s$

22 슬립 6[%]인 유도 전동의 2차 측 효율은 몇 [%]인가?

① 94
② 84
③ 90
④ 88

23 동기 각속도 ω_0, 회전자 각속도 ω인 유도 전동기의 2차 효율은?

① $\dfrac{\omega_0 - \omega}{\omega}$
② $\dfrac{\omega_0 - \omega}{\omega_0}$
③ $\dfrac{\omega_0}{\omega}$
④ $\dfrac{\omega}{\omega_0}$

24 15[kW], 380[V], 60[Hz]인 3상 유도 전동기가 있다. 이 전동기의 전부하일 때의 2차 입력은 15.5[kW]라 한다. 이 경우의 2차 효율[%]은?

① 약 95.5
② 약 96.2
③ 약 96.8
④ 약 97.3

25 200[V], 60[Hz], 4극, 20[kW]인 3상 유도전동기가 있다. 전부하일 때의 회전수가 1,728[rpm]이면 2차 효율[%]은?

① 45
② 56
③ 96
④ 100

26 3상 유도 전동기가 슬립 s의 상태로 운전하고 있을 때 2차 (가)에 대한 2차 (나)손의 비는 (다)와 같고, 또한 (라)는 $(1-s)$에 해당한다. 괄호 안에 알맞은 말은?

① (가) 출력, (나) 동, (다) $1-s$, (라) 2차 입력
② (가) 입력, (나) 동, (다) s,   (라) 2차 효율
③ (가) 출력, (나) 철, (다) $1-s$, (라) 2차 효율
④ (가) 입력, (나) 동, (다) s,   (라) 동기 와트

27 정격 출력 50[kW]의 정격 전압 220[V], 주파수 60[Hz], 극수 4인 3상 유도 전동기가 있다. 이 전동기가 전부하에서 슬립 $s=0.04$, 효율 90[%]로 운전하고 있을 때 다음과 같은 값을 갖는다. 이 중 틀린 것은?

① 1차 입력 = 55.56[kW]
② 2차 효율 = 96[%]
③ 회전자 입력 = 47.9[kW]
④ 회전자 동손 = 2.08[kW]

28 3상 유도 전동기에서 동기 와트로 표시되는 것은?

① 토크
② 동기 각속도
③ 1차 입력
④ 2차 출력

29 유도 전동기의 특성에서 토크와 2차 입력, 동기 속도의 관계는?

① 토크는 2차 입력과 동기 속도의 자승에 비례한다.
② 토크는 2차 입력에 비례하고, 회전 속도에 반비례한다.
③ 토크는 2차 입력에 비례하고, 동기 속도에 반비례한다.
④ 토크는 2차 입력 동기 속도의 곱에 비례한다.

30 20[HP], 4극, 60[Hz]인 3상 유도전동기가 있다. 전부하 슬립이 4[%]일 때 전부하 시의 토크는? (단, 1[HP]는 746[W]이다.)

① 약 11.41[kg·m]   ② 약 10.41[kg·m]
③ 약 9.41[kg·m]   ④ 약 8.41[kg·m]

31 4극, 60[Hz]의 3상 유도 전동기에서 1[kW]의 동기 와트 토크(Synchronous Watt Torque)는 몇 [kg·m]인가?

① 0.54   ② 0.50
③ 0.48   ④ 0.46

32 유도전동기의 안정 운전의 조건은?(단, T_m : 전동기 토크, T_L : 부하 토크, n : 회전수)

① $\dfrac{dT_m}{dn} < \dfrac{dT_L}{dn}$ ② $\dfrac{dT_m}{dn} = \dfrac{dT_L^2}{dn}$

③ $\dfrac{dT_m}{dn} > \dfrac{dT_L}{dn}$ ④ $\dfrac{dT_m}{dn} \neq \dfrac{dT_L^2}{dn}$

33 비례 추이와 관계가 있는 전동기는?

① 동기 전동기   ② 3상 유도 전동기
③ 단상 유도 전동기   ④ 정류자 전동기

34 비례 추이를 하는 전동기는?

① 단상 유도 전동기
② 권선형 유도 전동기
③ 동기 전동기
④ 정류자 전동기

35 유도 전동기의 토크 속도 곡선이 비례 추이(Proportional Shifting)한다는 것은 그 곡선이 무엇에 비례해서 이동하는 것을 말하는가?

① 슬립   ② 회전수
③ 공급 전압   ④ 2차 합성 저항

36 3상 권선형 유도 전동기의 2차 회로에 저항을 삽입하는 목적이 아닌 것은?

① 속도는 줄어지지만 최대 토크를 크게 하기 위하여
② 속도 제어를 하기 위하여
③ 기동 토크를 크게 하기 위하여
④ 기동 전류를 줄이기 위하여

37 권선형 유도 전동기에서 2차 저항을 변화시켜 속도를 제어하는 경우 최대 토크는?

① 최대 토크가 생기는 점의 슬립에 비례한다.
② 최대 토크가 생기는 점의 슬립에 반비례한다.
③ 2차 저항에만 비례한다.
④ 항상 일정하다.

38 3상 유도전동기에서 2차 저항을 증가하면 기동 토크는?

① 증가한다.   ② 감소한다.
③ 제곱에 반비례한다. ④ 변하지 않는다.

39 1차(고정자 측) 1상당 저항이 $r_1[\Omega]$, 리액턴스 $x_1[\Omega]$이고 1차에 환산한 2차 측(회전자 측) 1상당 저항은 $r_2'[\Omega]$, 리액턴스 $x_2'[\Omega]$이 되는 권선형 유도 전동기가 있다. 2차 회로는 Y로 접속되어 있으며, 비례 추이를 이용하여 최대 토크로 기동시키려고 하면 2차에 1상당 얼마의 외부 저항(1차로 환산한 값)$[\Omega]$을 연결하면 되는가?

① $\dfrac{r_2'}{\sqrt{r_1^2 + (x_1 + x_2')^2}}$
② $\sqrt{r_1^2 + (x_1 + x_2')^2} - r_2'$
③ $\sqrt{(r_1 + r_2')^2 + (x_1 + x_2')^2}$
④ $\sqrt{r_1^2 + (x_1 + x_2')^2} + r_2'$

40 권선형 3상 유도 전동기가 있다. 1차 및 2차 합성 리액턴스는 1.5$[\Omega]$이고, 2차 회전자는 Y결선이며, 매상의 저항은 0.3$[\Omega]$이다. 기동 시 최대 토크 발생을 위하여 삽입해야 하는 매상당 외부 저항$[\Omega]$은 얼마인가?(단, 1차 저항은 무시한다.)

① 1.5   ② 1.2
③ 1   ④ 0.8

41 전부하 슬립 2[%], 1상의 저항이 0.1$[\Omega]$인 3상 권선형 유도전동기의 슬립링을 거쳐서 2차의 외부에 저항을 삽입하여 그 기동토크를 전부하 토크와 같게 하고자 한다. 이 저항값$[\Omega]$은?

① 5.0   ② 4.9
③ 4.8   ④ 4.7

42 3상 권선형 유도전동기의 전부하 슬립이 4[%], 2차 1상의 저항이 0.3$[\Omega]$이다. 이 유도전동기의 기동토크를 전부하 토크와 같도록 하기 위해 외부에서 2차에 삽입해야 할 저항의 크기는 몇 $[\Omega]$인가?

① 2.8   ② 3.5
③ 4.8   ④ 7.2

43 출력 22[kW], 8극, 60[Hz]인 권선형 3상 유도 전동기의 전부하 회전수가 855[rpm]이라고 한다. 같은 부하 토크로 2차 저항 r_2를 4배로 하면 회전속도[rpm]는?

① 720   ② 730
③ 740   ④ 750

44 3상 유도 전동기의 특성에서 비례 추이가 되지 않는 것은?

① 2차 전류   ② 1차 전류
③ 역률   ④ 출력

45 3상 유도전동기의 특성 중 비례추이를 할 수 없는 것은?

① 동기 속도   ② 2차 전류
③ 1차 전류   ④ 역률

46 3상 유도 전동기의 원선도를 그리는 데 필요하지 않은 실험은?

① 정격 부하 시의 전동기 회전 속도 측정
② 구속 시험
③ 무부하 시험
④ 권선 저항 측정

47 3상 유도 전동기의 원선도를 구하는 데 필요하지 않은 것은?

① 단락 시험
② 무부하 시험
③ 슬립 측정
④ 저항 측정

48 다음은 3상 유도 전동기 원선도이다. 역률[%]은 얼마인가?

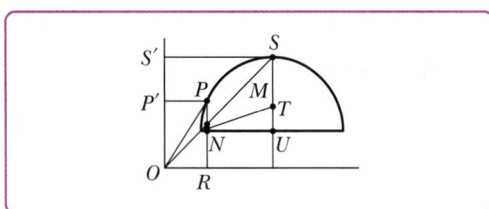

① $\dfrac{OS'}{OS} \times 100$ ② $\dfrac{SS'}{OS} \times 100$

③ $\dfrac{OP'}{OP} \times 100$ ④ $\dfrac{OS'}{OP} \times 100$

49 그림과 같은 3상 유도 전동기의 원선도에서 P점과 같은 부하 상태로 운전할 때 2차 효율은?

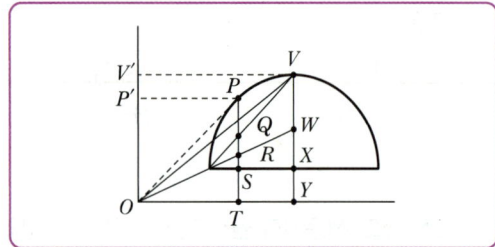

① $\dfrac{PQ}{PR}$ ② $\dfrac{PQ}{PT}$

③ $\dfrac{PR}{PT}$ ④ $\dfrac{PR}{PS}$

50 유도 전동기의 기동에서 Y－△기동은 몇 [kW] 범위의 전동기에서 이용되는가?

① 3[kW] 이상
② 5~15[kW]
③ 15[kW] 이상
④ 용량에 관계없이 이용이 가능하다.

51 농형 유도 전동기의 기동에서 다음 중 옳지 않은 방법은?

① Y－△기동
② 2차 저항에 의한 기동
③ 전전압 기동
④ 단권 변압기에 의한 기동

52 유도전동기를 정격상태로 사용 중, 전압이 10% 상승하면 다음과 같은 특성의 변화가 있다. 틀린 것은?(단, 부하는 일정 토크라고 가정한다.)

① 슬립이 작아진다.
② 효율이 떨어진다.
③ 속도가 감소한다.
④ 히스테리시스손과 와류손이 증가한다.

53 유도 전동기의 기동 방식 중 권선형에만 사용할 수 있는 방식은?

① 리액터 기동
② Y－△기동
③ 2차 회로의 저항 삽입
④ 기동 보상기

54 유도 전동기의 기동법으로 사용되지 않는 것은?

① 단권변압기형 기동 보상기법
② 2차 저항 조정에 의한 기동법
③ △－Y 기동법
④ 1차 저항 조정에 의한 기동법

55 유도 전동기의 회전력은?

① 단자 전압에 무관
② 단자 전압에 비례
③ 단자 전압의 1/2승에 비례
④ 단자 전압의 2승에 비례

56 주파수가 일정한 3상 유도 전동기의 전원 전압이 80[%]로 감소하였다면, 토크의 변화는?

① 64[%]로 감소
② 80[%]로 감소
③ 89[%]로 감소
④ 변화 없음

57 3상 유도전동기의 기동법 중 Y−△기동법으로 기동 시 1차 권선의 각 상에 가해지는 전압은 기동 시 및 운전 시 각각 정격전압의 몇 배가 가해지는가?

① $1, \dfrac{1}{\sqrt{3}}$
② $\dfrac{1}{\sqrt{3}}, 1$
③ $\sqrt{3}, \dfrac{1}{\sqrt{3}}$
④ $\dfrac{1}{\sqrt{3}}, \sqrt{3}$

58 3상 유도 전동기의 전압이 10[%] 낮아졌을 때 기동 토크는 약 몇 [%] 감소하는가?

① 5
② 10
③ 20
④ 30

59 어느 3상 유도 전동기의 전전압 기동 토크는 전부하 시의 1.8배이다. 전전압의 2/3로 기동할 때 기동 토크는 전부하 시의 몇 배인가?

① 0.8
② 0.7
③ 0.6
④ 0.4

60 유도전동기와 직결된 전기동력계의 부하전류를 증가시키면 유도전동기의 속도는?

① 증가한다.
② 감소한다.
③ 변함이 없다.
④ 동기 속도로 회전한다.

61 교류 전동기에서 기본파 회전 자계와 같은 방향으로 회전하는 공간 고조파 회전 자계의 고조파 차수 h를 구하면?(단, m은 상수, n은 정의 정수이다.)

① $h = nm$
② $h = 2nm$
③ $h = 2nm + 1$
④ $h = 2nm - 1$

62 3상 유도기에서 제7차 고조파에 의한 기자력의 회전 방향 및 속도가 기본파 회전 자계에 대한 관계는?

① 기본파와 같은 방향이고 7배의 속도
② 기본파와 같은 방향이고 $\dfrac{1}{7}$배의 속도
③ 기본파와 역방향이고 7배의 속도
④ 기본파와 역방향이고 $\dfrac{1}{7}$배의 속도

63 제13차 고조파에 의한 기자력의 회전 자계 회전 방향 및 속도와 기본파 회전 자계의 관계는?

① 기본파와 반대 방향이고, $\dfrac{1}{13}$배의 속도
② 기본파와 같은 방향이고, $\dfrac{1}{13}$배의 속도
③ 기본파와 같은 방향이고, 13배의 속도
④ 기본파와 반대 방향이고, 13배의 속도

64 3상 유도 전동기에서 제5고조파에 의한 기자력의 회전 방향 및 속도와 기본파 회전 자계의 관계는?

① 기본파와 같은 방향이고 5배의 속도
② 기본파와 역방향이고 5배의 속도
③ 기본파와 같은 방향이고 $\dfrac{1}{5}$배의 속도
④ 기본파와 역방향이고 $\dfrac{1}{5}$배의 속도

65 제9차 고조파에 의한 기자력의 회전 방향 및 속도를 기본파 회전 자계와 비교할 때 다음 중 옳은 것은?

① 기본파와 역방향이고 9배의 속도
② 기본파와 역방향이고 $\frac{1}{9}$ 배의 속도
③ 기본파와 동방향이고 9배의 속도
④ 회전 자계를 발생시키지 않는다.

66 3상 유도전동기가 경부하에서 운전 중 1선의 퓨즈가 잘못되어 용단되었을 때는?

① 속도가 증가하여 다른 선의 퓨즈도 용단된다.
② 속도가 늦어져서 다른 선의 퓨즈도 용단된다.
③ 전류가 감소하여 운전이 얼마 동안 계속된다.
④ 전류가 증가하여 운전이 얼마 동안 계속된다.

67 3상 유도 전동기의 속도를 제어할 때 적합하지 않은 방법은?

① 주파수 변환법   ② 종속법
③ 2차 여자법   ④ 전전압법

68 다음 중 VVVF(Variable Voltage Variable Frequency) 제어방식에 가장 적당한 속도제어는?

① 동기전동기의 속도제어
② 유도전동기의 속도제어
③ 직류 직권전동기의 속도제어
④ 직류 분권전동기의 속도제어

69 유도 전동기의 속도 제어법 중 저항 제어와 무관한 것은?

① 농형 유도 전동기
② 비례 추이
③ 속도 제어가 간단하고 원활하다.
④ 속도 조정 범위가 작다.

70 권선형 유도 전동기의 저항 제어법의 장점은?

① 부하에 대한 속도 변동이 크다.
② 구조가 간단하며 제어 조작이 용이하다.
③ 역률이 좋고 운전 효율이 양호하다.
④ 전부하로 장시간 운전하여도 온도 상승이 작다.

71 권선형 유도전동기에 한하여 이용되고 있는 속도 제어법은?

① 1차 전압제어법, 2차 저항제어법
② 1차 주파수제어법, 1차 전압제어법
③ 2차 여자제어법, 2차 저항제어법
④ 2차 여자제어법, 극수변환법

72 인견 공업에 사용되는 포트 모터(Pot Motor)의 속도 제어는?

① 주파수 변화에 의한 제어
② 극수 변환에 의한 제어
③ 1차 회전에 의한 제어
④ 저항에 의한 제어

73 선박 전기 추진용 전동기의 속도 제어에 가장 알맞은 것은?

① 주파수 변환에 의한 제어
② 극수 변환에 의한 제어
③ 1차 회전에 의한 제어
④ 2차 저항에 의한 제어

74 권선형 유도 전동기 2대를 직렬 종속으로 운전하는 경우 그 동기 속도는 어떤 전동기의 속도와 같은가?

① 두 전동기 중 적은 극수를 갖는 전동기와 같은 전동기
② 두 전동기 중 많은 극수를 갖는 전동기와 같은 전동기
③ 두 전동기의 극수의 합과 같은 극수를 갖는 전동기
④ 두 전동기의 극수의 차와 같은 극수를 갖는 전동기

75 60[Hz]인 3상 8극 및 2극의 유도 전동기를 차동 종속으로 접속하여 운전할 때의 무부하 속도[rpm]는?

① 3,600 ② 1,200
③ 900   ④ 720

76 16극과 8극의 유도 전동기를 병렬 종속법으로 속도 제어하면 전원 주파수가 60[Hz]인 경우 무부하 속도[rpm]는?

① 600   ② 900
③ 300   ④ 450

77 8극과 4극 2개의 유도 전동기를 종속법에 의한 직렬 종속법으로 속도 제어를 할 때 전원 주파수가 60[Hz]인 경우 무부하 속도[rpm]는?

① 600   ② 900
③ 1,200 ④ 1,800

78 유도 전동기의 회전자에 슬립 주파수의 전압을 공급하여 속도 제어를 하는 방법은?

① 2차 저항법   ② 직류 여자법
③ 주파수 변환법   ④ 2차 여자법

79 다음 그림의 sE_2는 권선형 3상 유도 전동기의 2차 유기 전압이고 E_c는 2차 여자법에 의한 속도 제어를 하기 위하여 외부에서 회전자 슬립에 가한 슬립 주파수의 전압이다. 여기서 E_c의 작용 중 옳은 것은?

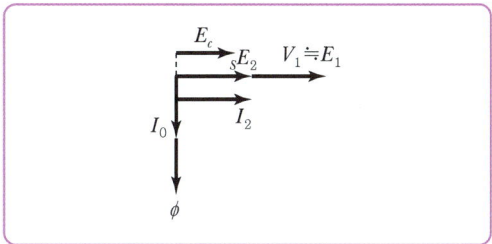

① 역률을 향상시킨다.
② 속도를 강하게 한다.
③ 속도를 상승하게 한다.
④ 역률과 속도를 떨어뜨린다.

80 유도 전동기에서 인가 전압이 일정하고 주파수가 정격값에서 수 [%] 감소할 때 다음 현상 중 해당되지 않는 것은?

① 동기 속도가 감소한다.
② 철손이 증가한다.
③ 누설 리액턴스가 증가한다.
④ 효율이 나빠진다.

81 주파수가 정격값에 대하여 수 [%] 저하할 경우, 유도 전동기의 특성에 대한 영향 중 옳지 않은 것은?

① 주파수에 비례하여 회전수가 내려간다.
② 여자 전류가 증가한다.
③ 역률이 변화한다.
④ 효율이 증가한다.

82 단상 유도 전동기를 기동 토크가 큰 순서로 배열된 것은?

① 반발 유도형, 반발 기동형, 콘덴서 기동형, 분상 기동형
② 반발 기동형, 반발 유도형, 콘덴서 기동형, 셰이딩 코일형
③ 반발 기동형, 콘덴서 기동형, 셰이딩 코일형, 분상 기동형
④ 반발 유도형, 모노사이클릭형, 셰이딩 코일형, 콘덴서 전동기

83 단상 유도 전동기의 기동 방법 중 기동 토크가 큰 것은?

① 분상 기동형
② 반발 기동형
③ 반발 유도형
④ 콘덴서 기동형

84 단상 유도 전동기 중 기동 토크가 작은 것은?

① 콘덴서 기동형
② 반발 기동형
③ 콘덴서 전동기
④ 셰이딩 코일형

85 3상 유도전압 조정기의 동작원리 중 가장 적당한 것은?

① 두 전류 사이에 작용하는 힘이다.
② 교번자계의 전자유도작용을 이용한다.
③ 충전된 두 물체 사이에 작용하는 힘이다.
④ 회전자계에 의한 유도작용을 이용하여 2차 전압의 위상전압 조정에 따라 변화한다.

86 정·역 운전을 할 수 없는 단상 유도전동기는?

① 분상 기동형
② 셰이딩 코일형
③ 반발 기동형
④ 콘덴서 기동형

87 2회전 자계설로 단상 유도 전동기를 설명하는 경우 정방향 회전 자계에 대한 회전자 슬립이 s 이면 역방향 회전 자계에 대한 회전자 슬립은?

① $1+s$
② s
③ $1-s$
④ $2-s$

88 3상 전압 조정기의 원리는 어느 것을 응용한 것인가?

① 3상 동기 발전기
② 3상 변압기
③ 3상 유도 전동기
④ 3상 교류자 전동기

89 단상 및 3상 유도전압 조정기에 관하여 옳게 설명한 것은?

① 단락 권선은 단상 및 3상 유도전압 조정기 모두 필요하다.
② 3상 유도전압 조정기에는 단락 권선이 필요 없다.
③ 3상 유도전압 조정기의 1차와 2차 전압은 동상이다.
④ 단상 유도전압 조정기의 기전력은 회전 자계에 의해서 유도한다.

90 단상 유도 전압 조정기에 단락 권선을 1차 권선과 수직으로 놓는 이유는?

① 2차 권선의 누설 리액턴스 강하를 방지하기 위해서
② 2차 권선의 주파수를 변환시키는 작용하기 위해서
③ 2차의 단자 전압과 1차의 전압의 위상을 같게 하기 위해서
④ 부하 시에 전압 조정을 용이하게 하기 위해서

91 단상 유도 전압 조정기에서 단락 권선의 직접적인 역할은?

① 누설 리액턴스로 인한 전압강하 방지
② 역률 보상
③ 용량 증대
④ 고조파 방지

92 단상 유도 전압 조정기의 1차 권선과 2차 권선의 축 사이의 각도를 α라 하고 양 권선의 축이 일치할 때 2차 권선의 유기전압을 E_2, 전원전압을 V_1, 부하 측의 전압을 V_2라고 하면 임의의 각 α일 때 V_2를 나타내는 식은?

① $V_2 = V_1 + E_2 \cos\alpha$
② $V_2 = V_1 - E_2 \cos\alpha$
③ $V_2 = E_2 + V_1 \cos\alpha$
④ $V_2 = E_2 - V_1 \cos\alpha$

93 단상 유도 전압 조정기에서 1차 전원전압을 V_1이라 하고 2차의 유도전압을 E_2라고 할 때 부하 단자 전압을 연속적으로 가변할 수 있는 조정 범위는?

① $0 \sim V_1$ 까지
② $V_1 + E_2$ 까지
③ $V_1 - E_2$ 까지
④ $V_1 + E_2$ 에서 $V_1 - E_2$ 까지

94 분포권선 및 직렬권선 1상에 유도되는 기전력을 각각 E_1, E_2[V]라 할 때 회전자를 0°에서 180°까지 돌릴 때 3상 유도 전압조정기의 출력 측 선간 전압의 조정범위는?

① $(E_1 \pm E_2)/\sqrt{3}$
② $\sqrt{3}(E_1 \pm E_2)$
③ $\sqrt{3}(E_1 - E_2)$
④ $\sqrt{3}(E_1 + E_2)$

95 10[kVA], 조정 전압 200[V]인 3상 유도 전압 조정기의 2차 정격 전류[A]는 약 얼마인가?

① 50
② 29
③ 25
④ 12

96 단상 유도전압조정기의 1차 전압 100[V], 2차 전압 100±30[V] 2차 전류는 50[A]이다. 이 유도 전압 조정기의 정격용량[kVA]은?

① 1.5
② 3.5
③ 5
④ 6.5

97 유도전동기의 1차 전압 변화에 의한 속도 제어 시 SCR을 사용하여 변화시키는 것은?

① 토크
② 전류
③ 주파수
④ 위상각

Chapter 05 정류기

01 회전변류기

- 전압비 $\dfrac{E_a}{E_d} = \dfrac{1}{\sqrt{2}} \sin \dfrac{\pi}{m}$

- 전류비 $\dfrac{I_a}{I_d} = \dfrac{2\sqrt{2}}{m \cos\theta}$

여기서, E_d : 직류전압, E_a : 교류전압, m : 상수

02 수은정류기

$$\dfrac{E_d}{E_a} = \dfrac{\sqrt{2} \sin \dfrac{\pi}{m}}{\dfrac{\pi}{m}}$$

$$\dfrac{I_d}{I_a} = \sqrt{m}$$

[수은 정류기 이상현상]

① 역호 : 정류기의 밸브작용이 상실되어 버리는 현상
  - 원인 : 과부하전류
  - 방지책 : 과열과 과냉을 피할 것
② 실호
③ 통호
④ 이상전압

03 정류회로

다이오드 : 정류소자

(1) 단상 반파 정류회로

① 직류평균전압 : $E_d = \dfrac{\sqrt{2}}{\pi} E - e = 0.45E - e [\text{V}]$

여기서, E : 변압기 2차 측 교류의 실횻값
e : 정류기 전압강하

② 직류 평균전류 : $I_d = \dfrac{E_d}{R} [\text{A}]$

③ PIV(Peak Inverse Voltage) : 첨두역전압
$PIV = \sqrt{2} E$

(2) 단상 전파 정류회로

① 직류 평균전압
$E_d = \dfrac{2\sqrt{2}}{\pi} E - e = 0.9E - e [\text{V}]$

② 직류 평균전류
$I_d = \dfrac{E_d}{R} [\text{A}]$

③ PIV
- 2개 : $2\sqrt{2} E$
- 브리지 : $\sqrt{2} E$

Reference

직류 평균전압
① 단상 반파 : $E_d = 0.45E$
② 단상 전파 : $E_d = 0.9E$
③ 3상 반파 : $E_d = 1.17E$
④ 6상 반파 : $E_d = 1.35E$

※ 맥동률

$$\gamma = \dfrac{\text{교류분의 크기}}{\text{직류분의 크기}} \times 100$$

- 단상 전파 : $\gamma = 48[\%]$
- 3상 반파 : $\gamma = 17[\%]$
- 상수가 클수록 전파일수록 ⇒ 맥동률은 작아지고 맥동주파수는 증가한다.

04 사이리스터 특성(SCR)

- 정류작용
- S/W 작용(ON/OFF 작용)
- 위상제어

(1) SCR Turn ON 조건

SCR이 Turn ON 되려면, 게이트에 전류가 흐르는 순간부터 Turn ON 되며, 래칭전류 이상 전류가 흘러야 된다.

- 래칭전류 : SCR이 Turn ON 되는 순간 게이트에 전류가 흐르더라도 ON을 시키기 위한 최소전류
- 유지전류 : SCR이 ON이 된 후에 게이트에 전류가 흐르지 않더라도 ON 상태를 유지하기 위한 최소전류

(2) SCR Turn off 조건

SCR에 역전압을 인가하거나 유지전류 이하가 되면 Off된다. → Gate(게이트)와 관계없다.

(3) SCR은 단일방향성 소자로서 직류전압을 제어할 수 있다.

(4) SCR로 위상제어 시 부하역률 각보다 큰 범위에서만 제어가 가능하다.

① SCR 단상 반파 직류 평균전압

$$E_d = \frac{\sqrt{2}\,E}{\pi}\left(\frac{1+\cos\alpha}{2}\right)$$

여기서, α : 제어각(점호각)

② SCR 단상 전파 직류 평균전압

$$E_d = \frac{2\sqrt{2}\,E}{\pi}\left(\frac{1+\cos\alpha}{2}\right)$$

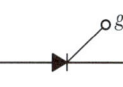 SCR : 단일 방향성 3단자 소자

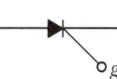 GTO : 단일 방향성 3단자 소자

 TRIAC(AC 위상제어 소자) 쌍방향성 3단자 소자

 DIAC : 쌍방향성 2단자 소자

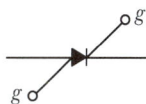 SCS : 단일 방향성 4단자 소자

Reference
- 컨버터(AC → DC로 변환)
- 인버터(DC → AC로 변환) 〈인디안〉

※ 과전류로부터 정류기 보호 ⇒ 병렬로 추가(전류분배)
※ 과전압으로부터 정류기보호 ⇒ 직렬로 추가(전압분배)

핵심 기출 문제

01 단중 중권 6상 회전 변류기의 직류 측 전압 E_d 와 교류 측 슬립링 간의 기전력 E_a 에 대해 옳은 식은?

① $E_a = \dfrac{1}{2\sqrt{2}} E_d$ ② $E_a = 2\sqrt{2} E_d$

③ $E_a = \dfrac{3}{2\sqrt{2}} E_d$ ④ $E_a = \dfrac{1}{\sqrt{2}} E_d$

02 6상 회전 변류기에서 직류 600[V]를 얻으려면 슬립 링 사이의 교류 전압을 몇 [V]로 하여야 하겠는가?

① 약 212 ② 약 300
③ 약 424 ④ 약 848

03 회전 변류기의 직류 측 전압을 조정하는 방법이 아닌 것은?

① 직렬 리액턴스에 의한 방법
② 유도 전압 조정기를 사용하는 방법
③ 여자 전류를 조정하는 방법
④ 동기 승압기에 의한 방법

04 6상식 수은정류기의 무부하 시 직류측 전압[V]은 얼마인가?(단, 교류 측 전압은 E[V], 격자 제어 위상각 및 아크 전압강하를 무시한다.)

① $\dfrac{3\sqrt{2}E}{\pi}$ ② $\dfrac{6(\sqrt{3}-1)E}{\pi}$

③ $\dfrac{\sqrt{2}\pi E}{3}$ ④ $\dfrac{3\sqrt{6}E}{\pi}$

05 수은 정류기에서 정류기의 밸브작용이 상실되는 현상은?

① 점호 ② 역호
③ 실호 ④ 통호

06 사이리스터를 이용한 교류전압 제어방식은?

① 위상 제어방식
② 레오너드 방식
③ 초퍼 방식
④ TRC(Time Ratio Control) 방식

07 SCR에 관한 설명으로 틀린 것은?

① 3단자 소자이다.
② 스위칭 소자이다.
③ 직류 전압만을 제어한다.
④ 적은 게이트 신호로 대전력을 제어한다.

08 SCR의 설명으로 적당하지 않은 것은?

① 게이트 전류(I_G)로 통전전압을 가변시킨다.
② 주전류를 차단하려면 게이트 전압을 0 또는 (−)로 해야 한다.
③ 게이트 전류의 위상각으로 통전전류의 평균값을 제어시킬 수 있다.
④ 대전류 제어 정류용으로 이용한다.

09 다이오드를 사용하는 정류회로에서 과대한 부하 전류로 인하여 다이오드가 소손될 우려가 있을 때 가장 적절한 조치는 어느 것인가?

① 다이오드를 병렬로 추가한다.
② 다이오드를 직렬로 추가한다.
③ 다이오드 양단에 적당한 값의 저항을 추가한다.
④ 다이오드 양단에 적당한 값의 콘덴서를 추가한다.

10 다이오드를 사용한 정류 회로에서 여러 개를 직렬로 연결하여 사용할 경우 얻는 효과는?

① 다이오드를 과전류로부터 보호
② 다이오드를 과전압으로부터 보호
③ 부하 출력의 맥동률 감소
④ 전력 공급의 증대

11 사이리스터(Thyristor) 단상 전파 정류 파형에서의 저항부하 시 맥동률[%]은?

① 17   ② 48
③ 52   ④ 83

12 어떤 정류회로의 부하전압이 200[V]이고 맥동률 4[%]이면 교류분은 몇 [V] 포함되어 있는가?

① 18   ② 12
③ 8   ④ 4

13 3상 반파 정류회로에서 맥동률은 몇 [%]인가?(단, 부하는 저항부하이다.)

① 약 10   ② 약 17
③ 약 28   ④ 약 40

14 어떤 정류기의 부하 전압이 2,000[V]이고 맥동률이 3[%]이면 교류분의 진폭[V]은?

① 20   ② 30
③ 50   ④ 60

15 정류회로에서 상의 수를 크게 했을 경우에 대한 설명으로 옳은 것은?

① 맥동 주파수와 맥동률이 증가한다.
② 맥동률과 맥동 주파수가 감소한다.
③ 맥동 주파수는 증가하고 맥동률은 감소한다.
④ 맥동률과 주파수는 감소하나 출력이 증가한다.

16 전력 변환 기기가 아닌 것은?

① 변압기   ② 정류기
③ 유도전동기 ④ 인버터

17 3단자 사이리스터가 아닌 것은?

① SCR   ② GTO
③ SCS   ④ TRIAC

18 SCR을 이용한 인버터 회로에서 SCR이 도통상태에 있을 때 부하전류가 20[A] 흘렀다. 게이트 동작 범위 내에서 전류를 1/2로 감소시키면 부하 전류는?

① 0[A]   ② 10[A]
③ 20[A]   ④ 40[A]

19 단상 반파 정류 회로에서 변압기 2차 전압의 실횻값을 E[V]라 할 때 직류전류 평균값[A]은 얼마인가?(단, 정류기의 전압강하는 e[V]이다.)

① $\dfrac{\left[\dfrac{\sqrt{2}}{\pi}E - e\right]}{R}$ ② $\dfrac{1}{2} \cdot \dfrac{E-e}{R}$

③ $\dfrac{2\sqrt{2}}{\pi} \cdot \dfrac{E}{R}$ ④ $\dfrac{\sqrt{2}}{\pi} \cdot \dfrac{E-e}{R}$

20 그림은 일반적인 반파 정류 회로이다. 변압기 2차 전압의 실횻값을 E[V]라 할 때 직류전류 평균값은?(단, 정류기의 전압강하는 무시한다.)

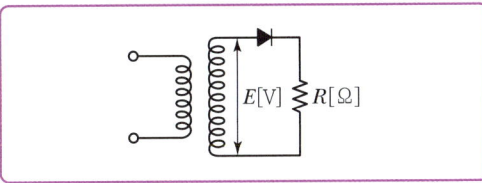

① $\dfrac{E}{R}$ ② $\dfrac{E}{2R}$

③ $\dfrac{2\sqrt{2}E}{\pi R}$ ④ $\dfrac{\sqrt{2}E}{\pi R}$

21 전원 200[V], 부하 20[Ω]인 단상반파 정류회로의 부하전류[A]는?

① 175 ② 4.5
③ 17   ④ 8.2

22 단상 반파정류로 직류전압 150[V]를 얻으려면 변압기 2차 권선의 상전압 E_s를 몇 [V]로 결정하면 되는가?(단, 부하는 무유도 저항이고, 정류회로 및 변압기 내의 전압강하는 무시한다.)

① 약 150 ② 약 200
③ 약 333 ④ 약 472

23 반파 정류 회로에서 직류 전압 100[V]를 얻는 데 필요한 변압기의 역전압 첨두값[V]은?(단, 부하는 순저항으로 하고 변압기 내의 전압강하는 무시하며 정류기 내의 전압강하를 15[V]로 한다.)

① 약 181 ② 약 361
③ 약 512 ④ 약 722

24 그림과 같은 정류회로에서 I_a(실효치)의 값은?

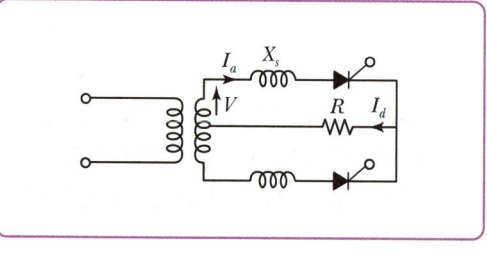

① $1.11 I_d$ ② $0.707 I_d$
③ I_d ④ $\sqrt{\dfrac{\pi-\alpha}{\pi}} \cdot I_d$

25 1,000[V]의 단상 교류를 전파정류에서 150[A]의 직류를 얻는 정류기의 교류 측 전류는 몇 [A]인가?

① 125[A] ② 116[A]
③ 166[A] ④ 106[A]

26 권수비가 1 : 2인 변압기를 사용하여 교류 100[V]의 입력을 가했을 때 전파 정류하면 출력 전압의 평균값[V]은?

① $\dfrac{400\sqrt{2}}{\pi}$

② $\dfrac{300\sqrt{2}}{\pi}$

③ $\dfrac{600\sqrt{2}}{\pi}$

④ $\dfrac{200\sqrt{2}}{\pi}$

27 그림과 같이 단상 전파정류회로(단상 중앙탭 사용)에서 피크 역전압(PIV)[V]은?

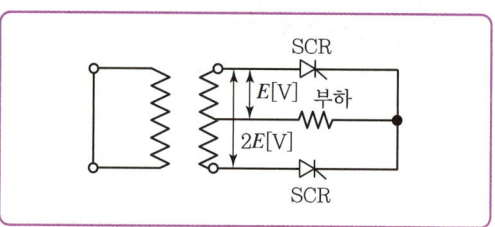

① $\sqrt{2}\,E$ ② $2\sqrt{2}\,E$
③ $\dfrac{\sqrt{2}}{\pi} E$ ④ $\dfrac{2\sqrt{2}}{\pi E}$

28 2개의 사이리스터로 단상 전파정류를 하여 90[V]의 직류전압을 얻는 데 필요한 최대 첨두역전압은 약 얼마인가?

① 141[V] ② 283[V]
③ 365[V] ④ 400[V]

29 그림과 같은 단상 전파정류회로에서 첨두역전압 [V]은 얼마인가?(단, 변압기 2차 측 a, b 간 전압은 200[V]이고 정류기의 전압강하는 20[V]이다.)

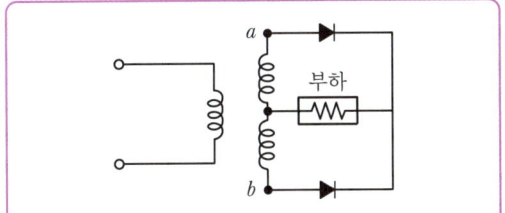

① 20
② 200
③ 262
④ 282

30 그림의 단상 전파 정류 회로에서 교류 측 공급전압이 $628\sin 314t$[V], 직류 측 부하저항이 20[Ω]일 때 직류 측 부하전류의 평균값 I_d[A] 및 직류 측 부하전압의 평균값 E_d[V]는?

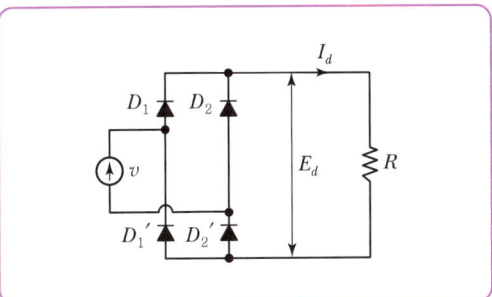

① $I_d = 20$, $E_d = 400$
② $I_d = 10$, $E_d = 200$
③ $I_d = 11.1$, $E_d = 282$
④ $I_d = 28.2$, $E_d = 565$

31 그림에서 밀리암페어계의 지시[mA]를 구하면? (단, 밀리암페어계는 가동 코일형이라 하고 정류기의 저항은 무시한다.)

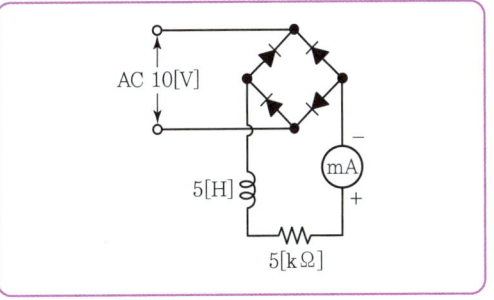

① 2.5   ② 1.8
③ 1.2   ④ 0.8

32 전원전압이 100[V]인 단상 전파제어정류에서 점호각이 30°일 때 직류 평균전압[V]은?

① 84   ② 87
③ 92   ④ 98

33 상전압 200[V]인 3상 반파정류회로의 각 상에 SCR을 사용하여 위상제어할 때 제어각이 30°이면 직류전압[V]은?

① 168   ② 203
③ 314   ④ 628

PART 04

회로이론

Chapter 01	직류회로 및 정현파 교류
Chapter 02	기본교류회로(R.L.C 회로)
Chapter 03	교류전력
Chapter 04	상호유도회로
Chapter 05	벡터의 궤적
Chapter 06	일반 선형 회로망
Chapter 07	다상교류
Chapter 08	대칭좌표법
Chapter 09	비정현파 교류
Chapter 10	2단자 회로망
Chapter 11	4단자 회로망
Chapter 12	분포정수회로
Chapter 13	라플라스 변환
Chapter 14	전달함수
Chapter 15	과도현상

이 편의 특징

- 회로이론은 전기기사에서 가장 기본이 되는 과목으로 각각의 Chapter와 관련 있는 다른 과목과 연관하여 학습하면 보다 쉽게 학습할 수 있다.
- 3주 동안 암기하기에는 공식이 많지만 문제유형이 크게 변하지 않기 때문에 기출문제나 예상문제를 많이 풀어 보는 것이 좋다.

Chapter 01 직류회로 및 정현파 교류

01 직류회로

(1) 직류회로 용어의 정리

① 전류(I)

단위시간에 도선을 통과한 전기량

$$I = \frac{Q}{t}[\text{c/sec}] = \frac{Q}{1} = Q[\text{A}]$$

예 $I = 2[\text{A}] = \frac{2}{1}[\text{c/sec}]$

1초 동안 두 개의 전하가 이동

② 전압(V)

단위전하가 이동하여 할 수 있는 일

$$V = \frac{W}{Q}[\text{J/C}] = \frac{W}{1} = W[\text{V}]$$

예 220[V] → 1[C]의 전하가 220[V]의 일을 할 수 있다.

③ 저항(R) ↔ 컨덕턴스($G = \frac{1}{R}$)

전기의 흐름(전류의 흐름)을 방해하는 소자

$$R[\Omega] = \rho \frac{l}{S}$$

여기서, ρ : 고유저항[$\Omega \cdot$m]
S : 전선의 단면적(굵기)[m²]
l : 길이[m]

(2) 옴의 법칙

- $V = IR[\text{V}] = \frac{I}{G}[\text{V}]$
- $I = \frac{V}{R} = G \cdot V[\text{V}]$
- $R = \frac{V}{I}[\Omega]$
- $G = \frac{I}{V}[\Omega]$

예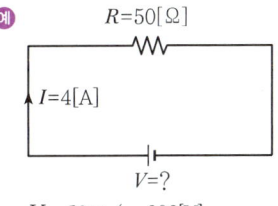

$V = 50 \times 4 = 200[\text{V}]$

(3) 저항의 연결

① 직렬 연결

- 전류가 일정하고 전압이 분배

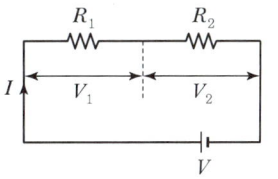

합성저항 $R_0 = R_1 + R_2 + \cdots$

- 전압분배

$$V_1 = \frac{R_1}{R_1 + R_2} \cdot V \quad V_2 = \frac{R_2}{R_1 + R_2} \cdot V$$

② 병렬 연결

- 전압이 일정하고 전류가 분배

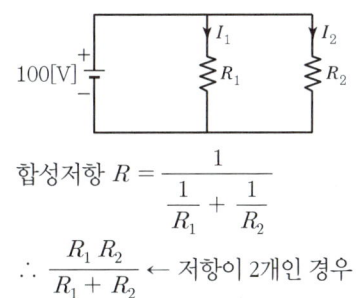

합성저항 $R = \cfrac{1}{\cfrac{1}{R_1} + \cfrac{1}{R_2}}$

$\therefore \frac{R_1 R_2}{R_1 + R_2}$ ← 저항이 2개인 경우

- 전류분배

$$I_1 = \frac{R_2}{R_1 + R_2} I[\text{A}] \quad I_2 = \frac{R_1}{R_1 + R_2} \cdot I[\text{A}]$$

(4) 전력(P)

단위시간에 전기가 한 일(에너지)

$$P = \frac{W}{t} = \frac{QV}{t} = I \cdot V = I^2 R = \frac{V^2}{R}[\text{W}]$$

$$P = VI = I^2 R = \frac{V^2}{R}[\text{W}]$$

→ 병렬에서 사용(전압이 일정할 때)
→ 직렬에서 사용(전류가 일정할 때)

(5) 전력량(W)

일정시간 동안 전기가 하는 일

$$W = Pt = I^2 Rt = \frac{V^2}{R} t[\text{J}]$$

02 정현파 교류

(1) 교류의 표현

① 순싯값 → 교류 전원의 모양

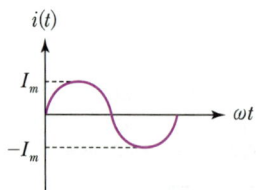

$i(t)$ → 시간에 따라 변한다.(시변회로)

$\underline{i(t) = I_m \sin \omega t}$ 여기서, I_m : 최댓값
↳ 교류 전류의 모양 정의식(순싯값)

- ω : 각속도(각주파수)

$\omega = \dfrac{\theta}{t}$ ┬ 각속도 정의식
└ 시간에 따른 각의 변화율

$\omega t = \theta \longrightarrow$ 위상

$\omega = \dfrac{\theta}{t} = \dfrac{2\pi}{T} = 2\pi f$ [rad/sec]
└→ 주기 : 1회전 소요시간

- f (주파수) → 1초당 회전수[cycle/sec]=[Hz]

  예) 60[Hz] → 1초에 60번 회전[cycle/sec]

- $f \propto \dfrac{1}{T}$ (주파수와 주기는 반비례)

  예) $i(t) = I_m \sin(\omega t \pm \theta)$
  └→ 파형의 시작 위치

┌ $i(t) = 100\sqrt{2} \sin(377t + \dfrac{\pi}{6})$
└→ - 전류의 순싯값 : $i(t)$
    - 전류의 최댓값 : $100\sqrt{2}$ [A]
    - 전류의 각속도(ω) : $\omega = 377$[rad/sec]
    - 전류의 주파수(f) : $f = \dfrac{377}{2\pi} = 60$[Hz]
    - 전류의 시작위치(θ) : $\theta = \dfrac{\pi}{6} = 30°$

② 실횻값(교류의 크기)

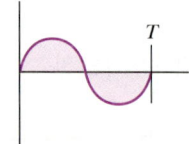

- 파형의 면적을 구하면 실횻값 $I = \dfrac{I_m}{\sqrt{2}}$

$I^2 = \dfrac{1}{T} \displaystyle\int_0^T i^2\, dt$

$I = \sqrt{\dfrac{1}{T} \displaystyle\int_0^T i^2\, dt}$ ⎫ 실횻값의
                                              ⎬ 표현
$I = \sqrt{1주기\ 동안\ i^2의\ 평균}$ ⎭

③ 평균값(교류의 평균값 = 직류분)

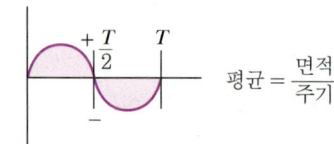

평균 = $\dfrac{면적}{주기}$

- 1주기 평균값은 0이므로 반주기 평균을 구한다.

$I_a = \dfrac{1}{\frac{T}{2}} \displaystyle\int_0^{\frac{T}{2}} i\, dt = \dfrac{2}{T} \displaystyle\int_0^{\frac{T}{2}} i\, dt = \dfrac{2I_m}{\pi}$

④ 파고율, 파형률

- 파고율 = $\dfrac{최댓값}{실횻값}$

- 파형률 = $\dfrac{실횻값(교류크기)}{평균값(직류크기)}$

⑤ 정현파의 복소수 표시

$i(t) = I_m \sin(\omega t + \theta)$

- 극좌표법 → $\dfrac{I_m}{\sqrt{2}} \angle \theta$

- 삼각함수형식 → $\dfrac{I_m}{\sqrt{2}}(\cos\theta + j\sin\theta)$

- 지수함수형식 → $\dfrac{I_m}{\sqrt{2}} e^{j\theta}$

핵심 기출 문제

01 $i = 3,000(2t + 3t^2)$[A]의 전류가 어떤 도선을 2[s] 동안 흘렀다. 통과한 전전기량[Ah]은?
① 1.33
② 10
③ 13.3
④ 36

02 굵기가 일정한 도체에서 체적은 변하지 않고 지름을 $\frac{1}{n}$로 줄였다면 저항은?
① $\frac{1}{n^2}$로 된다.
② n배로 된다.
③ n^2배로 된다.
④ n^4배로 된다.

03 일정 전압의 직류 전원에 저항을 접속하고 전류를 흘릴 때 이 전룻값을 20[%] 증가시키기 위해서는 저항값을 몇 배로 하여야 하는가?
① 1.25배
② 1.20배
③ 0.83배
④ 0.80배

04 두 전원 E_1과 E_2를 그림과 같이 접속했을 때 흐르는 전류 I[A]는?

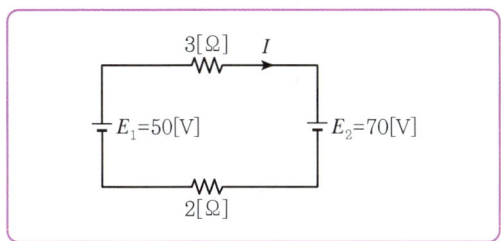

① 4
② -4
③ 24
④ -24

05 그림과 같은 사다리꼴 회로에서 출력 전압 V_L [V]은?

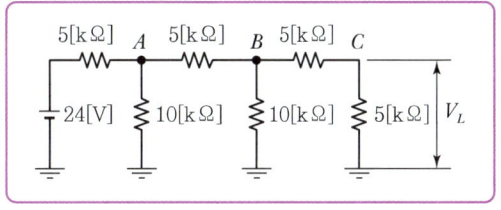

① 2
② 3
③ 4
④ 5

06 그림에서 a, b단자에 200[V]를 가할 때 저항 2[Ω]에 흐르는 전류 I_1[A]는?

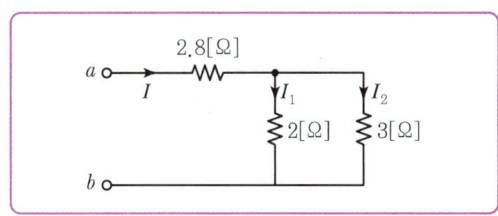

① 40
② 30
③ 20
④ 10

07 그림과 같은 회로에서 S를 열었을 때 전류계의 지시는 10[A]였다. S를 닫을 때 전류계의 지시 [A]는?

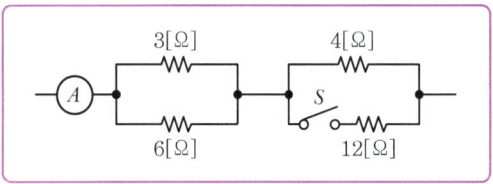

① 8
② 10
③ 12
④ 15

08 내부저항이 15[kΩ]이고 최대 눈금이 150[V]인 전압계와, 내부저항이 10[kΩ]이고 최대 눈금이 150[V]인 전압계가 있다. 두 전압계를 직렬 접속하여 측정하면 최대 몇 [V]까지 측정할 수 있는가?

① 200　　② 250
③ 300　　④ 315

09 정격전압에서 500[W]의 전력을 소비하는 저항에 정격의 95[%]의 전압을 가할 때의 전력은 대략 얼마인가?

① 390[W]　　② 410[W]
③ 430[W]　　④ 450[W]

10 정현파 교류 전압의 실횻값에 어떠한 수를 곱하면 평균값을 얻을 수 있는가?

① $\dfrac{2\sqrt{2}}{\pi}$

② $\dfrac{\sqrt{3}}{2}$

③ $\dfrac{2}{\sqrt{3}}$

④ $\dfrac{\pi}{2\sqrt{2}}$

11 어느 소자에 걸리는 전압 $v = 3\cos 3t$ [V]이고, 흐르는 전류 $i = -2\sin(3t + 10°)$ [A]이다. 전압과 전류 간의 위상차는?

① 10°　　② 30°
③ 70°　　④ 100°

12 그림과 같이 최댓값 V_m 정현파 교류를 다이오드 1개로 반파정류하여 순저항 부하에 가하고, 직류 전압계로 전압을 측정할 때, 전압계의 지싯값은 몇 [V]인가?

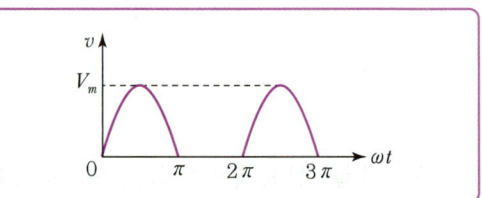

① πV_m　　② $\dfrac{V_m}{\pi}$

③ $\dfrac{\sqrt{2}}{\pi} V_m$　　④ $\dfrac{2}{\pi} V_m$

13 교류의 파형률이란?

① $\dfrac{\text{실횻값}}{\text{평균값}}$　　② $\dfrac{\text{평균값}}{\text{실횻값}}$

③ $\dfrac{\text{실횻값}}{\text{최댓값}}$　　④ $\dfrac{\text{최댓값}}{\text{실횻값}}$

14 그림과 같이 시간축에 대하여 대칭인 3각파 교류 전압의 평균값[V]은?

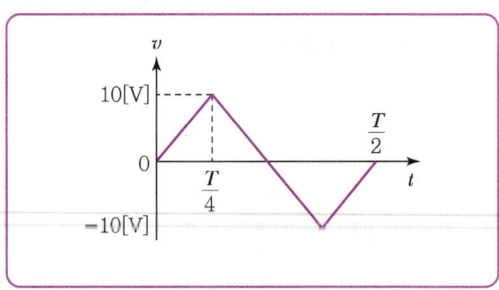

① 5.77　　② 5
③ 10　　④ 6

15 다음 중 파형률이 1.11이 되는 파형은?

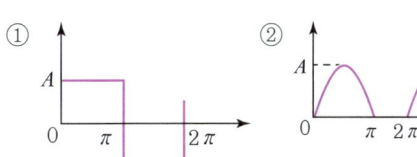

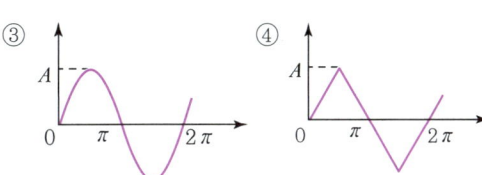

16 파고율이 2가 되는 파는?
① 정현파 ② 톱니파
③ 반파정류파 ④ 전파정류파

17 그림과 같은 파형의 파고율은?

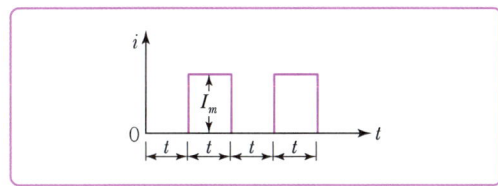

① $\sqrt{2}$ ② $\sqrt{3}$
③ 2 ④ 3

18 $v_1 = 10\sin\left(\omega t + \dfrac{\pi}{3}\right)$[V]와 $v_2 = 20\sin\left(\omega t + \dfrac{\pi}{6}\right)$ [V]의 합성전압의 순싯값은 약 몇 [V]인가?
① $29.1\sin(\omega t + 40°)$ ② $20.6\sin(\omega t + 40°)$
③ $29.1\sin(\omega t + 50°)$ ④ $20.6\sin(\omega t + 50°)$

19 복소수 $I_1 = 10\angle \tan^{-1}\dfrac{4}{3}$, $I_2 = 10\angle \tan^{-1}\dfrac{3}{4}$ 일 때 $I = I_1 + I_2$는 얼마인가?
① $-2 + j2$ ② $14 + j14$
③ $14 + j4$ ④ $14 + j3$

20 임피던스 $Z = 15 + j4$[Ω]의 회로에 $I = 10(2+j)$ [A]를 흘리는 데 필요한 전압[V]을 구하면?
① $10(26 + j23)$ ② $10(34 + j23)$
③ $10(30 + j4)$ ④ $10(15 + j8)$

21 다음 회로에서 전류 I는 몇 [A]인가?

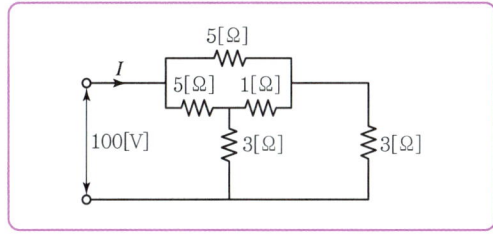

① 50 ② 25
③ 12.5 ④ 10

Chapter 02 기본교류회로(R.L.C 회로)

01 R만의 회로

(1) 순시전류

$$i = \frac{v}{R} = \frac{V_m}{R}\sin\omega t = I_m \sin\omega t \,[\text{A}]$$

(2) 임피던스

$$Z = \frac{V}{I} = \frac{V_m/\sqrt{2}\angle 0}{I_m/\sqrt{2}\angle 0} = R\angle 0 \text{ 실수만 존재}$$

(3) 동위상 관계

02 L만의 회로

(1) 역기전력

$$e = -L\frac{di}{dt}\,[\text{V}]$$

(2) 단자전압

$$v = L\frac{di}{dt}\,[\text{V}]$$

$$\therefore v = \omega L I_m \sin(\omega t + 90°)\,[\text{V}]$$

(3) 임피던스

$$Z = \frac{V}{I} = \frac{\omega L I_m/\sqrt{2}\angle 90}{I_m/\sqrt{2}\angle 0} = \omega L \angle 90°$$

$$= j\omega L = j2\pi fL\,[\Omega]$$

(4) 지상전류(유도성)

(5) 저장되는 에너지

$$\omega = \frac{1}{2}LI^2\,[\text{J}]$$

03 C만의 회로

(1) 순시전류

$$i = \frac{dq}{dt} = C\frac{dv}{dt} = \omega c V_m \sin(\omega t + 90°)\,[\text{A}]$$

(2) 임피던스

$$Z = \frac{V}{I} = \frac{V_m/\sqrt{2}\angle 0}{\omega c V_m/\sqrt{2}\angle 90°} = \frac{1}{\omega C}\angle -90°$$

$$= -j\frac{1}{\omega C} = -jX_c = \frac{1}{j\omega C} = \frac{1}{j2\pi fL}\,[\Omega]$$

(3) 진상전류(용량성)

(4) 저장되는 에너지

$$\omega = \frac{1}{2}CV^2\,[\text{J}]$$

04 R, L, C 직렬회로

① 크기 : $|Z| = \sqrt{R^2 + (X_L - X_C)^2}$

② 위상 : $\theta = \tan^{-1}\dfrac{X_L - X_C}{R}$

③ 전압 : $|V| = \sqrt{V_R^2 + (V_L - V_C)^2}\,[\text{V}]$

④ 역률 : $\cos\theta = \dfrac{R}{Z} = \dfrac{V_R}{V} = \dfrac{R}{\sqrt{R^2 + X^2}}$

(전압과 전류의 위상차의 여현)

⑤ 무효율 : $\sin\theta = \dfrac{X}{Z} = \dfrac{V_X}{V} = \dfrac{X}{\sqrt{R^2 + X^2}}$

05 R, L, C 병렬회로

① 어드미턴스 $Y = \dfrac{1}{R} + j\left(\dfrac{1}{X_C} - \dfrac{1}{X_L}\right)$ [℧]

　크기 $|Y| = \sqrt{\left(\dfrac{1}{R}\right)^2 + \left(\dfrac{1}{X_C} - \dfrac{1}{X_L}\right)^2}$
　　　　 $= \sqrt{G^2 + (B_C - B_L)^2}$ [℧]

② 위상 : $\theta = \tan^{-1}\dfrac{\dfrac{1}{X_C} - \dfrac{1}{X_L}}{\dfrac{1}{R}} = \tan^{-1}\dfrac{B_C - B_L}{G}$

③ 전류 : $I = I_R + j(I_C - I_L) = \sqrt{I_R^2 + (I_C - I_L)^2}$

④ 역률 : $\cos\theta = \dfrac{G}{Y} = \dfrac{I_R}{I}$

⑤ 무효율 : $\sin\theta = \dfrac{B}{Y} = \dfrac{I_X}{I}$

06 R, L, C 직렬/(병렬) 공진회로

① 공진조건 : $\omega^2 LC = 1$

② 공진 시 주파수 : $f = \dfrac{1}{2\pi\sqrt{LC}}$ [Hz]

③ 공진의 의미
- 허수부가 0인 상태
- 전압과 전류가 동상(= 합성역률이 1인 상태)
- 합성 Z 최소(직렬) / 합성 Y 최소(병렬)
- 합성전류 최대(직렬) / 합성전류 최소(병렬)

※ 직렬공진은 리액턴스 성분이 0이 되므로 공진 시 V와 I는 동상이 되고, 전류는 최대로 된다.

※ 병렬 공진 시에는 어드미턴스가 최소가 되고, 임피던스가 최대가 되며, 전류는 최소로 된다.

④ 공진도 ≒ 선택도 ≒ 첨예도 ≒ 전압확대비

- 직렬 : $Q = \dfrac{V_L}{V} = \dfrac{V_C}{V} = \dfrac{IX_L}{IR} = \dfrac{X_L}{R} = \dfrac{1}{R}\sqrt{\dfrac{L}{C}}$

- 병렬 : $Q = \dfrac{I_L}{I} = \dfrac{I_C}{I} = \dfrac{\dfrac{V}{X_L}}{\dfrac{V}{R}} = \dfrac{R}{X_L} = R\sqrt{\dfrac{C}{L}}$

07 R, L, C 일반공진회로

① $Y = \dfrac{R}{R^2 + (\omega L)^2} + j\left(\omega C - \dfrac{\omega L}{R^2 + (\omega L)^2}\right)$ [℧]

② 공진조건 : $R^2 + (\omega L)^2 = \dfrac{L}{C}$

③ 공진 시 주파수

　$f = \dfrac{1}{2\pi\sqrt{LC}}\sqrt{1 - \dfrac{CR^2}{L}}$ [Hz]

④ 공진 시 어드미턴스

　$Y = \dfrac{RC}{L}$ [℧]

핵심 기출 문제

01 어떤 회로 소자에 $e = 125 \sin 377t$[V]를 가했을 때 전류 $i = 25 \sin 377t$[A]가 흐른다. 이 소자는 어떤 것인가?

① 다이오드
② 순저항
③ 유도 리액턴스
④ 용량 리액턴스

02 어떤 회로에 전압을 가하니 90° 위상이 뒤진 전류가 흘렀다. 이 회로는?

① 저항성분
② 용량성
③ 무유도성
④ 유도성

03 자기 인덕턴스 0.1[H]인 코일에 실횻값 100[V], 60[Hz], 위상각 0인 전압을 가했을 때 흐르는 전류의 순싯값[A]은?

① 약 $3.75 \sin\left(377t - \dfrac{\pi}{2}\right)$
② 약 $3.75 \cos\left(377t - \dfrac{\pi}{2}\right)$
③ 약 $3.75 \cos\left(377t + \dfrac{\pi}{2}\right)$
④ 약 $3.75 \sin\left(377t + \dfrac{\pi}{2}\right)$

04 어떤 코일에 흐르는 전류를 0.5[ms] 동안에 5[A]만큼 변화시킬 때 20[V]의 전압이 발생한다. 이 코일의 자기 인덕턴스[mH]는?

① 2
② 4
③ 6
④ 8

05 인덕턴스 $L = 20$[mH]인 실횻값 코일에 $V = 50$[V], 주파수 $f = 60$[Hz]인 정현파 전압을 인가했을 때 코일에 축적되는 평균 자기 에너지 W_L[J]은?

① 6.3
② 0.63
③ 4.4
④ 0.44

06 0.1[μF]의 콘덴서에 주파수 1[kHz], 최대 전압 2,000[V]를 인가할 때 전류의 순싯값[A]은?

① $4.446 \sin(\omega t + 90°)$
② $4.446 \cos(\omega t - 90°)$
③ $1.256 \sin(\omega t + 90°)$
④ $1.256 \cos(\omega t - 90°)$

07 3[μF]인 커패시턴스를 50[Ω]의 용량성 리액턴스로 사용하려면 정현파 교류의 주파수는 약 몇 [kHz]로 하면 되는가?

① 1.02
② 1.04
③ 1.06
④ 1.08

08 어떤 소자가 60[Hz]에서 리액턴스 값이 10[Ω]이었다. 이 소자를 인덕터 또는 커패시터라 할 때 인덕턴스[mH]와 정전용량[μF]은 각각 얼마인가?

① 26.53[mH], 295.37[μF]
② 18.37[mH], 265.25[μF]
③ 18.37[mH], 295.37[μF]
④ 26.53[mH], 265.25[μF]

09 다음 중 콘덴서와 코일에서 실제적으로 급격히 변화할 수 없는 것은 어느 것인가?

① 코일에서 전압, 콘덴서에서 전류
② 코일에서 전류, 콘덴서에서 전압
③ 코일, 콘덴서 모두 전압
④ 코일, 콘덴서 모두 전류

10 저항 $R = 60[\Omega]$과 유도 리액턴스 $\omega L = 80[\Omega]$인 코일이 직렬로 연결된 회로에 $200[V]$의 전압을 인가할 때 전압과 전류의 위상차는?
① $48.17°$ ② $50.23°$
③ $53.13°$ ④ $55.27°$

11 $R = 100[\Omega]$, $C = 30[\mu F]$의 직렬회로에 $f = 60[Hz]$, $V = 100[V]$의 교류전압을 인가할 때 전류[A]는?
① 0.45 ② 0.56
③ 0.75 ④ 0.96

12 $Z_1 = 2 + j11[\Omega]$, $Z_2 = 4 - j3[\Omega]$인 직렬회로에 교류전압 $100[V]$를 가할 때 회로에 흐르는 전류[A]는?
① 10 ② 8
③ 6 ④ 4

13 저항 $4[\Omega]$과 유도 리액턴스 $X_L[\Omega]$이 병렬로 접속된 회로에 $12[V]$의 교류전압을 가하니 $5[A]$의 전류가 흘렀다. 이 회로의 $X_L[\Omega]$은?
① 8 ② 6
③ 3 ④ 1

14 그림과 같이 저항 $R = 3[\Omega]$과 용량 리액턴스 $\dfrac{1}{\omega C} = 4[\Omega]$인 콘덴서가 병렬로 연결된 회로에 $100[V]$의 교류전압을 인가할 때, 합성 임피던스 $Z[\Omega]$는?

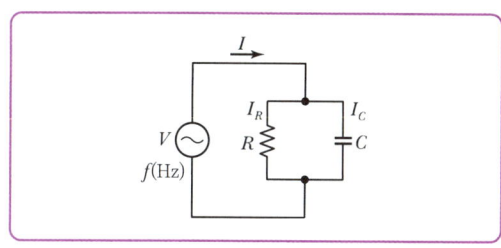

① 1.2 ② 1.8
③ 2.2 ④ 2.4

15 교류회로에서 역률이란 무엇인가?
① 전압과 전류의 위상차의 정현
② 전압과 전류의 위상차의 여현
③ 임피던스와 리액턴스의 위상차의 여현
④ 임피던스와 저항의 위상차의 정현

16 $100[V]$, $50[Hz]$의 교류전압을 저항 $100[\Omega]$, 커패시턴스 $10[\mu F]$의 직렬회로에 가할 때 역률은?
① 0.25 ② 0.27
③ 0.3 ④ 0.35

17 저항 $30[\Omega]$과 유도 리액턴스 $40[\Omega]$을 병렬로 접속하고 $120[V]$의 교류 전압을 가했을 때 회로의 역률값은?
① 0.6 ② 0.7
③ 0.8 ④ 0.9

18 다음 회로에서 전압 V를 가하니 $20[A]$의 전류가 흘렀다고 한다. 이 회로의 역률은?

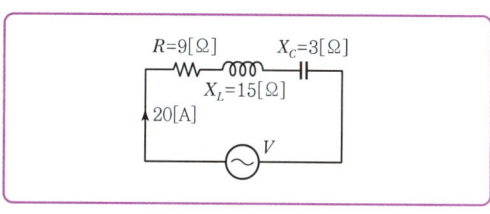

① 0.8 ② 0.6
③ 1.0 ④ 0.9

19 그림과 같은 회로에서 단자 $a-b$ 간의 전압 V_{ab}[V]는?

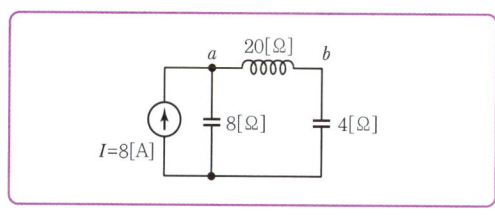

① $-j160$ ② $j160$
③ 40 ④ 80

20 $R-L-C$ 직렬 회로에서 전압과 전류가 동상이 되기 위해서는?(단, $\omega = 2\pi f$이고 f는 주파수이다.)

① $\omega L^2 C^2 = 1$
② $\omega^2 LC = 1$
③ $\omega LC = 1$
④ $\omega = LC$

21 직렬 공진회로에서 최대가 되는 것은?

① 전류 ② 저항
③ 리액턴스 ④ 임피던스

22 공진회로의 Q가 갖는 물리적 의미와 관계없는 것은?

① 공진회로의 저항에 대한 리액턴스의 비
② 공진 곡선의 첨예도
③ 공진 시의 전압 확대비
④ 공진회로에서 에너지 소비 능률

23 $R = 10[\Omega]$, $L = 10[mH]$, $C = 1[\mu F]$인 직렬 회로에 100[V]의 전압을 인가할 때 공진의 첨예도 Q는?

① 1 ② 10
③ 100 ④ 1,000

24 어떤 $R-L-C$ 병렬 회로가 병렬 공진되었을 때 합성 전류는?

① 최소가 된다.
② 최대가 된다.
③ 전류는 흐르지 않는다.
④ 전류는 무한대가 된다.

25 그림과 같이 주파수 1[Hz]인 교류회로에서 전류 I와 I_R이 같은 값으로 되는 조건은?(단, R은 저항[Ω], C는 정전용량[F], L은 인덕턴스[H]이다.)

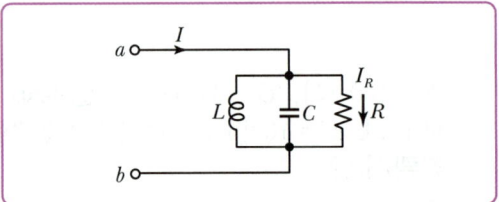

① $f = \dfrac{1}{\sqrt{LC}}$ ② $f = \dfrac{2\pi}{\sqrt{LC}}$
③ $f = \dfrac{1}{2\pi\sqrt{LC}}$ ④ $f = 2\pi(LC)^2$

Chapter 03 교류전력

01 단상교류전력

(1) 유효전력(소비전력 = 평균전력 = 실수부전력)

$P = VI\cos\theta \,[\text{W}]$

(2) 무효전력(허수부전력)

$P_r = VI\sin\theta \,[\text{Var}]$

(3) 피상전력(겉보기전력)

$P_a = P \pm P_r = \sqrt{P^2 + P_r^2} = VI\,[\text{VA}]$

(4) 역률

$\cos\theta = \dfrac{P}{P_a} = \dfrac{R}{Z} = \dfrac{R}{\sqrt{R^2+X^2}}$

(5) 무효율

$\sin\theta = \dfrac{P_r}{P_a} = \dfrac{X}{Z} = \dfrac{X}{\sqrt{R^2+X^2}}$

02 R, X 직렬단상전력

- $P = VI\cos\theta\,[\text{W}] = I^2R = \dfrac{V^2}{R} = \dfrac{V^2 \cdot R}{R^2+X^2}\,[\text{W}]$
- $P_r = VI\sin\theta\,[\text{Var}] = I^2X = \dfrac{V^2}{X} = \dfrac{V^2 \cdot X}{R^2+X^2}\,[\text{Var}]$
- $P_a = P \pm jP_r = \sqrt{P^2+P_r^2} = V \cdot I = I^2Z\,[\text{VA}]$

03 복소전력

- $V = V_1 + jV_2$
- $I = I_1 + jI_2$
- $P_a = \overline{V} \cdot I = V^*I = (V_1 - jV_2)(I_1 + jI_2)$

  $\therefore P_a = P \pm jP_r$ (단, + 용량성, − 유도성)

04 최대전력 공급조건

① 최대전력 전송조건 : $R = R_L$

② $P_m = \dfrac{E^2}{4R}$

③ Z_L 부하 시 : $Z_L = Z_g^* = R_g - jX_g$

④ 전압이 최댓값일 경우 : $P_{\max} = \dfrac{E_m^{\,2}}{8R}$

⑤ 입력 측이 L 또는 C인 경우 : $P_{\max} = \dfrac{V^2}{2X_L} = \dfrac{V^2}{2X_C}$

05 3전압계법 및 3전류계법

(1) 3전압계

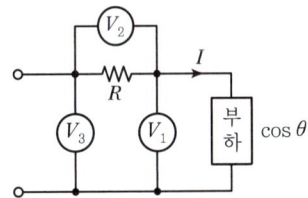

$P = \dfrac{1}{2R}(V_3^{\,2} - V_1^{\,2} - V_2^{\,2})$

(2) 3전류계

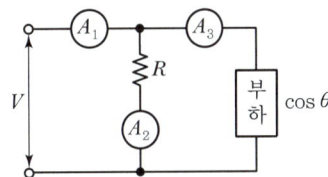

$P = \dfrac{R}{2}(I_1^{\,2} - I_2^{\,2} - I_3^{\,2})$

핵심 기출 문제

01 역률이 70[%]인 부하에 전압 100[V]를 가해서 전류 5[A]가 흘렀다. 이 부하의 피상전력[VA]은?
① 100   ② 200
③ 400   ④ 500

02 어떤 회로에 전압을 115[V]를 인가하였더니 유효전력이 230[W], 무효전력이 345[Var]를 지시하였다면 회로에 흐르는 전류[A]의 값은 어느 것인가?
① 약 2.5   ② 약 5.6
③ 약 3.6   ④ 약 4.5

03 어느 회로에 전압과 전류의 실횻값이 각각 50[V], 10[A]이고 역률이 0.8이다. 소비전력[W]은?
① 400   ② 500
③ 300   ④ 600

04 전압과 전류가 각각 $e = 141.4\sin(377t + \frac{\pi}{3})$ [V], $i = \sqrt{8}\sin(377t + \frac{\pi}{6})$ [A]인 회로의 소비전력은 약 몇 [W]인가?
① 100   ② 173
③ 200   ④ 344

05 저항 R, 리액턴스 X와의 직렬 회로에 전압 V가 가해졌을 때 소비 전력은?
① $\dfrac{R}{\sqrt{R^2+X^2}}$ ② $\dfrac{X}{\sqrt{R^2+X^2}}$
③ $\dfrac{R}{R^2+X^2}V^2$ ④ $\dfrac{X}{R^2+X^2}V^2$

06 $R=40[\Omega]$, $L=80[mH]$인 코일이 있다. 이 코일에 100[V], 60[Hz]의 전압을 인가할 때 소비되는 전력[W]은?
① 100   ② 120
③ 160   ④ 200

07 저항 $R=12[\Omega]$, 인덕턴스 $L=13.3[mH]$인 $R-L$ 직렬 회로에 실횻값 $|E|=130[V]$, 주파수 $f=60[Hz]$인 전압을 가했을 때 이 회로의 무효전력은?
① 500[kVar]   ② 0.5[kVar]
③ 5[kVar]   ④ 50[kVar]

08 전압 100[V], 전류 15[A]로써 1.2[kW]의 전력을 소비하는 회로의 리액턴스는 약 몇 [Ω]인가?
① 4   ② 6
③ 8   ④ 10

09 어떤 회로에 $E=100+j50[V]$인 전압을 가했더니 $I=3+j4[A]$인 전류가 흘렀다면 이 회로의 소비전력[W]은?
① 300   ② 500
③ 700   ④ 900

10 어떤 회로에 $E=200\angle\frac{\pi}{3}[V]$의 전압을 가하니 $I=10\sqrt{3}+j10[A]$의 전류가 흘렀다. 이 회로의 무효전력[Var]은?
① 707   ② 1,000
③ 1,732   ④ 2,000

11 $\dot{V} = 50\sqrt{3} + j50$[V], $\dot{I} = 15\sqrt{3} - j15$[A] 일 때 전력[W]과 무효전력[Var]은?

① $\begin{pmatrix} 3,000 \\ 1,500 \end{pmatrix}$ ② $\begin{pmatrix} 1,500 \\ 1,500\sqrt{3} \end{pmatrix}$

③ $\begin{pmatrix} 750 \\ 1,500\sqrt{3} \end{pmatrix}$ ④ $\begin{pmatrix} 2,250 \\ 1,500\sqrt{3} \end{pmatrix}$

12 $R = 3[\Omega]$, $X_c = 4[\Omega]$이 직렬로 접속된 회로에 $I = 12$[A]의 전류를 통할 때의 교류 전력은 얼마[VA]인가?

① $P_a = 432 + j576$
② $P_a = 234 + j676$
③ $P_a = 235 + j420$
④ $P_a = 430 - j576$

13 어떤 코일의 임피던스를 측정하고자 직류전압 100[V]를 가했더니 500[W]가 소비되고, 교류전압 150[V]를 가했더니 720[W]가 소비되었다. 코일의 저항[Ω]과 리액턴스[Ω]는 각각 얼마인가?

① $R = 20$, $X_L = 15$
② $R = 15$, $X_L = 20$
③ $R = 25$, $X_L = 20$
④ $R = 30$, $X_L = 25$

14 어떤 회로의 전압이 V, 전류가 I일 때 $P_a = \overline{V}I$ $= P + jP_r$ 에서 $P_r > 0$이다. 이 회로는 어떤 부하인가?

① 유도성
② 무유도성
③ 용량성
④ 정저항

15 부하에 전압 $V = (7\sqrt{3} + j7)$[V]를 가했을 때, 전류 $I = (7\sqrt{3} - j7)$[A]가 흘렀다. 이때 부하의 역률은?

① 100[%] ② 86.6[%]
③ 67.7[%] ④ 50[%]

16 그림과 같이 전압 E와 저항 R로 된 회로의 단자 A, B 간에 적당한 저항 R_L을 접속하여 R_L에서 소비되는 전력을 최대로 하려고 한다. P_m을 어떻게 하면 되는가?

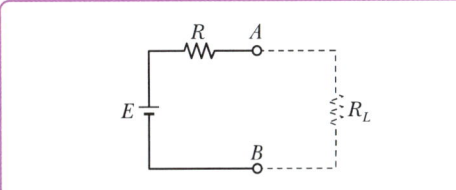

① $\dfrac{E^2}{4R}$ ② $\dfrac{E^2}{2R}$

③ $\dfrac{E^2}{3R_L}$ ④ $\dfrac{E}{R_L}$

17 부하저항 R_L이 전원의 내부저항 R_0의 3배가 되면 부하저항 R_L에서 소비되는 전력 P_L은 최대 전송 전력 P_m의 몇 배인가?

① 0.89 ② 0.75
③ 0.5   ④ 0.3

18 최댓값 V_0, 내부 임피던스 $Z_0 = R_0 + jX_0$ ($R_0 > 0$)인 전원에서 공급할 수 있는 최대 전력은?

① $\dfrac{V_0^2}{8R_0}$ ② $\dfrac{V_0^2}{4R_0}$

③ $\dfrac{V_0^2}{2R_0}$ ④ $\dfrac{V_0^2}{2\sqrt{2}R_0}$

19 그림과 같은 회로에서 전압계 3개로 단상 전력을 측정할 때의 유효전력은?

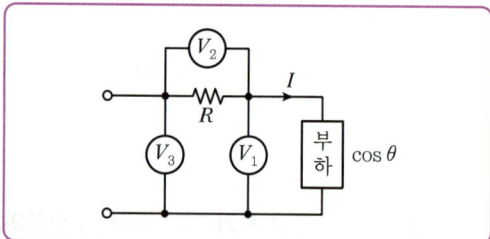

① $\dfrac{1}{2R}(V_3^2 - V_1^2 - V_2^2)$

② $\dfrac{R}{2}(V_3^2 - V_1^2)$

③ $\dfrac{R}{2}(V_3^2 - V_1^2 - V_2^2)$

④ $\dfrac{R}{2}(V_2^2 - V_1^2 - V_3^2)$

20 어떤 회로의 단자 전압 및 전류의 순싯값이 $v = 220\sqrt{2}\sin(377t + \dfrac{\pi}{4})[V]$, $i = 5\sqrt{2}\sin(377t + \dfrac{\pi}{3})[A]$일 때, 복소 임피던스는 약 몇 $[\Omega]$인가?

① $42.5 - j11.4$ ② $42.5 - j9$
③ $50 + j11.4$ ④ $50 - j11.4$

Chapter 04 상호유도회로

※ 전자유도 법칙
- 패러데이의 법칙 : 전자유도에 의해 회로에 발생하는 기전력은 자속쇄교수의 시간에 대한 감쇄율에 비례한다.
- 렌츠의 법칙 : 전자유도에 의해서 생기는 유도전압의 방향은 쇄교자속의 변화를 방해하는 방향이 된다.

01 2차 유기기전력

$$e_2 = \pm M \frac{di}{dt}\,[\text{V}]$$

여기서, + : 가극성, − : 감극성

02 결합계수

$$k = \frac{M}{\sqrt{L_1 L_2}} = \sqrt{\frac{\phi_{12}}{\phi_1} \cdot \frac{\phi_{21}}{\phi_2}}$$

- 상호인덕턴스 $M = k\sqrt{L_1 L_2}\,[\text{H}]$
  단, 누설자속이 없다＝완전결합＝이상결합($k = 1$)
  쇄교자속이 없다($k = 0$).
- 결합계수의 범위 : $0 \leq k \leq 1$

03 합성인덕턴스 $L_0\,[\text{H}]$

(1) 인덕턴스의 직렬연결

① 가동결합

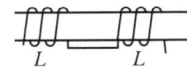 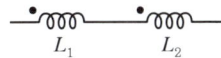

$$L_0 = L_1 + L_2 + 2M\,[\text{H}]$$

② 차동결합

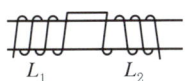 

$$L_0 = L_1 + L_2 - 2M\,[\text{H}]$$

(2) 인덕턴스의 병렬연결

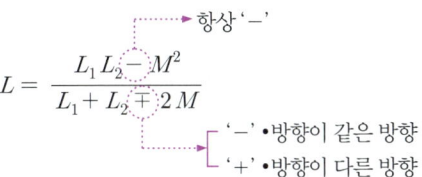

$$L = \frac{L_1 L_2 - M^2}{L_1 + L_2 \mp 2M}$$

- 항상 '−'
- '−' : 방향이 같은 방향
- '+' : 방향이 다른 방향

Reference
병렬회로의 dot(점)의 위치가 위아래로 다른 방향이면 차동결합으로 분모를 ＋로 하고, 같은 방향이면 가동결합으로 분모를 −로 한다.

04 이상변압기

(1) 이상변압기의 조건
① 누설자속이 없어야 한다＝완전결합＝이상결합
② 결합계수가 1이다.
③ 손실이 없어야 한다.
④ 1, 2차 정격용량이 같다.

(2) 권수비

$$a = n = \frac{N_1}{N_2} = \frac{V_1}{V_2} = \frac{I_2}{I_1} = \sqrt{\frac{Z_1}{Z_2}} = \sqrt{\frac{L_1}{L_2}}$$

(3) 휘트스톤브리지의 평형조건

$$PR = QX\,[\Omega]$$
$$\therefore X = \frac{PR}{Q}$$

[휘트스톤브리지 회로]

Reference
L 및 C는 리액턴스 성분으로 변경하고 평형조건을 생각해야 한다.

핵심 기출 문제

01 한 코일의 전류가 매초 120[A]의 비율로 변화할 때 다른 코일에 15[V]의 기전력이 발생하였다면 두 코일의 상호 인덕턴스[H]는?

① 0.125 ② 2.85
③ 0   ④ 1.25

02 두 코일의 자기 인덕턴스가 L_1, L_2이고 상호 인덕턴스가 M일 때 결합계수 k는?

① $\dfrac{\sqrt{L_1 L_2}}{M}$ ② $\dfrac{M}{\sqrt{L_1 L_2}}$

③ $\dfrac{M^2}{L_1 L_2}$ ④ $\dfrac{L_1 L_2}{M^2}$

03 코일 1, 2의 L이 각각 20, 50[μH]이고 그 사이의 M이 5.6[μH]일 때 두 코일 간의 결합계수는?

① 4.156 ② 0.177
③ 3.527 ④ 0.427

04 그림과 같은 결합회로의 합성 인덕턴스는 몇 [H]인가?

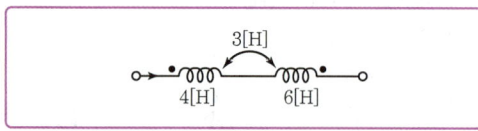

① 4   ② 6
③ 10 ④ 13

05 직렬로 유도 결합된 회로이다. 단자 $a-b$에서 본 등가 임피던스 Z_{ab}를 타나낸 식은?

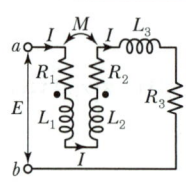

① $R_1 + R_2 + R_3 + j\omega(L_1 + L_2 - 2M)$
② $R_1 + R_2 + j\omega(L_1 + L_2 + 2M)$
③ $R_1 + R_2 + R_3 + j\omega(L_1 + L_2 + L_3 + 2M)$
④ $R_1 + R_2 + R_3 + j\omega(L_1 + L_2 + L_3 - 2M)$

06 그림과 같이 1개의 콘덴서와 2개의 코일이 직렬로 접속된 회로에 300[Hz]의 주파수가 공진한다고 한다. 콘덴서의 정전 용량 및 코일의 자기 인덕턴스를 각각 $C = 25[\mu F]$, $L_1 = 4.3$[mH], $L_2 = 4.6$[mH]라고 하면 코일 간의 상호 인덕턴스 M[mH]은 얼마인가?(단, 코일은 같은 방향으로 감겨 있고, 동일축상에 놓여 있는 것으로 한다.)

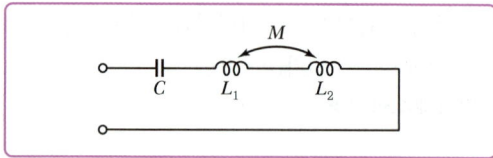

① 2.36 ② 1.18
③ 1.91 ④ 1.0

07 그림과 같은 회로에서 합성 인덕턴스는?

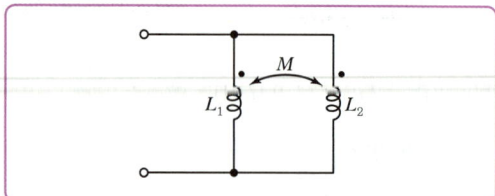

① $\dfrac{L_1 L_2 + M^2}{L_1 + L_2 - 2M}$ ② $\dfrac{L_1 L_2 - M^2}{L_1 + L_2 - 2M}$

③ $\dfrac{L_1 L_2 + M^2}{L_1 + L_2 + 2M}$ ④ $\dfrac{L_1 L_2 - M^2}{L_1 + L_2 + 2M}$

08 5[mH]인 두 개의 자기 인덕턴스가 있다. 결합계수를 0.2부터 0.8까지 변화시킬 수 있다면 이것을 접속하여 얻을 수 있는 합성 인덕턴스의 최댓값과 최솟값은 각각 몇 [mH]인가?

① 18, 2
② 18, 8
③ 20, 2
④ 20, 8

09 그림과 같은 회로(브리지 회로)에서 상호 인덕턴스 M을 조정하여 수화기 T에 흐르는 전류를 0으로 할 때 주파수는?

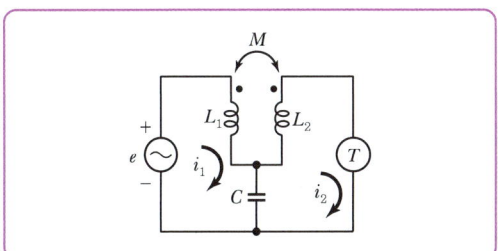

① $\dfrac{1}{2\pi MC}$
② $\sqrt{\dfrac{1}{2\pi MC}}$
③ $2\pi MC$
④ $\dfrac{1}{2\pi}\sqrt{\dfrac{1}{MC}}$

10 회로에서 단자 $a-b$ 사이의 합성저항 R_{ab}는 몇 [Ω]인가?

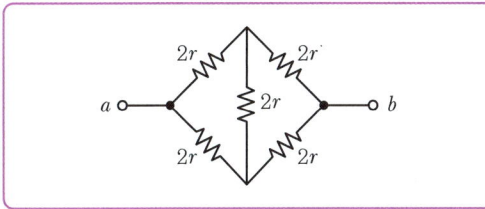

① $\dfrac{1}{3}r$
② $\dfrac{1}{2}r$
③ r
④ $2r$

11 그림과 같은 회로에서 저항 0.2[Ω]에 흐르는 전류는 몇 [A]인가?

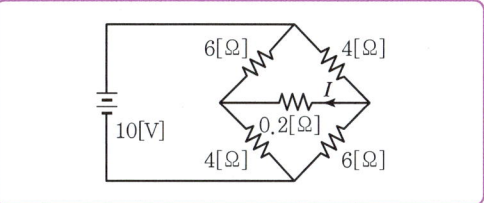

① 0.4
② -0.4
③ 0.2
④ -0.2

12 전원 측 저항 1[kΩ], 부하저항 10[Ω]일 때, 이것에 변압비 $n:1$의 이상변압기를 사용하여 정합을 취하려 한다. n의 값으로 옳은 것은?

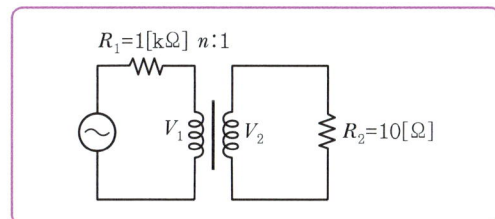

① 1
② 10
③ 100
④ 1,000

Chapter 05 벡터의 궤적

[$R-L \cdot R-C$ 회로의 임피던스 및 어드미턴스 궤적도]

회로의 종류	임피던스 궤적	어드미턴스 궤적
V, I, R(가변), L 직렬	X축, $R=0$, $R=\infty$	$-j\frac{1}{X_L}$, $R=\infty$, $R=0$
V, I, R_0, L(가변) 직렬	$X_L=\infty$, $X_L=0$, R_1	B, $\frac{1}{R_0}$, $X_L=0$, $X_L=\infty$
V, I, R(가변), C 직렬	$-jX_0$, $R=0$, $R=\infty$	$j\frac{1}{X_0}$, $R=0$, $R=\infty$
V, I, R_0, C(가변) 직렬	R_0, $X_L=0$, $X_L=\infty$	$X_0=\infty$, $X_0=0$, $\frac{1}{R_0}$
V, I, G(가변), B_0 병렬	$j\frac{1}{B_0}$, $G=0$, $G=\infty$	$-jB_0$, $G=0$, $G=\infty$
V, I, G_0, B(가변) 병렬	$B=\infty$, $B=0$, $\frac{1}{G_0}$	G_0, $B=0$, $B=\infty$
V, I, G_0, B(가변) 병렬	$j\frac{1}{B_0}$, $G=\infty$, $G=0$	jB_0, $G=0$, $G=\infty$
V, I, G(가변), B_0 병렬	$\frac{1}{G_0}$, $B=0$, $B=\infty$	$B=0$, $B=\infty$, G_0

핵심 기출 문제

01 RLC 직렬 회로에서 각주파수 ω를 변화시켰을 때 어드미턴스 Y의 궤적은?

① 원점을 지나는 반원
② 원점을 지나는 원
③ 원점을 지나지 않는 직선
④ 원점을 지나지 않는 원

02 $R - L - C$ 직렬 회로에서 ω를 0에서 ∞까지 변화시킬 때 어드미턴스 궤적의 중심 위치는?

① $\left(0, \dfrac{1}{2R}\right)$
② $\left(\dfrac{1}{2R}, 0\right)$
③ $\left\{\left(\omega L - \dfrac{1}{\omega C}\right), 0\right\}$
④ $\left\{0, \left(\omega L - \dfrac{1}{\omega C}\right)\right\}$

03 그림과 같은 $R - C$ 병렬 회로에서 C가 변화할 때 임피던스 궤적은?

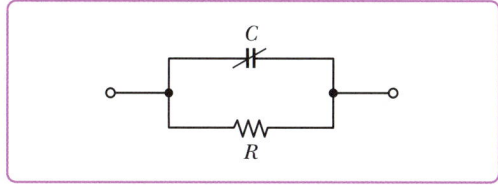

① 원점을 통하는 반원이 된다.
② 원점을 통하지 않는 반원이 된다.
③ 원점을 통하는 직선이 된다.
④ 원점을 통하지 않는 직선이 된다.

04 임피던스 궤적이 직선일 때 이의 역수인 어드미턴스 궤적은?

① 원점을 통하는 직선
② 원점을 통하지 않는 직선
③ 원점을 통하는 원
④ 원점을 통하지 않는 원

Chapter 06 일반 선형 회로망

※ **이상적인 전압원 · 전류원**
- 이상적인 전압원은 내부저항이 0 → 단락
- 이상적인 전류원은 내부저항이 ∞ → 개방

01 전원의 등가대치

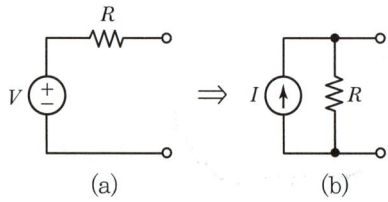

02 키르히호프의 법칙

폐회로망 내에서의 전류 및 전압에 대한 관계식을 나타내는 법칙으로 선형, 비선형, 시변, 시불변 모두 가능하다.

(1) 제1법칙(KCL) : 전류법칙
 회로망 내 임의의 한 점으로 유입하는 전류의 합은 0 이다.
 $\sum 유입 I = \sum 유출 I, \ \sum I = 0, \ div\, I = 0$

(2) 제2법칙(KVL) : 전압법칙
 회로망 내 임의의 폐회로에 대한 기전력의 합과 임피던스로 인한 전압강하의 합은 서로 같다.
 $\sum E = \sum IR$

03 중첩의 정리(선형 회로만 성립)

하나의 회로망에 전압원과 전류원이 동시 존재 시 전압원은 단락하고 전류원은 개방하여 흐르는 전류의 합으로 계산한다.

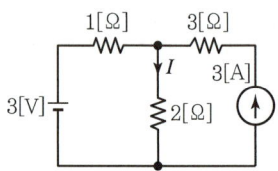

(1) 전류원 개방

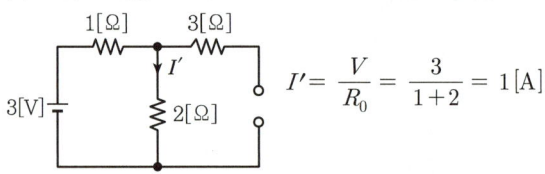

$I' = \dfrac{V}{R_0} = \dfrac{3}{1+2} = 1[A]$

(2) 전압원 단락

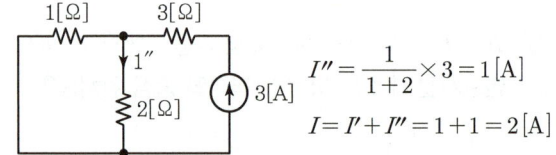

$I'' = \dfrac{1}{1+2} \times 3 = 1[A]$

$I = I' + I'' = 1 + 1 = 2[A]$

04 테브난 – 노턴의 정리

회로망의 개방 단자에 부하 임피던스를 연결 시 흐르는 전류를 구한다.

(1) 테브난의 등가 임피던스 $Z_T[\Omega]$
 회로망 내의 전압원은 단락, 전류원은 개방 후 개방단자 a, b에서 회로망 쪽을 바라본 등가 임피던스

(2) 테브난의 등가 전압 $V_t[V]$
 개방단자 a, b 사이에 전압

05 밀만의 정리

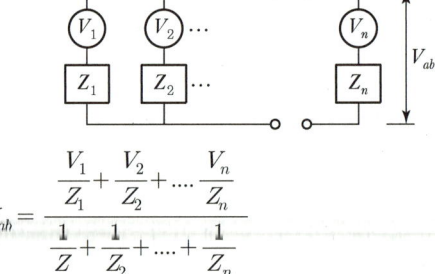

$V_{ab} = \dfrac{\dfrac{V_1}{Z_1} + \dfrac{V_2}{Z_2} + \cdots \dfrac{V_n}{Z_n}}{\dfrac{1}{Z} + \dfrac{1}{Z_2} + \cdots + \dfrac{1}{Z_n}}$

06 가역정리

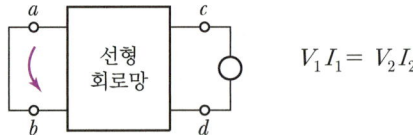

$V_1 I_1 = V_2 I_2$

핵심 기출 문제

01 이상적인 전압원·전류원에 관하여 옳은 것은?
① 전압원 내부 저항은 ∞이고 전류원의 내부 저항은 0이다.
② 전압원의 내부 저항은 0이고 전류원의 내부 저항은 ∞이다.
③ 전압원, 전류원의 내부 저항은 흐르는 전류에 따라 변한다.
④ 전압원의 내부 저항은 일정하고 전류원의 내부 저항은 일정하지 않다.

02 그림에서 i_5 전류의 크기[A]는?

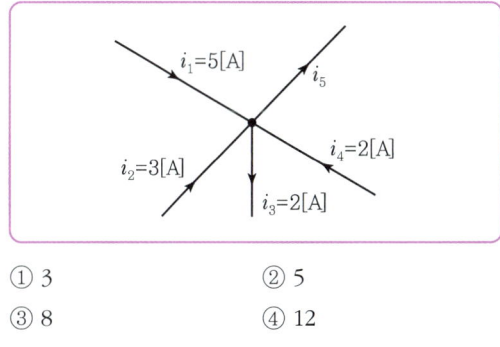

① 3
② 5
③ 8
④ 12

03 키르히호프의 전압 법칙의 적용에 대한 서술 중 옳지 않은 것은?
① 이 법칙은 집중 정수 회로에 적용된다.
② 이 법칙은 회로 소자의 선형, 비선형에는 관계를 받지 않고 적용된다.
③ 이 법칙은 회로 소자의 시변, 시불변성에 구애를 받지 않는다.
④ 이 법칙은 선형 소자로만 이루어진 회로에 적용된다.

04 몇 개의 전압원과 전류원이 동시에 존재하는 회로망에서 회로 전류는 각 전압원이나 전류원이 각각 단독으로 가해졌을 때 흐르는 전류를 합한 것과 같다는 것은?
① 노턴의 정리
② 중첩의 원리
③ 키르히호프 법칙
④ 테브난의 정리

05 그림과 같은 회로에서 a, b 단자의 전압이 100[V], a, b에서 본 능동 회로망 N의 임피던스가 15[Ω]일 때 단자 a, b에 10[Ω]의 저항을 접속하면 a, b 사이에 흐르는 전류는 몇 [A]인가?

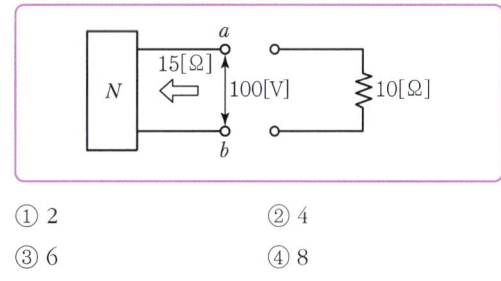

① 2
② 4
③ 6
④ 8

06 다음 회로에서 10[Ω]의 저항에 흐르는 전류는 몇 [A]인가?

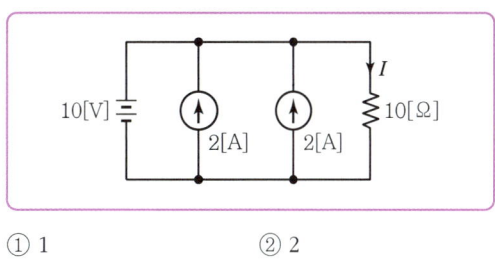

① 1
② 2
③ 4
④ 5

07 a, b 단자의 전압 v는?

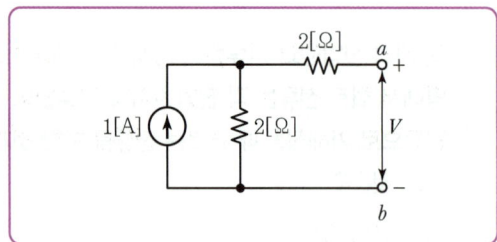

① 2
② -2
③ -8
④ 8

08 그림 (a)를 그림 (b)와 같은 등가전류원으로 변환할 때 I와 R은?

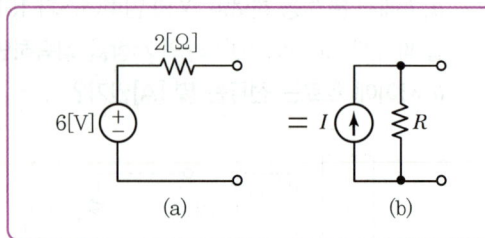

① $I = 6$, $R = 2$
② $I = 3$, $R = 5$
③ $I = 4$, $R = 0.5$
④ $I = 3$, $R = 2$

09 그림과 같은 회로에서 저항 R에 흐르는 전류 I [A]는?

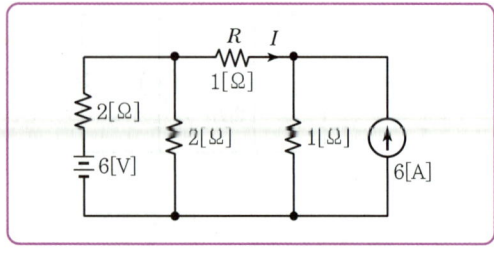

① -2
② -1
③ 2
④ 1

10 그림과 같은 회로에서 a, b에 나타나는 전압은 약 몇 [V]인가?

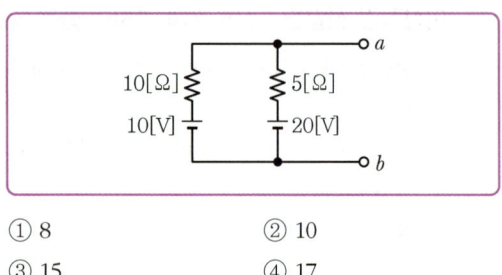

① 8
② 10
③ 15
④ 17

11 그림과 같은 회로망에서 Z_a 지로에 300[V]의 전압을 가했을 때, Z_b 지로에 30[A]의 전류가 흘렀다. Z_b 지로에 200[V]의 전압을 가했을 때 Z_a 지로에 흐르는 전류 [A]는?

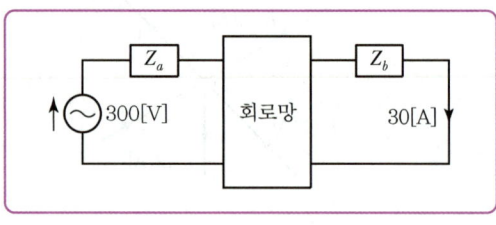

① 10
② 20
③ 30
④ 40

12 그림과 같은 회로에서 7[Ω] 저항 양단의 전압 [V]은?

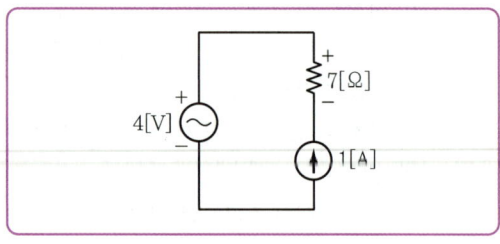

① 7
② -7
③ 4
④ -4

13 다음 회로를 테브난(Thevenin)의 등가회로로 변환할 때 테브난의 등가저항 $R_T\,[\Omega]$와 등가전압 $V_T\,[V]$는?

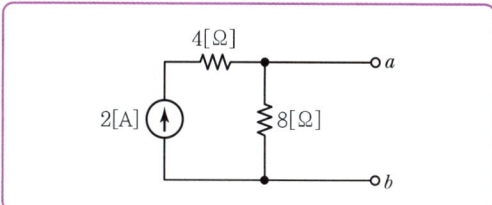

① $\dfrac{8}{3}$, 8 ② 8, 12

③ 8, 16 ④ $\dfrac{8}{3}$, 16

Chapter 07 다상교류

01 $3\phi Y$ 결선

- $I_l = I_p$, $I_l = \dfrac{V_l}{\sqrt{3}\,Z}$, $V_l = \sqrt{3}\,V_p \angle 30°$
- 선전류와 상전류는 같다.
- 선간전압은 상전압보다 $\sqrt{3}$ 배 크고, 위상이 30° 앞선다.

02 $3\phi \triangle$ 결선

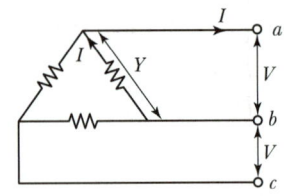

$V_l = V_p$, $I_l = \dfrac{\sqrt{3}\,V_l}{Z}$, $I_l = \sqrt{3}\,I_p \angle -30°$

- 선전압과 상전압은 같다.
- 선전류는 상전류보다 $\sqrt{3}$ 배 크고, 위상이 30° 뒤진다.

03 다상회로

(1) Y결선

① $I_l = I_P$ ② $V_l = 2\sin\dfrac{\pi}{n}V_P \angle \dfrac{\pi}{2}\left(1-\dfrac{2}{n}\right)$

(2) $\triangle$결선

① $V_l = V_P$ ② $I_l = 2\sin\dfrac{\pi}{n}I_P \angle -\dfrac{\pi}{2}\left(1-\dfrac{2}{n}\right)$

(3) n상 유효전력

$P = nV_P I_P \cos\theta = \dfrac{n}{2\sin\dfrac{\pi}{n}} V_l I_l \cos\theta = nI_P^2 R \,[\mathrm{W}]$

(4) 3상 회로의 전력

① 유효전력 : $P = 3V_P I_P \cos\theta$
  $= \sqrt{3}\,V_l I_l \cos\theta = 3I_P^2 R\,[\mathrm{W}]$

② 무효전력 : $P = 3V_P I_P \sin\theta$
  $= \sqrt{3}\,V_l I_l \sin\theta = 3I_P^2 X\,[\mathrm{Var}]$

③ 피상전력 : $P_a = P \pm jP_r = \sqrt{P^2 + P_r^2}$
  $= 3V_P I_P = \sqrt{3}\,V_l I_l = 3I_P^2 Z\,[\mathrm{VA}]$

04 임피던스 등가변환

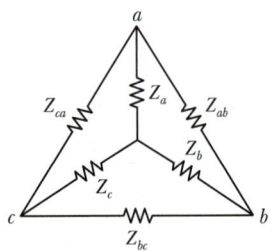

① $\triangle \to Y$: 돌려합분에 사이곱

$Z_a = \dfrac{Z_{ab} \cdot Z_{ca}}{Z_{ab} + Z_{bc} + Z_{ca}}$

② $Y \to \triangle$: 대각선분에 돌려 곱합

$Z_{ab} = \dfrac{Z_a Z_b + Z_b Z_c + Z_c Z_a}{Z_c}$

05 2전력계법

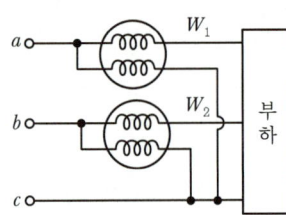

① 유효전력 : $P = P_1 + P_2$

② 무효전력 : $P_r = \sqrt{3}\,(P_1 - P_2)$

③ 피상전력 : $P_a = 2\sqrt{P_1^2 + P_2^2 - P_1 P_2}$

④ 역률 : $\cos\theta = \dfrac{P}{P_a} = \dfrac{P_1 + P_2}{2\sqrt{P_1^2 + P_2^2 - P_1 P_2}}$

06 V결선

$P_v = \sqrt{3}\,P_a = \sqrt{3}\,VI\,[\mathrm{kVA}]$

여기서, P_a : 변압기 1대 용량

① 이용률 : $\dfrac{\sqrt{3}\,P_a(V결선\ 시\ 출력)}{2P_a(고장\ 후\ 2대의\ 출력)} = \dfrac{\sqrt{3}}{2} = 0.866$

② 출력비 : $\dfrac{\sqrt{3}\,P_a(V결선\ 시\ 출력)}{3P_a(고장\ 전\ 처음\ 3대의\ 출력)}$

  $= \dfrac{1}{\sqrt{3}} = 0.577$

핵심 기출 문제

01 대칭 n상 성형결선에서 선간전압의 크기는 성상전압의 몇 배인가?

① $\sin\dfrac{\pi}{n}$ ② $\cos\dfrac{\pi}{n}$

③ $2\sin\dfrac{\pi}{n}$ ④ $2\cos\dfrac{\pi}{n}$

02 대칭 6상 전원이 있다. 환상결선으로 권선에 120[A]의 전류를 흘린다고 하면 선전류는 몇 [A]인가?

① 60 ② 90
③ 120 ④ 150

03 대칭 n상에서 선전류와 상전류 사이의 위상차 [rad]는?

① $\dfrac{\pi}{2}\left(1-\dfrac{2}{n}\right)$ ② $2\left(1-\dfrac{2}{n}\right)$

③ $\dfrac{n}{2}\left(1-\dfrac{2}{\pi}\right)$ ④ $\dfrac{\pi}{2}\left(1-\dfrac{n}{2}\right)$

04 $Z = 8 + j6[\Omega]$인 평형 Y 부하에 선간전압 200[V]인 대칭 3상 전압을 가할 때 선전류는 약 몇 [A]인가?

① 20 ② 11.5
③ 7.5 ④ 5.5

05 전원과 부하가 다같이 △결선된 3상 평형 회로가 있다. 전원 전압이 200[V], 부하 임피던스가 $6+j8[\Omega]$인 경우 선전류[A]는?

① 20 ② $\dfrac{20}{\sqrt{3}}$

③ $20\sqrt{3}$ ④ $10\sqrt{3}$

06 그림과 같은 순저항으로 된 회로에 대칭 3상 전압을 가했을 때 각 선에 흐르는 전류가 같으려면 R의 값[Ω]은?

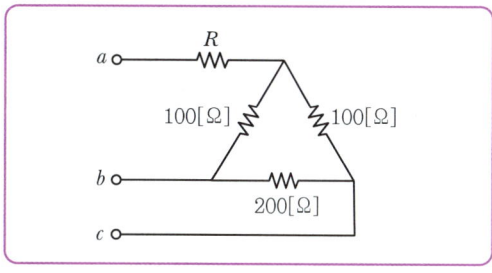

① 20 ② 25
③ 30 ④ 35

07 세 변의 저항 $R_a = R_b = R_c = 15[\Omega]$인 Y결선 회로가 있다. 이것과 등가인 △결선 회로의 각 변의 저항[Ω]은?

① 135 ② 45
③ 15 ④ 5

08 그림과 같이 6개의 저항 $r[\Omega]$을 접속한 것에 대칭 3상 전압 V를 인가하였을 때 전류 I는?

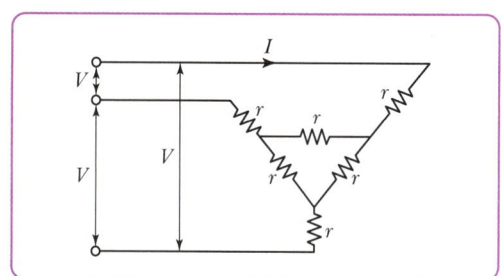

① $\dfrac{V}{5r}$ ② $\dfrac{V}{4r}$

③ $\dfrac{V}{3r}$ ④ $\dfrac{\sqrt{3}\,V}{4r}$

09 3상 평형 부하의 전압이 200[V], 역률이 0.8, 소비전력이 10[kW]일 때 부하전류는?

① 약 30[A]   ② 약 32[A]
③ 약 34[A]   ④ 약 36[A]

10 선간전압이 200[V]인 10[kW]의 3상 대칭 부하에 3상 전력을 공급하는 선로 임피던스가 $4+j3$ [Ω]일 때 부하가 뒤진 역률 80[%]이면 선전류는 몇 [A]인가?

① $18.8+j21.6$ ② $28.8-j21.6$
③ $35.7-j4.3$ ④ $14.1-j33.1$

11 한 상의 임피던스가 $3+j4$[Ω]인 평형 △부하에 대칭인 선간전압 200[V]를 가할 때 3상 전력은 몇 [kW]인가?

① 9.6   ② 12.5
③ 14.4   ④ 20.5

12 3상 유도전동기의 출력이 5[HP], 전압이 220[V], 효율이 80[%], 역률이 85[%]일 때, 전동기의 선전류는 몇 [A]인가?

① 14.4   ② 13.1
③ 12.24   ④ 11.52

13 평형 3상 △결선 부하의 각 상의 임피던스가 $Z=8+j6$[Ω]인 회로에 대칭 3상 전원전압 100[V]를 가할 때 무효율과 무효전력[Var]은?

① 무효율 : 0.6, 무효전력 : 1,800
② 무효율 : 0.6, 무효전력 : 2,400
③ 무효율 : 0.8, 무효전력 : 1,800
④ 무효율 : 0.8, 무효전력 : 2,400

14 대칭 3상 Y부하에서 각 상의 임피던스가 $Z=3+j4$[Ω]이고, 부하전류가 20[A]일 때 피상 전력[VA]은?

① 1,800   ② 2,000
③ 2,400   ④ 6,000

15 다음 그림의 3상 Y결선 회로에서 소비하는 전력 [W]은?

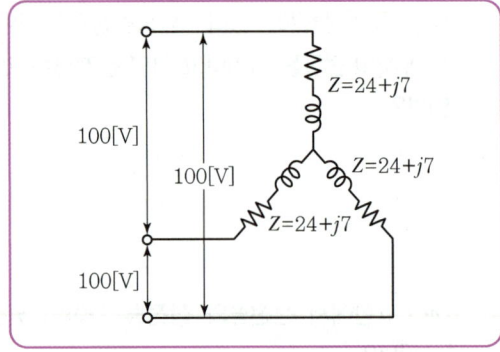

① 약 3,072[W]   ② 약 1,536[W]
③ 약 768[W]   ④ 약 381[W]

16 R[Ω]의 저항 3개를 Y로 접속한 것을 선간전압 200[V]의 3상 교류 전원에 연결할 때 선전류가 10[A] 흐른다면, 이 3개의 저항을 △로 접속하고 동일 전원에 연결하면 선전류는 몇 [A]인가?

① 30   ② 25
③ 20   ④ $\frac{20}{\sqrt{3}}$

17 2전력계법을 써서 3상 전력을 측정하였더니 각 전력계가 $+500$[W], $+300$[W]를 지시하였다. 전 전력[W]은?

① 800   ② 200
③ 500   ④ 300

18 2전력계법으로 평형 3상 전력을 측정하였더니 한쪽의 지시가 500[W], 다른 한쪽의 지시가 1,500[W]이었다. 피상전력은 약 몇 [VA]인가?

① 2,000
② 2,310
③ 2,646
④ 2,771

19 두 대의 전력계를 사용하여 평형 부하의 역률을 측정하려고 한다. 전력계의 지시가 각각 P_1, P_2라 할 때 이 회로의 역률은?

① $\dfrac{\sqrt{P_1 + P_2}}{P_1 + P_2}$

② $\dfrac{P_1 + P_2}{P_1^2 + P_2^2 - 2P_1P_2}$

③ $\dfrac{P_1 + P_2}{2\sqrt{P_1^2 + P_2^2 - P_1P_2}}$

④ $\dfrac{2P_1P_2}{\sqrt{P_1^2 + P_2^2 - P_1P_2}}$

20 단상 변압기 3대(100[kVA]×3)로 △결선하여 운전 중 1대 고장으로 V결선한 경우의 출력[kVA]은?

① 100[kVA]
② $100\sqrt{3}$ [kVA]
③ 245[kVA]
④ 300[kVA]

21 V결선의 변압기 이용률[%]은?

① 57.7
② 86.6
③ 80
④ 100

22 3대의 단상변압기를 △결선으로 하여 운전하던 중 변압기 1대가 고장 나서 제거하여 V결선으로 한 경우 공급할 수 있는 전력은 고장 전 전력의 몇 [%]인가?

① 57.7
② 50.0
③ 63.3
④ 67.7

23 평형 3상 회로에서 그림과 같이 변류기를 접속하고 전류계를 연결하였을 때, A_2에 흐르는 전류[A]는?

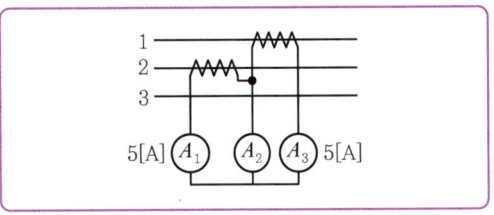

① $5\sqrt{3}$
② $5\sqrt{2}$
③ 5
④ 0

Chapter 08 대칭좌표법

01 벡터연산자

- $a = 1\angle 120° = -\dfrac{1}{2} + j\dfrac{\sqrt{3}}{2}$
- $a^2 = 1\angle 240° = -\dfrac{1}{2} - j\dfrac{\sqrt{3}}{2}$
- $a^3 = 1\angle 360° = 1$
- $a^4 = a^3 \cdot a = a$

02 각 상에 걸리는 전압

- $V_a = V_0 + V_1 + V_2$
- $V_b = V_0 + a^2 V_1 + a V_2$
- $V_c = V_0 + a V_1 + a^2 V_2$

03 평형 3상 전압

$V_a + V_b + V_c = 0$

04 비대칭 전압에 의한 대칭분 전압

(1) 영상전압

$V_0 = \dfrac{1}{3}(V_a + V_b + V_c)$

(2) 정상전압

$V_1 = \dfrac{1}{3}(V_a + a V_b + a^2 V_c)$
$\quad = \dfrac{1}{3}(V_a + 1\angle 120° V_b + 1\angle 240° V_c)$

(3) 역상전압

$V_2 = \dfrac{1}{3}(V_a + a^2 V_b + a V_c)$
$\quad = \dfrac{1}{3}(V_a + 1\angle 240° V_b + 1\angle 120° V_c)$

05 불평형률

불평형률 $= \dfrac{\text{역상분}}{\text{정상분}} \times 100\,[\%] = \dfrac{V_2}{V_1} \times 100\,[\%]$

06 a상 기준 시 대칭전압

- $V_0 = \dfrac{1}{3}(V_a + V_b + V_c) = 0$
- $V_1 = \dfrac{1}{3}(V_a + a V_b + a^2 V_c) = V_a$
- $V_2 = \dfrac{1}{3}(V_a + a^2 V_b + a V_c) = 0$

07 3상 교류발전기의 기본식

- $V_0 = E_0 - I_0 Z_0 = -I_0 Z_0$
- $V_1 = E_1 - I_1 Z_1 = E_a - I_1 Z_1$
- $V_2 = E_2 - I_2 Z_2 = -I_2 Z_2$

08 1선지락 전류

- $I_0 = I_1 = I_2 = \dfrac{1}{3} I_a$
- $I_a = \dfrac{3 E_a}{Z_0 + Z_1 + Z_2}\,[\text{A}]$

09 중성선에 흐르는 전류

$I_N = I_a + a^2 I_b + a I_c$

핵심 기출 문제

01 대칭좌표법에서 대칭분을 각 상전압으로 표시한 것 중 틀린 것은?

① $E_0 = \frac{1}{3}(E_a + E_b + E_c)$
② $E_1 = \frac{1}{3}(E_a + aE_b + a^2 E_c)$
③ $E_2 = \frac{1}{3}(E_a + a^2 E_b + aE_c)$
④ $E_3 = \frac{1}{3}(E_a^2 + E_b^2 + E_c^2)$

02 3상 비대칭 전압을 V_a, V_b, V_c라고 할 때 영상전압 V_0는?

① $\frac{1}{3}(V_a + aV_b + a^2 V_c)$
② $\frac{1}{3}(V_a + a^2 V_b + aV_c)$
③ $\frac{1}{3}(V_a + V_b + V_c)$
④ $\frac{1}{3}(V_a + a^2 V_b + V_c)$

03 V_a, V_b, V_c를 3상 불평형 전압이라 하면 정상은?(단, $a = -\frac{1}{2} + j\frac{\sqrt{3}}{2}$ 이다.)

① $\frac{1}{3}(V_a + V_b + V_c)$
② $\frac{1}{3}(V_a + aV_b + a^2 V_c)$
③ $V_a + V_b + V_c$
④ $\frac{1}{3}(V_a + a^2 V_b + aV_c)$

04 비접지 3상 Y부하에서 각 선전류를 I_a, I_b, I_c라 할 때 전류의 영상분은?

① 1 ② 0
③ -1 ④ $\sqrt{3}$

05 $V_a = 3[V]$, $V_b = 2 - j3[V]$, $V_c = 4 + j3[V]$를 3상 불평형 전압이라고 할 때 영상전압[V]은?

① 3 ② 9
③ 27 ④ 0

06 불평형 3상 전류 $I_a = 10 + j2[A]$, $I_b = -20 - j24[A]$, $I_c = -5 + j10[A]$일 때의 영상전류 I_0[A]는?

① $-15 - j12$ ② $-45 - j36$
③ $-5 - j4$ ④ $-15 - j2$

07 불평형 3상 전류가 $I_a = 15 + j2[A]$, $I_b = -20 - j14[A]$, $I_c = -3 + j10[A]$일 때 정상분 전류 I[A]는?

① $19.1 + j6.24$ ② $-2.67 - j0.67$
③ $15.7 - j3.57$ ④ $18.4 + j12.3$

08 대칭좌표법에 관한 설명 중 잘못된 것은?

① 불평형 3상 회로 비접지식 회로에서는 영상분이 존재한다.
② 대칭 3상 전압에서 영상분은 0이 된다.
③ 대칭 3상 전압은 정상분만 존재한다.
④ 불평형 3상 회로의 접지식 회로에서는 영상분이 존재한다.

09 3상 불평형 전압에서 불평형률이란?

① $\dfrac{역상전압}{영상전압} \times 100$ ② $\dfrac{정상전압}{역상전압} \times 100$

③ $\dfrac{역상전압}{정상전압} \times 100$ ④ $\dfrac{영상전압}{정상전압} \times 100$

10 3상 불평형 전압에서 역상전압 50[V], 정상전압 250[V] 및 영상전압 20[V]이면, 전압 불평형률은 몇 [%]인가?

① 10 ② 15
③ 20 ④ 25

11 전압 대칭분을 각각 V_0, V_1, V_2, 전류의 대칭분을 각각 I_0, I_1, I_2라 할 때 대칭분으로 표시되는 전전력은 얼마인가?

① $V_0 I_1 + V_1 I_2 + V_2 I_0$
② $V_0 I_0 + V_1 I_1 + V_2 I_2$
③ $3 V_0 I_1 + 3 V_1 I_2 + 3 V_2 I_0$
④ $3 V_0 I_0 + 3 V_1 I_1 + 3 V_2 I_2$

12 "3상 3선식에서는 회로의 평형, 불평형 또는 부하의 △, Y에 불구하고 세 전류의 합은 0이므로 선전류의 (   )은 0이다."에서 (   ) 안에 들어갈 말은?

① 영상분 ② 정상분
③ 역상분 ④ 상전압

13 3상 4선식에서 중성선이 필요하지 않아서 중선선을 제거하여 3상 3선식으로 하려고 한다. 이때 중성선의 조건식은 어떻게 되는가?(단, I_a, I_b, I_c [A]는 각 상의 전류이다.)

① $I_a + I_b + I_c = 1$ ② $I_a + I_b + I_c = \sqrt{3}$
③ $I_a + I_b + I_c = 3$ ④ $I_a + I_b + I_c = 0$

14 3상 회로의 영상분, 정상분, 역상분을 각각 I_0, I_1, I_2라 하고 선전류를 I_a, I_b, I_c라 할 때 I_b는?(단, $a = -\dfrac{1}{2} + j\dfrac{\sqrt{3}}{2}$이다.)

① $I_0 + I_1 + I_2$ ② $\dfrac{1}{3}(I_0 + I_1 + I_2)$

③ $I_0 + a^2 I_1 + a I_2$ ④ $\dfrac{1}{3}(I_0 + a I_1 + a^2 I_2)$

Chapter 09 비정현파 교류

01 비정현파의 구성요소

직류분 + 기본파 + 고조파

02 푸리에 급수에 의한 전개 및 a_0

- $f(t) = a_0 + \sum_{n=1}^{\infty} a_n \cos n\omega t + \sum_{n=1}^{\infty} b_n \sin n\omega t$
- $a_0 = \dfrac{1}{T}\int_0^T f(t)\,dt = $ 평균값

03 비정현파의 대칭성

(1) 정현대칭파(기함수)

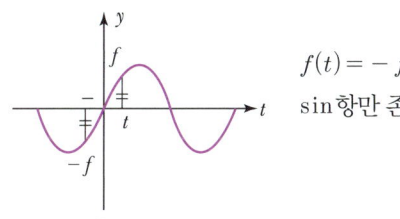

$f(t) = -f(-t)$
sin 항만 존재

$f(t) = \sum_{n=1}^{\infty} b_n \sin n\omega t \ (n=1,2,3\cdots)$

(2) 여현대칭파(우함수)

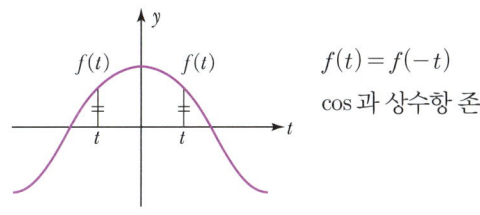

$f(t) = f(-t)$
cos 과 상수항 존재

$f(t) = a_0 + \sum_{n=1}^{\infty} a_n \cos n\omega t \ (n=1,2,3\cdots)$

(3) 반파대칭파

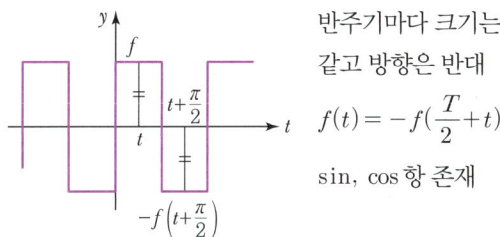

반주기마다 크기는 같고 방향은 반대

$f(t) = -f\left(\dfrac{T}{2}+t\right)$

sin, cos 항 존재

$f(t) = \sum_{n=1}^{\infty} a_n \cos n\omega t + \sum_{n=1}^{\infty} b_n \sin n\omega t \ (n=1,3,5\cdots)$

(4) 정현반파대칭파(sin 항만 존재)

원점 대칭 삼각파, 원점 대칭 구형파

$f(t) = -f(-t), \ f(t) = -f\left(\dfrac{T}{2}+t\right)$

$f(t) = \sum_{n=1}^{\infty} b_n \sin n\omega t \ (n=1,3,5\cdots)$

(5) 여현반파대칭파(cos 항만 존재)

y축 대칭 삼각파, y축 대칭 구형파

$f(t) = f(-t), \ f(t) = -f\left(\dfrac{T}{2}+t\right)$

$f(t) = \sum_{n=1}^{\infty} a_n \cos n\omega t \ (n=1,3,5\cdots)$

04 비정현파 계산

(1) 실횻값

$V = \sqrt{V_0^2 + \left(\dfrac{V_{m1}}{\sqrt{2}}\right)^2 + \left(\dfrac{V_{m2}}{\sqrt{2}}\right)^2 + \cdots}$

(2) 유효전력

$P = V_0 I_0 + \dfrac{V_{m1}}{\sqrt{2}} \dfrac{I_{m1}}{\sqrt{2}} \cos\theta_1 + \dfrac{V_{m2}}{\sqrt{2}} \dfrac{I_{m2}}{\sqrt{2}} \cos\theta_2 + \cdots$

비정현파의 교류전력은 직류분과 각 고조파전력의 합으로 나타낸다. 단, 주파수가 다르면 유효전력은 존재하지 않는다.

$P = I^2 R$

(3) 역률 $\cos\theta = \dfrac{P}{P_a} = \dfrac{P}{VI}$

(4) 왜형률

$D = \dfrac{\text{전 고조파의 실횻값}}{\text{기본파의 실횻값}} = \dfrac{\sqrt{\left(\dfrac{V_{m2}}{\sqrt{2}}\right)^2 + \left(\dfrac{V_{m3}}{\sqrt{2}}\right)^2}}{\dfrac{V_{m1}}{\sqrt{2}}}$

(5) 고조파 차수

- $3n+1$: 상순이 기본파와 동일
- $3n$: 각 상 동상(3, 6, 9)
- $3n-1$: 상순이 기본파와 반대

핵심 기출 문제

01 비정현파를 여러 개의 정현파를 합으로 표시하는 방법은?

① 키르히호프의 법칙
② 노턴의 정리
③ 푸리에 분석
④ 테일러의 분석

02 비정현파의 푸리에 급수에 의한 전개에서 옳게 전개한 $f(t)$는?

① $\sum_{n=1}^{\infty} a_n \sin n\omega t + \sum_{n=1}^{\infty} b_n \sin n\omega t$

② $\sum_{n=1}^{\infty} a_n \sin n\omega t + \sum_{n=1}^{\infty} b_n \cos n\omega t$

③ $a_0 + \sum_{n=1}^{\infty} a_n \cos n\omega t + \sum_{n=1}^{\infty} b_n \sin n\omega t$

④ $\sum_{n=1}^{\infty} a_n \cos n\omega t + \sum_{n=1}^{\infty} b_n \cos n\omega t$

03 비정현파를 나타내는 식은?

① 기본파+고조파+직류분
② 기본파+직류분-고조파
③ 직류분+고조파-기본파
④ 교류분+기본파+고조파

04 주기적인 구형파의 신호는 그 주파수 성분이 어떻게 되는가?

① 무수히 많은 주파수의 성분을 가진다.
② 주파수 성분을 갖지 않는다.
③ 직류분만으로 구성된다.
④ 교류 합성을 갖지 않는다.

05 비정현파에서 여현대칭의 조건은 어느 것인가?

① $f(t) = f(-t)$
② $f(t) - f(-t)$
③ $f(t) = -f(t)$
④ $f(t) = -f(t+\frac{T}{2})$

06 반파대칭 및 정현대칭인 왜형파의 푸리에 급수의 전개에서 옳게 표현된 것은?(단, $f(t) = a_0 + \sum_{n=1}^{\infty} a_n \cos n\omega t + \sum_{n=1}^{\infty} b_n \sin n\omega t$)

① a_n의 우수항만 존재한다.
② a_n의 기수항만 존재한다.
③ b_n의 우수항만 존재한다.
④ b_n의 기수항만 존재한다.

07 비정현파의 실횻값은?

① 최대파의 실횻값
② 각 고조파 실횻값의 합
③ 각 고조파 실횻값의 합의 제곱근
④ 각 고조파 실횻값의 제곱의 합의 제곱근

08 $v = 3 + 5\sqrt{2}\sin\omega t + 10\sqrt{2}\sin(3\omega t - \frac{\pi}{3})$ [V]의 실횻값[V]은?

① 9.6
② 10.6
③ 11.6
④ 12.6

09 $R-L$ 직렬회로에 $v = 10 + 100\sqrt{2}\sin\omega t + 50\sqrt{2}\sin(3\omega t + 60°) + 60\sqrt{2}\sin(5\omega t + 30°)$ [V]인 전압을 가할 때 제3고조파 전류의 실횻값 [A]은?(단, $R = 8[\Omega]$, $\omega L = 2[\Omega]$)

① 1
② 3
③ 5
④ 7

10 대칭 3상 전압이 있다. 1상의 Y결선 전압의 순싯값이 다음과 같을 때 선간전압에 대한 상전압의 비율은?(단, $e = 1,000\sqrt{2}\sin\omega t + 500\sqrt{2}\sin(3\omega t + 20°) + 100\sqrt{2}\sin(5\omega t + 30°)$[V])

① 약 55[%]   ② 약 65[%]
③ 약 70[%]   ④ 약 75[%]

11 $R = 4[\Omega]$, $\omega L = 3[\Omega]$인 직렬회로에 비정현파 전압 $v = \sqrt{2} \cdot 100\sin\omega t + \sqrt{2} \cdot 200\sin 3\omega t$[V]를 가했을 때 이 회로에서 소비되는 전력[W]을 구하면?

① 1,624   ② 3,250
③ 7,224   ④ 8,000

12 $R = 3[\Omega]$, $X_L = 4[\Omega]$인 직렬회로에 $v = 200\sin(\omega t + 10°) + 50\sin(3\omega t + 30°) + 30\sin(5\omega t + 50°)$[V]를 인가하면 소비전력은 몇 [W]인가?

① 2,427.8   ② 2,327.8
③ 2,227.8   ④ 2,127.8

13 어떤 회로의 단자전압과 전류가 $V = 100\sin\omega t + 70\sin 2\omega t + 50\sin(3\omega t - 30°)$, $i = 20\sin(\omega t - 60°) + 10\sin(3\omega t + 45°)$일 때, 회로에 공급되는 평균전력은 얼마인가?

① 565[W]   ② 525[W]
③ 495[W]   ④ 465[W]

14 다음과 같은 왜형파 전압 및 전류에 의한 전력[W]은?(단, $v = 80\sin(\omega t + 30°) - 50\sin(3\omega t + 60°) + 25\sin 5\omega t$[V], $i = 16\sin(\omega t - 30°) + 15\sin(3\omega t + 30°) + 10\cos(5\omega t - 60°)$[A])

① 67   ② 103.5
③ 536.7   ④ 753

15 $R - L - C$ 직렬 공진 회로에서 제n고조파의 공진 주파수 f_n[Hz]은?

① $\dfrac{1}{2\pi\sqrt{LC}}$ ② $\dfrac{1}{2\pi\sqrt{nLC}}$
③ $\dfrac{1}{2\pi n\sqrt{LC}}$ ④ $\dfrac{1}{2\pi n^2\sqrt{LC}}$

16 비정현파의 일그러짐의 정도를 표시하는 양으로서 왜형률이란?

① $\dfrac{\text{평균값}}{\text{실횻값}}$
② $\dfrac{\text{실횻값}}{\text{최댓값}}$
③ $\dfrac{\text{고조파만의 실횻값}}{\text{기본파만의 실횻값}}$
④ $\dfrac{\text{기본파의 실횻값}}{\text{고조파만의 실횻값}}$

17 비정현파 전압 $v = 100\sqrt{2}\sin\omega t + 50\sqrt{2}\sin 2\omega t + 30\sqrt{2}\sin 3\omega t$ 의 왜형률은?

① 1.0   ② 0.8
③ 0.5   ④ 0.3

18 기본파의 80[%]인 제 3고조파와 60[%]인 제 5고조파를 포함하는 전압파의 왜형률은 다음 어느 것인가?

① 10   ② 5
③ 0.5   ④ 1

19 $v = 20\sin\omega t + 30\sin 3\omega t$[V]이고, $i = 30\sin\omega t + 20\sin 3\omega t$[A]인 비정현파 교류전압과 전류 간의 역률은?

① 0.92   ② 0.86
③ 0.46   ④ 0.43

20 다음 설명 중 잘못된 것은?

① 역률 $\cos\theta = \dfrac{\text{유효전력}}{\text{피상전력}}$

② 파형률 $= \dfrac{\text{실횻값}}{\text{평균값}}$

③ 파고율 $= \dfrac{\text{실횻값}}{\text{최댓값}}$

④ 왜형률 $= \dfrac{\text{전고조파의 실횻값}}{\text{기본파의 실횻값}}$

21 그림과 같은 비정현파의 실횻값[V]은?

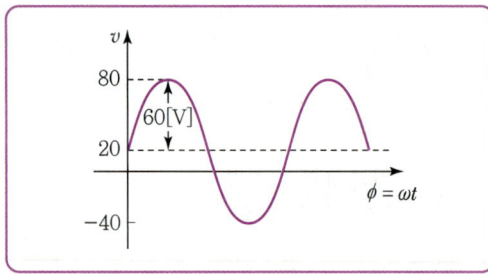

① 46.9　　② 51.6
③ 56.6　　④ 63.3

Chapter 10 2단자 회로망

01 구동점 임피던스 $Z(s)$

- $R \to Z = R$, $Z(s) = R$
- $L \to Z = jwL$, $Z(s) = sL$
- $C \to Z = \dfrac{1}{jwC}$, $Z(s) = \dfrac{1}{sC}$

02 영점과 극점

① 영점(0) : $Z(s) = 0$이 되는 S의 값이며 회로의 단락 상태를 의미한다.

$\dfrac{0}{1} = 0$ 분자가 0인 값

② 극점(×) : $Z(s) = \infty$가 되는 S의 값이며 회로의 개방상태를 의미한다.

$\dfrac{1}{0} = \infty$ 분모가 0인 값

03 정저항 회로

- 2단자 구동점 임피던스가 주파수에 관계없이 항상 일정한 순저항으로 될 때의 회로를 정저항 회로라 한다.
- $Z_1 Z_2 = R^2 = \dfrac{L}{C}$

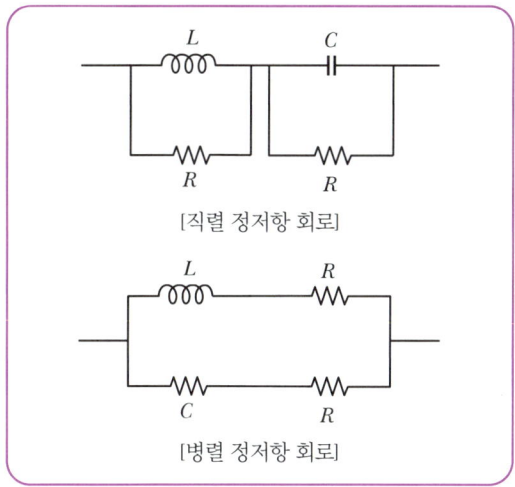

[직렬 정저항 회로]

[병렬 정저항 회로]

04 역회로

구동점 임피던스 Z_1, Z_2인 2개의 2단자 회로망이 있을 때 $Z_1 Z_2 = k^2$의 관계가 있을 때 k에 관한 역회로라 한다.

직렬	병렬
R	G
C	L
테브난	노턴

[쌍대관계]

05 카우어 이론

(1) 모든 분자를 1로 만든다.

(2) 분수식 밖에 "+"가 존재하면 : 직렬회로
 ① 실수(S가 없으면) $= R$
 ② $\bullet S = L$ (S 옆에 붙어 있는 숫자는 L)
 ③ $\dfrac{1}{\bullet S} = C$ (S 옆에 붙어 있는 숫자는 C)

$$Z(s) = R + SL + \dfrac{1}{SC}$$

(3) 분수식 안에 "+"가 존재하면 : 병렬회로
 ① 실수(S가 없으면) $= G$
 ② $\bullet S = C$ (S 옆에 붙어 있는 숫자는 C)
 ③ $\dfrac{1}{\bullet S} = L$ (S 옆에 붙어 있는 숫자는 L)

$$Z(s) = \dfrac{1}{\dfrac{1}{R} + \dfrac{1}{SL} + SC}$$

핵심 기출 문제

01 구동점 임피던스에서 영점(Zero)은?
① 전류가 흐르지 않는 경우이다.
② 회로를 개방한 것과 같다.
③ 회로를 단락한 것과 같다.
④ 전압이 가장 큰 상태이다.

02 구동점 임피던스에서 극점(Pole)은?
① 전류가 많이 흐르는 상태를 의미한다.
② 단락 회로 상태를 의미한다.
③ 개방 회로 상태를 의미한다.
④ 아무 상태도 아니다.

03 그림과 같은 2단자망의 구동점 임피던스[Ω]는?
(단, $s = j\omega$이다.)

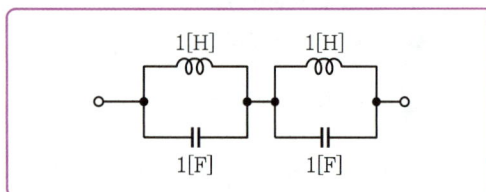

① $\dfrac{s}{s^2+1}$ ② $\dfrac{1}{s^2+1}$
③ $\dfrac{2s}{s^2+1}$ ④ $\dfrac{3s}{s^2+1}$

04 그림과 같은 회로의 구동점 임피던스[Ω]는?

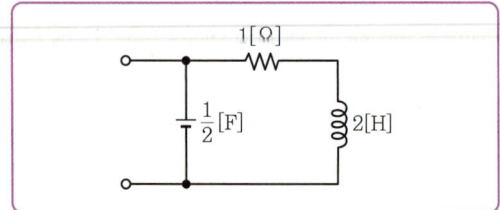

① $\dfrac{2(2s+1)}{2s^2+s+2}$ ② $\dfrac{2s+1}{2s^2+s+2}$
③ $\dfrac{2(2s-1)}{2s^2+s+2}$ ④ $\dfrac{2s^2+s+2}{2(2s+1)}$

05 다음 중 리액턴스 함수가 $Z(s) = \dfrac{3s}{s^2+15}$ 로 표시되는 리액턴스 2단자망은?

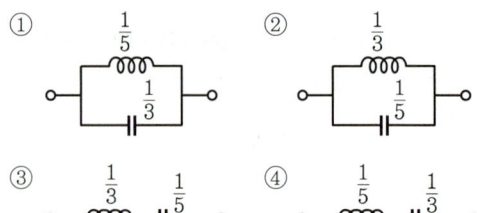

06 임피던스 함수가 $Z(s) = \dfrac{4s+2}{s}$ 로 표시되는 2단자 회로망은 다음 중 어느 것인가?

① 4 1/2   ② 4 2
③ 4 2   ④ 4 1/2

07 임피던스 $Z(s)$가 $Z(s) = \dfrac{s+30}{s^2+2RLs+1}$ [Ω] 으로 주어지는 2단자 회로에 직류 전류원 30[A]를 가할 때, 이 회로의 단자전압[V]은?(단, $s = j\omega$ 이다.)

① 30 ② 90
③ 300 ④ 900

08 그림과 같은 회로에서 $L = 4[\mathrm{mH}]$, $C = 0.1[\mu\mathrm{F}]$일 때 이 회로가 정저항 회로가 되려면 R의 값은 얼마이어야 하는가?

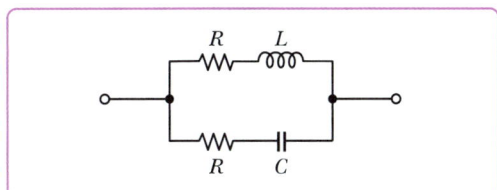

① 100[Ω] ② 400[Ω]
③ 300[Ω] ④ 200[Ω]

09 그림과 같은 회로가 정저항 회로가 되기 위한 $L[\mathrm{H}]$의 값은?(단, $R = 10[\Omega]$, $C = 100[\mu\mathrm{F}]$이다.)

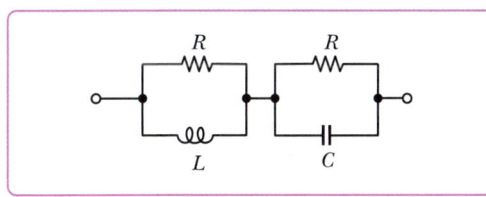

① 10   ② 2
③ 0.1 ④ 0.01

Chapter 11 4단자 회로망

01 임피던스 파라미터(T형) $V = ZI$

(1) $I_2 = 0$, 2차 개방 시

- $Z_{11} = \dfrac{V_1}{I_1}\bigg|_{I_2=0} = \dfrac{(Z_1+Z_3)I_1}{I_1} = Z_1 + Z_3$
- $Z_{21} = \dfrac{V_2}{I_1}\bigg|_{I_2=0} = \dfrac{Z_3 I_1}{I_1} = Z_3$

(2) $I_1 = 0$, 1차 개방 시

- $Z_{12} = \dfrac{V_1}{I_2}\bigg|_{I_1=0} = \dfrac{Z_3 I_2}{I_2} = Z_3$
- $Z_{22} = \dfrac{V_2}{I_2}\bigg|_{I_1=0} = \dfrac{(Z_2+Z_3)I_2}{I_2} = Z_2 + Z_3$

02 어드미턴스 파라미터(π형) $I = YV$

(1) $V_2 = 0$, 2차 단락 시

- $Y_{11} = \dfrac{I_1}{V_1}\bigg|_{V_2=0} = \dfrac{(Y_1+Y_2)V_1}{V_1} = Y_1 + Y_2$
- $Y_{21} = \dfrac{I_2}{V_1}\bigg|_{V_2=0} = \dfrac{Y_2 V_1}{V_1} = Y_2(-)$

(2) $V_1 = 0$, 1차 단락 시

- $Y_{12} = \dfrac{I_1}{V_2}\bigg|_{V_1=0} = \dfrac{Y_2 V_2}{V_2} = Y_2(-)$
- $Y_{22} = \dfrac{I_2}{V_2}\bigg|_{V_1=0} = \dfrac{(Y_3+Y_2)V_2}{V_2} = Y_3 + Y_2$

03 F 파라미터 (T, π형 모두 해석)

$\begin{bmatrix} V_1 \\ I_1 \end{bmatrix} = \begin{bmatrix} A & B \\ C & D \end{bmatrix} \begin{bmatrix} V_2 \\ I_2 \end{bmatrix}$

① $A = \dfrac{V_1}{V_2}\bigg|_{I_2=0}$ 2차 개방 ; 전압비(전압이득) n

② $B = \dfrac{V_1}{I_2}\bigg|_{V_2=0}$ 2차 단락 : 임피던스 성분 0

③ $C = \dfrac{I_1}{V_2}\bigg|_{I_2=0}$ 2차 개방 : 어드미턴스 성분 0

④ $D = \dfrac{I_1}{I_2}\bigg|_{V_2=0}$ 2차 단락 : 전류비(전류이득) $\dfrac{1}{n}$

04 이상변압기의 권수비

$a = n = \dfrac{N_1}{N_2} = \dfrac{V_1}{V_2} = \dfrac{I_2}{I_1} = \sqrt{\dfrac{Z_1}{Z_2}}$

05 변압기와 4단자 정수

① 권수비가 $n : 1$일 때 $\begin{bmatrix} A & B \\ C & D \end{bmatrix} = \begin{bmatrix} n & 0 \\ 0 & \dfrac{1}{n} \end{bmatrix}$

② 권수비가 $1 : n$일 때 $\begin{bmatrix} A & B \\ C & D \end{bmatrix} = \begin{bmatrix} \dfrac{1}{n} & 0 \\ 0 & n \end{bmatrix}$

③ 자이레이터 $\begin{bmatrix} A & B \\ C & D \end{bmatrix} = \begin{bmatrix} 0 & r \\ \dfrac{1}{r} & 0 \end{bmatrix}$

06 회로모양에 따른 4단자 정수

①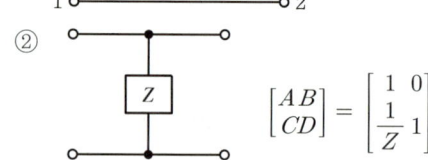

$\begin{bmatrix} A & B \\ C & D \end{bmatrix} = \begin{bmatrix} 1 & Z \\ 0 & 1 \end{bmatrix}$

②

$\begin{bmatrix} A & B \\ C & D \end{bmatrix} = \begin{bmatrix} 1 & 0 \\ \dfrac{1}{Z} & 1 \end{bmatrix}$

07 4단자 정수의 성질

① $AD - BC = 1$ ② 좌우대칭이면 $A = D$

08 영상임피던스

① $Z_{01} = \dfrac{V_1}{I_1} = \sqrt{\dfrac{AB}{CD}} = \sqrt{\dfrac{BA}{DC}}$

② $Z_{02} = \dfrac{V_2}{I_2} = \sqrt{\dfrac{BD}{AC}} = \sqrt{\dfrac{DB}{CA}}$

③ 대칭회로 $Z_{01} = Z_{02} = \sqrt{\dfrac{B}{C}}$

④ $Z_{01} \times Z_{02} = \dfrac{B}{C}$ ⑤ $Z_{01} \div Z_{02} = \dfrac{A}{D}$

09 영상전달 정수

$\theta = \log_e(\sqrt{AD} + \sqrt{BC})$
$= \cosh^{-1}\sqrt{AD} = \sinh^{-1}\sqrt{BC}$

핵심 기출 문제

01 4단자 정수를 구하는 식 중 옳지 않은 것은?

① $A = \left(\dfrac{V_1}{V_2}\right)_{I_2=0}$ ② $B = \left(\dfrac{V_2}{I_2}\right)_{v_2=0}$

③ $C = \left(\dfrac{I_1}{V_2}\right)_{I_2=0}$ ④ $D = \left(\dfrac{I_1}{I_2}\right)_{v_2=0}$

02 4단자 정수 A, B, C, D 중에서 임피던스의 차원(Dimension)을 가진 정수는?

① A ② B
③ C ④ D

03 4단자 정수 A, B, C, D 중에서 어드미턴스의 차원을 가진 정수는 어느 것인가?

① A ② B
③ C ④ D

04 그림과 같은 T형 회로에서 4단자 정수가 아닌 것은?

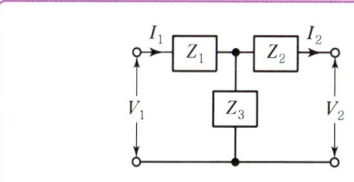

① $1 + \dfrac{Z_1}{Z_3}$ ② $1 + \dfrac{Z_2}{Z_3}$

③ $\dfrac{Z_1 Z_2}{Z_3} + Z_2 + Z_1$ ④ $1 + \dfrac{Z_3}{Z_2}$

05 그림과 같은 회로에서 4단자 정수 A, B, C, D를 구하면?

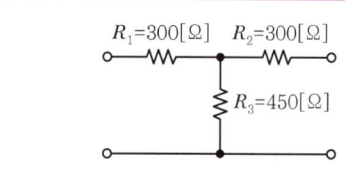

① $A = \dfrac{5}{3}$, $B = 800$, $C = \dfrac{1}{450}$, $D = \dfrac{5}{3}$

② $A = \dfrac{3}{5}$, $B = 600$, $C = \dfrac{1}{350}$, $D = \dfrac{3}{5}$

③ $A = 800$, $B = \dfrac{5}{3}$, $C = \dfrac{5}{3}$, $D = \dfrac{1}{450}$

④ $A = 600$, $B = \dfrac{3}{5}$, $C = \dfrac{3}{5}$, $D = \dfrac{1}{350}$

06 그림과 같은 4단자 회로의 4단자 정수 중 D의 값은?

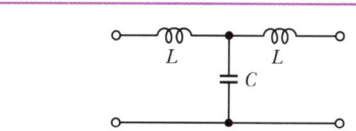

① $1 - \omega^2 LC$ ② $j\omega L(2 - \omega^2 LC)$
③ $j\omega C$ ④ $j\omega L$

07 그림에서 4단자 회로 정수 A, B, C, D 중 출력 단자 3, 4가 개방되었을 때의 $\dfrac{V_1}{V_2}$인 A의 값은?

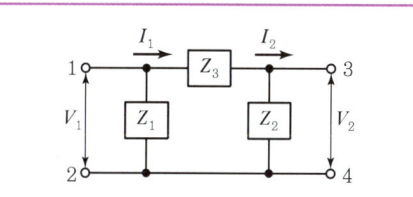

① $1 + \dfrac{Z_2}{Z_1}$ ② $\dfrac{Z_1 + Z_2 + Z_3}{Z_1 Z_3}$

③ $1 + \dfrac{Z_2}{Z_3}$ ④ $1 + \dfrac{Z_3}{Z_2}$

08 그림과 같은 L형 회로의 4단자 정수는 어떻게 되는가?

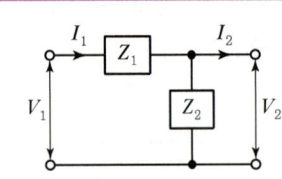

① $A = Z_1,\ B = 1 + \dfrac{Z_1}{Z_2},\ C\ \dfrac{1}{Z_2},\ D = 1$

② $A = 1,\ B = \dfrac{1}{Z_2},\ C = 1 + \dfrac{1}{Z_2},\ D = Z_1$

③ $A = 1 + \dfrac{Z_1}{Z_2},\ B = Z_1,\ C = \dfrac{1}{Z_2},\ D = 1$

④ $A = \dfrac{1}{Z_2},\ B = 1,\ C = Z_1,\ D = 1 + \dfrac{Z_1}{Z_2}$

09 그림과 같은 L형 회로의 4단자 정수 중 C는?

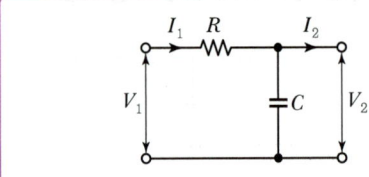

① $\dfrac{1}{j\omega C}$ ② $j\omega C$

③ $-\dfrac{1}{j\omega C}$ ④ $-j\omega C$

10 그림과 같은 단일 임피던스 회로의 4단자 정수는?

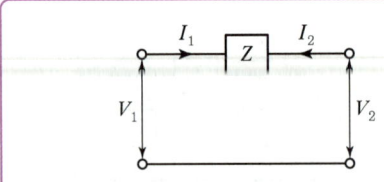

① $A = Z,\ B = 0,\ C = 1,\ D = 0$
② $A = 0,\ B = 0,\ C = Z,\ D = 1$
③ $A = 1,\ B = Z,\ C = 0,\ D = 1$
④ $A = 1,\ B = 0,\ C = 1,\ D = Z$

11 그림과 같은 4단자망에서 4단자 정수 행렬은?

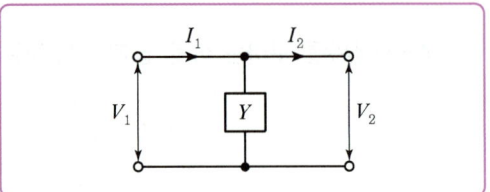

① $\begin{bmatrix} 1 & 0 \\ Y & 1 \end{bmatrix}$ ② $\begin{bmatrix} 1 & Y \\ 0 & 1 \end{bmatrix}$

③ $\begin{bmatrix} Y & 1 \\ 1 & 0 \end{bmatrix}$ ④ $\begin{bmatrix} 1 & 0 \\ \dfrac{1}{Y} & 1 \end{bmatrix}$

12 다음 결합 회로의 4단자 정수 A, B, C, D 파라미터 행렬은?

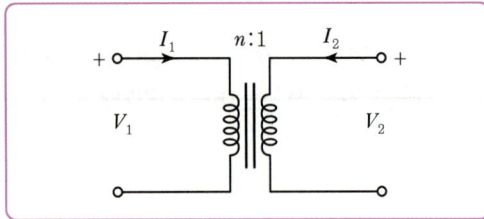

① $\begin{bmatrix} n & 0 \\ 0 & \dfrac{1}{n} \end{bmatrix}$ ② $\begin{bmatrix} 1 & n \\ \dfrac{1}{n} & 0 \end{bmatrix}$

③ $\begin{bmatrix} 0 & n \\ \dfrac{1}{n} & 1 \end{bmatrix}$ ④ $\begin{bmatrix} \dfrac{1}{n} & 0 \\ 0 & n \end{bmatrix}$

13 어떤 회로망의 4단자 정수가 $A = 8$, $B = j2$, $D = 3 + j2$이면 이 회로망의 C는 얼마인가?

① $2 + j3$
② $3 - j3$
③ $24 - j14$
④ $8 - j11.5$

14 회로에서 Z 파라미터를 잘못 구한 것은?

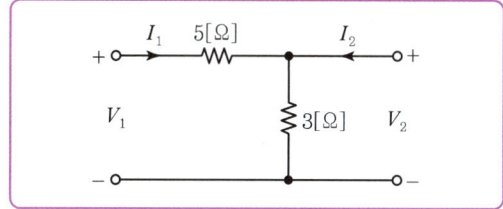

① $Z_{11} = 8[\Omega]$
② $Z_{12} = 3[\Omega]$
③ $Z_{21} = 3[\Omega]$
④ $Z_{22} = 5[\Omega]$

15 그림과 같은 T형 4단자망의 임피던스 파라미터가 틀린 것은?

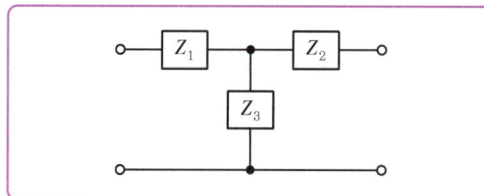

① $Z_{11} = Z_1 + Z_3$
② $Z_{12} = Z_3$
③ $Z_{21} = -Z_3$
④ $Z_{22} = Z_2 + Z_3$

16 그림과 같은 π형 4단자 회로의 어드미턴스 상수 중 Y_{22}는?

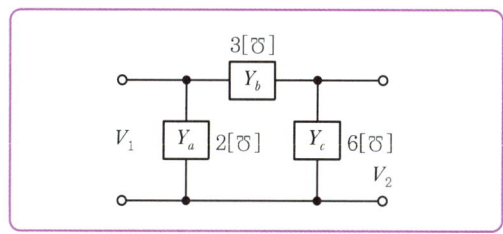

① $5[\mho]$
② $6[\mho]$
③ $9[\mho]$
④ $11[\mho]$

17 그림과 같은 π형 회로에서 어드미턴스 파라미터 중 Y_{21}은 어느 것인가?

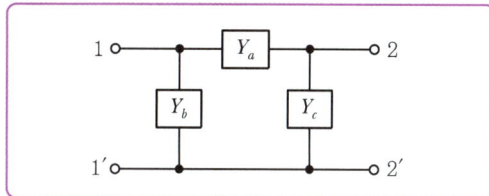

① $Y_a + Y_b$
② $Y_a + Y_c$
③ Y_b
④ $-Y_a$

18 그림과 같은 T회로의 임피던스 정수를 구하면?

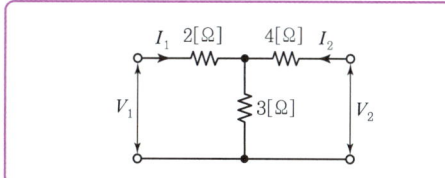

① $Z_{11} = 5[\Omega]$, $Z_{21} = 3[\Omega]$, $Z_{22} = 7[\Omega]$, $Z_{12} = 3[\Omega]$
② $Z_{11} = 7[\Omega]$, $Z_{21} = 5[\Omega]$, $Z_{22} = 3[\Omega]$, $Z_{12} = 5[\Omega]$
③ $Z_{11} = 3[\Omega]$, $Z_{21} = 7[\Omega]$, $Z_{22} = 3[\Omega]$, $Z_{12} = 5[\Omega]$
④ $Z_{11} = 5[\Omega]$, $Z_{21} = 7[\Omega]$, $Z_{22} = 3[\Omega]$, $Z_{12} = 7[\Omega]$

19 4단자 회로에서 4단자 정수를 A, B, C, D라 하면 영상 임피던스 Z_{01}, Z_{02}는?

① $Z_{01} = \sqrt{\dfrac{AB}{CD}}$, $Z_{02} = \sqrt{\dfrac{BD}{AC}}$
② $Z_{01} = \sqrt{AB}$, $Z_{02} = \sqrt{CD}$
③ $Z_{01} = \sqrt{\dfrac{BD}{AC}}$, $Z_{02} = \sqrt{ABCD}$
④ $Z_{01} = \sqrt{\dfrac{AC}{BD}}$, $Z_{02} = \sqrt{ABCD}$

20 L형 4단자 회로에서 4단자 정수가 $A = \dfrac{15}{4}$, $D = 1$이고 영상 임피던스 $Z_{02} = \dfrac{12}{5}[\Omega]$일 때 영상 임피던스 $Z_{01}[\Omega]$의 값은 얼마인가?

① 12   ② 9
③ 8   ④ 6

21 L형 4단자 회로망에서 4단자 정수가 $B = \dfrac{5}{3}$, $C = 1$이고 영상 임피던스 $Z_{01} = \dfrac{20}{3}[\Omega]$일 때 영상 임피던스 $Z_{02}[\Omega]$의 값은?

① $\dfrac{1}{4}$ ② $\dfrac{100}{9}$
③ 9   ④ $\dfrac{9}{100}$

22 그림과 같은 회로의 영상 임피던스 Z_{01}, Z_{02}는?

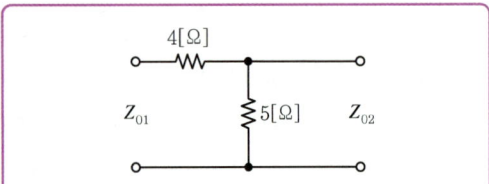

① $Z_{01} = 9\,[\Omega],\ Z_{02} = 5\,[\Omega]$
② $Z_{01} = 4\,[\Omega],\ Z_{02} = 5\,[\Omega]$
③ $Z_{01} = 4\,[\Omega],\ Z_{02} = \dfrac{20}{9}\,[\Omega]$
④ $Z_{01} = 6\,[\Omega],\ Z_{02} = \dfrac{10}{3}\,[\Omega]$

23 어떤 4단자망의 입력 단자 1, 1′ 사이의 영상 임피던스 Z_{01}과 출력 단자 2, 2′ 사이의 영상 임피던스 Z_{02}가 같게 되려면 4단자 정수 사이에 어떠한 관계가 있어야 하는가?

① $AD = BC$ ② $AB = CD$
③ $A = D$ ④ $B = C$

24 다음과 같은 4단자망에서 영상 임피던스는 몇 $[\Omega]$인가?

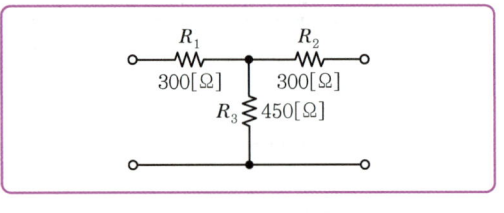

① 600   ② 450
③ 300   ④ 200

25 4단자 회로에서 4단자 정수를 A, B, C, D라 할 때 전달함수 θ는 어떻게 되는가?

① $\ln(\sqrt{AB} + \sqrt{BC})$
② $\ln(\sqrt{AB} - \sqrt{CD})$
③ $\ln(\sqrt{AD} + \sqrt{BC})$
④ $\ln(\sqrt{AD} - \sqrt{BC})$

26 그림과 같은 4단자망 영상 전달 정수 θ는?

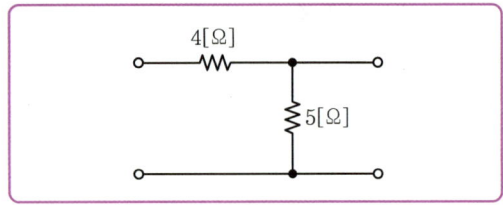

① $\sqrt{5}$ ② $\log_e \sqrt{5}$
③ $\log_e \dfrac{1}{\sqrt{5}}$ ④ $5\log_e \sqrt{5}$

27 전달 함수 θ가 4단자 정수 $\dot{A}$, $\dot{B}$, $\dot{C}$, $\dot{D}$로 표시될 때 올바른 것은?

① $\cos h\theta = \sqrt{\dot{B}\dot{D}}$ ② $\sin h\theta = \sqrt{\dot{B}\dot{C}}$
③ $\cos h\theta = \sqrt{\dfrac{\dot{Z}\dot{D}}{\dot{B}\dot{C}}}$ ④ $\sin h\theta = \sqrt{\dot{A}\dot{D}}$

28 그림과 같은 T형 회로의 영상 전달정수 θ는?

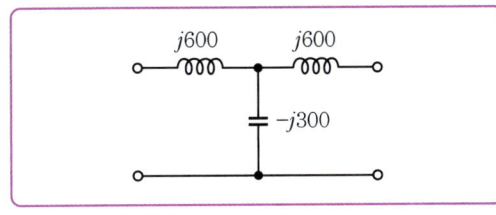

① 0
② 1
③ -3
④ -1

Chapter 12 분포정수회로

01 분포정수회로의 기초방정식

(1) 직렬 임피던스

$$Z = R + j\omega L$$

(2) 병렬 어드미턴스

$$Y = G + j\omega C$$

02 특성 임피던스와 전파정수

(1) 특성 임피던스(파동 임피던스)

$$Z_0 = \sqrt{\frac{Z}{Y}} = \sqrt{\frac{R + j\omega L}{G + j\omega C}} = \sqrt{Z_f \cdot Z_s}$$

여기서, Z_0 : 파동 임피던스
Z_f : 수전단 개방
Z_s : 수전단 단락

(2) 전파정수(γ)

$$\gamma = \sqrt{ZY} = \sqrt{(R + j\omega L)(G + j\omega C)} = \alpha + j\beta$$

여기서, α : 감쇠정수
β : 위상정수

03 무손실 선로

① 조건 : $R = 0$, $G = 0$, $\alpha = 0$

② $Z_0 = \sqrt{\dfrac{Z}{Y}} = \sqrt{\dfrac{R + j\omega L}{G + j\omega C}} = \sqrt{\dfrac{L}{C}}$

③ $\gamma = \sqrt{ZY} = \sqrt{j\omega L \cdot j\omega C} = j\omega\sqrt{LC}$

∴ $\alpha = 0$, $\beta = \omega\sqrt{LC}$

④ 진행파의 전파속도 v [m/s]

$$v = \frac{\omega}{\beta} = \frac{\omega}{\omega\sqrt{LC}} = \frac{1}{\sqrt{LC}} = \frac{2\pi f}{\beta} = \lambda f$$

($\because \lambda = \dfrac{2\pi}{\beta}$ [m])

무손실 선로는 신호의 감쇠가 없으며 주파수에 관계없이 같은 크기의 파형이 전파속도 v로 진행한다.

04 무왜형 선로

파형의 일그러짐이 없는 회로

① 조건 : $LG = RC$, $G = \dfrac{RC}{L}$

감쇠정수가 최소이다.

② $Z_0 = \sqrt{\dfrac{Z}{Y}} = \sqrt{\dfrac{R + j\omega L}{G + j\omega C}} = \sqrt{\dfrac{L}{C}}$

③ $\gamma = \sqrt{ZY} = \sqrt{(R + j\omega L)(G + j\omega C)}$
$= \sqrt{GR} + j\omega\sqrt{LC}$

∴ $\alpha = \sqrt{GR}$, $\beta = \omega\sqrt{LC}$

05 반사계수

- 선로가 끊어지면 반사되어 다시 돌아간다.
- $\rho = \dfrac{V^-}{V^+} = \dfrac{반사파}{입사파} = \dfrac{Z_L - Z_0}{Z_0 + Z_L}$

06 정재파비

- 항상 1보다 크다.
- $S = \dfrac{V_{max}}{V_{min}} = \dfrac{V_+ + V_-}{V_+ - V_-} = \dfrac{1 + \rho}{1 - \rho} > 1$

핵심 기출 문제

01 단위길이당 임피던스 및 어드미턴스가 각각 Z 및 Y인 전송 선로의 특성 임피던스는?

① $\sqrt{ZY}$ ② $\sqrt{\dfrac{Z}{Y}}$

③ $\sqrt{\dfrac{Y}{Z}}$ ④ $\dfrac{Y}{Z}$

02 선로의 단위길이의 분포 인덕턴스, 저항, 정전 용량, 누설 컨덕턴스를 각각 L, r, C 및 g로 할 때 특성 임피던스는?

① $(r+j\omega L)(g+j\omega C)$

② $\sqrt{(r+j\omega L)(g+j\omega C)}$

③ $\sqrt{\dfrac{r+j\omega L}{g+j\omega C}}$

④ $\sqrt{\dfrac{g+j\omega C}{r+j\omega L}}$

03 단위길이당 임피던스 및 어드미턴스가 각각 Z 및 Y인 전송 선로의 전파 정수 γ는?

① $\sqrt{\dfrac{Z}{Y}}$

② $\sqrt{\dfrac{Y}{Z}}$

③ $\sqrt{YZ}$

④ YZ

04 전송 선로에서 무손실일 때 $L=96[mH]$, $C=0.6[\mu F]$이면 특성 임피던스$[\Omega]$는?

① 500   ② 400

③ 300   ④ 200

05 무손실 선로의 분포정수회로에서 감쇠정수 α와 위상정수 β의 값은?

① $\alpha = \sqrt{RG}$, $\beta = \omega\sqrt{LC}$

② $\alpha = 0$, $\beta = \omega\sqrt{LC}$

③ $\alpha = \sqrt{RG}$, $\beta = 0$

④ $\alpha = 0$, $\beta = \dfrac{1}{\sqrt{LC}}$

06 무손실 선로가 되기 위한 조건 중 옳지 않은 것은?

① $Z_0 = \sqrt{\dfrac{L}{C}}$ ② $\gamma = \sqrt{ZY}$

③ $\alpha = \omega\sqrt{LC}$ ④ $v = \dfrac{1}{\sqrt{LC}}$

07 분포정수회로가 무왜 선로로 되는 조건은?(단, 선로의 단위길이당 저항을 R, 인덕턴스를 L, 정전 용량을 C, 누설 컨덕턴스를 G라 한다.)

① $RC = LG$

② $RL = CG$

③ $R = \sqrt{\dfrac{L}{C}}$

④ $R = \sqrt{LC}$

08 선로의 분포정수 R, L, C, G 사이에 $\dfrac{R}{L} = \dfrac{G}{C}$의 관계가 있으면 전파정수 r은?

① $RG + j\omega LC$

② $RL + j\omega CG$

③ $\sqrt{RG} + j\omega\sqrt{LC}$

④ $\sqrt{RL} + j\omega\sqrt{GC}$

09 분포정수회로에서 위상정수를 β라 할 때 파장 λ는?

① $2\pi\beta$
② $\dfrac{2\pi}{\beta}$
③ $4\pi\beta$
④ $\dfrac{4\pi}{\beta}$

10 분포정수회로에 직류를 흘릴 때 특성 임피던스는? (단, 단위길이당의 직렬 임피던스 $Z = R + j\omega L$ [Ω], 병렬 어드미턴스 $Y = G + j\omega C$ [℧]이다.)

① $\sqrt{\dfrac{L}{C}}$
② $\sqrt{\dfrac{L}{R}}$
③ $\sqrt{\dfrac{G}{C}}$
④ $\sqrt{\dfrac{R}{G}}$

Chapter 13 라플라스 변환

01 라플라스 변환의 정의

$$\mathcal{L}[f(t)] = \int_0^\infty f(t) \cdot e^{-st} dt = F(s)$$

02 함수별 라플라스 변환

(1) 단위계단함수(= 인디셜함수)
- $f(t) = u(t) = 1$
- $\mathcal{L}[f(t)] = \mathcal{L}[u(t)] = \dfrac{1}{s}$

(2) 단위경사함수(= 단위램프함수)

$$f(t) = t, \quad F(s) = \dfrac{1}{s^2}$$

(3) n차램프함수(= 시간함수)

$$\mathcal{L}[t^n] = \dfrac{n!}{s^{n+1}}$$

(4) 단위임펄스함수(= 델타, 하중, 중량, 충격함수)

$$f(t) = \delta(t), \quad F(s) = 1$$

(5) 상수함수

$$f(t) = K(상수) \Rightarrow F(s) = \dfrac{K}{S}$$

(6) 지수함수

① 지수감쇠함수

$$f(t) = e^{-at} 일\ 때\ F(s) = \dfrac{1}{s+a}$$

② 지수증가함수

$$f(t) = e^{at} 일\ 때\ F(s) = \dfrac{1}{s-a}$$

(7) 삼각함수
- $f(t) = \sin\omega t$ 일 때 $F(s) = \dfrac{\omega}{s^2+\omega^2}$
- $f(t) = \cos\omega t$ 일 때 $F(s) = \dfrac{s}{s^2+\omega^2}$
- $f(t) = \sinh\omega t$ 일 때 $F(s) = \dfrac{\omega}{s^2-\omega^2}$
- $f(t) = \cosh\omega t$ 일 때 $F(s) = \dfrac{s}{s^2-\omega^2}$

03 라플라스 함수의 정리

(1) 초깃값 정리

$$\lim_{t \to 0} f(t) = \lim_{s \to \infty} s \cdot F(s)$$

(2) 최종값 정리

$$\lim_{t \to \infty} f(t) = \lim_{s \to 0} s \cdot F(s)$$

(3) 선형 정리

두 개 이상의 시간함수가 합이나 차로 연결 시

예 $f(t) = \delta(t) - \cos\omega t$ 일 때

$$F(s) = 1 - \dfrac{s}{s^2+\omega^2} = \dfrac{s^2+\omega^2-s}{s^2+\omega^2}$$

(4) 복소추이 정리

시간함수와 지수함수가 곱셈으로 연결 시

예 $f(t) = t^2 e^{-at}$ 일 때

$$F(s) = \dfrac{2}{(s+a)^3} \to \dfrac{2}{s^3} \cdot \dfrac{1}{s+a} = \dfrac{2}{(s+a)^3}$$

(5) 복소미분 정리

시간함수와 n차 램프함수가 곱셈인 경우

예 $f(t) = t\sin\omega t$ 일 때

$$\mathcal{L}[t^n f(t)] = (-1)^n \dfrac{d^n}{ds^n} F(s)$$

$$\therefore F(s) = (-1) \dfrac{d}{ds} \dfrac{\omega}{s^2+\omega^2}$$

$$= -\dfrac{\omega'(s^2+\omega^2) - \omega(s^2+\omega^2)}{(s^2+\omega^2)^2} = \dfrac{2\omega s}{(s^2+\omega^2)^2}$$

(6) 실미분 정리

시간함수 t에 대해 미분된 경우

예 $\mathcal{L}\left[\dfrac{d}{dt}\cos\omega t\right] = -\omega\sin\omega t$

$$= -\omega \dfrac{\omega}{s^2+\omega^2} = \dfrac{-\omega^2}{s^2+\omega^2}$$

04 역라플라스 변환

라플라스 역변환은 인수분해가 되면 부분분수법을, 인수분해가 불가하면 완전제곱식을 이용하고 기본적인 요령을 익혀두어야 한다.

핵심 기출 문제

01 함수 $f(t)$의 라플라스 변환은 어떤 식으로 정의되는가?

① $\int_{-\infty}^{\infty} f(t)e^{st}dt$ ② $\int_{-\infty}^{\infty} f(t)e^{-st}dt$

③ $\int_{0}^{\infty} f(t)e^{-st}dt$ ④ $\int_{0}^{\infty} f(t)e^{st}dt$

02 $10t^3$의 라플라스 변환은?

① $\dfrac{60}{s^4}$ ② $\dfrac{30}{s^4}$

③ $\dfrac{10}{s^4}$ ④ $\dfrac{80}{s^4}$

03 $f(t) = \delta(t) - be^{-bt}$의 라플라스 변환은?(단, $\delta(t)$는 임펄스 함수이다.)

① $\dfrac{b}{s+b}$ ② $\dfrac{s(1-b)+5}{s(s+b)}$

③ $\dfrac{1}{s(s+b)}$ ④ $\dfrac{s}{s+b}$

04 함수 $f(t) = 1 - e^{-at}$의 라플라스 변환은?

① $\dfrac{1}{s+a}$ ② $\dfrac{1}{s(s+a)}$

③ $\dfrac{a}{s}$ ④ $\dfrac{a}{s(s+a)}$

05 다음 파형의 라플라스 변환은?

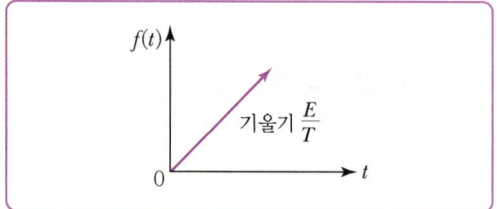

① $\dfrac{E}{s^2}$ ② $\dfrac{E}{Ts^2}$

③ $\dfrac{E}{s}$ ④ $\dfrac{E}{Ts}$

06 그림과 같이 높이가 1인 펄스의 라플라스 변환은?

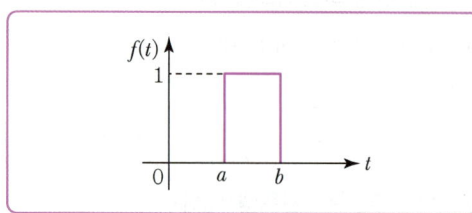

① $\dfrac{1}{s}(e^{-as} + e^{-bs})$ ② $\dfrac{1}{s}(e^{-as} - e^{-bs})$

③ $\dfrac{1}{a-b}\left(\dfrac{e^{-as}+e^{-as}}{s}\right)$ ④ $\dfrac{1}{a-b}\left(\dfrac{e^{-as}-e^{-bs}}{s}\right)$

07 다음 파형의 라플라스 변환은?

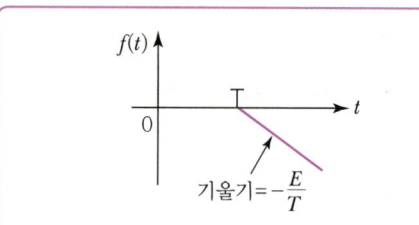

① $-\dfrac{E}{Ts^2}e^{-Ts}$ ② $\dfrac{E}{Ts^2}e^{-Ts}$

③ $-\dfrac{E}{Ts^2}e^{Ts}$ ④ $\dfrac{E}{Ts^2}e^{Ts}$

08 $f(t) = te^{-at}$일 때 라플라스 변환하면 $F(s)$의 값은?

① $\dfrac{2}{(s+a)^2}$ ② $\dfrac{1}{s(s+a)}$

③ $\dfrac{1}{(s+a)^2}$ ④ $\dfrac{1}{s+a}$

09 $\mathcal{L}[t^2 e^{at}]$는 얼마인가?

① $\dfrac{1}{(s-a)^2}$ ② $\dfrac{2}{(s-a)^2}$

③ $\dfrac{1}{(s-a)^3}$ ④ $\dfrac{2}{(s-a)^3}$

10 $\cos h\,\omega t$를 라플라스 변환하면?

① $\dfrac{\omega^2}{s^2-\omega^2}$ ② $\dfrac{s}{s^2-\omega^2}$

③ $\dfrac{s}{s^2+\omega^2}$ ④ $\dfrac{\omega}{s^2+\omega^2}$

11 $\mathcal{L}[\sin t] = \dfrac{1}{s^2+1}$을 이용하여 ㉠ $\mathcal{L}[\cos \omega t]$, ㉡ $\mathcal{L}[\sin at]$를 구하면?

① ㉠ $\dfrac{1}{s^2-a^2}$ ㉡ $\dfrac{1}{s^2-\omega^2}$

② ㉠ $\dfrac{1}{s+a}$ ㉡ $\dfrac{s}{s+\omega}$

③ ㉠ $\dfrac{s}{s^2+\omega^2}$ ㉡ $\dfrac{a}{s^2+a^2}$

④ ㉠ $\dfrac{1}{s+a}$ ㉡ $\dfrac{1}{s-\omega}$

12 $f(t) = \sin t + 2\cos t$를 라플라스 변환하면?

① $\dfrac{2s}{s^2+1}$ ② $\dfrac{2s+1}{(s+1)^2}$

③ $\dfrac{2s+1}{s^2+1}$ ④ $\dfrac{2s}{(s+1)^2}$

13 $\sin(\omega t + \theta)$를 라플라스 변환하면?

① $\dfrac{\omega \sin \theta}{s^2+\omega^2}$ ② $\dfrac{\omega \cos \theta}{s^2+\omega^2}$

③ $\dfrac{\cos \theta + \sin \theta}{s^2+\omega^2}$ ④ $\dfrac{\omega \cos \theta + s \sin \theta}{s^2+\omega^2}$

14 $e^{-at}\cos \omega t$를 라플라스 변환하면?

① $\dfrac{s+a}{(s+a)^2+\omega^2}$ ② $\dfrac{\omega}{(s+a)^2+\omega^2}$

③ $\dfrac{\omega}{(s^2+a^2)^2}$ ④ $\dfrac{s+a}{(s^2+a^2)^2}$

15 $f(t) = \sin \omega t$로 주어졌을 때 $\mathcal{L}[e^{-at}\sin \omega t]$를 구하면?

① $\dfrac{\omega}{(s+a)^2+\omega^2}$ ② $\dfrac{s+a}{(s+a)^2+\omega^2}$

③ $\dfrac{s^2-\omega^2}{(s^2+\omega^2)^2}$ ④ $\dfrac{s^2+\omega^2}{(s^2-\omega^2)^2}$

16 $\mathcal{L}[f(t)] = F(s)$일 때의 $\lim\limits_{t \to \infty} f(t)$는?

① $\lim\limits_{s \to 0} F(s)$ ② $\lim\limits_{s \to 0} sF(s)$

③ $\lim\limits_{s \to \infty} F(s)$ ④ $\lim\limits_{s \to \infty} sF(s)$

17 다음과 같은 2개의 전류의 초깃값 $i_1(0^+)$, $i_2(0^+)$를 옳게 구한 것은?

$$I_1(s) = \dfrac{12(s+8)}{4s(s+6)} \quad I_2(s) = \dfrac{12}{s(s+6)}$$

① 3, 0 ② 4, 0
③ 4, 2 ④ 3, 4

18 $F(s) = \dfrac{30s+40}{2s^3+2s^2+5s}$일 때, $t=\infty$에서 값은?

① 0 ② 6
③ 8 ④ 15

19 $\dfrac{1}{s+3}$ 을 역라플라스 변환하면?

① e^{3t}
② e^{-3t}
③ $e^{\frac{1}{3}}$
④ $e^{-\frac{1}{3}}$

20 $F(s) = \dfrac{5s+3}{s(s+1)}$ 을 역라플라스 변환하면?

① $2+3e^{-t}$
② $3+2e^{-t}$
③ $3-2e^{-t}$
④ $2-3e^{-t}$

21 $F(s) = \dfrac{s+2}{(s+1)^2}$ 의 시간함수 $f(t)$는?

① $e^{-t}+te^{-t}$
② $e^{-t}-te^{-t}$
③ $e^{-t}+(e^{-t})^2$
④ $e^{-t}-(e^{-t})^2$

22 $F(s) = \dfrac{2(s+1)}{s^2+2s+5}$ 의 시간함수 $f(t)$는?

① $2e^{-t}\cos 2t$
② $2e^{t}\cos 2t$
③ $2e^{-t}\sin 2t$
④ $2e^{t}\sin 2t$

23 $f(t)$와 $\dfrac{df}{dt}$는 라플라스 변환이 가능하며 $\mathcal{L}[f(t)]$를 $F(s)$라고 할 때 최종값 정리는?

① $\lim\limits_{s \to 0} F(s)$
② $\lim\limits_{s \to \infty} sF(s)$
③ $\lim\limits_{s \to \infty} F(s)$
④ $\lim\limits_{s \to 0} sF(s)$

Chapter 14 전달함수

01 전달함수

- 모든 초깃값을 0으로 유지시킨 후 입력 라플라스에 대한 출력 라플라스의 비
- $G(s) = \dfrac{Y(s)}{U(s)} = \dfrac{C(s)}{R(s)} = \dfrac{Y(s)}{X(s)} = \dfrac{v_o(s)}{v_i(s)} = \dfrac{\text{출력 측}Z(s)}{\text{입력 측}Z(s)}$

요소	전달함수
비례요소	$G(s) = K$
미분요소	$G(s) = Ts$
적분요소	$G(s) = \dfrac{1}{Ts}$
1차 지연요소	$G(s) = \dfrac{1}{1+Ts}$
2차 지연요소	$G(s) = \dfrac{\omega_n^2}{s^2 + 2\zeta\omega_n s + \omega_n^2}$
부동작 시간요소	$G(s) = Ke^{-Ls} = \dfrac{K}{e^{Ls}}$

02 구동점 임피던스 및 병렬 어드미턴스

(1) 구동점 임피던스
  ① R만의 회로 : $Z = R$
  ② L만의 회로 : $Z = j\omega L = sL$
  ③ C만의 회로 : $Z = \dfrac{1}{j\omega C} = \dfrac{1}{sC}$

(2) 병렬 어드미턴스
  ① R만의 회로 : $Y = \dfrac{1}{R}[\mho]$
  ② L만의 회로 : $Y = \dfrac{1}{LS}[\mho]$
  ③ C만의 회로 : $Y = CS[\mho]$

03 소자에 따른 전달함수

(1) 직렬 임피던스

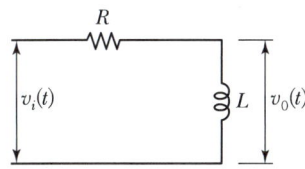

$G(s) = \dfrac{\text{출력 임피던스}}{\text{입력 임피던스}}$

$v_i(t) = R \cdot i(t) + L\dfrac{di(t)}{dt}$

$v_0(t) = L\dfrac{di(t)}{dt}$

위 식을 라플라스 함수로 변환하면 다음과 같다.

$V_i(s) = RI(s) + LSI(s) = (R+LS)I(s)$

$V_0(s) = LSI(s)$

$\therefore G(s) = \dfrac{V_0(s)}{V_i(s)} = \dfrac{Ls}{R+Ls}$

(2) 병렬 어드미턴스

$G(s) = \dfrac{1}{\text{합성 어드미턴스}}$

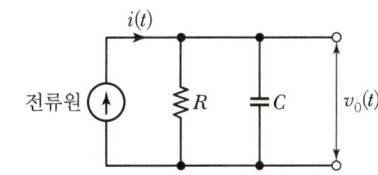

$G(s) = \dfrac{V}{I} = Z = \dfrac{1}{Y} = \dfrac{1}{Y_1 + Y_2}$
$= \dfrac{1}{\dfrac{1}{R} + Cs} = \dfrac{R}{1 + RCs}$

04 블록 선도

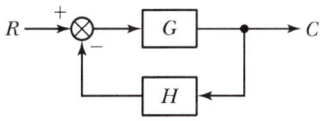

$G(s) = \dfrac{\sum \text{전향경로이득}}{1 - \sum \text{루프이득}}$

① 전향경로이득 : 입력에서 출력으로 같은 방향을 갖는 전달요소의 곱
② 루프이득 : 피드백되는 전달요소의 곱

핵심 기출 문제

01 다음 사항 중 옳게 표현된 것은?

① 비례요소의 전달 함수는 $\dfrac{1}{Ts}$ 이다.
② 미분요소의 전달 함수는 K 이다.
③ 적분요소의 전달 함수는 Ts 이다.
④ 1차 지연요소의 전달 함수는 $\dfrac{K}{Ts+1}$ 이다.

02 부동작 시간(Dead Time) 요소의 전달 함수는?

① Ks
② $\dfrac{K}{s}$
③ Ke^{-Ls}
④ $\dfrac{K}{Ts+1}$

03 그림과 같은 회로의 전달 함수는?(단, $\dfrac{L}{R} = T$는 시정수이다.)

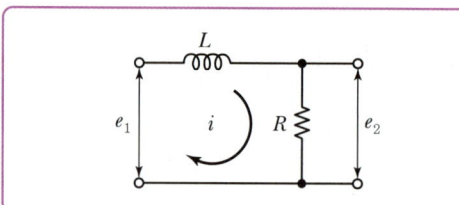

① $\dfrac{1}{Ts^2+1}$
② $\dfrac{1}{Ts+1}$
③ Ts^2+1
④ $Ts+1$

04 그림과 같은 회로의 전달 함수는?(단, $T = RC$이다.)

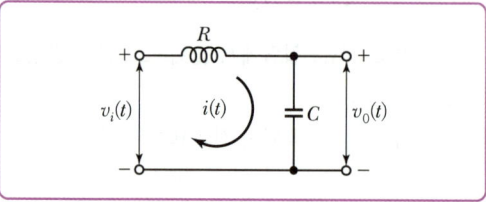

① $\dfrac{1}{Ts^2+1}$
② $\dfrac{1}{Ts+1}$
③ Ts^2+1
④ $Ts+1$

05 그림과 같은 전기회로의 전달함수는?(단, $e_i(t)$ 입력전압, $e_o(t)$: 출력전압이다.)

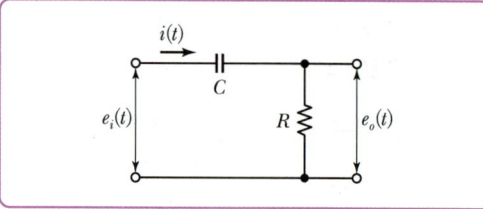

① $\dfrac{1+CRs}{CR}$
② $\dfrac{1+CRs}{CRs}$
③ $\dfrac{CR}{1+CRs}$
④ $\dfrac{CRs}{1+CRs}$

06 그림과 같은 회로의 전달 함수 $\dfrac{V_0(s)}{V_i(s)}$ 는?

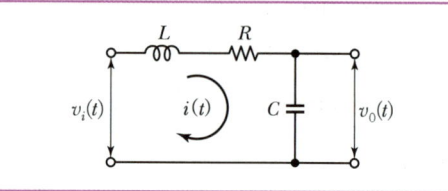

① $\dfrac{1}{LCs^2+RCs+1}$
② $\dfrac{Cs}{LCs^2+RCs+1}$
③ $\dfrac{Ls}{LCs^2+RCs+1}$
④ $\dfrac{LCs^2}{LCs^2+RCs+1}$

07 그림과 같은 회로의 전압비 전달함수 $H(j\omega)$는? (단, 입력 $V(t)$는 정현파 교류전압이며, V_R은 출력이다.)

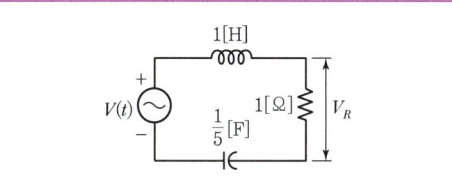

① $\dfrac{j\omega}{(5-\omega^2)+j\omega}$ ② $\dfrac{j\omega}{(5+\omega^2)+j\omega}$

③ $\dfrac{j\omega}{(5-\omega)^2+j\omega}$ ④ $\dfrac{j\omega}{(5+\omega)^2+j\omega}$

08 다음 RC 저역 여파기 회로의 전달함수 $G(j\omega)$에서 $\omega = \dfrac{1}{RC}$인 경우 $|G(j\omega)|$의 값은?

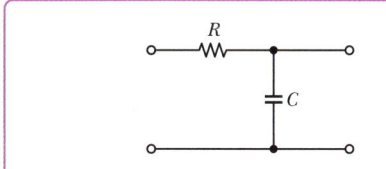

① 1 ② 0.50
③ 0.707 ④ 0

09 그림과 같은 회로에서 입력을 $V_1(s)$, 출력을 $V_2(s)$라 할 때 전압비 전달함수는?

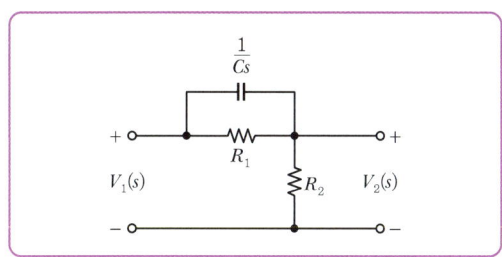

① $\dfrac{R_1}{R_2Cs+1}$

② $\dfrac{R_2+R_1R_2Cs}{R_1+R_2+R_1R_2Cs}$

③ $\dfrac{R_1R_2s+RCs}{R_1Cs+R_1R_2s^2+C}$

④ $\dfrac{s+1}{s+(R_1+R_2)+R_1R_2C}$

10 전달함수 $G(s) = \dfrac{20}{3+2s}$을 갖는 요소가 있다. 이 요소에 $\omega = 2\text{rad/sec}$인 정현파를 주었을 때 $|G(j\omega)|$를 구하면?

① 8 ② 6
③ 4 ④ 2

11 그림과 같은 회로에서 전달함수 $\dfrac{V_0(s)}{I(s)}$를 구하면?(단, 초기조건은 모두 0으로 한다.)

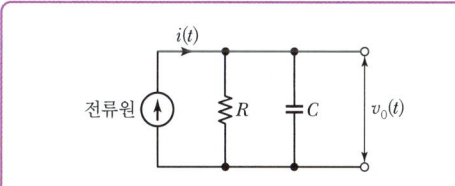

① $\dfrac{1}{RCs+1}$ ② $\dfrac{R}{RCs+1}$

③ $\dfrac{C}{RCs+1}$ ④ $\dfrac{RCs}{RCs+1}$

12 어떤 계를 표시하는 미분 방정식이 $\dfrac{d^2y(t)}{dt^2} + 3\dfrac{dy(t)}{dt} + 2y(t) = \dfrac{dx(t)}{dt} + x(t)$라고 한다. $x(t)$는 입력, $y(t)$는 출력이라고 한다면 이 계의 전달함수는?

① $\dfrac{s^2+3s+2}{s+1}$ ② $\dfrac{2s+1}{s^2+s+1}$

③ $\dfrac{s+1}{s^2+3s+2}$ ④ $\dfrac{s^2+s+1}{2s+1}$

13 $\dfrac{dx(t)}{dt}+x(t)=1$의 라플라스 변환 $X(s)$의 값은?(단, $x(0)=0$이다.)

① $s+1$ ② $s(s+1)$
③ $\dfrac{1}{s}(s+1)$ ④ $\dfrac{1}{s(s+1)}$

14 $\dfrac{V_0(s)}{V_i(s)}=\dfrac{1}{s^2+3s+1}$의 전달 함수를 미분방정식으로 표시하면?

① $\dfrac{d^2}{dt^2}v_0(t)+3\dfrac{d}{dt}v_0(t)+v_0(t)=v_i(t)$
② $\dfrac{d^2}{dt^2}v_i(t)+3\dfrac{d}{dt}v_i(t)+v_i(t)=v_0(t)$
③ $\dfrac{d^2}{dt^2}v_i(t)+3\dfrac{d}{dt}v_i(t)+\int v_i(t)dt=v_o(t)$
④ $\dfrac{d^2}{dt^2}v_0(t)+3\dfrac{d}{dt}v_0(t)+\int v_0(t)dt=v_i(t)$

15 $e_i(t)=Ri(t)+L\dfrac{di(t)}{dt}+\dfrac{1}{C}\int i(t)dt$에서 모든 초깃값을 0으로 하고 라플라스 변환할 때 $I(s)$는?(단, $I(s)$, $E_i(s)$는 $i(t)$, $e_i(t)$의 라플라스 변환이다.)

① $\dfrac{Cs}{LCs^2+RCs+1}E_i(s)$
② $\dfrac{1}{R+Ls+\dfrac{s}{C}}E_i(s)$
③ $\dfrac{1}{R+Ls+Cs^2}E_i(s)$
④ $(R+Ls+\dfrac{1}{Cs})E_i(s)$

16 그림과 같은 궤환 회로의 종합 전달 함수는?

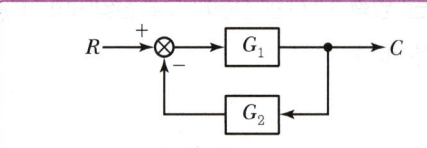

① $\dfrac{1}{G_1}+\dfrac{1}{G_2}$ ② $\dfrac{G_1}{1-G_1G_2}$
③ $\dfrac{G_1}{1+G_1G_2}$ ④ $\dfrac{G_1G_2}{1+G_1G_2}$

17 1차 지연요소의 전달함수는?

① K ② $\dfrac{K}{s}$
③ Ks ④ $\dfrac{K}{1+Ts}$

18 어떤 제어계에 단위 계단입력을 가하였더니 출력이 $1-e^{-2t}$로 나타났다. 이 계의 전달함수는?

① $\dfrac{1}{s+2}$ ② $\dfrac{2}{s+2}$
③ $\dfrac{1}{s(s+2)}$ ④ $\dfrac{2}{s(s+2)}$

Chapter 15 과도현상

01 $R-L$ 직렬회로

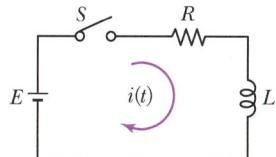

① 전압방정식 $E = V_R + V_L$
$$= Ri(t) + L\frac{di(t)}{dt}$$

② 전류식 $i(t) = \dfrac{E}{R}\left(1 - e^{-\frac{R}{L}t}\right)$ [A]

③ 특성근 $\alpha = -\dfrac{R}{L}$

④ 시정수(시상수) $\tau = \dfrac{L}{R}$

⑤ 초기전류($t=0$) $i(0) = 0$ ($\because e^0 = 1$)

⑥ 최종전류($t=\infty$) $i(\infty) = \dfrac{E}{R}$ ($\because e^{\infty} = 0$)

⑦ 시정수에 의한 전류
$$i\left(\frac{L}{R}\right) = \frac{E}{R}\left(1 - e^{-\frac{R}{L}\cdot\frac{L}{R}}\right) = 0.632\frac{E}{R}$$

⑧ R에 걸리는 전압
$$V_R = R \cdot i(t) = E\left(1 - e^{-\frac{R}{L}t}\right)$$

⑨ L에 걸리는 전압
$$V_L = L \cdot \frac{di(t)}{dt} = Ee^{-\frac{R}{L}t}$$

⑩ 스위치 개방 시
$$i(t) = \frac{E}{R}e^{-\frac{R}{L}t}$$

02 $R-C$ 직렬회로

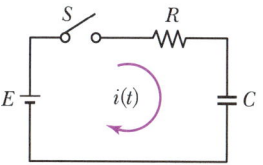

① 전압방정식 $E = V_R + V_C$
$$= Ri(t) + \frac{1}{C}\int i(t)\,dt$$

② 전류식 $i(t) = \dfrac{E}{R}e^{-\frac{1}{RC}t}$ [A]

③ 특성근 $\alpha = -\dfrac{1}{RC}$

④ 시정수 $\tau = RC$

⑤ 초기전류 $i(0) = \dfrac{E}{R}$ ($\because e^0 = 1$)

⑥ 최종전류 $i(\infty) = 0$ ($\because e^{\infty} = 0$)

⑦ 시정수에 의한 전류
$$i(RC) = \frac{E}{R}\left(e^{-\frac{1}{RC}\cdot RC}\right) = 0.368\frac{E}{R}$$

⑧ C에 충전되는 전하
$$q = \int_0^t i(t)\,dt = CE\left(1 - e^{-\frac{1}{RC}t}\right)$$

⑨ R에 걸리는 전압
$$V_R = R \cdot i(t) = E \cdot e^{-\frac{1}{RC}t}$$

⑩ C에 걸리는 전압
$$V_C = E\left(1 - e^{-\frac{1}{RC}t}\right)$$

03 $R-L-C$ 직렬회로

- $R^2 > 4\dfrac{L}{C}$: 비진동
- $R^2 = 4\dfrac{L}{C}$: 임계진동
- $R^2 < 4\dfrac{L}{C}$: 진동

04 $L-C$ 직렬회로

① 전압방정식

$$E = V_L + V_C = L\dfrac{di(t)}{dt} + \dfrac{1}{C}\int i(t)\,dt$$

② L에 걸리는 전압

$$V_L = L \cdot \dfrac{di}{dt} = E \cdot \cos\dfrac{1}{\sqrt{LC}}t$$

③ C에 걸리는 전압

$$V_C = \dfrac{1}{C}\int_0^t i(t)\,dt = E\left(1 - \cos\dfrac{1}{\sqrt{LC}}t\right)$$

- $i(t) = E \cdot \sqrt{\dfrac{C}{L}}\sin\dfrac{1}{\sqrt{LC}}t$

  $= \dfrac{E}{\sqrt{\dfrac{L}{C}}}\sin\dfrac{1}{\sqrt{LC}}t$ [A]

- $V_{L\max} = E$
- $V_{C\max} = 2E$

핵심 기출 문제

01 그림과 같은 회로에서 스위치 S를 닫을 때의 전류 $i(t)$[A]는?

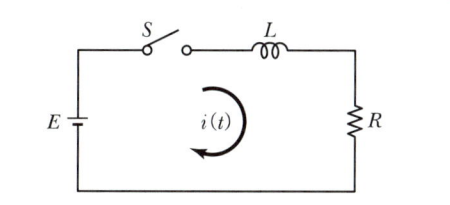

① $\dfrac{E}{R}e^{-\frac{R}{L}t}$
② $\dfrac{E}{R}\left(1-e^{-\frac{R}{L}t}\right)$
③ $\dfrac{E}{R}e^{-\frac{L}{R}t}$
④ $\dfrac{E}{R}\left(1-e^{-\frac{L}{R}t}\right)$

02 저항 R과 인덕턴스 L의 직렬 회로에서 시정수는?

① RL
② $\dfrac{L}{R}$
③ $\dfrac{R}{L}$
④ $\dfrac{L}{Z}$

03 회로 방정식의 특성근과 회로의 시정수에 대하여 옳게 서술된 것은?

① 특성근과 시정수는 같다.
② 특성근의 역과 회로의 시정수는 같다.
③ 특성근의 절댓값의 역과 회로의 시정수는 같다.
④ 특성근과 회로의 시정수는 서로 상관되지 않다.

04 그림에서 $t=0$일 때 S를 닫았다. 전류 $i(t)$[A]를 구하면?

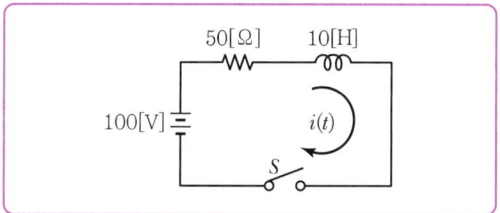

① $2(1+e^{-5t})$
② $2(1-e^{5t})$
③ $2(1-e^{-5t})$
④ $2(1+e^{5t})$

05 다음 회로에 대한 설명으로 옳은 것은?

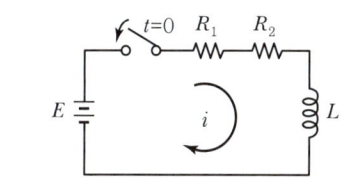

① 이 회로의 시정수는 $\dfrac{L}{R_1+R_2}$이다.
② 이 회로의 특성근은 $\dfrac{R_1+R_2}{L}$이다.
③ 정상전륫값은 $\dfrac{E}{R_2}$이다.
④ 이 회로의 전륫값은
$i(t) = \dfrac{E}{R_1+R_2}(1-e^{-\frac{L}{R_1+R_2}t})$이다.

06 $R-L$ 직렬 회로에 V인 직류 전압원을 갑자기 연결하였을 때 $t=0$인 순간이 회로에 흐르는 회로 전류에 대하여 바르게 표현된 것은?

① 이 회로에는 전류가 흐르지 않는다.
② 이 회로에는 $\dfrac{V}{R}$ 크기의 전류가 흐른다.
③ 이 회로에는 무한대의 전류가 흐른다.
④ 이 회로에는 $\dfrac{V}{(R+j\omega L)}$의 전류가 흐른다.

07 그림과 같은 회로에서 스위치 S를 열 때 흐르는 전류 $i(t)$는?

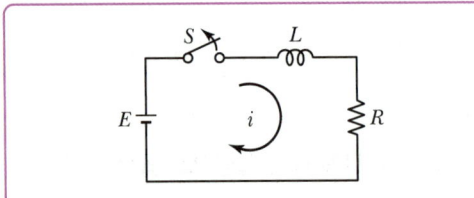

① $\dfrac{E}{R}e^{-\frac{R}{L}t}$

② $\dfrac{E}{R}e^{\frac{R}{L}t}$

③ $\dfrac{E}{R}\left(1-e^{\frac{R}{L}t}\right)$

④ $\dfrac{E}{R}\left(1-e^{-\frac{R}{L}t}\right)$

08 $R-L$ 직렬 회로에서 스위치 S를 닫아 직류 전압 E[V]를 회로 양단에 급히 인가한 후 $\dfrac{L}{R}$[s] 후의 전류 I[A]는?

① $0.632\dfrac{E}{R}$ ② $0.5\dfrac{E}{R}$

③ $0.368\dfrac{E}{R}$ ④ $\dfrac{E}{R}$

09 $R-L$ 직렬 회로에서 양단에 직류 전압 E를 연결 후 스위치 S를 개방하면 $\dfrac{L}{R}$[s] 후의 전류는?

① $\dfrac{E}{R}$ ② $0.5\dfrac{E}{R}$

③ $0.368\dfrac{E}{R}$ ④ $0.632\dfrac{E}{R}$

10 그림과 같은 회로에서 $t=0$에서 스위치를 갑자기 닫은 후 전류 $i(t)$가 0에서 정상 전류의 63.2[%]에 달하는 시간[s]을 구하면?

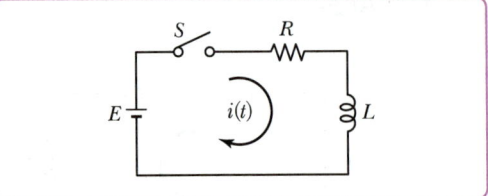

① LR ② $\dfrac{1}{LR}$

③ $\dfrac{L}{R}$ ④ $\dfrac{R}{L}$

11 RL 직렬회로에서 시정수가 0.03[sec], 저항이 14.7[Ω]일 때 코일의 인덕턴스[mH]는?

① 441 ② 362
③ 17.6 ④ 2.53

12 그림과 같은 회로에서 스위치 S를 닫았을 때 L에 가해지는 전압은?

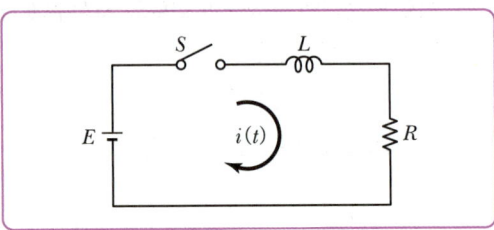

① $\dfrac{E}{R}e^{-\frac{R}{L}t}$ ② $\dfrac{E}{R}e^{\frac{L}{R}t}$

③ $Ee^{-\frac{R}{L}t}$ ④ $Ee^{\frac{L}{R}t}$

13 그림과 같은 회로에서 스위치 S를 $t=0$에서 닫았을 때 $(V_L)_{t=0} = 60$ [V], $\left(\dfrac{di}{dt}\right)_{t=0} = 30$ [A/s]이다. L의 값은?

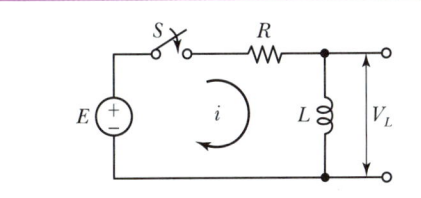

① 0.5[H]   ② 1.0[H]
③ 1.25[H]   ④ 2.0[H]

14 R_1, R_2 저항 및 인덕턴스 L의 직렬 회로가 있다. 이 회로의 시정수는?

① $-\dfrac{R_1+R_2}{L}$ ② $\dfrac{R_1+R_2}{L}$
③ $-\dfrac{L}{R_1+R_2}$ ④ $\dfrac{L}{R_1+R_2}$

15 권수가 2,000회이고, 저항이 12[Ω]인 솔레노이드에 전류 10[A]를 흘릴 때, 자속이 6×10^{-2} [Wb]가 발생하였다. 이 회로의 시정수[sec]는?

① 1   ② 0.1
③ 0.01   ④ 0.001

16 그림과 같은 저항 R[Ω]과 정전 용량 C[F]의 직렬 회로에서 잘못 표현된 것은?

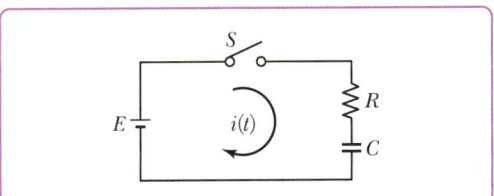

① 회로의 시정수 $\tau = RC$[s]이다.
② $t=0$에서 직류 전압 E[V]를 인가했을 때 t[s] 후의 전류 $i = \dfrac{E}{R} e^{-\frac{1}{RC}t}$ [A]이다.
③ $t=0$에서 직류 전압 E[V]를 인가했을 때 t[s] 후의 전류 $i = \dfrac{E}{R}\left(1 - e^{-\frac{1}{RC}t}\right)$ [A]이다.
④ $R-C$ 직렬 회로에 직류 전압 E[V]를 충전하는 경우 회로의 전압 방정식은 $Ri + \dfrac{1}{C}\int i\,dt = E$ 이다.

17 RC 직렬회로의 과도현상에 대하여 옳게 설명한 것은?

① $\dfrac{1}{RC}$의 값이 클수록 과도 전룻값은 천천히 사라진다.
② RC 값이 클수록 과도 전룻값은 빨리 사라진다.
③ 과도 전류는 RC 값에 관계가 없다.
④ RC 값이 클수록 과도 전룻값은 천천히 사라진다.

18 그림과 같은 회로에서 스위치 S를 닫을 때 방전전류 $i(t)$는?

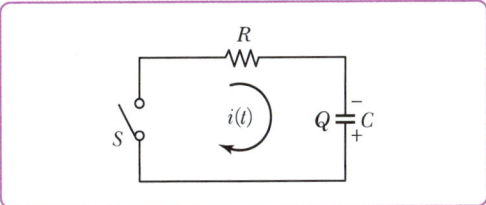

① $-\dfrac{Q}{RC} e^{-\frac{1}{RC}t}$ ② $\dfrac{Q}{RC} e^{-\frac{1}{RC}t}$
③ $-\dfrac{Q}{RC}\left(1 - e^{-\frac{1}{RC}t}\right)$ ④ $\dfrac{Q}{RC}\left(1 + e^{-\frac{1}{RC}t}\right)$

19 그림과 같은 회로에서 콘덴서의 초기 전압을 0[V]라 할 때 회로에 흐르는 전류 $i(t)$[A]는?

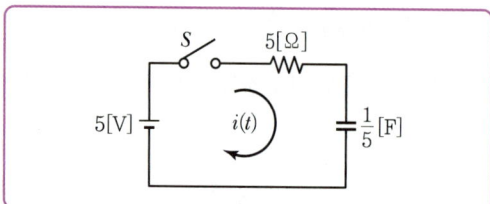

① $5(1-e^{-t})$
② $1-e^{-t}$
③ $5e^{-t}$
④ e^{-t}

20 $R-C$ 직렬 회로의 시정수 τ[s]는?

① RC
② $\dfrac{1}{RC}$
③ $\dfrac{C}{R}$
④ $\dfrac{R}{C}$

21 그림과 같은 회로에서 정전 용량 C[F]를 충전한 후 스위치 S를 닫아 이것을 방전하는 경우의 과도 전류는?(단, 회로에는 저항이 없다.)

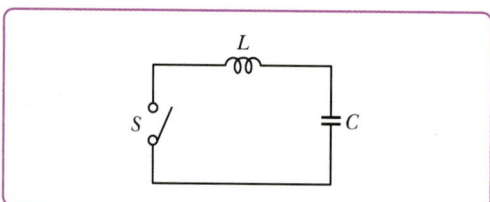

① 불변의 진동전류
② 감쇠하는 전류
③ 감쇠하는 진동전류
④ 일정값까지 증가하여 그 후 감쇠하는 전류

22 $L-C$ 직렬회로에 직류 기전력 E를 $t=0$에서 갑자기 인가할 때 C에 걸리는 최대 전압은?

① E
② $1.5E$
③ $2E$
④ $2.5E$

23 $R-L-C$ 직렬 회로에 직류 전압을 갑자기 인가할 때 회로에 흐르는 전류가 비진동적이 될 조건은?

① $R^2 > \dfrac{1}{LC}$
② $R^2 = \dfrac{4L}{C}$
③ $R^2 > \dfrac{4L}{C}$
④ $R^2 < \dfrac{4L}{C}$

24 $R-L-C$ 직렬 회로에 $t=0$에서 교류 전압 $v(t)=V_m\sin(\omega t+\theta)$를 인가할 때 $R^2-4\dfrac{L}{C}<0$이면 이 회로는?

① 진동적이다.
② 비진동적이다.
③ 임계적이다.
④ 비감쇠 진동이다.

25 $R-L-C$ 직렬 회로에서 $R=100[\Omega]$, $L=0.1\times10^{-3}$[H], $C=0.1\times10^{-6}$[F]일 때 이 회로는?

① 진동적이다.
② 비진동이다.
③ 정현파 진동이다.
④ 진동일 수도 있고 비진동일 수도 있다.

26 $R-L-C$ 직렬 회로에서 저항값이 다음 중 어느 값이어야 이 회로가 임계적으로 제동되는가?

① $\sqrt{\dfrac{L}{C}}$
② $2\sqrt{\dfrac{L}{C}}$
③ $\dfrac{1}{\sqrt{CL}}$
④ $2\sqrt{\dfrac{C}{L}}$

PART **05**

전기설비 기술기준
(한국전기설비규정 반영)

Chapter 01 공통사항
Chapter 02 고압·특고압 설비
Chapter 03 전선로
Chapter 04 저압전기설비 및 고압옥내배선
Chapter 05 전기철도
Chapter 06 분산형 전원

이 편의 특징

1. 한국전기설비규정(KEC)에 기준하여 새롭게 출간되었습니다.
2. 저압, 고압, 특고압 설비부분을 연관성이 있는 부분으로 구성하여 혼동하지 않게 공부할 수 있도록 편집하였습니다.
3. 예상문제를 심층있게 만들어서 수험생 여러분의 고민을 해결하였습니다.
4. 2019년, 2020년, 2021년에 규정(KEC)이 수정된 부분도 구성하였습니다.

Chapter 01 공통사항

제1절 총칙

01 목적

한국전기설비규정(KEC : Korea Electro-technical Code)은 전기설비기술기준에서 정하는 전기설비("발전·송전·변전·배전 또는 전기사용을 위하여 설치하는 기계·기구·댐·수로·저수지·전선로·보안통신선로 및 그 밖의 설비"를 말한다)의 안전성능과 기술적 요구사항을 구체적으로 정하는 것을 목적으로 한다.

제2절 일반사항

01 통칙

(1) 적용범위
   ① 저압 : 교류는 1[kV] 이하, 직류는 1.5[kV] 이하인 것
   ② 고압 : 교류는 1[kV]를, 직류는 1.5[kV]를 초과하고, 7[kV] 이하인 것
   ③ 특고압 : 7[kV]를 초과하는 것

02 용어 정의

① "계통연계"란 둘 이상의 전력계통 사이를 전력이 상호 융통될 수 있도록 선로를 통하여 연결하는 것으로 전력계통 상호 간을 송전선, 변압기 또는 직류-교류 변환설비 등에 연결하는 것이다.
② "계통외도전부(Extraneous Conductive Part)"란 전기설비의 일부는 아니지만 지면에 전위 등을 전해줄 위험이 있는 도전성 부분을 말한다.
③ "계통접지(System Earthing)"란 전력계통에서 돌발적으로 발생하는 이상 현상에 대비하여 대지와 계통을 연결하는 것으로, 중성점을 대지에 접속하는 것을 말한다.
④ "관등회로"란 방전등용 안정기 또는 방전등용 변압기로부터 방전관까지의 전로를 말한다.
⑤ "내부 피뢰시스템(Internal Lightning Protection System)"이란 등전위본딩 및/또는 외부 피뢰시스템의 전기적 절연으로 구성된 피뢰시스템의 일부를 말한다.
⑥ "노출도전부(Exposed Conductive Part)"란 충전부는 아니지만 고장 시 충전될 위험이 있고, 사람이 쉽게 접촉할 수 있는 기기의 도전성 부분을 말한다.
⑦ "뇌전자기임펄스(LEMP : Lightning Electromagnetic Impulse)"란 서지 및 방사상 전자계를 발생시키는 저항성, 유도성 및 용량성 결합을 통한 뇌전류에 의한 모든 전자기 영향을 말한다.
⑧ "등전위본딩(Equipotential Bonding)"이란 등전위를 형성하기 위해 도전부 상호 간을 전기적으로 연결하는 것을 말한다.
⑨ "보호등전위본딩(Protective Equipotential Bonding)"이란 감전에 대한 보호 등과 같이 안전을 목적으로 하는 등전위본딩을 말한다.
⑩ "보호도체(PE : Protective Conductor)"란 감전에 대한 보호 등 안전을 위해 제공되는 도체를 말한다.
   ㉠ "PEN 도체(Protective Earthing Conductor and Neutral Conductor)"란 교류회로에서 중성선 겸용 보호도체를 말한다.
   ㉡ "PEM 도체(Protective Earthing Conductor and a Mid-point Conductor)"란 직류회로에서 중간선 겸용 보호도체를 말한다.
   ㉢ "PEL 도체(Protective Earthing Conductor and a Line Conductor)"란 직류회로에서 선도체 겸용 보호도체를 말한다.
⑪ "분산형 전원"이란 중앙급전 전원과 구분되는 것으로서 전력소비지역 부근에 분산하여 배치 가능한 전원을 말한다. 상용전원의 정전 시에만 사용하는 비상용 예비전원은 제외하며, 신·재생에너지 발전설비, 전기저장장치 등을 포함한다.

⑫ "서지보호장치(SPD : Surge Protective Device)"란 과도 과전압을 제한하고 서지전류를 분류하기 위한 장치를 말한다.

⑬ "수뢰부 시스템(Air-termination System)"이란 낙뢰를 포착할 목적으로 돌침, 수평도체, 그물망도체 등과 같은 금속 물체를 이용한 외부 피뢰시스템의 일부를 말한다.

⑭ "스트레스전압(Stress Voltage)"이란 지락고장 중에 접지부분 또는 기기나 장치의 외함과 기기나 장치의 다른 부분 사이에 나타나는 전압을 말한다.

⑮ "외부피뢰시스템(External Lightning Protection System)"이란 수뢰부시스템, 인하도선시스템, 접지극시스템으로 구성된 피뢰시스템의 일종을 말한다.

⑯ "인하도선시스템(Down-conductor System)"이란 뇌전류를 수뢰시스템에서 접지극으로 흘리기 위한 외부피뢰시스템의 일부를 말한다.

⑰ "접지시스템(Earthing System)"이란 기기나 계통을 개별적 또는 공통으로 접지하기 위하여 필요한 접속 및 장치로 구성된 설비를 말한다.

⑱ "제2차 접근상태"란 가공 전선이 다른 시설물과 접근하는 경우에 그 가공 전선이 다른 시설물의 위쪽 또는 옆쪽에서 수평 거리로 3m 미만인 곳에 시설되는 상태를 말한다.

⑲ "전기철도용 급전선로"란 전기철도용 급전선 및 이를 지지하거나 수용하는 시설물을 말한다.

⑳ "지중 관로"란 지중 전선로, 지중 약전류 전선로, 지중 광섬유 케이블 선로, 지중에 시설하는 수관 및 가스관과 이와 유사한 것 및 이들에 부속하는 지중함 등을 말한다.

㉑ "피뢰레벨(LPL : Lightning Protection Level)"이란 자연적으로 발생하는 뇌방전을 초과하지 않는 최대 그리고 최소 설곗값에 대한 확률과 관련된 일련의 뇌격전류 매개변수(파라미터)로 정해지는 레벨을 말한다.

㉒ "PEN 도체[Combined Protective (Earthing) and Neutral (PEN) Conductor]"란 중성선 겸용 보호도체를 말한다.

㉓ "중성선 다중접지 방식"이란 전력계통의 중성선을 대지에 다중으로 접속하고, 변압기의 중성점을 그 중성선에 연결하는 계통접지 방식을 말한다.

㉔ "가섭선(架涉線)"이란 지지물에 가설되는 모든 선류를 말한다.

03 안전을 위한 보호

(1) 감전에 대한 보호
　① 기본보호
　　㉠ 인축의 몸을 통해 전류가 흐르는 것을 방지
　　㉡ 인축의 몸에 흐르는 전류를 위험하지 않은 값 이하로 제한
　② 고장 보호
　　고장 보호는 다음 중 어느 하나에 적합하여야 한다.
　　㉠ 인축의 몸을 통해 고장전류가 흐르는 것을 방지
　　㉡ 인축의 몸에 흐르는 고장전류를 위험하지 않은 값 이하로 제한
　　㉢ 인축의 몸에 흐르는 고장전류의 지속시간을 위험하지 않은 시간까지로 제한

(2) 열 영향에 대한 보호

(3) 과전류에 대한 보호

(4) 고장전류에 대한 보호

(5) 과전압 및 전자기 장애에 대한 대책

(6) 전원공급 중단에 대한 보호

제3절　전선

01 전선의 식별

[전선 식별]

상(문자)	색상
L1	갈색
L2	검정색
L3	회색
N	파란색
보호도체	녹색-노란색

02 전선의 종류

(1) 절연전선

절연전선은 전기용품 및 전기안전관리법의 적용 받거나 KS에 적합할 것

03 전선의 접속

(1) 전선의 접속방법
① 접속부분의 전기저항을 증가시키지 말 것
② 전선의 인장하중을 20[%] 이상 감소시키지 말 것
③ 도체에 알루미늄을 사용하는 전선과 동을 사용하는 전선을 접속하는 등 전기적 부식이 생기지 아니하도록 할 것

(2) 두 개 이상의 전선을 병렬로 사용하는 경우
① 병렬로 사용하는 각 전선의 굵기는 구리선 50[mm²] 이상 또는 알루미늄 70[mm²] 이상으로 하고, 전선은 같은 도체, 같은 재료, 같은 길이 및 같은 굵기의 것을 사용할 것
② 병렬로 사용하는 전선에는 각각에 퓨즈를 설치하지 말 것
③ 교류회로에서 병렬로 사용하는 전선은 금속관 안에 전자적 불평형이 생기지 않도록 시설할 것

제4절 전로의 절연

01 전로의 절연 및 절연내력

(1) 절연저항 측정
① 전선은 다음의 경우를 제외하고 대지로부터 절연하여야 한다.
  ㉠ 접지공사하는 경우의 각 접지점
  ㉡ 전로의 중성점을 접지하는 경우의 접지점
  ㉢ 계기용 변성기의 2차 측 전로에 접지공사를 하는 접지점
  ㉣ 25[kV] 이하로서 다중 접지하는 경우의 접지점
  ㉤ 시험용 변압기, 전력 반송용 결합 리액터, 단선식 전기철도의 귀선 등
  ㉥ 전기욕기, 전기로, 전기보일러 등 대지로부터 절연하는 것이 기술상 곤란한 곳
② 절연저항값

전로의 사용전압[V]	DC시험전압[V]	절연저항[MΩ]
SELV 및 PELV	250	0.5
FELV, 500[V] 이하	500	1.0
500[V] 초과	1,000	1.0

[주] 특별저압(Extra Low Voltage : 2차 전압이 AC 50[V], DC 120[V] 이하)으로 SELV(비접지회로 구성) 및 PELV(접지회로 구성)는 1차와 2차가 전기적으로 절연된 회로, FELV는 1차와 2차가 전기적으로 절연되지 않은 회로

SPD 또는 기타 기기 등은 측정 전에 분리시켜야 하고, 부득이하게 분리가 어려운 경우에는 시험전압을 250V DC로 낮추어 측정할 수 있지만 절연저항값은 1[MΩ] 이상이어야 한다.

③ 누설전류의 제한
사용전압이 저압인 전로에서 정전이 어려운 경우 등 절연저항 측정이 곤란한 경우에는 저항성 누설전류를 1[mA] 이하로 유지하여야 한다.

(2) 절연내력시험
① 변압기, 전로, 전동기의 절연내력시험
전로와 대지 간(다심케이블은 심선 상호 간 및 심선과 대지 간)에 연속하여 10분간 가하여 절연내력을 시험하였을 때 이에 견뎌야 한다. 다만, 직류인 경우 2배의 전압

구분		배수	최저전압
최대 사용전압 (비접지식)	7,000[V] 이하	최대사용전압 ×1.5배	500[V]
	7,000[V] 초과	최대사용전압 ×1.25배	10,500[V]
중성점 비접지식	60,000[V] 초과	최대사용전압 ×1.25배	–
중성점 다중접지	25,000[V] 이하	최대사용전압 ×0.92배	–
중성점 접지식	60,000[V] 초과	최대사용전압 ×1.1배	75,000[V]

구분		배수	최저전압
중성점 직접 접지식	170,000[V] 이하	최대사용전압 ×0.72배	–
	170,000[V] 초과	피뢰기가 설치되어 있는 경우 최대사용전압 ×0.72배	–
		피뢰기가 설치되어 있지 않은 경우 최대사용전압 ×0.64배	

② 정류기의 절연내력

정류기	최대 사용전압 60,000[V] 이하	직류 측의 최대사용전압의 1배의 교류전압(500[V] 미만으로 되는 경우에는 500[V])	충전부분과 외함 간에 연속하여 10분간 가한다.
	최대 사용전압 60,000[V] 초과	교류 측의 최대사용전압의 1.1배의 교류전압 또는 직류 측의 최대사용전압의 1.1배의 직류전압	교류 측 및 직류고압 측 단자와 대지 간에 연속하여 10분간 가한다.

③ 연료전지 및 태양전지 모듈의 절연내력

연료전지 및 태양전지 모듈은 최대사용전압의 1배의 교류전압 또는 1.5배의 직류전압(500[V] 미만으로 되는 경우에는 500[V])을 충전부분과 대지 사이에 연속하여 10분간 가하여 절연내력을 시험하였을 때에 이에 견디는 것이어야 한다.

제5절 접지시스템

01 접지시스템의 구분 및 종류

① 접지시스템은 계통접지, 보호접지, 피뢰시스템 접지 등으로 구분한다.
② 접지시스템의 시설 종류에는 단독접지, 공통접지, 통합접지가 있다.

02 접지시스템의 시설

(1) 접지극의 시설 및 접지저항
① 접지극은 다음의 방법 중 하나로 또는 복합하여 시설한다.
  ㉠ 콘크리트에 매입된 기초 접지극
  ㉡ 토양에 매설된 기초 접지극
  ㉢ 토양에 수직 또는 수평으로 직접 매설된 금속전극 (봉, 전선, 테이프, 배관, 판 등)
  ㉣ 케이블의 금속외장 및 그 밖에 금속피복
  ㉤ 지중 금속구조물(배관 등)
  ㉥ 대지에 매설된 철근콘크리트의 용접된 금속 보강재. 다만, 강화콘크리트는 제외한다.
② 접지극의 매설방법
  ㉠ 접지극은 매설하는 토양을 오염시키지 않아야 하며, 가능한 한 다습한 부분에 설치한다.
  ㉡ 접지극은 지표면으로부터 지하 0.75[m] 이상으로 하되 동결 깊이를 감안하여 매설 깊이를 정해야 한다.
  ㉢ 접지도체를 철주 기타의 금속체를 따라서 시설하는 경우에는 접지극을 철주의 밑면으로부터 0.3[m] 이상의 깊이에 매설하는 경우 이외에는 접지극을 지중에서 그 금속체로부터 1[m] 이상 떼어 매설하여야 한다.
③ 수도관 등의 접지극
  ㉠ 수도관 접지극 사용(전기저항이 3[Ω] 이하) 시 : 케이블공사
   • 수도관 지름이 75[mm] 이상
   • 수도관 지름이 75[mm] 미만 : 분기점에서 5[m] 이내 접지
   • 2[Ω] 이하 : 분기점에서 5[m]를 초과할 수 있다.
  ㉡ 건물 철골 접지극 사용 시 : 케이블공사 3[Ω] 이하(비접지식 전로는 2[Ω] 이하)

(2) 접지도체 · 보호도체
① 접지도체
㉠ 접지도체의 선정

	구리[mm²]	철[mm²]
피뢰시스템 접속 시	16	50
큰 고장전류가 흐르지 않을 경우	6	50

㉡ 전로의 중성점 접지 및 이동용 접지선
- 중성점 접지
  - 공칭단면적 16[mm²] 이상의 연동선 사용
  - 7[kV] 이하, 다중접지(25[kV] 이하)로 2초 이내 차단 : 공칭단면적 6[mm²] 이상의 연동선 사용
- 이동하여 사용하는 전기기계기구의 금속제 외함
  - 특고압 · 고압 : 10[mm²] 이상
  - 저압 : 0.75[mm²] 이상,
    다심(연선) 1.5[mm²] 이상

② 보호도체
㉠ 보호도체의 최소 단면적

[표 1 보호도체의 최소 단면적]

선도체의 단면적 S(mm², 구리)	보호도체의 최소 단면적 (mm², 구리)
	보호도체의 재질
	선도체와 같은 경우
$S \leq 16$	S
$16 < S \leq 35$	$16(a)$
$S > 35$	$S(a)/2$

ⓐ 보호도체의 단면적은 다음의 계산 값 이상이어야 한다.
- 차단시간이 5초 이하인 경우에만 다음 계산식을 적용한다.

$$S = \frac{\sqrt{I^2 t}}{k}$$

여기서, S : 단면적[mm²]
I : 예상 고장전류 실횻값[A]
t : 보호장치의 동작시간[s]
k : 계수

- TT 계통에서는 보호도체의 단면적은 구리 25[mm²], 알루미늄 35[mm²]를 초과할 필요는 없다.

ⓑ 보호도체가 케이블의 일부가 아니거나 상도체와 동일 외함에 설치되지 않은 경우
- 기계적 손상에 대해 보호가 되는 경우는 구리 2.5[mm²], 알루미늄 16[mm²] 이상
- 기계적 손상에 대해 보호가 되지 않는 경우는 구리 4[mm²], 알루미늄 16[mm²] 이상

㉡ 보호도체의 종류는 다음에 의한다.
- 보호도체는 다음 중 하나 또는 복수로 구성하여야 한다.
  - 다심케이블의 도체
  - 충전도체와 같은 트렁킹에 수납된 절연도체 또는 나도체
  - 고정된 절연도체 또는 나도체
- 다음과 같은 금속부분은 보호도체 또는 보호본딩도체로 사용해서는 안 된다.
  - 금속 수도관
  - 가스 · 액체 · 가루와 같은 잠재적인 인화성 물질을 포함하는 금속관
  - 상시 기계적 응력을 받는 지지 구조물 일부
  - 가요성 금속배관. 다만, 보호도체의 목적으로 설계된 경우는 예외로 한다.
  - 가요성 금속전선관
  - 지지선, 케이블트레이 및 이와 비슷한 것

③ 보호도체의 단면적 보강
전기설비의 정상 운전상태에서 보호도체에 10[mA]를 초과하는 전류가 흐르는 경우
㉠ 보호도체가 하나인 경우 보호도체의 단면적은 전 구간에 구리 10[mm²] 이상 또는 알루미늄 16[mm²] 이상으로 하여야 한다.
㉡ 추가로 보호도체를 위한 별도의 단자가 구비된 경우, 최소한 고장 보호에 요구되는 보호도체의 단면적은 구리 10[mm²], 알루미늄 16[mm²] 이상으로 한다.

④ 보호도체와 계통도체 겸용
  ㉠ 단면적은 구리 10[mm²] 또는 알루미늄 16[mm²] 이상이어야 한다.
  ㉡ 중성선과 보호도체의 겸용도체는 전기설비의 부하 측으로 시설하여서는 안 된다.
⑤ 주 접지단자
  ㉠ 접지시스템은 주 접지단자를 설치하고, 다음의 도체들을 접속하여야 한다.
    • 등전위본딩도체
    • 접지도체
    • 보호도체
    • 기능성 접지도체
  ㉡ 여러 개의 접지단자가 있는 장소는 접지단자를 상호 접속하여야 한다.
  ㉢ 주 접지단자에 접속하는 각 접지도체는 개별적으로 분리할 수 있어야 하며, 접지저항을 편리하게 측정할 수 있어야 한다.

(3) 저압수용가 접지
① 저압수용가 인입구 접지
  ㉠ 수도관, 건물 철골의 전기저항값이 3[Ω] 이하의 값
  ㉡ 접지도체는 공칭단면적이 6[mm²] 이상일 것
② 주택 등 저압수용장소 접지(TN-C-S 방식)
  중성선 겸용 보호도체(PEN)는 고정 전기설비에만 사용할 수 있고, 그 도체의 단면적이 구리는 10[mm²] 이상, 알루미늄은 16[mm²] 이상일 것

(4) 변압기 중성점 접지
① 중성점 접지 저항(혼촉 방지)
  • $\dfrac{150}{I_1}[\Omega]$ (I_1 : 1선지락전류)
  • $\dfrac{300}{I_1}[\Omega]$: 2초 이내 차단
  • $\dfrac{600}{I_1}[\Omega]$: 1초 이내 차단
  ㉠ 적용 : 고압, 특고압 25[kV] 이하의 다중접지
  ㉡ 특고압에서 다중접지가 아닌 경우 최댓값 : 10[Ω] 이하

② 공통접지 및 통합접지
  ㉠ 저압 전기설비의 접지극이 고압 및 특고압 접지극의 접지저항 형성 영역에 완전히 포함되어 있는 경우 공통접지를 할 수 있다.
  접지시스템에서 고압 및 특고압 계통의 지락사고 시 저압계통에 가해지는 상용주파 과전압은 [표 2]에서 정한 값을 초과해서는 안 된다.

[표 2 저압설비 허용 상용주파 과전압]

고압계통에서 지락고장 시간(초)	저압설비 허용 상용주파 과전압(V)	비고
$t > 5$	$U_0 + 250$	중성선 도체가 없는 계통에서 U_0는 선간전압을 말한다.
$t \leq 5$	$U_0 + 1,200$	

  ㉡ 전기설비의 접지설비 · 건축물의 피뢰설비 · 전자통신설비 등의 접지극을 공용하는 통합접지시스템으로 하는 경우 서지보호장치를 설치하여야 한다.

03 감전보호용 등전위본딩

(1) 등전위본딩의 적용
① 건축물 · 구조물에서 접지도체, 주 접지단자와 다음의 도전성 부분은 등전위본딩하여야 한다.
  ㉠ 수도관 · 가스관 등 외부에서 내부로 인입되는 금속배관
  ㉡ 건축물 · 구조물의 철근, 철골 등 금속보강재
  ㉢ 일상생활에서 접촉이 가능한 금속제 난방배관 및 공조설비 등 계통외도전부
② 주 접지단자에 보호등전위본딩 도체, 접지도체, 보호도체, 기능성 접지도체를 접속하여야 한다.

(2) 등전위본딩 시설
① 보호등전위본딩
  ㉠ 건축물 · 구조물의 외부에서 내부로 들어오는 각종 금속제 배관
    • 1개소에 집중하여 인입하고, 인입구 부근에서 서로 접속하여 등전위본딩 바에 접속하여야 한다.

- 대형 건축물 등으로 1개소에 집중하여 인입하기 어려운 경우에는 본딩 도체를 1개의 본딩 바에 연결한다.
- ⓒ 수도관·가스관의 경우 내부로 인입된 최초의 밸브 후단에서 등전위본딩을 하여야 한다.
- ⓒ 건축물·구조물의 철근, 철골 등 금속보강재는 등전위본딩을 하여야 한다.

(3) 등전위본딩 도체
① 보호등전위본딩 도체
㉠ 주 접지단자에 접속하기 위한 등전위본딩 도체는 설비 내에 있는 가장 큰 보호접지도체 단면적의 1/2 이상의 단면적을 가져야 하고 다음의 단면적 이상이어야 한다.
- 구리 도체 6[mm²]
- 알루미늄 도체 16[mm²]
- 강철 도체 50[mm²]

㉡ 주 접지단자에 접속하기 위한 보호본딩도체의 단면적은 구리 도체 25[mm²] 단면적을 초과할 필요는 없다.

제6절 피뢰시스템

01 피뢰시스템의 적용범위 및 구성

(1) 적용범위
① 전기전자설비가 설치된 건축물·구조물로서 낙뢰로부터 보호가 필요한 것 또는 지상으로부터 높이가 20[m] 이상인 것
② 전기설비 및 전자설비 중 낙뢰로부터 보호가 필요한 설비

(2) 피뢰시스템의 구성
① 직격뢰로부터 대상물을 보호하기 위한 외부피뢰시스템
② 간접뢰 및 유도뢰로부터 대상물을 보호하기 위한 내부피뢰시스템

(3) 피뢰시스템 등급선정
피뢰시스템 등급은 대상물의 특성에 따라, 피뢰레벨(Ⅰ, Ⅱ, Ⅲ, Ⅳ)에 따라 선정한다. 다만, 위험물의 제조소 등에 설치하는 피뢰시스템은 Ⅱ등급 이상으로 하여야 한다.

02 외부피뢰시스템

(1) 전기설비 보호를 위한 건축물·구조물 피뢰시스템
① 수뢰부시스템
㉠ 수뢰부시스템을 선정하는 경우
돌침, 수평도체, 그물망도체의 요소 중에 한 가지 또는 이를 조합한다.
㉡ 수뢰부시스템의 배치
- 보호각법, 회전구체법, 그물망법 중 하나 또는 조합된 방법으로 배치한다.
- 건축물·구조물의 뾰족한 부분, 모서리 등에 우선하여 배치한다.

㉢ 지상 높이 60[m]를 초과하는 건축물·구조물의 측뢰 보호가 필요한 경우에 수뢰부시스템
- 전체 높이 60[m]를 초과하는 건축물·구조물의 최상부로부터 20[%] 부분에 한하며, 피뢰시스템 등급 Ⅳ의 요구사항에 따른다.
- 자연적 구성부재가 적합하면, 측뢰 보호용 수뢰부로 사용할 수 있다.

㉣ 건축물·구조물과 분리되지 않은 수뢰부시스템의 시설
- 지붕 마감재가 불연성 재료로 된 경우 지붕표면에 시설할 수 있다.
- 지붕 마감재가 높은 가연성 재료로 된 경우 지붕재료와 다음과 같이 이격하여 시설한다.
  - 초가지붕 또는 이와 유사한 경우 0.15[m] 이상
  - 다른 재료의 가연성 재료인 경우 0.1[m] 이상

⑰ 건축물·구조물을 구성하는 금속판 또는 금속배관 등 자연적 구성부재를 수뢰부로 사용하는 경우 최소두께 조건

[수뢰부시스템용 금속판 또는 금속배관의 최소 두께]

재료	두께(mm)	두께(mm)(고온점·발화점 방지)
강철	0.5	4
동	0.5	5

② 인하도선시스템
  ㉠ 수뢰부시스템과 접지시스템을 연결하는 경우
    • 복수의 인하도선을 병렬로 구성해야 한다. 다만, 건축물·구조물과 분리된 피뢰시스템인 경우 예외로 한다.
    • 경로의 길이가 최소가 되도록 한다.

[수뢰도체, 인하도선의 재료 및 단면적]

재료	형상	단면적(mm²)
동	연선, 원형단선	50
스테인리스	단선	50

  ㉡ 배치 방법은 다음에 의한다.
    • 건축물·구조물과 분리된 피뢰시스템인 경우
      - 뇌전류의 경로가 보호대상물에 접촉하지 않도록 할 것
      - 별개의 지주에 설치되어 있는 경우 각 지주마다 1조 이상의 인하도선을 설치한다.
    • 건축물·구조물과 분리되지 않은 피뢰시스템인 경우
      - 벽이 불연성 재료로 된 경우에는 벽의 표면 또는 내부에 시설할 수 있다. 다만, 벽이 가연성 재료인 경우에는 0.1[m] 이상 이격하고, 이격이 불가능한 경우에는 도체의 단면적을 100[mm²] 이상으로 한다.
      - 인하도선의 수는 2조 이상으로 한다.
      - 보호대상 건축물·구조물의 투영에 다른 둘레에 가능한 한 균등한 간격으로 배치한다. 다만, 노출된 모서리 부분에 우선하여 설치한다.

  - 인하도선 최대 간격

피뢰시스템의 등급	간격[m]
I	10
II	10
III	15
IV	20

  ㉢ 수뢰부시스템과 접지극시스템 사이 전기적 연속성의 형성
    • 경로는 가능한 한 최단거리로 곧게 수직으로 시설하며 루프 형성이 되지 않아야 하며, 처마 또는 수직으로 설치된 홈통 내부에 시설하지 않아야 한다.
    • 철근콘크리트 구조물의 철근을 자연적 구성부재의 인하도선으로 사용하기 위해서는 해당 철근 전체 길이의 전기저항 값은 0.2[Ω] 이하가 되어야 한다.
  ㉣ 인하도선으로 사용하는 자연적 구성부재는 다음에 따른다.
    • 각 부분의 전기적 연속성과 내구성이 확실하고 인하도선으로 규정된 값 이상인 것
    • 전기적 연속성이 있는 구조물 등의 금속제 구조체(철골, 철근 등)
    • 구조물 등의 상호 접속된 강제 구조체
    • 건축물 외벽 등을 구성하는 금속 구조재의 크기가 인하도선에 대한 요구사항에 부합하고 또한 두께가 0.5[mm] 이상인 금속판 또는 금속관

③ 접지극시스템
  ㉠ A형 접지극(수평 또는 수직접지극) 또는 B형 접지극(환상도체 또는 기초접지극) 중 하나 또는 조합하여 시설할 수 있다.
  ㉡ 접지극시스템의 접지저항이 10[Ω] 이하인 경우 최소 길이 이하로 할 수 있다.
  ㉢ 접지극은 다음에 따라 시설한다.
    • 지표면에서 0.75[m] 이상 깊이로 매설하여야 한다. 다만, 필요시는 해당 지역의 동결심도를 고려한 깊이로 할 수 있다.

- 대지가 암반지역으로 대지저항이 높거나 건축물·구조물이 전자통신시스템을 많이 사용하는 시설의 경우에는 환상도체접지극 또는 기초접지극으로 한다.
- 접지극 재료는 대지에 환경오염 및 부식의 문제가 없어야 한다.
- 철근콘크리트 기초 내부의 상호 접속된 철근 또는 금속제 지하구조물 등 자연적 구성부재는 접지극으로 사용할 수 있다.

03 내부피뢰시스템

(1) 전기전자설비 보호용 피뢰시스템

① 전기전자설비의 보호
  ㉠ 피뢰구역 경계부분에서는 접지 또는 본딩을 하여야 한다. 다만, 직접 본딩이 불가능한 경우에는 서지보호장치를 설치한다.
  ㉡ 전기전자설비 등에 연결된 전선로를 통하여 서지가 유입되는 경우, 해당 선로에는 서지보호장치를 설치하여야 한다.

② 접지·본딩
  ㉠ 전기전자설비를 보호하는 접지·본딩
    - 뇌서지 전류를 대지로 방류시키기 위한 접지를 시설하여야 한다.
    - 전위차를 해소하고 자계를 감소시키기 위한 본딩을 구성하여야 한다.
  ㉡ 접지극 설치 기준
    전자·통신설비(또는 이와 유사한 것)의 접지는 환상도체접지극 또는 기초접지극으로 한다.

(2) 피뢰 등전위본딩

① 일반사항
  피뢰시스템의 등전위화의 접속하는 설비
  ㉠ 구조물에 접속된 외부 도전성 부분
  ㉡ 내부시스템

② 금속제설비의 등전위본딩
  ㉠ 건축물·구조물과 분리된 외부피뢰시스템의 경우, 등전위본딩은 지표면 부근에서 시행하여야 한다.
  ㉡ 외부피뢰시스템이 보호 대상 건축물·구조물에 접속된 경우에 피뢰 등전위본딩
    - 기초부분 또는 지표레벨 부근 위치에서 접속하여야 한다.
  ㉢ 건축물·구조물의 등전위본딩은 다음과 같이 하여야 한다.
    - 높이가 20[m] 이상인 경우, 지표면 및 높이 20[m] 부분에는 환상형 등전위본딩 바를 설치하거나 두 개 이상의 등전위본딩 바를 충분히 이격하여 설치하고 서로 접속한다.
    - 건축물·구조물에는 지하 0.5[m]와 높이 20[m]마다 환상도체를 설치한다.

③ 인입설비의 등전위본딩
  건축물·구조물의 외부에서 내부로 인입되는 설비의 도전부 등전위본딩
  ㉠ 인입구 부근에서 금속(수도관, 가스관 등)
  ㉡ 전원선은 서지보호장치를 사용하여 등전위본딩을 한다.
  ㉢ 통신 및 제어선은 내부와의 위험한 전위차 발생을 방지하기 위해 직접 또는 서지보호장치를 통해 등전위본딩을 한다.

핵심 기출 문제

01 다음 중 "제2차 접근상태"를 바르게 설명한 것은 어느 것인가?

① 가공전선의 절단 또는 지지물의 도괴 등이 되는 경우에 당해 전선이 다른 공작물에 접속될 우려가 있는 상태를 말한다.
② 가공전선이 다른 공작물과 접근하는 경우에 당해 가공전선이 다른 공작물의 상방 또는 측방에서 수평거리로 3[m] 미만인 곳에 시설되는 상태를 말한다.
③ 가공전선이 다른 공작물과 접근하는 경우에 가공전선이 다른 공작물의 상방 또는 측방에서 수평거리로 3[m] 이상에 시설되는 것을 말한다.
④ 가공선로 중 제1차 접근 시설로 접근할 수 없는 시설로서 제2차 보호조치가 안전시설을 하여야 접근할 수 있는 상태의 시설을 말한다.

02 전류를 수뢰시스템에서 접지극으로 흘리기 위한 외부 피뢰시스템의 일부를 말하는 것으로 옳은 것은?

① 인하도선시스템
② 접지극시스템
③ 등전위시스템
④ 접속설비시스템

03 관등회로의 의미로 옳은 것은?

① 분기점으로부터 안전기까지의 전로
② 스위치로부터 방전등까지의 전로
③ 스위치로부터 안정기까지의 전로
④ 방전등용 안정기로부터 방전관까지의 전로

04 전선의 식별에 따른 색상에 포함되지 않는 것은?

① 갈색　　② 검정색
③ 회색　　④ 적색

05 전선의 식별에 따른 색상으로 틀린 것은?

① L1 : 갈색　　② L2 : 검정색
③ L3 : 백색　　④ N : 파란색

06 저압이라 함은 교류에서는 몇 [V] 이하의 전압을 말하는가?

① 150　　② 300
③ 600　　④ 1,000

07 전압의 종별을 구분할 때 직류로는 몇 [V] 이하의 전압을 저압으로 구분하는가?

① 600　　② 700
③ 750　　④ 1,500

08 61[kV] 가공 송전선에 있어서 전선의 인장하중이 2.156[kN]으로 되어 있다. 지지물과 지지물 사이에 이 전선을 접속할 경우 이 전선 접속 부분의 세기는 최소 몇 [kN] 이상인가?

① 0.637　　② 1.724
③ 1.813　　④ 1.881

09 전선을 접속하는 경우에는 전선의 세기를 최소 몇 [%] 이상 감소시키지 않아야 하는가?

① 10　② 15　③ 20　④ 25

10 전로에 대한 설명 중 옳은 것은?

① 통상의 사용 상태에서 전기를 절연한 곳
② 통상의 사용 상태에서 전기를 접지한 곳
③ 통상의 사용 상태에서 전기가 통하고 있는 곳
④ 통상의 사용 상태에서 전기가 통하고 있지 않은 곳

11 회로의 절연저항 측정 시 SELV 및 PELV는 DC 250[V] 시험전압에서 몇 [MΩ] 이상이어야 하는가?

① 0.2[MΩ] ② 0.3[MΩ]
③ 0.4[MΩ] ④ 0.5[MΩ]

12 380[V] 저압전로의 전선 상호 간 및 전로와 대지 간의 직류 250[V] 절연저항계로 측정한다면 절연저항[MΩ]은 얼마 이상인가?(단, SPD가 분리가 안 된 상태이다.)

① 0.5 ② 0.2
③ 1   ④ 2

13 22,900/220[V], 20[kVA]의 배전용 변압기에서 공급하는 지중 전선로가 있다. 이 케이블의 심선 상호 간 및 심선과 대지 사이의 절연저항[Ω]은 얼마 이상으로 되어야 하는가?

① 2,420 ② 4,000
③ 4,400 ④ 4,840

14 저압의 전선로 중 절연부분의 전선과 대지 간의 절연저항은 사용전압에 대한 누설전류가 최대공급전류의 얼마를 넘지 아니하도록 유지하여야 하는가?

① $\dfrac{1}{1,000}$ ② $\dfrac{1}{2,000}$
③ $\dfrac{1}{3,000}$ ④ $\dfrac{1}{5,000}$

15 1차 전압 6,600[V], 2차 전압 210[V]인 주상 변압기 용량이 15[kVA]이다. 이 변압기에서 공급하는 저압 전선로 누설전류[mA]의 최대한도는?

① 35.7 ② 37.5
③ 71.4 ④ 74.1

16 전로를 대지로부터 절연하여야 하는 것은 다음 중 어느 것인가?

① 전기보일러
② 전기다리미
③ 전기욕기
④ 전기로

17 전로절연원칙에 따라 대지로부터 반드시 절연하여야 하는 것은?

① 전로의 중성점에 접지공사를 하는 경우의 접지점
② 계기용 변성기의 2차 측 전로의 접지공사를 하는 경우와 접지점
③ 저압 가공전선로에 접속되는 변압기
④ 시험용 변압기

18 용량 10[kVA], 전압 3,450/105[V] 단상변압기 전로의 절연내력을 시험할 때, 시험전압을 연속하여 몇 분간 가하였을 때 이에 견디어야 하는가?

① 5   ② 10
③ 15 ④ 30

19 최대 사용전압 440[V]인 전동기의 절연내력시험 전압은?

① 330[V] ② 440[V]
③ 500[V] ④ 660[V]

20 최대 사용전압 6,600[V]인 3상 유도 전동기의 권선과 대지 사이의 절연내력 시험전압은 몇 [V]인가?

① 7,260
② 7,920
③ 8,250
④ 9,900

21 3상 4선식 22.9[kV] 중성점 다중접지식 가공전선로의 전로와 대지 간의 절연내력 시험전압[V]은?

① 28,625　② 22,900
③ 21,068　④ 16,488

22 최대 사용전압이 69[kV]인 중성점 비접지식 선로의 절연내력 시험전압은 몇 [kV]인가?

① 63.48　② 75.9
③ 86.25　④ 103.5

23 최대 사용전압이 154,000[V]인 중성점 직접 접지식 전로의 절연내력 시험전압은 몇 [V]인가?

① 110,880　② 141,680
③ 169,400　④ 192,500

24 최대 사용전압이 345[kV]인 중성점 직접접지식 전로에 접속되고 그 중성점에 피뢰기를 설치하는 변압기의 중성점과 대지 간의 절연내력 시험전압은 얼마인가?

① 69,000[V]
② 103,500[V]
③ 138,000[V]
④ 248,400[V]

25 1차 측 3,300[V], 2차 측 200[V]의 비접지식 변압기 내압시험은 어느 것에서 10분간 견디어야 하는가?

① 1차 측 4,500[V], 2차 측 300[V]
② 1차 측 4,950[V], 2차 측 500[V]
③ 1차 측 4,500[V], 2차 측 400[V]
④ 1차 측 3,300[V], 2차 측 200[V]

26 6.6[kV] 지중전선로의 케이블을 직류전원으로 절연내력시험을 하자면 시험전압은 직류 몇 [V]인가?

① 9,900
② 14,420
③ 16,500
④ 19,800

27 2개의 단상변압기($\frac{200}{6,000}$[V])를 그림과 같이 연결하여 최대사용전압 6,600[V]의 고압전동기의 권선과 대지 사이의 절연내력시험을 하는 경우에 전압계의 전압(V)과 시험전압(E)의 값으로 옳은 것은?

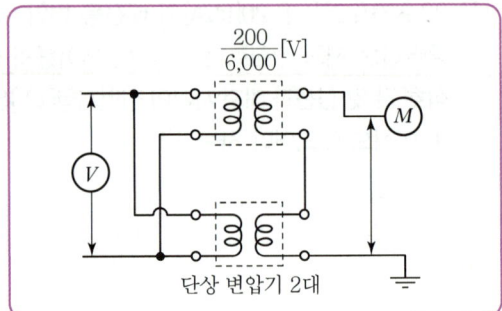

① $V=82.5$[V], $E=8,250$[V]
② $V=165$[V], $E=13,200$[V]
③ $V=165$[V], $E=9,900$[V]
④ $V=200$[V], $E=12,000$[V]

28 공통접지공사 적용 시 상도체의 단면적이 16[mm²]인 경우 보호도체(PE)에 적합한 단면적은?(단, 보호도체의 재질이 상도체와 같은 경우)

① 4　② 6
③ 10　④ 16

29 주택 등 저압수용장소에서 고정 전기설비에 TN-C-S 접지방식으로 접지공사 시 중성선 겸용 보호도체(PEN)를 알루미늄으로 사용할 경우 단면적은 몇 [mm²] 이상이어야 하는가?

① 2.5
② 6
③ 10
④ 16

30 접지시스템의 구성에서 접지극과 주 접지단자에 연결하는 도체는?

① 보호도체
② 주 등전위본딩용 도체
③ 접지도체
④ 보조 등전위본딩용 도체

31 접지시스템의 구성에서 주 접지단자와 노출도전성 기기와 연결하는 도체는?

① 보호도체
② 주 등전위본딩용 도체
③ 접지도체
④ 보조 등전위본딩용 도체

32 보호도체의 종류에 해당하지 않는 것은?

① 다심 케이블의 도체
② 충전도체와 같은 트렁킹에 수납된 절연도체 또는 나도체
③ 수도관, 가스관
④ 고정된 절연도체 또는 나도체

33 변압기 고압 측 전로의 1선 지락전류가 5[A]일 때 접지저항값의 최댓값은 일반적인 경우 몇 [Ω]인가?

① 10
② 20
③ 30
④ 40

34 고압전로에 연결된 변압기의 고저압 혼촉 시 위험방지시설로 저압 측에 접지공사를 할 때 접지저항값은 고압 측 1선 지락전류값으로 150을 나눈 값 이하여야 한다. 1선 지락전류가 최솟값일 때 접지저항의 최댓값[Ω]은?

① 37.5
② 75
③ 150
④ 300

35 고압전로의 1선 지락전류가 20[A]의 경우에 이에 결합된 변압기 저압 측의 접지저항값은 최대 몇 [Ω]이 되는가?(단, 이 전로는 고·저압 혼촉 시에 저압전로의 대지전압이 150[V]를 넘는 경우에 1초를 넘고 2초 내에 자동 차단하는 장치가 되어 있다.)

① 7.5
② 10
③ 15
④ 30

36 특별고압과 저압을 결합한 변압기의 특고압 측 1선 지락전류가 6[A]라 한다. 혼촉방지용 접지공사의 저항값은 몇 [Ω] 이하로 하여야 하는가?

① 10
② 20
③ 25
④ 30

37 사용전압 100,000[V] 이하로서 특별고압을 직접 저압으로 변성하는 변압기를 시설할 때 특별고압 측 권선과 저압 측 권선에 접지공사를 한 금속제의 혼촉방지판이 있는 경우의 접지저항의 최댓값은 몇 [Ω]인가?

① 5
② 10
③ 75
④ 150

38 이동하여 사용하는 저압 전기기계기구의 금속제 외함 등에 접지공사를 하는 경우의 접지선으로 연동연선을 사용할 때 접지선의 최소 굵기는 몇 [mm²]인가?

① 1.5
② 4.0
③ 2.5
④ 6

39 다심 캡타이어 케이블에 접속된 저압 용접기의 금속 외함에 접지공사를 하는 경우 접지선으로 그 심선의 하나를 사용하고자 한다. 케이블 심선의 최소 굵기는 얼마인가?

① 0.75[mm²]
② 1[mm²]
③ 1.25[mm²]
④ 2[mm²]

40 주 접지시스템에 주 접지단자를 설치하고 연결해야 할 도체로 잘못된 것은?

① 등전위 본딩 도체
② 접지도체
③ 보호도체
④ 보조 등전위 도체

41 접지선에 사람이 닿을 우려가 있으므로 접지선을 합성수지관 또는 이와 동등 이상의 절연효력 및 강도를 갖는 몰드를 해야 한다. 그 부분은 어떻게 규정되어 있는가?

① 지하 30[cm] – 지표상 1[m]
② 지하 50[cm] – 지표상 1.2[m]
③ 지하 60[cm] – 지표상 1.8[m]
④ 지하 75[cm] – 지표상 2[m]

42 접지시스템에서 보호도체로 사용할 수 있는 것은?

① 고정된 절연도체 또는 나도체
② 금속 수도관
③ 가스・액체・가루와 같은 잠재적인 인화성 물질을 포함하는 금속관
④ 상시 기계적 응력을 받는 지지 구조물 일부

43 지중에 매설되어 있고 대지와의 전기저항값이 최대 몇 [Ω] 이하의 값을 유지하고 있는 금속제 수도관로를 각종 접지공사의 접지극으로 사용할 수 있는가?

① 2
② 3
③ 5
④ 10

44 지중에 매설되고 또한 대지 간의 전기저항이 몇 [Ω] 이하인 경우에 그 금속제 수도관을 각종 접지공사의 접지극으로 사용할 수 있는가?(단, 접지선을 내경 75[mm]의 금속제 수도관으로부터 분기한 내경 50[mm]의 금속제 수도관에 분기점으로부터 6[m] 거리에 접속하였다.)

① 1
② 2
③ 3
④ 5

45 금속제 수도관로 또는 철골 기타의 금속제를 접지극으로 사용한 접지공사의 접지선 시설방법은 어느 것에 준하여 시설하여야 하는가?

① 애자사용공사
② 금속몰드공사
③ 금속관공사
④ 케이블공사

46 접지도체 선정에서 피뢰시스템이 접속된 경우 접지도체의 단면적은 몇 [mm²] 이상인가?(단, 접지도체는 구리선이다.)

① 10
② 16
③ 25
④ 50

47 접지도체 단면적에서 큰 고장전류가 접지도체를 통하여 흐르지 않을 경우 접지도체의 단면적은 몇 [mm²] 이상인가?(단, 접지도체는 구리선이다.)

① 6
② 10
③ 16
④ 50

48 전기설비의 정상 운전상태에서 보호도체에 10[mA]를 초과하는 전류가 흐를 때 보호도체가 하나인 경우 단면적은 몇 [mm²] 이상의 구리선으로 증강(보강)해야 하는가?

① 10
② 16
③ 25
④ 50

49 보호도체와 계통도체 겸용을 하는 데 해당되지 않는 것은?

① 중성선과 겸용(PEN)
② 상도체와 겸용(PEL)
③ 중간도체와 겸용(PEM)
④ 접지도체와 겸용(PEE)

50 보호도체와 중성선을 겸용하는 것은?

① 중성선과 겸용(PEN)
② 상도체와 겸용(PEL)
③ 중간도체와 겸용(PEM)
④ 접지도체와 겸용(PEE)

51 보호도체와 겸용도체의 시설기준으로 틀린 것은?

① 겸용도체는 고정된 전기설비에서만 사용할 수 있다.
② 단면적 구리 10[mm²] 또는 알루미늄 25[mm²] 이상
③ 중성선과 보호도체의 겸용도체는 전기설비의 부하 측으로 시설하면 안 됨
④ 폭발성 분위기 장소는 보호도체를 전용으로 사용하여야 함

52 접지시스템에 주 접지단자를 설치하고 접속해야 할 도체로 잘못된 것은?

① 등전위본딩 본체
② 접지도체
③ 접지극
④ 기능성 접지도체

53 저압전선로의 중성선 또는 접지 측 전선에 추가 접지공사를 할 때 접지도체의 단면적은 몇 [mm²] 이상인가?

① 6
② 10
③ 16
④ 25

54 전기설비의 접지설비, 건축물의 피뢰설비, 전자통신설비 등의 접지극을 공용하는 접지시스템을 무엇이라 하는가?

① 공통접지
② 통합접지
③ 중성점접지
④ 단독접지

55 전기설비의 접지설비·건축물의 피뢰설비 및 통신설비 등의 접지극을 공용하는 통합접지공사를 하는 경우 낙뢰 등 과전압으로부터 전기전자기기 등을 보호하기 위하여 설치해야 하는 것은?

① 배선용 차단기
② 지락차단장치
③ 서지보호장치
④ 저압 퓨즈

56 접지시스템에서 고압 및 특고압 계통의 지락사고 시 고장시간이 5초 이내일 때 저압계통에 가해지는 허용되는 상용주파 과전압[V]은 얼마 이하인가?

① 250
② 1,000
③ 1,200
④ 1,500

57 보호 등전위본딩 도체로 동선을 사용할 때 단면적은 몇 [mm²] 이상이어야 하는가?

① 6
② 50
③ 10
④ 16

58 피뢰시스템의 적용범위에 해당되지 않는 것은?

① 전기전자설비가 설치된 건축물·구조물로서 낙뢰로부터 보호가 필요한 것 또는 지상으로부터 높이가 20[m] 이상인 것
② 전기설비 중 낙뢰로부터 보호가 필요한 설비
③ 전자설비 중 낙뢰로부터 보호가 필요한 설비
④ 수도관, 가스관 등 배관설비

59 전기설비 보호를 위한 외부 피뢰시스템을 구성하는 요소에 포함되지 않는 것은?

① 수뢰부(피뢰침)시스템
② 인하도선시스템
③ 접지극시스템
④ 등전위본딩시스템

60 외부 피뢰시스템에서 수뢰부의 종류에 해당되지 않는 것은?

① 돌침
② 수평도체
③ 그물망도체
④ 접지도체

61 높이 60[m]를 초과하는 건축물·구조물의 측격뢰 보호용 수뢰부시스템은 최상부로부터 전체 높이의 몇 [%] 부분에 대하여 보호하는가?

① 10%
② 20%
③ 30%
④ 40%

62 건축물이나 구조물과 분리되지 않은 피뢰시스템에서 불연성의 벽과 이격 가능할 경우 수뢰부시스템의 간격은 몇 [m] 이상인가?

① 0.05
② 0.1
③ 0.2
④ 벽표면

63 인하도선시스템에서 수뢰부시스템과 접지시스템을 연결하는 방법으로 틀린 것은?

① 복수의 인하도선을 병렬로 구성해야 한다.
② 건축물·구조물과 분리된 피뢰시스템인 경우는 병렬구성을 예외로 할 수 있다.
③ 경로의 길이가 최소가 되도록 한다.
④ 인하도선은 보호도체선과 연결하여 접지한다.

64 외부 피뢰시스템 접지극의 종류에 해당하지 않는 것은?

① 수평 접지극
② 기초 접지극
③ 환상도체 접지극
④ 매설도체 접지극

65 전기전자설비 등에 연결된 전선로를 통하여 서지가 유입되는 경우, 해당 선로에는 어떠한 보호장치를 설치하는가?

① 서지보호장치
② 사기차폐와 서지유입경로 차폐장치
③ 격벽, 외함 설치
④ 접지·본딩

66 접지극시스템의 접지극 설치에 따른 설명으로 틀린 것은?

① 지표면에서 0.75[m] 이상 깊이로 매설하여야 한다. 다만, 필요시는 해당 지역의 동결심도를 고려한 깊이로 할 수 있다.
② 대지가 암반지역으로 대지저항이 높거나 건축물・구조물이 전자통신시스템을 많이 사용하는 시설의 경우에는 환상도체 접지극 또는 기초 접지극으로 한다.
③ 접지극 재료는 대지에 환경오염 및 부식의 문제가 없어야 한다.
④ 철근콘크리트 기초 내부의 상호 접속된 철근 또는 금속제 지하구조물 등 자연적 구성부재는 접지극으로 사용할 수 없다.

67 다음 표는 피뢰시스템의 등급에 따른 인하도선의 최대 간격을 나타낸 것이다. ( )에 알맞은 간격은?

피뢰시스템의 등급	간격[m]
Ⅰ	10
Ⅱ	( )
Ⅲ	( )
Ⅳ	20

① 10, 15 ② 10, 10
③ 10, 20 ④ 20, 20

68 피뢰인하도선이 건축물・구조물과 분리되지 않은 피뢰시스템인 경우 다음 설명 중 틀린 것은?

① 벽이 불연성 재료로 된 경우에는 벽의 표면 또는 내부에 시설할 수 있다. 다만, 벽이 가연성 재료인 경우에는 0.1[m] 이상 이격하고, 이격이 불가능한 경우에는 도체의 단면적을 100[mm^2] 이상으로 한다.
② 인하도선의 수는 1조 이상으로 한다.
③ 보호대상 건축물・구조물의 투영에 다른 둘레에 가능한 한 균등한 간격으로 배치한다. 다만, 노출된 모서리 부분에 우선하여 설치한다.
④ 피뢰등급에 따라 인하도선 간격을 달리할 수 있다.

Chapter 02 고압·특고압 설비

제1절 접지설비

01 고압·특고압 접지계통

(1) 접지시스템
   ① 고압 또는 특고압 전기설비의 접지는 원칙적으로 공통접지, 통합접지에 적합하여야 한다.
   ② 고압 또는 특고압과 저압 접지시스템이 서로 근접한 경우
      고압 또는 특고압 변전소의 접지시스템은 공통 및 통합 접지의 일부분이거나 또는 다중접지된 계통의 중성선에 접속되어야 한다. 다만, 공통 및 통합 접지시스템이 아닌 경우 다음 표에 따라 각각의 접지시스템 상호 접속 여부를 결정하여야 한다.

[접지전위상승(EPR : Earth Potential Rise) 제한 값]

저압 계통의 형태 (a, b)	대지전위상승(EPR) 요건		
	접촉전압	스트레스 전압	
		고장지속시간 $t_f \leq 5s$	고장지속시간 $t_f > 5s$
TT	해당 없음	EPR ≤ 1,200V	EPR ≤ 250V
TN	EPR ≤ $F \cdot V$	EPR ≤ 1,200V	EPR ≤ 250V

여기서, V : 허용접촉전압, F : 배수(2~5)

02 혼촉에 의한 위험방지시설

(1) 가공공동지선
   변압기는 시설장소마다 접지공사 시행이 원칙이다. 다만, 토지의 상황에 따라 규정된 접지저항값을 얻기 어려운 경우 가공공동지선을 실시한다.
   ① 접지선 굵기 : 4.0[mm] 또는 동복강선 : 3.5[mm]
   ② 가공공동지선과 대지 간의 합성전기저항치는 1[km]를 지름으로 하여 분리되었을 경우 전기저항값은 300[Ω] 이하 유지

(2) 혼촉방지판이 있는 변압기에 접속하는 저압 옥외전선의 시설 등
   ① 저압전선은 1구 내에만 시설할 것
   ② 저압 가공전선로 또는 저압 옥상전선로의 전선은 케이블일 것
   ③ 저압 가공전선과 고압 또는 특별고압의 가공전선을 동일 지지물에 시설하지 아니할 것

(3) 특고압과 고압의 혼촉 등에 의한 위험방지 시설
   특고압전로에 결합되는 고압전로에는 사용전압의 3배 이하의 방전 장치를 설치하여야 한다. 다만, 피뢰기 또는 혼촉방지판을 시설하여 접지저항값이 10[Ω] 이하 또는 접지시스템에 접지공사를 한 경우에는 그러하지 아니하다.

(4) 전로의 중성점 접지
   ① 목적
      전로 보호장치의 확실한 동작 확보, 이상 전압 억제 및 대지전압 저하
   ② 전로의 중성점 접지선
      ㉠ 특고압이나 고압으로 사용 시 공칭단면적 16[mm^2] 이상의 연동선 사용
      ㉡ 저압전로의 중성점은 공칭단면적 6[mm^2] 이상의 연동선 사용
      ㉢ 접지시스템의 규정에 준하여 시설하여야 한다.
   ③ 변압기의 안정권선이나 유휴권선 또는 전압조정기의 내장권선을 이상전압으로부터 보호하기 위하여, 접지시스템 규정에 의하여 접지공사를 하여야 한다.

제2절 기계·기구시설

01 기계 및 기구

(1) 특고압 배전용 변압기의 시설
   ① 변압기의 1차 전압은 35[kV] 이하, 2차 전압은 저압 또는 고압일 것
   ② 변압기의 특고압 측에 개폐기 및 과전류차단기를 시설할 것

(2) 고압, 특고압용 기계·기구의 시설
   지표상의 기계·기구 높이는 다음과 같다.
   ① 고압 기계·기구의 높이
      ㉠ 시가지 외 : 4[m]
      ㉡ 시가지 내 : 4.5[m]
   ② 특고압 기계·기구의 높이
      ㉠ 사용전압 35[kV] 이하 : 5[m]
      ㉡ 사용전압 35[kV] 초과 160[kV] 이하 : 6[m]
      ㉢ 사용전압 160[kV] 초과 : 6[m]에 10[kV]당 12[cm]를 더한 값

(3) 고주파 이용 전기설비의 장해 방지
   2회 이상 연속하여 10분간 측정하였을 때에 각각 측정값의 최댓값에 대한 평균값이 −30[dB](1[mW]를 0[dB]로 한다)일 것

(4) 기계·기구의 철대 및 외함의 접지 생략 조건
   ① 사용전압이 직류 300[V] 또는 교류 대지전압이 150[V] 이하인 건조한 장소에 시설하는 경우
   ② 저압용의 기계·기구를 건조한 목재의 마루 기타 이와 유사한 장소에 시설하는 경우
   ③ 기계·기구를 사람이 닿지 않는 목주 위에 시설하는 경우
   ④ 절연대를 설치하는 경우
   ⑤ 절연물로 피복한 것일 경우
   ⑥ 2중 절연구조로 되어 있는 기계·기구를 시설하는 경우
   ⑦ 저압용 전로의 전원 측에 절연변압기(2차 전압이 300[V] 이하이며, 정격용량이 3[kVA] 이하인 것에 한한다)를 시설하는 경우
   ⑧ 인체감전보호용 누전차단기(정격감도전류가 30[mA] 이하, 동작시간이 0.03초 이하의 전류동작형에 한한다)를 시설하는 경우

(5) 아크를 발생하는 기구의 시설

기구 등의 구분	간격
고압용의 것	1[m] 이상
특고압용의 것	2[m] 이상(사용전압이 35[kV] 이하인 특고압용의 기구 등으로서 동작할 때에 생기는 아크의 방향과 길이를 화재가 발생할 우려가 없도록 제한하는 경우에는 1[m] 이상)

(6) 개폐기의 시설
   ① 작동에 따라 그 개폐상태를 표시하는 장치가 되어 있는 것일 것
   ② 중력에 의해 자연히 작동할 우려가 있는 것은 자물쇠 장치를 시설할 것
   ③ 부하전류 차단용이 아닌 개폐기인 경우 부하전류가 통하고 있을 때 회로가 열리지 않도록 시설한다.(단, 보기 쉬운 곳에 부하전류 유무 표시장치 시설 시, 전화기 기타 지령장치 시설 시, 태블릿 등을 사용함으로써 부하전류가 통하고 있을 때 열린회로의 조작을 방지하기 위한 조치를 하는 경우는 그러하지 아니하다.)

(7) 절연유 누설에 대한 보호
   사용전압이 100[kV] 이상의 중성점 직접접지식 전로에 접속하는 변압기(기술기준)

(8) 고압 및 특고압 전로 중의 과전류차단기의 시설
   고압용 퓨즈
   ① 포장 : 정격전류 1.3배에 견디고, 2배에서 120분 내 용단
   ② 비포장 : 정격전류 1.25배에 견디고, 2배에서 2분 내 용단

(9) 과전류차단기의 시설 제한

과전류 차단기의 시설제한장소
① 접지공사의 접지선
② 다선식 선로의 중성선(단상 3선식, 3상 4선식)
③ 저압 가공전선로의 접지 측 전선

(10) 누전차단장치 등의 시설

금속제 외함을 가지는 사용전압 50[V]를 초과하는 저압의 기계·기구로서 사람이 쉽게 접촉할 우려가 있는 곳에 시설할 것, 다만 설치 제외 장소는 다음과 같다.
① 저압인 경우
  ㉠ 기계기구를 발전소·변전소·개폐소 또는 이에 준하는 곳에 시설하는 경우
  ㉡ 대지전압이 150[V] 이하인 기계·기구를 건조한 장소에 시설하는 경우
  ㉢ 2중 절연구조의 기계·기구를 시설하는 경우
  ㉣ 그 전로의 전원 측에 절연변압기를 시설하는 경우
  ㉤ 기계·기구가 고무·합성수지·기타 절연물로 피복된 경우
② 고압, 특고압인 경우
  ㉠ 발전소·변전소 또는 이에 준하는 곳의 인출구
  ㉡ 다른 전기사업자로부터 공급받는 수전점
  ㉢ 배전용 변압기(단권변압기를 제외한다)의 시설 장소
③ 자동복구 기능을 갖는 누전차단기
  ㉠ 독립된 무인 통신중계소·기지국
  ㉡ 관련법령에 의해 일반인의 출입을 금지 또는 제한하는 곳
  ㉢ 옥외의 장소에 무인으로 운전하는 통신중계기 또는 단위기기 전용회로

(11) 피뢰기의 시설
① 고압 및 특별고압의 피뢰기 시설 장소
  ㉠ 발전소·변전소 또는 이에 준하는 장소의 가공전선 인입구 및 인출구
  ㉡ 가공전선로에 접속하는 배전용 변압기의 고압 측 및 특별고압 측
  ㉢ 고압 및 특별고압 가공전선로로부터 공급을 받는 수용장소의 인입구
  ㉣ 가공전선로와 지중전선로가 접속되는 곳
② 다음 항의 규정에 의하지 아니할 수 있다.
  ㉠ 직접 접속하는 전선이 짧은 경우
  ㉡ 피보호 기기가 보호범위 내에 위치하는 경우
  ㉢ 습뢰 빈도수가 적은 경우
③ 피뢰기 접지
  ㉠ 고압 및 특고압의 전로에 시설하는 피뢰기 접지 저항값은 10[Ω] 이하로 하여야 한다.
  ㉡ 고압 가공전선로에 시설하는 피뢰기가 접지공사의 전용인 경우 접지 저항치가 30[Ω] 이하일 때 접지시스템에 적용하지 않는다.

제3절 발전소, 변전소, 개폐소 등의 전기설비

01 발전소 등의 울타리·담 등의 시설

① 울타리·담 등을 시설할 것
② 출입구에는 출입금지의 표시를 할 것
③ 출입구에는 자물쇠 장치 등의 장치를 할 것

사용전압의 구분	울타리의 높이와 울타리로부터 충전부분까지의 거리의 합계 또는 지표상의 높이
35,000[V] 이하	5[m]
35,000[V] 초과 160,000[V] 이하	6[m]
160,000[V] 초과	6[m]에 160,000[V]를 초과하는 10,000[V] 또는 단수마다 12[cm]를 더한 값 6m+[(X−16)×0.12]

금속제의 울타리·담 등이 교차하는 경우에 금속제의 울타리·담 등에는 교차점과 좌·우로 45[m] 이내의 개소에 접지시스템 규정의 접지공사를 하여야 한다.

02 특고압전로의 상 및 접속 상태의 표시

① 특고압전로에는 보기 쉬운 곳에 상별 표시를 하여야 한다.
② 발전소 · 변전소에서 2회선 이하이고 단일모선인 경우에는 모의모선을 생략한다.

03 발전기, 변압기, 전력용 콘덴서, 무효전력 보상장치 보호장치

기기	용량	사고내용	보호장치
발전기	모든 발전기	과전류 시	자동차단장치
	500[kVA] 이상	수차유압이 현저히 저하 시	
	2,000[kVA] 이상	베어링 온도 상승 시	
	10,000[kVA] 이상	내부고장 및 베어링의 마모 시	
변압기	5,000[kVA] 이상 10,000[kVA] 미만	내부고장 시	경보장치 또는 자동차단장치
	10,000[kVA] 이상	내부고장 시	자동차단장치
	타냉식	냉각장치 고장 시	경보장치
무효전력 보상장치	15,000[kVA] 이상	내부고장 시	자동차단장치
전력용 콘덴서 · 분로 리액터	500[kVA] 넘고 15,000[kVA] 미만	내부고장, 과전류 시	자동차단장치
	15,000[kVA] 이상	내부고장, 과전류, 과전압 시	

04 계측장치

(1) 발전기 · 무효전력 보상장치
전압계, 전류계, 전력계, 고정자 및 베어링 온도계를 설치하며 무효전력 보상장치는 동기검정장치 시설을 한다. 단, 용량이 현저히 작은 경우 생략

(2) 변압기
① 특고용 : 유온 측정용 온도계
② 주변압기 : 전압계, 전류계, 전력계

(3) 정격 출력이 10[kW] 미만인 내연력 발전소는 전류 및 전력 측정장치를 생략할 수 있다.

05 가스절연기기 등의 압력용기의 시설

① 공기압축기는 최고 사용압력의 1.5배의 수압 또는 1.25배의 기압에 연속 10분간 견디어야 한다.
② 공기탱크는 공기보급 없이 투입 및 차단을 연속하여 1회 이상할 수 있는 용량을 가질 것
③ 주 공기탱크에 설치하는 압력계의 눈금 : 사용압력의 1.5배 이상 3배 이하

06 수소냉각식 발전기 등의 시설

① 발전기 또는 무효전력 보상장치는 기밀구조(氣密構造)의 것이고 또한 수소가 대기압에서 폭발하는 경우에 생기는 압력에 견디는 강도를 가지는 것일 것
② 누설된 수소 가스를 안전하게 외부에 방출할 수 있는 장치를 설치할 것
③ 수소의 순도가 85[%] 이하로 저하한 경우에 이를 경보하는 장치를 시설할 것
④ 압력이 현저히 변동한 경우에 이를 경보하는 장치를 시설할 것
⑤ 온도를 계측하는 장치를 시설할 것
⑥ 대기압에서 폭발하는 경우에 생기는 압력에 견디는 강도의 것일 것
⑦ 수소를 통하는 관 · 밸브 등은 수소가 새지 아니하는 구조로 되어 있을 것
⑧ 유리제의 점검창 등은 쉽게 파손되지 아니하는 구조로 되어 있을 것

핵심 기출 문제

01 154[kV]에서 6,600[V]로 변성하는 변압기의 고압 측 단자에 시설하는 정전방전기는 몇 [V] 이하에서 방전을 개시하여야 하는가?

① 15,600 ② 16,800
③ 18,500 ④ 19,800

02 3,300[V] 전로의 중성점을 접지하는 경우의 접지선에 연동선을 사용할 때 그 최소 지름은 몇 [mm²]인가?

① 6.0 ② 10
③ 16   ④ 25

03 전로의 중성점 접지의 목적에 해당되지 않는 것은?

① 전로 보호장치의 확실한 동작 보호
② 이상 전압의 억제
③ 감전으로부터 보호
④ 대지전압의 저하

04 고압 또는 특별고압과 저압의 혼촉에 의한 위험을 방지하기 위해 저압 측의 중성점에 접지공사를 시행하였으나 변압기 시설장소의 토지상황이 좋지 않아 가공공동접지선을 이용하였다. 변압기의 시설장소로부터 몇 [m]까지 떼어놓을 수 있는가?

① 100 ② 200
③ 300 ④ 500

05 변압기의 시설장소에 접지공사를 시행하기 곤란하여 가공공동지선으로 접지공사를 시행하는 경우 각 변압기를 중심으로 하여 지름 몇 [m] 이내의 지역에 시설하여야 되는가?

① 400 ② 500
③ 600 ④ 800

06 고압 가공전선로에 사용하는 가공 공동지선에 나동복강선을 사용할 경우 지름 몇 [mm] 이상의 것을 사용하여야 하는가?

① 2.0 ② 2.5
③ 3.0 ④ 3.5

07 특별고압 가공전선로에 사용하는 가공공동지선에는 지름 몇 [mm]의 나경동선 또는 이와 동등 이상의 세기 및 굵기의 나선을 사용하여야 하는가?

① 2.6 ② 3.5
③ 4   ④ 5

08 가공공동지선에 의한 접지공사에 있어 가공공동지선과 대지 간의 합성전기저항값은 몇 [m]를 지름으로 하는 지역 안마다 규정하는 접지저항값을 가지는 것으로 하여야 하는가?

① 400 ② 600
③ 800 ④ 1,000

09 변전소의 고압용 기계·기구를 시가지 내에 사람이 쉽게 접촉할 우려가 없도록 시설하는 경우 지표상 몇 [m] 이상의 높이에 시설하여야 하는가?(단, 고압용 기계·기구에 부속하는 전선으로는 케이블을 사용하였다.)

① 4 ② 4.5
③ 5 ④ 5.5

10 다음 중 고압용 기계 · 기구를 시설하여서는 안 되는 경우는?

① 발전소, 변전소, 개폐소 또는 이에 준하는 곳에 시설하는 경우
② 시가지 외로서 지표상 3[m]인 경우
③ 공장 등의 구내에서 기계 · 기구의 주위에 사람이 쉽게 접촉할 우려가 없도록 적당한 울타리를 설치하는 경우
④ 옥내에 설치한 기계기구를 취급자 이외의 사람이 출입할 수 없도록 설치한 곳에 시설하는 경우

11 특별한 이유에 의하여 직류 · 교류를 몇 [V]에서 기계 · 기구를 건조한 곳에 시설하는 경우 접지공사를 생략할 수 있는가?

① 직류 150[V], 교류 150[V]
② 직류 150[V], 교류 300[V]
③ 직류 300[V], 교류 150[V]
④ 직류 600[V], 교류 300[V]

12 전로에 시설하는 기계 · 기구 중에서 외함 접지공사를 생략할 수 없는 경우는?

① DC 300[V] 또는 AC 150[V] 이하인 기계 · 기구가 건조한 장소에 시설된 경우
② 철대 또는 외함의 주위에 절연대를 시설한 경우
③ 220[V]의 모발 건조기를 2중 절연하여 시설하는 경우
④ 정격감도전류 20[mA], 동작시간이 0.5초인 전류 동작형의 인체감전보호용 누전차단기를 시설하는 경우

13 특고압전로와 비접지식 저압전로를 결합하는 변압기로서 그 특고압권선과 저압권선 간에 금속제 혼촉방지판이 있고 또한 그 혼촉방지판에 접지공사를 한 것에 접속하는 저압전선을 옥외에 시설할 때의 방법으로 옳지 않은 것은?

① 저압전선은 1구 내에만 시설할 것
② 저압가공전선로 또는 저압옥상전선로의 전선은 케이블일 것
③ 저압가공전선과 케이블이 아닌 특고압의 가공전선은 동일 지지물에 시설하지 아니할 것
④ 저압전선의 연장범위는 반드시 200[m] 이하일 것

14 특별고압전선로에 접속하는 배전용 변압기의 1, 2차 전압은?

① 1차 : 35,000[V] 이하, 2차 : 저압 또는 고압
② 1차 : 35,000[V] 이하, 2차 : 특별고압 또는 고압
③ 1차 : 50,000[V] 이하, 2차 : 저압 또는 고압
④ 1차 : 50,000[V] 이하, 2차 : 특별고압 또는 고압

15 특별고압 옥외배전용 변압기의 특별고압 측에 시설하는 기기는 다음 중 어느 것인가?

① 개폐기 및 과전류 차단기
② 방전기 설치
③ 계기용 변류기
④ 계기용 변압기

16 사용전압이 몇 [V] 이상의 중성점 직접접지식 전로에 접속하는 변압기를 설치하는 곳에 절연유의 구외, 유출 및 지하 침투를 방지하기 위하여 절연유 유출방지설비를 하여야 하는가?

① 10,000[V] ② 50,000[V]
③ 100,000[V] ④ 200,000[V]

17 고압 또는 특별고압전로 중 기계·기구 및 전선을 보호하기 위하여 필요한 곳에는 무엇을 시설하여야 하는가?

① 영상변류기
② 과전류 차단기
③ 콘덴서형 변성기
④ 지락 차단기

18 고압용 또는 특별고압용의 개폐기로서 부하전류를 차단하기 위한 것이 아닌 개폐기는 부하전류가 통하고 있을 경우에는 회로가 열리지 않도록 시설하거나 기타의 부하전류 유무에 대한 확인방법을 강구하여야 한다. 기타의 확인방법으로 볼 수 없는 것은?

① 쇄정장치를 한다.
② 태블릿 등을 사용한다.
③ 개폐기의 조작을 하는 곳의 보기 쉬운 위치에 부하전류의 유무를 표시하는 장치를 한다.
④ 전화기, 기타의 지령장치를 한다.

19 고압용의 개폐기, 차단기, 피뢰기, 기타 이와 유사한 기구로서 동작 시에 아크가 생기는 것은 목재의 벽 또는 천장, 기타의 가연성 물체로부터 몇 [m] 이상 떼어놓아야 하는가?

① 1
② 0.8
③ 0.5
④ 0.3

20 누전차단기 등을 시설하여야 하는 전로는 사용전압이 몇 [V]를 넘는 금속제 외함을 가지는 저압의 기계기구로서, 사람이 쉽게 접촉할 우려가 있는 곳에 전기를 공급하는 전로인가?

① 30
② 50
③ 150
④ 300

21 금속제 외함을 가지는 사용전압이 50[V]를 넘는 저압의 기계·기구로서 사람이 쉽게 접촉할 우려가 있는 곳에 시설하는 경우 전기를 공급하는 전로에 지기가 생겼을 때에 자동적으로 전로를 차단하는 장치를 하여야 한다. 대지전압이 몇 [V]인 기계·기구를 물기가 있는 곳 이외의 곳에 시설하는 경우 누전차단기를 생략할 수 있는가?

① 100[V]
② 150[V]
③ 300[V]
④ 600[V]

22 저압용 기계·기구에 전기를 공급하는 전로에 인체감전보호용 누전차단기를 시설하면 외함의 접지를 생략할 수 있다. 이 경우의 누전차단기의 정격이 기술기준에 적합한 것은 어느 것인가?

① 정격감도전류 15[mA] 이하, 동작시간 0.1초 이하의 전류동작형
② 정격감도전류 15[mA] 이하, 동작시간 0.03초 이하의 전류동작형
③ 정격감도전류 30[mA] 이하, 동작시간 0.1초 이하의 전류동작형
④ 정격감도전류 30[mA] 이하, 동작시간 0.3초 이하의 전류동작형

23 과전류 차단기로 시설하는 퓨즈 중 고압전로에 사용하는 비포장 퓨즈는 정격전류의 몇 배의 전류에 견디고 또한 2배의 전류로 2분 안에 용단되는 것이어야 하는가?

① 1.1
② 1.25
③ 1.5
④ 1.75

24 전로 중에서 기계·기구 및 전선을 보호하기 위한 과전류 차단기의 시설제한사항이 아닌 것은?

① 다선식 전로의 중성선
② 저압 옥내배선의 접지 측 전선
③ 전로의 일부에 접지공사를 한 저압가공전선로의 접지 측 전선
④ 접지공사의 접지선

25 다음 중 과전류 차단기의 설치장소로 적합하지 않은 것은?

① 직접접지계통에 설치한 변압기의 접지선
② 역률 조정용 고압 병렬 콘덴서 뱅크의 분기선
③ 고압 배전선로 인출장소
④ 수용가의 인입선 부분

26 옥내전로에서 과전류 차단기를 시설해서는 안 되는 곳은?

① 3상 4선식의 접지 측
② 단상 2선식의 접지 측
③ 단상 3선식의 비접지 측
④ 단상 3선식의 중성선

27 가공전선로와 지중전선로가 접속되는 곳에 반드시 시설하여야 하는 것은?

① 단로기
② 차단기
③ 피뢰기
④ 무효전력 보상장치

28 피뢰기의 시설을 해야 하는 경우 아래 도면에서 피뢰기 시설 장소의 수는?

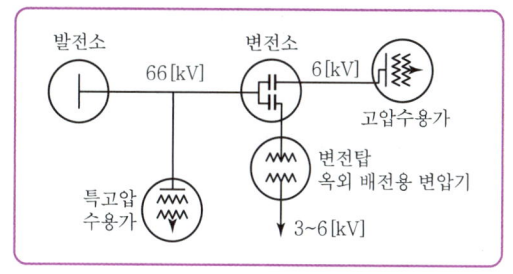

① 8   ② 7
③ 6   ④ 4

29 다음 중 피뢰기를 시설하지 아니하여도 되는 곳은?

① 습뢰 빈도가 적은 지역으로서 방출 보호통을 장치한 곳
② 발전소, 변전소 또는 이에 준하는 장소의 가공전선 인입구
③ 특별고압 가공전선로로부터 공급받는 수용장소의 인입구
④ 특별고압 배전용 변압기의 특별고압 측 및 고압 측

30 피뢰기의 접지공사의 접지저항은 몇 [Ω] 이하이어야 하는가?

① 5   ② 10
③ 30   ④ 300

31 고압가공전선로로부터 수전하는 수용가의 인입구에 시설하는 피뢰기의 접지공사에 있어서 접지선이 피뢰기 접지공사 전용의 것이면 저항[Ω]은 얼마까지 허용되는가?

① 5   ② 10
③ 30   ④ 70

32 "고압 또는 특고압의 기계·기구, 모선 등을 옥외에 시설하는 발전소, 개폐소 또는 이에 준하는 곳에 시설하는 울타리, 담 등의 높이는 (㉠)[m] 이상으로 하고 지표면과 울타리, 담 등의 하단 사이의 간격은 (㉡)[cm] 이하로 하여야 한다."에서 ㉠, ㉡에 알맞은 것은?

① ㉠ 3, ㉡ 15
② ㉠ 2, ㉡ 15
③ ㉠ 3, ㉡ 25
④ ㉠ 2, ㉡ 25

33 고압 가공전선과 금속제 울타리가 교차하는 경우 울타리에는 교차점과 좌우로 접지공사를 하여야 한다. 그 접지공사방법이 옳은 것은?

① 좌우로 30[m] 이내의 개소에 한다.
② 좌우로 35[m] 이내의 개소에 한다.
③ 좌우로 40[m] 이내의 개소에 한다.
④ 좌우로 45[m] 이내의 개소에 한다.

34 1차 22,900[V], 2차 3,300[V]의 변압기를 지상에 설치하는 경우 울타리의 높이와 충전부까지의 거리 합계는 최소 몇 [m] 이상인가?

① 2 ② 3
③ 4 ④ 5

35 20[kV]급 전로에 접속한 전력용 콘덴서 장치에 울타리를 하고자 한다. 울타리의 높이를 2[m]로 하면 울타리로부터 콘덴서 장치의 최단 충전부까지의 거리[m]는 얼마 이상인가?

① 2 ② 3
③ 4 ④ 5

36 345[kV]급 변전소에서 시설할 기계·기구의 울타리의 거리 합계는 얼마인가?

① 6.22 ② 6.28
③ 8.22 ④ 8.28

37 345[kV] 변전소의 충전 부분에서 5.78[m] 거리에 울타리를 설치하고자 한다. 울타리의 최소높이[m]는 얼마인가?

① 2.0 ② 2.25
③ 2.5 ④ 3.0

38 발·변전소의 특별고압 전로에서 접속상태를 모의모선 등으로 표시하지 않아도 되는 것은?

① 1회선의 복모선
② 2회선의 단모선
③ 3회선의 단모선
④ 3회선의 복모선

39 발전기의 용량에 관계없이 자동적으로 전로로부터 차단하는 장치를 시설해야 하는 경우는?

① 베어링 과열
② 과전류 인입
③ 유압의 과팽창
④ 발전기의 내부고장

40 발전기를 구동하는 수차의 압유장치의 유압이 현저히 저하하는 경우 자동적으로 전로로부터 차단하는 장치를 하여야 한다. 용량이 몇 [kVA] 이상인 발전기에 반드시 자동차단장치를 시설하여야 하는가?

① 500 ② 1,000
③ 5,000 ④ 10,000

41 발전기 내부에 고장이 생긴 경우 발전기를 자동적으로 차단하는 장치가 꼭 필요한 발전기 용량의 최솟값[kVA]은?

① 500
② 1,000
③ 5,000
④ 10,000

42 수차 발전기는 스러스트 베어링의 온도가 현저히 상승하는 경우 자동적으로 이를 전로부터 차단하는 장치를 시설하는데, 이때 수차 발전기의 최소 용량은?

① 500[kVA] 이상
② 1,000[kVA] 이상
③ 1,500[kVA] 이상
④ 2,000[kVA] 이상

43 증기터빈의 스러스트 베어링이 현저하게 마모되거나 온도가 현저하게 상승한 경우 그 발전기를 전로부터 자동 차단하는 장치를 시설하는 것은 정격출력이 몇 [kW]를 넘었을 경우인가?

① 500
② 2,000
③ 5,000
④ 10,000

44 특별고압용 변압기는 냉각방식에 따라 온도가 현저히 상승한 경우 이를 경보하는 장치를 시설하도록 되어 있다. 다음 중 그러한 장치가 필요 없는 것은?

① 자냉식
② 타냉식
③ 송유풍냉식
④ 송유자냉식

45 송유풍냉식 특고압용 변압기의 송풍기에 고장이 생긴 경우를 대비하여 시설하여야 하는 보호장치는?

① 경보장치
② 과전류 측정장치
③ 온도측정장치
④ 정속도 조정장치

46 특별고압용 변압기로서 내부 고장이 발생한 경우 경보만 하여도 좋은 것은 어느 범위의 용량인가?

① 500[kVA] 이상 10,000[kVA] 미만
② 10,000[kVA] 이상 50,000[kVA] 미만
③ 5,000[kVA] 이상 10,000[kVA] 미만
④ 10,000[kVA] 이상 15,000[kVA] 미만

47 특별고압용 변압기로서 내부 고장에 반드시 자동 차단되어야 하는 변압기의 뱅크 용량은 몇 [kVA] 이상인가?

① 5,000
② 7,500
③ 10,000
④ 15,000

48 전로 중에 기계·기구 및 전선을 보호하기 위하여 필요한 곳에는 과전류 차단장치가 필요하다. 다만, 콘덴서 내부 고장이 생기거나 과전류가 흐르는 경우 자동차단장치가 필요한 뱅크 용량은 몇 [kVA]인가?

① 50
② 100
③ 500
④ 1,000

49 과전압이 생긴 경우 자동적으로 전로부터 차단하는 장치를 하여야 하는 전력용 콘덴서의 최소 뱅크 용량[kVA]은?

① 500
② 5,000
③ 10,000
④ 15,000

50 전력용 콘덴서의 용량이 15,000[kVA] 이상인 경우에 시설하는 차단장치의 설명으로 옳지 않은 것은?

① 내부에 고장이 생긴 경우에 동작하는 장치
② 절연유의 압력이 변화할 때 동작하는 장치
③ 과전류가 생긴 경우에 동작하는 장치
④ 과전압이 생긴 경우에 동작하는 장치

51 일정 용량 이상의 무효전력 보상장치에는 그 내부에 고장이 생긴 경우 자동으로 이를 전로로부터 차단하는 장치를 하여야 하는데, 그 용량은 몇 [kVA] 이상인가?

① 15,000
② 20,000
③ 35,000
④ 40,000

52 발전기, 변압기, 무효전력 보상장치, 모선 또는 이를 지지하는 애자는 어느 전류에 의하여 생기는 기계적 충격에 견디는 강도를 가져야 하는가?

① 정격전류
② 단락전류
③ 1.25×정격전류
④ 과부하전류

53 다음 무효전력 보상장치의 각 계측장치 중에서 무효전력 보상장치의 용량이 전력계통의 용량과 비교하여 현저히 작은 경우에 그 시설을 생략할 수 있는 것은?

① 전압, 전류 및 전력의 측정장치
② 고정자의 온도측정장치
③ 베어링의 온도측정장치
④ 동기검정장치

54 발전소에서 계측장치를 시설하지 않아도 되는 것은?

① 발전기 연료전지 또는 태양전지 모듈의 전압 및 전류 또는 전력
② 발전기의 베어링 및 고정자의 온도
③ 특별고압 모선의 전압 및 전류 또는 전력
④ 특별고압용 변압기의 온도

55 발전소에는 필요한 계측장치를 시설하여야 한다. 다음 중 시설하지 않아도 되는 계측장치는?

① 발전기의 전압
② 주요 변압기의 역률
③ 발전기의 고정자의 온도
④ 특별고압용 변압기의 온도

56 발전소나 변전소의 주요 변압기에 있어서 계측하는 장치가 꼭 필요하지 않은 것은?

① 유량
② 온도
③ 전압
④ 전력

57 발전소, 변전소의 개폐기 또는 차단기에 사용하는 공기압축기는 최고 사용압력의 몇 배의 수압시험에 의하여 10분간 견디어야 하는가?

① 1.1배
② 1.25배
③ 1.5배
④ 2배

58 발·변전소의 차단기에 사용하는 압축탱크는 사용압력에서 공기의 보급 없이 차단기의 투입 및 차단을 계속 최소 몇 회 이상 할 수 있는 용량을 가져야 하는가?

① 1회
② 2회
③ 3회
④ 4회

59 발전소의 개폐기 또는 차단기에 사용하는 압축공기장치의 주 공기탱크에 설치하는 압력계의 눈금은 어떻게 된 것으로 하여야 하는가?

① 사용압력의 1.1배 이상, 2배 이하
② 사용압력의 1.25배 이상, 2배 이하
③ 사용압력의 1.5배 이상, 3배 이하
④ 사용압력의 2배 이상, 3배 이하

Chapter 03 전선로

제1절 전선로

01 가공전선로 지지물의 승탑 및 승주 방지

가공전선로의 지지물에 취급자가 오르내리는 데 사용하는 발판 볼트 등을 지표상 1.8[m] 미만에 시설하여서는 아니 된다.

02 풍압하중의 종별과 적용

(1) 가공전선로에 사용하는 지지물의 강도계산에 적용하는 풍압하중

① 갑종 풍압하중

풍압을 받는 구분			구성재의 수직 투영면적 1[m²]에 대한 풍압
지지물	목주		588[Pa]
	철주	원형의 것	588[Pa]
		강관에 의하여 구성되는 사각형의 것	1,117[Pa]
	철근 콘크리트주	원형의 것	588[Pa]
	철탑	단주 (완철류는 제외함) 원형의 것	588[Pa]
		단주 (완철류는 제외함) 기타의 것	1,117[Pa]
		강관으로 구성되는 것 (단주는 제외함)	1,255[Pa]
전선 기타 가섭선		다도체, 복도체	666[Pa]
		기타의 것	745[Pa]
애자장치(특별 전선용의 것에 한한다.)			1,039[Pa]
목주·철주(원형의 것에 한한다.) 및 철근콘크리트주의 완금류(특별고압 전선로용의 것에 한한다.)			단일재로서 사용하는 경우에는 1,196[Pa]

② 을종 풍압하중
 ㉠ 전선 주위에 두께 6[mm]
 ㉡ 비중 0.9의 빙설이 부착된 상태
 ㉢ 갑종 × $\frac{1}{2}$

③ 병종 풍압하중(저온계)
 ㉠ 빙설이 적은 지역
 ㉡ 인가가 밀집된 도심지역의 저·고압 가공전선로
 ㉢ 35[kV] 이하 특고압절연전선 및 케이블을 사용하는 가공전선로
 ㉣ 갑종 × $\frac{1}{2}$
 ㉤ 특고압 가공전선을 지지하는 애자 완금

④ 풍압하중의 적용

지역		고온	저온
빙설이 많은 지방 이외의 지방		갑종	병종
빙설이 많은 지방	일반	갑종	을종
	해안지방	갑종	갑종과 을종 둘 중 큰 것
인가가 많이 연접		병종	병종

03 가공전선로 지지물 기초의 안전율

① 종류 : 목주, 철주(A종·B종), 철근콘크리트주(A종·B종), 철탑
② 지지물 기초의 안전율은 2(단, 철탑의 이상 시 상정하중이 가하여지는 경우 철탑의 기초에 대하여는 1.33) 이상이어야 한다.
③ 상정하중
 ㉠ 상시 상정하중 : 가섭선의 절단을 고려하지 않은 경우의 하중
 ㉡ 이상 시 상정하중 : 가섭선의 절단을 고려한 경우의 하중

※ 목주의 안전율
- 일반 : 저압 1.2, 고압 1.3, 특고압 1.5
- 보안공사 : 저압 또는 고압 1.5 이상, 특고압 2.0 이상

④ 지지물의 매설 깊이

설계 하중	6.8[kN] 이하	6.8[kN] 이하	9.8[kN] 이하	14.72[kN] 이하
지지물	목주, 철주, 철근 콘크리트주 (A종)	철주, 철근 콘크리트주	철주, 철근 콘크리트주	철주, 철근 콘크리트주
길이	16[m] 이하	16[m] 초과~20[m] 이하	14[m] 이상~20[m] 이하	14[m] 이상~20[m] 이하
매설 깊이	① 15[m] 이하 : $l \times \dfrac{1}{6}$[m] 이상 ② 15[m] 초과 : 2.5[m] 이상	2.8[m]	① + 0.3[m] ② + 0.3[m]	• 15[m] 이하 ① + 0.5[m] 이상 • 18[m] 이하 3[m] 이상 • 20[m] 이하 3.2[m] 이상

04 지지선의 시설

① 철탑은 지지선을 사용하여 그 강도를 분담시켜서는 아니 된다.
② 지지물에 시설하는 지지선설치기준
　㉠ 지지선의 안전율은 2.5 이상일 것 : 이 경우에 허용 인장하중의 최저는 4.31[kN]으로 한다(단, 목주, A종인 경우 1.5).
　㉡ 지지선에 연선을 사용할 경우에는 다음에 의할 것
　　• 소선(素線) 3가닥 이상의 연선일 것
　　• 소선의 지름이 2.6[mm] 이상인 금속선을 사용한 것일 것(다만, 소선의 지름이 2[mm] 이상인 아연도강연선일 것)
　㉢ 지중부분 및 지표상 30[cm]까지의 부분에는 내식성이 있는 것 또는 아연도금을 한 철봉을 사용
③ 도로를 횡단하여 시설하는 지지선의 높이는 지표상 5[m] 이상일 것

05 가공전선로의 유도장해 방지

① 전력선과 기설 약전류 전선 간의 간격은 2[m] 이상이어야 한다.
② 유도전류제한
　㉠ 12[km]마다 유도전류가 2[μA] 이하
　㉡ 40[km]마다 유도전류가 3[μA] 이하
③ 특고압 가공전선로에서 발생하는 극저주파 전자계는 지표상 1[m]에서 전계가 3.5[kV/m] 이하, 자계가 83.3[μT] 이하가 되도록 시설하는 등 상시 정전유도 및 전자유도작용에 의하여 사람에게 위험을 줄 우려가 없도록 시설하여야 한다.

06 특고압 가공전선이 도로 등과 교차하는 경우 보호망 시설

① 보호망을 구성하는 금속선은 특고압 가공전선의 직하에 시설하는 금속선에는 이상의 것 또는 지름 5[mm] 이상의 경동선을 사용하고, 그 밖의 부분은 지름 4[mm] 이상의 경동선을 사용할 것
② 보호망을 구성하는 금속선 상호의 간격은 가로, 세로 각 1.5[m] 이하일 것

07 가공 케이블의 시설

① 케이블은 조가선에 행거로 시설하며 간격을 50[cm] 이하로 시설하여야 한다.
　단, 금속 테이프 등을 나선상으로 감는 경우 20[cm] 이하의 간격을 유지
② 조가선은 인장강도 고압 5.93[kN], 특고압 13.93[kN] 이상의 것 또는 단면적 22[mm2] 이상인 아연도철연선일 것
③ 조가선 및 케이블외 피복에 사용하는 금속체에는 접지 시스템 규정에 맞게 접지를 할 것

08 가공전선의 굵기 및 종류

① 전선의 굵기

사용전압	전선의 종류		보안공사
400[V] 이하 저압	나전선	• 3.2[mm] 이상 • 인장강도 3.43[kN] 경동선	인장강도 5.26[kN] 이상 4.0[mm] 경동선
	절연전선	• 2.6[mm] 이상 • 인장강도 2.3[kN] 경동선	
400[V] 초과 저압 또는 고압	시가지	• 5.0[mm] 이상 • 인장강도 8.01[kN] 경동선	인장강도 8.01[kN] 이상 5.0[mm] 경동선
	시가지 외	• 4.0[mm] 이상 • 인장강도 5.26[kN] 경동선	
특고압	시가지	• 100[kV] 미만 • 55[mm²] 이상 • 인장강도 21.67[kN] • 100[kV] 이상 • 150[mm²] 이상 • 인장강도 58.84[kN]	—
	시가지 외	• 25[mm²]의 경동연선	—
22.9 [kV-Y]	시가지 내	• 25[mm²]의 경동연선	—

② 저압가공전선은 절연전선, 다심형 전선 또는 케이블
③ 저고압가공전선의 안전율은 경동선 또는 내열 동합금선은 2.2 이상, 그 밖의 전선은 2.5 이상이 되는 처짐정도로 시설하여야 한다.

09 저압 및 고압 가공전선의 높이

장소	저·고압
지표상	5[m]
도로횡단	6[m]
철도횡단	6.5[m]
횡단보도교	3.5[m] 단, 450/750[V] 인입용 비닐절연전선·케이블 : 3[m]

10 특고압 가공전선의 높이

① 특고압 가공전선 높이 : 시가지 외

35[kV] 이하	160[kV] 이하	160[kV] 초과
㉠ 지표상 : 5[m] ㉡ 도로횡단 : 6[m] ㉢ 횡단보도 : 4[m] ㉣ 철도횡단 : 6.5[m]	㉠ 지표상 • 산지 : 5[m] • 평지 : 6[m] ㉡ 도로횡단 : 6[m] ㉢ 횡단보도 : 5[m] ㉣ 철도횡단 : 6.5[m]	산지·평지 : $6(5)+(X-16)\times 0.12$[m] (여기서, X : 전압)

② 특고압 가공전선 높이 : 시가지

35[kV] 이하	35[kV] 초과
10[m]. 단, 특고압 절연전선 또는 케이블은 8[m] 이상	$10(8)+(X-3.5)\times 0.12$[m] (여기서, X : 전압)

11 고압 및 특고압 가공전선로의 가공지지선

① 가공지지선 : 뇌해 방지
② 고압 가공전선로 가공지지선은 지름 4[mm]의 나경동선
③ 특고압 가공전선로 가공지지선은 지름 5[mm]의 나경동선, 22[mm2]의 나경동선

12 가공전선로 지지물의 강도 등

① 목주의 안전율(위쪽 끝의 지름 12[cm] 이상)
  ㉠ 일반 : 저압 1.2, 고압 1.3, 특고압 1.5
  ㉡ 보안공사 : 저압 또는 고압 1.5 이상, 특고압 2.0 이상

13 가공전선 등의 병행

병행 : 동일한 지지물에 전력선과 전력선이 동시 시설
① 35[kV] 이하 병행간격

전압	표준	케이블 사용 시
저압과 고압 병행	0.5[m]	0.3[m]
22.9[kV-Y] 특고압과 저압 및 고압 병행	1[m]	0.5[m]
35[kV] 이하 특고압과 저압 및 고압 병행	1.2[m]	0.5[m]

② 35.1[kV]를 초과하고 100[kV] 미만인 특고압과 저압 또는 고압과 병행간격
  ㉠ 제2종 특고압 보안공사
  ㉡ 단면적이 50[mm2] 이상인 경동연선
  ㉢ 특고압가공전선과 저압고압가공전선의 간격은 2[m] 케이블 사용 시 1[m]
  ㉣ 철주, 철근콘크리트주, 철탑의 지지물

14 가공전선 등의 공용

① 공용 : 동일 지지물에 전력선과 약전선을 동시 시설한 것으로 35[kV] 이하에서만 시설

전압	표준	케이블 사용 시
약전선과 저압 공용	0.75[m]	0.3[m]
약전선과 고압 공용	1.5[m]	0.5[m]
약전선과 특고압 공용	2[m]	0.5[m]

② 목주의 안전율은 1.5 이상
③ 특별고압 가공전선과 약전선은 제2종 특고압 보안공사를 하며 단면적이 50[mm²] 이상인 경동연선을 사용한다.

15 고압 및 특고압 가공전선로 지지물 간 거리의 제한

지지물	표준 지지물 간 거리	긴 지지물 간 거리	저압 고압 보안공사	저압·고압 보안공사 지지물 간 거리 증가	특고압 제1종 보안공사	특고압 제2종 보안공사	특고압 제3종 보안공사
목주 A종 지지물	150[m]	300[m]	100[m]	150[m]	목주 A종 지지물 시설 금지	100[m]	100[m] / 38[mm²] 이상 경동연선 사용 시 150[m]
B종 지지물	250[m]	500[m]	150[m]	250[m]	150[m]	200[m]	200[m] / 55[mm²] 이상 경동연선 사용 시 250[m]
철탑	600[m]	지지물과 거리 제한 없음	400[m]	600[m]	400[m]	400[m]	400[m] / 55[mm²] 이상 경동연선 사용 시 600[m]
전선 굵기	—	고압 단면적 22[mm²] 이상, 특고압 단면적 50[mm²] 이상	—	저압 : 22[mm²] 고압 : 38[mm²] 경동연선 사용 시 지지물 간 거리를 늘릴 수 있다.	150[mm²] 이상 경동연선 사용 시 지지물 간 거리를 늘릴 수 있다.	95[mm²] 이상 경동연선 사용 시 지지물 간 거리를 늘릴 수 있다.	—

16 보안공사

① 저압 및 고압 보안공사
  ㉠ 저압 : 4.0[mm] 이상의 경동선
  ㉡ 고압 : 5.0[mm] 이상의 경동선
② 특별고압 보안공사
  ㉠ 제1종 특고압 보안공사 : 35[kV] 초과하는 전선과 건조물이 제2차 접근상태인 경우
  • 전선의 굵기

사용전압	전선
100[kV] 미만	인장강도 21.67[kN] 이상의 연선 또는 55[mm²] 이상
100[kV] 이상 300[kV] 미만	인장강도 58.84[kN] 이상의 연선 또는 150[mm²] 이상
300[kV] 이상	인장강도 77.47[kN] 이상의 연선 또는 200[mm²] 이상

  • 지지물 : B종 철주, B종 철근콘크리트주, 철탑을 사용하며 목주 및 A종 지지물은 사용할 수 없다.
  ㉡ 제2종 특고압 보안공사 : 35[kV] 이하 전선과 건조물이 제2차 접근상태인 경우
     병행, 공용, 삭도와 특고압 가공전선이 2차 접근상태 시설
  ㉢ 제3종 특고압 보안공사 : 특고압 가공전선이 건조물 등과 제1차 접근상태인 경우

17 가공전선과 타 시설물의 접근 및 교차 시 간격

(1) 전력선과 건조물의 조영재 사이의 간격

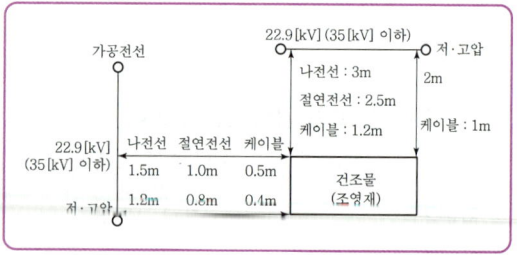

(2) 저압 및 고압 가공전선과 도로 등의 간격

도로 등의 구분	저압 간격	고압 간격
도로 · 횡단보도 교 · 철도 또는 궤도	3[m]	3[m]

(3) 특고압 가공전선과 도로, 교량 접근 교차

사용전압의 구분	간격
35,000[V] 이하	3[m]
35,000[V] 초과	3[m]에 사용전압이 35,000[V]를 초과하는 10,000[V] 또는 그 단수마다 15[cm]를 더한 값 $3 + (X - 3.5) \times 0.15$[m] (여기서, X : 35,000[V]를 초과하는 전압) 소수 첫째 자리에서 절상한다.

18 가공전선과 가공약전류 전선 등의 접근 또는 교차

(1) 가공전선과 타 전력선, 약전선, 안테나, 삭도, 기타 시설물 간격

사용전압의 구분	간격
저압	0.6[m]
	케이블 0.3[m]
고압	0.8[m]
	케이블 0.4[m]
22.9[kV-Y]	나전선 2[m]
	특고압 절연전선 1.5[m], 삭도 1[m]
	케이블 0.5[m]
60[kV] 이하	2[m]

(2) 가공전선(전력선)과 식물, 수목과의 간격

사용전압의 구분	간격
저압	상시 불고 있는 바람에 의하여 직접 접촉하지 말 것
고압	
22.9[kV-Y]	나전선 1.5[m]
	특고압 절연전선, 케이블 사용 시 직접 닿지 않으면 된다. (단, 35[kV] 이하 특고압 가공전선에 고압 절연전선 사용 시 50[cm] 이격)
60[kV] 이하	2[m]

(3) 60[kV]를 넘는 특고압 가공전선과 식물, 타 전력선, 약전선, 안테나, 삭도 기타 시설물 간격

사용전압의 구분	간격
35,000[V] 이하	2[m](삭도 : 특고압 절연전선 1[m], 케이블 50[cm])
35,000[V] 초과 60,000[V] 이하	2[m]
60,000[V] 초과	2[m]에 사용전압이 60,000[V]를 초과하는 10,000[V] 또는 그 단수마다 12[cm]를 더한 값 $2 + (X - 6) \times 0.12$[m] (여기서, X : 60,000[V]를 초과하는 전압) 소수 첫째 자리에서 절상한다.

19 400[kV] 이상의 특고압 선로

전압이 400[kV] 이상의 특고압 가공전선이 건조물과 제2차 접근상태로 있는 경우 기준
① 전선 높이가 최저상태일 때 가공전선과 건조물 상부와의 수직거리가 28[m] 이상일 것
② 독립된 주거생활을 할 수 있는 단독주택, 공동주택이 아닐 것
③ 건조물 지붕은 콘크리트, 철판 등 불에 잘 타지 않는 불연성 재료일 것
④ 폭연성 먼지, 가연성 가스, 인화성 물질, 석유류, 화약류 등 위험물질을 다루는 건조물에 해당되지 아니할 것
⑤ 건조물 최상부에서 전계(3.5kV/m) 및 자계(83.3μT)를 초과하지 아니할 것

20 농사용 저압 가공전선로의 시설

① 사용전압은 저압일 것
② 전선의 인장강도 1.38[kN] 이상의 것 또는 지름 2[mm] 이상의 경동선일 것(단, 지지물 간 거리가 10[m] 이하인 경우는 4[mm²] 이상의 연동절연전선)
③ 위쪽 끝 지름이 9[cm] 이상일 것
④ 지지물 간 거리는 30[m] 이하일 것

21 구내에 시설하는 저압 가공전선로

① 전선의 인장강도 1.38[kN] 이상의 것 또는 지름 2[mm] 이상의 경동선일 것(단, 지지물 간 거리가 10[m] 이하인 경우는 4[mm²] 이상의 연동절연전선)
② 전선로의 지지물 간 거리는 30[m] 이하일 것

22 옥측 전선로의 시설

① 저압 옥측 전선로의 시설
  ㉠ 애자공사 시 4[mm²] 이상의 연동 절연전선
  ㉡ 전선의 지지점 간의 거리는 2[m] 이하일 것
  ㉢ 식물과 20[cm] 간격
② 고압 및 특고압 옥측 전선로의 시설
  ㉠ 케이블공사 : 2[m] 이하 지지
  ㉡ 특고압 시설제한 전압 : 100[kV] 이하

23 옥상전선로의 시설

① 저압 옥상전선로
  ㉠ 전선은 인장강도 2.30[kN] 이상의 것 또는 지름 2.6[mm] 이상의 경동선의 것
  ㉡ 전선은 절연전선일 것
  ㉢ 지지점 간의 거리는 15[m] 이하일 것
  ㉣ 저압 옥상전선로의 전선은 상시 부는 바람 등에 의하여 식물에 접촉하지 아니하도록 시설하여야 한다.
② 저압에서 전선과 조영재 간은 2[m] 이상일 것. 단, 케이블, 절연전선은 1[m]
③ 고압 옥상전선로의 시설 : 케이블
④ 특별고압 옥상전선로의 시설 : 시설하여서는 아니 된다.

24 인입선 시설기준

① 가공인입선 : 가공전선로의 지지물에서 분기하여 다른 지지물을 거치지 않고 한 수용장소 인입구에 이르는 전선
  ㉠ 저압 가공인입선의 종류 : 절연전선, 케이블, 다심형 전선
  ㉡ 가공인입선 굵기
    • 저압 : 2.6[mm], 인장강도 2.3[kN](단, 15[m] 이하인 경우 2.0[mm] 이상)
    • 고압 : 5.0[mm], 인장강도 8.01[kN]
    • 특고압 : 케이블
② 저압 및 고압 인입선의 시설 높이

구분	고압	저압
지표상 높이	5[m]	4[m]
도로횡단	6[m]	5[m]
철도횡단	6.5[m]	6.5[m]
기타	전선 밑에 위험표시 시 고압 : 3.5[m]	횡단보도교 위에 시설 : 3[m]

③ 특별고압 인입선 등의 시설
  특별고압 가공 인입선은 사용전압이 100,000[V] 이하인 시설
④ 이웃연결 인입선의 시설 : 한 수용장소 인입구에서 분기하여 다른 지지물을 거치지 않고 다른 수용장소 인입구에 이르는 전선
  ㉠ 이웃연결 인입선은 저압에만 적용
  ㉡ 저압 이웃연결 인입선 시설기준
    • 인입선에서 분기하는 점으로부터 100[m]를 초과하는 지역에 미치지 아니할 것
    • 폭 5[m]를 초과하는 도로를 횡단하지 아니할 것
    • 옥내를 통과하지 아니할 것

25 시가지 등에서 특별고압 가공전선로의 시설

① 특별고압 가공전선을 지지하는 애자장치시설 50[%] 충격불꽃방전전압값이 그 전선의 근접한 다른 부분을 지지하는 애자장치값의 130[kV] 이하 110[%], 130 [kV]를 초과하는 경우는 105[%] 이상인 것
② 특별고압 가공전선로의 시가지 지지물 간 거리는 다음 표에서 정한 값 이하일 것

지지물의 종류	지지물 간 거리
A종 지지물 (목주는 시설할 수 없다)	75[m]
B종 지지물	150[m]
철탑	400[m] (단주인 경우에는 300[m]) 다만, 전선이 수평으로 2 이상 있는 경우에 전선 상호 간의 간격이 4[m] 미만인 때에는 250[m]

③ 지지물에는 철주·철근콘크리트주 또는 철탑을 사용할 것
④ 전선은 단면적이 다음 표에서 정한 값 이상일 것

사용전압의 구분	전선의 단면적
100,000[V] 미만	인장강도 21.67[kN] 이상의 연선 또는 단면적 55[mm^2] 이상의 경동연선
100,000[V] 이상	인장강도 58.84[kN] 이상의 연선 또는 단면적 150[mm^2] 이상의 경동연선
170,000[V] 초과	240[mm^2]의 강심알루미늄전선

⑤ 지락계전기 동작
  ㉠ 100[kV] 이상에서는 지락·단락 시 1초 이내(보안공사 2초) 자동차단
  ㉡ 25[kV] 이하에서는 지락·단락 시 2초 이내(보안공사 3초) 자동차단

26 특별고압 가공전선과 지지물 등의 간격

사용전압	간격(cm)
15,000[V] 이상 25,000[V] 미만	20
25,000[V] 이상 35,000[V] 미만	25
60,000[V] 이상 70,000[V] 미만	40
130,000[V] 이상 160,000[V] 미만	90

27 특별고압 가공전선로의 철주·철근콘크리트주 또는 철탑의 종류

① 직선형 : 전선로의 직선부분(3도 이하인 수평각도를 이루는 곳을 포함한다.)에 사용하는 것(다만, 내장형 및 보강형에 속하는 것을 제외한다.)
② 각도형 : 전선로 중 3도를 초과하는 수평각도를 이루는 곳에 사용하는 것
③ 잡아당김형 : 전가섭선을 잡아당기는 곳에 사용하는 것
④ 내장형 : 전선로의 지지물 양쪽의 지지물 간 거리의 차가 큰 곳에 사용하는 것
⑤ 보강형 : 전선로의 직선부분에 그 보강을 위하여 사용하는 것

28 상시 상정하중

내장형 : 상정 최대장력의 3분의 1과 같은 불평균 장력의 수평 종분력에 의한 하중

29 특별고압 가공전선로의 내장형 등의 지지물 시설

① 특별고압 가공전선로 중 지지물로서 B종 철주 또는 B종 철근콘크리트주를 연속하여 10기 이상 사용하는 부분에는 10기 이하마다 내장형의 철주 또는 철근콘크리트주 1기를 시설하거나 5기 이하마다 보강형의 철주 또는 철근콘크리트주 1기를 시설하여야 한다.
② 특별고압 가공전선로 중 지지물로서 직선형의 철탑을 연속하여 10기 이상 사용하는 부분에는 10기 이하마다 내장 애자장치가 되어 있는 철탑 또는 이와 동등 이상의 강도를 가지는 철탑 1기를 시설하여야 한다.

30 25[kV] 이하인 특별고압 가공전선로의 시설

① 특별고압 가공전선로의 중성선의 다중 접지는 다음에 의할 것
   ㉠ 전기저항값 : 15[Ω]/[km], 300[Ω]/단독.
      단, 15[kV] 이하인 경우 300[Ω]/단독, 30[Ω]/[km]
   ㉡ 중성선 시설기준 : 저압 가공전선으로 취급
   ㉢ 접지선의 굵기 : 6[mm²] 이상의 연동선
   ㉣ 접지 상호 간의 거리는 150[m] 이하일 것. 단, 15[kV] 이하인 경우 300[m]

② 특별고압 가공전선로의 시가지 지지물 간 거리는 다음 표에서 정한 값 이하일 것

지지물의 종류	지지물 간 거리
A종 지지물 (목주는 시설할 수 없다)	75[m]
B종 지지물	150[m]
철탑	400[m] (단주인 경우에는 300[m]) 다만, 전선이 수평으로 2 이상 있는 경우에 전선 상호 간의 간격이 4[m] 미만인 때에는 250[m]

③ 전로에 지락이 생겼을 때에 2초 이내에 자동적으로 이를 전로로부터 차단하는 장치가 되어 있는 것에 한한다.

지지물의 종류	지지물 간 거리
목주 · A종 지지물	100[m]
B종 지지물	150[m]
철탑	400[m]

제2절 특수장소의 전선로

01 터널 안 전선로의 시설

철도·궤도 또는 자동차도 전용터널 안의 전선로는 다음 표에 의하여 시설하여야 한다.

구분	철도, 궤도, 자동차도 전용터널	사람이 상시 통행하는 터널
저압	• 애자공사 시 : 레일면상, 노면상 2.5[m] • 2.6[mm] 이상 경동선의 절연전선 • 합성수지관, 금속관, 가요전선관, 케이블 공사, 애자공사	• 애자공사 시 : 노면상 2.5[m] • 2.6[mm] • 합성수지관, 금속관, 가요전선관, 케이블 공사
고압	• 애자공사 시 : 레일면상, 노면상 3[m] • 4[mm] 이상 경동선의 고압 절연전선 또는 특고압절연전선 • 케이블 공사, 애자공사	케이블 공사
특고압	케이블 공사	—

02 사람이 상시 통행하는 터널 안의 배선 시설

공칭단면적 2.5[mm²]의 연동선과 동등 이상의 세기 및 굵기의 절연전선 및 애자공사로 노면상 2.5[m] 이상의 높이로 할 것

03 수상전선로의 시설

① 저·고압에서만 시설(특고압은 시설할 수 없다)
② 저압 : 클로로프렌 캡타이어 케이블
③ 고압 : 고압용 캡타이어 케이블
④ 수상전선로와 가공전선로 연결지점
   ㉠ 접속점이 육상에 있는 경우
      지표상 5[m] 이상(단, 저압이고 접속점이 도로 이외의 곳 : 4[m] 이상)
   ㉡ 접속점이 수면상에 있는 경우
      • 저압 : 4[m] 이상
      • 고압 : 5[m] 이상
⑤ 고압인 경우 자동차단장치 시설

04 지중전선로의 시설

공사방법 : 케이블 사용 – 직매식, 관로식, 암거식

① CD 케이블 : 콘크리트 트라프에 넣지 않고 직접 묻을 수 있는 케이블
② 매설깊이 : 압력을 받는 경우 1[m] 이상. 단, 압력을 받지 않는 경우 0.6[m] 이상
③ 지중함 시설기준
　㉠ 견고하고 차량, 기타 중량물의 압력에 견딜 수 있을 것
　㉡ 안에 고인 물을 제거할 수 있는 구조
　㉢ 뚜껑은 시설자 이외의 자가 쉽게 열 수 없도록 할 것
　㉣ 지중함의 크기가 1[m^3] 이상인 경우 가스 등을 방산하는 통풍장치를 시설할 것
④ 케이블 가압장치의 시설(연속 10분)
　㉠ 유·수압 : 1.5배
　㉡ 기압 : 1.25배
⑤ 지중전선과 지중전선의 간격
　㉠ 저압과 고압 : 0.15[m]
　㉡ 저압(고압)과 특고압 : 0.3[m]
　단, 사용전압이 25[kV] 이하인 다중접지방식인 경우, 그 간격은 0.1[m]
⑥ 지중전선과 약전선의 간격
　㉠ 약전선 – 저압(고압) : 0.3[m]
　㉡ 약전선 – 특고압 : 0.6[m]. 단, 관리자와 협의 시 0.1[m]
⑦ 특고압 지중전선과 유독성·가연성 유체를 내포하는 관과 접근 교차 시 1[m] 이하이면 내화성(난연성, 불연성) 격벽시설
⑧ 지중선로는 기설 지중약전류 전선로에 대하여 누설전류, 유도작용에 대하여 통신상 장해 방지

제3절 전력보안통신설비

01 전력보안통신설비의 시설

(1) 전력보안통신설비의 시설 요구사항
　① 전력보안통신설비의 시설장소
　　㉠ 송전선로
　　　• 66[kV], 154[kV], 345[kV], 765[kV] 계통 송전선로 구간(가공, 지중, 해저) 및 안전상 특히 필요한 경우에 전선로의 적당한 장소
　　　• 고압 및 특고압 지중전선로
　　　• 직류 계통 송전구간 및 지능형 전력망
　　㉡ 배전선로
　　　• 22.9[kV] 계통 배전선로 구간(가공, 지중, 해저)
　　　• 22.9[kV] 계통에 연결되는 분산전원형 발전소
　　　• 지능형 전력망 구현을 위해 필요한 구간
　　㉢ 발전소, 변전소 및 변환소
　　　• 원격감시제어가 되지 아니하는 발전소·변전소·개폐소, 전선로 및 이를 운용하는 급전소 및 급전분소 간
　　　• 2개 이상의 급전소(분소) 상호 간과 이들을 통합 운용하는 급전소(분소) 간
　　　• 수력설비 중 필요한 곳, 수력설비의 안전상 필요한 양수소(量水所) 및 강수량 관측소와 수력발전소 간
　　　• 동일 수계에 속하고 안전상 긴급 연락의 필요가 있는 수력발전소 상호 간

(2) 전력보안통신선의 시설높이와 간격
　① 도로, 철도 등의 높이

시설 장소	가공 통신선	첨가통신선	
		저압 및 고압	특고압
도로 (위) 횡단 시	5[m] (교통에 지장이 없다. 4.5[m])	6[m] (교통에 지장이 없다. 5[m])	6[m]
철도 (레일면상) 횡단 시	6.5[m]	6.5[m]	6.5[m]

시설 장소	가공 통신선	첨가통신선	
		저압 및 고압	특고압
횡단보도교 위 (노면상)	3[m]	3.5[m] (절연전선 사용 시 3[m])	5[m] (광섬유 케이블 사용 시 4[m])
기타 장소	3.5[m]	4[m] (광섬유 케이블 사용 시 3.5[m])	5[m]

② 가공전선과 첨가 통신선과의 간격(수직배선)
　㉠ 저·고압과 첨가 통신선의 간격 : 0.6[m] 단, 케이블인 경우 0.3[m]
　㉡ 특고압과 첨가 통신선의 간격 : 1.2[m] 단, 케이블인 경우 0.3[m]
　㉢ 22.9[kV-Y] 전력선과 첨가 통신선 : 0.75[m]
　㉣ 22.9[kV-Y] 중성선과 첨가 통신선 : 0.6[m]

③ 특고압 가공전선로의 지지물에 시설하는 통신선 또는 이에 직접 접속하는 통신선이 도로, 횡단보도교, 철도의 레일, 삭도, 교류전차선 등과 교차하는 경우
　㉠ 통신선은 연선의 단면적 16[mm²](단선의 지름 4mm)의 절연전선 또는 연선의 단면적 25[mm²](단선의 지름 5[mm])의 경동선일 것

④ 통신선과 삭도 또는 다른 가공약전류전선 등 사이의 간격 : 0.8[m](케이블 0.4[m]) 이상으로 할 것

(3) 조가선 시설기준

조가선은 단면적 38[mm²] 이상의 아연도강연선을 사용할 것

(4) 전력유도의 방지

정전유도작용 또는 전자유도작용에 의하여 사람에게 위험을 줄 우려가 없도록 시설하여야 한다.

(5) 전력보안통신설비의 보안장치

특고압용 제1종 보안장치, 특고압용 제2종 보안장치 또는 이에 준하는 보안장치를 시설하여야 한다.

(6) 전력선 반송통신용 결합장치의 보안장치

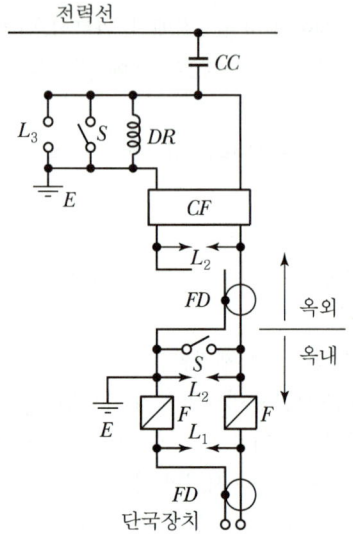

FD : 동축케이블
F : 정격전류 10[A] 이하의 포장 퓨즈
DR : 전류 용량 2[A] 이상의 배류 선륜
L_1 : 교류 300[V] 이하에서 동작하는 피뢰기
L_2 : 동작 전압이 교류 1.3[kV]를 초과하고 1.6[kV] 이하로 조정된 방전갭
L_3 : 동작 전압이 교류 2[kV]를 초과하고 3[kV] 이하로 조정된 구상 방전갭
S : 접지용 개폐기
CF : 결합 필터
CC : 결합 커패시터(결합 안테나를 포함한다)
E : 접지

02 지중통신선로설비의 시설

(1) 통신선

지중 공가설비로 사용하는 광케이블 및 동축케이블은 지름 22[mm] 이하일 것

(2) 전력구내 통신선의 시설
① 전력구내에서 통신용 행거는 최상단에 시설할 것
② 전력구의 통신용 케이블은 반드시 내관 속에 시설하고 그 내관을 행거 위에 시설할 것
③ 전력구에 시설하는 비난연재질인 통신선 및 내관은 난연 조치할 것
④ 전력구에서는 통신케이블을 고정시키기 위해 매 행거마다 내관과 행거를 견고하게 고정할 것

03 무선용 안테나

(1) 무선용 안테나 등을 지지하는 철탑 등의 시설

전력보안통신설비인 무선통신용 안테나 또는 반사판을 지지하는 목주·철주·철근콘크리트주 또는 철탑의 기초 안전율은 1.5 이상이어야 한다. 다만, 무선용 안테나 등이 전선로의 주위상태를 감시할 목적으로 시설되는 것일 경우에는 그러하지 아니하다.

(2) 무선용 안테나 등의 시설 제한

무선용 안테나 등은 전선로의 주위 상태를 감시하거나 배전자동화, 원격검침 등 지능형 전력망을 목적으로 시설하는 것 이외에는 가공전선로의 지지물에 시설하여서는 아니 된다.

핵심 기출 문제

01 가공전선로의 지지물에 취급자가 오르내리는 데 사용하는 발판 못 등은 일반적으로 지표상 몇 [m] 미만에 시설하여서는 안 되는가?
① 1.2
② 1.5
③ 1.8
④ 2.0

02 전선로의 종류가 아닌 것은?
① 산간전선로
② 수상전선로
③ 물밑전선로
④ 터널 내 전선로

03 원형 철근콘크리트주의 갑종 풍압하중[Pa]은 수직투영면적 1[m²]당 얼마인가?
① 588[Pa]
② 1,225[Pa]
③ 882[Pa]
④ 666[Pa]

04 전선 상호 간의 거리가 전선 바깥지름의 20배 이하의 거리로서 수평 배치된 복도체의 갑종 풍압하중[Pa]은 수직투영면적 1[m²]당 얼마인가?
① 666[Pa]
② 588[Pa]
③ 1,196[Pa]
④ 1,672[Pa]

05 단도체의 갑종 풍압하중은 몇 [Pa]로 계산하는가?
① 745[Pa]
② 666[Pa]
③ 588[Pa]
④ 1,225[Pa]

06 가공전선로에 사용하는 지지물의 강도 계산에 적용하는 갑종 풍압하중을 계산할 때 구성재의 수직투명면적 1[m²]에 대한 풍압의 기준이 잘못된 것은?
① 목주 : 588[Pa]
② 강관으로 구성(단주는 제외)된 철탑 : 1,255[Pa]
③ 원형 철주 : 588[Pa]
④ 원형 철근콘크리트주 : 882[Pa]

07 가공전선로의 지지물을 구성재가 강관으로 구성되는 철탑으로 할 경우의 갑종 풍압하중은 몇 [Pa]을 기초로 하여 계산한 것인가?(단, 단주는 제외한다.)
① 588[Pa]
② 1,117[Pa]
③ 1,255[Pa]
④ 2,157[Pa]

08 66,000[V]의 전로에 사용된 단일재 완금류의 갑종 풍압하중은 구성재의 투영면적 1평방미터에 대해 몇 [Pa]을 기초로 하여 계산하여야 하는가?
① 1,196[Pa]
② 1,627[Pa]
③ 1,039[Pa]
④ 745[Pa]

09 다도체의 을종 풍압하중은 전선 주위에 두께 6[mm], 비중 0.9의 빙설을 부착한 상태에서 수직투영면적 1[m²]당 몇 [Pa]을 기초로 하여 계산한 것인가?
① 333[Pa]
② 373[Pa]
③ 588[Pa]
④ 1,039[Pa]

10 단도체의 을종 풍압하중[Pa]은 전선 주위에 두께 6[mm], 비중 0.9의 빙설을 부착한 상태에서 수직 투영면적 1[m²]당 얼마인가?

① 373[Pa]   ② 333[Pa]
③ 1,672[Pa] ④ 588[Pa]

11 가공전선로에 사용하는 지지물의 강도 계산에 적용하는 병종 풍압하중은 갑종 풍압하중의 몇 [%]를 기초로 하여 계산한 것인가?

① 110   ② 80
③ 50   ④ 30

12 가공전선로의 지지물을 구성재가 강관으로 구성되는 철탑으로 할 경우의 병종 풍압하중은 몇 [Pa]을 기초로 하여 계산한 것인가?

① 680[Pa]   ② 627.5[Pa]
③ 745[Pa]   ④ 1,039[Pa]

13 가공전선로의 지지물에 하중이 가해지는 경우에 지지물 기초의 안전율은 얼마 이상이어야 하는가?

① 1   ② 2
③ 2.5   ④ 3

14 가공전선로의 지지물로 사용하는 A종 철근콘크리트주의 전장[m] 및 설계하중[kN]의 최댓값은?

① 15, 4.9   ② 15, 6.8
③ 16, 6.8   ④ 16, 4.9

15 전장 15[m]가 넘는 목주, A종 철주, A종 철근콘크리트주의 매설 깊이의 최솟값[m]은?

① 3   ② 3.5
③ 2   ④ 2.5

16 철근콘크리트주로서 전장이 15[m]이고, 설계하중이 8.82[kN]이다. 이 지지물을 논, 기타 지반이 연약한 곳에 기초 안전율의 고려 없이 시설하는 경우에 그 묻히는 깊이는 기준보다 몇 [cm]를 가산하여 시설하는가?

① 10   ② 20
③ 30   ④ 40

17 길이 15[m]의 철근콘크리트주의 설계하중이 8.82[kN]이라고 한다. 이 지지물을 지반이 탄탄한 곳에 기초안전율의 고려 없이 시설하자면 땅에 묻히는 깊이를 얼마로 하면 되는가?

① 2.5[m] 이상   ② 2.6[m] 이상
③ 2.7[m] 이상   ④ 2.8[m] 이상

18 철근콘크리트주로서 길이는 14[m] 이상 20[m] 이하, 설계하중은 9.8[kN]을 넘고 14.7[kN] 이하일 때 논이나 지반이 연약한 곳 이외의 지지물의 묻히는 깊이는?(단, 전주의 길이가 15[m]를 넘고 18[m] 이하일 때)

① 2.0[m]   ② 2.5[m]
③ 2.8[m]   ④ 3.0[m]

19 지지선으로 보강하여서는 안 되는 지지물은?

① 목주   ② 판자 마스트
③ 철근콘크리트   ④ 철탑

20 가공전선로의 지지물에 시설하는 지지선의 안전율과 허용하중의 최젓값은?

① 안전율 : 3.0, 허용인장하중 : 2.20[kN]
② 안전율 : 2.5, 허용인장하중 : 4.31[kN]
③ 안전율 : 2.0, 허용인장하중 : 4.40[kN]
④ 안전율 : 1.5, 허용인장하중 : 3.30[kN]

21 가공전선로의 지지물에 시설하는 지지선의 소선은 몇 가닥 이상의 연선이어야 하는가?

① 3　　② 5
③ 7　　④ 9

22 가공전선로의 지지물에 사용하는 지지선의 시설과 관련하여 다음 중 옳지 않은 것은?

① 지지선의 안전율은 2.5 이상, 허용인장하중의 최저는 3.31[kN]으로 할 것
② 지지선에 연선을 사용하는 경우 소선 3가닥 이상의 연선일 것
③ 지지선에 연선을 사용하는 경우 소선의 지름이 최소 2.6[mm] 이상의 금속선을 사용한 것일 것
④ 가공전선로의 지지물로 사용하는 철탑은 지지선을 사용하여 그 강도를 분담시키지 말 것

23 지지선이 도로를 횡단할 때 지표상의 높이는?

① 6[m]　　② 5[m]
③ 4[m]　　④ 3[m]

24 사용전압이 25,000[V] 이하인 특고압 가공전선로에서는 선로의 길이 12[km]마다 유도전류가 몇 [μA]를 넘지 아니하도록 하여야 하는가?

① 1.5[μA]　　② 2[μA]
③ 2.5[μA]　　④ 3.0[μA]

25 사용전압이 60,000[V]를 넘는 특고압 가공전선로에서 상시 정전유도는 전화선로의 길이 40[km]마다 유도전류가 몇 [μA]를 넘지 아니하도록 하여야 하는가?

① 1[μA]　　② 2[μA]
③ 3[μA]　　④ 4[μA]

26 고압 가공전선로의 가공 약전류 전선로가 병행하는 경우, 유도작용에 의하여 통신상의 장해가 미치지 아니하도록 하기 위한 최소 간격[m]은?

① 0.5　　② 1.0
③ 1.5　　④ 2.0

27 특별고압 가공전선로의 전선으로 케이블을 사용하는 경우의 시설로서 틀린 것은?

① 케이블은 조가선에 행거로서 시설한다.
② 케이블은 조가선에 접촉시키고 비닐테이프 등을 30[cm] 이상의 간격으로 감아 붙인다.
③ 조가선은 단면적 22[mm²]의 아연도강연선 이상의 세기 및 굵기의 연선을 사용한다.
④ 조가선 및 케이블의 피복에 사용한 금속체에는 접지공사를 한다.

28 특별고압 가공전선로를 가공케이블로 시설하는 경우 잘못된 것은?

① 조가선에 행거의 간격은 1[m]로 시설하였다.
② 조가선을 케이블의 외장에 견고하게 붙여 시설하였다.
③ 조가선은 단면적 22[mm²]인 아연도강연선을 사용하였다.
④ 조가선에 접촉시켜 금속테이프를 20[cm] 이하의 간격을 유지시켜 나선형으로 감아 붙였다.

29 특별고압 가공전선로의 전선에 케이블을 사용하는 경우 케이블은 조가선의 행거에 의하여 시설하는데, 이때 행거의 간격은 몇 [cm]인가?

① 30　　② 50
③ 75　　④ 100

30 일반적으로 저압가공전선으로 사용할 수 없는 것은?
 ① 케이블
 ② 절연전선
 ③ 다심형 전선
 ④ 나동복강선

31 시가지에서 400[V] 미만 저압가공전선로의 나경동선의 경우 최소 굵기[mm]는?
 ① 1.6
 ② 2.8
 ③ 2.6
 ④ 3.2

32 저압가공전선로에 사용하는 절연전선의 지름은 최소 몇 [mm] 이상의 것이어야 하는가?
 ① 2.0
 ② 2.6
 ③ 3.2
 ④ 5.0

33 시가지에 시설하는 고압가공전선으로 사용하는 경동선의 최소 굵기[mm]는?
 ① 2.6[mm]
 ② 3.2[mm]
 ③ 4.0[mm]
 ④ 5.0[mm]

34 고압가공전선으로 사용하는 경동선의 최소 굵기[mm]는?
 ① 2.6[mm]
 ② 3.2[mm]
 ③ 4.0[mm]
 ④ 5.0[mm]

35 인도교 위에 시설하는 조명용 저압가공전선로의 경동선 최소 굵기[mm]는?
 ① 1.6
 ② 2.0
 ③ 2.3
 ④ 2.6

36 고압가공전선으로 경동선 또는 내열 동합금선을 사용할 경우에 그 안전율은 최소 얼마 이상이 되는 처짐정도로 시설하여야 하는가?
 ① 2.2
 ② 2.5
 ③ 2.7
 ④ 3.0

37 고압가공전선에 경알루미늄을 사용하는 경우 안전율의 최솟값은 얼마인가?
 ① 2.0
 ② 2.2
 ③ 2.5
 ④ 4.0

38 저압 및 고압가공전선이 도로를 횡단할 때의 지표상의 높이의 최젓값은 얼마인가?
 ① 4[m]
 ② 5[m]
 ③ 6[m]
 ④ 7[m]

39 횡단보도교 위에 시설하는 저압가공전선로의 최소 높이는 얼마 이상으로 시설되는가?
 ① 2.5[m]
 ② 3.0[m]
 ③ 3.5[m]
 ④ 2.0[m]

40 옥외용 비닐절연전선을 사용한 저압가공전선이 횡단보도교 위에 시설하는 그 전선의 노면상 최소 높이는 얼마 이상으로 시설되는가?
 ① 2.5[m]
 ② 3.0[m]
 ③ 3.5[m]
 ④ 2.0[m]

41 35[kV] 특별고압 가공전선로가 도로를 횡단할 때의 지표상 최저 높이[m]는?
 ① 5
 ② 5.5
 ③ 6
 ④ 6.5

42 공칭전압 22,900[V]의 가공전선이 철도를 횡단하는 경우 전선의 궤조면상 최저 높이[m]는?

① 5
② 5.5
③ 6
④ 6.5

43 154[kV]의 특고압 가공전선을 사람이 쉽게 들어갈 수 없는 산간 벽지에 시설할 경우 지표상의 높이는 보통 몇 [m] 이상으로 하여야 하는가?

① 4
② 5
③ 6
④ 8

44 345[kV] 특별고압 송전선을 사람이 잘 들어가지 않는 산지에 시설할 때 전선의 최소 높이는 지표상 얼마인가?

① 7.28[m]
② 7.85[m]
③ 8.28[m]
④ 9.28[m]

45 345[kV] 초고압 가공송전선로를 평야에 건설할 경우 전선의 지표상 높이는 몇 [m] 이상인가?

① 5.5
② 6
③ 7.5
④ 8.28

46 22,900[V]의 특별고압 가공전선으로 경동연선을 시가지에 시설할 경우 전선의 지표상 높이는 최소 몇 [m] 이상이어야 하는가?

① 4
② 6
③ 8
④ 10

47 154[kV] 가공전선과 가공 약전류 전선이 교차하는 경우에 시설하는 보호망을 구성하는 금속선 중 가공전선의 바로 아래에 시설되는 것 이외의 다른 부분에 시설되는 금속선은 지름 몇 [mm] 이상의 아연도철선이어야 하는가?

① 2.6
② 3.2
③ 4.0
④ 5.0

48 사용 전압 154,000[V]의 가공전선을 시가지에 시설하는 경우에 케이블인 경우를 제외하고 전선의 지표상의 최소 높이[m]는?

① 7.44
② 7.80
③ 11.44
④ 9.8

49 고압가공전선로에 사용하는 가공지선은 인장강도 5.25[kN] 이상의 것 또는 지름은 몇 [mm] 이상의 나경동선을 사용하여야 하는가?

① 2.6[mm]
② 3.2[mm]
③ 4.0[mm]
④ 5.0[mm]

50 동일 지지물에 고·저압을 병행할 때 저압선의 위치는?

① 상부에 시설
② 동일 완금에 평행이 되게 시설
③ 하부에 시설
④ 옆쪽으로 평행이 되게 시설

51 저·고압가공전선을 동일 지지물에 시설하는 경우의 설명 중 맞는 것은?

① 저압가공선을 고압가공선의 아래로 하여야 한다.(단, 간격은 60[cm] 이상이어야 한다.)
② 저압가공선과 고압가공선의 간격은 30[cm] 이상이어야 한다.
③ 저압가공선과 고압가공선의 간격은 40[cm] 이상이어야 한다.
④ 저압가공선과 고압가공전선의 간격은 50[cm] 이상이어야 한다.

52 저압가공전선과 고압가공전선이 동일 지지물에 병행하는 경우 고압가공전선에 케이블을 사용하면 그 케이블과 저압가공전선의 최소 간격은 얼마인가?

① 30[cm]　　② 50[cm]
③ 60[cm]　　④ 75[cm]

53 22.9[kV-Y] 배전선에 3,300[V] 고압선을 병행할 경우 상호 간 최소 간격은 몇 [m]인가?

① 1　　② 1.2
③ 1.5　　④ 2

54 60[kV] 가공전선과 7[kV] 가공전선을 동일 지지물에 병행하여 시설하는 경우에 특별고압가공전선로는 어떤 보안공사에 의해서 시설하는가?

① 제1종 특별고압 보안공사
② 제2종 특별고압 보안공사
③ 제3종 특별고압 보안공사
④ 고압 보안공사

55 60[kV] 가공전선과 6[kV] 가공전선을 동일 지지물에 병행하는 경우 특별고압가공전선에 사용하는 경동연선의 굵기는 몇 [mm^2] 이상이어야 하는가?

① 22　　② 38
③ 50　　④ 100

56 35,000[V]의 특별고압가공전선과 가공약전류 전선을 동일 지지물에 공용하는 경우 다음 보안공사의 종류 중 해당되는 것은?

① 특별고압 가공선로는 제2종 특별고압 보안공사에 의하여 시설한다.
② 특별고압 가공선로는 고압 보안공사에 의하여 시설한다.
③ 특별고압 가공선로는 제1종 특별고압 보안공사에 의하여 시설한다.
④ 특별고압 가공선로는 제3종 특별고압 보안공사에 의하여 시설한다.

57 가공전선의 지지물에 약전류 전선을 공용할 수 있는 사용전압[V]은 얼마인가?

① 15,000　　② 25,000
③ 35,000　　④ 50,000

58 고압가공전선과 가공약전류전선을 공용할 수 있는 최소 간격[m]은?

① 50　　② 75
③ 1.5　　④ 2.0

59 가공약전류전선을 사용전압 22.9[kV]인 가공전선의 동일 지지물에 공용하고자 할 때 가공전선으로 경동연선을 사용한다면 다음의 전선규격 중 사용할 수 있는 경동연선의 굵기는 몇 [mm^2] 이상이어야 하는가?

① 22　　② 38
③ 50　　④ 100

60 고압가공전선로의 지지물로서 사용하는 목주의 풍압하중에 대한 안전율은?

① 1.1 이상　　② 1.2 이상
③ 1.3 이상　　④ 1.5 이상

61 목주를 사용한 고압가공전선로의 최대 지지물 간 거리는 몇 [m]인가?

① 50[m]　　② 100[m]
③ 150[m]　　④ 200[m]

62 고압가공전선로의 지지물로서 B종 철주 또는 B종 철근콘크리트주를 시설하는 경우의 최대 지지물 간 거리는 몇 [m]인가?

① 150[m]   ② 200[m]
③ 250[m]   ④ 300[m]

63 고압가공전선로의 지지물로 A종 철근콘크리트주를 시설하고 전선으로는 단면적 22[mm²]의 경동연선을 사용하였을 경우, 지지물 간 거리는 몇 [m]까지로 할 수 있는가?

① 150[m]   ② 250[m]
③ 300[m]   ④ 500[m]

64 단면적 50[mm²]의 경동연선을 사용하는 특고압가공전선로의 지지물로 내장형의 B종 철근콘크리트주를 사용하는 경우 허용 최대 지지물 간 거리는 몇 [m]인가?

① 150[m]   ② 250[m]
③ 300[m]   ④ 500[m]

65 지지물로서 B종 철주를 사용하는 특고압가공전선로의 지지물 간 거리를 250[m]보다 더 넓게 하고자 하는 경우에 사용되는 경동연선의 굵기는 최소 얼마 이상의 것이어야 하는가?

① 38[mm²]   ② 50[mm²]
③ 100[mm²] ④ 150[mm²]

66 100[kV] 미만의 특고압가공전선로의 지지물로 B종 철주를 사용하여 지지물 간 거리를 300[m]로 하고자 하는 경우, 전선으로 사용되는 경동연선의 최소 단면적은 몇 [mm²] 이상이어야 하는가?

① 38[mm²]   ② 50[mm²]
③ 100[mm²] ④ 150[mm²]

67 특고압가공전선로의 지지물로서 철탑을 시설하는 경우의 최대 지지물 간 거리는 몇 [m]인가?

① 150[m]   ② 250[m]
③ 400[m]   ④ 600[m]

68 특별고압가공전선로용 지지물로서 시가지에 시설하여서는 아니 되는 것은?

① 철탑   ② 철근콘크리트주
③ B종 철주   ④ 목주

69 특별고압가공전선로를 시가지에 A종 철주를 사용하여 시설하는 경우 지지물 간 거리의 최대는 몇 [m]인가?

① 100   ② 75
③ 150   ④ 200

70 시가지에 시설하는 철탑 사용 특별고압가공전선로의 전선이 수평배치이고 또한 전선 상호 간의 간격이 4[m] 미만이면 전선로의 지지물 간 거리는 몇 [m] 이하이어야 하는가?

① 400   ② 350
③ 300   ④ 250

71 66,000[V] 특별고압 가공전선로를 시가지에 설치할 때, 전선의 단면적은 최소 몇 [mm²] 이상의 경동연선 또는 이와 동등 이상의 세기 및 굵기의 연선을 사용하여야 하는가?

① 30   ② 38
③ 50   ④ 55

72 154[kV] 가공송전선을 시가지에 시설할 경우의 경동연선의 최소 단면적[mm²]은?

① 22   ② 38
③ 100   ④ 150

73 시가지에 시설하는 154[kV] 가공전선로에는 전선로에 지기가 생긴 경우 몇 초 안에 자동적으로 이를 전선로로부터 차단하는 장치를 시설하는가?

① 1
② 2
③ 3
④ 5

74 제1종 특고압 보안공사에 의하여 시설한 154[kV] 가공전선로에는 전선로에 지락 또는 단락이 생긴 경우 몇 초 안에 자동적으로 이를 전선로로부터 차단하는 장치를 시설하는가?

① 1
② 2
③ 3
④ 5

75 154[kV] 특별고압 가공전선로를 경동연선으로 시가지에 시설하려고 한다. 애자장치는 50[%] 충격불꽃방전전압의 값이 다른 부분의 몇 [%] 이상으로 되어야 하는가?

① 100
② 115
③ 110
④ 105

76 저압 보안공사 시에 사용되는 전선으로 경동선을 사용할 경우 그 지름은 몇 [mm]의 것을 사용하여야 하는가?

① 4
② 3.5
③ 2.6
④ 1.2

77 사용 전압이 고압 보안공사용 경동선 굵기의 최솟값[mm]은 얼마인가?

① 2.6[mm]
② 3.5[mm]
③ 4.0[mm]
④ 5.0[mm]

78 보안공사 중에서 목주, A종 철주 및 A종 철근콘크리트주를 사용할 수 없는 것은?

① 고압 보안공사
② 제1종 특별고압 보안공사
③ 제2종 특별고압 보안공사
④ 제3종 특별고압 보안공사

79 345[kV] 가공전선로를 제1종 특별고압 보안공사에 의하여 시설하는 경우에 사용하는 전선은 단면적 몇 [mm²]의 경동연선 또는 동등 이상의 세기 및 굵기의 것이어야 하는가?

① 100
② 125
③ 150
④ 200

80 사용전압이 35,000[V] 이하의 특별고압가공전선이 건조물과 제2차 접근상태에 시설되는 경우에 특별고압가공전선로는 어떤 보안공사를 하여야 하는가?

① 제4종 특별고압 보안공사
② 제3종 특별고압 보안공사
③ 제2종 특별고압 보안공사
④ 제1종 특별고압 보안공사

81 지지물로 목주를 사용하는 제2종 특별고압 보안공사의 시설기준에서 잘못된 것은?

① 전선은 연선일 것
② 목주의 풍압하중에 대한 안전율은 2 이상일 것
③ 지지물의 지지물 간 거리는 150[m] 이하일 것
④ 전선은 바람 또는 눈에 의한 요동에 의하여 단락될 우려가 없도록 시설할 것

82 제2종 특별고압 보안공사에 있어서 B종 철근콘크리트주를 사용하는 경우에 최대 지지물 간 거리는 몇 [m]인가?

① 100[m]　　② 150[m]
③ 200[m]　　④ 400[m]

83 사용전압이 35,000[V] 이하인 특별고압 가공전선이 건조물과 제2차 접근상태로 시설된 경우 규정에 맞지 않는 것은?

① 특별고압 가공전선은 제2종 특별고압 보안공사로 시설한다.
② 특별고압 가공전선과 건조물과 간격은 3[m] 이상으로 시설한다.
③ 특별고압 가공전선에 케이블을 사용하여 건조물의 상부 조영재에서 상방인 경우 1.2[m] 이상으로 시설한다.
④ 지지물로 사용하는 목주의 풍압하중에 대한 안전율은 1.5 이상으로 한다.

84 사용 전압 22,900[V] 가공전선이 건조물과 제2차 접근상태에 시설되는 경우에는 어느 시설이 기술기준에 적합한가?

① 보안공사가 필요 없다.
② 제1종 특별고압 보안공사에 의한다.
③ 제2종 특별고압 보안공사에 의한다.
④ 제3종 특별고압 보안공사에 의한다.

85 특별고압가공전선이 삭도와 제2차 접근상태로 시설할 경우에 특별고압가공전선로는 어느 보안공사를 하여야 하는가?

① 고압 보안공사
② 제1종 특별고압 보안공사
③ 제2종 특별고압 보안공사
④ 제3종 특별고압 보안공사

86 특별고압가공전선이 건조물과 제1차 접근상태로 시설되는 경우에 특별고압가공전선로는 몇 종의 특별고압 보안공사를 하여야 하는가?

① 제1종
② 제2종
③ 제3종
④ 고압 보안공사

87 고압 보안공사에 의하여 시설하는 B종 철주 사용 고압가공전선로의 지지물 간 거리를 250[m]로 하려면 전선에는 굵기가 얼마 이상인 경동선을 사용하여야 하는가?

① 5[mm²]　　② 22[mm²]
③ 38[mm²]　　④ 55[mm²]

88 제2종 특별고압 보안공사에 의한 철탑 사용 특별고압가공전선로의 지지물 간 거리를 500[m]로 하려면 전선에는 경동선으로 얼마 이상 굵기[mm²]의 것을 사용하여야 하는가?

① 38　　② 55
③ 82　　④ 95

89 600[V] 비닐절연전선을 사용한 저압가공전선이 위쪽에서 상부 조영재와 접근하는 경우의 전선과 상부 조영재 간의 간격은 최소 몇 [m]인가?

① 1　　② 1.5
③ 2　　④ 2.5

90 고압가공전선과 상부 조영재의 옆쪽에서의 간격은 몇 [m] 이상이어야 하는가?

① 2.5　　② 2.0
③ 1.6　　④ 1.2

91 저압 및 고압가공전선이 건조물에 접근할 때 조영물의 상부 조영재와의 상방에 있어서 간격은 몇 [m] 이상인가?(단, 전선은 케이블을 사용하였다.)

① 0.4   ② 0.8
③ 1   ④ 2

92 사람이 접촉할 우려가 있는 고압 가공전선과 상부 조영재와의 간격은 상부 조영재의 옆쪽에서는 몇 [cm] 이상이어야 하는가?(단, 전선은 경동연선이라고 한다.)

① 60[cm]   ② 80[cm]
③ 100[cm]   ④ 120[cm]

93 중성점을 다중 접지한 22.9[kV] 3상 4선식 가공전선로를 건조물의 위쪽에 접근상태로 시설하는 경우, 가공전선과 건조물과의 최소 간격은 얼마인가?

① 1.2[m]   ② 2.0[m]
③ 2.5[m]   ④ 3[m]

94 15,000[V]를 넘고 25,000[V] 이하인 중성점 다중접지식 3상 4선식 가공전선이 건조물의 상부 조영재의 위쪽 및 옆쪽에서 접근하는 경우의 최소 간격[m]은 각각 얼마인가?(단, 전선은 케이블을 사용하였다.)

① 2.5, 1.5   ② 1.25, 0.5
③ 3, 1.5   ④ 1.2, 0.5

95 35[kV]의 특고압 가공전선과 건조물과의 1차 접근상태로 시설하는 경우의 간격은 일반적으로 몇 [m] 이상이어야 하는가?

① 1   ② 2
③ 3   ④ 5

96 66[kV]의 가공전선이 건조물에 제1차 접근상태로 시설되는 경우 가공전선과 건조물 사이의 간격은 몇 [m] 이상이어야 하는가?

① 2.5[m]   ② 3.0[m]
③ 3.6[m]   ④ 4.8[m]

97 345[kV] 가공전선이 건조물과 제1차 접근상태로 시설되는 경우 양자 간의 최소 간격은 얼마이어야 하는가?

① 6.75[m]   ② 7.65[m]
③ 7.80[m]   ④ 9.48[m]

98 최대사용전압 360[kV] 가공전선이 교량과 제1차 접근상태로 시설되는 경우에 전선과 교량과의 최소 간격은 몇 [m]인가?

① 5.96   ② 6.96
③ 7.95   ④ 8.95

99 저압 가공전선과 식물과의 간격은 어떻게 시설하는가?

① 20
② 30
③ 60
④ 상시 불고 있는 바람 등에 의하여 식물에 접촉하지 않도록 시설

100 6,600[V]의 가공 배전선로와 식물과의 최소 간격 [m]은?

① 0.3
② 0.6
③ 1.0
④ 접촉하지 않도록 시설

101 22.9[kV-Y]의 특별고압 케이블과 수목의 접근 간격은 얼마인가?

① 1.0
② 1.5
③ 2.0
④ 접촉되지 않도록 한다.

102 22.9[kV-Y] 특고압가공전선을 사용하는 전선에 고압절연전선을 사용하는 경우 식물과 몇 [cm] 이상을 간격하여 시설하는가?

① 30
② 50
③ 60
④ 80

103 60[kV] 송전선로의 송전선과 수목의 간격은 최소 몇 [m] 이상이어야 하는가?

① 2.0
② 2.12
③ 2.2
④ 2.6

104 사용전압 154[kV]의 가공송전선과 식물과의 최소 간격은 몇 [m]인가?

① 3.0[m]
② 3.12[m]
③ 3.2[m]
④ 3.4[m]

105 22.9[kV-Y]의 특별고압전선과 수목과의 접근간격은 얼마인가?

① 1.0
② 1.5
③ 2.0
④ 접촉되지 않도록 한다.

106 저압가공전선을 가공전화선에 접근하여 시설하는 경우 수평 간격의 최솟값[m]은?

① 0.6
② 0.8
③ 1.0
④ 1.2

107 고압절연전선을 사용한 고압가공전선이 가공약전류전선과 접근하는 경우의 고압가공전선과 가공약전류전선과의 간격[m]의 최솟값은?

① 0.6
② 0.8
③ 1.0
④ 1.2

108 3,000[V] 가공전선으로 ACSR-OC를 사용한 경우 안테나와의 최소 수평 간격은 몇 [m]인가?

① 0.4
② 0.8
③ 1.0
④ 1.2

109 고압절연전선을 사용한 고압가공전선이 가공약전류전선과 접근하는 경우의 고압가공전선과 가공약전류전선과의 간격은 전선이 케이블인 경우 몇 [cm] 이상이어야 하는가?

① 20[cm]
② 30[cm]
③ 40[cm]
④ 50[cm]

110 저압절연전선을 사용한 저압가공전선이 가공약전류전선과 접근하는 경우의 저압가공전선과 가공약전류 전선과의 간격[m]의 최솟값은?

① 0.6
② 0.8
③ 1.0
④ 1.2

111 전선에 저압절연전선을 사용한 220[V] 저압가공전선이 안테나와 접근상태로 시설되는 경우의 간격은 몇 [cm] 이상이어야 하는가?

① 30[cm] ② 60[cm]
③ 100[cm] ④ 120[cm]

112 6,000[V] 가공전선과 안테나에 접근하여 시설될 때 전선과 안테나와의 수평간격은 몇 [cm] 이상이어야 하는가?

① 40[cm] ② 60[cm]
③ 80[cm] ④ 100[cm]

113 가섭선에 의하여 시설되는 안테나가 있다. 이 안테나 주위에 고압가공 케이블이 지나가고 있다면 가공전선과 안테나에 접근하여 시설될 때 전선과 안테나와의 수평간격은 몇 [cm] 이상이어야 하는가?

① 40[cm] ② 60[cm]
③ 80[cm] ④ 100[cm]

114 특별고압 절연전선을 사용한 22,900[V] 3상 4선식 중성선 다중접지식 가공전선과 안테나의 최소 간격은 몇 [m]인가?

① 0.5 ② 1.2
③ 1.5 ④ 2.0

115 저압가공전선이 다른 저압가공전선과 접근상태로 시설되거나 교차하여 시설되는 경우에 저압가공전선 상호 간의 간격은 몇 [cm] 이상이어야 하는가?(단, 한쪽의 전선이 고압절연전선이라고 한다.)

① 30[cm] ② 60[cm]
③ 80[cm] ④ 100[cm]

116 고압가공전선 상호 간에 접근 또는 교차하여 시설되는 경우, 고압가공전선 상호 간의 간격은 몇 [cm] 이상이어야 하는가?

① 50[cm] ② 60[cm]
③ 70[cm] ④ 80[cm]

117 사용전압이 154[kV]인 가공전선과 66[kV] 가공전선의 간격은?

① 3.0[m] ② 3.12[m]
③ 3.2[m] ④ 3.4[m]

118 사용전압이 345[kV]의 가공전선과 154[kV] 가공전선과 교차하는 경우 이들 양 전선 상호 간의 간격은 몇 [m] 이상인가?

① 4.48[m] ② 4.96[m]
③ 5.48[m] ④ 5.82[m]

119 최대 사용전압이 161[kV]인 가공전선이 삭도와 제1차 접근상태에 시설되는 경우, 이 고압가공전선과 삭도 또는 삭도용 지지와의 최소 간격은 얼마인가?

① 3.32[m] ② 3.84[m]
③ 4.28[m] ④ 4.95[m]

120 농사용 저압가공전선로의 전선은 경동선 몇 [mm] 이상의 것을 사용하여야 하는가?

① 1.6[mm] ② 2.6[mm]
③ 2.0[mm] ④ 3.2[mm]

121 농사용 저압가공전선로의 지지물 간 거리는 몇 [m] 이하이어야 하는가?

① 30[m] ② 50[m]
③ 60[m] ④ 100[m]

122 방직공장의 구내도로에 220[V] 조명등용 가공전선로를 시설하고자 한다. 전선로의 지지물 간 거리는 몇 [m] 이하여야 하는가?

① 20[m] ② 30[m]
③ 40[m] ④ 50[m]

123 다음은 저압 옥상 전선로의 시설에 대한 설명이다. 옳지 못한 시설방법은?

① 전선은 절연전선을 사용하였다.
② 전선은 지름 2.6[mm]의 경동선을 사용하였다.
③ 전선의 지지점 간의 거리를 20[m]로 하였다.
④ 전선은 상시 부는 바람 등에 의하여 식물에 접촉하지 않도록 시설하였다.

124 저압 옥측 전선로의 애자에 사용하는 연동선의 굵기[mm²]는?

① 4[mm²]   ② 10[mm²]
③ 16[mm²] ④ 25[mm²]

125 특고압 옥측 전선로의 사용제한전압[V]은?

① 10,000[V]   ② 17,000[V]
③ 100,000[V] ④ 170,000[V]

126 저압가공인입선에 사용하지 않는 전선은?

① 나전선   ② 절연전선
③ 다심형 전선 ④ 케이블

127 3[kV] 인입선에 600[V] 비닐절연전선 이상의 절연효과가 있는 것을 사용하는 경우의 경동선의 최소 굵기[mm]는?

① 2.6[mm] ② 3.2[mm]
③ 4.0[mm] ④ 5.0[mm]

128 저압가공인입선이 그림과 같이 차량의 통행이 많은 도로를 횡단하고 있다. 노면상의 높이(H)는 최소 몇 미터 이상으로 하여야 하는가?

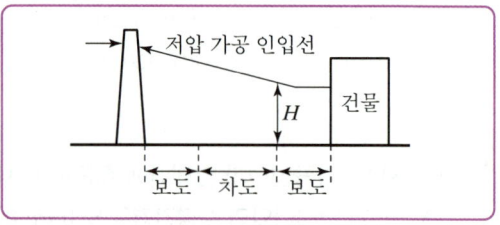

① 6[m] 이상
② 5.5[m] 이상
③ 5[m] 이상
④ 4[m] 이상

129 고압가공인입선은 그 아래에 위험표시를 하였을 경우에는 전선의 지표상 높이를 몇 [m]까지로 감할 수 있는가?

① 2.5 ② 3.0
③ 3.5 ④ 4.0

130 한 수용장소의 인입선에서 분기하여 지지물을 거치지 아니하고 다른 수용장소의 인입구에 이르는 부분의 전선은?

① 옥측 배선
② 옥외 배선
③ 이웃연결 인입선
④ 가공인입선

131 저압 이웃연결 인입선은 인입선에서 분기하는 점으로부터 몇 [m]를 넘는 지역에 미치지 아니하여야 하는가?

① 60   ② 80
③ 100 ④ 120

132 고압가공인입선 등을 다음과 같이 시설하였다. 시설방법으로 옳지 않은 것은?

① 고압가공인입선 아래에 위험표시를 하고 지표상 3.5[m] 높이에 시설하였다.
② 전선은 5[mm]의 경동선을 사용하였다.
③ 애자사용공사로 시설하였다.
④ 15[m] 떨어진 다른 수용가에 고압 이웃연결 인입선을 시설하였다.

133 최대 사용전압 69[kV]인 가공전선로에서 전선과 그 지지물과의 간격[cm]은?

① 35 ② 40
③ 55 ④ 60

134 철주, 콘크리트주 또는 철탑을 사용한 전선로에서 지지물 양측의 지지물 간 거리의 차가 큰 곳에 사용하는 지지물은?

① 직선형 ② 잡아당김형
③ 내장형 ④ 보강형

135 특별고압 가공전선로 중 지지물로서 직선형의 철탑을 연속하여 10기 이상 사용하는 부분에는 몇 기 이하마다 내장 애자장치를 가지는 철탑 또는 이와 동등 이상의 강도를 가지는 철탑 1기를 시설하여야 하는가?

① 20 ② 15 ③ 10 ④ 5

136 상시 상정하중 중 풍압하중에 의한 수평 가로하중 및 세로하중 이외에 전선 및 기타 가섭선에 대하여 각 가섭선의 상정 최대장력의 $\frac{1}{3}$과 같은 불평균 장력의 수평 종분력에 의한 하중을 더 고려하여야 할 철탑은 무엇인가?

① 직선형 철탑 ② 각도형 철탑
③ 잡아당김형 철탑 ④ 내장형 철탑

137 특고압 가공전선로의 지지물로 사용하는 철탑의 종류 중 잡아당김형은?

① 전선로의 이완이 없도록 사용하는 것
② 지지물 양쪽 상호 간 처짐정도를 주기 위하여 사용하는 것
③ 풍압하중에 의한 하중을 잡아당기기 위하여 사용하는 것
④ 전가섭선을 잡아당기는 곳에 사용하는 것

138 특고압 가공전선로의 22.9[kV-Y] 중성선의 다중접지 및 중성선 시설은 접지한 곳 상호 간의 거리가 몇 [m]이어야 하는가?

① 100 ② 200
③ 150 ④ 500

139 22.9[kV] 3상 4선식 중성선 다중접지식 가공전선로에서 각 접지선을 중성선으로부터 분리하였을 경우의 전선과 대지 사이의 합성 전기저항값은 매 1[km]마다 몇 [Ω] 이하이어야 하는가?

① 30 ② 25
③ 20 ④ 15

140 22.9[kV] 특별고압 가공전선로에 있어서 다중접지한 중성선의 시설기준은 다음의 어느 전선으로 취급하는가?

① 저압 가공전선
② 고압 가공전선
③ 특별고압 가공전선
④ 가공접지선

141 철도, 궤도 또는 자동차도의 전용터널 안의 터널 내 전선로의 시설방법으로 틀린 것은?

① 저압전선으로 지름 2.0[mm]의 경동선을 사용하였다.
② 고압전선은 케이블 공사로 하였다.
③ 저압전선을 애자 사용 공사에 의하여 시설하고 이를 레일면상 또는 노면상 2.5[m] 이상으로 하였다.
④ 저압전선을 가요전선관 공사에 의하여 시설하였다.

142 터널 안에 3,300[V] 전선로를 케이블 공사로 시행하려고 한다. 케이블을 조영재의 옆면 또는 아랫면에 따라 붙일 경우에는 케이블의 지지점 간의 거리를 몇 [m] 이하로 하여야 하는가?

① 1[m]   ② 1.5[m]
③ 2[m]   ④ 5[m]

143 수상전선로를 시설하는 경우 알맞은 것은?

① 사용전압이 고압인 경우에는 3종 캡타이어케이블을 사용한다.
② 가공전선로의 전선과 접속하는 경우, 접속점이 육상에 있는 경우에는 지표상 4[m] 이상의 높이로 지지물에 견고하게 붙인다.
③ 가공전선로의 전선과 접속하는 경우, 접속점이 수면상에 있는 경우, 사용전압이 고압인 경우에는 수면상 5[m] 이상의 높이로 지지물에 견고하게 붙인다.
④ 고압 수상 전선로에 지기가 생길 때를 대비하여 전로를 수동으로 차단하는 장치를 시설한다.

144 다음 중 지중전선로에 해당되지 않는 것은?

① 관로 인입식   ② 암거식
③ 가공식   ④ 직접 매설식

145 지중전선로에 시설되는 전선은?

① 절연전선
② 동복강선
③ 케이블
④ 나경동선

146 고압 지중 케이블로서 직접 매설식에 의하여 콘크리트제, 기타 견고한 관 또는 트라프에 넣지 않고 부설할 수 있는 케이블은?

① 비닐 외장 케이블
② 콤바인 덕트 케이블
③ 클로로플렌 외장 케이블
④ 고무 외장 케이블

147 차량 기타 중량물의 압력을 받을 우려가 없는 장소에 지중전선을 직접 매설식에 의하여 매설하는 경우의 최소 깊이[m]는?

① 0.3   ② 0.6
③ 1.0   ④ 1.2

148 중량물이 통과하는 장소에 비닐외장케이블을 직접 매설식으로 매설하고자 할 때 매설의 최소 깊이는 몇 [m]인가?

① 0.8   ② 1.0
③ 1.2   ④ 1.5

149 지중전선로의 시설에서 관로식에 의하여 시설하는 경우 매설 깊이는 몇 [m] 이상으로 하여야 하는가?

① 0.6   ② 1.0
③ 1.2   ④ 1.5

150 지중전선로에 사용하는 지중함의 시설기준이 아닌 것은?
① 견고하고 차량, 기타 중량물의 압력에 견디는 구조일 것
② 그 안의 고인 물을 제거할 수 있는 구조로 되어 있을 것
③ 뚜껑은 시설자 이외의 자가 쉽게 열 수 없도록 시설할 것
④ 조명 및 세척이 가능한 장치를 하도록 할 것

151 지중전선과 지중약전류전선이 접근 또는 교차되는 경우에 고·저압에서의 간격[cm]은?
① 30 ② 40
③ 50 ④ 60

152 22.9[kV-Y]의 지중전선과 지중약전선의 최소 간격[cm]은?
① 10 ② 15
③ 30 ④ 60

153 지중전선로는 기설 지중 약전류 전선로에 대하여 다음의 어느 것에 의하여 통신상의 장해를 주지 아니하도록 기설 약전류 전선로로부터 충분히 간격시키는 등의 조치를 취하여야 하는가?
① 충전전류 또는 표피작용
② 충전전류 또는 유도작용
③ 누설전류 또는 표피작용
④ 누설전류 또는 유도작용

154 특별고압 지중전선과 고압 지중전선이 서로 교차할 때의 최소 간격[m]은?
① 0.3 ② 0.6
③ 1.0 ④ 1.2

155 특별고압 지중전선이 유독성의 유체를 내포하는 관과 접근하거나 교차하는 경우에 상호의 간격이 몇 [m] 이하인 때에는 상호 간에 견고한 내화성의 격벽을 시설하는가?
① 0.3 ② 0.6
③ 0.8 ④ 1

156 압축가스를 사용하여 케이블에 압력을 가할 때 압축가스탱크는 최고 사용압력의 몇 배의 유압을 몇 분간 가하는가?
① 1.1, 10
② 1.25, 10
③ 1.5, 10
④ 2.0, 10

157 전력보안 통신설비는 가공전선로로부터의 어떤 작용에 의하여 사람에게 위험을 주지 않도록 시설해야 하는가?
① 정전유도작용 또는 전자유도작용
② 표피작용 또는 부식작용
③ 부식작용 또는 정전유도작용
④ 전압강하작용 또는 전자유도작용

158 발·변전소의 전력보안통신용 전화설비를 시설하여야 하는 곳은?
① 원격감시제어가 되는 변전소와 이를 운용하는 급전소 간
② 동일 수계에 속하고 보안상 긴급연락의 필요가 없는 수력발전소 상호 간
③ 원격감시제어가 되는 발전소와 이를 운용하는 급전소 간
④ 2 이상 급전소 상호 간과 이들을 종합 운용하는 급전소 간

159 송전선로의 설치하는 전력보안통신설비의 시설 장소로서 틀린 것은?

① 66[kV], 154[kV], 345[kV], 765[kV] 계통 송전선로 구간(가공, 지중, 해저) 및 안전상 특히 필요한 경우에 전선로의 적당한 장소
② 고압 및 특고압 지중전선로가 시설되어 있는 전력구내에서 안전상 특히 필요한 경우의 적당한 장소
③ 직류 계통 송전선로 구간 및 안전상 특히 필요하지 않은 경우의 적당한 장소
④ 직류 계통 송전선로 구간 및 안전상 특히 필요한 경우의 적당한 장소

160 배전선로의 설치하는 전력보안통신설비의 시설 장소로서 틀린 것은?

① 22.9[kV] 계통 배전선로 구간(가공, 지중, 해저)
② 22.9[kV] 계통에 연결되는 분산전원형 발전소
③ 폐회로 배전 등 신배전방식 도입 개소
④ 배전자동화, 원격검침, 부하감시 등 지능형전력망 구현을 위해 필요하지 않는 구간

161 사용 전압 22.9[kV]의 첨가통신선과 철도가 교차하는 경우 경동선을 첨가통신선으로 사용할 때 그 최소 굵기[mm]는?

① 3.2 ② 4.0
③ 4.5 ④ 5.0

162 3상 4선식 22.9[kV], 중성선 다중접지방식의 특별고압 가공전선 밑에 전력보안 통신선을 첨가하고자 한다. 특별고압 가공전선의 다중접지를 한 중성선과 전력보안 통신선과의 간격은 몇 [cm] 이상으로 되어야 하는가?

① 30 ② 60
③ 75 ④ 120

163 중성점 다중접지식 22.9[kV] 3상 4선식 전로에 첨가통신선으로 케이블 전선을 시설하는 경우, 전력선과 통신선의 간격은 몇 [m] 이상이어야 하는가?

① 0.3
② 1.0
③ 1.2
④ 1.5

164 그림은 전력선 반송통신용 결합장치의 보안장치이다. S는 어떤 용도의 개폐기인가?

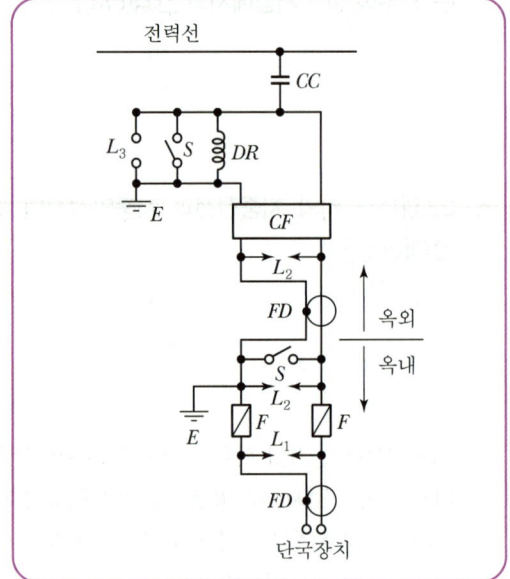

① 단락용
② 접지용
③ 소호용
④ 통신용

165 그림은 전력선 반송통신용 결합장치의 보안장치이다. 여기에서 CC는 어떤 콘덴서인가?

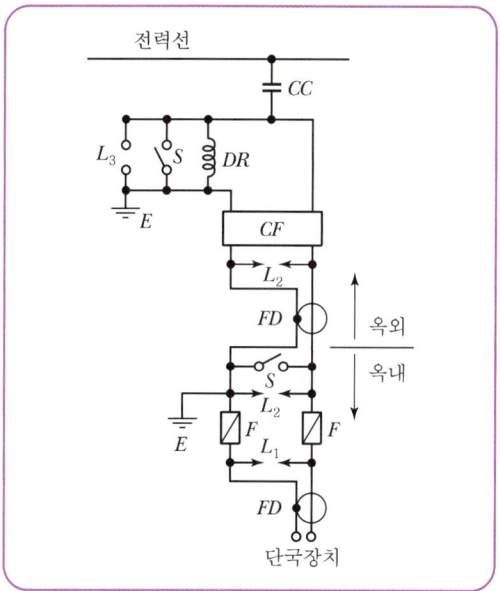

① 전력용 콘덴서   ② 정류용 콘덴서
③ 결합 콘덴서   ④ 출전용 콘덴서

166 특별고압 가공전선로의 지지물에 시설하는 통신선 또는 이에 직접 접속하는 통신선은 도로 횡단보도교, 철도, 궤도, 삭도 또는 다른 가공 약전류 전선 등 사이의 간격을 몇 [cm] 이상으로 하여야 하는가?(단, 통신선은 광케이블이라고 한다.)

① 30   ② 40
③ 50   ④ 60

167 저압, 고압 가공전선로에 전력보안 통신선은 교통에 지장을 줄 우려가 있는 곳의 도로 위에 시설할 경우에는 지표상 몇 [m] 이상으로 시설하여야 하는가?

① 4   ② 4.5
③ 5   ④ 6

168 고압 가공전선로의 지지물에 시설하는 통신선을 횡단보도교 위에 시설할 때 그 높이는 노면상 몇 [m] 이상으로 시설하여도 되는가?(단, 절연전선 사용)

① 3   ② 3.5
③ 4   ④ 4.5

169 특별고압 가공전선로의 지지물에 시설하는 통신선의 높이는 철도 또는 궤도를 횡단하는 경우에는 궤조면상 몇 [m] 이상으로 하여야 하는가?

① 5   ② 5.5
③ 6   ④ 6.5

170 전력보안통신케이블을 조가하는 경우 조가선은 단면적 몇 [mm²] 이상의 아연도강연선을 사용하는가?

① 22   ② 38
③ 50   ④ 55

171 전력보안 통신케이블을 조가하는 경우 다른 조가선과 상호 유지하여야 하는 거리는?

① 0.1[m]   ② 0.2[m]
③ 0.3[m]   ④ 0.5[m]

172 특고압 가공전선로의 보안장치 설치 시 준하는 보안장치는?

① 특고압용 제1종 보안장치
② 특고압용 제2종 보안장치
③ 특고압용 제1종 보안장치, 특고압용 제2종 보안장치
④ 적용하지 않는다.

173 전력보안 통신설비에 이용되는 전원공급기의 시설 기준으로 틀린 것은?

① 지상에서 4m 이상 유지할 것
② 시설방향은 도로 측으로 시설할 것
③ 누전차단기를 내장할 것
④ 외함은 접지를 시행할 것

174 지중통신설로에서 전력구내에 통신케이블을 시설하는 경우로 틀린 것은?

① 전력구내에서 통신용 행거는 최하단에 시설할 것
② 전력구의 통신용 케이블은 반드시 내관 속에 시설하고 그 내관을 행거 위에 시설할 것
③ 비난연재질인 통신케이블 및 내관을 사용하는 경우에는 난연처리를 하여야 한다.
④ 전력구에서는 통신케이블을 고정시키기 위해 매 행거마다 내관과 행거를 견고하게 고정하고 통신용 행거 끝에는 행거 안전캡(야광)을 씌울 것

175 전력보안통신설비인 무선통신용 안테나 또는 반사판을 지지하는 목주·철주·철근콘크리트주 또는 철탑에 시설하는 경우 안전율은?

① 1.3
② 1.5
③ 2.0
④ 2.2

176 무선형 안테나 등은 지능형 전력망을 목적으로 시설하는 것 이외에는 가공전선로의 지지물에 시설하여서는 아니 된다. 지지물에 설치할 수 없는 것은?

① 선선로의 수위 상태를 감시
② 배전자동화
③ 원격검침
④ 분산형 전원 점검장치

Chapter 04 저압전기설비 및 고압옥내배선

제1절 통칙

01 저압계통접지의 방식

(1) 계통접지 구성

각 계통에서 나타내는 그림의 기호는 다음과 같다.

─────/●───	중성선(N), 중간도체(M)
─────/─────	보호도체(PE)
─────/●───	중성선과 보호도체 겸용(PEN)

(2) TN 계통

전원 측의 한 점을 직접 접지하고 설비의 노출도전부를 보호도체로 접속시키는 방식이다.

① TN-S 계통은 계통 전체에 대해 별도의 중성선 또는 PE 도체를 사용한다.

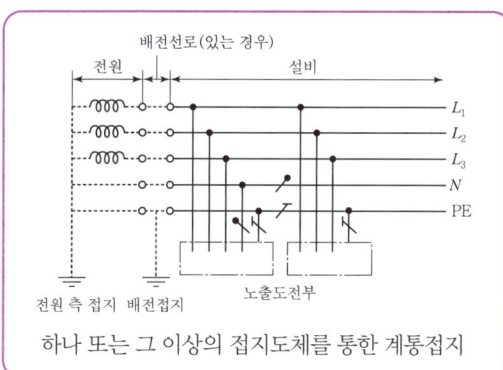

[계통 내에 별도의 중성선과 보호도체가 있는 TN-S 계통]

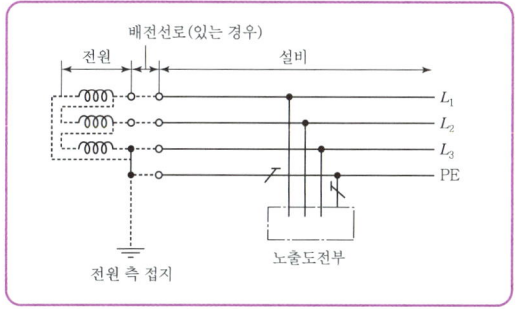

[계통 내에 별도의 접지된 선도체와 보호도체가 있는 TN-S 계통]

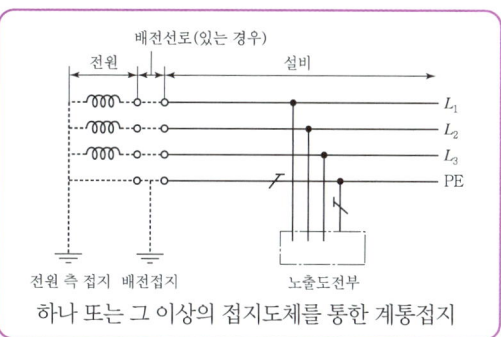

[계통 내에 접지된 보호도체는 있으나 중성선의 배선이 없는 TN-S 계통]

② TN-C 계통은 그 계통 전체에 대해 중성선과 보호도체의 기능을 동일 도체로 겸용한 PEN 도체를 사용한다.

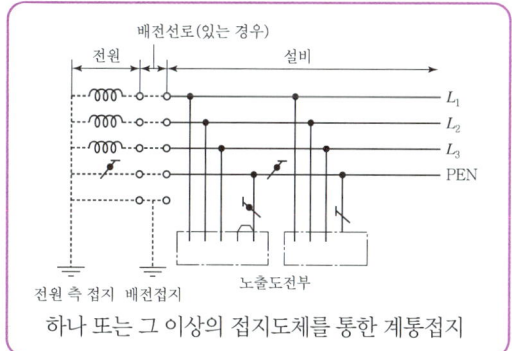

[TN-C 계통]

③ TN-C-S 계통은 계통의 일부분에서 PEN 도체를 사용하거나, 중성선과 별도의 PE 도체를 사용하는 방식이 있다.

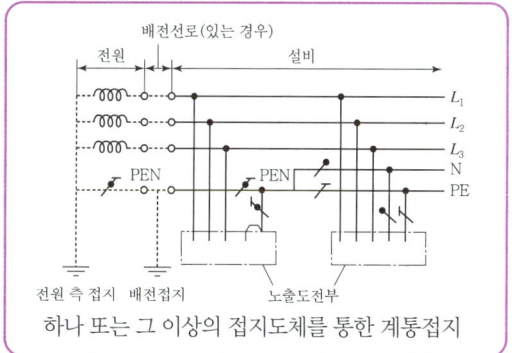

[설비의 어느 곳에서 PEN이 PE와 N으로 분리된 3상 4선식 TN-C-S 계통]

(3) TT 계통

전원의 한 점을 직접 접지하고 설비의 노출도전부는 전원의 접지전극과 전기적으로 독립적인 접지극에 접속시킨다.

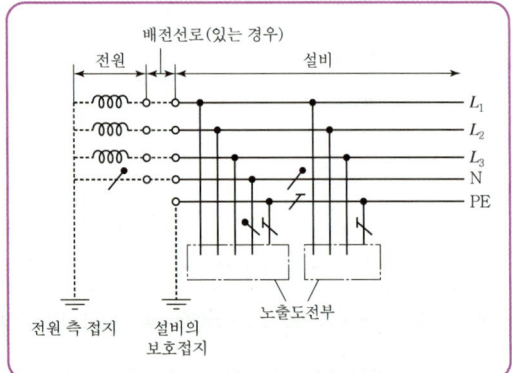

[설비 전체에 별도의 중성선과 보호도체가 있는 TT 계통]

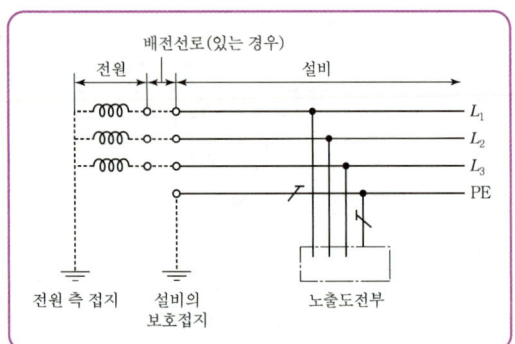

[설비 전체에 접지된 보호도체가 있으나 배전용 중성선이 없는 TT 계통]

(4) IT 계통

충전부 전체를 대지로부터 절연시키거나, 한 점을 임피던스를 통해 대지에 접속시킨다. 전기설비의 노출도전부를 단독 또는 일괄적으로 계통의 PE 도체에 접속시킨다. 또한 중성선은 배선할 수도 있고, 배선하지 않을 수도 있다.

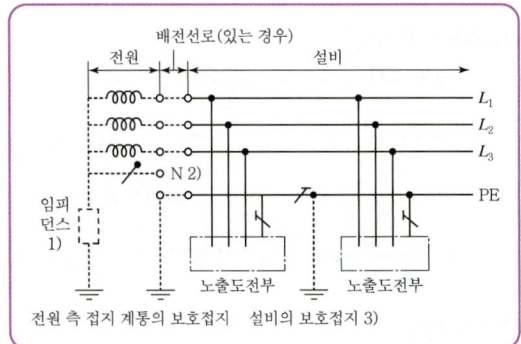

[계통 내의 모든 노출도전부가 보호도체에 의해 접속되어 일괄 접지된 IT 계통]

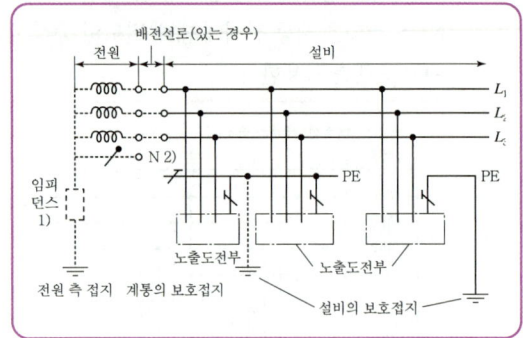

[노출도전부가 조합으로 또는 개별로 접지된 IT 계통]

제2절 안전을 위한 보호

01 감전에 대한 보호

(1) 보호대책 일반 요구사항
   ① 안전을 위한 전압 규정
      교류전압은 실횻값, 직류전압은 리플프리로 한다.
   ② 설비의 각 부분에서 하나 이상의 보호대책
      ㉠ 전원의 자동차단
      ㉡ 이중절연 또는 강화절연
      ㉢ 한 개의 전기사용기기에 전기를 공급하기 위한 전기적 분리
      ㉣ SELV와 PELV에 의한 특별저압
   ③ 장애물을 두거나 접촉범위 밖에 배치하는 보호대책
      ㉠ 숙련자 또는 기능자
      ㉡ 숙련자 또는 기능자의 감독 아래에 있는 사람
   ④ 숙련자와 기능자의 통제 또는 감독이 있는 설비에 적용 가능한 보호대책
      ㉠ 비도전성 장소
      ㉡ 비접지 국부등전위본딩
      ㉢ 두 개 이상의 전기사용기기에 공급하기 위한 전기적 분리

(2) 전원의 자동차단에 의한 보호대책
   ① 보호대책 일반 요구사항
      ㉠ 전원의 자동차단에 의한 보호대책
         • 기본보호방법에 따라 충전부의 기본절연 또는 격벽이나 외함에 의한다.
         • 고장보호는 고장일 경우 보호등전위본딩 및 자동차단에 의한다.
   ② 고장보호의 요구사항
      ㉠ 보호접지
      ㉡ 보호등전위본딩
      ㉢ 고장 시의 자동차단

[32A 이하 분기회로의 최대 차단시간]
[단위 : 초]

계통	$50V < U_0$ ≤120V		$120V < U_0$ ≤230V		$230V < U_0$ ≤400V		$U_0 > 400V$	
	교류	직류	교류	직류	교류	직류	교류	직류
TN	0.8	[비고1]	0.4	5	0.2	0.4	0.1	0.1
TT	0.3	[비고1]	0.2	0.4	0.07	0.2	0.04	0.1

• TN 계통에서 위의 경우를 제외하고는 5초 이하의 차단시간을 허용한다.
• TT 계통에서 위의 경우를 제외하고는 1초 이하의 차단시간을 허용한다.

(3) TN 계통
   ① 접지가 공공계통 또는 다른 전원계통으로부터 제공되는 경우 그 설비의 외부 측에 필요한 조건은 전기공급자가 준수하여야 한다.
   $$\frac{R_B}{R_E} \leq \frac{50}{(U_0 - 50)}$$
   여기서, R_B : 병렬 접지극 전체의 접지저항 값[Ω]
   R_E : 1선 지락이 발생할 수 있으며 보호도체와 접속되어 있지 않는 계통외도전부의 대지와의 접촉저항의 최솟값[Ω]
   U_0 : 공칭대지전압(실횻값)
   ② 전원 공급계통의 중성점이나 중간점은 접지하여야 한다. 중성점이나 중간점을 접지할 수 없는 경우에는 선도체 중 하나를 접지하여야 한다.
   ③ TN 계통에서 과전류보호장치 및 누전차단기는 고장보호에 사용할 수 있다. 누전차단기를 사용하는 경우 과전류보호 겸용의 것을 사용해야 한다.
   ④ TN-C 계통에는 누전차단기를 사용해서는 아니 된다.

(4) TT 계통
   누전차단기를 사용하여 TT 계통의 고장보호를 하는 경우에는 다음에 적합하여야 한다.
   $$R_A \times I_{\Delta n} \leq 50 [V]$$
   여기서, R_A : 노출도전부에 접속된 보호도체와 접지극 저항의 합[Ω]
   $I_{\Delta n}$: 누전차단기의 정격동작 전류[A]

(5) IT 계통
　① 노출도전부는 개별 또는 집합적으로 접지하여야 하며, 다음 조건을 충족하여야 한다.
　　㉠ 교류계통 : $R_A \times I_d \leq 50[V]$
　　㉡ 직류계통 : $R_A \times I_d \leq 120[V]$
　　　여기서, R_A : 접지극과 노출도전부에 접속된 보호도체저항의 합
　　　　　　I_d : 고장전류[A]로 전기설비의 누설전류와 총 접지임피던스를 고려한 값
　② IT 계통은 다음과 같은 감시장치와 보호장치를 사용할 수 있으며, 1차 고장이 지속되는 동안 작동되어야 한다. 절연감시장치는 음향 및 시각신호를 갖추어야 한다.
　　㉠ 절연감시장치
　　㉡ 누설전류감시장치
　　㉢ 절연고장점검출장치
　　㉣ 과전류보호장치
　　㉤ 누전차단기

(6) 이중절연 또는 강화절연에 의한 보호
　기본보호는 기본절연에 의하며, 고장보호는 보조절연에 의하며, 기본 및 고장 보호는 충전부의 접근 가능한 부분의 강화절연에 의한다.

(7) 전기적 분리에 의한 보호
　고장보호를 위한 요구사항
　① 분리된 회로는 최소한 단순 분리된 전원을 통하여 공급되어야 하며, 분리된 회로의 전압은 500[V] 이하이어야 한다.
　② 분리된 회로의 충전부는 어떤 곳에서도 다른 회로, 대지 또는 보호도체에 접속되어서는 안 되며, 전기적 분리를 보장하기 위해 회로 간에 기본절연을 하여야 한다.

(8) SELV와 PELV를 적용한 특별저압에 의한 보호
　① 보호대책의 요구사항
　　㉠ 특별저압 계통의 전압한계는 전압밴드 I의 상한 값인 교류 50[V] 이하, 직류 120[V] 이하이어야 한다.
　　㉡ 특별저압회로를 제외한 모든 회로로부터 특별저압 계통을 보호 분리하고, 특별저압 계통과 다른 특별저압 계통 간에는 기본절연을 하여야 한다.
　② SELV와 PELV용 전원
　　㉠ 안전절연변압기 전원
　　㉡ 안전절연변압기 및 이와 동등한 절연의 전원
　　㉢ 축전지 및 디젤발전기 등과 같은 독립전원
　　㉣ 내부 고장이 발생한 경우에도 출력단자의 전압이 교류 50[V] 이하, 직류 120[V] 이하 값을 초과하지 않도록 적절한 표준에 따른 전자장치
　　㉤ 저압으로 공급되는 안전절연변압기, 이중 또는 강화 절연된 전동발전기 등 이동용 전원
　③ SELV와 PELV 회로에 대한 요구사항
　　SELV와 PELV 계통의 플러그와 콘센트는 다음에 따라야 한다.
　　㉠ 플러그는 다른 전압 계통의 콘센트에 꽂을 수 없어야 한다.
　　㉡ 콘센트는 다른 전압 계통의 플러그를 수용할 수 없어야 한다.
　　㉢ SELV 계통에서 플러그 및 콘센트는 보호도체에 접속하지 않아야 한다.

(9) 추가적 보호
　① 누전차단기
　　누전차단기의 사용은 단독적인 보호대책으로 인정하지 않는다.
　② 보조 보호등전위본딩

(10) 장애물 및 접촉범위 밖에 배치
　① 장애물
　　장애물은 충전부에 무의식적인 접촉을 방지하기 위해 시설하여야 한다.
　② 접촉범위 밖에 배치
　　서로 다른 전위로 동시에 접근 가능한 부분이 접촉범위 안에 있으면 안 된다. 두 부분의 거리가 2.5[m] 이하인 경우에는 동시 접근이 가능한 것으로 간주한다.

(11) 숙련자와 기능자의 통제 또는 감독이 있는 설비에 적용 가능한 보호대책
① 비도전성 장소
㉠ 비도전성 장소에는 보호도체가 없어야 한다.
㉡ 규정된 조건으로 매 측정점에서의 절연성 바닥과 벽의 저항값은 다음 값 이상으로 하여야 한다.
ⓐ 설비의 공칭전압이 500[V] 이하인 경우 50[kΩ] 이상
ⓑ 설비의 공칭전압이 500[V]를 초과하는 경우 100[kΩ] 이상
② 두 개 이상의 전기사용기기에 전원 공급을 위한 전기적 분리

02 과전류에 대한 보호

(1) 과전류 보호장치
배선차단기, 누전차단기, 퓨즈 등

(2) 과부하전류에 대한 보호
① 도체와 과부하보호장치 사이의 협조
과부하에 대해 케이블(전선)을 보호하는 장치의 동작특성은 다음의 조건을 충족해야 한다.
$I_B \leq I_n \leq I_Z$
$I_2 \leq 1.45 \times I_Z$
여기서, I_B : 회로의 설계전류
I_Z : 케이블의 허용전류
I_n : 보호장치의 정격전류
I_2 : 보호장치가 규약시간 이내에 유효하게 동작하는 것을 보장하는 전류

② 과부하보호장치의 설치위치
㉠ 설치위치
도체의 허용전류값이 줄어드는 곳(이하 분기점이라 함)에 설치해야 한다.
㉡ 설치위치의 예외
다른 분기회로나 콘센트 회로가 접속되어 있지 않는 경우
• 분기회로에 단락보호가 되는 경우, 거리의 제한 없이 이동하여 설치할 수 있다.
• 단락의 위험과 화재 및 인체에 대한 위험성이 최소화되도록 시설된 경우 3[m]까지 이동하여 설치할 수 있다.

③ 과부하보호장치의 생략
다음과 같은 경우에는 과부하보호장치를 생략할 수 있다. 다만, 화재 또는 폭발 위험성이 있는 장소에 설치되는 설비 또는 특수설비 및 특수장소는 과부하보호장치를 생략할 수 없다.
㉠ 일반사항
• 분기회로의 전원 측에 설치된 보호장치에 의하여 분기회로에서 발생하는 과부하에 대해 유효하게 보호되고 있는 분기회로
• 단락보호가 되고 있으며, 부하에 설치된 과부하보호장치가 유효하게 동작하여 과부하전류가 분기회로에 전달되지 않도록 조치를 하는 경우
• 통신회로용, 제어회로용, 신호회로용 및 이와 유사한 설비
㉡ 안전을 위해 과부하보호장치를 생략할 수 있는 경우
• 회전기의 여자회로
• 전자석 크레인의 전원회로
• 전류변성기의 2차 회로
• 소방설비의 전원회로
• 안전설비(주거침입경보, 가스누출경보 등)의 전원회로

(3) 단락보호장치의 설치위치
① 분기회로 단락보호장치의 설치위치
㉠ 단락전류 보호장치는 분기점에 설치해야 한다. 다만, 다른 분기회로 또는 콘센트의 접속이 없고 단락, 화재 및 인체에 대한 위험이 최소화될 경우 3[m]까지 이동하여 설치할 수 있다.
㉡ 전원 측에 설치되는 보호장치에 의해 단락보호가 되는 경우에, 분기점으로부터 거리제한이 없이 설치할 수 있다.

② 단락보호장치의 생략
  ㉠ 발전기, 변압기, 정류기, 축전지와 보호장치가 설치된 제어반을 연결하는 도체
  ㉡ 전원차단이 설비의 운전에 위험을 가져올 수 있는 회로
  ㉢ 특정 측정회로
③ 단락보호장치의 특성
  ㉠ 차단용량
    정격차단용량은 단락전류보호장치 설치점에서 예상되는 최대 크기의 단락전류보다 커야 한다.
  ㉡ 케이블 등의 단락전류
    단락지속시간이 5[초] 이하인 경우
    지속시간 $t = \left(\dfrac{kS}{I}\right)^2$ (초),
    단면적 $S = \dfrac{\sqrt{t}}{k} I [\text{mm}^2]$
    여기서, t : 단락전류 지속시간[초]
    S : 도체의 단면적[mm²]
    I : 유효 단락전류[A, rms]
    k : 도체 재료의 저항률, 온도계수, 열용량, 해당 초기온도와 최종온도를 고려한 계수

(4) 저압전로 중의 개폐기 및 과전류차단장치의 시설
  ① 저압전로 중의 과전류차단기의 시설
    ㉠ 과전류차단기로 저압전로에 사용하는 퓨즈

[퓨즈의 용단특성]

정격전류의 구분	시간	정격전류의 배수	
		불용단전류	용단전류
4[A] 이하	60분	1.5배	2.1배
4[A] 초과 16[A] 미만	60분	1.5배	1.9배
16[A] 이상 63[A] 이하	60분	1.25배	1.6배
63[A] 초과 160[A] 이하	120분	1.25배	1.6배
160[A] 초과 400[A] 이하	180분	1.25배	1.6배
400[A] 초과	240분	1.25배	1.6배

  ㉡ 과전류차단기로 저압전로에 사용하는 배선용 차단기
    다만, 일반인이 접촉할 우려가 있는 장소(세대 내 분전반 및 이와 유사한 장소)에는 주택용 배선차단기를 시설하여야 한다.

[과전류트립 동작시간 및 특성(산업용 배선차단기)]

정격전류의 구분	시간	정격전류의 배수 (모든 극에 통전)	
		부동작 전류	동작 전류
63[A] 이하	60분	1.05배	1.3배
63[A] 초과	120분	1.05배	1.3배

[과전류트립 동작시간 및 특성(주택용 배선차단기)]

정격전류의 구분	시간	정격전류의 배수 (모든 극에 통전)	
		부동작 전류	동작 전류
63[A] 이하	60분	1.13배	1.45배
63[A] 초과	120분	1.13배	1.45배

[순시트립에 따른 구분(주택용 배선차단기)]

형	순시트립범위
B	3In 초과~5In 이하
C	5In 초과~10In 이하
D	10In 초과~20In 이하

[비고]
1. B, C, D : 순시트립전류에 따른 차단기 분류
2. In : 차단기 정격전류
3. 돌입전류에 대한 순시트립 범위를 말한다.

● 예 배선용 차단기 명판에 D20A
  차단기 정격전류 20[A], 돌입전류가 10배 초과~20배 이하인 경우 0.1초에 차단한다.

② 옥내에 시설하는 전동기의 과부하장치 생략조건
  ㉠ 정격 출력이 0.2[kW] 이하인 경우
  ㉡ 전동기 운전 중 상시 취급자가 감시할 수 있는 위치에 시설하는 경우
  ㉢ 전동기의 구조나 부하의 성질로 보아 전동기가 소손할 수 있는 과전류가 생길 우려가 없는 경우
  ㉣ 단상 전동기를 그 전원 측 전로에 시설하는 과전류차단기의 정격전류가 16[A] 또는 배선용 차단기는 20[A] 이하인 경우

03 과도과전압에 대한 보호

(1) 상용주파 스트레스전압의 크기와 지속시간

[저압설비 허용 상용주파 과전압]

고압계통에서 지락고장시간[초]	저압설비 허용 상용주파 과전압[V]	비고
$t > 5$	$U_0 + 250$	중성선 도체가 없는 계통에서 U_0는 선간전압을 말한다.
$t \leq 5$	$U_0 + 1,200$	

04 열 영향에 대한 보호

① 전기기기에 의한 화상 방지

[접촉범위 내에 있는 기기에 접촉 가능성이 있는 부분에 대한 온도 제한]

접촉할 가능성이 있는 부분	접촉할 가능성이 있는 표면의 재료	최고표면온도 [℃]
손으로 잡고 조작시키는 것	금속	55
	비금속	65
손으로 잡지 않지만 접촉하는 부분	금속	70
	비금속	80
통상 조작 시 접촉할 필요가 없는 부분	금속	80
	비금속	90

② 화재의 위험성이 높은 20[A] 이하의 분기회로에는 전기 아크로 인한 화재의 우려가 없도록 적합한 장치를 시설할 수 있다.

제3절 저압 옥내배선공사

01 공통사항

(1) 전압
① 사용전압 : 400[V] 이하(교통신호등 300[V] 이하, 전기울타리 250[V] 이하)
  (단, 전광표시, 자동제어, 소세력회로 절연변압기의 사용전압은 1차 300[V], 2차 60[V])
② 대지전압 : 300[V] 이하
③ 직류전압 : 60[V] 이하

(2) 저압 옥내배선 사용전선 굵기
2.5[mm²] 이상 연동선 사용
(단, MI(미네랄인슐레이션) 케이블 사용 시 1[mm²])

(3) 400[V] 이하의 옥내배선 전선 사용 시
① 전광표시, 자동제어회로 : 금속관, 합성수지관, 금속덕트, 금속몰드공사 시 1.5[mm²] 이상 연동선 사용
② 전광표시, 자동제어회로 : 다심케이블, 다심캡타이어 케이블 사용, 과전류 발생 시, 자동차단장치 시설 시 0.75[mm²] 이상 연동선 사용
③ 진열장, 쇼윈도, 쇼케이스 : 코드선, 캡타이어 케이블 사용 시 0.75[mm²] 이상 연동선 사용

(4) 옥내배선공사 방법
① 관 및 덕트 공사 공통사항 : 전선은 OW 제외한 모든 절연전선 사용 가능. 이때 관 및 덕트 내 접속점을 두지 말 것
② 합성수지 두께 : 2.0[mm] 이상
③ 지지점
  ㉠ 애자 조영재, 케이블 조영재, 금속관, 라이팅덕트 : 2[m]
  ㉡ 합성수지관 : 1.5[m]
  ㉢ 금속덕트, 버스덕트 : 3[m]
④ 관 내 단면적
  ㉠ 절연물의 단면적 포함 동종 재질 동일 굵기 : $\frac{1}{3}$ 초과 금지

ⓒ 절연물의 단면적 포함 이종 재질 이종 굵기 : $\frac{1}{3}$ 초과 금지

⑤ 덕트 및 금속트렁킹 내 단면적
  ㉠ 금속트렁킹 : 20[%](10[본]). 단, 전광표시, 제어회로 50[%]
  ㉡ 덕트 : 20[%](30[본]). 단, 전광표시, 제어회로 50[%]

02 배선설비 공사의 종류

(1) 저압 애자사용공사

① 전선은 절연전선일 것
  단, 옥외용 비닐 절연전선(OW) 및 인입용 비닐 절연전선(DV)을 제외한다.

② 전선과 조영재 간격

전압 및 장소	전선 상호	조영재
400[V] 이하 (모든 장소)	6[cm]	2.5[cm]
400[V] 초과 (점검 가능/건조한 장소)	6[cm]	2.5[cm]
400[V] 초과 (점검 불가/물·습기가 있는 장소)		4.5[cm]

③ 지지점 간 간격 : 6[m], 조영재 지지 시 : 2[m]
④ 애자의 성질 : 내수성·난연성·절연성
⑤ 2.5[mm²] 이상 연동선, MI(미네랄인슐레이션) 케이블 사용 시 1[mm²]
⑥ 애자사용공사에 사용하는 애자는 절연성·난연성 및 내수성의 것이어야 한다.

(2) 케이블 트렁킹 시스템

① 합성수지몰드
  ㉠ 깊이 : 3.5[cm] 이하(단, 사람이 접촉할 우려가 없는 경우 : 5[cm] 이하, 두께 1[mm] 이상)
  ㉡ 관 두께 : 2.0[mm] 이상

② 금속몰드(사용전압이 400[V] 이하)
  ㉠ 깊이 : 5[cm] 이하
  ㉡ 관 두께 : 0.5[mm] 이상

③ 금속트렁킹
  ㉠ 전선은 10본 내
  ㉡ 금속트렁킹 내 단면적 20[%] 이하(단, 전광표시, 제어회로 : 50[%] 이하)
  ㉢ 금속트렁킹 내 전선 접속점이 있어서는 안 됨
  ㉣ 절연전선 사용
  ㉤ 관단 폐쇄

(3) 합성수지관공사

① 전선은 절연전선일 것(단, 옥외용 비닐절연전선(OW)은 제외)
② 합성수지관 안에는 전선에 접속점이 없도록 할 것
③ 합성수지관 상호접속 시 커플링을 이용하고 삽입 접속 시 투입하는 길이는 관 바깥지름의 1.2배 이상, 접착제 사용 시 0.8배로 견고하게 접속할 것
④ 1본의 길이는 4[m]이며 관의 두께는 2[mm] 이상일 것
⑤ 합성수지관의 지지점 간 거리 : 1.5[m]
⑥ 관의 굵기[mm] : 14, 16, 22, 28, 36, 42, 54, 70, 82, 100, 104, 125
⑦ 전선은 연선일 것(단, 짧고 가는 합성수지관에 10[mm²] 이하(Al 16[mm²])로 넣은 것은 단선을 사용할 수 있다)
⑧ 이중천장(반자 속 포함) 내에는 시설할 수 없다.

(4) 금속관공사

목조 이외의 조영물에만 시설한다.

① 한 본의 길이 : 3.6[m]
② 매입공사 시 관의 두께 : 1.2[mm] 이상, 노출공사 시는 1.0[mm]
③ 관 지지점 간 간격 : 2[m] 이하
④ 관 내부 단면적 1/3을 초과하지 말 것
⑤ 관 내부에 전선의 접속점이 있어서는 안 됨
⑥ 전선은 연선일 것(단, 짧고 가는 합성수지관에 10[mm²] 이하(Al 16[mm²])로 넣은 것은 단선을 사용할 수 있다)
⑦ 관에는 접지공사를 할 것. 다만, 사용전압이 400[V] 이하로서 다음 중 하나에 해당하는 경우에는 그러하지 아니하다.
  ㉠ 관의 길이가 4[m] 이하인 것을 건조한 장소에 시설하는 경우

ⓒ 옥내배선의 사용전압이 직류 300[V] 또는 교류 대지 전압 150[V] 이하로서 그 전선을 넣는 관의 길이가 8[m] 이하인 것을 사람이 쉽게 접촉할 우려가 없도록 시설하는 경우 또는 건조한 장소에 시설하는 경우

(5) 금속제 가요전선관공사

가요전선관은 작은 증설공사 및 승강기 또는 전동차 내 배선 또는 전동기와 스위치함 사이 굴곡이 심한 개소의 공사에 시공한다.

① 전선은 절연전선일 것(단, 옥외용 비닐 절연전선(OW)은 제외)
② 가요전선관 안에는 전선에 접속점이 없도록 할 것
③ 가요전선관은 제2종 금속제 가요전선관일 것
(단, 물기나 습기가 있는 경우 제1종 금속제 가요전선관을 사용한다)
④ 제1종 금속제 가요전선관 두께는 0.8[mm] 이상일 것

(6) 케이블덕팅시스템, 파워트랙시스템

① 금속덕트
  ㉠ 모양, 배치 변경이 쉽거나 간선의 인출이 많은 곳
  ㉡ 깊이 : 4[cm] 이상, 두께 : 1.2[mm] 이상
  ㉢ 지지점 간격
    • 수평 : 3[m]   • 수직 : 6[m]
  ㉣ 관 단은 폐쇄
  ㉤ 덕트는 접지공사를 할 것
  ㉥ 시설조건
    • 습기, 물기가 많은 곳은 시설할 수 없다.
    • 전선은 덕트 내 30[본] 이하로 넣는다.
    • 덕트 내부 단면적의 20[%](전광표시장치·출퇴표시 등 기타 이와 유사한 장치 또는 제어회로 등의 배선만을 넣는 경우에는 50[%]) 이하이어야 한다.
② 버스덕트 : 나전선 사용 가능
  ㉠ 지지점 간격
    • 수평 : 3[m]   • 수직 : 6[m]
  ㉡ 덕트는 접지공사를 할 것
③ 라이팅덕트 : 전등을 일렬로 배선하는 공사
  ㉠ 지지점 간격 : 2[m] 이하

ⓒ 나전선 사용 가능
ⓒ 개구부는 아래로 향하여 시설할 것
④ 플로어덕트공사 : 콘크리트 바닥에 시설하는 공사
  ㉠ 강판의 두께 : 2.0[mm] 이상
  ㉡ 덕트 내부 단면적 : 32[%] 이하
  ㉢ 10[mm²](Al 16[mm²]) 이하는 연선을 사용하지 않아도 됨

(7) 케이블 공사(케이블, 캡타이어 케이블)

① 케이블은 전선의 지지점 간 거리를 2[m], 수평 1[m] (수직인 경우에는 6[m])
② 케이블 방호장치 금속제 부분의 접지공사는 금속관공사 접지공사에 준한다.

(8) 케이블 트레이 공사

① 케이블 트레이의 안전율은 1.5 이상으로 하여야 한다.
② 비금속제 케이블 트레이는 난연성 재료여야 한다.
③ 금속제 케이블 트레이 계통은 기계적·전기적으로 완전하게 접속하며 접지공사를 하여야 한다.
④ 금속재의 것은 적절한 방식처리를 한 것이거나 내식성 재료의 것이어야 한다.
⑤ 종류 : 사다리형, 바닥밀폐형, 펀칭형, 그물망형

03 배선설비 적용 시 고려사항

(1) 병렬접속

두 개 이상의 선도체(충전도체) 또는 PEN 도체를 계통에 병렬로 접속하는 경우

① 병렬도체 사이에 부하전류가 균등하게 배분될 수 있도록 조치를 취한다.
  ㉠ 병렬도체가 다심케이블, 트위스트(Twist) 단심케이블 또는 절연전선인 경우
  ㉡ 병렬도체가 비트위스트(Non-twist) 단심케이블 또는 삼각형태(Trefoil) 혹은 직사각형(Flat) 형태의 절연전선이고 단면적이 구리선 50[mm²], 알루미늄 70[mm²] 이하인 것
  ㉢ 병렬도체가 비트위스트(Non-twist) 단심케이블 또는 삼각형태(Trefoil) 혹은 직사각형(Flat) 형태의 절연전선이고 단면적이 구리선 50[mm²], 알루미늄 70[mm²]를 초과하는 것으로 이 형상에

필요한 특수 배치를 적용한 것

(2) 교류회로 – 전기자기적 영향(맴돌이 전류 방지)
   ① 강자성체(강제금속관 또는 강제덕트 등) 안에 설치하는 교류회로의 도체는 보호도체를 포함하여 각 회로의 모든 도체를 동일한 외함에 수납하도록 시설하여야 한다.
   ② 강선외장 또는 강대외장 단심 케이블은 교류회로에 사용해서는 안 된다. 이러한 경우 알루미늄 케이블을 권장한다.

(3) 수용가 설비에서의 전압 강하
   ① 수용가 설비의 인입구로부터 기기까지의 전압강하

   [수용가 설비의 전압강하]

설비의 유형	조명[%]	기타[%]
A – 저압으로 수전하는 경우	3	5
B – 고압 이상으로 수전하는 경우	6	8

   ② 앞 표보다 더 큰 전압강하를 허용할 수 있다.
      ㉠ 기동시간 중의 전동기
      ㉡ 돌입전류가 큰 기타 기기

04 배선설비의 선정과 설치에 고려해야 할 외부 영향

(1) 주위온도
   통상 운전의 최고허용온도를 초과하지 않도록 선정하여 시공하여야 한다.

(2) 외부 열원
   열원으로부터 배선설비를 보호하여야 한다.

(3) 물의 존재(AD) 또는 높은 습도(AB)
   배선설비는 결로 또는 물의 침입에 의한 손상이 없도록 선정하고 설치하여야 한다.

(4) 침입고형물의 존재(AE)
   고형물의 침입을 최소화할 수 있도록 선정 및 설치하며, 먼지를 쉽게 제거할 수 있어야 한다.

(5) 부식 또는 오염물질의 존재(AF)

(6) 충격(AG)

(7) 진동(AH)
   고정형 설비로 조명기기 등 현수형 전기기기는 유연성 심선을 갖는 케이블로 접속해야 한다. 다만, 진동 또는 이동의 위험이 없는 경우는 예외로 한다.

(8) 식물, 곰팡이와 동물의 존재(AK)
   ① 폐쇄형 설비(전선관, 케이블덕트 또는 케이블트렁킹)
   ② 식물에 대한 이격거리 유지
   ③ 배선설비의 정기적인 청소

(9) 동물의 존재(AL)

(10) 태양 방사(AN) 및 자외선 방사

(11) 지진의 영향(AP)
   배선설비를 건축물 구조에 고정 시 가요성을 고려하여야 한다.

(12) 바람(AR)
   진동(AH)과 기계적 응력(AJ)에 준하여 보호조치를 취하여야 한다.

(13) 코드 또는 캡타이어 케이블과 전기 사용 기계·기구와의 접속
   ① 전선을 나사로 고정할 경우에 나사가 진동 등으로 헐거워질 우려가 있는 장소는 2중 너트, 스프링와셔 및 나사풀림 방지기구가 있는 것을 사용할 것
   ② 전선을 1본만 접속할 수 있는 구조의 단자는 2본 이상의 전선을 접속하지 말 것
   ③ 터미널러그는(압착형 등은 제외한다) 납땜으로 전선을 부착할 것
   ④ 접속점에 장력이 걸리지 않도록 시설할 것

(14) 나전선의 사용
   ① 애자사용공사에 의하여 전개된 곳에 다음의 전선을 시설하는 경우
      ㉠ 전기로용 전선
      ㉡ 전선의 피복 절연물이 부식하는 장소에 시설하는 전선

ⓒ 취급자 이외의 자가 출입할 수 없도록 설비한 장소에 시설하는 전선
② 버스덕트공사에 의하여 시설하는 경우
③ 라이팅덕트공사에 의하여 시설하는 경우
④ 트롤리선과 같이 접촉 전선을 시설하는 경우

(15) 고주파 전류에 의한 장해의 방지
① 형광 방전등에는 고주파 저감효과가 있는 위치에 정전용량이 0.006~0.5[μF] 이하
② 예열시동식의 것으로 글로램프에 병렬로 접속할 경우에는 0.006~0.01[μF] 이하

05 등기구의 시설

(1) 열 영향에 대한 주변의 보호
가연성 재료의 등기구 최소 거리

정격용량[W]	최소 거리[m]
100[W] 이하	0.5
100[W] 초과~300[W] 이하	0.8
300[W] 초과~500[W] 이하	1
500[W] 초과	1 초과

(2) 점멸장치와 타임스위치 등의 시설
① 전체 조명용 전등은 부분조명이 가능하도록 전등군마다 점멸이 가능하도록 할 것
  ㉠ 가정용은 등기구마다 점멸이 가능하고 욕실에는 점멸기를 설치하지 말 것
  ㉡ 광천장조명, 간접조명은 격등회로로 배선하는 경우 등기구 수를 선택할 수 있다.
  ㉢ 가로등, 보안등 등 주광센서를 설치하여 자동점멸할 것
② 타임스위치(센서등)
  ㉠ 호텔·여관용 : 1분 이내 소등
  ㉡ 가정용 : 3분 이내 소등

(3) 옥내 저압용의 조명용 전원코드의 시설
코드 또는 비닐 캡타이어 케이블 이외의 캡타이어 케이블로서 단면적이 0.75[mm2] 이상인 것이어야 한다.

(4) 옥내 저압용 400[V] 이하 이동전선의 시설
① 0.75[mm²] 이상인 고무 코드 또는 0.6/1[kV] EP 고무 절연 클로로프렌 캡타이어 케이블을 사용하여야 한다.
② 고압용 이동전선은 고압용의 캡타이어 케이블이어야 한다.

(5) 진열장 안의 배선공사
① 사용전압 : 400[V] 이하일 것
② 전선굵기 및 지지점 거리
  ㉠ 전선은 단면적이 0.75[mm2] 이상인 코드 또는 캡타이어 케이블일 것
  ㉡ 애자공사 시 전선의 붙임점 간의 거리는 1[m] 이하

(6) 옥내의 네온 방전등 공사
① 방전등용 변압기는 네온 변압기일 것
② 관등회로의 배선은 전개된 장소 또는 점검할 수 있는 은폐된 장소에 시설할 것
③ 관등회로의 배선은 애자사용공사에 의하여 시설하고 또한 다음에 의할 것
  ㉠ 전선은 네온 전선일 것
  ㉡ 전선은 조영재의 옆면 또는 아랫면에 붙일 것
  ㉢ 전선의 지지점 간 거리는 1[m] 이하일 것
  ㉣ 전선 상호 간의 간격은 6[cm] 이상일 것
④ 네온 변압기 외함에는 접지시스템 규정에 접지를 할 것
⑤ 네온 변압기는 옥내배선과 직접 접촉하여 시설할 것
⑥ 옥외등의 인하선
  ㉠ 애자사용공사(지표상 2[m] 이상)
  ㉡ 금속관공사
  ㉢ 합성수지관공사
  ㉣ 케이블공사

(7) 옥측 또는 옥외에 시설하는 조명코드선의 시설
조명코드선은 1종 캡타이어 케이블 및 비닐 캡타이어 케이블 이외의 캡타이어 케이블로서 단면적 0.75[mm2] 이상의 것이어야 한다.

06 기타 저압전기설비

(1) 옥내에 시설하는 저압용 배분전반 등의 시설
  ① 노출된 충전부가 있는 배전반 및 분전반은 취급자 이외의 사람이 쉽게 출입할 수 없도록 설치하여야 한다.
  ② 한 개의 분전반에는 한 가지 전원(1회선의 간선)만 공급하여야 한다. 다만, 격벽을 설치하고 과전류 차단기 가까운 곳에 그 사용전압을 표시하는 경우에는 그러하지 아니하다.
  ③ 주택용 분전반은 독립된 장소(신발장, 옷장 등의 은폐된 장소는 제외한다)에 시설한다.
  ④ 옥내에 설치 시 불연성 또는 난연성이 있도록 시설한다.

(2) 콘센트의 시설
  ① 욕조나 샤워시설이 있는 욕실 또는 화장실 등 콘센트를 시설하는 경우
    ㉠ 인체감전보호용 누전차단기(정격감도전류 15[mA] 이하, 동작시간 0.03초 이하의 전류동작형의 것에 한한다) 또는 절연변압기(정격용량 3[kVA] 이하인 것에 한한다)로 보호된 전로에 접속하거나, 인체감전보호용 누전차단기가 부착된 콘센트를 시설하여야 한다.
    ㉡ 콘센트는 접지극이 있는 방적형 콘센트를 사용하여 접지한다.
    ㉢ 습기가 많은 장소 또는 수분이 있는 장소에 시설하는 콘센트 및 기계·기구용 콘센트는 접지용 단자가 있는 것을 사용하여 접지하고 방습장치를 하여야 한다.
  ② 주택의 옥내전로에는 접지극이 있는 콘센트를 사용하여 접지시스템 규정에 준하여 접지하여야 한다.

(3) 비행장 등화 배선의 시설
  ① 직접 매설에 의하여 차량, 기타의 중량물의 압력을 받을 우려가 없는 장소에 저압 또는 고압의 배선을 다음에 의하여 시설할 경우
    ㉠ 전선은 클로로프렌 외장 케이블일 것
    ㉡ 전선의 매설장소를 표시하는 적당한 표시를 할 것
    ㉢ 매설 깊이는 항공기 이동지역에서는 0.5[m], 그 밖의 지역에서는 0.75[m] 이상으로 할 것

(4) 옥내배선과 약전류 전선 및 관과의 접근 또는 교차
  ① 수도관, 약전선, 가스관, 저압의 간격 : 10[cm] 이상 (단, 나전선 사용 시 30[cm] 이상 간격)
  ② 수도관, 약전선, 가스관, 고압의 간격 : 15[cm] 이상
  ③ 수도관, 약전선, 가스관, 특고압의 간격 : 60[cm] 이상

(5) 먼지가 많은 장소에서의 저압시설
  ① 폭연성 먼지 또는 화약류의 분말이 전기설비가 발화원이 되어 폭발할 우려가 있는 곳 : 케이블(캡타이어 케이블 제외)공사, 금속관공사, 관 상호 간 또는 관과 박스 접속 시 나사조임은 5턱 이상
  ② 가연성 먼지가 있는 곳 : 케이블(캡타이어 케이블 제외)공사, 금속관공사, 합성수지관공사

(6) 가연성 가스 등이 있는 곳에서의 저압시설
  가연성 가스 또는 인화성 물질의 증기가 새거나 체류하여 전기설비가 발화원이 되어 폭발할 우려가 있는 곳 : 금속관공사, 케이블공사

(7) 위험물 등이 있는 곳에서의 저압시설
  셀룰로이드·성냥·석유류·기타 타기 쉬운 위험한 물질(위험물)을 제조하거나 저장하는 곳에 시설 : 금속관공사, 합성수지관공사, 케이블공사에 의하여야 하며 이동전선은 캡타이어 케이블 이외의 접속점이 없는 캡타이어 케이블을 사용하도록 한다.

(8) 화약류 저장소에서의 전기설비 시설
  ① 전로의 대지전압 : 300[V] 이하일 것
  ② 전기기계·기구는 전폐형일 것
  ③ 화약류 저장소에 인입구까지 케이블을 이용하여 지중선로로 한다.

07 고압·특고압 옥내배선 등의 시설

(1) 고압 옥내배선 등의 시설
① 사용 가능한 공사
㉠ 애자사용공사(건조한 장소로서 전개된 장소에 한한다)
㉡ 케이블 공사
㉢ 케이블 트레이 공사

(2) 애자사용공사

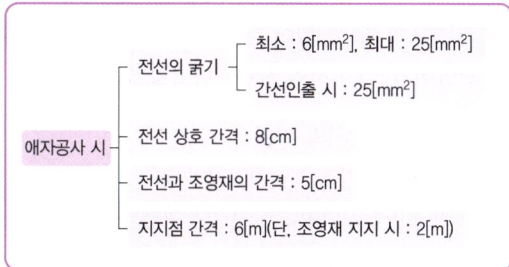

(3) 옥내에 시설하는 고압 접촉전선공사
이동기중기 등의 접촉전선을 옥내에 시설하는 경우에는 다음에 따라 애자사용공사를 실시한다.
① 사람이 접촉될 우려가 없을 것
② 전선지지점의 거리는 6[m] 이하
③ 10[mm] 또는 인장강도 2.78[kN] 이상일 것
   단, 저압인 400[V] 미만인 경우 3.2mm[8mm²] 이상

(4) 특별고압 옥내 전기설비의 시설
① 사용전압 : 100,000[V] 이하일 것(단, 케이블 트레이 공사에 의하여 시설하는 경우에는 35,000[V] 이하일 것)
② 전선은 케이블일 것

08 특수설비

(1) 전기 울타리의 시설
250[V] 이하로 사람의 출입이 적은 곳에 시설한다.
① 전선 굵기 : 2.0[mm] 이상 경동선
② 전선과 수목의 간격 : 30[cm]
③ 전선과 지지하는 기둥의 간격 : 2.5[cm]

(2) 놀이용 전차의 시설
① 전로의 사용전압은 직류의 경우는 60[V] 이하, 교류의 경우는 40[V] 이하일 것이며 사용하는 접촉전선은 제3레일 방식에 의하여 시설할 것
② 1차 전압은 400[V] 이하일 것
③ 변압기의 2차 전압은 150[V] 이하일 것

(3) 전격살충기의 시설
① 전격살충기는 전격격자(電擊格子)를 지표상 또는 마루 위 3.5[m] 이상의 높이에 시설하며 7,000[V] 이하인 절연변압기를 사용하고 변압기의 1차 측 전로를 자동적으로 차단하는 보호장치를 설치한 것은 지표상 또는 마루 위 1.8[m] 높이까지로 감할 수 있다.
② 식물 사이의 간격은 30[cm] 이상일 것

(4) 교통신호등의 시설
① 사용전압 300[V] 이하
② 150[V] 초과 : 자동차단장치시설
③ 교통신호등 인하선은 지표상 높이 : 2.5[m] 이상
④ 금속제 외함은 규정에 맞게 접지공사를 할 것

(5) 도로 등의 전열장치의 시설
① 발열선에 전기를 공급하는 전로의 대지전압은 300[V] 이하일 것
② 발열선은 미네랄인슐레이션 케이블 또는 정격전압 300/500[V] 이하 보온 및 방지용 케이블로서 노출하여 사용하지 아니하는 것은 제2종 발열선을 사용할 것
③ 발열선은 그 온도가 80[℃]를 넘지 아니하도록 시설할 것(단, 도로 또는 옥외주차장에 금속피복을 한 발열선을 시설할 경우에는 발열선의 온도를 120[℃] 이하로 할 수 있다)

(6) 전기온상 등의 시설
① 전기온상 등에 전기를 공급하는 전로의 대지전압은 300[V] 이하일 것
② 발열선은 그 온도가 80[℃]를 넘지 아니하도록 시설할 것

(7) 전극식 온천온수기 시설
① 사용전압 : 400[V] 이하

② 접지공사는 절연변압기의 철심 및 금속제 외함, 차폐장치의 전극에는 접지공사
③ 전극식 온천온수기의 온천수 유입구 및 유출구에는 차폐장치
　㉠ 차폐장치와 전극식 온천온수기 사이의 거리 : 0.5[m] 이상
　㉡ 차폐장치와 욕탕 사이의 거리 : 1.5[m] 이상

(8) 전기욕기의 시설
① 전로의 대지전압은 300[V] 이하일 것
② 욕탕 안 전극과 절연변압기 사이의 변압기 2차 측 전압은 10[V] 이하인 전원 변압기를 설치
③ 유도코일을 시설할 경우 2차 측 전압의 파고치 30[V] 이하
④ 욕조 전극 간의 거리는 1[m] 이상
⑤ 전기욕기용 전원장치로부터 욕탕 안의 전극까지의 전선 상호 간 및 전선과 대지 사이의 절연저항치는 0.1[MΩ] 이상일 것

(9) 풀용 수중조명등 등의 시설
① 1차 400[V] 이하/2차 150[V] 이하인 절연변압기 사용 : 2차 측은 비접지
② 30[V] 이하 : 1·2차 사이에 금속제 혼촉방지판 시설 후 접지공사를 할 것
③ 30[V] 초과 : 지락사고 시 자동차단되는 30[mA] 이하의 누전차단기 시설
④ 등기구 외함에 접지공사를 한다.

(10) 전기부식방지 시설
① 직류 60[V] 이하일 것
② 임의점 간의 전위차는 10[V]를 넘지 아니할 것
③ 1[m] 간격의 임의의 2점 간의 전위차가 5[V]를 넘지 아니할 것

(11) 소세력회로의 시설
최대 사용전압이 60[V] 이하인 것으로 대지전압이 300[V] 이하
① 소세력회로에 전기를 공급하기 위한 변압기는 절연변압기일 것

② 절연변압기의 2차 단락전류는 다음 표에서 정한 값 이하일 것

소세력회로의 최대사용전압의 구분	2차 단락전류	과전류 차단기의 정격전류
15[V] 이하	8[A]	5[A]
15[V] 초과 30[V] 이하	5[A]	3[A]
30[V] 초과 60[V] 이하	3[A]	1.5[A]

(12) 출퇴표시등 회로의 시설
출퇴표시등 회로에 전기를 공급하기 위한 변압기는 1차 측 전로의 대지전압이 300[V] 이하, 2차 측 전로의 사용전압이 60[V] 이하인 절연변압기일 것

(13) 아크 용접장치의 시설
① 용접변압기는 절연변압기일 것
② 용접변압기의 1차 측 전로의 대지전압은 300[V] 이하일 것
③ 1차 측 전로에는 용접 변압기에 가까운 곳에 쉽게 개폐할 수 있는 개폐기를 시설할 것
④ 용접기 외함 등 접지공사를 할 것

09 의료장소

(1) 의료장소의 안전을 위한 보호 설비
① 의료설비용 절연변압기에 따라 이중 또는 강화 절연을 한 비단락보증 절연변압기를 설치하고 그 2차 측 전로는 접지하지 말 것
② 비단락보증 절연변압기의 2차 측 정격전압은 교류 250[V] 이하로 하며 공급방식 및 정격출력은 단상 2선식, 10[kVA] 이하로 할 것

(2) 의료장소 내의 접지설비
① 의료장소마다 그 내부 또는 근처에 기준접지 바를 설치할 것. 다만, 인접하는 의료장소와의 바닥면적 합계가 50[m²] 이하인 경우에는 기준접지 바를 공용할 수 있다.
② 보호도체, 등전위 본딩도체 및 접지도체의 종류는 450/750[V] 일반용 단심 비닐 절연전선으로서 절연체의 색이 녹/황의 줄무늬이거나 녹색인 것을 사용할 것

핵심 기출 문제

01 저압전로의 보호도체 및 중성선의 접속방식에 따른 접지계통으로 분류되지 않는 것은?

① TN계통　　② TT계통
③ TS계통　　④ IT계통

02 다음과 같은 저압 접지계통의 명칭은?

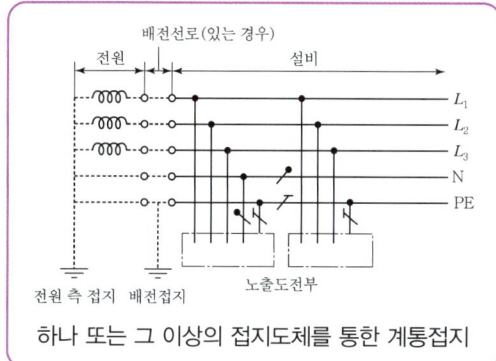

하나 또는 그 이상의 접지도체를 통한 계통접지

① TN-C 계통　　② TN-S 계통
③ IT 계통　　④ TT 계통

03 다음과 같은 저압접지계통의 명칭은?

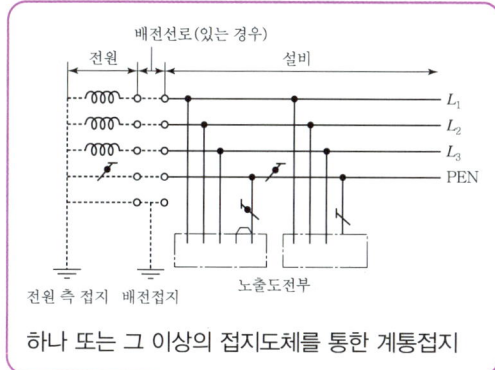

하나 또는 그 이상의 접지도체를 통한 계통접지

① TN-C 계통　　② TN-S 계통
③ IT 계통　　④ TT 계통

04 안전을 위한 보호의 종류에 해당되지 않는 것은?

① 감전에 대한 보호　　② 과전류에 대한 보호
③ 과도전압에 대한 보호　　④ 노이즈에 대한 보호

05 설비의 각 부분이 하나 이상 고려해야 하는 감전에 대한 보호대책에 포함되지 않는 것은?

① 전원의 자동차단
② 이중절연 혹은 강화절연
③ 한 개의 전기사용기기에 전기를 공급하기 위한 전기적 분리
④ PELV와 FELV에 의한 특별 저압

06 숙련자와 기능자의 통제 또는 감독이 있는 설비에서 적용이 가능한 보호대책 중 틀린 것은?

① 비도전성 장소
② 비접지 국부등전위본딩
③ 두 개 이상의 전기사용기기에 공급하기 위한 전기적 분리
④ 장애물이 있는 장소

07 TN 저압접지계통에서 교류 220[V]가 인가되는 저압설비의 고장 시 선도체 또는 설비의 전원을 차단하는 최대 시간은?(단, 20[A] 분기회로이다.)

① 0.1초　　② 0.2초
③ 0.4초　　④ 0.8초

08 TN 저압접지계통에서 교류 380[V]가 인가되는 저압설비의 고장 시 선도체 또는 설비의 전원을 차단하는 최대 시간은?(단, 30[A] 분기회로이다.)

① 0.1초　　② 0.2초
③ 0.4초　　④ 0.8초

09 TN 저압접지계통에서 교류 220[V]가 인가되는 저압설비의 고장 시 선도체 또는 설비의 전원을 차단하는 최대시간은?(단, 50[A] 이하 분기회로이다.)

① 0.1초 ② 2초
③ 4초 ④ 5초

10 저압접지계통에서 누전차단기를 사용해서는 안 되는 접지방식은?

① TN-C ② TN-S
③ TT ④ TN-C-S

11 TN 저압계통에서 병렬로 연결된 접지극 저항값은?

> R_B : 병렬 접지극 전체의 접지저항값[Ω]
> R_E : 1선 지락이 발생할 수 있으며 보호도체와 접속되어 있지 않는 계통외도전부의 대지와의 접촉 저항의 최솟값[Ω]
> U_0 : 공칭대지전압(실횻값)

① $\dfrac{R_B}{R_E} \leq \dfrac{50}{(U_0-50)}$

② $\dfrac{R_B}{R_E} \leq \dfrac{120}{(U_0-120)}$

③ $\dfrac{R_B}{R_E} \leq \dfrac{120}{(U_0-50)}$

④ $\dfrac{R_B}{R_E} \leq \dfrac{50}{(U_0-120)}$

12 특별저압(SELV, PELV)계통의 전압한계는 전압밴드 Ⅰ의 상한값 이하로 한다. 전압한계로 옳은 것은?

① 교류 50[V], 직류 120[V]
② 교류 50[V], 직류 100[V]
③ 교류 120[V], 직류 50[V]
④ 교류 100[V], 직류 120[V]

13 IT계통에서 감전의 보호를 위한 전원 자동차단장치에 의한 대책으로 감시장치와 보호장치를 사용할 수 있으며, 1차 고장이 지속되는 동안 작동되어야 한다. 이에 해당되지 않는 것은?

① 절연감시장치 ③ 누설전류감시장치
② 절연고장검출장치 ④ 개폐기

14 SELV와 PELV용 전원으로 적절하지 않은 것은?

① 안전절연 변압기 전원 및 이와 동등한 절연의 전원
② 상용전원과 축전지 및 디젤 발전기 등과 연계된 전원
③ 전압이 교류 50[V] 이하, 직류 120[V] 이하
④ 이중 또는 강화 절연된 전동발전기 등 이동용 전원

15 다음 중 과부하 보호장치의 설치위치로 적당한 것은?

① 단락 측 ② 부하 측
③ 분기점 ④ 전원 측

16 다음 중 저압전기설비에서 과전류에 대한 보호에 해당하지 않는 것은?

① 과부하전류에 대한 보호
② 단락전류에 대한 보호
③ 기본 절연에 의한 보호
④ 저압전로 중 개폐기 및 과전류차단기의 시설

17 과부하 보호장치의 동작특성에서 유효하게 차단할 수 있는 전류는 케이블의 허용전류보다 최소 몇 배 이상 커야 하는가?

① 1.25 ② 1.45
③ 2 ④ 2.5

18 분기회로의 단락보호장치는 보호장치의 전원 측에서 분기점 사이에 다른 분기회로 또는 콘센트의 접속이 없고, 단락의 위험과 화재 및 인체에 대한 위험성이 최소화되도록 시설된 경우, 분기점으로부터 몇 [m]까지 이동하여 설치할 수 있는가?

① 2　　　　② 3
③ 4　　　　④ 5

19 다음 중에서 안전을 위해 과부하 보호장치를 생략할 수 없는 것은?

① 회전기의 여자회로
② 옥내 펌프설비
③ 소방설비의 전원회로
④ 전자석 크레인의 전원회로

20 화재 또는 폭발 위험성이 있는 장소에 설치되는 설비 또는 특수설비 및 특수장소에는 과부하보호장치를 생략할 수 없다. 생략할 수 없는 장소에 해당되지 않는 것은?

① 분기회로의 전원 측에 설치된 보호장치에 의하여 분기회로에서 발생하는 과부하에 대해 유효하게 보호되고 있는 분기회로
② 단락보호가 되고 있으며, 부하에 설치된 과부하 보호장치가 유효하게 동작하여 과부하전류가 분기회로에 전달되지 않도록 조치를 하는 경우
③ 통신회로용, 제어회로용, 신호회로용 및 이와 유사한 설비
④ 소방회로

21 배선의 단락위험을 최소화할 수 있는 방법과 가연성 물질 근처에 설치하지 않는 경우 단락보호장치를 생략할 수 있다. 이와 관계없는 것은?

① 발전기, 변압기, 정류기, 축전지와 보호장치가 설치된 제어반을 연결하는 도체
② 통신회로용, 제어회로용, 신호회로용 및 이와 유사한 설비
③ 전원차단이 설비의 운전에 위험을 가져올 수 있는 회로
④ 특정 측정회로

22 케이블 등의 단락전류는 절연도체의 허용 온도를 초과하지 않는 시간 내에 차단되도록 해야 한다. 단락지속시간이 5초 이하인 경우, 통상 사용조건에서의 단락전류에 의해 절연체의 허용온도에 도달하기까지의 시간 t를 구하는 공식은?

① $t = \left(\dfrac{KI}{2S}\right)$　　② $t = \left(\dfrac{KI}{S}\right)^2$
③ $t = \left(\dfrac{KS}{I}\right)$　　④ $t = \left(\dfrac{KS}{I}\right)^2$

23 정격전류가 20[A]인 과전류 보호를 위하여 주택용 배선용 차단기를 설치할 때 1.45배의 전류가 흐르는 경우 몇 분 안에 동작하는가?

① 2　　　　② 20
③ 60　　　④ 120

24 정격전류가 30[A]인 주택용 배선용 차단기를 설치할 때 몇 배의 전류가 흐르는 경우 부동작하는가?

① 1.1　　　② 1.13
③ 1.05　　④ 1.25

25 정격전류가 30[A]인 산업용 배선용 차단기를 설치할 때 몇 배의 전류가 흐르는 경우 부동작하는가?

① 1.1　　　② 1.13
③ 1.05　　④ 1.25

26 정격전류가 50[A]인 과전류 보호를 위하여 산업용 배선용 차단기를 설치할 때 몇 배의 전류가 흐르는 경우 60분 안에 동작하는가?

① 1.6 ② 1.45
③ 1.3 ④ 1.5

27 분기회로시설에서 정격전류가 50[A]를 초과하는 전기사용기계기구의 저압전로에 사용하는 과전류 차단기는 전기사용기계기구 정격전류의 몇 배를 넘지 않아야 하는가?

① 1.1 ② 1.2
③ 1.3 ④ 1.5

28 욕조나 샤워시설이 있는 욕실 또는 화장실 등에 콘센트를 시설할 때 틀린 것은?

① 인체감전보호용 누전차단기(정격감도전류 15[mA] 이하, 동작시간 0.03초 이하의 전류동작형의 것에 한한다.)를 설치한다.
② 절연변압기(정격용량 3.5[kVA] 이하인 것에 한한다.)로 보호된 전로에 접속한다.
③ 콘센트는 접지극이 있는 방적형 콘센트를 사용하여 접지한다.
④ 습기가 많은 장소 또는 수분이 있는 장소에 시설하는 콘센트 및 기계기구용 콘센트는 접지용 단자가 있는 것을 사용하여 접지하고 방습장치를 하여야 한다.

29 옥내에 시설하는 저압용 배분전반 등의 시설방법으로 맞지 않는 것은?

① 노출된 충전부가 있는 배전반 및 분전반은 취급자 이외의 사람이 쉽게 출입할 수 없도록 설치하여야 한다.
② 한 개의 분전반에는 한 가지 전원(1회선의 간선)만 공급하여야 한다.
③ 주택용 분전반은 독립된 장소(신발장, 옷장 등의 은폐된 장소)에 시설하며 구조, 치수 및 재료에 적합할 것
④ 옥내에 설치하는 배전반 및 분전반은 불연성 또는 난연성이 있도록 시설할 것

30 옥내에 시설하는 전동기에는 과부하 보호장치를 시설하여야 하는데, 단상 전동기인 경우에 전원 측 전로에 시설하는 과전류 차단기의 정격전류가 몇 [A] 이하이면 과부하 보호장치를 시설하지 않아도 되는가?

① 10 ② 16
③ 30 ④ 50

31 옥내에 시설하는 전동기가 과전류로 소손될 우려가 있을 경우 자동적으로 이를 저지하거나 경보하는 장치를 하여야 한다. 정격출력이 몇 [kW] 이하인 전동기에는 이와 같은 과부하 보호장치를 시설하지 않아도 되는가?

① 0.2[kW] ② 0.75[kW]
③ 3[kW]   ④ 5[kW]

32 옥내에 시설하는 전동기에 과부하 보호장치의 시설을 생략할 수 없는 경우는?

① 전동기의 정격출력이 0.75[kW]인 전동기
② 타인이 출입할 수 없고 전동기가 소손할 정도의 과전류가 생길 우려가 없는 경우
③ 전동기가 단상의 것으로 그 전원 측 전로에 시설하는 배선용 차단기의 정격전류가 20[A] 이하인 경우
④ 전동기가 단상의 것으로 그 전원 측 전로에 시설하는 과전류 차단기의 정격 전류가 16[A] 이하인 경우

33 저압 옥내 배선용 전선의 굵기는 연동선을 사용할 때 원칙적으로 몇 [mm²] 이상으로 규정되고 있는가?

① 1.5　　　　② 2.0
③ 2.5　　　　④ 4

34 저압 옥내배선공사에 사용할 수 있는 MI 케이블의 최소 굵기는 몇 [mm²] 이상의 것인가?

① 1.0　　　　② 1.2
③ 2.0　　　　④ 2.6

35 3[kV]의 고압 옥내배선을 케이블공사로 설계하는 경우 사용할 수 없는 케이블은?

① 연피케이블
② 비닐외장케이블
③ MI케이블
④ 클로로프렌 외장 케이블

36 저압 옥내배선의 사용전압이 400[V] 이하인 경우 배선공사 방법으로 옳지 않은 것은?

① 쇼케이스 내에 0.75[mm²] 캡타이어 케이블 사용
② 출퇴표시등용 전선으로 지름 1.5[mm²] 연동선을 사용하여 금속관에 넣어 시설
③ 전광표시장치의 제어회로에 지름 1.5[mm²] 연동선을 사용하고 합성수지관에 넣어 시설
④ 조명코드선 및 이동전선으로 0.55[mm²] 케이블 사용

37 옥내에 시설하는 조명코드선의 최소 굵기[mm²]는?

① 1.25　　　　② 1.00
③ 0.75　　　　④ 0.5

38 정격전류가 15[A] 이하인 과전류 차단기로 보호되는 저압 옥내전로에 접속하는 콘센트는 정격전류가 몇 [A] 이하인 것을 시설하는가?

① 15[A]　　　　② 20[A]
③ 25[A]　　　　④ 30[A]

39 정격전류가 15[A]를 넘고 20[A] 이하인 배선용 차단기로 보호되는 저압 옥내전로에 접속하는 콘센트는 정격전류가 몇 [A] 이하인 것을 시설하는가?

① 15[A]　　　　② 20[A]
③ 25[A]　　　　④ 30[A]

40 가로등, 경기장, 공장, 아파트단지 등의 일반조명을 위하여 시설하는 고압방전등은 그 효율이 몇 [lm/W] 이상의 것이어야 하는가?

① 30
② 50
③ 70
④ 100

41 일반 주택 및 아파트 각 호실의 현관에 조명용 백열전등을 설치할 때 사용하는 타임 스위치를 몇 [분] 이내에 소등되는 것을 시설하여야 하는가?

① 1분　　　　② 3분
③ 10분　　　④ 20분

42 호텔 또는 여관 각 객실의 입구에 조명용 백열전등을 설치할 경우 몇 [분] 이내에 소등되는 타임 스위치를 시설하여야 하는가?

① 1분　　　　② 2분
③ 3분　　　　④ 5분

43 100[W] 등기구와 가연성 재료와의 간격은 최소 몇 [m]를 두고 설치하여야 하는가?

① 0.5   ② 0.8
③ 1.0   ④ 1.2

44 전선 및 케이블의 구분에 따른 배선설비의 설치방법에서 절연전선의 설치방법으로 틀린 것은?

① 전선관
② 케이블트렁킹
③ 케이블덕팅
④ 직접 고정

45 사용전압 480[V]인 옥내 저압 절연전선을 애자사용공사에 의해서 점검할 수 있는 은폐장소에 시설하는 경우에 전선 상호 간의 거리는 몇 [cm] 이상이어야 하는가?

① 6   ② 10
③ 12   ④ 15

46 사용전압 220[V]인 경우에 애자사용공사에서 전선과 조영재의 간격은 최소 몇 [cm] 이상이어야 하는가?

① 2.5 ② 4.5
③ 6   ④ 8

47 점검할 수 있는 은폐장소로서 건조한 곳에 시설하는 애자사용 노출공사에 있어서 사용 전압 440[V]의 경우 전선과 조영재의 간격은?

① 2.5[cm] 이상
② 3[cm] 이상
③ 4.5[cm] 이상
④ 5[cm] 이상

48 옥내에 시설하는 애자사용공사 시 사용전압이 400[V]를 넘는 경우 전선과 조영재의 간격은?(단, 전개된 장소로서 건조한 장소임)

① 2.5[cm] 이상   ② 5[cm] 이상
③ 7.5[cm] 이상   ④ 10[cm] 이상

49 습기가 많은 장소에서 440[V] 애자사용공사의 전선과 조영재의 최소 간격[cm]은?

① 2[cm] 이상   ② 2.5[cm] 이상
③ 4.5[cm] 이상   ④ 6[cm] 이상

50 애자사용공사에서 전개된 장소 또는 점검할 수 있는 은폐장소로서 전선을 조영재의 상면 또는 측면에 따라 붙일 경우에 전선의 지지점 간 거리는 몇 [m] 이하로 하여야 하는가?

① 2.0   ② 3.0
③ 5.0   ④ 8

51 다음 중 저압 옥내배선의 공사방법에 따른 사용 전선의 조합으로 옳지 않은 것은?

① 애자사용은폐공사 – 인입용 절연전선
② 가요전선관공사 – 450/750 고무절연전선
③ 금속관공사 – 450/750 비닐절연전선
④ 합성수지관공사 – HFIX 전선

52 저압 옥내배선을 할 때 인입용 비닐절연전선을 사용할 수 없는 것은?

① 합성수지관공사
② 금속관공사
③ 애자사용공사
④ 가요전선관공사

53 사용전압이 400[V] 이하이고 옥내배선을 시공한 후 점검할 수 없는 은폐장소이며 건조한 장소 일 때 시공할 수 있는 공사방법은?

① 플로어덕트공사　② 버스덕트공사
③ 합성수지몰드공사　④ 금속덕트공사

54 사용전압이 400[V] 초과이고 옥내배선을 시공한 후 점검할 수 있는 은폐장소에 시설하는 경우 사용하여서는 안 되는 공사방법은?(단, 건조한 장소이다.)

① 애자사용공사　② 금속몰드공사
③ 금속덕트공사　④ 버스덕트공사

55 합성수지몰드는 홈의 깊이가 몇 [cm] 이하인가?

① 2.5　② 3.5
③ 5　④ 7

56 몰드공사 시 동일 몰드 내에 넣는 전선 수는 얼마인가?

① 5　② 10
③ 15　④ 30

57 합성수지몰드공사에 의한 저압 옥내배선은 다음과 같이 시설하여야 한다. 옳지 못한 것은?

① 합성수지 몰드는 홈의 폭 및 깊이가 3.5[cm] 이하
② 두께는 1.2[mm] 이상
③ 사람이 쉽게 접촉할 우려가 없도록 시설하는 경우에는 폭이 5[cm] 이하
④ 합성수지 몰드 안에서는 전선에 접속점이 있어서는 안 된다.

58 합성수지몰드공사에 의한 저압 옥내배선의 시설 방법으로 옳은 것은?

① 전선으로는 단선만을 사용하고 연선을 사용하여서는 아니 된다.
② 전선은 옥외용 비닐절연전선을 사용하였다.
③ 합성수지몰드 안에 전선의 접속점을 두기 위하여 합성수지제의 조인트 박스를 사용하였다.
④ 합성수지몰드 안에는 전선의 접속점을 최소 2개소 두어야 한다.

59 합성수지관공사에 의한 저압 옥내배선의 시설기준으로 옳지 않은 것은?

① 습기가 많은 장소에 방습장치를 하여 사용하였다.
② 전선은 옥외용 비닐절연전선을 사용하였다.
③ 전선은 연선을 사용하였다.
④ 관의 지지점 간 거리는 1.5[m]로 하였다.

60 저압 옥내배선을 합성수지관공사에 의하여 실시하는 경우 사용할 수 있는 단선(동선)의 최대 굵기는 몇 [mm²]인가?

① 2.5　② 6
③ 10　④ 16

61 합성수지관공사에 사용하는 관 두께는 몇 [mm] 이상인가?

① 1.0　② 2.0
③ 3.0　④ 4.0

62 합성수지관공사에서 관 상호 간과 박스의 접속 시 관에 삽입하는 깊이를 관 바깥지름의 몇 배 이상으로 하여야 하는가?

① 0.5배　② 0.9배
③ 1.0배　④ 1.2배

63 합성수지관공사에서 관의 지지점 간의 최대 거리[m]는?

① 1.0 ② 1.2
③ 1.5 ④ 2.0

64 다음 중 저압 옥내배선에서 콘크리트 내에 직접 묻을 수 있는 것은?

① 금속몰드공사
② 케이블공사
③ 가요전선관공사
④ 금속관공사

65 금속관공사에 의한 저압 옥내배선 시 콘크리트에 매설하는 경우 관의 최소 두께[mm]는?

① 0.8 ② 1.0
③ 1.2 ④ 1.4

66 저압 옥내배선을 위한 금속관을 콘크리트에 매설할 때 적합한 관의 두께[mm]와 전선의 종류는?

① 1.0[mm] 이상, 옥외용 비닐절연전선
② 1.2[mm] 이상, 450/750[V] 비닐절연전선
③ 1.0[mm] 이상, 600[V] 비닐절연전선
④ 1.2[mm] 이상, 옥외용 비닐절연전선

67 금속관공사에 의한 저압 옥내배선의 방법으로 틀린 것은?

① 옥외용 비닐절연전선을 사용하였다
② 전선은 연선을 사용하였다.
③ 콘크리트에 매설하는 금속관의 두께는 1.2[mm]를 사용하였다.
④ 사람이 접촉할 우려가 없어 관에는 접지공사를 하였다.

68 금속관공사에 의한 저압 옥내배선의 방법으로 옳은 것은?

① 전선은 옥외용 비닐절연 전선을 사용하였다.
② 전선은 지름 25[mm²]의 전선을 사용하였다.
③ 콘크리트에 매설하는 금속관의 두께는 1.2[mm]를 사용하였다.
④ 관 안에는 전선의 접속점을 1개소만 허용하였다.

69 금속관공사에서 관의 지지점 간 최대 거리[m]는?

① 1.0 ② 1.2
③ 1.5 ④ 2.0

70 가요전선관공사에 사용할 수 없는 전선은?

① 인입용 비닐절연전선
② 옥외용 비닐절연전선
③ 450/750[V] 비닐절연전선
④ 450/750[V] 고무절연전선

71 옥내 저압배선을 가요전선관공사에 의해 시공하고자 한다. 가요전선관에 설치할 전선으로 단선을 사용한다면 동선의 단면적은 최대 몇 [mm²]까지 사용할 수 있는가?

① 6 ② 16
③ 25 ④ 10

72 모양 변경, 배치 변경 등 전기 배선이 변경되는 장소에 쉽게 응할 수 있게 마련한 저압 옥내 배선공사는?

① 가요전선관공사
② 금속덕트공사
③ 합성수지관공사
④ 버스덕트공사

73 금속덕트공사에서 관의 지지점 간 거리는 최대 몇 [m] 이하로 되는가?
① 1.0 ② 1.5
③ 3.0 ④ 4.0

74 물기가 많고 전개된 장소에서 440[V] 옥내배선을 할 때 채택할 수 없는 공사는?
① 합성수지관공사 ② 금속덕트공사
③ 금속관공사 ④ 케이블공사

75 금속덕트공사에서 저압 옥내배선을 할 때 덕트에 넣는 전선의 단면적 합계는 덕트 내부 단면적의 몇 [%]로 하는가?
① 8 ② 20
③ 30 ④ 50

76 제어회로용 절연전선을 금속덕트공사에 의하여 시설하고자 한다. 절연 피복을 포함한 전선의 총 면적은 덕트 내부 단면적의 몇 [%]까지 될 수 있는가?
① 20 ② 30
③ 40 ④ 50

77 라이팅 덕트공사에 의한 저압 옥내배선은 덕트의 지지점 간 거리를 몇 [m] 이하로 하여야 하는가?
① 2 ② 3
③ 4 ④ 5

78 플로어덕트공사에서 금속제 박스는 강판이 몇 [mm] 이상인 것을 사용하는가?
① 1.0 ② 1.2
③ 2.0 ④ 3.2

79 케이블 조영재의 하면에 따라 설치하는 경우 케이블 지지점 간 거리의 최댓값[m]은?
① 1 ② 1.5
③ 2.0 ④ 2.5

80 케이블 트레이 공사에 사용되는 케이블 트레이는 수용된 모든 전선을 지지할 수 있는 적합한 강도의 것으로서 이 경우 케이블 트레이의 안전율은 얼마 이상으로 하여야 하는가?
① 1.1 ② 1.2
③ 1.3 ④ 1.5

81 케이블을 지지하기 위하여 사용하는 금속제 케이블 트레이의 종류가 아닌 것은?
① 바닥 밀폐형
② 펀칭형
③ 바닥 통풍형
④ 사다리형

82 저압으로 수전하는 조명 설비에서 수용가 설비의 인입구로부터 기기까지의 전압강하값은 몇 [%] 이하이어야 하는가?
① 3 ② 5
③ 6 ④ 8

83 점검할 수 있는 은폐장소의 저압 옥내배선에서 사용할 수 없는 캡타이어 케이블은?
① 1종 캡타이어 케이블
② 2종 캡타이어 케이블
③ 3종 캡타이어 케이블
④ 4종 캡타이어 케이블

84 다음 저압 옥내배선 공사 중 전선이 반드시 절연선이 아니라도 상관없는 것은?

① 합성수지관공사　② 금속관공사
③ 버스덕트공사　④ 플로어덕트공사

85 옥내에 시설하는 저압전선으로 나전선을 절대로 사용할 수 없는 경우는?

① 애자사용공사에 의하여 전개된 곳에 시설하는 전기로용 전선
② 이동기중기에 전기를 공급하기 위하여 사용하는 접촉전선
③ 합성수지몰드공사에 의하여 시설하는 경우
④ 버스덕트공사에 의하여 시설하는 경우

86 예열시동식 형광 방전등에 무선설비에 대한 고주파 전류에 의한 장해 방지용으로 글로램프와 병렬로 접속하는 콘덴서의 정전용량[μF]은?

① 0.1~1　② 0.06~0.1
③ 0.006~0.01　④ 0.6~10

87 화약류 저장장소의 전기설비 시설에 대한 설명으로 적당하지 않은 것은?

① 전로의 대지전압은 300[V] 이하일 것
② 전기기계기구는 개방형일 것
③ 지락 차단장치 또는 경보장치를 시설할 것
④ 전용 개폐기 또는 과전류 차단장치를 시설할 것

88 전용 개폐기 또는 과전류 차단기에서 화약류 저장소 인입구까지의 저압배선은 어떻게 시설하는가?

① 애자사용공사에 의하여 시설한다.
② 합성수지관 공사에 의하여 가공으로 시설한다.
③ 케이블을 사용하여 가공으로 시설한다.
④ 케이블을 사용하여 지중선로로 한다.

89 폭연성 먼지 또는 화약류의 분말이 존재하는 곳의 저압 옥내배선은 어느 공사에 의하는가?

① 애자사용공사 또는 가요전선관공사
② 캡타이어 케이블공사
③ 합성수지관공사
④ 금속관공사

90 가연성 먼지에 전기설비가 발화원이 되어 폭발할 우려가 있는 곳에 시공할 수 있는 저압 옥내배선은?

① 버스덕트공사
② 라이팅덕트공사
③ 가요전선관공사
④ 금속관공사

91 소맥분, 전분, 유황 등의 가연성 먼지가 존재하는 공장에 전기설비가 발화원이 되어 폭발할 우려가 있는 곳의 저압 옥내배선에 적합하지 않은 공사는?

① 합성수지관공사　② 금속관공사
③ 가요전선관공사　④ 케이블공사

92 석유류를 저장하는 장소의 전등배선에서 사용할 수 없는 공사방법은?

① 애자사용공사　② 케이블공사
③ 금속관공사　④ 경질비닐관공사

93 진열장 안의 저압 배선공사에서 사용전압의 최댓값은 몇 [V] 이하인가?

① 100　② 200
③ 400　④ 600

94 건조한 곳에 시설하고 또한 내부를 건조한 상태로 사용하는 진열장 안의 사용전압이 400[V] 이하인 저압 옥내배선의 전선은?

① 단면적이 0.75[mm²] 이상인 절연전선 또는 캡타이어 케이블
② 단면적이 1.25[mm²] 이상인 코드 또는 절연전선
③ 단면적이 0.75[mm²] 이상인 코드 또는 캡타이어 케이블
④ 단면적이 1.25[mm²] 이상인 코드 또는 다심형 전선

95 쇼윈도 안의 저압 배선공사에 대한 설명으로 옳지 않은 것은?

① 건조한 상태에서 시설할 것
② 전선은 단면적이 0.75[mm²] 이상인 코드 또는 캡타이어 케이블일 것
③ 코드 선의 지지점 간 간격은 2[m]로 할 것
④ 전선은 건조한 목재, 콘크리트, 석재 등의 조영재에 그 피복을 손상시키지 아니하도록 적당한 기구로 붙일 것

96 다음 코드 중에서 전기면도기, 모발건조기에 가장 알맞은 것은 무엇인가?

① 금실 코드
② 고무 캡타이어 코드
③ 비닐 캡타이어 코드
④ 방습 코드

97 흥행장에 시설하는 저압 전기설비로서 무대, 나락, 오케스트라 박스, 영사실, 기타 사람이나 무대도구가 접촉할 우려가 있는 곳에 시설하는 저압 옥내배선 조명코드선 또는 이동용 전선은 사용 전압이 몇 [V] 이하이어야 하는가?

① 300   ② 600
③ 200   ④ 400

98 옥내에 시설하는 고압의 이동전선은?

① 2.6[mm]
② 비닐 캡타이어 케이블
③ 고압용 캡타이어 케이블
④ 600[V] 고무절연전선

99 고압 옥내배선을 시공할 수 있는 공사의 종류는?

① 금속관공사와 케이블공사
② 금속관공사와 합성수지관공사
③ 금속관공사와 애자사용공사
④ 케이블공사와 애자사용공사

100 건조하며 전개된 장소에 시설할 수 있는 고압 옥내배선의 공사 종류는?

① 금속관공사   ② 금속덕트공사
③ 합성수지관공사   ④ 애자사용공사

101 고압 옥내배선에 사용하는 고압 절연전선의 최대 굵기[mm²]는?

① 4   ② 6
③ 10   ④ 25

102 6[kV] 고압 옥내배선을 애자사용공사로 하는 경우 전선의 지지점 거리는 조영재의 면을 따라 붙이는 경우에는 몇 [m] 이하로 하여야 하는가?

① 1.5   ② 2
③ 3   ④ 5

103 특별 고압선을 옥내에 시설하는 경우 그 사용전압의 최대한도는?

① 100[kV]   ② 170[kV]
③ 350[kV]   ④ 사용전압에 제한 없음

104 애자사용공사에 대하여 시설한 고압 옥내배선과 전화선의 최소 간격[cm]은?

① 6
② 12
③ 15
④ 30

105 옥내의 네온 방전등 공사방법으로 옳지 않은 것은?

① 방전등용 변압기는 절연변압기일 것
② 관등회로의 배선은 점검할 수 없는 은폐장소에 시설할 것
③ 관등회로의 배선은 애자사용공사에 의할 것
④ 전선의 지지점 간 거리는 2[m] 이하일 것

106 네온 관등회로의 배선공사에서 적합하지 않은 것은?

① 관등회로의 배선은 전개된 장소 또는 점검할 수 있는 은폐된 장소에 시설할 것
② 전선은 네온 전선일 것
③ 전선은 조영재의 옆면 또는 아랫면에 붙일 것
④ 전선 상호 간의 간격은 6[m] 이상이고 유리관의 지지점 간 거리는 50[cm] 이하일 것

107 전기울타리 시설에서 전기울타리용 전원장치에 전기를 공급하는 전로의 사용전압은 몇 [V] 이하인가?

① 250
② 500
③ 600
④ 700

108 목장에서 가축의 탈출을 방지하기 위하여 전기울타리에 사용한 전선의 최소 지름[mm]은?

① 1.2
② 1.6
③ 2.0
④ 2.6

109 전기울타리 시설에 관한 내용으로 틀린 것은?

① 사람이 쉽게 출입하지 아니하는 곳에 시설할 것
② 전선은 2[mm]의 경동선 또는 동등 이상의 것을 사용할 것
③ 수목과의 간격은 30[cm] 이상일 것
④ 전로의 사용전압은 600[V] 이하일 것

110 유원지에 사용된 놀이용 전차의 공급 전압은 교류 몇 [V] 이하인가?

① 40[V]
② 60[V]
③ 100[V]
④ 120[V]

111 놀이용 전차 안의 전로 및 이격에 전기를 공급하기 위하여 사용하는 전기설비는 다음에 의하여 시설하여야 한다. 옳지 않은 것은?

① 놀이용 전차에 전기를 공급하는 전로에는 전용 개폐기를 시설할 것
② 놀이용 전차에 전기를 공급하기 위하여 사용하는 접촉 전선은 제3궤조 방식에 의하여 시설할 것
③ 놀이용 전차에 전기를 공급하는 전로의 사용전압은 직류에 있어서는 80[V] 이하, 교류에 있어서는 60[V] 이하일 것
④ 놀이용 전차에 전기를 공급하는 전로의 사용전압에 전기를 변성하기 위하여 사용하는 변압기의 1차 전압은 400[V] 이하일 것

112 전기욕기를 시설하는 경우 욕탕의 전극과 전원 변압기 사이에 유도 코일을 시설하는 방식을 택하려면 유도 코일의 2차 측 전압의 최고 파고치는 몇 [V] 이하이어야 하는가?

① 25[V] 이하
② 30[V] 이하
③ 32[V] 이하
④ 40[V] 이하

113 전기욕기용 전원장치로부터 욕탕 안 전극까지의 전선 상호 간 및 전선과 대지 사이의 절연저항치는 몇 [MΩ] 이상인가?

① 0.1
② 0.2
③ 0.3
④ 0.4

114 공원 등 야외식당에 전격 살충기를 시설하고자 한다. 시공이 잘못된 것은?

① 전격 살충기는 전격격자가 지표상 또는 마루 위 3.5[m] 이상의 높이가 되도록 시설한다.
② 식물과의 간격은 30[cm] 이상으로 한다.
③ 전용 개폐기는 전격 살충기에서 가까운 곳에 쉽게 개폐할 수 있도록 시설한다.
④ 2차 개방 전압이 8,000[V]이고 격자높이는 1.5[m]로 한다.

115 교통신호등 회로의 사용전압은 최대 몇 [V]인가?

① 100[V]
② 200[V]
③ 300[V]
④ 400[V]

116 교통신호등의 제어장치 전원 측에는 전용 개폐기 및 과전류 차단기를 각 극에 시설하여야 한다. 교통신호등 회로의 사용전압이 몇 [V]를 넘는 경우에 전로에 지기가 생겼을 때 자동적 차단장치를 시설하여야 하는가?

① 150
② 300
③ 380
④ 600

117 전기 온상용 발열선의 최고 사용온도는 섭씨 몇 도를 넘지 않도록 시설하여야 하는가?

① 50
② 60
③ 80
④ 100

118 전기온돌 등의 전열장치를 시설할 때 발열선에 전기를 공급하는 전로의 대지전압은 몇 [V] 이하이어야 하는가?(단, 발열선은 도로, 주차장 또는 조영물의 조영재에 고정시켜 시설하는 경우임)

① 100
② 150
③ 200
④ 300

119 풀용 수중조명등에 전기를 공급하기 위하여 사용되는 절연변압기 1차 측 및 2차 측 전로의 사용전압은 각각 최대 몇 [V]인가?

① 300, 100
② 400, 150
③ 200, 150
④ 600, 300

120 풀용 수중조명등의 시설공사 시 절연변압기는 그 2차 측 전로의 사용전압이 몇 [V] 이하인 경우에 1차 권선과 2차 권선 사이에 금속제의 혼촉방지판을 설치하여야 하는가?

① 30[V]
② 40[V]
③ 60[V]
④ 100[V]

121 풀용 수중조명등에 전기를 공급하기 위하여 1차 측 120[V], 2차 측 30[V]의 절연변압기를 사용하였다. 절연변압기의 2차 측 전로의 시설이 전기설비 기술기준에 적합한 것은?

① 제1종 접지공사
② 제2종 접지공사
③ 특별 제3종 접지공사
④ 비접지식 공사

122 풀용 수중조명등의 사용전압이 몇 [V]를 넘으면 누전차단기를 시설하여야 하는가?

① 30[V]
② 60[V]
③ 150[V]
④ 300[V]

123 풀용 수중조명등에 전기를 공급하기 위하여 사용되는 절연변압기에 대한 설명으로 옳지 않은 것은?

① 절연변압기 2차 측 전로의 사용전압은 150[V] 이하이어야 한다.
② 절연변압기 2차 측 전로의 사용전압이 30[V] 이하인 경우에는 1차와 2차 권선 사이에 금속제의 혼촉방지판이 있어야 한다.
③ 절연변압기와 2차 측 전로에는 반드시 제3종 접지를 하며 그 저항값은 5[Ω] 이하가 되도록 하여야 한다.
④ 절연변압기의 2차 측 전로의 사용전압이 30[V]를 넘는 경우에는 그 전로에 지기가 생긴 경우 자동적으로 전로를 차단하는 차단장치가 있어야 한다.

124 전기방식시설에서 전기방식회로의 사용전압은 직류 몇 [V] 이하이어야 하는가?

① 10 ② 50
③ 60 ④ 100

125 지중 또는 수중에 시설되어 있는 금속체의 부식을 방지하기 위한 전기방식 회로의 사용전압은 얼마로 제한하고 있는가?

① DC 60[V] ② DC 120[V]
③ AC 80[V] ④ AC 100[V]

126 철재 물탱크에 전기방식시설을 하였다. 지표 또는 수중에서 1[m]의 간격을 가지는 임의의 두 점 간의 전위차는 몇 [V]를 넘으면 안 되는가?

① 5 ② 10
③ 25 ④ 30

127 전자개폐기의 조작회로, 벨, 경보기 등의 전로전압은 최대 몇 [V]인가?

① 15 ② 60
③ 150 ④ 300

128 전자개폐기의 조작회로, 벨, 경보기 등의 전로로서 60[V] 이하의 소세력 회로용으로 사용하는 변압기의 1차 대지전압[V]의 최대 크기는?

① 100 ② 150
③ 300 ④ 600

129 최대사용전압이 30[V]를 넘고 60[V] 이하인 소세력회로에 사용하는 절연변압기의 2차 단락전류값이 제한을 받지 않는 것은 2차 측에 시설하는 과전류차단기의 용량이 몇 [A] 이하일 경우인가?

① 0.5 ② 1.5
③ 3 ④ 5

130 출퇴표시등 회로에 전기를 공급하기 위한 변압기는 1차 측 전로의 대지전압을 몇 [V] 이하인 절연변압기로 사용하여야 하는가?

① 200 ② 300
③ 380 ④ 440

131 출퇴표시등 회로에 전기를 공급하기 위한 변압기는 1차 측 전로의 대지전압이 300[V] 이하이고, 2차 측 전로의 사용전압이 몇 [V] 이하인 절연변압기여야 하는가?

① 40 ② 60
③ 100 ④ 150

132 가반형의 용접전극을 사용하는 아크용접장치의 시설에 대한 설명으로 옳은 것은?

① 용접변압기의 1차 측 전로의 대지전압은 600[V] 이하일 것
② 용접변압기의 1차 측 전로에는 퓨즈를 시설할 것
③ 용접변압기는 절연변압기일 것
④ 피용접재 또는 이와 전기적으로 접속되는 기구, 정반 등의 금속체에는 접지공사를 할 것

Chapter 05 전기철도

01 전기철도의 용어 정의

① 궤도 : 레일·침목 및 도상과 이들의 부속품으로 구성된 시설을 말한다.
② 전차선 : 전기철도차량의 집전장치와 접촉하여 전력을 공급하기 위한 전선을 말한다.
③ 급전방식 : 변전소에서 전기철도차량에 전력을 공급하는 방식을 말하며, 급전방식에 따라 직류식, 교류식으로 구분된다.
④ 조가선 : 전차선이 레일면상 일정한 높이를 유지하도록 행어이어, 드로퍼 등을 이용하여 전차선 상부에서 조가하여 주는 전선을 말한다.
⑤ 전선설치방식 : 전기철도차량에 전력을 공급하는 전차선의 전선설치방식으로 가공식, 강체식, 제3궤조식으로 분류한다.
⑥ 전차선 기울기 : 이웃연결하는 2개의 지지점에서, 레일 면에서 측정한 전차선 높이의 차와 지지물 간 거리와의 비율을 말한다.
⑦ 전차선 높이 : 지지점에서 레일 면과 전차선 간의 수직거리를 말한다.
⑧ 전차선 편위 : 팬터그래프 집전판의 편마모를 방지하기 위하여 전차선을 레일 면 중심수직선으로부터 한쪽으로 치우친 정도의 치수를 말한다.

02 전기방식의 일반사항

(1) 전력수급조건

전기사업자 협의 등을 고려하여 공칭전압(수전전압)으로 선정하여야 한다.

[공칭전압(수전전압)]

교류 3상 22.9, 154, 345[kV]

(2) 전차선로의 전압

① 직류방식

[직류방식의 급전전압]

구분	지속성 최저전압 [V]	공칭전압 [V]	지속성 최고전압 [V]	비지속성 최고전압 [V]	장기 과전압 [V]
DC (평균값)	500	750	900	950	1,269
	900	1,500	1,800	1,950	2,538

② 교류방식

[교류방식의 급전전압]

주파수 (실횻값)	비지속성 최저전압 [V]	지속성 최저전압 [V]	공칭전압 [V]	지속성 최고전압 [V]	비지속성 최고전압 [V]	장기 과전압 [V]
60[Hz]	17,500	19,000	25,000	27,500	29,000	38,746
	35,000	38,000	50,000	55,000	58,000	77,492

03 변전방식의 일반사항

변전소의 설비 : 급전용 변압기는 직류 전기철도의 경우 3상 정류기용 변압기, 교류 전기철도의 경우 3상 스코트 결선 변압기를 사용한다.

04 전차선로의 일반사항

(1) 전차선 전선설치방식

전차선의 전선설치방식은 열차의 속도 및 노반의 형태, 부하전류 특성에 따라 적합한 방식을 채택하여야 하며 가공방식(지상), 강체전선설치방식(지하), 제3궤조방식을 표준으로 한다.

(2) 전차선로의 충전부와 건조물 간의 절연간격

시스템 종류	공칭전압 [V]	동적[mm]		정적[mm]	
		비오염	오염	비오염	오염
직류	750	25	25	25	25
	1,500	100	110	150	160
단상교류	25,000	170	220	270	320

(3) 전차선로의 충전부와 차량 간의 절연간격

시스템 종류	공칭전압[V]	동적[mm]	정적[mm]
직류	750	25	25
	1,500	100	150
단상교류	25,000	170	270

(4) 전차선 및 급전선의 높이

시스템 종류	공칭전압[V]	동적[mm]	정적[mm]
직류	750	4,800	4,400
	1,500	4,800	4,400
단상교류	25,000	4,800	4,570

(5) 전차선의 기울기

[전차선의 기울기]

설계속도 V[km/시간]	속도등급	기울기(천분율)
$300 < V \leq 350$	350킬로급	0
$250 < V \leq 300$	300킬로급	0
$200 < V \leq 250$	250킬로급	1
$150 < V \leq 200$	200킬로급	2
$120 < V \leq 150$	150킬로급	3
$70 < V \leq 120$	120킬로급	4
$V \leq 70$	70킬로급	10

(6) 전차선의 편위

레일 면에 수직인 궤도 중심선으로부터 좌우로 각각 200[mm]를 표준으로 하며, 팬터그래프 집전판의 고른 마모를 위하여 지그재그 편위를 준다.

(7) 전차선로 설비의 안전율
① 합금전차선의 경우 2.0 이상
② 경동선의 경우 2.2 이상
③ 조가선 및 조가선 장력을 지탱하는 부품에 대하여 2.5 이상
④ 지지물 기초에 대하여 2.0 이상
⑤ 장력조정장치 2.0 이상
⑥ 빔 및 브래킷은 소재 허용응력에 대하여 1.0 이상

(8) 전차선 등과 식물 사이의 간격

교류 전차선 등 충전부와 식물 사이의 간격은 5[m] 이상이어야 한다.

05 전기철도차량 설비의 일반사항

(1) 절연구간
① 전기철도차량의 교류 – 교류 절연구간을 통과하는 방식은 역행 운전방식, 타행 운전방식, 변압기 무부하 전류방식, 전력 소비 없이 통과하는 방식이 있으며, 각 통과방식을 고려하여 가장 적합한 방식을 선택하여 시설한다.
② 교류 – 직류(직류 – 교류) 절연구간은 교류구간과 직류 구간의 경계지점에 시설한다. 이 구간에서 전기철도차량은 속도조절차단 상태로 주행한다.
③ 절연구간의 소요길이는 구간 진입 시의 아크 시간, 잔류전압의 감쇄시간, 팬터그래프 배치간격, 열차속도 등에 따라 결정한다.

(2) 전기철도차량의 역률
① 팬터그래프에서의 전기철도차량 순간전력 및 유도성 역률

팬터그래프에서의 전기철도차량 순간전력 P[MW]	전기철도차량의 유도성 역률 λ
$P > 6$	$\lambda \geq 0.95$
$2 \leq P \leq 6$	$\lambda \geq 0.93$

② 보조전력을 공급하여 유효전력이 200[kW] 이상인 경우 0.8 이상일 것

(3) 회생제동
① 전기철도차량은 다음과 같은 경우에 회생제동의 사용을 중단해야 한다.
 ㉠ 전차선로 지락이 발생한 경우
 ㉡ 전차선로에서 전력을 받을 수 없는 경우
 ㉢ 선로전압이 장기 과전압보다 높은 경우
② 회생전력을 다른 전기장치에서 흡수할 수 없는 경우에는 전기철도차량은 다른 제동시스템으로 전환되어야 한다.

06 설비보호의 일반사항

(1) 피뢰기 설치장소
　① 변전소 인입 측 및 급전선 인출 측
　② 가공전선과 직접 접속하는 지중케이블에서 낙뢰에 의해 절연파괴의 우려가 있는 케이블 단말

(2) 피뢰기의 선정
　① 피뢰기는 밀봉형을 사용하고 유효 보호거리를 증가시키기 위하여 방전개시전압 및 제한전압이 낮은 것을 사용한다.
　② 유도뢰 서지에 대하여 2선 또는 3선의 피뢰기 동시동작이 우려되는 변전소 근처의 단락전류가 큰 장소에는 속류차단능력이 크고 또한 차단성능이 회로조건의 영향을 받을 우려가 적은 것을 사용한다.

07 전기안전의 일반사항

(1) 감전에 대한 보호조치
　① 공칭전압이 교류 1[kV] 또는 직류 1.5[kV] 이하인 경우, 충전부가 보행표면과 동일한 높이 또는 낮게 위치한 경우 장애물 높이는 장애물 상단으로부터 1.35[m]의 공간거리를 유지하여야 하며, 장애물과 충전부 사이의 공간거리는 최소한 0.3[m]로 하여야 한다.
　② 공칭전압이 교류 1[kV] 초과 25[kV] 이하인 경우 또는 직류 1.5[kV] 초과 25[kV] 이하인 경우, 보행표면과 동일한 높이 또는 낮게 위치한 경우 장애물 높이는 장애물 상단으로부터 1.5[m]의 공간 거리를 유지하여야 하며, 장애물과 충전부 사이의 공간거리는 최소한 0.6[m]로 하여야 한다.

(2) 레일 전위의 접촉전압 감소 방법
　① 교류 전기철도 급전시스템
　　㉠ 접지극 추가 사용
　　㉡ 등전위 본딩
　　㉢ 전자기적 커플링을 고려한 귀선로의 강화
　　㉣ 전압제한소자 적용
　　㉤ 보행 표면의 절연
　　㉥ 단락전류를 중단시키는 데 필요한 트래핑 시간의 감소
　② 직류 전기철도 급전시스템
　　㉠ 고장조건에서 레일 전위를 감소시키기 위해 전도성 구조물 접지의 보강
　　㉡ 전압제한소자 적용
　　㉢ 귀선 도체의 보강
　　㉣ 보행 표면의 절연
　　㉤ 단락전류를 중단시키는 데 필요한 트래핑 시간의 감소

(3) 전기부식방지대책
　① 전기철도 측의 전기부식방식 또는 전기부식예방 방법
　　㉠ 변전소 간 간격 축소
　　㉡ 레일본드의 양호한 시공
　　㉢ 장대레일 채택
　　㉣ 절연도상 및 레일과 침목 사이에 절연층의 설치
　　㉤ 기타
　② 매설금속체 측의 누설전류에 의한 전기부식의 피해가 예상되는 곳의 방법
　　㉠ 배류장치 설치
　　㉡ 절연코팅
　　㉢ 매설금속체 접속부 절연
　　㉣ 저준위 금속체를 접속
　　㉤ 궤도와의 간격 증대
　　㉥ 금속판 등의 도체로 차폐

(4) 누설전류 간섭에 대한 방지
　① 귀선시스템의 종 방향 전기저항을 낮추기 위해서는 레일 사이에 저저항 레일본드를 접합 또는 접속하여 전체 종 방향 저항이 5[%] 이상 증가하지 않도록 하여야 한다.
　② 직류 전기철도시스템이 매설 배관 또는 케이블과 인접할 경우 누설전류를 피하기 위해 최대한 이격시켜야 하며, 주행레일과 최소 1[m] 이상의 거리를 유지하여야 한다.

(5) 전자파 장해의 방지
　전차선로는 무선설비의 기능에 계속적이고 또한 중대한 장해를 주는 전자파가 생길 우려가 있는 경우에는 이를 방지하도록 시설하여야 한다.

핵심 기출 문제

01 팬터그래프 집전판의 편마모를 방지하기 위하여 전차선을 레일 면 중심수직선으로부터 한쪽으로 치우친 정도의 치수를 말한다. 무엇을 말하는가?
① 전차선 편위 ② 전차선 높이
③ 전차선 기울기 ④ 조가선

02 전기철도의 전력수급 조건을 고려한 교류 공칭전압(수전전압)에 포함되지 않는 것은?
① 765[kV] ② 22.9[kV]
③ 154[kV] ④ 345[kV]

03 전기철도 변전소 설비 중 급전용 변압기는 교류 전기철도의 경우 어떤 변압기의 적용을 원칙으로 하고, 급전계통에 적합하게 선정하여야 하는가?
① V 결선 ② 포크 결선
③ 스코트 결선 ④ Y 결선

04 전기철도 변전소 설비 중 급전용 변압기는 직류 전기철도의 경우 어떤 변압기의 적용을 원칙으로 하고, 급전계통에 적합하게 선정하여야 하는가?
① 단상 정류기용 변압기
② 3상 정류기용 변압기
③ 스코트 결선
④ 3상 절연변압기

05 차선의 전선설치방식은 열차의 속도 및 노반의 형태, 부하전류 특성에 따라 적합한 방식을 채택하는데, 표준방식이 아닌 것은?
① 가공방식
② 강체전선설치방식(지하)
③ 제3궤조방식
④ 모노레일방식

06 단상교류(2,500[V])의 전차선 및 급전선의 최소 높이는 몇 [mm]인가?(단, 동적인 경우를 말한다.)
① 4,400 ② 4,570
③ 4,800 ④ 4,700

07 궤도면상으로부터 전차선 높이는 같은 높이로 가선하는 것을 원칙으로 하되 터널, 과선교 등 특정 구간에서 높이 변화가 필요한 경우에는 가능한 한 작은 기울기로 이루어져야 한다. 속도등급 200킬로미터급에서 기울기(천분율)는?
① 10 ② 4
③ 3 ④ 2

08 전차선의 편위는 레일면에 수직인 궤도 중심선으로부터 좌우로 각각 몇 [mm]를 표준으로 하는가?
① 100 ② 200
③ 300 ④ 400

09 합금전차선의 경우 전차선로 설비의 안전율은?
① 2.0 ② 2.2
③ 2.5 ④ 2.8

10 전기철도차량 설비에서 교류-교류 절연구간을 통과하는 방식이 아닌 것은?
① 역행 운전방식
② 타행 운전방식
③ 변압기 무부하 전류방식
④ 속도조절차단 방식

11 전철에서 전차선로 팬터그래프에서의 전기철도차량 순간전력이 2[MW]일 때 유도성 역률은?

① 0.9
② 0.95
③ 0.93
④ 0.8

12 전차철도차량이 회생제동의 사용을 중단해야 하는 경우 중 틀린 것은?

① 전차선로 지락이 발생한 경우
② 전차선로에서 전력을 받을 수 없는 경우
③ 전차선로에서 제동장치가 고장난 경우
④ 선로전압이 장기 과전압보다 높은 경우

13 차체와 주행레일 설비의 보호용 도체 간의 임피던스는 위험전압이 발생하지 않도록 객차의 경우 임피던스 값은 적용전압값이 50[V]를 초과하지 않는 곳에서 50[A]의 일정 전류로 측정하여 몇 [Ω] 이하이어야 하는가?

① 0.01
② 0.05
③ 0.10
④ 0.15

14 전기철도에서 피뢰기 설치장소가 아닌 곳은?

① 변전소 인입 측
② 급전선 인출 측
③ 가공전선과 직접 접속하는 지중케이블에서 낙뢰에 의해 절연파괴의 우려가 있는 케이블 단말
④ 흡상변압기 전원 측

15 교류 1[kV] 또는 직류 1.5[kV] 이하인 전기철도 설비에서 감전에 대한 보호조치로 공간거리를 유지할 수 없는 경우 충전부와의 직접접촉에 대한 보호를 위해 장애물을 설치해야 하는데, 충전부가 보행표면과 동일한 높이 또는 낮게 위치한 경우 장애물 높이는 장애물 상단으로부터 몇 [m]의 공간거리를 유지하여야 하는가?

① 0.3
② 1.1
③ 1.35
④ 1.5

16 직류 전기철도 급전시스템에서 레일 전위의 접촉전압을 감소시키는 방법으로 알맞지 않은 것은?

① 전압제한소자 적용
② 귀선 도체의 보강
③ 보행 표면의 절연
④ 접지극 추가

17 교류 전기철도 급전시스템에서 레일 전위의 접촉전압을 감소시키는 방법으로 알맞지 않은 것은?

① 전압제한소자 적용
② 귀선 도체의 보강
③ 보행 표면의 절연
④ 접지극 추가

18 전기부식방지대책으로 매설금속체 측의 누설전류에 의한 전기부식의 피해가 예상되는 곳의 고려방법으로 적당하지 않은 것은?

① 배류장치 설치
② 절연코팅
③ 매설금속체 접속부 절연
④ 변전소 간격 축소

19 전기부식방지대책으로 전기철도 측의 누설전류에 의한 전기부식의 피해가 예상되는 곳의 예방법으로 적당하지 않은 것은?

① 배류장치 설치
② 변전소 간 간격 축소
③ 레일본드의 양호한 시공
④ 장대레일 채택

Chapter 06 분산형 전원

제1절 전기저장장치

01 일반사항

(1) 옥내전로의 대지전압 제한

주택의 옥내전로의 대지전압은 직류 600[V] 이하이어야 한다.
① 전로에 지락이 생겼을 때 자동적으로 전로를 차단하는 장치를 시설할 것
② 사람이 접촉할 우려가 없는 은폐된 장소에 합성수지관배선, 금속관배선 및 케이블배선에 의하여 시설하거나, 사람이 접촉할 우려가 없도록 케이블배선에 의하여 시설하고 전선에 적당한 방호장치를 시설할 것

02 전기저장장치의 시설

(1) 시설기준
① 전기배선
㉠ 전선은 공칭단면적 2.5[mm²] 이상의 연동선
㉡ 배선설비 공사는 옥내, 옥외에 시설할 경우에는 합성수지관, 금속관, 가요전선관, 케이블 배선 규정에 준하여 시설할 것

(2) 제어 및 보호장치 등
① 제어 및 보호장치
㉠ 전기저장장치를 계통에 연계하는 경우
  • 분산형 전원설비의 이상 또는 고장
  • 연계한 전력계통의 이상 또는 고장
  • 단독운전 상태
㉡ 전기 저장장치의 이차전지를 자동으로 차단하는 장치
  • 과전압 또는 과전류가 발생한 경우
  • 제어장치에 이상이 발생한 경우
  • 이차전지 모듈의 내부 온도가 급격히 상승할 경우

② 전기저장장치의 계측장치
㉠ 이차전지 출력단자의 전압, 전류, 전력 및 충·방전 상태
㉡ 주요 변압기의 전압, 전류 및 전력
③ 접지 등의 시설
금속제 외함 및 지지대 등은 접지시스템의 규정에 따라 접지공사를 하여야 한다.

제2절 태양광발전설비

01 일반사항

(1) 옥내전로의 대지전압 제한

주택의 태양전지모듈에 접속하는 부하 측 옥내배선(복수의 태양전지모듈을 시설하는 경우에는 그 집합체에 접속하는 부하 측의 배선)의 대지전압 제한은 직류 600[V] 이하일 것

02 태양광설비의 시설

(1) 태양광설비의 시설기준
① 태양전지 모듈의 시설
㉠ 모듈은 자체하중, 적설, 풍압, 지진 및 기타의 진동과 충격에 대하여 탈락하지 아니하도록 지지물에 의하여 견고하게 설치할 것
㉡ 모듈의 각 직렬군은 동일한 단락전류를 가진 모듈로 구성하여야 하며 1대의 인버터(멀티스트링 인버터의 경우 1대의 MPPT 제어기)에 연결된 모듈 직렬군이 2병렬 이상일 경우에는 각 직렬군의 출력전압 및 출력전류가 동일하게 형성되도록 배열할 것

② 전력변환장치의 시설
  ㉠ 인버터는 실내·실외용을 구분할 것
  ㉡ 각 직렬군의 태양전지 개방전압은 인버터 입력 전압범위 이내일 것
  ㉢ 옥외에 시설하는 경우 방수등급은 IPX4 이상일 것
③ 태양광설비의 계측장치
  태양광설비에는 전압, 전류 및 전력을 계측하는 장치를 시설하여야 한다.
④ 모듈을 지지하는 구조물
  ㉠ 자체하중, 적재하중, 적설 또는 풍압, 지진 및 기타의 진동과 충격에 대하여 안전한 구조일 것
  ㉡ 부식환경에 의하여 부식되지 아니하도록 다음의 재질로 제작할 것
  ㉢ 모듈 지지대와 그 연결부재의 경우 용융아연도금처리 또는 녹방지 처리를 하여야 하며, 절단가공 및 용접부위는 방식처리를 할 것
  ㉣ 설치 시에는 건축물의 방수 등에 문제가 없도록 설치하여야 하며 모듈-지지대의 고정 볼트에는 스프링 와셔 또는 풀림방지너트 등으로 체결할 것

제3절 풍력발전설비

01 일반사항

(1) 화재방호설비 시설
  500[kW] 이상의 풍력터빈은 나셀 내부의 화재 발생 시, 이를 자동으로 소화할 수 있는 화재방호설비를 시설하여야 한다.

02 풍력설비의 시설

(1) 제어 및 보호장치시설의 일반 요구사항
① 제어장치는 다음과 같은 기능 등을 보유하여야 한다.
  ㉠ 풍속에 따른 출력 조절
  ㉡ 출력 제한
  ㉢ 회전속도 제어
  ㉣ 계통과의 연계
  ㉤ 기동 및 정지
  ㉥ 계통 정전 또는 부하의 손실에 의한 정지
  ㉦ 요잉에 의한 케이블 꼬임 제한
② 보호장치는 다음의 조건에서 풍력발전기를 보호하여야 한다.
  ㉠ 과풍속
  ㉡ 발전기의 과출력 또는 고장
  ㉢ 이상진동
  ㉣ 계통 정전 또는 사고
  ㉤ 케이블의 꼬임 한계

(2) 주전원 개폐장치
  풍력터빈은 작업자의 안전을 위하여 유지, 보수 및 점검 시 전원 차단을 위해 풍력터빈 타워의 기저부에 개폐장치를 시설하여야 한다.

(3) 접지설비
  접지설비는 풍력발전설비 타워기초를 이용한 통합접지공사를 하여야 하며, 설비 사이의 전위차가 없도록 등전위본딩을 하여야 한다.

(4) 피뢰설비
① 피뢰설비는 피뢰레벨(LPL : Lightning Protection Level) I 등급을 적용하여야 한다.
② 풍력터빈의 피뢰설비는 다음에 따라 시설하여야 한다.
  ㉠ 수뢰부를 풍력터빈 선단부분 및 가장자리 부분에 배치하되 뇌격전류에 의한 발열에 의해 녹아서 손상되지 않도록 재질, 크기, 두께 및 형상 등을 고려할 것
  ㉡ 풍력터빈에 설치하는 인하도선은 쉽게 부식되지 않는 금속선으로서 뇌격전류를 안전하게 흘릴 수 있는 충분한 굵기여야 하며, 가능한 한 직선으로 시설할 것
③ 전력기기·제어기기 등의 피뢰설비는 다음에 따라 시설하여야 한다.
  ㉠ 전력기기는 금속시스케이블, 내뢰변압기 및 서지보호장치(SPD)를 적용할 것
  ㉡ 제어기기는 광케이블 및 포토커플러를 적용할 것

(5) 풍력터빈 정지장치의 시설

이상상태	자동정지 장치	비고
풍력터빈의 회전속도가 비정상적으로 상승	○	
풍력터빈의 컷 아웃 풍속	○	
풍력터빈의 베어링 온도가 과도하게 상승	○	정격 출력이 500[kW] 이상인 원동기(풍력터빈은 시가지 등 인가가 밀집해 있는 지역에 시설된 경우 100[kW] 이상)
제어용 압유장치의 유압이 과도하게 저하된 경우	○	용량 100[kVA] 이상의 풍력발전소를 대상으로 함
압축공기장치의 공기압이 과도하게 저하된 경우	○	
전동식 제어장치의 전원전압이 과도하게 저하된 경우	○	

(6) 계측장치의 시설
① 회전속도계
② 나셀(Nacelle) 내의 진동을 감시하기 위한 진동계
③ 풍속계
④ 압력계
⑤ 온도계

제4절 연료전지설비

01 일반사항

(1) 설치장소의 안전 요구사항
① 연료전지를 설치할 주위의 벽 등은 화재에 안전하게 시설하여야 한다.
② 가연성 물질과 안전거리를 충분히 확보하여야 한다.
③ 침수 등의 우려가 없는 곳에 시설하여야 한다.

(2) 연료전지 발전실의 가스 누설 대책
① 연료가스를 통하는 부분은 최고 사용압력에 대하여 기밀성을 가지는 것이어야 한다.
② 연료전지 설비를 설치하는 장소는 연료가스가 누설되었을 때 체류하지 않는 구조의 것이어야 한다.
③ 연료전지 설비로부터 누설되는 가스가 체류할 우려가 있는 장소에 해당 가스의 누설을 감지하고 경보하기 위한 설비를 설치하여야 한다.

02 연료전지설비의 시설

(1) 전기배선
① 전선은 공칭단면적 2.5[mm²] 이상의 연동선
② 배선설비 공사는 합성수지관, 금속관, 가요전선관, 케이블 배선 규정에 준하여 시설할 것

(2) 제어 및 보호장치 등
① 연료전지설비의 보호장치
  연료전지는 다음의 경우에 자동적으로 전로에서 차단할 것
  ㉠ 연료전지에 과전류가 생긴 경우
  ㉡ 발전요소(發電要素)의 발전전압에 이상이 생겼을 경우 또는 연료가스 출구에서의 산소농도 또는 공기 출구에서의 연료가스 농도가 현저히 상승한 경우
  ㉢ 연료전지의 온도가 현저하게 상승한 경우
② 연료전지설비의 계측장치
  연료전지설비에는 전압, 전류 및 전력을 계측하는 장치를 시설하여야 한다.

③ 연료전지설비의 비상정지장치
　㉠ 연료계통 설비 내의 연료가스의 압력 또는 온도가 현저하게 상승하는 경우
　㉡ 증기계통 설비 내의 증기의 압력 또는 온도가 현저하게 상승하는 경우
　㉢ 실내에 설치되는 것에서는 연료가스가 누설하는 경우
④ 접지설비
　㉠ 접지극은 고장 시 그 근처의 대지 사이에 생기는 전위차에 의하여 사람이나 가축 또는 다른 시설물에 위험을 줄 우려가 없도록 시설할 것
　㉡ 접지도체는 공칭단면적 16[mm²] 이상의 연동선 또는 쉽게 부식하지 아니하는 금속선(저압 전로의 중성점에 시설하는 것은 공칭단면적 6[mm²] 이상의 연동선 또는 쉽게 부식하지 않는 금속선)
　㉢ 접지도체에 접속하는 저항기·리액터 등은 고장 시 흐르는 전류를 안전하게 통할 수 있는 것을 사용할 것
　㉣ 접지도체·저항기·리액터 등은 취급자 이외의 자가 출입하지 아니하도록 설비한 곳에 시설하는 경우 이외에는 사람이 접촉할 우려가 없도록 시설할 것
⑤ 피뢰설비
연료전지설비의 피뢰설비는 피뢰시스템의 규정을 적용한다.

핵심 기출 문제

01 분산형 전원설비 등을 전력계통에 연계하는 경우에 적용하며, 여기서 전력계통이 아닌 것은?

① 타 분산형 전원설비 계통
② 전기판매사업자의 계통
③ 구내계통
④ 독립전원계통

02 계통 연계하는 분산형 전원설비가 고장 시 자동적으로 분산형 전원설비를 전력계통으로부터 분리하기 위한 장치 시설 및 해당 계통과의 보호 협조를 실시하여야 하는 이상 또는 고장이 아닌 것은?

① 분산형 전원설비의 이상 또는 고장
② 연계한 전력계통의 이상 또는 고장
③ 자동운전 상태
④ 단독운전 상태

03 전기저장장치의 설치 장소의 안전에 관한 내용으로 적합하지 않은 것은?

① 전기저장장치의 축전지, 제어반, 배전반의 시설은 기기 등을 조작 또는 보수·점검할 수 있는 충분한 공간을 확보하고 조명설비를 시설하여야 한다.
② 폭발성 가스의 축적을 방지하기 위한 환기시설을 갖추고 적정한 온도와 습도를 유지하도록 시설하여야 한다.
③ 충전부분은 노출되도록 시설하여야 한다.
④ 침수의 우려가 없도록 시설하여야 한다.

04 주택의 전기저장장치의 축전지에 접속하는 주택의 옥내전로의 대지전압은 직류 몇 [V] 이하이어야 하는가?

① 600 ② 300
③ 150 ④ 1,000

05 전기저장장치 시설에서 사용하는 전선은 공칭단면적 몇 [mm²] 이상의 연동선이어야 하는가?

① 1.5
② 2.5
③ 4
④ 6

06 전기저장장치의 2차 전지가 자동으로 전로로부터 차단하는 장치를 시설해야 하는 경우에 해당하지 않는 것은?

① 과전압이 발생한 경우
② 과전류가 발생한 경우
③ 제어장치에 이상이 발생한 경우
④ 2차 전지 모듈의 내부 온도가 급격히 저하할 경우

07 전기저장장치의 계측장치를 설치하는 것과 관계 없는 것은?

① 축전지 온도계
② 축전지 출력단자의 전압, 전류, 전력
③ 축전지 충·방전 상태
④ 주요 변압기의 전압, 전류 및 전력

08 주택의 태양전지모듈에 접속하는 옥내전로의 대지전압은 직류 몇 [V] 이하이어야 하는가?

① 600
② 300
③ 150
④ 1,000

09 태양광발전설비에 전력변환장치(PCS)는 다음과 같이 시설한다. 틀린 것은?

① 인버터는 실내 · 실외용을 구분할 것
② 각 직렬군의 태양전지 개방전압은 인버터 입력 전압범위 이내일 것
③ 옥외에 시설하는 경우 방수등급은 IPX4 이상일 것
④ 각 병렬군의 태양전지 개방전압은 인버터 입력 전압 범위 이내일 것

10 태양광 설비에서 계측장치를 설치하지 않아도 되는 것은?

① 전압
② 전류
③ 온도
④ 전력

11 태양광발전에서 사용되는 역전류 방지기능에 대한 설명으로 맞지 않는 것은?

① 1대의 인버터에 연결된 태양전지 직렬군이 2병렬 이상일 경우에는 각 직렬군에 역전류 방지기능이 있도록 설치할 것
② 용량은 모듈 단락전류의 2배 이상이어야 한다.
③ 극성이 없으므로 극성에 관계없이 설치한다.
④ 현장에서 확인할 수 있도록 표시할 것

12 풍력발전설비는 몇 [kW] 이상일 때 풍력터빈의 나셀 내부의 화재 발생 시 이를 자동으로 소화할 수 있는 화재방호설비를 시설하는가?

① 500
② 1,000
③ 2,000
④ 3,000

13 풍력발전기에서 보호장치의 보호대상이 아닌 것은?

① 저풍속
② 발전기의 과출력 또는 고장
③ 이상진동
④ 계통 정전 또는 사고

14 풍력발전의 피뢰설비 피뢰레벨(LPL : Lightning Protection Level)은 몇 등급을 적용하는가?

① Ⅰ
② Ⅱ
③ Ⅲ
④ Ⅳ

15 풍력터빈의 피뢰설비 설치 내용으로 부적합한 것은?

① 수뢰부를 풍력터빈 선단부분 및 가장자리 부분에 배치하되 뇌격전류에 의한 발열에 의해 녹아서 손상되지 않도록 재질, 크기, 두께 및 형상 등을 고려할 것
② 풍력터빈에 설치하는 인하도선은 쉽게 부식되지 않는 금속선으로서 뇌격전류를 안전하게 흘릴 수 있는 충분한 굵기여야 하며, 가능한 한 환상으로 시설할 것
③ 풍력터빈 내부의 계측 센서용 케이블은 금속관 또는 차폐케이블 등을 사용하여 뇌유도과전압으로부터 보호할 것
④ 풍력터빈에 설치한 피뢰설비(리셉터, 인하도선 등)의 기능 저하로 인해 다른 기능에 영향을 미치지 않을 것

16 풍력터빈이 출력에 관계없이 어떤 경우에 자동정지장치가 동작하는가?

① 풍력터빈의 회전속도가 비정상적으로 상승
② 풍력터빈의 회전속도가 비정상적으로 감소
③ 압축공기장치의 공기압이 과도하게 저하된 경우
④ 풍력터빈 운전 중 나셀 진동이 과도하게 증가

17 연료전지설비의 전기배선의 설명 중 틀린 것은?

① 전선은 공칭단면적 2.5[mm²] 이상의 연동선
② 배선설비공사는 합성수지관, 금속관 배선규정에 준하여 시설할 것
③ 배선설비공사는 가요전선관, 케이블 배선규정에 준하여 시설할 것
④ 배선설비공사는 애자사용공사, 금속몰드 배선규정에 준하여 시설할 것

PART 06

제어공학

Chapter 01   자동제어계의 요소 및 구성
Chapter 02   라플라스 변환
Chapter 03   전달함수
Chapter 04   블록선도와 신호흐름선도
Chapter 05   과도응답
Chapter 06   편차와 감도
Chapter 07   주파수 응답
Chapter 08   선형제어계통의 안정도
Chapter 09   근궤적법
Chapter 10   상태방정식
Chapter 11   시퀀스 제어

이 편의 특징

- 어렵고 복잡한 수식을 최대한 간결하게 표현하여 쉽게 이해할 수 있도록 하였다.
- 각 단원별 핵심공식을 식별하기 쉽게 정리하였다.

Chapter 01 자동제어계의 요소 및 구성

01 자동제어계의 구성

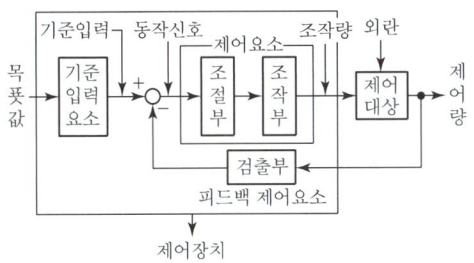

[폐루프 제어계의 구성도]

(1) 제어계 구성요소의 정의
① 목푯값 : 제어계에 설정되는 값으로서 제어계에 주어지는 입력을 의미한다.
② 기준입력요소 : 목푯값에 비례하는 신호인 기준입력신호를 발생시키는 장치로서 제어계의 설정부를 의미한다.
③ 동작신호 : 목푯값과 제어량 사이에서 나타나는 편차값으로서 제어요소의 입력신호이다.
④ 제어요소 : 조절부와 조작부로 구성되어 있으며 동작신호를 조작량으로 변환하는 장치이다.
⑤ 조작량 : 제어장치 또는 제어요소의 출력이면서 제어대상의 입력인 신호이다.
⑥ 제어대상 : 제어계에서 제어장치를 제외한 나머지 부분을 의미한다.
⑦ 제어량 : 제어계의 출력으로서 제어대상에서 만들어지는 값이다.
⑧ 검출부 : 제어량을 검출하는 부분으로서 입력과 출력을 비교할 수 있는 비교부에 출력신호를 공급하는 장치이다.
⑨ 외란 : 제어대상에 가해지는 정상적인 입력 이외의 좋지 않은 외부입력으로서, 편차를 유도하여 제어량의 값을 목푯값에서 멀어지게 하는 입력
⑩ 제어장치 : 기준입력요소, 제어요소, 검출부, 비교부 등과 같은 제어동작이 이루어지는 제어계 구성 부분을 의미하며 제어대상은 제외된다.
⑪ 다변수 시스템 : 둘 이상의 입력과 둘 이상의 출력을 가진 시스템을 말한다.

02 자동제어계의 분류

(1) 목푯값에 의한 분류(입력기준)
① 정치제어 : 목푯값이 시간에 관계없이 항상 일정한 제어(프로세스제어, 자동조정제어)
② 추치제어 : 목푯값의 크기나 위치가 시간에 따라 변하는 것을 제어

> **Reference**
> 추치제어의 3종류(추종제어, 프로그램 제어, 비율제어)
> ① 추종제어 : 제어량에 의한 분류 중 서보 기구에 해당하는 값을 제어한다.
>   예 비행기 추적레이더, 유도미사일
> ② 프로그램 제어 : 미리 정해진 시간 변화에 따라 정해진 순서대로 제어한다.
>   예 무인 엘리베이터, 무인 자판기, 무인 열차
> ③ 비율제어 : 다른 것과 일정 비율 관계를 가지고 목푯값이 변화하는 경우의 추종제어법

(2) 제어량에 의한 분류(출력기준)
① 서보기구 제어 : 기계적인 변위를 제어량으로 해서 목푯값의 임의의 변화에 추종하도록 구성한 제어계
  예 물체의 위치, 방향, 자세, 각도, 거리
② 프로세스 제어 : 플랜트나 생산공정의 상태를 제어량으로 하는 제어
  예 온도, 압력, 유량, 액위, 밀도, 농도
③ 자동조정 제어 : 전기적·기계적 양을 주로 제어하는 것으로서 응답속도가 대단히 빨라야 한다.
  예 전압, 주파수, 장력, 속도

(3) 조절부 동작에 의한 분류
① 연속동작에 의한 분류
  ㉠ 비례제어(P 제어) : 잔류편차(오프셋)와 정상오차가 발생, 속응성(응답속도)이 나쁘다.
  ㉡ 미분제어(D 제어) : 진동을 억제하여 속응성(응답속도)을 개선한다. [진상보상]

ⓒ 적분제어(I 제어) : 응답특성을 개선하여 잔류편차(오프셋), 정상편차, 정상오차를 제어한다. [지상보상]
ⓔ 비례미분적분제어(PID 제어) : 최상의 최적 제어로서 오프셋(off-set)을 제거하며 속응성 또한 정상특성 개선하여 안정한 제어가 되도록 한다. 응답의 오버슈트와 정정시간을 줄이는 효과가 있다.
ⓜ 연속동작
- 비례동작(P 동작)

$$x_0 = K_p x_i$$

(단, K_p : 비례이득(비례감도))

- 적분동작(I 동작)

$$x_0 = \frac{1}{T_I} \int x_i dt$$

(단, T_I : 적분시간)

- 미분동작(D 동작)

$$x_0 = T_D \frac{dx_i}{dt}$$

(단, T_D : 미분시간)

- 비례 + 적분동작(PI 동작)

$$x_0 = K_p \left(x_i + \frac{1}{T_I} \int x_i dt \right)$$

- 비례 + 미분동작(PD 동작)

$$x_0 = K_p \left(x_i + T_D \frac{dx_i}{dt} \right)$$

- 비례 + 적분 + 미분동작(PID 동작)

$$x_0 = K_p \left(x_i + \frac{1}{T_I} \int x_i dt + T_D \frac{dx_i}{dt} \right)$$

② 불연속 동작에 의한 분류(사이클링 발생)
ⓐ ON-OFF 제어 : 2위치 제어(가정용 냉장고의 온도조절)
ⓑ 샘플링 제어 : 간헐제어(다위치 제어)

[연속동작에 대한 핵심정리]

종류		특징
P	비례동작	• 정상오차 수반 • 잔류편차 발생
I	적분동작	• 잔류편차 제거
D	미분동작	• 오차가 커지는 것을 미리 방지
PI	비례적분동작	• 잔류편차 제거 • 제어결과가 진동적으로 될 수 있음
PD	비례미분동작	• 응답 속응성 개선
PID	비례적분미분동작	• 잔류편차 제거 • 응답의 오버슈트 감소 • 응답 속응성 개선

03 검출기기

온도, 압력, 유량 등의 물리량을 증폭 및 전송이 용이한 양으로 변환하는 기기

[변환요소의 종류]

변환량	변환요소
압력 → 변위	벨로스, 다이어프램, 스프링
변위 → 압력	노즐 플래퍼, 유압 분사관, 스프링
변위 → 임피던스	가변 저항기, 용량형 변압기, 가변 저항 스프링
변위 → 전압	포텐셔미터, 차동변압기, 전위차계
전압 → 변위	전자석, 전자 코일
광 → 임피던스	광전관, 광전도 셀, 광전 트랜지스터
광 → 전압	광전지, 광전 다이오드
방사선 → 임피던스	GM관, 전리함
온도 → 임피던스	측온 저항(열선, 서미스터, 백금, 니켈)
온도 → 전압	열전대(백금-백금 로듐, 철-콘스탄탄, 구리-콘스탄탄, 크로멜-알루멜)

핵심 기출 문제

01 궤환제어계에서 반드시 필요한 것은?
① 구동장치
② 정확성을 높이는 장치
③ 안정성을 증가시키는 장치
④ 입력과 출력을 비교하는 장치

02 궤환제어계에서 제어요소에 관한 설명 중 가장 알맞은 것은?
① 검출부와 조작부로 구성되어 있다.
② 오차신호를 제어장치에서 제어대상에 가해지는 신호로 변환시키는 요소이다.
③ 목푯값에 비례하는 신호를 발생시키는 요소이다.
④ 입력과 출력을 비교하는 요소이다.

03 다음 중 피드백 제어계의 일반적인 특징이 아닌 것은?
① 비선형 왜곡이 감소한다.
② 구조가 간단하고 설치비가 저렴하다.
③ 대역폭이 증가한다.
④ 계의 특성 변화에 대한 입력 대 출력비의 감도가 감소한다.

04 피드백 제어계에서 제어요소에 대한 설명 중 옳은 것은?
① 목표치에 비례하는 신호를 발생하는 요소이다.
② 조작부와 검출부로 구성되어 있다.
③ 조절부와 검출부로 구성되어 있다.
④ 동작신호를 조작량으로 변환하는 요소이다.

05 다음 요소 중 피드백(feedback) 제어계의 제어장치에 속하지 않는 것은?
① 설정부
② 제어요소
③ 검출부
④ 제어대상

06 기준입력과 주궤환량과의 차로서 제어계의 동작을 일으키는 원인이 되는 신호는?
① 조작신호
② 동작신호
③ 주궤환신호
④ 기준입력신호

07 다음 그림 중 ①에 알맞은 신호는?

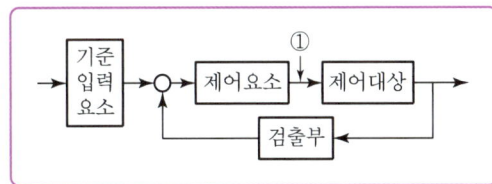

① 기준입력
② 동작신호
③ 조작량
④ 제어량

08 다음 용어 설명 중 옳지 않은 것은?
① 목푯값을 제어할 수 있는 신호로 변환하는 장치를 기준입력장치라고 한다.
② 기준입력신호를 받는 장치를 조절부라고 한다.
③ 제어량을 설정값과 비교하여 오차를 계산하는 장치를 오차검출기라고 한다.
④ 제어량을 측정하는 장치를 검출단이라고 한다.

09 다음 그림 중 ①에 알맞은 신호 이름은?

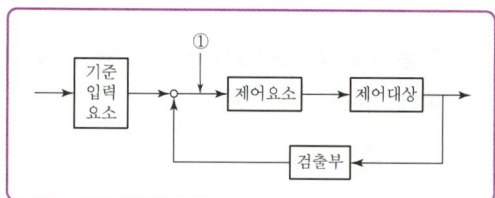

① 기준입력 ② 동작신호
③ 조작량   ④ 제어량

10 제어량의 종류에 의한 자동제어의 분류가 아닌 것은?

① 프로세스 제어 ② 서보기구
③ 자동조정   ④ 추종제어

11 제어 목적에 의한 분류에 해당되는 것은?

① 프로세스 제어 ② 서보기구
③ 자동조정   ④ 비율제어

12 다음 중 프로세스 제어(process control)에 속하지 않는 것은?

① 온도 ② 압력
③ 유량 ④ 자세

13 프로세스 제어, 자동조정과 같이 목푯값이 시간에 따라 변화하지 않는 제어방식은?

① 비율제어   ② 정치제어
③ 추종제어   ④ 프로그램 제어

14 다음의 제어량에서 추종 제어에 속하지 않는 것은?

① 유량 ② 위치
③ 방위 ④ 자세

15 다음 중 제어량을 어떤 일정한 목푯값으로 유지하는 것을 목적으로 하는 제어법은?

① 추종제어   ② 비율제어
③ 프로그램 제어 ④ 정치제어

16 온도, 유량, 압력 등의 공업 프로세스 상태량을 제어량으로 하는 제어계로서 프로세스에 가해지는 외란의 억제를 주목적으로 하는 것은?

① 프로세스 제어 ② 자동제어
③ 서보기구   ④ 정치제어

17 연료의 유량과 공기의 유량 사이의 비율을 연소에 적합한 것으로 유지하는 제어는?

① 비율제어   ② 추종제어
③ 프로그램 제어 ④ 시퀀스 제어

18 서보기구에서 직접 제어되는 제어량은 주로 어느 것인가?

① 압력, 유량, 액위, 온도
② 수분, 화학, 성분
③ 위치, 각도, 방향, 자세
④ 전압, 전류, 회전, 속도, 회전력

19 엘리베이터의 자동제어는 다음 중 어느 것에 속하는가?

① 추종제어 ② 프로그램 제어
③ 정치제어 ④ 비율제어

20 자동제어의 추치제어에 속하지 않는 것은?

① 프로세스 제어 ② 추종제어
③ 비율제어   ④ 프로그램 제어

21 주파수를 제어하고자 하는 경우 이는 어느 제어에 속하는가?

① 비율제어　　② 추종제어
③ 비례제어　　④ 정치제어

22 잔류편차(off set)가 발생하는 제어는?

① 비례 제어
② 적분 제어
③ 비례미분적분 제어
④ 비례적분 제어

23 제어기 전달함수가 $\dfrac{2s+5}{7s}$ 인 제어기가 있다. 이런 제어계는 어떤 제어계인가?

① 비례미분 제어계
② 적분 제어계
③ 비례적분 제어계
④ 비례적분미분 제어계

24 PD 제어동작은 프로세스 제어계의 과도 특성 개선에 흔히 쓰인다. 이것에 대응하는 보상 요소는?

① 지상 보상 요소
② 진상 보상 요소
③ 진지상 보상 요소
④ 동상 보상 요소

25 동작 중 속응도와 정상편차에서 최적 제어가 되는 것은?

① PI 동작　　② P 동작
③ PD 동작　　④ PID 동작

26 PID 동작은 어느 것인가?

① 사이클링과 오프셋이 제거되고 응답속도가 빠르며 안정성도 있다.
② 응답속도를 빠르게 할 수 있으나 오프셋은 제거되지 않는다.
③ 오프셋은 제거되나 제어동작에 큰 부동작 시간이 있으며 응답이 늦어진다.
④ 사이클링을 제거할 수 있으나 오프셋이 생긴다.

27 제어방식에 의한 분류 중 학습제어와 지능제어에 속하지 않는 제어방식은?

① 전문가 시스템　　② 신경회로망
③ 최적 제어 시스템　　④ 퍼지 논리 시스템

28 다음 중 온도를 전압으로 변환시키는 요소는?

① 차동 변압기　　② 열전대
③ 측온 저항　　④ 광전기

29 변위 → 압력의 변환장치는?

① 벨로스　　② 가변 저항기
③ 다이어프램　　④ 유압 분사관

Chapter 02 라플라스 변환

01 정의

정의식 : $\mathcal{L}[f(t)] = F(s) = \int_0^\infty f(t)e^{-st}dt$

(1) 단위 임펄스 함수(단위 충격함수)

$f(t) = \delta(t) \qquad F(s) = 1$

(2) 단위 계단함수(인디셜 함수)

$f(t) = u(t) = 1 \qquad F(s) = \dfrac{1}{s}$

(3) 단위 경사함수(단위 램프함수)

$f(t)$	$F(s)$
t	$\dfrac{1}{s^2}$
t^2	$\dfrac{2}{s^3}$
t^3	$\dfrac{6}{s^4}$

(4) 삼각함수

$f(t)$	$F(s)$
$\sin t$	$\dfrac{1}{s^2+1}$
$\sin t \cos t$	$\dfrac{1}{s^2+4}$
$\sin t + 2\cos t$	$\dfrac{2s+1}{s^2+1}$
$t \sin \omega t$	$\dfrac{2\omega s}{(s^2+\omega^2)^2}$
$t \cos \omega t$	$\dfrac{s^2-\omega^2}{(s^2+\omega^2)^2}$
$\sin(\omega t + \theta)$	$\dfrac{\omega \cos\theta + s\sin\theta}{s^2+\omega^2}$
$\sin h\omega t$	$\dfrac{\omega}{s^2-\omega^2}$
$\cos h\omega t$	$\dfrac{s}{s^2-\omega^2}$

(5) 지수함수

① $f(t) = e^{-at} \qquad F(s) = \mathcal{L}[f(t)] = \dfrac{1}{s+a}$

② $f(t) = e^{at} \qquad F(s) = \mathcal{L}[f(t)] = \dfrac{1}{s-a}$

02 라플라스 변환의 기본정리

(1) 시간추이 정리

$\mathcal{L}[f(t \pm T)] = F(s)e^{\pm Ts}$

$f(t)$	$F(s)$
$u(t-a)$	$\dfrac{1}{s}e^{-as}$
$u(t-b)$	$\dfrac{1}{s}e^{-bs}$
$(t-T)u(t-T)$	$\dfrac{1}{s^2}e^{-Ts}$
$\sin \omega\left(t-\dfrac{T}{2}\right)$	$\dfrac{\omega}{s^2+\omega^2}e^{-\frac{T}{2}s}$

(2) 복소추이 정리

$\mathcal{L}[f(t)e^{-at}] = F(s+a)$

$f(t)$	$F(s)$
te^{at}	$\dfrac{1}{(s-a)^2}$
te^{-at}	$\dfrac{1}{(s+a)^2}$
$t^2 e^{+at}$	$\dfrac{2}{(s-a)^3}$
$t^2 e^{-at}$	$\dfrac{2}{(s+a)^3}$
$e^{at}\cos \omega t$	$\dfrac{s-a}{(s-a)^2+\omega^2}$
$e^{-at}\cos \omega t$	$\dfrac{s+a}{(s+a)^2+\omega^2}$
$e^{at}\sin \omega t$	$\dfrac{\omega}{(s-a)^2+\omega^2}$
$e^{-at}\sin \omega t$	$\dfrac{\omega}{(s+a)^2+\omega^2}$

(3) 초깃값 정리와 최종값 정리

① 초깃값 정리

$$f(0_+) = \lim_{t \to 0_+} f(t) = \lim_{s \to \infty} sF(s)$$

② 최종값 정리

$$\lim_{t \to \infty} f(t) = \lim_{s \to 0} sF(s)$$

(4) 실미분 정리와 실적분 정리

① 실미분 정리

$$\mathcal{L}\left[\frac{d^2 f(t)}{dt^2}\right] = s^n F(s) - s^{n-1} f(0_+) - s^{n-s} f'(0_+) \cdots f^{n-1}(0_+)$$

② 실적분 정리

$$\mathcal{L}\left[\int \int \cdots \int f(t)\, dt^n\right] = \frac{1}{s^n} F(s) + \frac{1}{s^n} f^{(-1)}(0_+) + \cdots + \frac{1}{s} f^{(-n)}(0_+)$$

(5) 복소 미분정리

$$\mathcal{L}[t^n f(t)] = (-1)^n \frac{d^n}{ds^n} F(s)$$

(6) 상사정리

$$\mathcal{L}\left[f\left(\frac{t}{a}\right)\right] = aF(as)$$

핵심 기출 문제

01 함수 $f(t)$의 라플라스 변환은 어떤 식으로 정의되는가?

① $\int_{-\infty}^{\infty} f(t)e^{-st}dt$ ② $\int_{-\infty}^{\infty} f(t)e^{st}dt$

③ $\int_{0}^{\infty} f(t)e^{-st}dt$ ④ $\int_{0}^{\infty} f(t)e^{st}dt$

02 단위 계단함수 $u(t)$의 라플라스 변환은?

① e^{-st} ② $\frac{1}{s}e^{-st}$

③ $\frac{1}{e^{-st}}$ ④ $\frac{1}{s}$

03 단위 계단함수 $u(t)$에 상수 5를 곱해서 라플라스 변환식을 구하면?

① $\frac{s}{5}$ ② $\frac{5}{s^2}$

③ $\frac{5}{s-1}$ ④ $\frac{5}{s}$

04 $\sin \omega t$의 라플라스 변환은?

① $\frac{s}{s^2+\omega^2}$ ② $\frac{\omega}{s^2+\omega^2}$

③ $\frac{s}{s^2-\omega^2}$ ④ $\frac{\omega}{s^2-\omega^2}$

05 $\cos \omega t$의 라플라스 변환은?

① $\frac{s^2}{s^2+\omega^2}$ ② $\frac{s}{s^2+\omega^2}$

③ $\frac{\omega^2}{s^2+\omega^2}$ ④ $\frac{\omega}{s^2+\omega^2}$

06 $f(t) = \sin(\omega t + \theta)$의 라플라스 변환은?

① $\frac{\omega \sin \theta}{s^2+\omega^2}$ ② $\frac{\omega \cos \theta}{s^2+\omega^2}$

③ $\frac{\cos \theta + \sin \theta}{s^2+\omega^2}$ ④ $\frac{\omega \cos \theta + s \sin \theta}{s^2+\omega^2}$

07 시간 구간이 a, 진폭이 $\frac{1}{a}$인 단위 펄스에서 $a \to 0$에 접근할 때의 단위 충격함수에 대한 Laplace 변환은?

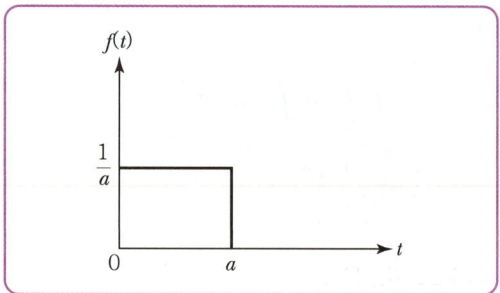

① a ② 1

③ 0 ④ $\frac{1}{a}$

08 그림과 같은 파형의 라플라스 변환은?

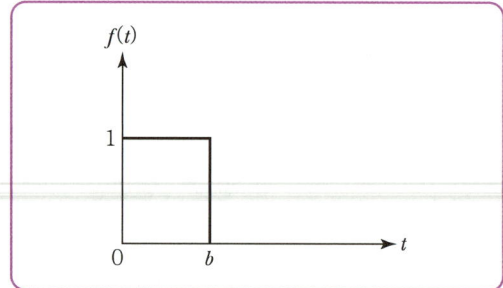

① $\frac{1}{b}\left(\frac{1-e^{-bs}}{s}\right)$ ② $\frac{1}{b}\left(\frac{1+e^{-bs}}{s}\right)$

③ $\frac{1}{s}(1-e^{-bs})$ ④ $\frac{1}{s}(1+e^{-bs})$

09 그림과 같은 구형파의 라플라스 변환은?

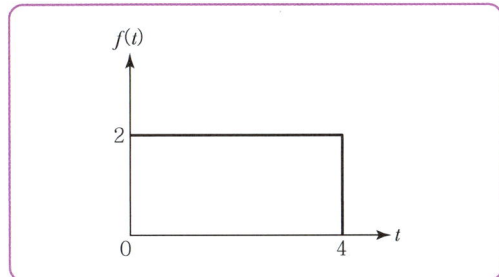

① $\dfrac{2}{s}(1-e^{4s})$ ② $\dfrac{4}{s}(1-e^{2s})$
③ $\dfrac{2}{s}(1-e^{-4s})$ ④ $\dfrac{4}{s}(1-e^{-2s})$

10 $f(t)=u(t-a)-u(t-b)$ 식으로 표시되는 구형파의 라플라스는?

① $\dfrac{1}{s}(e^{-as}-e^{-bs})$ ② $\dfrac{1}{s}(e^{as}+e^{bs})$
③ $\dfrac{1}{s^2}(e^{-as}-e^{-bs})$ ④ $\dfrac{1}{s^2}(e^{as}+e^{bs})$

11 함수 $f(t)=1-e^{-at}$ 를 라플라스 변환하면?

① $\dfrac{a}{s}$ ② $\dfrac{1}{s+a}$
③ $\dfrac{1}{s(s+a)}$ ④ $\dfrac{a}{s(s+a)}$

12 함수 $f(t)=te^{-3t}$의 라플라스 변환 $F(s)$는?

① $F(s)=\dfrac{1}{(s+3)^2}$ ② $F(s)=\dfrac{1}{(s-3)^2}$
③ $F(s)=\dfrac{1}{(s-3)}$ ④ $F(s)=\dfrac{1}{(s+3)}$

13 함수 $f(t)=t^2e^{-3t}$의 라플라스 변환 $F(s)$는?

① $F(s)=\dfrac{2}{(s-3)^2}$ ② $F(s)=\dfrac{2}{(s+3)^3}$
③ $F(s)=\dfrac{1}{(s+3)^3}$ ④ $F(s)=\dfrac{1}{(s-3)^3}$

14 다음으로 표시되는 식의 Laplace는 어느 것으로 나타내는가?

$$f(t)=e^{at}\sin\omega t$$

① $\dfrac{s+a}{(s+a)^2+\omega^2}$ ② $\dfrac{\omega}{(s+a)^2+\omega^2}$
③ $\dfrac{s-a}{(s-a)^2+\omega^2}$ ④ $\dfrac{\omega}{(s-a)^2+\omega^2}$

15 $e^{-at}\cos\omega t$의 라플라스 변환은?

① $\dfrac{(s-a)^2-\omega^2}{[(s+a)^2+\omega^2]^2}$ ② $\dfrac{(s+a)^2-\omega^2}{[(s+a)^2+\omega^2]^2}$
③ $\dfrac{s+a}{(s+a)^2+\omega^2}$ ④ $\dfrac{s-a}{(s+a)^2+\omega^2}$

16 함수 $f(t)=e^{-2t}\cos 3t$의 라플라스 변환은?

① $F(s)=\dfrac{s+2}{s^2+4s+13}$
② $F(s)=\dfrac{s-2}{s^2+4s+13}$
③ $F(s)=\dfrac{s+2}{s^2+4s-5}$
④ $F(s)=\dfrac{s-2}{s^2+4s-5}$

17 $\mathcal{L}^{-1}\left[\dfrac{1}{s^2+a^2}\right]$은 어느 것인가?

① $\sin at$ ② $\dfrac{1}{a}\sin at$
③ $\cos at$ ④ $\dfrac{1}{a}\cos at$

18 라플라스 변환함수 $F(s) = \dfrac{s+2}{s^2+4s+13}$ 에 대한 역변환함수 $f(t)$는?

① $e^{-2t}\cos 3t$ ② $e^{-3t}\sin 2t$
③ $e^{3t}\cos 2t$ ④ $e^{2t}\sin 3t$

19 함수 $f(s) = \dfrac{3}{(s+2)^2}$ 를 라플라스 역변환하면 $f(t)$는 어떻게 되는가?

① $3e^{-2t}$ ② $3e^{2t}$
③ $3te^{2t}$ ④ $3te^{-2t}$

20 $\mathcal{L}^{-1}\left[\dfrac{s}{(s+1)^2}\right]$는?

① $e^{-t} - te^{-t}$ ② $e^{-t} + 2te^{-t}$
③ $e^t - te^{-t}$ ④ $e^{-t} + te^{-t}$

21 다음과 같은 $I(s)$의 초깃값 $I(0_+)$가 바르게 구해진 것은?

$$I(s) = \dfrac{2(s+1)}{s^2+2s+5}$$

① $\dfrac{2}{5}$ ② $\dfrac{1}{5}$
③ 2 ④ -2

22 어떤 제어계의 출력 $C(s)$가 다음과 같이 주어질 때 출력의 시간함수 $c(t)$의 정상값은?

$$C(s) = \dfrac{2}{s(s^2+s+3)}$$

① 2 ② 3
③ $\dfrac{3}{2}$ ④ $\dfrac{2}{3}$

23 $F(s) = \dfrac{5s+3}{s(s+1)}$ 의 정상치 $f(\infty)$는?

① 5 ② 3
③ 1 ④ 0

Chapter 03 전달함수

01 전달함수

1) 정의
① 입력신호와 출력신호의 관계를 수식적으로 표기
② 출력신호와 입력신호에 대한 라플라스 변환값의 비를 말한다.
[단, 초깃값은 0 상태(제어계에 입력이 가해지기 전 제어계가 휴지상태)]

$$\xrightarrow{\text{입력 } r(t) \atop R(s)} \boxed{G(s)} \xrightarrow{\text{출력 } c(t) \atop C(s)}$$

$$G(s) = \frac{C(s)}{R(s)} = \frac{b_m S^m + b_{m-1} S^{m-1} \cdots b_1 s + b_0}{a_n S^n + a_{n-1} S^{n-1} \cdots a_1 s + a_0}$$

02 제어계의 출력응답

(1) 임펄스 응답
$G(s) = \dfrac{C(s)}{R(s)}, \quad C(s) = G(s) \cdot R(s)$

$C(t) = \mathcal{L}^{-1}[G(s) \cdot R(s)]$ 이다.

단위 임펄스 $r(t) = \delta(t)$이고 $R(s) = 1$이므로
$C(t) = \mathcal{L}^{-1}[G(s) \cdot R(s)] = \mathcal{L}^{-1}[G(s)]$이다.

(2) 인디셜 응답(단위 계단응답)
$C(t) = \mathcal{L}^{-1}[G(s) \cdot R(s)]$이다.

입력신호가 단위 계단함수 $r(t) = u(t)$이므로
$R(s) = \dfrac{1}{S}$이다.

$C(t) = \mathcal{L}^{-1}\left[G(s) \cdot \dfrac{1}{S}\right]$가 된다.

[전달함수의 요소]

요소	전달함수
비례요소	$G(s) = K$
미분요소	$G(s) = Ts$
적분요소	$G(s) = \dfrac{1}{Ts}$
1차 지연요소	$G(s) = \dfrac{K}{1+Ts}$
2차 지연요소	$G(s) = \dfrac{\omega_n^2}{s^2 + 2\zeta\omega_n s + \omega_n^2}$
부동작시간요소	$G(s) = Ke^{-Ls} = \dfrac{K}{e^{Ls}}$

03 전기계 · 기계계의 전달함수

전기계	기계계	
	직선운동계	회전운동계
전압 E	힘 f	토크 τ
전류 I	속도 v	각속도 ω
전하 Q	변위 x	각변위 θ
인덕턴스 L	질량 m	관성모멘트 J
저항 R	제동계수 μ	제동계수 μ
용량 C	스프링정수 K	스프링정수 K

(1) 직선계(병진운동)

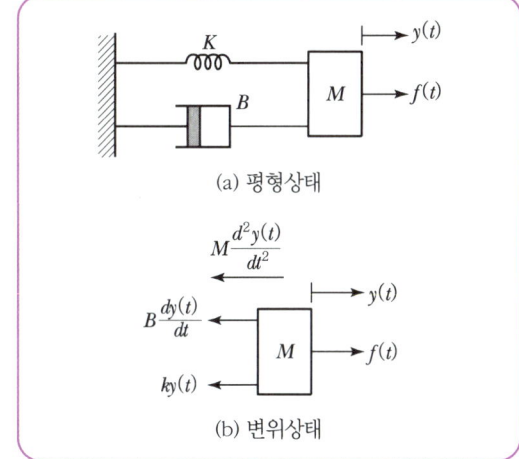

[스프링 – 질량 – 마찰 시스템]

$$G(s) = \frac{Y(s)}{F(s)} = \frac{1}{Ms^2 + Bs + K} \text{이다.}$$

(2) 회전계

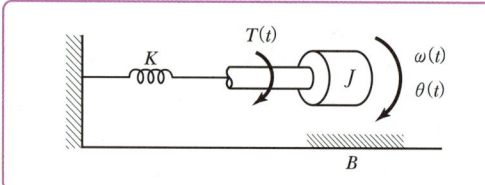

$$G(s) = \frac{\theta(s)}{T(s)} = \frac{1}{Js^2 + Bs + K} \text{이다.}$$

04 보상기

(1) 진상 보상기

① 위상특성이 빠른 요소(진상요소)를 보상요소로 사용하여 안정도와 속응성을 개선한다.

② 출력위상이 입력위상보다 앞선다.

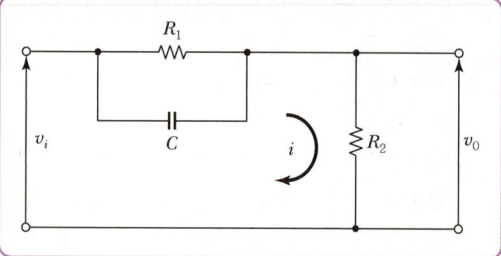

$$G(s) = \frac{v_0(s)}{v_i(s)} = \frac{Cs + \dfrac{1}{R_1}}{Cs + \dfrac{1}{R_1} + \dfrac{1}{R_2}}$$

$$\left(a = \frac{1}{R_1 c},\ b = \frac{1}{R_1 c} + \frac{1}{R_2 c}\right)$$

$$G(s) = \frac{s + a}{s + b} \quad (b > a \text{이므로 진상 보상기})$$

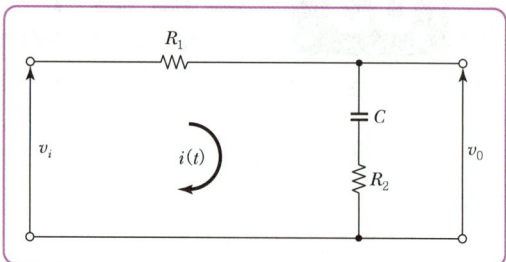

$$G(s) = \frac{v_0(s)}{v_i(s)} = \frac{R_2 + \dfrac{1}{Cs}}{R_1 + R_2 + \dfrac{1}{Cs}}$$

$$\left(a = \frac{1}{(R_1 + R_2) C},\ b = \frac{1}{R_2 c}\right)$$

$$G(s) = \frac{a(s+b)}{b(s+a)} \quad (b > a \text{이므로 지상 보상기})$$

(2) 지상 보상기

① 위상 특성이 느린 요소(지상요소)를 보상요소로 사용하여 이득을 재조정하고 정상편차를 개선한다.

② 출력위상이 입력위상보다 뒤진다.

핵심 기출 문제

01 다음 회로망의 전달함수 $H(s) = \dfrac{V_2(s)}{V_1(s)}$를 구하면?

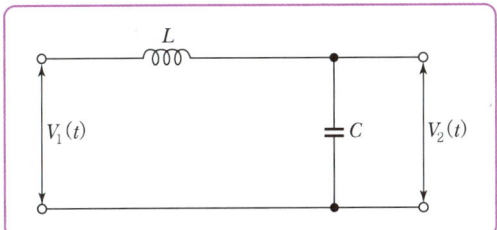

① $\dfrac{LC}{1+LCs}$

② $\dfrac{LC}{1+LCs^2}$

③ $\dfrac{1}{1+LCs}$

④ $\dfrac{1}{1+LCs^2}$

02 그림과 같은 회로의 전달함수 $\dfrac{E_0(s)}{E_i(s)}$는?

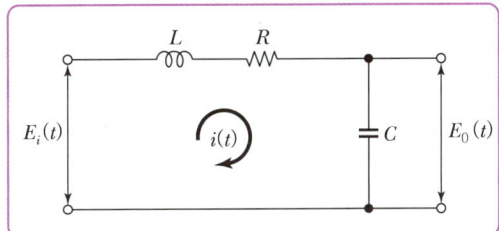

① $\dfrac{s}{LCs^2+RCs+1}$

② $\dfrac{1}{LCs^2+RCs+1}$

③ $\dfrac{Ls}{LCs^2+RCs+1}$

④ $\dfrac{Cs}{LCs^2+RCs+1}$

03 그림과 같은 RLC 회로에서 입력전압 $e_i(t)$, 출력전류가 $i(t)$인 경우 이 회로의 전달함수 $I(s)/E_i(s)$는?(단, 모든 초기조건은 0이다.)

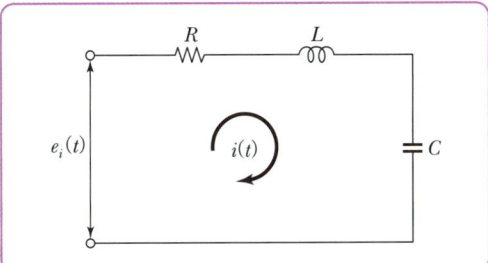

① $\dfrac{Cs}{RCs^2+LCs+1}$

② $\dfrac{1}{RCs^2+LCs+1}$

③ $\dfrac{Cs}{LCs^2+RCs+1}$

④ $\dfrac{1}{LCs^2+RCs+1}$

04 개루프 전달함수가 다음과 같을 때 폐루프 전달함수는?

$$G(s) = \dfrac{s+2}{s(s+1)}$$

① $\dfrac{s+2}{s^2+s}$

② $\dfrac{s+2}{s^2+2s+2}$

③ $\dfrac{s+2}{s^2+s+2}$

④ $\dfrac{s+2}{s^2+2s+4}$

05 그림과 같은 회로의 전압비 전달함수 $H(j\omega) = \dfrac{V_c(j\omega)}{V(j\omega)}$ 는?

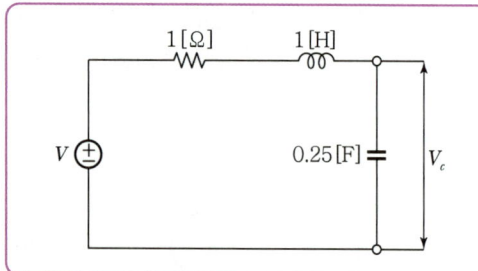

① $\dfrac{2}{(j\omega)^2 + j\omega + 2}$ ② $\dfrac{2}{(j\omega)^2 + j\omega + 4}$

③ $\dfrac{4}{(j\omega)^2 + j\omega + 4}$ ④ $\dfrac{1}{(j\omega)^2 + j\omega + 1}$

06 다음 그림은 제어계의 어떤 요소인가?

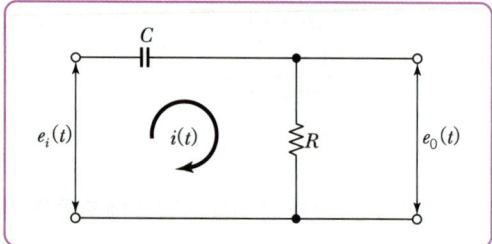

① 적분요소 ② 미분요소
③ 1차 지연요소 ④ 1차 지연 미분요소

07 다음 회로에서 입력을 $v(t)$, 출력을 $i(t)$로 했을 때의 입·출력 전달함수는?(단, 스위치 S는 $t=0$인 순간에 회로에 전압을 공급한다고 한다.)

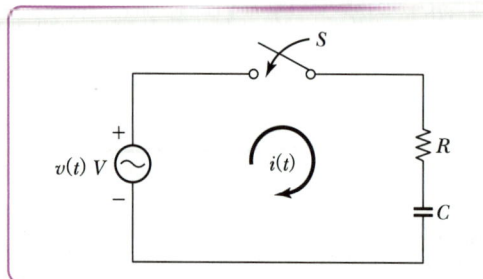

① $\dfrac{I(s)}{V(s)} = \dfrac{s}{R\left(s + \dfrac{1}{RC}\right)}$

② $\dfrac{I(s)}{V(s)} = \dfrac{1}{RC\left(s + \dfrac{1}{RC}\right)}$

③ $\dfrac{I(s)}{V(s)} = \dfrac{s}{RCs + 1}$

④ $\dfrac{I(s)}{V(s)} = \dfrac{RCs}{RCs + 1}$

08 그림과 같은 미분요소에 입력으로 단위 계단함수를 사용할 경우 출력 파형으로 알맞은 것은?

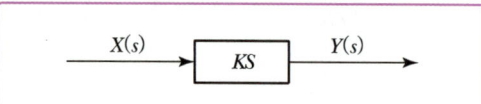

① 임펄스 파형 ② 사인 파형
③ 삼각파형 ④ 톱니파형

09 다음 지상 네트워크의 전달함수는?

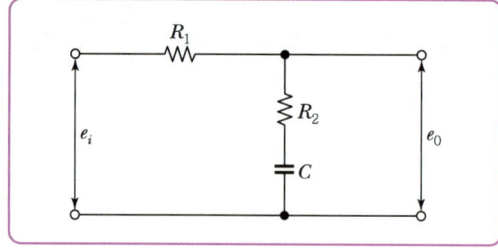

① $\dfrac{s(R_1 + R_2)C + 1}{sCR_1 + 1}$

② $\dfrac{sCR_2 + 1}{s(R_1 + R_2)C + 1}$

③ $\dfrac{R_1 + sC}{R_1 + R_2 + sC}$

④ $\dfrac{1}{1/R_1 + 1/R_2 + sC}$

10 다음 회로의 전달함수 $G(s) = \dfrac{E_0(s)}{E_i(s)}$ 는 얼마 인가?

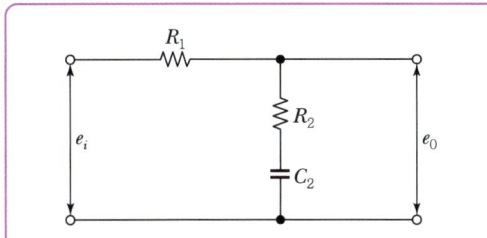

① $\dfrac{(R_1+R_2)C_2 s}{R_2 C_2 s}$
② $\dfrac{R_2 C_2 s + 1}{(R_1+R_2)C_2 s + 1}$
③ $\dfrac{R_2 C_2 + 1}{(R_1+R_2)C_2 s + 1}$
④ $\dfrac{(R_1+R_2)C_2 + 1}{R_2 C_2 + 1}$

11 그림과 같은 회로에서 전압비 전달함수 $\dfrac{E_0(s)}{E_i(s)}$ 는?

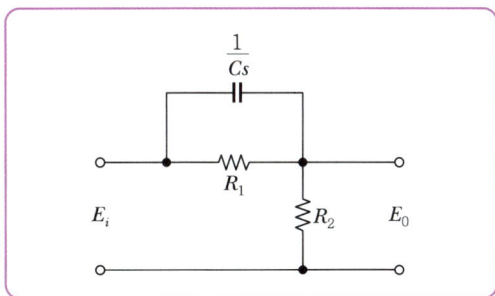

① $\dfrac{R_1 + Cs}{R_1 + R_2 + Cs}$
② $\dfrac{R_2 + Cs}{R_1 + R_2 + Cs}$
③ $\dfrac{R_1 + R_1 R_2 Cs}{R_1 + R_2 + R_1 R_2 Cs}$
④ $\dfrac{R_2 + R_1 R_2 Cs}{R_1 + R_2 + R_1 R_2 Cs}$

12 다음 중 과도 특성을 해치지 않고 보상하는 것은?
① 진상 보상기
② 지상 보상기
③ 관측자 보상기
④ 직렬 보상기

13 계단 응답이 입력신호와 같은 파형이고 시간만이 뒤졌을 때 이 계의 요소는?
① 미분 요소
② 부동작 시간 요소
③ 1차 뒤진 요소
④ 2차 뒤진 요소

14 그림과 같은 회로망은 어떤 보상기로 사용될 수 있는가?(단, $1 \ll R_1 C$ 인 경우로 한다.)

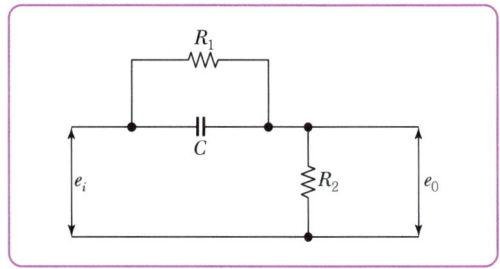

① 진상 보상기
② 지상 보상기
③ 지·진상 보상기
④ 진·지상 보상기

15 다음의 전달함수를 갖는 회로가 진상 보상 회로의 특성을 가지려면 그 조건은 어떠해야 하는가?

$$G(s) = \frac{s+b}{s+a}$$

① $a > b$
② $a < b$
③ $a > 1$
④ $b > 1$

16 어떤 계를 표시하는 미분방정식
$$\frac{d^2 y(t)}{dt^2} + \frac{3dy(t)}{dt} + 2y(t) = x(t) + \frac{dx(t)}{dt}$$
라고 한다. $x(t)$는 입력, $y(t)$는 출력이라고 한다면 이 계의 전달함수는 어떻게 표시되는가?

① $\dfrac{s+2}{s^2+s+2}$
② $\dfrac{s+1}{s^2+2s+1}$
③ $\dfrac{s+1}{2s+2}$
④ $\dfrac{s+1}{s^2+3s+2}$

17 어떤 제어계의 전달함수가 $G(s) = \dfrac{2s+1}{s^2+s+1}$ 로 표시될 때, 이 계에 입력 $x(t)$를 가했을 때 출력 $y(t)$를 구하는 미분방정식으로 알맞은 것은?

① $\dfrac{d^2y}{dt^2} + \dfrac{dy}{dt} + y = 2\dfrac{dy}{dx} + x$

② $\dfrac{d^2y}{dt^2} + \dfrac{dy}{dt} + y = 2\dfrac{dx}{dt} + x$

③ $\dfrac{d^2x}{dt} + \dfrac{dy}{dt} + y = 2\dfrac{dx}{dt} + x$

④ $\dfrac{d^2y}{dt} + \dfrac{dy}{dx} + y = 2\dfrac{dx}{dt} + x$

18 회전 운동계의 관성모멘트와 직선 운동계의 질량을 전기적 요소로 변환한 것은?

① 인덕턴스 ② 전류
③ 전압 ④ 커패시턴스

Chapter 04 블록선도와 신호흐름선도

01 블록선도 표시법

① 제어에 관계되는 신호가 어떠한 모양으로 변하여 어떻게 전달되는가를 표시
② 선형 · 비선형 시스템에 적용
③ 전달요소, 화살표 표시, 가합점, 인출점으로 구성

02 블록선도의 변환

(1) 직렬접속

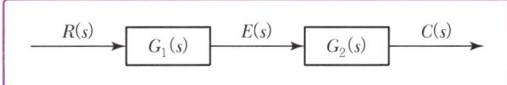

$$\frac{C(s)}{R(s)} = G_1(s) \cdot G_2(s)$$

(2) 병렬접속

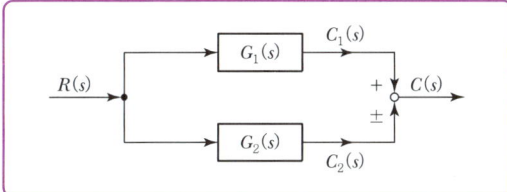

$$\frac{C(s)}{R(s)} = G_1(s) \pm G_2(s)$$

(3) 피드백 접속(부궤환 제어가 기본 블록)

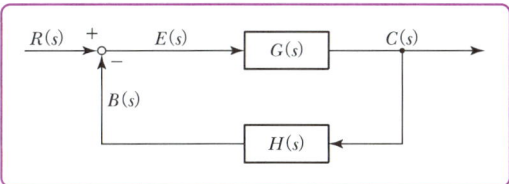

$$G(s) = \frac{C(s)}{R(s)} = \frac{G(s)}{1 + G(s)H(s)}$$

★ 전달함수의 기본식 : $G(s) = \dfrac{\text{전향경로}}{1 - \text{피드백}}$

03 신호흐름선도

(1) 성질

① 선형 시스템에 적용
② 결과와 원인의 함수로 표현되는 형태
③ 마디 : 변수를 나타내고, 원인과 결과의 순서를 왼쪽부터 차례로 배열
④ 신호 : 가지의 화살표 방향으로만 전송된다.
⑤ 입력마디에서 출력마디까지 연결된 가지 : 입력의 변수가 출력에 종속됨을 나타낸다.

(2) 용어의 해석

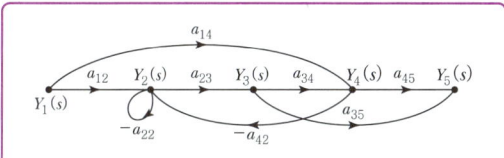

① 입력마디 : $Y_1(s)$
② 출력마디 : $Y_5(s)$
③ 경로(path) : 동일한 진행방향을 갖는 연결된 가지의 집합을 말한다.
④ 전향경로 : 입력마디에서 시작하여 두 번 이상 거치지 않고 출력마디까지 도달하는 경로
⑤ 경로이득 : 경로를 형성하고 있는 가지들의 이득의 곱을 말한다.
⑥ 전향경로이득(Forward Path Gain) : 전향경로의 경로이득을 말한다.
⑦ 루프(Loop) : 한 마디에서 시작하여 다시 그 마디로 돌아오는 경로를 말하며, 모든 마디는 두 번 이상 지날 수 없다.

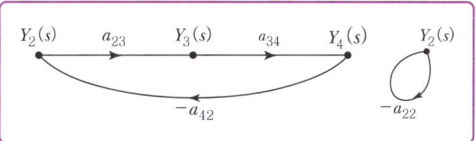

[신호흐름선도의 루프]

⑧ 루프 이득(Loop Gain) : 루프의 경로이득을 말한다.
  ㉠ 루프 이득 : $-a_{23}\, a_{34}\, a_{42}$

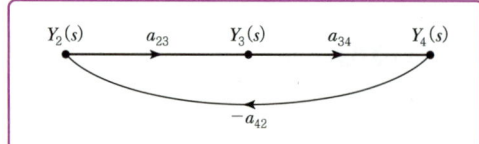

  ㉡ 루프 이득 : $-a_{22}$

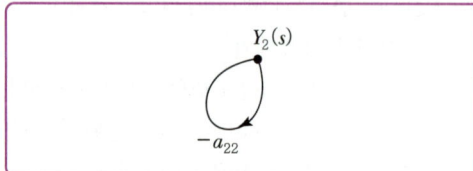

04 이득

메이슨(Mason)의 정리

$$G = \frac{\sum G_k \Delta_k}{\Delta}$$

여기서, Δ : 1−(서로 다른 루프 이득의 합)+(서로 접촉하지 않은 두 개의 루프 이득의 곱)
  G_k : (입력마디~출력마디) K번째의 전방경로이득
  Δ_k : K번째의 전방경로이득과 서로 접촉하지 않는 신호흐름 선도에 대한 Δ의 값

05 연산 증폭기(OP amp)

(1) 이상적인 연산 증폭기의 특성

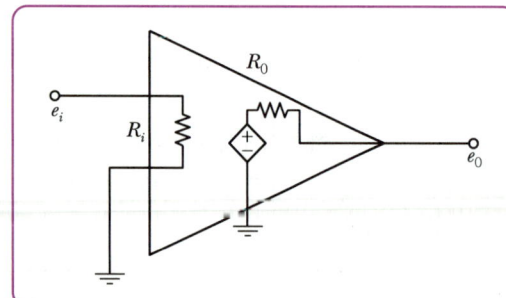

- 입력저항 : $R_i = \infty$
- 출력저항 : $R_0 = 0$
- 전압이득 : $V = \infty$
- 대역폭 $= \infty$

✱ 연산 증폭기의 특징
  ① 입력 임피던스가 크다.
  ② 출력 임피던스가 작다.
  ③ 전압 및 전력 이득이 크다.
  ④ 대역폭(증폭도)이 크다.
  ⑤ 정·부(+, −) 2개의 전원을 필요로 한다.

(2) 연산 증폭기의 종류
  ① 증폭회로(부호 변압기)

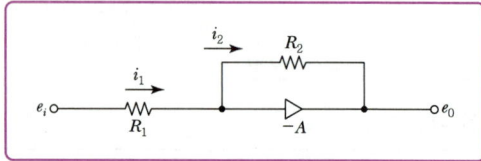

$$e_0 = -\frac{R_2}{R_1} e_i$$

  ② 적분기

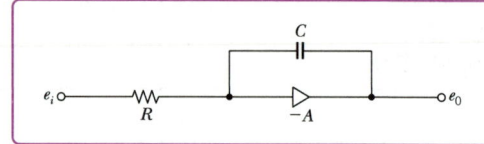

$$e_0 = -\frac{1}{RC}\int e_i dt$$

  ③ 미분기

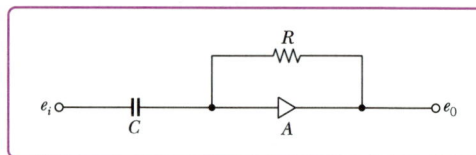

$$e_0 = -RC\frac{de_i}{dt}$$

핵심 기출 문제

01 블록 다이어그램에서 $\dfrac{\theta(s)}{R(s)}$ 의 전달함수는?

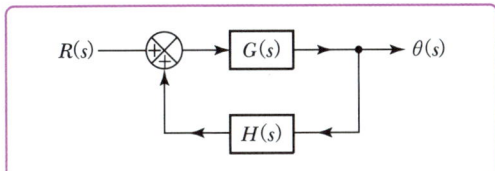

① $\dfrac{1}{1+G(s)H(s)}$ ② $\dfrac{1}{1-G(s)H(s)}$
③ $\dfrac{G(s)}{1+G(s)H(s)}$ ④ $\dfrac{G(s)}{1-G(s)H(s)}$

02 다음 블록선도 중 합성전달함수의 값이 다른 것은?

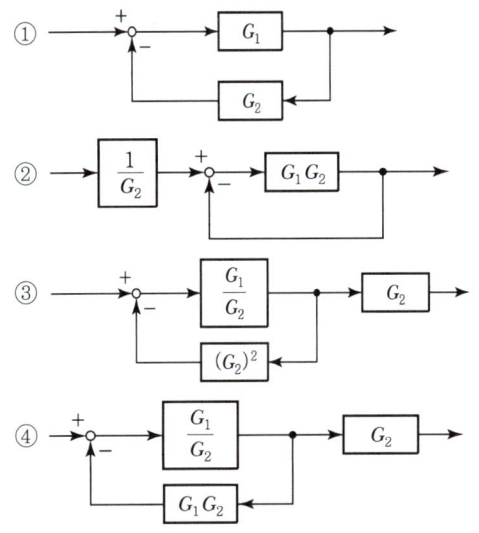

03 다음 블록선도를 옳게 등가 변환한 것은?

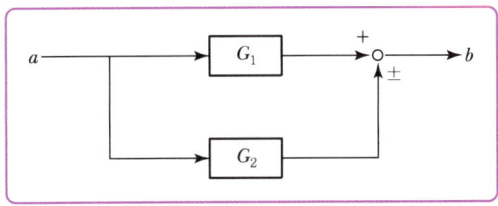

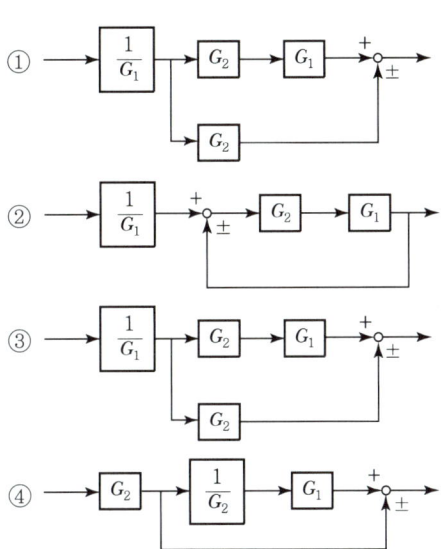

04 다음의 회로를 블록선도로 그린 것 중 옳은 것은?

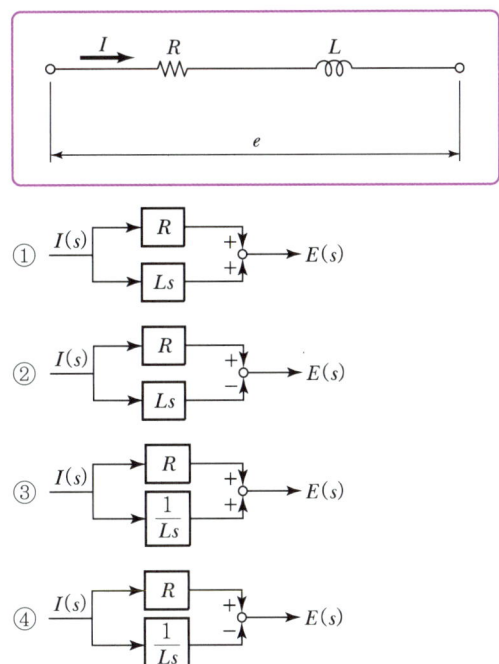

05 블록선도에서 $r(t)=25$, $G_1=1$, $H_1=5$, $c(t)=50$일 때 H_2를 구하면?

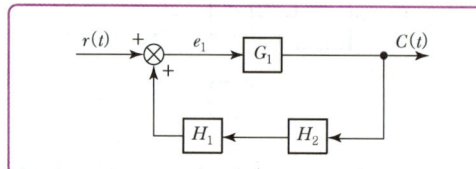

① $\dfrac{1}{4}$ ② $\dfrac{1}{10}$

③ $\dfrac{2}{5}$ ④ $\dfrac{2}{3}$

06 그림과 같은 블록선도에서 전달함수는?

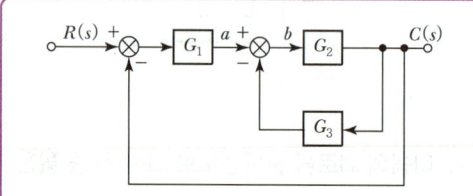

① $G(s)=\dfrac{G_1 G_2}{1-G_1 G_2 - G_2 G_3}$

② $G(s)=\dfrac{G_1 G_3}{1-G_1 G_2 - G_2 G_3}$

③ $G(s)=\dfrac{G_1 G_3}{1+G_1 G_2 + G_2 G_3}$

④ $G(s)=\dfrac{G_1 G_2}{1+G_1 G_2 + G_2 G_3}$

07 그림과 같은 블록선도에서 등가합성전달함수 $\dfrac{C}{R}$는?

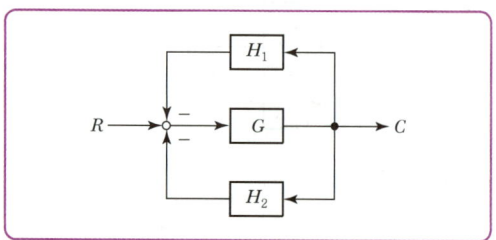

① $\dfrac{H_1+H_2}{1+G}$ ② $\dfrac{H_1}{1+H_1 H_2 G}$

③ $\dfrac{G}{1-H_1 G - H_2 G}$ ④ $\dfrac{G}{1+H_1 G + H_2 G}$

08 $\gamma(t)=2$, $G_1=100$, $H_1=0.01$일 때 $c(t)$를 구하면?

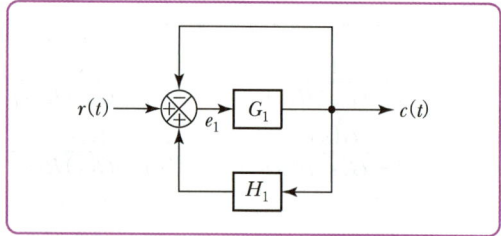

① 2   ② 5
③ 9   ④ 10

09 그림과 같은 블록선도에서 등가전달함수는?

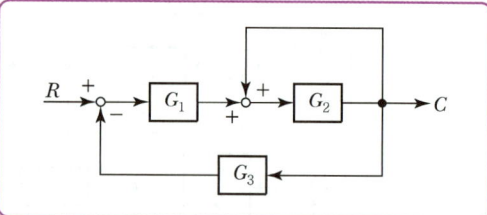

① $\dfrac{G_1 G_2}{1+G_2+G_1 G_2 G_3}$

② $\dfrac{G_1 G_2}{1-G_2+G_1 G_2 G_3}$

③ $\dfrac{G_1 G_3}{1-G_2+G_1 G_2 G_3}$

④ $\dfrac{G_1 G_3}{1+G_2+G_1 G_2 G_3}$

10 그림의 블록선도에서 전달함수를 표시한 것은?

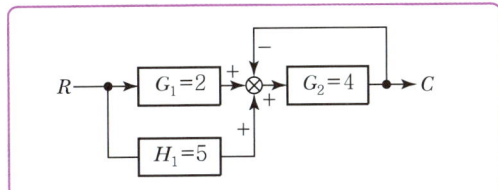

① $\dfrac{12}{5}$ ② $\dfrac{16}{5}$

③ $\dfrac{20}{5}$ ④ $\dfrac{28}{5}$

11 다음 그림의 블록선도에서 $\dfrac{C}{R}$는?

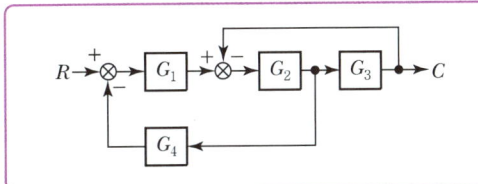

① $\dfrac{G_3 G_4}{1 + G_1 G_2 G_3}$

② $\dfrac{G_1 G_3}{1 + G_1 G_2 + G_3 G_4}$

③ $\dfrac{G_1 G_2 G_3}{1 + G_2 G_3 + G_1 G_2 G_4}$

④ $\dfrac{G_1 G_2}{1 + G_2 G_3 + G_1 G_4}$

12 그림과 같이 2중 입력으로 된 블록선도의 출력 C는?

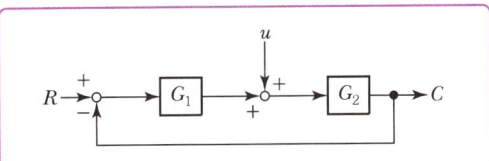

① $\left(\dfrac{G_2}{1 - G_1 G_2}\right)(G_1 R + u)$

② $\left(\dfrac{G_2}{1 + G_1 G_2}\right)(G_1 R + u)$

③ $\left(\dfrac{G_1}{1 - G_1 G_2}\right)(G_1 R - u)$

④ $\left(\dfrac{G_1}{1 + G_1 G_2}\right)(G_1 R - u)$

13 그림과 같은 블록선도에서 전달함수 $G(s)$는 얼마인가?

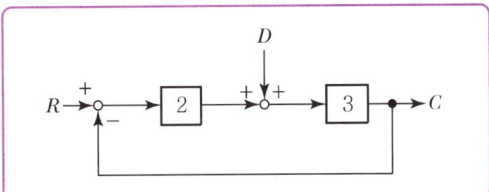

① $\dfrac{6}{7}$ ② $\dfrac{8}{7}$

③ $\dfrac{9}{7}$ ④ $\dfrac{11}{7}$

14 그림과 같은 블록선도에서 C의 값은?

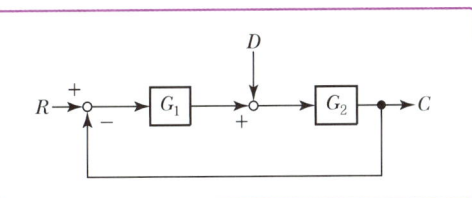

① $C = \dfrac{G_1 G_2}{1 + G_1 G_2} R + \dfrac{G_1}{1 + G_1 G_2} D$

② $C = \dfrac{G_1 G_2}{1 + G_1 G_2} R + \dfrac{G_2}{1 + G_1 G_2} D$

③ $C = \dfrac{G_1 G_2}{1 + G_1 G_2} R + \dfrac{G_1 G_2}{1 + G_1 G_2} D$

④ $C = \dfrac{G_1 G_2}{1 + G_1 G_2} R + \dfrac{G_1 G_2}{1 - G_1 G_2} D$

15 그림과 같은 블록선도에서 입력 R과 외란 D가 가해질 때 출력 C는?

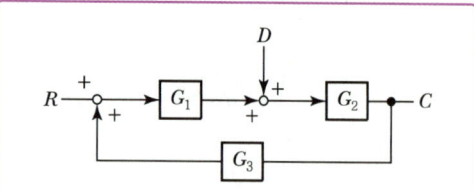

① $\dfrac{G_1 G_2 R + G_2 D}{1 + G_1 G_2 G_3}$

② $\dfrac{G_1 G_2 R - G_2 D}{1 + G_1 G_2 G_3}$

③ $\dfrac{G_1 G_2 R + G_2 D}{1 - G_1 G_2 G_3}$

④ $\dfrac{G_1 G_2 R - G_2 D}{1 - G_1 G_2 G_3}$

16 그림과 같은 신호흐름 선도에서 $\dfrac{C}{R}$를 구하면?

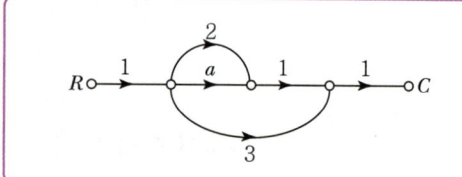

① $a+2$ ② $a+3$
③ $a+5$ ④ $a+6$

17 그림의 신호흐름 선도에서 $\dfrac{C}{R}$를 구하면?

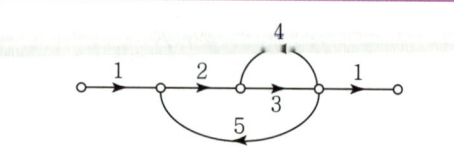

① $-\dfrac{7}{41}$ ② $-\dfrac{6}{41}$
③ $-\dfrac{4}{41}$ ④ $-\dfrac{3}{41}$

18 그림의 신호흐름 선도에서 $\dfrac{C}{R}$는?

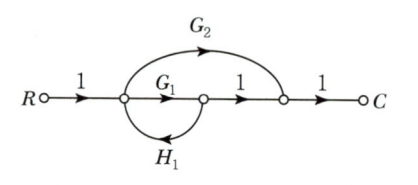

① $\dfrac{G_1 + G_2}{1 - G_1 H_1}$ ② $\dfrac{G_1 G_2}{1 - G_1 H_1}$

③ $\dfrac{G_1 + G_2}{1 + G_1 H_1}$ ④ $\dfrac{G_1 G_2}{1 + G_1 H_1}$

19 그림의 신호흐름 선도에서 $\dfrac{C}{R}$는?

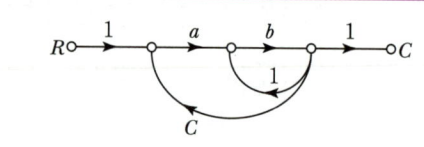

① $\dfrac{ab}{1 + b - abc}$ ② $\dfrac{ab}{1 - b - abc}$

③ $\dfrac{ab}{1 - b + abc}$ ④ $\dfrac{ab}{1 - ab + abc}$

20 그림과 같은 신호흐름 선도에서 $\dfrac{C}{R}$의 값은?

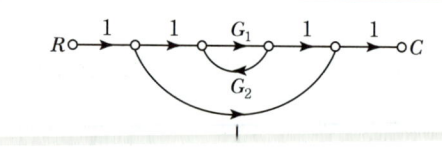

① $\dfrac{1 + G_1 + G_1 G_2}{1 + G_1 G_2}$ ② $\dfrac{1 + G_1 - G_1 G_2}{1 - G_1 G_2}$

③ $\dfrac{1 + G_1 G_2}{1 + G_1 + G_1 G_2}$ ④ $\dfrac{1 - G_1 G_2}{1 + G_1 - G_1 G_2}$

21 그림과 같은 신호흐름 선도에서 $\dfrac{C(s)}{R(s)}$ 의 값은?

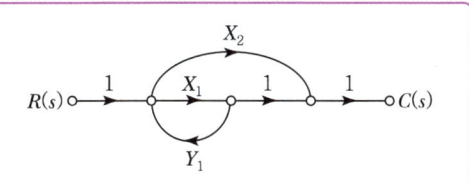

① $\dfrac{C(s)}{R(s)} = \dfrac{X_1}{1-X_1Y_1}$
② $\dfrac{C(s)}{R(s)} = \dfrac{X_2}{1-X_1Y_1}$
③ $\dfrac{C(s)}{R(s)} = \dfrac{X_1X_2}{1-X_1Y_1}$
④ $\dfrac{C(s)}{R(s)} = \dfrac{X_1+X_2}{1-X_1Y_1}$

22 그림과 같은 신호흐름 선도에서 $\dfrac{C}{R}$ 는?

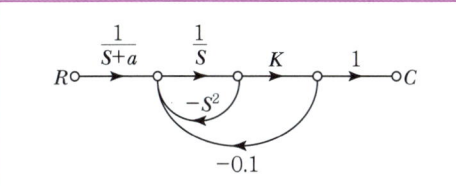

① $\dfrac{K}{(S+a)(S^2+S+0.1K)}$
② $\dfrac{K-0.1S}{(S+a)(S^2+S+0.1K)}$
③ $\dfrac{0.1K}{(S+a)(S^2+S+0.1K)}$
④ $\dfrac{K}{(S+a)(S^2-S-0.1K)}$

23 그림과 같은 신호흐름 선도의 전달함수는?

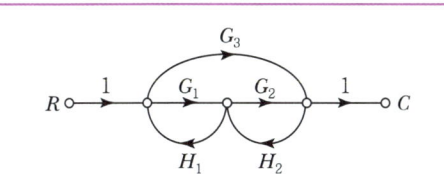

① $\dfrac{G_1G_2+G_3}{1-(G_1H_1+G_2H_2)-G_3H_1H_2}$
② $\dfrac{G_1G_2+G_3}{1-(G_1H_1-G_2H_2)}$
③ $\dfrac{G_1G_2-G_3}{1-(G_1H_1-G_2H_2)}$
④ $\dfrac{G_1G_2-G_3}{1-(G_1H_1+G_2H_2)}$

24 다음의 신호선도에서 $\dfrac{Y(s)}{D(s)}$ 를 구하면?

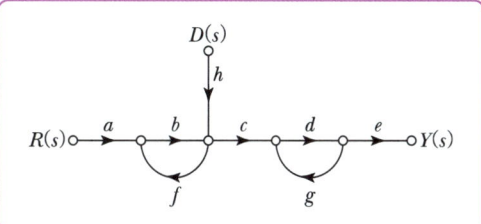

① $\dfrac{cdeh}{1-bf-dg+bfdg}$
② $\dfrac{abcde+hcde}{1-bf-dg+bfdg}$
③ $\dfrac{cdch}{1-dg}$
④ $\dfrac{abcde+hcde}{1-dg}$

25 다음의 신호선도에서 메이슨 공식을 이용하여 전달함수를 구하고자 한다. 이 신호선도에서 루프(Loop)는 몇 개인가?

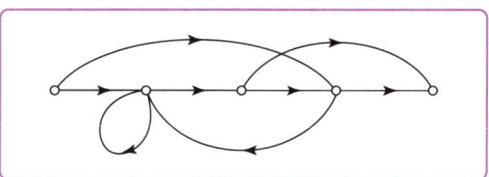

① 1
② 2
③ 3
④ 4

26 그림의 신호흐름 선도를 단순화하면?

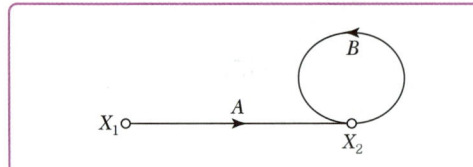

① $X_1 \xrightarrow{AB} X_2$

② $X_1 \xrightarrow{1/A-B} X_2$

③ $X_1 \xrightarrow{A/1-B} X_2$

④ $X_1 \xrightarrow{1-B} X_2$

27 다음 신호흐름 선도에서 $\dfrac{C(s)}{R(s)}$의 값은?

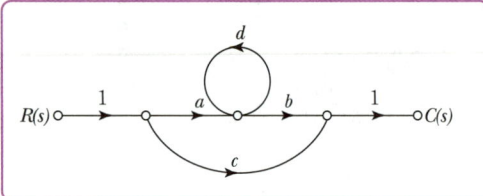

① $\dfrac{ab+c(1-d)}{1-d}$

② $\dfrac{ab+c}{1-d}$

③ $ab+c$

④ $\dfrac{ab+c(1+d)}{1+d}$

28 연산 증폭기의 성질에 관한 설명 중 옳지 않은 것은?

① 전압이득이 매우 크다.
② 입력 임피던스가 매우 작다.
③ 전력이득이 매우 크다.
④ 입력 임피던스가 매우 크다.

29 그림과 같이 이득 A의 연산 증폭기 회로에서 출력 전압 V_0을 나타낸 것은?(단, V_1, V_2, V_3는 입력 신호이다.)

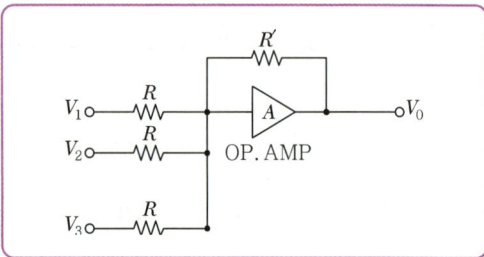

① $V_0 = \dfrac{R'}{3R}(V_1+V_2+V_3)$

② $V_0 = \dfrac{R'}{3R}(V_1+V_2+V_3)$

③ $V_0 = \dfrac{-R'}{R}(V_1+V_2+V_3)$

④ $V_0 = \dfrac{R'}{R}(V_1+V_2+V_3)$

30 반전 연산회로의 출력을 바르게 표현한 것은?(단, OP 증폭기는 이상적인 것으로 생각한다.)

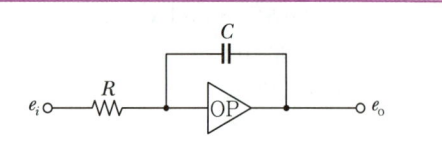

① $e_o = -\dfrac{1}{RC}\int e_i dt$

② $e_o = -\dfrac{1}{RC}\dfrac{de_i}{dt}$

③ $e_o = -RC\int e_i dt$

④ $e_o = -\dfrac{C}{R}\int e_i dt$

31 다음 연산기구의 출력을 바르게 표현한 것은?(단, OP 증폭기는 이상적인 것으로 생각한다.)

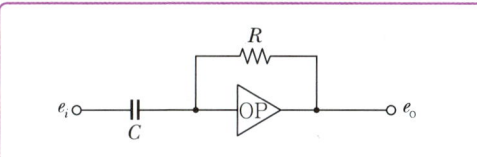

① $e_o = -\dfrac{1}{RC}\int e_i dt$ ② $e_o = -\dfrac{1}{RC}\dfrac{de_i}{dt}$

③ $e_o = -RC\dfrac{de_i}{dt}$ ④ $e_o = -\dfrac{C}{R}\int e_i dt$

32 다음 그림의 보안계통에서 입력 변환기 K_1에 대한 계통의 전달함수 T의 감도는 얼마인가?

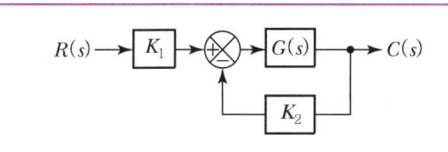

① -1 ② 0
③ 0.5 ④ 1

Chapter 05 과도응답

- 응답 : 어떤 요소 또는 계에 입력신호를 가했을 때 출력신호가 어떻게 변화되는지를 나타내는 것이다.
- 과도응답 : 모든 물리계에서 관성과 저항 등의 작용에 의해 정상상태에 도달하기 전에 목푯값이 전혀 따르지 않는 기간 사이의 응답을 말한다.

01 과도응답에 사용하는 기준입력

(1) 계단 입력
기준입력이 정상상태에서 갑자기 변한 후, 변환된 상태를 일정하게 유지하는 입력이다.
$$r(t) = Ru(t) \begin{bmatrix} = R\ (t \geq 0) \\ = 0\ (t < 0) \end{bmatrix}$$
여기서, R : 상수

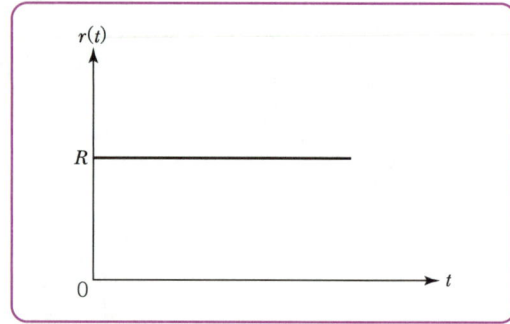

(2) 등속도 입력(램프 함수)
입력 신호값 또는 위치가 시간에 따라 일정한 비율로 변환된 상태를 말한다.
$$r(t) = Rtu(t) \begin{bmatrix} = Rt\ (t \geq 0) \\ = 0\ (t < 0) \end{bmatrix}$$

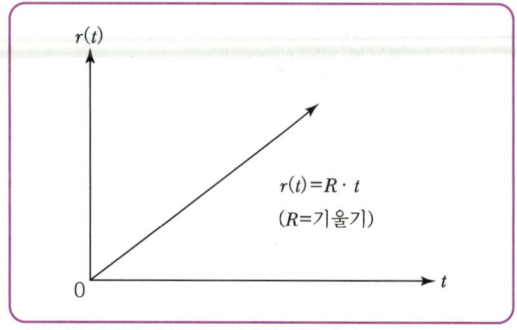

(3) 등가속도 입력(포물선함수)
입력 신호량이 시간의 제곱에 비례하는 입력이다.
$$r(t) = Rt^2 u(t) \begin{bmatrix} = Rt^2\ (t \geq 0) \\ = 0\ (t < 0) \end{bmatrix}$$

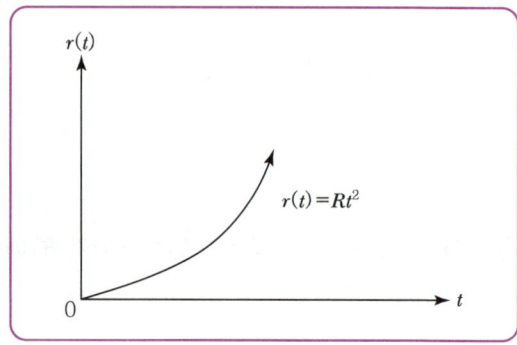

02 시간응답 특성

(1) 정상응답
① 정상응답의 오차는 자동제어계의 정확도를 표시하는 지표이다.
② 시간입력에 대한 정상오차의 값을 측정한다.

(2) 과도응답
과도응답 특성의 평가는 속응성과 안정성에 대하여 행한다.
- 속응성 : 제어시스템이 어느 정도 빨리 목표치에 도달하는가를 나타내는 것
- 안정성 : 제어량이 정상치에 도달할 때까지의 감쇠 특성을 나타내는 것

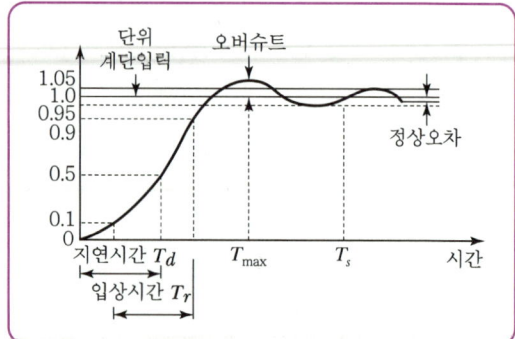

① 오버슈트(overshoot)
  ㉠ 과도응답 중에 생기는 입력과 출력 사이의 최대 편차량
  ㉡ 자동제어계 안정도의 척도
  ㉢ 상대 오버슈트를 사용하는 것이 응답을 비교하는 데 편리하다.
    • 상대 오버슈트
     $= \dfrac{\text{최대 오버슈트}}{\text{최종 희망값}} \times 100\,[\%]$
    • 백분율 오버슈트
     $= \dfrac{\text{최대 오버슈트}}{\text{최종 목푯값}} \times 100\,[\%]$
  ㉣ 최대 오버슈트 발생시간
     $t_P = \dfrac{\pi}{\omega_n \sqrt{1-\delta^2}}$ (ω_n : 고유주파수, δ : 제동비)
     $\omega_0 = \omega_n \sqrt{1-\delta^2}$ (ω_0 : 공진주파수)

② 지연시간(delay time)
  지연시간 T_d는 응답이 최초로 목푯값의 50[%]가 되는 데 필요한 시간

③ 감쇠비(decay ratio)
  ㉠ 과도응답의 소멸되는 속도를 나타내는 양
  ㉡ 감쇠비 $= \dfrac{\text{제2 오버슈트}}{\text{최대 오버슈트}}$

④ 상승시간(rise time)
  ㉠ 응답이 처음으로 목푯값에 도달하는 데 필요한 시간 T_r로 정의한다.
  ㉡ 응답이 목푯값의 10[%]에서 90[%]까지 도달하는 데 필요한 시간이다.

⑤ 정정시간(setting time) 또는 응답시간(response time)
  ㉠ 응답시간 T_s는 응답이 요구되는 오차 이내로 정착되는 데 필요한 시간이다.
  ㉡ 응답이 목푯값의 ±5[%] 이내에 도달하는 데 필요한 시간이다.

⑥ 기타 과도응답 특성을 표시하는 양은 제동비, 제동계수, 고유진동수, 주기 등이 있다.

03 과도응답

(1) 특성방정식

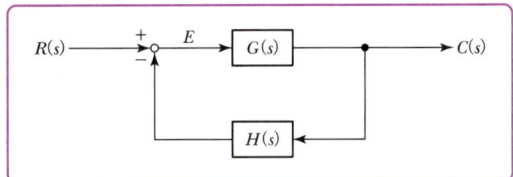

① 폐회로의 전달함수 $\dfrac{C(s)}{R(s)} = \dfrac{G(s)}{1+G(s)H(s)}$ 이다.
② 특성방정식 : $1+G(s)H(s)=0$

(2) 특성방정식의 근 위치와 응답

안정근
① 특성방정식의 근이 s 평면 우반부에 존재해서는 안 된다. ⇒ 존재 : 진동이 점점 커진다.(불안정)
② 특성방정식의 근이 s 평면 좌반부에 존재하면 진동이 점점 작아진다.(안정)
③ 결론 : 근은 s 평면 좌반부에 존재하고 허수(j) 축에서 멀리 떨어져 있을수록 정상값에 빨리 도달한다.(안정)

[s 평면에서의 근의 위치와 응답]

계단 응답	s 평면상의 근의 위치
$\varepsilon^{\delta 3t}$, $\varepsilon^{-\delta 1t}$, $\varepsilon^{-\delta 2t}$	$-\delta_2\ -\delta_1\quad \delta_3$
$\varepsilon^{-at}\sin\omega t$ ($a=0$)	$j\omega$ ($a=0$), $-j\omega$
$\varepsilon^{+at}\sin\omega t$	$\alpha+j\omega$, $\alpha-j\omega$
$\varepsilon^{-at}\sin\omega t$	$-\alpha+j\omega$, $-\alpha-j\omega$

(3) 2차계의 과도응답

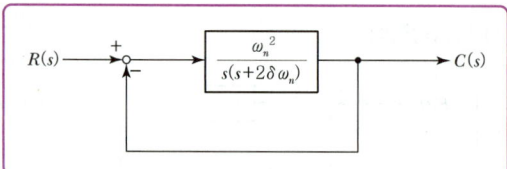

$$\frac{C(s)}{R(s)} = \frac{\dfrac{\omega_n^2}{s(s+2\delta\omega_n)}}{1+\dfrac{\omega_n^2}{s(s+2\delta\omega_n)}} = \frac{\omega_n^2}{s(s+2\delta\omega_n)+\omega_n^2}$$

$$= \frac{\omega_n^2}{s^2+2\delta\omega_n s+\omega_n^2}$$

특성 방정식 : $s^2+2\delta\omega_n s+\omega_n^2 = 0$

여기서 s의 근을 구하면

$s_1,\ s_2 = -\delta\omega_n \pm j\omega_n\sqrt{1-\delta^2} = -\sigma \pm j\omega$

　여기서, $\sigma = \delta\omega_n$: 제동계수 또는 실제 제동
　　　　σ : 제동비 또는 감쇠계수
　　　　ω_n : 고유주파수(자연주파수)
　　　　$\tau = \dfrac{1}{\sigma} = \dfrac{1}{\delta\omega_n}$: 시정 수
　　　　$\omega = \omega_n\sqrt{1-\delta^2}$: 감쇠진동 주파수
　　　　　　　　　　　　 또는 실제 주파수

* **특성 방정식의 근의 위치는 제동비에 따라 변한다.**
  ① $\delta < 1$인 경우 : 부족제동
  $s_1,\ s_2 = -\delta\omega_n \pm j\omega\sqrt{1-\delta^2}$
  (공액 복소수를 가지므로 감쇠진동을 한다.)
  ② $\delta = 1$인 경우 : 임계제동
  $s_1,\ s_2 = -\omega_n$
  (중근을 가지므로 진동에서 비진동으로 옮겨가는 임계상태이다.)
  ③ $\delta > 1$인 경우 : 과제동
  $s_1,\ s_2 = -\delta\omega_n \pm \omega_n\sqrt{\delta^2-1}$
  (서로 다른 2개의 실근을 가지므로 비진동이다.)

④ $\delta = 0$인 경우 : 무제동
$s_1,\ s_2 = \pm j\omega_n$
(순공액 허수를 가지므로 일정한 진폭으로 무한히 진동한다.)

⑤ 특성근, 제동비 및 시간응답 특성

특성근의 종류	s-평면 상의 위치	제동비	시간응답 특성	안정도
서로 다른 실근 $s = -\alpha, -\beta$	부의 실수축	과제동 $\delta > 1$	지수적 감쇠	안정
중복근 $s = -\alpha$	부의 실수축	임계제동 $\delta = 1$	지수적 감쇠	안정
공액복소근 $s = -\alpha \pm j\beta$	2, 3 상한	부족제동 $\delta < 1$	감쇠 진동	안정

핵심 기출 문제

01 어떤 제어계에서 입력신호를 가한 다음 출력신호가 정상상태에 도달할 때까지의 응답은?

① 정상응답
② 선형응답
③ 과도응답
④ 시간응답

02 다음 과도응답에 관한 설명 중 옳지 않은 것은?

① 지연시간은 응답이 최초로 목푯값의 50[%]가 되는 데 소요되는 시간이다.
② 백분율 오버슈트는 최종 목푯값과 최대 오버슈트와의 비를 [%]로 나타낸 것이다.
③ 감쇠비는 최종 목푯값과 최대 오버슈트와의 비를 나타낸 것이다.
④ 응답시간은 응답이 요구하는 오차 이내로 정착되는 데 걸리는 시간이다.

03 지연시간이란 단위 계단입력에 대하여 그 응답이 최종치의 몇 [%]에 도달하는 데 필요한 시간인가?

① 30　　② 50
③ 70　　④ 90

04 응답이 최종값의 10[%]에서 90[%]까지 되는 데 필요한 시간은?

① 상승시간(Rise Time)
② 지연시간(Delay Time)
③ 응답시간(Response Time)
④ 정정시간(Settlling Time)

05 다음 과도응답에 관한 설명 중 틀린 것은?

① 오버슈트는 응답 중에 생기는 입력과 출력 사이의 최대 편차를 말한다.
② 시간늦음(time delay)이란 응답이 최초로 희망값의 10[%]까지 진행되는 데 필요한 시간을 말한다.
③ 감쇠비 = $\dfrac{\text{제2 오버슈트}}{\text{최대 오버슈트}}$
④ 입상시간(rise time)이란 응답이 희망값의 10[%]에서 90[%]까지 도달하는 데 필요한 시간을 말한다.

06 과도응답이 소멸되는 정도를 나타내는 감쇠비(decay ratio)는?

① 최대 오버슈트/제2 오버슈트
② 제3 오버슈트/제2 오버슈트
③ 제2 오버슈트/최대 오버슈트
④ 제2 오버슈트/제3 오버슈트

07 2차 시스템의 감쇠율(Damping Ratio) δ가 $\delta < 1$이면 어떤 경우인가?

① 비감쇠　　② 과감쇠
③ 발산　　　④ 부족 감쇠

08 전달함수 $\dfrac{C(s)}{R(s)} = \dfrac{1}{3s^2 + 4s + 1}$ 인 제어계는 다음 중 어느 것인가?

① 과제동　　② 부족제동
③ 임계제동　④ 무제동

09 전달함수가 $G(s) = \dfrac{1}{s^2 + 5s + 1}$ 인 시스템에 계단입력이 인가되었다. 시스템의 응답 파형은?

①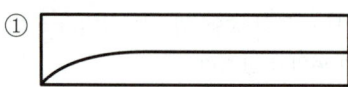

②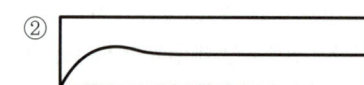

③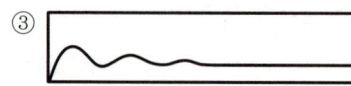

④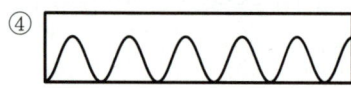

10 2차 제어계에 대한 설명 중 잘못된 것은?
① 제동계수의 값이 작을수록 제동이 적게 걸려 있다.
② 제동계수의 값이 1일 때 가장 알맞게 제동되어 있다.
③ 제동계수의 값이 클수록 제동은 많이 걸려 있다.
④ 제동계수의 값이 1일 때 임계제동되었다고 한다.

11 특성방정식 $s^2 + 2\delta\omega_n s + \omega_n^2 = 0$에서 감쇠진동을 하는 제동비 δ의 값에 해당되는 것은?
① $\delta > 1$ ② $\delta = 1$
③ $\delta = 0$ ④ $0 < \delta < 1$

12 단위 부궤환제어 시스템(Unit Negative feedback Control System)의 개루프(Open Loop) 전달함수 $G(s)$가 다음과 같이 주어졌다. 이때 다음 설명 중 틀린 것은?

$$G(s) = \dfrac{\omega_n^2}{s(s + 2\delta\omega_n)}$$

① 이 시스템은 $\delta = 1.2$일 때 과제동된 상태에 있게 된다.
② 이 폐루프 시스템의 특성방정식은 $s^2 + 2\delta\omega_n s + \omega_n^2 = 0$이다.
③ δ값이 작아질수록 제동이 많이 걸리게 된다.
④ δ값이 음의 값이면 불안정하게 된다.

13 2차계 과도응답의 특성방정식이 $s^2 + 2\delta\omega_n s + \omega_n^2 = 0$인 경우 s가 서로 다른 2개의 실근을 가졌을 때의 제동은?
① 과제동   ② 부족제동
③ 임계제동   ④ 무제동

14 단위 부궤환 시스템에서 개루프 전달함수 $G(s)$가 다음과 같을 때 $K = 3$이면 무슨 제동인가?

$$G(s) = \dfrac{K}{s(s+4)}$$

① 무제동   ② 임계제동
③ 과제동   ④ 부족제동

15 2차 제어계에서 공진주파수 ω_m와 고유주파수 ω_n, 감쇠비 α 사이의 관계가 바른 것은?
① $\omega_m = \omega_n\sqrt{1 - \alpha^2}$ ② $\omega_m = \omega_n\sqrt{1 + \alpha^2}$
③ $\omega_m = \omega_n\sqrt{1 - 2\alpha^2}$ ④ $\omega_m = \omega_n\sqrt{1 + 2\alpha^2}$

16 어떤 회로의 영입력 응답(또는 지연응답)이 다음과 같다. $V(t) = 84(e^{-t} - e^{-6t})$일 때, 다음의 서술에서 잘못된 것은?
① 회로의 시정수는 1(秒), 1/6(秒) 두 개이다.
② 이 회로는 2차 회로이다.
③ 이 회로는 과제동(過制動)되었다.
④ 이 회로는 임계제동되었다.

17 어떤 제어계의 임펄스 응답이 $\sin 2t$일 때 계의 전달함수는?

① $\dfrac{s}{s+2}$ ② $\dfrac{s}{s^2+2}$

③ $\dfrac{2}{s^2+2}$ ④ $\dfrac{2}{s^2+4}$

18 다음 임펄스 응답 중 안정한 계는?

① $c(t) = 1$ ② $c(t) = \cos \omega t$

③ $c(t) = e^{-t}\sin \omega t$ ④ $c(t) = 2t$

19 전달함수 $G(s) = \dfrac{1}{s^2 + 2\delta\omega_n s + \omega_n^2}$ 인 제어계에서 $\omega_n = 2$, $\delta = 0$일 때 단위 임펄스 입력에 대한 출력은?

① $\sin \dfrac{t}{2}$ ② $\cos \dfrac{t}{2}$

③ $\dfrac{1}{2}\sin 2t$ ④ $\dfrac{1}{2}\cos 2t$

20 자동제어계에서 중량함수(Weight function)라고 불리는 것은?

① 인디셜 함수 ② 임펄스 함수
③ 전달함수 ④ 램프 함수

21 다음 내용 중 옳지 않은 것은?

① 회로의 임펄스 응답은 회로도를 알면 결정된다.
② 회로의 임펄스 응답과 입력을 알면 출력을 알 수 있다.
③ 초기 조건에 따라 임펄스 응답이 결정된다.
④ 출력은 입력과 초기 조건에 따라 결정된다.

22 어떤 제어계에 단위 계단 입력을 가하였더니 출력이 $1 - e^{-2t}$로 나타났다. 이 계의 전달함수는?

① $\dfrac{1}{s+2}$ ② $\dfrac{2}{s+2}$

③ $\dfrac{1}{s(s+2)}$ ④ $\dfrac{2}{s(s+2)}$

23 2차 제어계에서 최대 오버슈트가 발생하는 시간 t_P와 고유주파수 ω_n, 감쇠계수 δ 사이의 관계식은?

① $t_P = \dfrac{2\pi}{\omega_n\sqrt{1-\delta^2}}$ ② $t_P = \dfrac{2\pi}{\omega_n\sqrt{1+\delta^2}}$

③ $t_P = \dfrac{\pi}{\omega_n\sqrt{1-\delta^2}}$ ④ $t_P = \dfrac{\pi}{\omega_n\sqrt{1+\delta^2}}$

Chapter 06 편차와 감도

* 제어계의 특성평가
  ① 정상편차 ② 감도 ③ 속응도 ④ 안정도 ⑤ 정확도

01 정상편차

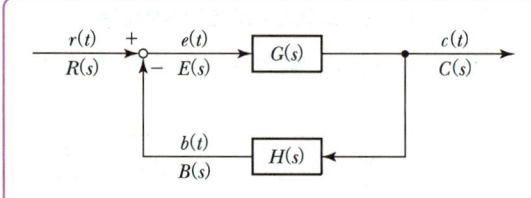

$E(s) = R(s) - B(s) = \dfrac{H(s)}{1+G(s)H(s)} R(s)$ 이다.

따라서 오차함수 $e(t)$는

$e(t) = \mathcal{L}^{-1}\left[\dfrac{H(s)}{1+G(s)H(s)} R(s)\right]$ 이다.

자동제어 시스템의 오차함수 최종값 정리를 적용하면

$e_{ss} = \lim\limits_{t \to \infty} e(t) = \lim\limits_{s \to 0} s E(s)$

정상오차 $e_{ss} = \lim\limits_{s \to 0} \dfrac{s R(s)}{1+G(s)}$ 가 성립된다.

02 형에 의한 궤환 시스템의 분류

영점수 : a개, 극점수 : b개일 때

$G(s)H(s) = \dfrac{Ks^a(s+Z_1)(s+Z_2)\cdots(s+Z_{m-a})}{s^b(s+P_1)(s+P_2)\cdots(s+P_{m-b})}$

또한 $b \geq a$인 시스템만 다루면 $l = b - a$라 하며, l형의 시스템이라고 부른다.

$G(s)H(s) = \dfrac{K(s+Z_1)(s+Z_2)\cdots(s+Z_{m-a})}{s^l(s+P_1)(s+P_2)\cdots(s+P_{m-b-l})}$

시스템의 정상오차는 $s = 0$에서 $G(s)H(s)$의 값을 지배하므로 시스템 형의 결정은 원점에서의 극 $s^l(l=0, 1, 2, \cdots)$의 수, 즉 l의 값에 의존된다고 볼 수 있다.

$\lim\limits_{s \to 0} G(s)H(s) = \dfrac{K}{s^l}$

① 0형의 제어시스템 : $l = 0$
② 1형의 제어시스템 : $l = 1$
③ 2형의 제어시스템 : $l = 2$

03 기준입력에 대한 정상오차

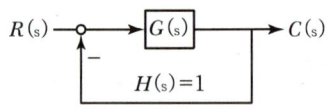

$E(s) = R(s) - C(s)$
$ = R(s) - \dfrac{G(s)}{1+G(s)} R(s)$
$ = R(s)\left(1 - \dfrac{G(s)}{1+G(s)}\right) = \dfrac{R(s)}{1+G(s)}$

정상오차 $e_{ss} = \lim\limits_{t \to \infty} e(t) = \lim\limits_{s \to 0} s E(s) = \lim\limits_{s \to 0} \dfrac{s \cdot R(s)}{1+G(s)}$

(1) 계단입력 : $R(s) = \dfrac{1}{s}$

$e_{ssp} = \lim\limits_{s \to 0} \dfrac{1}{1+G(s)} = \dfrac{1}{1+\lim\limits_{s \to 0} G(s)}$

$K_p = \lim\limits_{s \to 0} G(s)$

(2) 램프 입력 : $R(s) = \dfrac{1}{s^2}$

$e_{ssv} = \lim\limits_{s \to 0} \dfrac{\frac{1}{s}}{1+G(s)} = \dfrac{1}{\lim\limits_{s \to 0} s G(s)}$

$K_v = \lim\limits_{s \to 0} s G(s)$

(3) 가속도 입력 : $R(s) = \dfrac{1}{s^3}$

$$e_{ssa} = \lim_{s \to 0} \dfrac{\dfrac{1}{s^2}}{1+G(s)} = \dfrac{1}{\lim\limits_{s \to 0} s^2 G(s)}$$

$$K_v = \lim_{s \to 0} s^2 G(s)$$

(4) 제어시스템의 정상상태오차

시스템의 상태	단위계단함수 입력 (위치편차)		램프 함수 입력 (속도편차)		포물선 함수 입력 (가속도 편차)	
	K_p	e_{ssp}	K_v	e_{ssp}	K_a	e_{ssp}
0	K_p	$\dfrac{R}{1+K_p}$	0	∞	0	∞
1	∞	0	K_v	$\dfrac{R}{K_v}$	0	∞
2	∞	0	∞	0	K_a	$\dfrac{R}{K_a}$
3	∞	0	∞	0	∞	0

04 감도

주어진 요소 K의 특성에 대한 계의 폐루프 전달함수 T의 미분감도 S_K^T는

$$S_K^T = \dfrac{d \ln T}{d \ln K}$$

여기서, $T = \dfrac{C(s)}{R(s)}$

$$S_K^T = \dfrac{dT/T}{dK/K} = \dfrac{K}{T} \cdot \dfrac{dT}{dK}$$

예

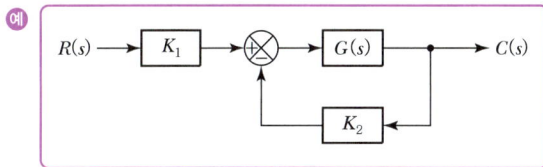

$$T = \dfrac{GK_1}{1+GK_2}$$

$$S_{K_1}^T = \dfrac{K_1}{T} \cdot \dfrac{dT}{dK_1}$$

$$= \dfrac{K_1}{\dfrac{GK_1}{1+GK_2}} \cdot \dfrac{d}{dK_1}\left(\dfrac{GK_1}{1+GK_2}\right)$$

$$= \dfrac{1+GK_2}{G} \cdot \dfrac{G(1+GK_2)}{(1+GK_2)^2} = 1$$

핵심 기출 문제

01 그림과 같은 제어계에서 단위 계단외란 D가 인가되었을 때의 정상편차는?

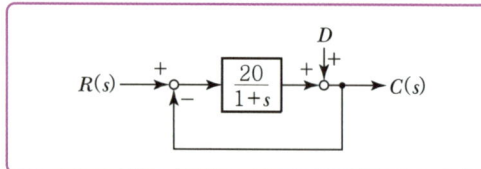

① 20　　　　② 21
③ $\dfrac{1}{10}$　　　④ $\dfrac{1}{21}$

02 어떤 제어계의 출력이 $C(s) = \dfrac{s+0.5}{s(s^2+s+2)}$ 로 주어질 때 정상값은?

① 4　　　　② 2
③ 0.5　　　④ 0.25

03 어떤 제어계에서 단위 계단입력에 대한 정상편차가 유한값이면 이 계는 무슨 형인가?

① 0형　　　② 1형
③ 2형　　　④ 3형

04 $G(s)H(s) = \dfrac{K}{Ts+1}$ 일 때 이 계통은 다음 중 어떤 형인가?

① 0형　　　② 1형
③ 2형　　　④ 3형

05 그림과 같은 블록선도로 표시되는 제어계는?

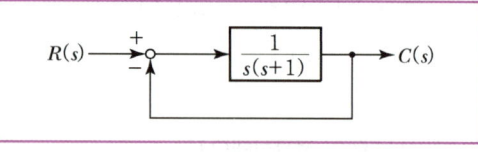

① 0형　　　② 1형
③ 2형　　　④ 3형

06 어떤 제어계통에서 정상위치편차가 유한값일 때 이 제어계는 무슨 형인가?

① 0형　　　② 1형
③ 2형　　　④ 3형

07 제어시스템의 정상상태오차에서 포물선 함수 입력에 의한 정상상태오차가 $K_s = \lim\limits_{s \to 0} s^2 G(s) H(s)$로 표현되었다. 이때 K_s를 무엇이라고 부르는가?

① 위치 오차 상수　　② 속도 오차 상수
③ 가속도 오차 상수　④ 평면 오차 상수

08 시스템의 전달함수가
$G(S)H(S) = \dfrac{S^2(S+1)(S^2+S+1)}{S^4(S+2)^2(S+3)}$ 과 같이 표시되는 제어계는 무슨 형인가?

① 1형 제어계　　② 2형 제어계
③ 3형 제어계　　④ 4형 제어계

Chapter 07 주파수 응답

01 벡터궤적

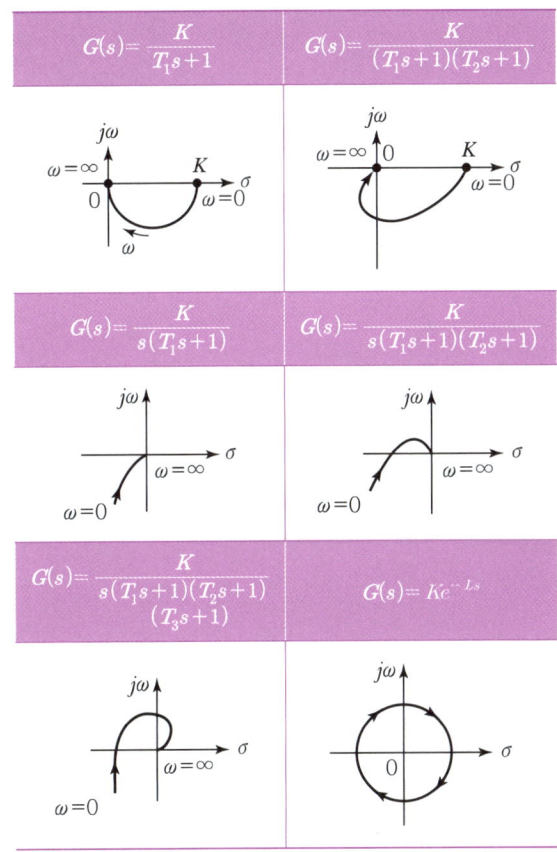

① $G(s) = \dfrac{K}{s^0(\ )}$의 경우 실수 K에서 궤적이 시작되어, 분모의 괄호 수만큼 $-90°$로 꺾여 원점으로 끝나게 된다.

② $G(s) = \dfrac{K}{s(\ )}$의 경우 $-j\infty$에서 시작되어, 분모의 괄호 수만큼 $-90°$로 꺾여 원점으로 끝나게 된다.

③ 부동작 시간요소(Ke^{-Ls})는 반지름 K인 원으로 궤적이 그려진다.

02 보드 선도

(1) 이득과 이득의 기울기

① 이득 : $g = 20\log_{10}|M(j\omega)|$[dB]

여기서, $M(j\omega)$: 종합 전달함수

② 이득 $g = 20n\log_{10}\omega$[dB]에서 $20n$을 보드 선도의 기울기[dB/dec]라 한다.

③ decade : 가로축 대수 눈금에서 각 주파수가 $1:10$인 간격

(2) 절점 주파수

① 보드 선도의 굴곡점을 절점이라 한다.
② 절점 주파수란 '실수부=허수부'를 만족하는 주파수를 말한다.
③ $G(j\omega) = 1 + j10\omega \rightarrow$ 절점주파수 : $\omega = 0.1$

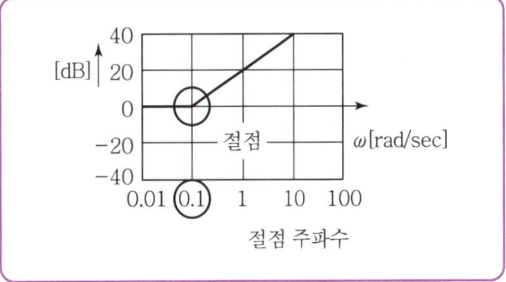

03 주파수 특성에 관한 상수

(1) 영 주파수에서의 이득 M_0(정상값)

① 단위 계단입력에 대한 정상응답은 폐회로 전달함수에서 $s=0$으로 놓아 얻을 수 있는 값이다.
② 또한 $(1-M_0)$는 정상오차이다.
③ 적분동작을 포함하는 물리계는 항상 $M_0 = 1$, 즉 0[dB]이다.

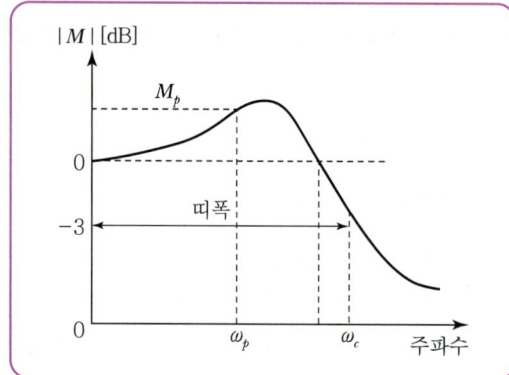

(2) 대역폭
① 대역폭은 크기 $0.707M_0$ 또는 $(20\log M_0 - 3)$[dB]에서의 주파수로 정의한다.
② 대역폭이 넓으면 넓을수록 응답속도가 빠르다.

(3) 공진 정점 M_p
① 최댓값으로 정의하며 계의 안정도의 척도가 된다.
② M_p가 크면 과도응답 시 오버슈트가 커진다.
③ 제어계에서 최적의 M_p 값은 대략 1.1~1.5이다.

(4) 공진 주파수 ω_p
① 공진 정점이 일어나는 주파수이다.
② 일반적으로 ω_p의 값이 높으면 주기는 작다.

(5) 분리도
① 분리도는 신호와 잡음(외란)을 분리하는 제어계의 특성을 가리킨다.
② 일반적으로 예리한 분리 특성은 큰 M_p를 동반하므로 불안정하기 쉽다.

핵심 기출 문제

01 그림과 같은 벡터 궤적을 갖는 계의 주파수 전달함수는?

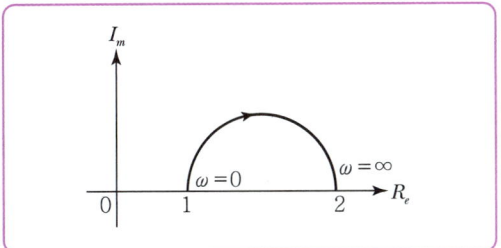

① $\dfrac{1}{1+j\omega}$
② $\dfrac{1}{1+j2\omega}$
③ $\dfrac{1+j\omega}{1+j2\omega}$
④ $\dfrac{1+j2\omega}{1+j\omega}$

02 $G(j\omega) = K(j\omega)^2$인 보드 선도의 기울기는 몇 [dB/dec]인가?

① -40
② -20
③ 20
④ 40

03 벡터 궤적이 그림과 같이 표시되는 요소는?

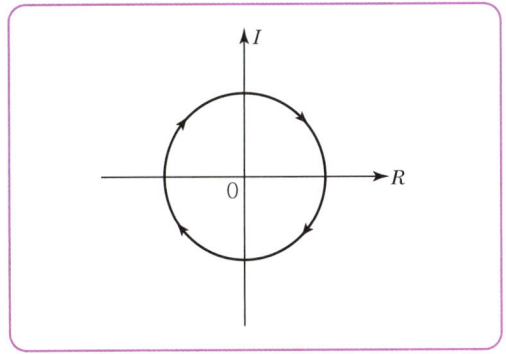

① 비례요소
② 1차 지연요소
③ 부동작 시간요소
④ 2차 지연요소

04 $G(j\omega) = K(j\omega)^3$의 보드 선도는?

① 20[dB/dec]의 경사를 가지며 위상각 $90°$
② 40[dB/dec]의 경사를 가지며 위상각 $-90°$
③ 60[dB/dec]의 경사를 가지며 위상각 $-270°$
④ 60[dB/dec]의 경사를 가지며 위상각 $270°$

05 $G(j\omega) = \dfrac{K}{j\omega(j\omega+1)}$ 의 나이퀴스트 선도를 도시한 것은?(단, $K > 0$이다.)

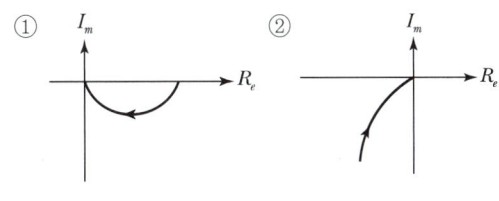

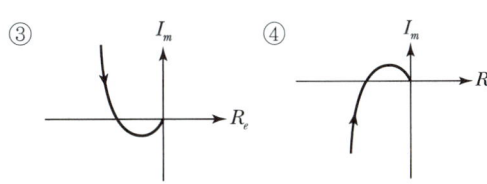

06 보드 선도에서 이득 여유에 대한 정보를 얻을 수 있는 것은?

① 위상 선도가 $0°$ 축과 교차하는 점에 대응하는 크기
② 위상 선도가 $90°$ 축과 교차하는 점에 대응하는 크기
③ 위상 선도가 $-180°$ 축과 교차하는 점에 대응하는 크기
④ 위상 선도가 $-90°$ 축과 교차하는 점에 대응하는 크기

07 $G(s) = \dfrac{K}{s(s+1)}$ 의 나이퀴스트 선도는?

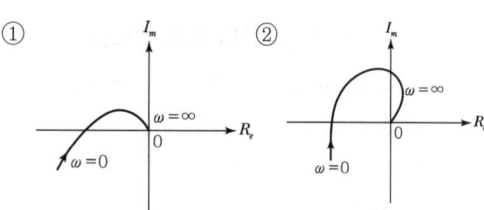

08 $G(j\omega) = 10(j\omega) + 1$에서 절점 각주파수 ω_0 [rad/sec]는?

① 0.1   ② 1
③ 10   ④ 100

09 그림과 같은 극좌표 선도를 갖는 계통의 전달함수는?

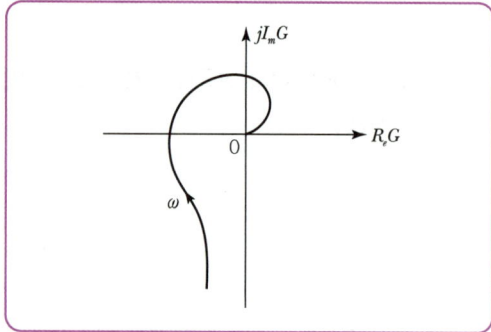

① $G(s) = \dfrac{K_0}{1 + ST}$

② $G(s) = \dfrac{K_0}{s(1 + ST)}$

③ $G(s) = \dfrac{K_0}{(1 + ST_1)(1 + ST_2)}$

④ $G(s) = \dfrac{K_0}{S(1 + ST_1)(1 + ST_2)(1 + ST_3)}$

10 다음 중 $G(j\omega) = \dfrac{1}{1 + j10\omega}$로 주어지는 계의 절점 각주파수는?

① 0.1[rad/sec]   ② 1[rad/sec]
③ 10[rad/sec]   ④ 11[rad/sec]

11 $G(s) = \dfrac{1}{1 + Ts}$ 와 같이 주어진 제어시스템에서 절점주파수의 이득은 약 얼마인가?

① -2[dB]   ② -3[dB]
③ -4[dB]   ④ -5[dB]

12 $G(j\omega) = j0.1\omega$에서 $\omega = 0.01$[rad/s]일 때, 계의 이득[dB]은 얼마인가?

① -100 ② -80
③ -60 ④ -40

13 $G(s) = \dfrac{1}{s(1 + Ts)}$ 로 표시되는 제어계에서 ω가 아주 클 때 $|G(j\omega)|$의 이득과 위상각은?

① -40[dB], $-180°$
② -40[dB], $-90°$
③ -20[dB], $-180°$
④ -20[dB], $-90°$

14 주파수 전달함수 $G(j\omega) = \dfrac{1}{j100\omega}$인 계에서 $\omega = 0.1$[rad/sec]일 때 이 계의 이득[dB] 및 위상각 θ[deg]는 얼마인가?

① -20[dB], $-90°$
② -40[dB], $-90°$
③ 20[dB], $-90°$
④ 40[dB], $-90°$

15 $G(s) = \dfrac{20}{3+2s}$ 인 요소에서 $\omega = 2$인 정현파를 주었을 때 $|G(j\omega)|$와 $\angle G(j\omega)$를 구하면?

① 4, 53°
② 4, −53°
③ −4, 53°
④ −4, −53°

16 $G(s) = \dfrac{1}{s(s+1)}$ 에서 $\omega = 10\,[\text{rad/sec}]$일 때 이득[dB]은?

① 40
② 20
③ −20
④ −40

17 $G(s) = \dfrac{1}{0.005s(0.1s+1)^2}$ 에서 $\omega = 10\,[\text{rad/s}]$ 일 때의 이득 및 위상각은?

① 20[dB], −180°
② 20[dB], −90°
③ 40[dB], −180°
④ 40[dB], −90°

18 벡터 궤적의 임계점(-1, $j0$)에 대응하는 보드 선도상의 점은 이득이 A[dB], 위상이 B가 되는 점이다. A, B에 알맞은 것은?

① $A = 0[\text{dB}]$, $B = -180°$
② $A = 0[\text{dB}]$, $B = 0°$
③ $A = 1[\text{dB}]$, $B = 0°$
④ $A = 1[\text{dB}]$, $B = 180°$

19 $G(j\omega) = \dfrac{K}{(1+2j\omega)(1+j\omega)}$ 의 이득 여유가 20[dB]일 때 K의 값은?

① 0
② 1
③ 10
④ $\dfrac{1}{10}$

20 전달함수 $G(s) = \dfrac{10}{s^2+3s+2}$ 으로 표시되는 제어계통에서 직류 이득은 얼마인가?

① 1
② 2
③ 3
④ 5

21 이득이 60[dB]인 전압 증폭도는?

① 10,000
② 1,000
③ 100
④ 10

22 전압비 10^7의 이득[dB]은?

① 7
② 70
③ 100
④ 140

23 전향 이득이 증가할수록 어떤 변화가 오는가?

① 오버슈트가 증가한다.
② 빨리 정상상태에 도달한다.
③ 오차가 증가한다.
④ 입상시간이 늦어진다.

24 2차 계의 주파수 응답과 시간 응답 간의 관계 중 잘 못된 것은?

① 안정된 제어계에서 높은 대역폭은 큰 공진첨두 치와 대응된다.
② 최대 오버슈트와 공진첨두치는 δ(감쇠율)만의 함수로 나타낼 수 있다.
③ ω_n가 일정 시 δ가 증가하면 상승시간과 대역폭은 증가한다.
④ 대역폭은 0 주파수 이득보다 3[dB] 떨어지는 주파수로 정의한다.

25 주파수 특성에 관한 정수 가운데 첨두공진점 M_P 값은 대략 어느 정도로 설계하는 것이 가장 좋은가?

① 0.1 이하 ② 0.1~1.0
③ 1.1~1.5 ④ 1.5~2.0

26 폐루프 전달함수 $\dfrac{C(s)}{R(s)} = \dfrac{1}{2s+1}$ 인 계에서 대역폭(帶域幅, BW)은 몇 [rad]인가?

① 0.5[rad] ② 1[rad]
③ 1.5[rad] ④ 2[rad]

27 분리도가 예리(Sharp)해질수록 나타나는 현상은?

① 정상오차가 감소한다.
② 응답속도가 빨라진다.
③ M_P의 값이 감소한다.
④ 제어계가 불안정해진다.

28 주파수 응답에 의한 위치 제어계의 설계에서 계통의 안정도 척도와 관계가 적은 것은?

① 공진치 ② 고유 주파수
③ 위상 여유 ④ 이득 여유

Chapter 08 선형제어계통의 안정도

01 개요

루스-후르비츠 안정도는 특성방정식의 근을 구하지 않고 특성방정식의 계수 수열에서 안정 판별을 하는 방법이다.

(1) 특성방정식

$$F(s) = 1 + G(s)H(s)$$
$$= a_0 s^n + a_1 s^{n-1} + a_2 s^{n-2} + \cdots + a_{n-1} s + a_n$$

(2) 안정조건
① s평면 좌반부[부($-$)의 실수부]에 존재한다.
② 특성방정식의 모든 계수의 부호가 같아야 한다.
③ 계수 중 어느 하나라도 0이 되어야 한다.
④ 루스 수열 1열의 원소 부호가 같아야 한다.
⑤ 제1열 부호 변화는 s평면 우반부에 근이 존재한다는 것을 의미한다.

02 나이퀴스트(Nyquist) 판별법

① 절대 안정도에 관하여 루스-후르비츠 판별법과 같은 정보 제공
② 안정도를 개선할 수 있는 방법 제시
③ 시스템의 주파수영역 응답에 대한 정보 제공

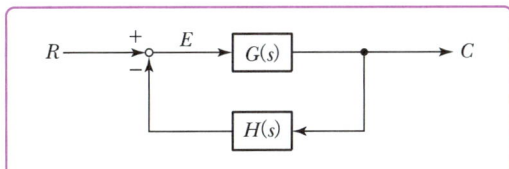

$$\frac{C(s)}{R(s)} = \frac{G(s)}{1 + G(s)H(s)}$$

- 특성방정식 : $1 + G(s)H(s) = 0$

$$1 + G(s)H(s) = C_0 \frac{(s-z_1)(s-z_0)(s-z_3)\cdots(s-z_n)}{(s-p_1)(s-p_2)(s-p_3)\cdots(s-p_n)}$$

여기서, C_0 : 상수

- 안정조건
  ㉠ 특성방정식의 근(영점, 극점)을 구한다.
  ㉡ 방정식의 근이 ($+$)실수부를 갖지 않아야 한다. (근이 좌반면에 존재)

다음 그림은 영점과 극점에 의한 s경로를 s평면상에 나타낸 것으로 나이퀴스트 선도라 한다.

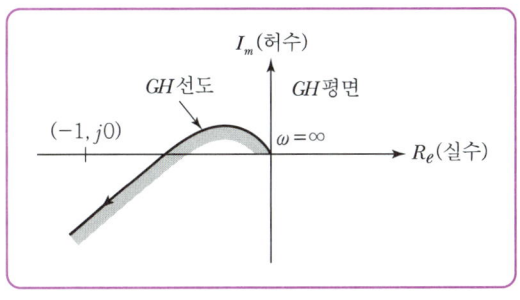

[나이퀴스트 선도]

(1) 안정성 판별법

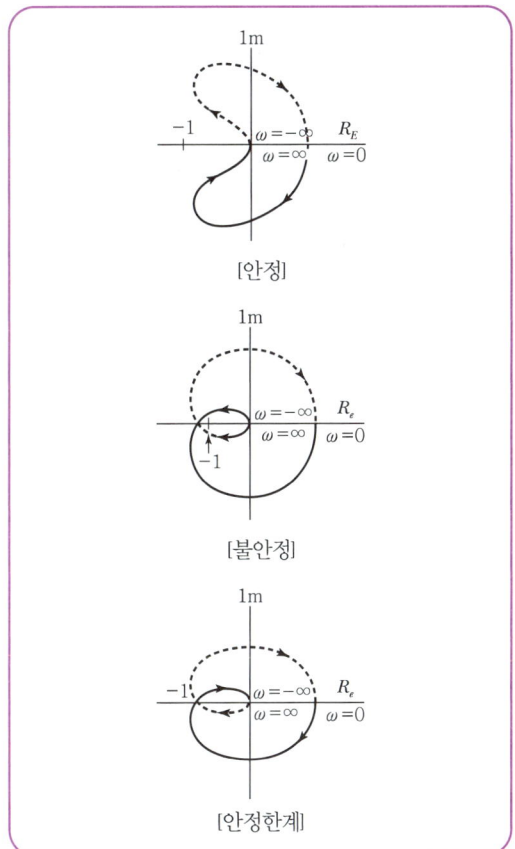

중요 : $G(s)H(s)$의 $\omega > 0$에 대한 벡터 궤적에서 ω가 증가하는 방향으로 궤적을 따라갈 때 점$(-1, j0)$을 왼쪽으로 보면 안정, 오른쪽으로 보게 되면 불안정

(2) 이득여유(안정계에 요구되는 여유 : 4~12[dB])

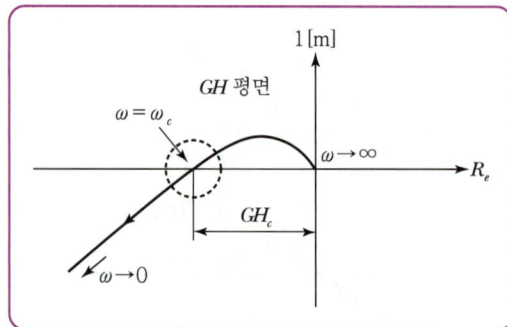

[이득여유의 정의]

정의 : 나이퀴스트 선도가 부$(-)$의 실수축을 자르는 $G(s)H(s)$의 크기를 $|GH_C|$, 이 점에 대응하는 주파수를 ω_c라고 할 때

$$\text{이득여유}(GM) = 20\log\frac{1}{|GH_C|}$$
$$= -20\log|GH_C|[\text{dB}]$$

(3) 위상여유(안정계에 요구되는 여유 : 30°~60°)

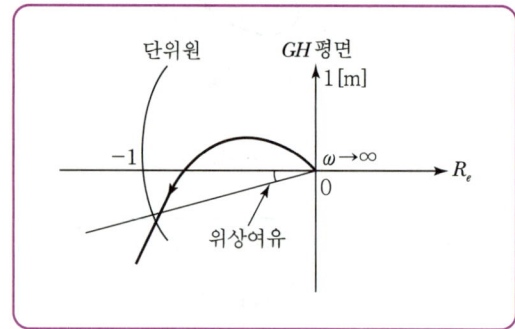

[위상여유의 정의]

조건 : 단위원과 나이퀴스트 선도와의 교점을 표시하는 벡터가 "부"의 실수축과 만드는 각이다.

(4) 보드 선도 안정도 판별법

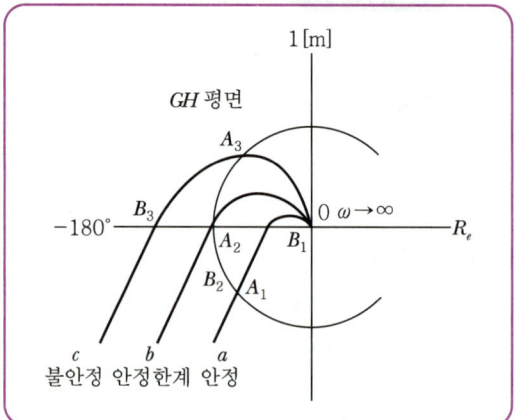

[이득교점(A_i)과 위상교점(B_i)]

① 위상여유 : 이득교점에서의 벡터 $\overline{OA_i}$를 부$(-)$의 실수축을 기준으로 한 반시계방향을 정$(+)$으로 하여 측정한 위상각을 말한다.
② 이득여유
 - 위상교차점에서 이득을 [dB] 단위로 나타내서 그 부분을 바꾼다.
 - 위상선도가 $-180°$ 축과 교차하는 점에 대응하는 이득의 크기

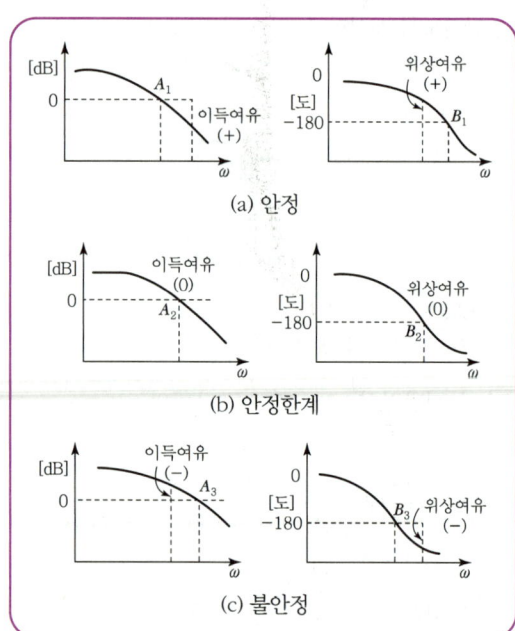

	(a) 안정	(b) 안정한계	(c) 불안정
이득여유	+	○	−
위상여유	+	○	−

안정조건 : 양의 이득여유, 양의 위상여유

핵심 기출 문제

01 안정된 제어계의 특성근이 2개의 공액복소근을 가질 때, 이 근들이 허수축 가까이에 있는 경우 허수축에서 멀리 떨어져 있는 안정된 근에 비해 과도응답 영향은 어떻게 되는가?

① 과도응답도 천천히 사라진다.
② 과도응답이 같다.
③ 과도응답이 빨라 사라진다.
④ 과도응답에는 영향을 미치지 않는다.

02 $2s^3+5s^2+3s+1=0$으로 주어진 안정도를 판정하고 우반평면상의 근을 구하면?

① 임계상태이며 허수축상에 근이 2개 존재한다.
② 안정하고 우반평면에 근이 없다.
③ 불안정하며 우반평면상에 근이 2개이다.
④ 불안정하며 우반평면상에 근이 1개이다.

03 개루프 전달함수 $G(s)=\dfrac{(s+2)}{(s+1)(s+3)}$인 부궤환 제어계의 특성방정식은?

① $s^2+3s+2=0$
② $s^2+4s+3=0$
③ $s^2+4s+6=0$
④ $s^2+5s+5=0$

04 다음 특성방정식 중 안정된 필요조건을 갖춘 것은?

① $s^4+3s^2+10s+10=0$
② $s^3+s^2-5s+10=0$
③ $s^3+2s^2+4s-1=0$
④ $s^3+9s^2+20s+12=0$

05 다음 특성방정식 중 안정한 것은?

① $4s^2+3s^3-s^2+s+10=0$
② $2s^3+3s^2+4s+5=0$
③ $s^4-2s^3-3s^2+4s+5=0$
④ $s^5+s^3+2s^2+4s+3=0$

06 다음 안정도 판별법 중 $G(s)H(s)$의 극점과 영점이 우반평면에 있을 경우 판정 불가능한 방법은?

① Routh-Hurwitz 판별법
② Bode 선도
③ Nyquist 판별법
④ 근궤적법

07 보상기에서 원래 시스템에 극점을 첨가하여 일어나는 현상은?

① 시스템의 안정도가 감소된다.
② 시스템의 과도응답시간이 짧아진다.
③ 근궤적을 s-평면의 왼쪽으로 옮겨 준다.
④ 안정도와는 무관하다.

08 다음은 s평면에 극점(×)과 영점(○)을 도시한 것이다. 나이퀴스트 안정도 판별법으로 안정도를 알아내기 위하여 Z, P의 값을 알아야 한다. 이를 바르게 나타낸 것은?

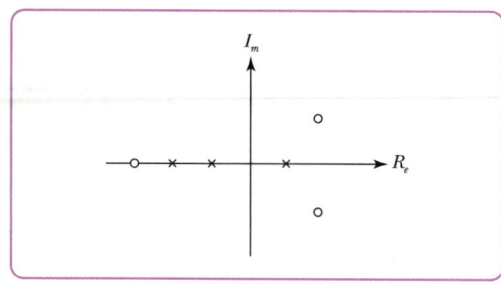

① $Z=3$, $P=3$
② $Z=1$, $P=2$
③ $Z=2$, $P=1$
④ $Z=1$, $P=3$

09 루스-후르비츠 표를 작성할 때 제1열 요소의 부호 변환은 무엇을 의미하는가?

① s평면의 좌반면에 존재하는 근의 수
② s평면의 우반면에 존재하는 근의 수
③ s평면의 허수축에 존재하는 근의 수
④ s평면의 원점에 존재하는 근의 수

10 루스 안정 판별표에서 수열의 1열이 다음과 같을 때 이 계통의 특성방정식에는 양의 근 또는 양의 실수부를 갖는 근이 몇 개 있는가?

1
2
-1
3
1

① 전혀 없다. ② 1개 있다.
③ 2개 있다. ④ 3개 있다.

11 특성방정식 $s^2 + Ks + 2K - 1 = 0$인 계가 안정될 K의 범위는?

① $K > 0$ ② $K > \dfrac{1}{2}$
③ $K < \dfrac{1}{2}$ ④ $0 < K < \dfrac{1}{2}$

12 특성방정식 $s^3 + 2s^2 + Ks + 10 = 0$으로 주어지는 제어계가 안정하기 위한 K의 값은?

① $K > 0$ ② $K > 5$
③ $K < 0$ ④ $0 < K < 5$

13 루스-후르비츠 판별법에서 $F(s) = s^3 + 4s^2 + 2s + K = 0$일 때 시스템이 안정하기 위한 K의 범위를 구하면?

① $0 < K < 8$ ② $-8 < K < 0$
③ $1 < K < 8$ ④ $-1 < K < 8$

14 다음 그림과 같은 제어계가 안정하기 위한 K의 범위는?

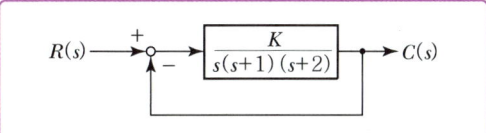

① $0 < K < 6$ ② $1 < K < 5$
③ $-1 < K < 6$ ④ $-1 < K < 5$

15 특성방정식이 $s^4 + s^3 + 3s^2 + Ks + 2 = 0$인 제어계가 안정하기 위한 K의 범위는?

① $0 < K < 3$ ② $2 < K < 3$
③ $1 < K < 2$ ④ $3 < K$

16 특성방정식 $s^5 + 2s^4 + 2s^3 + 3s^2 + 4s + 1 = 0$을 Routh-Hurwitz 판별법으로 분석한 결과이다. 옳은 것은?

① s평면의 우반면에 근이 존재하지 않기 때문에 안정한 시스템이다.
② s평면의 우반면에 근이 1개 존재하기 때문에 불안정한 시스템이다.
③ s평면의 우반면에 근이 2개 존재하기 때문에 불안정한 시스템이다.
④ s평면의 우반면에 근이 3개 존재하기 때문에 불안정한 시스템이다.

17 특성방정식 $s^5 + s^4 + 4s^3 + 3s^2 + Ks + 1 = 0$인 제어계가 안정하기 위한 K의 범위는?

① $0 < K < 4$
② $\dfrac{5 - \sqrt{5}}{2} < K < \dfrac{5 + \sqrt{5}}{2}$
③ $0 < K < \dfrac{5 + \sqrt{5}}{2}$
④ $\dfrac{5 - \sqrt{5}}{2} < K < 4$

18 어떤 제어계의 전달함수

$G(s) = \dfrac{s}{(s+2)(s^2+2s+2)}$ 에서 안정성을 판정하면?

① 안정하다. ② 불안정하다.
③ 임계상태이다. ④ 알 수 없다.

19 특성방정식이 $s^4 + 2s^3 + 5s^2 + 4s + 3 = 0$으로 주어졌을 때 이것을 후르비츠(Hurwitz)의 안정조건으로 판별하면 이 계는?

① 안정 ② 불안정
③ 조건부 안정 ④ 임계상태

20 특성방정식 $P(s)$가 다음과 같이 주어진 계가 있다. 이 계가 안정되기 위해서는 K와 T 사이에 어떤 관계가 있어야 하는가?(단, K와 T는 정의 실수이다.)

$$P(s) = s^3 + 2s^2 + (1+5KT)s + 2K = 0$$

① $(1+5KT) > K$ ② $(5KT) > K$
③ $(1+5KT) < K$ ④ $(5KT) < K$

21 나이퀴스트(Nyquist) 경로에 포위되는 영역에 특성방정식의 근이 존재하지 않으면 제어계는 어떻게 되는가?

① 불안정 ② 안정
③ 진동 ④ 발산

22 ω가 0에서 ∞까지 변화하였을 때 $G(j\omega)$의 크기와 위상각을 극좌표에 그린 것으로 이 궤적을 표시하는 선도는?

① 근궤적도 ② 나이퀴스트 선도
③ 니콜스 선도 ④ 보드 선도

23 Nyquist 경로에 포위되는 영역에 특성방정식의 근이 존재하지 않으면 제어계는 어떻게 되는가?

① 안정 ② 불안정
③ 진동 ④ 발산

24 전달함수

$\dfrac{K(s+6)}{s^4+8s^3+24s^2+(32+K)s+6K+1}$ 의 시스템에 대하여 특성방정식의 나이퀴스트 선도를 그리기 위한 루프 전달함수는?

① $\dfrac{K(32s+1)}{s^4+8s^3+24s^2+s+6}$

② $\dfrac{K}{(s^4+8s^3+24s^2+s+6)(32s+1)}$

③ $\dfrac{K(s+6)}{s^4+8s^3+24s^2+32s+1}$

④ $\dfrac{K}{[s^4+8s^3+24s^2+(32+K)s+6K+1](s+6)}$

25 다음 중 위상여유의 정의는 무엇인가?

① 이득교차 주파수에서의 위상각이다.
② 크기는 이득교차 주파수에서의 위상각이고 부호는 반대이다.
③ 이득교차 주파수에서의 위상각에 90°를 더한 것이다.
④ 이득교차 주파수에서의 위상각에 180°를 더한 것이다.

26 s평면의 우반면에 3개의 극점이 있고, 2개의 영점이 있다. 이때 다음 중 어떤 나이퀴스트 선도일 때 시스템이 안정한가?

① $(-1, j0)$ 점을 반시계방향으로 1번 감쌌다.
② $(-1, j0)$ 점을 시계방향으로 1번 감쌌다.
③ $(-1, j0)$ 점을 반시계방향으로 5번 감쌌다.
④ $(-1, j0)$ 점을 시계방향으로 5번 감쌌다.

27 $G(S) = 1 + 10S$인 보드 선도의 이득 곡선은?

①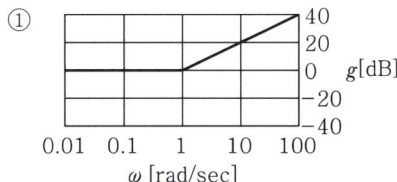

②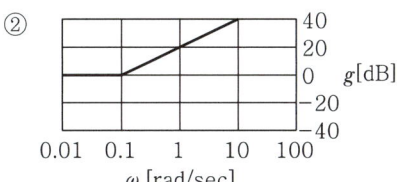

③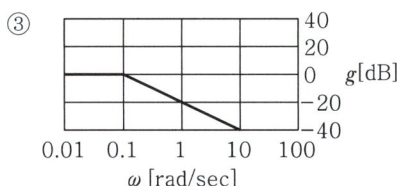

④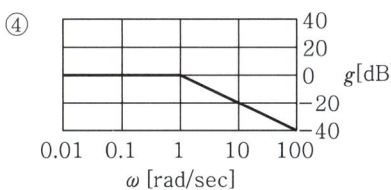

28 보드 선도의 이득교차점에서 위상각 선도가 $-180°$ 축의 상부에 있을 때 이 계의 안정 여부는?

① 불안정하다. ② 판정 불능이다.
③ 임계안정이다. ④ 안정하다.

29 보드 선도에서 이득 곡선이 0[dB]인 점을 지날 때의 주파수에서 양의 위상여유가 생기고 위상 곡선이 $-180°$를 지날 때 양의 이득여유가 생긴다면 이 폐루프 시스템의 안정도는 어떻게 되겠는가?

① 항상 안정
② 항상 불안정
③ 안정성 여부를 판가름할 수 없다.
④ 조건부 안정

30 보드 선도에서 이득여유는 어떻게 구하는가?

① 크기 선도에서 0~20[dB] 사이에 있는 크기 선도의 길이이다.
② 위상 선도가 0° 축과 교차되는 점에 대응되는 값의 크기[dB]이다.
③ 위상 선도가 $-180°$ 축과 교차하는 점에 대응되는 이득의 크기[dB] 값이다.
④ 크기 선도에서 -20~20[dB] 사이에 있는 크기 [dB] 값이다.

31 다음 (   ) 안에 알맞은 것은?

"계의 이득여유는 보드 선도에서 위상 곡선이 (   )인 점에서의 이득 값이 된다."

① 90° ② 120°
③ $-90°$ ④ $-180°$

32 계의 특성상 감쇠계수가 크면 위상여유가 크고 감쇠성이 강하여 (A)는 좋으나 (B)는 나쁘다. A, B를 올바르게 묶은 것은?

① 이득여유, 안정도   ② 오프셋, 안정도
③ 응답성, 이득여유   ④ 안정도, 응답성

33 다음의 설명 중 틀린 것은?

① 최소 위상함수는 양의 위상여유이면 안정하다.
② 최소 위상함수는 위상여유가 0이면 임계 안정하다.
③ 최소 위상함수의 상대 안정도는 위상각의 증가와 함께 작아진다.
④ 이득 교차 주파수는 진폭비가 1이 되는 주파수이다.

Chapter 09 근궤적법

01 근궤적

정의
① 개루프 전달함수의 이득정수 K를 0에서 ∞까지 변화시킬 때 특성방정식의 근(개루프 전달함수의 극점)의 이동 궤적을 말한다.
② 시간영역 응답에 대한 정확한 계상 및 주파수 응답에 관한 정보를 얻는 데 편리하다.

02 작도법

$G(s)H(s)$의 극점, 영점과 특성방정식의 근 사이의 관계로부터 근궤적을 그릴 수 있다.

(1) 근궤적의 출발점($K=0$)
   $G(s)H(s)$의 극으로부터 출발한다.

(2) 근궤적의 종착점($K=\infty$)
   $G(s)H(s)$의 영점에서 종착한다.

(3) 근궤적은 극점에서 출발하여 영점에서 종착한다.

03 근궤적의 개수

- N : 근궤적의 수
- z : $G(s)H(s)$의 유한영점(finite zero)의 개수
- p : $G(s)H(s)$의 유한극점(finite pole)의 개수

근궤적의 수 N은 영점수(z)와 극점수(p) 중에서 큰 수와 같다.
즉, $z>p$이면 $N=z$이고 $z<p$이면 $N=p$이다.

04 근궤적의 대칭성

특성방정식의 근이 실근 또는 공액복소수를 가지므로 근궤적은 실수축에 대하여 대칭이다.

05 근궤적의 점근선의 각도

① $p-z=3$인 경우 $\alpha_k = 60°, 180°, 300°$
② $p-z=4$인 경우 $\alpha_k = 45°, 135°, 225°, 315°$

$$\alpha_k = \frac{(2K+1)\pi}{p-z}$$

여기서, $K=0, 1, 2, \cdots\cdots (K=p-z$까지$)$

06 점근선의 교차점

① 점근선은 실수축상에서만 교차하고 그 수 $n=p-z$이다.
② 실수축상에서 점근선의 교차점은

$$\delta = \frac{\sum G(s)H(s)\text{의 유한극점} - \sum G(s)H(s)\text{의 유한영점}}{p-z}$$

07 실수축상의 근궤적

$G(s)H(s)$의 실수축의 극점과 영점으로 실축이 분할될 때 어느 구간에서 오른쪽으로 실수축상의 영점과 극점을 헤아릴 경우, 만일 총수가 홀수면 그 구간에 근궤적이 존재하고 짝수면 존재하지 않는다.

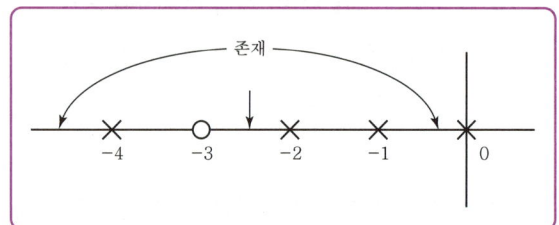

[홀수 구간만 존재]

[근궤적의 범위]
① 원점에서 -1의 범위
② -2에서 -3의 범위
③ $-\infty$에서 -4의 범위

08 출발점의 각도 및 종착점의 각도

복소수 극에서 근궤적이 출발하거나 끝날 때의 각도(발생각) θ는 $\theta = [\pm 180° \times (홀수)] - (개루프 전달함수의 나머지 극 및 영점으로부터 해당되는 극까지의 벡터각의 총합)$

09 근궤적의 허수축 간의 교차점

근궤적이 K의 변화에 따라 허수축을 지나 복소수 s 평면의 우반평면으로 들어가는 순간은 계의 안정성이 파괴되는 임계점에 해당한다. 이 점에 대응하는 K 값과 ω는 루스-후르비츠의 판별법으로 구할 수 있다.

10 실수축상의 분지점

특성방정식의 중근이 존재하는 s 평면상의 점

① 특성방정식 $K = f(s)$

 $f(s)$: K를 포함하지 않은 s의 함수이다.

② 근궤적상의 분리점(실수와 복소수)은 K를 s에 관하여 미분하고, 이것을 0으로 놓아 얻는 방정식의 근이다.

③ 분지점은 $\dfrac{dK}{ds} = \dfrac{d}{ds}f(s) = 0$

핵심 기출 문제

01 근궤적의 출발점 및 도착점과 관계되는 $G(s)H(s)$의 요소는?(단, $K>0$이다.)
① 영점, 분기점
② 극점, 영점
③ 극점, 분기점
④ 지지점, 극점

02 특성방정식이 실수 계수를 갖는 s의 유리함수일 때 근궤적은 무엇에 대하여 대칭인가?
① 실수축
② 허수축
③ 대칭축 없음
④ 원점

03 다음은 근궤적을 그리기 위한 규칙을 나열한 것이다. 잘못된 것은?
① 근궤적은 $K=0$일 때 극에서 출발하고 $K=\infty$일 때 영점에 도착한다.
② 실수축 위의 극과 영점을 더한 수가 홀수가 되는 극 또는 영점에서 왼쪽의 실수축 위에 근궤적이 존재한다.
③ 극의 수가 영점보다 많을 경우, K가 무한에 접근하면 근궤적은 점근선을 따라 무한원점으로 간다.
④ 근궤적은 허수축에 대칭이다.

04 $G(s)H(s) = \dfrac{K(s-1)}{s(s+1)(s-4)}$ 에서 점근선의 교차점을 구하면?
① 4
② 3
③ 2
④ 1

05 $G(s)H(s)$가 다음과 같이 주어지는 부궤환계에서 근궤적 점근선의 실수축과 교차점은?
$$G(s)H(s) = \dfrac{K(s+1)}{s(s+3)(s-4)}$$
① 0
② 1
③ 3
④ -4

06 $G(s)H(s) = \dfrac{k(s+1)}{s(s+5)(s+8)}$ 일 때 근궤적에서 점근선의 실수축과의 교차점은?
① -6
② -5
③ -4
④ -1

07 $G(s)H(s)$가 다음과 같이 주어지는 부궤환계에서 근궤적 점근선의 실수축과의 교차점은?
$$G(s)H(s) = \dfrac{K}{s(s+2)(s+4)}$$
① -3
② -2
③ -1
④ 0

08 $G(s)H(s) = \dfrac{k(s-5)}{s(s-1)^2(s+2)^2}$ 에서 점근선의 교차점을 구하면?
① $-\dfrac{3}{2}$
② $-\dfrac{7}{4}$
③ $\dfrac{5}{3}$
④ $-\dfrac{1}{5}$

09 근궤적을 그리려 한다.
$G(s)H(s) = \dfrac{k(s-2)(s-3)}{s^2(s+1)(s+2)(s+4)}$ 에 대한 점근선의 교차점은 얼마인가?

① -6 ② -4
③ 6 ④ 4

10 다음과 같은 특성방정식이 있을 때 근궤적의 가지 수는?

$$s(s+1)(s+2) + K(s+3) = 0$$

① 6 ② 5
③ 4 ④ 3

11 $G(s)H(s) = \dfrac{k}{s^2(s+1)^2}$ 에서 근궤적의 수는?

① 4 ② 2
③ 1 ④ 0

12 $G(s)H(s) = \dfrac{K(s+1)}{s(s+2)(s+3)}$ 에서 근궤적의 수는?

① 1 ② 2
③ 3 ④ 4

13 어떤 제어 시스템의 $G(s)H(s)$는
$\dfrac{K(s+3)}{s^2(s+2)(s+4)(s+5)}$ 에서 근궤적의 수는?

① 1 ② 3
③ 5 ④ 7

14 개루프 전달함수
$G(s)H(s) = \dfrac{K}{s(s+2)(s+4)}$ 의 근궤적이 $j\omega$ 축과 교차하는 점은?

① $\omega = \pm 2.828$[rad/sec]
② $\omega = \pm 1.1414$[rad/sec]
③ $\omega = \pm 5.657$[rad/sec]
④ $\omega = \pm 14.14$[rad/sec]

15 전달함수가 $G(s)H(s) = \dfrac{K}{s(s+2)(s+8)}$ 인 $K \geqq 0$의 근궤적에서 분기점은?

① -0.93 ② -5.74
③ -1.25 ④ -9.5

16 근궤적 s평면의 $j\omega$ 축과 교차할 때 폐루프의 제어계는?

① 안정하다.   ② 불안정하다.
③ 임계상태이다.   ④ 알 수 없다.

17 폐루프 전달함수 $G(s)$가 $\dfrac{8}{(s+2)^3}$ 일 때 근궤적의 허수축과 교점이 64이면 이득여유는 몇 [dB]인가?

① 6 ② 12
③ 18 ④ 24

18 PD 조절기와 전달함수 $G(s) = 1.02 + 0.002s$ 의 영점은?

① -510 ② $-1,020$
③ 510 ④ $1,020$

Chapter 10 상태방정식

01 상태방정식

(1) 상태방정식의 이해

① 벡터적인 것을 기초로 한 상태방정식에 의해 시스템을 나타내면

② 내부 상태를 자세히 파악하여 제어가 가능한지, 불안정계를 안정시키기 위해서는 어떤 방법이 좋은지 고찰해 볼 수 있다.

상태방정식 : $\dot{x}(t) = Ax(t) + Bu(t)$

여기서, A : 시스템 행렬, B : 제어행렬

예) $\dfrac{d^3}{dt^3}C(t) + 3\dfrac{d^2}{dt^2}C(t) + 2\dfrac{d}{dt}C(t) + C(t) = r(t)$

의 미분방정식을 구하면?

$$\begin{bmatrix}\dot{x_1}(t)\\\dot{x_2}(t)\\\dot{x_3}(t)\end{bmatrix} = \begin{bmatrix}0 & 1 & 0\\0 & 0 & 1\\-1 & -2 & -3\end{bmatrix}\begin{bmatrix}x_1(t)\\x_2(t)\\x_3(t)\end{bmatrix} + \begin{bmatrix}0\\0\\1\end{bmatrix}r(t)$$

$\dot{x}(t) = Ax(t) + bx(t)$에서

$A = \begin{bmatrix}0 & 1 & 0\\0 & 0 & 1\\-1 & -2 & -3\end{bmatrix}$ 이고 $B = \begin{bmatrix}0\\0\\1\end{bmatrix}$ 이다.

(2) 상태천이행렬(과도응답)

상태천이행렬은 선형 제차 상태방정식을 만족하는 행렬로써 정의된다.

$\dot{x}(t) = Ax(t)$

제1차 상태방정식의 해는

$x(t) = \phi(t)x(0)$

- $\phi(t)$: 상태천이행렬
- $x(0)$: $t = 0$에서 초기 상태

(3) 성질

① $\phi(0) = I$ (I : 단위행렬)

② $\phi^{-1}(t) = \phi(-t)$

③ $\phi(t_2 - t_1)\phi(t_1 - t_0) = \phi(t_2 - t_0)$

④ $[\phi(t)]^k = \phi(kt)$

02 특성방정식

상태천이행렬 $\phi(t) = \mathcal{L}^{-1}[(s-A)^{-1}]$에서 $|sI - A| = 0$일 때 특성방정식이 된다.

03 가제어성 및 가관측성의 표준형

(1) 가제어성 표준형

$\dfrac{d}{dt}x(t) = Ax(t) + Bu(t)$

$S = [B,\ AB,\ A^2B,\ A^3B,\ \cdots\cdots,\ A^{n-1}B]$

∴ 행렬 S의 행렬식이 0이 아니면 가제어가 가능하다.

(2) 가관측성 표준형

$\dfrac{d}{dt}x(t) = Ax(t) + Bu(t)$

$y(t) = Cx(t) + Bu(t)$

$V = \begin{bmatrix}c\\cA\\cA^2\\cA^3\\\vdots\\cA^{n-1}\end{bmatrix}$

∴ 행렬 V가 행렬식이 0이 아니면 가관측이 가능하다.

04 z변환

(1) z변환

정의 : 불연속시스템을 나타내는 차분방정식이나 이산 시스템인 경우에 적용한다.

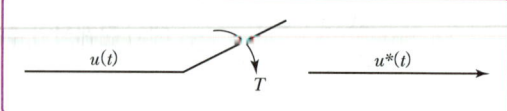

[샘플러]

여기서, $u(t)$: 연속치 신호

$u^*(t)$: 이산화된 신호

T : 샘플러가 닫히는 시간간격(샘플링 주기)

[기본 함수의 z변환표]

시간 함수	s - 변환	z - 변환
① 단위 임펄스 함수 $\delta(t)$	1	1
② 단위 계단함수 $u(t)$	$\dfrac{1}{s}$	$\dfrac{z}{z-1}$
③ 단위 램프 함수 t	$\dfrac{1}{s^2}$	$\dfrac{Tz}{(z-1)^2}$
④ 지수감쇠함수 e^{-at}	$\dfrac{1}{s+a}$	$\dfrac{z}{z-e^{-aT}}$
⑤ 지수감쇠 램프 함수 te^{-at}	$\dfrac{1}{(s+a)^2}$	$\dfrac{Tze^{-aT}}{(z-e^{-aT})^2}$

(2) z변환법 샘플

$z = e^{Ts}$, $z = e^{j\omega T}$

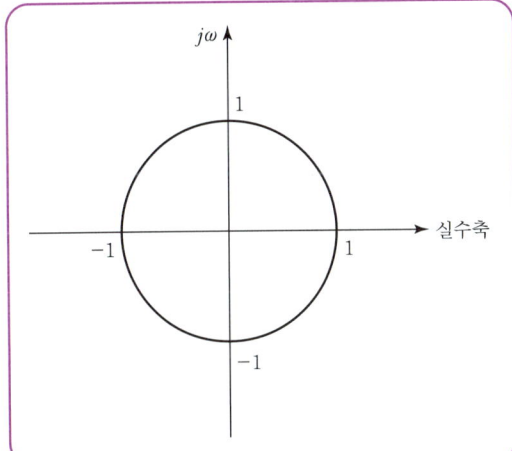

① 안정 : $|z|=1$인 단위원 내점에 존재
② 불안정 : $|z|=1$인 단위원 외점에 존재
③ 임계상태 : $|z|=1$인 원주상에 존재

핵심 기출 문제

01 다음 설명 중 틀린 것은?
① 상태 공간 해석법은 비선형·시변 시스템에 대해서도 사용 가능하다.
② 상태방정식은 입력과 상태 변수의 관계로 표현된다.
③ 상태변수는 시스템의 과거, 현재 그리고 미래 조건을 나타내는 척도로 이용된다.
④ 상태방정식의 형태가 다르게 표현되면 시간 응답 또는 주파수 응답이 변한다.

02 다음의 미분방정식으로 표시되는 시스템의 계수 행렬 A는 어떻게 표시되는가?

$$\frac{d^2c(t)}{dt^2}+5\frac{dc(t)}{dt}+3c(t)=r(t)$$

① $\begin{bmatrix} -5 & -3 \\ 0 & 1 \end{bmatrix}$
② $\begin{bmatrix} -3 & -5 \\ 0 & 1 \end{bmatrix}$
③ $\begin{bmatrix} 0 & 1 \\ -3 & -5 \end{bmatrix}$
④ $\begin{bmatrix} 0 & 1 \\ -5 & -3 \end{bmatrix}$

03 다음 방정식으로 표시되는 제어계가 있다. 이 계를 상태방정식 $\dot{x}=Ax+Bu$로 나타내면 계수 행렬 A는 어떻게 되는가?

$$\frac{d^3c(t)}{dt^3}+5\frac{d^2c(t)}{dt^2}+\frac{dc(t)}{dt}+2c(t)=r(t)$$

① $\begin{bmatrix} 0 & 1 & 0 \\ 0 & 0 & 1 \\ -2 & -1 & -5 \end{bmatrix}$
② $\begin{bmatrix} 0 & 0 & 1 \\ 1 & 0 & 0 \\ 5 & 1 & 2 \end{bmatrix}$
③ $\begin{bmatrix} 0 & 0 & 1 \\ 1 & 0 & 0 \\ 0 & 5 & 2 \end{bmatrix}$
④ $\begin{bmatrix} 0 & 1 & 0 \\ 1 & 0 & 0 \\ -2 & -1 & 0 \end{bmatrix}$

04 미분방정식 $\ddot{x}+2\dot{x}+5x=r(t)$로 표시되는 계의 상태방정식을 $\dot{x}=Ax+Bu$라 하면 계수 행렬 A, B는? (단, $x_1=x$, $x_2=\dot{x_1}$임)

① $\begin{bmatrix} 0 & 1 \\ -5 & -2 \end{bmatrix}$, $\begin{bmatrix} 0 \\ 1 \end{bmatrix}$
② $\begin{bmatrix} 1 & 0 \\ -5 & -2 \end{bmatrix}$, $\begin{bmatrix} 1 \\ 0 \end{bmatrix}$
③ $\begin{bmatrix} 0 & 1 \\ -2 & -5 \end{bmatrix}$, $\begin{bmatrix} 0 \\ 1 \end{bmatrix}$
④ $\begin{bmatrix} 1 & 0 \\ -2 & -5 \end{bmatrix}$, $\begin{bmatrix} 1 \\ 0 \end{bmatrix}$

05 다음 방정식으로 표시되는 제어계가 있다. 이 계를 상태방정식 $\dot{x}=Ax+Bu$로 나타내면 계수 행렬 A는 어떻게 되는가?

$$\frac{d^3c(t)}{dt^3}+5\frac{d^2c(t)}{dt^2}+\frac{dc(t)}{dt}+2c(t)=r(t)$$

① $\begin{bmatrix} 0 & 1 & 0 \\ 0 & 0 & 1 \\ -2 & -1 & -5 \end{bmatrix}$
② $\begin{bmatrix} 0 & 0 & 1 \\ 1 & 0 & 0 \\ 5 & 1 & 2 \end{bmatrix}$
③ $\begin{bmatrix} 0 & 0 & 1 \\ 1 & 0 & 0 \\ 0 & 5 & 2 \end{bmatrix}$
④ $\begin{bmatrix} 0 & 1 & 0 \\ 1 & 0 & 0 \\ -2 & -1 & 0 \end{bmatrix}$

06 $\dddot{c}+8\ddot{c}+19\dot{c}+12c=6u$의 미분방정식을 상태방정식 $\dot{x}=Ax+Bu$, $c=Dx$로 표현할 때 옳은 것은?

① $A=\begin{bmatrix} 0 & 1 & 0 \\ 0 & 0 & 1 \\ -12 & -19 & -8 \end{bmatrix}$, $B=\begin{bmatrix} 0 \\ 0 \\ 6 \end{bmatrix}$
② $A=\begin{bmatrix} 0 & 1 & 0 \\ 0 & 0 & 1 \\ -8 & -19 & -19 \end{bmatrix}$, $B=\begin{bmatrix} 0 \\ 0 \\ 6 \end{bmatrix}$
③ $A=\begin{bmatrix} 0 & 1 & 0 \\ 0 & 0 & 1 \\ -12 & -19 & -8 \end{bmatrix}$, $B=\begin{bmatrix} 6 \\ 0 \\ 0 \end{bmatrix}$
④ $A=\begin{bmatrix} 0 & 1 & 0 \\ 0 & 0 & 1 \\ -12 & -19 & -8 \end{bmatrix}$, $B=\begin{bmatrix} 6 \\ 0 \\ 1 \end{bmatrix}$

07 상태방정식 $\dot{x} = Ax(t) + Bu(t)$에서 $A = \begin{bmatrix} 0 & 1 \\ -2 & -3 \end{bmatrix}$일 때 특성방정식의 근은?

① $-2, -3$
② $-1, -2$
③ $-1, -3$
④ $1, -3$

08 상태방정식 $\dot{x} = Ax + Bu$에서 $A = \begin{bmatrix} 0 & 1 \\ -2 & -3 \end{bmatrix}$, $B = \begin{bmatrix} 0 \\ 1 \end{bmatrix}$일 때 고윳값은?

① $-1, -2$
② $1, 2$
③ $-2, -3$
④ $2, 3$

09 상태방정식 $x(t) = Ax(t) + Br(t)$인 제어계의 특성방정식은?

① $|sI - B| = I$
② $|sI - A| = I$
③ $|sI - B| = 0$
④ $|sI - A| = 0$

10 선형 시불변 시스템의 상태방정식 $\dfrac{d}{dt}x(t) = Ax(t) + Bu(t)$에서 $A = \begin{bmatrix} 1 & 3 \\ 1 & -2 \end{bmatrix}$, $B = \begin{bmatrix} 0 \\ 1 \end{bmatrix}$일 때, 특성방정식은?

① $s^2 + s - 5 = 0$
② $s^2 - s - 5 = 0$
③ $s^2 + 3s + 1 = 0$
④ $s^2 - 3s + 1 = 0$

11 $A = \begin{bmatrix} 0 & 1 & 0 \\ 0 & -1 & 6 \\ -1 & -1 & -5 \end{bmatrix}$의 고윳값은?

① $-1, -2, -3$
② $-2, -3, -4$
③ $-1, -2, -4$
④ $-1, -3, -4$

12 다음과 같은 상태방정식으로 표현되는 제어계에 대한 서술 중 바르지 못한 것은?

$$\dot{X} = \begin{bmatrix} 0 & 1 \\ -2 & -3 \end{bmatrix} X + \begin{bmatrix} 1 & 1 \\ 0 & -2 \end{bmatrix} u$$

① 이 제어계는 2차 제어계이다.
② 이 제어계는 부족 제동된 상태이다.
③ X는 (2×1)의 계위를 갖는다.
④ $(s+1)(s+2) = 0$이 특성방정식이다.

13 상태방정식 $\dfrac{d}{dt}x(t) = Ax(t) + Bu(t)$, 출력방정식 $y(t) = Cx(t)$에서 $A = \begin{bmatrix} -1 & 1 \\ 0 & -3 \end{bmatrix}$, $B = \begin{bmatrix} 0 \\ 1 \end{bmatrix}$, $C = [0 \ \ 1]$일 때 다음 설명 중 옳은 것은?

① 이 시스템은 제어 및 관측이 가능하다.
② 이 시스템은 제어는 가능하나 관측은 불가능하다.
③ 이 시스템은 제어는 불가능하나 관측은 가능하다.
④ 이 시스템은 제어 및 관측이 불가능하다.

14 다음의 상태선도에서 가관측정(observability)에 대해 설명한 것 중 옳은 것은?

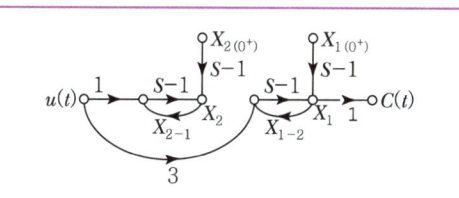

① X_1은 관측할 수 없다.
② X_2는 관측할 수 없다.
③ X_1, X_2 모두 관측할 수 없다.
④ 이 계통은 완전히 가관측에 있다.

15 다음의 상태방정식으로 표시되는 제어계가 있다. 이 방정식의 값은 어떻게 되는가?(단, $x(0)$는 초기 상태 벡터이다.)

$$\dot{x}(t) = Ax(t)$$

① $e^{-At}x(0)$
② $e^{At}x(0)$
③ $A \cdot e^{-At}x(0)$
④ $A \cdot e^{At}x(0)$

16 천이행렬(Transition Matrix)에 관한 서술 중 옳지 않은 것은?(단, $\dot{x} = Ax + Bu$이다.)

① $\phi(t) = e^{At}$
② $\phi(t) = \mathcal{L}^{-1}[(sI-A)]$
③ 천이행렬은 기본행렬(fundamental matrix)이라고도 한다.
④ $\phi(s) = [sI-A]^{-1}$

17 $\begin{bmatrix} X_1 \\ X_2 \end{bmatrix} = \begin{bmatrix} 0 & 1 \\ -2 & -3 \end{bmatrix} \begin{bmatrix} X_1 \\ X_2 \end{bmatrix}$로 표현되는 시스템의 상태천이행렬(State-transition Matrix) $\phi(t)$를 구하면?

① $\begin{bmatrix} -2e^{-t}+2e^{-2t} & e^{-t}+2e^{-2t} \\ 2e^{-t}-e^{-2t} & e^{-t}-e^{-2t} \end{bmatrix}$

② $\begin{bmatrix} 2e^t+e^{2t} & -e^{-t}+e^{-2t} \\ 2e^{-t}-2e^{2t} & e^{-t}-2e^{-2t} \end{bmatrix}$

③ $\begin{bmatrix} -2e^{-t}+e^{-2t} & -e^{-t}-e^{-2t} \\ -2e^{-t}-2e^{-2t} & -e^{-t}-2e^{-2t} \end{bmatrix}$

④ $\begin{bmatrix} 2e^{-t} & e^{-2t} & e^{-t} & e^{-2t} \\ -2e^{-t}+2e^{-2t} & -e^{-t}+2e^{-2t} \end{bmatrix}$

18 T를 샘플 주기라고 할 때 z변환은 라플라스 변환함수의 s 대신 다음의 어느 것을 대입하여야 하는가?

① $\dfrac{1}{T}\ln\dfrac{1}{z}$
② $\dfrac{1}{T}\ln z$
③ $T\ln z$
④ $T\ln\dfrac{1}{z}$

19 라플라스 변환값과 Z 변환값이 같은 함수는?

① t^2
② t
③ $u_s(t)$
④ $\delta(t)$

20 다음과 같이 정의된 신호를 z변환 하면?

$$\delta(k) = \begin{cases} 1, & k=0 \\ 0, & k \neq 0 \end{cases}$$

① 1
② $\dfrac{1}{1+z^{-1}}$
③ $\dfrac{1}{1-z^{-1}}$
④ $\dfrac{1}{z}$

21 $\dfrac{Z}{Z-1}$에 대응되는 라플라스 변환 함수는?

① $\dfrac{1}{S+1}$
② $\dfrac{1}{S}$
③ $\dfrac{1}{(S+1)^2}$
④ $\dfrac{1}{S^2}$

22 신호 $x(t)$가 다음과 같을 때의 z변환 함수는 어느 것인가?(단, 신호 $x(t)$는 $\begin{aligned} w(t) &= 0 & t<0 \\ x(t) &= e^{-at} & t \geq 0 \end{aligned}$ 이며 이상 샘플러의 샘플 주기는 $T[s]$이다.)

① $(1-e^{-aT})z/(z-1)(z-e^{-aT})$
② $z/z-1$
③ $z/(z-e^{-aT})$
④ $Tz/(z-1)^2$

23 z변환 함수 $z/(z-e^{-at})$에 대응되는 라플라스 변환과 이에 대응되는 시간함수는?

① $1/(s+a)^2$, te^{-at}
② $1/(1-e^{-as})$, $\sum_{n=0}^{\infty}\delta(t-nT)$
③ $a/s(s+a)$, $1-e^{-at}$
④ $1/(s+a)$, e^{-at}

24 단위 계단함수 $u(t)$의 z변환을 나타내는 것은?

① $F(z)=\dfrac{1}{z+1}$
② $F(z)=\dfrac{z}{z-1}$
③ $F(z)=\dfrac{1}{z-1}$
④ $F(z)=\dfrac{z}{z+1}$

25 z변환 함수 $\dfrac{Tz}{(z-1)^2}$에 대응되는 라플라스 변환 함수는?(단, T는 이상적인 샘플 주기이다.)

① $\dfrac{1}{s^2}$
② $\dfrac{2}{s^2}$
③ $\dfrac{1}{(s-3)^2}$
④ $\dfrac{2}{(s-3)^2}$

26 $R(z)=\dfrac{z-ze^{-aT}+z^2-z^2}{(z-1)(z-e^{-aT})}$의 역변환은?

① $1-e^{-aT}$
② $1+e^{-aT}$
③ te^{-aT}
④ te^{aT}

27 샘플러의 주기를 T라 할 때 s평면상의 모든 점은 식 $z=e^{sT}$에 의하여 z평면상에서 사상된다. s평면의 좌반평면상의 모든 점은 z평면상 단위원의 어느 부분으로 mapping되는가?

① 내점
② 외점
③ 원주상의 점
④ z평면 전체

28 s평면의 허수축은 z평면의 어느 부분에 사상되는가?

① 원점을 중심으로 한 무한소 원주상
② 원점을 중심으로 한 단위원 사상
③ 원점을 중심으로 한 단위원 내부
④ 원점을 중심으로 한 단위원 외부

29 z변환법을 사용한 샘플치 제어계가 안정되려면 $1+GH(Z)=0$의 근의 위치는?

① z평면의 좌반면에 존재하여야 한다.
② z평면의 우반면에 존재하여야 한다.
③ $|Z|=1$인 단위원 내에 존재하여야 한다.
④ $|Z|=1$인 단위원 밖에 존재하여야 한다.

30 z변환법을 사용한 샘플치 제어계의 안정을 옳게 설명한 것은?

① 폐루프 전달함수의 모든 극이 z평면상의 원점에 중심을 둔 단위원 안쪽에 위치하여야 한다.
② 특성방정식의 모든 특성근의 절댓값이 1보다 커야 한다.
③ 폐루프 전달함수의 모든 극이 z평면상의 원점에 중심을 둔 단위원 외부에 위치하고 특성근의 절댓값이 1보다 커야 한다.
④ 폐루프 전달함수의 모든 극이 z평면상의 원점에 중심을 둔 단위 외부에 위치하고 특성근의 절댓값이 1보다 작아야 한다.

31 다음 설명 중 옳지 않은 것은?

① s평면의 우반측면은 z평면의 원점에 중심을 둔 단위원 내부로 사상된다.
② $\dfrac{Z}{Z-1}$에 대응되는 라플라스 변환함수는 $\dfrac{1}{s}$이다.
③ $\dfrac{Z}{Z-e^{-at}}$에 대응되는 시간함수는 e^{-at}이다.
④ $e(t)$의 초깃값은 $e(t)$의 z변환을 $E(z)$라 할 때 $\lim_{z\to\infty}E(z)$이다.

32 이산 시스템(Discrete Data System)에서의 안정도 해석에 대한 아래의 설명 중 맞는 것은?

① 특성방정식의 모든 근이 z평면의 음의 반평면에 있으며 안정하다.
② 특성방정식의 모든 근이 z평면의 양의 반평면에 있으며 안정하다.
③ 특성방정식의 모든 근이 z평면의 단위원 내부에 있으며 안정하다.
④ 특성방정식의 모든 근이 z평면의 단위원 외부에 있으며 안정하다.

33 다음 중 z변환에서 최종치 정리를 나타낸 것은?

① $x(0) = \lim_{z \to \infty} X(z)$
② $x(0) = \lim_{z \to 0} X(z)$
③ $x(\infty) = \lim_{z \to 1} (1-z) X(z)$
④ $x(\infty) = \lim_{z \to 1} (1-z^{-1}) X(z)$

Chapter 11 시퀀스 제어

[시퀀스 제어]
시퀀스 제어란 "미리 정해 놓은 순서 또는 일정한 논리에 의하여 정해진 순서에 따라 제어의 각 단체를 순서적으로 진행하는 제어"를 말한다. 활용하는 예로서는 전기세탁기, 자동판매기, 엘리베이터, 교통신호기, 무인발전소가 있다.

01 논리 시퀀스 회로

(1) AND GATE (논리적인 회로)

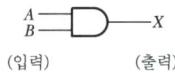

(a) 논리기호

$X = AB = A \cdot B$
(논리적)

(b) 논리식

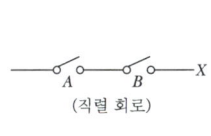
(직렬 회로)

(c) 스위치 회로

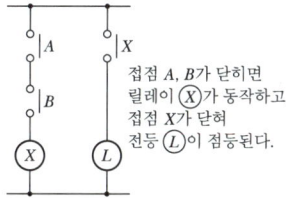

접점 A, B가 닫히면 릴레이 X가 동작하고, 접점 X가 닫혀 전등 L이 점등된다.

(d) 릴레이 시퀀스

입력		출력
A	B	X
0	0	0
1	0	0
0	1	0
1	1	1

(e) 진리표

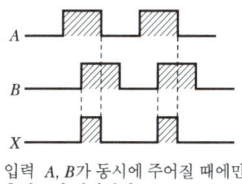

입력 A, B가 동시에 주어질 때에만 출력 X가 나타난다.

(f) 동작 시간표

(2) NAND GATE (AND 논리적인 부정회로)

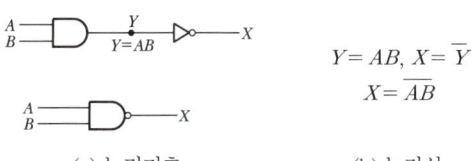

(a) 논리기호

$Y = AB$, $X = \overline{Y}$
$X = \overline{AB}$

(b) 논리식

(3) OR GATE (논리화 회로)

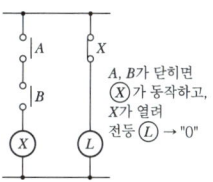

(a) 논리기호

$Y = A + B$ (논리합)

(b) 논리식

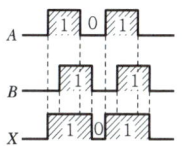

접점 A, 혹은 B가 닫히면 X가 동작하고, 접점 출력 X가 닫혀 전등 L을 점등시킨다.

(c) 스위치 회로   (d) 릴레이 시퀀스

A	B	X
0	0	0
0	1	1
1	0	1
1	1	1

(e) 진리표

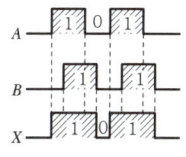

(f) 동작 시간표

(4) NOR GATE (OR 논리화 부정회로)

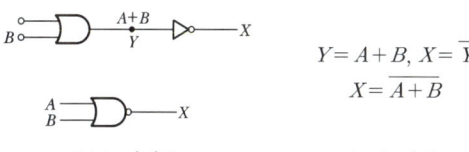

(a) 논리기호

$Y = A + B$, $X = \overline{Y}$
$X = \overline{A + B}$

(b) 논리식

릴레이 시퀀스 (above OR section):

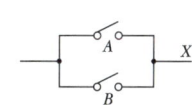

A, B가 닫히면 X가 동작하고, X가 열려 전등 L → "0"

(c) 릴레이 시퀀스

A	B	X
0	0	1
0	1	1
1	0	1
1	1	0

(d) 진리표

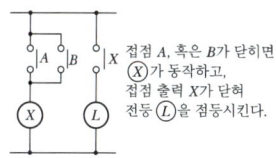

(e) 동작 시간표

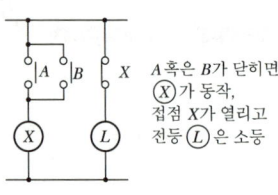

A	B	X
0	0	1
0	1	0
1	0	0
1	1	0

(c) 릴레이 시퀀스   (d) 진리표

(5) NOT (부정회로)

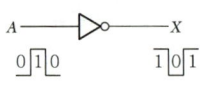

(a) 논리기호   (b) 논리식 $X = \overline{A}$

A	X
1	0
0	1

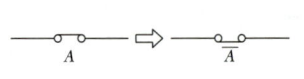

(c) 스위치 회로   (d) 진리표

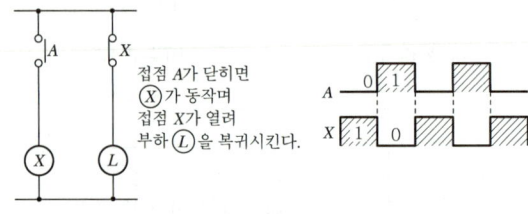

접점 A가 닫히면 X가 동작며 접점 X가 열려 부하 L을 복귀시킨다.

(e) 릴레이 시퀀스   (f) 동작 시간표

(6) Exclusive OR Gate (배타적 논리합 회로)

$$X = A \cdot \overline{B} + \overline{A} \cdot B$$

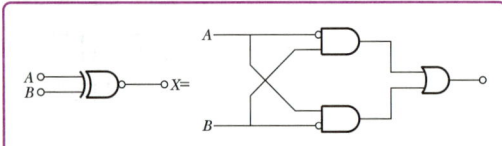

A	B	X
0	0	0
0	1	1
1	0	1
1	1	0

입력 A, B가 서로 같지 않을 때만 출력이 "1"이 되는 회로로 A, B가 모두 "1"이어서는 안된다.

논리식은 $X = \overline{A}B + A\overline{B}$ 로 표시된다.

(7) 한시회로

입력신호의 변화시간보다 정해진 시간만큼 뒤져서 출력신호가 변화하는 회로를 한시회로라 한다.

① 한시동작회로 : 입력신호가 0에서 1로 변화할 때에만 출력신호의 변화가 뒤지는 회로
② 한시복귀회로 : 입력신호가 1에서 0으로 변화할 때 출력신호의 변화가 뒤지는 회로
③ 뒤진 회로 : 어느 때나 출력신호가 뒤지는 회로

02 논리대수 및 드모르간 정리

(1) 논리대수

논리변수는 2진법의 "0"과 "1"만으로 나타낸다. 논리회로의 해석, 설계 및 응용 등에 이용되고 있다.

① 분배의 법칙
  ㉠ $A \cdot (B + C) = A \cdot B + A \cdot C$
  ㉡ $A + (B \cdot C) = (A + B)(A + C)$

② 흡수의 법칙
  ㉠ $A + A \cdot B = A$
  ㉡ $A \cdot (A + B) = A$

③ 불대수의 정리
  ㉠ $0 + A = A$
  ㉡ $1 \cdot A = A$
  ㉢ $1 + A = 1$
  ㉣ $0 \cdot A = 0$
  ㉤ $A + A = A$
  ㉥ $A + \overline{A} = 1$
  ㉦ $A + 1 = 1$
  ㉧ $A \cdot A = A$

(2) 드모르간(De Morgan) 정리

쌍대회로의 변환방법에 의해 직렬은 병렬로, 병렬은 직렬로 바꾸고 a접점은 b접점으로, b접점은 a접점으로 바꾸면 된다.

$$\overline{(X_1 + X_2 + X_3 \cdots X_n)} = \overline{X_1} \cdot \overline{X_2} \cdot \overline{X_3} \cdot \overline{X_4} \cdots \overline{X_n}$$
$$\overline{(X_1 \cdot X_2 \cdot X_3 \cdots X_n)} = \overline{X_1} + \overline{X_2} + \overline{X_3} \cdots \overline{X_n}$$

03 시퀀스 제어회로의 종류

(1) 조합회로
논리연산을 하는 회로요소 또는 시간지연이 없을 때 또는 무시할 수 있을 때 그 출력신호가 현재 입력신호의 값만으로 결정되는 논리회로를 말한다. 특징은 기억을 포함하지 않는 것이다.

(2) 순서회로
시간지연을 갖고 그 지연이 적극적인 역할을 하는 논리회로를 순서회로라고 한다. 특징은 기억을 가지고 있으며, 이 기억의 능력이 시퀀스 제어회로에서 대단히 유용하다.

04 시퀀스 제어계의 특징
① 입력신호에서 출력신호까지 정해진 순서에 따라 일방적으로 제어명령이 전해진다.
② 어떠한 조건을 만족하여도 제어신호가 전달된다.
③ 제어결과에 따라 조작이 자동적으로 이행된다.

핵심 기출 문제

01 무접점 릴레이의 장점이 아닌 것은?
① 동작속도가 빠르다.
② 온도의 변화에 강하다.
③ 고빈도 사용에 견디며 수명이 길다.
④ 소형이고 가볍다.

02 다음 회로는 무엇을 나타낸 것인가?

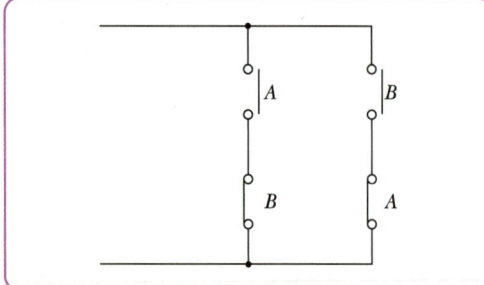

① AND
② OR
③ Exclusive OR
④ NAND

03 다음 논리회로의 출력은?

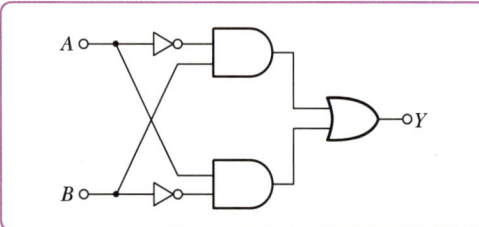

① $Y = A\overline{B} + \overline{A}B$
② $Y = \overline{A}\,\overline{B} + \overline{A}B$
③ $Y = A\overline{B} + \overline{A}\,\overline{B}$
④ $Y = \overline{A} + \overline{B}$

04 그림과 같은 계전기 접점회로의 논리식은?

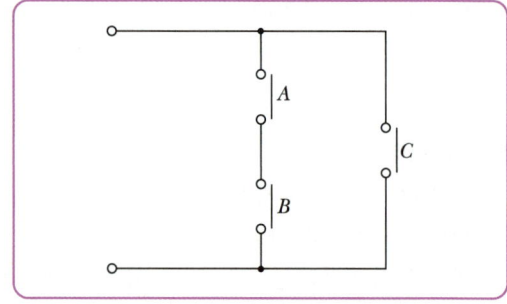

① $A + B + C$
② $(A + B)C$
③ $A \cdot B + C$
④ $A \cdot B \cdot C$

05 그림과 같은 논리회로는?

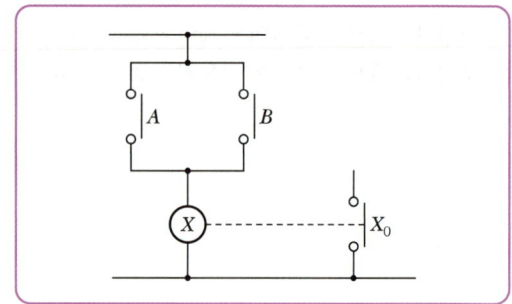

① OR 회로
② AND 회로
③ NOT 회로
④ NOR 회로

06 다음 진리표의 게이트(gate)는?

입력		출력
X	Y	A
0	0	1
1	0	1
0	1	1
1	1	0

① AND
② OR
③ NOR
④ NAND

07 그림의 회로는 어느 게이트(gate)에 해당하는가?

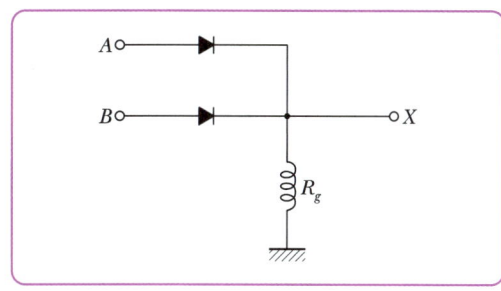

① OR ② AND
③ NOT ④ NOR

08 그림의 게이트(gate) 명칭은 어떻게 되는가?

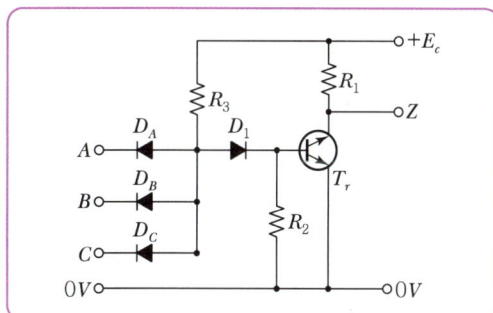

① AND gate` ② OR gate
③ NAND gate ④ NOR gate

09 그림과 같은 회로는 어떤 논리회로인가?

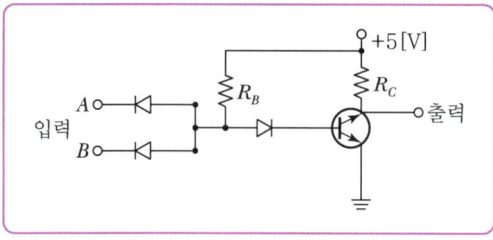

① AND 회로 ② NAND 회로
③ OR 회로 ④ NOR 회로

10 논리식 $A + AB$를 간단히 계산한 결과는?

① A ② $\overline{A} + B$
③ $A + \overline{B}$ ④ $A + B$

11 논리식 $L = \overline{x} \cdot \overline{y} + \overline{x} \cdot y + x \cdot y$를 간단히 한 것은?

① $x + y$ ② $\overline{x} + y$
③ $x + \overline{y}$ ④ $\overline{x} + \overline{y}$

12 논리식 $\overline{x} \cdot y + \overline{x} \cdot \overline{y}$ 를 간단히 하면?

① $x \cdot y$ ② $\overline{x}$
③ $\overline{y}$ ④ $x + y$

13 다음 논리식 $[(AB + A\overline{B}) + AB] + \overline{A}B$를 간단히 하면?

① $A + B$ ② $\overline{A} + B$
③ $A + \overline{B}$ ④ $A + A \cdot B$

14 다음 논리식을 간단히 하면?

$$X = \overline{A}\,\overline{B}\,C + A\,\overline{B}\,\overline{C} + A\,\overline{B}\,C$$

① $\overline{B}(A + C)$ ② $\overline{C}(A + B)$
③ $\overline{A}(B + C)$ ④ $C(A + \overline{B})$

15 다음 논리식 중 다른 값을 나타내는 논리식은?

① $XY + X\overline{Y}$ ② $(X + Y)(X + \overline{Y})$
③ $X(X + Y)$ ④ $X(\overline{X} + Y)$

16 논리식 $\overline{A} + \overline{B} \cdot \overline{C}$ 를 간단히 계산한 결과는?

① $\overline{A} + \overline{B}\,\overline{C}$ ② $\overline{A(B + C)}$
③ $\overline{A} \cdot \overline{B} + \overline{C}$ ④ $\overline{A \cdot B} + \overline{C}$

17 다음 논리회로의 출력 X_0는?

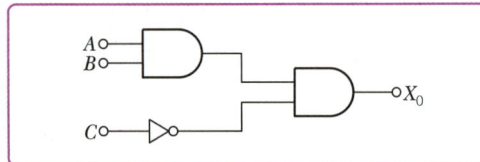

① $A \cdot B + \overline{C}$ ② $(A+B)\overline{C}$
③ $A + B + \overline{C}$ ④ $AB\overline{C}$

18 그림과 같은 논리회로에서 출력 f의 값은?

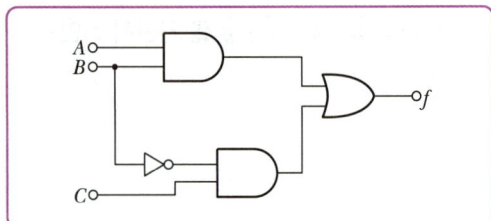

① A ② $\overline{A}BC$
③ $AB + \overline{B}C$ ④ $(A+B)C$

19 다음의 논리기호가 나타내는 논리식은?

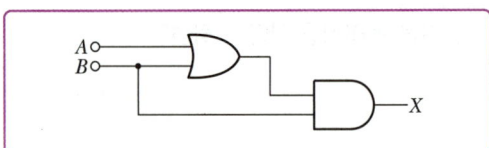

① $X = A + B$ ② $X = (A+B) \cdot B$
③ $X = A \cdot B + A$ ④ $X = \overline{A} \cdot B + A \cdot \overline{B}$

20 다음의 논리회로를 간단히 하면?

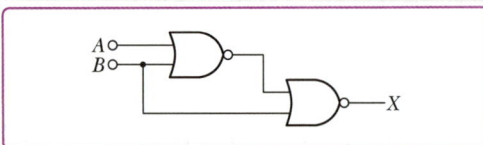

① AB ② $\overline{A}B$
③ $A\overline{B}$ ④ $\overline{AB}$

21 그림과 같은 회로의 출력 Z는 어떻게 표현되는가?

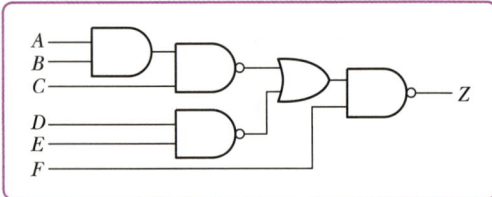

① $\overline{A} + \overline{B} + \overline{C} + \overline{D} + \overline{E} + F$
② $A + B + C + D + E + \overline{F}$
③ $\overline{A}\,\overline{B}\,\overline{C}\,\overline{D}\,\overline{E} + F$
④ $ABCDE + \overline{F}$

22 그림은 무엇을 나타낸 논리연산회로인가?

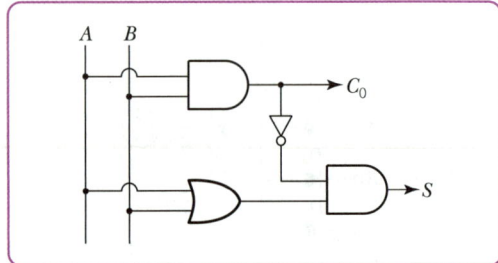

① NAND 회로
② Exclusive OR 회로
③ Half-adder 회로
④ Full-adder 회로

23 다음 카르노(Karnaugh)도를 간략히 하면?

구분	$\overline{C}\overline{D}$	$\overline{C}D$	CD	$C\overline{D}$
$\overline{A}\overline{B}$	0	0	0	0
$\overline{A}B$	1	0	0	1
AB	1	0	0	1
$A\overline{B}$	0	0	0	0

① $Y = \overline{C}\overline{D} + BC$
② $Y = B\overline{D}$
③ $Y = A + \overline{A}B$
④ $Y = A + B\overline{C}D$

24 8개 비트(bit)를 사용한 아날로그 디지털 변환기(Analog-to-Digital Converter)에 있어서 출력의 종류는 몇 가지가 되는가?

① 256
② 128
③ 64
④ 8

25 다음 중 온도를 전압으로 변환시키는 요소는?

① 차동 변압기
② 열전대
③ 측온 저항
④ 광전기

26 변위 → 압력의 변환장치는?

① 벨로스
② 가변 저항기
③ 다이어프램
④ 유압 분사관

Appendix

과년도 기출문제

2016년	1~3회 기출문제
2017년	1~3회 기출문제
2018년	1~3회 기출문제
2019년	1~3회 기출문제
2020년	1·2회 통합, 3~4회 기출문제
2021년	1~3회 기출문제
2022년	1~3회 기출문제
2023년	1~3회 기출문제
2024년	1~3회 기출문제
2025년	1~3회 기출문제

2016년도 1회 과년도 기출문제

1과목 전기자기학

01 송전선의 전류가 0.01초 사이에 10[kA] 변화될 때 이 송전선에 나란한 통신선에 유도되는 유도 전압은 몇 [V]인가?(단, 송전선과 통신선 간의 상호 유도계수는 0.3[mH]이다.)

① 30　　　② 3×10^2
③ 3×10^3　　　④ 3×10^4

02 전류가 흐르고 있는 도체와 직각방향으로 자계를 가하게 되면 도체 측면에 정·부의 전하가 생기는 것을 무슨 효과라 하는가?

① 톰슨(Thomson) 효과
② 펠티어(Peltier) 효과
③ 제벡(Seebeck) 효과
④ 홀(Hall) 효과

03 극판간격 d[m], 면적 S[m²], 유전율 ε[F/m]이고, 정전용량이 C[F]인 평행판 콘덴서에 $v = V_m \sin \omega t$[V]의 전압을 가할 때 변위전류 [A]는?

① $\omega C V_m \cos \omega t$　　　② $C V_m \sin \omega t$
③ $-C V_m \sin \omega t$　　　④ $-\omega C V_m \cos \omega t$

04 인덕턴스가 20[mH]인 코일에 흐르는 전류가 0.2초 동안에 2[A] 변화했다면 자기유도현상에 의해 코일에 유기되는 기전력은 몇 [V]인가?

① 0.1　　　② 0.2
③ 0.3　　　④ 0.4

05 한 변의 길이가 l[m]인 정삼각형 회로에 전류 I[A]가 흐르고 있을 때 삼각형 중심에서의 자계의 세기[AT/m]는?

① $\dfrac{\sqrt{2}\,I}{3\pi l}$　　　② $\dfrac{9I}{\pi l}$
③ $\dfrac{2\sqrt{2}\,I}{3\pi l}$　　　④ $\dfrac{9I}{2\pi l}$

06 변위전류밀도와 관계없는 것은?

① 전계의 세기　　　② 유전율
③ 자계의 세기　　　④ 전속밀도

07 벡터 $A = 5e^{-r}\cos\phi\, a_r - 5\cos\phi\, a_z$가 원통좌표계로 주어졌다. 점 $\left(2, \dfrac{3\pi}{2}, 0\right)$에서의 $\nabla \times A$를 구하였다. a_z 방향의 계수는?

① 2.5　　　② -2.5
③ 0.34　　　④ -0.34

08 대지면 높이 h[m]로 평행하게 가설된 매우 긴 선전하(선전하 밀도 λ[C/m])가 지면으로부터 받는 힘[N/m]은?

① h에 비례한다.　　　② h에 반비례한다.
③ h^2에 비례한다.　　　④ h^2에 반비례한다.

09 비투자율 800, 원형단면적 10[cm²], 평균자로의 길이 30[cm]인 환상철심에 600회의 권선을 감은 코일이 있다. 여기에 1[A]의 전류가 흐를 때 코일 내에 생기는 자속은 약 몇 [Wb]인가?

① 1×10^{-3}　　　② 1×10^{-4}
③ 2×10^{-3}　　　④ 2×10^{-4}

10 내부저항이 $r[\Omega]$인 전지 M개를 병렬로 연결했을 때, 전지로부터 최대 전력을 공급받기 위한 부하저항$[\Omega]$은?

① $\dfrac{r}{M}$ ② Mr
③ r ④ $M^2 r$

11 서로 멀리 떨어져 있는 두 도체를 각각 $V_1[V]$, $V_2[V]$, ($V_1 > V_2$)의 전위로 충전한 후 가느다란 도선으로 연결하였을 때 그 도선에 흐르는 전하 $Q[C]$는?(단, C_1, C_2는 두 도체의 정전용량이다.)

① $\dfrac{C_1 C_2 (V_1 - V_2)}{C_1 + C_2}$

② $\dfrac{2 C_1 C_2 (V_1 - V_2)}{C_1 + C_2}$

③ $\dfrac{C_1 C_2 (V_1 - V_2)}{2(C_1 + C_2)}$

④ $\dfrac{2(C_1 V_1 - C_2 V_2)}{C_1 C_2}$

12 자속밀도가 10[Wb/m²]인 자계 내에 길이 4[cm]의 도체를 자계와 직각으로 놓고 이 도체를 0.4초 동안 1[m]씩 균일하게 이동하였을 때 발생하는 기전력은 몇 [V]인가?

① 1 ② 2
③ 3 ④ 4

13 반지름이 3[m]인 구에 공간전하밀도가 1[C/m³]가 분포되어 있을 경우 구의 중심으로부터 1[m]인 곳의 전계는 몇 [V]인가?

① $\dfrac{1}{2\varepsilon_o}$ ② $\dfrac{1}{3\varepsilon_o}$
③ $\dfrac{1}{4\varepsilon_o}$ ④ $\dfrac{1}{5\varepsilon_o}$

14 한 변의 길이가 3[m]인 정삼각형의 회로에 2[A]의 전류가 흐를 때 정삼각형 중심에서의 자계의 크기는 몇 [AT/m]인가?

① $\dfrac{1}{\pi}$ ② $\dfrac{2}{\pi}$
③ $\dfrac{3}{\pi}$ ④ $\dfrac{4}{\pi}$

15 전선을 균일하게 2배의 길이로 당겨 늘였을 때 전선의 체적이 불변이라면 저항은 몇 배가 되는가?

① 2 ② 4
③ 6 ④ 8

16 반지름 $a[m]$인 구대칭 전하에 의한 구내외 전계의 세기에 해당되는 것은?

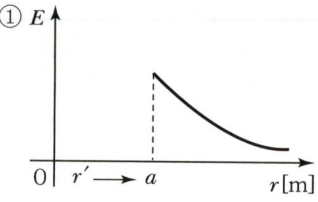

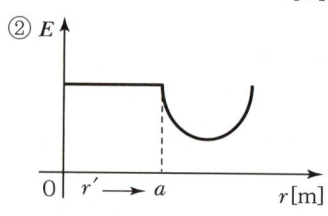

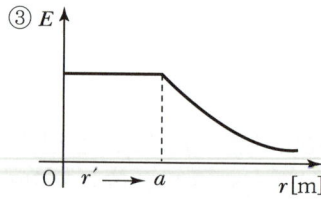

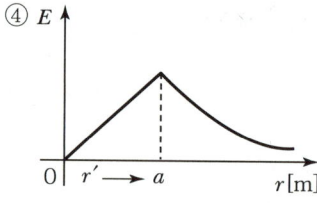

17 무한히 넓은 평면 자성체의 앞 a[m] 거리의 경계면에 평행하게 무한히 긴 직선 전류 I[A]가 흐를 때, 단위 길이당 작용력은 몇 [N/m]인가?

① $\dfrac{\mu_o}{4\pi a}\left(\dfrac{\mu+\mu_o}{\mu-\mu_o}\right)I^2$ ② $\dfrac{\mu_o}{2\pi a}\left(\dfrac{\mu+\mu_o}{\mu-\mu_o}\right)I^2$

③ $\dfrac{\mu_o}{4\pi a}\left(\dfrac{\mu-\mu_o}{\mu+\mu_o}\right)I^2$ ④ $\dfrac{\mu_o}{2\pi a}\left(\dfrac{\mu-\mu_o}{\mu+\mu_o}\right)I^2$

18 전기 쌍극자에 관한 설명으로 틀린 것은?
① 전계의 세기는 거리의 세제곱에 반비례한다.
② 전계의 세기는 주위 매질에 따라 달라진다.
③ 전계의 세기는 쌍극자모멘트에 비례한다.
④ 쌍극자의 전위는 거리에 반비례한다.

19 그림과 같이 공기 중에서 무한평면도체의 표면으로부터 2[m]인 곳에 점전하 4[C]이 있다. 전하가 받는 힘은 몇 [N]인가?

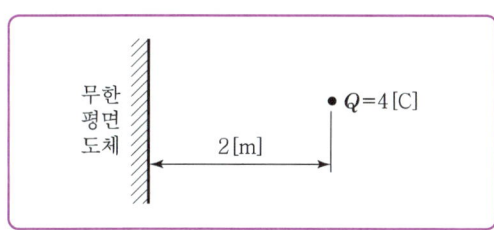

① 3×10^9 ② 9×10^9
③ 1.2×10^{10} ④ 3.6×10^{10}

20 판 간격이 d인 평행판 공기콘덴서 중에 두께 t이고, 비유전율이 ε_s인 유전체를 삽입하였을 경우에 공기의 절연파괴를 발생하지 않고 가할 수 있는 판 간의 전위차는?(단, 유전체가 없을 때 가할 수 있는 전압을 V라 하고 공기의 절연내력은 E_o라 한다.)

① $V\left(1-\dfrac{t}{\varepsilon_s d}\right)$ ② $\dfrac{Vt}{d}\left(1-\dfrac{1}{\varepsilon_s}\right)$

③ $V\left(1+\dfrac{t}{\varepsilon_s d}\right)$ ④ $V\left(1-\dfrac{t}{d}\left(1-\dfrac{1}{\varepsilon_s}\right)\right)$

2과목 전력공학

21 150[kVA] 단상변압기 3대를 $\Delta-\Delta$ 결선으로 사용하다가 1대의 고장으로 $V-V$ 결선하여 사용하면 약 몇 [kVA] 부하까지 걸 수 있겠는가?
① 200 ② 220
③ 240 ④ 260

22 송전계통의 안정도를 증진시키는 방법이 아닌 것은?
① 전압변동을 적게 한다.
② 제동저항기를 설치한다.
③ 직렬리액턴스를 크게 한다.
④ 중간조상기방식을 채용한다.

23 연간 전력량이 E[kWh]이고, 연간 최대전력이 W[kW]인 연부하율은 몇 [%]인가?

① $\dfrac{E}{W}\times100$ ② $\dfrac{\sqrt{3}\,W}{E}\times100$

③ $\dfrac{8,760\,W}{E}\times100$ ④ $\dfrac{E}{8,760\,W}\times100$

24 차단기의 정격차단 시간은?
① 고장 발생부터 소호까지의 시간
② 가동접촉자 시동부터 소호까지의 시간
③ 트립코일 여자부터 소호까지의 시간
④ 가동접촉자 개구부터 소호까지의 시간

25 3상 결선 변압기의 단상 운전에 의한 소손방지 목적으로 설치하는 계전기는?
① 단락 계전기
② 결상 계전기
③ 지락 계전기
④ 과전압 계전기

26 인터록(Interlock) 기능에 대한 설명으로 맞는 것은?

① 조작자의 의중에 따라 개폐되어야 한다.
② 차단기가 열려 있어야 단로기를 닫을 수 있다.
③ 차단기가 닫혀 있어야 단로기를 닫을 수 있다.
④ 차단기와 단로기를 별도로 닫고, 열 수 있어야 한다.

27 그림과 같은 22[kV] 3상 3선식 전선로의 P점에 단락이 발생하였다면 3상 단락전류는 약 몇 [A] 인가?(단, %리액턴스는 8[%]이며 저항분은 무시한다.)

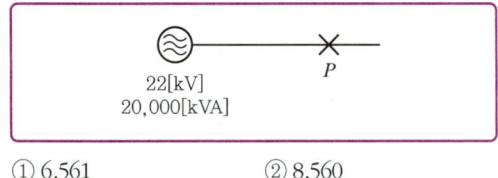

① 6,561　　② 8,560
③ 11,364　　④ 12,684

28 전력계통에서 내부 이상전압의 크기가 가장 큰 경우는?

① 유도성 소전류 차단 시
② 수차발전기의 부하 차단 시
③ 무부하 선로 충전전류 차단 시
④ 송전선로의 부하 차단기 투입 시

29 화력발전소에서 재열기의 목적은?

① 급수 예열　　② 석탄 건조
③ 공기 예열　　④ 증기 가열

30 송전선로의 각 상전압이 평형되어 있을 때 3상 1회선 송전선의 작용정전용량(μF/km)을 옳게 나타낸 것은?(단, r은 도체의 반지름[m], D는 도체의 등가선간거리[m]이다.)

① $\dfrac{0.02413}{\log_{10}\dfrac{D}{r}}$　　② $\dfrac{0.2413}{\log_{10}\dfrac{D}{r}}$

③ $\dfrac{0.02413}{\log_{10}\dfrac{D^2}{r}}$　　④ $\dfrac{0.2413}{\log_{10}\dfrac{D^2}{r}}$

31 플리커 경감을 위한 전력 공급 측의 방안이 아닌 것은?

① 공급 전압을 낮춘다.
② 전용 변압기로 공급한다.
③ 단독 공급 계통을 구성한다.
④ 단락 용량이 큰 계통에서 공급한다.

32 송전선로에서 송전전력, 거리, 전력손실률과 전선의 밀도가 일정하다고 할 때, 전선 단면적 A[mm²]는 전압 V[V]와 어떤 관계에 있는가?

① V에 비례한다.　　② V^2에 비례한다.
③ $\dfrac{1}{V}$에 비례한다.　　④ $\dfrac{1}{V^2}$에 비례한다.

33 동기조상기에 관한 설명으로 틀린 것은?

① 동기전동기의 V 특성을 이용하는 설비이다.
② 동기전동기를 부족여자로 하여 컨덕터로 사용한다.
③ 동기전동기를 과여자로 하여 콘덴서로 사용한다.
④ 송전계통의 전압을 일정하게 유지하기 위한 설비이다.

34 비등수형 원자로의 특색이 아닌 것은?

① 열교환기가 필요하다.
② 기포에 의한 자기 제어성이 있다.
③ 방사능 때문에 증기는 완전히 기수분리를 해야 한다.
④ 순환펌프로서는 급수펌프뿐이므로 펌프동력이 작다.

35 그림과 같은 단거리 배전선로의 송전단 전압 6,600[V], 역률 0.9이고, 수전단 전압 6,100[V], 역률 0.8일 때 회로에 흐르는 전류 I[A]는?(단, E_s 및 E_r은 송·수전단 대지전압이며, $r = 20$[Ω], $x = 10$[Ω]이다.)

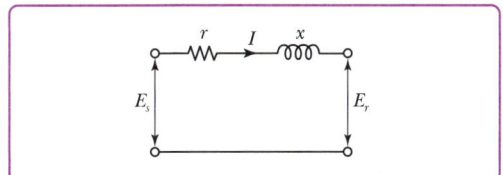

① 20
② 35
③ 53
④ 65

36 피뢰기의 제한전압이란?

① 충격파의 방전개시전압
② 상용주파수의 방전개시전압
③ 전류가 흐르고 있을 때의 단자전압
④ 피뢰기 동작 중 단자전압의 파고값

37 단락용량 5,000[MVA]인 모선의 전압이 154[kV]라면 등가 모선임피던스는 약 몇 [Ω]인가?

① 2.54
② 4.74
③ 6.34
④ 8.24

38 피뢰기가 그 역할을 잘 하기 위하여 구비되어야 할 조건으로 틀린 것은?

① 속류를 차단할 것
② 내구력이 높을 것
③ 충격방전 개시전압이 낮을 것
④ 제한전압은 피뢰기의 정격전압과 같게 할 것

39 저압배전선로에 대한 설명으로 틀린 것은?

① 저압 뱅킹 방식은 전압변동을 경감할 수 있다.
② 밸런서(Balancer)는 단상 2선식에 필요하다.
③ 배전선로의 부하율이 F일 때 손실계수는 F와 F^2의 중간값이다.
④ 수용률이란 최대수용전력을 설비용량으로 나눈 값을 퍼센트로 나타낸 것이다.

40 그림과 같은 전력계통의 154[kV] 송전선로에서 고장 지락 임피던스 Z_{gf}를 통해서 1선 지락 고장이 발생되었을 때 고장점에서 본 영상 %임피던스는?(단, 그림에 표시한 임피던스는 모두 동일 용량, 100[MVA] 기준으로 환산한 %임피던스이다.)

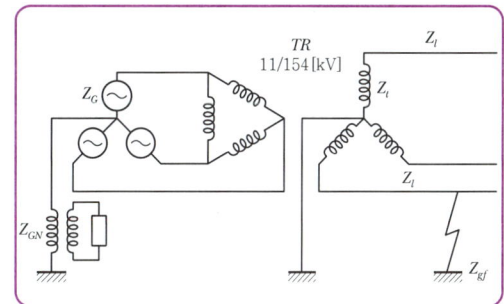

① $Z_0 = Z_\ell + Z_t + Z_G$
② $Z_0 = Z_\ell + Z_t + Z_{gf}$
③ $Z_0 = Z_\ell + Z_t + 3Z_{gf}$
④ $Z_0 = Z_\ell + Z_t + Z_{gf} + Z_G + Z_{GN}$

3과목 전기기기

41 정전압 계통에 접속된 동기발전기의 여자를 약하게 하면?

① 출력이 감소한다.
② 전압이 강하한다.
③ 앞선 무효전류가 증가한다.
④ 뒤진 무효전류가 증가한다.

42 다이오드를 사용하는 정류회로에서 과대한 부하 전류로 인하여 다이오드가 소손될 우려가 있을 때 가장 적절한 조치는 어느 것인가?

① 다이오드를 병렬로 추가한다.
② 다이오드를 직렬로 추가한다.
③ 다이오드 양단에 적당한 값의 저항을 추가한다.
④ 다이오드 양단에 적당한 값의 콘덴서를 추가한다.

43 직류 발전기의 외부 특성곡선에 나타내는 관계로 옳은 것은?

① 계자전류와 단자전압
② 계자전류와 부하전류
③ 부하전류와 단자전압
④ 부하전류와 유기기전력

44 직류기의 전기자 반작용에 의한 영향이 아닌 것은?

① 자속이 감소하므로 유기기전력이 감소한다.
② 발전기의 경우 회전방향으로 기하학적 중성축이 형성된다.
③ 전동기의 경우 회전방향과 반대방향으로 기하학적 중성축이 형성된다.
④ 브러시에 의해 단락된 코일에는 기전력이 발생하므로 브러시 사이의 유기기전력이 증가한다.

45 어떤 정류기의 부하 전압이 2,000[V]이고 맥동률이 3[%]이면 교류분의 진폭[V]은?

① 20   ② 30
③ 50   ④ 60

46 3상 3,300[V], 100[kVA]의 동기발전기의 정격전류는 약 몇 [A]인가?

① 17.5   ② 25
③ 30.3   ④ 33.3

47 4극 3상 유도전동기가 있다. 전원전압 200[V]로 전부하를 걸었을 때 전류는 21.5[A]이다. 이 전동기의 출력은 약 몇 [W]인가?(단, 전부하 역률 86[%], 효율 85[%]이다.)

① 5,029   ② 5,444
③ 5,820   ④ 6,103

48 변압비 3,000/100[V]인 단상변압기 2대의 고압 측을 그림과 같이 직렬로 3,300[V] 전원에 연결하고, 저압 측에 각각 5[Ω], 7[Ω]의 저항을 접속하였을 때, 고압 측의 단자 전압 E_1은 약 몇 [V]인가?

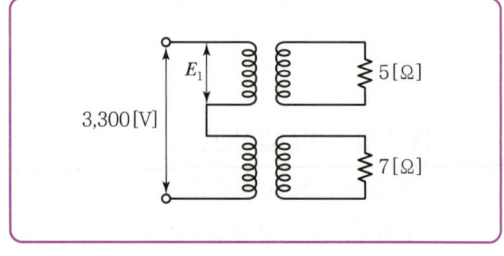

① 471   ② 660
③ 1,375   ④ 1,925

49 교류기에서 유기기전력의 특정 고조파분을 제거하고 또 권선을 절약하기 위하여 자주 사용되는 권선법은?

① 전절권   ② 분포권
③ 집중권   ④ 단절권

50 12극의 3상 동기발전기가 있다. 기계각 15°에 대응하는 전기각은?

① 30   ② 45
③ 60   ④ 90

51 4극, 60[Hz]의 유도전동기가 슬립 5[%]로 전부하 운전하고 있을 때 2차 권선의 손실이 94.25[W]라고 하면 토크는 약 몇 [N·m]인가?

① 1.02 ② 2.04
③ 10.0 ④ 20.0

52 단상 변압기에 정현파 유기기전력을 유기하기 위한 여자전류의 파형은?

① 정현파 ② 삼각파
③ 왜형파 ④ 구형파

53 회전형전동기와 선형전동기(Linear Motor)를 비교한 설명 중 틀린 것은?

① 선형의 경우 회전형에 비해 공극의 크기가 작다.
② 선형의 경우 직접적으로 직선운동을 얻을 수 있다.
③ 선형의 경우 회전형에 비해 부하관성의 영향이 크다.
④ 선형의 경우 전원의 상 순서를 바꾸어 이동 방향을 변경한다.

54 변압기의 전일 효율이 최대가 되는 조건은?

① 하루 중 무부하손의 합 = 하루 중 부하손의 합
② 하루 중 무부하손의 합 < 하루 중 부하손의 합
③ 하루 중 무부하손의 합 > 하루 중 부하손의 합
④ 하루 중 무부하손의 합 = 2×하루 중 부하손의 합

55 유도전동기를 정격상태로 사용 중 전압이 10[%] 상승하면 다음과 같은 특성의 변화가 있다. 틀린 것은?(단, 부하는 일정 토크라고 가정한다.)

① 슬립이 작아진다.
② 효율이 떨어진다.
③ 속도가 감소한다.
④ 히스테리시스손과 와류손이 증가한다.

56 대칭 3상 권선에 평형 3상 교류가 흐르는 경우 회전 자계의 설명으로 틀린 것은?

① 발생 회전 자계 방향 변경 가능
② 발생 회전 자계는 전류와 같은 주기
③ 발생 회전 자계 속도는 동기 속도보다 늦음
④ 발생 회전 자계 세기는 각 코일 최대 자계의 1.5배

57 직류기 권선법에 대한 설명 중 틀린 것은?

① 단중 파권은 균압환이 필요하다.
② 단중 중권의 병렬회로 수는 극수와 같다.
③ 저전류·고전압 출력은 파권이 유리하다.
④ 단중 파권의 유기전압은 단중 중권의 $\frac{P}{2}$이다.

58 스테핑 모터의 일반적인 특징으로 틀린 것은?

① 기동·정지 특성은 나쁘다.
② 회전각은 입력펄스 수에 비례한다.
③ 회전속도는 입력펄스 주파수에 비례한다.
④ 고속 응답이 좋고, 고출력의 운전이 가능하다.

59 철손 1.6[kW] 전부하동손 2.4[kW]인 변압기에는 약 몇 [%] 부하에서 효율이 최대로 되는가?

① 82   ② 95
③ 97   ④ 100

60 동기 발전기의 제동권선의 주요 작용은?

① 제동작용   ② 난조방지작용
③ 시동권선작용   ④ 자려작용(自勵作用)

4과목　회로이론 및 제어공학

61 제어오차가 검출될 때 오차가 변화하는 속도에 비례하여 조작량을 조절하는 동작으로 오차가 커지는 것을 사전에 방지하는 제어 동작은?

① 미분동작제어
② 비례동작제어
③ 적분동작제어
④ 온－오프(ON－OFF)제어

62 다음과 같은 상태방정식으로 표현되는 제어계에 대한 설명으로 틀린 것은?

$$\dot{x}=\begin{bmatrix} 0 & 1 \\ -2 & -3 \end{bmatrix}x+\begin{bmatrix} 1 & 1 \\ 0 & -2 \end{bmatrix}u$$

① 2차 제어계이다.
② x는 (2×1)의 벡터이다.
③ 특성방정식은 $(s+1)(s+2)=0$이다.
④ 제어계는 부족제동(Under Damped)된 상태에 있다.

63 벡터 궤적이 다음과 같이 표시되는 요소는?

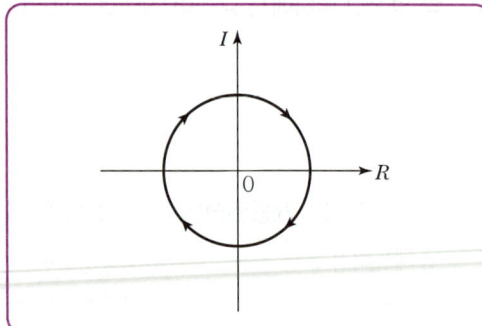

① 비례요소
② 1차 지연요소
③ 2차 지연요소
④ 부동작 시간요소

64 그림과 같은 이산치계의 z변환 전달함수 $\dfrac{C(z)}{R(z)}$를 구하면?(단, $Z\left[\dfrac{1}{s+a}\right]=\dfrac{z}{z-e^{-aT}}$ 이다.)

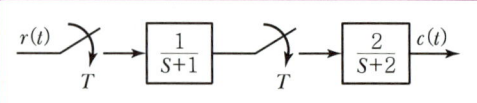

① $\dfrac{2z}{z-e^{-T}}-\dfrac{2z}{z-e^{-2T}}$

② $\dfrac{2z^2}{(z-e^{-T})(z-e^{-2T})}$

③ $\dfrac{2z}{z-e^{-2T}}-\dfrac{2z}{z-e^{-T}}$

④ $\dfrac{2z}{(z-e^{-T})(z-e^{-2T})}$

65 다음의 논리회로를 간단히 하면?

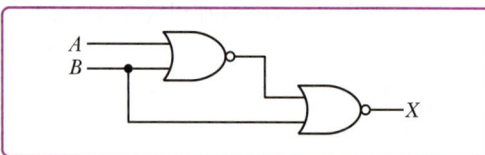

① $X=AB$
② $X=A\overline{B}$
③ $X=\overline{A}B$
④ $X=\overline{AB}$

66 그림과 같은 신호 흐름 선도에서 $\dfrac{C(s)}{R(s)}$의 값은?

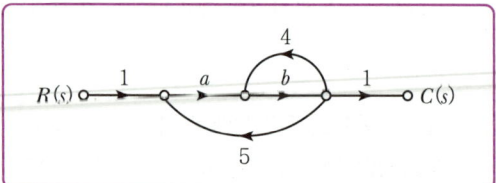

① $\dfrac{ab}{1-4b-5ab}$
② $\dfrac{ab}{1+4b-5ab}$
③ $\dfrac{ab}{1-4b+5ab}$
④ $\dfrac{ab}{1+4b+5ab}$

67 단위계단 입력에 대한 응답특성이 $c(t) = 1 - e^{-\frac{1}{T}t}$로 나타나는 제어계는?

① 비례제어계 ② 적분제어계
③ 1차 지연제어계 ④ 2차 지연제어계

68 $G(s)H(s) = \dfrac{K(s+1)}{s^2(s+2)(s+3)}$에서 근궤적의 수는?

① 1 ② 2
③ 3 ④ 4

69 주파수 응답에 의한 위치제어계의 설계에서 계통의 안정도 척도와 관계가 적은 것은?

① 공진치 ② 위상여유
③ 이득여유 ④ 고유주파수

70 나이퀴스트(Nyquist) 선도에서의 임계점 $(-1, j0)$에 대응하는 보드선도에서의 이득과 위상은?

① 1dB, 0° ② 0dB, -90°
③ 0dB, 90° ④ 0dB, -180°

71 평형 3상 △결선 회로에서 선간전압(E_l)과 상전압(E_p)의 관계로 옳은 것은?

① $E_l = \sqrt{3} E_p$ ② $E_l = 3E_p$
③ $E_l = E_p$ ④ $E_l = \dfrac{1}{\sqrt{3}} E_p$

72 정격전압에서 1[kW]의 전력을 소비하는 저항에 정격의 80[%] 전압을 가할 때의 전력[W]은?

① 320 ② 540
③ 640 ④ 860

73 그림에서 $t=0$에서 스위치 S를 닫았다. 콘덴서에 충전된 초기전압 $V_C(0)$가 1[V]이었다면 전류 $i(t)$를 변환한 값 $I(s)$는?

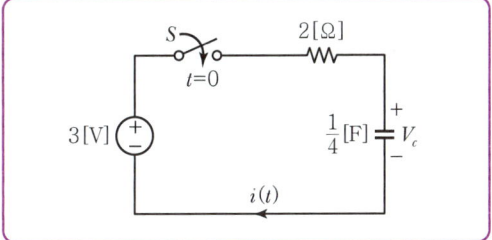

① $\dfrac{3}{2s+4}$ ② $\dfrac{3}{s(2s+4)}$
③ $\dfrac{2}{s(s+2)}$ ④ $\dfrac{1}{s+2}$

74 그림과 같은 회로에서 i_x는 몇 [A]인가?

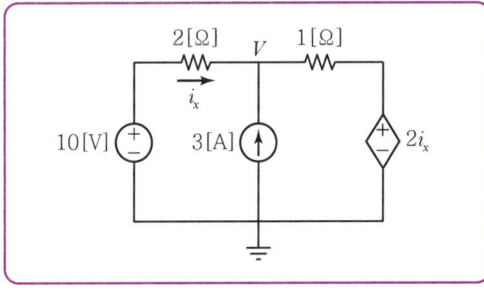

① 3.2 ② 2.6
③ 2.0 ④ 1.4

75 그림과 같이 전압 V와 저항 R로 구성되는 회로 단자 A-B 간에 적당한 저항 R_L을 접속하여 R_L에서 소비되는 전력을 최대로 하게 했다. 이때 R_L에서 소비되는 전력 P는?

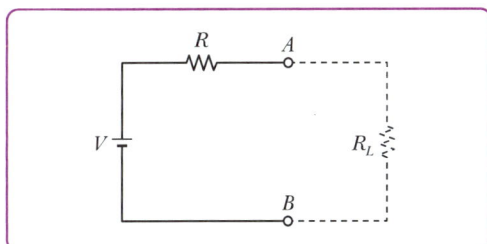

① $\dfrac{V^2}{4R}$ ② $\dfrac{V^2}{2R}$
③ R ④ $2R$

76 다음의 T형 4단자망 회로에서 $ABCD$ 파라미터 사이의 성질 중 성립되는 대칭조건은?

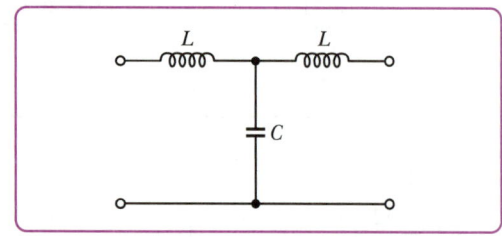

① $A = D$ ② $A = C$
③ $B = C$ ④ $B = A$

77 분포정수 회로에서 선로의 특성임피던스를 Z_0, 전파정수를 γ라 할 때 무한장 선로에 있어서 송전단에서 본 직렬임피던스는?

① $\dfrac{Z_0}{\gamma}$ ② $\sqrt{\gamma Z_0}$
③ γZ_0 ④ $\dfrac{\gamma}{Z_0}$

78 그림의 RLC 직병렬회로를 등가 병렬회로로 바꿀 경우 저항과 리액턴스는 각각 몇 [Ω]인가?

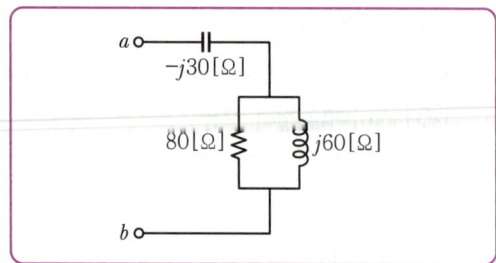

① $46.23, j87.67$ ② $46.23, j107.15$
③ $31.25, j87.67$ ④ $31.25, j107.15$

79 $F(s) = \dfrac{5s+3}{s(s+1)}$ 일 때 $f(t)$의 정상값은?

① 5 ② 3
③ 1 ④ 0

80 선간전압이 200[V], 선전류가 $10\sqrt{3}$ [A], 부하역률이 80[%]인 평형 3상 회로의 무효전력[Var]은?

① 3,600 ② 3,000
③ 2,400 ④ 1,800

5과목 전기설비기술기준 및 판단기준

81 동일 지지물에 고압 가공전선과 저압 가공전선을 병가할 경우 일반적으로 양 전선 간의 간격은 몇 [cm] 이상인가?

① 50 ② 60
③ 70 ④ 80

82 전압의 종별에서 교류 600[V]는 무엇으로 분류하는가?

① 저압 ② 고압
③ 특고압 ④ 초고압

83 전로에 시설하는 고압용 기계·기구의 철대 및 금속제 외함에는 제 몇 종 접지공사를 하여야 하는가?

[KEC규정에 따라 삭제]

① 제1종 접지공사
② 제2종 접지공사
③ 제3종 접지공사
④ 특별 제3종 접지공사

84 저압 옥상 전선로의 시설에 대한 설명으로 틀린 것은?

① 전선은 절연 전선을 사용한다.
② 전선은 지름 2.6[mm] 이상의 경동선을 사용한다.
③ 전선과 옥상전선로를 시설하는 조영재와의 간격을 0.5[m]로 한다.
④ 전선은 상시 부는 바람 등에 의하여 식물에 접촉하지 않도록 시설한다.

85 저압 및 고압 가공전선의 높이에 대한 기준으로 틀린 것은?

① 철도를 횡단하는 경우는 레일면상 6.5[m] 이상이다.
② 횡단보도교 위에 시설하는 경우 저압의 경우는 그 노면상에서 3[m] 이상이다.
③ 횡단보도교 위에 시설하는 경우 고압의 경우는 그 노면상에서 3.5[m] 이상이다.
④ 다리의 하부 기타 이와 유사한 장소에 시설하는 저압의 전기철도용 급전선은 지표상 3.5[m]까지로 감할 수 있다.

86 35[kV] 기계·기구, 모선 등을 옥외에 시설하는 변전소의 구내에 취급자 이외의 사람이 들어가지 않도록 울타리를 시설하는 경우에 울타리의 높이와 울타리로부터의 충전 부분까지의 거리의 합계는 몇 [m]인가?

① 5 ② 6
③ 7 ④ 8

87 최대사용전압이 22,900[V]인 3상 4선식 중성선 다중접지식 전로와 대지 사이의 절연내력 시험전압은 몇 [V]인가?

① 21,068 ② 25,229
③ 28,752 ④ 32,510

88 터널 등에 시설하는 사용전압이 220[V]인 저압의 조명코드선으로 편조 고무코드를 사용하는 경우 단면적은 몇 [mm²] 이상인가?

① 0.5
② 0.75
③ 1.0
④ 1.25

89 고압 가공전선과 건조물의 상부 조영재와의 옆쪽 간격은 몇 [m] 이상인가?(단, 전선에 사람이 쉽게 접촉할 우려가 있고 케이블이 아닌 경우이다.)

① 1.0
② 1.2
③ 1.5
④ 2.0

90 특고압용 제2종 보안장치 또는 이에 준하는 보안장치 등이 되어 있지 않은 25[kV] 이하인 특고압 가공 전선로의 지지물에 시설하는 통신선 또는 이에 직접 접속하는 통신선으로 사용할 수 있는 것은? [KEC규정에 따라 삭제]

① 광섬유 케이블
② CN/CV 케이블
③ 캡타이어 케이블
④ 지름 2.6mm 이상의 절연 전선

91 765[kV] 가공전선 시설 시 2차 접근 상태에서 건조물을 시설하는 경우 건조물 상부와 가공전선 사이의 수직거리는 몇 [m] 이상인가?(단, 전선의 높이가 최저상태로 사람이 올라갈 우려가 있는 개소를 말한다.)

① 15 ② 20
③ 25 ④ 28

92 정격전류가 20[A], 40[A]인 전동기와 정격전류 10[A]인 전열기 5대에 전기를 공급하는 단상 220[V] 저압 옥내간선이 있다. 몇 [A] 이상의 허용 전류가 있는 전선을 사용하여야 하는가?

[KEC규정에 따라 삭제]

① 100 ② 116
③ 125 ④ 132

93 의료 장소에서 인접하는 의료장소와의 바닥면적 합계가 몇 [m²] 이하인 경우 기준접지 바를 공용으로 할 수 있는가?

① 30 ② 50
③ 80 ④ 100

94 배선공사 중 전선이 반드시 절연전선이 아니라도 상관없는 공사방법은?

① 금속관 공사 ② 합성수지관 공사
③ 버스 덕트 공사 ④ 플로어 덕트 공사

95 폭발성 또는 연소성의 가스가 침입할 우려가 있는 것에 시설하는 지중전선로의 지중함은 그 크기가 최소 몇 [m³] 이상인 경우에는 통풍장치, 기타 가스를 방산시키기 위한 적당한 장치를 시설하여야 하는가?

① 1 ② 3
③ 5 ④ 10

96 사용 전압이 특고압인 전기집진장치에 전원을 공급하기 위해 케이블을 사람이 접촉할 우려가 없도록 시설하는 경우 케이블의 피복에 사용하는 금속체는 몇 종 접지공사로 할 수 있는가?

[KEC규정에 따라 삭제]

① 제1종 접지공사 ② 제2종 접지공사
③ 제3종 접지공사 ④ 특별 제3종 접지공사

97 가공 전선로의 지지물에 시설하는 지지선의 안전율은 일반적인 경우 얼마 이상이어야 하는가?

① 2.0 ② 2.2
③ 2.5 ④ 2.7

98 고·저압 혼촉에 의한 위험을 방지하려고 시행하는 접지공사에 대한 기준으로 틀린 것은?

① 접지공사는 변압기의 시설장소마다 시행하여야 한다.
② 토지의 상황에 의하여 접지저항 값을 얻기 어려운 경우, 가공 접지선을 사용하여 접지극을 100[m]까지 떼어 놓을 수 있다.
③ 가공 공동지선을 설치하여 접지공사를 하는 경우, 각 변압기를 중심으로 지름 400[m] 이내의 지역에 접지를 하여야 한다.
④ 저압 전로의 사용전압이 300[V] 이하인 경우, 그 접지공사를 중성점에 하기 어려우면 저압 측의 1단자에 시행할 수 있다.

99 저압 가공전선로의 지지물에 시설하는 통신선 또는 이에 직접 접속하는 가공 통신선이 도로를 횡단하는 경우, 일반적으로 지표상 몇 [m] 이상의 높이로 시설하여야 하는가?

① 6.0 ② 4.0
③ 5.0 ④ 3.0

100 사용전압이 22.9[kV]인 특고압 가공전선이 도로를 횡단하는 경우, 지표상 높이는 최소 몇 [m] 이상인가?

① 4.5 ② 5 ③ 5.5 ④ 6

2016년도 2회 과년도 기출문제

1과목 전기자기학

01 자유공간 중에 $x=2$, $z=4$인 무한장 직선상에 ρ_L[C/m]인 균일한 선전하가 있다. 점(0, 0, 4)의 전계 E[V/m]는?

① $E = \dfrac{-\rho_L}{4\pi\varepsilon_o} a_x$ ② $E = \dfrac{\rho_L}{4\pi\varepsilon_o} a_x$

③ $E = \dfrac{-\rho_L}{2\pi\varepsilon_o} a_x$ ④ $E = \dfrac{\rho_L}{2\pi\varepsilon_o} a_x$

02 자기모멘트 9.8×10^{-5}[Wb·m]의 막대자석을 지구자계의 수평성분 10.5[AT/m]인 곳에서 지자기 자오면으로부터 90° 회전시키는 데 필요한 일은 약 몇 [J]인가?

① 1.03×10^{-3} ② 1.03×10^{-5}
③ 9.03×10^{-3} ④ 9.03×10^{-5}

03 단면적 S[m²], 단위 길이당 권수가 n_0[회/m]인 무한히 긴 솔레노이드의 자기인덕턴스[H/m]를 구하면?

① $\mu S n_0$ ② $\mu S n_0^2$
③ $\mu S^2 n_0$ ④ $\mu S^2 n_0^2$

04 평행판 콘덴서에 어떤 유전체를 넣었을 때 전속밀도가 4.8×10^{-7}[C/m²]이고 단위체적당 정전에너지가 5.3×10^{-3}[J/m³]이었다. 이 유전체의 유전율은 몇 [F/m]인가?

① 1.15×10^{-11} ② 2.17×10^{-11}
③ 3.19×10^{-11} ④ 4.21×10^{-11}

05 쌍극자 모멘트가 M[C·m]인 전기 쌍극자에서 점 P의 전계는 $\theta = \dfrac{\pi}{2}$에서 어떻게 되는가?(단, θ는 전기 쌍극자 중심에서 축 방향과 점 P를 잇는 선분의 사잇각이다.)

① 0 ② 최소
③ 최대 ④ $-\infty$

06 감자력이 0인 것은?

① 구 자성체
② 환상 철심
③ 타원 자성체
④ 굵고 짧은 막대 자성체

07 그림과 같이 반지름 10[cm]인 반원과 그 양단으로부터 직선으로 된 도선에 10[A]의 전류가 흐를 때, 중심 O에서의 자계의 세기와 방향은?

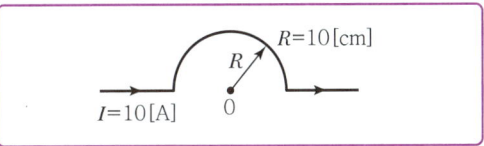

① 2.5[AT/m], 방향 ⊙
② 25[AT/m], 방향 ⊙
③ 2.5[AT/m], 방향 ⊗
④ 25[AT/m], 방향 ⊗

08 패러데이 관에 대한 설명으로 틀린 것은?

① 관내의 전속수는 일정하다.
② 관의 밀도는 전속밀도와 같다.
③ 진전하가 없는 점에서 불연속이다.
④ 관 양단에 양(+), 음(-)의 단위전하가 있다.

09 그림과 같은 원통상 도선 한 가닥이 유전율 ε [F/m]인 매질 내에 지상 h[m] 높이로 지면과 나란히 가선되어 있을 때 대지와 도선 간의 단위 길이당 정전용량[F/m]은?

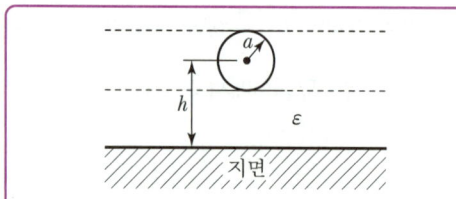

① $\dfrac{2\pi\varepsilon}{\sinh^{-1}\dfrac{h}{a}}$ ② $\dfrac{\pi\varepsilon}{\sinh^{-1}\dfrac{h}{a}}$

③ $\dfrac{2\pi\varepsilon}{\cosh^{-1}\dfrac{h}{a}}$ ④ $\dfrac{\pi\varepsilon}{\cosh^{-1}\dfrac{h}{a}}$

10 전위 $V = 3xy + z + 4$일 때 전계 E는?

① $i3x + j3y + k$ ② $-i3y + j3x + k$
③ $i3x - j3y - k$ ④ $-i3y - j3x - k$

11 한 변이 L[m] 되는 정사각형의 도선회로에 전류 I[A]가 흐르고 있을 때 회로 중심에서의 자속밀도는 몇 [Wb/m²]인가?

① $\dfrac{2\sqrt{2}}{\pi}\mu_0\dfrac{L}{I}$ ② $\dfrac{\sqrt{2}}{\pi}\mu_0\dfrac{I}{L}$

③ $\dfrac{2\sqrt{2}}{\pi}\mu_0\dfrac{I}{L}$ ④ $\dfrac{4\sqrt{2}}{\pi}\mu_0\dfrac{L}{I}$

12 다음 식 중에서 틀린 것은?

① 가우스의 정리 : $\text{div}D = \rho$
② 푸아송의 방정식 : $\nabla^2 V = \dfrac{\rho}{\epsilon}$
③ 라플라스의 방정식 : $\nabla^2 V = 0$
④ 발산의 정리 : $\oint_s A \cdot ds = \int_v \text{div}A\, dv$

13 환상 철심에 권선수 20인 A코일과 권선수 80인 B코일이 감겨 있을 때, A코일의 자기인덕턴스가 5[mH]라면 두 코일의 상호인덕턴스는 몇 [mH]인가?(단, 누설자속은 없는 것으로 본다.)

① 20   ② 1.25
③ 0.8   ④ 0.05

14 표피효과에 대한 설명으로 옳은 것은?

① 주파수가 높을수록 침투깊이가 얇아진다.
② 투자율이 크면 표피효과가 적게 나타난다.
③ 표피효과에 따른 표피저항은 단면적에 비례한다.
④ 도전율이 큰 도체에는 표피효과가 적게 나타난다.

15 자기회로에서 키르히호프의 법칙에 대한 설명으로 옳은 것은?

① 임의의 결합점으로 유입하는 자속의 대수합은 0이다.
② 임의의 폐자로에서 자속과 기자력의 대수합은 0이다.
③ 임의의 폐자로에서 자기저항과 기자력의 대수합은 0이다.
④ 임의의 폐자로에서 각 부의 자기저항과 자속의 대수합은 0이다.

16 W_1과 W_2의 에너지를 갖는 두 콘덴서를 병렬 연결한 경우의 총 에너지 W와의 관계로 옳은 것은?(단, $W_1 \neq W_2$이다.)

① $W_1 + W_2 = W$
② $W_1 + W_2 > W$
③ $W_1 - W_2 = W$
④ $W_1 + W_2 < W$

17 두 종류의 유전율(ε_1, ε_2)을 가진 유전체 경계면에 진전하가 존재하지 않을 때 성립하는 경계조건을 옳게 나타낸 것은?(단, θ_1, θ_2는 각각 유전체 경계면의 법선벡터와 E_1, E_2가 이루는 각이다.)

① $E_1\sin\theta_1 = E_2\sin\theta_2$, $D_1\sin\theta_1 = D_2\sin\theta_2$,
$\dfrac{\tan\theta_1}{\tan\theta_2} = \dfrac{\varepsilon_2}{\varepsilon_1}$

② $E_1\cos\theta_1 = E_2\cos\theta_2$, $D_1\sin\theta_1 = D_2\sin\theta_2$,
$\dfrac{\tan\theta_1}{\tan\theta_2} = \dfrac{\varepsilon_2}{\varepsilon_1}$

③ $E_1\sin\theta_1 = E_2\sin\theta_2$, $D_1\cos\theta_1 = D_2\cos\theta_2$,
$\dfrac{\tan\theta_1}{\tan\theta_2} = \dfrac{\varepsilon_1}{\varepsilon_2}$

④ $E_1\cos\theta_1 = E_2\cos\theta_2$, $D_1\cos\theta_1 = D_2\cos\theta_2$,
$\dfrac{\tan\theta_1}{\tan\theta_2} = \dfrac{\varepsilon_1}{\varepsilon_2}$

18 무한히 넓은 두 장의 평면판 도체를 간격 d[m]로 평행하게 배치하고 각각의 평면판에 면전하밀도 $\pm\sigma$[C/m²]로 분포되어 있는 경우 전기력선은 면에 수직으로 나와 평행하게 발산한다. 이 평면판 내부 전계의 세기는 몇 [V/m]인가?

① $\dfrac{\sigma}{\varepsilon_0}$
② $\dfrac{\sigma}{2\varepsilon_0}$
③ $\dfrac{\sigma}{2\pi\varepsilon_0}$
④ $\dfrac{\sigma}{4\pi\varepsilon_0}$

19 전자파의 특성에 대한 설명으로 틀린 것은?
① 전자파의 속도는 주파수와 무관하다.
② 전파 E_x를 고유임피던스로 나누면 자파 H_y가 된다.
③ 전파 E_x와 자파 H_y의 진동방향은 진행방향에 수평인 종파이다.
④ 매질이 도전성을 갖지 않으면 전파 E_x와 자파 H_y는 동위상이 된다.

20 압전효과를 이용하지 않는 것은?
① 수정발진기 ② 마이크로폰
③ 초음파 발생기 ④ 자속계

2과목 전력공학

21 송전선로의 현수 애자련 연면 섬락과 가장 관계가 먼 것은?
① 댐퍼 ② 철탑 접지 저항
③ 현수 애자련의 개수 ④ 현수 애자련의 소손

22 그림과 같은 주상변압기 2차 측 접지공사의 목적은?

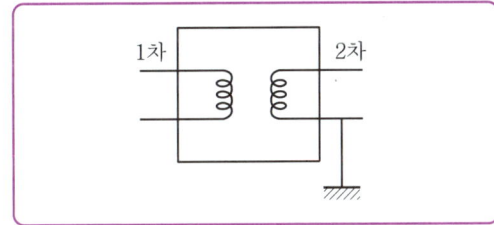

① 1차 측 과전류 억제
② 2차 측 과전류 억제
③ 1차 측 전압상승 억제
④ 2차 측 전압상승 억제

23 선로 전압강하 보상기(LDC)에 대한 설명으로 옳은 것은?
① 승압기로 저하된 전압을 보상하는 것
② 분로리액터로 전압 상승을 억제하는 것
③ 선로의 전압 강하를 고려하여 모선 전압을 조정하는 것
④ 직렬콘덴서로 선로의 리액턴스를 보상하는 것

24 송전전압 154[kV], 2회선 선로가 있다. 선로 길이가 240[km]이고 선로의 작용 정전용량이 0.02[μF/km]라고 한다. 이것을 자기여자를 일으키지 않고 충전하기 위해서는 최소한 몇 [MVA] 이상의 발전기를 이용하여야 하는가?(단, 주파수는 60[Hz]이다.)

① 78　　② 86
③ 89　　④ 95

25 송전계통에서 1선 지락 시 유도장해가 가장 적은 중성점 접지방식은?

① 비접지방식　　② 저항접지방식
③ 직접접지방식　　④ 소호리액터접지방식

26 22.9kV－Y 3상 4선식 중성선 다중접지계통의 특성에 대한 내용으로 틀린 것은?

① 1선 지락사고 시 1상 단락전류에 해당하는 큰 전류가 흐른다.
② 전원의 중성점과 주상변압기의 1차 및 2차를 공통의 중성선으로 연결하여 접지한다.
③ 각 상에 접속된 부하가 불평형일 때도 불완전 1선 지락고장의 검출감도가 상당히 예민하다.
④ 고저압 혼촉사고 시에는 중성선에 막대한 전위상승을 일으켜 수용가에 위험을 줄 우려가 있다.

27 송전계통에서 자동재폐로 방식의 장점이 아닌 것은?

① 신뢰도 향상
② 공급 지장시간의 단축
③ 보호계전방식의 단순화
④ 고장상의 고속도 차단, 고속도 재투입

28 유효낙차 100[m], 최대사용수량 20[m³/s]인 발전소의 최대 출력은 약 몇 [kW]인가?(단, 수차 및 발전기의 합성효율은 85[%]라 한다.)

① 14,160　　② 16,660
③ 24,990　　④ 33,320

29 수력발전소에서 흡출관을 사용하는 목적은?

① 압력을 줄인다.
② 유효낙차를 늘린다.
③ 속도 변동률을 작게 한다.
④ 물의 유선을 일정하게 한다.

30 방향성을 갖지 않는 계전기는?

① 전력계전기
② 과전류계전기
③ 비율차동계전기
④ 선택지락계전기

31 송전단 전압이 66[kV]이고, 수전단 전압이 62[kV]로 송전 중이던 선로에서 부하가 급격히 감소하여 수전단 전압이 63.5[kV]가 되었다. 전압강하율은 약 몇 [%]인가?

① 2.28　　② 3.94
③ 6.06　　④ 6.45

32 154[kV] 송전선로의 전압을 345[kV]로 승압하고 같은 손실률로 송진한다고 가정하면 송전전력은 승압전의 약 몇 배 정도인가?

① 2　　② 3
③ 4　　④ 5

33 각 전력계통을 연계선으로 상호연결하면 여러 가지 장점이 있다. 틀린 것은?

① 경제급전이 용이하다.
② 주파수의 변화가 작아진다.
③ 각 전력계통의 신뢰도가 증가한다.
④ 배후전력(Back Power)이 크기 때문에 고장이 적으며 그 영향의 범위가 작아진다.

34 3상 3선식 송전선로에서 연가의 효과가 아닌 것은?

① 작용 정전용량의 감소
② 각 상의 임피던스 평형
③ 통신선의 유도장해 감소
④ 직렬공진의 방지

35 그림과 같이 정수가 서로 같은 평행 2회선 송전선로의 4단자 정수 중 B에 해당되는 것은?

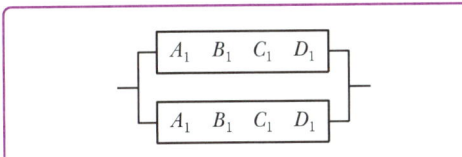

① $4B_1$
② $2B_1$
③ $\dfrac{1}{2}B_1$
④ $\dfrac{1}{4}B_1$

36 초고압용 차단기에 개폐저항기를 사용하는 주된 이유는?

① 차단속도 증진
② 차단전류 감소
③ 이상전압 억제
④ 부하설비 증대

37 3상 3선식 송전선로의 선간거리가 각각 50[cm], 60[cm], 70[cm]인 경우 기하학적 평균 선간거리는 약 몇 [cm]인가?

① 50.4
② 59.4
③ 62.8
④ 64.8

38 각 수용가의 수용설비용량이 50[kW], 100[kW], 80[kW], 60[kW], 150[kW]이며, 각각의 수용률이 0.6, 0.6, 0.5, 0.5, 0.4일 때 부하의 부등률이 1.30이라면 변압기 용량은 약 몇 [kVA]가 필요한가?(단, 평균 부하역률은 80[%]라고 한다.)

① 142
② 165
③ 183
④ 212

39 초고압 송전선로에 단도체 대신 복도체를 사용할 경우 틀린 것은?

① 전선의 작용인덕턴스를 감소시킨다.
② 선로의 작용정전용량을 증가시킨다.
③ 전선 표면의 전위경도를 저감시킨다.
④ 전선의 코로나 임계전압을 저감시킨다.

40 이상전압에 대한 방호장치가 아닌 것은?

① 피뢰기
② 가공지선
③ 방전코일
④ 서지흡수기

3과목 전기기기

41 그림은 단상 직권 정류자 전동기의 개념도이다. C를 무엇이라고 하는가?

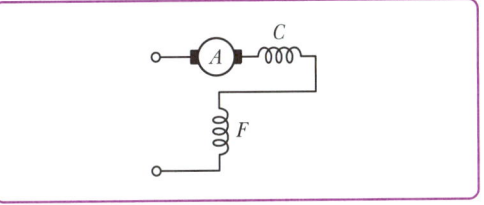

① 제어권선
② 보상권선
③ 보극권선
④ 단층권선

42 자극수 p, 파권, 전기자 도체수가 z인 직류발전기를 N[rpm]의 회전속도로 무부하 운전할 때 기전력이 E[V]이다. 1극당 주자속[Wb]은?

① $\dfrac{120E}{pzN}$ ② $\dfrac{120z}{pEN}$
③ $\dfrac{120zN}{pE}$ ④ $\dfrac{120pz}{EN}$

43 3상 권선형 유도 전동기의 토크 속도 곡선이 비례 추이한다는 것은 그 곡선이 무엇에 비례해서 이동하는 것을 말하는가?

① 슬립 ② 회전수
③ 2차 저항 ④ 공급 전압의 크기

44 단상 전파정류에서 공급전압이 E일 때 무부하 직류 전압의 평균값은?(단, 브리지 다이오드를 사용한 전파 정류회로이다.)

① $0.90E$ ② $0.45E$
③ $0.75E$ ④ $1.17E$

45 3,300/200[V], 10[kVA] 단상변압기의 2차를 단락하여 1차 측에 300[V]를 가하니 2차에 120[A]의 전류가 흘렀다. 이 변압기의 임피던스 전압 및 % 임피던스 강하는 약 얼마인가?

① 125[V], 3.8[%] ② 125[V], 3.5[%]
③ 200[V], 4.0[%] ④ 200[V], 4.2[%]

46 직류기의 전기자 반작용 결과가 아닌 것은?

① 주자속이 감소한다.
② 전기적 중성축이 이동한다.
③ 주자속에 영향을 미치지 않는다.
④ 정류자편 사이의 전압이 불균일하게 된다.

47 동기조상기의 구조상 특이점이 아닌 것은?

① 고정자는 수차발전기와 같다.
② 계자 코일이나 자극이 대단히 크다.
③ 안정 운전용 제동 권선이 설치된다.
④ 전동기 축은 동력을 전달하는 관계로 비교적 굵다.

48 VVVF(Variable Voltage Variable Frequency)는 어떤 전동기의 속도 제어에 사용되는가?

① 동기 전동기
② 유도 전동기
③ 직류 복권 전동기
④ 직류 타여자 전동기

49 3상 유도전동기의 기동법 중 Y−△ 기동법으로 기동 시 1차 권선의 각상에 가해지는 전압은 기동 시 및 운전 시 각각 정격전압의 몇 배가 가해지는가?

① $1, \dfrac{1}{\sqrt{3}}$ ② $\dfrac{1}{\sqrt{3}}, 1$
③ $\sqrt{3}, \dfrac{1}{\sqrt{3}}$ ④ $\dfrac{1}{\sqrt{3}}, \sqrt{3}$

50 SCR에 관한 설명으로 틀린 것은?

① 3단자 소자이다.
② 스위칭 소자이다.
③ 직류 전압만을 제어한다.
④ 적은 게이트 신호로 대전력을 제어한다.

51 평형 3상회로의 전류를 측정하기 위해서 변류비 200 : 5의 변류기를 그림과 같이 접속하였더니 전류계의 지시가 1.5[A]이었다. 1차 전류는 몇 [A]인가?

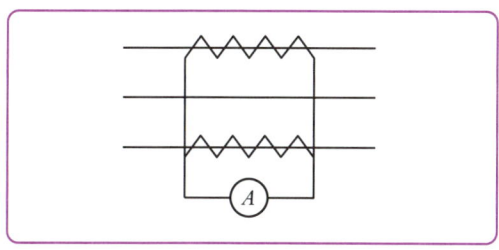

① 60 ② 60√3
③ 30 ④ 30√3

52 유도전동기의 최대토크를 발생하는 슬립을 S_t, 최대출력을 발생하는 슬립을 S_p라 하면 대소관계는?

① $S_p = S_t$ ② $S_p > S_t$
③ $S_p < S_t$ ④ 일정치 않다.

53 정격 200[V], 10[kW] 직류 분권발전기의 전압 변동률은 몇 [%]인가?(단, 전기자 및 분권계자 저항은 각각 0.1[Ω], 100[Ω]이다.)

① 2.6 ② 3.0
③ 3.6 ④ 4.5

54 동기 발전기의 단락비를 계산하는 데 필요한 시험은?

① 부하 시험과 돌발 단락시험
② 단상 단락 시험과 3상 단락 시험
③ 무부하 포화 시험과 3상 단락시험
④ 정상, 역상, 영상 리액턴스의 측정시험

55 직류 분권 발전기에 대한 설명으로 옳은 것은?

① 단자전압이 강하하면 계자전류가 증가한다.
② 부하에 의한 전압의 변동이 타여자발전기에 비하여 크다.
③ 타여자발전기의 경우보다 외부특성 곡선이 상향(上向)으로 된다.
④ 분권권선의 접속방법에 관계없이 자기여자로 전압을 올릴 수가 있다.

56 정격출력 10,000[kVA], 정격전압 6,600[V], 정격역률 0.6인 3상 동기발전기가 있다. 동기리액턴스 0.6[p.u]인 경우의 전압변동률[%]은?

① 21 ② 31
③ 40 ④ 52

57 3상 유도전압 조정기의 동작원리 중 가장 적당한 것은?

① 두 전류 사이에 작용하는 힘이다.
② 교변자계의 전자유도작용을 이용한다.
③ 충전된 두 물체 사이에 작용하는 힘이다.
④ 회전자계에 의한 유도작용을 이용하여 2차 전압의 위상전압 조정에 따라 변화한다.

58 단권변압기 2대를 V결선하여 선로 전압 3,000[V]를 3,300[V]로 승압하여 300[kVA]의 부하에 전력을 공급하려고 한다. 단권변압기 1대의 자기용량은 약 [kVA]인가?

① 9.09 ② 15.72
③ 21.72 ④ 31.50

59 정격용량 100[kVA]인 단상 변압기 3대를 $\Delta-\Delta$ 결선하여 300[kVA]의 3상 출력을 얻고 있다. 한 상에 고장이 발생하여 결선을 V결선으로 하는 경우 a) 뱅크용량[kVA], b) 각 변압기의 출력[kVA]은?

① a) 253, b) 126.5 ② a) 200, b) 100
③ a) 173, b) 86.6 ④ a) 152, b) 75.6

60 계자 권선이 전기자에 병렬로만 연결된 직류기는?

① 분권기   ② 직권기
③ 복권기   ④ 타여자기

4과목 회로이론 및 제어공학

61 다음 설명 중 틀린 것은?

① 최소 위상함수는 양의 위상여유이면 안정하다.
② 이득 교차 주파수는 진폭비가 1이 되는 주파수이다.
③ 최소 위상함수는 위상여유가 0이면 임계안정하다.
④ 최소 위상함수의 상대안정도는 위상각의 증가와 함께 작아진다.

62 2차 제어계 $G(s)$, $H(s)$의 나이퀴스트 선도의 특징이 아닌 것은?

① 이득여유는 ∞이다.
② 교차량 $|GH| = 0$이다.
③ 모두 불안정한 제어계이다.
④ 부의 실축과 교차하지 않는다.

63 다음과 같은 상태 방정식의 고유값 λ_1과 λ_2는?

$$\begin{bmatrix}\dot{x}_1\\\dot{x}_2\end{bmatrix} = \begin{bmatrix}1 & -2\\-3 & 2\end{bmatrix}\begin{bmatrix}x_1\\x_2\end{bmatrix} + \begin{bmatrix}2 & -3\\-4 & 3\end{bmatrix}\begin{bmatrix}r_1\\r_2\end{bmatrix}$$

① 4, -1   ② -4, 1
③ 6, -1   ④ -6, 1

64 제어기에서 미분제어의 특성으로 가장 적합한 것은?

① 대역폭이 감소한다.
② 제동을 감소시킨다.
③ 작동오차의 변화율에 반응하여 동작한다.
④ 정상상태의 오차를 줄이는 효과를 갖는다.

65 폐루프 시스템의 특징으로 틀린 것은?

① 정확성이 증가한다.
② 감쇠폭이 증가한다.
③ 발진을 일으키고 불안정한 상태로 되어갈 가능성이 있다.
④ 계의 특성 변화에 대한 입력 대 출력비의 감도가 증가한다.

66 Nyquist 판정법의 설명으로 틀린 것은?

① 안정성을 판정하는 동시에 안정도를 제시해 준다.
② 계의 안정도를 개선하는 방법에 대한 정보를 제시해 준다.
③ Nyquist 선도는 제어계의 오차 응답에 관한 정보를 준다.
④ Routh-Hurwitz 판정법과 같이 계의 안정 여부를 직접 판정해 준다.

67 그림의 신호 흐름 선도에서 $\dfrac{y_2}{y_1}$은?

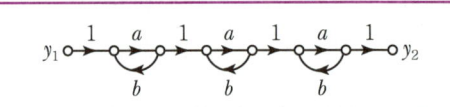

① $\dfrac{a^3}{1-3ab}$ ② $\dfrac{a^3}{(1-ab)^3}$

③ $\dfrac{a^3}{(1-3ab+ab)}$ ④ $\dfrac{a^3}{1-3ab+2ab}$

68 그림과 같은 블록선도로 표시되는 제어계는 무슨 형인가?

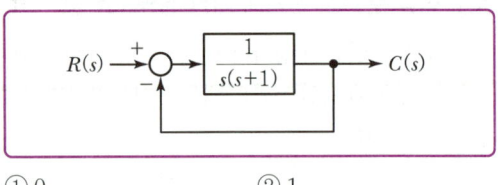

① 0   ② 1
③ 2   ④ 3

69 다음 논리회로의 출력 X는?

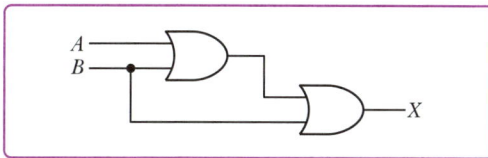

① A
② B
③ $A+B$
④ $A \cdot B$

70 단위계단 함수 $u(t)$를 z변환하면?

① 1
② $\dfrac{1}{z}$
③ 0
④ $\dfrac{z}{(z-1)}$

71 전압의 순싯값이 다음과 같을 때 실횻값은 약 몇 [V]인가?

$$v = 3 + 10\sqrt{2}\sin\omega t + 5\sqrt{2}\sin(3\omega t - 30°)\,[\text{V}]$$

① 11.6
② 13.2
③ 16.4
④ 20.1

72 $v = 100\sqrt{2}\sin\left(\omega t + \dfrac{\pi}{3}\right)$ [V]를 복소수로 나타내면?

① $25 + j25\sqrt{3}$
② $50 + j25\sqrt{3}$
③ $25 + j50\sqrt{3}$
④ $50 + j50\sqrt{3}$

73 분포정수회로에서 선로의 단위 길이당 저항을 100[Ω], 인덕턴스를 200[mH], 누설컨덕턴스를 0.5[℧]라 할 때 일그러짐이 없는 조건을 만족하기 위한 정전용량은 몇 [μF]인가?

① 0.001
② 0.1
③ 10
④ 1,000

74 그림과 같이 $r = 1[\Omega]$인 저항을 무한히 연결할 때 $a-b$에서의 합성저항은?

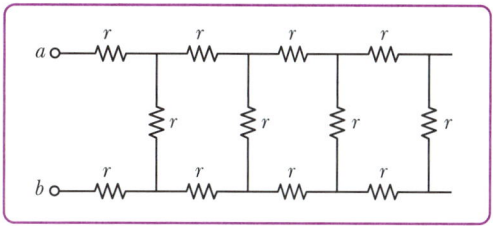

① $1 + \sqrt{3}$
② $\sqrt{3}$
③ $1 + \sqrt{2}$
④ ∞

75 3상 불평형 전압에서 역상전압이 35[V]이고, 정상전압이 100[V], 영상전압이 10[V]라 할 때, 전압의 불평형률은?

① 0.10
② 0.25
③ 0.35
④ 0.45

76 4단자 정수 A, B, C, D 중에서 어드미턴스 차원을 가진 정수는?

① A
② B
③ C
④ D

77 다음 회로의 4단자 정수는?

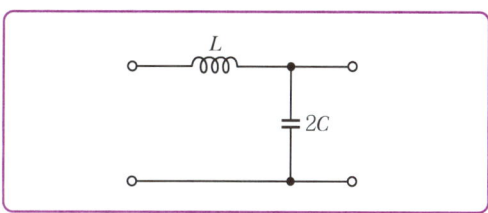

① $A = 1 + 2\omega^2 LC$, $B = j2\omega C$, $C = j\omega L$, $D = 0$
② $A = 1 - 2\omega^2 LC$, $B = j\omega L$, $C = j2\omega C$, $D = 1$
③ $A = 2\omega^2 LC$, $B = j\omega L$, $C = j2\omega C$, $D = 1$
④ $A = 2\omega^2 LC$, $B = j2\omega C$, $C = j\omega L$, $D = 0$

78 인덕턴스 0.5[H], 저항 2[Ω]의 직렬회로에 30[V]의 직류전압을 급히 가했을 때 스위치를 닫은 후 0.1초 후의 전류의 순싯값 i[A]와 회로의 시정수 τ[s]는?

① $i=4.95$, $\tau=0.25$
② $i=12.75$, $\tau=0.35$
③ $i=5.95$, $\tau=0.45$
④ $i=13.95$, $\tau=0.25$

79 $f(t)=u(t-a)-u(t-b)$의 라플라스 변환 $F(s)$는?

① $\frac{1}{s^2}(e^{-as}-e^{-bs})$
② $\frac{1}{s}(e^{-as}-e^{-bs})$
③ $\frac{1}{s^2}(e^{as}+e^{bs})$
④ $\frac{1}{s}(e^{as}+e^{bs})$

80 한 상의 임피던스가 $6+j8$[Ω]인 △부하에 대칭 선간전압 200[V]를 인가할 때 3상 전력[W]은?

① 2,400
② 4,160
③ 7,200
④ 10,800

5과목 전기설비기술기준 및 판단기준

81 특고압 가공전선을 삭도와 제2차 접근상태로 시설할 경우에 특고압 가공전선로의 보안공사는?

① 고압 보안공사
② 제1종 특고압 보안공사
③ 제2종 특고압 보안공사
④ 제3종 특고압 보안공사

82 저압 전로 중 전선 상호 간 및 전로와 대지 사이의 절연저항 값은 대지전압이 150[V] 초과 300[V] 이하인 경우에 몇 [MΩ]이 되어야 하는가?

[KEC규정에 따라 삭제]

① 0.1
② 0.2
③ 0.3
④ 0.4

83 철도 또는 궤도를 횡단하는 저고압 가공전선의 높이는 레일면상 몇 [m] 이상인가?

① 5.5
② 6.5
③ 7.5
④ 8.5

84 갑종 풍압하중을 계산할 때 강관에 의하여 구성된 철탑에서 구성재의 수직 투영면적 1[m²]에 대한 풍압하중은 몇 [Pa]을 기초로 하여 계산한 것인가?(단, 단주는 제외한다.)

① 588
② 1,117
③ 1,255
④ 2,157

85 발전소의 계측요소가 아닌 것은?

① 발전기의 고정자 온도
② 저압용 변압기의 온도
③ 발전기의 전압 및 전류
④ 주요 변압기의 전류 및 전압

86 특고압 가공전선로에서 발생하는 극저주파 전자계는 자계의 경우 지표상 1[m]에서 측정 시 몇 [μT] 이하인가?

① 28.0
② 46.5
③ 70.0
④ 83.3

87 애자사용공사에 의한 저압 옥내배선 시 전선 상호 간의 간격은 몇 [cm] 이상인가?

① 2
② 4
③ 6
④ 8

88 가공전선과 첨가 통신선과의 시공방법으로 틀린 것은?

① 통신선은 가공전선의 아래에 시설할 것
② 통신선과 고압 가공전선 사이의 간격은 60[cm] 이상일 것
③ 통신선과 특고압 가공전선로의 다중접지한 중성선 사이의 간격은 1.2[m] 이상일 것
④ 통신선은 특고압 가공전선로의 지지물에 시설하는 기계·기구에 부속되는 전선과 접촉할 우려가 없도록 지지물 또는 완금류에 견고하게 시설할 것

89 가공 약전류전선을 사용전압이 22.9[kV]인 특고압 가공전선과 동일 지지물에 공용하고자 할 때 가공전선으로 경동연선을 사용한다면 단면적은 몇 [mm²] 이상인가?

① 22   ② 38
③ 55   ④ 50

90 발전소·변전소 또는 이에 준하는 곳의 특고압전로에 대한 접속상태를 모의모선의 사용 또는 기타의 방법으로 표시하여야 하는데, 그 표시의 의무가 없는 것은?

① 전선로의 회선 수가 3회선 이하로서 복모선
② 전선로의 회선 수가 2회선 이하로서 복모선
③ 전선로의 회선 수가 3회선 이하로서 단일모선
④ 전선로의 회선 수가 2회선 이하로서 단일모선

91 배류시설에 대한 설명으로 옳은 것은?

[KEC규정에 따라 삭제]

① 배류시설에는 영상 변류기를 사용하여 전기부식 작용에 의한 장해를 방지한다.
② 배류선을 귀선에 접속하는 위치는 귀선용 레일의 저항이 증가되는 곳으로 한다.
③ 배류회로는 배류선과 금속제 지중 관로 및 귀선과의 접속점을 제외하고 대지와 단락시킨다.
④ 배류시설은 다른 금속제 지중 관로 및 귀선용 레일에 대한 전기부식 작용에 의한 장해를 현저히 증가시킬 우려가 없도록 시설한다.

92 전기울타리의 시설에 사용되는 전선은 지름 몇 [mm] 이상의 경동선인가?

① 2.0   ② 2.6
③ 3.2   ④ 4.0

93 사용전압이 161[kV]인 가공 전선로를 시가지 내에 시설할 때 전선의 지표상의 높이는 몇 [m] 이상이어야 하는가?

① 8.65   ② 9.56
③ 10.47 ④ 11.56

94 지중 전선로는 기설 지중 약전류 전선로에 대하여 다음의 어느 것에 의하여 통신상의 장해를 주지 아니하도록 기설 약전류 전선로로부터 충분히 이격시키는가?

① 충전전류 또는 표피작용
② 누설전류 또는 유도작용
③ 충전전류 또는 유도작용
④ 누설전류 또는 표피작용

95 ACSR 전선을 사용전압 직류 1,500[V]의 가공급전선으로 사용할 경우 안전율은 얼마 이상이 되는 처짐정도로 시설하여야 하는가?

① 2.0   ② 2.1
③ 2.2   ④ 2.5

96 154[kV] 가공전선과 가공 약전류 전선이 교차하는 경우에 시설하는 보호망을 구성하는 금속선 중 가공전선의 바로 아래에 시설되는 것 이외의 다른 부분에 시설되는 금속선은 지름 몇 [mm] 이상의 아연도 철선이어야 하는가?

① 2.6　　② 3.2
③ 4.0　　④ 5.0

97 설계하중이 6.8[kN]인 철근콘크리트주의 길이가 17[m]라 한다. 이 지지물을 지반이 연약한 곳 이외의 곳에서 안전율을 고려하지 않고 시설하려고 하면 땅에 묻히는 깊이는 몇 [m] 이상으로 하여야 하는가?

① 2.0　　② 2.3
③ 2.5　　④ 2.8

98 전로를 대지로부터 반드시 절연하여야 하는 것은?

① 시험용 변압기
② 저압 가공전선로의 접지 측 전선
③ 전로의 중성점에 접지공사를 하는 경우의 접지점
④ 계기용 변성기의 2차 측 전로에 접지공사를 하는 경우의 접지점

99 고압 계기용 변성기의 2차 측 전로의 접지공사는?

[KEC규정에 따라 삭제]

① 제1종 접지공사　　② 제2종 접지공사
③ 제3종 접지공사　　④ 특별 제3종 접지공사

100 일반주택 및 아파트 각 호실의 현관등은 몇 분 이내에 소등되도록 타임스위치를 시설해야 하는가?

① 3　　② 4
③ 5　　④ 6

2016년도 3회 과년도 기출문제

1과목 전기자기학

01 반지름이 a[m]이고 단위길이에 대한 권수가 n인 무한장 솔레노이드의 단위 길이당 자기인덕턴스는 몇 [H/m]인가?

① $\mu\pi a^2 n^2$
② $\mu\pi an$
③ $\dfrac{an}{2\mu\pi}$
④ $4\mu\pi a^2 n^2$

02 선전하밀도 ρ[C/m]를 갖는 코일이 반원형의 형태를 취할 때, 반원의 중심에서 전계의 세기를 구하면 몇 [V/m]인가?(단, 반지름은 r[m]이다.)

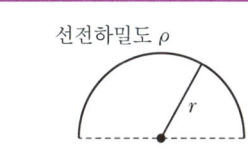
선전하밀도 ρ

① $\dfrac{\rho}{8\pi\varepsilon_o r^2}$
② $\dfrac{\rho}{4\pi\varepsilon_o r}$
③ $\dfrac{\rho}{4\pi\varepsilon_o r^2}$
④ $\dfrac{\rho}{2\pi\varepsilon_o r}$

03 비투자율 μ_s는 역자성체에서 다음 어느 값을 갖는가?

① $\mu_s = 0$
② $\mu_s < 1$
③ $\mu_s > 1$
④ $\mu_s = 1$

04 도전율 σ, 투자율 μ인 도체에 교류 전류가 흐를 때 표피효과의 영향에 대한 설명으로 옳은 것은?

① σ가 클수록 작아진다.
② μ가 클수록 작아진다.
③ μ_s가 클수록 작아진다.
④ 주파수가 높을수록 커진다.

05 자계와 전류계의 대응으로 틀린 것은?

① 자속 ↔ 전류
② 기자력 ↔ 기전력
③ 투자율 ↔ 유전율
④ 자계의 세기 ↔ 전계의 세기

06 다음의 관계식 중 성립할 수 없는 것은?(단, μ는 투자율, μ_o는 진공의 투자율, χ는 자화율, J는 자화의 세기이다.)

① $\mu = \mu_o + \chi$
② $J = \chi B$
③ $\mu_s = 1 + \dfrac{\chi}{\mu_o}$
④ $B = \mu H$

07 베이클라이트 중 전속밀도가 D[C/m²]일 때 분극의 세기는 몇 [C/m²]인가?(단, 베이클라이트의 비유전율은 ε_r이다.)

① $D(\varepsilon_r - 1)$
② $D\left(1 + \dfrac{1}{\varepsilon_r}\right)$
③ $D\left(1 - \dfrac{1}{\varepsilon_r}\right)$
④ $D(\varepsilon_r + 1)$

08 철심부의 평균길이가 l_2, 공극의 길이가 l_1, 단면적이 S인 자기회로이다. 자속밀도를 $B[\text{Wb/m}^2]$로 하기 위한 기자력[AT]은?

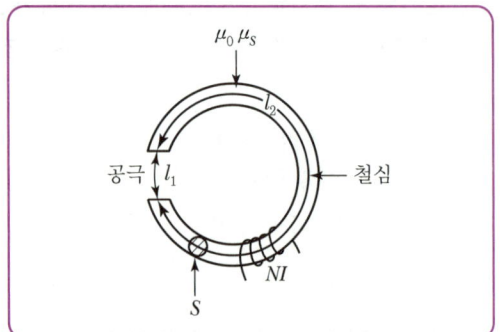

① $\dfrac{\mu_0}{B}\left(l_1+\dfrac{\mu_s}{l_2}\right)$ ② $\dfrac{B}{\mu_0}\left(l_2+\dfrac{l_1}{\mu_s}\right)$

③ $\dfrac{\mu_0}{B}\left(l_2+\dfrac{\mu_s}{l_1}\right)$ ④ $\dfrac{B}{\mu_0}\left(l_1+\dfrac{l_2}{\mu_s}\right)$

09 자성체의 자화 세기 $J=8[\text{kA/m}]$, 자화율 $\chi_m=0.02$일 때 자속밀도는 약 몇 [T]인가?

① 7,000 ② 7,500
③ 8,000 ④ 8,500

10 진공 중의 자계 10[AT/m]인 점에 5×10^{-3}[Wb]의 자극을 놓으면 그 자극에 작용하는 힘[N]은?

① 5×10^{-2} ② 5×10^{-3}
③ 2.5×10^{-2} ④ 2.5×10^{-3}

11 전계와 자계의 관계에서 고유임피던스는?

① $\sqrt{\varepsilon\mu}$ ② $\sqrt{\dfrac{\mu}{\varepsilon}}$
③ $\sqrt{\dfrac{\varepsilon}{\mu}}$ ④ $\dfrac{1}{\sqrt{\varepsilon\mu}}$

12 자성체 $3\times4\times20[\text{cm}^3]$가 자속밀도 $B=130$[mT]로 자화되었을 때 자기모멘트가 48[A·m²]이었다면 자화의 세기(M)는 몇 [A/m]인가?

① 10^4 ② 10^5
③ 2×10^4 ④ 2×10^5

13 그림과 같은 평행판 콘덴서에 극판의 면적이 S[m²], 진전하밀도를 $\sigma[\text{C/m}^2]$, 유전율이 각각 $\varepsilon_1=4$, $\varepsilon_2=2$인 유전체를 채우고 a, b 양단에 $V[\text{V}]$의 전압을 인가할 때 ε_1, ε_2인 유전체 내부 전계의 세기 E_1, E_2와의 관계식은?

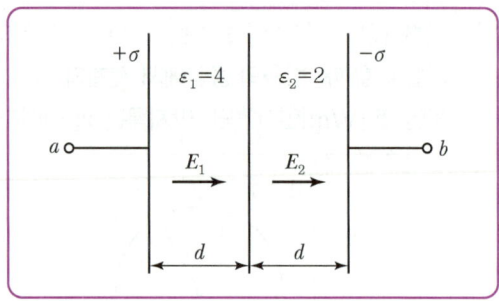

① $E_1=2E_2$ ② $E_1=4E_2$
③ $2E_1=E_2$ ④ $E_1=E_2$

14 쌍극자 모멘트가 $M[\text{C·m}]$인 전기 쌍극자에 의한 임의의 점 P에서의 전계 크기는 전기 쌍극자 중심에서 축방향과 점 P를 잇는 선분 사이의 각이 얼마일 때 최대가 되는가?

① 0 ② $\dfrac{\pi}{2}$
③ $\dfrac{\pi}{3}$ ④ $\dfrac{\pi}{4}$

15 원점에 +1[C], 점(2, 0)에 −2[C]의 점전하가 있을 때 전계의 세기가 0인 점은?

① $(-3-2\sqrt{3},\ 0)$ ② $(-3+2\sqrt{3},\ 0)$
③ $(-2-2\sqrt{2},\ 0)$ ④ $(-2+2\sqrt{2},\ 0)$

16 반지름 2[mm], 간격 1[m]의 평행왕복 도선이 있다. 도체 간에 전압 6[kV]를 가했을 때 단위 길이당 작용하는 힘은 몇 [N/m]인가?

① 1.3×10^{-5}
② 8.06×10^{-6}
③ 6.87×10^{-5}
④ 6.87×10^{-6}

17 유전율이 ε_1, ε_2인 유전체 경계면에 수직으로 전계가 작용할 때 단위면적당에 작용하는 수직력은?

① $2\left(\dfrac{1}{\varepsilon_2} - \dfrac{1}{\varepsilon_1}\right)E^2$
② $2\left(\dfrac{1}{\varepsilon_2} - \dfrac{1}{\varepsilon_1}\right)D^2$
③ $\dfrac{1}{2}\left(\dfrac{1}{\varepsilon_2} - \dfrac{1}{\varepsilon_1}\right)E^2$
④ $\dfrac{1}{2}\left(\dfrac{1}{\varepsilon_2} - \dfrac{1}{\varepsilon_1}\right)D^2$

18 진공 중에서 $+q$[C]과 $-q$[C]의 점전하가 미소거리 a[m]만큼 떨어져 있을 때 이 쌍극자가 P점에 만드는 전계[V/m]와 전위[V]의 크기는?

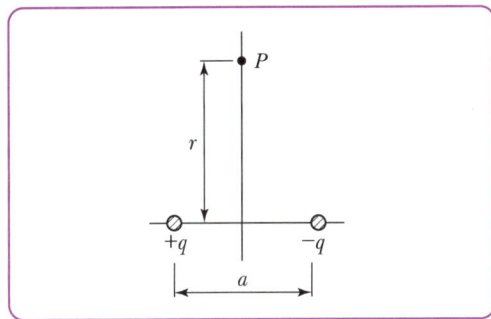

① $E = \dfrac{qa}{4\pi\varepsilon_o r^2}$, $V = 0$
② $E = \dfrac{qa}{4\pi\varepsilon_o r^3}$, $V = 0$
③ $E = \dfrac{qa}{4\pi\varepsilon_o r^2}$, $V = \dfrac{qa}{4\pi\varepsilon_o r}$
④ $E = \dfrac{qa}{4\pi\varepsilon_o r^3}$, $V = \dfrac{qa}{4\pi\varepsilon_o r^2}$

19 반지름 a[m]인 원형코일에 전류 I[A]가 흘렀을 때 코일 중심에서의 자계의 세기[AT/m]는?

① $\dfrac{I}{4\pi a}$
② $\dfrac{I}{2\pi a}$
③ $\dfrac{I}{4a}$
④ $\dfrac{I}{2a}$

20 손실 유전체에서 전자파에 관한 전파정수 γ로서 옳은 것은?

① $j\omega\sqrt{\mu\varepsilon}\sqrt{j\dfrac{\sigma}{\omega\varepsilon}}$
② $j\omega\sqrt{\mu\varepsilon}\sqrt{1-j\dfrac{\sigma}{2\omega\varepsilon}}$
③ $j\omega\sqrt{\mu\varepsilon}\sqrt{1-j\dfrac{\sigma}{\omega}\varepsilon}$
④ $j\omega\sqrt{\mu\varepsilon}\sqrt{1-j\dfrac{\omega\varepsilon}{\sigma}}$

2과목 전력공학

21 송전거리, 전력, 손실률 및 역률이 일정하다면 전선의 굵기는?

① 전류에 비례한다.
② 전류에 반비례한다.
③ 전압의 제곱에 비례한다.
④ 전압의 제곱에 반비례한다.

22 보호계전기의 보호방식 중 표시선 계전방식이 아닌 것은?

① 방향 비교 방식
② 위상 비교 방식
③ 전압 반향 방식
④ 전류 순환 방식

23 중성점 직접 접지방식에 대한 설명으로 틀린 것은?

① 계통의 과도 안정도가 나쁘다.
② 변압기의 단절연(段絶緣)이 가능하다.
③ 1선 지락 시 건전상의 전압은 거의 상승하지 않는다.
④ 1선 지락전류가 적어 차단기의 차단능력이 감소된다.

24 단상 변압기 3대를 Δ결선으로 운전하던 중 1대의 고장으로 V결선 한 경우 V결선과 Δ결선의 출력비는 약 몇 [%]인가?
① 52.2   ② 57.7
③ 66.7   ④ 86.6

25 전력선에 영상전류가 흐를 때 통신선로에 발생되는 유도장해는?
① 고조파유도장해   ② 전력유도장해
③ 전자유도장해   ④ 정전유도장해

26 변압기의 결선 중에서 1차에 제3고조파가 있을 때 2차에 제3고조파 전압이 외부로 나타나는 결선은?
① Y−Y   ② Y−Δ
③ Δ−Y   ④ Δ−Δ

27 3상 3선식의 전선 소요량에 대한 3상 4선식의 전선 소요량의 비는 얼마인가?(단, 배전거리, 배전전력 및 전력손실은 같고, 4선식의 중성선의 굵기는 외선의 굵기와 같으며, 외선과 중성선 간의 전압은 3선식의 선간전압과 같다.)
① $\frac{4}{9}$ ② $\frac{2}{3}$
③ $\frac{3}{4}$ ④ $\frac{1}{3}$

28 수전단의 선로원 방정식이 $P_r^2 + (Q_r + 400)^2 = 250{,}000$으로 표현되는 전력계통에서 가능한 최대로 공급할 수 있는 부하전력(P_r)과 이때 전압을 일정하게 유지하는 데 필요한 무효전력(Q_r)은 각각 얼마인가?

① $P_r = 500,\ Q_r = -400$
② $P_r = 400,\ Q_r = 500$
③ $P_r = 300,\ Q_r = 100$
④ $P_r = 200,\ Q_r = -300$

29 그림과 같이 부하가 균일한 밀도로 도중에서 분기되어 선로전류가 송전단에 이를수록 직선적으로 증가할 경우 선로의 전압강하는 이 송전단 전류와 같은 전류의 부하가 선로의 말단에만 집중되어 있을 경우의 전압강하보다 어떻게 되는가?(단, 부하역률은 모두 같다고 한다.)

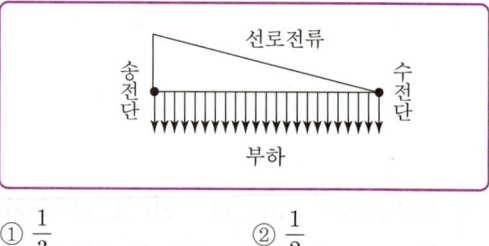

① $\frac{1}{3}$ ② $\frac{1}{2}$
③ 1   ④ 2

30 컴퓨터에 의한 전력조류 계산에서 슬랙(Slack) 모선의 지정값은?(단, 슬랙모선을 기준모선으로 한다.)
① 유효전력과 무효전력
② 모선전압의 크기와 유효전력
③ 모선전압의 크기와 무효전력
④ 모선전압의 크기와 모선 전압의 위상각

31 동일 모선에 2개 이상의 급전선(Feeder)을 가진 비접지 배전계통에서 지락사고에 대한 보호계전기는?
① OCR   ② OVR
③ SGR   ④ DFR

32 차단기의 차단능력이 가장 가벼운 것은?
① 중성점 직접접지계통의 지락전류 차단
② 중성점 저항접지계통의 지락전류 차단
③ 송전선로의 단락사고시의 단락사고 차단
④ 중성점을 소호리액터로 접지한 장거리 송전선로의 지락전류 차단

33 한류리액터의 사용 목적은?
① 누설전류의 제한   ② 단락전류의 제한
③ 접지전류의 제한   ④ 이상전압 발생의 방지

34 통신선과 평행인 주파수 60[Hz]의 3상 1회선 송전선이 있다. 1선 지락 때문에 영상전류가 100[A] 흐르고 있다면 통신선에 유도되는 전자유도전압은 약 몇 [V]인가?(단, 영상전류는 전 전선에 걸쳐서 같으며, 송전선과 통신선의 상호인덕턴스는 0.06[mH/km], 그 평행 길이는 40[km]이다.)
① 156.6   ② 162.8
③ 230.2   ④ 271.4

35 중거리 송전선로의 특성은 무슨 회로로 다루어야 하는가?
① RL 집중정수회로   ② RLC 집중정수회로
③ 분포정수회로   ④ 특성임피던스회로

36 전력용 콘덴서의 사용전압을 2배로 증가시키고자 한다. 이때 정전용량을 변화시켜 동일 용량[kVar]으로 유지하려면 승압 전의 정전용량보다 어떻게 변화하면 되는가?
① 4배로 증가   ② 2배로 증가
③ $\frac{1}{2}$로 감소   ④ $\frac{1}{4}$로 감소

37 발전기의 단락비가 작은 경우의 현상으로 옳은 것은?
① 단락전류가 커진다.
② 안정도가 높아진다.
③ 전압변동률이 커진다.
④ 선로를 충전할 수 있는 용량이 증가한다.

38 송전선로에서 1선 지락 시에 건전상의 전압 상승이 가장 적은 접지방식은?
① 비접지방식   ② 직접접지방식
③ 저항접지방식   ④ 소호리액터접지방식

39 배전선로의 손실을 경감하기 위한 대책으로 적절하지 않은 것은?
① 누전차단기 설치
② 배전전압의 승압
③ 전력용 콘덴서 설치
④ 전류밀도의 감소와 평형

40 댐의 부속설비가 아닌 것은?
① 수로   ② 수조
③ 취수구   ④ 흡출관

3과목 전기기기

41 정격 출력이 7.5[kW]의 3상 유도전동기가 전부하 운전에서 2차 저항손이 300[W]이다. 슬립은 약 몇 [%]인가?
① 3.85   ② 4.61
③ 7.51   ④ 9.42

42 직류 분권 발전기를 병렬운전하기 위해서는 발전기 용량 P와 정격전압 V는?

① P와 V 모두 달라도 된다.
② P는 같고, V는 달라도 된다.
③ P와 V 모두 같아야 한다.
④ P는 달라도 V는 같아야 한다.

43 권선형 유도전동기 기동 시 2차 측에 저항을 넣는 이유는?

① 회전수 감소
② 기동전류 증대
③ 기동 토크 감소
④ 기동전류 감소와 기동 토크 증대

44 변압기에서 철손을 구할 수 있는 시험은?

① 유도시험　　② 단락시험
③ 부하시험　　④ 무부하시험

45 권선형 유도전동기의 2차 권선의 전압 sE_2와 같은 위상의 전압 E_c를 공급하고 있다. E_c를 점점 크게 하면 유도전동기의 회전방향과 속도는 어떻게 변하는가?

① 속도는 회전자계와 같은 방향으로 동기속도까지만 상승한다.
② 속도는 회전자계와 반대 방향으로 동기속도까지만 상승한다.
③ 속도는 회전자계와 같은 방향으로 동기속도 이상으로 회전할 수 있다.
④ 속도는 회전자계와 반대 방향으로 동기속도 이상으로 회전할 수 있다.

46 주파수 60[Hz], 슬립 0.2인 경우 회전자 속도가 720[rpm]일 때 유도전동기의 극수는?

① 4　　② 6　　③ 8　　④ 12

47 단락비가 큰 동기기에 대한 설명으로 옳은 것은?

① 안정도가 높다.
② 기계가 소형이다.
③ 전압변동률이 크다.
④ 전기자 반작용이 크다.

48 유도전동기의 1차 전압 변화에 의한 속도 제어 시 SCR을 사용하여 변화시키는 것은?

① 토크　　② 전류
③ 주파수　　④ 위상각

49 비철극형 3상 동기발전기의 동기 리액턴스 $X_s = 10[\Omega]$, 유도기전력 $E = 6,000[V]$, 단자전압 $V = 5,000[V]$, 부하각 $\delta = 30°$일 때 출력은 몇 [kW]인가?(단, 전기자 권선저항은 무시한다.)

① 1,500　　② 3,500
③ 4,500　　④ 5,500

50 3상 유도전동기 원선도에서 역률[%]을 표시하는 것은?

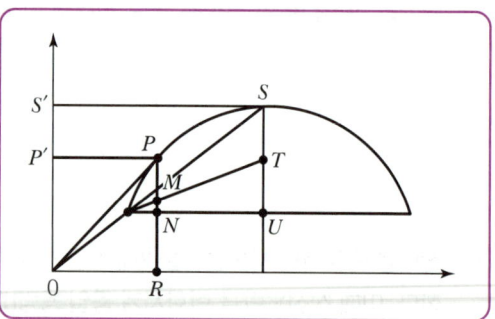

① $\dfrac{\overline{OS'}}{\overline{OS}} \times 100$　　② $\dfrac{\overline{SS'}}{\overline{OS}} \times 100$

③ $\dfrac{\overline{OP'}}{\overline{OP}} \times 100$　　④ $\dfrac{\overline{OS}}{\overline{OP}} \times 100$

51 상수 m, 매극 매상당 슬롯 수 q인 동기발전기에서 n차 고조파분에 대한 분포계수는?

① $\left(q\sin\dfrac{n\pi}{mq}\right) / \left(\sin\dfrac{n\pi}{m}\right)$

② $\left(\sin\dfrac{n\pi}{m}\right) / \left(q\sin\dfrac{n\pi}{mq}\right)$

③ $\left(\sin\dfrac{\pi}{2m}\right) / \left(q\sin\dfrac{n\pi}{2mq}\right)$

④ $\left(\sin\dfrac{n\pi}{2m}\right) / \left(q\sin\dfrac{n\pi}{2mq}\right)$

52 유도전동기 1극의 자속 및 2차 도체에 흐르는 전류와 토크의 관계는?

① 토크는 1극의 자속과 2차 유효전류의 곱에 비례한다.
② 토크는 1극의 자속과 2차 유효전류의 제곱에 비례한다.
③ 토크는 1극의 자속과 2차 유효전류의 곱에 반비례한다.
④ 토크는 1극의 자속과 2차 유효전류의 제곱에 반비례한다.

53 동기전동기의 기동법 중 자기동법(Self-starting Method)에서 계자권선을 저항을 통해서 단락시키는 이유는?

① 기동이 쉽다.
② 기동 권선으로 이용한다.
③ 고전압의 유도를 방지한다.
④ 전기자 반작용을 방지한다.

54 슬롯 수 36의 고정자 철심이 있다. 여기에 3상 4극의 2층권으로 권선할 때 매극 매상의 슬롯 수와 코일 수는?

① 3과 18   ② 9와 36
③ 3과 36   ④ 8와 18

55 3단자 사이리스터가 아닌 것은?

① SCR   ② GTO
③ SCS   ④ TRIAC

56 단상변압기를 병렬운전할 경우 부하 전류의 분담은?

① 용량에 비례하고 누설 임피던스에 비례
② 용량에 비례하고 누설 임피던스에 반비례
③ 용량에 반비례하고 누설 리액턴스에 비례
④ 용량에 반비례하고 누설 리액턴스의 제곱에 비례

57 6극 직류발전기의 정류자 편수가 132, 유기기전력이 210[V] 직렬도체수가 132개이고 중권이다. 정류자 편간 전압은 약 몇 [V]인가?

① 4   ② 9.5   ③ 12   ④ 16

58 직류발전기의 전기자 반작용의 영향이 아닌 것은?

① 주자속이 증가한다.
② 전기적 중성축이 이동한다.
③ 정류작용에 악영향을 준다.
④ 정류자편 사이의 전압이 불균일하게 된다.

59 3,000[V]의 단상 배전선 전압을 3,300[V]로 승압하는 단권 변압기의 자기용량은 약 몇 [kVA]인가?(단, 여기서 부하용량은 100[kVA]이다.)

① 2.1   ② 5.3   ③ 7.4   ④ 9.1

60 변압기 운전에 있어 효율이 최대가 되는 부하는 전부하의 75[%]였다고 하면, 전부하에서의 철손과 동손의 비는?

① 4 : 3   ② 9 : 16
③ 10 : 15 ④ 18 : 30

4과목 회로이론 및 제어공학

61 단위 피드백제어계의 개루프 전달함수가 $G(s)=\dfrac{1}{(s+1)(s+2)}$ 일 때 단위 계단입력에 대한 정상 편차는?

① $\dfrac{1}{3}$ ② $\dfrac{2}{3}$

③ 1   ④ $\dfrac{4}{3}$

62 $G(s)H(s)=\dfrac{K(s+1)}{s^2(s+2)(s+3)}$ 에서 점근선의 교차점을 구하면?

① $-\dfrac{5}{6}$ ② $-\dfrac{1}{5}$

③ $-\dfrac{4}{3}$ ④ $-\dfrac{1}{3}$

63 그림의 블록선도에서 K에 대한 폐루프 전달함수 $T=\dfrac{C(s)}{R(s)}$ 의 감도 S_K^T는?

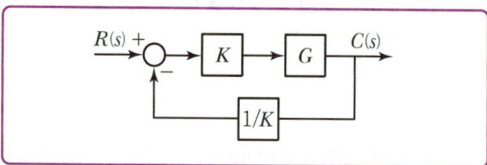

① -1 ② -0.5
③ 0.5 ④ 1

64 다음의 전달함수 중에서 극점이 $-1\pm j2$, 영점이 -2인 것은?

① $\dfrac{s+2}{(s+1)^2+4}$ ② $\dfrac{s-2}{(s+1)^2+4}$

③ $\dfrac{s+2}{(s-1)^2+4}$ ④ $\dfrac{s-2}{(s-1)^2+4}$

65 비례요소를 나타내는 전달함수는?

① $G(s)=K$ ② $G(s)=Ks$

③ $G(s)=\dfrac{K}{s}$ ④ $G(s)=\dfrac{K}{Ts+1}$

66 다음의 논리회로를 간단히 하면?

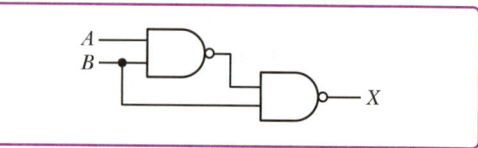

① $\overline{A}+B$ ② $A+\overline{B}$
③ $\overline{A}+\overline{B}$ ④ $A+B$

67 근궤적에 대한 설명 중 옳은 것은?

① 점근선은 허수축에서만 교차한다.
② 근궤적이 허수축을 끊는 K의 값은 일정하다.
③ 근궤적은 절대 안정도 및 상대 안정도와 관계가 없다.
④ 근궤적의 개수는 극점의 수와 영점의 수 중에서 큰 것과 일치한다.

68 $F(s)=s^3+4s^2+2s+K=0$에서 시스템이 안정하기 위한 K의 범위는?

① $0<K<8$ ② $-8<K<0$
③ $1<K<8$ ④ $-1<K<8$

69 전달함수 $G(s)=\dfrac{C(s)}{R(s)}=\dfrac{1}{(s+a)^2}$ 인 제어계의 임펄스 응답 $c(t)$는?

① e^{-at} ② $1-e^{-at}$
③ te^{-at} ④ $\dfrac{1}{2}t^2$

70 $\mathcal{L}^{-1}\left[\dfrac{s}{(s+1)^2}\right]$ 의 $f(t)$는?

① $e^t - te^{-t}$
② $e^{-t} - te^{-t}$
③ $e^{-t} + te^{-t}$
④ $e^{-t} + 2te^{-t}$

71 전하보존의 법칙(Conservation of Charge)과 가장 관계가 있는 것은?

① 키르히호프의 전류법칙
② 키르히호프의 전압법칙
③ 옴의 법칙
④ 렌츠의 법칙

72 그림과 같은 직류 전압의 라플라스 변환을 구하면?

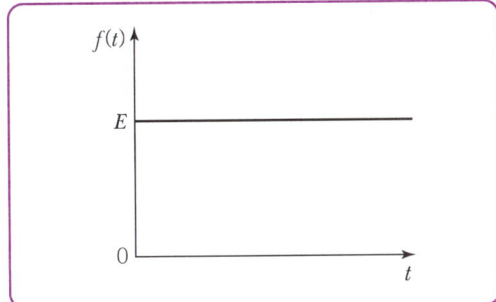

① $\dfrac{E}{s-1}$
② $\dfrac{E}{s+1}$
③ $\dfrac{E}{s}$
④ $\dfrac{E}{s^2}$

73 $i = 3t^2 + 2t$ [A]의 전류가 도선을 30초간 흘렀을 때 통과한 전체 전기량[Ah]은?

① 4.25
② 6.75
③ 7.75
④ 8.25

74 인덕턴스 $L = 20$[mH]인 코일에 실횻값 $E = 50$ [V], 주파수 $f = 60$[Hz]인 정현파 전압을 인가했을 때 코일에 축적되는 평균 자기에너지는 약 몇 [J]인가?

① 6.3
② 4.4
③ 0.63
④ 0.44

75 그림의 사다리꼴 회로에서 부하전압 V_L의 크기는 몇 [V]인가?

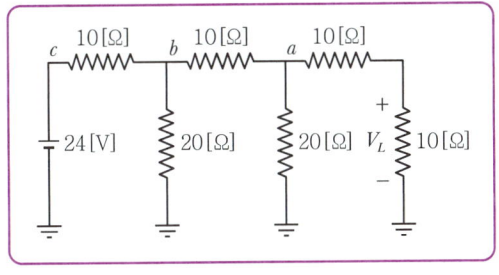

① 3.0
② 3.25
③ 4.0
④ 4.15

76 전압비 10^6을 데시벨[dB]로 나타내면?

① 20
② 60
③ 100
④ 120

77 상전압이 120[V]인 평형 3상 Y결선의 전원에 Y결선 부하를 도선으로 연결하였다. 도선의 임피던스는 $1+j$[Ω]이고 부하의 임피던스는 $20+j10$[Ω] 이다. 이때 부하에 걸리는 전압은 약 몇 [V]인가?

① $67.18\angle -25.4°$
② $101.62\angle 0°$
③ $113.14\angle -1.1°$
④ $118.42\angle -30°$

78 전송선로의 특성 임피던스가 100[Ω]이고, 부하저항이 400[Ω]일 때 전압 정재파비 S는 얼마인가?

① 0.25
② 0.6
③ 1.67
④ 4.0

79 구동점 임피던스 함수에서 극점(Pole)은?

① 개방 회로 상태를 의미한다.
② 단락 회로 상태를 의미한다.
③ 아무 상태도 아니다.
④ 전류가 많이 흐르는 상태를 의미한다.

80 그림과 같은 파형의 파고율은?

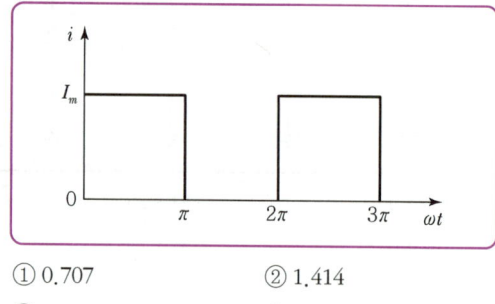

① 0.707
② 1.414
③ 1.732
④ 2.000

5과목 전기설비기술기준 및 판단기준

81 태양전지 발전소에 시설하는 태양전지 모듈, 전선 및 개폐기의 시설에 대한 설명으로 틀린 것은?

① 전선은 공칭단면적 2.5[mm²] 이상의 연동선을 사용할 것
② 태양전지 모듈에 접속하는 부하 측 전로에는 개폐기를 시설할 것
③ 태양전지 모듈을 병렬로 접속하는 전로에 과전류차단기를 시설할 것
④ 옥측에 시설하는 경우 금속관공사, 합성수지관공사, 애자사용공사로 배선할 것

82 가요전선관공사에 대한 설명 중 틀린 것은?

① 가요전선관 안에서는 전선의 접속점이 없어야 한다.
② 1종 금속제 가요전선관의 두께는 1.2[mm] 이상이어야 한다.
③ 가요전선관 내에 수용되는 전선은 연선이어야 하며 단면적 10[mm²] 이하는 무방하다.
④ 가요전선관 내에 수용되는 전선은 옥외용 비닐 절연전선을 제외하고는 절연전선이어야 한다.

83 직류 귀선은 궤도 근접 부분이 금속제 지중관로와 접근하거나 교차하는 경우에 전기부식 방지를 위한 상호 간격은 몇 [m] 이상이어야 하는가?

① 1.0
② 1.5
③ 2.5
④ 3.0

84 가공전선로의 지지물에 시설하는 지지선의 시방세목을 설명한 것 중 옳은 것은?

① 안전율은 1.2 이상일 것
② 허용 인장하중의 최저는 5.26[kN]으로 할 것
③ 소선은 지름 1.6[mm] 이상인 금속선을 사용할 것
④ 지지선에 연선을 사용할 경우 소선 3가닥 이상의 연선일 것

85 시가지 내에 시설하는 154[kV] 가공 전선로에 지락 또는 단락이 생겼을 때 몇 초 안에 자동적으로 이를 전로로부터 차단하는 장치를 시설하여야 하는가?

① 1
② 3
③ 5
④ 10

86 발전소, 변전소, 개폐소의 시설부지 조성을 위해 산지를 전용할 경우 전용하고자 하는 산지의 평균 경사도는 몇 도 이하이어야 하는가?

① 10
② 15
③ 20
④ 25

87 가공전선로에 사용하는 지지물의 강도 계산에 적용하는 갑종 풍압하중을 계산할 때 구성재의 수직 투영면적 1[m²]에 대한 풍압 값[Pa]의 기준으로 틀린 것은?

① 목주 : 588
② 원형 철주 : 588
③ 원형 철근콘크리트주 : 1,038
④ 강관으로 구성된 철탑(단주는 제외) : 1,255

88 특고압 가공전선이 도로 · 횡단보도교 · 철도 또는 궤도와 제1차 접근상태로 시설되는 경우 특고압 가공전선로는 제 몇 종 보안공사에 의하여야 하는가?

① 제1종 특고압 보안공사
② 제2종 특고압 보안공사
③ 제3종 특고압 보안공사
④ 제4종 특고압 보안공사

89 통신선과 저압 가공전선 또는 특고압 가공전선로의 다중 접지를 한 중성선 사이의 간격은 몇 [cm] 이상인가?

① 15　　　　② 30
③ 60　　　　④ 90

90 철탑의 강도 계산에 사용하는 이상 시 상정하중이 가하여지는 경우의 그 이상 시 상정하중에 대한 철탑의 기초에 대한 안전율은 얼마 이상이어야 하는가?

① 1.2　　　　② 1.33
③ 1.5　　　　④ 2.5

91 사용 전압 22.9[kV]인 가공 전선과 지지물과의 간격은 일반적으로 몇 [cm] 이상이어야 하는가?

① 5　　　　② 10
③ 15　　　　④ 20

92 전기방식시설의 전기방식 회로의 전선 중 지중에 시설하는 것으로 틀린 것은?

① 전선은 공칭단면적 4.0[mm²]의 연동선 또는 이와 동등 이상의 세기 및 굵기의 것일 것
② 양극에 부속하는 전선은 공칭단면적 2.5[mm²] 이상의 연동선 또는 이와 동등 이상의 세기 및 굵기의 것을 사용할 수 있을 것
③ 전선을 직접 매설식에 의하여 시설하는 경우 차량, 기타의 중량물의 압력을 받을 우려가 없는 것에 매설깊이를 1.0[m] 이상으로 할 것
④ 입상 부분의 전선 중 깊이 60[cm] 미만인 부분은 사람이 접촉할 우려가 없고 또한 손상을 받을 우려가 없도록 적당한 방호장치를 할 것

93 수소 냉각식 발전기 또는 이에 부속하는 수소냉각 장치에 관한 시설 기준으로 틀린 것은?

① 발전기 안 수소의 온도를 계측하는 장치를 시설할 것
② 무효전력 보상장치 안 수소의 압력계측장치 및 압력 변동에 대한 경보장치를 시설할 것
③ 발전기 안 수소의 순도가 70[%] 이하로 저하할 경우 경보하는 장치를 시설할 것
④ 발전기는 기밀 구조의 것이고 또한 수소가 대기압에서 폭발하는 경우에 생기는 압력에 견디는 강도를 가지는 것일 것

94 전동기의 절연내력시험은 권선과 대지 간에 계속하여 시험전압을 가할 경우, 최소 몇 분간은 견디어야 하는가?

① 5　　　　② 10
③ 20　　　　④ 30

95 고압 가공전선이 안테나와 접근상태로 시설되는 경우에 가공전선과 안테나 사이의 수평 간격은 최소 몇 [cm] 이상이어야 하는가?(단, 가공전선으로는 케이블을 사용하지 않는다고 한다.)

① 60 ② 80
③ 100 ④ 120

96 옥내에 시설하는 관등회로의 사용전압이 1,000[V]를 초과하는 방전등공사에 사용되는 네온변압기 외함의 접지공사로 옳은 것은?

[KEC규정에 따라 삭제]

① 제1종 접지공사 ② 제2종 접지공사
③ 제3종 접지공사 ④ 특별 제3종 접지공사

97 주택의 옥내를 통과하여 그 주택 이외의 장소에 전기를 공급하기 위한 옥내배선을 공사하는 방법이다. 사람이 접촉할 우려가 없는 은폐된 장소에서 시행하는 공사 종류가 아닌 것은?(단, 주택의 옥내 전로의 대지전압은 300[V]이다.)

① 금속관 공사 ② 케이블 공사
③ 금속덕트 공사 ④ 합성수지관 공사

98 전기울타리의 시설에 관한 규정 중 틀린 것은?

① 전선과 수목 사이의 간격은 50[cm] 이상이어야 한다.
② 전기울타리는 사람이 쉽게 출입하지 아니하는 곳에 시설하여야 한다.
③ 전선은 인장강도 1.38[kN] 이상의 것 또는 지름 2[mm] 이상의 경동선이어야 한다.
④ 전기울타리용 전원장치에 전기를 공급하는 전로의 사용전압은 250[V] 이하이어야 한다.

99 주택 등 저압 수용 장소에서 고정 전기설비에 TN-C-S 접지방식으로 접지공사 시 중성선 겸용 보호도체(PEN)를 알루미늄으로 사용할 경우 단면적은 몇 [mm^2] 이상이어야 하는가?

① 2.5 ② 6
③ 10 ④ 16

100 유도장해의 방지를 위한 규정으로 사용전압 60[kV] 이하인 가공 전선로의 유도전류는 전화선로의 길이 12[km]마다 몇 [μA]를 넘지 않도록 하여야 하는가?

① 1 ② 2
③ 3 ④ 4

2017년도 1회 과년도 기출문제

1과목 전기자기학

01 자기회로에 관한 설명으로 옳은 것은?
① 자기회로의 자기저항은 자기회로의 단면적에 비례한다.
② 자기회로의 기자력은 자기저항과 자속의 곱과 같다.
③ 자기저항 R_{m1}과 R_{m2}를 직렬 연결 시 합성자기저항은 $\frac{1}{R_m} = \frac{1}{R_{m1}} + \frac{1}{R_{m2}}$ 이다.
④ 자기회로의 자기저항은 자기회로의 길이에 반비례한다.

02 면적이 $S[m^2]$인 금속판 2매를 간격이 $d[m]$ 되게 공기 중에 나란하게 놓았을 때 두 도체 사이의 정전용량[F]은?
① $\frac{S}{d}\varepsilon_0$
② $\frac{d}{S}\varepsilon_0$
③ $\frac{d}{S^2}\varepsilon_0$
④ $\frac{S^2}{d}\varepsilon_0$

03 매질 1(ε_1)은 나일론(비유전율 $\varepsilon_r = 4$)이고 매질 2(ε_2)는 진공일 때 전속밀도 D가 경계면에서 각각 θ_1, θ_2의 각을 이룰 때, $\theta_2 = 30°$라면 θ_1의 값은?

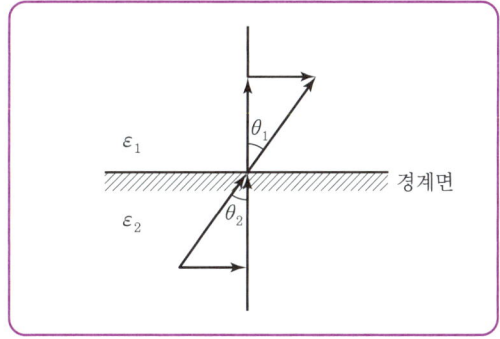

① $\tan^{-1}\frac{4}{\sqrt{3}}$
② $\tan^{-1}\frac{\sqrt{3}}{4}$
③ $\tan^{-1}\frac{\sqrt{3}}{2}$
④ $\tan^{-1}\frac{2}{\sqrt{3}}$

04 기계적인 변형력을 가할 때, 결정체의 표면에 전위차가 발생되는 현상은?
① 볼타 효과
② 전계 효과
③ 압전 효과
④ 파이로 효과

05 옴의 법칙을 미분형태로 표시하면?(단, i는 전류밀도이고, ρ는 저항률, E는 전계이다.)
① $i = \frac{1}{\rho}E$
② $i = \rho E$
③ $i = div E$
④ $i = \nabla \times E$

06 0.2[μF]인 평행판 공기 콘덴서가 있다. 전극 간에 그 간격의 절반 두께의 유리판을 넣었다면 콘덴서의 용량은 약 몇 [μF]인가?(단, 유리의 비유전율은 10이다.)
① 0.26
② 0.36
③ 0.46
④ 0.56

07 그림과 같이 반지름 a인 무한장 평행도체 A, B가 간격 d로 놓여 있고, 단위 길이당 각각 $+\lambda$, $-\lambda$의 전하가 균일하게 분포되어 있다. A, B 도체 간의 전위차[V]는?(단, $d \gg a$이다.)

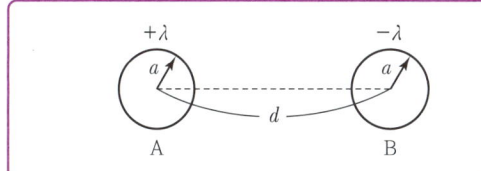

① $\dfrac{\lambda}{\pi\varepsilon_o}\ln\dfrac{d-a}{a}$ ② $\dfrac{\lambda}{2\pi\varepsilon_o}\ln\dfrac{d}{a}$

③ $\dfrac{\lambda}{\pi\varepsilon_o}\ln\dfrac{a}{d}$ ④ $\dfrac{\lambda}{2\pi\varepsilon_o}\ln\dfrac{a}{d}$

08 반지름이 a, b인 두 개의 구 형상 도체 전극이 도전율 k인 매질 속에 중심거리 r만큼 떨어져 있다. 양 전극 간의 저항은?(단, $r \gg a, b$이다.)

① $4\pi k\left(\dfrac{1}{a}+\dfrac{1}{b}\right)$

② $4\pi k\left(\dfrac{1}{a}-\dfrac{1}{b}\right)$

③ $\dfrac{1}{4\pi k}\left(\dfrac{1}{a}+\dfrac{1}{b}\right)$

④ $\dfrac{1}{4\pi k}\left(\dfrac{1}{a}-\dfrac{1}{b}\right)$

09 300회 감은 코일에 3[A]의 전류가 흐를 때의 기자력[AT]은?

① 10 ② 90
③ 100 ④ 900

10 한 변의 길이가 $\sqrt{2}$ [m]인 정사각형의 꼭짓점 4개에 $+10^{-9}$ [C]의 점전하가 각각 있을 때 이 사각형 중심에서의 전위[V]는?

① 0 ② 18
③ 36 ④ 72

11 면전하 밀도가 ρ_s [C/m²]인 무한히 넓은 도체판에서 R[m]만큼 떨어져 있는 점의 전계의 세기 [V/m]는?

① $\dfrac{\rho_s}{\varepsilon_0}$ ② $\dfrac{\rho_s}{2\varepsilon_0}$

③ $\dfrac{\rho_s}{2R}$ ④ $\dfrac{\rho_s}{4\pi R^2}$

12 길이가 1[cm], 지름이 5[mm]인 동선에 1[A]의 전류를 흘렸을 때 전자가 동선을 흐르는 데 걸리는 평균 시간은 약 몇 초인가?(단, 동선의 전자밀도는 1×10^{28} [개/m³]이다.)

① 3 ② 31
③ 314 ④ 3,147

13 평행평판 공기콘덴서의 양 극판에 $+\sigma$[C/m²], $-\sigma$[C/m²]의 전하가 분포되어 있다. 이 두 전극 사이에 유전율 ε[F/m]인 유전체를 삽입한 경우의 전계[V/m]는?(단, 유전체의 분극전하밀도를 $+\sigma'$[C/m²], $-\sigma'$[C/m²]이라 한다.)

① $\dfrac{\sigma}{\varepsilon_0}$ ② $\dfrac{\sigma+\sigma'}{\varepsilon_0}$

③ $\dfrac{\sigma}{\varepsilon_0}-\dfrac{\sigma'}{\varepsilon}$ ④ $\dfrac{\sigma-\sigma'}{\varepsilon_0}$

14 자계와 직각으로 놓인 도체에 I[A]의 전류를 흘릴 때 f[N]의 힘이 작용하였다. 이 도체를 v[m/s]의 속도로 자계와 직각으로 운동시킬 때의 기전력 e[V]는?

① $\dfrac{fv}{I^2}$ ② $\dfrac{fv}{I}$

③ $\dfrac{fv^2}{I}$ ④ $\dfrac{fv}{2I}$

15 구리로 만든 지름 20[cm]의 반구에 물을 채우고 그중에 지름 10[cm]의 구를 띄운다 이때에 두 개의 구가 동심구라면 두 구 사이의 저항은 약 몇 [Ω]인가?(단, 물의 도전율은 10^{-3}[℧/m]라 하고, 물이 충만되어 있다고 한다.)

① 1,590 ② 2,590
③ 2,800 ④ 3,180

16 두 개의 콘덴서를 직렬접속하고 직류전압을 인가 시 결과에 대한 설명으로 옳지 않은 것은?

① 정전용량이 작은 콘덴서에 전압이 많이 걸린다.
② 합성 정전용량은 각 콘덴서의 정전용량의 합과 같다.
③ 합성 정전용량은 각 콘덴서의 정전용량보다 작아진다.
④ 각 콘덴서 두 전극의 정전유도에 의하여 정·부의 동일한 전하가 나타나고 전하량은 일정하다.

17 전계 E[V/m], 자계 H[AT/m]의 전자계가 평면파를 이루고, 자유공간으로 단위 시간에 전파될 때 단위면적당 전력밀도[W/m²]의 크기는?

① EH^2
② EH
③ $\frac{1}{2}EH^2$
④ $\frac{1}{2}EH$

18 자기회로에서 철심의 투자율을 μ라 하고 회로의 길이를 l이라 할 때 그 회로의 일부에 미소공극 l_g를 만들면 회로의 자기저항은 처음의 몇 배인가? (단, $l_g \ll l$, 즉 $l - l_g \fallingdotseq l$이다.)

① $1 + \frac{\mu l_g}{\mu_o l}$
② $1 + \frac{\mu l}{\mu_o l_g}$
③ $1 + \frac{\mu_o l_g}{\mu l}$
④ $1 + \frac{\mu_o l}{\mu l_g}$

19 일반적인 전자계에서 성립되는 기본방정식이 아닌 것은?(단, i는 전류밀도, ρ는 공간전하밀도이다.)

① $\nabla \times H = i + \frac{\partial D}{\partial t}$
② $\nabla \times E = -\frac{\partial B}{\partial t}$
③ $\nabla \cdot D = \rho$
④ $\nabla \cdot B = \mu H$

20 폐회로에 유도되는 유도기전력에 관한 설명으로 옳은 것은?

① 유도기전력은 권선수의 제곱에 비례한다.
② 렌츠의 법칙은 유도기전력의 크기를 결정하는 법칙이다.
③ 자계가 일정한 공간 내에서 폐회로가 운동하여도 유도기전력이 유도된다.
④ 전계가 일정한 공간 내에서 폐회로가 운동하여도 유도기전력이 유도된다.

2과목 전력공학

21 송전용량이 증가함에 따라 송전선의 단락 및 지락전류도 증가하여 계통에 여러 가지 장해요인이 되고 있다. 이들의 경감대책으로 적합하지 않은 것은?

① 계통의 전압을 높인다.
② 고장 시 모선 분리방식을 채용한다.
③ 발전기와 변압기의 임피던스를 작게 한다.
④ 송전선 또는 모선 간에 한류리액터를 삽입한다.

22 피뢰기의 구비조건이 아닌 것은?

① 상용주파 방전개시 전압이 낮을 것
② 충격방전 개시전압이 낮을 것
③ 속류 차단능력이 클 것
④ 제한전압이 낮을 것

23 그림과 같은 회로의 일반 회로정수가 아닌 것은?

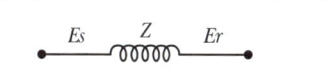

① $B = Z+1$
② $A = 1$
③ $C = 0$
④ $D = 1$

24 영상변류기를 사용하는 계전기는?

① 과전류계전기　② 과전압계전기
③ 부족전압계전기　④ 선택지락계전기

25 증식비가 1보다 큰 원자로는?

① 경수로　② 흑연로
③ 중수로　④ 고속증식로

26 코로나 현상에 대한 설명이 아닌 것은?

① 전선을 부식시킨다.
② 코로나 현상은 전력의 손실을 일으킨다.
③ 코로나 방전에 의하여 전파 장해가 일어난다.
④ 코로나 손실은 전원 주파수의 2/3 제곱에 비례한다.

27 어떤 화력발전소의 증기조건이 고온원 540[℃], 저온원 30[℃]일 때 이 온도 간에서 움직이는 카르노 사이클의 이론 열효율[%]은?

① 85.2　② 80.5
③ 75.3　④ 62.7

28 가공전선로에 사용하는 전선의 굵기를 결정할 때 고려할 사항이 아닌 것은?

① 절연저항　② 전압강하
③ 허용전류　④ 기계적 강도

29 그림과 같은 회로의 영상, 정상, 역상임피던스 Z_0, Z_1, Z_2는?

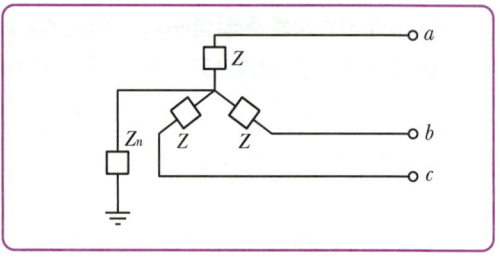

① $Z_0 = Z + 3Z_n$, $Z_1 = Z_2 = Z$
② $Z_0 = 3Z_n$, $Z_1 = Z$, $Z_2 = 3Z$
③ $Z_0 = 3Z + Z_n$, $Z_1 = 3Z$, $Z_2 = Z$
④ $Z_0 = Z + Z_n$, $Z_1 = Z_2 = Z + 3Z_n$

30 전력계통의 안정도 향상방법이 아닌 것은?

① 선로 및 기기의 리액턴스를 낮게 한다.
② 고속도 재폐로 차단기를 채용한다.
③ 중성점 직접접지방식을 채용한다.
④ 고속도 AVR을 채용한다.

31 부하전류가 흐르는 전로는 개폐할 수 없으나 기기의 점검이나 수리를 위하여 회로를 분리하거나, 계통의 접속을 바꾸는 데 사용하는 것은?

① 차단기　② 단로기
③ 전력용 퓨즈　④ 부하 개폐기

32 조상설비가 아닌 것은?

① 정지형 무효전력 보상장치
② 자동고장구분개폐기
③ 전력용 콘덴서
④ 분로리액터

33 송전선로의 중성점을 접지하는 목적이 아닌 것은?

① 송전 용량의 증가
② 과도 안정도의 증진
③ 이상 전압 발생의 억제
④ 보호 계전기의 신속, 확실한 동작

34 다음 ㉠~㉢에 들어갈 내용으로 옳은 것은?

> 원자력이란 일반적으로 무거운 원자핵이 핵분열하여 가벼운 핵으로 바뀌면서 발생하는 핵분열 에너지를 이용하는 것이고, (㉠)발전은 가벼운 원자핵을(과) (㉡)하여 무거운 핵으로 바꾸면서 (㉢) 전후의 질량결손에 해당하는 방출 에너지를 이용하는 방식이다.

① ㉠ 원자핵융합 ㉡ 융합 ㉢ 결합
② ㉠ 핵결합 ㉡ 반응 ㉢ 융합
③ ㉠ 핵융합 ㉡ 융합 ㉢ 핵반응
④ ㉠ 핵반응 ㉡ 반응 ㉢ 결합

35 송전선로의 정상임피던스를 Z_1, 역상임피던스를 Z_2, 영상임피던스 Z_0라 할 때 옳은 것은?

① $Z_1 = Z_2 = Z_0$
② $Z_1 = Z_2 < Z_0$
③ $Z_1 > Z_2 = Z_0$
④ $Z_1 < Z_2 = Z_0$

36 경간 200[m], 장력 1,000[kg], 하중 2[kg/m]인 가공전선의 처짐정도(Dip)는 몇 [m]인가?

① 10   ② 11
③ 12   ④ 13

37 보호계전기와 그 사용 목적이 잘못된 것은?

① 비율차동계전기 : 발전기 내부 단락 검출용
② 전압평형계전기 : 발전기 출력 측 PT 퓨즈 단선에 의한 오작동 방지
③ 역상과전류계전기 : 발전기 부하불평형 회전자의 과열소손
④ 과전압계전기 : 과부하 또는 단락사고 시 동작

38 초고압 송전계통에 단권변압기가 사용되는데 그 이유로 볼 수 없는 것은?

① 효율이 높다.
② 단락전류가 작다.
③ 전압변동률이 적다.
④ 자로가 단축되어 재료를 절약할 수 있다.

39 송배전 선로에서 선택지락계전기(SGR)의 용도는?

① 다회선에서 접지 고장 회선의 선택
② 단일 회선에서 접지 전류의 대소 선택
③ 단일 회선에서 접지 전류의 방향 선택
④ 단일 회선에서 접지 사고의 지속시간 선택

40 비접지식 송전선로에 있어서 1선 지락고장이 생겼을 경우 지락점에 흐르는 전류는?

① 직류 전류
② 고장상의 영상전압과 동상의 전류
③ 고장상의 영상전압보다 90도 빠른 전류
④ 고장상의 영상전압보다 90도 늦은 전류

3과목　전기기기

41 슬립 s_t에서 최대 토크를 발생하는 3상 유도전동기 2차 측 한 상의 저항을 r_2라 하면 최대 토크로 기동하기 위한 2차 측 한 상에 외부로부터 가해 주어야 할 저항[Ω]은?

① $\dfrac{1-s_t}{s_t}r_2$ ② $\dfrac{1+s_t}{s_t}r_2$

③ $\dfrac{r_2}{1-s_t}$ ④ $\dfrac{r_2}{s_t}$

42 사이리스터에서 게이트 전류가 증가하면?

① 순방향 저지전압이 증가한다.
② 순방향 저지전압이 감소한다.
③ 역방향 저지전압이 증가한다.
④ 역방향 저지전압이 감소한다.

43 변압기의 규약 효율 산출에 필요한 기본요건이 아닌 것은?

① 파형은 정현파를 기준으로 한다.
② 별도의 지정이 없는 경우 역률은 100[%] 기준이다.
③ 부하손은 40[℃]를 기준으로 보정한 값을 사용한다.
④ 손실은 각 권선에 대한 부하손의 합과 무부하손의 합이다.

44 극수가 24일 때, 전기각 180°에 해당되는 기계각은?

① 7.5°   ② 15°
③ 22.5° ④ 30°

45 단락비가 큰 동기기의 특징으로 옳은 것은?

① 안정도가 떨어진다.
② 전압변동률이 크다.
③ 선로 충전용량이 크다.
④ 단자 단락 시 단락전류가 적게 흐른다.

46 동기발전기의 단자 부근에서 단락이 일어났다고 하면 단락전류는 어떻게 되는가?

① 전류가 계속 증가한다.
② 큰 전류가 증가와 감소를 반복한다.
③ 처음에는 큰 전류이나 점차 감소한다.
④ 일정한 큰 전류가 지속적으로 흐른다.

47 유도전동기의 안정 운전의 조건은?(단, T_m : 전동기 토크, T_L : 부하 토크, n : 회전수)

① $\dfrac{dT_m}{dn} < \dfrac{dT_L}{dn}$ ② $\dfrac{dT_m}{dn} = \dfrac{dT_L^2}{dn}$

③ $\dfrac{dT_m}{dn} > \dfrac{dT_L}{dn}$ ④ $\dfrac{dT_m}{dn} \neq \dfrac{dT_L^2}{dn}$

48 4극, 3상 동기기가 48개의 슬롯을 가진다. 전기자 권선 분포 계수 K_d를 구하면 약 얼마인가?

① 0.923   ② 0.945
③ 0.957   ④ 0.969

49 직류기에 보극을 설치하는 목적은?

① 정류 개선   ② 토크의 증가
③ 회전수 일정   ④ 기동토크의 증가

50 변압기의 절연내력 시험방법이 아닌 것은?

① 가압시험   ② 유도시험
③ 무부하시험   ④ 충격전압시험

51 직류발전기의 병렬운전에 있어서 균압선을 붙이는 발전기는?

① 타여자발전기
② 직권발전기와 분권발전기
③ 직권발전기와 복권발전기
④ 분권발전기와 복권발전기

52 분권발전기의 회전 방향을 반대로 하면 일어나는 현상은?

① 전압이 유기된다.
② 발전기가 소손된다.
③ 잔류자기가 소멸된다.
④ 높은 전압이 발생한다.

53 어떤 단상변압기의 2차 무부하 전압이 240[V]이고, 정격 부하 시의 2차 단자 전압이 230[V]이다. 전압 변동률은 약 몇 [%]인가?

① 4.35　　② 5.15
③ 6.65　　④ 7.35

54 단상 직권 정류자 전동기에서 보상권선과 저항도선의 작용을 설명한 것 중 틀린 것은?

① 보상권선은 역률을 좋게 한다.
② 보상권선은 변압기의 기전력을 크게 한다.
③ 보상권선은 전기자 반작용을 제거해 준다.
④ 저항도선은 변압기 기전력에 의한 단락 전류를 작게 한다.

55 일반적인 농형 유도전동기에 비하여 2중 농형 유도전동기의 특징으로 옳은 것은?

① 손실이 적다.　　② 슬립이 크다.
③ 최대 토크가 크다.　　④ 기동 토크가 크다.

56 5[kVA], 3,000/200[V] 변압기의 단락시험에서 임피던스 전압이 120[V], 동손이 150[W]라 하면 %저항강하는 약 몇 [%]인가?

① 2　　② 3
③ 4　　④ 5

57 그림과 같은 회로에서 전원전압의 실효치가 200[V], 점호각이 30°일 때 출력전압은 약 몇 [V]인가?(단, 정상상태이다.)

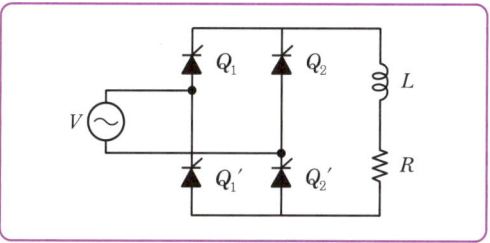

① 157.8　　② 168.0
③ 177.8　　④ 187.8

58 원통형 회전자를 가진 동기발전기는 부하각 δ가 몇 도일 때 최대 출력을 낼 수 있는가?

① 0°　　② 30°
③ 60°　　④ 90°

59 60[Hz]인 3상 8극 및 2극의 유도전동기를 차동종속으로 접속하여 운전할 때의 무부하 속도[rpm]는?

① 720　　② 900
③ 1,000　　④ 1,200

60 직류발전기의 유기기전력이 230[V], 극수가 4, 정류자 편수가 162인 정류자 편간 평균전압은 약 몇 [V]인가?(단, 권선법은 중권이다.)

① 5.68　　② 6.28
③ 9.42　　④ 10.2

4과목　회로이론 및 제어공학

61 $G(s)H(s) = \dfrac{2}{(s+1)(s+2)}$ 의 이득여유 [dB]는?

① 20　　② -20
③ 0　　④ ∞

62 근궤적이 s 평면의 $j\omega$ 축과 교차할 때 폐루프의 제어계는?

① 안정하다. ② 알 수 없다.
③ 불안정하다. ④ 임계상태이다.

63 다음과 같은 시스템에 단위계단입력 신호가 가해졌을 때 지연시간에 가장 가까운 값[sec]은?

$$\frac{C(s)}{R(s)} = \frac{1}{s+1}$$

① 0.5 ② 0.7
③ 0.9 ④ 1.2

64 그림과 같은 신호흐름 선도에서 전달함수 $\frac{Y(s)}{X(s)}$는 무엇인가?

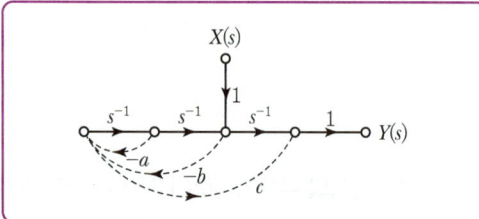

① $\dfrac{s+a}{s^2+as-b^2}$ ② $\dfrac{-bcs^2+s}{s^2+as+b}$

③ $\dfrac{-bcs^2+s+a}{s^2+as}$ ④ $\dfrac{-bcs^2+s+a}{s^2+as+b}$

65 특성방정식이 다음과 같다. 이를 z 변환하여 z 평면에 도시할 때 단위원 밖에 놓일 근은 몇 개인가?

$$(s+1)(s+2)(s-3) = 0$$

① 0 ② 1
③ 2 ④ 3

66 다음 진리표의 논리소자는?

입력		출력
A	B	C
0	0	1
0	1	0
1	0	0
1	1	0

① OR ② NOR
③ NOT ④ NAND

67 그림에서 ㉠에 알맞은 신호 이름은?

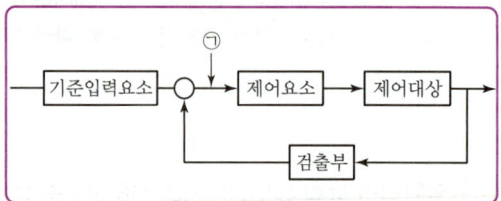

① 조작량 ② 제어량
③ 기준입력 ④ 동작신호

68 다음 단위 궤환 제어계의 미분방정식은?

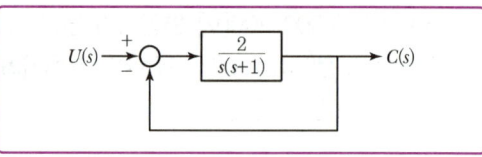

① $\dfrac{d^2c(t)}{dt^2} + \dfrac{dc(t)}{dt} + c(t) = 2u(t)$

② $\dfrac{d^2c(t)}{dt^2} + \dfrac{dc(t)}{dt} + 2c(t) = u(t)$

③ $\dfrac{d^2c(t)}{dt^2} + \dfrac{dc(t)}{dt} + 2c(t) = 5u(t)$

④ $\dfrac{d^2c(t)}{dt^2} + \dfrac{dc(t)}{dt} + 2c(t) = 2u(t)$

69 드모르간의 정리를 나타낸 식은?

① $\overline{A+B} = A \cdot B$
② $\overline{A+B} = \overline{A} + \overline{B}$
③ $\overline{A \cdot B} = \overline{A} \cdot \overline{B}$
④ $\overline{A+B} = \overline{A} \cdot \overline{B}$

70 특성방정식 $s^3 + 2s^2 + (k+3)s + 10 = 0$에서 Routh 안정도 판별법으로 판별 시 안정하기 위한 k의 범위는?

① $k > 2$ ② $k < 2$
③ $k > 1$ ④ $k < 1$

71 콘덴서 $C[F]$에 단위 임펄스의 전류원을 접속하여 동작시키면 콘덴서의 전압 $V_c(t)$는?(단, $u(t)$는 단위계단 함수이다.)

① $V_c(t) = C$
② $V_c(t) = Cu(t)$
③ $V_c(t) = \dfrac{1}{C}$
④ $V_c(t) = \dfrac{1}{C}u(t)$

72 그림과 같은 구형파의 라플라스 변환은?

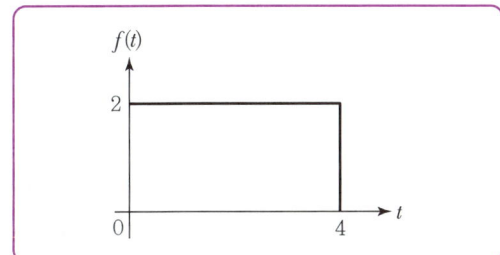

① $\dfrac{2}{s}(1-e^{4s})$
② $\dfrac{2}{s}(1-e^{-4s})$
③ $\dfrac{4}{s}(1-e^{4s})$
④ $\dfrac{4}{s}(1-e^{-4s})$

73 $R_1 = R_2 = 100[\Omega]$이며 $L_1 = 5[H]$인 회로에서 시정수는 몇 [sec]인가?

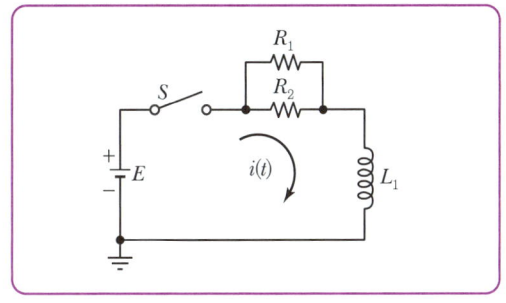

① 0.001 ② 0.01
③ 0.1   ④ 1

74 그림과 같은 파형의 파고율은?

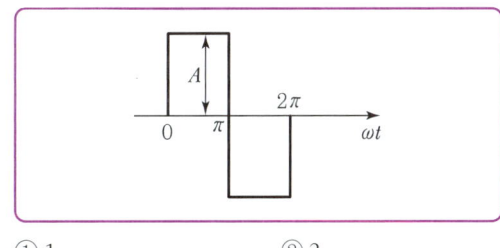

① 1   ② 2
③ $\sqrt{2}$ ④ $\sqrt{3}$

75 그림과 같은 회로의 구동점 임피던스 Z_{ab}는?

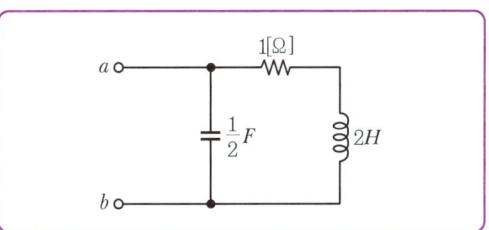

① $\dfrac{2(2s+1)}{2s^2+s+2}$
② $\dfrac{2s+1}{2s^2+s+2}$
③ $\dfrac{2(2s-1)}{2s^2+s+2}$
④ $\dfrac{2s^2+s+2}{2(2s+1)}$

76 그림과 같은 회로의 컨덕턴스 G_2에 흐르는 전류 i는 몇 [A]인가?

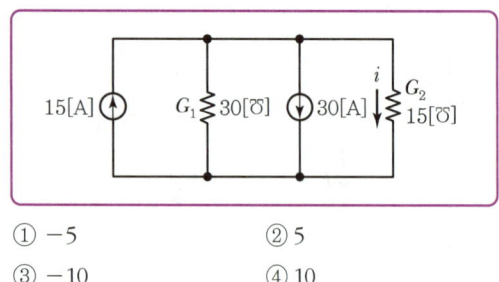

① -5
② 5
③ -10
④ 10

77 다음 회로에서 절점 a와 절점 b의 전압이 같은 조건은?

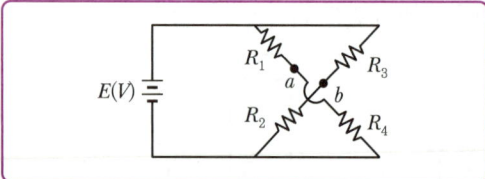

① $R_1R_3 = R_2R_4$
② $R_1R_2 = R_3R_4$
③ $R_1 + R_3 = R_2 + R_4$
④ $R_1 + R_2 = R_3 + R_4$

78 최댓값이 10[V]인 정현파 전압이 있다. $t=0$에서의 순싯값이 5[V]이고 이 순간에 전압이 증가하고 있다. 주파수가 60[Hz]일 때, $t=2$[ms]에서 전압의 순싯값[V]은?

① $10\sin 30°$
② $10\sin 43.2°$
③ $10\sin 73.2°$
④ $10\sin 103.2°$

79 비접지 3상 Y회로에서 전류 $I_a = 15 + j2$[A], $I_b = -20 - j14$[A]일 경우 I_c[A]는?

① $5 + j12$
② $-5 + j12$
③ $5 - j12$
④ $-5 - j12$

80 분포정수 전송회로에 대한 설명이 아닌 것은?
① $\dfrac{R}{L} = \dfrac{G}{C}$인 회로를 무왜형 회로라 한다.
② $R = G = 0$인 회로를 무손실 회로라 한다.
③ 무손실 회로와 무왜형 회로의 감쇠정수는 $\sqrt{RG}$이다.
④ 무손실 회로와 무왜형 회로에서의 위상속도는 $\dfrac{1}{\sqrt{LC}}$이다.

5과목　전기설비기술기준 및 판단기준

81 가섭선에 의하여 시설하는 안테나가 있다. 이 안테나 주위에 경동연선을 사용한 고압 가공전선이 지나가고 있다면 수평 간격은 몇 [cm] 이상이어야 하는가?

① 40
② 60
③ 80
④ 100

82 과전류차단기로 저압전로에 사용하는 80[A] 퓨즈를 수평으로 붙이고, 정격전류의 1.6배 전류를 통한 경우에 몇 분 안에 용단되어야 하는가?(단, IEC 표준을 도입한 과전류차단기로 저압전로에 사용하는 퓨즈는 제외한다.)　[KEC규정에 따라 삭제]

① 30분
② 60분
③ 120분
④ 180분

83 옥외용 비닐절연전선을 사용한 저압가공전선이 횡단보도교 위에 시설되는 경우에 그 전선의 노면상 높이는 몇 [m] 이상으로 하여야 하는가?

① 2.5
② 3.0
③ 3.5
④ 4.0

84 철도·궤도 또는 자동차도의 전용터널 안에 전선로를 시설하는 방법으로 틀린 것은?
① 고압전선은 케이블 공사로 하였다.
② 저압전선을 가요전선관공사에 의하여 시설하였다.
③ 저압전선으로 지름 2.0[mm]의 경동선을 사용하였다.
④ 저압전선을 애자사용공사에 의하여 시설하고 이를 레일면상 또는 노면상 2.5[m] 이상의 높이로 유지하였다.

85 전로에 400[V]를 넘는 기계·기구를 시설하는 경우, 기계기구의 철대 및 금속제 외함의 접지저항은 몇 [Ω] 이상인가? [KEC규정에 따라 삭제]
① 10 ② 30
③ 50 ④ 100

86 고압의 계기용 변성기의 2차 측 전로에는 몇 종 접지공사를 하여야 하는가? [KEC규정에 따라 삭제]
① 제1종 접지공사 ② 제2종 접지공사
③ 제3종 접지공사 ④ 특별 제3종 접지공사

87 사람이 접촉할 우려가 있는 경우 고압 가공전선과 상부 조영재의 옆쪽에서의 간격은 몇 [m] 이상이어야 하는가? (단, 전선은 경동연선이라고 한다.)
① 0.6 ② 0.8
③ 1.0 ④ 1.2

88 지중에 매설되어 있는 금속제 수도관로를 각종 접지공사의 접지극으로 사용하려면 대지와의 전기저항 값이 몇 [Ω] 이하를 유지하여야 하는가?
① 1 ② 2 ③ 3 ④ 5

89 특고압 가공전선로에서 사용전압이 60[kV]를 넘는 경우, 전화선로의 길이 몇 [km]마다 유도전류가 3[μA]를 넘지 않도록 하여야 하는가?
① 12
② 40
③ 80
④ 100

90 저압 옥내 간선 및 분기회로의 시설 규정 중 틀린 것은? [KEC규정에 따라 삭제]
① 저압 옥내 간선의 전원 측 전로에는 간선을 보호하는 과전류차단기를 시설하여야 한다.
② 간선보호용 과전류차단기는 옥내 간선의 허용전류를 초과하는 정격전류를 가져야 한다.
③ 간선으로 사용하는 전선은 전기사용 기계·기구의 정격전류 합계 이상의 허용전류를 가져야 한다.
④ 저압 옥내 간선과 분기점에서 전선의 길이가 3[m] 이하인 곳에 개폐기 및 과전류차단기를 시설하여야 한다.

91 가공전선로의 지지물에 취급자가 오르고 내리는 데 사용하는 발판 볼트 등은 지표상 몇 [m] 미만에 시설하여서는 아니 되는가?
① 1.2 ② 1.5
③ 1.8 ④ 2.0

92 옥내의 저압전선으로 나전선 사용이 허용되지 않는 경우는?
① 금속관 공사에 의하여 시설하는 경우
② 버스 덕트 공사에 의하여 시설하는 경우
③ 라이팅 덕트 공사에 의하여 시설하는 경우
④ 애자사용공사에 의하여 전개된 곳에 전기로용 전선을 시설하는 경우

93 가공전선로의 지지물에 시설하는 지지선으로 연선을 사용할 경우에는 소선이 최소 몇 가닥 이상이어야 하는가?

① 3
② 4
③ 5
④ 6

94 애자사용공사를 습기가 많은 장소에 시설하는 경우 전선과 조영재 사이의 간격은 몇 [cm] 이상이어야 하는가?(단, 사용전압은 440[V]인 경우이다.)

① 2.0
② 2.5
③ 4.5
④ 6.0

95 무효전력 보상장치의 내부에 고장이 생긴 경우 자동적으로 전로로부터 차단하는 장치는 무효전력 보상장치의 뱅크용량이 몇 [kVA] 이상이어야 시설하는가?

① 5,000
② 10,000
③ 15,000
④ 20,000

96 발열선을 도로, 주차장 또는 조영물의 조영재에 고정시켜 시설하는 경우 발열선에 전기를 공급하는 전로의 대지전압은 몇 [V] 이하이어야 하는가?

① 100
② 150
③ 200
④ 300

97 직선형의 철탑을 사용한 특고압 가공전선로가 연속하여 10기 이상 사용되는 부분에는 몇 기 이하마다 내장 애자장치가 되어 있는 철탑 1기를 시설하여야 하는가?

① 5
② 10
③ 15
④ 20

98 수소냉각식 발전기 등의 시설기준으로 틀린 것은?

① 발전기 안 수소의 온도를 계측하는 장치를 시설할 것
② 수소를 통하는 관은 수소가 대기압에서 폭발하는 경우에 생기는 압력에 견디는 강도를 가질 것
③ 발전기 안 수소의 순도가 95[%] 이하로 저하한 경우에 이를 경보하는 장치를 시설할 것
④ 발전기 안 수소의 압력을 계측하는 장치 및 그 압력이 현저히 변동한 경우에 이를 경보하는 장치를 시설할 것

99 가공 직류 절연 귀선은 특별한 경우를 제외하고 어느 전선에 준하여 시설하여야 하는가?

[KEC규정에 따라 삭제]

① 저압가공전선
② 고압가공전선
③ 특고압가공전선
④ 가공 약전류 전선

100 터널 등에 시설하는 사용전압이 220[V]인 조명코드선이 0.6/1[kV] EP 고무 절연 클로로프렌 캡타이어 케이블일 경우 단면적은 최소 몇 [mm²] 이상이어야 하는가?

① 0.5
② 0.75
③ 1.25
④ 1.4

2017년도 2회 과년도 기출문제

1과목 전기자기학

01 원통좌표계에서 전류밀도 $j = Kr^2 a_z$[A/m²]일 때 암페어의 법칙을 사용한 자계의 세기 H [AT/m]는?(단, K는 상수이다.)

① $H = \dfrac{K}{4}r^4 a_\phi$ ② $H = \dfrac{K}{4}r^3 a_\phi$

③ $H = \dfrac{K}{4}r^4 a_z$ ④ $H = \dfrac{K}{4}r^3 a_z$

02 최대 정전용량 C_0[F]인 그림과 같은 콘덴서의 정전용량이 각도에 비례하여 변화한다고 한다. 이 콘덴서를 전압 V[V]로 충전했을 때 회전자에 작용하는 토크는?

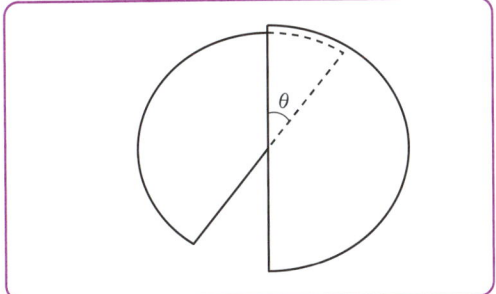

① $\dfrac{C_0 V^2}{2}$[N·m] ② $\dfrac{C_0^2 V}{2\pi}$[N·m]

③ $\dfrac{C_0 V^2}{2\pi}$[N·m] ④ $\dfrac{C_0 V^2}{\pi}$[N·m]

03 내부도체 반지름이 10[mm], 외부도체의 내반지름이 20[mm]인 동축케이블에서 내부도체 표면에 전류 I가 흐르고, 얇은 외부도체에 반대방향인 전류가 흐를 때 단위 길이당 외부 인덕턴스는 약 몇 [H/m]인가?

① 0.28×10^{-7} ② 1.39×10^{-7}
③ 2.03×10^{-7} ④ 2.78×10^{-7}

04 무한 평면에 일정한 전류가 표면에 한 방향으로 흐르고 있다. 평면으로부터 r만큼 떨어진 점과 $2r$만큼 떨어진 점과의 자계의 비는 얼마인가?

① 1 ② $\sqrt{2}$
③ 2 ④ 4

05 어떤 공간의 비유전율은 2이고, 전위 $V(x, y) = \dfrac{1}{x} + 2xy^2$이라고 할 때 점 $\left(\dfrac{1}{2}, 2\right)$에서의 전하밀도 ρ는 약 몇 [pC/m³]인가?

① -20 ② -40
③ -160 ④ -320

06 그림과 같은 히스테리시스 루프를 가진 철심이 강한 평등자계에 의해 매초 60[Hz]로 자화할 경우 히스테리시스 손실은 몇 [W]인가?(단, 철심의 체적은 20[cm³], $B_r = 5$[Wb/m²], $H_c = 2$[AT/m]이다.)

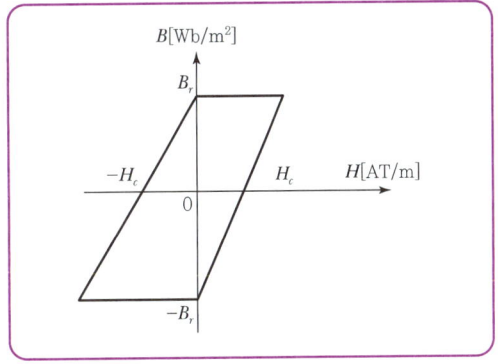

① 1.2×10^{-2} ② 2.4×10^{-2}
③ 3.6×10^{-2} ④ 4.8×10^{-2}

07 그림과 같이 직각 코일이 $B = 0.05 \dfrac{a_x + a_y}{\sqrt{2}}$ [T]인 자계에 위치하고 있다. 코일에 5[A]의 전류가 흐를 때 z축에서의 토크는 약 몇 [N·m]인가?

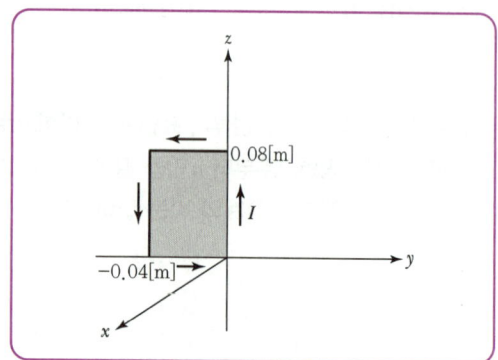

① $2.66 \times 10^{-4} a_x$
② $5.66 \times 10^{-4} a_x$
③ $2.66 \times 10^{-4} a_z$
④ $5.66 \times 10^{-4} a_z$

08 그림과 같이 무한평면 도체 앞 a[m] 거리에 점전하 Q[C]가 있다. 점 O에서 x[m]인 P점의 전하밀도 σ[C/m²]는?

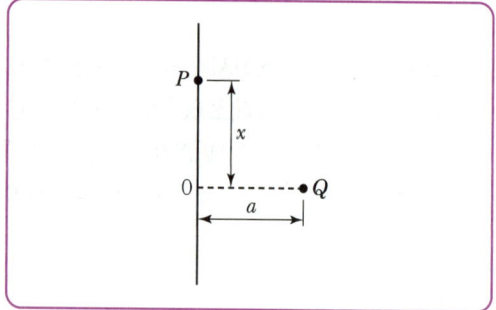

① $\dfrac{Q}{4\pi} \cdot \dfrac{a}{(a^2 + x^2)^{\frac{3}{2}}}$

② $\dfrac{Q}{2\pi} \cdot \dfrac{a}{(a^2 + x^2)^{\frac{3}{2}}}$

③ $\dfrac{Q}{4\pi} \cdot \dfrac{a}{(a^2 + x^2)^{\frac{2}{3}}}$

④ $\dfrac{Q}{2\pi} \cdot \dfrac{a}{(a^2 + x^2)^{\frac{2}{3}}}$

09 유전율 $\varepsilon = 8.855 \times 10^{-12}$[F/m]인 진공 중을 전자파가 전파할 때 진공 중의 투자율[H/m]은?

① 7.58×10^{-5}
② 7.58×10^{-7}
③ 12.56×10^{-5}
④ 12.56×10^{-7}

10 막대자석 위쪽에 동축도체 원판을 놓고 회로의 한 끝은 원판의 주변에 접촉시켜 회전하도록 해 놓은 그림과 같은 패러데이 원판 실험을 할 때 검류계에 전류가 흐르지 않는 경우는?

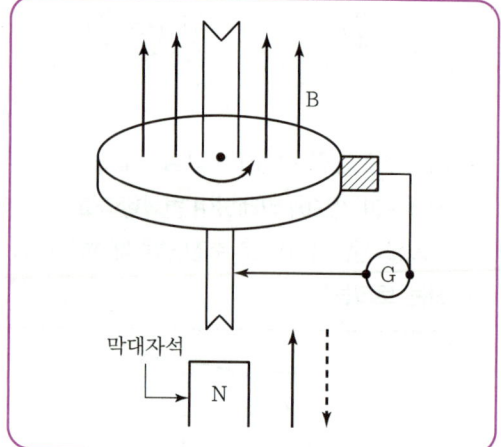

① 자석만을 일정한 방향으로 회전시킬 때
② 원판만을 일정한 방향으로 회전시킬 때
③ 자석을 축 방향으로 전진시킨 후 후퇴시킬 때
④ 원판과 자석을 동시에 같은 방향, 같은 속도로 회전시킬 때

11 점전하에 의한 전계의 세기[V/m]를 나타내는 식은?(단, r은 거리, Q는 전하량, λ는 선전하 밀도, σ는 표면전하밀도이다.)

① $\dfrac{1}{4\pi\varepsilon_0} \dfrac{Q}{r^2}$
② $\dfrac{1}{4\pi\varepsilon_0} \dfrac{\sigma}{r^2}$
③ $\dfrac{1}{2\pi\varepsilon_0} \dfrac{Q}{r^2}$
④ $\dfrac{1}{2\pi\varepsilon_0} \dfrac{\sigma}{r^2}$

12 유전율 ε, 투자율 μ인 매질에서의 전파 속도 v는?

① $\dfrac{1}{\sqrt{\varepsilon\mu}}$ ② $\sqrt{\varepsilon\mu}$
③ $\sqrt{\dfrac{\varepsilon}{\mu}}$ ④ $\sqrt{\dfrac{\mu}{\varepsilon}}$

13 전계 E[V/m], 전속밀도 D[C/m²], 유전율 $\varepsilon=\varepsilon_0\varepsilon_s$[F/m], 분극의 세기 P[C/m²] 사이의 관계는?

① $P=D+\varepsilon_0 E$ ② $P=D-\varepsilon_0 E$
③ $P=\dfrac{D+E}{\varepsilon_0}$ ④ $P=\dfrac{D-E}{\varepsilon_0}$

14 서로 결합하고 있는 두 코일 C_1과 C_2의 자기인덕턴스가 각각 L_{c1}, L_{c2}라고 한다. 이 둘을 직렬로 연결하여 합성인덕턴스 값을 얻은 후 두 코일 간 상호인덕턴스의 크기($|M|$)를 얻고자 한다. 직렬로 연결할 때, 두 코일 간 자속이 서로 가해져서 보강되는 방향의 합성인덕턴스의 값이 L_1, 서로 상쇄되는 방향의 합성인덕턴스의 값이 L_2일 때, 다음 중 알맞은 식은?

① $L_1<L_2$, $|M|=\dfrac{L_2+L_1}{4}$
② $L_1>L_2$, $|M|=\dfrac{L_1+L_2}{4}$
③ $L_1<L_2$, $|M|=\dfrac{L_2-L_1}{4}$
④ $L_1>L_2$, $|M|=\dfrac{L_1-L_2}{4}$

15 정전용량이 C_0[F]인 평행판 공기콘덴서가 있다. 이것의 극판에 평행으로 판간격 d[m]의 $\dfrac{1}{2}$ 두께인 유리판을 삽입하였을 때의 정전용량[F]은?(단, 유리판의 유전율은 ε[F/m]이라 한다.)

① $\dfrac{2C_0}{1+\dfrac{1}{\varepsilon}}$ ② $\dfrac{C_0}{1+\dfrac{1}{\varepsilon}}$
③ $\dfrac{2C_0}{1+\dfrac{\varepsilon_0}{\varepsilon}}$ ④ $\dfrac{C_0}{1+\dfrac{\varepsilon}{\varepsilon_0}}$

16 벡터 퍼텐셜 $A=3x^2ya_x+2xa_y-z^3a_z$[Wb/m]일 때의 자계의 세기 H[A/m]는?(단, μ는 투자율이라 한다.)

① $\dfrac{1}{\mu}(2-3x^2)a_y$ ② $\dfrac{1}{\mu}(3-2x^2)a_y$
③ $\dfrac{1}{\mu}(2-3x^2)a_z$ ④ $\dfrac{1}{\mu}(3-2x^2)a_z$

17 자기회로에서 자기저항의 관계로 옳은 것은?

① 자기회로의 길이에 비례
② 자기회로의 단면적에 비례
③ 자성체의 비투자율에 비례
④ 자성체의 비투자율의 제곱에 비례

18 그림과 같은 길이가 1[m]인 동축 원통 사이의 정전용량[F/m]은?

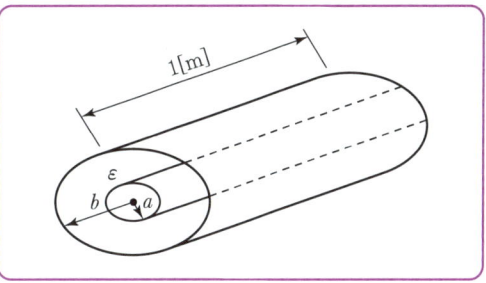

① $C=\dfrac{2\pi}{\varepsilon\ln\dfrac{b}{a}}$ ② $C=\dfrac{\varepsilon}{2\pi\ln\dfrac{b}{a}}$
③ $C=\dfrac{2\pi\varepsilon}{\ln\dfrac{b}{a}}$ ④ $C=\dfrac{2\pi\varepsilon}{\ln\dfrac{a}{b}}$

19 철심이 든 환상 솔레노이드의 권수는 500회, 평균 반지름은 10[cm], 철심의 단면적은 10[cm²], 비투자율 4,000이다. 이 환상 솔레노이드에 2[A]의 전류를 흘릴 때 철심 내의 자속[Wb]은?

① 4×10^{-3}
② 4×10^{-4}
③ 8×10^{-3}
④ 8×10^{-4}

20 그림과 같은 정방형관 단면의 격자점 ⑥의 전위를 반복법으로 구하면 약 몇 [V]인가?

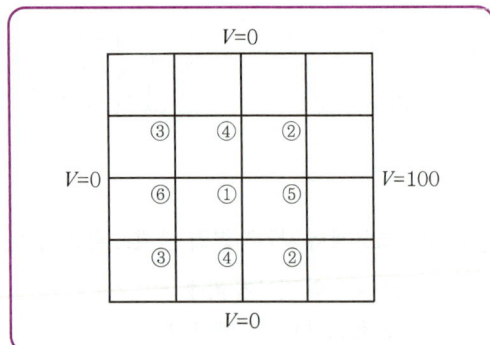

① 6.3
② 9.4
③ 18.8
④ 53.2

2과목 전력공학

21 동기조상기(A)와 전력용 콘덴서(B)를 비교한 것으로 옳은 것은?

① 시충전 : (A) 불가능, (B) 가능
② 전력손실 : (A) 작다, (B) 크다
③ 무효전력 조정 : (A) 계단적, (B) 연속적
④ 무효전력 : (A) 진상·지상용, (B) 진상용

22 어떤 공장의 소모전력이 100[kW]이며, 이 부하의 역률이 0.6일 때, 역률을 0.9로 개선하기 위한 전력용 콘덴서의 용량은 약 몇 [kVA]인가?

① 75
② 80
③ 85
④ 90

23 수력발전소에서 사용되는 수차 중 15[m] 이하의 저낙차에 적합하여 조력발전용으로 알맞은 수차는?

① 카플란 수차
② 펠톤 수차
③ 프란시스 수차
④ 튜블러 수차

24 어떤 화력발전소에서 과열기 출구의 증기압이 169[kg/cm²]이다. 이것은 약 몇 [atm]인가?

① 127.1
② 163.6
③ 1,650
④ 12,850

25 가공 송전선로를 가선할 때에는 하중조건과 온도조건을 고려하여 적당한 처짐정도(Dip)를 주도록 하여야 한다. 처짐정도에 대한 설명으로 옳은 것은?

① 처짐정도의 대소는 지지물의 높이를 좌우한다.
② 전선을 가선할 때 전선을 팽팽하게 하는 것을 처짐정도가 크다고 한다.
③ 처짐정도가 작으면 전선이 좌우로 크게 흔들려서 다른 상의 전선에 접촉하여 위험하게 된다.
④ 처짐정도가 작으면 이에 비례하여 전선의 장력이 증가되며, 너무 작으면 전선 상호 간이 꼬이게 된다.

26 승압기에 의하여 전압이 V_e에서 V_h로 승압할 때, 2차 정격전압 e, 자기용량 W인 단상 승압기가 공급할 수 있는 부하용량은?

① $\dfrac{V_h}{e} \times W$
② $\dfrac{V_e}{e} \times W$
③ $\dfrac{V_e}{V_h - V_e} \times W$
④ $\dfrac{V_h - V_e}{V_e} \times W$

27 일반적으로 부하의 역률을 저하시키는 원인은?

① 전등의 과부하
② 선로의 충전전류
③ 유도전동기의 경부하 운전
④ 동기전동기의 중부하 운전

28 송전단 전압을 V_s, 수전단 전압을 V_r, 선로의 리액턴스를 X라 할 때 정상 시 최대 송전전력의 개략적인 값은?

① $\dfrac{V_s - V_r}{X}$ ② $\dfrac{V_s^2 - V_r^2}{X}$
③ $\dfrac{V_s(V_s - V_r)}{X}$ ④ $\dfrac{V_s V_r}{X}$

29 가공지선의 설치 목적이 아닌 것은?

① 전압강하의 방지
② 직격뢰에 대한 차폐
③ 유도뢰에 대한 정전차폐
④ 통신선에 대한 전자유도장해 경감

30 피뢰기가 방전을 개시할 때의 단자전압의 순싯값을 방전 개시전압이라 한다. 방전 중의 단자 전압의 파고값을 무엇이라 하는가?

① 속류
② 제한전압
③ 기준충격 절연강도
④ 상용주파 허용단자전압

31 송전계통의 한 부분이 그림과 같이 3상 변압기로 1차 측은 Δ로, 2차 측은 Y로 중성점이 접지되어 있을 경우, 1차 측에 흐르는 영상전류는?

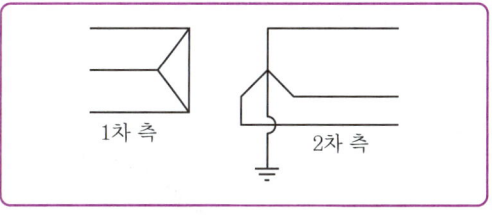

① 1차 측 선로에서 ∞이다.
② 1차 측 선로에서 반드시 0이다.
③ 1차 측 변압기 내부에서는 반드시 0이다.
④ 1차 측 변압기 내부와 1차 측 선로에서 반드시 0이다.

32 배전선로에 관한 설명으로 틀린 것은?

① 밸런서는 단상 2선식에 필요하다.
② 저압뱅킹방식은 전압 변동을 경감할 수 있다.
③ 배전선로의 부하율이 F일 때 손실계수는 F와 F^2의 사이값이다.
④ 수용률이란 최대수용전력을 설비용량으로 나눈 값을 퍼센트로 나타낸다.

33 수차 발전기에 제동권선을 설치하는 주된 목적은?

① 정지시간 단축
② 회전력의 증가
③ 과부하 내량의 증대
④ 발전기 안정도의 증진

34 3상 3선식 가공송전선로에서 한 선의 저항은 15[Ω], 리액턴스는 20[Ω]이고, 수전단 선간전압은 30[kV], 부하역률은 0.8(뒤짐)이다. 전압강하율을 10[%]라 하면, 이 송전선로는 몇 [kW]까지 수전할 수 있는가?

① 2,500 ② 3,000
③ 3,500 ④ 4,000

35 송전선로에서 사용하는 변압기 결선에 Δ 결선이 포함되어 있는 이유는?

① 직류분의 제거 ② 제3고조파의 제거
③ 제5고조파의 제거 ④ 제7고조파의 제거

36 교류송전방식과 비교한 직류송전방식의 설명이 아닌 것은?

① 전압변동률이 양호하고 무효전력에 기인하는 전력손실이 생기지 않는다.
② 안정도의 한계가 없으므로 송전용량을 높일 수 있다.
③ 전력변환기에서 고조파가 발생한다.
④ 고전압, 대전류의 차단이 용이하다.

37 전압 66,000[V], 주파수 60[Hz], 길이 15[km], 심선 1선당 작용 정전용량 0.3587[μF/km]인 한 선당 지중전선로의 3상 무부하 충전전류는 약 몇 [A]인가?(단, 정전용량 이외의 선로정수는 무시한다.)

① 62.5 ② 68.2
③ 73.6 ④ 77.3

38 전력계통에서 사용되고 있는 GCB(Gas Circuit Breaker)용 가스는?

① N_2 가스 ② SF_6 가스
③ 아르곤 가스 ④ 네온 가스

39 차단기와 아크 소호원리가 바르지 않은 것은?

① OCB : 절연유에 분해 가스 흡부력 이용
② VCB : 공기 중 냉각에 의한 아크 소호
③ ABB : 압축공기를 아크에 불어넣어서 차단
④ MBB : 전자력을 이용하여 아크를 소호실 내로 유도하여 냉각

40 네트워크 배전방식의 설명으로 옳지 않은 것은?

① 전압 변동이 적다.
② 배전 신뢰도가 높다.
③ 전력손실이 감소한다.
④ 인축의 접촉사고가 적어진다.

3과목 전기기기

41 정류회로에 사용되는 환류다이오드(Free Wheeling Diode)에 대한 설명으로 틀린 것은?

① 순저항 부하의 경우 불필요하게 된다.
② 유도성 부하의 경우 불필요하게 된다.
③ 환류다이오드 동작 시 부하출력 전압은 0[V]가 된다.
④ 유도성 부하의 경우 부하전류의 평활화에 유용하다.

42 3상 변압기를 병렬 운전하는 경우 불가능한 조합은?

① $\Delta-Y$와 $Y-\Delta$
② $\Delta-\Delta$와 $Y-Y$
③ $\Delta-Y$와 $\Delta-Y$
④ $\Delta-Y$와 $\Delta-\Delta$

43 3상 직권 정류자 전동기에 중간(직렬) 변압기가 쓰이고 있는 이유가 아닌 것은?

① 정류자 전압의 조정
② 회전자 상수의 감소
③ 실효 권수비 선정 조정
④ 경부하 때 속도의 이상 상승 방지

44 직류 분권전동기를 무부하로 운전 중 계자회로에 단선이 생긴 경우 발생하는 현상으로 옳은 것은?

① 역전한다.
② 즉시 정지한다.
③ 과속도로 되어 위험하다.
④ 무부하이므로 서서히 정지한다.

45 변압기에 있어서 부하와는 관계없이 자속만을 발생시키는 전류는?

① 1차 전류
② 자화전류
③ 여자전류
④ 철손전류

46 직류전동기의 규약효율을 나타낸 식으로 옳은 것은?

① $\dfrac{출력}{입력} \times 100[\%]$
② $\dfrac{입력}{입력+손실} \times 100[\%]$
③ $\dfrac{출력}{출력+손실} \times 100[\%]$
④ $\dfrac{입력-손실}{입력} \times 100[\%]$

47 직류전동기에서 정속도(Constant Speed)전동기 라고 볼 수 있는 전동기는?

① 직권전동기
② 타여자전동기
③ 화동복권전동기
④ 차동복권전동기

48 단상 유도전동기의 기동방법 중 기동토크가 가장 큰 것은?

① 반발 기동형
② 분상 기동형
③ 셰이딩 코일형
④ 콘덴서 분상 기동형

49 부흐홀츠 계전기에 대한 설명으로 틀린 것은?

① 오동작의 가능성이 많다.
② 전기적 신호로 동작한다.
③ 변압기의 보호에 사용된다.
④ 변압기의 주 탱크와 콘서베이터를 연결하는 관 중에 설치한다.

50 직류기에서 정류코일의 자기인덕턴스를 L이라 할 때 정류코일의 전류가 정류주기 T_c 사이에 I_c에서 $-I_c$로 변한다면 정류코일의 리액턴스 전압 [V]의 평균값은?

① $L\dfrac{T_c}{2I_c}$
② $L\dfrac{I_c}{2T_c}$
③ $L\dfrac{2I_c}{T_c}$
④ $L\dfrac{I_c}{T_c}$

51 일반적인 전동기에 비하여 리니어 전동기(Linear Motor)의 장점이 아닌 것은?

① 구조가 간단하여 신뢰성이 높다.
② 마찰을 거치지 않고 추진력이 얻어진다.
③ 원심력에 의한 가속제한이 없고 고속을 쉽게 얻을 수 있다.
④ 기어, 벨트 등 동력 변환기구가 필요 없고 직접 원운동이 얻어진다.

52 직류를 다른 전압의 직류로 변환하는 전력변환기기는?

① 초퍼
② 인버터
③ 사이클로 컨버터
④ 브리지형 인버터

53 와전류 손실을 패러데이 법칙으로 설명한 과정 중 틀린 것은?

① 와전류가 철심으로 흘러 발열
② 유기전압 발생으로 철심에 와전류가 흐름
③ 시변 자속으로 강자성체 철심에 유기전압 발생
④ 와전류 에너지 손실량은 전류 경로 크기에 반비례

54 주파수가 정격보다 3[%] 감소하고 동시에 전압이 정격보다 3[%] 상승된 전원에서 운전되는 변압기가 있다. 철손이 fB_m^2에 비례한다면 이 변압기 철손은 정격상태에 비하여 어떻게 달라지는가?(단, f : 주파수, B_m : 자속밀도 최대치이다.)

① 약 8.7[%] 증가　② 약 8.7[%] 감소
③ 약 9.4[%] 증가　④ 약 9.4[%] 감소

55 교류정류자기에서 갭의 자속분포가 정현파로 $\phi_m = 0.14$[Wb], $P=2$, $a=1$, $Z=200$, $N=1,200$[rpm]인 경우 브러시 축이 자극 축과 30[°]라면 속도 기전력의 실횻값 E_s는 약 몇 [V]인가?

① 160　② 400
③ 560　④ 800

56 역률 0.85의 부하 350[kW]에 50[kW]를 소비하는 동기전동기를 병렬로 접속하여 합성 부하의 역률을 0.95로 개선하려면 전동기의 진상 무효전력은 약 몇 [kVar]인가?

① 68　② 72
③ 80　④ 85

57 변압기의 무부하시험, 단락시험에서 구할 수 없는 것은?

① 철손　② 동손
③ 절연내력　④ 전압변동률

58 3상 동기발전기의 단락곡선이 직선으로 되는 이유는?

① 전기자 반작용으로
② 무부하 상태이므로
③ 자기포화가 있으므로
④ 누설 리액턴스가 크므로

59 정격출력 5,000[kVA], 정격전압 3.3[kV], 동기임피던스가 매상 1.8[Ω]인 3상 동기발전기의 단락비는 약 얼마인가?

① 1.1　② 1.2
③ 1.3　④ 1.4

60 동기기의 회전자에 의한 분류가 아닌 것은?

① 원통형
② 유도자형
③ 회전계자형
④ 회전전기자형

4과목　회로이론 및 제어공학

61 기준 입력과 주궤환량과의 차로서, 제어계의 동작을 일으키는 원인이 되는 신호는?

① 조작 신호
② 동작 신호
③ 주궤환 신호
④ 기준 입력 신호

62 폐루프 전달함수 $C(s)/R(s)$가 다음과 같은 2차 제어계에 대한 설명 중 틀린 것은?

$$\frac{C(s)}{R(s)} = \frac{\omega_n^2}{s^2 + 2\delta\omega_n s + \omega_n^2}$$

① 최대 오버슈트는 $e^{-\pi\delta/\sqrt{1-\delta^2}}$이다.
② 이 폐루프계의 특성방정식은 $s^2 + 2\delta\omega_n s + \omega_n^2 = 0$이다.
③ 이 계는 $\delta = 0.1$일 때 부족 제동된 상태에 있게 된다.
④ δ값을 작게 할수록 제동은 많이 걸리게 되니 비교 안정도는 향상된다.

63 3차인 이산치 시스템의 특성방정식의 근이 −0.3, −0.2, +0.5로 주어져 있다. 이 시스템의 안정도는?

① 이 시스템은 안정한 시스템이다.
② 이 시스템은 불안정한 시스템이다.
③ 이 시스템은 임계 안정한 시스템이다.
④ 위 정보로서는 이 시스템의 안정도를 알 수 없다.

64 다음의 특성방정식을 Routh – Hurwitz 방법으로 안정도를 판별하고자 한다. 이때 안정도를 판별하기 위하여 가장 잘 해석한 것은 어느 것인가?

$$q(s) = s^5 + 2s^4 + 2s^3 + 4s^2 + 11s + 10$$

① s 평면의 우반면에 근은 없으나 불안정하다.
② s 평면의 우반면에 근이 1개 존재하여 불안정하다.
③ s 평면의 우반면에 근이 2개 존재하여 불안정하다.
④ s 평면의 우반면에 근이 3개 존재하여 불안정하다.

65 전달함수 $G(s)H(s) = \dfrac{K(s+1)}{s(s+1)(s+2)}$일 때 근궤적의 수는?

① 1
② 2
③ 3
④ 4

66 다음의 미분방정식을 신호 흐름 선도에 옳게 나타낸 것은?(단, $c(t) = X_1(t)$, $X_2(t) = \dfrac{d}{dt}X_1(t)$로 표시한다.)

$$2\frac{dc(t)}{dt} + 5c(t) = r(t)$$

①
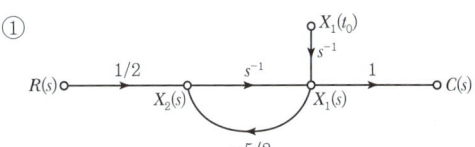

②
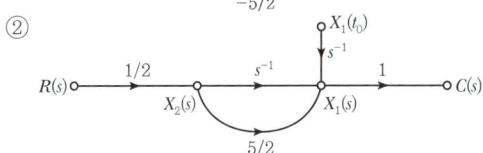

③
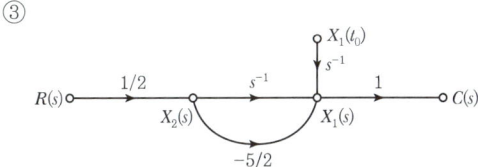

④
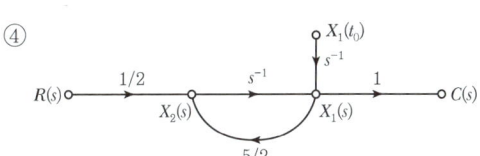

67 다음 블록선도의 전체 전달함수가 1이 되기 위한 조건은?

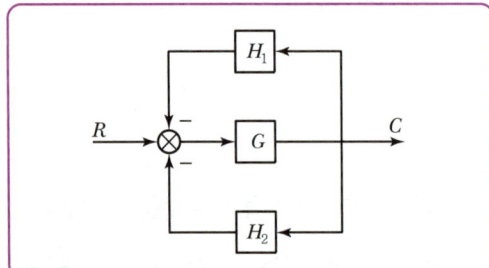

① $G = \dfrac{1}{1-H_1-H_2}$

② $G = \dfrac{1}{1+H_1+H_2}$

③ $G = \dfrac{-1}{1-H_1-H_2}$

④ $G = \dfrac{-1}{1+H_1+H_2}$

68 특성방정식의 모든 근이 s복소평면의 좌반면에 있으면 이 계는 어떠한가?

① 안정
② 준안정
③ 불안정
④ 조건부안정

69 그림의 회로는 어느 게이트(Gate)에 해당되는가?

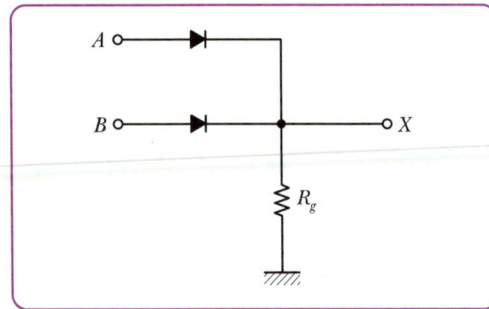

① OR ② AND
③ NOT ④ NOR

70 전달함수가 $G(s) = \dfrac{Y(s)}{X(s)} = \dfrac{1}{s^2(s+1)}$로 주어진 시스템의 단위 임펄스 응답은?

① $y(t) = 1 - t + e^{-t}$
② $y(t) = 1 + t + e^{-t}$
③ $y(t) = t - 1 + e^{-t}$
④ $y(t) = t - 1 - e^{-t}$

71 다음과 같은 회로망에서 영상파라미터(영상전달 정수) θ는?

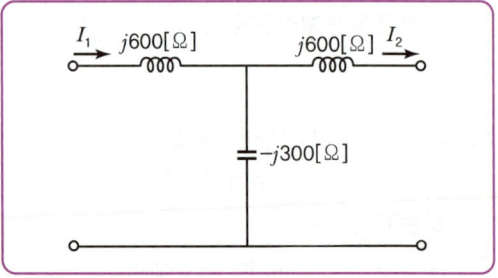

① 10
② 2
③ 1
④ 0

72 Δ 결선된 대칭 3상부하가 있다. 역률이 0.8(지상)이고 소비전력이 1,800[W]이다. 선로의 저항 0.5[Ω]에서 발생하는 선로손실이 50[W]이면 부하단자 전압[V]은?

① 627
② 525
③ 326
④ 225

73 $E = 40 + j30$[V]의 전압을 가하면 $I = 30 + j10$ [A]의 전류가 흐르는 회로의 역률은?

① 0.949
② 0.831
③ 0.764
④ 0.651

74 그림과 같은 회로에서 스위치 S를 닫았을 때, 과도분을 포함하지 않기 위한 $R[\Omega]$은?

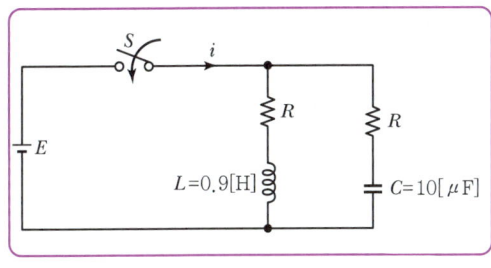

① 100
② 200
③ 300
④ 400

75 분포정수회로에서 직렬임피던스를 Z, 병렬어드미턴스를 Y라 할 때, 선로의 특성임피던스 Z_0는?

① ZY
② $\sqrt{ZY}$
③ $\sqrt{\dfrac{Y}{Z}}$
④ $\sqrt{\dfrac{Z}{Y}}$

76 다음과 같은 회로의 공진 시 어드미턴스는?

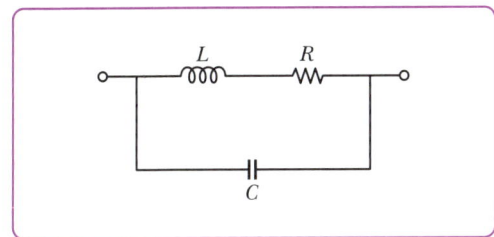

① $\dfrac{RL}{C}$
② $\dfrac{RC}{L}$
③ $\dfrac{L}{RC}$
④ $\dfrac{R}{LC}$

77 그림과 같은 회로에서 전류 I[A]는?

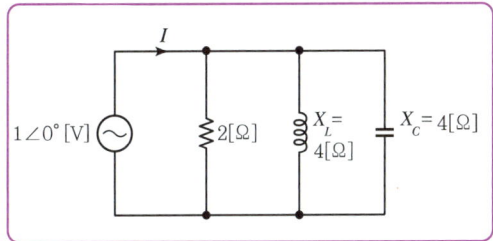

① 0.2
② 0.5
③ 0.7
④ 0.9

78 $F(s) = \dfrac{s+1}{s^2 + 2s}$로 주어졌을 때 $F(s)$의 역변환은?

① $\dfrac{1}{2}(1 + e^t)$
② $\dfrac{1}{2}(1 + e^{-2t})$
③ $\dfrac{1}{2}(1 - e^{-t})$
④ $\dfrac{1}{2}(1 - e^{-2t})$

79 $e(t) = 100\sqrt{2}\sin\omega t + 150\sqrt{2}\sin 3\omega t + 260\sqrt{2}\sin 5\omega t$[V]인 전압을 $R-L$ 직렬회로에 가할 때에 제5고조파 전류의 실횻값은 약 몇 [A]인가?(단, $R = 12[\Omega]$, $\omega L = 1[\Omega]$이다.)

① 10
② 15
③ 20
④ 25

80 그림과 같은 파형의 전압 순싯값은?

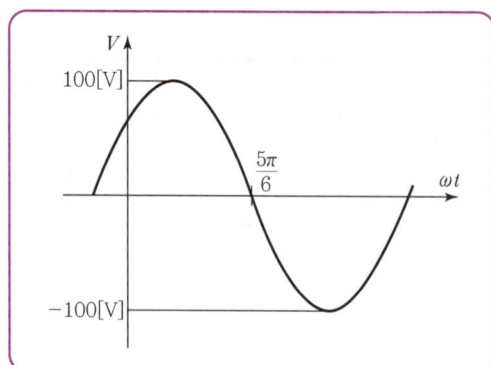

① $100\sin\left(\omega t + \dfrac{\pi}{6}\right)$
② $100\sqrt{2}\sin\left(\omega t + \dfrac{\pi}{6}\right)$
③ $100\sin\left(\omega t - \dfrac{\pi}{6}\right)$
④ $100\sqrt{2}\sin\left(\omega t - \dfrac{\pi}{6}\right)$

5과목 전기설비기술기준 및 판단기준

81 가공전선로의 지지물에 시설하는 지지선에 관한 사항으로 옳은 것은?

① 소선은 지름 2.0[mm] 이상인 금속선을 사용한다.
② 도로를 횡단하여 시설하는 지지선의 높이는 지표상 6.0[m] 이상이다.
③ 지지선의 안전율은 1.2 이상이고 허용인장하중의 최저는 4.31[kN]으로 한다.
④ 지지선에 연선을 사용할 경우에는 소선은 3가닥 이상의 연선을 사용한다.

82 옥내배선의 사용 전압이 400[V] 이하일 때 전광표시 장치, 기타 이와 유사한 장치 또는 제어회로 등의 배선에 다심케이블을 시설하는 경우 배선의 단면적은 몇 [mm²] 이상인가?

① 0.75
② 1.5
③ 1
④ 2.5

83 154[kV] 가공 송전선로를 제1종 특고압 보안공사로 할 때 사용되는 경동연선의 굵기는 몇 [mm²] 이상이어야 하는가?

① 100
② 150
③ 200
④ 250

84 일반적으로 저압 옥내간선에서 분기하여 전기사용 기계·기구에 이르는 저압 옥내 전로는 저압 옥내간선과의 분기점에서 전선의 길이가 몇 [m] 이하인 곳에 개폐기 및 과전류 차단기를 시설하여야 하는가? [KEC규정에 따라 삭제]

① 0.5
② 1.0
③ 2.0
④ 3.0

85 전동기의 과부하 보호장치의 시설에서 전원 측 전로에 시설한 배선용 차단기의 정격 전류가 몇 [A] 이하의 것이면 이 전로에 접속하는 단상전동기에는 과부하 보호장치를 생략할 수 있는가?

① 15
② 20
③ 30
④ 50

86 사용전압이 35[kV] 이하인 특고압 가공전선과 가공약전류 전선 등을 동일 지지물에 시설하는 경우, 특고압 가공전선로는 어떤 종류의 보안공사로 하여야 하는가?

① 고압보안공사
② 제1종 특고압 보안공사
③ 제2종 특고압 보안공사
④ 제3종 특고압 보안공사

87 사용전압이 고압인 전로의 전선으로 사용할 수 없는 케이블은?

① MI 케이블
② 연피케이블
③ 비닐외장케이블
④ 폴리에틸렌외장케이블

88 가로등, 경기장, 공장, 아파트 단지 등의 일반조명을 위하여 시설하는 고압방전등은 그 효율이 몇 [lm/W] 이상의 것이어야 하는가?

① 30   ② 50
③ 70   ④ 100

89 제1종 접지공사의 접지선의 굵기는 공칭단면적 몇 [mm²] 이상의 연동선이어야 하는가?

[KEC규정에 따라 삭제]

① 2.5   ② 4.0
③ 6.0   ④ 8.0

90 금속관공사에서 절연부싱을 사용하는 가장 주된 목적은?

① 관의 끝이 터지는 것을 방지
② 관내 해충 및 이물질 출입 방지
③ 관의 단구에서 조영재의 접촉 방지
④ 관의 단구에서 전선 피복의 손상 방지

91 최대사용전압이 3.3[kV]인 차단기 전로의 절연내력 시험전압은 몇 [V]인가?

① 3,036
② 4,125
③ 4,950
④ 6,600

92 관·암거·기타 지중전선을 넣은 방호장치의 금속제 부분(케이블을 지지하는 금구류는 제외한다.) 및 지중전선의 피복으로 사용하는 금속체에는 몇 종 접지공사를 하여야 하는가?

[KEC규정에 따라 삭제]

① 제1종 접지공사   ② 제2종 접지공사
③ 제3종 접지공사   ④ 특별 제3종 접지공사

93 가반형(이동형)의 용접전극을 사용하는 아크 용접장치를 시설할 때 용접변압기의 1차 측 전로의 대지전압은 몇 [V] 이하이어야 하는가?

① 200   ② 250
③ 300   ④ 600

94 지중전선로를 직접 매설식에 의하여 차량, 기타 중량물의 압력을 받을 우려가 있는 장소에 시설할 경우에는 그 매설 깊이를 최소 몇 [m] 이상으로 하여야 하는가?

① 1   ② 1.0
③ 1.5   ④ 1.8

95 사용전압이 22.9[kV]인 특고압 가공전선과 그 지지물·완금류·지주 또는 지선 사이의 간격은 몇 [cm] 이상이어야 하는가?

① 15   ② 20
③ 25   ④ 30

96 건조한 장소로서 전개된 장소에 고압 옥내배선을 시설할 수 있는 공사방법은?

① 덕트 공사
② 금속관공사
③ 애자사용공사
④ 합성수지관공사

97 제3종 접지공사를 하여야 할 곳은?

[KEC규정에 따라 삭제]

① 고압용 변압기의 외함
② 고압의 계기용 변성기의 2차 측 전로
③ 특고압 계기용 변성기의 2차 측 전로
④ 특고압과 고압의 혼촉 방지를 위한 방전장치

98 전기철도에서 배류시설에 강제배류기를 사용할 경우 시설방법에 대한 설명으로 틀린 것은?

[KEC규정에 따라 삭제]

① 강제배류기용 전원장치의 변압기는 절연 변압기일 것
② 강제배류기를 보호하기 위하여 적정한 과전류 차단기를 시설할 것
③ 귀선에서 강제배류기를 거쳐 금속제 지중 관로로 통하는 전류를 저지하는 구조로 할 것
④ 강제배류기는 제2종 접지공사를 한 금속제 외함, 기타 견고한 함에 넣어 시설하거나 사람이 접촉할 우려가 없도록 시설할 것

99 고압 가공전선에 케이블을 사용하는 경우 케이블을 조가선에 행거로 시설하고자 할 때 행거의 간격은 몇 [cm] 이하로 하여야 하는가?

① 30   ② 50
③ 80   ④ 100

100 고압 가공전선로의 지지물에 시설하는 통신선의 높이는 도로를 횡단하는 경우 교통에 지장을 줄 우려가 없다면 지표상 몇 [m]까지로 감할 수 있는가?

① 4   ② 4.5
③ 5   ④ 6

2017년도 3회 과년도 기출문제

1과목 전기자기학

01 점전하에 의한 전위 함수가 $V = \dfrac{1}{x^2+y^2}$ [V]일 때 $\text{grad}\,V$는?

① $-\dfrac{ix+jy}{(x^2+y^2)^2}$
② $-\dfrac{i2x+j2y}{(x^2+y^2)^2}$
③ $-\dfrac{i2x}{(x^2+y^2)^2}$
④ $-\dfrac{j2y}{(x^2+y^2)^2}$

02 면적 S[m²], 간격 d[m]인 평행판 콘덴서에 전하 Q[C]를 충전하였을 때 정전에너지 W[J]는?

① $W = \dfrac{dQ^2}{\varepsilon S}$
② $W = \dfrac{dQ^2}{2\varepsilon S}$
③ $W = \dfrac{dQ^2}{4\varepsilon S}$
④ $W = \dfrac{dQ^2}{8\varepsilon S}$

03 Poisson 및 Laplace 방정식을 유도하는 데 관련이 없는 식은?

① $\text{rot}\,E = -\dfrac{\partial B}{\partial t}$
② $E = -\text{grad}\,V$
③ $\text{div}\,D = \rho_v$
④ $D = \varepsilon E$

04 반지름 1[cm]인 원형 코일에 전류 10[A]가 흐를 때, 코일의 중심에서 코일면에 수직으로 $\sqrt{3}$ [cm] 떨어진 점의 자계의 세기는 몇 [AT/m]인가?

① $\dfrac{1}{16} \times 10^3$
② $\dfrac{3}{16} \times 10^3$
③ $\dfrac{5}{16} \times 10^3$
④ $\dfrac{7}{16} \times 10^3$

05 평등자계 내에 전자가 수직으로 입사하였을 때 전자의 운동을 바르게 나타낸 것은?

① 구심력은 전자속도에 반비례한다.
② 원심력은 자계의 세기에 반비례한다.
③ 원운동을 하고 반지름은 자계의 세기에 비례한다.
④ 원운동을 하고 반지름은 전자의 회전속도에 비례한다.

06 액체 유전체를 포함한 콘덴서 용량이 C[F]인 것에 V[V]의 전압을 가했을 경우에 흐르는 누설전류[A]는?(단, 유전체의 유전율은 ε[F/m], 고유저항은 ρ[Ω·m]이다.)

① $\dfrac{\rho\varepsilon}{CV}$
② $\dfrac{C}{\rho\varepsilon V}$
③ $\dfrac{CV}{\rho\varepsilon}$
④ $\dfrac{\rho\varepsilon V}{C}$

07 다이아몬드와 같은 단결정 물체에 전장을 가할 때 유도되는 분극은?

① 전자분극
② 이온분극과 배향분극
③ 전자분극과 이온분극
④ 전자분극, 이온분극, 배향분극

08 다음 설명 중 옳은 것은?

① 무한 직선 도선에 흐르는 전류에 의한 도선 내부에서 자계의 크기는 도선의 반경에 비례한다.
② 무한 직선 도선에 흐르는 전류에 의한 도선 외부에서 자계의 크기는 도선의 중심과의 거리에 무관하다.
③ 무한장 솔레노이드 내부자계의 크기는 코일에 흐르는 전류의 크기에 비례한다.
④ 무한장 솔레노이드 내부자계의 크기는 단위 길이당 권수의 제곱에 비례한다.

09 그림과 같은 유전속 분포가 이루어질 때 ε_1과 ε_2의 크기 관계는?

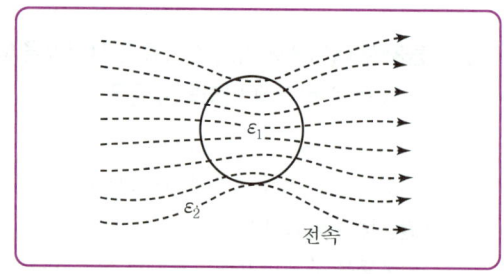

① $\varepsilon_1 > \varepsilon_2$
② $\varepsilon_1 < \varepsilon_2$
③ $\varepsilon_1 = \varepsilon_2$
④ $\varepsilon_1 > 0, \varepsilon_2 > 0$

10 인덕턴스의 단위[H]와 같지 않은 것은?

① J/A·s
② Ω·s
③ Wb/A
④ J/A^2

11 전계 및 자계의 세기가 각각 E, H일 때, 포인팅벡터 P의 표시로 옳은 것은?

① $P = \frac{1}{2} E \times H$
② $P = E \operatorname{rot} H$
③ $P = E \times H$
④ $P = H \operatorname{rot} E$

12 규소강판과 같은 자심재료의 히스테리시스 곡선의 특징은?

① 보자력이 큰 것이 좋다.
② 보자력과 잔류자기가 모두 큰 것이 좋다.
③ 히스테리시스 곡선의 면적이 큰 것이 좋다.
④ 히스테리시스 곡선의 면적이 작은 것이 좋다.

13 커패시터를 제조하는 데 A, B, C, D와 같은 4가지의 유전재료가 있다. 커패시터 내의 전계를 일정하게 하였을 때, 단위체적당 가장 큰 에너지 밀도를 나타내는 재료부터 순서대로 나열한 것은?(단, 유전재료 A, B, C, D의 비유전율은 각각 $\varepsilon_{rA} = 8$, $\varepsilon_{rB} = 10$, $\varepsilon_{rC} = 2$, $\varepsilon_{rD} = 4$이다.)

① C>D>A>B
② B>A>D>C
③ D>A>C>B
④ A>B>D>C

14 투자율 μ[H/m], 자계의 세기 H[AT/m], 자속밀도 B[Wb/m^2]인 곳의 자계 에너지 밀도[J/m^3]는?

① $\frac{B^2}{2\mu}$
② $\frac{H^2}{2\mu}$
③ $\frac{1}{2}\mu H$
④ BH

15 정전계 해석에 관한 설명으로 틀린 것은?

① 푸아송 방정식은 가우스 정리의 미분형으로 구할 수 있다.
② 도체 표면에서의 전계의 세기는 표면에 대해 법선 방향을 갖는다.
③ 라플라스 방정식은 전극이나 도체의 형태에 관계없이 체적전하밀도가 0인 모든 점에서 $\nabla^2 V = 0$을 만족한다.
④ 라플라스 방정식은 비선형 방정식이다.

16 자화의 세기 단위로 옳은 것은?

① AT/Wb
② AT/m^2
③ Wb·m
④ Wb/m^2

17 중심은 원점에 있고 반지름 a[m]인 원형 선도체가 $z = 0$인 평면에 있다. 도체에 선전하밀도 ρ_L[C/m]가 분포되어 있을 때 $z = b$[m]인 점에서 전계 E[V/m]는?(단, a_r, a_z는 원통좌표계에서 r 및 z 방향의 단위벡터이다.)

① $\dfrac{ab\rho_L}{2\pi\varepsilon_o(a^2+b^2)}a_r$ ② $\dfrac{ab\rho_L}{4\pi\varepsilon_o(a^2+b^2)}a_z$

③ $\dfrac{ab\rho_L}{2\varepsilon_o(a^2+b^2)^{\frac{3}{2}}}a_z$ ④ $\dfrac{ab\rho_L}{4\varepsilon_o(a^2+b^2)^{\frac{3}{2}}}a_z$

18 $V = x^2$[V]로 주어지는 전위 분포일 때 $x = 20$ [cm]인 점의 전계는?

① $+x$ 방향으로 40[V/m]
② $-x$ 방향으로 40[V/m]
③ $+x$ 방향으로 0.4[V/m]
④ $-x$ 방향으로 0.4[V/m]

19 공간 도체 내의 한 점에 있어서 자속이 시간적으로 변화하는 경우에 성립하는 식은?

① $\nabla \times E = \dfrac{\partial H}{\partial t}$
② $\nabla \times E = -\dfrac{\partial H}{\partial t}$
③ $\nabla \times E = \dfrac{\partial B}{\partial t}$
④ $\nabla \times E = -\dfrac{\partial B}{\partial t}$

20 변위전류와 가장 관계가 깊은 것은?

① 반도체 ② 유전체
③ 자성체 ④ 도체

2과목 전력공학

21 전력용 콘덴서에 의하여 얻을 수 있는 전류는?

① 지상전류 ② 진상전류
③ 동상전류 ④ 영상전류

22 부하 역률이 현저히 낮은 경우 발생하는 현상이 아닌 것은?

① 전기요금의 증가 ② 유효전력의 증가
③ 전력 손실의 증가 ④ 선로의 전압강하 증가

23 배전용 변전소의 주변압기로 주로 사용되는 것은?

① 강압 변압기 ② 체승 변압기
③ 단권 변압기 ④ 3권선 변압기

24 초호각(Arcing horn)의 역할은?

① 풍압을 조절한다.
② 송전 효율을 높인다.
③ 애자의 파손을 방지한다.
④ 고주파수의 섬락전압을 높인다.

25 $\Delta - \Delta$ 결선된 3상 변압기를 사용한 비접지방식의 선로가 있다. 이때 1선 지락 고장이 발생하면 다른 건전한 2선의 대지전압은 지락 전의 몇 배까지 상승하는가?

① $\dfrac{\sqrt{3}}{2}$ ② $\sqrt{3}$
③ $\sqrt{2}$ ④ 1

26 22[kV], 60[Hz] 1회선의 3상 송전선에서 무부하 충전전류는 약 몇 [A]인가?(단, 송전선의 길이는 20[km]이고, 1선 1[km]당 정전용량은 0.5[μF]이다.)

① 12　　② 24
③ 36　　④ 48

27 개폐서지의 이상전압을 감쇄할 목적으로 설치하는 것은?

① 단로기　　② 차단기
③ 리액터　　④ 개폐저항기

28 모선 보호용 계전기로 사용하면 가장 유리한 것은?

① 거리 방향계전기　　② 역상 계전기
③ 재폐로 계전기　　④ 과전류 계전기

29 현수애자에 대한 설명으로 틀린 것은?

① 애자를 연결하는 방법에 따라 클래비스형과 볼소켓형이 있다.
② 큰 하중에 대하여는 2연 또는 3연으로 하여 사용할 수 있다.
③ 애자의 연결 개수를 가감함으로써 임의의 송전전압에 사용할 수 있다.
④ 2~4층의 갓 모양의 자기편을 시멘트로 접착하고 그 자기를 주철제 베이스로 지지한다.

30 송전선로의 고장전류 계산에 영상 임피던스가 필요한 경우는?

① 1선 지락　　② 3상 단락
③ 3선 단선　　④ 선간 단락

31 그림과 같은 3상 송전계통에서 송전단 전압은 3,300[V]이다. 점 P에서 3상 단락사고가 발생했다면 발전기에 흐르는 단락전류는 약 몇 [A]인가?

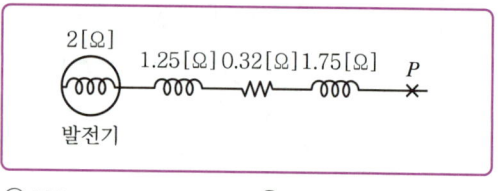

① 320　　② 330
③ 380　　④ 410

32 조속기의 폐쇄시간이 짧을수록 옳은 것은?

① 수격작용은 작아진다.
② 발전기의 전압 상승률은 커진다.
③ 수차의 속도 변동률은 작아진다.
④ 수압관 내의 수압 상승률은 작아진다.

33 그림과 같은 수전단 전압 3.3[kV], 역률 0.85(뒤짐)인 부하 300[kW]에 공급하는 선로가 있다. 이 때 송전단 전압은 약 몇 [V]인가?

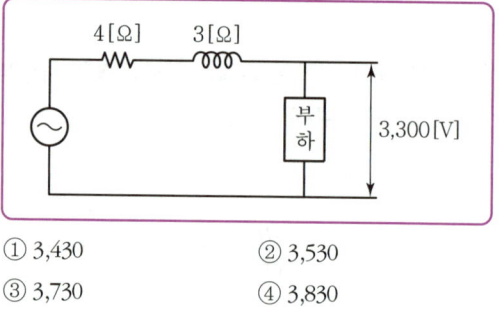

① 3,430　　② 3,530
③ 3,730　　④ 3,830

34 증기의 엔탈피란?

① 증기 1[kg]의 잠열
② 증기 1[kg]의 현열
③ 증기 1[kg]의 보유열량
④ 증기 1[kg]의 증발열을 그 온도로 나눈 것

35 장거리 송전선로는 일반적으로 어떤 회로로 취급하여 회로를 해석하는가?
① 분포정수회로 ② 분산부하회로
③ 집중정수회로 ④ 특성임피던스회로

36 4단자 정수 $A = D = 0.8$, $B = j1.0$인 3상 송전선로에 송전단전압 160[kV]를 인가할 때 무부하 시 수전단 전압은 몇 [kV]인가?
① 154 ② 164
③ 180 ④ 200

37 유도장해를 방지하기 위한 전력선 측의 대책으로 틀린 것은?
① 차폐선을 설치한다.
② 고속도 차단기를 사용한다.
③ 중성점 전압을 가능한 한 높게 한다.
④ 중성점 접지에 고저항을 넣어서 지락전류를 줄인다.

38 원자로의 감속재에 대한 설명으로 틀린 것은?
① 감속능력이 클 것
② 원자 질량이 클 것
③ 사용재료로 경수를 사용
④ 고속 중성자를 열 중성자로 바꾸는 작용

39 송전선로에 매설지선을 설치하는 주된 목적은?
① 철탑 기초의 강도를 보강하기 위하여
② 직격뢰로부터 송전선을 차폐보호하기 위하여
③ 현수애자 1연의 전압 분담을 균일화하기 위하여
④ 철탑으로부터 송전선로의 역섬락을 방지하기 위하여

40 송전전력, 부하역률, 송전거리, 전력손실, 선간전압이 동일할 때 3상 3선식에 의한 소요전선량은 단상 2선식의 몇 [%]인가?
① 50 ② 67
③ 75 ④ 87

3과목 전기기기

41 3상 유도기에서 출력의 변환 식으로 옳은 것은?
① $P_o = P_2 + P_{2c} = \dfrac{N}{N_s} P_2 = (2-s) P_2$
② $(1-s) P_2 = \dfrac{N}{N_s} P_2 = P_o - P_{2c} = P_o - sP_2$
③ $P_o = P_2 - P_{2c} = P_2 - sP_2 = \dfrac{N}{N_s} P_2 = (1-s) P_2$
④ $P_o = P_2 + P_{2c} = P_2 + sP_2 = \dfrac{N}{N_s} P_2 = (1+s) P_2$

42 변압기의 보호방식 중 비율차동계전기를 사용하는 경우는?
① 고조파 발생을 억제하기 위하여
② 과여자 전류를 억제하기 위하여
③ 과전압 발생을 억제하기 위하여
④ 변압기 상간 단락 보호를 위하여

43 다이오드 2개를 이용하여 전파정류를 하고, 순저항 부하에 전력을 공급하는 회로가 있다. 저항에 걸리는 직류분 전압이 90[V]라면 다이오드에 걸리는 최대 역전압[V]의 크기는?
① 90 ② 242.8
③ 254.5 ④ 282.8

44 동기전동기에 대한 설명으로 옳은 것은?

① 기동토크가 크다.
② 역률 조정을 할 수 있다.
③ 가변속 전동기로서 다양하게 응용된다.
④ 공극이 매우 작고 설치 및 보수가 어렵다.

45 농형 유도전동기에 주로 사용되는 속도 제어법은?

① 극수 제어법 ② 종속 제어법
③ 2차 여자 제어법 ④ 2차 저항 제어법

46 3상 권선형 유도전동기에서 2차 측 저항을 2배로 하면 그 최대토크는 어떻게 되는가?

① 불변이다. ② 2배 증가한다.
③ $\frac{1}{2}$로 감소한다. ④ $\sqrt{2}$배 증가한다.

47 직류전동기의 전기자전류가 10[A]일 때 5[kg · m]의 토크가 발생하였다. 이 전동기의 계자속이 80[%]로 감소되고, 전기자전류가 12[A]로 되면 토크는 약 몇 [kg · m]인가?

① 5.2 ② 4.8
③ 4.3 ④ 3.9

48 일반적인 변압기의 무부하손 중 효율에 가장 큰 영향을 미치는 것은?

① 와전류손 ② 유전체손
③ 히스테리시스손 ④ 여자전류 저항손

49 전기자 총 도체 수 152, 4극, 파권인 직류발전기가 전기자 전류를 100[A]로 할 때 매 극당 감자기 자력[AT/극]은 얼마인가?(단, 브러시의 이동각은 10°이다.)

① 33.6 ② 52.8
③ 105.6 ④ 211.2

50 정격전압, 정격주파수가 6,600/220[V], 60[Hz], 와류손이 720[W]인 단상변압기가 있다. 이 변압기를 3,300[V], 50[Hz]의 전원에 사용하는 경우 와류손은 약 몇 [W]인가?

① 120 ② 150
③ 180 ④ 200

51 보극이 없는 직류발전기에서 부하의 증가에 따라 브러시의 위치를 어떻게 하여야 하는가?

① 그대로 둔다.
② 계자극의 중간에 놓는다.
③ 발전기의 회전방향으로 이동시킨다.
④ 발전기의 회전방향과 반대로 이동시킨다.

52 반발기동형 단상유도전동기의 회전방향을 변경하기 위한 방법으로 옳은 것은?

① 전원의 2선을 바꾼다.
② 주권선의 2선을 바꾼다.
③ 브러시의 접속선을 바꾼다.
④ 브러시의 위치를 조정한다.

53 직류전동기의 속도제어 방법이 아닌 것은?

① 계자제어법 ② 전압제어법
③ 주파수제어법 ④ 직렬 저항제어법

54 동기발전기의 단락비가 1.2이면 이 발전기의 % 동기임피던스[p.u]는?

① 0.12 ② 0.25
③ 0.52 ④ 0.83

55 다음 ( ) 안에 옳은 내용을 순서대로 나열한 것은?

> SCR에서는 게이트 전류가 흐르면 순방향의 저지상태에서 ( ) 상태로 된다. 게이트 전류를 가하여 도통 완료까지의 시간을 ( ) 시간이라고 하고 이 시간이 길면 ( ) 시의 ( )이 많고 소자가 파괴된다.

① 온(On), 턴온(Turn on), 스위칭, 전력손실
② 온(On), 턴온(Turn on), 전력손실, 스위칭
③ 스위칭, 온(On), 턴온(Turn on), 전력손실
④ 턴온(Turn on), 스위칭, 온(On), 전력손실

56 동기발전기의 안정도를 증진시키기 위한 대책이 아닌 것은?

① 속응 여자 방식을 사용한다.
② 정상 임피던스를 작게 한다.
③ 역상·영상 임피던스를 작게 한다.
④ 회전자의 플라이 휠 효과를 크게 한다.

57 비돌극형 동기발전기 한 상의 단자전압을 V, 유기기전력을 E, 동기리액턴스를 X_s, 부하각이 δ이고 전기자저항을 무시할 때 한 상의 최대출력[W]은?

① $\dfrac{EV}{X_s}$
② $\dfrac{3EV}{X_s}$
③ $\dfrac{E^2V}{X_s}\sin\delta$
④ $\dfrac{EV^2}{X_s}\sin\delta$

58 60[Hz]의 3상 유도전동기를 동일 전압으로 50[Hz]에 사용할 때 ⓐ 무부하전류, ⓑ 온도 상승, ⓒ 속도는 어떻게 변하겠는가?

① ⓐ $\dfrac{60}{50}$으로 증가, ⓑ $\dfrac{60}{50}$으로 증가, ⓒ $\dfrac{50}{60}$으로 감소
② ⓐ $\dfrac{60}{50}$으로 증가, ⓑ $\dfrac{50}{60}$으로 감소, ⓒ $\dfrac{50}{60}$으로 감소
③ ⓐ $\dfrac{50}{60}$으로 감소, ⓑ $\dfrac{60}{50}$으로 증가, ⓒ $\dfrac{50}{60}$으로 감소
④ ⓐ $\dfrac{50}{60}$으로 감소, ⓑ $\dfrac{60}{50}$으로 증가, ⓒ $\dfrac{60}{50}$으로 증가

59 3,000/200[V] 변압기의 1차 임피던스가 225[Ω]이면 2차 환산 임피던스는 약 몇 [Ω]인가?

① 1.0 ② 1.5
③ 2.1 ④ 2.8

60 60[Hz], 1,328/230[V]의 단상 변압기가 있다. 무부하 전류 $I = 3\sin\omega t + 1.1\sin(3\omega t + a_3)$[A]이다. 지금 위와 똑같은 변압기 3대로 $Y-\Delta$ 결선하여 1차에 2,300[V]의 평형전압을 걸고 2차를 무부하로 하면 Δ회로를 순환하는 전류(실효치)는 약 몇 [A]인가?

① 0.77 ② 1.10
③ 4.48 ④ 6.35

4과목 회로이론 및 제어공학

61 다음 블록선도의 전달함수는?

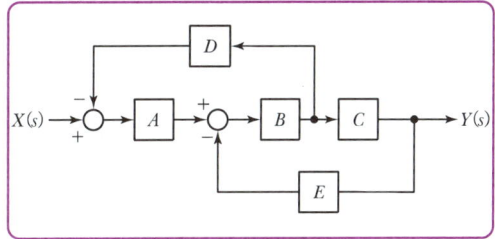

① $\dfrac{Y(s)}{X(s)} = \dfrac{ABC}{1+BCD+ABE}$
② $\dfrac{Y(s)}{X(s)} = \dfrac{ABC}{1+BCD+ABD}$
③ $\dfrac{Y(s)}{X(s)} = \dfrac{ABC}{1+BCE+ABD}$
④ $\dfrac{Y(s)}{X(s)} = \dfrac{ABC}{1+BCE+ABE}$

62 주파수 특성의 정수 중 대역폭이 좁으면 좁을수록 이때의 응답속도는 어떻게 되는가?

① 빨라진다.
② 늦어진다.
③ 빨라졌다 늦어진다.
④ 늦어졌다 빨라진다.

63 다음 논리회로가 나타내는 식은?

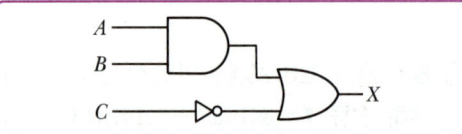

① $X = (A \cdot B) + \overline{C}$
② $X = (\overline{A \cdot B}) + C$
③ $X = (\overline{A+B}) \cdot C$
④ $X = (A+B) \cdot \overline{C}$

64 그림과 같은 요소는 제어계의 어떤 요소인가?

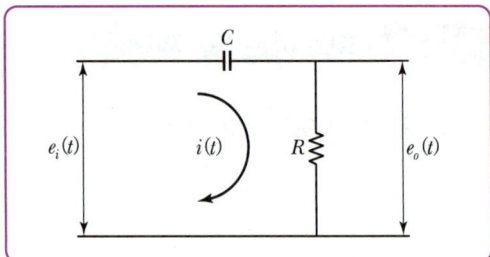

① 적분요소
② 미분요소
③ 1차 지연요소
④ 1차 지연 미분요소

65 상태방정식으로 표시되는 제어계의 천이행렬 $\phi(t)$는?

$$X = \begin{bmatrix} 0 & 1 \\ 0 & 0 \end{bmatrix} X + \begin{bmatrix} 0 \\ 1 \end{bmatrix} U$$

① $\begin{bmatrix} 0 & t \\ 1 & 1 \end{bmatrix}$
② $\begin{bmatrix} 1 & 1 \\ 0 & t \end{bmatrix}$
③ $\begin{bmatrix} 1 & t \\ 0 & 1 \end{bmatrix}$
④ $\begin{bmatrix} 0 & t \\ 1 & 0 \end{bmatrix}$

66 제어장치가 제어대상에 가하는 제어신호로 제어장치의 출력인 동시에 제어대상의 입력인 신호는?

① 목표값
② 조작량
③ 제어량
④ 동작신호

67 제어기에서 적분제어의 영향으로 가장 적합한 것은?

① 대역폭이 증가한다.
② 응답 속응성을 개선시킨다.
③ 작동오차의 변화율에 반응하여 동작한다.
④ 정상상태의 오차를 줄이는 효과를 갖는다.

68 $G(j\omega) = \dfrac{1}{j\omega T + 1}$ 의 크기와 위상각은?

① $G(j\omega) = \sqrt{\omega^2 T^2 + 1}\,/\tan^{-1}\omega T$
② $G(j\omega) = \sqrt{\omega^2 T^2 + 1}\,/-\tan^{-1}\omega T$
③ $G(j\omega) = \dfrac{1}{\sqrt{\omega^2 T^2 + 1}}\,/\tan^{-1}\omega T$
④ $G(j\omega) = \dfrac{1}{\sqrt{\omega^2 T^2 + 1}}\,/-\tan^{-1}\omega T$

69 Routh 안정판별표에서 수열의 제1열이 다음과 같을 때 이 계통의 특성 방정식에 양의 실수부를 갖는 근이 몇 개인가?

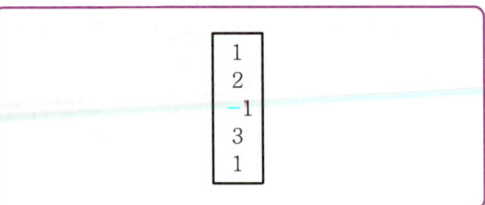

① 전혀 없다.
② 1개 있다.
③ 2개 있다.
④ 3개 있다.

70 특성방정식 $s^5 + 2s^4 + 2s^3 + 3s^2 + 4s + 1 = 0$을 Routh-Hurwitz 판별법으로 분석한 결과로 옳은 것은?

① s평면의 우반면에 근이 존재하지 않기 때문에 안정한 시스템이다.
② s평면의 우반면에 근이 1개 존재하기 때문에 불안정한 시스템이다.
③ s평면의 우반면에 근이 2개 존재하기 때문에 불안정한 시스템이다.
④ s평면의 우반면에 근이 3개 존재하기 때문에 불안정한 시스템이다.

71 회로에서의 전류 방향을 옳게 나타낸 것은?

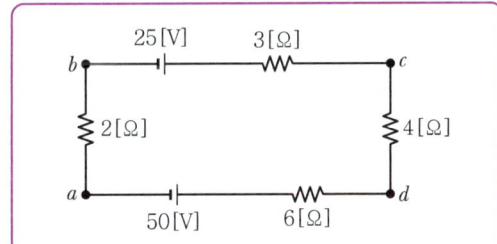

① 알 수 없다.
② 시계 방향이다.
③ 흐르지 않는다.
④ 반시계 방향이다.

72 입력신호 $x(t)$와 출력신호 $y(t)$의 관계가 다음과 같을 때 전달함수는?

$$\frac{d^2}{dt^2}y(t) + 5\frac{d}{dt}y(t) + 6y(t) = x(t)$$

① $\dfrac{1}{(s+2)(s+3)}$
② $\dfrac{s+1}{(s+2)(s+3)}$
③ $\dfrac{s+4}{(s+2)(s+3)}$
④ $\dfrac{s}{(s+2)(s+3)}$

73 회로에서 10[mH]의 인덕턴스에 흐르는 전류는 일반적으로 $i(t) = A + Be^{-at}$로 표시된다. a의 값은?

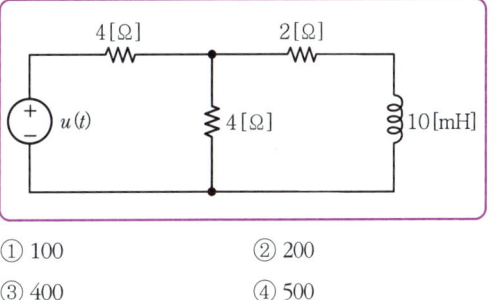

① 100 ② 200
③ 400 ④ 500

74 RL 직렬회로에 $e = 100\sin(120\pi t)$[V]의 전압을 인가하여 $i = 2\sin(120\pi t - 45[°])$[A]의 전류가 흐르도록 하려면 저항은 몇 [Ω]이어야 하는가?

① 25.0 ② 35.4
③ 50.0 ④ 70.7

75 3상 Δ 부하에서 각 선전류를 I_a, I_b, I_c라 하면 전류의 영상분[A]은?(단, 회로는 평형상태이다.)

① ∞ ② 1
③ $\dfrac{1}{3}$ ④ 0

76 정현파 교류전원 $e = E_m\sin(\omega t + \theta)$[V]가 인가된 RLC 직렬회로에 있어서 $\omega L > \dfrac{1}{\omega C}$일 경우, 이 회로에 흐르는 전류 I[A]의 위상은 인가전압 e[V]의 위상보다 어떻게 되는가?

① $\tan^{-1}\dfrac{\omega L - \dfrac{1}{\omega C}}{R}$ 앞선다.

② $\tan^{-1}\dfrac{\omega L - \dfrac{1}{\omega C}}{R}$ 뒤진다.

③ $\tan^{-1} R\left(\dfrac{1}{\omega L} - \omega C\right)$ 앞선다.

④ $\tan^{-1} R\left(\dfrac{1}{\omega L} - \omega C\right)$ 뒤진다.

77 그림과 같은 $R-C$ 병렬회로에서 전원전압이 $e(t) = 3e^{-5t}$인 경우 이 회로의 임피던스는?

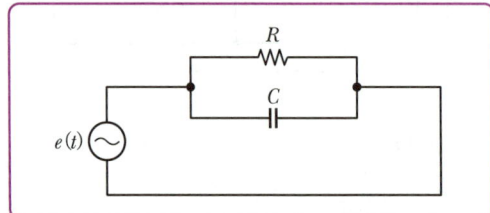

① $\dfrac{j\omega RC}{1+j\omega RC}$ ② $\dfrac{R}{1-5RC}$

③ $\dfrac{R}{1+RCs}$ ④ $\dfrac{1+j\omega RC}{R}$

78 분포정수 선로에서 위상정수를 β[rad/m]라 할 때 파장은?

① $2\pi\beta$ ② $\dfrac{2\pi}{\beta}$

③ $4\pi\beta$ ④ $\dfrac{4\pi}{\beta}$

79 성형(Y) 결선의 부하가 있다. 선간전압 300[V]의 3상 교류를 가했을 때 선전류가 40[A]이고, 역률이 0.80이라면 리액턴스는 약 몇 [Ω]인가?

① 1.66 ② 2.60
③ 3.56 ④ 4.33

80 그림의 회로에서 합성 인덕턴스는?

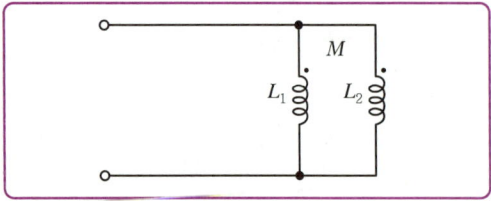

① $\dfrac{L_1 L_2 - M^2}{L_1 + L_2 - 2M}$ ② $\dfrac{L_1 L_2 + M^2}{L_1 + L_2 - 2M}$

③ $\dfrac{L_1 L_2 - M^2}{L_1 + L_2 + 2M}$ ④ $\dfrac{L_1 L_2 + M^2}{L_1 + L_2 + 2M}$

5과목 전기설비기술기준 및 판단기준

81 가공선전로에 사용하는 지지물의 강도 계산 시 구성재의 수직 투영면적 1[m²]에 대한 풍압을 기초로 적용하는 갑종 풍압하중 값의 기준으로 틀린 것은?

① 목주 : 588[Pa]
② 원형 철주 : 588[Pa]
③ 철근콘크리트주 : 1,117[Pa]
④ 강관으로 구성된 철탑(단주는 제외) : 1,255[Pa]

82 최대 사용전압 7[kV] 이하 전로의 절연내력을 시험할 경우 시험전압을 연속하여 몇 분간 가하였을 때 이에 견디어야 하는가?

① 5분 ② 10분
③ 15분 ④ 30분

83 고압 인입선의 시설에 대한 설명으로 틀린 것은?

① 15[m] 떨어진 다른 수용가에 고압 이웃연결 인입선을 시설하였다.
② 전선은 5[mm] 경동선과 동등한 세기의 고압 절연전선을 사용하였다.
③ 고압 가공인입선 아래에 위험표시를 하고 지표상 3.5[m]의 높이에 설치하였다.
④ 횡단보도교 위에 시설하는 경우 케이블을 사용하여 노면 상에서 3.5[m]의 높이에 시설하였다.

84 공통접지공사 적용 시 상도체의 단면적이 16[mm²]인 경우 보호도체(PE)에 적합한 단면적은?(단, 보호도체의 재질이 상도체와 같은 경우)
① 4
② 6
③ 10
④ 16

85 절연유의 구외 유출 방지설비를 하여야 하는 변압기의 사용전압은 몇 [kV] 이상인가?
① 10
② 50
③ 100
④ 150

86 일반 변전소 또는 이에 준하는 곳의 주요 변압기에 반드시 시설하여야 하는 계측장치가 아닌 것은?
① 주파수계
② 전압계
③ 전류계
④ 전력계

87 345[kV] 가공전선이 154[kV] 가공선전과 교차하는 경우 이들 양 전선 상호 간의 간격은 몇 [m] 이상이어야 하는가?
① 4.48
② 4.96
③ 5.48
④ 5.82

88 애자사용공사에 의한 저압 옥내배선을 시설할 때 전선의 지지점 간의 거리는 전선을 조영재의 윗면 또는 옆면에 따라 붙일 경우 몇 [m] 이하인가?
① 1.5
② 2
③ 2.5
④ 3

89 가공 접지선을 사용하여 접지공사를 하는 경우 변압기의 시설 장소로부터 몇 [m]까지 떼어 놓을 수 있는가?
① 50
② 100
③ 150
④ 200

90 고압 가공전선으로 경동선을 사용하는 경우 안전율은 얼마 이상이 되는 처짐정도로 시설하여야 하는가?
① 2.0
② 2.2
③ 2.5
④ 4.0

91 백열전등 또는 방전등에 전기를 공급하는 옥내전로의 대지전압은 몇 [V] 이하인가?
① 120
② 150
③ 200
④ 300

92 특수장소에 시설하는 전선로의 기준으로 틀린 것은?
① 교량의 윗면에 시설하는 저압전선로는 교량 노면상 5[m] 이상으로 할 것
② 교량에 시설하는 고압전선로에서 전선과 조영재 사이의 간격은 20[cm] 이상일 것
③ 저압전선로와 고압전선로를 같은 벼랑에 시설하는 경우 고압전선과 저압전선 사이의 간격은 50[cm] 이상일 것
④ 벼랑과 같은 수직부분에 시설하는 전선로는 부득이한 경우에 시설하며, 이때 전선의 지지점 간의 거리는 15[m] 이하로 할 것

93 고압 옥내배선의 시설 공사로 할 수 없는 것은?
① 케이블 공사
② 가요전선관 공사
③ 케이블 트레이 공사
④ 애자사용 공사(건조한 장소로서 전개된 장소)

94 사용전압 154[kV]의 특고압 가공전선로를 시가지에 시설하는 경우 지표상 몇 [m] 이상에 시설하여야 하는가?

① 7　　　　　② 8
③ 9.44　　　　④ 11.44

95 가공전선로 지지물 기초의 안전율은 일반적으로 얼마 이상인가?

① 1.5　　　　② 2
③ 2.2　　　　④ 2.5

96 "지중관로"에 대한 정의로 가장 옳은 것은?

① 지중전선로 · 지중 약전류 전선로와 지중매설지선 등을 말한다.
② 지중전선로 · 지중 약전류 전선로와 복합케이블 선로 · 기타 이와 유사한 것 및 이들에 부속되는 지중함을 말한다.
③ 지중전선로 · 지중 약전류 전선로 · 지중에 시설하는 수관 및 가스관과 지중매설지선을 말한다.
④ 지중전선로 · 지중 약전류 전선로 · 지중 광섬유 케이블 선로 · 지중에 시설하는 수관 및 가스관과 기타 이와 유사한 것 및 이들에 부속하는 지중함 등을 말한다.

97 가공 전선로의 지지물에 시설하는 지지선의 시설 기준으로 옳은 것은?

① 지지선의 안전율은 1.2 이상일 것
② 소선은 최소 5가닥 이상의 연선일 것
③ 도로를 횡단하여 시설하는 지지선의 높이는 일반적으로 지표상 5[m] 이상으로 할 것
④ 지중부분 및 지표상 60[cm]까지의 부분은 아연도금을 한 철봉 등 부식하기 어려운 재료를 사용할 것

98 저압 옥내배선에 적용하는 사용전선의 내용 중 틀린 것은?

① 단면적 2.5[mm²] 이상의 연동선이어야 한다.
② 미네럴인슈레이션케이블로 옥내배선을 하려면 케이블 단면적은 2[mm²] 이상이어야 한다.
③ 진열장 등 사용전압이 400[V] 이하인 경우 0.75[mm²] 이상인 코드 또는 캡타이어 케이블을 사용할 수 있다.
④ 전광표시장치 또는 제어회로에 사용전압이 400[V] 미만인 경우 사용하는 배선은 단면적 1.5[mm²] 이상의 연동선을 사용하고 합성수지관 공사로 할 수 있다.

99 지중 전선로의 시설에서 관로식에 의하여 시설하는 경우 매설깊이는 몇 [m] 이상으로 하여야 하는가?

① 0.6　　　　② 1.0
③ 1.2　　　　④ 1.5

100 케이블 트레이 공사 적용 시 적합한 사항은?

① 난연성 케이블을 사용한다.
② 케이블 트레이의 안전율은 2.0 이상으로 한다.
③ 케이블 트레이 안에서 전선 접속은 허용하지 않는다.
④ 사용전압이 400[V] 이하인 경우 특별 제3종 접지공사를 적용한다.

2018년도 1회 과년도 기출문제

1과목 전기자기학

01 평면도체 표면에서 r[m]의 거리에 점전하 Q[C]이 있을 때 이 전하를 무한원까지 운반하는 데 필요한 일은 몇 [J]인가?

① $\dfrac{Q^2}{4\pi\varepsilon_0 r}$ ② $\dfrac{Q^2}{8\pi\varepsilon_0 r}$

③ $\dfrac{Q^2}{16\pi\varepsilon_0 r}$ ④ $\dfrac{Q^2}{32\pi\varepsilon_0 r}$

02 역자성체에서 비투자율(μ_s)은 다음 중 어느 값을 갖는가?

① $\mu_s = 1$ ② $\mu_s < 1$
③ $\mu_s > 1$ ④ $\mu_s = 0$

03 비유전율 ε_{r1}, ε_{r2}인 두 유전체가 나란히 무한평면으로 접하고 있고, 이 경계면에 평행으로 유전체의 비유전율 ε_{r1} 내에 경계면으로부터 d[m]인 위치에 선전하 밀도 ρ[C/m]인 선상전하가 있을 때, 이 선전하와 유전체 ε_{r2} 간의 단위 길이당 작용력은 몇 [N/m]인가?

① $9\times 10^9 \times \dfrac{\rho^2}{\varepsilon_{r2}d} \times \dfrac{\varepsilon_{r1}+\varepsilon_{r2}}{\varepsilon_{r1}-\varepsilon_{r2}}$

② $2.25\times 10^9 \times \dfrac{\rho^2}{\varepsilon_{r2}d} \times \dfrac{\varepsilon_{r1}-\varepsilon_{r2}}{\varepsilon_{r1}+\varepsilon_{r2}}$

③ $9\times 10^9 \times \dfrac{\rho^2}{\varepsilon_{r1}d} \times \dfrac{\varepsilon_{r1}-\varepsilon_{r2}}{\varepsilon_{r1}+\varepsilon_{r2}}$

④ $2.25\times 10^9 \times \dfrac{\rho^2}{\varepsilon_{r1}d} \times \dfrac{\varepsilon_{r1}-\varepsilon_{r2}}{\varepsilon_{r1}+\varepsilon_{r2}}$

04 점전하에 의한 전계는 쿨롱의 법칙을 사용하면 되지만 분포되어 있는 전하에 의한 전계를 구할 때는 무엇을 이용하는가?

① 렌쯔의 법칙 ② 가우스의 정리
③ 라플라스 방정식 ④ 스토크스의 정리

05 패러데이 관(Faraday Tube)의 성질에 대한 설명으로 틀린 것은?

① 패러데이 관 중에 있는 전속 수는 그 관 속에 진전하가 없으면 일정하며 연속적이다.
② 패러데이 관의 양단에는 양 또는 음의 단위 진전하가 존재하고 있다.
③ 패러데이 관 한 개의 단위 전위차당 보유에너지는 1/2[J]이다.
④ 패러데이 관의 밀도는 전속밀도와 같지 않다.

06 공기 중에 있는 지름 6[cm]인 단일 도체구의 정전용량은 약 몇 [pF]인가?

① 0.34 ② 0.67
③ 3.34 ④ 6.71

07 유전율이 ε_1, ε_2[F/m]인 유전체 경계면에 단위 면적당 작용하는 힘은 몇 [N/m²]인가?(단, 전계가 경계면에 수직인 경우이며, 두 유전체의 전속밀도 $D_1 = D_2 = D$이다.)

① $2\left(\dfrac{1}{\varepsilon_1}-\dfrac{1}{\varepsilon_2}\right)D^2$ ② $2\left(\dfrac{1}{\varepsilon_1}+\dfrac{1}{\varepsilon_2}\right)D^2$

③ $\dfrac{1}{2}\left(\dfrac{1}{\varepsilon_1}+\dfrac{1}{\varepsilon_2}\right)D^2$ ④ $\dfrac{1}{2}\left(\dfrac{1}{\varepsilon_2}-\dfrac{1}{\varepsilon_1}\right)D^2$

08 진공 중에 균일하게 대전된 반지름 a[m]인 선전하 밀도 λ_l[C/m]의 원환이 있을 때, 그 중심으로부터 중심축상 x[m]의 거리에 있는 점의 전계의 세기는 몇 [V/m]인가?

① $\dfrac{a\lambda_l x}{2\varepsilon(a^2+x^2)^{\frac{3}{2}}}$ ② $\dfrac{a\lambda_l x}{\varepsilon_0(a^2+x^2)^{\frac{3}{2}}}$

③ $\dfrac{\lambda_l x}{2\varepsilon_0(a^2+x^2)}$ ④ $\dfrac{\lambda_l x}{\varepsilon_0(a^2+x^2)}$

09 내압 1,000[V] 정전용량 1[μF], 내압 750[V] 정전용량 2[μF], 내압 500[V] 정전용량 5[μF]인 콘덴서 3개를 직렬로 접속하고 인가전압을 서서히 높이면 최초로 파괴되는 콘덴서는?

① 1[μF]
② 2[μF]
③ 5[μF]
④ 동시에 파괴된다.

10 내부장치 또는 공간을 물질로 포위시켜 외부 자계의 영향을 차폐시키는 방식을 자기차폐라 한다. 다음 중 자기차폐에 가장 좋은 것은?

① 비투자율이 1보다 작은 역자성체
② 강자성체 중에서 비투자율이 큰 물질
③ 강자성체 중에서 비투자율이 작은 물질
④ 비투자율에 관계없이 물질의 두께에만 관계되므로 되도록이면 두꺼운 물질

11 40[V/m]인 전계 내의 50[V] 되는 점에서 1[C]의 전하가 전계방향으로 80[cm] 이동하였을 때, 그 점의 전위는 몇 [V]인가?

① 18 ② 22
③ 35 ④ 65

12 그림과 같이 반지름 a[m]의 한 번 감긴 원형 코일이 균일한 자속밀도 B[Wb/m²]인 자계에 놓여 있다. 지금 코일 면을 자계와 나란하게 전류 I[A]를 흘리면 원형 코일이 자계로부터 받는 회전 모멘트는 몇 [N·m/rad]인가?

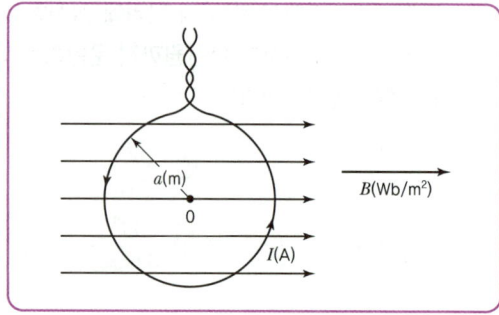

① πaBI ② $2\pi aBI$
③ $\pi a^2 BI$ ④ $2\pi a^2 BI$

13 다음 조건들 중 초전도체에 부합되는 것은?(단, μ_r은 비투자율, χ_m은 비자화율, B는 자속밀도이며 작동온도는 임계온도 이하라 한다.)

① $\chi_m = -1$, $\mu_r = 0$, $B = 0$
② $\chi_m = 0$, $\mu_r = 0$, $B = 0$
③ $\chi_m = 1$, $\mu_r = 0$, $B = 0$
④ $\chi_m = -1$, $\mu_r = 1$, $B = 0$

14 $x = 0$인 무한평면을 경계면으로 하여 $x < 0$인 영역에는 비유전율 $\varepsilon_{r1} = 2$, $x > 0$인 영역에는 $\varepsilon_{r2} = 4$인 유전체가 있다. ε_{r1}인 유전체 내에서 전계 $E_1 = 20a_x - 10a_y + 5a_z$[V/m]일 때 $x > 0$인 영역에 있는 ε_{r2}인 유전체 내에서 전속밀도 D_2[C/m²]는?(단, 경계면상에는 자유전하가 없다고 한다.)

① $D_2 = \varepsilon_0(20a_x - 40a_y + 5a_z)$
② $D_2 = \varepsilon_0(40a_x - 40a_y + 20a_z)$
③ $D_2 = \varepsilon_0(80a_x - 20a_y + 10a_z)$
④ $D_2 = \varepsilon_0(40a_x - 20a_y + 20a_z)$

15 평면파 전파가 $E = 30\cos(10^9 t + 20z)j$ [V/m]로 주어졌다면 이 전자파의 위상속도는 몇 [m/s]인가?

① 5×10^7 ② $\dfrac{1}{3} \times 10^8$
③ 10^9 ④ $\dfrac{2}{3}$

16 자속밀도 10[Wb/m²] 자계 중에 10[cm] 도체를 자계와 30°의 각도로 30[m/s]로 움직일 때, 도체에 유기되는 기전력은 몇 [V]인가?

① 15   ② $15\sqrt{3}$
③ 1,500   ④ $1,500\sqrt{3}$

17 그림과 같이 단면적 $S = 10$[cm²], 자로의 길이 $l = 20\pi$[cm], 비유전율 $\mu_s = 1,000$인 철심에 $N_1 = N_2 = 100$인 두 코일을 감았다. 두 코일 사이의 상호 인덕턴스는 몇 [mH]인가?

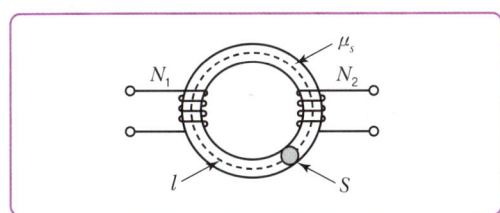

① 0.1   ② 1
③ 2   ④ 20

18 1[μA]의 전류가 흐르고 있을 때, 1초 동안 통과하는 전자 수는 약 몇 개인가?(단, 전자 1개의 전하는 1.602×10^{-19}[C]이다.)

① 6.24×10^{10} ② 6.24×10^{11}
③ 6.24×10^{12} ④ 6.24×10^{13}

19 균일하게 원형 단면을 흐르는 전류 1[A]에 의한, 반지름 a[m], 길이 l[m], 비투자율 μ_s인 원통 도체의 내부 인덕턴스는 몇 [H]인가?

① $10^{-7}\mu_s l$ ② $3 \times 10^{-7}\mu_s l$
③ $\dfrac{1}{4a} \times 10^{-7}\mu_s l$ ④ $\dfrac{1}{2} \times 10^{-7}\mu_s l$

20 한 변의 길이가 10[cm]인 정사각형 회로에 직류 전류 10[A]가 흐를 때, 정사각형의 중심에서의 자계 세기는 몇 [A/m]인가?

① $\dfrac{100\sqrt{2}}{\pi}$ ② $\dfrac{200\sqrt{2}}{\pi}$
③ $\dfrac{300\sqrt{2}}{\pi}$ ④ $\dfrac{400\sqrt{2}}{\pi}$

2과목 전력공학

21 송전선에서 재폐로 방식을 사용하는 목적은?

① 역률 개선   ② 안정도 증진
③ 유도장해의 경감   ④ 코로나 발생 방지

23 설비용량 360[kW], 수용률 0.8, 부등률 1.2일 때 최대수용전력은 몇 [kW]인가?

① 120   ② 240
③ 360   ④ 480

23 배전계통에서 사용하는 고압용 차단기의 종류가 아닌 것은?

① 기중차단기(ACB)   ② 공기차단기(ABB)
③ 진공차단기(VCB)   ④ 유입차단기(OCB)

24 SF₆ 가스차단기에 대한 설명으로 틀린 것은?

① SF₆ 가스 자체는 불활성 기체이다.
② SF₆ 가스는 공기에 비하여 소호능력이 약 100배 정도이다.
③ 절연거리를 적게 할 수 있어 차단기 전체를 소형화·경량화 할 수 있다.
④ SF₆ 가스를 이용한 것으로서 독성이 있으므로 취급에 유의하여야 한다.

25 송전선로의 일반회로 정수가 $A = 0.7$, $B = j190$, $D = 0.9$일 때 C의 값은?

① $-j1.95 \times 10^{-3}$ ② $j1.95 \times 10^{-3}$
③ $-j1.95 \times 10^{-4}$ ④ $j1.95 \times 10^{-4}$

26 부하역률이 0.8인 선로의 저항손실은 0.9인 선로의 저항손실에 비해서 약 몇 배 정도 되는가?

① 0.97   ② 1.1
③ 1.27   ④ 1.5

27 단상변압기 3대에 의한 △결선에서 1대를 제거하고 동일 전력을 V결선으로 보낸다면 동손은 약 몇 배가 되는가?

① 0.67   ② 2.0
③ 2.7   ④ 3.0

28 피뢰기의 충격방전 개시전압은 무엇으로 표시하는가?

① 직류전압의 크기
② 충격파의 평균치
③ 충격파의 최대치
④ 충격파의 실효치

29 단상 2선식 배전선로의 선로 임피던스가 $2+j5$ [Ω]이고 무유도성 부하전류 10[A]일 때 송전단 역률은?(단, 수전단 전압의 크기는 100[V]이고, 위상각은 0°이다.)

① $\dfrac{5}{12}$ ② $\dfrac{5}{13}$
③ $\dfrac{11}{12}$ ④ $\dfrac{12}{13}$

30 그림과 같이 전력선과 통신선 사이에 차폐선을 설치하였다. 이 경우에 통신선의 차폐계수(K)를 구하는 관계식은?(단, 차폐선을 통신선에 근접하여 설치한다.)

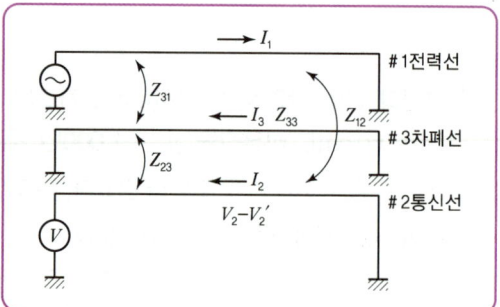

① $K = 1 + \dfrac{Z_{31}}{Z_{12}}$

② $K = 1 - \dfrac{Z_{31}}{Z_{33}}$

③ $K = 1 - \dfrac{Z_{23}}{Z_{33}}$

④ $K = 1 + \dfrac{Z_{23}}{Z_{33}}$

31 모선 보호에 사용되는 계전방식이 아닌 것은?

① 위상 비교방식
② 선택접지 계전방식
③ 방향거리 계전방식
④ 전류차동 보호방식

32 %임피던스와 관련된 설명으로 틀린 것은?

① 정격전류가 증가하면 %임피던스는 감소한다.
② 직렬리액터가 감소하면 %임피던스도 감소한다.
③ 전기기계의 %임피던스가 크면 차단기의 용량은 작아진다.
④ 송전계통에서는 임피던스의 크기를 옴값 대신에 %값으로 나타내는 경우가 많다.

33 A, B 및 C상 전류를 각각 I_a, I_b 및 I_c라 할 때 $I_x = \frac{1}{3}(I_a + a^2 I_b + aI_c)$, $a = -\frac{1}{2} + j\frac{\sqrt{3}}{2}$ 으로 표시되는 I_x는 어떤 전류인가?

① 정상전류
② 역상전류
③ 영상전류
④ 역상전류와 영상전류의 합

34 그림과 같이 "수류가 고체에 둘러싸여 있고 A로부터 유입되는 수량과 B로부터 유출되는 수량이 같다."고 하는 이론은?

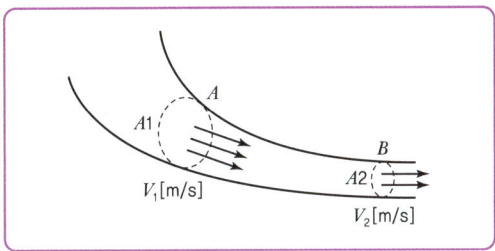

① 수두이론
② 연속의 원리
③ 베르누이의 정리
④ 토리첼리의 정리

35 4단자 정수가 A, B, C, D인 선로에 임피던스가 $\frac{1}{Z_T}$인 변압기가 수전단에 접속된 경우 계통의 4단자 정수 중 D_0는?

① $D_0 = \frac{C + DZ_T}{Z_T}$
② $D_0 = \frac{C + AZ_T}{Z_T}$
③ $D_0 = \frac{D + CZ_T}{Z_T}$
④ $D_0 = \frac{B + AZ_T}{Z_T}$

36 대용량 고전압의 안정권선(△ 권선)이 있다. 이 권선의 설치 목적과 관계가 먼 것은?

① 고장전류 저감
② 제3고조파 제거
③ 조상설비 설치
④ 소내용 전원 공급

37 한류리액터를 사용하는 가장 큰 목적은?

① 충전전류의 제한
② 접지전류의 제한
③ 누설전류의 제한
④ 단락전류의 제한

38 변압기 등 전력설비 내부 고장 시 변류기에 유입하는 전류와 유출하는 전류의 차로 동작하는 보호계전기는?

① 차동계전기
② 지락계전기
③ 과전류계전기
④ 역상전류계전기

39 3상 결선 변압기의 단상운전에 의한 소손방지 목적으로 설치하는 계전기는?

① 차동계전기
② 역상계전기
③ 단락계전기
④ 과전류계전기

40 송전선로의 정전용량은 등가 선간거리 D가 증가하면 어떻게 되는가?

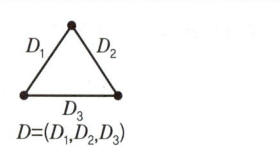

① 증가한다.
② 감소한다.
③ 변하지 않는다.
④ D^2에 반비례하여 감소한다.

3과목 전기기기

41 단상 직권 정류자 전동기의 전기자 권선과 계자 권선에 대한 설명으로 틀린 것은?

① 계자 권선의 권수를 적게 한다.
② 전기자 권선의 권수를 크게 한다.
③ 변압기 기전력을 적게 하여 역률 저하를 방지한다.
④ 브러시로 단락되는 코일 중의 단락전류를 많게 한다.

42 단상 직권전동기의 종류가 아닌 것은?

① 직권형
② 아트킨손형
③ 보상직권형
④ 유도보상직권형

43 동기조상기의 여자전류를 줄이면?

① 콘덴서로 작용
② 리액터로 작용
③ 진상전류로 됨
④ 저항손의 보상

44 권선형 유도전동기에서 비례추이에 대한 설명으로 틀린 것은?(단, [Sm]은 최대 토크 시 슬립이다.)

① r_2를 크게 하면 [Sm]은 커진다.
② r_2를 삽입하면 최대 토크가 변한다.
③ r_2를 크게 하면 기동토크도 커진다.
④ r_2를 크게 하면 기동전류는 감소한다.

45 전기자저항 $r_a = 0.2[\Omega]$, 동기 리액턴스 $X_S = 20[\Omega]$인 Y결선의 3상 동기발전기가 있다. 3상 중 1상의 단자전압 $V = 4,400[V]$, 유도기전력 $E = 6,600[V]$이다. 부하각 $\delta = 30°$라고 하면 발전기의 출력은 약 몇 [kW]인가?

① 2,178
② 3,251
③ 4,253
④ 5,532

46 반도체 정류기에 적용된 소자 중 첨두 역방향 내전압이 가장 큰 것은?

① 셀렌 정류기
② 실리콘 정류기
③ 게르마늄 정류기
④ 아산화동 정류기

47 동기전동기에서 전기자 반작용을 설명한 것 중 옳은 것은?

① 공급전압보다 앞선 전류는 감자작용을 한다.
② 공급전압보다 뒤진 전류는 감자작용을 한다.
③ 공급전압보다 앞선 전류는 교차자화작용을 한다.
④ 공급전압보다 뒤진 전류는 교차자화작용을 한다.

48 변압기 결선방식 중 3상에서 6상으로 변환할 수 없는 것은?

① 2중 성형
② 환상 결선
③ 대각 결선
④ 2중 6각 결선

49 실리콘 제어정류기(SCR)의 설명 중 틀린 것은?
① P-N-P-N 구조로 되어 있다.
② 인버터 회로에 이용될 수 있다.
③ 고속도의 스위치 작용을 할 수 있다.
④ 게이트에 (+)와 (-)의 특성을 갖는 펄스를 인가하여 제어한다.

50 직류발전기가 90% 부하에서 최대효율이 된다면 이 발전기의 전부하에 있어서 고정손과 부하손의 비는?
① 1.1
② 1.0
③ 0.9
④ 0.81

51 150[kVA]의 변압기의 철손이 1[kW], 전부하동손이 2.5[kW]이다. 역률 80[%]에 있어서의 최대효율은 약 몇 [%]인가?
① 95
② 96
③ 97.4
④ 98.5

52 정격부하에서 역률 0.8(뒤짐)로 운전될 때, 전압변동률이 12[%]인 변압기가 있다. 이 변압기에 역률 100[%]의 정격 부하를 걸고 운전할 때의 전압변동률은 약 몇 [%]인가?(단, %저항 강하는 %리액턴스 강하의 1/12이라고 한다.)
① 0.909
② 1.5
③ 6.85
④ 16.18

53 권선형 유도전동기 저항제어법의 단점 중 틀린 것은?
① 운전효율이 낮다.
② 부하에 대한 속도 변동이 작다.
③ 제어용 저항기는 가격이 비싸다.
④ 부하가 적을 때는 광범위한 속도 조정이 곤란하다.

54 부하 급변 시 부하각과 부하 속도가 진동하는 난조현상을 일으키는 원인이 아닌 것은?
① 전기자 회로의 저항이 너무 큰 경우
② 원동기의 토크에 고조파가 포함된 경우
③ 원동기의 조속기 감도가 너무 예민한 경우
④ 자속의 분포가 기울어져 자속의 크기가 감소한 경우

55 단상변압기 3대를 이용하여 3상 $\Delta - Y$ 결선을 했을 때 1차와 2차 전압의 각변위(위상차)는?
① $0°$
② $60°$
③ $150°$
④ $180°$

56 권선형 유도전동기의 전부하 운전 시 슬립이 4[%]이고 2차 정격전압이 150[V]이면 2차 유도기전력은 몇 [V]인가?
① 9
② 8
③ 7
④ 6

57 3상 유도전동기의 슬립이 s일 때 2차 효율[%]은?
① $(1-s) \times 100$
② $(2-s) \times 100$
③ $(3-s) \times 100$
④ $(4-s) \times 100$

58 직류전동기의 회전수를 $\frac{1}{2}$로 하자면 계자자속을 어떻게 해야 하는가?
① $\frac{1}{4}$로 감소시킨다.
② $\frac{1}{2}$로 감소시킨다.
③ 2배로 증가시킨다.
④ 4배로 증가시킨다.

59 사이리스터 2개를 사용한 단상 전파정류회로에서 직류전압 100[V]를 얻으려면 PIV가 약 몇 [V]인 다이오드를 사용하면 되는가?
① 111
② 141
③ 222
④ 314

60 교류발전기의 고조파 발생을 방지하는 방법으로 틀린 것은?

① 전기자 반작용을 크게 한다.
② 전기자 권선을 단절권으로 감는다.
③ 전기자 슬롯을 스큐 슬롯으로 한다.
④ 전기자 권선의 결선을 성형으로 한다.

4과목 회로이론 및 제어공학

61 대칭좌표법에서 대칭분을 각 상전압으로 표시한 것 중 틀린 것은?

① $E_0 = \frac{1}{3}(E_a + E_b + E_c)$
② $E_1 = \frac{1}{3}(E_a + aE_b + a^2E_c)$
③ $E_2 = \frac{1}{3}(E_a + a^2E_b + aE_c)$
④ $E_3 = \frac{1}{3}(E_a^2 + E_b^2 + E_c^2)$

62 R-L 직렬회로에서 스위치 S가 1번 위치에 오랫동안 있다가 $t = 0^+$에서 위치 2번으로 옮겨진 후, $\frac{L}{R}(s)$ 후에 L에 흐르는 전류[A]는?

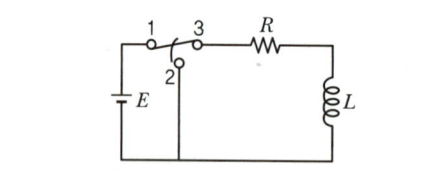

① $\frac{E}{R}$
② $0.5\frac{E}{R}$
③ $0.368\frac{E}{R}$
④ $0.632\frac{E}{R}$

63 분포 정수회로에서 선로정수가 R, L, C, G이고 무왜형 조건이 $RC = GL$과 같은 관계가 성립될 때 선로의 특성 임피던스 Z_0는?(단, 선로의 단위 길이당 저항을 R, 인덕턴스를 L, 정전용량을 C, 누설컨덕턴스를 G라 한다.)

① $Z_0 = \frac{1}{\sqrt{CL}}$
② $Z_0 = \sqrt{\frac{L}{C}}$
③ $Z_0 = \sqrt{CL}$
④ $Z_0 = \sqrt{RG}$

64 그림과 같은 4단자 회로망에서 하이브리드 파라미터 H_{11}은?

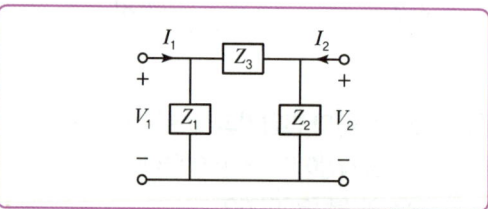

① $\frac{Z_1}{Z_1 + Z_3}$
② $\frac{Z_1}{Z_1 + Z_2}$
③ $\frac{Z_1 Z_3}{Z_1 + Z_3}$
④ $\frac{Z_1 Z_2}{Z_1 + Z_2}$

65 내부저항 0.1[Ω]인 건전지 10개를 직렬로 접속하고 이것을 한 조로 하여 5조 병렬로 접속하면 합성 내부저항은 몇 [Ω]인가?

① 5
② 1
③ 0.5
④ 0.2

66 함수 $f(t)$의 라플라스 변환은 다음 중 어떤 식으로 정의되는가?

① $\int_0^\infty f(t)e^{st}dt$
② $\int_0^\infty f(t)e^{-st}dt$
③ $\int_0^\infty f(-t)e^{st}dt$
④ $\int_\infty^0 f(-t)e^{-st}dt$

67 대칭좌표법에서 불평형률을 나타내는 것은?

① $\dfrac{영상분}{정상분} \times 100$

② $\dfrac{정상분}{역상분} \times 100$

③ $\dfrac{정상분}{영상분} \times 100$

④ $\dfrac{역상분}{정상분} \times 100$

68 그림의 왜형파를 푸리에의 급수로 전개할 때, 옳은 것은?

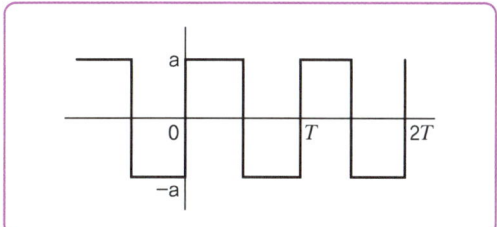

① 우수파만 포함한다.
② 기수파만 포함한다.
③ 우수파·기수파 모두 포함한다.
④ 푸리에의 급수로 전개할 수 없다.

69 최댓값이 E_m 인 반파 정류 정현파의 실횻값은 몇 [V]인가?

① $\dfrac{2E_m}{\pi}$ ② $\sqrt{2}\,E_m$

③ $\dfrac{E_m}{\sqrt{2}}$ ④ $\dfrac{E_m}{2}$

70 그림과 같이 $R[\Omega]$의 저항을 Y결선으로 하여 단자의 a, b 및 c에 비대칭 3상 전압을 가할 때, a단자의 중성점 N에 대한 전압은 약 몇 [V]인가?(단, $V_{ab}=210[V]$, $V_{bc}=-90-j180[V]$, $V_{ca}=-120+j180[V]$)

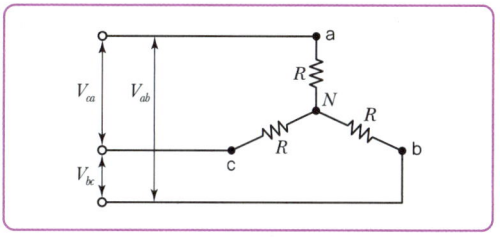

① 100 ② 116
③ 121 ④ 125

71 개루프 전달함수 $G(s)$가 다음과 같이 주어지는 단위 부궤환계가 있다. 단위 계단입력이 주어졌을 때, 정상상태 편차가 0.05가 되기 위한 K의 값은 얼마인가?

$$G(s) = \dfrac{6K(s+1)}{(s+2)(s+3)}$$

① 19 ② 20
③ 0.95 ④ 0.05

72 제어량의 종류에 따른 분류가 아닌 것은?

① 자동조정 ② 서보기구
③ 적응제어 ④ 프로세스 제어

73 개루프 전달함수 $G(s)H(s) = \dfrac{K(s-5)}{s(s-1)^2(s+2)^2}$ 일 때 주어지는 계에서 점근선의 교차점은?

① $-\dfrac{3}{2}$ ② $-\dfrac{7}{4}$

③ $\dfrac{5}{3}$ ④ $-\dfrac{1}{5}$

74 단위계단함수의 라플라스 변환과 z변환함수는?

① $\dfrac{1}{s}, \dfrac{z}{z-1}$ ② $s, \dfrac{z}{z-1}$

③ $\dfrac{1}{s}, \dfrac{z-1}{z}$ ④ $s, \dfrac{z-1}{z}$

75 다음 방정식으로 표시되는 제어계가 있다. 이 계를 상태 방정식 $x(t) = Ax(t) + Bu(t)$로 나타내면 계수행렬 A는?

$$\frac{d^3c(t)}{dt^3} + 5\frac{d^2c(t)}{dt^2} + \frac{dc(t)}{dt} + 2c(t) = r(t)$$

① $\begin{bmatrix} 0 & 1 & 0 \\ 0 & 0 & 1 \\ -2 & -1 & -5 \end{bmatrix}$
② $\begin{bmatrix} 0 & 1 & 0 \\ 1 & 0 & 0 \\ 5 & 1 & 2 \end{bmatrix}$
③ $\begin{bmatrix} 0 & 0 & 1 \\ 1 & 0 & 0 \\ 0 & 5 & 2 \end{bmatrix}$
④ $\begin{bmatrix} 0 & 1 & 0 \\ 0 & 0 & 1 \\ -2 & -1 & 0 \end{bmatrix}$

76 안정한 제어계에 임펄스 응답을 가했을 때 제어계의 정상상태 출력은?

① 0
② $+\infty$ 또는 $-\infty$
③ $+$의 일정한 값
④ $-$의 일정한 값

77 그림과 같은 블록선도에서 $C[s]/R[s]$의 값은?

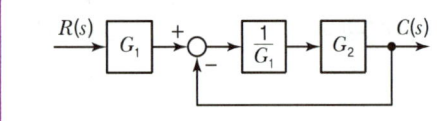

① $\dfrac{G_1}{G_1 - G_2}$
② $\dfrac{G_2}{G_1 - G_2}$
③ $\dfrac{G_2}{G_1 + G_2}$
④ $\dfrac{G_1 G_2}{G_1 + G_2}$

78 신호흐름선도에서 전달함수 $\dfrac{C}{R}$를 구하면?

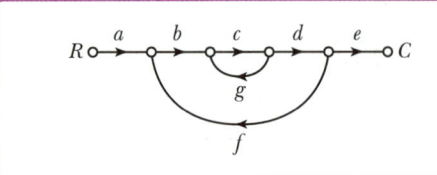

① $\dfrac{abcdg}{1 - abcde}$
② $\dfrac{abcde}{1 - cg - bcdf}$
③ $\dfrac{abcde}{1 - cg - cgf}$
④ $\dfrac{abcde}{c + cg + cgf}$

79 특성방정식이 $s^3 + 2s^2 + Ks + 5 = 0$가 안정하기 위한 K의 값은?

① $K > 0$
② $K < 0$
③ $K > \dfrac{5}{2}$
④ $K < \dfrac{5}{2}$

80 다음과 같은 진리표를 갖는 회로의 종류는?

입력		출력
A	B	
0	0	0
0	1	1
1	0	1
1	1	0

① AND
② NOR
③ NAND
④ EX-OR

5과목 전기설비기술기준 및 판단기준

81 태양전지 모듈의 시설에 대한 설명으로 옳은 것은?
① 충전부분은 노출하여 시설할 것
② 출력배선은 극성별로 확인 가능토록 표시할 것
③ 전선은 공칭단면적 1.5[mm²] 이상의 연동선을 사용할 것
④ 전선을 옥내에 시설할 경우에는 애자 사용 공사에 준하여 시설할 것

82 저압 옥상전선로를 전개된 장소에 시설하는 내용으로 틀린 것은?
① 전선은 절연전선일 것
② 전선은 지름 2.5[mm²] 이상의 경동선의 것
③ 전선과 그 저압 옥상전선로를 시설하는 조영재와의 간격은 2[m] 이상일 것
④ 전선은 조영재에 내수성이 있는 애자를 사용하여 지지하고 그 지지점 간의 거리는 15[m] 이하일 것

83 무대, 무대마루 밑, 오케스트라 박스, 영사실 기타 사람이나 무대 도구가 접촉할 우려가 있는 곳에 시설하는 저압 옥내배선·조명코드선 또는 이동전선은 사용전압이 몇 [V] 미만이어야 하는가?
① 60
② 110
③ 220
④ 400

84 과전류차단기로 시설하는 퓨즈 중 고압전로에 사용하는 포장퓨즈는 정격전류의 몇 배의 전류에 견디어야 하는가?
① 1.1
② 1.25
③ 1.3
④ 1.6

85 터널 안 전선로의 시설방법으로 옳은 것은?
① 저압전선은 지름 2.6[mm]의 경동선의 절연전선을 사용하였다.
② 고압전선은 절연전선을 사용하여 합성수지관 공사로 하였다.
③ 저압전선을 애자 사용 공사에 의하여 시설하고 이를 레일면상 또는 노면상 2.2[m]의 높이로 시설하였다.
④ 고압전선을 금속관공사에 의하여 시설하고 이를 레일면상 또는 노면상 2.4[m]의 높이로 시설하였다.

86 저압 옥측 전선로에서 목조의 조영물에 시설할 수 있는 공사방법은?
① 금속관공사
② 버스덕트공사
③ 합성수지관공사
④ 연피 또는 알루미늄 케이블 공사

87 특고압을 직접 저압으로 변성하는 변압기를 시설하여서는 아니되는 변압기는?
① 광산에서 물을 양수하기 위한 양수기용 변압기
② 전기로 등 전류가 큰 전기를 소비하기 위한 변압기
③ 교류식 전기철도용 신호회로에 전기를 공급하기 위한 변압기
④ 발전소·변전소·개폐소 또는 이에 준하는 곳의 소내용 변압기

88 케이블 트레이 공사에 사용하는 케이블 트레이의 시설기준으로 틀린 것은?

① 케이블 트레이 안전율은 1.3 이상이어야 한다.
② 비금속제 케이블 트레이는 난연성 재료의 것이어야 한다.
③ 전선의 피복 등을 손상시킬 돌기 등이 없이 매끈해야 한다.
④ 저압옥내배선의 사용전압이 400[V] 미만인 경우에는 금속제 트레이에 제3종 접지공사를 하여야 한다.

89 전로에 대한 설명 중 옳은 것은?

① 통상의 사용 상태에서 전기를 절연한 곳
② 통상의 사용 상태에서 전기를 접지한 곳
③ 통상의 사용 상태에서 전기가 통하고 있는 곳
④ 통상의 사용 상태에서 전기가 통하고 있지 않은 곳

90 최대 사용전압 23[kV]의 권선으로 중성점 접지식 전로(중성선을 가지는 것으로 그 중성선에 다중 접지를 하는 전로)에 접속되는 변압기는 몇 [V]의 절연내력 시험전압에 견디어야 하는가?

① 21,160   ② 25,300
③ 38,750   ④ 34,500

91 고압 가공전선으로 경동선 또는 내열 동합금선을 사용할 때 그 안전율은 최소 얼마 이상이 되는 처짐정도로 시설하여야 하는가?

① 2.0   ② 2.2
③ 2.5   ④ 3.3

92 제3종 접지공사에 사용되는 접지선의 굵기는 공칭단면적 몇 [mm²] 이상의 연동선을 사용하여야 하는가? [KEC규정에 따라 삭제]

① 0.75   ② 2.5
③ 6   ④ 16

93 고압 보안공사에서 지지물이 A종 철주인 경우 지지물 간 거리는 몇 [m] 이하인가?

① 100   ② 150
③ 250   ④ 400

94 가공 직류 전차선의 레일면상의 높이는 4.8[m] 이상이어야 하나 광산 기타의 갱도 안의 윗면에 시설하는 경우는 몇 [m] 이상이어야 하는가? [KEC규정에 따라 삭제]

① 1.8   ② 2
③ 2.2   ④ 2.4

95 가공전선로 지지물의 승탑 및 승주 방지를 위한 발판 볼트는 지표상 몇 [m] 미만에 시설하여서는 아니 되는가?

① 1.2   ② 1.5
③ 1.8   ④ 2.0

96 저압 옥내간선에서 분기하여 전기 사용 기계기구에 이르는 저압 옥내전로는 분기점에서 전선의 길이가 몇 [m] 이하인 곳에 개폐기 및 과전류차단기를 시설하여야 하는가? [KEC규정에 따라 삭제]

① 2   ② 3
③ 4   ④ 5

97 사용전압이 60[kV] 이하인 경우 전화선로의 길이 12[km]마다 유도전류는 몇 [μA]를 넘지 않도록 하여야 하는가?

① 1　　② 2
③ 3　　④ 5

98 발전소 · 변전소 · 개폐소 또는 이에 준하는 곳에서 개폐기 또는 차단기에 사용하는 압축공기장치의 공기 압축기는 최고 사용압력의 1.5배의 수압을 연속하여 몇 분간 가하여 시험을 하였을 때에 이에 견디고 또한 새지 아니하여야 하는가?

① 5　　② 10
③ 15　　④ 20

99 금속덕트공사에 의한 저압 옥내배선공사 시설에 대한 설명으로 틀린 것은?

① 저압 옥내배선의 사용전압이 400[V] 미만인 경우에는 덕트에 제3종 접지공사를 한다.
② 금속 덕트는 두께 1.0[mm] 이상인 철판으로 제작하고 덕트 상호 간에 완전하게 접속한다.
③ 덕트를 조영재에 붙이는 경우 덕트 지지점 간의 거리를 3[m] 이하로 견고하게 붙인다.
④ 금속 덕트에 넣은 전선의 단면적의 합계가 덕트의 내부 단면적의 20[%] 이하가 되도록 한다.

100 그림은 전력선 반송통신용 결합장치의 보안장치를 나타낸 것이다. S의 명칭으로 옳은 것은?

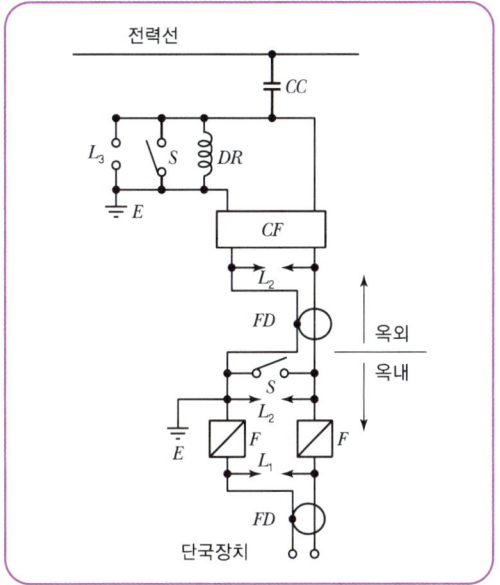

① 동축 케이블　　② 결합 콘덴서
③ 접지용 개폐기　　④ 구상용 방전갭

2018년도 2회 과년도 기출문제

1과목 전기자기학

01 매질 1의 $\mu_{\sigma1}=500$, 매질 2의 $\mu_{\sigma2}=1,000$이다. 매질 2에서 경계면에 대하여 45° 각도로 자계가 입사한 경우 매질 1에서 경계면과 자계의 각도에 가장 가까운 것은?

① 20°   ② 30°
③ 60°   ④ 80°

02 대지의 고유저항이 $\rho[\Omega\cdot m]$일 때 반지름 $a[m]$인 그림과 같은 반구 접지극의 접지저항$[\Omega]$은?

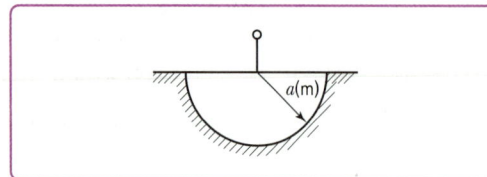

① $\dfrac{\rho}{4\pi a}$ ② $\dfrac{\rho}{2\pi a}$
③ $\dfrac{2\pi\rho}{a}$ ④ $2\pi\rho a$

03 히스테리시스 곡선에서 히스테리시스 손실에 해당하는 것은?

① 보자력의 크기
② 잔류자기의 크기
③ 보자력과 잔류자기의 곱
④ 히스테리시스 곡선의 면적

04 다음 (가), (나)에 대한 법칙으로 알맞은 것은?

> 전자유도에 의하여 회로에 발생되는 기전력은 쇄교 자속 수의 시간에 대한 감소비율에 비례한다는 (가)에 따르고 특히, 유도된 기전력의 방향은 (나)에 따른다.

① (가) 패러데이의 법칙, (나) 렌쯔의 법칙
② (가) 렌쯔의 법칙, (나) 패러데이의 법칙
③ (가) 플레밍의 왼손법칙, (나) 패러데이의 법칙
④ (가) 패러데이의 법칙, (나) 플레밍의 왼손법칙

05 N회 감긴 환상코일의 단면적이 $S[m^2]$이고 평균 길이가 $l[m]$이다. 이 코일의 권수를 2배로 늘이고 인덕턴스를 일정하게 하려고 할 때, 다음 중 옳은 것은?

① 길이를 2배로 한다.
② 단면적을 1/4로 한다.
③ 비투자율을 1/2로 한다.
④ 전류의 세기를 4배로 한다.

06 무한장 솔레노이드에 전류가 흐를 때 발생되는 자장에 관한 설명으로 옳은 것은?

① 내부 자장은 평등자장이다.
② 외부 자장은 평등자장이다.
③ 내부 자장의 세기는 0이다.
④ 외부와 내부의 자장의 세기는 같다.

07 자기회로에서 키르히호프의 법칙으로 알맞은 것은?(단, R : 자기저항, ϕ : 자속, N : 코일 권수, I : 전류이다.)

① $\sum_{i=1}^{n}\phi_i=\infty$
② $\sum_{i=1}^{n}N_i\phi_i=0$
③ $\sum_{i=1}^{n}R_i\phi_i=\sum_{i=1}^{n}N_iI_i$
④ $\sum_{i=1}^{n}R_i\phi_i=\sum_{i=1}^{n}N_iL_i$

08 전하밀도 ρ_s[C/m²]인 무한 판상 전하분포에 의한 임의 점의 전장에 대하여 틀린 것은?

① 전장의 세기는 매질에 따라 변한다.
② 전장의 세기는 거리 r에 반비례한다.
③ 전장은 판에 수직방향으로만 존재한다.
④ 전장의 세기는 전하밀도 ρ_s에 비례한다.

09 한 변의 길이가 l[m]인 정사각형 도체 회로에 전류 I[A]를 흘릴 때 회로의 중심점에서 자계의 세기는 몇 [AT/m]인가?

① $\dfrac{2I}{\pi l}$
② $\dfrac{I}{\sqrt{2}\,\pi l}$
③ $\dfrac{\sqrt{2}\,I}{\pi l}$
④ $\dfrac{2\sqrt{2}\,I}{\pi l}$

10 반지름 a[m]의 원형 단면을 가진 도선에 전도전류 $i_c = I_c \sin 2\pi ft$[A]가 흐를 때 변위 전류 밀도의 최댓값 J_d는 몇 [A/m²]가 되는가?(단, 도전율은 σ[S/m]이고, 비유전율은 ε_r이다.)

① $\dfrac{f\varepsilon_r I_c}{4\pi \times 10^9 \sigma a^2}$
② $\dfrac{\varepsilon_r I_c}{4\pi f \times 10^9 \sigma a^2}$
③ $\dfrac{f\varepsilon_r I_c}{9\pi \times 10^9 \sigma a^2}$
④ $\dfrac{f\varepsilon_r I_c}{18\pi \times 10^9 \sigma a^2}$

11 대전도체 표면전하밀도는 도체 표면의 모양에 따라 어떻게 분포하는가?

① 표면전하밀도는 뾰족할수록 커진다.
② 표면전하밀도는 평면일 때 가장 크다.
③ 표면전하밀도는 곡률이 크면 작아진다.
④ 표면전하밀도는 표면의 모양과 무관하다.

12 일정전압의 직류전원에 저항을 접속하여 전류를 흘릴 때, 저항값을 20% 감소시키면 흐르는 전류는 처음 저항에 흐르는 전류의 몇 배가 되는가?

① 1.0배
② 1.1배
③ 1.25배
④ 1.5배

13 유전율이 ε인 유전체 내에 있는 점전하 Q에서 발산되는 전기력선의 수는 총 몇 개인가?

① Q
② $\dfrac{Q}{\varepsilon_o \varepsilon_s}$
③ $\dfrac{Q}{\varepsilon_s}$
④ $\dfrac{Q}{\varepsilon_o}$

14 내부 도체의 반지름이 a[m]이고, 외부 도체의 내반지름이 b[m], 외반지름이 c[m]인 동축케이블의 단위 길이당 자기 인덕턴스 몇 [H/m]인가?

① $\dfrac{\mu_0}{2\pi} \ln \dfrac{b}{a}$
② $\dfrac{\mu_0}{\pi} \ln \dfrac{b}{a}$
③ $\dfrac{2\pi}{\mu_0} \ln \dfrac{b}{a}$
④ $\dfrac{\pi}{\mu_0} \ln \dfrac{b}{a}$

15 공기 중에서 1[m] 간격을 가진 두 개의 평행 도체 전류의 단위 길이에 작용하는 힘은 몇 [N]인가? (단, 전류는 1[A]라고 한다.)

① 2×10^{-7}
② 4×10^{-7}
③ $2\pi \times 10^{-7}$
④ $4\pi \times 10^{-7}$

16 공기 중에서 코로나 방전이 3.5[kV/mm] 전계에서 발생한다고 하면, 이때 도체의 표면에 작용하는 힘은 약 몇 [N/m²]인가?

① 27
② 54
③ 81
④ 108

17 무한장 직선 전류에 의한 자계의 세기[AT/m]는?

① 거리 r에 비례한다.
② 거리 r^2에 비례한다.
③ 거리 r에 반비례한다.
④ 거리 r^2에 반비례한다.

18 전계 $E = \sqrt{2}\, E_e \sin\omega\left(t - \dfrac{x}{c}\right)$의 평면 전자파가 있다. 진공 중에서 자계의 실횻값은 몇 [A/m]인가?

① $0.707 \times 10^{-3} E_e$
② $1.44 \times 10^{-3} E_e$
③ $2.65 \times 10^{-3} E_e$
④ $5.37 \times 10^{-3} E_e$

19 Biot-Savart의 법칙에 의하면, 전류소에 의해서 임의의 한 점(P)에 생기는 자계의 세기를 구할 수 있다. 다음 중 설명으로 틀린 것은?

① 자계의 세기는 전류의 크기에 비례한다.
② MKS 단위계를 사용할 경우 비례상수는 $\dfrac{1}{4\pi}$이다.
③ 자계의 세기는 전류소와 점 P와의 거리에 반비례한다.
④ 자계의 방향은 전류소 및 이 전류소와 점 P를 연결하는 직선을 포함하는 면에 법선방향이다.

20 $x > 0$인 영역에 $\varepsilon_1 = 3$인 유전체, $x < 0$인 영역에 $\varepsilon_2 = 5$인 유전체가 있다. 유전율 ε_2인 영역에서 전계가 $E_2 = 20a_x + 30a_y - 40a_z$ [V/m]일 때, 유전율 ε_1인 영역에서의 전계 E_1 [V/m]은?

① $\dfrac{100}{3} a_x + 30a_y - 40a_z$
② $20a_x + 90a_y - 40a_z$
③ $100a_x + 10a_y - 40a_z$
④ $60a_x + 30a_y - 40a_z$

2과목 전력공학

21 1[kWh]를 열량으로 환산하면 약 몇 [kcal]인가?

① 80
② 256
③ 539
④ 860

23 22.9[kV], Y결선된 자가용 수전설비의 계기용 변압기의 2차 측 정격전압은 몇 [V]인가?

① 110
② 220
③ $110\sqrt{3}$
④ $220\sqrt{3}$

23 순저항 부하의 부하전력 P[kW], 전압 E[V], 선로의 길이 l[m], 고유저항 ρ[$\Omega \cdot mm^2/m$]인 단상 2선식 선로에서 선로 손실을 q[W]라 하면, 전선의 단면적[mm^2]은 어떻게 표현되는가?

① $\dfrac{plP^2}{qE^2} \times 10^6$
② $\dfrac{2plP^2}{qE^2} \times 10^6$
③ $\dfrac{plP^2}{2qE^2} \times 10^6$
④ $\dfrac{2plP^2}{q^2 E} \times 10^6$

24 동작전류의 크기가 커질수록 동작시간이 짧게 되는 특성을 가진 계전기는?

① 순한시 계전기
② 전한시 계전기
③ 반한시 계전기
④ 반한시 정한시 계전기

25 소호리액터를 송전계통에 사용하면 리액터의 인덕턴스와 선로의 정전용량이 어떤 상태로 되어 지락전류를 소멸시키는가?

① 병렬공진
② 직렬공진
③ 고임피던스
④ 저임피던스

26 동기조상기에 대한 설명으로 틀린 것은?
① 시충전이 불가능하다.
② 전압 조정이 연속적이다.
③ 중부하시에는 과여자로 운전하여 앞선 전류를 취한다.
④ 경부하시에는 부족여자로 운전하여 뒤진 전류를 취한다.

27 화력발전소에서 가장 큰 손실은?
① 소내용 동력
② 송풍기 손실
③ 복수기에서의 손실
④ 연도 배출가스 손실

28 정전용량 0.01[μF/km], 길이 173.2[km], 선간 전압 60[kV], 주파수 60[Hz]인 3상 송전선로의 충전전류는 약 몇 [A]인가?
① 6.3
② 12.5
③ 22.6
④ 37.2

29 발전용량 9,800[kW]의 수력발전소 최대 사용 수량이 10[m³/s]일 때, 유효낙차는 몇 [m]인가?
① 100
② 125
③ 150
④ 175

30 차단기의 정격차단시간은?
① 고장 발생부터 소호까지의 시간
② 트립코일 여자부터 소호까지의 시간
③ 가동 접촉자의 개극부터 소호까지의 시간
④ 가동 접촉자의 동작시간부터 소호까지의 시간

31 부하전류의 차단능력이 없는 것은?
① DS
② NFB
③ OCB
④ VCB

32 전선의 굵기가 균일하고 부하가 송전단에서 말단까지 균일하게 분포되어 있을 때 배전선 말단에서 전압강하는?(단, 배전선 전체저항 R, 송전단의 부하전류는 I이다.)
① $\dfrac{1}{2}RI$
② $\dfrac{1}{\sqrt{2}}RI$
③ $\dfrac{1}{\sqrt{3}}RI$
④ $\dfrac{1}{3}RI$

33 역률 개선용 콘덴서를 부하와 병렬로 연결하고자 한다. △ 결선방식과 Y결선방식을 비교하면 콘덴서의 정전용량[μF]의 크기는 어떠한가?
① △결선방식과 Y결선방식은 동일하다.
② Y결선방식이 △결선방식의 $\dfrac{1}{2}$이다.
③ △결선방식이 Y결선방식의 $\dfrac{1}{3}$이다.
④ Y결선방식이 △결선방식의 $\dfrac{1}{\sqrt{3}}$이다.

34 송전선로에서 고조파 제거방법이 아닌 것은?
① 변압기를 △ 결선한다.
② 능동형 필터를 설치한다.
③ 유도전압 조정장치를 설치한다.
④ 무효전력 보상장치를 설치한다.

35 송전선로에 댐퍼(Damper)를 설치하는 주된 이유는?
① 전선의 진동방지
② 전선의 이탈방지
③ 코로나 현상의 방지
④ 현수애자의 경사방지

36 400[kVA]단상변압기 3대를 △-△결선으로 사용하다가 1대의 고장으로 V-V결선을 하여 사용하면 약 몇 [kVA] 부하까지 걸 수 있겠는가?

① 400
② 566
③ 693
④ 800

37 직격뢰에 대한 방호설비로 가장 적당한 것은?

① 복도체
② 가공지선
③ 서지흡수기
④ 정전방전기

38 선로정수를 평형이 되게 하고, 근접 통신선에 대한 유도장해를 줄일 수 있는 방법은?

① 연가를 시행한다.
② 전선으로 복도체를 사용한다.
③ 전선로의 처짐정도를 충분하게 한다.
④ 소호리액터 접지를 하여 중성점 전위를 줄여 준다.

39 직류 송전방식에 대한 설명으로 틀린 것은?

① 선로의 절연이 교류방식보다 용이하다.
② 리액턴스 또는 위상각에 대해서 고려할 필요가 없다.
③ 케이블 송전일 경우 유전손이 없기 때문에 교류 방식보다 유리하다.
④ 비동기 연계가 불가능하므로 주파수가 다른 계통 간의 연계가 불가능하다.

40 저압개전계통을 구성하는 방식 중 캐스케이딩(Cascading)을 일으킬 우려가 있는 방식은?

① 방사상방식
② 저압뱅킹방식
③ 저압네트워크방식
④ 스포트네트워크 방식

3과목 전기기기

41 동기발전기의 전기자 권선을 분포권으로 하면 어떻게 되는가?

① 난조를 방지한다.
② 기전력의 파형이 좋아진다.
③ 권선의 리액턴스가 커진다.
④ 집중권에 비하여 합성 유기기전력이 증가한다.

42 부하전류가 2배로 증가하면 변압기의 2차 측 동손은 어떻게 되는가?

① $\frac{1}{4}$로 감소한다.
② $\frac{1}{2}$로 감소한다.
③ 2배로 증가한다.
④ 4배로 증가한다.

43 동기전동기에서 출력이 100[%]일 때 역률이 1이 되도록 계자전류를 조정한 다음에 공급 전압 V 및 계자전류 I_f를 일정하게 하고, 전부하 이하에서 운전하면 동기전동기의 역률은?

① 뒤진 역률이 되고, 부하가 감소할수록 역률은 낮아진다.
② 뒤진 역률이 되고, 부하가 감소할수록 역률은 좋아진다.
③ 앞선 역률이 되고, 부하가 감소할수록 역률은 낮아진다.
④ 앞선 역률이 되고, 부하가 감소할수록 역률은 좋아진다.

44 유도기전력의 크기가 서로 같은 A, B 2대의 동기발전기를 병렬운전할 때, A발전기의 유기기전력 위상이 B보다 앞설 때 발생하는 현상이 아닌 것은?

① 동기화력이 발생한다.
② 고조파 무효순환전류가 발생된다.
③ 유효전류인 동기화전류가 발생된다.
④ 전기자 동손을 증가시키며 과열의 원인이 된다.

45 직류기기의 철손에 관한 설명으로 틀린 것은?

① 성층철심을 사용하면 와전류손이 감소한다.
② 철손에는 풍손과 와전류손 및 저항손이 있다.
③ 철에 규소를 넣게 되면 히스테리시스손이 감소한다.
④ 전기자 철심에는 철손을 작게 하기 위해 규소강판을 사용한다.

46 직류 분권발전기의 극수 4, 전기자 총 도체 수 600으로 매분 600회전 할 때 유기기전력이 220[V]라 한다. 전기자 권선이 파권일 때 매극당 자속은 약 몇 [Wb]인가?

① 0.0154 ② 0.0183
③ 0.0192 ④ 0.0199

47 어떤 정류회로의 부하전압이 50[V]이고 맥동률이 3[%]이면 직류 출력전압에 포함된 교류분은 몇 [V]인가?

① 1.2 ② 1.5
③ 1.8 ④ 2.1

48 3상 수은 정류기의 직류 평균 부하전류가 50[A]가 되는 1상 양극 전류 실횻값은 약 몇 [A]인가?

① 9.6 ② 17
③ 29 ④ 87

49 그림은 동기발전기의 구동 개념도이다. 그림에서 2를 발전기라 할 때 3의 명칭으로 적합한 것은?

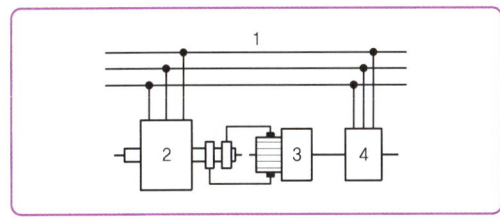

① 전동기 ② 여자기
③ 원동기 ④ 제동기

50 유도전동기의 2차 회로에 2차 주파수와 같은 주파수로 적당한 크기와 적당한 위상의 전압을 외부에서 가해주는 속도제어법은?

① 1차 전압 제어 ② 2차 저항 제어
③ 2차 여자 제어 ④ 극수 변환 제어

51 변압기의 1차 측을 Y결선, 2차 측을 △결선으로 한 경우 1차와 2차 간 전압의 위상차는?

① 0° ② 30°
③ 45° ④ 60°

52 이상적인 변압기의 무부하에서 위상관계로 옳은 것은?

① 자속과 여자전류는 동위상이다.
② 자속은 인가전압보다 90° 앞선다.
③ 인가전압은 1차 유기기전력보다 90° 앞선다.
④ 1차 유기기전력과 2차 유기기전력의 위상은 반대이다.

53 정격출력 50[kW], 4극 220[V], 60[Hz]인 3상 유도전동기가 전부하 슬립 0.04, 효율 90[%]로 운전되고 있을 때 다음 중 틀린 것은?

① 2차 효율=96[%]
② 1차 입력=55.56[kW]
③ 회전자 입력=47.9[kW]
④ 회전자 동손=2.08[kW]

54 저항부하를 갖는 정류회로에서 직류분 전압이 220[V]일 때 다이오드에 가해지는 첨두역전압[PIV]의 크기는 약 몇 [V]인가?

① 346 ② 638
③ 692 ④ 1,038

55 3상 변압기를 1차 Y, 2차 △로 결선하고 1차에 선간전압 3,300[V]를 가했을 때의 무부하 2차 선간전압은 몇 [V]인가?(단, 전압비는 30 : 1이다.)
① 63.5　　② 110
③ 173　　④ 190.5

56 직류발전기의 유기기전력과 반비례하는 것은?
① 자속　　② 회전수
③ 전체 도체수　　④ 병렬 회로수

57 일반적인 3상 유도전동기에 대한 설명 중 틀린 것은?
① 불평형 전압으로 운전하는 경우 전류는 증가하나 토크는 감소한다.
② 원선도 작성을 위해서는 무부하시험, 구속시험, 1차 권선저항 측정을 하여야 한다.
③ 농형은 권선형에 비해 구조가 견고하며 권선형에 비해 대형 전동기로 널리 사용된다.
④ 권선형 회전자의 3선 중 1선이 단선되면 동기속도의 50[%]에서 더 이상 가속되지 못하는 현상을 게르게스현상이라 한다.

58 변압기 보호장치의 주된 목적이 아닌 것은?
① 전압 불평형 개선
② 절연내력 저하 방지
③ 변압기 자체 사고의 최소화
④ 다른 부분으로의 사고 확산 방지

59 직류기에서 기계각의 극수가 P인 경우 전기각과의 관계는 어떻게 되는가?
① 전기각 $\times 2P$　　② 전기각 $\times 3P$
③ 전기각 $\times \dfrac{2}{P}$　　④ 전기각 $\times \dfrac{3}{P}$

60 3상 권선형 유도전동기의 전부하 슬립 5[%], 2차 1상의 저항 0.5[Ω]이다. 이 전동기의 기동토크를 전부하 토크와 같도록 하려면 외부에서 2차 삽입할 저항[Ω]은?
① 8.5　　② 9
③ 9.5　　④ 10

4과목　회로이론 및 제어공학

61 $R = 100[\Omega]$, $Xc = 100[\Omega]$이고 L만을 가변할 수 있는 RLC 직렬회로가 있다. 이때 $f = 500$[Hz], $E = 100$[V]를 인가하여 L을 변화시킬 때 L의 단자전압 E_L의 최댓값은 몇 [V]인가?(단, 공진회로이다.)
① 50　　② 100
③ 150　　④ 200

62 어떤 회로에 전압을 115[V] 인가하였더니 유효전력이 230[W], 무효전력이 345[Var]를 지시한다면 회로에 흐르는 전류는 약 몇 [A]인가?
① 2.5　　② 5.6
③ 3.6　　④ 4.5

63 시정수의 의미를 설명한 것 중 틀린 것은?
① 시정수가 작으면 과도현상이 짧다.
② 시정수가 크면 정상상태에 늦게 도달한다.
③ 시정수는 τ로 표기하며 단위는 초(sec)이다.
④ 시정수는 과도기간 중 변화해야 할 양의 0.632%가 변화하는 데 소요된 시간이다.

64 무손실 선로에 있어서 감쇠정수를 α, 위상정수를 β라 하면 α와 β의 값은?(단, R, G, L, C는 선로 단위 길이당의 저항, 컨덕턴스, 인덕턴스 커패시턴스이다.)

① $\alpha = \sqrt{RG}$, $\beta = 0$
② $\alpha = 0$, $\beta = \dfrac{1}{\sqrt{LC}}$
③ $\alpha = 0$, $\beta = \omega\sqrt{LC}$
④ $\alpha = \sqrt{RG}$, $\beta = \omega\sqrt{LC}$

65 어떤 소자에 걸리는 전압이 $100\sqrt{2}\cos\left(314t - \dfrac{\pi}{6}\right)$ [V]이고, 흐르는 전류가 $3\sqrt{2}\cos\left(314t + \dfrac{\pi}{6}\right)$ [A] 일 때 소비되는 전력[W]은?

① 100 ② 150
③ 250 ④ 300

66 그림(a)와 그림(b)가 역회로 관계에 있으려면 L의 값은 몇 [mH]인가?

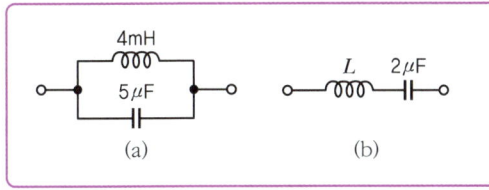

① 1 ② 2
③ 5 ④ 10

67 2개의 전력계로 평형 3상 부하의 전력을 측정하였더니 한쪽의 지시가 다른 쪽 전력계 지시의 3배였다면 부하의 역률은 약 얼마인가?

① 0.46 ② 0.56
③ 0.65 ④ 0.76

68 $F(s) = \dfrac{1}{s(s+a)}$ 의 라플라스 역변환은?

① e^{-at}
② $1 - e^{-at}$
③ $a(1 - e^{-at})$
④ $\dfrac{1}{a}(1 - e^{-at})$

69 선간전압이 200[V]인 대칭 3상 전원에 평형 3상 부하가 접속되어 있다. 부하 1상의 저항은 10[Ω], 유도리액턴스 15[Ω], 용량리액턴스 5[Ω]가 직렬로 접속된 것이다. 부하가 △결선일 경우, 선로전류[A]와 3상 전력[W]은 약 얼마인가?

① $I_l = 10\sqrt{6}$, $P_3 = 6{,}000$
② $I_l = 10\sqrt{6}$, $P_3 = 8{,}000$
③ $I_l = 10\sqrt{3}$, $P_3 = 6{,}000$
④ $I_l = 10\sqrt{3}$, $P_3 = 8{,}000$

70 공간적으로 서로 $\dfrac{2\pi}{n}$ [rad]의 각도를 두고 배치한 n개의 코일에 대칭 n상 교류를 흘리면 그 중심에 생기는 회전자계의 모양은?

① 원형 회전자계
② 타원형 회전자계
③ 원통형 회전자계
④ 원추형 회전자계

71 $G(s) = \dfrac{1}{0.005s(0.1s+1)^2}$ 에서 $\omega = 10$[rad/s] 일 때의 이득 및 위상각은?

① 20[dB], $-90°$
② 20[dB], $-180°$
③ 40[dB], $-90°$
④ 40[dB], $-180°$

72 그림과 같은 논리회로는?

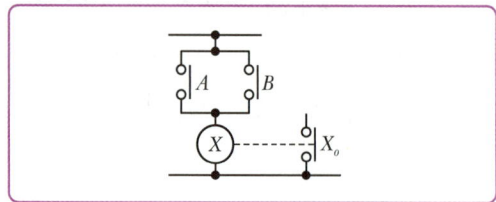

① OR 회로　　② AND 회로
③ NOT 회로　　④ NOR 회로

73 그림은 제어계와 그 제어계의 근궤적을 작도한 것이다. 이것으로부터 결정된 이득여유 값은?

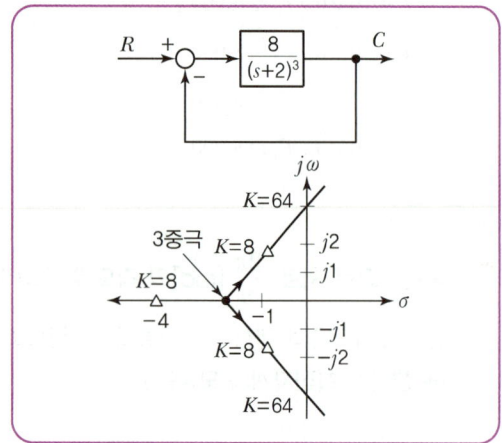

① 2　　② 4
③ 8　　④ 64

74 그림과 같은 스프링 시스템을 전기적 시스템으로 변환했을 때 이에 대응하는 회로는?

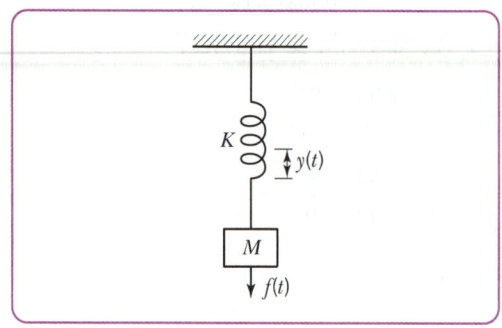

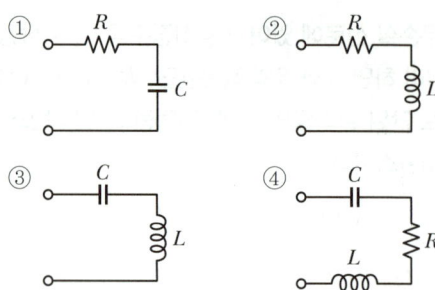

75 $\dfrac{d^2}{dt^2}c(t)+5\dfrac{d}{dt}c(t)+4c(t)=r(t)$ 와 같은 함수를 상태함수로 변환하였다. 백터 A, B의 값으로 적당한 것은?

$$\frac{d}{dt}X(t)=AX(t)+Br(t)$$

① $A=\begin{bmatrix}0 & 1\\-5 & -4\end{bmatrix}, B=\begin{bmatrix}0\\1\end{bmatrix}$

② $A=\begin{bmatrix}0 & 1\\5 & 4\end{bmatrix}, B=\begin{bmatrix}0\\1\end{bmatrix}$

③ $A=\begin{bmatrix}0 & 1\\-4 & -5\end{bmatrix}, B=\begin{bmatrix}0\\1\end{bmatrix}$

④ $A=\begin{bmatrix}0 & 1\\4 & 5\end{bmatrix}, B=\begin{bmatrix}0\\1\end{bmatrix}$

76 전달함수 $G(s)=\dfrac{1}{s+a}$ 일 때, 이 계의 임펄스응답 $c(t)$를 나타내는 것은?(단, a는 상수이다.)

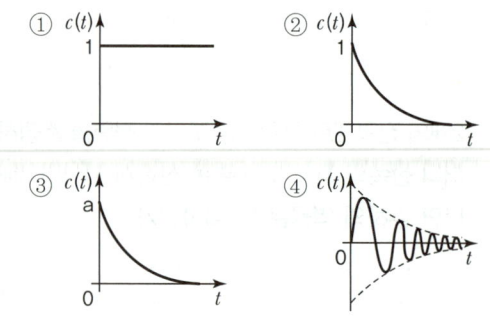

77 궤환(Feed back) 제어계의 특징이 아닌 것은?

① 정확성이 증가한다.
② 대역폭이 증가한다.
③ 구조가 간단하고 설치비가 저렴하다.
④ 계(系)의 특성 변화에 대한 입력대 출력비의 감도가 감소한다.

78 이산 시스템(Discrete data system)에서의 안정도 해석에 대한 설명 중 옳은 것은?

① 특성방정식의 모든 근이 z 평면의 음의 반평면에 있으면 안정하다.
② 특성방정식의 모든 근이 z 평면의 양의 반평면에 있으면 안정하다.
③ 특성방정식의 모든 근이 z 평면의 단위원 내부에 있으면 안정하다.
④ 특성방정식의 모든 근이 z 평면의 단위원 외부에 있으면 안정하다.

79 노내 온도를 제어하는 프로세스 제어계에서 검출부에 해당하는 것은?

① 노   ② 밸브
③ 증폭기   ④ 열전대

80 단위 부궤환 제어시스템의 루프전달함수 $G(s)H(s)$가 다음과 같이 주어져 있다. 이득여유가 20[dB]이면 이때의 $[K]$의 값은?

$$G(s)H(s) = \frac{K}{(s+1)(s+3)}$$

① $\frac{3}{10}$ ② $\frac{3}{20}$
③ $\frac{1}{20}$ ④ $\frac{1}{40}$

5과목 전기설비기술기준 및 판단기준

81 애자 사용 공사에 의한 저압 옥내배선 시설 중 틀린 것은?

① 전선은 인입용 비닐절연전선일 것
② 전선 상호 간의 간격은 6[cm] 이상일 것
③ 전선의 지지점 간의 거리는 전선을 조영재의 윗면에 따라 붙일 경우에는 2[m] 이하일 것
④ 전선과 조영재 사이의 간격은 사용 전압이 400[V] 미만인 경우에는 2.5[cm] 이상일 것

82 저압 및 고압 가공전선의 높이는 도로를 횡단하는 경우와 철도를 횡단하는 경우에 각각 몇 [m] 이상이어야 하는가?

① 도로 : 지표상 5, 철도 : 레일면상 6
② 도로 : 지표상 5, 철도 : 레일면상 6.5
③ 도로 : 지표상 6, 철도 : 레일면상 6
④ 도로 : 지표상 6, 철도 : 레일면상 6.5

83 사용전압이 몇 [V] 이상인 중성점 직접접지식 전로에 접속하는 변압기를 설치하는 곳에는 절연유의 구외 유출 및 지하 침투를 방지하기 위하여 절연유 유출 방지설비를 하여야 하는가?

① 25,000   ② 50,000
③ 75,000   ④ 100,000

84 제1종 접지공사의 접지극을 시설할 때 동결 깊이를 감안하여 지하 몇 [cm] 이상의 깊이로 매설해야 하는가?   [KEC규정에 따라 삭제]

① 60   ② 75
③ 90   ④ 100

85 특고압 가공전선이 도로 등과 교차하여 도로 상부측에 시설할 경우에 보호망도 같이 시설하려고 한다. 보호망은 제 몇 종 접지공사로 하여야 하는가?

[KEC규정에 따라 삭제]

① 제1종 접지공사
② 제2종 접지공사
③ 제3종 접지공사
④ 특별 제3종 접지공사

86 발전용 수력설비에서 필댐의 축제재료로 필댐의 본체에 사용하는 토질재료로 적합하지 않은 것은?

① 묽은 진흙으로 되지 않을 것
② 댐의 안정에 필요한 강도 및 수밀성이 있을 것
③ 유기물을 포함하고 있으며 광물 성분은 불용성일 것
④ 댐의 안정에 지장을 줄 수 있는 팽창성 또는 수축성이 없을 것

87 전기울타리용 전원장치에 전기를 공급하는 전로의 사용전압은 몇 [V] 이하이어야 하는가?

① 150 ② 200 ③ 250 ④ 300

88 사용전압이 22.9[kV]인 특고압 가공전선로(중성선 다중접지식의 것으로서 전로에 지락이 생겼을 때에 2초 이내에 자동적으로 이를 전로로부터 차단하는 장치가 되어 있는 것에 한한다.)가 상호 간 접근 또는 교차하는 경우 사용전선이 양쪽 모두 케이블인 경우 간격은 몇 [m] 이상인가?

① 0.25
② 0.5
③ 0.75
④ 1.0

89 전력계통의 일부가 전력계통의 전원과 전기적으로 분리된 상태에서 분산형 전원에 의해서만 가압되는 상태를 무엇이라 하는가?

① 계통연계
② 접속설비
③ 단독운전
④ 단순 병렬운전

90 고압 가공인입선이 케이블 이외의 것으로서 그 전선의 아래쪽에 위험표시를 하였다면 전선의 지표상 높이는 몇 [m]까지로 감할 수 있는가?

① 2.5 ② 3.5
③ 4.5 ④ 5.5

91 특고압의 기계기구·모선 등을 옥외에 시설하는 변전소의 구내에 취급자 이외의 자가 들어가지 못하도록 시설하는 울타리·담 등의 높이는 몇 [m] 이상으로 하여야 하는가?

① 2   ② 2.2
③ 2.5 ④ 3

92 가반형의 용접 전극을 사용하는 아크용접장치의 용접변압기의 1차 측 전로의 대지전압은 몇 [V] 이하이어야 하는가?

① 60   ② 150
③ 300 ④ 400

93 지중 전선로를 직접 매설식에 의하여 시설하는 경우에 차량 기타 중량물의 압력을 받을 우려가 없는 장소의 매설 깊이는 몇 [cm] 이상이어야 하는가?

① 60   ② 100
③ 120 ④ 150

94 특고압을 옥내에 시설하는 경우 그 사용 전압의 최대한도는 몇 [kV] 이하인가?(단, 케이블 트레이공사는 제외)

① 25   ② 80
③ 100 ④ 160

95 샤워시설이 있는 욕실 등 인체가 물에 젖어있는 상태에서 전기를 사용하는 장소에 콘센트를 시설할 경우 인체감전보호용 누전차단기의 정격감도전류는 몇 [mA] 이하인가?

① 5
② 10
③ 15
④ 30

96 버스 덕트 공사에서 저압 옥내배선의 사용전압이 400[V] 미만인 경우에는 덕트에 제 몇 종 접지공사를 하여야 하는가? [KEC규정에 따라 삭제]

① 제1종 접지공사
② 제2종 접지공사
③ 제3종 접지공사
④ 특별 제3종 접지공사

97 전로의 사용전압이 400[V] 미만이고 대지전압이 220[V]인 옥내전로에서 분기회로의 절연저항 값은 몇 [MΩ] 이상이어야 하는가? [KEC규정에 따라 삭제]

① 0.1
② 0.2
③ 0.4
④ 0.5

98 ( ) 안에 들어갈 내용으로 옳은 것은?

> 놀이용 전차에 전기를 공급하는 전로의 사용전압은 직류의 경우는 (Ⓐ)[V] 이하, 교류의 경우는 (Ⓑ)[V] 이하이어야 한다.

① Ⓐ 60, Ⓑ 40
② Ⓐ 40, Ⓑ 60
③ Ⓐ 30, Ⓑ 60
④ Ⓐ 60, Ⓑ 30

99 철탑의 강도계산을 할 때 이상 시 상정하중이 가하여지는 경우 철탑의 기초에 대한 안전율은 얼마 이상이어야 하는가?

① 1.33
② 1.83
③ 2.25
④ 2.75

100 발전기를 자동적으로 전로로부터 차단하는 장치를 반드시 시설하지 않아도 되는 경우는?

① 발전기에 과전류나 과전압이 생긴 경우
② 용량 5,000[kVA] 이상인 발전기의 내부에 고장이 생긴 경우
③ 용량 500[kVA] 이상의 발전기를 구동하는 수차의 압유장치의 유압이 현저히 저하한 경우
④ 용량 2,000[kVA] 이상인 수차발전기의 스러스트 베어링의 온도가 현저히 상승하는 경우

2018년도 3회 과년도 기출문제

1과목 전기자기학

01 전계 E의 x, y, z 성분을 Ex, Ey, Ez라 할 때 $divE$는?

① $\dfrac{\partial Ex}{\partial x}+\dfrac{\partial Ey}{\partial y}+\dfrac{\partial Ez}{\partial z}$

② $i\dfrac{\partial Ex}{\partial x}+j\dfrac{\partial Ey}{\partial y}+k\dfrac{\partial Ez}{\partial z}$

③ $\dfrac{\partial^2 Ex}{\partial x^2}+\dfrac{\partial^2 Ey}{\partial y^2}+\dfrac{\partial^2 Ez}{\partial z^2}$

④ $i\dfrac{\partial^2 Ex}{\partial x^2}+j\dfrac{\partial^2 Ey}{\partial y^2}+k\dfrac{\partial^2 Ez}{\partial z^2}$

02 동심 구형 콘덴서의 내외 반지름을 각각 5배로 증가시키면 정전용량은 몇 배로 증가하는가?

① 5 ② 10 ③ 15 ④ 20

03 자성체 경계면에 전류가 없을 때의 경계조건으로 틀린 것은?

① 자계 H의 접선 성분 $H_{1T}=H_{2T}$
② 자속밀도 B의 법선 성분 $B_{1N}=B_{2N}$
③ 경계면에서의 자력선의 굴절 $\dfrac{\tan\theta_1}{\tan\theta_2}=\dfrac{\mu_1}{\mu_2}$
④ 전속밀도 D의 법선 성분 $D_{1N}=D_{2N}=\dfrac{\mu_2}{\mu_1}$

04 도체나 반도체에 전류를 흘리고 이것과 직각방향으로 자계를 가하면 이 두 방향과 직각방향으로 기전력이 생기는 현상을 무엇이라 하는가?

① 홀 효과 ② 핀치 효과
③ 볼타 효과 ④ 압전 효과

05 판자석의 세기가 0.01[Wb/m], 반지름이 5[cm]인 원형 자석판이 있다. 자석의 중심에서 축상 10[cm]인 점에서의 자위의 세기는 몇 [AT]인가?

① 100 ② 175
③ 370 ④ 420

06 평면도체 표면에서 d[m] 거리에 점전하 Q[C]이 있을 때 이 전하를 무한원점까지 운반하는 데 필요한 일[J]은?

① $\dfrac{Q^2}{4\pi\varepsilon_0 d}$ ② $\dfrac{Q^2}{8\pi\varepsilon_0 d}$

③ $\dfrac{Q^2}{16\pi\varepsilon_0 d}$ ④ $\dfrac{Q^2}{32\pi\varepsilon_0 d}$

07 유전율 ε, 전계의 세기 E인 유전체의 단위 체적에 축적되는 에너지는?

① $\dfrac{E}{2\varepsilon}$ ② $\dfrac{\varepsilon E}{2}$

③ $\dfrac{\varepsilon E^2}{2}$ ④ $\dfrac{\varepsilon^2 E^2}{2}$

08 길이 l[m], 지름 d[m]인 원통이 길이방향으로 균일하게 자화되어 자화의 세기가 J[Wb/m²]인 경우 원통 양단에서의 전자극의 세기[Wb]는?

① $\pi d^2 J$ ② πdJ

③ $\dfrac{4J}{\pi d^2}$ ④ $\dfrac{\pi d^2 J}{4}$

09 자기인덕턴스 L_1, L_2와 상호인덕턴스 M 사이의 결합계수는?(단, 단위는 H이다.)

① $\dfrac{M}{L_1 L_2}$ ② $\dfrac{L_1 L_2}{M}$

③ $\dfrac{M}{\sqrt{L_1 L_2}}$ ④ $\dfrac{\sqrt{L_1 L_2}}{M}$

10 진공 중에서 선전하 밀도 $\rho_l = 6 \times 10^{-8}$[C/m]인 무한히 긴 직선상 선전하가 x축과 나란하고 $z = 2$[m] 점을 지나고 있다. 이 선전하에 의하여 반지름 5[m]인 원점에 중심을 둔 구표면 S_0를 통과하는 전기력선 수는 약 몇 [V/m]인가?

① 3.1×10^4 ② 4.8×10^4
③ 5.5×10^4 ④ 6.2×10^4

11 대지면에 높이 h[m]로 평행하게 가설된 매우 긴 선전하가 지면으로부터 받는 힘은?

① h에 비례
② h에 반비례
③ h^2에 비례
④ h^2에 반비례

12 정전에너지, 전속밀도 및 유전상수 ε_r의 관계에 대한 설명 중 틀린 것은?

① 굴절각이 큰 유전체는 ε_r이 크다.
② 동일 전속밀도에서는 ε_r이 클수록 정전에너지는 작아진다.
③ 동일 정전에너지에서는 ε_r이 클수록 전속밀도가 커진다.
④ 전속은 매질에 축적되는 에너지가 최대가 되도록 분포된다.

13 $\sigma = 1$[℧/m], $\varepsilon_s = 6$, $\mu = \mu_o$인 유전체에 교류 전압을 가할 때 변위전류와 전도전류의 크기가 같아지는 주파수는 약 몇 [Hz]인가?

① 3.0×10^9 ② 4.2×10^9
③ 4.7×10^9 ④ 5.1×10^9

14 그 양이 증가함에 따라 무한장 솔레노이드의 자기인덕턴스 값이 증가하지 않는 것은 무엇인가?

① 철심의 반경 ② 철심의 길이
③ 코일의 권수 ④ 철심의 투자율

15 단면적 S[m^2], 단위 길이당 권수가 n_0[회/m]인 무한히 긴 솔레노이드의 자기인덕턴스[H/m]는?

① $\mu S n_0$ ② $\mu S n_0^2$
③ $\mu S^2 n_0$ ④ $\mu S^2 n_0^2$

16 비투자율 1,000인 철심이 든 환상 솔레노이드의 권수가 600회, 평균지름이 20[cm], 철심의 단면적이 10[cm^2]이다. 이 솔레노이드에 2[A]의 전류가 흐를 때 철심 내의 자속은 몇 [Wb]인가?

① 1.2×10^{-3} ② 1.2×10^{-4}
③ 2.4×10^{-3} ④ 2.4×10^{-4}

17 3개의 점전하 $Q_1 = 3C$, $Q_2 = 1C$, $Q_3 = -3C$을 점 $P_1(1,0,0)$, $P_2(2,0,0)$, $P_3(3,0,0)$에 어떻게 놓으면 원점에서의 전계의 크기가 최대가 되는가?

① P_1에 Q_1, P_2에 Q_2, P_3에 Q_3
② P_1에 Q_2, P_2에 Q_3, P_3에 Q_1
③ P_1에 Q_3, P_2에 Q_1, P_3에 Q_2
④ P_1에 Q_3, P_2에 Q_2, P_3에 Q_1

18 맥스웰의 전자방정식에 대한 의미를 설명한 것으로 틀린 것은?

① 자계의 회전은 전류밀도와 같다.
② 자계는 발산하며, 자극은 단독으로 존재한다.
③ 전계의 회전은 자속밀도의 시간적 감소율과 같다.
④ 단위 체적당 발산 전속 수는 단위체적당 공간전하 밀도와 같다.

19 전기력선의 설명 중 틀린 것은?

① 전기력선은 부전하에서 시작하여 정전하에서 끝난다.
② 단위 전하에서는 $1/\varepsilon_0$개의 전기력선이 출입한다.
③ 전기력선은 전위가 높은 점에서 낮은 점으로 향한다.
④ 전기력선의 방향은 그 점의 전계의 방향과 일치하며 밀도는 그 점에서의 전계의 크기와 같다.

20 유전율이 $\varepsilon = 4\varepsilon_0$이고 투자율이 μ_0인 비도전성 유전체에서 전자파의 전계의 세기가 $E(z, t) = a_y 377 \cos(10^9 t - \beta Z)$[V/m]일 때의 자계의 세기 H는 몇 [A/m]인가?

① $-a_z 2\cos(10^9 t - \beta Z)$
② $-a_x 2\cos(10^9 t - \beta Z)$
③ $-a_z 7.1 \times 10^4 \cos(10^9 t - \beta Z)$
④ $-a_x 7.1 \times 10^4 \cos(10^9 t - \beta Z)$

2과목 전력공학

21 변류기 수리 시 2차 측을 단락시키는 이유는?

① 1차 측 과전류 방지
② 2차 측 과전류 방지
③ 1차 측 과전압 방지
④ 2차 측 과전압 방지

22 1년 365일 중 185일은 이 양 이하로 내려가지 않는 유량은?

① 평수량　　② 풍수량
③ 고수량　　④ 저수량

23 배전선의 전압조정장치가 아닌 것은?

① 승압기
② 리클로저
③ 유도전압조정기
④ 주상변압기 탭 절환장치

24 발전기 또는 주변압기의 내부고장 보호용으로 가장 널리 쓰이는 것은?

① 거리계전기
② 과전류계전기
③ 비율차동계전기
④ 방향단락계전기

25 그림과 같은 선로의 등가선간 거리는 몇 [m]인가?

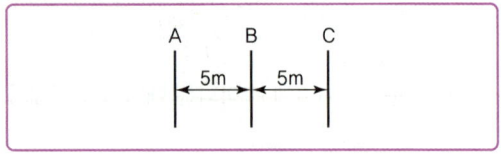

① 5　　② $5\sqrt{2}$
③ $5\sqrt[3]{2}$　　④ $10\sqrt[3]{2}$

26 서지파(진행파)가 서지 임피던스 Z_1의 선로 측에서 서지 임피던스 Z_2의 선로 측으로 입사할 때 투과계수(투과파 전압÷입사파 전압) b를 나타내는 식은?

① $b = \dfrac{Z_2 - Z_1}{Z_1 + Z_2}$ ② $b = \dfrac{2Z_2}{Z_1 + Z_2}$

③ $b = \dfrac{Z_1 - Z_2}{Z_1 + Z_2}$ ④ $b = \dfrac{2Z_1}{Z_1 + Z_2}$

27 3상 송전선로에서 선간단락이 발생하였을 때 다음 중 옳은 것은?

① 역상전류만 흐른다.
② 정상전류와 역상전류가 흐른다.
③ 역상전류와 영상전류가 흐른다.
④ 정상전류와 영상전류가 흐른다.

28 송전계통의 안정도 향상대책이 아닌 것은?

① 전압변동을 적게 한다.
② 고속도 재폐로 방식을 채용한다.
③ 고장시간, 고장전류를 적게 한다.
④ 계통의 직렬 리액턴스를 증가시킨다.

29 배전선로에서 사고범위의 확대를 방지하기 위한 대책으로 적당하지 않은 것은?

① 선택접지계진방식 채택
② 자동고장 검출장치 설치
③ 진상콘덴서 설치하여 전압 보상
④ 특고압의 경우 자동구분개폐기 설치

30 화력발전소에서 재열기의 사용목적은?

① 증기를 가열한다. ② 공기를 가열한다.
③ 급수를 가열한다. ④ 석탄을 건조한다.

31 송전전력, 송전거리, 전선의 비중 및 전력손실률이 일정하다고 하면 전선의 단면적 $A[\text{mm}^2]$와 송전전압 $V[\text{kV}]$와의 관계로 옳은 것은?

① $A \propto V$ ② $A \propto V^2$
③ $A \propto \dfrac{1}{\sqrt{V}}$ ④ $A \propto \dfrac{1}{V^2}$

32 선로에 따라 균일하게 부하가 분포된 선로의 전력손실은 이들 부하가 선로의 말단에 집중적으로 접속되어 있을 때보다 어떻게 되는가?

① $\dfrac{1}{2}$로 된다. ② $\dfrac{1}{3}$로 된다.
③ 2배로 된다. ④ 3배로 된다.

33 반지름 $r[\text{m}]$이고 소도체 간격 S인 4 복도체 송전선로에서 전선 A, B, C가 수평으로 배열되어 있다. 등가선간거리가 $D[\text{m}]$로 배치되고 완전 연가된 경우 송전선로의 인덕턴스는 몇 $[\text{mH/km}]$인가?

① $0.4605 \log_{10} \dfrac{D}{\sqrt{rs^2}} + 0.0125$

② $0.4605 \log_{10} \dfrac{D}{\sqrt[2]{rS}} + 0.025$

③ $0.4605 \log_{10} \dfrac{D}{\sqrt[3]{rS^2}} + 0.0167$

④ $0.4605 \log_{10} \dfrac{D}{\sqrt[4]{rS^3}} + 0.0125$

34 최소 동작 전류 이상의 전류가 흐르면 한도를 넘은 양(量)과는 상관없이 즉시 동작하는 계전기는?

① 순한시 계전기
② 반한시 계전기
③ 정한시 계전기
④ 반한시정한시 계전기

35 최근에 우리나라에서 많이 채용되고 있는 가스절연개폐설비(GIS)의 특징으로 틀린 것은?

① 대기 절연을 이용한 것에 비해 현저하게 소형화할 수 있으나 비교적 고가이다.
② 소음이 적고 충전부가 완전한 밀폐형으로 되어 있기 때문에 안정성이 높다.
③ 가스 압력에 대한 엄중 감시가 필요하며 내부 점검 및 부품 교환이 번거롭다.
④ 한랭지, 산악 지방에서도 액화방지 및 산화방지 대책이 필요 없다.

36 송전선로에 복도체를 사용하는 주된 목적은?

① 인덕턴스를 증가시키기 위하여
② 정전용량을 감소시키기 위하여
③ 코로나 발생을 감소시키기 위하여
④ 전선 표면의 전위경도를 증가시키기 위하여

37 송배전 선로의 전선 굵기를 결정하는 주요 요소가 아닌 것은?

① 전압강하   ② 허용전류
③ 기계적 강도   ④ 부하의 종류

38 기준 선간전압 23[kV], 기준 3상 용량 5,000[kVA], 1선의 유도 리액턴스가 15[Ω]일 때 %리액턴스는?

① 28.36%   ② 14.18%
③ 7.09%   ④ 3.55%

39 망상(Network) 배전방식에 대한 설명으로 옳은 것은?

① 전압 변동이 대체로 크다.
② 부하 증가에 대한 융통성이 적다.
③ 방사상 방식보다 무정전 공급의 신뢰도가 더 높다.
④ 인축에 대한 감전사고가 적어서 농촌에 적합하다.

40 3상용 차단기의 정격전압은 170[kV]이고 정격차단전류가 50[kA]일 때 차단기의 정격차단용량은 약 몇 [MVA]인가?

① 5,000   ② 10,000
③ 15,000   ④ 20,000

3과목 전기기기

41 3상 직권 정류자 전동기에 중간 변압기를 사용하는 이유로 적당하지 않은 것은?

① 중간 변압기를 이용하여 속도 상승을 억제할 수 있다.
② 회전자 전압을 정류작용에 맞는 값으로 선정할 수 있다.
③ 중간 변압기를 사용하여 누설 리액턴스를 감소할 수 있다.
④ 중간 변압기의 권수비를 바꾸어 전동기 특성을 조정할 수 있다.

42 변압기의 권수를 N이라고 할 때 누설리액턴스는?

① N에 비례한다.
② N^2에 비례한다.
③ N에 반비례한다.
④ N^2에 반비례한다.

43 직류기의 온도상승 시험방법 중 반환부하법의 종류가 아닌 것은?

① 카프법
② 홉킨스법
③ 스코트법
④ 블론델법

44 단상 직권 정류자 전동기에서 보상권선과 저항도선의 작용을 설명한 것으로 틀린 것은?

① 역률을 좋게 한다.
② 변압기 기전력을 크게 한다.
③ 전기자 반작용을 감소시킨다.
④ 저항도선은 변압기 기전력에 의한 단락전류를 작게 한다.

45 일반적인 변압기의 손실 중에서 온도상승에 관계가 가장 적은 요소는?

① 철손
② 동손
③ 와류손
④ 유전체손

46 직류발전기의 병렬운전에서 부하 분담의 방법은?

① 계자전류와 무관하다.
② 계자전류를 증가하면 부하분담은 감소한다.
③ 계자전류를 증가하면 부하분담은 증가한다.
④ 계자전류를 감소하면 부하분담은 증가한다.

47 1차 전압 6,600[V], 2차 전압 220[V], 주파수 60[Hz], 1차 권수 1,000회의 변압기가 있다. 최대 자속은 약 몇 [Wb]인가?

① 0.020
② 0.025
③ 0.030
④ 0.032

48 역률 100%일 때의 전압 변동률 ε은 어떻게 표시되는가?

① %저항 강하
② %리액턴스 강하
③ %서셉턴스 강하
④ %임피던스 강하

49 3상 농형 유도전동기의 기동방법으로 틀린 것은?

① Y-△ 기동
② 전전압 기동
③ 리액터 기동
④ 2차 저항에 의한 기동

50 직류 복권발전기의 병렬운전에 있어 균압선을 붙이는 목적은 무엇인가?

① 손실을 경감한다.
② 운전을 안정하게 한다.
③ 고조파의 발생을 방지한다.
④ 직권계자 간의 전류증가를 방지한다.

51 2방향성 3단자 사이리스터는 어느 것인가?

① SCR
② SSS
③ SCS
④ TRIAC

52 15[kVA], 3,000/200[V] 변압기의 1차 측 환산등가 임피던스가 $5.4+j6[\Omega]$일 때, %저항 강하 p와 %리액턴스 강하 q는 각각 약 몇 %인가?

① $p=0.9$, $q=1$
② $p=0.7$, $q=1.2$
③ $p=1.2$, $q=1$
④ $p=1.3$, $q=0.9$

53 유도전동기의 2차 여자제어법에 대한 설명으로 틀린 것은?

① 역률을 개선할 수 있다.
② 권선형 전동기에 한하여 이용된다.
③ 동기속도의 이하로 광범위하게 제어할 수 있다.
④ 2차 저항손이 매우 커지면 효율이 저하된다.

54 직류발전기를 3상 유도전동기에서 구동하고 있다. 이 발전기에 55[kW]의 부하를 걸 때 전동기의 전류는 약 몇 [A]인가?(단, 발전기의 효율은 88%, 전동기의 단자전압은 400[V], 전동기의 효율은 88%, 전동기의 역률은 82%로 한다.)
① 125
② 225
③ 325
④ 425

55 동기기의 기전력의 파형 개선책이 아닌 것은?
① 단절권
② 집중권
③ 공극조정
④ 자극모양

56 유도자형 동기발전기의 설명으로 옳은 것은?
① 전기자만 고정되어 있다.
② 계자극만 고정되어 있다.
③ 회전자가 없는 특수 발전기이다.
④ 계자극과 전기자가 고정되어 있다.

57 200[V], 10[kW]의 직류 분권전동기가 있다. 전기자저항은 0.2[Ω], 계자저항은 40[Ω]이고 정격전압에서 전류가 15[A]인 경우 5[kg·m]의 토크를 발생한다. 부하가 증가하여 전류가 25[A]로 되는 경우 발생 토크[kg·m]는?
① 2.5
② 5
③ 7.5
④ 10

58 50[Ω]의 계자저항을 갖는 직류 분권발전기가 있다. 이 발전기의 출력이 5.4[kW]일 때 단자전압은 100[V], 유기기전력은 115[V]이다. 이 발전기의 출력이 2[kW]일 때 단자전압이 125[V]라면 유기기전력은 약 몇 [V]인가?
① 130
② 145
③ 152
④ 159

59 돌극형 동기발전기에서 직축 동기리액턴스를 Xd, 횡축 동기리액턴스를 Xq라 할 때의 관계는?
① $Xd < Xq$
② $Xd > Xq$
③ $Xd = Xq$
④ $Xd \ll Xq$

60 10극 50[Hz] 3상 유도전동기가 있다. 회전자도 3상이고 회전자가 정지할 때 2차 1상간의 전압이 150[V]이다. 이것을 회전자계와 같은 방향으로 400[rpm]으로 회전시킬 때 2차 전압은 몇 [V]인가?
① 50
② 75
③ 100
④ 150

4과목 회로이론 및 제어공학

61 $R = 100[\Omega]$, $C = 30[\mu F]$의 직렬회로에 $f = 60$[Hz], $V = 100$[V]의 교류전압을 인가할 때 전류는 약 몇 [A]인가?
① 0.42
② 0.64
③ 0.75
④ 0.87

62 무손실 선로의 정상상태에 대한 설명으로 틀린 것은?
① 전파정수 γ은 $j\omega\sqrt{LC}$이다.
② 특성 임피던스 $Z_0 = \sqrt{\dfrac{C}{L}}$이다.
③ 진행파의 전파속도 $v = \dfrac{1}{\sqrt{LC}}$이다.
④ 감쇠정수 $\alpha = 0$, 위상정수 $\beta = \omega\sqrt{LC}$이다.

63 그림과 같은 파형의 Laplace 변환은?

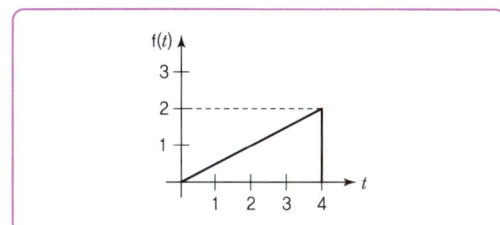

① $\dfrac{2}{2s^2}(1-e^{-4s}-se^{-4s})$

② $\dfrac{2}{2s^2}(1-e^{-4s}-4e^{-4s})$

③ $\dfrac{2}{2s^2}(1-se^{-4s}-4e^{-4s})$

④ $\dfrac{2}{2s^2}(1-e^{-4s}-4se^{-4s})$

64 2전력계법으로 평형 3상 전력을 측정하였더니 한쪽의 지시가 700[W], 다른 쪽의 지시가 1,400[W] 이었다. 피상전력은 약 몇 [VA]인가?

① 2,425 ② 2,771
③ 2,873 ④ 2,974

65 최댓값이 I_m 인 정현파 교류의 반파정류 파형의 실횻값은?

① $\dfrac{I_m}{2}$ ② $\dfrac{I_m}{\sqrt{2}}$
③ $\dfrac{2I_m}{\pi}$ ④ $\dfrac{\pi I_m}{2}$

66 그림과 같은 파형의 파고율은?

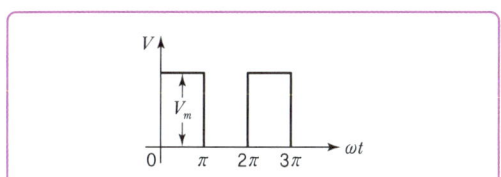

① 1 ② $\dfrac{1}{\sqrt{2}}$
③ $\sqrt{2}$ ④ $\sqrt{3}$

67 그림과 같이 10[Ω]의 저항에 권수비가 10 : 1의 결합회로를 연결했을 때 4단자정수 A, B, C, D는?

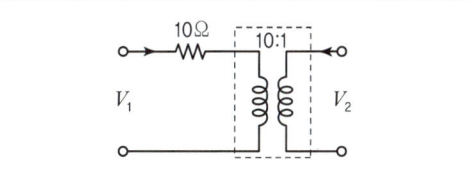

① $A=1$, $B=10$, $C=0$, $D=10$
② $A=10$, $B=1$, $C=0$, $D=10$
③ $A=10$, $B=0$, $C=1$, $D=\dfrac{1}{10}$
④ $A=10$, $B=1$, $C=0$, $D=\dfrac{1}{10}$

68 그림과 같은 RC회로에서 스위치를 넣은 순간 전류는?(단, 초기조건은 0이다.)

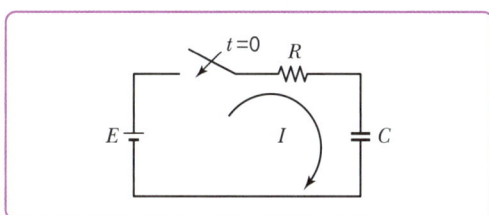

① 불변전류이다.
② 진동전류이다.
③ 증가함수로 나타난다.
④ 감쇠함수로 나타난다.

69 회로에서 저항 R에 흐르는 전류 I[A]는?

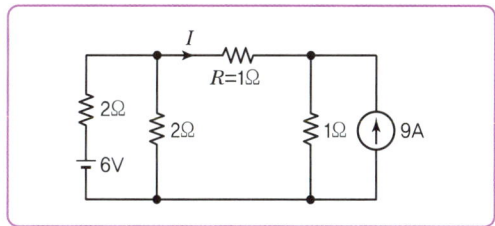

① -1 ② -2
③ 2 ④ 4

70 전류의 대칭분을 I_0, I_1, I_2, 유기기전력을 E_a, E_b, E_c 단자전압의 대칭분을 V_0, V_1, V_2라 할 때 3상 교류발전기의 기본식 중 정상분 V_1값은?(단, Z_0, Z_1, Z_2는 영상, 정상, 역상 임피던스이다.)

① $-Z_0 I_0$
② $-Z_2 I_2$
③ $E_a - Z_1 I_1$
④ $E_b - Z_2 I_2$

71 다음의 회로를 블록선도로 그린 것 중 옳은 것은?

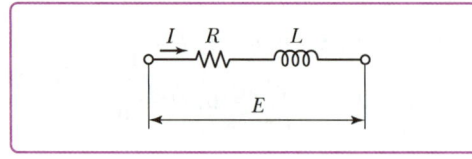

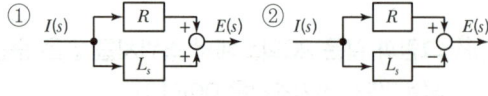

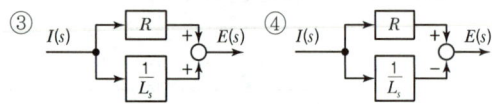

72 특성방정식 $s^2 + 2\zeta\omega_n s + \omega_n^2 = 0$에서 감쇠진동을 하는 제동비 ζ의 값은?

① $\zeta > 1$
② $\zeta = 1$
③ $\zeta = 0$
④ $0 < \zeta < 1$

73 다음 그림의 전달함수 $\dfrac{Y(z)}{R(z)}$는 다음 중 어느 것인가?

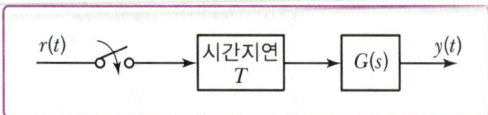

① $G(z)z$
② $G(z)z^{-1}$
③ $G(z)Tz^{-1}$
④ $G(z)Tz$

74 일정 입력에 대해 잔류편차가 있는 제어계는?

① 비례 제어계
② 적분 제어계
③ 비례 적분 제어계
④ 비례 적분 미분 제어계

75 일반적인 제어시스템에서 안정의 조건은?

① 입력이 있는 경우 초깃값에 관계없이 출력이 0으로 간다.
② 입력이 없는 경우 초깃값에 관계없이 출력이 무한대로 간다.
③ 시스템이 유한한 입력에 대해서 무한한 출력을 얻는 경우
④ 시스템이 유한한 입력에 대해서 유한한 출력을 얻는 경우

76 개루프 전달함수 $G(s)H(s)$가 다음과 같이 주어지는 부궤환계에서 근궤적 점근선의 실수축과의 교차점은?

$$G(s)H(s) = \frac{K}{s(s+4)(s+5)}$$

① 0
② -1
③ -2
④ -3

77 $s^3 + 11s^2 + 2s + 40 = 0$에는 양의 실수부를 갖는 근이 몇 개 있는가?

① 1
② 2
③ 3
④ 없다.

78 논리식 $L = \overline{x} \cdot \overline{y} + \overline{x} \cdot y + x \cdot y$를 간략화한 것은?

① $x + y$
② $\overline{x} + y$
③ $x + \overline{y}$
④ $\overline{x} + \overline{y}$

79 그림과 같은 블록선도에서 전달함수 $\dfrac{C(s)}{R(s)}$ 를 구하면?

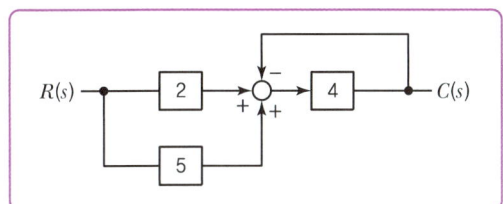

① $\dfrac{1}{8}$ ② $\dfrac{5}{28}$
③ $\dfrac{28}{5}$ ④ 8

80 $G(j\omega) = \dfrac{K}{j\omega(j\omega+1)}$ 에 있어서 진폭 A 및 위상각 θ 는?

$$\lim_{\omega \to \infty} G(j\omega) = A \angle \theta$$

① $A=0$, $\theta = -90°$ ② $A=0$, $\theta = -180°$
③ $A=\infty$, $\theta = -90°$ ④ $A=\infty$, $\theta = -180°$

5과목 전기설비기술기준 및 판단기준

81 최대사용전압이 220[V]인 전동기의 절연내력시험을 하고자 할 때 시험 전압은 몇 [V]인가?

① 300   ② 330
③ 450   ④ 500

82 66[kV] 가공전선과 6[kV] 가공전선을 동일 지지물에 병행하는 경우에 특고압 가공전선은 케이블인 경우를 제외하고는 단면적이 몇 [mm²] 이상인 경동연선을 사용하여야 하는가?

① 22   ② 38
③ 50   ④ 100

83 발전소의 개폐기 또는 차단기에 사용하는 압축공기장치의 주공기탱크에 시설하는 압력계의 최고 눈금의 범위로 옳은 것은?

① 사용압력의 1배 이상 2배 이하
② 사용압력의 1.15배 이상 2배 이하
③ 사용압력의 1.5배 이상 3배 이하
④ 사용압력의 2배 이상 3배 이하

84 고압 가공전선로의 지지물로서 사용하는 목주의 풍압하중에 대한 안전율은 얼마 이상이어야 하는가?

① 1.2   ② 1.3
③ 2.2   ④ 2.5

85 다음 그림에서 L_1은 어떤 크기로 동작하는 기기의 명칭인가?

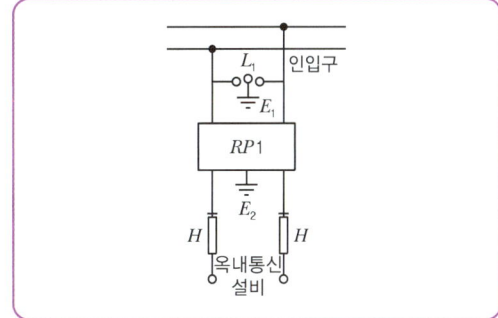

① 교류 1,000[V] 이하에서 동작하는 단로기
② 교류 1,000[V] 이하에서 동작하는 피뢰기
③ 교류 1,500[V] 이하에서 동작하는 단로기
④ 교류 1,500[V] 이하에서 동작하는 피뢰기

86 지중 전선로에 있어서 폭발성 가스가 침입할 우려가 있는 장소에 시설하는 지중함은 크기가 몇 [m³] 이상일 때 가스를 방산시키기 위한 장치를 시설하여야 하는가?

① 0.25   ② 0.5
③ 0.75   ④ 1.0

87 최대사용전압 22.9[kV]인 3상 4선식 다중접지방식의 지중 전선로의 절연내력시험을 직류로 할 경우 시험전압은 몇 [V]인가?

① 16,448 ② 21,068
③ 32,796 ④ 42,136

88 특고압용 타냉식 변압기의 냉각장치에 고장이 생긴 경우를 대비하여 어떤 보호장치를 하여야 하는가?

① 경보장치 ② 속도조정장치
③ 온도시험장치 ④ 냉매흐름장치

89 금속덕트 공사에 적당하지 않은 것은?

① 전선은 절연전선을 사용한다.
② 덕트의 끝부분은 항시 개방시킨다.
③ 덕트 안에는 전선의 접속점이 없도록 한다.
④ 덕트의 안쪽 면 및 바깥 면에는 산화방지를 위하여 아연도금을 한다.

90 3.3[kV]용 계기용 변성기의 2차 측 전로의 접지공사는? [KEC규정에 따라 삭제]

① 제1종 접지공사
② 제2종 접지공사
③ 제3종 접지공사
④ 특별 제3종 접지공사

91 특고압 옥외 배전용 변압기가 1대일 경우 특고압 측에 일반적으로 시설하여야 하는 것은?

① 방전기
② 계기용 변류기
③ 계기용 변압기
④ 개폐기 및 과전류차단기

92 가공전선로에 사용하는 지지물의 강도계산에 적용하는 갑종 풍압하중을 계산할 때 구성재의 수직 투영면적 1[m²]에 대한 풍압의 기준으로 틀린 것은?

① 목주 : 588[Pa]
② 원형 철주 : 588[Pa]
③ 원형 철근콘크리트주 : 882[Pa]
④ 강관으로 구성(단주는 제외)된 철탑 : 1,255[Pa]

93 3상 4선식 22.9[kV], 중성선 다중접지방식의 특고압 가공전선 아래에 통신선을 첨가하고자 한다. 특고압 가공전선과 통신선과의 간격은 몇 [cm] 이상인가?

① 60 ② 75
③ 100 ④ 120

94 특고압 가공전선이 도로 등과 교차하는 경우에 특고압 가공전선이 도로 등의 위에 시설되는 때에 설치하는 보호망에 대한 설명으로 옳은 것은?

① 보호망은 제3종 접지공사를 한다.
② 보호망을 구성하는 금속선의 인장강도는 6[kN] 이상으로 한다.
③ 보호망을 구성하는 금속선은 지름 1.0[mm] 이상의 경동선을 사용한다.
④ 보호망을 구성하는 금속선 상호의 간격은 가로, 세로 각 1.5[m] 이하로 한다.

95 옥내에 시설하는 고압용 이동전선으로 옳은 것은?

① 6[mm] 연동선
② 비닐외장케이블
③ 옥외용 비닐절연전선
④ 고압용의 캡타이어케이블

96 교통이 번잡한 도로를 횡단하여 저압 가공전선을 시설하는 경우 지표상 높이는 몇 [m] 이상으로 하여야 하는가?

① 4.0 ② 5.0
③ 6.0 ④ 6.5

97 방전등용 안정기를 저압의 옥내배선과 직접 접속하여 시설할 경우 옥내전로의 대지 전압은 최대 몇 [V]인가?

① 100 ② 150
③ 300 ④ 450

98 사용전압이 22.9[kV]인 특고압 가공전선이 도로를 횡단하는 경우, 지표상 높이는 최소 몇 [m]인가?

① 4.5 ② 5
③ 5.5 ④ 6

99 관광숙박업 또는 숙박업을 하는 객실의 입구 등에 조명용 전등을 설치할 때는 몇 분 이내에 소등되는 타임스위치를 시설하여야 하는가?

① 1 ② 3
③ 5 ④ 10

100 철근콘크리트주를 사용하는 25[kV] 교류 전차 선로를 도로 등과 제1차 접근상태에 시설하는 경우 지지물 간 거리의 최대한도는 몇 [m]인가?

[KEC규정에 따라 삭제]

① 40 ② 50
③ 60 ④ 70

2019년도 1회 과년도 기출문제

1과목 전기자기학

01 평행판 콘덴서에 어떤 유전체를 넣었을 때 전속밀도가 2.4×10^{-7}[C/m²]이고, 단위 체적 중의 에너지가 5.3×10^{-3}[J/m³]이었다. 이 유전체의 유전율은 약 몇 [F/m]인가?

① 2.17×10^{-11}
② 5.43×10^{-11}
③ 5.17×10^{-12}
④ 5.43×10^{-12}

02 서로 다른 두 유전체 사이의 경계면에 전하분포가 없다면 경계면 양쪽에서의 전계 및 전속밀도는?

① 전계 및 전속밀도의 접선성분은 서로 같다.
② 전계 및 전속밀도의 법선성분은 서로 같다.
③ 전계의 법선성분이 서로 같고, 전속밀도의 접선성분이 서로 같다.
④ 전계의 접선성분이 서로 같고, 전속밀도의 법선성분이 서로 같다.

03 와류손에 대한 설명으로 틀린 것은?(단, f : 주파수, B_m : 최대자속밀도, t : 두께, ρ : 저항률이다.)

① t^2에 비례한다.
② f^2에 비례한다.
③ ρ^2에 비례한다.
④ B_m^2에 비례한다.

04 $x > 0$인 영역에 비유전율 $\varepsilon r_1 = 3$인 유전체, $x < 0$인 영역에 비유전율 $\varepsilon r_2 = 5$인 유전체가 있다. $x < 0$인 영역에서 전계 $E_2 = 20a_x + 30a_y - 40a_z$[V/m]일 때 $x > 0$인 영역에서의 전속밀도는 몇 [C/m²]인가?

① $10(10a_x + 9a_y - 12a_z)\varepsilon_0$
② $20(5a_x - 10a_y + 6a_z)\varepsilon_0$
③ $50(2a_x + a_y - 4a_z)\varepsilon_0$
④ $50(2a_x - 3a_y + 4a_z)\varepsilon_0$

05 q[C]의 전하가 진공 중에서 v[m/s]의 속도로 운동하고 있을 때, 이 운동방향과 θ의 각으로 r[m] 떨어진 점의 자계의 세기[AT/m]는?

① $\dfrac{q\sin\theta}{4\pi r^2 v}$
② $\dfrac{v\sin\theta}{4\pi r^2 q}$
③ $\dfrac{qv\sin\theta}{4\pi r^2}$
④ $\dfrac{v\sin\theta}{4\pi r^2 q^2}$

06 원형 선전류 I[A]의 중심축상 점 P의 자위(A)를 나타내는 식은?(단, θ는 점 P에서 원형전류를 바라보는 평면각이다.)

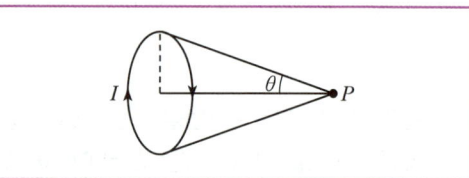

① $\dfrac{I}{2}(I - \cos\theta)$
② $\dfrac{I}{4}(I - \cos\theta)$
③ $\dfrac{I}{2}(I - \sin\theta)$
④ $\dfrac{I}{4}(I - \sin\theta)$

07 진공 중에서 무한장 직선도체에 선전하밀도 $\rho_L = 2\pi \times 10^{-3}$[C/m]가 균일하게 분포된 경우 직선도체에서 2[m]와 4[m] 떨어진 두 점 사이의 전위차는 몇 [V]인가?

① $\dfrac{10^{-3}}{\pi\varepsilon_0}\ln 2$
② $\dfrac{10^{-3}}{\varepsilon_0}\ln 2$
③ $\dfrac{1}{\pi\varepsilon_0}\ln 2$
④ $\dfrac{1}{\varepsilon_0}\ln 2$

08 균일한 자장 내에 놓여 있는 직선도선에 전류 및 길이를 각각 2배로 하면 이 도선에 작용하는 힘은 몇 배가 되는가?

① 1 ② 2
③ 4 ④ 8

09 환상철심에 권수 3,000회 A코일과 권수 200회 B코일이 감겨져 있다. A코일의 자기인덕턴스가 360[mH]일 때 A, B 두 코일의 상호 인덕턴스는 몇 [mH]인가?(단, 결합계수는 1이다.)

① 16 ② 24
③ 36 ④ 72

10 맥스웰방정식 중 틀린 것은?

① $\oint_s B \cdot dS = \rho_s$
② $\oint_s d \cdot dS = \int_v \rho dv$
③ $\oint_c E \cdot dl = -\int_s \frac{\partial B}{\partial t} \cdot ds$
④ $\oint_c H \cdot dl = I + \int_s \frac{\partial D}{\partial t} \cdot ds$

11 자기회로의 자기저항에 대한 설명으로 옳은 것은?

① 투자율에 반비례한다.
② 자기회로의 단면적에 비례한다.
③ 자기회로의 길이에 반비례한다.
④ 단면적에 반비례하고, 길이의 제곱에 비례한다.

12 접지된 구도체와 점전하 간에 작용하는 힘은?

① 항상 흡인력이다.
② 항상 반발력이다.
③ 조건적 흡인력이다.
④ 조건적 반발력이다.

13 그림과 같이 전류가 흐르는 반원형 도선이 평면 $Z = 0$상에 놓여 있다. 이 도선이 자속밀도 $B = 0.6a_x - 0.5a_y + a_z$[Wb/m²]인 균일 자계 내에 놓여 있을 때 도선의 직선 부분에 작용하는 힘(N)은?

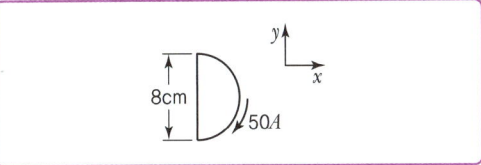

① $4a_x + 2.4a_z$ ② $4a_x - 2.4a_z$
③ $5a_x - 3.5a_z$ ④ $-5a_x + 3.5a_z$

14 평행한 두 도선 간의 전자력은?(단, 두 도선 간의 거리는 r[m]라 한다.)

① r에 비례 ② r^2에 비례
③ r에 반비례 ④ r^2에 반비례

15 다음의 관계식 중 성립할 수 없는 것은?(단, μ는 투자율, χ는 자화율, μ_0는 진공의 투자율, J는 자화의 세기이다.)

① $J = \chi B$
② $B = \mu H$
③ $\mu = \mu_0 + \chi$
④ $\mu_s = 1 + \frac{\chi}{\mu_0}$

16 평행판 콘덴서의 극판 사이에 유전율 ε, 저항률 ρ인 유전체를 삽입하였을 때, 두 전극 간의 저항 R과 정전용량 C의 관계는?

① $R = \rho \varepsilon C$
② $RC = \varepsilon / \rho$
③ $RC = \rho \varepsilon$
④ $RC\rho\varepsilon = 1$

17 비투자율 $\mu_s = 1$, 비유전율 $\varepsilon_s = 90$인 매질 내의 고유임피던스는 약 몇 [Ω]인가?

① 32.5　　② 39.7
③ 42.3　　④ 45.6

18 사이클로트론에서 양자가 매초 3×10^{15}개의 비율로 가속되어 나오고 있다. 양자가 15[MeV]의 에너지를 가지고 있다고 할 때, 이 사이클로트론은 가속용 고주파 전계를 만들기 위해서 150[kW]의 전력을 필요로 한다면 에너지 효율(%)은?

① 2.8　　② 3.8
③ 4.8　　④ 5.8

19 단면적 4[cm²]의 철심에 6×10^{-4}[Wb]의 자속을 통하게 하려면 2,800[AT/m]의 자계가 필요하다. 이 철심의 비투자율은 약 얼마인가?

① 346　　② 375
③ 407　　④ 426

20 대전된 도체의 특징으로 틀린 것은?
① 가우스정리에 의해 내부에는 전하가 존재한다.
② 전계는 도체 표면에 수직인 방향으로 진행된다.
③ 도체에 인가된 전하는 도체 표면에만 분포한다.
④ 도체 표면에서의 전하밀도는 곡률이 클수록 높다.

2과목 전력공학

21 송배전 선로에서 도체의 굵기는 같게 하고 도체 간의 간격을 크게 하면 도체의 인덕턴스는?
① 커진다.
② 작아진다.
③ 변함이 없다.
④ 도체의 굵기 및 도체 간의 간격과는 무관하다.

22 동일 전력을 동일 선간전압, 동일 역률로 동일 거리에 보낼 때 사용하는 전선의 총중량이 같으면 3상 3선식인 때와 단상 2선식일 때의 전력손실비는?

① 1　　② $\frac{3}{4}$
③ $\frac{2}{3}$　　④ $\frac{1}{\sqrt{3}}$

23 배전반에 접속되어 운전 중인 계기용 변압기(PT) 및 변류기(CT)의 2차 측 회로를 점검할 때 조치사항으로 옳은 것은?
① CT만 단락시킨다.
② PT만 단락시킨다.
③ CT와 PT 모두를 단락시킨다.
④ CT와 PT 모두를 개방시킨다.

24 배전선로의 역률 개선에 따른 효과로 적합하지 않은 것은?
① 선로의 전력손실 경감
② 선로의 전압강하의 감소
③ 전원측 설비의 이용률 향상
④ 선로 절연비용 절감

25 총 낙차 300[m], 사용수량 20[m³/s]인 수력발전소의 발전기 출력은 약 몇 [kW]인가?(단, 수차 및 발전기 효율은 각각 90%, 98%라 하고, 손실낙차는 총 낙차의 6%라고 한다.)
① 48,750
② 51,860
③ 54,170
④ 54,970

26 수전단을 단락한 경우 송전단에서 본 임피던스가 330[Ω]이고, 수전단을 개방한 경우 송전단에서 본 어드미턴스가 1.875×10^{-3}[℧]일 때 송전단의 특성임피던스는 약 몇 [Ω]인가?
① 120
② 220
③ 320
④ 420

27 다중접지 계통에 사용되는 재폐로 기능을 갖는 일종의 차단기로서 과부하 또는 고장전류가 흐르면 순시동작하고, 일정 시간 후에는 자동적으로 재폐로하는 보호기기는?
① 라인퓨즈
② 리클로저
③ 섹셔널라이저
④ 고장구간 자동개폐기

28 송전선 중간에 전원이 없을 경우에 송전단의 전압 $E_S = AE_R + BI_R$이 된다. 수전단의 전압 E_R의 식으로 옳은 것은?(단, I_S, I_R는 송전단 및 수전단의 전류이다.)
① $E_R = AE_S + CI_S$
② $E_R = BE_S + AI_S$
③ $E_R = DE_S - BI_S$
④ $E_R = CE_S - DI_S$

29 비접지식 3상 송배전계통에서 1선 지락고장 시 고장전류를 계산하는 데 사용되는 정전용량은?
① 작용정전용량
② 대지정전용량
③ 합성정전용량
④ 선간정전용량

30 비접지 계통의 지락사고 시 계전기에 영상전류를 공급하기 위하여 설치하는 기기는?
① PT
② CT
③ ZCT
④ GPT

31 이상전압의 파고값을 저감시켜 전력사용설비를 보호하기 위하여 설치하는 것은?
① 초호환
② 피뢰기
③ 계전기
④ 접지봉

32 임피던스 Z_1, Z_2 및 Z_3을 그림과 같이 접속한 선로의 A쪽에서 전압파 E가 진행해 왔을 때 접속점 B에서 무반사로 되기 위한 조건은?

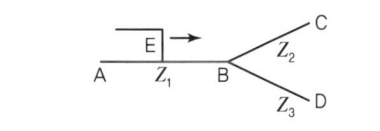

① $Z_1 = Z_2 + Z_3$
② $\dfrac{1}{Z_3} = \dfrac{1}{Z_1} + \dfrac{1}{Z_2}$
③ $\dfrac{1}{Z_1} = \dfrac{1}{Z_2} + \dfrac{1}{Z_3}$
④ $\dfrac{1}{Z_2} = \dfrac{1}{Z_1} + \dfrac{1}{Z_3}$

33 저압뱅킹방식에서 저전압의 고장에 의하여 건전한 변압기의 일부 또는 전부가 차단되는 현상은?
① 아킹(Arcing)
② 플리커(Flicker)
③ 밸런스(Balance)
④ 캐스캐이딩(Cascading)

34 변전소의 가스차단기에 대한 설명으로 틀린 것은?
① 근거리 차단에 유리하지 못하다.
② 불연성이므로 화재의 위험성이 적다.
③ 특고압 계통의 차단기로 많이 사용된다.
④ 이상전압의 발생이 적고, 절연회복이 우수하다.

35 켈빈(Kelvin)의 법칙이 적용되는 경우는?
① 전압강하를 감소시키고자 하는 경우
② 부하 배분의 균형을 얻고자 하는 경우
③ 전력 손실량을 축소시키고자 하는 경우
④ 경제적인 전선의 굵기를 선정하고자 하는 경우

36 보호계전기의 반한시 · 정한시 특성은?
① 동작전류가 커질수록 동작시간이 짧게 되는 특성
② 최소 동작전류 이상의 전류가 흐르면 즉시 동작하는 특성
③ 동작전류의 크기에 관계없이 일정한 시간에 동작하는 특성
④ 동작전류가 커질수록 동작시간이 짧아지며, 어떤 전류 이상이 되면 동작전류의 크기에 관계없이 일정한 시간에서 동작하는 특성

37 단도체 방식과 비교할 때 복도체 방식의 특징이 아닌 것은?
① 안정도가 증가된다.
② 인덕턴스가 감소된다.
③ 송전용량이 증가된다.
④ 코로나 임계전압이 감소된다.

38 1선 지락 시에 지락전류가 가장 작은 송전계통은?
① 비접지식   ② 직접접지식
③ 저항접지식   ④ 소호리액터 접지식

39 수차의 캐비테이션 방지책으로 틀린 것은?
① 흡출수두를 증대시킨다.
② 과부하 운전을 가능한 한 피한다.
③ 수차의 비속도를 너무 크게 잡지 않는다.
④ 침식에 강한 금속재료로 러너를 제작한다.

40 선간전압이 154[kV]이고, 1상당의 임피던스가 $j8[\Omega]$인 기기가 있을 때, 기준용량을 100[MVA]로 하면 % 임피던스는 약 몇 %인가?
① 2.75   ② 3.15
③ 3.37   ④ 4.25

3과목 전기기기

41 3상 비돌극형 동기발전기가 있다. 정격출력 5,000[kVA], 정격전압 6,000[V], 정격역률 0.8이다. 여자를 정격상태로 유지할 때 이 발전기의 최대출력은 약 몇 [kW]인가?(단, 1상의 동기리액턴스는 0.8P.U이며 저항은 무시한다.)
① 7,500   ② 10,000
③ 11,500   ④ 12,500

42 직류기의 손실 중에서 기계손으로 옳은 것은?
① 풍손   ② 와류손
③ 표류 부하손   ④ 브러시의 전기손

43 다음 (   )에 알맞은 것은?

> 직류발전기에서 계자권선이 전기자에 병렬로 연결된 직류기는 (ⓐ)발전기라 하며, 전기자권선과 계자권선이 직렬로 접속된 직류기는 (ⓑ)발전기라 한다.

① ⓐ 분권, ⓑ 직권   ② ⓐ 직권, ⓑ 분권
③ ⓐ 복권, ⓑ 분권   ④ ⓐ 자여자, ⓑ 타여자

44 1차 전압 6,600[V], 2차 전압 220[V], 주파수 60[Hz], 1차 권수 1,200회인 경우 변압기의 최대자속[Wb]은?
① 0.36   ② 0.63
③ 0.012   ④ 0.021

45 직류발전기의 정류 초기에 전류변화가 크며 이때 발생되는 불꽃정류로 옳은 것은?
① 과정류
② 직선정류
③ 부족정류
④ 정현파정류

46 3상 유도전동기의 속도제어법으로 틀린 것은?
① 1차 저항법
② 극수 제어법
③ 전압 제어법
④ 주파수 제어법

47 60[Hz]의 변압기에 50[Hz]의 동일 전압을 가했을 때의 자속밀도는 60[Hz] 때와 비교하였을 경우 어떻게 되는가?
① $\frac{5}{6}$로 감소
② $\frac{6}{5}$으로 증가
③ $\left(\frac{5}{6}\right)^{1.6}$로 감소
④ $\left(\frac{6}{5}\right)^{2}$으로 증가

48 2대의 변압기로 V결선하여 3상 변압하는 경우 변압기 이용률은 약 몇 %인가?
① 57.8
② 66.6
③ 86.6
④ 100

49 3상 유도전동기의 기동법 중 전전압 기동에 대한 설명으로 틀린 것은?
① 기동 시에 역률이 좋지 않다.
② 소용량으로 기동 시간이 길다.
③ 소용량 농형 전동기의 기동법이다.
④ 전동기 단자에 직접 정격전압을 가한다.

50 동기발전기의 전기자 권선법 중 집중권인 경우 매극 매상의 홈(slot) 수는?
① 1개
② 2개
③ 3개
④ 4개

51 유도전동기의 속도제어를 인버터방식으로 사용하는 경우 1차 주파수에 비례하여 1차 전압을 공급하는 이유는?
① 역률을 제어하기 위해
② 슬립을 증가시키기 위해
③ 자속을 일정하게 하기 위해
④ 발생토크를 증가시키기 위해

52 3상 유도전압조정기의 원리를 응용한 것은?
① 3상 변압기
② 3상 유도전동기
③ 3상 동기발전기
④ 3상 교류자전동기

53 전류회로에서 상의 수를 크게 했을 경우 옳은 것은?
① 맥동 주파수와 맥동률이 증가한다.
② 맥동률과 맥동 주파수가 감소한다.
③ 맥동 주파수는 증가하고 맥동률은 감소한다.
④ 맥동률과 주파수는 감소하나 출력이 증가한다.

54 동기전동기의 위상특성곡선(V곡선)에 대한 설명으로 옳은 것은?
① 출력을 일정하게 유지할 때 부하전류와 전기자전류의 관계를 나타낸 곡선
② 역률을 일정하게 유지할 때 계자전류와 전기자전류의 관계를 나타낸 곡선
③ 계자전류를 일정하게 유지할 때 전기자전류와 출력 사이의 관계를 나타낸 곡선
④ 공급전압 V와 부하가 일정할 때 계자전류의 변화에 대한 전기자전류의 변화를 나타낸 곡선

55 유도전동기의 기동 시 공급하는 전압을 단권변압기에 의해서 일시 강하시켜서 기동전류를 제한하는 기동방법은?

① Y−Δ 기동
② 저항기동
③ 직접기동
④ 기동 보상기에 의한 기동

56 그림과 같은 회로에서 V(전원전압의 실효치) = 100[V], 점호각 $\alpha = 30°$인 때 부하 시의 직류 전압 E_{da}[V]는 약 얼마인가?(단, 전류가 연속하는 경우이다.)

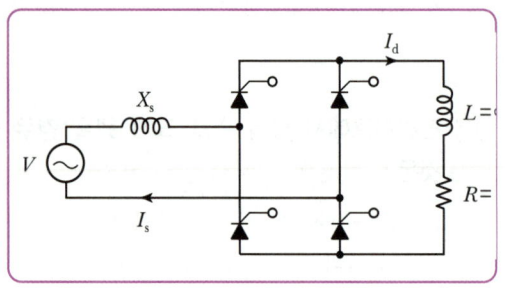

① 90
② 86
③ 77.9
④ 100

57 직류 분권전동기가 전기자 전류 100[A]일 때 50[kg·m]의 토크를 발생시키고 있다. 부하가 증가하여 전기자 전류가 120[A]로 되었다면 발생 토크[kg·m]는 얼마인가?

① 60
② 67
③ 88
④ 160

58 비례추이와 관계있는 전동기로 옳은 것은?

① 동기전동기
② 농형 유도전동기
③ 단상정류자전동기
④ 권선형 유도전동기

59 동기발전기의 단락비가 작을 때의 설명으로 옳은 것은?

① 동기 임피던스가 크고 전기자 반작용이 작다.
② 동기 임피던스가 크고 전기자 반작용이 크다.
③ 동기 임피던스가 작고 전기자 반작용이 작다.
④ 동기 임피던스가 작고 전기자 반작용이 크다.

60 3/4 부하에서 효율이 최대인 주상변압기의 전부하 시 철손과 동손의 비는?

① 8 : 4
② 4 : 8
③ 9 : 16
④ 16 : 9

4과목 회로이론 및 제어공학

61 $e = 100\sqrt{2}\sin\omega t + 75\sqrt{2}\sin3\omega t + 20\sqrt{2}\sin5\omega t$[V]인 전압을 RL 직렬회로에 가할 때 제3고조파 전류의 실횻값은 몇 [A]인가?(단, $R=4$[Ω], $\omega L = 1$[Ω]이다.)

① 15
② $15\sqrt{2}$
③ 20
④ $20\sqrt{2}$

62 전원과 부하가 △결선된 3상 평형회로가 있다. 전원전압이 200[V], 부하 1상의 임피던스가 $6+j8$[Ω]일 때 선전류[A]는?

① 20
② $20\sqrt{3}$
③ $\dfrac{20}{\sqrt{3}}$
④ $\dfrac{\sqrt{3}}{20}$

63 분포정수 선로에서 무왜형 조건이 성립하면 어떻게 되는가?

① 감쇠량이 최소로 된다.
② 전파속도가 최대로 된다.
③ 감쇠량이 주파수에 비례한다.
④ 위상정수가 주파수에 관계없이 일정하다.

64 회로에서 $V=10[V]$, $R=10[\Omega]$, $L=1[H]$, $C=10[\mu F]$ 그리고 $V_C(0)=0$일 때 스위치 K를 닫은 직후 전류의 변화율 $\dfrac{di}{dt}(0^+)$의 값 [A/sec]은?

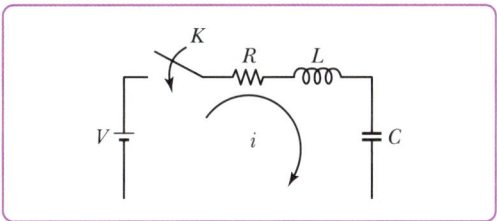

① 0 ② 1
③ 5 ④ 10

65 $F(s)=\dfrac{2s+15}{s^3+s^2+3s}$ 일 때 $f(t)$의 최종값은?

① 2 ② 3
③ 5 ④ 15

66 대칭 5상 교류 성형결선에서 선간전압과 상전압 간의 위상차는 몇 도인가?

① 27° ② 36°
③ 54° ④ 72°

67 정현파 교류 $V=V_m\sin\omega t$의 전압을 반파정류 하였을 때의 실횻값은 몇 [V]인가?

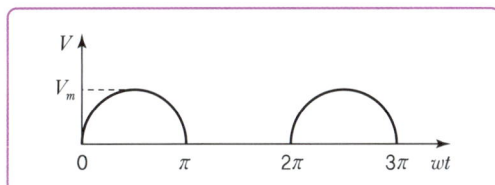

① $\dfrac{V_m}{\sqrt{2}}$ ② $\dfrac{V_m}{2}$
③ $\dfrac{V_m}{2\sqrt{2}}$ ④ $\sqrt{2}\,V_m$

68 회로망 출력단자 $a-b$에서 바라본 등가 임피던스는?(단, $V_1=6[V]$, $V_2=3[V]$, $I_1=10[A]$, $R_1=15[\Omega]$, $R_2=10[\Omega]$, $L=2[H]$, $j\omega=s$ 이다.)

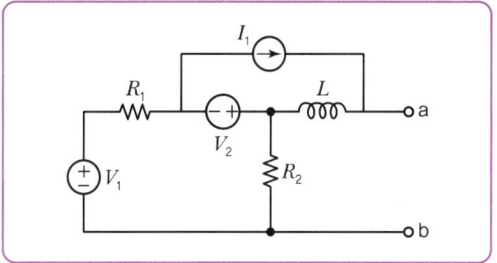

① $s+15$ ② $2s+6$
③ $\dfrac{3}{s+2}$ ④ $\dfrac{1}{s+3}$

69 대칭 3상 전압이 a상 V_a, b상 $V_b=a^2V_a$, c상 $V_c=aV_a$일 때 a상을 기준으로 한 대칭분 전압 중 정상분 $V_1[V]$은 어떻게 표시되는가?

① $\dfrac{1}{3}V_a$ ② V_a
③ aV_a ④ a^2V_a

70 다음과 같은 비정현파 기전력 및 전류에 의한 평균 전력을 구하면 몇 [W]인가?

$$e=100\sin\omega t-50\sin(3\omega t+30°)\\+20\sin(5\omega t+45°)(V)$$
$$I=20\sin\omega t+10\sin(3\omega t-30°)\\+5\sin(5\omega t-45°)(A)$$

① 825
② 875
③ 925
④ 1,175

71 다음의 신호 흐름 선도를 메이슨의 공식을 이용하여 전달함수를 구하고자 한다. 이 신호 흐름 선도에서 루프(Loop)는 몇 개인가?

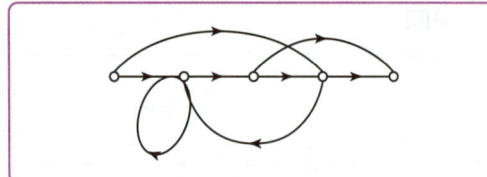

① 0 ② 1
③ 2 ④ 3

72 특성 방정식 중에서 안정된 시스템인 것은?

① $2s^3 + 3s^2 + 4s + 5 = 0$
② $s^4 + 3s^3 - s^2 + s + 10 = 0$
③ $s^5 + s^3 + 2s^2 + 4s + 3 = 0$
④ $s^4 - 2s^3 - 3s^2 + 4s + 5 = 0$

73 타이머에서 입력신호가 주어지면 바로 동작하고, 입력신호가 차단된 후에는 일정시간이 지난 후에 출력이 소멸되는 동작형태는?

① 한시동작 순시복귀 ② 순시동작 순시복귀
③ 한시동작 한시복귀 ④ 순시동작 한시복귀

74 단위궤환 제어시스템의 전향경로 전달함수가 $G(s) = \dfrac{K}{s(s^2 + 5s + 4)}$ 일 때, 이 시스템이 안정하기 위한 K의 범위는?

① $K < 20$ ② $-20 < K < 0$
③ $0 < K < 20$ ④ $20 < K$

75 $R(z) = \dfrac{(1 - e^{-aT})z}{(z-1)(z - e^{-aT})}$ 의 역변환은?

① te^{aT} ② te^{-aT}
③ $1 - e^{-aT}$ ④ $1 + e^{-aT}$

76 시간영역에서 자동제어계를 해석할 때 기본 시험 입력에 보통 사용되지 않는 입력은?

① 정속도 입력
② 정현파 입력
③ 단위계단 입력
④ 정가속도 입력

77 $G(s)H(s) = \dfrac{K(s-1)}{s(s+1)+(s-4)}$ 에서 점근선의 교차점을 구하면?

① -1 ② 0
③ 1 ④ 2

78 n차 선형 시불변 시스템의 상태방정식을 $\dfrac{d}{dt}X(t) = AX(t) + Br(t)$ 로 표시할 때 상태천이 행렬 Φ ($n \times n$행렬)에 관하여 틀린 것은?

① $\Phi(t) = e^{At}$
② $\dfrac{d\Phi(t)}{dt} = A \cdot \Phi(t)$
③ $\Phi(t) = \mathcal{L}^{-1}[(sI - A)^{-1}]$
④ $\Phi(t)$는 시스템의 정상상태응답을 나타낸다.

79 다음의 신호 흐름 선도에서 C/R는?

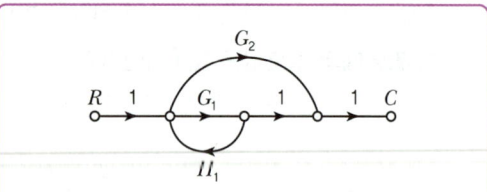

① $\dfrac{G_1 + G_2}{1 - G_1 H_1}$ ② $\dfrac{G_1 G_2}{1 - G_1 H_1}$
③ $\dfrac{G_1 + G_2}{1 + G_1 H_1}$ ④ $\dfrac{G_1 G_2}{1 + G_1 H_1}$

80 PD 조절기와 전달함수 $G(s) = 1.2 + 0.02s$ 의 영점은?

① -60
② -50
③ 50
④ 60

5과목 전기설비기술기준 및 판단기준

81 지중 전선로의 매설방법이 아닌 것은?

① 관로식
② 인입식
③ 암거식
④ 직접 매설식

82 특고압용 변압기로서 그 내부에 고장이 생긴 경우에 반드시 자동 차단되어야 하는 변압기의 뱅크용량은 몇 [kVA] 이상인가?

① 5,000
② 10,000
③ 50,000
④ 100,000

83 옥내에 시설하는 관등회로의 사용전압이 12,000 [V] 인 방전등 공사 시의 네온변압기 외함에는 몇 종 접지공사를 해야 하는가? [KEC규정에 따라 삭제]

① 제1종 접지공사
② 제2종 접지공사
③ 제3종 접지공사
④ 특별 제3종 접지공사

84 전력보안 가공통신선(광섬유 케이블은 제외)을 조가할 경우 조가선은?

① 금속으로 된 단선
② 강심 알루미늄 연선
③ 금속선으로 된 연선
④ 알루미늄으로 된 단선

85 특고압 전선로의 철탑의 가장 높은 곳에 220[V]용 항공 장애등을 설치하였다. 이 등기구의 금속제 외함은 몇 종 접지공사를 하여야 하는가? [KEC규정에 따라 삭제]

① 제1종 접지공사
② 제2종 접지공사
③ 제3종 접지공사
④ 특별 제3종 접지공사

86 저고압 가공전선과 가공약전류전선 등을 동일 지지물에 시설하는 기준으로 틀린 것은?

① 가공전선을 가공약전류전선 등의 위로 하고 별개의 완금류에 시설할 것
② 전선로의 지지물로서 사용하는 목주의 풍압하중에 대한 안전율은 1.5 이상일 것
③ 가공전선과 가공약전류전선 등 사이의 간격은 저압과 고압 모두 75cm 이상일 것
④ 가공전선이 가공약전류전선에 대하여 유도작용에 의한 통신상의 장해를 줄 우려가 있는 경우에는 가공전선을 적당한 거리에서 연가할 것

87 풀용 수중조명등에 사용되는 절연 변압기의 2차측 전로의 사용전압이 몇 [V]를 초과하는 경우에는 그 전로에 지락이 생겼을 때에 자동적으로 전로를 차단하는 장치를 하여야 하는가?

① 30
② 60
③ 150
④ 300

88 석유류를 저장하는 장소의 전등배선에 사용하지 않는 공사방법은?

① 케이블 공사
② 금속관 공사
③ 애자사용 공사
④ 합성수지관 공사

89 사용전압이 154[kV]인 가공 송전선의 시설에서 전선과 식물과의 간격은 일반적인 경우에 몇 [m] 이상으로 하여야 하는가?

① 2.8　　② 3.2
③ 3.6　　④ 4.2

90 과전류차단기로 저압전로에 사용하는 퓨즈를 수평으로 붙인 경우 이 퓨즈는 정격전류의 몇 배의 전류에 견딜 수 있어야 하는가?

[KEC규정에 따라 삭제]

① 1.1　　② 1.25
③ 1.6　　④ 2

91 농사용 저압 가공전선로의 시설 기준으로 틀린 것은?

① 사용전압이 저압일 것
② 전선로의 지지물 간 거리는 40[m] 이하일 것
③ 저압 가공전선의 인장강도는 1.38[kN] 이상일 것
④ 저압 가공전선의 지표상 높이는 3.5[m] 이상일 것

92 고압 가공전선로에 시설하는 피뢰기의 제1종 접지공사의 접지선이 그 제1종 접지공사 전용의 것인 경우에 접지저항 값은 몇 [Ω]까지 허용되는가?

① 20　　② 30
③ 50　　④ 75

93 고압 옥측전선로에 사용할 수 있는 전선은?

① 케이블
② 나경동선
③ 절연전선
④ 다심형 전선

94 발전기를 전로로부터 자동적으로 차단하는 장치를 시설하여야 하는 경우에 해당되지 않는 것은?

① 발전기에 과전류가 생긴 경우
② 용량이 5,000[kVA] 이상인 발전기의 내부에 고장이 생긴 경우
③ 용량이 500[kVA] 이상의 발전기를 구동하는 수차의 압유장치의 유압이 현저히 저하한 경우
④ 용량이 100[kVA] 이상의 발전기를 구동하는 풍차의 압유장치의 유압, 압축공기장치의 공기압이 현저히 저하한 경우

95 고압 옥내배선이 수관과 접근하여 시설되는 경우에는 몇 [cm] 이상 이격시켜야 하는가?

① 15　　② 30
③ 45　　④ 60

96 최대사용전압이 22,900[V]인 3상 4선식 중성선 다중접지식 전로와 대지 사이의 절연내력 시험전압은 몇 [V]인가?

① 32,510
② 28,752
③ 25,229
④ 21,068

97 라이팅 덕트 공사에 의한 저압 옥내배선 공사시설 기준으로 틀린 것은?

① 덕트의 끝부분은 막을 것
② 덕트는 조영재에 견고하게 붙일 것
③ 덕트는 조영재를 관통하여 시설할 것
④ 덕트의 지지점 간의 거리는 2[m] 이하로 할 것

98 금속덕트 공사에 의한 저압 옥내배선에서, 금속덕트에 넣은 전선의 단면적의 합계는 일반적으로 덕트 내부 단면적의 몇 % 이하이어야 하는가?(단, 전광표시 장치·출퇴표시 등 기타 이와 유사한 장치 또는 제어회로 등의 배선만을 넣는 경우에는 50%)
① 20
② 30
③ 40
④ 50

99 지중 전선로에 사용하는 지중함의 시설기준으로 틀린 것은?
① 조명 및 세척이 가능한 적당한 장치를 시설할 것
② 견고하고 차량 기타 중량물의 압력에 견디는 구조일 것
③ 그 안의 고인 물을 제거할 수 있는 구조로 되어 있는 것
④ 뚜껑은 시설자 이외의 자가 쉽게 열 수 없도록 시설할 것

100 철탑의 강도계산에 사용하는 이상 시 상정하중을 계산하는 데 사용되는 것은?
① 미진에 의한 요동과 철구조물의 인장하중
② 뇌가 철탑에 가하여졌을 경우의 충격하중
③ 이상전압이 전선로에 내습하였을 때 생기는 충격하중
④ 풍압이 전선로에 직각방향으로 가하여지는 경우의 하중

2019년도 2회 과년도 기출문제

1과목 전기자기학

01 진공 중에서 한 변이 a[m]인 정사각형 단일 코일이 있다. 코일에 I[A]의 전류를 흘릴 때 정사각형 중심에서 자계의 세기는 몇 [AT/m]인가?

① $\dfrac{2\sqrt{2}\,I}{\pi a}$ ② $\dfrac{I}{\sqrt{2}\,a}$
③ $\dfrac{I}{2a}$ ④ $\dfrac{4I}{a}$

02 단면적 S, 길이 l, 투자율 μ인 자성체의 자기회로에 권선을 N회 감아서 I의 전류를 흐르게 할 때 자속은?

① $\dfrac{\mu SI}{Nl}$ ② $\dfrac{\mu NI}{Sl}$
③ $\dfrac{NIl}{\mu S}$ ④ $\dfrac{\mu SNI}{l}$

03 자속밀도가 0.3[Wb/m²]인 평등자계 내에 5[A]의 전류가 흐르는 길이 2[m]인 직선도체가 있다. 이 도체를 자계 방향에 대하여 60°의 각도로 놓았을 때 이 도체가 받는 힘은 약 몇 [N]인가?

① 1.3 ② 2.6
③ 4.7 ④ 5.2

04 어떤 대전체가 진공 중에서 전속이 Q[C]이었다. 이 대전체를 비유전율 10인 유전체 속으로 가져갈 경우에 전속[C]은?

① Q ② $10Q$
③ $\dfrac{Q}{10}$ ④ $10\varepsilon_0 Q$

05 30[V/m]의 전계 내의 80[V] 되는 점에서 1[C]의 전하를 전계 방향으로 80[cm] 이동한 경우, 그 점의 전위[V]는?

① 9 ② 24
③ 30 ④ 56

06 다음 중 스토크스(stokes)의 정리는?

① $\oint H \cdot ds = \iint_s (\nabla \cdot H) \cdot ds$
② $\int B \cdot ds = \int (\nabla \times H) \cdot ds$
③ $\oint H \cdot ds = \int (\nabla \cdot H) \cdot dl$
④ $\oint H \cdot dl = \int_s (\nabla \times H) \cdot ds$

07 그림과 같이 평행한 무한장 직선도선에 I[A], $4I$[A]인 전류가 흐른다. 두 선 사이의 점 P에서 자계의 세기가 0이라고 하면 $\dfrac{a}{b}$는?

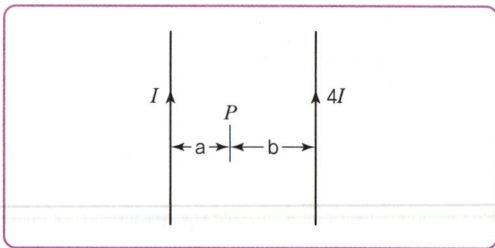

① 2 ② 4
③ $\dfrac{1}{2}$ ④ $\dfrac{1}{4}$

08 정상전류에서 옴의 법칙에 대한 미분형은?(단, i는 전류밀도, k는 도전율, ρ는 고유저항, E는 전계의 세기이다.)

① $i = kE$
② $i = \dfrac{E}{k}$
③ $i = \rho E$
④ $i = -kE$

09 진공 내의 점(3, 0, 0)[m]에 4×10^{-9}[C]의 전하가 있다. 이때 점(6, 4, 0)[m]의 전계의 크기는 약 몇 [V/m]이며, 전계의 방향을 표시하는 단위벡터는 어떻게 표시되는가?

① 전계의 크기 : $\dfrac{36}{25}$, 단위벡터 : $\dfrac{1}{5}(3a_x + 4a_y)$
② 전계의 크기 : $\dfrac{36}{125}$, 단위벡터 : $3a_x + 4a_y$
③ 전계의 크기 : $\dfrac{36}{25}$, 단위벡터 : $a_x + a_y$
④ 전계의 크기 : $\dfrac{36}{125}$, 단위벡터 : $\dfrac{1}{5}(a_x + a_y)$

10 전속밀도 $D = X^2 i + Y^2 j + Z^2 k$ [C/m²]를 발생시키는 점 (1, 2, 3)에서의 체적 전하밀도는 몇 [C/m³]인가?

① 12
② 13
③ 14
④ 15

11 다음 식 중에서 틀린 것은?

① $E = -\,\text{grad}\, V$
② $\int_s E \cdot n\,ds = \dfrac{Q}{\varepsilon_o}$
③ $\text{grad}\, V = i\dfrac{\partial^2 V}{\partial x^2} + j\dfrac{\partial^2 V}{\partial y^2} + k\dfrac{\partial^2 V}{\partial z^2}$
④ $V = \int_p^\infty E \cdot dl$

12 도전율 σ인 도체에서 전장 E에 의해 전류밀도 J가 흘렀을 때 이 도체에서 소비되는 전력을 표시한 식은?

① $\int_v E \cdot J\,dv$
② $\int_v E \times J\,dv$
③ $\dfrac{1}{\sigma}\int_v E \cdot J\,dv$
④ $\dfrac{1}{\sigma}\int_v E \times J\,dv$

13 자극의 세기가 8×10^{-6}[Wb], 길이가 3[cm]인 막대자석을 120[AT/m]의 평등자계 내에 자력선과 30°의 각도로 놓으면 이 막대자석이 받는 회전력은 몇 [N·m]인가?

① 1.44×10^{-4}
② 1.44×10^{-5}
③ 3.02×10^{-4}
④ 3.02×10^{-5}

14 자기회로와 전기회로의 대응으로 틀린 것은?

① 자속 ↔ 전류
② 기자력 ↔ 기전력
③ 투자율 ↔ 유전율
④ 자계의 세기 ↔ 전계의 세기

15 자기인덕턴스의 성질을 옳게 표현한 것은?

① 항상 0이다.
② 항상 정(正)이다.
③ 항상 부(負)이다.
④ 유도되는 기전력에 따라 정(正)도 되고 부(負)도 된다.

16 진공 중에서 빛의 속도와 일치하는 전자파의 전파 속도를 얻기 위한 조건으로 옳은 것은?

① $\varepsilon_r = 0,\ \mu_r = 0$
② $\varepsilon_r = 1,\ \mu_r = 1$
③ $\varepsilon_r = 0,\ \mu_r = 1$
④ $\varepsilon_r = 1,\ \mu_r = 0$

17 4[A] 전류가 흐르는 코일과 쇄교하는 자속수가 4[Wb]이다. 이 전류 회로에 축적되어 있는 자기 에너지[J]는?

① 4 ② 2
③ 8 ④ 16

18 유전율이 ε, 도전율이 σ, 반경이 $r_1, r_2 (r_1 < r_2)$, 길이가 l인 동축케이블에서 저항 R은 얼마인가?

① $\dfrac{2\pi r l}{\ln \dfrac{r_2}{r_1}}$ ② $\dfrac{2\pi \varepsilon l}{\dfrac{1}{r_1} - \dfrac{1}{r_2}}$

③ $\dfrac{1}{2\pi\sigma l} \ln \dfrac{r_2}{r_1}$ ④ $\dfrac{1}{2\pi r l} \ln \dfrac{r_2}{r_1}$

19 어떤 환상 솔레노이드의 단면적이 S이고, 자로의 길이가 l, 투자율이 μ라고 한다. 이 철심에 균등하게 코일을 N회 감고 전류를 흘렸을 때 자기 인덕턴스에 대한 설명으로 옳은 것은?

① 투자율 μ에 반비례한다.
② 권선수 N^2에 비례한다.
③ 자로의 길이 l에 비례한다.
④ 단면적 S에 반비례한다.

20 상이한 매질의 경계면에서 전자파가 만족해야 할 조건이 아닌 것은?(단, 경계면은 두 개의 무손실 매질 사이이다.)

① 경계면의 양측에서 전계의 접선성분은 서로 같다.
② 경계면의 양측에서 자계의 접선성분은 서로 같다.
③ 경계면의 양측에서 자속밀도의 접선성분은 서로 같다.
④ 경계면의 양측에서 전속밀도의 법선성분은 서로 같다.

2과목 전력공학

21 단도체 방식과 비교하여 복도체 방식의 송전선로를 설명한 것으로 틀린 것은?

① 선로의 송전용량이 증가된다.
② 계통의 안정도를 증진시킨다.
③ 전선의 인덕턴스가 감소하고, 정전용량이 증가된다.
④ 전선 표면의 전위경도가 저감되어 코로나 임계전압을 낮출 수 있다.

23 유효낙차 100[m], 최대사용수량 20[m³/s], 수차효율 70%인 수력발전소의 연간 발전전력량은 약 몇 [kWh]인가?(단, 발전기의 효율은 85%라고 한다.)

① 2.5×10^7 ② 5×10^7
③ 10×10^7 ④ 20×10^7

23 부하역률이 $\cos\theta$인 경우 배전선로의 전력손실은 같은 크기의 부하전력으로 역률이 1인 경우의 전력손실에 비하여 어떻게 되는가?

① $\dfrac{1}{\cos\theta}$ ② $\dfrac{1}{\cos^2\theta}$
③ $\cos\theta$ ④ $\cos^2\theta$

24 선택 지락 계전기의 용도를 옳게 설명한 것은?

① 단일 회선에서 지락고장 회선의 선택 차단
② 단일 회선에서 지락전류의 방향 선택 차단
③ 병행 2회선에서 지락고장 회선의 선택 차단
④ 병행 2회선에서 지락고장의 지속시간 선택

25 직류 송전방식에 관한 설명으로 틀린 것은?
① 교류 송전방식보다 안정도가 낮다.
② 직류계통과 연계 운전 시 교류계통의 차단용량은 작아진다.
③ 교류 송전방식에 비해 절연계급을 낮출 수 있다.
④ 비동기 연계가 가능하다.

26 터빈(Turbine)의 임계속도란?
① 비상조속기를 동작시키는 회전수
② 회전자의 고유 진동수와 일치하는 위험 회전수
③ 부하를 급히 차단하였을 때의 순간 최대 회전수
④ 부하 차단 후 자동적으로 정정된 회전수

27 변전소, 발전소 등에 설치하는 피뢰기에 대한 설명 중 틀린 것은?
① 방전전류는 뇌충격전류의 파고값으로 표시한다.
② 피뢰기의 직렬갭은 속류를 차단 및 소호하는 역할을 한다.
③ 정격전압은 상용주파수 정현파 전압의 최고 한도를 규정한 순시값이다.
④ 속류란 방전현상이 실질적으로 끝난 후에도 전력계통에서 피뢰기에 공급되어 흐르는 전류를 말한다.

28 아킹혼(Arcing Horn)의 설치 목적은?
① 이상전압 소멸
② 전선의 진동 방지
③ 코로나 손실 방지
④ 섬락사고에 대한 애자 보호

29 일반 회로정수가 A, B, C, D이고 송전단 전압이 E_S인 경우 무부하 시 수전단 전압은?
① $\dfrac{E_S}{A}$
② $\dfrac{E_S}{B}$
③ $\dfrac{A}{C}E_S$
④ $\dfrac{C}{A}E_S$

30 10,000[kVA] 기준으로 등가 임피던스가 0.4%인 발전소에 설치될 차단기의 차단용량은 몇 [MVA]인가?
① 1,000
② 1,500
③ 2,000
④ 2,500

31 변전소에서 접지를 하는 목적으로 적절하지 않은 것은?
① 기기의 보호
② 근무자의 안전
③ 차단 시 아크의 소호
④ 송전시스템의 중성점 접지

32 중거리 송전선로의 T형 회로에서 송전단 전류 I_s는?(단, Z, Y는 선로의 직렬 임피던스와 병렬 어드미턴스이고, E_r은 수전단 전압, I_r은 수전단 전류이다.)
① $E_r\left(1+\dfrac{ZY}{2}\right)+ZI_r$
② $I_r\left(1+\dfrac{ZY}{2}\right)+E_rY$
③ $E_r\left(1+\dfrac{ZY}{2}\right)+ZI_r\left(1+\dfrac{ZY}{4}\right)$
④ $I_r\left(1+\dfrac{ZY}{2}\right)+E_rY\left(1+\dfrac{ZY}{4}\right)$

33 한 대의 주상변압기에 역률(뒤짐) $\cos\theta_1$, 유효전력 P_1[kW]의 부하와 역률(뒤짐) $\cos\theta_2$, 유효전력 P_2[kW]의 부하가 병렬로 접속되어 있을 때 주상변압기 2차 측에서 본 부하의 종합역률은 어떻게 되는가?

① $\dfrac{P_1+P_2}{\dfrac{P_1}{\cos\theta_1}+\dfrac{P_2}{\cos\theta_2}}$

② $\dfrac{P_1+P_2}{\dfrac{P_1}{\sin\theta_1}+\dfrac{P_2}{\sin\theta_2}}$

③ $\dfrac{P_1+P_2}{\sqrt{(P_1+P_2)^2+(P_1\tan\theta_1+P_2\tan\theta_2)^2}}$

④ $\dfrac{P_1+P_2}{\sqrt{(P_1+P_2)^2+(P_1\sin\theta_1+P_2\sin\theta_2)^2}}$

34 33[kV] 이하의 단거리 송배전선로에 적용되는 비접지방식에서 지락전류는 다음 중 어느 것을 말하는가?

① 누설전류　② 충전전류
③ 뒤진전류　④ 단락전류

35 옥내배선의 전선 굵기를 결정할 때 고려해야 할 사항으로 틀린 것은?

① 허용전류　② 전압강하
③ 배선방식　④ 기계적 강도

36 고압 배전선로 구성방식 중, 고장 시 자동적으로 고장개소의 분리 및 건전선로에 폐로하여 전력을 공급하는 개폐기를 가지며, 수요 분포에 따라 임의의 분기선으로부터 전력을 공급하는 방식은?

① 환상식　② 망상식
③ 뱅킹식　④ 가지식(수지식)

37 그림과 같은 2기 계통에 있어서 발전기에서 전동기로 전달되는 전력 P는?(단, $X=X_G+X_L+X_M$이고 E_G, E_M은 각각 발전기 및 전동기의 유기기전력, δ는 E_G와 E_M 간의 상차각이다.)

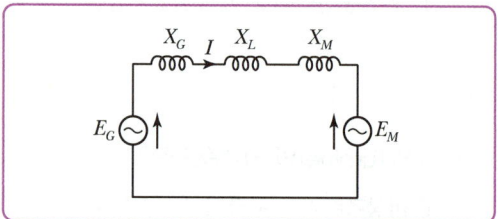

① $P=\dfrac{E_G}{XE_M}\sin\delta$　② $P=\dfrac{E_GE_M}{X}\sin\delta$

③ $P=\dfrac{E_GE_M}{X}\cos\delta$　④ $P=XE_GE_M\cos\delta$

38 전력계통 연계 시의 특징으로 틀린 것은?

① 단락전류가 감소한다.
② 경제급전이 용이하다.
③ 공급신뢰도가 향상된다.
④ 사고 시 다른 계통으로의 영향이 파급될 수 있다.

39 공통 중성선 다중접지방식의 배전선로에서 Recloser(R), Sectionalizer(S), Line Fuse(F)의 보호협조가 가장 적합한 배열은?(단, 보호협조는 변전소를 기준으로 한다.)

① S－F－R　② S－R－F
③ F－S－R　④ R－S－F

40 송전선의 특성임피던스와 전파정수는 어떤 시험으로 구할 수 있는가?

① 뇌파시험
② 정격부하시험
③ 절연강도 측정시험
④ 무부하시험과 단락시험

3과목 전기기기

41 단상 변압기의 병렬운전 시 요구사항으로 틀린 것은?

① 극성이 같을 것
② 정격출력이 같을 것
③ 정격전압과 권수비가 같을 것
④ 저항과 리액턴스의 비가 같을 것

42 유도전동기로 동기전동기를 기동하는 경우, 유도전동기의 극수는 동기전동기의 극수보다 2극 적은 것을 사용하는 이유로 옳은 것은?(단, s는 슬립이며 N_s는 동기속도이다.)

① 같은 극수의 유도전동기는 동기속도보다 sN_s 만큼 늦으므로
② 같은 극수의 유도전동기는 동기속도보다 sN_s 만큼 빠르므로
③ 같은 극수의 유도전동기는 동기속도보다 $(1-s)N_s$ 만큼 늦으므로
④ 같은 극수의 유도전동기는 동기속도보다 $(1-s)N_s$ 만큼 빠르므로

43 동기발전기에 회전계자형을 사용하는 이유로 틀린 것은?

① 기전력의 파형을 개선하기 때문이다.
② 전기자가 고정자이므로 고압 대전류용에 좋고, 절연하기 쉽기 때문이다.
③ 계자기 회전자이지만 저압 소용량의 직류이므로 구조가 간단하기 때문이다.
④ 전기자보다 계자극을 회전자로 하는 것이 기계적으로 튼튼하기 때문이다.

44 3상 동기발전기의 매극 매상의 슬롯수를 3이라 할 때 분포권 계수는?

① $6\sin\dfrac{\pi}{18}$
② $3\sin\dfrac{\pi}{36}$
③ $\dfrac{1}{6\sin\dfrac{\pi}{18}}$
④ $\dfrac{1}{12\sin\dfrac{\pi}{36}}$

45 변압기의 누설리액턴스를 나타낸 것은?(단, N은 권수이다.)

① N에 비례
② N^2에 반비례
③ N^2에 비례
④ N에 반비례

46 가정용 재봉틀, 소형공구, 영사기, 치과의료용, 엔진 등에 사용하고 있으며, 교류, 직류 양쪽 모두에 사용되는 만능전동기는?

① 전기 동력계
② 3상 유도전동기
③ 차동 복권전동기
④ 단상 직권 정류자전동기

47 정격전압 220[V], 무부하 단자전압 230[V], 정격출력이 40[kW]인 직류 분권발전기의 계자저항이 22[Ω], 전기자 반작용에 의한 전압강하가 5[V]라면 전기자 회로의 저항[Ω]은 약 얼마인가?

① 0.026
② 0.028
③ 0.035
④ 0.042

48 전력용 변압기에서 1차에 정현파 전압을 인가하였을 때, 2차에 정현파 전압이 유기되기 위해서는 1차에 흘러들어가는 여자전류에 기본파 전류 외에 주로 몇 고조파 전류가 포함되는가?

① 제2고조파
② 제3고조파
③ 제4고조파
④ 제5고조파

49 스텝각이 2°, 스테핑주파수(Pulse Rate)가 1,800 [pps]인 스테핑모터의 축속도[rps]는?

① 8　　② 10
③ 12　　④ 14

50 변압기에서 사용되는 변압기유의 구비조건으로 틀린 것은?

① 점도가 높을 것
② 응고점이 낮을 것
③ 인화점이 높을 것
④ 절연 내력이 클 것

51 동기발전기의 병렬 운전 중 위상차가 생기면 어떤 현상이 발생하는가?

① 무효 횡류가 흐른다.
② 무효 전력이 생긴다.
③ 유효 횡류가 흐른다.
④ 출력이 요동하고 권선이 가열된다.

52 단상 유도전동기의 토크에 대한 2차 저항을 어느 정도 이상으로 증가시킬 때 나타나는 현상으로 옳은 것은?

① 역회전 가능　　② 최대토크 일정
③ 기동토크 증가　　④ 토크가 항상 (+)

53 직류기에 관련된 사항으로 잘못 짝지어진 것은?

① 보극 – 리액턴스 전압 감소
② 보상권선 – 전기자 반작용 감소
③ 전기자 반작용 – 직류전동기 속도 감소
④ 정류기간 – 전기자 코일이 단락되는 기간

54 그림은 전원전압 및 주파수가 일정할 때의 다상 유도전동기의 특성을 표시하는 곡선이다. 1차 전류를 나타내는 곡선은 몇 번 곡선인가?

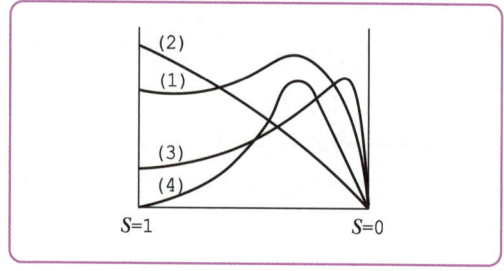

① (1)　　② (2)
③ (3)　　④ (4)

55 직류발전기의 외부 특성곡선에서 나타내는 관계로 옳은 것은?

① 계자전류와 단자전압
② 계자전류와 부하전류
③ 부하전류와 단자전압
④ 부하전류와 유기기전력

56 동기전동기가 무부하 운전 중에 부하가 걸리면 동기전동기의 속도는?

① 정지한다.
② 동기속도와 같다.
③ 동기속도보다 빨라진다.
④ 동기속도 이하로 떨어진다.

57 100[V], 10[A], 1,500[rpm]인 직류 분권발전기의 정격 시 계자전류는 2[A]이다. 이때 계자 회로에는 10[Ω]의 외부저항이 삽입되어 있다. 계자 권선의 저항[Ω]은?

① 20　　② 40
③ 80　　④ 100

58 50[Hz]로 설계된 3상 유도전동기를 60[Hz]에 사용하는 경우 단자전압을 110%로 높일 때 일어나는 현상으로 틀린 것은?

① 철손 불변
② 여자전류 감소
③ 온도상승 증가
④ 출력이 일정하면 유효전류 감소

59 직류발전기에서 양호한 정류(整流)를 얻는 조건으로 틀린 것은?

① 정류주기를 크게 할 것
② 리액턴스 전압을 크게 할 것
③ 브러시의 접촉저항을 크게 할 것
④ 전기자 코일의 인덕턴스를 작게 할 것

60 상전압 200[V]인 3상 반파정류회로의 각 상에 SCR을 사용하여 정류 제어할 때 위상각을 $\pi/6$로 하면 순 저항부하에서 얻을 수 있는 직류전압 [V]은?

① 90
② 180
③ 203
④ 234

4과목 회로이론 및 제어공학

61 평형 3상 3선식 회로에서 부하는 Y 결선이고, 선간전압이 173.2∠0°[V]일 때 선전류는 20∠−120°[A]이었다면, Y 결선된 부하 한상의 임피던스는 약 몇 [Ω]인가?

① 5∠60°
② 5∠90°
③ $5\sqrt{3}$∠60°
④ $5\sqrt{3}$∠90°

62 그림과 같은 RC 저역통과 필터회로에 단위 임펄스를 입력으로 가했을 때 응답 $h(t)$는?

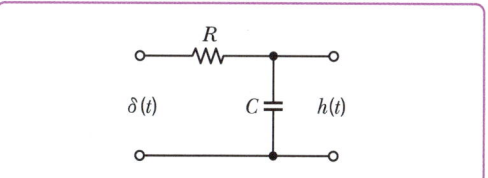

① $h(t) = RCe^{-\frac{t}{RC}}$
② $h(t) = \frac{1}{RC}e^{-\frac{t}{RC}}$
③ $h(t) = \frac{R}{1+j\omega RC}$
④ $h(t) = \frac{1}{RC}e^{-\frac{C}{R}t}$

63 2전력계법으로 평형 3상 전력을 측정하였더니 한 쪽의 지시가 500[W], 다른 한쪽의 지시가 1,500[W]이었다. 피상전력은 약 몇 [VA]인가?

① 2,000
② 2,310
③ 2,646
④ 2,771

64 회로에서 4단자 정수 A, B, C, D의 값은?

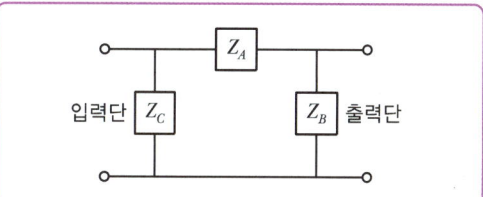

① $A = 1 + \frac{Z_A}{Z_B}$, $B = Z_A$, $C = \frac{1}{Z_A}$, $D = 1 + \frac{Z_B}{Z_A}$

② $A = 1 + \frac{Z_A}{Z_B}$, $B = Z_A$, $C = \frac{1}{Z_B}$, $D = 1 + \frac{Z_A}{Z_B}$

③ $A = 1 + \frac{Z_A}{Z_B}$, $B = Z_A$, $C = \frac{Z_A + Z_B + Z_C}{Z_B Z_C}$, $D = 1 + \frac{1}{Z_B Z_C}$

④ $A = 1 + \frac{Z_A}{Z_B}$, $B = Z_A$, $C = \frac{Z_A + Z_B + Z_C}{Z_B Z_C}$, $D = 1 + \frac{Z_A}{Z_C}$

65 길이에 따라 비례하는 저항값을 가진 어떤 전열선에 E_0[V]의 전압을 인가하면 P_0[W]의 전력이 소비된다. 이 전열선을 잘라 원래 길이의 $\frac{2}{3}$로 만들고 E[V]의 전압을 가한다면 소비전력 P[W]는?

① $P = \frac{P_0}{2}\left(\frac{E}{E_0}\right)^2$
② $P = \frac{3P_0}{2}\left(\frac{E}{E_0}\right)^2$
③ $P = \frac{2P_0}{3}\left(\frac{E}{E_0}\right)^2$
④ $P = \frac{\sqrt{3}P_0}{2}\left(\frac{E}{E_0}\right)^2$

66 $f(t) = e^{j\omega t}$의 라플라스 변환은?

① $\frac{1}{s-j\omega}$
② $\frac{1}{s+j\omega}$
③ $\frac{1}{s^2+\omega^2}$
④ $\frac{\omega}{s^2+\omega^2}$

67 1[km]당 인덕턴스 25[mH], 정전용량 0.005[μF]의 선로가 있다. 무손실 선로라고 가정한 경우 진행파의 위상(전파) 속도는 약 몇 [km/s]인가?

① 8.95×10^4
② 9.95×10^4
③ 89.5×10^4
④ 99.5×10^4

68 그림과 같은 순 저항회로에서 대칭 3상 전압을 가할 때 각 선에 흐르는 전류가 같으려면 R의 값은 몇 [Ω]인가?

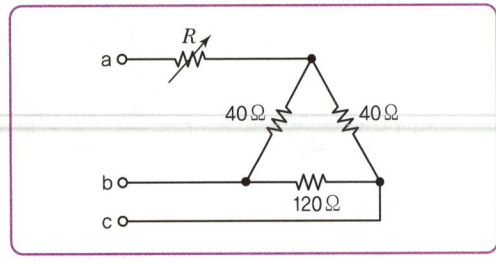

① 8
② 12
③ 16
④ 20

69 전류 $I = 30\sin\omega t + 40\sin(3\omega t + 45°)$[A]의 실횻값[A]은?

① 25
② $25\sqrt{2}$
③ 50
④ $50\sqrt{2}$

70 어떤 콘덴서를 300[V]로 충전하는 데 9[J]의 에너지가 필요하였다. 이 콘덴서의 정전용량은 몇 [μF]인가?

① 100
② 200
③ 300
④ 400

71 폐루프 전달함수 $\frac{G(s)}{1+G(s)H(s)}$의 극의 위치를 개루프 전달함수 $G(s)H(s)$의 이득상수 K의 함수로 나타내는 기법은?

① 근궤적법
② 보드 선도법
③ 이득 선도법
④ Nyguist 판정법

72 블록선도 변환이 틀린 것은?

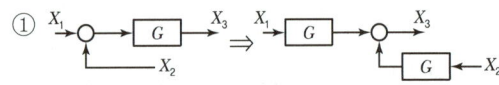

73 다음 회로망에서 입력전압을 $V_1(t)$, 출력전압을 $V_2(t)$라 할 때, $\dfrac{V_2(s)}{V_1(s)}$에 대한 고유주파수 ω_n과 제동비 ζ의 값은?(단, $R=100[\Omega]$, $L=2[H]$, $C=200[\mu F]$이고, 모든 초기 전하는 0이다.)

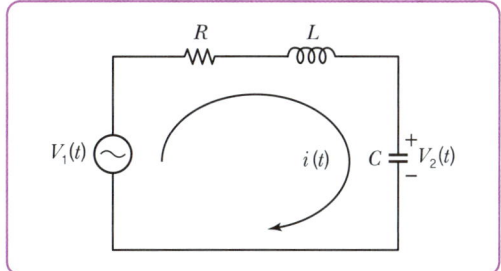

① $\omega_n=50$, $\zeta=0.5$
② $\omega_n=50$, $\zeta=0.7$
③ $\omega_n=250$, $\zeta=0.5$
④ $\omega_n=250$, $\zeta=0.7$

74 다음 신호 흐름 선도의 일반식은?

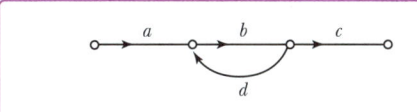

① $G=\dfrac{1-bd}{abd}$
② $G=\dfrac{1+bd}{abd}$
③ $G=\dfrac{abd}{1+bd}$
④ $G=\dfrac{abd}{1-bd}$

75 다음 중 이진 값 신호가 아닌 것은?

① 디지털 신호
② 아날로그 신호
③ 스위치의 On-Off 신호
④ 반도체 소자의 동작, 부동작 상태

76 보드 선도에서 이득여유에 대한 정보를 얻을 수 있는 것은?

① 위상곡선 0°에서의 이득과 0dB과의 차이
② 위상곡선 180°에서의 이득과 0dB과의 차이
③ 위상곡선 -90°에서의 이득과 0dB과의 차이
④ 위상곡선 -180°에서의 이득과 0dB과의 차이

77 단위 궤환제어계의 개루프 전달함수가 $G(s)=\dfrac{K}{s(s+2)}$ 일 때, K가 $-\infty$로부터 $+\infty$까지 변하는 경우 특성방정식의 근에 대한 설명으로 틀린 것은?

① $-\infty < K < 0$에 대하여 근은 모두 실근이다.
② $0 < K < 1$에 대하여 2개의 근은 모두 음의 실근이다.
③ $K=0$에 대하여 $s_1=0$, $s_2=-2$의 근은 $G(s)$의 극점과 일치한다.
④ $1 < K < \infty$에 대하여 2개의 근은 음의 실수부 중근이다.

78 2차계 과도응답에 대한 특성방정식의 근은 $s_1, s_2 = -\zeta\omega_n \pm j\omega_n\sqrt{1-\zeta^2}$ 이다. 감쇠비 ζ가 $0 < \zeta < 1$ 사이에 존재할 때 나타나는 현상은?

① 과제동
② 무제동
③ 부족제동
④ 임계제동

79 그림의 시퀀스 회로에서 전자접촉기 X에 의한 A 접점(Normal Open Contact)의 사용 목적은?

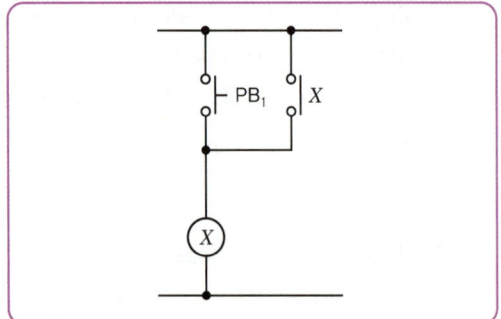

① 자기유지회로
② 지연회로
③ 우선 선택회로
④ 인터록(Interlock)회로

80 다음의 블록선도에서 특성방정식의 근은?

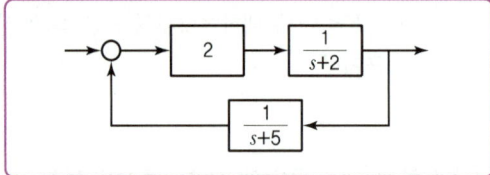

① $-2, -5$ ② $2, 5$
③ $-3, -4$ ④ $3, 4$

5과목 전기설비기술기준 및 판단기준

81 전기집진장치에 특고압을 공급하기 위한 전기설비로서 변압기로부터 정류기에 이르는 케이블을 넣는 방호장치의 금속제 부분에 사람이 접촉할 우려가 없도록 시설하는 경우 제 몇 종 접지공사로 할 수 있는가?   [KEC규정에 따라 삭제]

① 제1종 접지공사
② 제2종 접지공사
③ 제3종 접지공사
④ 특별 제3종 접지공사

82 고압용 기계기구를 시설하여서는 안 되는 경우는?
① 시가지 외로서 지표상 3[m]인 경우
② 발전소, 변전소, 개폐소 또는 이에 준하는 곳에 시설하는 경우
③ 옥내에 설치한 기계기구를 취급자 이외의 사람이 출입할 수 없도록 설치한 곳에 시설하는 경우
④ 공장 등의 구내에서 기계기구의 주위에 사람이 쉽게 접촉할 우려가 없도록 적당한 울타리를 설치하는 경우

83 440[V]용 전동기의 외함을 접지할 때 접지저항 값은 몇 [Ω] 이하로 유지하여야 하는가?
[KEC규정에 따라 삭제]
① 10   ② 20
③ 30   ④ 100

84 어떤 공장에서 케이블을 사용하는 사용전압이 22[kV]인 가공전선을 건물 옆쪽에서 1차 접근상태로 시설하는 경우, 케이블과 건물의 조영재 간격은 몇 [cm] 이상이어야 하는가?
① 50   ② 80
③ 100 ④ 120

85 옥내에 시설하는 전동기가 소손되는 것을 방지하기 위한 과부하 보호 장치를 하지 않아도 되는 것은?
① 정격 출력이 7.5[kW] 이상인 경우
② 정격 출력이 0.2[kW] 이하인 경우
③ 정격 출력이 2.5[kW]이며, 과전류 차단기가 없는 경우
④ 정격 출력이 4[kW]이며, 취급자가 감시할 수 없는 경우

86 사용전압 66[kV]의 가공전선로를 시가지에 시설할 경우 전선의 지표상 최소 높이는 몇 [m]인가?

① 6.48　　② 8.36
③ 10.48　　④ 12.36

87 차량 기타 중량물의 압력을 받을 우려가 있는 장소에 지중 전선로를 직접 매설식으로 시설하는 경우 매설깊이는 몇 [m] 이상이어야 하는가?

① 0.8　　② 1.0
③ 1.2　　④ 1.5

88 가공 직류 전차선의 레일면상의 높이는 일반적인 경우 몇 [m] 이상이어야 하는가?
[KEC규정에 따라 삭제]

① 4.3　　② 4.8
③ 5.2　　④ 5.8

89 전로에 시설하는 고압용 기계기구의 철대 및 금속제 외함에는 제 몇 종 접지공사를 하여야 하는가?
[KEC규정에 따라 삭제]

① 제1종 접지공사
② 제2종 접지공사
③ 제3종 접지공사
④ 특별 제3종 접지공사

90 저압 옥상전선로의 시설에 대한 설명으로 틀린 것은?

① 전선은 절연전선을 사용한다.
② 전선은 지름 2.6[mm] 이상의 경동선을 사용한다.
③ 전선은 상시 부는 바람 등에 의하여 식물에 접촉하지 않도록 시설한다.
④ 전선과 옥상 전선로를 시설하는 조영재와의 이격거리를 0.5[m]로 한다.

91 가공전선로의 지지물에 취급자가 오르고 내리는 데 사용하는 발판 볼트 등은 지표상 몇 [m] 미만에 시설하여서는 아니되는가?

① 1.2　　② 1.8
③ 2.2　　④ 2.5

92 저압 옥내배선의 사용전압이 400[V] 미만인 경우 버스덕트 공사는 몇 종 접지공사를 하여야 하는가?
[KEC규정에 따라 삭제]

① 제1종 접지공사　　② 제2종 접지공사
③ 제3종 접지공사　　④ 특별 제3종 접지공사

93 저압전로에서 그 전로에 지락이 생겼을 경우에 0.5초 이내에 자동적으로 전로를 차단하는 장치를 시설 시 자동차단기의 정격감도전류가 100[mA]이면 제3종 접지공사의 접지저항 값은 몇 [Ω] 이하로 하여야 하는가?(단, 전기적 위험도가 높은 장소인 경우이다.)
[KEC규정에 따라 삭제]

① 50　　② 100
③ 150　　④ 200

94 고압 가공전선로에 사용하는 가공지선으로 나경동선을 사용할 때의 최소 굵기[mm]는?

① 3.2　　② 3.5
③ 4.0　　④ 5.0

95 특고압용 변압기의 보호장치인 냉각장치에 고장이 생긴 경우 변압기의 온도가 현저하게 상승한 경우에 이를 경보하는 장치를 반드시 하지 않아도 되는 경우는?

① 유입 풍냉식　　② 유입 자냉식
③ 송유 풍냉식　　④ 송유 수냉식

96 빙설의 정도에 따라 풍압하중을 적용하도록 규정하고 있는 내용 중 옳은 것은?(단, 빙설이 많은 지방 중 해안지방 기타 저온계절에 최대풍압이 생기는 지방은 제외한다.)

① 빙설이 많은 지방에서는 고온계절에는 갑종 풍압하중, 저온계절에는 을종 풍압하중을 적용한다.
② 빙설이 많은 지방에서는 고온계절에는 을종 풍압하중, 저온계절에는 갑종 풍압하중을 적용한다.
③ 빙설이 적은 지방에서는 고온계절에는 갑종 풍압하중, 저온계절에는 을종 풍압하중을 적용한다.
④ 빙설이 적은 지방에서는 고온계절에는 을종 풍압하중, 저온계절에는 갑종 풍압하중을 적용한다.

97 가공전선로의 지지물에 시설하는 지지선의 시설기준으로 옳은 것은?

① 지지선의 안전율은 2.2 이상이어야 한다.
② 연선을 사용할 경우에는 소선(素線) 3가닥 이상이어야 한다.
③ 도로를 횡단하여 시설하는 지지선의 높이는 지표상 4[m] 이상으로 하여야 한다.
④ 지중부분 및 지표상 20[cm]까지의 부분에는 내식성이 있는 것 또는 아연도금을 한다.

98 무선용 안테나 등을 지지하는 철탑의 기초 안전율은 얼마 이상이어야 하는가?

① 1.0 ② 1.5
③ 2.0 ④ 2.5

99 조상설비의 무효전력 보상장치 내부에 고장이 생긴 경우에 자동적으로 전로로부터 차단하는 장치를 시설해야 하는 뱅크용량[kVA]으로 옳은 것은?

① 1,000 ② 1,500
③ 10,000 ④ 15,000

100 특고압 가공전선로의 지지물로 사용하는 B종 철주에서 각도형은 전선로 중 몇 도를 넘는 수평 각도를 이루는 곳에 사용되는가?

① 1 ② 2
③ 3 ④ 5

2019년도 3회 과년도 기출문제

1과목 전기자기학

01 도전도 $k=6\times10^{17}[\mho/m]$, 투자율 $\mu=\dfrac{6}{\pi}\times10^{-7}[H/m]$인 평면도체 표면에 10[kHz]의 전류가 흐를 때, 침투깊이 $\delta[m]$는?

① $\dfrac{1}{6}\times10^{-7}$
② $\dfrac{1}{8.5}\times10^{-7}$
③ $\dfrac{36}{\pi}\times10^{-6}$
④ $\dfrac{36}{\pi}\times10^{-10}$

02 강자성체의 세 가지 특성에 포함되지 않는 것은?
① 자기포화 특성
② 와전류 특성
③ 고투자율 특성
④ 히스테리시스 특성

03 송전선의 전류가 0.01초 사이에 10[kA] 변화될 때 이 송전선에 나란한 통신선에 유도되는 유도 전압은 몇 [V]인가?(단, 송전선과 통신선 간의 상호 유도계수는 0.3[mH]이다.)
① 30
② 300
③ 3,000
④ 30,000

04 단면적 15[cm²]의 자석 근처에 같은 단면적을 가진 철편을 놓을 때 그곳을 통하는 자속이 3×10^{-4}[Wb]이면 철편에 작용하는 흡인력은 약 몇 [N]인가?
① 12.2
② 23.9
③ 36.6
④ 48.8

05 단면적이 $s[m^2]$, 단위 길이에 대한 권수가 n[회/m]인 무한히 긴 솔레노이드의 단위 길이당 자기인덕턴스[H/m]는?
① $\mu\cdot s\cdot n$
② $\mu\cdot s\cdot n^2$
③ $\mu\cdot s^2\cdot n$
④ $\mu\cdot s^2\cdot n^2$

06 다음 금속 중 저항률이 가장 작은 것은?
① 은
② 철
③ 백금
④ 알루미늄

07 무한장 직선형 도선에 I[A]의 전류가 흐를 경우 도선으로부터 R[m] 떨어진 점의 자속밀도 B[Wb/m²]는?
① $B=\dfrac{\mu I}{2\pi R}$
② $B=\dfrac{I}{2\pi\mu R}$
③ $B=\dfrac{\mu I}{4\pi R}$
④ $B=\dfrac{I}{4\pi\mu R}$

08 전하 q[C]가 진공 중의 자계 H[AT/m]에 수직방향으로 v[m/s]의 속도로 움직일 때 받는 힘은 몇 [N]인가?(단, 진공 중의 투자율은 μ_0이다.)
① qvH
② $\mu_0 qH$
③ πqvH
④ $\mu_0 qvH$

09 원통 좌표계에서 일반적으로 벡터가 $A=5r\sin\phi\,a_z$로 표현될 때 점 $(2,\dfrac{\pi}{2},0)$에서 $\text{curl}\,A$를 구하면?
① $5a_r$
② $5\pi a_\phi$
③ $-5a_\phi$
④ $-5\pi a_\phi$

10 전기저항에 대한 설명으로 틀린 것은?
① 저항의 단위는 옴(Ω)을 사용한다.
② 저항률(ρ)의 역수를 도전율이라고 한다.
③ 금속선의 저항 R은 길이(l)에 반비례한다.
④ 전류가 흐르고 있는 금속선에 있어서 임의의 두 점 간의 전위차는 전류에 비례한다.

11 자계의 벡터포텐셜을 A라 할 때 자계의 시간적 변화에 의하여 생기는 전계의 세기 E는?
① $E = \text{rot}A$
② $\text{rot}E = A$
③ $E = -\dfrac{\partial A}{\partial t}$
④ $\text{rot}E = \dfrac{\partial A}{\partial t}$

12 환상철심의 평균 자계의 세기가 3,000[AT/m]이고, 비투자율이 600인 철심 중의 자화의 세기는 약 몇 [Wb/m²]인가?
① 0.75
② 2.26
③ 4.52
④ 9.04

13 평행판 콘덴서의 극간 전압이 일정한 상태에서 극간에 공기가 있을 때의 흡인력을 F_1, 극판 사이에 극판 간격의 $\dfrac{2}{3}$ 두께의 유리판($\varepsilon_r = 10$)을 삽입할 때의 흡인력을 F_2라 하면 $\dfrac{F_2}{F_1}$는?
① 0.6
② 0.8
③ 1.5
④ 2.5

14 전자파의 특성에 대한 설명으로 틀린 것은?
① 전자파의 속도는 주파수와 무관하다.
② 전파 E_x를 고유임피던스로 나누면 자파 H_y가 된다.
③ 전파 E_x와 자파 H_y의 진동방향은 진행방향에 수평인 종파이다.
④ 매질이 도전성을 갖지 않으면 전파 E_x와 자파 H_y는 동위상이 된다.

15 진공 중에서 점 P(1, 2, 3) 및 점 Q(2, 0, 5)에 각각 300[μC], $-$100[μC]인 점전하가 놓여 있을 때 점전하 $-$100[μC]에 작용하는 힘은 몇 [N]인가?
① $10i - 20j + 20k$
② $10i + 20j - 20k$
③ $-10i + 20j + 20k$
④ $-10i + 20j - 20k$

16 반지름 a[m]의 구도체에 전하 Q[C]가 주어질 때 구도체 표면에 작용하는 정전응력은 몇 [N/m²]인가?
① $\dfrac{9Q^2}{16\pi^2\varepsilon_0 a^4}$
② $\dfrac{9Q^2}{32\pi^2\varepsilon_0 a^6}$
③ $\dfrac{Q^2}{16\pi^2\varepsilon_0 a^4}$
④ $\dfrac{Q^2}{32\pi^2\varepsilon_0 a^4}$

17 정전용량이 각각 C_1, C_2, 그 사이의 상호 유도계수가 M인 절연된 두 도체가 있다. 두 도체를 가는 선으로 연결할 경우, 정전용량은 어떻게 표현되는가?
① $C_1 + C_2 - M$
② $C_1 + C_2 + M$
③ $C_1 + C_2 + 2M$
④ $2C_1 + 2C_2 + 2M$

18 길이 l[m]인 동축 원통 도체의 내외원통에 각각 $+\lambda$, $-\lambda$[C/m]의 전하가 분포되어 있다. 내외원통 사이에 유전율 ε인 유전체가 채워져 있을 때, 전계의 세기[V/m]는?(단, V는 내외원통 간의 전위차, D는 전속밀도이고, a, b는 내외원통의 반지름이며, 원통 중심에서의 거리 r은 $a < r < b$인 경우이다.
① $\dfrac{V}{r \cdot \ln\dfrac{b}{a}}$
② $\dfrac{V}{\varepsilon \cdot \ln\dfrac{b}{a}}$
③ $\dfrac{D}{r \cdot \ln\dfrac{b}{a}}$
④ $\dfrac{D}{\varepsilon \cdot \ln\dfrac{b}{a}}$

19 정전용량이 1[μF]이고 판의 간격이 d인 공기 콘덴서가 있다. 두께 $\frac{1}{2}d$, 비유전율 $\varepsilon_r = 2$ 유전체를 그 콘덴서의 한 전극면에 접촉하여 넣었을 때 전체의 정전용량[μF]은?

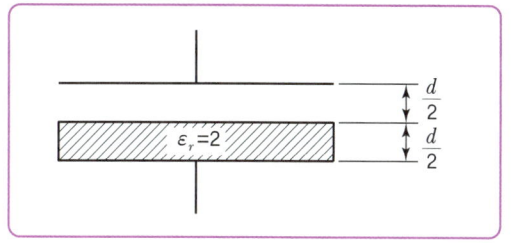

① 2
② $\frac{1}{2}$
③ $\frac{4}{3}$
④ $\frac{5}{3}$

20 변위전류와 가장 관계가 깊은 것은?
① 도체
② 반도체
③ 유전체
④ 자성체

2과목 전력공학

21 역률 80%, 500[kVA]의 부하설비에 100[kVA]의 진상용 콘덴서를 설치하여 역률을 개선하면 수전점에서의 부하는 약 몇 [kVA]가 되는가?
① 400
② 425
③ 450
④ 475

22 가공지선에 대한 설명 중 틀린 것은?
① 유도뢰 서지에 대하여도 그 가설구간 전체에 사고방지의 효과가 있다.
② 직격뢰에 대하여 특히 유효하며 탑 상부에 시설하므로 뇌는 주로 가공지선에 내습한다.
③ 송전선의 1선 지락 시 지락전류의 일부가 가공지선에 흘러 차폐작용을 하므로 전자유도장해를 적게 할 수 있다.
④ 가공지선 때문에 송전선로의 대지정전용량이 감소하므로 대지 사이에 방전할 때 유도전압이 특히 커서 차폐효과가 좋다.

23 부하전류의 차단에 사용되지 않는 것은?
① DS
② ACB
③ OCB
④ VCB

24 플리커 경감을 위한 전력 공급 측의 방안이 아닌 것은?
① 공급전압을 낮춘다.
② 전용 변압기로 공급한다.
③ 단독 공급계통을 구성한다.
④ 단락용량이 큰 계통에서 공급한다.

25 3상 무부하 발전기의 1선 지락 고장 시에 흐르는 지락전류는?(단, E는 접지된 상의 무부하 기전력이고 Z_0, Z_1, Z_2는 발전기의 영상, 정상, 역상 임피던스이다.)
① $\frac{E}{Z_0 + Z_1 + Z_2}$
② $\frac{\sqrt{3}\,E}{Z_0 + Z_1 + Z_2}$
③ $\frac{3E}{Z_0 + Z_1 + Z_2}$
④ $\frac{E^2}{Z_0 + Z_1 + Z_2}$

26 수력발전소의 분류 중 낙차를 얻는 방법에 의한 분류 방법이 아닌 것은?
① 댐식 발전소
② 수로식 발전소
③ 양수식 발전소
④ 유역 변경식 발전소

27 변성기의 정격부담을 표시하는 단위는?
① W
② S
③ dyne
④ VA

28 원자로에서 중성자가 원자로 외부로 유출되어 인체에 위험을 주는 것을 방지하고 방열의 효과를 주기 위한 것은?
① 제어재
② 차폐재
③ 반사재
④ 구조재

29 연가에 의한 효과가 아닌 것은?
① 직렬공진의 방지
② 대지정전용량의 감소
③ 통신선의 유도장해 감소
④ 선로정수의 평형

30 각 전력계통을 연계선으로 상호 연결하였을 때 장점으로 틀린 것은?
① 건설비 및 운전경비를 절감하므로 경제급전이 용이하다.
② 주파수의 변화가 작아진다.
③ 각 전력계통의 신뢰도가 증가된다.
④ 선로 임피던스가 증가되어 단락전류가 감소된다.

31 전압요소가 필요한 계전기가 아닌 것은?
① 주파수 계전기
② 동기탈조 계전기
③ 지락 과전류 계전기
④ 방향성 지락 과전류 계전기

32 수력발전설비에서 흡출관을 사용하는 목적으로 옳은 것은?
① 압력을 줄이기 위하여
② 유효낙차를 늘리기 위하여
③ 속도변동률을 적게 하기 위하여
④ 물의 유선을 일정하게 하기 위하여

33 인터록(Interlock)의 기능에 대한 설명으로 옳은 것은?
① 조직자의 의중에 따라 개폐되어야 한다.
② 차단기가 열려 있어야 단로기를 닫을 수 있다.
③ 차단기가 닫혀 있어야 단로기를 닫을 수 있다.
④ 차단기와 단로기를 별도로 닫고, 열 수 있어야 한다.

34 같은 선로와 같은 부하에서 교류 단상 3선식은 단상 2선식에 비하여 전압강하와 배전효율이 어떻게 되는가?
① 전압강하는 작고, 배전효율은 높다.
② 전압강하는 크고, 배전효율은 낮다.
③ 전압강하는 작고, 배전효율은 낮다.
④ 전압강하는 크고, 배전효율은 높다.

35 전력 원선도에서는 알 수 없는 것은?
① 송수전할 수 있는 최대전력
② 선로 손실
③ 수전단 역률
④ 코로나손

36 가공선 계통은 지중선 계통보다 인덕턴스 및 정전용량이 어떠한가?
① 인덕턴스, 정전용량이 모두 작다.
② 인덕턴스, 정전용량이 모두 크다.
③ 인덕턴스는 크고, 정전용량은 작다.
④ 인덕턴스는 작고, 정전용량은 크다.

37 송전선의 특성임피던스는 저항과 누설 컨덕턴스를 무시하면 어떻게 표현되는가?(단, L은 선로의 인덕턴스, C는 선로의 정전용량이다.)

① $\sqrt{\dfrac{L}{C}}$ ② $\sqrt{\dfrac{C}{L}}$
③ $\dfrac{L}{C}$ ④ $\dfrac{C}{L}$

38 다음 중 송전선로의 코로나 임계전압이 높아지는 경우가 아닌 것은?

① 날씨가 맑다.
② 기압이 높다.
③ 상대공기밀도가 낮다.
④ 전선의 반지름과 선간거리가 크다.

39 어느 수용가의 부하설비는 전등설비가 500[W], 전열설비가 600[W], 전동기 설비가 400[W], 기타 설비가 100[W]이다. 이 수용가의 최대수용전력이 1,200[W]이면 수용률은 몇 %인가?

① 55 ② 65
③ 75 ④ 85

40 케이블의 전력손실과 관계가 없는 것은?

① 철손
② 유전체손
③ 시스손
④ 도체의 저항손

3과목 전기기기

41 동기발전기의 돌발 단락 시 발생되는 현상으로 틀린 것은?

① 큰 과도전류가 흘러 권선 소손
② 단락전류는 전기자 저항으로 제한
③ 코일 상호 간 큰 전자력에 의한 코일 파손
④ 큰 단락전류 후 점차 감소하여 지속 단락전류 유지

42 SCR의 특징으로 틀린 것은?

① 과전압에 약하다.
② 열용량이 적어 고온에 약하다.
③ 전류가 흐르고 있을 때의 양극 전압강하가 크다.
④ 게이트에 신호를 인가할 때부터 도통할 때까지의 시간이 짧다.

43 터빈 발전기의 냉각을 수소냉각방식으로 하는 이유로 틀린 것은?

① 풍손이 공기 냉각 시의 약 1/10로 줄어들기 때문이다.
② 열전도율이 좋고 가스냉각기의 크기가 작아지기 때문이다.
③ 절연물의 산화작용이 없으므로 절연열화가 작아서 수명이 길기 때문이다.
④ 반폐형으로 하기 때문에 이물질의 침입이 없고 소음이 감소하기 때문이다.

44 단상 유도 전동기의 특징을 설명한 것으로 옳은 것은?

① 기동 토크가 없으므로 기동장치가 필요하다.
② 기계손이 있어도 무부하 속도는 동기속도보다 크다.
③ 권선형은 비례추이가 불가능하며, 최대 토크는 불변이다.
④ 슬립은 $0 > S > -1$이고 2보다 작고 0이 되기 전에 토크가 0이 된다.

45 몰드변압기의 특징으로 틀린 것은?
① 자기 소화성이 우수하다.
② 소형 경량화가 가능하다.
③ 건식변압기에 비해 소음이 적다.
④ 유입변압기에 비해 절연 레벨이 낮다.

46 유도전동기의 회전속도를 N[rpm], 동기속도를 N_s[rpm], 순방향 회전자계의 슬립을 s라고 할 때, 역방향 회전자계에 대한 회전자 슬립은?
① $s-1$ ② $1-s$
③ $s-2$ ④ $2-s$

47 직류발전기에 직결한 3상 유도전동기가 있다. 발전기의 부하 100[kW], 효율 90%이며 전동기 단자전압 3,300[V], 효율 90%, 역률 90%이다. 전동기에 흘러들어가는 전류는 약 몇 [A]인가?
① 2.4   ② 4.8
③ 19   ④ 24

48 유도 발전기의 동작특성에 관한 설명 중 틀린 것은?
① 병렬로 동기발전기에서 여자를 취해야 한다.
② 효율과 역률이 낮으며 소출력의 자동수력발전기와 같은 용도에 사용된다.
③ 유도발전기의 주파수를 증가시키려면 회전속도를 동기속도 이상으로 회전시켜야 한다.
④ 선로에 단락이 생긴 경우에는 여자가 상실되므로 단락전류는 동기발전기에 비해 적고 지속시간도 짧다.

49 단상 변압기를 병렬 운전하는 경우 각 변압기의 부하분담이 변압기의 용량에 비례하려면 각 변압기의 %임피던스는 어떠해야 하는가?
① 어떠한 값이라도 좋다.
② 변압기의 용량에 비례하여야 한다.
③ 변압기 용량에 반비례하여야 한다.
④ 변압기 용량에 관계없이 같아야 한다.

50 그림은 여러 직류전동기의 속도 특성곡선을 나타낸 것이다. 1부터 4까지 차례로 옳은 것은?

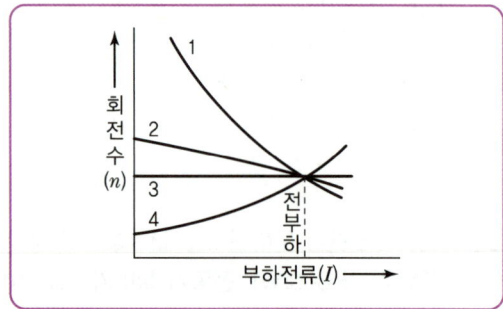

① 차동복권, 분권, 가동복권, 직권
② 직권, 가동복권, 분권, 차동복권
③ 가동복권, 차동복권, 직권, 분권
④ 분권, 직권, 가동복권, 차동복권

51 전력변환기기로 틀린 것은?
① 컨버터   ② 정류기
③ 인버터   ④ 유도전동기

52 농형 유도전동기에 주로 사용되는 속도제어법은?
① 극수 변환법
② 종속 접속법
③ 2차 저항제어법
④ 2차 여자제어법

53 정격전압 100[V], 정격전류 50[A]인 분권발전기의 유기기전력은 몇 [V]인가?(단, 전기자 저항 0.2[Ω], 계자전류 및 전기자 반작용은 무시한다.)

① 110　② 120
③ 125　④ 127.5

54 그림과 같은 변압기 회로에서 부하 R_2에 공급되는 전력이 최대로 되는 변압기의 권수비 a는?

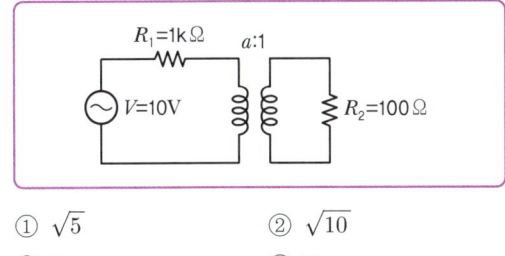

① $\sqrt{5}$　② $\sqrt{10}$
③ 5　④ 10

55 변압기의 백분율 저항강하가 3%, 백분율 리액턴스강하가 4%일 때 뒤진 역률 80%인 경우의 전압변동률[%]은?

① 2.5　② 3.4
③ 4.8　④ −3.6

56 정류자형 주파수변환기의 회전자에 주파수 f_1의 교류를 가할 때 시계방향으로 회전자계가 발생하였다. 정류자 위의 브러시 사이에 나타나는 주파수 f_c를 설명한 것 중 틀린 것은?(단, n : 회전자의 속도, n_s : 회전자계의 속도, s : 슬립이다.)

① 회전자를 정지시키면, $f_c = f_1$인 주파수가 된다.
② 회전자를 반시계방향으로 $n = n_s$의 속도로 회전시키면, $f_c = 0$[Hz]가 된다.
③ 회전자를 반시계방향으로 $n < n_s$의 속도로 회전시키면, $f_c = sf_1$[Hz]가 된다.
④ 회전자를 시계방향으로 $n < n_s$의 속도로 회전시키면, $f_c < f_1$인 주파수가 된다.

57 동기발전기의 3상 단락곡선에서 단락전류가 계자전류에 비례하여 거의 직선이 되는 이유로 가장 옳은 것은?

① 무부하 상태이므로
② 전기자 반작용으로
③ 자기포화가 있으므로
④ 누설 리액턴스가 크므로

58 1차 전압 V_1, 2차 전압 V_2인 단권변압기를 Y결선했을 때, 등가용량과 부하용량의 비는?(단, $V_1 > V_2$이다.)

① $\dfrac{V_1 - V_2}{\sqrt{3}\, V_1}$　② $\dfrac{V_1 - V_2}{V_1}$

③ $\dfrac{V_1^2 - V_2^2}{\sqrt{3}\, V_1 V_2}$　④ $\dfrac{\sqrt{3}(V_1 - V_2)}{2 V_1}$

59 변압기의 보호에 사용되지 않는 것은?

① 온도계전기
② 과전류계전기
③ 임피던스계전기
④ 비율차동계전기

60 E를 전압, r을 1차로 환산한 저항, x를 1차로 환산한 리액턴스라고 할 때 유도전동기의 원선도에서 원의 지름을 나타내는 것은?

① $E \cdot r$　② $E \cdot x$
③ $\dfrac{E}{x}$　④ $\dfrac{E}{r}$

4과목 회로이론 및 제어공학

61 4단자 회로망에서 4단자 정수가 A, B, C, D일 때, 영상 임피던스 $\dfrac{Z_{01}}{Z_{02}}$은?

① $\dfrac{D}{A}$ 　　② $\dfrac{B}{C}$
③ $\dfrac{C}{B}$ 　　④ $\dfrac{A}{D}$

62 RL 직렬회로에서 $R = 200[\Omega]$, $L = 40[mH]$일 때, 이 회로의 시정수[sec]는?

① 2×10^3 　　② 2×10^{-3}
③ $\dfrac{1}{2} \times 10^3$ 　　④ $\dfrac{1}{2} \times 10^{-3}$

63 비정현파 전류가 $i(t) = 56\sin\omega t + 20\sin 2\omega t + 30\sin(3\omega t + 30°) + 40\sin(4\omega t + 60°)$로 표현될 때, 왜형률은 약 얼마인가?

① 1.0 　　② 0.96
③ 0.55 　　④ 0.11

64 대칭 6상 성형(star) 결선에서 선간전압 크기와 상전압 크기의 관계로 옳은 것은?(단, V_l : 선간전압 크기, V_p : 상전압 크기)

① $V_l = V_p$ 　　② $V_l = \sqrt{3}\,V_p$
③ $V_l = \dfrac{1}{\sqrt{3}}V_p$ 　　④ $V_l = \dfrac{2}{\sqrt{3}}V_p$

65 3상 불평형 전압 V_a, V_b, V_c가 주어진다면, 정상분 전압은?(단, $a = e^{j2\pi/3} = 1\angle 120°$이다.)

① $V_a + a^2 V_b + a V_c$
② $V_a + a V_b + a^2 V_c$
③ $\dfrac{1}{3}(V_a + a^2 V_b + a V_c)$
④ $\dfrac{1}{3}(V_a + a V_b + a^2 V_c)$

66 송전선로가 무손실 선로일 때, $L = 96[mH]$이고 $C = 0.6[\mu F]$이면 특성임피던스[Ω]는?

① 100 　　② 200
③ 400 　　④ 600

67 커패시터와 인덕터에서 물리적으로 급격히 변화할 수 없는 것은?

① 커패시터와 인덕터에서 모두 전압
② 커패시터와 인덕터에서 모두 전류
③ 커패시터에서 전류, 인덕터에서 전압
④ 커패시터에서 전압, 인덕터에서 전류

68 2전력계법을 이용한 평형 3상 회로의 전력이 각각 500[W] 및 300[W]로 측정되었을 때, 부하의 역률은 약 몇 [%]인가?

① 70.7 　　② 87.7
③ 89.2 　　④ 91.8

69 인덕턴스가 0.1[H]인 코일에 실횻값 100[V], 60[Hz], 위상 30도인 전압을 가했을 때 흐르는 전류의 실횻값 크기는 약 몇 [A]인가?

① 43.7 　　② 37.7
③ 5.46 　　④ 2.65

70 $f(t) = \delta(t - T)$의 라플라스 변환 $F(s)$는?

① e^{Ts} 　　② e^{-Ts}
③ $\dfrac{1}{s}e^{Ts}$ 　　④ $\dfrac{1}{s}e^{-Ts}$

71 그림의 벡터 궤적을 갖는 계의 주파수 전달함수는?

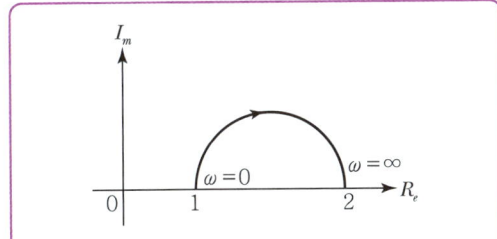

① $\dfrac{1}{j\omega+1}$ ② $\dfrac{1}{j2\omega+1}$

③ $\dfrac{j\omega+1}{j2\omega+1}$ ④ $\dfrac{j2\omega+1}{j\omega+1}$

72 근궤적에 관한 설명으로 틀린 것은?

① 근궤적은 실수축에 대하여 상하 대칭으로 나타난다.
② 근궤적의 출발점은 극점이고 근궤적의 도착점은 영점이다.
③ 근궤적의 가지 수는 극점의 수와 영점의 수 중에서 큰 수와 같다.
④ 근궤적이 s 평면의 우반면에 위치하는 K의 범위는 시스템이 안정하기 위한 조건이다.

73 제어시스템에서 출력이 얼마나 목푯값을 잘 추종하는지를 알아볼 때, 시험용으로 많이 사용되는 신호로 다음 식의 조건을 만족하는 것은?

$$u(t-a) = \begin{cases} 0,\ t<a \\ 1,\ t \geq a \end{cases}$$

① 사인함수
② 임펄스함수
③ 램프함수
④ 단위계단함수

74 특성방정식 $s^2+Ks+2K-1=0$인 계가 안정하기 위한 K의 범위는?

① $K>0$ ② $K>\dfrac{1}{2}$

③ $K<\dfrac{1}{2}$ ④ $0<K<\dfrac{1}{2}$

75 상태공간 표현식 $\begin{matrix}\dot{x}=Ax+Bu \\ y=Cx\end{matrix}$ 로 표현되는 선형 시스템에서 $A=\begin{bmatrix}0 & 1 & 0 \\ 0 & 0 & 1 \\ -2 & -9 & -8\end{bmatrix}$, $B=\begin{bmatrix}0\\0\\5\end{bmatrix}$, $C=[1\ 0\ 0]$, $D=0$, $x=\begin{bmatrix}x_1\\x_2\\x_3\end{bmatrix}$ 이면 시스템 전달함수 $\dfrac{Y(s)}{U(s)}$ 는?

① $\dfrac{1}{s^3+8s^2+9s+2}$

② $\dfrac{1}{s^3+2s^2+9s+8}$

③ $\dfrac{5}{s^3+8s^2+9s+2}$

④ $\dfrac{5}{s^3+2s^2+9s+8}$

76 Routh–Hurwitz 표에서 제1열의 부호가 변하는 횟수로부터 알 수 있는 것은?

① s–평면의 좌반면에 존재하는 근의 수
② s–평면의 우반면에 존재하는 근의 수
③ s–평면의 허수축에 존재하는 근의 수
④ s–평면의 원점에 존재하는 근의 수

77 그림의 블록선도에 대한 전달함수 $\dfrac{C}{R}$는?

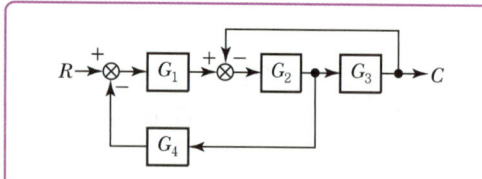

① $\dfrac{G_1G_2G_3}{1+G_1G_2+G_1G_2G_4}$

② $\dfrac{G_1G_2G_4}{1+G_1G_2+G_1G_2G_3}$

③ $\dfrac{G_1G_2G_3}{1+G_2G_3+G_1G_2G_4}$

④ $\dfrac{G_1G_2G_4}{1+G_2G_3+G_1G_2G_3}$

78 신호흐름선도의 전달함수 $T(s)=\dfrac{C(s)}{R(s)}$로 옳은 것은?

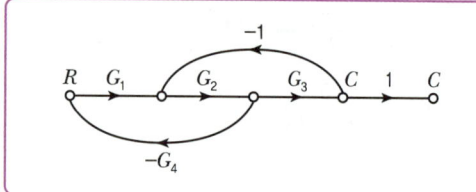

① $\dfrac{G_1G_2G_3}{1-G_2G_3+G_1G_2G_4}$

② $\dfrac{G_1G_2G_3}{1+G_1G_2G_4+G_2G_3}$

③ $\dfrac{G_1G_2G_3}{1+G_1G_3-G_1G_2G_4}$

④ $\dfrac{G_1G_2G_3}{1\ G_1G_3\ G_1G_2G_4}$

79 부울 대수식 중 틀린 것은?

① $A \cdot \overline{A}=1$ ② $A+1=1$
③ $A+A=A$ ④ $A \cdot A=A$

80 함수 e^{-at}의 z변환으로 옳은 것은?

① $\dfrac{z}{z-e^{-aT}}$ ② $\dfrac{z}{z-a}$

③ $\dfrac{1}{z-e^{-aT}}$ ④ $\dfrac{1}{z-a}$

5과목 전기설비기술기준 및 판단기준

81 고압 가공전선로의 지지물로 철탑을 사용한 경우 최대 지지물 간 거리는 몇 [m] 이하이어야 하는가?

① 300
② 400
③ 500
④ 600

82 폭발성 또는 연소성의 가스가 침입할 우려가 있는 것에 시설하는 지중함으로서 그 크기가 몇 [m³] 이상의 것은 통풍장치 기타 가스를 방산시키기 위한 적당한 장치를 시설하여야 하는가?

① 0.9   ② 1.0
③ 1.5   ④ 2.0

83 사용전압 35,000[V]인 기계기구를 옥외에 시설하는 개폐소의 구내에 취급자 이외의 자가 들어가지 않도록 울타리를 설치할 때 울타리와 특고압의 충전부분이 접근하는 경우에는 울타리의 높이와 울타리로부터 충전부분까지의 거리의 합은 최소 몇 [m] 이상이어야 하는가?

① 4   ② 5
③ 6   ④ 7

84 다음의 ⓐ, ⓑ에 들어갈 내용으로 옳은 것은?

> 과전류차단기로 시설하는 퓨즈 중 고압전로에 사용하는 비포장 퓨즈는 정격전류의 (ⓐ)배의 전류에 견디고 또한 2배의 전류로 (ⓑ)분 안에 용단되는 것이어야 한다.

① ⓐ 1.1, ⓑ 1　　② ⓐ 1.2, ⓑ 1
③ ⓐ 1.25, ⓑ 2　 ④ ⓐ 1.3, ⓑ 2

85 지중 전선로를 직접 매설식에 의하여 시설하는 경우에는 매설 깊이를 차량 기타 중량물의 압력을 받을 우려가 있는 장소에서는 몇 [cm] 이상으로 하면 되는가?

① 40　　② 60
③ 80　　④ 100

86 저압 가공전선이 건조물의 상부 조영재 옆쪽으로 접근하는 경우 저압 가공전선과 건조물의 조영재 사이의 간격은 몇 [m] 이상이어야 하는가?(단, 전선에 사람이 쉽게 접촉할 우려가 없도록 시설한 경우와 전선이 고압 절연전선, 특고압 절연전선 또는 케이블인 경우는 제외한다.)

① 0.6　　② 0.8
③ 1.2　　④ 2.0

87 변압기의 고압 측 전로와의 혼촉에 의하여 저압 측 전로의 대지전압이 150[V]를 넘는 경우에 2초 이내에 고압전로를 자동 차단하는 장치가 되어 있는 6,600/220[V] 배선선로에 있어서 1선지락 전류가 2[A]이면 접지저항 값의 최대는 몇 [Ω]인가?

① 50　　② 75
③ 150　 ④ 300

88 저압 옥내간선은 특별한 경우를 제외하고 다음 중 어느 것에 의하여 그 굵기가 결정되는가?

① 전기방식　　② 허용전류
③ 수전방식　　④ 계약전력

89 휴대용 또는 이동용의 전력보안 통신용 전화설비를 시설하는 곳은 특고압 가공전선로 및 선로 길이가 몇 [km] 이상의 고압 가공전선로인가?

① 2　　② 5
③ 10　④ 15

90 폭연성 먼지 또는 화약류의 분말이 존재하는 곳의 저압 옥내배선은 어느 공사에 의하는가?

① 금속관공사
② 애자사용 공사
③ 합성수지관 공사
④ 캡타이어 케이블 공사

91 강체방식에 의하여 시설하는 직류식 전기 철도용 전차 선로는 전차선의 높이가 지표상 몇 [m] 이상인가?
[KEC규정에 따라 삭제]

① 3　② 4　③ 5　④ 7

92 저압 옥내전로의 인입구에 가까운 곳으로서 쉽게 개폐할 수 있는 곳에 개폐기를 시설하여야 한다. 그러나 사용전압이 400[V] 미만인 옥내전로로서 다른 옥내전로에 접속하는 길이가 몇 [m] 이하인 경우는 개폐기를 생략할 수 있는가?(단, 정격전류가 15[A] 이하인 과전류 차단기 또는 정격전류가 15[A]를 초과하고 20[A] 이하인 배선용 차단기로 보호되고 있는 것에 한한다.) [KEC규정에 따라 삭제]

① 15　　② 20
③ 25　　④ 30

93 지중 전선로는 기설 지중 약전류 전선로에 대하여 다음의 어느 것에 의하여 통신상의 장해를 주지 아니하도록 기설 약전류 전선로로부터 충분히 이격시키는가?

① 충전전류 또는 표피작용
② 충전전류 또는 유도작용
③ 누설전류 또는 표피작용
④ 누설전류 또는 유도작용

94 특고압 전로에 사용하는 수밀형 케이블에 대한 설명으로 틀린 것은?

① 사용전압이 25[kV] 이하일 것
② 도체는 경알루미늄선을 소선으로 구성한 원형압축 연선일 것
③ 내부 반도전층은 절연층과 완전 밀착되는 압축 반도전층으로 두께의 최솟값은 0.5[mm] 이상일 것
④ 외부 반도전층은 절연층과 밀착되어야 하고, 또한 절연층과 쉽게 분리되어야 하며, 두께의 최솟값은 1[mm] 이상일 것

95 일반주택 및 아파트 각 호실의 현관등은 몇 분 이내에 소등되는 타임스위치를 시설하여야 하는가?

① 1분 ② 3분
③ 5분 ④ 10분

96 발전소에서 장치를 시설하여 계측하지 않아도 되는 것은?

① 발전기의 회전자 온도
② 특고압용 변압기의 온도
③ 발전기의 전압 및 전류 또는 전력
④ 주요 변압기의 전압 및 전류 또는 전력

97 백열전등 또는 방전등에 전기를 공급하는 옥내전로의 대지전압은 몇 [V] 이하이어야 하는가?

① 440 ② 380
③ 300 ④ 100

98 66,000[V] 가공전선과 6,000[V] 가공전선을 동일 지지물에 병가하는 경우, 특고압 가공전선으로 사용하는 경동연선의 굵기는 몇 [mm²] 이상이어야 하는가?

① 22 ② 38
③ 50 ④ 100

99 저압 또는 고압의 가공 전선로와 기설 가공 약전류 전선로가 병행할 때 유도작용에 의한 통신상의 장해가 생기지 않도록 전선과 기설 약전류 전선 간의 간격은 몇 [m] 이상이어야 하는가?(단, 전기철도용 급전선로는 제외한다.)

① 2 ② 3
③ 4 ④ 6

100 가공전선로의 지지물에 하중이 가하여지는 경우에 그 하중을 받는 지지물의 기초 안전율은 특별한 경우를 제외하고 최소 얼마 이상인가?

① 1.5 ② 2
③ 2.5 ④ 3

2020년도 1·2회 과년도 기출문제

1과목 전기자기학

01 면적이 매우 넓은 두 개의 도체 판을 d[m] 간격으로 수평하게 평행 배치하고, 이 평행 도체 판 사이에 놓인 전자가 정지하고 있기 위해서 그 도체 판 사이에 가하여야 할 전위차(V)는?(단, g는 중력 가속도이고, m은 전자의 질량이며, e는 전자의 전하량이다.)

① $mged$
② $\dfrac{ed}{mg}$
③ $\dfrac{mgd}{e}$
④ $\dfrac{mge}{d}$

02 자기회로에서 자기저항의 크기에 대한 설명으로 옳은 것은?

① 자기회로의 길이에 비례
② 자기회로의 단면적에 비례
③ 자성체의 비투자율에 비례
④ 자성체의 비투자율의 제곱에 비례

03 전위함수 $V = x^2 + y^2$[V]일 때 점(3, 4)[m]에서의 등전위선의 반지름은 몇 [m]이며, 전기력선 방정식은 어떻게 되는가?

① 등전위선의 반지름 : 3, 전기력선 방정식 : $y = \dfrac{3}{4}x$
② 등전위선의 반지름 : 4, 전기력선 방정식 : $y = \dfrac{4}{3}x$
③ 등전위선의 반지름 : 5, 전기력선 방정식 : $x = \dfrac{4}{3}y$
④ 등전위선의 반지름 : 5, 전기력선 방정식 : $x = \dfrac{3}{4}y$

04 10[mm]의 지름을 가진 동선에 50[A]의 전류가 흐르고 있을 때 단위시간 동안 동선의 단면을 통과하는 전자의 수는 약 몇 개인가?

① 7.85×10^{16}
② 20.45×10^{15}
③ 31.21×10^{19}
④ 50×10^{19}

05 자기 인덕턴스와 상호 인덕턴스와의 관계에서 결합계수 k의 범위는?

① $0 \leq k \leq \dfrac{1}{2}$
② $0 \leq k \leq 1$
③ $1 \leq k \leq 2$
④ $1 \leq k \leq 10$

06 면적이 S[m²]이고 극간의 거리가 d[m]인 평행판 콘덴서에 비유전율이 ε_r인 유전체를 채울 때 정전용량[F]은?(단, ε_0는 진공의 유전율이다.)

① $\dfrac{2\varepsilon_0 \varepsilon_r S}{d}$
② $\dfrac{\varepsilon_0 \varepsilon_r S}{\pi d}$
③ $\dfrac{\varepsilon_0 \varepsilon_r S}{d}$
④ $\dfrac{2\pi \varepsilon_0 \varepsilon_r S}{d}$

07 반자성체의 비투자율(μ_r) 값의 범위는?

① $\mu_r = 1$
② $\mu_r < 1$
③ $\mu_r > 1$
④ $\mu_r = 0$

08 반지름 r[m]인 무한장 원통형 도체에 전류가 균일하게 흐를 때 도체 내부에서 자계의 세기[AT/m]는?

① 원통 중심축으로부터 거리에 비례한다.
② 원통 중심축으로부터 거리에 반비례한다.
③ 원통 중심축으로부터 거리의 제곱에 비례한다.
④ 원통 중심축으로부터 거리의 제곱에 반비례한다.

09 정전계 해석에 관한 설명으로 틀린 것은?

① 푸아송 방정식은 가우스 정리의 미분형으로 구할 수 있다.
② 도체 표면에서의 전계의 세기는 표면에 대해 법선 방향을 갖는다.
③ 라플라스 방정식은 전극이나 도체의 형태에 관계없이 체적전하밀도가 0인 모든 점에서 $\nabla^2 V = 0$을 만족한다.
④ 라플라스 방정식은 비선형 방정식이다.

10 비유전율 ε_r이 4인 유전체의 분극률은 진공의 유전율 ε_0의 몇 배인가?

① 1
② 3
③ 9
④ 12

11 공기 중에 있는 무한히 긴 직선 도선에 10[A]의 전류가 흐르고 있을 때 도선으로부터 2[m] 떨어진 점에서의 자속밀도는 몇 [Wb/m²]인가?

① 10^{-5}
② 0.5×10^{-6}
③ 10^{-6}
④ 2×10^{-6}

12 그림에서 $N = 1,000$[회], $l = 100$[cm], $S = 10$[cm²]인 환상 철심의 자기 회로에 전류 $I = 10$[A]를 흘렸을 때 축적되는 자계 에너지는 몇 [J]인가?(단, 비투자율 $\mu_r = 100$이다.)

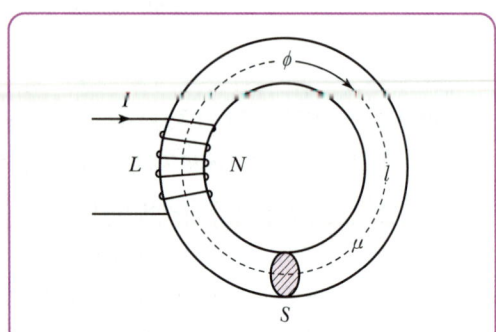

① $2\pi \times 10^{-3}$
② $2\pi \times 10^{-2}$
③ $2\pi \times 10^{-1}$
④ 2π

13 자기유도계수 L의 계산 방법이 아닌 것은?(단, N : 권수, ϕ : 자속[Wb], I : 전류[A], A : 벡터퍼텐셜[Wb/m], i : 전류밀도[A/m²], B : 자속밀도[Wb/m²], H : 자계의 세기[AT/m]이다.)

① $L = \dfrac{N\phi}{I}$
② $L = \dfrac{\int_v A \cdot i \, dv}{I^2}$
③ $L = \dfrac{\int_v B \cdot H \, dv}{I^2}$
④ $L = \dfrac{\int_v A \cdot i \, dv}{I}$

14 20[°C]에서 저항의 온도계수가 0.002인 니크롬선의 저항이 100[Ω]이다. 온도가 60[°C]로 상승되면 저항은 몇 [Ω]이 되겠는가?

① 108
② 112
③ 115
④ 120

15 전계 및 자계의 세기가 각각 E[V/m], H[AT/m]일 때, 포인팅 벡터 P[W/m²]의 표현으로 옳은 것은?

① $P = \dfrac{1}{2} E \times H$
② $P = E \operatorname{rot} H$
③ $P = E \times H$
④ $P = H \operatorname{rot} E$

16 평등자계 내에 전자가 수직으로 입사하였을 때 전자의 운동에 대한 설명으로 옳은 것은?

① 원심력은 전자속도에 반비례한다.
② 구심력은 자계의 세기에 반비례한다.
③ 원운동을 하고, 반지름은 자계의 세기에 비례한다.
④ 원운동을 하고, 반지름은 전자의 회전속도에 비례한다.

17 진공 중 3[m] 간격으로 두 개의 평행한 무한 평판 도체에 각각 +4[C/m²], -4[C/m²]의 전하를 주었을 때, 두 도체 간의 전위차는 약 몇 [V]인가?

① 1.5×10^{11}
② 1.5×10^{12}
③ 1.36×10^{11}
④ 1.36×10^{12}

18 자속밀도 B[Wb/m²]의 평등 자계 내에서 길이 l[m]인 도체 ab가 속도 v[m/s]로 그림과 같이 도선을 따라서 자계와 수직으로 이동할 때, 도체 ab에 의해 유기된 기전력의 크기 e[V]와 폐회로 abcd 내 저항 R에 흐르는 전류의 방향은?(단, 폐회로 abcd 내 도선 및 도체의 저항은 무시한다.)

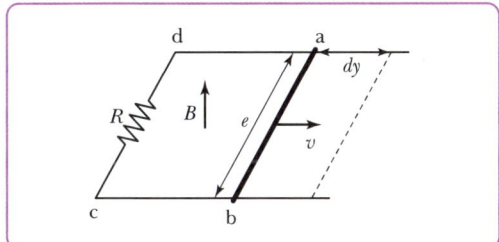

① $e = Blv$, 전류 방향 : c → d
② $e = Blv$, 전류 방향 : d → c
③ $e = Blv^2$, 전류 방향 : c → d
④ $e = Blv^2$, 전류 방향 : d → c

19 그림과 같이 내부 도체구 A에 $+Q$[C], 외부 도체구 B에 $-Q$[C]를 부여한 동심 도체구 사이의 정전용량 C[F]는?

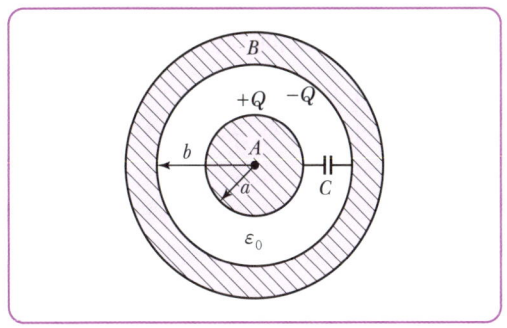

① $4\pi\varepsilon_0(b-a)$
② $\dfrac{4\pi\varepsilon_0 ab}{b-a}$
③ $\dfrac{ab}{4\pi\varepsilon_0(b-a)}$
④ $4\pi\varepsilon_0\left(\dfrac{1}{a} - \dfrac{1}{b}\right)$

20 유전율이 ε_1, ε_2[F/m]인 유전체 경계면에 단위 면적당 작용하는 힘의 크기는 몇 [N/m²]인가?(단, 전계가 경계면에 수직인 경우이며, 두 유전체에서의 전속밀도는 $D_1 = D_2 = D$[C/m²]이다.)

① $2\left(\dfrac{1}{\varepsilon_1} - \dfrac{1}{\varepsilon_2}\right)D^2$
② $2\left(\dfrac{1}{\varepsilon_1} + \dfrac{1}{\varepsilon_2}\right)D^2$
③ $\dfrac{1}{2}\left(\dfrac{1}{\varepsilon_1} + \dfrac{1}{\varepsilon_2}\right)D^2$
④ $\dfrac{1}{2}\left(\dfrac{1}{\varepsilon_2} - \dfrac{1}{\varepsilon_1}\right)D^2$

2과목 전력공학

21 중성점 직접접지방식의 발전기가 있다. 1선 지락 사고 시 지락전류는?(단, Z_1, Z_2, Z_0는 각각 정상, 역상, 영상 임피던스이며, E_a는 지락된 상의 무부하 기전력이다.)

① $\dfrac{E_a}{Z_0 + Z_1 + Z_2}$
② $\dfrac{Z_1 E_a}{Z_0 + Z_1 + Z_2}$
③ $\dfrac{3E_a}{Z_0 + Z_1 + Z_2}$
④ $\dfrac{Z_0 E_a}{Z_0 + Z_1 + Z_2}$

22 다음 중 송전계통의 절연협조에 있어서 절연레벨이 가장 낮은 기기는?

① 피뢰기
② 단로기
③ 변압기
④ 차단기

23 화력발전소에서 절탄기의 용도는?
① 보일러에 공급되는 급수를 예열한다.
② 포화증기를 과열한다.
③ 연소용 공기를 예열한다.
④ 석탄을 건조한다.

24 3상 배전선로의 말단에 역률 60[%](늦음), 60[kW]의 평형 3상 부하가 있다. 부하점에 부하와 병렬로 전력용 콘덴서를 접속하여 선로손실을 최소로 하고자 할 때 콘덴서 용량[kVA]은?(단, 부하단의 전압은 일정하다.)
① 40
② 60
③ 80
④ 100

25 송배전 선로에서 선택지락계전기(SGR)의 용도는?
① 다회선에서 접지 고장 회선의 선택
② 단일 회선에서 접지 전류의 대소 선택
③ 단일 회선에서 접지 전류의 방향 선택
④ 단일 회선에서 접지 사고의 지속 시간 선택

26 정격전압 7.2[kV], 정격차단용량 100[MVA]인 3상 차단기의 정격 차단전류는 약 몇 [kA]인가?
① 4
② 6
③ 7
④ 8

27 고장 즉시 동작하는 특성을 갖는 계전기는?
① 순시 계전기
② 정한시 계전기
③ 반한시 계전기
④ 반한시성 정한시 계전기

28 30,000[kW]의 전력을 51[km] 떨어진 지점에 송전하는 데 필요한 전압은 약 몇 [kV]인가?(단, Still의 식에 의하여 산정한다.)
① 22
② 33
③ 66
④ 100

29 댐의 부속설비가 아닌 것은?
① 수로
② 수조
③ 취수구
④ 흡출관

30 3상 3선식에서 전선 한 가닥에 흐르는 전류는 단상 2선식의 경우의 몇 배가 되는가?(단, 송전전력, 부하역률, 송전거리, 전력손실 및 선간전압이 같다.)
① $\dfrac{1}{\sqrt{3}}$
② $\dfrac{2}{3}$
③ $\dfrac{3}{4}$
④ $\dfrac{4}{9}$

31 사고, 정전 등의 중대한 영향을 받는 지역에서 정전과 동시에 자동적으로 예비전원용 배전선로로 전환하는 장치는?
① 차단기
② 리클로저(Recloser)
③ 섹셔널라이저(Sectionalizer)
④ 자동 부하 전환개폐기(Auto Load Transfer Switch)

32 전선의 표피 효과에 대한 설명으로 알맞은 것은?
① 전선이 굵을수록, 주파수가 높을수록 커진다.
② 전선이 굵을수록, 주파수가 낮을수록 커진다.
③ 전선이 가늘수록, 주파수가 높을수록 커진다.
④ 전선이 가늘수록, 주파수가 낮을수록 커진다.

33 일반회로정수가 같은 평행 2회선에서 A, B, C, D는 각각 1회선의 경우의 몇 배로 되는가?

① A : 2배, B : 2배, C : $\frac{1}{2}$배, D : 1배
② A : 1배, B : 2배, C : $\frac{1}{2}$배, D : 1배
③ A : 1배, B : $\frac{1}{2}$배, C : 2배, D : 1배
④ A : 1배, B : $\frac{1}{2}$배, C : 2배, D : 2배

34 변전소에서 비접지 선로의 접지보호용으로 사용되는 계전기에 영상전류를 공급하는 것은?

① CT ② GPT
③ ZCT ④ PT

35 단로기에 대한 설명으로 틀린 것은?

① 소호장치가 있어 아크를 소멸시킨다.
② 무부하 및 여자전류의 개폐에 사용된다.
③ 사용회로수에 의해 분류하면 단투형과 쌍투형이 있다.
④ 회로의 분리 또는 계통의 접속 변경 시 사용한다.

36 4단자 정수 $A = 0.9918 + j0.0042$, $B = 34.17 + j50.38$, $C = (-0.006 + j3.247) \times 10^{-4}$인 송전선로의 송전단에 66[kV]를 인가하고 수전단을 개방하였을 때 수전단 선간전압은 약 몇 [kV]인가?

① $\frac{66.55}{\sqrt{3}}$ ② 62.5
③ $\frac{62.5}{\sqrt{3}}$ ④ 66.55

37 증기터빈 출력을 P[kW], 증기량을 W[t/h], 초압 및 배기의 증기 엔탈피를 각각 i_0, i_1[kcal/kg]이라 하면 터빈의 효율 η_T[%]는?

① $\dfrac{860P \times 10^3}{W(i_0 - i_1)} \times 100$
② $\dfrac{860P \times 10^3}{W(i_1 - i_0)} \times 100$
③ $\dfrac{860P}{W(i_0 - i_1) \times 10^3} \times 100$
④ $\dfrac{860P}{W(i_1 - i_0) \times 10^3} \times 100$

38 송전선로에서 가공지선을 설치하는 목적이 아닌 것은?

① 뇌(雷)의 직격을 받을 경우 송전선 보호
② 유도뢰에 의한 송전선의 고전위 방지
③ 통신선에 대한 전자유도장해 경감
④ 철탑의 접지저항 경감

39 수전단의 전력원 방정식이 $P_r^2 + (Q_r + 400)^2 = 250,000$으로 표현되는 전력계통에서 조상설비 없이 전압을 일정하게 유지하면서 공급할 수 있는 부하전력은?(단, 부하는 무유도성이다.)

① 200 ② 250
③ 300 ④ 350

40 전력설비의 수용률을 나타낸 것은?

① 수용률 = $\dfrac{\text{평균전력[kW]}}{\text{부하설비용량[kW]}} \times 100$[%]
② 수용률 = $\dfrac{\text{부하설비용량[kW]}}{\text{평균전력[kW]}} \times 100$[%]
③ 수용률 = $\dfrac{\text{최대수용전력[kW]}}{\text{부하설비용량[kW]}} \times 100$[%]
④ 수용률 = $\dfrac{\text{부하설비용량[kW]}}{\text{최대수용전력[kW]}} \times 100$[%]

3과목 전기기기

41 전원전압이 100[V]인 단상 전파정류제어에서 점호각이 30°일 때 직류 평균전압은 약 몇 [V]인가?

① 54 ② 64
③ 84 ④ 94

42 단상 유도전동기의 기동 시 브러시를 필요로 하는 것은?

① 분상 기동형 ② 반발 기동형
③ 콘덴서 분상 기동형 ④ 셰이딩 코일 기동형

43 3선 중 2선의 전원 단자를 서로 바꾸어서 결선하면 회전방향이 바뀌는 기기가 아닌 것은?

① 회전변류기
② 유도전동기
③ 동기전동기
④ 정류자형 주파수 변환기

44 단상 유도전동기의 분상 기동형에 대한 설명으로 틀린 것은?

① 보조권선은 높은 저항과 낮은 리액턴스를 갖는다.
② 주권선은 비교적 낮은 저항과 높은 리액턴스를 갖는다.
③ 높은 토크를 발생시키려면 보조권선에 병렬로 저항을 삽입한다.
④ 전동기가 기동하여 속도가 어느 정도 상승하면 보조권선을 전원에서 분리해야 한다.

45 변압기의 %Z가 커지면 단락전류는 어떻게 변화하는가?

① 커진다. ② 변동 없다.
③ 작아진다. ④ 무한대로 커진다.

46 정격전압 6,600[V]인 3상 동기발전기가 정격출력(역률 = 1)으로 운전할 때 전압 변동률이 12[%]이었다. 여자전류와 회전수를 조정하지 않은 상태로 무부하 운전하는 경우 단자전압[V]은?

① 6,433 ② 6,943
③ 7,392 ④ 7,842

47 계자 권선이 전기자에 병렬로만 연결된 직류기는?

① 분권기 ② 직권기
③ 복권기 ④ 타여자기

48 3상 20,000[kVA]인 동기발전기가 있다. 이 발전기는 60[Hz]일 때는 200[rpm], 50[Hz]일 때는 약 167[rpm]으로 회전한다. 이 동기발전기의 극수는?

① 18극 ② 36극
③ 54극 ④ 72극

49 1차 전압 6,600[V], 권수비 30인 단상변압기로 전등부하에 30[A]를 공급할 때의 입력[kW]은? (단, 변압기의 손실은 무시한다.)

① 4.4 ② 5.5
③ 6.6 ④ 7.7

50 스텝 모터에 대한 설명으로 틀린 것은?

① 가속과 감속이 용이하다.
② 정역 및 변속이 용이하다.
③ 위치제어 시 각도 오차가 작다.
④ 브러시 등 부품수가 많아 유지보수 필요성이 크다.

51 출력이 20[kW]인 직류발전기의 효율이 80[%]이면 전 손실은 약 몇 [kW]인가?

① 0.8
② 1.25
③ 5
④ 45

52 동기전동기의 공급 전압과 부하를 일정하게 유지하면서 역률을 1로 운전하고 있는 상태에서 여자전류를 증가시키면 전기자 전류는?

① 앞선 무효전류가 증가
② 앞선 무효전류가 감소
③ 뒤진 무효전류가 증가
④ 뒤진 무효전류가 감소

53 전압변동률이 작은 동기발전기의 특성으로 옳은 것은?

① 단락비가 크다.
② 속도변동률이 크다.
③ 동기 리액턴스가 크다.
④ 전기자 반작용이 크다.

54 직류발전기에 P[N·m/s]의 기계적 동력을 주면 전력은 몇 [W]로 변환되는가?(단, 손실은 없으며, i_a는 전기자 도체의 전류, e는 전기자 도체의 유도기전력, Z는 총 도체수이다.)

① $P = i_a e Z$
② $P = \dfrac{i_a e}{Z}$
③ $P = \dfrac{i_a Z}{e}$
④ $P = \dfrac{e Z}{i_a}$

55 도통(on)상태에 있는 SCR을 차단(off)상태로 만들기 위해서는 어떻게 하여야 하는가?

① 게이트 펄스전압을 가한다.
② 게이트 전류를 증가시킨다.
③ 게이트 전압이 부(−)가 되도록 한다.
④ 전원 전압의 극성이 반대가 되도록 한다.

56 직류전동기의 워드레오나드 속도제어 방식으로 옳은 것은?

① 전압제어
② 저항제어
③ 계자제어
④ 직병렬제어

57 단권변압기의 설명으로 틀린 것은?

① 분로권선과 직렬권선으로 구분된다.
② 1차 권선과 2차 권선의 일부가 공통으로 사용된다.
③ 3상에는 사용할 수 없고 단상으로만 사용한다.
④ 분로권선에서 누설자속이 없기 때문에 전압변동률이 작다.

58 유도전동기를 정격상태로 사용 중, 전압이 10[%] 상승할 때 특성변화로 틀린 것은?(단, 부하는 일정 토크라고 가정한다.)

① 슬립이 작아진다.
② 역률이 떨어진다.
③ 속도가 감소한다.
④ 히스테리시스손과 와류손이 증가한다.

59 단자전압 110[V], 전기자 전류 15[A], 전기자 회로의 저항 2[Ω], 정격속도 1,800[rpm]으로 전부하에서 운전하고 있는 직류 분권전동기의 토크는 약 몇 [N·m]인가?

① 6.0
② 6.4
③ 10.08
④ 11.14

60 용량 1[kVA], 3,000/200[V]의 단상변압기를 단권변압기로 결선해서 3,000/3,200[V]의 승압기로 사용할 때 그 부하용량[kVA]은?

① $\frac{1}{16}$ ② 1
③ 15   ④ 16

4과목 회로이론 및 제어공학

61 3상 전류가 $I_a = 10+j3$[A], $I_b = -5-j2$[A], $I_c = -3+j4$[A]일 때 정상분 전류의 크기는 약 몇 [A]인가?

① 5   ② 6.4
③ 10.5   ④ 13.34

62 그림의 회로에서 영상 임피던스 Z_{01}이 6[Ω]일 때, 저항 R의 값은 몇 [Ω]인가?

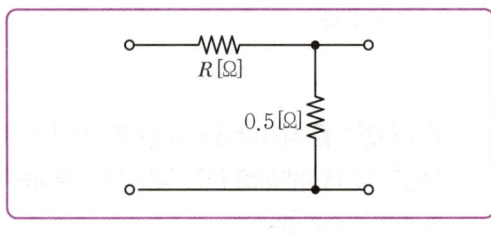

① 2   ② 4
③ 6   ④ 9

63 Y결선의 평형 3상 회로에서 선간전압 V_{ab}와 상전압 V_{an}의 관계로 옳은 것은? (단, $V_{bn} = V_{an}e^{j(2\pi/3)}$, $V_{cn} = V_{bn}e^{-j(2\pi/3)}$)

① $V_{ab} = \frac{1}{\sqrt{3}}e^{j(\pi/6)}V_{an}$
② $V_{ab} = \sqrt{3}\,e^{j(\pi/6)}V_{an}$
③ $V_{ab} = \frac{1}{\sqrt{3}}e^{-j(\pi/6)}V_{an}$
④ $V_{ab} = \sqrt{3}\,e^{-j(\pi/6)}V_{an}$

64 $f(t) = t^2 e^{-\alpha t}$를 라플라스 변환하면?

① $\frac{2}{(s+\alpha)^2}$ ② $\frac{3}{(s+\alpha)^2}$
③ $\frac{2}{(s+\alpha)^3}$ ④ $\frac{3}{(s+\alpha)^3}$

65 선로의 단위 길이당 인덕턴스, 저항, 정전용량, 누설 컨덕턴스를 각각 L, R, C, G라 하면 전파정수는?

① $\frac{\sqrt{(R+j\omega L)}}{(G+j\omega C)}$
② $\sqrt{(R+j\omega L)(G+j\omega C)}$
③ $\sqrt{\frac{(R+j\omega C)}{(G+j\omega L)}}$
④ $\sqrt{\frac{(G+j\omega C)}{(R+j\omega L)}}$

66 회로에서 0.5[Ω] 양단 전압(V)은 약 몇 [V]인가?

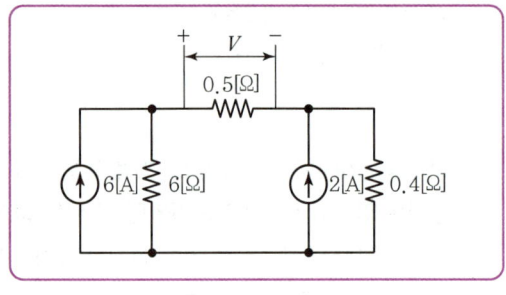

① 0.6   ② 0.93
③ 1.47   ④ 1.5

67 RLC 직렬회로의 파라미터가 $R^2 = \frac{4L}{C}$의 관계를 가진다면, 이 회로에 직류 전압을 인가하는 경우 과도 응답특성은?

① 무제동   ② 과제동
③ 부족제동   ④ 임계제동

68 $v(t) = 3 + 5\sqrt{2}\sin\omega t + 10\sqrt{2}\sin\left(3\omega t - \frac{\pi}{3}\right)$ [V]의 실횻값 크기는 약 몇 [V]인가?

① 9.6
② 10.6
③ 11.6
④ 12.6

69 그림과 같이 결선된 회로의 단자(a, b, c)에 선간 전압이 V[V]인 평형 3상 전압을 인가할 때 상전류 I[A]의 크기는?

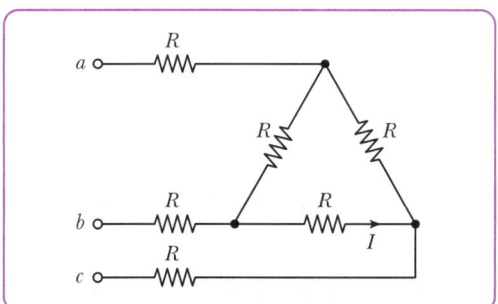

① $\dfrac{V}{4R}$
② $\dfrac{3V}{4R}$
③ $\dfrac{\sqrt{3}\,V}{4R}$
④ $\dfrac{V}{4\sqrt{3}\,R}$

70 $8 + j6$[Ω]인 임피던스에 $13 + j20$[V]의 전압을 인가할 때 복소전력은 약 몇 [VA]인가?

① $12.7 + j34.1$
② $12.7 + j55.5$
③ $45.5 + j34.1$
④ $45.5 + j55.5$

71 특성방정식이 $s^3 + 2s^2 + Ks + 10 = 0$로 주어지는 제어시스템이 안정하기 위한 K의 범위는?

① $K > 0$
② $K > 5$
③ $K < 0$
④ $0 < K < 5$

72 제어시스템의 개루프 전달함수가 $G(s)H(s) = \dfrac{K(s+30)}{s^4 + s^3 + 2s^2 + s + 7}$로 주어질 때, 다음 중 $K > 0$인 경우 근궤적의 점근선이 실수축과 이루는 각[°]은?

① 20°
② 60°
③ 90°
④ 120°

73 z 변환된 함수 $F(z) = \dfrac{3z}{(z - e^{-3T})}$에 대응되는 라플라스 변환 함수는?

① $\dfrac{1}{(s+3)}$
② $\dfrac{3}{(s-3)}$
③ $\dfrac{1}{(s-3)}$
④ $\dfrac{3}{(s+3)}$

74 그림과 같은 제어시스템의 전달함수 $\dfrac{C(s)}{R(s)}$는?

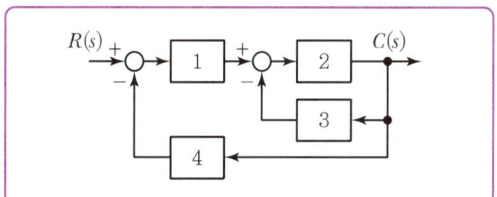

① $\dfrac{1}{15}$
② $\dfrac{2}{15}$
③ $\dfrac{3}{15}$
④ $\dfrac{4}{15}$

75 전달함수가 $G_C(s) = \dfrac{2s+5}{7s}$인 제어기가 있다. 이 제어기는 어떤 제어기인가?

① 비례미분 제어기
② 적분 제어기
③ 비례적분 제어기
④ 비례적분미분 제어기

76 단위 피드백제어계에서 개루프 전달함수 $G(s)$가 다음과 같이 주어졌을 때 단위계단입력에 대한 정상상태 편차는?

$$G(s) = \frac{5}{s(s+1)(s+2)}$$

① 0 ② 1
③ 2 ④ 3

77 그림과 같은 논리회로의 출력 Y는?

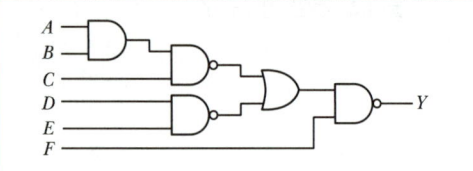

① $ABCDE + \overline{F}$
② $\overline{A}\,\overline{B}\,\overline{C}\,\overline{D}\,\overline{E} + F$
③ $\overline{A} + \overline{B} + \overline{C} + \overline{D} + \overline{E} + F$
④ $A + B + C + D + E + \overline{F}$

78 그림의 신호흐름선도에서 전달함수 $\dfrac{C(s)}{R(s)}$는?

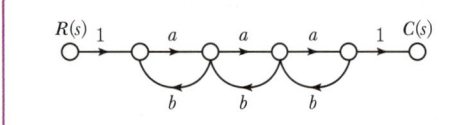

① $\dfrac{a^3}{(1-ab)^3}$
② $\dfrac{a^3}{1-3ab+a^2b^2}$
③ $\dfrac{a^3}{1-3ab}$
④ $\dfrac{a^3}{1-3ab+2a^2b^2}$

79 다음과 같은 미분방정식으로 표현되는 제어시스템의 시스템 행렬 A는?

$$\frac{d^2c(t)}{dt^2} + 5\frac{dc(t)}{dt} + 3c(t) = r(t)$$

① $\begin{bmatrix} -5 & -3 \\ 0 & 1 \end{bmatrix}$
② $\begin{bmatrix} -3 & -5 \\ 0 & 1 \end{bmatrix}$
③ $\begin{bmatrix} 0 & 1 \\ -3 & -5 \end{bmatrix}$
④ $\begin{bmatrix} 0 & 1 \\ -5 & -3 \end{bmatrix}$

80 안정한 제어시스템의 보드 선도에서 이득여유는?

① $-20 \sim 20$[dB] 사이에 있는 크기[dB] 값이다.
② $0 \sim 20$[dB] 사이에 있는 크기 선도의 길이이다.
③ 위상이 0°가 되는 주파수에서 이득의 크기[dB]이다.
④ 위상이 $-180°$가 되는 주파수에서 이득의 크기[dB]이다.

5과목 전기설비기술기준 및 판단기준

81 지중 전선로를 직접 매설식에 의하여 시설할 때, 중량물의 압력을 받을 우려가 있는 장소에 저압 또는 고압의 지중전선을 견고한 트라프 기타 방호물에 넣지 않고도 부설할 수 있는 케이블은?

① PVC 외장 케이블
② 콤바인덕트 케이블
③ 염화비닐 절연 케이블
④ 폴리에틸렌 외장 케이블

82 수소냉각식 발전기 등의 시설기준으로 틀린 것은?

① 발전기 안 또는 무효전력 보상장치 안의 수소의 온도를 계측하는 장치를 시설할 것
② 발전기 축의 밀봉부로부터 수소가 누설될 때 누설된 수소를 외부로 방출하지 않을 것
③ 발전기 안 또는 무효전력 보상장치 안의 수소의 순도가 85[%] 이하로 저하한 경우에 이를 경보하는 장치를 시설할 것
④ 발전기 또는 무효전력 보상장치는 수소가 대기압에서 폭발하는 경우에 생기는 압력에 견디는 강도를 가지는 것일 것

83 저압전로에서 그 전로에 지락이 생긴 경우 0.5초 이내에 자동적으로 전로를 차단하는 장치를 시설하는 경우에는 특별 제3종 접지공사의 접지저항 값은 자동 차단기의 정격감도 전류가 30[mA] 이하일 때 몇 [Ω] 이하로 하여야 하는가?

[KEC규정에 따라 삭제]

① 75   ② 150
③ 300   ④ 500

84 어느 유원지의 어린이 놀이기구인 놀이용 전차에 전기를 공급하는 전로의 사용전압은 교류인 경우 몇 [V] 이하이어야 하는가?

① 20   ② 40   ③ 60   ④ 100

85 연료전지 및 태양전지 모듈의 절연내력시험을 하는 경우 충전부분과 대지 사이에 인가하는 시험전압은 얼마인가?(단, 연속하여 10분간 가하여 견디는 것이어야 한다.)

① 최대사용전압의 1.25배의 직류전압 또는 1배의 교류전압(500[V] 미만으로 되는 경우에는 500[V])
② 최대사용전압의 1.25배의 직류전압 또는 1.25배의 교류전압(500[V] 미만으로 되는 경우에는 500[V])
③ 최대사용전압의 1.5배의 직류전압 또는 1배의 교류전압(500[V] 미만으로 되는 경우에는 500[V])
④ 최대사용전압의 1.5배의 직류전압 또는 1.25배의 교류전압(500[V] 미만으로 되는 경우에는 500[V])

86 전개된 장소에서 저압 옥상전선로의 시설기준으로 적합하지 않은 것은?

① 전선은 절연전선을 사용하였다.
② 전선 지지점 간의 거리를 20[m]로 하였다.
③ 전선은 지름 2.6[mm]의 경동선을 사용하였다.
④ 저압 절연전선과 그 저압 옥상전선로를 시설하는 조영재와의 간격을 2[m]로 하였다.

87 교류 전차선 등과 삭도 또는 그 지주 사이의 간격을 몇 [m] 이상 이격하여야 하는가?

[KEC규정에 따라 삭제]

① 1   ② 2
③ 3   ④ 4

88 고압 가공전선을 시가지 외에 시설할 때 사용되는 경동선의 굵기는 지름 몇 [mm] 이상인가?

① 2.6   ② 3.2
③ 4.0   ④ 5.0

89 저압 수상전선로에 사용되는 전선은?

① 옥외 비닐케이블
② 600[V] 비닐절연전선
③ 600[V] 고무절연전선
④ 클로로프렌 캡타이어 케이블

90 440[V] 옥내 배선에 연결된 전동기 회로의 절연저항 최솟값은 몇 [MΩ]인가? [KEC규정에 따라 삭제]

① 0.1   ② 0.2
③ 0.4   ④ 1

91 케이블 트레이 공사에 사용하는 케이블 트레이에 적합하지 않은 것은?

① 비금속제 케이블 트레이는 난연성 재료가 아니어도 된다.
② 금속재의 것은 적절한 방식처리를 한 것이거나 내식성 재료의 것이어야 한다.
③ 금속제 케이블 트레이 계통은 기계적 및 전기적으로 완전하게 접속하여야 한다.
④ 케이블 트레이가 방화구획의 벽 등을 관통하는 경우에 관통부는 불연성의 물질로 충전하여야 한다.

92 전개된 건조한 장소에서 400[V] 이상의 저압 옥내배선을 할 때 특별히 정해진 경우를 제외하고는 시공할 수 없는 공사는? [KEC규정에 따라 삭제]
① 애자사용 공사 ② 금속덕트 공사
③ 버스덕트 공사 ④ 합성수지몰드 공사

93 가공전선로의 지지물의 강도계산에 적용하는 풍압하중은 빙설이 많은 지방 이외의 지방에서 저온계절에는 어떤 풍압하중을 적용하는가?(단, 인가가 연접되어 있지 않다고 한다.)
① 갑종 풍압하중
② 을종 풍압하중
③ 병종 풍압하중
④ 을종과 병종 풍압하중을 혼용

94 백열전등 또는 방전등에 전기를 공급하는 옥내전로의 대지전압은 몇 [V] 이하이어야 하는가?(단, 백열전등 또는 방전등 및 이에 부속하는 전선은 사람이 접촉할 우려가 없도록 시설한 경우이다.)
① 60   ② 110
③ 220   ④ 300

95 특고압 가공전선로의 지지물에 첨가하는 통신선 보안장치에 사용되는 피뢰기의 동작전압은 교류 몇 [V] 이하인가?
① 300   ② 600
③ 1,000 ④ 1,500

96 태양전지 발전소에 시설하는 태양전지 모듈, 전선 및 개폐기 기타 기구의 시설기준에 대한 내용으로 틀린 것은?
① 충전부분은 노출되지 아니하도록 시설하여야 한다.
② 옥내에 시설하는 경우에는 전선을 케이블 공사로 시설할 수 있다.
③ 태양전지 모듈의 프레임은 지지물과 전기적으로 완전하게 접속하여야 한다.
④ 태양전지 모듈을 병렬로 접속하는 전로에는 과전류 차단기를 시설하지 않아도 된다.

97 가공전선로의 지지물에 시설하는 지지선으로 연선을 사용할 경우 소선은 최소 몇 가닥 이상이어야 하는가?
① 3   ② 5
③ 7   ④ 9

98 저압 가공전선로 또는 고압 가공전선로와 기설 가공약전류 전선로가 병행하는 경우에는 유도작용에 의한 통신상의 장해가 생기지 아니하도록 전선과 기설 약전류 전선 간의 간격은 몇 [m] 이상이어야 하는가?(단, 전기철도용 급전선로는 제외한다.)
① 2   ② 4
③ 6   ④ 8

99 출퇴표시등 회로에 전기를 공급하기 위한 변압기는 1차 측 전로의 대지전압이 300[V] 이하, 2차 측 전로의 사용전압은 몇 [V] 이하인 절연변압기이어야 하는가?
① 60   ② 80
③ 100   ④ 150

100 중성점 직접 접지식 전로에 접속되는 최대사용전압 161[kV]인 3상 변압기 권선(성형결선)의 절연내력시험을 할 때 접지시켜서는 안 되는 것은?
① 철심 및 외함
② 시험되는 변압기의 부싱
③ 시험되는 권선의 중성점 단자
④ 시험되지 않는 각 권선(다른 권선이 2개 이상 있는 경우에는 각 권선)의 임의의 1단자

2020년도 3회 과년도 기출문제

1과목 전기자기학

01 분극의 세기 P, 전계 E, 전속밀도 D의 관계를 나타낸 것으로 옳은 것은?(단, ε_0는 진공의 유전율이고, ε_r은 유전체의 비유전율이며, ε은 유전체와 유전율이다.)

① $P = \varepsilon_0(\varepsilon+1)E$
② $E = \dfrac{D+P}{\varepsilon_0}$
③ $P = D - \varepsilon_0 E$
④ $\varepsilon_0 = D - E$

02 그림과 같은 직사각형의 평면 코일이 $B = \dfrac{0.05}{\sqrt{2}}(a_x + a_y)$[Wb/m²]인 자계에 위치하고 있다. 이 코일에 흐르는 전류가 5[A]일 때 z축에 있는 코일에서의 토크는 약 몇 [N·m]인가?

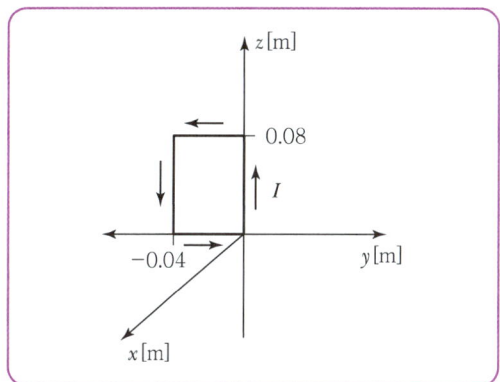

① $2.66 \times 10^{-4} a_x$
② $5.66 \times 10^{-4} a_x$
③ $2.66 \times 10^{-4} a_z$
④ $5.66 \times 10^{-4} a_z$

03 내부 장치 또는 공간을 물질로 포위시켜 외부자계의 영향을 차폐시키는 방식을 자기차폐라 한다. 다음 중 자기차폐에 가장 적합한 것은?

① 비투자율이 1보다 작은 역자성체
② 강자성체 중에서 비투자율이 큰 물질
③ 강자성체 중에서 비투자율이 작은 물질
④ 비투자율에 관계없이 물질의 두께에만 관계되므로 되도록이면 두꺼운 물질

04 주파수가 100[MHz]일 때 구리의 표피 두께(Skin Depth)는 약 몇 [mm]인가?(단, 구리의 도전율은 5.9×10^7[℧/m]이고, 비투자율은 0.99이다.)

① 3.3×10^{-2}
② 6.6×10^{-2}
③ 3.3×10^{-3}
④ 6.6×10^{-3}

05 압전기 현상에서 전기 분극이 기계적 응력에 수직한 방향으로 발생하는 현상은?

① 종효과
② 횡효과
③ 역효과
④ 직접효과

06 구리의 고유저항은 20℃에서 1.69×10^{-8}[Ω·m]이고 온도계수는 0.00393이다. 단면적이 2[mm²]이고 100[m]인 구리선의 저항값은 40[℃]에서 약 몇 [Ω]인가?

① 0.91×10^{-3}
② 1.89×10^{-3}
③ 0.91
④ 1.89

07 전위경도 V와 전계 E의 관계식은?

① $E = \text{grad}\, V$
② $E = \text{div}\, V$
③ $E = -\text{grad}\, V$
④ $E = -\text{div}\, V$

08 정전계에서 도체에 정(+)의 전하를 주었을 때의 설명으로 틀린 것은?

① 도체 표면의 곡률 반지름이 작은 곳에 전하가 많이 분포한다.
② 도체 외측의 표면에만 전하가 분포한다.
③ 도체 표면에서 수직으로 전기력선이 출입한다.
④ 도체 내에 있는 공동면에도 전하가 골고루 분포한다.

09 평행 도선에 같은 크기의 왕복 전류가 흐를 때 두 도선 사이에 작용하는 힘에 대한 설명으로 옳은 것은?

① 흡인력이다.
② 전류의 제곱에 비례한다.
③ 주위 매질의 투자율에 반비례한다.
④ 두 도선 사이 간격의 제곱에 반비례한다.

10 비유전율 3, 비투자율 3인 매질에서 전자기파의 진행속도 v[m/s]와 진공에서의 속도 v_0[m/s]의 관계는?

① $v = \dfrac{1}{9}v_0$
② $v = \dfrac{1}{3}v_0$
③ $v = 3v_0$
④ $v = 9v_0$

11 대지의 고유저항이 ρ[Ω·m]일 때 반지름이 a[m]인 그림과 같은 반구 접지극의 접지저항[Ω]은?

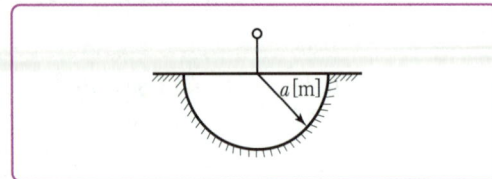

① $\dfrac{\rho}{4\pi a}$
② $\dfrac{\rho}{2\pi a}$
③ $\dfrac{2\pi\rho}{a}$
④ $2\pi\rho a$

12 공기 중에서 2[V/m]의 전계의 세기에 의한 변위전류밀도의 크기를 2[A/m²]로 흐르게 하려면 전계의 주파수는 약 몇 [MHz]가 되어야 하는가?

① 9,000
② 18,000
③ 36,000
④ 72,000

13 2장의 무한 평판 도체를 4[cm]의 간격으로 놓은 후 평판 도체 간에 일정한 전계를 인가하였더니 평판 도체 표면에 2μ[C/m²]의 전하밀도가 생겼다. 이때 평행 도체 표면에 작용하는 정전응력은 약 몇 [N/m²]인가?

① 0.057
② 0.226
③ 0.57
④ 2.26

14 자성체 내의 자계의 세기가 H[AT/m]이고 자속밀도가 B[Wb/m²]일 때, 자계에너지밀도[J/m³]는?

① HB
② $\dfrac{1}{2\mu}H^2$
③ $\dfrac{\mu}{2}B^2$
④ $\dfrac{1}{2\mu}B^2$

15 임의의 방향으로 배열되었던 강자성체의 자구가 외부 자기장의 힘이 일정치 이상이 되는 순간에 급격히 회전하여 자기장의 방향으로 배열되고 자속밀도가 증가하는 현상을 무엇이라 하는가?

① 자기여효(Magnetic Aftereffect)
② 바크하우젠 효과(Barkthausen Effect)
③ 자기왜현상(Magneto-Striction Effect)
④ 핀치 효과(Pinch Effect)

16 반지름이 5[mm], 길이가 15[mm], 비투자율이 50인 자성체 막대에 코일을 감고 전류를 흘려서 자성체 내의 자속밀도를 50[Wb/m²]로 하였을 때 자성체 내에서의 자계의 세기는 몇 [A/m]인가?

① $\dfrac{10^7}{\pi}$ ② $\dfrac{10^7}{2\pi}$
③ $\dfrac{10^7}{4\pi}$ ④ $\dfrac{10^7}{8\pi}$

17 반지름이 30[cm]인 원판 전극의 평행판 콘덴서가 있다. 전극의 간격이 0.1[cm]이며 전극 사이 유전체의 비유전율이 4.0이라 한다. 이 콘덴서의 정전용량은 약 몇 [μF]인가?

① 0.01 ② 0.02
③ 0.03 ④ 0.04

18 한 변의 길이가 l[m]인 정사각형 도체회로에 전류 I[A]를 흘릴 때 회로 중심점에서의 자계 세기는 몇 [AT/m]인가?

① $\dfrac{2I}{\pi l}$
② $\dfrac{I}{\sqrt{2}\,\pi l}$
③ $\dfrac{\sqrt{2}\,I}{\pi l}$
④ $\dfrac{2\sqrt{2}\,I}{\pi l}$

19 정전용량이 각각 $C_1 = 1[\mu F]$, $C_2 = 2[\mu F]$인 도체에 전하 $Q_1 = -5[\mu C]$, $Q_2 = 2[\mu C]$을 각각 주고 각 도체를 가는 철사로 연결하였을 때 C_1에서 C_2로 이동하는 전하 $Q[\mu C]$는?

① -4 ② -3.5
③ -3 ④ -1.5

20 정전용량이 0.03[μF]인 평행판 공기 콘덴서의 두 극판 사이에 절반 두께의 비유전율 10인 유리판을 극판과 평행하게 넣었다면 이 콘덴서의 정전용량은 약 몇 [μF]이 되는가?

① 1.83 ② 18.3
③ 0.055 ④ 0.55

2과목 전력공학

21 3상 전원에 접속된 Δ 결선의 커패시터를 Y결선으로 바꾸면 진상 용량 Q_Y[kVA]는?(단, Q_Δ는 Δ 결선된 커패시터의 진상 용량이고, Q_Y는 Y결선된 커패시터의 진상 용량이다.)

① $Q_Y = \sqrt{3}\,Q_\Delta$
② $Q_Y = \dfrac{1}{3}Q_\Delta$
③ $Q_Y = 3Q_\Delta$
④ $Q_Y = \dfrac{1}{\sqrt{3}}Q_\Delta$

22 교류 배전선로에서 전압강하 계산식은 $V_d = k(R\cos\theta + X\sin\theta)I$로 표현된다. 3상 3선식 배전선로인 경우에 k는?

① $\sqrt{3}$ ② $\sqrt{2}$
③ 3 ④ 2

23 송전선에서 뇌격에 대한 차폐 등을 위해 가선하는 가공지선에 대한 설명으로 옳은 것은?

① 차폐각은 보통 15~30° 정도로 하고 있다.
② 차폐각이 클수록 벼락에 대한 차폐효과가 크다.
③ 가공지선을 2선으로 하면 차폐각이 작아진다.
④ 가공지선으로는 연동선을 주로 사용한다.

24 배전선의 전력손실 경감 대책이 아닌 것은?

① 다중접지방식을 채용한다.
② 역률을 개선한다.
③ 배전 전압을 높인다.
④ 부하의 불평형을 방지한다.

25 그림과 같은 이상 변압기에서 2차 측에 5[Ω]의 저항부하를 연결하였을 때 1차 측에 흐르는 전류[I]는 약 몇 [A]인가?

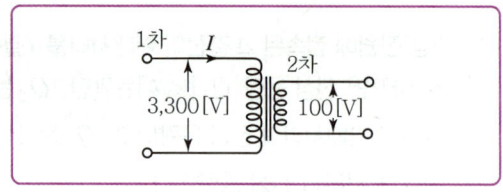

① 0.6
② 1.8
③ 20
④ 660

26 전압과 유효전력이 일정할 경우 부하 역률이 70%인 선로에서의 저항손실($P_{70\%}$)은 역률이 90[%]인 선로에서의 저항손실($P_{90\%}$)과 비교하면 약 얼마인가?

① $P_{70\%} = 0.6 P_{90\%}$
② $P_{70\%} = 1.7 P_{90\%}$
③ $P_{70\%} = 0.3 P_{90\%}$
④ $P_{70\%} = 2.7 P_{90\%}$

27 3상3선식 송전선에서 L을 작용 인덕턴스라 하고, L_e 및 L_m은 대지를 귀로로 하는 1선의 자기 인덕턴스 및 상호 인덕턴스라고 할 때 이들 사이의 관계식은?

① $L = L_m - L_e$
② $L = L_e - L_m$
③ $L = L_m + L_e$
④ $L = \dfrac{L_m}{L_e}$

28 표피효과에 대한 설명으로 옳은 것은?

① 표피효과는 주파수에 비례한다.
② 표피효과는 전선의 단면적에 반비례한다.
③ 표피효과는 전선의 비투자율에 반비례한다.
④ 표피효과는 전선의 도전율에 반비례한다.

29 배전선로의 전압을 3[kV]에서 6[kV]로 승압하면 전압강하율[δ]은 어떻게 되는가?(단, δ_{3kV}는 전압이 3[kV]일 때 전압강하율이고, δ_{6kV}는 전압이 6[kV]일 때 전압강하율이며, 부하는 일정하다고 한다.)

① $\delta_{6kV} = \dfrac{1}{2}\delta_{3kV}$
② $\delta_{6kV} = \dfrac{1}{4}\delta_{3kV}$
③ $\delta_{6kV} = 2\delta_{3kV}$
④ $\delta_{6kV} = 4\delta_{3kV}$

30 계통의 안정도 증진대책이 아닌 것은?

① 발전기나 변압기의 리액턴스를 작게 한다.
② 선로의 회선 수를 감소시킨다.
③ 중간조상 방식을 채용한다.
④ 고속도 재폐로방식을 채용한다.

31 1상의 대지 정전용량이 0.5[μF], 주파수가 60[Hz]인 3상 송전선이 있다. 이 선로에 소호리액터를 설치한다면, 소호리액터의 공진리액턴스는 약 몇 [Ω]이면 되는가?

① 970
② 1,370
③ 1,770
④ 3,570

32 배전선로의 고장 또는 보수 점검 시 정전구간을 축소하기 위하여 사용되는 것은?

① 단로기
② 컷아웃스위치
③ 계자저항기
④ 구분개폐기

33 수전단 전력 원선도의 전력 방정식이 $P_r^2 + (Q_r + 400)^2 = 250,000$으로 표현되는 전력계통에서 가능한 최대로 공급할 수 있는 부하전력(P_r)과 이때 전압을 일정하게 유지하는 데 필요한 무효전력(Q_r)은 각각 얼마인가?

① $P_r = 500$, $Q_r = -400$
② $P_r = 400$, $Q_r = 500$
③ $P_r = 300$, $Q_r = 100$
④ $P_r = 200$, $Q_r = -300$

34 수전용 변전설비의 1차 측 차단기의 차단용량은 주로 어느 것에 의하여 정해지는가?

① 수전 계약용량
② 부하설비의 단락용량
③ 공급 측 전원의 단락용량
④ 수전전력의 역률과 부하율

35 프란시스 수차의 특유속도[m·kW]의 한계를 나타내는 식은?(단, H[m]는 유효낙차이다.)

① $\dfrac{13,000}{H+50} + 10$
② $\dfrac{13,000}{H+50} + 30$
③ $\dfrac{20,000}{H+20} + 10$
④ $\dfrac{20,000}{H+20} + 30$

36 정격전압 6,600[V], Y결선, 3상 발전기의 중성점을 1선 지락 시 지락전류를 100[A]로 제한하는 저항기로 접지하려고 한다. 저항기의 저항값은 약 몇 [Ω]인가?

① 44
② 41
③ 38
④ 35

37 송전 철탑에서 역섬락을 방지하기 위한 대책은?

① 가공지선의 설치
② 탑각 접지저항의 감소
③ 전력선의 연가
④ 아크혼의 설치

38 조속기의 폐쇄시간이 짧을수록 나타나는 현상으로 옳은 것은?

① 수격작용은 작아진다.
② 발전기의 전압 상승률은 커진다.
③ 수차의 속도 변동률은 작아진다.
④ 수압관 내의 수압 상승률은 작아진다.

39 주변압기 등에서 발생하는 제5고조파를 줄이는 방법으로 옳은 것은?

① 전력용 콘덴서에 직렬리액터를 연결한다.
② 변압기 2차 에 분로리액터를 연결한다.
③ 모선에 방전코일을 연결한다.
④ 모선에 공심 리액터를 연결한다.

40 복도체에서 2본의 전선이 서로 충돌하는 것을 방지하기 위하여 2본의 전선 사이에 적당한 간격을 두어 설치하는 것은?

① 아모로드
② 댐퍼
③ 아킹혼
④ 스페이서

3과목 전기기기

41 정격전압 120[V], 60[Hz]인 변압기의 무부하입력 80[W], 무부하전류 1.4[A]이다. 이 변압기의 여자 리액턴스는 약 몇 [Ω]인가?

① 97.6
② 103.7
③ 124.7
④ 180

42 서보모터의 특징에 대한 설명으로 틀린 것은?

① 발생토크는 입력신호에 비례하고, 그 비가 클 것
② 직류 서보모터에 비하여 교류 서보모터의 시동 토크가 매우 클 것
③ 시동 토크는 크나 회전부의 관성모멘트가 작고, 전기적 시정수가 짧을 것
④ 빈번한 시동, 정지, 역전 등의 가혹한 상태에 견디도록 견고하고, 큰 돌입전류에 견딜 것

43 3상 변압기 2차 측의 E_W상만을 반대로 하고 Y-Y 결선을 한 경우, 2차 상전압이 $E_U = 70$[V], $E_V = 70$[V], $E_W = 70$[V]라면 2차 선간전압은 약 몇 [V]인가?

① $V_{U-V} = 121.2$[V], $V_{V-W} = 70$[V], $V_{W-U} = 70$[V]
② $V_{U-V} = 121.2$[V], $V_{V-W} = 210$[V], $V_{W-U} = 70$[V]
③ $V_{U-V} = 121.2$[V], $V_{V-W} = 121.2$[V], $V_{W-U} = 70$[V]
④ $V_{U-V} = 121.2$[V], $V_{V-W} = 121.2$[V], $V_{W-U} = 121.2$[V]

44 극수 8, 중권 직류기의 전기자 총 도체 수 960, 매극 자속 0.04[Wb], 회전수 400[rpm]이라면 유기 기전력은 몇 [V]인가?

① 256
② 327
③ 425
④ 625

45 3상 유도전동기에서 2차 측 저항을 2배로 하면 그 최대토크는 어떻게 변하는가?

① 2배로 커진다.
② 3배로 커진다.
③ 변하지 않는다.
④ $\sqrt{2}$ 배로 커진다.

46 동기전동기에 일정한 부하를 걸고 계자전류를 0[A]에서부터 계속 증가시킬 때 관련 설명으로 옳은 것은?(단, I_a는 전기자전류이다.)

① I_a는 증가하다가 감소한다.
② I_a가 최소일 때 역률이 1이다.
③ I_a가 감소상태일 때 앞선 역률이다.
④ I_a가 증가상태일 때 뒤진 역률이다.

47 3[VA], 3,000/200[V]와 변압기의 단락시험에서 임피던스전압 120[V], 동손 150[W]라 하면 %저항 강하는 몇 %인가?

① 1
② 3
③ 5
④ 7

48 정격출력 50[kW], 4극 220[V], 60[Hz]인 3상 유도전동기가 전부하 슬립 0.04, 효율 90%로 운전되고 있을 때 다음 중 틀린 것은?

① 2차 효율=92[%]
② 1차 입력=55.56[kW]
③ 회전자 동손=2.08[kW]
④ 회전자 입력=52.08[kW]

49 단상 유도전동기를 2전동기설로 설명하는 경우 정방향 회전자계의 슬립이 0.2이면, 역방향 회전자계의 슬립은 얼마인가?

① 0.2
② 0.8
③ 1.8
④ 2.0

50 직류 가동복권발전기를 전동기로 사용하면 어느 전동기가 되는가?

① 직류 직권전동기
② 직류 분권전동기
③ 직류 가동복권전동기
④ 직류 차동복권전동기

51 동기발전기를 병렬운전하는 데 필요하지 않은 조건은?

① 기전력의 용량이 같을 것
② 기전력의 파형이 같을 것
③ 기전력의 크기가 같을 것
④ 기전력의 주파수가 같을 것

52 IGBT(Insulated Gate Bipolar Transistor)에 대한 설명으로 틀린 것은?

① MOSFET와 같이 전압제어 소자이다.
② GTO 사이리스터와 같이 역방향 전압저지 특성을 갖는다.
③ 게이트와 에미터 사이의 입력 임피던스가 매우 낮아 BJT보다 구동하기 쉽다.
④ BJT처럼 on-drop이 전류에 관계없이 낮고 거의 일정하며, MOSFET보다 훨씬 큰 전류를 흘릴 수 있다.

53 유도전동기에서 공급 전압의 크기가 일정하고 전원 주파수만 낮아질 때 일어나는 현상으로 옳은 것은?

① 철손이 감소한다.
② 온도상승이 커진다.
③ 여자전류가 감소한다.
④ 회전속도가 증가한다.

54 용접용으로 사용되는 직류발전기의 특성 중에서 가장 중요한 것은?

① 과부하에 견딜 것
② 전압변동률이 적을 것
③ 경부하일 때 효율이 좋을 것
④ 전류에 대한 전압특성이 수하특성일 것

55 동기발전기에 설치된 제동권선의 효과로 틀린 것은?

① 난조 방지
② 과부하 내량의 증대
③ 송전선의 불평형 단락 시 이상전압 방지
④ 불평형 부하 시의 전류, 전압 파형의 개선

56 3,300/220[V] 변압기 A, B의 정격용량이 각각 400[kVA], 300[kVA]이고, %임피던스 강하가 각각 2.4[%]와 3.6[%]일 때 그 2대의 변압기에 걸 수 있는 합성부하용량은 몇 [kVA]인가?

① 550
② 600
③ 650
④ 700

57 동작모드가 그림과 같이 나타나는 혼합브리지는?

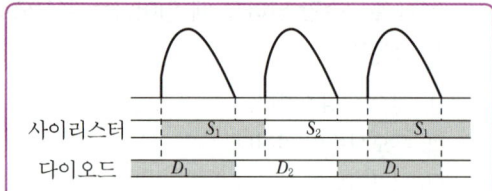

① 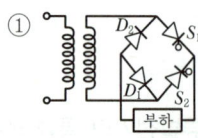 ②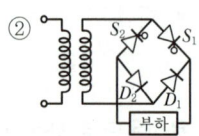

③ 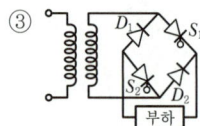 ④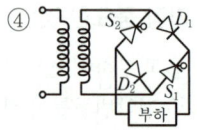

58 동기기의 전기자 저항을 r, 전기자 반작용 리액턴스를 X_a, 누설 리액턴스를 X_l라고 하면 동기임피던스를 표시하는 식은?

① $\sqrt{r^2 + \left(\dfrac{X_a}{X_l}\right)^2}$

② $\sqrt{r^2 + X_l^2}$

③ $\sqrt{r^2 + X_a^2}$

④ $\sqrt{r^2 + (X_a + X_l)^2}$

59 단상 유도전동기에 대한 설명으로 틀린 것은?
① 반발 기동형 : 직류전동기와 같이 정류자와 브러시를 이용하여 기동한다.
② 분상 기동형 : 별도의 보조권선을 사용하여 회전자계를 발생시켜 기동한다.
③ 커패시터 기동형 : 기동전류에 비해 기동토크가 크지만, 커패시터를 설치해야 한다.
④ 반발 유도형 : 기동 시 농형권선과 반발전동기의 회전자 권선을 함께 이용하나 운전 중에는 농형권선만을 이용한다.

60 직류전동기의 속도제어법이 아닌 것은?
① 계자제어법 ② 전력제어법
③ 전압제어법 ④ 저항제어법

4과목 회로이론 및 제어공학

61 그림과 같은 피드백제어 시스템에서 입력이 단위계단함수일 때 정상상태 오차상수인 위치상수(K_p)는?

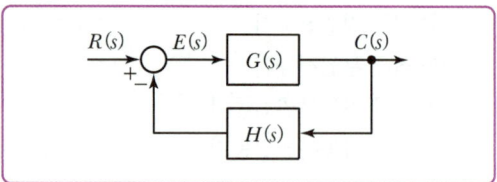

① $K_p = \lim\limits_{s \to 0} G(s)H(s)$ ② $K_p = \lim\limits_{s \to 0} \dfrac{G(s)}{H(s)}$

③ $K_p = \lim\limits_{s \to \infty} G(s)H(s)$ ④ $K_p = \lim\limits_{s \to \infty} \dfrac{G(s)}{H(s)}$

62 적분 시간 4[sec], 비례 감도가 4인 비례적분동작을 하는 제어 요소에 동작신호 $z(t) = 2t$를 주었을 때 이 제어 요소의 조작량은?(단, 조작량의 초깃값은 0이다.)
① $t^2 + 8t$ ② $t^2 + 2t$
③ $t^2 - 8t$ ④ $t^2 - 2t$

63 시간함수 $f(t) = \sin\omega t$의 z 변환은?(단, T는 샘플링 주기이다.)

① $\dfrac{z\sin\omega T}{z^2 + 2z\cos\omega T + 1}$ ② $\dfrac{z\sin\omega T}{z^2 - 2z\cos\omega T + 1}$

③ $\dfrac{z\cos\omega T}{z^2 - 2z\sin\omega T + 1}$ ④ $\dfrac{z\cos\omega T}{z^2 + 2z\sin\omega T + 1}$

64 다음과 같은 신호흐름선도에서 $\dfrac{C(s)}{R(s)}$의 값은?

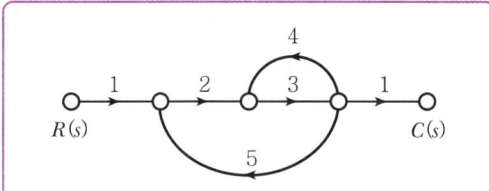

① $-\dfrac{1}{41}$ ② $-\dfrac{3}{41}$

③ $-\dfrac{6}{41}$ ④ $-\dfrac{8}{41}$

65 Routh–Hurwitz 방법으로 특성방정식이 $s^4 + 2s^3 + s^2 + 4s + 2 = 0$인 시스템의 안정도를 판별하면?

① 안정   ② 불안정
③ 임계안정   ④ 조건부 안정

66 제어시스템의 상태방정식이 $\dfrac{dx(t)}{dt} = Ax(t) + Bu(t)$, $A = \begin{bmatrix} 0 & 1 \\ -3 & 4 \end{bmatrix}$, $B = \begin{bmatrix} 1 \\ 1 \end{bmatrix}$일 때, 특성방정식을 구하면?

① $s^2 - 4s - 3 = 0$
② $s^2 - 4s + 3 = 0$
③ $s^2 + 4s + 3 = 0$
④ $s^2 + 4s - 3 = 0$

67 어떤 제어시스템의 개루프 이득이 $G(s)H(s) = \dfrac{K(s+2)}{s(s+1)(s+3)(s+4)}$일 때 이 시스템이 가지는 근궤적의 가지(Branch) 수는?

① 1   ② 3
③ 4   ④ 5

68 다음 회로에서 입력전압 $v_1(t)$에 대한 출력전압 $v_2(t)$의 전달함수 $G(s)$는?

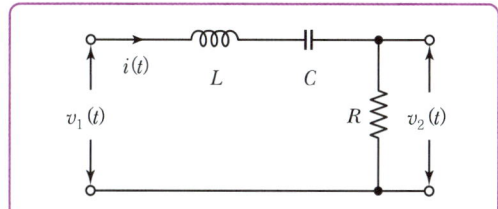

① $\dfrac{RCs}{LCs^2 + RCs + 1}$

② $\dfrac{RCs}{LCs^2 - RCs - 1}$

③ $\dfrac{Cs}{LCs^2 + RCs + 1}$

④ $\dfrac{Cs}{LCs^2 - RCs - 1}$

69 특성방정식의 모든 근이 s 평면(복소평면)의 $j\omega$ 축(허수 축)에 있을 때 이 제어시스템의 안정도는?

① 알 수 없다.
② 안정하다.
③ 불안정하다.
④ 임계안정이다.

70 논리식 $((AB + A\overline{B}) + AB) + \overline{A}B$를 간단히 하면?

① $A + B$
② $\overline{A} + B$
③ $A + \overline{B}$
④ $A + A \cdot B$

71 선간전압이 V_{ab}[V]인 3상 평형 전원에 대칭 부하 $R[\Omega]$이 그림과 같이 접속되어 있을 때, a, b 두 상 간에 접속된 전력계의 지시 값이 W[W]라면 C상 전류의 크기[A]는?

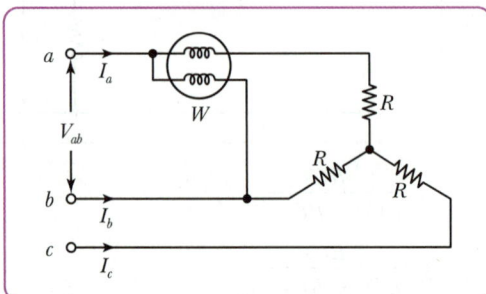

① $\dfrac{W}{2V_{ab}}$ ② $\dfrac{2W}{3V_{ab}}$

③ $\dfrac{2W}{\sqrt{3}V_{ab}}$ ④ $\dfrac{\sqrt{3}W}{V_{ab}}$

72 불평형 3상 전류가 $I_a = 15 + j2$[A], $I_b = -20 - j14$[A], $I_c = -3 + j10$[A]일 때, 역상분 전류 I_2[A]는?

① $1.91 + j6.24$
② $15.74 - j3.57$
③ $-2.67 - j0.67$
④ $-8 - j2$

73 회로에서 20[Ω]의 저항이 소비하는 전력은 몇 [W]인가?

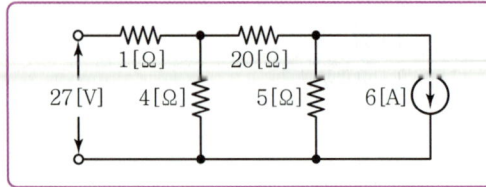

① 14 ② 27
③ 40 ④ 80

74 RC 직렬회로에 직류전압 V[V]가 인가되었을 때, 전류 $i(t)$에 대한 전압방정식[KVL]이 $V = Ri(t) + \dfrac{1}{C}\int i(t)dt$[V]이다. 전류 $i(t)$의 라플라스 변환인 $I(s)$는?(단, C에는 초기 전하가 없다.)

① $I(s) = \dfrac{V}{R}\dfrac{1}{s - \dfrac{1}{RC}}$

② $I(s) = \dfrac{C}{R}\dfrac{1}{s + \dfrac{1}{RC}}$

③ $I(s) = \dfrac{V}{R}\dfrac{1}{s + \dfrac{1}{RC}}$

④ $I(s) = \dfrac{R}{C}\dfrac{1}{s - \dfrac{1}{RC}}$

75 선간전압이 100[V]이고, 역률이 0.6인 평형 3상 부하에서 무효전력이 $Q = 10$[kVar]일 때, 선전류의 크기는 약 [A]인가?

① 57.7 ② 72.2
③ 96.2 ④ 125

76 그림과 같은 T형 4단자 회로망에서 4단자 정수 A와 C는?(단, $Z_1 = \dfrac{1}{Y_1}$, $Z_2 = \dfrac{1}{Y_2}$, $Z_3 = \dfrac{1}{Y_3}$)

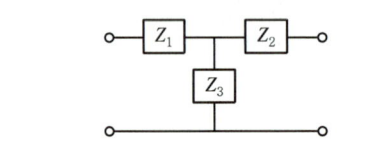

① $A = 1 + \dfrac{Y_3}{Y_1}$, $C = Y_2$

② $A = 1 + \dfrac{Y_3}{Y_1}$, $C = \dfrac{1}{Y_3}$

③ $A = 1 + \dfrac{Y_3}{Y_1}$, $C = Y_3$

④ $A = 1 + \dfrac{Y_1}{Y_3}$, $C = \left(1 + \dfrac{Y_1}{Y_3}\right)\dfrac{1}{Y_3} + \dfrac{1}{Y_2}$

77 어떤 회로의 유효전력이 300[W], 무효전력이 400[Var]이다. 이 회로의 복소전력의 크기[VA]는?

① 350 ② 500
③ 600 ④ 700

78 $R = 4[\Omega]$, $\omega L = 3[\Omega]$의 직렬회로에 $e = 100\sqrt{2}\sin\omega t + 50\sqrt{2}\sin3\omega t$를 인가할 때 이 회로의 소비전력은 약 몇 [W]인가?

① 1,000 ② 1,414
③ 1,560 ④ 1,703

79 단위길이당 인덕턴스가 L[H/m]이고, 단위길이당 정전용량이 C[F/m]인 무손실선로에서의 진행파 속도[m/s]는?

① $\sqrt{LC}$ ② $\dfrac{1}{\sqrt{LC}}$
③ $\sqrt{\dfrac{C}{L}}$ ④ $\sqrt{\dfrac{L}{C}}$

80 $t = 0$에서 스위치(S)를 닫았을 때 $t = 0^+$에서의 $i(t)$는 몇 [A]인가?(단, 커패시터에 초기 전하는 없다.)

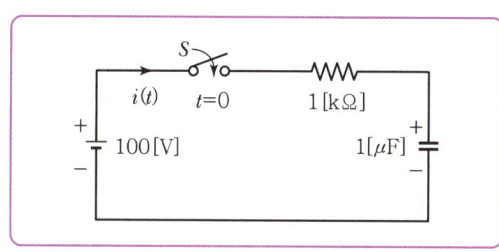

① 0.1 ② 0.2
③ 0.4 ④ 1.0

5과목 전기설비기술기준 및 판단기준

81 345[kV] 송전선을 사람이 쉽게 들어가지 않는 산지에 시설할 때 전선의 지표상 높이는 몇 [m] 이상으로 하여야 하는가?

① 7.28 ② 7.56
③ 8.28 ④ 8.56

82 변전소에서 오접속을 방지하기 위하여 특고압 전로의 보기 쉬운 곳에 반드시 표시해야 하는 것은?

① 상별표시
② 위험표시
③ 최대전류
④ 정격전압

83 전력 보안 가공통신선의 시설 높이에 대한 기준으로 옳은 것은?

① 철도의 궤도를 횡단하는 경우에는 레일면상 5[m] 이상
② 횡단보도교 위에 시설하는 경우에는 그 노면상 3[m] 이상
③ 도로(차도와 도로의 구별이 있는 도로는 차도) 위에 시설하는 경우에는 지표상 2[m] 이상
④ 교통에 지장을 줄 우려가 없도록 도로(차도와 도로의 구별이 있는 도로는 차도) 위에 시설하는 경우에는 지표상 2[m]까지로 감할 수 있다.

84 가반형의 용접전극을 사용하는 아크용접장치의 용접변압기의 1차 측 전로의 대지전압은 몇 [V] 이하이어야 하는가?

① 60 ② 150
③ 300 ④ 400

85 전기온상용 발열선은 그 온도가 몇 ℃를 넘지 않도록 시설하여야 하는가?

① 50   ② 60
③ 80   ④ 100

86 사용전압이 154[kV]인 가공전선로를 제1종 특고압 보안공사로 시설할 때 사용되는 경동연선의 단면적은 몇 [mm²] 이상이어야 하는가?

① 55   ② 100
③ 150 ④ 200

87 고압용 기계기구를 시가지에 시설할 때 지표상 몇 [m] 이상의 높이에 시설하고, 또한 사람이 쉽게 접촉할 우려가 없도록 하여야 하는가?

① 4.0 ② 4.5
③ 5.0 ④ 5.5

88 발전기, 전동기, 무효전력 보상장치, 기타 회전기(회전변류기 제외)의 절연내력시험전압은 어느 곳에 가하는가?

① 권선과 대지 사이
② 외함과 권선 사이
③ 외함과 대지 사이
④ 회전자와 고정자 사이

89 특고압 지중전선이 지중 약전류전선 등과 접근하거나 교차하는 경우에 상호 간의 간격은 몇 [cm] 이하인 때에는 두 전선이 직접 접촉하지 아니하도록 하여야 하는가?

① 15   ② 20
③ 30   ④ 60

90 고압 옥내배선의 공사방법으로 틀린 것은?

① 케이블공사
② 합성수지관공사
③ 케이블 트레이공사
④ 애자사용공사(건조한 장소로서 전개된 장소에 한한다)

91 무효전력 보상장치에 내부고장, 과전류 또는 과전압이 생긴 경우 자동적으로 차단되는 장치를 해야 하는 전력용 커패시터의 최소 뱅크용량은 몇 [kVA]인가?

① 10,000 ② 12,000
③ 13,000 ④ 15,000

92 사용전압이 440[V]인 이동기중기용 접촉전선을 애자사용공사에 의하여 옥내의 전개된 장소에 시설하는 경우 사용하는 전선으로 옳은 것은?

① 인장강도가 3.44[kN] 이상인 것 또는 지름 2.6[mm]의 경동선으로 단면적이 8[mm²] 이상인 것
② 인장강도가 3.44[kN] 이상인 것 또는 지름 3.2[mm]의 경동선으로 단면적이 18[mm²] 이상인 것
③ 인장강도가 11.2[kN] 이상인 것 또는 지름 6[mm]의 경동선으로 단면적이 28[mm²] 이상인 것
④ 인장강도가 11.2[kN] 이상인 것 또는 지름 8[mm]의 경동선으로 단면적이 18[mm²] 이상인 것

93 옥내에 시설하는 사용전압이 400[V] 초과, 1,000[V] 이하인 전개된 장소로서 건조한 장소가 아닌 기타 장소의 관등회로 배선공사로서 적합한 것은?

① 애자사용공사
② 금속몰드공사
③ 금속덕트공사
④ 합성수지몰드공사

94 가공 직류 절연 귀선은 특별한 경우를 제외하고 어느 전선에 준하여 시설하여야 하는가?

[KEC규정에 따라 삭제]

① 저압가공전선
② 고압가공전선
③ 특고압가공전선
④ 가공 약전류 전선

95 저압가공전선으로 사용할 수 없는 것은?

① 케이블
② 절연전선
③ 다심형 전선
④ 나동복 강선

96 가공전선로의 지지물에 시설하는 지지선의 시설기준으로 틀린 것은?

① 지지선의 안전율을 2.5 이상으로 할 것
② 소선은 최소 5가닥 이상의 강심 알루미늄연선을 사용할 것
③ 도로를 횡단하여 시설하는 지선의 높이는 지표상 5[m] 이상으로 할 것
④ 지중부분 및 지표상 30[cm]까지의 부분에는 내식성이 있는 것을 사용할 것

97 특고압 가공전선로 중 지지물로서 직선형의 철탑을 연속하여 10기 이상 사용하는 부분에는 몇 기 이하마다 내장 애자장치가 되어 있는 철탑 또는 이와 동등 이상의 강도를 가지는 철탑 1기를 시설하여야 하는가?

① 3
② 5
③ 7
④ 10

98 제1종 또는 제2종 접지공사에 사용하는 접지선을 사람이 접촉할 우려가 있는 곳에 시설하는 경우, 「전기용품 및 생활용품 안전관리법」을 적용받는 합성수지관(두께 2[mm] 미만의 합성수지제 전선관 및 난연성이 없는 콤바인덕트관을 제외한다.)으로 덮어야 하는 범위로 옳은 것은?

[KEC규정에 따라 삭제]

① 접지선의 지하 30[cm]로부터 지표상 1[m]까지의 부분
② 접지선의 지하 50[cm]로부터 지표상 1.2[m]까지의 부분
③ 접지선의 지하 60[cm]로부터 지표상 1.8[m]까지의 부분
④ 접지선의 지하 75[cm]로부터 지표상 2[m]까지의 부분

99 사용전압이 400[V] 이하인 저압가공전선은 케이블인 경우를 제외하고는 지름이 몇 [mm] 이상이어야 하는가?(단, 절연전선은 제외한다.)

① 3.2
② 3.6
③ 4.0
④ 5.0

100 수용장소의 인입구 부근에 대지 사이의 전기저항 값이 3[Ω] 이하인 값을 유지하는 건물의 철골을 접지극으로 사용하여 제2종 접지공사를 한 저압 전로의 접지 측 전선에 추가 접지 시 사용하는 접지선을 사람이 접촉할 우려가 있는 곳에 시설할 때는 어떤 공사방법으로 시설하는가?

① 금속관공사
② 케이블공사
③ 금속몰드공사
④ 합성수지관공사

2020년도 4회 과년도 기출문제

1과목 전기자기학

01 환상 솔레노이드 철심 내부에서 자계의 세기 [AT/m]는?(단, N은 코일 권선수, r은 환상 철심의 평균 반지름, I는 코일에 흐르는 전류이다.)

① NI
② $\dfrac{NI}{2\pi r}$
③ $\dfrac{NI}{2r}$
④ $\dfrac{NI}{4\pi r}$

02 전류 I가 흐르는 무한 직선 도체가 있다. 이 도체로부터 수직으로 0.1[m] 떨어진 점에서 자계의 세기가 180[AT/m]이다. 도체로부터 수직으로 0.3[m] 떨어진 점에서 자계의 세기[AT/m]는?

① 20
② 60
③ 180
④ 540

03 길이가 l[m], 단면적의 반지름이 a[m]인 원통이 길이 방향으로 균일하게 자화되어 자화의 세기가 J[Wb/m²]인 경우, 원통 양단에서의 자극의 세기 m[Wb]은?

① alJ
② $2\pi alJ$
③ $\pi a^2 J$
④ $\dfrac{J}{\pi a^2}$

04 임의의 형상의 도선에 전류 I[A]가 흐를 때, 거리 r[m]만큼 떨어진 점에서의 자계의 세기 H[AT/m]를 구하는 비오-사바르의 법칙에서, 자계의 세기 H[AT/m]와 거리 r[m]의 관계로 옳은 것은?

① r에 반비례
② r에 비례
③ r^2에 반비례
④ r^2에 비례

05 진공 중에서 전자파의 전파속도[m/s]는?

① $C_0 = \dfrac{1}{\sqrt{\varepsilon_0 \mu_0}}$
② $C_0 = \sqrt{\varepsilon_0 \mu_0}$
③ $C_0 = \dfrac{1}{\sqrt{\varepsilon_0}}$
④ $C_0 = \dfrac{1}{\sqrt{\mu_0}}$

06 영구자석 재료로 사용하기에 적합한 특성은?

① 잔류자기와 보자력이 모두 큰 것이 적합하다.
② 잔류자기는 크고 보자력은 작은 것이 적합하다.
③ 잔류자기는 작고 보자력은 큰 것이 적합하다.
④ 잔류자기와 보자력이 모두 작은 것이 적합하다.

07 변위전류와 관계가 가장 깊은 것은?

① 도체
② 반도체
③ 자성체
④ 유전체

08 자속밀도가 10[Wb/m²]인 자계 내에 길이 4[cm]의 도체를 자계와 직각으로 놓고 이 도체를 0.4초 동안 1[m]씩 균일하게 이동하였을 때 발생하는 기전력은 몇 [V]인가?

① 1
② 2
③ 3
④ 4

09 내부 원통의 반지름이 a, 외부 원통의 반지름이 b인 동축 원통 콘덴서의 내외 원통 사이에 공기를 넣었을 때 정전용량이 C_1이었다. 내외 반지름을 모두 3배로 증가시키고 공기 대신 비유전율이 3인 유전체를 넣었을 경우의 정전용량 C_2는?

① $C_2 = \dfrac{C_1}{9}$
② $C_2 = \dfrac{C_1}{3}$
③ $C_2 = 3C_1$
④ $C_2 = 9C_1$

10 다음 정전계에 관한 식 중에서 틀린 것은?(단, D는 전속밀도, V는 전위, ρ는 공간(체적)전하밀도, ε은 유전율이다.)

① 가우스의 정리 : $\text{div}\,D = \rho$

② 푸아송의 방정식 : $\nabla^2 V = \dfrac{\rho}{\varepsilon}$

③ 라플라스의 방정식 : $\nabla^2 V = 0$

④ 발산의 정리 : $\oint_s D \cdot ds = \oint_v \text{div}\,D\,dv$

11 질량[m]이 10^{-10}[kg]이고, 전하량(Q)이 10^{-8}[C]인 전하가 전기장에 의해 가속되어 운동하고 있다. 가속도가 $a = 10^2 i + 10^2 j$[m/s²]일 때 전기장의 세기 E[V/m]는?

① $E = 10^4 i + 10^5 j$
② $E = i + 10j$
③ $E = i + j$
④ $E = 10^{-6} i + 10^{-4} j$

12 유전율이 ε_1, ε_2인 유전체 경계면에 수직으로 전계가 작용할 때 단위면적당 수직으로 작용하는 힘[N/m²]은?(단, E는 전계[V/m]이고, D는 전속밀도[C/m²]이다.)

① $2\left(\dfrac{1}{\varepsilon_2} - \dfrac{1}{\varepsilon_1}\right)E^2$
② $2\left(\dfrac{1}{\varepsilon_2} - \dfrac{1}{\varepsilon_1}\right)D^2$
③ $\dfrac{1}{2}\left(\dfrac{1}{\varepsilon_2} - \dfrac{1}{\varepsilon_1}\right)E^2$
④ $\dfrac{1}{2}\left(\dfrac{1}{\varepsilon_2} - \dfrac{1}{\varepsilon_1}\right)D^2$

13 진공 중에서 2m 떨어진 두 개의 무한 평행도선에 단위길이당 10^{-7}[N]의 반발력이 작용할 때 각 도선에 흐르는 전류의 크기와 방향은?(단, 각 도선에 흐르는 전류의 크기는 같다.)

① 각 도선에 2[A]가 반대 방향으로 흐른다.
② 각 도선에 2[A]가 같은 방향으로 흐른다.
③ 각 도선에 1[A]가 반대 방향으로 흐른다.
④ 각 도선에 1[A]가 같은 방향으로 흐른다.

14 자기 인덕턴스(Self Inductance) L[H]을 나타낸 식은?(단, N은 권선수, I는 전류[A], ϕ는 자속[Wb], B는 자속밀도[Wb/m²], H는 자계의 세기[AT/m], A는 벡터 퍼텐셜[Wb/m], J는 전류밀도[A/m²]이다.)

① $L = \dfrac{N\phi}{I^2}$

② $L = \dfrac{1}{2I^2} \int B \cdot H\,dv$

③ $L = \dfrac{1}{I^2} \int A \cdot J\,dv$

④ $L = \dfrac{1}{I} \int B \cdot H\,dv$

15 반지름이 a[m], b[m]인 두 개의 구 형상 도체 전극이 도전율 k인 매질 속에 거리 r[m]만큼 떨어져 있다. 양 전극 간의 저항[Ω]은?(단, $r \gg a$, $r \gg b$이다.)

① $4\pi k\left(\dfrac{1}{a} + \dfrac{1}{b}\right)$
② $4\pi k\left(\dfrac{1}{a} - \dfrac{1}{b}\right)$
③ $\dfrac{1}{4\pi k}\left(\dfrac{1}{a} + \dfrac{1}{b}\right)$
④ $\dfrac{1}{4\pi k}\left(\dfrac{1}{a} - \dfrac{1}{b}\right)$

16 정전계 내 도체 표면에서 전계의 세기가 $E = \dfrac{a_x - 2a_y + 2a_z}{\varepsilon_o}$[V/m]일 때 도체 표면상의 전하밀도 ρ_s[C/m²]를 구하면?(단, 자유공간이다.)

① 1
② 2
③ 3
④ 5

17 저항의 크기가 1[Ω]인 전선이 있다. 전선의 체적을 동일하게 유지하면서 길이를 2배로 늘였을 때 전선의 저항[Ω]은?

① 0.5
② 1
③ 2
④ 4

18 반지름이 3[cm]인 원형 단면을 가지고 있는 환상 연철심에 코일을 감고 여기에 전류를 흘려서 철심 중의 자계 세기가 400[AT/m]가 되도록 여자할 때, 철심 중의 자속 밀도는 약 몇 [Wb/m²]인가? (단, 철심의 비투자율은 400이라고 한다.)

① 0.2
② 0.8
③ 1.6
④ 2.0

19 자기회로와 전기회로에 대한 설명으로 틀린 것은?

① 자기저항의 역수를 컨덕턴스라 한다.
② 자기회로의 투자율은 전기회로의 도전율에 대응된다.
③ 전기회로의 전류는 자기회로의 자속에 대응된다.
④ 자기저항의 단위는 [AT/Wb]이다.

20 서로 같은 2개의 구 도체에 동일 양의 전하로 대전시킨 후 20cm 떨어뜨린 결과 구 도체에 서로 8.6×10^{-4}[N]의 반발력이 작용하였다. 구 도체에 주어진 전하는 약 몇 [C]인가?

① 5.2×10^{-8}
② 6.2×10^{-8}
③ 7.2×10^{-8}
④ 8.2×10^{-8}

2과목 전력공학

21 전력원선도에서 구할 수 없는 것은?

① 송·수전할 수 있는 최대 전력
② 필요한 전력을 보내기 위한 송·수전단 전압 간의 상차각
③ 선로 손실과 송전 효율
④ 과도극한 전력

22 다음 중 그 값이 항상 1 이상인 것은?

① 부등률
② 부하율
③ 수용률
④ 전압강하율

23 송전전력, 송전거리, 전선로의 전력손실이 일정하고, 같은 재료의 전선을 사용한 경우 단상 2선식에 대한 3상 4선식의 1선당 전력비는 약 얼마인가? (단, 중성선은 외선과 같은 굵기이다.)

① 0.7
② 0.87
③ 0.94
④ 1.15

24 3상용 차단기의 정격 차단용량은?

① $\sqrt{3}$ × 정격전압 × 정격차단전류
② $\sqrt{3}$ × 정격전압 × 정격전류
③ 3 × 정격전압 × 정격차단전류
④ 3 × 정격전압 × 정격전류

25 개폐서지의 이상전압을 감쇄할 목적으로 설치하는 것은?

① 단로기
② 차단기
③ 리액터
④ 개폐저항기

26 부하의 역률을 개선할 경우 배전선로에 대한 설명으로 틀린 것은?(단, 다른 조건은 동일하다.)

① 설비용량의 여유 증가
② 전압강하의 감소
③ 선로전류의 증가
④ 전력손실의 감소

27 수력발전소의 형식을 취수방법, 운용방법에 따라 분류할 수 있다. 다음 중 취수방법에 따른 분류가 아닌 것은?

① 댐식 ② 수로식
③ 조정지식 ④ 유역 변경식

28 한류 리액터를 사용하는 가장 큰 목적은?

① 충전전류의 제한
② 접지전류의 제한
③ 누설전류의 제한
④ 단락전류의 제한

29 66/22[kV], 2,000[kVA] 단상변압기 3대를 1뱅크로 운전하는 변전소로부터 전력을 공급받는 어떤 수전점에서의 3상단락전류는 약 몇 [A]인가? (단, 변압기의 %리액턴스는 7이고 선로의 임피던스는 0이다.)

① 750 ② 1,570
③ 1,900 ④ 2,250

30 반지름 0.6[cm]인 경동선을 사용하는 3상 1회선 송전선에서 선간거리를 2[m]로 정삼각형 배치할 경우, 각 선의 인덕턴스[mH/km]는 약 얼마인가?

① 0.81 ② 1.21
③ 1.51 ④ 1.81

31 파동임피던스 $Z_1 = 500[\Omega]$인 선로에 파동임피던스 $Z_2 = 1,500[\Omega]$인 변압기가 접속되어 있다. 선로로부터 600[kV]의 전압파가 들어왔을 때, 접속점에서의 투과파 전압[kV]은?

① 300 ② 600
③ 900 ④ 1,200

32 원자력발전소에서 비등수형 원자로에 대한 설명으로 틀린 것은?

① 연료로 농축 우라늄을 사용한다.
② 냉각재로 경수를 사용한다.
③ 물을 원자로 내에서 직접 비등시킨다.
④ 가압수형 원자로에 비해 노심의 출력밀도가 높다.

33 송배전선로의 고장전류 계산에서 영상 임피던스가 필요한 경우는?

① 3상 단락 계산 ② 선간 단락 계산
③ 1선 지락 계산 ④ 3선 단선 계산

34 증기 사이클에 대한 설명 중 틀린 것은?

① 랭킨사이클의 열효율은 초기 온도 및 초기 압력이 높을수록 효율이 크다.
② 재열사이클은 저압터빈에서 증기가 포화상태에 가까워졌을 때 증기를 다시 가열하여 고압터빈으로 보낸다.
③ 재생사이클은 증기 원동기 내에서 증기의 팽창 도중에서 증기를 추출하여 급수를 예열한다.
④ 재열재생사이클은 재생사이클과 재열사이클을 조합하여 병용하는 방식이다.

35 다음 중 송전선로의 역섬락을 방지하기 위한 대책으로 가장 알맞은 방법은?

① 가공지선 설치 ② 피뢰기 설치
③ 매설지선 설치 ④ 소호각 설치

36 전원이 양단에 있는 환상선로의 단락보호에 사용되는 계전기는?

① 방향거리 계전기 ② 부족전압 계전기
③ 선택접지 계전기 ④ 부족전류 계전기

37 전력계통을 연계시켜서 얻는 이득이 아닌 것은?

① 배후 전력이 커져서 단락용량이 작아진다.
② 부하 증가 시 종합첨두부하가 저감된다.
③ 공급 예비력이 절감된다.
④ 공급 신뢰도가 향상된다.

38 배전선로에 3상 3선식 비접지 방식을 채용할 경우 나타나는 현상은?

① 1선 지락 고장 시 고장 전류가 크다.
② 1선 지락 고장 시 인접 통신선의 유도장해가 크다.
③ 고저압 혼촉고장 시 저압선의 전위상승이 크다.
④ 1선 지락 고장 시 건전상의 대지 전위 상승이 크다.

39 선간전압이 V[kV]이고 3상 정격용량이 P[kVA]인 전력계통에서 리액턴스가 X[Ω]이라고 할 때, 이 리액턴스를 %리액턴스로 나타내면?

① $\dfrac{XP}{10V}$ ② $\dfrac{XP}{10V^2}$

③ $\dfrac{XP}{V^2}$ ④ $\dfrac{10V^2}{XP}$

40 전력용 콘덴서를 변전소에 설치할 때 직렬리액터를 설치하고자 한다. 직렬리액터의 용량을 결정하는 계산식은?(단, f_o는 전원의 기본주파수, C는 역률 개선용 콘덴서의 용량, L은 직렬리액터의 용량이다.)

① $L = \dfrac{1}{(2\pi f_o)^2 C}$ ② $L = \dfrac{1}{(5\pi f_o)^2 C}$

③ $L = \dfrac{1}{(6\pi f_o)^2 C}$ ④ $L = \dfrac{1}{(10\pi f_o)^2 C}$

3과목 전기기기

41 동기발전기 단절권의 특징이 아닌 것은?

① 코일 간격이 극 간격보다 작다.
② 전절권에 비해 합성 유기 기전력이 증가한다.
③ 전절권에 비해 코일 단이 짧게 되므로 재료가 절약된다.
④ 고조파를 제거해서 전절권에 비해 기전력의 파형이 좋아진다.

42 3상 변압기의 병렬운전 조건으로 틀린 것은?

① 각 군의 임피던스가 용량에 비례할 것
② 각 변압기의 백분율 임피던스 강하가 같을 것
③ 각 변압기의 권수비가 같고 1차와 2차의 정격전압이 같을 것
④ 각 변압기의 상회전 방향 및 1차와 2차 선간전압의 위상 변위가 같을 것

43 210/105[V]의 변압기를 그림과 같이 결선하고 고압 측에 200[V]의 전압을 가하면 전압계의 지시는 몇 [V]인가?(단, 변압기는 가극성이다.)

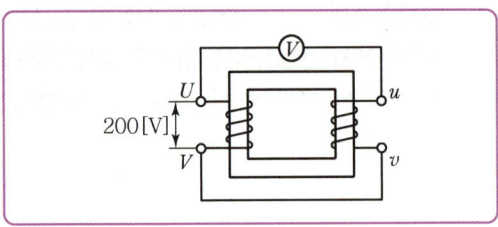

① 100
② 200
③ 300
④ 400

44 직류기의 권선을 단중 파권으로 감으면 어떻게 되는가?

① 저압 대전류용 권선이다.
② 균압환을 연결해야 한다.
③ 내부 병렬 회로 수가 극수만큼 생긴다.
④ 전기자 병렬 회로 수가 극수에 관계없이 언제나 2이다.

45 2상 교류 서보모터를 구동하는 데 필요한 2상 전압을 얻는 방법으로 널리 쓰이는 방법은?

① 2상 전원을 직접 이용하는 방법
② 환상 결선 변압기를 이용하는 방법
③ 여자권선에 리액터를 삽입하는 방법
④ 증폭기 내에서 위상을 조정하는 방법

46 4극, 중권, 총 도체 수 500, 극당 자속이 0.01[Wb]인 직류발전기가 100[V]의 기전력을 발생시키는 데 필요한 회전 수는 몇 [rpm]인가?

① 800
② 1,000
③ 1,200
④ 1,600

47 3상 분권 정류자전동기에 속하는 것은?

① 톰슨 전동기
② 데리 전동기
③ 시라게 전동기
④ 애트킨슨 전동기

48 동기기의 안정도를 증진시키는 방법이 아닌 것은?

① 단락비를 크게 할 것
② 속응여자방식을 채용할 것
③ 정상 리액턴스를 크게 할 것
④ 영상 및 역상 임피던스를 크게 할 것

49 3상 유도전동기의 기계적 출력 P[kW], 회전수 N[rpm]인 전동기의 토크[N·m]는?

① $0.46\dfrac{P}{N}$
② $0.855\dfrac{P}{N}$
③ $975\dfrac{P}{N}$
④ $9,549.3\dfrac{P}{N}$

50 취급이 간단하고 기동시간이 짧아서 섬과 같이 전력계통에서 고립된 지역, 선박 등에 사용되는 소용량 전원용 발전기는?

① 터빈 발전기
② 엔진 발전기
③ 수차 발전기
④ 초전도 발전기

51 평형 6상 반파정류회로에서 297[V]의 직류전압을 얻기 위한 입력 측 각 상전압은 약 몇 [V]인가? (단, 부하는 순수 저항부하이다.)

① 110
② 220
③ 380
④ 440

52 단면적 10[cm²]인 철심에 200회의 권선을 감고, 이 권선에 60[Hz], 60[V]인 교류전압을 인가하였을 때 철심의 최대자속밀도는 약 몇 [Wb/m²]인가?

① 1.126×10^{-3}
② 1.126
③ 2.252×10^{-3}
④ 2.252

53 전력의 일부를 전원 측에 반환할 수 있는 유도전동기의 속도제어법은?

① 극수 변환법
② 크레머 방식
③ 2차 저항 가감법
④ 세르비우스 방식

54 직류발전기를 병렬운전할 때 균압모선이 필요한 직류기는?

① 직권발전기, 분권발전기
② 복권발전기, 직권발전기
③ 복권발전기, 분권발전기
④ 분권발전기, 단극발전기

55 전부하로 운전하고 있는 50[Hz], 4극의 권선형 유도전동기가 있다. 전부하에서 속도를 1,440[rpm]에서 1,000[rpm]으로 변화시키자면 2차에 약 몇 [Ω]의 저항을 넣어야 하는가?(단, 2차 저항은 0.02[Ω]이다.)

① 0.147　② 0.18
③ 0.02　④ 0.024

56 권선형 유도전동기 2대를 직렬종속으로 운전하는 경우 그 동기속도는 어떤 전동기의 속도와 같은가?

① 두 전동기 중 적은 극 수를 갖는 전동기
② 두 전동기 중 많은 극 수를 갖는 전동기
③ 두 전동기의 극 수의 합과 같은 극 수를 갖는 전동기
④ 두 전동기의 극 수의 합의 평균과 같은 극 수를 갖는 전동기

57 GTO 사이리스터의 특징으로 틀린 것은?

① 각 단자의 명칭은 SCR 사이리스터와 같다.
② 온(On) 상태에서는 양방향 전류특성을 보인다.
③ 온(On) 드롭(Drop)은 약 2~4[V]가 되어 SCR 사이리스터보다 약간 크다.
④ 오프(Off) 상태에서는 SCR 사이리스터처럼 양방향 전압저지능력을 갖고 있다.

58 포화되지 않은 직류발전기의 회전 수가 4배로 증가되었을 때 기전력을 전과 같은 값으로 하려면 자속을 속도 변화 전에 비해 얼마로 하여야 하는가?

① $\dfrac{1}{2}$　② $\dfrac{1}{3}$
③ $\dfrac{1}{4}$　④ $\dfrac{1}{8}$

59 동기발전기의 단자 부근에서 단락 시 단락전류는?

① 서서히 증가하여 큰 전류가 흐른다.
② 처음부터 일정한 큰 전류가 흐른다.
③ 무시할 정도의 작은 전류가 흐른다.
④ 단락된 순간은 크나, 점차 감소한다.

60 단권변압기에서 1차 전압 100[V], 2차 전압 110[V]인 단권변압기의 자기용량과 부하용량의 비는?

① $\dfrac{1}{10}$　② $\dfrac{1}{11}$
③ 10　④ 11

4과목　회로이론 및 제어공학

61 그림과 같은 블록선도의 제어시스템에서 속도 편차 상수 K_v는 얼마인가?

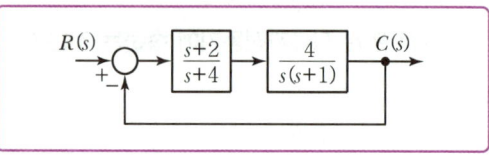

① 0　② 0.5
③ 2　④ ∞

62 근궤적의 성질 중 틀린 것은?

① 근궤적은 실수축을 기준으로 대칭이다.
② 점근선은 허수축 상에서 교차한다.
③ 근궤적의 가짓 수는 특성방정식의 차수와 같다.
④ 근궤적은 개루프 전달함수의 극점으로부터 출발한다.

63 Routh-Hurwitz 안정도 판별법을 이용하여 특성방정식이 $s^3+3s^2+3s+1+K=0$으로 주어진 제어시스템이 안정하기 위한 K의 범위를 구하면?

① $-1 \leq K < 8$
② $-1 < K \leq 8$
③ $-1 < K < 8$
④ $K < -1$ 또는 $K > 8$

64 $e(t)$의 z변환을 $E(z)$라고 했을 때 $e(t)$의 초깃값 $e(0)$는?

① $\lim_{z \to 1} E(z)$
② $\lim_{z \to \infty} E(z)$
③ $\lim_{z \to 1}(1-z^{-1})E(z)$
④ $\lim_{z \to \infty}(1-z^{-1})E(z)$

65 그림의 신호 흐름 선도에서 $\dfrac{C(s)}{R(s)}$는?

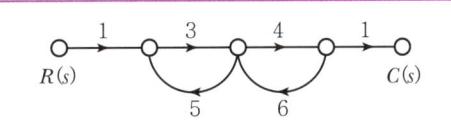

① $-\dfrac{2}{5}$
② $-\dfrac{6}{19}$
③ $-\dfrac{12}{29}$
④ $-\dfrac{12}{37}$

66 전달함수가 $G(s)=\dfrac{10}{s^2+3s+2}$으로 표현되는 제어시스템에서 직류 이득은 얼마인가?

① 1
② 2
③ 3
④ 5

67 전달함수가 $\dfrac{C(s)}{R(s)}=\dfrac{25}{s^2+6s+25}$인 2차 제어시스템의 감쇠 진동 주파수($\omega_d$)는 몇 [rad/sec]인가?

① 3
② 4
③ 5
④ 6

68 다음 논리식을 간단히 한 것은?

$$Y=\overline{A}BC\overline{D}+\overline{A}BCD+\overline{A}\overline{B}C\overline{D}+\overline{A}\overline{B}CD$$

① $Y=\overline{A}C$
② $Y=A\overline{C}$
③ $Y=AB$
④ $Y=BC$

69 폐루프 시스템에서 응답의 잔류 편차 또는 정상상태오차를 제거하기 위한 제어 기법은?

① 비례 제어
② 적분 제어
③ 미분 제어
④ On-Off 제어

70 시스템행렬 A가 다음과 같을 때 상태천이행렬을 구하면?

$$A=\begin{bmatrix}0 & 1\\-2 & -3\end{bmatrix}$$

① $\begin{bmatrix}2e^t-e^{2t} & -e^t+e^{2t}\\2e^t-2e^{2t} & -e^t-2e^{2t}\end{bmatrix}$
② $\begin{bmatrix}2e^{-t}-e^{-2t} & e^{-t}-e^{-2t}\\-2e^{-t}+2e^{-2t} & -e^{-t}-2e^{2t}\end{bmatrix}$
③ $\begin{bmatrix}2e^{-t}-e^{-2t} & -e^{-t}+e^{-2t}\\2e^{-t}-2e^{-2t} & -e^{-t}-2e^{-2t}\end{bmatrix}$
④ $\begin{bmatrix}2e^{-t}-e^{-2t} & e^{-t}-e^{-2t}\\-2e^{-t}+2e^{-2t} & -e^{-t}+2e^{-2t}\end{bmatrix}$

71 대칭 3상 전압이 공급되는 3상 유도 전동기에서 각 계기의 지시는 다음과 같다. 유도전동기의 역률은 약 얼마인가?

전력계(W₁) : 2.84[kW], 전력계(W₂) : 6.00[kW]
전압계(V) : 200[V], 전류계[A] : 30[A]

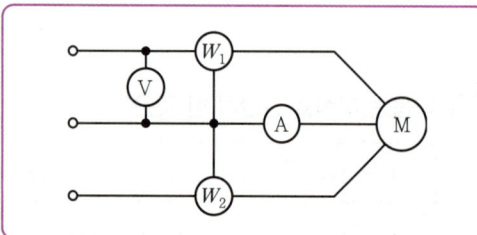

① 0.70 ② 0.75
③ 0.80 ④ 0.85

72 불평형 3상 전류 $I_a = 25 + j4$[A], $I_b = -18 - j16$[A], $I_c = 7 + j15$[A]일 때 영상전류 I_0[A]는?

① $2.67 + j$ ② $2.67 + j2$
③ $4.67 + j$ ④ $4.67 + j2$

73 Δ 결선으로 운전 중인 3상 변압기에서 하나의 변압기 고장에 의해 V 결선으로 운전하는 경우, V 결선으로 공급할 수 있는 전력은 고장 전 Δ 결선으로 공급할 수 있는 전력에 비해 약 몇 [%]인가?

① 86.6 ② 75.0
③ 66.7 ④ 57.7

74 분포정수회로에서 직렬 임피던스를 Z, 병렬 어드미턴스를 Y라 할 때, 선로의 특성임피던스 Z_c는?

① ZY ② $\sqrt{ZY}$
③ $\sqrt{\dfrac{Y}{Z}}$ ④ $\sqrt{\dfrac{Z}{Y}}$

75 4단자 정수 A, B, C, D 중에서 전압이득의 차원을 가진 정수는?

① A ② B
③ C ④ D

76 그림과 같은 회로의 구동점 임피던스[Ω]는?

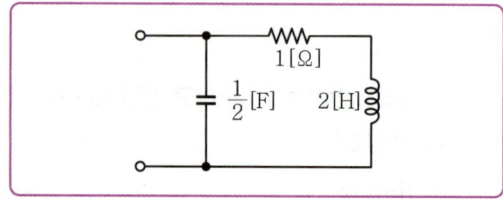

① $\dfrac{2(2s+1)}{2s^2+s+2}$ ② $\dfrac{2s^2+s-2}{-2(2s+1)}$
③ $\dfrac{-2(2s+1)}{2s^2+s-2}$ ④ $\dfrac{2s^2+s+2}{2(2s+1)}$

77 회로의 단자 a와 b 사이에 나타나는 전압 V_{ab}는 몇 [V]인가?

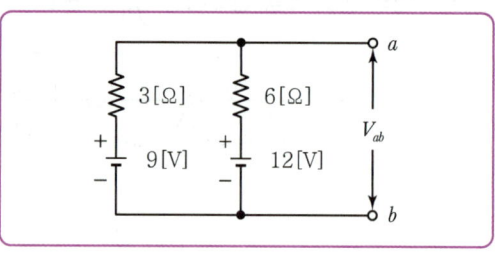

① 3 ② 9
③ 10 ④ 12

78 RL 직렬회로에 순시치 전압 $v(t) = 20 + 100\sin\omega t + 40\sin(3\omega t + 60°) + 40\sin 5\omega t$[V]를 가할 때 제5고조파 전류의 실횻값 크기는 약 몇 [A]인가?(단, $R = 4$[Ω], $\omega L = 1$[Ω]이다.)

① 4.4 ② 5.66
③ 6.25 ④ 8.0

79 그림의 교류 브리지 회로가 평형이 되는 조건은?

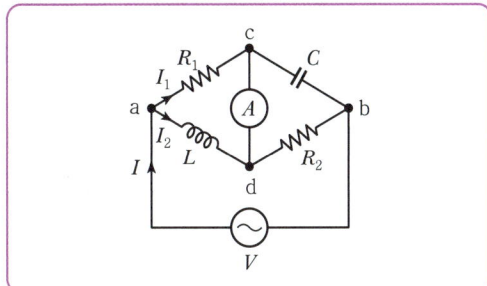

① $L = \dfrac{R_1 R_2}{C}$ ② $L = \dfrac{C}{R_1 R_2}$

③ $L = R_1 R_2 C$ ④ $L = \dfrac{R_2}{R_1} C$

80 $f(t) = t^n$의 라플라스 변환식은?

① $\dfrac{n}{s^n}$ ② $\dfrac{n+1}{s^{n+1}}$

③ $\dfrac{n!}{s^{n+1}}$ ④ $\dfrac{n+1}{s^{n!}}$

5과목 전기설비기술기준 및 판단기준

81 과전류차단기로 시설하는 퓨즈 중 고압전로에 사용하는 비포장 퓨즈는 정격전류 2배 전류 시 몇 분 안에 용단되어야 하는가?

① 1분 ② 2분
③ 5분 ④ 10분

82 옥내에 시설하는 저압전선에 나전선을 사용할 수 있는 경우는?

① 버스덕트공사에 의하여 시설하는 경우
② 금속덕트공사에 의하여 시설하는 경우
③ 합성수지관 공사에 의하여 시설하는 경우
④ 후강전선관 공사에 의하여 시설하는 경우

83 고압 가공전선로에 사용하는 가공지선은 지름 몇 [mm] 이상의 나경동선을 사용하여야 하는가?

① 2.6
② 3.0
③ 4.0
④ 5.0

84 사용전압이 35,000[V] 이하인 특고압 가공전선과 가공약전류 전선을 동일 지지물에 시설하는 경우, 특고압 가공전선로의 보안공사로 적합한 것은?

① 고압 보안공사
② 제1종 특고압 보안공사
③ 제2종 특고압 보안공사
④ 제3종 특고압 보안공사

85 그림은 전력선 반송통신용 결합장치의 보안장치이다. 여기에서 CC는 어떤 커패시터인가?

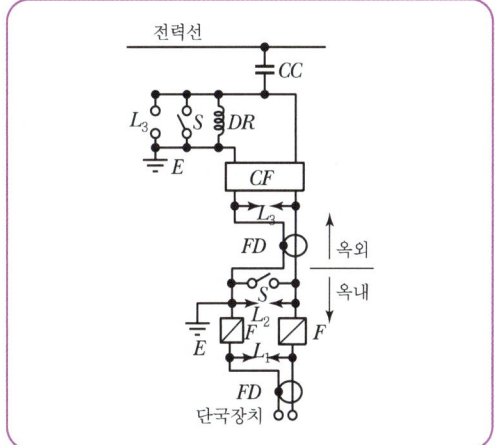

① 결합 커패시터
② 전력용 커패시터
③ 정류용 커패시터
④ 축전용 커패시터

86 수소냉각식 발전기 및 이에 부속하는 수소냉각장치의 시설에 대한 설명으로 틀린 것은?

① 발전기 안의 수소의 밀도를 계측하는 장치를 시설할 것
② 발전기 안의 수소의 순도가 85[%] 이하로 저하한 경우에 이를 경보하는 장치를 시설할 것
③ 발전기 안의 수소의 압력을 계측하는 장치 및 그 압력이 현저히 변동한 경우에 이를 경보하는 장치를 시설할 것
④ 발전기는 기밀구조의 것이고 또한 수소가 대기압에서 폭발하는 경우에 생기는 압력에 견디는 강도를 가지는 것일 것

87 제2종 특고압 보안공사 시 지지물로 사용하는 철탑의 지지물 간 거리를 400[m] 초과로 하려면 몇 [mm²] 이상의 경동연선을 사용하여야 하는가?

① 38　　② 55
③ 82　　④ 95

88 목장에서 가축의 탈출을 방지하기 위하여 전기 울타리를 시설하는 경우 전선은 인장강도가 몇 [kN] 이상의 것이어야 하는가?

① 1.38　　② 2.78
③ 4.43　　④ 5.93

89 다음 ( )에 들어갈 내용으로 옳은 것은?

> 전차선로는 무선설비의 기능에 계속적이고 또한 중대한 장해를 주는 ( )가 생길 우려가 있는 경우에는 이를 방지하도록 시설하여야 한다.

① 전파　　② 혼촉
③ 단락　　④ 정전기

90 최대사용전압이 7[kV]를 초과하는 회전기의 절연내력 시험은 최대사용전압의 몇 배의 전압(10,500[V] 미만으로 되는 경우에는 10,500[V])에서 10분간 견디어야 하는가?

① 0.92　　② 1
③ 1.1　　④ 1.25

91 버스덕트공사에 의한 저압 옥내배선 시설공사에 대한 설명으로 틀린 것은?

① 덕트(환기형의 것을 제외)의 끝부분은 막지 말 것
② 사용전압이 400[V] 미만인 경우에는 덕트에 제3종 접지공사를 할 것
③ 덕트(환기형의 것을 제외)의 내부에 먼지가 침입하지 아니하도록 할 것
④ 사람이 접촉할 우려가 있고, 사용전압이 400[V] 이상인 경우에는 덕트에 특별 제3종 접지공사를 할 것

92 교량의 윗면에 시설하는 고압 전선로는 전선의 높이를 교량의 노면상 몇 [m] 이상으로 하여야 하는가?

① 3　　② 4
③ 5　　④ 6

93 저압의 전선로 중 절연부분의 전선과 대지 간의 절연저항은 사용전압에 대한 누설전류가 최대공급전류의 얼마를 넘지 않도록 유지하여야 하는가?

① $\dfrac{1}{1,000}$
② $\dfrac{1}{2,000}$
③ $\dfrac{1}{3,000}$
④ $\dfrac{1}{4,000}$

94 사용전압이 특고압인 전기집진장치에 전원을 공급하기 위해 케이블을 사람이 접촉할 우려가 없도록 시설하는 경우 방식 케이블 이외의 케이블의 피복에 사용하는 금속체에는 몇 종 접지공사로 할 수 있는가? [KEC규정에 따라 삭제]

① 제1종 접지공사
② 제2종 접지공사
③ 제3종 접지공사
④ 특별 제3종 접지공사

95 지중전선로에 사용하는 지중함의 시설기준으로 틀린 것은?

① 지중함은 견고하고 차량 기타 중량물의 압력에 견디는 구조일 것
② 지중함은 그 안의 고인 물을 제거할 수 있는 구조로 되어 있을 것
③ 지중함의 뚜껑은 시설자 이외의 자가 쉽게 열 수 없도록 시설할 것
④ 폭발성의 가스가 침입할 우려가 있는 것에 시설하는 지중함으로써 그 크기가 0.5[m³] 이상인 것에는 통풍장치 기타 가스를 방산시키기 위한 적당한 장치를 시설할 것

96 사람이 상시 통행하는 터널 안의 배선(전기기계기구 안의 배선, 관등회로의 배선, 소세력 회로의 전선 및 출퇴 표시등회로의 전선은 제외)의 시설기준에 적합하지 않은 것은?(단, 사용전압이 저압의 것에 한한다.)

① 합성수지관 공사로 시설하였다.
② 공칭단면적 2.5[mm²]의 연동선을 사용하였다.
③ 애자사용공사 시 전선의 높이는 노면상 2[m]로 시설하였다.
④ 전로에는 터널의 입구 가까운 곳에 전용개폐기를 시설하였다.

97 발전소에서 계측하는 장치를 시설하여야 하는 사항에 해당하지 않는 것은?

① 특고압용 변압기의 온도
② 발전기의 회전수 및 주파수
③ 발전기의 전압 및 전류 또는 전력
④ 발전기의 베어링(수중 메탈을 제외한다) 및 고정자의 온도

98 가공전선로의 지지물에 하중이 가하여지는 경우에 그 하중을 받는 지지물의 기초안전율은 얼마 이상이어야 하는가?(단, 이상 시 상정하중은 무관)

① 1.5
② 2.0
③ 2.5
④ 3.0

99 금속제 외함을 가진 저압의 기계기구로서 사람이 쉽게 접촉될 우려가 있는 곳에 시설하는 경우 전기를 공급받는 전로에 지락이 생겼을 때 자동적으로 전로를 차단하는 장치를 설치하여야 하는 기계기구의 사용전압이 몇 [V]를 초과하는 경우인가?

① 30
② 50
③ 100
④ 150

100 케이블 트레이공사에 사용하는 케이블 트레이에 대한 기준으로 틀린 것은?

① 안전율은 1.5 이상으로 하여야 한다.
② 비금속제 케이블 트레이는 수밀성 재료의 것이어야 한다.
③ 금속제 케이블 트레이 계통은 기계적 및 전기적으로 완전하게 접속하여야 한다.
④ 저압 옥내배선의 사용전압이 400[V] 이상인 경우에는 금속제 트레이에 특별 제3종 접지공사를 하여야 한다.

2021년도 1회 과년도 기출문제

1과목 전기자기학

01 평등 전계 중에 유전체 구에 의한 전속 분포가 그림과 같이 되었을 때 ε_1과 ε_2의 크기 관계는?

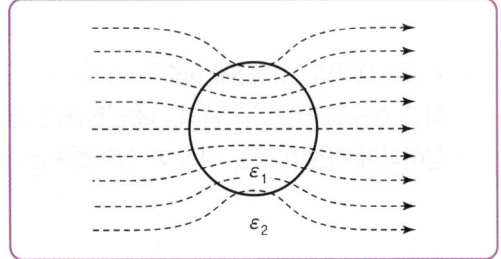

① $\varepsilon_1 > \varepsilon_2$
② $\varepsilon_1 < \varepsilon_2$
③ $\varepsilon_1 = \varepsilon_2$
④ $\varepsilon_1 \leq \varepsilon_2$

02 커패시터를 제조하는 데 4가지(A, B, C, D)의 유전재료가 있다. 커패시터 내의 전계를 일정하게 하였을 때, 단위체적당 가장 큰 에너지 밀도를 나타내는 재료부터 순서대로 나열한 것은?(단, 유전재료 A, B, C, D의 비유전율은 각각 $\varepsilon_{rA}=8$, $\varepsilon_{rB}=10$, $\varepsilon_{rC}=2$, $\varepsilon_{rD}=40$이다.)

① C>D>A>B
② B>A>D>C
③ D>A>C>B
④ A>B>D>C

03 정산전류계에서 $\nabla \cdot i = 0$에 대한 설명으로 틀린 것은?

① 도체 내에 흐르는 전류는 연속이다.
② 도체 내에 흐르는 전류는 일정하다.
③ 단위시간당 전하의 변화가 없다.
④ 도체 내에 전류가 흐르지 않는다.

04 진공 내의 점 (2, 2, 2)에 10^{-9}[C]의 전하가 놓여 있다. 점 (2, 5, 6)에서의 전계 E는 약 몇 [V/m]인가?(단, a_y, a_z는 단위벡터이다.)

① $0.278a_y + 2.888a_z$
② $0.216a_y + 0.288a_z$
③ $0.288a_y + 0.216a_z$
④ $0.291a_y + 0.288a_z$

05 방송국 안테나 출력이 W[W]이고 이로부터 진공 중에 r[m] 떨어진 점에서 자계의 세기의 실효치는 약 몇 [A/m]인가?

① $\dfrac{1}{r}\sqrt{\dfrac{W}{377\pi}}$
② $\dfrac{1}{2r}\sqrt{\dfrac{W}{377\pi}}$
③ $\dfrac{1}{2r}\sqrt{\dfrac{W}{188\pi}}$
④ $\dfrac{1}{r}\sqrt{\dfrac{2W}{377\pi}}$

06 반지름이 a[m]인 원형 도선 2개의 루프가 z축상에 그림과 같이 놓인 경우 I[A]의 전류가 흐를 때 원형 전류 중심축상의 자계 H[A/m]는?(단, a_z, a_ϕ는 단위벡터이다.)

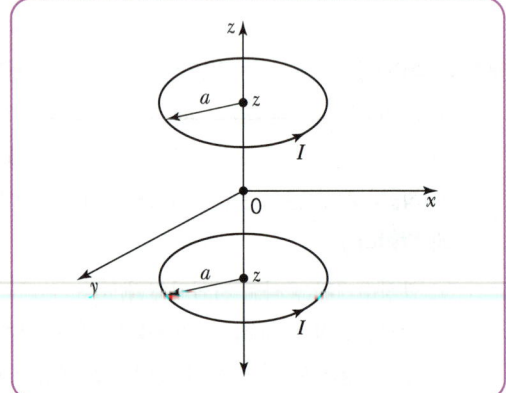

① $H = \dfrac{a^2 I}{(a^2+z^2)^{3/2}} a_\phi$
② $H = \dfrac{a^2 I}{(a^2+z^2)^{3/2}} a_z$
③ $H = \dfrac{a^2 I}{2(a^2+z^2)^{3/2}} a_\phi$
④ $H = \dfrac{a^2 I}{2(a^2+z^2)^{3/2}} a_z$

07 직교하는 무한 평판도체와 점전하에 의한 영상전하는 몇 개 존재하는가?
① 2 ② 3
③ 4 ④ 5

08 전하 e[C], 질량 m[kg]인 전자가 전계 E[V/m] 내에 놓여 있을 때 최초에 정지하고 있었다면 t초 후에 전자의 속도[m/s]는?
① $\dfrac{meE}{t}$ ② $\dfrac{me}{E}t$
③ $\dfrac{mE}{e}t$ ④ $\dfrac{Ee}{m}t$

09 그림과 같은 환상 솔레노이드 내의 철심 중심에서의 자계의 세기 H[AT/m]는?(단, 환상 철심의 평균 반지름은 r[m], 코일의 권수는 N회, 코일에 흐르는 전류는 I[A]이다.)

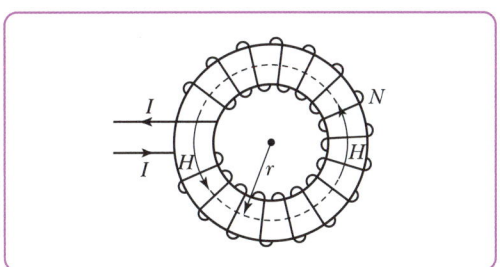

① $\dfrac{NI}{\pi r}$ ② $\dfrac{NI}{2\pi r}$
③ $\dfrac{NI}{4\pi r}$ ④ $\dfrac{NI}{2r}$

10 환상 솔레노이드 단면적이 S, 평균 반지름이 r, 권선수가 N이고 누설자속이 없는 경우 자기 인덕턴스의 크기는?
① 권선수 및 단면적에 비례한다.
② 권선수의 제곱 및 단면적에 비례한다.
③ 권선수의 제곱 및 평균 반지름에 비례한다.
④ 권선수의 제곱에 비례하고 단면적에 반비례한다.

11 다음 중 비투자율(μ_r)이 가장 큰 것은?
① 금   ② 은
③ 구리 ④ 니켈

12 한 변의 길이가 l[m]인 정사각형 도체에 전류 I[A]가 흐르고 있을 때 중심점 P에서의 자계의 세기는 몇 [A/m]인가?

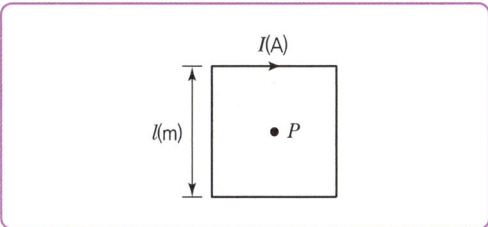

① $16\pi l I$ ② $4\pi l I$
③ $\dfrac{\sqrt{3}\pi}{2l}I$ ④ $\dfrac{2\sqrt{2}}{\pi l}I$

13 간격이 3[cm]이고 면적이 30[cm²]인 평판의 공기 콘덴서에 220[V]의 전압을 가하면 두 판 사이에 작용하는 힘은 약 몇 [N]인가?
① 6.3×10^{-6} ② 7.14×10^{-7}
③ 8×10^{-5} ④ 5.75×10^{-4}

14 비유전율이 2이고, 비투자율이 2인 매질 내에서의 전자파의 전파속도 v[m/s]와 진공 중의 빛의 속도 v_0[m/s] 사이의 관계는?
① $v = \dfrac{1}{2}v_0$ ② $v = \dfrac{1}{4}v_0$
③ $v = \dfrac{1}{6}v_0$ ④ $v = \dfrac{1}{8}v_0$

15 영구자석의 재료로 적합한 것은?

① 잔류 자속밀도(B_r)는 크고, 보자력(H_c)은 작아야 한다.
② 잔류 자속밀도(B_r)는 작고, 보자력(H_c)은 커야 한다.
③ 잔류 자속밀도(B_r)와 보자력(H_c) 모두 작아야 한다.
④ 잔류 자속밀도(B_r)와 보자력(H_c) 모두 커야 한다.

16 전계 E[V/m], 전속밀도 D[C/m²], 유전율 $\varepsilon = \varepsilon_0\varepsilon_r$[F/m], 분극의 세기 P[C/m²] 사이의 관계를 나타낸 것으로 옳은 것은?

① $P = D + \varepsilon_0 E$
② $P = D - \varepsilon_0 E$
③ $P = \dfrac{D+E}{\varepsilon_0}$
④ $P = \dfrac{D-E}{\varepsilon_0}$

17 동일한 금속 도선의 두 점 사이에 온도차를 주고 전류를 흘렸을 때 열의 발생 또는 흡수가 일어나는 현상은?

① 펠티에(Peltier) 효과
② 볼타(Volta) 효과
③ 제백(Seebeck) 효과
④ 톰슨(Thomson) 효과

18 강자성체가 아닌 것은?

① 코발트
② 니켈
③ 철
④ 구리

19 내구의 반지름이 2[cm], 외구의 반지름이 3[cm]인 동심구 도체 간의 고유저항이 1.884×10^2[Ω·m]인 저항 물질로 채워져 있을 때, 내외구 간의 합성저항은 약 몇 [Ω]인가?

① 2.5
② 5.0
③ 250
④ 500

20 비투자율 $\mu_r = 800$, 원형 단면적 $S = 10$[cm²], 평균 자로길이 $l = 16\pi \times 10^{-2}$[m]의 환상 철심에 600회의 코일을 감고 이 코일에 1[A]의 전류를 흘리면 환상 철심 내부의 자속은 몇 [Wb]인가?

① 1.2×10^{-3}
② 1.2×10^{-5}
③ 2.4×10^{-3}
④ 2.4×10^{-5}

2과목 전력공학

21 그림과 같은 유황곡선을 가진 수력지점에서 최대 사용수량 OC로 1년간 계속 발전하는 데 필요한 저수지의 용량은?

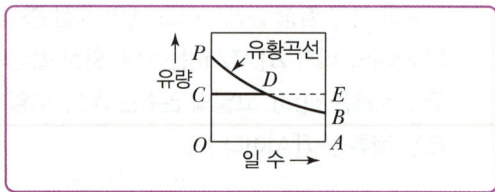

① 면적 $OCPBA$
② 면적 $OCDBA$
③ 면적 DEB
④ 면적 PCD

22 고장전류의 크기가 커질수록 동작시간이 짧게 되는 특성을 가진 계전기는?

① 순한시 계전기
② 정한시 계전기
③ 반한시 계전기
④ 반한시 정한시 계전기

23 접지봉으로 탑각의 접지저항 값을 희망하는 접지저항 값까지 줄일 수 없을 때 사용하는 것은?

① 가공지선
② 매설지선
③ 크로스본드선
④ 차폐선

24 3상 3선식 송전선에서 한 선의 저항이 10[Ω], 리액턴스가 20[Ω]이며, 수전단의 선간전압이 60[kV], 부하역률이 0.8인 경우에 전압강하율이 10[%]라 하면 이송전선로로는 약 몇 [kW]까지 수전할 수 있는가?

① 10,000
② 12,000
③ 14,400
④ 18,000

25 배전선로의 주상변압기에서 고압 측 - 저압 측에 주로 사용되는 보호장치의 조합으로 적합한 것은?

① 고압 측 : 컷아웃 스위치, 저압 측 : 캐치홀더
② 고압 측 : 캐치홀더, 저압 측 : 컷아웃 스위치
③ 고압 측 : 리클로저, 저압 측 : 라인퓨즈
④ 고압 측 : 라인퓨즈, 저압 측 : 리클로저

26 %임피던스에 대한 설명으로 틀린 것은?

① 단위를 갖지 않는다.
② 절대량이 아닌 기준량에 대한 비를 나타낸 것이다.
③ 기기 용량의 크기와 관계없이 일정한 범위의 값을 갖는다.
④ 변압기나 동기기의 내부 임피던스에만 사용할 수 있다.

27 연료의 발열량이 430[kcal/kg]일 때, 화력발전소의 열효율[%]은?(단, 발전기 출력은 P_G[kW], 시간당 연료의 소비량은 B[kg/h]이다.)

① $\dfrac{P_G}{B} \times 100$

② $\sqrt{2} \times \dfrac{P_G}{B} \times 100$

③ $\sqrt{3} \times \dfrac{P_G}{B} \times 100$

④ $2 \times \dfrac{P_G}{B} \times 100$

28 수용가의 수용률을 나타낸 식은?

① $\dfrac{\text{합성최대수용전력}[kW]}{\text{평균전력}[kW]} \times 100[\%]$

② $\dfrac{\text{평균전력}[kW]}{\text{합성최대수용전력}[kW]} \times 100[\%]$

③ $\dfrac{\text{부하설비합계}[kW]}{\text{최대수용전력}[kW]} \times 100[\%]$

④ $\dfrac{\text{최대수용전력}[kW]}{\text{부하설비합계}[kW]} \times 100[\%]$

29 화력발전소에서 증기 및 급수가 흐르는 순서는?

① 절탄기 → 보일러 → 과열기 → 터빈 → 복수기
② 보일러 → 절탄기 → 과열기 → 터빈 → 복수기
③ 보일러 → 과열기 → 절탄기 → 터빈 → 복수기
④ 절탄기 → 과열기 → 보일러 → 터빈 → 복수기

30 역률 0.8, 출력 320[kW]인 부하에 전력을 공급하는 변전소에 역률 개선을 위해 전력용 콘덴서 140[kVA]를 설치했을 때 합성역률은?

① 0.93
② 0.95
③ 0.97
④ 0.99

31 용량 20[kVA]인 단상 주상 변압기에 걸리는 하루 동안의 부하가 처음 14시간 동안은 20[kW], 다음 10시간 동안은 10[kW]일 때, 이 변압기에 의한 하루 동안의 손실량[Wh]은?(단, 부하의 역률은 1로 가정하고, 변압기의 전 부하동손은 300[W], 철손은 100[W]이다.)

① 6,850
② 7,200
③ 7,350
④ 7,800

32 통신선과 평행인 주파수 60[Hz]의 3상 1회선 송전선이 있다. 1선 지락 때문에 영상전류가 100[A] 흐르고 있다면 통신선에 유도되는 전자유도전압 [V]은 약 얼마인가?(단, 영상전류는 전 전선에 걸쳐서 같으며, 송전선과 통신선과의 상호 인덕턴스는 0.06[mH/km], 그 평행 길이는 40[km]이다.)

① 156.6 ② 162.8
③ 230.2 ④ 271.4

33 케이블 단선사고에 의한 고장점까지의 거리를 정전용량 측정법으로 구하는 경우, 건전상의 정전용량이 C, 고장점까지의 정전용량이 C_x, 케이블의 길이가 l일 때 고장점까지의 거리를 나타내는 식으로 알맞은 것은?

① $\frac{C}{C_x}l$ ② $\frac{2C_x}{C}l$
③ $\frac{C_x}{C}l$ ④ $\frac{C_x}{2C}l$

34 전력 퓨즈(Power Fuse)는 고압, 특고압기기의 주로 어떤 전류의 차단을 목적으로 설치하는가?

① 충전전류 ② 부하전류
③ 단락전류 ④ 영상전류

35 송전선로에서 1선 지락 시에 건전상의 전압 상승이 가장 적은 접지방식은?

① 비접지방식 ② 직접접지방식
③ 저항접지방식 ④ 소호리액터접지방식

36 기준 선간전압 23[kV], 기준 3상 용량 5,000[kVA], 1선의 유도 리액턴스가 15[Ω]일 때 %리액턴스는?

① 28.36[%] ② 14.18[%]
③ 7.09[%]   ④ 3.55[%]

37 전력원선도의 가로축과 세로축을 나타내는 것은?

① 전압과 전류
② 전압과 전력
③ 전류와 전력
④ 유효전력과 무효전력

38 송전선로에서의 고장 또는 발전기 탈락과 같은 큰 외란에 대하여 계통에 연결된 각 동기기가 동기를 유지하면서 계속 안정적으로 운전할 수 있는지를 판별하는 안정도는?

① 동태안정도(Dynamic Stability)
② 정태안정도(Steady-state Stability)
③ 전압안정도(Voltage Stability)
④ 과도안정도(Transient Stability)

39 정전용량이 C_1이고, V_1의 전압에서 Q_r의 무효전력을 발생하는 콘덴서가 있다. 정전용량을 변화시켜 2배로 승압된 전압($2V_1$)에서도 동일한 무효전력 Q_r을 발생시키고자 할 때, 필요한 콘덴서의 정전용량 C_2는?

① $C_2 = 4C_1$ ② $C_2 = 2C_1$
③ $C_2 = \frac{1}{2}C_1$ ④ $C_2 = \frac{1}{4}C_1$

40 송전선로의 고장전류 계산에 영상 임피던스가 필요한 경우는?

① 1선 지락 ② 3상 단락
③ 3선 단선 ④ 선간 단락

3과목 전기기기

41 3,300/220[V]의 단상 변압기 3대를 △-Y결선하고 2차 측 선간에 15[kW]의 단상 전열기를 접속하여 사용하고 있다. 결선을 △-△로 변경하는 경우 이 전열기의 소비전력은 몇 [kW]로 되는가?

① 5
② 12
③ 15
④ 21

42 히스테리시스 전동기에 대한 설명으로 틀린 것은?

① 유도전동기와 거의 같은 고정자이다.
② 회전자 극은 고정자 극에 비하여 항상 각도 δ_h 만큼 앞선다.
③ 회전자가 부드러운 외면을 가지므로 소음이 적으며, 순조롭게 회전시킬 수 있다.
④ 구속 시부터 동기속도만을 제외한 모든 속도 범위에서 일정한 히스테리시스 토크를 발생한다.

43 직류기에서 계자자속을 만들기 위하여 전자석의 권선에 전류를 흘리는 것을 무엇이라 하는가?

① 보극
② 여자
③ 보상권선
④ 자화작용

44 사이클로 컨버터(Cyclo Converter)에 대한 설명으로 틀린 것은?

① DC-DC Buck 컨버터와 동일한 구조이다.
② 출력주파수가 낮은 영역에서 많은 장점이 있다.
③ 시멘트공장의 분쇄기 등과 같이 대용량 저속 교류전동기 구동에 주로 사용된다.
④ 교류를 교류로 직접변환하면서 전압과 주파수를 동시에 가변하는 전력변환기이다.

45 1차 전압은 3,300[V]이고 1차 측 무부하전류는 0.15[A], 철손은 330[W]인 단상 변압기의 자화전류는 약 몇 [A]인가?

① 0.112
② 0.145
③ 0.181
④ 0.231

46 유도전동기의 안정 운전의 조건은?(단, T_m : 전동기 토크, T_L : 부하 토크, n : 회전수)

① $\dfrac{dT_m}{dn} < \dfrac{dT_L}{dn}$
② $\dfrac{dT_m}{dn} = \dfrac{dT_L^2}{dn}$
③ $\dfrac{dT_m}{dn} > \dfrac{dT_L}{dn}$
④ $\dfrac{dT_m}{dn} \neq \dfrac{dT_L^2}{dn}$

47 3상 권선형 유도전동기 기동 시 2차 측에 외부 가변저항을 넣는 이유는?

① 회전수 감소
② 기동전류 증가
③ 기동토크 감소
④ 기동전류 감소와 기동토크 증가

48 극수 4이며 전기자 권선은 파권, 전기자 도체수가 250인 직류발전기가 있다. 이 발전기가 1,200[rpm]으로 회전할 때 600[V]의 기전력을 유기하려면 1극당 자속은 몇 [Wb]인가?

① 0.04
② 0.05
③ 0.06
④ 0.07

49 발전기 회전자에 유도자를 주로 사용하는 발전기는?

① 수차발전기
② 엔진발전기
③ 터빈발전기
④ 고주파발전기

50 BJT에 대한 설명으로 틀린 것은?

① Bipolar Junction Thyristor의 약자이다.
② 베이스 전류로 컬렉터 전류를 제어하는 전류제어 스위치이다.
③ MOSFET, IGBT 등의 전압제어 스위치보다 훨씬 큰 구동전력이 필요하다.
④ 회로기호 B, E, C는 각각 베이스(Base), 에미터(Emitter), 컬렉터(Collector)이다.

51 3상 유도전동기에서 회전자가 슬립 s로 회전하고 있을 때 2차 유기전압 E_{2s} 및 2차 주파수 f_{2s}와 s와의 관계는?(단, E_2는 회전자가 정지하고 있을 때 2차 유기기전력이며 f_1은 1차 주파수이다.)

① $E_{2s} = sE_2, \ f_{2s} = sf_1$
② $E_{2s} = sE_2, \ f_{2s} = \dfrac{f_1}{s}$
③ $E_{2s} = \dfrac{E_2}{s}, \ f_{2s} = \dfrac{f_1}{s}$
④ $E_{2s} = (1-s)E_2, \ f_{2s} = (1-s)f_1$

52 전류계를 교체하기 위해 우선 변류기 2차 측을 단락시켜야 하는 이유는?

① 측정오차 방지   ② 2차 측 절연 보호
③ 2차 측 과전류 보호 ④ 1차 측 과전류 방지

53 단자전압 220[V], 부하전류 50[A]인 분권발전기의 유도기전력은 몇 [V]인가?(단, 여기서 전기자 저항은 0.2[Ω]이며, 계자전류 및 전기자 반작용은 무시한다.)

① 200   ② 210
③ 220   ④ 230

54 기전력(1상)이 E_o이고 동기임피던스(1상)가 Z_s인 2대의 3상 동기발전기를 무부하로 병렬 운전시킬 때 각 발전기의 기전력 사이에 δ_s의 위상차가 있으면 한쪽 발전기에서 다른 쪽 발전기로 공급되는 1상당의 전력[W]은?

① $\dfrac{E_o}{Z_s}\sin\delta_s$ ② $\dfrac{E_o}{Z_s}\cos\delta_s$
③ $\dfrac{E_o^{\ 2}}{2Z_s}\sin\delta_s$ ④ $\dfrac{E_o^{\ 2}}{2Z_s}\cos\delta_s$

55 전압이 일정한 모선에 접속되어 역률 1로 운전하고 있는 동기전동기를 동기조상기로 사용하는 경우 여자전류를 증가시키면 이 전동기는 어떻게 되는가?

① 역률은 앞서고, 전기자 전류는 증가한다.
② 역률은 앞서고, 전기자 전류는 감소한다.
③ 역률은 뒤지고, 전기자 전류는 증가한다.
④ 역률은 뒤지고, 전기자 전류는 감소한다.

56 직류발전기의 전기자 반작용에 대한 설명으로 틀린 것은?

① 전기자 반작용으로 인하여 전기적 중성축을 이동시킨다.
② 정류자 편간 전압이 불균일하게 되어 섬락의 원인이 된다.
③ 전기자 반작용이 생기면 주자속이 왜곡되고 증가하게 된다.
④ 전기자 반작용이란, 전기자 전류에 의하여 생긴 자속이 계자에 의해 발생되는 주자속에 영향을 주는 현상을 말한다.

57 단상 변압기 2대를 병렬 운전할 경우, 각 변압기의 부하전류를 I_a, I_b, 1차 측으로 환산한 임피던스를 Z_a, Z_b, 백분율 임피던스 강하를 z_a, z_b, 정격용량을 P_{an}, P_{bn} 이라 한다. 이때 부하 분담에 대한 관계로 옳은 것은?

① $\dfrac{I_a}{I_b} = \dfrac{Z_a}{Z_b}$
② $\dfrac{I_a}{I_b} = \dfrac{P_{bn}}{P_{an}}$
③ $\dfrac{I_a}{I_b} = \dfrac{z_b}{z_a} \times \dfrac{P_{an}}{P_{bn}}$
④ $\dfrac{I_a}{I_b} = \dfrac{Z_a}{Z_b} \times \dfrac{P_{an}}{P_{bn}}$

58 단상 유도전압조정기에서 단락권선의 역할은?
① 철손 경감
② 절연 보호
③ 전압강하 경감
④ 전압조정 용이

59 동기 리액턴스 $X_s = 10[\Omega]$, 전기자 권선저항 $r_a = 0.1[\Omega]$, 3상 중 1상의 유도기전력 $E = 6,400[V]$, 단자전압 $V = 4,000[V]$, 부하각 $\delta = 30°$이다. 비철극기인 3상 동기발전기의 출력은 약 몇 [kW]인가?
① 1,280
② 3,840
③ 5,560
④ 6,650

60 60[Hz], 6극의 3상 권선형 유도전동기가 있다. 이 전동기의 정격 부하 시 회전수는 1,140[rpm]이다. 이 전동기를 같은 공급전압에서 전부하 토크로 기동하기 위한 외부저항은 몇 [Ω]인가?(단, 회전자 권선은 Y결선이며 슬립링 간의 저항은 0.1[Ω]이다.)
① 0.5
② 0.85
③ 0.95
④ 1

4과목 회로이론 및 제어공학

61 개루프 전달함수 $G(s)H(s)$로부터 근궤적을 작성할 때 실수축에서의 점근선의 교차점은?

$$G(s)H(s) = \dfrac{K(s-2)(s-3)}{s(s+1)(s+2)(s+4)}$$

① 2
② 5
③ -4
④ -6

62 특성 방정식이 $2s^4 + 10s^3 + 11s^2 + 5s + K = 0$으로 주어진 제어시스템이 안정하기 위한 조건은?
① $0 < K < 2$
② $0 < K < 5$
③ $0 < K < 6$
④ $0 < K < 10$

63 신호흐름선도에서 전달함수 $\left(\dfrac{C(s)}{R(s)}\right)$는?

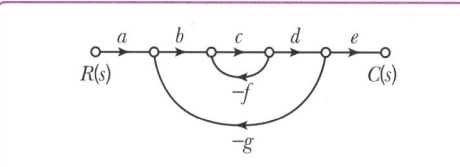

① $\dfrac{abcde}{1 - cg - bcdg}$
② $\dfrac{abcde}{1 - cf + bcdg}$
③ $\dfrac{abcde}{1 + cf - bcdg}$
④ $\dfrac{abcde}{1 + cf + bcdg}$

64 적분시간이 3[sec], 비례감도가 3인 비례적분동작을 하는 제어 요소가 있다. 이 제어 요소에 동작신호 $x(t) = 2t$를 주었을 때 조작량은 얼마인가? (단, 초기 조작량 $y(t)$는 0으로 한다.)
① $t^2 + 2t$
② $t^2 + 4t$
③ $t^2 + 6t$
④ $t^2 + 8t$

65 $\overline{A} + \overline{B} \cdot \overline{C}$와 등가인 논리식은?

① $\overline{A \cdot (B+C)}$
② $\overline{A + B \cdot C}$
③ $\overline{A \cdot B + C}$
④ $\overline{A \cdot B} + C$

66 블록선도와 같은 단위 피드백 제어시스템의 상태 방정식은?(단, 상태변수는 $x_1(t) = c(t)$, $x_2(t) = \dfrac{d}{dt}c(t)$로 한다.)

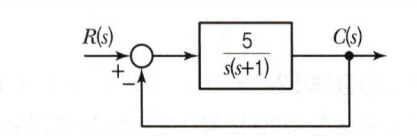

① $\dot{x}_1(t) = x_2(t)$
   $\dot{x}_2(t) = -5x_1(t) - x_2(t) + 5r(t)$
② $\dot{x}_1(t) = x_2(t)$
   $\dot{x}_2(t) = -5x_1(t) - x_2(t) - 5r(t)$
③ $\dot{x}_1(t) = -x_2(t)$
   $\dot{x}_2(t) = 5x_1(t) + x_2(t) - 5r(t)$
④ $\dot{x}_1(t) = -x_2(t)$
   $\dot{x}_2(t) = -5x_1(t) + x_2(t) + 5r(t)$

67 2차 제어시스템의 감쇠율(Damping Ratio, ζ)이 ζ < 0인 경우 제어시스템의 과도응답 특성은?

① 발산
② 무제동
③ 임계제동
④ 과제동

68 $e(t)$의 z변환을 $E(z)$라고 했을 때 $e(t)$의 최종값 $e(\infty)$은?

① $\lim\limits_{z \to 1} E(z)$
② $\lim\limits_{z \to \infty} E(z)$
③ $\lim\limits_{z \to 1}(1 - z^{-1})E(z)$
④ $\lim\limits_{z \to \infty}(1 - z^{-1})E(z)$

69 블록선도의 제어시스템은 단위 램프 입력에 대한 정상상태 오차(정상편차)가 0.01이다. 이 제어시스템의 제어요소인 $G_{C1}(s)$의 k는?

$$G_{C1}(s) = k, \ G_{C2}(s) = \frac{1 + 0.1s}{1 + 0.2s}$$
$$G_P(s) = \frac{200}{s(s+1)(s+2)}$$

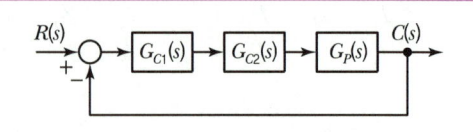

① 0.1
② 1
③ 10
④ 100

70 블록선도의 전달함수 $\left(\dfrac{C(s)}{R(s)}\right)$는?

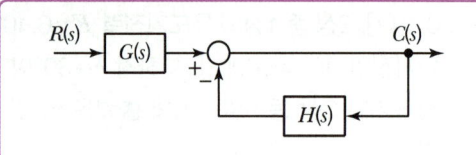

① $\dfrac{G(s)}{1 + H(s)}$
② $\dfrac{G(s)}{1 + G(s)H(s)}$
③ $\dfrac{1}{1 + H(s)}$
④ $\dfrac{1}{1 + G(s)H(s)}$

71 특성 임피던스가 400[Ω]인 회로 말단에 1,200[Ω]의 부하가 연결되어 있다. 전원 측에 20[kV]의 전압을 인가할 때 반사파의 크기[kV]는?(단, 선로에서의 전압감쇠는 없는 것으로 간주한다.)

① 3.3
② 5
③ 10
④ 33

72 그림과 같은 H형 4단자 회로망에서 4단자 정수(전송 파라미터) A는?(단, V_1은 입력전압이고, V_2는 출력전압이고, A는 출력 개방 시 회로망의 전압이득 $\left(\dfrac{V_1}{V_2}\right)$이다.)

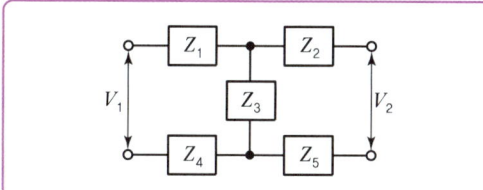

① $\dfrac{Z_1+Z_2+Z_3}{Z_3}$ ② $\dfrac{Z_1+Z_3+Z_4}{Z_3}$

③ $\dfrac{Z_2+Z_3+Z_5}{Z_3}$ ④ $\dfrac{Z_3+Z_4+Z_5}{Z_3}$

73 $F(s)=\dfrac{2s^2+s-3}{s(s^2+4s+3)}$ 의 라플라스 역변환은?

① $1-e^{-t}+2e^{-3t}$ ② $1-e^{-t}-2e^{-3t}$
③ $-1-e^{-t}-2e^{-3t}$ ④ $-1+e^{-t}+2e^{-3t}$

74 △결선된 평형 3상 부하로 흐르는 선전류가 I_a, I_b, I_c일 때, 이 부하로 흐르는 영상분 전류 I_0[A]는?

① $3I_a$ ② I_a
③ $\dfrac{1}{3}I_a$ ④ 0

75 저항 $R=15[\Omega]$과 인덕턴스 $L=3[\text{mH}]$를 병렬로 접속한 회로의 서셉턴스의 크기는 약 몇 [℧]인가?(단, $\omega=2\pi\times10^5$)

① 3.2×10^{-2} ② 8.6×10^{-3}
③ 5.3×10^{-4} ④ 4.9×10^{-5}

76 그림과 같이 △회로를 Y회로로 등가 변환하였을 때 임피던스 $Z_a[\Omega]$는?

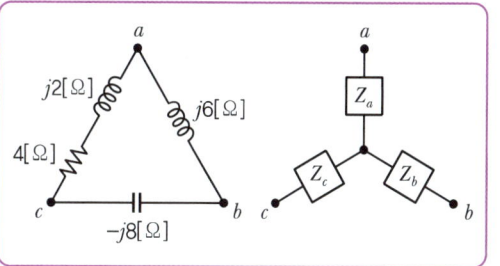

① 12 ② $-3+j6$
③ $4-j8$ ④ $6+j8$

77 회로에서 $t=0$[초]일 때 닫혀 있는 스위치 S를 열었다. 이때 $\dfrac{dv(0^+)}{dt}$의 값은?(단, C의 초기 전압은 0[V]이다.)

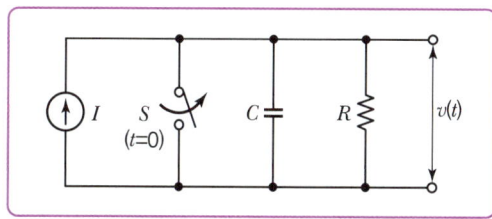

① $\dfrac{1}{RI}$ ② $\dfrac{C}{I}$
③ RI ④ $\dfrac{I}{C}$

78 회로에서 전압 V_{ab}[V]는?

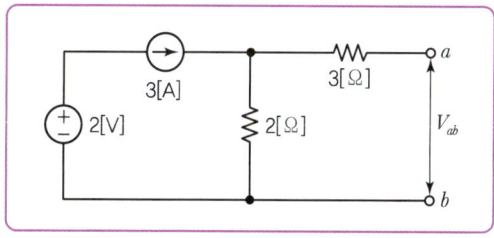

① 2 ② 3
③ 6 ④ 9

79 전압 및 전류가 다음과 같을 때 유효전력[W] 및 역률[%]은 각각 약 얼마인가?

$$v(t) = 100\sin\omega t - 50\sin(3\omega t + 30°) + 20\sin(5\omega t + 45°)[V]$$
$$i(t) = 20\sin(\omega t + 30°) + 10\sin(3\omega t - 30°) + 5\cos 5\omega t[A]$$

① 825[W], 48.6[%] ② 776.4[W], 59.7[%]
③ 1,120[W], 77.4[%] ④ 1,850[W], 89.6[%]

80 △결선된 대칭 3상 부하가 0.5[Ω]인 저항만의 선로를 통해 평형 3상 전압원에 연결되어 있다. 이 부하의 소비전력이 1,800[W]이고 역률이 0.8(지상)일 때, 선로에서 발생하는 손실이 50[W]이면 부하의 단자전압[V]의 크기는?

① 627 ② 525
③ 326 ④ 225

5과목 전기설비기술기준

81 사용전압이 22.9[kV]인 가공전선로의 다중접지한 중성선과 첨가 통신선의 간격은 몇 [cm] 이상이어야 하는가?(단, 특고압 가공전선로는 중성선 다중접지식의 것으로 전로에 지락이 생긴 경우 2초 이내에 자동적으로 이를 전로로부터 차단하는 장치가 되어 있는 것으로 한다.)

① 60 ② 75
③ 100 ④ 120

82 다음 ( )에 들어갈 내용으로 옳은 것은?

지중전선로는 기설 지중약전류 전선로에 대하여 (ⓐ) 또는 (ⓑ)에 의하여 통신상의 장해를 주지 않도록 기설약전류 전선로로부터 충분히 이격시키거나 기타 적당한 방법으로 시설하여야 한다.

① ⓐ 누설전류, ⓑ 유도작용
② ⓐ 단락전류, ⓑ 유도작용
③ ⓐ 단락전류, ⓑ 정전작용
④ ⓐ 누설전류, ⓑ 정전작용

83 전격살충기의 전격격자는 지표 또는 바닥에서 몇 [m] 이상의 높은 곳에 시설하여야 하는가?

① 1.5 ② 2
③ 2.8 ④ 3.5

84 사용전압이 154[kV]인 모선에 접속되는 전력용 커패시터에 울타리를 시설하는 경우 울타리의 높이와 울타리로부터 충전부분까지 거리의 합계는 몇 [m] 이상 되어야 하는가?

① 2 ② 3
③ 5 ④ 6

85 사용전압이 22.9[kV]인 가공전선이 삭도와 제1차 접근상태로 시설되는 경우, 가공전선과 삭도 또는 삭도용 지주 사이의 간격은 몇 [m] 이상으로 하여야 하는가?(단, 전선으로는 특고압 절연전선을 사용한다.)

① 0.5 ② 1
③ 2 ④ 2.12

86 사용전압이 22.9[kV]인 가공전선로를 시가지에 시설하는 경우 전선의 지표상 높이는 몇 [m] 이상인가?(단, 전선은 특고압 절연전선을 사용한다.)

① 6 ② 7
③ 8 ④ 10

87 저압 옥내배선에 사용하는 연동선의 최소 굵기는 몇 [mm²]인가?

① 1.5
② 2.5
③ 4.0
④ 6.0

88 "리플프리(Ripple-free) 직류"란 교류를 직류로 변환할 때 리플성분의 실횻값이 몇 [%] 이하로 포함된 직류를 말하는가?

① 3
② 5
③ 10
④ 15

89 저압전로에서 정전이 어려운 경우 등 절연저항 측정이 곤란한 경우 저항성분의 누설전류가 몇 [mA] 이하이면 그 전로의 절연성능은 적합한 것으로 보는가?

① 1
② 2
③ 3
④ 4

90 수소냉각식 발전기 및 이에 부속하는 수소냉각장치에 대한 시설기준으로 틀린 것은?

① 발전기 내부의 수소의 온도를 계측하는 장치를 시설할 것
② 발전기 내부의 수소의 순도가 70[%] 이하로 저하한 경우에 경보를 하는 장치를 시설할 것
③ 발전기는 기밀구조의 것이고 또한 수소가 대기압에서 폭발하는 경우에 생기는 압력에 견디는 강도를 가지는 것일 것
④ 발전기 내부의 수소의 압력을 계측하는 장치 및 그 압력이 현저히 변동한 경우에 이를 경보하는 장치를 시설할 것

91 저압 절연전선으로 「전기용품 및 생활용품 안전관리법」의 적용을 받는 것 이외에 KS에 적합한 것으로서 사용할 수 없는 것은? [KEC규정에 따라 삭제]

① 450/750[V] 고무절연전선
② 450/750[V] 비닐절연전선
③ 450/750[V] 알루미늄절연전선
④ 450/750[V] 저독성 난연 폴리올레핀절연전선

92 전기철도차량에 전력을 공급하는 전차선의 전선 설치방식에 포함되지 않는 것은?

① 가공방식
② 강체방식
③ 제3레일 방식
④ 지중조가선 방식

93 금속제 가요전선관 공사에 의한 저압 옥내배선의 시설기준으로 틀린 것은?

① 가요전선관 안에는 전선에 접속점이 없도록 한다.
② 옥외용 비닐절연전선을 제외한 절연전선을 사용한다.
③ 점검할 수 없는 은폐된 장소에는 1종 가요전선관을 사용할 수 있다.
④ 2종 금속제 가요전선관을 사용하는 경우에 습기 많은 장소에 시설하는 때에는 비닐피복 2종 가요전선관으로 한다.

94 터널 안의 전선로의 저압전선이 그 터널 안의 다른 저압전선(관등회로의 배선은 제외한다.)·약전류전선 등 또는 수관·가스관이나 이와 유사한 것과 접근하거나 교차하는 경우, 저압전선을 애자공사에 의하여 시설하는 때에는 간격이 몇 [cm] 이상이어야 하는가?(단, 전선이 나전선이 아닌 경우이다.)

① 10
② 15
③ 20
④ 25

95 전기철도의 설비를 보호하기 위해 시설하는 피뢰기의 시설기준으로 틀린 것은?

① 피뢰기는 변전소 인입 측 및 급전선 인출 측에 설치하여야 한다.
② 피뢰기는 가능한 한 보호하는 기기와 가깝게 시설하되 누설전류 측정이 용이하도록 지지대와 절연하여 설치한다.
③ 피뢰기는 개방형을 사용하고 유효 보호거리를 증가시키기 위하여 방전개시전압 및 제한전압이 낮은 것을 사용한다.
④ 피뢰기는 가공전선과 직접 접속하는 지중케이블에서 낙뢰에 의해 절연파괴의 우려가 있는 케이블 단말에 설치하여야 한다.

96 전선의 단면적이 38[mm^2]인 경동연선을 사용하고 지지물로는 B종 철주 또는 B종 철근 콘크리트주를 사용하는 특고압 가공전선로를 제3종 특고압 보안공사에 의하여 시설하는 경우 지지물 간 거리는 몇 [m] 이하이어야 하는가?

① 100 ② 150
③ 200 ④ 250

97 태양광설비에 시설하여야 하는 계측기의 계측대상에 해당하는 것은?

① 전압과 전류 ② 전력과 역률
③ 전류와 역률 ④ 역률과 주파수

98 교통신호등 회로의 사용전압이 몇 [V]를 넘는 경우는 전로에 지락이 생겼을 경우 자동적으로 전로를 차단하는 누전차단기를 시설하는가?

① 60 ② 150
③ 300 ④ 450

99 가공전선로의 지지물에 시설하는 지지선으로 연선을 사용할 경우, 소선(素線)은 몇 가닥 이상이어야 하는가?

① 2 ② 3
③ 5 ④ 9

100 저압전로의 보호도체 및 중선선의 접속방식에 따른 접지계통의 분류가 아닌 것은?

① IT 계통 ② TN 계통
③ TT 계통 ④ TC 계통

2021년도 2회 과년도 기출문제

1과목 전기자기학

01 두 종류의 유전율(ε_1, ε_2)을 가진 유전체가 서로 접하고 있는 경계면에 진전하가 존재하지 않을 때 성립하는 경계조건으로 옳은 것은?(단, E_1, E_2는 각 유전체에서의 전계이고, D_1, D_2는 각 유전체에서의 전속밀도이고, θ_1, θ_2는 각각 경계면의 법선벡터와 E_1, E_2가 이루는 각이다.)

① $E_1 \cos\theta_1 = E_2 \cos\theta_2$,
$D_1 \sin\theta_1 = D_2 \sin\theta_2$, $\dfrac{\tan\theta_1}{\tan\theta_2} = \dfrac{\varepsilon_2}{\varepsilon_1}$

② $E_1 \cos\theta_1 = E_2 \cos\theta_2$,
$D_1 \sin\theta_1 = D_2 \sin\theta_2$, $\dfrac{\tan\theta_1}{\tan\theta_2} = \dfrac{\varepsilon_1}{\varepsilon_2}$

③ $E_1 \sin\theta_1 = E_2 \sin\theta_2$,
$D_1 \cos\theta_1 = D_2 \cos\theta_2$, $\dfrac{\tan\theta_1}{\tan\theta_2} = \dfrac{\varepsilon_2}{\varepsilon_1}$

④ $E_1 \sin\theta_1 = E_2 \sin\theta_2$,
$D_1 \cos\theta_1 = D_2 \cos\theta_2$, $\dfrac{\tan\theta_1}{\tan\theta_2} = \dfrac{\varepsilon_1}{\varepsilon_2}$

02 공기 중에서 반지름 0.03[m]의 구 도체에 줄 수 있는 최대 전하는 약 몇 [C]인가?(단, 이 구 도체의 주위 공기에 대한 절연내력은 5×10^6[V/m]이다.)

① 5×10^{-7} ② 2×10^{-6}
③ 5×10^{-5} ④ 2×10^{-4}

03 진공 중의 평등자계 H_0 중에 반지름이 a[m]이고, 투자율이 μ인 구 자성체가 있다. 이 구 자성체의 감자율은?(단, 구 자성체 내부의 자계는 $H = \dfrac{3\mu_0}{2\mu_0 + \mu} H_0$이다.)

① 1 ② $\dfrac{1}{2}$
③ $\dfrac{1}{3}$ ④ $\dfrac{1}{4}$

04 유전율 ε, 전계의 세기 E인 유전체의 단위체적당 축적되는 정전에너지는?

① $\dfrac{E}{2\varepsilon}$ ② $\dfrac{\varepsilon E}{2}$
③ $\dfrac{\varepsilon E^2}{2}$ ④ $\dfrac{\varepsilon^2 E^2}{2}$

05 단면적이 균일한 환상 철심에 권수 N_A인 A코일과 권수 N_B인 B코일이 있을 때, B코일의 자기 인덕턴스가 L_A[H]라면 두 코일의 상호 인덕턴스 [H]는?(단, 누설자속은 0이다.)

① $\dfrac{L_A N_A}{N_B}$ ② $\dfrac{L_A N_B}{N_A}$
③ $\dfrac{N_A}{L_A N_B}$ ④ $\dfrac{N_B}{L_A N_A}$

06 비투자율이 350인 환상 철심 내부의 평균 자계의 세기가 342[AT/m]일 때 자화의 세기는 약 몇 [Wb/m²]인가?

① 0.12 ② 0.15
③ 0.18 ④ 0.21

07 진공 중에 놓인 Q[C]의 전하에서 발산되는 전기력선의 수는?

① Q ② ε_0
③ $\dfrac{Q}{\varepsilon_0}$ ④ $\dfrac{\varepsilon_0}{Q}$

08 비투자율이 50인 환상 철심을 이용하여 100[cm] 길이의 자기회로를 구성할 때 자기저항을 2.0×10^7[AT/Wb] 이하로 하기 위해서는 철심의 단면적을 약 몇 [m²] 이상으로 하여야 하는가?

① 3.6×10^{-4} ② 6.4×10^{-4}
③ 8.0×10^{-4} ④ 9.2×10^{-4}

09 자속밀도가 10[Wb/m²]인 자계 중에 10[cm] 도체를 자계와 60°의 각도로 30[m/s]로 움직일 때, 이 도체에 유기되는 기전력은 몇 [V]인가?

① 15 ② $15\sqrt{3}$
③ 1,500 ④ $1,500\sqrt{3}$

10 전기력선의 성질에 대한 설명으로 옳은 것은?

① 전기력선은 등전위면과 평행하다.
② 전기력선은 도체 표면과 직교한다.
③ 전기력선은 도체 내부에 존재할 수 있다.
④ 전기력선은 전위가 낮은 점에서 높은 점으로 향한다.

11 평등자계와 직각방향으로 일정한 속도로 발사된 전자의 원운동에 관한 설명으로 옳은 것은?

① 플레밍의 오른손법칙에 의한 로렌츠의 힘과 원심력의 평형 원운동이다.
② 원의 반지름은 전자의 발사속도와 전계의 세기의 곱에 반비례한다.
③ 전자의 원운동 주기는 전자의 발사속도와 무관하다.
④ 전자의 원운동 주파수는 전자의 질량에 비례한다.

12 전계 E[V/m]가 두 유전체의 경계면에 평행으로 작용하는 경우 경계면에 단위면적당 작용하는 힘의 크기는 몇 [N/m²]인가?(단, ε_1, ε_2는 각 유전체의 유전율이다.)

① $f = E^2(\varepsilon_1 - \varepsilon_2)$
② $f = \dfrac{1}{E^2}(\varepsilon_1 - \varepsilon_2)$
③ $f = \dfrac{1}{2}E^2(\varepsilon_1 - \varepsilon_2)$
④ $f = \dfrac{1}{2E^2}(\varepsilon_1 - \varepsilon_2)$

13 공기 중에 있는 반지름 a[m]의 독립 금속구의 정전용량은 몇 [F]인가?

① $2\pi\varepsilon_0 a$ ② $4\pi\varepsilon_0 a$
③ $\dfrac{1}{2\pi\varepsilon_0 a}$ ④ $\dfrac{1}{4\pi\varepsilon_0 a}$

14 와전류가 이용되고 있는 것은?

① 수중 음파 탐지기
② 레이더
③ 자기 브레이크(Magnetic Brake)
④ 사이클로트론(Cyclotron)

15 전계 $E = \dfrac{2}{x}\hat{x} + \dfrac{2}{y}\hat{y}$[V/m]에서 점(3, 5)[m]를 통과하는 전기력선의 방정식은?(단, $\hat{x}$, $\hat{y}$는 단위벡터이다.)

① $x^2 + y^2 = 12$ ② $y^2 - x^2 = 12$
③ $x^2 + y^2 = 16$ ④ $y^2 - x^2 = 16$

16 전계 $E = \sqrt{2} E_e \sin\omega\left(t - \dfrac{x}{c}\right)$[V/m]의 평면 전자파가 있다. 진공 중에서 자계의 실횻값은 몇 [A/m]인가?

① $\dfrac{1}{4\pi} E_e$ ② $\dfrac{1}{36\pi} E_e$

③ $\dfrac{1}{120\pi} E_e$ ④ $\dfrac{1}{360\pi} E_e$

17 진공 중에 서로 떨어져 있는 두 도체 A, B가 있다. 도체 A에만 1[C]의 전하를 줄 때, 도체 A, B의 전위가 각각 3[V], 2[V]이었다. 지금 도체 A, B에 각각 1[C]과 2[C]의 전하를 주면 도체 A의 전위는 몇 [V]인가?

① 6   ② 7
③ 8   ④ 9

18 한 변의 길이가 4[m]인 정사각형의 루프에 1[A]의 전류가 흐를 때, 중심점에서의 자속밀도 B는 약 몇 [Wb/m²]인가?

① 2.83×10^{-7} ② 5.65×10^{-7}
③ 11.31×10^{-7} ④ 14.14×10^{-7}

19 원점에 1[μC]의 점전하가 있을 때 점 $P(2, -2, 4)$[m]에서의 전계의 세기에 대한 단위벡터는 약 얼마인가?

① $0.41a_x - 0.41a_y + 0.82a_z$
② $-0.33a_x + 0.33a_y - 0.66a_z$
③ $-0.41a_x + 0.41a_y - 0.82a_z$
④ $0.33a_x - 0.33a_y + 0.66a_z$

20 공기 중에서 전자기파의 파장이 3[m]라면 그 주파수는 몇 [MHz]인가?

① 100   ② 300
③ 1,000   ④ 3,000

2과목 전력공학

21 비등수형 원자로의 특징에 대한 설명으로 틀린 것은?

① 증기 발생기가 필요하다.
② 저농축 우라늄을 연료로 사용한다.
③ 노심에서 비등을 일으킨 증기가 직접 터빈에 공급되는 방식이다.
④ 가압수형 원자로에 비해 출력밀도가 낮다.

22 전력계통에서 내부 이상전압의 크기가 가장 큰 경우는?

① 유도성 소전류 차단 시
② 수차발전기의 부하 차단 시
③ 무부하선로 충전전류 차단 시
④ 송전선로의 부하 차단기 투입 시

23 송전단 전압을 V_s, 수전단 전압을 V_r, 선로의 리액턴스를 X라 할 때, 정상 시의 최대 송전전력의 개략적인 값은?

① $\dfrac{V_s - V_r}{X}$ ② $\dfrac{V_s^2 - V_r^2}{X}$

③ $\dfrac{V_s(V_s - V_r)}{X}$ ④ $\dfrac{V_s V_r}{X}$

24 망상(Network) 배전방식의 장점이 아닌 것은?

① 전압변동이 적다.
② 인축의 접지사고가 적어진다.
③ 부하의 증가에 대한 융통성이 크다.
④ 무정전 공급이 가능하다.

25 500[kVA]의 단상 변압기 상용 3대(결선 △-△), 예비 1대를 갖는 변전소가 있다. 부하의 증가로 인하여 예비 변압기까지 동원해서 사용한다면 응할 수 있는 최대 부하[kVA]는 약 얼마인가?

① 2,000 ② 1,730
③ 1,500 ④ 830

26 배전용 변전소의 주변압기로 주로 사용되는 것은?

① 강압 변압기
② 체승 변압기
③ 단권 변압기
④ 3권선 변압기

27 3상용 차단기의 정격차단용량은?

① $\sqrt{3}\times$정격전압$\times$정격차단전류
② $3\sqrt{3}\times$정격전압$\times$정격전류
③ $3\times$정격전압$\times$정격차단전류
④ $\sqrt{3}\times$정격전압$\times$정격전류

28 3상 3선식 송전선로에서 각 선의 대지정전용량이 0.5096[μF]이고, 선간정전용량이 0.1295[μF]일 때, 1선의 작용정전용량은 약 몇 [μF]인가?

① 0.6 ② 0.9
③ 1.2 ④ 1.8

29 그림과 같은 송전계통에서 S점에 3상 단락사고가 발생했을 때 단락전류[A]는 약 얼마인가?(단, 선로의 길이와 리액턴스는 각각 50[km], 0.6[Ω/km]이다.)

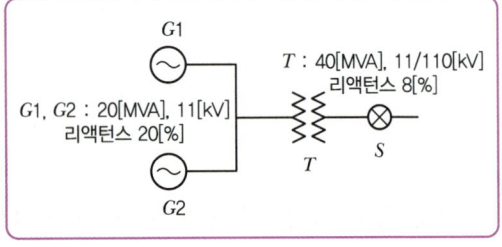

① 224 ② 324
③ 454 ④ 554

30 전력계통의 전압을 조정하는 가장 보편적인 방법은?

① 발전기의 유효전력 조정
② 부하의 유효전력 조정
③ 계통의 주파수 조정
④ 계통의 무효전력 조정

31 역률 0.8(지상)의 2,800[kW] 부하에 전력용 콘덴서를 병렬로 접속하여 합성역률을 0.9로 개선하고자 할 경우, 필요한 전력용 콘덴서의 용량[kVA]은 약 얼마인가?

① 372 ② 558
③ 744 ④ 1,116

32 컴퓨터에 의한 전력조류 계산에서 슬랙(Clack) 모선의 초기치로 지정하는 값은?

① 유효전력과 무효전력
② 전압 크기와 유효전력
③ 전압 크기와 위상각
④ 전압 크기와 무효전력

33 직격뢰에 대한 방호설비로 가장 적당한 것은?
① 복도체
② 가공지선
③ 서지흡수기
④ 정전방지기

34 저압 배전선로에 대한 설명으로 틀린 것은?
① 저압 뱅킹 방식은 전압변동을 경감할 수 있다.
② 밸런서(Balancer)는 단상 2선식에 필요하다.
③ 부하율(F)과 손실계수(H) 사이에는 $1 \geq F \geq H \geq F^2 \geq 0$의 관계가 있다.
④ 수용률이란 최대 수용전력을 설비용량으로 나눈 값을 퍼센트로 나타낸 것이다.

35 증기터빈 내에서 팽창 도중에 있는 증기를 일부 추기하여 그것이 갖는 열을 급수가열에 이용하는 열사이클은?
① 랭킨사이클
② 카르노사이클
③ 재생사이클
④ 재열사이클

36 단상 2선식 배전선로의 말단에 지상역률 $\cos\theta$인 부하 P[kW]가 접속되어 있고 선로 말단의 전압은 V[V]이다. 선로 한 가닥의 저항을 R[Ω]이라 할 때 송전단의 공급전력[kW]은?
① $P + \dfrac{P^2 R}{V\cos\theta} \times 10^3$
② $P + \dfrac{2P^2 R}{V\cos\theta} \times 10^3$
③ $P + \dfrac{P^2 R}{V^2 \cos^2\theta} \times 10^3$
④ $P + \dfrac{2P^2 R}{V^2 \cos^2\theta} \times 10^3$

37 선로, 기기 등의 절연 수준 저감 및 전력용 변압기의 단절연을 모두 행할 수 있는 중성점 접지방식은?
① 직접접지방식
② 소호리액터접지방식
③ 고저항접지방식
④ 비접지방식

38 최대수용전력이 3[kW]인 수용가 3세대, 5[kW]인 수용가 6세대라고 할 때, 이 수용가군에 전력을 공급할 수 있는 주상변압기의 최소 용량[kVA]은? (단, 역률은 1, 수용가 간의 부등률은 1.3이다.)
① 25
② 30
③ 35
④ 40

39 부하전류 차단이 불가능한 전력개폐 장치는?
① 진공차단기
② 유입차단기
③ 단로기
④ 가스차단기

40 가공송전선로에서 총 단면적이 같은 경우 단도체와 비교하여 복도체의 장점이 아닌 것은?
① 안정도를 증대시킬 수 있다.
② 공사비가 저렴하고 시공이 간편하다.
③ 전선 표면의 전위경도를 감소시켜 코로나 임계전압이 높아진다.
④ 선로의 인덕턴스가 감소되고 정전용량이 증가해서 송전용량이 증대된다.

3과목 전기기기

41 부하전류가 크지 않을 때 직류 직권전동기 발생 토크는?(단, 자기회로가 불포화인 경우이다.)
① 전류에 비례한다.
② 전류에 반비례한다.
③ 전류의 제곱에 비례한다.
④ 전류의 제곱에 반비례한다.

42 동기전동기에 대한 설명으로 틀린 것은?

① 동기전동기는 주로 회전계자형이다.
② 동기전동기는 무효전력을 공급할 수 있다.
③ 동기전동기는 제동권선을 이용한 기동법이 일반적으로 많이 사용된다.
④ 3상 동기전동기의 회전방향을 바꾸려면 계자권선 전류의 방향을 반대로 한다.

43 동기발전기에서 동기속도와 극수와의 관계를 옳게 표시한 것은?(단, N : 동기속도, P : 극수이다.)

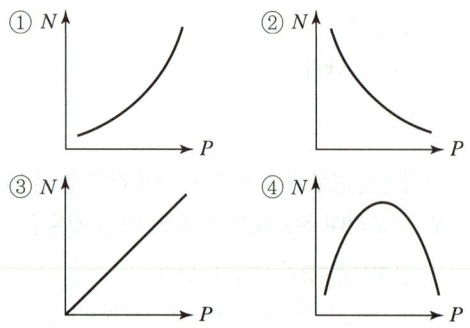

44 어떤 직류전동기가 역기전력 200[V], 매분 1,200 회전으로 토크 158.76[N·m]를 발생하고 있을 때의 전기자 전류는 약 몇 [A]인가?(단, 기계손 및 철손은 무시한다.)

① 90 ② 95
③ 100 ④ 105

45 일반적인 DC 서보모터의 제어에 속하지 않는 것은?

① 역률제어 ② 토크제어
③ 속도제어 ④ 위치제어

46 극수가 4극이고 전기자 권선이 단중 중권인 직류발전기의 전기자 전류가 40[A]이면 전기자 권선의 각 병렬회로에 흐르는 전류[A]는?

① 4   ② 6
③ 8   ④ 10

47 부스트(Boost) 컨버터의 입력전압이 45[V]로 일정하고, 스위칭 주기가 20[kHz], 듀티비(Duty Ratio)가 0.6, 부하저항이 10[Ω]일 때 출력전압은 몇 [V]인가?(단, 인덕터에는 일정한 전류가 흐르고 커패시터 출력전압의 리플성분은 무시한다.)

① 27   ② 67.5
③ 75   ④ 112.5

48 8극, 900[rpm] 동기발전기와 병렬 운전하는 6극 동기발전기의 회전수는 몇 [rpm]인가?

① 900   ② 1,000
③ 1,200 ④ 1,400

49 변압기 단락시험에서 변압기의 임피던스 전압이란?

① 1차 전류가 여자전류에 도달했을 때의 2차 측 단자전압
② 1차 전류가 정격전류에 도달했을 때의 2차 측 단자전압
③ 1차 전류가 정격전류에 도달했을 때의 변압기 내의 전압강하
④ 1차 전류가 2차 단락전류에 도달했을 때의 변압기 내의 전압강하

50 단상 정류자전동기의 일종인 단상 반발전동기에 해당되는 것은?

① 시라게전동기
② 반발유도전동기
③ 아트킨손형 전동기
④ 단상 직권 정류자전동기

51 와전류 손실을 패러데이 법칙으로 설명한 과정 중 틀린 것은?
① 와전류가 철심 내에 흘러 발열 발생
② 유도기전력 발생으로 철심에 와전류가 흐름
③ 와전류 에너지 손실량은 전류밀도에 반비례
④ 시변 자속으로 강자성체 철심에 유도기전력 발생

52 10[kW], 3상, 380[V] 유도전동기의 전부하 전류는 약 몇 [A]인가?(단, 전동기의 효율은 85[%], 역률은 85[%]이다.)
① 15 ② 21
③ 26 ④ 36

53 변압기의 주요 시험항목 중 전압변동률 계산에 필요한 수치를 얻기 위한 필수적인 시험은?
① 단락시험 ② 내전압시험
③ 변압비시험 ④ 온도상승시험

54 2전동기설에 의하여 단상 유도전동기의 가상적 2개의 회전자 중 정방향에 회전하는 회전자 슬립이 s이면 역방향에 회전하는 가상적 회전자의 슬립은 어떻게 표시되는가?
① $1+s$ ② $1-s$
③ $2-s$ ④ $3-s$

55 3상 농형 유도전동기의 전전압 기동토크는 전부하토크의 1.8배이다. 이 전동기에 기동보상기를 사용하여 기동전압을 전전압의 2/3로 낮추어 기동하면, 기동토크는 전부하토크 T와 어떤 관계인가?
① $3.0T$ ② $0.8T$
③ $0.6T$ ④ $0.3T$

56 변압기에서 생기는 철손 중 와류손(Eddy Current Loss)은 철심의 규소강판 두께와 어떤 관계에 있는가?
① 두께에 비례
② 두께의 2승에 비례
③ 두께의 3승에 비례
④ 두께의 $\frac{1}{2}$승에 비례

57 50[Hz], 12극의 3상 유도전동기가 10[HP]의 정격출력을 내고 있을 때, 회전수는 약 몇 [rpm]인가?(단, 회전자 동손은 350[W]이고, 회전자 입력은 회전자 동손과 정격출력의 합이다.)
① 468 ② 478
③ 488 ④ 500

58 변압기의 권수를 N이라고 할 때 누설 리액턴스는?
① N에 비례한다. ② N^2에 비례한다.
③ N에 반비례한다. ④ N^2에 반비례한다.

59 동기발전기의 병렬운전 조건에서 같지 않아도 되는 것은?
① 기전력의 용량 ② 기전력의 위상
③ 기전력의 크기 ④ 기전력의 주파수

60 다이오드를 사용하는 정류회로에서 과대한 부하전류로 인하여 다이오드가 소손될 우려가 있을 때 가장 적절한 조치는 어느 것인가?
① 다이오드를 병렬로 추가한다.
② 다이오드를 직렬로 추가한다.
③ 다이오드 양단에 적당한 값의 저항을 추가한다.
④ 다이오드 양단에 적당한 값의 커패시터를 추가한다.

4과목 회로이론 및 제어공학

61 전달함수가 $G_c(s) = \dfrac{s^2 + 3s + 5}{2s}$ 인 제어기가 있다. 이 제어기는 어떤 제어기인가?

① 비례미분 제어기
② 적분 제어기
③ 비례적분 제어기
④ 비례미분적분 제어기

62 다음 논리회로의 출력 Y는?

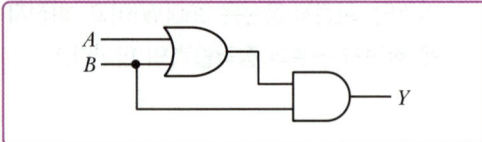

① A
② B
③ $A+B$
④ $A \cdot B$

63 그림과 같은 제어시스템이 안정하기 위한 k의 범위는?

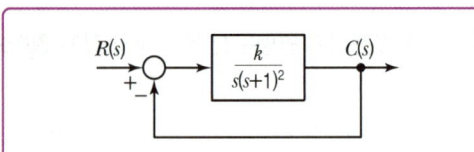

① $k > 0$
② $k > 1$
③ $0 < k < 1$
④ $0 < k < 2$

64 다음과 같은 상태방정식으로 표현되는 제어시스템의 특성방정식의 근(s_1, s_2)은?

$$\begin{bmatrix} \dot{x}_1 \\ \dot{x}_2 \end{bmatrix} = \begin{bmatrix} 0 & 1 \\ -2 & -3 \end{bmatrix} \begin{bmatrix} x_1 \\ x_2 \end{bmatrix} + \begin{bmatrix} 1 \\ 0 \end{bmatrix} u$$

① $1, -3$
② $-1, -2$
③ $-2, -3$
④ $-1, -3$

65 그림의 블록선도와 같이 표현되는 제어시스템에서 $A=1$, $B=1$일 때, 블록선도의 출력 C는 약 얼마인가?

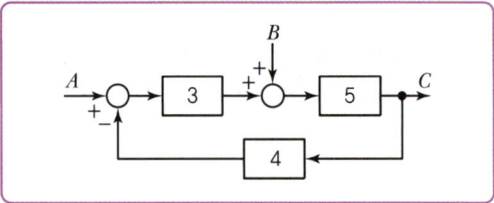

① 0.22
② 0.33
③ 1.22
④ 3.1

66 제어요소가 제어대상에 주는 양은?

① 동작신호
② 조작량
③ 제어량
④ 궤환량

67 전달함수가 $\dfrac{C(s)}{R(s)} = \dfrac{1}{3s^2 + 4s + 1}$ 인 제어시스템의 과도응답 특성은?

① 무제동
② 부족제동
③ 임계제동
④ 과제동

68 함수 $f(t) = e^{-at}$의 z변환 함수 $F(z)$는?

① $\dfrac{2z}{z - e^{aT}}$
② $\dfrac{1}{z + e^{aT}}$
③ $\dfrac{z}{z + e^{-aT}}$
④ $\dfrac{z}{z - e^{-aT}}$

69 제어시스템의 주파수 전달함수가 $G(j\omega) = j5\omega$ 이고, 주파수가 $\omega = 0.02$[rad/sec]일 때 이 제어시스템의 이득[dB]은?

① 20
② 10
③ -10
④ -20

70 그림과 같은 제어시스템의 폐루프 전달함수 $T(s) = \dfrac{C(s)}{R(s)}$ 에 대한 감도 S_K^T는?

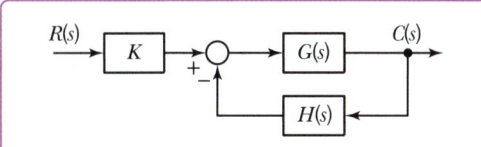

① 0.5
② 1
③ $\dfrac{G}{1+GH}$
④ $\dfrac{-GH}{1+GH}$

71 그림 (a)와 같은 회로에 대한 구동점 임피던스의 극점과 영점이 각각 그림 (b)에 나타낸 것과 같고 $Z(0)=1$일 때, 이 회로에서 $R[\Omega], L[H], C[F]$ 의 값은?

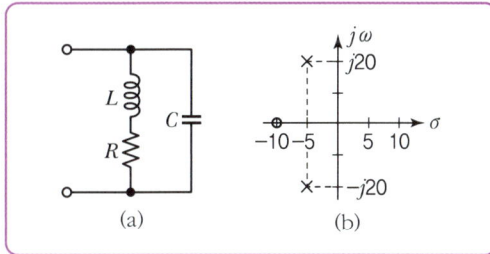

① $R=1.0[\Omega], L=0.1[H], C=0.0235[F]$
② $R=1.0[\Omega], L=0.2[H], C=1.0[F]$
③ $R=2.0[\Omega], L=0.1[H], C=0.0235[F]$
④ $R=2.0[\Omega], L=0.2[H], C=1.0[F]$

72 회로에서 저항 1[Ω]에 흐르는 전류 $I[A]$는?

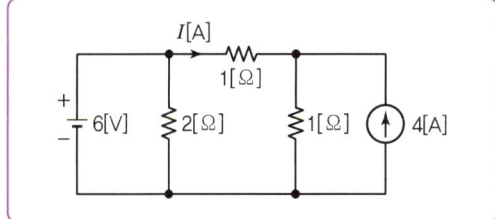

① 3
② 2
③ 1
④ −1

73 파형이 톱니파인 경우 파형률은 약 얼마인가?
① 1.155
② 1.732
③ 1.414
④ 0.577

74 무한장 무손실 전송선로의 임의의 위치에서 전압이 100[V]이었다. 이 선로의 인덕턴스가 7.5[μH/m]이고, 커패시턴스가 0.012[μF/m]일 때 이 위치에서 전류[A]는?
① 2
② 4
③ 6
④ 8

75 전압 $v(t) = 14.14\sin\omega t + 7.07\sin\left(3\omega t + \dfrac{\pi}{6}\right)$ [V]의 실횻값은 약 몇 [V]인가?
① 3.87
② 11.2
③ 15.8
④ 21.2

76 그림과 같은 평형 3상 회로에서 전원 전압이 $V_{ab}=200[V]$이고 부하 한상의 임피던스가 $Z=4+j3$ [Ω]인 경우 전원과 부하 사이 선전류 I_a는 약 몇 [A]인가?

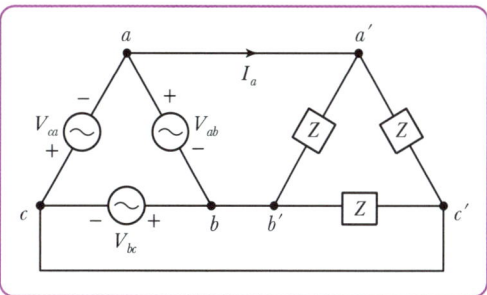

① $40\sqrt{3} \angle 36.87°$
② $40\sqrt{3} \angle -36.87°$
③ $40\sqrt{3} \angle 66.87°$
④ $40\sqrt{3} \angle -66.87°$

77 정상상태에서 $t=0$초인 순간에 스위치 S를 열었다. 이때 흐르는 전류 $i(t)$는?

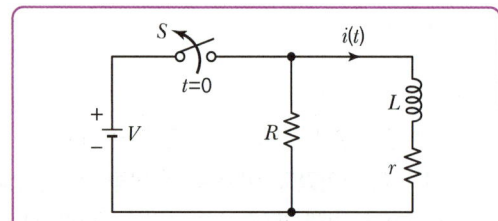

① $\dfrac{V}{R}e^{-\frac{R+r}{L}t}$ ② $\dfrac{V}{r}e^{-\frac{R+r}{L}t}$

③ $\dfrac{V}{R}e^{-\frac{L}{R+r}t}$ ④ $\dfrac{V}{r}e^{-\frac{L}{R+r}t}$

78 선간전압이 150[V], 선전류가 $10\sqrt{3}$ [A], 역률이 80[%]인 평형 3상 유도성 부하로 공급되는 무효전력[Var]은?

① 3,600 ② 3,000
③ 2,700 ④ 1,800

79 그림과 같은 함수의 라플라스 변환은?

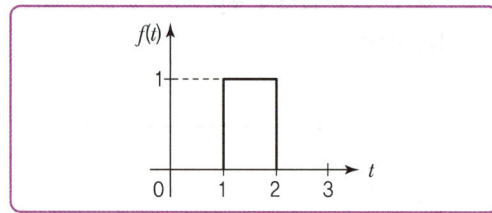

① $\dfrac{1}{s}(e^{s}-e^{2s})$ ② $\dfrac{1}{s}(e^{-s}-e^{-2s})$

③ $\dfrac{1}{s}(e^{-2s}-e^{-s})$ ④ $\dfrac{1}{s}(e^{-s}+e^{-2s})$

80 상의 순서가 $a-b-c$인 불평형 3상 전류가 $I_a=15+j2$[A], $I_b=-20-j14$[A], $I_c=-3+j10$[A]일 때 영상분 전류 I_0는 약 몇 [A]인가?

① $2.67+j0.38$ ② $2.02+j6.98$
③ $15.5-j3.56$ ④ $-2.67-j0.67$

5과목 전기설비기술기준

81 지중 전선로를 직접 매설식에 의하여 차량, 기타 중량물의 압력을 받을 우려가 있는 장소에 시설하는 경우 매설 깊이는 몇 [m] 이상으로 하여야 하는가?

① 0.6 ② 1
③ 1.5 ④ 2

82 돌침, 수평도체, 그물망도체의 요소 중에 한 가지 또는 이를 조합한 형식으로 시설하는 것은?

① 접지극시스템 ② 수뢰부시스템
③ 내부피뢰시스템 ④ 인하도선시스템

83 지중 전선로에 사용하는 지중함의 시설기준으로 틀린 것은?

① 조명 및 세척이 가능한 장치를 하도록 할 것
② 견고하고 차량, 기타 중량물의 압력에 견디는 구조일 것
③ 그 안의 고인 물을 제거할 수 있는 구조로 되어 있을 것
④ 뚜껑은 시설자 이외의 자가 쉽게 열 수 없도록 시설할 것

84 전기부식 방지대책에서 매설금속체 측의 누설전류에 의한 전기부식의 피해가 예상되는 곳에 고려하여야 하는 방법으로 틀린 것은?

① 절연코팅
② 배류장치 설치
③ 변전소 간 간격 축소
④ 저준위 금속체를 접속

85 일반 주택의 저압 옥내배선을 점검하였더니 다음과 같이 시설되어 있었을 경우 시설기준에 적합하지 않은 것은?

① 합성수지관의 지지점 간의 거리를 2[m]로 하였다.
② 합성수지관 안에서 전선의 접속점이 없도록 하였다.
③ 금속관공사에 옥외용 비닐절연전선을 제외한 절연전선을 사용하였다.
④ 인입구에 가까운 곳으로서 쉽게 개폐할 수 있는 곳에 개폐기를 각 극에 시설하였다.

86 하나 또는 복합하여 시설하여야 하는 접지극의 방법으로 틀린 것은?

① 지중 금속구조물
② 토양에 매설된 기초 접지극
③ 케이블의 금속외장 및 그 밖에 금속피복
④ 대지에 매설된 강화콘크리트의 용접된 금속 보강재

87 사용전압이 154[kV]인 전선로를 제1종 특고압 보안공사로 시설할 때 경동연선의 굵기는 몇 [mm²] 이상이어야 하는가?

① 55
② 100
③ 150
④ 200

88 다음 (   )에 들어갈 내용으로 옳은 것은?

"동일 지지물에 저압 가공전선(다중접지된 중성선은 제외한다.)과 고압 가공전선을 시설하는 경우 고압 가공전선을 저압 가공전선의 (㉠)로 하고, 별개의 완금류에 시설해야 하며, 고압 가공전선과 저압 가공전선 사이의 간격은 (㉡)[m] 이상으로 한다."

① ㉠ 아래, ㉡ 0.5
② ㉠ 아래, ㉡ 1
③ ㉠ 위, ㉡ 0.5
④ ㉠ 위, ㉡ 1

89 전기설비기술기준에서 정하는 안전원칙에 대한 내용으로 틀린 것은?

① 전기설비는 감전, 화재 그 밖에 사람에게 위해를 주거나 물건에 손상을 줄 우려가 없도록 시설하여야 한다.
② 전기설비는 다른 전기설비, 그 밖의 물건의 기능에 전기적 또는 자기적인 장해를 주지 않도록 시설하여야 한다.
③ 전기설비는 경쟁과 새로운 기술 및 사업의 도입을 촉진함으로써 전기사업의 건전한 발전을 도모하도록 시설하여야 한다.
④ 전기설비는 사용목적에 적절하고 안전하게 작동하여야 하며, 그 손상으로 인하여 전기공급에 지장을 주지 않도록 시설하여야 한다.

90 플로어덕트공사에 의한 저압 옥내배선에서 연선을 사용하지 않아도 되는 전선(동선)의 단면적은 최대 몇 [mm²]인가?

① 2
② 4
③ 6
④ 10

91 풍력터빈에 설비의 손상을 방지하기 위하여 시설하는 운전상태를 계측하는 계측장치로 틀린 것은?

① 조도계
② 압력계
③ 온도계
④ 풍속계

92 전압의 종별에서 교류 600[V]는 무엇으로 분류하는가?

① 저압
② 고압
③ 특고압
④ 초고압

93 옥내 배선공사 중 반드시 절연전선을 사용하지 않아도 되는 공사방법은?(단, 옥외용 비닐절연전선은 제외한다.)
① 금속관공사 ② 버스덕트공사
③ 합성수지관공사 ④ 플로어덕트공사

94 시가지에 시설하는 사용전압 170[kV] 이하인 특고압 가공전선로의 지지물이 철탑이고 전선이 수평으로 2 이상 있는 경우에 전선 상호 간의 간격이 4[m] 미만인 때에는 특고압 가공전선로의 지지물 간 거리는 몇 [m] 이하이어야 하는가?
① 100 ② 150
③ 200 ④ 250

95 사용전압이 170[kV] 이하의 변압기를 시설하는 변전소로서 기술원이 상주하여 감시하지는 않으나 수시로 순회하는 경우, 기술원이 상주하는 장소에 경보장치를 시설하지 않아도 되는 경우는?
① 옥내변전소에 화재가 발생한 경우
② 제어회로의 전압이 현저히 저하한 경우
③ 운전조작에 필요한 차단기가 자동적으로 차단한 후 재폐로한 경우
④ 수소냉각식 무효전력 보상장치는 그 무효전력 보상장치 안의 수소의 순도가 90[%] 이하로 저하한 경우

96 특고압용 타냉식 변압기의 냉각장치에 고장이 생긴 경우를 대비하여 어떤 보호장치를 하여야 하는가?
① 경보장치 ② 속도조정장치
③ 온도시험장치 ④ 냉매흐름장치

97 특고압 가공전선로의 지지물로 사용하는 B종 철주, B종 철근콘크리트주 또는 철탑의 종류에서 전선로의 지지물 양쪽의 지지물 간 거리의 차가 큰 곳에 사용하는 것은?
① 각도형 ② 잡아당김형
③ 내장형 ④ 보강형

98 아파트 세대 욕실에 "비데용 콘센트"를 시설하고자 한다. 다음의 시설방법 중 적합하지 않은 것은?
① 콘센트는 접지극이 없는 것을 사용한다.
② 습기가 많은 장소에 시설하는 콘센트는 방습장치를 하여야 한다.
③ 콘센트를 시설하는 경우에는 절연변압기(정격용량 3[kVA] 이하인 것에 한한다.)로 보호된 전로에 접속하여야 한다.
④ 콘센트를 시설하는 경우에는 인체감전보호용 누전차단기(정격감도전류 15[mA] 이하, 동작시간 0.03초 이하의 전류동작형의 것에 한한다.)로 보호된 전로에 접속하여야 한다.

99 고압 가공전선로의 가공지선에 나경동선을 사용하려면 지름 몇 [mm] 이상의 것을 사용하여야 하는가?
① 2.0 ② 3.0
③ 4.0 ④ 5.0

100 변전소의 주요 변압기에 계측장치를 시설하여 측정하여야 하는 것이 아닌 것은?
① 역률 ② 전압
③ 전력 ④ 전류

2021년도 3회 과년도 기출문제

1과목 전기자기학

01 자기 인덕턴스가 각각 L_1, L_2인 두 코일의 상호 인덕턴스가 M일 때 결합계수는?

① $\dfrac{M}{L_1 L_2}$
② $\dfrac{L_1 L_2}{M}$
③ $\dfrac{M}{\sqrt{L_1 L_2}}$
④ $\dfrac{\sqrt{L_1 L_2}}{M}$

02 정상 전류계에서 J는 전류밀도, σ는 도전율, ρ는 고유저항, E는 전계의 세기일 때, 옴의 법칙의 미분형은?

① $J = \sigma E$
② $J = \dfrac{E}{\sigma}$
③ $J = \rho E$
④ $J = \rho \sigma E$

03 길이가 10[cm]이고 단면의 반지름이 1[cm]인 원통형 자성체가 길이 방향으로 균일하게 자화되어 있을 때 자화의 세기가 0.5[Wb/m²]이라면 이 자성체의 자기모멘트[Wb·m]는?

① 1.57×10^{-5}
② 1.57×10^{-4}
③ 1.57×10^{-3}
④ 1.57×10^{-2}

04 그림과 같이 공기 중 2개의 동심 구도체에서 내구 (A)에만 전하 Q를 주고 외구(B)를 접지하였을 때 내구(A)의 전위는?

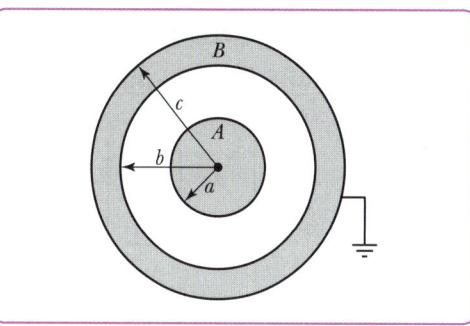

① $\dfrac{Q}{4\pi\varepsilon_0}\left(\dfrac{1}{a} - \dfrac{1}{b} + \dfrac{1}{c}\right)$
② $\dfrac{Q}{4\pi\varepsilon_0}\left(\dfrac{1}{a} - \dfrac{1}{b}\right)$
③ $\dfrac{Q}{4\pi\varepsilon_0} \cdot \dfrac{1}{c}$
④ 0

05 평행판 커패시터에 어떤 유전체를 넣었을 때 전속 밀도가 4.8×10^{-7}[C/m²]이고 단위체적당 정전에너지가 5.3×10^{-3}[J/m³]이었다. 이 유전체의 유전율은 약 몇 [F/m]인가?

① 1.15×10^{-11}
② 2.17×10^{-11}
③ 3.19×10^{-11}
④ 4.21×10^{-11}

06 히스테리시스 곡선에서 히스테리시스 손실에 해당하는 것은?

① 보자력의 크기
② 잔류자기의 크기
③ 보자력과 잔류자기의 곱
④ 히스테리시스 곡선의 면적

07 그림과 같이 극판의 면적이 $S[m^2]$인 평행판 커패시터에 유전율이 각각 $\varepsilon_1 = 4$, $\varepsilon_2 = 2$인 유전체를 채우고 a, b 양단에 $V[V]$의 전압을 인가했을 때 ε_1, ε_2인 유전체 내부의 전계의 세기 E_1과 E_2의 관계식은?(단, $\sigma[C/m^2]$는 면전하밀도이다.)

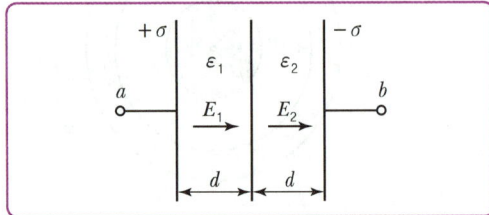

① $E_1 = 2E_2$ ② $E_1 = 4E_2$
③ $2E_1 = E_2$ ④ $E_1 = E_2$

08 간격이 $d[m]$이고 면적이 $S[m^2]$인 평행판 커패시터의 전극 사이에 유전율이 ε인 유전체를 넣고 전극 간에 $V[V]$의 전압을 가했을 때, 이 커패시터의 전극판을 떼어내는 데 필요한 힘의 크기[N]는?

① $\dfrac{1}{2\varepsilon}\dfrac{V^2}{d^2}S$ ② $\dfrac{1}{2\varepsilon}\dfrac{dV^2}{S}$
③ $\dfrac{1}{2}\varepsilon\dfrac{V}{d}S$ ④ $\dfrac{1}{2}\varepsilon\dfrac{V^2}{d^2}S$

09 다음 중 기자력(Magnetomotive Force)에 대한 설명으로 틀린 것은?

① SI 단위는 암페어[A]이다.
② 전기회로의 기전력에 대응한다.
③ 자기회로의 자기저항과 자속의 곱과 동일하다.
④ 코일에 전류를 흘렸을 때 전류밀도와 코일의 권수의 곱의 크기와 같다.

10 유전율 ε, 투자율 μ인 매질 내에서 전자파의 전파속도는?

① $\sqrt{\dfrac{\mu}{\varepsilon}}$ ② $\sqrt{\mu\varepsilon}$
③ $\sqrt{\dfrac{\varepsilon}{\mu}}$ ④ $\dfrac{1}{\sqrt{\mu\varepsilon}}$

11 평균 반지름(r)이 20[cm], 단면적(S)이 6[cm²]인 환상 철심에서 권선수(N)가 500회인 코일에 흐르는 전류(I)가 4[A]일 때 철심 내부에서의 자계의 세기(H)는 약 몇 [AT/m]인가?

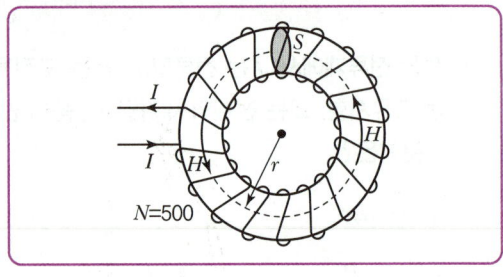

① 1,590   ② 1,700
③ 1,870   ④ 2,120

12 패러데이관(Faraday Tube)의 성질에 대한 설명으로 틀린 것은?

① 패러데이관 중에 있는 전속수는 그 관 속에 진전하가 없으면 일정하며 연속적이다.
② 패러데이관의 양단에는 양 또는 음의 단위 진전하가 존재하고 있다.
③ 패러데이관 한 개의 단위 전위차당 보유에너지는 $\dfrac{1}{2}J$이다.
④ 패러데이관의 밀도는 전속밀도와 같지 않다.

13 공기 중 무한 평면도체의 표면으로부터 2[m] 떨어진 곳에 4[C]의 점전하가 있다. 이 점전하가 받는 힘은 몇 [N]인가?

① $\dfrac{1}{\pi\varepsilon_0}$ ② $\dfrac{1}{4\pi\varepsilon_0}$
③ $\dfrac{1}{8\pi\varepsilon_0}$ ④ $\dfrac{1}{16\pi\varepsilon_0}$

14 반지름이 r[m]인 반원형 전류 I[A]에 의한 반원의 중심(O)에서 자계의 세기[AT/m]는?

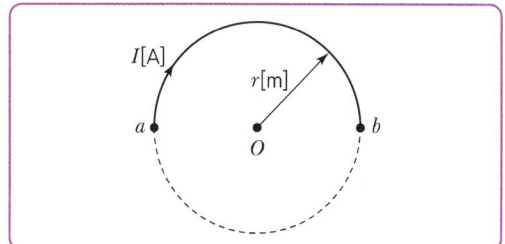

① $\dfrac{2I}{r}$ ② $\dfrac{I}{r}$
③ $\dfrac{I}{2r}$ ④ $\dfrac{I}{4r}$

15 진공 중에서 점 (0, 1)[m]의 위치에 -2×10^{-9}[C]의 점전하가 있을 때, 점 (2, 0)[m]에 있는 1[C]의 점전하에 작용하는 힘은 몇 [N]인가?(단, $\hat{x}$, $\hat{y}$는 단위 벡터이다.)

① $-\dfrac{18}{3\sqrt{5}}\hat{x}+\dfrac{36}{3\sqrt{5}}\hat{y}$
② $-\dfrac{36}{5\sqrt{5}}\hat{x}+\dfrac{18}{5\sqrt{5}}\hat{y}$
③ $-\dfrac{36}{3\sqrt{5}}\hat{x}+\dfrac{18}{3\sqrt{5}}\hat{y}$
④ $\dfrac{36}{5\sqrt{5}}\hat{x}+\dfrac{18}{5\sqrt{5}}\hat{y}$

16 내압이 2.0[kV]이고 정전용량이 각각 0.01[μF], 0.02[μF], 0.04[μF]인 3개의 커패시터를 직렬로 연결했을 때 전체 내압은 몇 [V]인가?

① 1,750 ② 2,000
③ 3,500 ④ 4,000

17 그림과 같이 단면적 S[m²]가 균일한 환상 철심에 권수 N_1인 A코일과 권수 N_2인 B코일이 있을 때, A코일의 자기 인덕턴스가 L_1[H]이라면 두 코일의 상호 인덕턴스 M[H]는?(단, 누설자속은 0이다.)

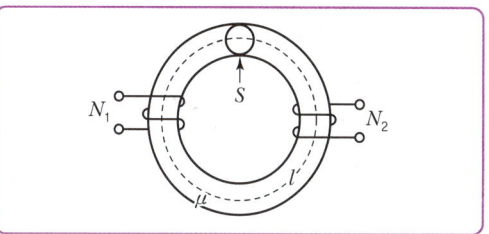

① $\dfrac{L_1 N_2}{N_1}$ ② $\dfrac{N_2}{L_1 N_1}$
③ $\dfrac{L_1 N_1}{N_2}$ ④ $\dfrac{N_1}{L_1 N_2}$

18 간격 d[m], 면적 S[m²]의 평행판 전극 사이에 유전율이 ε인 유전체가 있다. 전극 간에 $v(t)=V_m\sin\omega t$의 전압을 가했을 때, 유전체 속의 변위전류밀도[A/m²]는?

① $\dfrac{\varepsilon\omega V_m}{d}\cos\omega t$

② $\dfrac{\varepsilon\omega V_m}{d}\sin\omega t$

③ $\dfrac{\varepsilon V_m}{\omega d}\cos\omega t$

④ $\dfrac{\varepsilon V_m}{\omega d}\sin\omega t$

19 속도 v의 전자가 평등자계 내에 수직으로 들어갈 때, 이 전자에 대한 설명으로 옳은 것은?

① 구면 위에서 회전하고 구의 반지름은 자계의 세기에 비례한다.
② 원운동을 하고 원의 반지름은 자계의 세기에 비례한다.
③ 원운동을 하고 원의 반지름은 자계의 세기에 반비례한다.
④ 원운동을 하고 원의 반지름은 전자의 처음 속도의 제곱에 비례한다.

20 쌍극자 모멘트가 $M[C \cdot m]$인 전기쌍극자에 의한 임의의 점 P에서의 전계의 크기는 전기 쌍극자의 중심에서 축방향과 점 P를 잇는 선분 사이의 각이 얼마일 때 최대가 되는가?

① 0
② $\frac{\pi}{2}$
③ $\frac{\pi}{3}$
④ $\frac{\pi}{4}$

2과목 전력공학

21 환상선로의 단락보호에 주로 사용하는 계전방식은?

① 비율차동계전방식
② 방향거리계전방식
③ 과전류계전방식
④ 선택접지계전방식

22 변압기 보호용 비율차동계전기를 사용하여 △-Y 결선의 변압기를 보호하려고 한다. 이때 변압기 1, 2차 측에 설치하는 변류기의 결선방식은?(단, 위상 보정기능이 없는 경우이다.)

① △-△
② △-Y
③ Y-△
④ Y-Y

23 전력계통의 전압조정설비에 대한 특징으로 틀린 것은?

① 병렬콘덴서는 진상능력만을 가지며 병렬리액터는 진상능력이 없다.
② 동기조상기는 조정의 단계가 불연속적이나 직렬콘덴서 및 병렬리액터는 연속적이다.
③ 동기조상기는 무효전력의 공급과 흡수가 모두 가능하여 진상 및 지상용량을 갖는다.
④ 병렬리액터는 경부하 시에 계통 전압이 상승하는 것을 억제하기 위하여 초고압송전선 등에 설치된다.

24 전력계통의 중성점 다중접지방식의 특징으로 옳은 것은?

① 통신선의 유도장해가 적다.
② 합성 접지저항이 매우 높다.
③ 건전상의 전위 상승이 매우 높다.
④ 지락보호 계전기의 동작이 확실하다.

25 경간이 200[m]인 가공 전선로가 있다. 사용전선의 길이는 경간보다 약 몇 [m] 더 길어야 하는가? (단, 전선의 1[m]당 하중은 2[kg], 인장하중은 4,000[kg]이고, 풍압하중은 무시하며, 전선의 안전율은 2이다.)

① 0.33
② 0.61
③ 1.41
④ 1.73

26 송전선로에 단도체 대신 복도체를 사용하는 경우에 나타나는 현상으로 틀린 것은?

① 전선의 작용인덕턴스를 감소시킨다.
② 선로의 작용정전용량을 증가시킨다.
③ 전선 표면의 전위경도를 저감시킨다.
④ 전선의 코로나 임계전압을 저감시킨다.

27 옥내배선을 단상 2선식에서 단상 3선식으로 변경하였을 때, 전선 1선당 공급전력은 약 몇 배 증가하는가?(단, 선간전압(단상 3선식의 경우는 중성선과 타선 간의 전압), 선로전류(중성선의 전류 제외) 및 역률은 같다.)

① 0.71　　　　② 1.33
③ 1.41　　　　④ 1.73

28 3상용 차단기의 정격차단용량은 그 차단기의 정격전압과 정격차단전류와의 곱을 몇 배한 것인가?

① $\frac{1}{\sqrt{2}}$　　　　② $\frac{1}{\sqrt{3}}$
③ $\sqrt{2}$　　　　　④ $\sqrt{3}$

29 송전선에 직렬콘덴서를 설치하였을 때의 특징으로 틀린 것은?

① 선로 중에서 일어나는 전압강하를 감소시킨다.
② 송전전력의 증가를 꾀할 수 있다.
③ 부하역률이 좋을수록 설치효과가 크다.
④ 단락사고가 발생하는 경우 사고전류에 의하여 과전압이 발생한다.

30 송전선의 특성 임피던스의 특징으로 옳은 것은?

① 선로의 길이가 길어질수록 값이 커진다.
② 선로의 길이가 길어질수록 값이 작아진다.
③ 선로의 길이에 따라 값이 변하지 않는다.
④ 부하용량에 따라 값이 변한다.

31 어느 화력발전소에서 40,000[kWh]를 발전하는데 발열량 860[kcal/kg]의 석탄이 60톤 사용된다. 이 발전소의 열효율[%]은 약 얼마인가?

① 56.7　　　　② 66.7
③ 76.7　　　　④ 86.7

32 유효낙차 100[m], 최대 유량 20[m³/s]의 수차가 있다. 낙차가 81[m]로 감소하면 유량[m³/s]은? (단, 수차에서 발생되는 손실 등은 무시하며 수차 효율은 일정하다.)

① 15　　　　② 18
③ 24　　　　④ 30

33 단락용량 3,000[MVA]인 모선의 전압이 154[kV]라면 등가 모선 임피던스[Ω]는 약 얼마인가?

① 5.81　　　　② 6.21
③ 7.91　　　　④ 8.71

34 중성점 접지방식 중 직접접지 송전방식에 대한 설명으로 틀린 것은?

① 1선 지락사고 시 지락전류는 타 접지방식에 비하여 최대로 된다.
② 1선 지락사고 시 지락계전기의 동작이 확실하고 선택차단이 가능하다.
③ 통신선에서의 유도장해는 비접지방식에 비하여 크다.
④ 기기의 절연레벨을 상승시킬 수 있다.

35 선로고장 발생 시 고장전류를 차단할 수 없어 리클로저와 같이 차단 기능이 있는 후비보호장치와 함께 설치되어야 하는 장치는?

① 배선용 차단기　　② 유입개폐기
③ 컷아웃 스위치　　④ 섹셔널라이저

36 송전선로의 보호계전 방식이 아닌 것은?

① 전류 위상비교 방식
② 전류차동 보호계전 방식
③ 방향 비교 방식
④ 전압 균형 방식

37 가공송전선의 코로나 임계전압에 영향을 미치는 여러 가지 인자에 대한 설명 중 틀린 것은?

① 전선표면이 매끈할수록 임계전압이 낮아진다.
② 날씨가 흐릴수록 임계전압은 낮아진다.
③ 기압이 낮을수록, 온도가 높을수록 임계전압은 낮아진다.
④ 전선의 반지름이 클수록 임계전압은 높아진다.

38 동작시간에 따른 보호계전기의 분류와 이에 대한 설명으로 틀린 것은?

① 순한시 계전기는 설정된 최소동작전류 이상의 전류가 흐르면 즉시 동작한다.
② 반한시 계전기는 동작시간이 전류값의 크기에 따라 변하는 것으로 전류값이 클수록 느리게 동작하고 반대로 전류값이 작아질수록 빠르게 동작하는 계전기이다.
③ 정한시 계전기는 설정된 값 이상의 전류가 흘렀을 때 동작 전류의 크기와는 관계없이 항상 일정한 시간 후에 동작하는 계전기이다.
④ 반한시·정한시 계전기는 어느 전류값까지는 반한시성이지만 그 이상이 되면 정한시로 동작하는 계전기이다.

39 송전선로에서 현수 애자련의 연면 섬락과 가장 관계가 먼 것은?

① 댐퍼
② 철탑 접지저항
③ 현수 애자련의 개수
④ 현수 애자련의 소손

40 수압철관의 안지름이 4[m]인 곳에서의 유속이 4[m/s]이다. 안지름이 3.5[m]인 곳에서의 유속 [m/s]은 약 얼마인가?

① 4.2
② 5.2
③ 6.2
④ 7.2

3과목 전기기기

41 4극, 60[Hz]인 3상 유도전동기가 있다. 1,725[rpm]으로 회전하고 있을 때, 2차 기전력의 주파수[Hz]는?

① 2.5
② 5
③ 7.5
④ 10

42 변압기 내부고장 검출을 위해 사용하는 계전기가 아닌 것은?

① 과전압 계전기
② 비율차동 계전기
③ 부흐홀츠 계전기
④ 충격압력 계전기

43 단상 반파 정류회로에서 직류전압의 평균값 210[V]를 얻는 데 필요한 변압기 2차 전압의 실횻값은 약 몇 [V]인가?(단, 부하는 순저항이고, 정류기의 전압강하 평균값은 15[V]로 한다.)

① 400
② 433
③ 500
④ 566

44 동기조상기의 구조상 특징으로 틀린 것은?

① 고정자는 수차발전기와 같다.
② 안전 운전용 제동권선이 설치된다.
③ 계자 코일이나 자극이 대단히 크다.
④ 전동기 축은 동력을 전달하는 관계로 비교적 굵다.

45 정격출력 10,000[kVA], 정격전압 6,600[V], 정격역률 0.8인 3상 비돌극 동기발전기가 있다. 여자를 정격상태로 유지할 때 이 발전기의 최대 출력은 약 몇 [kW]인가?(단, 1상의 동기 리액턴스를 0.9[pu]라 하고 저항은 무시한다.)

① 17,089
② 18,889
③ 21,259
④ 23,619

46 75[W] 이하의 소출력 단상 직권 정류자 전동기의 용도로 적합하지 않은 것은?
 ① 믹서
 ② 소형 공구
 ③ 공작기계
 ④ 치과의료용

47 권선형 유도전동기의 2차 여자법 중 2차 단자에서 나오는 전력을 동력으로 바꿔서 직류전동기에 가하는 방식은?
 ① 회생방식
 ② 크레머 방식
 ③ 플러깅 방식
 ④ 세르비우스 방식

48 직류발전기의 특성곡선에서 각 축에 해당하는 항목으로 틀린 것은?
 ① 외부특성곡선 : 부하전류와 단자전압
 ② 부하특성곡선 : 계자전류와 단자전압
 ③ 내부특성곡선 : 무부하전류와 단자전압
 ④ 무부하특성곡선 : 계자전류와 유도기전력

49 변압기의 전압변동률에 대한 설명으로 틀린 것은?
 ① 일반적으로 부하변동에 대하여 2차 단자전압의 변동이 작을수록 좋다.
 ② 전부하 시와 무부하 시의 2차 단자전압이 서로 다른 정도를 표시하는 것이다.
 ③ 인가전압이 일정한 상태에서 무부하 2차 단자전압에 반비례한다.
 ④ 전압변동률은 전등의 광도, 수명, 전동기의 출력 등에 영향을 미친다.

50 3상 유도전동기에서 고조파 회전자계가 기본파 회전방향과 역방향인 고조파는?
 ① 제3고조파
 ② 제5고조파
 ③ 제7고조파
 ④ 제13고조파

51 직류 직권전동기에서 분류 저항기를 직권권선에 병렬로 접속해 여자전류를 가감시켜 속도를 제어하는 방법은?
 ① 저항 제어
 ② 전압 제어
 ③ 계자 제어
 ④ 직·병렬 제어

52 100[kVA], 2,300/115[V], 철손 1[kW], 전부하 동손 1.25[kW]의 변압기가 있다. 이 변압기는 매일 무부하로 10시간, $\frac{1}{2}$ 정격부하 역률 1에서 8시간, 전부하 역률 0.8(지상)에서 6시간 운전하고 있다면 전일효율은 약 몇 [%]인가?
 ① 93.3
 ② 94.3
 ③ 95.3
 ④ 96.3

53 유도전동기의 슬립을 측정하려고 한다. 다음 중 슬립의 측정법이 아닌 것은?
 ① 수화기법
 ② 직류밀리볼트계법
 ③ 스트로보스코프법
 ④ 프로니브레이크법

54 60[Hz], 600[rpm]의 동기전동기에 직결된 기동용 유도전동기의 극수는?
 ① 6
 ② 8
 ③ 10
 ④ 12

55 1상의 유도기전력이 6,000[V]인 동기발전기에서 1분간 회전수를 900[rpm]에서 1,800[rpm]으로 하면 유도기전력은 약 몇 [V]인가?
 ① 6,000
 ② 12,000
 ③ 24,000
 ④ 36,000

56 3상 변압기를 병렬 운전하는 조건으로 틀린 것은?

① 각 변압기의 극성이 같을 것
② 각 변압기의 %임피던스 강하가 같을 것
③ 각 변압기의 1차와 2차 정격전압과 변압비가 같을 것
④ 각 변압기의 1차와 2차 선간전압의 위상변위가 다를 것

57 직류 분권전동기의 전압이 일정할 때 부하토크가 2배로 증가하면 부하전류는 약 몇 배가 되는가?

① 1   ② 2
③ 3   ④ 4

58 변압기유에 요구되는 특성으로 틀린 것은?

① 점도가 클 것   ② 응고점이 낮을 것
③ 인화점이 높을 것   ④ 절연 내력이 클 것

59 다이오드를 사용한 정류회로에서 다이오드를 여러 개 직렬로 연결하면 어떻게 되는가?

① 전력공급의 증대
② 출력전압의 맥동률을 감소
③ 다이오드를 과전류로부터 보호
④ 다이오드를 과전압으로부터 보호

60 직류 분권전동기의 기동 시에 정격전압을 공급하면 전기자전류가 많이 흐르다가 회전속도가 점점 증가함에 따라 전기자전류가 감소하는 원인은?

① 전기자반작용의 증가
② 전기자권선의 저항 증가
③ 브러시의 접촉저항 증가
④ 전동기의 역기전력 상승

4과목 회로이론 및 제어공학

61 블록선도의 전달함수가 $\dfrac{C(s)}{R(s)} = 10$과 같이 되기 위한 조건은?

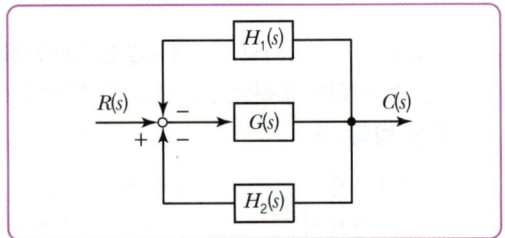

① $G(s) = \dfrac{1}{1 - H_1(s) - H_2(s)}$

② $G(s) = \dfrac{10}{1 - H_1(s) - H_2(s)}$

③ $G(s) = \dfrac{1}{1 - 10H_1(s) - 10H_2(s)}$

④ $G(s) = \dfrac{10}{1 - 10H_1(s) - 10H_2(s)}$

62 그림의 제어시스템이 안정하기 위한 K의 범위는?

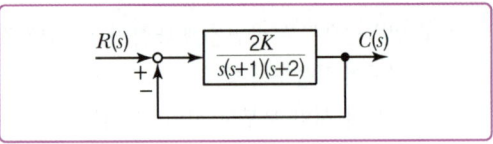

① $0 < K < 3$ ② $0 < K < 4$
③ $0 < K < 5$ ④ $0 < K < 6$

63 개루프 전달함수가 다음과 같은 제어시스템의 근궤적이 $j\omega$(허수)축과 교차할 때 K는 얼마인가?

$$G(s)H(s) = \dfrac{K}{s(s+3)(s+4)}$$

① 30   ② 48
③ 84   ④ 180

64 제어요소의 표준 형식인 적분요소에 대한 전달함수는?(단, K는 상수이다.)

① Ks ② $\dfrac{K}{s}$

③ K ④ $\dfrac{K}{1+Ts}$

65 블록선도의 제어시스템은 단위 램프 입력에 대한 정상상태 오차(정상편차)가 0.01이다. 이 제어시스템의 제어요소인 $G_{C1}(s)$의 k는?

$$G_{C1}(s) = k$$
$$G_{C2}(s) = \dfrac{1+0.1s}{1+0.2s}$$
$$G_P(s) = \dfrac{20}{s(s+1)(s+2)}$$

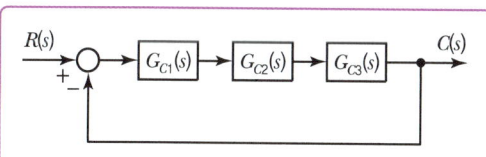

① 0.1 ② 1
③ 10 ④ 100

66 그림과 같은 신호흐름선도에서 $\dfrac{C(s)}{R(s)}$는?

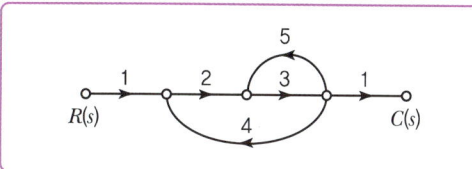

① $-\dfrac{6}{38}$ ② $\dfrac{6}{38}$

③ $-\dfrac{6}{41}$ ④ $\dfrac{6}{41}$

67 단위계단 함수 $u(t)$를 z변환하면?

① $\dfrac{1}{z-1}$ ② $\dfrac{z}{z-1}$

③ $\dfrac{1}{Tz-1}$ ④ $\dfrac{Tz}{Tz-1}$

68 그림의 논리회로와 등가인 논리식은?

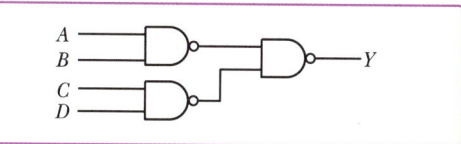

① $Y = A \cdot B \cdot C \cdot D$
② $Y = A \cdot B + C \cdot D$
③ $Y = \overline{A \cdot B} + \overline{C \cdot D}$
④ $Y = (\overline{A} + \overline{B}) \cdot (\overline{C} + \overline{D})$

69 다음과 같은 상태방정식으로 표현되는 제어시스템에 대한 특성방정식의 근(s_1, s_2)은?

$$\begin{bmatrix} \dot{x_1} \\ \dot{x_2} \end{bmatrix} = \begin{bmatrix} 0 & -3 \\ 2 & -5 \end{bmatrix} \begin{bmatrix} x_1 \\ x_2 \end{bmatrix} + \begin{bmatrix} 1 \\ 0 \end{bmatrix} u$$

① $1, -3$ ② $-1, -2$
③ $-2, -3$ ④ $-1, -3$

70 주파수 전달함수가 $G(j\omega) = \dfrac{1}{j100\omega}$인 제어시스템에서 $\omega = 1.0[\text{rad/s}]$일 때의 이득[dB]과 위상각[°]은 각각 얼마인가?

① 20[dB], 90[°]
② 40[dB], 90[°]
③ -20[dB], -90[°]
④ -40[dB], -90[°]

71 그림과 같은 파형의 라플라스 변환은?

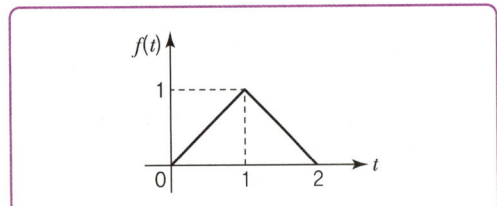

① $\dfrac{1}{s^2}(1-2e^s)$

② $\dfrac{1}{s^2}(1-2e^{-s})$

③ $\dfrac{1}{s^2}(1-2e^s+e^{2s})$

④ $\dfrac{1}{s^2}(1-2e^{-s}+e^{-2s})$

72 단위 길이당 인덕턴스 및 커패시턴스가 각각 L 및 C 일 때 전송선로의 특성 임피던스는?(단, 전송선로는 무손실 선로이다.)

① $\sqrt{\dfrac{L}{C}}$

② $\sqrt{\dfrac{C}{L}}$

③ $\dfrac{L}{C}$

④ $\dfrac{C}{L}$

73 전압 $v(t)$를 RL 직렬회로에 인가했을 때 제3고조파 전류의 실횻값[A]의 크기는?(단, $R=8[\Omega]$, $\omega L=2[\Omega]$, $v(t)=100\sqrt{2}\sin\omega t+200\sqrt{2}\sin 3\omega t+50\sqrt{2}\sin 5\omega t$[V]이다.)

① 10 ② 14
③ 20 ④ 28

74 내부 임피던스가 $0.3+j2[\Omega]$인 발전기에 임피던스가 $1.1+j3[\Omega]$인 선로를 연결하여 어떤 부하에 전력을 공급하고 있다. 이 부하의 임피던스가 몇 $[\Omega]$일 때 발전기로부터 부하로 전달되는 전력이 최대가 되는가?

① $1.4-j5$ ② $1.4+j5$
③ 1.4 ④ $j5$

75 회로에서 $t=0$초에 전압 $v_1(t)=e^{-4t}$[V]를 인가하였을 때 $v_2(t)$는 몇 [V]인가?(단, $R=2[\Omega]$, $L=1[H]$이다.)

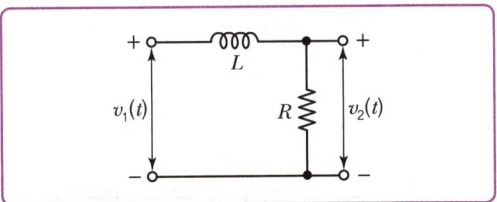

① $e^{-2t}-e^{-4t}$ ② $2e^{-2t}-2e^{-4t}$
③ $-2e^{-2t}+2e^{-4t}$ ④ $-2e^{-2t}-2e^{-4t}$

76 동일한 저항 $R[\Omega]$ 6개를 그림과 같이 결선하고 대칭 3상 전압 V[V]를 가하였을 때 전류 I[A]의 크기는?

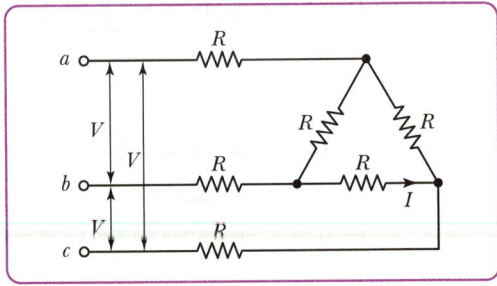

① $\dfrac{V}{R}$ ② $\dfrac{V}{2R}$
③ $\dfrac{V}{4R}$ ④ $\dfrac{V}{5R}$

77 각 상의 전류가 $i_a(t) = 90\sin\omega t$[A], $i_b(t) = 90\sin(\omega t - 90°)$[A], $i_c(t) = 90\sin(\omega t + 90°)$[A]일 때 영상분 전류[A]의 순시치는?

① $30\cos\omega t$
② $30\sin\omega t$
③ $90\sin\omega t$
④ $90\cos\omega t$

78 어떤 선형 회로망의 4단자 정수가 $A = 8$, $B = j2$, $D = 1.625 + j$일 때, 이 회로망의 4단자 정수 C는?

① $24 - j14$
② $8 - j11.5$
③ $4 - j6$
④ $3 - j4$

79 평형 3상 부하에 선간전압의 크기가 200[V]인 평형 3상 전압을 인가했을 때 흐르는 선전류의 크기가 8.6[A]이고 무효전력이 1,298[Var]이었다. 이 때 이 부하의 역률은 약 얼마인가?

① 0.6
② 0.7
③ 0.8
④ 0.9

80 어떤 회로에서 $t = 0$초에 스위치를 닫은 후 $i = 2t + 3t^2$[A]의 전류가 흘렀다. 30초까지 스위치를 통과한 총 전기량[Ah]은?

① 4.25
② 6.75
③ 7.75
④ 8.25

5과목 전기설비기술기준

81 뱅크용량이 몇 [kVA] 이상인 무효전력 보상장치에는 그 내부에 고장이 생긴 경우에 자동적으로 이를 전로로부터 차단하는 보호장치를 하여야 하는가?

① 10,000
② 15,000
③ 20,000
④ 25,000

82 시가지에 시설하는 154[kV] 가공전선로를 도로와 제1차 접근상태로 시설하는 경우, 전선과 도로와의 간격은 몇 [m] 이상이어야 하는가?

① 4.4
② 4.8
③ 5.2
④ 5.6

83 가공전선로의 지지물로 볼 수 없는 것은?

① 철주
② 지지선
③ 철탑
④ 철근콘크리트주

84 전주 외등의 시설 시 사용하는 공사방법으로 틀린 것은?

① 애자공사
② 케이블공사
③ 금속관공사
④ 합성수지관공사

85 점멸기의 시설에서 센서등(타임스위치 포함)을 시설하여야 하는 곳은?

① 공장
② 상점
③ 사무실
④ 아파트 현관

86 최대사용전압이 1차 22,000[V], 2차 6,600[V]의 권선으로서 중성점 비접지식 전로에 접속하는 변압기의 특고압 측 절연내력 시험전압은?

① 24,000[V]
② 27,500[V]
③ 33,000[V]
④ 44,000[V]

87 순시조건($t \leq 0.5$초)에서 교류 전기철도 급전시스템에서의 레일 전위의 최대허용접촉전압(실횻값)으로 옳은 것은?

① 60[V] ② 65[V]
③ 440[V] ④ 670[V]

88 전기저장장치의 이차전지에 자동으로 전로로부터 차단하는 장치를 시설하여야 하는 경우로 틀린 것은?

① 과저항이 발생한 경우
② 과전압이 발생한 경우
③ 제어장치에 이상이 발생한 경우
④ 이차전지 모듈의 내부 온도가 급격히 상승할 경우

89 이동형의 용접 전극을 사용하는 아크용접장치의 시설기준으로 틀린 것은?

① 용접변압기는 절연변압기일 것
② 용접변압기의 1차 측 전로의 대지전압은 300[V] 이하일 것
③ 용접변압기의 2차 측 전로에는 용접변압기에 가까운 곳에 쉽게 개폐할 수 있는 개폐기를 시설할 것
④ 용접변압기의 2차 측 전로 중 용접변압기로부터 용접전극에 이르는 부분의 전로는 용접 시 흐르는 전류를 안전하게 통할 수 있는 것일 것

90 귀선로에 대한 설명으로 틀린 것은?

① 나전선을 적용하여 가공식으로 가설을 원칙으로 한다
② 사고 및 지락 시에도 충분한 허용전류용량을 갖도록 하여야 한다.
③ 비절연보호도체, 매설접지도체, 레일 등으로 구성하여 단권변압기 중성점과 공통접지에 접속한다.
④ 비절연보호도체의 위치는 통신유도장해 및 레일 전위의 상승의 경감을 고려하여 결정하여야 한다.

91 단면적 50[mm²]인 경동연선을 사용하는 특고압 가공전선로의 지지물로 장력에 견디는 형태의 B종 철근콘크리트주를 사용하는 경우, 허용 최대 지지물 간 거리는 몇 [m]인가?

① 150 ② 250
③ 300 ④ 500

92 저압 옥상전선로의 시설기준으로 틀린 것은?

① 전개된 장소에 위험의 우려가 없도록 시설할 것
② 전선은 지름 2.6[mm] 이상의 경동선을 사용할 것
③ 전선은 절연전선(옥외용 비닐절연전선은 제외)을 사용할 것
④ 전선은 상시 부는 바람 등에 의하여 식물에 접촉하지 아니하도록 시설하여야 한다.

93 저압 옥측전선로에서 목조의 조영물에 시설할 수 있는 공사 방법은?

① 금속관공사
② 버스덕트공사
③ 합성수지관공사
④ 케이블공사(무기물절연(MI) 케이블을 사용하는 경우)

94 특고압 가공전선로에서 발생하는 극저주파 전계는 지표상 1[m]에서 몇 [kV/m] 이하이어야 하는가?

① 2.0 ② 2.5
③ 3.0 ④ 3.5

95 케이블 트레이 공사에 사용할 수 없는 케이블은?

① 연피 케이블 ② 난연성 케이블
③ 캡타이어 케이블 ④ 알루미늄피 케이블

96 농사용 저압 가공전선로의 지지점 간 거리는 몇 [m] 이하이어야 하는가?

① 30
② 50
③ 60
④ 100

97 변전소에 울타리·담 등을 시설할 때, 사용전압이 345[kV]이면 울타리·담 등의 높이와 울타리·담 등으로부터 충전부분까지의 거리의 합계는 몇 [m] 이상으로 하여야 하는가?

① 8.16
② 8.28
③ 8.40
④ 9.72

98 전력보안 가공통신선을 횡단보도교 위에 시설하는 경우 그 노면상 높이는 몇 [m] 이상인가?(단, 가공전선로의 지지물에 시설하는 통신선 또는 이에 직접 접속하는 가공통신선은 제외한다.)

① 3
② 4
③ 5
④ 6

99 큰 고장전류가 구리 소재의 접지도체를 통하여 흐르지 않을 경우 접지도체의 최소단면적은 몇 [mm²] 이상이어야 하는가?(단, 접지도체에 피뢰시스템이 접속되지 않는 경우이다.)

① 0.75
② 2.5
③ 6
④ 16

100 사용전압이 15[kV] 초과 25[kV] 이하인 특고압 가공전선로가 상호 간 접근 또는 교차하는 경우 사용전선이 양쪽 모두 나전선이라면 간격은 몇 [m] 이상이어야 하는가?(단, 중성선 다중접지 방식의 것으로서 전로에 지락이 생겼을 때에 2초 이내에 자동적으로 이를 전로로부터 차단하는 장치가 되어 있다.)

① 1.0
② 1.2
③ 1.5
④ 1.75

2022년도 1회 과년도 기출문제

1과목 전기자기학

01 면적이 0.02[m²], 간격이 0.03[m]이고, 공기로 채워진 평행평판의 커패시터에 1.0×10^{-6}[C]의 전하를 충전시킬 때, 두 판 사이에 작용하는 힘의 크기는 약 몇 [N]인가?

① 1.13 ② 1.41
③ 1.89 ④ 2.83

02 자극의 세기가 7.4×10^{-5}[Wb], 길이가 10[cm]인 막대자석이 100[AT/m]의 평등자계 내에 자계의 방향과 30°로 놓여 있을 때 이 자석에 작용하는 회전력[N·m]은?

① 2.5×10^{-3} ② 3.7×10^{-4}
③ 5.3×10^{-5} ④ 6.2×10^{-6}

03 유전율이 $\varepsilon = 2\varepsilon_0$이고 투자율이 μ_0인 비도전성 유전체에서 전자파의 전계의 세기가 $E(z, t) = 120\pi \cos(10^9 t - \beta z)\hat{y}$ [V/m]일 때, 자계의 세기 H[A/m]는?(단, $\hat{x}$, $\hat{y}$는 단위벡터이다.)

① $-\sqrt{2} \cos(10^9 t - \beta z)\hat{x}$
② $\sqrt{2} \cos(10^9 t - \beta z)\hat{x}$
③ $-2 \cos(10^9 t - \beta z)\hat{x}$
④ $2 \cos(10^9 t - \beta z)\hat{x}$

04 자기회로에서 전기회로의 도전율 σ[℧/m]에 대응되는 것은?

① 자속 ② 기자력
③ 투자율 ④ 자기저항

05 단면적이 균일한 환상철심에 권수 1,000회인 A코일과 권수 N_B회인 B코일이 감겨져 있다. A코일의 자기인덕턴스가 100[mH]이고, 두 코일 사이의 상호인덕턴스가 20[mH]이고, 결합계수가 1일 때, B코일의 권수[N_B]는 몇 회인가?

① 100 ② 200
③ 300 ④ 400

06 공기 중에서 1[V/m]의 전계의 세기에 의한 변위전류밀도의 크기를 2[A/m²]으로 흐르게 하려면 전계의 주파수는 몇 [MHz]가 되어야 하는가?

① 9,000 ② 18,000
③ 36,000 ④ 72,000

07 내부 원통도체의 반지름이 a[m], 외부 원통도체의 반지름이 b[m]인 동축 원통도체에서 내외 도체 간 물질의 도전율이 σ[℧/m]일 때 내외 도체 간의 단위길이당 컨덕턴스[℧/m]는?

① $\dfrac{2\pi\sigma}{\ln\dfrac{b}{a}}$ ② $\dfrac{2\pi\sigma}{\ln\dfrac{a}{b}}$
③ $\dfrac{4\pi\sigma}{\ln\dfrac{b}{a}}$ ④ $\dfrac{4\pi\sigma}{\ln\dfrac{a}{b}}$

08 z축상에 놓인 길이가 긴 직선도체에 10[A]의 전류가 $+z$ 방향으로 흐르고 있다. 이 도체 주위의 자속밀도가 $3\hat{x} - 4\hat{y}$ [Wb/m²]일 때 도체가 받는 단위길이당 힘[N/m]은?(단, $\hat{x}$, $\hat{y}$는 단위벡터이다.)

① $-40\hat{x} + 30\hat{y}$ ② $-30\hat{x} + 40\hat{y}$
③ $30\hat{x} + 40\hat{y}$ ④ $40\hat{x} + 30\hat{y}$

09 진공 중 한 변의 길이가 0.1[m]인 정삼각형의 3정점 A, B, C에 각각 2.0×10^{-6}[C]의 점전하가 있을 때, 점 A의 전하에 작용하는 힘은 몇 [N]인가?

① $1.8\sqrt{2}$ ② $1.8\sqrt{3}$
③ $3.6\sqrt{2}$ ④ $3.6\sqrt{3}$

10 투자율이 μ[H/m], 자계의 세기가 H[AT/m], 자속밀도가 B[Wb/m²]인 곳에서의 자계에너지밀도[J/m³]는?

① $\dfrac{B^2}{2\mu}$ ② $\dfrac{H^2}{2\mu}$
③ $\dfrac{1}{2}\mu H$ ④ BH

11 진공 내 전위함수가 $V = x^2 + y^2$[V]로 주어졌을 때, $0 \leq x \leq 1$, $0 \leq y \leq 1$, $0 \leq z \leq 1$인 공간에 저장되는 정전에너지[J]는?

① $\dfrac{4}{3}\varepsilon_0$ ② $\dfrac{2}{3}\varepsilon_0$
③ $4\varepsilon_0$ ④ $2\varepsilon_0$

12 전계가 유리에서 공기로 입사할 때 입사각 θ_1과 굴절각 θ_2의 관계와 유리에서의 전계 E_1과 공기에서의 전계 E_2의 관계는?

① $\theta_1 > \theta_2$, $E_1 > E_2$
② $\theta_1 < \theta_2$, $E_1 > E_2$
③ $\theta_1 > \theta_2$, $E_1 < E_2$
④ $\theta_1 < \theta_2$, $E_1 < E_2$

13 진공 중 4m 간격으로 평행한 두 개의 무한평판도체에 각각 +4[C/m²], −4[C/m²]의 전하를 주었을 때, 두 도체 간의 전위차는 약 몇 [V]인가?

① 1.36×10^{11} ② 1.36×10^{12}
③ 1.8×10^{11} ④ 1.8×10^{12}

14 인덕턴스[H]의 단위를 나타낸 것으로 틀린 것은?

① $\Omega \cdot s$ ② Wb/A
③ J/A² ④ N/(A · m)

15 진공 중 반지름이 a[m]인 무한길이의 원통도체 2개가 간격 d[m]로 평행하게 배치되어 있다. 두 도체 사이의 정전용량[F/m]을 나타낸 것으로 옳은 것은?

① $\pi\varepsilon_0 \ln\dfrac{d-a}{a}$ ② $\dfrac{\pi\varepsilon_0}{\ln\dfrac{d-a}{a}}$
③ $\pi\varepsilon_0 \ln\dfrac{a}{d-a}$ ④ $\dfrac{\pi\varepsilon_0}{\ln\dfrac{a}{d-a}}$

16 진공 중에 4[m]의 간격으로 놓여진 평행도선에 같은 크기의 왕복전류가 흐를 때 단위길이당 2.0×10^{-7} [N]의 힘이 작용하였다. 이때 평행도선에 흐르는 전류는 몇 [A]인가?

① 1 ② 2
③ 4 ④ 8

17 평행극판 사이 간격이 d[m]이고 정전용량이 0.3[μF]인 공기커패시터가 있다. 그림과 같이 두 극판 사이에 비유전율이 5인 유전체를 절반 두께만큼 넣었을 때 이 커패시터의 정전용량은 몇 [μF]이 되는가?

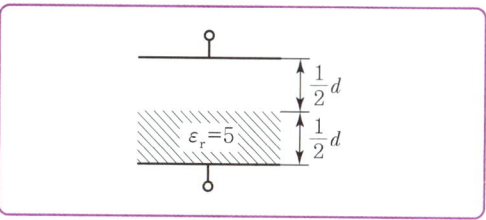

① 0.01 ② 0.05
③ 0.1   ④ 0.5

18 반지름이 a[m]인 접지된 구도체와 구도체의 중심에서 거리 d[m] 떨어진 곳에 점전하가 존재할 때, 점전하에 의한 접지된 구도체에서의 영상전하에 대한 설명으로 틀린 것은?

① 영상전하는 구도체 내부에 존재한다.
② 영상전하는 점전하와 구도체 중심을 이은 직선상에 존재한다.
③ 영상전하의 전하량과 점전하의 전하량은 크기는 같고 부호는 반대이다.
④ 영상전하의 위치는 구도체의 중심과 점전하 사이 거리(d[m])와 구도체의 반지름(a[m])에 의해 결정된다.

19 평등전계 중에 유전체 구에 의한 전계 분포가 그림과 같이 되었을 때 ε_1과 ε_2의 크기 관계는?

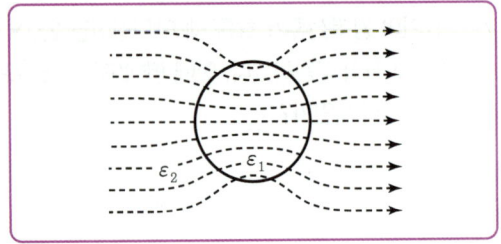

① $\varepsilon_1 > \varepsilon_2$
② $\varepsilon_1 < \varepsilon_2$
③ $\varepsilon_1 = \varepsilon_2$
④ 무관하다.

20 어떤 도체에 교류전류가 흐를 때 도체에서 나타나는 표피효과에 대한 설명으로 틀린 것은?

① 도체 중심부보다 도체 표면부에 더 많은 전류가 흐르는 것을 표피효과라 한다.
② 전류의 주파수가 높을수록 표피효과는 작아진다.
③ 도체의 도전율이 클수록 표피효과는 커진다.
④ 도체의 투자율이 클수록 표피효과는 커진다.

2과목 전력공학

21 소호리액터를 송전계통에 사용하면 리액터의 인덕턴스와 선로의 정전용량이 어떤 상태로 되어 지락전류를 소멸시키는가?

① 병렬공진
② 직렬공진
③ 고임피던스
④ 저임피던스

22 어느 발전소에서 40,000[kWh]를 발전하는 데 발열량 5,000[kcal/kg]의 석탄을 20톤 사용하였다. 이 화력발전소의 열효율[%]은 약 얼마인가?

① 27.5
② 30.4
③ 34.4
④ 38.5

23 송전전력, 선간전압, 부하역률, 전력손실 및 송전거리를 동일하게 하였을 경우 단상 2선식에 대한 3상 3선식의 총 전선량(중량)비는 얼마인가?(단, 전선은 동일한 전선이다.)

① 0.75
② 0.94
③ 1.15
④ 1.33

24 3상 송전선로가 선간단락(2선 단락)이 되었을 때 나타나는 현상으로 옳은 것은?

① 역상전류만 흐른다.
② 정상전류와 역상전류가 흐른다.
③ 역상전류와 영상전류가 흐른다.
④ 정상전류와 영상전류가 흐른다.

25 중거리 송전선로의 4단자 정수가 $A = 1.0$, $B = j190$, $D = 1.0$일 때 C의 값은 얼마인가?

① 0
② $-j120$
③ j
④ $j190$

26 배전전압을 $\sqrt{2}$ 배로 하였을 때 같은 손실률로 보낼 수 있는 전력은 몇 배가 되는가?

① $\sqrt{2}$
② $\sqrt{3}$
③ 2
④ 3

27 다음 중 재점호가 가장 일어나기 쉬운 차단전류는?

① 동상전류
② 지상전류
③ 진상전류
④ 단락전류

28 현수애자에 대한 설명이 아닌 것은?

① 애자를 연결하는 방법에 따라 클레비스(Clevis)형과 볼 소켓형이 있다.
② 애자를 표시하는 기호는 P이며 구조는 2~5층의 갓 모양의 자기편을 시멘트로 접착하고 그 자기를 주철재 Base로 지지한다.
③ 애자의 연결개수를 가감함으로써 임의의 송전전압에 사용할 수 있다.
④ 큰 하중에 대하여는 2련 또는 3련으로 하여 사용할 수 있다.

29 교류발전기의 전압조정장치로 속응여자방식을 채택하는 이유로 틀린 것은?

① 전력계통에 고장이 발생할 때 발전기의 동기화력을 증가시킨다.
② 송전계통의 안전도를 높인다.
③ 여자기의 전압 상승률을 크게 한다.
④ 전압조정용 탭의 수동변환을 원활히 하기 위함이다.

30 차단기의 정격차단시간에 대한 설명으로 옳은 것은?

① 고장 발생부터 소호까지의 시간
② 트립코일여자로부터 소호까지의 시간
③ 가동접촉자의 개극부터 소호까지의 시간
④ 가동접촉자의 동작시간부터 소호까지의 시간

31 3상 1회선 송전선을 정삼각형으로 배치한 3상 선로의 자기인덕턴스를 구하는 식은?(단, D는 전선의 선간거리[m], r은 전선의 반지름[m]이다.)

① $L = 0.5 + 0.4605 \log_{10} \dfrac{D}{r}$
② $L = 0.5 + 0.4605 \log_{10} \dfrac{D}{r^2}$
③ $L = 0.05 + 0.4605 \log_{10} \dfrac{D}{r}$
④ $L = 0.05 + 0.4605 \log_{10} \dfrac{D}{r^2}$

32 불평형부하에서 역률[%]은?

① $\dfrac{\text{유효전력}}{\text{각 상의 피상전력의 산술합}} \times 100$
② $\dfrac{\text{무효전력}}{\text{각 상의 피상전력의 산술합}} \times 100$
③ $\dfrac{\text{무효전력}}{\text{각 상의 피상전력의 벡터합}} \times 100$
④ $\dfrac{\text{유효전력}}{\text{각 상의 피상전력의 벡터합}} \times 100$

33 다음 중 동작속도가 가장 느린 계전방식은?

① 전류차동보호 계전방식
② 거리보호 계전방식
③ 전류위상비교보호 계전방식
④ 방향비교보호 계전방식

34 부하회로에서 공진현상으로 발생하는 고조파장해가 있을 경우 공진현상을 회피하기 위하여 설치하는 것은?

① 진상용 콘덴서
② 직렬리액터
③ 방전코일
④ 진공차단기

35 경간이 200[m]인 가공전선로가 있다. 사용전선의 길이는 경간보다 몇 [m] 더 길게 하면 되는가?(단, 사용전선의 1[m]당 무게는 2[kg], 인장하중은 4,000[kg], 전선의 안전율은 2로 하고 풍압하중은 무시한다.)

① $\frac{1}{2}$
② $\sqrt{2}$
③ $\frac{1}{3}$
④ $\sqrt{3}$

36 송전단전압이 100[V], 수전단전압이 90[V]인 단거리 배전선로의 전압강하율[%]은 약 얼마인가?

① 5
② 11
③ 15
④ 20

37 다음 중 환상(루프)방식과 비교할 때 방사상 배전선로 구성방식에 해당되는 사항은?

① 전력 수요 증가 시 간선이나 분기선을 연장하여 쉽게 공급이 가능하다.
② 전압 변동 및 전력손실이 작다.
③ 사고 발생 시 다른 간선으로의 전환이 쉽다.
④ 환상방식보다 신뢰도가 높은 방식이다.

38 초호각(Arcing Horn)의 역할은?

① 풍압을 조절한다.
② 송전효율을 높인다.
③ 선로의 섬락 시 애자의 파손을 방지한다.
④ 고주파수의 섬락전압을 높인다.

39 유효낙차 90[m], 출력 104,500[kW], 비속도(특유속도) 210[m·kW]인 수차의 회전속도는 약 몇 [rpm]인가?

① 150
② 180
③ 210
④ 240

40 발전기 또는 주변압기의 내부고장 보호용으로 가장 널리 쓰이는 것은?

① 거리계전기
② 과전류계전기
③ 비율차동계전기
④ 방향단락계전기

3과목 전기기기

41 SCR을 이용한 단상전파 위상제어 정류회로에서 전원전압은 실횻값이 220[V], 60[Hz]인 정현파이며, 부하는 순저항으로 10[Ω]이다. SCR의 점호각 a를 60°라 할 때 출력전류의 평균값[A]은?

① 7.54
② 9.73
③ 11.43
④ 14.86

42 직류발전기가 90[%] 부하에서 최대효율이 된다면 이 발전기의 전부하에 있어서 고정손과 부하손의 비는?

① 0.81
② 0.9
③ 1.0
④ 1.1

43 정류기의 직류 측 평균전압이 2,000[V]이고 리플률이 3[%]일 경우 리플전압의 실횻값[V]은?

① 20
② 30
③ 50
④ 60

44 단상직권정류자전동기에서 보상권선과 저항도선의 작용에 대한 설명으로 틀린 것은?

① 보상권선은 역률을 좋게 한다.
② 보상권선은 변압기의 기전력을 크게 한다.
③ 보상권선은 전기자 반작용을 제거해 준다.
④ 저항도선은 변압기 기전력에 의한 단락전류를 작게 한다.

45 3상 동기발전기에서 그림과 같이 1상의 권선을 서로 똑같은 2조로 나누어 그 1조의 권선전압을 E[V], 각 권선의 전류를 I[A]라 하고 지그재그 Y형(Zigzag Star)으로 결선하는 경우 선간전압[V], 선전류[A] 및 피상전력[VA]은?

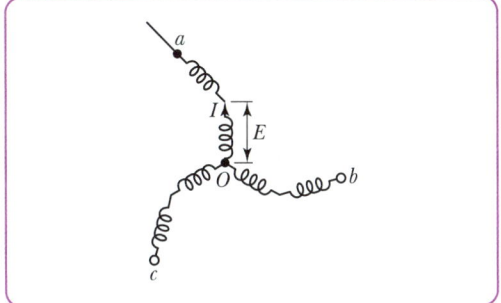

① $3E$, I, $\sqrt{3} \times 3E \times I = 5.2EI$
② $\sqrt{3}E$, $2I$, $\sqrt{3} \times \sqrt{3}E \times 2I = 6EI$
③ E, $2\sqrt{3}I$, $\sqrt{3} \times E \times 2\sqrt{3}I = 6EI$
④ $\sqrt{3}E$, $\sqrt{3}I$, $\sqrt{3} \times \sqrt{3}E \times \sqrt{3}I = 5.2EI$

46 비돌극형 동기발전기 한상의 단자전압을 V, 유도 기전력을 E, 동기리액턴스를 X_s, 부하각이 δ이고, 전기자저항을 무시할 때 한상의 최대출력[W]은?

① $\dfrac{EV}{X_s}$ ② $\dfrac{3EV}{X_s}$
③ $\dfrac{E^2 V}{X_s}$ ④ $\dfrac{EV^2}{X_s}$

47 다음 중 비례추이를 하는 전동기는?
① 동기전동기 ② 정류자전동기
③ 단상유도전동기 ④ 권선형 유도전동기

48 단자전압 200[V], 계자저항 50[Ω], 부하전류 50[A], 전기자저항 0.15[Ω], 전기자 반작용에 의한 전압강하 3[V]인 직류분권발전기가 정격속도로 회전하고 있다. 이때 발전기의 유도기전력은 약 몇 [V]인가?

① 211.1 ② 215.1
③ 225.1 ④ 230.1

49 동기기의 권선법 중 기전력의 파형을 좋게 하는 권선법은?
① 전절권, 2층권 ② 단절권, 집중권
③ 단절권, 분포권 ④ 전절권, 집중권

50 변압기에 임피던스전압을 인가할 때의 입력은?
① 철손 ② 와류손
③ 정격용량 ④ 임피던스와트

51 불꽃 없는 정류를 하기 위해 평균리액턴스전압(A)과 브러시 접촉면 전압강하(B) 사이에 필요한 조건은?
① A>B ② A<B
③ A=B ④ A, B에 관계없다.

52 유도전동기 1극의 자속 Φ, 2차 유효전류 $I_2 \cos\theta_2$, 토크 τ의 관계로 옳은 것은?
① $\tau \propto \Phi \times I_2 \cos\theta_2$ ② $\tau \propto \Phi \times (I_2 \cos\theta_2)^2$
③ $\tau \propto \dfrac{1}{\Phi \times I_2 \cos\theta_2}$ ④ $\tau \propto \dfrac{1}{\Phi \times (I_2 \cos\theta_2)^2}$

53 회전자가 슬립 s로 회전하고 있을 때 고정자와 회전자의 실효권수비를 α라 하면 고정자기전력 E_1과 회전자기전력 E_{2s}의 비는?
① $s\alpha$ ② $(1-s)\alpha$
③ $\dfrac{\alpha}{s}$ ④ $\dfrac{\alpha}{1-s}$

54 직류직권전동기의 발생토크는 전기자전류를 변화시킬 때 어떻게 변하는가?(단, 자기포화는 무시한다.)

① 전류에 비례한다.
② 전류에 반비례한다.
③ 전류의 제곱에 비례한다.
④ 전류의 제곱에 반비례한다.

55 동기발전기의 병렬운전 중 유도기전력의 위상차로 인하여 발생하는 현상으로 옳은 것은?

① 무효전력이 생긴다.
② 동기화전류가 흐른다.
③ 고조파무효순환전류가 흐른다.
④ 출력이 요동하고 권선이 가열된다.

56 3상 유도기의 기계적 출력(P_o)에 대한 변환식으로 옳은 것은?(단, 2차 입력은 P_2, 2차 동손은 P_{2c}, 동기속도는 N_s, 회전자속도는 N, 슬립은 s이다.)

① $P_o = P_2 + P_{2c} = \dfrac{N}{N_s}P_2 = (2-s)P_2$
② $(1-s)P_2 = \dfrac{N}{N_s}P_2 = P_o - P_{2c} = P_o - sP_2$
③ $P_o = P_2 - P_{2c} = P_2 - sP_2 = \dfrac{N}{N_s}P_2 = (1-s)P_2$
④ $P_o = P_2 + P_{2c} = P_2 + sP_2 = \dfrac{N}{N_s}P_2 = (1+s)P_2$

57 변압기의 등가회로 구성에 필요한 시험이 아닌 것은?

① 단락시험
② 부하시험
③ 무부하시험
④ 권선저항 측정

58 단권변압기 두 대를 V결선하여 전압을 2,000[V]에서 2,200[V]로 승압한 후 200[kVA]의 3상 부하에 전력을 공급하려고 한다. 이때 단권변압기 1대의 용량은 약 몇 [kVA]인가?

① 4.2
② 10.5
③ 18.2
④ 21

59 권수비 $a = \dfrac{6,600}{220}$, 주파수 60[Hz], 변압기의 철심 단면적 0.02[m²], 최대자속밀도 1.2[Wb/m²]일 때 변압기의 1차 측 유도기전력은 약 몇 [V]인가?

① 1,407
② 3,521
③ 42,198
④ 49,814

60 회전형 전동기와 선형 전동기(Linear Motor)를 비교한 설명으로 틀린 것은?

① 선형의 경우 회전형에 비해 공극의 크기가 작다.
② 선형의 경우 직접적으로 직선운동을 얻을 수 있다.
③ 선형의 경우 회전형에 비해 부하관성의 영향이 크다.
④ 선형의 경우 전원의 상 순서를 바꾸어 이동방향을 변경한다.

4과목 회로이론 및 제어공학

61 $F(z) = \dfrac{(1-e^{-aT})z}{(z-1)(z-e^{-aT})}$ 의 역 z변환은?

① $1 - e^{-aT}$
② $1 + e^{-aT}$
③ $t \cdot e^{-aT}$
④ $t \cdot e^{aT}$

62 다음의 특성방정식 중 안정한 제어시스템은?

① $s^3+3s^2+4s+5=0$
② $s^4+3s^3-s^2+s+10=0$
③ $s^5+s^3+2s^2+4s+3=0$
④ $s^4-2s^3-3s^2+4s+5=0$

63 그림의 신호흐름선도에서 전달함수 $\dfrac{C(s)}{R(s)}$ 는?

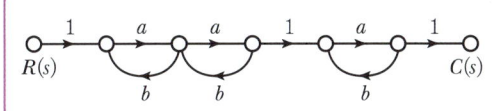

① $\dfrac{a^3}{(1-ab)^3}$
② $\dfrac{a^3}{1-3ab+a^2b^2}$
③ $\dfrac{a^3}{1-3ab}$
④ $\dfrac{a^3}{1-3ab+2a^2b^2}$

64 그림과 같은 블록선도의 제어시스템에 단위계단 함수가 입력되었을 때 정상상태오차가 0.01이 되는 a의 값은?

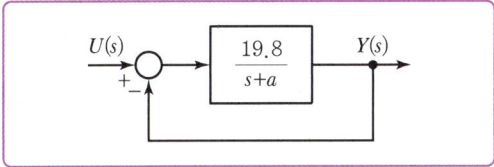

① 0.2   ② 0.6
③ 0.8   ④ 1.0

65 그림과 같은 보드선도의 이득선도를 갖는 제어시스템의 전달함수는?

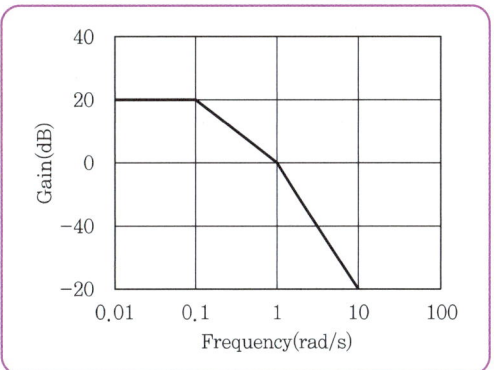

① $G(s)=\dfrac{10}{(s+1)(s+10)}$
② $G(s)=\dfrac{10}{(s+1)(10s+1)}$
③ $G(s)=\dfrac{20}{(s+1)(s+10)}$
④ $G(s)=\dfrac{20}{(s+1)(10s+1)}$

66 그림과 같은 블록선도의 전달함수 $\dfrac{C(s)}{R(s)}$ 는?

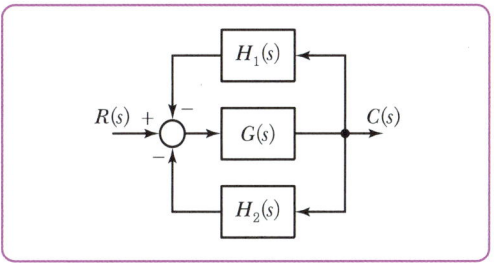

① $\dfrac{G(s)H_1(s)H_2(s)}{1+G(s)H_1(s)H_2(s)}$
② $\dfrac{G(s)}{1+G(s)H_1(s)H_2(s)}$
③ $\dfrac{G(s)}{1-G(s)(H_1(s)+H_2(s))}$
④ $\dfrac{G(s)}{1+G(s)(H_1(s)+H_2(s))}$

67 그림과 같은 논리회로와 등가인 것은?

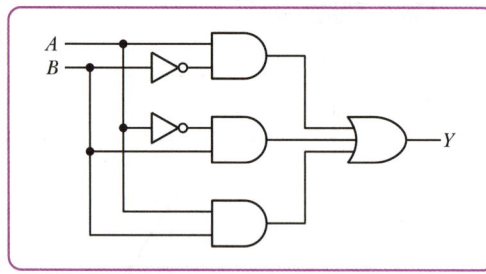

① $\begin{array}{c} A \\ B \end{array}$ ⟩— Y   ② $\begin{array}{c} A \\ B \end{array}$ ⟩— Y

③ $\begin{array}{c} A \\ B \end{array}$ ⟩o— Y   ④ $\begin{array}{c} A \\ B \end{array}$ ⟩o— Y

68 다음의 개루프전달함수에 대한 근궤적의 점근선이 실수축과 만나는 교차점은?

$$G(s)H(s) = \frac{K(s+3)}{s^2(s+1)(s+3)(s+4)}$$

① $\frac{5}{3}$ ② $-\frac{5}{3}$

③ $\frac{5}{4}$ ④ $-\frac{5}{4}$

69 블록선도에서 ⓐ에 해당하는 신호는?

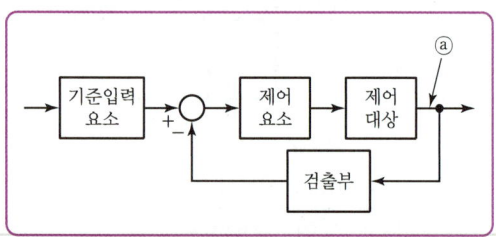

① 조작량   ② 제어량
③ 기준입력   ④ 동작신호

70 다음의 미분방정식과 같이 표현되는 제어시스템이 있다. 이 제어시스템을 상태방정식 $\dot{x} = Ax + Bu$로 나타내었을 때 시스템행렬 A는?

$$\frac{d^3 C(t)}{dt^3} + 5\frac{d^2 C(t)}{dt^2} + \frac{dC(t)}{dt} + 2C(t) = r(t)$$

① $\begin{bmatrix} 0 & 1 & 0 \\ 0 & 0 & 1 \\ -2 & -1 & -5 \end{bmatrix}$ ② $\begin{bmatrix} 1 & 0 & 0 \\ 0 & 1 & 0 \\ -2 & -1 & -5 \end{bmatrix}$

③ $\begin{bmatrix} 0 & 1 & 0 \\ 0 & 0 & 1 \\ 2 & 1 & 5 \end{bmatrix}$ ④ $\begin{bmatrix} 1 & 0 & 0 \\ 0 & 1 & 0 \\ 2 & 1 & 5 \end{bmatrix}$

71 $f_e(t)$가 우함수이고 $f_o(t)$가 기함수일 때 주기함수 $f(t) = f_e(t) + f_o(t)$에 대한 다음 식 중 틀린 것은?

① $f_e(t) = f_e(-t)$
② $f_o(t) = -f_o(-t)$
③ $f_o(t) = \frac{1}{2}[f(t) - f(-t)]$
④ $f_e(t) = \frac{1}{2}[f(t) - f(-t)]$

72 3상 평형회로에 Y결선의 부하가 연결되어 있고, 부하에서의 선간전압이 $V_{ab} = 100\sqrt{3} \angle 0°$[V]일 때 선전류가 $I_a = 20 \angle -60°$[A]이었다. 이 부하의 한상의 임피던스[Ω]는?(단, 3상 전압의 상순은 $a-b-c$이다.)

① $5 \angle 30°$ ② $5\sqrt{3} \angle 30°$
③ $5 \angle 60°$ ④ $5\sqrt{3} \angle 60°$

73 그림의 회로에서 120[V]와 30[V]의 전압원(능동소자)에서의 전력은 각각 몇 [W]인가?(단, 전압원(능동소자)에서 공급 또는 발생하는 전력은 양수(+)이고, 소비 또는 흡수하는 전력은 음수(-)이다.)

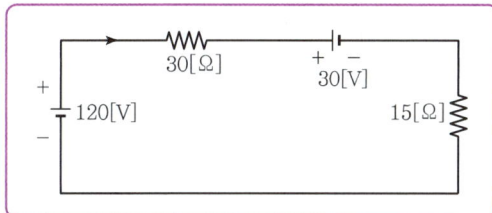

① 240[W], 60[W]
② 240[W], −60[W]
③ −240[W], 60[W]
④ −240[W], −60[W]

74 각 상의 전압이 다음과 같을 때 영상분전압[V]의 순시치는?(단, 3상 전압의 상순은 $a-b-c$이다.)

$$v_a(t) = 40\sin\omega t \,[\text{V}]$$
$$v_b(t) = 40\sin\left(\omega t - \frac{\pi}{2}\right)[\text{V}]$$
$$v_c(t) = 40\sin\left(\omega t + \frac{\pi}{2}\right)[\text{V}]$$

① $40\sin\omega t$
② $\frac{40}{3}\sin\omega t$
③ $\frac{40}{3}\sin\left(\omega t - \frac{\pi}{2}\right)$
④ $\frac{40}{3}\sin\left(\omega t + \frac{\pi}{2}\right)$

75 그림과 같이 3상 평형의 순저항부하에 단상전력계를 연결하였을 때 전력계가 W[W]를 지시하였다. 이 3상 부하에서 소모하는 전체 전력[W]은?

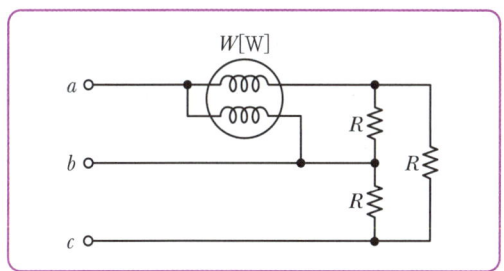

① $2W$
② $3W$
③ $\sqrt{2}\,W$
④ $\sqrt{3}\,W$

76 정전용량이 C[F]인 커패시터에 단위임펄스의 전류원이 연결되어 있다. 이 커패시터의 전압 $v_C(t)$는? (단, $u(t)$는 단위계단함수이다.)

① $v_C(t) = C$
② $v_C(t) = Cu(t)$
③ $v_C(t) = \frac{1}{C}$
④ $v_C(t) = \frac{1}{C}u(t)$

77 그림의 회로에서 $t=0s$에 스위치(S)를 닫은 후 $t=1s$일 때 이 회로에 흐르는 전류는 약 몇 [A]인가?

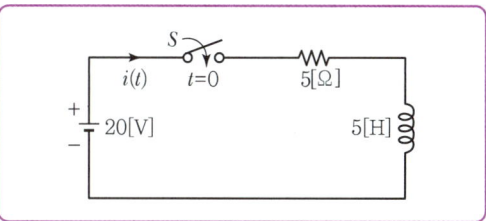

① 2.52
② 3.16
③ 4.21
④ 6.32

78 순시치전류 $i(t) = I_m\sin(\omega t + \theta_I)$[A]의 파고율은 약 얼마인가?

① 0.577
② 0.707
③ 1.414
④ 1.732

79 그림의 회로가 정저항회로로 되기 위한 L[mH]은? (단, $R = 10[\Omega]$, $C = 1,000[\mu\text{F}]$이다.)

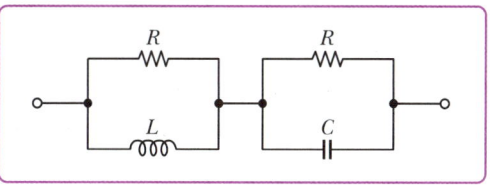

① 1
② 10
③ 100
④ 1,000

80. 분포정수회로에 있어서 선로의 단위길이당 저항이 100[Ω/m], 인덕턴스가 200[mH/m], 누설컨덕턴스가 0.5[℧/m]일 때 일그러짐이 없는 조건(무왜형조건)을 만족하기 위한 단위길이당 커패시턴스는 몇 [μF/m]인가?

① 0.001
② 0.1
③ 10
④ 1,000

5과목 전기설비기술기준

81. 저압가공전선이 안테나와 접근상태로 시설될 때 상호 간의 간격은 몇 [cm] 이상이어야 하는가?(단, 전선이 고압절연전선, 특고압절연전선 또는 케이블이 아닌 경우이다.)

① 60
② 80
③ 100
④ 120

82. 고압가공전선으로 사용한 경동선은 안전율이 얼마 이상인 처짐정도로 시설하여야 하는가?

① 2.0
② 2.2
③ 2.5
④ 3.0

83. 사용전압이 22.9[kV]인 특고압가공전선과 그 지지물·완금류·지주 또는 지선 사이의 간격은 몇 [cm] 이상이어야 하는가?

① 15
② 20
③ 25
④ 30

84. 급전선에 대한 설명으로 틀린 것은?

① 급전선은 비절연보호도체, 매설접지도체, 레일 등으로 구성하여 단권변압기 중성점과 공통접지에 접속한다.
② 가공식은 전차선의 높이 이상으로 전차선로 지지물에 병가하며, 나전선의 접속은 직선접속을 원칙으로 한다.
③ 선상승강장, 인도교, 과선교 또는 교량 하부 등에 설치할 때에는 최소절연간격 이상을 확보하여야 한다.
④ 신설 터널 내 급전선을 가공으로 설계할 경우 지지물의 취부는 C찬넬 또는 매입전을 이용하여 고정하여야 한다.

85. 진열장 내의 배선으로 사용전압 400[V] 이하에 사용하는 코드 또는 캡타이어케이블의 최소단면적은 몇 [mm²]인가?

① 1.25
② 1.0
③ 0.75
④ 0.5

86. 최대사용전압이 23,000[V]인 중성점 비접지식 전로의 절연내력시험전압은 몇 [V]인가?

① 16,560
② 21,160
③ 25,300
④ 28,750

87. 지중전선로를 직접 매설식에 의하여 시설할 때, 차량 기타 중량물의 압력을 받을 우려가 있는 장소인 경우 매설깊이는 몇 [m] 이상으로 시설하여야 하는가?

① 0.6
② 1.0
③ 1.2
④ 1.5

88 플로어덕트 공사에 의한 저압옥내배선 공사 시 시설기준으로 틀린 것은?

① 덕트의 끝부분은 막을 것
② 옥외용 비닐절연전선을 사용할 것
③ 덕트 안에는 전선에 접속점이 없도록 할 것
④ 덕트 및 박스 기타의 부속품은 물이 고이는 부분이 없도록 시설하여야 한다.

89 중앙급전전원과 구분되는 것으로서 전력소비지역 부근에 분산하여 배치 가능한 신·재생에너지 발전설비 등의 전원으로 정의되는 용어는?

① 임시전력원
② 분전반전원
③ 분산형 전원
④ 계통연계전원

90 애자공사에 의한 저압옥측전선로는 사람이 쉽게 접촉될 우려가 없도록 시설하고, 전선의 지지점 간의 거리는 몇 [m] 이하이어야 하는가?

① 1
② 1.5
③ 2
④ 3

91 저압가공전선로의 지지물이 목주인 경우 풍압하중의 몇 배의 하중에 견디는 강도를 가지는 것이어야 하는가?

① 1.2
② 1.5
③ 2
④ 3

92 교류전차선 등 충전부와 식물 사이의 간격은 몇 [m] 이상이어야 하는가?(단, 현장여건을 고려한 방호벽 등의 안전조치를 하지 않은 경우이다.)

① 1
② 3
③ 5
④ 10

93 무효전력 보상장치에 내부 고장이 생긴 경우, 무효전력 보상장치의 뱅크용량이 몇 [kVA] 이상일 때 전로로부터 자동차단하는 장치를 시설하여야 하는가?

① 5,000
② 10,000
③ 15,000
④ 20,000

94 고장보호에 대한 설명으로 틀린 것은?

① 고장보호는 일반적으로 직접접촉을 방지하는 것이다.
② 고장보호는 인축의 몸을 통해 고장전류가 흐르는 것을 방지하여야 한다.
③ 고장보호는 인축의 몸에 흐르는 고장전류를 위험하지 않은 값 이하로 제한하여야 한다.
④ 고장보호는 인축의 몸에 흐르는 고장전류의 지속시간을 위험하지 않은 시간까지로 제한하여야 한다.

95 네온방전등의 관등회로의 전선을 애자 공사에 의해 자기 또는 유리제 등의 애자로 견고하게 지지하여 조영재의 아랫면 또는 옆면에 부착한 경우 전선 상호 간의 간격은 몇 [mm] 이상이어야 하는가?

① 30
② 60
③ 80
④ 100

96 수소냉각식 발전기에서 사용하는 수소냉각장치에 대한 시설기준으로 틀린 것은?

① 수소를 통하는 관으로 동관을 사용할 수 있다.
② 수소를 통하는 관은 이음매가 있는 강판이어야 한다.
③ 발전기 내부의 수소의 온도를 계측하는 장치를 시설하여야 한다.
④ 발전기 내부의 수소의 순도가 85[%] 이하로 저하한 경우에 이를 경보하는 장치를 시설하여야 한다.

97 전력보안통신설비인 무선통신용 안테나 등을 지지하는 철주의 기초안전율은 얼마 이상이어야 하는가?(단, 무선용 안테나 등이 전선로의 주위상태를 감시할 목적으로 시설되는 것이 아닌 경우이다.)

① 1.3   ② 1.5
③ 1.8   ④ 2.0

98 특고압가공전선로의 지지물 양측의 지지물 간 거리의 차가 큰 곳에 사용하는 철탑의 종류는?

① 내장형   ② 보강형
③ 직선형   ④ 잡아당김형

99 사무실 건물의 조명설비에 사용되는 백열전등 또는 방전등에 전기를 공급하는 옥내전로의 대지전압은 몇 [V] 이하인가?

① 250   ② 300
③ 350   ④ 400

100 전기저장장치를 전용건물에 시설하는 경우에 대한 설명이다. 다음 (   )에 들어갈 내용으로 옳은 것은?

> 전기저장장치 시설장소는 주변시설(도로, 건물, 가연물질 등)로부터 (㉠)[m] 이상 이격하고 다른 건물의 출입구나 피난계단 등 이와 유사한 장소로부터는 (㉡)[m] 이상 이격하여야 한다.

① ㉠ 3, ㉡ 1   ② ㉠ 2, ㉡ 1.5
③ ㉠ 1, ㉡ 2   ④ ㉠ 1.5, ㉡ 3

2022년도 2회 과년도 기출문제

1과목 전기자기학

01 $\varepsilon_r = 81$, $\mu_r = 1$인 매질의 고유임피던스는 약 몇 [Ω]인가?(단, ε_r은 비유전율이고, μ_r은 비투자율이다.)

① 13.9　② 21.9
③ 33.9　④ 41.9

02 강자성체의 $B-H$곡선을 자세히 관찰하면 매끈한 곡선이 아니라 자속밀도가 어느 순간 급격히 계단적으로 증가 또는 감소하는 것을 알 수 있다. 이러한 현상을 무엇이라 하는가?

① 퀴리점(Curie Point)
② 자왜현상(Magneto-Striction)
③ 바크하우젠효과(Barkhausen Effect)
④ 자기여자효과(Magnetic After Effect)

03 진공 중에 무한평면도체와 d[m]만큼 떨어진 곳에 선전하밀도 λ[C/m]의 무한직선도체가 평행하게 놓여 있는 경우 직선도체의 단위길이당 받는 힘은 몇 [N/m]인가?

① $\dfrac{\lambda^2}{\pi\varepsilon_0 d}$　② $\dfrac{\lambda^2}{2\pi\varepsilon_0 d}$
③ $\dfrac{\lambda^2}{4\pi\varepsilon_0 d}$　④ $\dfrac{\lambda^2}{16\pi\varepsilon_0 d}$

04 평행극판 사이에 유전율이 각각 ε_1, ε_2인 유전체를 그림과 같이 채우고, 극판 사이에 일정한 전압을 걸었을 때 두 유전체 사이에 작용하는 힘은? (단, $\varepsilon_1 > \varepsilon_2$)

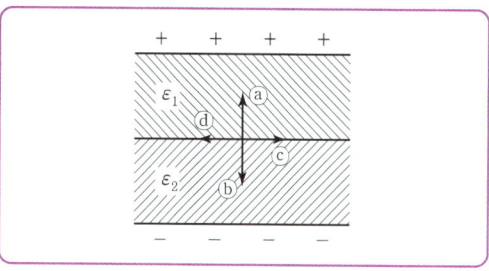

① ⓐ의 방향　② ⓑ의 방향
③ ⓒ의 방향　④ ⓓ의 방향

05 정전용량이 20[μF]인 공기의 평행판커패시터에 0.1[C]의 전하량을 충전하였다. 두 평행판 사이에 비유전율이 10인 유전체를 채웠을 때 유전체 표면에 나타나는 분극전하량[C]은?

① 0.009　② 0.01
③ 0.09　④ 0.1

06 유전율이 ε_1과 ε_2인 두 유전체가 경계를 이루어 평행하게 접하고 있는 경우 유전율이 ε_1인 영역에 전하 Q가 존재할 때 이 전하와 ε_2인 유전체 사이에 작용하는 힘에 대한 설명으로 옳은 것은?

① $\varepsilon_1 > \varepsilon_2$인 경우 반발력이 작용한다.
② $\varepsilon_1 > \varepsilon_2$인 경우 흡인력이 작용한다.
③ ε_1과 ε_2에 상관없이 반발력이 작용한다.
④ ε_1과 ε_2에 상관없이 흡인력이 작용한다.

07 단면적이 균일한 환상철심에 권수 100회인 A코일과 권수 400회인 B코일이 있을 때 A코일의 자기인덕턴스가 4[H]라면 두 코일의 상호인덕턴스는 몇 [H]인가?(단, 누설자속은 0이다.)

① 4　② 8
③ 12　④ 16

08 평균 자로의 길이가 10[cm], 평균 단면적이 2[cm²]인 환상솔레노이드의 자기인덕턴스를 5.4[mH] 정도로 하고자 한다. 이때 필요한 코일의 권선수는 약 몇 회인가?(단, 철심의 비투자율은 15,000이다.)

① 6　　② 12
③ 24　　④ 29

09 투자율이 μ[H/m], 단면적이 S[m²], 길이가 l[m]인 자성체에 권선을 N회 감아서 I[A]의 전류를 흘렸을 때 이 자성체의 단면적 S[m²]를 통과하는 자속[Wb]은?

① $\mu \dfrac{I}{Nl} S$　　② $\mu \dfrac{NI}{Sl}$
③ $\dfrac{NI}{\mu S} l$　　④ $\mu \dfrac{NI}{l} S$

10 그림은 커패시터의 유전체 내에 흐르는 변위전류를 보여 준다. 커패시터의 전극 면적을 S[m²], 전극에 축적된 전하를 q[C], 전극의 표면전하밀도를 σ[C/m²], 전극 사이의 전속밀도를 D[C/m²]라 하면 변위전류밀도 i_d[A/m²]는?

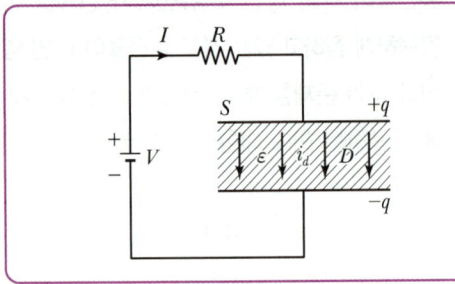

① $\dfrac{\partial D}{\partial t}$　　② $\dfrac{\partial q}{\partial t}$
③ $S \dfrac{\partial D}{\partial t}$　　④ $\dfrac{1}{S} \dfrac{\partial D}{\partial t}$

11 진공 중에서 점(1, 3)[m]의 위치에 -2×10^{-9}[C]의 점전하가 있을 때 점(2, 1)[m]에 있는 1[C]의 점전하에 작용하는 힘은 몇 [N]인가?(단, $\hat{x}$, $\hat{y}$는 단위벡터이다.)

① $-\dfrac{18}{5\sqrt{5}} \hat{x} + \dfrac{36}{5\sqrt{5}} \hat{y}$
② $-\dfrac{36}{5\sqrt{5}} \hat{x} + \dfrac{18}{5\sqrt{5}} \hat{y}$
③ $-\dfrac{36}{5\sqrt{5}} \hat{x} - \dfrac{18}{5\sqrt{5}} \hat{y}$
④ $\dfrac{18}{5\sqrt{5}} \hat{x} + \dfrac{36}{5\sqrt{5}} \hat{y}$

12 정전용량이 C_0[μF]인 평행판의 공기커패시터가 있다. 두 극판 사이에 극판과 평행하게 절반을 비유전율이 ε_r인 유전체로 채우면 커패시터의 정전용량[μF]은?

① $\dfrac{C_0}{2\left(1 + \dfrac{1}{\varepsilon_r}\right)}$　　② $\dfrac{C_0}{1 + \dfrac{1}{\varepsilon_r}}$
③ $\dfrac{2C_0}{1 + \dfrac{1}{\varepsilon_r}}$　　④ $\dfrac{4C_0}{1 + \dfrac{1}{\varepsilon_r}}$

13 그림과 같이 점 O를 중심으로 반지름이 a[m]인 구도체 1과 안쪽 반지름이 b[m]이고 바깥쪽 반지름이 c[m]인 구도체 2가 있다. 이 도체계에서 전위계수 P_{11}(1/F)에 해당되는 것은?

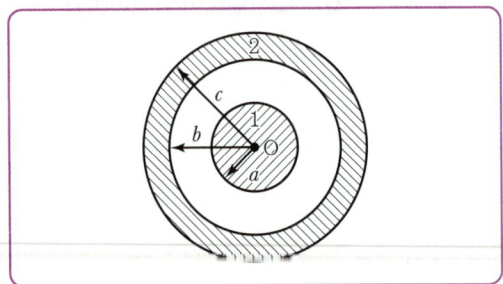

① $\dfrac{1}{4\pi\varepsilon} \dfrac{1}{a}$　　② $\dfrac{1}{4\pi\varepsilon} \left(\dfrac{1}{a} - \dfrac{1}{b}\right)$
③ $\dfrac{1}{4\pi\varepsilon} \left(\dfrac{1}{b} - \dfrac{1}{c}\right)$　　④ $\dfrac{1}{4\pi\varepsilon} \left(\dfrac{1}{a} - \dfrac{1}{b} + \dfrac{1}{c}\right)$

14 자계의 세기를 나타내는 단위가 아닌 것은?

① A/m
② N/Wb
③ (H·A)/m²
④ Wb/(H·m)

15 그림과 같이 평행한 무한장 직선의 두 도선에 I[A], $4I$[A]인 전류가 각각 흐른다. 두 도선 사이 점 P에서의 자계의 세기가 0이라면 $\dfrac{a}{b}$는?

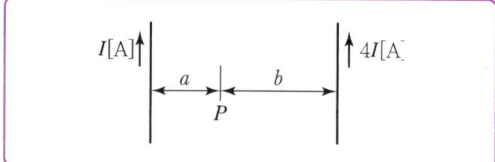

① 2
② 4
③ $\dfrac{1}{2}$
④ $\dfrac{1}{4}$

16 내압 및 정전용량이 각각 1,000[V]−2[μF], 700[V]−3[μF], 600[V]−4[μF], 300[V]−8[μF]인 4개의 커패시터가 있다. 이 커패시터들을 직렬로 연결하여 양단에 전압을 인가한 후 전압을 상승시키면 가장 먼저 절연이 파괴되는 커패시터는?(단, 커패시터의 재질이나 형태는 동일하다.)

① 1,000[V]−2[μF]
② 700[V]−3[μF]
③ 600[V]−4[μF]
④ 300[V]−8[μF]

17 반지름이 2[m]이고 권수가 120회인 원형코일 중심에서의 자계의 세기를 30[AT/m]로 하려면 원형코일에 몇 [A]의 전류를 흘려야 하는가?

① 1
② 2
③ 3
④ 4

18 내구의 반지름이 a=5[cm], 외구의 반지름이 b=10[cm]이고, 공기로 채워진 동심구형 커패시터의 정전용량은 약 몇 [pF]인가?

① 11.1
② 22.2
③ 33.3
④ 44.4

19 자성체의 종류에 대한 설명으로 옳은 것은?(단, χ_m는 자화율이고, μ_r은 비투자율이다.)

① $\chi_m > 0$이면, 역자성체이다.
② $\chi_m < 0$이면, 상자성체이다.
③ $\mu_r > 1$이면, 비자성체이다.
④ $\mu_r < 1$이면, 역자성체이다.

20 구좌표계에서 $\nabla^2 r$의 값은 얼마인가? (단, $r = \sqrt{x^2+y^2+z^2}$)

① $\dfrac{1}{r}$
② $\dfrac{2}{r}$
③ r
④ $2r$

2과목 전력공학

21 피뢰기의 충격방전 개시전압은 무엇으로 표시하는가?
① 직류전압의 크기
② 충격파의 평균치
③ 충격파의 최대치
④ 충격파의 실효치

22 전력용 콘덴서에 비해 동기조상기의 이점으로 옳은 것은?
① 소음이 적다.
② 진상전류 이외에 지상전류를 취할 수 있다.
③ 전력손실이 적다.
④ 유지보수가 쉽다.

23 단락보호방식에 관한 설명으로 틀린 것은?
① 방사상 선로의 단락보호방식에서 전원이 양단에 있을 경우 방향단락계전기와 과전류계전기를 조합시켜서 사용한다.
② 전원이 1단에만 있는 방사상 송전선로에서의 고장전류는 모두 발전소로부터 방사상으로 흘러나간다.
③ 환상선로의 단락보호방식에서 전원이 두 군데 이상 있는 경우에는 방향거리계전기를 사용한다.
④ 환상선로의 단락보호방식에서 전원이 1단에만 있을 경우 선택단락계전기를 사용한다.

24 밸런서의 설치가 가장 필요한 배전방식은?
① 단상 2선식
② 단상 3선식
③ 3상 3선식
④ 3상 4선식

25 부하전류가 흐르는 전로는 개폐할 수 없으나 기기의 점검이나 수리를 위하여 회로를 분리하거나, 계통의 접속을 바꾸는 데 사용하는 것은?
① 차단기
② 단로기
③ 전력용 퓨즈
④ 부하개폐기

26 정전용량 0.01[μF/km], 길이 173.2[km], 선간전압 60[kV], 주파수 60[Hz]인 3상 송전선로의 충전전류는 약 몇 [A]인가?
① 6.3
② 12.5
③ 22.6
④ 37.2

27 보호계전기의 반한시·정한시 특성은?
① 동작전류가 커질수록 동작시간이 짧게 되는 특성
② 최소동작전류 이상의 전류가 흐르면 즉시 동작하는 특성
③ 동작전류의 크기에 관계없이 일정한 시간에 동작하는 특성
④ 동작전류가 커질수록 동작시간이 짧아지며, 어떤 전류 이상이 되면 동작전류의 크기에 관계없이 일정한 시간에서 동작하는 특성

28 전력계통의 안정도에서 안정도의 종류에 해당하지 않는 것은?
① 정태안정도
② 상태안정도
③ 과도안정도
④ 동태안정도

29 배전선로의 역률개선에 따른 효과로 적합하지 않은 것은?
① 선로의 전력손실 경감
② 선로의 전압강하의 감소
③ 전원 측 설비의 이용률 향상
④ 선로절연의 비용 절감

30 저압뱅킹배전방식에서 캐스케이딩현상을 방지하기 위하여 인접 변압기를 연락하는 저압선의 중간에 설치하는 것으로 알맞은 것은?

① 구분퓨즈
② 리클로저
③ 섹셔널라이저
④ 구분개폐기

31 승압기에 의하여 전압 V_e에서 V_h로 승압할 때, 2차 정격전압 e, 자기용량 W인 단상승압기가 공급할 수 있는 부하용량은?

① $\dfrac{V_h}{e} \times W$
② $\dfrac{V_e}{e} \times W$
③ $\dfrac{V_e}{V_h - V_e} \times W$
④ $\dfrac{V_h - V_e}{V_e} \times W$

32 배기가스의 여열을 이용해서 보일러에 공급되는 급수를 예열함으로써 연료소비량을 줄이거나 증발량을 증가시키기 위해서 설치하는 여열회수장치는?

① 과열기
② 공기예열기
③ 절탄기
④ 재열기

33 직렬콘덴서를 선로에 삽입할 때의 이점이 아닌 것은?

① 선로의 인덕턴스를 보상한다.
② 수전단의 전압강하를 줄인다.
③ 정태안정도가 증가한다.
④ 송전단의 역률을 개선한다.

34 전선의 굵기가 균일하고 부하가 균등하게 분산되어 있는 배전선로의 전력손실은 전체 부하가 선로 말단에 집중되어 있는 경우에 비하여 어느 정도가 되는가?

① $\dfrac{1}{2}$
② $\dfrac{1}{3}$
③ $\dfrac{2}{3}$
④ $\dfrac{3}{4}$

35 송전단전압 161[kV], 수전단 전압 154[kV], 상차각 35°, 리액턴스 60[Ω]일 때 선로손실을 무시하면 전송전력[MW]은 약 얼마인가?

① 356
② 307
③ 237
④ 161

36 직접접지방식에 대한 설명으로 틀린 것은?

① 1선 지락 사고 시 건전상의 대지전압이 거의 상승하지 않는다.
② 계통의 절연수준이 낮아지므로 경제적이다.
③ 변압기의 단절연이 가능하다.
④ 보호계전기가 신속히 동작하므로 과도안정도가 좋다.

37 그림과 같이 지지점 A, B, C에는 고저차가 없으며, 경간 AB와 BC 사이에 전선이 가설되어 그 처짐정도가 각각 12[cm]이다. 지지점 B에서 전선이 떨어져 전선의 처짐정도가 D로 되었다면 D의 길이[cm]는?(단, 지지점 B는 A와 C의 중점이며 지지점 B에서 전선이 떨어지기 전후의 길이는 같다.)

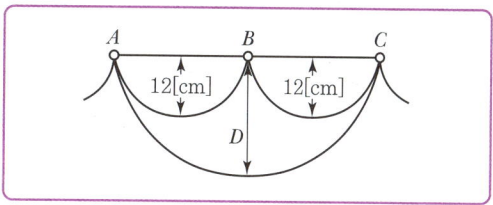

① 17
② 24
③ 30
④ 36

38 수차의 캐비테이션 방지책으로 틀린 것은?

① 흡출수두를 증대시킨다.
② 과부하운전을 가능한 한 피한다.
③ 수차의 비속도를 너무 크게 잡지 않는다.
④ 침식에 강한 금속재료로 러너를 제작한다.

39 송전선로에 매설지선을 설치하는 목적은?

① 철탑 기초의 강도를 보강하기 위하여
② 직격뢰로부터 송전선을 차폐보호하기 위하여
③ 현수애자 1연의 전압 분담을 균일화하기 위하여
④ 철탑으로부터 송전선로로의 역섬락을 방지하기 위하여

40 1회선 송전선과 변압기의 조합에서 변압기의 여자어드미턴스를 무시하였을 경우 송수전단의 관계를 나타내는 4단자 정수 C_0는?(단, $A_0 = A + CZ_{ts}$, $B_o = B + AZ_{tr} + DZ_{ts} + CZ_{tr}Z_{ts}$, $D_0 = D + CZ_{tr}$, 여기서 Z_{ts}는 송전단변압기의 임피던스이며, Z_{tr}은 수전단변압기의 임피던스이다.)

① C
② $C + DZ_{ts}$
③ $C + AZ_{ts}$
④ $CD + CA$

3과목 전기기기

41 단상변압기의 무부하상태에서 $V_1 = 200\sin(\omega t + 30°)$[V]의 전압이 인가되었을 때 $I_o = 3\sin(\omega t + 60°) + 0.7\sin(3\omega t + 180°)$[A]의 전류가 흘렀다. 이때 무부하손은 약 몇 [W]인가?

① 150
② 259.8
③ 415.2
④ 512

42 단상직권정류자전동기의 전기자권선과 계자권선에 대한 설명으로 틀린 것은?

① 계자권선의 권수를 적게 한다.
② 전기자권선의 권수를 크게 한다.
③ 변압기 기전력을 적게 하여 역률저하를 방지한다.
④ 브러시로 단락되는 코일 중의 단락전류를 크게 한다.

43 전부하 시의 단자전압이 무부하 시의 단자전압보다 높은 직류발전기는?

① 분권발전기
② 평복권발전기
③ 과복권발전기
④ 차동복권발전기

44 직류기의 다중중권권선법에서 전기자병렬회로 수 a와 극수 P 사이의 관계로 옳은 것은?(단, m은 다중도이다.)

① $a = 2$
② $a = 2m$
③ $a = P$
④ $a = mP$

45 슬립 s_t에서 최대토크를 발생하는 3상 유도전동기에 2차 측 한상의 저항을 r_2라 하면 최대토크로 기동하기 위한 2차 측 한상에 외부로부터 가해 주어야 할 저항[Ω]은?

① $\dfrac{1-s_t}{s_t}r_2$
② $\dfrac{1+s_t}{s_t}r_2$
③ $\dfrac{r_2}{1-s_t}$
④ $\dfrac{r_2}{s_t}$

46 단상변압기를 병렬운전할 경우 부하전류의 분담은?

① 용량에 비례하고 누설임피던스에 비례
② 용량에 비례하고 누설임피던스에 반비례
③ 용량에 반비례하고 누설리액턴스에 비례
④ 용량에 반비례하고 누설리액턴스의 제곱에 비례

47 스텝모터(Step Motor)의 장점으로 틀린 것은?

① 회전각과 속도는 펄스 수에 비례한다.
② 위치제어를 할 때 각도오차가 적고 누적된다.
③ 가속, 감속이 용이하며 정·역전 및 변속이 쉽다.
④ 피드백 없이 오픈루프로 손쉽게 속도 및 위치제어를 할 수 있다.

48 380[V], 60[Hz], 4극, 10[kW]인 3상 유도전동기의 전부하슬립이 4[%]이다. 전원전압을 10[%] 낮추는 경우 전부하슬립은 약 몇 [%]인가?

① 3.3
② 3.6
③ 4.4
④ 4.9

49 3상 권선형 유도전동기의 기동 시 2차 측 저항을 2배로 하면 최대토크값은 어떻게 되는가?

① 3배로 된다.
② 2배로 된다.
③ 1/2로 된다.
④ 변하지 않는다.

50 직류분권전동기에서 정출력 가변속도의 용도에 적합한 속도제어법은?

① 계자제어
② 저항제어
③ 전압제어
④ 극수제어

51 직류분권전동기의 전기자전류가 10[A]일 때 5[N·m]의 토크가 발생하였다. 이 전동기의 계자의 자속이 80[%]로 감소되고, 전기자전류가 12[A]로 되면 토크는 약 몇 [N·m]인가?

① 3.9
② 4.3
③ 4.8
④ 5.2

52 권수비가 a인 단상변압기 3대가 있다. 이것을 1차에 △, 2차에 Y로 결선하여 3상 교류평형회로에 접속할 때 2차 측의 단자전압을 V[V], 전류를 I[A]라고 하면 1차 측의 단자전압 및 선전류는 얼마인가?(단, 변압기의 저항, 누설리액턴스, 여자전류는 무시한다.)

① $\dfrac{aV}{\sqrt{3}}$[V], $\dfrac{\sqrt{3}\,I}{a}$[A]
② $\sqrt{3}\,aV$[V], $\dfrac{I}{\sqrt{3}\,a}$[A]
③ $\dfrac{\sqrt{3}\,V}{a}$[V], $\dfrac{I}{\sqrt{3}\,a}$[A]
④ $\dfrac{V}{\sqrt{3}\,a}$[V], $\sqrt{3}\,aI$[A]

53 3상 전원전압 220[V]를 3상 반파정류회로의 각 상에 SCR을 사용하여 정류제어할 때 위상각을 60°로 하면 순저항부하에서 얻을 수 있는 출력전압 평균값은 약 몇 [V]인가?

① 128.65
② 148.55
③ 257.3
④ 297.1

54 유도자형 동기발전기의 설명으로 옳은 것은?

① 전기자만 고정되어 있다.
② 계자극만 고정되어 있다.
③ 회전자가 없는 특수 발전기이다.
④ 계자극과 전기자가 고정되어 있다.

55 3상 동기발전기의 여자전류 10[A]에 대한 단자전압이 1,000$\sqrt{3}$[V], 3상 단락전류가 50[A]인 경우 동기임피던스는 몇 [Ω]인가?

① 5
② 11
③ 20
④ 34

56 동기발전기에서 무부하정격전압일 때의 여자전류를 I_{fo}, 정격부하정격전압일 때의 여자전류를 I_{f1}, 3상 단락정격전류에 대한 여자전류를 I_{fs}라 하면 정격속도에서의 단락비 K는?

① $K = \dfrac{I_{fs}}{I_{fo}}$
② $K = \dfrac{I_{fo}}{I_{fs}}$
③ $K = \dfrac{I_{fs}}{I_{f1}}$
④ $K = \dfrac{I_{f1}}{I_{fs}}$

57 변압기의 습기를 제거하여 절연을 향상시키는 건조법이 아닌 것은?

① 열풍법 ② 단락법
③ 진공법 ④ 건식법

58 극수 20, 주파수 60[Hz]인 3상 동기발전기의 전기자권선이 2층 중권, 전기자 전 슬롯 수 180, 각 슬롯 내의 도체 수 10, 코일피치 7 슬롯인 2중 성형결선으로 되어 있다. 선간전압 3,300[V]를 유도하는 데 필요한 기본파 유효자속은 약 몇 [Wb]인가?(단, 코일피치와 자극피치의 비 $\beta = \dfrac{7}{9}$이다.)

① 0.004 ② 0.062
③ 0.053 ④ 0.07

59 2방향성 3단자 사이리스터는 어느 것인가?

① SCR
② SSS
③ SCS
④ TRIAC

60 일반적인 3상 유도전동기에 대한 설명으로 틀린 것은?

① 불평형전압으로 운전하는 경우 전류는 증가하나 토크는 감소한다.
② 원선도 작성을 위해서는 무부하시험, 구속시험, 1차 권선저항 측정을 하여야 한다.
③ 농형은 권선형에 비해 구조가 견고하며 권선형에 비해 대형 전동기로 널리 사용된다.
④ 권선형 회전자의 3선 중 1선이 단선되면 동기속도의 50[%]에서 더이상 가속되지 못하는 현상을 게르게스현상이라 한다.

4과목 회로이론 및 제어공학

61 다음 블록선도의 전달함수 $\left(\dfrac{C(s)}{R(s)}\right)$는?

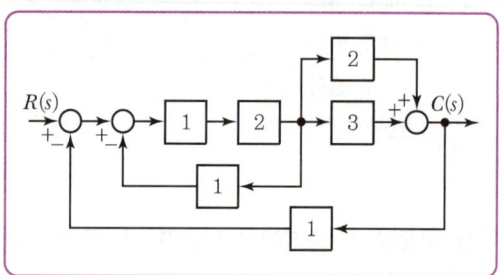

① $\dfrac{10}{9}$
② $\dfrac{10}{13}$
③ $\dfrac{12}{9}$
④ $\dfrac{12}{13}$

62 전달함수가 $G(s) = \dfrac{1}{0.1s(0.01s+1)}$과 같은 제어시스템에서 $\omega = 0.1[\text{rad/s}]$일 때의 이득[dB]과 위상각[°]은 약 얼마인가?

① 40[dB], $-90°$
② -40[dB], $90°$
③ 40[dB], $-180°$
④ -40[dB], $-180°$

63 다음의 논리식과 등가인 것은?

$$Y = (A+B)(\overline{A}+B)$$

① $Y = A$
② $Y = B$
③ $Y = \overline{A}$
④ $Y = \overline{B}$

64 다음의 개루프전달함수에 대한 근궤적이 실수축에서 이탈하게 되는 분리점은 약 얼마인가?

$$G(s)H(s) = \frac{K}{s(s+3)(s+8)}, K \geq 0$$

① -0.93
② -5.74
③ -6.0
④ -1.33

65 $F(z) = \dfrac{(1-e^{-aT})z}{(z-1)(z-e^{-aT})}$ 의 역 z 변환은?

① $t \cdot e^{-at}$
② $a^t \cdot e^{-at}$
③ $1 + e^{-at}$
④ $1 - e^{-at}$

66 기본 제어요소인 비례요소의 전달함수는?(단, K는 상수이다.)

① $G(s) = K$
② $G(s) = Ks$
③ $G(s) = \dfrac{K}{s}$
④ $G(s) = \dfrac{K}{s+K}$

67 다음의 상태방정식으로 표현되는 시스템의 상태천이행렬은?

$$\begin{bmatrix} \dfrac{d}{dt}x_1 \\ \dfrac{d}{dt}x_2 \end{bmatrix} = \begin{bmatrix} 0 & 1 \\ -3 & -4 \end{bmatrix} \begin{bmatrix} x_1 \\ x_2 \end{bmatrix}$$

① $\begin{bmatrix} 1.5e^{-t} - 0.5e^{-3t} & -1.5e^{-t} + 1.5e^{-3t} \\ 0.5e^{-t} - 0.5e^{-3t} & -0.5e^{-t} + 1.5e^{-3t} \end{bmatrix}$

② $\begin{bmatrix} 1.5e^{-t} - 0.5e^{-3t} & 0.5e^{-t} - 0.5e^{-3t} \\ -1.5e^{-t} + 1.5e^{-3t} & -0.5e^{-t} + 1.5e^{-3t} \end{bmatrix}$

③ $\begin{bmatrix} 1.5e^{-t} - 0.5e^{-4t} & 0.5e^{-t} - 0.5e^{-4t} \\ -1.5e^{-t} + 1.5e^{-4t} & -0.5e^{-t} + 1.5e^{-4t} \end{bmatrix}$

④ $\begin{bmatrix} 1.5e^{-t} - 0.5e^{-4t} & -1.5e^{-t} + 1.5e^{-4t} \\ 0.5e^{-t} - 0.5e^{-4t} & -0.5e^{-t} + 1.5e^{-4t} \end{bmatrix}$

68 제어시스템의 전달함수가 $T(s) = \dfrac{1}{4s^2 + s + 1}$ 과 같이 표현될 때 이 시스템의 고유주파수(ω_n [rad/s])와 감쇠율(ζ)은?

① $\omega_n = 0.25, \zeta = 1.0$
② $\omega_n = 0.5, \zeta = 0.25$
③ $\omega_n = 0.5, \zeta = 0.5$
④ $\omega_n = 1.0, \zeta = 0.5$

69 그림의 신호흐름선도를 미분방정식으로 표현한 것으로 옳은 것은?(단, 모든 초기 값은 0이다.)

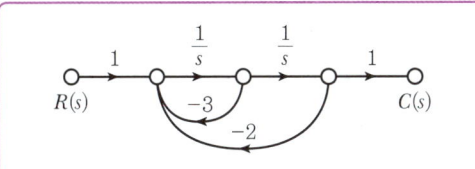

① $\dfrac{d^2c(t)}{dt^2} + 3\dfrac{dc(t)}{dt} + 2c(t) = r(t)$

② $\dfrac{d^2c(t)}{dt^2} + 2\dfrac{dc(t)}{dt} + 3c(t) = r(t)$

③ $\dfrac{d^2c(t)}{dt^2} - 3\dfrac{dc(t)}{dt} - 2c(t) = r(t)$

④ $\dfrac{d^2c(t)}{dt^2} - 2\dfrac{dc(t)}{dt} - 3c(t) = r(t)$

70 제어시스템의 특성방정식이 $s^4 + s^3 - 3s^2 - s + 2 = 0$과 같을 때, 이 특성방정식에서 s 평면의 오른쪽에 위치하는 근은 몇 개인가?

① 0
② 1
③ 2
④ 3

71 회로에서 6[Ω]에 흐르는 전류[A]는?

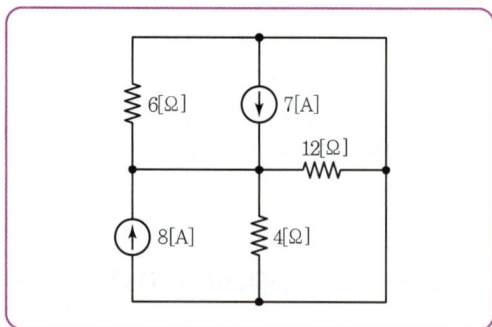

① 2.5 ② 5
③ 7.5 ④ 10

72 RL 직렬회로에서 시정수가 0.03[s], 저항이 14.7 [Ω]일 때 이 회로의 인덕턴스[mH]는?

① 441 ② 362
③ 17.6 ④ 2.53

73 상의 순서가 $a-b-c$인 불평형 3상 교류회로에서 각 상의 전류가 $I_a = 7.28\angle 15.95°$[A], $I_b = 12.81\angle -128.66°$[A], $I_c = 7.21\angle 123.69°$ [A]일 때 역상분전류는 약 몇 [A]인가?

① $8.95\angle -1.14°$ ② $8.95\angle 1.14°$
③ $2.51\angle -96.55°$ ④ $2.51\angle 96.55°$

74 그림과 같은 T형 4단자 회로의 임피던스파라미터 Z_{22}는?

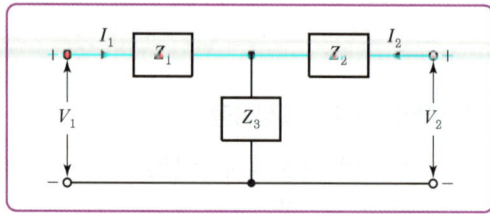

① Z_3 ② $Z_1 + Z_2$
③ $Z_1 + Z_3$ ④ $Z_2 + Z_3$

75 그림과 같은 부하에 선간전압이 $V_{ab} = 100\angle 30°$ [V]인 평형 3상 전압을 가했을 때 선전류 I_a[A]는?

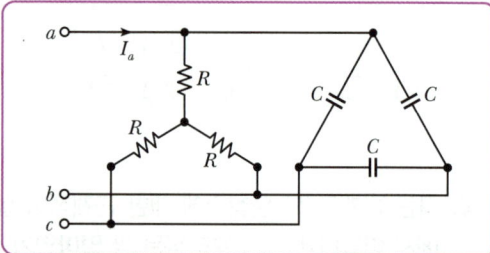

① $\dfrac{100}{\sqrt{3}}\left(\dfrac{1}{R}+j3\omega C\right)$

② $100\left(\dfrac{1}{R}+j\sqrt{3}\,\omega C\right)$

③ $\dfrac{100}{\sqrt{3}}\left(\dfrac{1}{R}+j\omega C\right)$

④ $100\left(\dfrac{1}{R}+j\omega C\right)$

76 분포정수로 표현된 선로의 단위길이당 저항이 0.5[Ω/km], 인덕턴스가 1[μH/km], 커패시턴스가 6[μF/km]일 때 일그러짐이 없는 조건(무왜형조건)을 만족하기 위한 단위길이당 컨덕턴스[℧/m]는?

① 1 ② 2
③ 3 ④ 4

77 그림 (a)의 Y결선회로를 그림 (b)의 △ 결선회로로 등가변환했을 때 R_{ab}, R_{bc}, R_{ca}는 각각 몇 [Ω]인가?(단, $R_a = 2$[Ω], $R_b = 3$[Ω], $R_c = 4$[Ω])

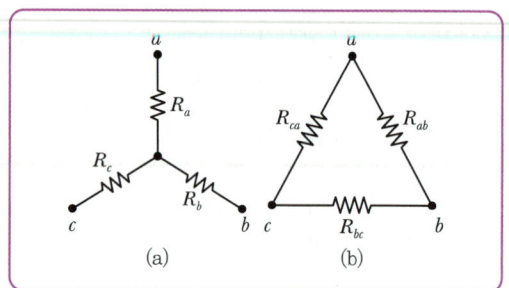

① $R_{ab}=\frac{6}{9}$, $R_{bc}=\frac{12}{9}$, $R_{ca}=\frac{8}{9}$

② $R_{ab}=\frac{1}{3}$, $R_{bc}=1$, $R_{ca}=\frac{1}{2}$

③ $R_{ab}=\frac{13}{2}$, $R_{bc}=13$, $R_{ca}=\frac{26}{3}$

④ $R_{ab}=\frac{11}{3}$, $R_{bc}=11$, $R_{ca}=\frac{11}{2}$

78 다음과 같은 비정현파 교류전압 $v(t)$와 전류 $i(t)$에 의한 평균 전력은 약 몇 [W]인가?

$$v(t) = 200\sin 100\pi t + 80\sin\left(300\pi t - \frac{\pi}{2}\right)[V]$$
$$i(t) = \frac{1}{5}\sin\left(100\pi t - \frac{\pi}{3}\right) + \frac{1}{10}\sin\left(300\pi t - \frac{\pi}{4}\right)[A]$$

① 6.414
② 8.586
③ 12.828
④ 24.212

79 회로에서 $I_1 = 2e^{-j\frac{\pi}{6}}$[A], $I_2 = 5e^{j\frac{\pi}{6}}$[A], $I_3 = 5.0$[A], $Z_3 = 1.0$[Ω]일 때 부하(Z_1, Z_2, Z_3) 전체에 대한 복소전력은 약 몇 [VA]인가?

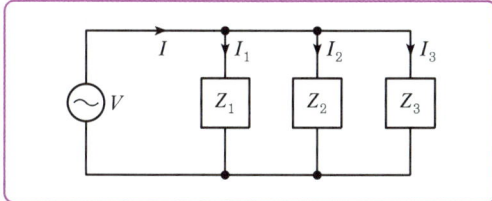

① $55.3 - j7.5$
② $55.3 + j7.5$
③ $45 - j26$
④ $45 + j26$

80 $f(t) = \mathcal{L}^{-1}\left[\frac{s^2+3s+2}{s^2+2s+5}\right]$는?

① $\delta(t) + e^{-t}(\cos 2t - \sin 2t)$
② $\delta(t) + e^{-t}(\cos 2t + 2\sin 2t)$
③ $\delta(t) + e^{-t}(\cos 2t - 2\sin 2t)$
④ $\delta(t) + e^{-t}(\cos 2t + \sin 2t)$

5과목 전기설비기술기준

81 풍력터빈의 피뢰설비 시설기준에 대한 설명으로 틀린 것은?

① 풍력터빈에 설치한 피뢰설비(리셉터, 인하도선 등)의 기능저하로 인해 다른 기능에 영향을 미치지 않을 것
② 풍력터빈 내부의 계측센서용 케이블은 금속관 또는 차폐케이블 등을 사용하여 뇌유도과전압으로부터 보호할 것
③ 풍력터빈에 설치하는 인하도선은 쉽게 부식되지 않는 금속선으로서 뇌격전류를 안전하게 흘릴 수 있는 충분한 굵기여야 하며, 가능한 직선으로 시설할 것
④ 수뢰부를 풍력터빈 중앙부분에 배치하되 뇌격전류에 의한 발열에 의해 녹아서 손상되지 않도록 재질, 크기, 두께 및 형상 등을 고려할 것

82 샤워시설이 있는 욕실 등 인체가 물에 젖어 있는 상태에서 전기를 사용하는 장소에 콘센트를 시설할 경우 인체감전보호용 누전차단기의 정격감도전류는 몇 [mA] 이하인가?

① 5
② 10
③ 15
④ 30

83 강관으로 구성된 철탑의 갑종풍압하중은 수직투영면적 1[m²]에 대한 풍압을 기초로 하여 계산한 값이 몇 [Pa]인가?(단, 단주는 제외한다.)

① 1,255　　② 1,412
③ 1,627　　④ 2,157

84 한국전기설비규정에 따른 용어의 정의에서 감전에 대한 보호 등 안전을 위해 제공되는 도체를 말하는 것은?

① 접지도체
② 보호도체
③ 수평도체
④ 접지극도체

85 통신상의 유도장해방지시설에 대한 설명이다. 다음 ( )에 들어갈 내용으로 옳은 것은?

> 교류식 전기철도용 전차선로는 기설 가공약전류 전선로에 대하여 ( )에 의한 통신상의 장해가 생기지 않도록 시설하여야 한다.

① 정전작용
② 유도작용
③ 가열작용
④ 산화작용

86 주택의 전기저장장치의 축전지에 접속하는 부하측 옥내배선을 사람이 접촉할 우려가 없도록 케이블배선에 의하여 시설하고 전선에 적당한 방호장치를 시설한 경우 주택의 옥내전로의 대지전압은 직류 몇 [V]까지 적용할 수 있는가?(단, 전로에 지락이 생겼을 때 자동적으로 전로를 차단하는 장치를 시설한 경우이다.)

① 150　　② 300
③ 400　　④ 600

87 전압의 구분에 대한 설명으로 옳은 것은?

① 직류에서의 저압은 1,000[V] 이하의 전압을 말한다.
② 교류에서의 저압은 1,500[V] 이하의 전압을 말한다.
③ 직류에서의 고압은 3,500[V]를 초과하고 7,000[V] 이하인 전압을 말한다.
④ 특고압은 7,000[V]를 초과하는 전압을 말한다.

88 고압가공전선로의 가공지선으로 나경동선을 사용할 때의 최소굵기는 지름 몇 [mm] 이상인가?

① 3.2　　② 3.5
③ 4.0　　④ 5.0

89 특고압용 변압기의 내부에 고장이 생겼을 경우에 자동차단장치 또는 경보장치를 하여야 하는 최소 뱅크용량은 몇 [kVA]인가?

① 1,000　　② 3,000
③ 5,000　　④ 10,000

90 합성수지관 및 부속품의 시설에 대한 설명으로 틀린 것은?

① 관의 지지점 간의 거리는 1.5[m] 이하로 할 것
② 합성수지제 가요전선관 상호 간은 직접 접속할 것
③ 접착제를 사용하여 관 상호 간을 삽입하는 깊이는 관의 바깥지름의 0.8배 이상으로 할 것
④ 접착제를 사용하지 않고 관 상호 간을 삽입하는 깊이는 관의 바깥지름의 1.2배 이상으로 할 것

91 사용전압이 22.9[kV]인 가공전선이 철도를 횡단하는 경우, 전선의 레일면상의 높이는 몇 [m] 이상인가?

① 5　　② 5.5
③ 6　　④ 6.5

92 가공전선로의 지지물에 시설하는 통신선 또는 이에 직접 접속하는 가공통신선이 철도 또는 궤도를 횡단하는 경우 그 높이는 레일면상 몇 [m] 이상으로 하여야 하는가?

① 3
② 3.5
③ 5
④ 6.5

93 전력보안통신설비의 조가선은 단면적 몇 [mm²] 이상의 아연도강연선을 사용하여야 하는가?

① 16
② 38
③ 50
④ 55

94 가요전선관 및 부속품의 시설에 대한 내용이다. 다음 ( )에 들어갈 내용으로 옳은 것은?

> 1종 금속제 가요전선관에는 단면적 ( )[mm²] 이상의 나연동선을 전체 길이에 걸쳐 삽입 또는 첨가하여 그 나연동선과 1종 금속제가요전선관을 양쪽 끝에서 전기적으로 완전하게 접속할 것. 다만, 관의 길이가 4[m] 이하인 것을 시설하는 경우에는 그러하지 아니하다.

① 0.75
② 1.5
③ 2.5
④ 4

95 사용전압이 154[kV]인 전선로를 제1종 특고압보안공사로 시설할 경우, 여기에 사용되는 경동연선의 단면적은 몇 [mm²] 이상이어야 하는가?

① 100
② 125
③ 150
④ 200

96 사용전압이 400[V] 이하인 저압옥측전선로를 애자 공사에 의해 시설하는 경우 전선 상호 간의 간격은 몇 [m] 이상이어야 하는가?(단, 비나 이슬에 젖지 않는 장소에 사람이 쉽게 접촉될 우려가 없도록 시설한 경우이다.)

① 0.025
② 0.045
③ 0.06
④ 0.12

97 지중전선로는 기설 지중약전류전선로에 대하여 통신상의 장해를 주지 않도록 기설 약전류전선로로부터 충분히 이격시키거나 기타 적당한 방법으로 시설하여야 한다. 이때 통신상의 장해가 발생하는 원인으로 옳은 것은?

① 충전전류 또는 표피작용
② 충전전류 또는 유도작용
③ 누설전류 또는 표피작용
④ 누설전류 또는 유도작용

98 최대사용전압이 10.5[kV]를 초과하는 교류의 회전기 절연내력을 시험하고자 한다. 이때 시험전압은 최대사용전압의 몇 배의 전압으로 하여야 하는가?(단, 회전변류기는 제외한다.)

① 1
② 1.1
③ 1.25
④ 1.5

99 폭연성 먼지 또는 화약류의 분말에 전기설비가 발화원이 되어 폭발할 우려가 있는 곳에 시설하는 저압옥내배선의 공사방법으로 옳은 것은?(단, 사용전압이 400[V] 초과인 방전등을 제외한 경우이다.)

① 금속관 공사
② 애자사용 공사
③ 합성수지관 공사
④ 캡타이어케이블 공사

100 과전류차단기로 저압전로에 사용하는 범용의 퓨즈(「전기용품 및 생활용품 안전관리법」에서 규정하는 것을 제외한다)의 정격전류가 16[A]인 경우 용단전류는 정격전류의 몇 배인가?(단, 퓨즈[gG]인 경우이다.)

① 1.25
② 1.5
③ 1.6
④ 1.9

2022년도 3회 과년도 기출문제

1과목　전기자기학

01 전위경도 V와 전계 E의 관계식은?

① $E = \text{grad } V$
② $E = \text{div } V$
③ $E = -\text{grad } V$
④ $E = -\text{div } V$

02 질량 $m = 10^{-8}$[kg], 전하량 $q = 10^{-6}$[C]의 입자가 전계 E[V/m]인 곳에 존재한다. 이 입자의 가속도가 $a = 10^2 i + 10^3 j$ [m/s²]인 것이 관측되었다면 전계의 세기 E[V/m]는?(단, i, j는 단위벡터이다.)

① $E = 10^2 i + 10^3 j$
② $E = i + 10j$
③ $E = 10^{-4} i + 10^{-3} j$
④ $E = 10i + 10^2 j$

03 공기 중에 고립된 금속구가 반지름 r일 때, 그 정전용량은 몇 [F]인가?

① $\dfrac{\varepsilon_0 r}{4\pi}$
② $\varepsilon_0 r$
③ $4\pi\varepsilon_0 r$
④ $8\pi\varepsilon_0 r$

04 진공 중에 서로 떨어져 있는 두 도체 A, B가 있을 때 도체 A에만 1[C]의 전하를 주었더니 도체 A와 B의 전위가 3[V], 2[V]이었다. 지금 도체 A, B에 각각 2[C]과 1[C]의 전하를 주면 도체 A의 전위는 몇 [V]인가?

① 6
② 7
③ 8
④ 9

05 자기모멘트 9.8×10^{-5}[Wb·m]의 막대자석을 지구자계의 수평성분 10.5[AT/m]인 곳에서 지자기 자오면으로부터 90° 회전시키는 데 필요한 일은 약 몇 [J]인가?

① 1.03×10^{-3}
② 1.03×10^{-5}
③ 9.03×10^{-3}
④ 9.03×10^{-5}

06 히스테리시스곡선에서 히스테리시스손실에 해당하는 것은?

① 보자력의 크기
② 잔류자기의 크기
③ 보자력과 잔류자기의 곱
④ 히스테리시스곡선의 면적

07 정상전류에서 옴의 법칙에 대한 미분형은?(단, i는 전류밀도, k는 도전율, ρ는 고유저항, E는 전계의 세기이다.)

① $i = kE$
② $i = \dfrac{E}{k}$
③ $i = \rho E$
④ $i = -kE$

08 전계 E[V/m]가 두 유전체의 경계면에 평행으로 작용하는 경우 경계면에 단위면적당 작용하는 힘의 크기는 몇 [N/m²]인가?(단, ε_1, ε_2는 각 유전체의 유전율이다.)

① $f = E^2(\varepsilon_1 - \varepsilon_2)$
② $f = \dfrac{1}{E^2}(\varepsilon_1 - \varepsilon_2)$
③ $f = \dfrac{1}{2}E^2(\varepsilon_1 - \varepsilon_2)$
④ $f = \dfrac{1}{2E^2}(\varepsilon_1 - \varepsilon_2)$

09 반지름이 $r[m]$인 반원형 전류 $I[A]$에 의한 반원의 중심(O)에서 자계의 세기[AT/m]는?

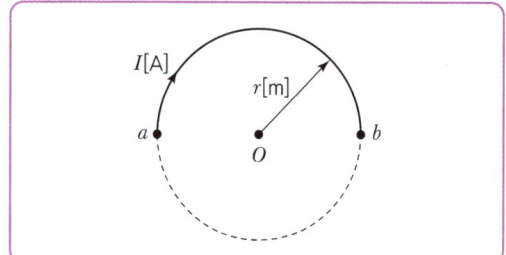

① $\dfrac{2I}{r}$ ② $\dfrac{I}{r}$
③ $\dfrac{I}{2r}$ ④ $\dfrac{I}{4r}$

10 동일한 금속도선의 두 점 간에 온도차를 주고 고온 쪽에서 저온 쪽으로 전류를 흘리면, 줄열 이외에 도선 속에서 열이 발생하거나 흡수가 일어나는 현상을 지칭하는 것은?

① 제벡효과 ② 톰슨효과
③ 펠티에효과 ④ 볼타효과

11 도전율 σ, 유전율 ε인 매질에 교류전압을 가할 때 전도전류와 변위전류의 크기가 같아지는 주파수는?

① $f = \dfrac{\sigma}{2\pi\varepsilon}$ ② $f = \dfrac{\varepsilon}{2\pi\sigma}$
③ $f = \dfrac{2\pi\varepsilon}{\sigma}$ ④ $f = \dfrac{2\pi\sigma}{\varepsilon}$

12 진공 중에 반지름 $a[m]$, 중심간격 $d[m]$인 평행 원통도체가 있다. 원통도체의 단위길이당 정전용량은 몇 [F/m]인가?

① $\dfrac{2\pi\varepsilon_0}{\ln\dfrac{d-a}{a}}$ ② $\dfrac{2\pi\varepsilon_0}{\ln\dfrac{a}{d-a}}$
③ $\dfrac{\pi\varepsilon_0}{\ln\dfrac{d-a}{a}}$ ④ $\dfrac{\pi\varepsilon_0}{\ln\dfrac{a}{d-a}}$

13 유전율이 각각 다른 두 유전체가 서로 경계를 이루며 접해 있다. 다음 중 옳지 않은 것은?(단, 이 경계면에는 진전하분포가 없다고 한다.)

① 경계면에서 전계의 접선성분은 연속이다.
② 경계면에서 전속밀도의 법선성분은 연속이다.
③ 경계면에서 전계와 전속밀도는 굴절한다.
④ 경계면에서 전계와 전속밀도는 불변이다.

14 0.2[C]의 점전하가 전계 $E = 5a_y + a_z$[V/m] 및 자속밀도 $B = 2a_y + 5a_z$[Wb/m^2] 내로 속도 $v = 2a_x + 3a_y$[m/s]로 이동할 때 점전하에 작용하는 힘 F[N]은?(단, a_x, a_y, a_z는 단위벡터이다.)

① $2a_x - a_y + 3a_z$ ② $3a_x - a_y + a_z$
③ $a_x + a_y - 2a_z$ ④ $5a_x + a_y - 3a_z$

15 맥스웰(Maxwell)의 전자방정식이 아닌 것은?

① $\nabla \times H = i + \dfrac{\partial D}{\partial t}$ ② $\nabla \times E = -\dfrac{\partial B}{\partial t}$
③ $\nabla \cdot i = -\dfrac{\partial \rho}{\partial t}$ ④ $\nabla \cdot D = \rho$

16 권수 200회이고, 자기인덕턴스 20[mH]의 코일에 2[A]의 전류를 흘리면, 쇄교자속수[Wb]는?

① 0.04 ② 0.01
③ 4×10^{-4} ④ 2×10^{-4}

17 유전율 ε, 전계의 세기 E인 유전체의 단위체적에 축적되는 에너지는?

① $\dfrac{E}{2\varepsilon}$ ② $\dfrac{\varepsilon E}{2}$
③ $\dfrac{\varepsilon E^2}{2}$ ④ $\dfrac{\varepsilon^2 E^2}{2}$

18 영구자석의 재료로 사용되는 철에 요구되는 사항으로 옳은 것은?

① 잔류자속밀도는 작고 보자력이 커야 한다.
② 잔류자속밀도와 보자력이 모두 커야 한다.
③ 잔류자속밀도는 크고 보자력이 작아야 한다.
④ 잔류자속밀도는 커야 하나, 보자력은 0이어야 한다.

19 그림과 같이 영역 $y \leq 0$은 완전도체로 위치해 있고, 영역 $y \geq 0$은 완전유전체로 위치해 있을 때, 만일 경계무한평면의 도체면상에 면전하밀도 $\rho_s = 2[nC/m^2]$가 분포되어 있다면 P점$(-4, 1, -5)[m]$의 전계의 세기[V/m]는?

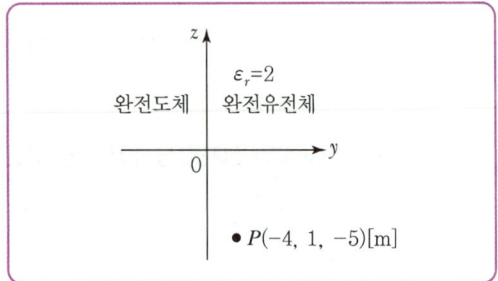

① $18\pi a_y$
② $36\pi a_y$
③ $-54\pi a_y$
④ $72\pi a_y$

20 내경의 반지름이 1[mm], 외경의 반지름이 3[mm]인 동축케이블의 단위길이당 인덕턴스는 약 몇 [μH/m]인가?(단, 이때 $\mu_r = 1$이며, 내부 인덕턴스는 무시한다.)

① 0.12
② 0.22
③ 0.32
④ 0.42

2과목 전력공학

21 가공지선을 설치하는 목적이 아닌 것은?

① 코로나의 발생 방지
② 정전차폐효과
③ 뇌해 방지
④ 전자차폐효과

22 파동임피던스가 500[Ω]인 가공송전선 1[km]당의 인덕턴스는 몇 [mH/km]인가?

① 1.67
② 2.67
③ 3.67
④ 4.67

23 전력원선도에서 알 수 없는 것은?

① 전력
② 손실
③ 역률
④ 코로나손실

24 유역면적 80[km²], 유효낙차 30[m], 연간 강수량 1,500[mm]의 수력발전소에서 그 강우량의 70[%]만 이용한다면 연간 발생 전력량은 몇 [kWh]인가?(단, 수차발전기 등의 종합효율은 80[%]이다.)

① 54.8×10^6
② 5.48×10^6
③ 19×10^6
④ 1.9×10^6

25 수력발전소에서 사용되고 횡축에 1년 365일을, 종축에 유량을 표시하는 유황곡선이란?

① 유량이 적은 것부터 순차적으로 배열하여 이들 점을 연결한 것이다.
② 유량이 큰 것부터 순차적으로 배열하여 이들 점을 연결한 것이다.
③ 유량의 월별 평균값을 구하여 선으로 연결한 것이다.
④ 각 월에 가장 큰 유량만을 선으로 연결한 것이다.

26 송전단의 전압, 전류를 각각 E_S, I_S 수전단의 전압, 전류를 각각 E_R, I_R이라 하고 4단자 정수를 A, B, C, D라 할 때 다음 중 옳은 식은?

① $\begin{bmatrix} E_S = AE_R + BI_R \\ I_S = CE_R + DI_R \end{bmatrix}$
② $\begin{bmatrix} E_S = CE_R + DI_R \\ I_S = AE_R + BI_R \end{bmatrix}$
③ $\begin{bmatrix} E_S = BE_R + AI_R \\ I_S = DE_R + CI_R \end{bmatrix}$
④ $\begin{bmatrix} E_S = DE_R + CI_R \\ I_S = BE_R + AI_R \end{bmatrix}$

27 22,000[V], 60[Hz], 1회선의 3상 지중 송전선의 무부하 충전용량[kVar]은?(단, 송전선의 길이는 20[km], 1선의 1[km]당의 정전용량은 0.5[μF]이다.)

① 1,750
② 1,825
③ 1,900
④ 1,925

28 154[kV] 송전계통의 뇌에 대한 보호에서 절연강도의 순서가 가장 경제적이고 합리적인 것은?

① 피뢰기 → 변압기코일 → 기기부싱 → 결합콘덴서 → 선로애자
② 변압기코일 → 결합콘덴서 → 피뢰기 → 선로애자 → 기기부싱
③ 결합콘덴서 → 기기부싱 → 선로애자 → 변압기코일 → 피뢰기
④ 기기부싱 → 결합콘덴서 → 변압기코일 → 피뢰기 → 선로애자

29 송전단전압을 V_s, 수전단전압을 V_r, 선로의 직렬리액턴스를 X라 할 때 정상시(Steady State)의 최대송전전력의 개략치는?

① $\dfrac{V_s - V_r}{X}$
② $\dfrac{V_s^2 - V_r^2}{X}$
③ $\dfrac{V_s(V_s - V_r)}{X}$
④ $\dfrac{V_s V_r}{X}$

30 동기조상기에 대한 설명으로 옳은 것은?

① 정지기의 일종이다.
② 연속적인 전압조정이 불가능하다.
③ 계통의 안정도를 증진시키기가 어렵다.
④ 송전선의 시송전에 이용할 수 있다.

31 전력계통의 전압조정설비의 특징에 대한 설명 중 옳지 않은 것은?

① 병렬콘덴서는 진상능력만을 가지며 병렬리액터는 진상능력이 없다.
② 동기조상기는 무효전력의 공급과 흡수가 모두 가능하여 진상 및 지상용량을 갖는다.
③ 동기조상기는 조정의 단계가 불연속적이나 직렬콘덴서 및 병렬리액터는 그것이 연속적이다.
④ 병렬리액터는 장거리 초고압송전선 또는 지중선 계통의 충전용량보상용으로 주요 발·변전소에 설치된다.

32 조상설비가 있는 1차 변전소에서 주변압기로 주로 사용되는 변압기는?

① 승압용 변압기
② 중권변압기
③ 3권선변압기
④ 단상변압기

33 송전선로에서 역섬락을 방지하기 위하여 가장 필요한 것은?

① 피뢰기를 설치한다.
② 초호각을 설치한다.
③ 가공지선을 설치한다.
④ 탑각 접지저항을 적게 한다.

34 3상용 차단기의 정격전압은 170[kV]이고 정격차단전류는 50[kA]일 때 차단기의 정격차단용량은 약 몇 [MVA]인가?

① 5,000
② 10,000
③ 15,000
④ 20,000

35 1선 접지고장을 대칭좌표법으로 해석할 경우 필요한 것은?

① 정상임피던스도(Diagram) 및 역상임피던스도
② 정상임피던스도
③ 정상임피던스도 및 역상임피던스도
④ 정상임피던스도, 역상임피던스도 및 영상임피던스도

36 변전소에서 비접지선로의 접지보호용으로 사용되는 계전기에 영상전류를 공급하는 계기는?

① C.T
② G.P.T
③ Z.C.T
④ P.T

37 비접지방식을 직접접지방식과 비교한 것 중 옳지 않은 것은?

① 전자유도장해가 경감된다.
② 지락전류가 작다.
③ 보호계전기의 동작이 확실하다.
④ △결선을 하여 영상전류를 흘릴 수 있다.

38 동작전류의 크기에 관계 없이 일정한 시간에 동작하는 한시 특성을 갖는 계전기는?

① 순한시계전기
② 정한시계전기
③ 반한시계전기
④ 반한시성 정한시계전기

39 기력발전소의 열효율을 올리는 데 가장 효과적인 것은?

① 절탄기의 사용
② 포화증기의 과열
③ 재생·재열 사이클의 채용
④ 연소용 공기의 예열

40 피뢰기의 정격전압이란?

① 충격방전전류를 통하고 있을 때의 단자전압
② 충격파의 방전개시전압
③ 속류가 차단이 되는 최고의 교류전압
④ 상용주파수의 방전개시전압

3과목 전기기기

41 권수비 $a = 6,600/220$, 60[Hz], 변압기의 철심 단면적 0.02[m²], 최대자속밀도 1.2[Wb/m²]일 때, 1차 유기기전력은 약 몇 [V]인가?

① 1,407
② 3,521
③ 42,198
④ 49,814

42 출력 7.5[kW]의 3상 유도전동기가 전부하운전에서 2차 저항손이 200[W]일 때, 슬립은 약 몇 [%]인가?

① 8.8
② 3.8
③ 2.6
④ 2.2

43 스텝모터에 대한 설명 중 틀린 것은?

① 가속과 감속이 용이하다.
② 정·역회전 및 변속이 용이하다.
③ 위치제어 시 각도오차가 작다.
④ 브러시 등 부품수가 많아 유지보수 필요성이 크다.

44 3상 유도전동기에서 동기와트로 표시되는 것은?
① 각속도
② 토크
③ 2차 출력
④ 1차 입력

45 3상 전원을 이용하여 2상 전압을 얻고자 할 때 사용하는 결선방법이 아닌 것은?
① 포크결선
② 스코트결선
③ 우드브릿지결선
④ 메이어결선

46 직류기에서 기계각의 극수가 P인 경우 전기각과의 관계는 어떻게 되는가?
① 전기각 $\times \dfrac{2}{P}$
② 전기각 $\times 2P$
③ 전기각 $\times 3P$
④ 전기각 $\times \dfrac{P}{2}$

47 60[Hz]의 변압기에 50[Hz]의 동일전압을 가했을 때의 자속밀도는 60[Hz] 때와 비교하여 어떻게 되는가?
① $\dfrac{5}{6}$ 로 감소
② $\dfrac{6}{5}$ 으로 증가
③ $\left(\dfrac{5}{6}\right)^{1.6}$ 로 감소
④ $\left(\dfrac{6}{5}\right)^{2}$ 으로 증가

48 변압기의 누설리액턴스를 나타낸 것은?(단, N은 권수이다.)
① N에 비례
② N^2에 반비례
③ N에 반비례
④ N^2에 비례

49 상전압 200[V]의 3상 반파정류회로의 각 상에 SCR을 사용하여 정류제어할 때 위상각을 $\dfrac{\pi}{6}$로 한다면 순저항부하에서 얻을 수 있는 직류전압[V]은?
① 90
② 180
③ 203
④ 234

50 단상정류자전동기의 일종인 단상반발전동기에 해당되는 것은?
① 아트킨손형 전동기
② 반발유도전동기
③ 시라게전동기
④ 단상직권 정류자전동기

51 단락비가 큰 동기발전기에 대한 설명 중 틀린 것은?
① 효율이 나쁘다.
② 계자전류가 크다.
③ 전압변동률이 크다.
④ 안정도와 선로 충전용량이 크다.

52 직류발전기에서 전압변동률이 가장 작은 발전기는?
① 타여자발전기
② 직권발전기
③ 가동복권발전기
④ 차동복권발전기

53 동기조상기를 부족여자로 사용하면?
① 콘덴서로 작용
② 리액터로 작용
③ 저항손의 보상
④ 일반 부하의 뒤진 전류를 보상

54 동기기의 3상 4극 24개의 슬롯을 갖는 권선의 분포계수는?

① 0.966 ② 0.912
③ 0.866 ④ 0.801

55 어느 정류회로의 부하전압이 200[V]이고 맥동률이 4[%]이면 교류분은 몇 [V] 포함되어 있는가?

① 18 ② 12
③ 8   ④ 4

56 다음 중 농형 유도전동기에 주로 사용되는 속도제어법은?

① 2차 저항제어법 ② 2차 여자법
③ 극수변환법   ④ 종속접속법

57 변압기의 결선방식에 대한 설명으로 틀린 것은?

① $\Delta-\Delta$결선에서 변압기 1대 고장 시 나머지 2대로 V결선 운전이 가능하다.
② Y–Y결선에서 중성점을 접지하면 제5고조파 전류가 흘러 통신선에 유도장해를 일으킨다.
③ Y–Δ결선에서 1상에 고장이 생기면 전원공급이 불가능해진다.
④ Y–Y결선에서 1차, 2차 모두 중성점을 접지할 수 있으며, 고압의 경우 이상전압을 감소시킬 수 있다.

58 60[Hz]인 3상 8극 및 2극의 유도전동기를 차동종속으로 접속하여 운전할 때의 무부하속도[rpm]는?

① 900   ② 1,200
③ 1,500 ④ 1,800

59 동기발전기의 단자 부근에서 단락이 일어났다고 하면 단락전류는 어떻게 되는가?

① 전류가 계속 증가한다.
② 큰 전류가 증가와 감소를 반복한다.
③ 일정한 큰 전류가 지속적으로 흐른다.
④ 처음에는 큰 전류가 흐르지만 점차 감소한다.

60 직류분권전동기를 무부하로 운전 중 계자회로에 단선이 생긴 경우 발생하는 현상으로 옳은 것은?

① 반대방향으로 회전한다.
② 즉시 정지한다.
③ 과속도로 되어 위험하다.
④ 무부하이므로 서서히 정지한다.

4과목 회로이론 및 제어공학

61 $G(s)H(s) = \dfrac{K(s+1)}{s(s+2)(s+3)}$ 에서 근궤적의 수는?

① 1 ② 2
③ 3 ④ 4

62 3차인 이산치시스템의 특성방정식의 근이 -0.3, -0.2, $+0.5$로 주어져 있다. 이 시스템의 안정도는?

① 이 시스템은 안정한 시스템이다.
② 이 시스템은 불안정한 시스템이다.
③ 이 시스템은 임계안정한 시스템이다.
④ 위 정보로서는 이 시스템의 안정도를 알 수 없다.

63 $\overline{A}BC + \overline{A}B\overline{C} + \overline{A}\overline{B}C + A\overline{B}C + \overline{A}BC + \overline{A}\overline{B}\overline{C}$의 논리식을 간략화하면?

① $A + AC$ ② $A + C$
③ $\overline{A} + A\overline{B}$ ④ $\overline{A} + A\overline{C}$

64 블록선도의 전달함수가 $\dfrac{C(s)}{R(s)} = 10$과 같이 되기 위한 조건은?

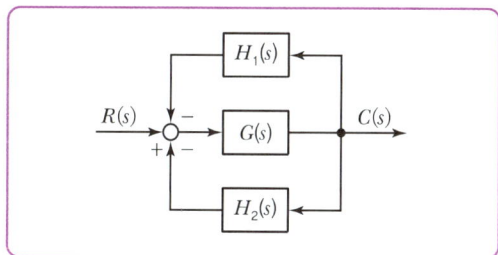

① $G(s) = \dfrac{1}{1 - H_1(s) - H_2(s)}$

② $G(s) = \dfrac{10}{1 - H_1(s) - H_2(s)}$

③ $G(s) = \dfrac{1}{1 - 10H_1(s) - 10H_2(s)}$

④ $G(s) = \dfrac{10}{1 - 10H_1(s) - 10H_2(s)}$

65 그림과 같은 보드선도의 이득선도를 갖는 제어시스템의 전달함수는?

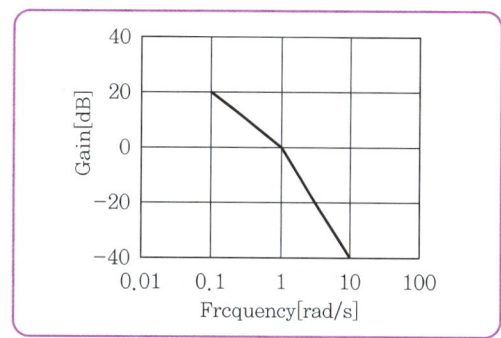

① $G(s) = \dfrac{10}{(s+1)(s+10)}$

② $G(s) = \dfrac{10}{(s+1)(10s+1)}$

③ $G(s) = \dfrac{20}{(s+1)(s+10)}$

④ $G(s) = \dfrac{20}{(s+1)(10s+1)}$

66 그림과 같은 신호흐름선도의 전달함수는?

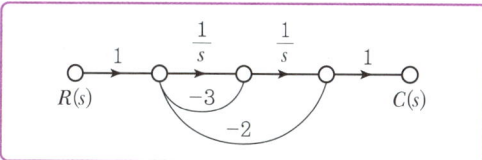

① $\dfrac{d^2c(t)}{dt^2} + 3\dfrac{dc(t)}{dt} + 2c(t) = r(t)$

② $\dfrac{d^2c(t)}{dt^2} + 2\dfrac{dc(t)}{dt} + 3c(t) = r(t)$

③ $\dfrac{d^2c(t)}{dt^2} - 3\dfrac{dc(t)}{dt} - 2c(t) = r(t)$

④ $\dfrac{d^2c(t)}{dt^2} - 2\dfrac{dc(t)}{dt} - 3c(t) = r(t)$

67 그림의 제어시스템이 안정하기 위한 K의 범위는?

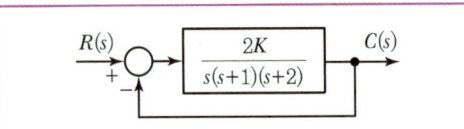

① $0 < K < 3$
② $0 < K < 4$
③ $0 < K < 5$
④ $0 < K < 6$

68 다음 회로망에서 입력전압을 $V_1(t)$, 출력전압을 $V_2(t)$라 할 때, $\dfrac{V_2(s)}{V_1(s)}$에 대한 고유주파수 ω_n과 제동비 ζ의 값은?(단, $R = 100[\Omega]$, $L = 2[H]$, $C = 200[\mu F]$이고, 모든 초기 전하는 0이다.)

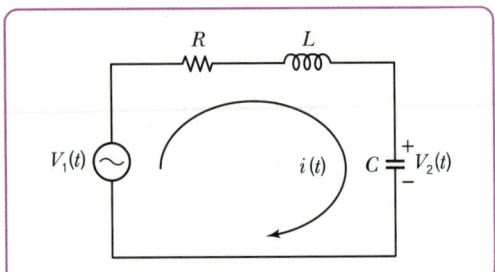

① $\omega_n = 50$, $\zeta = 0.5$
② $\omega_n = 50$, $\zeta = 0.7$
③ $\omega_n = 250$, $\zeta = 0.5$
④ $\omega_n = 250$, $\zeta = 0.7$

69 다음의 신호선도에서 $\dfrac{Y(s)}{D(s)}$를 구하면?

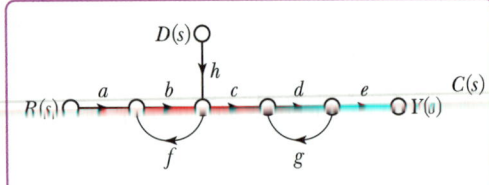

① $\dfrac{cdeh}{1 - bf - dg + bdfg}$
② $\dfrac{abcde + hcde}{1 - bf - dg + bfdg}$
③ $\dfrac{cdeh}{1 - dg}$
④ $\dfrac{abcde + hcde}{1 - dg}$

70 단위 부궤환 제어시스템의 개루프전달함수 $G(s)$가 다음과 같이 주어져 있다. 이때 다음 설명 중 틀린 것은?

$$G(s) = \dfrac{\omega_n^2}{s(s + 2\zeta\omega_n)}$$

① 이 시스템은 $\zeta = 1.2$일 때 과제동된 상태에 있게 된다.
② 이 폐루프시스템의 특성방정식은 $s^2 + 2\zeta\omega_n s + \omega_n^2 = 0$이다.
③ ζ값이 작게 될수록 제동이 많이 걸리게 된다.
④ ζ값이 음의 값이면 불안정하게 된다.

71 무한장 무손실 전송 선로상의 어떤 점에서 전압이 100[V]였다. 이 선로의 인덕턴스가 7.5[μH/m]이고, 커패시턴스가 0.003[μF/m]일 때 이 점에서 전류는 몇 [A]인가?

① 2
② 4
③ 6
④ 8

72 $F(s) = \dfrac{3s + 10}{s^3 + 2s^2 + 5s}$ 일 때 $f(t)$의 최종값은?

① 0
② 1
③ 2
④ 8

73 그림과 같은 평형 3상 회로에서 전원 전압이 V_{ab} = 200[V]이고 부하 한상의 임피던스가 $Z = 4 + j3[\Omega]$인 경우 전원과 부하 사이 선전류 I_a는 약 몇 [A]인가?

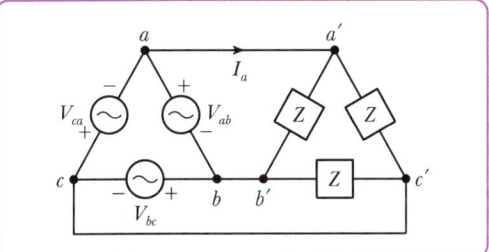

① $40\sqrt{3} \angle 36.87°$
② $40\sqrt{3} \angle -36.87°$
③ $40\sqrt{3} \angle 66.87°$
④ $40\sqrt{3} \angle -66.87°$

74 다음 회로의 구동점 임피던스를 구하면?

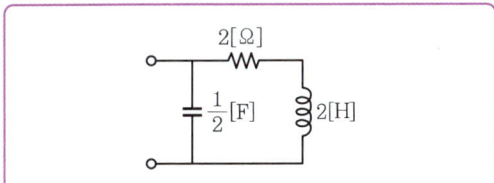

① $\dfrac{2(s+1)}{s^2+s+1}$
② $\dfrac{2(s+2)}{2s^2+s+1}$
③ $\dfrac{2(s+2)}{2s^2+2s+1}$
④ $\dfrac{(s+1)}{s^2+s+1}$

75 그림과 같은 부하에 전압 $V = 100$[V]의 대칭 3상 전압을 인가할 경우 선전류 I는?

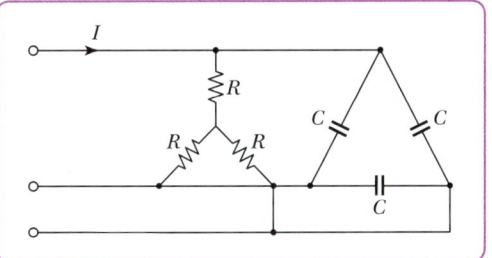

① $\dfrac{100}{\sqrt{3}}\left(\dfrac{1}{R} + j3\omega C\right)$
② $100\left(\dfrac{1}{R} + j\sqrt{3}\omega C\right)$
③ $\dfrac{100}{\sqrt{3}}\left(\dfrac{1}{R} + j\omega C\right)$
④ $100\left(\dfrac{1}{R} + j\omega C\right)$

76 R-C 직렬회로에 $t = 0$일 때 직류전압 10[V]를 인가하면, $t = 0.1$초일 때 전류[mA]의 크기는?(단, $R = 1,000[\Omega]$, $C = 50[\mu F]$이고, 처음부터 정전용량의 전하는 없다.)

① 2.25   ② 1.8
③ 1.35   ④ 2.4

77 불평형 3상 전류가 $I_a = 15 + j2$[A], $I_b = -20 - j14$[A], $I_c = -3 + j10$[A]일 때, 역상분전류 I_2[A]를 구하면?

① $1.91 + j6.24$
② $15.74 - j3.57$
③ $-2.67 - j0.67$
④ $2.67 - j0.67$

78 그림과 같은 회로에서 a, b단자에 나타나는 전압 V_{ab}는 몇 [V]인가?

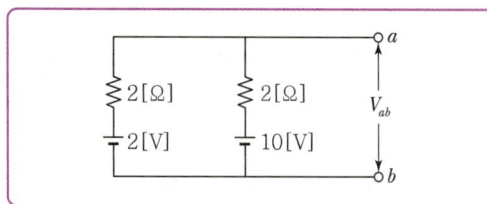

① 10
② 12
③ 8
④ 6

79 다음 왜형파전류의 왜형률을 구하면 얼마인가?

$$i(t) = 30\sin\omega t + 10\cos 3\omega t + 5\sin 5\omega t [A]$$

① 0.46
② 0.26
③ 0.53
④ 0.37

80 R–L직렬회로에 있어서 서셉턴스는?

① $\dfrac{R}{R^2+X_L^2}$
② $\dfrac{X_L}{R^2+X_L^2}$
③ $\dfrac{-R}{R^2+X_L^2}$
④ $\dfrac{-X_L}{R^2+X_L^2}$

5과목 전기설비기술기준

81 1차 측 3,300[V], 2차 측 200[V]의 비접지식 변압기 내압시험은 어느 것에서 10분간 견디어야 하는가?

① 1차 측 4,500[V], 2차 측 300[V]
② 1차 측 4,950[V], 2차 측 500[V]
③ 1차 측 4,500[V], 2차 측 400[V]
④ 1차 측 3,300[V], 2차 측 200[V]

82 고압가공전선로의 가공약전류전선로가 병행하는 경우, 유도작용에 의하여 통신상의 장해가 미치지 아니하도록 하기 위한 최소 간격[m]은?

① 0.5
② 1.0
③ 1.5
④ 2.0

83 건축물·구조물과 분리되지 않은 피뢰시스템인 경우 병렬인하도선의 최대간격은 피뢰시스템등급에 따라 Ⅰ, Ⅱ등급은 몇 [m]인가?

① 10
② 15
③ 20
④ 30

84 저압옥내배선에서 합성수지관을 넣을 수 있는 전선의 최대굵기[mm²]는?

① 2.5[mm²]
② 4.0[mm²]
③ 10[mm²]
④ 16[mm²]

85 저압옥측전선로에서 목조의 조영물에 시설할 수 있는 공사방법은?

① 금속관공사
② 버스덕트공사
③ 합성수지관공사
④ 연피 또는 알루미늄케이블공사

86 일반 주택 및 아파트 각 호실의 현관에 조명용 백열전등을 설치할 때 사용하는 타임스위치는 몇 [분] 이내에 소등되는 것으로 시설하여야 하는가?

① 1분
② 3분
③ 10분
④ 20분

87 백열전등 또는 방전등 및 이에 부속하는 전선은 사람이 접촉할 우려가 없는 경우 대지전압은 최대 몇 [V]인가?

① 100
② 150
③ 300
④ 450

88 흥행장의 시설하는 저압전기설비로서 무대, 나락, 오케스트라박스, 영사실 기타 사람이나 무대도구가 접촉할 우려가 있는 곳에 시설하는 저압옥내배선 조명코드선 또는 이동용 전선은 사용전압이 몇 [V] 이하이어야 하는가?

① 300
② 600
③ 200
④ 400

89 가공전선로의 지지물로 사용하는 철주 또는 철근 콘크리트주는 지선을 사용하지 않는 상태에서 몇 이상의 풍압하중에 견디는 강도를 가지는 경우 이외에는 지선을 사용하여 그 강도를 분담시켜서는 안 되는가?

① 1/3
② 1/5
③ 1/10
④ 1/2

90 내부 고장이 발생하는 경우를 대비하여 자동차단장치 또는 경보장치를 시설하여야 하는 특고압용 변압기의 뱅크용량 구분으로 알맞은 것은?

① 5,000[kVA] 미만
② 5,000[kVA] 이상 10,000[kVA] 미만
③ 10,000[kVA] 미만
④ 10,000[kVA] 이상 15,000[kVA] 미만

91 옥내에 시설하는 저압전선으로 나전선을 절대로 사용할 수 없는 경우는?

① 애자사용공사에 의하여 전개된 곳에 시설하는 전기로용 전선
② 이동기중기에 전기를 공급하기 위하여 사용하는 접촉전선
③ 합성수지몰드공사에 의하여 시설하는 경우
④ 버스덕트공사에 의하여 시설하는 경우

92 제1종 특고압보안공사를 필요로 하는 가공전선로의 지지물로 사용할 수 있는 것은?

① A종 철근콘크리트주
② 목주
③ A종 철주
④ 철탑

93 통신설비의 식별표시에 대한 사항으로 알맞지 않은 것은?

① 모든 통신기기에는 식별이 용이하도록 인식용 표찰을 부착하여야 한다.
② 통신사업자의 설비표시명판은 플라스틱 및 금속판 등 견고하고 가벼운 재질로 하고 글씨는 각인하거나 지워지지 않도록 제작된 것을 사용하여야 한다.
③ 배전주에 시설하는 통신설비의 설비표시명판의 경우 직선주는 전주 10경간마다 시설할 것
④ 배전주에 시설하는 통신설비의 설비표시명판의 경우 분기주, 인류주는 매 전주에 시설할 것

94 고압절연전선을 사용한 고압가공전선이 가공약전류전선과 접근하는 경우의 고압가공전선과 가공약전류전선과의 간격은 전선이 케이블인 경우 몇 [cm] 이상이어야 하는가?

① 20[cm]
② 30[cm]
③ 40[cm]
④ 50[cm]

95 25[kV] 이하인 특고압가공전선로(중성선 다중접지 방식의 것으로서 전로에 지락이 생겼을 때에 2초 이내에 자동적으로 이를 전로로부터 차단하는 장치가 되어 있는 것)의 접지도체는 공칭단면적 몇 [mm²] 이상의 연동선 또는 이와 동등 이상의 세기 및 굵기에 쉽게 부식되지 않는 금속선으로서 고장 시에 흐르는 전류가 안전하게 통할 수 있는 것을 사용하는가?

① 2.5 ② 6
③ 10   ④ 16

96 직류전차선의 시설방법이 아닌 것은?

① 가공방식   ② 강체복선식
③ 제3궤조방식   ④ 지중조가선방식

97 전기저장장치에 계측장치를 설치하는 것과 관계 없는 것은?

① 축전지온도계
② 축전지 출력단자의 전압, 전류, 전력
③ 축전지 충·방전상태
④ 주요 변압기의 전압, 전류 및 전력

98 사용전압이 25[kV] 이하인 다중접지방식 지중전선로를 관로식 또는 직접매설식으로 시설하는 경우, 그 간격이 몇 [m] 이상이 되도록 시설하여야 하는가?

① 0.1 ② 0.3
③ 0.6 ④ 1.0

99 저압 및 고압가공전선이 도로를 횡단할 때 지표상 높이의 최저값은 얼마인가?

① 4[m] ② 5[m]
③ 6[m] ④ 7[m]

100 전기저장장치의 시설기준으로 잘못된 것은?

① 전선은 공칭단면적 2.5[mm²] 이상의 연동선 또는 이와 동등 이상의 세기 및 굵기의 것일 것
② 단자를 체결 또는 잠글 때 너트나 나사는 풀림방지 기능이 있는 것을 사용하여야 한다.
③ 외부터미널과 접속하기 위해 필요한 접점의 압력이 사용기간 동안 유지되어야 한다.
④ 옥측 또는 옥외에 시설할 경우에는 애자사용공사로 시설한다.

2023년도 1회 과년도 기출문제

1과목 전기자기학

01 $E = 2i + j + 4k$[V/m]인 전계가 존재할 때 10^{-5}[C]의 전하를 원점으로부터 $r = 4i + j + 2k$[m]까지 움직이는 데 필요한 일은 몇 [J]인가?

① 1.7×10^{-4}
② 2.0×10^{-4}
③ 2.4×10^{-4}
④ 2.7×10^{-4}

02 공기 중에서 평등 전계 E[V/m]에 수직으로 비유전율이 ε_s인 유전체를 놓았더니 σ_P[C/m²]의 분극전하가 표면에 생겼다면 유전체 중의 전계강도 E[V/m]는?

① $\dfrac{\sigma_P}{\varepsilon_0 \varepsilon_s}$
② $\dfrac{\sigma_P}{\varepsilon_0(\varepsilon_s - 1)}$
③ $\varepsilon_0 \varepsilon_s \sigma_P$
④ $\varepsilon_0(\varepsilon_s - 1)\sigma_P$

03 전위함수에서 라플라스 방정식을 만족하지 않는 것은?

① $V = \rho\cos\theta + \Phi$
② $V = x^2 - y^2 + z^2$
③ $V = \rho\cos\theta + z$
④ $V = \dfrac{V_0}{d} x$

04 반경 R인 원에 내접하는 정 n각형의 회로에 전류 I가 흐를 때 원 중심점에서의 자속밀도는 얼마인가?

① $\dfrac{n\mu_0 I}{2\pi R} \tan\dfrac{\pi}{n}$[Wb/m²]
② $\dfrac{\mu_0 I}{\pi R} \cos\dfrac{\pi}{n}$[Wb/m²]
③ $\dfrac{I}{2\pi\mu_0 R} \tan\dfrac{2\pi}{n}$[Wb/m²]
④ $\dfrac{2\pi R}{\tan\dfrac{\pi}{n}}$[Wb/m²]

05 정전용량이 C_0[F]인 평행한 공기콘덴서가 있다. 이것의 극판에 평행으로 판간격 d[m]의 $\dfrac{1}{2}$ 두께인 유리판을 삽입하였을 때의 정전용량[F]은?(단, 유리판의 유전율은 ε[F/m]이라 한다.)

① $\dfrac{2C_0}{1 + \dfrac{1}{\varepsilon}}$
② $\dfrac{C_0}{1 + \dfrac{1}{\varepsilon}}$
③ $\dfrac{2C_0}{1 + \dfrac{\varepsilon_0}{\varepsilon}}$
④ $\dfrac{C_0}{1 + \dfrac{\varepsilon}{\varepsilon_0}}$

06 단면적이 균일한 환상철심에 권수 1,000회인 A코일과 권수 N_B회인 B코일이 감겨져 있다. A코일의 자기인덕턴스가 100[mH]이고, 두 코일 사이의 상호인덕턴스가 20[mH]이고 결합계수가 1일 때, B코일의 권수(N_B)는 몇 회인가?

① 100
② 200
③ 300
④ 400

07 두 종류의 금속으로 된 폐회로에 전류를 흘리면 양 접속점에서 한쪽은 온도가 올라가고 다른 쪽은 온도가 내려가는 현상을 무엇이라 하는가?

① 볼타(Volta) 효과
② 제벡(Seebeck) 효과
③ 펠티에(Peltier) 효과
④ 톰슨(Thomson) 효과

08 반지름이 a[m]인 무한장 원통형 도체에 전류가 균일하게 흐를 시 도체 내부에 발생하는 자계의 세기에 대한 설명으로 옳은 것은?

① 원통 중심축으로부터 거리에 비례한다.
② 원통 중심축으로부터 거리에 반비례한다.
③ 원통 중심축으로부터 거리의 제곱에 비례한다.
④ 원통 중심축으로부터 거리의 제곱에 반비례한다.

09 자계와 전류계의 대응으로 틀린 것은?

① 자속 ↔ 전류
② 기자력 ↔ 기전력
③ 투자율 ↔ 유전율
④ 자계의 세기 ↔ 전계의 세기

10 전기 쌍극자로부터 임의의 점 거리가 r이라 할 때, 전계의 세기는 r과 어떤 관계에 있는가?

① $\frac{1}{r}$에 비례
② $\frac{1}{r^2}$에 비례
③ $\frac{1}{r^3}$에 비례
④ $\frac{1}{r^4}$에 비례

11 다음 중 자기회로에 관한 설명으로 옳은 것은?

① 자기회로의 자기저항은 자기회로의 단면적에 비례한다.
② 자기회로의 기자력은 자기저항과 자속의 곱과 같다.
③ 자기저항 R_{m1}과 R_{m2}를 직렬 연결 시 합성 자기저항 $\frac{1}{R_m} = \frac{1}{R_{m1}} + \frac{1}{R_{m2}}$이다.
④ 자기회로의 자기저항은 자기회로의 길이에 반비례한다.

12 매질 1의 비투자율 $\mu_{s1} = 300$, 매질 2의 비투자율 $\mu_{s2} = 900$이다. 매질 2에서 경계면에 대하여 45°의 각도로 자계가 입사한 경우 매질 1에서 경계면과 입사하는 자계의 각도는 약 몇 도인가?

① 30°
② 60°
③ 70°
④ 80°

13 변위전류와 가장 관계가 깊은 것은?

① 반도체
② 유전체
③ 자성체
④ 도체

14 다음 중 정전계에서 도체의 성질을 설명한 내용으로 잘못된 것은?

① 대전된 도체 표면은 등전위면이다.
② 대전된 도체 내부의 전계는 0이다.
③ 대전된 도체에는 전하가 도체 표면에만 존재한다.
④ 대전된 도체 표면에서 발산하는 전계의 방향은 모든 점에서 표면의 접선 방향과 같다.

15 다음과 같은 맥스웰의 미분방정식에서 의미하는 법칙은 무엇인가?

$$\nabla \times E = -\frac{\partial B}{\partial t}$$

① 암페어의 주회적분 법칙
② 가우스 법칙
③ 패러데이 법칙
④ 비오-사바르 법칙

16 그림과 같이 자성체에 자계(H_0)를 주어 자화할 때 자기 감자력의 방향은?

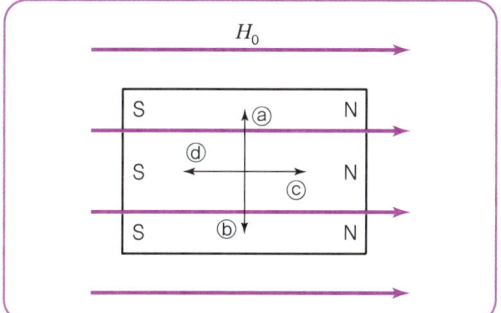

① ⓐ 방향
② ⓓ 방향
③ ⓒ 방향
④ ⓑ 방향

17 자유공간에서 전파 $E(z,t) = 10^3 \sin(\omega t - \beta z) a_y$ [V/m]일 때 자파 $H(z,t)$[A/m]는?

① $\dfrac{10^3}{120\pi} \sin(\omega t - \beta z) a_z$

② $\dfrac{10^3}{120\pi} \sin(\omega t - \beta z) a_x$

③ $-\dfrac{10^3}{120\pi} \sin(\omega t - \beta z) a_z$

④ $-\dfrac{10^3}{120\pi} \sin(\omega t - \beta z) a_x$

18 면적이 매우 넓은 두 개의 도체판을 d[m] 간격으로 수평하게 평행 배치하고, 이 평행 도체판 사이에 놓인 전자가 정지하고 있기 위해서 그 도체판 사이에 가하여야 할 전위차[V]는?(단, g는 중력가속도, m은 전자의 질량, e는 전자의 전하량이다.)

① $mged$
② $\dfrac{ed}{mg}$
③ $\dfrac{mgd}{e}$
④ $\dfrac{mge}{d}$

19 반지름이 각각 r_1[m], r_2[m]이고 전위차가 V[V]인 동심 도체구가 있을 때 내구 표면의 전장의 세기의 최소치는 몇 [V/m]인가?

① $\dfrac{4V}{r_1}$
② $\dfrac{2V}{r_1}$
③ $\dfrac{V}{r_1}$
④ 0

20 금속도체의 전기저항은 일반적으로 온도와 어떤 관계인가?

① 전기저항은 온도의 변화에 무관하다.
② 전기저항은 온도의 변화에 대해 정특성을 갖는다.
③ 전기저항은 온도의 변화에 대해 부특성을 갖는다.
④ 금속도체의 종류에 따라 전기저항의 온도특성은 일관성이 없다.

2과목 전력공학

21 전력원선도에서 구할 수 없는 것은?

① 필요한 전력을 보내기 위한 송·수전단 전압 간의 상차각
② 과도 극한 전력
③ 송·수전할 수 있는 최대 전력
④ 선로 손실과 송전 효율

22 피뢰기의 충격방전 개시전압은 무엇으로 표시하는가?

① 직류전압의 크기
② 충격파의 평균치
③ 충격파의 최대치
④ 충격파의 실효치

23 다음 중 송전선로의 코로나 임계전압이 높아지는 경우가 아닌 것은?

① 날씨가 맑다.
② 기압이 높다.
③ 상대공기밀도가 낮다.
④ 전선의 반지름과 선간거리가 크다.

24 차단기 약호 ABB는 다음 중 어느 것인가?

① 공기 차단기
② 자기 차단기
③ 기중 차단기
④ 유입 차단기

25 최소동작전류 이상의 전류가 흐르면 즉시 동작하는 계전기는?

① 반한시 계전기
② 정한시 계전기
③ 순한시 계전기
④ Notting 한시 계전기

26 송전선의 특성임피던스는 저항과 누설 컨덕턴스를 무시하면 어떻게 표현되는가?(단, L은 선로의 인덕턴스, C는 선로의 정전용량이다.)

① $\sqrt{\dfrac{L}{C}}$
② $\sqrt{\dfrac{C}{L}}$
③ $\dfrac{L}{C}$
④ $\dfrac{C}{L}$

27 그림과 같이 송전단 및 수전단의 변압기를 △-Y 및 Y-△로 접속한 선간전압 10[kV]의 3상 송전선이 있다. 중성점은 각각 100[Ω], 200[Ω]의 저항접지이고 송전선의 1선이 그림과 같이 지락된 경우의 지락전류는 몇 [A]인가?(단, 주어지지 않은 기타 값들은 무시하고 계산한다.)

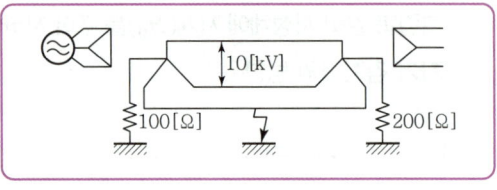

① 56.5
② 86.6
③ 110
④ 140

28 전력 조류계산을 하는 목적으로 거리가 먼 것은?

① 계통의 확충계획 입안
② 계통의 운용계획 수립
③ 계통의 신뢰도 평가
④ 계통의 사고 예방 제어

29 역률 0.8의 유도전동기 부하 30[kW]와 역률 1의 전열기 부하 25[kW]가 있다. 이 부하에 공급할 수전설비의 변압기 최소용량[kVA]은 약 얼마인가?

① 68
② 52
③ 75
④ 60

30 4단자 정수가 $\dot{A}, \dot{B}, \dot{C}, \dot{D}$인 선로에 임피던스가 $\dot{Z}_r$인 변압기를 수전단 측에 접속한 계통의 일반회로 정수를 $\dot{A}_0, \dot{B}_0, \dot{C}_0, \dot{D}_0$라 할 때 $\dot{D}_0$는?

① $\dot{D} + \dot{C}\dot{Z}_r$
② $\dot{D} + \dot{A}\dot{Z}_r$
③ $\dot{D} + \dot{B}\dot{Z}_r$
④ $\dot{D}$

31 다음 중 송전계통에서 안정도 증진과 관계없는 것은?

① 리액턴스 감소
② 재폐로 방식의 채용
③ 속응여자 방식의 채용
④ 차폐선의 채용

32 전력선에 의한 통신선로의 전자유도장해의 발생은 주로 무엇 때문인가?

① 영상전류가 흘러서
② 부하전류가 크므로
③ 전력선의 교차가 불충분하여
④ 상호정전용량이 크므로

33 3상 1회선의 송전선로에 3상 전압을 가해 충전할 때 1선에 흐르는 충전전류는 30[A], 또 3선을 일괄하여 이것과 대지 사이에 상전압을 가하여 충전시켰을 때 전 충전전류는 60[A]가 되었다. 이 선로의 대지정전용량과 선간정전용량의 비는?(단, 대지정전용량 = C_s, 선간정전용량 = C_m 이다.)

① $\dfrac{C_m}{C_s} = \dfrac{1}{6}$
② $\dfrac{C_m}{C_s} = \dfrac{8}{15}$
③ $\dfrac{C_m}{C_s} = \dfrac{1}{3}$
④ $\dfrac{C_m}{C_s} = \dfrac{1}{\sqrt{3}}$

34 가스 냉각형 원자로에 사용되는 연료 및 냉각재는?

① 천연 우라늄, 수소가스
② 천연 우라늄, 이산화탄소
③ 농축 우라늄, 질소
④ 농축 우라늄, 흑연

35 동일한 부하전력에 대하여 전압을 2개로 승압하면 전압강하, 전압강하율, 전력손실률은 각각 얼마나 감소하는지를 순서대로 나열한 것은?

① $\dfrac{1}{2}, \dfrac{1}{2}, \dfrac{1}{2}$
② $\dfrac{1}{2}, \dfrac{1}{2}, \dfrac{1}{4}$
③ $\dfrac{1}{2}, \dfrac{1}{4}, \dfrac{1}{4}$
④ $\dfrac{1}{4}, \dfrac{1}{4}, \dfrac{1}{4}$

36 사고, 정전 등의 중대한 영향을 받는 지역에서 정전과 동시에 자동적으로 예비전원용 배전선로로 전환하는 장치는?

① 차단기
② 리클로저(Recloser)
③ 섹셔널라이저(Sectionalizer)
④ 자동 부하 전환개폐기(Auto Load Transfer Switch)

37 전력용 콘덴서를 동기조상기에 비교할 때 옳은 것은?

① 지상무효전력분을 공급할 수 있다.
② 송전선로를 시송전할 그 선로를 충전할 수 있다.
③ 전압조정을 계단적으로밖에 못한다.
④ 전력손실이 크다.

38 카플란 수차에 없어서는 안 되는 것은?

① 입구밸브
② 수압조정기
③ 디플렉터
④ 흡출관

39 송전용량이 증가함에 따라 송전선의 단락 및 지락전류도 증가하여 계통에 여러 가지 장해요인이 되고 있다. 이들의 경감대책으로 적합하지 않은 것은?

① 계통의 전압을 높인다.
② 고장 시 모선 분리방식을 채용한다.
③ 발전기와 변압기의 임피던스를 작게 한다.
④ 송전선 또는 모선 간에 한류리액터를 삽입한다.

40 철탑의 접지저항이 커지면 가장 크게 우려되는 문제점은?

① 정전 유도
② 역섬락 발생
③ 코로나 증가
④ 차폐각 증가

3과목 전기기기

41 3상 유도전동기가 $s=1$인 상태에서 2차 저항 $0.02[\Omega]$, 2차 리액턴스 $0.05[\Omega]$이다. 이 전동기의 슬립이 $s=0.05$일 때 1차 부하전류가 12[A]라면 그 기계적 출력[kW]은?(단, 권수비 $a=10$, 상수비 $\beta=1$)

① 18.6　　② 16.4
③ 14.7　　④ 12.5

42 부하의 역률이 60[%]일 때 전압 변동률이 최대로 되는 변압기가 있다. 역률 100[%]에서 전압 변동률이 3[%]라고 하면 역률 80[%]에서의 전압 변동률은 몇 [%]인가?

① 3　　② 4.2
③ 4.8　　④ 5

43 단상 반파 정류회로에서 직류전압 100[V]를 얻는 데 필요한 변압기의 첨두역전압은 약 몇 [V]인가?(단, 부하는 순저항으로 하고 변압기 내의 전압강하는 무시하며 정류기 내의 전압강하를 15[V]로 한다.)

① 약 141　　② 약 182
③ 약 281　　④ 약 361

44 단락비가 큰 동기기에 대한 설명으로 옳은 것은?

① 안정도가 높다.
② 전기자 반작용이 크다.
③ 중량이 가볍다.
④ 전압 변동률이 크다.

45 전기자 저항이 각각 $R_A=0.1[\Omega]$과 $R_B=0.2[\Omega]$인 100[V], 10[kW]의 두 분권발전기의 유기기전력을 같게 해서 병렬 운전하여 정격전압으로 135[A]의 부하전류를 공급할 때 각각의 분담전류[A]는?

① $I_A=80$, $I_B=55$　　② $I_A=90$, $I_B=45$
③ $I_A=100$, $I_B=35$　　④ $I_A=110$, $I_B=25$

46 3상 변압기의 병렬 운전 조건으로 틀린 것은?

① 변압기 1차, 2차 정격전압과 권수비가 같을 것
② 각 변압기의 위상 변위와 상회전 방향이 같을 것
③ 각 변압기의 퍼센트 임피던스 강하가 같을 것
④ 각 변압기의 용량이 같을 것

47 3상 권선형 유도전동기에서 슬립 s에서 회전 중인 2차 전류는?(단, 여기서 E_2, X_2는 전동기 정지 시의 2차 유기기전력과 2차 리액턴스로 하고 R_2는 2차 저항으로 한다.)

① $\dfrac{sE_2}{\sqrt{\left(\dfrac{R_2}{s}\right)^2+X_2^2}}$　　② $\dfrac{E_2}{\sqrt{R_2^2+sX_2^2}}$

③ $\dfrac{sE_2}{\sqrt{R_2^2+\left(\dfrac{X_2}{s}\right)^2}}$　　④ $\dfrac{sE_2}{\sqrt{R_2^2+(sX_2)^2}}$

48 극수 8, 중권직류기의 전기자 총 도체 수 960, 매극 자속 0.04[Wb], 회전수 400[rpm]이라면 유도기전력은 몇 [V]인가?

① 625　　② 327
③ 425　　④ 256

49 6극 3상 60[Hz]의 유도전동기가 있다. 회전자도 3상이고 회전자가 정지상태에서 2차 1상의 전압이 150[V]이다. 이 전동기를 정상상태에서 1,140[rpm]으로 회전 중일 때 2차 전압은 몇 [V]인가?

① 3 ② 5
③ 7.5 ④ 10

50 동기기의 전기자 권선법이 아닌 것은?

① 분포권 ② 단절권
③ 이층권 ④ 집중권

51 1차 전압 V_1, 2차 전압 V_2인 단권 변압기를 Y결선했을 때, 자기용량과 부하용량의 비는?(단, $V_1 > V_2$이다.)

① $\dfrac{V_2 - V_1}{V_1}$ ② $\dfrac{V_1 - V_2}{V_1}$

③ $\dfrac{2(V_1 - V_2)}{\sqrt{3}\,V_1}$ ④ $\dfrac{V_1^2 - V_2^2}{\sqrt{3}\,V_1 V_2}$

52 15[kVA], 3,000/200[V] 변압기의 1차 측 환산 등가 임피던스가 $5.4 + j6[\Omega]$일 때 %저항강하 p와 %리액턴스강하 q는 각각 약 몇 [%]인가?

① $p = 0.7,\ q = 1.2$
② $p = 1.3,\ q = 0.9$
③ $p = 0.9,\ q = 1$
④ $p = 1.2,\ q = 1$

53 직류기의 전기자 반작용의 영향이 아닌 것은?

① 주자속이 감소한다.
② 전기적 중성축이 이동한다.
③ 정류자편 사이의 전압이 불균일하게 된다.
④ 자기여자 현상이 생기며 국부적으로 전압이 낮아진다.

54 그림과 같은 단상 브리지 정류회로(혼합 브리지)에서 직류 평균전압[V]은?(단, E는 교류 측 실효치 전압, α는 점호 제어각이다.)

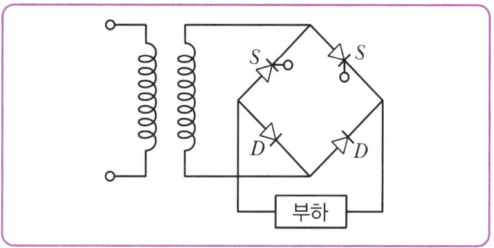

① $\dfrac{2\sqrt{2}\,E}{\pi}\left(\dfrac{1-\cos\alpha}{2}\right)$

② $\dfrac{\sqrt{2}\,E}{\pi}\left(\dfrac{1+\cos\alpha}{2}\right)$

③ $\dfrac{2\sqrt{2}\,E}{\pi}\left(\dfrac{1+\cos\alpha}{2}\right)$

④ $\dfrac{\sqrt{2}\,E}{\pi}\left(\dfrac{1-\cos\alpha}{2}\right)$

55 정류회로에서 상의 수를 크게 했을 경우 옳은 것은?

① 맥동주파수는 증가하고 맥동률은 감소한다.
② 맥동주파수와 맥동률이 감소한다.
③ 맥동주파수와 맥동률이 증가한다.
④ 맥동률과 주파수는 감소하나 출력이 증가한다.

56 3상 동기발전기의 매극, 매상 슬롯 수를 3이라 할 때 분포권 계수는?

① $6\sin\dfrac{\pi}{18}$ ② $3\sin\dfrac{\pi}{9}$

③ $\dfrac{1}{3\sin\dfrac{\pi}{18}}$ ④ $\dfrac{1}{6\sin\dfrac{\pi}{18}}$

57 단상 유도전동기의 기동토크가 큰 순서로 맞는 것은?

① 반발 기동형 – 반발 유도형 – 분상 기동형 – 셰이딩 코일형
② 반발 유도형 – 반발 기동형 – 분상 기동형 – 셰이딩 코일형
③ 반발 기동형 – 콘덴서 기동형 – 셰이딩 코일형 – 분상 기동형
④ 반발 유도형 – 분상 기동형 – 셰이딩 코일형 – 콘덴서 기동형

58 유도전동기의 동기와트에 대한 설명으로 옳은 것은?

① 동기속도에서 1차 입력
② 동기속도에서 2차 입력
③ 동기속도에서 2차 동손
④ 동기속도에서 2차 출력

59 직류 분권전동기가 있다. 단자전압 215[V], 전기자 전류 150[A], 1,500[rpm]으로 운전되고 있을 때 발생 토크는 약 몇 [N·m]인가?(단, 전기자 저항은 0.1[Ω]이다.)

① 120.6 ② 130.6
③ 191.1 ④ 291.1

60 병렬 운전하고 있는 2대의 3상 동기발전기 사이에 무효순환전류가 흐르는 경우는?

① 여자전류의 변화
② 부하의 감소
③ 부하의 증가
④ 원동기의 출력 변화

4과목 | 회로이론 및 제어공학

61 3상 △ 부하에서 각 선전류를 I_a, I_b, I_c라 하면 전류의 영상분[A]은?(단, 회로는 평형상태이다.)

① ∞ ② 1
③ $\frac{1}{3}$ ④ 0

62 어떤 4단자망의 입력 단자 1, 1' 사이의 영상 임피던스 Z_{01}과 출력 단자 2, 2' 사이의 영상 임피던스 Z_{02}가 같게 되려면 4단자 정수 사이에 어떠한 관계가 있어야 하는가?

① $AD = BC$ ② $AB = CD$
③ $A = D$ ④ $B = C$

63 임피던스 함수가 $Z(s) = \dfrac{s+10}{s^2 + 5RLs + 1}[\Omega]$으로 주어지는 2단자 회로망에 직류 전류 40[A]를 흘렸을 때, 이 회로망의 정상상태 단자 전압[V]은?

① 40 ② 10
③ 300 ④ 400

64 $R = 5[\Omega]$, $L = 20[mH]$ 및 가변용량 C로 구성된 $R-L-C$ 직렬회로에 주파수 1,000[Hz]인 교류를 가한 다음, C를 가변하여 공진시켰다. $C_r[\mu F]$의 값과 선택도 Q는?

① $C_r = 2.277[\mu F]$, $Q = 2.512$
② $C_r = 1.268[\mu F]$, $Q = 2.512$
③ $C_r = 2.277[\mu F]$, $Q = 25.12$
④ $C_r = 1.268[\mu F]$, $Q = 25.12$

65 그림과 같은 회로에서 스위치 S를 닫았을 때 L에 가해지는 전압은?

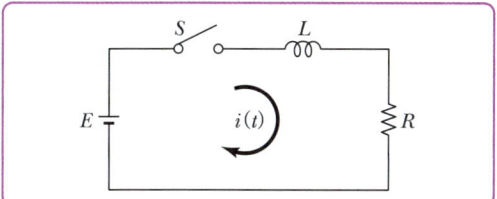

① $\dfrac{E}{R}e^{-\frac{R}{L}t}$ ② $\dfrac{E}{R}e^{\frac{L}{R}t}$

③ $Ee^{-\frac{R}{L}t}$ ④ $Ee^{\frac{L}{R}t}$

66 전압의 대칭분을 각각 V_0, V_1, V_2, 전류의 대칭분을 각각 I_0, I_1, I_2라 할 때 대칭분으로 표시되는 전 전력은 얼마인가?

① $V_0 I_1 + V_1 I_2 + V_2 I_0$
② $V_0 I_0 + V_1 I_1 + V_2 I_2$
③ $3V_0 I_1 + 3V_1 I_2 + 3V_2 I_0$
④ $3V_0 I_0 + 3V_1 I_1 + 3V_2 I_2$

67 그림과 같은 평형 3상 Y결선에서 각 상이 8[Ω]의 저항과 6[Ω]의 리액턴스가 직렬로 연결된 부하에 선간전압 $100\sqrt{3}$[V]가 공급되었다. 이때 선전류는 몇 [A]인가?

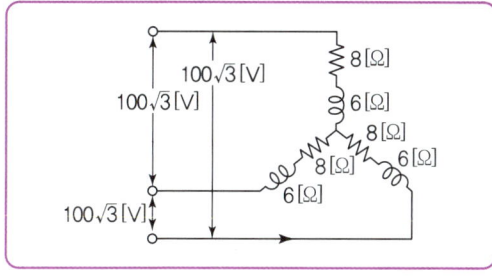

① 5 ② 10
③ 15 ④ 20

68 분포정수회로에서 선로의 특성 임피던스를 Z_0, 전파정수를 γ라 할 때 선로의 병렬 어드미턴스[℧]는?

① $\sqrt{\gamma Z_0}$ ② $\dfrac{\gamma}{Z_0}$

③ $\dfrac{Z_0}{\gamma}$ ④ γZ_0

69 전압 $v(t)$를 RL 직렬회로에 인가했을 때 제3고조파 전류의 실횻값[A]의 크기는?(단, $R=8[\Omega]$, $\omega L=2[\Omega]$, $v(t)=100\sqrt{2}\sin\omega t + 200\sqrt{2}\sin 3\omega t + 50\sqrt{2}\sin 5\omega t$[V]이다.)

① 10 ② 14
③ 20 ④ 28

70 그림에서 저항 20[Ω]에 흐르는 전류는 몇 [A]인가?

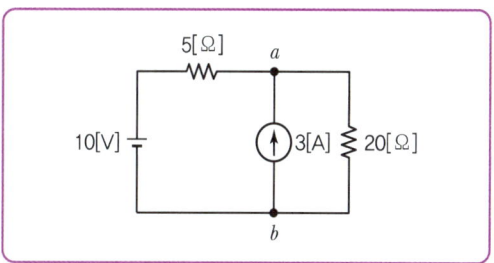

① 0.4 ② 1
③ 3 ④ 3.4

71 개루프 전달함수가 다음과 같을 때 이 계의 이탈점(Break Away Point)은?

$$G(s)H(s) = \dfrac{K(s+4)}{s(s+2)}$$

① $s=-1.172$ ② $s=-6.828$
③ $s=-1.172, -6.828$ ④ $s=0, -2$

72 논리식 $\overline{A} + \overline{B} \cdot \overline{C}$ 를 간단히 계산한 결과는?

① $\overline{A} + \overline{B}\,\overline{C}$　　② $\overline{A(B+C)}$
③ $\overline{A} \cdot \overline{B} + \overline{C}$　　④ $\overline{A \cdot B} + \overline{C}$

73 2차 제어계에서 공진주파수 ω_m 와 고유주파수 ω_n, 감쇠비 α 사이의 관계가 옳은 것은?

① $\omega_m = \omega_n \sqrt{1-\alpha^2}$
② $\omega_m = \omega_n \sqrt{1+\alpha^2}$
③ $\omega_m = \omega_n \sqrt{1-2\alpha^2}$
④ $\omega_m = \omega_n \sqrt{1+2\alpha^2}$

74 $G(j\omega) = j0.1\omega$ 에서 $\omega = 0.01$[rad/s]일 때, 계의 이득[dB]은 얼마인가?

① -100　　② -80
③ -60　　④ -40

75 응답이 최종값의 10[%]에서 90[%]까지 되는 데 필요한 시간은?

① 상승시간(Rise Time)
② 지연시간(Delay Time)
③ 응답시간(Response Time)
④ 정정시간(Settling Time)

76 상태방정식 $\dfrac{d}{dt}x(t) = Ax(t) + Bu(t)$, 출력방정식 $y(t) = Cx(t)$에서 $A = \begin{bmatrix} -1 & 2 & 3 \\ 0 & -4 & 0 \\ 0 & 1 & -5 \end{bmatrix}$, $B = \begin{bmatrix} 0 \\ 0 \\ 1 \end{bmatrix}$, $C = \begin{bmatrix} 1 & 0 & 0 \end{bmatrix}$ 일 때, 다음 설명 중 맞는 것은?

① 이 시스템은 가제어하나(controllable), 가관측하다.(observable)
② 이 시스템은 가제어하나(controllable), 가관측하지 않다.(unobservable)
③ 이 시스템은 가제어하지 않으나(uncontrollable), 가관측하다.(observable)
④ 이 시스템은 가제어하지 않고(uncontrollable), 가관측하지 않다.(unobservable)

77 $R-C$ 저역 필터 회로의 전달함수 $G(j\omega)$는 $\omega = 0$에서 얼마인가?

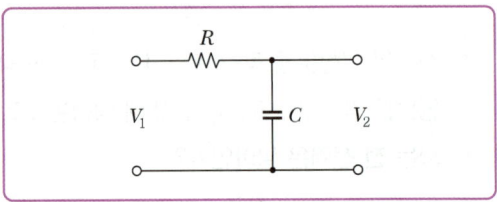

① 0　　② 0.5
③ 1　　④ 0.707

78 $F(s) = \dfrac{s+2}{s^2 + 4s + 13}$ 에 대한 역변환 함수 $f(t)$는?

① $e^{-2t}\cos 3t$　　② $e^{-3t}\cos 2t$
③ $e^{3t}\cos 2t$　　④ $e^{2t}\cos 3t$

79 제어시스템의 개루프 전달함수 $G(s)H(s) = \dfrac{K(s+30)}{s^4 + s^3 + 2s^2 + s + 7}$ 로 주어질 때 다음 중 $K > 0$인 경우 근궤적의 점근선이 실수축과 이루는 각도는?

① $20°$　　② $60°$
③ $90°$　　④ $120°$

80 그림의 회로와 동일한 논리소자는?

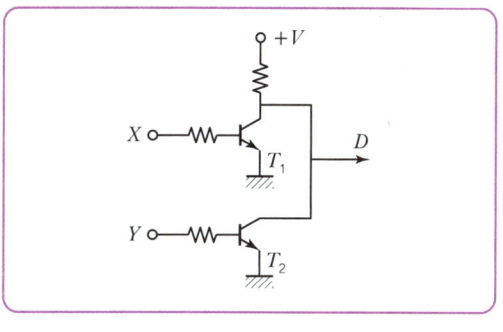

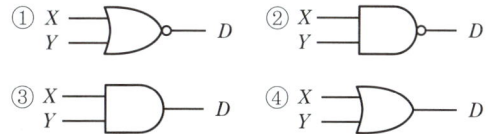

5과목 전기설비기술기준

81 최대 사용전압이 23[kV]인 권선으로서 중성선 다중접지방식의 전로에 접속되는 변압기 권선의 절연내력시험 시험전압은 약 몇 [kV]인가?

① 21.16
② 25.3
③ 28.75
④ 34.5

82 두 개 이상의 전선을 병렬로 사용하는 경우에 동선의 굵기는 몇 [mm²] 이상이어야 하는가?

① 25
② 50
③ 75
④ 100

83 관등회로란 무엇인가?

① 지중전선로 · 지중 약전류 전선로 · 지중 광섬유 케이블 선로 · 지중에 시설하는 수관 및 가스관과 기타 이와 유사한 것 및 이들에 부속하는 지중함 등을 말한다.
② 지중전선로 · 지중 약전류 전선로와 지중매설지선 등을 말한다.
③ 지중전선로 · 지중 약전류 전선로와 복합케이블 선로 · 기타 이와 유사한 것 및 이들에 부속되는 지중함을 말한다.
④ 방전등용 안정기로부터 방전관까지의 전로를 말한다.

84 케이블 트레이 공사에 사용되는 케이블 트레이는 수용된 모든 전선을 지지할 수 있는 적합한 강도의 것으로서 이 경우 케이블 트레이의 안전율은 얼마 이상으로 하여야 하는가?

① 1.1
② 1.2
③ 1.3
④ 1.5

85 사용전압이 154[kV]인 모선에 접속되는 전력용 커패시터에 울타리를 시설하는 경우 울타리의 높이와 울타리로부터 충전부분까지 거리의 합계는 몇 [m] 이상 되어야 하는가?

① 2
② 3
③ 5
④ 6

86 계통 연계하는 분산형 전원설비를 설치하는 경우 자동적으로 분산형 전원설비를 전력계통으로부터 분리하기 위한 장치시설 및 해당 계통과의 보호협조를 실시하여야 하는 이상 또는 고장이 아닌 것은?

① 분산형 전원설비의 이상 또는 고장
② 연계한 전력계통의 이상 또는 고장
③ 통합운전 상태
④ 단독운전 상태

87 지중전선로를 직접 매설식에 의하여 시설하는 경우에 차량 기타 중량물의 압력을 받을 우려가 없는 장소의 매설깊이는 몇 [cm] 이상이어야 하는가?

① 60　　② 100
③ 120　　④ 150

88 비접지식 고압전로에 접속되는 변압기의 외함에 실시하는 접지공사의 접지극으로 사용할 수 있는 건물 철골의 대지 전기저항은 몇 [Ω] 이하인가?

① 2　　② 3
③ 5　　④ 10

89 저압 및 고압 가공전선의 높이는 도로를 횡단하는 경우와 철도를 횡단하는 경우에 각각 몇 [m] 이상이어야 하는가?

① 도로 : 지표상 5, 철도 : 레일면상 6
② 도로 : 지표상 5, 철도 : 레일면상 6.5
③ 도로 : 지표상 6, 철도 : 레일면상 6
④ 도로 : 지표상 6, 철도 : 레일면상 6.5

90 고압 가공전선로의 지지물로 A종 철근콘크리트주를 시설하고 전선으로는 단면적 22[mm²]의 경동연선을 사용하였을 경우, 지지물 간 거리는 몇 [m]까지로 할 수 있는가?

① 150[m]　　② 250[m]
③ 300[m]　　④ 500[m]

91 지중전선로에 사용하는 지중함은 폭발성 또는 연소성의 가스가 침입할 우려가 있는 것에 시설하는 지중함으로서 그 크기가 최소 몇 [m³] 이상인 것에는 통풍장치를 설치하여야 하는가?

① 1　　② 2
③ 3　　④ 4

92 특고압의 전기집진장치, 정전도장장치 등에 전기를 공급하는 전기설비 시설로 적합하지 아니한 것은?

① 전기집진 응용장치에 전기를 공급하는 변압기 1차 측 전로에는 그 변압기 가까운 곳에 개폐기를 시설하지 않을 것
② 전기집진 응용장치에 전기를 공급하기 위한 변압기·정류기 및 이에 부속하는 특고압의 전기설비 및 전기집진 응용장치는 취급자 이외의 자가 출입할 수 없도록 설비한 곳에 시설할 것
③ 잔류전하에 의하여 사람에게 위험을 줄 우려가 있는 경우에는 변압기의 2차 측 전로에 잔류전하를 방전하기 위한 장치를 할 것
④ 2차 측 배선으로서 변압기로부터 정류기에 이르는 전선 및 정류기로부터 전기집진 응용장치에 이르는 전선은 케이블을 사용할 것

93 시가지에 시설하는 고압 가공전선으로 사용하는 경동선의 최소 굵기[mm]는?

① 2.6[mm]　　② 3.2[mm]
③ 4.0[mm]　　④ 5.0[mm]

94 중앙급전 전원과 구분되는 것으로서 전력소비지역 부근에 분산하여 배치 가능한 신·재생에너지 발전설비 등의 전원으로 정의되는 용어는?

① 임시전력원　　② 분전반 전원
③ 분산형 전원　　④ 계통연계전원

95 변압기의 고압 측 전로와의 혼촉에 의하여 저압 측 전로의 대지전압이 150[V]를 넘는 경우에 2초 이내에 고압전로를 자동 차단하는 장치가 되어 있는 6,600/220[V] 배선선로에 있어서 1선지락 전류가 2[A]이면 접지저항 값의 최대는 몇 [Ω]인가?

① 50　　② 75
③ 150　　④ 300

96 전기저장장치의 이차전지에 자동으로 전로로부터 차단하는 장치를 시설하여야 하는 경우로 틀린 것은?

① 과저항이 발생한 경우
② 과전압이 발생한 경우
③ 제어장치에 이상이 발생한 경우
④ 이차전지 모듈의 내부 온도가 급격히 상승할 경우

97 주택의 전기저장장치의 축전지에 접속하는 부하측 옥내배선을 사람이 접촉할 우려가 없도록 케이블배선에 의하여 시설하고 전선에 적당한 방호장치를 시설한 경우 주택의 옥내전로의 대지전압은 직류 몇 [V]까지 적용할 수 있는가?(단, 전로에 지락이 생겼을 때 자동적으로 전로를 차단하는 장치를 시설한 경우이다.)

① 150
② 300
③ 400
④ 600

98 버스덕트공사에 의한 저압 옥내배선에 대한 시설로 잘못 설명한 것은?

① 환기형을 제외한 덕트의 끝부분은 막을 것
② 덕트를 조영재에 붙이는 경우에는 덕트의 지지점 간의 거리를 5[m] 이하로 하고 또한 견고하게 붙일 것
③ 덕트의 내부에 먼지가 침입하지 아니하도록 할 것
④ 덕트에 접지공사를 할 것

99 다음 전차선과 건조물 간의 최소 절연간격에 관하여 ( ) 안에 알맞은 값은?

시스템 종류	공칭전압[V]	동적[mm]	
		비오염	오염
단상 교류	25,000	( )	220

① 100
② 110
③ 150
④ 170

100 케이블트렌치의 구조에 대한 설명으로 틀린 것은?

① 케이블트렌치 굴곡부 안쪽의 반경은 통과하는 전선의 허용곡률반경 이하로 시설할 것
② 케이블트렌치는 외부에서 고형물이 들어가지 않도록 IP2X 이상으로 시설할 것
③ 케이블트렌치의 바닥 및 측면에는 방수처리하고 물이 고이지 않도록 할 것
④ 케이블트렌치의 뚜껑, 받침대 등 금속재는 내식성의 재료이거나 방식처리를 할 것

2023년도 2회 과년도 기출문제

1과목 전기자기학

01 동심구형 콘덴서의 내외 반지름을 각각 5배로 증가시키면 정전용량은 몇 배로 증가하는가?

① 5
② 10
③ 15
④ 20

02 두 개의 자극판이 있다. 자극판 사이의 자속밀도 B [Wb/m²], 자계의 세기 H[AT/m], 투자율 μ인 곳에서 자계의 에너지 밀도[J/m³]는?

① $\frac{1}{2}HB^2$
② HB
③ $\frac{1}{2\mu}H^2$
④ $\frac{1}{2\mu}B^2$

03 정현파 자속으로 하여 기전력이 유기될 때 자속의 주파수가 3배로 증가하면 유기기전력은 어떻게 되는가?

① 3배 증가
② 3배 감소
③ 9배 증가
④ 9배 감소

04 다음 중 플레밍의 오른손 법칙에서 셋째 손가락의 방향은?

① 운동방향
② 자속밀도의 방향
③ 유도기전력의 방향
④ 자력선의 방향

05 물의 유전율을 ε, 투자율을 μ라 할 때 물속에서의 전파속도는 몇 [m/s]인가?

① $\frac{1}{\sqrt{\varepsilon\mu}}$
② $\sqrt{\varepsilon\mu}$
③ $\sqrt{\frac{\mu}{\varepsilon}}$
④ $\sqrt{\frac{\varepsilon}{\mu}}$

06 평면도체 표면에서 d[m]의 거리에 점전하 Q[C]가 있을 때 이 전하를 무한원까지 운반하는 데 필요한 일은 몇 [J]인가?

① $\frac{Q^2}{4\pi\varepsilon_0 d}$
② $\frac{Q^2}{8\pi\varepsilon_0 d}$
③ $\frac{Q^2}{16\pi\varepsilon_0 d}$
④ $\frac{Q^2}{32\pi\varepsilon_0 d}$

07 대지면에 높이 h[m]로 평행하게 가설된 매우 긴 선전하가 지면으로부터 받는 힘은?

① h에 비례한다.
② h에 반비례한다.
③ h^2에 비례한다.
④ h^2에 반비례한다.

08 자유공간에 있어서의 포인팅 벡터를 P[W/m²]라 할 때, 전계의 세기의 실횻값 E_0[V/m]를 구하면?

① $377P$
② $\frac{P}{377}$
③ $\sqrt{377P}$
④ $\sqrt{\frac{P}{377}}$

09 무한히 넓은 2개의 평행판 도체의 간격이 d[m]이며 그 전위차는 V[V]이다. 도체판의 단위면적에 작용하는 힘[N/m²]은?(단, 유전율은 ε_0이다.)

① $\varepsilon_0 \frac{V}{d}$
② $\varepsilon_0 \left(\frac{V}{d}\right)^2$
③ $\frac{1}{2}\varepsilon_0 \frac{V}{d}$
④ $\frac{1}{2}\varepsilon_0 \left(\frac{V}{d}\right)^2$

10 유전율이 각각 ε_1, ε_2인 두 유전체가 접한 경계면에서 전하가 존재하지 않는다면 유전율이 ε_1인 유전체에서 유전율이 ε_2인 유전체로 전계 E_1이 입사각 $\theta_1 = 0°$로 입사할 경우 성립되는 식은?

① $E_1 = E_2$
② $E_1 = \varepsilon_1\varepsilon_2 E_2$
③ $\dfrac{E_1}{E_2} = \dfrac{\varepsilon_1}{\varepsilon_2}$
④ $\dfrac{E_2}{E_1} = \dfrac{\varepsilon_1}{\varepsilon_2}$

11 평등 전계 내에 수직으로 비유전율 $\varepsilon_s = 2$인 유전체 판을 놓았을 경우 판 내의 전속밀도가 $D = 4 \times 10^{-6}$[C/m²]이었다. 유전체 내의 분극의 세기 P[C/m²]는?

① 1×10^{-6}
② 2×10^{-6}
③ 4×10^{-6}
④ 8×10^{-6}

12 공기 중 두 점전하 사이에 작용하는 힘이 5[N]이었다. 두 전하 사이에 유전체를 넣었더니 힘이 2[N]으로 되었다면 유전체의 비유전율은 얼마인가?

① 15
② 10
③ 5
④ 2.5

13 $L = 0.05$[H]의 코일에 흐르는 전류가 0.05[sec] 동안에 2[A]가 변했다. 코일에 유도되는 기전력 [V]은?

① 0.5[V]
② 2[V]
③ 10[V]
④ 25[V]

14 정전용량이 20[μF]인 공기의 평행판 커패시터에 0.1[C]의 전하량을 충전하였다. 두 평행판 사이에 비유전율이 10인 유전체를 채웠을 때 유전체 표면에 나타나는 분극전하량[C]은?

① 0.1
② 0.09
③ 0.01
④ 0.009

15 반지름이 a[m]이고 단위길이에 대한 권수가 n인 무한장 솔레노이드의 단위길이당 자기인덕턴스는 몇 [H/m]인가?

① $\mu\pi a^2 n^2$
② $\mu\pi a n$
③ $\dfrac{an}{2\mu\pi}$
④ $4\mu\pi a^2 n^2$

16 다음 중 반자성체의 투자율과 공기의 투자율을 비교한 것으로 옳은 것은?

① 반자성체의 투자율 ≫ 공기의 투자율
② 반자성체의 투자율 > 공기의 투자율
③ 반자성체의 투자율 < 공기의 투자율
④ 반자성체의 투자율 ≪ 공기의 투자율

17 도전율 σ, 유전율 ε인 매질에 교류전압을 가할 때 전도전류와 변위전류의 크기가 같아지는 주파수는?

① $f = \dfrac{\sigma}{2\pi\varepsilon}$
② $f = \dfrac{\varepsilon}{2\pi\sigma}$
③ $f = \dfrac{2\pi\varepsilon}{\sigma}$
④ $f = \dfrac{2\pi\sigma}{\varepsilon}$

18 그림과 같이 직각 코일이 $B = 0.05\dfrac{a_x + a_y}{\sqrt{2}}$[T]인 자계에 위치하고 있다. 코일에 5[A]의 전류가 흐를 때 z축에서의 토크는 약 몇 [N·m]인가?

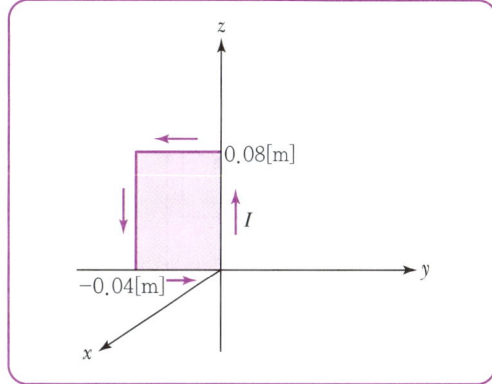

① $2.66 \times 10^{-4} a_x$ ② $5.66 \times 10^{-4} a_x$
③ $2.66 \times 10^{-4} a_z$ ④ $5.66 \times 10^{-4} a_z$

19 강자성체의 자속밀도 B의 크기와 자화의 세기 J의 크기 사이에는 어떤 관계가 있는가?

① J는 B와 같다.
② J는 B보다 약간 작다.
③ J는 B보다 약간 크다.
④ J는 B보다 대단히 크다.

20 무한 평면도체로부터 거리 a[m]의 곳에 점전하 2π[C]가 있을 때 도체 표면에 유도되는 최대 전하밀도는 몇 [C/m²]인가?

① $-\dfrac{1}{a^2}$ ② $-\dfrac{1}{2a^2}$
③ $-\dfrac{1}{2\pi a}$ ④ $-\dfrac{1}{4\pi a}$

2과목 전력공학

21 다음 그림과 같은 전력계통의 154[kV] 송전선로에서 고장지락저항 $Z_g f$를 통해서 1선 지락고장이 발생되었을 때 고장점에서 본 영상 임피던스[%]는?(단, 그림에 표시한 임피던스는 모두 동일용량(즉, 100[MVA]) 기준으로 환산한 %임피던스임)

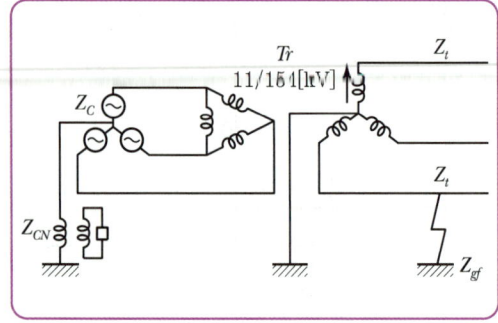

① $Z_0 = Z_l + Z_t + Z_g f + Z_q + Z_{qN}$
② $Z_0 = Z_l + Z_t + Z_q$
③ $Z_0 = Z_l + Z_t + Z_g f$
④ $Z_0 = Z_l + Z_t + 3 \cdot Z_g f$

22 출력 185,000[kW]의 화력발전소에서 매시간 140[t]의 석탄을 사용한다고 한다. 이 발전소의 열효율은 약 몇 [%]인가?(단, 사용하는 석탄의 발열량은 4,000[kcal/kg]이다.)

① 28.4 ② 30.7
③ 32.6 ④ 34.5

23 송전선로의 고장전류 계산에 있어서 영상 임피던스(Zero Sequence Impedance)가 필요한 경우는?

① 3상 단락 ② 선간 단락
③ 1선 접지 ④ 3선 단선

24 화력발전소에서 재열기의 목적은?

① 급수를 가열
② 석탄을 건조
③ 공기를 예열
④ 증기를 가열

25 어떤 수력발전소의 안내날개의 열림 등 기타 조건은 불변으로 하여 유효낙차가 30[%] 저하될 때 수차의 효율은 10[%]가 저하된다면, 이런 경우 원래 출력의 약 몇 [%]가 되는가?

① 53 ② 58
③ 63 ④ 68

26 전력계통에 과도안정도 향상 대책과 관련 없는 것은?

① 빠른 고장 제거
② 속응 여자시스템 사용
③ 큰 임피던스의 변압기 사용
④ 병렬 송전선로의 추가 건설

27 변압기 중성점의 비접지방식을 직접접지방식과 비교한 것 중 옳지 않은 것은?

① 전자유도장해가 격감된다.
② 지락전류가 작다.
③ 보호계전기의 동작이 확실하다.
④ 선로에 흐르는 영상전류는 없다.

28 전력선 측의 유도장해 방지대책이 아닌 것은?

① 전력선과 통신선의 이격거리 증대
② 전력선의 연가를 충분히 한다.
③ 배류 코일을 사용한다.
④ 차폐선을 설치한다.

29 부하 전력 및 역률이 같을 때 전압을 n배 승압하면 전압강하율과 전력손실은 어떻게 되는가?

	전압강하율	전력손실
①	$\frac{1}{n}$	$\frac{1}{n^2}$
②	$\frac{1}{n^2}$	$\frac{1}{n}$
③	$\frac{1}{n}$	$\frac{1}{n}$
④	$\frac{1}{n^2}$	$\frac{1}{n^2}$

30 모선보호에 사용되는 계전방식은?

① 과전류 계전방식
② 전력평형보호 계전방식
③ 표시선 계전방식
④ 전류차동 계전방식

31 전력용 콘덴서를 동기조상기에 비교할 때 옳은 것은?

① 지상무효전력분을 공급할 수 있다.
② 송전선로를 시송전할 그 선로를 충전할 수 있다.
③ 전압조정을 계단적으로밖에 못한다.
④ 전력손실이 크다.

32 수전단을 단락한 경우 송전단에서 본 임피던스가 300[Ω]이고, 수전단을 개방한 경우 송전단에서 본 어드미턴스가 1.875×10^{-3}[℧]일 때 송전의 특성 임피던스[Ω]는?

① 약 200   ② 약 300
③ 약 400   ④ 약 500

33 피뢰기에서 속류를 끊을 수 있는 최고의 교류전압은?

① 정격전압   ② 제한전압
③ 차단전압   ④ 방전개시전압

34 개폐 서지 이상전압 발생을 억제할 목적으로 사용되는 것은?

① 단로기   ② 차단기
③ 리액터   ④ 개폐저항기

35 한류리액터를 사용하는 가장 큰 목적은?

① 충전전류의 제한   ② 접지전류의 제한
③ 누설전류의 제한   ④ 단락전류의 제한

36 전력용 퓨즈는 주로 어떤 전류의 차단을 목적으로 사용하는가?

① 충전전류 ② 과부하전류
③ 단락전류 ④ 과도전류

37 154[kV] 3상 3선식 전선로에서 각 선의 정전용량이 각각 $C_a=0.031[\mu F]$, $C_b=0.030[\mu F]$, $C_c=0.032[\mu F]$일 때 변압기의 중성점 잔류전압은 계통상전압의 약 몇 [%] 정도 되는가?

① 1.9[%] ② 2.8[%]
③ 3.7[%] ④ 5.5[%]

38 전력선 a의 충전전압을 E, 통신선 b의 대지 정전용량을 C_b, $a-b$ 사이의 상호 정전용량을 C_{ab}라고 하면 통신선 b의 정전유도전압 E_s는?

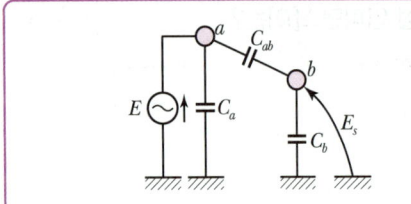

① $\dfrac{C_{ab}+C_b}{C_b}E$ ② $\dfrac{C_{ab}+C_b}{C_{ab}}E$

③ $\dfrac{C_b}{C_{ab}+C_b}E$ ④ $\dfrac{C_{ab}}{C_{ab}+C_b}E$

39 송전단 전압 161[kV], 수전단 전압 154[kV], 상차각 60도, 리액턴스가 50[Ω]일 때 선로손실을 무시하면 송전전력은 약 몇 [MW]인가?

① 300 ② 321
③ 432 ④ 580

40 설비용량 3[kW]의 주택에서 최대사용전력이 1.8[kW]일 때의 수용률[%]은?

① 40 ② 50
③ 60 ④ 70

3과목 전기기기

41 회전계자형인 동기전동기에 고정자인 전기자 부분도 회전자의 주위를 회전할 수 있도록 2중 베어링 구조로 되어 있는 전동기로 부하를 건 상태에서 운전하는 전동기는?

① 초동기 전동기
② 반작용 전동기
③ 동기형 교류 서보전동기
④ 교류 동기전동기

42 3상 유도전동기의 슬립이 s일 때 2차 효율[%]은?

① $(1-s)\times100$ ② $(2-s)\times100$
③ $(3-s)\times100$ ④ $(4-s)\times100$

43 1차 전압 V_1, 2차 전압 V_2인 단권변압기를 Y결선했을 때, 등가용량과 부하용량의 비는?(단, $V_1>V_2$이다.)

① $\dfrac{V_1-V_2}{\sqrt{3}\,V_1}$ ② $\dfrac{V_1-V_2}{V_1}$

③ $\dfrac{\sqrt{3}\,(V_1-V_2)}{\sqrt{2}\,V_1}$ ④ $\dfrac{V_1^2-V_2^2}{\sqrt{3}\,V_1V_2}$

44 어떤 변압기의 전압변동률은 부하역률 100[%]에서 2[%], 부하역률 80[%]에서 3[%]이다. 이 변압기의 최대 전압변동률[%]은 약 얼마인가?

① 6.2 ② 5.1
③ 4.2 ④ 3.1

45 사이리스터 2개를 사용한 단상 전파정류 회로에서 직류전압 100[V]를 얻으려면 PIV가 약 몇 [V]인 다이오드를 사용하면 되는가?

① 111
② 141
③ 222
④ 314

46 농형 유도전동기의 결점인 것은?

① 기동 [kVA]가 크고 기동토크가 크다.
② 기동 [kVA]가 작고 기동토크가 작다.
③ 기동 [kVA]가 작고 기동토크가 크다.
④ 기동 [kVA]가 크고 기동토크가 작다

47 어떤 직류전동기가 역기전력 200[V], 매분 1,200회전으로 토크 158.76[N·m]를 발생하고 있을 때의 전기자전류는 약 몇 [A]인가?(단, 기계손 및 철손은 무시한다.)

① 90
② 95
③ 100
④ 105

48 권선형 유도전동기의 토크-속도 곡선이 비례추이한다는 것은 그 곡선이 무엇에 비례해서 이동하는 것을 말하는가?

① 2차 효율
② 출력
③ 2차 회로의 저항
④ 2차 동선

49 단상변압기를 병렬운전할 경우 부하전류의 분담은?

① 용량에 비례하고 누설 임피던스에 비례
② 용량에 비례하고 누설 임피던스에 반비례
③ 용량에 반비례하고 누설 리액턴스에 비례
④ 용량에 반비례하고 누설 리액턴스의 제곱에 비례

50 동기 리액턴스 x_s = 10[Ω], 전기자권선 저항 r_a = 0.1[Ω]인 Y결선 3상 동기발전기가 있다. 1상의 단자전압은 V = 4,000[V]이고 유기기전력 E = 6,400[V]이다. 부하각 δ = 30°라고 하면 발전기의 3상 출력[kW]은 약 얼마인가?(단, 1상 값이다.)

① 1,280
② 3,840
③ 5,560
④ 6,650

51 직류 직권전동기를 교류 단상 정류자전동기로 사용하기 위하여 교류를 가했을 때 발생하는 문제점 중 옳지 않은 것은?

① 효율이 나빠진다.
② 역률이 떨어진다.
③ 정류가 불량하다.
④ 계자 권선이 필요 없다.

52 동기전동기의 전기자전류가 최소일 때 역률은?

① 0
② 0.707
③ 0.866
④ 1

53 3상 유도전동기의 슬립 범위가 $s>1$일 때 제동하는 방법은?

① 회생제동
② 단상제동
③ 역상제동
④ 직류제동

54 전기자저항 0.3[Ω], 직권 계자권선의 저항 0.7[Ω]의 직권전동기에 110[V]를 가하니 부하전류가 10[A]이었다. 이때 전동기의 속도[rpm]는?(단, 기계정수는 2이다.)

① 3,600
② 1,800
③ 1,200
④ 800

55 단락비가 큰 동기기에 대한 설명으로 알맞은 것은?

① 전기자 반작용이 크다.
② 기계가 소형이다.
③ 전압변동률이 크다.
④ 안정도가 높다.

56 콘서베이터의 유면상에 공기와 기름의 접촉을 막기 위하여 무슨 가스를 봉입하는가?

① 수소
② 질소
③ 아르곤
④ 오존

57 단상 유도전동기의 기동에 브러시를 필요로 하는 것은?

① 분상 기동형
② 반발 기동형
③ 콘덴서 분상 기동형
④ 셰이딩 코일 기동형

58 2방향성 3단자 사이리스터는 어느 것인가?

① SCR
② SSS
③ SCS
④ TRIAC

59 권선형 유도전동기의 2차 측 저항을 2배로 하면 최대토크 값은 어떻게 되는가?

① 3배로 된다.
② 2배로 된다.
③ 1/2로 된다.
④ 변하지 않는다.

60 직류 복권발전기를 병렬운전할 때 반드시 필요한 것은?

① 과부하 계전기
② 균압선
③ 용량이 같을 것
④ 외부특성 곡선이 일치할 것

4과목　회로이론 및 제어공학

61 2단자 임피던스 함수 $Z(s)$가 $Z(s) = \dfrac{s+3}{(s+4)(s+5)}$ 일 때의 영점은?

① 4, 5
② $-4, -5$
③ 3
④ -3

62 RL직렬회로에 직류전압 5[V]를 $t=0$에서 인가하였더니 $i(t) = 50(1-e^{20 \times 10^{-3}t})$[mA]$(t \geq 0)$이었다. 이 회로의 저항을 처음 값의 2배로 하면 시정수는 얼마가 되겠는가?

① 10[msec]
② 40[msec]
③ 5[sec]
④ 25[sec]

63 무손실 선로에 있어서 감쇠정수 α, 위상정수를 β라 하면 α와 β의 값은?(단, R, G, L, C는 선로 단위길이당의 저항, 컨덕턴스, 인덕턴스, 커패시턴스이다.)

① $\alpha = \sqrt{RG}, \beta = \omega\sqrt{LC}$
② $\alpha = \sqrt{RG}, \beta = 0$
③ $\alpha = 0, \beta = \omega\sqrt{LC}$
④ $\alpha = 0, \beta = \dfrac{1}{\sqrt{LC}}$

64 대칭 n상에서 선전류와 상전류 사이의 위상차는 어떻게 되는가?(단, 환형 결선이다.)

① $\dfrac{n}{2}\left(1-\dfrac{2}{n}\right)$[rad]
② $\dfrac{\pi}{2}\left(1-\dfrac{2}{n}\right)$[rad]
③ $2\left(1-\dfrac{2}{n}\right)$[rad]
④ $\dfrac{\pi}{2}\left(1+\dfrac{2}{n}\right)$[rad]

65 그림과 같은 RLC 회로에서 입력전압이 $e_i(t)$, 출력전류가 $i(t)$인 경우 이 회로의 전달함수 $\dfrac{I(s)}{E_i(s)}$는?(단, 모든 초기조건은 0이다.)

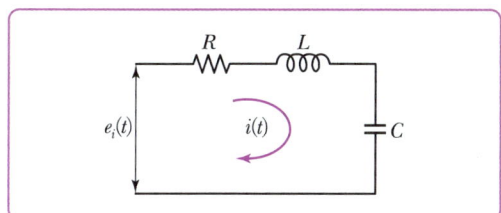

① $\dfrac{Cs}{RCs^2+LCs+1}$ ② $\dfrac{1}{RCs^2+LCs+1}$
③ $\dfrac{Cs}{LCs^2+RCs+1}$ ④ $\dfrac{1}{LCs^2+RCs+1}$

66 대칭좌표법에서 불평형률을 나타내는 것은?

① $\dfrac{영상분}{정상분}\times 100$ ② $\dfrac{정상분}{역상분}\times 100$
③ $\dfrac{정상분}{영상분}\times 100$ ④ $\dfrac{역상분}{정상분}\times 100$

67 2전력계법을 이용한 평형 3상 회로의 전력이 각각 500[W] 및 300[W]로 측정되었을 때, 부하의 역률은 약 몇 [%]인가?

① 70.7 ② 87.7
③ 89.2 ④ 91.8

68 다음 회로의 역률은?

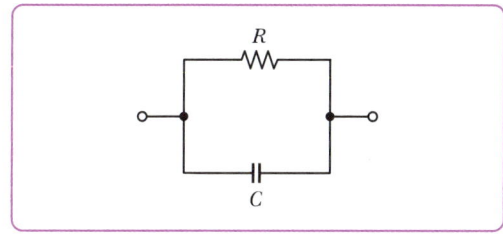

① $\dfrac{\frac{1}{R}}{\sqrt{R^2+\left(\frac{1}{\omega C}\right)^2}}$ ② $\dfrac{1}{\sqrt{1+\left(\frac{1}{\omega C}\right)^2}}$
③ $\dfrac{R}{\sqrt{R^2+(\omega C)^2}}$ ④ $\dfrac{1}{\sqrt{1+(\omega CR)^2}}$

69 회로에 전압 $v(t)=\cos\omega t$[V]를 인가했을 때 전류 $i(t)=\sin\omega t$[A]가 흘렀다. 이 회로의 소자가 하나로만 구성되어 있을 때 이 소자는 어떤 종류인가?

① 저항 ② 용량성 리액턴스
③ 유도성 리액턴스 ④ 다이오드

70 다음 회로에서 2[Ω]에 흐르는 전류는?

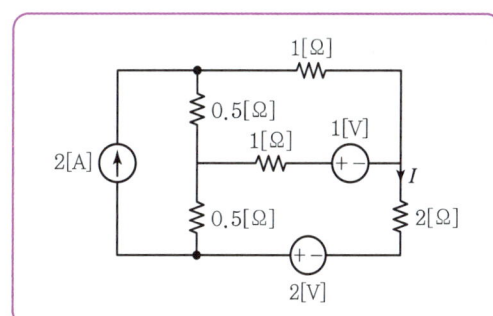

① $\dfrac{14}{31}$ ② $\dfrac{28}{31}$
③ $\dfrac{31}{28}$ ④ $\dfrac{31}{40}$

71 $I(s)=\dfrac{12}{2s(s+6)}$ 일 때 초깃값 $i(0^+)$은?

① 0 ② -2
③ 2 ④ 1

72 자동제어의 추치제어에 속하지 않는 것은?
① 추종제어
② 비율제어
③ 프로그램 제어
④ 프로세스 제어

73 다음 신호흐름선도에서 $\dfrac{C}{R}$는?

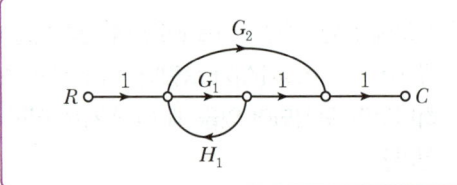

① $\dfrac{G_1+G_2}{1-G_1H_1}$
② $\dfrac{G_1G_2}{1-G_1H_1}$
③ $\dfrac{G_1+G_2}{1+G_1H_1}$
④ $\dfrac{G_1G_2}{1+G_1H_1}$

74 $G(s)H(s)=\dfrac{K}{s(s+4)(s+5)}$ 에서 근궤적의 수는?
① 1
② 2
③ 3
④ 4

75 전달함수가 $\dfrac{C(s)}{R(s)}=\dfrac{1}{3s^2+4s+1}$ 인 제어시스템의 과도응답특성은?
① 무제동
② 부족제동
③ 임계제동
④ 과제동

76 어떤 제어계의 전달함수가 $G(s)=\dfrac{2s+1}{s^2+s+1}$ 로 표시될 때, 이 계에 입력 $x(t)$를 가했을 때 출력 $y(t)$를 구하는 미분방정식으로 알맞은 것은?

① $\dfrac{d^2y(t)}{dt^2}+\dfrac{dy(t)}{dt}+y(t)=2\dfrac{dy(t)}{dx}+x(t)$
② $\dfrac{d^2y(t)}{dt^2}+\dfrac{dy(t)}{dt}+y(t)=2\dfrac{dy(t)}{dt}+x(t)$
③ $\dfrac{d^2x(t)}{dt^2}+\dfrac{dy(t)}{dt}+y(t)=2\dfrac{dx(t)}{dt}+x(t)$
④ $\dfrac{d^2y(t)}{dt^2}+\dfrac{dy(t)}{dx}+y(t)=2\dfrac{dx(t)}{dt}+x(t)$

77 선형 자동제어계에서 특성방정식의 정의는?
① 폐루프 전달함수가 0을 만족하는 방정식
② 폐루프 전달함수가 1을 만족하는 방정식
③ 개루프 전달함수가 −1을 만족하는 방정식
④ 폐루프 전달함수가 −1을 만족하는 방정식

78 전달함수가 $G(s)=\dfrac{10}{s^2+3s+2}$ 으로 표현되는 제어시스템에서 직류 이득은 얼마인가?
① 1
② 2
③ 3
④ 5

79 보드 선도에서 두 점근선이 만나는 점을 무엇이라 하는가?
① 절점주파수
② 공진주파수
③ 영주파수
④ 대역폭

80 그림의 게이트(Gate) 명칭은 어떻게 되는가?

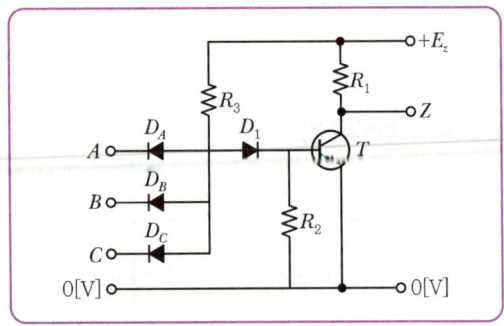

① AND Gate
② OR Gate
③ NAND Gate
④ NOR Gate

5과목 전기설비기술기준

81 특고압 가공전선로에 사용하는 철탑 중에서 전선로의 지지물 양쪽의 지지물 간 거리의 차가 큰 곳에 사용하는 철탑의 종류는?

① 각도형 ② 잡아당김형
③ 보강형 ④ 내장형

82 저압 옥상전선로를 전개된 장소에 시설하는 경우 전선은 인장강도 2.30[kN] 이상의 것 또는 지름이 몇 [mm] 이상의 경동선이어야 하는가?

① 1.6 ② 2.6
③ 3.2 ④ 2.0

83 특별고압 가공전선로 중 지지물로 하여 직선형의 철탑을 계산하여 10기 이상 사용하는 부분에는 몇 기 이하마다 내장 애자장치를 가지는 철탑 또는 이와 동등 이상의 강도를 가지는 철탑 1기를 시설하여야 하는가?

① 20 ② 15
③ 10 ④ 5

84 고압 가공전선과 건조물의 상부 조영재와의 옆쪽 간격은 몇 [m] 이상인가?(단, 전선에 사람이 쉽게 접촉할 우려가 있고 케이블이 아닌 경우이다.)

① 1.0 ② 1.2
③ 1.5 ④ 2.0

85 고압 가공전선이 도로를 횡단하는 경우 전선의 지표상 최소 높이는?

① 3[m] 이상 ② 4[m] 이상
③ 5[m] 이상 ④ 6[m] 이상

86 저압전로에 사용하는 주택용 배선차단기의 정격전류가 63[A] 초과인 경우, 과전류트립 동작전류는 정격전류의 몇 배로 하여야 하는가?

① 1.3 ② 1.25
③ 1.45 ④ 1.6

87 대지로부터 절연을 하는 것이 기술상 곤란하여 절연을 하지 않아도 되는 것은?

① 항공 장애등 ② 전기로
③ 옥외 조명등 ④ 에어컨

88 1차 측 3,300[V], 2차 측 200[V]의 비접지식 변압기 내압시험은 어느 것에서 10분간 견디어야 하는가?

① 1차 측 4,500[V], 2차 측 300[V]
② 1차 측 4,950[V], 2차 측 500[V]
③ 1차 측 4,500[V], 2차 측 400[V]
④ 1차 측 3,300[V], 2차 측 200[V]

89 전기저장장치의 이차전지에 자동으로 전로로부터 차단하는 장치를 시설하여야 하는 경우로 틀린 것은?

① 과저항이 발생한 경우
② 과전압이 발생한 경우
③ 제어장치에 이상이 발생한 경우
④ 이차전지 모듈의 내부 온도가 급격히 상승할 경우

90 전기철도 변전소 설비 중 급전용 변압기는 교류 전기철도의 경우 어떤 변압기의 적용을 원칙으로 하고, 급전계통에 적합하게 선정하여야 하는가?

① V결선 ② 포크 결선
③ 스코트 결선 ④ Y결선

91 전기저장장치 시설에서 사용하는 전선은 공칭단면적 몇 [mm²] 이상의 연동선이어야 하는가?

① 1.5
② 2.5
③ 4
④ 6

92 한국전기설비규정에 따라 저압 절연전선으로 사용이 가능한 전선이 아닌 것은?(단, 소세력 회로에 적용되는 것이 아니다.) [KEC규정에 따라 삭제]

① 450/750[V] 저독성 난연 폴리올레핀 절연전선
② 450/750[V] 저독성 난연 가교폴리올레핀 절연전선
③ 450/750[V] 비닐절연전선
④ 450/750[V] 저독성 캡타이어 절연전선

93 옥내의 네온방전등공사에서 관등회로의 배선을 애자사용공사에 의하여 시설할 때 그 기술기준으로 틀린 것은?

① 전선은 네온 전선일 것
② 전선의 지지점 간의 거리는 1.5[m] 이하일 것
③ 전선 상호 간의 간격은 6[cm] 이상일 것
④ 전선과 조영재 사이의 간격은 점검할 수 있는 은폐장소에서 6[cm] 이상일 것

94 지중전선로에 사용하는 지중함의 시설기준으로 틀린 것은?

① 조명 및 세척이 가능한 적당한 장치를 시설할 것
② 견고하고 차량 기타 중량물의 압력에 견디는 구조일 것
③ 그 안의 고인 물을 제거할 수 있는 구조로 되어 있는 것
④ 뚜껑은 시설자 이외의 자가 쉽게 열 수 없도록 시설할 것

95 도로 또는 옥외 주차장에 표피전류 가열장치를 시설하는 경우, 발연선에 전기를 공급하는 전로의 대지전압은 교류 몇 [V] 이하이어야 하는가?(단, 주파수가 60[Hz]의 것에 한한다.)

① 400
② 600
③ 300
④ 150

96 연료전지 및 태양전지 모듈의 절연내력시험을 하는 경우 충전부분과 대지 사이에 인가하는 시험전압은 얼마인가?(단, 연속하여 10분간 가하여 견디는 것이어야 한다.)

① 최대사용전압의 1.25배의 직류전압 또는 1배의 교류전압(500[V] 미만으로 되는 경우에는 500[V])
② 최대사용전압의 1.25배의 직류전압 또는 1.25배의 교류전압(500[V] 미만으로 되는 경우에는 500[V])
③ 최대사용전압의 1.5배의 직류전압 또는 1배의 교류전압(500[V] 미만으로 되는 경우에는 500[V])
④ 최대사용전압의 1.5배의 직류전압 또는 1.25배의 교류전압(500[V] 미만으로 되는 경우에는 500[V])

97 345[kV] 가공전선로를 제1종 특고압 보안공사에 의하여 시설하는 경우에 사용하는 전선은 인장강도 77.47[kN] 이상의 연선 또는 단면적 몇 [mm²] 이상의 경동연선이어야 하는가?

① 100[mm²] 이상
② 125[mm²] 이상
③ 150[mm²] 이상
④ 200[mm²] 이상

98 일정 용량 이상의 무효전력 보상장치에는 그 내부에 고장이 생긴 경우 자동으로 이를 전로로부터 차단하는 장치를 하여야 하는데, 그 용량은 몇 [kVA] 이상인가?

① 15,000
② 20,000
③ 35,000
④ 40,000

99 높이 60[m]를 초과하는 건축물·구조물의 측격뢰 보호용 수뢰부시스템은 최상부로부터 전체 높이의 몇 [%] 부분에 대하여 보호하는가?

① 10[%] ② 20[%]
③ 30[%] ④ 40[%]

100 특별고압 가공전선로의 전선으로 케이블을 사용하는 경우의 시설로서 틀린 것은?

① 케이블은 조가선에 행거로서 시설한다.
② 케이블은 조가선에 접촉시키고 비닐테이프 등을 30[cm] 이상의 간격으로 감아 붙인다.
③ 조가선은 단면적 22[mm²]의 아연도강연선 이상의 세기 및 굵기의 연선을 사용한다.
④ 조가선 및 케이블의 피복에 사용한 금속체에는 접지공사를 한다.

2023년도 3회 과년도 기출문제

1과목 전기자기학

01 그림과 같이 Gap의 단면적 S [m²]의 전자석에 자속밀도 B [Wb/m²]의 자속이 발생될 때 철편을 흡입하는 힘은 몇 [N]인가?

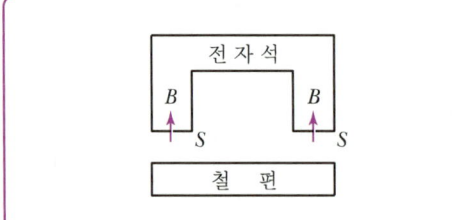

① $\dfrac{B^2 S}{2\mu_0}$ ② $\dfrac{B^2 S}{\mu_0}$

③ $\dfrac{B^2 S^2}{\mu_0}$ ④ $\dfrac{2B^2 S^2}{\mu_0}$

02 무한평면도체로부터 거리 a[m]인 곳에 점전하 Q [C]가 있을 때 도체 표면에 유도되는 최대전하밀도는 몇 [C/m²]인가?

① $\dfrac{Q}{2\pi\varepsilon_0 a^2}$ ② $\dfrac{Q}{4\pi a^2}$

③ $-\dfrac{Q}{2\pi a^2}$ ④ $\dfrac{Q}{4\pi\varepsilon_0 a^2}$

03 단면적 15[cm²]의 자석 근처에 같은 단면적을 가진 철편을 놓을 때 그곳을 통하는 자속이 3×10^{-4}[Wb]이면 철편에 작용하는 흡인력은 약 몇 [N]인가?

① 12.2 ② 23.9
③ 36.6 ④ 48.8

04 다음 중 자기인덕턴스의 성질을 옳게 표현한 것은?
① 항상 부(負)이다.
② 항상 정(正)이다.
③ 항상 0이다.
④ 유도되는 기전력에 따라 정(正)도 되고 부(負)도 된다.

05 정전용량이 20[μF]인 공기의 평행판 커패시터에 0.1[C]의 전하량을 충전하였다. 두 평행판 사이에 비유전율 10인 유전체를 채웠을 때 유전체 표면에 나타나는 분극전하량[C]은?
① 0.1 ② 0.09
③ 0.01 ④ 0.009

06 전속밀도 $D = x^2 i + y^2 j + z^2 k$ [C/m²]를 발생시키는 점(1, 2, 3)[m]에서의 체적 전하밀도는 몇 [C/m³]인가?(단, i, j, k는 단위벡터이다.)
① 14 ② 13
③ 12 ④ 15

07 자극의 세기가 8×10^{-6}[Wb], 길이가 3[cm]인 막대자석을 120[AT/m]의 평등자계 내에 자력선과 30°의 각도로 놓으면 이 막대자석이 받는 회전력은 몇 [N·m]인가?
① 3.02×10^{-5} ② 3.02×10^{-4}
③ 1.44×10^{-5} ④ 1.44×10^{-4}

08 강자성체의 자속밀도 B의 크기와 자화의 세기의 J의 크기 사이에는 어떤 관계가 있는가?

① J는 B보다 약간 크다.
② J는 B보다 대단히 크다.
③ J는 B보다 약간 작다.
④ J는 B보다 대단히 작다.

09 유전율 ε, 투자율 μ인 매질 중을 주파수 f[Hz]의 전자파가 전파되어 나갈 때의 파장[m]은?

① $f\sqrt{\varepsilon\mu}$
② $\dfrac{1}{f\sqrt{\varepsilon\mu}}$
③ $\dfrac{f}{\sqrt{\varepsilon\mu}}$
④ $\dfrac{\sqrt{\varepsilon\mu}}{f}$

10 폐곡면을 통하는 전속과 폐곡면 내부의 전하와의 상관관계를 나타내는 법칙은?

① 가우스 법칙
② 쿨롱의 법칙
③ 푸아송의 법칙
④ 라플라스의 법칙

11 코일로 감겨진 자기회로에서 철심의 투자율을 μ라 하고 회로의 길이를 l이라 할 때, 그 회로 일부에 미소 공극 l_g를 만들면 자기저항은 처음의 몇 배가 되는가?(단, $l \gg l_g$이다.)

① $1 + \dfrac{\mu l}{\mu_0 l_g}$
② $1 + \dfrac{\mu_0 l_g}{\mu l}$
③ $1 + \dfrac{\mu_0 l}{\mu l_g}$
④ $1 + \dfrac{\mu l_g}{\mu_0 l}$

12 무한대 평면도체와 d[m]만큼 떨어져 평행한 무한장 직선도체에 ρ[C/m]의 전하 분포가 주어졌을 때 직선도체의 단위길이당 받는 힘은?(단, 공간의 유전율은 ε이다.)

① 0[N/m]
② $\dfrac{\rho^2}{\pi\varepsilon d}$ [N/m]
③ $\dfrac{\rho^2}{2\pi\varepsilon d}$ [N/m]
④ $\dfrac{\rho^2}{4\pi\varepsilon d}$ [N/m]

13 비유전율이 10인 유전체를 5[V/m]인 전계 내에 놓으면 유전체의 표면전하밀도는 몇 [C/m²]인가?(단, 유전체의 표면과 전계는 직각이다.)

① $35\varepsilon_0$
② $45\varepsilon_0$
③ $55\varepsilon_0$
④ $65\varepsilon_0$

14 $E = 2i + j + 4k$[V/m]인 전계가 존재할 때 10^{-5}[C]의 전하를 원점으로부터 $r = 4i + j + 2k$[m]까지 움직이는 데 필요한 일은 몇 [J]인가?

① 1.7×10^{-4}
② 2.0×10^{-4}
③ 2.4×10^{-4}
④ 2.7×10^{-4}

15 라디오 방송의 평면파 주파수를 710[kHz]라 할 때, 이 평면파가 $\varepsilon_s = 5$, $\mu_s = 1$ 콘크리트 벽 속을 지날 때 전파속도는 몇 [m/s]인가?

① 1.34×10^8
② 2.54×10^8
③ 4.38×10^8
④ 4.86×10^8

16 공기 중에서 코로나 방전이 3.5[kV/mm] 전계에서 발생한다고 하면, 이때 도체의 표면에 작용하는 힘은 약 몇 [N/m²]인가?

① 27
② 54
③ 81
④ 108

17 그림과 같이 공기 중에 놓인 2×10^{-8}[C]의 전하에서 2[m] 떨어진 점 P와 1[m] 떨어진 점 Q의 전위차는?

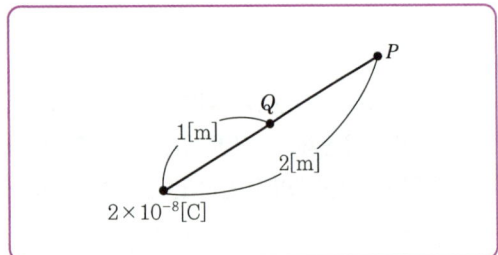

① 80[V] ② 90[V]
③ 100[V] ④ 110[V]

18 그림과 같은 유전속의 분포에서 ε_1과 ε_2의 관계는?

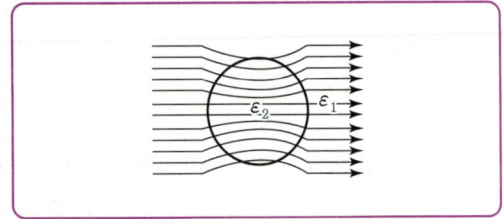

① $\varepsilon_1 > \varepsilon_2$ ② $\varepsilon_2 > \varepsilon_1$
③ $\varepsilon_1 = \varepsilon_2$ ④ $\varepsilon_2 \leq \varepsilon_1$

19 그림과 같이 무한도체판으로부터 a[m] 떨어진 점에 $+Q$[C] 점전하가 있을 때 $\frac{1}{2}a$[m]인 P점의 세기[V/m]는?

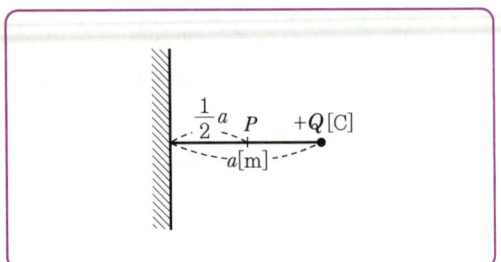

① $\dfrac{10Q}{\pi\varepsilon_0 a^2}$ ② $\dfrac{10Q}{9\pi\varepsilon_0 a^2}$
③ $\dfrac{Q}{9\pi\varepsilon_0 a^2}$ ④ $\dfrac{8Q}{9\pi\varepsilon_0 a^2}$

20 막대자석의 회전력을 나타내는 식으로 옳은 것은?(단, 막대자석의 자기모멘트 M[Wb·m]과 균등자계 H[A/m]가 이루는 각 θ는 $0° < \theta < 90°$인 경우이다.)

① $M \times H$[N·m/rad]
② $H \times M$[N·m/rad]
③ $\mu_0 H \times M$[N·m/rad]
④ $M \times \mu_0 H$[N·m/rad]

2과목 전력공학

21 직접접지방식이 초고압 송전선로에 채용되는 이유로 가장 타당한 것은?

① 계통의 절연레벨을 저감하게 할 수 있으므로
② 지락 시의 지락전류가 적으므로
③ 지락고장 시 병행 통신선에 유기되는 유도전압이 작으므로
④ 송전선의 안정도가 높으므로

22 전력계통의 안정도 향상에 도움이 되지 않는 것은?

① 제동권선의 사용
② 고속도 차단기 사용
③ 단락비가 큰 발전기 사용
④ 리액턴스가 큰 변압기 사용

23 22.9[kV-Y] 3상 4선식 중성선 다중접지계통의 특성에 대한 내용으로 틀린 것은?

① 1선 지락사고 시 1상 단락전류에 해당하는 큰 전류가 흐른다.
② 전원의 중성점과 주상변압기의 1차 및 2차를 공통의 중성선으로 연결하여 접지한다.
③ 각 상에 접속된 부하가 불평형일 때도 불완전 1선 지락고장의 검출감도가 상당히 예민하다.
④ 고·저압 혼촉사고 시에는 중성선에 막대한 전위 상승을 일으켜 수용가에 위험을 줄 우려가 있다.

24 케이블의 연피손 원인은?

① 유전체손
② 히스테리시스 현상
③ 전자유도작용
④ 표피작용

25 발열량 5,000[kcal/kg]의 석탄을 사용하고 있는 화력발전소가 있다. 이 발전소의 종합 효율이 30[%]라면, 30억 [kWh]를 발생하는 데 필요한 석탄량은 몇 톤인가?

① 300,000
② 500,000
③ 860,000
④ 1,720,000

26 전력계통에서 인터록의 설명으로 알맞은 것은?

① 부하 통전 시 단로기를 열 수 있다.
② 차단기가 열려 있어야 단로기를 닫을 수 있다.
③ 차단기가 닫혀 있어야 단로기를 열 수 있다.
④ 차단기의 접점과 단로기의 접점이 기계적으로 연결되어 있다.

27 보호계전기에서 요구되는 특성이 아닌 것은?

① 동작이 예민하고 오동작이 없을 것
② 고장 개소를 정확히 선택할 수 있을 것
③ 고장상태를 식별하여 정도를 파악할 수 있을 것
④ 동작을 느리게 하여 다른 건전부의 송전을 막을 것

28 송전계통에서 1선 지락의 경우 유도장해가 가장 작은 중성점 접지방식은?

① 비접지방식
② 저항접지방식
③ 직접접지방식
④ 소호리액터 접지방식

29 송전선로에 복도체를 사용하는 이유로 옳은 것은?

① 코로나를 방지하고 인덕턴스를 감소시킨다.
② 철탑의 하중을 평형화한다.
③ 선로의 진동을 없게 한다.
④ 선로를 뇌격으로부터 보호한다.

30 10,000[kVA] 기준으로 등가 임피던스가 0.4[%]인 발전소에 설치될 차단기의 차단용량은 몇 [MVA]인가?

① 1,000
② 1,500
③ 2,000
④ 2,500

31 송전선로의 코로나 발생을 방지하는 대책으로 가장 효과적인 방법은?

① 전선의 선간거리를 증가시킨다.
② 선로의 대지절연을 강화한다.
③ 철탑의 접지저항을 낮게 한다.
④ 전선을 굵게 하거나 복도체를 사용한다.

32 △ 결선의 3상 3선식 배전선로가 있다. 1선이 지락하는 경우 건전상의 전위 상승은 지락 전의 몇 배가 되는가?

① $\sqrt{3}$
② 3
③ $3\sqrt{2}$
④ $\frac{3}{2}$

33 발전기나 변압기의 내부고장 검출에 가장 많이 사용되는 계전기는?

① 역상계전기 ② 비율차동계전기
③ 과전압계전기 ④ 과전류계전기

34 반지름 r[m]인 전선 A, B, C가 그림과 같이 수평으로 D[m] 간격으로 배치되고 3선이 완전 연가된 경우 각 선의 인덕턴스는 몇 [mH/km]인가?

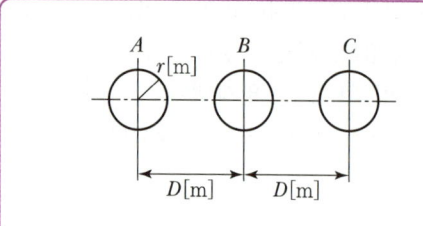

① $L = 0.05 + 0.4605 \log_{10} \dfrac{D}{r}$

② $L = 0.05 + 0.4605 \log_{10} \dfrac{\sqrt{2}D}{r}$

③ $L = 0.05 + 0.4605 \log_{10} \dfrac{\sqrt{3}D}{r}$

④ $L = 0.05 + 0.4605 \log_{10} \dfrac{\sqrt[3]{2}D}{r}$

35 전압 66,000[V], 주파수 60[Hz], 길이 15[km], 심선 1선당 작용 정전용량 0.3587[μF/km]인 한 선당 지중전선로의 3상 무부하 충전전류는 약 몇 [A]인가?(단, 정전용량 이외의 선로정수는 무시한다.)

① 62.5 ② 68.2
③ 73.6 ④ 77.3

36 한류리액터를 사용하는 가장 큰 목적은?

① 충전전류의 제한 ② 접지전류의 제한
③ 누설전류의 제한 ④ 단락전류의 제한

37 3상 3선식에서 전선 한 가닥에 흐르는 전류는 단상 2선식의 경우의 몇 배가 되는가?(단, 송전전력, 부하역률, 송전거리, 전력손실 및 선간전압의 같다.)

① $\dfrac{1}{\sqrt{3}}$ ② $\dfrac{2}{3}$

③ $\dfrac{3}{4}$ ④ $\dfrac{4}{9}$

38 GIS(Gas Insulated Switch Gear)를 채용할 때, 다음 중 틀린 것은?

① 대기 절연을 이용한 것에 비하면 현저하게 소형화할 수 있다.
② 신뢰성이 향상되고, 안전성이 높다.
③ 소음이 적고 환경 조화를 기할 수 있다.
④ 시설공사 방법은 복잡하나, 장비비가 저렴하다.

39 다음 중 가공송전선로에서 사용되는 대표적인 전선 중 알루미늄에 소량의 지르코늄(Zr)을 첨가하여 내열성능을 향상시킨 도선으로 내열강심알루미늄이라 불리는 전선의 약호로 옳은 것은?

① ACSR ② HIV
③ TACSR ④ NR

40 선로 전압강하 보상기에 대하여 옳게 설명한 것은?

① 분로 리액터로 전압 상승을 억제하는 것
② 직렬 콘덴서로 선로 리액턴스를 보상하는 것
③ 승압기로 저하된 전압을 보상하는 것
④ 선로의 전압강하를 고려하여 모선 전압을 조정하는 것

3과목 전기기기

41 직류기의 전기자 반작용 결과가 아닌 것은?
① 주자속이 감소한다.
② 전기적 중성축이 이동한다.
③ 주자속에 영향을 미치지 않는다.
④ 정류자편 사이의 전압이 불균일하게 된다.

42 A, B 2대의 동기발전기를 병렬운전 중 계통주파수를 바꾸지 않고 B기의 역률을 좋게 하는 것은?
① A기의 여자전류를 증대
② A기의 원동기 출력을 증대
③ B기의 여자전류를 증대
④ B기의 원동기 출력을 증대

43 보통 농형에 비하여 2중 농형 전동기의 특징인 것은?
① 최대토크가 크다.
② 손실이 적다.
③ 기동토크가 크다.
④ 슬립이 크다.

44 직류전동기의 회전수를 $\frac{1}{2}$로 하려면 계자자속을 어떻게 해야 하는가?
① $\frac{1}{4}$로 감소시킨다.
② $\frac{1}{2}$로 감소시킨다.
③ 2배로 증가시킨다.
④ 4배로 증가시킨다.

45 사이리스터를 이용한 교류전압 크기 제어방식은?
① 정지 레오너드 방식
② 초퍼 방식
③ 위상제어 방식
④ TRC 방식

46 단상변압기가 전부하 시 2차 전압은 115[V]이고, 전압변동률은 2[%]일 때 1차 단자전압은 몇 [V]인가?(단, 권선비는 20 : 1이다.)
① 2,356[V]
② 2,346[V]
③ 2,336[V]
④ 2,326[V]

47 단상 유도변압 조정기 2차 전압이 100±30[V]이고, 직렬권선의 전류(2차 전류)가 5[A]인 경우의 정격출력은 몇 [kVA]인가?
① 0.1[kVA]
② 0.15[kVA]
③ 0.26[kVA]
④ 0.45[kVA]

48 직류 직권전동기의 벨트(Belt)를 걸고 운전하면 안 되는 이유는?
① 벨트가 벗겨지면 위험속도에 도달한다.
② 손실이 많아진다.
③ 벨트가 마모하여 보수가 곤란하다.
④ 직결하지 않으면 속도제어가 곤란하다.

49 3권선 변압기에 대한 설명으로 틀린 것은?
① 3차 권선에서 발전소 내부의 전력을 다른 계통으로 공급할 수 있다.
② Y-Y-△ 결선을 하여 제3고조파 전압에 의한 파형의 변형을 방지한다.
③ 3차 권선에 조상기를 접속하여 송전선의 전압조정과 역률을 개선한다.
④ 3차 권선에 2차 권선의 주파수와 다른 주파수를 얻을 수 있으므로 유도기의 속도제어에 사용된다.

50 브러시의 위치를 이동시켜 회전방향을 역회전시킬 수 있는 단상 유도전동기는?

① 반발 기동형 전동기
② 셰이딩 코일형 전동기
③ 분상 기동형 전동기
④ 콘덴서 전동기

51 200[V], 7.5[kW], 6극, 3상 유도전동기가 있다. 정격전압으로 기동할 때 기동전류는 정격전류의 615[%], 기동토크는 전부하토크의 225[%]이다. 지금 기동토크를 전부하토크의 1.5배로 하려면 기동전압은?

① 약 163[V]   ② 약 182[V]
③ 약 193[V]   ④ 약 202[V]

52 어떤 변압기의 전압변동률은 부하역률 100[%]에서 2[%], 부하역률 50[%]에서 3[%]이다. 이 변압기의 최대 전압변동률은 약 몇 [%]인가?

① 3.1   ② 4.2
③ 5.1   ④ 6.2

53 3상 유도전동기에서 동기와트로 표시되는 것은?

① 각속도   ② 토크
③ 2차 출력   ④ 1차 출력

54 송전계통에 접속한 무부하의 동기전동기를 동기조상기라 한다. 이때 동기조상기의 계자를 과여자로 해서 운전할 경우 옳지 않은 것은?

① 콘덴서로 작용한다.
② 위상이 뒤진 전류가 흐른다.
③ 송전선의 역률을 좋게 한다.
④ 송전선의 전압강하를 감소시킨다.

55 3상 동기발전기에서 그림과 같이 1상의 권선을 서로 똑같은 2조로 나누어 그 1조의 권선전압을 E [V], 각 권선의 전류를 I[A]라 하고 지그재그 Y형(Zigzag Star)으로 결선하는 경우 선간전압[V], 선전류[A] 및 피상전력[VA]은?

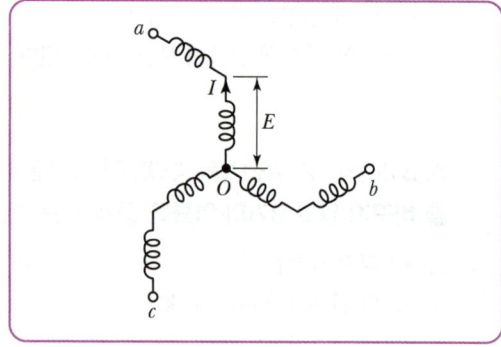

① $3E$, I, $\sqrt{3} \times 3E \times I = 5.2EI$
② $\sqrt{3}E$, $2I$, $\sqrt{3} \times \sqrt{3}E \times 2I = 6EI$
③ E, $2\sqrt{3}I$, $\sqrt{3} \times E \times 2\sqrt{3}I = 6EI$
④ $\sqrt{3}E$, $\sqrt{3}I$, $\sqrt{3} \times \sqrt{3}E \times \sqrt{3}I = 5.2EI$

56 단상변압기를 병렬운전할 경우 부하전류의 분담은?

① 용량에 비례하고 누설 임피던스에 비례
② 용량에 비례하고 누설 임피던스에 반비례
③ 용량에 반비례하고 누설 리액턴스에 비례
④ 용량에 반비례하고 누설 리액턴스의 제곱에 비례

57 3상 유도전동기의 슬립이 s일 때 2차 효율[%]은?

① $(1-s) \times 100$ ② $(2-s) \times 100$
③ $(3-s) \times 100$ ④ $(4-s) \times 100$

58 사이리스터 2개를 사용한 단상 전파정류 회로에서 직류전압 100[V]를 얻으려면 PIV가 약 몇 [V]인 다이오드를 사용하면 되는가?

① 111   ② 141
③ 222   ④ 314

59 3상 배전선에 접속된 V결선의 변압기에서 전부하 시의 출력을 100[kVA]라 하면 같은 용량의 변압기 한 대를 증설하여 △결선하였을 때의 정격출력은 몇 [kVA]인가?

① 50
② $50\sqrt{3}$
③ 100
④ $100\sqrt{3}$

60 직류발전기의 정류 초기에 전류변화가 크며 이때 발생되는 불꽃정류로 옳은 것은?

① 과정류
② 직선정류
③ 부족정류
④ 정현파정류

4과목 회로이론 및 제어공학

61 불평형 3상 전류가 $I_a = 15 + j2$[A], $I_b = -20 - j14$[A], $I_c = -3 + j10$[A]일 때, 영상분 전류 I_0[A]는?

① $1.91 + j6.24$
② $15.74 - j3.57$
③ $-2.6 - j0.67$
④ $-8 - j2$

62 4단자 정수 A, B, C, D로 출력 측을 개방시켰을 때 입력 측에서 본 구동점 임피던스 $Z_{11} = \dfrac{V_1}{I_1}\bigg|_{I_2=0}$ 를 표시한 것 중 옳은 것은?

① $Z_{11} = \dfrac{A}{C}$
② $Z_{11} = \dfrac{B}{D}$
③ $Z_{11} = \dfrac{A}{B}$
④ $Z_{11} = \dfrac{B}{C}$

63 위상정수가 $\dfrac{\pi}{8}$ [rad/m]인 선로의 1[MHz]에 대한 전파속도는 몇 [m/s]인가?

① 1.6×10^7
② 3.2×10^7
③ 5.0×10^7
④ 8.0×10^7

64 회로에서 $L = 50$[mH], $R = 20$[kΩ]인 경우 회로의 시정수는 몇 [μs]인가?

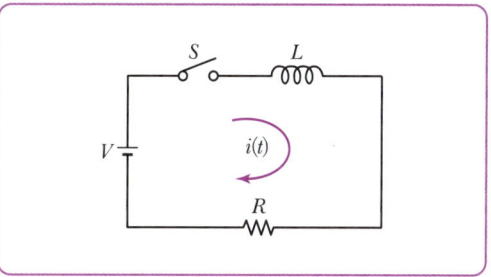

① 4.0
② 3.5
③ 3.0
④ 2.5

65 선간전압이 V_{ab}[V]인 3상 평형 전원에 대칭부하 R[Ω]이 그림과 같이 접속되어 있을 때, a, b 두 상간에 접속된 전력계의 지시값이 W[W]라면 c 상 전류의 크기[A]는?

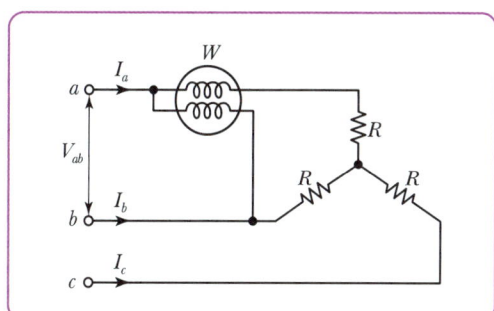

① $\dfrac{W}{3V_{ab}}$
② $\dfrac{2W}{3V_{ab}}$
③ $\dfrac{2W}{\sqrt{3}\,V_{ab}}$
④ $\dfrac{\sqrt{3}\,W}{V_{ab}}$

66 전원과 부하가 모두 △결선된 3상 평형회로에서 선간전압이 400[V], 부하 임피던스가 $4 + j3$[Ω]인 경우 선전류의 크기는 몇 [A]인가?

① 80
② $\dfrac{80}{3}$
③ $\dfrac{80}{\sqrt{3}}$
④ $80\sqrt{3}$

67 그림과 같은 RC 병렬회로에서 양단에 인가된 전원 전압이 $e_s(t) = 3e^{-5t}$인 경우 이 회로의 임피던스는?

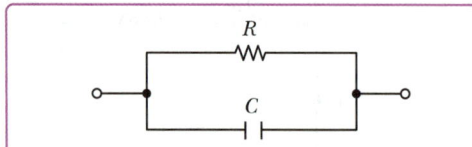

① $\dfrac{j\omega RC}{1+j\omega RC}$ ② $\dfrac{R}{1-5RC}$

③ $\dfrac{R}{1+RCs}$ ④ $\dfrac{1+j\omega RC}{R}$

68 $F(s) = \dfrac{1}{s^2 + a^2}$ 의 라플라스 역변환은?

① $\dfrac{1}{a}\cos at$ ② $\dfrac{1}{a}\sin at$

③ $\cos at$ ④ $\sin at$

69 두 개의 코일 A, B가 있다. A 코일의 저항과 유도리액턴스가 각각 3[Ω], 5[Ω], B 코일은 각각 5[Ω], 1[Ω]이다. 두 코일을 직렬로 접속하여 100[V]의 전압을 인가할 때 흐르는 전류[A]는 어떻게 표현되는가?

① $10\angle 37°$ ② $10\angle -37°$
③ $10\angle 57°$ ④ $10\angle -57°$

70 다음 회로에서 $a-b$ 양단의 전압 V_{ab}[V]는?

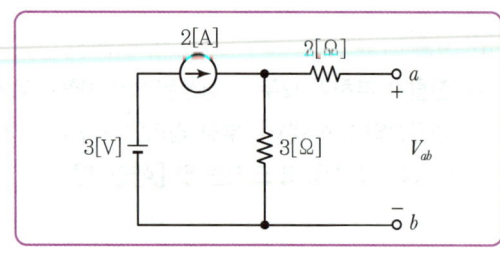

① 3 ② 9
③ 5 ④ 6

71 어느 시퀀스 제어시스템의 내부 상태가 9가지로 바뀐다면 이를 설계할 때 필요한 플립플롭의 최소 개수는?

① 3 ② 4
③ 5 ④ 9

72 $G(s)H(s) = \dfrac{K(s+1)}{s^2(s+2)(s+3)}$ 에서 점근선의 교차점은 얼마인가?

① $-\dfrac{5}{6}$ ② $-\dfrac{1}{5}$
③ $-\dfrac{4}{3}$ ④ $-\dfrac{1}{3}$

73 다음과 같은 상태방정식으로 표현되는 제어시스템에 대한 특성방정식의 근 (s_1, s_2)은?

$$\begin{bmatrix} \dot{x}_1 \\ \dot{x}_2 \end{bmatrix} = \begin{bmatrix} 0 & -3 \\ 2 & -5 \end{bmatrix} \begin{bmatrix} x_1 \\ x_2 \end{bmatrix} + \begin{bmatrix} 1 \\ 0 \end{bmatrix} u$$

① $1, -3$ ② $-1, -2$
③ $-2, -3$ ④ $-1, -3$

74 다음과 같은 시스템에 단위계단입력 신호가 가해졌을 때 지연시간에 가장 가까운 값[sec]은?

$$\dfrac{C(s)}{R(s)} \dfrac{1}{s+1}$$

① 0.5 ② 0.7
③ 0.9 ④ 1.2

75 라플라스 변환값과 z변환값이 같은 함수는?

① t^2 ② t
③ $u(t)$ ④ $\delta(t)$

76 전달함수가 $\dfrac{C(s)}{R(s)} = \dfrac{1}{3s^2 + 4s + 1}$ 인 제어시스템의 과도응답특성은?

① 무제동
② 부족제동
③ 임계제동
④ 과제동

77 전달함수가 $G_C(s) = \dfrac{s^2 + 3s + 5}{2s}$ 인 제어기가 있다. 이 제어기는 어떤 제어기인가?

① 비례미분 제어기
② 적분 제어기
③ 비례적분 제어기
④ 비례미분적분 제어기

78 다음 블록선도의 전달함수는?

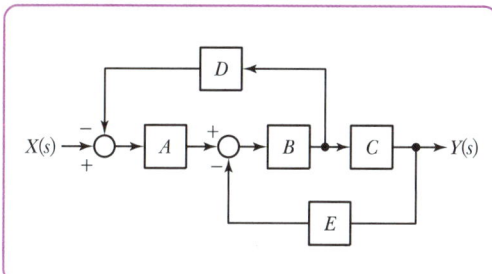

① $\dfrac{Y(s)}{X(s)} = \dfrac{ABC}{1 + BCD + ABE}$
② $\dfrac{Y(s)}{X(s)} = \dfrac{ABC}{1 + BCD + ABD}$
③ $\dfrac{Y(s)}{X(s)} = \dfrac{ABC}{1 + BCE + ABD}$
④ $\dfrac{Y(s)}{X(s)} = \dfrac{ABC}{1 + BCE + ABE}$

79 Routh – Hurwitz 방법으로 특성방정식이 $s^4 + 2s^3 + s^2 + 4s + 2 = 0$ 인 시스템의 안정도를 판별하면?

① 안정
② 불안정
③ 임계안정
④ 조건부 안정

80 다음의 상태방정식의 설명 중 옳은 것은?

$$\dot{x} = \begin{bmatrix} -1 & 1 & 0 \\ 0 & -1 & 0 \\ 0 & 0 & -2 \end{bmatrix} \cdot x + \begin{bmatrix} 0 \\ 1 \\ 1 \end{bmatrix} \cdot u$$
$$y = \begin{bmatrix} 1 & 0 & 0 \end{bmatrix} \cdot x$$

① 이 시스템은 가제어이다.
② 이 시스템은 가제어가 아니다.
③ 이 시스템은 가제어가 아니고 가관측이다.
④ 가제어성 여부를 따질 수 없다.

5과목 전기설비기술기준

81 욕탕의 양단에 판상의 전극을 설치하고, 그 전극 상호 간에 미약한 교류전압을 가하여 입욕자에게 전기적 자극을 주는 전기욕기의 전원 변압기 2차측 전로의 사용전압은 몇 [V] 이하인 것을 사용하여야 하는가?

① 5
② 10
③ 30
④ 60

82 특고압 가공전선로에 사용하는 철탑 중에서 전선로의 지지물 양쪽의 경간의 차가 큰 곳에 사용하는 철탑의 종류는?

① 각도형
② 잡아당김형
③ 보강형
④ 내장형

83 고압 및 특별고압 가공전선로로부터 공급을 받는 수용장소의 인입구에 반드시 시설하여야 하는 것은?

① 댐퍼
② 아킹혼
③ 무효전력 보상장치
④ 피뢰기

84 다음 전기철도의 회생제동에 대한 설명 중 틀린 것은?

① 전차선로에 지락이 발생한 경우 회생제동의 사용을 중단해야 한다.
② 전차선로에서 전력을 받을 수 없는 경우 제동 동력으로 전환한다.
③ 회생전력을 다른 전기장치에서 흡수할 수 없는 경우에는 전기철도차량은 다른 제동시스템으로 전환되어야 한다.
④ 전기철도 전력공급시스템은 회생제동이 상용 제동으로 사용이 가능하고 다른 전기철도차량과 전력을 지속적으로 주고받을 수 있도록 설계되어야 한다.

85 피뢰기 설치기준으로 틀린 것은?

① 가공전선로와 특고압전선로가 접속되는 곳
② 고압 및 특고압 가공전선로로부터 공급받는 수용장소의 인입구
③ 발전소·변전소 또는 이에 준하는 장소의 가공전선의 인입구 및 인출구
④ 가공전선로에 접속한 1차 측 전압이 35[kV] 이하인 배전용 변압기의 고압 측 및 특고압 측

86 금속덕트공사에 의한 저압 옥내배선공사 시설에 대한 설명으로 틀린 것은?

① 취급자 이외의 자가 출입할 수 없도록 설비한 곳에서 덕트를 조영재에 수직으로 붙이는 경우 덕트 지지점 간의 거리를 6[m] 이하로 견고하게 붙인다.
② 금속덕트는 두께 1.0[mm] 이상인 철판으로 제작하고 덕트 상호 간에 완전하게 접속한다.
③ 덕트를 조영재에 붙이는 경우 덕트 지지점 간의 거리를 3[m] 이하로 견고하게 붙인다.
④ 금속덕트에 넣은 전선의 단면적의 합계가 덕트의 내부 단면적의 20[%] 이하가 되도록 한다.

87 전력보안통신설비의 조가선에 대한 시설기준으로 틀린 것은?

① 조가선은 설비 안전을 위하여 전주와 전주 경간 중에 접속할 것
② 조가선은 2조까지만 시설할 것
③ +자형 공중교차는 불가피한 경우에 한하여 제한적으로 시공할 수 있다.
④ 말단 배전주와 말단 1경간 전에 있는 배전주에 시설하는 조가선은 장력에 견디는 형태로 시설할 것

88 한국전기설비규정에 따라 저압 절연전선으로 사용이 가능한 전선이 아닌 것은?(단, 소세력 회로에 적용되는 것이 아니다.) [KEC규정에 따라 삭제]

① 450/750[V] 저독성 난연 폴리올레핀 절연전선
② 450/750[V] 저독성 난연 가교폴리올레핀 절연전선
③ 450/750[V] 비닐절연전선
④ 450/750[V] 저독성 캡타이어 절연전선

89 교류 전차선과 식물 사이의 간격을 몇 [m] 이상 이격하여야 하는가?

① 2 ② 3
③ 4 ④ 5

90 고압 가공전선과 건조물의 상부 조영재와의 옆쪽 간격은 몇 [m] 이상인가?(단, 전선에 사람이 쉽게 접촉할 우려가 있고 케이블이 아닌 경우이다.)

① 1.0 ② 1.2
③ 1.5 ④ 2.0

91 전력보안 가공통신선(광섬유케이블은 제외)을 조가할 경우 조가선은?

① 금속으로 된 단선 ② 강심 알루미늄 연선
③ 아연도강연선   ④ 알루미늄으로 된 단선

92 고압 가공전선의 높이는 철도 또는 궤도를 횡단하는 경우 레일면상 몇 [m] 이상으로 하는가?

① 5.5 ② 6.5
③ 7.5 ④ 8.5

93 3,300[V] 고압 가공전선을 교통이 번잡한 도로를 횡단하여 시설하는 경우 지표상 높이를 몇 [m] 이상으로 하여야 하는가?

① 5.0 ② 5.5
③ 6.0 ④ 6.5

94 다음 중 전동기 등 기계 기구류 내의 전로의 절연 불량으로 인한 감전사고를 방지하기 위한 방법으로 거리가 먼 것은?

① 외함 접지   ② 저전압 사용
③ 퓨즈 설치   ④ 누전차단기 설치

95 사용전압이 154[kV]인 가공전선로를 제1종 특고압 보안공사로 시설할 때 사용되는 경동연선의 단면적은 몇 [mm²] 이상이어야 하는가?

① 55   ② 100
③ 150 ④ 200

96 관등회로란 무엇인가?

① 지중전선로·지중 약전류 전선로·지중 광섬유 케이블 선로·지중에 시설하는 수관 및 가스관과 기타 이와 유사한 것 및 이들에 부속하는 지중함 등을 말한다.
② 지중전선로·지중 약전류 전선로와 지중매설지선 등을 말한다.
③ 지중전선로·지중 약전류 전선로와 복합 케이블 선로·기타 이와 유사한 것 및 이들에 부속되는 지중함을 말한다.
④ 방전등용 안정기로부터 방전관까지의 전로를 말한다.

97 두 개 이상의 전선을 병렬로 접속하는 경우 병렬로 사용하는 각 전선을 동선으로 하였다면 단면적은 몇 [mm²] 이상이어야 하는가?(단, 같은 도체, 같은 재료, 같은 길이 및 같은 굵기의 것을 사용한다.)

① 50 ② 95
③ 55 ④ 70

98 도로 또는 옥외 주차장에 표피전류 가열장치를 시설하는 경우, 발열선에 전기를 공급하는 전로의 대지전압은 교류 몇 [V] 이하이어야 하는가?(단, 주파수가 60[Hz]의 것에 한한다.)

① 400 ② 600
③ 300 ④ 150

99 최대사용전압이 69[kV]인 중성점 비접지식 전로의 절연내력 시험전압은 몇 [kV]인가?

① 103.5 ② 86.25
③ 63.48 ④ 75.9

100 B형 주택용 배선용 차단기의 순시트립범위는?

① I_n 초과 ~ $3I_n$ 이하
② $5I_n$ 초과 ~ $10I_n$ 이하
③ $10I_n$ 초과 ~ $20I_n$ 이하
④ $3I_n$ 초과 ~ $5I_n$ 이하

2024년도 1회 과년도 기출문제

1과목 전기자기학

01 동축 원통 도체라고 가정할 때 내부 원동 도체의 반지름이 a[m], 외부 원통 도체의 반지름이 b[m]인 동축 원통 도체에서 내외 도체 간 물질의 도전율이 σ[℧/m]일 때 내외 도체 간의 단위 길이당 컨덕턴스[℧/m]는?

① $\dfrac{2\pi\sigma}{\ln\dfrac{b}{a}}$ ② $\dfrac{2\pi\sigma}{\ln\dfrac{a}{b}}$

③ $\dfrac{4\pi\sigma}{\ln\dfrac{b}{a}}$ ④ $\dfrac{4\pi\sigma}{\ln\dfrac{a}{b}}$

02 히스테리시스곡선의 기울기는 다음의 어떤 값에 해당 되는가?

① 투자율   ② 유전율
③ 자화율   ④ 감자율

03 정전용량이 일정한 콘덴서에 축적되는 에너지와 전위의 관계식을 그림으로 나타내면 무엇이 되는가?

① 원   ② 타원
③ 쌍곡선   ④ 포물선

04 각각 $\pm Q$[C]로 대전된 두 개의 도체간의 전위차를 전위계수로 표시하면?(단, $P_{12} = P_{21}$이다.)

① $(P_{11} + P_{12} + P_{22})Q$
② $(P_{11} + P_{12} - P_{22})Q$
③ $(P_{11} - P_{12} + P_{22})Q$
④ $(P_{11} - 2P_{12} + P_{22})Q$

05 $x > 0$인 영역에 $\varepsilon_{R1} = 3$인 유전체, $x < 0$인 영역에 $\varepsilon_{R2} = 5$인 유전체가 있다. 유전율 $\varepsilon_2 = \varepsilon_0 \varepsilon_{R2}$인 영역에서 전계 $E_2 = 20a_x + 30a_y - 40a_z$ [V/m]일 때, 유전율 ε_1인 영역에서의 전계 E_1 [V/m]은?

① $\dfrac{100}{3}a_x + 30a_y - 40a_z$
② $100a_x + 10a_y - 40a_z$
③ $20a_x + 90a_y - 40a_z$
④ $60a_x + 30a_y - 40a_z$

06 2[C]의 점전하가 전계 $E = 2a_x + a_y - 4a_z$[V/m] 및 자계 $B = -2a_x + 2a_y - a_z$[wb/m^2] 내에서 $v = 4a_x - a_y - 2a_z$[m/s]의 속도로 운동하고 있을 때 점전하에 작용하는 힘 F[N]은 얼마인가?

① 15.38   ② 23.15
③ 42.66   ④ 31.47

07 정전계에 관한 설명으로 틀린 것은?

① 도체표면의 접선방향에서 전계의 선적분의 값은 0이 아니다.
② 도체 내에서의 전계의 세기는 0이다.
③ 도체면에서의 전계의 세기는 도체 표면에 수직이다.
④ 정전계는 전계 에너지가 최소로 되는 전하분포의 전계이다.

08 비유전율이 10인 유전체를 5[V/m]인 전계 내에 놓으면 유전체의 표면 전하밀도는 몇 [C/m²]인가?(단, 유전체의 표면과 전계는 직각이다.)

① $35\varepsilon_0$
② $45\varepsilon_0$
③ $55\varepsilon_0$
④ $65\varepsilon_0$

09 정전용량이 C_0 [μF] 인 평행판 공기 콘덴서 판의 면적 $\frac{2}{3}S$ 에 비유전율 ε_s 인 에보나이트 판을 삽입하면 콘덴서의 정전용량은 몇 [μF]인가?(단, 비유전율은 4이다.)

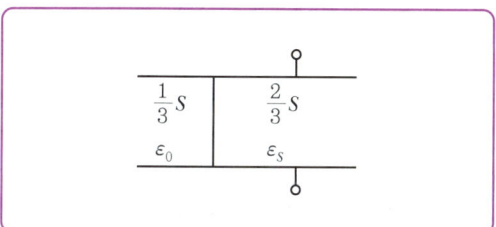

① $4C_0$
② $2C_0$
③ C_0
④ $3C_0$

10 전계의 세기를 주는 대전체 중 거리 r에 반비례하는 것은?

① 구전하에 의한 전계
② 점전하에 의한 전계
③ 선전하에 의한 전계
④ 전기쌍극자에 의한 전계

11 같은 방향으로 감은 A, B 두 개의 원형 코일이 있다. A의 권수가 1회 반지름이 1[m], B의 권수는 2회 반지름은 2[m]이다. A, B 두 코일을 포개고 각 코일에 전류를 같은 방향으로 흘려 코일의 중심자계의 세기가 A코일만 있을 때의 2배가 될 때 A, B 코일의 전류비 $\frac{I_B}{I_A}$는?

① $\frac{1}{2}$
② 1
③ 2
④ 4

12 자계의 벡터 퍼텐셜을 A라 할 때 자계의 변화에 의하여 생기는 전계의 세기 E는?

① $E = rot\,A$
② $rot\,E = A$
③ $E = -\frac{\partial A}{\partial t}$
④ $rot\,E = -\frac{\partial A}{\partial t}$

13 자유공간에서 전파 $E(z,t) = 10^3 \sin(wt - \beta z)a_y$ [V/m]일 때 자파 $H(z,t)$[A/m]는?

① $\frac{10^3}{120\pi}\sin(wt-\beta z)a_z$
② $\frac{10^3}{120\pi}\sin(wt-\beta z)a_x$
③ $-\frac{10^3}{120\pi}\sin(wt-\beta z)a_z$
④ $-\frac{10^3}{120\pi}\sin(wt-\beta z)a_x$

14 어떤 막대꼴 철심이 있다. 단면적이 0.5[m²], 길이가 0.8[m], 비투자율이 20이다. 이 철심의 자기저항[AT/Wb]은?

① 6.37×10^4
② 4.45×10^4
③ 3.6×10^4
④ 9.7×10^5

15 단면적 S, 평균 반지름 r, 권회수 N인 트로이코일에 누설자속이 없는 경우, 자기인덕턴스의 크기는?

① 권선수의 자승에 비례하고 단면적에 반비례한다.
② 권선수 및 단면적에 비례한다.
③ 권선수의 자승 및 단면적에 비례한다.
④ 권선수의 자승 및 평균 반지름에 비례한다.

16 자속밀도가 0.3[Wb/m²]인 평등자계 내에 5[A]의 전류가 흐르고 있는 길이 2[m]인 직선도체를 자계의 방향에 대하여 60°의 각도로 놓았을 때 이 도체가 받는 힘은 약 몇 [N]인가?

① 1.3 ② 2.6
③ 4.7 ④ 5.2

17 매질이 완전 절연체인 경우의 전자파동방정식을 표시하는 것은?

① $\nabla^2 E = \varepsilon\mu \frac{\partial E}{\partial t}$, $\nabla^2 H = k\mu \frac{\partial H}{\partial t}$

② $\nabla^2 E = \varepsilon\mu \frac{\partial^2 E}{\partial t}$, $\nabla^2 H = k\mu \frac{\partial^2 E}{\partial t^2}$

③ $\nabla^2 E = \varepsilon\mu \frac{\partial^2 E}{\partial t^2}$, $\nabla^2 H = \varepsilon\mu \frac{\partial^2 H}{\partial t^2}$

④ $\nabla^2 E = \varepsilon\mu \frac{\partial E}{\partial t}$, $\nabla^2 H = \varepsilon\mu \frac{\partial H}{\partial t}$

18 공기 중에서 가상 자극 m_1[Wb]과 m_2[Wb]를 r[m] 떼어 놓았을 때 두 자극 간의 작용력이 F[N]이었다면, 이때의 거리 r[m]은?

① $\sqrt{\frac{m_1 m_2}{F}}$

② $\frac{6.33 \times 10^4 m_1 m_2}{F}$

③ $\sqrt{\frac{6.33 \times 10^4 m_1 m_2}{F}}$

④ $\sqrt{\frac{9 \times 10^9 \times m_1 m_2}{F}}$

19 평행판 콘덴서의 원형 전극의 지름이 60[cm], 극판 간격이 0.1[cm], 유전체의 비유전율이 160이다. 이 콘덴서의 정전용량[μF]은?

① 0.04 ② 0.03
③ 0.02 ④ 0.01

20 자화율 x와 비투자율 μ_r의 관계에서 상자성체로 판단할 수 있는 것은?

① $x > 0, \mu_r > 1$ ② $x < 0, \mu_r > 1$
③ $x > 0, \mu_r < 1$ ④ $x < 0, \mu_r < 1$

2과목 전력공학

21 망상(Network) 배전방식에 대한 설명으로 옳은 것은?

① 부하 증가에 대한 융통성이 적다.
② 전압 변동이 대체로 크다.
③ 인축에 대한 감전사고가 적어서 농촌에 적합하다.
④ 환상식보다 무정전 공급의 신뢰도가 더 높다.

22 전력원선도에서는 알 수 없는 것은?

① 송수전할 수 있는 최대전력
② 선로손실
③ 수전단 역률
④ 코로나손

23 전류 값이 최소 동작 전류 값보다 크거나 같을 때, 일정한 시간에 전류의 크기에 관계없이 동작하는 계전기의 특성은?

① 반한시성 정한시 계전기
② 정한시 계전기
③ 반한시 계전기
④ 순한시 계전기

24 화력발전소에서 가장 큰 손실은?

① 소내용 동력
② 송풍기 손실
③ 복수기에서의 손실
④ 연도배출가스 손실

25 1년 365일 중 185일은 이 양 이하로 내려가지 않는 유량은?

① 평수량 ② 풍수량
③ 고수량 ④ 저수량

26 원자력발전소의 원자로와 일반 화력발전소의 보일러를 비교할 때 원자로의 운전 및 보수상의 특징에 대한 설명으로 틀린 것은?

① 연료의 소모량이 적다.
② 핵분열 현상을 이용하여 증기를 만들어 터빈을 돌린다.
③ 원자로는 발전 중에도 핵반응을 통하여 새로운 연료가 계속 생산된다.
④ 원자력발전의 출력밀도는 작으므로 소형화가 어렵다.

27 어느 화력발전소에서 40,000[kWh]를 발전하는데 발열량 860[kcal/kg]의 석탄이 60톤 사용된다. 이 발전소의 열효율[%]은 약 얼마인가?

① 56.7 ② 66.7
③ 76.7 ④ 86.7

28 정격전압 7.2[kV], 정격차단용량 100[MVA]인 3상 차단기의 정격 차단 전류는 약 몇 [kA]인가?

① 4 ② 6
③ 7 ④ 8

29 부하전류가 흐르는 전로는 개폐할 수 없으나 기기의 점검이나 수리를 위하여 회로를 분리하거나, 계통의 접속을 바꾸는 데 사용하는 것은?

① 차단기 ② 단로기
③ 전력용 퓨즈 ④ 부하 개폐기

30 송전선에 복도체를 사용할 경우, 같은 단면적의 단도체를 사용하였을 경우와 비교할 때 옳지 않은 것은?

① 전선의 인덕턴스는 감소되고 정전용량은 증가된다.
② 고유 송전용량이 증대되고 정태안정도가 증대된다.
③ 전선 표면의 전위경도가 증가한다.
④ 전선의 코로나 개시전압이 높아진다.

31 3상 3선식 송전선이 있다. 1선당의 저항은 8[Ω], 리액턴스는 12[Ω]이며, 수전단의 전력이 1,000[kW], 전압이 10[kV], 역률이 0.8일 때 이 송전선의 전압강하율은 몇 [%]인가?

① 14 ② 15
③ 17 ④ 19

32 부하전력 및 역률이 같을 때 전압이 n배 승압하면 전압강하율과 전력손실은 어떻게 되는가?

① 전압강하율 : $\frac{1}{n}$, 전력손실 : $\frac{1}{n^2}$
② 전압강하율 : $\frac{1}{n^2}$, 전력손실 : $\frac{1}{n}$
③ 전압강하율 : $\frac{1}{n}$, 전력손실 : $\frac{1}{n}$
④ 전압강하율 : $\frac{1}{n^2}$, 전력손실 : $\frac{1}{n^2}$

33 중거리 송전선로의 T형 회로에서 일반 회로정수 C는 무엇을 나타내는가?

① 저항 ② 어드미턴스
③ 임피던스 ④ 리액턴스

34 송전용량계수법에 의하여 송전선로의 송전용량을 결정할 때 수전 전력의 관계를 옳게 표현한 것은?

① 수전전력의 크기는 송전거리와 송전전압에 비례한다.
② 수전전력의 크기는 송전거리에 비례하고 수전단 선간전압의 제곱에 비례한다.
③ 수전전력의 크기는 송전거리에 반비례하고 수전단 선간전압에 비례한다.
④ 수전전력의 크기는 송전거리에 반비례하고 수전단 선간전압의 제곱에 비례한다.

35 최소 동작전류 이상의 전류가 흐르면 즉시 동작하는 계전기는?

① 반한시 계전기
② 정한시 계전기
③ 순한시 계전기
④ Notting 한시 계전기

36 전원이 양단에 있는 환상선로의 단락보호에 사용되는 계전기는?

① 방향거리 계전기
② 부족전압 계전기
③ 선택접지 계전기
④ 부족전류 계전기

37 3상 3선식에서 전선 한 가닥에 흐르는 전류는 단상 2선식의 경우의 몇 배가 되는가?(단, 송전전력, 부하역률, 송전거리, 전력손실 및 선간전압이 같다.)

① $\frac{1}{\sqrt{3}}$
② $\frac{2}{3}$
③ $\frac{3}{4}$
④ $\frac{4}{9}$

38 다음 중 그 값이 항상 1 이상인 것은?

① 부등률
② 부하율
③ 수용률
④ 전압강하율

39 수력발전소에서 사용되는 다음의 수차 중 특유 속도가 가장 높은 수차는?

① 펠턴 수차
② 프로펠러 수차
③ 프란시스 수차
④ 사류 수차

40 직류송전방식에 관한 설명으로 틀린 것은?

① 교류송전방식보다 안정도가 낮다.
② 직류계통과 연계운전 시 교류계통의 차단용량은 작아진다.
③ 교류송전방식에 비해 절연계급을 낮출 수 있다.
④ 비동기연계가 가능하다.

3과목 전기기기

41 두 대의 동기발전기를 운전하는 도중 한 대의 동기발전기의 계자전류를 증가시켜 유도기전력을 높인다면, 어떤 현상이 발생하는가?(단, 병렬로 운전하였다고 가정한다.)

① 두 발전기의 역률이 모두 낮아진다.
② 주파수가 변화되어 위상각이 달라진다.
③ 속도 조정률이 변한다.
④ 무효 순환전류가 흐른다.

42 동기기의 안정도를 향상시키는 방법으로 옳지 않은 것을 고르시오.

① 속응여자방식으로 한다.
② 동기임피던스를 크게 한다.
③ 단락비를 크게 한다.
④ 관성모멘트를 크게 한다.

43 브러시의 위치를 이동시켜 회전방향을 역회전시킬 수 있는 단상 유도전동기는?

① 반발 기동형 전동기
② 세이딩코일형 전동기
③ 분상기동형 전동기
④ 콘덴서 전동기

44 어떤 단상변압기의 2차 무부하전압이 240[V]이고, 정격부하 시의 2차 단자전압이 230[V]이다. 전압변동률은 약 몇 [%]인가?

① 4.35
② 5.15
③ 6.65
④ 7.35

45 정격속도 1,732[rpm]의 직류직권전동기의 부하토크가 3/4으로 되었을 때의 속도는 약 몇 [rpm]인가?(단, 자기 포화는 무시한다.)

① 1,155
② 1,550
③ 1,750
④ 2,000

46 단락비가 1.2인 발전기의 퍼센트 동기 임피던스[%]는 약 얼마인가?

① 100
② 83
③ 60
④ 45

47 동기발전기의 제동권선의 주요 작용으로 옳은 것은?

① 제동작용
② 난조방지작용
③ 시동권선작용
④ 자려작용(自勵作用)

48 3상 유도전동기의 슬립이 s일 때 2차 효율[%]은?

① $(1-s) \times 100$
② $s \times 100$
③ $(1+s) \times 100$
④ $s^2 \times 100$

49 변압기의 단락시험과 관계가 없는 것은?

① 누설 리액턴스
② 전압 변동률
③ 임피던스 와트
④ 여자 어드미턴스

50 풍력 발전기로 이용되는 유도 발전기의 단점이 아닌 것은?

① 병렬로 접속되는 동기기에서 여자전류를 취해야 한다.
② 공극의 치수가 작기 때문에 운전 시 주의해야 한다.
③ 효율이 낮다.
④ 역률이 높다.

51 부흐홀츠 계전기에 대한 설명으로 틀린 것은?

① 오동작의 가능성이 많다.
② 전기적 신호로 동작한다.
③ 변압기의 보호에 사용된다.
④ 변압기의 주탱크와 콘서베이터를 연결하는 관 중에 설치한다.

52 보극이 없는 직류기에서 브러시를 부하에 따라 이동시키는 이유는?

① 공극 자속의 일그러짐을 없애기 위하여
② 유기기전력을 없애기 위하여
③ 전기자 반작용의 감자분력을 없애기 위하여
④ 정류작용을 잘 되게 하기 위하여

53 3상 권선형 유도전동기가 경부하로 운전 중일 때 전원 한선이 단선되면 발생하는 현상 중 틀린 것은 무엇인가?

① 단상 유도전동기로 운전된다.
② 운전속도는 증가한다.
③ 장시간 운전시 과열된다.
④ 최대 토크가 감소한다.

54 포화되지 않은 직류발전기의 회전수가 8배로 증가되었을 때 기전력을 전과 같은 값으로 하려면 자속을 속도 변화 전에 비해 얼마로 하여야 하는가?

① $\frac{1}{2}$ ② $\frac{1}{3}$
③ $\frac{1}{4}$ ④ $\frac{1}{8}$

55 정류자형 주파수 변환기의 특성이 아닌 것은?

① 유도 전동기의 2차 여자용 교류 여자기로 사용된다.
② 회전자는 정류자와 3개의 슬립링으로 구성되어 있다.
③ 정류자 위에는 한 개의 자극마다 전기각 $\frac{\pi}{3}$ 간격으로 3조의 브러시로 구성되어 있다.
④ 회전자는 3상 회전 변류기의 전기자와 거의 같은 구조이다.

56 3상 동기 발전기를 병렬운전시키는 경우 고려하지 않아도 되는 조건은?

① 기전력의 파형이 같을 것
② 기전력의 주파수가 같을 것
③ 회전수가 같을 것
④ 기전력의 크기가 같을 것

57 3상 유도전동기에서 2차 측 저항을 2배로 하면 그 최대 토크는 어떻게 변하는가?

① 2배로 커진다.
② 3배로 커진다.
③ 변하지 않는다.
④ $\sqrt{2}$ 배로 커진다.

58 3상 배전선에 접속된 V결선의 변압기에서 전부하 시의 출력을 100[kVA]라 하면 같은 용량의 변압기 한 대를 증설하여 △ 결선하였을 때의 정격 출력은 몇 [kVA]인가?

① 50 ② $50\sqrt{3}$
③ 100 ④ 173

59 단상 변압기의 퍼센트 저항강하가 2.3[%]이고 퍼센트 리액턴스 강하가 4.8[%]이다. 부하의 역률(지상)이 95[%]일 때 전압 변동률[%]은 얼마인가?

① 3.2 ② 3.7
③ 4.2 ④ 4.7

60 직류발전기의 정류 초기에 전류변화가 크며 이 때 발생되는 불꽃정류로 옳은 것은?

① 과정류 ② 직선정류
③ 부족정류 ④ 정현파정류

4과목 회로이론 및 제어공학

61 $\cos \omega t$의 라플라스 변환은?

① $\frac{S^2}{S^2+\omega^2}$ ② $\frac{S}{S^2+\omega^2}$
③ $\frac{\omega^2}{S^2+\omega^2}$ ④ $\frac{\omega}{S^2+\omega^2}$

62 저항 R, 인덕턴스 L, 콘덴서 C의 직렬회로에서 $\left(\dfrac{R}{2L}\right)^2 - \dfrac{1}{LC} < 0$의 값일 때 과도현상은?

① 비진동
② 진동
③ 임계감쇠
④ 임계진동

63 그림의 T형 회로에 대한 4단자 정수 C는 무엇인가?

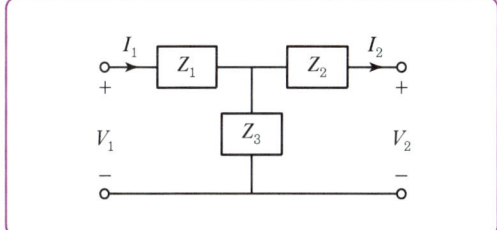

① $1 + \dfrac{Z_1}{Z_3}$
② $\dfrac{Z_1 - Z_2}{Z_3} + Z_1 + Z_2$
③ $\dfrac{1}{Z_3}$
④ $1 + \dfrac{Z_2}{Z_3}$

64 어떤 회로에 전압 $v(t)$를 가했을 때 전류 $i(t)$가 흘렀다면, 이 회로에서 소비되는 평균전력[W]은?
(단, $v(t) = 100 + 50\sin 377t [\text{V}]$
$i(t) = 10 + 3.54\sin(377t - 45°)[\text{A}])$

① 1,385.5
② 562.5
③ 1,062.6
④ 1,250.5

65 전원과 부하가 다같이 △ 결선된 3상 평형회로에서 전원전압이 400[V], 부하 임피던스 $4 + j3$[Ω]인 경우 선전류는?

① 80[A]
② $\dfrac{80}{3}$[A]
③ $\dfrac{80}{\sqrt{3}}$[A]
④ $80\sqrt{3}$[A]

66 그림과 같은 회로의 구동점 임피던스[Ω]는?

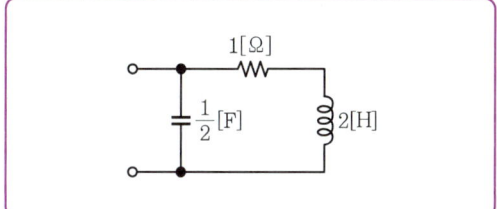

① $\dfrac{2(2s+1)}{2s^2+s+2}$
② $\dfrac{2s^2+s-2}{-2(2s+1)}$
③ $\dfrac{-2(2s+1)}{2s^2+s-2}$
④ $\dfrac{2s^2+s+2}{2(2s+1)}$

67 회로에서 노드 a와 b사이에 나타나는 전압[V]의 크기는?

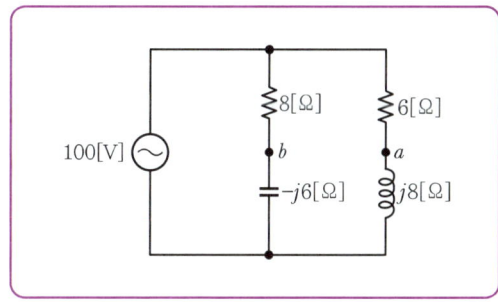

① 20
② 60
③ 100
④ 80

68 RL 직렬회로에 순시치 전압 $v(t) = 20 + 100\sin \omega t + 40\sin(3\omega t + 60°) + 40\sin 5\omega t[\text{V}]$를 가할 때 제5고조파 전류의 실횻값 크기는 약 몇 [A]인가?(단, $R = 4$[Ω], $\omega L = 1$[Ω]이다.)

① 4.4
② 5.66
③ 6.25
④ 8.0

69 3상 평형 회로에서, 전원 전압이 $V_{ab} = 200$[V]이고, 부하의 한 상 임피던스가 $Z = 5.0 - j2.4$[Ω]일 때, 전원과 부하 사이의 선전류 I_a는 대략 몇 [A]인가?(단, 3상 전압의 상순서는 $a-b-c$)

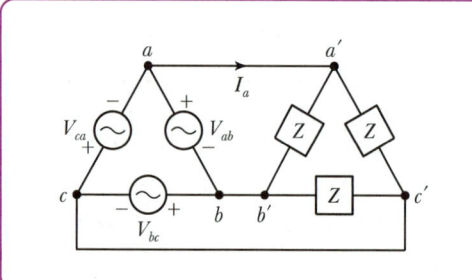

① $62.46 \angle -55.64°$ ② $62.46 \angle 55.64°$
③ $62.46 \angle 4.36°$ ④ $62.46 \angle -4.36°$

70 전류의 대칭분을 I_0, I_1, I_2, 유기기전력을 E_a, E_b, E_e, 단자전압의 대칭분을 V_0, V_1, V_2라 할 때 3상 교류발전기의 기본식 중 정상분 V_1값은?(단, Z_0, Z_1, Z_2는 영상, 정상, 역상 임피던스이다.)

① $-Z_0 I_0$ ② $-Z_2 I_2$
③ $E_a - Z_1 I_1$ ④ $E_b - Z_2 I_2$

71 다음 중 라플라스 변환값과 Z변환 값이 같은 함수는?

① t^2 ② t
③ $u(t)$ ④ $\delta(t)$

72 전달함수가 $G(s) = \dfrac{s^2 + 3s + 5}{2s}$ 인 제어기가 있다. 이 제어기는 어떤 제어기인가?

① 비례 미분 제어기
② 적분 제어기
③ 비례 적분 제어기
④ 비례 미분 적분 제어기

73 다음과 같은 상태방정식으로 표현되는 제어계에 대한 설명으로 틀린 것은?

$$\dot{x} = \begin{bmatrix} 0 & 1 \\ -2 & -3 \end{bmatrix} x + \begin{bmatrix} 1 & 1 \\ 0 & -2 \end{bmatrix} u$$

① 2차 제어계이다.
② x는 (2×1)의 벡터이다.
③ 특성방정식은 $(s+1)(s+2) = 0$이다.
④ 제어계는 부족제동(Under Damped)된 상태에 있다.

74 개루프 전달함수 $G(s) = \dfrac{s+2}{(s+1)(s+3)}$ 인 부궤환 제어계의 특성방정식은?

① $s^2 + 3s + 2 = 0$
② $s^2 + 4s + 3 = 0$
③ $s^2 + 4s + 6 = 0$
④ $s^2 + 5s + 5 = 0$

75 어느 시퀀스 제어시스템의 내부 상태가 9가지로 바뀐다면 이를 설계할 때 필요한 플립 플롭의 최소 개수는?

① 3 ② 4
③ 5 ④ 9

76 블록선도 변환이 틀린 것은?

①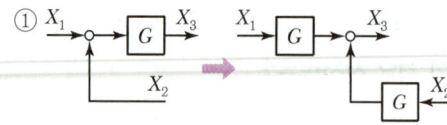

②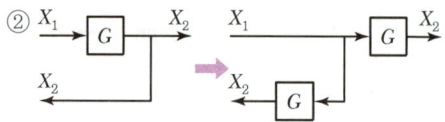

③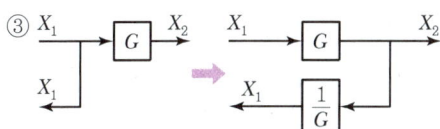

④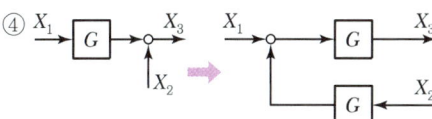

80 $G(j\omega)H(j\omega) = \dfrac{K}{(1+2j\omega)(1+j\omega)}$ 의 계의 이득여유가 20[dB]일 때 K값은?(단, $\omega = 0$ 이다.)

① $K = 0$
② $K = \dfrac{1}{10}$
③ $K = 1$
④ $K = 10$

77 다음과 같은 시스템에 단위계단입력 신호가 가해졌을 때 지연시간에 가장 가까운 값[sec]은?

$$\dfrac{C(s)}{R(s)} = \dfrac{1}{s+1}$$

① 0.5
② 0.7
③ 0.9
④ 1.2

5과목 전기설비기술기준

81 중성점 비접지식 전로에서 최대 사용전압이 65[kV]일 때, 절연내력 시험을 위한 시험 전압은 몇 [kV]인가?

① 63.48[kV]
② 75.9[kV]
③ 81.25[kV]
④ 103.5[kV]

78 개루프 전달함수가 주어진 제어시스템에서, 근궤적이 $j\omega$(허수)축과 교차할 때의 K값은 얼마인가?

$$G(s)H(s) = \dfrac{K}{s(s+3)(s+4)}$$

① 84
② 48
③ 180
④ 30

82 풍력터빈의 피뢰설비 설치 기준에 관한 설명 중 잘못된 것은 무엇인가?

① 풍력터빈에 설치한 피뢰설비(리셉터, 인하도선 등)의 기능저하로 인해 다른 기능에 영향을 미치지 않을 것
② 풍력터빈 내부의 계측 센서용 케이블은 금속관 또는 차폐케이블 등을 사용하여 뇌유도과전압으로부터 보호할 것
③ 풍력터빈에 설치하는 인하도선은 쉽게 부식되지 않는 금속선으로 뇌격전류를 안전하게 흘릴 수 있는 충분한 굵기여야 하며, 가능한 직선으로 시설할 것
④ 수뢰부를 풍력터빈 중앙부분에 배치하되 뇌격전류에 의한 발열에 용손되지 않도록 재질, 크기, 두께 및 형상 등을 고려할 것

79 상태방정식 $\dfrac{d}{dt}x(t) = Ax(t) + Bu(t)$에서 $A = \begin{bmatrix} 3 & 1 \\ 1 & 3 \end{bmatrix}$라면 A의 고유값은?

① 1, −8
② 2, 4
③ 2, −8
④ 2, −5

83 가공전선로의 지지물에 하중이 가하여지는 경우에 그 하중을 받는 지지물의 기초 안전율은 얼마 이상이어야 하는가?(단, 이상 시 상정하중은 무관)
① 1.5
② 2
③ 2.5
④ 3

84 저압 가공전선이 건조물의 상부 조영재 옆쪽으로 접근하는 경우 저압 가공전선과 건조물의 조영재 사이의 간격은 몇 [m] 이상이어야 하는가?(단, 전선에 사람이 쉽게 접촉할 우려가 없도록 시설한 경우와 전선이 고압 절연전선, 특고압 절연전선 또는 케이블인 경우는 제외한다.)
① 0.6
② 0.8
③ 1.2
④ 2.0

85 무효전력 보상장치에 내부고장, 과전류 또는 과전압이 생긴 경우 자동적으로 차단되는 장치를 해야 하는 전력용 커패시터의 최소 뱅크용량은 몇 [kVA]인가?
① 10,000
② 12,000
③ 13,000
④ 15,000

86 수력발전소, 풍력발전소, 내연력발전소, 연료전지발전소 및 태양전지발전소로서 발전소를 원격감시 제어하는 제어소에 시설하지 않아도 되는 장치는?(단, 그 발전소를 원격감시 제어하는 제어소에 기술원이 상주하여 감시하는 경우라고 가정한다.)
① 원동기 및 발전기, 연료전지의 부하를 조정하는 장치
② 운전 및 정지를 조작하는 장치 및 감시하는 장치
③ 운전 조작에 상시 필요한 차단기를 조작하는 장치 및 개폐상태를 감시하는 장치
④ 자동재폐로 장치를 한 고압의 배전선로용 차단기를 조작하는 장치

87 센서등(타임스위치 포함)을 설치할 때에는 몇 분 이내에 소등되는 것이어야 하는가?(단, 일반주택 및 아파트 각 호실의 현관등이라고 가정한다.)
① 5
② 10
③ 3
④ 7

88 전선 N의 색상은?
① 녹색 – 노란색
② 검정색
③ 갈색
④ 파란색

89 저압 가공전선로의 지지물에 시설하는 통신선 또는 이에 직접 접속하는 가공통신선이 도로를 횡단하는 경우 일반적으로 지표상 몇 [m] 이상의 높이로 시설하여야 하는가?
① 6.0
② 4.0
③ 5.0
④ 3.0

90 전기울타리의 시설에 관한 내용 중 틀린 것은?
① 수목과의 간격은 30[cm] 이상일 것
② 전선은 지름이 2[mm] 이상의 경동선일 것
③ 전선과 이를 지지하는 기둥 사이의 간격은 2[cm] 이상일 것
④ 전기 울타리용 전원장치에 전기를 공급하는 전로의 사용 전압은 250[V] 이하일 것

91 저압 옥측전선로에서 목조의 조영물에 시설할 수 있는 공사 방법은?
① 금속관공사
② 버스덕트공사
③ 합성수지관공사
④ 케이블공사(무기물절연(MI) 케이블을 사용하는 경우)

92 저압 가공전선로와 기설 가공약전류 전선로가 병행할 때 유도작용에 의한 통신상의 장해가 생기지 않도록 전선과 기설 약전류 전선 간의 간격은 몇 [m] 이상이어야 하는가?(단, 저압 또는 고압의 가공전선이 케이블인 경우 또는 가공약전류 전선로 관리자의 승낙을 받는 경우가 아니다. 그리고 저압 가공전선로 중에서 전기철도용 급전선로는 제외한다.)

① 3
② 6
③ 2
④ 4

93 다음 중 절연유 유출방지설비에 대한 설명으로 틀린 것은?

① 절연유 유출 방지설비의 선정은 기기에 들어 있는 절연유의 양, 우수 및 화재보호시스템의 용수량, 근접 수로 및 토양조건을 고려하여야 한다.
② 집유조 및 집수탱크가 시설되는 경우 집수탱크는 최대 용량 변압기의 유량에 대한 집유능력이 있어야 한다.
③ 벽, 집유조 및 집수탱크에 관련된 배관은 액체가 침투할 수 있어야 한다.
④ 절연유 및 냉각액에 대한 집유조 및 집수탱크의 용량은 물의 유입으로 지나치게 감소되지 않아야 하며, 자연배수 및 강제배수가 가능하여야 한다.

94 귀선로에 대한 설명으로 틀린 것은?

① 나전선을 적용하여 가공식으로 가설을 원칙으로 한다.
② 사고 및 지락 시에도 허용전류용량을 갖도록 하여야 한다.
③ 비절연보호도체, 매설접지도체, 레일 등으로 구성하여 단권변압기 중성점과 공통접지에 접속한다.
④ 비절연보호도체의 위치는 통신유도장해 및 레일전위의 상승의 경감을 고려하여 결정하여야 한다.

95 전기철도의 급전선로의 설명으로 틀린 것은?

① 급전선은 나전선을 적용하여 가공식으로 가설을 원칙으로 한다.
② 가공식은 전차선의 높이 이상으로 전차선로 지지물에 병가하며, 나전선은 대지에 접속시킨다.
③ 신설 터널 내 급전선을 가공으로 설계할 경우 지지물의 취부는 C찬넬을 이용하여 고정하여야 한다.
④ 선상승강장, 인도교, 과선교 또는 교량 하부등에 설치할 때에는 최소 절연간격 이상을 확보하여야 한다.

96 교통신호등 제어장치의 2차측 배선의 최대사용전압은 몇 [V] 이하이어야 하는가?

① 300
② 400
③ 150
④ 500

97 3상4선식 22.9[kV] 중성점 다중접지식 가공전선로의 전로와 대지 간의 절연내력 시험전압은 몇 [V]인가?

① 16,488
② 21,068
③ 22,900
④ 28,625

98 저압 가공전선이 상부 조영재 위쪽에서 접근하는 경우 전선과 상부 조영재 간의 간격은 얼마 이상이어야 하는가?(단, 특고압 절연전선 또는 케이블인 경우이다.)

① 0.8[m]
② 1.0[m]
③ 1.2[m]
④ 2.0[m]

99 전기욕기에 전기를 공급하기 위한 장치로서 내장되어 있는 전원변압기의 2차측 전로의 사용전압은 몇 [V] 이하이어야 하는가?

① 10
② 20
③ 30
④ 60

100 옥내배선의 사용 전압이 400[V] 이하일 때 전광표시장치 기타 이와 유사한 장치 또는 제어회로 등의 배선에 다심 케이블을 시설하는 경우 배선의 단면적은 몇 [mm²] 이상인가?

① 0.75
② 1.5
③ 1
④ 2.5

2024년도 2회 과년도 기출문제

1과목 전기자기학

01 반지름 a[m]의 구도체에 전하 Q[C]이 주어질 때, 구도체 표면에 작용하는 정전응력[N/m²]은?

① $\dfrac{Q^2}{64\pi^2\varepsilon_0 a^4}$ ② $\dfrac{Q^2}{32\pi^2\varepsilon_0 a^4}$

③ $\dfrac{Q^2}{16\pi^2\varepsilon_0 a^4}$ ④ $\dfrac{Q^2}{8\pi^2\varepsilon_0 a^4}$

02 지름 2mm, 길이 25m인 동선의 내부 인덕턴스는 몇 [μH]인가?

① 1.25 ② 2.5
③ 5.0 ④ 25

03 높은 주파수의 전자파가 전파될 때 일기가 좋은 날보다 비오는 날 전자파의 감소가 심한 원인은?

① 도전율 관계임 ② 유전율 관계임
③ 투자율 관계임 ④ 분극률 관계임

04 비투자율이 350인 환상철심 내부의 평균 자계의 세기가 342[AT/m]일 때 자화의 세기는 약 몇 [wb/m²]인가?

① 0.12 ② 0.15
③ 0.18 ④ 0.21

05 평행판 콘덴서에 어떤 유전체를 넣었을 때 전속밀도가 4.8×10^{-7}[C/m²]이고 단위체적당 정전에너지가 5.3×10^{-3}[J/m³]이었다. 이 유전체의 유전율은 몇 [F/m]인가?

① 1.15×10^{-11} ② 2.17×10^{-11}
③ 3.19×10^{-11} ④ 4.21×10^{-11}

06 전속밀도 $D = x^2 i + y^2 j + z^2 k$[c/m²]를 발생시키는 점(1, 2, 3)에서의 체적 전하밀도는 몇 [C/m³]인가?

① 12 ② 13
③ 14 ④ 15

07 영구 자석에 관한 설명 중 옳지 않은 것은?

① 히스테리시스 현상을 가진 재료만이 영구 자석이 될 수 있다.
② 보자력이 클수록 자계가 강한 영구 자석이 된다.
③ 잔류 자속 밀도가 높을수록 자계가 강한 영구 자석이 된다.
④ 자석 재료로 폐회로를 만들면 강한 영구 자석이 된다.

08 전위함수 $V = \dfrac{10}{x^2+y^2}$ 일 때, 점(2, 1)에서의 전계의 세기는?

① $\dfrac{4}{5}(2i+j)$ ② $-\dfrac{4}{5}(2i+j)$

③ $\dfrac{5}{4}(2i+j)$ ④ $-\dfrac{5}{4}(2i+j)$

09 모든 전기장치를 접지시키는 근본적인 이유는?

① 영상전하를 이용하기 때문에
② 지구는 전류가 잘 통하기 때문에
③ 편의상 지면의 전위를 무한대로 보기 때문에
④ 지구의 용량이 커서 전위가 거의 일정하기 때문에

10 동심구형 콘덴서의 내외 반지름을 각각 10배로 증가시키면 정전용량은 몇 배로 증가하는가?

① 5
② 10
③ 20
④ 100

11 내압 및 정전용량이 각각 1,000[V]_2[μF], 700[V]_3[μF], 600[V]_4[μF], 300[V]_8[μF]인 4개의 커패시터가 있다. 이 커패시터들을 직렬로 연결하여 양단에 전압을 인가한 후 서서히 전압을 상승시키면 가장 먼저 절연이 파괴되는 커패시터는 무엇인가?(단, 커패시터의 재질이나 형태는 동일하다.)

① 1,000[V]_2[μF]
② 700[V]_3[μF]
③ 600[V]_4[μF]
④ 300[V]_8[μF]

12 한 변의 길이가 l[m]인 정방형 도체 회로에 직류 I[A]를 흘릴 때 회로의 중심점 자계의 세기[A/m]는?

① $\dfrac{2I}{2\pi l}$
② $\dfrac{\sqrt{2}\,I}{2\pi l}$
③ $\dfrac{2I}{\pi l}$
④ $\dfrac{2\sqrt{2}\,I}{\pi l}$

13 반지름 a[m]인 접지 도체구의 중심에서 r[m] 되는 거리에 점전하 Q[C]을 놓았을 때 도체구에 유도된 총 전하는 몇 [C]인가?

① 0
② $-Q$
③ $-\dfrac{a}{r}Q$
④ $-\dfrac{r}{a}Q$

14 다음은 초전도체에 대한 설명으로 잘못된 것은?

① 자석 위에 놓으면 뜨는 성질을 가지고 있다.
② 전류를 흘려도 열이 발생하지 않는다.
③ 임계온도 이하에서는 저항이 존재하지 않는다.
④ 도체 내부에 자기장이 형성된다.

15 자속밀도 B[Wb/m²]의 평등 자계와 평행한 축 둘레에 각속도 ω[rad/s]로 회전하는 반지름 a[m]의 도체 원판에 그림과 같이 브러시를 접촉시킬 때 저항 R[Ω]에 흐르는 전류[A]는?

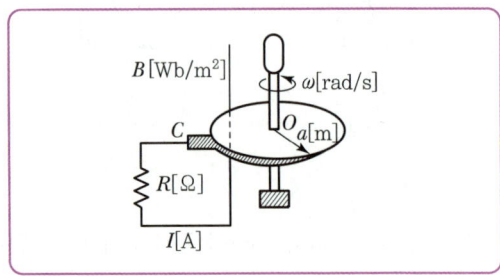

① $\dfrac{\omega B a^2}{2R}$
② $\dfrac{\omega B a^2}{R}$
③ $\dfrac{\omega B a}{2R}$
④ $\dfrac{\omega B a}{R}$

16 $z=0$인 평면상에 중심이 원점에 있고 반경이 a[m]인 원형 도체에 그림과 같이 전류 I[A]가 흐를 때 $z=b$인 점에서 자계의 세기는?(단, a_z는 단위벡터이다.)

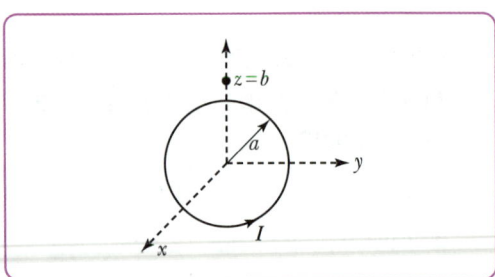

① $\dfrac{a^2 I}{2(a^2+b^2)^3} a_z$ [AT/m]
② $\dfrac{aI}{2(a^2+b^2)^{\frac{3}{2}}} a_z$ [AT/m]

③ $\dfrac{a^2 I}{2(a^2+b^2)^{\frac{3}{2}}} a_z [\text{AT/m}]$

④ $\dfrac{a^2 I}{2(a^2+b^2)^2} a_z [\text{AT/m}]$

17 공기 중에서 무한 평면 도체 표면 아래의 1[m] 떨어진 곳에 1[C]의 점전하가 있다. 전하가 받는 힘의 크기는 몇 [N]인가?

① $9 \times 10^9 [\text{N}]$
② $\dfrac{9}{2} \times 10^9 [\text{N}]$
③ $\dfrac{9}{4} \times 10^9 [\text{N}]$
④ $\dfrac{9}{16} \times 10^9 [\text{N}]$

18 0.1[S] 동안에 몇 [Wb]의 자속이 변할 때 1[V]의 전압이 인덕턴스에 유도되겠는가?

① 0.001
② 0.1
③ 1
④ 10

19 하나의 철심 위에 인덕턴스가 10[H]인 두 코일을 같은 방향으로 감아서 직렬 연결한 후에 5[A]의 전류를 흘리면 여기에 축적되는 에너지는 몇 [J]인가?(단, 두 코일의 결합계수는 0.8이다.)

① 50
② 350
③ 450
④ 2,250

20 반지름 R인 도체구에 전하 Q가 분포되어 있다. 이에 반지름 $\dfrac{R}{2}$인 작은 도체구를 접촉시켰을 때 이 작은 구로 이동하는 전하[C]를 구하면?

① Q
② $\dfrac{1}{2}Q$
③ $\dfrac{1}{3}Q$
④ $\dfrac{1}{4}Q$

2과목 전력공학

21 한류리액터의 사용목적은?

① 누설전류의 제한
② 단락전류의 제한
③ 접지전류의 제한
④ 이상전압 발생의 방지

22 단로기에 대한 설명으로 틀린 것은?

① 소호장치가 있어 아크를 소멸시킨다.
② 무부하 및 여자전류의 개폐에 사용된다.
③ 사용회로수에 의해 분류하던 단투형과 쌍투형이 있다.
④ 회로의 분리 또는 계통의 접속 변경 시 사용한다.

23 재폐로 차단기에 대한 다음 설명 중 옳은 것은?

① 배전선로용은 고장 구간을 고속 차단하여 제거한 후 다시 수동조작에 의해 배전이 되도록 설계된 것이다.
② 이 차단기는 재폐로 계전기와 같이 설치하여 계전기가 고장을 검출하여 이를 차단기에 통보 차단하도록 된 것이다.
③ 이 차단기는 송전선로의 고장구간을 고속 차단하고, 재송전하는 조작을 자동적으로 시행하는 재폐로 차단기를 장비한 자동 차단기이다.
④ 3상 재폐로 차단기는 1상의 차단이 가능하고 무전압 약 20~30초로 정하여 재폐로 하도록 되어 있다.

24 정격전압 6,600[V], Y결선, 3상 발전기의 중성점을 1선 지락 시 지락전류를 100[A]로 제한하는 저항기로 접지하려고 한다. 저항기의 저항 값은 약 몇 [Ω]인가?

① 44
② 41
③ 38
④ 35

25 3상 배전선로의 말단에 지상역률 80[%], 160[kW]인 평형 3상 부하가 있다. 부하점에 전력용 콘덴서를 접속하여 선로 손실을 최소가 되게 하려면 전력용 콘덴서에 필요한 용량[kVA]은?(단, 부하단 전압은 변하지 않는 것으로 한다.)

① 100　　② 120
③ 160　　④ 200

26 파동임피던스 $Z_1 = 300[\Omega]$인 선로의 종단에 파동임피던스 $Z_2 = 1,500[\Omega]$의 변압기가 접속되어 있다. 지금 선로에서 파고 $e_1 = 600[kV]$의 전압이 진입할 경우 접속점에서의 전압 반사파 파고는 몇 [kV]인가?

① 200[kV]　　② 300[kV]
③ 400[kV]　　④ 500[kV]

27 사고, 정전 등의 중대한 영향을 받는 지역에서 정전과 동시에 자동적으로 예비전원용 배전선로로 전환하는 장치는?

① 차단기
② 리클로저(Recloser)
③ 섹셔널라이저(Sectionalizer)
④ 자동 부하 전환개폐기(Auto Load Transfer Switch)

28 송배전 계통에 발생하는 이상전압의 내부적 원인이 아닌 것은?

① 유도뢰　　② 선로의 개폐
③ 아크 접지　　④ 선로의 이상상태

29 송전 철탑에서 역섬락을 방지하기 위한 대책은?

① 가공지선의 설치
② 탑각 접지저항의 감소
③ 전력선의 연가
④ 아크혼의 설치

30 코로나 방지에 효과적인 방법과 관계가 먼 것은?

① 굵은 전선을 사용한다.
② 복도체를 사용한다.
③ 충분한 연가를 한다.
④ 가선 금구를 개량한다.

31 수력발전소의 댐을 설계하거나 저수지의 용량 등을 결정하는데 가장 적당한 것은?

① 유량도
② 적산유량곡선
③ 유황곡선
④ 수위유량곡선

32 3.3[kV] 이하의 단거리 송배전선로에 적용되는 비접지방식에서 지락전류는 다음 중 어느 것을 말하는가?

① 누설전류　　② 충전전류
③ 뒤진전류　　④ 단락전류

33 최근에 우리나라에서 많이 채용되고 있는 가스절연 개폐설비(GIS)의 특징으로 틀린 것은?

① 대기 절연을 이용한 것에 비해 현저하게 소형화 할 수 있으나 비교적 고가이다.
② 소음이 적고 충전부가 완전한 밀폐형으로 되어 있기 때문에 안정성이 높다.
③ 가스 압력에 대한 엄중 감시가 필요하며 내부 점검 및 부품 교환이 번거롭다.
④ 한랭지, 산악 지방에서도 액화 방지 및 산화 방지 대책이 필요하다.

34 30[kV] 배전선로에서 1선이 지락하는 경우 건전상의 전위상승이 $\sqrt{3}$ 배 상승하는 중성점 접지방식은?

① 직접접지방식
② 소호리액터접지방식
③ 비접지방식
④ 저항접지방식

35 다음 중 가공 송전선에 사용하는 애자련 중 전압부담이 가장 큰 것은?

① 전선에 가장 가까운 것
② 중앙에 있는 것
③ 철탑에 가장 가까운 것
④ 철탑에서 $\frac{1}{3}$ 지점의 것

36 화력발전소에서 매일 최대출력 100,000[kW], 부하율 90[%]로 60일간 연속 운전할 때 필요한 석탄량은 약 몇 [t]인가?(단, 사이클 효율은 40[%], 보일러 효율은 85[%], 발전기 효율은 98[%]로 하고 석탄의 발열량은 5,500[kcal/kg]이라 한다.)

① 60,820
② 61,820
③ 62,820
④ 63,820

37 저압 네트워크 배전방식의 특징이 아닌 것은?

① 특별한 보호장치를 필요로 하지 않는다.
② 부하 증가시 적응성이 양호하다.
③ 배전 신뢰도가 높다.
④ 전압변동 및 전력손실이 적다.

38 3상3선식 송전선에서 L을 작용 인덕턴스라 하고, L_e 및 L_m은 대지를 귀로로 하는 1선의 자기 인덕턴스 및 상호 인덕턴스라고 할 때 이들 사이의 관계식은?

① $L = L_m - L_e$
② $L = L_e - L_m$
③ $L = L_m + L_e$
④ $L = \dfrac{L_m}{L_e}$

39 선로의 정격전압이 E[V], 정격전류가 I[A], %임피던스가 %Z인 경우 선로의 단락전류 I_s를 표현하는 식은?

① $I_s = \dfrac{EI}{100}$
② $I_s = \dfrac{100I}{E}$
③ $I_s = \dfrac{100I}{\%Z}$
④ $I_s = \dfrac{100}{BI}$

40 전선의 손실계수 H와 부하율 F와의 관계는?

① $0 \leq F^2 \leq H \leq F \leq 1$
② $0 \leq H^2 \leq F \leq H \leq 1$
③ $0 \leq H \leq F^2 \leq F \leq 1$
④ $0 \leq F \leq H^2 \leq H \leq 1$

3과목 전기기기

41 3상 전원에서 6상 전압을 변압기의 결선으로 얻고자 할 때 불가능한 결선은?

① 2차 2중 Y결선
② 2차 2중 △ 결선
③ 스코트 결선
④ 포크 결선

42 회전수 N[rpm]으로 단자전압이 V[V]일 때, 정격 부하에서 I_a[A]의 전기자 전류가 흐르는 직류 분권전동기의 전기자 저항이 R_a[Ω]이라고 한다. 이 전동기를 같은 전압으로 무부하 운전할 때 그 속도 N[rpm]는?(단, 전기자 반작용 및 자기포화 현상 등은 일체 무시한다.)

① $\dfrac{N}{(V-I_aR_a)}$ ② $\left(\dfrac{V}{V-I_aR_a}\right)N$
③ $\left(\dfrac{V-I_aR_a}{V}\right)N$ ④ $\left(\dfrac{V+I_aR_a}{V}\right)N$

43 3[kVA], 3,000/200[V] 변압기의 단락시험에서 임피던스 전압 120[V], 동손 150[W]일 때 %저항 강하는 몇 [%]인가?

① 1 ② 3
③ 5 ④ 7

44 직류기에서 전기자 반작용을 방지하기 위한 보상권선의 전류 방향은?

① 계자 전류의 방향과 같다.
② 계자 전류의 방향과 반대이다.
③ 전기자 전류의 방향과 같다.
④ 전기자 전류의 방향과 반대이다.

45 동기 전동기에 관한 설명 중 옳지 않은 것은?

① 기동 토크가 작다.
② 역률을 조정할 수 없다.
③ 난조가 일어나기 쉽다.
④ 직류 여자기가 필요하다.

46 직류 발전기에 직결한 3상 유도 전동기가 있다. 발전기의 부하 100[kW], 효율 90[%]이며 전동기 단자전압 3,300[V], 효율 90[%], 역률 90[%]이다. 전동기에 흘러 들어가는 전류는 약 몇 [A]인가?

① 2.4 ② 4.8
③ 19 ④ 24

47 회전자 동기각속도 w_o, 회전자 각속도 w인 유도 전동기의 2차 효율은?

① $\dfrac{w_o-w}{w}$ ② $\dfrac{w_o-w}{w_o}$
③ $\dfrac{w_o}{w}$ ④ $\dfrac{w}{w_o}$

48 60[kW], 4극 직류 발전기가 중권으로 권선되고 48개의 전기자 홈을 가지고 있다. 그리고 각 홈에는 6개의 코일변(도체)이 들어 있다. 한 자극의 자속이 0.08[Wb]이고, 전기자 회전수가 1,040[rpm]일 때 유기전압 E[V]은?

① 110 ② 150
③ 288 ④ 400

49 유도전동기에 게르게스(Gorges) 현상이 생기는 슬립은 대략 얼마인가?

① 0.25 ② 0.50
③ 0.70 ④ 0.80

50 직류기의 온도상승 시험방법 중 반환부하법의 종류가 아닌 것은?

① 카프법 ② 홉킨스법
③ 스코트법 ④ 블론델법

51 7.5[kW], 6극, 200[V]용 3상 유도전동기가 있다. 정격전압으로 기동하면 기동전류는 정격전류의 615[%]이고, 기동 토크는 전부하 토크의 225[%]이다. 지금 기동 토크를 전부하 토크의 1.5배로 하기 위하여 기동전압을 약 몇 [V]으로 하면 되는가?

① 143　　② 153
③ 163　　④ 173

52 단상 반파 정류회로에서 직류전압의 평균값 210[V]를 얻는 데 필요한 변압기 2차 전압의 실횻값은 약 몇 [V]인가?(단, 부하는 순저항이고, 정류기의 전압강하 평균값은 15[V]로 한다.)

① 400　　② 433
③ 500　　④ 566

53 4극, 60[Hz]인 3상 유도전동기가 있다. 1,725[rpm]으로 회전하고 있을 때, 2차 기전력의 주파수[Hz]는?

① 2.5　　② 5
③ 7.5　　④ 10

54 100[kVA], 2,300/115[V], 철손 1[kW], 전부하 동손 1.25[kW]의 변압기가 있다. 이 변압기는 매일 무부하로 10시간, $\frac{1}{2}$ 정격부하 역률 1에서 8시간, 전부하 역률 0.8(지상)에서 6시간 운전하고 있다면 전일효율은 약 몇 [%]인가?

① 93.3　　② 94.3
③ 95.3　　④ 96.3

55 변압기유에 요구되는 특성으로 틀린 것은?

① 점도가 클 것
② 응고점이 낮을 것
③ 인화점이 높을 것
④ 절연 내력이 클 것

56 SCR을 이용한 단상전파 위상제어 정류회로에서 전원전압은 실횻값이 220[V], 60[Hz]인 정현파이며, 부하는 순저항으로 10[Ω]이다. SCR의 점호각 a를 60°라 할 때 출력전류의 평균값[A]은?

① 7.54　　② 9.73
③ 11.43　　④ 14.85

57 단락비가 큰 동기기에 대한 설명으로 알맞은 것은?

① 전기자 반작용이 크다.
② 기계가 소형이다.
③ 전압변동률이 크다.
④ 안정도가 높다.

58 동기전동기에 설치된 제동권선의 효과는?

① 정지시간의 단축
② 출력전압의 증가
③ 기동토크의 발생
④ 과부하 내량의 증가

59 Δ 결선 변압기의 한 대가 고장으로 제거되어 V결선으로 전력을 공급할 때, 고장 전 전력에 대하여 몇 [%]의 전력을 공급할 수 있는가?

① 81.6　　② 75.0
③ 66.7　　④ 57.7

60 변압기의 결선방식에 대한 설명으로 틀린 것은?

① Δ − Δ 결선에서 1상분의 고장이 나면 나머지 2대로 V결선 운전이 가능하다.
② Y − Y 결선에서 1차, 2차 모두 중성점을 접지할 수 있으며, 고압의 경우 이상전압을 감소시킬 수 있다.

③ Y-Y결선에서 중성점을 접지하면 제5고조파 전류가 흘러 통신선에 유도장해를 일으킨다.
④ Y-Δ결선에서 1상에 고장이 생기면 전원공급이 불가능해진다.

4과목 회로이론 및 제어공학

61 4단자 회로에서 4단자 정수를 A, B, C, D라 하면 영상 임피던스 $\dfrac{Z_{01}}{Z_{02}}$는?

① $\dfrac{D}{A}$ ② $\dfrac{B}{C}$
③ $\dfrac{C}{B}$ ④ $\dfrac{A}{D}$

62 무한장 평행 2선 선로에 주파수 100[MHz]인 전압을 가하였을 때 전압의 위상 정수는 약 몇 [rad/m]인가?(단, 여기서 전파속도는 3×10^8[m/sec]로 한다.)

① $\dfrac{2}{3}\pi$ ② $\dfrac{3}{2}\pi$
③ $\dfrac{4}{3}\pi$ ④ $\dfrac{5}{2}\pi$

63 두 대의 전력계를 사용하여 3상 평형 부하의 역률을 측정하려고 한다. 전력계의 지시가 각각 P_1[W], P_2[W]라고 할 때 이 회로의 역률은?

① $\dfrac{\sqrt{P_1+P_2}}{P_1+P_2}$ ② $\dfrac{P_1+P_2}{P_1^2+P_2^2-2P_1P_2}$
③ $\dfrac{2(P_1+P_2)}{\sqrt{P_1^2+P_2^2-P_1P_2}}$ ④ $\dfrac{P_1+P_2}{2\sqrt{P_1^2+P_2^2-P_1P_2}}$

64 평형 3상 전류가 $I_a = 16+j2$[A], $I_b = -20-j9$[A], $I_c = -2+j10$[A]일 때 영상분 전류[A]는?

① $-2+j$[A]   ② $-6+j3$[A]
③ $-9+j6$[A]   ④ $-18+j9$[A]

65 다음 왜형파 전압과 전류에 의한 전력은 몇 [W]인가?

$$v = 100\sin(\omega t+30°)-50\sin(3\omega t+60°)+25\sin 5\omega t$$
$$i = 20\sin(\omega t-30°)+15\sin(3\omega t+30°)+10\cos(5\omega t-60°)$$

① 933.0   ② 566.9
③ 420.0   ④ 283.5

66 Y결선의 평형 3상 회로에서 선간전압 V_{ab}와 상전압 V_a의 관계로 옳은 것은?(단, $V_b = V_a e^{-j(2\pi/3)}$, $V_c = V_b e^{-j(2\pi/3)}$)

① $V_{ab} = \dfrac{1}{\sqrt{3}}e^{j(\pi/6)}V_a$
② $V_{ab} = \sqrt{3}\,e^{j(\pi/6)}V_a$
③ $V_{ab} = \dfrac{1}{\sqrt{3}}e^{-j(\pi/6)}V_a$
④ $V_{ab} = \sqrt{3}\,e^{-j(\pi/6)}V_a$

67 전달함수 $G(s) = \dfrac{1}{s+1}$인 제어계의 인디셜 응답은?

① $1-e^{-t}$ ② e^{-t}
③ $1+e^{-t}$ ④ $e^{-t}-1$

68 내부저항 $r[\Omega]$인 전원이 있다. 부하 R에 최대전력을 공급하기 위한 조건은?

① $r = 2R$ ② $R = r$
③ $R = 2\sqrt{r}$ ④ $R = r^2$

69 다음과 같은 전류의 초깃값 $i(0^+)$를 구하면?

$$I(s) = \frac{12(s+8)}{4s(s+6)}$$

① 1 ② 2
③ 3 ④ 4

70 전원과 부하가 다같이 Δ 결선된 3상 평형회로가 있다. 전원전압이 200[V], 부하임피던스가 $6 + j8[\Omega]$인 경우 선전류 [A]는?

① 20 ② $\dfrac{20}{\sqrt{3}}$
③ $20\sqrt{3}$ ④ $10\sqrt{3}$

71 그림과 같은 RLC회로에서 입력전압 $e_i(t)$, 출력전류가 $i(t)$인 경우 이 회로의 전달함수 $\dfrac{I(s)}{E_i(s)}$는?

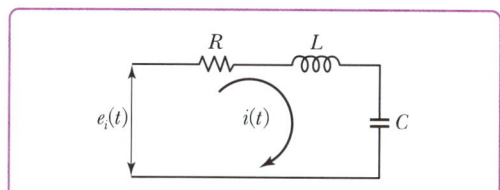

① $\dfrac{Cs}{RCs^2 + LCs + 1}$ ② $\dfrac{1}{RCs^2 + LCs + 1}$
③ $\dfrac{Cs}{LCs^2 + RCs + 1}$ ④ $\dfrac{1}{LCs^2 + RCs + 1}$

72 $G(s)H(s) = \dfrac{K}{(T_s + 1)}$ 일 때 이 계통은 어떤 형인가?

① 0형 ② 1형
③ 2형 ④ 3형

73 $G(s)H(s) = \dfrac{K(s+4)}{s(s+2)}$ 일 때, 이 계의 이탈점 (Break-away Point)은?

① $s = -1.172$
② $s = -6.828$
③ $s = -1.172, -6.828$
④ $s = 0, -2$

74 $GH(jw) = \dfrac{K}{(1 + 2jw)(1 + jw)}$ 의 이득 여유가 20[dB]일 때 K의 값은?

① $K = 0$ ② $K = 1$
③ $K = 10$ ④ $K = \dfrac{1}{10}$

75 단위 계단 입력 함수의 파형과 동일하나, 시간 늦음만 나타나는 제어 동작은 무엇인가?

① 비례 요소 ② 1차 지연 요소
③ 미분 요소 ④ 부동작 지연 요소

76 아래 신호 흐름 선도의 전달함수 $\dfrac{C}{R}$를 구하면?

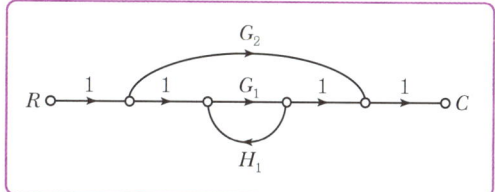

① $\dfrac{C}{R} = \dfrac{G_1 + G_2}{1 - G_1 H_1}$

② $\dfrac{C}{R} = \dfrac{G_1 + G_2}{1 - G_1 H_1 - G_2 H_2}$

③ $\dfrac{C}{R} = \dfrac{G_1 + G_2(1 - G_1 H_1)}{1 - G_1 H_1}$

④ $\dfrac{C}{R} = \dfrac{G_1 G_2}{1 - G_1 H_1}$

77 $F(s) = \dfrac{2s + 3}{s^2 + 3s + 2}$ 의 라플라스 함수를 시간 함수로 고치면 어떻게 되는가?

① $F(t) = e^{-t} - 2e^{-2t}$
② $F(t) = e^{-t} - te^{-2t}$
③ $F(t) = e^{-t} + e^{-2t}$
④ $F(t) = 2t + e^{-t}$

78 $G_{c1}(s) = K$, $G_{c2}(s) = \dfrac{1 + 0.1s}{1 + 0.2s}$, $G_p(s) = \dfrac{200}{s(s+1)(s+2)}$ 인 그림과 같은 제어계에서 단위 램프 입력을 가할 때 정상 편차가 0.01이라면 K의 값은?

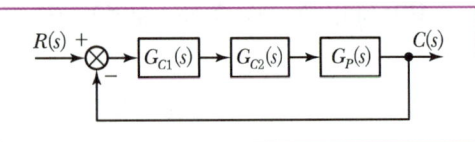

① 0.1　　② 1
③ 10　　④ 100

79 다음 그림은 유접점 회로에서 나타내는 회로의 명칭은 무엇인가?

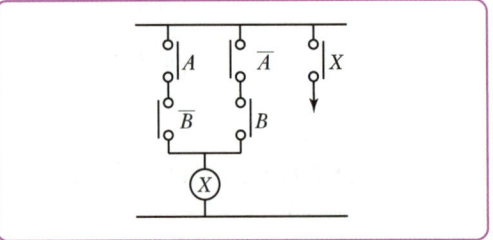

① OR 회로　　② AND 회로
③ EX-OR 회로　　④ NAND 회로

80 특성방정식이 $S^5 + S^4 + 8S^3 + 6S^2 + 4S + 2 = 0$으로 주어졌을 때 S평면의 우반평면의 근은 몇 개인가?

① 0　　② 1
③ 2　　④ 3

5과목　전기설비기술기준

81 특고압의 기계기구·모선 등을 옥외에 시설하는 변전소의 구내에 취급자 이외의 자가 들어가지 못하도록 시설하는 울타리, 담 등의 하단 사이 간격은 몇 [m] 이하로 하여야 하는가?

① 0.15　　② 0.2
③ 0.25　　④ 0.3

82 대사용전압 22.9[kV]인 3상 4선식 다중접지방식의 지중 전선로의 절연내력시험 전압은 몇 [V]인가?

① 16,448　　② 21,068
③ 32,796　　④ 42,136

83. 지중 전선로의 매설방법이 아닌 것은?
   ① 관로식
   ② 압착식
   ③ 암거식
   ④ 직접 매설식

84. 전기철도차량에 전력을 공급하는 전차선의 가선 방식에 포함되지 않는 것은?
   ① 가공방식
   ② 강체방식
   ③ 제3레일방식
   ④ 지중조가선방식

85. 다음 중 "제2차 접근상태"를 바르게 설명한 것은 어느 것인가?
   ① 가공전선의 절단 또는 지지물의 도괴 등이 되는 경우에 당해 전선이 다른 공작물에 접속될 우려가 있는 상태를 말한다.
   ② 가공전선이 다른 공작물과 접근하는 경우에 당해 가공전선이 다른 공작물의 상방 또는 측방에서 수평거리로 3[m] 미만인 곳에 시설되는 상태를 말한다.
   ③ 가공전선이 다른 공작물과 접근하는 경우에 가공전선이 다른 공작물의 상방 또는 측방에서 수평거리로 3[m] 이상에 시설되는 것을 말한다.
   ④ 가공선로 중 제1차 접근 시설로 접근할 수 없는 시설로서 제2차 보호조치가 안전시설을 하여야 접근할 수 있는 상태의 시설을 말한다.

86. 교통신호등 회로의 사용전압은 몇 [V] 이하이어야 하는가?
   ① 110
   ② 200
   ③ 220
   ④ 300

87. 원형 철근콘크리트주의 갑종 풍압하중[Pa]은 수직투영면적 1[m^2]당 얼마인가?
   ① 588[Pa]
   ② 1,225[Pa]
   ③ 882[Pa]
   ④ 666[Pa]

88. 저·고압 가공전선이 건조물에 접근할 때 조영물의 상부 조영재와의 상방에 있어서의 간격은 몇 [m] 이상인가?
   ① 0.4
   ② 0.8
   ③ 1
   ④ 2.0

89. 주택 등 저압 수용장소에서 고정 전기설비에 TN-C-S 접지 방식으로 접지공사 시 중성선 겸용 보호도체(PEN)를 알루미늄으로 사용할 경우 단면적은 몇 [mm^2] 이상인가?
   ① 2.5
   ② 6
   ③ 10
   ④ 16

90. 제1종 특고압 보안공사를 필요로 하는 가공전선로의 지지물로 사용할 수 있는 것은?
   ① A종 철근콘크리트주
   ② 목주
   ③ A종 철주
   ④ 철탑

91. 사용전압 66[kV] 가공전선과 고압 가공전선을 동일 지지물에 병행설치하는 경우, 특별고압 가공전선은 단면적이 몇 [mm^2]인 경동연선 또는 이와 동등 이상의 세기 및 굵기의 연선이어야 하는가?
   ① 22
   ② 38
   ③ 50
   ④ 55

92 화재에 대한 보호에서 전기기기의 설치 시에는 공간분리, 내화벽, 불연재료의 시설 등 화재예방을 위한 대책을 고려하여야 한다. 다음 중 절연유 누설에 대한 보호대책으로 틀린 것은?

① 옥내기기가 위치한 구역의 주위에 누설되는 절연유가 스며들지 않는 바닥에 유출방지 턱을 시설하거나 건축물 안에 지정된 보존구역으로 집유한다.
② 집유조 및 집수탱크가 시설되는 경우 집수탱크는 최대 용량 변압기의 유량에 대한 집유능력이 있어야 한다.
③ 벽, 집유조 및 집수탱크에 관련된 배관은 액체가 침투하는 것이어야 한다.
④ 절연유 및 냉각액에 대한 집유조 및 집수탱크의 용량은 물의 유입으로 지나치게 감소되지 않아야 하며, 자연배수 및 강제배수가 가능하여야 한다.

93 교류계통에서는 누전차단기에 의한 추가적 보호를 하여야 한다. 일반인이 사용하는 콘센트는 정격전류 몇 [A] 이하인가?

① 15[A] 이하 ② 20[A] 이하
③ 30[A] 이하 ④ 32[A] 이하

94 최대 사용 전압 22.9[kV]인 가공 전선로에서 전선과 그 지지물과의 간격[m]은?

① 0.15 ② 0.2
③ 0.25 ④ 0.3

95 공칭전압이 25,000[V]인 단상 교류시스템의 전차선과 차량 간의 동적 최소 절연간격은 몇 [mm] 이상을 확보하여야 하는가?(단, 비오염 구간이다.)

① 150 ② 170
③ 270 ④ 100

96 특별고압 가공전선로에 사용하는 가공지선에는 지름 몇 [mm]의 나경동선 또는 이와 동등 이상의 세기 및 굵기의 나선을 사용하여야 하는가?

① 5 ② 6
③ 10 ④ 16

97 특고압 지중전선이 가연성이나 유독성의 유체(流體)를 내포하는 관과 접근하거나 교차하는 경우에 상호 간의 간격은 몇 [m]인가?(단, 사용전압이 25[kV] 이하인 다중접지방식 지중전선로인 경우는 제외한다.)

① 0.3 ② 0.5
③ 1 ④ 2

98 옥내에 시설하는 저압 전선에는 나전선을 사용하여서는 아니 된다. 다음 배선공사 방법 중 나전선을 사용해도 되는 공사방법은?

① 금속관 공사
② 합성수지몰드공사
③ 버스덕트 공사
④ 플로어 덕트 공사

99 저압 옥상전선로의 시설에 대한 설명으로 틀린 것은?

① 전선은 절연전선을 사용한다.
② 전선을 지름 2.6[mm] 이상의 경동선을 사용한다.
③ 전선은 상시 부는 바람 등에 의하여 식물에 접촉하지 않도록 시설한다.
④ 전선과 옥상 전선로를 시설하는 조영재와의 간격을 0.5[m]로 한다.

100 전기저장장치의 시설 중 제어 및 보호장치에 관한 사항으로 옳지 않은 것은?

① 상용전원이 정전되었을 때 비상용 부하에 전기를 안정적으로 공급할 수 있는 시설을 갖추어야 한다.
② 전기저장장치의 접속점에는 쉽게 개폐할 수 없는 곳에 개방상태를 육안으로 확인할 수 있는 전용의 개폐기를 시설하여야 한다.
③ 직류 전로에 과전류차단기를 설치하는 경우 직류 단락전류를 차단하는 능력을 가지는 것이어야 하고, "직류용" 표시를 하여야 한다.
④ 전기저장장치의 직류 전로에는 지락이 생겼을 때에 자동적으로 전로를 차단하는 장치를 시설하여야 한다.

2024년도 3회 과년도 기출문제

1과목 전기자기학

01 액체 유전체를 넣은 콘덴서의 용량이 $20[\mu F]$이다. 여기에 500[V]의 전압을 가하면 누설 전류는 몇 [mA]인가?(단, 비유전율 $\varepsilon_s = 2.2$, 고유저항 $\rho = 10^{11}[\Omega m]$이다.)

① 4.2
② 5.13
③ 54.5
④ 61

02 그림과 같은 유전속의 분포에서 ε_1과 ε_2의 관계는?

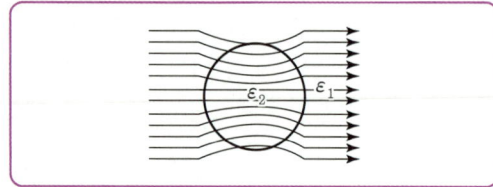

① $\varepsilon_1 > \varepsilon_2$
② $\varepsilon_1 < \varepsilon_2$
③ $\varepsilon_1 = \varepsilon_2$
④ $\varepsilon_1 \leq \varepsilon_2$

03 비투자율 $\mu_s = 800$, 원형 단면적 $S = 10[cm^2]$, 평균자로의 길이 $l = 16\pi \times 10^{-2}[m]$의 환상철심에 코일을 600회 감고 이 코일에 1[A]의 전류를 흘리면 환상철심 내부의 자속은 몇 [Wb]인가?

① 1.2×10^{-3}
② 1.2×10^{-5}
③ 2.4×10^{-3}
④ 2.4×10^{-5}

04 무한장 직선 전류에 의한 자계의 세기[AT/m]는?

① 거리 r에 비례한다.
② 거리 r^2에 비례한다.
③ 거리 r에 반비례한다.
④ 거리 r^2에 반비례한다.

05 평형 상태에서 도체의 전하 분포와 전계에 관한 성질 중 적합하지 않은 것은?

① 도체 내부에는 전계가 0이 아니다.
② 대전된 도체의 전하는 도체 표면에만 존재한다.
③ 대전된 도체 표면은 동일 전위에 있다.
④ 대전된 도체의 표면 각 점의 전기력선은 도체 표면에 직교한다.

06 2장의 무한평판 도체를 4[cm]의 간격으로 놓은 후 평판 도체 간에 일정한 전계를 인가하였더니 평판 도체 표면에 $2[\mu C/m^2]$의 전하밀도가 생겼다. 이때 평행 도체 표면에 작용하는 정전응력은 약 몇 $[N/m^2]$인가?

① 0.057
② 0.226
③ 0.57
④ 2.26

07 평균반지름이 20[cm], 단면적이 $6[cm^2]$인 환상 솔레노이드에서 권선수가 500회인 코일에 전류 4[A]가 흐를 경우 철심 내부의 자계의 세기는 약 얼마인가?

① 1,590[AT/m]
② 1,700[AT/m]
③ 1,870[AT/m]
④ 2,120[AT/m]

08 자극의 세기가 $8 \times 10^{-6}[Wb]$, 길이가 3[cm]인 막대자석을 120[AT/m]의 평등자계 내에 자력선과 30°의 각도로 놓으면 이 막대자석이 받는 회전력은 몇 [N·m]인가?

① 3.02×10^{-5}
② 3.02×10^{-4}
③ 1.44×10^{-5}
④ 1.44×10^{-4}

09 $E = \dfrac{3x}{x^2+y^2} + \dfrac{3y}{x^2+y^2}j$ [V/m]일 때 점(4, 3, 0)을 지나는 전기력선의 방정식은?

① $xy = \dfrac{4}{3}$ ② $xy = \dfrac{3}{4}$
③ $x = \dfrac{4}{3}y$ ④ $x = \dfrac{3}{4}y$

10 자기회로의 자기저항이 일정할 때 코일의 권수를 $\dfrac{1}{2}$로 줄이면 자기인덕턴스는 원래의 몇 배가 되는가?

① $\dfrac{1}{\sqrt{2}}$ ② $\dfrac{1}{2}$
③ $\dfrac{1}{4}$ ④ $\dfrac{1}{8}$

11 두 종류의 유전율 ε_1, ε_2를 가진 유전체 경계면에 전하가 존재하지 않을 때 경계조건이 아닌 것은?

① $\varepsilon_1 E_1 \cos\theta_1 = \varepsilon_2 E_2 \cos\theta_2$
② $\varepsilon_1 E_1 \sin\theta_1 = \varepsilon_2 E_2 \sin\theta_2$
③ $E_1 \sin\theta_1 = E_2 \sin\theta_2$
④ $\dfrac{\tan\theta_1}{\tan\theta_2} = \dfrac{\varepsilon_1}{\varepsilon_2}$

12 내압이 2[kV]이고 정전용량이 각각 0.01[μF], 0.02[μF], 0.04[μF]인 3개의 커패시터를 직렬로 연결했을 때 전체 내압은 몇 [V]인가?

① 1,750 ② 2,000
③ 3,500 ④ 4,000

13 맥스웰 전자계의 기초 방정식으로 틀린 것은?

① $rot H = i_c + \dfrac{\partial D}{\partial t}$ ② $rot E = -\dfrac{\partial B}{\partial t}$
③ $div D = \rho$ ④ $div B = -\dfrac{\partial D}{\partial t}$

14 정전용량이 C_0[F]인 평행한 공기콘덴서가 있다. 이것의 극판에 평행으로 판간격 d[m]의 $\dfrac{1}{2}$ 두께인 유리판을 삽입하였을 때의 정전용량[F]은?(단, 유리판의 유전율은 ε[F/m]이라 한다.)

① $\dfrac{C_0}{1+\dfrac{1}{\varepsilon}}$ ② $\dfrac{2C_0}{1+\dfrac{1}{\varepsilon}}$
③ $\dfrac{C}{1+\dfrac{\varepsilon}{\varepsilon_0}}$ ④ $\dfrac{2C_0}{1+\dfrac{\varepsilon_0}{\varepsilon}}$

15 두 종류의 금속으로 된 폐회로에 전류를 흘리면 양 접속점에서 한쪽은 온도가 올라가고 다른 쪽은 온도가 내려가는 현상을 무엇이라 하는가?

① 볼타(Volta) 효과
② 제벡(Seebeck) 효과
③ 펠티에(Peltier) 효과
④ 톰슨(Thomson) 효과

16 다음 내용은 어떤 법칙을 설명한 것인가?

> 유도기전력의 크기는 코일 속을 쇄교하는 자속의 시간적 변화율에 비례한다.

① 패러데이 법칙
② 렌츠의 법칙
③ 가우스 법칙
④ 플레밍의 오른손법칙

17 전자파의 에너지 전달방향은?

① $\nabla \times E$의 방향과 같다.
② $E \times H$의 방향과 같다.
③ 전계 E의 방향과 같다.
④ 자계 H의 방향과 같다.

18 영구자석의 재료로 사용되는 철에 요구되는 사항으로 옳은 것은?

① 잔류자속밀도는 작고 보자력이 커야 한다.
② 잔류자속밀도와 보자력이 모두 커야 한다.
③ 잔류자속밀도는 크고 보자력이 작아야 한다.
④ 잔류자속밀도는 커야 하나, 보자력은 0이어야 한다.

19 그림과 같이 반지름 a[m]인 원형 전류가 흐르고 있을 때 원형 전류의 중심 O에서 중심축상 x[m]인 점 P의 자계[AT/m]를 나타낸 식은?

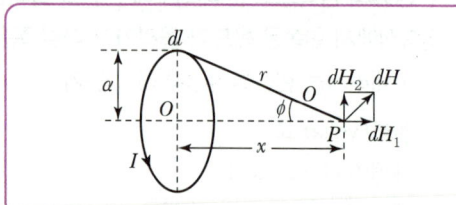

① $\dfrac{a^2 I}{2(a^2 + x^2)}$
② $\dfrac{a^2 I}{2(a^2 + x^2)^{\frac{3}{2}}}$
③ $\dfrac{I}{2}\left(1 - \dfrac{x}{\sqrt{a^2 + x^2}}\right)$
④ $\dfrac{xI}{2\sqrt{a^2 + x^2}}$

20 전류 $+I$와 전하 $+Q$가 무한히 긴 직선상의 도체에 각각 주어졌고 이들 도체는 진공 속에서 각각 투자율과 유전율이 무한대인 물질로 된 무한대 평면과 평행하게 놓여 있다. 이 경우 영상법에 의한 영상전류와 영상전하는?(단, 전류는 직류이다.)

① $-I, -Q$
② $+I, +Q$
③ $+I, -Q$
④ $+I, +Q$

2과목 전력공학

21 차단기의 차단능력이 가장 가벼운 것은?

① 중성점 직접접지계통의 지락전류 차단
② 중성점 저항접지계통의 지락전류 차단
③ 송전선로의 단락 사고 시의 단락사고 차단
④ 중성점을 소호리액터로 접지한 장거리 송전선로의 지락전류 차단

22 경간 200[m]인 가공 전선로에서 사용되는 전선의 길이는 경간보다 몇 [m] 더 길게 하면 되는가?(단, 사용 전선의 1[m]당 무게는 2[kg], 인장하중은 4,000[kg], 전선의 안전율은 2이고, 풍압하중 등은 무시한다.)

① $\dfrac{1}{2}$
② $\sqrt{2}$
③ $\dfrac{1}{3}$
④ $\dfrac{2}{3}$

23 한류리액터를 사용하는 가장 큰 목적은?

① 충전전류의 제한
② 접지전류의 제한
③ 누설전류의 제한
④ 단락전류의 제한

24 가공선 계통은 지중선 계통보다 인덕턴스 및 정전용량이 어떠한가?

① 인덕턴스, 정전용량이 모두 작다.
② 인덕턴스, 정전용량이 모두 크다.
③ 인덕턴스는 크고, 정전용량은 작다.
④ 인덕턴스는 작고, 정전용량은 크다.

25 선로의 전압을 25[kV]에서 50[kV]로 승압할 경우, 공급전력을 동일하게 취급하면 공급전력은 승압전의 (㉠)배가 되고, 선로 손실은 전의 (㉡)배로 된다.(단, 동일 조건에서 공급전력과 선로 손실률을 동일하게 취급한다.)

① ㉠ $\frac{1}{2}$, ㉡ 4
② ㉠ $\frac{1}{4}$, ㉡ 2
③ ㉠ 4, ㉡ $\frac{1}{2}$
④ ㉠ 4, ㉡ $\frac{1}{4}$

26 단락점까지의 전선 한 가닥의 임피던스가 $Z = 6 + j8[\Omega]$(전원 포함), 단락 전의 단락점 전압이 22.9[kV]인 단상 2선식 전선로의 단락용량은 몇 [kVA]인가?(단, 부하전류는 무시한다.)

① 13,110[kVA]
② 26,220[kVA]
③ 39,330[kVA]
④ 52,440[kVA]

27 플리커 경감을 위한 전력 공급측의 방안이 아닌 것은?

① 공급 전압을 낮춘다.
② 전용 변압기로 공급한다.
③ 단독 공급 계통을 구성한다.
④ 단락 용량이 큰 계통에서 공급한다.

28 1회선 송전선과 변압기의 조합에서 변압기의 여자 어드미턴스를 무시하였을 경우 송수전단의 관계를 나타내는 4단자 정수 C_0는?

(단, $A_0 = A + CZ_{zs}$,
$B_o = B + AZ_{zs} + DZ_{zs} + CZ_{zs}Z_{zs}$,
$D_o = D + CZ_{zs}$)

① C
② $C + DZ_{zs}$
③ $C + AZ_{zs}$
④ $CD + CA$

29 송전계통의 안정도를 향상시키기 위한 방법이 아닌 것은?

① 계통의 직렬리액턴스를 감소시킨다.
② 속응 여자방식을 채용한다.
③ 여러 개의 계통으로 계통을 분리시킨다.
④ 중간조상방식을 채택한다.

30 직접 접지방식에 대한 설명으로 틀린 것은?

① 1선 지락 사고시 건전상의 대지 전압이 거의 상승하지 않는다.
② 계통의 절연수준이 낮아지므로 경제적이다.
③ 변압기의 단절연이 가능하다.
④ 보호계전기가 신속히 동작하므로 과도 안정도가 좋다.

31 재점호가 가장 일어나기 쉬운 차단 전류는?

① 동상(同相)전류
② 지상전류
③ 충전전류
④ 단락전류

32 1,000[kVA]의 단상변압기 3대를 △-△결선의 1뱅크로 하여 사용하는 변전소가 부하 증가로 다시 1대의 단상변압기를 증설하여 2뱅크로 사용하면 최대 약 몇 [kVA]의 3상 부하에 적용할 수 있는가?

① 1,730
② 2,000
③ 3,460
④ 4,000

33 재폐로 차단기에 대한 설명으로 옳은 것은?

① 배전선로용은 고장구간을 고속차단하여 제거한 후 다시 수동조작에 의해 배전이 되도록 설계한 것이다.
② 재폐로 계전기와 함께 설치하여 계전기가 고장을 검출하여 이를 차단기에 통보 차단하도록 된 것이다.

③ 3상 재폐로 차단기는 1상의 차단이 가능하고 무전압 시간을 약 20~30초로 정하여 재폐로 하도록 되어 있다.
④ 송전선로의 고장구간을 고속차단하고 재송전하는 조직을 자동적으로 시행하는 재폐로 차단장치를 장비한 자동차단기이다.

34 동기조상기에 관한 설명으로 틀린 것은?
① 동기전동기의 V특성을 이용하는 설비이다.
② 동기전동기를 부족여자로 하여 컨덕터로 사용한다.
③ 동기전동기를 과여자로 하여 콘덴서로 사용한다.
④ 송전계통의 전압을 일정하게 유지하기 위한 설비이다.

35 단로기에 대한 설명으로 적합하지 않은 것은?
① 소호장치가 있어서 아크를 소멸시킨다.
② 무부하 및 여자전류의 개폐에 사용된다.
③ 배전용 단로기는 보통 디스커넥팅바로 개폐한다.
④ 회로의 분리 또는 계통의 접속 변경 시에 사용한다.

36 수전용 변전설비의 1차측 차단기의 용량은 주로 어느 것에 의하여 정해지는가?
① 수전 계약 용량
② 부하설비의 용량
③ 공급측 전원의 단락용량
④ 수전전력의 역률과 부하율

37 보호계전기의 반한시·정한시 특성은?
① 동작전류가 커질수록 동작시간이 짧아지는 특성
② 최소 동작전류 이상의 전류가 흐르면 즉시 동작하는 특성
③ 동작전류의 크기에 관계없이 일정한 시간에 동작하는 특성
④ 동작전류가 적은 동안에는 동작전류가 커질수록 동작시간이 짧아지고 어떤 전류 이상이 되면 동작전류의 크기에 관계없이 일정한 시간에서 동작하는 특성

38 전력퓨즈(Power Fuse)는 고압, 특고압기기의 주로 어떤 전류의 차단을 목적으로 설치하는가?
① 충전전류
② 부하전류
③ 단락전류
④ 영상전류

39 수조에 대한 설명 중 틀린 것은?
① 수로 내의 수위의 이상 상승을 방지한다.
② 수로식 발전소의 수로 처음 부분과 수압관 아래 부분에 설치한다.
③ 수로에서 유입하는 물속의 토사를 침전시켜서 배사문으로 배사하고 부유물을 제거한다.
④ 상수조는 최대사용수량의 1~2분 정도의 조정용량을 가질 필요가 있다.

40 발열량 5,500[kcal/kg]인 석탄 10[ton]을 속히어 24,000[kWh]의 전력이 발생하는 화력발전소의 열효율은 약 몇 [%]인가?
① 27.5
② 32.5
③ 35.5
④ 37.5

3과목 전기기기

41 6,000/200[V], 60[Hz], 100[kVA]의 3상 변압기가 있다. 저압측에서 3상 단락이 생긴 경우 단락전류는 약 몇 [A]인가?(단, %임피던스는 2.5[%]이다.)

① 385
② 3,850
③ 1,155
④ 11,550

42 5[kVA], 3,000/200[V]의 변압기의 단락시험에서 임피던스 전압 150[V], 동손 200[W]라 하면 %저항 강하는 몇 [%]인가?

① 1
② 2
③ 3
④ 4

43 동기조상기의 공급 전압과 부하를 일정하게 유지하면서 역률을 1로 운전하고 있는 상태에서 여자 전류를 증가시키면 전기자 전류는?

① 앞선 무효전류가 증가
② 앞선 무효전류가 감소
③ 뒤진 무효전류가 증가
④ 뒤진 무효전류가 감소

44 상전압 220[V]인 3상 반파정류회로에 SCR을 사용하여 위상제어를 할 때 점호각이 10°이면 직류 평균전압은 약 몇 [V]인가?

① 185
② 253
③ 312
④ 385

45 직류발전기의 단자전압을 조정하려면 어느 것을 조정하여야 하는가?

① 기동저항
② 전기자저항
③ 계자저항
④ 브러시 접촉저항

46 3상 배전선에 접속된 V결선의 변압기에서 전부하 시의 출력을 100[kVA]라 하면 같은 용량의 변압기 한 대를 증설하여 △결선하였을 때의 정격출력은 몇 [kVA]인가?

① 50
② $50\sqrt{3}$
③ 100
④ $100\sqrt{3}$

47 200[V], 7.5[kW], 6극, 3상 유도전동기가 있다. 정격전압으로 기동할 때 기동전류는 정격전류의 615[%], 기동 토크는 전부하 토크의 225[%]이다. 지금 기동 토크를 전부하 토크의 1.5배로 하려면 기동전압은?

① 약 163[V]
② 약 182[V]
③ 약 193[V]
④ 약 202[V]

48 60[kW], 4극 직류 발전기가 중권으로 권선되고 48개의 전기자 홈을 가지고 있다. 그리고 각 홈에는 6개의 코일변(도체)이 들어 있다. 한 자극의 자속이 0.08[Wb]이고, 전기자 회전수가 1,040[rpm]일 때 유기전압 E[V]은?

① 110
② 150
③ 288
④ 400

49 브러시의 위치를 이동시켜 회전방향을 역회전시킬 수 있는 단상 유도전동기는?

① 반발 기동형 전동기
② 셰이딩 코일형 전동기
③ 분상 기동형 전동기
④ 콘덴서 전동기

50 3상 유도전동기의 슬립이 s일 때 2차 효율[%]은?

① $(1-s) \times 100$
② $(2-s) \times 100$
③ $(3-s) \times 100$
④ $(4-s) \times 100$

51 15[kVA], 3,000/200[V] 변압기의 1차측 환산 등가 임피던스가 $5.4+j6$[Ω]일 때 %저항강하 p와 %리액턴스강하 q는 각각 약 몇 [%]인가?

① $p=0.7, q=1.2$
② $p=1.3, q=0.9$
③ $p=0.9, q=1$
④ $p=1.2, q=1$

52 동기기의 전기자 권선법이 아닌 것은?

① 분포권 ② 단절권
③ 이층권 ④ 집중권

53 4극, 60[Hz]인 3상 유도전동기가 있다. 1,725 [rpm]으로 회전하고 있을 때, 2차 기전력의 주파수[Hz]는?

① 2.5 ② 5
③ 7.5 ④ 10

54 동기발전기의 병렬운전 중 유도기전력의 위상차로 인하여 발생하는 현상으로 옳은 것은?

① 무효전력이 생긴다.
② 동기화전류가 흐른다.
③ 고조파 무효순환전류가 흐른다.
④ 출력이 요동하고 권선이 가열된다.

55 유도전동기 1극의 자속 Φ, 2차 유효전류 $I_2\cos\theta_2$, 토크 τ의 관계로 옳은 것은?

① $\tau \propto \Phi \times I_2\cos\theta_2$
② $\tau \propto \Phi \times (I_2\cos\theta_2)^2$
③ $\tau \propto \dfrac{1}{\Phi \times I_2\cos\theta_2}$
④ $\tau \propto \dfrac{1}{\Phi \times (I_2\cos\theta_2)^2}$

56 정류기의 직류측 평균전압이 2,000[V]이고 리플률이 3[%]일 경우 리플전압의 실훗값[V]은?

① 20 ② 30
③ 50 ④ 60

57 동기기의 전기자 저항을 r, 전기자 반작용 리액턴스를 X_a, 누설 리액턴스를 X_l라고 하면 동기임피던스를 표시하는 식은?

① $\sqrt{r^2+\left(\dfrac{X_a}{X_l}\right)^2}$
② $\sqrt{r^2+X_l^2}$
③ $\sqrt{r^2+X_a^2}$
④ $\sqrt{r^2+(X_a+X_l)^2}$

58 직류전동기의 워드레오나드 속도제어 방식으로 옳은 것은?

① 전압제어 ② 저항제어
③ 계자제어 ④ 직병렬제어

59 Δ결선 변압기 한 대가 고장으로 제거되어 V결선으로 전력을 공급할 때, 고장 전 전력에 대하여 몇 [%]의 전력을 공급할 수 있는가?

① 81.6 ② 75.0
③ 66.7 ④ 57.7

60 직류기에 관련한 사항으로 잘못 짝지어진 것은?

① 보극 – 리액턴스 전압 감소
② 보상권선 – 전기자 반작용 감소
③ 전기자 반작용 – 직류전동기 속도 감소
④ 정류기간 – 전기자 코일이 단락되는 기간

4과목 회로이론 및 제어공학

61 대칭 n상에서 선전류와 상전류 사이의 위상차 [rad]는?

① $\dfrac{\pi}{2}\left(1-\dfrac{2}{n}\right)$

② $2\left(1-\dfrac{2}{n}\right)$

③ $\dfrac{n}{2}\left(1-\dfrac{2}{\pi}\right)$

④ $\dfrac{\pi}{2}\left(1-\dfrac{n}{2}\right)$

62 2전력계법을 써서 3상 전력을 측정하였더니 각 전력계가 500[W], 300[W]를 지시하였다. 이때 역률은?

① 0.917　　② 0.814

③ 0.65　　④ 0.5

63 3상 불평형 전압에서 불평형률의 공식으로 옳은 것은?

① $\dfrac{\text{역상전압}}{\text{영상전압}}\times 100$

② $\dfrac{\text{정상전압}}{\text{역상전압}}\times 100$

③ $\dfrac{\text{역상전압}}{\text{정상전압}}\times 100$

④ $\dfrac{\text{영상전압}}{\text{정상전압}}\times 100$

64 어느 소자에 전압 $e = E_m Coswt$[V]를 가했을 때 전류 $i = I_m sinwt$[A]가 흘렀다. 이 회로의 소자는 어떤 종류인가?

① 순저항　　② 인덕턴스

③ 콘덴서　　④ 다이오드

65 무손실 선로에 있어서 감쇠정수 α, 위상정수를 β라 하면 α와 β의 값은?(단, R, G, L, C는 선로 단위 길이당의 저항, 컨덕턴스, 인덕턴스, 커패시턴스이다.)

① $\alpha = \sqrt{RG},\ \beta = 0$

② $\alpha = 0,\ \beta = \dfrac{1}{\sqrt{LC}}$

③ $\alpha = 0,\ \beta = w\sqrt{LC}$

④ $\alpha = \sqrt{RG},\ \beta = w\sqrt{LC}$

66 2단자 임피던스 함수 $Z_{(S)} = \dfrac{(s+1)(s+2)}{(s+3)(s+4)}$ 일 때 극점(Pole)은?

① $-1, -2$　　② $-3, -4$

③ $-1, -2, -3, -4$　　④ $-1, -3$

67 그림과 같은 회로의 구동점 임피던스는?

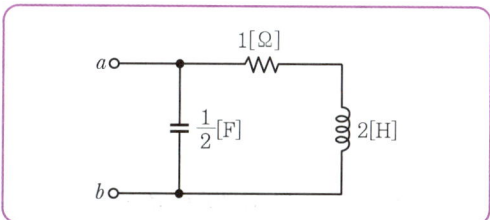

① $\dfrac{2(2s+1)}{2s^2+s+2}$　　② $\dfrac{2s+1}{2s^2+s+2}$

③ $\dfrac{2(2s-1)}{2s^2+s+2}$　　④ $\dfrac{2s^2+s+2}{2(2s+1)}$

68 다음과 같은 회로에서 $t=0^+$에서 스위치를 닫았다. $i_1(0^+)$, $i_2(0^+)$는 얼마인가?(단, C의 초기전압과 L의 초기전류는 0이다.)

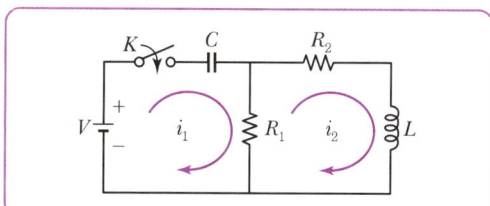

① $i_1(0^+) = 0, i_2(0^+) = \dfrac{V}{R_2}$

② $i_1(0^+) = \dfrac{V}{R_1}, i_2(0^+) = 0$

③ $i_1(0^+) = 0, i_2(0^+) = 0$

④ $i_1(0^+) = \dfrac{V}{R_1}, i_2(0^+) = \dfrac{V}{R_2}$

69 다음 그림에서 $t = 0$이며 직류 $E = 5[V]$를 인가하고 스위치를 닫았을 때 $i(t) = 20(1 - e^{-20 \times 10^{-3}t})$ [mA]였다. 이때 처음 저항의 2배를 가했을 때 시정수는?

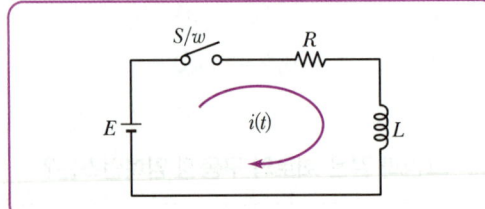

① 2,500[msec]　　② 25[sec]
③ 250[sec]　　④ 250[msec]

70 그림과 같은 π형 회로에서 Z_3을 4단자 정수(A, B, C, D)로 표현한 것은?

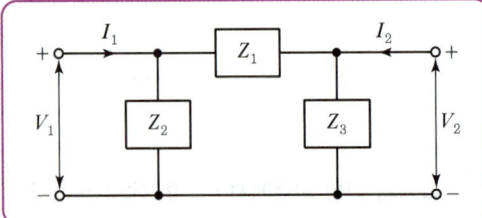

① $\dfrac{B}{A-1}$　　② $\dfrac{A}{1-B}$

③ $\dfrac{B}{1-A}$　　④ $\dfrac{A}{B-1}$

71 PID 동작은 어느 것인가?

① 사이클링은 제거할 수 있으나 오프셋은 생긴다.
② 오프셋은 제거되나 제어동작에 큰 부동작 시간이 있으면 응답이 늦어진다.
③ 응답속도는 빨리 할 수 있으나 오프셋은 제거되지 않는다.
④ 사이클링과 오프셋이 제거되고 응답속도가 빠르며 안정성도 있다.

72 다음과 같은 전류의 초깃값 $I(0_+)$를 구하면?

$$I(s) = \dfrac{12}{2s(s+6)}$$

① 6　　② 2
③ 1　　④ 0

73 제어계의 미분 방정식이 $\dfrac{d^3c(t)}{dt^3} + 4\dfrac{d^2c(t)}{dt^2} + 5\dfrac{dc(t)}{dt} + c(t) = 5R(t)$로 주어졌을 때 전달함수를 구하면?

① $\dfrac{5}{s^3 + 4s^2 + 5s + 1}$　　② $\dfrac{s^3 + 4s^2 + 5s + 1}{5s}$

③ $\dfrac{5s}{s^3 + 4s^2 + 5s + 1}$　　④ $s^3 + 4s^2 + 5s + 1$

74 다음 블록선도에서 입력이 $R(s)$ 출력이 $c(s)$일 때 $\dfrac{C(s)}{R(s)}$를 구하시오.

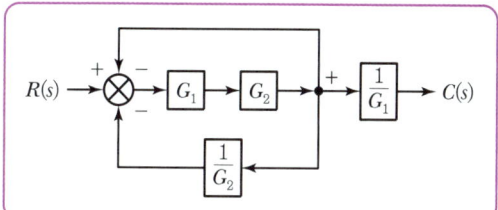

① $G(s) = \dfrac{G_1 G_2}{1+G_2+G_1 G_2}$

② $G(s) = \dfrac{G_1}{1+G_1+G_1 G_2}$

③ $G(s) = \dfrac{G_1}{1+G_2+G_1 G_2}$

④ $G(s) = \dfrac{G_2}{1+G_1+G_1 G_2}$

75 전달 함수 $\dfrac{C(s)}{R(s)} = \dfrac{25}{s^2+6s+25}$ 인 2차계의 과도 진동 주파수는 w_o는?

① 3[rad/s] ② 4[rad/s]
③ 5[rad/s] ④ 6[rad/s]

76 $G(s)H(s) = \dfrac{K}{s(s+4)(s+5)}$ 이고 $K \geq 0$일 때 분지점은?

① -1.47 ② -4.53
③ 1.47 ④ 4.53

77 다음 계통의 상태 천이 행렬 $\Phi(t)$를 구하면?

$$\begin{bmatrix} X_1 \\ X_2 \end{bmatrix} = \begin{bmatrix} 0 & 1 \\ -2 & -3 \end{bmatrix} \begin{bmatrix} X_1 \\ X_2 \end{bmatrix}$$

① $\begin{bmatrix} 2e^{-1}-e^{2t} & -e^{-t}-e^{2t} \\ -2e^{-t}+2e^{2t} & -e^{t}+2e^{2t} \end{bmatrix}$

② $\begin{bmatrix} 2e^{t}+e^{2t} & -e^{-t}-e^{-2t} \\ 2e^{t}+2e^{2t} & e^{-t}-2e^{-2t} \end{bmatrix}$

③ $\begin{bmatrix} -2e^{-t}+e^{2t} & -e^{-t}-e^{2t} \\ -2e^{-t}-2e^{2t} & -e^{-t}-2e^{-2t} \end{bmatrix}$

④ $\begin{bmatrix} 2e^{-t}-e^{-2t} & e^{-t}-e^{-2t} \\ -2e^{-t}+2e^{-2t} & -e^{-t}+2e^{-2t} \end{bmatrix}$

78 다음 블록선도에서 전달함수 $G(s)$를 구하시오.

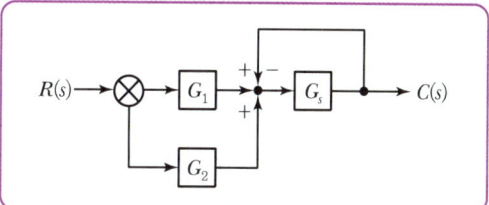

① $G(s) = \dfrac{G_2(G_1+G_2)}{1-G_3}$

② $G(s) = \dfrac{G_1+G_2}{1-G_2}$

③ $G(s) = \dfrac{G_3(G_1-G_2)}{1-G_3}$

④ $G(s) = \dfrac{G_3(G_1+G_2)}{1+G_3}$

79 계통의 특성방정식 $1+G(s)H(s)=0$의 음의 실근은 z 평면 어느 부분으로 사상(Mapping) 되는가?

① z 평면의 좌반 평면
② z 평면의 우반 평면
③ z 평면의 원점을 중심으로 한 단위원 외부
④ z 평면의 원점을 중심으로 한 단위원 내부

80 다음 그림이 나타내는 회로의 명칭은 무엇인가?

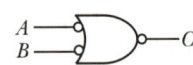

① OR 회로
② AND 회로
③ EX-OR 회로
④ NAND 회로

5과목 전기설비기술기준

81 전기저장장치의 이차전지에 자동으로 전로로부터 차단하는 장치를 시설하여야 하는 경우로 틀린 것은?

① 과저항이 발생한 경우
② 과전압이 발생한 경우
③ 제어장치에 이상이 발생한 경우
④ 이차전지 모듈의 내부 온도가 급격히 상승할 경우

82 뱅크용량이 몇 [kVA] 이상인 무효전력 보상장치에는 그 내부에 고장이 생긴 경우에 자동적으로 이를 전로로부터 차단하는 보호장치를 하여야 하는가?

① 10,000
② 15,000
③ 20,000
④ 25,000

83 고압 가공전선로의 가공지선에 나경동선을 사용하려면 지름 몇 [mm] 이상의 것을 사용하여야 하는가?

① 2.0
② 3.0
③ 4.0
④ 5.0

84 옥내 배선공사 중 반드시 절연전선을 사용하지 않아도 되는 공사방법은?(단, 옥외용 비닐절연전선은 제외한다.)

① 금속관공사
② 버스덕트공사
③ 합성수지관공사
④ 플로어덕트공사

85 저압 가공전선이 가공약전류 전선과 접근하여 시설될 때 저압 가공전선과 가공약전류 전선 사이의 간격은 몇 [cm] 이상이어야 하는가?

① 40
② 50
③ 60
④ 80

86 하나 또는 복합하여 시설하여야 하는 접지극의 방법으로 틀린 것은?

① 지중 금속구조물
② 토양에 매설된 기초 접지극
③ 케이블의 금속외장 및 그 밖에 금속피복
④ 대지에 매설된 강화콘크리트의 용접된 금속 보강재

87 차량 기타 중량물의 압력을 받을 우려가 없는 장소에 지중 전선을 직접 매설식에 의하여 매설하는 경우의 최소 깊이[m]는?

① 0.3
② 0.6
③ 1.0
④ 1.2

88 저압전로의 보호도체 및 중성선의 접속 방식에 따른 접지계통의 분류가 아닌 것은?

① IT 계통
② TN 계통
③ TT 계통
④ TC 계통

89 "고압 또는 특별고압의 기계기구, 모선 등을 옥외에 시설하는 발전소, 개폐소 또는 이에 준하는 곳에 시설하는 울타리, 담 등의 높이는 (㉠)[m] 이상으로 하고, 지표면과 울타리, 담 등의 하단 사이의 간격은 (㉡)[cm] 이하로 하여야 한다"에서 ㉠, ㉡에 알맞은 것은?

① ㉠ 3, ㉡ 15
② ㉠ 2, ㉡ 15
③ ㉠ 3, ㉡ 25
④ ㉠ 2, ㉡ 25

90 주택 등 저압 수용장소에서 고정 전기설비에 TN-C-S 접지방식으로 접지공사 시 중성선 겸용 보호도체(PEN)를 알루미늄으로 사용할 경우 단면적은 몇 mm² 이상인가?

① 2.5
② 6
③ 10
④ 16

91 3상 220[V] 유도전동기의 권선과 대지 간의 절연내력 시험전압과 견디어야 할 최소 시간이 맞는 것은?

① 220[V], 5분
② 330[V], 10분
③ 330[V], 20분
④ 500[V], 10분

92 전기철도에서 사용하는 용어 중 전기철도차량의 집전장치와 접촉하여 전력을 공급하기 위한 전선을 무엇이라 하는가?

① 조가선
② 전차선
③ 급전선
④ 귀선

93 두 개 이상의 전선을 병렬로 사용하는 경우에 대한 시설기준으로 틀린 것은?

① 병렬로 사용하는 전선에는 각각에 퓨즈를 설치할 것
② 같은 극의 각 전선은 동일한 터미널러그에 완전히 접속할 것
③ 같은 극인 각 전선의 터미널러그는 동일한 도체에 2개 이상의 리벳 또는 2개 이상의 나사로 접속할 것
④ 교류회로에서 병렬로 사용하는 전선은 금속관 안에 전자적 불평형이 생기지 않도록 시설할 것

94 저압 가공전선과 건조물의 상부 조영재와의 위쪽 간격은 몇 [m] 이상이어야 하는가?(단, 전선은 케이블인 경우이다.)

① 2.0
② 1.5
③ 1.0
④ 0.5

95 전선의 접속 시 전선의 전기저항을 증가시키지 아니하도록 접속하고 고압 가공전선으로 경동선 또는 내열 동합금선을 사용할 경우에 그 안전율은 최소 얼마 이상이 되는 처짐정도로 시설해야 하는가?

① 2.2
② 2.5
③ 2.7
④ 3.0

96 고압 가공전선을 시가지 외에 시설할 때 사용되는 경동선의 굵기는 지름 몇 [mm] 이상인가?

① 2.6
② 3.2
③ 4.0
④ 5.0

97 사람이 상시 통행하는 터널 안의 배선(전기기계기구 안의 배선, 관등회로의 배선, 소세력 회로의 전선 및 출퇴 표시등 회로의 전선은 제외)의 시설기준에 적합하지 않은 것은?(단, 사용전압이 저압의 것에 한한다.)

① 합성수지관 공사로 시설하였다.
② 공칭단면적 2.5[mm²]의 연동선을 사용하였다.
③ 애자공사 시 전선의 높이는 노면상 2[m]로 시설하였다.
④ 전로에는 터널의 입구 가까운 곳에 전용개폐기를 시설하였다.

98 주택의 전기저장장치의 축전지에 접속하는 부하측 옥내배선을 사람이 접촉할 우려가 없도록 케이블배선에 의하여 시설하고 전선에 적당한 방호장치를 시설한 경우 주택의 옥내전로의 대지전압은 직류 몇 [V]까지 적용할 수 있는가?(단, 전로에 지락이 생겼을 때 자동적으로 전로를 차단하는 장치를 시설한 경우이다.)

① 150
② 300
③ 600
④ 1,000

99 과전류차단기로 시설하는 퓨즈 중 고압전로에 사용하는 비포장 퓨즈는 정격전류 2배 전류 시 몇 분 안에 용단되어야 하는가?

① 1분
② 2분
③ 5분
④ 10분

100 애자공사에 의한 고압 옥내배선을 할 때 전선을 조영재의 면을 따라 붙이는 경우, 전선의 지지점 간의 거리는 몇 [m] 이하이어야 하는가?

① 2[m]
② 3[m]
③ 4[m]
④ 5[m]

2025년도 1회 과년도 기출문제

1과목 전기자기학

01 직류기의 공극 단면적이 $S = 4.26 \times 10^{-2}$[m²]이고, 공극의 길이가 $l = 5.6$[mm]인 경우, 공극의 자기저항[AT/Wb]은?

① 1.05×10^5
② 1.05×10^6
③ 3.05×10^5
④ 3.05×10^6

02 10[mm]의 지름을 가진 동선에 50[A]의 전류가 흐를 때 단위 시간에 동선의 단면을 통과하는 전자의 수는 얼마인가?

① 약 50×10^{19}개
② 약 20.45×10^{15}개
③ 약 31.25×10^{19}개
④ 약 7.85×10^{16}개

03 진공 내의 점 (2, 2, 2)에 10^{-9}[C]의 전하가 놓여있다. 점 (2, 5, 6)에서의 전계 E는 약 몇 [V/m]인가?(단, a_x, a_y, a_z는 단위벡터이다.)

① $0.278 a_y + 2.999 a_z$
② $0.216 a_y + 0.288 a_z$
③ $0.288 a_y + 0.216 a_z$
④ $0.291 a_y + 0.288 a_z$

04 대지면에 높이 h[m]로 평행 가설된 매우 긴 선전하(선전하 밀도[C/m])가 지면으로부터 받는 힘 [N/m]은?

① h에 비례한다.
② h에 반비례한다.
③ h^2에 비례한다.
④ h^2에 반비례한다.

05 커패시터를 제조하는데 A, B, C, D와 같은 4가지의 유전재료가 있다. 커패시터 내의 전계를 일정하게 하였을 때, 단위체적당 가장 큰 에너지 밀도를 나타내는 재료로부터 순서대로 나열한 것은?(단, 유전재료 A, B, C, D의 비유전율은 각각 $\varepsilon_{rA} = 8$, $\varepsilon_{rB} = 10$, $\varepsilon_{rC} = 2$, $\varepsilon_{rD} = 4$이다.)

① C > D > A > B
② B > A > D > C
③ D > A > C > B
④ A > B > D > C

06 비투자율 μ_s 반자성체에서 다음 중 어느 값을 갖는가?

① $\mu_s = 1$
② $\mu_s < 1$
③ $\mu_s > 1$
④ $\mu_s = 0$

07 반지름 a[m]의 구도체에 전하 Q[C]이 주어질 때, 구도체 표면에 작용하는 정전응력[N/m²]은?

① $\dfrac{Q^2}{64\pi^2 \varepsilon_0 a^4}$
② $\dfrac{Q^2}{32\pi^2 \varepsilon_0 a^4}$
③ $\dfrac{Q^2}{16\pi^2 \varepsilon_0 a^4}$
④ $\dfrac{Q^2}{8\pi^2 \varepsilon_0 a^4}$

08 쌍극자 모멘트가 M[C·m]인 전기 쌍극자에 의한 임의의 점 P의 전계의 크기는 전기 쌍극자의 중심에서 축방향과 점 P를 잇는 선분 사이의 각 θ가 어느 때 최대가 되는가?

① 0
② $\pi/2$
③ $\pi/3$
④ $\pi/4$

09 평등 전계 내에 수직으로 비유전율이 3인 유전체 판을 놓았을 경우, 판 내의 전속밀도가 4×10^{-6} [C/m²]이었다. 이 유전체의 비분극률은?

① 1×10^{-6}
② 2×10^{-6}
③ 2
④ 3

10 한 변의 길이가 l[m]인 정삼각형 회로에 전류 I [A]가 흐르고 있을 때 삼각형 중심에서의 자계의 세기[AT/m]는?

① $\dfrac{\sqrt{2}\,I}{3\pi l}$
② $\dfrac{9I}{\pi l}$
③ $\dfrac{2\sqrt{2}\,I}{3\pi l}$
④ $\dfrac{9I}{2\pi l}$

11 투자율 μ[H/m], 자계의 세기 H[AT/m], 자속밀도 B[Wb/m²]인 곳의 자계 에너지 밀도[J/m³]는?

① $\dfrac{B^2}{2\mu}$
② $\dfrac{H^2}{2\mu}$
③ $\dfrac{1}{2}\mu H$
④ BH

12 그림과 같이 단면적이 균일한 환상 철심에 권수 N_1인 A코일과 권수 N_2인 B코일이 있을 때 A 코일의 자기인덕턴스가 L_1[H]라면 두 코일의 상호인덕턴스 M[H]는?(단, 누설 자속은 0이다.)

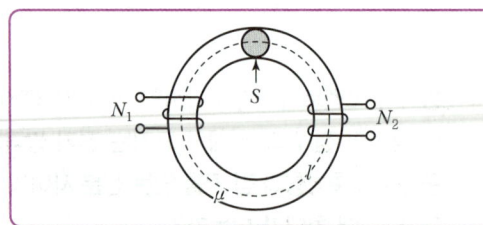

① $\dfrac{L_1 N_1}{N_2}$
② $\dfrac{N_2}{L_1 N_1}$
③ $\dfrac{N_1}{L_1 N_2}$
④ $\dfrac{L_1 N_2}{N_1}$

13 진공 중에서 2[m]떨어진 2개의 무한 평행 도선에 단위 길이당 10^{-7}[N]의 반발력이 작용할 때 그 도선들에 흐르는 전류는?

① 각 도선에 2[A]가 반대 방향으로 흐른다.
② 각 도선에 2[A]가 같은 방향으로 흐른다.
③ 각 도선에 1[A]가 반대 방향으로 흐른다.
④ 각 도선에 1[A]가 같은 방향으로 흐른다.

14 전기력선의 설명 중 틀린 것은?

① 전기력선은 부전하에서 시작하여 정전하에서 끝 난다.
② 단위 전하에서는 $1/\varepsilon_0$개의 전기력선이 출입한다.
③ 전기력선은 전위가 높은 점에서 낮은 점으로 향 한다.
④ 전기력선의 방향은 그 점의 전계의 방향과 일치 하며 밀도는 그 점에서의 전계의 크기와 같다.

15 다음 중 자기회로와 전기회로의 대응관계 중 틀린 것은?

① 자속 ↔ 전류
② 기자력 ↔ 기전력
③ 투자율 ↔ 유전율
④ 자계의 세기 ↔ 전계의 세기

16 유전율이 각각 다른 두 유전체가 서로 경계를 이루며 접해 있다. 다음 중 옳지 않은 것은?(단, 이 경계면에는 진전하분포가 없다.)

① 경계면에서 전계의 접선성분은 연속이다.
② 경계면에서 전속밀도의 법선성분은 연속이다.
③ 경계면에서 전계와 전속밀도는 굴절한다.
④ 경계면에서 전계와 전속밀도는 불변이다.

17 기계적인 변형력을 가할 때, 결정체의 표면에 전위차가 발생되는 현상은?
① 볼타 효과 ② 전계 효과
③ 압전 효과 ④ 파이로 효과

18 맥스웰 전자계의 기초 방정식으로 틀린 것은?
① $\text{rot} H = i_c + \frac{\partial D}{\partial t}$ ② $\text{rot} E = -\frac{\partial B}{\partial t}$
③ $\text{div} D = \rho$ ④ $\text{div} B = -\frac{\partial D}{\partial t}$

19 진공 중에 한 변의 길이가 10[cm]인 정삼각형의 3개의 정점에 각각 2×10^{-6}[C]의 점전하가 있을 경우 각각의 정점에 작용하는 힘은 몇 [N]인가?
① $1.8\sqrt{2}$ ② $1.8\sqrt{3}$
③ $3.6\sqrt{2}$ ④ $3.6\sqrt{3}$

20 그림과 같이 $z=0$인 평면에 반지름 a[m]인 원형 도선이 있다. 균등 선전하밀도 λ[C/m]일 때, $z=h$[m]에서의 전위[V]는 얼마인가?

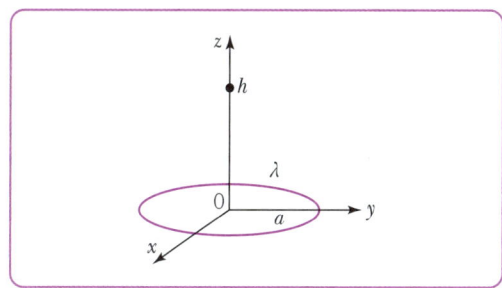

① $\frac{\lambda a}{2\varepsilon_0 \sqrt{a^2+h^2}}$ ② $\frac{\lambda h}{2\varepsilon_0 \sqrt{a^2+h^2}}$
③ $\frac{\lambda a}{2\varepsilon_0 (a^2+h^2)}$ ④ $\frac{\lambda h}{2\varepsilon_0 (a^2+h^2)}$

2과목 전력공학

21 차단기에서 고속도 재폐로의 목적은?
① 안정도 향상 ② 발전기 보호
③ 변압기 보호 ④ 고장전류 억제

22 한류리액터를 사용하는 가장 큰 목적은?
① 충전전류의 제한 ② 접지전류의 제한
③ 누설전류의 제한 ④ 단락전류의 제한

23 송전선의 통신선에 대한 정전유도장해에 의한 정전유도전압에 관한 설명 중 옳은 것은?
① 선로의 길이에 비례하고, 상호인덕턴스에 비례한다.
② 선로의 길이에 비례하고, 상호인덕턴스에 반비례한다.
③ 선로의 길이에 무관하고, 전선로와 대지 사이의 전압에 반비례한다.
④ 선로의 길이에 무관하고, 전선로와 대지 사이의 전압에 비례한다.

24 망상(Network) 배전방식에 대한 설명으로 옳은 것은?
① 부하 증가에 대한 융통성이 적다.
② 전압변동이 대체로 크다.
③ 인축에 대한 감전사고가 적어서 농촌에 적합하다.
④ 환상식보다 무정전 공급의 신뢰도가 더 높다.

25 송전선로 중성점접지방식 중 1선지락 시 건전상 대지전위가 $\sqrt{3}$ 배 상승하고, 지락전류가 최소인 것은?
① 비접지 ② 직접접지
③ 소호리액터접지 ④ 저항접지

26 33[kW] 이하의 단거리 송배전선로에 적용되는 비접지 방식에서 지락전류는 다음 중 어느 것을 말하는가?

① 누설전류　　② 충전전류
③ 뒤진전류　　④ 단락전류

27 저압네트워크 방식의 특징으로 잘못된 것은?

① 특별한 보호장치가 필요 없다.
② 부하 증가에 대한 적응성이 우수하다.
③ 설비비용이 고가이다.
④ 전력손실 및 전압변동이 작다.

28 사고, 정전 등의 중대한 영향을 받는 지역에서 정전과 동시에 자동적으로 예비전원용 배전선로로 전환하는 장치는?

① 차단기
② 리클로저(Recloser)
③ 섹셔널라이저(Sectionalizer)
④ 자동부하 전환개폐기(Auto Load Transfer Switch)

29 최근에 우리나라에서 많이 채용되고 있는 가스절연개폐설비(GIS)의 특징으로 틀린 것은?

① 대기 절연을 이용한 것에 비해 현저하게 소형화할 수 있으나 비교적 고가이다.
② 소음이 적고 충전부가 완전한 밀폐형으로 되어 있기 때문에 안정성이 높다.
③ 가스 압력에 대한 엄중 감시가 필요하며 내부 점검 및 부품 교환이 번거롭다.
④ 한랭지, 산악 지방에서도 액화 방지 및 산화 방지 대책이 필요 없다.

30 선간전압이 154[kV]이고, 1상당의 임피던스가 j8[Ω]인 기기가 있을 때, 기준용량을 100[MVA]로 하면 %임피던스는 약 몇 [%]인가?

① 2.75　　② 3.15
③ 3.37　　④ 4.25

31 파동임피던스 Z_1 = 300[Ω]인 선로에 파동임피 Z_2 = 1,500[Ω]인 변압기가 접속되어 있다. 선로로부터 600[kV]의 전압파가 들어왔을 때, 접속점에서의 반사파 전압[kV]은?

① 400　　② 40
③ 800　　④ 80

32 수력발전소에서 사용되고, 횡축에 1년 365일을 종축에 유량을 표시하는 유황곡선이란?

① 유량이 적은 것부터 순차적으로 배열하여 이들 점을 연결한 것이다.
② 유량이 큰 것부터 순차적으로 배열하여 이들 점을 연결한 것이다.
③ 유량의 월별 평균값을 구하여 선으로 연결한 것이다.
④ 각 월에 가장 큰 유량만을 선으로 연결한 것이다.

33 송전 계통의 안정도 향상 대책으로 적당하지 않은 것은?

① 직렬 콘덴서로 선로의 리액턴스를 작게 한다.
② 변압기의 리액턴스를 감소한다.
③ 발전기의 단락비를 작게 한다.
④ 계통을 연계한다.

34 애자가 갖추어야 할 구비조건으로 옳은 것은?
① 온도의 급변에 잘 견디고 습기도 잘 흡수하여야 한다.
② 지지물에 전선을 지지할 수 있는 충분한 기계적 강도를 갖추어야 한다.
③ 비, 눈, 안개 등에 대해서도 충분한 절연저항을 가지며, 누설전류가 많아야 한다.
④ 선로전압에는 충분한 절연내력을 가지며, 이상전압에는 절연내력이 매우 적어야 한다.

35 보호계전기의 반한시·정한시 특성은?
① 동작전류가 커질수록 동작시간이 짧게 되는 특성
② 최소동작전류 이상의 전류가 흐르면 즉시 동작하는 특성
③ 동작전류의 크기에 관계없이 일정한 시간에 동작하는 특성
④ 동작전류가 커질수록 동작시간이 짧아지며, 어떤 전류 이상이 되면 동작전류의 크기에 관계없이 일정한 시간에서 동작하는 특성

36 송전선의 특성 임피던스의 특징으로 옳은 것은?
① 선로의 길이가 길어질수록 값이 커진다.
② 선로의 길이가 길어질수록 값이 작아진다.
③ 선로의 길이에 따라 값이 변하지 않는다.
④ 부하용량에 따라 값이 변한다.

37 송전선로에 단도체 대신 다도체 및 복도체를 사용하는 경우에 나타나는 현상으로 맞는 것은?
① 전선의 작용인덕턴스를 증가시킨다.
② 선로의 작용정전용량을 감소시킨다.
③ 전선의 송전용량 증가시킨다.
④ 전선의 코로나 임계전압을 감소시킨다.

38 증기터빈 내에서 팽창 도중에 있는 증기를 일부 추기하여 그것이 갖는 열을 급수가열에 이용하는 열사이클은?
① 랭킨사이클 ② 카르노사이클
③ 재생 사이클 ④ 재열사이클

39 외뢰(外雷)에 대한 보호장치로서 송전계통의 절연협조의 기본이 되는 것은?
① 애자 ③ 차단기
② 변압기 ④ 피뢰기

40 3상을 공급하는 부하 측에 전류의 크기를 2배로 했을 때 전력손실은 몇 배가 되는가?
① 2 ② 4
③ 9 ④ 1

3과목 전기기기

41 외분권 차동복권발전기의 단자전압[V]은?(단, ϕ_s : 직권계자 권선에 의한 자속, ϕ_f : 분권계자의 자속, R_a : 전기자의 저항, R_s : 직권계자 저항, I_a : 전기자의 전류, I : 부하전류, ω_n[rad/s] : 각속도, $K = \dfrac{PZ}{2\pi a}$ 이며, 자기회로의 포화현상과 전기자반작용은 무시한다.)
① $V = K(\phi_f + \phi_s)\omega_n - I_a R_a - I R_s$
② $V = K(\phi_f + \phi_s)\omega_n - I_a (R_a + R_s)$
③ $V = K(\phi_f - \phi_s)\omega_n - I_a R_a - I R_s$
④ $V = K(\phi_f - \phi_s)\omega_n - I_a (R_a + R_s)$

42 A, B 2대의 동기발전기를 병렬운전 중 계통 주파수를 바꾸지 않고 B기의 역률을 좋게 하는 방법은?

① A기의 여자전류를 증대
② A기의 원동기 출력을 증대
③ B기의 여자전류를 증대
④ B기의 원동기 출력을 증대

43 직류 직권전동기에서 벨트를 걸고 운전하면 안 되는 이유는?

① 벨트가 벗겨지면 위험속도에 도달하므로
② 손실이 많아지므로
③ 직결하지 않으면 속도제어가 곤란하므로
④ 벨트의 마멸보수가 곤란하므로

44 단상변압기에서 전부하의 2차 전압은 120[V]이고, 전압 변동률은 2[%]이다. 1차 단자전압[V]은?(단, 1차, 2차 권선비는 20 : 1이다.)

① 1,940　　② 2,060
③ 2,360　　④ 2,448

45 3,000[V], 60[Hz], 8극, 100[kW] 3상 유도전동기의 전부하 2차 동손이 3[kW], 기계손 2[kW]라면 전부하 회전수는?

① 약 986[rpm]　　② 약 967[rpm]
③ 약 896[rpm]　　④ 약 874[rpm]

46 3상 유도전동기의 슬립이 s일 때 2차 효율[%]은?

① $\frac{1}{s}$　　② $1-s$
③ s　　④ s^2

47 직류발전기의 단자전압을 조정하려면 어느 것을 조정하여야 하는가?

① 기동저항　　② 계자저항
③ 방전저항　　④ 전기자저항

48 어떤 변압기의 백분율 저항강하가 2[%], 백분율 리액턴스강하가 3[%]일 때 역률(지역률) 80[%]인 경우의 전압변동률[%]은?

① -0.2　　② 3.4
③ 0.2　　④ -3.4

49 동기전동기의 제동권선의 효과는?

① 정지시간의 단축
② 토크의 증가
③ 기동토크의 발생
④ 과부하내량의 증가

50 3상 전원을 이용하여 2상 전압을 얻고자 할 때 사용할 결선 방법은?

① Scott 결선
② Fork 결선
③ 환상 결선
④ 2중 3각 결선

51 100[HP], 600[V], 1,200[rpm]의 직류분권전동기가 있다. 분권계자저항이 400[Ω], 전기자저항이 0.22[Ω]이고 정격부하에서의 효율이 90[%]일 때 전부하 시의 역기전력은 약 몇 [V]인가?

① 550　　② 570
③ 590　　④ 610

52 동기전동기에서 전기자반작용을 설명한 것 중 옳은 것은?

① 공급전압보다 앞선 전류는 감자작용을 한다.
② 공급전압보다 뒤진 전류는 감자작용을 한다.
③ 공급전압보다 앞선 전류는 교차자화작용을 한다.
④ 공급전압보다 뒤진 전류는 교차자화작용을 한다.

53 3상 권선형 유도전동기의 2차 회로의 한 상이 단선된 경우에 약간의 과부하 상태에서도 슬립이 50[%]인 곳에서 운전이 되는 것을 무엇이라 하는가?

① 차동기 운전
② 자기 여자
③ 게르게스 현상
④ 난조

54 일반적인 전동기에 비하여 리니어 전동기(linear motor)의 장점이 아닌 것은?

① 구조가 간단하여 신뢰성이 높다.
② 마찰을 거치지 않고 추진력이 얻어진다.
③ 원심력에 의한 가속제한이 없고 고속을 쉽게 얻을 수 있다.
④ 기어, 벨트 등 동력 변환기구가 필요 없고 직접 원운동이 얻어진다.

55 단상 반파 정류회로의 직류전압이 220[V]일 때 정류기의 역방향 첨두전압은 약 몇 [V]인가?

① 691 ② 628
③ 536 ④ 314

56 2방향성 3단자 사이리스터는 어느 것인가?

① SCR ② SSS
③ SCS ④ TRIAC

57 Y결선한 변압기의 2차 측에 사이리스터 6개로 결선 3상 전파정류회로를 구성했을 때 직류 평균전압은?(단, E는 교류 측 상전압, α는 점호제어각이다.)

① $\dfrac{6\sqrt{2}}{2\pi}E\cos\alpha$ [V] ② $\dfrac{3\sqrt{6}}{2\pi}E\cos\alpha$ [V]
③ $\dfrac{3\sqrt{6}}{\pi}E\cos\alpha$ [V] ④ $\dfrac{3\sqrt{3}}{2\pi}E\cos\alpha$ [V]

58 직류직권발전기의 전기자전류를 I_a, 계자전류를 I_f, 부하전류를 I라 할 때 옳은 것은?

① $I_a = I_f = I$ ② $I_a + I_f = I$
③ $I_a + I = I_f$ ④ $I + I_f = I_a$

59 4극, 60[Hz]의 3상 유도기가 1,750[rpm]으로 회전하고 있을 때 전원의 b상과 c상을 바꾸면 이때의 슬립은 약 얼마인가?

① 2.03 ② 1.97
③ 1.05 ④ 0.83

60 3상 변압기의 병렬운전 조건으로 틀린 것은?

① 각 군의 임피던스가 용량에 비례할 것
② 각 변압기의 백분율 임피던스 강하가 같을 것
③ 각 변압기의 권수비가 같고 1차와 2차의 정격전압이 같을 것
④ 각 변압기의 상회전 방향 및 1차와 2차 선간전압의 위상 변위가 같을 것

4과목 회로이론 및 제어공학

61 그림과 같은 회로의 a, b 단자 사이의 전압 V_{ab}[V]는?

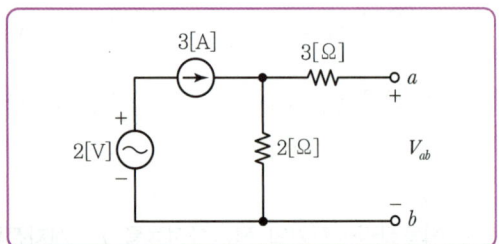

① 2[V] ② 9[V]
③ 6[V] ④ 15[V]

62 전류 $\sqrt{2}\,I\sin(\omega t + \theta)$[A]와 기전력 $\sqrt{2}\,V\cos(\omega t - \phi)$[V] 사이의 위상차는?

① $\dfrac{\pi}{2} + (\phi + \theta)$ ② $\dfrac{\pi}{2} - (\phi - \theta)$
③ $\dfrac{\pi}{2} + (\phi - \theta)$ ④ $\dfrac{\pi}{2} - (\phi + \theta)$

63 전원과 부하가 다같이 △ 결선된 3상 평형회로가 있다. 전원 전압이 200[V], 부하 임피던스가 $6 + j8$[Ω]인 경우 선전류[A]는?

① 20   ② $\dfrac{20}{\sqrt{3}}$
③ $20\sqrt{3}$ ④ $10\sqrt{3}$

64 전압 $v = 170\cos\left(\omega t + \dfrac{\pi}{6}\right)$[V], 전류 $i = 8.5\cos\left(\omega t - \dfrac{\pi}{6}\right)$[A]의 평균전력[W]은?

① 361   ② 188
③ 549   ④ 725

65 선로의 단위 길이당 인덕턴스, 저항, 정전용량, 누설 컨덕턴스를 각각 L, R, C, G라 하면 전파정수는?

① $\dfrac{\sqrt{(R+j\omega L)}}{(G+j\omega C)}$
② $\sqrt{(R+j\omega L)(G+j\omega C)}$
③ $\sqrt{\dfrac{(R+j\omega C)}{(G+j\omega L)}}$
④ $\sqrt{\dfrac{(G+j\omega C)}{(R+j\omega L)}}$

66 A, B 2개의 코일이 있다. A, B 코일의 저항과 유도 리액턴스는 각각 3[Ω], 5[Ω], 5[Ω], 1[Ω]이다. 두 코일을 직렬접속하고 100[V]를 가할 때 I[A]는?

① $10\angle 37°$ ② $10\angle -37°$
③ $10\angle 53°$ ④ $10\angle -53°$

67 상의 순서가 $a-b-c$인 불평형 3상 전류가 $I_a = 15 + j2$[A], $I_b = -20 - j14$[A], $I_c = -3 + j10$[A]일 때 영상분 전류 I_0는 약 몇 [A]인가?

① $2.67 + j0.38$ ② $2.02 + j6.98$
③ $15.5 - j3.56$ ④ $-2.67 - j0.67$

68 선간 전압이 V_{ab}[V]인 3상 평형 전원에 대칭부하 R[Ω]이 그림과 같이 접속되어 있을 때 a, b 두 상 간에 접속된 전력계의 지시 값이 W[W]라면 c상 전류의 크기[A]는?

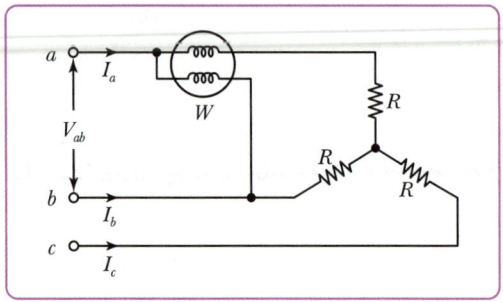

① $\dfrac{W}{3V_{ab}}$ ② $\dfrac{2W}{3V_{ab}}$

③ $\dfrac{2W}{\sqrt{3}\,V_{ab}}$ ④ $\dfrac{\sqrt{3}\,W}{V_{ab}}$

① $\dfrac{a^3}{1-3ab}$ ② $\dfrac{a^3}{(1-ab)^3}$

③ $\dfrac{a^3}{(1-3ab+ab)}$ ④ $\dfrac{a^3}{(1-3ab+2ab)}$

69 RL 직렬회로에서 $R = 20[\Omega]$, $L = 40[\text{mH}]$이다. 이 회로의 시정수[sec]는?

① 2 ② 2×10^{-3}
③ $\dfrac{1}{2}$ ④ $\dfrac{1}{2} \times 10^{-3}$

70 위상정수가 $\dfrac{\pi}{8}$ [rad/m]인 서로의 1[MHz]에 대한 전파속도는 몇 [m/s]인가?

① 1.6×10^7 ② 3.2×10^7
③ 5.0×10^7 ④ 8.0×10^7

71 Nyquist 판정법의 설명으로 틀린 것은?

① 안정성을 판정하는 동시에 안정도를 제시해준다.
② 계의 안정도를 개선하는 방법에 대한 정보를 제시해 준다.
③ Nyquist 선도는 제어계의 오차 응답에 관한 정보를 준다.
④ Routh-Hurwitz 판정법과 같이 계의 안정여부를 직접 판정해 준다.

72 그림의 신호흐름선도에서 $\dfrac{y_2}{y_1}$은?

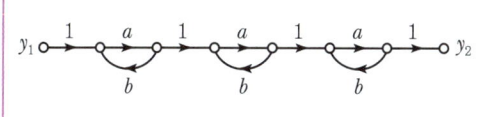

73 폐루프 시스템의 특징으로 틀린 것은?

① 정확성이 증가한다.
② 감쇠폭이 증가한다.
③ 발진을 일으키고 불안정한 상태로 되어갈 가능성이 있다.
④ 계의 특성변화에 대한 입력 대 출력비의 감도가 증가한다.

74 다음과 같은 상태 방정식의 고유값 λ_1과 λ_2는?

$$\begin{bmatrix} \dot{x}_1 \\ \dot{x}_2 \end{bmatrix} = \begin{bmatrix} 1 & -2 \\ -3 & 2 \end{bmatrix} \begin{bmatrix} x_1 \\ x_2 \end{bmatrix} + \begin{bmatrix} 2 & -3 \\ -4 & 3 \end{bmatrix} \begin{bmatrix} r_1 \\ r_2 \end{bmatrix}$$

① $4, -1$ ② $-4, 1$
③ $6, -1$ ④ $-6, 1$

75 2차 제어계 $G(s)H(s)$의 나이퀴스트 선도의 특징이 아닌 것은?

① 이득여유는 ∞이다.
② 교차량 $|GH| = 0$이다.
③ 모두 불안정한 제어계이다.
④ 부의 실축과 교차하지 않는다.

76 단위계단 함수 $u(t)$를 z 변환하면?

① 1 ② $\dfrac{1}{z}$
③ 0 ④ $\dfrac{z}{z-1}$

77 그림과 같은 블록선도로 표시되는 제어계는 무슨 형인가?

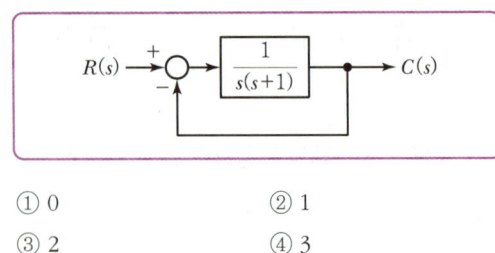

① 0 ② 1
③ 2 ④ 3

78 제어기에서 미분제어의 특성으로 가장 적합한 것은?

① 대역폭이 감소한다.
② 제동을 감소시킨다.
③ 작동오차의 변화율에 반응하여 동작한다.
④ 정상 상태의 오차를 줄이는 효과를 갖는다.

79 다음의 설명 중 틀린 것은?

① 최소 위상 함수는 양의 위상 여유이면 안정하다.
② 이득 교차 주파수는 진폭비가 1이 되는 주파수이다.
③ 최소 위상 함수는 위상 여유가 0이면 안정하다.
④ 최소 위상 함수의 상대안정도는 위상각의 증가와 함께 작아진다.

80 다음 논리회로의 출력 X는?

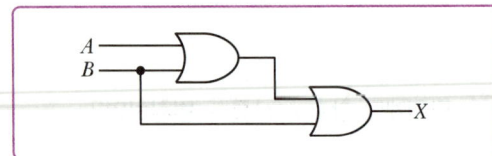

① A ② B
③ $A+B$ ④ $A \cdot B$

5과목 전기설비기술기준

81 백열전등 또는 방전등 및 이에 부속하는 전선은 사람이 접촉할 우려가 없는 경우 대지 전압은 최대 몇 [V]인가?(주택의 옥내 전로는 제외한다.)

① 300 ② 400
③ 500 ④ 650

82 통신설비의 식별표시에 관한 규정으로 옳지 않은 것은?

① 모든 통신기기에는 식별이 용이하도록 인식용 표찰을 부착해야 한다.
② 배전주에 시설하는 통신설비의 설비표시명판은 분기주 및 인류주일 때 매 전주마다 시설해야 한다.
③ 통신사업자의 설비표시명판은 플라스틱 및 금속판 등 견고하고 가벼운 재질로 하고 글씨는 각인하거나 지워지지 않도록 제작된 것을 사용한다.
④ 배전주에 시설하는 통신설비의 설비표시명판은 직선주일 때 10개 전주 간격마다 시설해야 한다.

83 관등회로의 사용전압이 1[kV] 이하인 방전등을 옥내에 시설할 경우에 대한 사항으로 잘못된 것은?

① 관등회로의 사용전압이 400[V] 초과인 경우는 방전등용 변압기를 사용하여야 한다.
② 관등회로의 사용전압이 400[V] 이하인 배선은 공칭 단면적 2.5[mm²]의 연동선을 사용한다.
③ 애자공사의 시설 시 전선 상호 간의 거리는 50[mm] 이상으로 한다.
④ 관등회로의 사용전압이 400[V] 초과 1[kV] 이하인 배선은 그 시설장소에 따라 합성수지관공사, 금속관공사, 가요전선관공사나 케이블공사를 진행한다.

84 저압 옥측전선로에서 목조의 조영물에 시설할 수 있는 공사 방법은?

① 금속관 공사
② 버스덕트공사
③ 합성수지관공사
④ 케이블공사(연피 케이블을 사용한다.)

85 단상 교류 25,000[V]의 전차선로에서 전차선과 차량 간의 정적 최소절연간격은 몇 [mm] 이상이어야 하는가?

① 100　　　② 150
③ 170　　　④ 270

86 두 개 이상의 전선을 병렬로 사용하는 경우 병렬로 사용하는 전선이 경동선일 때 전선의 굵기는 몇 [mm²] 이상이어야 하는가?(단, 전선은 같은 도체, 같은 재료, 같은 길이, 같은 굵기의 것을 사용한다.)

① 50　　　② 55
③ 70　　　④ 160

87 특고압 가공전선로의 지지물 중 전선로의 지지물 양쪽의 경간의 차가 큰 곳에 사용하는 철탑은?

① 내장형 철탑　　② 인류형 철탑
③ 보강형 철탑　　④ 각도형 철탑

88 가공 전선로의 지지물에 지지선을 시설하려고 한다. 이 지선의 기준으로 옳은 것은?

① 소선지름 : 2.0[mm], 안전율 : 2.5, 허용 인장하중 : 2.11[kN]
② 소선지름 : 2.6[mm], 안전율 : 2.5, 허용 인장하중 : 4.31[kN]
③ 소선지름 : 1.6[mm], 안전율 : 2.0, 허용 인장하중 : 4.31[kN]
④ 소선지름 : 2.6[mm], 안전율 : 1.5, 허용 인장하중 : 3.21[kN]

89 사용 중 예상치 못한 회로의 개방이 위험 또는 큰 손상을 초래할 수 있는 다음과 같은 부하에 전원을 공급하는 회로에 대해서는 과부하 보호장치를 생략할 수 있는 사항으로 잘못된 것은?

① 소방설비의 전원회로
② 전자석 크레인의 전원회로
③ 전류변성기의 2차회로
④ 전압변성기의 2차회로

90 주택용 배선차단기의 순시트립에 따른 구분 중 순시트립범위 10배 초과 20배 이하의 종류로 알맞은 것은?

① A형　　　② B형
③ C형　　　④ D형

91 나전선 상호 또는 나전선과 절연전선(또는 캡타이어케이블)과 접속하는 경우 접속 부분의 전선의 세기(인장하중)를 몇 [%] 이상 감소시키지 아니하여야 하는가?

① 10　　　② 15
③ 20　　　④ 25

92 사용전압이 400[V] 이하인 경우의 저압 보안공사에 전선으로 경동선을 사용할 경우 지름은 몇 [mm] 이상이 되어야 하는가?

① 2.6　　　② 3.5
③ 4.0　　　④ 5.0

93 전기부식방지 시설의 전기부식방지 회로의 사용 전압은 직류 몇 [V] 이하가 되어야 하는가?(전기 부식방지 회로는 전원장치로부터 피방식체까지의 전로를 말한다.)

① 40　　② 60
③ 80　　④ 100

94 사용전압이 170[kV]을 초과하는 특고압 가공전 선로를 시가지에 시설하는 경우 전선은 단면적 몇 [mm²] 이상의 강심알루미늄선을 사용하여야 하 는가?

① 55　　② 150
② 200　　④ 240

95 아파트 세대 욕실에 "비데용 콘센트"를 시설하고 자 한다. 다음의 시설방법 중 적합하지 않는 것은?

① 콘센트를 시설하는 경우에는 인체감전보호용 누 전차단기(정격감도전류 15[mA] 이하, 동작시간 0.03초 이하의 전류동작형의 것에 한한다)로 보 호된 전로에 접속하여야 한다.
② 콘센트는 접지극이 없는 것을 사용한다.
③ 습기가 많은 장소에 시설하는 콘센트는 방습장 치를 하여야 한다.
④ 콘센트를 시설하는 경우에는 절연변압기(정격 용량 3[kVA] 이하인 것에 한한다)로 보호된 전로 에 접속하여야 한다.

96 345[kV] 변전소에 설치한 울타리의 높이가 2.5[m] 일 때, 울타리로부터 충전부분까지의 거리는 몇 [m]인가?

① 5　　② 5.66
③ 5.78　　④ 6

97 태양전지 발전소에 시설하는 태양전지 모듈 시설 에 대한 설명 중 틀린 것은?

① 어레이 출력개폐기는 점검이나 조작이 가능한 곳에 시설하여야 한다.
② 태양전지 모듈에 접속하는 부하 측 전로에는 그 접속점에 멀리하여 개폐기를 시설하여야 한다.
③ 전선은 공칭단면적 2.5[mm²] 이상의 연동선 또는 이와 동등 이상의 세기 및 굵기를 사용하여야 한다.
④ 모듈을 병렬로 접속하는 전로에는 그 전로에 단 락전류가 발생할 경우에 전로를 보호하는 과전 류차단기 또는 기타 기구를 시설하여야 한다.

98 철도·궤도 또는 자동차도 전용 터널 안 저압전선 로에 경동선을 사용하는 경우 전선의 지름은 몇 [mm] 이상이 되어야 하는가?

① 2　　② 2.6
③ 3.2　　④ 4

99 사용전압이 22.9[kV] 특고압 가공전선이 도로를 횡단하는 경우 지표상 높이는 몇 [m] 이상이 되어 야 하는가?

① 4　　② 5
③ 6　　④ 6.5

100 관등회로의 의미로 옳은 것은?

① 분기점으로부터 안전기까지의 전로
② 스위치로부터 방전등까지의 전로
③ 스위치로부터 안정기까지의 전로
④ 방전등용 안정기로부터 방전관까지의 전로

2025년도 2회 과년도 기출문제

1과목 전기자기학

01 그림과 같이 평행한 무한장 직선의 두 도선에 I[A], $4I$[A]인 전류가 각각 흐른다. 두 도선 사이 점 P에서의 자계의 세기가 0이라면 $\frac{a}{b}$는?

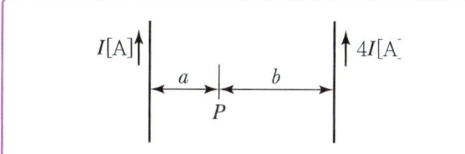

① 2
② 4
③ $\frac{1}{2}$
④ $\frac{1}{4}$

02 한 공간 내의 전계의 세기가 $E = E_o \cos \omega t$일 때 이 공간 내의 변위전류밀도의 크기는?

① ωE_o에 비례한다.
② ωE_o^2에 비례한다.
③ $\omega^2 E_o$에 비례한다.
④ $\omega^2 E_o^2$에 비례한다.

03 어떤 철심의 단면적이 0.5[m²]이고 길이가 0.8[m], 비투자율이 20일 때, 이 철심의 자기저항은 약 몇 [AT/Wb]인가?

① 2.56×10^4
② 3.63×10^4
③ 4.45×10^4
④ 6.37×10^4

04 히스테리시스 곡선의 기울기가 의미하는 것은 무엇인가?

① 투자율
② 유전율
③ 자화율
④ 감자율

05 아래와 같은 회로에서 스위치를 최초 A에 연결하여 일정한 전류 I_0[A]를 흘린 다음 스위치를 급히 B로 전환할 때 저항 R에는 1초 동안 얼마의 열량 [cal]이 발생하는가?

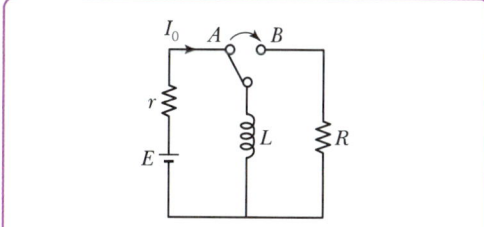

① $\frac{1}{8.4}LI_0^2$
② $\frac{1}{4.2}LI_0^2$
③ $\frac{1}{2}LI_0^2$
④ LI_0^2

06 유전율이 ε인 유전체 내에 있는 점전하 Q에서 발산되는 전기력선의 수는 몇 개인가?

① Q
② $\frac{Q}{\varepsilon_0 \varepsilon_s}$
③ $\frac{Q}{\varepsilon_s}$
④ $\frac{Q}{\varepsilon_0}$

07 공기 중 전계 $E = 3a_x + 4a_y$[V/m] 내 수직으로 놓인 도체 표면의 전하밀도는 몇 [C/m²]인가?

① 0.78×10^{-9}
② 0.61×10^{-9}
③ 0.44×10^{-10}
④ 0.23×10^{-10}

08 반경이 0.01[m]인 구도체를 접지시키고 중심으로부터 0.1[m]의 거리에 10[μC]의 점전하를 놓았다. 구도체에 유도된 총 전하량은 몇 [μC]인가?

① 0
② -1.0
③ -10
④ $+10$

09 각종 전기기기에 접지하는 이유로 가장 옳은 것은?
① 편의상 대지는 전위가 영상 전위이기 때문이다.
② 대지는 습기가 있어 전류가 잘 흐르기 때문이다.
③ 영상전하로 생각하여 땅속은 음(−) 전하이기 때문이다.
④ 지구의 정전용량이 커서 전위가 거의 일정하기 때문이다.

10 다음 중 유전체에서 전자분극이 나타나는 이유를 설명한 것으로 가장 옳은 것은?
① 영구 전기 쌍극자의 전계 방향의 배열에 의한다.
② 단결정 매질에서 전자운과 핵의 상대적인 변위에 의한다.
③ 화합물에서 (+)이온과 (−)이온 간의 상대적인 변위에 의한다.
④ 단결정에서 (+)이온과 (−)이온 간의 상대적인 변위에 의한다.

11 전속밀도 $D = x^2 i + 2y^2 j + 3zk$[C/m²]가 주어지는 원점의 1[m³]에 대한 전하량[C]은?

① 3
② 3×10^{-6}
③ 3×10^{-9}
④ 3×10^{-12}

12 한 변의 길이가 l[m]인 정사각형 도체에 전류 I[A]가 흐르고 있을 때 중심점 P에서의 자계의 세기는 몇 [A/m]인가?

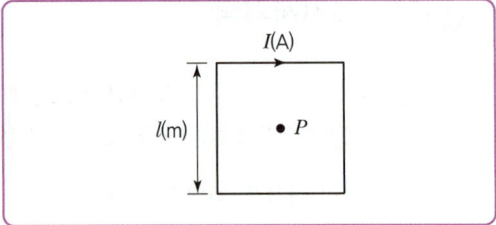

① $16\pi l I$
② $4\pi l I$
③ $\dfrac{\sqrt{3}\pi}{2l} I$
④ $\dfrac{2\sqrt{2}}{\pi l} I$

13 평행판 콘덴서에 어떤 유전체를 넣었을 때 전속밀도가 2.4×10^{-7}[C/m²]이고, 단위 체적당의 에너지가 2×10^{-3}[J/m³]이었다. 이 유전체의 유전율은 몇 [F/m]인가?

① 2.17×10^{-11}
② 7.17×10^{-11}
③ 5.43×10^{-11}
④ 1.44×10^{-11}

14 전하 q[C]가 진공중의 자계 H[AT/m]에 수직 방향으로 v[m/s]의 속도로 움직일 때 받는 힘의 크기는 몇 [N]인가?

① $\dfrac{qH}{\mu_0 v}$
② qvH
③ $\dfrac{1}{\mu_0} qvH$
④ $\mu_0 qvH$

15 인덕턴스의 단위[H]와 같지 않은 것은?

① $J/A \cdot s$
② $\Omega \cdot s$
③ Wb/A
④ J/A^2

16 다음 중 기자력에 대한 설명으로 틀린 것은?

① SI 단위는 암페어[A]이다.
② 전기회로의 기전력에 대응한다.
③ 자기회로의 자기저항과 자속의 곱과 동일하다.
④ 코일에 전류를 흘렸을 때 전류밀도와 코일의 권수의 곱의 크기와 같다.

17 평균 반지름 $r=20$[Cm], 단면적 $S=6$[Cm²]인 환상철심에 500회 감은 권선에 4[A]의 전류가 흐를 때 철심 내부에서의 자계의 세기는 약 몇[AT/m]인가?

① 1,590
② 1,700
③ 1,870
④ 2,120

18 어떤 철심에 단면적 4.26×10^{-2}[m²]인 공극이 있다. 이 공극의 길이가 5.66[mm]일 때 공극의 자기저항[AT/Wb]은?

① 1.05×10^5
② 5.1×10^5
③ 5.1×10^{-5}
④ 1.05×10^{-5}

19 유전율 ε_1, ε_2인 두 유전체 경계면에서 전계가 경계면에 수직일 때 경계면에 작용하는 힘은 몇 [N/m²]인가?(단, $\varepsilon_1 > \varepsilon_2$이다.)

① $\left(\dfrac{1}{\varepsilon_1}+\dfrac{1}{\varepsilon_2}\right)D$
② $2\left(\dfrac{1}{\varepsilon_1^{\,2}}+\dfrac{1}{\varepsilon_2^{\,2}}\right)D^2$
③ $\dfrac{1}{2}\left(\dfrac{1}{\varepsilon_2}-\dfrac{1}{\varepsilon_1}\right)D$
④ $\dfrac{1}{2}\left(\dfrac{1}{\varepsilon_2}-\dfrac{1}{\varepsilon_1}\right)D^2$

20 회로에서 단자 $a-b$ 간에 V의 전위차를 인가할 때 C_1의 에너지는?

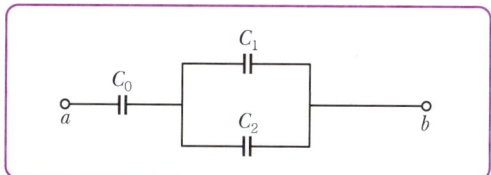

① $\dfrac{C_1^{\,2}V^2}{2}\left(\dfrac{C_1+C_2}{C_0+C_1+C_2}\right)^2$
② $\dfrac{C_1V^2}{2}\left(\dfrac{C_0}{C_0+C_1+C_2}\right)^2$
③ $\dfrac{C_1V^2}{2}\dfrac{C_0(C_1+C_2)}{(C_0+C_1+C_2)^2}$
④ $\dfrac{C_1V^2}{2}\dfrac{C_0^{\,2}C_2}{(C_0+C_1+C_2)}$

2과목 전력공학

21 SF_6 가스차단기의 설명으로 적절하지 않은 것은?

① SF_6가스는 절연내력이 공기보다 크다.
② 개폐 시의 소음이 작다.
③ 근거리 고장 등 가혹한 재기전압에 대해서 우수하다.
④ 아크에 의해 SF_6가스는 분해되어 유독가스를 발생시킨다.

22 케이블의 전력손실과 관계가 없는 것은?

① 저항손
② 유전체손
③ 철손
④ 연피손

23 수전단에 관련된 다음 사항 중 틀린 것은?

① 경부하 시 수전단에 설치된 동기조상기는 부족여자로 운전
② 중부하 시 수전단에 설치된 동기조상기는 부족여자로 운전
③ 중부하 시 수전단에 전력 콘덴서를 투입
④ 시충전 시 수전단 전압이 송전단보다 높게 됨

24 3상 3선식 배전선로에서 대지정전용량을 C_s, 선간정전용량을 C_m이라 할 때 작용 정전용량은?

① $C_s + C_m$ ② $C_s + 2C_m$
③ $2C_s + C_m$ ④ $C_s + 3C_m$

25 수전 용량에 비해 첨두부하가 커지면 부하율은 그에 따라 어떻게 되는가?

① 높아진다.
② 낮아진다.
③ 변하지 않고 일정하다.
④ 부하의 종류에 따라 달라진다.

26 전원이 양단에 있는 방사상 송전선로의 단락보호에 사용되는 계전기의 조합 방식은?

① 방향거리계전기와 과전압계전기의 조합
② 방향단락계전기와 과전압계전기의 조합
③ 선택접지계전기와 과전압계전기의 조합
④ 부족전류계전기와 과전압계전기의 조합

27 송전로의 코로나 임계전압이 높아지는 경우가 아닌 것은?

① 날씨가 맑다.
② 기압이 높다
③ 상대공기밀도가 낮다.
④ 전선의 반지름과 선간거리가 크다.

28 연간 최대전류 200[A], 배전거리 10[km]의 말단에 집중 부하를 가진 6.6[kV], 3상 3선식 배전선이 있다. 이 선로의 연간 손실 전력량은 약 몇 [MWh] 정도인가?(단, 부하율 $F = 0.6$, 손실계수 $H = 0.3F + 0.7F^2$이고, 전선의 저항은 0.25[Ω/km]이다.)

① 685 ② 1,135
③ 1,585 ④ 1,825

29 송전거리 50[km], 송전전력 5,000[kW]일 때의 Still 식에 의한 송전전압은 대략 몇 [kV] 정도가 적당한가?

① 10 ② 30
③ 50 ④ 70

30 부하의 밸런스가 필요로 하는 배전 방식은?

① 3상 3선식
② 3상 4선식
③ 단상 2선식
④ 단상 3선식

31 연가의 효과로 볼 수 없는 것은?

① 선로정수의 평형
② 대지 정전용량의 감소
③ 통신선의 유도장해의 감소
④ 직렬공진의 방진

32 유량을 구분할 때 매년 1~2회 발생하는 출수의 유량을 나타내는 것은?

① 홍수량 ② 풍수량
③ 고수량 ④ 갈수량

33 소호리액터 접지방식에 대한 설명 중 옳지 못한 것은?

① 유도장해가 경감된다.
② 안정도가 우수하다.
③ 지락전류가 매우 적다.
④ 선택지락계전기의 동작이 용이하다.

34 가공 선로에서 이도를 D라 하면 전선의 실제 길이는 경간 S보다 얼마나 차이가 나는가?

① $\dfrac{5D}{8S}$
② $\dfrac{3D^2}{8S}$
③ $\dfrac{9D}{8S^2}$
④ $\dfrac{8D^2}{3S}$

35 전력계통에서 내부 이상전압의 크기가 가장 큰 경우는?

① 유도성 소전류 차단 시
② 수차발전기의 부하 차단 시
③ 무부하 선로 충전전류 차단 시
④ 송전선로의 부하 차단기 투입 시

36 송전계통 3상 3선식에서 일정한 거리에 일정한 전력을 송전할 경우 전로에서의 저항손은?

① 선간전압에 비례한다.
② 선간전압에 반비례한다.
③ 선간전압의 2승에 비례한다.
④ 선간전압의 2승에 반비례한다.

37 단락점까지의 한 선의 임피던스 $Z = 3 + j4[\Omega]$ (전원 포함), 단락전의 단락점 전압이 3,450[V]인 단상 2선식 전선로의 단락용량은 약 몇 [kVA]인가?(단, 부하전류는 무시한다.)

① 540
② 650
③ 840
④ 1,190

38 전력용 콘덴서에 직렬로 콘덴서 용량의 5~6[%] 정도의 유도 리액턴스를 삽입하는 목적은?

① 제3고조파를 제거시키기 위하여
② 제5고조파를 제거시키기 위하여
③ 이상전압의 발생을 방지하기 위하여
④ 정전용량을 조절하기 위하여

39 가공전선을 단도체식으로 하는 것보다 같은 단면적의 복도체식으로 하였을 경우 옳지 않은 것은?

① 전선의 인덕턴스가 감소된다.
② 전선의 정전용량이 증가된다.
③ 코로나 손실이 적어진다.
④ 송전용량이 감소한다.

40 다음 중 배전 선로에 사용되는 개폐기의 종류와 그 특성의 연결이 바르지 못한 것은?

① 컷아웃 스위치(COS) – 주된 용도로는 주상변압기의 고장이 배전선로에 파급되는 것을 방지하고 변압기의 과부하 소손을 예방하고자 사용한다.
② 부하 개폐기 – 고장 전류와 같은 대전류는 차단할 수 없지만 평상 운전 시의 부하전류는 개폐할 수 있다.
③ 리클로저(Recloser) – 선로에 고장이 발생하였을 때 고장 전류를 검출하여 지정된 시간 내에 고속 차단하고 자동 재폐로 동작을 수행하여 고장 구간을 분리하거나 재송전하는 장치이다.
④ 섹셔널라이저(Sectionalizer) – 고장 발생 시 신속히 고장 전류를 차단하여 사고를 국부적으로 분리시키는 것으로 후비 보호 장치와 직렬로 설치하여야 한다.

3과목 전기기기

41 변압기에서 사용되는 변압기유의 구비조건으로 틀린 것은?

① 점도가 높을 것
② 응고점이 낮을 것
③ 인화점이 높을 것
④ 절연 내력이 클 것

42 동기전동기의 공급전압과 부하를 일정하게 유지하면서 역률을 1로 운전하고 있는 상태에서 여자전류를 증가시키면 전기자전류는?

① 앞선 무효전류가 증가
② 앞선 무효전류가 감소
③ 뒤진 무효전류가 증가
④ 뒤진 무효전류가 감소

43 3상 유도전동기에서 2차 측 저항을 2배로 하면 비례추이에 따라 2배가 되는 것은?

① 슬립   ② 역률
③ 전류   ④ 토크

44 반도체 소자 중 3단자 사이리스터가 아닌 것은?

① SCR   ② SCS
③ GTO   ④ TRIAC

45 직류기의 손실 중에서 기계손으로 옳은 것은?

① 풍손
② 와류손
③ 표류 부하손
④ 브러시의 전기손

46 슬립이 4[%]인 유도전동기의 2차 측 효율은 몇 [%]인가?

① 96   ② 94
③ 92   ④ 90

47 4극, 중권, 총도체수 500, 1극의 자속수가 0.01[Wb]인 직류 발전기가 100[V]의 기전력을 발생시키는데 필요한 회전수는 몇 [rpm]인가?

① 1,000   ② 1,200
③ 1,600   ④ 2,000

48 전압변동률이 작은 동기발전기의 특성으로 옳은 것은?

① 동기 리액턴스가 크다.
② 효율이 높다.
③ 속도변동률이 크다.
④ 단락비가 크다.

49 5[kVA], 2,000/200[V]의 단상변압기가 있다. 2차로 환산한 등가저항과 등가리액턴스는 각각 0.14[Ω], 0.16[Ω]이다. 이 변압기에 역률 0.8(뒤짐)의 정격부하를 걸었을 때의 전압변동률[%]은?

① 0.026   ② 0.26
③ 2.6   ④ 26

50 1차 전압 6,000[V], 권수비 20인 단상 변압기로 전등부하에 10[A]를 공급할 때의 입력[kW]은? (단, 변압기의 손실은 무시한다.)

① 2   ② 3
③ 4   ④ 5

51 수백~20,000[Hz] 정도의 고주파 발전기에 쓰이는 회전자형은?

① 농형
② 유도자형
③ 회전전기자형
④ 회전계자형

52 동기전동기의 위상 특성 곡선을 나타낸 것은?(단, P를 출력, I_f를 계자전류, I_a를 전기자전류, $\cos\phi$를 역률로 한다.)

① $I_f - I_a$ 곡선, P는 일정
② $P - I_a$ 곡선, I_f는 일정
③ $P - I_f$ 곡선, I_a는 일정
④ $I_f - I_a$ 곡선, $\cos\phi$는 일정

53 직류 분권전동기가 전기자 전류 100[A]일 때 50[kg·m]의 토크를 발생시키고 있다. 부하가 증가하여 전기자 전류가 120[A]로 되었다면 발생 토크[kg·m]는 얼마인가?

① 60
② 67
③ 88
④ 160

54 3/4 부하에서 효율이 최대인 주상변압기의 전부하 시 철손과동손의 비는?

① 8 : 4
② 4 : 8
③ 9 : 16
④ 16 : 9

55 3상 권선형 유도전동기의 전부하 슬립 5[%], 2차 1상의 저항 0.5[Ω]이다. 이 전동기의 기동토크를 전부하 토크와 같도록 하려면 외부에서 2차에 삽입할 저항[Ω]은?

① 8.5
② 9
③ 9.5
④ 10

56 동기발전기의 병렬운전 중 유도기전력의 위상차로 인하여 발생하는 현상으로 옳은 것은?

① 무효전력이 생긴다.
② 동기화전류가 흐른다.
③ 고조파무효순환전류가 흐른다.
④ 출력이 요동하고 권선이 가열된다.

57 직류직권전동기의 발생토크는 전기자전류를 변화시킬 때 어떻게 변하는가?(단, 자기포화는 무시한다.)

① 전류에 비례한다.
② 전류에 반비례한다.
③ 전류의 제곱에 비례한다.
④ 전류의 제곱에 반비례한다.

58 유도전동기의 기동 시 공급하는 전압을 단권변압기에 의해서 일시 강하시켜서 기동전류를 제한하는 기동방법은?

① $Y - \Delta$ 기동
② 저항기동
③ 직접기동
④ 기동 보상기에 의한 기동

59 유도전동기의 특성에서 토크와 2차 입력 및 동기속도의 관계는?

① 토크는 2차 입력과 동기속도의 곱에 비례한다.
② 토크는 2차 입력에 반비례하고, 동기속도에 비례한다.
③ 토크는 2차 입력에 비례하고, 동기속도에 반비례한다.
④ 토크는 2차 입력의 자승에 비례하고, 동기속도의 자승에 반비례한다.

60 극수가 24일 때, 전기각 180°에 해당되는 기계각은?

① 7.5° ② 15°
③ 22.5° ④ 30°

4과목 회로이론 및 제어공학

61 20[mH]의 두 자기 인덕턴스가 있다. 결합계수를 0.1부터 0.9까지 변화 시킬 수 있다면 이것을 접속시켜 얻을 수 있는 합성 인덕턴스의 최댓값과 최솟값의 비는 얼마인가?

① 19 : 1 ② 16 : 1
③ 13 : 1 ④ 9 : 1

62 다음 비정현파의 전압, 전류에 의한 평균전력[W]은 얼마인가?

- $v = 100\sin(wt+30°) - 50\sin(3wt+60°) + 25\sin 5wt$ [V]
- $i = 20\sin(wt-30°) + 15\sin(3wt+30°) + 10\cos(5wt-60°)$ [A]

① 404.9 ② 385.2
③ 283.5 ④ 491.3

63 전원과 부하가 Δ 결선된 3상 평형회로가 있다. 전원전압이 200[V], 부하 1상의 임피던스가 $6+j8$ [Ω]일 때 선전류[A]는?

① 20 ② $20\sqrt{3}$
③ $\dfrac{20}{\sqrt{3}}$ ④ $\dfrac{\sqrt{3}}{20}$

64 3상 유도전동기의 출력이 3[HP], 전압이 200[V], 효율이 80[%], 역률이 90[%]일 때, 이 전동기에 유입되는 선전류는?

① 약 7.18[A] ② 약 9.18[A]
③ 약 6.85[A] ④ 약 8.97[A]

65 $F(s) = \dfrac{2s+15}{s^3+s^2+3s}$ 일 때, $f(t)$의 최종값은?

① 8 ② 6
③ 5 ④ 4

66 비정현파 전압 $v = 100\sqrt{2}\sin wt + 50\sqrt{2}\sin 2wt + 30\sqrt{2}\sin 3wt$ [V]일 때, 이 전압의 실효값은 약 몇 [V]인가?

① 13.4 ② 38.6
③ 115.7 ④ 180.3

67 불평형 3상 전류 $I_a = 25+j4$[A], $I_b = -18-j16$[A], $I_c = 7+j15$[A]일 때 영상전류 I_0[A]는?

① $2.67+j$ ② $2.67+2j$
③ $4.67+2j$ ④ $4.67+j$

68 그림과 같은 회로의 영상임피던스 Z_{01}, Z_{02}는 각각 몇 [Ω]인가?

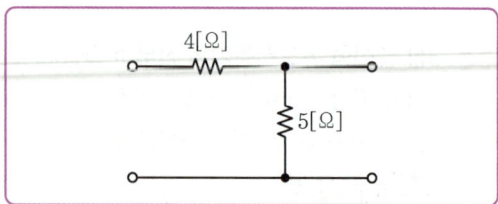

① 4, $\dfrac{20}{9}$ ② 6, $\dfrac{10}{3}$
③ 9, 5 ④ 4, 5

69 $F(s) = \dfrac{(s+5)(s+12)}{s(s+4)(s+6)}$ 의 라플라스 역변환은?

① $2.5 + e^{4t} + 0.5e^{6t}$
② $2.5 - e^{-4t} - 0.5e^{-6t}$
③ $2.5 + e^{-4t} + 0.5e^{-6t}$
④ $2.5 - e^{4t} - 0.5e^{6t}$

70 두 대의 전력계를 사용하여 평형 부하의 3상 회로의 역률을 측정하려고 한다. 전력계의 지시가 각각 P_1, P_2라고 할 때 이 회로의 역률은?

① $\dfrac{\sqrt{P_1 + P_2}}{P_1 + P_2}$
② $\dfrac{P_1 + P_2}{P_1^2 + P_2^2 - 2P_1 P_2}$
③ $\dfrac{P_1 + P_2}{2\sqrt{P_1^2 + P_2^2 - P_1 P_2}}$
④ $\dfrac{2P_1 + P_2}{\sqrt{P_1^2 + P_2^2 - P_1 P_2}}$

71 조절부의 동작에 의한 분류 중 제어계의 오차가 검출될 때 오차가 변화하는 속도에 비례하여 조작량을 조절하는 동작으로 오차가 커지는 것을 미연에 방지하는 제어 동작은 무엇인가?

① 비례동작제어
② 미분동작제어
③ 적분동작제어
④ 온-오프(ON-OFF) 제어

72 $A = \begin{bmatrix} 0 & 1 \\ -3 & -2 \end{bmatrix}$, $B = \begin{bmatrix} 4 \\ 5 \end{bmatrix}$ 인 상태방정식 $\dfrac{dx}{dt} = Ax + Br$에서 제어계의 특성방정식은?

① $s^2 + 4s + 3 = 0$
② $s^2 + 3s + 2 = 0$
③ $s^2 + 3s + 4 = 0$
④ $s^2 + 2s + 3 = 0$

73 그림과 같은 신호 흐름 선도에서 $\dfrac{C}{R}$의 값은?

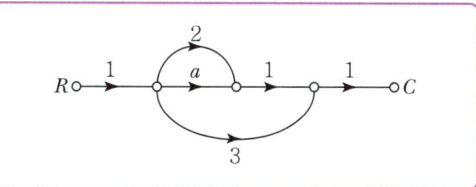

① $a + 2$
② $a + 3$
③ $a + 5$
④ $a + 6$

74 보드 선도에서 이득 여유는 어떻게 구하는가?

① 크기 선도에서 0~20[dB] 사이에 있는 크기 선도의 길이이다.
② 위상 선도가 0° 축과 교차되는 점에 대응되는 [dB]값의 크기이다.
③ 위상 선도가 -180° 축과 교차되는 점에 대응되는 이득의 크기[dB]값이다.
④ 크기 선도에서 -20~20[dB] 사이에 있는 크기 [dB]값이다.

75 다음 연산 증폭기의 출력은?

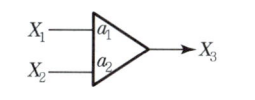

① $X_3 = -a_1 X_1 - a_2 X_2$
② $X_3 = a_1 X_1 + a_2 X_2$
③ $X_3 = (a_1 + a_2)(X_1 + X_2)$
④ $X_3 = -(a_1 - a_2)(X_1 + X_2)$

76 $G(s)H(s)$가 다음과 같이 주어지는 계에서 근궤적 점근선의 실수축과의 교차점은?

$$G(s)H(s) = \dfrac{K(s+1)}{s(s+3)(s-4)}$$

① 0 ② 1
③ 3 ④ -4

77 다음 회로에서 입력을 $v(t)$, 출력을 $i(t)$로 했을 때의 입출력 전달함수는?(단, 스위치 S는 $t=0$ 순간에 회로 전압을 공급한다.)

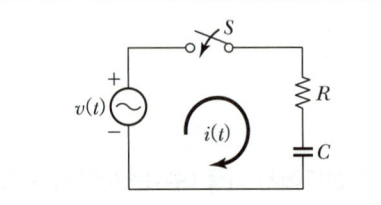

① $\dfrac{I(s)}{V(s)} = \dfrac{s}{R\left(s + \dfrac{1}{RC}\right)}$

② $\dfrac{I(s)}{V(s)} = \dfrac{1}{RC\left(s + \dfrac{1}{RC}\right)}$

③ $\dfrac{I(s)}{V(s)} = \dfrac{s}{RCs + 1}$

④ $\dfrac{I(s)}{V(s)} = \dfrac{RCs}{RCs + 1}$

78 특성방정식이 $s^5 + 3s^4 + 2s^3 + 2s^2 + 3s + 1 = 0$인 경우 불안정한 근의 수는?

① 0 ② 1
③ 2 ④ 3

79 폐루프 전달함수 $\dfrac{C(s)}{R(s)}$가 다음과 같은 2차 제어계일 때에 대한 설명 중 잘못된 것은?

$$\dfrac{C(s)}{R(s)} = \dfrac{\omega_n^2}{s^2 + 2\delta\omega_n s^2 + \omega_n^2}$$

① 이 페루프계의 특성방정식은 $s^2 + 2\omega_n s + \omega_n^2 = 0$이다.
② 이 계는 $\delta = 0.1$일 때 부족 제동된 상태에 있게 된다.
③ 최대 오버슈트는 $e^{\frac{-\pi\delta}{\sqrt{1-\delta^2}}}$이다.
④ δ값을 작게 할수록 제동은 많이 걸리게 되니 비교 안정도는 향상된다.

80 z-변환함수 $\dfrac{z}{z - e^{-aT}}$에 대응되는 라플라스 변환함수는?

① $\dfrac{1}{(s+a)^2}$ ② $\dfrac{1}{(1 - e^{-Ts})}$
③ $\dfrac{a}{s(s+a)}$ ④ $\dfrac{1}{(s+a)}$

5과목 전기설비기술기준

81 특고압 가공전선이 삭도와 제2차 접근상태로 시설할 경우 특고압 가공전선로는 어느 보안공사를 하여야 하는가?

① 고압 보안공사
② 제1종 특고압 보안공사
③ 제2종 특고압 보안공사
④ 제3종 특고압 보안공사

82 특고압 가공전선이 케이블인 경우에 통신선이 절연전선과 동등 이상의 절연효력이 있을 때 통신선과 특고압 가공전선 사이의 간격은 몇 [cm] 이상인가?

① 30 ② 60
③ 75 ④ 90

83 케이블 공사로 저압 옥내배선을 시설하려고 한다. 캡타이어 케이블을 사용하여 조영재의 아랫면에 따라 붙이고자 할 때 전선의 지지점 간의 거리는 몇 [m] 이하로 하여야 하는가?

① 1　　② 2
③ 3　　④ 5

84 관등회로의 의미로 옳은 것은?

① 분기점으로부터 안전기까지의 전로
② 스위치로부터 방전등까지의 전로
③ 스위치로부터 안정기까지의 전로
④ 방전등용 안정기로부터 방전관까지의 전로

85 폭연성 먼지 또는 화학류의 분말이 존재하는 곳의 저압 옥내배선은 어느 공사에 의하는가?

① 애자사용 공사 또는 가요전선관 공사
② 캡타이어 케이블 공사
③ 합성수지관 공사
④ 금속관 공사

86 저압 옥상전선로의 전선과 식물 사이의 간격은 일반적으로 어떻게 규정하고 있는가?

① 20[cm] 이상 간격을 두어야 한다.
② 30[cm] 이상 간격을 두어야 한다.
③ 특별한 규정이 없다.
④ 바람 등에 의하여 접촉하지 않도록 한다.

87 특고압 가공전선과 지지물, 완금류 사이의 이격거리는 사용전압 15[kV] 미만인 경우 일반적으로 몇 [cm] 이상이어야 하는가?

① 15　　② 20
③ 30　　④ 35

88 다음 중 감전에 대한 기본보호에 해당되는 것은?

① 몸을 통해 고장전류가 흐르는 것을 방지
② 몸을 통해 전류가 흐르는 것을 방지
③ 몸에 흐르는 고장전류를 위험하지 않은 값 이하로 제한
④ 몸에 흐르는 고장전류의 지속시간을 위험하지 않은 시간까지로 제한

89 발전소에서 계측장치를 시설하지 않아도 되는 것은?

① 발전기의 전압, 전류 및 전력
② 발전기의 베어링 및 고정자 온도
③ 특고압 모선의 전압, 전류 및 전력
④ 특고압용 변압기의 온도

90 최대사용전압이 380[V]인 3상 유도전동기의 절연내력은 몇 [V]의 시험전압에 견디어야 하는가?

① 475　　② 500
③ 570　　④ 760

91 변전소에 울타리·담 등을 시설할 때, 사용전압이 345[kV]이면 울타리·담 등의 높이와 울타리·담 등으로부터 충전부분까지의 거리의 합계는 몇 [m] 이상으로 하여야 하는가?

① 6.48　　② 8.16
③ 8.40　　④ 8.28

92 중성선 다중접지식의 것으로 전로에 지락이 생겼을 때에 2초 이내에 자동적으로 이를 전로로부터 차단하는 장치가 되어 있는 22.9[kV] 가공전선로를 상부 조영재의 위쪽에서 접근상태로 시설하는 경우, 가공전선과 건조물과의 간격은 몇 [m] 이상이어야 하는가?(단, 전선으로 나전선을 사용한다.)

① 1.2　② 1.5
③ 2.5　④ 3.0

93 옥내에 시설하는 전기시설물에 대한 내용 중 틀린 것은?
① 백열전등 또는 방전등에 전기를 공급하는 옥내전로의 대지전압은 300[V] 이하이어야 한다.
② 정격 소비전력 5[kW] 이상의 전기기계구는 그 전로의 옥내배선과 직접 접속할 수 있다.
③ 옥내에 시설하는 저압용의 배선기구는 그 충전부분이 노출되지 않도록 시설하여야 한다.
④ 저압 옥내배선의 사용전선은 단면적 2.5[mm²] 이상의 연동선이어야 한다.

94 사람이 상시 통행하는 터널 내 저압전선로의 애자사용 공사 시 노면상 최소 높이는?
① 2.0[m]　② 2.2[m]
③ 2.5[m]　④ 3.0[m]

95 특고압 가공전선로에 사용하는 철탑 종류 중 전선로 지지물의 양측 경간의 차가 큰 곳에 사용하는 철탑은?
① 각도형 철탑　② 인류형 철탑
③ 보강형 철탑　④ 내장형 철탑

96 저압 가공전선이 다른 저압 가공전선과 접근상태로 시설되거나 교차하여 시설되는 경우에 저압 가공전선 상호 간의 간격은 몇 [cm] 이상이어야 하는가?(단, 한쪽의 전선이 고압절연전선이라고 한다.)
① 30　② 60
③ 80　④ 100

97 66[kV] 특고압 가공전선로를 케이블을 사용하여 시가지에 시설하려고 한다. 애자장치는 50[%] 충격섬락전압의 값이 다른 부분을 지지하는 애자장치의 몇 [%] 이상으로 되어야 하는가?
① 100　② 115
③ 110　④ 105

98 154[kV]의 특고압 가공전선을 사람이 쉽게 들어갈 수 없는 산지(山地) 등에 시설하는 경우 지표상 높이는 몇 [m] 이상으로 하여야 하는가?
① 4　② 5
③ 6.5　④ 8

99 66[kV] 특고압 가공전선로를 시가지에 설치할 때, 전선의 인장강도 21.67[kN] 이상의 연선 또는 단면적 최소 몇 [mm²] 이상의 경동 연선 또는 이와 동등 이상의 세기 및 굵기의 연선을 사용해야 하는가?
① 30　② 38
③ 50　④ 55

100 다음 중 농사용 저압 가공전선로의 시설 기준으로 옳지 않은 것은?
① 사용전압이 저압일 것
② 저압 가공전선의 인장강도는 1.38[kN] 이상일 것
③ 저압 가공전선의 지표상 높이는 3.5[m] 이상일 것
④ 전선로의 지지물 간 거리는 40[m] 이하일 것

2025년도 3회 과년도 기출문제

1과목　전기자기학

01 자극의 세기가 16[Wb]의 점자극으로부터 4[m] 떨어진 점의 자계[AT/m]의 세기는 얼마인가?

① 6.33×10^4　② 3.17×10^4
③ 1.58×10^4　④ 4.75×10^4

02 어떤 막대꼴 철심이 있다. 단면적이 0.5[m²], 길이가 0.8[m], 비투자율이 20이다. 이 철심의 자기저항[AT/Wb]은?

① 6.37×10^4　② 4.45×10^4
③ 3.6×10^4　④ 9.7×10^5

03 0.2[Wb/m²]의 평등 자계 속에 자계와 직각방향으로 놓인 길이 30[cm]의 도선을 자계와 30° 각의 방향으로 30[m/s]의 속도로 이동시킬 때 도체 양단의 유기되는 기전력은 몇 [V]인가?

① $0.9\sqrt{3}$　② 0.9
③ 1.8　④ 90

04 N회 감긴 환상코일의 단면적이 S[m²]이고 평균 길이가 l[m]이다. 이 코일의 권수를 2배로 늘이고 인덕턴스를 일정하게 하려면?

① 길이를 2배로 한다.
② 단면적을 1/4배로 한다.
③ 비투자율을 1/2배로 한다.
④ 전류의 세기를 4배로 한다.

05 전기력선의 성질에 대한 설명으로 옳은 것은?

① 전기력선은 등전위면과 평행하다.
② 전기력선은 도체 표면과 직교한다.
③ 전기력선은 도체 내부에 존재할 수 있다.
④ 전기력선은 전위가 낮은 점에서 높은 점으로 향한다.

06 유전율이 9이고, 전계의 세기가 100[V/m]인 유전체 내부에 저장되는 에너지 밀도는 몇 [J/m³]인가?

① 5.5×10^2　② 4.5×10^4
③ 9×10^4　④ 4.5×10^5

07 다음 중 폐회로에 유도되는 기전력에 관한 설명 중 가장 알맞은 것은?

① 렌쯔의 법칙은 유도기전력의 크기를 결정하는 법칙이다.
② 패러데이 법칙은 유도기전력의 방향에 관련된 법칙이다.
③ 유도기전력은 권선수의 제곱에 비례한다.
④ 자계가 일정한 공간 내에서 폐회로가 운동하면 기전력이 유도된다.

08 히스테리시스 곡선의 기울기는 다음의 어떤 값에 해당하는가?

① 투자율　② 유전율
③ 자화율　④ 감자율

09 전계의 세기를 주는 대전체 중 거리 r에 반비례하는 것은?

① 구전하에 의한 전계
② 점전하에 의한 전계
③ 선전하에 의한 전계
④ 전기쌍극자에 의한 전계

10 진공 중에 있는 구도체에 일정 전하를 대전시켰을 때 정전 에너지가 존재하는 것으로 다음 중 옳은 것은?

① 도체 내에만 존재한다.
② 도체 표면에만 존재한다.
③ 도체 내외에 모두 존재한다.
④ 도체 표면과 외부 공간에 존재한다.

11 자유공간에서 전파 $E(z,t) = 10^3 \sin(wt - \beta z) a_y$ [V/m]일 때 자파 $H(z,t)$ [A/m]는?

① $\dfrac{10^3}{120\pi} \sin(wt - \beta z) a_z$
② $\dfrac{10^3}{120\pi} \sin(wt - \beta z) a_x$
③ $-\dfrac{10^3}{120\pi} \sin(wt - \beta z) a_z$
④ $-\dfrac{10^3}{120\pi} \sin(wt - \beta z) a_x$

12 비유전율이 10인 유전체를 5[V/m]인 전계 내에 놓으면 유전체의 표면 전하밀도는 몇 [C/m²]인가?(단, 유전체의 표면과 전계는 직각이다.)

① $35\varepsilon_0$
② $45\varepsilon_0$
③ $55\varepsilon_0$
④ $65\varepsilon_0$

13 자기회로의 자기저항에 대한 설명으로 옳은 것은?

① 자기회로의 길이에 반비례한다.
② 자기회로의 단면적에 비례한다.
③ 비투자율에 반비례한다.
④ 길이의 제곱에 비례하고 단면적에 반비례한다.

14 자극의 세기가 8×10^{-6} [Wb], 길이가 3[cm]인 막대자석을 120[AT/m]의 평등자계 내에 자력선과 30°의 각도로 놓으면 이 막대자석이 받는 회전력은 몇 [N·m]인가?

① 3.02×10^{-5}
② 3.02×10^{-4}
③ 1.44×10^{-5}
④ 1.44×10^{-4}

15 맥스웰 전자계의 기초 방정식으로 틀린 것은?

① $\text{rot } H = i_c + \dfrac{\partial D}{\partial t}$
② $\text{rot } E = -\dfrac{\partial B}{\partial t}$
③ $\text{div } D = \rho$
④ $\text{div } B = -\dfrac{\partial D}{\partial t}$

16 면적 S[m²], 간격 d[m]인 평행판 콘덴서에 전하 Q[C]을 충전하였을 때 정전용량 C[F]와 정전 에너지 W[J]는?

① $C = \dfrac{\varepsilon_0}{d^2}$, $W = \dfrac{dQ^2}{2\varepsilon_0 S}$
② $C = \dfrac{2\varepsilon_0 S}{d}$, $W = \dfrac{Q^2}{4\varepsilon_0 S}$
③ $C = \dfrac{\varepsilon_0 S}{d}$, $W = \dfrac{dQ^2}{2\varepsilon_0 S}$
④ $C = \dfrac{2\varepsilon_0}{d^2}$, $W = \dfrac{Q^2}{\varepsilon_0 S}$

17 $\phi = \phi_m \sin\omega t$ [Wb]인 정현파로 변화하는 자속이 권수 N인 코일과 쇄교할 때의 유기기전력의 위상은 자속에 비해 어떠한가?

① $\frac{\pi}{2}$ 만큼 빠르다.
② $\frac{\pi}{2}$ 만큼 늦다.
③ π만큼 빠르다.
④ 동위상이다.

18 그림과 같이 정전용량이 C_0[F]이 되는 평행판 공기 콘덴서에 판면적의 1/3이 되는 공간에 비유전율 4인 유전체를 채웠을 때 정전용량은 몇 [F]인가?

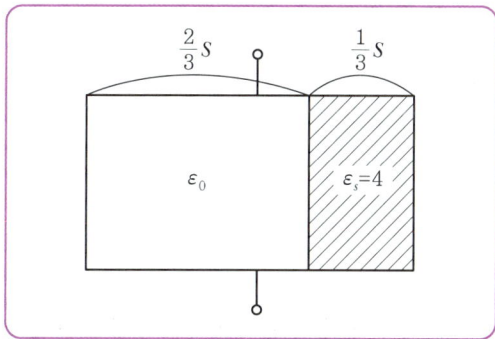

① $4C_0$
② $2C_0$
③ C_0
④ $\frac{1}{2}C_0$

19 각각 $\pm Q$[C]로 대전된 두 개의 도체 간의 전위차를 전위계수로 표시하면?(단, $P_{12} = P_{21}$이다.)

① $(P_{11} + P_{12} + P_{22})Q$
② $(P_{11} + P_{12} - P_{22})Q$
③ $(P_{11} - P_{12} + P_{22})Q$
④ $(P_{11} - 2P_{12} + P_{22})Q$

20 자장 $B = 3a_x - 5a_y - 6a_z$[Wb/m²] 내에서 점전하 0.5[C]이 $v = 4a_x - 2a_y + 3a_z$[m/s²]로 움직일 때, 이 점전하에 작용하는 힘의 크기는 몇 [N]이 되는가?

① $\frac{1}{2}(-6a_x - 18a_y + 9a_z)$
② $\frac{1}{2}(27a_x + 33a_y - 14a_z)$
③ $-\frac{1}{2}(22a_x + 31a_y + 15a_z)$
④ $-\frac{1}{2}(14a_x - 8a_y - 2a_z)$

2과목 전력공학

21 송전선용 표준철탑 설계의 경우 일반적으로 가장 큰 하중은?

① 빙설
② 애자, 전선의 중량
③ 풍압
④ 전선의 인장강도

22 출력 20,000[kW]의 화력발전소가 부하율 80[%]로 운전할 때 1일의 석탄소비량은 약 몇 [ton]인가?(단, 보일러 효율 80[%], 터빈의 열 사이클 효율 35[%], 터빈효율 85[%], 발전기 효율 76[%], 석탄의 발열량은 5,500[kcal/kg]이다.)

① 272
② 293
③ 312
④ 333

23 변전소에서 사용되는 조상설비 중 전력 손실이 출력의 최대 0.6[%] 이하이며 지상용으로 사용되는 조상설비는?

① 전력용 콘덴서
② 분로 리액터
③ 동기 조상기
④ 유도 전압 조정기

24 3상 3선식 소호 리액터 접지방식에서 1선의 대지 정전용량을 $C[\mu F]$, 상전압 $E[kV]$, 주파수 $f[Hz]$라 하면, 소호 리액터의 용량은 몇 [kVA]인가?

① $\pi f C E^2 \times 10^{-3}$
② $2\pi f C E^2 \times 10^{-3}$
③ $3\pi f C E^2 \times 10^{-3}$
④ $6\pi f C E^2 \times 10^{-3}$

25 전력선 1선의 대지전압을 E, 통신선의 대지정전용량을 C_b, 전력선과 통신선 사이의 상호 정전용량을 C_{ab}라고 하면 통신선의 정전유도전압은?

① $\dfrac{C_{ab} + C_b}{C_b} \cdot E$
② $\dfrac{C_{ab} + C_b}{C_{ab}} \cdot E$
③ $\dfrac{C_{ab}}{C_{ab} + C_b} \cdot E$
④ $\dfrac{C_b}{C_{ab} + C_b} \cdot E$

26 코로나 방지에 가장 효과적인 방법은?

① 선간거리를 증가시킨다.
② 전선의 높이를 가급적 낮게 한다.
③ 전선 표면의 전위경도를 높인다.
④ 전선의 바깥지름을 크게 한다.

27 다음 중 1상당의 용량 200[kVA]의 콘덴서에 제5고조파를 억제하기 위하여 직렬 리액터를 설치하고자 한다. 기본파 기준으로 직렬 리액터의 용량 [kVA]으로 가장 알맞은 것은?

① 6[kVA] ② 12[kVA]
③ 18[kVA] ④ 25[kVA]

28 반지름 $r[m]$이고 소도체 간격 a인 2도체 송전선로에서 등가선간거리가 $D[m]$로 배치되고 완전연가된 경우 인덕턴스는 몇 [mH/km]인가?

① $0.4605 \log_{10} \dfrac{D}{\sqrt{ra^2}} + 0.025$
② $0.4605 \log_{10} \dfrac{D}{\sqrt{ra}} + 0.025$
③ $0.4605 \log_{10} \dfrac{D}{\sqrt{ra}} + 0.05$
④ $0.4605 \log_{10} \dfrac{D}{\sqrt{ra^2}} + 0.05$

29 전력용 콘덴서 회로에 직렬리액터의 설치하는 주된 목적은?

① 합성 역률의 개선
② 전압의 파형개선
③ 콘덴서의 등가용량 증대
④ 전원 개방 시 잔류 전하를 방전시켜 인체의 위험 방지

30 플리커 예방을 위한 수용가 측의 대책이 아닌 것은?

① 공급 전압을 승압한다.
② 전원계통에 리액터분을 보상한다.
③ 전압 강하를 보상한다.
④ 부하의 무효전력 변동분을 흡수한다.

31 수전 용량에 비해 첨두부하가 커지면 부하율은 그에 따라 어떻게 되는가?

① 높아진다.
② 낮아진다.
③ 변하지 않고 일정하다.
④ 부하의 종류에 따라 달라진다.

32 고장점에서 구한 전 임피던스를 $Z[\Omega]$, 고장점의 상전압을 $E[V]$라 하면 3상 단락전류[A]는?

① $\dfrac{E}{Z}$ ② $\dfrac{ZE}{\sqrt{3}}$

③ $\dfrac{\sqrt{3}\,E}{Z}$ ④ $\dfrac{3E}{Z}$

33 파동 임피던스가 $Z_1 = 400[\Omega]$인 선로의 종단에 파동 임피던스가 $Z_2 = 1,200[\Omega]$인 변압기가 접속되어 있다. 지금 선로로부터 파고 $e_1 = 1,000[kV]$의 전압이 진입하였다. 접속점에서 전압의 투과파는?

① 500[kV] ② 1,000[kV]
③ 1,500[kV] ④ 2,000[kV]

34 피뢰기의 정격전압이란?

① 상용주파수의 방전개시전압
② 속류를 차단할 수 있는 최고의 교류전압
③ 방전을 개시할 때 단자전압의 순시값
④ 충격방전전류를 통하고 있을 때 단자전압

35 콘덴서형 계기용 변압기의 특징에 속하지 않는 것은?

① 권선형에 비해 오차가 적고 특성이 좋다.
② 절연의 신뢰도가 권선형에 비해 크다.
③ 고압 회로용의 경우는 권선형에 비해 소형 경량이다.
④ 전력선 반송용 결합콘덴서와 공용할 수 있다.

36 화력발전소에서 증기 및 급수가 흐르는 순서는?

① 보일러 → 과열기 → 절탄기 → 터빈 → 복수기
② 보일러 → 절탄기 → 과열기 → 터빈 → 복수기
③ 절탄기 → 보일러 → 과열기 → 터빈 → 복수기
④ 절탄기 → 과열기 → 보일러 → 터빈 → 복수기

37 전력계통의 주파수가 기준값보다 감소하는 경우 어떻게 하는 것이 가장 타당한가?

① 발전 출력[kW]을 감소시켜야 한다.
② 발전 출력[kW]을 증가시켜야 한다.
③ 무효전력[kvar]을 감소시켜야 한다.
④ 무효전력[kvar]을 증가시켜야 한다.

38 가공전선로에 대한 지중전선로의 장점으로 옳은 것은?

① 건설비가 싸다.
② 송전용량이 많다.
③ 인축에 대한 안전성이 높으며 환경조화를 이룰 수 있다.
④ 사고 복구에 효율적이다.

39 1선 지락 시 건전상의 전압상승이 가장 적은 중성점 접지방식은?

① 직접 접지방식
② 비접지방식
③ 저항 접지방식
④ 소호리액터 접지방식

40 전력 원선도의 가로축과 세로축은 각각 어느 것을 나타내는가?

① 전압과 전류
② 전압과 역률
③ 전류와 유효전력
④ 유효전력과 무효전력

3과목 전기기기

41 3상 유도전동기의 기계적 출력 P[W], 회전수 N[rpm]인 전동기의 토크[N·m]는?

① $0.975\dfrac{P}{N}$ ② $0.46\dfrac{P}{N}$

③ $0.855\dfrac{P}{N}$ ④ $9.55\dfrac{P}{N}$

42 동기발전기의 단락 시험, 무부하 시험에서 구할 수 없는 것은?

① 철손 ② 단락비
③ 동기리액턴스 ④ 전기자 반작용

43 3상 동기 발전기에서 권선 피치와 자극 피치의 비를 $\dfrac{12}{15}$의 단절권으로 하였을 때의 단절권 계수는?

① 0.673 ② 0.876
③ 0.951 ④ 1.176

44 직류기발전기에서 양호한 정류를 얻는 조건으로 틀린 것은?

① 정류주기를 크게 할 것
② 리액턴스 전압을 크게 할 것
③ 브러시의 접촉저항을 크게 할 것
④ 전기자 코일의 인덕턴스를 작게 할 것

45 극수가 4극이고 전기자권선이 단중 중권인 직류 발전기의 전기자전류가 40[A]이면 전기자권선의 각 병렬회로에 흐르는 전류[A]는?

① 4 ② 6
③ 8 ④ 10

46 변압기 내부 고장 보호에 쓰이는 계전기는?

① 부흐홀쯔 계전기
② 역상 계전기
③ 과전압 계전기
④ 접지 계전기

47 슬립 5[%]인 유도 전동기의 등가 부하저항은 2차 저항의 몇 배인가?

① 19배 ② 20배
③ 29배 ④ 40배

48 3상 전원을 이용하여 2상 전압을 얻고자 할 때 사용하는 결선 방법은?

① Scott 결선
② Fork 결선
③ 환상 결선
④ 2중 3각 결선

49 직류 분권 전동기의 전체 도체수는 100, 단중 중권이며 자극수는 4, 자속수는 극당 0.628[Wb]이다. 부하를 걸어 전기자에 5[A]가 흐르고 있을 때의 토크는 약 몇 [N·m]인가?

① 12.5 ② 25
③ 50 ④ 100

50 동기 전동기에 설치된 제동권선의 효과는?

① 정지시간의 단축
② 출력 전압의 증가
③ 기동 토크의 발생
④ 과부하 내량의 증가

51 동기전동기의 용도가 아닌 것은?
① 크레인
② 분쇄기
③ 송풍기
④ 압연기

52 유도전동기 슬립 s의 범위는?
① $1 < s$
② $0 < s < 1$
③ $-1 < s < 0$
④ $-1 < s$

53 일정 전압 및 일정 파형에서 주파수가 상승하면 변압기 철손은 어떻게 변하는가?
① 증가한다.
② 감소한다.
③ 불변이다.
④ 어떤 기간 동안 증가한다.

54 다음 권선법 중 직류기에서 주로 사용되는 것은?
① 폐로권, 환상권, 이층권
② 폐로권, 고상권, 이층권
③ 개로권, 환상권, 단층권
④ 개로권, 고상권, 이층권

55 역률 80[%](뒤짐)로 전부하 운전 중인 3상 100[kVA], 3,000/200[V] 변압기의 저압 측 선전류의 무효분은 몇 [A]인가?
① 100
② $80\sqrt{3}$
③ $100\sqrt{3}$
④ $500\sqrt{3}$

56 동기발전기를 병렬운전하는 데 필요하지 않은 조건은?
① 기전력의 용량이 같을 것
② 기전력의 파형이 같을 것
③ 기전력의 크기가 같을 것
④ 기전력의 주파수가 같을 것

57 단권변압기 2대를 V결선하여 선로 전압 3,000[V]를 3,300[V]로 승압하여 300[kVA]의 부하에 전력을 공급하려고 한다. 단권변압기 1대의 자기용량은 약 몇 [kVA]인가?
① 9.09   ② 15.72
③ 21.72   ④ 31.50

58 3상 변압기의 병렬운전 조건으로 틀린 것은?
① 각 변압기의 극성이 일치할 것
② 각 변압기의 권수비가 같고 1차, 2차 정격전압이 같을 것
③ 각 변압기의 절연저항이 같을 것
④ 각 변압기의 %임피던스 강하가 같을 것

59 유도전동기의 동작원리로 옳은 것은?
① 전자유도와 플레밍의 왼손 법칙
② 전자유도와 플레밍의 오른손 법칙
③ 정전유도와 플레밍의 왼손 법칙
④ 정전유도와 플레밍의 오른손 법칙

60 어떤 변압기 내부의 %저항 강하와 %리액턴스 강하가 각각 1.75[%], 2[%]일 때 최대전압변동률이라면 이 변압기의 역률각은?
① 48.81°   ② 42.31°
③ 30.24°   ④ 36.34°

4과목   회로이론 및 제어공학

61 그림과 같은 평형3상 회로에서 전원전압 $V_{ab}=200$ [V]이고, 부하 한 상의 임피던스 $Z=5.0-j2.4$ [Ω]인 경우 전원과 부하 사이의 전류 I_a는 약 몇 [A]인가?(단, 3상 전압의 상순은 $a-b-c$이다.)

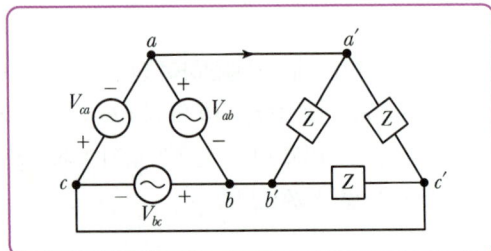

① 62.46∠4.36°   ② 62.46∠55.64°
③ 62.46∠−55.64°   ④ 62.46∠−4.36°

62 $t=0$[s]에서 스위치(S)를 닫았을 때, $t=0$에서의 $i(t)$는 몇 [A]인가?

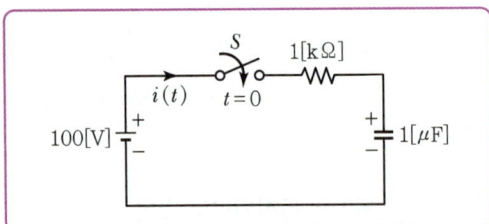

① 1.0   ② 0.1
③ 0.2   ④ 0.4

63 단상 변압기 3대를 △결선하여 부하에 전력을 공급하고 있다. 변압기 1대의 고장으로 V결선으로 한 경우 공급할 수 있는 전력과 고장 전 전력의 비율[%]은?

① 57.7   ② 66.7
③ 75.0   ④ 86.6

64 $e(t)=3e^{-5t}$인 경우 그림과 같은 R−C병렬회로의 임피던스는?

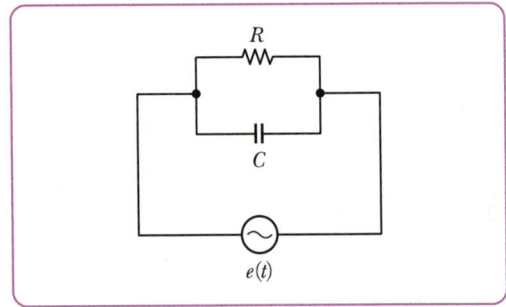

① $\dfrac{jwRC}{1+jwRC}$ ② $\dfrac{R}{1+RCs}$
③ $\dfrac{R}{1-5RC}$ ④ $\dfrac{1+jwRC}{R}$

65 위상정수가 $\dfrac{\pi}{8}$ [rad/m]인 선로의 1[MHz]에 대한 전파속도[m/s]는?

① 1.6×10^7
② 9×10^7
③ 10×10^7
④ 11×10^7

66 그림과 같은 회로의 a, b 단자 사이의 전압[V]은?

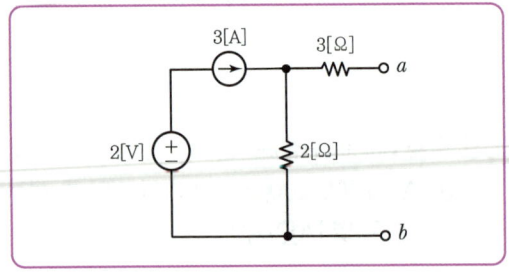

① 2   ② 4
③ 6   ④ 8

67 분포정수 회로에서 무왜형 선로의 조건은?(단, 선로의 단위 길이당 저항은 R, 인덕턴스는 L, 정전용량은 C, 누설컨덕턴스는 G이다.)

① $R = \sqrt{LC}$ ② $RC = LG$
③ $RL = CG$ ④ $R = \sqrt{\dfrac{L}{C}}$

68 그림과 같은 H형 4단자 회로망에서 4단자 정수(전송 파라미터) A는?(단, V_1은 입력전압이고, V_2는 출력전압이고, A는 출력 개방 시 회로망의 전압이득 $\left(\dfrac{V_1}{V_2}\right)$이다.)

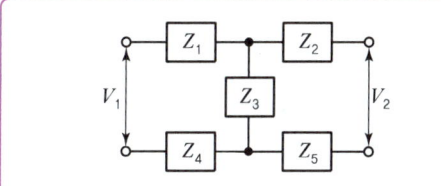

① $\dfrac{Z_1 + Z_2 + Z_3}{Z_3}$ ② $\dfrac{Z_1 + Z_3 + Z_4}{Z_3}$
③ $\dfrac{Z_2 + Z_3 + Z_5}{Z_3}$ ④ $\dfrac{Z_3 + Z_4 + Z_5}{Z_3}$

69 다음과 같은 왜형파 전압 및 전류에 의한 전력[W]은?

$v = 100\sin\omega t + 50\sin(3\omega t + 60°)[V]$
$i = 20\cos(\omega t - 30°) + 10\cos(3\omega t - 30°)[A]$

① 750 ② 1,000
③ 1,299 ④ 1,732

70 각 상의 전류가 $I_a = 30\sin\omega t[A]$, $I_b = 30\sin(\omega t - 90°)[A]$, $I_c = 30\sin(\omega t + 90°)[A]$일 때 영상 전류[A]는?

① $10\sin\omega t$
② $10\sin\dfrac{\omega t}{3}$
③ $\dfrac{30}{\sqrt{3}}\sin(\omega t + 45°)$
④ $30\sin\omega t$

71 근궤적 $G(s)H(s) = \dfrac{k(s-2)(s-3)}{s^2(s+1)(s+2)(s+4)}$ 에서 점근선의 교차점은 얼마인가?

① -6 ② -4
③ 6 ④ 4

72 기준 입력과 주궤환량과의 차로서, 제어계의 동작을 일으키는 원인이 되는 신호는?

① 조작 신호
② 동작 신호
③ 주궤환 신호
④ 기준 입력 신호

73 $R(z) = \dfrac{(1 - e^{-aT})z}{(z-1)(z - e^{-aT})}$ 의 역변환은?

① $1 - e^{-aT}$
② $1 + e^{-aT}$
③ te^{-aT}
④ te^{aT}

74 논리식 $\overline{A} + \overline{BC}$와 같은 논리식은?

① $\overline{A + BC}$
② $\overline{A(B + C)}$
③ $\overline{A \cdot B} + C$
④ $\overline{A \cdot B} + C$

75 그림과 같은 보드 위상선도를 갖는 회로망은 어떤 보상기로 사용될 수 있는가?

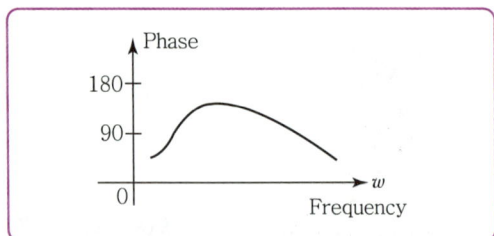

① 진상 보상기
② 지상 보상기
③ 지상 진상 보상기
④ 진상 지상 보상기

76 특성방정식 $s^2 + Ks + 2K - 1 = 0$ 인 계가 안정될 K의 범위는?

① $K > 0$
② $K > \dfrac{1}{2}$
③ $K < \dfrac{1}{2}$
④ $0 < K < \dfrac{1}{2}$

77 그림과 같은 회로의 전달함수 $\dfrac{E_0(s)}{E_i(s)}$는?

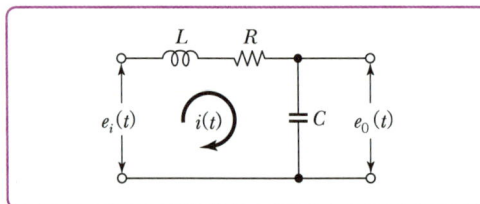

① $\dfrac{s}{LCs^2 + RCs + 1}$
② $\dfrac{1}{LCs^2 + RCs + 1}$
③ $\dfrac{Ls}{LCs^2 + RCs + 1}$
④ $\dfrac{Cs}{LCs^2 + RCs + 1}$

78 제어계 전달함수의 극값(Pole)이 그림과 같을 때 이 계의 고유 각주파수 ω_n은?

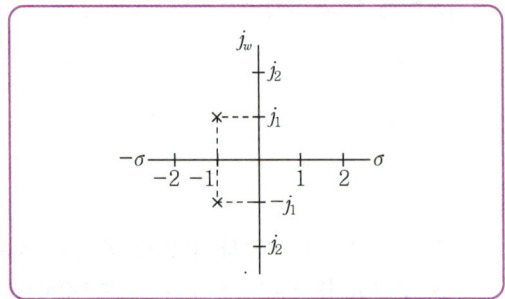

① $\dfrac{1}{\sqrt{2}}$
② $\dfrac{1}{2}$
③ $\sqrt{2}$
④ $\sqrt{3}$

79 ω가 0에서 ∞까지 변화하였을 때 $G(j\omega)$의 크기와 위상각을 극좌표에 그린 것으로 이 궤적을 표시하는 선도는?

① 근궤적도
② 나이퀴스트 선도
③ 니콜스 선도
④ 보드 선도

80 다음의 신호 흐름 선도에서 $\dfrac{C}{R}$는?

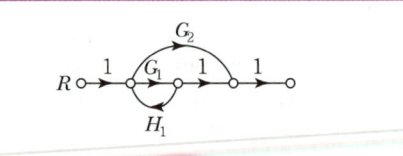

① $\dfrac{G_1 + G_2}{1 - G_1 H_1}$
② $\dfrac{G_1 G_2}{1 - G_1 H_1}$
③ $\dfrac{G_1 + G_2}{1 + G_1 H_1}$
④ $\dfrac{G_1 G_2}{1 + G_1 H_1}$

5과목 전기설비기술기준

81 다음 중 전선 접속방법이 잘못된 것은?

① 알루미늄과 동을 사용하는 전선을 접속하는 경우에는 접속 부분에 전기적 부식이 생기지 않아야 한다.
② 공칭단면적 10[mm²] 미만인 캡타이어 케이블 상호 간을 접속하는 경우에는 접속함을 사용할 수 없다.
③ 절연전선 상호 간을 접속하는 경우에는 접속부분을 절연효력이 있는 것으로 충분히 피복해야 한다.
④ 나전선 상호 간의 접속인 경우에는 전선의 세기를 20[%] 이상 감소시키지 않아야 한다.

82 특별저압(SELV, PELV) 계통의 전압한계는 전압밴드 I의 상한값 이하로 한다. 전압한계로 옳은 것은?

① 교류 50[V], 직류 120[V]
② 교류 50[V], 직류 100[V]
③ 교류 120[V], 직류 50[V]
④ 교류 100[V], 직류 120[V]

83 SELV와 PELV용 전원으로 적절하지 않은 것은?

① 안전절연 변압기 전원 및 이와 동등한 절연의 전원
② 상용전원과 축전지 및 디젤 발전기 등과 연계된 전원
③ 전압이 교류 50[V] 이하, 직류 120[V] 이하
④ 이중 또는 강화절연된 전동발전기 등 이동용 전원

84 고압 가공전선로에 사용하는 가공지선은 지름 몇 [mm] 이상의 나경동선을 사용하여야 하는가?

① 2.6
② 3.0
③ 4.0
④ 5.0

85 케이블 등의 단락전류는 절연도체의 허용 온도를 초과하지 않는 시간 내에 차단되도록 해야 한다. 단락지속시간이 5초 이하인 경우, 통상 사용조건에서의 단락전류에 의해 절연체의 허용온도에 도달하기까지의 시간 t를 구하는 공식은?

① $t = \left(\dfrac{KI}{2S}\right)$
② $t = \left(\dfrac{KI}{S}\right)^2$
③ $t = \left(\dfrac{KS}{I}\right)$
④ $t = \left(\dfrac{KS}{I}\right)^2$

86 전력보안 통신설비인 무선통신용 안테나를 지지하는 목주는 풍압하중에 대한 안전율이 얼마 이상이어야 하는가?

① 1.0
② 1.2
③ 1.5
④ 2.0

87 옥내에 시설하는 조명용 전등의 점멸장치에 대한 설명으로 틀린 것은?

① 가정용 전등은 등기구마다 점멸이 가능하도록 한다.
② 국부조명설비는 그 조명대상에 따라 점멸할 수 있도록 시설한다.
③ 공장, 사무실 등에 시설하는 전체 조명용 전등은 부분 조명이 가능하도록 등기구 수 6개 이내의 전등군으로 구분하여 전등군마다 점멸이 가능하도록 한다.
④ 광 천장 조명 또는 간접조명을 위하여 전등을 격등회로로 시설하는 경우에는 10개의 전등군으로 구분하여 점멸이 가능하도록 한다.

88 인입용 비닐절연전선을 사용한 저압 가공전선을 횡단보도교 위에 시설하는 경우 노면상의 높이는 몇 [m] 이상으로 하여야 하는가?

① 3
② 3.5
③ 4
④ 4.5

89 발전소에서 사용하는 차단기의 압축공기장치의 공기압축기는 최고 사용압력 몇 배의 수압을 연속하여 10분간 가하였을 때 견디고 새지 않아야 하는가?

① 1.2배　　② 1.25배
③ 1.5배　　④ 1.55배

90 태양전지 발전소에 시설하는 태양전지 모듈, 전선 및 개폐기, 기타 기구의 시설방법으로 적합하지 않은 것은?

① 충전부분은 노출되지 아니하도록 시설할 것
② 태양전지 모듈에 전선을 접속하는 경우에는 접속점에 장력이 가해지도록 할 것
③ 옥내에 시설하는 경우에는 금속관공사, 가요전선관공사로 할 것
④ 태양전지 모듈의 지지물이 진동과 충격에 안전한 구조이어야 할 것

91 고압 보안공사에서 지지물이 A종 철주인 경우 지지물간 거리는 몇 [m] 이하이어야 하는가?

① 100　　② 150
③ 250　　④ 400

92 사용전압이 22,900[V]인 특고압 가공전선이 건조물 등과 접근상태로 시설되는 경우 지지물로 A종 철근 콘크리트주를 사용하면 그 지지물 간 거리는 몇 [m] 이하이어야 하는가?(단, 중성선 다중접지식으로 전로에 단락이 생겼을 때에 2초 이내에 자동적으로 이를 전로로부터 차단하는 장치가 되어있는 경우)

① 100　　② 150
③ 200　　④ 250

93 전기울타리 시설에 대한 설명으로 옳지 않은 것은?

① 사람이 쉽게 출입하지 아니하는 곳에 시설할 것
② 전선과 이를 지지하는 기둥 사이의 간격은 2.5[cm] 이상일 것
③ 전기울타리용 전원장치에 전기를 공급하는 전로의 사용전압은 250[V] 이하일 것
④ 전선과 다른 시설물 또는 수목 사이의 간격은 20[cm] 이상일 것

94 제1종 금속제 가요전선관의 두께는 몇 [mm] 이상인가?

① 0.8　　② 1.0
③ 1.2　　④ 1.6

95 철도 또는 궤도를 횡단하는 저·고압 가공전선의 높이는 레일면상 몇 [m] 이상이어야 하는가?

① 5.5　　② 6.5
③ 7.5　　④ 8.5

96 욕조나 샤워시설이 있는 욕실 또는 화장실 등에 콘센트를 시설할 때 틀린 것은?

① 인체감전보호용 누전차단기(정격감도전류 15[mA] 이하, 동작시간 0.03초 이하의 전류동작형의 것에 한한다)를 설치한다.
② 절연변압기(정격용량 3.5[kVA] 이하인 것에 한한다)로 보호된 전로에 접속한다.
③ 콘센트는 접지극이 있는 방적형 콘센트를 사용하여 접지한다.
④ 습기가 많은 장소 또는 수분이 있는 장소에 시설하는 콘센트 및 기계기구용 콘센트는 접지용 단자가 있는 것을 사용하여 접지하고 방습장치를 하여야 한다.

97 케이블 트레이 공사에 사용하는 케이블 트레이에 적합하지 않은 것은?

① 금속재의 것은 적절한 방식 처리를 하거나 내식성 재료의 것이어야 한다.
② 비금속재 케이블 트레이는 난연성 재료가 아니어도 된다.
③ 케이블 트레이가 방화구획의 벽 등을 관통하는 경우에는 개구부구에 연소방지시설을 하여야 한다.
④ 금속재 케이블 트레이 계통은 기계적 또는 전기적으로 완전하게 접속하여야 한다.

98 지중전선이 지중약전류 전선 등과 접근하거나 교차하는 경우, 상호 간의 간격이 저압 또는 고압의 지중전선이 몇 [m] 이하일 때, 지중전선과 지중약전류 전선 사이에 견고한 내화성의 격벽(隔壁)을 설치하여야 하는가?

① 10[cm]
② 20[cm]
③ 30[cm]
④ 60[cm]

99 특고압 전선로에 접속하는 배전용 변압기를 시설하는 경우에 대한 설명으로 틀린 것은?

① 변압기의 2차 전압이 고압인 경우에는 저압 측에 개폐기를 시설한다.
② 특고압 전선으로 특고압 절연전선 또는 케이블을 사용한다.
③ 변압기의 특고압 측에 개폐기 및 과전류차단기를 시설한다.
④ 변압기의 1차 전압은 35[kV] 이하, 2차 전압은 저압 또는 고압이어야 한다.

100 특고압 가공전선과 가공약전류 전선 사이에 시설하는 보호망에서 보호망을 구성하는 금속선 상호 간의 간격은 가로 및 세로를 각각 몇 [m] 이하로 시설하여야 하는가?

① 0.75[m]
② 1.0[m]
③ 1.25[m]
④ 1.5[m]

memo

전기기사 필기 3주 완성

전 과목 무료동영상

정답 및 해설

머리말

"지금 잠을 자면 꿈을 꾸지만 공부를 하면 꿈을 이룬다."

하버드대학 도서관에 쓰여 있는 너무나 유명한 이 문구는 학창시절부터 누구나 한번은 들어봤을 것입니다. 목표를 세우고 정진하는 사람들에게 있어 절제와 노력은 반드시 필요한 것이며, 이를 기본으로 하여 효율적인 방법이 더해질 때 확실한 결실을 거두게 될 것입니다.

이 책은 국가 기초산업의 근간이 되는 전기 분야에서 뜻을 세우고 그 목적을 이루기 위해 노력하는 모든 수험생들에게 보다 효율적이고 수월한 목표 달성을 위해 가장 최적화된 교재를 제공하기 위한 목적으로 기획되었습니다.

따라서 이 책의 각 과목들은 모두 15년 이상의 강의경험을 가진 최고의 강사들의 노하우를 토대로 어려운 수식들은 가능한 배제하고 기초가 부족한 수험생들도 쉽게 접근할 수 있도록 다음과 같이 구성되었습니다.

◆ **본서의 특징**

- 어렵고 복잡한 수식을 최대한 간결하게 표현하여 쉽게 이해할 수 있도록 하였습니다.
- 각 단원별 핵심공식을 식별하기 쉽게 정리하였습니다.
- 전 과정(본문 + 과년도)의 무료 동영상을 제공하여 여러분의 합격을 응원합니다.

부디 이 교재가 목표를 위해 정진하는 모든 수험생들이 아름다운 결실을 거두는 데 좋은 길잡이가 되기를 기원하며, 출간을 위해 애써주신 예문사에 진심으로 감사드립니다.

인천대산전기직업학교 대표이사 **송우근**

ENGINEER ELECTRICITY
CONTENTS

Ⅰ권 | 요약 및 문제

- 제1편　전기자기학
- 제2편　전력공학
- 제3편　전기기기
- 제4편　회로이론
- 제5편　전기설비기술기준(한국전기설비규정 반영)
- 제6편　제어공학
- APPENDIX　과년도 기출문제

Ⅱ권 | 정답 및 해설

- 제1편　전기자기학
- 제2편　전력공학
- 제3편　전기기기
- 제4편　회로이론
- 제5편　전기설비기술기준(한국전기설비규정 반영)
- 제6편　제어공학
- APPENDIX　과년도 기출문제

차 례

Ⅱ권 | 정답 및 해설

제1편 전기자기학

CHAPTER 01 벡터의 해석 ·········· 3
CHAPTER 02 진공 중의 정전계 ·········· 4
CHAPTER 03 진공 중의 도체계 ·········· 10
CHAPTER 04 유전체 ·········· 14
CHAPTER 05 전기영상법 ·········· 18
CHAPTER 06 전류 ·········· 19
CHAPTER 07 진공 중의 정자계 ·········· 22
CHAPTER 08 자성체와 자기회로 ·········· 27
CHAPTER 09 전자유도 ·········· 32
CHAPTER 10 인덕턴스 ·········· 34
CHAPTER 11 전자장 ·········· 37

제2편 전력공학

CHAPTER 01 송전공학 ·········· 42
CHAPTER 02 배전공학 ·········· 59
CHAPTER 03 발전공학 ·········· 69

제3편 전기기기

CHAPTER 01 직류기 ·········· 73
CHAPTER 02 동기기 ·········· 80
CHAPTER 03 변압기 ·········· 87

CHAPTER 04 유도 전동기 ··· 96
CHAPTER 05 정류기 ·· 103

제4편 회로이론

CHAPTER 01 직류회로 및 정현파 교류 ··· 107
CHAPTER 02 기본교류회로(R.L.C회로) ·· 110
CHAPTER 03 교류전력 ··· 112
CHAPTER 04 상호유도회로 ·· 114
CHAPTER 05 벡터의 궤적 ·· 116
CHAPTER 06 일반 선형 회로망 ·· 117
CHAPTER 07 다상교류 ··· 118
CHAPTER 08 대칭좌표법 ··· 121
CHAPTER 09 비정현파 교류 ·· 122
CHAPTER 10 2단자 회로망 ··· 124
CHAPTER 11 4단자 회로망 ··· 125
CHAPTER 12 분포정수회로 ·· 128
CHAPTER 13 라플라스 변환 ·· 129
CHAPTER 14 전달함수 ··· 132
CHAPTER 15 과도현상 ··· 134

제5편 전기설비기술기준(한국전기설비규정 반영)

CHAPTER 01 공통사항 ··· 137
CHAPTER 02 고압·특고압 설비 ·· 142
CHAPTER 03 전선로 ··· 146
CHAPTER 04 저압전기설비 및 고압옥내배선 ····································· 158
CHAPTER 05 전기철도 ··· 167
CHAPTER 06 분산형 전원 ·· 169

제6편 제어공학

CHAPTER 01 자동제어계의 요소 및 구성 ··········· 171
CHAPTER 02 라플라스 변환 ··········· 173
CHAPTER 03 전달함수 ··········· 175
CHAPTER 04 블록선도와 신호흐름선도 ··········· 177
CHAPTER 05 과도응답 ··········· 180
CHAPTER 06 편차와 감도 ··········· 182
CHAPTER 07 주파수 응답 ··········· 183
CHAPTER 08 선형제어계통의 안정도 ··········· 186
CHAPTER 09 근궤적법 ··········· 190
CHAPTER 10 상태방정식 ··········· 192
CHAPTER 11 시퀀스 제어 ··········· 195

APPENDIX 과년도 기출문제

전기기사 2014~2015년도 과년도 기출문제(PDF 파일 제공)

- 전기기사 2016년도 1회 과년도 기출문제 ··········· 198
- 전기기사 2016년도 2회 과년도 기출문제 ··········· 209
- 전기기사 2016년도 3회 과년도 기출문제 ··········· 219

- 전기기사 2017년도 1회 과년도 기출문제 ··········· 229
- 전기기사 2017년도 2회 과년도 기출문제 ··········· 239
- 전기기사 2017년도 3회 과년도 기출문제 ··········· 250

- 전기기사 2018년도 1회 과년도 기출문제 ··········· 259
- 전기기사 2018년도 2회 과년도 기출문제 ··········· 268
- 전기기사 2018년도 3회 과년도 기출문제 ··········· 277

CONTENTS

- 전기기사 2019년도 1회 과년도 기출문제 ········· 287
- 전기기사 2019년도 2회 과년도 기출문제 ········· 295
- 전기기사 2019년도 3회 과년도 기출문제 ········· 305

- 전기기사 2020년도 1·2회 과년도 기출문제 ········· 313
- 전기기사 2020년도 3회 과년도 기출문제 ········· 322
- 전기기사 2020년도 4회 과년도 기출문제 ········· 331

- 전기기사 2021년도 1·2회 과년도 기출문제 ········· 340
- 전기기사 2021년도 3회 과년도 기출문제 ········· 350
- 전기기사 2021년도 4회 과년도 기출문제 ········· 360

- 전기기사 2022년도 1회 과년도 기출문제 ········· 370
- 전기기사 2022년도 2회 과년도 기출문제 ········· 380
- 전기기사 2022년도 3회 과년도 기출문제 ········· 391

- 전기기사 2023년도 1회 과년도 기출문제 ········· 400
- 전기기사 2023년도 2회 과년도 기출문제 ········· 411
- 전기기사 2023년도 3회 과년도 기출문제 ········· 421

- 전기기사 2024년도 1회 과년도 기출문제 ········· 433
- 전기기사 2024년도 2회 과년도 기출문제 ········· 446
- 전기기사 2024년도 3회 과년도 기출문제 ········· 457

- 전기기사 2025년도 1회 과년도 기출문제 ········· 467
- 전기기사 2025년도 2회 과년도 기출문제 ········· 478
- 전기기사 2025년도 3회 과년도 기출문제 ········· 488

정답 및 해설

Part 01 전기자기학
Part 02 전력공학
Part 03 전기기기
Part 04 회로이론
Part 05 전기설비기술기준
Part 06 제어공학
Appendix 과년도 기출문제

Part 01 전기자기학

제1장 벡터의 해석

01	02	03	04	05	06	07	08	09	10
①	①	②	④	②	③	③	②	④	④

11	12	13
④	①	④

01

$F_1 = -3i + 4j - 5k$, $F_2 = 6i + 3j - 2k$일 때 세 힘이 평형이 되는 경우는 세 힘을 모두 합산 시 0이 되면 평형이 되었다 한다.
그러므로 $F_1 + F_2 + F_3 = 0$에서
$F_3 = -(F_1 + F_2)$
$= -[(-3i + 4j - 5k) + (6i + 3j - 2k)]$
$= -3i - 7j + 7k$ [N]가 된다.

02

$i \cdot i = j \cdot j = k \cdot k = 1 \times 1 \times \cos 0° = 1$

03

$A \cdot B$가 수직이 되기 위한 조건은 $A \cdot B = 0$
$A \cdot B = (1 \times 1) + (-1 \times 0) + (3 \times a) = 0$
$1 + 3a = 0$
$a = -\dfrac{1}{3}$

04

- 벡터의 외적(벡터 곱)은 교환 법칙이 성립되지 않는다.
- $A \times B$와 $B \times A$의 크기는 $AB\sin\theta$로 같으나 방향이 반대이다.
- $A \times B = -B \times A$

05

$A = 2i + 4j$, $B = 6i - 4j$일 때 벡터가 이루는 각은 내적의 정의식

① 벡터 A의 크기 $|A| = \sqrt{2^2 + 4^2} = 2\sqrt{5}$
② 벡터 B의 크기 $|B| = \sqrt{6^2 + (-4)^2} = 2\sqrt{13}$
③ 내적의 계산 $A \cdot B = (2i + 4j) \cdot (6i - 4k) = (4j \cdot 6j)$
$= 24$이므로 내적의 정의식 $A \cdot B = |A||B|\cos\theta$에서
$\cos\theta = \dfrac{A \cdot B}{|A||B|} = \dfrac{24}{2\sqrt{5} \times 2\sqrt{13}} = 0.744$가 된다.
그러므로 $\theta = \cos^{-1} 0.744 = 41.92°$가 된다.

06

삼각형의 면적은 평행사변형 면적의 $\dfrac{1}{2}$이므로
$S = \dfrac{1}{2} \times |A \times B|$
$A \times B = \begin{vmatrix} i & j & k \\ 1 & 4 & 1 \\ -1 & 2 & 2 \end{vmatrix}$
$= i(8-2) + j(-1-2) + k(2+4)$
$= 6i - 3j + 6k$이므로
$S = \dfrac{1}{2} \times \sqrt{6^2 + (-3)^2 + 6^2} = 4.5$

07

단위벡터 $n = \dfrac{\text{벡터}}{\text{스칼라}}$
$a_0 = \dfrac{A}{|A|} = \dfrac{-2i + 2j + k}{\sqrt{(-2)^2 + 2^2 + 1^2}} = \dfrac{-2i + 2j + k}{3}$

08

$grad\, V = \nabla V = \left(\dfrac{\partial}{\partial x}i + \dfrac{\partial}{\partial y}j + \dfrac{\partial}{\partial z}k\right)V$
$= \dfrac{\partial V}{\partial x}i + \dfrac{\partial V}{\partial y}j + \dfrac{\partial V}{\partial z}k$

⇒ $grad$는 스칼라를 벡터로 변환한다.

09

$divE = \nabla \cdot E$
$= (\frac{\partial}{\partial x}i + \frac{\partial}{\partial y}j + \frac{\partial}{\partial z}k) \cdot (E_x i + E_y j + E_z k)$

같은 성분끼리 계수만 곱해서 모두 합산
$= \frac{\partial E_x}{\partial x} + \frac{\partial E_y}{\partial y} + \frac{\partial E_z}{\partial z}$

⇒ div는 벡터를 스칼라로 변환한다.

10

① $fA = xyz(xi + yj + zk) = x^2yzi + xy^2zj + xyz^2k$
② $div(fA)$
$= (\frac{\partial}{\partial x}i + \frac{\partial}{\partial y}j + \frac{\partial}{\partial z}k) \cdot (x^2yzi + xy^2zj + xyz^2k)$

같은 성분끼리 계수만 곱해서 모두 합산
$= 2xyz + 2xyz + 2xyz = 6xyz |_{x=1, y=1, z=1} 대입 = 6$

11

$\nabla = \frac{\partial}{\partial x}i + \frac{\partial}{\partial y}j + \frac{\partial}{\partial z}k$인 미분연산자이므로 미분하여 0인 $\vec{D}$는 상수인 경우이다.

12

가우스 발산정리는 면적적분과 체적적분의 변환식이다.

$\int_S E \, ds = \int_v \nabla \cdot E \, dv = \int_v div \, E \, dv$

면적분을 체적적분으로 변환 시 div를 추가

13

스토크스의 정리는 선적분과 면적적분의 변환식이다.

$\oint_c E \, dl = \int_s rot \, E \, ds$

선적분을 면적분으로 변환 시 rot를 추가

제2장 진공 중의 정전계

01	02	03	04	05	06	07	08	09	10
②	③	④	③	③	④	②	④	①	④
11	12	13	14	15	16	17	18	19	20
②	①	④	②	②	④	③	③	①	④
21	22	23	24	25	26	27	28	29	30
③	②	④	②	④	④	②	④	③	②
31	32	33	34	35	36	37	38	39	40
④	③	③	③	④	③	②	④	②	②
41	42	43	44						
②	④	③	②						

01

쿨롱의 법칙 $F = 9 \times 10^9 \frac{Q_1 Q_2}{r^2}$ [N]이며 두 개의 똑같은 도체구를 접촉하였으므로 두 전하의 크기는

$Q_1 = Q_2$, $F = 9 \times 10^9 \frac{Q^2}{r^2}$ [N]

$Q = \sqrt{\frac{Fr^2}{9 \times 10^9}} = \sqrt{\frac{9 \times 10^{-3} \times 1^2}{9 \times 10^9}} = 10^{-6}$ [C]

02

그림에서 Q_A와 Q_B 사이의 거리는 $r = 2$[m]이고 전하량의 부호가 동일하므로 반발력 F_1은

$F_1 = \frac{Q_A \cdot Q_B}{4\pi\varepsilon_o r^2} = 9 \times 10^9 \times \frac{4 \times 10^{-6} \times 2 \times 10^{-6}}{2^2}$

$= 18 \times 10^{-3}$[N]이고, Q_B와 Q_C 사이의 거리는 $r = 3$[m]이고 전하량의 부호가 동일하므로 반발력 F_2는

$F_2 = \frac{Q_B \cdot Q_C}{4\pi\varepsilon_o r^2} = 9 \times 10^9 \times \frac{2 \times 10^{-6} \times 5 \times 10^{-6}}{3^2}$

$= 10 \times 10^{-3}$[N]가 된다.

그러므로 B점에 작용하는 힘 F_B는 F_1과 F_2의 힘의 방향이 반대이므로 빼주어야 한다.

$F_B = F_1 - F_2 = 18 \times 10^{-3} - 10 \times 10^{-3} = 0.8 \times 10^{-2}$ [N]

03
전계 내 전하를 놓았을 때 작용하는 힘 $F = QE$[N]
전계와 반대 방향

04
전기력선의 성질
① 전하가 없는 곳에서는 전기력선의 발생 및 소멸이 없다.
② 정전하(+)에서 시작해서 음전하(-)에서 끝난다(불연속).
③ 임의 점에서 전계의 방향은 전기력선의 접선방향과 같다.
④ 임의 점에서 전계의 세기는 전기력선의 밀도와 같다(가우스의 법칙).
⑤ 전기력선은 전위가 높은 점에서 낮은 점으로 향한다.
⑥ 전기력선은 그 자신만으로 폐곡선을 이루지 않는다.
⑦ 두 개의 전기력선은 서로 반발하며 교차하지 않는다.
⑧ 전기력선은 도체 표면(등전위면)과 외부에만 존재하며 수직으로 출입한다.
⑨ Q[C]에서 발생하는 전기력선의 총수는 $\frac{Q}{\varepsilon_o}$개다.
⑩ 대전 평형 상태 시 도체 내부의 전하는 0이다.
⑪ 도체 내부 전위와 표면 전위는 같다.
⑫ 전하 밀도는 곡률이 큰 곳 또는 곡률 반경이 작은 곳에 밀도를 이룬다.
⑬ 서로 다른 매질의 경계면에서는 굴절한다.

05
전하 밀도는 곡률이 큰 곳 또는 곡률 반경이 작은 곳에 밀도를 이룬다. 즉, 뾰족한 곳에 밀도를 이룬다.

06
도체 내부에는 전하가 존재하지 않으므로 내부 정전 에너지는 없으며 정전 에너지는 도체 표면과 외부 공간에만 존재한다.

07
전기력선은 도체 표면(등전위면)과 외부에만 존재하며 수직으로 출입한다.

08
Q[C]에서 발생하는 전기력선의 총수는 $\frac{Q}{\varepsilon_o}$개다.

09
폐곡면을 통해서 나오는 유전속의 수는 매질과 관계없이 내부 전하량과 같다.

10
지구로 향하여 전계가 들어오므로 지구 표면의 전하밀도
$$D = \frac{\psi}{S} = \frac{Q}{S} = \frac{Q}{4\pi r^2} [C/m^2]$$
여기서, $S = 4\pi r^2 [m^2]$: 구의 표면적
$$D = -\varepsilon_o E = -8.855 \times 10^{-12} \times 300$$
$$= -2.65 \times 10^{-9} [C/m^2]$$

11
전하균일 시, 구도체이며 $r = \frac{a}{2} < a$(내부)일 때
전하균일 시 내부 전계는
$$E_i = \frac{Qr}{4\pi\varepsilon_o a^3}\bigg|_{r=\frac{a}{2}} = \frac{Q \times \frac{a}{2}}{4\pi\varepsilon_o a^3} = \frac{Q}{8\pi\varepsilon_o a^2} [V/m]$$가 된다.

12
전계의 세기 계산법
지정된 지점에 단위 정전하 +1[C]을 두고 계산
① 일직선상 두 전하의 극성이 같을 때 : 임의의 전하와 단위 정전하 +1[C] 사이로 각각 전계를 계산 후 큰 전계에서 작은 전계를 빼준다.
② 일직선상 두 전하의 극성이 다를 때 : 임의의 전하와 단위 정전하 +1[C] 사이로 각각 전계를 계산 후 큰 전계에서 작은 전계를 더해준다.
③ 정삼각형 각 정점에 전하 존재 시 주어진 두 전하의 극성과 전하량이 같을 때 : 평행사변형의 원리를 이용
$$\sqrt{E_1^2 + E_2^2 + 2E_1 E_2 \cos\theta} = \sqrt{3} E_1$$
④ 정삼각형 각 정점에 전하 존재 시 주어진 두 전하의 극성은 다르고 전하량이 같을 때 : 평행사변형의 원리를 이용
$$\sqrt{E_1^2 + E_2^2 + 2E_1 E_2 \cos\theta} = E_1$$
⑤ 전계의 세기가 0이 되는 점 : $E_1 = E_2$
 ㉠ 두 전하의 극성이 같을 때 : 절댓값이 작은 전하 기준 두 전하 사이

ⓛ 두 전하의 극성이 다를 때 : 절댓값이 작은 전하의 외측

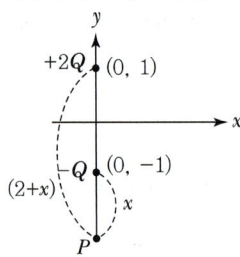

두 전하의 극성이 다르므로 전계의 세기가 0인 점은 전하의 절댓값이 큰 반대편 외측에 존재한다. 그림에서 전계의 세기가 0인 점을 x라 하면
$$\frac{Q}{4\pi\varepsilon_o x^2} = \frac{2Q}{4\pi\varepsilon_o (2+x)^2}$$
$2x^2 = (2+x)^2$, $\sqrt{2}\,x = 2+x$, $(\sqrt{2}-1)x = 2$
$x = \dfrac{2}{\sqrt{2}-1} = 4.83\,[\text{m}]$
즉, 전계의 세기가 0인 점의 좌표는
$x = 0$, $y = -1 - 4.83 = -5.83\,[\text{m}]$이다.

13

무한장 직선에 의한 전계 $E = \dfrac{\lambda}{2\pi\varepsilon_o r} = 18 \times 10^9 \dfrac{\lambda}{r}\,[\text{V/m}]$
이므로 거리에 반비례한다.

※ 전하 균일 시(내부에도 전하가 존재한다.)
ⓛ 외부 $E = \dfrac{\lambda}{2\pi\varepsilon_0 r}\,[\text{V/m}]$
ⓛ 내부 $E_i = \dfrac{\lambda}{2\pi\varepsilon_0 r} \times \dfrac{\text{원주 내부체적}(\pi r^2 l)}{\text{원주 외부체적}(\pi a^2 l)}$
$= \dfrac{r\lambda}{2\pi\varepsilon_0 a^2}\,[\text{V/m}]$

14

전위경도(전계)가 최소가 되는 지점은 전계의 세기가 0이 되는 조건이므로 두 전하의 극성(부호)가 같을 경우 두 선전하 사이에 존재한다.
전계의 세기가 0인 점의 거리를 x라 하면 $E_1 = E_2$이므로
$$\frac{q}{2\pi\varepsilon_0 x} = \frac{q}{2\pi\varepsilon_0 (d-x)}$$
$d - x = x$, $2x = d$, $x = \dfrac{1}{2}d$

15

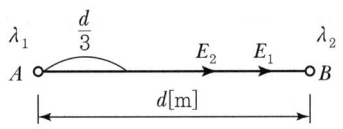

ⓛ 선전하 $+\lambda$에 의한 전계
$E_1 = \dfrac{\lambda}{2\pi\varepsilon_o r_1} = \dfrac{\lambda}{2\pi\varepsilon_o \frac{d}{3}} = \dfrac{3\lambda}{2\pi\varepsilon_o d}$

② 선전하 $-\lambda$에 의한 전계
$E_2 = \dfrac{\lambda}{2\pi\varepsilon_o r_2} = \dfrac{\lambda}{2\pi\varepsilon_o \frac{2d}{3}} = \dfrac{3\lambda}{4\pi\varepsilon_o d}$ 이므로 P점의 전계
의 방향이 동일하므로 전체 전계는
$E = \dfrac{3\lambda}{2\pi\varepsilon_o d} + \dfrac{3\lambda}{4\pi\varepsilon_o d} = \dfrac{9\lambda}{4\pi\varepsilon_o d}\,[\text{V/m}]$가 된다.

16

ⓛ $E = \dfrac{\sigma}{2\varepsilon_0}\,[\text{V/m}]$
(얇은 평판＝무한 평판)
② $E = \dfrac{\sigma}{\varepsilon_0}\,[\text{V/m}]$
(두꺼운 평판＝평행판사이(내부)＝구도체표면에 면전하 존재 시)
면전하 밀도에 의한 전계의 세기는 거리와 무관하다.

17

문제 16번 해설 참고

18

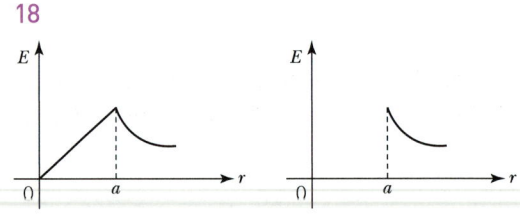

[전하 내외 균일 시]   [전하 도체표면에만 존재 시 또는 대전 시]

19

작용하는 방향이 서로 반대이므로
$E = E_1 - E_2 = \dfrac{\sigma}{2\varepsilon_0} - \dfrac{\sigma}{2\varepsilon_0} = 0$

20
등전위면
전계 중에서 전위가 같은 점끼리 이어서 만들어진 하나의 면

등전위면의 특징
① 등전위면은 폐곡면이다.
② 전기력선은 등전위면과 항상 직교한다.
③ 두 개의 서로 다른 등전위면은 서로 교차하지 않는다.

21
중공도체구(= 동심구의 전위)
① A 도체에 $+Q[C]$, B 도체 $Q=0[C]$인 경우의 A 도체의 전위 V_A

$$V_A = \frac{Q}{4\pi\varepsilon_0}\left(\frac{1}{a} - \frac{1}{b} + \frac{1}{c}\right)[V]$$

② A 도체에 $+Q[C]$, B 도체 $-Q[C]$인 경우 A 도체와 B 도체 사이의 전위차

$$V_{AB} = V_A - V_B = \frac{Q}{4\pi\varepsilon_0}\left(\frac{1}{a} - \frac{1}{b}\right)[V] 이다.$$

A 도체에 $+Q[C]$, B 도체 $Q=0[C]$인 경우의 A 도체의 전위

$$V_A = 9 \times 10^9 \times 2 \times 10^{-10}\left(\frac{1}{0.02} - \frac{1}{0.04} + \frac{1}{0.05}\right)$$
$$= 81[V]$$

22
두꺼운 판 = 평행판 = 구도체 표면에 면전하 존재
전계 $E = \frac{\sigma}{\varepsilon_0}[V/m]$, 전위 $V = Ed = \frac{\sigma}{\varepsilon_0} \cdot d[V]$

23
전계와 전위의 관계식

$$V = Er = \sum El = Ed = Gr[V], \quad E = \frac{V}{r}[V/m]$$

여기서, $r = l = d[m]$: 거리, 길이, 간격
$G[V/m]$: 절연내력

전위차 $V_{AB} = E \cdot r = 50 \times 0.8 = 24[V]$, 전계의 방향은 전위가 감소하는 방향이므로
$V_B = V_A - V_{AB} = 80 - 24 = 56[V]$가 된다.

24
정전 유도 현상
중성 상태인 도체 가까이 대전된 도체를 놓으면 이 도체로 인하여 중성 상태의 도체가 대전된 도체의 전하량만큼 동량이면서 부호가 반대인 도체와 가까운 쪽에 몰리며 반대쪽에는 동량이면서 같은 극성의 전하가 몰리는 현상을 말한다.

25
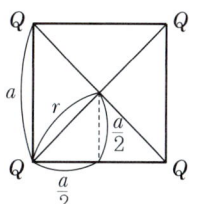

- 정사각형 중심점 전계 : $E = 0$
- 정사각형 중심점 전위 : $V = \frac{\sqrt{2}Q}{\pi\varepsilon_o a}[V]$

26
등전위면은 전위차가 0이므로 전하 이동 시 하는 일에너지는 0이 된다.

27
전기 쌍극자 모멘트
$M = Q \cdot \delta[C \cdot m]$

28
전기 쌍극자 전위
$$V = \frac{M\cos\theta}{4\pi\varepsilon_o R^2} = 9 \times 10^9 \frac{M\cos\theta}{R^2}[V]$$

29
전기 쌍극자
① r 성분 전계의 세기
$$E_r = \frac{M}{2\pi\varepsilon_o r^3}\cos\theta = \frac{Q\delta}{2\pi\varepsilon_o r^3}\cos\theta[V/m]$$

② θ 성분의 전계의 세기
$$E_\theta = \frac{M}{4\pi\varepsilon_o r^3}\sin\theta = \frac{Q\delta}{4\pi\varepsilon_o r^3}\sin\theta[V/m]$$

③ 전체 전계의 세기

$$E = \frac{M}{4\pi\varepsilon_o r^3}\sqrt{1+3\cos^2\theta}$$

$$= \frac{Q\delta}{4\pi\varepsilon_o r^3}\sqrt{1+3\cos^2\theta}\,[\text{V/m}]$$

(단, $M = Q \cdot \delta\,[\text{C}\cdot\text{m}]$: 쌍극자 모멘트)이므로 전기 쌍극자에 의한 전계는 거리의 3승에 반비례한다.

30

전기 쌍극자 전계 $E = \dfrac{M}{4\pi\varepsilon_o r^3}\sqrt{1+3\cos^2\theta}\,[\text{V/m}]$이므로 전계가 최대일 경우 $\theta = 0$, 최소일 경우 $\theta = 90°$일 때이다.

31

문제 29번 해설 참고

32

전기 2중층 $V = \dfrac{M}{4\pi\varepsilon_0} \times \omega\,[\text{V}]$

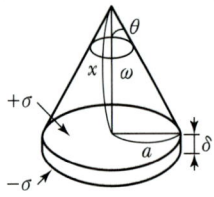

$\omega = 2\pi(1-\cos\theta) = 2\pi\left(1 - \dfrac{x}{\sqrt{a^2+x^2}}\right)$에서

$V = \dfrac{M}{4\pi\varepsilon_0} \times 2\pi(1-\cos\theta)$

$= \dfrac{M}{4\pi\varepsilon_0} \times 2\pi\left(1 - \dfrac{x}{\sqrt{a^2+x^2}}\right)$

$= \dfrac{M}{2\varepsilon_o} \times \left(1 - \dfrac{x}{\sqrt{a^2+x^2}}\right)\,[\text{V}]$

33

전구면의 입체각은 $4\pi\,[\text{sr}]$, 반구면의 입체각은 $2\pi\,[\text{sr}]$

34

전위의 기울기(경도)
전계와 전위는 크기는 같지만 방향이 서로 감소하는 방향이다.

$E = -\,grad\,V = -\,\nabla V$

$\quad = -\left(\dfrac{\partial}{\partial x}i + \dfrac{\partial}{\partial y}j + \dfrac{\partial}{\partial z}k\right)V$

$\quad = -\left(\dfrac{\partial V}{\partial x}i + \dfrac{\partial V}{\partial y}j + \dfrac{\partial V}{\partial z}k\right)$

전계의 전기력선은 (+) 전하에서 (−) 전하로 끝나므로 불연속이다.

35

$E = -\,grad\,V = -\,\nabla V = -\dfrac{\partial x^2}{\partial x}i = -2xi$

여기에 $x = 0.2\,[\text{m}]$를 대입하면 $E = -0.4i\,[\text{V/m}]$이므로 전계의 방향은 $-x$의 방향, 전계의 크기는 $0.4\,[\text{V/m}]$가 된다.

36

전계의 세기가 $E = \dfrac{x}{x^2+y^2}i + \dfrac{y}{x^2+y^2}j\,[\text{V/m}]$일 때 전기력선의 방정식을 구하면 $\dfrac{dx}{Ex} = \dfrac{dy}{Ey}$이므로

$\dfrac{dx}{\dfrac{x}{x^2+y^2}} = \dfrac{dy}{\dfrac{y}{x^2+y^2}} \Rightarrow \dfrac{1}{x}dx = \dfrac{1}{y}dy$에서 양변을 적분하면 $\ln x = \ln y + \ln A$, $\ln x - \ln y = \ln A$, $\ln\dfrac{x}{y} = \ln A$, $\dfrac{x}{y} = A$가 되므로 $y = \dfrac{1}{A}x = cx$가 된다.

37

전계의 세기가 $E = xa_x - ya_y\,[\text{V/m}]$일 때 $(6, 2, 0)$을 지나는 전기력선의 방정식을 구하면 $\dfrac{dx}{Ex} = \dfrac{dy}{Ey}$이므로

$\dfrac{dx}{x} = \dfrac{dy}{-y} \Rightarrow \dfrac{1}{x}dx = -\dfrac{1}{y}dy$에서 양변을 적분하면 $\ln x = -\ln y + c$, $\ln xy = c$, $xy = c$가 되므로 $(x = 6, y = 2, z = 0)$을 대입하면 $xy = 12$에서 $y = \dfrac{12}{x}$가 된다.

38

가우스정리의 미분형

$E[\text{V/m}]$, $D[\text{c/m}^2]$를 알고 $\rho[\text{C/m}^3]$를 구하는 식

$div\, E = \dfrac{\rho}{\varepsilon_0} \rightarrow \varepsilon_0\, div\, E = \rho$

$div\, D = \rho[\text{C/m}^3]$

(전속밀도 D 함수로 체적 전하밀도를 계산 시 이용)

39

전하가 없는 점에서는 전기력선의 발생 및 소멸은 없다. 그러므로 $div\, D = \nabla^2 \cdot D = 0$이다.

40

푸아송 방정식

V 함수로 체적전하밀도 ρ를 구하는 식(∇^2 두 번 미분의 의미)

$div\, E = \dfrac{\rho}{\varepsilon_0}$를 변형 $div\, E = div(-grad\, V) = \dfrac{\rho}{\varepsilon_0}$,

$-\nabla \cdot \nabla V = \dfrac{\rho}{\varepsilon_0}$

$-\nabla^2 V = \dfrac{\rho}{\varepsilon_0}$, $\nabla^2 V = -\dfrac{\rho}{\varepsilon_0}$

41

푸아송의 방정식을 이용하면 $-\nabla^2 V = \dfrac{\rho}{\varepsilon_0}$이므로

$-\nabla^2 V = -\dfrac{\partial^2 V}{\partial x^2} - \dfrac{\partial^2 V}{\partial y^2} - \dfrac{\partial^2 V}{\partial z^2} = \dfrac{\rho}{\varepsilon_0}$

$-\nabla^2 V = -\dfrac{\partial^2 2xy^2 + x^2 y z^2}{\partial x^2} - \dfrac{\partial^2 2xy^2 + x^2 y z^2}{\partial y^2}$

$\quad - \dfrac{\partial^2 2xy^2 + x^2 y z^2}{\partial z} = \dfrac{\rho}{\varepsilon_0}$

$= -\dfrac{\partial 2y^2 + 2xyz^2}{\partial x}$

$\quad - \dfrac{\partial 2x2y + x^2 z^2}{\partial y} - \dfrac{\partial 2x^2 yz}{\partial z} = \dfrac{\rho}{\varepsilon_0}$

$= -2yz^2 - 4x - 2x^2 y$

이때 $x=1$, $y=0$, $z=0$을 대입하면 $-4 = \dfrac{\rho}{\varepsilon_0}$이므로

$\rho = -4\varepsilon_0 [\text{C/m}^3]$

42

$div\, E = \dfrac{\rho}{\varepsilon_0}$

43

푸아송의 방정식을 이용하면

$-\nabla^2 V = \dfrac{\rho}{\varepsilon_0}$ 또는 $\nabla^2 V = -\dfrac{\rho}{\varepsilon_0}$

44

$m = 10^{-8}[\text{kg}]$, $q = 10^{-6}[\text{C}]$, $a = 10^2 i + 10^3 j [\text{m/sec}^2]$일 때

전계 E는 $F = QE = ma[\text{N}] \Rightarrow qE = ma$에서

전계 $E = \dfrac{ma}{q}[\text{V/m}]$가 된다.

이에 수치를 대입하면

$E = \dfrac{10^{-8}}{10^{-6}}(10^2 i + 10^3 j) = i + 10 j [\text{V/m}]$가 된다.

제3장 진공 중의 도체계

01	02	03	04	05	06	07	08	09	10
①	③	②	②	③	③	②	④	②	③
11	12	13	14	15	16	17	18	19	20
③	③	①	②	②	②	③	①	③	①
21	22	23	24	25	26	27	28	29	30
④	③	③	①	①	②	②	④	②	④
31	32	33	34	35					
④	②	①	①	②					

01
지구의 정전용량이 매우 크므로 많은 전하가 축적되더라도 표면전위와 내부전위가 같아 지구의 전위가 거의 일정하기 때문이다. 모든 전기 장치를 접지시키고 대지를 실용상 등전위로(0[V]) 한다.

02
구도체의 정전용량

$$C = \frac{Q}{V} = \frac{Q}{\frac{Q}{4\pi\varepsilon_0 r}} = 4\pi\varepsilon_0 r = \frac{r}{9 \times 10^9}\,[\text{F}]$$

여기서, $r[\text{m}]$: 반지름

03
$b > a$ 일 때 b 가 외구반지름, a 가 내구반지름을 말하므로 동심구의 정전용량

$$C = \frac{4\pi\varepsilon_0}{\frac{1}{a} - \frac{1}{b}} = \frac{4\pi\varepsilon_0 ab}{b-a} = \frac{1}{9\times 10^9} \cdot \frac{ab}{b-a}\,[\text{F}]$$ 이 된다.

$$C = \frac{4\pi\varepsilon_0 ab}{b-a} = \frac{1}{9\times10^9} \cdot \frac{3\times10^{-2} \cdot 9\times10^{-2}}{9\times10^{-2} - 3\times10^{-2}} \times 10^{12}$$
$$= 5\,[\text{pF}]$$

04
동심구의 정전용량은 반지름을 각각 n 배씩 증가시키면 $C[\text{F}]$ 도 n 배로 증가한다.
수리적으로 본다면 동심구의 정전 용량은 $C = \frac{4\pi\varepsilon_0 ab}{b-a}\,[\text{F}]$ 이므로

내외 반지름을 각각 10배로 하면, $b' = 10b$, $a' = 10a$ 이므로

$$C' = \frac{4\pi\varepsilon_0 a'b'}{b'-a'} = \frac{4\pi\varepsilon_0 10a \cdot 10b}{10b - 10a} = \frac{100(4\pi\varepsilon_0 ab)}{10(b-a)}$$
$$= 10C\, \text{가 되므로 10배가 된다.}$$

05
평행판 사이의 정전용량 $C = \frac{\varepsilon_0 S}{d}\,[\text{F}]$ 이므로

단위면적당 정전용량 $C' = \frac{C}{S} = \frac{\varepsilon_0}{d}\,[\text{F}/\text{m}^2]$ 가 된다.

06
면적 S, 간격 d 인 평행판 콘덴서의 정전 용량을 C 라 하면
$C = \frac{\varepsilon_0 S}{d}$, 문제에서 S 가 일정하고 $d = \frac{1}{2}d$ 이므로 구하는 정전 용량 C 는

$$\therefore\, C = \frac{\varepsilon_0 S}{\frac{1}{2}d} = \frac{2\varepsilon_0 S}{d}\, \text{이므로 2배가 된다.}$$

07
한 변 길이 $a = 40\,[\text{cm}]$, 정사각형, 평행판 간격 $d = 4\,[\text{mm}]$ 전위차 $V = 100\,[\text{V}]$ 일 때 축적되는 전하는

$Q = CV = \frac{\varepsilon_0 S}{d}V = \frac{\varepsilon_0 a^2}{d}V\,[\text{C}]$ 이므로 주어진 수치를 대입하면

$$Q = \frac{8.855 \times 10^{-12} \times (0.4)^2}{4 \times 10^{-3}} \times 100$$
$$= 3.54 \times 10^{-8}\,[\text{C}]\, \text{이 된다.}$$

08
평행판 콘덴서 $C = \frac{\varepsilon_0 \varepsilon_s S}{d}\,[\text{F}]$

극판의 간격 $d = \frac{\varepsilon_0 \varepsilon_s S}{C}\,[\text{m}]$

$$d = \frac{\varepsilon_0 \varepsilon_s S}{C} = \frac{8.855 \times 10^{-8} \times 2.5 \times 4 \times 10^{-4}}{10^{-12}}$$
$$= 8.85 \times 10^{-3}\,[\text{m}] = 8.85\,[\text{mm}]$$

이때 $0.01\,[\text{mm}]$ 두께의 종이로 쌓으면

$$N = \frac{8.85}{0.01} = 885\,\text{장}$$

09

전하량 $Q = CV[\text{C}]$

반지름 a인 구도체의 정전용량 $C = 4\pi\varepsilon_0 a [\text{F}]$이고 전위
$V = E \cdot a [\text{V}]$이므로

$Q = 4\pi\varepsilon_0 a \cdot Ea = 4\pi\varepsilon_0 \cdot E \cdot a^2 [\text{C}]$

$Q = 4\pi \times 8.855 \times 10^{-12} \times 3{,}000 \times 10^3 \times 1^2$

$\quad = 3.338 \times 10^{-4} [\text{C}]$

10

- $b > a$ 원통 사이의 단위길이당 정전 용량은

  $C = \dfrac{2\pi\varepsilon_o}{\ln\dfrac{b}{a}} [\text{F/m}]$

- $d > a$ 평행 두 도선 사이 단위길이당 정전 용량은

  $C = \dfrac{\pi\varepsilon_o}{\ln\dfrac{d}{a}} [\text{F/m}]$

  $C = \dfrac{\pi\varepsilon_0}{\ln\left(\dfrac{2}{2\times 10^{-3}}\right)} [\text{F/m}]$

  $\quad = \dfrac{\pi\varepsilon_0}{\ln\left(\dfrac{2}{2\times 10^{-3}}\right)} \times 10^6 \times 10^3$

  $\quad = 4.027 \times 10^{-3} \fallingdotseq 4 \times 10^{-3} [\mu\text{F/km}]$

11

원통 사이의 단위길이당 정전 용량은

$C' = \dfrac{2\pi\varepsilon_0}{\ln\dfrac{b}{a}} = \dfrac{2\pi \times 8.855 \times 10^{-12}}{\ln\dfrac{0.2}{0.1}} = 80 \times 10^{-12} [\text{F/m}]$

이므로 $C' = 80[\text{pF/m}]$가 된다.

12

엘라스턴스

$P = \dfrac{1}{C} = \dfrac{V}{Q} = \dfrac{d}{\varepsilon_0 S} [daraf = \dfrac{1}{F}]$

13

$V_1 = P_{11}Q_1 + P_{12}Q_2$, $V_2 = P_{21}Q_1 + P_{22}Q_2$ 에서 접속(병렬접속) 후에는 전위가 같으므로 $V_1 = V_2$,

접속 후 도체 1에 남아 있는 전하 Q_1은 $Q_1 = Q - Q_2$로 감소하므로 이를 정리하면

$V_1 = P_{11}(Q - Q_2) + P_{12}Q_2 = V_2 = P_{21}(Q - Q_2) + P_{22}Q_2$

$P_{11}Q - P_{11}Q_2 + P_{12}Q_2 = P_{21}Q - P_{21}Q_2 + P_{22}Q_2$

여기서, $P_{12} = P_{21}$

$(P_{11} - P_{12})Q = (P_{11} - P_{12} - P_{21} - P_{22})Q_2$

$Q_2 = \dfrac{P_{11} - P_{12}}{P_{11} - 2P_{12} + P_{22}} Q [\text{C}]$

14

용량계수와 유도계수의 성질

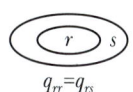

$q_{rr} = q_{rs}$

① 용량계수 $q_{11}, q_{22}, q_{33}, \cdots q_{rr} > 0$

② 유도계수 $q_{12} = q_{21}, q_{13} = q_{31}, \cdots q_{rs} = q_{sr} \leq 0$

③ $q_{rr} \geq -(q_{12} + q_{13} + \ldots + q_{1r})$: $s(2)$도체가 $r(1)$도체를 완전 포위(포함)한다.

15

문제 14번 해설 참고

$q = C[\text{F}] = \dfrac{Q}{V} [\text{C/V}]$이다.

16

정전 차폐

실드선(도체 사이의 전계의 간섭을 차단하는 것을 목적) 뇌운에서 낙뢰를 피하기 위하여 건물에 피뢰기를 설치하고 철탑 정상을 연결하는 가공지선 등이 원리를 이용

17

$Q_1 = q_{11}V_1 + q_{12}V_2 [\text{F}]$, $Q_2 = q_{21}V_1 + q_{22}V_2$ 식에서

$q_{11} = C_1$, $q_{22} = C_2$ $q_{12} = q_{21} = M$이고,

$V_1 = V_2 = V$이므로

$Q_1 = (q_{11} + q_{12})V = (C_1 + M)V[\text{C}]$

$Q_2 = (q_{21} + q_{22})V = (M + C_2)V[\text{C}]$이 되어,

구하는 정전 용량 C는

$C = \dfrac{Q_1 + Q_2}{V} = \dfrac{(C_1 + M)V + (M + C_2)V}{V}$

$\quad = C_1 + C_2 + 2M$

18

가는 선으로 연결하면 병렬연결이 되므로 합성 정전용량은
$C = C_1 + C_2 + C_3 = 4\pi\varepsilon_o(a+b+c)\,[\text{F}]$이 된다.

19

전압 분배법칙에 의해

C_1에 분배받는 전압 $V_1 = \dfrac{\dfrac{1}{C_1}}{\dfrac{1}{C_1}+\dfrac{1}{C_2}+\dfrac{1}{C_3}}V\,[\text{V}]$이므로

$V_1 = \dfrac{\dfrac{1}{1}}{\dfrac{1}{1}+\dfrac{1}{2}+\dfrac{1}{3}} \times 600 = 327.272 = 327\,[\text{V}]$

20

정전용량이 $C_1 = 1[\mu\text{F}]$, $C_2 = 2[\mu\text{F}]$, $C_3 = 5[\mu\text{F}]$이고, 내압이 $V_1 = 1{,}000[\text{V}]$, $V_2 = 750[\text{V}]$, $V_3 = 500[\text{V}]$이므로 각 콘덴서의 전하량은 $Q_1 = C_1 V_1 = 1 \times 10^{-6}$, $Q_2 = C_2 V_2 = 1.5 \times 10^{-3}$, $Q_3 = C_3 V_3 = 2.5 \times 10^{-3}$이므로 전하량이 가장 작은 C_1인 $1[\mu\text{F}]$ 콘덴서가 가장 먼저 파괴된다.

21

$V_1 = V$, $C_1 = C \Rightarrow Q_1 = C_1 V_1 = CV\,[\text{C}]$,
$C_2 = 2C$, $Q_2 = 0$일 때
병렬연결 시 양단 간 전위차 V'는
$V' = \dfrac{\text{합성전하량}}{\text{합성정전용량}} = \dfrac{Q_1+Q_2}{C_1+C_2} = \dfrac{CV+0}{C+2C} = \dfrac{V}{3}\,[\text{V}]$가 된다.

22

도체구를 각각 충전 후 두 개를 가는 선으로 연결 시 병렬접속이므로 공통전위

$V = \dfrac{C_1 V_1 + C_2 V_2}{C_1 + C_2}$

$= \dfrac{4\pi\varepsilon_0(r_1 V_1 + r_2 V_2)}{4\pi\varepsilon_0(r_1 + r_2)} = \dfrac{r_1 V_1 + r_2 V_2}{r_1 + r_2}\,[\text{V}]$이므로

$V = \dfrac{r_1 V_1 + r_2 V_2}{r_1 + r_2} = \dfrac{2 \times 5 + 4 \times 10}{2 + 4} = 8.33\,[\text{V}]$이다.

23

$a = R[\text{m}]$, $b = \dfrac{R}{2}[\text{m}]$, $Q_1 = Q[\text{C}]$, $Q_2 = 0[\text{C}]$일 때 두 구를 접촉 시 병렬연결로 간주하므로

① 구도체의 정전용량 $C_1 = 4\pi\varepsilon_o R\,[\text{F}]$

② 구도체의 정전용량 $C_2 = 4\pi\varepsilon_o \dfrac{R}{2} = \dfrac{C_1}{2}\,[\text{F}]$이므로

전하량 분배 법칙에 의하여 작은 구 C_2로 이동한 전기량은

$Q_2' = \dfrac{C_2}{C_1+C_2}Q = \dfrac{C_2}{C_1+C_2}(Q_1+Q_2)$

$= \dfrac{\dfrac{C_1}{2}}{C_1+\dfrac{C_1}{2}}(Q+0) = \dfrac{1}{3}Q\,[\text{C}]$

24

$S = 10[\text{cm}^2]$, $d = 1[\text{mm}]$, $\varepsilon_s = 3$, $V = 100[\text{V}]$일 때 평행판 사이에 저축되는 에너지

$W = \dfrac{1}{2}CV^2 = \dfrac{1}{2} \cdot \dfrac{\varepsilon_o\varepsilon_s S}{d} \cdot V^2$

$= \dfrac{1}{2} \cdot \dfrac{8.855 \times 10^{-12} \times 3 \times 10 \times 10^{-4}}{1 \times 10^{-3}} \cdot 100^2$

$= 1.33 \times 10^{-7}\,[\text{J}]$이 된다.

25

콘덴서 $2[\mu\text{F}]$에 인가되는 전압

$V_2 = \dfrac{C_1}{C_1 + C'}V$

여기서, $C_1 = 3[\mu\text{F}]$, C'는 병렬연결이므로
$C' = 2 + 4 = 6[\mu\text{F}]$

$V_2 = \dfrac{3}{3+6} \times 180 = 60\,[\text{V}]$

콘덴서에 축적되는 에너지

$W = \dfrac{1}{2}QV = \dfrac{1}{2}CV^2 = \dfrac{Q^2}{2C}\,[\text{J}]$

$W = \dfrac{1}{2}CV^2 = \dfrac{1}{2} \times 2 \times 10^{-6} \times (60)^2$

$= 3.6 \times 10^{-3}\,[\text{J}]$

26

① 반지름 a[m]일 때 구도체 정전용량 $C = 4\pi\varepsilon_o a$[F]

② 도체구가 갖는 정전에너지

$$W = \frac{Q^2}{2C} = \frac{Q^2}{2 \times 4\pi\varepsilon_o a} = \frac{Q^2}{8\pi\varepsilon_o a}[\text{J}]\text{이 된다.}$$

27

금속구의 정전용량 $C_1 = 4\pi\varepsilon_0 a$, $C_2 = 4\pi\varepsilon_0 6a = 6C_1$

두 금속구의 전위는 가늘고 긴 전선으로 접속되어 병렬연결이므로 공통전위 V[V]가 발생

$W_1 = \frac{1}{2}C_1V^2$[J], $W_2 = \frac{1}{2}C_2V^2 = \frac{1}{2}(6C_1)V^2$[J]

이므로 $W_2 = 6W_1$

28

바리콘의 정전용량 $C_\theta = C_0 \frac{\theta}{\pi}$[F]

이때 정전용량 $W_\theta = \frac{1}{2}C_\theta V^2 = \frac{C_0 V^2}{2\pi}\theta$[J]

회전자에 작용하는 회전력(= 토크)

$$T = \frac{\partial W_\theta}{\partial \theta} = \frac{\partial\left(\frac{C_0 V^2}{2\pi}\theta\right)}{\partial \theta} = \frac{C_0 V^2}{2\pi}[\text{N} \cdot \text{m/rad}]$$

29

- 콘덴서 병렬 연결 시 전위차가 같아지도록 전하 이동이 생길 때 줄열 손실에 의해 에너지는 감소

  W(후) $< W_1 + W_2$(전)

- 비눗방울이 합쳐질 때 에너지는 증가

  W(후) $> W_1 + W_2$(전)

30

대전된 도체의 면적당 작용하는 힘 = 정전응력 = 정전흡인력

$f = \frac{\sigma^2}{2\varepsilon_o} = \frac{D^2}{2\varepsilon_o} = \frac{1}{2}\varepsilon_o E^2 = \frac{1}{2}ED$[N/m²]

$f \propto \sigma^2 \propto D^2 \propto E^2$

31

$f = \frac{1}{2}\varepsilon_o E^2$[N/m²]에서 평행판에 작용하는 전계의 세기는

$E = \frac{V}{d}$[V/m]이므로 이를 대입하면

$f = \frac{1}{2}\varepsilon_0\left(\frac{V}{d}\right)^2$[N/m²]

32

극간 흡인력은 총힘 $F = f S$[N]이므로 정리하면

$F = \frac{1}{2}\varepsilon E^2 S = \frac{1}{2}\varepsilon_o\varepsilon_s\left(\frac{V}{d}\right)^2 S$[N]

$= \frac{1}{2} \times 8.855 \times 10^{-12} \times 5 \times \left(\frac{20 \times 10^3}{2 \times 10^{-2}}\right)^2 \times 300 \times 10^{-4}$

$= 0.66$[N]가 된다.

33

$f = \frac{1}{2}\varepsilon_o E^2$[N/m²]

구도체의 전계의 세기 $E = \frac{Q}{4\pi\varepsilon_0 a^2}$[V/m]

$f = \frac{1}{2}\varepsilon_o\left(\frac{Q}{4\pi\varepsilon_0 a^2}\right)^2 = \frac{Q^2}{32\pi^2\varepsilon_0 a^4}$[N/m²]

$f = \frac{(10 \times 10^{-4})^2}{32\pi^2 \times 8.855 \times 10^{-12} \times 2^4} = 22.4$[N/m²]

34

유전체 내에 저장되는 에너지 밀도 $w = \frac{1}{2}\varepsilon E^2$[J/m³]에서

$w \propto \varepsilon_r$, 즉 에너지 밀도는 비유전율에 비례한다.

따라서, $\varepsilon_{rB} > \varepsilon_{rA} > \varepsilon_{rD} > \varepsilon_{rC}$ 이므로

$\therefore B > A > D > C$

35

단위체적당 축적된 에너지

$W = \frac{\sigma^2}{2\varepsilon} = \frac{D^2}{2\varepsilon} = \frac{1}{2}\varepsilon E^2 = \frac{1}{2}ED$[J/m³]

유전율과 전계가 $\varepsilon = 10$, $E = 100$[V/m]일 때

$W = \frac{1}{2}\varepsilon E^2 = \frac{1}{2} \times 10 \times 100^2 = 5 \times 10^4$[J/m³]가 된다.

제4장 유전체

01	02	03	04	05	06	07	08	09	10
③	④	③	③	①	①	①	③	①	①
11	12	13	14	15	16	17	18	19	20
③	①	③	②	②	④	②	②	①	③
21	22	23	24	25	26	27	28	29	30
④	④	②	③	③	②	①	①	①	②
31	32	33	34	35	36	37	38	39	
③	④	①	④	④	①	②	②	②	

01
비유전율의 특징
① 진공 중의 비유전율과 공기 중의 비유전율은 $\varepsilon_s = 1$
② 유전체의 비유전율 $\varepsilon_s = \dfrac{\varepsilon}{\varepsilon_0} > 1$
③ 비유전율은 재질에 따라 다르다.

02
공기 중 $F_o = 5[\text{N}]$, 유전체 내 $F = 2[\text{N}]$일 때 비유전율은
$F = \dfrac{Q_1 \cdot Q_2}{4\pi\varepsilon_o\varepsilon_s r^2} = \dfrac{F_o}{\varepsilon_s}[\text{N}]$이므로
비유전율은 $\varepsilon_s = \dfrac{F_o}{F} = \dfrac{5}{2} = 2.5$가 된다.

03
전속은 매질에 축적되는 에너지가 최소가 되도록 분포한다.

04
절연물은 절연을 유지하고 정전용량은 절연물의 유전율에 따라 달라지므로 정전용량의 크기에도 영향을 준다.

05
충전 후는 Q가 일정해지므로 정전용량 C를 10배로 증가 시 충전 후 정전에너지는 $W = \dfrac{Q^2}{2C} \propto \dfrac{1}{C}$이므로 $\dfrac{1}{10}$배로 감소한다.

06
전속선은 매질과 관계가 없고 전하량만큼 발생하므로 유전체 내 전속선은 $\psi = Q$

07
$E = 20[\text{kV/m}]$, $\varepsilon_s = 4$일 때
유전체 내 전속밀도 $D = \varepsilon_o \varepsilon_s E[\text{C/m}^2]$이므로
주어진 수치를 대입하면
$D = 8.855 \times 10^{-12} \times 4 \times 20 \times 10^3 \times 10^6 = 0.708[\mu\text{C/m}^2]$
가 된다.

08
패러데이관의 성질
① 패러데이관 내의 전속선 수는 일정하다.
② 진전하가 없는 점에서는 패러데이관은 연속적이다.
③ 패러데이관의 밀도는 전속밀도와 같다.
④ 패러데이관 양단에 정, 부의 단위전하가 있다.

09
유전체 내에 발생하는 분극의 종류
① 전자분극 : 다이아몬드와 같은 단결정체에서 외부 전계에 의해 양점하 중심인 핵의 위치와 음전하의 위치가 변화하는 분극
② 이온분극 : NaCl과 같은 이온결합의 특성을 가진 물질에 전계를 가하면 +, - 이온에 상대적 변위가 일어나 쌍극자를 유발하는 분극현상
③ 배향분극 : 물, 암모니아, 알코올 등 영구 자기 쌍극자를 가진 유극분자들이 외부 전계와 같이 같은 방향으로 움직이려는 성질
④ 전기분극 : 유전체에 전계가 인가되면 유전체 안에 있는 중성 상태의 전자와 핵이 외부전계의 영향을 받아 전자운이 전계의 (+) 쪽으로 치우쳐서 원자 내에서 약간의 위치 이동을 하게 되어 전자운의 중심과 원자핵의 중심이 분리되는 현상(=전자와 핵의 위치이동으로 인하여 극이 분리되는 것처럼 나타나는 현상)

10
문제 9번 해설 참고

11
전기분극
전계 내에 놓았을 때 유전체 내 속박전하의 변위에 의해서 발생하는 분극현상

12
분극의 세기

$$P = D - \varepsilon_o E = D - \dfrac{D}{\varepsilon_s} = D\left(1 - \dfrac{1}{\varepsilon_s}\right) = \varepsilon_0 \varepsilon_s E - \varepsilon_0 E$$
$$= (\varepsilon - \varepsilon_0) E = \varepsilon_0 (\varepsilon_s - 1) E \, [\text{C/m}^2]$$

① 분극률 $x = \varepsilon_o(\varepsilon_s - 1)$

② 비분극률 $x_m = \dfrac{x}{\varepsilon_o} = \varepsilon_s - 1$

13
유전체 표면 전하밀도는 분극의 세기와 같으므로
$P = xE = (\varepsilon - \varepsilon_0)E = \varepsilon_0(\varepsilon_s - 1)E \,[\text{C/m}^2]$ 이므로
$P = (10 - 8.855 \times 10^{-12}) \times 5 = 50 \,[\text{C/m}^2]$

14
분극의 세기

$$P = D\left(1 - \dfrac{1}{\varepsilon_s}\right) = 4 \times 10^{-6}\left(1 - \dfrac{1}{2}\right) = 2 \times 10^{-6} [\text{C/m}^2]$$

가 된다.

15

$$\dfrac{Q}{Q_0} = \dfrac{CV}{C_0 V} = \dfrac{C}{C_0} = \varepsilon_s = 2$$

분극의 세기 P는 전계의 세기 E에 비례하고, 이때 비례상수 x는 분극의 발생을 나타내는 분극률이다.

또한 $\dfrac{x}{\varepsilon_0}$를 전기감수율(비분극률) x_{er}이라 한다.

$P = xE = \varepsilon_0(\varepsilon_s - 1)E = \varepsilon_0 x_{er} E$

분극률 $x = \varepsilon_0(\varepsilon_s - 1)$

전기감수율 $x_{er} = \dfrac{x}{\varepsilon_0} = \varepsilon_s - 1$

$\therefore x_{er} = 2 - 1 = 1$

16
분극의 세기

$$P = \varepsilon_0(\varepsilon_s - 1)E = \dfrac{10^{-9}}{36\pi}(\varepsilon_s - 1) \times 10 \times 10^3$$
$$= \dfrac{10^{-5}}{36\pi}(\varepsilon_s - 1)$$

17
분극의 세기$(P) =$ 분극전하밀도$(\sigma_P) = \varepsilon_0(\varepsilon_s - 1)E$

$\therefore E = \dfrac{\sigma_P}{\varepsilon_0(\varepsilon_s - 1)} \,[\text{V/m}]$

18
(1) 법선(수직) 전속밀도 $D_{n1} = D_{n2}$만 존재

   ① $D_{n1} = D_{n2}$: 연속적이다.

   ② $E_{n1} \neq E_{n2}$: 불연속적이다.

   여기서, n은 법선(수직)성분을 의미한다.

   ③ $D_1 \cos\theta_1 = D_2 \cos\theta_2$, $\varepsilon_1 E_1 \cos\theta_1 = \varepsilon_2 E_2 \cos\theta_2$

   → (1)식

(2) 접선(수평) = 경계면 전계 $E_{t1} = E_{t2}$만 존재

   ① $E_{t1} = E_{t2}$: 연속적이다.

   ② $D_{t1} \neq D_{t2}$: 불연속적이다.

   여기서, t는 접선(수평)성분을 의미한다.

   ③ $E_1 \sin\theta_1 = E_2 \sin\theta_2$ → (2)식

(3) 굴절각 : 굴절각은 $\varepsilon_1 \tan\theta_2 = \varepsilon_2 \tan\theta_1$이며 유전체에 비례한다.

   ※ 굴절하지 않을 경우

   ① $\varepsilon_1 = \varepsilon_2$

   ② $\theta_1 = 0$

   ③ 전계와 전속밀도가 수직으로 입사할 때 전계는 불연속, 전속밀도는 불변

(4) $\varepsilon_1 > \varepsilon_2$일 때 비례관계 : $\theta_1 > \theta_2$, $D_1 > D_2$, $E_1 < E_2$

19
유전체에서의 표면 전하 밀도란 유전체 내의 구속전하의 변위현상에 의해 발생되는 것이다.

20, 21
문제 18번 해설 참고

22
$D_1 \cos\theta_1 = D_2 \cos\theta_2$, $\varepsilon_1 E_1 \cos\theta_1 = \varepsilon_2 E_2 \cos\theta_2$

$\cos 0° = 1$이므로 $\varepsilon_1 E_1 = \varepsilon_2 E_2$ $\dfrac{E_1}{E_2} = \dfrac{\varepsilon_2}{\varepsilon_1}$이 된다.

23

전계의 접선 성분이 같으므로
$E_A \sin\theta_A = E_B \sin\theta_B$

$\therefore E_B = \dfrac{\sin\theta_A}{\sin\theta_B} \cdot E_A = \dfrac{\sin 30°}{\sin 60°} \times 100$

$= \dfrac{\frac{1}{2}}{\frac{\sqrt{3}}{2}} \times 100 = \dfrac{100}{\sqrt{3}} [\text{V/m}]$

24

경계면 조건에서 $\dfrac{\tan\theta_1}{\tan\theta_2} = \dfrac{\varepsilon_1}{\varepsilon_2}$ 이므로 $\tan\theta_1 = \dfrac{\varepsilon_1}{\varepsilon_2}\tan\theta_2$

$= \dfrac{\varepsilon_o \varepsilon_s}{\varepsilon_o}\tan\theta_2$ 가 된다.

여기에 $\varepsilon_s = 4$, $\theta_2 = 30°$를 대입하면

$\tan\theta_1 = \varepsilon_s \tan\theta_2 = 4 \times \dfrac{1}{\sqrt{3}} = \dfrac{4}{\sqrt{3}}$ 이므로

$\theta_1 = \tan^{-1}\dfrac{4}{\sqrt{3}}$ 가 된다.

25

문제 18번 해설 참고

26

그림상에서 경계면에 전계가 수직입사이므로 경계면 양측에서 전속밀도는 같아야 된다.
$D_1 = D_2$, $\varepsilon_1 E_1 = \varepsilon_2 E_2$,
$\varepsilon_1 E_1 = 4\varepsilon_1 E_2$, $E_1 = 4E_2$, $E_2 = \dfrac{E_1}{4}$ 이 된다.

27

유전율이 큰 유전체가 작은 유전체 쪽으로 끌려 들어가는 힘(인장 응력)을 받는데, 이 힘을 맥스웰(Maxwell)의 응력이라 한다.

28

전계가 수직입사이므로 전속밀도가 같으므로

경계면에 작용하는 힘은 $f = \dfrac{D^2}{2}\left(\dfrac{1}{\varepsilon_2} - \dfrac{1}{\varepsilon_1}\right)[\text{N/m}^2]$가 되고 작용하는 힘은 유전율이 큰 쪽에서 작은 쪽으로 작용하므로 ε_1에서 ε_2로 작용한다.

29

$\varepsilon_1 = \varepsilon_0$ 공기 중, $\varepsilon_2 = 6\varepsilon_0$ 유전체가 있으므로 $\varepsilon_2 > \varepsilon_1$

$f = \dfrac{1}{2}(\varepsilon_2 - \varepsilon_1)E^2 [\text{N/m}^2]$

여기서, $E = 30 \times \dfrac{10^3}{10^{-2}} = 3 \times 10^6 [\text{V/m}]$

$f = \dfrac{1}{2}(6\varepsilon_0 - \varepsilon_0) \times (3 \times 10^6)^2 = 199 [\text{N/m}^2]$

30

유전체에 작용하는 힘(Maxwell 변형력)
① 유전율이 큰 쪽에서 작은 쪽으로 힘이 작용한다.
② 전속(밀도)선은 유전율이 큰 쪽으로 모이려는 성질이 있다.

(1) 전계가 경계면에 수직(법선)으로 진행
전계가 수직입사하면 $\theta_1 = \theta_2 = 0$, $D_1 = D_2 = D$(연속)이며 경계면에서는 서로 끌어당기는 인장응력(반발력)이 작용한다.

유전율이 $\varepsilon_1 > \varepsilon_2$ 이라면 $f = \dfrac{1}{2}\left(\dfrac{1}{\varepsilon_2} - \dfrac{1}{\varepsilon_1}\right)D^2 [\text{N/m}^2]$

전계와 같은 방향으로 인장응력을 받으며 유전율이 큰 쪽에서 작은 쪽으로 힘(인장응력)이 진행한다.

(2) 전계가 경계면(접선)에 평행하게 진행
경계면에서는 서로 밀어내는 압축응력(흡인력)이 작용한다.
유전율이 $\varepsilon_1 > \varepsilon_2$, $D_1 > D_2$이고 전계가 연속이므로
$E_{t1} = E_{t2} = E$

$f = \dfrac{1}{2}(\varepsilon_1 - \varepsilon_2)E^2 = \dfrac{1}{2}(\varepsilon_1 - \varepsilon_2)\left(\dfrac{V}{d}\right)^2 [\text{N/m}^2]$

전계와 수직방향으로 압축응력을 받으며 유전율이 큰 쪽에서 유전율이 작은 쪽으로 진행한다.

31

경계면에 작용하는 힘은 유전율이 큰 쪽에서 작은 쪽으로 작용하므로 ε_1에서 ε_2로 작용한다.

32

구형 기포 내의 전계의 세기 $E_i = \dfrac{3\varepsilon_1}{2\varepsilon_1 + \varepsilon_2}E = \dfrac{3\varepsilon_r}{2\varepsilon_r + 1}E$

유전체의 유전율이 클수록 기포 내부의 전계의 세기는 커지게 되어 절연이 나빠진다. 또한 유전체에 작용하는 힘(Maxwell

변형력)은 유전율이 큰 쪽에서 작은 쪽으로 작용하며 전속(밀도)선은 유전율이 큰 쪽으로 모이려는 성질이 있으나, 전계는 유전율이 작은 쪽으로 모이려는 성질이 있다.

33

그림은 유전체가 평행판에 수평으로 채워진 경우이며 콘덴서 직렬연결이므로 합성 정전용량은

$$C = \frac{\varepsilon_1 \varepsilon_2 S}{\varepsilon_1 d_2 + \varepsilon_2 d_1} = \frac{S}{\frac{d_1}{\varepsilon_1} + \frac{d_2}{\varepsilon_2}}[\text{F}]\text{가 된다.}$$

34

공기 콘덴서에 판 간격의 반만 평행하게 채운 경우의 정전용량은

$$C = \frac{1}{\frac{1}{C_1} + \frac{1}{C_2}} = \frac{2C_0}{1 + \frac{\varepsilon_0}{\varepsilon}} = \frac{2C_0}{1 + \frac{1}{\varepsilon_s}} = \frac{2\varepsilon_s}{1 + \varepsilon_s} C_0[\text{F}]$$

여기서, $C_0[\text{F}]$: 공기 콘덴서 용량

35

그림에서 유전체를 수직으로 채운 경우 또는 극판의 면적이 각각 극판의 간격이 일정 또는 선으로 연결 시 병렬연결로 간주하므로

$$C = C_1 + C_2 = \frac{\varepsilon_1 S_1}{d} + \frac{\varepsilon_2 S_2}{d} = \frac{1}{d}(\varepsilon_1 S_1 + \varepsilon_2 S_2)[\text{F}]$$

$$C = \frac{1}{d}\left(\varepsilon_0 \frac{1}{3}S + \varepsilon_0 \varepsilon_s \frac{2}{3}S\right) = \frac{\varepsilon_0 S}{d3}(1 + 2\varepsilon_s) \text{ 이때 공기 중}$$

콘덴서 $C_o = \frac{\varepsilon_o S}{d}[\text{F}]$ 이므로 $C = \frac{(1 + 2\varepsilon_s)}{3} C_o$

36

복합 유전체의 합성 정전용량

직렬 접속 : 그림에서 유전체를 수평으로 채운 경우 또는 극판의 간격이 각각 극판의 면적이 일정

$$C = \frac{S}{\frac{d_1}{\varepsilon_1} + \frac{d_2}{\varepsilon_2}} = \frac{\varepsilon_1 \varepsilon_2 S}{\varepsilon_1 d_2 + \varepsilon_2 d_1}[\text{F}]\text{을 이용}$$

$\varepsilon_1 = \varepsilon_0$, $d_1 = 4[\text{mm}]$, $\varepsilon_2 = 4\varepsilon_0$ $d_2 = 6[\text{mm}]$

$$C = \frac{\varepsilon_1 \varepsilon_2 S}{\varepsilon_1 d_2 + \varepsilon_2 d_1} = \frac{\varepsilon_0 \varepsilon_0 \varepsilon_s S}{\varepsilon_0 d_2 + \varepsilon_0 \varepsilon_s d_1} = \frac{\varepsilon_0 \varepsilon_s S}{d_2 + \varepsilon_s d_1}$$

$$= \frac{8.855 \times 10^{-12} \times 4 \times 0.5^2}{6 \times 10^{-3} + 4 \times 4 \times 10^{-3}} \times 10^{12}$$
$$= 402.5 ≒ 402[\text{pF}]$$

37

① 공기 중 축적에너지
$$W_o = \frac{Q^2}{2C_o} = \frac{Q^2}{2 \times 4\pi\varepsilon_o a} = \frac{Q^2}{8\pi\varepsilon_o a}[\text{J}]$$

② 유전체 내 축적에너지
$$W = \frac{Q^2}{2C} = \frac{Q^2}{2 \times 4\pi\varepsilon_o \varepsilon_s a} = \frac{Q^2}{8\pi\varepsilon_o \varepsilon_s a}[\text{J}]$$

③ 필요한 에너지
$$W' = W_o - W = \frac{Q^2}{8\pi\varepsilon_o a} - \frac{Q^2}{8\pi\varepsilon_o \varepsilon_s a} = \frac{Q^2}{8\pi\varepsilon_o a}\left(1 - \frac{1}{\varepsilon_s}\right)[\text{J}]$$

38

Pyro 전기 효과(초전효과)

전기석이나 티탄산바륨의 결정을 가열하거나 냉각하면 결정의 한쪽 면에는 (+)전하, 다른 쪽 면에는 (-)전하가 나타나 분극을 일으키며 반대로 냉각하면 역의 분극이 일어나는 현상을 말한다.

39

압전효과

① 어떤 유전체의 결정을 압력이나 인장을 가하면 그 응력으로 인하여 내부에 전기분극이 일어나고 그 단면에 분극전하가 나타나는 현상으로 이와 역현상은 결정에 전기를 가하면 기계적 변형이 나타나는 압전기 역효과가 있다.
② 압전기 진동자 : 압전기 현상이 가장 현저한 로셀염을 비롯하여 수정, 전기석, 티탄산바륨 등이 있다.
③ 응용범위 : 마이크, 압력측정, 초음파발생, 전기진동(발진기), 크리스탈픽업 등이 있다.
④ 응력과 분극방향이 동일방향인 경우를 종효과, 응력과 분극방향이 수직방향인 경우를 횡효과라 한다.

제5장 전기영상법

01	02	03	04	05	06	07	08	09	10
③	①	①	④	③	①	④	②	②	④

11	12	13
④	②	②

01
무한평면 도체에 의한 영상 전하는 크기는 같고 부호는 반대이므로 $Q' = -Q$[C]이 된다.

02
무한 평면에 의한 영상전하와 영상전류는 크기는 같고 부호가 반대이므로 $-Q, -I$가 된다.

03
접지된 곳의 전위는 0이다.

04
두 전하 사이에 작용하는 힘(쿨롱의 힘 = 정전력 = 영상력)
공간 매질의 유전율은 ε[F/m]
$$F = \frac{Q_1 Q_2}{4\pi\varepsilon_0 r^2} = \frac{Q Q'}{4\pi\varepsilon_0 (2a)^2} = -\frac{Q^2}{16\pi\varepsilon_0 a^2} [\text{N}]$$
(−)는 항상 흡인력이 발생한다는 의미이다.

05
$$F = \frac{Q^2}{16\pi\varepsilon_0 a^2} = \frac{Q^2}{16\pi \frac{10_3}{36\pi} \times 1^2} = \frac{1}{\frac{4 \times 10^9}{9}} = \frac{9}{4} \times 10^9$$

06
최대 전하 밀도 = 최대 전속 밀도
$$\sigma_{\max} = D_{\max} = \varepsilon_0 E = -\frac{Q}{2\pi a^2} [\text{C/m}^2]$$
점전하 $Q = 2\pi$[C]을 대입하면
$$\sigma_{\max} = -\frac{2\pi}{2\pi a^2} = -\frac{1}{a^2} [\text{C/m}^2]$$

07
① 중력에 의한 힘 $F_1 = mg$[N]
② 무한 평판과 점전하 사이에 작용하는 힘
$$F_2 = \frac{Q^2}{16\pi\varepsilon_o d^2} [\text{N}]$$
$F_1 = F_2,\ mg = \dfrac{Q^2}{16\pi\varepsilon_o d^2}$ 에서
$$Q = \sqrt{16\pi\varepsilon_o d^2 mg} = 4d\sqrt{\pi\varepsilon_o mg}$$ 가 된다.

08
$$Q' = -\frac{a}{d}Q = -\frac{0.01}{0.1} \times 10 \times 10^{-6} = -1.0 [\mu C]$$

09
접지 구도체와 점전하에서 점전하 Q, 영상전하 $Q' = -\dfrac{a}{d}Q$
이므로 부호는 반대지만 크기는 같지 않다.

10
쿨롱의 힘을 이용 $F = \dfrac{Q \cdot Q'}{4\pi\varepsilon_0 r^2}$
이때 영상전하와 점전하 사이의 거리는 $d - x$
$$F = \frac{Q \cdot Q'}{4\pi\varepsilon_0 (d-x)^2}$$
여기서, 영상전하의 위치 $x = \dfrac{a^2}{d}$[m]를 대입 정리하면
$$F = \frac{Q \cdot Q'}{4\pi\varepsilon_0 (\frac{d^2-a^2}{d})^2}$$ 영상전하 $Q' = -\dfrac{a}{d}Q$[C]을 대입하면
$$F = \frac{-adQ^2}{4\pi\varepsilon_0 (d^2-a^2)^2} [\text{N}] 이 된다.$$
또한 항상 흡인력이 작용한다.

11
접지 무한 평판과 선전하 사이에 작용하는 힘은 다음과 같다.
선전하 ρ[C/m] $= \lambda$[C/m]
① 총힘 $F = QE = -\lambda \cdot l \dfrac{\lambda}{4\pi\varepsilon_0 h} = -\dfrac{\lambda^2 l}{4\pi\varepsilon_0 h}$[N]
② 길이당 힘은 $f = -\dfrac{\lambda^2}{4\pi\varepsilon_0 h}$[N/m] $\propto \dfrac{1}{h}$

12
문제 11번 해설 참고

13

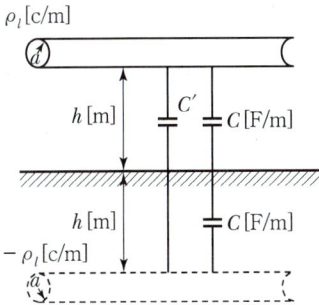

평행한 두 도선 사이의 정전용량 $C' = \dfrac{\pi\varepsilon_0}{\ln\dfrac{d}{a}}$ [F/m]

이때 $d = 2h$이므로 $C' = \dfrac{\pi\varepsilon_0}{\ln\dfrac{2h}{a}}$ [F/m]가 된다.

이때 대지면과 도선 사이에는 C[F/m] 2개가 직렬연결 상태이므로 $C' = \dfrac{C}{2}$

이때 $C = 2C' = \dfrac{2\pi\varepsilon_0}{\ln\dfrac{2h}{a}}$ [F/m]

제6장 전류

01	02	03	04	05	06	07	08	09	10
①	④	④	①	①	④	①	④	④	③
11	12	13	14	15	16	17	18	19	20
④	①	②	②	④	②	③	③	②	④
21	22	23							
④	③	②							

01
고유저항의 단위
MKS $1[\Omega \cdot m] =$ CGS $10^6[\Omega \cdot mm^2/m]$
$\Rightarrow 1[\Omega \cdot mm^2/m] = 10^{-6}[\Omega \cdot m]$

02
$\rho = \dfrac{SR}{l}[\Omega \cdot m]$이므로 길이 단면적과 관련이 있으며 단면적의 모양과는 관련이 없다. 온도 변화에 따른 저항은 t[℃]에서 R_t인 저항이 T[℃]로 상승했다면 R_T는
$R_T = R_t + \alpha_t R_t(T-t) = R_t\{1+\alpha_t(T-t)\}[\Omega]$
온도와도 관련이 있다.

03
$R = \rho\dfrac{l}{S}$ 에서 체적이 일정하게 길이를 2배로 늘리면 면적은 $\dfrac{1}{2}$로 준다.
$R' = \rho\dfrac{2l}{\dfrac{S}{2}} = \rho\dfrac{4l}{S}$
∴ 저항은 4배가 된다.

04
$R = \rho\dfrac{l}{S} = \rho\dfrac{l}{\pi r^2} = \dfrac{1}{55} \times \dfrac{500}{\pi \times (1.6 \times 10^{-3})^2} \times 10^{-6}$
$= 1.13[\Omega]$

05
전기량 $Q = It = ne$[C] 이때 전류 $I = \dfrac{ne}{t}$[A]
$I = \dfrac{10^{10} \times 1.602 \times 10^{-19}}{1} = 1.602 \times 10^{-9}$

06

온도 변화에 따른 저항값 계산은 다음과 같다.

$$R_T = R_t + \alpha_t R_t (T-t)$$
$$= R_t \{1 + \alpha_t (T-t)\} = R_t \frac{234.5 + T}{234.5 + t}[\Omega]$$

처음 온도 $t[℃]$에서의 저항 $R_t[\Omega]$일 때 나중 온도 $T=30$ [℃]일 때의 저항 R_T는

$$R_T = R_t \frac{234.5 + T}{234.5 + t} = R_t \frac{234.5 + 30}{234.5 + t} = R_t \frac{264.5}{234.5 + t}[\Omega]$$

가 된다.

07

구리선 : $R_1 = 10[\Omega] \to \alpha = 0.4[\%]$
망강선 : $R_2 = 30[\Omega] \to \alpha = 0[\%]$일 때
합성저항 온도계수

$$\alpha_t = \frac{\alpha R_1 + \alpha_2 R_2}{R_1 + R_2} = \frac{0.4 \times 10 + 0 \times 30}{10 + 30} = 0.1$$

08

온도 변화에 따른 저항값 계산은 다음과 같다.

$$R_T = R_t \{1 + \alpha_t (T-t)\}$$
$$= 10\{1 + 0.004(70 - 25)\} = 11.8[\Omega]$$

09

저항 온도계수
① 은 : 0.00405
② 구리 : 0.00393
③ 알루미늄 : 0.0042
④ 니켈 : 0.0054

10

전열기 출력식
$860\, P\eta t = Cm\theta$
여기서, $860[\text{kcal}]$, $P[\text{kW}]$, $t[\text{h}]$, C : 비열(물 $C=1$)
m : 질량(물 l)[kg], θ : 온도차[C°]

$$\eta = \frac{Cm\theta}{860\, Pt} = \frac{1 \times 4 \times (90-15)}{860 \times 1 \times \frac{30}{60}} \times 100$$
$$= 69.76 ≒ 70\,[\%]$$

11

임의의 도체 단면에 유입하는 전류의 총합은 유출하는 전류의 총합과 같다.
입력전류(I_{in}) = 출력전류(I_{out})일 때, 즉 들어간 전류와 나간 전류가 같을 때(Kirchoff의 제1법칙)를 전류의 연속성이라 한다.
즉, 전류가 연속적으로 도체의 단면을 흐른다면 키르히호프의 전류 법칙은 $\sum I = 0 = \int_s i \cdot dS = \int_v div\, i\, dv$가 되어 $div\, i = 0$이다. 즉, 단위 체적당의 전류의 발산은 없다.

12

전도 전류 밀도
$$i_c = \frac{I_c}{S} = kE = \frac{E}{\rho} = nev = Qv\,[\text{A/m}^2]$$

13

$RC = \rho\varepsilon$에서 전기저항
$$R = \frac{\rho\varepsilon}{C} = \frac{10^6 \times 9 \times 10^{-8}}{3 \times 10^{-6}} \times 10^{-3} = 30[\text{k}\Omega]\text{이 된다.}$$

14

전기저항 $R = \frac{\varepsilon\rho}{C}[\Omega]$

누설전류 $I = \frac{V}{R} = \frac{V}{\frac{\varepsilon\rho}{C}} = \frac{CV}{\rho\varepsilon}[\text{A}]$

$$I = \frac{CV}{\rho\varepsilon_0\varepsilon_s} = \frac{30 \times 10^{-6} \times 500}{10^{11} \times 8.855 \times 10^{-12} \times 2.2} \times 10^3$$
$$= 7.699[\text{mA}]$$

15

동축 및 원주형 도체 $C = \frac{2\pi\varepsilon l}{\ln\frac{b}{a}}[\text{F}]$

$$R = \frac{\rho\varepsilon}{C} = \frac{\rho\varepsilon}{2\pi\varepsilon l}\ln\frac{b}{a} = \frac{\rho}{2\pi l}\ln\frac{b}{a} = \frac{1}{2\pi kl}\ln\frac{b}{a}[\Omega]$$

고유저항 $\rho = \frac{1}{k}[\Omega \cdot \text{m}]$

도전율 $k = \sigma = \frac{1}{\rho}[\mho/\text{m}]$

$\frac{1}{2\pi} = 0.156 ≒ 0.16$

$R = \frac{0.16}{\sigma l}\ln\frac{b}{a}[\Omega]$

16

동축 원통 도체 사이의 정전용량 $C = \dfrac{2\pi\varepsilon l}{\ln\left(\dfrac{b}{a}\right)}$ [F]

정전용량과 저항의 관계 $RC = \rho\varepsilon$

이때 고유저항 $\rho = \dfrac{1}{k}$ [$\Omega \cdot m$], 도전율 $k = \dfrac{1}{\rho}$ [℧/m]

$RC = \dfrac{\varepsilon}{k}$ 에서 $R = \dfrac{\varepsilon}{kC} = \dfrac{\varepsilon}{k\dfrac{2\pi\varepsilon l}{\ln\left(\dfrac{b}{a}\right)}} = \dfrac{\ln\left(\dfrac{b}{a}\right)}{2\pi kl}$ [Ω]

전류 $I = \dfrac{V}{R} = \dfrac{V}{\dfrac{\ln\left(\dfrac{b}{a}\right)}{2\pi kl}} = \dfrac{2\pi l\, Vk}{\ln\left(\dfrac{b}{a}\right)}$ [A]

17

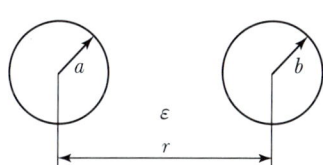

$C = \dfrac{4\pi\varepsilon}{\dfrac{1}{a} + \dfrac{1}{b}} = \dfrac{1}{4\pi k}\left(\dfrac{1}{a} + \dfrac{1}{b}\right)$ [F]

$R = \dfrac{\rho\varepsilon}{C} = \dfrac{\rho\varepsilon}{4\pi\varepsilon}\left(\dfrac{1}{a} + \dfrac{1}{b}\right) = \dfrac{\rho}{4\pi}\left(\dfrac{1}{a} + \dfrac{1}{b}\right)$

$= \dfrac{1}{4\pi k}\left(\dfrac{1}{a} + \dfrac{1}{b}\right)$ [Ω]

18

반구형이므로 $R = \dfrac{\rho\varepsilon}{C} = \dfrac{\rho\varepsilon}{2\pi\varepsilon a} = \dfrac{\rho}{2\pi a}$ [Ω]

2개가 직렬연결이므로 $R = \dfrac{\rho}{2\pi a} \cdot 2 = \dfrac{\rho}{\pi a}$ [Ω]

19

$R = \rho\dfrac{l}{S} \propto l$ 에 비례하므로 한 점에 유입되고 유출되는 전류

$I_1 + I_2 + I_3 + I_4 = 0$, $I = \dfrac{V}{R} = 0$ [A], 이때 R 을 l 로 대치하면

$\dfrac{V_1 + V_2 + V_3 + V_4 - 4V_0}{l} = 0$

라플라스의 식은 $\nabla^2 \cdot V = 0$ 이므로 값이 성립한다.

이때 원점의 평균전위는 $V_0 = \dfrac{1}{4}(V_1 + V_2 + V_3 + V_4)$ 이며 전위 평균값과 같음을 의미한다.

정방형관 단면의 중심 격자점 ①의 전위 V_1을 구하면

$V_1 = \dfrac{1}{4}(100 + 0 + 0 + 0) = 25$ [V]

정방형관 단면 격자점 ③의 전위 V_3을 구하면

$V_3 = \dfrac{1}{4}(25 + 0 + 0 + 0) = 6.25$ [V]

$V_6 = \dfrac{1}{4}(V_1 + V_3 + 0 + V_3) = \dfrac{1}{4}(25 + 6.25 + 0 + 6.25)$
$= 9.4$ [V]

20

① 제벡 효과(Seebeck Effect) : 서로 다른 금속을 접속(열전대)하고 접속점을 서로 다른 온도를 유지하면 기전력이 생겨 일정한 방향으로 전류가 흐르는 현상

② 펠티에 효과(Peltier Effect) : 서로 다른 금속에서 다른 쪽 금속으로 전류를 흘리면 열의 발생 또는 흡수가 일어나는 현상

③ 톰슨 효과(Thomson Effect) : 동종의 금속에서 각부에서 온도가 다르면 그 부분에서 열의 발생 또는 흡수가 일어나는 현상

④ 홀 효과(Hall Effect) : 전류가 흐르고 있는 도체에 자계를 가하면 도체 측면에 정부의 전하가 나타나 전위차가 발생하는 현상

⑤ 핀치 효과(Pinch Effect) : 도체에 직류를 인가하면 전류와 수직방향으로 원형 자계가 생겨 전류에 구심력이 작용하여 도체 단면이 수축하면서 도체 중심쪽으로 전류가 몰리는 현상

21, 22, 23

문제 20번 해설 참고

제7장 진공 중의 정자계

01	02	03	04	05	06	07	08	09	10
③	③	①	②	④	③	③	①	②	④
11	12	13	14	15	16	17	18	19	20
①	①	④	④	④	①	③	④	④	③
21	22	23	24	25	26	27	28	29	30
④	②	③	③	②	②	②	①	②	②
31	32	33	34	35	36	37	38	39	40
②	①	④	③	③	①	①	②	①	②
41	42	43	44	45	46	47	48	49	50
②	①	④	①	①	②	④	④	③	②
51	52	53							
②	③	③							

01
점자극에 의한 자계의 세기
$$H = \frac{m}{4\pi\mu_o r^2} = 6.33 \times 10^4 \frac{m}{r^2} \,[\mathrm{AT/m}]$$
수치를 대입하면
$$H = 6.33 \times 10^4 \times \frac{4}{4^2} = 1.6 \times 10^4 [\mathrm{AT/m}]$$ 가 된다.

02
자계 내 자극을 놓았을 때 작용하는 힘 $F = mH\,[\mathrm{N}]$이므로 자극의 세기 m을 구하면 $m = \frac{F}{H} = \frac{3 \times 10^2}{1,000} = 0.3\,[\mathrm{Wb}]$이 된다.

03
힘 $F = mH\,[\mathrm{N}]$, 자속밀도 $B = \frac{\phi}{S} = \mu H\,[\mathrm{wb/m^2}]$
자계 $H = \frac{B}{\mu}\,[\mathrm{AT/m}]$를 힘 $F[\mathrm{N}]$에 대입하면
$$F = \frac{Bm}{\mu} = \frac{Bm}{\mu_o \mu_s}\,[\mathrm{AT/m}]$$

04
자(기)력선의 수 $N = \frac{m}{\mu_o}$[개](단, 진공, 공기 중일 때)
진공 중에서 $m[\mathrm{Wb}]$의 자하로부터 나오는 자기력선수는
$$N = \frac{m}{\mu_0} = \frac{8\pi}{\mu_0} = \frac{8\pi}{4\pi \times 10^{-7}} = 2 \times 10^7 \text{개}$$

05
$\overline{AP} = \overline{BP} = 1 \cdot \cos 45° = \frac{1}{\sqrt{2}}$ 이고,
$F = \sqrt{F_1^2 + F_2^2 + 2F_1 F_2 \cos\theta}$ 이다.
이때 $F_1 = F_2$이므로
$$F = \sqrt{2}\,F_1$$
$$= \sqrt{2} \times 6.33 \times 10^4 \times \frac{3 \times 10^{-4} \times 1}{\left(\frac{1}{\sqrt{2}}\right)^2} = 53.71$$

06
자(기)력선이 동일한 방향으로 흐르면 합쳐지므로 자계강도는 더 강해진다.

07
자계 중에서 같은 자위의 점으로부터 이루어진 면을 등자위면이라 하며 자기력선과 직교한다. 그런데 자기에는 전기의 도체에 해당되는 것이 없으므로 어떤 물체를 자계 안에 놓았을 때 표면이 항상 등자위면이 되지는 않는다.

08
$\phi = B \cdot S = \int_s B dS = \int_s rot \cdot A dS$ 스토크스의 정리를 이용하면
$$\phi = \int_s rot \cdot A dS = \oint_c A\,dl$$

09
$div\,B = \nabla \cdot B = 0$

10
(1) 자기 쌍극자에 의한 P점의 자위
자기 쌍극자 모멘트 $M = m \cdot l\,[\mathrm{Wb \cdot m}]$
단, δ : 두 전하 사이의 거리
$$U_P = \frac{M}{4\pi\mu_0 r^2} \cos\theta = 6.33 \times 10^4 \frac{M\cos\theta}{r^2}\,[\mathrm{A}] \propto \frac{1}{r^2}$$
($\theta = 0°$: 최대, $\theta = 90°$: 최소)

(2) 자기 쌍극자에 의한 P점의 자계의 세기
① 중심축 $H_r = -\frac{\partial U}{\partial r} = -\frac{M\cos\theta}{4\pi\mu_0} \times \left(-\frac{2}{r^3}\right)$
$$= \frac{2M\cos\theta}{4\pi\mu_0 r^3} = \frac{M\cos\theta}{2\pi\mu_0 r^3}$$

② $H_\theta = -\frac{1}{r}\frac{\partial U}{\partial \theta} = -\frac{1}{r} \cdot \frac{M(-\sin\theta\theta)}{4\pi\mu_0 r^2}$

$= \frac{M\sin\theta}{4\pi\mu_0 r^3}$

③ $H = H_r + H_\theta = \frac{2M\cos\theta}{4\pi\mu_0 r^3} + \frac{M\sin\theta}{4\pi\mu_0 r^3}$

$H = \frac{M}{4\pi\mu_0 r^3}\sqrt{(2\cos\theta)^2 + \sin^2\theta}$

$= \frac{M}{4\pi\mu_0 r^3}\sqrt{1+3\cos^2\theta}\,[\text{AT/m}] \propto \frac{1}{r^3}$

11
문제 12번 해설 참고

12
① N극 자위 $U_P = \frac{M}{4\pi\mu_0}\omega_1\,[\text{A}]$

S극 자위 $U_Q = \frac{-M}{4\pi\mu_0}\omega_2\,[\text{A}]$

여기서, $M = \sigma \cdot \delta\,[\text{wb/m}] =$ 2중층의 세기 또는 판의 세기
$\omega = 2\pi(1-\cos\theta) =$ 입체각

② P, Q점의(무한히 접근)
  ㉠ P에서만 무한히 접근 또는 Q에서만 무한히 접근
  $\omega = 2\pi$
  ㉡ P와 Q 동시에 무한히 접근 $\omega = 4\pi$ 이때 전위는
  $U_{PQ} = \frac{M}{\mu_0}\,[\text{A}]$

13
문제 12번 해설 참고

14
앙페르의 오른손 법칙
도체에 전류를 흘려주었을 때 그 주변에 생기는 자계(자장)의 회전성과 자계의 방향을 결정하며 오른나사의 진행 방향이 전류의 방향이라면 오른나사의 회전 방향이 바로 자계(자장)의 방향이다.

15
문제 14번 해설 참고

16
앙페르의 오른나사를 적용하면 $y-z$면상에 자계가 들어가는 지점의 합성이므로 $-x$축 방향이라 할 수 있다.

17
앙페르의 주회적분법칙은 $\oint_c H\,dl = \sum NI$이므로 폐회로 주위를 따라 자계를 선적분한 값은 폐회로 내의 총전류와 같다 또한 전류와 자계의 관계를 표시한다.

18
① 앙페르의 오른나사 법칙 : 전류에 의한 자계 방향 결정
② 비오-사바르의 법칙 : 전류에 의한 자계 크기 결정
③ 플레밍의 왼손 법칙 : 전류에 의한 도체에 작용하는 힘
④ 렌쯔의 법칙 : 전자유도에 의한 유기기전력 방향 결정

19
무한장 직선전류에 의한 자계의 세기 $H = \frac{I}{2\pi r}\,[\text{AT/m}]$이며 거리에 대하여 반비례하므로 쌍곡선의 형태로 감소한다.

20
자속밀도 $B = \mu H\,[\text{Wb/m}^2]$이며
무한장 직선도체의 자계 $H = \frac{I}{2\pi r}\,[\text{AT/m}]$이므로 이를 대입하면

$B = \frac{\mu_0 I}{2\pi r} = \frac{\mu_0 \times 2\pi}{2\pi \times 2} = \frac{\mu_0}{2}\,[\text{Wb/m}^2]$

21
무한장 직선 도체에 의한 자계의 세기 $H[\text{AT/m}]$
그림에서 P점의 자계의 세기는 두 개가 존재하고 같은 방향이므로 각각 구하여 벡터 합으로 계산하면 된다.

$H = \dot{H_1} + \dot{H_2} = \sqrt{H_1^2 + H_2^2}$

$= \sqrt{\left(\frac{I}{2\pi r_1}\right)^2 + \left(\frac{I}{2\pi r_2}\right)^2} = \sqrt{\left(\frac{I}{2\pi}\right)^2\left(\frac{1}{r_1^2} + \frac{1}{r_2^2}\right)}$

$= \frac{I}{2\pi}\sqrt{\frac{r_1^2 + r_2^2}{(r_1 r_2)^2}} = \frac{I\sqrt{r_1^2 + r_2^2}}{2\pi r_1 r_2} = \frac{Id}{2\pi r_1 r_2}\,[\text{AT/m}]$

22

무한장 직선전류에 의한 자계의 세기 $H=\dfrac{I}{2\pi r}[\mathrm{AT/m}]$이며

$H \propto \dfrac{I}{r}$이 되므로 $H_1=180$, $r_1=0.1$일 때 $r_2=0.3$에 대한

H_2는 $H_2=\dfrac{r_1}{r_2}H_1=\dfrac{0.1}{0.3}\times 180=60[\mathrm{AT/m}]$가 된다.

23

$r<a$이므로 내부자계의 세기는 $H_i=\dfrac{rI}{2\pi a^2}[\mathrm{AT/m}]$에서

$\dfrac{1}{2\pi}=\dfrac{\dfrac{a}{2}\times 1}{2\pi a^2}$, $a=\dfrac{1}{2}[\mathrm{m}]$가 된다.

24

P점에 작용하는 자계의 세기는 2개이며 자계의 방향이 반대이므로 크기가 같으면 P점의 자계의 세기가 0이 된다.

$$\begin{array}{c} I \uparrow \qquad P \qquad \uparrow 2I \\ \longleftarrow a \longrightarrow \longleftarrow b \longrightarrow \\ H_{1\otimes}\, H_{2\odot} \end{array}$$

$H_1=\dfrac{I}{2\pi a}[\mathrm{AT/m}]$ $H_2=\dfrac{2I}{2\pi b}[\mathrm{AT/m}]$이므로

$H_1=H_2 \Rightarrow \dfrac{I}{2\pi a}=\dfrac{2I}{2\pi b} \Rightarrow \dfrac{a}{b}=\dfrac{1}{2}$이 된다.

25

비오-사바르 법칙 $dH=\dfrac{Idl}{4\pi r^2}\sin\theta$에서

$\theta=90°$로 가정 후 방향이 모두 a_r이므로

$dH=\dfrac{Idl}{4\pi r^2}=a_r l[\mathrm{A/m}]$

26

원형 코일 중심점의 자계의 세기

$H=\dfrac{NI}{2a}=\dfrac{100\times 1.5}{2\times 2}=37.5[\mathrm{AT/m}]$가 된다.

27

$F=mH[\mathrm{N}]$ 원형 코일(원형 선전류) 자계

$H=\dfrac{I}{2r}[\mathrm{AT/m}]$

$F=\dfrac{mI}{2r}[\mathrm{N}]$

28

원형코일 중심의 자계 $H=\dfrac{NI}{2r}[\mathrm{AT/m}]$에서

전류 $I=\dfrac{2rH}{N}=\dfrac{2\times\dfrac{0.1}{2}\times 1{,}000}{100}=1[\mathrm{A}]$

여기서, $r[\mathrm{m}]$: 반지름

29

반원형코일 중심점의 자계의 세기는 원형코일 중심점의 자계의 세기에 반만 작용하므로

$H=\dfrac{I}{2a}\times\dfrac{1}{2}=\dfrac{I}{4a}[\mathrm{AT/m}]$가 된다.

$H=\dfrac{4}{4\times 1}=1$

30

전체를 원형 코일의 중심자계의 세기로 보고 A에서 B구간에만 전류가 흐르므로

$H=\dfrac{I}{2a}=\dfrac{I}{2a}\times\dfrac{\theta}{2\pi}=\dfrac{I\theta}{4\pi a}[\mathrm{AT/m}]$

31

유한장 직선 도체에 의한 자계의 세기는

$H=\dfrac{I}{4\pi a}(\cos\theta_1+\cos\theta_2)=\dfrac{I}{4\pi a}(\sin\beta_1+\sin\beta_2)[\mathrm{AT/m}]$
이다.

32

유한장 직선 도체에 의한 자계의 세기는

$H=\dfrac{I}{4\pi a}(\sin\beta_1+\sin\beta_2)[\mathrm{AT/m}]$

$=\dfrac{\pi}{4\pi\times 1}(\sin 60°+\sin 0°)$

$=\dfrac{1}{4}\times\dfrac{\sqrt{3}}{2}=\dfrac{\sqrt{3}}{8}[\mathrm{AT/m}]$이다.

33

정사각형(정방형) 코일에 의한 중심점에 작용하는 자계는

$H=\dfrac{2\sqrt{2}I}{\pi l}[\mathrm{AT/m}]$가 된다.

34
정삼각형 코일에 의한 중심점에 작용하는 자계는
$H = \dfrac{9I}{2\pi l}$ [AT/m]이므로 주어진 수치를 대입하면
$H = \dfrac{9 \times 100 \times 10^{-3}}{2\pi \times 2 \times 10^{-2}} = 7.2$ [AT/m]가 된다.

35
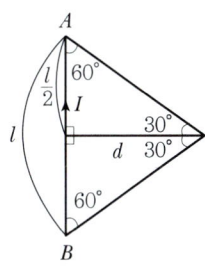

① 정육각형 한 변 AB에 의한 자계의 세기
$H_1 = \dfrac{I}{4\pi d}(\sin\theta_1 + \sin\theta_2)$ [AT/m]이 된다.

이때 $\theta_1 = \theta_2 = 30°$, $d = \dfrac{\frac{l}{2}}{\tan 30°} = \dfrac{\sqrt{3}}{2}l$이므로

이를 대입하면
$H_1 = \dfrac{I}{4\pi \dfrac{\sqrt{3}}{2}l}(\sin 30° + \sin 30°)$
$= \dfrac{I}{2\pi\sqrt{3}\,l} \times \left(2 \times \dfrac{1}{2}\right) = \dfrac{\sqrt{3}\,I}{6\pi l}$ [AT/m]가 된다.

② 정육각형 중심점 자계의 세기
$H_2 = 6H_1 = 6 \times \dfrac{\sqrt{3}\,I}{6\pi l} = \dfrac{\sqrt{3}\,I}{\pi l}$ [AT/m]가 된다.

36
반지름 a[m]인 원에 내접하는 정 n변형의 회로에 I[A]가
흐를 때 중심에서의 자계의 세기는 $H = \dfrac{nI\tan\dfrac{\pi}{n}}{2\pi a}$ [AT/m]
이다.

37
$U = \dfrac{M}{4\pi\mu_0}\omega$
$\omega = 2\pi(1-\cos\theta) = 2\pi\left(1 - \dfrac{x}{\sqrt{a^2+x^2}}\right)$에서
$U = \dfrac{\omega I}{4\pi} = \dfrac{I}{4\pi} \times 2\pi\left(1 - \dfrac{x}{\sqrt{x^2+a^2}}\right)$
$= \dfrac{I}{2}\left(1 - \dfrac{x}{\sqrt{x^2+a^2}}\right)$ [A]

38
막대자석에 의한 회전력
$T = mHl\sin\theta = MH\sin\theta = M \times H$ [N·m]
$T = 4 \times 10^{-6} \times 10 \times 10^{-2} \times 150 \times \sin 60°$
$= 5.196 \times 10^{-5}$
$= 3\sqrt{3} \times 10^{-5}$ [N·m]

39
① 무한자 직선도체에 의한 자계 $H = \dfrac{I}{2\pi r}$ [AT/m]
② 막대자석에 의한 회전력
$T = mHl\sin\theta = m\dfrac{I}{2\pi r}l\sin\theta$ [N·m]이므로 주어진
수치를 대입하면
$T = 10^{-6} \times \dfrac{10}{2\pi \times 0.1} \times 0.1 \times \sin 90°$
$= 1.59 \times 10^{-6}$ [N·m]

40
환상 솔레노이드에 의한 내부자계의 세기는
$H = \dfrac{NI}{l} = \dfrac{NI}{2\pi a}$ [AT/m]가 된다.

41
환상솔레노이드의 자계의 세기는 $H = \dfrac{N}{2\pi r}$이므로 권수
$N = \dfrac{2\pi rH}{I} = \dfrac{2\pi \times 20 \times 10^{-2} \times 2{,}000}{10}$
$= 251.32$ [T] ≒ 250 [T]

42

무한장 솔레노이드에 의한 내부자계의 세기는 내부 평등자계이며 $H = nI [\text{AT/m}]$이고 외부자계의 세기는 0이다. 단, $n[\text{T/m}]$은 단위 길이당 권선수이다.

43

단위길이당 권선수 $n = \dfrac{N}{l} = \dfrac{100}{0.01} = 10,000[\text{T/m}]$이므로 무한장 솔레노이드의 자계의 세기는
$H = n I = 10,000 \times 20 \times 10^{-3} = 200 [\text{AT/m}]$가 된다.

44

전자력

전류가 흐르는 도선을 자계 안에 놓으면 이 도선에 힘이 작용한다.
이와 같은 자계와 전류 간에 작용하는 힘을 전자력이라 하며 그 세기는 플레밍의 왼손 법칙을 이용한다.

> **Reference**
>
> **플레밍의 왼손 법칙**
> 전동기원리 및 회전방향 결정
> $$F = BIl \sin\theta = \mu_0 HIl \sin\theta = \oint (Idl) \times B [\text{N}]$$
> - 엄지 : $F[\text{N}]$(힘의 방향 = 전자력의 방향)
> - 검지 : $B[\text{Wb/m}^2]$(자속밀도, 자장의 방향)
> - 중지 : $I[\text{A}]$(전류의 방향)

45

문제 44번 해설 참고

46

자계 내 전하 입사 시 전하가 받는 힘은 로렌쯔의 힘이 작용하며 $F = Bqv\sin\theta = \mu_o Hqv\sin\theta = (\vec{v} \times \vec{B})q[\text{N}]$에서 수직입사이므로
$F = Bqv\sin 90° = qvB = qv\mu_o H[\text{N}]$가 된다.
여기서, $q = e[\text{C}]$

47

① 전자가 운동하는 자계의 반지름(궤적)
$$\text{구심력} = \text{원심력} \quad \dfrac{mv^2}{r} = Bev, \quad r = \dfrac{mv}{Be}[\text{m}] \propto v$$에 비례하며 항상 원운동을 한다.
여기서, e : 전하량[C], v : 속도[m/s], B : 자속밀도[Wb/m^2]

② 전자의 운동속도 $v = \dfrac{Ber}{m}[\text{m/s}]$

③ 각속도 $\omega = \dfrac{v}{r} = \dfrac{Be}{m}[\text{rad/s}]$

④ 주파수 $\omega = 2\pi f = \dfrac{Be}{m}, \quad f = \dfrac{Be}{2\pi m}[\text{Hz}]$

⑤ 원운동 주기 $T = \dfrac{1}{f} = \dfrac{2\pi m}{Be}[\text{sec}]$

48

문제 47번 해설 참고

49

① 자계와 평행입사 $F = 0$이 되므로 처음과 같은 직선궤적
② 자계와 수직입사 $F = evB$가 되며 플레밍 왼손 법칙에 의해 원궤적

50

① 평행도선 사이에 작용하는 힘 $F[\text{N/m}]$
$$F_1 = F_2 = \dfrac{\mu_0 I_1 I_2}{2\pi d} = \dfrac{2 I_1 I_2}{d} \times 10^{-7} [\text{N/m}]$$

② 두 전류의 방향이 같으면 : 흡인력,
두 전류의 방향이 반대면 : 반발력

그림상에서 전류의 크기가 같거나 왕복선로라면
$$F_1 = F_2 = \dfrac{\mu_0 I^2}{2\pi d} = \dfrac{2 I^2}{d} \times 10^{-7} \propto I^2 \propto \dfrac{1}{d}[\text{N/m}]$$

$$F = \dfrac{2 \times 50^2}{10 \times 10^{-2}} \times 10^{-7} = 5 \times 10^{-3}[\text{N}]$$

두 전류의 방향이 반대면 : 반발력

51

$F = F \cdot \vec{n}$

$F_1 = F_2 = \dfrac{\mu_0 I^2}{2\pi d} = \dfrac{2 I^2}{d} \times 10^{-7} = \dfrac{2 \times 10^2}{0.2} \times 10^{-7}$

$\qquad = 10^{-4} [\text{N/m}]$

전류가 같은 방향이므로 흡인력이 작용하여 그 방향은
$\vec{n} = -a_x$

52

① $div\, B = 0$

② $\nabla^2 A = -\mu_0 i$

④ $F = 6.33 \times 10^4 \dfrac{m_1 m_2}{R^2} a_R$

53

$div\, B = \nabla \cdot B = 0$

제8장		자성체와 자기회로							
01	02	03	04	05	06	07	08	09	10
③	④	④	③	①	②	②	①	③	①
11	12	13	14	15	16	17	18	19	20
③	④	④	①	②	④	①	③	③	①
21	22	23	24	25	26	27	28	29	30
①	②	①	④	④	③	①	①	③	①
31	32	33	34	35	36	37	38	39	40
①	②	②	④	①	③	①	④	③	④
41	42	43	44	45	46	47	48		
④	②	②	④	④	④	②	④		

01
자화의 근본적인 이유는 전자의 자전 현상 때문이다.

02
자성체의 종류
① 강자성체 : 크기와 방향 모두 같다.
② 상자성체 : 크기와 방향의 배열이 일정하지 못하다.
③ 반강자성체 : 크기는 같으나 방향이 다르다.
④ 페리(훼리)라이트코어 : 크기와 방향이 모두 다르다.

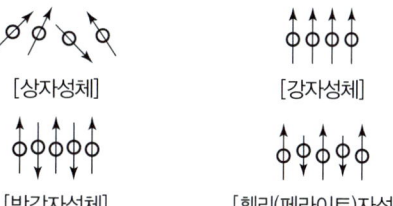

03
①, ②, ③은 반자성체(역자성체)이며, ④는 상자성체이다.

04
①, ②, ④는 강자성체이며, ③은 상자성체이다.

05
강자성체의 특징
- 고투자율
- 히스테리시스 특성
- 자기포화 특성
- 자구

06
문제 5번 해설 참고

07
자화의 세기 $J = \dfrac{M[\text{모멘트}]}{v[\text{체적}]}[\text{Wb/m}^2]$이므로 단위 체적당 자기모멘트로 정의할 수 있다.

08
① 종축 : B ← 종축과 만남(잔류자기)
② 횡축 : H ← 횡축과 만남(보자력)
 $\mu = \dfrac{B}{H}$ 로 일정한 값이 아니므로 기울기를 의미한다.

09
① 종축 : B ← 종축과 만남(잔류자기)
② 횡축 : H ← 횡축과 만남(보자력)

10
자화이 경력이 있을 때와 없을 때의 곡선은 항상 다르다.

11
① 영구자석 : 잔류자기, 보자력, 히스테리시스 곡선 면적이 모두 큰 것
② 전자석 : 잔류자기는 크고 보자력 및 히스테리시스 곡선 면적이 작은 것

12
자석재료, 즉 강자성체로 자석 주위를 폐회로를 만들면 영구자석의 자성은 서서히 약해지거나 없어진다.

13
퀴리온도(= 임계온도)
자화된 강자성체의 온도를 서서히 높이면 자화가 점점 감소하다가 급격히 강자성을 잃어버리고 상자성체가 되는 온도 지점을 말하며, 순철 기준으로 770~790[℃]가 된다.

14
히스테리시스 루프의 면적은 강자성체의 단위체적당 필요한 에너지이다. $S = W_h = \displaystyle\int_0^B H\,dB[\text{J/m}^3]$

15
히스테리시스 루프의 면적 $S = W_h[\text{J/m}^3]$, 분당회전수 $N = 3,000[\text{rpm}]$, 잔류자기 자속밀도 $B_r = 2[\text{Wb/m}^2]$, 자계 $H_L = 500[\text{AT/m}]$일 때 자화곡선의 면적
$S = W_h = 4\displaystyle\int_0^B H\,dB = 4H_L B = 4 \times 500 \times 2$
$= 4,000[\text{J/m}^3]$이 된다.
이때 단위체적당 단위시간당 열량
$Q = 0.24 W_h \times \dfrac{N}{60} \times 10^{-3}$
$= 0.24 \times 4,000 \times \dfrac{3,000}{60} \times 10^{-3} = 48[\text{kcal/sec}]$

17
자속밀도
$B = \mu_o \mu_s H = 4\pi \times 10^{-7} \times 400 \times 400 = 0.2[\text{Wb/m}^2]$

18
자속밀도 $B = \dfrac{\phi}{S} = \mu_o \mu_s H[\text{Wb/m}^2]$에서
비투자율 $\mu_s = \dfrac{\phi}{\mu_o H S}$ 이므로 주어진 수치를 대입하면
$\mu_s = \dfrac{5 \times 10^{-4}}{4\pi \times 10^{-7} \times 2,000 \times 2 \times 10^{-4}} = 995$가 된다.

19
분극의 세기 및 자화의 세기

분극의 세기	$P = x_e E = \varepsilon_0(\varepsilon_s - 1)E[\text{C/m}^2]$ $D = P + \varepsilon_0 E[\text{C/m}^2]$
자화의 세기	$J = x_m H = \mu_0(\mu_s - 1)H[\text{Wb/m}^2]$ $B = J + \mu_0 H[\text{Wb/m}^2]$

20
자화의 세기 $J = \dfrac{M[\text{모멘트}]}{v[\text{체적}]}[\text{Wb/m}^2]$이므로 단위 체적당 자기모멘트로 정의할 수 있다.

21
자화의 세기 J와 자계의 세기에서
$J = x_m H = \mu_0(\mu_s - 1)H[\text{Wb/m}^2]$
 여기서, x_m : 자화율
이를 정리하면 비투자율 값은 $\mu_s = 1 + \dfrac{x_m}{\mu_0}$ 이다.

22

$J = \mu_o(\mu_s - 1)H = 4\pi \times 10^{-7}(400-1) \times 3{,}000$
$\quad = 1.5 \,[\mathrm{Wb/m^2}]$

23

① 상자성체는 비투자율 $\mu_s > 1$ 이므로
　자화율 $x = \mu_o(\mu_s - 1) \geqq 0$
② 반자성체는 비투자율 $\mu_s < 1$ 이므로
　자화율 $x = \mu_o(\mu_s - 1) < 0$

24

자화의 세기 $J\,[\mathrm{Wb/m^2}]$

자성체의 감자력 $H' = H_o - H = \dfrac{N}{\mu_o}J \rightarrow$ ①

자성체 자화의 세기 $J = \mu_o(\mu_s - 1)H\,[\mathrm{Wb/m^2}] \rightarrow$ ②

②식에서 자성체 내부의 자계 $H = \dfrac{J}{\mu_o(\mu_s - 1)}\,[\mathrm{AT/m}]$ 를
①식에 대입하여 정리하면

$H' = H_o - \dfrac{J}{\mu_o(\mu_s - 1)} = \dfrac{N}{\mu_o}J$ 에서

$J = \dfrac{\mu_o(\mu_s - 1)}{1 + N(\mu_s - 1)}H_o\,[\mathrm{Wb/m^2}]$ 이 된다.

25

감자율 : N
① 가늘고 긴 막대 $N \fallingdotseq 0$
② 환상(솔레노이드) 철심 $N = 0$
③ 굵고 짧은 막대 $N = 1$
④ 구자성체 $N \fallingdotseq \dfrac{1}{3}$

25

$J = \beta\left(1 - \dfrac{1}{\mu_s}\right)$ 에서 μ_s를 10으로 가정하면
∴ 강자성체 $\mu_s \gg 1$
$J = \beta\left(1 - \dfrac{1}{\mu_s}\right) = 0.9\beta$ 이므로 J는 β보다 약간 작다.

27

자성체의 경계면 조건

① 경계면의 접선(수평)성분은 양측에서 자계의 세기가 같다.
　㉠ $H_{t1} = H_{t2}$: 연속적이다.
　㉡ $B_{n1} \neq B_{n2}$: 불연속적이다.
② 경계면의 법선(수직)성분의 자속밀도는 양측에서 같다.
　㉠ $B_{n1} = B_{n2}$: 연속적이다.
　㉡ $H_{n1} \neq H_{n2}$: 불연속적이다.
③ $H_1 \sin\theta_1 = H_2 \sin\theta_2$
④ $B_1 \cos\theta_1 = B_2 \cos\theta_2$
⑤ $\dfrac{\tan\theta_1}{\tan\theta_2} = \dfrac{\mu_1}{\mu_2}$
⑥ 비례관계
　㉠ $\mu_2 > \mu_1$, $\theta_2 > \theta_1$, $B_2 > B_1$: 비례관계
　㉡ $H_1 > H_2$: 반비례관계
　여기서, t : 접선(수평)성분, n : 법선(수직)성분

> **Reference**
> '제4장 유전체'에서 배웠던 유전체의 경계 조건을 그대로 대응관계로 보면 문제를 풀기 쉽다.

28, 29

문제 27번 해설 참고

30

완전경계조건
경계면에서 전류밀도가 0이며, 경계면의 자위차는 없다.

31

전기회로와 자기회로의 대응관계

전기회로		자기회로	
기전력	$V = IR\,[\mathrm{V}]$	기자력	$F = N \cdot I = R_m \phi\,[\mathrm{AT}]$
전류	$I = \dfrac{V}{R}\,[\mathrm{A}]$	자속	$\phi = \dfrac{F}{R_m} = \dfrac{\mu SNI}{l}\,[\mathrm{Wb}]$
전기저항	$R = \rho\dfrac{l}{S} = \dfrac{l}{k \cdot S}\,[\Omega]$	자기저항	$R_m = \dfrac{F}{\phi_m} = \dfrac{l}{\mu \cdot S}\,[\mathrm{AT/Wb}]$
도전율	$k = \sigma\,[\mho/\mathrm{m}]$	투자율	$\mu\,[\mathrm{H/m}]$
전류밀도	$i_c = \dfrac{I}{S}\,[\mathrm{A/m^2}]$	자속밀도	$B = \dfrac{\phi}{S}\,[\mathrm{Wb/m^2}]$

32
퍼미언스는 자기저항의 역수 $P=\dfrac{1}{R_m}$[wb/AT]이므로 전기저항의 역수인 컨덕턴스가 된다.

33
자기회로의 특징
- 줄열의 손실이 없다.
- 누설전류보다 누설자속이 많다.
- L, C 해당하는 소자가 없다.
- 비직선적이다(자기포화곡선).

34
키르히호프 법칙
① 제1법칙 : 임의의 결합점으로 유입하는 자속의 총합은 유출하는 자속의 총합과 같다.
$$\sum \phi_i = \sum \phi_o, \quad \sum \phi = 0$$
② 제2법칙 : 임의의 폐 자기회로에서 자기저항과 자속의 곱은 기자력의 대수합과 같다.
$$\sum F(NI) = \sum \phi R_m$$

35
자기저항 $R_m = \dfrac{F}{\phi_m} = \dfrac{l}{\mu \cdot S} = \dfrac{l}{\mu_0 \mu_s S}$ [AT/Wb]

36
자속 $\phi = \dfrac{F}{R_m} = \dfrac{NI}{\dfrac{l}{\mu S}} = \dfrac{\mu S N I}{l}$ [Wb]

37
① A부분에만 코일을 감아 전류 인가 시 합성 자기저항
R_2, R_3는 병렬이고 이에 R_1은 직렬이므로
$$R_A = R_1 + \dfrac{R_2 \times R_3}{R_2 + R_3} = 1 + \dfrac{0.5 \times 0.5}{0.5 + 0.5}$$
$$= 1.25 \,[\text{AT}/\text{Wb}]$$
② B부분에만 코일을 감아 전류 인가 시 합성 자기저항
R_1, R_3는 병렬이고 이에 R_2는 직렬이므로
$$R_B = R_2 + \dfrac{R_1 \times R_3}{R_1 + R_3} = 0.5 + \dfrac{1 \times 0.5}{1 + 0.5}$$
$$= 0.83 [\text{AT}/\text{Wb}]$$

38
자속 $\phi = \dfrac{\mu A N I}{l} = \dfrac{\mu_o \mu_r A N I}{\pi d} = \dfrac{4\pi \times 10^{-7} \mu_r A N I}{\pi d}$
$$= \dfrac{4 \times 10^{-7} \mu_r A N I}{d}$$
여기서, $l = 2\pi r = \pi d$ [m]
r : 평균반지름[m]
d : 평균지름[m]

39
$R_m = \dfrac{l}{\mu S} = \dfrac{l}{\mu_o \mu_s S} = \dfrac{30 \times 10^{-2}}{4\pi \times 10^{-7} \times 500 \times 3 \times 10^{-4}}$
$$= 2 \times 10^6 [\text{AT}/\text{Wb}]$$
$\phi = \dfrac{F}{R_m} = \dfrac{NI}{R_m} = \dfrac{600 \times 10}{2 \times 10^6} = 3 \times 10^{-3}$ [Wb]

40
① 공극 발생 시 합성자기저항

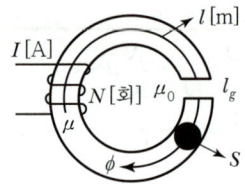

$R = R_m + R_g = \dfrac{l}{\mu \cdot S} + \dfrac{l_g}{\mu_o \cdot S}$ [AT/Wb]
여기서, l_g : 공극의 길이[m]

② 공극 발생 시 자기저항 증가율
$$\dfrac{R}{R_m} = \dfrac{R_m + R_g}{R_m} = \dfrac{\dfrac{l + \mu_s l_g}{\mu S}}{\dfrac{l}{\mu S}} = 1 + \dfrac{\mu l_g}{\mu_o l}$$
$$= 1 + \dfrac{l_g \mu_s}{l} \text{ 배}$$

41
자극면 사이에 작용하는 힘
$F = f_m \cdot S = \dfrac{B^2}{2\mu_o} \cdot S$
$$= \dfrac{2^2}{2 \times 4\pi \times 10^{-7}} \times 2 \times 10^{-4} = 318 [\text{N}]$$

42

철편을 흡입하는 힘 $F = f_m \cdot S = \dfrac{B^2}{2\mu_o} \cdot S[\mathrm{N}]$

그림상에서 작용하는 힘은 양쪽에서 작용하므로 전체적인 힘

$F' = F \times 2 = \dfrac{B^2}{\mu_o} \cdot S[\mathrm{N}]$

43

자극면 사이에 작용하는 힘

$F = f \cdot S = \dfrac{B^2}{2\mu_o} \cdot S = \dfrac{\left(\dfrac{\phi}{S}\right)^2}{2\mu_o} \cdot S = \dfrac{\phi^2}{2\mu_o S}$

$= \dfrac{(3 \times 10^{-4})^2}{2 \times 4\pi \times 10^{-7} \times 15 \times 10^{-4}}$

$= 23.88[\mathrm{N}]$

44

자기 에너지 밀도

$W = \displaystyle\int_0^B H dB = \int_0^B \dfrac{B}{\mu} dB = \dfrac{B^2}{2\mu}$

$= \dfrac{1}{2}\mu H^2 [\mathrm{J/m^3}]$

이때 전류 $\dfrac{I}{2}[\mathrm{A}]$가 흘렀을 때 $H = \dfrac{1}{2}H$가 되므로

이때 자기 에너지 밀도는

$w = \dfrac{1}{2}\mu_0 \left(\dfrac{1}{2}H\right)^2 = \dfrac{1}{8}\mu_0 H^2 [\mathrm{J/m^3}]$

45

자기 에너지 밀도

$W = \displaystyle\int_0^B H dB = \int_0^B \dfrac{B}{\mu} dB = \dfrac{B^2}{2\mu} = \dfrac{1}{2}\mu H^2$

$= \dfrac{1}{2}BH[\mathrm{J/m^3}]$

$W = \dfrac{B^2}{2\mu_0 \mu_s}[\mathrm{J/m^3}] \times v[\mathrm{m^3}]$

$= \dfrac{5^2}{2 \times 4\pi \times 10^{-7} \times 2{,}500} \times 4 \times 10^{-6}$

$= \dfrac{5}{\pi} \times 10^{-2}[\mathrm{J}]$

46

내부자속

$\phi = \dfrac{\mu_o SNI}{l} = \dfrac{4\pi \times 10^{-7} \times 10 \times 10^{-4} \times 500 \times 2}{20 \times 10^{-2}}$

$= 2\pi \times 10^{-6}[\mathrm{Wb}]$

47

바크하우젠 효과(Barkhausen Effect)

자화력이 변할 때 나타나는 자화의 연속적이고 급격한 변화로 강자성체의 자기화가 외부자기장의 증가에 따라 연속적으로 이루어지지 않고 불연속적으로 자속이 변화하여 유도전압이 발생하기 때문에 생긴다. 그 원인은 강자성체를 구성하는 결정의 내부에 있는 불순물이나 격자결함 때문에 자기 구역벽의 이동이 방해를 받고, 외부자기장이 강해짐에 따라 방해를 받고 있던 자기 구역벽의 이동이 한꺼번에 일어나기 때문이다

48

문제 47번 해설 참고

제9장 전자유도

01	02	03	04	05	06	07	08	09	10
④	④	②	③	③	①	②	①	③
11	12	13	14	15	16	17	18	19	20
③	①	④	③	③	①	④	②	④	④
21
④

01
패러데이 법칙(유기기전력의 크기를 결정)
전자유도에 의해 회로에 발생하는 기전력은 자속쇄교수의 시간에 대한 감쇠율에 비례한다.
$$e = -N\frac{d\phi}{dt}\,[\mathrm{V}]$$

02
문제 1번 해설 참고

03
렌쯔의 법칙
$$e = -L\frac{di}{dt}\,[\mathrm{V}]$$
전자유도에 의하여 생기는 전류의 방향은 자속변화를 방해하는 방향이다.
즉, 유도기전력의 방향을 결정한다.

04
앙페르의 오른나사 법칙은 전류에 의한 자계의 방향을 결정하는 법칙이다.

05
그림상 bc구간에서 자속의 변화가 없으므로 유기기전력은 없다.

06
$$e = -N\frac{d\phi}{dt} = -1 \times \frac{0-5}{\frac{1}{100}} = 500\,[\mathrm{V}]$$

07
코일에 유기되는 기전력 $e\,[\mathrm{V}]$
자속 $\phi = \phi_m \sin 2\pi ft\,[\mathrm{Wb}]$일 때 코일에 유기되는 기전력은 전자유도현상에 의한 패러데이법칙을 이용하면
$$e = N\frac{d\phi}{dt} = -N\frac{d}{dt}\phi_m \sin 2\pi ft$$
$$= -N\phi_m \frac{d}{dt}\sin 2\pi ft$$
$$= -N\phi_m (\cos 2\pi ft)\cdot 2\pi f$$
$$= -2\pi f N\phi_m \cos 2\pi ft\,[\mathrm{V}]$$

08
$$e = -\omega N\phi_m \cos\omega t = -\omega NB_m S\cos\omega t$$
$$= \omega NB_m S\sin\left(\omega t - \frac{\pi}{2}\right)\,[\mathrm{V}]$$
여기서, $\omega = 2\pi f = \frac{2\pi N'}{60}\,[\mathrm{rad/sec}]$
N' : 분당 회전수[rpm]

① 유기기전력 e는 자속 ϕ에 비하여 위상이 $\frac{\pi}{2}$ 만큼 뒤진다.
② 유기기전력의 최댓값 $e_{\max} = \omega N\phi_m\,[\mathrm{V}]$
③ 유기기전력은 주파수 $f\,[\mathrm{Hz}]$, 자속밀도 $B\,[\mathrm{Wb/m^2}]$에 비례한다.

09
최댓값
$$e_m = \omega N\phi_m = 0.3 \times 800 = 240\,[\mathrm{V}]$$
$$I_m = \frac{e_m}{R} = \frac{240}{24} = 10\,[\mathrm{A}]$$

10
코일에 유기되는 최대기전력 $e_{\max} = \omega N\phi_m\,[\mathrm{V}]$이므로 최대자속
$$\phi_m = \frac{e_{\max}}{\omega N} = \frac{1}{2\pi fN}\,[\mathrm{Wb}]\text{가 된다.}$$

11
최대 유기전압 $e_{\max} = \omega N\phi_{\max} = \omega nBS = \omega nBab\,[\mathrm{V}]$

12

① 원판 회전 시 유기전압

$$e = \int_0^a B\omega r\, dr = \frac{B\omega a^2}{2} = B \times \frac{2\pi N}{60} \times \frac{a^2}{2}\,[\text{V}]$$

② 원판 회전 시 흐르는 전류

$$i = \frac{e}{R} = \frac{B\omega a^2}{2R}\,[\text{A}]$$

여기서, $\omega = \frac{2\pi N}{60}\,[\text{rad/sec}]$ 인 각속도

N : 분당 회전수 [rpm]

a : 원판의 반지름 [m]

13

원판과 자석을 동시에 같은 방향, 같은 속도로 회전 시 자속을 끊지 못해 전압이 유기되지 않는다.

14

플레밍의 오른손 법칙

자계 내 도체 이동 시 도체에 전압이 유기되는 현상으로 자계 내 도체의 운동으로 인하여 발생되는 유기기전력의 방향을 결정한다.

$$e = Blv\sin\theta = (\vec{v} \times \vec{B})l = \frac{F}{I}v\,[\text{V}]$$

여기서, B : 자속밀도 [Wb/m^2], l : 도체의 길이 [m]

v : 이동속도 [m/s], F : 전자력 [N]

I : 전류 [A]

손가락 방향 ⇒ v : 엄지 [m/s], B : 검지 [Wb/m^2]

e : 중지 [V]

15

$I = 50\,[\text{A}]$, $dt = 0.2\,[\text{sec}]$, $d\phi = 0.03\,[\text{Wb}]$ 일 때 일률 $P\,[\text{W}]$

$$P = e \cdot I = \frac{d\phi}{dt} \cdot I = \frac{0.03}{0.2} \times 50 = 7.5\,[\text{W}]$$

16

① 자계 내 도체 이동 시 유기기전력의 크기

$$e = Blv\sin\theta = (\vec{v} \times \vec{B})l\,[\text{V}]$$

② 유기기전력의 방향 : $\vec{v} \times \vec{B}$ (외적의 방향)

외적의 방향은 오른나사 법칙에 의해 앞쪽 벡터 $\vec{v}$ 에서 뒤쪽 벡터 $\vec{B}$ 를 오른손으로 감았을 때 엄지손가락의 방향이 된다.

그림에서 자계와 이루는 각도는 수직($\theta = 90°$)이므로 유기기전력의 크기 $e = Blv\sin 90° = Blv\,[\text{V}]$이며 $\vec{v}$에서 $\vec{B}$ 쪽을 오른손으로 감았을 때 유기기전력의 방향은 시계방향이 된다.

17

표피 효과

도선에 교류를 인가 시 전류가 도선 바깥(표피)쪽으로 집중되어 흐르려는 현상 ⇒ 반대 : 핀치 효과

① 표피 효과에 의한 침투 깊이(표피두께)

$$\delta = \sqrt{\frac{1}{\pi f \sigma \mu}}\,[\text{m}]$$

② 표피 효과 $P = \frac{1}{\delta} = \frac{1}{\sqrt{\frac{1}{\pi f \sigma \mu}}} = \sqrt{\pi f \sigma \mu}$

18

문제 17번 해설 참고

19

① 표피두께의 역수는 표피 효과를 나타낸다.

$$P = \frac{1}{\delta} = \frac{1}{\sqrt{\frac{1}{\pi f \sigma \mu}}} = \sqrt{\pi f \sigma \mu} \propto \sqrt{f}$$

② 히스테리시스 손실 $P_h = kfB_m^{1.6} \propto f$

③ 교번자속에 의한 기전력 $e = 4.44 f \Psi_m N\,[\text{V}] \propto f$

④ 와전류 손실 $P_e = k(fB)^2 \propto f^2$

와전류 손실이 주파수 제곱에 비례하므로 주파수 증가에 따라 가장 급속히 증가한다.

20

연선을 사용하면 단선을 사용할 때보다 표피 효과에 의해 영향을 덜 받을 수 있다.

21

와전류

도체 내에 국부적으로 흐르는 맴돌이 전류로 $rot\, i = -k\frac{\partial B}{\partial t}$ 로 자속의 변화를 방해하기 위한 역자속을 만드는 전류이다. 따라서 이 전류는 자속의 수직되는 면을 회전한다.

제10장 인덕턴스

01	02	03	04	05	06	07	08	09	10
①	①	③	②	①	②	②	④	②	③
11	12	13	14	15	16	17	18	19	20
③	③	②	③	②	①	④	②	③	③
21	22	23	24	25	26	27	28	29	30
④	③	②	④	②	①	②	①	④	②
31	32	33	34	35	36	37			
④	②	③	②	③	②	④			

01
$\phi = L \cdot I$에서 $L = \dfrac{\phi}{I} = \dfrac{1[\text{Wb}]}{1[\text{A}]} = 1[\text{H}]$가 된다.

02
$N\phi = L \cdot I$에서

$L = \dfrac{N \cdot \phi}{I} = \dfrac{NBS}{I} = \dfrac{N\mu_o\mu_s HS}{I}$

$= \dfrac{500 \times 4\pi \times 10^{-7} \times 1000 \times 1.28 \times 100 \times 10^{-4}}{1} \times 10^3$

$= 8.04[\text{mH}]$가 된다.

03
자기인덕턴스의 단위 $L = \dfrac{N\phi}{I}[\text{Wb/A} = \text{H}]$

유기기전력을 이용하면

$L = e\dfrac{dt}{di}\left[V \cdot \dfrac{\sec}{A} = \Omega \cdot \sec = \dfrac{V \cdot A\sec}{A^2} = \text{J/A}^2\right]$

04
자기회로에 전위 전류가 흐를 때 발생되는 자속 쇄교수를 인덕턴스 또는 자기유도계수라 한다. 성질은 항상 정(+)이다.

05
코일의 전류 변화에 의한 유기기전력

$e = -L\dfrac{di}{dt}[\text{V}]$

① 유도기전력의 크기가 (+) $e[\text{V}] > 0$이면 인가된 전류와 같은 방향으로 유기된다.

② 유도기전력의 크기가 (−) $e[\text{V}] < 0$이면 인가된 전류와 반대 방향으로 유기된다.

그림상에서 2~6초 사이에는 전류의 변화가 없으므로 유기기전력은 없다.

06
유기기전력을 이용하면 $L = e\dfrac{dt}{di}[\text{H}]$이므로

$L = \dfrac{60 \times 0.01}{1} = 0.6[\text{H}]$

07
$L = 0.05[\text{H}]$, $\dfrac{di}{dt} = 530[\text{A/sec}]$일 때

유기기전력 $e = -L\dfrac{di}{dt} = -0.05 \times 530 = -26.5[\text{V}]$이다.

08
환상솔레노이드의 인덕턴스

$L = \dfrac{N\phi}{I} = \dfrac{N}{I} \times \dfrac{\mu SNI}{l} = \dfrac{\mu S N^2}{l} = \dfrac{N^2}{R_m} \propto N^2[\text{H}]$

여기서, $S = \pi a^2[\text{m}^2]$: 철심의 단면적
$l = 2\pi r[\text{m}]$: 자로의 길이
$R_m = \dfrac{l}{\mu S}[\text{AT/m}]$: 자기저항

09
문제 8번 해설 참고

10
자기인덕턴스 $L = \dfrac{\mu SN^2}{l}[\text{H}]$이므로 투자율 μ와 관계있다.

11
환상솔레노이드의 자기인덕턴스

$L = \dfrac{\mu SN^2}{l} = \dfrac{\mu SN^2}{2\pi r} = \dfrac{N^2}{R_m}[\text{H}]$ 이므로 권선수의 자승 및 단면적에 비례하고 평균 반지름에 반비례한다.

12
① 권수를 2배로 증가시키면 $L[\text{H}]$은 $2^2 = 4$배로 증가한다.
② 권수를 10배로 증가시키면 $L[\text{H}]$은 $10^2 = 100$배로 증가한다.

③ 권수를 반으로 줄인다면 $L[H]$은 $\left(\dfrac{1}{2}\right)^2 = \dfrac{1}{4}$ 배로 감소한다.

④ $L[H]$을 일정하게 하려면 $N^2 = l$ 길이와 권수를 같게 하면 된다.

환상솔레노이드의 자기인덕턴스 $L \propto N^2$이므로 권선수를 1/2배로 하면 1/4배가 된다.

13

$N_1 = 3{,}000$회 $\Rightarrow L_1 = 0.06\,[\mathrm{mH}]$, $L_2 = 0.135\,[\mathrm{mH}] \Rightarrow N_2$는 환상솔레노이드의 자기인덕턴스 $L \propto N^2$이므로 $L_1 : N_1^2 = L_2 : N_2^2$에서

$N_2 = \sqrt{\dfrac{L_2}{L_1}} \cdot N_1 = \sqrt{\dfrac{0.135}{0.06}} \times 3{,}000 = 4{,}500\,[\text{회}]$가 된다.

14

자기인덕턴스와 벡터포텐셜의 관계

코일에 축적되는 에너지 $W = \dfrac{1}{2}LI^2 = \dfrac{1}{2}BHv\,[\mathrm{J}]$이므로

$L = \dfrac{BHv}{I^2} = \dfrac{\int_v BH\,dv}{I^2} = \dfrac{\int_v rot\,A\,H\,dv}{I^2}$

$= \dfrac{\int_v rot\,H\,A\,dv}{I^2} = \dfrac{\int_v A\,i\,dv}{I^2}\,[\mathrm{H}]$가 된다.

여기서, $rot\,A = B\,[\mathrm{Wb/m^2}]$, $rot\,H = i\,[\mathrm{A/m^2}]$

15

단위길이당 솔레노이드의 자기인덕턴스 $L = \mu S n^2 [\mathrm{H/m}]$ (단, $n[\mathrm{T/m}]$: 단위길이당 권선수)이므로 전체 자기인덕턴스는 $L' = \mu S n^2 l\,[\mathrm{H}]$가 된다.

16

① 원주도체 내부의 자기인덕턴스

$L_i = \dfrac{\mu l}{8\pi}\,[\mathrm{H}]$

② 원주도체 내부의 단위길이당 자기인덕턴스

$L_i' = \dfrac{L_i}{l} = \dfrac{\mu}{8\pi}\,[\mathrm{H/m}]$

③ 원주도체 내부에 축적되는 에너지

$W_i = \dfrac{1}{2}L_i I^2 = \dfrac{\mu l I^2}{16\pi}\,[\mathrm{J}]$

※ 원통도체 내부의 자기인덕턴스 $L_i = \dfrac{\mu l}{8\pi}[\mathrm{H}]$이므로

$L_i = \dfrac{\mu_0 \mu_s l}{8\pi} = \dfrac{4\pi \times 10^{-7}\mu_s l}{8\pi} = \dfrac{1}{2} \times 10^{-7}\mu_s l\,[\mathrm{H}]$가 된다.

17

원주도체 내부의 자기인덕턴스 $L_i = \dfrac{\mu l}{8\pi}[\mathrm{H}]$이므로 투자율 μ에 따라 달라진다.

18

동축케이블 외부 인덕턴스 $L = \dfrac{\mu_o}{2\pi}\ln\dfrac{b}{a}\,[\mathrm{H/m}]$

$L = \dfrac{4\pi \times 10^{-7}}{2\pi}\ln\dfrac{3}{1} = 0.2 \times 10^{-6}\,[\mathrm{H/m}] = 0.2\,[\mu\mathrm{H/m}]$

19

동축케이블(원통) 사이의 자기인덕턴스

$L = \dfrac{\mu_o}{2\pi}\ln\dfrac{b}{a}\,[\mathrm{H/m}]$이므로 동축선 간 유전체의 투자율에 비례한다.

20

평행 두 도선 간의 자기인덕턴스 $L = \dfrac{\mu_o}{\pi}\ln\dfrac{d}{a}\,[\mathrm{H/m}]$이고 각 도선 내부에 있는 자기인덕턴스 $L_i = \dfrac{\mu}{8\pi}\,[\mathrm{H/m}]$이므로 평행 왕복 도선의 전 인덕턴스는

$L_0 = L + 2L_i = \dfrac{\mu_o}{\pi}\ln\dfrac{d}{a} + \dfrac{2\mu}{8\pi} = \dfrac{\mu_o}{\pi}\ln\dfrac{d}{a} + \dfrac{\mu}{4\pi}\,[\mathrm{H/m}]$

이다.

21

$L[\mathrm{H}]$과 $C[\mathrm{F}]$의 관계 $L \cdot C = \mu \cdot \varepsilon$

22

코일에 축적되는 에너지 $W = \dfrac{1}{2}LI^2\,[\mathrm{J}]$

$1[\mathrm{cal}] = 4.186\,[\mathrm{J}]$이므로 $24[\mathrm{cal}] = 100.464\,[\mathrm{J}]$

$L = \dfrac{2W}{I^2} = \dfrac{2 \times 100.464}{10^2} = 2.009 \fallingdotseq 2\,[\mathrm{H}]$

23

전자력이 한 일 $W = \phi I$ [J]

$W = 5 \times 10 = 50$ [J]

24

코일에 축적되는 에너지 $W = \frac{1}{2}LI^2$ [J]이다.

자기인덕턴스가 주어지지 않았으므로 환상솔레노이드의 인덕턴스를 적용하면

$W = \frac{1}{2}\frac{\mu S N^2}{l}I^2 = \frac{1}{2}\frac{\mu_o \mu_s S N^2}{l}I^2$ [J]이므로 주어진 수치를 대입하면

$W = \frac{1}{2}\frac{4\pi \times 10^{-7} \times 100 \times 10 \times 10^{-4} \times 1,000^2}{100 \times 10^{-2}} \times 10^2$

$= 2\pi$ [J]이 된다.

25

$W = \frac{1}{2}F\phi = \frac{1}{2}\phi I$ [J]

$W = \frac{1}{2}F\phi = \frac{1}{2} \times 2 \times 10^{-3} \times 3,000 = 3$ [J]

26

코일의 축적에너지(전자에너지)

$W = \frac{1}{2}LI^2 = \frac{\phi^2}{2L} = \frac{1}{2}\phi I$ [J]

코일에 전류를 인가 시 축적되는 에너지 $W = \frac{1}{2}LI_0^2$ [J]는 저항에 의해 열에너지로 소모되므로

열량 $H = 0.24W = \frac{1}{4.2}W = \frac{1}{4.2} \times \frac{1}{2}LI_0^2 = \frac{1}{8.4}LI_0^2$ [cal]가 된다.

27

원주도체 내부에 축적되는 에너지 $W_i = \frac{1}{2}L_i I^2 = \frac{\mu l I^2}{16\pi}$ [J]이므로 도체의 단면적과 관계없다.

28

$\frac{di_1}{dt} = 120$ [A/sec], $e_2 = 15$ [V]일 때

상호인덕턴스 M은 상대편 전류 변화에 의한 상대편 전압 $e_2 = M\frac{di_1}{dt}$ [V]이므로

$15 = M \times 120 \Rightarrow M = \frac{15}{120} = 0.125$ [H]가 된다.

29

① 상호인덕턴스 $M = k\sqrt{L_1 L_2}$

② 자기인덕턴스와 상호인덕턴스의 관계 $k = 1$일 경우

$M = \sqrt{L_1 L_2}$, $L_1 = \frac{\mu S N_1^2}{l}$, $L_2 = \frac{\mu S N_2^2}{l}$을 대입하면

$M = \frac{\mu S N_1 N_2}{l} = \frac{N_1 N_2}{R_m} = L_1\frac{N_2}{N_1} = L_2\frac{N_1}{N_2}$ [H]

※ **노이만의 식**

$M_{21} = \frac{\phi_{21}}{I_1}\oint_{c_2} B \cdot dS = \frac{\mu}{4\pi}\oint_{c_1}\oint_{c_2}\frac{dl_1 \cdot dl_2}{r_{21}}$

$= \frac{\mu}{4\pi}\oint_{c_1}\oint_{c_2}\frac{\cos\theta dl_1 dl_2}{r_{21}}$ [H]

30

자기인덕턴스와 상호인덕턴스의 관계 누설자속이 없다면 $k = 1$일 경우이며

$M = \sqrt{L_1 L_2}$, $L_1 = \frac{\mu S N_1^2}{l}$, $L_2 = \frac{\mu S N_2^2}{l}$을 대입하면

$M = \frac{\mu S N_1 N_2}{l} = \frac{N_1 N_2}{R_m} = L_1\frac{N_2}{N_1} = L_2\frac{N_1}{N_2}$ [H]

31

자기인덕턴스와 상호인덕턴스의 관계 $k = 1$일 경우

$M = \sqrt{L_1 L_2}$, $M^2 = L_1 L_2$

32

결합계수 $k = \frac{M}{\sqrt{L_1 \cdot L_2}}$ $(0 \leq k \leq 1)$

33

$k = \frac{M}{\sqrt{L_1 L_2}}$에서 $M = \sqrt{L_1 L_2}$라면 $k = 1$을 의미하므로 누설자속이 없이 A코일이 만드는 자속은 전부 B코일에 쇄교된다. 그리고 $L_1 > 0$, $L_2 > 0$이므로 $M > 0$이기 때문에 두 코일이 만드는 자속은 항상 같은 방향이다. 그러나 $M = 1$이라는 것은 아니므로 보기 ③의 설명은 옳지 않다.

34
① 자기인덕턴스 L_1 L_2의 성질과 합성인덕턴스 L의 성질은 항상 정(+)이다.
② 상호인덕턴스 M의 성질은 항상 정(+)이거나 항상 부(-)이다.

35
$L(가동) = L_1 + L_2 + 2M = 80[\text{mH}]$
$L'(차동) = L_1 + L_2 - 2M = 50[\text{mH}]$에서 M에 관해 풀면
$L - L' = 4M$
$\therefore M = \dfrac{L-L'}{4} = \dfrac{80-50}{4} = 7.5[\text{mH}]$

36
직렬 연결 시 자속이 감쇠하는 방향이라는 뜻은 전류가 반대로 흘렀다는 뜻이다. 그러므로 차동접속 $L = L_1 + L_2 - 2M$,
$10 = 150 + 150 - 2M$
$M = \dfrac{300-10}{2} = 145[\text{H}]$

37
L_1은 가동 L_2는 차동이므로
$L_1 > L_2$, $M = \dfrac{L_1 - L_2}{4}$

제11장 전자장

01	02	03	04	05	06	07	08	09	10
②	③	②	②	①	①	①	①	①	①
11	12	13	14	15	16	17	18	19	20
③	③	④	③	①	②	③	①	③	④
21	22	23	24	25	26	27	28	29	30
①	②	②	④	③	③	③	②	③	③
31	32	33	34	35	36	37	38	39	40
①	③	①	①	②	④	③	②	①	③
41									
①									

01
변위전류밀도 $i_d = \dfrac{\partial D}{\partial t}[\text{A/m}^2]$이므로 전속 밀도의 시간적 변화에 의해서 유전체를 통해 평행판 사이에 흐르는 전류이다.

02
전속 밀도의 시간적 변화로 변위전류가 발생하고 그 주위에 자계가 형성된다.

03
변위전류
전속 밀도의 시간적 변화에 의한 것으로 하전체에 의하지 않는 전류이며 유전체에서 전하의 이동으로 발생하는 전류이므로 스위치를 닫으면 축전지는 방전을 하는 상태가 된다. 방전 시에는 도체를 흐르는 전도전류는 $+Q[\text{C}]$에서 $-Q[\text{C}]$로 흘러 들어가고 축전기 내의 전해액(유전체) 내에서는 $-Q[\text{C}]$에서 $+Q[\text{C}]$으로 전도전류와 반대로 구속되지 않는 변위전류가 흐르게 된다.

04
(1) 분극의 세기
$P = \varepsilon_0(\varepsilon_s - 1)E = \varepsilon_0\varepsilon_s E - \varepsilon_0 E = D - \varepsilon_0 E [\text{C/m}^2]$
(2) 분극 시 전체 전속 밀도 : $D = P + \varepsilon_0 E [\text{C/m}^2]$
(3) 변위전류밀도
$i_D = \dfrac{\partial D}{\partial t} = \varepsilon_0 \dfrac{\partial E}{\partial t} + \dfrac{\partial P}{\partial t} [\text{A/m}^2]$

05

변위전류밀도 $i_d = \dfrac{\partial D}{\partial t}$ [A/m²]이며,

평행판 사이의 유전체를 통해 흐르는 전류로서 주어진 수치 $\varepsilon = 2$, $\vec{E} = 200\sin wt\,\vec{a_x}$ [V/m]를 대입하면

$$i_d = \dfrac{\partial D}{\partial t} = \dfrac{\partial \varepsilon E}{\partial t} = 2\dfrac{\partial}{\partial t}(200\sin \omega t\, a_x)$$
$$= \omega \times 2 \times 200\cos \omega t$$
$$= 400\omega \cos \omega t\,\vec{a_x}\,[\text{A/m}^2]\text{가 된다.}$$

06

전계 $E[\text{V/m}]$, 변위전류밀도 $i_d[\text{A/m}^2]$에서

$i_d = \omega \dfrac{\varepsilon}{} V_m\cos \omega t = \omega\epsilon E = 2\pi f \varepsilon E$ [A/m²]가 되므로

주파수 $f = \dfrac{i_d}{2\pi \varepsilon E}$ [Hz]가 된다.

07

전압 $E = E_m \sin \omega t$ [V], 전속 밀도 $D = \varepsilon \dfrac{E_m}{d}\sin \omega t$ [C/m²]

이므로 변위전류밀도는

$$i_D = \dfrac{\partial D}{\partial t} = \dfrac{\partial}{\partial t}(\varepsilon \dfrac{E_m}{d}\sin \omega t) = \omega \dfrac{\varepsilon E_m}{d}\cos \omega t\,[\text{A/m}^2]\text{가}$$

된다.

08

문제 6번 해설 참고

09

전도전류(i_c) = 변위전류밀도(I_d)
$kE = \omega \varepsilon E$
$k = 2\pi f \varepsilon$
$\therefore f = \dfrac{k}{2\pi \varepsilon}$

10

(1) 임계주파수(f_c)

도체와 유전체를 구분하는 임계점에서의 주파수
$i_c = i_D$, $kE = \omega \varepsilon E$, $k = \omega \varepsilon = 2\pi f_c \varepsilon$,
$f_c = \dfrac{k}{2\pi \varepsilon} = \dfrac{\sigma}{2\pi \varepsilon}$ [Hz]

여기서, 도전율 $k[\mho/\text{m}] = \sigma[\mho/\text{m}]$

(2) 유전체 손실각

$$\tan \delta = \dfrac{i_c}{i_D} = \dfrac{kE}{w\varepsilon E} = \dfrac{k}{2\pi \varepsilon} \times \dfrac{1}{f} = \dfrac{f_c}{f}$$

11

(1) 맥스웰의 제1의 기본방정식

$$rot\,H = curl\,H = \nabla \times H = i_c + \dfrac{\partial D}{\partial t} = i_c + \varepsilon \dfrac{\partial E}{\partial t}$$
$$= i\,[\text{A/m}^2]$$

① 암페어의 주회적분 법칙에서 유도한 식이다.
② 전도전류, 변위전류는 자계를 형성한다(전류와 자계와의 관계).
③ 전류의 연속성을 표현한다.

(2) 맥스웰의 제2의 기본방정식

$$rot\,E = curl\,E = \nabla \times E = -\dfrac{\partial B}{\partial t} = -\mu \dfrac{\partial H}{\partial t}$$

① 자속 밀도의 시간적 변화는 전계를 회전시키고 유기기전력을 형성한다.
② 패러데이의 법칙에서 유도한 전계에 관한 식이다.

(3) $div\,D = \nabla \cdot D = \rho\,[\text{C/m}^3]$

① 임의의 폐곡면 내의 전하에서 전속선이 발산한다.
② 가우스 발산 정리에 의하여 유도된 식이다.

(4) $div\,B = \nabla \cdot B = 0$

① N, S극이 항상 공존한다.
② 자기력선은 연속적이다.

(5) $rot\,\vec{A} = \nabla \times \vec{A} = B\,[\text{wb/m}^2]$

벡터 포텐셜($\vec{A}$)의 회전은 자속 밀도를 형성한다.

12

문제 11번 해설 참고

13

보기 ①에서 $J = i_c\,[\text{A/m}^2]$

문제 11번 해설 참고

14

문제 11번 해설 참고

15
맥스웰의 제1의 기본방정식

$rot\,H = curl\,H = \nabla \times H = i_c + \dfrac{\partial D}{\partial t} = i_c + \varepsilon \dfrac{\partial E}{\partial t} = i\,[\text{A/m}^2]$

앙페르의 주회적분 법칙에서 유도한 식이지만 보기 ① $\oint_c H \cdot dl = nI$는 앙페르의 주회적분을 직접적 표기한 것으로 보기 ①이 정답이다.

16
파동 고유 임피던스

$Z = \dfrac{E}{H} = \sqrt{\dfrac{\mu}{\varepsilon}} = \sqrt{\dfrac{\mu_0}{\varepsilon_0}\dfrac{\mu_s}{\varepsilon_s}} = \sqrt{\dfrac{4\pi \times 10^{-7}}{\dfrac{10^{-9}}{36\pi}}\dfrac{\mu_s}{\varepsilon_s}}$

$= 120\pi\sqrt{\dfrac{\mu_s}{\varepsilon_s}} = 377\pi\sqrt{\dfrac{\mu_s}{\varepsilon_s}}\,[\Omega]$

자유공간은, 즉 공기 중이므로 $Z = \sqrt{\dfrac{\mu_0}{\varepsilon_0}}$ 가 된다.

17
자계의 실횻값

① 매질 $H = \sqrt{\dfrac{\varepsilon}{\mu}}E = \dfrac{1}{377}\sqrt{\dfrac{\varepsilon_s}{\mu_s}}E\,[\text{AT/m}]$

② 진공(공기) $H = \sqrt{\dfrac{\varepsilon_0}{\mu_0}}E = \dfrac{1}{377}E$
$= 0.265 \times 10^{-2}E\,[\text{AT/m}]$

18
파동 고유 임피던스

$Z = \sqrt{\dfrac{\mu}{\varepsilon}} = \sqrt{\dfrac{\mu_o}{\varepsilon_o}}\sqrt{\dfrac{\mu_s}{\varepsilon_s}} = 377\sqrt{\dfrac{\mu_s}{\varepsilon_s}} = 377\sqrt{\dfrac{1}{81}}$

$= 41.888 \fallingdotseq 41.9\,[\Omega]$이 된다.

19
$Z = \sqrt{\dfrac{\mu}{\varepsilon}} = 377\sqrt{\dfrac{\mu_s}{\varepsilon_s}} = 377\sqrt{\dfrac{1}{80}} = 42.15 = \dfrac{E}{H}$

$H = \dfrac{1}{42.15}E = \dfrac{1}{42.15}E_m \sin\omega\left(t - \dfrac{Z}{V}\right)$

$= 2.37 \times 10^{-2}E_m \sin\omega\left(t - \dfrac{Z}{V}\right)$

20
전자파의 전파속도 $v\,[\text{m/sec}]$

$v = \dfrac{1}{\sqrt{\varepsilon\mu}} = \dfrac{3\times 10^8}{\sqrt{\varepsilon_s\mu_s}}1 = \dfrac{\omega}{\beta} = \dfrac{1}{\sqrt{LC}} = \lambda f\,[\text{m/s}]$

여기서, $\beta = \omega\sqrt{LC}$: 위상정수
$\lambda\,[\text{m}]$: 파장
$f\,[\text{Hz}]$: 주파수

21
$v = \dfrac{1}{\sqrt{\varepsilon\mu}} = \lambda f\,[\text{m/s}]$

유전율, 투자율, 주파수, 파장에 관계가 있다.

22
전자파의 전파속도 $v = \dfrac{1}{\sqrt{\varepsilon\mu}} = \lambda f\,[\text{m/sec}]$에서

파장 $\lambda = \dfrac{1}{f\sqrt{\varepsilon\mu}}\,[\text{m}]$이 된다.

23
전자파의 전파속도

$v = \dfrac{3\times 10^8}{\sqrt{\varepsilon_s\mu_s}} = \dfrac{3\times 10^8}{\sqrt{4\times 4}} = \dfrac{3\times 10^8}{4}\,[\text{m/sec}]$

24
전자파의 전파속도 $v = \dfrac{3\times 10^8}{\sqrt{\varepsilon_s\mu_s}} = \lambda f\,[\text{m/sec}]$에서 주파수

$f = \dfrac{3\times 10^8}{\lambda\sqrt{\varepsilon_s\mu_s}} = \dfrac{3\times 10^8}{10\sqrt{3\times 3}} \times 10^{-6} = 10\,[\text{MHz}]$

25
전자파의 특징

① 전계와 자계가 동시에 존재하고 동위상이며 파형은 서로 수직관계이다.
② 전계 에너지와 자계 에너지는 같다.
③ 전자파의 진행 방향 : $E \times H$의 방향이다.
④ 전자파는 진행 방향에 대한 전계와 자계의 성분은 없다 : 만약 Z축으로 진행하는 전자파라고 가정한다면 X, Y축의 미분계수는 존재하지 않으며 Z축의 미분계수만 존재한다. 그래서 Z축의 전계와 자계의 성분이 없다.

26, 27
문제 25번 해설 참고

28
변위전류보다 $90°$ 늦다.

29
(1) 포인팅 벡터
임의의 점을 통과할 때 전력 밀도 또는 면적당 전력
$$P' = \frac{P}{S} = E \times H = EH\sin\theta = EH\sin 90°$$
$$= EH \,[\text{W/m}^2]$$

(2) 진공·공기 중에서 포인팅 벡터
$$P'' = EH = 377H^2 = \frac{1}{377}E^2 = \frac{P}{S}\,[\text{W/m}^2]$$

30
포인팅 벡터 $P = \frac{1}{377}E^2\,[\text{W/m}^2]$ 에서
전계 $E = \sqrt{377P}\,[\text{V/m}]$ 가 된다.

31
포인팅 벡터 $P' = \frac{P}{S}\,[\text{W/m}^2]$
$$P' = \frac{P}{4\pi r^2} = \frac{50{,}000}{4\pi \times (100 \times 10^3)^2} = 3.98 \times 10^{-7}\,[\text{W/m}^2]$$

32
전자파의 포인팅 벡터 $S\,[\text{W/m}^2]$
단위시간에 단위면적을 지나는 에너지로서
$$S = \vec{E} \times \vec{H} = EH\sin\theta = EH = E \cdot \sqrt{\frac{\varepsilon_0}{\mu_0}}\,E$$
$$= \sqrt{\frac{\varepsilon_0}{\mu_0}}\,E^2\,[\text{W/m}^2] \text{이므로}$$
$$S = \sqrt{\frac{\varepsilon_0}{\mu_0}}\,E^2\,[\text{W/m}^2] \text{에서 전계의 실횻값은}$$
$$E^2 = S\sqrt{\frac{\mu_0}{\varepsilon_0}},\ E = \sqrt{S\sqrt{\frac{\mu_0}{\varepsilon_0}}}\,[\text{V/m}] \text{가 된다.}$$

33
포인팅 벡터 $P' = \frac{P}{S} = \frac{1}{377}E^2\,[\text{W/m}^2]$ 에서 전계
$$E = \sqrt{\frac{377P}{S}} = \sqrt{\frac{377P}{4\pi r^2}} = \sqrt{\frac{377 \times 100 \times 10^3}{4\pi \times (1 \times 10^3)^2}}$$
$$= 1.73\,[\text{V/m}] \text{가 된다.}$$

34
포인팅 벡터 $P' = \frac{P}{S} = 377H^2\,[\text{W/m}^2]$ 에서 전력
$P = 377H^2 S = 377 \times (10^{-3})^2 \times 10 = 3.77 \times 10^{-3}\,[\text{W}]$
가 된다.

35
수평 전파는 전계가 대지에 대해서 수평면(입사면에 수직)에 있는 전자파이고 수직 전파는 전계가 대지에 대해서 수직면(입사면에 수평)에 있는 전자파를 말한다.

36
z방향으로 진행하는 전자파는 진행성분인 z방향의 전계와 자계는 존재하지 않으며 z의 수직성분인 x, y 성분의 전계와 자계는 존재한다. 또한 x, y에 대한 1차 도함수(미분계수)는 0이며 z에 대한 1차 도함수(미분계수)는 0이 아니다.

37
전류밀도 $i\,[\text{A/m}^2]$
$H = xy\,j - xz\,k\,[\text{A/m}]$, $(1, 1, 1)$에서 전류 밀도 $i\,[\text{A/m}^2]$는
$$\text{rot}\,H = i = \nabla \times H = \begin{vmatrix} i & j & k \\ \frac{\partial}{\partial x} & \frac{\partial}{\partial y} & \frac{\partial}{\partial z} \\ 0 & xy & -xz \end{vmatrix}$$
$= (0-0)i - (-z-0)j + (y-0)k = z\,j + y\,k$ 에서
$(1, 1, 1)$을 대입하면
$|i| = j + k = \sqrt{1^2 + 1^2} = \sqrt{2}\,[\text{A/m}^2]$ 가 된다.

38
전송전로(무한장 분포정수회로) 특성 임피던스
$$Z_0 = \sqrt{\frac{Z}{Y}} = \sqrt{\frac{R + j\omega L}{G + j\omega C}} = \sqrt{\frac{L}{C}}\,[\Omega]$$
여기서, $Z\,[\Omega]$: 직렬임피던스
$Y\,[\mho]$: 병렬어드미턴스

39

동축케이블의 특성 임피던스

$$Z_0 = \sqrt{\frac{L}{C}} = \sqrt{\frac{\mu \ln \frac{b}{a}}{\frac{2\pi}{\frac{2\pi\varepsilon}{\ln \frac{b}{c}}}}}$$

$$= \frac{1}{2\pi}\sqrt{\frac{\mu}{\varepsilon}} \ln \frac{b}{a}$$

$$= \frac{1}{2\pi} \times 377 \times \sqrt{\frac{1}{2.3}} \ln \frac{10}{1}$$

$$\fallingdotseq 91.09$$

40

상이한 매질의 경계면에서 전자파는 다음과 같은 조건을 만족한다.

① 경계면의 양측에서 전계의 세기의 접선성분은 같다.
   ($E_{t1} = E_{t2} = E$)
② 경계면의 양측에서는 전속밀도의 법선 성분은 경계면에서의 진전하 밀도만이 다르다.
   ($D_{n1} - D_{n2} = \sigma$)
③ 경계면의 양측에서는 자계의 세기의 접선 성분이 같다.
   ($H_{t1} = H_{t2}$)
④ 경계면의 양측에서는 자속밀도의 법선 성분이 같다.
   ($B_{n1} = B_{n2}$)
⑤ 이상 도체면에서는 자계의 세기의 접선 성분은 표면전류 밀도가 같다.

41

진공이 아닌 일반 공기는 자유공간이라 하여 무시할 수 있을 정도의 도전율을 가지고 있으나 비오는 날 (습도가 많은 날)은 도전성이 증가하여 감쇠가 심하게 나타난다.

Part 02 전력공학

제1장 송전공학

제1절 전선로

01	02	03	04	05	06	07	08	09	10
①	④	④	②	②	③	④	④	①	②
11	12	13	14	15	16	17	18	19	20
④	①	③	①	③	④	①	②	③	①
21	22	23	24	25	26	27	28	29	30
③	④	①	②	③	②	④	④	③	②
31	32
④	④

01
전선굵기는 전압의 제곱에 반비례한다. 애자지지물비는 전압크기에 비례한다.

02
허용전류는 클수록 좋다.

03
옥내전선 굵기 선정 3요소
허용전류, 전압강하, 기계적 강도

04
- 표피효과 : 중심은 밀도가 적고 표피 쪽은 밀도가 높다.
- 주파수, 굵기에 비례한다.

05
- ACSR : 강심 알루미늄 전선
- 강심 : 전선이 굵어지므로 바깥지름이 커진다.
- 알루미늄 전선 : 비중이 작으므로 중량도 작아진다.

06
문제 4번 해설 참고

07
- 경제적인 전선굵기 법칙 : 켈빈
- 경제적인 전압선정 법칙 : 스틸

08
상하선의 혼촉 방지, 즉 단락 방지

09
뇌로부터 애자련 보호설비
- 아킹혼 : 소호각=초호각
- 아킹링 : 소호환=초호환

10
애자련의 전압 분담
- 최대인 곳 : 전선로에 가장 가까운 애자
- 최소인 곳 : 철탑으로부터 $\frac{1}{3}$ 지점(철탑으로부터 3번째) 또는 전선으로부터 8번째

11
문제 9번 해설 참고

12
문제 10번 해설 참고

13
전압별 애자 수

전압[kV]	22.9	66	154	345	765
애자 수	2~3	4~6	9~11	18~20	38~40

14
- 수직하중 : 전선자중, 빙설하중
- 수평하중 : 풍압하중(이 중에서 풍압하중이 가장 크다)

15
- 빙설이 적은 경우 : $\dfrac{Pkd}{1,000}$
- 빙설이 많은 경우 : $\dfrac{Pk(d+12)}{1,000}$

16
가장 큰 하중은 전선로와 직각으로 부는 바람, 즉 수평 횡하중이다.

17
$W = \sqrt{{W_1}^2 + {W_2}^2}$

18
- 내장형 철탑 : 경간이 큰 개소, 일명 E철탑, 10기 이하마다 1기 비율로 첨가하는 철탑
- 인류형 철탑 : 인류개소, 일명 D철탑
- 보강형 철탑 : 5기 이하마다 1기 비율로 넣는 철탑

19
억류지지형은 인류형(D형)과 동일한 철탑이다.

20
$L = S + \dfrac{8D^2}{3S}$

21
$D = \dfrac{WS^2}{8T} = \dfrac{2 \times 200^2}{8 \times \dfrac{4,000}{2}} = 5$

$\therefore \dfrac{8D^2}{3S} = \dfrac{8 \times 5^2}{3 \times 200} = 0.333 = \dfrac{1}{3}$

22
$L = s + \dfrac{8D^2}{3s}\,[\mathrm{m}]$

$L_1 = 200 + \dfrac{8 \times 5^2}{3 \times 200} = 200.33$

$L_2 = 200 + \dfrac{8 \times 6^2}{3 \times 200} = 200.48$

$\therefore 200.48 - 200.33 = 0.15\,[\mathrm{m}] = 15\,[\mathrm{cm}]$

23
$D = \dfrac{WS^2}{8T} = \dfrac{2 \times 200^2}{8 \times \dfrac{4,000}{2}} = 5\,[\mathrm{m}]$

24
$T = S^2 = 2^2 = 4$ 배

25
$D = \dfrac{WS^2}{8T} = \dfrac{S^2}{T} = \dfrac{2^2}{2} = 2$

26
$D_2 = 2D_1$ 이므로 2배이다.

27
이도가 크면 좌우로 크게 흔들린다. 전선을 팽팽하게 하는 것은 이도를 작게 한다. 이도의 대소는 지지물의 높이를 좌우한다.

28
전력손실
- 도체 : 저항손
- 절연물 : 유전체손 $\alpha f E^2$
- 외장 : 연피손(전자유도작용)

29
문제 28번 해설 참고

30
메거는 옥내전로의 절연저항 측정법이다.

31
머레이 루프법으로 수화기를 접속시켜 고장을 찾는 경우는 1선단선 사고 검출방법이다.

32
지중 전선로
- 지중 전선로는 가공 전선로에 비해 단거리이므로, 리액턴스가 작다.
- 지중 전선로는 절연전선 대신 케이블을 사용하므로 정전용량은 크다.
- 가공 전선로에 비해 전력손실이 크고, 송전용량이 작다.

제2절   선로정수 및 코로나

01	02	03	04	05	06	07	08	09	10
②	②	③	③	④	②	②	④	①	①
11	12	13	14	15	16	17	18	19	20
④	④	①	③	②	③	①	②	①	①
21	22	23	24	25	26	27	28	29	30
①	②	②	②	②	④	②	②	④	②
31	32	33	34	35	36	37			
④	①	②	④	④	④	①			

01
선로정수
저항, 콘덕턴스, 정전용량, 인덕턴스

02
$X_l = 6R$
따라서 리액턴스가 크다.
    여기서, X_l : 선로리액턴스, R : 선로저항

03
연가의 효과
- 선로정수 평형
- 직렬공진 방지
- 유도장해 방지

04
3상 3선식에는 상이 셋이므로 3상의 선로정수를 평형시키려면 3배수로 하여야 한다.

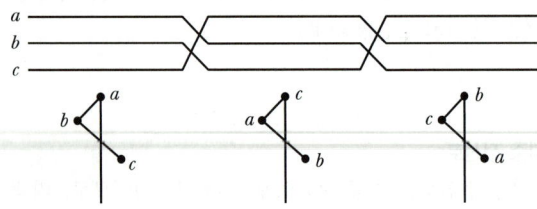

05
선로정수는 전선의 종류, 굵기, 배치의 영향을 받는다.

06
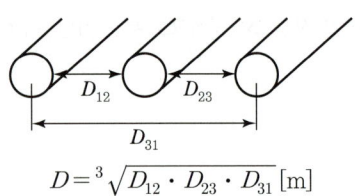

$D = \sqrt[3]{D_{12} \cdot D_{23} \cdot D_{31}}\,[\text{m}]$

07
$D = \sqrt[3]{D_1 D_2 D_3}$
$D' = \sqrt[3]{1 \times 2 \times 4} \fallingdotseq 2\,[\text{m}]$

08
$D = \sqrt[3]{D_1 \cdot D_2 \cdot D_3} = \sqrt[3]{2}\,D$

09
$L = \dfrac{D}{r}$ 에서 D가 커지면 L도 커진다.

10
$L = 0.05 + 0.4605 \log_{10} \dfrac{D'}{r}$
$\quad = 0.05 + 0.4605 \log_{10} \dfrac{\sqrt[3]{2} \times 2 \times 10^3}{10} = 1.16$

11
$D = \sqrt[3]{2}\,D = \sqrt[3]{2} \times 10$

12
$D' = \sqrt[3]{2}\,D$이므로 $L = 0.05 + 0.4605 \log_{10} \dfrac{\sqrt[3]{2}\,D}{r}$

13
$L = 0.025 + 0.4604 \log_{10} \dfrac{D}{r'}$
$r' = \sqrt{r \cdot d}$
    여기서, L : 복도체 인덕턴스, r : 등가 반지름
              d : 소도체 간격, r : 소도체 반지름

14
$r' = \sqrt{r \cdot d} = \sqrt{0.4 \times 40} = 4\,[\text{cm}]$

15

$$L = 0.05 + 0.4605 \log_{10} \frac{3{,}000}{16} = 1.1$$

16

콘덴서용량은 $\dfrac{Y}{\triangle}$ 인 경우 $\dfrac{1}{3}$ 배

$\dfrac{\triangle}{Y}$ 인 경우 3배로 된다.

17

- 충전전류 : 진상(앞선전류)
- 단락전류 : 지상(뒤진전류)

18

$I_c = 0.3 \times 35 = 10.5 \,[\text{A}]$

19

$$C = \frac{0.02413}{\log_{10} \dfrac{D}{r}} = \frac{0.02413}{\log_{10} \dfrac{5 \times 10^2}{0.5}} = 0.008$$

21

$$C = \frac{0.02413}{\log_{10} \dfrac{2D}{r}} = \frac{0.02413}{\log_{10} \dfrac{2 \times 2D}{d}} = \frac{0.02413}{\log_{10} \dfrac{4D}{d}}$$

여기서, d : 지름, r : 반지름$\left(\dfrac{d}{2}\right)$

22

$$C = \frac{0.02413}{\log_{10} \dfrac{D}{r}} \,[\mu\text{F/km}]$$

23

$1\phi 2\omega = C_s + 2C_m$ (C_s : 대지정전용량)
$3\phi 3\omega = C_s + 3C_m$ (C_m : 선간정전용량)

24

문제 23번 해설 참고

25

$C = C_s + 3C_m = 0.5038 + (3 \times 0.1237) = 0.8749$

26

$$I_c = WC \frac{V}{\sqrt{3}} = 2\pi \times 60 \times 0.5 \times 10^{-6} \times 20 \times \frac{22 \times 10^3}{\sqrt{3}}$$
$$\fallingdotseq 48\,[\text{A}]$$

27

△결선인 경우

$$Q_\triangle = 3\,WCV^2 = 3 \times 2\pi \times 60 \times \frac{1}{6\pi} \times 20{,}000^2 \times 10^{-3}$$
$$= 24\,[\text{kVA}]$$

28

복도체는 임계전압이 커지므로 코로나 개시전압이 높아진다.

29

$$P_c = \frac{241}{\delta}(f + 25)\sqrt{\frac{r}{D}}(E - E_0)^2 \times 10^{-5}$$
$P_c < f$

30

문제 29번 해설 참고

31

- 가공 선로는 L값이 크고 C값이 작다.
- 지중 선로는 L값이 작고 C값이 크다.

32

$E_0 = 24.3\, m_0 m_1 \delta d \log_{10} \dfrac{D}{r}$ 에서

표준상태에서는 $m_0 m_1 \delta = 1$이므로

$\therefore E_0 = 24.3\, d \log_{10} \dfrac{D}{r}$

33

코로나 방지 대책
① 임계전압을 크게
② 복(다)도체 사용(굵은 전선)
③ 가선 금구 개량

34
코로나 발생 시
진행파가 발생되면 뇌서지를 작게 한다(진행파=뇌서지).

35
문제 33번 해설 참고

36
복도체 사용 목적
① 코로나 발생 방지
② L값 감소 C값 증가로 송전용량 증가
③ 안정도 우수, 전위 경도 감소

37
$$P_c = \frac{241}{\delta}(f+25)\sqrt{\frac{r}{D}}(E-E_0)^2 \times 10^{-5}$$
여기서, E : 대지전압
E_0 : 코로나 임계전압

제3절 송전선로 및 특성값 계산

01	02	03	04	05	06	07	08	09	10
②	③	②	④	④	①	③	③	④	④
11	12	13	14	15	16	17	18	19	20
②	①	③	③	③	④	②	④	①	②
21	22	23	24	25	26	27	28	29	30
③	③	③	③	②	③	①	③	③	①
31	32	33	34	35	36	37	38	39	40
①	④	④	②	①	③	②	②	④	④
41	42	43							
②	③	③							

01
$$\delta = \frac{V_s - V_r}{V_r} \times 100$$
$$V_s = V_r(1+\delta) = 3,300(1+0.04) = 3,432 [\text{V}]$$
여기서, V_s : 송전단전압, V_r : 수전단전압

02
$$e = V_s - V_r = \sqrt{3}\,I(R\cos\theta + X\sin\theta)$$
$$= \frac{P}{V}(R + X\tan\theta)$$

03
$$\delta = \frac{66-61}{61} \times 100 = 8.2$$
$$\omega = \frac{63-61}{61} \times 100 = 3.2$$

04
$$\delta = \frac{e}{V_r} \times 100 = \frac{\sqrt{3}\,I(R\cos\theta + X\sin\theta)}{V_r} \times 100$$
$$= \frac{\sqrt{3} \times 100 \times (10 \times 0.8 + 15 \times 0.6)}{66,000} \times 100 = 4.46[\%]$$

05
$$P_L = 3I^2R = \frac{P^2}{V^2\cos^2\theta} \cdot R[\text{W}]$$
$$= \frac{10^6 P^2}{V^2\cos^2\theta} \cdot R \times 10^{-3} [\text{kW}]$$
$$= \frac{10^3 P^2 \cdot R}{V^2\cos^2\theta}[\text{kW}]$$

06
$P_L \propto P^2$
$P = \sqrt{P_L} = \sqrt{2} = 1.414$
따라서 0.414가 증가된다.

07
- $P_L \propto \dfrac{1}{V^2} = \dfrac{1}{\left(\dfrac{380}{220}\right)^2} = \dfrac{1}{3}$ 로 경감
- $P \propto V^2$

08
공칭전압 : 전부하시 선로의 선간전압

09
$P \propto V^2 = \left(\dfrac{345}{154}\right)^2 ≒ 5$배

10
승압 시 장점 : 2배 승압
- 전압강하 감소(반비례) : $\dfrac{1}{2}$ 배
- 전력손실 감소(제곱의 반비례) : $\dfrac{1}{4}$ 배
- 굵기 감소(제곱의 반비례) : $\dfrac{1}{4}$ 배
- 전력 증가(제곱의 비례) : 4배

11
$P_L \propto \dfrac{1}{V^2}$

12
- $e \propto \dfrac{1}{V} = \dfrac{1}{n}$
- $P_L \propto \dfrac{1}{V^2} = \dfrac{1}{n^2}$

13
문제 10번 해설 참고

14
$e = \dfrac{P}{V}(R + X\tan\theta) = \dfrac{40 \times 10^3}{200}(0.02) = 4$

15
$A \propto \dfrac{1}{V^2}$

16
4단자 관계식
- $A = D$
- $AD - BC = 1$

17
$AD - BC = 1$에서
$C = \dfrac{AD-1}{-B} = \dfrac{0.7 \times 0.9 - 1}{-j190} = j\dfrac{1-0.63}{190}$
$= j1.95 \times 10^{-3}$

18
$V_s = AV_R + BI_R$에서 $V_R = \dfrac{V_s}{A} = \dfrac{154}{0.9} = 171$

19
$[Y] = \begin{bmatrix} A & B \\ C & D \end{bmatrix} = \begin{bmatrix} 1 & 0 \\ Y & 1 \end{bmatrix}$

20
$Z = \begin{bmatrix} A & B \\ C & D \end{bmatrix} = \begin{bmatrix} 1 & Z \\ 0 & 1 \end{bmatrix}$

21
장거리 송전선로(100km 넘는 송전선로)
- 분포정수 사용
- 전파방정식을 이용하여 계산

22
$A = D = 1$, $B = \dfrac{1}{2}B_1$, $C = 2C_1$

23
A, $D = 1$, $B = \dfrac{1}{2}$, $C = 2$

24
문제 23번 해설 참고

25

$\begin{bmatrix} A & B \\ C & D \end{bmatrix} \begin{bmatrix} 1 & \dfrac{1}{Z_T} \\ 0 & 1 \end{bmatrix}$

$D_0 \fallingdotseq D + \dfrac{C}{Z_T}$ 에서 통분 $= \dfrac{DZ_T}{Z_T} + \dfrac{C}{Z_T} = \dfrac{C + DZ_T}{Z_T}$

26

- 무부하 시험 ⇒ 충전전류 $= \dfrac{C}{A} V_s$
- 단락시험 ⇒ 단락전류 $= \dfrac{D}{B} V_s$

27

$\begin{bmatrix} A & B \\ C & D \end{bmatrix} = \begin{bmatrix} 1 & Z_s \\ 0 & 1 \end{bmatrix} \begin{bmatrix} A_1 & B_1 \\ C_1 & D_1 \end{bmatrix} \begin{bmatrix} 1 & Z_r \\ 0 & 1 \end{bmatrix}$

$= \begin{bmatrix} A_1 + Z_s C_1 & B_1 + Z_s D_1 \\ C_1 & D_1 \end{bmatrix} \begin{bmatrix} 1 & Z_r \\ 0 & 1 \end{bmatrix}$ 에서

$A = A_1 + Z_s C_1$

28

A : 전압, B : 임피던스, C : 어드미턴스, D : 전류

29

- 단거리, 중거리 : 집중 정수회로
- 장거리 : 분포 정수회로

30

특성 임피던스는 선로길이와 관계없으므로 변화가 되지 않는다.

31

- 전파 정수 $= \sqrt{Y \cdot Z} = \sqrt{(G + j\omega C) \cdot (R + j\omega L)}$
  $= \sqrt{C \cdot L}$
- 특성 임피던스 $= \sqrt{\dfrac{Z}{Y}} = \sqrt{\dfrac{R + j\omega L}{G + j\omega C}} = \sqrt{\dfrac{L}{C}}$

32

문제 31번 해설 참고

33

길이에 관계없이 변화가 없다.

34

문제 31번 해설 참고

35

단락시험과 무부하시험을 통해 특성 임피던스를 계산할 수 있다.

36

$Z_0 = \sqrt{\dfrac{Z}{Y}} = \sqrt{\dfrac{200}{\dfrac{1}{800}}} = 400 [\Omega]$

37

$Z_0 = \sqrt{\dfrac{L}{C}} = \sqrt{\dfrac{1.3 \times 10^{-3}}{0.009 \times 10^{-6}}} \fallingdotseq 380 [\Omega]$

38

$P_s = \dfrac{E_S E_R}{X} \sin \delta$

선로의 길이가 길어지면 선로의 유도 리액턴스가 커지기 때문이다.

39

$V_s = 5.5 \sqrt{0.6l + \dfrac{P}{100}} = 5.5 \sqrt{0.6 \times 50 + \dfrac{30{,}000}{100}}$
$= 100 [\text{kV}]$

40

$P_s = K \dfrac{V^2}{l} = 1{,}200 \cdot \dfrac{154^2}{154} = 184{,}800 [\text{kW}]$

41

$\delta \fallingdotseq 90°$ 이므로 $P_m = \dfrac{E_S E_R}{X}$ 에서 $P_m = \dfrac{1}{X}$

42

직류 전위경도는 $30 [\text{kV/cm}]$ 이다.

43

$P_s = \dfrac{E_s E_R}{X} \sin \delta = \dfrac{161 \times 155}{50} \times \sin 60° \fallingdotseq 432 [\text{MW}]$

제4절 안정도

01	02	03	04	05	06	07	08	09	10
③	①	②	①	①	①	④	③	②	④
11	12	13	14	15	16	17	18	19	20
④	②	③	④	④	②	①	④	②	③
21	22	23	24	25	26	27	28	29	30
③	③	④	①	③	③	④	④	③	①
31	32	33	34	35	36	37	38	39	40
④	③	②	③	③	②	②	②	④	③
41	42	43	44	45	46	47	48	49	50
③	③	①	④	②	②	④	②	②	④
51									
①									

01
연계 – 단점
- 사고범위가 확대, 단락용량이 크다.
- 유도장해가 크다.

02
문제 1번 해설 참고

03
경(무)부하 시 선로의 정전용량이 커짐으로써 수전단 전압이 송전단 전압보다 커지는 현상을 페란티 효과라 한다.

04
문제 3번 해설 참고

05
분로(병렬) 리액터 ⇒ 페란티 방지

06
- 동기조상기 : 진상+지상
- 분로 리액터 : 페란티 방지
- 전력용 콘덴서 : 진상(역률 개선)
- 직렬 리액터 : 5고조파 제거

07
이상전압으로부터 선로 및 기기를 보호하려고 할 때는 피뢰기를 사용한다.

08
송전선로의 안정도 향상 대책
- 선로 또는 기기의 리액턴스를 작게 한다.
- 중간조상방식을 채용한다(송전선로 중간에 동기조상기를 연결).
- 재폐로방식을 채용한다.
- 계통을 연계시킨다.
- 발전기 단락비를 크게 한다.
- 속응여자방식을 채용한다.
- 고속도차단방식 채용(중간 개폐소 설치)한다.
- 다회선방식이나 복도체방식을 채용한다.
- 불평형을 줄인다.
- 전압변동을 줄인다.
- 지락전류를 줄인다(고저항접지방식 또는 소호리액터 접지).

09
발전기와 변압기의 임피던스가 작아지면 단락전류가 증가하여 계통에 장해가 발생한다.

10
보폭전압
접지극 부근에서 인체 양다리의 전위차를 말한다.

보폭전압 저감방법
- 접지선을 깊게 매설한다.
- Mesh 접지를 하고 간격을 좁게 한다.
- 자갈 또는 콘크리트를 타설한다.
- 철구, 가대 등의 보조접지를 한다.

11
역률 개선 : 병렬 콘덴서(전력용 콘덴서)

12
분로 리액터(병렬 리액터)
분로 리액터는 지상(90° 뒤진) 성분의 조상설비로, 동기조상기에 비해 손실이 적다. 주요 역할은 페란티 현상 방지이다.

13
전압조정 설비의 특징

구분	조정
동기조상기	연속(진상, 지상)
전력용 콘덴서	불연속(계단적) : 진상

14
AVR(자동전압조정기)
발전기의 전압조정을 자동으로 한다.

15
$150 \times (5 \sim 6[\%]) = 150 \times 5\% = 7.5[kVA]$

16
직렬리액터
- 역할 : 제5고조파 제거
- 용량 : 이론상은 4[%], 실제 설치 시는 5~6[%] 정도이다.

17
문제 16번 해설 참고

18
- $5\omega L = \dfrac{1}{5\omega C}$
- $5.2\pi f L = \dfrac{1}{5.2\pi f C}$
- $10\pi f L = \dfrac{1}{10\pi f C}$
- $L = \dfrac{1}{(10\pi f)^2 C}$

19
방전코일
전원 개방 시 잔류전하를 방전시켜 위험을 방지한다.

20
1차 변전소 변압기=3권선 변압기($Y- Y- \triangle$) 채용

21
변압기 결선 3차(⊿결선) 권선에 설치한다.

22
- 직렬 리액터 : 제5고조파 제거
- 변압기 △결선 : 제3고조파 제거

23
단권변압기의 특징
- 중량이 가볍다.
- 임피던스가 작다.
- 효율이 우수하다.
- 전압 변동률이 우수하다.
- 단락 전류가 크다.

24
- 정태 안정극한전력 : 부하가 서서히 증가했을 때 극한전력
- 동태 안정극한전력 : 부하가 갑자기 증가했을 때 극한전력
- 과도 안정극한전력 : 부하가 갑자기 사고가 났을 때 극한전력

25
문제 24번 해설 참고

26
직류송전방식의 장·단점
① 장점
- 선로의 리액턴스가 없으므로 안정도가 높다.
- 유전체손 및 충전용량이 없고 절연 내력이 강하다.
- 비동기 연계가 가능하다.
- 단락전류가 적고 임의 크기의 교류 계통을 연계시킬 수 있다.
- 코로나손 및 전력 손실이 적다.

② 단점
- 직교 변환장치가 필요하다.
- 전압의 승압 및 강압이 불리하다.
- 고조파나 고주파 억제 대책이 필요하다.
- 직류 차단기가 개발되어 있지 않다.
- 자계가 없다.

27
문제 26번 해설 참고

28
전압 조정＝변압기 탭 조정＋조상설비(무효전력)

29
문제 13번 해설 참고

30
문제 8번 해설 참고

31
연계는 리액턴스와의 관계가 없다.

32
문제 8번 해설 참고

33
문제 8번 해설 참고

34
문제 8번 해설 참고

35
단락비를 크게 하여 리액턴스를 작게 한다.

36
무부하 시 주파수가 증가하므로 출력을 감소시켜야 한다.

37
발·변전소 상분리모선은 단도체로 구성되어 있다.

38
동기조상기
- 경부하 시 : 부족여자운전
- 중부하 시 : 과여자운전

39
문제 8번 해설 참고

40
문제 26번 해설 참고

41
1차 변전소 변압기＝3권선 변압기($Y-Y-\triangle$) 채용

42
문제 13번 해설 참고

43
주파수 변동은 주로 유효전력 변환에 기여한다.

44
동기조상기 특징
- 회전기
- 연속적인 전압 조정
- 안정도 증진
- 시운전(시송전) 가능
- 손실이 크다.

45
문제 22번 해설 참고

46
전력 원선도 반지름
$$\frac{E_s E_r}{B}$$

47
전력 원선도에서 알 수 없는 것 : 사고, 도전율, 코로나

48
유효전력과 무효전력을 이용하여 조상기 용량을 구할 수 있다.

49
유효전력^2＋무효전력^2＝피상전력^2
무부하 시 유효전력(P_r)이 0이고, 수전전압을 유지하기 위해 유효전력은 일정해야 한다.

$0^2 + (Q_r + 400)^2 = 250,000 = 500^2$

$Q_r + 400 = 500$, $Q_r = +100$(지상)

50

사고(과도 안정도)를 구할 수 없다.

51

반지름 $= \dfrac{E_s E_r}{B}$

여기서, B : 회로정수
E_s : 송전단 전압
E_r : 수전단 전압

제5절 고장 해석

01	02	03	04	05	06	07	08	09	10
③	②	③	③	②	②	②	②	④	③
11	12	13	14	15	16	17	18	19	20
③	④	①	④	①	③	②	②	④	①
21	22	23	24	25	26	27	28	29	
③	④	①	④	③	①	②	③	④	

01

$\%Z = \dfrac{P \cdot Z}{10 V^2}$ $14 = \dfrac{40 \times 10^3 \times Z}{10 \times 154^2}$

$\therefore Z = 83 [\Omega]$

02

$\%Z = \dfrac{I \cdot Z}{E} \times 100 = \dfrac{P \cdot Z}{10 V^2}$

03

$P_3 = \sqrt{3} \times$ 정격전압 $\times$ 정격차단전류

$= \dfrac{100}{\sqrt{3} \times 7.2} = 8 [kA]$

04

$P_s = \dfrac{100}{\%Z} P = \dfrac{100}{25} \times 100 = 400 [MVA]$

05

$I_s = \dfrac{E}{Z} = \dfrac{\frac{E}{\sqrt{3}}}{Z} = \dfrac{E}{\sqrt{3} Z}$

여기서, E : 선간전압

06

$I_s = \dfrac{E}{Z} [A]$

$I_s = \dfrac{\frac{22 \times 10^3}{\sqrt{3}}}{\sqrt{1^2 + 10^2}} = 1,270 [A]$

07

$\%Z = \dfrac{4}{2} + 3 + 10 = 15\%$

$P_S = \dfrac{100}{\%Z} P = \dfrac{100}{15} \times 10{,}000 \times 10^{-3} = 66.67 [\text{MVA}]$

08

$I_s = \dfrac{100}{\%Z} I$

09

3상 차단기용량 = $\sqrt{3}$ × 정격전압 × 정격차단전류

10

$I_s = \dfrac{100}{\%Z} I$

여기서, I : 정격전류(단락 측)

11

- 한류 리액터 : 단락전류 제한
- 병렬 리액터 : 페란티 방지
- 직렬 리액터 : 제5고조파 제거

12

차단기 용량 결정
- 단락전류
- 공급 측 전원용량

13

문제 12번 해설 참고

14

10[MVA] 기준
- $G = \dfrac{10}{15} \times 15 = 10\%$
- $TR = \dfrac{10}{20} \times 8 = 4\%$

$\%Z = \dfrac{10}{2} + 4 + 11 = 20\%$

$P_s = \dfrac{100}{\%Z} P = \dfrac{100}{20} \times 10 = 50 [\text{MVA}]$

15

- 부하전류 : 지상전류
- 충전전류 : 진상전류
- 영상전류 : 동상전류
- 단락전류 : 지상전류

16

$Z_1 = Z_2 < Z_0$

$\therefore Z_1 = Z_2$

17

- 영상전압 : $I_0 = \dfrac{1}{3}(V_a + V_b + V_c)$
- 정상전압 : $I_1 = \dfrac{1}{3}(V_a + aV_b + a^2 V_c)$
- 역상전압 : $Z_2 = \dfrac{1}{3}(V_a + a^2 V_b + aV_c)$

18

영상전류(I_0) ≒ 지락전류(I_g) : 3배

$I_g = \dfrac{Ea}{Z} \times 3$

19

- 1선 지락사고 : 정상분, 역상분, 영상분
- 선간 단락사고 : 정상분, 역상분
- 3상 단락사고 : 정상분

20

문제 19번 해설 참고

21

문제 19번 해설 참고

22

지락전류 = 영상전류

23

$Z_0 > Z_1 = Z_2$

Z_0 : 3배가 크다.

Z_0＝영상분, Z_1＝정상분, Z_2＝역상분

24

문제 23번 해설 참고

25

대칭좌표법
- 1선 지락사고 : 정상분(Z_1), 역상분(Z_2), 영상분(Z_0)
- 선간 단락사고 : 정상분(Z_1), 역상분(Z_2)
- 3상 단락사고 : 정상분(Z_1)

따라서 3상 단락사고이므로 Z_1만 존재한다.

26

$\%Z = \sqrt{\%R^2 + \%X^2}$

$\%Z \geqq \%X$

　여기서, P_s : 차단용량

27
- 1차 측 : 선로, 접지선
- 2차 측 : 내부

28

문제 11번 해설 참고

29

영상 임피던스는 3배가 크다.

제6절　중성점 접지방식

01	02	03	04	05	06	07	08	09	10
③	④	①	④	②	①	③	③	③	④
11	12	13	14	15	16	17	18	19	20
①	②	③	②	③	①	④	②	②	②
21	22	23	24	25	26	27	28	29	30
①	③	①	①	②	①	②	③	①	②
31	32	33							
③	②	④							

01

중성점 접지 목적
- 1선 지락 시 전위상승 억제
- 단절연으로 기기값 저렴
- 보호계전기 동작 확실, 안정도 증진
- 지락아크 소멸

02

문제 1번 해설 참고

03

문제 1번 해설 참고

04

비접지 : 저전압단거리(20~30[kV] 이하 단거리)

05

전위상승 $\sqrt{3}$ 이므로 $3,300 \times \sqrt{3} = 5,715[V]$

06

$I_g = \sqrt{3}\,\omega CV[A]$

　여기서, C : 대지 정전용량

07

$I_g = j3\omega C_s \dfrac{V}{\sqrt{3}} = 3 \times 2\pi \times 60 \times 0.005 \times 10^{-6}$

$\qquad \times 10 \times \dfrac{6,600}{\sqrt{3}} = 0.215[A]$

∴ $I_g < 1$ 또는 $0 < I_g < 1$ 또는 $1[A]$ 이하이다.

비접지방식의 지락전류는 1[A] 이하이다.

08

$I_g = \sqrt{3}\,\omega CV$ [A]

여기서, C : 정전용량(90° 빠른 전류)
ω : 각 주파수

09

저항 R은 $\dfrac{\frac{6,600}{\sqrt{3}}}{100} = 38$

10

접지 비교

구분	직접접지	소호 리액터 접지
전위상승	최저(1.3배 이하)	최대($\sqrt{3}$ 배 이상)
지락전류	최대	최소
유도장해	최대	최소
과도안정도	낮다.	높다.

11

문제 10번 해설 참고

12

1선 지락 시 전위 상승이 낮기 때문에 중성점 전압이 0에 가까워 단절연이 가능하다.

13

직접 접지 목적 : 단절연이 가능하다(주 목적).

14

유효접지방식 : 1.3배 이하(직접 접지)

15

유효접지 조건식은 $\dfrac{R_0}{X_1} \leq 1,\ 0 \leq \dfrac{X_0}{X_1} \leq 3$이다.

16

$L-C$ 병렬공진으로 지락전류를 작게 한다.

17

과보상(+)을 하여 직렬공진을 방지한다.

18

합조도 : 공진점을 벗어나는 정도

구분	조건식	합조도
과보상	$\omega L < \dfrac{1}{3\omega C}$	+
완전보상	$\omega L = \dfrac{1}{3\omega C}$	0
부족보상	$\omega L > \dfrac{1}{3\omega C}$	−

19

- $\omega L = \dfrac{1}{3\omega C} - \dfrac{X_t}{3}\ [\Omega]$
- $L = \dfrac{1}{3\omega^2 C} = \dfrac{1}{3(2\pi f)^2 C}\ [H]$
- $Q_L = 3\omega CE^2 = \omega CV^2\ [kVA]$

여기서, E : 상전압, C : 정전용량, Q_L : 리액터 용량
V : 선간전압, L : 인덕턴스, ω : 각 주파수
X_t : 변압기 리액턴스

20

문제 19번 해설 참고

21

$\omega L = \dfrac{1}{3\omega C} = \dfrac{1}{3 \times 2\pi \times 60 \times 0.53 \times 10^{-6}} \fallingdotseq 1,665\ [\Omega]$

22

- 저저항접지 : 30[Ω] 이하
- 고저항접지 : 100~1,000[Ω] 이하

23

소호리액터 접지 방식에서 지락전류(영상전류) 분포는 사고지점과 관계없이 중간에서 발생된다.

24

$I = \dfrac{V}{R} = \dfrac{500}{200} = 2.5$ [A]

25

① 직접접지, ② 단일소호접지, ③ 양단소호접지

26

$$Q_L = 3\omega CE^2 = 3 \times 2\pi f CE^2$$
$$= 6\pi f CE^2 \times 10^{-3} [\text{kVA}]$$

27

문제 18번 해설 참고

28

$$Q_L = 3\omega CE^2 \times 1.1$$
$$= 3 \times 2\pi \times 60 \times 0.0058 \times 10^{-6} \times \left(\frac{66,000}{\sqrt{3}}\right)^2$$
$$\times 10^{-3} \times 1.1 \times 50$$
$$= 524 [\text{kVA}]$$

29

지락전류
- 최대 : 직접접지방식
- 최소 : 소호 리액터 접지방식

30

전위상승
- 최대 : 소호 리액터 접지방식
- 최소 : 직접접지방식

31

- 소호 리액터 : $L-C$ 병렬공진
- 직접접지 : 단절연이 가능
- 비접지 : 저전압 단거리에 사용

32

- 154, 345 : 직접접지
- 66 : 소호 리액터 접지

33

문제 30번 해설 참고

제7절 유도장해

01	02	03	04	05	06	07	08	09	10
①	③	①	④	④	④	③	③	②	④

01
- 전자유도장해 : 영상전류(상호 인덕턴스)
- 정전유도장해 : 영상전압(선간 정전용량)

02

$$E_s = 15\sqrt{(220-150-50)^2 + (50-300+150)^2}$$
$$= 1,530 [\text{V}]$$

03

문제 1번 해설 참고

04

문제 1번 해설 참고

05

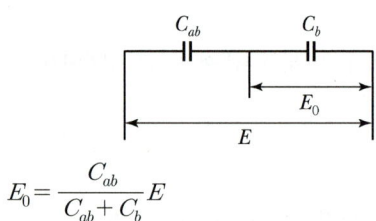

$$E_0 = \frac{C_{ab}}{C_{ab}+C_b}E$$

06

정전유도전압은 길이에 관계없다.

07

배류 코일은 통신선 대책이다.

08

연가를 충분히 하면 중성점 전압이 0이다(낮아진다).

09

차폐선 사용 시 30~50%의 유도장해가 경감된다.

10

유도장해 방지 대책

- 이격거리를 크게 하여 상호 인덕턴스를 줄인다.
- 병행구간을 단축한다. 수직으로 교차시킨다.
- 연가를 하고 소호 리액터 접지방식을 채용한다.
- 차폐선을 설치한다.
- 중성점(잔류) 전압을 줄인다.
- 통신선 측에 피뢰기를 설치한다.
- 통신선에 배류 코일을 설치한다.

제8절 이상전압

01	02	03	04	05	06	07	08	09	10
④	②	①	②	③	④	③	③	④	③
11	12	13	14	15	16	17	18	19	20
②	②	④	④	②	②	①	③	②	①
21	22	23	24	25	26	27	28	29	30
②	④	④	②	④	①	④	③	④	①
31	32	33	34						
④	③	④	③						

01

차폐각(θ)

- 보통 30~40° 정도로 한다(단, 30° 이하 시는 100[%] 차폐이다).
- 차폐각은 작을수록 차폐효율은 크고 시설비는 비싸다.

02

- 무부하 선로를 차단=C회로를 차단=충전전류 차단 시 개폐 서지가 4배(6배) 발생된다. 또한 재점호가 발생된다.
- 차단=개방=개로=Off

03

병렬 콘덴서

- 역률 개선
  - 손실은 작게
  - 전압강하를 작게

04

철탑의 접지 저항값을 작게 하여 역섬락과 뇌해를 방지한다.

05

뇌서지가 개폐서지보다 파두장, 파미장 모두 짧으므로 모두 다르다.

06

충격파는 파두장과 파미장으로 되어 있다.

07

$1 \times 40 [\mu\mathrm{sec}]$ 또는 $1.2 \times 50 [\mu\mathrm{sec}]$이다.

08

문제 1번 해설 참고

09

철탑의 접지저항 경감방법은 매설지선 공법이다.

10

가공지선을 2선으로 하면 차폐각이 적어져서 보호효율이 우수하다.

11

가공지선의 설치 목적
- 직격뇌 차폐
- 유도뇌 저감
- 유도장해 경감

12

문제 11번 해설 참고

13

문제 4번 해설 참고

14

문제 4번 해설 참고

15

무반사 조건 $Z_1 = Z_2$ 이므로 $R = 200 [\Omega]$

16

- 반사계수 : $B = \dfrac{Z_2 - Z_1}{Z_1 + Z_2}$
- 투과계수 : $\gamma_0 = \dfrac{2Z_2}{Z_1 + Z_2}$

17

- 직렬갭 : 뇌전류 방전 및 속류 차단
- 특성요소 : 저항값의 변화로 직렬갭 동작을 협조한다.

18

콘덴서는 서지흡수기(SA) 구조이다.

19

정격전압은 속류를 차단하는 최고 전압이다.

20

실드링(Shielding Ring)
직렬갭에 가해지는 충격을 줄여 동작시간의 지연을 방지한다.

21

- 기기의 절연 표준 · 계급 : 기준충격절연강도
- 절연강도를 이용하여 설계 : 절연협조

22

- 절연협조 : 전력 계통에서 피뢰기의 제한전압을 기준하여 기기의 계통 합리적 · 경제적으로 할 수 있는 것
- 절연계급 : 송전선의 안전을 보장함과 동시에 송전 계통의 절연을 체계적으로 정리하고 절연설계를 합리적으로 할 목적으로 기기의 절연강도에 부여한 계급

23

피뢰기 용량은 공칭 방전전류(A)를 기준

24

피뢰기 구비조건
- 충격방전개시 전압이 낮을 것
- 상용주파 방전개시 전압이 높을 것
- 제한전압이 낮을 것
- 속류의 차단능력이 클 것

25

제한전압
- 뇌전압이 제한되어 뇌전류 방전 시 전압
- 뇌전류 방전 시 직렬갭에 나타나는 전압

26

합리적 절연강도 = 절연협조

충격절연내력 [kV]
920[kV]
900[kV]
825[kV]
750[kV]
625[kV] 기준충격절연강도

선로애자 | 결합콘덴서 | 기기부싱 | 변압기 | 피뢰기

154[kV] 송전계통의 절연협조

27
피뢰기의 정격전압 ≒ 상용주파 허용단자전압

28
피뢰기 설치 목적
이상전압(뇌)을 억제하여 기기를 보호한다.

29

구분	원인	대책	목적
개폐서지	무부하 충전전류	개폐저항기 설치 (S.O.V 억제대책)	이상전압 억제

30
절연협조가 나오면 피뢰기가 답이다.

31
서지 흡수기는 발전기 등에 설치하여 개폐서지를 흡수한다.

32
- 직접 접지계통 : 0.8~1.0배
- 기타 계통 : 1.4~1.6배

33
피뢰기 정격전압을 결정하는 값은 1선 지락 시의 전위상승을 기준으로 한다.

34
피뢰기는 뇌에 대한 조보호장치로서 송전 계통의 절연협조의 기본이 된다.

제2장 배전공학

제1절 수전설비

01	02	03	04	05	06	07	08	09	10
④	④	②	③	②	②	④	④	③	④
11	12	13	14	15	16	17	18	19	20
③	②	③	③	②	④	④	④	①	②
21	22	23	24	25	26	27	28	29	30
③	②	④	②	③	③	③	①	④	④
31	32	33	34	35	36	37	38	39	40
①	①	④	①	①	①	②	③	②	③
41	42	43	44	45	46	47	48	49	50
③	④	④	②	②	①	④	①	④	②
51	52	53	54	55	56				
②	②	①	④	③	①				

01

구분	설명
반한시성	정반비례(동작전류가 크면 동작시간이 짧아진다)
순한시성	즉시(순시)동작
정한시성	정해진 시간(일정시간) 동작
반한시 – 정한시성	반한시와 정한시성의 특징을 갖는다.

02
문제 1번 해설 참고

03
문제 1번 해설 참고

04
지락(영상)전류를 검출하여 GR, SGR, OCGR 동작

05
지락사고에 관계된 기계, 기구는 지락(G), ZCT로 나타난다.

06
영상변류기(ZCT) + 선택지락 계전기 = 다회선(2회로)사고 선택

07
지락 계전기는 사고방향을 갖지 않는다.

08
GIS방식
GIS방식은 가스(SF_6) 절연 개폐장치를 한 용기 내에 개폐기, 변성기를 넣고 SF_6로 절연되어 있다. 축소형 변전설비로 시설비는 비싸다.

09
- 계기용 변압기 2차 전압(PT) : 110[V]
- 계기용 변류기 2차 전류(CT) : 5[A]

10
단락보호 계전기
- 단락 계전기
- 선로보호 계전기(거리 계전기)
- 과전류 계전기

11
전력용 퓨즈는 단락전류 차단을 목적으로 사용한다.

12
재점호 : 진상(충전전류)전류 차단 시 재점호가 일어난다.

13
정전용량이 작다.

14
정격투입전류 ≒ 정격차단전류×2.5배(주파수 순간치의 최댓값)

15
차단기 정격차단시간
- 개극시간과 아크시간을 합한 시간
- 트립 코일 여자부터 소호까지의 시간
- 3, 5, 8[Hz]

16
문제 15번 해설 참고

17
차단기 동작책무
- 일반용 : 갑호 : $O-1분-CO-3분-CO$
- 을호 : $CO-15초-CO$
- 고속도용 : $O-t-CO-1분-CO$

18
압축공기 : 공기 차단기(임펄스)

19
문제 17번 해설 참고

20

명칭	약호	소호매질	비고
유입 차단기	OCB	절연유	• 부싱형 변류기를 사용한다. • 방음설비가 필요 없다. • 화재위험이 있다.
공기 차단기	ABB	압축공기 (차단만)	• 15~30기압의 압축공기 • 소음이 크다(154, 345[kV]).
가스 차단기	GCB	SF_6	SF_6 특징 • 무색, 무취, 무해이다. • 소호능력이 크고, 절연성이 높다. • 최신형 대용량(154 이상)이다. • 소음이 적다.
진공 차단기	VCB	진공	• 최신형 소용량(22.9)이다. • 개폐이상전압이 가장 크다. (서지흡수기 설치)
자기 차단기	MBB	전자력	• 주파수와 차단성능은 관계없다.

※ 임펄스 차단기 : 차단, 투입 모두 압축공기의 힘이다.

21
문제 20번 해설 참고

22
문제 20번 해설 참고

23
선로길이와 무관하게 차단 능력이 우수하다.

24
SF₆ 특징
- 무색, 무취, 무해이다.
- 소호능력이 크고, 절연성이 높다.
- 최신형 대용량(154 이상)이다.
- 소음이 적다.

25
문제 20번 해설 참고

26
자기 차단기 – 전자력

27
재폐로 차단기는 차단, 투입 모두 자동으로 시행한다.

28
대부분 송전선로의 고장은 수목 접촉에 의한 일선지락 사고이므로 즉시 재송전하면 운전이 된다.

29
- 무부하전류 차단 : 단로기
- 부하전류 및 사고전류 차단 : 차단기

30
문제 29번 해설 참고

31
단로기는 소호장치가 없기에 무부하 시 개방한다.

32
전원 —— DS —— CB —— 부하
- 차단 : CB – DS
- 투입 : DS – CB

33
문제 32번 해설 참고

34

구분	2차 측	이유
PT	개방	과전류로부터 PT를 보호
CT	2차 측 단락	2차 측 기기의 절연보호

35
문제 34번 해설 참고

36
$A_3 = 150 \times \dfrac{5}{200} = 3.75[A]$

37
- ①, ③, ④ : 영상전류 검출
- ② : 영상전압 검출(GPT)

38
사고 시 GPT $= 110 \times \sqrt{3} = 190[V]$

39
발전기, 변압기 내부 고장 시 양쪽 전류의 차에 의해서 동작한다.

40
발전기 내부 고장 시 발전기의 양쪽 전류 차전류 비율에 의해서 동작한다.

41
과부하 단락사고≒과전류

42
트랜지스터 계전기는 오차가 크다.

43
임피던스(거리) 계전기 : 송전선로 보호용

44
문제 43번 해설 참고

45
모선, 발전기, 변압기 : 차동 계전기

46

보호방식		계전기(방식)
모선 보호		차동 계전기
발전기 변압기	내부고장 시	차동 계전기
	과부하, 단락 시	과전류 계전기
	소손, 불평형 시	역상 계전기
변압기	가스(H_2) 발생 시	부르홀츠 계전기(수은접점 이용)
전력선 반송 보호		방향비교방식 위상비교방식 고속도거리 계전기와 조합하는 방식
선로단락, 탈조사고 보호		거리 계전기(임피던스 계전기)
환상선로 단락 보호		방향단락 계전방식 방향거리 계전방식
표시 계전방식		고장점의 위치에 관계없이 전원 측, 부하 측 양쪽을 고속으로 차단하는 방식

47
표시선 계전방식
보호구간 양단에 표시선을 이용하여 신호를 교환
- 방향비교방식
- 전압방향방식
- 전류순환방식

48
계전기 탭 선정 : 최소 전룻값

49
문제 46번 해설 참고

50
3상 변압기 ⇒ 단상운전 시 불평형 계전기 설치

51
변압기가 열화가 되는 경우 절연유에서 수소가스가 발생된다.

52
- 방 : 방향 비교방식
- 위 : 위상 비교방식
- 고 : 고속거리 계전기와 조합하는 방식

53
반송보호 계전방식 : 장치가 복잡하고 계전기 성능 저하가 심하다.

54
사고 파급을 최소로 하기 위한 재폐로 운전한다.

55
비율차동 계전기는 변압기 결선방법과 반대로 한다.

56
후비 보호 계전기는 주보호 계전기의 결함, 정지 등이 되어 있을 때 동작한다.

제2절 수전설비 계산

01	02	03	04	05	06	07	08	09	10
①	③	④	③	②	①	④	③	②	③
11	12	13	14	15	16	17	18	19	20
④	②	②	②	③	①	②	②	③	③
21	22	23	24	25	26	27	28	29	30
①	②	②	②	②	①	④	③	③	①
31	32	33	34	35	36	37	38	39	40
④	③	④	③	③	②	①	④	③	③
41	42	43	44	45	46	47	48	49	50
③	③	①	④	③	④	④	①	②	③
51	52	53	54	55	56	57	58	59	60
④	②	②	④	④	③	④	④	④	①

01

수용률	$\dfrac{\text{최대전력}}{\text{설비용량}} \times 100[\%]$	• 최대전력 = 설비용량 × 수용률 • 설비가 높을수록 비경제적이다.
부하율 (F)	$\dfrac{\text{평균전력}}{\text{최대전력}} \times 100[\%]$	• 정의 : 전력 변동상태를 알 수 있다.
부등률	$\dfrac{\text{개별 수용 최대전력의 합}}{\text{합성최대전력}}$	• 정의 : 전력소비기기를 동시에 사용하는 정도 • 변압기 용량계산에 사용한다. • 그 값이 1 이상이다.

02
최대전력 = 설비용량 × 수용률 = $400 \times 85 = 340[kW]$

03
문제 1번 해설 참고

04
문제 1번 해설 참고

05
• 부하율 = $\dfrac{\text{전력량/시간}}{\text{최대전력}} \times 100 = \dfrac{72/24}{9} \times 100 = 33.3$

• 역률 = $\dfrac{P}{\sqrt{3} \times V \times I} = \dfrac{9 \times 10^3}{\sqrt{3} \times 200 \times 35} \times 100 = 74.23$

06
• 최대전력 = 첨두부하
• 부하율 $\propto \dfrac{1}{\text{최대전력}}$

07
부하율$(F) = \dfrac{\text{사용전력량[kWh]/시간}}{\text{최대전력}} \times 100[\%]$

$= \dfrac{\text{평균전력}}{\text{최대전력}} \times 100[\%]$

$F = \dfrac{\frac{F}{365 \times 24}}{W} \times 100 = \dfrac{E}{8,760\,W} \times 100$

08
부하율$(F) = \dfrac{\text{사용전력량/시간}}{\text{최대전력}} \times 100$

$= \dfrac{(4 \times 6) + (2 \times 6) + (4 \times 6) + (8 \times 6)/24}{8} \times 100$

$= 56.3[\%]$

09
부등률 = $\dfrac{\text{개별최대전력의 합}}{\text{합성 최대전력}}$

10
문제 1번 해설 참고

11
문제 1번 해설 참고

12
부하율은 최대전력에 반비례하고 수용률은 최대전력에 비례하므로 부하율과 수용률은 반비례하고, 부등률은 최대전력에 반비례하므로 부하율과 비례한다.

13
수용률이 크다, 부등률이 크다, 부하율이 크다는 것은 전력을 많이 사용하고 있다는 의미이다.

14
부등률 = $\dfrac{130 \times 0.5 + 250 \times 0.8}{235} ≒ 1.13$

15

부등률 = $\dfrac{\text{개} \cdot \text{최} \cdot \text{합}}{\text{합} \cdot \text{최} \cdot \text{합}}$

$= \dfrac{1{,}000 + 1{,}100 + 1{,}200 + 1{,}450}{4{,}300} \fallingdotseq 1.1$

16

$\dfrac{500 \times 0.8}{1.25} = 320[\text{kW}]$

17

변압기 용량 = $\dfrac{\text{개별 최대전력의 합}}{\text{부등률}} \times \dfrac{1}{\cos\theta}$

$= \dfrac{(100+150+200)\,0.5}{1.2 \times 0.8} = 234.37$

18

승압기 설치 목적
- 말단의 전압강하 방지
- $V_h = V_L\left(1 + \dfrac{1}{\eta}\right)$

  여기서, η : 권수비

19

$V_h = V_L\left(1 + \dfrac{1}{a}\right)$

$E_2 = E_1\left(1 + \dfrac{e_2}{e_1}\right) = E_1 + E_1\dfrac{e_2}{e_1}$

20

$V_h = V_L\left(1 + \dfrac{1}{a}\right) = 6{,}300\left(1 + \dfrac{220}{6{,}600}\right) = 6{,}510[\text{V}]$

21

전력용 콘덴서 설치 목적
- 전력 손실 감소
- 전압강하 감소
- 전기요금 절감
- 설비이용률 증가

22

Y결선하면 △결선 시 용량의 $\dfrac{1}{3}$로 된다.

23

콘덴서의 재점호가 발생되면 서지가 발생되고 접점손상이 발생된다.

24

$Q_c = P(\tan\theta_1 - \tan\theta_2) = P\left(\dfrac{\sin\theta_1}{\cos\theta_1} - \dfrac{\sin\theta_2}{\cos\theta_2}\right)$

$= P\left(\dfrac{\sqrt{1-\cos^2\theta_1}}{\cos\theta_1} - \dfrac{\sqrt{1-\cos^2\theta_2}}{\cos\theta_2}\right)$

25

$\cos\theta = \dfrac{P}{\sqrt{P^2 + P_r^{\,2}}} \times 100$

여기서, P : 유효전력, P_r : 무효전력

26

$Q_c = VI\sin\theta = K\sin\theta = K\sqrt{1-\cos^2\theta}$

27

$P_r = P \cdot \tan\theta$

여기서, P_r : 무효전력

$480 \times \dfrac{0.6}{0.8} = 360 - 220 = 140$

$\cos\theta_2 = \dfrac{480}{\sqrt{480^2 + 140^2}} \times 100 = 96[\%]$

28

$Q_c = P(\tan\theta_1 - \tan\theta_2) = P\left(\dfrac{\sin\theta_1}{\cos\theta_1} - \dfrac{\sin\theta_2}{\cos\theta_2}\right)$

$Q_c = 1{,}000\left(\dfrac{0.6}{0.8} - \dfrac{\sqrt{1-0.95^2}}{0.95}\right) = 422[\text{kVA}]$

29

$Q_c = P(\tan\theta_1 + \tan\theta_2)$

$= 5{,}000 \times 0.8\left(\dfrac{0.6}{0.8} - \dfrac{\sqrt{1-0.95^2}}{0.95}\right) \fallingdotseq 1{,}690$

30

$Q_c = P(\tan\theta_1 - \tan\theta_2) = [\text{kVA}] \cdot \cos\theta_1(\tan\theta_1 - \tan\theta_2)$

$= P \cdot \cos\theta_1(\tan\theta_1 - \tan\theta_2)$

31

$$\cos\theta = \frac{P}{\sqrt{P^2 + P_r^2}}$$

여기서, P : 유효전력, P_r : 무효전력($P_r = P\tan\theta$)

32

$P = VI\cos\theta = 10 \times 0.8 = 8[\text{kW}]$
$P_r = VI\sin\theta = 10 \times 0.6 = 6[\text{kVar}]$
콘덴서 설치 시 무효전력이 감소하므로
$P_r = 6 - 2 = 4[\text{kVar}]$
$\therefore VI = \sqrt{8^2 + 4^2} = 9[\text{kVA}]$

33

$$P_L \propto \frac{1}{\cos^2\theta}$$

여기서, P_L : 전력 손실

34

$$P_L \propto \frac{1}{\cos^2\theta} = \frac{\frac{1}{0.8^2}}{\frac{1}{0.9^2}} = 1.3$$

35

$Q = 3\omega CE^2$에서
$$C = \frac{Q_c}{3\omega E^2} = \frac{60 \times 10^3}{3 \times 2\pi \times 60 \times 3{,}300^2} \times 10^6 = 4.85[\mu\text{F}]$$

36

V결선
- 이용률 : 86.6[%]
- 출력비 : 57.7[%]

37

플리커 대책에서 공급 전원의 승압은 공급자 측 대책이다.

38

누전 차단기는 지락, 누전을 차단한다.

39

- 송전 : $3\phi 3W$
- 배전 : $3\phi 4W$

40

$1\phi 2W$: 220[V]
$1\phi 3W$: 110[V], 220[V]
$3\phi 3W$: 220[V]
$3\phi 4W$: 220[V], 380[V]

41

손실 증가가 많은 운전방식
- $1\phi 3W$
- $3\phi 4W$

42

- 송전전압 : 66, 154, 345, 765[kV]
- 배전전압 : 6.6, 22.9[kV]

43

$$C = \frac{1}{L}KI[\text{Ah}]$$

여기서, C : 용량, L : 보수율
K : 환산시간계수, I : 전류

44

누전 차단기는 지락, 과부하, 단락 시에 동작한다.

46

차단기 : R-S-F 순서로 차단 보호협조되어 있다.

47

리클로저의 후비 보호로 섹셔널라이저가 선로를 차단한다.

48

- 섹셔널라이져 : 재폐로 기능
- 리클로저 : 후비 보호

49
A·B 양지점의 전압강하가 같은 경우
- $e_1 = e_2$
- $I_1 R_1 = I_2 R_2$
- $I_1 \rho \dfrac{L_1}{A_1} = I_2 \rho \dfrac{L_2}{A_2}$
- $I_1 \cdot L_1 = I_2 \cdot L_2$
- $I_1 \cdot X = I_2 (10 - X)$
- $100 \cdot X = 60(10 - X)$
- $100 \cdot X + 60X = 600$
- $X(100 + 60) = 600$
- $X = \dfrac{600}{160} = 3.75$

50
배전용 변전소의 주변압기는 강압 변압기(체강)이다.

51
동기조상기 : 송전선로 전압조정

52
유도전동기는 경부하 시 속도가 증가하여 역률이 감소한다.

53
저압에서 전선 선정은 전류 크기에 따라 선정한다.

54
- 220 : 상전압
- $220 \times \sqrt{3} = 380$: 선간전압

55
%Z의 영향
- 전압변동률
- 전압강하율
- 단락전류
- 차단기 용량

56
옥내 분전반에 설치되어 있는 누전 차단기 및 배선용 차단기는 과전류, 지락, 누전에 대하여 보호한다.

57
접지 측 전압은 접지저항과 접지저항의 지락전류의 곱이다.
$V_g = I_g \times R_g = 5 \times 20 = 100 [\text{V}]$

58
섹셔널라이저
리클로저와 직렬로 연결하여 고장구간을 분리하는 장치로 고장전류 차단능력이 없다.

59
ALTS는 부하의 전환 스위치로 사고차단과 무관하다.

60
옥내배선의 전압강하
- 인입선 : 1[%] 이하
- 간선 : 1[%] 이하
- 분기회로 : 2[%] 이하

제3절 배전방식

01	02	03	04	05	06	07	08	09	10
②	③	①	①	③	③	②	③	④	④
11	12	13	14	15	16	17	18	19	20
②	④	③	③	①	④	①	②	③	①
21	22	23	24	25	26				
④	③	②	②	①	④				

01

배전방식	개요설명
수지상식	• 깜박거리(플리커)는 현상이 생긴다. • 농어촌 지역 • 증설이 용이하다. • 정전범위가 가장 넓다.
환상식 (loop식)	• 전압강하, 전력 손실이 작다. • 정전범위가 가장 적다. • 부하를 균등하게 할 수 있고 부하증가에 융통성이 크다.
저압뱅킹방식	• 부하가 밀집된 시가지 • 캐스케이딩 현상이 우려가 된다(저압선의 고장으로 건전한 변압기 일부 또는 전부가 차단되는 현상으로 고장범위가 광범위해질 우려가 있다).
저압네트워크 방식 (망상식)	• 무정전 공급이므로 공급의 신뢰도가 좋다. • 부하가 밀집된 도시 • 인축의 접지사고가 많다. • 고장전류 역류(대책 : 차단기, 방향계전기, Fuse)

02
가지식을 응용하여 방사 형태로 공급하는 방식이다.

03
문제 1번 해설 참고

04
환상지중방식이 특고압 공급방식에서 경제적인 공급방식이다.

05
문제 1번 해설 참고

06
캐스케이딩 현상이 우려가 된다(저압선의 고장으로 건전한 변압기 일부 또는 전부가 차단되는 현상으로 고장범위가 광범위해질 우려가 있다).

07
문제 1번 해설 참고

08
문제 1번 해설 참고

09
문제 1번 해설 참고

10
문제 1번 해설 참고

11
각 전기방식별 비교

전기방식	1선당 전력 비교	중량 비교	전류 비교
$1\phi 2W$	100[%]	1(100[%])	$\frac{1}{2} = 50[\%]$
$1\phi 3W$	133[%]	$\frac{3}{8}$ (37.5[%])	$\frac{1}{\sqrt{3}} = 58[\%]$
$3\phi 3W$	115[%]	$\frac{3}{4}$ (75[%])	—
$3\phi 4W$	150[%], 87(%)	$\frac{1}{3}$ (33.3[%])	—

※ 전선중량은 $3\phi 4W$이 가장 적다.

12
문제 11번 해설 참고

13
문제 11번 해설 참고

14
$VI_1 \cos\theta 11 = \sqrt{3} \ VI_3 \cos\theta$에서 $I_1 = \sqrt{3} \ I_3$이므로
$\frac{I_3}{I_1} = \frac{1}{\sqrt{3}} = 0.577 \times 100 = 58[\%]$

15

직류 2선식 ≒ 단상 2선식($\cos\theta = 1$)

16

다중접지 중성선은 제2종 접지하여 저압 측 혼촉사고를 방지

17

저압 밸런서
- 권수비가 1 : 1인 단권 변압기이다.
- 누설 임피던스가 적다.
- 여자전류가 크므로 여자 임피던스가 크다.

18

$1\phi 3W$ 전기방식
- 2종의 전원을 얻을 수 있다.
- 중성선 단선 시 전압의 불평형이 생긴다. → 저압 밸런서 설치
- 중성선에는 Fuse를 설치하지 않는다.

19

$V_1 = \dfrac{R_1}{R_1 + R_2} V = \dfrac{50}{50+100} \times 200 = 66.66 [\text{V}]$

$V_2 = \dfrac{R_2}{R_1 + R_2} V = \dfrac{100}{50+100} \times 200 = 133.3 [\text{V}]$

따라서 2배가 된다.

20

$P_1 = \dfrac{V^2}{R_1} \quad R_1 = \dfrac{V^2}{P_1} = \dfrac{100^2}{100} = 100 [\Omega]$

$P_2 = \dfrac{V^2}{R_2} \quad R_2 = \dfrac{V^2}{P_2} = \dfrac{100^2}{400} = 25 [\Omega]$

$V_1 = \dfrac{R_1}{R_1 + R_2} V = \dfrac{100}{100+25} \times 200 = 160 [\text{V}]$

$V_2 = \dfrac{R_2}{R_1 + R_2} V = \dfrac{25}{100+25} \times 200 = 40 [\text{V}]$

21

- $P \propto V^2 = (2)^2 = 4$
- $P_L \propto \dfrac{1}{V^2} = \dfrac{1}{4}$
- $e \propto \dfrac{1}{V} = \dfrac{1}{2}$

여기서, P : 전력, R : 손실, e : 전압강하

22

부하	전압강하	전력 손실
말단집중부하	1	1
평등분산(균등)부하	$\dfrac{1}{2}$	$\dfrac{1}{3}$

23

$e = 2I(R\cos\theta + X\sin\theta)$에서 직류이므로 $\cos\theta = 1$이다.
∴ $e = 2IR$

24

배전 계통은 급전선 → 간선 → 분기선

25

$P_1 = V_1 I_1 \cos\theta_1 = 400 \times 10 \times 0.9 = 3,600 [\text{W}]$

$P_2 = V_2 I_2 \cos\theta_2 = 380 \times 10 \times 0.8 = 3,040 [\text{W}]$

∴ $Pr = P_1 - P_2 = 3,600 - 3,040 = 560 [\text{W}]$

26

전압을 높게(400[V]) 하면 전압강하가 작고 전선량이 줄어들며 전력 손실이 감소한다.

제3장 발전공학

제1절 수력발전

01	02	03	04	05	06	07	08	09	10
①	②	④	③	④	②	①	③	③	②
11	12	13	14	15	16	17	18	19	20
③	④	③	②	④	③	①	③	①	②
21	22
①	④

01
특유속도 $N_s = N\dfrac{P^{\frac{1}{2}}}{H^{\frac{5}{4}}} = N\dfrac{\sqrt{P}}{H^{\frac{5}{4}}}$ [rpm]

02
프란시스 수차 $N_s \leq \dfrac{13,000}{H+20} + 50$

03
특유속도(V_s)
낙차 1[m]에서 출력 1[kW]를 얻는데 필요한 1분간의 회전수로서 저낙차 일수록 특유속도는 크다. 그러므로 중부하시 효율이 좋다.

04
특유속도 크기순
원통형(튜블러) 수차 → 카플란 수차 → 프로펠러 수차 → 사류 수차 → 프란시스 수차 → 펠턴 수차
∴ 가장 작은 것(펠턴), 가장 큰 것(원통형)

05
흡출관은 낙차를 크게 하는 것으로 중·저 낙차에 사용된다.

06
첨두 부하용 발전소
- 수력 : 양수식 발전(잉여전력이용)
- 화력 : 가스터빈 발전

07
부하가 작게 걸린 시간에 화력, 원자력을 이용하여 하부저수지의 물을 상부로 이동시킨다.

08
무부하 시 속도 ≒ 무구속속도(110[%])

09
조압수조(서지탱크)
- 수격작용 방지
- 수압관 보호
- 토사 제거

10
적산유량곡선은 댐 저수지의 용량을 결정할 때 이용된다.

11
취수구에 제수문을 설치하는 목적은 저수지의 유량 조절을 위해서이다.

12
난조 원인
- 조속기가 너무 예민할 때
- 원동기에 고조파 토크 성분이 포함되어 있을 때
- 전기자 권선의 저항값이 너무 클 때
- 부하 급변 시

13
수로
- 댐식 : 유량이 많은 곳
- 수로식 : 낙차(구배)를 크게 한 것
- 유역변경식 : 수로를 변경하는 방식

14
문제 9번 해설 참고

15
- 원자력 : 기저 부하
- 화력 : 중간 부하
- 수력 : 첨두 부하

16
역조정지식 : 유량에 따른 분류

17
수두는 댐의 에너지로 낙차[m]를 말한다.

18
$Q\,[\text{m}^3/\text{s}] = \dfrac{365 \times 10^6 \times 2.4}{365 \times 24 \times 3{,}600} \times \dfrac{1}{3} = 9.26\,[\text{m}^3/\text{s}]$

19
$P ≒ 9.8\,QH\eta = 9.8 \times 20 \times 350 \times 0.85 = 58{,}310\,[\text{kW}]$

20
$Q = \dfrac{4{,}000 \times 10^6 \times 1.4}{365 \times 24 \times 3{,}600} \times 0.75 = 133\,[\text{m}^3/\text{s}]$

21
$P = 9.8\,QH$
$H = \dfrac{9{,}800}{9.8 \times 10} = 100\,[\text{m}]$

22
$H_V = \dfrac{V^2}{2g}$
$V = \sqrt{2g \cdot H_V} \times 0.95$
$ = \sqrt{2 \times 9.8 \times 400} \times 0.95 = 84.1\,[\text{m/s}]$

제2절 화력발전

01	02	03	04	05	06	07	08	09	10
④	④	②	②	②	①	①	③	②	③
11	12	13	14	15	16	17	18	19	20
③	②	②	②	③	③	④	②	①	④
21	22	23							
④	①	④							

01
수소 냉각방식의 단점으로 화재 및 폭발의 위험성이 있다.

02
냉각방식이 우수하여 코로나 발생이 적다.

03
절탄기에 급수펌프는 예비기가 가장 주요한 설비이다.

04
- 가스터빈 발전 : 첨두 부하용(화력)
- 양수식 발전 : 첨두 부하용(수력)

05
추가하면 증기소비량은 증가, 연료소비량은 감소한다.

06
집진기의 종류
- 기계식
- 전기식(효율이 우수)

07
- 순환펌프 : 복수기관에 냉각수를 보내는 펌프
- 급수펌프 : 보일러에 찬물을 보충하는 펌프
- 복수펌프 : 복수기의 물을 보일러에 보내주는 펌프

08
재생·재열 사이클이 효율이 우수하여 화력발전소에서 사용되고 있다.

09
열손실
① 복수기 손실 : 47[%]
② 터빈기계 손실 : 6[%]
③ 석탄수분을 증발시키는 손실 : 4[%]
④ 연돌배출가스 손실 : 0.7[%]

10
급수의 불순물이 많아서 거품이 발생된다.

11
$$n = \frac{860\,W}{mH} \times 100\,[\%]$$
여기서, W : 전력량[kWh], m : 질량[kg]
H : [kcal/kg]

12
기본사이클(랭킨사이클)
절탄기(급수펌프) → 보일러 → 과열기 → 터빈 → 복수기

13
엔탈피
증기, 물의 [kg]당의 보유열량

14
복수기
용기 내 냉각수가 있으므로 터빈에서 배기되는 증기가 유입된다. 증기는 저압이 될 때까지 팽창된다.

15
재열기와 급수가열기가 모두 있으므로 재생·재열 사이클이다.

16
추기터빈
증기 터빈의 팽창 도중에 증기를 추출하는 형태의 터빈

17
고압터빈을 돌리고 나온 증기를 다시 가열한다(증기재열).

18
급수가열기만 있으므로 재생 사이클이다.

19
탈기기 목적
배관급수에 산소 등을 분리하여 부식 방지

20
재열 사이클
고압터빈에서 나온 증기를 가열하여 저압터빈을 운전시킨다.

21
$$\eta = \frac{860\,W}{mH} \times 100 = \frac{860 \times 24{,}000}{10 \times 10^3 \times 5{,}500} \times 100 = 37.5\,[\%]$$

22
회분량 $= \dfrac{7{,}100}{8{,}000} = 887\,[g]$
$= 1{,}000 - 887 = 113\,[g]$
$= \dfrac{113}{1{,}000} \times 100 = 11.3\,[\%]$

23
$$\eta = \frac{860\,W}{mH}$$
$$0.3 = \frac{860 \times 30억\,[\mathrm{kwh}]}{m + 5{,}000}$$
$$m \fallingdotseq 1{,}720{,}000\,[\mathrm{ton}]$$

제3절 원자력발전

01	02	03	04	05	06	07	08	09	10
③	④	②	②	④	③	②	①	①	③

11	12
③	④

01
원자로는 화력에 보일러와 같은 역할을 한다.

02
감속재 : 경수, 중수, 흑연, 산화베릴륨

03
감속재 중 중수가 감속비가 가장 크다.

04
감속재 : 고속 중성자를 열 중성자로 감속

06
가압수형 원자로는 경수형 방식이므로 감속재, 냉각재는 경수를 사용한다.

08
비등수형은 열교환기가 필요하지 않다.

09
• FBR : 고속 원자로
• BWR : 비등수형 원자로
• PWR : 가압수형 원자로

10
냉각재
원자로 내에서 발생한 열에너지를 외부로 끄집어내기 위한 열매체이다. 냉각재는 노심을 통과해서 열에너지를 배출시킴과 동시에 노 내의 온도를 적당한 값으로 유지할 때 사용된다.

11
핵융합은 가벼운 원자핵들이 융합하여 무거운 원자핵으로 바뀌는 것이다. 원자핵이 융합하는 과정에서 줄어든 질량은 에너지로 변환되는데, 이를 핵융합에너지라 한다.

12
우라늄 1g은 석탄 3.3톤 열량에 상당한다.

Part 03 전기기기

제1장 직류기

01	02	03	04	05	06	07	08	09	10
③	①	②	①	④	③	②	③	④	①
11	12	13	14	15	16	17	18	19	20
①	①	②	④	③	②	④	②	④	②
21	22	23	24	25	26	27	28	29	30
②	②	②	②	①	④	②	③	②	③
31	32	33	34	35	36	37	38	39	40
②	②	④	③	③	③	②	①	②	②
41	42	43	44	45	46	47	48	49	50
③	③	①	②	①	②	①	④	③	②
51	52	53	54	55	56	57	58	59	60
④	④	①	①	②	①	②	③	④	①
61	62	63	64	65	66	67	68	69	70
③	②	②	③	③	①	②	③	③	④
71	72	73	74	75	76	77	78	79	80
③	④	①	③	①	②	①	④	①	②
81	82	83	84	85	86	87	88	89	90
③	①	①	①	①	③	④	②	③	④
91	92	93	94	95					
①	③	②	②	④					

01
양호한 정류를 얻는 방법
불꽃 없는 정류 조건 : 브러시 접촉면 전압강하 > 평균리액턴스 전압
- 저항정류 : 접촉저항이 큰 탄소브러시
- 전압정류 : 보극 설치
- 리액턴스 전압을 적게
- 정류주기 길기

02
직류기 3요소
- 계자 : 자속 발생
- 전기차 : 유도기전력 생성
- 정류자 : 교류를 직류로 변환

04
이층권은 코일의 제작 및 권선 작업이 용이하므로 직류기에서는 거의 이층권만이 사용되고 있다. 단층권이나 환상권, 개로권은 사용되지 않는다.

05
직류기의 다중중권 권선법에서 전기자 병렬 회로수 a와 극수 p 사이에는 $a = mp$의 관계가 있다.
$a = p$는 단중중권인 경우이다.

06
- 중권 $a = P$
- 전기자 권선의 전류 $= \dfrac{I_a}{a} = \dfrac{20}{4} = 5[A]$

08
중권과 파권의 차이점

	용도	a와 P관계	B와 P
중권	저전압, 대전류	$a = P$	$B = P$
파권	고전압, 소전류	$a = 2$	$b = 2$

09
정류자편수
$$K = \dfrac{\text{전 슬롯 수} \times \text{한 슬롯 내의 도체수}}{2}$$
$$= \dfrac{40 \times 4}{2} = 80[EA]$$

10
$$e_{sa} = \dfrac{PE}{K} = \dfrac{\text{총전압}}{\text{정류자 편수}} = \dfrac{260 \times 6}{162} = 9.63[V]$$

여기서, e_{sa} : 정류자 편 간 전압, E : 유기기전력
K : 정류자 편수, P : 극수

11
자극면의 주변 속도 v는
$$v = \pi Dn = \pi D \dfrac{N}{60} = \pi \times 0.2 \times \dfrac{1,800}{60} = 18.84[m/s]$$

12

중권이므로 $a = P = 4$

$E = \dfrac{P}{a}Z\phi\dfrac{N}{60} = \dfrac{4}{4} \times 152 \times 0.035 \times \dfrac{1{,}200}{60} \fallingdotseq 106.4[\text{V}]$

13

유기기전력

$E = \dfrac{P}{a}Z\phi\dfrac{N}{60} = K\phi N[\text{V}]$ (여기서, 중권 $a = P$)

$E = Z\phi\dfrac{N}{60}$

$\therefore N = \dfrac{60E}{Z\phi} = \dfrac{60 \times 100}{500 \times 0.01} = 1{,}200[\text{rpm}]$

14

유기기전력

$E = \dfrac{P}{a}Z\phi\dfrac{N}{60}$ (여기서, 중권 $a = P$)

$\quad = Blv \times \dfrac{Z}{a} = Bl\pi D\dfrac{N}{60} \times \dfrac{Z}{a}$

$\quad = 0.1 \times 0.6 \times 3.14 \times 0.4 \dfrac{\times 1{,}800}{60} \times \dfrac{24 \times 18 \times 2}{4}$

$\quad = 489[\text{V}]$

15

$E = k\phi N$에서 N이 $\dfrac{1}{2}$로 되면 ϕ가 2배가 되어야 E가 일정하다.

16

전기자 반작용

전기자 코일에 전류가 흘러 주자속에 영향을 주는 현상을 말한다.

(1) 방지법
 ① 발전기
  • 중성축 이동 : 회전 방향과 같은 방향으로 이동
  • 보극 설치(전압정류) : 전기자 기자력 1.3~1.4배
  • 보상권선 : 전기자 코일에 흐르는 전류와 반대 방향의 전류
 ② 전동기
  • 중성축 이동 : 회전 방향과 반대 방향으로 이동
  • 발전기와 동일

(2) 전기자 기자력
 ① 감자 기자력 $F = \dfrac{I_a Z}{2ap} \times \dfrac{2\alpha}{180}[\text{AT/P}]$
 ② 교차 기자력 $F = \dfrac{I_a Z}{2ap} \times \dfrac{\beta}{180}[\text{AT/P}]$

(3) 전기자 반작용의 영향
 ① 발전기 : 자속 감소 ⇒ 유기기전력(E) 감소 $= K\phi N$
 ② 전동기 : 자속 감소 ⇒ 토크(T) 감소 $= K\phi I_a$

18

전기자 반작용은 전기자 전류가 주자극의 자속 분포에 주는 영향이다. 그러므로 전기자의 흐르는 전류가 반대방향의 전류를 보내 전기자기자력을 상쇄한다.

19

전기자 반작용의 영향
① 주자속 감소
② • 발전기 : 유기기전력, 단자전압, 출력 감소
  • 전동기 : 토크 감소, 속도 증가
③ 전기적 중성축 이동
  • 발전기 : 브러시를 회전방향으로 이동시켜 보상
  • 전동기 : 브러시를 회전 반대방향으로 이동시켜 보상)

21

• 발전기 : 자속 감소 ⇒ 유기기전력(E) 감소 $= K\phi N$
• 전동기 : 자속 감소 ⇒ 토크(T) 감소 $= K\phi I_a$

22

• A : 전기자권선(Amature)
• C : 보상권선(Compensating Winding)
• F : 계자권선(Field Magnet)

24

감자기자력 $F = \dfrac{I_a Z}{2ap} \times \dfrac{2\alpha}{180}[\text{AT/극}]$

$\therefore K = \dfrac{I_a Z}{2ap}$

$\therefore F = K \cdot \dfrac{2\alpha}{180}[\text{AT/극}]$

25
전기자 반작용 현상
- 주자속 감소
- 유기기전력 감소
- 전기적 중성축 이동
- 정류자 편간의 불꽃섬락 발생
- 전동기 토크 감소(속도 증가)

26
- 브러시로 단락되는 정류 코일의 자기 유도 기전력
$$e_L = L\frac{di}{dt}$$
- 전류의 변화 : $I_c - (-I_c) = I_c$
$$\therefore e_L = L\frac{2I_c}{T_c}$$

27
- a, b : 부족 정류(브러시의 뒤쪽에서 불꽃이 발생)
- c : 정현파 정류(전류의 변화가 정현파로 표시되는 것)
- d : 직선 정류(전류가 직선적으로 변화하는 것)
- e, f : 과정류(브러시의 앞쪽에서 불꽃이 발생, 정현파 정류, 직선 정류가 양호한 정류 속에 들어감)

28
양호한 정류를 얻는 조건
$$e = L\frac{2I_c}{T_c}[V]$$
- 리액턴스 전압(인턱턴스 전압)이 작을 것
- 리액턴스(인턱턴스) 값이 작을 것
- 정류주기를 길게(크게) 할 것
- 회전자 속도를 작게 할 것
- 리액턴스 전압 < 브러쉬 전압강하
- 브러쉬 접촉저항을 크게 할 것

30
- 저항 정류 : 브러시의 접촉 저항을 크게 해서, 즉 탄소 브러시를 사용하여 양호한 정류를 얻는 것이다.
- 전압 정류 : 보극을 설치하여 정류 코일 내에 유기되는 리액턴스 전압과 반대 방향으로 정류 전압을 유기시키면 저항 정류의 경우와 같게 되어 직선 정류를 얻을 수 있다.

33
유기기전력을 조정하면 단자전압이 조정된다.
∴ 계자 저항을 조정하여 자속을 변화하여 유기기전력을 조정한다.

34
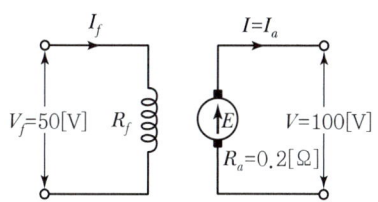

- 전기자 전류
$$I_a = I = \frac{P}{V} = \frac{5\times 10^3}{100} = 50[A]$$
- 유기기전력
$$E = V + I_aR_a + e_b = 100 + 50\times 0.2 + 2 = 112[V]$$
- 무부하 시
$$I_a = I = 0$$
$$E = V_0 = 112[V]$$

35
$$E = K\phi N \qquad K = \frac{E}{\phi N} = \frac{150}{5\times 600} = 0.05$$
$$E' = K\phi N \qquad \phi = \frac{E'}{KN'} = \frac{180}{0.05\times 800} = 4.5[A]$$
$$(\phi = I_f)$$

36
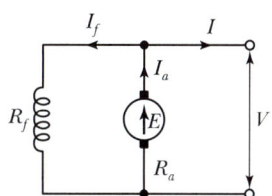

단자 전압 V는 계자 회로의 전압강하와 같으므로
$$V = R_fI_f = 50\times 2 = 100[V]$$
$E = V + I_aR_a$ 식에서 $I_a = I_f$ 이므로(∵ 무부하)
∴ 유기기전력 $E = V + I_fR_a = 100 + 2\times 1.5 = 103[V]$

37

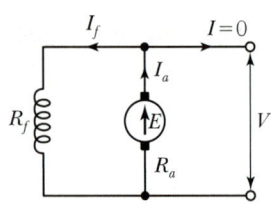

$I_f = 0$, $I_a = 50 [A]$, $R_a = 0.2 [\Omega]$

$\therefore E = V + I_a R_a = 220 + 50 \times 0.2 = 230 [V]$

38

분권 발전기

$I = \dfrac{P}{V} = \dfrac{5,000}{200} = 25 [A]$

$V = I_f R_f$

$I_f = \dfrac{V}{R_f} = \dfrac{200}{500} = 0.4 [A]$

$E = V + I_a R_a$

$I_a = I + I_f = 25 + 0.4 = 25.4 [A]$

$\therefore R_a = \dfrac{E - V}{I_a} = \dfrac{210 - 200}{25.4} = 0.4 [\Omega]$

39

전압변동률

유기기전력(무부하전압) $E = U + I_a R_a$

$I_a = I + I_f = \dfrac{10 \times 10^3}{200} + \dfrac{200}{100} = 52 [A]$

$E = 200 + 52 \times 0.1 = 205.2 [V]$

$\therefore \varepsilon = \dfrac{V_o - U_n}{U_n} \times 100 = \dfrac{205.2 - 200}{200} \times 100 = 2.6 [\%]$

40

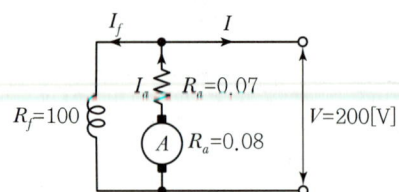

$I_f = \dfrac{V}{R_f} = \dfrac{200}{100} = 2 [A]$

$I_a = I + I_f = 18 + 2 = 20 [A]$

$\therefore E = V + I_a(R_a + R_s) = 200 + 20 \times (0.08 + 0.07)$
$\qquad = 203 [V]$

41

$V = \dfrac{940 i_f}{33 + i_f}$

계자 권선의 저항이 $20 [\Omega]$이므로 계전 저항선은 $V = 20 i_f$ 이다. 이 식을 위 식에 대입하면

$V = \dfrac{940 \left(\dfrac{V}{20}\right)}{33 + \left(\dfrac{V}{20}\right)}$

$33 V + \dfrac{V^2}{20} = 940 \times \dfrac{V}{20}$

$33 + \dfrac{V}{20} = 47$

$\therefore V = 280 [V]$

42

직류발전기의 무부하 포화곡선

회전수를 정격으로 유지하고 계자 전류와 유기기전력의 관계를 표시하는 곡선이며, 자기 회로의 포화 정도를 나타낸다.

43

① 무부하 포화곡선 : 계자전류와 유기기전력($I_f - E$)

② 외부 특성곡선 : 부하전류와 단자전압($I - V$)

③ 부하 특성곡선 : 계자전류와 단자전압($I_f - V$)

④ 내부 특성곡선 : 부하전류와 유기기전력($I - E$)

44

직권발전기 $I_a = I = I_f$

무부하 시 $I = 0$, 전압 확립이 불가능

45

타여자발전기

외부에서 계자 전류를 공급하므로 잔류 자기가 없어도 발전할 수 있다.

46

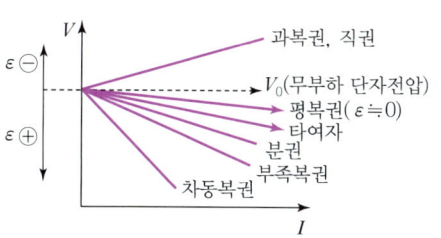

47

직류 분권발전기 역회전 시 현상

역회전에 의해서 잔류 자기에 의한 기전력의 극성이 반대로 된다. 그러므로 분권 회로의 여자 전류가 반대로 흘러서 잔류 자기를 소멸시키기 때문에 발전 불능이 된다.

48

가동 복권발전기의 내부 결선을 바꾸어 분권발전기로 하려면 직권 계자 권선을 단락시킨다. 외분권, 내분권들은 어느 것이나 복권발전기의 일종이다.
- 분권발전기 : 직권계자 권선 단락
- 직권발전기 : 분권계자 권선 개방

49

전압변동률

$$\varepsilon = \frac{\text{무부하전압} - \text{정격전압}}{\text{정격전압(전부하전압)}} \times 100 = \frac{V_0 - V}{V} \times 100 [\%]$$

- 직권 $V_0 < V$ $\varepsilon(-)$
- 분권 $V_0 > V$ $\varepsilon(+)$
- 평복권 $V_0 = V$ $\varepsilon(0)$
- 과복권 $V_0 < V$ $\varepsilon(-)$
- 차동복권 $V_0 > V$ $\varepsilon(+)$
- 타여자 $V_0 > V$ $\varepsilon(+)$

전압 변동률이 타여자, 분권 및 부족 복권 발전기에서 (+)이고, 과복권 발전기, 직권 발전기에서는 (-)가 된다.

50

$$\varepsilon = \frac{V_0 - V_n}{V_n} \times 100 = \frac{119 - V_n}{V_n} \times 100 = 6[\%]$$

$$\therefore V_n = \frac{119}{1 + \varepsilon} = 112.3[V]$$

51

직류발전기 병렬 운전 조건
- 극성이 같을 것
- 단자전압이 같을 것
- 외부 특성곡선이 거의 같을 것

52

110[V], 0.04[Ω]의 전압, 전류를 V_1, I_1,
112[V], 0.06[Ω]의 전압, 전류를 V_2, I_2라 하면
$I_a + I_b = 100$ $I_a = 100 - I_b$ ·············· ①
$V = E_a - I_a R_a = E_b - I_b R_b$ ·············· ②
②식에 ①식을 대입
$110 - 0.04(100 - I_b) = 112 - 0.06 I_b$
$0.1 I_b = 6$, $I_b = 60[A]$
$\therefore I_a = 40$, $I_b = 60$

53

병렬 운전을 하려면 정격 전압은 같아야 하나 용량은 달라도 된다.

54

부하의 분담을 변화시키려면 부하를 증가시키려고 하는 발전기의 계자 조정기를 조정해서 계자 전류를 증가시키거나 부하 분담을 줄이려고 하는 발전기의 계자 전류를 감소시키면 된다.

55

균압선
- 설치목적 : 안정된 병렬운전을 하기 위해서이다.
- 필요한 기계 : 직권, 복권(가동복권, 차동복권, 평복권)
- 필요 없는 기계 : 분권, 타여자

56

문제 55번 해설 참고

57

계자 저항 증가 → 계자 전류 감소 → 자속 감소 → 속도 증가
$E = K\phi N$, $E = V - R_a I_a$
$n = K \dfrac{V - I_a R_a}{\phi}$ [rps]
즉, n은 ϕ에 반비례한다.

58
$N = K\dfrac{V - I_a R_a}{\phi}\ (\phi = I_f)$

$N \propto \dfrac{1}{I_f}$ (여기서, I_f : 감소, N : 증가)

59
계자전류 증가 → 자속 증가 → 속도 감소

60
속도변동률

$\varepsilon = \dfrac{\text{무부하속도} - \text{정격속도}}{\text{정격속도(전부하속도)}} \times 100 = \dfrac{N_0 - N}{N} \times 100[\%]$

속도변동률 크기(大 → 小)
직권 → 가동복권 → 분권 → 차동복권

61
$n = K\dfrac{V - I_a R_a}{\phi}$ 이므로 n을 $\dfrac{1}{2}$로 하려면 자속 ϕ는 2배가 되어야 한다.

62
직권 $I_a = I = I_f = \phi$

토크 $T = K I_a^2$

전류 일정 ⇒ 자속 일정

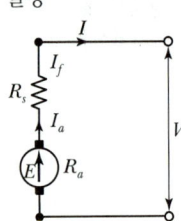

$V = 525[V]$
$E = V - I_a(R_a + R_s) = 525 - 50 \times 0.5 = 500 = K\phi N$
$V' = 400$
$E' = V' - I_a(R_a + R_s) = 400 - 50 \times 0.5 = 375 = K\phi N'$
$\therefore N' = \dfrac{375}{500} \times 1{,}000 = 750[\text{rpm}]$

63
직권 전동기의 속도 $N = K\dfrac{V - I_a(R_a + R_s)}{I_a}$ 에서 $K = 2$

$\therefore N = 2 \times \dfrac{110 - 10(0.3 + 0.7)}{10} = 20[\text{rps}]$
$= 1{,}200[\text{rpm}]$

64
전원의 극성을 반대로 하면 전기자전류와 계자전류가 같이 반대 방향이 되므로 회전 방향은 변하지 않는다.

65
- 전차용 전동기는 직류직권 전동기이다.
- 직권 전동기는 부하가 줄면 속도가 증가한다.
- 속도 변동률 크기(大 → 小)
  직권 → 가동복권 → 분권 → 차동복권
  분권 전동기는 속도 변동률이 작다.

68
출력 $P = \omega T = 2\pi \times \dfrac{N}{60} \times T$ 에서 $P \propto NT$

$\therefore P : P' = NP : (2N)(2T) \quad P' = 4P$

70
$T = K I_a^2 \quad I_a = I = I_f = \phi \quad N \propto \dfrac{1}{\phi} \quad T = K\left(\dfrac{1}{N}\right)^2$

71
- 직권 전동기의 속도 $n = K\dfrac{V}{\phi}$ 에서 $n \propto \dfrac{1}{\phi} \propto \dfrac{1}{I_a}$
  (직권전동기에서 $I = I_a = I_f \propto \phi$ 이므로)
- 토크 $T = K\phi I_a$ 에서 자기 포화를 무시하면 $I_a 1 = i_f \propto \phi$ 이므로 $T = K I_a^2$

따라서, 토크 $T \propto \dfrac{1}{n^2}$ 이므로 회전수를 $\dfrac{1}{2}$로, 토크 T는 4배로 된다.

72
직권 $T = K I_a^2 \quad I_a = I = I_f = \phi \quad N \propto \dfrac{1}{\phi}$

$T = K\left(\dfrac{1}{N}\right)^2$

$T = K\left(\dfrac{1}{N}\right)^2$ ……… ①

$\dfrac{3}{4}T = K\left(\dfrac{1}{N'}\right)^2$ ……… ②

두 식에서 $\dfrac{4}{3} = \left(\dfrac{N'}{N}\right)^2$

$\therefore N' = \sqrt{\dfrac{4}{3}} \times 1{,}732 = 2{,}000[\text{rpm}]$

73

토크 $T = K\phi I_a [\text{N} \cdot \text{m}]$에서 전동기는 $I_a = I_f = I \propto \phi$
(직권 전동기에서 전기자 전류=계자 전류=부하전류)
따라서, $T = K'I^2 \propto I^2$, $T_1 : T_2 = I_1^2 : I_2^2$

$\therefore T_2 = \left(\dfrac{I_2}{I_1}\right)^2 \times T_1 = \left(\dfrac{60}{100}\right)^2 \times 10 = 3.6 [\text{kg} \cdot \text{m}]$

74

역기전력 $E_c = V - I_a R_a = 100 - 20 \times 0.2 = 96 [\text{V}]$

토크 $T = 0.975 \dfrac{P}{N} = 0.975 \dfrac{E_c I_a}{N} = 0.975 \dfrac{96 \times 20}{1,500}$
$= 1.25 [\text{kg} \cdot \text{m}]$

75

$T = \dfrac{pZ}{2\pi a}\phi I_a = \dfrac{6 \times 500}{2 \times \pi \times 6} \times 0.01 \times 100 = 79.58 [\text{N} \cdot \text{m}]$

$1 [\text{kg} \cdot \text{m}] = 9.8 [\text{N} \cdot \text{m}]$이므로

토크 $T = \dfrac{79.58}{9.8} = 8.12 [\text{kg} \cdot \text{m}]$

76

토크 $T = 0.975 \times \dfrac{P}{N} = 0.975 \times \dfrac{EI_a}{N} [\text{kg} \cdot \text{m}]$

전기자 전류 $I_a = \dfrac{NT}{0.975\,E} = \dfrac{1,200 \times 16.2}{0.975 \times 200} \fallingdotseq 100 [\text{A}]$

77

토크 $T = F \times r = 3.5 \times 0.5 = 1.75 [\text{kg} \cdot \text{m}]$

$T = 975 \times \dfrac{P}{N}$

$\therefore P = \dfrac{NT}{975} = \dfrac{1500 \times 1.75}{975} = 2.7 [\text{kW}]$

78

속도 제어법
$E = V - I_a R_a = K\phi N$

$\therefore N \propto \dfrac{V - I_a R_a}{\phi}$

- 계자 제어법 : 정출력 제어
- 전압 제어법 : 속도제어 범위 광범위(워드레오너드, 일그너방식)
- 저항 제어법 : 손실이 많음

83

$\tau = K\phi I_a$, $I_f = \dfrac{V}{R_f + R_{FR}}$ 이므로 기동 토크를 크게 하려면 자속을 크게 해 두는 것이 좋으므로 계자 전류 I_f가 클수록 좋다. 그러므로 계자 권선 R_f와 직렬로 되어 있는 계자 저항기의 저항 R_{FR}을 0으로 해 둔다.

84

기동 토크를 크게 하려면 자속을 크게 해 두는 것이 좋으므로 계자 전류가 클수록 좋다.

85

기동 전류 $I_s = 1.5\,I_a = \dfrac{V}{R_a + R}$

기동 저항 $R = \dfrac{V}{1.5\,I_a} - R_a = \dfrac{225}{1.5 \times 30} - 0.2 = 4.8 [\Omega]$

86

규약 효율

- 실측효율 $\eta = \dfrac{\text{출력}}{\text{입력}} \times 100$
- 규약효율 $\eta = \dfrac{\text{입력} - \text{손실}}{\text{입력}} \times 100 [\%]$(전동기)

  $\eta = \dfrac{\text{출력}}{\text{출력} + \text{손실}} \times 100 [\%]$(발전기)

87

손실을 $P [\text{kW}]$라 하면 $0.8 = \dfrac{10}{10 + p}$

$\therefore P = \dfrac{10}{0.8} - 10 = 12.5 - 10 = 2.5 [\text{kW}]$

88

$n = \dfrac{\text{출력}}{\text{출력} + \text{손실}}$

손실 $= \dfrac{\text{출력}}{\eta} - \text{출력} = \dfrac{10,000}{0.8} - 10,000 = 2,500 [\text{W}]$

손실=고정손실+가변손실이므로

$\therefore$ 가변손실$=2,500 - 1,300 = 1,200 [\text{W}]$

89

손실 $\alpha + \beta I^2$ 에서 α는 부하 전류에 관계없는 고정손이고, βI^2 은 전류의 제곱에 비례하는 가변손이다. 최대 효율 조건은 고정손=가변손이므로, 즉 $\alpha = \beta I^2$이 되는 부하 전류 I는

$I = \sqrt{\dfrac{\alpha}{\beta}}$ 에서 최대 효율이 된다.

90

최대조건 ⇒ 고정손=가변손(부하손)

91

손실의 종류
- 가변손(부하손) : 전기자손(전기자동손), 브러쉬손(브러쉬동손), 계자손(계자동손), 표유부하손(누설자속)
- 기계손 (P_m) : 풍손, 마찰손, 베어링손
- 고정손 (P_i, 철손) $P_e = K(f_B t)^2$: 규소 강판성층
  $P_h = K f B^{1.6}$: 규소 강판 사용

92

전기자는 자계 중을 회전하기 때문에 전기자를 통하는 자속의 방향은 변화하여 철손이 발생한다. 히스테리시스손을 적게 하려면 저규소 강판(규소 함유율 1~1.4 [%])을 사용하고, 와류손을 적게 하려면 규소 강판을 성층해서 사용한다.

94

반환 부하법에 의한 온도 시험에는 카프법, 홉킨스법, 블론델법이 있으며 외부에서 공급하는 전력이 손실분만으로 되기 때문에 실부하법에 의하여 소비 전력이 훨씬 적어도 되며 취급이 간단하다.
프로니 브레이크법은 토크의 측정법이다.

95

전기 기기에 사용되는 절연물의 최고 허용 온도는 다음과 같이 분류된다.

[허용 온도에 의한 절연의 종류]

절연의 종류	Y	A	E	B	F	H	C
허용 최고 온도[℃]	90	105	120	130	155	180	180 초과

제2장 동기기

01	02	03	04	05	06	07	08	09	10
②	①	③	①	④	②	④	①	②	③
11	12	13	14	15	16	17	18	19	20
②	②	②	③	④	③	③	③	④	②
21	22	23	24	25	26	27	28	29	30
④	①	④	②	①	②	④	①	①	②
31	32	33	34	35	36	37	38	39	40
①	②	①	③	③	③	②	④	③	②
41	42	43	44	45	46	47	48	49	50
②	①	②	③	①	②	③	④	③	①
51	52	53	54	55	56	57	58	59	60
③	②	①	③	④	④	②	③	③	④
61	62	63	64	65	66	67	68	69	70
②	①	④	②	④	③	④	③	④	①
71	72	73	74	75	76	77	78	79	80
③	①	②	④	③	②	④	②	③	④
81	82	83	84	85	86	87	88	89	90
④	①	①	④	④	④	①	④	③	①
91	92								
④	②								

01

주파수 동일

$f = \dfrac{N_s p}{120} = \dfrac{N_s' p'}{120}$

∴ 8극일 때 동기속도

$N_s = \dfrac{N_s \cdot p}{p} = \dfrac{1,200 \times 6}{8} = 900 [\text{rpm}]$

02

동기속도 $N_s = \dfrac{120 f}{P} = \dfrac{120 \times 60}{12} = 600 [\text{rpm}]$

회전자 주변 속도 $v = \pi D \dfrac{N_s}{60} [\text{m/s}]$ (단, πD : 회전자 둘레)

극간격이 1[m]이므로 회전자 둘레=극수×극간격=12×1 =12[m]가 된다. 따라서 회전자 주변 속도 v는

∴ $v = \pi D \dfrac{N_s}{60} = 12 \times \dfrac{600}{60} = 120 [\text{m/s}]$

04

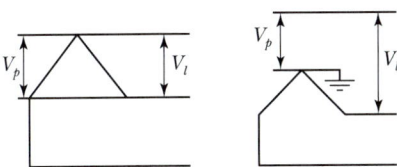

△결선과 비교한 Y결선의 장점
- 고조파 순환 전류가 흐르지 않는다(Y 결선).
- 이상 방지 대책이 용이하다(중성선 접지).
- 코일의 코로나, 열화 등이 감소된다(전압 $\frac{1}{\sqrt{3}}$ 배 감소).
- 권선의 절연 상태가 양호하다(전압이 $\frac{1}{\sqrt{3}}$ 배 감소).

05

회전 계자형은 전기자를 고정자로 하고 계자극을 회전자로 한 것으로 가장 많이 사용되고 있다. 회전 자계형이 사용되는 이유는 다음과 같다.
- 전기자 권선은 전압이 높고 결선이 복잡하여 대용량으로 되면 전류도 커지고, 3상 권선의 경우에는 4개의 도선을 인출하여야 하기 때문이다.
- 계자 회로는 직류의 저압 회로이므로 소요 동력도 작으며, 인출 도선이 2개만 있어도 되기 때문이다.
- 계자극을 기계적으로 튼튼하게 만드는 데 용이하기 때문이다.
- 고장 시의 과도 안정도를 높이기 위하여 회전자의 관성을 크게 하기 쉽기 때문이다.

06

동기기의 전기자 권선법은 보통 분포권, 단절권, 2층권, 중권이 사용되고 있다.

07

고조파 발생방지법
- 전기자 슬롯을 스큐(비뚤어짐) 슬롯으로 한다.
- 전기자 권선 Y형 결선으로 한다.
- 전기자 반작용을 작게 한다.
- 전기자 권선법은 단절권으로 감는다.

08

단절권의 장점
- 고조파를 제거하여 파형을 개선한다(3, 5, 7, …).
- 코일 끝부분이 단축되어 기계적으로 축소된다.
- 구리량(동량, 권선량)이 적게 든다(동손 감소).

10

$\beta = \dfrac{권선\ 피치}{자극\ 피치} = \dfrac{13}{15}$ 이므로

단절권 계수 K_p는

$K_p = \sin \dfrac{\beta\pi}{2} = \sin\left[\dfrac{13}{15} \times \dfrac{\pi}{2}\right] = \sin \dfrac{13}{30}\pi$

11

제5고조파에 대한 단절 계수는 $K_{p5} = \sin \dfrac{5\beta\pi}{2}$ 이다.

제5고조파를 제거하려면 $K_{p5} = 0$으로 하여야 한다.

따라서 $\dfrac{5\beta\pi}{2} = n\pi$ (n은 정수)의 관계가 성립하여야 한다.

n에 0, 1, 2, 3을 대입하면

$n = 0$일 때, $\beta = 0$(이때에는 권선이 이루어지지 않는다.)

$n = 1$일 때, $\beta = \dfrac{2}{5} = 0.4$

$n = 2$일 때, $\beta = \dfrac{4}{5} = 0.8$

$n = 3$일 때, $\beta = \dfrac{6}{5} = 1.2$

그런데 $\beta < 1$이므로 $\beta = 0.8$이 가장 적합하다.

12

매극, 매상의 슬롯수가 1개인 권선을 집중권(Concentrated Winding), 2개 이상인 것을 분포권(Distributed Winding)이라고 한다.

13

분포권의 장점
① 고조파를 감소시켜 파형을 개선한다.
  - 제3고조파 31(%) ⎤
  - 제5고조파 71(%) ⎦ 감소
② 권선의 과열을 방지한다.
③ 권선의 누설리액턴스를 감소시킨다.

14
분포권을 사용하는 이유
- 분포권은 집중권에 비하여 합성 유기기전력이 감소한다.
- 기전력의 고조파가 감소하여 파형이 좋아진다.
- 권선의 누설 리액턴스가 감소한다.
- 전기자 권선에 의한 열을 고르게 분포시켜 과열을 방지하고 코일 배치가 균일하게 되어 통풍 효과를 높인다.

15
$$K_d = \frac{\sin\frac{\pi}{2m}}{q\sin\frac{\pi}{2mq}} \text{ (기본파)}$$

$$K_{dn} = \frac{\sin\frac{n\pi}{2m}}{q\sin\frac{n\pi}{2mq}} \text{ (}n\text{차 고조파)}$$

16
분포권 계수 K_{dn}은
$n=1$, $m=3$, $q=3$이므로
$$K_{dn} = \frac{\sin\frac{\pi}{2\times3}}{3\sin\frac{\pi}{2\times3\times3}} = \frac{\frac{1}{2}}{3\sin\frac{\pi}{18}} = \frac{1}{6\sin\frac{\pi}{18}}$$

17
- 매극, 매상의 슬롯 수
$$q = \frac{\text{전체 슬롯 수}}{\text{극수}\times\text{상수}} = \frac{36}{4\times3} = 3$$
- 코일 수
$$w = \frac{\text{전체 슬롯 수}\times\text{2층권}}{2} = \frac{36\times2}{2} = 36$$

18
- 단절권 : 고조파를 제거하여 파형 개선
- 분포권 : 고조파를 감소시켜 파형 개선

19
전기각 = 기계각 $\times \frac{\text{극수}}{2} = 15 \times \frac{12}{2} = 90°$

20
- Y결선의 선간전압 $V_l = \sqrt{3}\,E$
- 2개의 코일이 병렬로 되어 있으므로 전체 선전류 $I_l = 2I$
- 피상전력 $P_a = \sqrt{3}\,V_l I_l = \sqrt{3}\times\sqrt{3}\,E\times 2I = 6EI$

21
$P=4$, $\phi=0.062[\text{Wb}]$, $N_s=1,800[\text{rpm}]$, $\omega=100$, $k_\omega=1.0$이므로,

주파수 $f = \frac{PN_s}{120} = \frac{4\times1,800}{120} = 60[\text{Hz}]$

코일의 유기기전력 E는 $E=4.44k_\omega f\omega\phi[\text{V}]$

　여기서, k_ω : 권선 계수
　　　　　ω : 1상에서 직렬로 접속된 코일의 권수

∴ $E = 4.44k_\omega f\omega\phi = 4.44\times1.0\times60\times100\times0.062$
　　　$= 1,652[\text{V}]$

22
△결선 : 선간전압=상전압
$V = E = 4.44\,f\phi\omega k_\omega[\text{V}]$

23
유기기전력 $E = 4.44f\phi\omega K[\text{V}]$

주파수 $f = \frac{N_s P}{120} = \frac{1,200\times6}{120} = 60[\text{Hz}]$

∴ 단자전압
$V_l = \sqrt{3}\,E = \sqrt{3}\times4.44\times60\times0.16\times186\times0.96$
　　$= 13,182.5[\text{V}]$

24
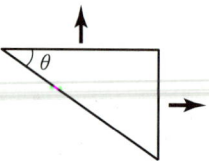

유효분(횡축분) $= I\cos\theta$　　무효분(직축분) $= I\sin\theta$

31
$P = 8,000[\text{kVA}], \quad V_l = 6,000[\text{V}], \quad \%Z_s = 80[\%]$

$\%Z = \dfrac{P \cdot Z_s}{10\, V^2}$

$Z_s = \dfrac{\%Z \cdot 10\, V^2}{P} = \dfrac{80 \times 10 \times 6^2}{8,000} = 3.6[\Omega]$

32
일반적으로 동기기에서 전기자 저항 r_a는 리액턴스에 비하여 무시할 정도이므로 실용상 $Z_s \fallingdotseq x_s$라 해도 좋다

$Z_s = r_a + jx_s = r_a + j(x_a + x_1) \fallingdotseq x_s$

여기서, r_a : 전기자 저항, x_a : 전기자 반작용 리액턴스
x_1 : 전기자 누설 리액턴스, x_s : 동기 리액턴스

34
비철극형 동기발전기 한 상의 출력

$P = \dfrac{EV}{X_s}\sin\delta[\text{W}] = \dfrac{6,000 \times 5,000}{10} \times \sin 30° = 1,500[\text{W}]$

3상의 출력
$P_3 = 3 \times 1,500 = 4,500[\text{W}]$

36
$I_n = \dfrac{P \times 10^3}{\sqrt{3}\, V_n} = \dfrac{66,000 \times 10^3}{\sqrt{3} \times 22,900} = 1,664[\text{A}]$

38
3상 동기 발전기 출력

$P = 3 \cdot \dfrac{EV}{x_s}\sin\delta \times 10^{-3}$

$= 3 \times \dfrac{6,400 \times 4,000}{10} \times \dfrac{1}{2} \times 10^{-3} = 3,840[\text{kW}]$

39
동기기의 전압 변동률 ε은

$\varepsilon = \dfrac{V_0 - V}{V} \times 100[\%]$

전압 변동률 ε은 부하 전류의 크기에 따라서 달라질 뿐만 아니라 같은 부하 전류에 대해서도 역률이 다르면 그 값이 달라진다. 외부 특성 곡선은 이 관계를 나타낸다.
- 유도 부하인 경우 ε : $+\,(V_0 > V)$
- 용량 부하인 경우 ε : $-\,(V_0 < V)$

40
동기기에서 저항은 누설 리액턴스에 비하여 작으며 전기자 반작용은 단락 전류가 흐른 후에 작용하므로 돌발 단락 전류를 제한하는 것은 누설 리액턴스이다.
역상 리액턴스는 역상 전류에 대응하는 것으로 3상 평형 단락이 되면 역상 전류는 흐르지 않는다.
동기 리액턴스=누설 리액턴스+반작용 리액턴스

41
단락전류(지상전류) ⇒ 감자작용에 의해 유기기전력 감소
∴ 단락 전류가 점차 감소

42
3상 돌발 단락이 발생했을 때 단락 전류를 제한하는 것은 제동 권선이 없는 발전기에서는 전기자 누설 리액턴스와 계자 권선의 누설 리액턴스의 합인 직축 과도 리액턴스이다. 전기자반작용의 경우 영구단락전류를 제한한다.

43
단락전류 $I_s = \dfrac{V_p = E}{Z_s} \fallingdotseq \dfrac{E}{x_s} = \dfrac{E}{x_a + x_l}[\text{A}]$

$Z_s = r_a + j \times s \quad r_a \ll x_s$

여기서, x_a : 전기자 반작용에 의한 리액턴스
x_l : 누설 리액턴스
x_s : 동기 리액턴스

44
동기 리액턴스 $Z_s = \dfrac{E}{I_s} = \dfrac{600}{30} = 20[\Omega]$

45
동기 임피던스 $Z_s = \dfrac{V_p}{I_s} = \dfrac{V_l}{\sqrt{3}\, I_s} = \dfrac{1,000\sqrt{3}}{\sqrt{3} \times 50} = 20[\Omega]$

46
단락비(K) 산출시험
- 3ϕ 무부하시험 : 철손
- 3ϕ 단락시험 : 동손, 동기 임피던스

48

$$K = \frac{3\phi \text{ 동기발전기를(개방) 무부하고 정격전압이}}{3\phi \text{ 동기발전기를 단락하고 정격전류가}} \frac{\text{될 때까지 필요한 계자전류 } I_f'}{\text{흐를 때까지 필요한 계자전류 } I_f''}$$

$$= \frac{i_1}{i_2}$$

49

단락비 $K = \dfrac{I_f'}{I_f''} = \dfrac{I_s}{I_n} = \dfrac{1}{\%Z_s[p \cdot u]} = \dfrac{V_l^{\,2}}{PZ_s}$

50

동기 임피던스[P.U] $= \dfrac{1}{k_s} = \dfrac{1}{1.2} = 0.8333$

$$\%z = 83.33\%$$

$\%z = \dfrac{P \cdot z_s}{10\,V^2}\ (P[\text{KUA}],\ V[\text{KU}])$

$Z_s[\Omega] = \dfrac{\%z \cdot 10\,V^2}{P} = \dfrac{83.33 \times 10 \times 6^2}{10{,}000} = 3[\Omega]$

51

$P = 5{,}000[\text{kVA}],\ V_l = 6{,}000[\text{V}],\ I_f' = 200[\text{A}],$
$I_s = 600[\text{A}]$ 이므로

단락비 $K = \dfrac{I_f'}{I_f''} = \dfrac{I_s}{I_n} = \dfrac{I_s}{\dfrac{P}{\sqrt{3}\,V_l}} = \dfrac{\sqrt{3}\,V_l I_s}{P}$

$= \dfrac{\sqrt{3} \times 6{,}000 \times 600}{5{,}000 \times 10^3} = 1.25$

52

$P = 10{,}000[\text{kVA}],\ V_l = 6{,}600[\text{V}],\ Z_s = 3.6[\Omega]$ 이므로

단락비 $\%Z_s = \dfrac{P \times Z_S}{10 \times V^2} = \dfrac{10000 \times 3.6}{10 \times 6.6^2} = 82.64\%$

$\%Z_S[\%]$를 $\%Z_S[\text{p.u}]$로 바꾼다.

$K_S = \dfrac{1}{\%Z_S[\text{p.u}]} = \dfrac{1}{0.8264} = 1.21$

53

$I_s = \dfrac{E}{Z_s}$

$\therefore Z_s = \dfrac{E}{I_s} = \dfrac{6000}{\sqrt{3} \times 600} = 5.77[\Omega]$

$\%Z_s = \dfrac{P \cdot Z_s}{10 \cdot V^2} = \dfrac{5 \times 10^3 \times 5.77}{10 \times 6^2} = 80.1[\%]$

54

단락비가 큰 기계를 철기계, 단락비가 작은 기계를 동기계라 한다. 철기계는 부피가 커지며 값이 비싸고, 철손, 기계손 등의 고정손이 커서 효율은 나빠지지만 전압 변동률이 작고 안정도 및 선로 충전 용량이 커지는 이점이 있다.

55

단락비가 큰 동기기의 특징

단락비가 큰 동기기는 전기자 반작용이 작고(동기 임피던스가 작기 때문에), 계자 자속이 크며 기전력을 유도하는 데 필요한 계자 전류가 커진다. 따라서 기계의 중량이 무겁고 가격도 비싸다. 그러나 기계에 여유가 있고 전압 변동률이 양호하며 과부하 내량이 크고 송전 선로의 충전 용량이 크다.

56

문제 54번 해설 참고

58

돌극형은 부하각 $\delta = 60°$ 부근에서 최대 출력이 되고, 정격 운전 시는 20° 부근이다.
비돌극기(원통형 회전자)는 $\delta = 90°$에서 최대가 된다.

59

동기 발전기의 병렬 운전 조건
- 기전력의 크기가 같을 것
- 기전력의 위상이 같을 것
- 기전력의 주파수가 같을 것
- 기전력의 파형이 같을 것
- 상회전 방향이 같을 것

62
계자전류(여자전류) 변화하면 기전력의 크기가 같지 않을 때 무효 순환 전류가 흐른다.

63
기전력의 위상이 같지 않을 때 동기화 전류가 흐른다.

64
원동기 출력이 변화하면 기전력의 위상이 같지 않을 때 동기화 전류가 흐른다.

65
무효 횡류 $I_c = \dfrac{E_1 - E_2}{2Z_s} = \dfrac{E_c}{2Z_s} = \dfrac{210}{2 \times 6} = \dfrac{210}{12} = 17.5[A]$

66
동기화 전류

$I_c = \dfrac{E}{x_s}\sin\dfrac{\delta}{2}[A] = \dfrac{V_\ell}{\sqrt{3}\, x_s}\sin 10°$
$= \dfrac{6{,}000}{\sqrt{3} \times 6} \times 0.174 = 100.4[A]$

67
수수전력 $P = \dfrac{E^2}{2x_s}\sin\delta \times 10^{-3} = \dfrac{(2{,}000)^2}{2 \times 5} \times \dfrac{1}{2} \times 10^{-3}$
$= 200[kW]$

68
병렬 운전되고 있는 동기 발전기의 부하 전력을 조정하려면 발전기를 구동하고 있는 원동기의 속도를 변화시킨다. 즉, 부하를 증가시키려고 하는 발전기의 원동기 속도가 증가하도록(입력을 증가) 조정하거나 부하를 감소시키려고 하는 발전기의 원동기 속도가 저하하도록(입력을 감소) 조정하면 된다.

69
동기 검정기는 상회전 방향이 일치하면 모두 소등된다.

70
동기발전기의 병렬운전 시 특징
- 여자전류(I_f)를 약하게 할 때 : 진상무효전류가 흘러 역률이 높아진다.
- 여자전류(I_f)를 강하게 할 때 : 지상무효전류가 흘러 역률이 낮아진다.

71
기동 시에는 계자권선에 고전압이 유도되어 절연을 파괴하므로 방전저항을 접속한 후 단락상태로 기동한다. 이때, 계자저항의 3~7배 정도의 방전저항을 사용한다.

72
동기 발전기의 병렬 운전 중 한쪽의 여자 전류를 증가시키면, 그 발전기의 역률은 나빠지고 다른 발전기의 역률은 좋아진다

73
동기 전동기의 장단점
① 장점
- 역률 1로 운전
- 필요시 (진상, 지상) 조정 가능
- 정속도 전동기(속도 불변)
- 유도기에 비해 효율이 좋음

② 단점
- 기동 토크가 거의 0
- 기동 장치, 여자 전원이 필요하므로 구조가 복잡, 설비비가 큼
- 속도 조정이 곤란
- 난조가 일어나기 쉬움

76
동기 전동기는 역률 1로 운전할 수 있다.

77
$f = 60[Hz]$, $N_s = 600[rpm]$이므로
$P = \dfrac{120f}{N_s} = \dfrac{120 \times 60}{600} = 12$극
기동용 유도 전동기의 극수는 이것보다 2극이 적으므로 10극이 된다.

78

역률 1에서 전기자 전류가 최소가 된다.

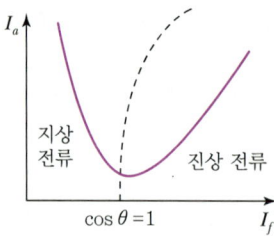

82

동기조상기

동기전동기를 무부하로 운전하고 여자전류를 가감하면 1차에 유입하는 전류는 거의 무효분뿐이며 과여자 시에는 진상전류, 부족여자 시에는 지상전류가 된다. 이러한 특성을 이용하여 동기전동기를 송전선의 전압조정 및 역률개선에 사용하는 것이 동기조상기이다.

85

계자전류(여자전류)가 변화하면 전기자전류, 역률(부하각)이 변화한다.

87

난조 발생의 원인

원동기 관계, 발전기 관계를 포함하여 다음과 같은 것을 들 수 있다.

- 조속기의 감도가 너무 예민하거나 민감할 때
- 원동기의 토크에 고조파 토크가 포함되었을 때(맥동 토크)
- 전기자 저항이 극도로 클 때
- 부하가 맥동할 때
- 회전자의 관성 모멘트가 작을 때

89

제동 권선은 회전 자극 표면에 설치한 유도 전동기의 농형 권선과 같은 권선으로서 회전자가 동기 속도로 회전하고 있는 동안에는 전압을 유도하지 않으므로 아무런 작용이 없다. 그러나 조금이라도 동기 속도를 벗어나면 전기자 자속을 끊어 전압이 유도되어 단락 전류가 흐르므로 동기 속도로 되돌아가게 된다. 즉, 전동 에너지를 열로 소비하여 진동을 방지한다. 3상 동기기의 제동 권선 효용은 난조 방지이다.

90

αI는 부하 전류에 의한 누설 자속 때문에 생기는 와류손, 즉 표유 부하손으로 직접 측정할 수 없는 손실이다. 일반적으로 전기 기계에서는 무부하손 P_0와 βI^2이 같을 때, 즉 $\beta I^2 = P_0$일 때 최대 효율이 된다.

$$\therefore I = \sqrt{\frac{P_0}{\beta}}$$

91

계전기의 종류

- 과부하 계전기 : 선로의 과부하 및 단락 검출용
- 온도 계전기 : 절연유 및 권선의 온도 상승 검출용
- 접지 계전기 : 선로의 접지 검출용
- 차동 계전기 : 발전기 및 변압기의 층간 단락 등 내부 고장 검출용

92

발전기의 입력

$$P_G = \frac{450 \times 0.85}{0.9} = 425 [\text{kW}]$$

이것은 원동기의 출력이므로 원동기의 효율을 0.85로 하면 원동기의 입력은

$$\therefore P = \frac{P_G}{0.85} = \frac{425}{0.85} = 500 [\text{kW}]$$

제3장 변압기

01	02	03	04	05	06	07	08	09	10
②	①	①	①	③	②	②	①	③	③
11	12	13	14	15	16	17	18	19	20
④	①	③	①	①	③	③	②	②	③
21	22	23	24	25	26	27	28	29	30
③	②	①	②	③	①	①	②	③	②
31	32	33	34	35	36	37	38	39	40
②	④	①	③	①	②	③	②	①	④
41	42	43	44	45	46	47	48	49	50
②	①	③	②	①	②	②	②	④	①
51	52	53	54	55	56	57	58	59	60
①	①	④	②	④	③	③	④	②	③
61	62	63	64	65	66	67	68	69	70
④	④	④	④	②	④	②	①	②	②
71	72	73	74	75	76	77	78	79	80
②	④	②	④	③	①	①	③	③	②
81	82	83	84	85	86	87	88	89	90
②	①	②	②	②	②	①	①	②	①
91	92	93	94	95	96	97			
④	①	①	②	④	③	①			

01
변압기의 철심에는 히스테리시스 현상이 있으므로 정현파 자속을 발생하기 위해서는 여자 전류의 파형은 왜형파가 된다. 고조파 중에서 제일 큰 것이 제3고조파이고, 그 크기는 실제의 변압기에 사용되는 자속 밀도의 범위에서는 등가 정현파 전류의 40[%]에 도달한다.

02
변압기의 설계에서 권선을 분할하여 조립하면 누설 리액턴스는 $\frac{1}{2}$ 이상 감소한다.

03
변압기의 구비 조건
- 절연 내력이 클 것
- 절연 재료 및 금속에 화학 작용을 일으키지 않을 것
- 인화점이 높고 응고점이 낮을 것
- 점도가 낮고(유동성이 풍부) 비열이 커서 냉각 효과가 클 것
- 고온에 있어 석출물이 생기거나 산화하지 않을 것
- 증발량이 적을 것

04
콘서베이터
변압기의 기름이 공기와 접촉되면 불용성 침전물이 생기는 것을 방지하기 위해서 변압기의 상부에 설치된 원통형의 유조(기름통)로서, 그 속에는 1/2 정도의 기름이 들어 있고 주변압기 외함 내의 기름과는 가는 파이프로 연결되어 있다. 변압기 부하의 변화에 따르는 호흡 작용에 의한 변압기 기름의 팽창, 수축이 콘서베이터의 상부에서 일어나므로 높은 온도의 기름이 직접 공기와 접촉하는 것을 방지하여 기름의 열화를 방지한다.

05
변압기 기름의 열화 영향
- 절연 내력의 저하
- 냉각 효과의 감소
- 침식 작용 등이 있다.

06
$$e = -L\frac{di}{dt} = -N\frac{d\phi}{dt} [V]$$
누설리액턴스
$$L = \frac{N\phi}{I} = \frac{N}{I} \times \frac{NI}{\frac{l}{\mu A}} = \frac{N^2 \mu A}{l} \propto N^2 [H]$$

07
$E_1 = 4.44 f\phi_m N_1$
$$\therefore \phi_m = \frac{6,900}{4.44 \times 60 \times 3,000} = 8.63 \times 10^{-3} [Wb]$$

08
변압기의 전류비는
$$\frac{I_1}{I_2} = \frac{\omega_2}{\omega_1} = \frac{1}{a}$$ 이므로
$$\therefore I_1 = \frac{1}{a}I_2 = \frac{1}{30} \times 20 = \frac{2}{3} [A]$$

전등 부하에서는 $\cos\theta_1 = 1$이므로 입력 P_1은

$\therefore P_1 = V_1 I_1 \cos\theta_1 = 6{,}600 \times \dfrac{2}{3} \times 1 = 4{,}400 \mathrm{[W]}$
$= 4.4 \mathrm{[kW]}$

09

무부하 전류 $I_0 = \sum \sqrt{(I_i)^2 + (I_\phi)^2} \mathrm{[A]}$

철손 $P_i = V_1 I_i$

철손 전류 $I_i = \dfrac{P_i}{V_1} = \dfrac{110}{2{,}200} \mathrm{[A]}$

$\therefore$ 자화전류 $I_\phi = \sqrt{(I_0)^2 - (I_i)^2}$
$= \sqrt{(0.088)^2 - \left(\dfrac{110}{2{,}200}\right)^2} = 0.072 \mathrm{[A]}$

10

$\omega_1 = 1{,}500$, $R_2 = 16 [\Omega]$, $R_1 = 8 \mathrm{[k\Omega]}$

$R_1 = a^2 R_2$

$\therefore a = \sqrt{\dfrac{R_1}{R_2}} = \sqrt{\dfrac{8{,}000}{16}} = 10\sqrt{5}$

$\therefore \omega_2 = \dfrac{1}{a}\omega_1 = \dfrac{1}{10\sqrt{5}} \times 1{,}500 = 67$

11

$R_1 = a^2 R_2$

$\therefore a = \sqrt{\dfrac{R_1}{R_2}} = \sqrt{\dfrac{1{,}000}{100}} = \sqrt{10} = 3.16$

12

$I_1 = \dfrac{V_1}{R_1}$에서 환산을 이용하면 $R_1 = a^2 R_2$이고, $a = 5$ 이므로

$I_1 = \dfrac{V_1}{a^2 R_2} = \dfrac{100}{5^2 \times 5} = 0.8 \mathrm{[A]}$

13

변압비(권수비) $a = \dfrac{3{,}000}{100} = 30$

저압 측 저항을 고압 측으로 환산하면

$R = 5 \times 30^2 + 7 \times 30^2 = 10{,}800 [\Omega]$

2개의 고압 권선이 직렬로 3,300[V] 전원에 연결되어 있으므로 고압 권선의 전류 $I_1 = \dfrac{3{,}300}{10{,}800} = 0.3056 \mathrm{[A]}$

$E_1' = 9.168 \times 5 = 45.84 \mathrm{[V]}$
$E_2' = 9.168 \times 7 = 64.18 \mathrm{[V]}$

그러므로 고압 측의 전압 E_1과 E_2는

$E_1 = aE_1' = 30 \times 45.84 = 1{,}375.2 \mathrm{[V]}$
$E_2 = aE_2' = 30 \times 64.18 = 1{,}925.4 \mathrm{[V]}$

14

$\%Z = \dfrac{I_{n1} Z_1'}{V_1} \times 100 = \dfrac{V_s}{V_1} \times 100 \mathrm{[\%]}$

임피던스 전압 $V_s = I_{n1} Z_1'$: 변압기 내 정격 전류가 흐를 때 내부 전압강하

15

$p = 2.4 \mathrm{[\%]}$, $q = 1.6 \mathrm{[\%]}$이므로

$\%Z = \dfrac{I_{n1} Z_1'}{V_1} \times 100 = \sqrt{p^2 + q^2}$

임피던스 전압

$V_s = \dfrac{V_1}{100} \sqrt{p^2 + q^2} = \dfrac{3{,}300}{100} \sqrt{2.4^2 + 1.6^2} = 95 \mathrm{[V]}$

16

$\%Z = \dfrac{\text{정격전류} \times \text{임피던스}}{\text{정격전압}} \times 100 = \dfrac{I_n Z}{V} \times 100$

$= \dfrac{PZ}{V^2} \times 100 = \dfrac{P \times 10^3 \times Z}{(10^3 V)^2} \times 100 = \dfrac{PZ}{10 V^2} \mathrm{[\%]}$

17

$I_{1n} = \dfrac{P}{V_1} = \dfrac{10 \times 10^3}{2{,}000} = 5 \mathrm{[A]}$

$\%Z = \dfrac{I_{1n} |Z|}{V_{1n}} = \dfrac{5 \times 5}{2{,}000} \times 100 = 1.25 \mathrm{[\%]}$

18

저항강하율

$P = \dfrac{\text{정격전류} \times \text{저항}}{\text{정격전압}} \times 100 \mathrm{[\%]}$

$= \dfrac{I_n^2 r}{V I_n} \times 100 = \dfrac{150}{5 \times 10^3} \times 100 = 3 \mathrm{[\%]}$

19
리액턴스 강하율
$$q = \frac{I_{n1}x_1'}{V_1} \times 100 = \frac{Px_1'}{V_1^2} \times 100$$
$$= \frac{10 \times 10^3 \times 7}{(2,000)^2} \times 100 = 1.75[\%]$$

20
임피던스 와트(동손) = 임피던스 전압을 걸 때의 입력

21
$V_{20} = 240[\text{V}]$, $V_{2n} = 230[\text{V}]$이므로 전압 변동률 ε은
$$\varepsilon = \frac{V_{20} - V_{2n}}{V_{2n}} \times 100 = \frac{240 - 230}{230} \times 100 = 4.35[\%]$$

22

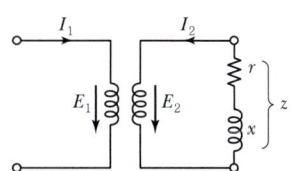

- 전압변동률 $\varepsilon = \frac{V_{20} - V_2}{V_2} \times 100$
- 2차 무부하 시 $V_{20} = E_2 = V_2(1+\varepsilon)$
- 1차 전압 $E_1 = a V_{20} = a V_2(1+\varepsilon)$
$$= 20 \times 115 \times (1 + 0.02) = 2{,}346[\text{V}]$$

23
$\varepsilon = p\cos\phi - q\sin\phi = 1.5 \times 0.8 - 3 \times 0.6 = -0.6[\%]$

24
$\varepsilon = p\cos\phi + q\sin\phi = 2 \times 0.8 + 3 \times 0.6 = 3.4[\%]$

25
최대 전압 변동률 $\varepsilon_{\max}$는
최대조건 : 내부각 = 외부각(부하각)
$\varepsilon_{\max} = \sqrt{p^2 + q^2} = \sqrt{1.5^2 + 4^2} = 4.27[\%]$
이때의 최대 역률 $\cos\phi_m$은
$\therefore \cos\phi_m = \frac{p}{\sqrt{p^2+q^2}} = \frac{1.5}{4.27} = 0.351[\%]$

26
1차 단락전류
$$I_{s1} = \frac{V_1}{Z_1 + a^2 Z_2} = \frac{V_1}{(r_1 + a^2 r_2) + j(x_1 + a^2 x_2)}[\text{A}]$$

27
$$I_{1s} = \frac{E_1}{Z_1 + a^2 Z_2} = \frac{E_1}{\sqrt{(r_1 + a^2 r_2)^2 + (x_1 + a^2 x_2)^2}}[\text{A}]$$
$I_{2s} = aI_{1s}$

28
$$\frac{I_{1s}}{I_{1n}} = \frac{100}{\%z}$$
$$\therefore I_{1s} = \frac{100}{5} I_{1n} = 20 I_{1n}[\text{A}]$$

29
1차 정격 전류를 $I_{1n}[\text{A}]$, 1차 정격 전압을 $V_{1n}[\text{V}]$, %임피던스 강하를 %Z라 하면 2차 단락 전류 I_{1s}는
$$\frac{I_{1s}}{I_{1n}} = \frac{100}{\%z}$$
$$\therefore I_{1s} = \frac{100}{\%z} I_{1n} = \frac{100}{\%z} \cdot \frac{P}{V_{1n}}$$
$$= \frac{100}{4} \times \frac{75 \times 10^3}{6{,}000} = 312.5 \ [\text{A}]$$

30
V결선 시 출력
$P_V = \sqrt{3}\, P_1 = \sqrt{3} \times$ 단상 변압기 1대 용량

31
V결선에는 변압기 2대를 사용하였으므로 그 정격 출력의 합은 $2V_2I_2$가 되기 때문에 V결선으로 하면
이용률 $U = \frac{\sqrt{3}\, V_2 I_2}{2 V_2 I_2} = \frac{\sqrt{3}}{2} \times 100 = 86.6[\%]$

32

1대의 단상 변압기 용량을 V_2I_2라 하면 V결선과 △결선의 출력비는

$$\frac{P_v}{P_\Delta} = \frac{\sqrt{3}\,V_2I_2}{3V_2I_2} = \frac{\sqrt{3}}{3} = 0.577 = 57.7[\%]$$

즉, 2대로 V결선으로 하면 3대로 △결선으로 하는 경우의 57.7[%] 출력이 된다.

33

단상 변압기의 정격 전압, 전류를 V_2, I_2라 하면 정격 용량 $K = V_2I_2$

이것을 두 대로 V결선했을 경우의 출력 P는

$$P_v = \sqrt{3}\,V_2I_2 = \sqrt{3}\,K \quad \therefore K = \frac{P}{\sqrt{3}}$$

따라서, K 용량의 변압기를 1대 추가하면

$$\therefore P_\Delta = 3K = 3 \times \frac{P}{\sqrt{3}} = \sqrt{3}\,P$$

34

3상 최대출력용량 $= 2\sqrt{3}\,P = 2\sqrt{3} \times 100 = 200\sqrt{3}$

35

최대 부하를 P라 하면 과부하율은

$$과부하율 = \frac{실지(부하) - 변압기\ 용량}{변압기\ 용량} \times 100 = 20[\%]$$

실지(부하) $=$ 변압기 용량$(1 + 과부하율)$
$= 2\sqrt{3}\,(1 + 0.2) = 4.15\,[\text{kVA}]$

36

3상 유도 전동기의 역률은 0.8, 효율은 0.82이므로

전동기의 입력 $= \dfrac{P}{0.8 \times 0.82}\,[\text{kVA}]$

변압기 1대의 출력은 $K[\text{kVA}]$, V 결선을 한 2대의 변압기 출력은 $\sqrt{3}\,K[\text{kVA}]$이므로

$$\therefore K = \frac{P}{\sqrt{3} \times 0.8 \times 0.82}\,[\text{kVA}]$$

37

2대의 단상변압기로 V결선하여 3상 유도 전동기를 운전할 수 있으므로,

$P_V = \sqrt{3}\,P_1[\text{kVA}]$ (단, P_1 : 변압기 1대의 용량)

$$\therefore P_1 = \frac{P_V}{\sqrt{3}} = \frac{22/0.75}{\sqrt{3}} = 16.9[\text{kVA}]$$

38

병렬 운전 시 조건
각 변압기의 ① 극성이 같을 것 ② 권수비가 같고, 1차, 2차의 정격 전압이 같을 것 ③ 저항과 리액턴스의 비가 같을 것 ④ %임피던스 강하가 같을 것 ⑤ 3상 변압기 또는 변압기로 3상 결선한 변압기를 병렬 운전할 때는 회전 방향과 1차, 2차 유도 기전력의 각 변위가 같을 것

41

분담전류(전력)

$$\frac{[\text{kVA}]b}{[\text{kVA}]a} = \frac{\%Za}{\%Zb} \cdot \frac{[\text{kVA}]B}{[\text{kVA}]A}$$

$$\frac{I_b}{I_a} = \frac{\%Za}{\%Zb} \cdot \frac{[\text{kVA}]B}{[\text{kVA}]A}$$

임피던스 강하율 $\%Z = \dfrac{I_n Z}{V} \times 100\,[\%]$

임피던스 전압 $V_s = I_n Z[V]$

∴ 분담전류는 용량에 비례, 변압기 누설 임피던스에 반비례

42

2대의 변압기는 임피던스의 크기가 같으므로 전류의 크기는 같으나, 유효분과 무효분이 다르기 때문에 위상이 다르다.

$|Z_A| = |Z_B| \quad \therefore$ 분담전류 $I_a = I_b$

$\theta_A = t^{-1}\dfrac{2}{3} \quad \theta_B = t^{-1}\dfrac{3}{2}$

43

큰 부하를 분담하는 변압기가 정격 용량이 될 때까지 부하를 걸 수 있다. 각 변압기의 분담 부하를 $P_a[\text{kVA}]$, $P_b[\text{kVA}]$, 전 부하를 $P[\text{kVA}]$라고 하면

$$\frac{[\text{kVA}]b}{[\text{kVA}]a} = \frac{\%Za}{\%Zb} \cdot \frac{[\text{kVA}]B}{[\text{kVA}]A} = \frac{8}{7} \times \frac{1,000}{1,000} = \frac{8}{7}$$

변압기 병렬운전 시 부하분담은 누설임피던스에 역비례하고, 변압기 용량에 비례한다.

$[\text{kVA}]a = \dfrac{7}{8} \times 1{,}000 = 875[\text{kVA}]$

총용량 $P = [\text{kVA}]a + [\text{kVA}]B = 875 + 1{,}000$
$= 1{,}875[\text{kVA}]$

44
3상에서 2상을 얻는 결선
Scott(T) 결선, Wood bridge 결선, Meyer 결선

45
포크(Fork) 결선은 3상에서 6상 전압을 얻는 방법이다.

46
문제 44번 해설 참고

47
M좌 변압기의 권수비를 a_M,
T좌 변압기의 권수비를 a_T라 하면
$a_T = a_M \times \dfrac{\sqrt{3}}{2} = \dfrac{3{,}300}{200} \times \dfrac{\sqrt{3}}{2} = 16.5 \times 0.866 = 14.3$

48
$\dfrac{\text{자기용량}}{\text{부하용량}} = \dfrac{2}{\sqrt{3}} \times \dfrac{V_H - V_L}{V_H}$

$\dfrac{\text{자기용량}}{300 \times 10^3} = \dfrac{2}{\sqrt{3}} \times \dfrac{3{,}300 - 3{,}000}{3{,}300}$

자기용량 $= \dfrac{2}{\sqrt{3}} \times \dfrac{300}{3{,}300} \times 300 = 31.53[\text{kVA}]$

1대의 자기용량 $= \dfrac{\text{전체자기용량}}{2} = \dfrac{31.53}{2} = 15.72[\text{kVA}]$

49
자기 용량 $= 100 \times \dfrac{3{,}300 - 3{,}000}{3{,}300} \fallingdotseq 9.09[\text{kVA}]$

50
스코트(T) 결선은 3상에서 2상을 얻는 결선이다.
3상에서 6상 전압을 얻는 방법에는 환상 결선, 2중 Y결선, 2중 △결선, 대각 결선, 포크 결선 등이 있다.

51
$\dfrac{\text{자기용량}[\omega]}{\text{부하용량}[\text{W}]} = \dfrac{2}{\sqrt{3}} \times \dfrac{V_H - V_L}{V_H}$
$V_H = V_1 (\text{1차 전압})$
$V_L = V_2 (\text{2차 전압})$

52
$\dfrac{\text{자기용량}[\omega]}{\text{부하용량}[\text{W}]} = \dfrac{V_H - V_L}{V_H}$

$\dfrac{1[\text{kVA}]}{W} = \dfrac{3{,}200 - 3{,}000}{3{,}200}$

$W = \dfrac{3{,}200}{200} \times 1[\text{kVA}] = 16[\text{kVA}]$

53
$\dfrac{\text{자기 용량}}{\text{부하 용량}} = \dfrac{V_h - V_l}{V_h}$ 에서

부하용량 $=$ 자기용량 $\times \left[\dfrac{V_h}{V_h - V_l} \right]$
$= 10 \times \dfrac{3{,}300}{3{,}300 - 3{,}000} = 110[\text{kVA}]$

$\cos\phi = 0.8$ 이므로 공급되는 부하전력 P는
$\therefore P = 110 \times 0.8 = 88[\text{kW}]$

54
단권변압기의 장단점
① 장점
 - 사용재료가 적게 들고 동손, 철손이 적다.
 - 효율이 좋다.
 - %임피던스, 누설자속, 전압변동이 적다.
 - 기계가 소형화 된다.
② 단점
 - 절연이 나쁘다.
 - 단락사고 시 단락전류가 크다.

55
문제 54번 해설 참고

56

가능결선	불가능결선
△-△와 △-△	△-△와 △-Y
Y-△와 Y-△	△-Y와 Y-Y
Y-Y와 Y-Y	
△-Y와 △-Y	* 홀수는 불가능하다.

57

A군 : Y-△, B군 : △-Y, A, B 변압기군의 권수비를 각각 a_A, a_B, 1차, 2차의 유도 기전력과 선간 전압을 각각 V_1, V_2 라고 하면

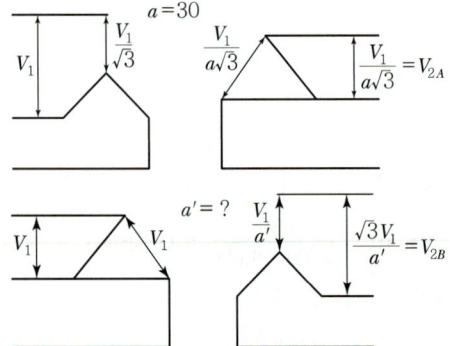

$$V_2 = \frac{V_1}{a_A\sqrt{3}}$$

∴ 2차 단자전압이 동일

$$V_2 = \frac{V_1}{a_A\sqrt{3}} = \frac{\sqrt{3}\,V_1}{a_B} \qquad V_2 = \frac{\sqrt{3}\,V_1}{a_B}$$

∴ $a_B = \sqrt{3}\,\sqrt{3} \times a_A$
$a_B = 3 \times 30 = 90$

58

저항, 리액턴스 및 여자 전류를 무시하면

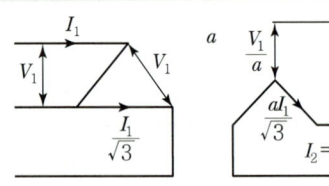

$$V_2 = \frac{\sqrt{3}\,V_1}{a} \,[\text{V}] \qquad I_2 = \frac{aI_1}{\sqrt{3}} \,[\text{A}]$$

Y결선 : $V_l = \sqrt{3}\,V_p$, $I_l = I_p$
△결선 : $I_l = \sqrt{3}\,I_p$, $1\,V_l = V_p$

59

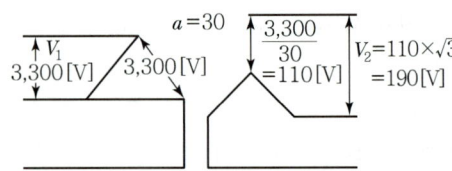

$a = \dfrac{E_1}{E_2} = \dfrac{\omega_1}{\omega_2}$ 에 의해서 $a = \dfrac{3,300}{E_2} = 30$

∴ $E_2 = \dfrac{3,300}{30} = 110\,[\text{V}]$

∴ 선간 전압= $\sqrt{3}\,E_2 = \sqrt{3} \times 110 = 190.52\,[\text{V}]$

60

내철형 3상 변압기는 각 권선마다 독립된 자기 회로가 없기 때문에 각 권선을 단상으로 사용할 수 없지만 외철형 3상 변압기는 각 상마다 독립된 자기 회로를 가지고 있으므로 단상 변압기로 사용할 수 있다.

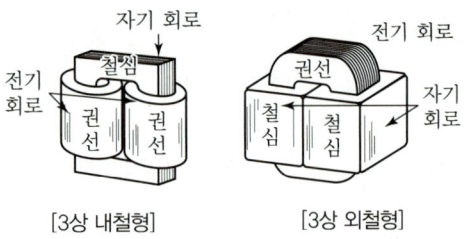

[3상 내철형]   [3상 외철형]

61

- 무부하시험 : 철손, 여자전류 측정
- 단락시험 : 동손, 임피던스전압 측정

62

Y → △하면 1φ 전압이 $\dfrac{1}{\sqrt{3}}$ 배이므로 소비전력도 $\dfrac{1}{3}$ 배

∴ $P' = \dfrac{1}{3} \times 18 = 6\,[\text{kW}]$

63

2차 측을 개방하면 1차 측의 부하 전류가 전부 여자 전류로 사용되어서 2차 측에 고전압이 유기되어 절연이 파괴될 우려가 있다. 또한 철심 중의 자속이 급격히 증가하여 철손이 증가하므로 열이 발생하여 소손될 우려가 있다. 따라서 변류기 사용 중에 계기, 계전기 등 부담을 제거할 때에는 먼저 C.T의 2차 단자를 단락시켜야 한다.

[C.T의 특성을 좋게 하고 측정 오차를 적게 하는 방법]
① 암페어 횟수를 증가시키거나 철심의 단면적을 크게 할 것
② 투자율이 높고 철손이 적은 철손을 사용할 것
③ 누설 자속이 적고 권선의 임피던스를 적게 할 것

64

최대효율의 부하

$$\frac{1}{m} = \sqrt{\frac{P_i}{P_c}} \times 100$$

$$0.75 = \frac{3}{4} = \sqrt{\frac{P_i}{P_c}}$$

$$P_i : P_c = 9 : 16$$

65

최대효율 ⇒ 철손 P_i = 동손 P_c

66

변압기의 효율은 $n^2 P_c = P_i$ 일 때 최고 효율이 되므로

$$n = \sqrt{\frac{P_i}{P_c}} = \sqrt{\frac{120}{270}} = 0.666 \fallingdotseq 66.7\,[\%]$$

67

보통 주상변압기의 최대효율은 부하가 70[%]일 때 최대효율 발생

최대효율 $P_i = n^2 P_c$ $\frac{P_i}{P_c} = \frac{n^2}{1} = \frac{(0.7)^2}{1} = \frac{0.49}{1} \fallingdotseq \frac{1}{2}$

동손과 철손비 각각 2 : 1
최대효율 1 : 1

68

최대효율조건
고정손(철손) = 부하손(동손) : $P_i = P_c$

69

변압기 효율은 $M^2 P_c = P_i$ 일 때 최대이므로 $m^2 \times 4 = 1$

$$m = \sqrt{\frac{1}{4}} = \frac{1}{2}$$

따라서, $150 \times \frac{1}{2} = 75\,[\text{kVA}]$에서 최대 효율이 된다.

$$\therefore \eta_m = \frac{150 \times \frac{1}{2}}{150 \times \frac{1}{2} + 1 \times 2} = 0.974\,[\%]$$

70

부하가 $\frac{3}{4}$ 에서 최대효율 $P_i = \left(\frac{3}{4}\right)^2 P_c = 85\,[\text{W}]$

$$\eta\frac{3}{4} = \frac{\frac{3}{4} \times 10 \times 10^3}{\frac{3}{4} \times 10 \times 10^3 + 2 \times 85} \times 100 = 97.8\,[\%]$$

71

$$\eta = \frac{200 \times 0.8}{(200 \times 0.8) + (1.6 + 2.4)} \times 100 = 97.6\,[\%]$$

72

$P_i > P_c$ 이므로
$P_i = m^2 P_c$ 에서 최대효율이 되므로
$m > 1$, 즉 과부하에서 최대효율 발생

73

전일 효율을 최대로 하려면 $24 P_i = h P_c$, 그런데 부하 시간 h는 $24 > h$이고, 경부하 시간이 많으므로 $P_c > P_i$ 로 해야 된다.

74

하루 중의 출력 전력량과 입력 전력량의 비를 전일 효율 η_d 라 하며 다음과 같이 표시한다.

$$\eta_d = \frac{\sum h V_2 I_2 \cos\theta_2}{\sum h V_2 I_2 \cos\theta_2 + 24 P_i + \sum h P_c} \times 100\,[\%]$$

전일 효율을 최대로 하기 위해서는

$$24 P_i = \sum h P_c \quad \therefore P_i = \sum \frac{h}{24} P_c$$

즉, 무부하손의 합과 부하손의 합을 같게 하면 된다. 따라서 전부하 시간이 짧을수록 철손을 적게 해야 한다.

75

총손실 $= P_i + P_c$ 이므로

$P_i = 1 \times 24 = 24 [\text{kW}]$

$P_c = \left[\dfrac{1}{2}\right]^2 \times 8 \times 1.25 + 6 \times 1.25 = 10 [\text{kW}]$

$\therefore P_i + P_c = 24 + 10 = 34 [\text{kWh}]$

76

재료에 의한 상수를 σ_e, 철판의 두께를 t, 주파수를 f, 파형률을 k_f, 최대 자속 밀도를 B_m이라 하면 와류손 P_e는

$P_e = \sigma_e (t f k_f B_m)^2 [\text{W/kg}]$ 이므로

$\therefore P_e \propto f^2 B_m^2 t^2$

77

$E = 4.44 f \omega \phi_m = k_1 f B_m$ 에서

$B_m = \dfrac{E}{k_1 f} = k_2 \dfrac{E}{f}$ 의 관계가 있으므로 와류손 P_e는

$P_e = \sigma_e (t f k_f B_m)^2 = k_3 f^2 B_m^2 = k_3 f^2 \left(k_2 \dfrac{E}{f}\right)^2 = k_5 E^2 \propto E^2$

따라서, 와류손은 주파수 f와는 관계가 없고 전압 E의 제곱에 비례한다.

78

와류손은 주파수와는 무관하고 전압의 제곱에 비례하므로 와류손 $P_e = KV^2$

$P_e' = KV'^2$

$P_e' = \left(\dfrac{V'}{V}\right)^2 P_e = \left(\dfrac{2,750}{3,300}\right)^2 \times 720 = 500 [\text{W}]$

79

- 주파수와 비례 : 강하, 역률, 효율, 동기속도, 회전자속도
- 주파수와 반비례 : 손실, 자속밀도, 여자전류, 온도

80

변압기의 전압

$E = 4.44 f n \phi_m$

$\therefore \phi_m = \dfrac{E}{4.44 f n} \propto \dfrac{1}{f}$

$\phi_m = B_m A$ (A는 철심 단면적)이므로 전압이 동일하면 B_m은 f에 반비례한다.

즉, $50 B_{50} = 60 B_{60}$

$\therefore B_{60} = \dfrac{5}{6} B_{50}$

철손 P_h는 주파수 f에 반비례하므로 철손이 감소한다. 따라서 전손실이 감소하게 된다.

- 주파수와 비례 : 강하, 역률, 효율, 동기속도, 회전자속도
- 주파수와 반비례 : 손실, 자속밀도, 여자전류, 온도

81

정격 전압이 일정하므로 와류손은 일정, 히스테리시스손은 증가하므로 결국 철손이 증가하게 된다. 여자 전류도 증가하므로 전손실이 증가하고 온도도 증가한다.
그런데 %임피던스는 거의가 %리액턴스이고 주파수에 비례하므로 저항분을 무시하면 50/60으로 되어 약 20[%]가 감소하게 된다.

- 주파수와 비례 : 강하, 역률, 효율, 동기속도, 회전자속도
- 주파수와 반비례 : 손실, 자속밀도, 여자전류, 온도

82

일정전압이므로 철손 P_i는 주파수 f에 반비례하며 $\left[P_i \propto \dfrac{1}{f}\right]$ 여자전류도 철손에 비례하고 ($I_0 \propto P_i$) 리액턴스 x는 주파수 f에 비례한다. ($x = 2\pi f L \propto f$)

- 주파수와 비례 : 강하, 역률, 효율, 동기속도, 회전자속도
- 주파수와 반비례 : 손실, 자속밀도, 여자전류, 온도

83

등가 회로도 작성 시 권선의 저항을 알아야 하고, 철손을 측정하는 무부하 시험, 동손을 측정하는 단락 시험이 필요하다. 반환 부하법은 변압기의 온도 상승 시험을 하는 데 필요한 시험법이다.

84

변압기 개방 회로 시험으로 무부하 전류, 히스테리시스손, 와류손 등을 구할 수 있다. 동손은 폐회로 시험으로 구할 수 있다.

- 무부하시험 : 무부하전류, 여자 임피던스, 철손(히스테리시스손, 와류손)
- 단락시험 : 동손(임피던스 와트), 변압기 임피던스

85
- 무부하시험 : 무부하전류, 여자 임피던스, 철손(히스테리시스손, 와류손).
- 단락시험 : 동손(임피던스 와트), 변압기 임피던스

87
2차 개방 시 1차에는 여자 전류 $\dot{I_0}$만이 흐르고 그 크기는 여자 어드미턴스에 의해 정해진다.
$$I_0 = Y_0 E_1 = (g_0 - jb_0)E_1$$
여자 어드미턴스의 실수부 g_0(여자 컨덕턴스)는 철손, 허수부 b_0(여자 서셉턴스)는 철심의 포화 특성에 의해서 정해진다.
- 무부하시험 : 무부하전류, 여자 임피던스, 철손(히스테리시스손, 와류손)
- 단락시험 : 동손(임피던스 와트), 변압기 임피던스

89
보통 차동 계전기는 같은 상의 양측 단자에 흐르는 전류의 차로 동작하는 것이므로 상간 단락 또는 접지가 생겼을 경우에는 전류의 변화로 인하여 동작한다.

90
부흐홀츠 계전기는 변압기의 내부 고장으로 발생하는 기름의 분해 가스 증기 또는 유류를 이용하여 부저를 움직여 계전기의 접점을 닫는 것이므로 변압기의 주탱크와 콘서베이터의 연결관 도중에 설치한다.

91
문제 89번 해설 참고

92
$P = P_a \cos\theta$
$P_a = \dfrac{P}{3 \cdot \cos\theta} = \dfrac{3{,}000}{3 \times 0.8} = 1{,}250 [\text{kVA}]$

93
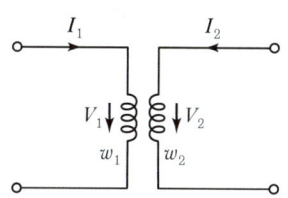

정합회로 $Z_1 = a^2 Z_2$ $\quad \dfrac{V_1}{I_1} = a^2 \times 1$

$\therefore a = \sqrt{\dfrac{V_1}{I_1}} = \sqrt{\dfrac{900}{1}} = 30$

$V_1(V_r) = a \times V_2 = 30 \times 105 = 3{,}150 [\text{V}]$
$I_2 = aI_1 = 30 \times 1 = 30 [\text{A}]$

94
전원 전압의 변동이나 부하에 의해서 변압기의 2차에 생긴 전압 변동을 보상하여 2차 전압을 일정한 값으로 유지하기 위해서 변압기의 권수비(변압비)를 바꾸기 위해서 몇 개의 탭을 설치한다.

95
누설 변압기는 2차 전류 I_2와 2차 단자 전압 V_2의 관계가 I_2가 증가하면 V_2가 대단히 저하하는 수하 특성이 필요하다. 따라서 I_2가 감소하려고 할 때에는 V_2는 올라가고, I_2가 증가하려고 하면 V_2는 감소하여 I_2를 일정하게 할 수 있다.

96
무부하손
① 철손 – 히스테리시스손 – 와류손
② 여자 전류에 의한 권선의 저항손
③ 절연물 중의 유전체손
②, ③은 ①에 비하여 매우 적으므로 무부하손은 철손이라고 보는 것이 보통이며, 이 무부하손은 부하의 유무에 관계없이 1차 측에 전원만 공급되며 손실이 발생된다.

97
$200 : 5 = I_1 : 1.5$
$I_1 = \dfrac{200 \times 1.5}{5} = 60$

제4장 유도 전동기

01	02	03	04	05	06	07	08	09	10
③	①	②	②	③	①	②	②	①	④
11	12	13	14	15	16	17	18	19	20
④	③	③	①	②	④	④	②	①	④
21	22	23	24	25	26	27	28	29	30
①	②	④	③	②	③	①	③	①	②
31	32	33	34	35	36	37	38	39	40
①	①	②	②	①	①	④	①	②	②
41	42	43	44	45	46	47	48	49	50
②	④	①	④	①	①	③	③	①	②
51	52	53	54	55	56	57	58	59	60
②	③	③	④	④	①	②	③	①	②
61	62	63	64	65	66	67	68	69	70
③	②	②	④	④	④	④	②	①	②
71	72	73	74	75	76	77	78	79	80
③	①	①	③	②	①	①	④	③	③
81	82	83	84	85	86	87	88	89	90
④	②	②	④	④	②	④	③	②	①
91	92	93	94	95	96	97			
①	①	④	②	②	①	④			

01
회전자계의 속도는 동기속도와 같다.

02
전동기 $N_s \neq N$ $\quad N_s > N$

슬립 $S = \dfrac{N_s - N}{N_s} \quad 0 < S < 1$

03
$f = 60[\text{Hz}], \ P = 8, \ N = 855[\text{rpm}]$이므로

$N_s = \dfrac{120f}{P} = \dfrac{120 \times 60}{8} = 900[\text{rpm}]$

$\therefore \ s = \dfrac{N_s - N}{N_s} = \dfrac{900 - 855}{900} = 0.05 = 5[\%]$

04
동기속도 $N_s = \dfrac{120f}{P} = \dfrac{120 \times 60}{4} = 1{,}800[\text{rpm}]$

회전자속도 $N = N_s(1-s) = 1{,}800(1-0.05)$
$= 1{,}710[\text{rpm}]$

05
$f = 50[\text{Hz}], \ s = 0.2, \ N = 600[\text{rpm}]$이므로

$N = (1-s)N_s = \dfrac{120f}{P}(1-S)$

$\therefore$ 극수 $P = \dfrac{120f}{N}(1-S) = \dfrac{120 \times 50}{600} \times (1-0.2) = 8$극

06
제동기 $N_s \neq N \quad\quad N_s > N$

슬립 $S = \dfrac{N_s + N}{N_s} \quad 1 < S < 2$ 역상제동

07
전기적 제동방법
① 발전제동 : 전동기를 전원으로부터 분리한 후 1차 측에 직류전원을 공급하여 발전기로 동작시킨 후 발생된 전력을 저항에서 열로 소비시키는 방법
② 회생제동 : 유도 전동기를 유도 발전기로 동작시켜 그 발생 전력을 전원에 반환하면서 제동하는 방법
③ 역전제동(역상제동, Pluging) : 회전 중인 전동기의 1차 권선 3단자 중 임의의 2단자의 접속을 바꾸면 역방향의 토크가 발생되어 제동하는 방법
④ 단상제동 : 권선형 유도전동기의 1차 측을 단상교류로 여자하고 2차 측에 적당한 크기의 저항을 넣으면 전동기의 회전과 역방향의 토크가 발생되므로 제동된다.

08
$f = 60[\text{Hz}], \ P = 4, \ N = 1{,}750[\text{rpm}]$이므로

$N_s = \dfrac{120f}{P} = \dfrac{120 \times 60}{4} = 1{,}800[\text{rpm}]$

회전자가 역전할 때이므로

$\therefore \ s = \dfrac{N_s - (-N)}{N_s} = \dfrac{1{,}800 - (-1{,}750)}{1{,}800} = 1.97$

09
유도 전동기의 회전 속도는 $N = (1-s)N_s = N_s - SN_s$이므로 회전속도가 N보다 sN_s만큼 늦다.

10
$N_s = \dfrac{120f}{P} = \dfrac{120 \times 50}{10} = 600 [\text{rpm}]$

$s = \dfrac{N_s - N}{N_s} = \dfrac{600 - 400}{600} = 0.333$

$\therefore E_{2s} = sE_2 = 0.333 \times 150 = 50 [\text{V}]$

11
$N_s = \dfrac{120f}{P} = \dfrac{120 \times 50}{4} = 1,500 [\text{rpm}]$

$s = \dfrac{N_s - N}{N_s} = \dfrac{1,500 - 1,410}{1,500} = 0.06$

회전자에 흐르는 전류의 주파수 f_2는

$\therefore f_2 = sf_1 = 0.06 \times 50 = 3 [\text{Hz}]$

12
$s = \dfrac{n_0 - n_2}{n_0} = \dfrac{50 - 45}{50} = 0.1$

$\therefore f_2 = sf_1 = 0.1 \times 50 = 5 [\text{Hz}]$

13
$E_1 = 4.44 k_{w1} N_1 f_1 \phi [\text{V}]$

$E_2 = 4.44 k_{w2} N_2 s f_1 \phi [\text{V}]$

$\therefore \dfrac{E_1}{sE_2} = \dfrac{4.44 k_{w1} N_1 \phi}{s 4.44 k_{w2} N_2 \phi} = \dfrac{k_{w1} N_1}{s k_{w2} N_2}$

14
$I_2 = \dfrac{E_{2s}}{Z_{2s}} = \dfrac{sE_2}{\sqrt{R_2^2 + (sX_2)^2}} = \dfrac{E_2}{\sqrt{\left[\dfrac{R_2}{s}\right]^2 + X_2^2}} [\text{A}]$

15
$R' = \left(\dfrac{1-s}{s}\right) r_2 = \left(\dfrac{1 - 0.04}{0.04}\right) r_2 = 24 r_2$

16
- 2차 입력 $P_2 = m_2 I_2^2 \dfrac{r_2}{s}$
- 기계적 출력
  $P_0 = P_2 - P_{c2} = m_2 I_2^2 \dfrac{1-s}{s} r_2 = (1-s) P_2$
- 2차 동손 $P_{c2} = m_2 I_2^2 r_2 = s P_2$

$\therefore P_2 : P_0 : P_{c2} = P_2 : (1-s) P_2 : sP_2 = 1 : (1-s) : s$

17
2차 입력 : P_2, 기계적 출력 : P_0, 2차 동손 : P_{c2}라 하면

$P_2 : P_0 : P_{c2} = 1 : (1-s) : s$이므로

$P_{c2} = sP_2 \qquad \therefore s = \dfrac{P_{c2}}{P_2}$

18
$P = 7.5 [\text{kW}], \; P_{c2} = 0.485 [\text{kW}], \; P_m = 0.404 [\text{kW}]$이므

$P_2 = P + P_m + P_{c2} = 7.5 + 0.404 + 0.485 = 8.389 [\text{kW}]$

$\therefore s = \dfrac{P_{c2}}{P_2} = \dfrac{0.485}{8.389} = 0.058 = 5.8 [\%]$

19
$P = 7.5 [\text{kW}], \; P_2 = 7,950 [\text{W}], \; P_m = 130 [\text{W}]$이므로

$P_0 = P + P_m = 7,500 + 130 = 7630 [\text{W}]$

$P_{c2} = P_2 - P_0 = 7,960 - 7,630 = 320 [\text{W}]$

$\therefore s = \dfrac{P_{c2}}{P_2} = \dfrac{320}{7,950} = 0.04 = 4 [\%]$

20
2차 입력 $P_2 = P + P_m + P_{c2} = 100 + 2.0 + 3.0 = 105 [\text{kW}]$

슬립 $s = \dfrac{P_{c2}}{P_2} = \dfrac{3.0}{105} = \dfrac{1}{35}$

$\therefore N = (1-s) N_s = \left(1 - \dfrac{1}{35}\right) \times \dfrac{120 \times 60}{8} = 874 [\text{rpm}]$

21
2차 효율

$\eta_2 = \dfrac{P_0}{P_2} \times 100 = \dfrac{(1-s) P_2}{P_2} \times 100 = (1-s) \times 100$

$= \dfrac{N}{N_s} \times 100 = \dfrac{\omega}{\omega_0} \times 100 [\%]$

22
2차 효율
$$\eta_2 = \frac{P}{P_2} \times 100 = (1-s) \times 100$$
$$= (1-0.06) \times 100 = 94[\%]$$

23
$$\eta_2 = \frac{P_0}{P_2} = (1-s) = \frac{n}{n_0} = \frac{2\pi n}{2\pi n_0} = \frac{\omega}{\omega_0}$$

24
$P = 15[\text{kW}]$, $P_2 = 15.5[\text{kW}]$이므로
2차 효율 $\eta_2 = \frac{P}{P_2} \times 100 = \frac{15}{15.5} \times 100 = 96.8[\%]$

25
2차 효율 $\eta_2 = \frac{P}{P_2} = \frac{N}{N_s}$
$N_s = \frac{120f}{p} = \frac{120 \times 60}{4} = 1,800[\text{rpm}]$
$\eta_2 = \frac{1,728}{1,800} \times 100 = 96[\%]$

26
$P_{c2} = sP_2$, $s = \frac{P_{c2}}{P_2}$ $\qquad \eta_2 = \frac{P_0}{P_2} = (1-s)$

27
$P = 50[\text{kW}]$, $s = 0.04$, $\eta = 90[\%]$이므로
- 1차 입력 $P_1 = \frac{P}{\eta} = \frac{50}{0.9} = 55.56[\text{kW}]$
- 2차 효율 $\eta_2 = 1 - s = 1 - 0.04 = 0.96 = 96[\%]$
- 회전자 입력 $P_2 = \frac{P}{1-s} = \frac{50}{1-0.04} = 52.08[\text{kW}]$
- 회전자 동손 $P_{c2} = sP_2 = 0.04 \times 52.08 = 2.08[\text{kW}]$

28
전동기가 슬립 s로 운전할 때 발생하는 토크는 동기 속도로 회전하였다고 가정하였을 때 발생하는 기계 동력이다. 이것을 동기 와트라고 부르고 표시하는 한 가지 방법이다. 2차 입력 P_2로 나타낸 토크를 동기 와트로 나타낸 토크라고 한다. 즉, 동기 와트로 나타낸 토크를 P_2, [kg·m]로 표시한 토크를 τ_k, [N·m]로 표시한 토크를 τ_N이라 하면

$P_2 = \omega_s \tau_N$ [동기 와트] ($\because \omega_s$: 동기 각속도)
$= \frac{P \times 10^3}{9.8 \times 2\pi n} = \frac{P \times 10^3}{9.8 \times 2\pi \times \frac{N}{60}}$
$= \frac{1}{9.8} \times \frac{60}{2\pi} \times \frac{P \times 10^3}{N} = 975 \frac{P}{N}$
$1.026 N_s \tau_k$ [동기 와트]

29
$T = \frac{P}{\omega} = \frac{P}{2\pi n} = \frac{(1-s)P}{2\pi(1-s)n_s} = \frac{P_2}{2\pi n_s}$
$= \frac{P_2}{\omega_s} = \frac{60}{2\pi} \cdot \frac{P_2}{N_s}$ [N·m]
$= \frac{1}{9.8} \cdot \frac{60}{2\pi} \cdot \frac{P_2}{N_s}$ [kg·m]
$= 0.975 \frac{P_2}{N_s}$ [kg·m] $= 0.975 \frac{P}{N}$ [kg·m]

30
$N_s = \frac{120f}{p} = \frac{120 \times 60}{4} = 1,800[\text{rpm}]$
$N = (1-s)N_s = (1-0.04) \times 1,800 = 1,728[\text{rpm}]$
$P = 20 \times 746 = 14,920[\text{W}]$
$\therefore T = 0.975 \times \frac{P}{N} = 0.975 \times \frac{14,920}{1,728} = 8.41[\text{kg·m}]$

31
$P = 4$, $f = 60[\text{Hz}]$, $P_2 = 1[\text{kW}]$이므로
동기속도 $N_s = \frac{120f}{P} = \frac{120 \times 60}{4} = 1,800[\text{rpm}]$
토크 $T = 975 \times \frac{P_2}{N_s} = 975 \times \frac{1}{1,800} = 0.54[\text{kg·m}]$

32
안정운전 조건 → $\frac{dT_m}{dn} < \frac{dT_L}{dn}$

33
비례추이
권선형 유도 전동기의 회전자 외부에 접속시킨 저항의 크기를 조정하면 토크는 그대로 유지하면서 저항에 비례하여 slip(속도)이 이동하게 되는 현상을 말한다.

38

$$\frac{r_2}{s_m} = \frac{r_2 + R_s}{s_t}$$

여기서, r_2 : 2차 권선의 저항, s_m : 최대 토크 시 슬립
s_t : 기동 시 슬립(정지상태에서 기동 시 $s_t = 1$)
R_s : 2차 외부회로 저항

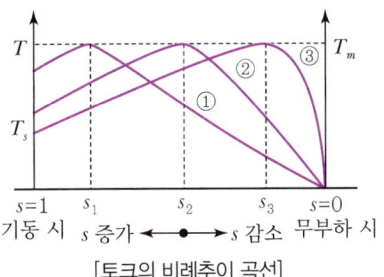

[토크의 비례추이 곡선]

외부 회로 저항 R_s의 값이 클수록 최대 토크 T_m을 발생하는 슬립 s_t의 값도 커져야 하므로 곡선은 ③ → ② → ①로 이동하게 되어 기동 시($s=1$) 기동토크가 증가하게 된다.

39

최대 토크 ⇒ 기동 시 최대 토크를 갖는 슬립

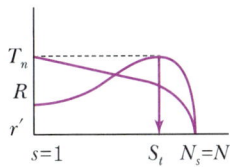

$$S_t = \frac{r_2'}{\sqrt{r_1^2 + (x_1 + x_2')^2}}$$

$$\frac{r_2'}{S_t} = \frac{r_2' + R}{1}$$

내부 임피던스 존재

$$\frac{r_2'}{\frac{r_2'}{\sqrt{r_1^2+(x_1+x_2')^2}}} = \frac{r_2'+R}{1}$$

$$\therefore R = \sqrt{r_1^2 + (x_1 + x_2')^2} - r_2'[\Omega] \text{ 공식}$$

40

1차 저항은 무시하므로
$R = \sqrt{r_1^2+(x_1+x_2')^2} - r_2' = \sqrt{(x_1+x_2')^2} - r_2'$ 에서

$x_1' + x_2 = 1.5[\Omega]$, $r_2 = 0.3[\Omega]$ 이므로
$\therefore R = \sqrt{(x_1'+x_2)^2} - r_2 = \sqrt{(1.5)^2} - 0.3 = 1.2[\Omega]$

41

비례추이 원리 이용
$$\frac{r_2'}{S_1} = \frac{r_2'+R}{S_2} \qquad S_2 \Rightarrow \text{기동 시 } S_2 = 1$$

$$\therefore R = r_2'\left(\frac{1-S_1}{S_1}\right) = 0.1\left(\frac{1-0.02}{0.02}\right) = 4.9[\Omega]$$

42

$$R = r_2'\left(\frac{1-S_1}{S_1}\right) = 0.3\left(\frac{1-0.04}{0.04}\right) = 7.2[\Omega]$$

43

$P=8$, $f=60[Hz]$, $N_1 = 855[rpm]$이므로
$$N_s = \frac{120f}{P} = \frac{120 \times 60}{8} = 900[rpm]$$
$$s_1 = \frac{N_s - N_1}{N_s} = \frac{900-855}{900} = 0.05$$

부하 토크가 일정하므로 전동기의 발생 토크도 같다. 따라서 r_2를 4배로 하면 비례 추이의 원리로 슬립 s_2도 4배로 된다.

즉, $\frac{r_2}{s_1} = \frac{4r_2}{s_2}$

$\therefore s_2 = \frac{4r_2}{r_2} \times s_1 = 4s_1 = 4 \times 0.05 = 0.2$

$\therefore N = (1-s_2)N_s = (1-0.2) \times 900 = 720[rpm]$

44

비례 추이할 수 있는 특성은 1차 전류, 2차 전류, 역률, 동기와트 등이고, 할 수 없는 것은 출력 외에 2차 동손, 효율 등이다.

45

- 비례추이가 되는 항목 : 토크, 역률, 2차 전류, 1차 전류
- 비례추이가 되지 않는 항목 : 기계적 출력, 2차 동손, 효율, 저항, 동기속도

46

원선도 작성에 필요한 시험
- 무부하 시험(개방시험) : $N=N_s$, $S=0$, 무부하전류, 철손
- 구속시험 : $N=0$, $S=1$ 동손 $P_c=(P_{c1}+P_{c2})$, 출력 $P=0$
- 권선저항 측정시험

48

역률 $\cos\theta_2 = \dfrac{OP'}{OP} \times 100$

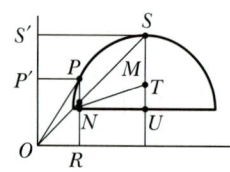

49

2차 효율 $\eta_2 = \dfrac{P}{P_2} = \dfrac{PQ}{PR}$

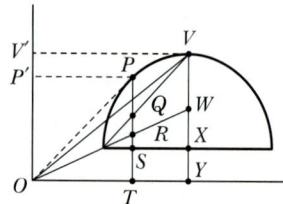

50

5~15[kW]의 농형 유도 전동기에 Y-△ 기동이 적당하고 그 이상이면 기동 보상기에 의한 기동이 적당하다.

51

기동법
- 농형 유도기 : 전전압(직입) 기동, Y-△ 기동, 기동보상기, 리액터기동
- 권선형 유도기 : 2차 저항 기동법, 게르게스법

52

단자전압이 상승하면 슬립은 작아지고 속도가 증가한다.

$s \propto \dfrac{1}{V^2}$

53

권선형 유도 전동기의 기동은 슬립 링을 거쳐서 회전자에 기동 저항을 접속해서 행한다. 이와 같이 하면 비례 추이의 원리에 의해 임의의 기동 토크점이나 임의의 기동 전류점에서 기동할 수 있다.

54

문제 51번 해설 참고

55

토크 $T = KV^2 = KI^2 = KP$

56

토크 $T = \dfrac{m_1 V_1^2 \dfrac{r_2'}{s}}{(r_1+\dfrac{r_2'}{s})^2 + (x_1+x_2')^2}$ 에서 토크는 전압의 제곱에 비례하므로 $T' = (0.8)^2 T = 0.64 T$ 즉, 64[%]이다.

57

각 상의 정격전압은 상전압이므로
- 기동 시(Y결선) 선간전압의 $\dfrac{1}{\sqrt{3}}$ 배
- 운전 시(△결선) 선간전압의 1배

58

토크 $T = KV^2 = KI^2 = KP$
$T = KV^2$
$T' = K(0.9V)^2$
$T' = (0.9)^2 T = 0.81 T$
- 감소분 $= (1-0.81) \times 100 = 19[\%]$
- 출력분 $= 0.81 \times 100 = 81[\%]$

59

토크 $T = KV^2 = KI^2 = KP$

$\dfrac{T_s'}{T_s} = \left(\dfrac{V'}{V}\right)^2$

$\therefore T_s' = T_s \left(\dfrac{V'}{V}\right)^2 = 1.8 \times \left(\dfrac{2}{3}\right)^2 = 0.8$ [배]

61

3상의 경우에 $h=2nm+1$, 즉 7, 13차, …… 등은 기본파와 같은 방향의 회전 자계로 $1/h$(h : 고조파 차수)배의 속도로 회전하고, $h'=2nm-1$, 즉 11, 17차 …… 등은 기본파와 반대 방향의 회전 자계로 $1/h'$배의 속도로 회전한다.

62

$h=2nm+1=7$차, 13차 …… 등은 기본파와 같은 방향의 회전 자계로 $1/h$(h : 고조파 차수)의 속도로 회전하는 차동기 운전의 현상이 발생한다.

64

$h'=2nm-1=5$차, 11차, …… 등은 기본파와 반대 방향의 회전 자계로 $1/h'$(h' : 고조파 차수)의 속도로 회전하는 비동기 토크가 된다.

65

$F_h=0$($h=3n$, n : 홀수)

즉, 3, 9, 15, 21차, …… 등은 회전 자계를 발생시키지 않는다.

67

유도 전동기의 속도 제어법에는 ① 2차 저항제어법, ② 주파수 변환법, ③ 전압 제어법, ④ 극수 변환법, ⑤ 2차 여자법, ⑥ 종속 접속법, ⑦ 와전류 계수법 등이 있으며, 전전압법은 농형 유도전동기의 기동법이다

68

유도전동기 속도제어법

극수 변환, 전원주파수를 변화하는 방법(VVVF에 의한 속도 제어), 2차 여자법, 1차 전압제어, 2차 저항제어법

69

저항 제어법은 비례 추이의 성질을 이용하여 전동기의 속도 제어를 하기 때문에 농형 유도 전동기와 같이 2차 회로의 저항을 변화시킬 수 없는 것에는 응용할 수 없지만 권선형 유도 전동기와 같이 2차 회로의 저항을 가감 저항기로 자유롭게 가감할 수 있는 것에는 그 저항을 가감하여 비례 추이에 의해서 기동 토크를 크게 하거나 속도 제어를 할 수 있다.

70

권선형 유도 전동기의 장단점

① 장점
- 기동용 저항기를 겸한다.
- 구조가 간단하여 제어 조작이 용이하고 내구성이 풍부하다.

② 단점
- 운전 효율이 나쁘다.
- 부하에 대한 속도 변동이 크다.
- 부하가 작을 때는 광범위한 속도 조정이 곤란하다.
- 제어용 저항은 전부하에서 장시간 운전해도 위험한 온도가 되지 않을 만큼 크기가 필요하므로 가격이 비싸다.

72

주파수 변환기 또는 전용 발전기를 구동하는 전동기의 속도를 조정하여 포트 모터의 전원 주파수를 변환한다.

73

주파수 변환에 의한 제어는 전동기 단자에 가해지는 전원 주파수를 바꾸어 속도를 제어하는 방법이다. 이 경우는 원동기의 속도 제어에 의해 전용 발전기의 주파수를 변환하는 것으로 포트 모터, 선박의 전기 추진용 전동기 등에 채용된다.

74

직렬 종속법인 경우 그 운전 조건에서 동기 속도

$$N_s=\frac{120f}{P_1+P_2}[\text{rpm}]$$

여기서, P_1 : M_1의 극수, P_2 : M_2의 극수

- 차동 종속인 경우 $N_s=\dfrac{120f}{P_1-P_2}[\text{rpm}]$
- 병렬 종속인 경우 $N_s=\dfrac{2\times120f}{P_1+P_2}[\text{rpm}]$

75

$P_1=8$, $P_2=2$, $f=60[\text{Hz}]$이므로

$N_s=\dfrac{120f}{P_1-P_2}=\dfrac{120\times60}{8-2}=1,200[\text{rpm}]$

76

$P_1=16$, $P_2=8$, $f=60[\text{Hz}]$이므로

$N_s=\dfrac{2\times120f}{P_1+P_2}=\dfrac{2\times120\times60}{16+8}=600[\text{rpm}]$

77

$$N_s = \frac{120f}{P_1 + P_2} = \frac{120 \times 60}{8+4} = 600 [\text{rpm}]$$

78
2차 여자법

주파수 변환기를 사용하여 회전자의 슬립 주파수 s_f와 같은 주파수의 전압을 발생시켜 이것을 슬립링을 통해서 회전자 권선에 공급하여 슬립 s, 즉 속도를 바꾸는 방법을 말한다.

79
권선형 유도 전동기의 2차 여자법에 의한 속도 제어에서 슬립 주파수의 전압을 2차 유기 전압과 같은 방향으로 가하면 속도가 상승하고, 반대 방향으로 가하면 속도가 감소한다.

80
누설 리액턴스는 주파수에 비례하므로 주파수가 감소하면 감소한다.
($x = 2\pi f L \propto f$)

81
회전 속도가 내려가는 것만으로 기계손이 감소하나, 여자 전류의 증가로 동손의 증가와 철손의 증가에 의해서 결국 총손실은 증가하여 효율은 저하하게 된다.

82
단상 유도전동기의 토크 크기(大 → 小)

반발기 동형 → 반발 유도형 → 콘덴서 기동형 → 분상형 → 셰이딩 코일형

85
3상 유도전압조정기

유도전동기와 변압기의 원리를 이용한 전압조정기이다.

87
단상 유도 전동기가 슬립 s로 회전하면 회전 주파수는 정상분 전동기에서는 $(1-s)f$이고 역상분 전동기에서는 $f+(1-s)f=(2-s)f$가 된다. 따라서 회전자 권선은 sf와 $(2-s)f$ 되는 주파수의 기전력을 유기한다.

88
원리
- 단상 유도 전압 조정기 : 변압기 원리
- 3ϕ 유도 전압 조정기 : 회전자계 원리(3ϕ 유도기)

3상 유도 전압 조정기는 3상 권선형 유도 전동기와 거의 같은 구조로서 회전자 3상 권선 P를 1차, 고정자 권선 s를 2차로 하고 1차를 Y결선으로 하여 전원에 접속하고, 2차 권선은 회로에 직렬로 접속하여 2차 전압의 위상 α를 변경하여 2차 전압을 조정하도록 되어 있다.

89

항목	단상 유도 전압 조정기	3상 유도 전압 조정기
단락 권선	필요하다.	필요 없다.
입력전압과 출력전압 사이의 위상차	위상차 없다.	위상차 있다.
자계	교번자계	회전자계

90
$\alpha = 90°$에서는 2차 권선의 누설 리액턴스가 커서 큰 전압강하가 생겨 전압 변동률이 매우 커지므로 1차 권선과 직각 방향으로 단락 권선을 감는다.

93
단상 유도전압조정기는 1차 권선을 0°에서 180°까지 돌리면 2차 측의 선간전압 V_2는
$V_2 = V_1 \pm E_2$
$\therefore V_2 = (V_1 + E_2)$에서 $(V_1 - E_2)$만큼 원활하게 조정할 수 있다.

95
$P = \sqrt{3} E_2 I_2$
$I_2 = \dfrac{P}{\sqrt{3} E_2} = \dfrac{10 \times 10^3}{\sqrt{3} \times 200} = 28.8 [\text{A}]$

96
단상 유도전압조정기 용량
$P = E_2 I_2 \times 10^{-3} [\text{kVA}] = 30 \times 50 \times 10^{-3} = 1.5 [\text{kVA}]$

97
SCR의 게이트 전류의 위상각을 제어하여 전류의 평균값을 제어한다.

제5장 정류기

01	02	03	04	05	06	07	08	09	10
①	①	③	①	②	①	③	②	①	②
11	12	13	14	15	16	17	18	19	20
②	③	②	④	③	③	③	③	①	④
21	22	23	24	25	26	27	28	29	30
②	③	②	①	③	①	②	②	③	①
31	32	33							
②	①	②							

01
m상 회전 변류기의 교류 측 E_a와 직류 측 E_d의 전압비

$$\frac{E_a}{E_d} = \frac{1}{\sqrt{2}}\sin\frac{\pi}{m} \qquad \therefore E_a = \frac{1}{\sqrt{2}}\sin\frac{\pi}{m}E_d$$

$m=6$이므로

$$\therefore E_a = \frac{1}{\sqrt{2}}\sin\frac{\pi}{6}E_d = \frac{1}{2\sqrt{2}}E_d$$

02
$m=6$, $E_d=600$[V]이므로

$$\frac{E_a}{E_d} = \frac{1}{\sqrt{2}}\sin\frac{\pi}{m}\ (6상인\ 경우)$$

$$\therefore E_a = \frac{1}{\sqrt{2}}\sin\frac{\pi}{6}E_d = \frac{1}{2\sqrt{2}}E_d = \frac{1}{2\sqrt{2}}\times 600$$

$$= 212[\text{V}]$$

03
회전 변류기는 교류 측과 직류 측의 전압비가 일정하므로 직류 측 여자 전류를 가감하여 직류전압을 조정할 수 없다. 따라서 직류전압을 조정하기 위해서는 다음 방법으로 슬립링에 가해지는 교류 전압을 조정하여야 한다.
- 직렬 리액턴스에 의한 방법
- 유도 전압 조정기를 사용하는 방법
- 부하시 전압 조정 변압기를 사용하는 방법
- 동기 승압기에 의한 방법

04
일반적으로 상수 m, 각 상의 전압이 E일 때의 직류 측 전압 E_d는 전류 무제어의 경우에

$$E_d = \frac{\sqrt{2}\,E\sin\left(\frac{\pi}{m}\right)}{\frac{\pi}{m}}\ 로\ 표시된다.\ m=6이므로$$

$$\therefore E_d = \frac{\sqrt{2}\,E\sin\left(\frac{\pi}{6}\right)}{\frac{\pi}{6}} = \sqrt{2}\,E\times\frac{1}{2}\times\left(\frac{6}{\pi}\right)$$

$$= \frac{3\sqrt{2}}{\pi}E = 1.35E[\text{V}]$$

05
수은정류기의 역호 발생

① 원인
- 내부 잔존가스 압력의 상승
- 양주 표면의 불순물의 부착
- 양극의 수은 방울의 부착
- 양극재료의 불량
- 화성 불충분
- 전류, 전압의 과대
- 중기 밀도의 과대

② 방지법
- 정류기를 과부하로 되지 않도록 할 것
- 냉각 장치에 주의하여 과열, 과랭을 피할 것
- 진공도를 충분히 높게 할 것
- 양극 재료의 선택에 주의할 것
- 양극에 직접 수은중기가 접촉되지 않도록 양극부의 유리를 구부릴 것

06
사이리스터 특성(SCR)
- 정류작용
- S/W 작용(ON/OFF 작용)
- 위상제어

08
SCR은 게이트에 (+)의 트리거 펄스가 인가되면 통전 상태로 되어 정류 작용이 개시되고, 일단 통전이 시작되면 게이트 전류를 차단해도 주전류(애노드 전류)는 차단되지 않는다. 이때에 이를 차단하려면 애노드 전압을 0 또는 (−)로 해야 한다. 그러므로 DC회로에서는 일단 흐르기 시작한 전류를 차단하는 방법이 부가되지 않으면 안 되지만, AC회로에서는 애노드 전압이 반주기마다 0 또는 (−)가 되므로 문제가 되지 않는다.

09
다이오드 보호
- 과전압 보호 : 다이오드 추가 직렬접속
- 과전류 보호 : 다이오드 추가 병렬접속

11
사이리스터 단상 전파 정류 회로에서 순저항 시의 맥동률

$$\text{맥동률} = \sqrt{\frac{(\text{실횻값})^2 - (\text{평균값})^2}{(\text{평균값})^2}} \times 100[\%]$$

$$= \frac{\text{교류분의 전압}}{\text{직류분의 전압}} \times 100[\%]$$

- 단상 전파 : 48[%]
- 3ϕ 반파 : 17[%]

$$v = \sqrt{\frac{(I_{rms})^2 - (I_{av})^2}{I_{av}}} \times 100 = \sqrt{\left[\frac{I_{rms}}{I_{av}}\right]^2 - 1} \times 100$$

$$= \sqrt{\left[\frac{\frac{I_m}{\sqrt{2}}}{\frac{2I_m}{\pi}}\right]^2 - 1} \times 100 = \sqrt{\left[\frac{\pi}{2\sqrt{2}}\right]^2 - 1} \times 100$$

$$= \sqrt{\frac{\pi}{8} - 1} \times 100 = 0.48 \times 100 = 48[\%]$$

12
$$\text{맥동률} = \frac{\text{교류분의 전압}}{\text{직류분의 전압}} \times 100$$

∴ 교류분의 전압 = 맥동률 × 직류분의 전압
$$= 0.04 \times 200 = 8[V]$$

13
3상 변화에서

$$I_{rms} = \sqrt{\frac{3}{2\pi} \int_{-\frac{\pi}{3}}^{\frac{\pi}{3}} \left[\frac{\sqrt{2}\,V\cos\theta}{R}\right]^2 d\theta} = \frac{0.838 \times \sqrt{2}\,V}{R}$$

$$I_d = \frac{0.827 \times \sqrt{2}\,V}{R} \text{이므로}$$

$$v = \sqrt{\left[\frac{I_{rms}}{I_d}\right]^2 - 1} = \sqrt{\left[\frac{0.838}{0.827}\right]^2 - 1} = 0.17 = 17[\%]$$

14
사이리스터 단상 전파 정류 회로에서 순저항 시의 맥동률

$$\text{맥동률} = \sqrt{\frac{(\text{실횻값})^2 - (\text{평균값})^2}{(\text{평균값})^2}} \times 100[\%]$$

$$= \frac{\text{교류분의 전압}}{\text{직류분의 전압}} \times 100$$

- 단상전파 : 48[%]
- 3ϕ 반파 : 17[%]

$$3 = \frac{\text{교류분의 크기}}{2,000} \times 100$$

∴ 교류분의 크기 = 60

17
각종 반도체 소자의 비교
① 방향성
- 양방향성(쌍방향성) 소자 : DIAC, TRIAC, SSS
- 역저지(단방향성) 소자 : SCR, LASCR, GTO, SCS

② 극(단자) 수
- 2극(단자) 소자 : DIAC, SSS, Diode
- 3극(단자) 소자 : SCR, LASCR, GTO, TRIAC
- 4극(단자) 소자 : SCS

18
SCR이 on상태가 되면 전류가 유지전류 이상으로 유지되는 한 게이트전류의 유무에 관계없이 항상 일정한 전류가 흐른다.

19
무부하 직류 전압 E_{do}는

$$E_{do} = \frac{1}{2\pi} \int_0^\pi \sqrt{2}\,E\sin\theta \cdot d\theta = \frac{\sqrt{2}}{\pi}E = 0.45E$$

정류기 내의 전압강하(수은 정류기에서는 아크 전압강하)를 e라 하면 직류전류 평균값 I_d는

$$\therefore I_d = \frac{E_d}{R} = \frac{E_{do} - e}{R} = \frac{\frac{\sqrt{2}}{\pi}E - e}{R} = \frac{0.45E - e}{R}[A]$$

여기서, E : 변압기 2차 상전압(실횻값)[V]
R : 부하 저항[Ω]

20

정류기의 전압강하를 무시하면 직류전압 평균값 E_d는

$E_d = \dfrac{\sqrt{2}}{\pi} E$ 따라서, 직류전류 평균값 I_d는

$\therefore I_d = \dfrac{E_d}{R} = \dfrac{\sqrt{2}}{\pi} \dfrac{E}{R}$ [A]

21

단상 반파정류

$E_d = \dfrac{\sqrt{2}}{\pi} E_a = 0.45 E_a = 0.45 \times 200 = 90$ [V]

전류 $I_d = \dfrac{E_d}{R} = \dfrac{90}{20} = 4.5$ [A]

22

단상 반파정류

$E_d = \dfrac{\sqrt{2}}{\pi} E_a = 0.45 E_a$

$\therefore$ 교류전압 $E_a = \dfrac{150}{0.45} = 333$ [V]

23

$E_d = 100$ [V], $e = 15$ [V]이므로

단상 반파정류 $E_d = \dfrac{\sqrt{2}}{\pi} E - e$

교류전압 $E = \dfrac{\pi}{\sqrt{2}}(E_d + e)$

$\therefore$ 최대 첨두전압

$PIV = E_m = \sqrt{2}\, E = \sqrt{2} \times \dfrac{\pi}{\sqrt{2}}(E_d + e)$

$\quad = 3.14 \times (100 + 15) = 361$ [V]

24

단상 전파정류

$E_d = \dfrac{2\sqrt{2}}{\pi} E = 0.9 E$ [V]

$I_d = \dfrac{E_d}{R} = 0.9 \cdot \dfrac{E}{R} = 0.9 I_a$

$\therefore I_a = \dfrac{1}{0.9} I_d = 1.11 I_d$ [A]

25

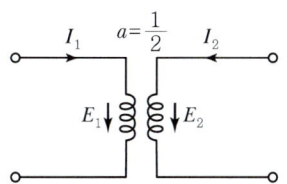

단상 전파정류 $I_d = \dfrac{2\sqrt{2}}{\pi} I_a = 0.9 I_a$

$\therefore$ 교류전류 $I_a = \dfrac{I_d}{0.9} = \dfrac{150}{0.9} = 166.6$ [A]

26

$a = \dfrac{1}{2}$

$E_2 = \dfrac{E_1}{a} = \dfrac{100}{\frac{1}{2}} = 200$ [V]

$\therefore$ 전파정류 $E_d = \dfrac{2\sqrt{2}}{\pi} \times 200 = \dfrac{400\sqrt{2}}{\pi}$ [V]

27

- 단상 반파정류회로에서의 $PIV = \sqrt{2}\, E = \pi E_d$
- 단상 전파정류회로에서의 $PIV = 2\sqrt{2}\, E = \pi E_d$

28

첨두역전압 $PIV = \pi E_d$ [V]에서

$PIV = \pi \times 90 = 282.74$ [V]

29

직류전압 $E_d = \dfrac{2\sqrt{2}}{\pi} E - e = \dfrac{2V_2}{\pi} \times 100 - 20 = 70$ [V]

최대 첨두전압 $PIV = 2\sqrt{2}\, E - e$

$\quad = 2\sqrt{2} \times 100 - 20 = 262$ [V]

30

$E_m = 628$ [V], $R = 20$ [Ω]이므로

단상 전파정류

$E_d = \dfrac{2\sqrt{2}}{\pi} E = \dfrac{2 E_m}{\pi} = \dfrac{2 \times 6,208}{3.14} = 400$ [V]

직류전류 $I_d = \dfrac{E_d}{R} = \dfrac{400}{20} = 20$ [A]

31

전류계는 가동 코일형이므로 직류 평균값을 가리킨다. 이와 같은 단상 전파정류회로의 직류 평균값 I_d는 다음과 같고 리액턴스와는 무관하다.

$$E_d = \frac{2\sqrt{2}}{\pi}E = \frac{2\sqrt{2}}{\pi} \times 10 = 9\,[\text{V}]$$

$$\therefore I_d = \frac{E_d}{R} = \frac{9}{5 \times 10^3} = 1.8 \times 10^{-3}\,[\text{A}] = 1.8\,[\text{mA}]$$

32

단상 전파정류에서 직류분 전압 $E_{d\alpha}$는

$$E_{d\alpha} = \frac{\sqrt{2}\,E}{\pi}(1+\cos\alpha) = \frac{\sqrt{2} \times 100}{\pi} \times (1+\cos 30°)$$
$$= \frac{\sqrt{2} \times 100}{\pi} \times (1+0.866) = 84\,[\text{V}]$$

33

3ϕ 반파 위상제어

$$E_d = 1.17E \times \cos\alpha = 1.17 \times 200 \times \frac{\sqrt{3}}{2} = 202.6\,[\text{V}]$$

Part 04 회로이론

제1장 직류회로 및 정현파 교류

01	02	03	04	05	06	07	08	09	10
②	④	③	②	②	②	③	②	④	①
11	12	13	14	15	16	17	18	19	20
④	②	①	②	③	③	①	①	②	①
21									
②									

01

$i = \dfrac{dq}{dt}$ 에서 $q = \displaystyle\int_0^t i(t)dt$

$\therefore q = \displaystyle\int_0^2 3,000(2t+3t^2)dt\,[\mathrm{C = A \cdot sec}]$

$= 3,000\left\{\left[2 \cdot \dfrac{1}{2}t^2 + 3 \cdot \dfrac{1}{3}t^3\right]_0^2\right\}$

$= 3,000[t^2 + t^3]_0^2$

$= 3,000[(2^2 - 0^2) + (2^3 - 0^3)]$

$= 3,000(4+8) = 36,000\,[\mathrm{A \cdot sec}]$

$\therefore q = 36,000 \div 3,600 = 10\,[\mathrm{Ah}]$
↳ 1시간 = 3,600초

02

도체의 저항 $R = \rho \dfrac{l}{s} = \dfrac{4\rho l}{\pi D^2}\,[\Omega]$ (여기서, D : 지름)

도체의 체적(=부피) $v = \pi r^2 \cdot l = \pi\left(\dfrac{D}{2}\right)^2 \cdot l$

$= \dfrac{\pi D^2 \cdot l}{4}\,[\mathrm{m^3}]$ 임을 이용하면

체적은 유지되고 지름을 $\dfrac{1}{n}$로 줄이면

$v = v' = \dfrac{\pi D^2 l}{4} \rightarrow \dfrac{\pi\left(\dfrac{D}{n}\right)^2 \cdot l}{4} = \dfrac{\pi D^2 \cdot l}{4n^2}$ 이므로

$\dfrac{\pi D^2 \cdot l}{4} = \dfrac{\pi D^2 \cdot ln^2}{4n^2}$

체적이 일정한 조건에서는 길이가 n^2배 증가하게 된다.

$\therefore R' = \dfrac{4\rho l}{\pi D^2} \Rightarrow \dfrac{4\rho \cdot n^2 l}{\pi\left(\dfrac{D}{n}\right)^2} = \dfrac{n^4 4\rho l}{\pi D^2}$

기존 저항의 n^4배가 된다.

03

$R = \dfrac{V}{I}$ 에서 $R' = \dfrac{V}{1.2I} = 0.83 \cdot \dfrac{V}{I}$

∴ 전류를 20% 증가시키면 저항은 0.83배가 된다.

04

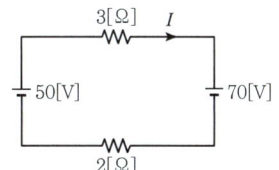

$I = \dfrac{70-50}{3+2} = 4\,[\mathrm{A}]$

※ 문제에 주어진 전류 방향과 실제 전류 방향은 반대이므로 $-4\,[\mathrm{A}]$

05

$R_0 = 10\,[\mathrm{k\Omega}]$

$I_0 = \dfrac{24}{10} = 2.4\,[\mathrm{A}]$

직렬에서 전류 일정, 병렬에서 전류분배를 이용하여

$I_{BC} = 0.6\,[\mathrm{A}]$

$V_L = 0.6 \times 5 = 3\,[\mathrm{V}]$

06

$R_0 = 2.8 + \dfrac{2 \times 3}{2+3} = 4\,[\Omega]$

$I_0 = \dfrac{200}{4} = 50\,[\mathrm{A}]$

$I_1 = \dfrac{3}{2+3} \times 50 = 30\,[\mathrm{A}]$

07

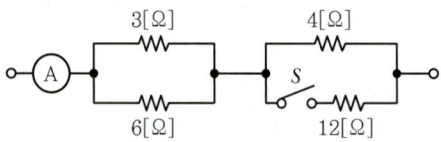

S/W off 상태에서 전원전압을 구한다.

$R_0 = \dfrac{3 \times 6}{3+6} + 4 = 6[\Omega]$ $V_0 = 10 \times 6 = 60[\text{V}]$

위 전원전압으로 S/W on 상태에서 전륫값을 다시 구하면

$R_0 = \dfrac{3 \times 6}{3+6} + \dfrac{4 \times 12}{4+12} = 5[\Omega]$

$I = \dfrac{60}{5} = 12[\text{A}]$

08

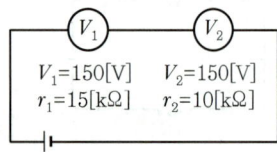

각 전압계의 허용전류를 I_1, I_2라 하면

$I_1 = \dfrac{V_1}{r_1} = \dfrac{150}{15 \times 10^3} = 10 \times 10^{-3} = 10[\text{mA}]$

$I_2 = \dfrac{V_2}{r_2} = \dfrac{150}{10 \times 10^3} = 15 \times 10^{-3} = 15[\text{mA}]$ 가 되고,

직렬회로에서는 전류의 크기가 일정하기 때문에 작은 전류 I_1을 기준으로 측정전압을 구하면 다음과 같다.

$V_1 = I_1 r_1 = 10 \times 10^{-3} \times 15 \times 10^3 = 150[\text{V}]$

$V_2 = I_2 r_2 = 10 \times 10^{-3} \times 10 \times 10^3 = 100[\text{V}]$

∴ 측정 가능한 전압 $V_t = V_1 + V_2 = 250[\text{V}]$

09

$P = \dfrac{V^2}{R} = 500[\text{W}]$에서

$P' = \dfrac{(0.95\,V)^2}{R} = 0.9025 \dfrac{V^2}{R} = 0.9025 \times 500$

    $= 451.25[\text{W}]$

10

$V_a = \dfrac{2 V_m}{\pi} = \dfrac{2\sqrt{2}}{\pi} V$

11

$v = 3\cos 3t[\text{V}] = 3\sin(3t + 90°)[\text{V}]$

$i = -2\sin(3t + 10°)[\text{A}] = 2\sin(3t - 10°)[\text{A}]$

∴ 위상차 $\theta = \theta_1 - \theta_2 = 90° - (-10°) = 100°$

12

직류전압계 → 평균값 측정

반파 평균값 $V_a = \dfrac{V_m}{\pi}$

14

삼각파 $V_a = \dfrac{V_m}{2} = \dfrac{10}{2} = 5$

15

파형률 $= \dfrac{\text{실횻값}}{\text{평균값}}$

① 구형파의 파형률 $= \dfrac{V_m}{V_m} = 1$

② 정현반파의 파형률 $= \dfrac{\dfrac{V_m}{2}}{\dfrac{V_m}{\pi}} = \dfrac{\pi}{2} ≒ 1.57$

③ 정현파의 파형률 $= \dfrac{\dfrac{V_m}{\sqrt{2}}}{\dfrac{2V_m}{\pi}} = \dfrac{\pi}{2\sqrt{2}} ≒ 1.11$

④ 삼각파의 파형률 $= \dfrac{\dfrac{V_m}{\sqrt{3}}}{\dfrac{V_m}{2}} = \dfrac{2}{\sqrt{3}} ≒ 1.15$

16

파고율 $= \dfrac{\text{최댓값}}{\text{실횻값}} = 2$라면, $\dfrac{V_m}{\text{실횻값}} = 2$

∴ 실횻값 $= \dfrac{V_m}{2}$인 정현반파 or 반파정현(류)파

17

구형반파의 파고율 = $\dfrac{\text{최댓값}}{\text{실횻값}} = \dfrac{V_m}{\dfrac{V_m}{\sqrt{2}}} = \sqrt{2}$

18

$v_1 = 10\sin\left(\omega t + \dfrac{\pi}{3}\right) = \dfrac{10}{\sqrt{2}} \angle 60°$

$= \dfrac{10}{\sqrt{2}}(\cos 60° + j\sin 60°) = \dfrac{5\sqrt{2}}{2} + j\dfrac{5\sqrt{6}}{2}$

$v_2 = 20\sin\left(\omega t + \dfrac{\pi}{6}\right) = \dfrac{20}{\sqrt{2}} \angle 30°$

$= \dfrac{20}{\sqrt{2}}(\cos 30° + j\sin 30°) = 5\sqrt{6} + j5\sqrt{2}$

$\therefore v_1 + v_2 = \dfrac{5\sqrt{2}}{2} + 5\sqrt{6} + j\left(\dfrac{5\sqrt{6}}{2} + 5\sqrt{2}\right)$

$= 15.78 + j13.19$

$|V_1 + V_2| = \sqrt{15.78^2 + 13.19^2} = 20.57$

$\theta = \tan^{-1}\dfrac{13.19}{15.78} ≒ 40°$이므로

순시전압 $v = V_m \sin(\omega t + \theta) = 20.57\sqrt{2}\sin(\omega t + 40)$

$≒ 29.1\sin(\omega t + 40)$

별해 계산기 사용 시 처음부터 최댓값으로 계산하면 편하다.

$v_1 = 10 \angle 60°, \; v_2 = 20 \angle 30°$

$v_1 + v_2 = 10 \angle 60° + 20 \angle 30° = 22.32 + j18.66$

$= 29.09 \angle 40°$ (단, 29.09는 최댓값)

19

$I_1 = 10 \angle \tan^{-1}\dfrac{4}{3} = 10 \angle 53°$

$= 10(\cos 53 + j\sin 53) = 6 + j8$

$I_2 = 10 \angle \tan^{-1}\dfrac{3}{4} = 10 \angle 37°$

$= 10(\cos 37 + j\sin 37) = 8 + j6$

$\therefore I_1 + I_2 = 14 + j14$

20

$V = I \cdot Z = 10(2+j) \times (15+j4) = 10(26+j23)$

21

브리지 전류 평형 조건

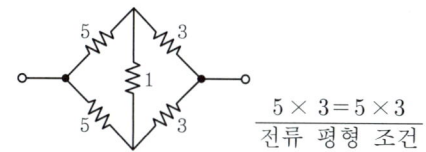

전류 평형 조건이 만족되므로 1[Ω]에는 전류가 흐르지 않는다.

$R_0 = 4[\Omega]$

$\therefore I = \dfrac{100}{4} = 25[\Omega]$

제2장 기본교류회로(R.L.C 회로)

01	02	03	04	05	06	07	08	09	10
②	④	①	①	④	③	③	④	②	③
11	12	13	14	15	16	17	18	19	20
③	①	③	④	②	③	③	②	①	②
21	22	23	24	25					
①	④	②	①	③					

01

전류와 전압이 동위상이므로 R만의 회로(순저항소자)이다.

02

90° 뒤진(늦은) 전류는 L만의 회로이므로 유도성 회로이다.

03

- L만의 회로의 순시전류 $i = I_m \sin(\omega t - 90°)[\text{A}]$
- $I_m = \dfrac{V_m}{Z} = \dfrac{V_m}{X_L} = \dfrac{V_m}{\omega L} = \dfrac{V_m}{2\pi f \cdot L}$

  $= \dfrac{100 \cdot \sqrt{2}}{2\pi \times 60 \times 0.1} ≒ 3.75[\text{A}]$

∴ $i = 3.75 \sin(\omega t - 90°) = 3.75 \sin\left(377t - \dfrac{\pi}{2}\right)$

($\because V_m = \sqrt{2} V$)

04

$e_L = L \cdot \dfrac{di}{dt}$

$L = e_L \cdot \dfrac{dt}{di} = 20 \times \dfrac{0.5 \times 10^{-3}}{5} = 2 \times 10^{-3}[\text{H}] = 2[\text{mH}]$

05

$W_L = \dfrac{1}{2} L I^2 = \dfrac{1}{2} \times 20 \times 10^{-3} \times 6.63^2 = 0.44[\text{J}]$

$I = \dfrac{50}{2\pi \times 60 \times 20 \times 10^{-3}} = 6.63[\text{A}]$

06

- C만의 회로의 순시전류 $i = I_m \sin(\omega t + 90°)[\text{A}]$
- $I_m = \dfrac{V_m}{Z} = \dfrac{V_m}{X_C} = \dfrac{V_m}{\dfrac{1}{\omega C}} = \omega C V_m = 2\pi f C \cdot V_m$

  $= 2\pi \times 1 \times 10^3 \times 0.1 \times 10^{-6} \times 2,000$

  $≒ 1.256$

∴ $i = 1.256 \sin(\omega t + 90°)$

07

$X_C = \dfrac{1}{\omega C} = \dfrac{1}{2\pi f \cdot C} = 50$

$f = \dfrac{1}{2\pi \cdot C \cdot 50} = \dfrac{1}{2\pi \times 3 \times 10^{-6} \times 50} \times 10^{-3}$

$= 1.06[\text{kHz}]$

08

- $X_L = \omega L = 2\pi f L = 10$

  ∴ $L = \dfrac{10}{2\pi f} = \dfrac{10}{2\pi \times 60} \times 10^3 = 26.53[\text{mH}]$

- $X_c = \dfrac{1}{\omega C} = \dfrac{1}{2\pi f \cdot C} = 10$

  ∴ $C = \dfrac{1}{2\pi f \cdot 10} = \dfrac{1}{2\pi \times 60 \times 10} \times 10^6 = 265.26[\mu\text{F}]$

09

- 코일에서의 단자 전압 $v = L\dfrac{di}{dt}[\text{V}]$이므로 급격히 전류가 변하면 전압이 상승(무한대)될 우려가 있다.
- 콘덴서에서의 전류 $i = c\dfrac{dv}{dt}[\text{A}]$이므로 급격히 전압이 변하면 전류가 상승(무한대)될 우려가 있다.

10

R-L 직렬회로의 임피던스 $Z = R + jX_L = R + j\omega L$

$= 60 + j80[\Omega]$

이때 위상차 $\theta = \tan^{-1}\dfrac{허수}{실수} = \tan^{-1}\dfrac{\omega L}{R}$

$= \tan^{-1}\dfrac{80}{60} = 53.13°$

11

R-C 직렬 회로의 임피던스 $Z = R - jX_c$

$X_c = \dfrac{1}{\omega C} = \dfrac{1}{2\pi f \cdot C} = \dfrac{1}{2\pi \cdot 60 \cdot 30 \times 10^{-6}} \fallingdotseq 88.42$

$\therefore Z = R - jX_c = 100 - j88.42[\Omega]$

$I = \dfrac{V}{Z} = \dfrac{V}{\sqrt{R^2 + X_c^2}} = \dfrac{100}{\sqrt{100^2 + 88.42^2}} \fallingdotseq 0.75[A]$

12

$I = \dfrac{V}{Z} = \dfrac{100}{\sqrt{(2+4)^2 + (11-3)^2}} = \dfrac{100}{\sqrt{6^2 + 8^2}} = 10[A]$

13

$I = \sqrt{I_R^2 + I_L^2}$

$I_L = \sqrt{I^2 - I_R^2} = \sqrt{5^2 - \left(\dfrac{12}{4}\right)^2} = 4[A]$

$X_L = \dfrac{V}{I_L} = \dfrac{12}{4} = 3[\Omega]$

14

$Y = Y_1 + Y_2 = \dfrac{1}{Z_1} + \dfrac{1}{Z_2} = \dfrac{1}{R} + \dfrac{1}{-jX_c} = \dfrac{1}{R} + j\dfrac{1}{X_c}$

$= \dfrac{1}{3} + j\dfrac{1}{4}$

($\because X_c = \dfrac{1}{\omega C}$ 이므로)

$|Y| = \sqrt{\left(\dfrac{1}{3}\right)^2 + \left(\dfrac{1}{4}\right)^2} = \dfrac{5}{12}[\mho]$

$\therefore Z = \left|\dfrac{1}{Y}\right| = \dfrac{12}{5} = 2.4[\Omega]$

15

역률 = $\cos\theta$ = 피상전력에 대한 유효전력의 비
  = 전압과 전류의 위상차의 여현함수($\cos$함수)

16

직렬 $\cos\theta = \dfrac{R}{\sqrt{R^2 + X_c^2}} = \dfrac{100}{\sqrt{100^2 + X_c^2}} = 0.3$

$X_c = \dfrac{1}{2 \times \pi \times 50 \times 10 \times 10^{-6}}$

17

$\cos\theta = \dfrac{G}{Y} = \dfrac{\dfrac{1}{R}}{\sqrt{\left(\dfrac{1}{R}\right)^2 + \left(\dfrac{1}{X_c}\right)^2}} = \dfrac{\dfrac{1}{30}}{\sqrt{\left(\dfrac{1}{30}\right)^2 + \left(\dfrac{1}{40}\right)^2}}$

$= 0.8$

or $\cos\theta = \dfrac{X}{Z}$ (단, R-L, R-C 등 소자가 2개일 경우만 사용)

$= \dfrac{X_c}{\sqrt{R^2 + X_c^2}} = \dfrac{40}{\sqrt{30^2 + 40^2}} = 0.8$

18

$\cos\theta = \dfrac{R}{\sqrt{R^2 + X^2}} = \dfrac{9}{\sqrt{9^2 + (15-3)^2}} = 0.6$

19

$a - b$ 사이에 흐르는 전류 I_{ab}는 분배전류로 구할 수 있다.

$I_{ab} = \dfrac{-j8}{-j8 + (j20 - j4)} \times 8 = -8[A]$

$\therefore V_{ab} = I_{ab} \cdot Z_{ab} = I_{ab} \cdot jX_L = -8 \times j20 = -j160[V]$

20

동상이 되려면 공진회로이어야 하므로
공진조건 $\omega^2 LC = 1$

21

직렬공진현상에서 임피던스는 최소, 전류는 최대가 된다.

22

Q = 공진도 = 첨예도 = (직렬) 전압확대비
  = (직렬) 저항에 대한 리액턴스비

$Q = \dfrac{V_L}{V} = \dfrac{V_C}{V} = \dfrac{X_L}{R} = \dfrac{X_C}{R} = \dfrac{1}{R}\sqrt{\dfrac{L}{C}}$ (직렬)

23

$Q = \dfrac{1}{R}\sqrt{\dfrac{L}{C}} = \dfrac{1}{10}\sqrt{\dfrac{10 \times 10^{-3}}{1 \times 10^{-6}}} = 10$

24

병렬공진 시 어드미턴스(Y)는 최소가 되므로 전류 $I = Y \cdot V [\mathrm{A}]$로 최소가 된다.

25

병렬회로에서 I와 I_R이 같아지려면 공진현상이 일어나야 한다.

공진주파수 $f = \dfrac{1}{2\pi\sqrt{LC}}$

제3장 교류전력

01	02	03	04	05	06	07	08	09	10
④	③	①	②	③	③	②	①	②	④
11	12	13	14	15	16	17	18	19	20
②	①	①	③	④	①	②	①	①	①

01

피상전력 $P_a = VI = P \pm jP_r [\mathrm{VA}]$

$\therefore P_a = VI = 100 \times 5 = 500 [\mathrm{VA}]$

02

피상전력 $P_a = \sqrt{P^2 + P_r^2} = VI$

$\therefore P_a = \sqrt{230^2 + 345^2} = 414.63 [\mathrm{VA}] = VI$

$I = \dfrac{P_a}{V} = \dfrac{414.63}{115} \fallingdotseq 3.6 [\mathrm{A}]$

03

소비전력 = 유효전력 = 평균전력 = 실수부전력 = $P [\mathrm{W}]$

$P = VI\cos\theta = 50 \times 10 \times 0.8 = 400 [\mathrm{W}]$

04

소비전력 $P = VI\cos\theta$에서

V, I는 실횻값, θ는 위상차의 관계를 이용하면

$P = \dfrac{141.4}{\sqrt{2}} \times \dfrac{\sqrt{8}}{\sqrt{2}} \cos(60° - 30°) = 173.205 [\mathrm{W}]$

05

$P = I^2 R = \left(\dfrac{V}{Z}\right)^2 R = \dfrac{V^2}{(\sqrt{R^2 + X^2})^2} R = \dfrac{V^2}{R^2 + X^2} R$

06

$P = VI\cos\theta = I^2 R = \dfrac{V^2 \cdot R}{R^2 + X^2} [\mathrm{W}]$에서

$X_L = \omega L = 2\pi f L = 2\pi \times 60 \times 80 \times 10^{-3} = 30.159 [\Omega]$

$\therefore P = \dfrac{V^2 \cdot R}{R^2 + X_L^2} = \dfrac{100^2 \times 40}{40^2 + 30.159^2} \fallingdotseq 160 [\mathrm{W}]$

07

무효전력=허수부전력

$P_r = VI\sin\theta = I^2 X = \dfrac{V^2 \cdot X}{R^2 + X^2}[\text{Var}]$

$X_L = \omega L = 2\pi fL = 2\pi \times 60 \times 13.3 \times 10^{-3} \fallingdotseq 5[\Omega]$

$\therefore P_r = \dfrac{V^2 \cdot X_L}{R^2 + X_L^2} = \dfrac{130^2 \times 5}{12^2 + 5^2} = 500[\text{Var}] \times 10^{-3}$

$\quad = 0.5[\text{kVar}]$

08

$P_r = VI\sin\theta = I^2 X = \sqrt{P_a^2 - P^2}\,[\text{Var}]$

$X = \dfrac{\sqrt{P_a^2 - P^2}}{I^2} = \dfrac{\sqrt{(100 \times 15)^2 - 1{,}200^2}}{15^2} = 4[\Omega]$

09

복소전력

$P_a = V^* I = P \pm jP_r$(단, $+$: 용량성, $-$: 유도성)

$P_a = V^* I = P \pm jP_r$(단, $+$: 유도성, $-$: 용량성)

여기서, V^*, I^* : 공액복소수

$\therefore P_a = V^* I = (100 - j50)(3 + j4)$

$\quad = 300 + j400 - j150 - j^2 200 = 500 + j250$

$\therefore$ 유효전력 $P = 500[\text{W}]$

$\quad$ 무효전력 $P_r = 250[\text{Var}]$

10

$E = 200\angle \dfrac{\pi}{3} = 200(\cos 60 + j\sin 60) = 100 + j100\sqrt{3}$

$P_a = V^* I = (100 - j100\sqrt{3})(10\sqrt{3} + j10)$

$\quad = 3{,}464 - j2{,}000$

$\therefore P_r = 2{,}000[\text{Var}]$

11

$P_a = V^* I = (50\sqrt{3} - j50)(15\sqrt{3} - j15)$

$\quad = 2{,}250 - j750\sqrt{3} - j750\sqrt{3} + j^2 750\ (j^2 = -1)$

$\quad = 1{,}500 - j1{,}500\sqrt{3}$

$\therefore P = 1{,}500$, $P_r = 1{,}500\sqrt{3}$

12

$P = I^2 R = 12^2 \times 3 = 432[\text{W}]$

$P_r = I^2 X = 12^2 \times 4 = 576[\text{Var}]$

$\therefore P_a = P \pm jP_r = 432 \pm j576$

13

직류 $P = \dfrac{V^2}{R} \Rightarrow R = \dfrac{V^2}{P} = \dfrac{100^2}{500} = 20[\Omega]$

교류 $P = \dfrac{V^2}{R^2 + X_L^2} R \Rightarrow X_L = \sqrt{\dfrac{RV^2}{P} - R^2} = 15[\Omega]$

14

$P_a = \overline{V}I = P \pm jP_r$(단, $+$: 용량성, $-$: 유도성)

15

$P_a = V^* I = (7\sqrt{3} - j7)(7\sqrt{3} - j7)$

$\quad = 98 - j98\sqrt{3}\,[\text{VA}]$에서

$\cos\theta = \dfrac{P}{P_a} = \dfrac{98}{\sqrt{98^2 + (98\sqrt{3})^2}} = 0.5 \quad \therefore \cos\theta = 50[\%]$

16

- 최대전력 전송조건=내부저항=부하저항($R = R_2$)

- 최대전력 $P_{\max} = I^2 \cdot R_L = \left(\dfrac{E}{R + R_L}\right)^2 \cdot R_L \Big|_{R_2 = R}$

$\quad = \dfrac{E^2}{(2R)^2} \cdot R = \dfrac{E^2}{4R}[\text{W}]$

17

- $P_{\max} = \dfrac{E^2}{4R_0}[\text{W}]$

- $P_L = I^2 R = \left(\dfrac{E}{R_0 + 3R_0}\right)^2 \cdot 3R_0$

$\quad = \dfrac{3E^2}{16R_0}[\text{W}]$(단, $R_L = 3R_0$)

$\therefore P_L = P_m \times \chi$, $\chi = \dfrac{P_L}{P_m} = \dfrac{\dfrac{3E^2}{16R_0}}{\dfrac{E^2}{4R_0}} = \dfrac{12}{16} = 0.75$(배)

18

$$P_m = \frac{E^2}{4R_0} = \frac{\left(\frac{V_0}{\sqrt{2}}\right)^2}{4R_0} = \frac{V_0^2}{8R_0}$$

19

$\vec{V_3} = \vec{V_1} + \vec{V_2}$

$\therefore V_3^2 = V_1^2 + V_2^2 + 2V_1V_2\cos\theta$

$\cos\theta = \dfrac{V_3^2 - V_1^2 - V_2^2}{2V_1V_2}$, $P = VI\cos\theta$(부하기준)

$\therefore P = V_1 \cdot \dfrac{V_2}{R} \cdot \dfrac{V_3^2 - V_1^2 - V_2^2}{2V_1V_2}$

$\quad = \dfrac{1}{2R}(V_3^2 - V_1^2 - V_2^2)$[W]

20

$Z = \dfrac{V}{I} = \dfrac{220\angle 45°}{5\angle 60°} = 44\angle -15°$

$\quad = 44(\cos(-15°) + j\sin(-15°)) ≒ 42.5 - j11.4[\Omega]$

제4장 상호유도회로

01	02	03	04	05	06	07	08	09	10
①	②	②	①	④	②	②	①	④	④
11	12								
①	②								

01

$e_2 = M\dfrac{di_1}{dt}$ 에서 $15 = M\dfrac{120}{1}$

$\therefore M = \dfrac{15}{120} = 0.125$[H]

02

결합계수 $k = \dfrac{M}{\sqrt{L_1L_2}}$

03

$k = \dfrac{M}{\sqrt{L_1L_2}} = \dfrac{5.6}{\sqrt{20\times 50}} = 0.177$

04

차동결합의 합성인덕턴스

$L_0 = L_1 + L_2 - 2M = L_1 + L_2 - 2k\sqrt{L_1L_2}$

$\quad = 4 + 6 - 2\times 3 = 4$[H]

05

그림의 $a-b$ 단자를 직렬로 나열하면

$a \circ -\!\!\!\!\!/\!\!\!\!\!\backslash\!\!\!\!\!/\!\!\!\!\!\backslash -\text{WWW}- R_1\ L_1\ L_2\ R_2\ L_3\ R_3 -\circ b$

$\therefore Z_{ab} = R_1 + R_2 + R_3 + j\omega(L_1 + L_2 - 2M + L_3)$

$\quad = R_1 + R_2 + R_3 + j\omega(L_1 + L_2 + L_3 - 2M)$

06

공진조건 $\omega^2 L_0 C = 1$ 에서

$L_0 = \dfrac{1}{\omega^2 C} = \dfrac{1}{(2\pi f)^2 \cdot C}$

$\quad = \dfrac{1}{(2\pi \cdot 300)^2 \times 25 \times 10^{-6}} = 0.01125$[H]

가동결합 시 합성인덕턴스 $L_0 = L_1 + L_2 + 2M$ 이므로
$2M = L_0 - L_1 - L_2$

$M = \dfrac{1}{2}(L_0 - L_1 - L_2)$

$= \dfrac{1}{2}\{0.01125 - (4.3 \times 10^{-3}) - (4.6 \times 10^{-3})\}$

$= 1.175 \times 10^{-3}[\mathrm{H}] \fallingdotseq 1.18[\mathrm{mH}]$

07
인덕턴스의 병렬연결(가동결합)

$L_0 = \dfrac{L_1 L_2 - M^2}{L_1 + L_2 - 2M}$ (dot의 위치가 위에)

※ 차동결합 $L_0 = \dfrac{L_1 L_2 - M^2}{L_1 + L_2 + 2M}$ (dot의 위치가 위·아래)

08
$L_0 = L_1 + L_2 \pm 2M = L_1 + L_2 \pm 2k\sqrt{L_1 L_2}$

최댓값 = 가동결합 $L_{01} = 5 + 5 + 2 \cdot 0.8\sqrt{5.5} = 18[\mathrm{H}]$

최솟값 = 차동결합 $L_{02} = 5 + 5 - 2 \cdot 0.8\sqrt{5.5} = 2[\mathrm{H}]$

(단, 결합계수 k는 가장 큰 0.8을 이용해야 최댓값과 최솟값을 얻을 수 있다.)

09
등가회로를 그려보면 다음과 같다.

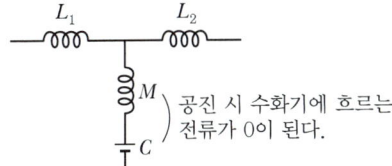

공진 시 수화기에 흐르는 전류가 0이 된다.

$\therefore \omega^2 MC = 1$

$\omega = \sqrt{\dfrac{1}{MC}}$

$f = \dfrac{1}{2\pi}\sqrt{\dfrac{1}{MC}}[\mathrm{Hz}]$

10
휘트스톤브리지 평형조건을 만족하므로, 등가회로를 그리면 다음과 같다.

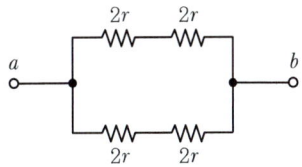

$\therefore R_{ab} = \dfrac{R}{n} = \dfrac{4r}{2} = 2r[\Omega]$

11
등가회로 변환

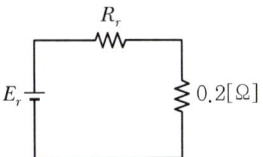

$0.2[\Omega]$에 걸리는 전압
$E_r = 2[\mathrm{V}]$

$R_r = \dfrac{4 \times 6}{4 + 6} + \dfrac{6 \times 4}{6 + 4} = 4.8[\Omega]$

$I = \dfrac{2}{4.8 + 0.2} = 0.4[\mathrm{A}]$

12
권수비 $a = \dfrac{n_1}{n_2} = \sqrt{\dfrac{R_1}{R_2}}$

$\dfrac{n}{1} = \sqrt{\dfrac{1,000}{10}} = 10$

제5장 벡터의 궤적

01	02	03	04
②	②	①	③

01

$Z = R + jX_L - jX_C = R + j\omega L - j\dfrac{1}{\omega C}[\Omega]$의 임피던스 궤적은 아래와 같다.

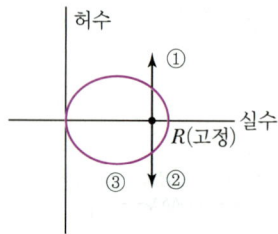

① $j\omega L$에서 ω를 $0 \sim \infty$까지 변화시키면 양의 허수 쪽을 향하는 반직선이 된다.

② $-j\dfrac{1}{\omega C}$에서 ω를 $0 \sim \infty$까지 변화시키면 음의 허수 쪽을 향하는 반직선이 된다.

이때 ①, ②의 어드미턴스 궤적은 다음 성질에 의해 그려진다.

③ ①의 Y 궤적은 4상한에 존재하고 원점을 지나는 반원이 된다.

④ ②의 Y 궤적은 1상한에 존재하고 원점을 지나는 반원이 된다.

∴ 최종적인 어드미턴스(Y) 궤적은 원점을 지나는 원이 된다.

02

$Z = R + jX_L - jX_C = R + j(X_L - X_C)$를 $R + jX$로 가정하고

$Y = \dfrac{1}{Z} = \dfrac{1}{R+jX} = \dfrac{R-jX}{R^2+X^2} = \dfrac{R}{R^2+X^2} - j\dfrac{X}{R^2+X^2}$

$= P + jQ$라 정의하면

$P^2 + Q^2 = \dfrac{R^2}{(R^2+X^2)^2} + \dfrac{X^2}{(R^2+X^2)^2} = \dfrac{R^2+X^2}{(R^2+X^2)^2}$

$= \dfrac{1}{R^2+X^2}$

∴ $P^2 + Q^2 = \dfrac{1}{R^2+X^2} = \dfrac{\dfrac{R}{R^2+X^2}}{\dfrac{R}{1}} = \dfrac{P}{R}$ 이다.

결국 $P^2 - \dfrac{P}{R} + Q^2 = 0$이고 원의 방정식으로 정리하면

$P^2 - \dfrac{P}{R} + \dfrac{1}{4R^2} + Q^2 = \dfrac{1}{4R^2}$

$\left(P - \dfrac{1}{2R}\right)^2 + Q^2 = \left(\dfrac{1}{2R}\right)^2$

∴ $\left(\dfrac{1}{2R}, 0\right)$을 지나고 반지름이 $\dfrac{1}{2R}$인 원이다.

03

$Y = Y_1 + Y_2 = \dfrac{1}{Z_1} + \dfrac{1}{Z_2} = \dfrac{1}{R} + \dfrac{1}{-jX_C} = \dfrac{1}{R} + j\omega C$의 원 궤적은 아래와 같다.

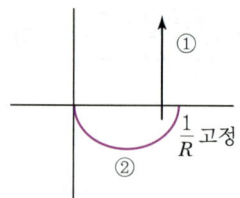

① $\dfrac{1}{R}$은 고정하고 ω를 $0 \sim \infty$까지 변화시키면 양의 허수부를 향하는 반직선이 된다.

② 이때 역궤적(Z궤적)을 그리면 4상한에 존재하고 원점을 지나는 반원이 된다.

04

역궤적(백터 궤적)

① 원궤적이 1상한 존재 시 역궤적은 4상한 존재

①′ 원궤적이 4상한 존재 시 역궤적은 1상한 존재

② 원궤적이 X축과 만나면 역궤적도 X축과 만난다.

②′ 원궤적이 Y축과 만나면 역궤적도 Y축과 만난다.

③ 원궤적이 반직선이면 역궤적은 원점을 지나는 반원

③′ 원궤적이 직선이면 역궤적은 원점을 지나는 원

제6장 일반 선형 회로망

01	02	03	04	05	06	07	08	09	10
②	③	④	②	②	①	①	④	②	④

11	12	13
②	②	③

01
전압원은 내부저항이 0에 가까울수록, 전류원은 내부저항이 ∞에 가까울수록 이상적이다.

02
키르히호프 1법칙에서
임의의 점에서 유입되는 전류와 유출되는 전류의 합이 같아야 하므로
$5 + 3 + 2 = 2 + i_5 \qquad i_5 = 8[\text{A}]$

03
키르히호프 법칙은 회로의 선형, 비선형, 시변, 시불변 여부에 관계없이 적용 가능하다.

04
중첩의 원리
두 개 이상의 전압원, 전류원으로 이루어진 회로망을 해석하는 방법이며 전압원, 전류원을 각각 단독으로 해석하여 합성하는 방법이다.

05

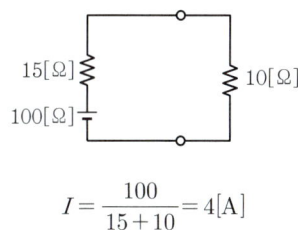

$I = \dfrac{100}{15+10} = 4[\text{A}]$

06
중첩의 원리에서 전압원 10[V] 기준으로 전류원을 개방하면
$I = \dfrac{V}{R} = \dfrac{10}{10} = 1[\text{A}]$
전류원 2[A] 기준으로 전압원을 단락시키면
단락된 부분으로 모든 전류가 흐르므로 $I = 0[\text{A}]$

07
단자 a, b를 개방한 상태에서 구하고 싶은 부분과 병렬에 걸리는 전압을 구하면
$V = IR = 1 \times 2 = 2[\text{V}]$

08
테브난 회로를 노턴 회로로 등가변환하면
$I = \dfrac{V}{R} = \dfrac{6}{2} = 3[\text{A}]$이고, 저항값은 똑같이 $2[\Omega]$이다.

09
전원의 등가대치에 따라 등가회로를 구성하면 다음과 같다.

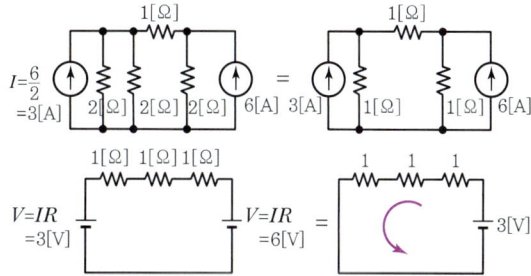

$I = \dfrac{V}{R} = \dfrac{3}{3} = 1[\text{A}]$

∴ 문제의 방향과 실제 전류방향이 반대이므로 $I = -1[\text{A}]$

10
밀만의 정리

$V_{ab} = I \cdot Z = \dfrac{I}{Y} = \dfrac{I_1 + I_2}{Y_1 + Y_2} = \dfrac{\dfrac{V_1}{Z_1} + \dfrac{V_2}{Z_2}}{\dfrac{1}{Z_1} + \dfrac{1}{Z_2}}$

$= \dfrac{\dfrac{10}{10} + \dfrac{20}{5}}{\dfrac{1}{10} + \dfrac{1}{5}} = 16.66 \cdots ≒ 17[\text{V}]$

11
가역정리(= 상반정리)
$E_1 I_1 = E_2 I_2$
∴ $I_1 = \dfrac{E_2}{E_1} I_2 = \dfrac{200}{300} \times 30 = 20[\text{A}]$

12

중첩의 원리에서

전압원 기준일 때는 전류원이 개방이므로 $V=0[\text{V}]$

전류원 기준일 때는 전압원이 단락이므로 $I=1[\text{A}]$이다.

$V=7[\text{V}]$지만 방향이 반대이므로 $V=-7[\text{V}]$가 된다.

13

테브난 등가회로에서 전압은 부하 측을 개방한 상태에서 부하와 병렬($8[\Omega]$)에 걸리는 전압이므로

$V_T = 16[\text{V}]$

등가저항은 부하 측을 단락하고 전압원은 단락, 전류원은 개방한 상태에서 부하 측에서 바라본 합성저항을 구하면 되므로

$R_T = 8[\Omega]$

제7장 다상교류

01	02	03	04	05	06	07	08	09	10
③	③	①	②	③	②	②	④	④	②
11	12	13	14	15	16	17	18	19	20
③	①	①	④	④	①	①	③	③	②
21	22	23							
②	①	①							

01

성형결선(n상)

$V_L = 2\sin\dfrac{\pi}{n} V_P \Rightarrow 2 \cdot \sin\dfrac{\pi}{n}$ 배

(선간전압은 상전압의 $2\sin\dfrac{\pi}{n}$ 배)

02

$I_l = 2\sin\dfrac{\pi}{n} I_P = 2 \cdot \sin\dfrac{\pi}{6} \times 120 = 120[\text{A}]$

03

$I_l = 2\sin\dfrac{\pi}{n} I_P \angle -\dfrac{\pi}{2}\left(1-\dfrac{2}{n}\right)$

△결선에서 선전류(I_l)는 상전류(I_P)보다 $2\sin\dfrac{\pi}{n}$ 배 크고 위상은 $\dfrac{\pi}{2}\left(1-\dfrac{2}{n}\right)$ 만큼 뒤진다.

04

Y결선의 선전류 $I_l = \dfrac{V_l}{\sqrt{3} \cdot Z} = \dfrac{200}{\sqrt{3} \cdot \sqrt{8^2+6^2}}$
$= 11.54[\text{A}]$

or 상전류 $I_P =$ 선전류 $I_l = \dfrac{V_P}{Z} = \dfrac{\frac{V_l}{\sqrt{3}}}{\sqrt{8^2+6^2}} = 11.54[\text{A}]$

05

△결선 $I_l = \dfrac{\sqrt{3} \cdot V_l}{Z} = \dfrac{\sqrt{3} \cdot 200}{\sqrt{6^2+8^2}} = 20\sqrt{3}[\text{A}]$

06

등가 Y결선 회로로 변경하면 아래와 같다.

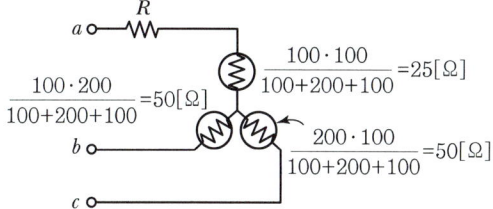

TIP △ → Y로 변경 시, $R = \dfrac{\text{사이곱}}{\text{돌려합}}$

각 선에 흐르는 전류가 같으려면 저항의 크기가 같아야 하므로
$R + 25 = 50 = 50$
$\therefore R = 25[\Omega]$

07

평행 3상 Y결선에서 △결선으로 등가변환할 때는
$R_\triangle = 3R_Y$ 이므로
$R = 3 \times 15 = 45[\Omega]$

08

등가 Y결선으로 변경하면 아래와 같다.

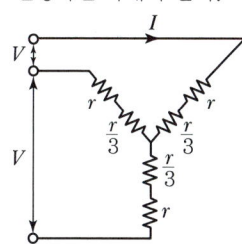

$I = I_l = \dfrac{V_l}{\sqrt{3} \cdot Z} = \dfrac{V}{\sqrt{3} \times \left(r + \dfrac{r}{3}\right)}$

$= \dfrac{V}{\dfrac{4\sqrt{3}\,r}{3}} = \dfrac{3V}{4\sqrt{3}\,r} = \dfrac{3\sqrt{3}\,V}{12r} = \dfrac{\sqrt{3}\,V}{4r}$

09

$I_l = \dfrac{P}{\sqrt{3}\,V_l \cos\theta} = \dfrac{10 \times 10^3}{\sqrt{3} \times 200 \times 0.8} = 36[\text{A}]$

10

$P = \sqrt{3}\,VI\cos\theta$ (단, $V = V_l$, $I = I_l$)

$I_l = \dfrac{P}{\sqrt{3} \cdot V_l \cos\theta} = \dfrac{P}{\sqrt{3} \times 200 \times 0.8} = 36.08[\text{A}]$

$= 36.08(\cos\theta - j\sin\theta)$ ($-$는 지상, 뒤진 역률)
$= 36.08(0.8 - j0.6) = 28.8 - j21.6[\text{A}]$

11

$P = \sqrt{3}\,V_l I_l \cos\theta = 3V_P I_P \cos\theta = 3I_P^2 \cdot R$

$\therefore I_P = \dfrac{V_P}{Z} = \dfrac{200}{\sqrt{3^2 + 4^2}} = 40[\text{A}]$

$P = 3 \times 40^2 \times 3 = 14{,}400[\text{W}] = 14.4[\text{kW}]$

12

$1[\text{Hp}] = 746[\text{W}]$
$P = \sqrt{3}\,V_l I_l \cos\theta \times \eta$

$\therefore I_l = \dfrac{P}{\sqrt{3} \times V_l \times \cos\theta \times \eta}$

$= \dfrac{5 \times 746}{\sqrt{3} \times 220 \times 0.85 \times 0.8} \fallingdotseq 14.4[\text{A}]$

13

$I_P = \dfrac{V_P}{Z} = \dfrac{100}{\sqrt{8^2 + 6^2}} = 10[\text{A}]$

$P_r = 3I_P^2 \cdot X = 3 \times 10^2 \times 6 = 1{,}800[\text{Var}]$

$P_r = 1{,}800 = 3V_P I_P \sin\theta$

$\therefore \sin\theta = \dfrac{1{,}800}{3 \cdot V_P \cdot I_P} = \dfrac{1{,}800}{3 \times 100 \times 10} = 0.6$

or $\theta = \tan^{-1} \dfrac{\text{허수}}{\text{실수}} = \tan^{-1} \dfrac{6}{8}$ 이므로

$\sin\theta = \sin\left(\tan^{-1}\dfrac{6}{8}\right) = 0.6$

14

$P_a = 3I^2 Z = 3 \times 20^2 \times \sqrt{3^2 + 4^2} = 6{,}000[\text{VA}]$

15

$P = 3I_P^2 \cdot R [\text{W}]$

$|Z| = \sqrt{24^2 + 7^2} = 25 [\Omega]$

Y결선 $I_l = I_P = \dfrac{V_l}{\sqrt{3} \cdot Z} = \dfrac{100}{\sqrt{3} \times 25} = 2.3 [\text{A}]$

$\therefore P = 3I_P^2 \cdot R = 3 \times (2.3)^2 \times 24 \fallingdotseq 381 [\text{W}]$

16

① Y결선 시

선전류 $I_l = \dfrac{V_l}{\sqrt{3} \cdot R}$ 이므로

$10 = \dfrac{200}{\sqrt{3} \cdot R}$, $20 = \sqrt{3} R$

$\therefore R = \dfrac{20}{\sqrt{3}} [\Omega]$

② △결선 시

$I_l = \dfrac{\sqrt{3} \cdot V_l}{R} = \dfrac{\sqrt{3} \cdot 200}{\dfrac{1}{\dfrac{20}{\sqrt{3}}}} = \dfrac{3 \cdot 200}{20} = 30 [\text{A}]$

17

2전력계 유효전력

$P = P_1 + P_2 [\text{W}] = 500 + 300 = 800 [\text{W}]$

18

2전력계 피상전력

$P_a = \sqrt{P^2 + P_r^2} = 2\sqrt{P_1^2 + P_2^2 - P_1 P_2}$

$= 2\sqrt{500^2 + 1{,}500^2 - 500 \times 1{,}500} = 2{,}645.75 [\text{VA}]$

$\therefore P_a \fallingdotseq 2{,}646 [\text{VA}]$

19

2전력계의 역률

$\cos\theta = \dfrac{P}{P_a} = \dfrac{P_1 + P_2}{2\sqrt{P_1^2 + P_2^2 - P_1 P_2}}$

20

V결선 출력

$P_V = \sqrt{3} P = 100\sqrt{3} [\text{kVA}]$

21

V결선 이용률 $= \dfrac{\sqrt{3} P}{2P} = 0.866$

22

고장 전과 비교하면 V결선 출력비이므로

출력비 $= \dfrac{\sqrt{3} P}{3P} = 0.577$

23

A_2는 선전류를 측정한 값이므로 $I_l = 5\sqrt{3} [\text{A}]$

제8장 대칭좌표법

01	02	03	04	05	06	07	08	09	10
④	③	②	②	①	③	③	①	③	③

11	12	13	14
④	①	④	③

01

영상분 $E_0 = \dfrac{1}{3}(E_a + E_b + E_c)$

정상분 $E_1 = \dfrac{1}{3}(E_a + aE_b + a^2 E_c)$

역상분 $E_2 = \dfrac{1}{3}(E_a + a^2 E_b + aE_c)$

02, 03

1번 해설 참고

04

영상분은 3상 불평형 접지에 걸리므로, 비접지식에서는 0이 된다.

05

$V_0 = \dfrac{1}{3}(V_a + V_b + V_c)$

$= \dfrac{1}{3}(3 + (2-j3) + (4+j3)) = 3[\mathrm{V}]$

06

$I_0 = \dfrac{1}{3}(I_a + I_b + I_c)$

$= \dfrac{1}{3}((10+j2) + (-20-j24) + (-5+j10))$

$= -5 - j4[\mathrm{A}]$

07

$I_1 = \dfrac{1}{3}(I_a + aI_b + a^2 I_c)$

$= \dfrac{1}{3}((15+j2) + (1\angle 120°)(-20-j14)$

$+ (1\angle 240°)(-3+j10)) = 15.7 - j3.57[\mathrm{A}]$

08

영상분은 3상 불평형 접지식에만 존재한다.

09

불평형률 $= \dfrac{\text{역상분}}{\text{정상분}} \times 100[\%]$

10

불평형률 $= \dfrac{\text{역상분}}{\text{정상분}} \times 100[\%]$

$= \dfrac{50}{250} \times 100 = 20[\%]$

11

전력은 같은 성분끼리 계산한다.
$P = 3V_0 I_0 + 3V_1 I_1 + 3V_2 I_2$

12

3상 3선식에는 접지가 없으므로 영상분은 0이 된다.

13

중성선이 필요하지 않으면 평행 3상이므로 $I_a + I_b + I_c = 0$

14

$I_a = I_0 + I_1 + I_2$
$I_b = I_0 + a^2 I_1 + aI_2$
$I_c = I_0 + aI_1 + a^2 I_2$

제9장 비정현파 교류

01	02	03	04	05	06	07	08	09	10
③	③	①	①	①	④	④	③	③	②
11	12	13	14	15	16	17	18	19	20
②	①	①	②	③	③	③	④	①	③
21
①

01
비정현파는 푸리에 분석(급수)으로 해석한다.

02
$$f(t) = a_0 + \sum_{n=1}^{\infty} a_n \cos n\omega t + \sum_{n=1}^{\infty} b_n \sin n\omega t$$

03
비정현파 구성 = 직류분 + 기본파 + 고조파

04
구형파를 만들기 위해서는 무수히 많은 고조파를 섞어야 된다.

05
- 여현대칭 $f(t) = f(-t)$
- 정현대칭 $f(t) = -f(-t)$

06
반파대칭에서 직류분은 0, 고조파는 홀수(기수)항만 존재하고 정현대칭에서는 sin항만 존재한다.

07
비정현파의 실횻값
각 고조파의 실효치의 합의 제곱근
$V = \sqrt{V_1^2 + V_2^2 + V_3^2 + \cdots}$

08
$|V| = \sqrt{3^2 + 5^2 + 10^2} = 11.6[V]$

09
$I_3 = \dfrac{V_3}{Z_3} = \dfrac{V_3}{R + j3\omega L} = \dfrac{50}{\sqrt{8^2 + 6^2}} = 5[A]$

10
$V_P(\text{상전압}) = \sqrt{V_1^2 + V_3^2 + V_5^2}$
$= \sqrt{1{,}000^2 + 500^2 + 100^2} \fallingdotseq 1{,}122.5$
$V_l(\text{선간전압}) = \sqrt{3} \cdot V_P = \sqrt{3} \cdot \sqrt{V_1^2 + V_5^2}$
$= \sqrt{1{,}000^2 + 100^2} \fallingdotseq 1{,}740.7$
(∵ 선간전압에는 3고조파 성분이 존재하지 않는다.)
∴ $\dfrac{V_P}{V_l} = \dfrac{1{,}122.5}{1{,}740.7} = 0.6448 \fallingdotseq 65[\%]$

11
$P = I^2 \cdot R[W]$
$I_1 = \dfrac{V_1}{Z_1} = \dfrac{V_1}{R + j\omega L} = \dfrac{100}{\sqrt{4^2 + 3^2}} = 20[A]$
$I_3 = \dfrac{V_3}{Z_3} = \dfrac{V_3}{R + j3\omega L} = \dfrac{200}{\sqrt{4^2 + 9^2}} = 20.3[A]$
∴ $I = \sqrt{I_1^2 + I_3^2} = \sqrt{20^2 + 20.3^2} \fallingdotseq 28.5[A]$
$P = I^2 R = 28.5^2 \times 4 \fallingdotseq 3{,}250[W]$

12
$P = I^2 R[W]$
$I_1 = \dfrac{V_1}{Z_1} = \dfrac{V_1}{R + j\omega L} = \dfrac{\frac{2\omega}{\sqrt{2}}}{\sqrt{3^2 + 4^2}} = 28.28[A]$
$I_3 = \dfrac{V_3}{Z_3} = \dfrac{V_3}{R + j3\omega L} = \dfrac{\frac{50}{\sqrt{2}}}{\sqrt{3^2 + 12^2}} = 2.86[A]$
$I_5 = \dfrac{V_5}{Z_5} = \dfrac{V_5}{R + j5\omega L} = \dfrac{\frac{30}{\sqrt{2}}}{\sqrt{3^2 + 20^2}} = 1.04[A]$
$I = \sqrt{I_1^2 + I_3^2 + I_5^2} = \sqrt{28.28^2 + 2.86^2 + 1.04^2} = 28.44[A]$
∴ $P = I^2 R = (28.44)^2 \times 3 = 2{,}426.5 \fallingdotseq 2{,}427.8[W]$

13

$P = VI\cos\theta$ 에서 $P = V_1 I_1 \cos\theta_1 + V_3 I_3 \cos\theta_3$

$= \dfrac{100}{\sqrt{2}} \cdot \dfrac{20}{\sqrt{2}} \cdot \cos(0° - (-60°))$

$\quad + \dfrac{50}{\sqrt{2}} \cdot \dfrac{10}{\sqrt{2}} \cdot \cos(-30° - 45°)$

$= \left(\dfrac{2,000}{2} \times \dfrac{1}{2}\right) + \left(\dfrac{500}{2} \times 0.26\right) = 565[\text{W}]$

$(\because \cos 60° = \dfrac{1}{2},\ \cos(-75°) \fallingdotseq 0.26)$

14

$v = 80\sin(\omega t + 30°) - 50\sin(3\omega t + 60°) + 25\sin 5\omega t$
$i = 16\sin(\omega t - 30°) + 15\sin(3\omega t + 30°)$
$\quad + 10\sin(5\omega t - 60° + 90°)$
$= 16\sin(\omega t - 30°) + 15\sin(3\omega t + 30°)$
$\quad + 10\sin(5\omega t + 30°)$

$P = V_1 I_1 \cos\theta_1 + V_3 I_3 \cos\theta_3 + V_5 I_5 \cos\theta_5$

$= \dfrac{80}{\sqrt{2}} \cdot \dfrac{16}{\sqrt{2}} \cdot \cos(30° - (-30°))$

$\quad + \dfrac{-50}{\sqrt{2}} \cdot \dfrac{15}{\sqrt{2}} \cdot \cos(60° - 30°)$

$\quad + \dfrac{25}{\sqrt{2}} \cdot \dfrac{10}{\sqrt{2}} \cdot \cos(0° - 30°)$

$= 320 - 324.76 + 108.25 = 103.49$

15

n 고조파 공진조건

$n\omega L = \dfrac{1}{n\omega C}$

$n^2 \omega^2 LC = 1$

$\omega^2 = \dfrac{1}{n^2 LC},\quad \omega = \dfrac{1}{n\sqrt{LC}}\quad (\omega = 2\pi f)$

$\therefore f = \dfrac{1}{2\pi n \sqrt{LC}}$

16

왜형률 $D = \dfrac{\text{전 고조파의 실효치}}{\text{기본파의 실효치}}$

17

왜형률 $= \dfrac{\sqrt{50^2 + 30^2}}{100} = 0.5$

18

기본파의 전압을 100으로 가정하면

왜형률 $= \dfrac{\text{전 고조파의 실효치}}{\text{기본파의 실효치}} = \dfrac{\sqrt{80^2 + 60^2}}{100} = 1$

19

$P = \dfrac{V_1}{\sqrt{2}} \cdot \dfrac{I_1}{\sqrt{2}} \cdot \cos\theta_1 + \dfrac{V_3}{\sqrt{2}} \cdot \dfrac{I_3}{\sqrt{2}} \cdot \cos\theta_3$

$= \dfrac{20}{\sqrt{2}} \cdot \dfrac{30}{\sqrt{2}} \cdot \cos 0° + \dfrac{30}{\sqrt{2}} \cdot \dfrac{20}{\sqrt{2}} \cdot \cos 0°$

$= 600[\text{W}]$

$P_a = VI$

$= \sqrt{\left(\dfrac{20}{\sqrt{2}}\right)^2 + \left(\dfrac{30}{\sqrt{2}}\right)^2} \times \sqrt{\left(\dfrac{30}{\sqrt{2}}\right)^2 + \left(\dfrac{20}{\sqrt{2}}\right)^2}$

$= 650[\text{VA}]$

$\therefore \cos\theta = \dfrac{P}{P_a} = \dfrac{600}{650} = 0.923 \times 100[\%] \fallingdotseq 92.3[\%]$

20

파고율 $= \dfrac{\text{최댓값}}{\text{실횻값}}$

21

$|V| = \sqrt{20^2 + \left(\dfrac{60}{\sqrt{2}}\right)^2} = 46.9[\text{V}]$

제10장 2단자 회로망

01	02	03	04	05	06	07	08	09
③	③	③	①	①	①	④	④	④

01
영점(Zero)
분자가 0이 되는 값으로 $Z=0$인 단락상태를 의미한다.

02
극점(Pole)
분모가 0이 되는 값으로 $Z=\infty$인 개방상태를 의미한다.

03
$$Z(s) = \frac{s\frac{1}{s}}{s+\frac{1}{s}} \times 2 = \frac{2s}{s^2+1}[\Omega]$$

04
$$Z(s) = \frac{\frac{2}{s} \times (1+2s)}{\frac{2}{s} + (1+2s)} = \frac{2(2s+1)}{2s^2+s+2}[\Omega]$$

05
카우어 이론을 적용하여 모든 분자를 1로 만든다.
$$Z(s) = \frac{3S \div 3S}{S^2+15 \div 3S} = \frac{1}{\frac{S^2}{3S}+\frac{15}{3S}} = \frac{1}{\frac{1}{3}S+\frac{5}{S}} = \frac{1}{\frac{1}{3}S+\frac{1}{\frac{1}{5}S}}$$

∴ 분수식 안에 +가 위치하는 병렬회로이며, S 옆에 있는 상수 $\frac{1}{3} = C$, $\frac{1}{S}$의 S 옆에 있는 상수 $\frac{1}{5} = L$인 회로이다.

06
$$Z(s) = \frac{4S+2}{S} = \frac{4S}{S}+\frac{2}{S} = 4+\frac{1}{\frac{1}{2}S}$$ 을 카우어 이론에

적용하면
- 분수식 밖에 +가 존재하면 : 직렬
- S가 없으면 저항 $R=4$
- $\frac{1}{S}$의 S 옆에 있는 상수는 $C=\frac{1}{2}$

∴ 저항 $4[\Omega]$과 $C=\frac{1}{2}$이 직렬로 구성된 회로이다.

07
$V=IZ$에서 직류 공급 시 $f=0$이므로 ω, S 또한 0이 된다.
∴ $Z(s)=30[\Omega]$, $V=IZ=30 \times 30 = 900[V]$

08
정저항 회로의 조건
$$Z_1 Z_2 = R^2 = \frac{L}{C}$$
$$\therefore R = \sqrt{\frac{L}{C}} = \sqrt{\frac{4 \times 10^{-3}}{0.1 \times 10^{-6}}} = 200[\Omega]$$

09
정저항 회로의 조건
$$Z_1 Z_2 = R^2 = \frac{L}{C}$$
$$\therefore L = R^2 C = 10^2 \times 100 \times 10^{-6} = 0.01[H]$$

제11장 4단자 회로망

01	02	03	04	05	06	07	08	09	10
②	②	③	④	①	①	④	③	②	③
11	12	13	14	15	16	17	18	19	20
①	①	④	④	③	③	④	①	①	②
21	22	23	24	25	26	27	28		
①	④	③	①	③	②	②	①		

01

$$\begin{bmatrix} V_1 \\ I_1 \end{bmatrix} = \begin{bmatrix} A & B \\ C & D \end{bmatrix} \begin{bmatrix} V_2 \\ I_2 \end{bmatrix}$$

$V_1 = AV_2 + BI_2$

$I_1 = CV_2 + DI_2$

① $A = \dfrac{V_1}{V_2}\bigg|_{I_2=0}$ (2차개방) : 전압비 · 전압이득, n

② $B = \dfrac{V_1}{I_2}\bigg|_{V_2=0}$ (2차단락) : 임피던스 성분, Ω

③ $C = \dfrac{I_1}{V_2}\bigg|_{I_2=0}$ (2차개방) : 어드미턴스 성분, $\mho$

④ $D = \dfrac{I_1}{I_2}\bigg|_{V_2=0}$ (2차단락) : 전류비 · 전류이득, $\dfrac{1}{n}$

02, 03

1번 해설 참고

04

$$\begin{bmatrix} A & B \\ C & D \end{bmatrix} = \begin{bmatrix} 1 & Z_1 \\ 0 & 1 \end{bmatrix} \begin{bmatrix} 1 & 0 \\ \dfrac{1}{Z_3} & 1 \end{bmatrix} \begin{bmatrix} 1 & Z_2 \\ 0 & 1 \end{bmatrix}$$

$$= \begin{bmatrix} 1+\dfrac{Z_1}{Z_3} & Z_1+Z_2+\dfrac{Z_1 Z_2}{Z_3} \\ \dfrac{1}{Z_3} & 1+\dfrac{Z_2}{Z_3} \end{bmatrix}$$

05

$$\begin{bmatrix} A & B \\ C & D \end{bmatrix}$$

$$= \begin{bmatrix} 1+\dfrac{300}{450} & \dfrac{300\times 450+450\times 300+300\times 300}{450} \\ \dfrac{1}{450} & 1+\dfrac{300}{450} \end{bmatrix}$$

$$= \begin{bmatrix} \dfrac{5}{3} & 800 \\ \dfrac{1}{450} & \dfrac{5}{3} \end{bmatrix}$$

06

$D = 1 + \dfrac{j\omega L}{\dfrac{1}{j\omega C}} = 1 - \omega^2 LC$

07

$$\begin{bmatrix} A & B \\ C & D \end{bmatrix} = \begin{bmatrix} 1 & 0 \\ \dfrac{1}{Z_1} & 1 \end{bmatrix} \begin{bmatrix} 1 & Z_3 \\ 0 & 1 \end{bmatrix} \begin{bmatrix} 1 & 0 \\ \dfrac{1}{Z_2} & 1 \end{bmatrix}$$

$$= \begin{bmatrix} 1+\dfrac{Z_3}{Z_2} & Z_3 \\ \dfrac{Z_1+Z_2+Z_3}{Z_1 Z_2} & 1+\dfrac{Z_3}{Z_1} \end{bmatrix}$$

08

$$\begin{bmatrix} A & B \\ C & D \end{bmatrix} = \begin{bmatrix} 1 & Z_1 \\ 0 & 1 \end{bmatrix} \begin{bmatrix} 1 & 0 \\ \dfrac{1}{Z_2} & 1 \end{bmatrix} = \begin{bmatrix} 1+\dfrac{Z_1}{Z_2} & Z_1 \\ \dfrac{1}{Z_2} & 1 \end{bmatrix}$$

09

$C = \dfrac{1}{\dfrac{1}{j\omega C}} = j\omega C$

10

$$\begin{bmatrix} A & B \\ C & D \end{bmatrix} = \begin{bmatrix} 1 & Z \\ 0 & 1 \end{bmatrix}$$

11

$$\begin{bmatrix} A & B \\ C & D \end{bmatrix} = \begin{bmatrix} 1 & 0 \\ Y & 1 \end{bmatrix}$$

12

변압기 4단자 정수

$$\begin{bmatrix} A & B \\ C & D \end{bmatrix} = \begin{bmatrix} 권수비 & 0 \\ 0 & \dfrac{1}{권수비} \end{bmatrix} = \begin{bmatrix} n & 0 \\ 0 & \dfrac{1}{n} \end{bmatrix}$$

13

$AD - BC = 1$에서
$-BC = 1 - AD$
$\therefore C = \dfrac{1-AD}{-B} = \dfrac{1 - 8(3+j2)}{-j2} = 8 - j11.5$

14

Z 파라미터

$$\begin{bmatrix} V_1 \\ V_2 \end{bmatrix} = \begin{bmatrix} Z_{11} & Z_{12} \\ Z_{21} & Z_{22} \end{bmatrix} \begin{bmatrix} I_1 \\ I_2 \end{bmatrix}, \quad \begin{matrix} V_1 = Z_{11} I_1 + Z_{12} I_2 \\ V_2 = Z_{21} I_1 + Z_{22} I_2 \end{matrix}$$

① $Z_{11} = \dfrac{V_1}{I_1}\bigg|(I_2=0)$ 2차개방 $= \dfrac{I_1 \cdot (5+3)}{I_1} = 8[\Omega]$

② $Z_{12} = \dfrac{V_1}{I_2}\bigg|(I_1=0)$ 1차개방 $= \dfrac{I_2 \cdot 3}{I_2} = 3[\Omega]$

③ $Z_{21} = \dfrac{V_2}{I_1}\bigg|(I_2=0)$ 2차개방 $= \dfrac{I_1 \cdot 3}{I_1} = 3[\Omega]$

④ $Z_{22} = \dfrac{V_2}{I_2}\bigg|(I_1=0)$ 1차개방 $= \dfrac{I_2 \cdot 3}{I_2} = 3[\Omega]$

별해 편의상 T형 회로의 임피던스 파라미터는 아래와 같이 구할 수 있다.

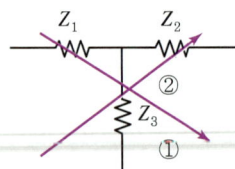

① $Z_{11} = Z_1 + Z_3$: 가운데 기준으로 왼쪽과 더한다.
② $Z_{12} = Z_{21} = Z_3$: 가운데 값
③ $Z_{22} = Z_2 + Z_3$: 가운데 기준으로 오른쪽과 더한다.

15

- $Z_{11} = Z_1 + Z_3$
- $Z_{12} = Z_{21} = Z_3$
- $Z_{22} = Z_2 + Z_3$

16

Y 파라미터

$$\begin{bmatrix} I_1 \\ I_2 \end{bmatrix} = \begin{bmatrix} Y_{11} & Y_{12} \\ Y_{21} & Y_{22} \end{bmatrix} \begin{bmatrix} V_1 \\ V_2 \end{bmatrix}, \quad \begin{matrix} I_1 = Y_{11} V_1 + Y_{12} V_2 \\ I_2 = Y_{21} V_1 + Y_{22} V_2 \end{matrix}$$

① $Y_{11} = \dfrac{I_1}{V_1}\bigg|V_2=0$ (2차단락)
$= \dfrac{V_1 \cdot (Y_a + Y_b)}{V_1} = 5[\mho]$

② $Y_{12} = \dfrac{I_1}{V_2}\bigg|V_1=0$ (1차단락) $= \dfrac{V_2 \cdot Y_b}{V_2} = 3[\mho]$

③ $Y_{21} = \dfrac{I_2}{V_1}\bigg|V_2=0$ (2차단락) $= \dfrac{V_1 \cdot Y_b}{V_1} = 3[\mho]$

④ $Y_{22} = \dfrac{I_2}{V_2}\bigg|V_1=0$ (1차단락)
$= \dfrac{V_2 \cdot (Y_b + Y_c)}{V_2} = 9[\mho]$

별해 편의상 π형 회로의 어드미턴스 파라미터는 아래와 같이 구할 수 있다.

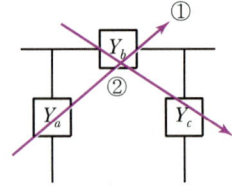

① $Y_{11} = Y_a + Y_b$: 가운데 기준으로 왼쪽과 더한다.
② $Y_{12} = Y_{21} = Y_b(-$가능$)$: 가운데 $(-)$ 취해도 가능, 전류방향 반대
③ $Y_{22} = Y_b + Y_c$: 가운데 기준으로 오른쪽과 더한다.

17

- $Y_{11} = Y_a + Y_b$
- $Y_{12} = Y_{21} = (-)Y_a$
- $Y_{22} = Y_b + Y_c$

18

14번 해설 참고
- $Z_{11} = 2 + 3 = 5[\Omega]$
- $Z_{12} = Z_{21} = 3[\Omega]$
- $Z_{22} = 3 + 4 = 7[\Omega]$

19

- 1차 측에서 바라본 영상임피던스 $Z_{01} = \dfrac{V_1}{I_1} = \sqrt{\dfrac{AB}{CD}}$
- 2차 측에서 바라본 영상임피던스 $Z_{02} = \dfrac{V_2}{I_2} = \sqrt{\dfrac{BD}{AC}}$

20

$Z_{01} \div Z_{02} = \dfrac{A}{D}$ 에서 $\dfrac{Z_{01}}{Z_{02}} = \dfrac{A}{D}$

$\therefore Z_{01} = \dfrac{A \cdot Z_{02}}{D} = \dfrac{\frac{15}{4} \times \frac{12}{5}}{1} = 9[\Omega]$

21

$Z_{01} \times Z_{02} = \dfrac{B}{C}$ 에서 $Z_{01} \cdot Z_{02} \cdot C = B$

$\therefore Z_{02} = \dfrac{B}{Z_{01} \cdot C} = \dfrac{\frac{5}{3}}{\frac{20}{3} \times 1} = \dfrac{1}{4}[\Omega]$

22

$A = 1 + \dfrac{4}{5} = \dfrac{9}{5}$ $B = 4$

$C = \dfrac{1}{5}$ $D = 1$

$Z_{01} = \sqrt{\dfrac{A\ B}{C\ D}} = \sqrt{\dfrac{\frac{9}{5} \times 4}{\frac{1}{5} \times 1}} = \sqrt{36} = 6$

$Z_{02} = \sqrt{\dfrac{B\ D}{A\ C}} = \sqrt{\dfrac{4 \times 1}{\frac{9}{5} \times \frac{1}{5}}} = \sqrt{\dfrac{100}{9}} = \dfrac{10}{3}$

23

4단자 대칭회로에서는 $Z_{01} = Z_{02}$가 되고 $A = D$가 된다.

24

$Z_{01} = \sqrt{\dfrac{B}{C}} = \sqrt{\dfrac{\frac{300 \times 300 + 300 \times 450 + 450 \times 300}{450}}{\frac{1}{450}}}$

$= 600$

25

영상전달정수(= 전달함수)

$\theta = \log_e(\sqrt{AD} + \sqrt{BC})$
$= \cosh^{-1}\sqrt{AD} = \sinh^{-1}\sqrt{BC}$

26

- $A = 1 + \dfrac{4}{5} = \dfrac{9}{5}$
- $B = 4$
- $C = \dfrac{1}{5}$
- $D = 1 + \dfrac{0}{5} = 1$

$\therefore \theta = \log_e(\sqrt{AD} + \sqrt{BC})$
$= \log_e\left(\sqrt{\dfrac{9}{5} \cdot 1} + \sqrt{4 \cdot \dfrac{1}{5}}\right) = \log_e \sqrt{5}$

27

$A = \sqrt{\dfrac{Z_{01}}{Z_{02}}} \cdot \cosh\theta,\ B = \sqrt{Z_{01}Z_{02}} \cdot \sinh\theta,$

$C = \dfrac{1}{\sqrt{Z_{01}Z_{02}}} \cdot \sinh\theta,\ D = \sqrt{\dfrac{Z_{02}}{Z_{01}}} \cdot \cosh\theta$

만일 $\sinh\theta = \dfrac{B}{\sqrt{Z_{01}Z_{02}}}$ $(Z_{01} \times Z_{02} = \dfrac{B}{C}$ 이므로$)$

$\sinh\theta = \dfrac{B}{\sqrt{\dfrac{B}{C}}} = \dfrac{\dfrac{B}{1}}{\dfrac{\sqrt{B}}{\sqrt{C}}} = \dfrac{B \cdot \sqrt{C}}{\sqrt{B}}$

$= \dfrac{B \cdot \sqrt{C} \cdot \sqrt{B}}{B} = \sqrt{BC}$

28

- $A = 1 + \dfrac{j600}{-j300} = -1$
- $B = j600 + j600 + \dfrac{j600 \cdot j600}{-j300} = 0$
- $C = \dfrac{1}{-j300}$
- $D = -1$

$\theta = \log_e(\sqrt{AD} + \sqrt{BC}) = \log_e(\sqrt{-1 \cdot -1})$
$\quad = \log_e 1 = 0$

or $\cosh^{-1}\sqrt{AD} = \sinh^{-1}\sqrt{BC} = 0$

제12장 분포정수회로

01	02	03	04	05	06	07	08	09	10
②	③	③	②	②	③	①	③	②	④

01
특성 임피던스

$Z_0 = \sqrt{\dfrac{Z}{Y}} = \sqrt{\dfrac{R+j\omega L}{G+j\omega C}}$

02
1번 해설 참고

03
전파정수

$\gamma = \sqrt{Z \cdot Y} = \sqrt{(R+j\omega L)(G+j\omega C)}$
$\quad = \alpha + j\beta$

여기서, α : 감쇠정수, β : 위상정수

04

$Z_0 = \sqrt{\dfrac{Z}{Y}} = \sqrt{\dfrac{R+j\omega L}{G+j\omega C}}$

(단, 무손실 선로의 조건 $R=0$, $G=0$, $\alpha=0$)

$\therefore Z_0 = \sqrt{\dfrac{Z}{Y}} = \sqrt{\dfrac{L}{C}} = \sqrt{\dfrac{96 \times 10^{-3}}{0.6 \times 10^{-6}}} = 400[\Omega]$

05

무손실 선로의 조건 : $R=0$, $G=0$, $\alpha=0$이므로
감쇠정수 $\alpha = 0$
전파정수 $\gamma = \sqrt{Z \cdot Y} = j\omega\sqrt{LC}$
$\therefore$ 위상정수 $\beta = \omega\sqrt{LC}$

06
5번 해설 참고

07
무왜형 선로의 조건

$LG = RC$

08
전파정수

$\gamma = \sqrt{Z \cdot Y} = \sqrt{(R+j\omega L)(G+j\omega C)}$ 에서

$\dfrac{R}{L} = \dfrac{G}{C}$ 이면 $R = \dfrac{LG}{C}$ 임을 적용한다.

$\therefore \gamma = \sqrt{\left(\dfrac{LG}{C}+j\omega L\right)(G+j\omega C)}$

$\quad = \sqrt{\dfrac{L}{C}(G+j\omega C)(G+j\omega C)}$

$\quad = (G+j\omega C) \cdot \sqrt{\dfrac{L}{C}} = \sqrt{\dfrac{L \cdot G \cdot G}{C}} + j\omega \sqrt{\dfrac{L \cdot C^2}{C}}$

$\quad \left(\because R = \dfrac{LG}{C}\right)$

$\quad = \sqrt{GR} + j\omega\sqrt{LC}$

09
전파속도 $v = \dfrac{\omega}{\beta} = \dfrac{1}{\sqrt{LC}} = \lambda f$ 이므로

파장 $\lambda = \dfrac{2\pi}{\beta}$ [m] $\left(\because \dfrac{\omega}{\beta} = \dfrac{2\pi f}{\beta} = \lambda f\right)$

10
직류가 흐르면 주파수 $f=0$, $\omega=0$ 이므로

$Z_0 = \sqrt{\dfrac{Z}{Y}} = \sqrt{\dfrac{R+j\omega L}{G+j\omega C}} = \sqrt{\dfrac{R}{G}}$

제13장 라플라스 변환

01	02	03	04	05	06	07	08	09	10
③	①	④	④	②	②	①	③	④	②
11	12	13	14	15	16	17	18	19	20
③	③	④	①	①	②	①	③	②	②
21	22	23							
①	①	④							

01
라플라스 변환의 정의식

$\mathcal{L}[f(t)] = \displaystyle\int_0^\infty f(t) \cdot e^{-st}\,dt$

02
$f(t) = 10t^3$ 일 때 $F(s) = 10 \cdot \dfrac{3!}{S^{3+1}} = \dfrac{60}{S^4}$

03
$f(t) = \delta(t) - be^{-bt}$

$F(s) = 1 - b\dfrac{1}{s+b} = \dfrac{s+b}{s+b} - \dfrac{b}{s+b} = \dfrac{s}{s+b}$

04
$f(t) = 1 - e^{-at}$

$F(s) = \dfrac{1}{s} - \dfrac{1}{s+a} = \dfrac{s+a-s}{s(s+a)} = \dfrac{a}{s(s+a)}$

05
$f(t) = \dfrac{E}{T}t$ (기울기가 $\dfrac{E}{T}$ 인 경사함수)

$F(s) = \dfrac{E}{T} \cdot \dfrac{1}{s^2} = \dfrac{E}{Ts^2}$

06
시간지연함수

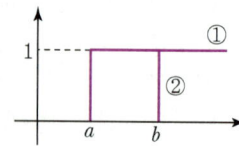

$$f(t) = \underbrace{u(t-a)}_{①} - \underbrace{u(t-b)}_{②}$$

($\because$ a만큼 늦은 계단함수와 b만큼 늦은 계단함수의 차)

$$F(s) = \frac{1}{s}e^{-as} - \frac{1}{s}e^{-bs}$$
$$= \frac{1}{s}(e^{-as} - e^{-bs})$$

07

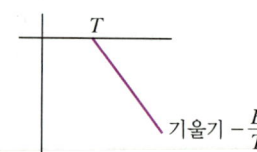

$$f(t) = -\frac{E}{T}(t-T)$$

($\because$ 기울기가 $-\frac{E}{T}$인 경사함수가 T만큼 늦음)

$$F(s) = -\frac{E}{Ts^2} \cdot e^{-Ts}$$

08
복소추이 정리

$$f(t) = t \cdot e^{-at}$$

$$F(s) = \frac{1}{s^2} \cdot \frac{1}{s+a} \text{ 이므로 } \frac{1}{s^2} \text{을 기준으로 } s = s+a \text{ 대입}$$

$$\therefore F(s) = \frac{1}{(s+a)^2}$$

09
복소추이 정리

$$\mathcal{L}[t^2 \cdot e^{-at}] = \frac{2}{s^3} \cdot \frac{1}{s-a} = \left.\frac{2}{s^3}\right|_{s=s-a} = \frac{2}{(s-a)^3}$$

10
삼각함수의 라플라스 변환

- $f(t) = \sin\omega t$ 일 때 $F(s) = \dfrac{\omega}{s^2+\omega^2}$
- $f(t) = \cos\omega t$ 일 때 $F(s) = \dfrac{s}{s^2+\omega^2}$
- $f(t) = \sinh\omega t$ 일 때 $F(s) = \dfrac{\omega}{s^2-\omega^2}$
- $f(t) = \cosh\omega t$ 일 때 $F(s) = \dfrac{s}{s^2-\omega^2}$

11
10번 해설 참고

12
$$f(t) = \sin t + 2\cos t$$
$$F(s) = \frac{1}{s^2+1} + 2 \cdot \frac{s}{s^2+1} = \frac{1+2s}{s^2+1}$$

13
$\sin(\omega t + \theta)$를 덧셈정리에 의해 정리하면
$$f(t) = \sin\omega t \cos\theta + \cos\omega t \sin\theta$$
$$F(s) = \frac{\omega}{s^2+\omega^2} \cdot \cos\theta + \frac{s}{s^2+\omega^2} \cdot \sin\theta$$
$$= \frac{\omega \cdot \cos\theta + s \cdot \sin\theta}{s^2+\omega^2}$$

14
$$f(t) = e^{-at} \cdot \cos\omega t \text{(복소추이)}$$
$$F(s) = \frac{1}{s+a} \cdot \frac{s}{s^2+\omega^2} = \left.\frac{s}{s^2+\omega^2}\right|_{s=s+a}$$
$$= \frac{s+a}{(s+a)^2+\omega^2}$$

15
$$\mathcal{L}[e^{-at} \cdot \sin\omega t]$$
$$= \frac{1}{s+a} \cdot \frac{\omega}{s^2+\omega^2} = \left.\frac{\omega}{s^2+\omega^2}\right|_{s=s+a} = \frac{\omega}{(s+a)^2+\omega^2}$$

16

① 초깃값 정리 : $\lim_{t \to 0} f(t) = \lim_{s \to \infty} s \cdot F(s)$

② 최종값 정리 : $\lim_{t \to \infty} f(t) = \lim_{s \to 0} s \cdot F(s)$

17

$I_1 \Rightarrow I_1 \Rightarrow \lim_{s \to \infty} s \dfrac{12(s+8)}{4s(s+6)} = \lim_{s \to \infty} \dfrac{(12(s+8))/s}{(4(s+6))/s}$

$\quad = \lim_{s \to \infty} \dfrac{12 + 8/s}{4 + 24/s} = \dfrac{12}{4} = 3$

$I_2 \Rightarrow \lim_{s \to \infty} s \dfrac{12}{s(s+6)} = \lim_{s \to \infty} \dfrac{12/s}{(s+6)/s} = 0$

18

$\lim_{s \to 0} s \dfrac{30s + 40}{2s^3 + 2s^2 + 5s} = \lim_{s \to 0} \dfrac{30s + 40}{2s^2 + 2s + 5} = \dfrac{40}{5} = 8$

19

$F(s) = \dfrac{1}{s+3}$

$f(t) = \mathcal{L}^{-1}[F(s)] = e^{-3t}$

20

$F(s) = \dfrac{5s+3}{s(s+1)} = \dfrac{A}{s} + \dfrac{B}{s+1}$

$A = F(s) \cdot s \big|_{s=0} = 3$

$B = F(s) \cdot (s+1) \big|_{s=-1} = \dfrac{-5+3}{-1} = 2$

$\therefore F(s) = \dfrac{3}{s} + \dfrac{2}{s+1}$

$f(t) = 3 + 2 \cdot e^{-t}$

21

$F(s) = \dfrac{s+2}{(s+1)^2} = \dfrac{A}{(s+1)^2} + \dfrac{B}{s+1}$

$A = F(s) \cdot (s+1)^2 \big|_{s=-1} = 1$

$B = F(s) \cdot (s+1)^2 \dfrac{d}{ds} \bigg|_{s=-1} = 1$

$\therefore F(s) = \dfrac{1}{(s+1)^2} + \dfrac{1}{s+1}$

$f(t) = t \cdot e^{-t} + e^{-t} = e^{-t} + t \cdot e^{-t}$

22

$F(s) = \dfrac{2(s+1)}{s^2 + 2s + 5} = \dfrac{2(s+1)}{(s+1)^2 + 2^2}$

$\therefore f(t) = 2 \cdot e^{-t} \cdot \cos 2t$

23

최종값 정리

$\lim_{t \to \infty} f(t) = \lim_{s \to 0} s \cdot F(s)$

제14장 전달함수

01	02	03	04	05	06	07	08	09	10
④	③	②	②	④	①	①	③	②	③
11	12	13	14	15	16	17	18		
②	③	④	①	①	③	④	②		

01
- 비례요소 $G(s) = K$
- 미분요소 $G(s) = Ts$
- 적분요소 $G(s) = \dfrac{1}{Ts}$
- 1차 지연요소 $G(s) = \dfrac{K(1)}{1+Ts}$
- 2차 지연요소 $G(s) = \dfrac{\omega_n^2}{s^2 + 2\xi\omega_n s + \omega_n^2}$
- 부동작 시간지연 요소 $G(s) = K \cdot e^{-Ls} = \dfrac{K}{e^{Ls}}$

02
1번 해설 참고

03
- 입력전압 $e_1(t) = L \cdot \dfrac{di(t)}{dt} + Ri(t)\,[\text{V}]$
- 출력전압 $e_2(t) = Ri(t)\,[\text{V}]$
- ∴ 입력전압 $E_1(s) = LsI(s) + RI(s)$

  출력전압 $E_2(s) = RI(s)$

$G(s) = \dfrac{E_2(s)}{E_1(s)} = \dfrac{R \cdot I(s)}{I(s)(LS+R)} = \dfrac{R}{LS+R} \div \dfrac{R}{R}$

$= \dfrac{1}{\dfrac{L}{R}s+1} \left(\dfrac{L}{R} = T\right)$

$G(s) = \dfrac{1}{Ts+1}$

04
$v_i(t) = Ri(t) + \dfrac{1}{C}\int i(t)dt$

$v_o(t) = \dfrac{1}{C}\int i(t)dt$

$V_I(s) = RI(s) + \dfrac{1}{Cs}I(s)$

$V_O(s) = \dfrac{1}{Cs}I(s)$

∴ $G(s) = \dfrac{V_O(s)}{V_I(s)} = \dfrac{I(s) \cdot \dfrac{1}{Cs}}{I(s)\left(R+\dfrac{1}{Cs}\right)} = \dfrac{\dfrac{1}{Cs} \times Cs}{R + \dfrac{1}{Cs} \times Cs}$

$= \dfrac{1}{R(s+1)}\ (T=RC)$

$G(s) = \dfrac{1}{Ts+1}$

05
$e_i(t) = \dfrac{1}{C}\int i(t) + Ri(t) \to EI(s) = \dfrac{1}{Cs}I(s) + RI(s)$

$e_o(t) = Ri(t) \to E_o(s) = RI(s)$

$G(s) = \dfrac{E_o(s)}{EI(s)} = \dfrac{I(s) \cdot R}{I(s)\left(\dfrac{1}{Cs}+R\right)} = \dfrac{R}{\dfrac{1}{Cs}+R} \times \dfrac{Cs}{Cs}$

$= \dfrac{RCs}{1+RCs}$

06
$G(s) = \dfrac{\dfrac{1}{Cs}}{Ls + R + \dfrac{1}{Cs}} = \dfrac{1}{LCs^2 + RCs + 1}$

07
$G(s) = \dfrac{R}{Ls + R + \dfrac{1}{Cs}} \times \dfrac{Cs}{Cs}$

$= \dfrac{RCs}{LCs^2 + RCs + 1}\ \left(L=1,\ R=1,\ C=\dfrac{1}{5}\ \text{대입}\right)$

$G(s) = \dfrac{\dfrac{1}{5}s}{\dfrac{1}{5}s^2 + \dfrac{1}{5}s + 1} \times \dfrac{5}{5} = \dfrac{s}{s^2+s+5}\ (s = j\omega)$

∴ $G(s) = \dfrac{j\omega}{(j\omega)^2 + j\omega + 5} = \dfrac{j\omega}{j^2\omega^2 + j\omega + 5}$

$= \dfrac{j\omega}{-\omega^2 + j\omega + 5} = \dfrac{j\omega}{(5-\omega^2) + j\omega}$

08

$$G(s) = \frac{\frac{1}{Cs} \times Cs}{R + \frac{1}{Cs} \times Cs} = \frac{1}{RCs+1}$$

$$= \frac{1}{RC \cdot j\omega + 1}\bigg|_{\omega = \frac{1}{RC}} = \frac{1}{RC \cdot j \cdot \frac{1}{RC} + 1}$$

$$= \frac{1}{j+1}$$

$$\therefore |G(s)| = \frac{-j+1}{j+1(-j+1)} = \frac{-j+1}{-j^2+1} = \frac{-j+1}{2}$$

$$= \frac{1}{2} - j\frac{1}{2} = \sqrt{\left(\frac{1}{2}\right)^2 + \left(\frac{1}{2}\right)^2} = 0.707$$

09

$$\frac{R_1 \times \frac{1}{Cs}}{R_1 + \frac{1}{Cs}} = \frac{R_1}{R_1 Cs + 1}$$

$$G(s) = \frac{R_2}{\frac{R_1}{R_1 Cs + 1} + R_2} = \frac{R_1 R_2 Cs + R_2}{R_1 + R_1 R_2 Cs + R_2}$$

10

$$G(s) = \frac{20}{3+2s} = \frac{20}{3+2j\omega}\bigg|_{\omega=2}$$

$$= \frac{20}{3+j4} = \frac{20(3-j4)}{(3+j4)(3-j4)} = \frac{20(3-j4)}{9+16}$$

$$= \frac{4}{5}(3-j4) = \frac{12}{5} - j\frac{16}{5}$$

$$\therefore |G(s)| = \sqrt{\left(\frac{12}{5}\right)^2 + \left(\frac{16}{5}\right)^2} = 4$$

11

$$G(s) = \frac{V}{I} = Z = \frac{1}{Y} = \frac{1}{Y_1 + Y_2} = \frac{1}{\frac{1}{Z_1} + \frac{1}{Z_2}}$$

$$= \frac{1}{\frac{1}{R} + \frac{1}{\frac{1}{j\omega C}}} = \frac{1}{\frac{1}{R} + j\omega C} = \frac{1}{\frac{1}{R} + sC} \times R$$

$$= \frac{R}{1+RCs}$$

12

미분방정식을 라플라스 변환하면

$$s^2 Y(s) + 3sY(s) + 2Y(s) = sX(s) + X(s)$$

$$Y(s)(s^2 + 3s + 2) = X(s)(s+1)$$

$$G(s) = \frac{Y(s)}{X(s)} = \frac{s+1}{s^2+3s+2}$$

13

$$sX(s) + X(s) = \frac{1}{s}, \ X(s)(s+1) = \frac{1}{s},$$

$$X(s) = \frac{1}{s(s+1)}$$

14

$$V_0(s)(s^2 + 3s + 1) = V_i(s)$$

$$s^2 V_0(s) + 3s V_0(s) + V_0(s) = V_i(s)$$

역라플라스 변환하면

$$\frac{d^2}{dt^2} V_0(t) + 3\frac{d}{dt} V_0(t) + V_0(t) = V_i(t)$$

15

라플라스 변환하면

$$E_i(s) = RI(s) + sLI(s) + \frac{1}{sC}I(s)$$

$$= \left(R + sL + \frac{1}{sC}\right)I(s)$$

따라서, $I(s) = \dfrac{1}{R + SL + \dfrac{1}{sC}} E_i(s)$

$$= \frac{sC}{RsC + s^2 LC + 1} E_i(s)$$

16

$$G(s) = \frac{\sum \text{전향경로이득}}{1 - \sum \text{루프이득}} = \frac{G_1}{1 + G_1 G_2}$$

17

1차 지연요소 $G(s) = \dfrac{K}{1+Ts}$

Chapter 14 전달함수

18

$$G(s) = \frac{C(s)}{R(s)} = \frac{Y(s)}{X(s)} = \frac{\frac{1}{s} - \frac{1}{s+2}}{\frac{1}{s}} = \frac{\frac{s+2-s}{s(s+2)}}{\frac{1}{s}}$$

$$= \frac{2}{s+2}$$

제15장 과도현상

01	02	03	04	05	06	07	08	09	10
②	②	③	③	①	①	①	①	③	③
11	12	13	14	15	16	17	18	19	20
①	③	④	④	①	③	④	②	④	①
21	22	23	24	25	26				
①	③	③	①	②	②				

01

$R-L$ 직렬에서 s/w를 on 하면

과도전류 $i(t) = \frac{E}{R}\left(1 - e^{-\frac{R}{L}t}\right)$

02

$R-L$ 직렬 $i(t) = \frac{E}{R}(1 - e^{-\frac{R}{L}t})$ [A]

- 특성근 $\alpha = -\frac{R}{L}$
- 시정수 $\tau = \frac{1}{|\alpha|} = \frac{1}{\frac{R}{L}} = \frac{L}{R}$

03

$R-L$ 직렬에서 특성근은 $-\frac{R}{L}$ 이고, 시정수는 $\frac{L}{R}$ 이므로 특성근의 절댓값과 회로의 시정수는 같다.

04

$R-L$ 직렬에서 s/w를 on 하면

과도전류 $i(t) = \frac{E}{R}\left(1 - e^{-\frac{R}{L}t}\right) = 2(1 - e^{-5t})$

05

$i(t) = \frac{E}{R_1 + R_2}(1 - e^{-\frac{R_1 + R_2}{L}t})$

$\therefore \alpha = -\frac{R_1 + R_2}{L}$, $\tau = \frac{1}{|\alpha|} = \frac{L}{R_1 + R_2}$

06

$R-L : i(t) = \dfrac{E}{R}(1-e^{-\frac{R}{L}t})$ [A]에서

$t=0$인 순간의 초기전류

$i(0) = \dfrac{E}{R}(1-e^0) = 0$ [A] ($\because e^0 = 1$)

07

$R-L$ 직렬에서 s/w를 off 하면

$i(t) = \dfrac{E}{R}e^{-\frac{R}{L}t}$

08

$i(t) = \dfrac{E}{R}(1-e^{-\frac{R}{L}t})$ ($t = \dfrac{L}{R}$ 대입)

$i(t) = \dfrac{E}{R}(1-e^{-\frac{R}{L}\cdot\frac{L}{R}}) = \dfrac{E}{R}(1-e^{-1}) = 0.632\dfrac{E}{R}$

($\because e^{-1} = 0.368$)

09

s/w 개방 시 $i(t) = \dfrac{E}{R}e^{-\frac{R}{L}t}$ ($t = \dfrac{L}{R}$ 대입)

$i(t) = \dfrac{E}{R} \cdot e^{-\frac{R}{L}\cdot\frac{L}{R}} = \dfrac{E}{R}e^{-1} = 0.368\dfrac{E}{R}$

($\because e^{-1} = 0.368$)

10

$i(t) = \dfrac{E}{R}(1-e^{-\frac{R}{L}t})$ [A]

- 정상전류 $i(\omega) = \dfrac{E}{R}$ [A]

- 시정수에 의한 전류 $i(\tau) = 0.632\dfrac{E}{R}$ [A]이므로

  시정수 $\tau = \dfrac{L}{R}$ 일 때 정상전류의 63.2%에 도달한다.

11

RL 직렬회로에 시정수 $\tau = \dfrac{L}{R}$

$L = \tau R = 0.03 \times 14.7 = 0.441$ [H] $= 441$ [mH]

12

$e_L = L\dfrac{di}{dt} = L\dfrac{d}{dt}\dfrac{E}{R}\left(1-e^{-\frac{R}{L}t}\right) = Ee^{-\frac{R}{L}t}$

13

$L = V_L \times \dfrac{dt}{di} = 60 \times \dfrac{1}{30} = 2$ [H]

14

시정수 $\tau = \dfrac{L}{R} = \dfrac{L}{R_1 + R_2}$ [sec]

15

$LI = N\phi$에서

$L = \dfrac{N \cdot \phi}{I} = \dfrac{2{,}000 \times 6 \times 10^{-2}}{10} = 12$ [H]

$\therefore \tau = \dfrac{L}{R} = \dfrac{12}{12} = 1$ [sec]

16

$R-C$ 직렬회로

① 전류식 $i(t) = \dfrac{E}{R}e^{-\frac{1}{RC}t}$ [A]

② 특성근 $\alpha = -\dfrac{1}{RC}$

③ 시정수 $\tau = \dfrac{1}{|\alpha|} = RC$ [sec]

④ 전압방정식 $E = V_R + V_C = Ri(t) + \dfrac{1}{C}\int i(t)dt$

17

시정수가 클수록 과도현상은 오랫동안 지속된다.

시정수 $\tau = RC$ [sec]

18

스위치를 닫은 상태에서 회로의 평형방정식은

$R\dfrac{dq(t)}{dt}+\dfrac{1}{C}q(t)=0$ 이므로

$q(t)=Ae^{-\frac{1}{RC}t}$

초기 조건에서 $q(0)=Q$라 하면

$q(t)=Qe^{-\frac{1}{RC}t}$

$\therefore\ i(t)=\dfrac{dq(t)}{dt}=\dfrac{d}{dt}Qe^{-\frac{1}{RC}t}=-\dfrac{Q}{RC}e^{-\frac{1}{RC}t}$

그런데, 문제의 그림에서는 전류방향이 일치하므로 부호는 +이다.

19

$i(t)=\dfrac{E}{R}e^{-\frac{1}{RC}t}[\text{A}]=\dfrac{5}{5}e^{-\frac{1}{5\cdot\frac{1}{5}}t}=e^{-t}[\text{A}]$

20

16번 해설 참고

시정수 $\tau=\dfrac{1}{|\alpha|}=RC[\sec]$

21

L-C 직렬회로

① 전압방정식 $E=V_L+V_C=L\dfrac{di(t)}{dt}+\dfrac{1}{C}\int i(t)dt$

② 전류식 $i(t)=\dfrac{E}{\sqrt{\dfrac{L}{C}}}\sin\dfrac{1}{\sqrt{LC}}t[\text{A}]$

③ 불변의 진동전류

④ $V_L=L\dfrac{di}{dt}=E\cdot\cos\dfrac{1}{\sqrt{LC}}t[\text{V}]$

⑤ $V_{L\max}=E,\ V_{C\max}=2E$

22

21번 해설 참고

$V_{L\max}=E,\ V_{C\max}=2E$

23

R-L-C 직렬회로의 진동조건

① 비진동조건 : $R>2\sqrt{\dfrac{L}{C}}$

② 진동조건 : $R<2\sqrt{\dfrac{L}{C}}$

③ 임계진동조건 : $R=2\sqrt{\dfrac{L}{C}}$

$\therefore$ 비진동 $R>2\sqrt{\dfrac{L}{C}}=R^2>4\dfrac{L}{C}$

24

진동조건

$R<2\sqrt{\dfrac{L}{C}}=R^2<4\dfrac{L}{C}$

$\therefore\ R^2-4\dfrac{L}{C}=0$

25

- $R^2=100^2=10{,}000$
- $4\cdot\dfrac{L}{C}=4\times\dfrac{0.1\times10^{-3}}{0.1\times10^{-6}}=4{,}000$

$\therefore\ R^2>4\dfrac{L}{C}$ (비진동)

26

23번 해설 참고

Part 05 전기설비기술기준

제1장 공통사항

01	02	03	04	05	06	07	08	09	10
②	①	④	④	③	④	④	②	③	③
11	12	13	14	15	16	17	18	19	20
④	③	④	②	①	②	③	②	④	④
21	22	23	24	25	26	27	28	29	30
③	③	④	②	④	③	④	③	④	③
31	32	33	34	35	36	37	38	39	40
①	③	③	②	③	①	②	①	②	④
41	42	43	44	45	46	47	48	49	50
④	①	②	④	②	①	①	④	④	①
51	52	53	54	55	56	57	58	59	60
②	③	①	②	③	③	①	④	④	④
61	62	63	64	65	66	67	68
②	④	④	④	①	④	①	②

01
"제2차 접근상태"란 가공전선이 다른 시설물과 접근하는 경우에 그 가공전선이 다른 시설물의 위쪽 또는 옆쪽에서 수평거리로 3[m] 미만인 곳에 시설되는 상태를 말한다.

02
"인하도선시스템(Down-conductor System)"이란 뇌전류를 수뢰시스템에서 접지극으로 흘리기 위한 외부 피뢰시스템의 일부를 말한다.

03
"관등회로"란 방전등용 안정기 또는 방전등용 변압기로부터 방전관까지의 전로를 말한다.

04
전선의 식별

L1	L2	L3	N	보호도체
갈색	검정색	회색	파란색	녹색-노란색

05
문제 4번 해설 참고

06
전압의 구분

구분	교류	직류
저압	1[kV] 이하	1.5[kV] 이하
고압	저압 초과 7[kV] 이하	
특고압	7[kV] 초과	

07
문제 6번 해설 참고

08
기계적 세기는 80% 이상 유지해야 하므로
$2.156 \times 0.8 = 1.724[kN]$

09
기계적 세기는 80% 이상 유지(20% 이상 감소하지 말 것)

10
전로란 평상시 사용상태에서 전기가 통하고 있는 곳을 말한다.

11

전로의 사용전압[V]	DC 사용전압[V]	절연저항[MΩ]
SELV 및 PELV	250	0.5
FEVL, 500[V] 이하	500	1.0
500[V] 초과	1,000	1.0

SPD 또는 기타 기기 등은 측정 전에 분리시켜야 하고, 부득이하게 분리가 어려운 경우에는 시험전압을 250[V] DC로 낮추어 측정할 수 있지만 절연저항값은 1[MΩ] 이상이어야 한다.

12
문제 11번 해설 참고

13

$$R_l = \frac{\text{사용전압[V]}}{\text{최대공급전류[A]} \times \dfrac{1}{2{,}000}}$$

$$= \frac{220}{\dfrac{20 \times 10^3}{220} \times \dfrac{1}{2{,}000}} = 4{,}840[\Omega]$$

14

최대공급전류의 $\dfrac{1}{2{,}000}$ 이하일 것

15

$$I_l = \frac{15 \times 10^3}{210} \times \frac{1}{2{,}000} \times 10^3 = 35.7[\text{mA}]$$

16

전선은 다음의 경우를 제외하고 대지로부터 절연하여야 한다.
- 접지공사 하는 경우의 각 접지점
- 전로의 중성점을 접지하는 경우의 접지점
- 계기용 변성기의 2차 측 전로에 접지공사를 하는 접지점
- 25[kV] 이하로서 다중 접지하는 경우의 접지점
- 시험용 변압기, 전력반송용 결합 리액터, 전기울타리용 전원장치, X선 발생장치, 전기방식용 양극, 단선식 전기철도의 귀선 등
- 전기욕기, 전기로, 전기보일러, 전해조 등 대지로부터 절연하는 것이 기술상 곤란한 곳

17

문제 16번 해설 참고

18

연속 10분간 시험한다.

19

$E = 440 \times 1.5 = 660[\text{V}]$

20

$E = 6{,}600 \times 1.5 = 9{,}900[\text{V}]$

21

$E = 22{,}900 \times 0.92 = 21{,}068[\text{V}]$

22

$E = 69[\text{kV}] \times 1.25 = 86.25[\text{kV}]$

23

$E = 154{,}000 \times 0.72 = 110{,}880[\text{V}]$

24

$E = 345{,}000 \times 0.72 = 248{,}400[\text{V}]$

25

1차 측 $E_1 = 3{,}300 \times 1.5 = 4{,}950[\text{V}]$
2차 측 $E_2 = 200 \times 1.5 = 300[\text{V}]$
그러나 2차 측의 최저 시험전압은 500[V]이므로 2차 측 $E_2 = 500[\text{V}]$로 한다.

26

전선의 케이블 절연내력 시험전압을 직류로 인가하므로
(교류시험전압) $\times 2$배 $= (6{,}600 \times 1.5) \times 2 = 19{,}800[\text{V}]$

27

절연내력 시험전압 $E = 6{,}600 \times 1.5 = 9{,}900[\text{V}]$

2차 측 변압기 1대의 전압은 $\dfrac{9{,}900}{2} = 4{,}950[\text{V}]$

변압기 권수비 $\dfrac{200}{6{,}000}$이며 1차 측 변압기 2대는 병렬로 접속되어 있으므로

전압계 $V = 4{,}950 \times \dfrac{200}{6{,}000} = 165[\text{V}]$

28

상도체선이 16[mm²] 이하인 경우 보호도체선은 16[mm²] 이상일 것

29

주택 등 저압수용장소에서 TN-C-S 접지방식으로 접지공사를 하는 경우 중성선 보호도체(PEN)는 고정 전기설비에만 사용하며 그 도체의 단면적은 구리 10[mm²] 이상 알루미늄 16[mm²] 이상 계통의 최고 전압에 대하여 절연시켜야 한다.

30

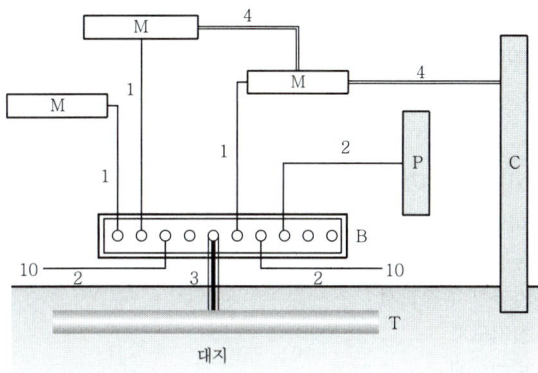

1 : 보호도체(PE)
2 : 주 등전위 본딩 도체
3 : 접지도체
4 : 보조 등전위 본딩 도체
10 : 기타 기기(통신설비)
　여기서, B : 주 접지단자
　　　　　M : 전기기구의 노출 도전성 부분
　　　　　C : 철골, 금속덕트의 계통 외 도전성 부분
　　　　　P : 수도관, 가스관 등 금속배관
　　　　　T : 접지극

31
문제 30번 해설 참고

32

보호도체의 종류
- 다심 케이블의 도체
- 충전도체와 같은 트렁킹에 수납된 절연도체 또는 나도체
- 고정된 절연도체 또는 나도체
- 금속케이블 외장, 케이블 차폐, 케이블 외장, 전선 묶음(편조전선), 동심도체, 금속관(기계적·화학적·전기화학적 열화에 대하여 보호할 수 있으며 전기적 연속성을 유지한 경우)

33
$R_2 = \dfrac{150}{I_1} = \dfrac{150}{5} = 30[\Omega]$

34
최소 1선 지락전류 $I_1 = 2[A]$이므로
$R_2 = \dfrac{150}{I_1} = \dfrac{150}{2} = 75[\Omega]$

35
1초를 넘고 2초 내에 자동 차단하는 장치가 되어 있으므로
$R_2 = \dfrac{300}{I_1} = \dfrac{300}{20} = 15[\Omega]$

36
특고압의 다중접지가 아닌 경우 10[Ω]을 넘더라도 10[Ω]까지 한다.

37
문제 36번 해설 참고

38

이동하여 사용하는 전기기계기구의 금속제 외함
- 특고압·고압 : 단면적이 10[mm²] 이상
- 저압 : 단심 단면적이 0.75[mm²] 이상, 다심(연선) 단면적이 1.5[mm²] 이상

39
문제 38번 해설 참고

40

접지시스템에서 주 접지단자를 설치하는 도체
- 등전위본딩 도체　　· 접지도체
- 보호도체　　　　　· 기능성 접지도체

41
접지도체는 지하 0.75[m]부터 지표상 2[m]까지 부분은 합성수지관(두께 2[mm] 이상의 합성수지관 또는 몰드)을 사용하며 접지도체의 지표상 0.6[m]까지 절연전선을 사용한다.

42

보호도체는 다음 중 하나 또는 복수로 구성하여야 한다.
- 다심 케이블의 도체
- 충전도체와 같은 트렁킹에 수납된 절연도체 또는 나도체
- 고정된 절연도체 또는 나도체

43

수도관 접지극 사용(전기저항이 3[Ω] 이하) – 케이블공사

44

- 수도관 지름이 75[mm] 미만 : 분기점에서 5[m] 이내 접지
- 2[Ω] 이하 : 분기점에서 5[m]를 초과할 수 있다.

45

문제 43번 해설 참고

46

접지도체에 피뢰시스템이 접속되는 경우
- 구리 : 16[mm^2] 이상
- 철 : 50[mm^2] 이상

47

접지도체의 단면적에서 큰 고장전류가 접지도체를 통하여 흐르지 않을 경우
- 구리 : 6[mm^2] 이상
- 철 : 50[mm^2] 이상

48

구분	구리	알루미늄
보호도체가 하나인 경우	10[mm^2] 이상	16[mm^2] 이상
추가로 보호도체를 위한 별도의 단자가 구비된 경우	10[mm^2] 이상	16[mm^2] 이상

49

보호도체와 계통도체 겸용
- 중성선과 겸용(PEN)
- 상도체와 겸용(PEL)
- 중간도체와 겸용(PEM)

50

문제 49번 해설 참고

51

- 겸용도체는 고정된 전기설비에만 사용 가능
- 단면적 구리 10[mm^2] 또는 알루미늄 16[mm^2] 이상
- 중성선과 보호도체의 겸용도체는 전기설비의 부하 측으로 시설하면 안 됨
- 폭발성 분위기 장소는 보호도체를 전용으로 사용하여야 함

52

접지시스템은 주 접지단자를 설치하고, 다음의 도체들을 접속하여야 한다.
- 등전위본딩 본체
- 기능성 접지도체
- 접지도체
- 보호도체

53

저압전선로의 중성선 또는 접지 측 전선에 추가 접지공사 시 단면적
- 수도관, 건물의 철골 전기저항값이 3[Ω] 이하의 값
- 접지도체는 공칭단면적 6[mm^2] 이상일 것

54

전기설비의 접지설비, 건축물의 피뢰설비, 전자통신설비 등의 접지극을 공용하는 것은 통합접지시스템으로 할 수 있다.

55

낙뢰에 의한 과전압 등으로부터 전기전자기기 등을 보호하기 위해 서지보호장치를 설치하여야 한다.

56

저압설비 허용 상용주파 과전압

고압계통에서 지락고장 시간(초)	저압설비 허용 상용주파 과전압(V)	비고
$t > 5$	$U_0 + 250$	중성선 도체가 없는 계통에서 U_0는 선간전압을 말한다.
$t \leq 5$	$U_0 + 1,200$	

57

보호 등전위본딩 도체

구리	알루미늄	강철
6mm² 이상	16mm² 이상	50mm² 이상

58

적용범위

- 전기전자설비가 설치된 건축물·구조물로서 낙뢰로부터 보호가 필요한 것 또는 지상으로부터 높이가 20[m] 이상인 것
- 전기 및 전자설비 중 낙뢰로부터 보호가 필요한 설비

59

외부 피뢰시스템의 구성요소는 수뢰부, 인하도선, 접지극이다.

60

수뢰부 종류

돌침, 수평도체, 그물망도체 중 한 가지 혹은 이를 조합한 형식이다.

61

60[m]를 초과하는 건축물·구조물의 측격뢰 보호용 수뢰부 시설 상층부와 이 부분에 설치한 설비를 보호할 수 있도록 시설한다. 다만, 상층부의 높이가 60[m]를 넘는 경우는 최상부로부터 전체 높이 20[%] 부분에 한한다.

62

건축물·구조물과 분리되지 않은 수뢰부시스템의 간격

구분		시설
벽이 불연성 재료인 경우		벽표면
벽이 가연성 재료인 경우	초가지붕	0.15m 이상 이격
	기타 재료	0.1m 이상 이격

63

- 복수의 인하도선을 병렬로 구성해야 한다. 다만, 건축물·구조물과 분리된 피뢰시스템인 경우 예외로 한다.
- 경로의 길이가 최소가 되도록 한다.

64

접지극 종류

- 수평 또는 수직 접지극(A형)
- 환상도체 접지극 또는 기초 접지극(B형)

65

전기전자설비 등에 연결된 전선로를 통하여 서지가 유입되는 경우, 해당 선로에는 서지보호장치를 설치하여 한다.

66

철근콘크리트 기초 내부의 상호 접속된 철근 또는 금속제 지하구조물 등 자연적 구성부재는 접지극으로 사용할 수 있다.

67

피뢰시스템의 등급	간격[m]
I	10
II	10
III	15
IV	20

68

인하도선의 수는 2조 이상으로 한다.

제2장 고압 · 특고압 설비

01	02	03	04	05	06	07	08	09	10
④	③	③	②	①	④	③	④	②	②
11	12	13	14	15	16	17	18	19	20
③	④	④	①	①	③	②	①	①	②
21	22	23	24	25	26	27	28	29	30
②	②	②	②	④	④	②	③	①	①
31	32	33	34	35	36	37	38	39	40
③	②	④	④	②	④	③	②	②	①
41	42	43	44	45	46	47	48	49	50
④	④	④	①	①	③	③	④	④	②
51	52	53	54	55	56	57	58	59	
①	②	④	③	②	①	③	①	③	

01
특고압 및 고압의 혼촉방지시설로 정전방전장치 설치 시 고압 측에 설치하며, 고압 사용전압에 3배를 가한다.
$V = 6,600 \times 3 = 19,800$ [V]

02
- 고압, 특고압 : 16[mm²]
- 저압 : 6[mm²]

03
전로의 중성점 접지의 목적
- 전로 보호장치의 확실한 동작 보호
- 이상 전압의 억제
- 대지전압의 저하

04
가공공동지선은 변압기시설 장소마다 200[m]까지, 단 지름은 400[m]

05
문제 4번 해설 참고

06
가공공동접지선 굵기
경동선 : 4.0[mm], 5.26[kN](동복강선 : 3.5[mm])

07
문제 6번 해설 참고

08
가공공동지선과 대지 간의 합성전기저항치는 1[km]를 지름으로 하여 분리되었을 경우 전기저항값 300[Ω] 이하 유지

09
고압 기계 · 기구의 높이
- 시가지 외 : 4[m]
- 시가지 내 : 4.5[m]

10
시가지 외는 지표상 4[m] 이상의 높이에 시설하여야 한다.

11
접지공사 생략
- 직류 300[V], 교류 150[V] 이하 건조한 곳에 시설
- 사람이 닿지 않는 목주 위에 시설한 기계 · 기구
- 정격감도 30[mA], 동작시간 0.03초 이내에 자동 차단되는 장치 설치 시(물 · 습기 많은 장소 : 15[mA] 이하, 0.03초 이내)
- 이중 절연구조, 절연대 설치, 절연물로 피복, 절연변압기

12
문제 11번 해설 참고

13
혼촉방지판이 있는 변압기에 접속하는 저압옥외전선의 시설 등
- 저압전선은 1구 내에만 시설할 것
- 저압가공전선로 또는 저압옥상전선로의 전선은 케이블일 것
- 저압가공전선과 고압 또는 특별고압의 가공전선을 동일 지지물에 시설하지 아니할 것. 다만, 고압가공전선로 또는 특별고압가공전선로의 전선이 케이블인 경우에는 그러하지 아니하다.

14
변압기의 1차 전압은 35,000[V] 이하, 2차 전압은 저압 또는 고압일 것

15
특고압 옥외배전용 변압기의 특별고압 측에 개폐기 및 과전류 차단기를 시설할 것

16
사용전압이 100[kV] 이상의 중성점 직접접지식 전로에 접속하는 변압기를 설치하는 곳에는 절연유의 구외 유출 및 지하 침투를 방지하기 위한 설비를 갖추어야 한다.

17
과전류 차단기 시설 : 전선 및 기계 · 기구 보호 목적

18
보기 쉬운 곳에 부하전류 유무 표시장치 시설 시, 전화기 기타 지령장치 시설 시, 태블릿 등을 사용함으로써 부하전류가 통하고 있을 때 개로 조작을 방지하기 위한 조치를 한다.

19

기구 등의 구분	간격
고압용의 것	1[m] 이상
특별고압용의 것	2[m] 이상 (사용전압 35,000[V] 이하인 특고압용의 기구 등으로서 동작할 때 생기는 아크의 방향과 길이를 화재가 발생할 우려가 없도록 제한하는 경우에는 1[m] 이상)

20
금속제 외함을 가지는 사용전압 50[V]를 초과하는 저압의 기계 · 기구로서 사람이 쉽게 접촉할 우려가 있는 곳에 시설할 것

21
대지전압이 150[V] 이하인 기계 · 기구를 건조한 장소에 시설하는 경우에 생략이 가능하다.

22
인체감전보호용 누전차단기(정격감도전류 30[mA] 이하, 동작시간 0.03초 이하의 전류동작형에 한한다)를 시설하는 경우 접지를 생략할 수 있다.

23
고압용 퓨즈
- 포장 : 정격전류의 1.3배에 견디고, 2배에서 120분 내 용단
- 비포장 : 정격전류의 1.25배에 견디고, 2배에서 2분 내 용단

24
과전류 차단기의 시설제한장소
- 접지공사의 접지선
- 다선식 전로의 중성선(단상 3선식, 3상 4선식)
- 저압 가공전선로의 접지 측 전선

25
문제 24번 해설 참고

26
문제 24번 해설 참고

27
피뢰기의 시설
- 발전소 · 변전소 또는 이에 준하는 장소의 가공전선 인입구 및 인출구
- 가공전선로에 접속하는 배전용 변압기의 고압 측 및 특별고압 측
- 고압 및 특별고압 가공전선로로부터 공급을 받는 수용장소의 인입구
- 가공전선로와 지중전선로가 접속되는 곳

28
문제 27번 해설 참고

29
피뢰기 설치 제외 장소
- 직접 접속하는 전선이 짧은 경우
- 피보호 기기가 보호범위 내에 위치하는 경우
- 습뢰 빈도수가 적은 경우

30
피뢰기 접지
- 고압 및 특고압의 전로에 시설하는 피뢰기 접지저항값은 10[Ω] 이하로 하여야 한다.
- 고압 가공전선로에 시설하는 피뢰기를 접지공사의 전용인 경우 접지저항치가 30[Ω] 이하일 경우 접지시스템에 적용하지 않는다.

31
문제 30번 해설 참고

32
울타리, 담 등의 높이는 최소 2[m] 이상이고 하단의 간격은 15[cm] 이하

33
고압 또는 특별고압 가공전선과 금속제 울타리·담 등이 교차하는 경우 금속제 울타리·담 등에는 교차점과 좌우로 45[m] 이내의 개소에 접지시스템 규정의 접지공사를 하여야 한다.

34

사용전압의 구분	울타리의 높이와 울타리로부터 충전부분까지의 거리의 합계 또는 지표상의 높이
35,000[V] 이하	5[m]
35,000[V] 초과 160,000[V] 이하	6[m]
160,000[V] 초과	6[m]에 160,000[V]를 초과하는 10,000[V] 또는 단수마다 12[cm]를 더한 값 $6m+[(X-16)\times 0.12]$

35

사용전입의 구분	울타리의 높이와 울타리로부터 충전부분까지의 거리의 합계 또는 지표상의 높이
35,000[V] 이하	5[m]에서 2[m]를 뺀 값

36
$6[m]+(34.5-16)\times 0.12=8.28[m]$

37
$8.28-5.78=2.5[m]$

38
회선수가 2 이하이고 또한 특고압의 모선이 단일모선인 경우에는 모의모선을 설치하지 않는다.

39

기기	용량	사고내용	보호장치
발전기	모든 발전기	과전류 시	자동 차단장치
	500[kVA] 이상	수차유압이 현저히 저하 시	
	2,000[kVA] 이상	베어링 온도 상승 시	
	10,000[kVA] 이상	내부 고장 및 베어링의 마모 시	

40
문제 39번 해설 참고

41
문제 39번 해설 참고

42
문제 39번 해설 참고

43
문제 39번 해설 참고

44

기기	용량	사고내용	보호장치
변압기	5,000[kVA] 이상 10,000[kVA] 미만	내부 고장 시	경보장치 또는 자동차단장치
	10,000[kVA] 이상	내부 고장 시	자동차단장치
	타냉식	냉각장치 고장 시	경보장치

45
문제 44번 해설 참고

46
문제 44번 해설 참고

47
문제 44번 해설 참고

48

기기	용량	사고내용	보호장치
전력용 콘덴서 · 분로 리액터	500[kVA] 넘고 15,000[kVA] 미만	내부 고장, 과전류 시	자동 차단장치
	15,000[kVA] 이상	내부 고장, 과전류, 과전압 시	

49
문제 48번 해설 참고

50
문제 48번 해설 참고

51

기기	용량	사고내용	보호장치
무효전력 보상장치	15,000[kVA] 이상	내부 고장 시	자동차단장치

52
발전기, 변압기, 무효전력 보상장치, 모선 또는 이를 지지하는 애자는 단락전류에 의하여 생기는 기계적 충격에 견디어야 한다.

53
무효전력 보상장치는 동기검정장치를 시설(단, 용량이 현저히 작은 경우 생략)한다.

54
계측장치
- 발전기 · 무효전력 보상장치 : 전압계, 전류계, 전력계, 고정자 및 베어링 온도계를 설치한다.
- 변압기(특고용 : 유온 측정용 온도계, 주변압기 : 전압계, 전류계, 전력계)

55
발전기 · 동기조상기
전압계, 전류계, 전력계, 고정자 및 베어링 온도계를 설치한다.

56
문제 55번 해설 참고

57
공기압축기는 최고 사용압력의 1.5배의 수압 또는 1.25배 기압에 연속 10분간 견디어야 한다.

58
공기탱크는 공기보급 없이 투입 및 차단을 연속하여 1회 이상 할 수 있는 용량을 가질 것

59
주 공기탱크에 설치하는 압력계의 눈금 : 사용압력의 1.5배 이상 3배 이하일 것

제3장 전선로

01	02	03	04	05	06	07	08	09	10
③	①	①	①	①	④	③	①	①	①
11	12	13	14	15	16	17	18	19	20
③	②	②	③	②	③	④	④	④	②
21	22	23	24	25	26	27	28	29	30
①	①	②	③	③	④	②	①	②	④
31	32	33	34	35	36	37	38	39	40
④	②	④	③	④	①	③	③	③	②
41	42	43	44	45	46	47	48	49	50
③	④	②	①	④	④	③	③	④	③
51	52	53	54	55	56	57	58	59	60
④	①	①	②	③	①	③	④	③	③
61	62	63	64	65	66	67	68	69	70
③	③	③	④	②	②	④	②	④	④
71	72	73	74	75	76	77	78	79	80
④	④	①	②	④	①	④	②	④	③
81	82	83	84	85	86	87	88	89	90
③	③	③	③	③	②	⑤	③	③	④
91	92	93	94	95	96	97	98	99	100
③	②	④	③	③	③	③	④	④	④
101	102	103	104	105	106	107	108	109	110
④	②	①	③	②	①	②	②	③	①
111	112	113	114	115	116	117	118	119	120
②	③	①	③	①	④	③	①	①	③
121	122	123	124	125	126	127	128	129	130
①	②	③	①	③	①	④	③	③	③
131	132	133	134	135	136	137	138	139	140
③	④	②	③	③	④	②	③	④	①
141	142	143	144	145	146	147	148	149	150
①	④	③	③	③	②	②	②	①	④
151	152	153	154	155	156	157	158	159	160
①	④	②	④	③	①	④	③	④	④
161	162	163	164	165	166	167	168	169	170
④	②	①	②	③	②	④	①	④	②
171	172	173	174	175	176
③	③	②	①	②	④

01

가공전선로의 지지물에 취급자가 오르내리는 데 사용하는 발판 볼트 등을 지표상 1.8[m] 미만에 시설하여서는 아니된다.

02

전선로 종류
가공, 지중, 옥상, 옥측, 수상, 물밑, 터널 내 전선로가 있다.

03

철근 콘크리트주	원형의 것	588[Pa]
	기타의 것	882[Pa]

04

전선 기타 가섭선	다도체, 복도체(구성하는 전선이 2가닥마다 수평으로 배열되고 또한 그 전선 상호 간의 거리가 전선의 바깥지름의 20배 이하인 것에 한한다)를 구성하는 전선	666[Pa]
	기타의 것	745[Pa]

05

문제 4번 해설 참고

06

문제 3번 해설 참고

07

철탑	단주 (완철류는 제외함)	원형의 것	588[Pa]
		기타의 것	1,117[Pa]
	강관으로 구성되는 것(단주는 제외함)		1,255[Pa]
	기타의 것		2,157[Pa]

08

단일재로서 사용하는 경우에는 1,196[Pa], 기타의 경우에는 1,627[Pa]

09

전선 기타 가섭선	다도체, 복도체(구성하는 전선이 2가닥마다 수평으로 배열되고 또한 그 전선 상호 간의 거리가 전선의 바깥지름의 20배 이하인 것에 한한다)를 구성하는 전선	666[Pa]
	기타의 것	745[Pa]

을종, 병종은 갑종의 $\frac{1}{2}$ 값

10

문제 9번 해설 참고

11

을종, 병종은 갑종의 $\frac{1}{2}$ 값

12

철탑	단주 (완철류는 제외함)	원형의 것	588[Pa]
		기타의 것	1,117[Pa]
	강관으로 구성되는 것(단주는 제외함)		1,255[Pa]
	기타의 것		2,157[Pa]

을종, 병종은 갑종의 $\frac{1}{2}$ 값

13

지지물의 기초 안전율은 2(단, 철탑의 이상 시 상정하중이 가하여지는 경우의 철탑의 기초에 대하여는 1.33) 이상이어야 한다.

14

설계하중	6.8[kN] 이하
지지물	철주, 철근콘크리트주(A종)
길이	16[m] 이하

15

설계 하중	6.8[kN] 이하	6.8[kN] 이하	9.8[kN] 이하	14.72[kN] 이하
지지물	목주, 철주, 철근 콘크리트주 (A종)	철주, 철근 콘크리트주	철주, 철근 콘크리트주	철주, 철근 콘크리트주
길이	16[m] 이하	16[m] 초과~ 20[m] 이하	14[m] 이상~ 20[m] 이하	14[m] 이상~ 20[m] 이하
매설 깊이	① 15[m] 이하 : $l \times \frac{1}{6}$ 이상 ② 15[m] 초과 : 2.5[m]	2.8[m]	①+0.3[m] ②+0.3[m]	• 15[m] 이하 ①+0.5[m] 이상 • 18[m] 이하 3[m] 이상 • 20[m] 이하 3.2[m] 이상

16

문제 15번 해설 참고

17

문제 15번 해설 참고

18

문제 15번 해설 참고

19

철탑은 지선을 사용하여 그 강도를 분담시켜서는 아니 된다.

20

지선의 시설
- 지선의 안전율은 2.5 이상일 것
- 허용인장하중의 최저는 4.31[kN]
- 소선(素線) 3가닥 이상의 연선일 것
- 소선의 지름이 2.6[mm] 이상인 금속선을 사용한 것일 것
- 지중부분 및 지표상 30[cm]까지의 부분에는 내식성이 있는 것 또는 아연도금을 한 철봉을 사용
- 도로를 횡단하여 시설하는 지선의 높이는 지표상 5[m] 이상

21

문제 20번 해설 참고

22

문제 20번 해설 참고

23

문제 20번 해설 참고

24

12[km]마다 유도전류가 2[μA]를 넘지 아니하도록 할 것

25

40[km]마다 유도전류가 3[μA]를 넘지 아니하도록 할 것

26

유도작용에 의하여 통신상의 장해가 생기지 아니하도록 전선과 기설 약전류 전선 간의 간격은 2[m] 이상이어야 한다.

27

가공케이블의 시설
- 케이블은 조가용선에 행거로 시설할 것. 이 경우에는 사용전압이 고압인 때에는 그 행거의 간격을 50[cm] 이하로 시설하여야 한다.
- 조가용선은 인장강도 고압 5.93[kN], 특고압 13.93[kN] 이상의 것 또는 단면적 22[mm^2] 이상인 아연도철연선일 것
- 조가용선 및 케이블의 피복에 사용하는 금속체에는 접지시스템 규정에 맞게 접지를 할 것
- 조가용선의 케이블에 접촉시켜 그 위에 쉽게 부식하지 아니하는 금속 테이프 등을 나선상으로 감는 경우 20[cm] 이하의 간격을 유지

28

문제 27번 해설 참고

29

문제 27번 해설 참고

30

저압가공전선로는 절연전선, 케이블, 다심형 전선을 일반적으로 사용한다.

나전선(나동복강선)은 법적으로는 사용할 수 있지만 안전 등을 고려하여 사용하지 않는다.

31

사용전압	전선의 종류	보안공사
400[V] 이하 저압	나전선 : 3.2[mm] 이상 인장강도 3.43[kN] 경동선 절연전선 : 2.6[mm] 이상 인장강도 2.3[kN] 경동선	인장강도 5.26[kN] 이상 4.0[mm] 경동선

32

문제 31번 해설 참고

33

사용전압	전선의 종류	보안공사
400[V] 초과 저압 또는 고압	시가지 : 5.0[mm] 이상 인장강도 8.01[kN] 경동선 시가지 외 : 4.0[mm] 이상 인장강도 5.26[kN] 경동선	인장강도 8.01[kN] 이상 5.0[mm] 경동선

34

문제 33번 해설 참고

35

문제 31번 해설 참고

36

고압가공전선의 안전율은 경동선 또는 내열 동합금선은 2.2 이상, 그 밖의 전선은 2.5 이상이 되는 이도(弛度)로 시설하여야 한다.

37

문제 36번 해설 참고

38
저압 및 고압가공전선의 높이

장소	저 · 고압
지표상	5[m]
도로횡단	6[m]
철도횡단	6.5[m]
횡단보도교	3.5[m] 단, 450/750[V] 인입용 비닐절연전선 · 케이블 : 3[m]

39
문제 38번 해설 참고

40
문제 38번 해설 참고

41
특고압 가공전선 높이 : 시가지 외

35[kV] 이하	160[kV] 이하	160[kV] 초과
㉠ 지표상 : 5[m] ㉡ 도로횡단 : 6[m] ㉢ 횡단보도 : 4[m] ㉣ 철도횡단 : 6.5[m]	㉠ 지표상 • 산지 : 5[m] • 평지 : 6[m] ㉡ 도로횡단 : 6[m] ㉢ 횡단보도 : 5[m] ㉣ 철도횡단 : 6.5[m]	㉠ 산지 · 평지 : $6(5) + (X - 16) \times 0.12[m]$ (여기서, X : 전압)

42
문제 41번 해설 참고

43
문제 41번 해설 참고

44
$5[m] + (34.5 - 16) \times 0.12 = 7.28[m]$

45
$6[m] + (34.5 - 16) \times 0.12 = 8.28[m]$

46
특고압 가공전선 높이 : 시가지

35[kV] 이하	35[kV] 초과
10[m]. 단, 특고압 절연전선 또는 케이블은 8[m] 이상	$10(8) + (X - 3.5) \times 0.12[m]$ (여기서, X : 전압)

47
보호망을 구성하는 금속선은 그 외주(外周) 및 특고압 가공전선의 직하에 시설하는 금속선에는 인장강도 8.01[kN] 이상의 것 또는 지름 5[mm] 이상의 경동선을 사용하고 그 밖의 부분에 시설하는 금속선에는 인장강도 5.26[kN] 이상의 것 또는 지름 4[mm] 이상의 경동선을 사용할 것

48
$10[m] + (15.4 - 3.5) \times 0.12 = 11.44[m]$

49
고압 및 특고압 가공전선로의 가공지선
- 가공지선 : 뇌해방지
- 고압가공전선로 가공지선은 지름 4[mm]의 나경동선
- 특별고압 가공전선로에 가공지선은 지름 5[mm]의 나경동선, 22[mm^2]의 나경동선이나 아연도금강선, OPGW전선

50
저압선은 하부, 고압선은 상부에 시설한다.

51
35[kV] 이하 병행간격

전압	표준	케이블 사용 시
저압과 고압 병행	0.5[m]	0.3[m]
22.9[kV-Y] 특고압과 저압 및 고압 병행	1[m]	0.5[m]
35[kV] 이하 특고압과 저압 및 고압 병행	1.2[m]	0.5[m]

52
문제 51번 해설 참고

53
문제 51번 해설 참고

54

35.1[kV]를 초과하고 100[kV] 미만인 특고압과 저압 또는 고압과 병행간격

- 제2종 특고압 보안공사
- 단면적이 50[mm²] 이상인 경동연선
- 특고압가공전선과 저압고압가공전선의 간격은 2[m], 케이블 사용 시 1[m]
- 철주, 철근콘크리트주, 철탑의 지지물

55

문제 54번 해설 참고

56

가공전선 등의 공가(공용설치)

- 공가 : 동일 지지물에 전력선과 약전선을 동시 시설한 것으로 35[kV] 이하에서만 시설

전압	표준	케이블 사용 시
약전선과 저압 공가	0.75[m]	0.3[m]
약전선과 고압 공가	1.5[m]	0.5[m]
약전선과 특고압 공가	2[m]	0.5[m]

- 목주의 안전율은 1.5 이상
- 특별고압 가공전선과 약전선은 제2종 특고압 보안공사
- 단면적이 50[mm²] 이상인 경동연선

57

문제 56번 해설 참고

58

문제 56번 해설 참고

59

문제 56번 해설 참고

60

목주의 안전율

- 일반 : 저압 1.2, 고압 1.3, 특고압 1.5
- 보안공사 : 저압 또는 고압 1.5 이상, 특고압 2.0 이상

61

고압 및 특고압 가공전선로 경간의 제한

지지물	표준 경간	장경간	저압 고압 보안공사	저압·고압 보안공사 경간 증가	특고압 제1종 보안공사	특고압 제2종 보안공사	특고압 제3종 보안공사
목주 A종 지지물	150[m]	300[m]	100[m]	150[m]	목주 A종 지지물 시설 금지	100[m]	100[m] 38[mm²] 이상 경동 연선 사용 시 150[m]
B종 지지물	250[m]	500[m]	150[m]	250[m]	150[m]	200[m]	200[m] 55[mm²] 이상 경동 연선 사용 시 250[m]
철탑	600[m]	경간 제한 없음	400[m]	600[m]	400[m]	400[m]	400[m] 55[mm²] 이상 경동 연선 사용 시 600[m]
전선 굵기	고압 단면적 22[mm²] 이상, 특고압 단면적 50[mm²] 이상		저압 : 22[mm²] 고압 : 38[mm²] 경동연선 사용 시 경간을 늘릴 수 있다.	150[mm²] 이상 경동연선 사용 시 경간을 늘릴 수 있다.	95[mm²] 이상 경동연선 사용 시 경간을 늘릴 수 있다.		

62

문제 61번 해설 참고

63

문제 61번 해설 참고

64

문제 61번 해설 참고

65

문제 61번 해설 참고

66
문제 61번 해설 참고

67
문제 61번 해설 참고

68
특별고압 가공전선로의 시가지 경간

지지물의 종류	경간
A종 지지물 (목주는 시설할 수 없다.)	75[m]
B종 지지물	150[m]
철탑	400[m] (단주인 경우에는 300[m]) 다만, 전선이 수평으로 2 이상 있는 경우에 전선 상호 간의 간격이 4[m] 미만인 때에는 250[m]

69
문제 68번 해설 참고

70
문제 68번 해설 참고

71
시가지 전선의 단면적

사용전압의 구분	전선의 단면적
100,000[V] 미만	인장강도 21.67[kN] 이상의 연선 또는 단면적 55[mm^2] 이상의 경동연선
100,000[V] 이상	인장강도 58.84[kN] 이상의 연선 또는 단면적 150[mm^2] 이상의 경동연선

72
문제 71번 해설 참고

73
지락계전기 동작
- 100[kV] 이상에서는 지락·단락 시 1초 이내(보안공사 2초) 자동차단
- 25[kV] 이하에서는 지락·단락 시 2초 이내(보안공사 3초) 자동차단

74
문제 73번 해설 참고

75
특별고압 시가지의 가공전선을 지지하는 애자장치
50[%] 충격섬락전압값이 그 전선의 근접한 다른 부분을 지지하는 애자장치값의 130[kV] 이하 110[%], 130[kV]를 초과하는 경우는 105[%] 이상인 것

76
저압 및 고압 보안공사
- 저압 : 4.0[mm] 이상의 경동선
- 고압 : 5.0[mm] 이상의 경동선

77
문제 76번 해설 참고

78
제1종 특별고압 보안공사의 지지물
B종 철주, B종 철근콘크리트주, 철탑을 사용하며 목주 및 A종 지지물은 사용할 수 없다.

79
제1종 특고압 보안공사 전선의 굵기

사용전압	전선
100[kV] 미만	인장강도 21.67[kN] 이상의 연선 또는 55[mm^2] 이상
100[kV] 이상 300[kV] 미만	인장강도 58.84[kN] 이상의 연선 또는 150[mm^2] 이상
300[kv] 이상	인장강도 77.47[kN] 이상의 연선 또는 200[mm^2] 이상

80
제2종 특별고압 보안공사
35[kV] 이하 전선과 건조물이 제2차 접근상태인 경우

81
제2종 특별고압 보안공사의 목주의 경간은 100[m] 이하일 것

82

제2종 특별고압 보안공사의 B종의 경간은 200[m] 이하일 것

83

문제 60번 해설 참고

84

문제 80번 해설 참고

85

제2종 특고압 보안공사
- 35[kV] 이하 전선과 건조물이 제2차 접근상태인 경우
- 병가, 공가, 삭도와 특고압가공전선이 제2차 접근상태 시설

86

제3종 특고압 보안공사
특고압 가공전선이 건조물 등과 제1차 접근상태인 경우

87

문제 61번 해설 참고

88

문제 61번 해설 참고

89

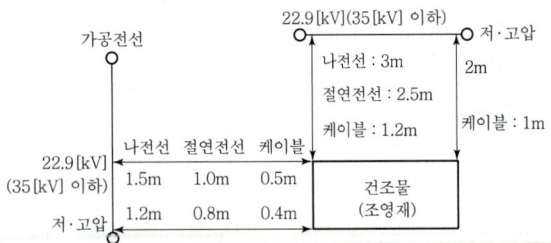

90

문제 89번 해설 참고

91

문제 89번 해설 참고

92

문제 89번 해설 참고

93

문제 89번 해설 참고

94

문제 89번 해설 참고

95

문제 89번 해설 참고

96

$3[m] + (6.6 - 3.5) \times 0.15 = 3.6[m]$

97

$3[m] + (34.5 - 3.5) \times 0.15 = 7.65[m]$

98

$3[m] + (36 - 3.5) \times 0.15 = 7.95[m]$

99

가공전선(전력선)과 식물, 수목과의 간격

사용전압의 구분	간격
저압	상시 불고 있는 바람에 의하여 직접 접촉하지 말 것
고압	
22.9[kV-Y]	나전선 1.5[m] 특고압 절연전선, 케이블 사용 시 직접 닿지 않으면 된다. (단, 35[kV] 이하 특고압가공전선에 고압절연전선 사용 시 50[cm] 이격)
60[kV] 이하	2[m]

100

문제 99번 해설 참고

101

문제 99번 해설 참고

102
문제 99번 해설 참고

103
문제 99번 해설 참고

104
$2[m]+(15.4-6)\times 0.12=3.2[m]$

105
문제 99번 해설 참고

106
가공전선과 타 전력선, 약전선, 안테나, 삭도, 기타 시설물 간격

사용전압의 구분	간격	
저압	0.6[m]	
	케이블 0.3[m]	
고압	0.8[m]	
	케이블 0.4[m]	
22.9[kV-Y]	나전선 2[m]	
	특고압 절연전선 1.5[m], 삭도 1[m]	
	케이블 0.5[m]	
60[kV] 이하	2[m]	

107
문제 106번 해설 참고

108
문제 106번 해설 참고

109
문제 106번 해설 참고

110
문제 106번 해설 참고

111
문제 106번 해설 참고

112
문제 106번 해설 참고

113
문제 106번 해설 참고

114
문제 106번 해설 참고

115
문제 106번 해설 참고

116
문제 106번 해설 참고

117
$2[m]+(15.4-6)\times 0.12=3.2[m]$

118
$2[m]+(34.5-6)\times 0.12=5.48[m]$

119
$2[m]+(16.1-6)\times 0.12=3.32[m]$

120
농사용 저압가공전선로의 전선의 지름 2[mm] 이상의 경동선일 것(단, 경간이 10[m] 이하인 경우는 4[mm^2] 이상의 연동절연전선)

121
농사용 저압가공전선로의 경간은 30[m] 이하일 것

122
구내도로 저압전선로의 경간은 30[m] 이하일 것

123
저압옥상 전선로 시설기준
• 지름 2.6[mm] 이상의 경동선일 것

- 전선은 절연전선일 것
- 지지점 간의 거리는 15[m] 이하일 것
- 저압 옥상전선로의 전선은 상시 부는 바람 등에 의하여 식물에 접촉하지 아니하도록 시설하여야 한다.
- 저압에서 전선과 조영재 간격은 2[m] 이상일 것. 단, 케이블, 절연전선은 1[m]

124
저압 옥측 전선로의 시설
- 애자공사 시 4[mm²] 이상의 연동 절연전선(OW 및 DV전선은 제외한다)일 것
- 전선의 지지점 간의 거리는 2[m] 이하일 것
- 식물과 20[cm] 이격

125
고압 및 특고압 옥측 전선로의 시설
- 케이블 공사 : 2[m] 이하 지지
- 특고압 시설제한 전압 : 100[kV] 이하

126
저압 가공인입선의 종류 : 절연전선, 케이블, 다심형 전선

127
가공인입선 굵기
- 저압 : 2.6[mm], 인장강도 2.3[kN](단, 15[m] 이하인 경우 2.0[mm] 이상)
- 고압 : 5.0[mm], 인장강도 8.01[kN]
- 특고압 : 케이블

128
저압 및 고압인입선의 시설 높이

구분	고압	저압
지표상 높이	5[m]	4[m]
도로횡단	6[m]	5[m]
철도횡단	6.5[m]	6.5[m]
기타	전선 밑에 위험표시 시 고압 : 3.5[m]	횡단보도교 위에 시설 : 3[m]

129
문제 128번 해설 참고

130
연접인입선의 시설
한 수용장소 인입구에서 분기하여 다른 지지물을 거치지 않고 다른 수용장소 인입구에 이르는 전선

131
연접인입선의 시설
- 연접인입선은 저압에만 적용
- 인입선에서 분기하는 점으로부터 100[m]를 초과하는 지역에 미치지 아니할 것
- 폭 5[m]를 초과하는 도로를 횡단하지 아니할 것
- 옥내를 통과하지 아니할 것

132
연접인입선은 저압에만 적용한다.

133
특별고압 가공전선과 지지물 등의 간격
- 22,900 : 20[cm]
- 66,000 : 40[cm]
- 154,000 : 90[cm]
※ 66[kV]선로에 최대사용전압 : 69[kV]

134
내장형
전선로의 지지물 양쪽의 경간의 차가 큰 곳에 사용하는 것

135
특별고압 가공전선로 중 지지물로서 직선형의 철탑을 연속하여 10기 이상 사용하는 부분에는 10기 이하마다 내장 애자장치가 되어 있는 철탑 또는 이와 동등 이상의 강도를 가지는 철탑 1기를 시설하여야 한다.

136
상시 상정하중
- 인류형 : 가섭선의 상정 최대장력과 같은 불평균 장력의 수평 종분력에 의한 하중
- 내장형 : 상정 최대장력의 3분의 1과 같은 불평균 장력의 수평 종분력에 의한 하중
- 보강형 : 상정 최대장력의 6분의 1과 같은 불평균 장력의 수평 종분력에 의한 하중

137
전가섭선을 인류하는 곳에 사용하는 것이 인류형이다.

138
25[kV] 이하인 특별고압 가공전선로의 시설
특별고압 가공전선로의 중성선의 다중 접지는 다음에 의할 것
- 전기저항값 : 15[Ω]/[km], 300[Ω]/단독. 단, 15[kV] 이하인 경우 300[Ω]/단독, 30[Ω]/[km]
- 중성선 시설기준 : 저압 가공전선으로 취급
- 접지선의 굵기 : 6[mm²] 이상의 연동선
- 접지 상호 간의 거리는 150[m] 이하일 것. 단, 15[kV] 이하인 경우 300[m]

139
문제 138번 해설 참고

140
문제 138번 해설 참고

141

구분	철도, 궤도, 자동차도 전용터널	사람이 상시 통행하는 터널
저압	• 애자공사 시 : 레일면상, 노면상 2.5[m] • 2.6[mm] 이상 경동선의 절연전선 • 합성수지관, 금속관, 가요전선관, 케이블 공사, 애자공사	• 애자공사 시 : 노면상 2.5[m] • 2.6[mm] • 합성수지관, 금속관, 가요전선관, 케이블 공사
고압	• 애자공사 시 : 레일면상, 노면상 3[m] • 4[mm] 이상 경동선의 고압 절연전선 또는 특고압절연전선 • 케이블 공사, 애자공사	케이블 공사
특고압	케이블 공사	–

142
케이블 공사 : 2[m]마다 지지한다.

143
수상전선로의 시설
- 저·고압에서만 시설(특고압은 시설할 수 없다.)
- 저압 : 클로로프렌 캡타이어 케이블
- 고압 : 고압용 캡타이어 케이블일 것
- 수상전선로와 가공전선로 연결지점
  ㉠ 접속점이 육상에 있는 경우 : 지표상 5[m] 이상
      단, 저압이고 접속점이 도로 이외의 곳 : 4[m] 이상
  ㉡ 접속점이 수면상에 있는 경우
      저압 : 4[m] 이상, 고압 : 5[m] 이상
- 고압인 경우 자동차단장치 시설

144
지중전선로는 공사방법으로 케이블 사용 : 직매식, 관로식, 암거식

145
문제 144번 해설 참고

146
CD 케이블 : 콘크리트 트라프에 넣지 않고 직접 묻을 수 있는 고압용 케이블

147
- 직매식 매설 깊이 : 압력을 받는 경우 1.0[m] 이상(단, 압력을 받지 않는 경우 0.6[m] 이상)
- 관로식인 경우 1.0[m] 이상(단, 압력을 받지 않는 경우 0.6[m] 이상)

148
문제 147번 해설 참고

149
문제 147번 해설 참고

150
지중함 시설기준
- 견고하고 차량, 기타 중량물의 압력에 견딜 수 있을 것
- 안에 고인 물을 제거할 수 있는 구조
- 뚜껑은 시설자 이외의 자가 쉽게 열 수 없도록 할 것
- 지중함의 크기가 1[m³] 이상인 경우 가스 등을 방산하는 통풍장치를 시설할 것

151
지중전선과 약전선의 간격
- 약전선 – 저압(고압) : 0.3[m]
- 약전선 – 특고압 : 0.6[m] 단, 관리자와 협의 시 0.1[m]

152
문제 151번 해설 참고

153
지중선로는 기설 지중 약전류 전선로에 대하여 누설전류, 유도작용에 대하여 통신상 장해를 방지해야 한다.

154
지중전선과 지중전선의 간격
- 저압과 고압 : 0.15[m]
- 저압(고압)과 특고압 : 0.3[m]

단, 사용전압이 25[kV] 이하인 다중접지방식 경우, 그 이격거리가 0.1[m]

155
특고압 지중선선과 유독성·가연성 유체를 내뿜는 관과 접근 교차 시 1[m] 이하이면 내화성(난연성, 불연성) 격벽을 시설한다.

156
케이블 가압장치의 시설(연속 10분)
- 유·수압 : 1.5배
- 기압 : 1.25배

157
전력보안통신설비는 가공전선로로부터의 정전유도작용 또는 전자유도작용에 의하여 사람에게 위험을 줄 우려가 없도록 시설하여야 한다.

158
발전소, 변전소 등의 설치장소
- 원격감시제어가 되지 아니하는 발전소·변전소·개폐소, 전선로 및 이를 운용하는 급전소 및 급전분소 간
- 2 이상의 급전소(분소) 상호 간과 이들을 종합 운용하는 급전소(분소) 간
- 수력설비 중 필요한 곳, 수력설비의 안전상 필요한 양수소(量水所) 및 강수량 관측소와 수력발전소 간
- 동일 수계에 속하고 안전상 긴급연락의 필요가 있는 수력발전소 상호 간

159
송전선로의 전력보안통신설비의 시설 장소
- 66[kV], 154[kV], 345[kV], 765[kV] 계통 송전선로 구간(가공, 지중, 해저) 및 안전상 특히 필요한 경우에 전선로의 적당한 곳
- 고압 및 특고압 지중전선로가 시설되어 있는 전력구내에서 안전상 특히 필요한 경우의 적당한 곳
- 직류 계통 송전선로 구간 및 안전상 특히 필요한 경우의 적당한 곳
- 송변전자동화 등 지능형 전력망 구현을 위해 필요한 구간

160
배전선로 시설 장소
- 22.9[kV] 계통 배전선로 구간(가공, 지중, 해저)
- 22.9[kV] 계통에 연결되는 분산전원형 발전소
- 폐회로 배전 등 신배전방식 도입 개소
- 배전자동화, 원격검침, 부하감시 등 지능형 전력망 구현을 위해 필요한 구간

161
통신선은 단면적 연선 16[mm²](단선지름 4[mm])의 절연전선 또는 단면적 연선 25[mm²](단선지름 5[mm])의 경동선일 것

162
가공전선과 첨가 통신선과의 간격(수직배선)
- 저·고압과 첨가 통신선의 간격 : 0.6[m](단, 케이블인 경우 0.3[m])
- 특고압과 첨가 통신선의 간격 : 1.2[m](단, 케이블인 경우 0.3[m])
- 22.9[kVY] 전력선과 첨가 통신선 : 0.75[m]
- 22.9[kVY] 중성선과 첨가 통신선 : 0.6[m]

163
문제 162번 해설 참고

164
S : 접지용의 용도로 사용하는 개폐기

165
전력선과 통신선을 연결(결합)해주는 콘덴서

166
통신선과 삭도 또는 다른 가공약전류 전선 등 사이의 이격거리는 0.8[m](케이블 0.4[m]) 이상으로 할 것

167
전력보안통신선의 시설 높이와 간격

시설장소	가공통신선 높이	첨가통신선 높이	
		저압 및 고압	특고압
도로(위) 횡단 시	5[m] (교통에 지장이 없다. 4.5[m])	6[m] (교통에 지장이 없다. 5[m])	6[m]
철도(레일면상) 횡단 시	6.5[m]	6.5[m]	6.5[m]
횡단보도교 위 (노면상)	3[m]	3.5[m] (절연전선 사용, 3[m])	5[m] 광섬유 케이블 사용 시 4[m]
기타 장소	3.5[m]	4[m] 광섬유 케이블 사용 시 3.5[m]	5[m]

168
문제 167번 해설 참고

169
문제 167번 해설 참고

170
조가선은 단면적 38[mm^2] 이상의 아연도강연선을 사용할 것

171
조가선 간의 간격은 조가선 2개가 시설될 경우에 0.3[m]를 유지하여야 한다.

172
특고압 가공전선로의 보안장치 설치 시 특고압용 제1종 보안장치, 특고압용 제2종 보안장치 또는 이에 준하는 보안장치를 시설하여야 한다.

173
전원공급기는 다음에 따라 시설하여야 한다.
- 지상에서 4m 이상 유지할 것
- 누전차단기를 내장할 것
- 시설방향은 인도 측으로 시설하며 외함은 접지를 시행할 것

174
지중통신선로 설비 전력구내 통신케이블의 시설기준
- 전력구내에서 통신용 행거는 최상단에 시설할 것
- 전력구의 통신용 케이블은 반드시 내관 속에 시설하고 그 내관을 행거 위에 시설할 것
- 비난연재질인 통신케이블 및 내관을 사용하는 경우에는 난연처리를 하여야 한다.
- 전력구에서는 통신케이블을 고정시키기 위해 매 행거마다 내관과 행거를 견고하게 고정할 것
- 통신용 행거 끝에는 행거 안전캡(야광)을 씌울 것

175
목주·철주·철근콘크리트주 또는 철탑의 기초 안전율은 1.5 이상이어야 한다.

176
무선용 안테나 등은 전선로의 주위 상태를 감시하거나 배전 자동화, 원격검침 등 지능형 전력망을 목적으로 시설하는 것 이외에는 가공전선로의 지지물에 시설하여서는 아니 된다.

제4장 저압전기설비 및 고압옥내배선

01	02	03	04	05	06	07	08	09	10
③	②	①	④	④	④	③	②	④	①
11	12	13	14	15	16	17	18	19	20
①	①	④	③	③	②	②	②	②	④
21	22	23	24	25	26	27	28	29	30
②	④	③	②	③	③	②	③	③	②
31	32	33	34	35	36	37	38	39	40
①	①	③	①	③	④	③	①	②	③
41	42	43	44	45	46	47	48	49	50
②	①	④	①	①	①	①	③	①	①
51	52	53	54	55	56	57	58	59	60
①	③	①	②	②	②	③	②	③	③
61	62	63	64	65	66	67	68	69	70
②	④	③	③	②	①	③	③	④	②
71	72	73	74	75	76	77	78	79	80
④	②	①	③	②	③	④	①	③	④
81	82	83	84	85	86	87	88	89	90
③	①	②	③	③	②	③	③	②	④
91	92	93	94	95	96	97	98	99	100
③	①	③	③	①	④	②	④	④	④
101	102	103	104	105	106	107	108	109	110
④	②	①	③	④	①	③	②	③	①
111	112	113	114	115	116	117	118	119	120
③	②	①	④	③	③	④	②	②	①
121	122	123	124	125	126	127	128	129	130
④	①	③	①	①	③	③	④	②	②
131	132
②	③

01
저압전로의 보호도체 및 중성선의 접속방식에 따른 분류
- TN 계통
- TT 계통
- IT 계통

02
TN-S 계통은 계통 전체에 대해 별도의 중성선 또는 PE 도체를 사용한다.

03
TN-C계통은 그 계통 전체에 대해 중성선과 보호도체의 기능을 동일 도체로 겸용한 PEN 도체를 사용한다.

04
안전을 위한 보호 종류
감전에 대한 보호, 과전류에 대한 보호, 과도전압에 대한 보호, 열 영향에 대한 보호

05
설비의 각 부분에서 하나 이상의 보호대책
- 전원의 자동차단
- 이중절연 혹은 강화절연
- 한 개의 전기사용기기에 전기를 공급하기 위한 전기적 분리
- SELV와 PELV에 의한 특별 저압

06
숙련자와 기능자의 통제 또는 감독이 있는 설비에 적용 가능한 보호대책
- 비도전성 장소
- 비접지 국부등전위본딩
- 두 개 이상의 전기사용기기에 공급하기 위한 전기적 분리

07
32[A] 이하 분기회로의 최대차단시간

[단위 : 초]

계통	$50V < U_0$ ≤120V		$120V < U_0$ ≤230V		$230V < U_0$ ≤400V		$U_0 > 400V$	
	교류	직류	교류	직류	교류	직류	교류	직류
TN	0.8	[비고1]	0.4	5	0.2	0.4	0.1	0.1
TT	0.3	[비고1]	0.2	0.4	0.07	0.2	0.04	0.1

08
문제 7번 해설 참고

09
TN 계통에서 배전회로(간선)와 분기회로가 32[A]를 초과하는 경우 5초 이하의 차단시간을 허용한다.

10
TN-C 방식에서는 누전이 되어도 감지가 안 되어 차단이 안 된다.

11
TN 계통
- PEN 도체는 여러 지점에서 접지하여 PEN 도체의 단선위험을 최소화할 수 있도록 한다.
- $\dfrac{R_B}{R_E} \leq \dfrac{50}{(U_0 - 50)}$

12
특별저압계통의 전압한계는 전압밴드 I의 상한값인 교류 50[V] 이하, 직류 120[V] 이하이어야 한다.

13
- 절연감시장치
- 누설전류감시장치
- 절연고장검출장치
- 과전류보호장치
- 누전차단기

14
특별저압계통에는 다음의 전원을 사용해야 한다.
- 안전절연변압기 전원
- 안전절연변압기 및 이와 동등한 절연의 전원
- 축전지 및 디젤발전기 등과 같은 독립전원
- 내부 고장이 발생한 경우에도 출력단자의 전압이 교류 50[V] 이하, 직류 120[V] 이하 값을 초과하지 않도록 하는 적절한 표준에 따른 전자장치
- 저압으로 공급되는 안전절연변압기, 이중 또는 강화 절연된 전동발전기 등 이동용 전원

15
과부하 보호장치는 도체의 허용전류값이 줄어드는 곳(분기점)에 설치해야 한다.

16
과전류에 대한 보호
- 과부하전류에 대한 보호
- 단락전류에 대한 보호
- 저압전로 중의 개폐기 및 과전류차단기의 시설

17
$I_2 \leq 1.45 \times I_Z$

여기서, I_B : 회로의 설계전류
I_Z : 케이블의 허용전류
I_n : 보호장치의 정격전류
I_2 : 보호장치가 규약시간 이내에 유효하게 동작하는 것을 보장하는 전류

18
분기회로의 단락보호장치는 분기점으로부터 3[m]까지 이동하여 설치할 수 있다.

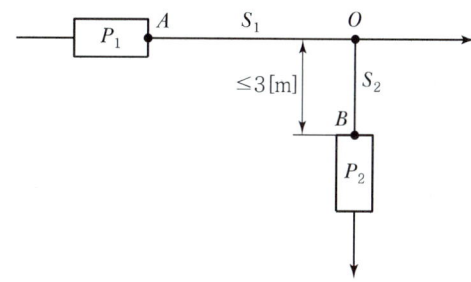

19
안전을 위해 과부하 보호장치를 생략할 수 있는 경우
- 회전기의 여자회로
- 전자석 크레인의 전원회로
- 전류변성기의 2차 회로
- 소방설비의 전원회로
- 안전설비(주거침입경보, 가스누출경보 등)의 전원회로

20
다음과 같은 경우에는 과부하보호장치를 생략할 수 있다.
- 분기회로의 전원 측에 설치된 보호장치에 의하여 분기회로에서 발생하는 과부하에 대해 유효하게 보호되고 있는 분기회로
- 단락보호가 되고 있으며, 부하에 설치된 과부하 보호장치가 유효하게 동작하여 과부하전류가 분기회로에 전달되지 않도록 조치를 하는 경우
- 통신회로용, 제어회로용, 신호회로용 및 이와 유사한 설비

21
다음과 같은 경우 단락보호장치를 생략할 수 있다.
- 발전기, 변압기, 정류기, 축전지와 보호장치가 설치된 제어반을 연결하는 도체
- 전원차단이 설비의 운전에 위험을 가져올 수 있는 회로
- 특정 측정회로

22
지속시간 $t = \left(\dfrac{KS}{I}\right)^2$ [초], 단면적 $S = \dfrac{\sqrt{t}}{K}I$ [mm^2]

여기서, t : 단락전류 지속시간[초]
S : 도체의 단면적[mm^2]
I : 유효 단락전류[A, rms]
K : 도체 재료의 저항률, 온도계수, 열용량, 해당 초기 온도와 최종온도를 고려한 계수

23
과전류트립 동작시간 및 특성(주택용 배선용 차단기)

정격전류의 구분	시간	정격전류의 배수(모든 극에 통전)	
		부동작전류	동작전류
63[A] 이하	60분	1.13배	1.45배
63[A] 초과	120분	1.13배	1.45배

24
문제 23번 해설 참고

25
과전류트립 동작시간 및 특성(산업용 배선용 차단기)

정격전류의 구분	시간	정격전류의 배수(모든 극에 통전)	
		부동작전류	동작전류
63[A] 이하	60분	1.05배	1.3배
63[A] 초과	120분	1.05배	1.3배

26
문제 25번 해설 참고

27
정격전류가 50[A]를 초과하는 전기사용기계기구(전동기 제외)의 저압전로에 사용하는 과전류 차단기는 정격전류의 전기사용기계기구의 1.3배 이상을 넘지 않을 것

28
절연변압기(정격용량 3[kVA] 이하인 것에 한한다)로 보호된 전로에 접속한다.

29
주택용 분전반은 독립된 장소(신발장, 옷장 등의 은폐된 장소는 제외한다)에 시설하며 구조, 치수 및 재료에 적합할 것

30
옥내에 시설하는 전동기의 과부하장치 생략조건
- 정격출력이 0.2[kW] 이하인 경우
- 전동기 운전 중 상시 취급자가 감시할 수 있는 위치에 시설하는 경우
- 전동기의 구조나 부하의 성질로 보아 전동기가 소손할 수 있는 과전류가 생길 우려가 없는 경우
- 단상 전동기를 그 전원 측 전로에 시설하는 과전류 차단기의 정격전류가 16[A] 또는 배선용 차단기는 20[A] 이하인 경우

31
문제 30번 해설 참고

32
문제 30번 해설 참고

33
저압 옥내배선 사용전선 굵기

2.5[mm^2] 이상 연동선 사용(단, MI(미네랄인슐레이션) 케이블 사용 시 1[mm^2])

34
문제 33번 해설 참고

35
MI(미네랄인슐레이션) 케이블은 저압용 케이블로 800℃까지 단시간 사용할 수 있으며, 선박, 제련공장, 주물공장, 문화재 보관장소에 가장 적합하다.

36

- 전광표시 출퇴표시 자동제어회로 : 금속관, 합성수지관, 금속덕트, 금속몰드공사 시 1.5[mm²] 이상 연동선 사용
- 전광표시 출퇴표시 자동제어회로 : 다심케이블, 다심캡타이어 케이블 사용, 과전류 발생 시 자동차단장치 시설 시 0.75[mm²] 이상 연동선 사용
- 진열장 쇼윈도 쇼케이스, 조명코드선 : 코드선, 캡타이어 케이블 사용 시 0.75[mm²] 이상 연동선 사용

37

진열장, 쇼윈도, 쇼케이스 조명코드선 : 케이블 사용 시 0.75[mm²] 이상 연동선 사용

38

콘센트는 과전류 차단기 크기[A] 이하를 사용한다.

39

문제 38번 해설 참고

40

가로등, 경기장, 공장, 아파트 단지 등의 고압방전등 효율 : 70[lm/W]

41

타임스위치
- 호텔 · 여관용 : 1분 이내 소등
- 가정용 : 3분 이내 소등

42

문제 41번 해설 참고

43

가연성 재료와 등기구 간의 간격

구분	100[W] 이하	100[W] 초과 300[W] 이하	300[W] 초과 500[W] 이하	500[W] 초과
간격	0.5[m]	0.8[m]	1.0[m]	1.0[m] 초과

44

직접 고정하여 사용 가능한 것은 케이블에 해당된다.

45

- 전선은 절연전선일 것
  단, 옥외용 비닐절연전선(OW) 및 인입용 비닐절연전선(DV)을 제외한다.
- 전선과 조영재 간격

전압 및 장소	전선 상호	조영재
400[V] 이하(모든 장소)	6[cm]	2.5[cm]
400[V] 초과 (점검 가능/건조한 장소)	6[cm]	2.5[cm]
400[V] 초과 (점검 불가/물·습기가 있는 장소)	6[cm]	4.5[cm]

- 지지점 간 간격 : 6[m], 조영재 지지 시 : 2[m]
- 애자의 성질 : 내수성 · 난연성 · 절연성
- 2.5[mm²] 이상 연동선, MI(미네랄인슐레이션) 케이블 사용 시 1[mm²]
- 애자사용공사에 사용하는 애자는 절연성 · 난연성 및 내수성의 것이어야 한다.

46

문제 45번 해설 참고

47

문제 45번 해설 참고

48

문제 45번 해설 참고

49

문제 45번 해설 참고

50

문제 45번 해설 참고

51

문제 45번 해설 참고

52

문제 45번 해설 참고

53
플로어덕트공사는 사무실 등 바닥에 시설하는 공사로 시공 후 점검이 어렵다.

54
몰드공사
- 합성수지몰드
  - ㉮ 깊이 : 3.5[cm] 이하(단, 사람이 접촉할 우려가 없는 경우 : 5[cm] 이하)
  - ㉯ 관 두께 : 2.0[mm] 이상
- 금속몰드
  - ㉮ 깊이 : 5[cm] 이하
  - ㉯ 관 두께 : 0.5[mm] 이상
    - ㉠ 전선은 10본 내
    - ㉡ 몰드 내 단면적 20[%] 이하(단, 출퇴표시, 전광표시, 제어회로 : 50[%] 이하)
    - ㉢ 몰드 내 전선 접속점이 있어서는 안 됨
    - ㉣ 절연전선 사용
    - ㉤ 관단 폐쇄
  - ㉰ 사용전압이 400[V] 이하이며, 취급자가 점검할 수 있는 장소에 시설한다.

55
문제 54번 해설 참고

56
문제 54번 해설 참고

57
문제 54번 해설 참고

58
접속점이 있는 경우 주인트 박스에서만 접속이 가능하다.

59
합성수지관공사
- 전선은 절연전선일 것(단, 옥외용 비닐절연전선(OW)은 제외)
- 합성수지관 안에는 전선에 접속점이 없도록 할 것
- 합성수지관 상호접속 시 커플링을 이용하고 삽입 접속 시에는 투입하는 길이는 관 바깥지름의 1.2배 이상 접착제 사용 시 0.8배로 견고하게 접속할 것
- 1본의 길이는 4[m]이며 관의 두께는 2[mm] 이상일 것
- 합성수지관의 지지점 간 거리 : 1.5[m]
- 관의 굵기[mm] : 14, 16, 22, 28, 36, 42, 54, 70, 82, 100, 104, 125
- 전선은 연선일 것(단, 짧고 가는 합성수지관에 10[mm^2] 이하(Al 16[mm^2]) 넣은 것은 단선을 사용할 수 있다)

60
문제 59번 해설 참고

61
문제 59번 해설 참고

62
문제 59번 해설 참고

63
문제 59번 해설 참고

64
금속관공사
목조 이외의 조영물에만 시설한다.
- 한 본의 길이 : 3.6[m]
- 콘크리트 등 매입공사 시 관의 두께 : 1.2[mm] 이상, 노출 공사 시는 1.0[mm]
- 관 지지점 간 간격 : 2[m] 이하
- 관 내부 단면적 1/3을 초과하지 말 것
- 관 내부에 전선의 접속점이 있어서는 안 됨
- 전선은 연선일 것(단, 짧고 가는 합성수지관에 10[mm^2] 이하(Al 16[mm^2]) 넣은 것은 단선을 사용할 수 있다)
- 전선은 절연전선일 것(단, 옥외용 비닐절연전선(OW)은 제외)

65
문제 64번 해설 참고

66

문제 64번 해설 참고

67

문제 64번 해설 참고

68

문제 64번 해설 참고

69

문제 64번 해설 참고

70

가요전선관공사
가요전선관은 작은 증설공사 및 승강기 또는 전동차 내 배선 또는 전동기와 스위치함 사이 굴곡이 심한 개소의 공사에 시공한다.
- 전선은 절연전선일 것(단, 옥외용 비닐절연전선(OW)은 제외)
- 가요전선관 안에는 전선에 접속점이 없도록 할 것
- 가요전선관은 제2종 금속제 가요전선관일 것(단, 물기나 습기가 있는 경우 제1종 금속제 가요전선관을 사용한다)
- 전선은 연선일 것(단, 짧고 가는 합성수지관에 10$[mm^2]$ 이하(Al 16$[mm^2]$)를 넣은 것은 단선을 사용할 수 있다)
- 제1종 금속제 가요전선관 두께는 0.8[mm] 이상일 것

71

문제 70번 해설 참고

72

금속덕트
- 모양, 배치 변경이 쉽거나 간선의 인출이 많은 곳
- 폭이 : 4[cm] 이상, 두께 : 1.2[mm] 이상
- 지지점 이격 : 수평 3[m], 수직 6[m]
- 관 단은 폐쇄
- 덕트는 접지공사를 할 것
- 시설조건
  ㉠ 습기, 물기가 많은 곳은 시설할 수 없다.
  ㉡ 전선은 덕트 내 30본 이하로 넣는다.
  ㉢ 덕트 내부 단면적의 20[%](전광표시장치 · 출퇴표시등 기타 이와 유사한 장치 또는 제어회로 등의 배선만을 넣는 경우에는 50[%]) 이하이어야 한다.

73

문제 72번 해설 참고

74

문제 72번 해설 참고

75

문제 72번 해설 참고

76

문제 72번 해설 참고

77

라이팅 덕트
- 전등을 일렬로 배선하는 공사
- 지지점 이격 : 2[m] 이하

78

플로어덕트공사 : 콘크리트 바닥에 시설하는 공사
- 강판의 두께 : 2.0[mm] 이상
- 덕트 내부 단면적 : 32[%] 이하
- 10$[mm^2]$(Al 16$[mm^2]$) 이하는 연선을 사용하지 않아도 됨

79

케이블은 전선의 지지점 간 거리를 2[m](사람이 접촉할 우려가 없는 곳에서 수직으로 붙이는 경우에는 6[m])로 한다.

80

케이블 트레이 공사
- 케이블 트레이의 안전율은 1.5 이상으로 하여야 한다.
- 비금속제 케이블 트레이는 난연성 재료여야 한다.
- 금속제 케이블 트레이 계통은 기계적 · 전기적으로 완전하게 접속하며 접지공사를 하여야 한다.

81
케이블 트레이 종류
케이블을 지지하기 위하여 사용하는 금속제 또는 불연성 재료로 구성된 견고한 구조물을 말하며 사다리형, 펀칭형, 그물망형, 바닥밀폐형이 있다.

82
수용가 설비의 인입구로부터 기기까지의 전압강하는 아래의 값 이하이어야 한다.

설비의 유형	조명 (%)	기타 (%)
A - 저압으로 수전하는 경우	3	5
B - 고압 이상으로 수전하는 경우	6	8

83
1종 캡타이어 케이블은 전기공사에 사용되지 않는다.

84
나전선의 사용
- 애자사용공사에 의하여 전개된 곳에 다음의 전선을 시설하는 경우
  - ㉠ 전기로용 전선
  - ㉡ 전선의 피복 절연물이 부식하는 장소에 시설하는 전선
  - ㉢ 취급자 이외의 자가 출입할 수 없도록 설비한 장소에 시설하는 전선
- 버스덕트공사에 의하여 시설하는 경우
- 라이팅덕트공사에 의하여 시설하는 경우
- 트롤리선과 같이 접촉 전선을 시설하는 경우

85
문제 84번 해설 참고

86
- 형광 방전등에는 적당한 곳에 정전용량이 $0.006 \sim 0.5[\mu F]$ 이하
- 예열시동식에 글로램프와 병렬로 접속할 경우에는 $0.006 \sim 0.01[\mu F]$ 이하인 커패시터를 시설한다.

87
화약류 저장소의 전기설비 시설
- 전로의 대지전압 : 300[V] 이하일 것
- 전기기계기구는 전폐형일 것
- 인입구까지 케이블을 이용하여 지중선로로 한다.

88
문제 87번 해설 참고

89
케이블(캡타이어 케이블 제외)공사, 금속관공사를 한다.

90
가연성 가스 또는 인화성 물질의 증기가 새거나 체류하여 전기설비가 발화원이 되어 폭발할 우려가 있는 곳에는 금속관공사, 케이블공사를 한다.

91
가연성 분진이 있는 곳에 적합한 공사
케이블(캡타이어 케이블 제외)공사, 금속관 공사, 합성수지관 공사

92
셀룰로이드, 성냥, 석유류, 기타 타기 쉬운 위험한 물질을 제조하거나 저장하는 곳에 시설
금속관공사, 합성수지관공사, 케이블공사

93
- 사용전압 : 400[V](교통신호등 300[V], 전기울타리 250[V]) 미만
- 대지전압 : 300[V] 이하

94
전선은 단면적이 $0.75[mm^2]$ 이상인 코드 또는 캡타이어 케이블일 것

95
전선의 붙임점 간의 거리는 1[m] 이하로 할 것

96
금실(사) 코드는 가요성이 좋아 전기면도기, 모발건조기 등에서 사용된다.

97
문제 93번 해설 참고

98
저압, 고압 이동용 전선
- 저압 : 0.6/1[kV] EP 고무절연 클로로프렌 캡타이어 케이블을 사용하여야 한다.
- 고압 : 고압용의 캡타이어 케이블이어야 한다.

99
고압 옥내배선을 시공할 수 있는 공사
- 애자사용공사(건조한 장소로서 전개된 장소에 한한다.)
- 케이블 공사
- 케이블 트레이 공사

100
문제 99번 해설 참고

101
고압애자사용공사

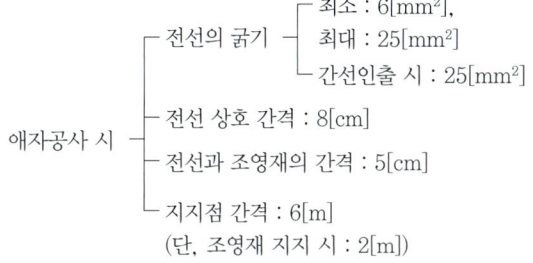

102
문제 101번 해설 참고

103
특별고압 옥내 전기설비의 시설
- 사용전압 : 100,000[V] 이하일 것(단, 케이블 트레이 공사에 의하여 시설하는 경우에는 35,000[V] 이하일 것)
- 전선은 케이블일 것

104
옥내배선과 약전류 전선 및 관과의 접근 또는 교차
- 수도관, 약전선, 가스관, 저압의 간격 : 10[cm] 이상
  (단, 나전선 사용 시 30[cm] 이상 이격)
- 수도관, 약전선, 가스관, 고압의 간격 : 15[cm] 이상
- 수도관, 약전선, 가스관, 특고압의 간격 : 60[cm] 이상

105
관등회로의 애자사용공사
- 전선은 네온 전선일 것
- 전선은 조영재의 옆면 또는 아랫면에 붙일 것
- 전선의 지지점 간 거리는 1[m] 이하일 것

106
전선 상호 간의 간격은 6[cm] 이상일 것

107
전기울타리의 시설
- 250[V] 이하로 사람의 출입이 적은 곳에 시설한다.
- 전선 굵기 : 2.0[mm] 이상 경동선
- 전선과 수목의 간격 : 30[cm]
- 전선과 지지하는 기둥의 간격 : 2.5[cm]

108
문제 107번 해설 참고

109
문제 107번 해설 참고

110
전로의 사용전압
- 직류의 경우는 60[V] 이하
- 교류의 경우는 40[V] 이하
- 사용하는 접촉전선은 제3레일 방식

111
문제 110번 해설 참고

112
전기욕기의 시설
- 전로의 대지전압은 300[V] 이하일 것
- 욕탕 안 전극과 절연변압기 사이의 변압기 2차 측 전압은 10[V] 이하인 전원 변압기를 설치
- 유도코일을 시설할 경우 2차 측 전압의 파고치 30[V] 이하
- 욕조 전극 간의 거리는 1[m] 이상
- 전기욕기용 전원장치로부터 욕탕 안의 전극까지의 전선 상호 간 및 전선과 대지 사이의 절연저항치는 0.1[MΩ] 이상일 것

113
문제 112번 해설 참고

114
전격살충기는 전격격자를 지표상 또는 마루 위 3.5[m] 이상의 높이에 시설하며 7,000[V] 이하인 절연변압기를 사용하고 변압기의 1차 측 전로를 자동적으로 차단하는 보호장치를 설치한 것은 지표상 또는 마루 위 1.8[m] 높이까지로 감할 수 있다.

115
교통신호등의 시설
- 사용전압 300[V] 이하
- 150[V] 초과 : 자동차단장치시설
- 교통신호등 인하선은 지표상 높이 : 2.5[m] 이상
- 금속제 외함은 규정에 맞게 접지공사를 할 것

116
문제 115번 해설 참고

117
발열선은 그 온도가 80[℃]를 넘지 아니하도록 시설할 것

118
문제 93번 해설 참고

119
풀용 수중조명등 등의 시설
- 1차 400[V] 이하/2차 150[V] 이하인 절연변압기 사용 : 2차 측은 비접지
- 30[V] 이하 : 1·2차 사이에 금속제 혼촉방지판 시설 후 접지공사를 할 것
- 30[V] 초과 : 지락사고 시 자동차단되는 30[mA] 이하의 누전차단기 시설
- 등기구 외함에 접지공사를 한다.

120
문제 119번 해설 참고

121
문제 119번 해설 참고

122
문제 119번 해설 참고

123
문제 119번 해설 참고

124
문제 93번 해설 참고

125
문제 93번 해설 참고

126
- 임의점 간의 전위차는 10[V]를 넘지 아니할 것
- 1[m] 간격의 임의의 2점 간의 전위차가 5[V]를 넘지 아니할 것

127
소세력의 최대사용전압이 60[V] 이하인 것으로 대지전압이 300[V] 이하

128
문제 127번 해설 참고

129

소세력회로의 최대사용전압의 구분	2차 단락전류	과전류 차단기의 정격전류
15[V] 이하	8[A]	5[A]
15[V] 초과 30[V] 이하	5[A]	3[A]
30[V] 초과 60[V] 이하	3[A]	1.5[A]

130
문제 127번 해설 참고

131
문제 127번 해설 참고

132
아크용접장치의 시설
- 용접변압기는 절연변압기일 것
- 용접변압기의 1차 측 전로의 대지전압은 300[V] 이하일 것
- 1차 측 전로에는 용접변압기에 가까운 곳에 쉽게 개폐할 수 있는 개폐기를 시설할 것
- 용접기 외함 등 접지공사를 할 것

제5장 전기철도

01	02	03	04	05	06	07	08	09	10
①	①	③	②	④	③	④	②	①	④
11	12	13	14	15	16	17	18	19	
③	③	④	④	③	④	②	④	①	

01
전차선 편위
팬터그래프 집전판의 편마모를 방지하기 위하여 전차선을 레일 면 중심수직선으로부터 한쪽으로 치우친 정도의 치수를 말한다.

02
공칭전압(수전전압)
교류 3상 22.9, 154, 345[kV]

03
급전용 변압기는 직류 전기철도의 경우 3상 정류기용 변압기, 교류 전기철도의 경우 3상 스코트 결선 변압기의 적용을 원칙으로 하고, 급전계통에 적합하게 선정하여야 한다.

04
문제 3번 해설 참고

05
전차선의 가선방식은 열차의 속도 및 노반의 형태, 부하전류 특성에 따라 적합한 방식을 채택하여야 하며 가공방식(지상), 강체가선방식(지하), 제3궤조방식을 표준으로 한다.

06
전차선 및 급전선의 최소 높이

시스템 종류	공칭전압[V]	동적[mm]	정적[mm]
직류	750	4,800	4,400
	1,500	4,800	4,400
단상교류	25,000	4,800	4,570

07
전차선의 기울기

설계속도 V (km/시간)	속도등급	기울기(천분율)
300 < V ≤ 350	350킬로급	0
250 < V ≤ 300	300킬로급	0
200 < V ≤ 250	250킬로급	1
150 < V ≤ 200	200킬로급	2
120 < V ≤ 150	150킬로급	3
70 < V ≤ 120	120킬로급	4
V ≤ 70	70킬로급	10

08
전차선의 편위는 레일 면에 수직인 궤도 중심선으로부터 좌우로 각각 200[mm]를 표준으로 하며, 팬터그래프 집전판의 고른 마모를 위하여 지그재그 편위를 준다.

09
전차선로 설비의 안전율
- 합금전차선의 경우 2.0 이상
- 경동선의 경우 2.2 이상
- 조가선 및 조가선 장력을 지탱하는 부품에 대하여 2.5 이상
- 복합체 자재(고분자 애자 포함)에 대하여 2.5 이상
- 지지물 기초에 대하여 2.0 이상
- 장력조절장치 2.0 이상
- 빔 및 브래킷은 소재 허용능력에 대하여 1.0 이상
- 철주는 소재 허용능력에 대하여 1.0 이상
- 가동브래킷의 애자는 최대 만곡하중에 대하여 2.5 이상
- 지선은 선형일 경우 2.5 이상, 강봉형은 소재 허용능력에 대하여 1.0 이상

10
전기철도차량의 교류 – 교류 절연구간을 통과하는 방식은 역행 운전방식, 타행 운전방식, 변압기 무부하 전류방식, 전력소비 없이 통과하는 방식이 있으며, 각 통과방식을 고려하여 가장 적합한 방식을 선택하여 시설한다.

11
팬터그래프에서의 전기철도차량 순간전력 및 유도성 역률

팬터그래프에서의 전기철도차량 순간전력 P [MW]	전기철도차량의 유도성 역률 λ
$P > 6$	$\lambda \geq 0.95$
$2 \leq P \leq 6$	$\lambda \geq 0.93$

12
전기철도차량은 다음과 같은 경우에 회생제동의 사용을 중단해야 한다.
- 전차선로 지락이 발생한 경우
- 전차선로에서 전력을 받을 수 없는 경우
- 선로전압이 장기 과전압보다 높은 경우

13
차체와 주행레일과 같은 고정설비의 보호용 도체 간의 임피던스는 이들 사이에 위험 전압이 발생하지 않을 만큼 낮은 수준인 다음의 표에 따른다. 이 값은 적용전압이 50[V]를 초과하지 않는 곳에서 50[A]의 일정 전류로 측정해야 한다.

차량 종류	최대임피던스[Ω]
기관차	0.05
객차	0.15

14
피뢰기 설치장소
- 변전소 인입 측 및 급전선 인출 측
- 가공전선과 직접 접속하는 지중케이블에서 낙뢰에 의해 절연파괴의 우려가 있는 케이블 단말

15
교류 1[kV] 또는 직류 1.5[kV] 이하인 공간거리를 유지할 수 없는 경우 충전부와의 직접 접촉에 대한 보호를 위해 장애물을 설치하여야 한다. 충전부가 보행표면과 동일한 높이 또는 낮게 위치한 경우 장애물 높이는 장애물 상단으로부터 1.35[m]의 공간 거리를 유지하여야 하며, 장애물과 충전부 사이의 공간거리는 최소한 0.3[m]로 하여야 한다.

16
직류 전기철도 급전시스템
- 고장조건에서 레일 전위를 감소시키기 위해 전도성 구조물 접지의 보강
- 전압제한소자 적용
- 귀선 도체의 보강
- 보행 표면의 절연
- 단락전류를 중단시키는 데 필요한 트래핑 시간의 감소

17
교류 전기철도 급전시스템
- 접지극 추가 사용
- 등전위 본딩
- 전자기적 커플링을 고려한 귀선로의 강화
- 전압제한소자 적용
- 보행 표면의 절연
- 단락전류를 중단시키는 데 필요한 트래핑 시간의 감소

18
매설금속체 측의 누설전류에 의한 전식의 피해가 예상되는 곳은 다음 방법을 고려해야 한다.
- 배류장치 설치
- 절연코팅
- 매설금속체 접속부 절연
- 저준위 금속체 접속
- 궤도와의 간격 증대
- 금속판 등의 도체로 차폐

19
전기철도 측의 전식방식 또는 전식예방방법
- 변전소 간 간격 축소
- 레일본드의 양호한 시공
- 장대레일 채택
- 절연도상 및 레일과 침목 사이에 절연층의 설치

제6장 분산형 전원

01	02	03	04	05	06	07	08	09	10
①	③	③	①	②	④	①	①	④	③
11	12	13	14	15	16	17			
③	①	①	①	②	①	④			

01
분산형전원설비 등을 전력계통에 연계하는 경우에 적용하며, 여기서 전력계통이라 함은 전기판매사업자의 계통, 구내계통 및 독립전원계통 모두를 말한다.

02
계통 연계하는 분산형 전원설비를 설치하는 경우 다음에 해당하는 이상 또는 고장 발생 시 자동적으로 분산형 전원설비를 전력계통으로부터 분리하기 위한 장치 시설 및 해당 계통과의 보호 협조를 실시하여야 한다.
- 분산형 전원설비의 이상 또는 고장
- 연계한 전력계통의 이상 또는 고장
- 단독운전 상태

03
전기저장장치 설치장소의 요구사항
- 전기저장장치의 축전지, 제어반, 배전반의 시설은 기기 등을 조작 또는 보수·점검할 수 있는 충분한 공간을 확보하고 조명설비를 시설하여야 한다.
- 폭발성 가스의 축적을 방지하기 위한 환기시설을 갖추고 적정한 온도와 습도를 유지하도록 시설하여야 한다.
- 침수의 우려가 없도록 시설하여야 한다.

04
주택의 전기저장장치의 축전지에 접속하는 부하 측 옥내배선을 시설하는 경우에 주택의 옥내 전로의 대지전압은 직류 600[V] 이하이어야 한다.

05
전기배선
- 전선은 공칭단면적 2.5[mm²] 이상의 연동선
- 배선설비 공사는 옥내, 옥외에 시설할 경우에는 합성수지관, 금속관, 가요전선관, 케이블 배선 규정에 준하여 시설할 것

06
전기저장장치의 2차 전지가 자동으로 전로로부터 차단하는 장치
- 과전압 또는 과전류가 발생한 경우
- 제어장치에 이상이 발생한 경우
- 2차 전지 모듈의 내부 온도가 급격히 상승할 경우

07
전기저장장치의 계측장치
- 축전지 출력단자의 전압, 전류, 전력 및 충·방전 상태
- 주요 변압기의 전압, 전류 및 전력

08
주택의 태양전지모듈에 접속하는 부하 측 옥내배선(복수의 태양전지모듈을 시설하는 경우에는 그 집합체에 접속하는 부하 측의 배선)의 대지전압 제한은 직류 600[V] 이하일 것

09
전력변환장치의 시설
- 인버터는 실내·실외용을 구분할 것
- 각 직렬군의 태양전지 개방전압은 인버터 입력전압범위 이내일 것
- 옥외에 시설하는 경우 방수등급은 IPX4 이상일 것

10
태양광설비에는 전압, 전류 및 전력을 계측하는 장치를 시설해야만 한다.

11
다이오드는 극성이 있으므로 적합하게 설치한다.

12
500[kW] 이상의 풍력터빈은 나셀 내부의 화재 발생 시 이를 자동으로 소화할 수 있는 화재방호설비를 시설하여야 한다.

13
보호장치는 다음의 조건에서 풍력발전기를 보호하여야 한다.
- 과풍속
- 발전기의 과출력 또는 고장
- 이상진동
- 계통 정전 또는 사고
- 케이블의 꼬임 한계

14
피뢰설비의 피뢰레벨(LPL : Lightning Protection Level)은 I 등급을 적용하여야 한다.

15
풍력터빈에 설치하는 인하도선은 쉽게 부식되지 않는 금속선으로서 뇌격전류를 안전하게 흘릴 수 있는 충분한 굵기여야 하며, 가능한 한 직선으로 시설할 것

16
풍력터빈 정지장치

이상 상태	자동정지 장치	비고
풍력터빈의 회전속도가 비정상적으로 상승	○	
풍력터빈의 컷 아웃 풍속	○	
풍력터빈의 베어링 온도가 과도하게 상승	○	정격 출력이 500[kW] 이상인 원동기(풍력터빈은 시가지 등 인가가 밀집해 있는 지역에 시설된 경우 100[kW] 이상)
풍력터빈 운전 중 나셀진동이 과도하게 증가	○	시가지 등 인가가 밀집해 있는 지역에 시설된 것으로 정격출력 10[kW] 이상의 풍력 터빈
제어용 압유장치의 유압이 과도하게 저하된 경우	○	용량 100[kVA] 이상의 풍력발전소를 대상으로 함
압축공기장치의 공기압이 과도하게 저하된 경우	○	
전동식 제어장치의 전원전압이 과도하게 저하된 경우	○	

17
연료전지설비의 전기배선시설
- 전선은 공칭단면적 2.5[mm²] 이상의 연동선
- 배선설비 공사는 합성수지관, 금속관, 가요전선관, 케이블배선규정에 준하여 시설할 것

Part 06 제어공학

제1장 자동제어계의 요소 및 구성

01	02	03	04	05	06	07	08	09	10
④	②	②	④	④	②	③	②	②	④
11	12	13	14	15	16	17	18	19	20
④	④	②	①	④	①	①	③	②	①
21	22	23	24	25	26	27	28	29	
④	①	③	②	④	①	③	②	④	

01
궤환제어계의 의미
- 오차를 자동으로 정정하게 하는 자동제어방식
- 입력과 출력을 비교하는 장치가 필요

02
제어요소의 의미
- 조절부와 조작부로 구성
- 오차(동작)신호를 제어대상에 가해지는 신호로 변환시키는 요소

03
피드백 제어계의 특징
- 정확성의 증가
- 계의 특성 변화에 대한 입력 대 출력비의 감도 감소
- 비선형 왜곡 감소
- 대역폭 증가
- 구조가 복잡하고 설치비가 고가

04
제어요소의 역할
- 동작신호를 조작량으로 변환하는 요소
- 조절부와 조작부로 구성

05
제어대상
제어하고자 하는 목적의 장치 또는 기계

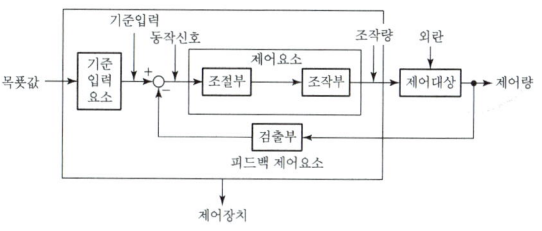

[피드백 제어계의 구성도]

06
동작신호 = 기준입력 − 주궤환량

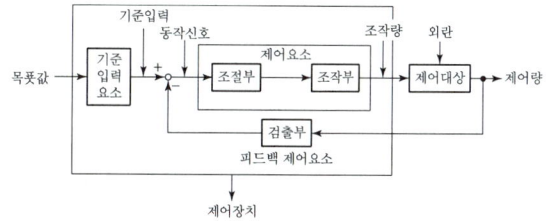

[피드백 제어계의 구성도]

07
문제 5번 해설 참고

08
조절부
기준입력신호와 검출부의 출력신호를 제어시스템에 보내고, 동작신호를 신호로 만들어 조작부에 보내는 부분을 말한다.

09
문제 5번 해설 참고

10
추종제어
임의의 변화하는 목푯값을 측정하는 제어이며 일명 '추치제어'라고 한다.

11
제어 목적에 의한 분류
- 정치제어 : 제어량을 어떤 일정한 목푯값으로 유지하는 것을 목적으로 하는 제어법
- 프로그램 제어 : 미리 정해진 프로그램에 따라 제어량을 변화시키는 것을 목적으로 하는 제어법(열차 무인운전, 엘리베이터, 무인 자판기)
- 추종제어 : 임의의 시간적 변화를 하는 목푯값에 제어량을 추종시키는 것을 목적으로 하는 제어법(추적 레이더, 유도미사일)
- 비율제어 : 다른 것과 일정 비율 관계를 가지고 목푯값이 변화하는 경우의 추종 제어법

12
프로세스 제어
- 제어량이 공업 프로세스의 상태량일 경우의 제어
- 압력, 온도, 유량, 액면, 밀도, 농도 등

13
정치제어
- 목푯값이 시간에 대하여 변화하지 않는 제어이다.
- 프로세스 및 자동조정 제어이다.

14
- 추종제어 : 임의의 변화하는 목푯값을 측정하는 제어로서 일명 '추치제어'라 한다.
- 프로세스 제어 : 유량, 압력, 온도 등

15
제어 목적에 의한 분류
- 정치제어 : 제어량을 어떤 일정한 목푯값으로 유지하는 것을 목적으로 하는 제어법
- 프로그램 제어 : 미리 정해진 프로그램에 따라 제어량을 변화시키는 것을 목적으로 하는 제어법(열차 무인운전, 엘리베이터, 무인 자판기)
- 추종제어 : 임의의 시간적 변화를 하는 목푯값에 제어량을 추종시키는 것을 목적으로 하는 제어법(추적 레이더, 유도미사일)
- 비율제어 : 다른 것과 일정 비율 관계를 가지고 목푯값이 변화하는 경우의 추종 제어법

16
프로세스 제어 : 외란의 억제
- 제어량이 공업 프로세스의 상태량일 경우의 제어
- 압력, 온도, 유량, 액면, 밀도, 농도 등

17
비율제어
- 목푯값이 다른 양과 비율관계를 가지고 변화하는 경우의 제어
- 보일러의 자동연소 제어

18
서보기구
- 목푯값이 임의의 변화에 추종하도록 구성
- 물체의 위치, 방위, 자세 등

19
프로그램 제어
- 미리 정해진 프로그램에 따라 제어량을 변화시키는 목적
- 엘리베이터의 자동제어, 무인 자판기, 무인 열차

20
추치제어
- 출력의 변동을 조정하는 동시에 목푯값에 정확히 추종하도록 설계한 제어계
- 추종제어, 프로그램 제어, 비율제어

21
정치제어
- 목푯값이 시간에 대하여 변화하지 않는 제어
- 프로세스 및 자동조정 제어

22
잔류편차가 발생하는 제어
- 비례(P)제어
- 비례미분(PD)제어
※ 잔류편차 제거에 사용 : 적분(I)제어

23

$$G(s) = \frac{2s+5}{7s} = \frac{2}{7} + \frac{5}{7s} = \frac{2}{7} + \frac{1}{\frac{7}{5}s} = \frac{2}{7}\left(1 + \frac{1}{\frac{2}{5}s}\right)$$

비례적분 제어계 : $G(s) = K\left[1 + \frac{1}{Ts}\right]$

24

PD(비례미분) 요소 : 진상요소에 대응(응답 속응성의 개선)

25

PID(비례, 적분, 미분) 제어
- 정상특성 및 응답 속응성을 동시에 개선한다.
- 사이클링과 오프셋이 제거된다.
- 정정시간과 오버슈트를 감소시킨다.
- 연속선형 제어로서 최적 제어이다.

26

문제 25번 해설 참고

27

최적 제어(PID 제어)
- PID 제어는 진상, 지상 회로 특성
- 정상편차, 응답 속응성 모두가 최적이다.

28

변환요소의 종류

변환량	변환요소
압력 → 변위	벨로스, 다이어프램, 스프링
변위 → 압력	노즐 플래퍼, 유압 분사관, 스프링
변위 → 임피던스	가변 저항기, 용량형 변압기, 가변 저항 스프링
변위 → 전압	포텐셔미터, 차동변압기, 전위차계
전압 → 변위	전자석, 전자 코일
광 → 임피던스	광전관, 광도 셀, 광전 트랜지스터
광 → 전압	광전지, 광전 다이오드
방사선 → 임피던스	GM관, 전리함
온도 → 임피던스	측온 저항(열선, 서미스터, 백금, 니켈)
온도 → 전압	열전대(백금-백금 로듐, 철-콘스탄탄, 구리-콘스탄탄, 크로멜-알루멜)

29

문제 28번 해설 참고

제2장 라플라스 변환

01	02	03	04	05	06	07	08	09	10
③	④	④	②	②	④	②	③	③	①
11	12	13	14	15	16	17	18	19	20
④	①	②	④	③	①	②	①	④	①
21	22	23							
③	④	②							

01

Laplace 변환의 정의
- 조건 ㉠ $t \geq 0$
  ㉡ $s = \sigma + j\omega$ (복소수)
- $F(s) = \int_0^\infty f(t)e^{-st}dt$

02

$f(t) = u(t)$

$F(s) = \frac{1}{s}$

03

$f(t) = 5u(t)$

$F(s) = \frac{5}{s}$

04

$f(t)$	$F(s)$
$\sin \omega t$	$\frac{\omega}{s^2 + \omega^2}$
$\cos \omega t$	$\frac{s}{s^2 + \omega^2}$

05

$f(t) = \cos \omega t$

$F(s) = \frac{s}{s^2 + \omega^2}$

06
$f(t) = \sin(\omega t + \theta) = \sin \omega t \cdot \cos \theta + \cos \omega t \cdot \sin \theta$
$\mathcal{L}[\sin(\omega t + \theta)]$
$= \cos \theta \mathcal{L}[\sin \omega t] + \sin \theta \mathcal{L}[\cos \omega t]$
$= \cos \theta \cdot \dfrac{\omega}{s^2 + \omega^2} + \sin \theta \cdot \dfrac{s}{s^2 + \omega^2}$
$= \dfrac{\omega \cos \theta + s \sin \theta}{s^2 + \omega^2}$

07
단위 임펄스(충격) 함수 $f(t) = \delta(t)$
라플라스 $F(s) = 1$

08
$f(t) = u(t) - u(t-b)$이므로
$F(s) = \dfrac{1}{s} - \dfrac{1}{s}e^{-bs} = \dfrac{1}{s}(1 - e^{-bs})$

09
$f(t) = 2u(t) - 2u(t-4)$
$F(s) = 2\left(\dfrac{1}{s} - \dfrac{1}{s}e^{-4s}\right) = \dfrac{2}{s}(1 - e^{-4s})$

10
$f(t) = u(t-a) - u(t-b)$
$\mathcal{L}[f(t)] = \dfrac{e^{-as}}{s} - \dfrac{e^{-bs}}{s} = \dfrac{1}{s}(e^{-as} - e^{-bs})$

11
$\mathcal{L}[f(t)] = \mathcal{L}[1 - e^{-at}]$
$= \dfrac{1}{s} - \dfrac{1}{s+a} = \dfrac{s+a-s}{s(s+a)} = \dfrac{a}{s(s+a)}$

12
복소추이 정리에 의해서
$\mathcal{L}[te^{-3t}] = \mathcal{L}[t]_{s=s+3} = \left[\dfrac{1}{s^2}\right]_{s=s+3} = \dfrac{1}{(s+3)^2}$

13
복소추이 정리
$f(t) = t^2 e^{-3t}$
$F(s) = \dfrac{2}{s^3}\bigg|_{s \to s+3} = \dfrac{2}{(s+3)^3}$

14
복소추이 정리
$F(s) = \dfrac{\omega}{s^2 + \omega^2}\bigg|_{s \to s-a} = \dfrac{\omega}{(s-a)^2 + \omega^2}$

15
복소추이 정리
$f(t) = e^{-at}\cos \omega t$
$F(s) = \dfrac{s}{s^2 + \omega^2}\bigg|_{s \to s+a} = \dfrac{s+a}{(s+a)^2 + \omega^2}$

16
복소추이 정리
$f(t) = e^{-2t}\cos 3t$
$F(s) = \dfrac{s}{s^2 + 3^2}\bigg|_{s \to s+2} = \dfrac{s+2}{(s+2)^2 + 3^2} = \dfrac{s+2}{s^2 + 4s + 13}$

17
$\mathcal{L}^{-1}\left[\dfrac{a}{s^2 + a^2}\right] = \sin at$이므로
$\mathcal{L}^{-1}\left[\dfrac{1}{s^2 + a^2}\right] = \dfrac{1}{a}\sin at$

18
$F(s) = \dfrac{s+2}{s^2 + 4s + 13} = \dfrac{s+2}{s^2 + 4s + 4 + 9}$
$= \dfrac{s+2}{(s+2)^2 + 3^2}$
$\therefore f(t) = e^{-2t}\cos 3t$가 된다.

19
$\mathcal{L}(t) = \mathcal{L}^{-1}[f(s)] = \mathcal{L}^{-1}\left[\dfrac{3}{(s+2)^2}\right]$
$= 3\mathcal{L}^{-1}\left[\dfrac{1}{(s+2)^2}\right] = 3te^{-2t}$

20

$$f(t) = \mathcal{L}^{-1}\left[\frac{s}{(s+1)^2}\right] = \mathcal{L}^{-1}\left[\frac{s+1}{(s+1)^2} + \frac{-1}{(s+1)^2}\right]$$
$$= \mathcal{L}^{-1}\left[\frac{1}{s+1} - \frac{1}{(s+1)^2}\right] = e^{-t} - te^{-t}$$

21
초깃값 정리

$$\lim_{t \to 0} i(t) = \lim_{s \to \infty} s \cdot I(s) = \lim_{s \to \infty} s \cdot \frac{2(s+1)}{s^2 + 2s + 5}$$
$$= \lim_{s \to \infty} \frac{2 + \frac{2}{s}}{1 + \frac{2}{s} + \frac{5}{s^2}} = 2$$

22
최종값 정리

$$\lim_{t \to \infty} c(t) = \lim_{s \to 0} sC(s) = \lim_{s \to 0} s\frac{2}{s(s^2+s+3)}$$
$$= \lim_{s \to 0} \frac{2}{s^2+s+3} = \frac{2}{3}$$

23
최종값 정리

$$\lim_{t \to \infty} f(t) = \lim_{s \to 0} sF(s) = \lim_{s \to 0} s\frac{5s+3}{s(s+1)}$$
$$= \lim_{s \to 0} \frac{5s+3}{(s+1)} = 3$$

제3장 전달함수

01	02	03	04	05	06	07	08	09	10
④	②	③	②	③	④	①	①	②	②
11	12	13	14	15	16	17	18		
④	②	②	①	①	④	②	①		

01

$$\frac{V_2(s)}{V_1(s)} = \frac{\frac{1}{Cs}}{Ls + \frac{1}{Cs}} = \frac{1}{1 + LCs^2}$$

02

$$G(s) = \frac{E_0(s)}{E_i(s)} = \frac{\frac{1}{Cs}}{R + Ls + \frac{1}{Cs}} = \frac{1}{LCs^2 + RCs + 1}$$

03

$$e_i(t) = L\frac{d}{dt}i(t) + Ri(t) + \frac{1}{C}\int i(t)d$$

초깃값을 0으로 하고 라플라스 변환하면,

$$E_i(s) = LsI(s) + RI(s) + \frac{1}{Cs}I(s)$$
$$= \left(Ls + R + \frac{1}{Cs}\right)I(s)$$

$$\therefore G(s) = \frac{I(s)}{E_i(s)} = \frac{1}{R + Ls + \frac{1}{Cs}}$$
$$= \frac{Cs}{LCs^2 + RCs + 1}$$

04
폐루프 전달함수를 $G'(s)$라 하면,

$$G'(s) = \frac{G(s)}{1 + G(s)} = \frac{\frac{s+2}{s(s+1)}}{1 + \frac{s+2}{s(s+1)}} = \frac{s+2}{s^2 + 2s + 2}$$

05

$$G(j\omega) = \frac{V_c(j\omega)}{V(j\omega)} = \frac{1}{LC(j\omega)^2 + RC(j\omega) + 1}$$

$R=1[\Omega]$, $L=1[H]$, $C=0.25[F]$를 대입하면

$$\therefore G(j\omega) = \frac{1}{0.25(j\omega)^2 + 0.25(j\omega) + 1}$$
$$= \frac{4}{(j\omega)^2 + j\omega + 4}$$

06

비례요소 : K, 미분요소 : Ks, 적분요소 : $\dfrac{K}{s}$,

1차 지연요소 : $\dfrac{K}{Ts+1}$

전달함수 $G(s) = \dfrac{RCs}{1+RCs} = \dfrac{Ts}{1+Ts}$

이므로 1차 지연요소를 포함한 미분요소이다.

07

$$v(t) = Ri(t) + \frac{1}{C}\int i(t)dt$$

$$V(s) = RI(s) + \frac{1}{Cs}I(s) = \left(R + \frac{1}{Cs}\right)I(s)$$

$$\therefore G(s) = \frac{I(s)}{V(s)} = \frac{1}{R + \dfrac{1}{Cs}} = \frac{Cs}{RCs+1}$$
$$= \frac{s}{R\left(s + \dfrac{1}{RC}\right)}$$

08

$G(s) = \dfrac{Y(s)}{X(s)} = Ks$ 이므로

단위 계단함수를 입력으로 한 출력은

$Y(s) = Ks \cdot X(s) = Ks \cdot \dfrac{1}{s} = K$

$\therefore y(t) = \mathcal{L}^{-1}[Y(s)] = \mathcal{L}^{-1}[K] = K\delta(t)$

09

$$G(s) = \frac{V_0(s)}{V_i(s)} = \frac{R_2 + \dfrac{1}{Cs}}{R_1 + R_2 + \dfrac{1}{Cs}} = \frac{sCR_2 + 1}{s(R_1+R_2)C + 1}$$

10

$$G(s) = \frac{E_0(s)}{E_i(s)} = \frac{R_2 + \dfrac{1}{C_2 s}}{R_1 + R_2 + \dfrac{1}{C_2 s}} = \frac{R_2 C_2 s + 1}{(R_1+R_2)C_2 s + 1}$$

11

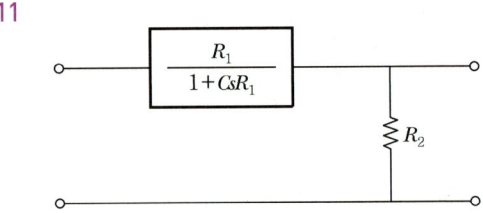

$$\therefore G(s) = \frac{E_0(s)}{E_i(s)}$$
$$= \frac{R_2}{\dfrac{R_1}{1+CsR_1} + R_2} = \frac{R_2 + R_1 R_2 Cs}{R_1 + R_2 + R_1 R_2 Cs}$$

12

- 진상 보상기 : 과도 특성인 안정도와 속응성의 개선이 목적
- 지상 보상기 : 과도 특성을 해치지 않고 정상 특성인 편차 개선이 목적

13

부동작 시간요소
계단응답이 입력신호와 같은 파형이고 시간만 지연

14

$$G(s) = \frac{\dfrac{1}{R_1} + Cs}{\dfrac{1}{R_1} + \dfrac{1}{R_2} + Cs} = \frac{R_2 + R_1 R_2 Cs}{R_1 + R_2 + R_1 R_2 Cs}$$
$$= \frac{R_2}{R_1 + R_2} \cdot \frac{1 + R_1 Cs}{1 + \dfrac{R_1 R_2}{R_1 + R_2}Cs}$$

$\alpha = \dfrac{R_2}{R_1+R_2}$, $\alpha < 1$이고 $T = R_1 C$ 라 놓으면

$\therefore G(s) = \dfrac{\alpha(1+Ts)}{1+\alpha Ts}$

여기서, $\alpha Ts \ll 1$이라고 하면 전달함수는 근사적으로 $G(s) \fallingdotseq \alpha(1+Ts)$로 되어 미분요소(진상 회로)가 된다.

15

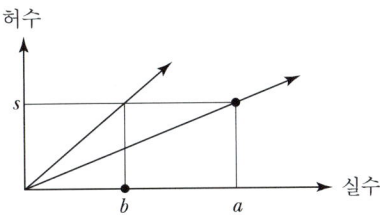

- 진상 보상 조건 : $a > b$
- 지상 보상 조건 : $b > a$

16

$\{s^2 Y(s) - sy(0) - y'(0)\} + 3\{sY(s) - y(0)\} + 2Y(s)$
$= X(s) + \{sX(s) - x(0)\}$

모든 초깃값을 0으로 보고 정리하면

$(s^2 + 3s + 2)Y(s) = (s+1)X(s)$

$\therefore \dfrac{Y(s)}{X(s)} = \dfrac{s+1}{s^2+3s+2}$

17

$\dfrac{Y(s)}{X(s)} = \dfrac{2s+1}{s^2+s+1}$, $Y(s)(s^2+s+1) = X(s)(2s+1)$

역라플라스 변환하면 $\dfrac{d^2y}{dt^2} + \dfrac{dy}{dt} + y = 2\dfrac{dx}{dt} + x$

18

전기계	직선운동계	회전운동계
전압	힘	토크
전류	속도	각속도
전하	변위	각변위
인덕턴스	질량	관성모멘트

제4장 블록선도와 신호흐름선도

01	02	03	04	05	06	07	08	09	10
④	④	④	①	②	④	④	①	②	④
11	12	13	14	15	16	17	18	19	20
③	②	③	②	③	③	②	①	②	②
21	22	23	24	25	26	27	28	29	30
④	①	①	①	②	③	①	②	③	①
31	32								
③	④								

01

전향경로이득 : $G(s)$, 루프이득 : $G(s)H(s)$

$\dfrac{\theta(s)}{R(s)} = \dfrac{\sum 전향경로이득}{1 - \sum 루프이득} = \dfrac{G(s)}{1 - G(s)H(s)}$

02

① $\dfrac{G_1}{1+G_1 G_2}$

② $\dfrac{1}{G_2} \cdot \dfrac{G_1 G_2}{1+G_1 G_2} = \dfrac{G_1}{1+G_1 G_2}$

③ $\dfrac{\dfrac{G_1}{G_2}}{1+\dfrac{G_1}{G_2}G_2 G_2} \cdot G_2 = \dfrac{G_1}{1+G_1 G_2}$

④ $\dfrac{\dfrac{G_1}{G_2}}{1+\dfrac{G_1}{G_2}G_1 G_2} \cdot G_2 = \dfrac{G_1 G_2}{G_2 + G_2(G_1)^2} = \dfrac{G_1}{1+(G_1)^2}$

03

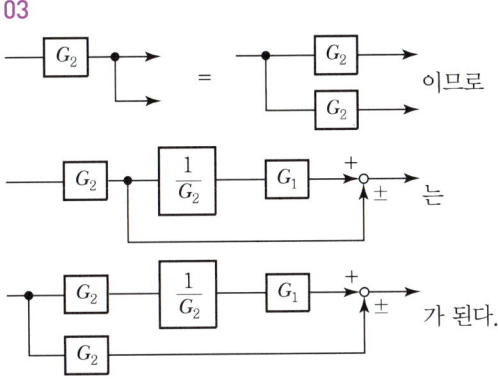

이므로 는 가 된다.

따서 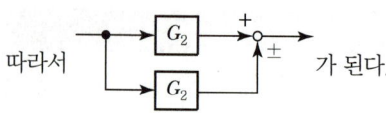 가 된다.

04

$e = i \cdot R + i \cdot Ls$

$E(s) = I(s) \cdot R + I(s) \cdot Ls = I(s)(R + Ls)$

05

$\dfrac{c(t)}{r(t)} = \dfrac{50}{25} = \dfrac{G_1}{1 - G_1 \cdot H_1 \cdot H_2}$

$2 = \dfrac{1}{1 - 5H_2}$

$2 - 10H_2 = 1$

$\therefore H_2 = \dfrac{1}{10}$

06

전향경로이득 : $G_1 G_2$, 루프이득 : $-G_1 G_2$, $-G_2 G_3$

$G(s) = \dfrac{\sum 전향경로이득}{1 - \sum 루프이득} = \dfrac{G_1 G_2}{1 + G_1 G_2 + G_2 G_3}$

07

전향경로이득 : G, 루프이득 : $-H_1 G$, $-H_2 G$

$\dfrac{C}{R} = \dfrac{\sum 전향경로이득}{1 - \sum 루프이득} = \dfrac{G}{1 + H_1 G + H_2 G}$

08

전향경로이득 : G_1, 루프이득 : $-G_1$, $G_1 H_1$

$G(s) = \dfrac{C(s)}{R(s)} = \dfrac{\sum 전향경로이득}{1 - \sum 루프이득} = \dfrac{G_1}{1 + G_1 - G_1 H_1}$

$\therefore C(s) = \dfrac{R(s) G_1}{1 + G_1 - G_1 H_1}$

$= \dfrac{2 \times 100}{1 + 100 - (100 \times 0.01)} = 2$

09

전향경로이득 : G_1, G_2, 루프이득 : G_2, $-G_1 G_2 G_3$

$G(s) = \dfrac{\sum 전향경로이득}{1 - \sum 루프이득} = \dfrac{G_1 G_2}{1 - G_2 + G_1 G_2 G_3}$

10

전향경로이득 : $(G_1 + H_1) G_2$, 루프이득 : $-G_2$

$G(s) = \dfrac{\sum 전향경로이득}{1 - \sum 루프이득} = \dfrac{(G_1 + H_1) G_2}{1 + G_2}$

$= \dfrac{(2 + 5) \cdot 4}{1 + 4} = \dfrac{28}{5}$

11

- 전향경로이득 : $G_1 G_2 G_3$
- 루프이득 : $-G_2 G_3$, $-G_1 G_2 G_4$

$G(s) = \dfrac{\sum 전향경로이득}{1 - \sum 루프이득} = \dfrac{G_1 G_2 G_3}{1 + G_2 G_3 + G_1 G_2 G_4}$

12

$\dfrac{C_1}{R} = \dfrac{G_1 G_2}{1 + G_1 G_2} \Rightarrow C_1 = \dfrac{G_1 G_2 R}{1 + G_1 G_2}$

$\dfrac{C_2}{u} = \dfrac{G_2}{1 + G_1 G_2} \Rightarrow C_2 = \dfrac{G_2 u}{1 + G_1 G_2}$

$C = C_1 + C_2 = \dfrac{G_1 G_2 R + G_2 u}{1 + G_1 G_2} = \left(\dfrac{G_2}{1 + G_1 G_2} \right)(G_1 R + u)$

13

$\dfrac{C}{R} = \dfrac{2 \times 3}{1 + (2 \times 3)} = \dfrac{6}{7}$

$\dfrac{C}{D} = \dfrac{3}{1 + (2 \times 3)} = \dfrac{3}{7}$

$G(s) = \dfrac{C}{R} + \dfrac{C}{D} = \dfrac{6}{7} + \dfrac{3}{7} = \dfrac{9}{7}$

14

$\dfrac{C_1}{R} = \dfrac{G_1 G_2}{1 + G_1 G_2} \Rightarrow C_1 = \dfrac{G_1 G_2 R}{1 + G_1 G_2}$

$\dfrac{C_2}{D} = \dfrac{G_2}{1 + G_1 G_2} \Rightarrow C_2 = \dfrac{G_2 D}{1 + G_1 G_2}$

$$C = C_1 + C_2 = \frac{G_1 G_2 R + G_2 D}{1 + G_1 G_2}$$
$$= \frac{G_1 G_2}{1 + G_1 G_2} R + \frac{G_2}{1 + G_1 G_2} D$$

15

$$\frac{C}{R} = \frac{G_1 G_2}{1 - G_1 G_2 G_3} \Rightarrow C_1 = \frac{G_1 G_2 R}{1 - G_1 G_2 G_3}$$

$$\frac{C}{D} = \frac{G_2}{1 - G_1 G_2 G_3} \Rightarrow C_2 = \frac{G_2 D}{1 - G_1 G_2 G_3}$$

$$e = C_1 + C_2 = \frac{G_1 G_2 R + G_2 D}{1 - G_1 G_2 G_3}$$

$$\therefore C = \frac{G_1 G_2 R + G_2 D}{1 - G_1 G_2 G_3}$$

16

$$\frac{C}{R} = 2 + a + 3 = a + 5$$

17

$$\frac{C}{R} = \frac{6}{1 - 12 - 30} = -\frac{6}{41}$$

18

$$G = \frac{C}{R} = \frac{G_1 + G_2}{1 - G_1 H_1}$$

19

$$G = \frac{C}{R} = \frac{ab}{1 - b - abc}$$

20

$$\frac{C}{R} = \frac{G_1 + (1 - G_1 G_2)}{1 - G_1 G_2} = \frac{1 + G_1 - G_1 G_2}{1 - G_1 G_2}$$

21

$$\frac{C(s)}{R(s)} = \frac{경로}{1 - 폐로} = \frac{X_1 + X_2}{1 - X_1 Y_1}$$

22

$$G = \frac{C}{R} = \frac{\frac{K}{S(S+a)}}{1 + S + \frac{0.1K}{S}} = \frac{K}{(S+a)(S^2 + S + 0.1K)}$$

23

$$\frac{C}{R} = \frac{G_1 G_2 + G_3}{1 - (G_1 H_1 + G_2 H_2) - G_3 H_1 H_2}$$

24

$$G = \frac{Y(s)}{D(s)} = \frac{cdeh}{1 - bf - dg + bfdg}$$

25

피드백되는 루프를 찾는다.

26

$$G = \frac{X_2}{X_1} = \frac{A}{1 - B}$$

27

$$G = \frac{C}{R} = \frac{ab + c(1 - d)}{1 - d}$$

28

연산 증폭기의 특징
- 입력 임피던스가 크다.
- 출력 임피던스는 작다.
- 증폭도가 매우 크다.
- 정부(+, -) 2개의 전원을 필요로 한다.

29

$$V_0 = \frac{-R'}{R} V_1 - \frac{R'}{R} V_2 - \frac{R'}{R} V_3$$
$$= \frac{-R'}{R}(V_1 + V_2 + V_3)$$

30

적분기 : $e_0 = -\dfrac{1}{RC}\int e_i\, dt$

31

미분기 : $e_0 = -RC\dfrac{de_i}{dt}$

32

$T = \dfrac{GK_1}{1+GK_2}$

$\therefore G_{K_1}{}^T = \dfrac{K_1}{T} \cdot \dfrac{dT}{dK_1} = \dfrac{K_1}{\dfrac{GK_1}{1+GK_2}} \cdot \dfrac{d}{dK_1}\left(\dfrac{GK_1}{1+GK_2}\right)$

$= \dfrac{1+GK_2}{G} \cdot \dfrac{G(1+GK_2)}{(1+GK_2)^2} = 1$

제5장 과도응답

01	02	03	04	05	06	07	08	09	10
③	③	②	①	②	③	④	①	①	②
11	12	13	14	15	16	17	18	19	20
④	③	①	③	①	④	④	④	③	②
21	22	23
③	②	③

01

과도응답

입력신호를 가한 후 출력신호가 정상상태에 도달할 때까지의 응답

02

감쇠비 $= \dfrac{\text{제2 오버슈트}}{\text{최대 오버슈트}}$

03

지연시간

응답이 최초 희망값의 50[%]까지 진행되는 데 필요한 시간

04

상승(입상)시간

응답이 최종값의 10[%]에서 90[%]까지 되는 데 필요한 시간

05

문제 3번 해설 참고

06

감쇠비

- 과도응답의 소멸되는 속도를 나타내는 양
- 제2 오버슈트/최대 오버슈트

07

- $\delta < 1$인 경우 : 부족제동(감쇠진동)
- $\delta > 1$인 경우 : 과제동(비진동)
- $\delta = 1$인 경우 : 임계제동(임계 상태)
- $\delta = 0$인 경우 : 무제동(무한진동 또는 완전진동)

08

$$G = \frac{\omega_n^2}{s^2 + 2\delta\omega_n s + \omega_n^2} = \frac{1}{3s^2 + 4s + 1} = \frac{\frac{1}{3}}{s^2 + \frac{4}{3}s + \frac{1}{3}}$$

$\omega_n^2 = \frac{1}{3}$, $\omega_n = \frac{1}{\sqrt{3}}$

$2\delta\omega_n = \frac{4}{3}$, $\delta = \frac{4}{3} \times \frac{1}{2} \times \sqrt{3} = 1.15$

∴ 감쇠비(제동비)가 1.15이므로 과제동

09

$$G(s) = \frac{1}{s^2 + 5s + 1}$$

$\omega_n^2 = 1$, $\omega_n = 1$

$2\delta\omega_n = 5$, $\delta = \frac{5}{2} = 2.5$

제동비가 2.5이고 1보다 크므로 과제동 파형

10

문제 7번 해설 참고

11

문제 7번 해설 참고

12

③ 제동계수가 작아지면 제동이 적게 걸린다.
문제 7번 해설 참고

13

특성근의 종류	제동비
서로 다른 실근 $s = -\alpha, -\beta$	과제동 $\delta > 1$
중복근 $s = -\alpha$	임계제동 $\delta = 1$
공액복소근 $s = -\alpha \pm j\beta$	부족제동 $\delta < 1$

14

특성방정식 : $1 + G(s) = 0$

$1 + \frac{K}{s(s+4)} = 0$

$s(s+4) + K = 0$

$s^2 + 4s + 3 = 0$

$s = -1, -3$

∴ 서로 다른 실근이므로 과제동이고 비진동이다.

15

$\omega_m = \omega_n \sqrt{1 - \alpha^2}$ (ω_m : 고유주파수, α : 감쇠비)

16

$$\mathcal{L}[84(e^{-t} - e^{-6t})] = 84\left(\frac{1}{s+1} - \frac{1}{s+6}\right)$$

$$= 84\left[\frac{(s+6)-(s+1)}{(s+1)(s+6)}\right]$$

$$= 84\left[\frac{5}{s^2+7s+6}\right]$$

$$= 70\left[\frac{6}{s^2+7s+6}\right]$$

여기서, $2\delta\omega_n = 7$, $\omega_n^2 = 6$이므로 $\omega_n = \sqrt{6}$

∴ $\delta = \frac{7}{2\omega_n} = \frac{7}{2\sqrt{6}} = 1.42$

따라서, $\delta > 1$이면 과제동, 비진동이 된다.

17

- 입력 : 임펄스 $\delta(t) \Rightarrow R(s) = 1$
- 출력 : 임펄스 응답 $\sin 2t$

$$C(s) = \frac{2}{s^2 + 2^2}$$

$$G(s) = \frac{C(s)}{R(s)} = \frac{2}{s^2 + s^2} = \frac{2}{s^2 + 4}$$

18

t 가 ∞일 때 임펄스 응답이 0이면 계는 안정하다.

① $\lim_{t \to \infty} = 1$

② $\lim_{t \to \infty} \cos \omega t = \cos \omega t$

③ $\lim_{t \to \infty} e^{-t} \sin \omega t = 0$

④ $\lim_{t\to\infty} 2t = \infty$

$\lim_{t\to\infty} e(t) = 0$이면 계는 안정하다.

19

$G(s) = \dfrac{C(s)}{R(s)}$, 단위 임펄스 입력 $R(s) = 1$

$G(s) = \dfrac{C(s)}{1} = \dfrac{1}{s^2 + 2\delta\omega_n s + \omega_n^2}$

$C(s) = \dfrac{1}{s^2 + 2\delta\omega_n s + \omega_n^2} = \dfrac{1}{s^2 + 2^2}$

$\therefore C(t) = \mathcal{L}^{-1}[C(s)] = \dfrac{1}{2}\sin 2t$

20

① 인디셜 함수 : 단위 계단함수
② 임펄스 함수 : 하중함수
③ 전달함수 : 임펄스 응답의 라플라스 변환

21

임펄스 응답(출력)은 입력과 초기조건에 따라 결정된다.

22

입력 $= u(t)$, $R(s) = \dfrac{1}{s}$

출력 $= 1 - e^{-2t}$, $C(s) = \dfrac{1}{s} - \dfrac{1}{s+2}$

$G(s) = \dfrac{C(s)}{R(s)} = \dfrac{\dfrac{1}{s} - \dfrac{1}{s+2}}{\dfrac{1}{s}} = 1 - \dfrac{s}{s+2} = \dfrac{2}{s+2}$ 이다.

23

$\omega_n\sqrt{1-\delta^2} \cdot t = n\pi$

최대 오버슈트는 $n=1$에서 발생

$t_P = \dfrac{\pi}{\omega_n\sqrt{1-\delta^2}}$

제6장 편차와 감도

01	02	03	04	05	06	07	08
④	④	①	①	②	①	③	②

01

단위 계단입력 $D(s) = \dfrac{1}{s}$ 이므로

$e_{ss} = \lim_{s\to 0} s E(s) = \lim_{s\to 0} s \times \dfrac{\dfrac{1}{s}}{1 + \dfrac{20}{1+s}} = \dfrac{1}{1+\dfrac{20}{1}} = \dfrac{1}{21}$

02

$\lim_{t\to\infty} c(t) = \lim_{s\to 0} s C(s) = \lim_{s\to 0} s \cdot \dfrac{s+0.5}{s(s^2+s+2)} = 0.25$

03

• 0형 : $\dfrac{1}{1+K_P}$ (위치 편차)

• 1형 : $\dfrac{1}{K_v}$ (속도 편차)

• 2형 : $\dfrac{1}{K_a}$ (가속도 편차)

04

문제 3번 해설 참고

05

$G(s)H(s) = \dfrac{1}{s(s+1)}$ 에서

$a=0$, $b=1$이므로 $l = b - a = 1$, 즉 1형 제어계이다.

06

기준시험입력에 대한 정상오차

계	정상 위치 편차	정상 속도 편차	정상 가속도 편차
0형	$\dfrac{R}{1+K_P}$	∞	∞
1형	0	$\dfrac{R}{K_v}$	∞
2형	0	0	$\dfrac{R}{K_a}$

07

- 위치 오차 상수 $K_P = \lim_{s \to 0} G(s)$
- 속도 오차 상수 $K_v = \lim_{s \to 0} s\, G(s)$
- 가속 오차 상수 $K_a = \lim_{s \to 0} s^2\, G(s)$

08

$G(S)H(S) = \dfrac{S^2}{S^4}$

$a = 2$, $b = 4$
$t = 4 - 2 = 2$
즉, 2형이다.

제7장 주파수 응답

01	02	03	04	05	06	07	08	09	10
④	④	③	④	②	③	④	①	④	①
11	12	13	14	15	16	17	18	19	20
②	③	①	①	②	④	①	①	④	④
21	22	23	24	25	26	27	28		
②	④	①	③	③	①	④	②		

01

$G(j\omega) = \dfrac{1 + j\omega T_2}{1 + j\omega T_1}$ 에서

$\omega = 0$ 일 때 $|G(j\omega)| = 1$,

$\omega = \infty$ 일 때 $|G(j\omega)| = \dfrac{T_2}{T_1} = 2$ 이므로

$T_2 > T_1$ 이고 위상각은 + 값이므로

$G(j\omega) = \dfrac{1 + j2\omega}{1 + j\omega}$

02

$g = 20\log|G(j\omega)| = 20\log|K(j\omega)^2|$
$\quad = 20\log K\omega^2 = 20\log K + 40\log\omega$

$\omega = 0.1$ 일 때 $g = 20\log K - 40\,[\text{dB}]$
$\omega = 1$ 일 때 $g = 20\log K$
$\omega = 10$ 일 때 $g = 20\log K + 40\,[\text{dB}]$

그러므로 40[dB/dec]의 경사를 가지며
$\theta = \angle G(j\omega) = \angle K(j\omega)^2 = 180°$

03

부동작 시간요소 $G(s) = e^{-Ls}$ 는
$G(j\omega) = e^{-j\omega L} = \cos\omega L - j\sin\omega L$
$|G(j\omega)| = \sqrt{(\cos\omega L)^2 + (\sin\omega L)^2} = 1$
$\angle G(j\omega) = \tan^{-1}\left(\dfrac{\sin\omega L}{\cos\omega L}\right) = -\omega L$

크기는 1이고, ω의 증가에 따라 벡터 궤적 $G(j\omega)$는 원주상을 시계방향으로 회전한다.

04

$g = 20\log|G(j\omega)| = 20\log|K(j\omega)^3|$
$= 20\log K\omega^3 = 20\log K + 60\log\omega$

$\omega = 0.1$일 때 $g = 20\log K - 60\,[\text{dB}]$

$\omega = 1$일 때 $g = 20\log K$

$\omega = 10$일 때 $g = 20\log K + 60\,[\text{dB}]$

그러므로 $60[\text{dB/dec}]$의 경사를 가지며

$\theta = \angle G(j\omega) = \angle K(j\omega)^3 = 270°$

05

- $\lim\limits_{\omega\to 0}|G(j\omega)| = \lim\limits_{\omega\to 0}\left|\dfrac{K}{j\omega(j\omega+1)}\right| = \lim\limits_{\omega\to 0}\left|\dfrac{K}{j\omega}\right| = \infty$

  $\lim\limits_{\omega\to 0}\angle G(j\omega) = \lim\limits_{\omega\to 0}\angle\dfrac{K}{j\omega(j\omega+1)} = \lim\limits_{\omega\to 0}\angle\dfrac{K}{j\omega} = -90°$

- $\lim\limits_{\omega\to\infty}|G(j\omega)| = \lim\limits_{\omega\to\infty}\left|\dfrac{K}{j\omega(j\omega+1)}\right| = \lim\limits_{\omega\to\infty}\left|\dfrac{K}{(j\omega)^2}\right| = 0$

  $\lim\limits_{\omega\to\infty}\angle G(j\omega) = \lim\limits_{\omega\to\infty}\angle\dfrac{K}{j\omega(j\omega+1)} = \lim\limits_{\omega\to\infty}\angle\dfrac{K}{(j\omega)^2}$
  $= 180°$

06

보드 선도의 이득 여유 : 위상 선도가 $-180°$ 축과 교차하는 점에 대응하는 크기

07

- $\lim\limits_{\omega\to 0}|G(j\omega)| = \lim\limits_{\omega\to 0}\left|\dfrac{K}{j\omega(j\omega+1)}\right| = \lim\limits_{\omega\to 0}\left|\dfrac{K}{j\omega}\right| = \infty$

  $\lim\limits_{\omega\to 0}\angle G(j\omega) = \lim\limits_{\omega\to 0}\angle\dfrac{K}{j\omega(j\omega+1)} = \lim\limits_{\omega\to 0}\angle\dfrac{K}{j\omega} = 90°$

- $\lim\limits_{\omega\to\infty}|G(j\omega)| = \lim\limits_{\omega\to\infty}\left|\dfrac{K}{j\omega(j\omega+1)}\right| = \lim\limits_{\omega\to\infty}\left|\dfrac{K}{(j\omega)^2}\right| = 0$

  $\lim\limits_{\omega\to\infty}\angle G(j\omega) = \lim\limits_{\omega\to\infty}\angle\dfrac{K}{j\omega(j\omega+1)} = \lim\limits_{\omega\to\infty}\angle\dfrac{K}{(j\omega)^2}$
  $= 180°$

08

$10\omega_0 = 1$, $\omega_0 = \dfrac{1}{10} = 0.1\,[\text{rad/sec}]$

09

주파수 전달함수

$G(j\omega) = \dfrac{K_0}{j\omega(1+j\omega T_1)(1+j\omega T_2)(1+j\omega T_3)}$

10

$\omega T = 1$, $10\omega = 1$, $\omega = \dfrac{1}{10} = 0.1\,[\text{rad/sec}]$

11

$\omega T = 1$에서 $\omega = \dfrac{1}{T}$ (절점 주파수)

$\therefore g = 20\log|G(j\omega)| = 20\log\left|\dfrac{1}{1+j\omega T}\right|$

$= 20\log\left|\dfrac{1}{1+j\dfrac{1}{T}\times T}\right|$

$= 20\log\left|\dfrac{1}{1+j1}\right| = 20\log\left(\dfrac{1}{\sqrt{2}}\right) \fallingdotseq -3\,[\text{dB}]$

12

$g = 20\log|G(j\omega)|$
$= 20\log|0.001|$
$= 20\log 10^{-3} = -60\,[\text{dB}]$

13

$g = 20\log|G(j\omega)|$

$= 20\log\left|\dfrac{1}{j\omega(1+j\omega T)}\right|$

$= 20\log\left.\dfrac{1}{\omega\sqrt{1+(\omega T)^2}}\right|_{\omega=\infty}$

$= 20\log\dfrac{1}{\omega^2} = -40\log\omega$

$\therefore$ 이득 : $-40\,[\text{dB}]$

$\theta = \angle G(j\omega) = \lim\limits_{\omega\to\infty}\dfrac{1}{(j\omega)^2} = -180°$

$\therefore$ 위상각 : $-180°$

14

- 이득 : $g = 20\log|G(j\omega)| = 20\log\left|\dfrac{1}{j100\omega}\right|$

  $= 20\log\left|\dfrac{1}{j10}\right| = 20\log\dfrac{1}{10} = -20\,[\text{dB}]$

- 위상각 : $\theta = \angle G(j\omega) = \angle\dfrac{1}{j100\omega} = \angle\dfrac{1}{j10} = -90°$

15

$|G(j\omega)|_{\omega=2} = \left|\dfrac{20}{3+j2\omega}\right|_{\omega=2}$

$= \dfrac{20}{3+j2\times2} = \dfrac{20}{\sqrt{3^2+4^2}} = 4$

$\angle G(j\omega) = \angle G\left(\dfrac{20}{3+j2\times2}\right) = -\tan^{-1}\dfrac{4}{3} = -53.13°$

16

$g = 20\log|G(j\omega)| = 20\log\left|\dfrac{1}{j\omega(j\omega+1)}\right|$

$= 20\log\dfrac{1}{\omega\sqrt{\omega^2+1^2}} = 20\log\dfrac{1}{10\sqrt{10^2+1^2}}$

$\fallingdotseq 20\log\dfrac{1}{100} = 20\log 10^{-2} = -40\,[\text{dB}]$

17

$G(j\omega) = \dfrac{1}{\dfrac{5}{1{,}000}j\omega\left(\dfrac{1}{10}j\omega+1\right)^2}$

$g = 20\log|G(j\omega)| = 20\log\left|\dfrac{1}{\dfrac{5}{1{,}000}j\omega\left(\dfrac{1}{10}j\omega+1\right)^2}\right|$

$= 20\log\dfrac{1}{\dfrac{5}{100}(\sqrt{1+1})^2} = 20\log\dfrac{1}{\dfrac{1}{10}}$

$= 20\log 10 = 20\,[\text{dB}]$

$G(j\omega) = \dfrac{1}{0.005(j\omega)\{0.1(j\omega)+1\}^2} = \dfrac{1}{j0.05(j+1)^2}$

$= \dfrac{1}{j0.05(-1+j2+1)} = \dfrac{1}{j^2 0.1}$

$\therefore \theta = \angle\dfrac{1}{j^2 0.1} = -180°$

18

- 이득 $= 20\log|G| = 20\log 1 = 0\,[\text{dB}]$
- 위상 $= -180°$ 또는 $180°$

19

이득 여유 $20\log\left|\dfrac{1}{GH}\right| = 20\,[\text{dB}]$이므로

$|GH| = \left|\dfrac{K}{1-2\omega^2+j3\omega}\right|_{\omega=0} = K$에서

$20\log\dfrac{1}{K} = 20$

$\log\dfrac{1}{K} = 1,\quad \dfrac{1}{K} = 10$

$\therefore K = \dfrac{1}{10}$

20

직류 : 허수부 $s=0$이므로 $G = \dfrac{10}{2} = 5$

21

$g = 60\,[\text{dB}]$

$= 20\log\left|\dfrac{V_2}{V_1}\right| = 60\,[\text{dB}]$

$\log\left|\dfrac{V_2}{V_1}\right| = 3$

$\left|\dfrac{V_2}{V_1}\right| = 10^3 = 1{,}000$

22

$g = 20\log|G(j\omega)| = 20\log 10^7 = 140\,[\text{dB}]$

23

전향 이득이 증가하면 오버슈트(최대 초과량)가 증가한다.

25

M_P가 크면 과도응답 시 오버슈트가 커진다. 제어계에서 최적의 M_P 값은 1.1~1.5이다.

26
$G(j\omega) = \dfrac{1}{2j\omega+1}$, $|G(j\omega)| = \dfrac{1}{\sqrt{(2\omega)^2+1}}$

대역폭을 구하기 위하여 차단 주파수를 ω_c라 하면

$\dfrac{1}{\sqrt{(2\omega_c)^2+1}} = \dfrac{1}{\sqrt{2}}$ [rad]

$\therefore \omega_c = 0.5$

27
분리도가 예리하면 큰 공진정점을 동반하므로 불안정하기 쉽다.

28
주파수 응답에서 안정도의 척도는
- 공진치
- 위상 여유
- 이득 여유

즉, 고유 주파수($\omega_n = 1/\sqrt{LC}$)는 안정도와 무관하다.

제8장 선형제어계통의 안정도

01	02	03	04	05	06	07	08	09	10
①	②	④	④	②	②	①	③	②	③
11	12	13	14	15	16	17	18	19	20
②	②	①	①	③	③	②	①	①	①
21	22	23	24	25	26	27	28	29	30
②	②	①	③	④	①	②	④	①	③
31	32	33							
④	④	③							

01
과도응답 현상
- 허수축에 가까이 있는 근이 대표근이다.
- 대표근은 대부분 공액복소수이다.
- 허수축에서 멀리 떨어진 안정된 근보다 과도현상이 더 오래 지속된다.

02
안정도 판정기준
- 모든 차수 항이 존재한다.
- 각 계수의 부호가 모두 같다.
- s평면 좌반부에 근이 있고 s평면 우반부에 근이 없다.

03
부궤환 제어계의 전달함수는 $\dfrac{G(s)}{1+G(s)H(s)}$ 이고,

특성방정식은 $1+G(s)H(s) = 0$이다.

$1 + \dfrac{s+2}{(s+1)(s+3)} = 0$ $\therefore s^2 + 5s + 5 = 0$

04
문제 2번 해설 참고

05
문제 2번 해설 참고

06
보드 선도는 극점과 영점이 우반평면에 존재하는 경우 판정이 불가능하다.

07

극점의 첨가
- 분모의 S의 차수를 증가시킨다.
- 회로 내에 L, C 계수를 증가시킨다.
- 시스템은 불안정화(안정도 감소)된다.
- 과도응답시간이 길어진다.
- 근궤적을 $s-$평면의 오른쪽으로 옮겨 준다.

08

s평면의 우반평면상에 존재하는 영점과 극점의 수를 나타낸다.

09

제1열 부호 변환의 의미
- s평면 우반부에 존재하는 근의 수
- 제어계의 불안정
- 부호 변화 횟수만큼 불안정 근의 수 존재

10

제1열의 부호 변화가 2번 있으므로($+2$에서 -1, -1에서 $+3$) 우반면의 양의 근이 2개 존재하게 되며, 이 제어계는 불안정하게 된다.

11

루스의 수열은

s^2	1	$2K-1$
s^1	K	0
s^0	$2K-1$	

제1열의 부호 변화가 없어야 계가 안정하므로
$2K-1>0$, $K>0$ $\quad\therefore K>\dfrac{1}{2}$

12

루스의 표는

s^3	1	K
s^2	2	10
s^1	$\dfrac{2K-10}{2}$	0
s^0	10	

제1열의 부호 변화가 없으려면
$2K-10>0$, $K>\dfrac{10}{2}$ $\quad\therefore K>5$

13

특성방정식은
$F(s)=s^3+4s^2+2s+K=0$이므로 루스의 표는

s^3	1	2
s^2	4	K
s^1	$\dfrac{8-K}{4}$	0
s^0	K	

제1열의 부호 변화가 없어야 안정하므로
$8-K>0$, $8>K$, $K>0$ $\quad\therefore 0<K<8$

14

특성방정식은
$s(s+1)(s+2)+K=s^3+3s^2+2s+K=0$이므로
루스의 표는

s^3	1	2
s^2	3	K
s^1	$\dfrac{6-K}{3}$	0
s^0	K	

제1열의 부호 변화가 없어야 안정하므로 $6-K>0$,
$6>K$, $K>0$ $\quad\therefore 0<K<6$

15

루스의 표는

s^4	1	3	2
s^3	1	K	0
s^2	$3-K$	2	
s^1	$\dfrac{K(3-K)-2}{3-K}$	0	
s^0	2		

제1열의 요소 모두 양이 되기 위해서는
㉠ $3-K>0$이므로 $3>K$
㉡ $\dfrac{K(3-K)-2}{3-K}>0$이므로
   $-K^2+3K-2>0$
   $(-K+2)(K-1)>0$
   $K<2$, $K>1$, 즉 $1<K<2$이어야 한다.
따라서 위 ㉠, ㉡의 조건을 만족해야 하므로 $1<K<2$이어야 한다.

16

루스의 표는

s^5	1	2	4
s^4	2	3	1
s^3	0.5	3.5	0
s^2	-11	1	
s^1	3.55	0	
s^0	1		

제1열의 부호가 2번 변하므로 우반면의 불안정한 근이 2개가 존재한다.

17

루스의 표는

s^5	1	4	K
s^4	1	3	1
s^3	1	$K-1$	0
s^2	$-K+4$	1	
s^1	$\dfrac{(-K+4)(K-1)-1}{-K+4}$	0	
s^0	1		

제1열의 부호 변화가 없어야 하므로

㉠ $-K+4>0$ ∴ $K<4$

㉡ $(-K+4)(K-1)-1>0$

$-K^2+5K-5>0$ 이므로 근의 공식에 의해

$$K=\frac{-5\pm\sqrt{25-4\times(-1)(-5)}}{-2}=\frac{5\mp\sqrt{5}}{2}$$

∴ ㉠과 ㉡에 의해 $\dfrac{5-\sqrt{5}}{2}<K<\dfrac{5+\sqrt{5}}{2}$ 가 된다.

18

종합 전달함수이므로 특성방정식은

$(s+2)(s^2+2s+2)=s^3+4s^2+6s+4=0$

후르비츠의 판별법에서

$a_0=1$, $a_1=4$, $a_2=6$, $a_3=4$이므로

$D_1=a_1=4$

$D_2=\begin{vmatrix}a_1 & a_3 \\ a_0 & a_2\end{vmatrix}=\begin{vmatrix}4 & 4 \\ 1 & 6\end{vmatrix}=24-4=20$

$D_1>0$, $D_2>0$이므로 제어계는 안정하다.

19

특성방정식 $F(s)=a_0s^4+a_1s^3+a_2s^2+a_3s^1+a_4=0$에서
$a_0=1$, $a_1=2$, $a_2=5$, $a_3=4$, $a_4=2$이므로

$D_1=a_1=2$

$D_2=\begin{vmatrix}a_1 & a_3 \\ a_0 & a_2\end{vmatrix}=\begin{vmatrix}2 & 4 \\ 1 & 5\end{vmatrix}=6$

$D_3=\begin{vmatrix}a_1 & a_3 & a_5 \\ a_0 & a_2 & a_4 \\ 0 & a_1 & a_3\end{vmatrix}=\begin{vmatrix}2 & 4 & 0 \\ 1 & 5 & 3 \\ 0 & 2 & 4\end{vmatrix}=12$

∴ D_1, D_2, $D_3>0$이므로 안정하다.

20

특성방정식 $P(s)=s^3+2s^2+(1+5KT)s+2K=0$에서

필요조건은 $(1+5KT)>0$

충분조건은, 후르비츠 행렬식 >0

$D=\begin{vmatrix}2 & 2K \\ 1 & (1+5KT)\end{vmatrix}=2(1+5KT)-2K>0$

∴ $(1+5KT)>K$

21

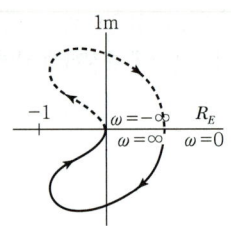

[안정]

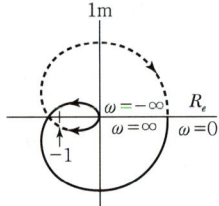

[불안정]

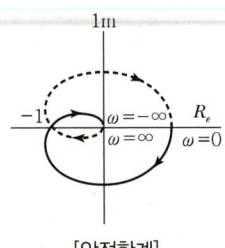

[안정한계]

22
나이퀴스트 선도
ω가 변화하고$(0\sim\infty)$ $G(j\omega)$의 크기와 위상각을 극좌표로 표시한 선도

23
안정조건
나이퀴스트 경로에 포위되는 영역에 $(-1, j0)$ 점이 존재하지 않으면 제어계가 안정하다.

24
나이퀴스트 선도를 그리기 위한 루프 전달함수
분모 K의 값이 0이어야 한다.

25
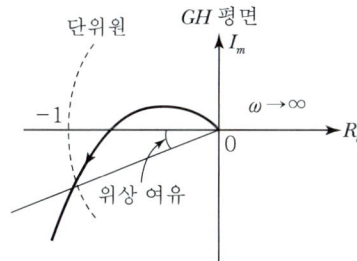

위상 여유 : 이득교차 주파수에서의 위상각에 $+180°$ 더한 값이다.

26
- z : s평면의 우반평면상에 존재하는 영점의 수
- p : s평면의 우반평면상에 존재하는 극의 개수
- N : GH 평면상의 $(-1, j0)$점을 $G(s)H(s)$ 선도가 원점 둘레를 오른쪽으로 일주하는 나이퀴스트 선도 회전수

$N = z - p = 2 - 3 = -1$
∴ $N = -1$이므로 왼쪽으로 1회(반시계방향 1회) 감싸고 있다.

27
$g[dB] = 20\log|G(j\omega)| = 20\log\sqrt{j10\omega+1}$
$\quad = 20\log\sqrt{(10\omega)^2+1}$
절점은 0.1이므로

- $\omega \ll 0.1$일 때 $g = 20\log 1 = 0[dB]$
- $\omega \gg 0.1$일 때 $g = 20\log 10\omega = 20\log 10 + 20\log \omega$

그러므로 기울기는 20[dB/dec]이다.

28
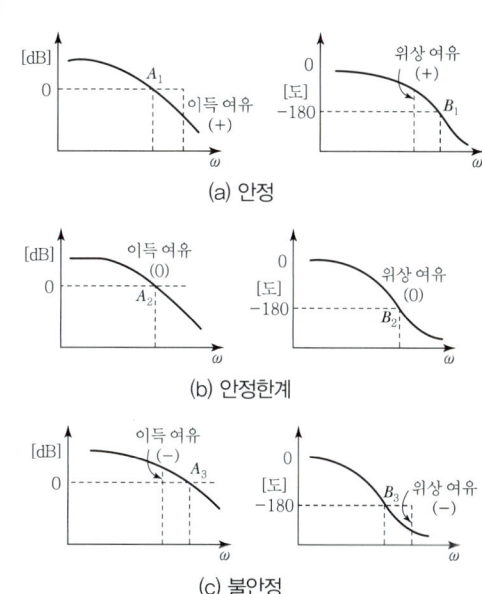

(a) 안정

(b) 안정한계

(c) 불안정

29
문제 28번 해설 참고

30
이득여유란 위상 선도가 $-180°$ 선을 끊는 점의 이득의 크기 [dB] 값이다.

31
보드 선도에서 이득 곡선이 0[dB]인 점을 지날 때의 주파수에서 양의 위상여유가 생기고 위상 곡선이 $-180°$를 지날 때 양의 이득여유가 생긴다.

32
감쇠계수가 큰 조건
- 안정도가 향상된다.
- 응답성이 저하된다.
- 상승시간 또는 지연시간이 길어진다.

33
최소 위상함수
- 양(+)의 위상여유이면 안정하다.
- 위상여유가 0이면 임계 안정하다.
- 상태안정도는 위상각의 증가에 따라 커진다.
- 이득 교차 주파수는 진폭비가 1이 되는 주파수이다.

제9장 근궤적법

01	02	03	04	05	06	07	08	09	10
②	①	④	④	②	①	②	②	②	④
11	12	13	14	15	16	17	18		
①	③	③	①	①	③	③	①		

01
- 근궤적은 극점에서 출발하여 영점에 도착한다.
- 근궤적의 수는 영점과 극점의 큰 값에 일치한다.
- 근궤적의 수는 특성방정식의 치수와 같다.

02
근궤적의 작도법

① 근궤적의 출발점($K=0$)
근궤적은 $G(s)\,H(s)$의 극으로부터 출발한다.

② 근궤적의 종착점($K=\infty$)
근궤적은 $G(s)\,H(s)$의 0점에서 끝난다.

③ 근궤적의 개수
- N : 근궤적의 개수
- z : $G(s)\,H(s)$의 유한 0점(finite zero)의 개수
- p : $G(s)\,H(s)$의 유한 극점(finite pole)의 개수

라고 하면, 근궤적의 수 N은 z와 p 중에서 큰 수와 같다.

④ 근궤적의 대칭성 : 특성방정식의 근이 실근 또는 공액 복소근을 가지므로 근궤적은 실수축에 대하여 대칭이다.

⑤ 근궤적의 점근선 : 근 s에 대하여 근궤적은 점근선을 가진다.

이때 점근선의 각도는 $\alpha_K = \dfrac{(2K+1)\pi}{p-z}$

⑥ 점근선의 교차점
- 점근선은 실수축상에서만 교차하고 그 수 $n = p - z$ 이다.
- 실수축상에서의 점근선의 교차점은 다음과 같이 주어진다.

$$\delta = \dfrac{\sum G(s)\,H(s)\text{의 극} - \sum G(s)\,H(s)\text{의 영점}}{p-z}$$

03
특성방정식의 근이 실근 또는 공액 복소근을 가지므로 근궤적은 실수축에 대하여 대칭이다.

04

$\sigma = \dfrac{\sum 극점 - \sum 영점}{p-z} = \dfrac{(-1+4)-1}{3-1} = 1$

05

$\sigma = \dfrac{\sum 극점 - \sum 영점}{p-z} = \dfrac{(-3+4)-(-1)}{3-1} = 1$

06

$\sigma = \dfrac{\sum G(s)H(s)\text{의 극} - \sum G(s)H(s) \text{의 영점}}{p-z}$

여기서, p : 극점의 개수, z : 영점의 개수

$\therefore \sigma = \dfrac{(-5-8)-(-1)}{3-1} = \dfrac{-12}{2} = -6$

07

$\sigma = \dfrac{\sum 극점 - \sum 영점}{p-z} = \dfrac{(-2-4)-(0)}{3-0} = -2$

08

$\sigma = \dfrac{\sum 극점 - \sum 영점}{p-z} = \dfrac{(0+1+1-2-2)-5}{5-1} = -\dfrac{7}{4}$

09

$\sigma = \dfrac{\sum G(s)H(s)\text{의 극점} - \sum G(s)H(s) \text{의 영점}}{p-z}$

여기서, z : 영점의 개수, p : 극점의 개수

$\sigma = \dfrac{(-1-2-4)-(2+3)}{5-2} = \dfrac{-12}{3} = -4$

10

근궤적의 가지수는 방정식의 가지수와 같으므로 방정식은 세 개의 근과 세 개의 근궤적을 가져야 한다.

11

근궤적의 수(N)는 근의 수(p)와 영점의 수(z)에서 $z=0$, $p=4$이므로 $z<p$이고 $N=p$이다. 따라서 $N=4$

12

근궤적의 수(N)는
- z(영점의 수) $> p$(극의 수)이면 $N=z$
- $z<p$, $N=p$

문제에서 $z=1$, $P=3$이므로, 근궤적의 수 $N=p$, 즉 $N=3$

13

근궤적의 수(N)는 극점의 수(P)와 영점수(Z)에서 $Z=1$, $P=5$이므로 $N=5$

14

특성방정식은

$s(s+2)(s+4)+K = s^3+6s^2+8s+K=0$

위 식의 루스 배열은

s^3	1	8
s^2	6	K(보조방정식의 계수)
s^1	$\dfrac{48-K}{6}$	0
s^0	K	0

K의 임계값은 s^1의 제1열 요소를 0으로 놓아 얻을 수 있다.

$\dfrac{48-K}{6}=0 \quad \therefore K=48$

허수축($j\omega$)을 끊은 점에서의 주파수 ω는

보조방정식 $6s^2+K=0$에 $K=48$을 대입하면

$6s^2+48=0$

$\therefore s = \pm j2\sqrt{2} = \pm 2.828j$이므로

$\therefore \omega = \pm 2.828 \text{[rad/s]}$

15

$1+G(s)H(s) = 1+\dfrac{K}{s(s+2)(s+8)}=0$

$K = -s(s+2)(s+8)$

$K(\sigma) = -\sigma(\sigma+2)(\sigma+8) = -\sigma^3 - 10\sigma^2 - 16\sigma$

$\dfrac{dK(\sigma)}{d\sigma} = -3\sigma^2 - 20\sigma - 16 = 0$

$\therefore \sigma_1 = -0.93, \; \sigma_2 = -5.74$

$K \geq 0$에 대한 실수축상의 구간은 $0 \sim -2$, $-8 \sim -\infty$이므로 $\sigma_2 = -5.74$는 근궤적점이 될 수 없으므로 버린다.

$\therefore$ 분기점 $\sigma_1 = -0.93$

16

근궤적이 허수축($j\omega$)과 교차할 때는 특성근의 실수부 크기가 0일 때와 같다.
특성근의 실수부가 0이면 임계 안정(임계상태)이다.

17

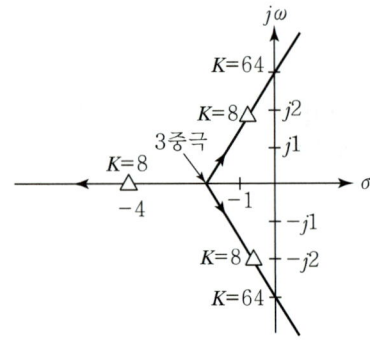

$$\text{이득여유}(GM) = \frac{\text{허수축과의 교차점에서 } K \text{의 값}}{K \text{의 설곗값}}$$

문제에서 $G(s)$의 이득정수 K의 설곗값은 8이고, 근궤적으로부터 허수축과 교차점에서의 K 값은 64이므로

이득여유$(GM) = \dfrac{64}{8} = 8$이다.

[dB]로 표시한 이득여유는
$\therefore\ GM = 20\log 8 = 18$[dB]

18

$1.02 + 0.002s = 0$
$s = -510$

제10장 상태방정식

01	02	03	04	05	06	07	08	09	10
④	③	①	①	①	①	②	①	④	①
11	12	13	14	15	16	17	18	19	20
①	②	②	②	②	②	④	②	④	①
21	22	23	24	25	26	27	28	29	30
②	③	④	②	①	①	①	②	③	①
31	32	33							
①	③	④							

02

$\dot{x}(t) = x_2(t)$
$\dot{x}_2(t) = -3x_1(t) - 5x_2(t)$

$\therefore \begin{bmatrix} \dot{x}_1(t) \\ \dot{x}_2(t) \end{bmatrix} = \begin{bmatrix} 0 & 1 \\ -3 & -5 \end{bmatrix} \begin{bmatrix} x_1(t) \\ x_2(t) \end{bmatrix} + \begin{bmatrix} 0 \\ 1 \end{bmatrix} r(t)$

03

$x_1(t) = c(t),\ x_2(t) = \dot{c}(t) = \dot{x}_1(t)$
$x_3(t) = \ddot{c}(t) = \dot{x}_2(t)$라 놓으면
$\dot{x}_3(t) = -2x_1(t) - x_2(t) - 5x_3(t) + r(t)$

$\therefore \begin{bmatrix} \dot{x}_1(t) \\ \dot{x}_2(t) \\ \dot{x}_3(t) \end{bmatrix} = \begin{bmatrix} 0 & 1 & 0 \\ 0 & 0 & 1 \\ -2 & -1 & -5 \end{bmatrix} \begin{bmatrix} x_1(t) \\ x_2(t) \\ x_3(t) \end{bmatrix} + \begin{bmatrix} 0 \\ 0 \\ 1 \end{bmatrix} r(t)$

04

$\dot{x}_2(t) = -5x_1(t) - 2x_2(t)$

$\therefore \begin{bmatrix} \dot{x}_1(t) \\ \dot{x}_2(t) \end{bmatrix} = \begin{bmatrix} 0 & 1 \\ -5 & -2 \end{bmatrix} \begin{bmatrix} x_1(t) \\ x_2(t) \end{bmatrix} + \begin{bmatrix} 0 \\ 1 \end{bmatrix} r(t)$

05

$x_1(t) = c(t),\ x_2(t) = \dot{c}(t) = \dot{x}_1(t)$
$x_3(t) = \ddot{c}(t) = \dot{x}_2(t)$라 놓으면
$\dot{x}_3(t) = -2x_1(t) - x_2(t) - 5x_3(t) + r(t)$

$\therefore \begin{bmatrix} \dot{x}_1(t) \\ \dot{x}_2(t) \\ \dot{x}_3(t) \end{bmatrix} = \begin{bmatrix} 0 & 1 & 0 \\ 0 & 0 & 1 \\ -2 & -1 & -5 \end{bmatrix} \begin{bmatrix} x_1(t) \\ x_2(t) \\ x_3(t) \end{bmatrix} + \begin{bmatrix} 0 \\ 0 \\ 1 \end{bmatrix} r(t)$

06

$$\dddot{c} + 8\ddot{c} + 19\dot{c} + 12c = 6u$$

$$\begin{bmatrix} \dot{x}_1 \\ \dot{x}_2 \\ \dot{x}_3 \end{bmatrix} = \begin{bmatrix} 0 & 1 & 0 \\ 0 & 0 & 1 \\ -12 & -19 & -8 \end{bmatrix} \begin{bmatrix} x_1 \\ x_2 \\ x_3 \end{bmatrix} + \begin{bmatrix} 0 \\ 0 \\ 6 \end{bmatrix} u$$

(−) 부호를 붙인다.

07

$|sI-A|$의 행렬식

$|sI-A| = \begin{vmatrix} s & -1 \\ 2 & s+3 \end{vmatrix} = s(s+3) + 2 = s^2 + 3s + 2$

$s^2 + 3s + 2 = (s+1)(s+2) = 0$

$\therefore s = -1, -2$

08

$|sI-A|$의 행렬식

$|sI-A| = \begin{vmatrix} s & -1 \\ 2 & s+3 \end{vmatrix} = s(s+3) + 2 = s^2 + 3s + 2$

$s^2 + 3s + 2 = (s+1)(s+2) = 0$

$\therefore s = -1, -2$

09

n차 선형 시불변 시스템의 상태방정식은

$\dfrac{d}{dt} x(t) = Ax(t) + Br(t)$

이때 제어계의 특성방정식 $|sI-A| = 0$

10

$|sI-A| = \begin{bmatrix} s & 0 \\ 0 & s \end{bmatrix} - \begin{bmatrix} 1 & 3 \\ 1 & -2 \end{bmatrix} = \begin{bmatrix} s-1 & -3 \\ -1 & s+2 \end{bmatrix}$

$= (s-1)(s+2) - 3 = s^2 + s - 5$

$\therefore s^2 + s - 5 = 0$

11

$|sI-A| = 0$

$|sI-A| = \begin{bmatrix} s & 0 & 0 \\ 0 & s & 0 \\ 0 & 0 & s \end{bmatrix} - \begin{bmatrix} 0 & 1 & 0 \\ 0 & -1 & 6 \\ -1 & -1 & -5 \end{bmatrix}$

$|sI-A| = \begin{bmatrix} s & -1 & 0 \\ 0 & s+1 & -6 \\ 1 & 1 & s+5 \end{bmatrix} = s^3 + 6s^2 + 11s + 6$

$= (s+1)(s+2)(s+3) = 0$이므로

$\therefore$ 근의 고윳값은 $-1, -2, -3$이 된다.

12

특성방정식은 $s^2 + 3s + 2 = 0$이므로

$2\delta\omega_n = 3$, $\omega_n^2 = 2$, $\omega_n = \sqrt{2}$

$\delta = \dfrac{3}{2\sqrt{2}} > 1$ $\therefore$ 과제동

13

- 가제어 : $[B, AB] = \begin{bmatrix} 0 & 1 \\ 1 & -3 \end{bmatrix}$에서 행렬식이 -1, 즉 0이 아니므로 가제어가 성립함

- 가관측 : $\begin{bmatrix} C \\ CA \end{bmatrix} = \begin{bmatrix} 0 & 1 \\ 0 & -3 \end{bmatrix}$에서 행렬식이 0이므로 가관측이 성립하지 않음

15

$x(t) = Ax + Bu$를 라플라스 변환하면

$sX(s) - x(0^+) = AX(s) + Bu(s)$

$X(s)(s-A) = x(0)$ 과도 상태 무시

$\therefore X(s) = \dfrac{1}{s-A} x(0)$를 역라플라스 변환하면

$x(t) = e^{At} x(0)$

16

$\phi(t) = \mathcal{L}^{-1}[(sI-A)^{-1}]$이며 상태천이행렬은 다음과 같은 성질을 가진다.

① $\phi(0) = I$ (I : 단위행렬)

② $\phi^{-1}(t) = \phi(-t) = e^{-At}$

③ $\phi(t_2 - t_1) \phi(t_1 - t_0) = \phi(t_2 - t_0)$ (모든 값에 대하여)

④ $[\phi(t)]^K = \phi(Kt)$, 여기서 K=정수이다.

17

$[sI-A] = \begin{bmatrix} s & 0 \\ 0 & s \end{bmatrix} - \begin{bmatrix} 0 & 1 \\ -2 & -3 \end{bmatrix} = \begin{bmatrix} s & -1 \\ 2 & s+3 \end{bmatrix}$

$\phi(s) = [sI-A]^{-1} = \dfrac{1}{\begin{bmatrix} s & -1 \\ 2 & s+3 \end{bmatrix}} \begin{bmatrix} s+3 & 1 \\ -2 & s \end{bmatrix}$

$= \dfrac{1}{s^2 + 3s + 2} \begin{bmatrix} s+3 & 1 \\ -2 & s \end{bmatrix}$

$$= \begin{bmatrix} \dfrac{s+3}{(s+1)(s+2)} & \dfrac{1}{(s+1)(s+2)} \\ \dfrac{-2}{(s+1)(s+2)} & \dfrac{s}{(s+1)(s+2)} \end{bmatrix}$$

$$\therefore \phi(t) = \mathcal{L}^{-1}\{[sI-A]^{-1}\}$$
$$= \begin{bmatrix} 2e^{-t}-e^{-2t} & e^{-t}-e^{-2t} \\ -2e^{-t}+2e^{-2t} & -e^{-t}+2e^{-2t} \end{bmatrix}$$

18

- 라플라스 : s
- Z 변환 : $\dfrac{1}{T}\ln z$

19

	$\lim\limits_{t\to 0} e(t) = \lim\limits_{s\to\infty} E(z)$	
$f(t)$	$F(s)$	$F(z)$
$\delta(t)$	1	1
$u(t)$	$\dfrac{1}{s}$	$\dfrac{z}{z-1}$
t	$\dfrac{1}{s^2}$	$\dfrac{Tz}{(z-1)^2}$
e^{-at}	$\dfrac{1}{s+a}$	$\dfrac{z}{z-e^{-at}}$

20
문제 2번 해설 참고

21
문제 2번 해설 참고

22
문제 2번 해설 참고

23
문제 2번 해설 참고

24
문제 2번 해설 참고

25
문제 2번 해설 참고

26
$$R(z) = \dfrac{z-ze^{-aT}+z^2-z^2}{(z-1)(z-e^{-aT})}$$
$$= \dfrac{z(z-e^{-aT})-z(z-1)}{(z-1)(z-e^{-aT})}$$
$$= \dfrac{z-ze^{-aT}+z^2-z^2}{(z-1)(z-e^{-aT})}$$

따라서, $f(t)$는 $1-e^{-aT}$ 가 된다.

27
- s평면의 허수축은 z평면의 원점을 중심으로 한 단위원에 사상
- s평면의 우반면은 z평면의 원점을 중심으로 한 단위원 외부에 사상
- s평면의 좌반면은 z평면의 원점을 중심으로 한 단위원 내부에 사상

28
z평면상 음의 좌평면상은 s평면의 내점에 사상된다.
- s평면의 허수축은 z평면의 원점을 중심으로 한 단위원에 사상
- s평면의 우반면은 z평면의 원점을 중심으로 한 단위원 외부에 사상
- s평면의 좌반면은 z평면의 원점을 중심으로 한 단위원 내부에 사상

29
안정조건
전체 전달함수의 모든 극점이 z평면의 원점에 중심을 둔 단위원 내부에 위치해야 한다.

30
특성방정식의 근이 모두 s평면의 좌반부에 있으면 이 계는 안정하다 할 수 있으며, s평면의 좌반부는 z평면의 원점을 중심으로 한 단위원 내부에 사상된다.

31

s평면의 우측면은 z평면의 원점에 중심을 둔 단위원 외부로 사상된다.

32

- s평면의 허수축은 z평면의 원점을 중심으로 한 단위원에 사상
- s평면의 우반면은 z평면의 원점을 중심으로 한 단위원 외부에 사상
- s평면의 좌반면은 z평면의 원점을 중심으로 한 단위원 내부에 사상

33

항목	초깃값 정리	최종값 정리
z 변환	$e(0) = \lim_{z \to \infty} E(z)$	$e(\infty) = \lim_{z \to 1}\left(1 - \frac{1}{z}\right) E(z)$
라플라스 변환	$e(0) = \lim_{s \to \infty} s E(s)$	$e(\infty) = \lim_{s \to 0} s E(s)$

제11장 시퀀스 제어

01	02	03	04	05	06	07	08	09	10
②	③	①	③	①	④	①	③	②	①
11	12	13	14	15	16	17	18	19	20
②	②	①	①	④	②	④	③	②	③
21	22	23	24	25	26				
④	③	②	①	②	④				

01

무접점 릴레이는 온도 변화에 약하다.

02

$Y = A\overline{B} + \overline{A}B = A \oplus B$ 이므로 Exclusive OR 회로이다.

03

Exclusive OR 회로(배타적 논리합 회로)
($A \oplus B = A\overline{B} + \overline{A}B$의 논리회로)

04

AB(직렬)와 C(병렬), 즉 $AB + C$이다.

05

OR 회로
입력 A, B 중 한 부분만 입력이 있어도 출력 X가 생기는 회로
$X = A + B$

06

AND 회로의 출력에 대해 부정하므로 NAND 회로가 된다.

07

OR 회로		

A	B	X
0	0	0
0	1	1
1	0	1
1	1	1

$X = A + B$

08

NAND 회로		

$X = \overline{A \cdot B}$

A	B	X
0	0	1
0	1	1
1	0	1
1	1	0

09

AND 회로에 NOT 회로를 접속한 AND-NOT 회로로서 논리식은 $X = \overline{A \cdot B}$가 된다.

10

$A + AB = A(1+B) = A$

11

$L = \overline{x}\,\overline{y} + \overline{x}\,y + xy$
$= \overline{x}(\overline{y}+y) + xy = \overline{x} + xy = (\overline{x}+x)(\overline{x}+y)$
$= \overline{x} + y$

12

$\overline{x} \cdot y + \overline{x} \cdot \overline{y} = \overline{x}(y+\overline{y}) = \overline{x} \cdot 1 = \overline{x}$

13

$[(AB + A\overline{B}) + AB] + \overline{A}B$
$= (AB + A\overline{B}) + (AB + \overline{A}B)$
$= A(B+\overline{B}) + B(A+\overline{A})$
$= A + B$

14

$X = \overline{A}\,\overline{B}\,C + A\,\overline{B}\,\overline{C} + A\,\overline{B}\,C$
$= \overline{A}\,\overline{B}\,C + A\,\overline{B}\,\overline{C} + A\,\overline{B}\,C + A\,\overline{B}\,C$
$= \overline{B}\,C(\overline{A}+A) + A\,\overline{B}(\overline{C}+C) = \overline{B}\,C + A\,\overline{B}$
$= \overline{B}(A+C)$

15

① $XY + X\overline{Y} = X(Y+\overline{Y}) = X \cdot 1 = X$
② $(X+Y)(X+\overline{Y}) = XX + X(Y+\overline{Y}) + Y\overline{Y}$
$\qquad = X + X \cdot 1 + 0 = X$
③ $X(X+Y) = XX + XY = X + XY = X(1+Y) = X$
④ $X(\overline{X}+Y) = X\overline{X} + XY = 0 + XY = XY$

16

드모르간 정리에서 $\overline{\overline{A} + \overline{B}} \cdot \overline{\overline{C}} = \overline{\overline{A} + \overline{B} + \overline{C}} = \overline{\overline{A}(B+C)}$

17

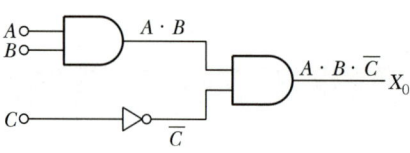

18

$f = AB + \overline{B}\,C$

19

OR 회로 AND 회로

$X = (A+B) \cdot B$

20

$\overline{\overline{(A+B)} + B} = \overline{\overline{(A \cdot B)} + B} = \overline{(A+B)} \cdot \overline{(B+B)}$
$= A \cdot \overline{B}$

21

$Z = \overline{\overline{(\overline{ABC} + \overline{DF})}F} = \overline{\overline{ABC} + \overline{DE}} + \overline{F}$
$= ABCDE + \overline{F}$

22

반가산기(Half-adder) 회로
두 개의 2진수 A와 B를 더한 경우 그 합계 S와 자리올림수 C가 발생하는데, 이때 이 두 출력을 동시에 나타내는 회로를 반가산기 회로라 한다.

[반가산기의 진리표]

입력		출력	
A	B	S	C
0	0	0	0
0	1	1	0
1	0	1	0
1	1	0	1

23

AB \ CD	00	01	11	10
00				
01	1			1
11	1			1
10				

4개로 묶으면 공통적인 것은 $B\overline{D}$ 가 된다.

24
출력의 종류 : $2^8 = 256$개

25
변환요소의 종류

변환량	변환요소
압력 → 변위	벨로스, 다이어프램, 스프링
변위 → 압력	노즐 플래퍼, 유압 분사관, 스프링
변위 → 임피던스	가변 저항기, 용량형 변환기, 가변 저항 스프링
변위 → 전압	포텐셔미터, 차동변압기, 전위차계
전압 → 변위	전자석, 잔자 코일
광 → 임피던스	광전관, 광전도 셀, 광전 트랜지스터
광 → 전압	광전지, 광전 다이오드
방사선 → 임피던스	GM관, 전리함
온도 → 임피던스	측온 저항(열선, 서미스터, 백금, 니켈)
온도 → 전압	열전대(백금-백금 로듐, 철-콘스탄탄, 구리-콘스탄탄, 크로멜-알루엘)

26
문제 25번 해설 참고

Appendix 과년도 기출문제

정답 전기기사 2016년 1회 기출문제

01	02	03	04	05	06	07	08	09	10
②	④	①	②	④	③	②	③	①	②
11	12	13	14	15	16	17	18	19	20
①	①	②	③	②	④	③	④	②	④
21	22	23	24	25	26	27	28	29	30
④	③	④	③	②	②	①	③	④	①
31	32	33	34	35	36	37	38	39	40
①	④	②	①	③	④	②	④	②	③
41	42	43	44	45	46	47	48	49	50
③	①	③	④	④	①	②	③	④	④
51	52	53	54	55	56	57	58	59	60
③	③	①	①	②,③	③	①	①	①	②
61	62	63	64	65	66	67	68	69	70
①	④	④	②	③	④	③	④	④	②
71	72	73	74	75	76	77	78	79	80
③	④	④	④	①	③	③	④	②	①
81	82	83	84	85	86	87	88	89	90
①	①	①	③	②	①	④	②	②	①
91	92	93	94	95	96	97	98	99	100
④	②	②	③	①	①	③	②	①	④

1과목 전기자기학

01
유기기전력
$$e = M\frac{di_1}{dt} = 0.3 \times 10^{-3} \times \frac{10 \times 10^3}{0.01} = 300[\text{V}]$$

02
- 제벡 효과(Seebeck Effect) : 서로 다른 금속을 접속(열전대)하고 접속점을 서로 다른 온도를 유지하면 기전력이 생겨 일정한 방향으로 전류가 흐른다.
- 펠티어 효과(Peltier Effect) : 서로 다른 금속에서 다른 쪽 금속으로 전류를 흘리면 열 발생 또는 흡수가 일어나는 현상을 펠티어 효과라 한다.
- 톰슨 효과(Thomson Effect) : 동종의 금속 각부에서 온도가 다르면 그 부분에서 열 발생 또는 흡수가 일어나는 효과를 톰슨 효과라 한다.
- 홀 효과(Hall Effect) : 전류가 흐르고 있는 도체에 자계를 가하면 도체 측면에 정부의 전하가 나타나 전위차가 발생하는 현상이다.

03
- 변위전류밀도 $i_d = \dfrac{\partial D}{\partial t} = \dfrac{\partial}{\partial t}\left(\varepsilon \dfrac{V_m}{d}\sin\omega t\right)$
$$= \omega\frac{\varepsilon V_m}{d}\cos\omega t \; [\text{A/m}^2]$$
- 변위전류 $I_D = i_D \times S\,[\text{A}]$
$$= \omega\frac{\varepsilon S}{d}V_m\cos\omega t = \omega C V_m\cos\omega t$$

04
유기기전력
$$e = L\frac{di}{dt} = 20 \times 10^{-3} \times \frac{2}{0.2} = 0.2[\text{V}]$$

05
정n각형 코일에 의한 중심점에 작용하는 자계
- 정삼각형 : $H = \dfrac{9I}{2\pi l}\,[\text{AT/m}]$
- 정사각형 : $H = \dfrac{2\sqrt{2}\,I}{\pi l}\,[\text{AT/m}]$
- 정육각형 : $H = \dfrac{\sqrt{3}\,I}{\pi l}\,[\text{AT/m}]$

06
변위전류밀도
$$i_D = \frac{\partial D}{\partial t} = \frac{\partial}{\partial t}\left(\varepsilon\frac{E_m}{d}\sin\omega t\right)$$
$$= \omega\frac{\varepsilon E_m}{d}\cos\omega t\,[\text{A/m}^2]$$

여기서, D : 전속밀도, E_m : 전계의 세기, ε : 유전율

07

$A = 5e^{-r}\cos\phi\, a_r - 5\cos\phi\, a_z$

$\nabla \times A = \dfrac{1}{r}\begin{vmatrix} a_r & ra_\phi & a_z \\ \dfrac{\partial}{\partial r} & \dfrac{\partial}{\partial \phi} & \dfrac{\partial}{\partial z} \\ A_r & rA_\phi & A_z \end{vmatrix}$

$= \dfrac{1}{r}\begin{vmatrix} a_r & ra_\phi & a_z \\ \dfrac{\partial}{\partial r} & \dfrac{\partial}{\partial \phi} & \dfrac{\partial}{\partial z} \\ 5e^{-r}\cos\phi & 0 & -5\cos\phi \end{vmatrix}$

$= \dfrac{1}{r}\left\{ a_r\begin{vmatrix} \dfrac{\partial}{\partial \phi} & \dfrac{\partial}{\partial z} \\ 0 & -5\cos\phi \end{vmatrix} + a_\phi\begin{vmatrix} \dfrac{\partial}{\partial z} & \dfrac{\partial}{\partial r} \\ -5\cos\phi & 5e^{-r}\cos\phi \end{vmatrix}\right.$

$\left. + a_z\begin{vmatrix} \dfrac{\partial}{\partial r} & \dfrac{\partial}{\partial \phi} \\ 5e^{-r}\cos\phi & 0 \end{vmatrix}\right\}$ 에서 a_z 계수만 생각하면

$= \dfrac{1}{r}\cdot\left\{ a_z\left(\dfrac{\partial}{\partial r}\cdot 0 - \dfrac{\partial}{\partial \phi}\cdot 5\cdot e^{-r}\cdot\cos\phi\right)\right\}$

$= \dfrac{1}{r}\cdot 5\cdot e^{-r}\cdot\sin\phi\, a_z \Big|_{r=2,\, \phi=\frac{3\pi}{2},\, \theta=0 \text{ 대입}}$

$= \dfrac{1}{2}\cdot 5\cdot e^{-2}\cdot\sin\dfrac{3\pi}{2}\cdot a_z$

$= \dfrac{1}{2}\cdot 5\cdot e^{-2}\cdot\sin 270°\cdot a_z$

$\fallingdotseq -0.34 a_z$

08

대지면(접지무한평판)과 평행한 전선

- $F = QE = -\lambda\cdot l\,\dfrac{\lambda}{4\pi\varepsilon_0 h} = -\dfrac{\lambda^2 l}{4\pi\varepsilon_0 h}\,[\text{N}]$

- 길이당 힘 : $f = -\dfrac{\lambda^2}{4\pi\varepsilon_0 h}\,[\text{N/m}] \propto \dfrac{1}{h}$

09

$\phi = \dfrac{\mu SNI}{l} = \dfrac{\mu_s\mu_o SNI}{l}$

$= \dfrac{800\times 4\pi\times 10^{-7}\times 10\times 10^{-4}\times 600\times 1}{30\times 10^{-2}}$

$\fallingdotseq 2\times 10^{-3}\,[\text{Wb}]$

10

최대전력 전달 조건

외부저항(부하) = 내부저항(전지) = $\dfrac{r}{M}$

($\because$ 동일한 크기의 저항 M개를 병렬접속 시 $R_t = \dfrac{R}{M}$)

11

$C_1 \xrightarrow{Q=?} C_2$
$V_1 \qquad > \qquad V_2$

$Q_1 = C_1 V_1\,[\text{C}],\ \ Q_2 = C_2 V_2\,[\text{C}]$

이때 1도체의 전하가 이동 후 도체에 남아 있는 전하를 Q_1' 라 하면

$Q_1' = \dfrac{C_1}{C_1+C_2}(Q_1+Q_2)$

($\because$ 가는 선 연결 = 병렬 = $Q_t = Q_1+Q_2$)

$= \dfrac{C_1}{C_1+C_2}(C_1V_1+C_2V_2)\,[\text{C}]$

$\therefore$ 이동한 전하

$Q = Q_1 - Q_1'$

$= C_1V_1 - \dfrac{C_1}{C_1+C_2}(C_1V_1+C_2V_2)$

$= \dfrac{C_1V_1(C_1+C_2)}{C_1+C_2} - \dfrac{C_1C_1V_1}{C_1+C_2} - \dfrac{C_1C_2V_2}{C_1+C_2}$

$= \dfrac{C_1C_2V_1}{C_1+C_2} - \dfrac{C_1C_2V_2}{C_1+C_2}$

$= \dfrac{C_1C_2}{C_1+C_2}(V_1-V_2)\,[\text{C}]$

12

$e = Blv\sin\theta$

$= 10\times 0.04\times \dfrac{1}{0.4}\times\sin 90°$

$= 1\,[\text{V}]$

13

내부전계 $E_i = \dfrac{r \cdot \alpha}{4\pi\varepsilon_o a^3}$ [V/m](단, $r < a$)

$\qquad = \dfrac{\rho_v \cdot v \cdot r}{4\pi\varepsilon_o a^3}$ ($\because \rho_v = \dfrac{Q}{v}$ [C/m³])

$\qquad = \dfrac{\rho_v \cdot \frac{4}{3}\pi a^3 \cdot r}{4\pi\varepsilon_o a^3} = \dfrac{\rho_v \cdot r}{3\varepsilon_o} = \dfrac{1 \times 1}{3\varepsilon_o} = \dfrac{1}{3\varepsilon_o}$ [V]

여기서, ρ_v : 체적전하밀도[C/m³]
$\qquad a$: 반경[m]
$\qquad r$: 멀어진 거리[m]

14

$H = \dfrac{9I}{2\pi l} = \dfrac{9 \times 2}{2\pi \times 3} = \dfrac{3}{\pi}$ [AT/m]

15

체적이 불변할 때 길이가 2배 증가하면 단면적은 $\dfrac{1}{2}$ 로 감소하므로

$R' = \rho \dfrac{2l}{\frac{s}{2}} = \rho \dfrac{4l}{s}$

∴ 4배 증가

16

구대칭 전하 = 구내부의 균일 전하

- 내부전계($r < a$) : $E = \dfrac{Qr}{4\pi\varepsilon a^3}$ ($E \propto r$)
- 외부전계($r > a$) : $E = \dfrac{Q}{4\pi\varepsilon r^2}$ ($E \propto \dfrac{1}{r^2}$)

17

영상전류 I'를 고려하면

$I' = \dfrac{\mu - \mu_o}{\mu + \mu_o} I$ 이고, 이때 두 직선도체 사이에 작용하는 힘

$F = \dfrac{\mu_o I \cdot I'}{2\pi d}$ [N/m]

$\quad = \dfrac{\mu_o I}{2\pi \cdot 2a} \times \dfrac{\mu - \mu_o}{\mu + \mu_o} I = \dfrac{\mu_o}{4\pi a}\left(\dfrac{\mu - \mu_o}{\mu + \mu_o}\right)I^2$ [N/m]

18

전기 쌍극자

- r성분 전계의 세기
$E_r = \dfrac{M}{2\pi\varepsilon_o r^3}\cos\theta = \dfrac{Q\delta}{2\pi\varepsilon_o r^3}\cos\theta$ [V/m]

- θ성분의 전계의 세기
$E_\theta = \dfrac{M}{4\pi\varepsilon_o r^3}\sin\theta = \dfrac{Q\delta}{4\pi\varepsilon_o r^3}\sin\theta$ [V/m]

- 전체 전계의 세기
$E = \dfrac{M}{4\pi\varepsilon_o r^3}\sqrt{1+3\cos^2\theta} = \dfrac{Q\delta}{4\pi\varepsilon_o r^3}\sqrt{1+3\cos^2\theta}$ [V/m]

(단, $M = Q \cdot \delta$ [C·m] : 쌍극자 모멘트)이므로 전기 쌍극자에 의한 전계는 거리의 3승에 반비례한다.

- 전기 쌍극자 전위
$V = \dfrac{M\cos\theta}{4\pi\epsilon_o R^2} = 9 \times 10^9 \dfrac{M\cos\theta}{R^2}$ [V]

19

두 전하에 작용하는 힘(쿨롱의 힘 = 정전력 = 영상력)

공간 매질의 유전율은 ε[F/m]

$F = \dfrac{Q_1 Q_2}{4\pi\varepsilon_0 r^2} = \dfrac{Q\,Q'}{4\pi\varepsilon_0 (2a)^2} = -\dfrac{Q^2}{16\pi\varepsilon_0 a^2}$ [N]

$\quad = -\dfrac{9}{4} \times 10^9 \times \dfrac{Q^2}{a^2} = -\dfrac{9}{4} \times 10^9 \times \dfrac{4^2}{2^2} = 9 \times 10^9$ [N]

(−)는 항상 흡인력이 발생한다는 의미이다.

20

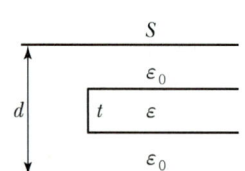

유전체 삽입 전 정전용량 $C = \dfrac{\varepsilon_0 S}{d}$

유전체 삽입 후 정전용량 C'

- 유전체가 없는 부분 $C_1 = \dfrac{\varepsilon_0}{d-t} S$
- 유전체 삽입 부분 $C_2 = \dfrac{\varepsilon}{t} S$

C'는 C_1, C_2의 직렬이므로

$$C' = \cfrac{1}{\cfrac{1}{C_1}+\cfrac{1}{C_2}} = \cfrac{1}{\cfrac{1}{\cfrac{\varepsilon_0}{d-t}S}+\cfrac{1}{\cfrac{\varepsilon}{t}S}} = \cfrac{\varepsilon_0\varepsilon S}{\varepsilon(d-t)+\varepsilon_0 t}$$

전하량 $Q = CV$는 유전체 삽입 전후가 동일하므로
$CV = C'V'$

$$V' = \frac{C}{C'}V = \frac{\varepsilon(d-t)+\varepsilon_0 t}{\varepsilon d}V = \left(1-\frac{t}{d}+\frac{t}{\varepsilon_s d}\right)V$$

$$\left(\because \frac{C}{C'} = \frac{\varepsilon(d-t)+\varepsilon_0 t}{\varepsilon_0\varepsilon S} \times \frac{\varepsilon_0 S}{d} = \frac{\varepsilon(d-t)+\varepsilon_0 t}{\varepsilon d}\right)$$

$$V' = V\left[1-\frac{t}{d}\left(1-\frac{1}{\varepsilon_s}\right)\right]$$

2과목 전력공학

21
$\sqrt{3} \times 150 = 259.8$

22
안정도 향상 대책
- 선로 또는 기기의 리액턴스를 작게 한다.
- 중간조상방식을 채용한다.(송전선로 중간에 동기조상기 연결)
- 재폐로방식을 채용한다.
- 계통을 연계시킨다.
- 발전기 단락비를 크게 한다.
- 속응여자방식을 채용한다.
- 고속도차단방식을 채용한다.(중간개폐소설치)
- 다회선방식이나 복도체방식을 채용한다.
- 불평형을 줄인다.
- 전압변동을 줄인다.
- 지락전류를 줄인다.(고저항접지방식 또는 소호리액터접지)

23
$$부하율(F) = \frac{사용전력량[\text{kWh}]/시간}{최대전력} \times 100[\%]$$
$$= \frac{평균전력}{최대전력} \times 100[\%]$$
$$F = \frac{\frac{F}{365 \times 24}}{W} \times 100 \times \frac{E}{8,760W} \times 100$$

24
차단기 정격차단 시간
- 개극 시간과 아크 시간을 합한 시간
- 트립 코일 여자부터 소호까지의 시간
- 2, 3, 5[Hz]

25

보호방식		계전기(방식)
모선보호		차동계전기
발전기 변압기	내부 고장 시	차동계전기
	과부하, 단락 시	과전류계전기
	소손, 불평형 시	역상계전기
변압기	가스(H_2) 발생 시	부흐홀츠계전기(수은접점 이용)
전력선 반송 보호		• 방향비교방식 • 위상비교방식 • 고속도거리계전기와 조합하는 방식
선로단락, 탈조사고 보호		거리계전기(임피던스 계전기)
환상선로 단락 보호		• 방향단락계전방식 • 방향거리계전방식
표시계전방식		고장점의 위치에 관계없이 전원 측, 부하 측 양쪽을 고속으로 차단하는 방식

26

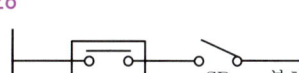

차단 : CB – DS
투입 : DS – CB

27
$$I_s = \frac{100}{\%Z}I = \frac{100}{8} \cdot \frac{20,000}{\sqrt{3} \times 22}$$

28
무부하 선로 차단=C회로 차단=충전 전류 차단 시 개폐 서지가 6배로 발생되며, 재점호를 일으킨다.

29
고압터빈을 돌리고 나온 증기를 다시 가열한다.(증기재열)

30
$$C = \frac{0.02413}{\log_{10} \frac{D}{r}} \, [\mu F/km]$$

31
플리커 대책에서 공급 전원의 승압은 공급자 측 대책이다.

32
$$A \propto \frac{1}{V^2}$$

33
동기조상기
- 경부하 시 : 부족여자운전(콘덴서)
- 중부하 시 : 과여자운전(리액터)

34
비등수형 원자로는 열교환기가 필요 없다.

35
$$I = \frac{E_s \cos\theta_1 - E_r \cos\theta_2}{r} = \frac{6,600 \times 0.9 - 6,100 \times 0.8}{20}$$
$$= 53$$

36
제한전압
- 뇌전압이 제한되어 뇌전류 방전 시 전압
- 뇌전류 방전 시 직렬캡에 나타나는 전압

37
$$Z = \frac{V^2}{P} = \frac{154^2}{5,000} = 4.74$$

38
피뢰기 구비조건
- 제한 전압은 낮게
- 속류 차단 능력 우수
- 충격 방전개시전압이 낮을 것
- 상용 주파 방전개시전압이 높을 것

39
$1\phi3w$ 전기방식
- 2종의 전원을 얻을 수 있다.
- 중성선 단선 시 전압의 불평형이 생긴다. → 저압밸런서 설치
- 중성선에는 Fuse를 설치하지 않는다.

40
영상임피던스는 3배 증가한다.

3과목 전기기기

41
A, B 동기발전기를 병렬 운전 중 A기의 여자를 약하게 하면 A기의 유기기전력이 저하하고 A기에는 진상무효전류가 흐르게 되어 역률이 개선되며, B기에는 지상무효전류가 흘러 역률이 저하된다.

42
다이오드 보호
- 과전압 보호 : 다이오드 추가 직렬접속
- 과전류 보호 : 다이오드 추가 병렬접속

43
- 무부하 특성곡선 : 계자전류 I_f와 유도기전력 E의 관계곡선
- 외부 특성곡선 : 부하전류 I와 단자전압 V의 관계곡선

44
전기자 반작용의 영향
- 주자속 감소
- 발전기 : 유기기전력, 단자전압, 출력 감소
- 전동기 : 토크 감소, 속도 증가
- 전기적 중성축 이동(발전기는 브러시를 회전방향으로 이동시켜 보상, 전동기는 브러시를 회전 반대방향으로 이동시켜 보상)

45
사이리스터 단상 전파 정류 회로에서 순저항 시 맥동률

$$맥동률 = \sqrt{\frac{(실횻값)^2 - (평균값)^2}{(평균값)^2}} \times 100[\%]$$

$$= \frac{교류분의\ 전압}{직류분의\ 전압} \times 100$$

- 단상전파 : 48[%]
- 3φ 반파 : 17[%]

$$3 = \frac{교류분의\ 크기}{2000} \times 100$$

∴ 교류분의 크기 = 60

46
정격전류 $I_n = \dfrac{P}{\sqrt{3}\,V} = \dfrac{100 \times 10^3}{\sqrt{3} \times 3{,}300} = 17.5[\text{A}]$

47
3상 유도전동기의 출력
$P = \sqrt{3}\,IV\cos\theta\,\eta$
$\quad = \sqrt{3} \times 21.5 \times 200 \times 0.86 \times 0.85 = 5{,}444[\text{W}]$

48
$3{,}300 : E_1 = 12 : 5$
$E_1 = \dfrac{3{,}300 \times 5}{12} = 1{,}375[\text{V}]$

49
고조파분이 없고 권선을 절약하는 권선법은 단절권이다.

50
전기각 = 기계각 $\times \dfrac{극수}{2} = 15 \times \dfrac{12}{2} = 90°$

51
$\tau = 0.975\dfrac{P_0}{N} = 0.975\dfrac{P_2}{N_s}[\text{kg}\cdot\text{m}]$

$\quad = 0.975\dfrac{P_0}{N} \times 9.8 = 0.975\dfrac{P_2}{N_s} \times 9.8[\text{N}\cdot\text{m}]$

$\quad = 0.975\dfrac{1{,}885}{1{,}800} \times 9.8 = 10[\text{N}\cdot\text{m}]$

$P_2 = \dfrac{P_{C2}}{s} = \dfrac{94.25}{0.05} = 1{,}885[\text{W}]$

$N_s = \dfrac{120f}{p} = \dfrac{120 \times 60}{4} = 1{,}800[\text{rpm}]$

52
여자전류의 파형은 왜형파이다.

53
선형전동기는 공극의 크기가 크다.

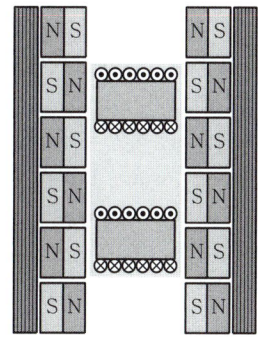

54
최대효율 조건
고정손(철손) = 부하손(동손) : $P_i = P_c$

55
단자전압이 상승하면 슬립은 작아지고 속도가 증가한다.
- $s \propto \dfrac{1}{V^2}$ (전압상승 → 슬립감소)

- $N = N_s(1-s)$ (슬립감소 → 속도증가)
- $\eta = 1-s$ (슬립감소 → 효율증가)

56
회전자계의 속도는 동기속도와 같다.

57

구분	중권(병렬권)	파권(직렬권)
병렬회로수 a	극수와 같다.	2
브러시 수 b	극수와 같다.	2
균압환(균압선)	필요하다.	필요 없다.
용도	대전류, 저전압	소전류, 고전압
다중도 m인 경우 병렬 회로 수	$a=mp$	$a=2m$

※ 균압선 : 병렬운전

58
스테핑 모터
- 입력 펄스당 일정 각도만큼 모터가 회전하여 자동제어가 쉽다.
- 펄스 신호수에 비례한 만큼의 출력축이 회전하므로, DC모터와는 달리 위치의 피드백이 불필요하다.
- 자기지지 토크가 형성되기 때문에 브레이크 기구가 없어도 자체의 위치결정 능력을 가지고 있다.
- 회전자에 영구 자석을 사용하면 무자력 상태에서도, 자기 보지력(Self-holding Torque, Detent Torque)이 발생한다.
- 고토크, 고속 응답, 소형 경량이다.
- 미소각, 고정도, 저가격이다.
- DC 모터의 브러시에 의한 기계적인 마찰로 인한 파손이 없기 때문에 보수가 필요 없다.
- 위치제어를 할 때 각도 오차가 적고 누적되지 않는다.

59
철손=동손일 때 최대 효율

$$\frac{1}{m} = \sqrt{\frac{P_i}{P_c}}$$

$$\frac{1}{m} = \sqrt{\frac{1.6}{2.4}} = 0.816$$

60
난조방지법
- 제동권선 설치 : 가장 유효한 방법
- Fly Wheel 부착으로 관성 모멘트를 크게 한다.
- 조속기가 너무 예민하지 않게 한다.

4과목 회로이론 및 제어공학

61

종류	동작	특징
P제어	비례동작	• 정상오차를 수반 • 잔류편차 발생
I제어	적분동작	잔류편차 제거
D제어	미분동작	오차가 커지는 것을 미연에 방지

62

$$A = \begin{bmatrix} 0 & 1 \\ -2 & -3 \end{bmatrix}$$

$$|SI-A| = \begin{bmatrix} s & 0 \\ 0 & s \end{bmatrix} - \begin{bmatrix} 0 & 1 \\ -2 & -3 \end{bmatrix} = \begin{bmatrix} s & -1 \\ 2 & s+3 \end{bmatrix}$$

$$= s(s+3)-(-2) = s^2+3s+2 = 0$$

$$= (s+1)(s+2) = 0$$

$s = -1, -2$

∴ 근이 서로 다른 실근이면 과제동

63
부동작 시간요소 $G(s) = e^{-Ls}$는

$G(j\omega) = e^{-j\omega L} = \cos\omega L - j\sin\omega L$

$|G(j\omega)| = \sqrt{(\cos\omega L)^2 + (\sin\omega L)^2} = 1$

$\angle G(j\omega) = \tan^{-1}\left(\frac{\sin\omega L}{\cos\omega L}\right) = -\omega L$

크기는 1이고, ω의 증가에 따라 벡터 궤적 $G(j\omega)$는 원주상을 시계방향으로 회전한다.

64

$$\frac{c(t)}{r(t)} = \frac{1}{(s+1)} \times \frac{2}{(s+2)}$$

$$\frac{C(s)}{R(s)} = \frac{z}{(z-e^{-T})} \times \frac{2z}{(z-e^{-2T})}$$
$$= \frac{2z^2}{(z-e^{-T})(z-e^{-2T})}$$

65
$X = \overline{\overline{A+B}+B}$

드모르간 정리 $X = \overline{\overline{A+B}} \cdot \overline{B}$
$= (A+B) \cdot \overline{B} = A\overline{B} + B\overline{B} = A\overline{B}$

66
$$\frac{C(s)}{R(s)} = \frac{경로}{1-폐로}$$
$$= \frac{ab}{1-4b-5ab}$$

67
$R(s) = \frac{1}{s}$: $C(s) = \frac{1}{s} + \frac{1}{s+\frac{1}{T}}$

$$\frac{C(s)}{R(s)} = \frac{\frac{1}{s} - \frac{1}{s+\frac{1}{T}}}{\frac{1}{s}} = \frac{\frac{1}{T}}{s+\frac{1}{T}} = \frac{1}{1+Ts}$$

∴ 1차 지연제어계

68
근궤적의 수는 극점수와 영점수의 개수 중 큰 값으로 결정
근궤적의 수(N)는 극점의 수(P)와 영점수(Z)에서
$P=4$개, $Z=1$개이므로 $N=4$개이다.

69
주파수 응답에서 안정도의 척도는 공진치, 위상여유, 이득여유이다.
즉, 고유주파수($\omega_m = \frac{1}{\sqrt{LC}}$)는 안정도와 무관하다.

70
- 이득 $= 20\log|G| = 20\log 1 = 0$[dB]
- 위상 $= -180°$ 또는 180

71
△결선의 특징
- $V_l = V_p$
- $I_l = \sqrt{3} I_p \angle -30°$
- $I_l = \frac{\sqrt{3} V_l}{Z}$

72
$$P = \frac{V^2}{R} = 1,000[\text{W}]$$
$$P' = \frac{(0.8V)^2}{R} = 0.64 \frac{V^2}{R} = 0.64 \times 1,000 = 640[\text{W}]$$

73
$$i(t) = \frac{V-V_o}{R} e^{-\frac{1}{RC}t} = \frac{3-1}{2} e^{-\frac{1}{2 \times \frac{1}{4}}t} = e^{-2t}[\text{A}] 이므로$$
$$I(s) = \mathcal{L}[i(t)] = \mathcal{L}[e^{-2t}] = \frac{1}{s+2}$$

74
중첩의 원리에 의해
- 전압원 기준일 때 3[A] 전류원을 개방

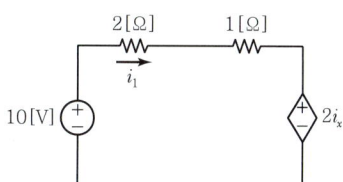

2[Ω]에 흐르는 전류 $i_1 = \frac{10-2i_x}{3}$[A]

- 전류원 기준일 때 10[V]와 $2i_x$ 전압원을 단락

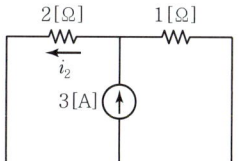

2[Ω]에 흐르는 전류 $i_2 = \frac{1}{2+1} \times 3 = 1$[A]

i_1과 i_2는 방향이 반대이므로

$i_1 - i_2 = \dfrac{10-2i_x}{3} - 1 = i_x$ 가 되고, i_x에 대해 정리하면

$\dfrac{10-2i_x}{3} - 1 = i_x$

$\dfrac{10-2i_x-3}{3} = i_x$

$\therefore 3i_x = 10 - 2i_x - 3$

$5i_x = 7$

$i_x = \dfrac{7}{5} = 1.4[\text{A}]$

75

최대전력전송조건 $R = R_L$이므로

이때 최대전력은 $P_{\max} = I^2 R_L = \left(\dfrac{V}{R+R_L}\right)^2 \cdot R_L \bigg|_{R_L = R}$

$= \dfrac{V^2}{4R}[\text{W}]$

76

4단자 대칭회로에서는 A정수와 D정수가 같다.

77

$Z_0 = \sqrt{\dfrac{Z}{Y}}$, $\gamma = \sqrt{ZY}$이므로

$Z_0 \gamma = \sqrt{\dfrac{Z}{Y} ZY} = Z$

78

이 회로의 $Z = -j30 + \dfrac{80 \cdot j60}{80 + j60} = 28.8 + j8.4 [\Omega]$이므로

병렬회로로 바꿀 경우

$Y = \dfrac{1}{R} + j\dfrac{1}{X} = \dfrac{1}{Z}$

$= \dfrac{1}{28.8 + j8.4} = \dfrac{4}{125} - j\dfrac{7}{750}[\mho]$

이때, $R = \dfrac{125}{4} = 31.25[\Omega]$

$X = j\dfrac{750}{7} = j107.15[\Omega]$

79

정상값(=최종값) 정리에 의해서

$\lim\limits_{t \to \infty} f(t) = \lim\limits_{s \to 0} sF(s) = \lim\limits_{s \to 0} s\dfrac{5s+3}{s(s+1)} = \dfrac{5s+3}{s+1} = 3$

80

$\sin\theta = \sqrt{1-\cos^2\theta} = \sqrt{1-0.8^2} = 0.6$

무효전력

$P_r = \sqrt{3}\, V_l I_l \sin\theta = \sqrt{3} \times 200 \times 10\sqrt{3} \times 0.6$

$= 3,600[\text{Var}]$

5과목 전기설비기술기준 및 판단기준

81

병행

동일 지지물에 전력선과 전력선을 동시 시설하여 35[kV] 이하인 경우

- 고 − 저 : 50[cm] 　　　케이블 : 30[cm]
- 특고 − 고, 저 : 1.2[m] 　케이블 : 50[cm]
- 22.9[kV] − 고, 저 : 1[m] 케이블 : 50[cm]

82

전압의 종별

- 저압 : 직류 1,500[V] 이하, 교류 1,000[V] 이하
- 고압 : 저압 초과 7,000[V] 이하
- 특별고압 : 7,000[V] 초과

83

특고압 및 고압 기계・기구 외함은 제1종 접지공사를 한다. 단, 400[V] 미만은 제3종 접지공사, 400[V] 이상은 특별 제3종 접지공사를 한다.

84
저압 옥상 전선로
- 전선은 인장강도 2.30[kN] 이상의 것 또는 지름 2.6[mm] 이상의 경동선일 것
- 전선은 절연전선일 것
- 지지점 간의 거리는 15[m] 이하일 것
- 상시 부는 바람 등에 의하여 식물에 접촉하지 아니하도록 시설할 것
- 전선로와 조영재 상부의 간격은 2[m] 이상(케이블은 1[m])일 것

85
저압 및 고압 가공전선의 높이

장소	저·고압
지표 상	5[m]
도로횡단	6[m]
철도횡단	6.5[m]
횡단보도교	3.5[m](단, 450/750[V] 인입용 비닐절연전선·케이블 : 3[m])

86

사용전압의 구분	울타리의 높이와 울타리로부터 충전부분까지의 거리의 합계 또는 지표상의 높이
35,000[V] 이하	5[m]
35,000[V] 초과 160,000[V] 이하	6[m]

87
다중접지식 절연내력 시험전압은 0.92배이므로
22.9[kV]×0.92=21.068

88
옥내 저압용의 조명코드선의 시설
- 옥내에 시설하는 사용 전압이 400[V] 이하 조명코드선은 비닐 코드(비닐 캡타이어 코드를 포함한다. 이하 같다) 이외의 코드 또는 비닐 캡타이어 케이블 이외의 캡타이어 케이블로서 단면적이 0.75[mm²] 이상인 것이어야 한다.
- 사용 전압이 400[V] 초과인 조명코드선은 옥내에 시설하여서는 아니 된다.

89
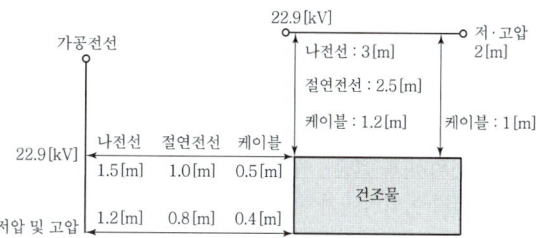

90
25[kV] 이하인 특별고압 가공전선로 첨가 통신선의 시설에 관한 특례

특별고압 가공전선로의 지지물에 시설하는 통신선 또는 이에 직접 접속하는 통신선은 첨가 통신용 제2종 케이블 이상의 절연효력이 있는 케이블, 첨가 통신용 제2종 케이블 또는 광섬유 케이블일 것

91
사용전압이 400[kV] 이상인 특고압 가공전선과 건조물 사이의 수평거리는 그 건조물의 화재로 인한 전선의 손상 등에 의하여 전기사업에 관련된 전기의 원활한 공급에 지장을 줄 우려가 없도록 가공전선과 건조물 상부와의 수직거리가 28[m] 이상일 것

92
간선의 허용전류(I_a)

$I_a \begin{bmatrix} I_M \text{이 } 50[A] \text{ 이하} : (I_M \times 1.25 \text{배}) + I_H [A] \\ I_M \text{이 } 50[A] \text{ 초과} : (I_M \times 1.1 \text{배}) + I_H [A] \end{bmatrix}$

$I_a = 60 \times 1.1 + 50 = 116$

93
의료장소마다 그 내부 또는 근처에 기준접지 바를 설치할 것. 다만, 인접하는 의료장소와의 바닥 면적 합계가 50[m²] 이하인 경우에는 기준접지 바를 공용할 수 있다.

94
나전선의 사용
㉠ 애자 사용 공사에 의하여 전개된 곳에 다음의 전선을 시설하는 경우
  - 전기로용 전선
  - 전선의 피복 절연물이 부식하는 장소에 시설하는 전선
  - 취급자 이외의 자가 출입할 수 없도록 설비한 장소에 시설하는 전선
㉡ 버스 덕트 공사에 의하여 시설하는 경우
㉢ 라이팅 덕트 공사에 의하여 시설하는 경우
㉣ 트롤리선과 같이 접촉 전선을 시설하는 경우

95
폭발성 또는 연소성의 가스가 침입할 우려가 있는 것에 시설하는 지중함으로서 그 크기가 $1[m^3]$ 이상인 것에는 통풍장치, 기타 가스를 방산시키기 위한 적당한 장치를 시설할 것

96
제1종 접지공사
안정권선(유휴권선) 및 내장권선, 피뢰기, 피뢰침, 전기집진장치, 항공장해 등

97
지지선의 시설
㉠ 철탑은 지지선을 사용하여 그 강도를 분담시켜서는 아니 된다.
㉡ 가공전선로의 지지물에 시설하는 지지선은 다음 각 호에 의하여야 한다.
  - 지지선의 안전율은 2.5 이상일 것
    - 이 경우에 허용 인장하중의 최저는 $4.31[kN]$으로 한다. 단, 목주, A종인 경우 1.5
  - 지지선에 연선을 사용할 경우에는 다음에 의할 것
    - 소선(素線) 3가닥 이상의 연선일 것
    - 소선의 지름이 $2.6[mm]$ 이상인 금속선을 사용한 것일 것. 다만, 소선의 지름이 $2[mm]$ 이상인 아연도강연선으로서 소선의 인장강도가 $0.68[kN/mm^2]$ 이상인 것
  - 지중부분 및 지표상 $30[cm]$까지의 부분에는 내식성이 있는 것 또는 아연도금을 한 철봉을 사용

98
가공공동지선
변압기는 시설장소마다 접지공사를 시행함이 원칙이다. 다만, 토지의 상황에 따라 규정된 접지 저항값을 얻기 어려운 경우 가공공동지선을 설치한다.

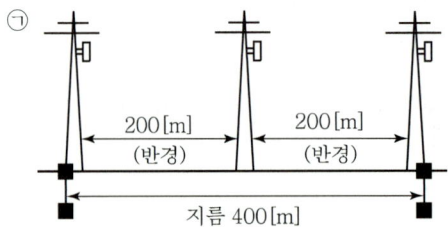

㉡ 접지선 굵기 $4.0[mm]$, $5.26[kN]$
  (변압기 전용접지선=동복강선 : $3.5[mm]$)
㉢ 가공공동지선과 대지 간의 합성전기저항치는 $1[km]$를 지름으로 하여 분리되었을 경우 접지 저항 값은 $300[\Omega]$ 이하로 유지

99
통신선 높이

위치 \ 종류	가공 통신선	첨가 통신선	
		저·고압	특고압
도로 횡단 시	$5[m]$	$6[m]$	$6[m]$
철도 횡단 시	$6.5[m]$	$6.5[m]$	$6.5[m]$
횡단보도교 시설 시	$3[m]$	$3.5[m]$ 케이블 절연전선 : $3[m]$	$5[m]$

100
가공전선의 지표상 높이

장소 \ 전압	저·고압	특고압
도로횡단	$6[m]$	$6[m]$
철도횡단	$6.5[m]$	$6.5[m]$
횡단보도교	$3.5[m]$(단, $450/750[V]$인입용) 비닐절연선·케이블 : $3[m]$	• $35[kV]$이하 : $4[m]$ • $160[kV]$이하 : $5[m]$

정답 전기기사 2016년 2회 기출문제

01	02	03	04	05	06	07	08	09	10
①	①	②	②	②	②	④	③	③	④
11	12	13	14	15	16	17	18	19	20
③	②	①	①	①	①	③	①	③	④
21	22	23	24	25	26	27	28	29	30
①	④	③	②	④	③	③	②	②	②
31	32	33	34	35	36	37	38	39	40
④	④	④	①	③	②	④	④	③	④
41	42	43	44	45	46	47	48	49	50
②	①	③	①	③	④	②	②	③	③
51	52	53	54	55	56	57	58	59	60
①	③	①	③	②	④	②	③	③	①
61	62	63	64	65	66	67	68	69	70
④	③	①	③	③	②	②	②	②	④
71	72	73	74	75	76	77	78	79	80
①	②	④	②	③	②	③	④	②	①
81	82	83	84	85	86	87	88	89	90
①	②	②	③	③	③	③	④	④	④
91	92	93	94	95	96	97	98	99	100
④	①	④	②	④	③	④	②	③	①

1과목 전기자기학

01

거리벡터 $\vec{r} = (0-2)a_x + (0-0)a_y + (4-4)a_z = -2a_x$

$|\vec{r}| = \sqrt{2^2} = 2$

무한장 직선상의 전계 $|\vec{E}| = \dfrac{\rho_L}{2\pi\varepsilon_o \cdot r}\bigg|_{r=2} = \dfrac{\rho_L}{4\pi\varepsilon_o}$

전계의 벡터 $\vec{E} = n|\vec{E}| = \dfrac{\vec{r}}{|\vec{r}|} \cdot |\vec{E}|$

$= \dfrac{-2a_x}{2} \cdot \dfrac{\rho_L}{4\pi\varepsilon_o}$

$= -\dfrac{\rho_L}{4\pi\varepsilon_o} a_x$

02

회전력 $T = MH\sin\theta$이므로 θ만큼 회전 시 필요한 일

$W = \displaystyle\int_0^\theta T d\theta = MH\int_0^\theta \sin\theta\, d\theta$

$= MH(1-\cos\theta)$

$= 9.8 \times 10^{-5} \times 10.5 \times (1-\cos 90°) = 1.03 \times 10^{-3}$ [J]

03

$L = \dfrac{\mu S N^2}{l} \times \dfrac{1}{l} = \mu S \left(\dfrac{N^2}{l^2}\right) = \mu S n_0^2$

04

$W = \dfrac{1}{2}\varepsilon E^2 = \dfrac{D^2}{2\varepsilon}$

$\varepsilon = \dfrac{D^2}{2W} = \dfrac{(4.8 \times 10^{-7})^2}{2 \times 5.3 \times 10^{-3}} = 2.17 \times 10^{-11}$ [F/m]

05

전기 쌍극자 전계

$E = \dfrac{M}{4\pi\varepsilon_o r^3}\sqrt{1+3\cos^2\theta}$ [V/m]이므로

$\theta = \dfrac{\pi}{2}$일 때 최소이다.

06

감자율 : N
- 가늘고 긴 막대 $N \fallingdotseq 0$
- 환상(솔레노이드) 철심 $N = 0$
- 굵고 짧은 막대 $N = 1$
- 구자성체 $N \fallingdotseq \dfrac{1}{3}$

07

$H = \dfrac{NI}{2a} = \dfrac{\dfrac{1}{2} \times 10}{2 \times 0.1} = 25$ [AT/m]

암페어의 오른나사법칙으로 시계방향전류의 중심자계는 들어가는 방향(⊗)이다.

08
패러데이 관의 성질
- 패러데이 관 내 전속선 수는 일정하다.
- 진전하가 없는 점에서 패러데이 관은 연속적이다.
- 패러데이 관의 밀도는 전속밀도와 같다.
- 패러데이 관 양단에 정, 부의 단위 전하가 있다.

09
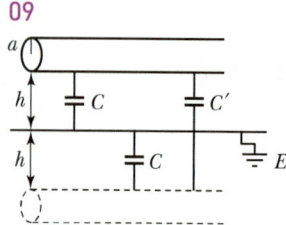

가공전선로와 영상분에 의한 평행도선 사이의 정전용량
$C' = \dfrac{C}{2}$ 이므로

대지와 가공전선로 사이 정전용량
$$C = 2C' = 2 \cdot \dfrac{\pi\varepsilon}{\ln\dfrac{2h}{a}} = \dfrac{2\pi\varepsilon}{\cosh^{-1}} \text{[F/m]}$$

$\left(\because \ln\dfrac{2h}{a} = \cosh^{-1}\dfrac{h}{a}\right)$

10
$$E = -\operatorname{grad} V = -\nabla V$$
$$= -\left(\dfrac{\partial}{\partial x}i + \dfrac{\partial}{\partial y}j + \dfrac{\partial}{\partial z}k\right)V$$
$$= -\left(\dfrac{\partial V}{\partial x}i + \dfrac{\partial V}{\partial y}j + \dfrac{\partial V}{\partial z}k\right)$$
$$= -(3yi + 3xj + 1k) = -3yi - 3xj - k$$

11
정사각형(정방형) 코일에 의한 중심점에 작용하는 자계는
$H = \dfrac{2\sqrt{2}\,I}{\pi L}$ [AT/m]일 때,

자속밀도 $B = \mu_0 H = \dfrac{2\sqrt{2}}{\pi}\mu_0\dfrac{I}{L}$

12
푸아송의 방정식을 이용하면
$-\nabla^2 V = \dfrac{\rho}{\varepsilon_0}$ 또는 $\nabla^2 V = -\dfrac{\rho}{\varepsilon_0}$

13
상호인덕턴스는
$M = L_1\dfrac{N_2}{N_1} = 5 \times \dfrac{80}{20} = 20$ [mH]

14
표피효과
도선에 교류 인가 시 전류가 도선 바깥(표피)쪽으로 집중되어 흐르려는 현상

- 표피효과에 의한 침투 깊이(표피두께)
$$\delta = \sqrt{\dfrac{1}{\pi f \sigma \mu}} \text{ [m]}$$
- 표피효과 $P = \dfrac{1}{\delta} = \dfrac{1}{\sqrt{\dfrac{1}{\pi f \sigma \mu}}} = \sqrt{\pi f \sigma \mu}$

여기서, f : 주파수, σ : 도전율, μ : 투자율

15
키르히호프 법칙
- 제1법칙 : 임의의 결합점으로 유입하는 자속의 총합은 유출하는 자속의 총합과 같다.
$\sum \phi_i = \sum \phi_o$, $\sum \phi = 0$
- 제2법칙 : 임의의 폐자기회로에서 자기저항과 자속의 곱은 기자력의 대수합과 같다.
$\sum F(NI) = \sum \phi R_m$

16
콘덴서 병렬 연결 시 전위차가 같아지도록 전하 이동이 생길 때 줄열이 손실되어 에너지는 감소한다.
W(후) $< W_1 + W_2$ (전)

17
정전계 경계면 조건
㉠ 법선(수직) 전속밀도 $D_{n1} = D_{n2}$만 존재
- $D_{n1} = D_{n2}$: 연속적이다.
- $E_{n1} \neq E_{n2}$: 불연속적이다.
여기서 n은 법선(수직)성분을 의미한다.
- $D_1\cos\theta_1 = D_2\cos\theta_2$, $\varepsilon_1 E_1\cos\theta_1 = \varepsilon_2 E_2\cos\theta_2 \to$ (1)식

ⓒ 접선(수평)= 경계면 전계 $E_{t\,1}=E_{t\,2}$만 존재
- $E_{t\,1}=E_{t\,2}$: 연속적이다.
- $D_{t\,1}\neq D_{t\,2}$: 불연속적이다.
  여기서 t는 접선(수평)성분을 의미한다.
- $E_1\sin\theta_1=E_2\sin\theta_2 \rightarrow$ (2)식

ⓒ 굴절각
굴절각은 $\varepsilon_1\tan\theta_2=\varepsilon_2\tan\theta_1$이며 유전체에 비례한다.
굴절하지 않을 경우
- $\varepsilon_1=\varepsilon_2$
- $\theta_1=0$
- 전계와 전속밀도가 수직으로 입사할 때 이때 전계는 불연속 전속밀도는 불변한다.

ⓔ $\varepsilon_1>\varepsilon_2$일 때 비례관계 : $\theta_1>\theta_2,\ D_1>D_2,\ E_1<E_2$

18
면전하 부호가 다른 경우
- 외부 전계 : $E=E_1-E_2=\dfrac{\sigma}{2\varepsilon_0}-\dfrac{\sigma}{2\varepsilon_0}=0$
- 내부 전계 : $E=E_1+E_2=\dfrac{\sigma}{2\varepsilon_0}+\dfrac{\sigma}{2\varepsilon_0}=\dfrac{\sigma}{\varepsilon_0}$

19
전자파의 특징
- 전계와 자계가 동시에 존재하며 동위상이며 파형은 서로 수직관계이다.
- 전계 에너지와 자계 에너지는 같다.
- 전자파의 진행 방향 : $E\times H$의 방향이다.
- 전자파는 진행 방향에 대한 전계와 자계의 성분은 없다.
- 속도 $v=\dfrac{1}{\sqrt{\varepsilon\mu}}\,[\mathrm{m/s}]$
- 유전율, 투자율, 주파수, 파장과 관계가 있다.

20
수정발진기
LC회로의 유도성 소자 대신 수정의 압전효과를 사용하는 발진기로 높은 주파수 안정도가 요구되는 곳에서 이용된다.

2과목 전력공학

21
댐퍼는 전선의 진동방지 설비로 연면 섬락과 거리가 멀다.

22
변압기 2차 측 접지는 2차 측 전위상승을 억제한다.

23
선로 전압 강하 보상기(Line Drop Compensator)는 모선의 전압을 조정하는 것을 말한다.

24
$Q_G \geq 3\omega CE^2 \times 2$회선
$= 3\times 2\pi \times 60 \times 0.02 \times 10^{-6} \times 240 \times \left(\dfrac{154{,}000}{\sqrt{3}}\right)^2 \times 2$

25

구분	직접접지	소호리액터 접지
전위상승	최저(1.3배 이하)	최대($\sqrt{3}$배 이상)
지락전류	최대	최소
유도장해	최대	최소
과도안정도	낮음	높음

26
다중접지 계통은 지락전류가 상당히 크므로 보호장치가 예민하지 않다.

27
자동재폐로 방식은 고속도로 재투입하여 고장시간을 최소화하는 방식으로 신뢰도가 우수한 방식이며, 보호계전방식은 다소 복잡하게 운용된다.

28
$P ≒ 9.8\,QH\eta = 9.8 \times 20 \times 100 \times 0.85$

29
흡출관은 반동수차에 사용하는 것으로 낙차를 크게 하는 데 목적을 두고 있다.

30
지락계전기, 과전류계전기 등은 전류의 방향성과 무관하게 동작한다.

31
$\delta = \dfrac{66-62}{62} \times 100 = 6.45$

32
$P \propto V^2 = \left(\dfrac{345}{154}\right)^2 = 5$

33
연계 단점
- 사고 범위가 확대되며 단락용량이 크다.
- 유도장해가 크다.

34
연가의 효과
- 선로정수 평형
- 직렬공진 방지
- 유도장해 방지

35
1회선 $\dfrac{1}{2}$ 2회선

B $\rightleftarrows$ $\dfrac{B}{2}$
      2

36
개폐서지 → 6배 전위 상승
대책 : 차단기 내에 저항기 설치

37
$D' = \sqrt[3]{D_1 D_2 D_3} = \sqrt[3]{50 \times 60 \times 70} = 59.4 \,[cm]$

38
변압기 용량
$= \dfrac{\text{개별 최대 전력의 합}}{\text{부등률}} \times \dfrac{1}{\cos\theta}$
$= \dfrac{(50\times 0.6)+(100\times 0.6)+(80\times 0.5)+(60\times 0.5)+(150\times 0.4)}{1.3 \times 0.8}$
$= 212$

39
복도체 사용목적
- 임계전압을 크게 하여 코로나 발생 방지
- L값 감소, C값 증가로 송전용량 증가
- 안정도 우수, 전위 경도 감소

40
방전코일은 콘덴서의 잔류전하를 방전시킨다.

3과목 전기기기

41
- A : 전기자 권선(Amature)
- C : 보상권선(Compensating Winding)
- F : 계자권선(Field Magnet)

42
$E = \dfrac{pz\phi N}{60a}$, $\phi = \dfrac{60 \times a \times E}{pzN}$, 파권 병렬회로수 $a = 2$

43

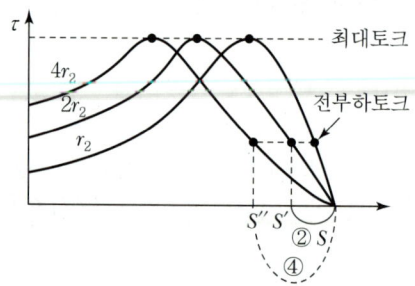

2차 저항 r_2에 비례해서 곡선이 이동한다.

44
- 단상반파 정류회로 직류평균전압

$$E_d = \frac{\sqrt{2}}{\pi}E - e = 0.45E - e \,[\text{V}]$$

- 단상전파 정류회로 직류평균전압

$$E_d = \frac{2\sqrt{2}}{\pi}E - e = 0.9E - e \,[\text{V}]$$

- 3상 반파 정류회로 직류평균전압 : $1.17E$
- 3상 전파 정류회로 직류평균전압 : $1.35E$

45

$$Z_1 = \frac{V_1}{I_{s1}} = \frac{300}{7.3} = 41.25$$

$$I_{s1} = I_{s2} \times \frac{1}{a} = 120 \times \frac{1}{16.5} \fallingdotseq 7.3$$

$$V_{s1} = I_{n1} \times 41.25 = \frac{10 \times 10^3}{3,300} \times 41.25 = 125$$

$$V_s = \%Z \cdot V_n$$

$$\%Z = \frac{V_{s1}}{V_{n1}} \times 100 = \frac{125}{3,300} \times 100 = 3.8\,[\%]$$

46
전기자 반작용에 의한 영향
편자작용, 감자작용, 불꽃 발생

47
동기조상기
동기전동기를 무부하로 운전하고 여자전류를 가감하면 1차에 유입하는 전류는 거의 무효분뿐이며 과여자 시에는 진상전류, 부족여자 시에는 지상전류가 된다. 이러한 특성을 이용하여 동기전동기를 송전선의 전압조정 및 역률개선에 사용하는 것이 동기조상기이다.

48
VVVF
유도 전동기에 가해지는 전압과 주파수를 동시에 조절하여 유도 전동기의 토크와 회전속도를 제어할 수 있는 기술을 의미한다.

49
각각의 정격전압은 상전압이므로 기동 시(Y결선) 선간전압의 $\frac{1}{\sqrt{3}}$ 배, 운전 시(Δ결선) 선간전압의 1배

50
사이리스터 특성(SCR)
- 정류작용
- S/W 작용(ON/OFF 작용)
- 위상제어

51
$$200 : 5 = I_1 : 1.5 \qquad I_1 = \frac{200 \times 1.5}{5} = 60\,[\text{A}]$$

52
슬립의 범위
- 최대출력 : 약 2~8[%]
- 최대토크 : 약 16~30[%]

53
전압변동률

$$\varepsilon = \frac{V_0 - V_n}{V_n} \times 100 = \frac{E - V_n}{V_n} \times 100 = \frac{I_a R_a}{V_n} \times 100$$

$$= \frac{52 \times 0.1}{200} = 0.026 \quad \therefore \ 2.6\,[\%]$$

$$I_a = I + I_f = \frac{10,000}{200} + \frac{200}{100} = 50 + 2 = 52$$

54
단락비

$$K_S = \frac{\text{무부하 시 정격전압을 유기하는 데 필요한 여자전류}}{\text{3상 단락 시 정격전류와 같은 단락전류를 흐르게 하는 데 필요한 여자전류}}$$

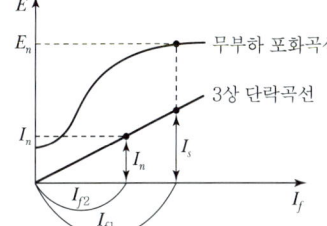

$$K_S = \frac{I_{f_1}}{I_{f_2}} = \frac{I_s}{I_n}$$

$$= \frac{1}{Z_s}\,[\text{p.u}]$$

55

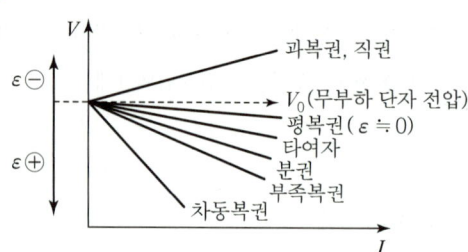

56

전압변동률

$$\varepsilon = \frac{V_0 - V_n}{V_n} \times 100 = \frac{E - V_n}{V_n} \times 100$$

$$E = \sqrt{0.6^2 + (0.8 + 0.6)^2} = 1.523$$

$$\varepsilon = \frac{E - V_n}{V_n} \times 100 = \frac{1.523 - 1}{1} \times 100 = 52.3[\%]$$

57

원리

유도전동기와 변압기의 원리를 이용한 전압조정기

58

단권변압기 2대(V결선 · 승압 · 강압)

$$\frac{\text{자기용량}}{\text{부하용량}} = \frac{2}{\sqrt{3}} \times \frac{V_H - V_L}{V_H}$$

$$\frac{\text{자기용량}}{300} = \frac{2}{\sqrt{3}} \times \frac{3{,}300 - 3{,}000}{3{,}300}$$

자기용량 $= \frac{2}{\sqrt{3}} \times \frac{300}{3{,}300} \times 300 = 31.53[\text{kVA}]$

1대의 자기용량 $= \frac{\text{전체자기용량}}{2} = \frac{31.53}{2} = 15.72[\text{kVA}]$

59

- V결선의 3상 출력은 Δ결선에 비하여 57.7[%]의 출력을 낸다.
- V결선의 이용률 $= \frac{\sqrt{3}}{2} = 0.866$
- 뱅크용량 : $\frac{\sqrt{3}}{2} \times 200[\text{kVA}] = 173[\text{kVA}]$
- 각 변압기의 출력 : $\frac{\sqrt{3}}{2} \times 100[\text{kVA}] = 86.6[\text{kVA}]$

60

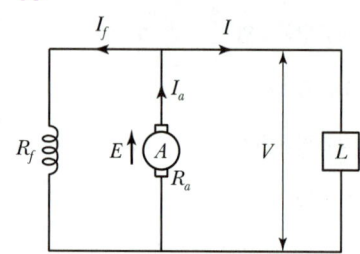

- $I_a = I + I_f \begin{cases} I = \dfrac{P}{V} \\ I_f = \dfrac{V}{R_f} \end{cases}$

- $E = V + I_a R_a [\text{V}]$
  $\quad\hookrightarrow V = I_f \cdot R_f [\text{V}]$

4과목 회로이론 및 제어공학

61

최소 위상함수
- 양(+)의 위상여유이면 안정하다.
- 위상여유가 0이면 임계안정하다.
- 상태안정도는 위상각의 증가에 따라 커진다.
- 이득 교차 주파수는 진폭비가 1이 되는 주파수이다.

62

2차 시스템에서 $G(s)$, $H(s)$의 나이퀴스트 선도
- 음의 실수축과 교차하지 않으므로 교차량 $|GH| = 0$이다.
- 이득여유 $GM = 20\log\dfrac{1}{|GH|} = 20\log\dfrac{1}{0} = \infty$이다.
- 이득정수 $K < \infty$에 대해서 2차 시스템은 안정하다.
- 모든 이득 $K < 0$에 대해서 2차 시스템은 안정하다.

63

$|\lambda I - A| = 0$

$\begin{bmatrix} \lambda & 0 \\ 0 & \lambda \end{bmatrix} - \begin{bmatrix} 1 & -2 \\ -3 & 2 \end{bmatrix} = \begin{bmatrix} \lambda - 1 & 2 \\ 3 & \lambda - 2 \end{bmatrix}$

$\qquad\qquad = (\lambda - 1)(\lambda - 2) - 6 = 0$

$\lambda^2 - 3\lambda - 4 = 0$
$(\lambda+1)(\lambda-4) = 0$
$\therefore \lambda = -1, 4$
고유값이 $\lambda_1 = 4, \lambda_2 = -1$

64
미분제어
제어계 오차가 검출될 때 오차가 변화하는 속도에 비례하여 조작량을 가·감하도록 하는 동작으로 오차가 커지는 것을 미리 방지하는 데 목적이 있다.

65
폐루프 시스템의 특징
- 정확성 증가
- 계의 특성 변화에 대한 입력 대 출력비의 감도 감소
- 비선형 왜곡 감소
- 대역폭 증가(감쇠폭 증가)
- 구조가 복잡하고 설치비가 고가
- 발진을 일으키고 불안정한 상태로 되어가는 경향성

66
Nyquist 판정법의 특징
- 절대안정도에 관하여 루스-후르비츠 판별법과 같은 정보 제공
- 안정도를 개선할 수 있는 방법 제시
- 시스템의 주파수 영역 응답에 대한 정보 제공

67
$\dfrac{Y_2}{Y_1} = \dfrac{a^3}{1 - a^3 b^3 + 3a^2 b^2 - 3ab} = \dfrac{a^3}{(1-ab)^3}$

68
$G(s)H(s) = \dfrac{1}{s(s+1)}$ 이므로 1형이다.

69
$X = (A+B)B = AB + BB = AB + B = B(A+1) = B$

70
기본 함수의 변환

시간함수	s-변환	z-변환
단위 임펄스 함수 $\delta(t)$	1	1
단위 계단함수 $u(t)$	$\dfrac{1}{s}$	$\dfrac{z}{z-1}$
단위 램프 함수 t	$\dfrac{1}{s^2}$	$\dfrac{Tz}{(z-1)^2}$
지수감쇠함수 e^{-at}	$\dfrac{1}{s+a}$	$\dfrac{z}{z-e^{-aT}}$
지수감쇠 램프 함수 te^{-at}	$\dfrac{1}{(s+a)^2}$	$\dfrac{Tze^{-aT}}{(z-e^{-aT})^2}$

71
실횻값 $V = \sqrt{V_0^2 + V_1^2 + V_3^2} = \sqrt{3^2 + 10^2 + 5^2} \fallingdotseq 11.6$

72
$v = 100\sqrt{2}\sin\left(\omega t + \dfrac{\pi}{3}\right) = 100\angle 60°$
$\quad = 100(\cos 60° + j\sin 60°) = 50 + j50\sqrt{3}$

73
일그러짐이 없는(무왜형선로) 조건은 $LG = RC$이므로
$C = \dfrac{LG}{R} = \dfrac{200 \times 10^{-3} \times 0.5}{100} = 1,000\,[\mu F]$

74
무한 저항의 합성저항을 구하면

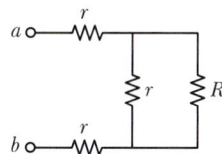

$R_{ab} = 2r + \dfrac{r \cdot R}{r+R}$

이때 $R \fallingdotseq R_{ab}$가 되므로
$R_{ab} = 2r + \dfrac{r \cdot R_{ab}}{r + R_{ab}}$ 이고, $r = 1\,[\Omega]$이므로
$R_{ab} = 2 + \dfrac{R_{ab}}{1 + R_{ab}}$ 가 된다.

식을 정리하면

$R_{ab} - 2 = \dfrac{R_{ab}}{1+R_{ab}}$

$(R_{ab}-2)(1+R_{ab}) = R_{ab}$

$R_{ab}^2 - 2R_{ab} - 2 = 0$ 이 되고,

근의 공식에 대입하면

$R_{ab} = \dfrac{-b \pm \sqrt{b^2 - 4ac}}{2a}$

$= \dfrac{-(-2) \pm \sqrt{(-2)^2 - 4 \times 1 \times (-2)}}{2 \times 1} = 1 \pm \sqrt{3}$

저항은 +값만 가지므로

$\therefore R_{ab} = 1 + \sqrt{3}$

75

전압불평형률 = $\dfrac{역상전압}{정상전압} = \dfrac{35}{100} = 0.35$

76

C정수는 어드미턴스 차원, B정수는 임피던스 차원

77

$\begin{bmatrix} A & B \\ C & D \end{bmatrix} = \begin{bmatrix} 1 & Z_1 \\ 0 & 1 \end{bmatrix} \begin{bmatrix} 1 & 0 \\ \frac{1}{Z_2} & 1 \end{bmatrix} = \begin{bmatrix} 1 & j\omega L \\ 0 & 1 \end{bmatrix} \begin{bmatrix} 1 & 0 \\ j\omega 2C & 1 \end{bmatrix}$

$= \begin{bmatrix} 1 - 2\omega^2 LC & j\omega L \\ j2\omega C & 1 \end{bmatrix}$

$(\because Z_1 = sL = j\omega L, \; Z_2 = \dfrac{1}{sC} = \dfrac{1}{j\omega C} = \dfrac{1}{j\omega 2C})$

78

RL 직렬에서 순시전류와 시정수는

$i(t) = \dfrac{E}{R}(1 - e^{-\frac{R}{L}t}) = \dfrac{30}{2}(1 - e^{-\frac{2}{0.5} \times 0.1}) = 4.95[A]$

$\tau = \dfrac{L}{R} = \dfrac{0.5}{2} = 0.25[s]$

79

$F(s) = \mathcal{L}[f(t)]$
$= \mathcal{L}[u(t-a) - u(t-b)]$
$= \dfrac{1}{s}(e^{-as} - e^{-bs})$

80

△결선 시 $V_l = V_p$ 이며

$I_p = \dfrac{V_p}{Z} = \dfrac{200}{6+j8} = 20[A]$

$\therefore P = 3I_p^2 \cdot R = 3 \times 20^2 \times 6 = 7,200[W]$

5과목 전기설비기술기준 및 판단기준

81

제2종 특고압 보안공사

35[kV] 이하 전선과 건조물이 제2차 접근상태인 경우

- 특고압 가공전선은 22[mm²] 연선을 사용하고 모든 지지물을 사용 가능하며 목주의 시설 시 목주의 풍압하중에 대한 안전율은 2 이상으로 한다.
- 병행, 공용, 삭도와 특고압 가공전선이 2차 접근상태시설

82

저압 전로의 절연저항

400[V] 이하	대지전압 150[V] 이하	0.1[MΩ] 이상
	대지전압 150~300[V] 이하	0.2[MΩ] 이상
	선간전압 300~400[V] 미만	0.3[MΩ] 이상
400[V] 이상		0.4[MΩ] 이상

83

저압 및 고압 가공전선의 높이

장소	저·고압
지표 상	5[m]
도로횡단	6[m]
철도횡단	6.5[m]
횡단보도교	3.5[m](단, 450/750[V] 인입용 비닐절연전선·케이블 : 8[m])

84
갑종풍압하중

풍압을 받는 부분			구성재의 수직 투영면적 1 [m²]에 대한 풍압
지지물	목주		588 [Pa]
	철주	원형의 것	588 [Pa]
		삼각형 또는 마름모형의 것	1,412 [Pa]
		강관에 의하여 구성되는 4각형의 것	1,117 [Pa]
		기타의 것	복재(腹材)가 전·후면에 겹치는 경우에는 1,627 [Pa], 기타의 경우에는 1,784 [Pa]
	철근 콘크리트주	원형의 것	588 [Pa]
		기타의 것	882[Pa]
	철탑	단주 (완철류는 제외함) 원형의 것	588 [Pa]
		단주 기타의 것	1,117 [Pa]
		강관으로 구성되는 것 (단주는 제외함)	1,255 [Pa]
		기타의 것	2,157 [Pa]
전선, 기타 가섭선	다도체(구성하는 전선이 2가닥마다 수평으로 배열되고 또한 그 전선 상호 간의 거리가 전선의 바깥지름의 20배 이하인 것에 한한다. 이하 같다)를 구성하는 전선		666[Pa]
	기타의 것		745 [Pa]
애자장치 (특별 전선용의 것에 한한다.)			1,039 [Pa]
목주·철주(원형의 것에 한한다.) 및 철근 콘크리트주의 완금류(특별고압 전선로용의 것에 한한다.)			단일재로서 사용하는 경우에는 1,196 [Pa], 기타의 경우에는 1,627 [Pa]

85
- 특고용 변압기 : 유온 측정용 온도계
- 주 변압기 : 전압계, 전류계, 전력계

86
전계 3.5[kV/m], 자계 83.3[μT]

87
전선과 조영재 간격

전압 및 장소	전선 상호간격	조영재
400[V] 이하	6[cm]	2.5[cm]
400[V] 초과 (점검 가능한 건조한 장소)		
400[V] 초과 (점검 불가능한 물습기가 있는 장소)		4.5[cm]

88
가공전선과 첨가 통신선과의 간격
- 저·고압과 첨가 통신선의 간격 : 0.6[m](단, 둘 다 케이블인 경우 0.3[m])
- 특고압과 첨가 통신선의 간격 : 1.2[m](단, 둘 다 케이블인 경우 0.3[m])
- 22.9[kVY] 전력선과 첨가 통신선 : 0.75[m]
- 22.9[kVY] 중성선과 첨가 통신선 : 0.6[m]

89
가공전선 등의 공용
- 공용 : 동일 지지물에 전력선과 약전선을 동시 시설한 것으로 35[kV] 이하에서만 시설

전압	표준	케이블 사용 시
약전선과 저압 공용	0.75[m]	0.3[m]
약전선과 고압 공용	1.5[m]	0.5[m]
약전선과 특고압 공용	2[m]	0.5[m]

- 목주의 안전율은 1.5 이상
- 가공전선로의 접지선에 절연전선 또는 케이블을 사용하고 접지선 및 접지극과는 별개로 시설할 것
- 특별고압 가공전선과 약전선은 제2종 특고압 보안공사를 하며 인장강도 21.67[kN] 이상의 연선 단면적이 50[m²] 이상인 경동연선을 사용한다.

90
모의모선은 발·변전소 또는 이에 준하는 곳의 특고압 전로에 대하여 표시해야 한다. 다만, 이러한 전로에 접속하는 특별고압 전선로의 회선 수가 2 이하이고 또한 특별고압의 모선이 단일모선인 경우에는 그러하지 아니하다.

91

- 배류시설은 다른 금속제 지중 관로 및 귀선용 레일에 대한 전식 작용에 의한 장해를 현저히 증가시킬 우려가 없도록 시설할 것
- 배류시설에는 선택 배류기를 사용할 것. 다만, 선택 배류기를 설치하여도 전식 작용에 의한 장해를 방지할 수 없을 경우에 한하여 강제 배류기를 설치할 수 있다.
- 배류선을 귀선에 접속하는 위치는 귀선용 레일의 전위 분포를 현저히 악화시키지 아니하도록 하고 또한 전기 철도의 자동신호장치의 기능에 장해가 생기지 아니하도록 정할 것
- 배류회로는 배류선과 금속제 지중 관로 및 귀선과의 접속점을 제외하고 대지로부터 절연할 것

92

전기울타리의 시설

250[V] 이하 – 사람 출입이 적은 곳에 시설
- 전선 굵기 : 2.0[mm] 이상 경동선
- 전선과 수목의 간격 : 30[cm]
- 전선과 지지하는 기둥의 간격 : 2.5[cm]

93

특고압 가공전선 높이 – 시가지

35[kV] 이하	35[kV] 초과
10[m]. 단, 특고압 절연전선 또는 케이블은 8[m]이상	10(8)+(전압−3.5)×0.12[m]

10+(16.1−3.5)×0.12=11.56(괄호 안에 소수점 이하 절상)

94

지중선로는 기설 지중 약전류 전선로에 대하여 누설전류, 유도작용에 대하여 통신상 장해 방지

95

저·고압 가공전선의 안전율은 경동선 또는 내열 동합금선은 2.2 이상, 그 밖의 전선은 2.5 이상이 되는 처짐정도로 시설하여야 한다

96

보호망을 구성하는 금속선은 그 외주(外周) 및 특고압 가공전선의 직하에 시설하는 금속선에는 인장강도 8.01[kN] 이상의 것 또는 지름 5[mm] 이상의 경동선을 사용하고 그 밖의 부분에 시설하는 금속선에는 인장강도 5.26[kN] 이상의 것 또는 지름 4[mm] 이상의 경동선을 사용할 것

97

지지물의 매설깊이

설계하중 조건	6.8[kV] 이하	6.8[kV] 이하	9.8[kV] 이하	14.72[kV] 이하
지지물	목주, 철주 철근콘크리트주 (A종)	철근콘크리트주	철근콘크리트주	철근콘크리트주
길이	16[m] 이하	16[m] 초과 20[m] 이하	14[m] 이상 20[m] 이하	14[m] 이상 20[m] 이하
매설길이	㉠ 15[m] 이하 × $\frac{1}{6}$ ㉡ 15[m] 초과 : 2.5[m]	2.8[m]	㉠ +0.3[m] ㉡ +0.3[m]	• 15[m] 이하 : ㉠+0.5[m] 이상 • 18[m] 이하 : 3[m] 이상 • 20[m] 이하 : 3.2[m] 이상

98

전로의 절연 및 접지

전선은 다음의 경우를 제외하고 대지로부터 절연하여야 한다.
- 각 접지공사를 하는 경우의 접지점
- 전로의 중성점을 접지하는 경우의 접지점
- 계기용 변성기의 2차 측 전로에 접지공사를 하는 접지점
- 25[kV] 이하로서 다중 접지하는 경우의 접지점
- 시험용 변압기, 전력반송용 결합 리액터, 전기 울타리용 전원장치, X선 발생장치, 전기방식용 양극, 단선식 전기 철도의 귀선 등 전로의 일부를 대지로부터 절연하지 아니하고 전기를 사용하는 것이 부득이한 것
- 전기욕기, 전기로, 전기보일러, 전해조 등 대지로부터 절연하는 것이 기술상 곤란한 곳

99

제3종 접지공사의 종류
- 고압계기용 변성기 2차 측
- 지중전선로 외함, 조가용선, X선 발생장치
- 네온 변압기 외함, 완금·완철 접지, 보호선
- 400[V] 미만 기계·기구 외함

100

타임스위치
- 호텔·여관용 : 1분 이내 소등
- 가정용 : 3분 이내 소등

정답 전기기사 2016년 3회 기출문제

01	02	03	04	05	06	07	08	09	10
①	④	②	④	③	②	③	④	③	①
11	12	13	14	15	16	17	18	19	20
②	④	③	①	③	①	④	②	④	③
21	22	23	24	25	26	27	28	29	30
④	②	④	②	③	①	①	①	②	④
31	32	33	34	35	36	37	38	39	40
③	④	②	④	②	④	②	①	②	④
41	42	43	44	45	46	47	48	49	50
①	④	④	②	③	③	①	③	③	③
51	52	53	54	55	56	57	58	59	60
④	①	③	③	②	②	①	④	④	②
61	62	63	64	65	66	67	68	69	70
②	③	④	①	①	②	④	①	③	②
71	72	73	74	75	76	77	78	79	80
①	③	③	④	①	④	③	④	①	②
81	82	83	84	85	86	87	88	89	90
④	②	②	①	④	③	③	③	③	④
91	92	93	94	95	96	97	98	99	100
④	③	③	②	②	③	③	①	④	②

1과목 전기자기학

01

무한장 솔레노이드

$\phi = BS = \mu HS = \mu snI [\text{Wb}]$

$L = \dfrac{N\phi}{I} = \dfrac{N}{I} \times \mu snI = \mu sn^2 [\text{H/m}]$

$\therefore\ L = \mu \pi a^2 n^2 [\text{H/m}]$

02

선전하밀도 ρ[C/m]에 의한 전계

$E = \dfrac{\rho}{2\pi\varepsilon_o r} [\text{V/m}]$

03
- 상자성체 $\mu_s > 1$
- 강자성체 $\mu_s \gg 1$
- 역자성체 $\mu_s < 1$

04
- 표피효과 : 도선에 교류 인가 시 전류가 도선 바깥(표피)쪽으로 집중되어 흐르려는 현상
- 침투길이(표피두께) : $\delta = \sqrt{\dfrac{1}{\pi f \sigma \mu}}$
- 표피효과 : $P = \dfrac{1}{\delta} = \sqrt{\pi f \sigma \mu}$

∴ 표피효과는 σ, μ, μ_s, f 가 클수록 커진다.

05

	전기회로		자기회로
도전율	$k = \sigma$ [℧/m]	투자율	μ [H/m]
기전력	E [V]	기자력	$F = NI$ [AT]
전기저항	$R = \rho \dfrac{l}{S} = \dfrac{l}{kS}$ [Ω]	자기저항	$R_m = \dfrac{l}{\mu S}$ [AT/Wb]
전류	$I = \dfrac{E}{R}$ [A]	자속	$\phi = \dfrac{F}{R_m} = \dfrac{\mu SNI}{l}$ [Wb]
전류밀도	$i = \dfrac{I}{S}$ [A/m²]	자속밀도	$B = \dfrac{\phi}{S}$ [Wb/m²]

투자율 ↔ 도전율

06
- 자화의 세기 J [Wb/m²]

$$J = \mu_o(\mu_s - 1)H = B\left(1 - \dfrac{1}{\mu_s}\right) = \chi \cdot H \text{ [Wb/m}^2\text{]}$$

- 자화율 : $\chi = \mu_o(\mu_s - 1) = \mu_o \mu_s - \mu_o$

  ∴ $\mu_o \mu_s = \mu = \chi + \mu_o$

- 비자화율 : $\dfrac{\chi}{\mu_o} = \mu_s - 1$

  ∴ $\mu_s = \dfrac{\chi}{\mu_o} + 1$

- 자속밀도 B [Wb/m²]

$$B = \dfrac{\phi}{s} = \dfrac{m}{s} = \dfrac{m}{4\pi r^2} = \mu H$$

07
분극의 세기 P [C/m²]

$$P = \varepsilon_o(\varepsilon_r - 1)E$$
$$= D\left(1 - \dfrac{1}{\varepsilon_r}\right)$$
$$= \chi \cdot E$$

08
- 공극 발생 시 합성 자기저항

$$R = R_m + R_g = \dfrac{l_2}{\mu_o \mu_s S} + \dfrac{l_1}{\mu_o S}$$

- 기자력 $F = NI = \phi \cdot R$ (단, $\phi = BS$)

$$F = B \cdot S \cdot \left(\dfrac{l_2}{\mu_o \mu_s S} + \dfrac{l_1}{\mu_o S}\right)$$
$$= \dfrac{B}{\mu_o}\left(\dfrac{l_2}{\mu_s} + l_1\right) \text{ [AT]}$$

09
$J = 8$ [kA/m], $\chi_m = 0.02$

$\chi_m = \mu_o(\mu_s - 1)$

$\mu_s = \dfrac{\chi_m}{\mu_o} + 1 = \dfrac{0.02}{4\pi \times 10^{-7}} + 1 = 1.59 \times 10^4$ [H/m]

$J = B\left(1 - \dfrac{1}{\mu_s}\right)$

$B = \dfrac{J}{1 - \dfrac{1}{\mu_s}} = \dfrac{8,000}{1 - \dfrac{1}{1.59 \times 10^4}} \fallingdotseq 8,000$ [T]

10
$F = mH$
$= 5 \times 10^{-3} \times 10 = 5 \times 10^{-2}$ [N]

11
고유임피던스(파동임피던스)

$\eta = \dfrac{E}{H} = \sqrt{\dfrac{\mu}{\varepsilon}}$

12
$J = \dfrac{M}{V} = \dfrac{48}{(3 \times 4 \times 20) \times 10^{-6}} = 2 \times 10^5$ [AT/m]

13
경계면에 전계가 수직입사하므로 경계면 양측의 전속밀도가 같다.
$D_1 = D_2$, $\varepsilon_1 E_1 = \varepsilon_2 E_2$이므로
$$E_2 = \frac{\varepsilon_1}{\varepsilon_2} E_1 = \frac{4}{2} E_1$$
$\therefore E_2 = 2E_1$

14
쌍극자 모멘트
$E = \frac{M}{4\pi\varepsilon_0 r^3}\sqrt{1+3\cos^2\theta}$ [V/m]이므로
$\theta = 0°$일 때 최댓값 $E = \frac{M}{2\pi\varepsilon_o \cdot r^3}$ 이다.

15

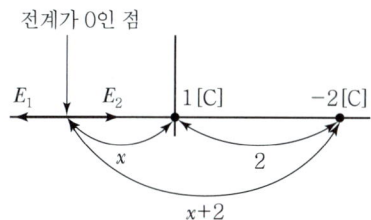

두 전하의 부호가 다른 경우에 전하량의 절댓값이 작은 쪽의 외측에 전계의 세기가 0인 점이 존재한다.
$E_1 = E_2$이므로
$$\frac{1}{4\pi\varepsilon_0 x^2} = \frac{2}{4\pi\varepsilon_0 (x+2)^2} \rightarrow \frac{1}{x^2} = \frac{2}{(x+2)^2}$$
$2x^2 = (x+2)^2$
$\sqrt{2}\,x = x+2$
$(\sqrt{2}-1)x = 2$
$x = \frac{2}{\sqrt{2}-1} = 2 + 2\sqrt{2}$
$\therefore$ 좌표 $(-2-2\sqrt{2},\ 0)$

16
$F = Q \cdot E = \rho_l \cdot l \cdot \frac{\rho_l}{2\pi\varepsilon_o \cdot d} = \frac{\rho_l^2 \cdot l}{2\pi\varepsilon_o d}$ [N]에서
$Q = \rho_l \cdot l = C \cdot V$
$\therefore \rho_l = \frac{CV}{l}$ 를 대입하면

$F = \frac{\left(\frac{CV}{l}\right)^2 \cdot l}{2\pi\varepsilon_o \cdot d} = \frac{C^2 V^2}{2\pi\varepsilon_o dl}$ [N]

평행왕복도선 $C = \frac{\pi\varepsilon_o l}{\ln\left(\frac{d}{r}\right)}$ 를 대입하면

$F = \frac{\left(\frac{\pi\varepsilon_o l}{\ln\frac{d}{r}}\right)^2 \cdot V^2}{2\pi\varepsilon_o \cdot d \cdot l} = \frac{\pi\varepsilon_o V^2 l}{2d\left(\ln\frac{d}{r}\right)^2}$ [N]

$\therefore f = \frac{F}{l} = \frac{\pi\varepsilon_o V^2}{2d\left(\ln\frac{d}{r}\right)^2}$ [N/m]

$= \frac{\pi \times 8.85 \times 10^{-12} \times (6 \times 10^3)^2}{2 \times 1 \times \left(\ln\frac{1}{2 \times 10^{-3}}\right)^2}$

$\fallingdotseq 1.3 \times 10^{-5}$ [N/m]

17
$\varepsilon_1 > \varepsilon_2$ 경우
- 수직입사 $f = \frac{1}{2}\left(\frac{1}{\varepsilon_2} - \frac{1}{\varepsilon_1}\right) D^2$ [N/m²]
- 수평입사 $f = \frac{1}{2}(\varepsilon_1 - \varepsilon_2) E^2$ [N/m²]

18
- 전기 쌍극자 모멘트 $M = qa$ [C·m]
- P점에서의 전계의 세기
$E = \frac{M}{4\pi\varepsilon_0 r^3}\sqrt{1+3\cos\theta^2}$ 에서 $\theta = 90°$이므로
$\cos 90° = 0$
$\therefore$ 전계 $E = \frac{M}{4\pi\varepsilon_0 r^3} = \frac{qa}{4\pi\varepsilon_0 r^3}$ [V/m]

- P점에서의 전위 $V = \frac{M}{4\pi\varepsilon_0 r^2}\cos\theta$ 에서 $\theta = 90°$이므로
$\cos 90° = 0$
$\therefore$ 전위 $V = 0$ [V]이 된다.

19
원형코일 중심자계

$$H = \frac{Ia^2}{2(a^2+r^2)^{\frac{3}{2}}} [\text{AT/m}]$$

$r=0$ 일 때 $H = \dfrac{I}{2a}$

20

$\gamma^2 = j\omega\mu(\sigma+j\omega\varepsilon)$

$\therefore \gamma = \sqrt{j\omega\mu(\sigma+j\omega\varepsilon)} = j\omega\sqrt{\varepsilon\mu}\sqrt{1-j\dfrac{\sigma}{\omega\varepsilon}}$

2과목 전력공학

21

$A \propto \dfrac{1}{V^2}$

22
표시선 계전방식의 종류
방향 비교 방식, 전압 방향 방식, 전류 순환 방식

23
지락전류 크기
- 최대 : 직접 접지방식
- 최소 : 소호 리액터 접지방식

24
변압기 V결선 시 이용률 : 86.6[%], 출력비 : 57.7[%]

25
- 전자유도장해 : 영상전류(상호인덕턴스)
- 정전유도장해 : 영상전압(선간 정전용량)

26
- 직렬 리액터 : 5고조파 제거
- 변압기 △결선 : 3고조파 제거

27
전기방식별 비교

전기방식	1선당 전력비교	중량비교	전류비교
$1\phi 2w$	100[%]	1(100[%])	$\dfrac{1}{2}$=50[%]
$1\phi 3w$	133[%]	$\dfrac{3}{8}$(37.5[%])	$\dfrac{1}{\sqrt{3}}$=58[%]
$3\phi 3w$	115[%]	$\dfrac{3}{4}$(75[%])	–
$3\phi 4w$	150[%]	$\dfrac{1}{3}$(33.3[%])	–

- 전선중량은 $3\phi 4w$이 가장 적다.
- $3\phi 4w$ 중량은 $3\phi 3w$의 $\dfrac{4}{9}$ 배이다.

28
500^2은 250,000이므로 $Q_r = 0$이 되어야 함

$\therefore 500^2 = 500^2 + 0$

29

부하	전압강하	전력손실
말단집중부하	1	1
평등분산(균등)부하	$\dfrac{1}{2}$	$\dfrac{1}{3}$

30
전력조류 계산의 개요
㉠ 미리 알고 있는 값
  - 발전기 모선의 유효전력, 전압 크기
  - 부하 모선의 유효전력, 무효전력
㉡ 계산을 통해 구하고자 하는 값 : 모든 모선의 전압 크기와 모선전압의 위상각
㉢ 결과를 통해 별도로 쉽게 얻어낼 수 있는 값
  - 모든 모선의 유효전력, 무효전력
  - 모든 선로의 유효전력, 무효전력, 전력손실

31
영상변류기(ZCT) + 선택지락계전기 = 다회선(2회로)사고 선택

$L-C$ 병렬공진으로 지락전류를 작게 한다.

32

$L-C$ 병렬공진원리로 지락전류가 없으므로 차단기 책무가 가볍다.

33
- 한류리액터 : 단락전류제한
- 병렬리액터 : 페란티 방지
- 직렬리액터 : 5고조파 제거

34

$$E_m = j\omega Ml \times 3I_0$$
$$= 2\pi \times 60 \times 0.06 \times 10^{-3} \times 40 \times 3 \times 100 = 271.4[V]$$

35
- 단거리 : RL 집중회로
- 중거리 : RLCG 집중회로
- 장거리 : 분포정수회로

36

$$C = \frac{Q_c}{3\omega(2E^2)} = \frac{Q_c}{3\omega 4E^2}$$

37

단락비를 크게 할 경우
- 안정도 증가
- 전압변동률 감소
- 대형화로 손실 증가

38

1선 지락 시 전위 상승
- 최대 : 소호리액터 접지방식
- 최소 : 직접 접지방식

39

누전차단기는 지락사고를 검출한다.

40
- 댐의 부속설비 : 취수구, 수로, 수조, 수압관로, 방수로 등
- 수차의 부속설비 : 입구밸브, 조속기, 흡출관 등

3과목 전기기기

41

$$P_{c2} = s \times P_2$$
$$P_2 = P_o + P_{c2} = 7,800[W]$$
$$s = \frac{P_{c2}}{P_2} = \frac{300}{7,800} \times 100 = 3.85[\%]$$

42

발전기 병렬운전
- 용량(P)은 상관없다.
- 정격전압(V)은 같아야 한다.

43
- 기동 시 전류는 감소 토크를 증가시켜야 한다.
- 기동 시 2차 회로의 저항을 크게 하면 비례추이에 의해 큰 기동 토크를 얻고 기동전류를 억제한다.

44
- 무부하시험 : 철손 측정, 여자전류 측정
- 단락시험 : 동손 측정, 임피던스전압 측정

45

2차 여자제어

2차 회로에 2차 주파수와 항상 같은 주파수의 역위상 전압 E_c를 가하면(E_c의 전원회로의 임피던스를 무시하면)

2차 전류 $I_2 = \dfrac{sE_2 - E_c}{r_2}$

이 식에서 r_2는 일정하므로 토크를 일정하다고 가정하면 이 식의 분자 $sE_2 - E_c$는 일정하다.

따라서 E_c를 sE_2와 동위상으로 가하면 합성 2차 전압은 $sE_2 + E_c$가 되므로 E_c를 증가하여 $sE_2 + E_c$를 일정하려면 전동기의 sE_2는 −값을 가져야 한다. 이에 s는 −값이 되고 동기속도 이상으로 전동기를 회전할 수 있게 된다.

46

$s = \dfrac{N_s - N}{N_s} \Rightarrow N_s = \dfrac{N}{1-s} = \dfrac{720}{0.8} = 900$

$N_s = \dfrac{120f}{p} \Rightarrow p = \dfrac{120f}{N_s} = \dfrac{120 \times 60}{900} = 8$

47

단락비 K_s 가 큰 기계의 특징
- 동기임피던스(리액턴스)가 작다.
- 전압강하 및 전압강하율, 전압변동률이 작다.
- 안정도가 좋다.
- 철이 많이 사용되어 철기계라 불린다.
- 공극이 크고, 기계의 중량과 크기가 증가한다.

48

SCR의 게이트 전류의 위상각을 제어하여 전류의 평균값을 제어한다.

49

- 비철극형 동기발전기의 한상의 출력

$P = \dfrac{EV}{X_s}\sin\delta$

$= \dfrac{6{,}000 \times 5{,}000}{10} \times \sin 30° = 1{,}500[\text{W}]$

- 삼상의 출력 : $P_3 = 3 \times 1{,}500 = 4{,}500[\text{W}]$

50

$\overline{OP'} = \overline{RP}$: 고정자 입력
$\overline{OP}$: 고정자 전류
$\overline{MP}$: 유효 출력

$\cos\theta = \dfrac{\overline{OP'}}{\overline{OP}} \times 100[\%]$ $\eta = \dfrac{\overline{MP}}{\overline{RP}} \times 100[\%]$

51

- 분포계수 $K_d = \dfrac{\sin\dfrac{\pi}{2m}}{q\sin\dfrac{\pi}{2mq}}$

- n차 고조파에 대한 분포계수 $K_d = \dfrac{\sin\dfrac{n\pi}{2m}}{q\sin\dfrac{n\pi}{2mq}}$

52

토크

$\tau = K\phi I_2 \cos\theta_2$

$\tau \propto \phi \propto I_2 \cos\theta_2$

53

기동 시에는 계자권선에 고전압이 유도되어 절연을 파괴하므로 방전저항을 접속한 후 단락상태로 기동한다. 이때, 계자 저항의 3~7배 정도의 방전저항을 사용한다.

54

- 매극 매상의 슬롯 수

$q = \dfrac{\text{전체 슬롯 수}}{\text{극수} \times \text{상수}} = \dfrac{36}{4 \times 3} = 3$

- 코일 수

$w = \dfrac{\text{전체 슬롯 수} \times 2\text{층권}}{2} = \dfrac{36 \times 2}{2} = 36$

55

- : SCR   단일방향성 3단자 소자
- : GTO   단일방향성 3단자 소자
- : TRIAC (AC 위상 제어소자) 쌍방향성 3단자 소자
- : DIAC   쌍방향성 2단자 소자
- : SCS   단일방향성 4단자 소자

56

단상변압기 병렬운전 시 부하분담은 용량에 비례하고 임피던스에 반비례한다.

57

$$e = \frac{PE}{k} = \frac{6 \times 210}{132} = 9.54$$

58

직류발전기의 전기자 반작용

현상 → 편자작용 → 중성축 이동 → 브러시 이동 → 발전기 : 회전방향 / 전동기 : 회전반대방향
     → 감자작용

59

$$자기용량(P_{1n}) = \frac{V_h - V_l}{V_h} \times 부하용량(P)$$
$$= \frac{3{,}300 - 3{,}000}{3{,}300} \times 100$$
$$\fallingdotseq 9.1[\text{kVA}]$$

60

최대효율의 부하

$$\frac{1}{m} = \sqrt{\frac{P_i}{P_c}} \times 100$$

$$0.75 = \frac{3}{4} = \sqrt{\frac{P_i}{P_c}}$$

$$P_i : P_c = 9 : 16$$

4과목 회로이론 및 제어공학

61

계단입력 정상편차

$$e_{ssp} = \frac{1}{1 + \lim_{s \to 0} G(s)}$$
$$= \frac{1}{1 + \lim_{s \to 0} \frac{1}{(s+1)(s+2)}}$$
$$= \frac{1}{1 + \frac{1}{2}} = \frac{2}{3}$$

62

$$G(s)H(s) = \frac{K(s+1)}{s^2(s+2)(s+3)}$$

극점수 $P=4$	유한 극점 합 $= 0+0+(-2)+(-3) = -5$
영점수 $Z=1$	유한 영점의 합 $= -1$

$$접근선\ 교차점\ \sigma = \frac{\sum 극점 - \sum 영점}{P - Z} = \frac{(-5)-(-1)}{4-1}$$
$$= -\frac{4}{3}$$

63

$$T = \frac{KG}{1 + (KG \times \frac{1}{K})} = \frac{KG}{1+G}$$

$$S_K^T = \frac{K}{T} \frac{dT}{dK} = \frac{K}{\frac{KG}{1+G}} \times \frac{G}{1+G}$$

$$= \frac{K(1+G)}{KG} \times \frac{G}{1+G} = 1$$

64

극점 $-1 \pm j2$	$\begin{cases} s_1 = -1+j2 : [(s+1)-j2] \\ s_2 = -1-j2 : [(s+1)+j2] \end{cases}$
영점 $s = -2$	$s+2 = 0$

$$전달함수 = \frac{s+2}{[(s+1)+j2][(s+1)-j2]} = \frac{s+2}{(s+1)^2 + 4}$$

65

- 비례요소 : K
- 미분요소 : Ks
- 적분요소 : $\dfrac{K}{s}$
- 1차 지연요소 : $\dfrac{K}{1+Ts}$

66

$$X = \overline{\overline{A \cdot B} \cdot B}$$

- 드모르간 정리 : $X = \overline{\overline{AB}} + \overline{B} = AB + \overline{B}$
- 분배법칙 : $X = (A + \overline{B})(B + \overline{B}) = A + \overline{B}$

67
근궤적 수
- 영점 수와 극점 수 중에서 큰 것과 같다.
- 실수축 이득 K가 최대가 되게 하는 점이 이탈점이 될 수 있다.

68
특성방정식 $F(s) = s^3 + 4s^2 + 2s + K = 0$
루스표는

s^3	1	2
s^2	4	K
s^1	$\dfrac{8-K}{4}$	0
s^0	K	

제1열 부호 변화가 없어야 안정
$8 - K > 0 \quad K < 8 \quad K > 0$
$\therefore 0 < K < 8$

69
임펄스 응답 $r(t) = \delta(t)$, $R(s) = 1$
$$\frac{C(s)}{R(s)} = \frac{1}{(s+a)^2}$$
$$C(s) = R(s) \times \frac{1}{(s+a)^2}$$
$$C(s) = \frac{1}{(s+a)^2}$$
$\therefore c(t) = te^{-at}$

70
$$F(s) = \frac{s}{(s+1)^2}$$
$$F(s) = \frac{A}{(s+1)^2} + \frac{B}{s+1}$$
$A = F(s)(s+1)^2|_{s=-1} = -1$
$B = F(s)(s+1)^2 \left.\dfrac{d}{ds}\right|_{s=-1} = 1$
$$F(s) = \frac{-1}{(s+1)^2} + \frac{1}{s+1}$$
$f(t) = -te^{-t} + e^{-t}$

71
전하보존의 법칙
한정된 공간 내 총 전하량은 변하지 않고 보존된다는 법칙이다. 전하량 보존 관계로부터 키르히호프의 전류법칙이 나타난다.

72
$f(t) = E \cdot u(t)$
$\therefore \mathcal{L}[f(t)] = F(s) = E \cdot \dfrac{1}{s} = \dfrac{E}{s}$

73
$$Q[\text{C}] = \int i(t)dt$$
$$= \int_0^{30}(3t^2 + 2t)dt = [t^3 + t^2]_0^{30} = (30^3 + 30^2)$$
$$= 27{,}900[\text{A} \cdot \sec] = 7.75[\text{Ah}]$$

74
$$W_L = \frac{1}{2}LI^2 = \frac{1}{2}L\left(\frac{E}{X_L}\right)^2$$
$$= \frac{1}{2} \times 20 \times 10^{-3} \times \left(\frac{50}{2\pi \times 60 \times 20 \times 10^{-3}}\right)^2$$
$$= 0.44[\text{J}]$$

75
직렬에서는 전류가 일정하고, 병렬에서는 전류가 분배된다는 것을 이용하여
합성저항 $R_0 = 20[\Omega]$
전체 전류 $I_0 = \dfrac{V_0}{R_0} = \dfrac{24}{20} = 1.2[\text{A}]$
b점과 a점에서 전류가 분배되어 V_L에 흐르는 전류는 0.3[A]가 된다.
$V_L = 0.3 \times 10 = 3[\text{V}]$

76
- dB = 10log( )배 → 전력을 다루는 경우
- dB = 20log( )배 → 전압, 음악을 다루는 경우
$\therefore$ 데시벨 = $20\log(10^6) = 120[\text{dB}]$

77

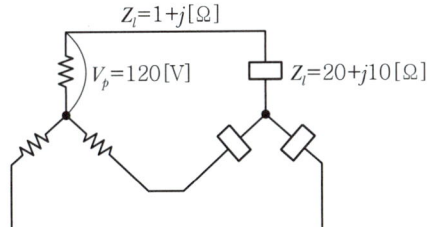

- 도선의 임피던스 $Z_l = 1 + j [\Omega]$
- 부하임피던스 $Z_L = 20 + j10 [\Omega]$
- 합성임피던스 $Z_t = 21 + j11 [\Omega]$
- 부하전압 $V_L = I_L \cdot Z_L = I_p \cdot Z_L = \dfrac{V_p}{Z_t} \cdot Z_L$

$$= \dfrac{120}{21 + j11} \times 20 + j10$$

$$\fallingdotseq 113.14 \angle -1.1 [\text{V}]$$

78

- 반사계수 $\rho = \dfrac{Z_L - Z_o}{Z_L + Z_o} = \dfrac{400 - 100}{400 + 100} = 0.6$
- 정재파비 $S = \dfrac{1 + |\rho|}{1 - |\rho|} = \dfrac{1 + 0.6}{1 - 0.6} = 4$

79

극점은 구동점 임피더스 $Z_0 = \infty$ 가 되는 상태로서, 개방 회로 상태를 의미한다.

80

반파 구형파

- 실횻값 $I = \dfrac{I_m}{\sqrt{2}}$
- 평균값 $I_a = \dfrac{I_m}{2}$
- 파고율 = $\dfrac{\text{최댓값}}{\text{실횻값}} = \dfrac{I_m}{\dfrac{I_m}{\sqrt{2}}} = \sqrt{2} \fallingdotseq 1.414$

5과목 전기설비기술기준 및 판단기준

81

- 부하 측 전로에는 그 접속점에 근접하여 개폐기 및 과전류 차단기를 시설할 것
- 전선은 1.04[kN] 이상 또는 지름 2.5[mm²]의 연동선
- 합성수지관공사, 금속관공사, 가요전선관공사, 케이블공사

82

1종 가요전선관 두께 : 0.8[mm] 이상

83

전식 방지를 위한 이격거리
직류귀선은 궤도 근접부분이 금속제 지중 관로와 접근 교차 시 1[m] 이상 이격할 것

84

지지선
철탑을 제외한 지지물의 강도 보강

- 2.6[mm] 이상 금속선 3조 이상 꼬아 사용
- 최저 인장하중 4.31[kN]
- 안전율 : 2.5(단, 목주, A종인 경우 1.5)
- 도로 횡단 시 5[m] 이상(단, 부득이한 경우 교통 지장 우려 없을 4.5[m])
- 지중 부분 및 지표상 30[cm]까지의 부분에는 내식성이 있는 아연도금을 한 철봉 사용

85

지락전계기 동작

- 100[kV] 이상 시 지락·단락 시 1초 이내(보안공사 2초)에 자동차단
- 25[kV] 이하 지락·단락 시 2초 이내(보안공사 3초)에 자동차단

86

부지 조성을 위해 산지를 전용할 경우에는 전용하고자 하는 산지의 평균 경사도가 25도 이하여야 하며, 산지전용면적 중 산지전용으로 발생되는 절·성토 경사면의 면적이 100분의 50을 초과해서는 아니 된다.

87
갑종 풍압하중

고온계에 적용
- 목주, 원형 철주, 원형 철근콘크리트주 : 588[Pa]
- 다도체, 복도체 : 666[Pa]
- 철주 : 삼각형 마름모 1,412[Pa], 강관 1,117[Pa]
- 단도체 : 745[Pa]
- 철탑(강관인 경우) : 1,255[Pa]
- 완금류 : 단일재 1,196[Pa], 기타 1,672[Pa]
- 특고압 가공전선로의 애자장치 : 1,039[Pa]

88
제3종 특고압 보안공사

1차 접근상태, 지지물 모두 시설 가능

89
특고압 다중접지 중성선과 통신선의 간격은 60[cm] 이상일 것

90
지지물 기초안전율

2.0(단, 이상 시 상정하중 철탑인 경우 : 1.33)

91
고압 가공전선과 지지물(애자 등)의 간격

사용전압[kV] 미만	간격[cm]	사용전압[kV] 미만	간격[cm]
15	15	80	45
25	20	130	65
35	25	160	90
50	30	200	110
60	35	230	130
70	40	230[kV] 이상	160

92
매설깊이를 차량, 기타의 중량물의 압력을 받을 우려가 있는 곳에서는 1.0[m] 이상, 기타의 곳에서는 60[cm] 이상으로 한다.

93
수소냉각식 발전기
- 수소의 순도가 85[%] 이하로 저하 시 경보장치 시설
- 유리제 점검창은 쉽게 파손되지 않는 구조일 것

94
고압 및 특고압의 전로에서 정한 시험전압을 전로와 대지 사이(다심케이블은 심선 상호 간 및 심선과 대지 사이)에 연속하여 10분간 가하여 절연내력을 시험하였을 때에 이에 견디어야 한다.

95
전력선과 약전선 및 안테나, 기타 시설물의 간격

㉠ 저압 : 0.6[m], 케이블 : 0.3[m]
㉡ 고압 : 0.8[m], 케이블 : 0.4[m]
㉢ 25[kV] 이하
  - 나전선 : 2[m]
  - 특고압 절연선 : 1.5[m]
  - 케이블 : 0.5[m]
㉣ 60[kV] 이하 : 2[m]

96
제3종 접지공사 종류
- 고압계기용 변성기 2차 측
- 지중전선로 외함
- 조가용선
- X선 발생장치
- 네온 변압기 외함
- 완금 · 완철 접지
- 보호선, 보호망
- 400[V] 미만 기계 · 기구 외함

97
금속덕트 공사는 물기, 습기가 없는 곳에서 공사가 가능하다.

98
가축 탈출 방지용 전기울타리

250[V] 이하 사람 출입이 적은 곳에 시설
- 전선굵기 : 2.0[mm] 이상 경동선
- 전선과 수목의 간격 : 30[cm]
- 전선과 지지하는 기둥의 간격 : 2.5[cm]

99
주택 등 저압 수용장소에서 TN-C-S접지방식으로 접지공사를 하는 경우 중성선 보호도체(PEN)는 고정설비전기에만 사용하며 그 도체의 단면적은 구리 10[mm²] 이상 알루미늄 16[mm²] 이상 계통의 최고 전압에 대하여 절연시켜야 한다.

100
가공 약전류 전선의 유도 장해 방지
㉠ 저·고압 가공전선로와 기설 가공 약전류전선로가 병행하는 경우 유도작용에 의한 통신상의 장해 방지를 위해 2[m] 이상 이격할 것
㉡ 유도장해의 방지
  - 2[μA] : 60,000[V] 이하/12[km]
  - 3[μA] : 60,000[V] 초과/40[km]

정답 전기기사 2017년 1회 기출문제

01	02	03	04	05	06	07	08	09	10
②	①	①	③	①	②	①	③	④	③
11	12	13	14	15	16	17	18	19	20
②	③	④	②	③	②	②	①	④	③
21	22	23	24	25	26	27	28	29	30
③	①	①	④	④	④	④	①	①	③
31	32	33	34	35	36	37	38	39	40
②	②	①	③	②	①	④	②	①	③
41	42	43	44	45	46	47	48	49	50
①	②	③	②	③	①	③	③	①	③
51	52	53	54	55	56	57	58	59	60
③	③	①	③	④	②	②	④	④	①
61	62	63	64	65	66	67	68	69	70
③	④	②	④	②	②	④	④	④	①
71	72	73	74	75	76	77	78	79	80
④	②	③	①	①	②	②	①	①	③
81	82	83	84	85	86	87	88	89	90
③	③	②	③	③	④	③	②	②	②
91	92	93	94	95	96	97	98	99	100
③	①	①	③	③	④	②	③	①	②

1과목 전기자기학

01
① 자기저항 $R_m = \dfrac{l}{\mu s}$ [AT/Wb]
$$\therefore R_m \propto \dfrac{1}{s}$$
② 기자력 $F = \phi \cdot R_m$ [AT]
③ 자기저항 직렬 $R_{m0} = R_{m1} + R_{m2}$
④ 자기저항 $R_m = \dfrac{l}{\mu s}$
$$\therefore R_m \propto l \text{ 비례}$$

02
평행판 콘덴서
$$C = \dfrac{\varepsilon_0 S}{d} \text{ [F]}$$

03

경계면 조건에서 $\dfrac{\tan\theta_1}{\tan\theta_2} = \dfrac{\varepsilon_1}{\varepsilon_2}$ 이므로

$\tan\theta_1 = \dfrac{\varepsilon_1}{\varepsilon_2}\tan\theta_2 = \dfrac{\varepsilon_0\varepsilon_s}{\varepsilon_0}\tan\theta_2$ 가 된다.

여기에 $\varepsilon_s = 4$, $\theta_2 = 30°$를 대입하면

$\tan\theta_1 = \varepsilon_s\tan\theta_2 = 4 \times \dfrac{1}{\sqrt{3}} = \dfrac{4}{\sqrt{3}}$ 이므로

$\theta_1 = \tan^{-1}\dfrac{4}{\sqrt{3}}$ 가 된다.

04

① 볼타 효과 : 도체와 도체, 유전체와 유전체, 유전체와 도체를 접촉시키면 전자가 이동하여 양·음으로 대전되는 현상
② 전계 효과 : 전기를 흘릴 수 있는 도전성 채널을 만들어 주는 현상
③ 압전 효과 : 기계적인 변형력을 가질 때, 결정체 표면에 전위차가 발생하는 현상
④ 파이로 효과 : 열을 가하면 전기분극이 발생하는 현상

05

전도전류밀도

$i = \dfrac{I}{S} = \dfrac{\dfrac{V}{R}}{S} = \dfrac{V}{R \cdot S} \quad \left(R = \dfrac{l}{KS}\right)$

$= \dfrac{V}{\dfrac{l}{KS} \cdot S} = \dfrac{KV}{l} = KE\,[\text{A/m}^2]$

$K = \dfrac{1}{\rho}$ 이므로

$\therefore i = \dfrac{E}{\rho}\,[\text{A/m}^2]$

06

공기콘덴서 판 간격 절반 두께의 유전체를 평행판에 수평으로 채운 경우

$C = \dfrac{2\varepsilon_s}{1+\varepsilon_s} \times C_o = \dfrac{2\times 10}{1+10} \times 0.2 = 0.36\,[\mu\text{F}]$

여기서, ε_s : 비유전율
C_o : 공기콘덴서 정전용량

07

두 개의 평행도체의 전위

$V = \dfrac{\lambda}{\pi\varepsilon_o}\ln\dfrac{d-a}{a}$

08

각 구상도체의 정전용량

$C_1 = 4\pi\varepsilon a,\ C_2 = 4\pi\varepsilon b$

- $R_1 = \dfrac{\rho\varepsilon}{4\pi\varepsilon a} = \dfrac{\rho}{4\pi a} = \dfrac{1}{4\pi ka}$ $\left(\because RC = \varepsilon\rho,\ R = \dfrac{\varepsilon\rho}{C}\right)$

- $R_2 = \dfrac{\rho\varepsilon}{4\pi\varepsilon b} = \dfrac{\rho}{4\pi b} = \dfrac{1}{4\pi kb}$

$R = R_1 + R_2 = \dfrac{1}{4\pi k}\left(\dfrac{1}{a} + \dfrac{1}{b}\right)$

09

기자력 $F = NI = 300 \times 3 = 900\,[\text{AT}]$

10

- 정사각형 중심점의 전계 : $E = 0$
- 정사각형 중심점의 전위

$V = \dfrac{\sqrt{2}\,Q}{\pi\varepsilon_0 a} = \dfrac{\sqrt{2} \times 10^{-9}}{3.14 \times 8.855 \times 10^{-12} \times \sqrt{2}} = 35.9\,[\text{V}]$

11

- 무한히 넓은 평면(얇은 평면) : $E = \dfrac{\rho_s}{2\varepsilon_0}\,[\text{V/m}]$

- 두꺼운 평면, 평행판, 구도체 표면 : $E = \dfrac{\rho_s}{\varepsilon_0}\,[\text{V/m}]$

- 면전하 밀도에 의한 전계의 세기는 거리와 무관하다.

12

$Q = ne = It\,[\text{C}]$

$t = \dfrac{ne}{I}$

$= \dfrac{1 \times 10^{28} \times 10^{-2} \times \pi \times 2.5^2 \times 10^{-6} \times 1.602 \times 10^{-19}}{1}$

$= 314\,[\text{sec}]$

13

분극전하 밀도

$\sigma' = \varepsilon_0(\varepsilon_s - 1)E = \varepsilon_0\varepsilon_s E - \varepsilon_0 E = \varepsilon E - \varepsilon_0 E$

$\sigma' = \sigma - \varepsilon_0 E$

$\therefore \varepsilon_0 E = \sigma - \sigma'$

$E = \dfrac{\sigma - \sigma'}{\varepsilon_0}$

14

- 도체가 받는 힘 $F = IBl\sin\theta$
- 유도기전력 $e = Blv\sin\theta = \dfrac{F}{I} \cdot v\,[\text{V}]$

15

동심구 정전용량 $C = \dfrac{4\pi\varepsilon}{\dfrac{1}{a} - \dfrac{1}{b}}\,[\text{F}]$ 이고

반구의 정전용량 $C' = C \times \dfrac{1}{2} = \dfrac{2\pi\varepsilon}{\dfrac{1}{a} - \dfrac{1}{b}}\,[\text{F}]$

$RC' = \varepsilon\rho,\ R = \dfrac{\varepsilon\rho}{C'}$

$\therefore R = \dfrac{\varepsilon\rho}{\dfrac{2\pi\varepsilon}{\dfrac{1}{a} - \dfrac{1}{b}}} = \dfrac{\rho}{2\pi}\left(\dfrac{1}{a} - \dfrac{1}{b}\right)$

$= \dfrac{1}{2\pi k}\left(\dfrac{1}{a} - \dfrac{1}{b}\right)$

$= \dfrac{1}{2\pi \times 10^{-3}}\left(\dfrac{1}{0.05} - \dfrac{1}{0.1}\right) \fallingdotseq 1,590\,[\Omega]$

16

콘덴서 직렬 접속 시 합성 정전용량

$C = \dfrac{1}{\dfrac{1}{C_1} + \dfrac{1}{C_2}} = \dfrac{C_1 C_2}{C_1 + C_2}\,[\text{F}]$

17

단위면적당 전력밀도(자유공간에서 포인팅 벡터)

$R = EH = 377H^2 = \dfrac{E^2}{377} = \dfrac{P}{S}\,[\text{W/m}^2]$

18

- 공극 발생 시 합성저항

$R = R_m + R_g = \dfrac{l}{\mu_o S} + \dfrac{l_g}{\mu_o S}$

- 공극 발생 시 자기저항 증가율

$\dfrac{R}{R_m} = \dfrac{R_m + R_g}{R_m} = 1 + \dfrac{R_g}{R_m} = 1 + \dfrac{\mu\, l_g}{\mu_o\, l}$

19

㉠ 맥스웰의 제1의 기본방정식

$\text{rot}\,H = \text{curl}\,H = \nabla \times H = i_c + \dfrac{\partial D}{\partial t} = i_c + \varepsilon\dfrac{\partial E}{\partial t}$

$= i\,[\text{A/m}^2]$

- 암페어의 주회적분법칙에서 유도한 식이다.
- 전도전류, 변위전류는 자계를 형성한다. (전류와 자계의 관계)
- 전류의 연속성을 표현한다.

㉡ 맥스웰의 제2의 기본방정식

$\text{rot}\,E = \text{curl}\,E = \nabla \times E = -\dfrac{\partial B}{\partial t} = -\mu\dfrac{\partial H}{\partial t}$

- 자속밀도의 시간적 변화는 전계를 회전시키고 유기기전력을 형성한다.
- 패러데이의 법칙에서 유도한 전계에 관한 식이다.

㉢ 맥스웰의 제3의 기본방정식

$\text{div}\,D = \nabla \cdot D = \rho\,[\text{C/m}^3]$

- 임의의 폐곡면 내의 전하에서 전속선이 발산한다.
- 가우스 발산 정리에 의하여 유도된 식이다.

㉣ 맥스웰의 제4의 기본방정식

$\text{div}\,B = \nabla \cdot B = 0$

- N, S극이 항상 공존한다.
- 자기력선은 연속적이다.

㉤ $\text{rot}\,\vec{A} = \nabla \times \vec{A} = B\,[\text{Wb/m}^2]$

벡터 퍼텐셜($\vec{A}$)의 회전은 자속밀도를 형성한다.

20

패러데이의 법칙

- $e = -N\dfrac{d\phi}{dt}\,[\text{V}]$
- 유도기전력의 크기는 폐회로에 쇄교하는 자속의 시간적 변화율에 비례한다.

2과목 전력공학

21

단락전류와 임피던스는 반비례하므로 임피던스를 크게 하면 단락전류가 경감된다.

$$I_s = \frac{E}{Z} = \frac{\frac{V}{\sqrt{3}}}{Z}[A] = \frac{\frac{V}{\sqrt{3}}}{\sqrt{R^2+X^2}}[A]$$

22

피뢰기 구비조건
① 상용주파 방전개시 전압이 높을 것
② 충격 방전 개시 전압이 낮을 것
③ 속류(기류) 차단능력이 클 것
④ 제한전압이 낮을 것

23

$$\begin{bmatrix} A & B \\ C & D \end{bmatrix} = \begin{bmatrix} 1 & Z \\ 0 & 1 \end{bmatrix}$$

24

영상변류기는 지락전류를 검출(지락계전기)한다.

25

고속증식로는 증식비가 1보다 크다.

26

코로나 손실

$$P_c = \frac{241}{\delta}(f+25)\sqrt{\frac{r}{D}} \times (E-E_0)^2 \times 10^{-5}$$

[kW/km/1선]이므로 주파수에 비례한다.

27

고온원 $T_1 = 540 + 273 = 813[K]$
저온원 $T_2 = 30 + 273 = 303[K]$
$\eta = \left(1 - \frac{T_2}{T_1}\right) = \left(1 - \frac{303}{813}\right) \times 100 = 62.7[\%]$

28

전선 굵기의 3대 요소

허용전류(가장 중요), 전압강하, 기계적 강도

29

영상분이 3배가 크므로 $Z_0 = Z + 3Z_n$

30

안정도 향상대책
- 선로 또는 기기의 리액턴스를 작게 한다.
- 중간조상방식을 채용한다.(송전선로 중간에 동기조상기를 연결)
- 재폐로방식을 채용한다.
- 계통을 연계시킨다.
- 발전기의 단락비를 크게 한다.
- 속응여자방식을 채용한다.
- 고속도차단방식을 채용한다.(중간개폐소 설치)
- 다회선방식이나 복도체방식을 채용한다.
- 발전기 제동권선을 설치한다.
- 전압변동을 줄인다.
- 지락전류를 줄인다.(고저항접지방식 또는 소호리액터 접지)

31

단로기는 소호장치가 없으므로 무부하 시에 개폐할 수 있다.

32

조상설비는 위상을 조정하는 설비로서
- 전력용 콘덴서 : 진상
- 분로 리액터 : 지상
- 정지형 무효전력 보상장치 : 진상, 지상

33

접지(중성점)의 목적
- 1선 지락 시 전위 상승을 억제하여 기계·기구 보호
- 단절연이 가능하여 기기값이 저렴
- 안정도 우수
- 계전기 동작 확실

34
원자력

일반적으로 무거운 원자핵이 핵분열하여 가벼운 핵으로 바뀌면서 발생하는 핵분열 에너지를 이용하는 것이고, 핵융합발전은 가벼운 원자핵을 융합하여 무거운 핵으로 바꾸면서 핵반응 전후의 질량결손에 해당하는 방출 에너지를 이용하는 방식이다.

35
영상분은 정상분이나 역상분보다 3배가 크다.

36
$$D = \frac{WS^2}{8T} = \frac{2 \times 200^2}{8 \times 1,000} = 10[\text{m}]$$

37
과전류계전기 : 과부하 또는 단락사고 시 동작

38
단권변압기는 임피던스가 작으므로 단락전류가 크다.
$$I_s = \frac{E}{Z} = \frac{\frac{V}{\sqrt{3}}}{Z}[\text{A}] = \frac{\frac{V}{\sqrt{3}}}{\sqrt{R^2 + X^2}}[\text{A}]$$

39
선택지락계전기는 다회선에서 접지 고장 회선을 선택하여 차단한다.

40
$$I_g = \frac{E}{Z} = \frac{\frac{V}{\sqrt{3}}}{\frac{1}{j3\omega C_s}} = j3\omega C_s \frac{V}{\sqrt{3}} = j\sqrt{3}\,\omega C_s V[\text{A}]$$

여기서, C_s : 대지 정전용량
I_g : 지락전류(진상전류)

3과목 전기기기

41
기동 시 최대 토크와 같은 토크로 기동하기 위한 외부저항
$$R = \frac{1 - s_t}{s_t} r_2$$

42
게이트 전류가 증가하면 순방향 저지전압이 감소하여 애노드 전류가 적절한 전압에서 흐를 수 있다.

43
변압기 규약효율 산출에 필요한 요건
- 파형은 정현파를 기준으로 한다.
- 별도의 지정이 없는 경우 역률은 100[%] 기준이다.
- 손실은 각 권선에 대한 부하손과 무부하손의 합이다.
- 부하손은 75[℃]를 기준으로 보정한 값을 사용한다.

44
전기각 = 기계각 × $\frac{p}{2}$

기계각 = 전기각 × $\frac{2}{p}$ = 180° × $\frac{2}{24}$ = 15°

45
단락비가 큰 동기기
㉠ 장점
- 전압강하가 적다.
- 안정도가 높다.
- 전기자 기자력이 작다.
- 송전선 충전용량이 크다.
- 기계적으로 튼튼하다.
- 공극이 크다.
- 계자자속이 비교적 많다.

㉡ 단점
- 단락전류가 크다.
- 효율이 낮다.
- 기계 치수가 크다.
- 가격이 비싸다.

46
단락전류는 초기에 돌발단락전류가 크게 흐르고 지속단락전류로 변화하면서 점차 감소한다.

47
속도에 따른 부하 토크의 변화량이 전동기 토크의 변화량보다 커야 안정적인 운전이 가능하다.(아래 그림에서 C는 전동기의 운전점을 의미함)

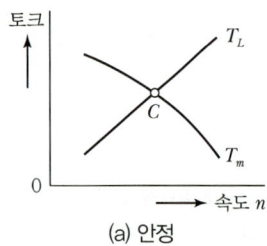
(a) 안정

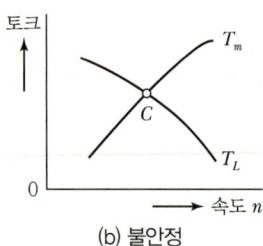
(b) 불안정

48
$$K_d = \frac{\sin\frac{\pi}{2m}}{q\sin\frac{\pi}{2mq}} = \frac{\sin\frac{\pi}{6}}{4\sin\frac{\pi}{24}} = 0.957$$

49
양호한 정류의 대책
- 평균 리액턴스 전압이 작을 것
- 인덕턴스가 작을 것
- 정류 주기가 클 것
- 브러시는 접촉저항이 클 것 : 탄소 브러시
- 보극 설치 : 전압 정류

50
변압기의 절연내력 시험방법
가압시험, 유도시험, 충격전압시험

51
직권과 복권발전기는 수하특성을 갖지 못하므로 균압선을 설치하여야 한다.

52
자여자 발전기의 회전 방향을 반대로 하면 잔류자기가 소멸되어 더 이상 발전하지 않는다.

53
$$\varepsilon = \frac{V_{20} - V_{2n}}{V_{2n}} = \frac{240 - 230}{230} = 0.0434$$
$$\therefore 4.35[\%]$$

54
㉠ 보상권선
- 전기자 반작용을 제거한다.
- 역률을 좋게 한다.
- 변압기의 기전력을 작게 하여 정류 작용을 개선한다.

㉡ 저항도선 : 변압기 기전력에 의한 단락 전류를 작게 하여 정류를 개선한다.

55
농형 유도전동기의 기동 특성을 개선하기 위해 회전자의 슬롯에 상하로 두 종류의 도체를 배열한 것으로, 보통 농형에 비해 기동 전류가 작고 기동 토크가 크다.

56
$$\%r = \frac{I_n \times r}{V_n} \times 100[\%] = \frac{I_n^2 r}{V_n I_n} \times 100[\%]$$
$$= \frac{임피던스와트(=동손)}{정격출력} \times 100$$
$$= \frac{150}{5,000} \times 100 = 3[\%]$$

57
SCR 단상 전파 직류 평균전압
$$E_d = \frac{2\sqrt{2}\,E}{\pi}\left(\frac{1+\cos\alpha}{2}\right)$$
$$= \frac{2\sqrt{2} \times 200}{\pi}\left(\frac{1+\cos 30}{2}\right) = 168.0[\text{V}]$$

58

비돌극기(원통형) 발전기의 출력

$P = \dfrac{EV}{X_s}\sin\delta\,[\text{W}]$

- 비돌극기 $\delta = 90°$에서 최대 출력을 낸다.
- 돌극기 $\delta = 60°$에서 최대 출력을 낸다.

59

차동종속 : $p_1 - p_2 = 8 - 2 = 6$

$N_s = \dfrac{120f}{p} = \dfrac{120 \times 60}{6} = 1{,}200\,[\text{rpm}]$

60

$e = \dfrac{pE}{k} = \dfrac{4 \times 230}{162} = 5.68\,[\text{V}]$

4과목 회로이론 및 제어공학

61

이득여유[dB] $= 20\log\left|\dfrac{1}{G(s)H(s)}\right|_{\omega=0}$

$G(j\omega)H(j\omega) = \dfrac{2}{(j\omega+1)(j\omega+2)}\bigg|_{\omega=0} = 1$

이득여유[dB] $= 20\log 1 = 0$

62

근궤적이 s 평면의 $j\omega$축과 교차 시 임계상태이다.

63

㉠ 단위계단입력 : $R(s) = \dfrac{1}{s}$

$C(s) = \dfrac{1}{s+1} \times \dfrac{1}{s}$

$C(t) = \mathcal{L}^{-1}\left[\dfrac{1}{s(s+1)}\right]$

$= \mathcal{L}^{-1}\left[\dfrac{1}{s} - \dfrac{1}{s+1}\right]$

$= 1 - e^{-t}$

㉡ 출력의 최종값

$1 - e^{-t} = 0.5$

$e^{-t} = 0.5$

$-t\ln e = \ln 0.5$

$-t = -0.693$

$\therefore t = 0.693 \fallingdotseq 0.7$

64

전달함수 $G(s) = \dfrac{Y(s)}{X(s)}$

$= \dfrac{\sum \text{개로} - (\text{비접촉개로} \times \text{독립폐로})}{1 - \sum \text{폐로}}$

- 개로(전향이득) : $-bc + s^{-1}$
- 폐로 : $-as^{-1} - bs^{-2}$
- 개로 중 비접촉 개로(s^{-1})와 폐로 중 독립폐로($-as^{-1}$)가 존재

$G(s) = \dfrac{-bc + s^{-1} - [s^{-1} \times (-as^{-1})]}{1 - (-as^{-1} - bs^{-2})}$

$= \dfrac{-bc + s^{-1} + as^{-2}}{1 + as^{-1} + bs^{-2}}$

$= \dfrac{-bcs^2 + s + a}{s^2 + as + b}$

65

단위원 밖에 놓일 근수 = 불완전근수

$(s+1)(s+2)(s-3) = 0$

$s^3 - 7s - 6 = 0$

s^3	1	-7
s^2	0	-6
s	-7	0
s^0	-6	0

1열의 부호가 0(+)에서 (-7)로 1번 바뀌므로 불완전근은 1개이다.

66

NOR Gate $X = \overline{A+B}$

67

동작신호 = 기준입력 - 주궤환량

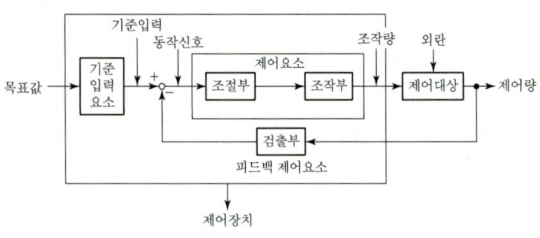

[피드백 제어계의 구성도]

68

$$\frac{c(s)}{u(s)} = \frac{\frac{2}{s(s+1)}}{1 + \frac{2}{s(s+1)}} = \frac{2}{s(s+1)+2}$$

$$\frac{c(s)}{u(s)} = \frac{2}{s^2+s+2}$$

$s^2 c(s) + sc(s) + 2c(s) = 2u(s)$

$$\frac{d^2 c(t)}{dt^2} + \frac{dc(t)}{dt} + 2c(t) = 2u(t)$$

69

드모르간의 정리

$\overline{A+B} = \overline{A} \cdot \overline{B}$

$\overline{A \cdot B} = \overline{A} + \overline{B}$

70

루스 판별법

s^3	1	$k+3$
s^2	2	10
s	$\frac{2(k+3)-10}{2}$	0
s^0	0	-

$\frac{2(k+3)-10}{2} > 0$ 이므로 $k > 2$

71

- 단위 임펄스 전류원 $i(t) = \delta(t)$
  $\therefore I(s) = 1$

- 콘덴서 전압 $V_c(t) = \frac{1}{C} \int i(t) dt$

$$V_c(s) = \frac{1}{Cs} \cdot I(s) \bigg|_{I(s)=1} = \frac{1}{Cs}$$

$\therefore v_c(t) = \mathcal{L}^{-1}[V_c(s)] = \frac{1}{C} \cdot u(t)$

72

$f(t) = 2u(t) - 2u(t-4)$

$F(s) = 2 \cdot \frac{1}{s} - 2 \cdot \frac{1}{s} e^{-4s} = \frac{2}{s}(1 - e^{-4s})$

73

$\tau = \frac{L}{R} = \frac{5}{\frac{100}{2}} = 0.1 [\sec]$

74

구형파는 파고율, 파형률이 모두 1이 된다.

75

$$Z_{ab} = \frac{(1+2s)\frac{2}{s}}{(1+2s)+\frac{2}{s}} = \frac{2(2s+1)}{2s^2+s+2}$$

76

$i = \frac{G_2}{G_1+G_2} I_o = \frac{15}{30+15}(30-15) = 5[A]$

구한 전류와 방향이 반대이므로 $-5[A]$

77

브리지 전류 평형조건

$R_1 R_2 = R_3 R_4$

78

$i(t) = I_m \sin(\omega t + \theta)$
$\quad = 10\sin\theta = 5$

$\therefore \theta = \sin^{-1}\dfrac{1}{2} = 30°$

$i(t) = 10\sin(\omega t + 30°)$
$\quad = 10\sin(2\pi \times 60 \times 2 \times 10^{-3} + 30°) = 10\sin 73.2°$

79

$I_a + I_b + I_c = 0$
$I_c = -(I_a + I_b) = -(15 + j2 - 20 - j14) = -(-5 - j12)$
$\quad = 5 + j12$

80

무손실 회로의 감쇠정수는 0이다.

5과목 전기설비기술기준 및 판단기준

81

가공전선과 타전력선, 약전선, 안테나, 삭도 기타 시설물의 간격

사용전압의 구분	간격
저압	0.6[m]
	케이블 0.3[m]
고압	0.8[m]
	케이블 0.4[m]
22.9[kV-Y]	나전선 2[m]
	특고압 절연전선 1.5[m]
	삭도 1[m]
	케이블 0.5[m]
60[kV] 이하	2[m]

82

저압용 퓨즈
정격전류의 1.1배에 견디어야 한다.

전류 용량	1.6배	2배
1~30[A]	60분	2분
31~60[A]	60분	4분
61~100[A]	120분	6분
101~200[A]	120분	8분
201~400[A]	180분	10분

83

저압 및 고압 가공전선의 높이

장소	저·고압
지표상	5[m]
도로횡단	6[m]
철도횡단	6.5[m]
횡단보도교	3.5[m](단, 450/750[V] 비닐절연전선·케이블 : 3[m])

84

구분	철도, 궤도, 자동차도 전용터널
저압	• 애자공사 시 : 레일면상, 노면상 2.5[m] • 2.6[mm] 이상 경동선의 절연전선 • 합성수지관, 금속관, 가요전선관, 케이블공사, 애자공사

85

특별 제3종 접지공사이므로 10[Ω] 이하일 것

86

• 고압의 계기용 변성기의 2차 측 전로 : 제3종 접지공사
• 특고압의 계기용 변성기의 2차 측 전로 : 특별 3종 접지공사

87

전력선과 건조물의 조영재 사이의 간격

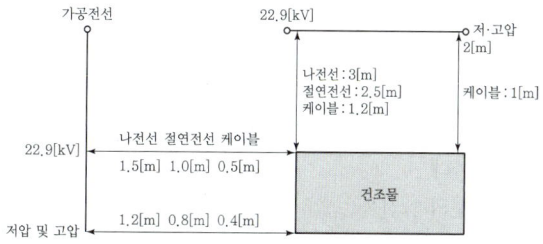

88

수도관 접지극 사용 시

- 수도관 지름이 75[mm] 이상
- 수도관 지름이 75[mm] 미만
  - 분기점에서 5[m] 이내에 접지

→ 전기적 저항이 3[Ω] 이하

- 2[Ω] 이하 – 분기점에서 5[m]를 초과할 수 있다.

89

정전유도작용에 의한 통신상의 장해가 없도록 시설하고 유도전류를 다음과 같이 제한한다.
- 12[km]마다 유도전류가 2[μA]를 넘지 아니하도록 할 것
- 40[km]마다 유도전류가 3[μA]를 넘지 아니하도록 할 것

90

간선보호용 과전류차단기는 간선허용전류의 2.5배와 전동기전류의 3배를 곱한 것 중 작은 것을 선정한다.

91

가공전선로의 지지물에 취급자가 오르고 내리는 데 사용하는 발판 볼트 등은 지표상 1.8[m] 미만에 시설하지 말 것

92

나전선의 사용

㉠ 애자사용공사에 의하여 전개된 곳에 다음의 전선을 시설하는 경우
  - 전기로용 전선
  - 전선의 피복 절연물이 부식하는 장소에 시설하는 전선
  - 취급자 이외의 자가 출입할 수 없도록 설비한 장소에 시설하는 전선

㉡ 버스 덕트 공사에 의하여 시설하는 경우
㉢ 라이팅 덕트 공사에 의하여 시설하는 경우
㉣ 트롤리선과 같이 접촉 전선을 시설하는 경우

93

가공전선로의 지지물에 시설하는 지지선은 다음 각 호에 의하여야 한다.
㉠ 지지선의 안전율은 2.5 이상일 것
  이 경우에 허용 인장하중의 최저는 4.31[kN]으로 한다.

단, 목주, A종인 경우 1.5

㉡ 지지선에 연선을 사용할 경우에는 다음에 의할 것
  - 소선(素線) 3가닥 이상의 연선일 것
  - 소선의 지름이 2.6[mm] 이상인 금속선을 사용한 것일 것. 다만, 소선의 지름이 2[mm] 이상인 아연도강연선으로서 소선의 인장강도가 0.68[kN/mm²] 이상인 것

㉢ 지중부분 및 지표상 30[cm]까지의 부분에는 내식성이 있는 것 또는 아연도금을 한 철봉을 사용

94

애자사용공사의 전선과 조영재의 간격

전압 및 장소	전선 상호	조영재
400[V] 이하	6[cm]	2.5[cm]
400[V] 초과 점검 가능, 건조한 장소		2.5[cm]
400[V] 초과 점검 불가, 물이나 습기가 있는 장소		4.5[cm]

95

기기	용량	사고내용	보호장치
발전기	모든 발전기	과전류 시	자동 차단장치
	500[kVA] 이상	수차유압이 현저히 저하 시	
	2,000[kVA] 이상	베어링 온도 상승 시	
	10,000[kVA] 이상	내부 고장 및 베어링의 마모 시	
변압기	5,000[kVA] 이상 10,000[kVA] 미만	내부 고장 시	경보장치, 자동 차단장치
	10,000[kVA] 이상	내부 고장 시	자동 차단장치
	타냉식	냉각장치 고장 시	경보장치
무효전력 보상장치	15,000[kVA] 이상	내부 고장 시	자동 차단장치
전력용 콘덴서 · 분로 리액터	500[kVA] 넘고 15,000[kVA] 미만	내부 고장, 과전류 시	자동 차단장치
	15,000[kVA] 이상	내부 고장, 과전류, 과전압 시	

96
- 대지전압 : 300[V] 이하
- 사용전압 : 400[V] 이하

97
직선형의 철탑을 사용한 특고압 가공전선로가 연속하여 10기 이상 사용되는 부분에는 10기 이하마다 내장 애자장치가 되어 있는 철탑 1기를 시설한다.

98
수소냉각식 발전기 등의 시설기준
- 발전기 또는 무효전력 보상장치는 기밀구조(氣密構造)의 것이고 또한 수소가 대기압에서 폭발하는 경우에 생기는 압력에 견디는 강도를 가지는 것일 것
- 누설된 수소 가스를 안전하게 외부에 방출할 수 있는 장치를 설치할 것
- 수소의 순도가 85[%] 이하로 저하한 경우에 이를 경보하는 장치를 시설할 것
- 압력이 현저히 변동한 경우에 이를 경보하는 장치를 시설할 것

99
가공 직류 절연 귀선은 특별한 경우를 제외하고 저압가공전선에 준하여 시설한다.

100
캡타이어 케이블 사용 시 $0.75[\text{mm}^2]$ 이상일 것

정답 전기기사 2017년 2회 기출문제

01	02	03	04	05	06	07	08	09	10
②	③	②	①	④	④	④	②	④	④
11	12	13	14	15	16	17	18	19	20
①	①	②	④	③	③	①	③	③	②
21	22	23	24	25	26	27	28	29	30
④	②	④	②	①	②	③	④	①	②
31	32	33	34	35	36	37	38	39	40
②	①	④	②	②	④	②	③	②	④
41	42	43	44	45	46	47	48	49	50
②	④	②	③	②	④	③	①	②	③
51	52	53	54	55	56	57	58	59	60
③	①	④	③	③	④	③	①	②	①
61	62	63	64	65	66	67	68	69	70
②	④	①	③	③	①	①	①	①	③
71	72	73	74	75	76	77	78	79	80
④	②	①	③	④	②	②	③	②	①
81	82	83	84	85	86	87	88	89	90
④	①	②	④	②	①	③	③	③	④
91	92	93	94	95	96	97	98	99	100
③	③	③	②	②	③	②	④	②	③

1과목 전기자기학

01
원통좌표계

$$\text{rot}\,H = \left(\frac{1}{r}\frac{\partial H_z}{\partial \phi} - \frac{\partial H_\phi}{\partial z}\right)a_r + \left(\frac{\partial H_r}{\partial z} - \frac{\partial H_z}{\partial r}\right)a_\phi$$
$$+ \left(\frac{1}{r}\frac{\partial (rH_\phi)}{\partial r} - \frac{1}{r}\frac{\partial H_r}{\partial \phi}\right)a_z = Kr^2 a_z$$

$$\frac{1}{r}\frac{\partial (rH_\phi)}{\partial r} - \frac{1}{r}\frac{\partial H_r}{\partial \phi} = Kr^2$$

$$\therefore H = \frac{K}{4}r^3 a_\phi$$

02
$$C_\theta = C_0 \frac{\theta}{\pi},\ W_\theta = \frac{1}{2}C_\theta V^2 = \frac{C_0 V^2}{2\pi}\theta$$

회전력 $T = \frac{\partial W_\theta}{\partial \theta} = \frac{\partial}{\partial \theta}\left(\frac{C_0 V^2}{2\pi}\theta\right) = \frac{C_0 V^2}{2\pi}[\text{N}\cdot\text{m}]$

03
단위길이당 인덕턴스

$L = \dfrac{\mu_0}{2\pi} \ln \dfrac{b}{a} \, [\text{H/m}]$

$= \dfrac{\mu_0}{2\pi} \ln \dfrac{20}{10} = \dfrac{4\pi \times 10^{-7}}{2\pi} \times 0.693$

$= 1.39 \times 10^{-7} \, [\text{H/m}]$

04
무한평면에서 자계 H는 거리에 관계없다.

05
푸아송 방정식 $\nabla^2 V = -\dfrac{\rho}{\varepsilon_0 \varepsilon_s}$

$\nabla^2 V = \dfrac{\partial^2}{\partial x^2}\left(\dfrac{1}{x} + 2xy^2\right) + \dfrac{\partial^2}{\partial y^2}\left(\dfrac{1}{x} + 2xy^2\right)$

$= \dfrac{2}{x^3} + 4x \quad \left(x = \dfrac{1}{2} \text{ 대입}\right)$

$\nabla^2 V = 16 + 2 = 18$

$\rho = \nabla^2 V \cdot (-\varepsilon_0 \varepsilon_s) = 18 \times (-8.855 \times 10^{-12}) \times 2 \times 10^{12}$

$\fallingdotseq -320 \, [\text{pC/m}^3]$

06
히스테리시스 곡선의 면적 = 체적당 전력
$P' = 4 \times H \times B_r = 4 \times 5 \times 2 = 40 \, [\text{W/m}^3]$
히스테리시스 손실 $P = P' \times V(\text{체적}) \times \text{주파수}(f)$
$= 40 \times 20 \times 10^{-6} \times 60$
$= 4.8 \times 10^{-2} \, [\text{W/m}^3]$

07
$B = 0.05 \cdot \dfrac{a_x + a_y}{\sqrt{2}} \, [\text{T}], \; I = 5a_z$

z축 방향 길이 $l = 0.08 \, [\text{m}]$
y축 방향 길이 $\vec{r} = -0.04 a_y$
$\vec{T} = \vec{r} \times \vec{F}$ 이므로
$\vec{F} = (I \times B)l = -0.014 a_x + 0.014 a_y$
$\vec{T} = \vec{r} \times \vec{F} = -5.6576 \times 10^{-4} \, [\text{N} \cdot \text{m}]$이다.

08
무한평판도체의 영상분전하 고려 시 전계

$E = \dfrac{aQ}{2\pi\varepsilon_o (a^2 + x^2)^{\frac{3}{2}}} \, [\text{N/C}] \; (\because E = E_1 \cos\theta \times 2)$

$\therefore$ 전속밀도 = 전하밀도 $D = E\varepsilon_o = \dfrac{a \cdot Q}{2\pi (a^2 + x^2)^{\frac{3}{2}}}$

$= \dfrac{Q}{2\pi} \cdot \dfrac{a}{(a^2 + x^2)^{\frac{3}{2}}} \, [\text{C/m}^2]$

09
$C = \dfrac{1}{\sqrt{\varepsilon_0 \mu_0}} = 3 \times 10^8 \, [\text{m/s}], \; C^2 = \dfrac{1}{\varepsilon_0 \mu_0}$

$\therefore \mu_0 = \dfrac{1}{C^2 \times \varepsilon_0}$

$= \dfrac{1}{(3 \times 10^8)^2 \times 8.855 \times 10^{-12}}$

$= 12.56 \times 10^{-7} \, [\text{H/m}]$

10
검류계에 전류가 흐르지 않을 경우
원판과 자석을 동시에 같은 방향, 같은 속도로 회전시킬 때

11
점전하에 의한 전계의 세기

$E = \dfrac{Q}{4\pi\varepsilon_0 r^2} \, [\text{V/m}]$

12
전파속도 $v = \dfrac{\omega}{\beta} = \dfrac{1}{\sqrt{LC}} = \dfrac{1}{\sqrt{\varepsilon\mu}} \, [\text{m/sec}]$

13
$D = \varepsilon_0 E + P \, [\text{C/m}^2]$
$P = D - \varepsilon_0 E \, [\text{C/m}^2]$

14
- 가동접속 : $L_1 = L_{c1} + L_{c2} + 2M$
- 차동접속 : $L_2 = L_{c1} + L_{c2} - 2M$

$L_1 - L_2 = 4M$

$|M| = \dfrac{L_1 - L_2}{4}$, $L_1 > L_2$

15
공기콘덴서에 판간격의 반만 평행하게 채운 경우

$C = \dfrac{1}{\dfrac{1}{C_1} + \dfrac{1}{C_2}} = \dfrac{2C_0}{C + \dfrac{\varepsilon_0}{\varepsilon}}$

여기서, C_0 : 공기콘덴서의 용량

16
$B = \mathrm{rot}\,A$, $B = \mu H$

$\mathrm{rot}\,A = \nabla \times A$

$= \begin{bmatrix} a_x & a_y & a_z \\ \dfrac{\partial}{\partial x} & \dfrac{\partial}{\partial y} & \dfrac{\partial}{\partial z} \\ 3x^2y & 2x & -z^3 \end{bmatrix}$

$= a_x\left(-\dfrac{\partial z^3}{\partial y} - \dfrac{\partial}{\partial z}2x\right) + a_y\left(\dfrac{\partial}{\partial z}3x^2y - \dfrac{\partial}{\partial x}z^3\right)$

$\quad + a_z\left(\dfrac{\partial}{\partial x}2x - \dfrac{\partial}{\partial y}3x^2y\right)$

$B = (2 - 3x^2)a_z$, $H = \dfrac{1}{\mu}(2 - 3x^2)a_z$

17
자기저항 $R_m = \dfrac{l}{\mu s}$ [AT/Wb]

자기저항은 길이에 비례하고 투자율, 단면적은 반비례한다.

18
동축원통의 정전용량

$C = \dfrac{2\pi\varepsilon}{\ln\dfrac{b}{a}}$ [F/m]

19
$\phi = \dfrac{\mu SNI}{l} = \dfrac{4\pi \times 10^{-7} \times 4{,}000 \times 10 \times 10^{-4} \times 500 \times 2}{2\pi \times 0.1}$

$= 8 \times 10^{-3}$ [Wb]

20
$V_0 = \dfrac{1}{4}(V_1 + V_2 + V_3 + V_4)$

$V_1 = \dfrac{1}{4}(100 + 0 + 0 + 0) = 25$ [V]

$V_3 = \dfrac{1}{4}(25 + 0 + 0 + 0) = 6.25$ [V]

$V_6 = \dfrac{1}{4}(V_1 + V_3 + V_3 + 0)$

$\quad = \dfrac{1}{4}(25 + 6.25 + 6.25 + 0) = 9.375$ [V]

2과목 전력공학

21

구분	조정	안정도
동기 조상기	연속 : 진상, 지상	우수
전력용 콘덴서	불연속(계단적) : 진상	관계없음

22
$Q = 100\left(\dfrac{0.8}{0.6} - \dfrac{\sqrt{1 - 0.9^2}}{0.9}\right) = 85$

23
원통(튜블러) 수차 : 조력발전(낙차 15[m] 이하)에 이용된다.

24
1기압 = 1.0332이므로 $\dfrac{169}{1.0332} = 163.6$

25
- 이도의 대소는 지지물에 영향을 준다.
- $D = \dfrac{WS^2}{8T}\left(D \propto \dfrac{1}{T}\right)$
- 이도가 크면 전선이 접촉할 우려가 있다.

26
$\dfrac{\text{자기용량}(W)}{\text{부하용량}(\omega)} = \dfrac{V_h - V_l}{V_h}$

27
유도전동기의 경부하 운전 시 지상전류가 흘러 역률이 저하된다.

28
$$P_s = \frac{V_s \cdot V_r}{X} \sin\delta$$

29
가공지선의 설치 목적
- 직격뢰, 유도뢰 방지
- 유도장해 방지
- ACSR : 강심 알루미늄 전선

30
제한전압
- 뇌전류 방전 시 직렬갭에 나타나는 전압
- 피뢰기 방전 중 단자 전압

31
Δ결선에서 지락사고 시 내부에만 영상전류가 흐르고 외부에는 영상전류가 흐르지 않는다.

32
저압밸런서는 단상 3선식에 필요하다.

33
안정도 향상대책
- 선로 또는 기기의 리액턴스를 작게 한다.
- 중간조상방식을 채용한다.(송전선로 중간에 동기조상기를 연결)
- 재폐로방식을 채용한다.
- 계통을 연계시킨다.
- 발전기의 단락비를 크게 한다.
- 속응여자방식을 채용한다.
- 고속도차단방식을 채용한다.(중간개폐소 설치)
- 다회선방식이나 복도체방식을 채용한다.
- 발전기 제동권선을 설치한다.
- 전압변동을 줄인다.
- 지락전류를 줄인다.(고저항접지방식 또는 소호리액터 접지)

34
전압강하율 $\delta = \dfrac{P}{V^2}(R + X\tan\theta)$

$0.1 = \dfrac{P}{30,000^2}\left(15 + 20 \times \dfrac{0.6}{0.8}\right)$

$P = \dfrac{30,000^2 \times 0.1}{\left(15 + 20 \times \dfrac{0.6}{0.8}\right)} = 3,000\,[\text{kW}]$

35
- 직렬 리액터 : 제5고조파 제거
- 변압기 Δ결선 : 제3고조파 제거

36
직류송전방식의 장단점
- 고압, 특고압 에서는 자동차단이 어렵다.
- 변압(승압, 강압)이 안 된다.
- 회전, 교변자계가 없다.
- 전압강하, 전력손실이 없다.
- 유도장해가 적고, 절연비가 절감된다.

37
충전전류 $= \omega C \dfrac{V}{\sqrt{3}}$

$= 2\pi \times 60 \times 0.3587 \times 15 \times 10^{-6} \times \dfrac{6,600}{\sqrt{3}}$

$= 77.3\,[\text{A}]$

38
가스차단기는 절연내력이 우수한 SF_6 가스를 사용한다.

39
VCB : 진공 상태에서 아크 소호

40
네트워크 배전방식의 단점
- 감전사고가 증가한다.
- 고장전류가 역류한다.

3과목 전기기기

41
환류다이오드
- 인덕터 충전전류로 인한 기기의 손상을 방지하기 위해 부하와 병렬로 연결된 다이오드를 말한다.
- 다이오드가 OFF될 때 유도성 부하전류의 통로를 만드는 다이오드이다.

42

가능 결선	불가능 결선
$\Delta-\Delta$와 $\Delta-\Delta$	$\Delta-\Delta$와 $\Delta-Y$
$Y-\Delta$와 $Y-\Delta$	$\Delta-Y$와 $Y-Y$
$Y-Y$와 $Y-Y$	* 홀수는 불가능하다.
$\Delta-Y$와 $\Delta-Y$	

43
3상 직권 정류자 전동기의 중간(직렬) 변압기는 고정자 권선과 회전자 권선 사이에 직렬로 접속된다. 중간 변압기의 사용 목적은 다음과 같다.
- 정류자 전압의 조정
- 회전자 상수 증가
- 경부하 시 속도의 이상 상승 방지
- 실효 권수비의 조정

44
$$n = K\frac{V - I_a R_a}{\phi}\text{[rps]}$$
분권전동기가 위험 상태가 될 때
정격전압, 무여자($I_f = 0$) → 계자권선 단선

45
- 자화전류 : 자속을 발생시키는 전류
- 철손전류 : 철손을 만드는 전류
- 여자전류 = 철손전류 + 자화전류

46
전동기의 규약효율은 입력으로 나타낸다.

$$\eta = \frac{출력}{입력}$$

$$\eta_{전동기} = \frac{입력 - 손실}{입력}$$

47
타여자전동기는 자속의 변화가 없으므로 속도 변동이 적다.

48
반발 기동형 > 반발 유도형 > 콘덴서 분상 기동형 > 분상 기동형 > 셰이딩 코일형

49
부흐홀츠 계전기
변압기의 주 탱크와 콘서베이터 사이에 부착하여 변압기의 내부고장 시 나오는 오일의 분해가스나 오일의 분류를 이용하여 경보를 발하거나 차단기를 작동시킨다.

50
$$e_L = L \cdot \frac{2I_c}{T_c}$$

51
리니어 전동기는 기어, 벨트 등 동력 변환기구가 필요 없이 직접 직선운동이 얻어진다.

52
초퍼
전류의 ON-OFF를 반복하는 것을 통해 직류 전원으로부터 실효가로서 임의의 전압이나 전류를 인위적으로 만들어 내는 전원회로이다.

53
와전류 손실(P_e)
- 시변된 자속으로 철심에 유기전압 발생
- 유기전압에 의해 철심에 와전류 발생
- 와전류에 의해 철심에 발열현상 발생

54

철손 $P_i = k_1 f B_m^2 = kf\left(k'\dfrac{V}{f}\right)^2 = k\dfrac{V^2}{f}$

$f' = 0.97f$, $V' = 1.03V$

$P' = k\dfrac{V'^2}{f'} = k\dfrac{(1.03V)^2}{0.97f} = \dfrac{1.03^2}{0.97}P = 1.093P$

∴ 109.3[%]로 증가

55

$E_s = \dfrac{pZ\phi_m N}{\sqrt{2}\,60a}\sin\theta = \dfrac{2\times 200\times 0.14\times 1,200}{\sqrt{2}\times 60\times 1}\times\dfrac{1}{2}$

56

- 개선 전
$P_r = \dfrac{350}{0.85}\times\sqrt{1-0.85^2} = 216.91\,[\text{kVar}]$

- 개선 후
$P_r' = \dfrac{400}{0.95}\times\sqrt{1-0.95^2} = 131\,[\text{kVar}]$

진상 무효전력 $Q = P_r - P_r' = 216.91 - 131 ≒ 85\,[\text{kVar}]$

57

- 무부하시험 : 철손, 여자전류
- 단락시험 : 임피던스 전압, 임피던스 와트(동손)

58

- 동기발전기의 자기회로는 전기자전류와 계자전류가 큰 값을 가질 경우에도 자속이 서로 상쇄되어 자기불포화 상태를 유지하게 된다.
- 전기자 반작용이 커서 감자작용으로 자기포화를 시키지 않기 때문이다.

59

$\%Z_s = \dfrac{P\cdot Z_s}{10V^2} = \dfrac{5,000\times 1.8}{10\times 3.3^2} = 82.644$

$K_s = \dfrac{100}{\%Z_s} = \dfrac{100}{82.644} = 1.21$

60

회전자에 의한 동기기의 분류
- 회전계자형
- 회전전기자형
- 회전유도자형 : 유도자형은 500~20,000[Hz]의 주파수를 발생하며 유도자형은 전기자 권선과 계자 권선은 모두 고정되고 회전자 표면에는 유도자라고 하는 요철의 철을 붙인 것이며 권선은 감지 않는다. 계자 권선은 고정자에 있으며 여기에 직류를 가하면 자속이 발생하고 유도전자에 N, S극을 형성시키게 된다.

4과목 회로이론 및 제어공학

61

동작신호 = 기준입력 - 주궤환량

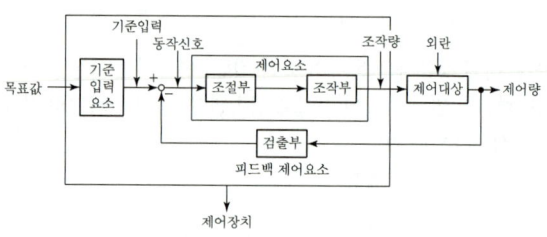

[피드백 제어계의 구성도]

62

제동값을 작게 하면 제동이 적게 걸린다.

63

근의 위치 (-0.3, -0.2, +0.5)가 원점을 중심으로 한 단위원 내부에 있으므로 안정하다.

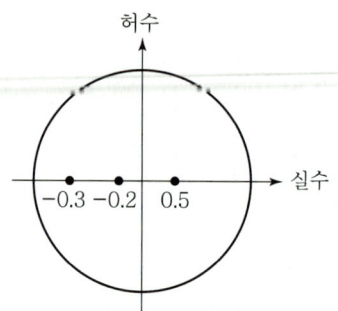

64

$q(s) = s^5 + 2s^4 + 2s^3 + 4s^2 + 11s + 10$

루스 판별법

s^5	1	2	11
s^4	2	4	10
s^3	$\dfrac{4-4}{2} = 0(\varepsilon)$	$\dfrac{22-10}{2} = 6$	0
s^2	$\dfrac{4\varepsilon - 12}{\varepsilon} = A$	10	0
s^1	$\dfrac{24\varepsilon - 72 - 10\varepsilon^2}{4\varepsilon - 12} = B$	0	
s^0	10		

s^5			
s^4			
s^3			
s^2	$A = \lim\limits_{\varepsilon \to 0} \dfrac{4\varepsilon - 12}{\varepsilon} = \ominus$ 값		
s^1	$B = \lim\limits_{\varepsilon \to 0} \dfrac{24\varepsilon - 72 - 10\varepsilon^2}{4\varepsilon - 12} = \oplus$ 값		
s^0			

ε을 양(+)의 쪽으로 0으로 접근시키면 s^2 첫 번째 행의 부호는 (−), s^1 첫 번째 행의 부호는 (+)가 된다. 그러므로 제1열 부호가 2번 바뀌므로 우반면에 근이 2개 존재하여 불안정하다.

65

극점이 3개, 영점이 1개이나 근궤적 수는 극점 수와 영점 수가 큰 것이 답이다.

66

$\dfrac{d}{dt}c(t) = \dfrac{d}{dt}x_1(t) = x_2(t)$ ················· ①

이므로, 주어진 원 미분 방정식을 다음과 같이 변경할 수 있다.

$\dfrac{d}{dt}c(t) = -\dfrac{5}{2}c(t) + \dfrac{1}{2}r(t)$

$x_2(t) = -\dfrac{5}{2}x_1(t) + \dfrac{1}{2}r(t)$ ················· ②

식 ①을 적분하면

$x_1(t) = \int_{t_0}^{t} x_2(\tau)d\tau + x_1(t_0)$ ················· ③

식 ②, ③을 라플라스 변환하면

$X_2(s) = -\dfrac{5}{2}X_1(s) + \dfrac{1}{2}R(s)$ ················· ④

$X_1(s) = \dfrac{X_2(s)}{s} + \dfrac{x_1(t_0)}{s}$ ················· ⑤

식 ④, ⑤를 신호 흐름 선도로 변환하면 그림 (a), (b)와 같다. 또한 두 선도를 합성하면 (c)가 된다.

(a)
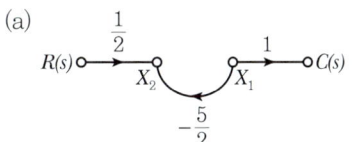

(b)
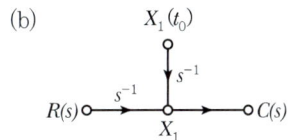

(c)

67

$\dfrac{C}{R} = \dfrac{G}{1 + H_1 G + H_2 G}$

$\dfrac{C}{R} = 1$ 이므로

$\dfrac{G}{1 + H_1 G + H_2 G} = 1$

$G = 1 + H_1 G + H_2 G$

$G(1 - H_1 - H_2) = 1$

$G = \dfrac{1}{1 - H_1 - H_2}$

68

- 안정 조건 : s 복소평면 좌반부에 존재
- 불안정 조건 : s 복소평면 우반부에 존재

69

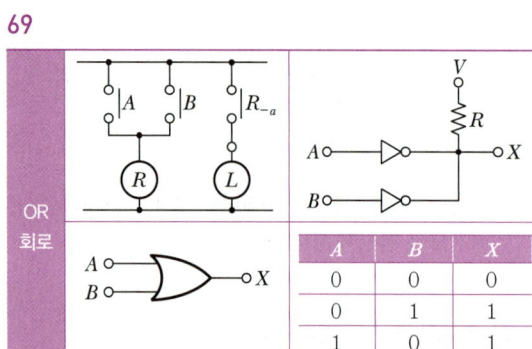

OR 회로

$X = A+B$

A	B	X
0	0	0
0	1	1
1	0	1
1	1	1

70

$G(s) = \dfrac{Y(s)}{X(s)} = \dfrac{1}{s^2(s+1)}$

$X(s) = 1$이면 단위 임펄스 함수

$Y(s) = \dfrac{1}{s^2(s+1)} = \dfrac{K_1}{s^2} + \dfrac{K_2}{s} + \dfrac{K_3}{s+1}$

$K_1 = \lim\limits_{s \to 0} s^2 Y(s) = 1$

$K_2 = \lim\limits_{s \to 0} \dfrac{d}{ds} s^2 Y(s) = -1$

$K_3 = \lim\limits_{s \to -1} (s+1) Y(s) = +1$

$Y(s) = \dfrac{1}{s^2} + \dfrac{-1}{s} + \dfrac{1}{s+1}$

$y(t) = t - 1 + e^{-t}$

71

영상전달정수 $\theta = \log_e(\sqrt{AD} + \sqrt{BC})$

$A = 1 + \dfrac{j600}{-j300} = -1$

$B = j600 + j600 + \dfrac{j600 \cdot j600}{-j300} = 0$

$C = \dfrac{1}{-j300}$

$D = 1 + \dfrac{j600}{-j300} = -1$

$\therefore \theta = \log_e \left(\sqrt{-1 \cdot -1} + \sqrt{0 \cdot \dfrac{1}{-j300}} \right)$

$\quad = \log_e 1 = \ln 1 = 0$

〈별해〉 $\theta = \cosh^{-1} \sqrt{AD}$

$\quad\quad\quad = \cosh^{-1}(1) = 0$

72

선로손실

$P = 3I^2 R$에서 $I = \sqrt{\dfrac{P}{3R}} = \sqrt{\dfrac{50}{3 \times 0.5}} = 5.77 [A]$

$\therefore V = \dfrac{P}{\sqrt{3} I \cos\theta} = \dfrac{1,800}{\sqrt{3} \times 5.77 \times 0.8} = 225 [V]$

73

$P_a = E^* I = (40 - j30)(30 + j10)$

$\quad = 1,500 - j500 [VA]$

$\quad = \sqrt{1,500^2 + 500^2}$

$\quad = 1,581.1388 [VA]$

$\therefore \cos\theta = \dfrac{P}{P_a} = \dfrac{1,500}{1,581.1388} ≒ 0.949$

74

과도현상이 발생하지 않기 위해서는 정저항 회로 조건 $R^2 = \dfrac{L}{C}$을 만족해야 한다.

$\therefore R = \sqrt{\dfrac{L}{C}} = \sqrt{\dfrac{0.9}{10 \times 10^{-6}}} = 300 [\Omega]$

75

특성임피던스 $Z_o = \sqrt{\dfrac{Z}{Y}} = \sqrt{\dfrac{R + j\omega L}{G + j\omega C}} [\Omega]$

76

공진 시 합성 어드미턴스의 허수부가 0이므로

$Y_R = \dfrac{R}{R^2 + \omega_R^2 L^2}$ 이며,

공진 조건은 $\omega_R C = \dfrac{\omega_R L}{R^2 + \omega_R^2 L^2}$ 이므로

$R^2 + \omega_R^2 L^2 = \dfrac{L}{C}$

$\therefore Y_R = \dfrac{R}{R^2 + \omega_R^2 L^2} = \dfrac{R}{\dfrac{L}{C}} = \dfrac{RC}{L}$

77

$$I = \frac{V}{Z} = Y \cdot V = \sqrt{\left(\frac{1}{R}\right)^2 + \left(\frac{1}{X_C} - \frac{1}{X_L}\right)^2} \times V$$
$$= \sqrt{\left(\frac{1}{2}\right)^2 + \left(\frac{1}{4} - \frac{1}{4}\right)^2} \times 1 = \frac{1}{2} = 0.5[A]$$

78

$$F(s) = \frac{s+1}{s(s+2)} = \frac{A}{s} + \frac{B}{s+2}$$
$$A = F(s) \cdot s \big|_{s=0} = \frac{1}{2}$$
$$B = F(s)(s+2) \big|_{s=-2} = \frac{1}{2}$$
$$\therefore F(s) = \frac{1}{2}\left(\frac{1}{s} + \frac{1}{s+2}\right)$$
$$f(t) = \frac{1}{2}(1 + e^{-2t})$$

79

$$I_5 = \frac{e_5}{z_5} = \frac{e_5}{R + j500L} = \frac{260}{12 + j5}$$
$$= \frac{260}{\sqrt{12^2 + 5^2}} = 20[A]$$

80

$v(t) = V_m \sin(\omega t \pm \theta)$에서
$$V(t) = 100 \sin\left(\omega t + \frac{\pi}{6}\right)$$

5과목 전기설비기술기준 및 판단기준

81

가공전선로의 지지물에 시설하는 지지선은 다음 각 호에 의하여야 한다.
- ㉠ 지지선의 안전율은 2.5이상일 것. 이 경우에 허용 인장하중의 최저는 4.31[kN]으로 한다. 단, 목주, A종인 경우 1.5
- ㉡ 지지선에 연선을 사용할 경우에는 다음에 의할 것
  - 소선(素線) 3가닥 이상의 연선일 것
  - 소선의 지름이 2.6[mm] 이상의 금속선을 사용한 것일

것. 다만, 소선의 지름이 2[mm] 이상인 아연도강연선으로서 소선의 인장강도가 0.68[kN/mm²] 이상인 것
- ㉢ 지중부분 및 지표상 30[cm]까지의 부분에는 내식성이 있는 것 또는 아연도금을 한 철봉을 사용
- ㉣ 도로를 횡단하여 시설하는 지지선의 높이는 지표상 5.0[m] 이상일 것

82

저압옥내배선 사용전선 굵기 2.5[mm²] 이상 연동선
- 전광표시 자동제어회로 : 금속관, 합성수지관, 금속덕트, 금속몰드공사 시 1.5[mm²] 이상 연동선
- 전광표시 자동제어회로 : 다심케이블 다심캡타이어케이블 사용, 과전류 발생 시 자동차단장치 시설 시 0.75[mm²] 이상 연동선
- 진열장 쇼윈도 쇼케이스 : 코드선, 캡타이어케이블 사용 시 0.75[mm²] 이상 연동선

83

제1종 특고압 보안공사
35[kV]를 초과하는 전선과 건조물이 제2차 접근상태인 경우 전선의 굵기

사용전압	전선
100[kV] 미만	인장강도 21.67[kN] 이상의 연선 또는 55[mm²] 이상
100[kV] 이상 300[kV] 미만	인장강도 58.84[kN] 이상의 연선 또는 150[mm²] 이상
300[kv] 이상	인장강도 77.47[kN] 이상의 연선 또는 200[mm²] 이상

84

분기점에서 3[m] 이하의 장소에 개폐기 및 과전류 차단기를 시설하여야 한다.

85

전동기의 과부하 보호장치의 시설 생략
- 정격 출력이 0.2[kW] 이하인 것
- 전동기를 운전 중 상시 취급자가 감시할 수 있는 위치에 시설하는 경우
- 전동기의 구조나 부하의 성질로 보아 전동기가 소손할 수 있는 과전류가 생길 우려가 없는 경우

- 단상 전동기를 그 전원 측 전로에 시설하는 과전류 차단기의 정격전류가 16[A] 또는 배선용 차단기는 20[A] 이하인 경우

86
제2종 특고압 보안공사 : 35[kV] 이하 전선과 건조물이 제2차 접근상태인 경우
- 특고압 가공전선은 22[mm^2] 연선을 사용하며 모든 지지물에 사용 가능하며 목주의 시설 시 목주의 풍압하중에 대한 안전율은 2 이상으로 한다.
- 병행, 공용, 삭도와 특고압 가공전선이 2차 접근상태인 시설

87
MI 케이블은 저압용으로 사용된다.

88
가로등, 경기장, 공장, 아파트 단지 등의 고압방전등의 효율 : 70[lm/W] 이상일 것

89

접지종별	접지저항값		접지선의 굵기	
제1종	10[Ω] 이하		6[mm^2]	
제2종	• $\frac{150}{I_1}$[Ω], $\frac{300}{I_1}$[Ω] : 2초 이내 차단 • $\frac{600}{I_1}$[Ω] : 1초 이내 차단 • I_1 : 최솟값이 2[A]이므로 최대접지 저항값 75[Ω] • 적용 : 고압, 22.9[kV] 다중접지 • 특고압 다중접지가 아닌 경우 최댓값 : 10[Ω] 이하		특고압에서 저압으로 변성 시 16[mm^2] (단, 22.9[kV] 및 고압에서 저압으로 변성 시 6[mm^2])	이동용 기계·기구 8[mm^2] (캡타이어 케이블 3종, 4종)
제3종	100[Ω] 이하		2.5[mm^2]	이동용 기계·기구 • 다심(code, 연동연선) : 1.25[mm^2] • 단심 : 0.75[mm^2]
특별 제3종	10[Ω] 이하			

90
금속관 단구에서 전선 피복의 손상을 방지하기 위하여 절연 부싱을 사용된다.

91
최대사용전압 7,000[V] 이하인 경우 1.5배이므로
3,300×1.5=4,950[V]

92
제3종 접지공사
㉠ 목적 : 화재 방지, 감전 방지, 기기손상 방지
㉡ 접지공사 세목
- 고압계기용 변성기 2차 측
- 지중전선로 외함
- 조가용선
- X선 발생장치
- 네온 변압기 외함
- 완금완철 접지
- 보호선, 보호망
- 400[V] 미만 기계·기구 외함

93
- 대지전압 : 300[V] 이하
- 사용전압 : 400[V] 이하

94
케이블 매설 깊이
- 압력을 받는 경우 : 1.0[m] 이상
- 압력을 받지 않는 경우 : 0.6[m] 이상

95
특별고압 가공전선과 지지물 등의 간격

사용전압	간격(cm)
15,000[V] 미만	15
15,000[V] 이상 25,000[V] 미만	20
25,000[V] 이상 35,000[V] 미만	25
35,000[V] 이상 50,000[V] 미만	30
50,000[V] 이상 60,000[V] 미만	35
60,000[V] 이상 70,000[V] 미만	40
70,000[V] 이상 80,000[V] 미만	45
80,000[V] 이상 130,000[V] 미만	65

96
고압 옥내배선 등의 시설
- 애자사용공사(건조한 장소로서 전개된 장소에 한한다)
- 케이블 공사
- 케이블 트레이 공사

97
문제 92번 해설 참고

98
강제배류기는 제3종 접지공사를 한 금속제 외함, 기타 견고한 함에 넣어 시설하거나 사람이 접촉할 우려가 없도록 시설할 것

99
가공 케이블의 시설
- 케이블은 조가선에 행거로 시설할 것. 이 경우에는 사용전압이 고압인 때에는 그 행거의 간격을 50[cm] 이하로 시설하여야 한다.
- 조가선은 인장강도 5.93[kN] 이상의 것 또는 단면적 $22[mm^2]$ 이상인 아연도철연선일 것
- 조가선 및 케이블의 피복에 사용하는 금속체에는 접지공사를 할 것
- 조가선의 케이블에 접촉시켜 그 위에 쉽게 부식하지 아니하는 금속 테이프 등을 나선상으로 감는 경우 20[cm] 이하의 간격을 유지할 것

100
가공통신선의 높이

시설장소	가공통신선	첨가통신선 저압 및 고압	첨가통신선 특고압
도로(위) 횡단 시	5[m] (교통에 지장 없는 높이 4.5[m])	6[m] (교통에 지장 없는 높이 5[m])	6[m]
철도(레일면상) 횡단 시	6.5[m]	6.5[m]	6.5[m]
횡단보도교 위 (노면상)	3[m]	3.5[m] (절연전선 사용 시 3[m])	5[m]
기타 장소	3.5[m]	4[m]	5[m]

정답 전기기사 2017년 3회 기출문제

01	02	03	04	05	06	07	08	09	10
②	②	①	①	④	③	①	③	①	①
11	12	13	14	15	16	17	18	19	20
③	④	②	①	④	④	③	④	④	②
21	22	23	24	25	26	27	28	29	30
②	②	①	③	②	④	①	④	①	①
31	32	33	34	35	36	37	38	39	40
③	③	④	③	④	③	②	④	④	③
41	42	43	44	45	46	47	48	49	50
③	④	④	②	①	①	②	③	③	②
51	52	53	54	55	56	57	58	59	60
③	④	③	④	①	③	①	①	①	③
61	62	63	64	65	66	67	68	69	70
③	②	①	④	③	②	④	③	③	③
71	72	73	74	75	76	77	78	79	80
④	①	③	②	④	②	②	②	②	①
81	82	83	84	85	86	87	88	89	90
③	②	①	④	③	①	③	②	④	②
91	92	93	94	95	96	97	98	99	100
④	②	②	④	②	③	②	②	②	①

1과목   전기자기학

01

$V = \dfrac{1}{x^2+y^2}$ [V]

$\operatorname{grad} V = i\dfrac{\partial V}{\partial x} + j\dfrac{\partial V}{\partial y} + k\dfrac{\partial V}{\partial z}$

$= i\dfrac{\partial}{\partial x}\left(\dfrac{1}{x^2+y^2}\right) + j\dfrac{\partial}{\partial y}\left(\dfrac{1}{x^2+y^2}\right) + k\dfrac{\partial}{\partial z}\left(\dfrac{1}{x^2+y^2}\right)$

$= -i\dfrac{2x}{(x^2+y^2)^2} - j\dfrac{2y}{(x^2+y^2)^2} = -\dfrac{i2x+j2y}{(x^2+y^2)^2}$

02

정전에너지 $W = \dfrac{1}{2}CV^2 = \dfrac{Q^2}{2C}$ [J]

$\therefore W = \dfrac{Q^2}{2C} = \dfrac{Q^2}{2\dfrac{\varepsilon S}{d}} = \dfrac{dQ^2}{2\varepsilon S}$ [J]

03

$\operatorname{rot} E = -\dfrac{\partial B}{\partial t}$ (패러데이의 전자유도법칙에서 유도)

04

원형 코일 중심축상의 자계

$H = \dfrac{a^2 I}{2(a^2+r^2)^{\frac{3}{2}}}$

$= \dfrac{10 \times 0.01^2}{2(0.01^2+0.173^2)^{\frac{3}{2}}} = \dfrac{1}{16} \times 10^3 = 62.5$ [AT/m]

여기서, a : 반지름
　　　　I : 전류
　　　　r : 코일 중심에서 수직면으로 떨어진 거리

05

전자의 원운동 시 반지름 $r = \dfrac{mv}{eB} = \dfrac{mv}{e\mu_o H}$

여기서, m : 질량[kg]
　　　　v : 속도[m/s]
　　　　e : 전하량[C]
　　　　B : 전속밀도[Wb/m²]
　　　　　$B = \mu_o H$

06

누설전류 $I = \dfrac{V}{R}$ 이고 $R = \dfrac{\rho\varepsilon}{C}$ 이므로 $I = \dfrac{V}{\dfrac{\rho\varepsilon}{C}} = \dfrac{CV}{\rho\varepsilon}$ [A]

07

유전체 내에 발생하는 분극의 종류

- 전자분극 : 다이아몬드와 같은 단결정체에서 외부 전계에 의해 양점而 중심인 핵의 위치와 음전하의 위치가 변화하는 분극

- 이온분극 : NaCl과 같은 이온결합의 특성을 가진 물질에 전계를 가하면 (+), (-) 이온에 상대적 변위가 일어나 쌍극자를 유발하는 분극현상

- 배향분극 : 물, 암모니아, 알코올 등 영구 자기 쌍극자를 가진 유극분자들은 외부 전계와 같이 같은 방향으로 움직이려는 성질

- 전기분극 : 유전체에 전계가 인가되면 유전체 안에 있는 중성 상태의 전자와 핵이 외부 전계의 영향을 받아 전자운이 전계의 (+)쪽으로 치우쳐서 원자 내에서 약간의 위치이동을 하게 되어 전자운의 중심과 원자핵의 중심이 분리되는 현상(=전자와 핵의 위치이동으로 인하여 극이 분리되는 것처럼 나타나는 현상)

08
무한장 솔레노이드 $H = nI\,[\text{AT/m}]$
∴ $H \propto I$ (내부자계와 전류는 비례)

09
유전체에 작용하는 힘(Maxwell 변형력)
- 유전율이 큰 쪽에서 작은 쪽으로 힘이 작용한다.
- 전속(밀도)선은 유전율이 큰 쪽으로 모이려는 성질이 있다.
∴ $\varepsilon_1 > \varepsilon_2$

10
자기인덕턴스의 단위 $L = \dfrac{N\phi}{I}\,[\text{Wb/A} = \text{H}]$ 에서 유기기전력을 이용하면

$L = e\dfrac{dt}{di}\left[\text{V} \cdot \dfrac{\sec}{\text{A}} = \Omega \cdot \sec = \dfrac{\text{V} \cdot \text{A}\sec}{\text{A}^2} = \text{J/A}^2\right]$

11
포인팅벡터 $P = EH\sin\theta = E \times H = EH\,[\text{W/m}^2]$
여기서, E : 전계의 세기[V/m]
H : 자계의 세기[AT/m]

12
- 히스테리시스손의 방지책 : 규소강판을 사용한다.
- 규소강판을 사용하여 히스테리시스 곡선의 면적을 작게 한다.

13
조건 : 커패시터 내의 전계 일정
에너지 밀도 $W = \dfrac{1}{2}\varepsilon E^2\,[\text{J/m}^3]$
ε(유전율)이 클수록 에너지 밀도가 크다.

14
자계 에너지 밀도
$W = \dfrac{1}{2}\mu H^2 = \dfrac{B^2}{2\mu} = \dfrac{1}{2}BH\,[\text{J/m}^3]$

15
라플라스 방정식은 선형 방정식이다.

16
자화의 세기 $J = \mu_o(\mu_s - 1)H = B\left(1 - \dfrac{1}{\mu_s}\right)[\text{Wb/m}^2]$

17
원형(원환) 도체 전하에 의한 전계

$E_z = \dfrac{Q \cdot b}{4\pi\varepsilon_o(a^2 + b^2)^{\frac{3}{2}}}a_z\,[\text{V/m}]$

$Q = \rho_L \cdot l = \rho_L \cdot 2\pi a\,[\text{C}]$

$E_z = \dfrac{\rho_L \cdot 2\pi a \cdot b}{4\pi\varepsilon_o(a^2 + b^2)^{\frac{3}{2}}}a_z = \dfrac{ab\rho_L}{2\varepsilon_o(a^2 + b^2)^{\frac{3}{2}}}a_z\,[\text{V/m}]$

18
$E = -\text{grad}\,V = -\nabla \cdot V$
$= -\left(\dfrac{\partial V}{\partial x}i + \dfrac{\partial V}{\partial y}j + \dfrac{\partial V}{\partial z}k\right)$
$= -i\left(\dfrac{\partial}{\partial x}x^2\right) = -2xi\,\Big|_{x=0.2}$
$= -0.4i$
∴ $-x$ 방향으로 $0.4\,[\text{V/m}]$이다.

19
$\nabla \times E = -\dfrac{\partial B}{\partial t}$ (패러데이의 전자유도법칙에서 유도)

20
변위전류
전속밀도의 시간적 변화에 의한 것으로 하전체에 의하지 않는 전류로, 유전체에서 전하의 이동으로 발생하는 전류

2과목 전력공학

21
- 동기조상기 : 진상 + 지상
- 분로리액터 : 페란티 방지
- 전력용 콘덴서 : 진상(역률 개선)
- 직렬리액터 : 제5고조파 제거

22
역률 부족(90[%] 미만) 시 나타나는 현상
- 전력 손실 증가
- 전압강하 증가
- 전기요금 증가
- 설비 이용률(유효전력) 감소

23
배전용 변전소의 변압기는 154[kV]에서 22.9[kV]로 변성하는 것으로 강압용(체강) 변압기를 사용한다.

24
소호환(초호환), 소호각(초호각) : 이상전압으로부터 애자 보호

25
비접지방식은 1선 지락 시 $\sqrt{3}$ 배의 전위 상승으로 과전압이 발생된다.

26
$$I_c = \omega C E = \omega C \frac{V}{\sqrt{3}} \, [A]$$
$$= 2\pi \times 60 \times 0.5 \times 10^{-6} \times 20 \times \frac{22,000}{\sqrt{3}} = 48\,[A]$$

27
- 개폐서지 : 개폐 저항기 설치
- 뇌서지 : 피뢰기 설치

28
모선 보호용 계전기
- 전류차동 계전기
- 전압차동 계전기
- 위상비교 계전기
- 방향비교 계전기

29
현수애자는 1층의 갓으로 구성되어 전압 크기에 따라 가감할 수 있다.

30
사고별 해석결과

1선 지락	$I_1 = I_2 = I_0$ 존재
선간 단락	$I_1 = I_2$ 존재
3상 단락	I_1 존재

여기서, I_0 : 영상전류
I_1 : 정상전류
I_2 : 역상전류

31
$$I_s = \frac{E}{Z} = \frac{\frac{3,300}{\sqrt{3}}}{\sqrt{0.32^2 + (2+1.25+1.75)^2}} = 380\,[A]$$

32
조속기는 유량을 조절하는 것으로 폐쇄시간이 짧을수록 속도 변동률이 작아진다.

33
$$V_S = V_R + \sqrt{3}\, I(R\cos\theta + X\sin\theta)$$
$$= 3,300 + \sqrt{3}\, \frac{300 \times 10^3}{\sqrt{3} \times 3,300 \times 0.85}(4 \times 0.85 + 3$$
$$\times \sqrt{1-0.85^2}\,)$$
$$= 3,830\,[V]$$

34
엔탈피(i) : 단위 무게의 물 또는 증기가 보유하는 전 열량 [kcal/kg]

35
- 단거리, 중거리 : 집중정수회로
- 장거리 : 분포정수회로

36
$$\begin{bmatrix} E_S = AE_R + BI_R \\ I_S = CE_R + DI_R \end{bmatrix} \text{에서}$$

무부하 시 전류가 흐르지 않으므로($I_R = 0$)

$E_R = \dfrac{160}{0.8} = 200$

37
유도장해 대책(전력선 측)
- 이격거리를 크게 한다.
- 중성점을 저항 접지할 경우에는 저항값을 가능한 한 큰 것으로 한다.(소호리액터 접지)
- 고속도지락 보호계전방식을 채용해서 고장선을 신속하게 차단하도록 한다.
- 송전선과 통신선 사이에 차폐선을 가설한다.(M의 저감)
- 연가를 실시하여 중성점 전압을 낮춘다.
- 차폐선을 설치한다.(30~50[%] 절감)

38
- 감속재는 핵분열로 발생한 고속 중성자를 열 중성자로 바꾸는 작용을 한다.
- 감속능력과 감속비가 클수록 우수하다.
- 증수, 경수, 흑연, 산화 베릴륨을 사용한다.
- 중성자 흡수단면적을 작게 하려면 원자 질량이 작아야 한다.

39
매설지선
철탑의 접지저항을 작게 하여 역섬락을 방지한다.

40
$1\phi 2w$ 기준(전선 소요량)
- $1\phi 3w : \dfrac{3}{8}$ (37.5[%])
- $3\phi 3w : \dfrac{3}{4}$ (75[%])

3과목 전기기기

41
$P_2 = P_o + P_{2c}$

$P_{2c} = sP_2$

$\eta_2 = \dfrac{P_o}{P_2} = 1 - s = \dfrac{N}{N_s}$

42
상간 단락 보호를 위해 설치하는 계전기
- 차동계전기 : 1차 측과 2차 측의 전류의 차에 의해 동작하는 계전기(전기식)
- 비율차동계전기 : 1차 측과 2차 측의 전류차의 비에 의해 동작하는 계전기(전기식)
- 부흐홀츠계전기 : 변압기의 절연유가 열화되었을 때 나오는 수소를 감지하는 계전기로, 변압기 본체와 콘서베이터 사이에 설치된다.(기계식)

43
$V_{DC} = 0.9 \times V_{AC}$

$V_{AC} = 100[V]$

단상 전파정류 $PIV = 2\sqrt{2}\,E = 2 \times \sqrt{2} \times 100 = 282.8[V]$

44
동기전동기

장점	단점
속도가 일정하다.($-N_s$)	기동 시 기동토크가 0이어서 기동이 어렵다.
역률 1로 운전이 가능하다.	속도 제어가 안 된다.
효율이 양호하다.	여자기가 필요하다.
–	가격이 비싸다.
–	구조가 복잡하다.
–	난조가 발생하기 쉽다.

45
㉠ 농형 유도전동기의 속도제어법
- 주파수 제어
- 극수 변환

ⓒ 권선형 유도전동기의 속도제어법
- 2차 저항 제어-비례추이
- 종속법
- 2차 여자 제어법

46

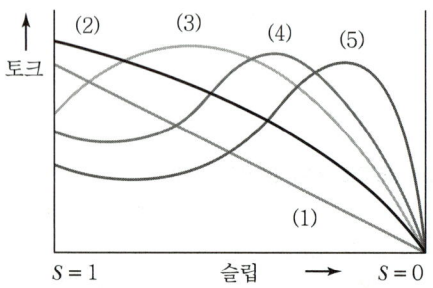

권선형 유도전동기의 2차 측 저항을 증가시키면 기동토크와 슬립이 비례추이한다.

47

$\tau \propto \phi \cdot I_a$

$\phi' \rightarrow 0.8\phi$

$I_a' = 1.2 I_a$

$\tau = 5 \times 0.8 \times 1.2 = 4.8 [\text{kg} \cdot \text{m}]$

48

- 무부하손 = 철손 + 유전체손(베어링손, 풍손, 마찰손)
- 철손 = 히스테리시스손 + 와류손
- 철손의 대부분은 히스테리시스손이다.

49

$AT_d = \dfrac{2\alpha}{180} \cdot \dfrac{Z}{p} \cdot \dfrac{I_a}{2a}$

$= \dfrac{2 \times 10}{180} \cdot \dfrac{152}{4} \cdot \dfrac{100}{2 \times 2}$

$= 105.6 [\text{AT/P}]$

50

- 와류손은 주파수와 무관하다.
- 와류손은 전압의 제곱에 비례한다.

$P_c = 720 \times \left(\dfrac{3,300}{6,600}\right)^2 = 180 [\text{W}]$

51

전기자 반작용

ⓐ 편자작용 : 중성축 이동 → 브러시 이동(발전기는 회전방향, 전동기는 회전 반대방향으로 이동시킨다.)

ⓑ 감자작용
- 발전기 : $E\downarrow$, $V\downarrow$, P(출력)$\downarrow$
- 전동기 : $\tau\downarrow$, $N\uparrow$

52

반발기동형 단상유도전동기는 고정자의 축과 브러시의 사잇 각 ϕ에서 기동 토크가 발생된다.

53

$n = \dfrac{V - I_a r_a}{\phi} [\text{rps}]$

- 전압제어 : 광범위한 속도제어로, 효율이 좋음
- 계자제어 : 정출력 제어
- 저항제어

54

$K_s = \dfrac{I_s}{I_n} = \dfrac{1}{\%Z_s[\text{p.u}]} = \dfrac{100}{\%Z_s[\%]}$

55

SCR에서는 게이트 전류가 흐르면 순방향의 저지상태에서 온(On) 상태로 된다. 게이트 전류를 가하여 도통 완료까지의 시간을 턴온(Turn On) 시간이라고 하고 이 시간이 길면 스위칭 시의 전력손실이 많고 소자가 파괴된다.

56

동기발전기의 안정도 증진대책
- 동기화 리액턴스를 작게 할 것(정상과도 리액턴스)
- 회전자의 플라이휠 효과를 크게 할 것
- 속응 여자 방식을 채용할 것
- 발전기의 조속기 동작을 신속히 할 것
- 동기 탈조 계전기를 사용할 것
- 역상, 영상 임피던스를 크게 할 것

57

비돌극형 동기발전기 한 상의 출력

$P = \dfrac{EV}{X_s}\sin\delta$

최댓값은 $\sin\delta = 1$일 때이다.

58

3상 유도전동기

- 무부하전류 : 주파수에 반비례한다.
- 온도 상승 : 주파수에 반비례한다.
- 속도 : $N = (1-s)\dfrac{120f}{p}$ 주파수에 비례한다.

59

$Z_2 = \dfrac{Z_1}{a^2} = \dfrac{225}{15^2} = 1[\Omega]$

60

2차 순환 전류 $I_c = \dfrac{1.1}{\sqrt{2}} \times a = \dfrac{1.1}{\sqrt{2}} \times \dfrac{1{,}328}{230} = 4.48[A]$

4과목 회로이론 및 제어공학

61

전달함수

$\dfrac{Y(s)}{X(s)} = \dfrac{ABC}{1 + BCE + ABD}$

62

주파수 특성의 대역폭

- 좁으면 좁을수록 응답속도는 늦어진다.
- 넓으면 넓을수록 응답속도는 빨라진다.

63

$X = AB + \overline{C}$

64

비례요소 : K, 미분요소 : Ks, 적분요소 : $\dfrac{K}{s}$,

1차 지연요소 : $\dfrac{K}{Ts+1}$

전달함수 $G(s) = \dfrac{RCs}{1+RCs} = \dfrac{Ts}{1+Ts}$ 이므로 1차 지연요소를 포함한 미분요소이다.

65

- 특성방정식 $[SI-A] = \begin{bmatrix} s & 0 \\ 0 & s \end{bmatrix} - \begin{bmatrix} 0 & 1 \\ 0 & 0 \end{bmatrix} = \begin{bmatrix} s & -1 \\ 0 & s \end{bmatrix}$
- $\phi(s) = [SI-A]^{-1}$

$= \dfrac{1}{\begin{bmatrix} s & -1 \\ 0 & s \end{bmatrix}} \begin{bmatrix} s & 1 \\ 0 & s \end{bmatrix} = \dfrac{1}{s^2}\begin{bmatrix} s & 1 \\ 0 & s \end{bmatrix} = \begin{bmatrix} \dfrac{1}{s} & \dfrac{1}{s^2} \\ 0 & \dfrac{1}{s} \end{bmatrix}$

$\phi(t) = \begin{bmatrix} 1 & t \\ 0 & 1 \end{bmatrix}$

66

조작량

제어장치 또는 제어요소의 출력이면서 제어대상의 입력인 신호이다.

67

㉠ P 동작(비례동작)
  - 정상오차 수반
  - 잔류편차 발생
㉡ D 동작(미분동작) : 오차가 커지는 것을 미연에 방지
㉢ I 동작(적분동작) : 잔류오차(정상오차)가 없도록 제어
㉣ PI 동작 : 잔류편차가 없어지도록 적분동작을 부가시킨 제어
㉤ PD 동작 : 응답의 속응성 개선
㉥ PID 동작 : 응답의 오버슈트 감소, 정정시간을 짧게, 잔류편차를 없애는 작용

68

$G(j\omega) = \dfrac{1}{j\omega T + 1}$ 에서

- 크기 $|G(j\omega)| = \dfrac{1}{\sqrt{\omega^2 T^2 + 1}}$

- 위상각 $\phi = 0 - \tan^{-1}\omega T = -\tan^{-1}\omega T$

$$G(j\omega) = \frac{1}{\sqrt{\omega^2 T^2 + 1}} \angle -\tan^{-1}\omega T$$

69

양의 실수근의 수
1열의 부호가 2번 변화하므로 2개 있다.

70

루스의 표는 다음과 같다.

s^5	1	2	4
s^4	2	3	1
s^3	0.5	3.5	0
s^2	-11	1	
s^1	3.55	0	
s^0	1		

루스 표에서 제1열의 부호가 2번 변하므로 우반면에 불안정한 근이 2개 존재한다.

71

50[V] 전압의 방향으로 전류가 흐르므로 반시계 방향이다.

72

양변을 라플라스 변환하면
$Y(s)(s^2+5s+6) = X(s)$

전달함수 $G(s) = \dfrac{Y(s)}{X(s)} = \dfrac{1}{s^2+5s+6} = \dfrac{1}{(s+2)(s+3)}$

73

10[mH]를 개방한 후 테브낭 등가저항을 구하면
$R' = 2 + \dfrac{4\times 4}{4+4} = 4[\Omega]$

결국 4[Ω]과 10[mH]의 직렬회로의 R-L 전류식

$i(t) = \dfrac{E}{R}(1-e^{-\frac{R}{L}t})$

$= \dfrac{E}{4}(1-e^{-\frac{4}{10\times 10^{-3}}t}) = \dfrac{E}{4}(1-e^{-400t})[A]$

$= \dfrac{E}{4} - \dfrac{E}{4}e^{-400t} = A + Be^{-\alpha t}$와 같고 $\alpha = 400$이다.

74

$Z = R + jX_L = \dfrac{V}{I} = \dfrac{100\angle 0[°]}{2\angle -45[°]} = 50\angle 45[°]$

$= 35.4 + j35.4$

75

영상분은 3상 불평형, 접지식에만 존재하므로 3상 평형 상태에서는 0이 된다.

76

$\omega L > \dfrac{1}{\omega C}$에서 유도성 회로로서 늦은(뒤진) 전류가 흐르게 되고, 위상 $\theta = \tan^{-1}\dfrac{\omega L - \dfrac{1}{\omega C}}{S}$이 된다.

77

$Z = \dfrac{R\dfrac{1}{j\omega C}}{R+\dfrac{1}{j\omega C}} = \dfrac{R}{1+j\omega RC}$이고

$e(t) = 3e^{-5t}$에서 $j\omega = -5$가 되므로

$Z = \dfrac{R}{1+j\omega RC} = \dfrac{R}{1-5RC}$

78

파장 $\lambda = \dfrac{2\pi}{\beta}[m]$

79

무효전력 $P_r = 3I_p^2 \cdot X = \sqrt{3}\,V_l I_l \sin\theta[\text{Var}]$이므로

$X = \dfrac{\sqrt{3}\,V_l I_l \sin\theta}{3I_p^2}$

$= \dfrac{\sqrt{3}\times 300\times 40\times 0.6}{3\times 40^2}$ ($\because \cos^2\theta + \sin^2\theta = 1$)

$= 2.6[\Omega]$

80

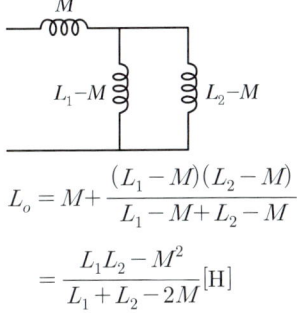

$$L_o = M + \frac{(L_1-M)(L_2-M)}{L_1-M+L_2-M}$$

$$= \frac{L_1 L_2 - M^2}{L_1 + L_2 - 2M}[H]$$

5과목 전기설비기술기준 및 판단기준

81

철근콘크리트주	원형의 것	588 [Pa]
	기타의 것	882 [Pa]

82

전로와 대지 간(다심케이블은 심선 상호 간 및 심선과 대지 간)에 연속하여 10분간 가하여 절연내력을 시험하였을 때 이에 견디어야 한다.

83

이웃연결 인입선의 시설
한 수용장소 인입구에서 분기하여 다른 지지물을 거치지 않고 다른 수용장소 인입구에 이르는 전선
㉠ 이웃연결 인입선은 저압에만 적용
㉡ 저압 이웃연결 인입선은 다음 각 호에 의하여 시설하여야 한다.
  • 인입선에서 분기하는 점으로부터 100[m]를 초과하는 지역에 미치지 아니할 것
  • 폭 5[m]를 초과하는 도로를 횡단하지 아니할 것
  • 옥내를 통과하지 아니할 것

84

선도체선이 16[mm²] 이하인 경우 보호도체선은 16[mm²] 이상일 것

85

사용전압이 100,000[V] 이상인 변압기를 설치하는 곳에는 절연유의 구외 유출 및 지하 침투를 방지하기 위하여 절연유 유출 방지설비를 하여야 한다.

86

변전소의 변압기에 설치해야 하는 측정장치
• 특고용 변압기 : 유온 측정용 온도계
• 주 변압기 : 전압계, 전류계, 전력계

87

타 전력선으로

60,000[V] 초과	2[m]에 사용전압이 60,000[V]를 초과하는 10,000[V] 또는 그 단수마다 12[cm]를 더한 값 $2+(X-6)\times 0.12[m]$ 소수점 첫째 자리에서 절상한다.

$2+(34.5-6)\times 0.12 = 5.48[m]$

88

• 저압애자사용공사 지지점 : 6[m]
• 조영재에 지지 시 : 2[m]

89

변압기는 시설장소마다 접지공사를 시행함이 원칙이다. 다만, 토지의 상황에 따라 규정된 접지 저항값을 얻기 어려운 경우 가공 공동지선을 설치해야 한다.

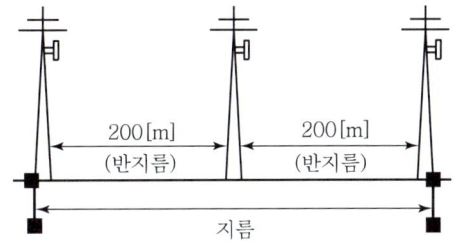

90

저고압 가공전선의 안전율은 경동선 또는 내열 동합금선은 2.2 이상, 그 밖의 전선은 2.5 이상이 되는 처짐정도로 시설하여야 한다.

91

- 전등 및 방전등 옥내전로의 대지전압 : 300[V] 이하
- 백열등은 소켓에 스위치나 점멸기구가 없는 것

92

특수전선로에서 교량에 설치하는 전선로는 전선과 조영재 사이의 전선이 케이블인 경우 이외에는 간격이 30[cm] 이상일 것

93

고압 옥내배선공사
- 애자사용 공사(건조한 장소로서 전개된 장소에 한한다.)
- 케이블 공사
- 케이블 트레이 공사

94

특고압 가공전선 높이(시가지)

35[kV] 이하	35[kV] 초과
10[m] (단, 특고압 절연전선 또는 케이블은 8[m] 이상)	$10(8)+(전압-3.5)\times 0.12$[m]

$10+(15.4-3.5)\times 0.12 = 11.44$
[주의] 괄호에서 소수점은 반드시 절상
$15.4-3.5=11.9=12$

95

지지물 기초의 안전율은 2(단, 철탑의 이상 시 상정하중이 가하여지는 경우의 그 이상 시 상정하중에 대한 철탑의 기초에 대하여는 1.33) 이상이어야 한다.

96

"지중관로"란 지중 전선로·지중 약전류 전선로·지중 광섬유 케이블 선로·지중에 시설하는 수관 및 가스관과 이와 유사한 것 및 이들에 부속하는 지중함 등을 말한다.

97

지지선의 시설

㉠ 철탑은 지지선을 사용하여 그 강도를 분담시켜서는 아니 된다.
㉡ 가공전선로의 지지물에 시설하는 지지선은 다음 각 호에 의하여야 한다.
  - 지지선의 안전율은 2.5 이상일 것. 이 경우에 허용 인장하중의 최저는 4.31[kN]으로 한다. 단, 목주, A종인 경우 1.5
  - 지지선에 연선을 사용할 경우에는 다음에 의할 것
    – 소선(素線) 3가닥 이상의 연선일 것
    – 소선의 지름이 2.6[mm] 이상의 금속선을 사용한 것일 것. 다만, 소선의 지름이 2[mm] 이상인 아연도강연선으로서 소선의 인장강도가 $0.68[kN/mm^2]$ 이상인 경우에는 그러하지 아니하다.
  - 지중부분 및 지표 상 30[cm]까지의 부분에는 내식성이 있는 것 또는 아연도금을 한 철봉을 사용할 것
㉢ 도로를 횡단하여 시설하는 지지선의 높이는 지표상 5[m] 이상으로 한다. 단, 교통에 지장을 초래할 우려가 없는 경우에는 지표상 4.5[m] 이상, 보도의 경우에는 2.5[m] 이상으로 할 수 있다.

98

저압 옥내배선 시 사용전선

㉠ 굵기 $2.5[mm^2]$ 이상의 연동선
㉡ MI(미네럴인슈레이션) 케이블 사용 시 $1[mm^2]$
㉢ 400[V] 이하의 옥내 배선 전선 사용 시
  - 전광표시 자동제어회로 : 금속관, 합성수지관, 금속덕트, 금속몰드공사 시 $1.5[mm^2]$ 이상 연동선
  - 전광표시, 자동제어회로 : 다심케이블 다심캡타이어케이블 사용, 과전류 발생 시 자동차단장치 시설 시 $0.75[mm^2]$ 이상의 연동선
  - 진열장 쇼윈도 쇼케이스 · 코드선, 캡타이어케이블 사용 시 $0.75[mm^2]$ 이상의 연동선

99

케이블의 매설깊이

- 관로식 : 1.0[m] 이상, 하중을 받지 않는 경우 0.6[m] 이상
- 직매식 : 하중을 받는 경우 1.0[m], 하중을 받지 않는 경우 0.6[m] 이상

100

케이블 트레이 공사
- 케이블 트레이의 안전율은 1.5 이상으로 하여야 한다.
- 비금속제 케이블 트레이는 난연성 재료의 것이어야 한다.
- 금속제 케이블 트레이 계통은 기계적 및 전기적으로 완전하게 접속하여야 하며, 접지공사를 하여야 한다.
- 케이블 트레이 안에서는 전선 접속을 하지 말아야 한다.

정답 전기기사 2018년 1회 기출문제

01	02	03	04	05	06	07	08	09	10
③	②	③	②	④	③	④	①	①	②
11	12	13	14	15	16	17	18	19	20
①	③	①	②	①	①	④	③	④	②
21	22	23	24	25	26	27	28	29	30
②	②	①	④	②	③	②	③	④	③
31	32	33	34	35	36	37	38	39	40
②	①	②	②	①	①	④	①	②	②
41	42	43	44	45	46	47	48	49	50
④	②	②	②	①	②	①	④	④	④
51	52	53	54	55	56	57	58	59	60
③	②	②	④	②	③	①	③	④	①
61	62	63	64	65	66	67	68	69	70
④	②	③	④	②	④	②	④	④	④
71	72	73	74	75	76	77	78	79	80
①	③	②	①	①	②	④	②	③	④
81	82	83	84	85	86	87	88	89	90
②	②	④	③	①	②	④	②	③	①
91	92	93	94	95	96	97	98	99	100
②	②	①	①	③	②	②	②	②	③

1과목 전기자기학

01
- 무한평면에서 영상전하와 점전하 사이에 작용하는 힘

$$F = \frac{Q_1 Q_2}{4\pi\varepsilon_0 r^2} = \frac{QQ'}{4\pi\varepsilon_0 (2r)^2} = -\frac{Q^2}{16\pi\varepsilon_0 r^2} \text{[N]}$$

여기서, $Q' = -Q$[C] : 영상전하
Q[C] : 점전하
r[m] : 무한평면과 점전하 사이의 거리
$(-)$: 항상 흡인력을 의미

- 전하가 무한평면으로 이동했을 때 한 일

$$W = F \cdot r = \frac{Q^2}{16\pi\varepsilon_0 r^2} \times r = \frac{Q^2}{16\pi\varepsilon_0 r} \text{[N} \cdot \text{m=J]}$$

02
- 상자성체 $\mu_s > 1$
- 강자성체 $\mu_s \gg 1$
- 역자성체 $\mu_s < 1$

03
- 유전체 ε_1의 선전하 λ
- 유전체 ε_2의 영상전하 $\lambda' = \dfrac{\varepsilon_1 - \varepsilon_2}{\varepsilon_1 + \varepsilon_2}\lambda$
- 전계 $E = \dfrac{\lambda'}{2\pi\varepsilon_1 d} = \dfrac{\lambda}{2\pi\varepsilon_1 d} \cdot \dfrac{\varepsilon_1 - \varepsilon_2}{\varepsilon_1 + \varepsilon_2}\ (d = 2r)$
- $f = \lambda E = \dfrac{\lambda^2}{2\pi\varepsilon_1(2r)} \dfrac{\varepsilon_1 - \varepsilon_2}{\varepsilon_1 + \varepsilon_2} = \dfrac{\lambda^2}{4\pi\varepsilon_1 r} \cdot \dfrac{\varepsilon_1 - \varepsilon_2}{\varepsilon_1 + \varepsilon_2}\,[\mathrm{N/m}]$

04
가우스 정리
- $\int D ds = Q \leftarrow$ 전속 수
- $\int E ds = \dfrac{Q}{\varepsilon} \leftarrow$ 전기력선 수

05
패러데이 관의 성질
- 패러데이 관 내의 전속선 수는 일정하다.
- 진전하가 없는 점에서는 패러데이 관은 연속적이다.
- 패러데이 관의 밀도는 전속밀도와 같다.
- 패러데이 관 양단에 정·부의 단위 전하가 있다.

06
도체구 $c = 4\pi\varepsilon_o a = \dfrac{1}{\rho \times 10^9} \times 3 \times 10^{-2} \times 10^{12} = \dfrac{10}{3}\,[\mathrm{pF}]$
$= 3.34\,[\mathrm{pF}]$
(반지름 $a = 3\,[\mathrm{cm}] = 3 \times 10^{-2}\,[\mathrm{m}]$)

07
전계가 수직입사함에 따라 전속밀도가 같으므로 경계면에 작용하는 힘은 $f = \dfrac{D^2}{2}\left(\dfrac{1}{\varepsilon_2} - \dfrac{1}{\varepsilon_1}\right)$가 되고 작용하는 힘은 유전율이 큰 쪽에서 작은 쪽으로 작용하므로 ε_1에서 ε_2로 작용한다.

08
$E_x = \dfrac{Q \cdot x}{4\pi\varepsilon_o(a^2 + x^2)^{\frac{3}{2}}} \qquad Q = \lambda l = \lambda \cdot 2\pi a$

$E_x = \dfrac{\lambda \cdot 2\pi a \cdot x}{4\pi\varepsilon_o(a^2 + x^2)^{\frac{3}{2}}} = \dfrac{a\lambda x}{2\varepsilon_o(a^2 + x^2)^{\frac{3}{2}}}\,[\mathrm{V/m}]$

09
- $Q_1 = C_1 V_1 = 1 \times 10^{-6} \times 1{,}000 = 10^{-3}\,[\mathrm{C}]$
- $Q_2 = C_2 V_2 = 2 \times 10^{-6} \times 750 = 1.5 \times 10^{-3}\,[\mathrm{C}]$
- $Q_3 = C_3 V_3 = 5 \times 10^{-6} \times 500 = 2.5 \times 10^{-3}\,[\mathrm{C}]$

$Q_1 < Q_2 < Q_3$이므로 C_1의 콘덴서의 절연이 먼저 파괴

10
강자성체는 자석재료이며 자기차폐제로 이용된다.
자기차폐는 강자성체로 물질이나 공간을 포위시켜서 외부 자계의 영향을 차폐시키는 것으로, 완전 차폐되지는 않는다.

11
$V_B = V_A - E \cdot r = 50 - (40 \times 0.8) = 18\,[\mathrm{V}]$

12
회전모멘트
$T = NBSI\cos\theta$
$S = \pi a^2\,[\mathrm{m}^2], \quad \theta = 90$
$T = B \cdot \pi a^2 \cdot I\,[\mathrm{N \cdot m/rad}]$

13
초전도체
$\mu_r = 0, \quad B = \mu_o \mu_r H = 0$
비자화율 $\chi_m = \mu_r - 1 = 0 - 1 = -1$

14

$\varepsilon_1 = \varepsilon_0 2$
$\varepsilon_2 = \varepsilon_0 4$

$E_1 = 20a_x - 10a_y + 5a_z$

수직 $D_1 = D_2 \rightarrow E_1\varepsilon_1 = E_2\varepsilon_2$, $E_2 = \dfrac{\varepsilon_1}{\varepsilon_2}E_1$

$\therefore E_2 = \dfrac{\varepsilon_0 2}{\varepsilon_0 4}(20a_x - 10a_y + 5a_z)$ (x성분만 전계)
$= 10a_x - 10a_y + 5a_z$

$D_2 = \varepsilon_2 \cdot E_2 = \varepsilon_0 4(10a_x - 10a_y + 5a_z)$
$= \varepsilon_0(40a_x - 40a_y + 20a_z)$

15

$E = 30\cos(10^9 t + 20z)j \, [\text{V/m}]$

$\omega = 10^9$이고, $\beta = 20$임을 알 수 있다.

속도 $v = \dfrac{\omega}{\beta}$ 에서 $= \dfrac{10^9}{20} = 5 \times 10^7$

16

유기기전력

$e = Blv\sin\theta \, [\text{V}]$
$= 10 \times 0.1 \times 30 \times \sin 30$
$= 15 \, [\text{V}]$

17

$M = \dfrac{\mu_s N_1 N_2}{l}$

$= \dfrac{4\pi \times 10^{-7} \times 1{,}000 \times 10 \times 10^{-4} \times 100 \times 100}{20\pi \times 10^{-2}} \times 10^3$

$= 20 \, [\text{mH}]$

18

$Q = ne = It \, [\text{C}]$

$\therefore n = \dfrac{It}{e} = \dfrac{10^{-6} \times 1}{1.602 \times 10^{-19}} = 6.24 \times 10^{12} \, [\text{개}]$

19

원통 도체 내부 인덕턴스

$L = \dfrac{\mu l}{8\pi}$

$L = \dfrac{4\pi \times 10^{-7}\mu_s l}{8\pi} = \dfrac{1}{2} \times 10^{-7}\mu_s l \, [\text{H}]$

20

정사각형 중심의

$H = \dfrac{2\sqrt{2}\,I}{\pi l} = \dfrac{2\sqrt{2} \times 10}{\pi \times 0.1} = \dfrac{200\sqrt{2}}{\pi} \, [\text{A/m}]$

2과목 전력공학

21

안정도 향상대책
- 선로 또는 기기의 리액턴스를 작게 한다.
- 중간조상방식을 채용한다.(송전선로 중간에 동기조상기를 연결)
- 재폐로방식을 채용한다.
- 계통을 연계시킨다.
- 발전기 단락비를 크게 한다.
- 속응여자방식을 채용한다.
- 고속도차단방식을 채용한다.(중간개폐소 설치)

22

합성최대전력 $= \dfrac{\text{설비용량} \times \text{수용률}}{\text{부등률}} = \dfrac{360 \times 0.8}{1.2} = 240$

23

기중차단기는 변압기 2차 측에 저압용으로 사용된다.

24

가스차단기
- GCB
- SF_6

SF_6 특징
- 무색, 무취, 무해하다.
- 소호능력이 크고, 절연성이 높다.

- 최신형 대용량(154 이상)이다.
- 소음이 적다.

25
$AD - BC = 1$

$C = \dfrac{AD-1}{B} = \dfrac{0.7 \times 0.9 - 1}{-j190} = j\dfrac{1-0.63}{190}$

$\quad = j1.95 \times 10^{-3}$

26
$P_c = \dfrac{1}{\cos^2\theta} = \dfrac{0.9^2}{0.8^2} = \dfrac{1.56}{1.23} = 1.268$

27
$\dfrac{V\text{결선}}{\triangle\text{결선}} = \dfrac{2I^2R}{3I^2R} = \dfrac{2(\sqrt{3})^2 I^2 R}{3I^2 R} = 2\text{배}$

참고 선간전류 $= \sqrt{3}$ 상전류

28
피뢰기는 충격파(뇌)의 최댓값을 방전시킨다.

29
$Vs = Vr + e = (100\angle 0°) + (10(2+j5)) = 130\angle 22.62°$

역률$(22.62°) = 0.92 = \dfrac{12}{13}$

30
차폐계수는 전력선과 방향이 반대이므로 − 값이 되고, 차폐선 임피던스(Z_{33})를 기준한 통신선 임피던스(Z_{23})의 비를 차폐계수를 말한다.

31
모선보호방식의 종류
- 위상비교방식
- 방형거리방식
- 차동보호방식

32
$I_S = \dfrac{100}{\%Z} I$ 공식에서 정격전류 I는 %Z에 비례한다.

$\left(I = \dfrac{\%Z}{100} I_S \right)$

33
$I_0 = \dfrac{1}{3}(I_a + I_b + I_c)$

$I_1 = \dfrac{1}{3}(I_a + aI_b + a^2 I_c)$

$I_2 = \dfrac{1}{3}(I_a + a^2 I_b + aI_c)$

여기서, I_0 : 영상분, I_1 : 정상분, I_2 : 역상분

34
물이 흐르는 관에 굵고 가는 곳이 있더라도 각 단면을 일정 시간에 흐르는 유량은 일정하다. 이것을 연속의 원리라고 한다.

35
$\begin{bmatrix} A_0 & B_0 \\ C_0 & D_0 \end{bmatrix} = \begin{bmatrix} A & B \\ C & D \end{bmatrix} \begin{bmatrix} 1 & \dfrac{1}{Z_T} \\ 0 & 1 \end{bmatrix}$ 에서 $D_0 = \dfrac{C + DZ_T}{Z_T}$

36
대용량 3권선 변압기의 △결선의 목적
- 조상설비 설치
- 3고조파 제거
- 변전소 내의 전원공급

37
한류리액터 설치목적
단락전류를 제한하여 차단기 용량을 제한하다

38
비율차동계전기의 목적
발전기, 변압기 내부고장 시 유입전류와 유출전류의 차를 검출한다.

39

3상에서 단상운전 시 불평형에 의한 소손방지를 위해 역상계전기를 설치한다.

40

$C = \dfrac{0.02413}{\log_{10} \dfrac{D}{r}}$ 에서 D가 증가하면 C가 감소한다.

3과목 전기기기

41

브러시로 단락되는 코일 중의 단락전류를 적게 한다.

42

아트킨손형 전동기는 단상반발전동기이다.

43

동기전동기 V곡선에서 $\cos\theta = 1.0$ 이하로 여자전류를 줄이면 리액터로 작용

44

비례추이는 권선형 유도전동기 2차 측에서 슬립링을 통하여 2차저항을 접속하거나 원하는 슬립의 주파수와 슬립전압을 공급하여 최대 토크를 이동시키는 것이므로 최대 토크의 변화는 없다.

45

전기자 저항값이 동기 리액턴스에 비해 크기가 작으므로 무시하면

$P = \dfrac{EV}{X_s}\sin\theta = \dfrac{6{,}600 \times 4{,}400}{20} \times \sin 30° = 726 [\text{kW}]$

발전기 출력이므로 $P_G = 726[\text{kW}] \times 3 = 2{,}178[\text{kW}]$

46

실리콘 정류기의 역내 전압은 500~1,000[V] 정도

47

동기전동기에서 앞선 전류는 감자작용, 뒤진 전류는 증자작용, 동상분전류는 교차자화작용을 한다.

48

변압기 결선에서 3상을 6상으로 변경할 수 있는 결선방식은 2중 Y결선, 2중 △결선, 대각결선, Fork결선 등이 있다.

49

SCR은 Gate 단자 G를 설치한 것으로 게이트 전압을 가하면 도통상태가 되는 순방향성 소자이다.
게이트 전류의 위상각으로 통전전류를 제어할 수 있으므로 게이트 전압으로 (+)와 (−)의 특성을 갖는 펄스를 인가할 필요가 없다.

50

직류발전기의 고정손과 부하손이 같을 때 최대효율이 되므로 $P_i = \left(\dfrac{1}{m}\right)^2 P_c$에서

90% 부하에서의 고정손과 부하손의 비

$\dfrac{P_i}{P_c} = \left(\dfrac{1}{m}\right)^2 = (0.9)^2 = 0.81$

51

최대효율부하 $1 = \left(\dfrac{1}{m}\right)^2 2.5$에서 $\dfrac{1}{m} = \sqrt{\dfrac{1}{2.5}} = 0.632$

최대효율 $= \dfrac{150 \times 0.632 \times 0.8}{150 \times 0.632 \times 0.8 + 2} \times 100 = 97.4[\%]$

52

전압변동률 $\varepsilon = P\cos\theta + q\sin\theta$
$\cos\theta = 0.8$, $\varepsilon = 12\%$

%저항 강하는 %리액턴스 강하의 $\dfrac{1}{12}$ 이므로

$12 = P \times 0.8 + 12P \times 0.6$ 에서
$12 = 8P$
$P = \dfrac{12}{8} = 1.5$

역률 100[%]에서는 $\varepsilon = P \times 1 + q \times 0$
$\varepsilon = P$이므로 1.5가 된다.

53
권선형 유도전동기 제어법에는 2차 저항제어법과 2차 여자법이 있다. 2차 저항법은 슬립링을 통해서 2차 측에 제어용 저항을 접속하여 비례추이를 하는 방법으로 단점은 다음과 같다.
- 운전효율이 낮다.
- 제어용 저항기의 가격이 비싸다.
- 저항기 발열이 크다.
- 경부하 시 속도조정의 범위가 좁다.

54
동기전동기 난조현상의 원인
- 부하의 급격한 변화
- 공급전압의 급격한 변화
- 원동기 토크에 고조파분이 포함된 경우
- 전기자 회로저항이 큰 경우
- 원동기의 조속기가 너무 예민한 경우

55
2차 측 Y결선에서 선간전압은 상전압보다 각 변위가 30° 뒤지므로 1차 2차 간의 각 변위는
$\theta = 180° - 30° = 150°$

56
2차 정격전압 150[V]는 $s=1$인 기동 시 2차 전압이다.
슬립 s로 운전 시 2차 전압 E_2'는
$E_2' = sE_2 = 0.04 \times 150 = 6[V]$

57
유도전동기 2차 입력은 P_2, 2차 출력 $P_o = (1-s)P_2$이므로
2차 효율 $= \dfrac{P_o}{P_2} = \dfrac{P_2(1-s)}{P_2} \times 100 = (1-s) \times 100$

58
직류기 회전수 $N = k \cdot \dfrac{V - I_a r_a}{\phi}$ [rpm]에서
$N \propto \dfrac{1}{\phi}$ 이고 $\phi = \dfrac{1}{N} = \dfrac{1}{1/2} = 2$배

59
$E_{AC} = \dfrac{\pi}{2\sqrt{2}} E_d = \dfrac{\pi}{2\sqrt{2}} \times 100 = 111[V]$
$\therefore PIV = 2\sqrt{2} \cdot E = 2\sqrt{2} \times 111 = 314[V]$

60
동기교류발전기 유기기전력 파형을 좋게 하기 위한 고조파 발생 억제방법
- 단절권을 한다.
- 스큐 슬롯으로 한다.
- 전기자 권선 결선을 성형으로 한다.

4과목 회로이론 및 제어공학

61
- 영상분 $E_0 = \dfrac{1}{3}(E_a + E_b + E_c)$
- 정상분 $E_1 = \dfrac{1}{3}(E_a + aE_b + a^2 E_c)$
- 역상분 $E_2 = \dfrac{1}{3}(E_a + a^2 E_b + aE_c)$

62
S/W Off 시
$i(t) = \dfrac{E}{R} e^{-\frac{R}{L}t} = \dfrac{E}{R} e^{-\frac{R}{L}\frac{L}{R}} = \dfrac{E}{R} e^{-1} = 0.368 \dfrac{E}{R}$

64
2차 측 단락
$H_{11} = \left|\dfrac{V_1}{I_1}\right|_{V_2=0} = \dfrac{Z_1 Z_3}{Z_1 + Z_3}$

65
$R_o = \dfrac{0.1 \times 10}{5} = 0.2[\Omega]$

68
반파 및 정현대칭이므로 고조파는 홀수(기수)항만 존재한다.

70

$V_a + V_b + V_c = 0$ ··· (1)식

$V_{ab} = V_c - V_a = 210$ ······························ (2)식

식 (1)+(2) $2V_a - V_c = 210$ ················· (3)식

$V_{ca} = V_c - V_a = -120 + j180$ ·········· (4)식

식 (3)-(4) $3V_a = 330 - j180$

$\therefore V_a = \dfrac{330 - j180}{3} = 110 - j60 = \sqrt{110^2 + 60^2}$

$= 125 [V]$

71

정상위치편차(단위 계단 입력)

$e_{sep} = \dfrac{1}{1 + \lim\limits_{s \to 0} G(s)} = \dfrac{1}{1 + \lim\limits_{s \to 0} \dfrac{6K(s+1)}{(s+2)(s+3)}} = \dfrac{1}{1+K}$

$e_{sep} = 0.05 = \dfrac{1}{1+K} \quad \therefore 1 + K = \dfrac{1}{0.05} \quad K = 19$

72

제어량에 의한 분류(출력기준)

- 서보기구 제어 : 제어량의 기계적인 추치제어이다.
  (예) 물체의 위치, 방향, 자세, 각도, 거리)
- 프로세스 제어 : 공정제어라고도 하며 제어량이 피드백 제어계로서 주로 정치제어인 경우이다.
  (예) 온도, 압력, 유량, 액위, 밀도, 농도)
- 자동조정 제어 : 제어량의 정치제어이다.
  (예) 전압, 주파수, 장력, 속도)

73

점근선의 교차점

실수축상에서 점근선의 교차점

$\delta = \dfrac{\sum G(s) \cdot H(s) \text{유한극점} - \sum G(s) \cdot H(s) \text{유한영점}}{P - Z}$

P : 극점수 $P = 5$개

($\sum G(s)H(s)$ 유한극점 $= 1 + 1 - 2 - 2 = -2$)

Z : 영점수 $Z = 1$개

($\sum G(s)H(s)$ 유한영점 $= 5$)

$\delta = \dfrac{-2 - 5}{5 - 1} = \dfrac{-7}{4}$

74

기본함수의 z변환표

시간 함수	s-변환	z-변환
① 단위 임펄스 함수 $\delta(t)$	1	1
② 단위 계단 함수 $u(t)$	$\dfrac{1}{s}$	$\dfrac{z}{z-1}$
③ 단위 램프 함수 t	$\dfrac{1}{s^2}$	$\dfrac{Tz}{(z-1)^2}$
④ 지수 감쇠 함수 e^{-at}	$\dfrac{1}{s+a}$	$\dfrac{z}{z-e^{-aT}}$
⑤ 지수 감쇠 램프 함수 te^{-at}	$\dfrac{1}{(s+a)^2}$	$\dfrac{Tze^{-aT}}{(z-e^{-aT})^2}$

75

$x_1(t) = c(t), \; x_2(t) = \dot{c}(t) = \dot{x}_1(t),$

$x_3(t) = \ddot{c}(t) = \dot{x}_2(t)$라 놓으면

$\dot{x}_3(t) = -2x_1(t) - x_2(t) - 5x_3(t) + r(t)$

$\therefore \begin{bmatrix} \dot{x}_1(t) \\ \dot{x}_2(t) \\ \dot{x}_3(t) \end{bmatrix} = \begin{bmatrix} 0 & 1 & 0 \\ 0 & 0 & 1 \\ -2 & -1 & -5 \end{bmatrix} \begin{bmatrix} x_1(t) \\ x_2(t) \\ x_3(t) \end{bmatrix} + \begin{bmatrix} 0 \\ 0 \\ 1 \end{bmatrix} r(t)$

76

$\lim\limits_{t \to \infty} c(t) = 0$이 되면 안정하다.

77

$G(s) = \dfrac{C(s)}{R(s)} = G_1 \times \dfrac{\dfrac{G_2}{G_1}}{1 + \dfrac{G_2}{G_1}} = \dfrac{G_2}{1 + \dfrac{G_2}{G_1}} = \dfrac{G_1 G_2}{G_1 + G_2}$

78

$G(s) = \dfrac{C}{R} = \dfrac{abcde}{1 - cg - bcdf}$

79
루스의 표

$$\begin{array}{c|cc}
S^3 & 1 & k \\
S^2 & 2 & 5 \\
S^1 & \dfrac{2k-5}{2} & 0 \\
S^0 & 5 &
\end{array}$$

안정조건 : 1열의 부호변화가 없어야 하므로

$\dfrac{2k-5}{2} > 0 \quad \therefore \ k > \dfrac{5}{2}$

80
배타적 논리합(EX-OR)

$X = \overline{A}B + A\overline{B}$

5과목 전기설비기술기준 및 판단기준

81
태양전지 모듈 등의 시설
- 태양전지 모듈에 접속하는 부하 측의 전로에는 그 접속점에 근접하여 개폐기 기타 이와 유사한 기구(부하전류를 개폐할 수 있는 것에 한한다)를 시설할 것
- 출력배선은 극성별로 확인 가능하도록 표시할 것
- 단락이 생긴 경우에 전로를 보호하는 과전류차단기 기타의 기구를 시설할 것
- 전선은 다음에 의하여 시설할 것
  ㉠ 전선은 인장강도 1.04[kN] 이상의 것 또는 지름 2.5[mm²]의 연동선일 것
  ㉡ 합성수지관공사, 금속관공사, 가요전선관공사 또는 케이블공사로 시설할 것

82
저압 옥상전선로
- 전선은 인장강도 2.30[kN] 이상의 것 또는 지름 2.6[mm] 이상의 경동선의 것
- 전선은 절연전선일 것
- 지지점 간의 거리는 15[m] 이하일 것
- 저압 옥상전선로의 전선은 상시 부는 바람 등에 의하여 식물에 접촉하지 아니하도록 시설하여야 한다.

83
전압
- 사용전압 : 400[V] 이하(교통신호등 300[V] 미만) 단, 전광표시, 자동제어, 소세력회로 절연변압기 이용 1차 300[V], 2차 사용전압 60[V]
- 대지전압 : 150[V]~300[V] 이하
- 직류전압 : 60[V] 이하

84
고압용 fuse
- 포장 : 정격전류의 1.3배에 견디고, 2배에서 120분 내 용단
- 비포장 : 정격전류의 1.25배에 견디고, 2배에서 2분 내 용단

85

	철도, 궤도, 자동차도 전용터널	사람이 상시 통행하는 터널
저압	㉠ 애자공사 시 : 레일면상, 노면상 2.5[m] ㉡ 2.6[mm] 이상 경동선의 절연전선 ㉢ 합성수지관, 금속관, 가요전선관, 케이블공사, 애자공사	㉠ 애자공사 시 : 노면상 2.5[m] ㉡ 2.6[mm] 이상 경동선의 절연전선 ㉢ 합성수지관, 금속관, 가요전선관, 케이블공사
고압	㉠ 애자공사 시 : 레일면상, 노면상 3[m] ㉡ 4[mm] 이상 경동선의 고압절연전선 또는 특고압 절연전선 ㉢ 케이블 공사, 애자공사	케이블 공사
특고압	케이블 공사	─

86
저압 옥측 전선로의 시설
- 애자(전개된 장소)
- 합성수지관(목조건물)
- 금속관
- 버스덕트
- 케이블 공사

87
광산 갱도 안에는 특고압 변압기를 설치하지 않는다. 양수기용 변압기는 저압용으로 설치한다.

88
케이블 트레이 공사
- 케이블 트레이의 안전율은 1.5 이상으로 하여야 한다.
- 비금속제 케이블 트레이는 난연성 재료의 것이어야 한다.
- 금속제 케이블 트레이 계통은 기계적 및 전기적으로 완전하게 접속하여야 한다.

89
전로란 평상시 사용상태에서 전기가 통하는 있는 곳을 말한다.

90
중성점 다중접지
- 25,000[V] 이하
- 최대사용전압×0.92배=23×0.92=21.16

91
저고압 가공전선의 안전율은 경동선 또는 내열 동합금선은 2.2 이상, 그 밖의 전선은 2.5 이상이 되는 처짐정도로 시설하여야 한다.

92

제3종	100[Ω] 이하	2.5[mm²]
특별 제3종	10[Ω] 이하	

93
고압 및 특고압 가공전선로 지지물 간 거리의 제한

지지물	표준 지지물 간 거리	긴 지지물 간 거리	저압 고압 보안 공사	저압 고압 보안공사 지지물 간 거리 증가	특고압 제1종	특고압 제2종	특고압 제3종
목주 A종 지지물	150[m]	300[m]	100[m]	150[m]	목주 A종 지지물 시설금지	100[m]	100[m] 38[mm²] 이상 경동연선 사용 시 150[m]
B종 지지물	250[m]	500[m]	150[m]	250[m]	150[m]	200[m]	200[m] 55[mm²] 이상 경동연선 사용 시 250[m]

지지물	표준 지지물 간 거리	긴 지지물 간 거리	저압 고압 보안 공사	저압 고압 보안공사 지지물 간 거리 증가	특고압 제1종	특고압 제2종	특고압 제3종
철탑	600[m]	지지물 간 거리 제한 없음	400[m]	600[m]	400[m]	400[m]	400[m] 55[mm²] 이상 경동연선 사용 시 600[m]
전선 굵기	–	고압 단면적 22[mm²] 이상 특고압 단면적 50[mm²] 이상	–	저압 -22[mm²] 고압 -38[mm²] 경동연선 사용 시 지지물 간 거리를 늘릴 수 있다.	150[mm²] 이상 경동연선 사용 시 지지물 간 거리를 늘릴 수 있다.	95[mm²] 이상 경동연선 사용 시 지지물 간 거리를 늘릴 수 있다.	–

94
가공직류 전차선의 높이
- 레일면상의 높이-4.8[m] 이상
  단, 터널 안의 윗면, 교량의 아랫면 : 3.5[m] 이상
- 광산, 기타 갱도 안의 윗면 : 1.8[m] 이상

95
가공전선로의 지지물에 취급자가 오르고 내리는 데 사용하는 발판 볼트 등을 지표상 1.8[m] 미만에 시설하여서는 아니된다.

96
분기점에서 3[m] 이하의 장소에 개폐기 및 과전류 차단기를 시설하여야 한다.

97
가공 약전류전선로의 유도장해 방지
㉠ 유도작용에 의하여 통신상의 장해가 생기지 아니하도록 전선과 기설 약전류 전선 간의 간격은 2[m] 이상이어야 한다.
㉡ 정전유도작용에 의한 통신상의 장해가 없도록 시설하고 유도전류를 다음과 같이 제한한다.
- 12[km]마다 유도전류가 2[μA]를 넘지 아니하도록 할 것
- 40[km]마다 유도전류가 3[μA]를 넘지 아니하도록 할 것

98
가스절연기기 등의 압력용기의 시설
- 공기압축기는 최고 사용압력의 1.5배의 수압 또는 1.25배 기압에 연속 10분간 견디어야 한다.
- 공기탱크는 공기보급 없이 투입 및 차단을 연속하여 1회 이상 할 수 있는 용량을 가질 것
- 주공기탱크에 설치하는 압력계의 눈금 : 사용압력의 1.5배 이상 3배 이하

99
덕트 공사
- 모양, 배치 변경이 쉽거나 많은 간선인출하는 곳
- 깊이 : 5[cm] 초과, 두께 : 1.2[mm] 이상
- 지지점 이격 : 수평 – 3[m], 수직 – 6[m]
- 전선은 덕트 내 30본 이하로 넣는다.
- 덕트의 내부 단면적의 20[%](전광표시장치 기타 이와 유사한 장치 또는 제어회로 등의 배선만을 넣는 경우에는 50[%]) 이하일 것

100
- FD : 동축케이블
- F : 정격전류 10[A] 이하의 포장 퓨즈
- DR : 전류 용량 2[A] 이상의 배류 선륜(코일)
- L_1 : 교류 300[V] 이하에서 동작하는 피뢰기
- L_2 : 동작 전압이 교류 1,300[V]를 초과하고 1,600[V] 이하로 조정된 방전갭
- L_3 : 동작 전압이 교류 2,000[V]를 초과하고 3,000[V] 이하로 조성된 구상 방전갭
- S : 접지용 개폐기
- CF : 결합 필터
- CC : 결합 커패시터(결합 안테나를 포함한다)
- E : 접지

정답 전기기사 2018년 2회 기출문제

01	02	03	04	05	06	07	08	09	10
③	②	④	①	②	①	③	②	④	④
11	12	13	14	15	16	17	18	19	20
①	③	②	①	②	③	③	③	③	①
21	22	23	24	25	26	27	28	29	30
④	①	②	④	①	①	③	③	①	②
31	32	33	34	35	36	37	38	39	40
①	①	③	③	①	③	②	①	④	②
41	42	43	44	45	46	47	48	49	50
②	④	③	②	②	②	③	②	③	③
51	52	53	54	55	56	57	58	59	60
②	①	③	①	③	②	③	①	③	③
61	62	63	64	65	66	67	68	69	70
③	②	④	③	②	④	④	④	①	①
71	72	73	74	75	76	77	78	79	80
②	①	③	③	③	②	③	③	④	①
81	82	83	84	85	86	87	88	89	90
①	①	③	③	④	②	②	②	③	②
91	92	93	94	95	96	97	98	99	100
①	③	③	③	③	③	②	①	①	②

1과목 전기자기학

01

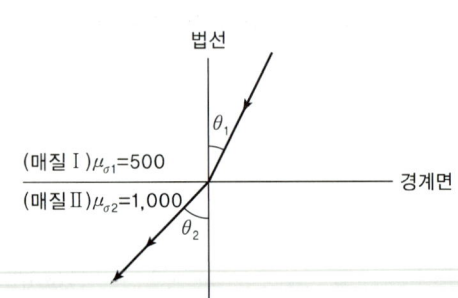

경계조건 : $\dfrac{\tan\theta_1}{\mu_{\sigma 1}} = \dfrac{\tan\theta_2}{\mu_{\sigma 2}}$

여기서, θ_1 : 입사각
θ_2 : 굴절각($\theta_2 = 45°$)

$\dfrac{\tan\theta_1}{500} = \dfrac{\tan 45°}{1,000}$

$\tan\theta_1 = \dfrac{500}{1,000} \times 1 = 0.5$

$\theta_1 = \tan^{-1} 0.5 = 26.6°$

∴ 경계면과 자계가 이루는 각 $\theta_1' = 90 - 26.6 = 63.3°$

02
정전용량
- 도체구 : $c = 4\pi\varepsilon a$ [F]
- 반구 : $c = 2\pi\varepsilon a$ [F]

(a : 반지름)

$R = \dfrac{\rho\varepsilon}{c} = \dfrac{\rho\varepsilon}{2\pi\varepsilon a} = \dfrac{\rho}{2\pi a}$ [Ω]

03
히스테리시스 곡선의 면적 = 히스테리시스손 [J/m³]

$S = W_h = \displaystyle\int_A^B H dB$ [J/m³]

여기서, S : 면적

W_h : 히스테리시스손

04
(1) 패러데이 법칙(유기기전력의 크기를 결정)

$e = -N\dfrac{d\phi}{dt}$ [V]

코일의 쇄교자속이 변화할 때 전자유도에 의해 코일에 발생하는 기전력은 시간에 대한 자속 수의 감쇠율에 비례한다.

(2) 렌쯔의 법칙(유기기전력의 방향을 결정)

05
환상코일

$L \propto N^2$

N이 2배이면 N^2은 4배이므로
L이 일정하려면
$\dfrac{S}{4}$가 되어야 한다 $(\therefore L \propto S)$.

06
무한장 솔레노이드
- 내부자계 : $H_i = nI$ [AT/m]
  위치에 관계없이 평등자계
- 외부자계 : $H_o = 0$

07
자기회로의 키르히호프 법칙
- 1법칙 : $\displaystyle\sum_{i=1}^{n} \phi_i = 0$
- 2법칙 : $\displaystyle\sum_{i=1}^{n} R_i \phi_i = \sum_{i=1}^{n} N_i I_i$

08
무한판상(무한평면)의 전계

$E = \dfrac{\rho_s}{2\varepsilon_0}$ [V/m]

$E = \dfrac{\rho_s}{\varepsilon_o}$ [V/m] → (두꺼운 평면, 구도체, 평행판)

- 전장의 세기는 매질에 따라 변한다.(매질 : ε_o)
- 전장의 세기는 거리 r과 무관하다.
- 전장의 판의 수직방향으로 출입한다.
- 전장의 세기는 전하밀도 ρ_s에 비례한다.

09
도체 모양에 따른 자계의 세기(중심)
- 정삼각형 : $H = \dfrac{9I}{2\pi l}$ [AT/m]
- 정사각형 : $H = \dfrac{2\sqrt{2}\,I}{\pi l}$ [AT/m]
- 정육각형 : $H = \dfrac{\sqrt{3}\,I}{\pi l}$ [AT/m]
- 정n각형 : $H = \dfrac{nI}{2\pi a}\tan\dfrac{\pi}{n}$ [AT/m]

여기서, l : 한 변의 길이

n : 정다각형 변의 개수

a : 반지름

10

$J_d = \omega \varepsilon E_m$

전도전류

$i_c = kES = \sigma E_m S, \quad E_m = \dfrac{i_c}{\sigma_S} = \dfrac{i_c}{\sigma \pi a^2}$

$J_d = \omega \varepsilon \cdot \dfrac{i_c}{\sigma \pi a^2} = 2\pi f \cdot \varepsilon_o \varepsilon_s \cdot \dfrac{i_c}{\sigma \pi a^2}$

$\qquad = 2\pi f \cdot \dfrac{10^9}{36\pi} \varepsilon_s \dfrac{i_c}{\sigma \pi a^2}$

$\qquad = 2\pi f \cdot \dfrac{10^9}{36\pi} \varepsilon_r \dfrac{i_c}{\sigma \pi a^2}$

$\qquad = \dfrac{f \varepsilon_r i_c}{18 \cdot 10^9 \sigma \pi a^2}$

11

대전도체 표면전하밀도

- 도체 표면이 뾰족한 부분에 전하밀도가 크다.
- 반경이 작을수록, 곡률이 클수록 전하밀도가 크다.

12

$I = \dfrac{V}{R}[\text{A}]$

$I' = \dfrac{V}{0.8R} = 1.25I$

13

- 전기력선 총수 : $N = \dfrac{Q}{\varepsilon_o \varepsilon_s}[\text{개}]$
- 전속 수 : $N = Q[\text{개}]$

14

동축케이블 단위 길이당 인덕턴스

- 외부 : $L_o = \dfrac{\mu_o}{2\pi} \ln \dfrac{b}{a}[\text{H/m}]$
- 내부 : $L_i = \dfrac{\mu}{8\pi}[\text{H/m}]$

15

평행도체 사이에 작용하는 힘(단위 길이당)

$F = \dfrac{2I_1 I_2}{r} \times 10^{-7}[\text{N/m}]$

$\quad = \dfrac{2 \times 1 \times 1}{1} \times 10^{-7} = 2 \times 10^{-7}[\text{N/m}]$

16

도체 표면에 작용하는 힘

$f = \dfrac{1}{2}ED = \dfrac{1}{2}\varepsilon_o E^2 = \dfrac{D^2}{2\varepsilon_o}[\text{N/m}]$

$f = \dfrac{1}{2} \times 8.855 \times 10^{-12} \times 3.5^2 \times \left(\dfrac{10^3}{10^{-3}}\right)^2$

$\quad = \dfrac{1}{2} \times 8.855 \times 3.5^2 = 54[\text{N/m}^2]$

17

무한장 직선의 자계

$H = \dfrac{I}{2\pi r}[\text{AT/m}]$

18

자계와 전계의 관계식(진공 중)

$\sqrt{\mu_o} H_e = \sqrt{\varepsilon_o} E_e$

$H_e = \sqrt{\dfrac{\varepsilon_o}{\mu_o}} \cdot E_e = \sqrt{\dfrac{8.855 \times 10^{-12}}{4\pi \times 10^{-7}}} \cdot E_e$

$\quad = 2.65 \times 10^{-3} E_e$

19

비오-사바르 법칙

- 전류에 의한 비대칭 자계의 크기를 구하기 위해 미소길이 dl에 대한 미소자장 dh를 계산
- 계산식 : $dH = \dfrac{Idl}{4\pi r^2} \sin\theta [\text{AT/m}]$

  여기서, θ : 거리 r과 전류 I가 이루는 각
- 자계의 세기는 전류와 비례, 거리에 반비례

20

경계면

- a_x 성분은 법선 성분
- a_y, a_z 성분은 접선 성분

㉠ 법선 성분 : $D_{1x} = D_{2x}$, $\varepsilon_1 E_{1x} = \varepsilon_2 E_{2x}$

$$E_{1x} = \frac{\varepsilon_2}{\varepsilon_1} E_{2x} = \frac{5}{3} 20 a_x = \frac{100}{3} a_x$$

㉡ 접선 성분 : $E_{1y} = E_{2y}$, $E_{1z} = E_{2z}$

$$E_{1y} = 30 a_y, \quad E_{1z} = -40 a_z$$

㉢ 유전율 : ε_1 영역 $E_1 = \frac{100}{3} a_x + 30 a_y - 40 a_z$

2과목 전력공학

21

$1[\text{kWh}] = 0.24 \times 3{,}600 = 860[\text{kcal}]$

22

- 계기용 변압기 2차 전압(PT) : 110[V]
- 계기용 변류기 2차 전류(CT) : 5[A]

23

전력 손실 $q = 2I^2 R$에서 저항 $R = \rho \dfrac{l}{A}$

$$q = 2\left(\frac{P}{E}\right)^2 \times \rho \frac{l}{A}$$

$$A = \frac{2P^2 \rho l}{qE^2} \times 10^6$$

24

구분	설명
반한시성	정반비례(동작전류가 크면 동작시간이 짧아진다.)
순한시성	즉시(순시)동작
정한시성	정해진 시간(일정시간)동작
반한시–정한시성	2줄 이상 설명

25

$L - C$ 병렬공진으로 지락전류를 작게 한다.

26

설비	동기 조상기	전력용 콘덴서
조정	진상, 지상(연속)	진상(불연속, 계단적)
전력손실	크다.	작다.
시운전(충전)	가능	불가능
용량증설	불가능	가능

27

열손실

- 복수기 손실 : 47[%]
- 터빈기계손 : 6[%]
- 석탄수분을 증발시키는 손실 : 4[%]
- 연돌배출가스 손실 : 0.7[%]

28

$$I_C = \omega C \frac{V}{\sqrt{3}}$$

$$= 2\pi \times 60 \times 0.01 \times 10^{-6} \times 173.2 \times \frac{60{,}000}{\sqrt{3}} = 22.6$$

29

$P = 9.8 QH$

$H = \dfrac{9{,}800}{9.8 \times 10} = 100$

30

차단기 정격차단시간

- 개극 시간과 아크 시간을 합한 시간
- 트립 코일 여자부터 소호까지의 시간
- 2, 3, 5[Hz]

31

- 무부하 전류 차단 : 단로기
- 부하전류 및 사고전류 차단 : 차단기

32

균등부하 $e' = e \times \dfrac{1}{2} = I \cdot R \times \dfrac{1}{2}$

여기서, e : 집중부하의 전압강하

33

$\dfrac{\text{Y결선}}{\triangle \text{결선}} = 3$배, $\dfrac{\triangle \text{결선}}{\text{Y결선}} = \dfrac{1}{3}$배

34

유도전압 조정기는 전압조정설비이다.

35

댐퍼 : 진동방지

36

$P_V = \sqrt{3} \times 1$대 용량$= \sqrt{3} \times 400 = 693$

37

직격뢰 방지 : 가공지선, 매설지선, 피뢰기 등

38

연가의 목적 : 선로정수 평형, 유도장해 방지, 직렬공진 방지

39

직류송전은 다른 계통 간의 연계가 가능하다.

40

저압뱅킹방식 : 캐스케이딩 발생 우려가 있어 고장구분 계폐기를 설치한다.

3과목 전기기기

41

단절권과 분포권은 고조파를 제거하여 파형을 개선한다.

42

변압기 동손은 코일의 저항성분에 의한 손실이므로 전류 제곱에 비례한다.
$P_c = I^2 R_a$, $P_c \propto I^2$
$I = 2$, $I^2 = 4$ $\therefore 4qo$배

43

전기자전류의 위상은 단자전압보다 앞서게 되고 부하의 감소는 유효분 전류의 감소를 의미하므로 역률은 낮아진다.

44

무효순환전류는 A, B 발전기 간의 유기기전력의 크기가 같지 않을 때 발생한다.

45

철손은 히스테리시스손과 와류손으로 나누어지며 히스테리시스손을 감소하기 위해서는 규소를 함유한 규소강판을, 와류손을 감소시키기 위해 철심을 성층하여 사용한다.

46

유기기전력 $E = P\phi \cdot \dfrac{Z}{a} \cdot \dfrac{N}{60}$

파권이므로 $a = 2$이다.

$\phi = E \times \dfrac{1}{P} \times \dfrac{a}{Z} \times \dfrac{6}{N} = 220 \times \dfrac{1}{4} \times \dfrac{2}{600} \times \dfrac{6}{600}$

$= 0.0183 [\text{Wb/pole}]$

47

맥동률 $= \dfrac{\text{교류분}}{\text{직류분}} \times 100 [\%]$

$3[\%] = \dfrac{\text{교류분}}{50} \times 100 [\%]$이므로

교류분$= 1.5[\text{V}]$

48

수은 정류기 전류비 $\dfrac{I_a}{I_d} = \dfrac{1}{\sqrt{m}}$에서

$I_a = \dfrac{1}{\sqrt{m}} I_d = \dfrac{1}{\sqrt{3}} \times 50 = 28.85[\text{A}] = 29[\text{A}]$

49

동기발전기는 직류발전기로 여자전원을 공급하는데 이때 사용되는 직류발전기를 여자기라 한다.

50

권선형 유도전동기에서 비례추이나 속도제어로 2차 측에 저항을 접속하면 2차 저항 제어, 슬립전압과 슬립주파수로 제어하면 2차 여자 제어라 한다.

51

1차 측 Y결선에서 선간전압과 상전압의 위상차 $\frac{\pi}{6}=30°$가 발생하여 공급되고 2차 측 △결선에서는 상전압과 선간전압의 위상차가 없으므로 1차 측 Y결선에서의 위상차가 1차 2차 간의 위상차가 된다.

52

② 자속은 인가전압보다 90° 뒤진다.
③ 인가전압은 1차 유기기전력보다 180° 앞선다.
④ 권선법에 따라 감극성인 경우는 180°, 가극성인 경우는 동상이다.

53

- 2차 효율 $=(1-s)=1-0.04=96\%$
- 1차 입력 $=50[\text{kW}] \div \dfrac{1}{0.9}=55.56[\text{kW}]$
- 회전자 입력 $=50[\text{kW}] \times \dfrac{1}{0.96}=52.08[\text{kW}]$
- 회전자 동손 $=$ 2차 입력 $-$ 2차 출력
  $=52.08-50=2.08[\text{kW}]$

54

반파정류에서 $E_{dc}=\dfrac{\sqrt{2}}{\pi}E_{ac}$ 이고

$E_{ac}=\dfrac{\pi}{\sqrt{2}} \times E_{dc}$

∴ 첨두값 $=\sqrt{2} \times E_{ac}=\sqrt{2} \times \dfrac{\pi}{\sqrt{2}} \times E_{dc}=3.14 \times 200$
$=628[\text{V}]$

55

$V_2=V_1 \times \dfrac{1}{\sqrt{3}} \times \dfrac{1}{30}=3{,}300 \times \dfrac{1}{\sqrt{3}} \times \dfrac{1}{30}=63.5[\text{V}]$

56

유기기전력 $E=P\phi\dfrac{Z}{a} \cdot \dfrac{N}{60}[\text{V}]$이므로 a와 반비례한다.

57

농형 유도전동기는 소형·중형에 주로 사용된다.

58

대표적인 변압기 보호장치로는 브흐흘쯔 계전기나 비율차동 계전기가 있는데, 절연유의 절연내력 저하로 인한 부분방전, 층간단락 사고 등으로부터 보호하는 역할을 한다.

59

일반적으로 '전기각 $=\dfrac{P}{2} \times$ 기하각'이다.

∴ 기하각 $=\dfrac{2}{P} \times$ 전기각

60

비례추이는 2차 측 저항의 변화비율만큼 비례해서 슬립이 추이하는 현상이다.
최대 토크슬립이 5[%]이고 2차저항이 0.5[Ω]일 때 기동토크를 최대토크로 하려면 기동 시 슬립은 100[%]이므로 슬립이 20배 증가, 그러므로 2차저항도 20배가 되어야 하므로 $R_T=10[\Omega]$이어야 한다. 즉, 외부저항은 9.5[Ω]이 된다.

$\dfrac{r_2}{S}=\dfrac{r_2+R}{S'}$ 에서 $\dfrac{0.5}{5}=\dfrac{0.5+R}{100}$

4과목   회로이론 및 제어공학

61

공진회로는 $X_L=X_C$ 이며 R만의 회로가 되므로
$I=\dfrac{E}{R}=\dfrac{100}{100}=1[\text{A}]$
$E_L=IX_L=1 \times 100=100[\text{V}]$

62

$P_a=VI=\sqrt{P^2+P_r^2}$
$I=\dfrac{\sqrt{P^2+P_r^2}}{V}=\dfrac{\sqrt{230^2+345^2}}{115}=3.6[\text{A}]$

63

$R-L$ 직렬에서 시정수는 S/W On 63.2%, S/W Off 36.8%이다.

64
전파정수 $r = \sqrt{RG} + j\omega\sqrt{LC}$
무손실 조건은 $R = G = 0$ 이므로
감쇠정수 $\alpha = 0$, 위상정수 $\beta = \omega\sqrt{LC}$

65
$P = VI\cos\theta = 100 \times 3 \times \cos\left(\dfrac{\pi}{6} - \left(-\dfrac{\pi}{6}\right)\right) = 150[\text{W}]$

66
$\dfrac{L \times 10^{-3}}{5 \times 10^{-6}} = \dfrac{4 \times 10^{-3}}{2 \times 10^{-6}}$
$L = 10[\text{mH}]$

67
$\cos\theta = \dfrac{P}{P_a} = \dfrac{P_1 + P_2}{2\sqrt{P_1^2 + P_2^2 - P_1 P_2}}$

여기서, $P_2 = 3P_1$ 를 대입하면

$\cos\theta = \dfrac{P_1 + 3P_1}{2\sqrt{P_1^2 + (3P_1)^2 - 3P_1^2}} = \dfrac{4P_1}{2\sqrt{7P_1^2}} = 0.76$

68
$\mathcal{L}^{-1}[F(s)] = \mathcal{L}^{-1}\left[\dfrac{1}{s(s+a)}\right]$
$= \mathcal{L}^{-1}\left[\dfrac{1}{as}\dfrac{1}{s} - \dfrac{1}{a}\dfrac{1}{s+a}\right] = \dfrac{1}{a}(1 - e^{-at})$

69
$I_l = \sqrt{3}\,I_p = \sqrt{3}\,\dfrac{V_P}{Z_p} = \sqrt{3}\,\dfrac{200}{\sqrt{10^2 + (15-5)^2}}$
$= 10\sqrt{6}\,[\text{A}]$
$P_3 = 3\dfrac{V_p^2}{R^2 + X^2}R = 3 \times \dfrac{200^2}{10^2 + (15-5)^2} \times 10$
$= 6,000[\text{W}]$

71
$G(j\omega) = \dfrac{1}{\dfrac{5}{1,000}j\omega\left(\dfrac{1}{10}j\omega + 1\right)^2}$

$g = 20\log|G(j\omega)| = 20\log\left|\dfrac{1}{\dfrac{5}{1,000}j\omega\left(\dfrac{1}{10}j\omega + 1\right)^2}\right|$

$= 20\log\dfrac{1}{\dfrac{5}{100}(\sqrt{1+1})^2} = 20\log\dfrac{1}{\dfrac{1}{10}}$

$= 20\log 10 = 20[\text{dB}]$

$G(j\omega) = \dfrac{1}{0.005(j\omega)\{0.1(j\omega) + 1\}^2} = \dfrac{1}{j0.05(j+1)^2}$

$= \dfrac{1}{j0.05(-1 + j2 + 1)} = \dfrac{1}{j^2 0.1}$

$\therefore \theta = \angle\dfrac{1}{j^2 0.1} = -180°$

72
AB(직렬)와 C(병렬), 즉 $AB + C$ 이다.

73
이득 여유$(GM) = \dfrac{\text{허수축과의 교차점에서 } k\text{의 값}}{k\text{의 설계값}}$

- k의 설곗값 $= 8$
- 허수축과의 교차점에서 k의 값 $= 64$

$\therefore$ 이득 여유 $= \dfrac{64}{8} = 8$

74

전기계	직선운동계
저항 R	제동계수 μ
인덕턴스 L	질량 m
정전용량 C	스프링계수 k

75
$\dot{x}(t) = x_2(t)$
$\dot{x}_2(t) = -4x(t) - 5x_2(t)$
$\begin{bmatrix} \dot{x}_1(t) \\ \dot{x}_2(t) \end{bmatrix} = \begin{bmatrix} 0 & 0 \\ -4 & -5 \end{bmatrix}\begin{bmatrix} x_1(t) \\ x_2(t) \end{bmatrix} + \begin{bmatrix} 0 \\ 1 \end{bmatrix}r(t)$

76

$G(x) = \dfrac{C(s)}{R(s)} = \dfrac{1}{s+a}$

입력 • $r(t) = s(t)$
    • $R(s) = 1$

$C(s) = \dfrac{1}{s+a}$

$\therefore c(t) = e^{-at}$

77

피드백 제어계의 특징
- 정확성의 증가
- 계의 특성 변화에 대한 입력 대 출력비의 감도 감소
- 비선형 왜곡 감소
- 대역폭 증가
- 구조가 복잡하고 설치비가 고가

78

- s평면의 허수축은 z평면의 원점을 중심으로 한 단위원에 사상
- s평면의 우반면은 z평면의 원점을 중심으로 한 단위원 외부에 사상
- s평면의 좌반면은 z평면의 원점을 중심으로 한 단위원 내부에 사상

79

검출부(피드백 요소)
(1) 제어대상으로부터 제어량을 검출하고 기준입력신호와 비교시키는 부분
(2) 노내 온도제어로서 열전대

80

이득여유 $= 20\log\left|\dfrac{1}{G(s)H(s)}\right|_{s=0} = 20$

$G(s)H(s) = \dfrac{1}{(s+1)(s+3)}$

$G(0)H(0) = \dfrac{K}{3}$, $\log_{10}\dfrac{3}{K} = 1$

$\dfrac{3}{K} = 10$

$\therefore K = \dfrac{3}{10}$

5과목 전기설비기술기준 및 판단기준

81

- 전선은 절연전선일 것(단, 옥외용 비닐절연전선(OW) 및 인입용 비닐절연전선(DV)을 제외한다.)
- 전선과 조영재 간격

전압 및 장소	전선 상호	조영재
400[V] 이하	6[cm]	2.5[cm]
400[V] 초과 점검가능 건조한 장소		2.5[cm]
400[V] 초과 점검불가 물습기가 있는 장소		4.5[cm]

- 지지점 간 간격 : 6[m], 조영재 지지 시 : 2[m]

82

저압 및 고압 가공전선의 높이

장소	저·고압
지표상	5[m]
도로횡단	6[m]
철도횡단	6.5[m]
횡단보도교	3.5[m] 단, 450/750[V] 인입용 비닐절연전선·케이블 : 3[m]

83

절연유의 구외 유출 방지
사용전압이 100,000[V] 이상의 변압기를 설치하는 곳에는 절연유의 구외 유출 및 지하침투를 방지하기 위하여 절연유 유출 방지설비를 하여야 한다.

84

제1종 및 제2종 접지공사 시공방법
- 접지극은 지하 75[cm] 이상의 깊이에 매설한다.
- 접지극을 철주 바로 밑에 시설 시에는 30[cm] 이격하며 이 외에는 금속체와 1[m] 이상 이격하여 시설한다.
- 접지선은 접지극에서 지상 60[cm]까지 절연전선·케이블(옥외용 절연전선 제외) 사용
- 접지선의 지표면하 75[cm]에서 지상 2[m]까지 합성수지관 2[mm] 이상 두께로 덮을 것
- 접지극 병렬 매설 시 접지극 상호 간 2[m] 이상 이격한다.

85
- 고압 가공전선로 보호망접지 : 제3종 접지공사
- 특고압 가공전선로의 보호망접지 : 제1종 접지공사

86
필댐의 본체에 사용하는 토질재료는 다음 각 호에 적합한 것이어야 한다.
- 댐의 안정에 필요한 강도 및 수밀성이 있을 것
- 댐의 안정에 지장을 줄 수 있는 팽창성 또는 수축성이 없을 것
- 묽은 진흙으로 되지 않을 것
- 유기물을 포함하지 않으며 광물성분은 불용성일 것

87
전압
- 사용전압 : 400[V] 이하(단, 전기울타리 250 이하, 교통신호등 300[V] 이하)
 단, 전광표시, 자동제어, 소세력회로 절연변압기 이용 1차 300[V], 2차 60[V]
- 대지전압 : 150[V]~300[V] 이하

88
가공전선과 타전력선, 약전선, 안테나, 삭도 기타 시설물 간격

사용전압의 구분	간격
저압	0.6[m]
	케이블 0.3[m]
고압	0.8[m]
	케이블 0.4[m]
22.9[kV-Y]	나전선 2[m]
	특고압 절연전선 1.5[m]
	삭도 1[m]
	케이블 0.5[m]
60[kV] 이하	2[m]

89
"단독운전"이란 전력계통의 일부가 전력계통의 전원과 전기적으로 분리된 상태에서 분산형 전원에 의해서만 가압되는 상태를 말한다.

90
저압 및 고압 인입선의 시설 높이

구분	고압	저압
지표상 높이	5[m]	4[m]
도로횡단	6[m]	5[m]
철도횡단	6.5[m]	6.5[m]
기타	전선 밑에 위험표시 고압-3.5[m]	횡단보도교 위에 시설 3[m]

91
발전소 등의 울타리 · 담 등의 시설
- 울타리 · 담 등의 높이는 최소 2[m] 이상일 것
- 출입구에는 출입금지의 표시를 할 것
- 출입구에는 자물쇠장치 기타 적당한 장치를 할 것

92
전압
- 사용전압 : 400[V] 이하(교통신호등 300[V] 이하)
 단, 전광표시, 자동제어, 소세력회로 절연변압기 이용 1차 300[V], 2차 사용전압 60[V]
- 대지전압 : 300[V] 이하
- 직류전압 : 60[V] 이하

93
관로식 매설깊이, 직매식 매설깊이
- 압력을 받는 경우 : 1.0[m] 이상
- 압력을 받지 않는 경우 : 0.6[m] 이상

94
특별고압 옥내 전기설비의 시설
- 사용전압은 100,000[V] 이하일 것. 다만, 케이블 트레이 공사에 의하여 시설하는 경우에는 35,000[V] 이하일 것
- 전선은 케이블일 것

95
욕실 등 인체가 물에 젖어있는 상태에서 물을 사용하는 장소에 콘센트를 시설하는 경우
- 〈전기용품안전관리법〉의 적용을 받는 인체감전보호용 누전차단기(정격감도전류 15[mA] 이하, 동작시간 0.03초 이하의 전류동작형)로 보호된 전로에 접속하거나 인체감전보호용 누전차단기가 부착된 콘센트를 시설하여야 한다.

- 콘센트는 접지극이 있는 방적형 콘센트를 사용하여 접지하여야 한다.

96
접지공사
- 400[V] 미만 : 제3종
- 400[V] 이상 : 특별 제3종

97
저압전로의 절연저항

400[V] 이하	대지전압 150[V] 이하	0.1[MΩ] 이상
	대지전압 150~300[V] 이하	0.2[MΩ] 이상
	선간전압 300~400[V] 미만	0.3[MΩ] 이상
400[V] 이상		0.4[MΩ] 이상

98
놀이용 전차의 시설
- 전로의 사용전압은 직류의 경우는 60[V] 이하, 교류의 경우는 40[V] 이하, 사용하는 접촉전선은 제3 레일 방식에 의하여 시설할 것
- 1차 전압은 400[V] 이하일 것
- 변압기의 2차 전압은 150[V] 이하일 것
- 누설전류가 레일의 연장 1[km]마다 100[mA]를 넘지 아니하도록 유지하여야 한다.

99
지지물의 기초의 안전율 2(단, 철탑의 이상 시 상정하중이 가하여지는 경우의 그 이상 시 상정하중에 대한 철탑의 기초에 대하여는 1.33) 이상이어야 한다.

100

기기	용량	사고 내용	보호장치
발전기	모든 발전기	과전류 시	자동 차단 장치
	500[kVA] 이상	수차유압이 현저히 저하 시	
	2,000[kVA] 이상	베어링 온도 상승 시	
	10,000[kVA] 이상	내부고장 및 베어링의 마모 시	

정답 전기기사 2018년 3회 기출문제

01	02	03	04	05	06	07	08	09	10
①	①	④	①	④	③	③	④	③	④
11	12	13	14	15	16	17	18	19	20
②	④	①	②	②	③	①	②	①	②
21	22	23	24	25	26	27	28	29	30
④	①	②	③	③	③	②	④	③	①
31	32	33	34	35	36	37	38	39	40
④	②	④	①	③	④	③	②	③	②
41	42	43	44	45	46	47	48	49	50
③	②	③	③	④	②	③	①	④	②
51	52	53	54	55	56	57	58	59	60
④	①	④	①	③	④	③	④	②	①
61	62	63	64	65	66	67	68	69	70
③	②	④	①	③	④	④	④	②	③
71	72	73	74	75	76	77	78	79	80
①	③	③	③	④	②	③	②	③	③
81	82	83	84	85	86	87	88	89	90
③	③	③	②	③	④	④	①	②	③
91	92	93	94	95	96	97	98	99	100
④	③	②	④	④	③	③	④	①	③

1과목 전기자기학

01
$$div\vec{E} = \nabla \cdot \vec{E} = \left(\frac{\partial}{\partial x}i + \frac{\partial}{\partial y}j + \frac{\partial}{\partial z}k\right) \cdot (E_x i + E_y j + E_z k)$$
$$= \frac{\partial E_x}{\partial x} + \frac{\partial E_y}{\partial y} + \frac{\partial E_z}{\partial z}$$

02
동심구(=중공도체구)의 정전용량

$$C = \frac{Q}{V_{ab}} = \frac{Q}{\frac{Q}{4\pi\varepsilon_0}\left(\frac{1}{a}-\frac{1}{b}\right)} = \frac{4\pi\varepsilon_0}{\frac{1}{a}-\frac{1}{b}} = \frac{4\pi\varepsilon_0 ab}{b-a}$$

$$= \frac{1}{9 \times 10^9} \frac{ab}{b-a} [F] \text{에서}$$

$$C' = \frac{4\pi\varepsilon_0 \cdot 5a \cdot 5b}{5(b-a)} = \frac{4\pi\varepsilon_0 5ab}{b-a} = 5C$$

03

전속밀도 D의 법선 성분 $D_{1N} = D_{2N}$

04

- 홀(Hall) 효과 : 도체가 자기장 속에 놓여 있을 때 그 자기장에서 직각방향으로 전류를 흘리면 자기장과 전류 모두 수직방향으로 전위차가 발생하는 현상. 전류가 흐르고 있는 도체에 자계를 인가하면 플레밍의 왼손 법칙에 의하여 도체 내부에 전하가 발생한다.
- 핀치 효과 : 직류전압 인가 시 전류가 도선 중심 쪽으로 집중되어 흐르려는 현상
- 볼타 효과 : 서로 다른 2종류의 금속을 접촉시킨 후 떼어 놓으면 각각 정(+), 부(-)로 대전하는 현상
- 압전 효과 : 유전체 결정에 기계적 변형을 가하면, 결정 표면에 정(+), 부(-)의 전하가 대전하는 현상

05

자기 이중층(= 판자석)의 자위

- 자위 $U = \dfrac{M_\delta}{4\pi\mu_0} w [\text{A}]$
- 판자석의 세기 $M_\delta = \sigma_s \cdot \delta [\text{Wb/m}]$
- 입체각 $w = 2\pi(1 - \cos\theta)[\text{sr}]$
  (단, 무한접근 시 $w = 2\pi[\text{sr}]$)

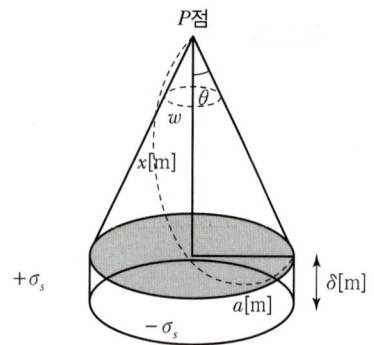

$$U = \dfrac{M_\delta}{4\pi\mu_0} w = \dfrac{M_\delta}{4\pi\mu_0} \cdot 2\pi(1 - \cos\theta)$$

$$= \dfrac{M_\delta}{2\mu_0}\left(1 - \dfrac{x}{\sqrt{a^2 + x^2}}\right) = \dfrac{M_\delta}{2\mu_0}\left(1 - \dfrac{x}{\sqrt{a^2 + x^2}}\right)$$

$$= \dfrac{0.01}{2 \times 4\pi \times 10^{-7}} \times \left(1 - \dfrac{10}{\sqrt{5^2 + 10^2}}\right) = 420.06$$

06

일 $W = F \cdot d = \dfrac{Q^2}{16\pi\varepsilon_o d^2} \times d = \dfrac{Q^2}{16\pi\varepsilon_o d} [\text{J}]$

참고 전하가 1개뿐이므로 반드시 영상전하에 의한 힘을 구하도록 한다.

07

체적당 에너지 W_E
$= \dfrac{\rho_s^2}{2\varepsilon_0} = \dfrac{D^2}{2\varepsilon_0} = \dfrac{1}{2}\varepsilon_0 E^2 = \dfrac{1}{2} ED [\text{J/m}^3]$

08

자화의 세기 $J = \dfrac{M}{V} = \dfrac{m \cdot l}{V}$ $[\text{wb} \cdot \text{m/m}^3 = \text{wb/m}^2]$
이므로
$m \cdot l = J \cdot V$

$\therefore m = \dfrac{J \cdot V}{l} = \dfrac{J \cdot \pi \left(\dfrac{d}{2}\right)^2 \cdot l}{l} = \dfrac{J\pi d^2}{l} [\text{wb}]$

09

결합계수 $k = \dfrac{M}{\sqrt{L_1 \cdot L_2}}$

10

전기력선의 수 $N = \dfrac{Q}{\varepsilon_0}$ 이고, 선전하 밀도 $\rho_l = \dfrac{Q}{l}$ 이므로 $Q = \rho_l \cdot l$ 로 대체 가능하다.

따라서 $N = \dfrac{\rho_l \cdot l}{\varepsilon_0}$ 이며, 그림과 같이 직선도체의 길이 $l = 2a$ 이고 피타고라스 정리에 의해 $a = \sqrt{21}$ 이므로 $l = 2\sqrt{21}$

$\therefore N = \dfrac{\rho_l \cdot l}{\varepsilon_0} = \dfrac{6 \times 10^{-8} \times 2\sqrt{21}}{8.85 \times 10^{-12}} \fallingdotseq 6.2 \times 10^4$

11

접지무한평판과 선전하 사이에 작용하는 힘은
$F = \dfrac{\rho^2}{4\pi\varepsilon_0 h}$ [N/m]이다.

12

① 일반적으로 굴절각이 큰 유전체는 비유전율이 크다.

② $W = \dfrac{D^2}{2\varepsilon_0 \varepsilon_r}$ 정전에너지와 비유전율은 반비례관계이다.

③ $D = E \cdot \varepsilon_0 \cdot \varepsilon_r$ 전속밀도와 비유전율은 비례관계이다.

13

전도전류 $i_c = kE$와 변위전류 $i_d = w\varepsilon E$의 크기가 같을 때의 주파수 f는
$w\varepsilon E = kE$이므로 $2\pi f\varepsilon = k$

$\therefore f = \dfrac{k}{2\pi\varepsilon} = \dfrac{\sigma}{2\pi\varepsilon_0\varepsilon_s} = \dfrac{1}{2\pi \times 8.85 \times 10^{-12} \times 6}$

$\fallingdotseq 3 \times 10^9$

14

무한장 솔레노이드 자기인덕턴스 $L = \mu S n_0^2$ [H]이므로 철심의 길이와는 관계없다.

15

무한장 솔레노이드 자기인덕턴스 $L = \mu S n_0^2$ [H]

16

환상 솔레노이드 자속

$\phi = \dfrac{\mu SNI}{l}$

$= \dfrac{4\pi \times 10^{-7} \times 1{,}000 \times 10 \times 10^{-4} \times 600 \times 2}{2\pi \times 10 \times 10^{-2}}$

$= 2.4 \times 10^{-3}$ [Wb]

참고 $\mu = \mu_0 \mu_s$이고, 길이 $l = 2\pi r = 2\pi \dfrac{d}{2}$ [m]이다.

17

①

E_1 E_2 0 E_3 — 1[C] 1 — 3[C] 2 — 1[C] 3 — −3[C]

$E_1 = 9 \times 10^9 \times \dfrac{3}{1^2} = 27 \times 10^9$ [V/m]

$E_2 = 9 \times 10^9 \times \dfrac{1}{2^2} = 2.5 \times 10^9$ [V/m]

$E_3 = 9 \times 10^9 \times \dfrac{3}{3^2} = 3 \times 10^9$ [V/m]

$E = E_1 + E_2 - E_3 = 26.5 \times 10^9$ [V/m]

②

E_1 E_3 0 E_2 — 1[C] 1 — 1[C] 2 — −3[C] 3 — 3[C]

$E_1 = 9 \times 10^9 \times \dfrac{1}{1^2} = 9 \times 10^9$ [V/m]

$E_2 = 9 \times 10^9 \times \dfrac{3}{2^2} = 6.75 \times 10^9$ [V/m]

$E_3 = 9 \times 10^9 \times \dfrac{3}{3^2} = 3 \times 10^9$ [V/m]

$E = E_1 + E_3 - E_2 = 5.25 \times 10^9$ [V/m]

③

E_2 E_3 0 E_1 — 1[C] 1 — −3[C] 2 — 3[C] 3 — 1[C]

$E_1 = 9 \times 10^9 \times \dfrac{3}{1^2} = 27 \times 10^9$ [V/m]

$E_2 = 9 \times 10^9 \times \dfrac{3}{2^2} = 6.75 \times 10^9$ [V/m]

$E_3 = 9 \times 10^9 \times \dfrac{1}{3^2} = 1 \times 10^9$ [V/m]

$E = E_2 + E_3 - E_1 = -20.25 \times 10^9$ [V/m]

④

E_3 E_2 0 E_1 — 1[C] 1 — −3[C] 2 — 1[C] 3 — 3[C]

$E_1 = 9 \times 10^9 \times \dfrac{3}{1^2} = 27 \times 10^9$ [V/m]

$E_2 = 9 \times 10^9 \times \dfrac{1}{2^2} = 2.5 \times 10^9$ [V/m]

$E_3 = 9 \times 10^9 \times \dfrac{3}{3^2} = 3 \times 10^9$ [V/m]

$E = E_2 + E_3 - E_1 = -21.5 \times 10^9$ [V/m]

18

자극은 N극과 S극이 공존한다.(자기력선의 연속성)

19

전기력선의 성질
- 전기력선은 정(+)전하에서 시작하여 부(−)전하에서 끝난다.
- 전기력선은 서로 반발하여 교차할 수 없다.
- 전기력선의 방향은 그 점의 전계의 방향과 일치한다.
- 전기력선의 밀도는 전계의 세기와 같다.
- 전기력선은 전위가 높은 점에서 낮은 점으로 향한다.
- 전기력선은 도체 표면(등전위면)에 수직으로 만난다.
- 도체에 주어진 전하는 도체 표면에만 분포한다.
- 전기력선은 대전도체 내부에는 존재하지 않는다.
- 전기력선의 수는 내부 전하량 $Q[C]$의 $\dfrac{1}{\varepsilon_0}$ 배이다.
- 전기력선은 그 자신만으로 폐곡선을 이룰 수 없다.

20

파동고유 임피던스 $\eta = \dfrac{E}{H} = \sqrt{\dfrac{\mu}{\varepsilon}}$ 에서 $E\sqrt{\varepsilon} = H\sqrt{\mu}$ 이므로

$H = \sqrt{\dfrac{\varepsilon}{\mu}}\, E = \dfrac{1}{377}\sqrt{\dfrac{\varepsilon_s}{\mu_s}}\, E$

$= \dfrac{1}{377}\sqrt{\dfrac{4}{1}}\, 377\cos(10^9 t - \beta z) = 2\cos(10^9 t - \beta z)$

이때 방향성분을 고려하면 전계 E가 y축 방향으로 주어졌고 자계 H가 −x축 방향일 때 전자파의 진행방향이 H축이 될 수 있다.

2과목 전력공학

21

구분	2차 측	이유
PT	개방	과전류로부터 PT를 보호
CT	2차 측 단락	과전압으로 2차 측 기기의 절연보호

22

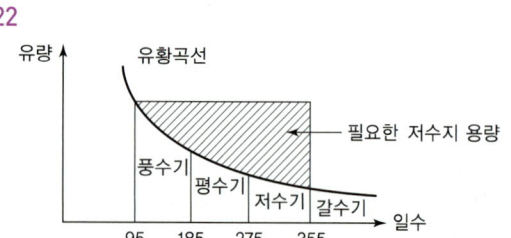

23

리클로저는 배전선로 고장 시 동작하는 개폐장치로서 사용된다.

24

발전기, 변압기	내부고장 시	비율차동계전기
	과부하, 단락 시	과전류계전기
	소손, 불평형 시	역상계전기

25

$D = \sqrt[3]{D_1 D_2 D_3} \fallingdotseq \sqrt[3]{2}\, D = \sqrt[3]{2} \cdot 5$

26

반사계수 $\beta = \dfrac{Z_2 - Z_1}{Z_2 + Z_1}$

투과계수 $r_0 = \dfrac{2Z_2}{Z_2 + Z_1}$

27

- 1선 지락사고 : 정상분, 역상분, 영상분
- 선간 단락사고 : 정상분, 역상분
- 3상 단락사고 : 정상분

28
안정도 향상대책
- 선로 또는 기기의 리액턴스를 작게 한다.
- 중간조상방식을 채용한다(송전선로 중간에 동기조상기를 연결).
- 재폐로방식을 채용한다.
- 계통을 연계시킨다.
- 발전기 단락비를 크게 한다.
- 속응여자방식을 채용한다.
- 고속도차단방식을 채용(중간개폐소 설치)한다.
- 다회선방식이나 복도체방식을 채용한다.
- 불평형을 줄인다.
- 전압변동을 줄인다.
- 지락전류를 줄인다(고저항접지방식 또는 소호리액터 접지).

29
진상콘덴서 설치목적
역률을 개선하여 전력손실, 전압강하 보상

30
재열기
고압터빈에서 나온 증기를 가열하여 저압터빈을 회전시킨다.

31
$$P_C \fallingdotseq 3I^2R \fallingdotseq 3\left(\frac{P}{\sqrt{3}\,V\cos\theta}\right)^2 \cdot R[W]$$
$$= \frac{P^2}{V^2\cos^2\theta} \cdot R[W] \quad R = \rho\frac{\ell}{A}[\Omega]$$
$$= \frac{P^2\rho\cdot\ell}{V^2(\cos^2\theta)A}[W]$$
$$\therefore A \propto \frac{1}{V^2}$$

32

부하	전압강하	전력손실
말단집중부하	1	1
평등분산(균등)부하	$\frac{1}{2}$	$\frac{1}{3}$

33
$$L_e = \frac{0.05}{4} + 0.4605\log_{10}\frac{D}{re}$$
$$= 0.0125 + 0.4605\log_{10}\frac{D}{re}$$
$$r_e = r^{\frac{1}{4}} \cdot s^{\frac{4-1}{4}} = \sqrt[4]{r \cdot s^3}$$

34

구분	설명
반한시성	정반비례(동작전류가 크면 동작시간이 짧아진다.)
순한시성	즉시(순시) 동작
정한시성	정해진 시간(일정시간) 동작
반한시-정한시성	반한시, 정한시 특성을 갖는 동작

35
SF_6 가스는 고가이며, 온난화 지수가 크고, 추운 지방에서는 액화 방지설비가 필요하다.

36
복도체 사용목적
- 코로나 발생 방지
- L값 감소 C값 증가로 송전용량 증가
- 안정도 우수, 전위경도 감소

37
전선 선정의 3대 요소
- 허용전류(가장 중요)
- 전압강하
- 기계적 강도

38
$$\%X = \frac{PX}{10V^2} = \frac{5000 \times 15}{10 \times 23^2} = 14.178[\%]$$

39
네트워크 방식의 장점
- 배전의 신뢰도가 가장 높다.(무정전 공급)
- 전압 변동이 적다.

- 전력 손실이 감소된다.
- 기기의 이용률이 향상된다.
- 부하 증가에 대한 적응성이 좋다.
- 부하가 밀집된 시가지에서 이용된다.

40
$P_s = \sqrt{3} \times 170 \times 50 = 14,722$

3과목 전기기기

41
중간변압기 사용 이유
- 전원전압의 크기에 관계없이 회전자 전압을 정류작용에 맞는 값으로 선정할 수 있다.
- 중간 변압기의 권수비를 바꾸어서 전동기의 특성을 조정할 수 있다.
- 경부하에서는 속도가 현저하게 상승하나 중간 변압기를 사용하여 철심을 포화시켜 두면 속도상승을 억제할 수 있다.

42
$X_L = 2\pi f L = 2\pi f \cdot \dfrac{\mu A N^2}{l} \alpha N^2$

43
반환부하법은 2대 이상의 동일 사양, 동일 정격의 변압기가 있을 때 시험하는 방법으로 홉킨스법, 블론델법, 카프법 등이 있다.

44
보상권선은 전기자반작용을 상쇄하여 역률 및 정류작용을 개선하며 저항도선은 변압기 기전력의 단락전류를 작게 한다.

46
- 계자전류 증가 → 부하분담 증가
- 계자전류 감소 → 부하분담 감소

47
$E_1 = 4.44 f \phi N_1$을 이용하여
$\phi = \dfrac{6,600}{4.44 \times 60 \times 1,000} = 0.025 [\text{Wb}]$

48
전압변동률 $\varepsilon = P\cos\theta + q\sin\theta [\%]$에서 $\cos\theta = 100[\%]$일 때 $\sin\theta = 0[\%]$이다. 이를 식에 대입하면
$\varepsilon = P \times 1 + q \times 0 = P$

49
2차 저항에 의한 기동은 권선형 유도전동기 비례추이방법이다.

50
균압선은 직권계자를 가지고 있는 직권형과 복권형 발전기의 병렬운전 시 붙이는 것으로 전압의 이상상승을 방지하여 병렬운전을 안전하게 하기 위함이다.

52
$p = \dfrac{p \cdot r}{10 V^2} = \dfrac{15 \times 5.4}{10 \times 3^2} = 0.9$

$q = \dfrac{pX}{10 V^2} = \dfrac{15 \times 6}{10 \times 3^2} = 1$

53
유도전동기 2차 여자제어법은 권선형 유도전동기 2차 측 권선에 2차 저항기 대신 원하는 슬립의 주파수와 전압을 공급하여 제어하는 비례추이 방식으로 저항손과는 관계없다.

54
문제조건에 의해 다음 식이 성립한다.

$\dfrac{\sqrt{3} \times 400 \times I \times 10^{-3} [\text{kVA}]}{\text{전동기 입력}} \times \dfrac{0.88}{\text{전동기 출력}[\text{kVA}]}$
$\times \dfrac{0.82}{\text{발전기 입력}[\text{kW}]} \times \dfrac{0.88}{\text{발전기 출력}[\text{kW}]} = 55 [\text{kW}]$

$I = \dfrac{55}{\sqrt{3} \times 400 \times 10^{-3} \times 0.88 \times 0.82 \times 0.88} = 125 [\text{A}]$

55
집중권이 아니라 분포권을 해야 파형을 개선할 수 있다.

56
유도자형은 전기자와 계자를 고정자로 하고 유도자를 회전자로 하는 고주파 발전기이다.

57
분권전동기이므로 공급전류 15[A] 중 계산전류 5[A]를 빼면 전기자전류는 10[A]이고 공급전류가 25[A]일 때 전기자 전류는 20[A]

$T = 0.975 \dfrac{E_c I_a}{N} \alpha I_a$

$T' = T \times \left(\dfrac{I_a'}{I_a}\right) = 5 \times \left(\dfrac{20}{10}\right) = 10[\text{kg} \cdot \text{m}]$

58
발전기 출력이 5.4[kW]일 때 전기자 권선저항 r_a를 구하면
단자전압 100[V]이므로 계자전류 $= \dfrac{100}{50} = 2[\text{A}]$

부하전류 $= \dfrac{5,400}{100} = 54[\text{A}]$

전기자전류 $= 54 + 2 = 56[\text{A}]$

단자전압은 유기기전력에서 전기자전압강하를 빼야 하므로
$100[\text{V}] = 115[\text{V}] - 56 \times r_a$에서 $r_a = 0.267[\Omega]$

출력이 2[kW]일 때 단자전압이 125[V]이므로

계자전류 $= \dfrac{125}{50} = 2.5[\text{A}]$

부하전류 $= \dfrac{2,000}{125} = 16[\text{A}]$

전기자전류 $= 16 + 2.5 = 18.5[\text{A}]$

유기기전력 $E = 125[\text{V}] + 18.5 \times 0.267 = 130[\text{V}]$

60
1) $N_s = \dfrac{120f}{P} = \dfrac{120 \times 50}{10} = 600[\text{rpm}]$

2) $S = \dfrac{N_s - N}{N_s} = \dfrac{600 - 400}{600} = \dfrac{1}{3}$

3) $E_2' = SE_2 = \dfrac{1}{3} \times 150[\text{V}] = 50[\text{V}]$

4과목 회로이론 및 제어공학

61
$I = \dfrac{V}{Z} = \dfrac{V}{\sqrt{R^2 + X_c^2}} = \dfrac{100}{\sqrt{100^2 + (377 \times 30 \times 10^{-6})^2}}$
$= 0.75[\text{A}]$

62
무손실 선로의 조건은 $R = G = \alpha = 0$이므로

특성 임피던스 $Z_0 = \sqrt{\dfrac{Z}{Y}} = \sqrt{\dfrac{R + jwL}{G + jwC}} = \sqrt{\dfrac{L}{C}}$

63
$f(t) = \dfrac{E}{T} t \{u(t) - u(t-T)\}$
$= \dfrac{E}{T} t u(t) - \dfrac{E}{T}(t-T)u(t-T) - Eu(t-T)$

$F(s) = \mathcal{L}[f(t)] = \dfrac{2}{4} \cdot \dfrac{1}{s^2} - \dfrac{2}{4} \dfrac{1}{s^2} e^{-4s} - 2e^{-4s}$
$= \dfrac{1}{2s^2}(1 - e^{-4s} - 4se^{-4s})$

64
$P_a = 2\sqrt{P_1^2 + P_2^2 - P_1 P_2}$
$= 2\sqrt{700^2 + 1,400^2 - 700 \times 1,400} = 2,425[\text{VA}]$

66
반파 구형파 파고율 $= \dfrac{\text{최댓값}}{\text{실효값}} = \dfrac{V_m}{\dfrac{V_m}{\sqrt{2}}} = \sqrt{2}$

67
$\begin{bmatrix} A & B \\ C & D \end{bmatrix} = \begin{bmatrix} 1 & 10 \\ 0 & 1 \end{bmatrix} \begin{bmatrix} 10 & 0 \\ 0 & \dfrac{1}{10} \end{bmatrix} = \begin{bmatrix} 10 & 1 \\ 0 & \dfrac{1}{10} \end{bmatrix}$

68
s/w off일 때 $i(t) = \dfrac{E}{R} e^{-\dfrac{1}{RC}t}$ 이므로

69

중첩의 원리에 의해

6[V] 전압원 기준(9[A] 전류원 개방)

$$I_1 = \cfrac{6}{2+\cfrac{2\times(1+1)}{2+(1+1)}} \times \cfrac{2}{2+(1+1)} = 1[A]$$

9[A] 전류원 기준(6[V] 전압원 단락)

$$I_2 = \cfrac{1}{\left(\cfrac{2\times 2}{2+2}+1\right)+1} \times 9 = 3[A], \text{ 단, 구하는 전류와 방향}$$

이 반대이므로 $-3[A]$

$\therefore I = I_1 + I_2 = 1 + (-3) = -2[A]$

70

발전기의 기본식

$V_0 = -Z_0 I_0$
$V_1 = E_a - Z_1 I_1$
$V_2 = -Z_2 I_2$

71

$e = e_R + e_L$

$E_i(t) = Ri(t) + L\dfrac{d}{dt}i(t)$

$E(s) = RI(s) + LsI(s)$

$E(s) = I(s)(R + Ls)$

72

- $\delta < 1$인 경우 : 부족제동(감쇠진동)
- $\delta > 1$인 경우 : 과제동(비진동)
- $\delta = 1$인 경우 : 임계제동(임계상태)
- $\delta = 0$인 경우 : 무제동(무한 진동 또는 완전 진동)

73

$\dfrac{Y(z)}{R(z)} = G(z)\,z^{-1}$

74

잔류편차가 발생하는 제어

- 비례(P) 제어
- 비례 미분(PD) 제어

※ 잔류편차 제거에 사용 : 적분(I) 제어

75

안정조건

시스템이 유한한 입력에 대해서 유한한 출력을 얻는 경우

76

교차점

$$\sigma = \dfrac{\sum G(s)H(s)\text{의 극점} - \sum G(s)H(s)\text{의 영점}}{P-Z}$$

$P = 3[개]$, 극점의 합 $= -4 - 5 = -9$

$Z = 0[개]$, 영점의 합 $= 0$

$\sigma = \dfrac{-9-0}{3-0} = -3$

77

루스의 표를 이용

s^3	1	2
s^2	11	40
s^1	$-\dfrac{18}{11}$	0
s^0	40	

1열 부호의 변화가 2번 있으므로 양의 실수부 근은 2개이다.

78

$L = \bar{x}\,\bar{y} + \bar{x}\,y + xy$
$= \bar{x}(\bar{y}+y) + xy = \bar{x} + xy = (\bar{x}+x)(\bar{x}+y)$
$= \bar{x} + y$

79

$\dfrac{C(s)}{R(s)} = 7 \times \dfrac{4}{1+4} = \dfrac{28}{5}$

80

$A = \left.\dfrac{1}{\omega\sqrt{\omega^2+1}}\right|_{\omega=\infty} = 0$

$\theta = \dfrac{\angle 0}{\angle 180} = \angle -180$

5과목 전기설비기술기준 및 판단기준

81

최대사용전압 (비접지식)	7,000[V] 이하	최대사용전압× 1.5배	최저 500[V]
	70,000[V] 초과	최대사용전압× 1.25배	최저 10,500[V]

220×1.5=330[V]이므로 최저 500

82
35.1[kV]를 초과하고 100[kV] 미만인 특고압과 저압 또는 고압과 병행간격
- 제2종 특고압 보안공사
- 단면적이 50[m²] 이상인 경동연선
- 특고압 가공전선과 저압고압 가공전선의 간격은 2[m] 케이블 사용 시 1[m]
- 철주, 철근콘크리트주, 철탑의 지지물

83
주공기탱크에 설치하는 압력계의 눈금
사용압력의 1.5배 이상 3배 이하

84
목주의 안전율
저압 : 1.2, 고압 : 1.3, 특고압 : 1.5

85
급전옥내 통신설비 인입구에 교류 1,000[V] 이하에 동작하는 피뢰기를 설치한다.

86
지중함의 크기
1[m³] 이상으로 하여 가스 방출

87
다중접지방식은 0.92배로 하며 직류인 경우는 2배를 적용한다.
22.9×0.92×2=42.136[kV]

88
변압기 보호장치

변압기	5,000[kVA] 이상 10,000[kVA] 미만	내부고장 시	경보장치 자동차단장치
	10,000[kVA] 이상	내부고장 시	자동차단장치
	타냉식	냉각장치 고장 시	경보장치

89
금속덕트공사
- 습기, 물기가 많은 곳은 시설할 수 없다.
- 전선은 덕트 내 30본 이하로 넣는다.
- 덕트의 내부 단면적의 20[%](전광표시장치, 기타 이와 유사한 장치 또는 제어회로 등의 배선만을 넣는 경우에는 50[%]) 이하일 것
- 덕트 끝은 폐쇄
- 절연전선을 사용하며, 아연도금을 하여 산화 방지한다.

90
제3종 접지공사
- 고압계기용 변성기 2차 측
- 지중전선로 외함
- 조가용선
- X선 발생장치
- 네온 변압기 외함
- 완금완철 접지
- 보호선, 보호망
- 400[V] 미만 기계기구 외함

91
특별고압 배전용 옥외 변압기의 시설
- 변압기의 1차 전압은 35,000[V] 이하, 2차 전압은 저압 또는 고압일 것
- 변압기의 특별고압 측에 개폐기 및 과전류 차단기를 시설할 것
- 변압기의 2차 전압이 고압인 경우에는 고압 측에 개폐기를 시설하고 또한 쉽게 개폐할 수 있도록 할 것

92

풍압을 받는 구분			구성재의 수직 투영면적 1[m²]에 대한 풍압
지지물	목주		588[Pa]
	철주	원형의 것	588[Pa]
		삼각형 또는 마름모형의 것	1,412[Pa]
		강관에 의하여 구성되는 4각형의 것	1,117[Pa]
		기타의 것	복재(腹材)가 전·후면에 겹치는 경우에는 1,627[Pa], 기타의 경우에는 1,784[Pa]
	철근 콘크리트주	원형의 것	588[Pa]
		기타의 것	882[Pa]
	철탑	단주 (완철류는 제외함)	원형의 것 588[Pa]
			기타의 것 1,117[Pa]
		강관으로 구성되는 것 (단주는 제외함)	1,255[Pa]
		기타의 것	2,157[Pa]

93

- 22.9[kVY] 전력선과 첨가 통신선 : 0.75[m]
- 22.9[kVY] 중성선과 첨가 통신선 : 0.6[m]

94

특고압보호망의 시설

- 보호망은 제1종 접지로 한다.
- 금속선으로 상호간격 1.5[m]
- 사용전선 : 3.5[mm]의 동복강선 또는 5[mm] 이상의 경동선

95

- 저압 : 0.75[mm²] 이상인 고무 코느 또는 0.6/1[kV] EP 고무 절연 클로로프렌 캡타이어 케이블을 사용할 것
- 고압 : 고압용 이동전선은 고압용의 캡타이어 케이블일 것

96

저압 및 고압 가공전선의 높이

장소	저·고압
지표상	5[m]
도로횡단	6[m]
철도횡단	6.5[m]
횡단보도교	3.5[m] 단, 450/750[V] 인입용 비닐절연전선·케이블 : 3[m]

97

전압

- 사용전압 : 400[V] 이하(교통신호등 300[V] 이하) 단, 전광표시, 자동제어, 소세력회로 절연변압기 이용 1차 300[V], 2차 사용전압 60[V]
- 대지전압 : 300[V] 이하
- 직류전압 : 60[V] 이하

98

특별고압 가공전선의 높이

- 특고압 가공전선 높이

35[kV] 이하	160[kV] 이하	160[kV] 초과
㉠ 지표상 : 5[m] ㉡ 도로횡단 : 6[m] ㉢ 횡단보도 : 4[m] ㉣ 철도횡단 : 6.5[m]	㉠ 지표상 : 산지 : 5[m], 평지 : 6[m] ㉡ 도로횡단 : 6[m] ㉢ 횡단보도 : 5[m] ㉣ 철도횡단 : 6.5[m]	산지, 평지 : 6(5)+ (전압−16) ×0.12[m]

- 특고압 가공전선 높이−시가지

35[kV] 이하	35[kV] 초과
10[m]. 단, 특고압 절연전선 또는 케이블은 8[m] 이상	10(8)+(전압−3.5)×0.12[m]

99

타임스위치

- 호텔·여관용 : 1분 이내 소등
- 가정용 : 3분 이내 소등

100

전차선의 경간

60[m] 이하

정답 전기기사 2019년 1회 기출문제

01	02	03	04	05	06	07	08	09	10
④	④	③	①	③	①	②	③	②	①
11	12	13	14	15	16	17	18	19	20
①	①	②	③	①	③	②	③	④	③
21	22	23	24	25	26	27	28	29	30
①	②	①	④	①	④	②	③	②	④
31	32	33	34	35	36	37	38	39	40
②	③	④	①	④	④	④	④	①	③
41	42	43	44	45	46	47	48	49	50
②	①	①	④	②	①	②	③	②	①
51	52	53	54	55	56	57	58	59	60
③	②	③	④	③	①	④	②	②	③
61	62	63	64	65	66	67	68	69	70
①	②	①	④	③	②	②	②	②	②
71	72	73	74	75	76	77	78	79	80
③	①	④	③	②	③	④	①	①	
81	82	83	84	85	86	87	88	89	90
③	③	②	③	③	②	③	②	③	①
91	92	93	94	95	96	97	98	99	100
②	②	①	②	④	③	①	①	①	④

1과목 전기자기학

01
$w_E = \dfrac{D^2}{2\varepsilon}$ [J/m³]
$2\varepsilon \cdot w_E = D^2$
$\varepsilon = \dfrac{D^2}{2 \cdot w_E} = \dfrac{(2.4 \times 10^{-7})^2}{2 \times 5.3 \times 10^{-3}} = 5.43 \times 10^{-12}$

02
전계(E)는 경계면에 수평(접선) 성분이 연속이나.
전속밀도(D)는 경계면에 수직(법선) 성분이 연속이다.

03
와류손 $\rho_e = K_e(t \cdot f \cdot k_f \cdot B_m)^2$
여기서, K_e : 상수, t : 철심두께, k_f : 파형률
B_m : 최대자속밀도

04
$D_1 = D_2 \rightarrow E_1\varepsilon_1 = E_2\varepsilon_2$
$\therefore E_1 = \dfrac{\varepsilon_2}{\varepsilon_1}E_2 = \dfrac{5}{3} \cdot 20a_x = \dfrac{100}{3}a_x$
결국 $E_1 = \dfrac{100}{3}a_x + 30a_y - 40a_z$
$\therefore D_1 = E_1\varepsilon_0\varepsilon_1 = \varepsilon_0 \cdot 3 \cdot \left(\dfrac{100}{3}a_x + 30a_y - 40a_z\right)$
$= (100a_x + 90a_y - 120a_z)\varepsilon_0$
$= 10(10a_x + 9a_y - 12a_z)\varepsilon_0$

05
$dH = \dfrac{I \cdot dl}{4\pi r^2}\sin\theta$ 에서
$I = \dfrac{q}{t}$ 이고, $dl\,[\text{m}] = v \cdot t\,[\text{m/s} \cdot \text{s} = \text{m}]$ 임을 이용하면
$dH = \dfrac{\dfrac{q}{t} \cdot v \cdot t}{4\pi r^2} \cdot \sin\theta = \dfrac{qv\sin\theta}{4\pi r^2}$

06

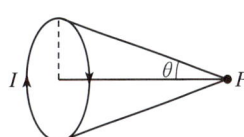

자위 $U = \dfrac{M_\delta}{4\pi\mu_0} \cdot \omega$ 에서
$M_\delta = \mu_0 I$, $\omega = 2\pi(1 - \cos\theta)$ 이므로
$\therefore U = \dfrac{I \cdot \omega}{4\pi} = \dfrac{I}{4\pi} \cdot 2\pi(1 - \cos\theta)$
$= \dfrac{I}{2}(1 - \cos\theta)$

07
$V = -\int_\infty^r E\,dr = -\int_\infty^r \dfrac{\rho_L}{2\pi\varepsilon_0 r}dr$
$= \int_r^\infty \dfrac{\rho_L}{2\pi\varepsilon_0 r}dr = \dfrac{\rho_L}{2\pi\varepsilon_0}[\ln r]_2^4$
$= \dfrac{\rho_L}{2\pi\varepsilon_0}\ln\dfrac{4}{2}$ ($\rho_L = 2\pi \times 10^{-3}$을 대입하면)
$= \dfrac{2\pi \times 10^{-3}}{2\pi\varepsilon_0}\ln 2 = \dfrac{10^{-3}}{\varepsilon_0}\ln 2$

08

$F = IBl\sin\theta$에서 전류 및 길이를 2배씩 증가하면
$F' = 2I \cdot B \cdot 2l\sin\theta$
$\quad = 4IBl\sin\theta = 4F$

09

상호인덕턴스 $M = k\sqrt{L_1 L_2}$ 에서
$k = 1$, $M = \sqrt{L_1 L_2}$ 이다.
$L \propto N^2$이므로
$L_1 : N_1^2 = L_2 : N_2^2$
$N_1^2 L_2 = N_2^2 \cdot L_1$
$L_2 = \left(\dfrac{N_2}{N_1}\right)^2 \cdot L_1$

$\therefore M = \sqrt{L_1 L_2} = \sqrt{L_1 \cdot \left(\dfrac{N_2}{N_1}\right)^2 \cdot L_1} = \dfrac{N_2 L_1}{N_1}$

$\quad = \dfrac{200 \times 360 \times 10^{-3}}{3{,}000} = 0.024 \times 10^3 = 24\mathrm{mH}$

10

$\mathrm{div} B = \nabla \cdot B = 0$
$\therefore \oint B\,dS = 0$

11

$R_m = \dfrac{l}{\mu s}$ 이므로 투자율 및 면적에는 반비례하고 길이에는 비례한다.

12

영상전하에 의한 힘은 항상 흡인력이다. (전하의 부호 반대)

13

$F = IBl\sin\theta = I \times Bl$
$\quad = 50a_y \times (0.6a_x - 0.5a_y + a_z) \cdot 8 \times 10^{-2}$

① $\begin{vmatrix} a_x & a_y & a_z \\ 0 & 50 & 0 \\ 0.6 & -0.5 & 1 \end{vmatrix} = a_x\begin{vmatrix} 50 & 0 \\ -0.5 & 1 \end{vmatrix} + a_y\begin{vmatrix} 0 & 0 \\ 1 & 0.6 \end{vmatrix} + a_z\begin{vmatrix} 0 & 50 \\ 0.6 & -0.5 \end{vmatrix}$
$\qquad = 50a_x - 30a_z$

② $(50a_x - 30a_z) \cdot 0.08 = 4a_x - 2.4a_z$

14

$F = \dfrac{\mu_0 I_1 I_2}{2\pi r} = \dfrac{2 I_1 I_2}{r} \times 10^{-7}$
$(\mu_0 = 4\pi \times 10^{-7}[\mathrm{H/m}])$

15

$J = \mu_0(\mu_s - 1) \cdot H$
$\quad = B\left(1 - \dfrac{1}{\mu_s}\right) = \chi \cdot H[\mathrm{Wb/m^2}]$

자화율 $\chi = \mu_0(\mu_s - 1) = \mu - 1$, $\mu = \chi + 1$

비자화율 $\dfrac{\chi}{\mu_0} = \mu_s - 1$

비투자율 $\mu_s = \dfrac{\chi}{\mu_0} + 1$

자속밀도 $B = \dfrac{\phi}{S} = \dfrac{m}{S} = \dfrac{m}{4\pi r^2} = \mu H[\mathrm{Wb/m^2}]$

16

$R = \rho \dfrac{l}{S}$, $C = \dfrac{\varepsilon S}{d}$
$\therefore RC = \varepsilon \rho$

17

$\eta = \dfrac{E}{H} = \sqrt{\dfrac{\mu}{\varepsilon}} = 377\sqrt{\dfrac{\mu_s}{\varepsilon_s}} = 377\sqrt{\dfrac{1}{90}} = 39.73$

18

① 입력 150[kW]
② 출력 $w = Q \cdot V = n \cdot e \cdot V[\mathrm{J}]$
$\qquad = 3 \times 10^{15} \times 1.602 \times 10^{-19} \times 15 \times 10^6 [\mathrm{J}]$

$\therefore \eta = \dfrac{\text{출력}}{\text{입력}}$
$\quad = \dfrac{3 \times 10^{15} \times 1.602 \times 10^{-19} \times 15 \times 10^6}{150 \times 10^3} \times 100(\%)$
$\quad = 4.8\%$

19

$B = \mu \cdot H = \dfrac{\phi}{S} = \mu_o \mu_s H$

$\therefore \mu_s = \dfrac{\phi}{\mu_o HS} = \dfrac{6 \times 10^{-4}}{4\pi \times 10^{-7} \times 2,800 \times 4 \times 10^{-4}}$
$= 426.3$

20

대전도체 내부에는 전하가 존재하지 않는다.

2과목 전력공학

21

$L = 0.05 + 0.4605 \log_{10} \dfrac{D'}{r}$ 에서 선간거리가 커지면 L값도 증가한다.

22

$2I^2R = 3I'^2R$에서

$\dfrac{3\left(\dfrac{P}{\sqrt{3}\,V\cdot\cos\theta}\right)^2 \cdot \dfrac{3}{2}R}{2\left(\dfrac{P}{V\cdot\cos\theta}\right)^2 R} = \dfrac{\dfrac{3}{2}R}{2R} = \dfrac{3}{4}$

23

구분	2차 측	이유
PT	개방	과전류로부터 PT를 보호
CT	2차 측 단락	2차 측 기기의 절연보호

24

역률 개선효과
- 전력손실 감소
- 전압강하 감소
- 전기요금 절감
- 설비이용률 증가

25

손실낙차 $= 300 \times 0.06 = 18\,[\text{m}]$
유효낙차 $= 300 - 18 = 282\,[\text{m}]$
$P = 9.8 \times 282 \times 20 \times 0.9 \times 0.98 = 48,750\,[\text{kW}]$

26

$Z_0 = \sqrt{\dfrac{Z}{Y}} = \sqrt{\dfrac{330}{1.875 \times 10^{-3}}} = 420$

27

- 리클로저 : 배전선로 재폐로 기능
- 섹셔널라이저 : 후비보호로서 리클로저와 직렬로 연결하여 고장구간을 분리하는 장치

28

$E_S = AE_R + BI_R$
$I_S = CE_R + DI_R$
$AD - BC = 1$을 이용

$DE_S = ADE_R + BDI_R$
$BI_S = BCE_R + BDI_R$
두 식을 연립하여 빼주면
$DE_S - BI_S = E_R\,(AD - BC)$
$DE_S - BI_S = E_R\ (\because AD - BC = 1)$

29

$I_g = \sqrt{3}\,\omega cv\,[\text{A}]$
c : 대지정전용량

30

ZCT(영상변류기) : 지락(영상) 전류 검출

31

피뢰기는 뇌전압(이상전압)을 저감(방전)하여 기기를 보호한다.

32

병렬관계이므로 $\dfrac{1}{Z_1} = \dfrac{1}{Z_2} + \dfrac{1}{Z_3}$

33

캐스캐이딩 현상
저압선의 고장으로 건전한 변압기 일부 또는 전부가 차단되는 현상으로 고장범위가 광범위해질 우려가 있다.

34
SF6 가스차단기 특징
- 무색, 무취, 무해이다.
- 소호능력이 크고, 절연성이 높다.
- 개폐이상전압이 적고 소음이 적다.
- 근거리 차단능력이 우수하다.

35
- 경제적인 전선굵기 법칙 : 켈빈
- 경제적인 전압선정 법칙 : 스틸

36

구분	설명
반한시성	정반비례(동작전류가 크면 동작시간이 짧아진다.)
순한시성	즉시(순시)동작
정한시성	정해진 시간(일정 시간) 동작
반한시―정한시성	2줄 이상 설명

37
복도체 사용목적
① 임계전압을 크게 하여 코로나 발생 억제
② L값 감소 C값 증가로 송전용량 증가
③ 안정도 우수, 전위경도 감소

38

구분	직접접지	소호리액터 접지
전위상승	최저(1.3배 이하)	최대($\sqrt{3}$ 배 이상)
지락전류	최대	최소
유도장해	최대	최소
과도안정도	낮음	높음

39
캐비테이션 방지대책
- 비속도(특유속도)를 너무 크게 잡지 말 것
- 러너 표면을 미끄럽게 가공할 것
- 과도한 부분 운전, 과부하 운전을 하지 말 것
- 흡출수두를 너무 증대시키지 말 것

40
$$\%Z = \frac{PZ}{10V^2} = \frac{100 \times 10^3 \times 8}{10 \times 154^2} = 3.37(\%)$$

3과목 전기기기

41
$$P = \frac{\sqrt{\cos^2\theta + (\sin\theta + \chi_s)^2}}{\chi_s} \times P_n$$
$$= \frac{\sqrt{0.8^2 + (0.6 + 0.8)^2}}{0.8} \times 5,000 ≒ 10,000 [\text{kW}]$$

42
기계손
풍손, 마찰손, 베어링손 등

43
분권 : 병렬, 직권 : 직렬

44
$$E_1 = 4.44 f \phi_m N_1 \to \phi_m = \frac{6,600}{4.44 \times 60 \times 1,200} = 0.021$$

45
- 과정류 : 정류 초기에 불꽃 발생
- 부족정류 : 정류 말기에 불꽃 발생

46
권선형 유도전동기는 2차 측에 외부저항을 연결하고 비례추이를 이용하여 속도를 제어한다.

47
$B \propto \phi \propto \dfrac{1}{f}$ 이므로 자속밀도와 주파수는 반비례한다.
따라서 주파수가 $\dfrac{5}{6}$ 로 감소하였으므로 자속밀도는 $\dfrac{6}{5}$ 으로 증가한다.

48
$$이용률 = \frac{\sqrt{3}P_n}{2P_n} = 0.866 = 86.6[\%]$$

49
전전압 기동법은 기동 시간이 짧다.

50
- 집중권 : 매극 매상당 슬롯수가 1개
- 분포권 : 매극 매상당 슬롯수가 2개 이상

51
$E \propto f \cdot \phi \rightarrow \dfrac{E}{f} \propto \phi$ 이므로 자속을 일정하게 하려면 주파수에 비례하여 전압을 공급해야 한다.

52
3상 유도전동기는 3상 유도전압조정기의 원리를 이용한 것이다.

53
다음 표와 같이 상의 수를 증가시키면 맥동 주파수는 증가하고 맥동률은 감소한다.

구분	맥동률(%)	맥동 주파수(Hz)
단상 반파	121	1f
단상 전파	48	2f
3상 반파	17	3f
3상 전파	4	6f

54
동기전동기의 위상특성곡선은 공급전압이 일정할 때 계자전류의 변화에 대한 전기자전류의 변화를 나타낸 곡선이다.

55
기동 보상기법
강압용 단권변압기를 이용하여 감전압을 기동하는 방식이다.

56
단상 전파 유도성 무하의 식류 선압
$E_{da} = 0.9E \times \cos\alpha = 0.9 \times 100 \times \dfrac{\sqrt{3}}{2} \fallingdotseq 77.9[V]$

57
$I_a = 100[A]$, $T = 50[kg \cdot m]$ 에서
$I_a' = 120[A]$ 일 때 T'을 구하면
$T \propto I_a$ 이므로
$100 : 120 = 50 : T'$
$\therefore T' = \dfrac{120 \times 50}{100} = 60$

58
권선형 유도전동기는 2차 측에 외부 저항을 삽입하고 비례추이를 이용하여 기동 및 속도 제어를 할 수 있다.

59
단락비가 작을 경우 동기 임피던스와 전기자 반작용이 크다.

60
$\dfrac{1}{m} = \sqrt{\dfrac{P_i}{P_c}}$

$\dfrac{3}{4} = \sqrt{\dfrac{P_i}{P_c}}$ 이므로 $\dfrac{9}{16} = \dfrac{P_i}{P_c}$

$\therefore P_i : P_c = 9 : 16$

4과목 회로이론 및 제어공학

61
$I_3 = \dfrac{E_3}{Z_3} = \dfrac{75}{\sqrt{4^2 + (3 \times 1)^2}} = 15[A]$

62
$I_p = \dfrac{V_p}{Z_p} = \dfrac{200}{\sqrt{6^2 + 8^2}} = 20[A]$
$\therefore I_l = \sqrt{3} I_P = 20\sqrt{3}\,[A]$

63
무왜형 조건은 $R = G = 0$이므로 감쇠정수(감쇠량) $\alpha = 0$이 된다.

64

$V = L\dfrac{di}{dt}$ 에서 $\dfrac{di}{dt} = \dfrac{V}{L} = \dfrac{10}{1} = 10[\text{A/sec}]$

65
최종값 정리

$\lim\limits_{s \to 0} sF(s) = \lim\limits_{s \to 0} s\dfrac{2s+15}{s^3+s^2+3s}$

$= \lim\limits_{s \to 0} \dfrac{2s+15}{s^2+s+3} = \dfrac{15}{3} = 5$

66

$V_l = 2\sin\dfrac{\pi}{n} V_p \angle \dfrac{\pi}{2} - \dfrac{\pi}{n}$ 에서

대칭 5상의 위상차는 $\dfrac{\pi}{2} - \dfrac{\pi}{5} = 54°$

67

반파정류파 실횻값 $V = \dfrac{V_m}{\sqrt{2}} \times \dfrac{1}{\sqrt{2}} = \dfrac{V_m}{2}$

평균값 $V_a = \dfrac{2V_m}{\pi} \times \dfrac{1}{2} = \dfrac{V_m}{\pi}$

68
이상적인 전압원은 단락, 전류원을 개방해 놓으면

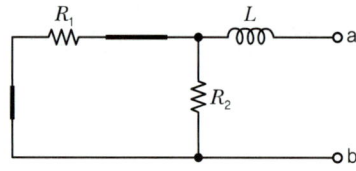

a-b에서 바라본 등가 임피던스

$Z = sL + \dfrac{R_1 \times R_2}{R_1 + R_2} = 2s + \dfrac{15 \times 10}{15 + 10} = 2s + 6[\Omega]$

69
정상분 $V_1 = \dfrac{1}{3}(V_a + aV_b + a^2V_c)$ 에 $V_b = a^2V_a$ 와

$V_c = aV_a$ 를 대입하면

$V_1 = \dfrac{1}{3}(V_a + aa^2V_a + a^2aV_a)$ 가 되고, $a^3 = 1$ 이므로

$V_1 = \dfrac{1}{3}(V_a + V_a + V_a) = V_a$

70

$P_1 = \dfrac{1}{2}V_mI_m\cos\theta = \dfrac{100 \times 20}{2}\cos 0 = 1{,}000[\text{W}]$

$P_3 = \dfrac{1}{2}V_mI_m\cos\theta = \dfrac{-50 \times 10}{2}\cos 60 = -125[\text{W}]$

$P_5 = \dfrac{1}{2}V_mI_m\cos\theta = \dfrac{20 \times 5}{2}\cos 90 = 0[\text{W}]$

평균전력 $P = P_1 + P_3 + P_5$

$= 1{,}000 + (-125) + 0 = 875[\text{W}]$

71
피드백되는 루프의 개수이다.

72
안정도의 기준
- 모든 차수항이 존재한다.
- 각 계수의 부호가 같다.
- S평면 좌반부에 근이 있고, S평면 우반부에 근이 없다.

73
입력신호의 변화시간보다 정해진 시간만큼 뒤져서 출력신호가 변화하는 회로를 한시회로라 한다.
- 한시동작회로 : 입력신호가 0에서 1로 변화할 때에만 출력신호의 변화가 뒤지는 회로
- 한시복귀회로 : 입력신호가 1에서 0으로 변화 때 출력신호가 변화가 뒤지는 회로
- 뒤진 회로 : 어느 때나 출력신호가 뒤지는 회로

74
특성방정식

$1 + G(s)H(s) = 0$ (단위궤환시스템 $H(s) = 1$)

$1 + G(s) = 1 + \dfrac{K}{s(s^2+5s+4)} = 0$

$s(s^2+5s+4) + K = 0$

$s^3 + 5s^2 + 4s + K = 0$

루스의 표

s^3	1	4
s^2	5	K
s	$\dfrac{20-K}{5}$	0
s^0	K	

$0 < K < 20$

75

$$R(z) = \frac{(1-e^{-aT})z + z^2 - z^2}{(z-1)(z-e^{-aT})}$$

$$= \frac{z(z-e^{-aT}) - z(z-1)}{(z-1)(z-e^{-aT})} = \frac{z}{z-1} - \frac{z}{z-e^{-aT}}$$

$$f(t) = 1 - e^{-aT}$$

76

자동제어계의 기본 시험입력
- 단위계단 입력
- 정속도 입력
- 정가속도 입력

77

점근선의 교차점

$$\sigma = \frac{\sum G(s)H(s)\text{의 극점} - \sum G(s)H(s)\text{의 영점}}{p-z}$$

$$= \frac{(-1+4)-1}{3-1} = \frac{2}{2} = 1$$

여기서, p : 극점의 개수($p=3$개)
z : 영점의 개수($z=1$개)

78

$\Phi(t)$는 선형 시스템의 과도응답(천이행렬)을 나타낸다.

79

신호 흐름 선도

$$\frac{C}{R} = \frac{G_1 + G_2}{1 - G_1 H_1}$$

80

영점 $G(s) = 0$이므로 $1.2 + 0.02S = 0$

$$S = \frac{-1.2}{0.02} = -60$$

5과목 전기설비기술기준 및 판단기준

81

지중 전선로 매설방법
케이블 사용 - 직매식, 관로식, 암거식

82

변압기	5,000[kVA] 이상 10,000[kVA] 미만	내부고장 시	경보장치 자동차단장치
	10,000[kVA] 이상	내부고장 시	자동차단장치
	타냉식	냉각장치 고장 시	경보장치

83

제3종 접지공사
이유 : 화재방지, 감전방지, 기기손상방지
- 고압계기용 변성기 2차 측
- 지중전선로 외함
- 조가용 선
- X선 발생장치
- 네온 변압기 외함
- 완금완철 접지
- 보호선, 보호망
- 400[V] 미만 기계기구 외함

84

- 통신선을 조가선으로 조가할 것. 다만, 통신선(케이블은 제외한다)을 인장강도 2.30kN의 것 또는 지름 2.6mm의 경동선을 사용하는 경우에는 그러하지 아니하다.
- 조가선은 금속선으로 된 연선일 것. 다만, 광섬유 케이블을 조가할 경우에는 그러하지 아니하다.

85

제1종 접지공사
- 특별고압계기용 변성기 2차 측
- 안정권선(유휴권선) 및 내장권선
- 피뢰기 · 피뢰침
- 전기집진장치
- 항공 장애 등
- 특고압과 고압의 혼촉방지용 정전방전기
- 특고압 가공전선로의 보호망 접지

- 관등회로의 사용전압이 고압, 동작전류가 1[A]가 넘는 경우
- 전극식 온천용 승온기 차폐장치의 전극
- 풀장용 수중조명등 등의 절연변압기의 금속제 혼촉방지판
- 병원 진료소 등의 의료실 내에 시설하는 의료기기의 금속제 외함의 보호접지
- 특고압 및 고압 기계기구 외함

86
전력선과 가공약전선 및 안테나, 기타 시설물 간격
- 저압 : 0.6[m], 케이블-0.3[m]
- 고압 : 0.8[m], 케이블-0.4[m]

87
풀용 수중조명등
- 1차 400[V] 이하 / 2차 150[V] 이하인 절연 변압기 사용-2차 측은 비접지
- 30[V] 이하 : 1·2차 사이에 금속제 혼촉방지판 시설 후 제1종 접지공사
- 30[V] 초과 : 지락사고 시 자동 차단되는 누전차단기 시설
- 등기구 외함접지 : 특별 제3종 접지공사

88
셀룰로이드, 성냥, 석유류 등 위험물질을 제조 저장하는 장소 : 케이블(캡타이어 케이블 제외) 공사, 금속관 공사, 합성수지관 공사

89
전력선과 식물, 안테나, 약전선, 전력선, 삭도와의 간격
60[kV] 초과 시 : 2+(15.4−6)×0.12[m]=3.2
( )소숫점 절상 후 계산

90
과전류차단기 시설
전선 및 기계기구 보호 목적

91
농사용(저압구 내) 전선로
사용전압은 저압일 것
- 위쪽 끝 지름 : 9[cm]
- 전선의 굵기 : 2.0[mm]
- 지지물 간 거리 : 30[m] 이하
- 높이 : 3.5[m], 단, 사람 접촉 우려 없을 시 : 3[m]

92
피뢰기 시설
- 이상전압으로부터 기계기구를 보호하며, 접지저항값 10[Ω] 이하
- 단, 고압 가공전선에 시설하는 경우 30[Ω] 이하

93
고압, 특고압 옥측전선로
- 케이블 공사 : 2[m] 이하 지지
- 시설제한 전압 : 100[kV] 이하

94

발전기	모든 발전기	과전류 시	자동 차단 장치
	100[kVA] 이상	풍차압유장치	
	500[kVA] 이상	수차압유장치	
	2,000[kVA] 이상	수차의 스러스트 베어링	
	10,000[kVA] 이상	내부고장 및 베어링의 마모 시	
	증기터빈 10,000[kW]	스러스트 베어링 마모 시	

95
옥내배선과 수도관·가스관, 약전선 간격
- 저 : 10[cm]
- 고 : 15[cm]
- 특고 : 60[cm]

96
중성점 다중접지
- 25,000[V] 이하
- 최대사용전압×0.92배

22,900×0.92=21,068[V]

97

라이팅 덕트 공사
- 덕트 상호 간 및 전선 상호 간은 견고하게 또한 전기적으로 완전히 접속할 것
- 덕트는 조영재에 견고하게 붙일 것
- 덕트의 지지점 간의 거리는 2[m] 이하로 할 것
- 덕트의 끝부분은 막을 것
- 덕트의 개구부(開口部)는 아래로 향하여 시설할 것. 다만, 사람이 쉽게 접촉할 우려가 없는 장소에서 덕트의 내부에 먼지가 들어가지 아니하도록 시설하는 경우에 한하여 옆으로 향하여 시설할 수 있다.
- 덕트는 조영재를 관통하여 시설하지 아니할 것

98

덕트 및 금속트렁킹 내 단면적
- 금속트렁킹 : 20%(10본) 단, 형광표시, 제어회로 50%
- 덕트 : 20%(30본) 단, 형광표시, 제어회로 50%

99

지중함 시설기준
- 견고하고 차량 기타 중량물의 압력에 견딜 수 있을 것
- 내부에 고인 물을 제거할 수 있는 구조일 것
- 뚜껑은 시설자 이외의 자가 쉽게 열 수 없도록 할 것

100

철주 · 철근 콘크리트주 또는 철탑의 강도계산에 사용하는 상시 상정하중
- 풍압이 전선로에 직각 방향으로 가하여지는 경우의 하중
- 전선로의 방향으로 가하여지는 경우의 하중
- 전선로에 경사 방향으로 가하여지는 경우의 하중

정답 전기기사 2019년 2회 기출문제

01	02	03	04	05	06	07	08	09	10
①	④	②	①	④	④	④	①	①	①
11	12	13	14	15	16	17	18	19	20
③	①	②	③	②	②	③	③	②	③
21	22	23	24	25	26	27	28	29	30
④	③	②	③	②	②	③	④	①	④
31	32	33	34	35	36	37	38	39	40
③	②	③	②	③	②	③	②	①	③
41	42	43	44	45	46	47	48	49	50
②	①	①	③	④	①	②	②	②	①
51	52	53	54	55	56	57	58	59	60
③	전항정답	③	②	③	②	②	③	②	③
61	62	63	64	65	66	67	68	69	70
②	②	③	④	②	④	②	②	②	②
71	72	73	74	75	76	77	78	79	80
①	④	①	②	④	②	④	②	①	②
81	82	83	84	85	86	87	88	89	90
③	①	①	①	③	②	②	②	①	④
91	92	93	94	95	96	97	98	99	100
②	③	③	③	②	①	②	②	④	③

1과목 전기자기학

01
- 정n각형 중심자계

$$H = \frac{nI}{2\pi l} \tan \frac{\pi}{n} \text{[AT/m]}$$

여기서, n : 정다각형 변의 개수, l : 반지름

- 정사각형 중심자계

$$l = \frac{\sqrt{2}}{2}a, \ n = 4$$

$$H = \frac{4I}{2\pi \cdot \frac{\sqrt{2}a}{2}} \tan \frac{\pi}{4} = \frac{2\sqrt{2}I}{\pi a}$$

02

자속 $\phi = \dfrac{F}{R_m} = \dfrac{NI}{\frac{l}{\mu S}} = \dfrac{\mu SNI}{l}$

03

$F = IBl\sin\theta = 5 \times 0.3 \times 2 \times \sin 60°$
$\quad = 2.598 ≒ 2.6$

04

전속 $\psi_o = \psi = Q(C)$
매질에 관계없이 항상 $Q[C]$이다.

05

$V = V_1 - V_2 = V_1 - E \cdot r$
$\quad\quad = 80 - 30 \times 0.8$
$\quad\quad = 56[V]$

06

$\oint_c A dl = \int_s rot A ds = \int_s \nabla \times A ds$

스토크스 정리는 선적분 값을 면적적분으로 변환하는 방법이다.(C→S)

07

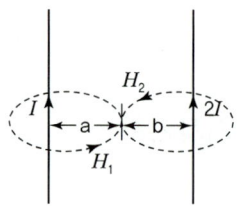

자계의 세기가 0이면 $H_1 = H_2$이므로

$\dfrac{I}{2\pi a} = \dfrac{4I}{2\pi b}$

$4a = b \quad \therefore \dfrac{a}{b} = \dfrac{1}{4}$

08

전류밀도 $i = \dfrac{I}{S} = \dfrac{\frac{V}{R}}{S} = \dfrac{V}{RS}$

$\quad = \dfrac{V}{\frac{\rho l}{S} \cdot S} = \dfrac{V}{\rho \cdot l} = \dfrac{1}{\rho} \cdot \dfrac{V}{l} = kE[A/m^2]$

09

거리벡터 $\vec{r} = (6-3)a_x + (4-0)a_y$
$\quad\quad\quad = 3a_x + 4a_y$

$|\vec{r}| = \sqrt{3^2 + 4^2} = 5$

$\therefore$ 단위벡터 $\vec{n} = \dfrac{\vec{r}}{|\vec{r}|} = \dfrac{3a_x + 4a_y}{5}$

전계 $\vec{E} = 9 \times 10^9 \times \dfrac{\theta}{r^2}$

$\quad\quad = 9 \times 10^9 \times \dfrac{4 \times 10^{-9}}{5^2} = \dfrac{36}{25}$

10

가우스 발산 정리

$divE = \dfrac{\rho_v}{\varepsilon_o}, \; divD = \rho_v$에서

$\rho_v = \div D = \nabla \cdot D$

$\quad = \left(\dfrac{\partial}{\partial x}i + \dfrac{\partial}{\partial y}j + \dfrac{\partial}{\partial z}k\right)(X^2 i + Y^2 j + Z^2 k)$

$\quad = \dfrac{\partial X^2}{\partial x} + \dfrac{\partial Y^2}{\partial y} + \dfrac{\partial Z^2}{\partial z}$

$\quad = 2X + 2Y + 2Z$

X, Y, Z에 (1, 2, 3)을 대입하면

$2 + 4 + 6 = 12[C/m^3]$

11

$grad V = \nabla \cdot V = \dfrac{\partial V}{\partial x}i + \dfrac{\partial V}{\partial y}j + \dfrac{\partial V}{\partial z}k$

12

$\int_v E \cdot J dv = E \cdot J \cdot v = V/m \cdot A/m^2 \cdot m^3$

$\quad\quad\quad\quad = V \cdot A = Pa[VA]$

13

$T = mlH\sin\theta[N \cdot m]$
$\quad = 8 \times 10^{-2} \times 3 \times 10^{-2} \times 120 \times \sin 30°$
$\quad = 1.44 \times 10^{-5}$

14

전기회로	자기회로
도전도 σ[℧/m]	투자율 μ[H/m]
기전력 E[V]	기자력 $F=NI$[AT]
전류 $I=\dfrac{E}{R}$[A]	자속 $\phi=\dfrac{F}{R_m}$[Wb]
전기저항 $R=\dfrac{l}{ks}$[Ω]	자기저항 $R_m=\dfrac{l}{\mu s}$[AT/Wb]

(TIP) 전계의 세기 $E=\dfrac{Q}{4\pi\varepsilon_0 r^2}$ [N/C=V/m]

자계의 세기 $H=\dfrac{m}{4\pi\mu_0 r^2}$ [N/Wb=AT/m]

15
L[H]는 항상 정(+)의 값을 갖는다.

16
전자파의 전파속도 $v=\dfrac{1}{\sqrt{\varepsilon\mu}}=\dfrac{3\times10^8}{\sqrt{\varepsilon_r\mu_r}}$[m/s]이고
빛의 속도 $C=3\times10^8$[m/s]이므로
$\varepsilon_r=1$, $\mu_r=1$이면 전파속도와 빛의 속도는 일치한다.

17
축적되는 에너지 $w=\dfrac{1}{2}LI^2=\dfrac{\phi^2}{2L}=\dfrac{\phi I}{2}$[J]이므로
$w=\dfrac{\phi I}{2}=\dfrac{4\times4}{2}=8$[J]

18
동축케이블의 정전용량 $C=\dfrac{2\pi\varepsilon l}{\ln\dfrac{r_2}{r_1}}$ [F]이고,

$RC=\varepsilon\rho$이므로 $R=\dfrac{\varepsilon\rho}{C}$이다.

$\therefore R=\dfrac{\varepsilon\rho}{\dfrac{2\pi\varepsilon l}{\ln\dfrac{r_2}{r_1}}}=\dfrac{\rho}{2\pi l}\ln\dfrac{r_2}{r_1}$ 이니

고유저항 $\rho=\dfrac{1}{\sigma}$을 적용하면

$R=\dfrac{1}{2\pi\sigma l}\ln\dfrac{r_2}{r_1}$

19
환상솔레노이드 $L=\dfrac{\mu S N^2}{l}$, $L\propto N^2$

20
전계 및 자계는 경계면에 수평(접선) 성분이 연속이다(=서로 같다).
전속밀도 및 자속밀도는 경계면에 수직(법선) 성분이 연속이다(=서로 같다).

2과목 전력공학

21
복도체 방식의 특징
- 인덕턴스는 감소하고 정전용량은 증가한다. → (송전용량 증가)
- 코로나의 방지, 코로나 임계전압의 상승
- 소도체 충돌 현상이 생긴다.

22
$P=9.8QH\eta_t\eta_g\times$시간(kwh)
$=9.8\times100\times20\times0.7\times0.85\times365\times24=10\times10^7$

23

전압 강하	$e=\sqrt{3}I$ $(R\cos\theta+X\sin\theta)$	$e=\dfrac{P}{V_R}$ $(R+X\tan\theta)$	$e\propto\dfrac{1}{V}$
전압 강하율	$\delta=\dfrac{V_S-V_R}{V_R}\times100$	$\delta=\left(\dfrac{P}{V_R^2}\right)$ $(R+X\tan\theta)$	$\delta\propto\dfrac{1}{V}^2$
전압 변동률	$\varepsilon=\dfrac{V_{R0}-V_R}{V_R}\times100$	V_{R0}: 무부하 수전단 전압	
전력 손실	$P_L=\dfrac{P^2R}{V^2\cos^2\theta}$	$P_L\propto\dfrac{1}{\cos^2\theta}$	$P_L\propto\dfrac{1}{V}^2$
전력 손실률	$K=\dfrac{P\rho l}{V^2\cos^2\theta A}$	$K\propto\dfrac{1}{V}$ $P\propto V^2$	$A\propto\dfrac{1}{V^2}$

24
선택 접지 계전기-병렬 2회선(다회선)에서 지락고장이 발생한 회선을 선택하여 차단한다.

25
직류방식의 장점
- 절연계급을 낮춘다.
- 송전효율이 우수하다.
- 안정도가 우수하다.
- 비동기 연계가 가능하다.
- 직류에 의한 계통연계는 단락 용량(차단기용량)이 증대하지 않는다.

26
임계속도
회전날개를 포함한 로터 전체의 고유진동수와 회전속도에 따른 진동수가 일치하여 공진이 발생되는 지점의 회전속도를 말한다.

27
피뢰기 정격전압
속류를 차단하는 교류 최고 전압을 말한다.

28
초호각(소호각), 초호환(소호환)의 기능
- 역섬락 방지
- 뇌로부터 애자 보호
- 애자련의 전압 균일

29
$E_S = AE_R + BI_R$ 에서 무부하 시 전류(I_R)가 0이므로
$E_S = AE_R$
$E_R = \dfrac{E_S}{A}$

30
$P_s = \dfrac{100}{\%Z}P = \dfrac{100}{0.4} \times 10 = 2{,}500[\text{MVA}]$

31
변전소 접지목적
- 기기의 보호
- 송전시스템의 중성점 접지
- 근무자 및 공중의 안전

32

	T형	π형
A	$A = 1 + \dfrac{ZY}{2}$	$A = 1 + \dfrac{ZY}{2}$
B	$B = Z\left(1 + \dfrac{ZY}{4}\right)$	$B = Z$
C	$C = Y$	$C = Y\left(1 + \dfrac{ZY}{4}\right)$
D	$D = 1 + \dfrac{ZY}{2}$	$D = 1 + \dfrac{ZY}{2}$

따라서, $I_S = CE_R + DI_R$
$I_S = YE_R + \left(1 + \dfrac{ZY}{2}\right)I_R$

33
$Q = P\tan\theta$
$\cos\theta = \dfrac{P}{\sqrt{P^2 + Q^2}}$
여기서, Q : 무효전력
P : 유효전력

34
비접지방식의 지락전류
$I_g = \sqrt{3}\,\omega CV[\text{A}]$
여기서, C : 정전용량(90° 빠른 전류=충전전류)
ω : 각주파수

35
옥내배선 3요소
- 허용전류
- 전압강하
- 기계적 강도

36
환상식
배전간선이 하나의 환상선으로 구성되고 수요분포에 따라 임의의 각 장소에서 분기선을 끌어서 공급하는 방식을 말한다.

37
$E_G = E_S$, $E_M = E_R$

$P = \dfrac{E_S E_R}{X}\sin\delta = \dfrac{E_G E_M}{X}\sin\delta$

38
계통 연계 시의 특징
- 안정도 우수
- 경제급전이 가능
- 신뢰도 향상
- 사고파급
- 단락용량(단락전류) 증가

39
배전선로 보호 협조 순서
R-S-F 순서가 가장 이상적이다.

40
시험법
① 단락시험(단락전류) $I_{SS} = \dfrac{D}{B} V_s$
② 무부하시험(충전전류) $I_{SC} = \dfrac{C}{A} V_s$

3과목 전기기기

41
극성, %임피던스 강하, 정격전압과 권수비, 저항과 리액턴스의 비가 같아야 하며 정격출력은 달라도 된다.

42
$N = N_s - sN_s$ 이므로 유도전동기는 같은 극수의 동기속도보다 sN_s 만큼 늦다.

43
전기자 권선을 분포형·단절권으로 결선하여 파형을 개선한다.

44
$K_d = \dfrac{\sin\dfrac{\pi}{2m}}{q\sin\dfrac{\pi}{2mq}} = \dfrac{\sin\dfrac{\pi}{2\times 3}}{3\sin\dfrac{\pi}{2\times 3\times 3}} = \dfrac{1}{6\pi\sin\dfrac{\pi}{18}}$

여기서, q : 매극 매상당 슬롯수, m : 상수

45
누설리액턴스는 N^2에 비례한다.

46
단상 직권 정류자전동기는 교류와 직류에 모두 사용할 수 있다.

47
$V = E - (I_a r_a + e_a)$ 이므로
$I_a r_a = E - V - e_a = 230 - 220 - 5 = 5$
$I = \dfrac{40{,}000}{220} = 181.8$, $I_f = \dfrac{220}{22} = 10$
따라서 $I_a = I + I_f = 181.8 + 10 = 191.8$
∴ $r_a = \dfrac{5}{191.8} ≒ 0.026$

48
1차에 흘러들어가는 여자전류에 기본파와 제3고조파가 포함된다.

49
스테핑모터의 축속도
$n = \dfrac{2° \times 1{,}800}{360°} = 10\,[\text{rps}]$

50
변압기유의 구비조건
- 절연 내력이 클 것
- 인화점이 높고 응고점이 낮을 것

- 비열이 커서 냉각효과가 클 것
- 점도가 낮을 것
- 고온에서 산화하지 않을 것
- 절연재료와 화학작용을 일으키지 않을 것

51

위상차가 생기면 동기화력이 발생하여 유효 순환전류(유효 횡류)가 흐른다.

52

전항 정답

53

전기자 반작용은 전기자에 전류가 흐를 때 발생하며 속도와는 관련 없다.

54

(1), (3), (4) 토크 특성 곡선
(2) 1차 전류 곡선

55

직류발전기의 외부 특성곡선은 부하전류의 변화에 따른 단자전압의 변화를 나타내는 곡선이다.

56

동기전동기는 부하와 상관없이 동기속도로 회전한다.

57

$V = I_f \times R_f$에서 $R_f = \dfrac{V}{I_f} = \dfrac{100}{2} = 50[\Omega]$

$R_f = r_f + R$이므로 $r_f = R_f - R = 50 - 10 = 40$

여기서, R_f : 계자 저항

r_f : 계자 권선의 저항

R : 외부저항

58

주파수의 영향
- 주파수와 비례 : 강하, 역률, 효율, 동기속도, 회전자속도
- 주파수와 반비례 : 손실, 자속밀도, 여자전류, 온도

59

리액턴스 전압을 작게 하여야 한다.

60

$m = 3$ 이므로 $\dfrac{E_d}{E} = 1.17$

$E_d = 1.17E = 1.17 \times 200 = 234[V]$

위상각 $\pi/6$의 순 저항부하에서 얻을 수 있는 직류전압

$E_{d'} = E_d \cos\alpha = 234 \times \dfrac{\sqrt{3}}{2} \fallingdotseq 203[V]$

4과목 회로이론 및 제어공학

61

$Z_p = \dfrac{V_p}{I_p} = \dfrac{\dfrac{173.2}{\sqrt{3}} \angle (0° - 30°)}{20 \angle -120°} = 5 \angle 90°[\Omega]$

62

임펄스 응답 $H(s)$

$= R(s)\,G(s) = 1 \cdot \dfrac{\dfrac{1}{Cs}}{R + \dfrac{1}{Cs}} = \dfrac{1/RC}{(RCs+1)/RC}$

$= \dfrac{1}{RC} \cdot \dfrac{1}{s + \dfrac{1}{RC}}$

$\mathcal{L}^{-1}[H(s)] = \mathcal{L}^{-1}\left[\dfrac{1}{RC} \cdot \dfrac{1}{s + \dfrac{1}{RC}}\right] = \dfrac{1}{RC} e^{-\dfrac{t}{RC}}$

63

$P_a = 2\sqrt{P_1^2 + P_2^2 - P_1 P_2}$
$= 2\sqrt{500^2 + 1{,}500^2 - 500 \times 1{,}500} = 2{,}645.75[VA]$

64

- 2차 측 개방 시

$A = \left|\dfrac{V_1}{V_2}\right|_{I_2=0} = \dfrac{I_1(Z_A + Z_B)}{I_1(Z_B)} = 1 + \dfrac{Z_A}{Z_B}$,

$C = \left|\dfrac{I_1}{V_2}\right|_{I_2=0} = \dfrac{Z_A + Z_B + Z_C}{Z_B Z_C}$

• 2차 측 단락 시

$$B = \left|\frac{V_1}{I_2}\right|_{V_2=0} = \frac{I_2 Z_A}{I_2} = Z_A$$

$$D = \left|\frac{I_1}{I_2}\right|_{V_2=0} = \frac{Z_A + Z_C}{Z_C} = 1 + \frac{Z_A}{Z_C}$$

65

$P_0 = \dfrac{{E_0}^2}{R}$ 에서 $P \propto V^2$과 $P \propto \dfrac{1}{R}$을 적용하면

$$P = P_0 \times \left(\frac{E}{E_0}\right)^2 \times \frac{1}{\frac{2}{3}} = \frac{3P_0}{2}\left(\frac{E}{E_0}\right)^2 [W]$$

66

$$F(s) = \mathcal{L}[f(t)] = \mathcal{L}[e^{jwt}] = \frac{1}{s - jw}$$

67

$$v = \frac{1}{\sqrt{LC}} = \frac{1}{\sqrt{25 \times 10^{-3} \times 0.005 \times 10^{-6}}} = 89,442$$
$$= 8.94 \times 10^4 [km/s]$$

68

[해설]

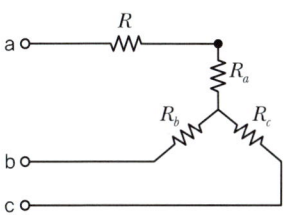

그림과 같이 등가변환하면

$$R_a = \frac{R_{ca}R_{ab}}{R_{ab} + R_{bc} + R_{ca}} = \frac{40 \times 40}{40 + 120 + 40} = 8[\Omega]$$

$$R_b = \frac{R_{ab}R_{bc}}{R_{ab} + R_{bc} + R_{ca}} = \frac{40 \times 120}{40 + 120 + 40} = 24[\Omega]$$

$$R_c = \frac{R_{bc}R_{ca}}{R_{ab} + R_{bc} + R_{ca}} = \frac{120 \times 40}{40 + 120 + 40} = 24[\Omega]$$

각 선의 전류가 같으려면 각 상의 저항이 같아야 하므로
$R = 24 - R_a = 24 - 8 = 16[\Omega]$

69

$$|I| = \sqrt{\frac{30^2 + 40^2}{2}} = 25\sqrt{2}[A]$$

70

$W_C = \dfrac{1}{2}CV^2$ 이므로

$$C = \frac{2W_C}{V^2} = \frac{2 \times 9}{300^2} = 2 \times 10^{-4}[F] = 200[\mu F]$$

71

근궤적법

• 시간영역에서 제어계를 해석, 설계하는 데 유용한 방법이다.
• 이득상수 K의 함수로 나타낸다.

72

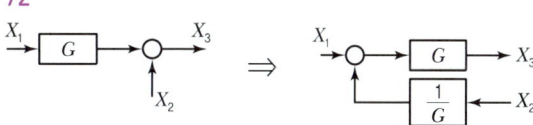

73

㉠ 전달함수

$$\frac{V_2(s)}{V_1(s)} = \frac{\dfrac{1}{Cs}}{R + Ls + \dfrac{1}{Cs}} = \frac{1}{LCs^2 + RCs + 1}$$

$$= \frac{\dfrac{1}{LC}}{s^2 + \dfrac{R}{L}s + \dfrac{1}{LC}}$$

㉡ 2차계 전달함수 $G(s) = \dfrac{{\omega_n}^2}{s^2 + 2s\omega_n s + {\omega_n}^2}$

• ${\omega_n}^2 = \dfrac{1}{LC} = \dfrac{1}{2 \times 200 \times 10^{-6}} = 2,500$

  ∴ $\omega_n = 50$

• $2\delta\omega_n = \dfrac{R}{L} = \dfrac{100}{2} = 50$

  ∴ $\delta = \dfrac{50}{2\omega_n} = \dfrac{50}{2 \times 50} = 0.5$

74
신호 흐름 선도

$G = \dfrac{abc}{1-bd}$

75
이진 값 신호
- 디지털 신호
- 스위치의 On-Off 신호
- 반도체 소자의 동작, 부동작 신호

76
이득여유의 정도
- 위상선도가 $-180°$ 축과 교차하는 점에 대응하는 크기
- 위상곡선 $-180°$에서의 이득과 0dB과의 차이

77
$1 < K < \infty$에 대하여 2개의 근은 허수축에 존재할 때 중근이다.

78
감쇠비 ζ
- $0 < \delta < 1$: 부족제동
- $\delta > 1$: 과제동
- $\delta = 1$: 임계제동

79
PB_1을 누르면 $\otimes$가 여자되고 PB_1을 놓아도 $X-a$ 접점이 자기유지된다.

80
특성방정식

$1 + G(s)H(s) = 0$

$1 + \dfrac{2}{(s+2)(s+5)} = 0$

$(s+2)(s+5) + 2 = 0$

$s^2 + 7s + 12 = 0$

$(s+3)(s+4) = 0$

$s = -3, -4$

5과목 전기설비기술기준 및 판단기준

81
전기집진장치는 제1종 접지공사. 단, 사람이 접촉할 우려가 없다면 제3종 접지공사

82
고압용 기계기구의 시설
- 기계기구의 주위에 제44조 제1항, 제2항 및 제4항의 규정에 준하여 울타리, 담 등을 시설하는 경우
- 기계기구(이에 부속하는 전선에 케이블 또는 고압 인하용 절연전선을 사용하는 것에 한한다)를 지표상 4.5[m](시가지 외에는 4[m]) 이상의 높이에 시설하고 또한 사람이 쉽게 접촉할 우려가 없도록 시설하는 경우
- 공장 등의 구내에서 기계기구의 주위에 사람이 쉽게 접촉할 우려가 없도록 적당한 울타리를 설치하는 경우
- 옥내에 설치한 기계기구를 취급자 이외의 사람이 출입할 수 없도록 설치한 곳에 시설하는 경우

83
특별 3종 접지공사로 $10[\Omega]$ 이하일 것

84
건조물 옆쪽(나전선)이므로 1.2[m]

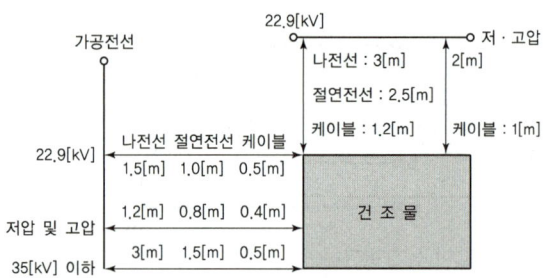

85
전동기 과부하 보호장치 생략
- 전동기 출력 : 0.2[kW] 이하인 경우
- 16[A] 이하 과전류 차단기, 20[A] 이하 배선용 차단기로 보호 시
- 상시 취급자가 감시할 수 있는 위치
- 과전류가 생길 우려가 없는 전동기

86
특고압 가공전선 지표상 높이 – 시가지

35[kV] 이하	35[kV] 초과
10[m], 단, 특고압 절연전선 또는 케이블은 8[m] 이상	$10+(X-3.5)\times 0.12$[m], X는 공칭전압

(　) 안의 소수점은 절상할 것

$10+(6.6-3.5)\times 0.12 = 10.48$

87
직접 매설식 매설깊이
- 중량물의 압력을 받는 경우 : 1.0[m] 이상
- 중량물의 압력을 받지 않는 경우 : 0.6[m] 이상

88
가공직류 전차선의 높이
- 레일면상의 높이 : 4.8[m] 이상
- 터널 안의 윗면, 교량의 아랫면 : 3.5[m] 이상
- 광산, 기타 갱도 안의 윗면 : 1.8[m] 이상

89
제1종 접지공사
- 특별고압계기용 변성기 2차 측
- 안정권선(유휴권선) 및 내장권선
- 피뢰기 · 피뢰침
- 전기집진장치
- 항공 장애 등
- 특고압과 고압의 혼촉방지용 정전방전기(고압 측에 사용전압 3배 이하에서 방전 개시)
- 관등회로의 사용전압이 고압, 동작전류가 1[A]가 넘는 경우
- 전극식 온천용 승온기 차폐장치의 전극
- 풀장용 수중조명등 등의 절연변압기의 금속제 혼촉방지판
- 병원 진료소 등의 의료실 내에 시설하는 의료기기의 금속제 외함의 보호접지(전자쉴드룸) : 기본 10[Ω] 이하, 등전위 접지 100[Ω] 이하
- 특고압 및 고압 기계기구 외함

90
저압 옥상전선로
- 저압 : 2.6[mm] 이상 절연선, 15[m]지지, 식물과 접촉하지 않도록 한다.
- 고압 : 케이블 공사
- 특고압 : 시설할 수 없다.
- 전선과 그 저압 옥상 전선로를 시설하는 조영재와의 간격은 2[m] 이상일 것

91
가공전선로의 지지물에 취급자가 오르고 내리는 데 사용하는 발판 볼트 등은 지표상 1.8[m] 미만에 시설하여서는 아니된다.

92
버스덕트 : 나전선 사용 가능
㉠ 지지점 간격
- 수평 : 3[m]
- 수직 : 6[m]

㉡ 접지공사
- 400[V] 미만 : 제3종 접지공사
- 400[V] 이상 : 특별 제3종 접지공사

93
정격감도 30[mA] 0.5초 이내에 자동 차단되는 장치를 설치하는 경우 접지저항값

정격감도전류	물기 있는 장소, 전기적 위험도가 있는 장소	그 외 다른 장소
30[mA]	500[Ω]	500[Ω]
50[mA]	300[Ω]	500[Ω]
100[mA]	150[Ω]	500[Ω]
200[mA]	75[Ω]	250[Ω]
300[mA]	50[Ω]	166[Ω]
500[mA]	30[Ω]	100[Ω]

94
가공지선 : 뇌해방지 및 유도장해 방지 – 나전선
- 고압 : 4.0[mm] 이상 또는 5.26[kN]
- 특고압 : 5.0[mm] 이상 또는 8.01[kN]

95

변압기	5,000[kVA] 이상 10,000[kVA] 미만	내부 고장 시	경보장치 자동차단장치
	10,000[kVA] 이상	내부 고장 시	자동차단장치
	타냉식(풍냉식, 수냉식)	냉각장치 고장 시	경보장치

96
고온계절에는 갑종 풍압하중을 기본으로 하여 빙설이 많은 지방은 을종을, 빙설이 적은 지방은 병종을 적용한다.

97
지지선 : 철탑을 제외한 지지물의 강도보강
- 2.6[mm] 이상 금속선 3조 이상을 꼬아 사용
- 최저 인장하중 : 4.31[kN]
- 안전율 : 2.5(단, 목주, A종인 경우 1.5)
- 도로횡단 시 5[m] 이상. 단, 부득이한 경우 교통에 지장 우려가 없을 시 4.5[m]
- 지중부분 및 지표상 30[cm]까지의 부분에는 내식성이 있는 아연도금을 한 철봉을 사용

98
무선용 안테나(전선로 주위 상태 감시 목적) 등을 지지하는 목주, 철주, CP주, 철탑의 기초 안전율 : 1.5

99
발전기, 변압기, 전력용 콘덴서, 무효전력 보상장치 보호장치 시설

기기	용량	사고내용	보호장치
발전기	모든 발전기	과전류 시	자동차단 장치
	100[kVA] 이상	풍차압유장치	
	500[kVA] 이상	수차압유장치	
	2,000[kVA] 이상	수차의 스러스트 베어링	
	10,000[kVA] 이상	내부고장 및 베어링의 마모 시	
	증기터빈 10,000[kW]	스러스트 베어링 마모 시	
변압기	5,000[kVA] 이상 10,000[kVA] 미만	내부고장 시	경보장치 자동차단 장치
	10,000[kVA] 이상	내부고장 시	자동차단 장치
	타냉식	냉각장치 고장 시	경보장치
무효전력 보상장치	15,000[kVA] 이상	내부고장 시	자동차단 장치
전력용 콘덴서 · 분로 리액터	500[kVA] 넘고 15,000[kVA] 미만	내부고장, 과전류 시	자동차단 장치
	15,000[kVA] 이상	내부고장, 과전류, 과전압 시	

100
특고압 가공전선로의 철주, 철근콘크리트주 종류
- 직선형 : 전선로의 직선부분 3도 이하
- 각도형 : 전선로 중 수평각도 3도 초과
- 잡아당김형 : 전가섭선을 잡아당기는 곳
- 내장형 : 전선로의 지지물 양쪽의 경간차가 큰 곳
- 보강형 : 전선로의 직선부분에 그 보강을 위하여 사용

정답 전기기사 2019년 3회 기출문제

01	02	03	04	05	06	07	08	09	10
①	②	②	②	②	①	①	④	③	③
11	12	13	14	15	16	17	18	19	20
③	②	④	③	④	④	①	③	②	④
21	22	23	24	25	26	27	28	29	30
③	④	①	①	③	③	④	②	②	④
31	32	33	34	35	36	37	38	39	40
③	②	②	①	④	③	①	③	③	①
41	42	43	44	45	46	47	48	49	50
②	③	④	①	④	②	④	③	③	②
51	52	53	54	55	56	57	58	59	60
④	①	①	②	④	②	②	②	③	②
61	62	63	64	65	66	67	68	69	70
④	②	②	①	③	③	④	④	④	②
71	72	73	74	75	76	77	78	79	80
④	④	④	②	③	③	②	①	④	④
81	82	83	84	85	86	87	88	89	90
④	②	②	③	④	③	②	②	②	①
91	92	93	94	95	96	97	98	99	100
③	①	④	④	②	①	③	③	①	②

1과목 전기자기학

01
침투깊이

$$\delta = \sqrt{\frac{2}{w\sigma\mu}} = \sqrt{\frac{1}{\pi f \sigma \mu}}$$

$$= \sqrt{\frac{1}{\pi \cdot 10 \times 10^3 \times 6 \times 10^{17} \times \frac{6}{\pi} \times 10^{-7}}}$$

$$= 1.67 \times 10^{-8} = \frac{1}{6} \times 10^{-7}$$

02
강자성체의 4가지 특징
- 자구를 갖는다.
- 고투자율을 갖는다.
- 자기포화 현상이 있다.
- 히스테리시스 특성곡선이 존재한다.

03
$$e = L\frac{di}{dt} = 0.3 \times 10^{-3} \times \frac{10 \times 10^3}{0.01} = 300[V]$$

04
$$f = \frac{F}{S} = \frac{B^2}{2\mu} = \frac{1}{2}H^2\mu = \frac{1}{2}HB\,[\text{N/m}^2]$$

$$F = f \cdot s\,[\text{N}] = \frac{B^2}{2\mu} \times s = \frac{\left(\frac{\phi}{s}\right)^2}{2\mu} \times s = \frac{\phi^2}{2\mu_0 s}$$

$$= \frac{(3 \times 10^{-4})^2}{2 \times 4\pi \times 10^{-7} \times 15 \times 10^{-4}} = 23.87[\text{N}]$$

05
- 환상 솔레노이드 $L = \frac{\mu s N^2}{l}$
- 무한장 솔레노이드 $L = \mu s n_0^2$

06
- 저항률이 작다. = 고유저항이 작다. = 도전율이 크다.
- 도전율 순서 : 은 > 구리 > 알루미늄 > 백금

07
$$B = \mu H = \mu \cdot \frac{I}{2\pi R}$$

08
로렌쯔의 힘
$F = qBv\sin\theta$ 인데 수직이면 $\sin 90° = 1$ 이므로
$F = qBv = q\mu_0 Hv$

09
$curl\,A = \nabla \times A$

$$= \frac{1}{r}\begin{vmatrix} a_r & ra_\phi & a_z \\ \frac{a}{ar} & \frac{a}{a\phi} & \frac{a}{az} \\ Ar & rA_\phi & Az \end{vmatrix} = \frac{1}{r}\begin{vmatrix} a_r & ra_\phi & a_z \\ \frac{a}{ar} & \frac{a}{a\phi} & \frac{a}{az} \\ 0 & r \cdot 0 & 5r\sin\phi \end{vmatrix}$$

$$= \frac{1}{r}\left\{ar\begin{vmatrix} \frac{a}{a\phi} & \frac{a}{az} \\ 0 & 5r\sin\phi \end{vmatrix} + r \cdot a_\phi \begin{vmatrix} \frac{a}{az} & \frac{a}{ar} \\ 5r\sin\phi & 0 \end{vmatrix} + az\begin{vmatrix} \frac{a}{ar} & \frac{a}{a\phi} \\ 0 & 0 \end{vmatrix}\right\}$$

$$= \frac{1}{r} \cdot \frac{1}{r}\left\{ar \cdot \frac{a}{a\phi}5r\sin\phi + r \cdot a_\phi \cdot -\frac{a}{ar} \cdot 5r\sin\phi\right\}$$

$$= \frac{1}{r}\{5r\cos\phi_{ar} - r \cdot 5\sin\phi_{a\phi}\}$$
$$= 5\cos\phi_{ar} - 5\sin\phi_{a\phi}$$

$r = 2$, $\phi = \frac{\pi}{2}$, $z = 0$을 대입하면

$$\nabla \times A = -5a_\phi$$

10

$R = \rho\frac{l}{S}$, 길이에 비례한다.

11

$B = \nabla \times A$ 이고 $\nabla \times E = -\frac{\partial B}{\partial t}$ 에서

$$\nabla \times E = -\frac{\partial B}{\partial t} = -\frac{\partial}{\partial t}(\nabla \times A) = \nabla \times \left(-\frac{\partial A}{\partial t}\right)$$

$$\therefore E = -\frac{\partial A}{\partial t}$$

12

$$J = \mu_0(\mu_s - 1)H$$
$$= 4\pi \times 10^{-7} \cdot (600-1) \cdot 3{,}000 = 2.258$$

13

공기 콘덴서 용량 $C_0 = \frac{\varepsilon_0 s}{d}$

유리판 삽입 시 용량 $C' = \frac{\varepsilon_1\varepsilon_2 s}{d_2\varepsilon_1 + d_1\varepsilon_2}$

$$= \frac{\varepsilon_0 \varepsilon_0 10\, s}{\frac{2}{3}d\varepsilon_0 + \frac{1}{3}d\varepsilon_0 10} = \frac{15\varepsilon_0 s}{6d}$$

전압이 일정한 경우 $W_0 = \frac{1}{2}C_0 V^2$, $W' = \frac{1}{2}CV^2$

$$\therefore \frac{F_2}{F_1} = \frac{W}{W_0} = \frac{\frac{1}{2}CV^2}{\frac{1}{2}C_0 V^2} = \frac{C}{C_0} = \frac{\frac{15\varepsilon_0 s}{6d}}{\frac{\varepsilon_0 s}{d}} = \frac{15}{6} = 2.5$$

14

전파 E_x와 자파 H_y의 진동방향은 진행방향에 수직인 횡파이다.
- 종파 : 따라가는 파
- 횡파 : 가로지르는 파

15

$\vec{r} = i - 2j + 2k$, $|\vec{r}| = \sqrt{1^2 + 2^2 + 2^2} = 3$

$$F = 9 \times 10^9 \times \frac{Q_1 Q_2}{r^2}$$
$$= 9 \times 10^9 \times \frac{300 \times 10^{-6} \times 100 \times 10^{-6}}{3^2} = 30[\text{N}]$$

$$\vec{F} = n|\vec{F}|, \quad n = \frac{\vec{r}}{|\vec{r}|} = \frac{i - 2j + 2k}{3}$$

$$\therefore \vec{F} = \frac{i - 2j + 2k}{3} \times 30 = 10i - 20j + 20k \text{이고,}$$

$(-)$로 인한 흡인력 $\vec{F} = -10i + 20j - 20k$이다.

16

$$f = \frac{F}{S} = \frac{\rho_s^2}{2\varepsilon} = \frac{D^2}{2\varepsilon} = \frac{1}{2}E^2\varepsilon = \frac{1}{2}ED\,[\text{N/m}^2]$$

$$\therefore f = \frac{\rho_s^2}{2\varepsilon_0} = \frac{\left(\frac{Q}{s}\right)^2}{2\varepsilon_0} = \frac{Q^2}{2\varepsilon_0 S^2} = \frac{Q^2}{2\varepsilon_0(4\pi a^2)^2}$$
$$= \frac{Q^2}{32\varepsilon_0 \pi^2 a^4}$$

17

가는선 연결은 병렬접속이고, 병렬 시 합성전하 $Q = Q_1 + Q_2$이며 전압은 일정하다.

$Q_1 = q_{11}V_1 + q_{12}V_2 = C_1 V_1 + MV_2 = (C_1 + M)V$
$Q_2 = q_{21}V_1 + q_{22}V_2 = MV_1 + C_2 V_2 = (C_2 + M)V$
$Q_1 + Q_2 = (C_1 + C_2 + 2M)V$

$$\therefore C = \frac{Q}{V} = \frac{Q_1 + Q_2}{V} = C_1 + C_2 + 2M$$

18

동축 원통 도체

- 전위 $V = \frac{\rho_l}{2\pi\varepsilon}\ln\frac{b}{a}\,[\text{V}]$

- 정전용량 $C = \frac{2\pi\varepsilon}{\ln\frac{b}{a}}$

- 전계 $E = \frac{\rho_l}{2\pi\varepsilon r} = V \times \frac{1}{\ln\frac{b}{a}\cdot r}$ 과 같다.

19

공기 콘덴서의 절반만큼 다른 유전체를 채운 경우

합성 정전용량 $C = \dfrac{2\varepsilon_s}{1+\varepsilon_s} C_0 = \dfrac{2\times 2}{1+2} C_0 = \dfrac{4}{3} C_0$이고

$C_0 = 1[\mu F]$이므로

$C = \dfrac{4}{3}$ [F]이다.

20

변위전류는 전속밀도의 시간적 변화로 발생하며 유전체의 영향을 받는다. 다른 전류와 다르게 전자의 이동에 의한 전류가 아님에 주의한다.

2과목 전력공학

21

유효전력 $P = 500 \times 0.8 = 400$
무효전력 $P_L = 500 \times 0.6 = 300$
콘덴서 설치 후 무효전력 $P_L = 300 - 100 = 200$
부하용량 $= \sqrt{400^2 + 200^2} = 447$

22

가공지선은 대지정전용량이 발생되지 않는다.

23

단로기(D.S) - 소호장치가 없고, 무부하 시 회로 개폐 및 변경

24

플리커 현상 경감대책

㉠ 전원 측
- 전용 계통으로 공급
- 공급전압의 승압
- 단락용량이 큰 계통에서 공급
- 전용 변압기로 공급

㉡ 수용가 측
- 직렬 콘덴서 설치
- 부스터 설치
- 직렬 리액터 설치

25

지락전류 = 영상전류 = $\dfrac{E}{Z_O + Z_1 + Z_2} \times 3$

26

- 낙차에 의한 분류 : 수로식, 댐식, 댐수로식, 유역 변경식
- 유량에 의한 분류 : 유입식, 저수식, 조정지식, 양수식

27

변류기(변성기) 2차 측 피상전력(VA)을 부담하는 것을 말한다.

28

차폐재

γ선이나 중성자가 노 외부로 인출되는 것을 차폐하여 인체 유해 방지 또는 방열효과를 준다.

29

연가효과

선로정수 평형, 유도장해 방지, 직렬공진 방지, 임피던스 평형

30

연계를 하면 임피던스가 감소하여 단락전류가 증가한다.

31

지락계전기 및 지락과 전류 계전기는 전압요소에 관계없이 동작한다.

32

흡출관은 반동수차 아래에 설치하여 낙차를 늘리는 데 사용한다.

33

단로기(DS) : 소호장치가 없고, 무부하 시 회로 개폐 및 변경 (Interlock)

- 급전 시 : DS → CB
- 정전 시 : CB → DS

차단기가 열려 있는 상태에서 단로기를 닫을 수 있다.

34

단상 3선식은 $e = \dfrac{1}{V}$이므로 전압강하와 손실이 작아서 효율은 높다.

35
전력 원선도

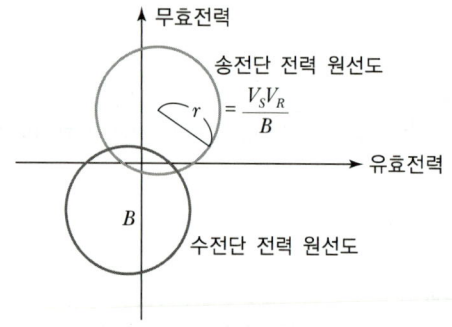

4단자정수 ABCD
V_s : 송전단전압
V_r : 수전단전압

- 알 수 있는 것 : 유효전력, 무효전력, 수전단의 역률
- 알 수 없는 것 : 안정도, 코로나 손실

36
- 가공전선로는 지중전선로에 비하여 L 값이 크고 C 값은 작다.
- 지중전선로는 가공전선로에 비하여 C 값이 크고 L 값은 작다.

37
서지 임피던스
- 파동 임피던스
- 특성 임피던스

$$Z_0 = \sqrt{\dfrac{Z}{Y}} = \sqrt{\dfrac{R+jwL}{G+jwC}} = \sqrt{\dfrac{L}{C}}$$

38
임계전압(개시전압)

$$E_0 = 24.3\, m_0 m_1 \delta d \log_{10} \dfrac{D}{r}\, [\text{kV}]$$

- m_0 : 표면계수
- m_1 : 날씨계수(맑을수록 좋다.)
- δ : 공기상대밀도(온도가 낮을수록 좋다. 기압이 높을수록 좋다.)
- d : 전선의 직경(굵을수록 좋다.)

39
수용률

$$\dfrac{\text{최대전력}}{\text{설비용량}} \times 100 = \dfrac{1200}{500+600+400+100} \times 100 = 75$$

40
케이블의 전력손실
- 저항손 : 도체
- 연피손(시스손) : 전자유도작용
- 유전체손 : 절연물

3과목 전기기기

41
돌발 단락전류는 누설 리액턴스로 제한한다.

42
통전 때 순방향 전압강하는 1~2[V] 이하로 극히 작다.

43
수소냉각방식은 밀폐형 구조로 하기 때문에 이물질의 침입이 없고 소음이 줄어든다.

44
단상 유도 전동기에는 기동 토크가 없으므로 기동장치가 필요하다.

45
몰드변압기는 에폭시 수지의 높은 절연내력을 활용하므로 유입변압기에 비해 절연 레벨이 높다.

46
$$s = \frac{N_s - (-N)}{N_s} = \frac{N_s + N}{N_s}$$
$N = (1-s)N_s$ 이므로 위 식에 대입하면
$$s = \frac{N_s + (1-s)N_s}{N_s} = \frac{2N_s - sN_s}{N_s} = 2-s$$

47
직류 발전기의 정격 $= \frac{출력}{효율} = \frac{100}{0.9} ≒ 111[kVA]$
3상 유도전동기와 직류발전기를 직결하였으므로
3상 유도전동기의 정격 $P_M ≒ 111[kVA]$
$P_M = \sqrt{3}\,VI\cos\theta \cdot \eta$ 에서
$$I = \frac{P_M}{\sqrt{3}\,V\cos\theta \cdot \eta} = \frac{111 \times 10^3}{\sqrt{3} \times 3{,}300 \times 0.9^2} ≒ 24[A]$$

48
주파수는 동기속도에 비례하므로 주파수를 증가시키려면 동기속도를 증가시켜야 한다.

49
부하분담은 변압기 용량에 비례하고 %임피던스에 반비례한다.

50
1 : 직권, 2 : 가동복권, 3 : 분권, 4 : 차동복권

51
유도전동기는 전기에너지를 기계(운동)에너지로 변환하는 기기이다.

52
종속 접속법, 2차 저항제어법, 2차 여자제어법은 권선형에서 사용한다.

53
계자전류를 무시하므로 전기자 전류는 정격전류와 같다.
$E = V + I_a r_a = 100 + 50 \times 0.2 = 110[V]$

54
$$a = \sqrt{\frac{R_1}{R_2}} = \sqrt{\frac{1{,}000}{100}} = \sqrt{10}$$

55
$\varepsilon = p\cos\theta + q\sin\theta = 3 \times 0.8 + 4 \times 0.6 = 4.8[\%]$

57
전기자 반작용의 감자 작용에 의하여 자속이 포화되지 않으므로 단락곡선은 거의 직선에 가깝다.

58
$V_1 > V_2$ 이므로 강압용 단권변압기이다.
$$\frac{자기용량}{부하용량} = \frac{(V_1 - V_2)I_1}{V_1 I_1} = \frac{V_1 - V_2}{V_1}$$

59
임피던스계전기는 선로 단락 및 탈조 사고 보호에 사용한다.

60
$$I = \frac{E}{Z} = \frac{E}{\frac{x_1 + x_2'}{\sin\theta}} = \frac{E}{x_1 + x_2'} \cdot \sin\theta$$
$x = x_1 + x_2'$ 이므로 $I = \frac{E}{x} \cdot \sin\theta$
∴ 원의 지름 I는 $\frac{E}{x}$에 비례한다.

4과목 회로이론 및 제어공학

61

$$\frac{Z_{01}}{Z_{02}} = \sqrt{\frac{\frac{AB}{CD}}{\frac{BD}{AC}}} = \frac{A}{D}$$

62

$$\tau = \frac{L}{R} = \frac{40 \times 10^{-3}}{20} = 2 \times 10^{-3} [\text{sec}]$$

63

$$\text{왜형률} = \frac{\text{전 고조파의 실효값}}{\text{기본파의 실효값}} = \frac{\sqrt{\frac{20^2 + 30^2 + 40^2}{2}}}{\frac{56}{\sqrt{2}}}$$

$$= 0.96$$

64

$$V_l = 2\sin\frac{\pi}{n} V_p = 2\sin\frac{\pi}{6} V_p = V_p$$

65

$$V_1 = \frac{1}{3}(V_a + aV_b + a^2 V_c)$$

66

$$Z_0 = \sqrt{\frac{L}{C}} = \sqrt{\frac{96 \times 10^{-3}}{0.6 \times 10^{-6}}} = 400[\Omega]$$

67

$v_L = L\frac{di}{dt}$ 에서 $t = 0$인 순간 i가 급격히 변화하면 $v_L = \infty$ 가 되는 모순이 생기고, $i_C = C\frac{dv}{dt}$ 에서 v가 급격히 변화하면 $i_C = \infty$ 가 되는 모순이 생긴다.

68

$$\cos\theta = \frac{P}{P_a} = \frac{P_1 + P_2}{2\sqrt{P_1^2 + P_2^2 - P_1 P_2}}$$

$$= \frac{500 + 300}{2\sqrt{500^2 + 300^2 - 500 \times 300}} = 0.918 = 91.8[\%]$$

69

$$I = \frac{V}{X_L} = \frac{100}{2\pi \times 60 \times 0.1} = 2.65[\text{A}]$$

70

$$\mathcal{L}[f(t)] = \mathcal{L}[\delta(t-T)] = e^{-Ts}$$

71

$G(j\omega) = \dfrac{1 + j\omega T_2}{1 + j\omega T_1}$ 에서

$\omega = 0$일 때 $|G(j\omega)| = 1$,

$\omega = \infty$일 때 $|G(j\omega)| = \dfrac{T_2}{T_1} = 2$이므로

$T_2 > T_1$이고 위상각은 $+$값이므로

$$\therefore G(j\omega) = \frac{1 + j2\omega}{1 + j\omega}$$

72

- 근궤적 s 평면 우반부의 K의 범위는 시스템이 불안정하기 위한 조건이다.
- 근궤적 s 평면 좌반부의 K의 범위는 시스템이 안정하기 위한 조건이다.

73

- 단위계단함수

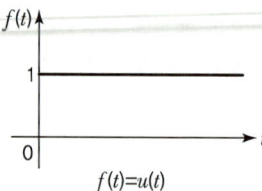

$f(t) = u(t)$

$$u(t) = \begin{cases} 0, & t < 0 \\ 1, & t > 0 \end{cases}$$

- 단위계단함수가 시간 이동하는 경우

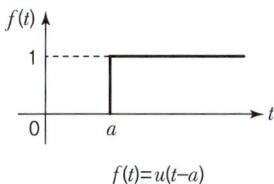

$$f(t)=u(t-a)$$

$$u(t-a)=\begin{cases} 0, & t<a \\ 1, & t\geq a \end{cases}$$

74
루스의 수열은

s^2	1	$2K-1$
s^1	K	0
s^0	$2K-1$	

제1열의 부호 변화가 없어야 계가 안정하므로
$2K-1>0, \ K>0$
$\therefore K > \dfrac{1}{2}$

76
제1열의 부호를 변환하면 알 수 있는 것
- s 평면 우반부에 존재하는 근의 수
- 제어계의 불안정
- 부호변화 횟수만큼 불안정 근의 수 존재

77
전향경로이득 : $G_1 G_2 G_3$,
루프이득 : $-G_2 G_3, \ -G_1 G_2 G_4$

$$G(s)=\frac{\sum 전향경로이득}{1-\sum 루프이득}=\frac{G_1 G_2 G_3}{1+G_2 G_3+G_1 G_2 G_4}$$

78
$$T(s)=\frac{C(s)}{R(s)}=\frac{G_1 G_2 G_3}{1-(-G_1 G_2 G_4)-(-G_2 G_3)}$$
$$=\frac{G_1 G_2 G_3}{1+G_1 G_2 G_4+G_2 G_3}$$

79
$A \cdot \overline{A}=0$

80

	$\displaystyle\lim_{t\to 0}e(t)=\lim_{s\to\infty}E(z)$	
$f(t)$	$F(s)$	$F(z)$
$\delta(t)$	1	1
$u(t)$	$\dfrac{1}{s}$	$\dfrac{z}{z-1}$
t	$\dfrac{1}{s^2}$	$\dfrac{Tz}{(z-1)^2}$
e^{-at}	$\dfrac{1}{s+a}$	$\dfrac{z}{z-e^{-at}}$

5과목 전기설비기술기준 및 판단기준

81
가공전선로의 지지물 간 거리

지지물의 종류	표준 지지물 간 거리	고압-22[mm²], 특고압-55[mm²]
목주, A종 지지물	150[m]	300[m]
B종 지지물	250[m]	500[m]
철탑	600[m]	지지물 간 거리제한 없음

82
지중함의 크기가 1[m³] 이상 - 제3종 접지공사

83

사용전압의 구분	울타리의 높이와 울타리로부터 충전부분까지의 거리의 합계 또는 지표상의 높이
35,000[V] 이하	5[m]
35,000[V] 초과 160,000[V] 이하	6[m]
160,000[V] 초과	6[m]에 160,000[V]를 초과하는 10,000[V] 또는 그 단수마다 12[cm]를 더한 값 6[m]+(X-16)×0.12 소수점 첫째 자리에서 절상한다.

84
고압용 fuse
- 포장 : 정격전류의 1.3배에 견디고, 2배에서 120분 내 용단
- 비포장 : 정격전류의 1.25배에 견디고, 2배에서 2분 내 용단

85
직접 매설식 매설깊이
- 압력을 받는 경우 : 1.0[m] 이상
- 압력을 받지 않는 경우 : 0.6[m] 이상

86
건조물 옆쪽(나전선)이므로 1.2[m]

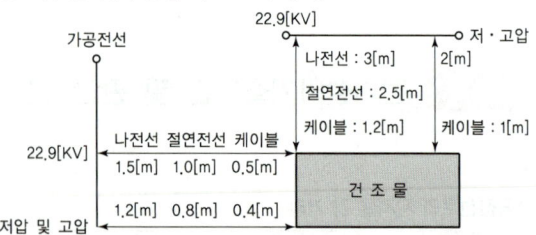

87
2초 이내이므로 $R_2 = \dfrac{300}{I_1} = \dfrac{300}{2} = 150$

88
전등 및 전력장치 등을 병용하는 간선의 굵기 결정
허용전류, 기계적 강도, 전압강하, 허용온도

89
전력보안 통신용 전화설비의 시설
- 원격감시제어가 되지 않는 곳의 상호 간
- 2 이상의 급전소 상호 간
- 고압 및 특고압 지중전선로가 설치되어 있는 전력구 내의 시설

90
폭연성 먼지 또는 화약류의 분말이 발화원이 되어 전기설비가 폭발할 우려가 있는 곳
케이블(캡타이어 케이블 제외) 공사, 금속관 공사

91
강체방식에 의하여 시설하는 직류식 전기 철도용 전차 선로는 전차선의 높이가 지표상 5[m](도로 이외의 곳에 시설하는 경우로서 아랫면에 방호판을 시설할 때에는 3.5[m]) 이상일 것

92
옥내전로의 길이가 15[m] 이하인 경우 개폐기를 생략할 수 있다.

93
지중선로는 기설 지중 약전류 전선로에 대하여 누설전류, 유도작용에 대하여 통신상 장해를 주지 말 것

94
특고압 전로에 사용하는 수밀형 케이블은 다음에 적합한 것을 사용하여야 한다.
- 사용-전압은 25[kV] 이하일 것
- 도체는 경알루미늄선을 소선으로 구성한 원형압축 연선으로 할 것
- 내부 반도전층은 절연층과 완전 밀착되는 압출 반도전층으로 두께의 최솟값은 0.5[mm] 이상일 것
- 외부 반도전층은 절연층과 밀착되어야 하고, 또한 절연층과 쉽게 분리되어야 하며, 두께의 최솟값은 0.5[mm] 이상일 것

95
타임 스위치 소등시간
- 호텔 · 여관용 : 1분 이내 소등
- 가정용 : 3분 이내 소등

96
계측장치
- 발전기 · 무효전력 보상장치 : 전압계, 전류계, 전력계, 고정자 및 베어링 온도계 무효전력 보상장치는 동기검정장치 시설. 단, 용량이 현저히 작은 경우 생략

- 변압기 : 특고압용 – 유온 측정용 온도계
  주 변압기 – 전압계, 전류계, 전력계

97
백열전등, 방전등
- 전등 및 방전등 옥내전로 대지전압 : 300[V] 이하
- 백열등은 소켓에 스위치나 점멸기구가 없는 것

98
35.1[kV]를 초과하고 100[kV] 미만인 특고압과 저압 또는 고압과 병가하는 경우
- 제2종 특고압 보안공사
- 단면적이 50[m²] 이상인 경동연선
- 특고압가공전선과 저압고압가공전선의 간격은 2[m] 케이블 사용 시 1[m]
- 철주, 철근 콘크리트주, 철탑의 지지물

99
유도작용에 의하여 통신상의 장해가 생기지 아니하도록 전선과 기설 약전류 전선 간의 간격은 2[m] 이상이어야 한다.

100
지지물의 기초의 안전율은 2(단, 철탑의 이상 시 상정하중이 가하여지는 경우의 그 이상 시 상정하중에 대한 철탑의 기초에 대하여는 1.33) 이상이어야 한다.

정답 전기기사 2020년 1·2회 기출문제

01	02	03	04	05	06	07	08	09	10
③	①	④	③	②	③	②	①	④	②
11	12	13	14	15	16	17	18	19	20
③	④	④	①	③	④	④	①	②	④
21	22	23	24	25	26	27	28	29	30
③	①	①	③	①	④	①	④	④	①
31	32	33	34	35	36	37	38	39	40
④	①	③	③	①	③	③	④	③	③
41	42	43	44	45	46	47	48	49	50
③	②	④	③	③	①	②	③	④	④
51	52	53	54	55	56	57	58	59	60
③	①	①	①	④	①	③	③	②	④
61	62	63	64	65	66	67	68	69	70
②	②	②	③	②	③	④	③	①	③
71	72	73	74	75	76	77	78	79	80
②	②	④	②	③	④	①	②	④	④
81	82	83	84	85	86	87	88	89	90
②	②	④	②	②	②	②	③	④	③
91	92	93	94	95	96	97	98	99	100
①	④	③	④	③	④	①	①	①	②

1과목 전기자기학

01

$F = QE = mg$ 에서 $E = \dfrac{mg}{Q}$ 이고

$V = Ed$, $E = \dfrac{V}{d}$ 이므로

$\dfrac{V}{d} = \dfrac{mg}{Q}$

$V = \dfrac{mgd}{Q} = \dfrac{mgd}{n \cdot e}$ (여기서, n은 전자의 개수, $n = 1$)

$\therefore V = \dfrac{mgd}{e}$

02

$R_m = \dfrac{l}{\mu S} = \dfrac{l}{\mu_o \mu_s S}$ [AT/Wb] 이므로 길이에 비례한다.

03

$E = -\text{grad}\, V = -\nabla \cdot V = -\left(\dfrac{\partial V}{\partial x}i + \dfrac{\partial V}{\partial y}j + \dfrac{\partial V}{\partial z}k\right)$

$E = -(2xi + 2yj) = -2xi - 2yj$

전기력선의 방정식 $\dfrac{dx}{Ex} = \dfrac{dy}{Ey} = \dfrac{dz}{Ez}$ 에서

$\dfrac{dx}{-2x} = \dfrac{dy}{-2y} \rightarrow \dfrac{1}{x}dx - \dfrac{1}{y}dy$

$\therefore \int \dfrac{1}{x}dx = \int \dfrac{1}{y}dy = \ln x = \ln y$

$\ln x - \ln y = \ln C,\ \ln\dfrac{x}{y} = \ln C = \dfrac{3}{4}$

$\therefore 3y = 4x,\ x = \dfrac{3}{4}y,\ y = \dfrac{4}{3}x$ 이고

등전위선의 반지름 $r = \sqrt{x^2 + y^2} = \sqrt{3^2 + 4^2} = 5$

04

$I = \dfrac{Q}{t} = \dfrac{ne}{t}$

$n = \dfrac{It}{e} = \dfrac{50}{1.602 \times 10^{-19}} = 3.12 \times 10^{20} = 31.2 \times 10^{19}$

05

결합계수 $k = \dfrac{M}{\sqrt{L_1 \cdot L_2}}$ 이고, 범위는 $0 \leq k \leq 1$ 로 이루어진다.

06

$C = \dfrac{\varepsilon_0 \varepsilon_r \cdot S}{d}$

07

- 상자성체 $\mu_s > 1$
- 강자성체 $\mu_s \gg 1$
- 역(반)자성체 $\mu_s < 1$

08

원통(원주) 도체에 의한 자계의 세기 : 전류가 균일하게 흐를 시(내부에도 전류가 존재한다)

- 외부$(r > a)$: $H = \dfrac{I}{2\pi r}$ [AT/m]
- 내부$(r < a)$: $H_i = \dfrac{rI}{2\pi a^2}$ [AT/m]

09

라플라스 방정식은 선형동차 방정식이다.

10

분극률 $x = \varepsilon_0(\varepsilon_r - 1)$ 이므로

$x = \varepsilon_0(4 - 1) = 3\varepsilon_0$

11

$B = \mu_0 H = 4\pi \times 10^{-7} \times \dfrac{I}{2\pi r}$

$= 4\pi \times 10^{-7} \times \dfrac{10}{2\pi \times 2} = 1 \times 10^{-6}$

12

$w = \dfrac{1}{2}LI^2 = \dfrac{1}{2} \times \dfrac{\mu S N^2}{l} \times I^2$

$= \dfrac{1}{2} \times \dfrac{4\pi \times 10^{-7} \times 100 \times 10 \times 10^{-4} \times 1{,}000^2}{100 \times 10^{-2}} \times 10^2$

$= 2\pi$

13

$LI = N\phi$ 에서 $L = \dfrac{N\phi}{I}$ 이며

코일에 축적되는 에너지 $W = \dfrac{1}{2}LI^2 = \dfrac{1}{2}BHv$ [J]이므로

$L = \dfrac{BHv}{I^2} = \dfrac{\int_v BH dv}{I^2} = \dfrac{\int_v \text{rot}\, AH dv}{I^2}$

$= \dfrac{\int_v \text{rot}\, HA dv}{I^2} = \dfrac{\int_v Ai dv}{I^2}$ [H]이다.

14

$R_T = R_t\{1 + \alpha_t(T - t)\}$

$= 100\{1 + 0.002(60 - 20)\}$

$= 108\,[\Omega]$

15

$P' = \dfrac{P}{S} = EH = \vec{E} \times \vec{H}$ [W/m^2]

16
평등자계 내 전자 수직 입사 시
- 원운동을 한다.
- 반지름(궤적) $r = \dfrac{mv}{Be} = \dfrac{mv}{\mu_o He}$ [m]
- 각속도 $\omega = \dfrac{Be}{m}$ [rad/sec]
- 주기 $T = \dfrac{2\pi m}{Be}$ [sec]

17
$V = E \cdot d = \dfrac{\rho_s}{\varepsilon_0} \cdot d = \dfrac{4}{8.85 \times 10^{-12}} \times 3 = 1.355 \times 10^{12}$

18
유기기전력 $e = Bl_v \sin\theta$ (단, $\theta = 90°$) ∴ $e = Bl_v$

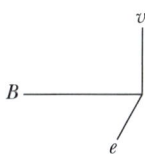
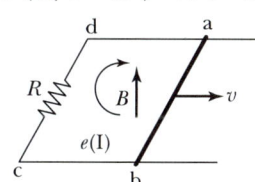

19
동심구도체의 정전용량

$C = \dfrac{4\pi\varepsilon_0}{\dfrac{1}{a} - \dfrac{1}{b}} = \dfrac{4\pi\varepsilon_0 ab}{b-a} = \dfrac{1}{9 \times 10^9} \dfrac{ab}{b-a}$ [F]

20
경계면에 작용하는 힘. 단, 전계가 수직입사 시(인장응력)

$f_1 = \dfrac{D^2}{2\varepsilon_1}$

$f_2 = \dfrac{D^2}{2\varepsilon_2}$

∴ $f = f_2 - f_1 = \dfrac{1}{2}\left(\dfrac{1}{\varepsilon_2} - \dfrac{1}{\varepsilon_1}\right)D^2$ [N/m²]

2과목 전력공학

21
영상전류(I_0) = 지락전류(I_g) : 3배

22
피뢰기(LA)가 절연레벨이 가장 낮아 이상전압으로부터 기기를 보호한다.

23
절탄기
보일러 급수를 예열하여 연료비를 절약(최대 11%)한다.

24
역률이 100%일 때 손실이 최소가 되므로
$Q_C = 60\left(\dfrac{0.8}{0.6} - \dfrac{0}{1}\right) = 80$

25
영상변류기(ZCT) + 선택지락계전기 = 다회선(2회로) 사고 선택

26
$P_s = \sqrt{3} \times$ 정격전압 $\times$ 정격차단전류 [MVA]
$I_s = \dfrac{100}{\sqrt{3} \times 7.2} = 8$

27

구분	설명
반한시성	정반비례(동작전류가 크면 동작시간이 짧아진다.)
순한시성	즉시(순시) 동작
정한시성	정해진 시간(일정시간) 동작
반한시–정한시성	반한시와 정한시의 특성을 지님

28
$V_s = 5.5\sqrt{0.6\ell + \dfrac{P}{100}}$
$= 5.5\sqrt{0.6 \times 50 + \dfrac{30{,}000}{100}} = 100$

29

수력설비(부속설비)로 취수구, 수로, 수조, 수압관이 있다.

30

$VI_1\cos\theta = \sqrt{3}\,VI_3\cos\theta$ 에서 $I_1 = \sqrt{3}\,I_3$ 이므로

$\dfrac{I_3}{I_1} = \dfrac{1}{\sqrt{3}} = 0.577$

31

자동부하 전환개폐기는 2회선 중 1회선 고장 시 다른 회선으로 전환해준다.

32

표피 효과

전류가 바깥쪽으로 집중되는 현상(투자율이 클수록, 주파수가 높을수록, 전선이 굵을수록 커짐)

33

2회선 방식(다회선 방식)

$A_0 = A,\ B_0 = \dfrac{B}{2},\ C_0 = 2C,\ D_0 = D$

34

ZCT

지락전류(영상전류)를 검출하여 계전기에 공급한다.

35

단로기는 소호장치가 없어 부하전류 및 사고전류를 차단할 수 없다.

36

$V_s = AV_R + BI_R$ 에서

$V_R = \dfrac{V_s}{A} = \dfrac{66}{0.9918 + j0.0042}$

$= 66.545 - j0.28 = \sqrt{66.545^2 + 0.28^2} = 66.55$

37

$\eta_t(\text{터빈효율}) = \dfrac{860P}{W(i_0 - i_1) \times 10^3} \times 100$

$\eta_q(\text{터빈실효율}) = \dfrac{860P}{W(i_0 - i_2) \times 10^3} \times 100$

여기서, P : 터빈 출력[kW]
W : 시용증기량[t/h]
i_0 : 터빈입구증기 엔탈피
i_1 : 배기의 엔탈피
i_2 : 복수기의 엔탈피

38

외부 이상 전압 방호 대책

㉠ 가공지선
- 직격뢰 차폐(차폐각을 작게 할수록 좋다.)
- 전선의 종류 : 강심알루미늄 전선(ACSR)
- 통신 유도 장해 경감

㉡ 매설 지선 : 역섬락 방지(철탑저항을 작게 한다.)

39

$Q_r = 0$ 이므로 $300^2 + 400^2 = 500^2$

피상전력^2 = 유효전력^2 + 무효전력^2

40

수용률 $= \dfrac{\text{최대수용전력[kW]}}{\text{설비용량[kW]}} \times 100[\%]$

3과목 전기기기

41

$E_d = \dfrac{\sqrt{2}}{\pi}E(1+\cos\alpha) - 0.45 \times 100\left(1 + \dfrac{\sqrt{3}}{2}\right) \fallingdotseq 84$

42

반발 기동형 유도전동기

회전자에 직류전동기와 같이 전기자 권선과 정류자를 갖고 있고 브러시를 단락하면 기동 시에 큰 기동 토크를 얻을 수 있는 전동기

43
정류자형 주파수 변환기
회전자의 전기자 권선을 가운데 두고 한쪽에는 정류자, 다른 쪽에는 3상 슬립링이 있는 주파수 변환기로 권선형 비동기전동기의 회전자 회로에 보조기전력을 첨가하여 속도와 역률을 조절하는 회로에서 이용된다.

44
기동 토크를 크게 하기 위하여 보조권선에 직렬로 저항을 삽입한다.

45
$\%Z \propto \dfrac{1}{I_s}$ 이므로 %Z가 커지면 단락전류는 작아진다.

46
$\varepsilon = \dfrac{V_0 - V_n}{V_n} \times 100[\%]$ 이므로 $0.12 = \dfrac{V_0 - 6{,}600}{6{,}600}$ 에서
$V_0 = 7{,}392[V]$

47
분권기는 계자 권선이 전기자에 병렬로 연결된 직류기이다.

48
$P = \dfrac{120f}{N_s} = \dfrac{120 \times 60}{200} = 36극$

49
$V_2 = \dfrac{V_1}{a} = \dfrac{6{,}600}{200} = 220[V]$
$P = V_2 I_2 = 220 \times 30 = 6{,}600[W] = 6.6[kW]$

50
스텝 모터는 D.C 모터의 브러시에 의한 기계적 마찰로 인한 파손이 없기 때문에 유지보수가 필요없다.

51
$\eta = \dfrac{출력}{입력}$ 에서, $입력 = \dfrac{출력}{\eta} = \dfrac{20}{0.8} = 25$ 이므로
손실 = 입력 - 출력 = 25 - 20 = 5[kW]

52
역률 1로 운전하는 상태에서 여자전류를 증가시키면 콘덴서로 작용하여 앞선 무효전류가 증가한다.

53
단락비가 큰 동기기(철기계)의 특징
- 전기자 반작용이 작다.
- 전압변동률이 작다.
- 동기 리액턴스가 작다.
- 계자 자속, 계자 전류가 크다.
- 안정도가 높다.
- 공극이 크고 과부하 내량이 크다.
- 기계의 중량이 무겁고 효율이 낮다.
- 송전선로의 충전용량이 크다.

54
$P = \omega \cdot T = 2\pi \dfrac{N}{60} \cdot \dfrac{P\Phi Z}{a} \times \dfrac{i_a}{2\pi}$ 에서
$e = \dfrac{P\Phi}{a} \cdot \dfrac{N}{60}$ 이므로 $P = i_a e Z$

55
SCR의 Turn Off 조건
전원 전압의 극성을 반대로 인가하거나 유지전류 이하로 감소시킨다.

56
워드레오나드 방식과 일그너 방식은 직류전동기의 속도를 제어하는 방식 중 전압제어의 대표적인 방식이다.

57
단권변압기 3대를 △ 또는 Y 결선하여 3상을 공급할 수 있다.

58
단자전압이 상승하면 슬립은 작아지고 속도가 증가한다.
$s \propto \dfrac{1}{V^2}$

59

$E_c = V - I_a r_a = 110 - 15 \times 2 = 80[\text{V}]$

$T = \dfrac{60}{2\pi} \times \dfrac{P_o}{N} = \dfrac{60}{2\pi} \times \dfrac{E_c \times I_a}{N} = \dfrac{60}{2\pi} \times \dfrac{80 \times 15}{1,800} \fallingdotseq 6.4$

60

부하용량 $= \dfrac{V_h}{V_h - V_l} \times$ 자기용량

$= \dfrac{3,200}{3,200 - 3,000} \times 1 = 16[\text{kVA}]$

4과목 회로이론 및 제어공학

61

$I_0 = \dfrac{1}{3}(I_a + a I_b + a^2 I_c)$

$= \dfrac{1}{3}((10 + j3) + (1 \angle 120°)(-5 - j2)$

$\quad + (1 \angle 240°)(-3 + j4))$

$= 6.4 + j0.09 = 6.4 \angle 0.8°[\text{A}]$

62

$Z_{01} = \sqrt{Z_{1s} \cdot Z_{1o}} = \sqrt{R(R+5)} = 6$

$R(R+5) = 36$ 이므로 $R^2 + 5R - 36 = 0$

$R = 4[\Omega]$

63

Y결선에서 선간전압

$V_{ab} = \sqrt{3}\, V_{an} \angle \left(+\dfrac{\pi}{6}\right) = \sqrt{3}\, e^{j(\pi/6)} V_{an}$

64

$\mathcal{L}[f(t)] = \mathcal{L}[t^2 e^{-\alpha t}] = \left.\dfrac{2}{s^3}\right|_{s = s+\alpha} = \dfrac{2}{(s+\alpha)^3}$

65

전파정수

$\gamma = \sqrt{ZY} = \sqrt{(R + j\omega L)(G + j\omega C)}$

$= \sqrt{RG} + j\omega \sqrt{LC}$

66

중첩의 원리

- 전류원 6[A] 기준일 때 2[A] 개방하면

$I_{0.5[\Omega]} = \dfrac{0.6}{0.6 + (0.5 + 0.4)} \times 6 = 2.4[\text{A}]$ 이므로

$V_{0.5[\Omega]} = 2.4 \times 0.5 = 1.2[\text{V}]$

- 전류원 2[A] 기준일 때 6[A] 개방하면

$I_{0.5[\Omega]} = \dfrac{0.4}{0.4 + (0.5 + 0.6)} \times 2 = 0.53[\text{A}]$ 이므로

$V_{0.5[\Omega]} = 0.53 \times 0.5 = 0.27[\text{V}]$

$\therefore V = 1.2 + 0.27 = 1.47[\text{V}]$

67

$R^2 = \dfrac{4L}{C}$ 이면 임계제동을 한다.

68

$|V| = \sqrt{3^2 + 5^2 + 10^2} = 11.6[\text{V}]$

69

대칭 3상에서 △결선을 Y결선으로 바꾸면

$I_l = I_p = \dfrac{V_p}{Z_p} = \dfrac{V/\sqrt{3}}{R + \dfrac{R}{3}} = \dfrac{3V}{4\sqrt{3}\,R}$ 이고

다시 △결선에 대입하면

$I_p = \dfrac{I_l}{\sqrt{3}} = \dfrac{V}{4R}[\text{A}]$

70

$I = \dfrac{V}{Z} = \dfrac{13 + j20}{8 + j6} = 2.24 + j0.82$

피상전력 $P_a = V\overline{I} = (13 + j20)(2.24 - j0.82)$

$= 45.5 - j34.1[\text{VA}]$

71

루스의 표는

$$\begin{array}{c|cc} s^3 & 1 & K \\ s^2 & 2 & 10 \\ s^1 & \dfrac{2K-10}{2} & 0 \\ s^0 & 10 & \end{array}$$

제1열의 부호 변화가 없으려면

$2K-10>0,\ K>\dfrac{10}{2} \qquad \therefore\ K>5$

72

근궤적의 점근선의 각도

- $\alpha_K = \dfrac{(2K+1)\pi}{p-z}$
- $K=0,\ 1,\ 2,\ \cdots\ (K=p-z$까지$)$
- $G(s)H(s) = \dfrac{K(s+30)}{s^4+s^3+2s^2+s+7}$

극점 $p=4$개, 영점 $z=1$이므로

$\alpha_K = \dfrac{(2K+1)\pi}{p-z}$ 에서 $K=0,\ \alpha_0 = \dfrac{(0+1)\pi}{4-1} = 60°$

$K=1,\ \alpha_1 = \dfrac{3\pi}{4-1} = 180°$

$K=2,\ \alpha_2 = \dfrac{5\pi}{4-1} = 300°$

73

$\dfrac{z}{z-e^{-aT}} \rightarrow \dfrac{1}{s+a}$

$\therefore\ \dfrac{3z}{z-e^{-3T}} \rightarrow \dfrac{3}{s+3}$

74

전달함수

$G(s) = \dfrac{\text{전향경로}}{1-(\text{피드백})}$

$\therefore\ G(s) = \dfrac{2}{1-(-6-8)} = \dfrac{2}{15}$

75

$G(s) = \dfrac{2s+5}{7s} = \dfrac{2}{7} + \dfrac{5}{7s} = \dfrac{2}{7} + \dfrac{1}{\dfrac{7}{5}s} = \dfrac{2}{7}\left(1+\dfrac{1}{\dfrac{2}{5}s}\right)$

비례적분 제어계 : $G(s) = K\left[1+\dfrac{1}{Ts}\right]$

76

단위계단입력 $R(s) = \dfrac{1}{s}$

$e_{ssp} = \lim\limits_{s\to 0}\dfrac{1}{1+G(s)} = \dfrac{1}{1+\lim\limits_{s\to 0}G(s)}$

$= \dfrac{1}{1+\lim\limits_{s\to 0}\dfrac{5}{s(s+1)(s+2)}} = \dfrac{1}{1+\infty} = 0$

77

$Z = \overline{(\overline{ABC}+\overline{DF})F} = \overline{\overline{ABC}+\overline{DE}}+\overline{F}$
$= ABCDE+\overline{F}$

78

전달함수 $G = \dfrac{C(s)}{R(s)} = \dfrac{G_1\Delta_1}{\Delta}$

- G_1 : 전방경로이득 $G_1 = 1\times a\times a\times a\times 1 = a^3$
- Δ_1 : 전방경로와 접하지 않은 루프 $\Delta_1 = 1$
- $\Delta = 1 - $(서로 다른 루프 이득의 합)$+$(서로 접촉하지 않은 두 개루프 이득의 곱)

$\Delta = 1-3ab+a^2b^2$

$\therefore\ G = \dfrac{a^3}{(1-3ab+a^2b^2)}$

79

$\dot{x}_1(t) = x_2(t)$
$\dot{x}_2(t) = -3x_1(t)-5x_2(t)$

$\begin{bmatrix}\dot{x}_1(t)\\ \dot{x}_2(t)\end{bmatrix} = \begin{bmatrix}0 & 1\\ -3 & -5\end{bmatrix}\begin{bmatrix}x_1(t)\\ x_2(t)\end{bmatrix} + \begin{bmatrix}0\\ 1\end{bmatrix}r(t)$

80

이득여유란 위상선도가 $-180°$ 선을 끊는 점의 이득의 크기 [dB] 값이다.

5과목 전기설비기술기준 및 판단기준

81
콤바인덕트(CD) 케이블
콘크리트 트라프에 넣지 않고 직접 묻을 수 있는 고압용 케이블

82
수소냉각식 발전기 시설
- 누설된 수소가스를 안전하게 외부에 방출할 수 있는 장치를 설치할 것
- 수소의 순도가 85[%] 이하로 저하한 경우에 이를 경보하는 장치를 시설할 것
- 압력이 현저히 변동한 경우에 이를 경보하는 장치를 시설할 것
- 온도를 계측하는 장치를 시설할 것
- 대기압에서 폭발하는 경우에 생기는 압력에 견디는 강도일 것
- 수소를 통하는 관·밸브 등은 수소가 새지 아니하는 구조로 되어 있을 것
- 유리제의 점검 창 등은 쉽게 파손되지 아니하는 구조로 되어 있을 것

83
제3종과 특별 제3종 접지저항값 예외
정격감도 30[mA] 0.5초 이내에 자동 차단되는 장치 설치 시

정격감도전류	물기 있는 장소, 전기적 위험도가 있는 장소	그 외 다른 장소
30[mA]	500[Ω]	500[Ω]
50[mA]	300[Ω]	500[Ω]
100[mA]	150[Ω]	500[Ω]
200[mA]	75[Ω]	250[Ω]
300[mA]	50[Ω]	166[Ω]
500[mA]	30[Ω]	100[Ω]

84
놀이용 전차(저전압 전기철도)
- 직류 : 60[V]
- 교류 : 40[V]

85
연료전지 및 태양전지 모듈 절연내력시험
1.5배의 직류전압 또는 1배의 교류전압

86
옥상전선로
- 저압 : 2.6[mm] 이상의 절연전선을 사용
- 15[m] 지지 : 식물과 접촉하지 않도록 한다.
- 고압 : 케이블 공사
- 특고압 : 시설할 수 없다.
- 전선과 조영재의 간격 : 2[m] 이상

87
교류식 전기철도 : 25,000[V] 이하
- 교류 전차선과 식물 삭도 지주와의 간격 : 2[m] 이상
- 교류 전차선 등과 건조물과의 간격 : 3[m] 이상
- 교류 전차선과 교량과의 간격 : 30[cm] 이상(교량의 금속제 난간부분 금속 부분에 제3종 접지공사)

88
고압 또는 400[V] 이상일 때 전선 굵기
시가지 : 5.0[mm], 시가지 외 : 4.0[mm]
단, 보안공사 : 5.0[mm]

89
수상전선로
- 저·고압에서만 시설 : 특고압은 시설할 수 없다.
- 저압 : 클로로프렌 캡타이어 케이블
- 고압 : 고압용 캡타이어 케이블

90
저압 절연저항

400[V] 미만	대지전압 150[V] 이하	0.1[MΩ] 이상
	대지전압이 150[V]를 넘고 300[V] 이하	0.2[MΩ] 이상
	사용전압이 300[V]를 넘고 400[V] 미만	0.3[MΩ] 이상
400[V] 이상		0.4[MΩ] 이상

91
케이블 트레이 공사
- 케이블 트레이의 안전율은 1.5 이상이어야 한다.
- 지지대는 트레이 자체 하중과 포설된 케이블 하중을 충분히 견딜 수 있는 강도를 가져야 한다.
- 전선의 피복 등을 손상시킬 돌기 등이 없이 매끈하여야 한다.
- 금속제의 것은 내식성 재료의 것이어야 한다.
- 종류 : 바닥밀폐형, 펀칭형, 사다리형, 그물망형

92
몰드 공사
400[V] 이하 점검할 수 있는 장소에서 시공

93
빙설이 많지 않은 지방에서는 고온계절에 갑종, 저온계절에 병종 풍압하중을 적용한다.

94
전압
- 사용전압 : 400[V] 이하(교통신호등 300[V] 이하, 전기울타리 250[V] 이하)
  단, 전광표시, 자동제어, 소세력회로에 절연변압기 이용 시 2차 전압 60[V] 이하
- 대지전압 : 300[V] 이하
- 직류전압 : 60[V] 이하

95
특고압 가공전선로 지지물에 첨가 통신선을 설치하는 경우 1,000[V] 이하에서 동작하는 피뢰기를 설치한다.

96
태양전지 모듈
- 부하 즉 전로에는 그 접속점에 근접하여 개폐기 및 과전류 차단기를 시설할 것
- 전선은 1.04[kN] 이상 또는 지름 2.5[mm²]의 연동선을 사용
- 합성수지관 공사, 금속관 공사, 가요전선관 공사, 케이블 공사에 사용

97
지지선 : 철탑을 제외한 지지물의 강도 보강
- 2.6[mm] 이상의 금속선을 3조 이상 꼬아 사용
- 최저 인장하중 4.31[kN]
- 안전율 : 2.5(단, 목주, A종인 경우 1.5)
- 도로횡단 시 5[m] 이상(단, 부득이한 경우 교통에 지장 우려가 없을 시 4.5[m])
- 지중부분 및 지표상 30[cm]까지의 부분에는 내식성이 있는 아연도금을 한 철봉 사용

98
가공 약전류 전선의 유도 장해 방지
㉠ 저·고압 가공전선로와 기설 가공 약전류 전선로가 병행하는 경우 유도작용에 의한 통신상의 장해 방지를 위해 2[m] 이상 이격한다.
㉡ 유도 장해의 방지
- 2[μA] : 60,000[V] 이하 / 12[km]
- 3[μA] : 60,000[V] 초과 / 40[km]

99
전압
- 사용전압 : 400[V] 이하(교통신호등 300[V] 이하, 전기울타리 250[V] 이하)
  단, 전광표시, 자동제어, 소세력회로에 절연변압기 이용 시 2차 전압 60[V] 이하
- 대지전압 : 300[V] 이하
- 직류전압 : 60[V] 이하

100
시험되는 권선의 중성점 단자, 다른 권선(다른 권선이 2개 이상 있는 경우에는 각 권선)의 임의의 1단자, 철심 및 외함을 접지하고 시험되는 권선의 중성점 단자 이외의 임의의 1단자와 대지 사이에 시험전압을 연속하여 10분간 가한다.

정답 전기기사 2020년 3회 기출문제

01	02	03	04	05	06	07	08	09	10
③	④	②	④	②	③	③	④	②	②
11	12	13	14	15	16	17	18	19	20
②	②	②	④	②	③	①	④	①	③
21	22	23	24	25	26	27	28	29	30
②	①	③	①	①	②	②	①	②	②
31	32	33	34	35	36	37	38	39	40
③	④	①	③	④	③	②	③	①	④
41	42	43	44	45	46	47	48	49	50
①	②	③	④	①	③	②	③	③	④
51	52	53	54	55	56	57	58	59	60
①	③	②	④	②	②	①	④	④	②
61	62	63	64	65	66	67	68	69	70
①	①	②	③	②	②	③	①	④	③
71	72	73	74	75	76	77	78	79	80
③	①	③	②	③	③	②	③	②	①
81	82	83	84	85	86	87	88	89	90
①	①	③	③	①	②	③	②	④	③
91	92	93	94	95	96	97	98	99	100
④	③	①	①	④	②	④	④	①	②

1과목 전기자기학

01

분극의 세기

$P = \varepsilon_0(\varepsilon_s - 1)E = D\left(1 - \dfrac{1}{\varepsilon_s}\right) = D - \varepsilon_o E$

02

토크 $T = F \cdot r[\text{N} \cdot \text{m}]$이고 벡터로 표현하면 $\vec{T} = \vec{r} \times \vec{F}$이다.

여기서, 자계가 있는 공간에 도선을 넣고 전류 인가 시 작용하는 힘은 플레밍의 왼손법칙을 적용 $F = BIl\sin\theta[\text{N}]$는 $\vec{F} = (\vec{I} \times \vec{B})l$이므로

$I = 5a_z$, $B = 0.05\dfrac{a_x + a_y}{\sqrt{2}} = 0.03536 a_x + 0.03536 a_y$ 이므로

$\vec{I} \times \vec{B} = \begin{vmatrix} a_x & a_y & a_z \\ 0 & 0 & 5 \\ 0.03536 & 0.03536 & 0 \end{vmatrix}$

$= -0.1768 a_x + 0.1768 a_y$

$\vec{F} = (\vec{I} \times \vec{B})l = (-0.1768 a_x + 0.1768 a_y) \cdot 0.08$

$= -0.01414 a_x + 0.01414 a_y$

토크 $\vec{T} = \vec{r} \times \vec{F}$

여기서, $\vec{r} = -0.04 a_y$

$\vec{r} \times \vec{F} = \begin{vmatrix} a_x & a_y & a_z \\ 0 & -0.04 & 0 \\ 0.01414 & 0.01414 & 0 \end{vmatrix}$

$= 5.6576 \times 10^{-4} a_z[\text{N} \cdot \text{m}]$

03

강자성체는 자석재료이며 자기차폐제로 이용된다.
자기차폐란 강자성체로 물질이나 공간을 포위시켜 외부자계의 영향을 차폐시키는 현상으로 완전 차폐되지는 않는다.

04

표피두께=침투깊이

$\delta = \sqrt{\dfrac{2}{\omega\sigma\mu}} = \sqrt{\dfrac{1}{\pi f \cdot \sigma \cdot \mu_o \mu_s}}$

$= \sqrt{\dfrac{1}{\pi \cdot 100 \times 10^6 \times 5.9 \times 10^7 \times 4\pi \times 10^{-7} \times 0.99}}$

$= 6.58 \times 10^{-6}[\text{m}]$

$\therefore 6.58 \times 10^{-3}[\text{mm}]$

05

압전효과

- 어떤 유전체의 결정에 압력이나 인장을 가하면 그 응력으로 인하여 내부에 전기분극이 일어나고 그 단면에 분극전하가 나타나는 현상으로 이의 역현상으로는 결정에 전기를 가하면 기계적 변형이 나타나는 압전기 역효과가 있다.
- 응력과 분극방향이 동일방향인 경우를 '종효과', 응력과 분극방향이 수직방향인 경우를 '횡효과'라고 한다.

06

$R_t = \rho \dfrac{l}{s} = 1.69 \times 10^{-8} \times \dfrac{100}{2 \times 10^{-6}} = 0.845[\Omega]$

$R_T = R_t\{1 + \alpha_t(T - t)\}$

$= 0.845\{1 + 0.0039(40 - 20)\} ≒ 0.91[\Omega]$

07
전위경도 $E = -\operatorname{grad} V$

08
대전도체 내부에는 전하가 존재하지 않는다.

09
$$F = \frac{\mu_0 I_1 I_2}{2\pi d} = \frac{2 I_1 I_2}{d} \times 10^{-7} [\text{N/m}]$$
if 전류의 크기가 동일하면 $F' = \frac{2I^2}{d} \times 10^{-7} [\text{N/m}]$
∴ 전류제곱에 비례한다.

10
$$v = \frac{\omega}{\beta} = \frac{1}{\sqrt{\varepsilon\mu}} = \frac{n \times 10^8}{\sqrt{\varepsilon_s \mu_s}} = \frac{n \times 10^8}{\sqrt{n \cdot n}} = 10^8 [\text{m/s}]$$
$$v_0 = \frac{\omega}{\beta} = \frac{1}{\sqrt{\varepsilon_0 \mu_0}} = n \times 10^8 [\text{m/s}]$$
∴ $v = \frac{1}{3} v_0$

11
$$R = \frac{\varepsilon \rho}{C} = \frac{\varepsilon \rho}{2\pi \varepsilon a} = \frac{\rho}{2\pi a}$$

12
변위전류밀도
$$i_d = \frac{\partial D}{\partial t} = \frac{\partial E \varepsilon_o}{\partial t} = \frac{\partial}{\partial t}\left(\frac{V}{d}\right) \cdot \varepsilon_o$$
$$= \omega \varepsilon_o E = 2\pi f \cdot \varepsilon_o E [\text{A/m}^2]$$
∴ $f = \frac{i_d}{2\pi \varepsilon_o \cdot E} = \frac{2}{2\pi \times 8.85 \times 10^{-12} \times 2} \times 10^{-6}$
≒ 18,000 [MHz]

13
정전응력
$$f = \frac{F}{S} [\text{N/m}^2] = \frac{\rho_s^2}{2\varepsilon_o} = \frac{(2 \times 10^{-6})^2}{2 \times 8.85 \times 10^{-12}} ≒ 0.226$$

14
자계의 에너지밀도
$$W_H = \frac{\sigma^2}{2\mu} = \frac{B^2}{2\mu} = \frac{1}{2} H^2 \mu = \frac{1}{2} HB [\text{J/m}^3]$$

15
바크하우젠 효과(Barkhausen Effect)
자화력이 변할 때 나타나는 자화의 연속적이고 급격한 변화로 강자성체의 자기화가 외부자기장의 증가에 따라 연속적으로 이루어지지 않고 불연속적으로 자속(磁束)이 변화하여 유도전압이 발생하기 때문에 생긴다. 그 원인은 강자성체를 구성하는 결정(結晶)의 내부에 있는 불순물이나 격자결함 때문에 자기 구역벽(磁氣區域壁)의 이동이 방해를 받고, 외부자기장이 강해짐에 따라 방해를 받고 있던 자기 구역벽의 이동이 한꺼번에 일어나기 때문이다.

16
자속밀도 $B = \frac{\phi}{s} = \frac{m}{s} = \frac{m}{4\pi r^2} = \mu \cdot H [\text{Wb/m}^2]$
∴ 자계의 세기 $H = \frac{B}{\mu_o \mu_s} = \frac{50}{4\pi \times 10^{-7} \times 50}$
$$= \frac{10^7}{4\pi} [\text{A/m}]$$

17
정전용량
$$C = \frac{\varepsilon_o \varepsilon_s \cdot s}{d} [\text{F}]$$
$$= \frac{8.85 \times 10^{-12} \times 4 \times \pi \cdot 0.3^2}{0.1 \times 10^{-2}} \times 10^6 = 0.01 [\mu\text{F}]$$
여기서, $s : \pi r^2 [\text{m}^2]$

18
정 n각형 중심자계 $H = \frac{NI \tan\frac{\pi}{n}}{2\pi a}$ (여기서, a : 반지름)
정사각형 한 변의 길이가 l이면 반지름 $a = \frac{\sqrt{2}}{2} l$이다.
∴ $H = \frac{4I \tan\frac{\pi}{4}}{2\pi \cdot \frac{\sqrt{2}}{2} l} = \frac{4I}{\sqrt{2}\pi l} = \frac{2\sqrt{2} I}{\pi l} [\text{AT/m}]$

19
C_1에서 C_2로 전하가 이동하므로 이동하는 전하를 Q라고 하면
• C_1에 분포하는 전하 $Q_1' = Q_1 - Q$
• C_2에 분포하는 전하 $Q_2' = Q_2 + Q$이다.

이때 $V = \dfrac{Q}{C} = \dfrac{Q_1'}{C_1} = \dfrac{Q_2'}{C_2}$ ($\because$ 가는 철사 연결=병렬)

$\therefore \dfrac{Q_1 - Q}{C_1} = \dfrac{Q_2 + Q}{C_2}$

$C_1(Q_2 + Q) = C_2(Q_1 - Q)$

$C_1 Q_2 + C_1 Q = C_2 Q_1 - C_2 Q$

$C_1 Q + C_2 Q = C_2 Q_1 - C_1 Q_2$

$\therefore Q = \dfrac{C_2 Q_1 - C_1 Q_2}{C_1 + C_2} = \dfrac{2 \cdot (-5) - 1 \cdot 2}{1 + 2}$

$\qquad = \dfrac{-12}{3} = -4\,[\mu C]$

20

공기콘덴서 절반만큼 유전체를 채운 경우

$C = \dfrac{2\varepsilon_s}{1 + \varepsilon_s} \cdot C_o = \dfrac{2 \cdot 10}{1 + 10} \cdot 0.03 ≒ 0.055\,[\mu F]$

2과목 전력공학

21

충전용량[kVA]

$\dfrac{Y}{\triangle} = \dfrac{1}{3}\,(Y = \dfrac{1}{3}\triangle)$

$\dfrac{\triangle}{Y} = 3$

22

$E_S = E_R + e$
$\quad = E_R + I \cdot Z$
$\quad = E_R + I \cdot (R + jx)$
$\quad = E_R + I(R\cos + X\sin)$

3상 3선식

$\sqrt{3}\,E_S = \sqrt{3}\,E_R + \sqrt{3}\,I(R\cos\theta + X\sin\theta)$
$V_S ≒ V_R + \sqrt{3}\,I(R\cos\theta + X\sin\theta)\,[V]$

23

가공지선

㉠ 직격뢰, 유도뢰 방지

㉡ 유도장해 방지

㉢ ACSR : 강심 알루미늄 전선

㉣ 차폐각
- 30° : 100[%]
- 45° 이하 : 97[%]

㉤ 차폐각
- 작게 : 보호 효율 우수 − 시설비 고가
- 크게 : 보호 효율 저하 − 시설비 저가

※ 차폐선을 2조로 사용하여 보호율 증가

24

다중접지(3상4선식)는 부하 불평형 시 중성선에 전류가 흘러 손실이 크다.

25

$I_2 = \dfrac{100}{5} = 20\,[A]$

권수비 $a = \dfrac{3{,}300}{100} = 33$

권수비 $a = \dfrac{I_2}{I_1}$ 에서

$I_1 = \dfrac{20}{33} = 0.606\,[A]$

26

$P_c = \dfrac{1}{\cos^2\theta} = \dfrac{2.04}{1.23} = 1.658$

$\quad = \dfrac{1}{0.9^2} = 1.23$

$\quad = \dfrac{1}{0.7^2} = 2.04$

27

- 대지귀로 자기 인덕턴스(L_e) : 1상에서 발생되는 인덕턴스(2.4[mH/km])
- 대지귀로 상호 인덕턴스(L_m) : 다른 상에 발생되는 인덕턴스(1.1[mH/km])

1선 작용 인덕턴스 = 자기 인덕턴스 − 상호 인덕턴스
$\qquad\qquad\qquad\; = 2.4 - 1.1 = 1.3\,[mH/km]$

28
표피효과
전류가 바깥쪽으로 집중되는 현상(주파수가 클수록, 전선 직경이 클수록, 투자율이 클수록)을 말한다.

29
$\delta = \dfrac{P}{V_R^2}(R + X\tan\theta) \times 100$에서

$\delta \propto \dfrac{1}{V^2} = \dfrac{1}{4}$

30
안정도 향상대책
- 선로 또는 기기의 리액턴스를 작게 한다.
- 중간조상방식을 채용한다(송전선로 중간에 동기조상기를 연결).
- 재폐로방식을 채용한다.
- 계통을 연계시킨다.
- 발전기 단락비를 크게 한다.
- 속응여자방식을 채용한다.
- 고속도차단방식을 채용(중간개폐소설치)한다.
- 다회선방식이나 복도체방식을 채용한다.
- 불평형을 줄인다.
- 전압변동을 줄인다.
- 지락전류를 줄인다(고저항접지방식 또는 소호리액터 접지).

31
$X_L = \dfrac{1}{3\omega C} = \dfrac{1}{3 \times 2\pi \times 60 \times 0.5 \times 10^{-6}} \fallingdotseq 1{,}770[\Omega]$

32
배전선로에 정전구간을 최소화하기 위하여 2[km]마다 구분 개폐기를 설치한다.

33
무효전력이 없을 때 최대전력이 발생하므로
$500^2 = \sqrt{500^2 + (-400 + 400)^2}$

34
차단기(CB)용량은 단락전류 크기, 공급 측 전원용량 크기에 결정된다.

35

종류		N_s의 한계값	
펠톤수차		$12 \leq N_s \leq 23$	
프란시스 수차	저속도형	$N_s \leq \dfrac{20{,}000}{H+20} + 30$	65~150
	중속도형		150~250
	고속도형		250~350
사류수차		$N_s \leq \dfrac{20{,}000}{H+20} + 40$	150~250
카플란 수차 프로펠러 수차		$N_s \leq \dfrac{20{,}000}{H+20} + 50$	350~800

36
$R = \dfrac{V}{I} = \dfrac{\dfrac{6{,}600}{\sqrt{3}}}{100} = 38[A]$

37
철탑(탑각)에 매설지선을 설치하여 접지저항을 감소시킴으로써 역섬락을 방지한다.

38
조속기(유량조절)의 폐쇄시간을 짧게 할 경우 수차의 속도 변동률이 작아진다.

39
직렬리액터의 설치 목적
제5고조파를 제거하여 파형을 개선한다.

40
복도체 및 다도체 사이에 스페이서를 설치하여 흡인력에 의한 충돌을 방지한다.

3과목 전기기기

41

무부하입력 $P_i = V_1 I_i$ 이므로, $I_i = \dfrac{P_i}{V_1} = \dfrac{80}{120} = 0.67[A]$

여자전류 $I_o = I_i + I_\phi$ 이므로,

$I_\phi = \sqrt{I_o^2 - I_i^2} = \sqrt{1.4^2 - 0.67^2} = 1.23[A]$

$I_\phi = \dfrac{V_1}{X_o}$ 이므로, $X_o = \dfrac{V_1}{I_\phi} = \dfrac{120}{1.23} ≒ 97.6[\Omega]$

42

직류 서보모터의 기동토크가 교류 서보모터보다 크다.

43

- $V_{U-V} = E_U - E_V = \sqrt{E_U^2 + E_V^2 + E_U E_V \cos 60°}$
  $= \sqrt{3E_U^2} = \sqrt{3}\,E_U = \sqrt{3} \times 70 = 121.2[V]$

- $V_{V-W} = E_V + E_W = \sqrt{E_V^2 + E_W^2 + 2E_V E_W \cos 120°}$
  $= E_V = 70[V]$

- $V_{W-U} = E_W + E_U = \sqrt{E_W^2 + E_U^2 + 2E_W E_U \cos 120°}$
  $= E_W = 70[V]$

44

$E = \dfrac{pz\phi}{a} \times \dfrac{N}{60} = \dfrac{8 \times 960 \times 0.04}{8} \times \dfrac{400}{60} = 256[V]$

45

3상 유도전동기의 최대토크는 회전자 저항과 무관하므로 회전자 저항이 변해도 최대토크는 변하지 않는다.

46

계자전류를 증가시키면 전기자전류는 감소하다가 증가하는데, 최소일 때 역률이 1이다. 전기자전류가 감소상태일 때 뒤진 역률이며, 증가상태일 때 앞선 역률이다.

47

%저항강하 $= \dfrac{I_n r}{V_n} \times 100[\%] = \dfrac{I_n^2 r}{V_n I_n} \times 100[\%]$

$= \dfrac{P_c}{[kVA]} \times 100[\%] = \dfrac{150}{3{,}000} \times 100 = 5[\%]$

48

2차 효율 $\eta_2 = 1 - S = 1 - 0.04 = 0.96 = 96[\%]$

49

2전동기설

같은 축에 회전방향이 서로 반대되는 2개의 전동기가 작용하는 것으로 생각한다.

- ϕ_1 : 전동기회전과 같은 방향의 각속도로 회전
- ϕ_2 : 전동기회전과 반대방향의 각속도로 회전

따라서 역방향 회전자계의 슬립

$S' = \dfrac{N_S - (-N)}{N_S} = \dfrac{N_S + (1-S)N_S}{N_S}$

$= 2 - S = 2 - 0.2 = 1.8$

50

직류발전기를 전동기로 사용하면 전류의 방향이 반대가 되므로 가동복권발전기는 차동복권전동기가 된다.

51

동기발전기 병렬운전 조건

- 기전력의 크기가 같을 것
- 기전력의 위상이 같을 것
- 기전력의 주파수가 같을 것
- 기전력의 파형이 같을 것
- 상회전방향이 같을 것

52

IGBT는 MOSFET의 장점인 높은 임피던스게이트 및 고속스위칭 특성을 가지고 있다.

53

- 주파수와 비례 : 강하, 역률, 효율, 동기속도, 회전자 속도
- 주파수와 반비례 : 손실, 자속밀도, 여자전류, 온도

54

용접용으로 사용되는 직류발전기는 부하전류가 증가하면 단자전압이 낮아지는 특성, 즉 수하특성을 갖추어야 한다.

55
제동권선의 역할
- 동기기의 난조현상 방지
- 부하불평형 시 전압, 전류 파형 개선
- 단락사고 시 이상전압 발생 억제
- 기동토크 발생(동기전동기)

56
$$\frac{P_a}{P_b} = \frac{[kVA]_a}{[kVA]_b} \times \frac{\%Z_b}{\%Z_a} = \frac{400}{300} \times \frac{3.6}{2.4} = 2$$

$$P_b = \frac{P_a}{2} = \frac{400}{2} = 200[kVA]$$

∴ 합성용량 $= P_a + P_b = 400 + 200 = 600[kVA]$

57
입력전압의 (+)반주기 동안에는 S_1, D_1 통전하고, (−)반주기에는 S_2, D_2 통전하여 전파출력되는 혼합브리지회로이다.

58
동기임피던스
$$Z_s = r + jX_s = r + j(X_a + X_l) = \sqrt{r^2 + (X_a + X_l)^2}$$

59
반발유도형
농형권선과 반발전동기의 회전자권선을 기동 시와 운전 중 함께 사용한다.

60
직류전동기의 속도제어법
- 계자제어법
- 저항제어법
- 전압제어법

4과목 회로이론 및 제어공학

61
정상위치편차 $R(s) = \frac{R}{S}$

$$e_{ssp} = \lim_{s \to 0} \frac{S}{1 + G(s)H(s)} R(s) = \lim_{s \to 0} \frac{R}{1 + G(s)H(s)}$$

$$= \frac{R}{1 + \lim_{s \to 0} G(s)H(s)}$$

$$K_p = \lim_{s \to 0} G(s)H(s)$$

62
조작량
$$y(t) = K_p \left[Z(t) + \frac{1}{T_i} \int Z(t) dt \right]$$

$K_p = 4$, $Z(t) = 2t$, $T_i = 4[\sec]$

$$y(t) = 4 \left[2(t) + \frac{1}{4} \int 2(t) dt \right] = 8t + t^2$$

63
$f(t) = \sin \omega t$

오일러 공식을 적용 $\sin \omega t = \frac{e^{j\omega t} - e^{-j\omega t}}{2j}$

$$F(z) = \sum_{K=0}^{\infty} (x(K) \times z^{-K})$$

$$= \sum_{K=0}^{\infty} \left[\frac{e^{j\omega t} - e^{-j\omega t}}{2j} \times z^{-K} \right]$$

$$= \frac{1}{2j} \left[\frac{1}{1 - e^{j\omega t} \cdot z^{-1}} - \frac{1}{1 - e^{-j\omega t} \cdot z^{-1}} \right]$$

$$= \frac{1}{2j} \left[\frac{(e^{j\omega t} - e^{-j\omega t}) z^{-1}}{(1 - e^{j\omega t} \cdot z^{-1})(1 - e^{-j\omega t} \cdot z^{-1})} \right]$$

$$= \frac{1}{2j} \left[\frac{(e^{j\omega t} - e^{-j\omega t}) z^{-1}}{1 - z^{-1}(e^{j\omega t} + e^{-j\omega t}) + z^{-2}} \right]$$

∴ $F(z) = \frac{z^{-1} \sin \omega t}{1 - 2z^{-1} \cos \omega t + z^{-2}}$

$$= \frac{z \sin \omega t}{z^2 - 2z \cos \omega t + 1}$$

64
신호흐름선도(Mason 정리)

$$G = \frac{\sum G_K \Delta_K}{\Delta}$$

$\Delta = 1 - ($서로 다른 루프이득의 합$)$
$\quad = 1 - (L_{11} + L_{21}) = 1 - ((3 \times 4) + (2 \times 3 \times 5)) = -41$

$G_1 = 1 \times 2 \times 3 \times 1 = 6$

여기서, G_1 : 전방경로의 이득

$\Delta_1 = 1$

$G = \dfrac{6 \times 1}{-41} = -\dfrac{6}{41}$

65
루스의 수열

s^4	1	1	2
s^3	2	4	0
s^2	$\dfrac{2-4}{2}$	2	
s^1	$\dfrac{-4-4}{-1}$	0	
s^0	2		

제1열의 부호가 2번 변화되었으므로 불안정

66
$|SI-A|$의 행렬식

$|SI-A| = \begin{bmatrix} S & 0 \\ 0 & S \end{bmatrix} - \begin{bmatrix} 0 & 1 \\ -3 & 4 \end{bmatrix}$

$\quad = \begin{bmatrix} S & -1 \\ 3 & S-4 \end{bmatrix} = s(s-4) - (3) = 0$

특성방정식은 $s^2 - 4s + 3 = 0$

67
근궤적의 가짓수

영점 수와 극점 수의 개수를 비교하여 큰 값이 근궤적의 가짓수이다.
- 영점 수 : $Z = 1$
- 극점 수 : $P = 4$
∴ 근궤적 가짓수는 4개

68

전달함수 $G(s) = \dfrac{V_2(s)}{V_1(s)} = \dfrac{R\,I(s)}{\left(Ls + \dfrac{1}{Cs} + R\right)I(s)}$

$\quad = \dfrac{RCs}{LCs^2 + RCs + 1}$

69
S평면(복도평면)
- 특성근이 좌반부 : 안정
- 특성근이 우반부 : 불안정
- 특성근이 허수 축 : 임계안정

70

$[(AB + A\overline{B}) + AB] + \overline{A}B$
$= A(B + \overline{B}) + B(A + \overline{A}) = A + B$

71

선간전압 V_l, 상전압 V_p, 부하전류 I_l일 때
I_l과 V_p는 동상이지만 V_l과는 30° 위상차가 있으므로
$W = V_l I_l \cos 30° = \dfrac{\sqrt{3}}{2} V_l I_l$에서 $V_l I_l = \dfrac{2W}{\sqrt{3}}$가 된다.

평형 3상이므로 $I_c = I_l = \dfrac{2W}{\sqrt{3}\,V_l} = \dfrac{2W}{\sqrt{3}\,V_{ab}}$ [A]

72

$I_2 = \dfrac{1}{3}(I_a + a^2 I_b + a I_c)$

$\quad = \dfrac{1}{3}((15 + j2) + (1 \angle 240°)(-20 - j14)$
$\qquad + (1 \angle 120°)(-3 + j10))$

$\quad = 1.91 + j6.24$

73
중첩의 원리

27[V] 전압원 기준일 때 6[A] 전류원을 개방하여 20[Ω]에 흐르는 전류 I_1을 구하면

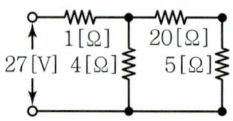

$$I_1 = \frac{4}{4+(20+5)} \times \frac{27}{1+\frac{4(20+5)}{4+(20+5)}} = 0.84[A]$$

6[A] 전류원 기준일 때 27[V] 전압원을 단락하여 20[Ω]에 흐르는 전류 I_2를 구하면

$$I_2 = \frac{5}{5+(\frac{1\times 4}{1+4}+20)} \times 6 = 1.16[A]$$

20[Ω]에 흐르는 전류 $I_0 = 0.84 + 1.16 = 2[A]$
$P = I^2 R = 2^2 \times 20 = 80[W]$

74
RC 직렬에 과도시전류는 $i(t) = \frac{V}{R}e^{-\frac{1}{RC}t}$

라플라스 변환하면 $I(s) = \frac{V}{R}\frac{1}{s+\frac{1}{RC}}[A]$

75
$$I_l = \frac{Q}{\sqrt{3}\, V_l \sin\theta} = \frac{10\times 10^3}{\sqrt{3}\times 100 \times \sqrt{1-0.6^2}} = 72.2[A]$$

76
$$A = \left|\frac{V_1}{V_2}\right|_{I_2=0} = \frac{Z_1+Z_3}{Z_3} = \frac{\frac{1}{Y_1}+\frac{1}{Y_3}}{\frac{1}{Y_3}} = 1+\frac{Y_3}{Y_1}$$

$$C = \left|\frac{I_1}{V_2}\right|_{I_2=0} = \frac{1}{Z_3} = Y_3$$

77
$P_a = \sqrt{P^2+P_r^2} = \sqrt{300^2+400^2} = 500[VA]$

78
$$P = P_1 + P_3 = \left(\frac{100^2}{4^2+3^2}\times 4\right) + \left(\frac{50^2}{4^2+(3\times 3)^2}\times 4\right)$$
$$= 1,600 + 103.1 = 1,703.1[W]$$

79
무손실선로에서 전파속도 $v = \frac{1}{\sqrt{LC}}$

80
$R-C$ 직렬에서 스위치를 닫았을 때

과도시 전류 $i(t) = \frac{E}{R}e^{-\frac{1}{RC}t}$ 이므로

$t=0$에서 전류 $i(t) = \frac{E}{R} = \frac{100}{1,000} = 0.1[A]$

5과목 전기설비기술기준 및 판단기준

81
특고압 가공전선 지표상 높이

160[kV] 이하	160[kV] 초과
산지 : 5[m], 평지 : 6[m]	$5+(34.5-16)\times 0.12 = 7.28[m]$

( ) 안에 소수점 절상하여 19로 할 것

82
특고압 전로의 상 및 접속상태의 표시

- 상별표시 : 발·변전소 또는 이에 준하는 곳의 특고압 전로에 표시한다.
- 모의모선 표시 : 발·변전소 또는 이에 준하는 곳의 특고압 전로에 대하여 표시해야 한다. 단, 2회선의 단일 모선은 제외한다.

83
통신선 높이

	가공통신선	첨가통신선	
		저·고압	특고압
도로횡단 시	5[m] 교통지장이 없는 경우 4.5[m]	6[m]	6[m]
철도횡단 시	6.5[m]	6.5[m]	6.5[m]
횡단보도교 시설 시	3[m]	3.5[m] 케이블 절연전선 : 3[m]	5[m]

84
전압
- 사용전압 : 400[V] 이하(교통신호등 300[V] 이하, 전기울타리 250[V] 이하)
  단, 전광표시, 자동제어, 소세력회로 절연변압기 이용 2차 전압 : 60[V] 이하
- 대지전압 : 300[V] 이하
- 직류전압 : 60[V] 이하

85
전기온상용 발열선
- 대지전압 300[V] 이하
- 발열선의 온도 : 80℃ 이하
- 제3종 접지

86
특고압제 1종 보안공사
- 35.1[kV] 이상, 2차 접근상태
- 지지물 : B종, 철탑(목주, A종은 시설할 수 없다)
- 전선 굵기

100[kV] 미만	300[kV] 미만	300[kV] 이상
55[mm²]	150[mm²]	200[mm²]

87
고압 기계기구의 높이
- 시가지 외 : 4[m]
- 시가지 : 4.5[m]

88
전동기 등 절연내력시험
권선과 대지 사이에 교류시험전압을 연속 10분간 인가한다.

89
지중전선과 약전선 간격
- 약전선-저·고압 : 0.3[m]
- 약전선-특고압 : 0.6[m]

90
고압 옥내배선
케이블공사, 케이블 트레이 공사, 애자사용공사(건조하고 전개된 장소)

91

전력용 콘덴서 분로리액터	500[kVA] 넘고 15,000[kVA] 미만	내부고장, 과전류 시	자동차단 장치
	15,000[kVA] 이상	내부고장, 과전류, 과전압 시	

92
애자사용공사로 저압 접촉전선을 시설할 경우 단면적
전선은 인장강도 11.2[kN] 이상의 것 또는 지름 6[mm]의 경동선으로 단면적이 28[mm³] 이상인 것일 것

93
옥내 네온 방전등의 관등회로 공사-네온 변압기 사용
- 제3종 접지공사
- 애자공사 −1[m] 이하 지지, 조영재 옆면, 아랫면에 시설, 전선상호 6[cm]
- 방전등공사 시 접지공사 생략할 수 있는 2차 단락전류, 동작전류 : 50[mA]

94
가공 직류 절연 귀선은 레일로서 저압가공전선을 기준으로 하여 시설한다.

95
나동복 강선(나전선)은 법령에는 있지만 일반적으로 사용하지 않는다.

96
지지선
철탑을 제외한 지지물의 강도보강
- 2.6[mm] 이상 금속선 3조 이상 꼬아 사용
- 최저 인장하중 4.31[kN]
- 안전율 : 2.5(단, 목주, A종인 경우 1.5)
- 도로횡단 시 5[m] 이상(단, 부득이한 경우 교통지장 우려 없을 시 4.5[m])

- 지중부분 및 지표상 30[cm]까지의 부분에는 내식성이 있는 아연도금을 한 철봉 사용

97
직선형 철탑 사용 시 10기 이하마다 1기씩 내장 애자장치가 되어 있는 철탑 또는 이와 동등 이상의 강도를 가지는 철탑 1기를 시설한다.

98
접지선의 지하 75[cm]로부터 지표상 2[m]까지의 부분은 합성수지관(두께 2[mm] 이상) 또는 몰드로 덮을 것

99
저압가공전선의 굵기
400[V] 이하 : 나전선 - 3.2[mm]
　　　　　　절연전선 - 2.6[mm]
　　　　　　보안공사 - 4.0[mm]

100
건물 철골 접지극 사용 시 케이블공사를 한다.
전기저항 3[Ω] 이하(단, 비접지식전로는 2[Ω] 이하)

정답 전기기사 2020년 4회 기출문제

01	02	03	04	05	06	07	08	09	10
②	②	③	③	①	①	④	①	③	②
11	12	13	14	15	16	17	18	19	20
③	④	③	③	③	④	①	①	④	②
21	22	23	24	25	26	27	28	29	30
④	①	②	①	④	③	②	④	④	②
31	32	33	34	35	36	37	38	39	40
③	④	③	③	③	①	③	①	③	④
41	42	43	44	45	46	47	48	49	50
②	①	③	④	④	③	③	③	④	②
51	52	53	54	55	56	57	58	59	60
②	④	②	④	①	③	②	③	④	②
61	62	63	64	65	66	67	68	69	70
③	④	②	②	②	④	②	①	②	④
71	72	73	74	75	76	77	78	79	80
④	③	④	④	①	①	①	④	③	③
81	82	83	84	85	86	87	88	89	90
②	①	③	③	①	①	④	①	①	④
91	92	93	94	95	96	97	98	99	100
①	③	②	③	④	③	②	②	②	②

1과목　전기자기학

01
환상 솔레노이드 자계
$$H = \frac{NI}{l} = \frac{NI}{2\pi r}$$

02
- $H = \dfrac{I}{2\pi \cdot r} = 180$ (단, $r = 0.1$이면)
  $I = 180 \times 2\pi \times 0.1$
- $H' = \dfrac{I}{2\pi r}$ 에 $r = 0.3$을 대입하면
  $H' = \dfrac{180 \times 2\pi \times 0.1}{2\pi \times 0.3} = 60 [\text{AT/m}]$

03
자화의 세기

$$J = \frac{M}{V} = \frac{m \cdot l}{\pi a^2 \cdot l} \qquad \therefore m = \pi a^2 \cdot J$$

04
비오-사바르 법칙

$$dH = \frac{I \cdot dl}{4\pi r^2} \cdot \sin\theta [\text{AT/m}]$$

05
전파속도

$$V = \frac{\omega}{\beta} = \frac{1}{\sqrt{LC}} = \frac{1}{\sqrt{\varepsilon\mu}} = \frac{3 \times 10^8}{\sqrt{\varepsilon_s \mu_s}} = \lambda f \, [\text{m/sec}]$$

06
영구자석의 재료
- 히스테리시스 특성곡선의 면적이 클 것
- 잔류자기가 클 것
- 보자력이 클 것

07
- 변위전류 밀도

$$i_d = \frac{\partial D}{\partial t} = \frac{\partial}{\partial t} E \cdot \varepsilon = \frac{\partial}{\partial t}\left(\frac{V}{d}\right) \cdot \varepsilon [\text{A/m}^2]$$

- 변위전류 $I_D = i_d \times S$ [A]이므로 유전체와 관련이 있다.

08
$e = Blv\sin\theta$ [V]이고 $v = \dfrac{\text{거리}}{\text{시간}}$ 를 이용하면

$$= 10 \times 4 \times 10^{-2} \times \frac{1}{0.4} \cdot \sin 90° = 1 [\text{V}]$$

09
동축케이블 정전용량

$$C_1 = \frac{2\pi\varepsilon}{\ln\frac{b}{a}} [\text{F/m}]$$

$$C_2 = \frac{2\pi\varepsilon_o 3}{\ln\frac{3b}{3a}} \text{이므로 } C_2 = 3C_1$$

10
푸아송의 방정식

$$\nabla^2 \cdot V = -\frac{e_2}{\varepsilon_o}$$

11
$$F = Q \cdot E = ma$$

$$E = \frac{m}{Q} \cdot a = \frac{10^{-10}}{10^{-8}}(10^2 i + 10^2 j) = i + j$$

12
경계면에 수직으로 전계입사 시 작용하는 힘 $f [\text{N/m}^2]$
단, $\varepsilon_1 > \varepsilon_2$ 일 때

$$f = \frac{1}{2}\left(\frac{1}{\varepsilon_2} - \frac{1}{\varepsilon_1}\right) D^2 [\text{N/m}^2]$$

13
평행도체 사이에 동일방향의 전류가 흐를 때 = 흡인력
평행도체 사이에 반대방향의 전류가 흐를 때 = 반발력

$$F = \frac{\mu_o I^2}{2\pi d} = \frac{2I^2}{d} \times 10^{-7} = 10^{-7} \text{이고, 간격 } d = 2m \text{이면,}$$

$$\therefore I_2 = 1$$

$I = 1[\text{A}]$, 반발력

14
$$L = \frac{N}{I} \cdot \phi = \frac{1}{I^2}\int AJ dv = \frac{1}{I^2}\int BH dv [\text{H}]$$

15
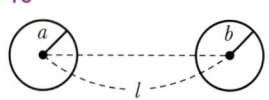

$C_1 = 4\pi\varepsilon a$ [F] $\qquad C_2 = 4\pi\varepsilon b$ [F]

$R_1 = \dfrac{\varepsilon\rho}{C_1} = \dfrac{\varepsilon\rho}{4\pi\varepsilon a} \qquad R_2 = \dfrac{\varepsilon\rho}{C_2} = \dfrac{\varepsilon\rho}{4\pi\varepsilon b}$

$\therefore R = R_1 + R_2 = \dfrac{\rho}{4\pi}\left(\dfrac{1}{a} + \dfrac{1}{b}\right) = \dfrac{1}{4\pi k}\left(\dfrac{1}{a} + \dfrac{1}{b}\right)$

16

$\rho_s = D = E \cdot \varepsilon_o$ 이므로

$= \dfrac{a_x - 2a_y + 2a_z}{\varepsilon_o} \cdot \varepsilon_o = a_x - 2a_y + 2a_z$

$= \sqrt{1^2 + 2^2 + 2^2} = 3$

17

$R = \rho \dfrac{l}{s}$ 에서 체적이 일정하면

$R' = \rho \dfrac{2l}{\frac{s}{2}} = \rho \dfrac{\Delta l}{s}$

18

$B = \mu H = \mu_o \mu_s H = 4\pi \times 10^{-7} \times 400 \times 400 = 0.2$

19

전기회로	자기회로
도전율 $k = \sigma$[℧/m]	투자율 μ[H/m]
기전력 E[V]	기자력 $F = NI$[AT]
전류 I[A]	자속 $\phi = \dfrac{vSNI}{R_m}$[Wb]
저항 $R = \dfrac{l}{ks}$[Ω]	자기저항 $R_m = \dfrac{F}{\phi} = \dfrac{l}{\mu s}$[AT/Wb]
컨덕턴스	퍼미언스

20

$F = 9 \times 10^9 \times \dfrac{Q_1 Q_2}{r^2}$ 에서 $Q_1 = Q_2$, $r = 20\text{cm}$이면

$\therefore 9 \times 10^9 \times \dfrac{Q^2}{0.2^2} = 8.6 \times 10^{-4}$

$Q = \sqrt{\dfrac{8.6 \times 10^{-4} \times 0.2^2}{9 \times 10^9}} ≒ 6.2 \times 10^{-8}$[C]

2과목 전력공학

21

전력원선도에서 구할 수 없는 것
코로나, 과도안정도, 도전율 등

22

부등률
여러 부하가 전력을 동시에 사용하는 정도를 지수로 알 수 있다.

부등률 $= \dfrac{\text{각 개 수용 전력의 합}}{\text{합성 최대 전력}}$

$= \dfrac{\Sigma(\text{설비 용량} \times \text{수용률})}{\text{합성 최대 전력}}$

- 항상 1보다 크다.
- 1일 때 변압기 용량이 최대가 된다.

23

종별	1선당 공급전력	1선당 공급전력비	1φ2W 소요 전선량을 비교
1φ2W	0.5	100[%]	
1φ3W	0.67	133[%]	3/8=37.5[%] 소요
3φ3W	0.57	115[%]	3/4=75[%] 소요
3φ4W	0.75	87[%]	1/3=33.3[%] 소요(가장 작다)

24

3상 차단기 용량

$\sqrt{3}$ (상계수) × 정격전압(회복전압) × 정격차단전류[MVA]

25

차단기 개폐서지
대지전압 4(6)배 이하

- 무부하 송전선로의 개폐(충전 전류) 시 재점호 발생의 우려가 있다.
- 대책 : 차단기 내에 저항기 설치(개폐저항기(S.O.V) 설치)

26
전력용 콘덴서
㉠ 목적 : 역률 개선(90% 이상)
㉡ 역률 개선 시 효과
- 전력손실이 작다.
- 전압강하가 작다.
- 전기요금이 절약된다.
- 설비이용률이 향상된다.

27
- 낙차에 의한 분류 : 수로식, 댐식, 댐수로식, 유역 변경식 발전소
- 유량에 의한 분류 : 유입식, 저수식, 조정지식, 양수식

28
한류 리액터
단락전류를 제한하여 차단기 용량을 줄인다.

29
$$I_S = \frac{100}{\%Z} I_n = \frac{100}{7} \frac{2,000 \times 3}{\sqrt{3} \times 22} = 2,249.48 [A]$$

30
$$L = 0.05 + 0.4605 \log_{10} \frac{2}{0.6 \times 10^{-2}} = 1.21$$

31
$$\text{투과파전압} = \frac{2Z_2}{Z_1 + Z_2} \times \text{입사파전압}$$
$$= \frac{2 \times 1,500}{500 + 1,500} \times 600 = 900 [KV]$$

32
비등수형 원자로는 가압수형 원자로에 비하여 노심 출력이 떨어진다.

33

구분	정상분	역상분	영상분
1선 지락	○	○	○
2선 단락(선간 단락)	○	○	
3선 단락	○		

34
재열기 목적
고압터빈에서 나온 증기를 가열하여 저압터빈에 보내어 효율을 향상시킨다.

35
매설지선
철탑의 접지저항을 작게 하여 역섬락을 방지한다.

36
방사상식, 환상식의 보호계전방식
방향성 계전기 또는 과전류 계전기와 혼합하여 보호한다.

37
전력계통 연계운전 시 경제급전이 가능(연료비 절약)하며 사고 확대, 유도장해 증가, 단락용량이 증가하는 단점이 있다.

38
비접지 방식
- 저전압 단거리에 이용된다.
- 1상 고장 시 V-V 결선이 가능하다.
- $\sqrt{3}$ 배로 전위 상승이 크다.
- 유도 장해가 적다.
- 지락전류가 적다.

39
백분율 임피던스(%Z = %X)
$$\%X = \frac{I_n X}{E(\text{상})} \times 100 = \frac{PX}{10 V^2 (\text{선간})}$$

40
- $5\omega L = \dfrac{1}{5\omega C}$
- $5.2\pi f L = \dfrac{1}{5.2\pi f C}$
- $10\pi f L = \dfrac{1}{10\pi f C}$

$$L = \frac{1}{(10\pi f)^2 C}$$

3과목　전기기기

41
전절권에 비해 합성 유기 기전력이 감소한다.

단절계수 $K_p = \sin\dfrac{\beta\pi}{2}$

여기서, $\beta : \dfrac{\text{코일피치}}{\text{극피치}}$

42
각 군의 임피던스가 용량에 반비례해야 한다.

3상 변압기 병렬운전 조건
- 각 변압기의 극성이 같을 것
- 각 변압기의 퍼센트 임피던스 강하가 같으며 저항과 리액턴스비가 같을 것
- 위상 변위가 같을 것
- 상회전 방향이 같을 것

43
권수비 $a = \dfrac{V_1}{V_2} = \dfrac{210}{105} = 2$

$V_2 = \dfrac{V_1}{a} = \dfrac{200}{2} = 100[\text{V}]$

가극성이므로 $V = V_1 + V_2 = 200 + 100 = 300[\text{V}]$

44
파권
- 병렬 회로 수가 극수에 관계없이 항상 2
- 고전압, 소전류에 적합하다.

45
2상 교류 서보모터의 주권선은 사용주파 또는 일정전압으로 직접 여자되고, 제어권선은 증폭된 입력 신호 전압이 들어가는데, 주권선의 전압에 대한 제어권선 신호전압의 위상으로써 결정되므로 증폭기 내에서 위상을 조정하는 방법을 사용한다.

46
$E = \dfrac{Pz\phi}{a} \times \dfrac{N}{60}$ 에서, 중권이므로 극 수와 병렬 회로 수가 같다.

따라서, $N = \dfrac{E \times 60}{z\phi} = \dfrac{100 \times 60}{500 \times 0.01} = 1{,}200[\text{rpm}]$

47
시라게 전동기는 3상 분권 정류자전동기로서 직류 분권 전동기와 비슷한 정속도 특성을 가지며, 브러시 이동으로 간단하게 속도 제어할 수 있다.

48
안정도 증진법
- 정상 과도 리액턴스를 작게 하고, 단락비를 크게 한다.
- 영상 및 역상 임피던스를 크게 한다.
- 회전자의 관성을 크게 한다.
- 속응여자방식을 채용한다.

49
$T = \dfrac{60}{2\pi} \cdot \dfrac{P}{N} \fallingdotseq 9{,}549.3 \dfrac{P}{N}[\text{N}\cdot\text{m}]$

50
엔진 발전기는 유틸리티 전기를 사용할 수 없는 지역이나 전기가 일시적으로 필요한 곳에서 전기를 공급하는 데 사용한다.

51
6상 반파정류회로는 3상 전파정류회로와 같으므로

$E_d = 1.35E$, 따라서 $E = \dfrac{297}{1.35} = 220[\text{V}]$

52
$E = 4.44f\phi_m N$ 에서

$\phi_m = \dfrac{E}{4.44fN} = \dfrac{60}{4.44 \times 60 \times 200} = 1.126 \times 10^{-3}[\text{Wb}]$

최대자속밀도

$B_m = \dfrac{\phi_m}{A} = \dfrac{1.126 \times 10^{-3}}{10 \times 10^{-4}} = 1.126[\text{Wb/m}^2]$

53
세르비우스 방식
2차 여자 제어방식으로 유도발전기의 2차 전력 일부를 전원으로 회생시키고, 회생전력을 조정해 속도를 제어하는 방식이다.

54

직권 및 복권발전기에서는 직권계자코일에 흐르는 전류에 의하여 병렬운전이 불안정하게 되므로, 균압선을 설치하여 직권계자코일에 흐르는 전류를 분류하게 한다.

55

$$N_s = \frac{120f}{P} = \frac{120 \times 50}{4} = 1,500 \text{[rpm]}$$

$$s = \frac{N_s - N}{N_s} = \frac{1,500 - 1,440}{1,500} = 0.04$$

$$s' = \frac{1,500 - 1,000}{1,500} = 0.333$$

$$\frac{r_2}{s} = \frac{r_2 + R}{s'} \text{에서} \quad \frac{0.02}{0.04} = \frac{0.02 + R}{0.333}$$

$$\therefore R = 0.1465 \text{[}\Omega\text{]}$$

56

직렬종속법 $N_s = \dfrac{120f}{P_1 + P_2}$ 에서,

동기속도는 두 전동기의 극 수의 합과 같은 극 수를 갖는다.

57

GTO는 게이트에 역방향의 전류를 흐르게 하는 것으로 턴오프할 수 있는 기능을 가진 단방향 사이리스터이다.

58

$E = \dfrac{pz\phi}{a} \times \dfrac{N}{60}$ 에서 전압이 일정하면 자속과 속도는 반비례하므로 속도가 4배 증가하면 자속은 $\dfrac{1}{4}$로 감소한다.

59

단락 초기에 전기자 반작용이 순간적으로 나타나지 않아 막대한 과도전류가 흐르고, 수초 후에는 전기자 반작용 리액턴스에 의해 단락전류는 점차 감소되어 영구단락 전륫값에 이르게 된다.

60

$$\frac{\text{자기용량}}{\text{부하용량}} = \frac{V_2 - V_1}{V_2} = \frac{110 - 100}{110} = \frac{1}{11}$$

4과목 회로이론 및 제어공학

61

정상속도 편차

$$e_{ssu} = \lim_{s \to 0} \frac{1}{s + sG(s)} = \frac{1}{\lim_{s \to 0} sG(s)}$$

$$G(s)H(s) = \frac{4(s+2)}{s(s+1)(s+4)} \, (H(s) = 1)$$

$$e_{ssu} = \frac{1}{\lim_{s \to 0} \dfrac{4(s+2)}{(s+1)(s+4)}} = \frac{4}{8} = 0.5$$

속도편차상수 $K_v = \lim_{s \to 0} = \dfrac{4(s+2)}{(s+1)(s+4)} = 2$

62

점근선의 교차점은 실수축에서만 교차한다.

63

루스판별법

s^3	1, 3
s^2	3, $1+K$
s	$\dfrac{9-(1+K)}{3}$, 0
s^0	$1+K$

$K > -1$, $8 - K > 0$, $K < 8$
$-1 < K < 8$

64

z변환

- 초깃값 $e(0) = \lim_{z \to \infty} E(z)$
- 최종값 $e(\infty) = \lim_{z \to 1}(1 - z^{-1})E(z)$

65

$$\frac{C(s)}{R(s)} = \frac{\text{전향경로이득의 합}}{1 - (\text{루프이득})}$$

$$= \frac{12}{1 - (24 + 15)} = \frac{12}{-38}$$

$$= -\frac{6}{19}$$

66

직류이득 $G(s) = \dfrac{10}{s^2+3s+2}\Big|_{s=0} = \dfrac{10}{2} = 5$

67

2차 제어계의 전달함수

$G(s) = \dfrac{\omega_n^2}{s^2+2\delta\omega_n S+\omega_n^2}$

$\omega_n^2 = 25 \quad \omega_n = 5$

$2\delta\omega_n = 6 \quad \delta = \dfrac{6}{2\times 5} = 0.6$

감쇠진동주파수 $\omega = \omega_n\sqrt{1-\delta^2} = 5\sqrt{1-0.6^2}$
$= 5\times 0.8 = 4[\text{rad/sec}]$

68

$Y = \overline{A}BC\overline{D} + \overline{A}BCD + \overline{A}\,\overline{B}C\overline{D} + \overline{A}\,\overline{B}CD$
$= \overline{A}BC(\overline{D}+D) + \overline{A}\,\overline{B}C(\overline{D}+D)$
$= \overline{A}BC + \overline{A}\,\overline{B}C$
$= \overline{A}C(B+\overline{B})$
$= \overline{A}C$

69

① 비례제어 : 정상오차 수반, 잔류편차 발생
② 적분제어 : 잔류편차 제어
③ 미분동작 : 진동억제하여 응답속도(속응성) 개선
④ On-Off 동작 : 2위치제어(가정용 냉장고 온도조절)

70

$[sI-A] = \begin{bmatrix} s & 0 \\ 0 & s \end{bmatrix} - \begin{bmatrix} 0 & 1 \\ -2 & -3 \end{bmatrix} = \begin{bmatrix} s & -1 \\ 2 & s+3 \end{bmatrix}$

$\phi(s) = [sI-A]^{-1} = \dfrac{1}{\begin{bmatrix} s & -1 \\ 2 & s+3 \end{bmatrix}}\begin{bmatrix} s+3 & 1 \\ -2 & s \end{bmatrix}$

$= \dfrac{1}{s^2+3s+2}\begin{bmatrix} s+3 & 1 \\ -2 & s \end{bmatrix}$

$= \begin{bmatrix} \dfrac{s+3}{(s+1)(s+2)} & \dfrac{1}{(s+1)(s+2)} \\ \dfrac{-2}{(s+1)(s+2)} & \dfrac{s}{(s+1)(s+2)} \end{bmatrix}$

$\therefore \phi(t) = \mathcal{L}^{-1}\{[sI-A]^{-1}\}$
$= \begin{bmatrix} 2e^{-t}-e^{-2t} & e^{-t}-e^{-2t} \\ -2e^{-t}+2e^{-2t} & -e^{-t}+2e^{-2t} \end{bmatrix}$

71

$\cos\theta = \dfrac{P}{Pa} = \dfrac{W_1+W_2}{2\sqrt{W_1^2+W_2^2-W_1W_2}}$

$= \dfrac{2.84+6}{2\sqrt{2.84^2+6^2-2.84\times 6}}$

$= \dfrac{8.84}{10.397} = 0.85$

72

$I_o = \dfrac{1}{3}(I_a+I_b+I_c)$

$= \dfrac{1}{3}\{(25+j4)+(-18-j16)+(7+j15)\}$

$= \dfrac{1}{3}(14+j3)$

$= 4.67+j$

73

출력비 $\dfrac{\sqrt{3}P}{3P} = 0.577 = 57.7[\%]$

74

$Z_o = \sqrt{\dfrac{Z}{Y}}$

76

$Z(s) = \dfrac{(1+2s)\dfrac{2}{S}}{(1+2s)+\dfrac{2}{S}} = \dfrac{2(2s+1)}{2s^2+s+2}$

77

일만의 정리

$V_{ab} = \dfrac{\dfrac{9}{3}+\dfrac{12}{6}}{\dfrac{1}{3}+\dfrac{1}{6}} = 10$

78

$I_5 = \dfrac{V_5}{Z_5} = \dfrac{40/\sqrt{2}}{\sqrt{4^2+(5\times 1)^2}} = 4.4$

79
브리지 회로 평형 조건

$R_1 R_2 = SL \dfrac{1}{SC}$

$L = R_1 R_2 C$

80

$\mathcal{L}[t^n] = \dfrac{n!}{S^{n+1}}$

5과목 전기설비기술기준 및 판단기준

81
고압용 Fuse
- 포장 : 정격전류에 1.3배 견디고, 2배에서 120분 내 용단
- 비포장 : 정격전류에 1.25배 견디고, 2배에서 2분 내 용단

82
옥내에서 나전선을 사용할 수 있는 경우
㉠ 애자 사용 공사에 의하여 전개된 곳에 다음의 전선을 시설하는 경우
  - 전기로용 전선
  - 전선의 피복 절연물이 부식하는 장소에 시설하는 전선
  - 취급자 이외의 자가 출입할 수 없도록 설비한 장소에 시설하는 전선
㉡ 버스덕트공사에 의하여 시설하는 경우
㉢ 라이팅덕트공사에 의하여 시설하는 경우
㉣ 트롤리선과 같이 접촉전선을 시설하는 경우

83
고압 및 특고압 가공전선로의 가공지선
- 가공지선 : 뇌해방지
- 고압 : 지름 4[mm]
- 특별고압 : 지름 5[mm]

84
병행, 공용, 삭도는 제2종 특고압 보안공사를 한다.

85
- FD : 동축케이블
- F : 정격전류 10[A] 이하의 포장 퓨즈
- DR : 전류 용량 2[A] 이상의 배류 선륜
- L_1 : 교류 300[V] 이하에서 동작하는 피뢰기
- L_2 : 동작 전압이 교류 1,300[V]를 초과하고 1,600[V] 이하로 조정된 방전갭
- L_3 : 동작 전압이 교류 2,000[V]를 초과하고 3,000[V] 이하로 조성된 구상 방전갭
- S : 접지용 개폐기
- CF : 결합 필터
- CC : 결합 커패시터(결합 안테나를 포함한다)
- E : 접지

86
수소냉각식 발전기 등의 시설
- 발전기 또는 무효전력 보상장치는 기밀구조(氣密構造)의 것이고 또한 수소가 대기압에서 폭발하는 경우에 생기는 압력에 견디는 강도를 가지는 것일 것
- 수소의 순도가 85[%] 이하로 저하한 경우에 이를 경보하는 장치를 시설할 것
- 압력이 현저히 변동한 경우에 이를 경보하는 장치를 시설할 것
- 온도를 계측하는 장치를 시설할 것
- 대기압에서 폭발하는 경우에 생기는 압력에 견디는 강도의 것일 것
- 유리제의 점검 창 등은 쉽게 파손되지 아니하는 구조로 되어 있을 것

87
지지물 간 거리의 제한

특고압 제1종	특고압 제2종
목주 A종 지지물 시설금지	100[m]
150[m]	200[m]
400[m]	400[m]
150[mm²] 이상 경동연선 사용 시 지지물 간 거리를 늘릴 수 있다.	95[mm²] 이상 경동연선 사용 시 지지물 간 거리를 늘릴 수 있다.

88
전기 울타리의 시설
250[V] 이하 : 사람 출입이 적은 곳에 시설
① 전선굵기 : 인장강도 1.38[kN] 이상 또는 2.0[mm] 이상 경동선
② 전선과 수목간격 : 30[cm]
③ 전선과 지지하는 기둥과의 간격 : 2.5[cm]

89
전차선로는 무선설비의 기능에 계속적이고 또한 중대한 장해를 주는 전파가 생길 우려가 있는 경우에는 이를 방지하도록 시설하여야 한다.

90
절연내력 시험전압 : 교류시험전압 연속 10분

구분		배수	최저전압
최대 사용전압	7,000[V] 이하	최대사용전압×1.5배	500[V]
최대 사용전압	60,000[V] 이하	최대사용전압×1.25배	10,500[V]
중성점 비접지	60,000[V] 초과	최대사용전압×1.25배	×
중성점 다중접지	25,000[V] 이하	최대사용전압×0.92배	×
중성점 접지식	60,000[V] 초과	최대사용전압×1.1배	75,000[V]
중성점 직접 접지식	170,000[V] 이하	최대사용전압×0.72배	×
중성점 직접 접지식	170,000[V] 초과	피뢰기 설치 최대사용전압×0.72배 / 피뢰기 없는 경우 최대사용전압×0.64배	×

91
덕트공사는 끝부분을 먼지가 침입하지 못하게 폐쇄해야 한다.

92
특수 전선로
저압·고압 전선로를 교량 윗면에 시설 시 전선의 높이를 교량의 노면상 5[m] 이상으로 하여 시설해야 한다.

93
누설전류의 크기 = $I_m \times \dfrac{1}{2,000}$

여기서, I_m : 최대공급전류

94
전기집진기 전원을 케이블에 넣는 방호장치의 금속제 부분 및 방식 케이블 이외의 케이블의 피복에 사용하는 금속체에는 제1종 접지공사를 할 것. 다만, 사람이 접촉할 우려가 없도록 시설하는 경우에는 제3종 접지공사에 의할 수 있다.

95
지중함의 크기가 1[m³] 이상인 경우 통풍장치를 시설할 것

96
사람이 상시 통행하는 터널 안의 배선의 시설
- 공칭단면적 2.5[mm²]의 연동선과 동등 이상의 세기 및 굵기의 절연전선(옥외용 비닐 절연전선 및 인입용 비닐 절연전선을 제외한다)을 사용하며 애자사용배선에 의하여 시설하고 또한 이를 노면상 2.5[m] 이상의 높이로 할 것
- 전로에는 터널의 입구 가까운 곳에 전용 개폐기를 시설할 것

97
계측장치
- 발전기 : 전압계, 전류계, 전력계, 고정자 및 베어링 온도계
- 특고용 변압기 – 유온 측정용 온도계, 주 변압기 – 전압계, 전류계, 전력계

98
지지물 기초안전율 : 2.0
단, 이상 시 상정하중(전선이 끊김) 철탑인 경우 : 1.33

99
누전차단기
금속제 외함을 가진 기계기구의 사용전압이 50[V]를 초과하는 저압기계기구에 시설

100
비금속제 케이블 트레이는 난연성 재료여야 한다.

정답 전기기사 2021년 1회 기출문제

01	02	03	04	05	06	07	08	09	10
①	②	④	②	②	②	②	④	②	②
11	12	13	14	15	16	17	18	19	20
④	④	②	①	④	②	④	④	③	①
21	22	23	24	25	26	27	28	29	30
③	③	②	③	①	④	④	④	①	②
31	32	33	34	35	36	37	38	39	40
③	④	③	③	③	④	④	④	④	①
41	42	43	44	45	46	47	48	49	50
①	②	②	①	①	①	④	③	④	①
51	52	53	54	55	56	57	58	59	60
①	②	④	③	①	③	③	③	②	③
61	62	63	64	65	66	67	68	69	70
④	②	④	③	①	①	①	③	②	①
71	72	73	74	75	76	77	78	79	80
③	②	④	③	①	②	④	③	②	④
81	82	83	84	85	86	87	88	89	90
②	③	④	②	②	③	①	⑤	②	①
91	92	93	94	95	96	97	98	99	100
③	④	③	①	③	①	②	②	②	④

1과목 전기자기학

01
전속은 유전율이 큰 쪽으로 모이려는 성질이 있다.
$\varepsilon_1 > \varepsilon_2$

02
조건 : 커패시터 내의 전계 일정

에너지 밀도 $W = \dfrac{1}{2}\varepsilon E^2 [\text{J/m}^3]$

ε(유전율)이 클수록 에너지 밀도가 크다.
∴ B > A > D > C

03
$\nabla \cdot i = 0$은 $\text{div}\, i = 0$과 같고 키르히호프 제1법칙을 의미한다.

∴ $\text{div}\, i = 0$, $\sum I = 0$, $\sum$유입$I = \sum$유출I이므로 전류가 흐르지 않는다는 것이 잘못되었다.

04
$\vec{r} = 3a_y + 4a_z$

$|r| = \sqrt{3^2 + 4^2} = 5$

$E = 9 \times 10^9 \times \dfrac{Q}{r^2} = 9 \times 10^9 \times \dfrac{10^{-9}}{5^2} = \dfrac{9}{25}$

∴ $\vec{E} = n|\vec{E}| = \dfrac{\vec{r}}{|r|} \cdot |\vec{E}|$

$= \dfrac{3a_y + 4a_z}{5} \cdot \dfrac{9}{25}$

$= (0.6a_y + 0.8a_z) \cdot \dfrac{9}{25}$

$= 0.216a_y + 0.288a_z$

05
포인팅 벡터 $P' = \dfrac{P}{S} = EH\,[\text{W/m}^2]$

전력 $P = EHS\,[\text{W}]$

$E\sqrt{\varepsilon} = H\sqrt{\mu}$, $E = \sqrt{\dfrac{\mu}{\varepsilon}}\,H$

자유공간(진공) $E = \sqrt{\dfrac{\mu}{\varepsilon_0}}\,H = 377H$

∴ $P = 377H^2 \cdot S$

$H^2 = \dfrac{P}{377S}$

$H = \sqrt{\dfrac{P}{377 \cdot 4\pi r^2}} = \dfrac{1}{2r}\sqrt{\dfrac{P}{377\pi}}$ (단, $P = W$)

∴ $H = \dfrac{1}{2r}\sqrt{\dfrac{W}{377\pi}}$

06
원형 코일 중심축상 자계

$H = \dfrac{a^2 I}{2(a^2 + z^2)^{\frac{3}{2}}}\,[\text{AT/m}]$ 임을 이용하면,

2개의 루프일 때 $H' = 2H = \dfrac{a^2 I}{(a^2 + z^2)^{\frac{3}{2}}} \cdot a_z$

07
직교평면 전하의 영상전하

$$n = \frac{360°}{\theta} - 1 = \frac{360°}{90°} - 1 = 3\text{개}$$

08
$F = QE = ma$이므로 가속도 $a = \dfrac{QE}{m}[\text{m/s}^2]$

$\therefore v = at[\text{m/s}] = \dfrac{QE}{m}t = \dfrac{eE}{m}t[\text{m/s}]$

09
환상 솔레노이드 자계

$\int H dl = \sum NI$에서 $H = \dfrac{NI}{l} = \dfrac{NI}{2\pi r}[\text{N/Wb} = \text{AT/m}]$

10
환상 솔레노이드 인덕턴스

$L = \dfrac{\mu S N^2}{l}[\text{H}]$이므로 권선수의 제곱($N^2$) 및 단면적($S$)에 비례한다.

11
강자성체 $\mu_r \gg 1$: 철, 니켈, 코발트 등

12
정사각형 도체에 전류가 흐를 때 중심점 자계

$H = \dfrac{2\sqrt{2}\,I}{\pi l}[\text{AT/m}]$

여기서, I : 전류, l : 한 변의 길이

13
정전응력 $f = \dfrac{F}{s}[\text{N/m}^2] = \dfrac{1}{2}E^2 \cdot \varepsilon_o$

전계 $E = \dfrac{V}{d}[\text{V/m}]$

$\therefore$ 힘 $F = f \cdot s[\text{N}] = \dfrac{1}{2}\left(\dfrac{V}{d}\right)^2 \cdot \varepsilon_o \cdot s$

$= \dfrac{1}{2}\left(\dfrac{220}{3\times 10^{-2}}\right)^2 \cdot 8.85 \times 10^{-12} \times 30 \times 10^{-4}$

$= 7.139 \times 10^{-7}$

14
속도 $v = \dfrac{1}{\sqrt{LC}} = \dfrac{1}{\sqrt{\varepsilon\mu}} = \dfrac{3\times 10^8}{\sqrt{\varepsilon_s \mu_s}}[\text{m/s}]$이므로

$v = \dfrac{3 \times 10^8}{\sqrt{2 \cdot 2}} = \dfrac{1}{2} \cdot 3 \times 10^8 = \dfrac{1}{2}v_o[\text{m/s}]$

여기서, $v_o = 3 \times 10^8[\text{m/s}]$: 빛의 속도

15
영구자석 재료의 조건
- 보자력이 클 것
- 잔류자기가 클 것
- 히스테리시스 루프의 면적이 클 것

16
분극의 세기 $P[\text{C/m}^2]$

$P = \varepsilon_o(\varepsilon_s - 1)E$

$= D\left(1 - \dfrac{1}{\varepsilon_s}\right) = D - \dfrac{D}{\varepsilon_s} = D - E \cdot \varepsilon_o[\text{C/m}^2]$

17
톰슨 효과

동종(동일)의 금속에서 각 부의 온도가 다르면 그 부분에서 열의 발생 또는 흡수가 일어난다.

18
- 강자성체($\mu_s \gg 1$) : 철, 니켈, 코발트
- 상자성체($\mu_s > 1$) : 알루미늄, 백금, 산소
- 역자성체($\mu_s < 1$) : 은, 구리, 비스무트, 물

19
동심구 도체 정전용량 $C = \dfrac{4\pi\varepsilon ab}{b-a}[\text{F}]$

$R = \dfrac{\varepsilon\rho}{C}$

$\therefore R = \dfrac{\varepsilon\rho}{\dfrac{4\pi\varepsilon ab}{b-a}} = \dfrac{\rho \cdot (b-a)}{4\pi ab}$

$= \dfrac{1.884 \times 10^2 (0.03 - 0.02)}{4\pi \times 0.02 \times 0.03} \fallingdotseq 250[\Omega]$

20

$$\phi = \frac{\mu SNI}{l}$$
$$= \frac{4\pi \times 10^{-7} \times 800 \times 10 \times 10^{-4} \times 600 \times 1}{16\pi \times 10^{-2}}$$
$$= 1.2 \times 10^{-3} [\text{Wb}]$$

2과목 전력공학

21

유황곡선은 유량이 가장 많은 것부터 표현한 것으로 면적 DEB가 만들어지는 부분이 1년간 발전에 필요한 저수지 용량을 뜻한다.

22

구분	설명
반한시성	정반비례 (동작전류가 크면 동작시간이 짧아진다.)
순한시성	즉시(순시) 동작
정한시성	정해진 시간(일정시간) 동작
반한시─정한시성	반한시성, 정한시성의 특성을 지님

23

매설지선은 철탑의 접지저항을 작게 하여 역섬락을 방지한다.

24

$$\delta = \frac{P}{V_R^2}(R + X\tan\theta) \times 100$$
$$0.1 = \frac{P}{60,000^2}\left(10 + 20\frac{0.6}{0.8}\right)$$
$$P = 14,400[\text{kW}]$$

25

주상변압기 1차 측(고압 측)은 컷아웃 스위치(COS), 2차 측(저압 측)은 캐치홀더가 보호한다.

26

%임피던스는 전류가 흐르는 선로 등에서도 사용한다.

27

$$\eta = \frac{860\,W}{mH} \times 100 = \frac{860PT}{B \times 430} = \frac{2P}{B}$$

여기서, $P(P_G)$: 출력, $m(B)$: 시간당 연료소비량

28

$$수용률 = \frac{최대수용전력}{설비용량합계} \times 100$$

29

절탄기(급수펌프) → 보일러 → 과열기 → 터빈 → 복수기(급수펌프)로 순환된다.

30

$$P = 320[\text{kW}]$$
$$P_r = P\tan\theta$$

여기서, P : 유효전력, P_r : 무효전력

$$P_r = 320 \times \frac{0.6}{0.8} = 240 - 140 = 100$$
$$\cos\theta_2 = \frac{320}{\sqrt{320^2 + 100^2}} \times 100 = 95.44[\%]$$

31

동손 $= m^2 \times 동손 \times 시간$
$$= \left[\left(\frac{20}{20}\right)^2 \times 300 \times 14\right] + \left[\left(\frac{10}{20}\right)^2 \times 300 \times 10\right]$$
$$= 4,950[\text{Wh}]$$

철손 $=$ 철손 $\times$ 시간
$$= 100 \times 24 = 2,400[\text{Wh}]$$

총합 손실량 $= 4,950 + 2,400 = 7,350[\text{Wh}]$

32

$$E_S = \omega Ml(3I_0)$$
$$= 2\pi \times 60 \times 0.06 \times 10^{-3} \times 40 \times (3 \times 100)$$
$$= 271.3[\text{V}]$$

33

거리 $L = \dfrac{\text{고장점까지의 정전용량}}{\text{고장 전 정전용량}} = \dfrac{C_x \cdot l}{C}$

34

전력용 퓨즈는 단락전류를 차단하여 기기나 선로를 보호한다.

35

직접접지방식은 1선 지락 시 전위상승이 1.3배 이하 최저가 된다.

36

$\%X = \dfrac{P \cdot X}{10 V^2} = \dfrac{5{,}000 \times 15}{10 \times 23^2} = 14.177[\%] \fallingdotseq 14.18[\%]$

37

전력원선도의 가로축과 세로축은 유효전력과 무효전력을 나타내며 부하에 따라 조상기 용량을 알 수 있다.

38

- 정태 안정극한전력 : 부하가 서서히 증가했을 때 극한전력
- 동태 안정극한전력 : 부하가 갑자기 증가했을 때 극한전력
- 과도 안정극한전력 : 부하가 갑자기 사고가 났을 때 극한전력

39

충전용량(무효전력) Q_r

$Q_r = \omega C V^2$ 에서 전압(V)이 2배가 되면 4배가 되므로 정전용량(C)은 $\dfrac{1}{4}$이 되어야 동일한 용량이 된다.

40

- 1선 지락사고 : 정상분, 역상분, 영상분
- 선간 단락사고 : 정상분, 역상분
- 3상 단락사고 : 정상분

3과목 전기기기

41

$\triangle - Y$ 결선에서 $\triangle - \triangle$ 결선으로 변경하면 2차 측 선간전압이 $\dfrac{1}{\sqrt{3}}$으로 감소한다.

소비전력 $P = \dfrac{V^2}{R}$ 이므로 $P \propto V^2$

즉, 전압의 제곱에 비례한다.

따라서 $P_2 = \left(\dfrac{1}{\sqrt{3}}\right)^2 P_1 = \dfrac{1}{3} \times 15 = 5[\text{kW}]$

42

회전자의 히스테리시스 손실로 인해 회전자 극은 고정자 극에 비하여 뒤쳐진다.

43

계자 철심의 코일에 전류를 흘리면 전자석이 되는데 이를 여자작용이라 한다.

44

사이클로 컨버터는 교류를 다른 크기의 주파수, 전압으로 변경할 수 있는 전력변환기로 교류-교류 변환장치이다.

45

$I_0 = I_i + I_\Phi = \sqrt{I_i^2 + I_\Phi^2}$ 이므로,

$I_\Phi = \sqrt{I_0^2 - I_i^2} = \sqrt{0.15^2 - 0.1^2} \fallingdotseq 0.112[\text{A}]$

$P_i = V_1 I_i$ 에서, $I_i = \dfrac{P_i}{V_1} = \dfrac{330}{3{,}300} = 0.1[\text{A}]$

46

속도에 따른 부하 토크의 변화량이 전동기 토크의 변화량보다 커야 안정적인 운전이 가능하다.(다음 그림에서 C는 전동기의 운전점을 의미함)

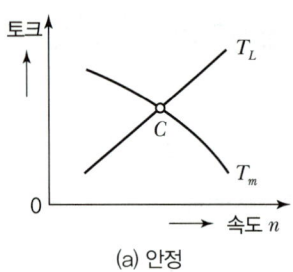

(a) 안정

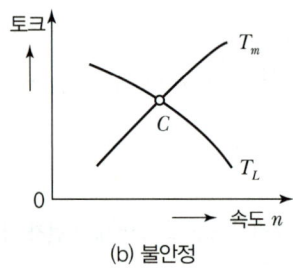

(b) 불안정

47

3상 권선형 유도전동기는 2차 측에 가변저항을 넣어 비례추이를 이용하여 기동 시 기동토크를 크게 하고 기동전류를 제한할 수 있다.

48

$E = \dfrac{PZ\Phi}{a} \times \dfrac{N}{60}$ 에서,

1극당 자속 $\Phi = \dfrac{E \cdot a \cdot 60}{PZN} = \dfrac{600 \times 2 \times 60}{4 \times 250 \times 1,200}$
$= 0.06[\text{Wb}]$

49

고주파 발전기

계자극과 전기자를 함께 고정시키고 그 중앙에 유도자라고 하는 권선이 없는 회전자를 갖춘 것으로 수백~수만[Hz]의 고주파 발전기이다.

50

BJT는 Bipolar Junction Transistor의 약자로 사이리스터가 아닌 트랜지스터이다.

51

3상 유도전동기가 슬립 s로 회전하고 있을 때 2차 유기기전력과 주파수는 슬립의 영향을 받아 각각, $E_{2s} = sE_2$, $f_{2s} = sf_1$이 된다.

52

계기용 변류기는 2차 측 권수비가 매우 작으므로, 개방하면 2차 측에 매우 높은 기전력이 유기되어 권선의 절연 파괴 위험이 크다.

53

계자전류를 무시하므로 전기자 전류 $I_a = I = 50[\text{A}]$
$E = V + I_a r_a = 220 + 50 \times 0.2 = 230[\text{V}]$

54

3상 동기발전기의 병렬운전 시 위상차가 발생하면 한쪽 발전기에서 다른 쪽 발전기로 전력이 공급되는데, 1상당 수수전력 $P_s = \dfrac{E_0^{\,2}}{2Z_s}\sin\theta[\text{W}]$이다.

55

- 출력이 큰 것부터 : ㉣ - ㉢ - ㉡ - ㉠
- 관계 : P는 일정, I_a와 I_f 관계
- 역률 1 ⇒ 과여자 : 전기자 전류 증가(진상), 동기조상기 (콘덴서로 작용)
- 역률 1 ⇒ 부족여자 : 전기자 전류 증가(지상), 동기조상기 (리액터로 작용)
- 계자전류(여자전류)가 변화하면 : 전기자 전류, 역률(부하각)이 변한다.

56

전기자 반작용이 발생하면 주자속은 전기자 전류에 의한 자속의 영향을 받아 자속이 증가하는 증자현상, 또는 자속이 감소하는 감자현상이 발생한다.

57

부하 분담은 용량에 비례하고 %동기임피던스에 반비례한다.

따라서, $\dfrac{I_a}{I_b} = \dfrac{z_b}{z_a} \times \dfrac{P_{an}}{P_{bn}}$ 이 된다.

58

단락권선

부하전류에 의한 직렬 권선의 직각 기자력을 없애, 누설 리액턴스를 줄여 전압강하를 작게 한다.

59

$P_s = \dfrac{3EV}{X_s} \sin\delta$

$= \dfrac{3 \times 6,400 \times 4,000}{10} \times \sin 30° \times 10^{-3}$

$= 3,840 [\text{kW}]$

60

슬립링 간의 저항이 $0.1[\Omega]$이므로

1상의 2차 저항 $r_2 = \dfrac{0.1}{2} = 0.05[\Omega]$이다.

동기속도 $N_s = \dfrac{120f}{P} = \dfrac{120 \times 60}{6} = 1,200 [\text{rpm}]$이므로,

슬립 $s = \dfrac{N_s - N}{N_s} = \dfrac{1,200 - 1,140}{1,200} = 0.05$

따라서, 기동 시 외부저항

$R = r_2\left(\dfrac{1-s}{s}\right) = 0.05\left(\dfrac{1-0.05}{0.05}\right) = 0.95[\Omega]$

4과목 회로이론 및 제어공학

61

점근선의 교차점 : 극점수 $p=4$, 영점수 $z=2$

$\sigma = \dfrac{\sum p - \sum z}{p - z}$

$= \dfrac{(-1-2-4)-(2+3)}{4-2}$

$= \dfrac{-12}{2} = -6$

62

루스 판별법

s^4	2	11	K
s^3	10	5	0
s^2	10	K	0
s	$\dfrac{50-10K}{10}$	0	
s^0	K		

$\dfrac{50-10K}{10} > 0, \ K > 0$

$0 < K < 5$

63

메이슨 정리 $G = \dfrac{G_1 \Delta_1}{\Delta}$

$\Delta = 1 - (\text{서로 다른 루프이득의 합})$
$= 1 - (-cf - bcdg)$
$= 1 + cf + bcdg$

$G_1 = abcde$

$\Delta_1 = 1$ (전방이득과 서로 접촉하지 않은 신호흐름선도)

$\therefore \ G = \dfrac{abcde}{1 + cf + bcdg}$

64

비례적분동작 조작량

$y(t) = K_p\left(x(t) + \dfrac{1}{T_i}\int x(t)dt\right)$

$= 3\left(2t + \dfrac{1}{3}\int 2t \cdot dt\right)$

$= 3\left(2t + \dfrac{1}{3}t^2\right) = t^2 + 6t$

65
드모르간 정리 적용
$\overline{\overline{A}+\overline{B}\cdot\overline{C}} = \overline{\overline{A}+\overline{B+C}} = \overline{A}\cdot(B+C)$

66
전달함수
$\dfrac{C(s)}{R(s)} = \dfrac{\dfrac{5}{s(s+1)}}{1+\dfrac{5}{s(s+1)}} = \dfrac{5}{s(s+1)+5}$

$\dfrac{C(s)}{R(s)} = \dfrac{5}{s^2+s+5}$

$s^2 C(s) + s C(s) + 5 C(s) = 5R(s)$

$\dfrac{d^2}{dt^2}C(t) + \dfrac{d}{dt}C(t) + 5C(t) = 5r(t)$

$\begin{cases} \dot{x}_1(t) = x_2(t),\ x_1(t) = C(t) \\ \dot{x}_2(t) = -5x_1(t) - x_2(t) + 5r(t) \end{cases}$

67
제동계수
- $\delta < 1$: 부족제동(발산)   • $\delta = 1$: 임계제동
- $\delta > 1$: 과제동   • $\delta = 0$: 무제동

68

	초기값	최종값
z변환	$e(0) = \lim\limits_{z\to\infty} E(z)$	$e(\infty) = \lim\limits_{z\to 1}\left(1-\dfrac{1}{z}\right)E(z)$

69
- 속도편차상수 $k_v = \lim\limits_{s\to 0} s\,G(s)$

  $= \lim\limits_{s\to 0} s \cdot \dfrac{200k(1+0.1s)}{s(s+1)(s+2)(1+0.2s)}$

  $= 100k$

- 정상편차 $e_{ssv} = \dfrac{1}{k_v} = \dfrac{1}{100k} = 0.01$

  $\therefore k = 1$

70
전달함수 $\left(\dfrac{C(s)}{R(s)}\right) = G(s) \times \dfrac{1}{1+H(s)} = \dfrac{G(s)}{1+H(s)}$

71
반사파 $= \rho \cdot e = \dfrac{Z_L - Z_0}{Z_L + Z_0} e$

$= \dfrac{1{,}200 - 400}{1{,}200 + 400} \times (20 \times 10^3) = 10[\text{kV}]$

여기서, ρ : 반사계수, e : 입사파(전원 측 전압)

Z_L : 부하 임피던스, Z_0 : 선로 특성 임피던스

72
출력 개방 시 $V_1 = iZ_1 + iZ_3 + iZ_4,\ V_2 = iZ_3$이므로

$A = \dfrac{V_1}{V_2} = \dfrac{iZ_1 + iZ_3 + iZ_4}{iZ_3} = \dfrac{i(Z_1 + Z_3 + Z_4)}{iZ_3}$

$= \dfrac{Z_1 + Z_3 + Z_4}{Z_3}$

73
$F(s) = \dfrac{2s^2 + s - 3}{s(s^2 + 4s + 3)} = \dfrac{2s^2 + s - 3}{s(s+3)(s+1)}$

$= \dfrac{k_1}{s} + \dfrac{k_2}{s+3} + \dfrac{k_3}{s+1}$

$k_1 = \left[\dfrac{2s^2 + s - 3}{(s+3)(s+1)}\right]_{s=0} = \dfrac{-3}{3} = -1$

$k_2 = \left[\dfrac{2s^2 + s - 3}{s(s+1)}\right]_{s=-3} = \dfrac{12}{6} = 2$

$k_3 = \left[\dfrac{2s^2 + s - 3}{s(s+3)}\right]_{s=-1} = \dfrac{-2}{-2} = 1$

$F(s) = -\dfrac{1}{s} + \dfrac{2}{s+3} + \dfrac{1}{s+1}$

$\mathcal{L}^{-1}[F(s)] = \mathcal{L}^{-1}\left[-\dfrac{1}{s} + \dfrac{2}{s+3} + \dfrac{1}{s+1}\right]$

$= -1 + 2e^{-3t} + e^{-t}$

74
영상분은 $3\phi 4w$ 시 Y−Y 결선, 접지 시에만 존재한다.

75
RL 병렬에 서셉턴스의 크기

$|B| = \dfrac{1}{|X_L|} = \dfrac{1}{\omega L} = \dfrac{1}{2\pi \times 10^5 \times 3 \times 10^{-3}}$

$= 5.3 \times 10^{-4}[\mho]$

76

$$Z_a = \frac{Z_{ab} \cdot Z_{ca}}{Z_{ab} + Z_{bc} + Z_{ca}} = \frac{(j6)(4+j2)}{(j6)+(-j8)+(4+j2)}$$

$$= \frac{j24-12}{4} = -3+j6[\Omega]$$

77

RC 병렬에서 S/W OFF일 때

C에 흐르는 전류 $i(t) = C\frac{dv(t)}{dt}$ 이다.

$t=0$에서 모든 전류는 C에 흐르므로

$$i(0^+) = C\frac{dv(0^+)}{dt} = I$$

$$\therefore \frac{dv(0^+)}{dt} = \frac{I}{C}$$

78

중첩의 원리

2[V] 전압원 기준일 때 3[A] 전류원을 개방하므로 폐회로가 되지 않아 $V_{ab} = 0$[V]

3[A] 전류원 기준일 때 2[V] 전압원을 단락하면 V_{ab}에 걸리는 전압은 2[Ω]에 걸리는 전압과 같으므로

$V_{ab} = V_{2\Omega} = IR = 3 \times 2 = 6[\Omega]$

79

5고조파 전류는 sin파형으로 변환하면

$i_5(t) = 5\cos 5\omega t = 5\sin(5\omega t + 90°)$ 이므로

$P_1 = V_1 I_1 \cos\theta_1 = \frac{1}{2} \times 100 \times 20 \times \cos 30° = 866$[W]

$P_3 = V_3 I_3 \cos\theta_3$
$= \frac{1}{2} \times (-50) \times 10 \times \cos(30° - (-30°))$
$= -125$[W]

$P_5 = V_5 I_5 \cos\theta_5$
$= \frac{1}{2} \times 20 \times 5 \times \cos(90° - 45°) = 35.4$[W]

유효전력 $P = P_1 + P_3 + P_5$
$= 866 + (-125) + 35.4$
$= 776.4$[W]

피상전력 $P_a = |V||I|$

$$= \sqrt{\frac{100^2 + 50^2 + 20^2}{2}} \times \sqrt{\frac{20^2 + 10^2 + 5^2}{2}}$$

$$= 1,301.2[VA]$$

역률 $\cos\theta = \frac{P}{P_a} = \frac{776.4}{1,301.2} = 0.597$

$= 59.7[\%]$

80

선로손실 $P_c = 3I^2 R = 50$[W]이므로

$I = \sqrt{\frac{P_c}{3R}} = \sqrt{\frac{50}{3 \times 0.5}} = 5.77$[A]이다.

소비전력 $P = \sqrt{3} VI\cos\theta$에서

$V = \frac{P}{\sqrt{3} I\cos\theta} = \frac{1,800}{\sqrt{3} \times 5.77 \times 0.8} = 225$[V]

5과목 전기설비기술기준

81

- 22.9[kVY] 전력선과 첨가 통신선 : 0.75[m]
- 22.9[kVY] 중성선과 첨가 통신선 : 0.6[m]

82

지중선로는 기설 지중약전류 전선로에 대하여 누설전류, 유도작용에 대하여 통신상 장해방지를 위하여 충분히 이격한다.

83

전격살충기의 시설

전격살충기는 전격격자(電擊格子)가 지표상 또는 마루 위 3.5[m] 이상의 높이에 시설 7,000[V] 이하인 절연변압기를 사용하고 변압기의 1차 측 전로를 자동적으로 차단하는 보호장치를 설치한 것은 지표상 또는 마루 위 1.8[m] 높이까지로 감할 수 있다.

84

사용전압의 구분	울타리의 높이와 울타리로부터 충전부분까지의 거리의 합계 또는 지표상의 높이
35,000 [V] 이하	5 [m]
35,000 [V] 초과 160,000 [V] 이하	6 [m]
160,000 [V] 초과	6[m]에 160,000[V]를 초과하는 10,000[V] 또는 그 단수마다 12[cm]를 더한 값 6[m]+$(X-16) \times 0.12$ 소수 첫째 자리에서 절상한다. X : 전압

154[kV]이므로 6[m]

85
가공전선과 타전력선, 약전선, 안테나, 삭도, 기타 시설물 간격

사용전압의 구분	간격
저압	0.6[m]
	케이블 0.3[m]
고압	0.8[m]
	케이블 0.4[m]
22.9[kV-Y]	나전선 2[m]
	특고압 절연전선 1.5[m]
	삭도 1[m]
	케이블 0.5[m]
60[kV] 이하	2[m]

86
특고압 가공전선 높이 – 시가지

35[kV] 이하	35[kV] 초과
10[m]. 단, 특고압 절연전선 또는 케이블은 8[m] 이상	10(8)+(전압−3.5)×0.12[m]

87
저압 옥내배선에 사용하는 전선 – 굵기 2.5[mm²] 이상 연동선 단, MI(미네랄인슈레이션) 케이블 사용 시 1[mm²]

88
"리플프리 직류"란 교류를 직류로 변환할 때 리플성분의 실 횻값이 10[%] 이하로 포함된 직류를 말한다.

89
사용전압이 저압인 전로에서 정전이 어려운 경우 등 절연저항 측정이 곤란한 경우에는 저항성 누설전류를 1[mA] 이하로 유지하여야 한다.

90
수소냉각식 발전기 등의 시설
- 발전기 또는 무효전력 보상장치는 기밀구조(氣密構造)의 것이고 또한 수소가 대기압에서 폭발하는 경우에 생기는 압력에 견디는 강도를 가지는 것일 것
- 누설된 수소 가스를 안전하게 외부에 방출할 수 있는 장치를 설치할 것
- 수소의 순도가 85 [%] 이하로 저하한 경우에 이를 경보하는 장치를 시설할 것
- 압력이 현저히 변동한 경우에 이를 경보하는 장치를 시설할 것
- 온도를 계측하는 장치를 시설할 것
- 대기압에서 폭발하는 경우에 생기는 압력에 견디는 강도의 것일 것
- 수소를 통하는 관·밸브 등은 수소가 새지 아니하는 구조로 되어 있을 것
- 유리제의 점검 창 등은 쉽게 파손되지 아니하는 구조로 되어 있을 것

91
전선의 규격
전선은 「전기용품안전관리법」의 적용을 받는 것 이외에는 KS 규격에 적합한 것을 사용하여야 한다.
- 450/750[V] 비닐절연전선
- 750[V] 고무절연전선
- 450/750[V] 저독난연 폴리올레핀절연전선

92
전기철도 시설방법
가공방식(가공직류 전차선), 강체복선식, 제3레일 방식

93
1종 금속제 가요전선관은 전개된 장소 또는 점검할 수 있는 은폐된 장소에 적합하다.

94
약전류전선 등 또는 관과의 접근 또는 교차
- 수도관, 약전선, 가스관과 저압과의 간격은 10[cm] 이상
- 수도관, 약전선, 가스관과 고압과의 간격은 15[cm] 이상
- 수도관, 약전선, 가스관과 특고압과의 간격은 60[cm] 이상

95
피뢰기는 밀봉형을 사용하고 유효 보호거리를 증가시키기 위하여 방전개시전압 및 제한전압이 낮은 것을 사용한다.

96
특고압 가공전선로 지지물 간 거리의 제한

지지물	특고압 제1종	특고압 제2종	특고압 제3종	
목주 A종 지지물	목주 A종 지지물 시설금지	100[m]	100[m]	
			38[mm²] 이상 경동연선 사용 시	150[m]
B종 지지물	150[m]	200[m]	200[m]	
			55[mm²] 이상 경동연선 사용 시	250[m]
철탑	400[m]	400[m]	400[m]	
			55[mm²] 이상 경동연선 사용 시	600[m]
전선 굵기	150[mm²] 이상 경동연선 사용 시 지지물 간 거리를 늘릴 수 있다.	95[mm²] 이상 경동연선 사용 시 지지물 간 거리를 늘릴 수 있다.		

38[mm²]는 지지물 간 거리를 늘릴 수 없다.

97
태양광설비에는 전압, 전류 및 전력을 계측하는 장치를 시설하여야 한다.

98
누전차단장치 등의 시설
금속제 외함을 가지는 사용전압이 50[V]를 초과하는 저압의 기계기구로서 사람이 쉽게 접촉할 우려가 있는 곳에 시설할 것. 다만, 다음 각 호에 해당하는 경우에는 그러하지 아니하다.
- 기계기구를 발전소·변전소·개폐소 또는 이에 준하는 곳에 시설하는 경우
- 대지전압이 150[V] 이하인 기계기구를 건조한 장소에 시설하는 경우

99
지지선의 시설
㉠ 철탑은 지지선을 사용하여 그 강도를 분담시켜서는 아니 된다.
㉡ 가공전선로의 지지물에 시설하는 지지선은 다음 각 호에 의하여야 한다.
- 지지선의 안전율은 2.5 이상일 것
  이 경우에 허용 인장하중의 최저는 4.31[kN]으로 한다. (단, 목주, A종인 경우 1.5)
- 지지선에 연선을 사용할 경우에는 다음에 의할 것
  - 소선(素線) 3가닥 이상의 연선일 것
  - 소선의 지름이 2.6[mm] 이상의 금속선을 사용한 것일 것. 다만, 소선의 지름이 2[mm] 이상인 아연도강연선으로서 소선의 인장강도가 0.68[kN/mm²] 이상인 것
- 지중부분 및 지표상 30[cm]까지의 부분에는 내식성이 있는 것 또는 아연도금을 한 철봉을 사용

100
저압전로의 보호도체 및 중성선의 접속방식에 따라 접지계통은 다음과 같이 분류한다.
- TN 계통
- TT 계통
- IT 계통

정답 전기기사 2021년 2회 기출문제

01	02	03	04	05	06	07	08	09	10
④	①	③	③	①	②	③	③	②	②
11	12	13	14	15	16	17	18	19	20
③	③	②	②	④	③	②	①	①	①
21	22	23	24	25	26	27	28	29	30
①	③	④	②	②	①	①	②	④	④
31	32	33	34	35	36	37	38	39	40
③	③	②	②	③	④	①	②	③	②
41	42	43	44	45	46	47	48	49	50
③	④	②	③	①	④	④	③	③	③
51	52	53	54	55	56	57	58	59	60
③	②	①	③	②	②	②	②	①	①
61	62	63	64	65	66	67	68	69	70
④	②	④	②	②	②	④	④	④	②
71	72	73	74	75	76	77	78	79	80
①	③	①	③	④	②	①	②	②	④
81	82	83	84	85	86	87	88	89	90
②	①	③	②	①	③	②	③	①	④
91	92	93	94	95	96	97	98	99	100
①	①	②	④	③	①	③	①	③	①

1과목 전기자기학

01

유전체의 경계면 조건

㉠ 경계면의 접선(수평)성분은 양측에서 전계가 같다.
- $E_{t1} = E_{t2}$: 연속적이다.
- $D_{t1} \neq D_{t2}$: 불연속적이다.

㉡ 경계면의 법선(수직)성분의 전속밀도는 양측에서 같다.
- $D_{n1} = D_{n2}$: 연속적이다.
- $E_{n1} \neq E_{n2}$: 불연속적이다.

㉢ $E_1 \sin\theta_1 = E_2 \sin\theta_2$

㉣ $D_1 \cos\theta_1 = D_2 \cos\theta_2 \rightarrow E_1\varepsilon_1\cos\theta_1 = E_2\varepsilon_2\cos\theta_2$

㉤ $\dfrac{\tan\theta_1}{\tan\theta_2} = \dfrac{\varepsilon_1}{\varepsilon_2}$

㉥ 비례 관계
- $\varepsilon_2 > \varepsilon_1,\ \theta_2 > \theta_1,\ D_2 > D_1$: 비례 관계에 있다.
- $E_1 > E_2$: 반비례 관계에 있다.
  여기서, t는 접선(수평)성분
  n은 법선(수직)성분

02

$V = \dfrac{Q}{4\pi\varepsilon_0 r} = Gr[\text{V}]$ 이므로

$Q = 4\pi\varepsilon_0 r \times Gr$

$= \dfrac{1}{9 \times 10^9} \times 5 \times 10^6 \times 0.03^2$

$= 5 \times 10^{-7}[\text{C}]$

03

감자율 N'의 관계
- 구자성체 $N' = \dfrac{1}{3}$
- 환상 솔레노이드 $N' = 0$

04

단위체적당 축적된 에너지

$W = \dfrac{\sigma^2}{2\varepsilon} = \dfrac{D^2}{2\varepsilon} = \dfrac{1}{2}\varepsilon E^2 = \dfrac{1}{2}ED[\text{J/m}^3]$

05

결합계수 $k = \dfrac{M}{\sqrt{L_1 \cdot L_2}}$ 에서 상호 인덕턴스는

$M = k\sqrt{L_1 \cdot L_2}$ 가 된다.

이때 누설자속이 0인 경우이므로 결합계수 $k = 1$이 된다.
환상 솔레노이드의 자기 인덕턴스 $L \propto N^2$이므로
$L_1 : N_1^2 = L_2 : N_2^2$의 관계가 성립하지만
문제는 2차 측(B)의 인덕턴스를 L_A로 하고, 각각의 권수를 N_A, N_B로 하고 있음에 주의한다.

$\therefore L_1 : N_A^2 = L_A : N_B^2$ 이고 $L_1 = \left(\dfrac{N_A}{N_B}\right)^2 L_A$ 가 된다.

결국, $M = \sqrt{L_1 \cdot L_2} = \sqrt{L_1 \cdot L_A}$

$= \sqrt{\left(\dfrac{N_A}{N_B}\right)^2 L_A \cdot L_A} = \dfrac{N_A L_A}{N_B}$

06
자화의 세기
$$J = \mu_0(\mu_s - 1)H$$
$$= 4\pi \times 10^{-7} \times (350-1) \times 342$$
$$= 0.149 ≒ 0.15 [\text{Wb/m}^2]$$

07
전기력선의 수

진공일 경우 $N_0 = \dfrac{Q}{\varepsilon_0}$ [개]

진공이 아닌 경우 $N = \dfrac{Q}{\varepsilon} = \dfrac{Q}{\varepsilon_0 \varepsilon_s}$ [개]

08
자기저항 $R_m = \dfrac{l}{\mu_0 \mu_s S}$ 이므로

단면적 $S = \dfrac{l}{R_m \mu_0 \mu_s}$
$$= \dfrac{100 \times 10^{-2}}{2.0 \times 10^7 \times 4\pi \times 10^{-7} \times 50}$$
$$= 7.957 \times 10^{-4} ≒ 8 \times 10^{-4} [\text{m}^2]$$

09
플레밍의 오른손 법칙
$$e = Blv\sin\theta = 10 \times 10 \times 10^{-2} \times 30 \times \sin 60°$$
$$= 15\sqrt{3} \text{ [V]}$$

10
전기력선의 성질
- 전하가 없는 곳에서는 전기력선의 발생 및 소멸이 없다.
- 정전하(+)에서 시작해서 음전하(-)에서 끝난다.(불연속)
- 전기력선은 그 자신만으로 폐곡선을 이루지 않는다.
- 임의 점에서의 전계의 방향은 전기력선의 접선방향과 같다.
- 임의 점에서의 전계의 방향은 전기력선의 밀도와 같다.(가우스의 법칙)
- 전기력선은 전위가 높은 점에서 낮은 점으로 향한다.
- 두 개의 전기력선은 서로 반발하며 교차하지 않는다.
- 대전 평형 상태 시 도체 내부의 전하는 0이다.
- 도체 내부 전위와 표면 전위는 같다.
- 전기력선은 도체 표면(등전위면)과 외부에만 존재하며 수직으로 출입한다.
- Q[C]에서 발생하는 전기력선의 총수는 $\dfrac{Q}{\varepsilon_0}$ 개이다.
- 전하 밀도는 곡률이 큰 곳 또는 곡률 반경이 작은 곳에 밀도를 이룬다.
- 서로 다른 매질의 경계면에서는 굴절한다.

11
전자의 원운동
- 전자가 운동하는 자계의 반지름(궤적)

  구심력 = 원심력, $\dfrac{mv^2}{r} = Bev$, $r = \dfrac{mv}{Be}$ [m] $\propto v$

  속도와 반지름은 비례하며 항상 원운동을 한다.

  여기서, e : 전하량[C]
  v : 속도[m/s]
  B : 자속밀도[Wb/m^2]

- 전자의 운동속도 $v = \dfrac{Ber}{m}$ [m/s]

- 각속도 $\omega = \dfrac{v}{r} = \dfrac{Be}{m}$ [rad/s]

- 주파수 $\omega = 2\pi f = \dfrac{Be}{m}$, $f = \dfrac{Be}{2\pi m}$ [Hz]

- 원운동 주기 $T = \dfrac{1}{f} = \dfrac{2\pi m}{Be}$ [sec]

12
전계가 경계면에 접선(평행)으로 진행할 때 경계면에서는 서로 밀어내는 압축응력(흡인력)이 작용한다.

유전율이 $\varepsilon_1 > \varepsilon_2$, $D_1 > D_2$이고 전계가 연속이므로
$$E_{t1} = E_{t2} = E$$
$$f = \dfrac{1}{2}(\varepsilon_1 - \varepsilon_2)E^2 = \dfrac{1}{2}(\varepsilon_1 - \varepsilon_2)\left(\dfrac{V}{d}\right)^2 [\text{N/m}^2]$$

전계와 수직방향으로 압축응력을 받으며 유전율이 큰 쪽에서 유전율이 작은 쪽으로 진행한다.

13
구도체의 정전용량
$$C = \dfrac{Q}{V} = \dfrac{Q}{\dfrac{Q}{4\pi\varepsilon_0 a}} = 4\pi\varepsilon_0 a [\text{F}]$$

14

와전류

도체를 관통하는 자속이 시간적으로 변화를 하거나 자속과 도체가 상대적 운동을 하여 도체 내 자속이 시간적 변화가 일어나면 이 변화를 막기 위해 국부적으로 형성되는 임의의 폐회로를 따라 전류가 유기된다. 이를 패러데이-렌츠 미분형을 이용하여 식으로 표현하면

$\mathrm{rot}\, E = -\dfrac{\partial B}{\partial t}$ 에서 $i = kE[\mathrm{A/m^2}]$를 적용하면

$\mathrm{rot}\, \dfrac{i}{k} = -\dfrac{\partial B}{\partial t}$, $\mathrm{rot}\, i = -k\dfrac{\partial B}{\partial t}$ 가 된다.

이는 자속밀도의 시간적 변화는 물체의 도전율에 비례하며 회전하는 전류를 만들어 낸다는 의미이며 이때 자속 $\phi[\mathrm{Wb}]$는 전류 $i[\mathrm{A}]$보다 90° 빠르다.

와전류 현상을 이용한 제동방법으로는 마그네틱 브레이크가 있다.

15

전기력선의 방정식 $\dfrac{dx}{Ex} = \dfrac{dy}{Ey}$ 에서,

$\dfrac{dx}{\dfrac{2}{x}} = \dfrac{dy}{\dfrac{2}{y}}$ 가 되고 이를 정리하면 $xdx = ydy$가 된다.

이때 양변을 적분하면 $\dfrac{1}{2}x^2 = \dfrac{1}{2}y^2 + C$ 이며,

$x = 3$, $y = 5$이므로 $C = -8$이 됨을 알 수 있다.

∴ $y^2 - x^2 = 16$

16

자계의 실횻값

$E\sqrt{\varepsilon} = H\sqrt{\mu}$ 이므로 $H = \sqrt{\dfrac{\mu_0}{\varepsilon_0}}\, E = \dfrac{1}{377}E$ 이므로

∴ $H = \dfrac{1}{377}E_e = \dfrac{1}{120\pi}E_e[\mathrm{A/m}]$ ($\because 377 = 120\pi$)

17

전위계수에 의한 전위계산

도체 1, 2의 전위를 각각 V_1, V_2라 하고 주어진 수치 A만 1[C]을 대입하면($Q_1 = 1$, $Q_2 = 0$)

$V_1 = P_{11}Q_1 + P_{12}Q_2 = P_{11} = 3[\mathrm{V}]$

$V_2 = P_{21}Q_1 + P_{22}Q_2 = P_{21} = 2[\mathrm{V}]$가 된다.

이때 $P_{21} = P_{12}$이므로 $P_{12} = 2$이다.

이제 두 도체에 $Q_1 = 1[\mathrm{C}]$, $Q_2 = 2[\mathrm{C}]$을 대입하여 V_1의 전위를 구하면 아래와 같다.

$V_1 = P_{11}Q_1 + P_{12}Q_2 = 3 \times 1 + 2 \times 2 = 7[\mathrm{V}]$

18

정사각형 중심 자계 $H = \dfrac{2\sqrt{2}\,I}{\pi l}[\mathrm{AT/m}]$이고,

자속밀도 $B = \mu H$이므로

$B = \mu_0 H = 4\pi \times 10^{-7} \times \dfrac{2\sqrt{2} \times 1}{\pi \times 4}$

$= 2.83 \times 10^{-7}[\mathrm{Wb/m^2}]$

19

단위벡터 $n = \dfrac{\vec{r}}{|\vec{r}|}$ 이고, 거리벡터는 나중 좌표에서 처음 좌표(원점)를 빼는 경우이므로

$\vec{r} = 2a_x - 2a_y + 4a_z$, $|\vec{r}| = \sqrt{2^2 + 2^2 + 4^2} = \sqrt{24}$

∴ $n = \dfrac{2a_x - 2a_y + 4a_z}{\sqrt{24}} = 0.41\,a_x - 0.41\,a_y + 0.82\,a_z$

20

주파수 $f = \dfrac{1}{\lambda\sqrt{\varepsilon\mu}} = \dfrac{3 \times 10^8}{\lambda\sqrt{\varepsilon_s\mu_s}} = \dfrac{3 \times 10^8}{3\sqrt{1}} \times 10^{-6}$

$= 100[\mathrm{MHz}]$

2과목 전력공학

21

경수형 원자로(LWR)

㉠ 연료 : 저농축 우라늄, 경수 냉각, 경수 감속

㉡ 종류
- 가압 수형 원자로(PWR)
- 비등 수형 원자로(BWR) – 열교환기(증기발생기)가 없다.

22

개폐서지(CB)가 6배의 전위상승을 발생하는 경우

무부하 회로차단(개로) = 충전전류 차단(개방)

23
송전용량

- 계수법 이용

$$P_s \fallingdotseq K \frac{V_R^{\,2}}{l}\,[\text{kW}]$$

여기서, K : 계수
V_R : 수전단 전압

- X 이용

$$P_s \fallingdotseq \frac{V_s \cdot V_R}{X}\sin\delta$$

여기서, $\sin\delta$: 부하각(상차각)
V_s : 송전단 전압
X : 리액턴스

24
네트워크 방식의 단점
- 건설비가 비싸다.
- 특별한 보호 장치를 필요로 한다.(네트워크 프로텍트 : 저압차단기, 퓨즈, 전력방향 계전기)
- 감전사고가 증가한다.

25
총 4대(단상변압기 3대와 예비변압기1대)로 변압기를 V결선하여 2뱅크가 가능하다.

$P = \sqrt{3} \times 1$대 용량 $\times 2$뱅크
$\quad = \sqrt{3} \times 500 \times 2 = 1{,}732\,[\text{kVA}]$

26
배전용 변전소 변압기는 154[kV]를 22.9[kV]로 강압하는 변압기가 이용된다.

27
$$P_s = \sqrt{3} \times 정격전압 \times 정격차단전류$$

28
$C = C_s + 3C_m = 0.5096 + (3 \times 0.1295) = 0.8981$

29
40[MVA] 기준

- 선로 리액턴스 $= \dfrac{40 \times 10^3 \times (50 \times 0.6)}{10 \times 110^2} = 9.91$

- 발전기 $= 20[\%] \times \dfrac{40}{20} = 40[\%]$

  ∴ 병렬이므로 $\dfrac{40}{2} = 20[\%]$

총 임피던스는 $9.91 + 20 + 8 = 37.9$

$I_S = \dfrac{100}{\%Z}I_N = \dfrac{100}{37.9} \times \dfrac{40 \times 10^3}{\sqrt{3} \times 110} = 553.96$

30
콘덴서, 리액터, 동기조상기 등 무효전력을 이용하여 전압을 조정한다.

31
$$Q_c = P(\tan\theta_1 - \tan\theta_2) = P\left(\frac{\sin\theta_1}{\cos\theta_1} - \frac{\sin\theta_2}{\cos\theta_2}\right)$$

$$Q_c = 2{,}800\left(\frac{0.6}{0.8} - \frac{\sqrt{1 - 0.9^2}}{0.9}\right) = 744\,[\text{kVA}]$$

32
조류 계산에서는 발전기 모선 중에서 하나만 유효전력 조정용 모선으로 남겨서 유효전력과 전압의 크기를 지정하는 대신에 전압의 크기와 그 위상각을 지정하도록 하고 있다.

33
직격뢰 방호설비
- 가공지선
- 매설지선
- 소호장치(소호환, 소호각)
- 피뢰기

34
밸런서는 단상 3선식에 필요하다.

35
재생 사이클
터빈 팽창 중단에서 일단 증기를 일부만 추출하여 급수가열기에 공급한다.

36

송전단 전력 = 수전단전력(P) + 전력손실(P_L)

$$P_L = 2I^2R = 2\left(\frac{P^2 \times 10^6}{V^2\cos^2\theta}\right)R \times 10^{-3}$$

$$= 2\left(\frac{P^2 \times 10^3}{V^2\cos^2\theta}\right)R$$

따라서, 송전단 전력 = $P + 2\left(\frac{P^2 \times 10^3}{V^2\cos^2\theta}\right)R$

37

직접접지방식은 1선 지락 시 전위 상승이 낮기 때문에 중성점 전압이 0에 가까우므로 단절연이 가능하다.

38

변압기 용량[kVA] = $\dfrac{\text{개별 최대전력의 합}}{\text{부등률} \times \text{역률}}$

$= \dfrac{(3 \times 3) + (5 \times 6)}{1.3 \times 1} = 30$

39

단로기

무부하 시 회로가 개폐되므로 부하전류 차단 능력이 없다.

40

복도체 사용목적
- 코로나 발생 방지
- L값 감소, C값 증가로 송전용량 증가
- 안정도 우수, 전위경도 감소

3과목 전기기기

41

직류 직권 전동기의 토크는 부하전류의 제곱에 비례하고 속도의 제곱에 반비례한다.

$\tau \propto I^2 \propto \dfrac{1}{N^2}$

42

3상 교류 전동기의 회전방향을 바꾸려면 입력 전원 3선 중 2선의 접속을 바꾼다.

43

$N_s = \dfrac{120f}{P}$ 이므로 동기속도와 극수는 반비례한다.

44

$\tau = 9.55 \times \dfrac{P}{N} = 9.55 \times \dfrac{E_c \times I_a}{N}[\text{N}\cdot\text{m}]$ 이므로,

$I_a = \dfrac{\tau \times N}{9.55 \times E_c} = \dfrac{158.76 \times 1{,}200}{9.55 \times 200} ≒ 100[\text{A}]$

45

일반적인 DC 서보모터는 센서로부터 입력되는 데이터를 이용하여 속도, 위치, 토크 등을 제어할 수 있다.

46

중권이므로 병렬회로수는 극수와 같다. ($a = P = 4$)

각 병렬회로에 흐르는 전기자 전류 $I_a' = \dfrac{I_a}{P} = \dfrac{40}{4} = 10[\text{A}]$

47

출력전압 $V_o = \dfrac{1}{1-D} \times V_∈ = \dfrac{1}{1-0.6} \times 45 = 112.5[\text{V}]$

여기서, D : 듀티비

48

병렬 운전하기 위해서는 주파수가 같아야 하므로, 8극 발전기의 주파수를 구하면

$N_s = \dfrac{120f}{P}$ 에서 $f = \dfrac{N_s P}{120} = \dfrac{900 \times 8}{120} = 60[\text{Hz}]$

$N_s' = \dfrac{120 \times 60}{6} = 1{,}200[\text{rpm}]$

49

임피던스 전압이란 변압기 2차 측을 단락한 상태에서 1차 측에 정격전류가 흐르도록 1차 측에 인가하는 전압으로, 변압기 내의 임피던스 전압강하를 나타낸다.

50

단상 반발 전동기 종류
아트킨손형 전동기, 데리전동기, 톰슨전동기

51

$P_e = k(f \cdot t \cdot B)^2$ 이므로, 와전류 손실은 자속밀도의 제곱에 비례한다.

52

$P = \sqrt{3} \, VI\cos\theta \cdot \eta$ 에서 전부하전류

$I = \dfrac{P}{\sqrt{3} \, V\cos\theta \cdot \eta} = \dfrac{10 \times 10^3}{\sqrt{3} \times 380 \times 0.85^2} \fallingdotseq 21\,[\text{A}]$

53

변압기의 전압 변동률을 구하기 위해서는 단락시험과 개방회로시험(무부하시험)이 필요하다.

54

$s = \dfrac{N_s - N}{N_s}$ 이므로, 역회전 슬립

$s' = \dfrac{N_s - (-N)}{N_s} = \dfrac{N_s + N}{N_s} = \dfrac{N_s + (1-s)N_s}{N_s}$

$= \dfrac{2N_s - sN_s}{N_s} = 2 - s$

55

$\tau_s = 1.8\tau$ 이고, 3상 유도전동기의 토크는 전압의 제곱에 비례하므로

기동토크 $\tau_s' = \left(\dfrac{2}{3}\right)^2 \tau_s = \dfrac{4}{9} \times 1.8\tau = 0.8\tau$

56

$P_e = k(f \cdot t \cdot B)^2$ 이므로, 와전류 손실은 철심의 규소강판 두께의 2승에 비례한다.

57

출력 $10\,[\text{HP}] = 7,460\,[\text{W}]$

12극, 50[Hz] 3상 유도전동기의 동기속도

$N_s = \dfrac{120f}{P} = \dfrac{120 \times 50}{12} = 500\,[\text{rpm}]$

회전자 입력 $P_2 = P_o + P_{2c} = 7,460 + 350 = 7,810\,[\text{W}]$

$P_{2c} = sP_2$ 에서 슬립 $s = \dfrac{P_{2c}}{P_2} = \dfrac{350}{7,810} = 0.045$

따라서, 회전자 속도 $N = (1-s)N_s$
$= (1 - 0.045) \times 500$
$\fallingdotseq 478\,[\text{rpm}]$

58

누설 리액턴스 $X_l = \omega L$ 에서, 인덕턴스 $L = \dfrac{\mu A N^2}{l}$ 이므로 권수 N^2 에 비례한다.

59

동기발전기를 병렬운전하기 위해서는 기전력의 크기, 위상, 주파수, 파형, 상회전 방향이 같아야 한다.

60

- 과전압 방지 : 다이오드를 직렬로 추가
- 과전류 방지 : 다이오드를 병렬로 추가

4과목 회로이론 및 제어공학

61

$G_c(s) = \dfrac{s^2 + 3s + 5}{2s} = \dfrac{s^2}{2s} + \dfrac{3s}{2s} + \dfrac{5}{2s}$

$= \dfrac{3}{2} + \dfrac{1}{2}s + \dfrac{5}{2s} = \dfrac{3}{2}\left(1 + \dfrac{1}{3}s + \dfrac{1}{\dfrac{3}{5}s}\right)$

$= k_p\left(1 + T_d s + \dfrac{1}{T_i s}\right)$

62

출력 $Y = (A + B) \cdot B = AB + BB = AB + B$
$= B(A + 1) = B$

63

특성방정식 $1+G(s)H(s)=0$

$1+\dfrac{k}{s(s+1)^2}=0$

$s(s+1)^2+k=0$

$s^3+2s^2+s+k=0$

s^3	1	1
s^2	2	k
s	$\dfrac{2-k}{2}$	0
s^0	k	

$2-k>0 \qquad k<2$

$k>0$

$0<k<2$

64

특성방정식 $|sI-A|=0$

$\begin{bmatrix} s & 0 \\ 0 & s \end{bmatrix} - \begin{bmatrix} 0 & 1 \\ -2 & -3 \end{bmatrix} = \begin{bmatrix} s & -1 \\ 2 & s+3 \end{bmatrix}$

$s(s+3)+(-2)=0$

$s^2+3s+2=0$

$(s+1)(s+2)=0$

$s=-1,\ -2$

65

- $\dfrac{C_1}{A}=\dfrac{15}{1+60}$

  $C_1=\dfrac{15}{61}A=\dfrac{15}{61}\times 1=\dfrac{15}{61}$

- $\dfrac{C_2}{B}=\dfrac{5}{1+60}$

  $C_2=\dfrac{5}{61}B=\dfrac{5}{61}\times 1=\dfrac{5}{61}$

- $C=C_1+C_2=\dfrac{15}{61}+\dfrac{5}{61}=\dfrac{20}{61}\fallingdotseq 0.3$

66

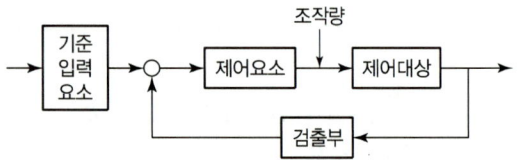

67

$G=\dfrac{\omega_n{}^2}{s^2+2\delta\omega_n s+\omega_n{}^2}=\dfrac{1}{3s^2+4s+1}=\dfrac{\dfrac{1}{3}}{s^2+\dfrac{4}{3}s+\dfrac{1}{3}}$

$\omega_n{}^2=\dfrac{1}{3},\ \omega_n=\dfrac{1}{\sqrt{3}}$

$2\delta\omega_n=\dfrac{4}{3},\ \delta=\dfrac{4}{3}\times\dfrac{1}{2}\times\sqrt{3}=1.15$

∴ 감쇠비(제동비)가 1.15이므로 과제동

68

$\displaystyle\lim_{t\to 0}e(t)=\lim_{s\to\infty}E(z)$		
$f(t)$	$F(s)$	$F(z)$
$\delta(t)$	1	1
$u(t)$	$\dfrac{1}{s}$	$\dfrac{z}{z-1}$
t	$\dfrac{1}{s^2}$	$\dfrac{Tz}{(z-1)^2}$
e^{-at}	$\dfrac{1}{s+a}$	$\dfrac{z}{z-e^{-at}}$

69

제어시스템의 이득 $g[\text{dB}]=20\log_{10}|G(j\omega)|$

$|G(j\omega)|=5\omega|_{\omega=0.02}=0.1=10^{-1}$

$g[\text{dB}]=20\log_{10}10^{-1}=-20[\text{dB}]$

70

전달함수 $T(s)=\dfrac{G(s)K}{1+G(s)H(s)}$

감도 $S_K^T=\dfrac{K}{T(s)}\cdot\dfrac{dT(s)}{dK}$

$=\dfrac{K}{\dfrac{G(s)\cdot K}{1+G(s)H(s)}}\cdot\dfrac{d}{dK}\cdot\dfrac{G(s)K}{1+G(s)H(s)}$

$=\dfrac{1+G(s)H(s)}{G(s)}\cdot\dfrac{G(s)}{1+G(s)H(s)}=1$

71
구동점 임피던스

$$Z(s) = \frac{(R+sL)\frac{1}{sC}}{R+sL+\frac{1}{sC}} = \frac{R+sL}{RsC+s^2LC+1} [\Omega] \cdots (1)식$$

(1)식에 $Z(0) = 1$을 이용하여 $s = 0$을 대입하면
$Z(0) = R = 1[\Omega]$이 된다.
영점이란 분자가 0이 되는 s값으로
$s = -10$과 $R = 1$을 (1)식 분자에 대입하면
$R + sL = 1 - 10L = 0$, $L = 0.1[H]$가 된다.
극점이란 분모가 0이 되는 s값으로
$s = -5 \pm j20$, $R = 1$, $L = 0.1$을 (1)식 분모에 대입하면
$RsC + s^2LC + 1$
$= (1 \times (-5 \pm j20)C + (-5 \pm j20)^2(0.1)C + 1) = 0$
$$C = \frac{-1}{(-5 \pm j20) + (-5 \pm j20)^2(0.1)} = 0.0235[F]$$

72
중첩의 원리

- 6[V] 전압원 기준일 때, 4[A] 전류원을 개방하면 저항 1[Ω]에 흐르는 전류 $I_1 = \frac{6}{1+1} = 3[A]$
- 4[A] 전류원 기준일 때, 6[V] 전압원을 단락하면 저항 1[Ω]에 흐르는 전류 $I_2 = \frac{1}{1+1} \times 4 = 2[A]$
  단, 방향이 반대이므로 $-2[A]$
- $I = I_1 + I_2 = 3 - 2 = 1[A]$

73
톱니파의 실횻값 $V = \frac{V_m}{\sqrt{3}}$, 평균값 $V_a = \frac{V_m}{2}$ 이고

파형률 $= \frac{\text{실횻값}}{\text{평균값}}$ 이므로

$\therefore$ 파형률 $= \frac{\frac{V_m}{\sqrt{3}}}{\frac{V_m}{2}} = \frac{2}{\sqrt{3}} = 1.155$

74
무손실 선로의 특성임피던스

$$Z_0 = \sqrt{\frac{L}{C}} = \sqrt{\frac{7.5 \times 10^{-6}}{0.012 \times 10^{-6}}} = 25[\Omega]$$

$$I = \frac{V}{Z_0} = \frac{100}{25} = 4[A]$$

75
$$V = \sqrt{V_1^2 + V_3^2} = \sqrt{\left(\frac{14.1}{\sqrt{2}}\right)^2 + \left(\frac{7.07}{\sqrt{2}}\right)^2} \fallingdotseq 11.2[V]$$

76
△결선에서

상전류는 $I_p = \frac{V_p}{Z_p} = \frac{200}{4+j3} = 40\angle -36.87°$이므로

선전류는 $I_a = I_l = \sqrt{3} I_p \angle \theta - 30° = 40\sqrt{3} \angle -66.87°$

77
$$L\frac{di(t)}{dt} + (R+r)i(t) = 0$$

$t = 0$에서 $i(0) = \frac{V}{r}$이므로

$$i(t) = \frac{V}{r} e^{-\frac{R+r}{L}t}$$

78
$P_r = \sqrt{3} V_l I_l \sin\theta$
$= \sqrt{3} \times 150 \times 10\sqrt{3} \times 0.6 = 2,700[\text{Var}]$

79
$\mathcal{L}[u(t-1) - u(t-2)] = \frac{1}{s}(e^{-s} - e^{-2s})$

80
$I_0 = \frac{1}{3}(I_a + I_b + I_c)$

$= \frac{1}{3}((15+j2) + (-20-j14) + (-3+j10))$

$= \frac{1}{3}(-8-j2) = -2.67 - j0.67$

5과목 전기설비기술기준

81
케이블 매설깊이
- 압력을 받는 경우 : 1[m] 이상
- 압력을 받지 않는 경우 : 0.6[m] 이상

82
수뢰부시스템을 선정하는 경우 다음에 의한다.
- 돌침, 수평도체, 그물망도체의 요소 중에 한 가지 또는 이를 조합한 형식으로 시설하여야 한다.
- 구성요소로 자연적 구성부재를 이용할 수 있다.

83
지중함 시설기준
- 견고하고 차량, 기타 중량물의 압력에 견딜 수 있을 것
- 안에 고인 물을 제거할 수 있는 구조
- 뚜껑은 시설자 이외의 자가 쉽게 열 수 없도록 할 것

84
매설금속체 측의 누설전류에 의한 전식의 피해가 예상되는 곳은 다음 방법을 고려하여야 한다.
- 배류장치 설치
- 절연코팅
- 매설금속체 접속부 절연
- 저준위 금속체를 접속
- 궤도와의 간격 증대
- 금속판 등의 도체로 차폐

85
합성수지관 공사
- 전선은 절연전선일 것. 단, 옥외용 비닐 절연전선(OW) 제외
- 합성수지관 안에는 전선에 접속점이 없도록 할 것
- 합성수지관 상호 접속 시 커플링을 이용하고 삽입 접속 시에는 투입하는 길이는 관 바깥지름의 1.2배 이상, 접착제 사용 시 0.8배로 견고하게 접속할 것
- 1본의 길이는 4[m]이며 관의 두께는 2[mm] 이상일 것
- 합성수지관의 지지점 간의 거리는 1.5[m]

86
접지극은 다음의 방법 중 하나 또는 복합하여 시설하여야 한다.
- 콘크리트에 매입된 기초 접지극
- 토양에 매설된 기초 접지극
- 토양에 수직 또는 수평으로 직접 매설된 금속전극(봉, 전선, 테이프, 배관, 판 등)
- 케이블의 금속외장 및 그 밖에 금속피복
- 지중 금속구조물(배관 등)
- 대지에 매설된 철근콘크리트의 용접된 금속 보강재. 다만, 강화콘크리트는 제외

87

사용전압	전선의 종류	
특고압	시가지	100[kV] 미만 55[mm²] 이상 인장강도 21.67[kN]
		100[kV] 이상 150[mm²] 이상 인장강도 58.84[kN]
	시가지 외	25[mm²]의 경동연선

88
병행 : 동일한 지지물에 전력선과 전력선을 동시 시설
- 35[kV] 이하 병행간격

전압	표준	케이블 사용 시
저압과 고압 병행	0.5[m]	0.3[m]
22.9[kV-Y] 특고압과 저압 및 고압 병행	1[m]	0.5[m]
35[kV] 이하 특고압과 저압 및 고압 병행	1.2[m]	0.5[m]

- 고압선로는 저압 위로 설치한다.

89
안전 원칙
- 전기설비는 감전, 화재 그 밖에 사람에게 위해(危害)를 주거나 물건에 손상을 줄 우려가 없도록 시설하여야 한다.
- 전기설비는 사용목적에 적절하고 안전하게 작동하여야 하며, 그 손상으로 인하여 전기 공급에 지장을 주지 않도록 시설하여야 한다.
- 전기설비는 다른 전기설비, 그 밖의 물건의 기능에 전기적 또는 자기적인 장해를 주지 않도록 시설하여야 한다.

90

저압 옥내배선에서 10[mm²](Al 16[mm²]) 이하는 연선을 사용하지 않아도 된다.

91

풍력터빈에는 설비의 손상을 방지하기 위하여 운전 상태를 계측하는 다음의 계측장치를 시설하여야 한다.
- 회전속도계
- 나셀(Nacelle) 내의 진동을 감시하기 위한 진동계
- 풍속계
- 압력계
- 온도계

92

전압의 구분
- 저압 : 교류는 1[kV] 이하, 직류는 1.5[kV] 이하인 것
- 고압 : 교류는 1[kV]를, 직류는 1.5[kV]를 초과하고, 7[kV] 이하인 것
- 특고압 : 7[kV]를 초과하는 것

93

나전선의 사용
㉠ 애자 사용 공사에 의하여 전개된 곳에 다음의 전선을 시설하는 경우
  - 전기로용 전선
  - 전선의 피복 절연물이 부식하는 장소에 시설하는 전선
  - 취급자 이외의 자가 출입할 수 없도록 설비한 장소에 시설하는 전선
㉡ 버스 덕트 공사에 의하여 시설하는 경우
㉢ 라이팅 덕트 공사에 의하여 시설하는 경우
㉣ 트롤리선과 같이 접촉 전선을 시설하는 경우

94

특별고압 가공전선로의 시가지 지지물 간 거리는 표에서 정한 값 이하일 것

지지물의 종류	지지물 간 거리
A종 지지물 (목주는 시설할 수 없다)	75[m]
B종 지지물	150[m]
철탑	400[m] (단주인 경우에는 300[m]) 다만, 전선이 수평으로 2 이상 있는 경우에 전선 상호 간의 간격이 4[m] 미만인 때에는 250[m]

95

변전제어소 또는 기술원이 상주하는 장소에 경보자치를 시설하는 경우
- 운전조작에 필요한 차단기가 자동적으로 차단한 경우(차단기가 재폐로한 경우는 제외한다.)
- 주요 변압기의 전원 측 전로가 무전압으로 된 경우
- 제어회로의 전압이 현저히 저하한 경우
- 옥내변전소에 화재가 발생한 경우
- 출력 3,000[kVA]를 초과하는 특고압용 변압기는 그 온도가 현저히 상승한 경우
- 특고압용 타냉색 변압기는 그 냉각장치가 고장 난 경우
- 무효전력 보상장치는 내부에 고장이 생긴 경우

96

기기	용량	사고내용	보호장치
변압기	5,000[kVA] 이상 10,000[kVA] 미만	내부 고장 시	경보장치 자동차단장치
	10,000[kVA] 이상	내부 고장 시	자동차단장치
	타냉식	냉각장치 고장 시	경보장치

97

내장형

전선로의 지지물 양쪽의 경간의 차가 큰 곳에 사용하는 것

98

콘센트는 접지극이 있는 방적형 콘센트를 사용하며 접지하여야 한다.

99

고압 및 특고압 가공전선로의 가공지선

- 가공지선 : 뇌해 방지
- 고압 가공전선로 가공지선은 인장강도 5.26[kN] 이상의 것 또는 지름 4[mm]
- 특별고압 가공전선로에 가공지선은 인장강도 8.01[kN] 이상의 것 또는 지름 5[mm]

100

계측장치

㉠ 발전기 · 무효전력 보상장치
- 전압계, 전류계, 전력계, 고정자 및 베어링 온도계
- 무효전력 보상장치는 동기검정장치 시설. 단, 용량이 현저히 작은 경우 생략한다.

㉡ 변압기
- 특고용 – 유온 측정용 온도계
- 주 변압기 – 전압계, 전류계, 전력계

정답 전기기사 2021년 3회 기출문제

01	02	03	04	05	06	07	08	09	10
③	①	①	②	②	④	③	④	④	④
11	12	13	14	15	16	17	18	19	20
①	④	②	④	②	③	①	①	③	①
21	22	23	24	25	26	27	28	29	30
②	③	③	④	①	④	②	④	③	③
31	32	33	34	35	36	37	38	39	40
②	②	③	④	④	④	①	②	①	②
41	42	43	44	45	46	47	48	49	50
①	①	③	④	②	③	②	③	③	②
51	52	53	54	55	56	57	58	59	60
③	④	④	③	②	④	②	①	④	④
61	62	63	64	65	66	67	68	69	70
④	①	③	②	③	①	②	②	③	④
71	72	73	74	75	76	77	78	79	80
②	④	③	①	①	③	②	③	④	③
81	82	83	84	85	86	87	88	89	90
②	②	②	①	④	②	④	②	③	①
91	92	93	94	95	96	97	98	99	100
④	③	③	④	③	①	②	①	③	③

1과목 전기자기학

01

결합계수 $k = \dfrac{M}{\sqrt{L_1 L_2}}$

02

전류밀도

$$J = \dfrac{I}{S} = \dfrac{\dfrac{V}{R}}{S} = \dfrac{V}{RS}$$

$$= \dfrac{V}{\rho \dfrac{l}{S} \cdot S} = \dfrac{V}{\rho l} = \dfrac{E}{\rho} = \sigma E \, [\text{A/m}^2]$$

이때, 전계 $E = \dfrac{V}{l} [\text{V/m}]$이며, 도전율 $\sigma = \dfrac{1}{\rho} [\mho/\text{m}]$이다.

03

자화의 세기 $J = \dfrac{M}{V}$ [Wb/m²] (단위체적당 쌍극자 모멘트)

모멘트 $M = J \cdot V = J \times \pi r^2 \times l$
$= 0.5 \times \pi \times (1 \times 10^{-2})^2 \times 10 \times 10^{-2}$
$\fallingdotseq 1.57 \times 10^{-5}$ [Wb·m]

04

도체 A에 Q, 도체 B에 $-Q$가 대전된 경우는 내구에 Q의 전하를 주고 외구를 접지한 경우와 동일하다.

$\therefore V = \dfrac{Q}{4\pi\varepsilon_0}\left(\dfrac{1}{a} - \dfrac{1}{b}\right)$ [V]

05

체적당 에너지 $W_E = \dfrac{D^2}{2\varepsilon}$ [J/m³]이므로

유전율 $\varepsilon = \dfrac{D^2}{2 \cdot W_E} = \dfrac{(4.8 \times 10^{-7})^2}{2 \times 5.3 \times 10^{-3}}$
$\fallingdotseq 2.17 \times 10^{-11}$ [F/m]

06

히스테리시스 손실

히스테리시스 곡선을 다시 일주시켜도 항상 처음과 동일하기 때문에 히스테리시스의 면적(체적당 에너지 밀도)에 해당하는 에너지는 열로 소비되고 이것을 히스테리시스 손실이라 한다.

$P_h = \eta f B_m^{1.6}$

07

전속밀도는 경계면에 수직(법선) 성분이 연속이므로 $D_1 = D_2$의 관계가 성립하고 $E_1\varepsilon_1 = E_2\varepsilon_2$이다.

$\therefore 4E_1 = 2E_2$이고 $2E_1 = E_2$와 같다.

00

면적당 작용하는 힘 $f = \dfrac{F}{S} = \dfrac{D^2}{2\varepsilon} = \dfrac{\rho_s^2}{2\varepsilon} = \dfrac{1}{2}E^2\varepsilon$

$= \dfrac{1}{2}\left(\dfrac{V}{d}\right)^2 \varepsilon$ [N/m²]이므로

$F = f \cdot S = \dfrac{1}{2}\left(\dfrac{V}{d}\right)^2 \varepsilon \times S = \dfrac{1}{2}\varepsilon\dfrac{V^2}{d^2}S$ [N]

09

전기회로와 자기회로의 대응관계

전기회로	자기회로
기전력 E [V]	기자력 $F = NI$ [AT = A] $= R_m \cdot \phi$
전류 I [A]	자속 ϕ [Wb]
도전율 $k = \sigma$ [℧/m]	투자율 μ [H/m]
전기저항 $R = \dfrac{E}{I} = \dfrac{l}{kS}$ [Ω]	자기저항 $R_m = \dfrac{F}{\phi} = \dfrac{l}{\mu S}$ [AT/Wb]

기자력의 특징
- SI 단위로 [A] 또는 [AT]을 사용한다.
- 전기회로의 기전력에 대응하는 요소이다.
- 자기회로의 자기저항과 자속의 곱으로 나타낸다.
- 전류와 권수의 곱으로 표현한다.

10

전자파의 전파속도

$v = \dfrac{\omega}{\beta} = \dfrac{1}{\sqrt{LC}} = \dfrac{1}{\sqrt{\varepsilon\mu}} = \dfrac{3 \times 10^8}{\sqrt{\varepsilon_s \mu_s}} = \lambda f$ [m/sec]

11

환상 솔레노이드 자계의 세기

$H = \dfrac{NI}{l} = \dfrac{NI}{2\pi r} = \dfrac{500 \times 4}{2\pi \times 20 \times 10^{-2}} \fallingdotseq 1{,}591$ [AT/m]

12

패러데이관의 성질
- 진전하가 없는 점에서 패러데이관은 연속적이다.
- 패러데이관 양단에 정·부의 단위전하가 있다.
- 패러데이관 내의 전속선 수는 일정하며 패러데이관 한 개의 단위 전위차당 보유에너지는 $\dfrac{1}{2}$ J이다.
- 패러데이관의 밀도는 전속밀도와 같다.

13

전하가 하나밖에 없을 경우 작용하는 힘은 영상분 전하를 생각해야 하므로

$F = \dfrac{Q^2}{16\pi\varepsilon_0 r^2} = \dfrac{4^2}{16\pi\varepsilon_0 2^2} = \dfrac{1}{4\pi\varepsilon_0}$ [N]

14

원의 중심 자계 $H = \dfrac{I}{2r}$ [AT/m] 이므로

반원의 중심 자계 $H = \dfrac{I}{2r} \times \dfrac{1}{2} = \dfrac{I}{4r}$ [AT/m]

15

거리벡터는 나중좌표에서 처음좌표를 빼는 것으로
$\vec{r} = 2\hat{x} - \hat{y}$ 이다.

이때, 거리벡터의 크기 $|\vec{r}| = \sqrt{2^2 + 1^2} = \sqrt{5}$ 가 된다.
두 전하 사이에 작용하는 힘

$$F = \dfrac{Q_1 Q_2}{4\pi\varepsilon_0 r^2} [\text{N}] = 9 \times 10^9 \times \dfrac{-2 \times 10^{-9} \times 1}{(\sqrt{5})^2} = -\dfrac{18}{5} [\text{N}]$$

이고 이를 벡터로 변환하면

$$\vec{F} = n|\vec{F}| = \dfrac{\vec{r}}{|\vec{r}|} \cdot |\vec{F}| = \dfrac{2\hat{x} - \hat{y}}{\sqrt{5}} \cdot -\dfrac{18}{5}$$
$$= -\dfrac{36}{5\sqrt{5}}\hat{x} + \dfrac{18}{5\sqrt{5}}\hat{y}$$

16

$Q = CV$ 에서

$$V = \dfrac{Q}{C} = \dfrac{CV}{\dfrac{1}{\dfrac{1}{C_1} + \dfrac{1}{C_2} + \dfrac{1}{C_3}}}$$

$$= \dfrac{0.01 \times 10^{-6} \times 2 \times 10^3}{\dfrac{1}{\dfrac{10^6}{0.01} + \dfrac{10^6}{0.02} + \dfrac{10^6}{0.04}}} = 3,500 [\text{V}]$$

17

상호 인덕턴스 $M = k\sqrt{L_1 L_2}$ 에서 누설자속이 0이면 $k = 1$ 이므로 $M = \sqrt{L_1 L_2}$ [H]이다.

이때 $L_1 : N_1^2 = L_2 : N_2^2$ 이므로 $N_1^2 L_2 = N_2^2 L_1$

$\therefore L_2 = \left(\dfrac{N_2}{N_1}\right)^2 L_1$ 이고

결국 $M = \sqrt{L_1 L_2} = \sqrt{L_1 \times \left(\dfrac{N_2}{N_1}\right)^2 L_1} = \dfrac{L_1 N_2}{N_1}$ [H]

18

변위전류밀도 $i = \dfrac{\partial D}{\partial t} = \dfrac{\partial E\varepsilon}{\partial t} = \dfrac{\partial}{\partial t}\left(\dfrac{V}{d}\right)\varepsilon$

$$= \varepsilon \dfrac{\partial}{\partial t} \cdot \dfrac{V_m}{d} \sin \omega t [\text{A/m}^2]$$

$\therefore i = \omega\varepsilon \dfrac{V_m}{d} \cos \omega t = \dfrac{\varepsilon\omega V_m}{d} \cos \omega t [\text{A/m}^2]$

19

- 자계 내에 전자가 수직 입사하면 항상 원운동을 한다.
- 궤적(궤도, 반지름) $r = \dfrac{mv}{Be} = \dfrac{mv}{\mu He}$ 이므로, 자계의 세기(H)에 반비례한다.

20

쌍극자 모멘트

$E = \dfrac{M}{4\pi\varepsilon_o r^3}\sqrt{1 + 3\cos^2\theta}$ [V/m]이므로

$\theta = 0°$ 일 때 $\cos 0° = 1$ 로 최대가 된다.

2과목 전력공학

21

환상선로 보호방식 : 방향성 계전기 사용

22

변압기 결선방식이 △-Y 결선이면 비율차동계전기는 위상차를 동일하게 하기 위하여 변류기 결선을 Y-△ 방식으로 한다.

23

구분	조정	안정도
동기조상기	연속 : 진상, 지상	우수
전력용 콘덴서	불연속(계단적) : 진상	관계없음

24

다중접지방식은 지락전류가 매우 커서 계전기 동작이 확실하다.

25

$$D = \frac{WS^2}{8T} = \frac{2 \times 200^2}{8 \times \frac{4,000}{2}} = 5$$

$$\therefore \frac{8D^2}{3S} = \frac{8 \times 5^2}{3 \times 200} = 0.333 = \frac{1}{3}$$

26

복도체 사용목적
- 코로나 발생 방지
- 인덕턴스(L)값 감소, 정전용량(C)값 증가로 송전용량 증가
- 임계전압 증가 및 전위경도 감소

27

전기방식별 비교

전기방식	1선당 전력 비교	중량 비교
$1\phi 2w$	100[%]	1(100[%])
$1\phi 3w$	133[%]	$\frac{3}{8}$ (37.5[%])
$3\phi 3w$	115[%]	$\frac{3}{4}$ (75[%])
$3\phi 4w$	87[%]	$\frac{1}{3}$ (33.3[%])

28

CB정격용량 = $\sqrt{3} \times$ 정격전압 $\times$ 정격차단전류[MVA]

29

역률이 나쁠수록 설치효과가 우수하다.

30

특성 임피던스는 길이에 관계없이 크기가 같다.

31

$$\eta = \frac{860W}{mH} \times 100 = \frac{860 \times 40,000}{60 \times 10^3 \times 860} \times 100 = 66.66[\%]$$

32

$$\frac{Q_2}{Q_1} = \left(\frac{H_2}{H_1}\right)^{\frac{1}{2}} \text{에서 } Q_2 = 20 \times \sqrt{\frac{81}{100}} = 18[\text{m}^3/\text{s}]$$

33

$$P = \frac{V^2}{Z} \text{에서 } Z = \frac{V^2}{P} = \frac{154^2}{3,000} = 7.905$$

34

직접 접지방식은 1선 지락 시 전위 상승이 낮기 때문에 중성점 전압이 0에 가까우므로 단절연이 가능하다.(절연레벨을 낮춘다.)

35

배전선로 보호장치
- 리클로저(Recloser) : 재폐로 기능
- 섹셔널라이저(Sectionalizer) : 후비보호장치와 함께 설치

36

송전선로의 보호 방식
- 전류차동 보호계전 방식
- 전류 위상비교 방식
- 방향 비교 방식

37

임계전압을 크게 하는 방법
- 굵은 전선(반지름)을 사용한다.
- 상대공기밀도를 크게(온도를 낮게, 기압을 높게) 한다.
- 날씨가 맑을수록 임계전압이 크다.
- 전선표면이 매끈할수록 임계전압이 크다.

38

구분	설명
반한시성	정반비례 (동작전류가 크면 동작시간이 짧아진다.)
순한시성	즉시(순시) 동작
정한시성	정해진 시간(일정시간) 동작
반한시-정한시성	반한시성과 정한시성 특성을 지님

39
댐퍼는 전선의 진동 방지 목적으로 사용된다.

40
흐르는 물의 연속성

$A_1 V_1 = A_2 V_2$

$\dfrac{\pi}{4} \times 4^2 \times 4 = \dfrac{\pi}{4} \times 3.5^2 \times V_2$

$\therefore V_2 = 5.22$

3과목   전기기기

41
$N_s = \dfrac{120f}{P} = \dfrac{120 \times 60}{4} = 1,800 [\text{rpm}]$

$s = \dfrac{N_s - N}{N_s} = \dfrac{1,800 - 1725}{1,800} = 0.417$

따라서, 2차 기전력의 주파수
$f_2' = sf_1 = 0.417 \times 60 = 2.5 [\text{Hz}]$

42
변압기 내부보호에 사용하는 계전기는 과전류 계전기, 차동 계전기, 부흐홀츠 계전기, 압력 계전기, 지락방향 계전기 등이 있다.

43
단상 반파 정류회로이므로, $E_d = 0.45E - e$에서

2차 전압의 실횻값 $E = \dfrac{E_d + e}{0.45} = \dfrac{210 + 15}{0.45} = 500 [\text{V}]$

44
동기조상기의 전동기 축은 동력을 전달하는 관계로 비교적 짧다.

45
비돌극 동기발전기의 출력은 $P = \dfrac{EV}{x_s} \sin\delta$이므로 $\sin\delta$가 1일 때 최대 출력이 된다.

단위법에서 구한 $E = \sqrt{\cos^2\theta + (\sin\theta + x_s)^2}$
$= \sqrt{0.8^2 + (0.6 + 0.9)^2} = 1.7 [\text{pu}]$

$P_{\max} = \dfrac{EV}{x_s} = \dfrac{1.7 \times 1}{0.9} = 1.8889 [\text{pu}]$

따라서, 최대 출력 $P_{\max} = 1.8889 \times 10,000 = 18,889 [\text{kW}]$

46
단상 직권 정류자 전동기는 교류, 직류 양용으로 사용되며, 가정용 미싱, 소형 공구, 영사기, 믹서, 의료기구 등에 사용된다.

47
크레머 방식
유도전동기와 직류전동기를 직결하고 유도전동기의 2차 출력을 직류전동기의 입력으로 가하도록 접속한 2차 여자 제어 방식이다.

48
내부특성곡선은 부하전류(I)와 유도기전력(E)의 관계 곡선이다.

49
변압기의 전압변동률 $\varepsilon = \dfrac{V_{20} - V_{2n}}{V_{2n}} \times 100 [\%]$이므로, 인가전압이 일정하면 전압변동률 ε은 무부하 2차 단자전압에 비례한다. ($\varepsilon \propto V_{20}$)

50
- $3n+1$: 기본파 회전방향과 같은 방향(7차, 13차 등)
- $3n-1$: 기본파 회전방향과 반대 방향(5차, 11차 등)

51
직류전동기의 속도제어 방법 중 여자전류를 가감시켜 속도를 제어하는 방법은 계자 제어방식이다.

52
- 철손 : $P_i' = 1 \times 24 = 24 [\text{kW}]$

- 동손 : $P_c' = \left(\frac{1}{2}\right)^2 \times 1.25 \times 8 + 1.25 \times 6 = 10[\text{kW}]$
- 출력 : $P' = \frac{1}{2} \times 100 \times 8 + 100 \times 0.8 \times 6 = 880[\text{kWh}]$

전일효율 $\eta = \dfrac{P'}{P' + P_i' + P_c'} \times 100$

$= \dfrac{880}{880 + 24 + 10} \times 100 \fallingdotseq 96.3[\%]$

53
- 프로니브레이크법 : 소형 전동기의 토크 측정 방법
- 전기동력계법 : 대형 전동기의 토크 측정 방법

54
동기전동기의 극수 $P = \dfrac{120f}{N_s} = \dfrac{120 \times 60}{600} = 12$극이므로,

기동용 유도전동기는 2극이 적은 10극을 사용한다.

55
$N_s = \dfrac{120f}{P}$ 이므로 $N_s \propto f$, $E = 4.44f\phi\omega k_w$ 이므로

$E \propto f \propto N_s$, 즉 전압은 동기속도에 비례한다.

따라서, $E' = \left(\dfrac{N_s'}{N_s}\right)E = 2E = 2 \times 6,000 = 12,000[\text{V}]$

56
3상 변압기를 병렬 운전하기 위해서는 상회전 방향과 위상변위가 같아야 한다.

57
직류 분권전동기의 토크는 부하전류에 비례하므로($\tau \propto I_a$)

$I_a' = \left(\dfrac{\tau'}{\tau}\right)I_a = 2I_a$

58
점성도가 낮아야 한다.

59
- 과전압으로부터 보호 : 다이오드를 직렬로 연결
- 과전류로부터 보호 : 다이오드를 병렬로 연결

60
$E_c = V - I_a r_a$ 에서 $I_a = \dfrac{V - E_c}{r_a}$, 전동기의 역기전력 $E_c = k\phi N$에서 속도에 비례하므로 속도가 증가하면 역기전력이 비례하여 증가하므로 전기자전류는 감소하게 된다.

4과목 회로이론 및 제어공학

61
- 전향경로이득 : $G(s)$
- 루프이득 : $-H_1(s)G(s)$, $-H_2(s)G(s)$

$\dfrac{C(s)}{R(s)} = \dfrac{\sum \text{전향경로이득}}{1 - \sum \text{루프이득}} = \dfrac{G(s)}{1 - [-H_1(s) - H_2(s)]G(s)}$

$= \dfrac{G(s)}{1 + [H_1(s) + H_2(s)]G(s)} = 10$

$G(s) = 10 + 10[H_1(s) + H_2(s)]G(s)$

$G(s)(1 - 10H_1(s) - 10H_2(s)) = 10$

$\therefore G(s) = \dfrac{10}{1 - 10H_1(s) - 10H_2(s)}$

62
특성방정식 $1 + G(s)H(s) = 0$

$1 + \dfrac{2K}{s(s+1)(s+2)} = 0$

$s^3 + 3s^2 + 2s + 2K = 0$

루스법

s^3	1	2
s^2	3	$2K$
s	$\dfrac{6-2K}{3}$	0
s^0	$2K$	

$2K > 0 \quad K > 0$
$6 - 2K > 0 \quad K < 3$
$\therefore 0 < K < 3$

63
특성방정식 $1 + G(s)H(s) = 0$

$1 + \dfrac{K}{s(s+3)(s+4)} = 0$

$s(s+3)(s+4) + K = 0$

$s^3 + 7s^2 + 12s + K = 0$

위 식의 루스배열

s^3	1	12
s^2	7	K
s	$\frac{84-K}{7}$	0
s^0	K	

K의 임계값은 s^1의 제1열 요소를 0으로 놓아 얻을 수 있다.

$\frac{84-K}{7}=0$

$\therefore K=84$

64

① Ks : 미분요소 ② $\frac{K}{s}$: 적분요소

③ K : 비례요소 ④ $\frac{K}{1+Ts}$: 1차 지연요소

65

단위 램프 입력이므로

속도편차 상수 $k_a = \lim\limits_{s \to 0} s\,G(s)$

$G(s) = G_{C1}(s) \cdot G_{C2}(s) \cdot G_{C3}(s)$

$k_a = \lim\limits_{s \to 0} s \frac{20(1+0.1s)}{s(s+1)(s+2)(1+0.2s)} = \frac{20}{2} = 10$

66

$\frac{C(s)}{R(s)} = \frac{전향경로이득}{1-루프이득} = \frac{6}{1-(15+24)} = -\frac{6}{38}$

67

$\lim\limits_{t \to 0} e(t) = \lim\limits_{s \to \infty} E(z)$		
$f(t)$	$F(s)$	$F(z)$
$\delta(t)$	1	1
$u(t)$	$\frac{1}{s}$	$\frac{z}{z-1}$
t	$\frac{1}{s^2}$	$\frac{Tz}{(z-1)^2}$
e^{-at}	$\frac{1}{s+a}$	$\frac{z}{z-e^{-at}}$

68

드모르간 정리

$Y = \overline{\overline{AB} \cdot \overline{CD}} = \overline{\overline{AB}} + \overline{\overline{CD}} = AB + CD$

69

$|sI-A| = 0 \quad A = \begin{bmatrix} 0 & -3 \\ 2 & -5 \end{bmatrix}$

$\begin{bmatrix} s & 0 \\ 0 & s \end{bmatrix} - \begin{bmatrix} 0 & -3 \\ 2 & -5 \end{bmatrix} = \begin{bmatrix} s & 3 \\ -2 & s+5 \end{bmatrix}$

특성방정식 $s(s+5)-(-6) = 0$

$s^2 + 5s + 6 = 0$

$(s+2)(s+3) = 0$

특성방정식의 근 $s = -2, -3$

70

$G(j\omega) = \frac{1}{j100\omega}\bigg|_{\omega=1.0} = \frac{1}{j100}$

• 크기 $|G(j1)| = \frac{1}{100} = 10^{-2}$

• 위상각 $\theta = \frac{\angle 0°}{\angle 90°} = -90°$

• 이득[dB] $= 20\log 10^{-2} = -40$[dB]

71

$F(s) = \mathcal{L}[f(t)] = \int_0^1 t e^{-st} dt + \int_1^2 (2-t) e^{-st} dt$

$= \left[t \cdot \frac{e^{-st}}{-s} \right]_0^1 + \frac{1}{s} \int_0^1 e^{-st} dt$

$\quad + \left[(2-t) \cdot \frac{e^{-st}}{-s} \right]_1^2 - \frac{1}{s} \int_1^2 e^{-st} dt$

$= \frac{1}{s} e^{-s} - \frac{1}{s^2} e^{-s} + \frac{1}{s^2} + \frac{1}{s} e^{-s}$

$\quad + \frac{1}{s^2} e^{-2s} - \frac{1}{s^2} e^{-s}$

$= \frac{1}{s^2} (1 - 2e^{-s} + e^{-2s})$

72

무손실 선로는 $R = G = 0$인 선로로서

$Z_0 = \sqrt{\frac{Z}{Y}} = \sqrt{\frac{R+j\omega L}{G+j\omega C}} = \sqrt{\frac{L}{C}}$

73

$$I_3 = \frac{V_3}{Z_3} = \frac{V_3}{R+j3\omega L} = \frac{\frac{200\sqrt{2}}{\sqrt{2}}}{8+j3\cdot 2}$$
$$= \frac{200}{\sqrt{8^2+6^2}} = 20[\text{A}]$$

74

최대 전력 공급 조건

$Z_L = Z_g{}^*$

$\therefore\ Z_g = 0.3+j2+1.1+j3 = 1.4+j5[\Omega]$

$Z_g{}^* = 1.4-j5[\Omega]$

75

$V_1(t) = \mathcal{L}\,[e^{-4t}] = \dfrac{1}{s+4}$

$G(s) = \dfrac{V_2(s)}{V_1(s)}$ 이므로,

$V_2(s) = G(s)\cdot V_1(s) = \dfrac{R}{sL+R}\cdot\dfrac{1}{s+4}$

$= \dfrac{2}{s+2}\cdot\dfrac{1}{s+4} = \dfrac{2}{(s+2)(s+4)}$

$= \dfrac{1}{s+2}-\dfrac{1}{s+4}$

$\mathcal{L}^{-1}\left[\dfrac{1}{s+2}-\dfrac{1}{s+4}\right] = e^{-2t}-e^{-4t}$

76

그림과 같은 등가회로에서

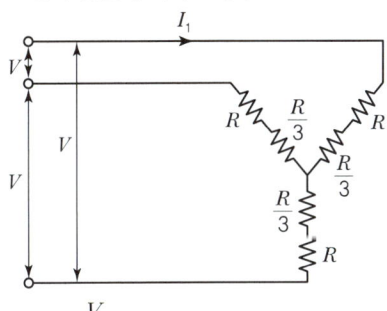

$I_l = \dfrac{\frac{V}{\sqrt{3}}}{R+\frac{R}{3}} = \dfrac{\sqrt{3}\,V}{4R}$

$I = \dfrac{I_l}{\sqrt{3}} = \dfrac{V}{4R}[\text{A}]$

77

$I_0 = \dfrac{1}{3}(I_a+I_b+I_c)$

$= \dfrac{1}{3}[90\sin\omega t + 90\sin(\omega t-90°) + 90\sin(\omega t+90°)]$

$= 30\sin\omega t[\text{A}]$

78

$AD-BC=1$ 이므로

$C = \dfrac{AD-1}{B} = \dfrac{8(1.625+j)-1}{j2} = 4-j6$

79

$\sin\theta = \dfrac{P_r}{\sqrt{3}\,V_l I_l} = \dfrac{1,298}{\sqrt{3}\times 200\times 8.6} = 0.436$

$\cos\theta = \sqrt{1-\sin^2\theta} = \sqrt{1-0.436^2} = 0.9$

80

$Q = \displaystyle\int_0^{30}(2t+3t^2)dt = [t^2+t^3]_0^{30}$

$= 27,900[\text{A}\cdot\sec] = \dfrac{27,900}{3,600}[\text{Ah}] = 7.75[\text{Ah}]$

5과목 전기설비기술기준

81

기기	용량	사고내용	보호장치
무효전력 보상장치	15,000[kVA] 이상	내부 고장	자동차단장치

82

가공전선로와 도로와의 간격

- 35[kV] 이하 : 3[m]
- 35[kV] 초과 시 : 10[kV]당 15[cm] 가산할 것

$3[\text{m}] + [(15.4-3.5)\times 0.15] = 4.8$

단, $15.4-3.5=11.9$인데 절상해서 12로 계산할 것

83
지지물의 종류
목주, 철주, 철근콘크리트주, 철탑

84
전주 외등공사는 금속관공사, 케이블공사, 합성수지관공사가 가능하다.

85
타임스위치(센서등)
- 호텔·여관용 : 1분 이내 소등
- 가정용 : 3분 이내 소등

86
중성점 비접지 절연내력시험 : 사용전압×1.25
$22,000 \times 1.25 = 27,500[V]$

87
교류 전기철도 급전시스템의 최대허용접촉전압

시간 조건	최대허용접촉전압(실횻값)
순시조건($t \leq 0.5$초)	670[V]
일시적 조건(0.5초$< t \leq 300$초)	65[V]
영구적 조건($t > 300$초)	60[V]

88
전기저장장치의 이차전지는 다음에 따라 자동으로 전로로부터 차단하는 장치를 시설하여야 한다.
- 과전압 또는 과전류가 발생한 경우
- 제어장치에 이상이 발생한 경우
- 이차전지 모듈의 내부 온도가 급격히 상승할 경우

89
아크용접장치의 시설기준
- 용접변압기는 절연변압기일 것
- 용접변압기의 1차 측 전로의 대지전압은 300[V] 이하일 것
- 1차 측 전로에는 용접변압기에 가까운 곳에 쉽게 개폐할 수 있는 개폐기를 시설할 것
- 용접기 외함 등 접지공사를 할 것

90
급전선은 나전선을 적용하여 가공식으로 가설을 원칙으로 한다.

91
고압 및 특고압 가공전선로 지지물 간 거리의 제한

지지물	표준 지지물 간 거리	긴 지지물 간 거리	저압 고압 보안 공사	저압 고압 보안공사 지지물 간 거리 증가	특고압 제1종	특고압 제2종	특고압 제3종
목주 A종 지지물	150[m]	300[m]	100[m]	150[m]	목주 A종 지지물 시설금지	100[m]	100[m] 38[mm²] 이상 경동연선 사용 시 150[m]
B종 지지물	250[m]	500[m]	150[m]	250[m]	150[m]	200[m]	200[m] 55[mm²] 이상 경동연선 사용 시 250[m]
철탑	600[m]	지지물 간 거리제한 없음	400[m]	600[m]	400[m]	400[m]	400[m] 55[mm²] 이상 경동연선 사용 시 600[m]
전선 굵기	—	고압 단면적 22[mm²] 이상 특고압 단면적 50[mm²] 이상	—	저압 -22[mm²] 고압 -38[mm²] 경동연선 사용 시 지지물 간 거리를 늘릴 수 있다.	150[mm²] 이상 경동연선 사용 시 지지물 간 거리를 늘릴 수 있다.	95[mm²] 이상 경동연선 사용 시 지지물 간 거리를 늘릴 수 있다.	—

92
저압 옥상전선로의 시설기준
- 전선은 인장강도 2.30[kN] 이상의 것 또는 지름 2.6[mm] 이상의 경동선의 것
- 전선은 절연전선일 것(옥외용 비닐절연전선을 포함한다.)
- 지지점 간의 거리는 15[m] 이하일 것
- 저압 옥상전선로의 전선은 상시 부는 바람 등에 의하여 식물에 접촉하지 아니하도록 시설하여야 한다.

93
저압 옥측전선로는 다음의 공사방법에 의할 것
- 애자사용배선(전개된 장소에 한한다.)
- 합성수지관배선
- 금속관배선(목조 이외의 조영물에 시설하는 경우에 한한다.)
- 버스덕트배선[목조 이외의 조영물(점검할 수 없는 은폐된 장소는 제외한다.)에 시설하는 경우에 한한다]
- 케이블배선(연피 케이블·알루미늄피 케이블 또는 미네럴 인슐레이션 케이블을 사용하는 경우에는 목조 이외의 조영물에 시설하는 경우에 한한다.)

94
특고압 가공전선로에서 발생하는 극저주파 전자계는 지표상 1[m]에서 전계가 3.5[kV/m] 이하, 자계가 83.3[μT](마이크로테슬러) 이하가 되도록 시설하는 등 상시 정전유도 및 전자유도 작용에 의해 사람에게 위험을 줄 우려가 없도록 시설하여야 한다.

95
케이블 트레이 공사에 시공되는 전선은 연피 케이블, 알루미늄피 케이블 등 난연성 케이블, 또는 금속관 혹은 합성수지관 등에 넣은 절연전선을 사용한다.

96
농사용(저압구 내) 전선로
사용전압은 저압일 것
- 위쪽 끝 지름 : 9[cm]
- 전선의 굵기 : 2.0[mm]
- 지지물 간 거리 : 30[m] 이하
- 높이 : 3.5[m](단, 사람 접촉우려 없을 시 : 3[m])

97
160[kV] 초과 시 10[kV]당 12[cm]를 더한다.
6[m] + {(34.5−16)×0.12} = 8.28[m]

98
전력보안통신선의 시설높이와 간격

시설장소	가공통신선 높이	첨가통신선 높이	
		저압 및 고압	특고압
도로(위) 횡단 시	5[m] 교통에 지장이 없을 시 4.5[m]	6[m] 교통에 지장이 없을 시 5[m]	6[m]
철도(레일면상) 횡단 시	6.5[m]	6.5[m]	6.5[m]
횡단보도교 위 (노면상)	3[m]	3.5[m] 절연전선 사용 시 3[m]	5[m] 광섬유 케이블 사용 시 4[m]
기타 장소	3.5[m]	4[m] 광섬유 케이블 사용 시 3.5[m]	5[m]

99
접지도체의 단면적
㉠ 큰 고장전류가 접지도체를 통하여 흐르지 않을 경우
  - 구리 : 6[mm²] 이상
  - 철 : 50[mm²] 이상
㉡ 접지도체에 피뢰시스템이 접속되는 경우
  - 구리 : 16[mm²] 이상
  - 철 : 50[mm²] 이상

100
25[kV] 이하 상호 간 접근 또는 교차하는 경우 간격
- 나전선 : 1.5[m]
- 절연전선 : 1[m]
- 케이블 : 0.5[m]

정답 전기기사 2022년 1회 기출문제

01	02	03	04	05	06	07	08	09	10
④	②	①	③	②	③	①	④	④	①
11	12	13	14	15	16	17	18	19	20
①	③	④	④	④	②	④	③	①	②
21	22	23	24	25	26	27	28	29	30
①	③	①	②	①	③	③	②	④	②
31	32	33	34	35	36	37	38	39	40
③	④	②	②	③	②	①	②	②	③
41	42	43	44	45	46	47	48	49	50
④	①	②	①	①	④	②	③	②	④
51	52	53	54	55	56	57	58	59	60
②	①	③	④	③	②	②	③	①	①
61	62	63	64	65	66	67	68	69	70
①	①	④	①	②	④	②	④	③	①
71	72	73	74	75	76	77	78	79	80
④	①	②	③	①	③	④	①	③	④
81	82	83	84	85	86	87	88	89	90
①	②	②	④	③	④	①	②	③	③
91	92	93	94	95	96	97	98	99	100
①	③	③	①	②	②	①	②	①	④

1과목 전기자기학

01

$F = f \times S \, [\mathrm{N}]$, $f = \dfrac{\rho_s^2}{2\varepsilon_0} \, [\mathrm{N/m^2}]$, $\rho_s = \dfrac{Q}{S} \, [\mathrm{C/m^2}]$ 이므로

$$F = f \cdot S = \dfrac{\rho_s^2}{2\varepsilon_0} \times S = \dfrac{\left(\dfrac{Q}{S}\right)^2}{2\varepsilon_0} \times S = \dfrac{Q^2}{2\varepsilon_0 S} \, [\mathrm{N}]$$

$$= \dfrac{(1 \times 10^{-6})^2}{2 \times 8.855 \times 10^{-12} \times 0.02} = 2.83 \, [\mathrm{N}]$$

02

회전력(=토크)

$$T = mlH\sin\theta \, [\mathrm{N \cdot m}]$$
$$= 7.4 \times 10^{-5} \times 10 \times 10^{-2} \times 100 \times \sin 30°$$
$$= 3.7 \times 10^{-4} \, [\mathrm{N \cdot m}]$$

03

$E\sqrt{\varepsilon} = H\sqrt{\mu}$ 이므로

$H = \sqrt{\dfrac{\varepsilon}{\mu}}\, E = \sqrt{\dfrac{\varepsilon_0 \varepsilon_s}{\mu_0 \mu_s}}\, E = \dfrac{1}{377}\sqrt{\dfrac{\varepsilon_s}{\mu_s}}\, E$ 임을 이용하면

$$H = \dfrac{1}{377}\sqrt{\dfrac{2}{1}} \times 120\pi \cos(10^9 t - \beta z)\hat{y}$$
$$= -\sqrt{2}\cos(10^9 t - \beta z)\hat{x} \, [\mathrm{A/m}]$$

Reference
- 전자파의 진행방향은 $\vec{E} \times \vec{H}$ 임을 고려한다. 문제의 전계 방향이 $\hat{y}$ 이고 진행방향이 $\hat{z}$ 이므로 $\hat{y} \times -\hat{x} = \hat{z}$ 가 된다. 따라서 자계의 방향은 $-\hat{x}$ 가 된다.
- $\hat{x} \times \hat{y} = \hat{z}$, $\hat{y} \times -\hat{x} = \hat{z}$ 오른나사의 진행방향이 된다.

04

	전기회로		자기회로	
도전율	$k = \sigma \, [\mho/\mathrm{m}]$		투자율	$\mu \, [\mathrm{H/m}]$
기전력	$V = IR \, [\mathrm{V}]$		기자력	$F = N \cdot I = R_m \phi \, [\mathrm{AT}]$
전류	$I = \dfrac{V}{R} \, [\mathrm{A}]$		자속	$\phi = \dfrac{F}{R_m} = \dfrac{\mu SNI}{l} \, [\mathrm{Wb}]$
전기저항	$R = \rho \dfrac{l}{S} = \dfrac{l}{k \cdot S} \, [\Omega]$		자기저항	$R_m = \dfrac{F}{\phi_m} = \dfrac{l}{\mu \cdot S} \, [\mathrm{AT/Wb}]$
전류밀도	$i_c = \dfrac{I}{S} \, [\mathrm{A/m^2}]$		자속밀도	$B = \dfrac{\phi}{S} \, [\mathrm{Wb/m^2}]$

05

- 결합계수 $k = 1$ 이면, 상호인덕턴스 $M = \sqrt{L_A L_B}$

$$\therefore L_B = \dfrac{M^2}{L_A} = \dfrac{(20 \times 10^{-3})^2}{100 \times 10^{-3}} = 4 \times 10^{-3} \, [\mathrm{H}] = 4 \, [\mathrm{mH}]$$

- $L \propto N^2$ 이므로 $L_A : N_A^2 = L_B : N_B^2$ 에서

$$N_B = \sqrt{\dfrac{L_B}{L_A}}\, N_A = \sqrt{\dfrac{4 \times 10^{-3}}{100 \times 10^{-3}}} \times 1{,}000 = 200 \, (회)$$

06

변위전류밀도

$i_d = \dfrac{\partial D}{\partial t} = \dfrac{\partial E\varepsilon}{\partial t} = \omega\varepsilon E = 2\pi f\varepsilon E [\text{A/m}^2]$

$\therefore f = \dfrac{i_d}{2\pi\varepsilon_0 E} = \dfrac{2}{2\pi \times 8.855 \times 10^{-12} \times 1} \times 10^{-6}$

$\fallingdotseq 36,000 [\text{MHz}]$

07

동심 원통도체의 정전용량 $C = \dfrac{2\pi\varepsilon}{\ln\dfrac{b}{a}} [\text{F/m}]$이고,

$RC = \varepsilon\rho$이므로 동심 원통도체의 저항 $R = \dfrac{\varepsilon\rho}{C}$이다.

결국, 컨덕턴스

$G = \dfrac{C}{\varepsilon\rho} = \dfrac{\dfrac{2\pi\varepsilon}{\ln\dfrac{b}{a}}}{\dfrac{\varepsilon\rho}{1}} = \dfrac{2\pi}{\ln\dfrac{b}{a}\rho} = \dfrac{2\pi\sigma}{\ln\dfrac{b}{a}} [\mho/\text{m}]$

$\left(\text{고유저항 } \rho = \dfrac{1}{\sigma},\ \text{도전율 } \sigma = \dfrac{1}{\rho}\right)$

08

자계 내에 놓인 도선에 받는 힘 = 플레밍의 왼손법칙

$F = IBl\sin\theta [\text{N}] = IB\sin\theta [\text{N/m}]$

$I = 10\hat{z}[\text{A}],\ B = 3\hat{x} - 4\hat{y}[\text{Wb/m}^2]$로 방향이 존재하고 있으므로 $F = \hat{I} \times \hat{B}$ 로 계산한다.

$\therefore F = \hat{I} \times \hat{B} = \begin{vmatrix} \hat{x} & \hat{y} & \hat{z} \\ 0 & 0 & 10 \\ 3 & -4 & 0 \end{vmatrix}$

$= \begin{vmatrix} 0 & 10 \\ -4 & 0 \end{vmatrix}\hat{x} + \begin{vmatrix} 10 & 0 \\ 0 & 3 \end{vmatrix}\hat{y} + \begin{vmatrix} 0 & 0 \\ 3 & -4 \end{vmatrix}\hat{z}$

$= 40\hat{x} + 30\hat{y}$

09

정삼각형의 각 정점에 전하가 존재 시 주어진 두 전하의 크기와 극성이 모두 같을 때 나머지 정점에 작용하는 힘의 크기는 다음과 같다.

$F = \sqrt{F_1^2 + F_2^2 + 2F_1F_2\cos\theta}$ 에서 $F_1 = F_2$이므로

$F = \sqrt{3}F_1 = \sqrt{3} \times 9 \times 10^9 \times \dfrac{(2 \times 10^{-6})^2}{0.1^2} = 3.6\sqrt{3} [\text{N}]$

10

체적당 에너지 = 에너지밀도(J/m^3)

$W_h = \dfrac{\sigma^2}{2\mu} = \dfrac{B^2}{2\mu} = \dfrac{1}{2}H^2\mu = \dfrac{1}{2}HB (\text{J/m}^3)$

11

- 체적당 에너지 $W_E = \dfrac{1}{2}E^2\varepsilon_0 [\text{J/m}^3]$에서

$W = \displaystyle\int_v \dfrac{1}{2}E^2\varepsilon_0 dv [\text{J}]$가 된다. 이때, 전계

$E = -\text{grad } V = -\nabla V = -\left(\dfrac{\partial V}{\partial x}i + \dfrac{\partial V}{\partial y}j + \dfrac{\partial V}{\partial z}k\right)$

$= -2xi - 2yj [\text{V/m}]$

$\therefore E^2 = (-2xi - 2yj)(-2xi - 2yj) = 4x^2 + 4y^2$

- $W = \displaystyle\int_v \dfrac{1}{2}E^2\varepsilon_0 dv [\text{J}] = \dfrac{1}{2}\varepsilon_0 \int_0^1 \int_0^1 (4x^2 + 4y^2)dxdy$

$= \dfrac{1}{2}\varepsilon_0 \displaystyle\int_0^1 \left[\dfrac{4}{3}x^3 + 4y^2 x\right]_0^1 dy = \dfrac{1}{2}\varepsilon_0 \int_0^1 \left(\dfrac{4}{3} + 4y^2\right)dy$

$= \dfrac{1}{2}\varepsilon_0 \left[\dfrac{4}{3}y + \dfrac{4}{3}y^3\right]_0^1 = \dfrac{1}{2}\varepsilon_0 \left(\dfrac{4}{3} + \dfrac{4}{3}\right) = \dfrac{4}{3}\varepsilon_0 [\text{J}]$

12

유리와 공기의 비유전율을 각각 ε_1, ε_2 라 하면 ε_1(유리) > ε_2(공기)이므로 경계면 조건에서 전계만 반비례 관계가 있기 때문에 $\varepsilon_1 > \varepsilon_2$이면 $E_1 < E_2$이고 $\theta_1 > \theta_2$의 관계가 된다.

13

전위차

$V = E \cdot d = \dfrac{\rho_s}{\varepsilon_0} \cdot d = \dfrac{4}{8.855 \times 10^{-12}} \times 4 \fallingdotseq 1.8 \times 10^{12} [\text{V}]$

14

- $e = L\dfrac{di}{dt}$[V]에서 $Li = et$이고,

  $L = \dfrac{e}{i} \cdot t \left[\dfrac{\text{V}}{\text{A}} \cdot \sec = \Omega \cdot \sec\right]$

- $LI = N\phi$에서 $L = \dfrac{N}{I}\phi$ 이고, 권수 $N = 1$이라면

  $L = \dfrac{\phi}{I}\left[\dfrac{\text{Wb}}{\text{A}}\right]$

- $W = \dfrac{1}{2}LI^2$[J]에서 $L = \dfrac{2W}{I^2}\left[\dfrac{\text{J}}{\text{A}^2} = \text{J/A}^2\right]$

15

평행도선 사이의 정전용량 $C = \dfrac{\pi\varepsilon_0}{\ln\dfrac{d-a}{a}}$[F/m]

if, 떨어진 거리 d가 도체반경 a에 비해 현저히 크면

$C = \dfrac{\pi\varepsilon_0}{\ln\dfrac{d}{a}}$[F/m]

16

평행도체 사이에 작용하는 힘 $F = \dfrac{\mu_0 I^2}{2\pi d} = \dfrac{2I^2}{d} \times 10^{-7}$

이므로 $I = \sqrt{\dfrac{d \cdot F}{2 \times 10^{-7}}} = \sqrt{\dfrac{4 \times 2.0 \times 10^{-7}}{2 \times 10^{-7}}} = 2$[A]

17

공기콘덴서에 유전체를 판 간격의 반만 평행하게 채운 경우

$C = \dfrac{2\varepsilon_s}{1+\varepsilon_s}C_0 = \dfrac{2 \times 5}{1+5} \times 0.3 = 0.5[\mu\text{F}]$

18

접지구도체와 점전하에서 점전하 Q[C]이고,

영상전하 $Q' = -\dfrac{a}{d}Q$[C]이므로 부호는 반대지만 크기는 같지 않다.

19

유전체에 작용하는 힘(Maxwell 변형력)

- 유전율이 큰 쪽에서 작은 쪽으로 힘이 작용한다.
- 전속(밀도)선은 유전율이 큰 쪽으로 모이려는 성질이 있다.

20

표피효과

도선에 교류 인가 시 전류가 도선 표피 쪽으로 집중되어 흐르려는 현상이다.

침투깊이 $\delta = \sqrt{\dfrac{2}{\omega\sigma\mu}} = \sqrt{\dfrac{1}{\pi f\sigma\mu}}$[m]

표피효과 $= \dfrac{1}{\delta} = \sqrt{\pi f\sigma\mu}$ 이므로 주파수에 비례한다.

2과목 전력공학

21

$L-C$ 병렬공진으로 지락전류를 작게 한다.

22

$\eta = \dfrac{860[\text{W}]}{[\text{mH}]} \times 100 = \dfrac{860 \times 40{,}000}{20 \times 10^3 \times 5{,}000} \times 100 = 34.4[\%]$

23

각 전기방식별 비교

전기방식	1선당 전력비교	중량비교	전류비교
$1\psi 2w$	100[%]	1(100[%])	$\dfrac{1}{2} = 50[\%]$
$1\psi 3w$	133[%]	$\dfrac{3}{8}$ (37.5[%])	$\dfrac{1}{\sqrt{3}} = 58[\%]$
$3\psi 3w$	115[%]	$\dfrac{3}{4}$ (75[%])	–
$3\psi 4w$	150[%]	$\dfrac{1}{3}$ (33.3[%])	–

24

- 1선 지락사고 : 정상분, 역상분, 영상분
- 선간 단락사고 : 정상분, 역상분
- 3상 단락사고 : 정상분

25

$AD - BC = 1$에서

$C = \dfrac{AD-1}{B} = \dfrac{1 \times 1 - 1}{j190} = -j\dfrac{0}{190} = 0$

26
전력 $P \propto V^2 = (\sqrt{2})^2 = 2$

27
재점호는 충전전류(진상전류)가 쉽게 발생한다.

28
현수애자는 1층으로 구성되어 연결개수를 가감한다.

29
발전기의 전압조정장치(AVR)는 자동으로 전압을 조정한다.

30
차단기의 정격차단시간
- 개극시간과 아크시간을 합한 시간
- 트립코일여자부터 소호까지의 시간
- 2, 3, 5[Hz]

31
$L = 0.05 + 0.4605 \log_{10} \dfrac{D}{r}$ 여기서, r : 반지름 D : 선간거리

32
역률 $= \dfrac{\text{유효전력}}{\text{피상전력(벡터합)}} \times 100$

33
거리보호 계전방식은 임피던스계전기로 발전기나 변압기의 후비보호용으로 사용되므로 동작속도가 가장 늦다.

34
직렬리액터 : 5고조파 제거를 위해 설치한다.

35
$D = \dfrac{WS^2}{8T} = \dfrac{2 \times 200^2}{8 \times \dfrac{4,000}{2}} = 5$

$\therefore \dfrac{8D^2}{3S} = \dfrac{8 \times 5^2}{3 \times 200} = 0.333 = \dfrac{1}{3}$

36
$\delta = \dfrac{V_s - V_r}{V_r} \times 100 = \dfrac{100 - 90}{90} \times 100 = 11[\%]$

37
수지상식(방사상식)
- 깜박거림(플리커)현상이 생긴다.
- 농·어촌 지역에 설치한다.
- 증설(공급)이 용이하다.
- 정전범위가 가장 넓다.
- 신뢰도가 저하된다.

38
뇌(雷)로부터 애자 보호설비
- 아킹혼(소호각)
- 아킹링(소호환)

39
특유속도 $N_s = N \dfrac{P^{\frac{1}{2}}}{H^{\frac{5}{4}}} = N \dfrac{\sqrt{P}}{H^{\frac{5}{4}}}$ [rpm]

$210 = N \dfrac{104,500^{\frac{1}{2}}}{90^{\frac{5}{4}}}$

$N = 180$

40
비율차동계전기
변압기의 내부고장, 사고 시 검출용으로 사용된다.

3과목 전기기기

41
- SCR단상전파 직류평균전압
$$E_d = 0.9E\left(\frac{1+\cos a}{2}\right) = 0.9 \times 220 \times \left(\frac{1+\cos 60}{2}\right)$$
$$= 148.5[\text{V}]$$
- 직류평균전류
$$I_d = \frac{E_d}{R} = \frac{148.5}{10} = 14.85[\text{A}]$$

42
고정손의 대표적인 손실인 철손과 부하손의 대표적인 손실인 동손의 비를 나타내는 것은 $\frac{P_i(철손)}{P_C(동손)}$ 을 구하면 부하율은 $\frac{1}{m} = \sqrt{\frac{P_i}{P_C}}$ 로 나타낼 수 있다. 이때 부하율이 90[%]이므로 $\frac{P_i}{P_C} = \left(\frac{1}{m}\right)^2 = \left(\frac{1}{0.9}\right)^2 = 0.81$

43
리플률=맥동률이므로
맥동률 = $\frac{E_a(교류분)}{E_d(직류분)}$ 이때 교류분의 실횻값은
$E_a = E_d \times 맥동률 = 2,000 \times 0.03 = 60[\text{V}]$

44
저항도선은 변압기 기전력에 의한 단락전류를 작게 하여 정류를 좋게 하며 또한 보상권선은 전기자 반작용을 상쇄하여 역률을 좋게 하고 변압기 기전력을 작게 하여 정류작용을 개선한다.

45
Y결선 시 선간전압은 $V_l = \sqrt{3}\,V_P$ 이다. 이때 권선전압(상전압)이 E라고 주어졌으니 $V = \sqrt{3}\,E$ 가 된다. 지그재그 Y결선은 코일이 두 번 Y결선으로 된 형태이므로 선간전압은 $V = \sqrt{3}\,E \times \sqrt{3} = 3E$ 이다. Y결선 시 선전류와 상전류는 같기 때문에 $I_l = I_p$ 로 볼 수 있다.

선전류 $I = I$
피상전력 $P_a = \sqrt{3}\,VI[\text{VA}]$ 이므로
$\sqrt{3} \times 3E \times I = 5.2EI[\text{VA}]$ 로 나타낼 수 있다.

46
비돌극형 동기발전기의 한상 출력 $P_s = \frac{EV}{X_s}\sin\delta[\text{W}]$
이때 최대출력을 물어보았을 때 부하각 δ는 90°에서 최대출력을 나타낸다.
$\sin 90 = 1$ 이므로 $P_s = \frac{EV}{X_s}[\text{W}]$ 로 나타낼 수 있다.

47
비례추이는 3상 권선형 유도전동기에만 이용할 수 있다.

48
직류분권발전기의 유기기전력 $E = V + I_aR_a[\text{V}]$ 에서 전기자 반작용 전압강하가 존재하면 전압강하분에 더해 주어야 한다.
계자전류 $I_f = \frac{V}{R_f} = \frac{200}{50} = 4[\text{A}]$
- 전기자전류
$I_a = I(부하전류) + I_f(계자전류) = 50 + 4 = 54[\text{A}]$
- 유기기전력
$E = V + I_aR_a + e_a[\text{V}] = 200 + 54 \times 0.15 + 3 = 211.1[\text{V}]$

49
동기기의 전기자 권선법
- 단절권
고조파를 제거하여 기전력의 파형을 개선하는 것으로, 동량이 감소하여 경제적이다.
- 분포권
고조파를 제거하여 기전력의 파형을 개선하는 것으로, 누설리액턴스가 감소하고, 코일의 열 발산이 빠르다.

50
변압기 2차를 단락하고 1차에 저전압을 가하여 1차 단락전류를 측정한다. 이때 1차 단락전류가 1차 정격전류와 같게 될 때 1차에 가한 전압을 임피던스전압이라 한다. 임피던스전압은 변압기 내의 전압강하를 의미한다. 또한 이때 입력을 임피던스와트(동손)라 한다.

51
정류를 좋게 하기 위해서 접촉저항이 큰 브러시를 사용하게 되는데 그 이유는 평균리액턴스전압을 줄이기 위해서이다. 그러므로 평균리액턴스전압보다 브러시 접촉면 전압강하가 더 커야 한다. (A < B)

52
유도전동기토크는 동기속도로 회전할 때의 2차 입력과 같다.(동기와트)
$\tau \propto P_2 \propto E_2 I_2 \cos\theta_2 \propto \phi I_2 \cos\theta_2$
이때 $E_2 = 4.44 f \phi w_2 K_{w2}$에서 $E \propto \phi$

53
- 정지 시 권수비 $\alpha = \dfrac{E_1}{E_2}$
- 회전 시 권수비 $\alpha' = \dfrac{E_1}{E_{2S}} = \dfrac{E_1}{E_2 \cdot s} = \dfrac{\alpha}{s}$

54
직류직권전동기 $\tau = k\phi I_a [\text{N} \cdot \text{m}]$
직권전동기는 $I = I_a = I_s \propto \phi$이므로 토크는 전류의 제곱에 비례 $\tau \propto I^2$

55
동기발전기의 병렬운전조건
- 기전력의 크기가 같을 것 ≠ 무효순환전류(무효횡류)가 흐른다.
- 기전력의 위상이 같을 것 ≠ 유효순환전류(유효횡류)
  = 동기화전류가 흐른다.
- 기전력의 주파수가 같을 것 ≠ 난조 발생
- 기전력의 파형이 같을 것 ≠ 고조파순환전류가 흐른다.
- 상회전방향이 같을 것

56
- 유도전동기의 전력흐름
  P_2(2차 입력) = P_1(1차 입력) − P_{c1}(1차 동손)
  P_o(기계적 출력) = P_2(2차 입력) − P_{c2}(2차 동손)
- 유도전동기의 전력변환
  P_{c2}(2차 동손) = $s P_2$(2차 입력)
  P_o(기계적 출력) = $(1-s) P_2$
- 유도전동기의 2차 효율
  $\eta_2 = \dfrac{P_o}{P_2} = (1-s) = \dfrac{N}{N_s}$
- 기계적 출력
  $P_o = P_2 - P_{c2} = P_2 - sP_2 = (1-s)P_2 = \dfrac{N}{N_s}P_2$

57
변압기의 등가회로 구성시험
- 단락시험
- 무부하시험
- 권선저항 측정

58
단권변압기의 V결선 시 자기용량과 부하용량의 비는
$\dfrac{\text{자기용량}}{\text{부하용량}} = \dfrac{2}{\sqrt{3}} \cdot \dfrac{(V_2 - V_1)}{V_2}$
여기서 부하용량이 200[kVA]이므로 자기용량을 구하면
자기용량 = $\dfrac{2 \times (2,200 - 2,000)}{\sqrt{3} \times 2,200} \times 200 = 20.99 [\text{kVA}]$
여기서 단권변압기 1대의 용량을 구하면
$\dfrac{20.99}{2} = 10.495 = 10.5 [\text{kVA}]$

59
유도기전력
$E_1 = 4.44 f \Phi_m N_1 = 4.44 f B_m A N_1$
$= 4.44 \times 60 \times 1.2 \times 0.02 \times 6,600 = 42197.76 [\text{V}]$
여기서 $\phi_m = B_m A [\text{Wb}]$
ϕ_m : 최대자속, B_m : 최대자속밀도, A : 단면적

60
- 선형 전동기는 회전형에 비해 공극의 크기가 크다.
- 선형 전동기는 직접적으로 직선운동을 얻을 수 있다.
- 선형 전동기는 회전형에 비해 부하관성의 영향이 크다.
- 선형 전동기는 전원의 상 순서를 바꾸어 이동방향을 변경한다.

4과목　회로이론 및 제어공학

61

$R(z) = \dfrac{z(z-e^{-aT}) - z(z-1)}{(z-1)(z-e^{-aT})} = \dfrac{z}{z-1} - \dfrac{z}{z-e^{-aT}}$

따라서, $f(t)$는 $1 - e^{-aT}$가 된다.

62

안정도 판정기준
- 모든 차수항이 존재한다.
- 각 계수의 부호가 모두 같다.
- s평면 좌반부에 근이 있고 s평면 우반부에 근이 없다.

63

$\dfrac{C(s)}{R(s)} = \dfrac{a^3}{1-ab-ab-ab+a^2b^2+a^2b^2} = \dfrac{a^3}{1-3ab+2a^2b^2}$

64

정상오차 $e_{ss} = \lim\limits_{s \to 0} \dfrac{s}{1+G(s)} R(s)$

단위계단입력 : $R(s) = \dfrac{1}{s}$

$e_{ssp} = \lim\limits_{s \to 0} \dfrac{s}{1+G(s)} \cdot \dfrac{1}{s} = \lim\limits_{s \to 0} \dfrac{1}{1+G(s)}$

$= \lim\limits_{s \to 0} \dfrac{1}{1+\dfrac{19.8}{s+a}} = 0.01$

$\dfrac{1}{1+\dfrac{19.8}{a}} = 0.01$에서 $1 + \dfrac{19.8}{a} = \dfrac{1}{0.01} = 100$

$\dfrac{19.8}{a} = 99$ ∴ $a = \dfrac{19.8}{99} = 0.2$

65

$g = 20 \log |G(j\omega)| = 20 \log \left| \dfrac{10}{(j\omega+1)(j10\omega+1)} \right|$

$= 20 \log \dfrac{10}{(\sqrt{\omega^2+1})(\sqrt{10\omega^2+1})}$

$= 20 \log 10 - 20 \log \sqrt{\omega^2+1} - 20 \log \sqrt{(10\omega)^2+1}$

- $\omega < 0.1$일 때
  $g = 20 - 20 \log 1 - 20 \log 1 = 20 \text{[dB]}$
- $0.1 < \omega < 1$일 때
  $g = 20 - 20 \log 1 - 20 \log 10\omega$
  $ = 20 - 20 \log 10 - 20 \log \omega$
  $ = -20 \log \omega = -20 \text{[dB/dec]}$
- $\omega > 1$일 때
  $g = 20 - 20 \log \omega - 20 \log 10\omega$
  $ = 20 - 20 \log \omega - 20 \log 10 - 20 \log \omega$
  $ = -40 \log \omega = -40 \text{[dB/dec]}$

66

전향경로이득 : $G(s)$
루프이득 : $-H_1(s)G(s), -H_2(s)G(s)$

$\dfrac{G(s)}{R(s)} = \dfrac{G(s)}{1 + H_1(s)G(s) + H_2(s)G(s)}$

$\phantom{\dfrac{G(s)}{R(s)}} = \dfrac{G(s)}{1 + G(s)(H_1(s) + H_2(s))}$

67

$Y = A\overline{B} + \overline{A}B + AB = A\overline{B} + B(\overline{A}+A) = A\overline{B} + B$
$ = (A+B)(\overline{A}+B) = A+B$

$Y = A + B$와 등가인 것은

68

점근선의 교차점(σ)

$\sigma = \dfrac{\sum G(s)H(s)\text{의 극점} - \sum G(s)H(s)\text{영점}}{P - Z}$

(P : 극점수=5, Z : 영점수=1)

$= \dfrac{-8-(-3)}{5-1} = -\dfrac{5}{4}$

69

ⓐ : 출력량은 제어량이다.

70

$x_1(t) = c(t), \ x_2(t) = \dot{c}(t) = \dot{x}_1(t),$
$x_3(t) = \ddot{c}(t) = \dot{x}_2(t)$라 놓으면
$\dot{x}_3(t) = -2x_1(t) - x_2(t) - 5x_3(t) + r(t)$

$$\therefore \begin{bmatrix} \dot{x}_1(t) \\ \dot{x}_2(t) \\ \dot{x}_3(t) \end{bmatrix} = \begin{bmatrix} 0 & 1 & 0 \\ 0 & 0 & 1 \\ -2 & -1 & -5 \end{bmatrix} \begin{bmatrix} x_1(t) \\ x_2(t) \\ x_3(t) \end{bmatrix} + \begin{bmatrix} 0 \\ 0 \\ 1 \end{bmatrix} r(t)$$

71

우함수는 여현대칭이므로 $f_e(t) = f_e(-t)$ 이고,

기함수는 정현대칭이므로 $f_o(t) = -f_o(-t)$ 이다.

$\frac{1}{2}[f(t) - f(-t)] = \frac{1}{2}[(f_e(t) + f_o(t)) - (f_e(-t) + f_o(-t))]$

$= \frac{1}{2}[f_o(t) - f_o(-t)] = \frac{1}{2}[2f_o(t)] = f_o(t)$

72

Y결선에서는 $V_p = \frac{V_l}{\sqrt{3}} \angle -30° = 100 \angle -30°$,

$I_p = I_l = 20 \angle -60°$ 이므로

$Z_p = \frac{V_p}{I_p} = \frac{100 \angle -30°}{20 \angle -60°} = 5 \angle 30° \, [\Omega]$

73

전체 전류 $I = \frac{V_0}{R_0} = \frac{120-30}{30+15} = \frac{90}{45} = 2[\text{A}]$

120[V] 전압원에서의 전력은 $P = VI = 120 \times 2 = 240[\text{W}]$

30[V] 전압원에서의 전력은 전류의 방향이 반대이므로

$P = VI = 30 \times -2 = -60[\text{W}]$

74

$v_a = 40\sin\omega t = \frac{40}{\sqrt{2}} \angle 0°$

$v_b = 40\sin\left(\omega t - \frac{\pi}{2}\right) = \frac{40}{\sqrt{2}} \angle -90°$

$v_c = 40\sin\left(\omega t + \frac{\pi}{2}\right) = \frac{40}{\sqrt{2}} \angle 90°$

영상분전압 $V_0 = \frac{1}{3}(v_a + v_b + v_c)$

$= \frac{1}{3}\left[\left(\frac{40}{\sqrt{2}} \angle 0°\right) + \left(\frac{40}{\sqrt{2}} \angle -90°\right) + \left(\frac{40}{\sqrt{2}} \angle 90°\right)\right]$

$= \frac{40}{3\sqrt{2}} \angle 0° = \frac{40}{3}\sin\omega t$

75

△결선에서 $V_l = V_p \angle 0°$, $I_l = \sqrt{3} I_p \angle -30°$ 이므로

$W = V_l I_l \cos\theta = \sqrt{3} V_p I_p \cos 30° = \frac{3}{2} V_p I_p = \frac{1}{2}(3 V_p I_p)$

순저항회로에서 3상 전력은 $P = 3V_p I_p = 2W[\text{W}]$

76

커패시터의 전압은 $v_C(t) = \frac{1}{C}\int i(t)dt$ 이고

단위임펄스의 전류원을 연결하여 라플라스변환하면,

$V_C(s) = \mathcal{L}[v_C(t)] = \mathcal{L}\left[\frac{1}{C}\int \delta(t)dt\right] = \frac{1}{C} \times \frac{1}{s} \times 1$

다시 시간함수로 역라플라스변환하면

$v_C(t) = \mathcal{L}^{-1}\left[\frac{1}{C} \times \frac{1}{s} \times 1\right] = \frac{1}{C} \times 1 = \frac{1}{C}u(t)$

(여기서, ×1은 생략할 수 없으므로 ③은 오답임)

77

$i(t) = \frac{E}{R}\left(1 - e^{-\frac{R}{L}t}\right) = \frac{20}{5}\left(1 - e^{-\frac{5}{5} \times 1}\right) = 2.52[\text{A}]$

78

파고율 $= \frac{최댓값}{실횻값} = \frac{I_m}{\frac{I_m}{\sqrt{2}}} = \sqrt{2} = 1.414$

79

정저항조건은 $R^2 = \frac{L}{C}$ 이므로

$L = R^2 C = 10^2 \times 1{,}000 \times 10^{-6} = 100[\text{mH}]$

80

무왜형조건 $LG = RC$ 이므로

$C = \frac{LG}{R} = \frac{200 \times 10^{-3} \times 0.5}{100}$

$1 \times 10^{-3}[\text{F/m}] \times 10^6 = 1{,}000[\mu\text{F/m}]$

5과목 전기설비기술기준

81
가공전선과 타전력선, 약전선, 안테나, 삭도 기타 시설물 간격

사용전압의 구분	간격
저압	0.6[m]
	케이블 0.3[m]
고압	0.8[m]
	케이블 0.4[m]
22.9[kV-Y]	나전선 2[m]
	특고압절연전선 1.5[m]
	삭도 1[m]
	케이블 0.5[m]
60[kV] 이하	2[m]

82
저고압가공전선의 안전율은 경동선 또는 내열 동합금선은 2.2 이상, 그 밖의 전선은 2.5 이상이 되는 처짐정도로 시설하여야 한다.

83
특별고압가공전선과 지지물 등의 간격

사용전압	건격(cm)
15,000[V] 미만	15
15,000[V] 이상 25,000[V] 미만	20
25,000[V] 이상 35,000[V] 미만	25
35,000[V] 이상 50,000[V] 미만	30
50,000[V] 이상 60,000[V] 미만	35
60,000[V] 이상 70,000[V] 미만	40
70,000[V] 이상 80,000[V] 미만	45
80,000[V] 이상 130,000[V] 미만	65
130,000[V] 이상 160,000[V] 미만	90
160,000[V] 이상 200,000[V] 미만	110
200,000[V] 이상 230,000[V] 미만	130
230,000[V] 이상	160

84
귀선로는 비절연보호도체, 매설접지도체, 레일 등으로 구성하여 단권변압기 중성점과 공통접지에 접속한다.

85
진열장 내의 사용전압이 400[V] 이하인 코드 또는 비닐캡타이어케이블의 단면적은 $0.75[mm^2]$ 이상인 것이어야 한다.

86
비접지전로의 절연내력시험전압
$V \times 1.25 = 23,000 \times 1.25 = 28,750[V]$

87
케이블 매설깊이
- 압력을 받는 경우 : 1.0[m] 이상
- 압력을 받지 않는 경우 : 0.6[m] 이상

88
저압옥내배선 공사에서는 옥외용 비닐절연전선(O.W)을 사용하지 않는다.

89
"분산형 전원"이란 중앙급전전원과 구분되는 것으로서 전력소비지역 부근에 분산하여 배치 가능한 전원을 말한다. 상용전원의 정전 시에만 사용하는 비상용 예비전원은 제외하며, 신·재생에너지발전설비, 전기저장장치 등을 포함한다.

90
저압옥측전선로의 시설
- 애자(전개된 장소)·합성수지관·금속관·버스덕트·케이블 공사
- 애자 공사 시 $4[mm^2]$ 이상의 연동절연전선(OW 및 DV전선 제외)일 것
- 2[m] 이하마다 지지할 것
- 식물과 20[cm] 간격할 것

91
가공전선로 목주의 지지물 강도
- 일반=저압 : 1.2, 고압 : 1.3, 특고압 : 1.5
- 보안 공사=저압 또는 고압 1.5 이상, 특고압 : 2.0 이상

92
교류전차선 등 충전부와 식물 사이의 이격거리는 5[m] 이상이어야 한다. 다만, 5[m] 이상 확보하기 곤란한 경우에는 방호벽 등 안전조치를 하여야 한다.

93

기기	용량	사고내용	보호장치
무효전력 보상장치	15,000[kVA] 이상	내부 고장 시	자동 차단 장치
전력용 콘덴서 · 분로 리액터	500[kVA] 넘고 15,000[kVA] 미만	내부 고장, 과전류 시	
	15,000[kVA] 이상	내부 고장, 과전류, 과전압 시	

94

고장보호는 다음 중 어느 하나에 적합하여야 한다.
- 인축의 몸을 통해 고장전류가 흐르는 것을 방지
- 인축의 몸에 흐르는 고장전류를 위험하지 않은 값 이하로 제한
- 인축의 몸에 흐르는 고장전류의 지속시간을 위험하지 않은 시간까지로 제한

95

전선과 조영재 간격

전압 및 장소	전선상호	조영재
400[V] 이하	6[cm]	2.5[cm]
400[V] 초과 점검 가능, 건조한 장소		2.5[cm]
400[V] 초과 점검 불가, 물·습기가 있는 장소		4.5[cm]

96

수소냉각식 발전기 등의 시설
- 발전기 또는 무효전력 보상장치는 기밀구조(氣密構造)의 것이고 또한 수소가 대기압에서 폭발하는 경우에 생기는 압력에 견디는 강도를 가지는 것일 것
- 누설된 수소가스를 안전하게 외부에 방출할 수 있는 장치를 설치할 것
- 수소의 순도가 85[%] 이하로 저하한 경우에 이를 경보하는 장치를 시설할 것
- 압력이 현저히 변동한 경우에 이를 경보하는 장치를 시설할 것
- 온도를 계측하는 장치를 시설할 것
- 대기압에서 폭발하는 경우에 생기는 압력에 견디는 강도의 것일 것
- 수소를 통하는 관 등은 수소가 새지 아니하는 구조로 되어 있을 것
- 유리제의 점검창 등은 쉽게 파손되지 아니하는 구조로 되어 있을 것

97

무선용 안테나 등을 지지하는 철탑 등의 시설

전력보안통신설비인 무선통신용 안테나 또는 반사판(이하 "무선용 안테나 등"이라 한다)을 지지하는 목주·철근·철근 콘크리트주 또는 철탑은 다음 각 호에 의하여 시설하여야 한다. 다만, 무선용 안테나 등이 전선로의 주위상태를 감시할 목적으로 시설되는 것일 경우에는 그러하지 아니하다.
- 목주는 풍압하중에 대한 안전율은 1.5 이상이어야 한다.
- 철주·철근 콘크리트주 또는 철탑의 기초안전율은 1.5 이상이어야 한다.

98

특별고압가공전선로의 철주·철근콘크리트주 또는 철탑의 종류
- 잡아당김형 : 전가섭선을 잡아당기는 곳에 사용하는 것
- 내장형 : 전선로의 지지물 양쪽의 지지물 간 거리의 차가 큰 곳에 사용하는 것
- 보강형 : 전선로의 직선부분에 그 보강을 위하여 사용하는 것

99

- 사용전압 : 400[V] 이하(교통신호등 300[V] 이하)
  단, 전광표시, 자동제어, 소세력회로 절연변압기이용
  1차 300[V], 2차 사용전압 60[V]
- 대지전압 : 300[V] 이하
- 직류전압 : 60[V] 이하

100

전기저장장치 시설장소는 주변시설(도로, 건물, 가연물질 등)로부터 1.5[m] 이상 이격하고 다른 건물의 출입구나 피난계단 등 이와 유사한 장소로부터는 3[m] 이상 이격하여야 한다.

정답 전기기사 2022년 2회 기출문제

01	02	03	04	05	06	07	08	09	10
④	③	③	②	③	①	④	②	④	①
11	12	13	14	15	16	17	18	19	20
①	③	④	③	④	①	①	①	④	②
21	22	23	24	25	26	27	28	29	30
③	②	②	③	②	③	④	②	③	①
31	32	33	34	35	36	37	38	39	40
①	③	②	③	②	④	①	④	②	①
41	42	43	44	45	46	47	48	49	50
②	④	③	③	②	②	③	②	④	①
51	52	53	54	55	56	57	58	59	60
③	①	④	②	③	②	④	③	④	③
61	62	63	64	65	66	67	68	69	70
②	①	④	④	①	②	②	①	④	③
71	72	73	74	75	76	77	78	79	80
②	①	②	④	①	③	③	②	①	②
81	82	83	84	85	86	87	88	89	90
④	③	①	②	②	④	④	③	④	②
91	92	93	94	95	96	97	98	99	100
④	④	②	③	③	③	④	③	①	③

1과목 전기자기학

01
고유임피던스

$$\eta = \frac{E}{H} = \sqrt{\frac{\mu}{\varepsilon}} = 377\sqrt{\frac{\mu_r}{\varepsilon_r}} = 377\sqrt{\frac{1}{81}} = 41.9[\Omega]$$

02
바크하우젠효과(Barkhausen Effect)
자화력이 변할 때 나타나는 사화의 연속석이고 급격한 변화로 강자성체의 자기화가 외부자기장의 증가에 따라 연속적으로 이루어지지 않고 불연속적으로 자속(磁束)이 변화하여 유도전압이 발생하기 때문에 생긴다. 그 원인은 강자성체를 구성하는 결정(結晶)의 내부에 있는 불순물이나 격자결함 때문에 자기 구역벽(磁氣區域壁)의 이동이 방해를 받고, 외부자기장이 강해짐에 따라 방해를 받고 있던 자기구역벽의 이동이 한꺼번에 일어나기 때문이다.

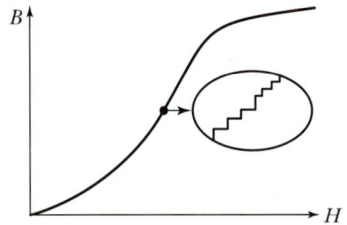

03
- 떨어진 거리 $d[\mathrm{m}]$와 같은 깊이에 선전하 밀도 $-\lambda[\mathrm{C/m}]$인 영상전하를 고려하여 $F = QE$

$$= -\lambda l \cdot \frac{\lambda}{2\pi\varepsilon_0(2d)} = \frac{\lambda^2 l}{4\pi\varepsilon_0 d}[\mathrm{N}]$$

$$\therefore |F| = \frac{\lambda^2}{4\pi\varepsilon_0 d}[\mathrm{N/m}]$$

04
경계면에 작용하는 힘은 유전율이 큰 쪽에서 작은 쪽으로 작용하므로 ε_1에서 ε_2의 방향으로 진행한다.

05
분극의 세기 $P = \varepsilon_0(\varepsilon_s - 1)E = D\left(1 - \frac{1}{\varepsilon_s}\right)[\mathrm{C/m}^2]$에서 면적을 상쇄하면 분극전하를 구할 수 있다. 따라서 분극전하는

$$Q_p = Q\left(1 - \frac{1}{\varepsilon_s}\right) = 0.1 \times \left(1 - \frac{1}{10}\right) = 0.09[\mathrm{C}]$$

06
만일, $\varepsilon_1 > \varepsilon_2$의 관계일 경우 힘은 유전율이 큰 쪽에서 작은 쪽으로 진행하고 이때 ε_1 영역에 존재하는 전하 Q는 밀려나게 되는데 이는 전하와 반발력이 작용하기 때문이다.

07
- 인덕턴스는 권선수 제곱에 비례($L \propto N^2$)하기 때문에
$L_A : N_A^2 = L_B : N_B^2$의 관계에서

$$L_B = \frac{N_B^2}{N_A^2} \cdot L_A = \left(\frac{N_B}{N_A}\right)^2 L_A$$

- 상호인덕턴스 $M = k\sqrt{L_1 L_2}$ (누설자속이 0이면, 결합계수 $k=1$)

$$M = \sqrt{L_A L_B} = \sqrt{L_A \cdot \left(\frac{N_B}{N_A}\right)^2 L_A} = \frac{N_B}{N_A} \cdot L_A = \frac{400}{100} \times 4 = 16\,[\text{H}]$$

08

환상솔레노이드 인덕턴스 $L = \dfrac{\mu_0 \mu_s S N^2}{l}$ 이므로 $\mu_0 \mu_s S N^2 = Ll$,

$$N = \sqrt{\frac{Ll}{\mu_0 \mu_s S}} = \sqrt{\frac{5.4 \times 10^{-3} \times 10 \times 10^{-2}}{4\pi \times 10^{-7} \times 15{,}000 \times 2 \times 10^{-4}}} = 12\,\text{회}$$

09

자속 $\phi = BS = \mu HS = \dfrac{\mu SNI}{l}\,[\text{Wb}]$

10

변위전류 밀도

$$i_d = \frac{\partial D}{\partial t} = \frac{\partial E\varepsilon}{\partial t} = \varepsilon \frac{\partial}{\partial t}\left(\frac{V}{d}\right) = \omega \varepsilon E\,[\text{A/m}^2]$$

11

- 거리벡터 $\hat{r} = \hat{x} - 2\hat{y}$, $|\hat{r}| = \sqrt{1^2 + 2^2} = \sqrt{5}$
- 방향벡터 $n = \dfrac{\hat{r}}{|\hat{r}|} = \dfrac{\hat{x} - 2\hat{y}}{\sqrt{5}}$
- 작용하는 힘

$$F = \frac{Q_1 Q_2}{4\pi\varepsilon_0 r^2} = 9 \times 10^9 \times \frac{-2 \times 10^{-9} \times 1}{(\sqrt{5})^2} = -\frac{18}{5}\,[\text{N}]$$

$$\therefore \hat{F} = n|\hat{F}| = \left(\frac{\hat{x} - 2\hat{y}}{\sqrt{5}}\right) \cdot -\frac{18}{5} = -\frac{18}{5\sqrt{5}}\hat{x} + \frac{36}{5\sqrt{5}}\hat{y}$$

12

공기콘덴서에 유전체를 판 간격의 반만 평행하게 채운 경우

$$C = \frac{\varepsilon_1 \varepsilon_2 S}{\varepsilon_1 d_2 + \varepsilon_2 d_1} = \frac{\varepsilon_0 \varepsilon_0 \varepsilon_r S}{\varepsilon_0 \frac{d}{2} + \varepsilon_0 \varepsilon_r \frac{d}{2}} = \frac{2\varepsilon_0 \varepsilon_r S}{d(1 + \varepsilon_r)} = \frac{2\varepsilon_r}{1 + \varepsilon_r} C_0 = \frac{2C_0}{\frac{1}{\varepsilon_r} + 1}\,[\text{F}]$$

13

전위계수는 전위를 표현하기 위해 전하에 곱해 주는 문자나 수를 의미하기 때문에 $V = PQ$에서, 전위계수 $P = \dfrac{V}{Q}$ 이고

$$P_{11} = \frac{V_1}{Q_1} = \frac{1}{Q_1} \cdot V_1 = \frac{1}{Q_1} \cdot \frac{Q_1}{4\pi\varepsilon}\left(\frac{1}{a} - \frac{1}{b} + \frac{1}{c}\right)$$

$$= \frac{1}{4\pi\varepsilon}\left(\frac{1}{a} - \frac{1}{b} + \frac{1}{c}\right)[\text{V/C} = 1/\text{F}]$$

14

자계 $H[\text{N/Wb} = \text{AT/m} = \text{A/m}]$

$LI = N\phi$ 에서 $I = \dfrac{\phi}{L}$ (단, $N=1$) $\left[\text{A} = \dfrac{\text{Wb}}{\text{H}}\right]$ 를 대입하면

$$\left[\frac{\text{A}}{\text{m}} = \frac{\frac{\text{Wb}}{\text{H}}}{\text{m}} = \frac{\text{Wb}}{\text{H} \cdot \text{m}} = \text{Wb}/(\text{H} \cdot \text{m})\right]$$

15

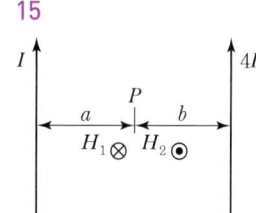

P점에 작용하는 자계의 세기는 2개이며 자계의 방향이 반대이므로 크기가 같으면 P점의 자계의 세기가 0이 된다.

$H_1 = \dfrac{I}{2\pi a}\,[\text{AT/m}]$, $H_2 = \dfrac{4I}{2\pi b}\,[\text{AT/m}]$이므로

$H_1 = H_2 \Rightarrow \dfrac{I}{2\pi a} = \dfrac{4I}{2\pi b} \Rightarrow \dfrac{a}{b} = \dfrac{1}{4}$ 이 된다.

16

콘덴서의 직렬 연결 시 전하량의 크기가 작은 것부터 절연이 파괴된다.

① $Q_1 = C_1 V_1 = 2 \times 10^{-6} \times 1{,}000 = 2{,}000\,[\mu\text{C}]$
② $Q_2 = C_2 V_2 = 3 \times 10^{-6} \times 700 = 2{,}100\,[\mu\text{C}]$
③ $Q_3 = C_3 V_3 = 4 \times 10^{-6} \times 600 = 2{,}400\,[\mu\text{C}]$
④ $Q_4 = C_4 V_4 = 8 \times 10^{-6} \times 300 = 2{,}400\,[\mu\text{C}]$

17

원형코일 중심 자장의 세기 $H = \dfrac{NI}{2a}[\text{AT/m}]$이므로

$NI = 2aH$

$I = \dfrac{2aH}{N} = \dfrac{2 \times 2 \times 30}{120} = 1[\text{A}]$

18

동심구형 콘덴서의 정전용량

$C = \dfrac{4\pi\varepsilon_0}{\dfrac{1}{a} - \dfrac{1}{b}} = \dfrac{4\pi\varepsilon_0 ab}{b-a} = \dfrac{1}{9 \times 10^9} \cdot \dfrac{ab}{b-a}[\text{F}]$

$\therefore C = \dfrac{1}{9 \times 10^9} \times \dfrac{0.1 \times 0.05}{0.1 - 0.05} \times 10^{12} = 11.1[\text{pF}]$

19

자화율 $\chi_m = \mu_0(\mu_s - 1)$이고 $\mu_r < 1$이면 역자성체이다.
따라서 $\mu_r < 1$인 역자성체는 $\chi_m = \mu_0(\mu_s - 1) < 0$이고,
$\mu_r > 1$ 상자성체는 $\chi_m = \mu_0(\mu_s - 1) > 0$이 된다.

20

구좌표계에 의한

$\nabla^2 r = \dfrac{1}{r^2} \cdot \dfrac{\partial}{\partial r} \cdot \left(r^2 \dfrac{\partial r}{\partial r}\right) + \dfrac{1}{r^2 \cdot \sin\theta} \cdot \dfrac{\partial}{\partial \theta} \cdot \left(\sin\theta \cdot \dfrac{\partial r}{\partial \theta}\right) + \dfrac{1}{r^2 \cdot \sin^2\theta} \cdot \dfrac{\partial^2 r}{\partial \phi^2}$

(단, 주어진 함수 r은 θ와 ϕ 성분이 없으므로 편미분 시 0이 된다.)

$\therefore \nabla^2 r = \dfrac{1}{r^2} \cdot \dfrac{\partial}{\partial r} \cdot \left(r^2 \dfrac{\partial r}{\partial r}\right) = \dfrac{1}{r^2} \cdot \dfrac{\partial}{\partial r} \cdot (r^2 \cdot 1)$

$= \dfrac{1}{r^2} \cdot 2r = \dfrac{2}{r}$

2과목   전력공학

21

충격방전 개시전압은 피뢰기 단자 간에 충격전압을 인가하였을 때 방전 시 개시하는 전압으로, 최대치로 표시한다.

22

동기조상기와 전력용 콘덴서 비교

설비	동기조상기	전력용 콘덴서
조정	진상, 지상(연속)	진상(불연속, 계단적)
전력손실	크다	작다
유지보수	어렵다	쉽다
용량증설	불가능	가능

23

배전선로보호의 방식

㉠ 방사상식
- 전원 1군데 : 과전류계전기
- 전원 2군데 : 과전류계전기 + 방향단락계전기

㉡ 환상식
- 전원 1군데 : 방향단락계전기
- 전원 2군데 : 방향거리계전기

24

단상 3선식 전기방식
- 2종의 전원을 얻을 수 있다.
- 중성선 단선 시 전압의 불평형이 생기므로 저압밸런서를 설치한다.
- 중성선에는 Fuse를 설치하지 않는다.

25

- 무부하 시 전류 개폐 및 차단 : 단로기
- 부하전류 및 사고전류 차단 : 차단기

26

$I_c = \omega CE = \omega C \dfrac{V}{\sqrt{3}}[\text{A}]$

$= 2\pi \times 60 \times 0.01 \times 10^{-6} \times 173.2 \times \dfrac{60,000}{\sqrt{3}} = 22.6[\text{A}]$

27

구분	설명
반한시성	정반비례(동작전류가 크면 동작시간이 짧아진다.)
순한시성	즉시(순시) 동작
정한시성	정해진 시간(일정시간) 동작
반한시성-정한시성	반한시성 특성과 정한시성 특성을 가진 동작

28
안정도의 종류
- 정태안정극한전력 : 부하가 서서히 증가했을 때 극한전력
- 동태안정극한전력 : 부하가 갑자기 증가했을 때 극한전력
- 과도안정극한전력 : 부하가 갑자기 사고가 났을 때 극한전력

29
전력용 콘덴서의 목적
- 전력손실 감소
- 전압강하 감소
- 전기요금 절감
- 설비이용률 증가

30
케스케이딩 대책
인접 변압기와 연결되어 있는 저압선의 중간에 구분퓨즈를 설치한다.

31
$$\frac{부하용량(W_1)}{자기용량(W)} = \frac{V_h}{e_2}$$

$$부하용량(W_1) = \frac{V_h}{e} \times W$$

32
절탄기
보일러에서 나온 연소배기가스의 남은 열로 보일러에 공급되고 있는 급수를 미리 예열하는 장치

33
- 직렬콘덴서의 목적
  선로의 유도리액턴스를 보상하여 수전단의 전압강하율을 줄이고 플리커현상을 방지한다.
- 전력용(병렬) 콘덴서의 목적은 역률개선을 한다.

34

부하	전압강하	전력손실
말단집중부하	1	1
평등분산(균등)부하	$\frac{1}{2}$	$\frac{1}{3}$

35
$$P_s = \frac{E_s E_R}{X}\sin\delta = \frac{161 \times 154}{60} \times \sin 35° = 237 [\text{MW}]$$

36

구분	직접접지	소호리액터 접지
전위상승	최저(1.3배 이하)	최대($\sqrt{3}$배 이상)
지락전류	최대	최소
유도장해	최대	최소
과도안정도	낮음	높음

37
$$D_2 = 2D_1 = 2 \times 12 = 24 [\text{cm}]$$

38
캐비테이션현상이 발생하면, 장기간의 심한 진동으로 수차의 금속재료부분에 심각한 피로파괴를 가져온다. 또한 수차의 효율을 떨어뜨리고, 금속의 표면을 파괴하며 심한 경우에는 러너를 교체해야 할 경우도 발생한다.

방지대책
- 수차의 비속도를 너무 크게 잡지 않을 것
- 흡출관의 높이를 너무 높게 취하지 않을 것
- 침식에 강한 재료로 러너를 제작하거나 부분적으로 보강할 것
- 러너 표면을 매끄럽게 가공정도를 높일 것
- 과도한 부분부하, 과부하운전을 가능한 한 피할 것

39
매설지선의 설치목적
철탑의 접지저항값을 작게 하여 역섬락을 방지하며 뇌해를 방지하기 위함이다.

40

$$\begin{bmatrix} A & B \\ C & D \end{bmatrix} = \begin{bmatrix} 1 & Z_s \\ 0 & 1 \end{bmatrix} \begin{bmatrix} A & B \\ C & D \end{bmatrix} \begin{bmatrix} 1 & Z_r \\ 0 & 1 \end{bmatrix}$$

$$= \begin{bmatrix} A + Z_s C & B + Z_s D \\ C & D \end{bmatrix} \begin{bmatrix} 1 & Z_r \\ 0 & 1 \end{bmatrix} \text{에서 } C_0 = C$$

3과목 전기기기

41

무부하손 $P_0 = V_1 I_0 \cos\theta [\text{W}]$에서 3고조파 성분을 제외한 기본파 성분만 보았을 때 최댓값을 실횻값으로 바꾸고 전압과 전류의 위상차는 30도 차이다.

$$P_0 = \frac{200}{\sqrt{2}} \times \frac{3}{\sqrt{2}} \times \cos(30) = 259.8[\text{W}]$$

42

- 철손을 줄이기 위해 성층철심을 사용한다.
- 역률 및 정류개선을 위하여 약계자, 강전기자형을 사용한다. (계자권선의 리액턴스 때문에 역률이 낮아지므로 계자권선의 권수를 줄이고 전기자권선의 권수를 늘린다.)
- 변압기의 기전력을 적게 하여 역률 저하를 방지한다.
- 브러시로 단락되는 코일 중의 단락전류를 작게 한다.

43

무부하 시 단자전압(유기기전력 E)과 전부하 시 단자전압$[V]$의 크기
- 분권, 차동복권, 타여자, 부족복권 : $E > V$
- 직권, 과복권 : $E < V$
- 평복권 : $E = V$

44

단중중권의 병렬회로 수 $a = P$극수와 같다.
다중중권의 병렬회로 수 $a = mP$(다중도 m)
단중파권의 병렬회로 수 $a = 2$
다중파권의 병렬회로 수 $a = 2m$(다중도 m)

45

기동 시 최대토크와 같은 토크로 기동하기 위한 외부저항 R

$$R_t = \sqrt{r_1^2 + (x_1 + x_2)^2} - r_2$$

$$= \left(\frac{1 - s_t}{s_t}\right) r_2 = \left(\frac{1}{s_t} - 1\right) r_2$$

46

단상변압기의 병렬운전조건에서 분담용량은 정격용량에 비례하고 임피던스에 반비례한다.

$$\frac{P_A}{P_B} = \frac{P_a}{P_b} \times \frac{\%Z_B}{\%Z_A}$$

47

- 회전각과 속도는 펄스 수에 비례한다.
- 위치제어를 할 때 각도오차가 적고 누적되지 않는다.
- 기동, 정지, 가속, 감속, 정·역회전의 응답성이 좋다.
- 피드백 없이 오픈루프로 손쉽게 속도 및 위치제어를 할 수 있다.

48

유도전동기에서 토크가 일정할 때 슬립은 공급전압의 제곱에 반비례하는 관계를 갖고 있다. $S \propto \dfrac{1}{V^2}$ 의 관계를 갖고 전부하슬립이 4[%]일 때 전원전압은 100[%]이며, 이때 전원전압이 10[%] 감소하였을 때 변화된 슬립을 비례식으로 표현하면 아래 공식으로 표현된다.

$$4 : \frac{1}{1^2} = S' : \frac{1}{0.9^2} \text{ 이므로 } S' = \frac{1}{0.9^2} \times 4 = 4.93$$

49

권선형 유도전동기의 비례추이 원리에서 2차 측 저항을 증가시킬 경우 슬립도 비례하여 증가한다. 그 이유는 최대토크값은 변하지 않기 때문이다.

50

직류전동기의 속도제어법 $N = K \dfrac{V - I_a R_a}{\phi}[\text{rpm}]$

- 전압제어 : 정토크특성
- 계자제어 : 정출력특성
- 저항제어

51

$\tau = k\phi I_a [\text{N}\cdot\text{m}]$에서 토크는 자속과 전기자전류의 곱에 비례한다. 전기자전류가 10[A]에서 12[A]로 1.2배 증가, 자속은 100[%]에서 80[%]로 감소되었으므로 $1.2 \times 0.8 = 0.96$배로 볼 수 있다.

$5 \times 0.96 = 4.8 [\text{N}\cdot\text{m}]$

52

△결선은 상전압과 선간전압의 크기가 같다.

△결선에서 선전류는 상전류의 $\sqrt{3}$ 배 더 크다.

상전압 $a\dfrac{V}{\sqrt{3}}$ 상전류 $\dfrac{I}{a}$ 상전압 $\dfrac{V}{\sqrt{3}}$, 상전류 I 선간전압 V (단자전압)

$\dfrac{\sqrt{3}\,I}{a}$ 선전류

권수비 $a = \dfrac{V_1}{V_2} = \dfrac{I_2}{I_1}$ 는 선간전압, 선전류가 아닌 상전압, 상전류를 기준으로 한다.

$V_1 = aV_2$ 이므로 1차 측 상전압은 권수비와 2차 측 상전압을 곱한 값 $I_1 = \dfrac{I_2}{a}$ 이므로 1차 측 상전류는 2차 측 상전류를 권수비로 나눈 값이다.

53

SCR 3상 반파정류회로의 직류평균전압 $E_d = 1.17 E \cos\alpha$

$1.17 \times 220 \times \cos(60) = 128.7 [\text{V}]$

54

유도자형 동기발전기는 전기자 및 계자가 고정되어 있으며 유도자가 회전하며 발전하는 고주파발전기이다.

55

단락전류 $I_S = \dfrac{E}{Z_S} [\text{A}]$ 공식에서 동기임피던스

$Z_S = \dfrac{E(\text{상전압})}{I_S} = \dfrac{\dfrac{1,000\sqrt{3}}{\sqrt{3}}}{50} = 20 [\Omega]$

56

단락비

$K_S = \dfrac{\text{무부하 시 정격전압을 유기하는 데 필요한 여자전류}}{\text{3상 단락 시 정격전류와 같은 단락전류를 흐르게 하는 데 필요한 여자전류}} = \dfrac{I_{fo}}{I_{fs}}$

57

변압기의 습기 제거 건조법
- 열풍법
- 진공법
- 단락법

58

1상의 유도기전력 $E(\text{상전압}) = 4.44 f\phi N K_w [\text{V}]$에서

유효자속 $\phi = \dfrac{E}{4.44 f N K_w} [\text{Wb}]$

여기서 N은 1상당 권선 수

$N = \dfrac{\text{총 슬롯 수} \times \text{슬롯 내 도체 수}[\text{총 도체 수}]}{\text{상수} \times 2 \times 2 (\text{2중 Y결선})}$

$= \dfrac{180 \times 10}{3 \times 2 \times 2} = 150$

총 도체 수를 2로 나누면 권수가 되고, 2차 측을 2중으로 Y결선을 하였으니 2로 한 번 더 나누어 준다. 권선계수 K_w는 분포권계수와 단절권계수의 곱이므로 분포권계수와 단절권계수를 구해 준다.

분포권계수 $K_d = \dfrac{\sin\dfrac{\pi}{2m}}{q\sin\dfrac{\pi}{2mq}}$ 여기서 q는 매극, 매상당 슬롯수

$q = \dfrac{\text{총 슬롯 수}}{\text{극수} \times \text{상수}} = \dfrac{180}{20 \times 3} = 3$

분포권계수 $K_d = \dfrac{\sin\dfrac{180}{2 \times 3}}{3\sin\dfrac{180}{2 \times 3 \times 3}} = 0.9597$

단절권계수 $K_p = \sin\dfrac{\beta\pi}{2} = \sin\dfrac{\dfrac{7}{9}\pi}{2} = 0.9396$

권선계수 $K_w = 0.9597 \times 0.9396 = 0.9$

유효자속 $\phi = \dfrac{\dfrac{3,300}{\sqrt{3}}}{4.44 \times 60 \times 150 \times 0.9} = 0.0529 [\text{Wb}]$

59
① SCR : 단일방향성 3단자소자
② SSS : 2방향성 2단자소자
③ SCS : 단일방향성 4단자소자
④ TRIAC : 2방향성 3단자소자

60
농형 유도전동기는 권선형에 비하여 기동토크가 작고 기동전류가 크기 때문에 소형 전동기에 주로 사용된다.

4과목   회로이론 및 제어공학

61
전달함수 $\dfrac{C(s)}{R(s)} = \dfrac{전향이득}{1-(루프이득)} = \dfrac{6+4}{1-(-2-4-6)}$
$= \dfrac{10}{13}$

62
$|G(\omega)| = \dfrac{1}{0.1\omega\sqrt{(0.01\omega)^2+1^2}}\bigg|_{\omega=0.1} = \dfrac{1}{0.1 \times 0.1} = 10^2$

- 이득 $g = 20\log_{10}10^2 = 40\,[\text{dB}]$
- 위상각 $\phi = \dfrac{1}{90°} = -90°$

63
$Y = (A+B)(\overline{A}+B) = A\overline{A} + AB + \overline{A}B + BB$
$= B(A+\overline{A}) + B = B + B = B$

64
$1 + G(s)H(s) = 1 + \dfrac{K}{s(s+3)(s+8)} = 0$
$K = -s(s+3)(s+8)$
$K(\sigma) = -\sigma(\sigma+3)(\sigma+8) = -\sigma^3 - 11\sigma^2 - 24\sigma$
$\dfrac{d}{d\sigma}K(\sigma) = -3\sigma^2 - 22\sigma - 24 = 0$
근의 공식 $\sigma = \dfrac{22 \pm \sqrt{196}}{2(-3)}$ $\sigma_1 = -1.33$, $\sigma_2 = -6$
$K \geq 0$에 대한 실수축의 상의 구간은 $(0 \sim -3, -8 \sim \infty)$이므로 $\sigma_2 = -6$은 근궤적점이 될 수 없으므로 버리고 분리점은 $\sigma_1 = -1.33$이다.

65
$F(z) = \dfrac{(1-e^{-aT})z}{(z-1)(z-e^{-aT})} = \dfrac{z - ze^{-aT} + z^2 - z^2}{(z-1)(z-e^{-aT})}$
$= \dfrac{z(z-e^{-aT}) - z(z-1)}{(z-1)(z-e^{-aT})} = \dfrac{z}{z-1} - \dfrac{z}{z-e^{-aT}}$
$\therefore f(t) = 1 - e^{-aT}$

66
- 비례요소 $G(s) = K$
- 미분요소 $G(s) = Ks$
- 적분요소 $G(s) = \dfrac{K}{s}$
- 1차 지연요소 $G(s) = \dfrac{K}{Ts+1}$

67
상태천이행렬 $\phi(t) = \mathcal{L}^{-1}[sI-A]^{-1}$
$A = \begin{bmatrix} 0 & 1 \\ -3 & -4 \end{bmatrix}$
$[sI-A] = \begin{bmatrix} s & 0 \\ 0 & s \end{bmatrix} - \begin{bmatrix} 0 & 1 \\ -3 & -4 \end{bmatrix} = \begin{bmatrix} s & -1 \\ 3 & s+4 \end{bmatrix}$
$[sI-A]^{-1} = \dfrac{1}{\begin{bmatrix} s & -1 \\ 3 & s+4 \end{bmatrix}} \begin{bmatrix} s+4 & 1 \\ -3 & s \end{bmatrix}$
$= \begin{bmatrix} \dfrac{s+4}{(s+1)(s+3)} & \dfrac{1}{(s+1)(s+3)} \\ \dfrac{-3}{(s+1)(s+3)} & \dfrac{s}{(s+1)(s+3)} \end{bmatrix}$
$\phi(t) = \begin{bmatrix} 1.5e^{-t} - 0.5e^{-3t} & 0.5e^{-t} - 0.5e^{-3t} \\ -1.5e^{-t} + 1.5e^{-3t} & -0.5e^{-t} + 1.5e^{-3t} \end{bmatrix}$

68
2차계 전달함수 $T(s) = \dfrac{\omega_n^2}{s^2 + 2\zeta\omega_n s + \omega_n^2}$
$T(s) = \dfrac{1}{4s^2+s+1} = \dfrac{\dfrac{1}{4}}{s^2 + \dfrac{1}{4}s + \dfrac{1}{4}}$
$\omega_n^2 = \dfrac{1}{4}$ $\omega_n = \dfrac{1}{2} = 0.5$
$2\zeta\omega_n = \dfrac{1}{4}$ $\zeta = \dfrac{1}{2\omega_n 4} = \dfrac{1}{2 \times \dfrac{1}{2} \times 4} = \dfrac{1}{4} = 0.25$

69

$$\frac{C(s)}{R(s)} = \frac{\frac{1}{s} \times \frac{1}{s}}{1 + \frac{3}{s} + \frac{2}{s^2}} = \frac{1}{s^2 + 3s + 2}$$

$$s^2 C(s) + 3s\,C(s) + 2C(s) = R(s)$$

미분방정식 $\dfrac{d^2}{dt^2}C(t) + 3\dfrac{d}{dt}C(t) + 2C(t) = r(t)$

70

루스판별법

s^4	1, -3, 2
s^3	1, -1, 0
s^2	-2, 2, 0
s	0, 0
s^0	2

1열 부호가 2번 변화되므로 불안정근이 2개이다.

71

중첩의 원리

8[A] 전류원을 기준으로 7[A] 전류원을 단락하여 6[Ω]에 흐르는 전류 I_1은

$$I_1 = \frac{\frac{4 \times 12}{4+12}}{6 + \frac{4 \times 12}{4+12}} \times 8 = \frac{8}{3}[A]$$

7[A] 전류원을 기준으로 8[A] 전류원을 단락하여 6[Ω]에 흐르는 전류 I_2는

$$I_2 = \frac{\frac{4 \times 12}{4+12}}{6 + \frac{4 \times 12}{4+12}} \times 7 = \frac{7}{3}[A]$$

$$I = I_1 + I_2 = \frac{8}{3} + \frac{7}{3} = 5[A]$$

72

RL 직렬의 시정수 $\tau = \dfrac{L}{R}$ 이므로

$L = R\tau = 14.7 \times 0.03 \times 10^3 = 441 [\text{mH}]$

73

역상분전류

$$I_2 = \frac{1}{3}(I_a + a^2 I_b + a I_c)$$
$$= \frac{1}{3}\{(7.28\angle 15.95°) + (1\angle -120°)(12.81\angle -128.66°)$$
$$\quad + (1\angle 120°)(7.21\angle 123.69°)\} = 2.51\angle 96.55°[A]$$

74

$$Z_{22} = \left.\frac{V_2}{I_2}\right|_{I_1=0} = Z_2 + Z_3$$

75

그림 (a), (b)와 같은 등가회로에서,

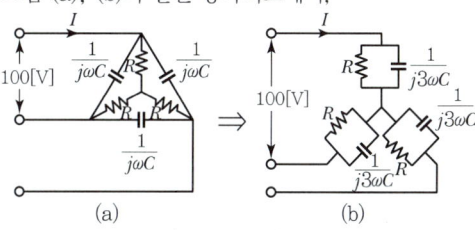

$I = V_p Y_p = \dfrac{100}{\sqrt{3}}\left(\dfrac{1}{R} + j3\omega C\right)$

76

무왜형조건 $LG = RC$ 에서

$$G = \frac{RC}{L} = \frac{(0.5) \times (6 \times 10^{-6})}{(1 \times 10^{-6})} = 3[\mho/\text{km}]$$
$$= 3 \times 10^{-3}[\mho/\text{m}]$$

77

그림 (a)의 Y결선에서 그림 (b) △결선으로 등가 변환하면

$$R_{ab} = \frac{R_a R_b + R_b R_c + R_c R_a}{R_c} = \frac{2 \times 3 + 3 \times 4 + 4 \times 2}{4} = \frac{13}{2}[\Omega]$$

$$R_{bc} = \frac{R_a R_b + R_b R_c + R_c R_a}{R_a} = \frac{2 \times 3 + 3 \times 4 + 4 \times 2}{2} = 13[\Omega]$$

$$R_{ca} = \frac{R_a R_b + R_b R_c + R_c R_a}{R_b} = \frac{2 \times 3 + 3 \times 4 + 4 \times 2}{3} = \frac{26}{3}[\Omega]$$

78

비정현파 평균 전력은 같은 주파수끼리 구한 후 합해 주므로

$P = P_1 + P_3 = (V_1 I_1 \cos\theta_1) + (V_3 I_3 \cos\theta_3)$

$= \left(\dfrac{1}{2} \times 200 \times \dfrac{1}{5} \times \cos\dfrac{\pi}{3}\right) + \left(\dfrac{1}{2} \times 80 \times \dfrac{1}{10} \times \cos\dfrac{\pi}{4}\right)$

$= 10 + 2\sqrt{2} = 12.828 \,[\text{W}]$

79

전체 전압 $V = I_3 Z_3 = 5.0 \times 1.0 = 5.0\,[\text{V}]$

$I_1 = 2e^{-j\frac{\pi}{6}} = 2\angle -\dfrac{\pi}{6} = 1.73 - j\,[\text{A}]$

$I_2 = 5e^{j\frac{\pi}{6}} = 5\angle \dfrac{\pi}{6} = 4.33 + j2.5\,[\text{A}]$

전체 전류

$I = I_1 + I_2 + I_3 = (1.73 - j) + (4.33 + j2.5) + 5.0$
$= 11.06 + j1.5\,[\text{A}]$

복소 전력

$P = V\overline{I} = (5.0) \times (11.06 - j1.5) = 55.3 - j7.5\,[\text{VA}]$

80

$f(t) = \dfrac{s^2 + 3s + 2}{s^2 + 2s + 5} = \dfrac{s^2 + 2s + 5 + s - 3}{s^2 + 2s + 5}$

$= \dfrac{s^2 + 2s + 5}{s^2 + 2s + 5} + \dfrac{s - 3}{s^2 + 2s + 5} = 1 + \dfrac{s - 3}{(s+1)^2 + 2^2}$

$= 1 + \dfrac{(s+1) - 4}{(s+1)^2 + 2^2} = 1 + \dfrac{1}{s+1} \dfrac{s - 4}{s^2 + 2^2}$

$= 1 + \dfrac{1}{s+1} \left(\dfrac{s}{s^2 + 2^2} - 2\dfrac{2}{s^2 + 2^2}\right) \mathcal{L}^{-1}[f(t)]$

$= \mathcal{L}^{-1}\left[1 + \dfrac{1}{s+1}\left(\dfrac{s}{s^2 + 2^2} - 2\dfrac{2}{s^2 + 2^2}\right)\right]$

$= \delta(t) + e^{-t}(\cos 2t - 2\sin 2t)$

5과목 전기설비기술기준

81

풍력터빈의 피뢰설비 시설

- 수뢰부를 풍력터빈 선단부분 및 가장자리부분에 배치하되 뇌격전류에 의한 발열에 의해 녹아서 손상되지 않도록 재질, 크기, 두께 및 형상 등을 고려할 것
- 풍력터빈에 설치하는 인하도선은 쉽게 부식되지 않는 금속선으로서 뇌격전류를 안전하게 흘릴 수 있는 충분한 굵기여야 하며, 가능한 직선으로 시설할 것
- 풍력터빈 내부의 계측센서용 케이블은 금속관 또는 차폐케이블 등을 사용하여 뇌유도과전압으로부터 보호할 것
- 풍력터빈에 설치한 피뢰설비(리셉터, 인하도선 등)의 기능 저하로 인해 다른 기능에 영향을 미치지 않을 것

82

욕조나 샤워시설이 있는 욕실 또는 화장실 등 콘센트를 시설하는 경우

- 인체감전보호용 누전차단기(정격감도전류 15[mA] 이하, 동작시간 0.03초 이하의 전류동작형의 것에 한한다) 또는 절연변압기(정격용량 3[kVA] 이하인 것에 한한다)로 보호된 전로에 접속하거나, 인체감전보호용 누전차단기가 부착된 콘센트를 시설하여야 한다.
- 콘센트는 접지극이 있는 방적형 콘센트를 사용하여 접지한다.

83

갑종풍압하중

철탑	단주(완철류는 제외함)	원형의 것	588[Pa]
		기타의 것	1,117[Pa]
	강관으로 구성되는 것 (단주는 제외함)		1,255[Pa]
	기타의 것		2,157[Pa]

84

"보호도체(PE : Protective Conductor)"란 감전에 대한 보호 등 안전을 위해 제공되는 도체를 말한다.

85

통신상의 유도장해방지시설

교류식 전기철도용 전차선로는 기설 가공약전류 전선로에 대하여 유도작용에 의한 통신상의 장해가 생기지 않도록 시설하여야 한다.

86
옥내전로의 대지전압 제한

주택의 전기저장장치의 축전지에 접속하는 부하 측 옥내배선을 다음에 따라 시설하는 경우에 주택의 옥내전로의 대지전압은 직류 600[V] 이하이어야 한다.
- 전로에 지락이 생겼을 때 자동적으로 전로를 차단하는 장치를 시설할 것
- 사람이 접촉할 우려가 없는 은폐된 장소에 합성수지관배선, 금속관배선 및 케이블배선에 의하여 시설하거나 사람이 접촉할 우려가 없도록 케이블배선에 의하여 시설하고 전선에 적당한 방호장치를 시설할 것

87
전압 적용범위
- 저압 : 교류는 1[kV] 이하, 직류는 1.5[kV] 이하인 것
- 고압 : 교류는 1[kV]를, 직류는 1.5[kV]를 초과하고, 7[kV] 이하인 것
- 특고압 : 7[kV]를 초과하는 것

88
고압 및 특고압가공전선로의 가공지선
- 가공지선 : 뇌해방지
- 고압가공전선로의 가공지선은 인장강도 5.26[kN] 이상의 것 또는 지름 4[mm]
- 특별고압가공전선로의 가공지선은 인장강도 8.01[kN] 이상의 것 또는 지름 5[mm]

89

기기	용량	사고내용	보호장치
발전기	모든 발전기	과전류 시	자동 차단장치
	500[kVA] 이상	수차유압이 현저히 저하 시	
	2,000[kVA] 이상	베어링 온도 상승 시	
	10,000[kVA] 이상	내부 고장 및 베어링의 마모 시	
변압기	5,000[kVA] 이상 10,000[kVA] 미만	내부 고장 시	경보장치 또는 자동 차단장치
	10,000[kVA] 이상	내부 고장 시	자동차단 장치
	타냉식	냉각장치 고장 시	경보장치

기기	용량	사고내용	보호장치
무효전력 보상장치	15,000[kVA] 이상	내부 고장 시	자동 차단장치

90
합성수지관 상호접속 시 커플링을 이용하고 삽입접속 시에는 투입하는 길이는 관 바깥지름의 1.2배 이상, 접착제 사용 시에는 0.8배로 견고하게 접속할 것

91
특고압가공전선의 높이

35[kV] 이하	160[kV] 이하	160[kV] 초과
㉠ 지표상 : 5[m] ㉡ 도로횡단 : 6[m] ㉢ 횡단보도 : 4[m] ㉣ 철도횡단 : 6.5[m]	㉠ 지표상 • 산지 : 5[m] • 평지 : 6[m] ㉡ 도로횡단 : 6.5[m] ㉢ 횡단보도 : 5[m] ㉣ 철도횡단 : 6.5[m]	㉠ 산지・평지 : $6(5)+(x-16)\times 0.12$[m] (여기서, x : 전압)

92

시설장소	가공통신선	첨가통신선	
		저압 및 고압	특고압
도로(위) 횡단 시	5[m] (교통에 지장 없다 4.5[m])	6[m] (교통에 지장 없다 5[m])	6[m]
철도(레일면상) 횡단 시	6.5[m]	6.5[m]	6.5[m]
횡단보도교 위 (노면상)	3[m]	3.5[m] (절연전선 사용 3[m])	5[m]
기타 장소	3.5[m]	4[m]	5[m]

93
전력보안통신설비의 조가선은 단면적 38[mm^2] 이상의 아연도강연선을 사용할 것

94
1종 금속제 가요전선관에는 2.5[mm^2] 이상의 나연동선을 삽입한다.

95
제1종 특고압보안공사
35[kV]를 초과하는 전선과 건조물이 제2차 접근상태인 경우

사용전압	전선
100[kV] 미만	인장강도 21.67[kN] 이상의 연선 또는 55[mm²] 이상
100[kV] 이상 300[kV] 미만	인장강도 58.84[kN] 이상의 연선 또는 150[mm²] 이상
300[kV] 이상	인장강도 77.47[kN] 이상의 연선 또는 200[mm²] 이상

96
전선과 조영재의 간격

전압 및 장소	전선상호	조영재
400[V] 이하	6[cm]	
400[V] 초과 점검 가능, 건조한 장소		2.5[cm]
400[V] 초과 점검 불가, 물·습기가 있는 장소		4.5[cm]

97
지중선로는 기설 지중약전류 전선로에 대하여 누설전류, 유도작용에 대하여 통신상 장해방지를 할 것

98
회전기의 절연내력 시험

종류		시험전압	시험방법
회전기	발전기·전동기·무효전력 보상장치·기타 회전기 (회전변류기를 제외한다)	최대사용전압 7,000[V] 이하	최대사용전압의 1.5배의 전압 (500[V] 미만으로 되는 경우에는 500[V])	권선과 대지 간에 연속하여 10분간 가한다.
		최대사용전압 7,000[V] 초과	최대사용전압의 1.25배의 전압 (10,500[V] 미만으로 되는 경우에는 10,500[V])	
	회전변류기		직류 측의 최대사용전압의 1배의 교류전압(500[V] 미만으로 되는 경우에는 500[V])	

99
폭연성 분진 또는 화약류의 분말이 전기설비가 발화원이 되어 폭발할 우려가 있는 곳 : 케이블(캡타이어케이블 제외), 금속관 공사

100
과전류차단기로 저압전로에 사용하는 퓨즈

정격전류의 구분	시간	정격전류의 배수	
		불용단전류	용단전류
4[A] 이하	60분	1.5배	2.1배
4[A] 초과 16[A] 미만	60분	1.5배	1.9배
16[A] 이상 63[A] 이하	60분	1.25배	1.6배
63[A] 초과 160[A] 이하	120분	1.25배	1.6배
160[A] 초과 400[A] 이하	180분	1.25배	1.6배
400[A] 초과	240분	1.25배	1.6배

정 답		전기기사 2022년 3회 기출문제							
01	02	03	04	05	06	07	08	09	10
③	②	③	③	①	④	①	③	④	②
11	12	13	14	15	16	17	18	19	20
①	③	④	②	③	①	③	②	②	②
21	22	23	24	25	26	27	28	29	30
①	①	④	②	②	①	②	①	④	④
31	32	33	34	35	36	37	38	39	40
③	③	④	③	④	③	③	②	③	④
41	42	43	44	45	46	47	48	49	50
③	③	④	②	①	①	②	④	③	①
51	52	53	54	55	56	57	58	59	60
③	①	②	①	③	③	②	②	④	③
61	62	63	64	65	66	67	68	69	70
③	①	④	④	②	①	①	①	①	①
71	72	73	74	75	76	77	78	79	80
③	②	④	①	③	①	③	④	④	④
81	82	83	84	85	86	87	88	89	90
②	④	①	④	③	②	③	④	④	②
91	92	93	94	95	96	97	98	99	100
③	④	③	③	②	④	①	①	③	④

1과목 전기자기학

01

전위의 기울기(경도) : 전계와 크기는 같고 방향이 반대

$E = -\text{grad}\, V = -\nabla V = -\left(\dfrac{\partial}{\partial x}i + \dfrac{\partial}{\partial y}j + \dfrac{\partial}{\partial z}k\right)V$

$= -\left(\dfrac{\partial V}{\partial x}i + \dfrac{\partial V}{\partial y}j + \dfrac{\partial V}{\partial z}k\right)$

02

$m = 10^{-8}$[kg], $q = 10^{-6}$[C], $a = 10^2 i + 10^3 j$ [m/sec²]일 때 전계 E는 $F = QE = ma$ [N] ➡ $qE = ma$에서 전계 $E = \dfrac{ma}{q}$ [V/m]가 된다.

이에 수치를 대입하면 $E = \dfrac{10^{-8}}{10^{-6}}(10^2 i + 10^3 j) = i + 10j$ [V/m]이 된다.

03

구도체의 정전용량

$C = \dfrac{Q}{V} = \dfrac{Q}{\dfrac{Q}{4\pi\varepsilon_0 r}} = 4\pi\varepsilon_0 r = \dfrac{r}{9\times 10^9}$ [F]

(여기서, r[m] : 반지름)

04

전위계수에 의한 전위계산

전위계수에 의한 두 도체의 전위는 $V_1 = P_{11}Q_1 + P_{12}Q_2$, $V_2 = P_{21}Q_1 + P_{22}Q_2$ 이므로

주어진 수치 $Q_1 = 1$[C], $Q_2 = 0$ 과 $V_1 = 3$, $V_2 = 2$ 를 대입하면

$3 = P_{11} \cdot 1 \Rightarrow P_{11} = 3$, $2 = P_{21} \cdot 1 \Rightarrow P_{21} = P_{12} = 2$ 가 된다.

이때 두 도체에 새로운 전하 $Q_1' = 2$[C], $Q_2' = 1$[C]를 대전 시 V_1' 는

$V_1' = P_{11}Q_1' + P_{12}Q_2' = 3\times 2 + 2\times 1 = 8$[V]가 된다.

05

$W = MH(1-\cos\theta)$

$= 9.8\times 10^{-5} \times 10.5 \times (1-\cos 90°) = 1.03\times 10^{-3}$

06

히스테리시스곡선의 면적=히스테리시스손[J/m³]

$S = W_h = \displaystyle\int_{B_A}^{B} H dB$ [J/m³]

여기서, S : 면적
W_h : 히스테리시스손

07

전류밀도 $i = \dfrac{I}{S} = \dfrac{\dfrac{V}{R}}{S} = \dfrac{V}{RS}$

$= \dfrac{V}{\rho\dfrac{l}{S}\cdot S} = \dfrac{V}{\rho \cdot l} = \dfrac{1}{\rho}\cdot\dfrac{V}{l} = kE$ [A/m²]

08

전계가 경계면에 접선(평행)으로 진행할 때 경계면에서는 서로

밀어내는 압축응력(흡인력)이 작용한다.
유전율이 $\varepsilon_1 > \varepsilon_2$, $D_1 > D_2$이고 전계가 연속이므로
$E_{t1} = E_{t2} = E$
$f = \frac{1}{2}(\varepsilon_1 - \varepsilon_2)E^2 = \frac{1}{2}(\varepsilon_1 - \varepsilon_2)\left(\frac{V}{d}\right)^2 [\text{N/m}^2]$
전계와 수직방향으로 압축응력을 받으며 유전율이 큰 쪽에서 유전율이 작은 쪽으로 진행한다.

09

원의 중심 자계 $H = \frac{I}{2r}[\text{AT/m}]$이므로

반원의 중심 자계 $H = \frac{I}{2r} \times \frac{1}{2} = \frac{I}{4r}[\text{AT/m}]$

10

① 제벡효과 : 서로 다른 두 종류의 금속 접속면에 온도차가 있으면 기전력이 발생하는 효과
② 톰슨효과 : 하나의 도선의 두 점 간에 온도차를 주고, 고온 쪽에서 저온 쪽으로 전류를 흘리면 도선 속에서 열이 발생하거나 흡수가 일어나는 현상
③ 펠티에효과 : 서로 다른 두 종류의 금속 접속면에 전류를 흘리면 접속점에서 열의 흡수, 발생이 일어나는 효과

11

• 임계주파수(f_c) : 도체와 유전체를 구분하는 임계점에서의 주파수
$i_c = i_D$, $kE = \omega \varepsilon E$, $k = \omega \varepsilon = 2\pi f_c \varepsilon$,
$f_c = \frac{k}{2\pi\varepsilon} = \frac{\sigma}{2\pi\varepsilon}[\text{Hz}]$
여기서, 도전율 $k[\mho/m] = \sigma[\mho/m]$

12

평행도선 사이의 정전용량

$C = \frac{\pi\varepsilon_0}{\ln\frac{d}{a}}[\text{F/m}]$이며,

중심 간격 d가 도체 반경 a보다 대단히 크면 아래와 같다.

$C = \frac{\pi\varepsilon_0}{\ln\frac{d-a}{a}}[\text{F/m}]$

13

일반적으로 경계면에서 전계, 전속밀도는 불연속이다(다르다=변화한다).
그러나, 전속밀도는 법선성분이, 전계세기는 접선성분이 연속이다(같다). 전계와 전속밀도방향은 서로 같고, 굴절한다 $\left(\frac{\tan\theta_1}{\tan\theta_2} = \frac{\varepsilon_1}{\varepsilon_2}\right)$.

14

로렌츠의 힘
자계와 전계가 동시 존재 시 전하가 받는 힘은
$F = q(\vec{E} + \vec{v} \times \vec{B})[\text{N}]$이므로

• $\vec{v} \times \vec{B} = \begin{vmatrix} a_x & a_y & a_z \\ 2 & 3 & 0 \\ 0 & 2 & 5 \end{vmatrix}$
$= a_x(15-0) - a_y(10-0) + a_z(4-0)$
$= 15a_x - 10a_y + 4a_z$

• $\vec{E} + \vec{v} \times \vec{B} = 5a_y + a_z + 15a_x - 10a_y + 4a_z$
$= 15a_x - 5a_y + 5a_z$

• $F = q(\vec{E} + \vec{v} \times \vec{B}) = 0.2 \times (15a_x - 5a_y + 5a_z)$
$= 3a_x - a_y + a_z[\text{N}]$이 된다.

15

$\nabla \cdot i = -\frac{\partial \rho}{\partial t}$: 전류의 연속방정식

16

쇄교자속($N\phi$)는 LI와 같기 때문에
쇄교자속 $= LI = 20 \times 10^{-3} \times 2 = 40 \times 10^{-3}[\text{Wb}]$
$= 0.04[\text{Wb}]$
[주의] 쇄교자속($N\phi$)과 코일면을 지나는 자속(ϕ)은 다름에 주의한다!!

17

단위체적당 축적된 에너지

$W = \frac{\sigma^2}{2\varepsilon} = \frac{D^2}{2\varepsilon} = \frac{1}{2}\varepsilon E^2 = \frac{1}{2}ED[\text{J/m}^3]$

18

- 영구자석 : 잔류자기, 보자력, 히스테리시스곡선 면적이 모두 큰 것
- 전자석 : 잔류자기는 크고 보자력 및 히스테리시스곡선 면적이 작은 것

19

$y=0$인 평면의 면전하가 존재하므로 P점의 전계는 $+y$축의 방향을 갖는다.

면전하의 전계세기는 $E=\dfrac{\sigma}{2\varepsilon_0}=\dfrac{2\times 10^{-9}}{2\times \dfrac{10^{-9}}{36\pi}}=36\pi a_y$

20

인덕턴스

$$L=\dfrac{\mu}{2\pi}\ln\dfrac{b}{a}\,[\text{H/m}]$$
$$=\dfrac{4\pi\times 10^{-7}\times 1}{2\pi}\times \ln\dfrac{3\times 10^{-3}}{1\times 10^{-3}}\times 10^6$$
$$=0.22\,[\mu\text{H/m}]$$

2과목 전력공학

21

코로나 대책은 복도체이다.

22

$L=0.4605\,\dfrac{Z_o}{138}=0.4605\,\dfrac{500}{138}=1.668$

23

전력원선도에서 구할 수 없는 것 : 사고값(코로나손실, 과도안정극한전력)

24

$\overline{W}=P\cdot t=9.8\,QH\eta\cdot t$
$=9.8\times \dfrac{80\times 10^6\times 1.5}{365\times 24\times 3{,}600}\times 30\times 0.8\times 0.7$
$=5.48\times 10^6\,[\text{kWh}]$

$\overline{W}$: 전력량[kWh], η : 효율[%]

25

- 유량곡선 : 날짜별로 유량을 기입한 그래프
- 유황곡선 : 유량곡선을 유량이 많은 것부터 순서대로 나열한 그래프

26

전파방정식 $E_S=AE_R+BI_R$
$I_S=CE_R+DI_R$

27

$Q_c=3EI_c=3\omega CE^2=3\omega C\left(\dfrac{V}{\sqrt{3}}\right)^2=\omega CV^2$
$=2\pi\times 60\times 0.5\times 10^{-6}\times 20\times 22{,}000^2\times 10^{-3}$
$=1{,}825\,[\text{kVar}]$

28

절연강도가 낮은 순서로는 피뢰기-변압기-기기 등으로 피뢰기가 뇌에 대한 보호를 한다.

29

$P_s=\dfrac{V_s V_r}{X}\sin\delta$ 에서 최대전력은 $\delta ≒ 90°$일 때이므로
$\therefore P_s=\dfrac{V_s V_r}{X}$

30

①, ②, ③은 전력용 콘덴서에 대한 설명이다.

31

구분	조정	안정도
동기조상기	연속(진상, 지상)	대책이다.
전력용 콘덴서	불연속(계단적) : 진상	관계없다.

32

1차 변전소변압기 = 3권선변압기(Y-Y-Δ) 채용

33

접지저항을 감소시키는 것은 매설지선이다.

34

정격차단용량 $P_S = \sqrt{3} \times 정격전압 \times 정격차단전류$
$= \sqrt{3} \times 170 \times 50 = 14,722$

35

- 1선 지락사고 : 정상분, 역상분, 영상분
- 선간 단락사고 : 정상분, 역상분
- 3상 단락사고 : 정상분

36

영상변류기(Z.C.T)는 지락(영상)전류를 검출하여 차단기를 개방한다.

37

직접접지방식은 지락전류가 커서 계전기동작이 확실하다.

38

구분	설명
반한시성	정반비례(동작전류가 크면 동작시간이 짧아진다.)
순한시성	즉시(순시)동작
정한시성	정해진 시간(일정시간)동작
반한시-정한시성	반한시성 및 정한시성 특성을 지님

39

화력발전소에서는 재생·재열사이클의 채용으로 열효율이 가장 우수하다.

40

정격전압이란 속류가 차단되는 교류의 최고전압을 말한다.

3과목 전기기기

41

1차 유기기전력 $E_1 = 4.44 f \Phi_m N_1$
여기서, $\Phi_m = B_m (최대자속밀도) \times A(단면적)$
따라서, $E_1 = 4.44 \times 60 \times 0.02 \times 1.2 \times 6,600$
$= 42,197.76 ≒ 42,198[\text{V}]$

42

$P_2 = P + P_{c2} = 7,500 + 200 = 7,700[\text{W}]$
$s = \dfrac{P_{c2}}{P_2} = \dfrac{200}{7,700} \times 100 ≒ 2.6[\%]$

43

- 가속, 감속이 용이하며 정·역회전 및 변속이 쉽다.
- 속도제어범위가 광범위하며, 초저속에서 큰 토크를 얻을 수 있다.
- 위치제어를 할 때 각도오차가 적고 누적되지 않는다.
- 브러시, 슬립 링 등이 없고 부품수가 적기 때문에 유지보수의 필요성이 적다.

44

토크 $T = 0.975 \dfrac{P_2}{N_s}$에서 토크는 2차 입력과 정비례관계를 갖는다($T \propto P_2$).
따라서, 동기속도하에 2차 입력은 토크를 말한다.

45

3상에서 2상을 얻는 결선방법 : 우드브릿지결선, 메이어결선, 스코트결선(T)

46

전기각 = 기계각 $\times \dfrac{P}{2}$, 기계각 = 전기각 $\times \dfrac{2}{P}$

47

$E = 4.44 f \Phi_m N$, $\Phi_m = B_m A$에서 전압이 일정한 경우 B_m은 f에 반비례하므로
$B_{50} = \dfrac{60}{50} B_{60}$, 따라서 $\dfrac{6}{5}$으로 증가한다.

48
인덕턴스 $L = \dfrac{\mu SN^2}{l} \propto N^2$ 이므로 누설리액턴스(ωL)도 N^2배가 된다.

49
3상 반파정류회로의 평균전압
$$E_d = 1.17 E \cos\theta = 1.17 \times 200 \times \dfrac{\sqrt{3}}{2}$$
$$= 202.65 ≒ 203[\text{V}]$$

50
단상 반발전동기 : 아트킨손형 전동기, 톰슨전동기, 데리전동기

51
단락비가 큰 기계(철기계)
- 동기임피던스가 적다.
- 전압변동률이 작다.
- 과부하 내량이 크고 안정도가 높다.
- 송전선로의 충전용량이 크다.
- 철손, 기계손 등의 고정손이 커서 효율이 나쁘다.
- 자기여자현상이 작다.

52
타여자발전기는 부하에 따른 자속의 변화가 적으므로 전압변동률이 가장 작다.

53
동기조상기의 여자를 과여자로 운전하면 앞선 전류가 흘러 콘덴서로 작용하고 부족여자로 운전하면 뒤진 전류가 흘러 리액터로 작용한다.

54
매극 매상당 슬롯수 $q = \dfrac{\text{슬롯 수}}{\text{극} \times \text{상}} = \dfrac{24}{3 \times 4} = 2$

분포권계수 $K_d = \dfrac{\sin\dfrac{\pi}{2m}}{q\sin\dfrac{\pi}{2mq}} = \dfrac{\sin\dfrac{180}{2 \times 3}}{2\sin\dfrac{180}{2 \times 3 \times 2}}$
$= 0.9659$

55
맥동률 $= \dfrac{\text{교류분}}{\text{직류분}} \times 100[\%]$ 교류분 $= 0.04 \times 200 = 8[\text{V}]$
여기서, 정류회로의 부하전압이란 직류분을 말한다.

56
농형 유도전동기의 속도제어법
주파수제어, 1차 전압제어, 극수변환법

57
Y-Y결선에서 중성점을 접지하면 제3고조파 전류가 흘러 통신선에 유도장해를 일으킨다.

58
무부하속도 $= N_S = N$

차동 종속 시 속도 $N = \dfrac{120f}{P_1 - P_2} = \dfrac{120 \times 60}{8 - 2} = 1{,}200[\text{rpm}]$

59
3상 동기발전기의 단자를 단락하게 되면 단락 초기에는 전기자반작용이 일어나지 않기 때문에 매우 큰 돌발단락전류가 흐르고, 시간이 지나면 전기자반작용이 발생하며 그에 따른 전기자반작용리액턴스에 의해 단락전류는 점차 감소되어 지속단락전류값에 이르게 된다.

60
$N = k\dfrac{V - I_a R_a}{\phi}$ 에서 계자회로가 단선되면 자속(ϕ)이 0이 되므로 반비례관계인 회전속도가 과속도가 되어 위험하다.

4과목 회로이론 및 제어공학

61
근궤적의 수(N)는
- z(영점의 수) $> p$(극의 수)이면 $N = z$
- $z < p$, $N = p$

문제에서 $z = 1$, $P = 3$이므로, 근궤적의 수 $N = p$
즉 $N = 3$

62

근의 위치$(-0.3, -0.2, +0.5)$가 원점을 중심으로 한 단위 원 내부에 있으므로 안정한 시스템이다.

63

$\overline{A}BC + \overline{A}B\overline{C} + \overline{A}\overline{B}\overline{C} + \overline{A}B\overline{C} + \overline{A}\overline{B}C + \overline{A}\overline{B}\overline{C}$
$= \overline{A}B(C+\overline{C}) + \overline{A}\overline{C}(\overline{B}+B) + \overline{A}\overline{B}(C+\overline{C})$
$= \overline{A}B + \overline{A}\overline{C} + \overline{A}\overline{B}$
$= \overline{A}(B+\overline{B}) + \overline{A}\overline{C}$
$= \overline{A} + \overline{A}\overline{C}$

64

$\dfrac{C(s)}{R(s)} = \dfrac{G(s)}{1+G(s)H_1(s)+G(s)H_2(s)} = 10$

$= \dfrac{G(s)}{1+G(s)[H_1(s)+H_2(s)]} = 10$

$G(s) = 10 + 10G(s)[H_1(s)+H_2(s)]$

$G(s)[1 - 10(H_1(s)+H_2(s))] = 10$

$\therefore G(s) = \dfrac{10}{1 - 10H_1(s) - 10H_2(s)}$

65

$g = 20\log|G(j\omega)| = 20\log\left|\dfrac{10}{(j\omega+1)(j10\omega+1)}\right|$

$= 20\log\dfrac{10}{(\sqrt{\omega^2+1})(\sqrt{10\omega^2+1})}$

$= 20\log 10 - 20\log\sqrt{\omega^2+1} - 20\log\sqrt{(10\omega)^2+1}$

- $\omega < 0.1$일 때
  $g = 20 - 20\log 1 - 20\log 1 = 20 [\text{dB}]$

- $0.1 < \omega < 1$일 때
  $g = 20 - 20\log 1 - 20\log 10\omega$
  $= 20 - 20\log 10 - 20\log\omega$
  $= -20\log\omega = -20[\text{dB/dec}]$

- $\omega > 1$일 때
  $g = 20 - 20\log\omega - 20\log 10\omega$
  $= 20 - 20\log\omega - 20\log 10 - 20\log\omega$
  $= -40\log\omega = -40[\text{dB/dec}]$

66

$\dfrac{c(s)}{R(s)} = \dfrac{\dfrac{1}{s^2}}{1+\dfrac{3}{s}+\dfrac{2}{s^2}} = \dfrac{1}{s^2+3s+2}$

$s^2 c(s) + 3sc(s) + 2c(s) = R(s)$

$\dfrac{d^2}{dt^2}c(t) + 3\dfrac{d}{dt}c(t) + 2c(t) = r(t)$

67

특성방정식 : $s^3 + 3s^2 + 2s + 2K = 0$

s^3	1	2
s^2	3	$2K$
s	$\dfrac{6-2K}{3}$	0
s	$2K$	

제1열 부호 변화가 없어야 하므로 $6 - 2K > 0$, $K < 3$
$2K > 0$, $K > 0$

$\therefore 0 < K < 3$

68

㉠ 전달함수 $\dfrac{V_2(s)}{V_1(s)} = \dfrac{\dfrac{1}{Cs}}{R+Ls+\dfrac{1}{Cs}}$

$= \dfrac{1}{LCs^2 + RCs + 1}$

$= \dfrac{\dfrac{1}{LC}}{s^2 + \dfrac{R}{L}s + \dfrac{1}{LC}}$

㉡ 2차계 전달함수 $G(s) = \dfrac{\omega_n^2}{s^2 + 2s\omega_n s + \omega_n^2}$

- $\omega_n^2 = \dfrac{1}{LC} = \dfrac{1}{2 \times 200 \times 10^{-6}} = 2,500$

  $\therefore \omega_n = 50$

- $2\delta\omega_n = \dfrac{R}{L} = \dfrac{100}{2} = 50$

  $\therefore \delta = \dfrac{50}{2\omega_n} = \dfrac{50}{2 \times 50} = 0.5$

69

$$G(s) = \frac{Y(s)}{D(s)} = \frac{cdeh}{1-bf-dg+bdfg}$$

70

제동계수가 작게 되면 제동이 적게 걸린다.

71

무손실선로의 특성임피던스 $Z_0 = \sqrt{\dfrac{L}{C}} = \dfrac{V}{I}$ 이므로

$I = V\sqrt{\dfrac{C}{L}} = 100 \times \sqrt{\dfrac{0.003}{7.5}} = 2[\text{A}]$

72

최종값정리에 의해서

$\lim\limits_{t \to \infty} f(t) = \lim\limits_{s \to 0} sF(s)$

$= \lim\limits_{s \to 0} s\dfrac{3s+10}{s(s^2+2s+5)} = \dfrac{10}{5} = 2$

73

△결선에서 $I_a = I_l = \sqrt{3}\, I_p \angle -30°$

$I_p = \dfrac{V_p}{Z_p} = \dfrac{200}{4+j3} = 40\angle -36.87°\,[\text{A}]$

$I_a = 40\sqrt{3}\angle(-36.87°-30°) = 40\sqrt{3}\angle -66.87°[\text{A}]$

74

구동점 임피던스

$Z(s) = \dfrac{(2+2s)\dfrac{2}{s}}{(2+2s)+\dfrac{2}{s}} = \dfrac{\left((2+2s)\dfrac{2}{s}\right)\dfrac{s}{2}}{\left((2+2s)+\dfrac{2}{s}\right)\dfrac{s}{2}}$

$= \dfrac{2(s+1)}{s^2+s+1}[\Omega]$

75

그림 (a), (b)와 같은 등가회로에서,

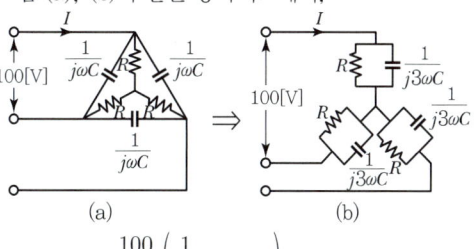

$I = V_p Y_p = \dfrac{100}{\sqrt{3}}\left(\dfrac{1}{R} + j3\omega C\right)$

76

R-C직렬에서 직류전압 인가 시

과도전류 $i(t) = \dfrac{E}{R}e^{-\frac{1}{RC}t}[\text{A}]$ 에서 $t=0.1$ 이므로,

$i(t) = \dfrac{10}{1,000}e^{-\frac{0.1}{1,000 \times 50 \times 10^{-6}}}$

$= 1.35 \times 10^{-3}[\text{A}] = 1.35[\text{A}]$

77

$I_2 = \dfrac{1}{3}(I_a + a^2 I_b + a I_c)$

$= \dfrac{1}{3}\{(15+j2) + (1\angle -120°)(-20-j14)$

$\quad + (1\angle 120°)(-3+j10)\}$

$= 1.91 + j6.24[\text{A}]$

78

밀만의 정리에 의해서

$V_{ab} = \dfrac{\dfrac{E_1}{Z_1} + \dfrac{E_2}{Z_2}}{\dfrac{1}{Z_1} + \dfrac{1}{Z_2}} = \dfrac{\dfrac{2}{2} + \dfrac{10}{2}}{\dfrac{1}{2} + \dfrac{1}{2}} = 6[\text{V}]$

79

왜형률 = $\dfrac{\text{전고조파의 실횻값}}{\text{기본파의 실횻값}} = \dfrac{\sqrt{\dfrac{10^2+5^2}{2}}}{\dfrac{30}{\sqrt{2}}}$

$= 0.373[\text{A}]$

80

$$Y = G \pm jB = \frac{1}{Z} = \frac{1}{R+jX_L} = \frac{(R-jX_L)}{(R+jX_L)(R-jX_L)}$$

$$= \frac{R-jX_L}{R^2+X_L^2} = \frac{R}{R^2+X_L^2} - j\frac{X_L}{R^2+X_L^2}$$

$$\therefore 서셉턴스\ B = \frac{-X_L}{R^2+X_L^2}$$

5과목 전기설비기술기준

81

1차 측 $E_1 = 3,300 \times 1.5 = 4,950[V]$, 2차 측 $E_2 = 200 \times 1.5 = 300[V]$ 그러나 2차 측의 최저시험전압은 500[V]이므로 2차 측 $E_2 = 500[V]$로 한다.

82

유도작용에 의하여 통신상의 장해가 생기지 아니하도록 전선과 기설약전류전선 간의 간격은 2[m] 이상이어야 한다.

83

인하도선 최대간격

피뢰시스템의 등급	간격[m]	피뢰시스템의 등급	간격[m]
I	10	III	15
II	10	IV	20

84

저압옥내배선공사는 최소 $2.5[mm^2]$ 이상 최대 $10[mm^2]$ 이하이며, 단선이나 연선을 사용할 수 있다.

85

저압옥측전선로는 다음의 공사에 의할 것
- 애자사용공사(전개된 장소에 한한다)
- 합성수지관공사
- 금속관공사(목조 이외의 조영물에 시설)
- 버스덕트공사(목조 이외의 조영물에 시설)
- 케이블공사(연피케이블, 알루미늄피케이블 또는 미네럴인슈레이션케이블을 사용하는 경우에는 목조 이외의 조영물에 시설)

86

타임스위치 : 호텔·여관용 - 1분 이내 소등, 가정용 - 3분 이내 소등

87

- 사용전압 : 400[V] 이하(교통신호등 300[V] 이하, 전기울타리 250[V] 이하)
  단, 전광표시, 자동제어, 소세력회로 절연변압기 이용 2차 전압 60[V] 이하
- 대지전압 : 300[V] 이하
- 직류전압 : 60[V] 이하

88

- 사용전압 : 400[V] 이하(교통신호등 300[V] 이하, 전기울타리 250[V] 이하)
  단, 전광표시, 자동제어, 소세력회로 절연변압기 이용 2차 전압 60[V] 이하
- 대지전압 : 300[V] 이하
- 직류전압 : 60[V] 이하

89

가공전선로의 지지물로 사용하는 철주 또는 철근콘크리트주는 지선을 사용하지 아니하는 상태에서 2분의 1 이상의 풍압하중에 견디는 강도를 가지는 경우 이외에는 지선을 사용하여 그 강도를 분담시켜서는 아니 된다.

90

기기	용량	사고내용	보호장치
변압기	5,000[kVA] 이상 10,000[kVA] 미만	내부 고장 시	경보장치 자동차단장치
	10,000[kVA] 이상	내부 고장 시	자동차단장치
	타냉식	냉각장치 고장 시	경보장치

91

나전선을 사용할 수 있는 곳
- 전기로용 전선
- 피복이 부식하는 장소
- 취급자만 출입하는 장소
- 버스덕트, 라이팅덕트공사
- 접촉전선

92
제1종 특고압보안공사에는 목주, A종 지지물을 사용할 수 없다.

93
배전주에 시설하는 통신설비의 설비표시명판은 다음에 따른다.
- 직선주는 전주 5경간마다 시설할 것
- 분기주, 인류주는 매 전주에 시설할 것

94
전력선과 약전선 및 안테나, 기타 시설물의 간격
- 저압 : 0.6[m]　케이블—0.3[m]
- 고압 : 0.8[m]　케이블—0.4[m]
- 25[kV] 이하 : 나전선—2[m]
　　　　　　　특고압절연선—1.5[m]
　　　　　　　케이블—0.5[m]
- 60[kV] 이하 : 2[m]

95
7[kV] 이하, 다중접지(25[kV] 이하)로 2초 이내 차단 : 공칭단면적 6[mm^2] 이상의 연동선 사용

96
전선설치 시설방법
가공방식(가공직류 전차선), 강체복선식, 제3레일 방식

97
전기저장장치의 계측장치
- 축전지 출력단자의 전압, 전류, 전력 및 충·방전상태
- 주요 변압기의 전압, 전류 및 전력

98
지중전선과 지중전선의 간격
- 저압과 고압 : 0.15[m]
- 저압(고압)과 특고압 : 0.3[m]

단, 사용전압이 25[kV] 이하인 다중접지방식인 경우, 그 간격이 0.1[m]

99
가공전선의 지표상 높이

장소	저·고압	특고압(35[kV] 이하)
도로횡단	6[m]	6[m]
철도횡단	6.5[m]	6.5[m]
횡단보도교	3.5[m] 단, 450/750[V]인입용 비닐절연선·케이블 : 3[m]	35[kV] 이하 : 4[m] 160[kV] 이하 : 5[m]

100
전기저장장치의 전기배선
- 전선은 공칭단면적 2.5[mm^2] 이상의 연동선
- 배선설비공사는 옥내, 옥외에 시설할 경우에는 합성수지관, 금속관, 가요전선관, 케이블 배선규정에 준하여 시설할 것

정답 전기기사 2023년 1회 기출문제

01	02	03	04	05	06	07	08	09	10
①	②	②	①	③	②	③	①	③	③
11	12	13	14	15	16	17	18	19	20
②	③	②	④	③	④	②	④	②	②
21	22	23	24	25	26	27	28	29	30
②	③	③	①	③	①	②	③	④	①
31	32	33	34	35	36	37	38	39	40
④	①	①	③	④	③	④	③	③	②
41	42	43	44	45	46	47	48	49	50
②	③	③	①	②	④	④	③	④	④
51	52	53	54	55	56	57	58	59	60
②	③	③	①	④	①	②	③	③	①
61	62	63	64	65	66	67	68	69	70
④	③	④	③	④	②	②	③	③	②
71	72	73	74	75	76	77	78	79	80
③	②	③	①	③	④	③	②	②	①
81	82	83	84	85	86	87	88	89	90
①	②	④	④	④	③	②	①	④	③
91	92	93	94	95	96	97	98	99	100
①	①	④	③	③	①	④	②	④	①

1과목 전기자기학

01

일 $W = F \cdot r = QE \cdot r$
$= 10^{-5}(2i+j+4k) \cdot (4i+j+2k)$
$= 10^{-5} \cdot (8+1+8)$
$= 17 \times 10^{-5} = 1.7 \times 10^{-4} [J]$

02

분극의 세기(P) = 분극 전하밀도(σ_P)
$= \varepsilon_0(\varepsilon_s - 1)E [C/m^2]$

$\therefore E = \dfrac{\sigma_P}{\varepsilon_0(\varepsilon_s-1)} [V/m]$

03

라플라스 방정식 $\nabla^2 V = 0$ 이므로
$V = x^2 - y^2 + z^2$ 의
$\nabla^2 V = \dfrac{\partial^2 V}{\partial^2 x} + \dfrac{\partial^2 V}{\partial^2 y} + \dfrac{\partial^2 V}{\partial^2 z} = 2 - 2 + 2 = 2 \neq 0$ 이다.

04

반지름 $R[m]$인 원에 내접하는 정n각형의 회로에 $I[A]$가 흐를 때 정n각형의 회로에 중심에서의 자계의 세기는

$H = \dfrac{nI \tan \dfrac{\pi}{n}}{2\pi R} [AT/m]$ 이다.

중심에서의 자속밀도는 $B = \mu_0 H = \dfrac{\mu_0 nI}{2\pi R} \tan \dfrac{\pi}{n} [Wb/m^2]$
이 된다.

05

공기콘덴서의 절반만큼 다른 유전체를 삽입할 경우 정전용량은

$C = \dfrac{\varepsilon_1 \varepsilon_2 S}{d_2 \varepsilon_1 + d_1 \varepsilon_2} = \dfrac{\varepsilon_0 \varepsilon_0 \varepsilon_s S}{\dfrac{d}{2}\varepsilon_0 + \dfrac{d}{2}\varepsilon_0 \varepsilon_s} = \dfrac{2\varepsilon_s}{1+\varepsilon_s} \cdot C_0$

$= \dfrac{2C_0}{\dfrac{1}{\varepsilon_s}+1} = \dfrac{2C_0}{\dfrac{\varepsilon_0}{\varepsilon}+1} [F]$

06

$L \propto N^2$의 관계이므로
$L_1 : N_1^2 = L_2 : N_2^2$ 에서 $N_1^2 L_2 = N_2^2 L_1$

$\therefore N_2 = \sqrt{\dfrac{L_2}{L_1}} N_1$ 임을 이용한다.

이때, $L_1 = 100[mH]$, $N_1 = 1,000$회이고, 상호인덕턴스
$M = k\sqrt{L_1 L_2} [H]$에서 결합계수 $k = 1$임을 이용하면
$M^2 = L_1 L_2$

$\therefore L_2 = \dfrac{M^2}{L_1} = \dfrac{(20 \times 10^{-3})^2}{100 \times 10^{-3}} = 4 \times 10^{-3} [H]$

$\therefore N_2 = \sqrt{\dfrac{L_2}{L_1}} N_1 = \sqrt{\dfrac{4 \times 10^{-3}}{100 \times 10^{-3}}} \times 1,000 = 200(회)$

07
- 펠티에 효과 : 두 종류의 금속 접합부에 전류를 흘리면 전류의 방향에 줄열 이외에 흡수 또는 발산현상이 생긴다. (전열현상)
- 제벡 효과 : 두 종류의 금속을 접속하고, 두 접속점에 온도차를 주면 기전력이 생겨 전류가 흐르게 된다. 이 기전력을 열기전력, 이 전류를 열전류, 이런 장치를 열전대(쌍), 이와 같은 효과를 제벡 효과(열전효과)라 한다.

08
무한장 원통(원주)형 도체에 전류가 균일하게 흐를 경우 자계의 세기
- $r > a$ (외부) $H = \dfrac{I}{2\pi r}$ [AT/m]
- $r < a$ (내부) $H_i = \dfrac{rI}{2\pi a^2}$ [AT/m]

∴ 내부 자계의 세기는 떨어진 거리(r)에 비례하고 원통 반경(a)의 제곱에 반비례한다.

09
전기회로와 자기회로의 대응관계

전기회로		자기회로	
도전율	$k = \sigma$ [℧/m]	투자율	μ [H/m]
기전력	$V = IR$ [V]	기자력	$F = NI = R_m \phi$ [AT]
전류	$I = \dfrac{V}{R}$ [A]	자속	$\phi = \dfrac{F}{R_m} = \dfrac{\mu SNI}{l}$ [Wb]
전류밀도	$i_c = \dfrac{I}{S}$ [A/m²]	자속밀도	$B = \dfrac{\phi}{S}$ [Wb/m²]
전기저항	$R = \rho \dfrac{l}{S}$ $= \dfrac{l}{k \cdot S}$ [Ω]	자기저항	$R_m = \dfrac{F}{\phi_m}$ $= \dfrac{l}{\mu \cdot S}$ [AT/Wb]

10
전기 쌍극자에 의한 전계의 세기
$$E = \dfrac{M}{4\pi\varepsilon_0 r^3}\sqrt{1+3\cos^2\theta}$$
$$= \dfrac{Ql}{4\pi\varepsilon_0 r^3}\sqrt{1+3\cos^2\theta} \text{ [V/m]}$$

(단, $M = Q \cdot l$ [C·m] : 쌍극자 모멘트)

∴ $\dfrac{1}{r^3}$ 에 비례한다. (r^3에 반비례한다.)

11
- 자기저항 $R_m = \dfrac{F}{\phi} = \dfrac{l}{\mu S}$ [AT/Wb]
  ∴ 자기저항은 단면적에 반비례(①)하고 길이에 비례(④)한다.
- 기자력 $F = R_m \phi$ [AT]
  ∴ 기자력은 자속과 자기저항의 곱과 같다. (②)
- 직렬 접속 시 합성 자기저항 $R_m = R_{m1} + R_{m2}$ (③)

12
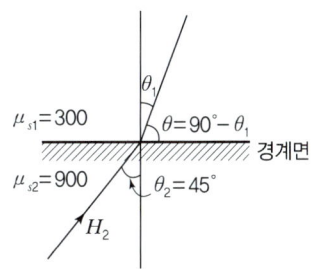

$\dfrac{\tan\theta_1}{\tan\theta_2} = \dfrac{\mu_{s1}}{\mu_{s2}}$ 이므로 $\dfrac{\tan\theta_1}{\tan 45°} = \dfrac{300}{900}$

∴ $\dfrac{\tan\theta_1}{1} = \dfrac{1}{3}$, $\tan\theta_1 = \dfrac{1}{3}$

∴ $\theta_1 = \tan^{-1}\dfrac{1}{3} ≒ 18.434°$

∴ $\theta = 90° - \theta_1 = 90° - 18.434° ≒ 71.56° ≒ 70°$

13
변위전류란 유전체 내의 전속밀도의 시간적 변화에 의해 발생하는 전류를 말한다.

14
대전도체에 출입(발산 및 흡인)하는 전계의 방향은 도체 표면(등전위면)과 직교한다.

15
맥스웰의 제2의 기본방정식

$\text{rot } E = \text{curl } E = \nabla \times E = -\dfrac{\partial B}{\partial t} = -\mu \dfrac{\partial H}{\partial t}$

- 자속밀도의 시간적 변화는 전계를 회전시키고 유기기전력을 형성한다.
- 패러데이의 법칙에서 유도한 전계에 관한 식이다.

16

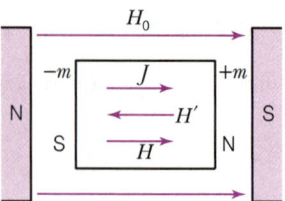

- H_0 : 외부자계
- H' : 자화($-m$, $+m$)에 의한 자계(감자력)
- H : 자성체 내부자계

그림과 같이 감자력의 방향은 자계를 감소시키는 방향으로 작용한다.

17

파동의 고유임피던스 $\eta = \dfrac{E}{H} = \sqrt{\dfrac{\mu}{\varepsilon}}$ 이므로

$H = \sqrt{\dfrac{\varepsilon}{\mu}} E = \sqrt{\dfrac{\varepsilon_0}{\mu_0}} E = \dfrac{1}{377} E = \dfrac{1}{120\pi} E$ 임을 이용한다.

$\therefore H = \dfrac{1}{120\pi} E = -\dfrac{1}{120\pi} \cdot 10^3 \sin(\omega t - \beta z) a_x$

> **Reference**
> - 전자파의 진행방향은 $\vec{E} \times \vec{H}$ 임을 고려한다. 문제의 전계 방향이 $\hat{y}$이고 진행방향이 $\hat{z}$이므로 $\hat{y} \times (-\hat{x}) = \hat{z}$ 가 된다. 따라서 자계의 방향은 $-\hat{x}$가 된다.
> - $\hat{x} \times \hat{y} = \hat{z}$, $\hat{y} \times (-\hat{x}) = \hat{z}$ 오른나사의 진행방향이 된다.

18

전자가 정지하기 위해서는 전기력과 중력이 같아야 함을 고려한다.

$F = QE = mg$ 에서

$QE = mg$, $E = \dfrac{mg}{Q}$ ($E = \dfrac{V}{d}$)이므로

$\dfrac{mg}{Q} = \dfrac{V}{d}$

$\therefore V = \dfrac{mgd}{Q} = \dfrac{mgd}{e}$ [V]

19

동심 도체구의 전위 및 전계

- 전위 $V = \dfrac{Q}{4\pi\varepsilon}\left(\dfrac{1}{r_1} - \dfrac{1}{r_2}\right)$ [V]

- 전계 $E = \dfrac{Q}{4\pi\varepsilon r_1^2}$ [V/m] $= \dfrac{Q}{4\pi\varepsilon} \cdot \dfrac{1}{r_1^2}$

전위 식에서 $\dfrac{Q}{4\pi\varepsilon} = \dfrac{V}{\dfrac{1}{r_1} - \dfrac{1}{r_2}} = \dfrac{V}{\dfrac{r_2 - r_1}{r_1 r_2}} = \dfrac{V r_1 r_2}{r_2 - r_1}$ 이므로

$E = \dfrac{Q}{4\pi\varepsilon r_1^2}$ [V/m] $= \dfrac{Q}{4\pi\varepsilon} \cdot \dfrac{1}{r_1^2} = \dfrac{V r_1 r_2}{(r_2 - r_1)r_1^2} = \dfrac{V r_2}{r_1 r_2 - r_1^2}$

가 최소치가 되기 위해서는 분모의 값이 최대가 되면 된다. 결국 $r_1 r_2 - r_1^2$이 최대가 되는 2차 방정식의 최댓값, 즉 포물선 그래프의 기울기가 0인 지점을 찾으면 $\dfrac{d}{dr_1}(r_1 r_2 - r_1^2)$
$= r_2 - 2r_1 = 0$이 된다.

$\therefore r_2 = 2r_1$ 이고

$E = \dfrac{Q}{4\pi\varepsilon r_1^2} = \dfrac{V r_2}{r_1 r_2 - r_1^2} = \dfrac{V \cdot 2r_1}{r_1 \cdot 2r_1 - r_1^2} = \dfrac{2r_1 \cdot V}{r_1^2}$

$= \dfrac{2V}{r_1}$ [V/m]

20

전기저항과 온도의 관계
- 도체 : 온도 상승 시 저항값 증가(정특성)
- 반도체 : 온도 상승 시 저항값 감소(부특성)

2과목 전력공학

21

전력원선도에서 구할 수 없는 것

코로나, 과도안정도, 도전율 등

22

충격 전압이 가해져 방전 전류가 흐르기 시작할 때 도달할 수 있는 최고 전압값을 충격방전 개시전압이라고 하며 충격파의 최대치로 나타낸다.

23

임계전압을 크게 하는 방법
- 굵은 전선(반지름)을 사용한다.
- 상대공기밀도를 크게(온도를 낮게, 기압을 높게) 한다.
- 날씨가 맑을수록 임계전압이 크다.
- 전선 표면이 매끈할수록 임계전압이 크다.

24

① 공기 차단기(ABB)
② 자기 차단기(MBB)
③ 기중 차단기(ACB)
④ 유입 차단기(OCB)

25

구분	설명
반한시성	정반비례(동작전류가 크면 동작시간이 짧아진다.)
순한시성	즉시(순시) 동작
정한시성	정해진 시간(일정시간) 동작
반한시－정한시성	반한시 동작 + 정한시 동작

26

서지 임피던스
- 파동 임피던스
- 특성 임피던스

$$Z_0 = \sqrt{\frac{Z}{Y}} = \sqrt{\frac{R+j\omega L}{G+j\omega C}} = \sqrt{\frac{L}{C}}$$

27

$$I_g = I_{R_1} + I_{R_2} = \frac{\frac{10{,}000}{\sqrt{3}}}{100} + \frac{\frac{10{,}000}{\sqrt{3}}}{200} = 86.6[A]$$

28

전력 조류계산의 필요성
㉠ 계통의 사고 예방
- 전력계통은 하나의 사고가 다른 사고로 파급되어 전계통 붕괴로 확대되어 나간다는 특성을 지니고 있으므로, 현재의 운전 상태가 큰 파급사고를 초래할 가능성이 있는지를 항상 점검할 필요가 있다.
- 컴퓨터에 의해서 예상되는 사고를 상정하여 조류 계산에 의해서 사고결과를 예측하고 이에 대한 적절한 대책을 수립하기 위해서 조류계산은 필수적이다.

㉡ 계통의 운용계획 수립
조류계산은 여러 가지 운용계획안 중에서 전력 계통의 전압과 조류 측면에서 가장 바람직한 안을 선택하기 위해서 사용된다.

㉢ 계통의 확충계획 수립

29

- 전열기 유효전력 $P = 25[kW]$
  무효전력 $Q = 0[kVar]$
- 전동기 유효전력 $P = 30[kW]$
  무효전력 $Q = P\tan\theta = 30 \times \frac{0.6}{0.8} = 22.5$
- 변압기 용량 $= \sqrt{55^2 + 22.5^2} = 59.424$

30

$\begin{bmatrix} A_0 & B_0 \\ C_0 & D_0 \end{bmatrix} = \begin{bmatrix} A & B \\ C & D \end{bmatrix} \begin{bmatrix} 1 & Z_T \\ 0 & 1 \end{bmatrix}$ 에서 $D_0 = CZ_T + D$

31

차폐선은 송전선로의 유도장해 방지대책 목적으로 사용한다.

32

- 전자유도장해 : 영상전류(상호인덕턴스)
- 정전유도장해 : 영상전압(선간정전용량)

33

$\omega C \frac{V}{\sqrt{3}} = \omega(C_s + 3C_m)\frac{V}{\sqrt{3}} = 30$ …… ㉠

$3\omega C_s \frac{V}{\sqrt{3}} = 60 \rightarrow V = \frac{60}{\sqrt{3}\,\omega C_s}$

㉠식에 대입하면

$60\frac{C_m}{C_s} + 20 = 30$

$\therefore \frac{C_m}{C_s} = \frac{1}{6}$

34
원자로의 연료, 감속재 및 냉각재

종류	연료	감속재	냉각재
가스 냉각로 (GCR)	천연 우라늄	흑연	탄산가스
가압수형 경수로 (PWR)	저농축 우라늄	경수	경수
비등수형 경수로 (BWR)	저농축 우라늄	경수	경수
중수로 (CANDU)	천연 우라늄	중수	중수
고속 증식로 (FBR)	농축 우라늄, 플루토늄	–	나트륨

35
- 전압강하(e) = $\dfrac{1}{V} = \dfrac{1}{2}$
- 전압강하율(δ) = $\dfrac{1}{V^2} = \dfrac{1}{2^2} = \dfrac{1}{4}$
- 전력손실(P_l) = $\dfrac{1}{V^2} = \dfrac{1}{2^2} = \dfrac{1}{4}$

36
자동 부하 전환개폐기는 2회선 중 1회선 고장 시 다른 회선으로 전환해준다.

37
전력용 콘덴서는 진상만 존재하므로 불연속이다.

38
흡출관은 낙차를 크게 하는 것으로 중·저 낙차에 사용된다.

39
단락전류와 임피던스는 반비례하므로 임피던스를 크게 하면 단락전류가 경감된다.

$I_s = \dfrac{E}{Z} = \dfrac{\frac{V}{\sqrt{3}}}{Z}[\text{A}] = \dfrac{\frac{V}{\sqrt{3}}}{\sqrt{R^2+X^2}}[\text{A}]$

40
철탑의 매설지선
접지저항을 작게(탑각저항을 작게)하여 역섬락을 방지한다.

3과목 전기기기

41
- 기계적 출력
$P_o = 3I_2^2 R = 3 \times 120^2 \times 0.38 \times 10^{-3} = 16.4[\text{kW}]$
- 외부저항(등가저항)
$R = \left(\dfrac{1}{s}-1\right)r_2 = \left(\dfrac{1}{0.05}-1\right) \times 0.02 = 0.38[\Omega]$
- 2차 전류 $I_2 = \alpha \beta I_1 = 10 \times 1 \times 12 = 120[\text{A}]$

42
전압 변동률 $\varepsilon = p\cos\theta \pm q\sin\theta[\%]$
여기서, p : 퍼센트 저항강하, q : 퍼센트 리액턴스강하
$(+)$: 지상역률일 때, $(-)$: 진상역률일 때

역률 100[%]에서 $3 = p \times 1 + q \times 0 = p$, $p = 3$
전압 변동률이 최대일 때 역률
$\cos\theta = \dfrac{p}{\sqrt{p^2+q^2}} = \dfrac{3}{\sqrt{3^2+q^2}} = 0.6$
$q = 4[\%]$

역률 80[%]에서 전압 변동률
$\varepsilon = 3 \times 0.8 + 4 \times 0.6 = 4.8[\%]$

43
- 단상반파 정류회로 직류 평균전압
$E_d = \dfrac{E_m}{\pi} - e = \dfrac{\sqrt{2}\,E}{\pi} - e = 0.45E - e[\text{V}]$
- 실효치 전압 $E = \dfrac{E_d+e}{0.45} = \dfrac{100+15}{0.45} = 255.5[\text{V}]$
- 첨두역전압 $PIV = \sqrt{2}\,E = \sqrt{2} \times 255.5 = 361.33[\text{V}]$

44
단락비가 큰 기기의 특징
- 동기임피던스가 작기 때문에 단락전류가 크다.
- 전기자 반작용, 전압 변동률이 작다.

- 계자 기자력이 크고 공극이 크다.
- 철손이 크고 효율이 낮다.
- 중량이 무겁고 가격이 비싸다.
- 과부하 내량이 크고 송전선의 충전용량이 크다.
- 안정도가 높다.

45

직류발전기 병렬운전 시 단자전압은 같아야 하므로
$V_A = V_B$에서 $V_A = E_A - I_A R_A$, $V_B = E_B - I_B R_B$
두 발전기의 유기기전력이 같으므로 $0.1 I_A = 0.2 I_B$
양변에 10을 곱하면 $I_A = 2I_B$
부하전류 $I = I_A + I_B = 135[\text{A}]$에서 $2I_B + I_B = 135$
즉, $3I_B = 135$이므로 $I_B = \dfrac{135}{3} = 45[\text{A}]$이다.
$\therefore I_A = 90[\text{A}], I_B = 45[\text{A}]$

46

변압기의 병렬 운전 조건
- 극성이 같을 것
- 1차, 2차 정격전압과 권수비가 같을 것
- 내부 저항과 누설 리액턴스의 비가 같을 것
- 부하 분담 시 용량에는 비례하고 %Z에는 반비례할 것(퍼센트 임피던스가 같을 것)
- 상회전 방향과 각 위상 변위가 같을 것

47

회전 중 2차 전류
$$I_{2s} = \dfrac{E_2}{\sqrt{\left(\dfrac{R_2}{s}\right)^2 + X_2^2}} = \dfrac{sE_2}{\sqrt{R_2^2 + (sX_2)^2}}[\text{A}]$$

48

직류발전기의 유도기전력
$$E = \dfrac{PZ\Phi N}{60a} = \dfrac{8 \times 960 \times 0.04 \times 400}{60 \times 8} = 256[\text{V}]$$

49

- 회전자기장 속도(동기속도)
$$N_s = \dfrac{120f}{P} = \dfrac{120 \times 60}{6} = 1,200[\text{rpm}]$$

- 슬립 $s = \dfrac{N_s - N}{N_s} = \dfrac{1,200 - 1,140}{1,200} = 0.05$

- 회전 중의 2차 전압
$E_{2s} = sE_2 = 0.05 \times 150 = 7.5[\text{V}]$

50

동기기의 전기자 권선법
고상권, 폐로권, 이층권, 중권, 단절권, 분포권

※ 집중권, 전절권은 사용하지 않는다.

51

- Y결선 : $\dfrac{\text{자기용량}}{\text{부하용량}} = \dfrac{V_1 - V_2}{V_1}$

- V결선 : $\dfrac{\text{자기용량}}{\text{부하용량}} = \dfrac{2}{\sqrt{3}} \dfrac{V_1 - V_2}{V_1}$

- Δ결선 : $\dfrac{\text{자기용량}}{\text{부하용량}} = \dfrac{V_1^2 - V_2^2}{\sqrt{3}\, V_1 V_2}$

52

$I_{1n} = \dfrac{P_n}{V_{1n}} = \dfrac{15 \times 10^3}{3,000} = 5[\text{A}]$

- 퍼센트 저항강하
$p = \dfrac{I_{1n} r_{12}}{V_{1n}} \times 100 = \dfrac{5 \times 5.4}{3,000} \times 100 = 0.9[\%]$

- 퍼센트 리액턴스강하
$q = \dfrac{I_{1n} x_{12}}{V_{1n}} \times 100 = \dfrac{5 \times 6}{3,000} \times 100 = 1[\%]$

53

직류기 전기자 반작용의 영향
- 전기적 중성축 이동
- 감자작용(주자속 감소) → 유기기전력 감소 → 출력 감소
- 정류자 편간의 전압이 불균일하고 불꽃 섬락이 발생

54

사이리스터 단상 전파 정류회로의 직류 평균전압
$$E_d = \dfrac{2\sqrt{2}\,E}{\pi}\left(\dfrac{1+\cos\alpha}{2}\right) = 0.9E\left(\dfrac{1+\cos\alpha}{2}\right)$$

55

맥동률 = $\dfrac{교류분}{직류분} \times 100 [\%]$

상의 수를 크게 하면 맥동주파수는 증가하고 교류분이 감소하여 맥동률은 감소한다.

56

분포권 계수 $K_d = \dfrac{\sin\dfrac{\pi}{2m}}{q\sin\dfrac{\pi}{2mq}}$

여기서, q : 매극 매상당 슬롯 수, m : 상수

$K_d = \dfrac{\sin\dfrac{\pi}{2\times 3}}{3\sin\dfrac{\pi}{2\times 3\times 3}} = \dfrac{\sin\dfrac{\pi}{6}}{3\sin\dfrac{\pi}{18}} = \dfrac{\dfrac{1}{2}}{3\sin\dfrac{\pi}{18}}$

$= \dfrac{1}{6\sin\dfrac{\pi}{18}}$

57

기동 토크가 큰 순서

반발 기동형 − 반발 유도형 − 콘덴서 기동형 − 분상 기동형 − 셰이딩 코일형

58

동기와트

동기속도에서의 2차 입력을 동기와트라고 한다.

59

- 직류전동기 토크

$\tau = \dfrac{60}{2\pi} \cdot \dfrac{P}{N} \fallingdotseq 9.55\dfrac{E_c I_a}{N}$

$= 9.55\dfrac{200\times 150}{1,500} = 191[\text{N}\cdot\text{m}]$

- 역기전력

$E_c = V - I_a R_a = 215 - 150\times 0.1 = 200[\text{V}]$

60

동기발전기의 병렬 운전 조건

- 기전력의 크기가 같을 것 → 같지 않을 시 여자전류의 변화로 무효순환전류(무효횡류) 발생
- 기전력의 위상이 같을 것 → 같지 않을 시 원동기 출력 변화로 유효순환전류(유효횡류, 동기화전류) 발생
- 기전력의 주파수가 같을 것 → 같지 않을 시 난조 발생
- 기전력의 파형이 같을 것 → 같지 않을 시 고조파 무효순환전류 발생
- 상회전 방향이 같을 것

4과목   회로이론 및 제어공학

61

영상분은 3상 불평형, 접지 시에만 존재하므로 3상 평형상태에서는 0이 된다.

62

$Z_{01} = \sqrt{\dfrac{AB}{CD}}$, $Z_{02} = \sqrt{\dfrac{BD}{AC}}$ 에서 좌우 대칭회로일 때

$A = D$ 이고, 이때 $Z_{01} = Z_{02} = \sqrt{\dfrac{B}{C}}$ 이다.

63

직류전류 공급 시 $f = 0[\text{Hz}]$ 이므로

$s = j\omega = j2\pi f = 0[\Omega]$ 이고, $Z(s) = \dfrac{10}{1} = 10[\Omega]$

$\therefore V = IZ = 40 \times 10 = 400[\text{V}]$

64

공진조건 $\omega^2 LC = 1$ 이므로 $C = \dfrac{1}{\omega^2 L}$ 임을 이용하면

$C = \dfrac{1}{\omega^2 L} = \dfrac{1}{(2\times 3.14\times 1,000)^2 \times 20\times 10^{-3}} \times 10^6$

$= 1.2677[\mu\text{F}]$

선택도 = 공진도

$Q = \dfrac{V_L}{V} = \dfrac{V_C}{V} = \dfrac{X_L}{R} = \dfrac{X_C}{R} = \dfrac{1}{R}\sqrt{\dfrac{L}{C}}$

임을 이용하면

$$Q = \frac{1}{R}\sqrt{\frac{L}{C}} = \frac{1}{5}\sqrt{\frac{20 \times 10^{-3}}{1.268 \times 10^{-6}}} = 25.12$$

65
스위치를 닫을 경우 RL 직렬회로의 과도전류
$i(t) = \frac{E}{R}(1 - e^{-\frac{R}{L}t})$ [A]이므로

$$V_L = L\frac{di(t)}{dt} = L\frac{d}{dt} \cdot \frac{E}{R}(1 - e^{-\frac{R}{L}t})$$

$$= L \cdot \left(-\frac{E}{R}\right) \cdot \left(-\frac{R}{L}e^{-\frac{R}{L}t}\right) = Ee^{-\frac{R}{L}t} \text{ [V]}$$

66
- 1상 전력 $P_1 = V_0 I_0 + V_1 I_1 + V_2 I_2$
- 3상 전력 $P_3 = 3P_1 = 3(V_0 I_0 + V_1 I_1 + V_2 I_2)$

67
Y결선 시 선전류
$$I_l = \frac{V_l}{\sqrt{3}\, Z} = \frac{100\sqrt{3}}{\sqrt{3} \cdot \sqrt{8^2 + 6^2}} = 10 \text{[A]}$$

68
특성 임피던스 $Z_0 = \sqrt{\frac{Z}{Y}}$, 전파정수 $\gamma = \sqrt{ZY}$ 이므로

$$\frac{\gamma}{Z_0} = \frac{\sqrt{ZY}}{\sqrt{\frac{Z}{Y}}} = \sqrt{\frac{ZY}{\frac{Z}{Y}}} = Y(\text{병렬 어드미턴스})\text{가 되고,}$$

$$Z_0 \gamma = \sqrt{\frac{Z}{Y}} \cdot \sqrt{ZY} = Z(\text{직렬 임피던스})\text{가 된다.}$$

69
$$I_3 = \frac{V_3}{Z_3} = \frac{V_3}{R + j3\omega L} = \frac{\frac{200\sqrt{2}}{\sqrt{2}}}{8 + j3 \cdot 2}$$

$$= \frac{200}{\sqrt{8^2 + 6^2}} = 20 \text{[A]}$$

70
중첩의 정리
전압원과 전류원이 동시에 존재할 때 전압원은 단락하고 전류원은 개방하여 흐르는 전류의 합을 구한다.
- 10[V] 단락 후 20[Ω]에 흐르는 분배전류
$$I_1 = \frac{5}{5+20} \cdot 3 = \frac{15}{25} \text{[A]}$$
- 3[A] 개방 후 20[Ω]에 흐르는 직렬 전류
$$I_2 = \frac{10}{25} \text{[A]}$$
- I_1, I_2의 방향이 같으므로 20[Ω]에 흐르는 전류
$$I = I_1 + I_2 = \frac{15}{25} + \frac{10}{25} = \frac{25}{25} = 1\text{[A]}$$

71
이 계의 특성방정식은 $G(s)H(s) = \frac{K(s+4)}{s(s+2)}$ 이므로
$$1 + G(s)H(s) = \frac{s(s+2) + K(s+4)}{s(s+2)} = 0$$
또는
$s(s+2) + K(s+4) = 0$
위 식을 고쳐 쓰면
$$K = -\frac{s(s+2)}{s+4}$$
s에 관하여 미분하면
$$\frac{dK}{ds} = \frac{-(2s+2)(s+4) + s(s+2)}{(s+4)^2} = 0$$
$s^2 + 8s + 8 = 0$
2차 방정식을 풀면 $s_1 = -1.172$, $s_2 = -6.828$
따라서 분지점은 $s = -1.172$, $s = -6.828$이다.

72
드모르간 정리에서
$\overline{A} + \overline{B} \cdot \overline{C} = \overline{A} + \overline{B+C} = \overline{A(B+C)}$

73
$\omega_m = \omega_n \sqrt{1 - 2\alpha^2}$
　여기서, ω_m : 공진주파수, ω_n : 고유주파수, α : 감쇠비

74

$g = 20\log|G(j\omega)|$
$= 20\log|0.001|$
$= 20\log 10^{-3} = -60[\text{dB}]$

75

상승(입상)시간
응답이 최종값의 10[%]에서 90[%]까지 되는 데 필요한 시간

76

$A = \begin{bmatrix} -1 & 2 & 3 \\ 0 & -4 & 0 \\ 0 & 1 & -5 \end{bmatrix}$, $B = \begin{bmatrix} 0 \\ 0 \\ 1 \end{bmatrix}$, $C = [1\ 0\ 0]$

$A^2 = \begin{bmatrix} -1 & 2 & 3 \\ 0 & -4 & 0 \\ 0 & 1 & -5 \end{bmatrix} \begin{bmatrix} -1 & 2 & 3 \\ 0 & -4 & 0 \\ 0 & 1 & -5 \end{bmatrix} = \begin{bmatrix} 1 & -7 & -18 \\ 0 & 16 & 0 \\ 0 & -9 & 25 \end{bmatrix}$

- 가제어 : $[B, AB, A^2B] = \begin{bmatrix} 0 & 3 & -18 \\ 0 & 0 & 0 \\ 1 & -5 & 25 \end{bmatrix}$ 에서 행렬식이 0이므로 가제어가 성립하지 않는다.

- 가관측 : $\begin{bmatrix} C \\ CA \\ CA^2 \end{bmatrix} = \begin{bmatrix} 1 & 0 & 0 \\ -1 & 2 & 3 \\ 1 & -7 & -18 \end{bmatrix}$ 에서 행렬식이 -15, 즉 0이 아니므로 가관측이 성립한다.

77

$G(j\omega) = \dfrac{V_2(j\omega)}{V_1(j\omega)} = \dfrac{1}{RC(j\omega)+1}$

$\omega = 0$이므로
$\therefore\ G(j\omega) = 1$

78

인수분해가 불가능한 경우는 다음과 같은 완전제곱식 형태를 사용한다.

$F(s) = \dfrac{s+2}{s^2+4s+13} = \dfrac{s+2}{(s+2)^2+3^2}$

이때, $\mathcal{L}^{-1}[\cos\omega t] = \dfrac{s}{s^2+\omega^2}$ 과 복소추이 정리를 이용하면

$f(t) = e^{-2t} \cdot \cos 3t$

79

점근선의 각도 $\alpha_k = \dfrac{(2k+1)\pi}{p-z}$ (단, $k = 0, 1, 2, \cdots$)

극점 $p = 4$개, 영점 $z = 1$개이므로

- $\alpha_0 = \dfrac{(2\times 0 + 1)\pi}{4-1} = \dfrac{\pi}{3} = 60°$
- $\alpha_1 = \dfrac{(2\times 1 + 1)\pi}{4-1} = \dfrac{3\pi}{3} = 180°$
- $\alpha_2 = \dfrac{(2\times 2 + 1)\pi}{4-1} = \dfrac{5\pi}{3} = 300°$

80

X 또는 Y에 입력신호가 들어가면 T_1이나 T_2로 전류가 흘러 출력 D가 발생할 수 없다.

5과목 전기설비기술기준

81

$23 \times 0.92 = 21.16[\text{kV}]$

82

두 개 이상의 전선을 병렬로 사용하는 경우에는 병렬로 사용하는 각 전선의 굵기는 구리선 50 이상 또는 알루미늄 70 이상으로 할 것

83

관등회로
방전등용 안정기 또는 방전등용 변압기로부터 방전관까지의 전로를 말한다.

84

케이블 트레이 공사
- 케이블 트레이의 안전율은 1.5 이상으로 하여야 한다.
- 비금속제 케이블 트레이는 난연성 재료여야 한다.
- 금속제 케이블 트레이 계통은 기계적 · 전기적으로 완전하게 접속하며 접지공사를 하여야 한다.

85

사용전압의 구분	울타리의 높이와 울타리로부터 충전부분까지의 거리의 합계 또는 지표상의 높이
35,000[V] 이하	5[m]
35,000[V] 초과 160,000[V] 이하	6[m]
160,000[V] 초과	6[m]에 160,000[V]를 초과하는 10,000[V] 또는 그 단수마다 12[cm]를 더한 값 $6[m]+(X-16)\times 0.12$ 소수 첫째 자리에서 절상한다. X : 전압

154[kV]이므로 6[m]

86
계통 연계용 보호장치의 시설
고장 시 자동적으로 분산형 전원설비를 전력계통으로부터 분리하기 위한 장치시설 및 해당 계통과의 보호협조를 실시하여야 한다.
- 분산형 전원설비의 이상 또는 고장
- 연계한 전력계통의 이상 또는 고장
- 단독운전 상태

87
관로식 매설깊이, 직매식 매설깊이
- 압력을 받는 경우 : 1.0[m] 이상
- 압력을 받지 않는 경우 : 0.6[m] 이상

88
건물 철골의 접지극을 사용하는 경우
- 케이블 공사
- 전기저항 3[Ω] 이하(비접지식 전로는 2[Ω] 이하)

89
저압 및 고압 가공전선의 높이

장소	저·고압
지표상	5[m]
도로횡단	6[m]
철도횡단	6.5[m]
횡단보도교	3.5[m] 단, 450/750[V] 인입용 비닐절연전선·케이블 : 3[m]

90
고압 및 특고압 가공전선로 지지물 간 거리의 제한

지지물	표준 지지물 간 거리	긴 지지물 간 거리	저압 고압 보안공사	저압 고압 보안공사 경간 증가
목주 A종 지지물	150[m]	300[m]	100[m]	150[m]
B종 지지물	250[m]	500[m]	150[m]	250[m]
철탑	600[m]	지지물 간 거리제한 없음	400[m]	650[m]
전선 굵기		고압 단면적 $22[mm^2]$ 이상 특고압 단면적 $50[mm^2]$ 이상		저압 $-22[mm^2]$ 고압 $-38[mm^2]$ 경동연선 사용 시 지지물 간 거리를 늘릴 수 있다.

지지물	특고압 제1종	특고압 제2종	특고압 제3종	
목주 A종 지지물	목주 A종 지지물 시설금지	100[m]	100[m]	150[m]
			$38[mm^2]$ 이상 경동연선 사용 시	
B종 지지물	150[m]	200[m]	200[m]	250[m]
			$55[mm^2]$ 이상 경동연선 사용 시	
철탑	400[m]	400[m]	400[m]	600[m]
			$55[mm^2]$ 이상 경동연선 사용 시	
전선 굵기	$150[mm^2]$ 이상 경동연선 사용 시 지지물 간 거리를 늘릴 수 있다.	$95[mm^2]$ 이상 경동연선 사용 시 지지물 간 거리를 늘릴 수 있다.		

91
폭발성 또는 연소성의 가스가 침입할 우려가 있는 것에 시설하는 지중함으로서 그 크기가 $1[m^3]$ 이상인 것에는 통풍장치 기타 가스를 방산시키기 위한 적당한 장치를 시설할 것

92
[한국전기설비규정 241.9] 전기집진장치(電氣集塵裝置) 등
1. 사용전압이 특고압의 전기집진장치・정전도장장치(靜電塗裝裝置)・전기탈수장치・전기선별장치 기타의 전기집진 응용장치(특고압의 전기로 충전하는 부분이 장치의 외함 밖으로 나오지 아니하는 것을 제외한다. 이하 "전기집진 응용장치"라 한다) 및 이에 특고압의 전기를 공급하기 위한 전기설비는 다음에 따라 시설하여야 한다.
   가. 전기집진 응용장치에 전기를 공급하기 위한 변압기의 1차 측 전로에는 그 변압기에 가까운 곳으로 쉽게 개폐할 수 있는 곳에 개폐기를 시설할 것
   나. 전기집진 응용장치에 전기를 공급하기 위한 변압기・정류기 및 이에 부속하는 특고압의 전기설비 및 전기집진 응용장치는 취급자 이외의 사람이 출입을 할 수 없도록 설비한 곳에 시설할 것. 다만, 충전부분에 사람이 접촉한 경우에 사람에게 위험을 줄 우려가 없는 전기집진 응용장치는 그러하지 아니하다.
   다. 잔류전하(殘留電荷)에 의하여 사람에게 위험을 줄 우려가 있는 경우에는 변압기의 2차 측 전로에 잔류전하를 방전하기 위한 장치를 할 것

93

사용전압	전선의 종류	보안공사
400[V] 초과 저압 또는 고압	시가지 : 5.0[mm] 이상 인장강도 8.01[kN] 경동선	인장강도 8.01[kN] 이상 5.0[mm] 경동선
	시가지 외 : 4.0[mm] 이상 인장강도 5.26[kN] 경동선	

94
분산형 전원
중앙급전 전원과 구분되는 것으로서 전력소비지역 부근에 분산하여 배치 가능한 전원을 말한다. 상용전원의 정전 시에만 사용하는 비상용 예비전원은 제외하며, 신・재생에너지 발전설비, 전기저장장치 등을 포함한다.

95
2초 이내이므로 $R_2 = \dfrac{300}{I_1} = \dfrac{300}{2} = 150$

96
전기저장장치의 이차전지는 다음에 따라 자동으로 전로로부터 차단하는 장치를 시설하여야 한다.

- 과전압 또는 과전류가 발생한 경우
- 제어장치에 이상이 발생한 경우
- 이차전지 모듈의 내부 온도가 급격히 상승할 경우

97
옥내전로의 대지전압 제한
주택의 전기저장장치의 축전지에 접속하는 부하 측 옥내배선을 다음에 따라 시설하는 경우에 주택의 옥내전로의 대지전압은 직류 600[V] 이하이어야 한다.
- 전로에 지락이 생겼을 때 자동적으로 전로를 차단하는 장치를 시설할 것
- 사람이 접촉할 우려가 없는 은폐된 장소에 합성수지관배선, 금속관배선 및 케이블배선에 의하여 시설하거나 사람이 접촉할 우려가 없도록 케이블배선에 의하여 시설하고 전선에 적당한 방호장치를 시설할 것

98
덕트의 지지점 간의 거리를 3[m] 이하로 한다.

99
전차선로의 충전부와 건조물 간의 절연이격

시스템 종류	공칭전압 [V]	동적[mm]		정적[mm]	
		비오염	오염	비오염	오염
직류	750	25	25	25	25
	1,500	100	110	150	160
단상교류	25,000	170	220	270	320

100
[한국전기설비규정 232.24] 케이블트렌치 공사
케이블트렌치는 다음에 적합한 구조이어야 한다.
나. 케이블트렌치의 뚜껑, 받침대 등 금속재는 내식성의 재료이거나 방식처리를 할 것
다. 케이블트렌치 굴곡부 안쪽의 반경은 통과하는 전선의 허용곡률반경 이상이어야 하고 배선의 절연피복을 손상시킬 수 있는 돌기가 없는 구조일 것
마. 케이블트렌치의 바닥 및 측면에는 방수처리하고 물이 고이지 않도록 할 것
바. 케이블트렌치는 외부에서 고형물이 들어가지 않도록 IP2X 이상으로 시설할 것

정답 전기기사 2023년 2회 기출문제

01	02	03	04	05	06	07	08	09	10
①	④	①	③	①	③	②	③	④	④
11	12	13	14	15	16	17	18	19	20
②	④	②	②	②	③	①	④	②	①
21	22	23	24	25	26	27	28	29	30
④	①	③	④	①	③	③	③	④	④
31	32	33	34	35	36	37	38	39	40
③	③	①	④	②	①	④	②	④	③
41	42	43	44	45	46	47	48	49	50
①	①	②	④	③	②	③	③	②	②
51	52	53	54	55	56	57	58	59	60
④	④	③	③	②	②	④	④	④	④
61	62	63	64	65	66	67	68	69	70
④	④	③	②	③	④	④	④	③	②
71	72	73	74	75	76	77	78	79	80
①	④	④	②	④	③	④	②	④	③
81	82	83	84	85	86	87	88	89	90
④	④	④	③	②	②	④	①	④	④
91	92	93	94	95	96	97	98	99	100
②	④	②	①	③	③	④	①	②	②

1과목 전기자기학

01
동심구(중공도체구)의 정전용량

$$C = \frac{Q}{V_{ab}} = \frac{Q}{\frac{Q}{4\pi\varepsilon_0}\left(\frac{1}{a}-\frac{1}{b}\right)} = \frac{4\pi\varepsilon_0}{\frac{1}{a}-\frac{1}{b}}$$

$$= \frac{4\pi\varepsilon_0 ab}{b-a} = \frac{1}{9\times 10^9}\frac{ab}{b-a}[\text{F}]$$

$$C' = \frac{4\pi\varepsilon_0 \cdot 5a \cdot 5b}{5(b-a)} = \frac{4\pi\varepsilon_0 5ab}{b-a} = 5C$$

02
자화 시 필요한 단위체적당 에너지 밀도

$S = W_h = \int_0^B H dB \ [\text{J/m}^3]$에서 이를 정리하면

$$W = \int_0^B H dB = \int_0^B \frac{B}{\mu} dB = \frac{B^2}{2\mu}$$
$$= \frac{1}{2}\mu H^2 = \frac{1}{2} BH [\text{J/m}^3]$$

03
$e = \omega N \phi_m \sin(\omega t \pm \theta)[\text{V}]$이므로 $\omega = 2\pi f[\text{rad/sec}]$를 이용하면 $e \propto f$의 관계를 알 수 있다. 따라서 주파수가 3배 증가하면 유기기전력도 3배 증가한다.

04
플레밍의 오른손 법칙

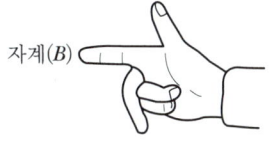

05
전파속도

$$v = \frac{\omega}{\beta} = \frac{1}{\sqrt{LC}} = \frac{1}{\sqrt{\varepsilon\mu}} = \frac{3\times 10^8}{\sqrt{\varepsilon_s \mu_s}} = \lambda f[\text{m/sec}]$$

06
전하가 무한평면으로 이동했을 때 한 일

$$W = F \cdot d = \frac{Q^2}{16\pi\varepsilon_0 d^2}\times d = \frac{Q^2}{16\pi\varepsilon_0 d} \ [\text{N}\cdot\text{m}=\text{J}]$$

07
접지무한평판과 선전하 사이에 작용하는 힘은 다음과 같다.
선전하 $\rho[\text{C/m}] = \lambda[\text{C/m}]$

- 총 힘 $F = QE = \lambda \ l \ \frac{\lambda}{4\pi\varepsilon_0 h} = \frac{\lambda^2 l}{4\pi\varepsilon_0 h}$ [N]

- 길이당 힘 $f = -\frac{\lambda^2}{4\pi\varepsilon_0 h}$ [N/m] $\propto \frac{1}{h}$

08
포인팅 벡터 $P = \dfrac{1}{377}E^2\,[\text{W/m}^2]$ 에서

전계 $E = \sqrt{377P}\,[\text{V/m}]$ 가 된다.

09
대전된 도체의 면적당 작용하는 힘 = 정전응력 = 정전흡인력

$f = \dfrac{1}{2}\varepsilon_0 E^2\,[\text{N/m}^2]$ 에서 평행판에 작용하는 전계의 세기는

$E = \dfrac{V}{d}\,[\text{V/m}]$ 이므로

이를 대입하면 $f = \dfrac{1}{2}\varepsilon_0 \left(\dfrac{V}{d}\right)^2\,[\text{N/m}^2]$

10
경계면에 수직으로 입사하면 전속밀도는 연속(서로 같다)이 므로 $D_1 = D_2$

$\therefore\ D = E\varepsilon$ 임을 이용하면 $D_1 = D_2$ 는 $E_1\varepsilon_1 = E_2\varepsilon_2$ 이므로

$\dfrac{E_2}{E_1} = \dfrac{\varepsilon_1}{\varepsilon_2}$ 이다.

11
분극의 세기

$P = D\left(1 - \dfrac{1}{\varepsilon_s}\right) = 4 \times 10^{-6}\left(1 - \dfrac{1}{2}\right) = 2 \times 10^{-6}\,[\text{C/m}^2]$ 가 된다.

12
공기 중 $F_0 = 5[\text{N}]$, 유전체 내 $F = 2[\text{N}]$ 일 때 비유전율은

$F = \dfrac{Q_1 \cdot Q_2}{4\pi\varepsilon_0\varepsilon_s r^2} = \dfrac{F_0}{\varepsilon_s}\,[\text{N}]$ 이므로

비유전율은 $\varepsilon_s = \dfrac{F_0}{F} = \dfrac{5}{2} = 2.5$ 가 된다.

13
코일에 유도되는 기전력

$|e| = L\dfrac{di}{dt}\,[\text{V}] = 0.05 \times \dfrac{2}{0.05} = 2\,[\text{V}]$

14
분극의 세기 $P = \varepsilon_0(\varepsilon_s - 1)E = D\left(1 - \dfrac{1}{\varepsilon_s}\right)[\text{C/m}^2]$

분극전하량 $Q'[\text{C}] = P \cdot S\,[\text{C}]$

$\therefore\ Q'[\text{C}] = D\left(1 - \dfrac{1}{\varepsilon_s}\right) \times S$

$= \dfrac{Q}{S}\left(1 - \dfrac{1}{\varepsilon_s}\right) \times S\ (\because\ D = \dfrac{\psi}{S} = \dfrac{Q}{S})$

$= Q\left(1 - \dfrac{1}{\varepsilon_s}\right) = 0.1\left(1 - \dfrac{1}{10}\right) = 0.09[\text{C}]$

15
무한장 솔레노이드의 자기인덕턴스

$L = \mu S n^2 = \mu \pi a^2 n^2 \,[\text{H/m}]$

여기서, $S = \pi a^2\,[\text{m}^2]$: 단면적

$n\,[\text{T/m}]$: 단위길이당 권선수

16
투자율 $\mu = \mu_0\mu_s\,[\text{H/m}]$ 에서 공기의 비투자율 $\mu_s = 1$ 이므로

공기의 투자율 $\mu = \mu_0\mu_s = 4\pi \times 10^{-7} \times 1$ 이다.

반면, 반자성체의 투자율 $\mu = \mu_0\mu_s$ 에서 $\mu_s < 1$ 이므로

$\mu = \mu_0\mu_s = 4\pi \times 10^{-7} \times (1\text{보다 작은 수})$ 이다.

따라서 반자성체의 투자율 < 공기의 투자율이 된다.

17
임계주파수(f_c)

도체와 유전체를 구분하는 임계점에서의 주파수

$i_c = i_D,\ kE = \omega\varepsilon E,\ k = \omega\varepsilon = 2\pi f_c \varepsilon$ 이므로

$f_c = \dfrac{k}{2\pi\varepsilon} = \dfrac{\sigma}{2\pi\varepsilon}\,[\text{Hz}]$

여기서, 도전율 $k[\mho/\text{m}] = \sigma[\mho/\text{m}]$

18
직각코일의 토크

$T = (S \times B) \cdot I$

$= \left((0.04 a_y \times 0.08 a_z) \times 0.05 \dfrac{a_x + a_y}{\sqrt{2}}\right) \cdot 5$

$= \left((3.2 \times 10^{-3}) a_x \times 0.05 \dfrac{a_x + a_y}{\sqrt{2}}\right) \cdot 5$

$= 5.656 \times 10^{-4} a_z$

〈별해〉

$B = 0.05 \cdot \dfrac{a_x + a_y}{\sqrt{2}}$ [T], $I = 5a_z$

z축 방향 길이 $l = 0.08$[m]

y축 방향 길이 $\vec{r} = -0.04a_y$

$\vec{T} = \vec{r} \times \vec{F}$ 이므로

$\vec{F} = (I \times B)l = -0.014a_x + 0.014a_y$

$\vec{T} = \vec{r} \times \vec{F} = -5.6576 \times 10^{-4}$[N·m]이다.

19

자화의 세기 $J = B\left(1 - \dfrac{1}{\mu_s}\right)$ 이고,

자속밀도 $B = \mu H = \mu_0 \mu_s H$ 이다.

이때 강자성체는 $\mu_s \gg 1$ 이므로 J는 B보다 약간 작다.

20

전계의 특수해법에서 접지무한평면과 점전하 사이의 전계

$E = \dfrac{-aQ}{2\pi\varepsilon_0(a^2 + y^2)^{\frac{3}{2}}}$ [V/m]이므로,

최대전계($y=0$인 지점) $E_{\max} = -\dfrac{Q}{2\pi\varepsilon_0 a^2}$ 이고,

$D_{\max} = E_{\max} \cdot \varepsilon_0 = -\dfrac{Q}{2\pi a^2} = -\dfrac{2\pi}{2\pi a^2} = -\dfrac{1}{a^2}$ [C/m²]

2과목 전력공학

21

영상 임피던스는 3배가 크다.

22

$\eta = \dfrac{860 Pt}{mH} = \dfrac{860 \times 105,000}{140 \times 10^3 \times 4,000} = 0.284 = 28.4$ [%]

23

- 1선 지락사고 : 정상분, 역상분, 영상분
- 선간 단락사고 : 정상분, 역상분
- 3상 단락사고 : 정상분

24

고압터빈을 돌리고 나온 증기를 다시 가열한다.(증기 가열)

25

$P = H^{\frac{3}{2}} \eta = 0.7 \sqrt{0.7} \times 0.9 = 0.527 \times 100 = 52.7$[%]

26

안정도 향상 대책
- 직렬 리액턴스를 작게 한다.
- 발전기나 변압기 리액턴스를 작게 한다.
- 선로에 복도체를 사용하거나 병행 회선수를 늘린다.
- 전압변동을 적게 한다.
- 계통을 연계시킨다.
- 고장구간을 신속히 차단시키고 재폐로방식을 채택한다.

27

비접지의 특징(직접접지와 비교)
- 지락전류가 비교적 적다.(유도장해 감소)
- 보호계전기 동작이 불확실하다.
- △결선이 가능하다.
- V−V결선이 가능하다.
- 저전압 단거리에 적합하다.

28

배류 코일 : 통신선 대책

29

$\delta \propto \dfrac{1}{V^2} \propto \dfrac{1}{n^2}$, $P_l \propto \dfrac{1}{V^2} \propto \dfrac{1}{n^2}$

여기서, δ : 전압강하율

P_l : 전력손실

30

모선보호 계전방식의 종류
- 전류차동보호 방식
- 전압차동보호 방식
- 위상 비교 방식
- 환상 모선보호 방식
- 거리 방향 계전방식

31
전력용 콘덴서는 진상만 존재하므로 불연속이다.

32
$$Z_0 = \sqrt{\frac{Z}{Y}} = \sqrt{\frac{300}{1.875 \times 10^{-3}}} = 400[\Omega]$$

33
피뢰기의 정격전압
피뢰기의 정격전압이란 속류 차단이 가능한 최고의 교류전압을 말한다.

34

구분	원인	대책	목적
개폐서지	무부하 충전전류	개폐저항기 설치 (S.O.V 억제대책)	이상전압 억제

35
한류리액터 : 단락전류 제한

36
전력용 퓨즈는 단락전류 차단을 목적으로 사용한다.

37
$$E_n = \frac{\sqrt{C_a(C_a-C_b)+C_b(C_b-C_c)+C_c(C_c-C_a)}}{C_a+C_b+C_c} \times \frac{V}{\sqrt{3}}$$

대입하여 계산하면 $E_n = 0.0186 \times \frac{V}{\sqrt{3}}$ 이다.

그러므로, 변압기의 중성점 잔류전압은 계통상전압의 약 1.9[%] 정도이다.

38

$$E_s = \frac{C_{ab}}{C_{ab}+C_b}E$$

39
송전전력 $P = \frac{V_s V_r}{X}\sin\delta$

$$= \frac{161 \times 154 \times 10^6}{50} \times \sin 60°$$
$$\fallingdotseq 430 \times 10^6[\text{W}]$$
$$= 430[\text{MW}]$$

40
수용률 = $\frac{\text{최대전력}}{\text{설비용량}} \times 100 = \frac{1.8}{3} \times 100 = 60[\%]$

3과목 전기기기

41
초동기 전동기는 고정자와 회전자에 모두 베어링을 가지고 있어 고정자도 회전하는 구조이다.

42
2차 효율 = $\frac{P_o}{P_2} = \frac{P_2(1-s)}{P_2} = (1-s) \times 100[\%]$

43

결선 방식	Y결선	V결선
자기용량/부하용량	$\frac{V_h - V_l}{V_h}$	$\frac{2}{\sqrt{3}}\left(\frac{V_h - V_l}{V_h}\right)$

등가용량은 자기용량과 같다.
이 문제에서 $\frac{V_1 - V_2}{V_1}$ 는 $\frac{V_h - V_l}{V_h}$ 이다.

44
$\varepsilon = p\cos\phi + q\sin\phi$
부하 역률 $\cos\phi = 100[\%]$일 때, $\varepsilon = p = 2[\%]$
$\cos\phi = 80[\%]$일 때, $3 = 2 \times 0.8 + q \times 0.6$
$\therefore q = 2.3[\%]$
따라서, 최대 전압변동률 $\varepsilon_{\max}$ 는 다음과 같다.
$\therefore \varepsilon_{\max} = \sqrt{p^2+q^2} = \sqrt{2^2+2.3^2}$
$= 3.048[\%] \fallingdotseq 3.1[\%]$

45

단상 전파정류에서

$E_d = \dfrac{2\sqrt{2}}{\pi} E = 100[\text{V}]$ 이므로

1차 측 교류전압 $E = \dfrac{\pi}{2\sqrt{2}} E_d = \dfrac{100\pi}{2\sqrt{2}}[\text{V}]$

첨두 역전압(PIV)

$\therefore PIV = 2\sqrt{2}\, E = 2\sqrt{2} \times \dfrac{100\pi}{2\sqrt{2}}$

$\qquad = 100\pi \fallingdotseq 314[\text{V}]$

46

농형 유도전동기의 특징
- 구조가 간단하며 보수가 용이하다.
- 기계적으로 견고하다.
- 가격이 저렴하다.
- 범용성이고 용량 채택이 양호하다.
- 기동토크가 작아서 대형의 전동기로 사용하기 어렵다.
  → 중·소형 전동기로서 일반적으로 많이 사용한다.
- 속도 조정이 어렵다.
- 회전수의 변화가 적어 정속도 전동기로 사용된다.
- 역률과 효율은 정격부하 부근에서 최대가 되므로 경부하 운전은 바람직하지 않다.
- 역률이 나쁘므로 진상용 콘덴서를 병렬 접속한다.

47

토크 $\tau = 9.55 \times \dfrac{P}{N} = 9.55 \times \dfrac{E_c \times I_a}{N}[\text{N}\cdot\text{m}]$ 이므로,

$I_a = \dfrac{\tau N}{9.55\, E_c} = \dfrac{158.76 \times 1,200}{9.55 \times 200}$

$\qquad = 99.74[\text{A}] \fallingdotseq 100[\text{A}]$

48

비례추이
2차 저항의 크기를 변화시키면 최대 토크의 크기는 변하지 않으므로 최대 토크를 발생하는 슬립점이 2차 회로의 저항에 비례하여 이동한다.

49

변압기 병렬운전 부하 분담 시 부하전류는 정격용량에 비례하고 %임피던스(누설 임피던스)에 반비례한다.

50

동기 임피던스 $Z_s = \sqrt{r_a^2 + X_a^2} = \sqrt{0.1^2 + 10^2} = 10$

1상 출력 시 $P_1 = \dfrac{E_1 V_1}{Z_s} \sin\delta[\text{W}]$ 에서

3상 출력은 1상의 3배이므로 다음과 같다.

$P = 3P_1 = 3 \times \dfrac{E_1 V_1}{Z_s} \sin\delta \times 10^{-3}$

$\qquad = 3 \times \dfrac{6,400 \times 4,000}{10} \times \sin 30°$

$\qquad = 3,840,000[\text{W}] = 3,840[\text{kW}]$

※ $1[\text{kW}] = 1 \times 10^3[\text{W}]$

51

직류 직권전동기는 계자권선과 전기자권선이 직렬로 접속되어 있으므로 두 단자에 가하는 직류전압의 극성을 바꾸면 전기자전류와 계자전류의 방향은 동시에 같이 바뀌므로 토크와 회전방향은 바뀌지 않는다. 따라서 직류 직권전동기를 교류용에 사용할 수 있으나 다음과 같은 단점이 있다.
- 철손이 크다.
- 효율이 나쁘다.
- 역률이 나쁘다.
- 정류가 불량하다.

52

역률 1에서 전기자전류가 최소가 된다.

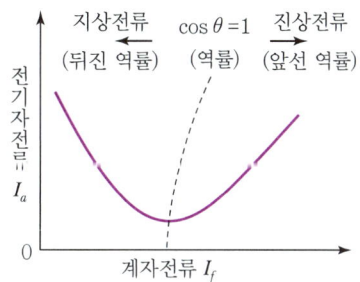

53

유도전동기의 제동법
- 발전제동(직류제동) : 전동기를 전원으로부터 분리한 후 1차 측에 직류 전원을 공급하여 발전기로 동작시킨 후 발생된 전력을 저항에서 열로 소비시키는 방식
- 단상제동 : 권선형 유도전동기의 1차 측을 단상 교류로 여자하고 2차 측에 적당한 크기의 저항을 넣어 역방향 토크를 발생시켜 제동하는 방식
- 역상제동 : 회전 중인 전동기의 1차 권선 3단자 중 임의의 2단자의 접속을 바꾸어 역방향 토크 발생으로 제동하는 방식(슬립의 범위 : $1 < s < 2$)
- 회생제동 : 유도전동기를 유도발전기로 동작시켜 그 발생 전력을 전원에 반환하여 제동하는 방식

54

직류 직권전동기의 속도 N은 다음과 같다.

$$N = K\frac{V - I_a(R_a + R_s)}{I}$$ 이므로

$V = 110[\text{V}]$, $I = 10[\text{A}]$, $R_a = 0.7[\Omega]$, $K = 2$를 대입하면

$$\therefore N = 2 \times \frac{110 - 10(0.3 + 0.7)}{10}$$
$$= 20[\text{rps}] = 1,200[\text{rpm}]$$

55

단락비가 큰 기계를 철기계, 단락비가 작은 기계를 동기계라 하며, 철기계는 부피가 커지며 값이 비싸고, 철손, 기계손 등의 고정손이 커서 효율은 나빠지나 전압변동률이 작고 안정도 및 선로 충전용량이 커지는 이점이 있다.

56

콘서베이터는 절연유의 열화를 방지하는 장치로 방식에 따라 질소가스를 봉입한다.

57

반발전동기는 브러시의 이동만으로 기동, 정지, 속도제어가 가능한 것으로, 기동 시에는 회전자를 직류기처럼 이용해서 기동하고 일정 속도에 도달하면 정류자 세그먼트(Segment)를 단락하여 농형 유도전동기처럼 운전하는 전동기이다. 기동토크가 매우 큰 특징을 갖고 있다.

58

- SCR : 1방향성 3단자
- SSS : 2방향성 2단자
- SCS : 1방향성 4단자
- TRIAC : 2방향성 3단자

각종 반도체 소자의 비교
㉠ 방향성
- 단방향성(역저지) : SCR, LASCR, GTO
- 양방향성(쌍방향) : SSS, DIAC, TRIAC

㉡ 극(단자) 수
- 2극(단자) 소자 : SSS, DIAC, Diode
- 3극(단자) 소자 : SCR, LASCR, GTO, TRIAC
- 4극(단자) 소자 : SCS

59

- 최대토크 발생 슬립 $s_t = \dfrac{r_2}{\sqrt{r_1^2 + (x_1^2 + x_2^2)}} ≒ \dfrac{r_2}{x_2}$

- 최대토크 $T_m = K_0 \dfrac{E_2^2}{2X_2}[\text{N} \cdot \text{m}]$

위의 두 공식을 통해 2차 저항의 크기 변화는 슬립의 변화와 비례하고 최대토크는 2차 저항의 크기 변화와 상관없이 항상 일정함을 알 수 있다.

60

직류 복권발전기는 병렬운전을 안정하게 하려면 균압선을 설치하여야 한다.

4과목 회로이론 및 제어공학

61

- 영점 : 분자가 0이 되기 위한 s값
- 극점 : 분모가 0이 되기 위한 s값

$s + 3 = 0$이므로 $s = -3$

62

RL 직렬회로에서 직류전압 인가 시

과도전류 $i(t) = \dfrac{E}{R}(1 - e^{-\frac{R}{L}t}) = 50(1 - e^{20 \times 10^{-3}t})$에서

시정수 $\tau = \dfrac{L}{R} = \dfrac{1}{20 \times 10^{-3}}$ [sec]

저항을 처음 값의 2배로 하면

시정수 $\tau' = \dfrac{L}{2R} = \dfrac{1}{2 \times 20 \times 10^{-3}} = 25$ [sec]

63

전파정수 $\gamma = \sqrt{ZY} = \sqrt{RG + j\omega}\sqrt{LC} = \alpha + j\beta$

무손실 선로에서 $R = G = 0$ 이므로

$\alpha = \sqrt{RG} = 0$, $\beta = \omega\sqrt{LC}$

64

$\theta = \dfrac{\pi}{2} - \dfrac{\pi}{n} = \dfrac{\pi}{2}\left(1 - \dfrac{2}{n}\right)$

65

$G(s) = \dfrac{I(s)}{E_i(s)} = \dfrac{1}{R + Ls + \dfrac{1}{Cs}} = \dfrac{Cs}{LCs^2 + RCs + 1}$

66

불평형률 $= \dfrac{\text{역상분}}{\text{정상분}} \times 100$

67

$\cos\theta = \dfrac{P}{P_a} = \dfrac{P_1 + P_2}{2\sqrt{P_1^2 + P_2^2 - P_1 P_2}}$

$= \dfrac{500 + 300}{2\sqrt{500^2 + 300^2 - 500 \times 300}}$

$= 0.9176 = 91.8[\%]$

68

$\cos\theta = \dfrac{X_c}{\sqrt{R^2 + X_c^2}} = \dfrac{\dfrac{1}{\omega C}}{\sqrt{R^2 + \left(\dfrac{1}{\omega C}\right)^2}}$

$= \dfrac{\dfrac{1}{\omega C} \times \omega C}{\sqrt{R^2 + \left(\dfrac{1}{\omega C}\right)^2} \times \omega C} = \dfrac{1}{\sqrt{1 + (\omega CR)^2}}$

69

$v(t) = \cos\omega t = \sin(\omega t + 90°)$ [V]

위상차 $\theta = \theta_i - \theta_v = 0° - 90° = -90°$

전류가 전압보다 90° 뒤진 전류가 흐르므로 L만의 회로인 유도성 리액턴스이다.

70

중첩의 원리

• 2[V] 전압원 기준

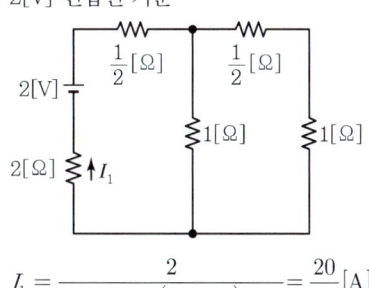

$I_1 = \dfrac{2}{0.5 + \dfrac{1 \times (0.5 + 1)}{1 + (0.5 + 1)} + 2} = \dfrac{20}{31}$ [A]

• 1[V] 전압원 기준

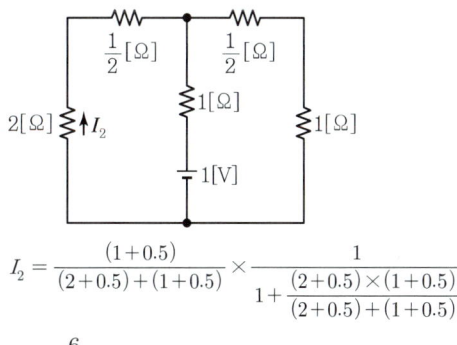

$I_2 = \dfrac{(1 + 0.5)}{(2 + 0.5) + (1 + 0.5)} \times \dfrac{1}{1 + \dfrac{(2 + 0.5) \times (1 + 0.5)}{(2 + 0.5) + (1 + 0.5)}}$

$= \dfrac{6}{31}$ (전류의 방향 반대)

• 2[A] 전류원 기준

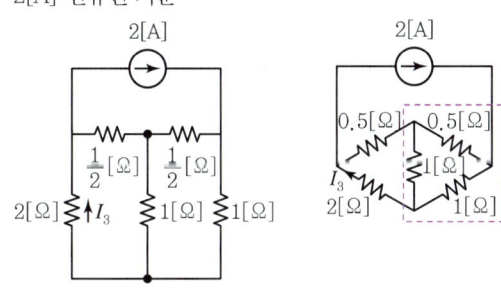

점선부분을 △−Y 변환하면

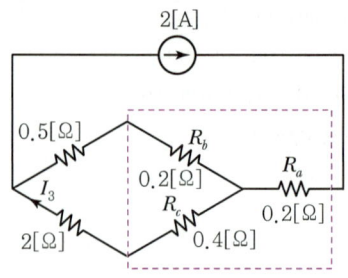

이때 $R_a = \dfrac{0.5 \times 1}{0.5+1+1} = \dfrac{1}{5} = 0.2[\Omega]$

$R_b = R_c = \dfrac{1 \times 1}{0.5+1+1} = \dfrac{2}{5} = 0.4[\Omega]$

$I_3 = \dfrac{(0.5+0.2)}{(0.5+0.2)+(2+0.4)} \times 2 = \dfrac{14}{31}[A]$

$\therefore I = I_1 - I_2 + I_3 = \dfrac{20}{31} - \dfrac{6}{31} + \dfrac{14}{31} = \dfrac{28}{31}[A]$

71
초깃값 정리에 의해서

$\lim\limits_{s \to \infty} s \cdot F(s) = \lim\limits_{s \to \infty} s \cdot \dfrac{12}{2s(s+6)}$

$= \lim\limits_{s \to \infty} \dfrac{12}{2(s+6)} = \dfrac{12}{\infty} = 0$

72
목푯값에 의한 분류(입력기준)
- 정치제어 : 목표값이 시간에 관계없이 항상 일정한 제어 (프로세스제어, 자동조정제어)
- 추치제어 : 목표값의 크기나 위치가 시간에 따라 변하는 것을 제어(추종제어, 프로그램제어, 비율제어)

73
$\dfrac{C}{R} = 1 \times \dfrac{G_1 \times 1 + G_2}{1 - G_1 H_1} \times 1 = \dfrac{G_1 + G_2}{1 - G_1 H_1}$

74
근궤적의 수 N은
영점수 z와 극점수 p 중에서 큰 수와 같다.
- 영점 : 분자가 0이 되는 s값 없음. $z=0$
- 극점 : 분모가 0이 되는 s값 0, −4, −5. $p=3$
$z < p$이므로 $N = p = 3$

75
$\dfrac{C(s)}{R(s)} = \dfrac{\omega_n^2}{s^2 + 2\delta\omega_n s + \omega_n^2} = \dfrac{1}{3s^2 + 4s + 1}$

$= \dfrac{\dfrac{1}{3}}{s^2 + \dfrac{4}{3}s + \dfrac{1}{3}}$

$\omega_n^2 = \dfrac{1}{3}$, $\omega_n = \dfrac{1}{\sqrt{3}}$, $2\delta\omega_n = \dfrac{4}{3}$

제동비 $\delta = \dfrac{4}{3} \times \dfrac{1}{2} \times \sqrt{3} = 1.15 > 1$, 과제동

76
$G(s) = \dfrac{Y(s)}{X(s)} = \dfrac{2s+1}{s^2+s+1}$

$Y(s)(s^2+s+1) = X(s)(2s+1)$

$s^2 Y(s) + s Y(s) + Y(s) = 2s X(s) + X(s)$

양변을 역라플라스 변환하면

$\dfrac{d^2 y(t)}{dt^2} + \dfrac{dy(t)}{dt} + y(t) = 2\dfrac{dy(t)}{dt} + x(t)$

77
특성방정식
- 개루프 전달함수가 −1을 만족하는 방정식
- 폐루프 전달함수 $\dfrac{G(s)}{1+G(s)H(s)}$에서
$1+G(s)H(s) = 0$, 분모가 0이 되는 방정식

78
직류에서 $s=0$이므로

$G(s) = \dfrac{10}{0^2 + 3 \times 0 + 2}\bigg|_{s=0} = \dfrac{10}{2} = 5$

79
절점주파수
보드선도가 경사를 이루는 실수부와 허수부가 같아지는 주파수, 즉 두 점근선이 만나는 점(굴곡점)을 의미한다.

80

NAND 게이트
- AND Gate의 부정
- 무접점 회로에서 입력과 출력 사이에 트랜지스터가 있고 입력 측에 역방향 다이오드(AND)가 있으면 NAND 회로이다.
- $Z = \overline{A \cdot B \cdot C}$
- 진리표

입력			출력
A	B	C	Z
0	0	0	1
0	0	1	1
0	1	0	1
0	1	1	1
1	0	0	1
1	0	1	1
1	1	0	1
1	1	1	0

5과목 전기설비기술기준

81

철탑의 종류
특고압 가공전선로의 지지물로 사용하는 B종 철근·B종 콘크리트주 또는 철탑의 종류는 다음과 같다.
- 직선형 : 전선로의 직선부분(수평각도 3° 이하)에 사용하는 것
- 각도형 : 전선로 중 3°를 초과하는 수평각도를 이루는 곳에 사용하는 것
- 잡아당김형 : 전가섭선을 잡아당기는 곳에 사용하는 것
- 내장형 : 전선로의 지지물 양쪽의 지지물 간 거리의 차가 큰 곳에 사용하는 것
- 보강형 : 전선로의 직선 부분에 그 보강을 위하여 사용하는 것

82

저압 옥상전선로
- 전선은 인장강도 2.30[kN] 이상의 것 또는 지름 2.6[mm] 이상의 경동선일 것
- 전선은 절연전선일 것
- 지지점 간의 거리는 15[m] 이하일 것
- 상시 부는 바람 등에 의하여 식물에 접촉하지 아니하도록 시설할 것
- 전선로와 조영재 상부의 간격은 2[m] 이상(케이블은 1[m])일 것

83

특별고압 가공전선로 중 지지물로서 직선형의 철탑을 연속하여 10기 이상 사용하는 부분에는 10기 이하마다 내장 애자장치가 되어 있는 철탑 또는 이와 동등 이상의 강도를 가지는 철탑 1기를 시설하여야 한다.

84

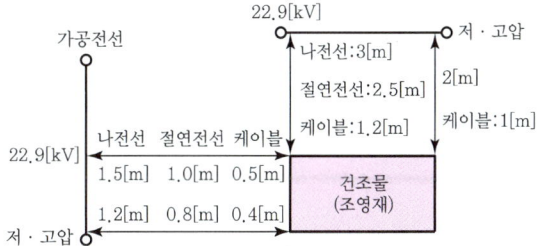

85

저압 및 고압 가공전선의 높이

장소	저·고압
지표상	5[m]
도로횡단	6[m]
철도횡단	6.5[m]
횡단보도교	3.5[m] 단, 450/750[V] 인입용 비닐절연전선·케이블 : 3[m]

86

과전류트립 동작시간 및 특성(주택용 배선차단기)

정격전류의 구분	시간	정격전류의 배수 (모든 극에 통전)	
		부동작전류	동작전류
63[A] 이하	60분	1.13배	1.45배
63[A] 초과	120분	1.13배	1.45배

87

전선은 다음의 경우를 제외하고 대지로부터 절연하여야 한다.

- 각 접지공사하는 경우의 접지점
- 전로의 중성점을 접지하는 경우의 접지점
- 계기용 변성기의 2차 측 전로에 접지공사를 하는 접지점
- 25[kV] 이하로서 다중 접지하는 경우의 접지점
- 시험용 변압기, 전력반송용 결합 리액터, 전기 울타리용 전원장치, X선 발생장치, 전기방식용 양극, 단선식 전기철도의 귀선 등
- 전기욕기, 전기로, 전기보일러, 전해조 등 대지로부터 절연하는 것이 기술상 곤란한 곳

88

1차 측 $E_1 = 3{,}300 \times 1.5 = 4{,}950[V]$

2차 측 $E_2 = 200 \times 1.5 = 300[V]$

그러나 2차 측의 최저 시험전압은 500[V]이므로 2차 측 $E_2 = 500[V]$로 한다.

89

전기저장장치의 2차 전지가 자동으로 전로로부터 차단하는 장치

- 과전압 또는 과전류가 발생한 경우
- 제어장치에 이상이 발생한 경우
- 2차 전지 모듈의 내부 온도가 급격히 상승할 경우

90

급전용 변압기는 직류 전기철도의 경우 3상 정류기용 변압기, 교류 전기철도의 경우 3상 스코트 결선 변압기의 적용을 원칙으로 하고, 급전계통에 적합하게 선정하여야 한다.

91

전기배선

- 전선은 공칭단면적 2.5[mm²] 이상의 연동선
- 배선설비공사는 옥내, 옥외에 시설할 경우에는 합성수지관, 금속관, 가요전선관, 케이블 배선 규정에 준하여 시설할 것

92

절연전선

- 저압 절연전선은 450/750[V] 비닐절연전선, 450/750[V] 저독성 난연 폴리올레핀 절연전선, 450/750[V] 저독성 난연 가교 폴리올레핀 절연전선, 450/750[V] 고무절연전선을 사용하여야 한다.
- 고압·특고압 절연전선은 KS에 적합한 또는 동등 이상의 전선을 사용하여야 한다.

93

관등회로의 애자사용공사

- 전선은 네온 전선일 것
- 전선은 조영재의 옆면 또는 아랫면에 붙일 것
- 전선의 지지점 간 거리는 1[m] 이하일 것

94

지중함 시설기준

- 견고하고 차량 기타 중량물의 압력에 견딜 수 있을 것
- 내부에 고인 물을 제거할 수 있는 구조일 것
- 뚜껑은 시설자 이외의 자가 쉽게 열 수 없도록 할 것

95

발열선에 전기를 공급하는 전로의 대지전압은 300[V] 이하일 것

96

연료전지 및 태양전지 모듈의 절연내력

연료전지 및 태양전지 모듈은 최대사용전압의 1배의 교류전압 또는 1.5배의 직류전압(500[V] 미만으로 되는 경우에는 500[V])을 충전부분과 대지 사이에 연속하여 10분간 가하여 절연내력을 시험하였을 때에 이에 견디는 것이어야 한다.

97

특고압 제1종 보안공사

- 35.1[kV] 이상, 2차 접근상태
- 지지물 : B종, 철탑(목주, A종은 시설할 수 없다)
- 전선 굵기

100[kV] 미만	300[kV] 미만	300[kV] 이상
55[mm²]	150[mm²]	200[mm²]

98

기기	용량	사고내용	보호장치
무효전력 보상장치	15,000[kVA] 이상	내부 고장 시	자동차단장치

99

60[m]를 초과하는 건축물·구조물의 측격뢰 보호용 수뢰부 시설 상층부와 이 부분에 설치한 설비를 보호할 수 있도록 시설한다. 다만, 상층부의 높이가 60[m]를 넘는 경우는 최상부로부터 전체 높이 20[%] 부분에 한한다.

100

가공케이블의 시설

- 케이블은 조가선에 행거로 시설할 것. 이 경우에는 사용전압이 고압인 때에는 그 행거의 간격을 50[cm] 이하로 시설하여야 한다.
- 조가선은 인장강도 고압 5.93[kN], 특고압 13.93[kN] 이상의 것 또는 단면적 22[mm^2] 이상인 아연도철연선일 것
- 조가선 및 케이블의 피복에 사용하는 금속체에는 접지시스템 규정에 맞게 접지를 할 것
- 조가선의 케이블에 접촉시켜 그 위에 쉽게 부식하지 아니하는 금속 테이프 등을 나선상으로 감는 경우 20[cm] 이하의 간격을 유지

정답 전기기사 2023년 3회 기출문제

01	02	03	04	05	06	07	08	09	10
②	③	②	②	②	③	③	③	②	①
11	12	13	14	15	16	17	18	19	20
④	④	④	①	③	②	④	②	②	①
21	22	23	24	25	26	27	28	29	30
①	④	③	④	②	④	④	④	①	④
31	32	33	34	35	36	37	38	39	40
④	①	②	④	④	④	①	④	③	④
41	42	43	44	45	46	47	48	49	50
③	①	③	③	④	②	②	①	④	①
51	52	53	54	55	56	57	58	59	60
①	②	②	①	②	①	②	④	④	①
61	62	63	64	65	66	67	68	69	70
③	②	①	④	③	②	②	②	②	④
71	72	73	74	75	76	77	78	79	80
②	③	②	②	④	④	④	③	②	①
81	82	83	84	85	86	87	88	89	90
②	④	④	①	②	②	④	④	④	②
91	92	93	94	95	96	97	98	99	100
③	②	③	③	③	④	①	③	②	④

1과목 전기자기학

01

철편을 흡입하는 힘 $F = f_m \cdot S = \dfrac{B^2}{2\mu_0} \cdot S$ [N]이 된다.

문제의 그림상에서 작용하는 힘은 양쪽에서 작용하므로 전체적인 힘은 $F' = F \times 2 = \dfrac{B^2}{\mu_0} \cdot S$ [N]이 된다.

02

무한평면의 영상전하에 의한 전기영상법

- 전계의 최대세기

$$E = -\dfrac{Q}{2\pi\varepsilon_0 a^2} \text{ [V/m]}$$

- 최대전속밀도

$$\sigma_{\max} = D_{\max} = \varepsilon_0 E = -\dfrac{Q}{2\pi a^2} \text{ [C/m}^2\text{]}$$

03
자극면 사이에 작용하는 힘

$$F = f \cdot S = \frac{B^2}{2\mu_0} \cdot S = \frac{\left(\frac{\phi}{S}\right)^2}{2\mu_0} \cdot S$$

$$= \frac{\phi^2}{2\mu_0 S} = \frac{(3 \times 10^{-4})^2}{2 \times 4\pi \times 10^{-7} \times 15 \times 10^{-4}}$$

$$= 23.88 [\text{N}]$$

04
자기회로에 전위전류가 흐를 때 발생되는 자속 쇄교수를 인덕턴스 또는 자기유도계수라 한다. 성질은 항상 정(+)이다.

05
분극의 세기 $P = D\left(1 - \frac{1}{\varepsilon_s}\right) [\text{C/m}^2]$이고,

분극전하량 $Q' = P \times S$이다.

이때, 전속밀도 $D = \frac{Q}{S} [\text{C/m}^2]$를 대입하면

분극전하량 $Q' = P \times S = D\left(1 - \frac{1}{\varepsilon_s}\right) \times S$

$$= \frac{Q\left(1 - \frac{1}{\varepsilon_s}\right)}{S} \times S = Q\left(1 - \frac{1}{\varepsilon_s}\right)$$

$$\therefore Q' = Q\left(1 - \frac{1}{\varepsilon_s}\right) = 0.1\left(1 - \frac{1}{10}\right) = 0.09 [\text{C}]$$

06
가우스 발산 정리에 의한 $\text{div} E = \frac{\rho_v}{\varepsilon_0}$이므로,

체적전하밀도 $\rho_v = \text{div} E \varepsilon_0 = \text{div} D$이다.

$\rho_v = \text{div} D = \nabla D$

$= \left(\frac{\partial}{\partial x}i + \frac{\partial}{\partial y}j + \frac{\partial}{\partial z}k\right)(x^2 i + y^2 j + z^2 k)$

$= \frac{\partial x^2}{\partial x} + \frac{\partial y^2}{\partial y} + \frac{\partial z^2}{\partial z}$

$= 2x + 2y + 2z$

여기에 $x = 1, y = 2, z = 3$을 대입한다.

$\therefore \rho_v = 2 + 4 + 6 = 12 [\text{C/m}^3]$

07
$T = mHl\sin\theta = (8 \times 10^{-6}) \times 120 \times 0.03 \times \sin 30°$

$= 1.44 \times 10^{-5} [\text{N} \cdot \text{m}]$

08
자화의 세기 J와 자속밀도 B 사이에는 $J = B\left(1 - \frac{1}{\mu_s}\right)$의 관계가 있고 강자성체의 비투자율 $\mu_s \gg 1$이므로

예를 들어 $\mu_s = 100$이라 하면 $J = B\left(1 - \frac{1}{100}\right) = 0.99B$이므로 $B = 100$이라고 가정하면 J는 99이므로 $J(99)$는 $B(100)$보다 약간 작다.

09
- 전파속도 $v = \frac{1}{\sqrt{\varepsilon\mu}} = \lambda f [\text{m/sec}]$

- 파장 $\lambda = \frac{1}{f\sqrt{\varepsilon\mu}} [\text{m}]$

10
- 대칭 정전계의 세기 계산

$$\int_S E \cdot dS = \frac{Q}{\varepsilon_0}$$

→ 전기력선의 총수 $D = \varepsilon_0 E [\text{C/m}^2]$이므로

- 폐곡면을 통과하는 전속과 폐곡면 내부 전하의 상관관계를 나타낸 식

$$\int_S D \cdot dS = Q → 전속의 총수$$

11
- 공극 발생 시 합성 자기저항

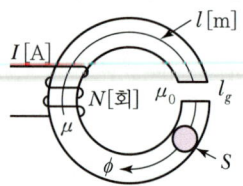

$R = R_m + R_g = \frac{l}{\mu \cdot S} + \frac{l_g}{\mu_0 \cdot S} [\text{AT/Wb}]$

여기서, $l_g [\text{m}]$: 공극의 길이

• 공극 발생 시 자기저항 증가율

$$\frac{R}{R_m} = \frac{R_m + R_g}{R_m} = 1 + \frac{\frac{l_g}{\mu_0 S}}{\frac{l}{\mu S}} = 1 + \frac{\mu l_g}{\mu_0 l} = 1 + \frac{l_g \mu_s}{l} \text{ 배}$$

12

접지무한평판과 선전하 사이에 작용하는 힘은 다음과 같다.
선전하 $\rho[\text{C/m}] = \lambda[\text{C/m}]$

• 총 힘 $F = QE = -\lambda \cdot l \frac{\lambda}{4\pi\varepsilon_0 h} = -\frac{\lambda^2 l}{4\pi\varepsilon_0 h}$ [N]

• 길이당 힘 $f = -\frac{\lambda^2}{4\pi\varepsilon_0 h}$ [N/m] $\propto \frac{1}{h}$

13

유전체 표면의 세기는 분극의 세기와 같다.
$P[\text{C/m}^2] = E \times \varepsilon_0(\varepsilon_r - 1) = 5 \times \varepsilon_0 \times (10 - 1) = 45\varepsilon_0$

14

일 $W = Fr = QEr$
$= 10^{-5}(2i + j + 4k)(4i + j + 2k)$
$= 10^{-5} \times (8 + 1 + 8)$
$= 17 \times 10^{-5}$ [J]
$= 1.7 \times 10^{-4}$ [J]

15

전파속도 $v = \frac{1}{\sqrt{\varepsilon\mu}} = \frac{3 \times 10^8}{\sqrt{\varepsilon_s \mu_s}} = \frac{3 \times 10^8}{\sqrt{5 \cdot 1}}$
$= 134,164,078.6 ≒ 1.34 \times 10^8$ [m/s]

16

도체 표면에 작용하는 힘
$f = \frac{1}{2}ED = \frac{1}{2}\varepsilon_0 E^2 = \frac{D^2}{2\varepsilon_0}$ [N/m]
$= \frac{1}{2} \times 8.855 \times 10^{-12} \times 3.5^2 \times \left(\frac{10^3}{10^{-3}}\right)^2$
$= \frac{1}{2} \times 8.855 \times 3.5^2 = 54$ [N/m²]

17

전위 $V = \frac{Q}{4\pi\varepsilon_0 r} = 9 \times 10^9 \cdot \frac{Q}{r}$ [V]

• 2[m] 위치의 전위 $V_1 = 9 \times 10^9 \times \frac{2 \times 10^{-8}}{2} = 90$ [V]

• 1[m] 위치의 전위 $V_2 = 9 \times 10^9 \times \frac{2 \times 10^{-8}}{1} = 180$ [V]

∴ 전위차 $V = V_2 - V_1 = 180 - 90 = 90$ [V]

18

유전체에 작용하는 힘(Maxwell 변형력)
• 유전율이 큰 쪽에서 작은 쪽으로 힘이 작용한다.
• 전속(밀도)선은 유전율이 큰 쪽으로 모이려는 성질이 있다.
∴ $\varepsilon_2 > \varepsilon_1$

19

$E = E_1 + E_2 = \frac{Q}{4\pi\varepsilon_0\left(\frac{3}{2}a\right)^2} + \frac{Q}{4\pi\varepsilon_0\left(\frac{1}{2}a\right)^2}$
$= \frac{Q}{9\pi\varepsilon_0 a^2} + \frac{Q}{\pi\varepsilon_0 a^2} = \frac{10Q}{9\pi\varepsilon_0 a^2}$ [V/m]

20

회전력 $T = mH\sin\theta = MH\sin\theta = \vec{M} \times \vec{H}$

2과목 전력공학

21

직접접지의 장점
• 전위 상승이 낮다.
• 단절연이 가능하다.(절연레벨이 저감)
• 기기값이 저렴하다.
• 계전기 동작이 신속하다.

22

안정도 향상 대책
• 선로 또는 기기의 리액턴스를 작게 한다.
• 중간조상방식을 채용한다.(송전선로 중간에 동기조상기를 연결)

- 재폐로방식을 채용한다.
- 계통을 연계시킨다.
- 발전기 단락비를 크게 한다.
- 속응여자방식을 채용한다.
- 고속도 차단방식을 채용한다.(중간개폐소 설치)
- 다회선방식이나 복도체방식을 채용한다.
- 불평형을 줄인다.
- 전압변동을 줄인다.
- 지락전류를 줄인다.(고저항접지방식 또는 소호리액터접지)

23
22.9[kV]-Y 3상 4선식 중성선 다중접지계통의 특성
- 1선 지락사고 시 지락전류가 커서 보호계전기의 동작이 확실하다.
- 1선 지락사고 시 통신선에 전자유도장해가 크다.
- 단상, 3상 부하의 공용으로 사용할 수 있다.

24
케이블의 전력손실
- 도체 : 저항손
- 절연물 : 유전체손
- 외장 : 연피손(전자유도작용)

25
효율 $\eta = \dfrac{860 \times W}{mH} \times 100$

여기서, m : 무게(kg)

$0.3 = \dfrac{860 \times 3,000,000,000}{m \times 5,000}$

$m = 17.2 \times 10^5 [t]$

26
단로기(DS)
소호장치가 없고, 무부하 시 회로 개폐 및 변경(인터록 : Interrock)

전원 ─── DS ─── CB ─── 부하

- 급전 시 : DS → CB
- 정전 시 : CB → DS

차단기 개방 시 무부하 상태이므로 단로기가 닫을 수 있다.

27
보호계전기의 원칙
- 선택성
- 신뢰성
- 정확성
- 협조성

28
접지 비교

구분	직접접지	소호리액터 접지
전위상승	최저(1.3배 이하)	최대($\sqrt{3}$ 배 이상)
지락전류	최대	최소
유도장해	최대	최소
과도안정도	낮음	높음

29
복도체(다도체)의 특징
- 인덕턴스는 감소하고 정전용량은 증가한다.
- 송전용량이 증가한다.
- 안정도가 증가한다.
- 코로나 임계전압이 높아져 코로나 발생을 억제한다.

30
차단기의 차단용량

$P_s = \dfrac{100}{\%Z} \times P_n = \dfrac{100}{0.4} \times 10,000 \times 10^{-3} = 2,500 [\text{MVA}]$

31
코로나 방지 대책
- 복도체(다도체)방식 채용
- 가선 금구 개량
- 굵은 전선 사용

32
비접지방식
- △-△ 방식을 많이 사용한다.
- 3.3[kV], 6.6[kV] → 저전압 단거리 배전선로(20~30[kV] 이하)
- 전위 상승 $\sqrt{3}$ 배
- 지락전류가 작다.

33
비율차동계전기는 피보호기기(발전기, 변압기 등)의 1차 전류와 2차 전류의 차가 일정 비율 이상으로 되었을 때 동작하는 계전기로 변압기 및 발전기의 내부 고장 보호에 사용된다.

34
$D' = \sqrt[3]{2}\,D$ 이므로 $L = 0.05 + 0.4605\log_{10}\dfrac{\sqrt[3]{2}\,D}{r}$

35
3상 무부하 충전전류

$$I_c = WCE = 2\pi fC \dfrac{V_n}{\sqrt{3}} l [A]$$
$$= 2\pi \times 60 \times 0.3587 \times 10^{-6} \times \dfrac{66 \times 10^3}{\sqrt{3}} \times 15$$
$$= 77.29 \fallingdotseq 77.3 [A]$$

36
리액터의 역할
- 분로리액터 : 페란티 현상 억제
- 한류리액터 : 단락전류 제한
- 직렬리액터 : 제5고조파 억제

37
$VI_1\cos\theta = \sqrt{3}\,VI_3\cos\theta$ 에서 $I_1 = \sqrt{3}\,I_3$ 이므로
$\dfrac{I_3}{I_1} = \dfrac{1}{\sqrt{3}} = 0.577 \times 100 = 58[\%]$

38
가스절연 개폐장치(GIS)는 차단기, 단로기, 피뢰기, 변성기, 변류기 및 접지장치 등의 변전설비를 SF_6 가스를 충전한 금속제 함에 수납한 구조로서 특징은 다음과 같다.

GIS의 특징
- 충전부가 대기에 노출되지 않아 기기의 안정성, 신뢰성이 우수하다.
- 감전사고 위험이 적다.
- 밀폐형이므로 배기 소음이 없다.
- 소형화가 가능하다.
- 보수, 점검이 용이하다.

39
가공송전선로 전선
- 강심 알루미늄 연선(ACSR, Aluminium Conduct Steel Reinforced)
- 내열강심 알루미늄 연선(TACSR, Thermal Resistance ACSR)

40
LDC(Line Drop Compensator)는 부하전류에 의한 배전선의 전압강하를 보상하는 것인데 LRT(부하 시 탭절환 변압기)의 제어회로에 이것을 부가해서 배전전압을 중부하 시에는 높게, 경부하 시에는 낮게 자동적으로 조정하여 일정한 전압이 되도록 한다.

3과목 전기기기

41
전기자 반작용은 전기자권선에 흐르는 전류에 의한 기자력이 계자의 주자속에 영향을 주는 현상이다.
㉠ 현상
- 편자작용으로 인한 중성축 이동
- 감자작용으로 인한 주자속 감소
- 전기적 중성축 이동으로 인해 브러시에서 불꽃이 발생하며 정류상태가 나빠진다.

㉡ 대책 : 보상권선과 보극 설치

42
동기발전기의 병렬운전조건 중 기전력의 크기가 같을 것이라는 조건에서 여자전류의 변화로 인해 기전력의 크기가 변하게 되면 기전력이 큰 발전기에서 기전력이 작은 발전기로 무효순환전류가 흐르게 된다. 이때 흐르는 전류는 무효분 전류로 기전력이 큰 발전기는 무효분 전류가 증가하므로 역률이 감소하고 상대적으로 기전력이 작은 발전기는 무효순환전류의 방향이 반대로 작용하여 무효분 전류가 감소하게 되므로 역률이 증가하여 기전력의 크기를 맞추는 현상으로 나타난다.

43

2중 농형 유도전동기

㉠ 회전자의 농형 권선을 내·외 이중으로 설치한 것으로서, 기동토크를 크게 한 것이다.

㉡ 도체
- 외측 : 저항이 높은 황동 또는 동니켈 합금도체 사용
- 내측 : 저항이 낮은 전기동 사용

44

직류전동기 회전속도 $N = k\dfrac{E_c}{\phi}$ [rpm]에서 자속과 회전수는 반비례하므로 자속을 2배로 증가시킨다.

45

사이리스터(SCR)의 경우 OFF 상태에서 ON 상태로 스위칭 시 게이트 회로의 전류를 이용하여 위상제어를 한다.

46

전압변동률 $\varepsilon = \dfrac{V_{20} - V_{2n}}{V_{2n}} \times 100[\%]$에서

2차 측 정격전압 $V_{2n} = 115[V]$이고 전압변동률 $\varepsilon = 2[\%]$

여기서, 무부하 2차 단자전압

$V_{20} = V_{2n}(1+\varepsilon) = 115 \times (1+0.02) = 117.3[V]$

권선비(전압비) $a = \dfrac{V_{1n}}{V_{2n}} = \dfrac{V_{10}}{V_{20}}$ 에서

$V_{10} = aV_{20} = 20 \times 117.3 = 2{,}346[V]$

47

정격출력(조정정격)

$P = E_2 I_2 [VA]$에서

$P = 30 \times 5 = 150[VA] \times 10^{-3} = 0.15[kVA]$

2차 전압 $V_2 = V_1 \pm E_2 \cos\theta \quad (\theta : 0° \sim 180°)$

$= 100 \pm 30[V]$

48

직류 직권전동기의 속도 $N = k\dfrac{E_c}{\phi}$ [rpm]에서 자속과 회전수는 반비례이고 직류 직권 전동기의 전류는 전부 직렬이므로 크기가 같다.

$I_a = I = I_S \propto \phi$

여기서, 직류 직권전동기가 무부하 상태가 되면 전류가 급감하여 자속도가 급격히 감소될 것이고 그에 따라 속도가 위험속도에 도달하게 되므로 벨트나 체인을 통한 운전보다는 부하에 직결하여 접속하는 것이 좋다.

49

3권선 변압기의 안정 권선(3차 권선)
- △권선이다.
- 소내 전력 공급용
- 제3고조파 제거 → 기전력을 정현파로 만들어 줌
- 조상설비 전원 공급 → 송전선의 전압 및 역률 조정

50

반발전동기는 브러시의 위치를 변경하여 회전속도 및 회전방향(정·역 운전)을 변화시킬 수 있다.

51

유도전동기의 토크는 전압의 제곱에 비례한다.($\tau \propto V^2$)

200[V] 정격전압에서 기동토크는 전부하토크의 2.25배이고 이때 기동토크를 전부하토크의 1.5배로 기동할 때 필요한 전압은 얼마인가라는 문제이므로 비례식을 이용하여 식을 만들면

$2.25 : 200^2 = 1.5 : V'^2$

$\therefore V' = \sqrt{\dfrac{1.5 \times 200^2}{2.25}} \fallingdotseq 163[V]$

52

최대 전압변동률 $\varepsilon_{\max} = \%Z = \sqrt{p^2 + q^2}$

$= \sqrt{2^2 + 2.33^2} \fallingdotseq 3.1[\%]$

전압변동률 $\varepsilon = p\cos\theta + q\sin\theta [\%]$에서

먼저 $\cos\theta = 1$일 때 전압변동률 $\varepsilon = p$, 즉 역률이 100[%]일 때 전압변동률은 퍼센트 저항강하와 같으므로 퍼센트 저항강하 $p = 2[\%]$이다.

그리고 $\cos\theta = 0.8$일 때 전압변동률은 3[%]이고 이 조건에서 퍼센트 리액턴스 강하를 구하면

$q = \dfrac{\varepsilon - p\cos\theta}{\sin\theta}$

$= \dfrac{3 - 2 \times 0.8}{0.6} = 2.33[\%]$

53
동기 와트란 동기 각속도로 회전 시 2차 입력을 토크에 관한 식으로 표현한 것이다.

54
동기조상기의 계자를 과여자하게 되면 송전선에 진상전류를 공급하게 되므로 지상전류를 보상하여 역률을 좋게 하고 지상분에 의한 전압강하를 감소시킬 수 있으므로 콘덴서의 역할로 작용한다.

55
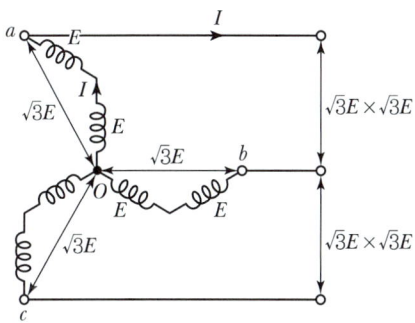

선간전압 $V_l = \sqrt{3} \times \sqrt{3}\,E = 3E$
선전류 $I_l = I$
피상전력 $P = \sqrt{3} \times 선간전압 \times 선전류$
$= \sqrt{3} \times 3E \times I = 5.2EI$

56
단상변압기 병렬운전에서 분담용량은 정격용량에 비례하고 퍼센트 임피던스(누설 임피던스)에 반비례할 것

57
2차 효율 $\eta_2 = \dfrac{P_o}{P_2} = 1-s = \dfrac{N}{N_s}$

58
단상 전파(소자 2개) 첨두역전압
$PIV = 2\sqrt{2}\,E = 2\sqrt{2} \times 111.11 ≒ 314[V]$
직류 평균 전압 $E_d = 0.9E$
여기서, 교류 실횻값 $E = \dfrac{100}{0.9} = 111.11[V]$

59
$P_V = \sqrt{3}\,P_1[kVA]$에서 변압기 한 대를 증설하여 Δ결선 시 출력 $P_\Delta = 3P_1 = \sqrt{3}\,P_V = \sqrt{3} \times 100[kVA]$

60
- 직선정류 : 가장 이상적인 정류곡선(불꽃이 발생하지 않는다.)
- 정현정류 : 양호한 정류곡선(불꽃이 발생하지 않는다.)
- 과정류 : 정류 초기에 불꽃이 발생(브러시 전단)
- 부족정류 : 정류 말기에 불꽃이 발생(브러시 후단)

4과목 회로이론 및 제어공학

61
영상분 전류
$I_0 = \dfrac{1}{3}(I_a + I_b + I_c)$
$= \dfrac{1}{3}[(15+j2)+(-20-j14)+(-3+j10)]$
$= -2.6 - j0.67[A]$

62
$V_1 = AV_2 + BI_2$, $I_1 = CV_2 + DI_2$에서 출력 측을 개방시켰을 때 $I_2 = 0$이므로
$V_1 = AV_2$, $I_1 = CV_2$
$Z_{11} = \dfrac{V_1}{I_1} = \dfrac{AV_2}{CV_2} = \dfrac{A}{C}$

63
전파 속도
$v = \dfrac{2\pi f}{\beta} = \dfrac{2\pi \times (1 \times 10^6)}{\dfrac{\pi}{8}}$
$= 16 \times 10^6 = 1.6 \times 10^7 [m/s]$

64
RL 직렬 시정수 $\tau = \dfrac{L}{R} = \dfrac{50 \times 10^{-3}}{20 \times 10^3} = 2.5[\mu s]$

65

1전력계법 유효전력 $P = 2W$

선간전압 $V_l = V_{ab}$

R만의 회로이므로 역률 $\cos\theta = 1$이다.

c상 전류 $I_c = I_l = \dfrac{P}{\sqrt{3}\,V_l\cos\theta} = \dfrac{2W}{\sqrt{3}\,V_{ab}}$ [A]

66

Δ결선에서

$I_l = \sqrt{3}\,I_p = \sqrt{3}\,\dfrac{V_l}{Z_p} = \sqrt{3}\,\dfrac{400}{\sqrt{4^2+3^2}} = 80\sqrt{3}$ [A]

67

$e_s(t) = 3e^{-5t} = Ke^{\pm j\omega t}$ 에서 $\omega t = -5$

합성 임피던스

$Z = \dfrac{R\dfrac{1}{j\omega C}}{R+\dfrac{1}{j\omega C}} = \dfrac{\left(\dfrac{R}{j\omega C}\right)j\omega C}{\left(R+\dfrac{1}{j\omega C}\right)j\omega C}$

$= \dfrac{R}{1+j\omega RC} = \dfrac{R}{1-5RC}$ [Ω]

68

$f(t) = \mathcal{L}^{-1}[F(s)] = \mathcal{L}^{-1}\left[\dfrac{1}{s^2+a^2}\right]$

$= \mathcal{L}^{-1}\left[\dfrac{1}{a}\dfrac{a}{s^2+a^2}\right] = \dfrac{1}{a}\sin at$

69

$I = \dfrac{V}{Z} = \dfrac{100}{(5+j1)+(3+j5)} = 10\angle-37°$ [A]

70

V_{ab}는 3[Ω]에 실리는 전압과 같으며 중첩의 원리에 의해 3[V] 전압원 기준일 때 2[A] 전류원은 개방상태이므로 전류가 흐르지 않는다.

2[A] 전류원 기준일 때 3[V] 전압원은 단락상태이므로 $V_{ab} = IR = 2 \times 3 = 6$ [V]

71

n개의 플립플롭이 셀 수 있는 가지수는 $2^n - 1$이므로 $9 \leq 2^n - 1$을 만족하는 조건은 $n \geq 4$이다.

72

- 영점 : 분자가 0이 되기 위한 s값 -1
  영점의 수 $z = 1$
- 극점 : 분모가 0이 되기 위한 s값 $0, 0, -2, -3$
  극점의 수 $p = 4$
- 교차점 $\sigma = \dfrac{\sum 극점 - \sum 영점}{p-z}$

  $= \dfrac{(-2-3)-(-1)}{4-3} = -\dfrac{4}{3}$

73

$|sI-A| = \begin{bmatrix} s & 0 \\ 0 & s \end{bmatrix} - \begin{bmatrix} 0 & -3 \\ 2 & -5 \end{bmatrix} = \begin{bmatrix} s & 3 \\ -2 & s+5 \end{bmatrix}$

$= s(s+5)-(-2)\times 3 = s^2+5s+6$

$= (s+2)(s+3) = 0$

$\therefore s = -2, -3$

74

단위계단입력을 라플라스 변환하면

$R(s) = \mathcal{L}[u(t)] = \dfrac{1}{s}$

출력 $C(s) = R(s)G(s) = \dfrac{1}{s} \cdot \dfrac{1}{s+1} = \dfrac{1}{s(s+1)}$

출력을 역라플라스 변환하면

$c(t) = \mathcal{L}^{-1}[C(s)] = \mathcal{L}^{-1}\left[\dfrac{1}{s(s+1)}\right]$

$= \mathcal{L}^{-1}\left[\dfrac{A}{s}+\dfrac{B}{s+1}\right] = \mathcal{L}^{-1}\left[\dfrac{1}{s}-\dfrac{1}{s+1}\right] = 1-e^{-t}$

- $A = \dfrac{1}{s+1}\bigg|_{s=0} = 1$

- $B = \dfrac{1}{s}\bigg|_{s=-1} = -1$

출력의 최종값 $\lim\limits_{t\to\infty} c(t) = 1-e^{-\infty} = 1-0 = 1$

지연시간 T_d는 최종값의 50[%]에 도달하는 데 소요되는 시간이므로 $1-e^{-T_d} = 1\times 0.5$, $e^{T_d} = 2$

$\therefore T_d = \log_e 2 = \ln 2 = 0.7$ [sec]

75

시간함수	Laplace 변환	z 변환
$\delta(t)$	1	1
$\delta(t-nt)$	e^{-nTs}	z^{-n}
$u(t)$	$\dfrac{1}{s}$	$\dfrac{z}{z-1}$
t	$\dfrac{1}{s^2}$	$\dfrac{Tz}{(z-1)^2}$
$\dfrac{1}{2}t^2$	$\dfrac{1}{s^3}$	$\dfrac{T^2z(z+1)}{2(z-1)^3}$
e^{-at}	$\dfrac{1}{s+a}$	$\dfrac{z}{z-e^{-aT}}$
te^{-at}	$\dfrac{1}{(s+a)^2}$	$\dfrac{Tze^{-aT}}{(z-e^{-aT})^2}$
$\sin\omega t$	$\dfrac{\omega}{s^2+\omega^2}$	$\dfrac{z\sin\omega T}{z^2-2z\cos\omega T+1}$
$\cos\omega t$	$\dfrac{s}{s^2+\omega^2}$	$\dfrac{z(z-\cos\omega T)}{z^2-2z\cos\omega T+1}$

76

$$\dfrac{C(s)}{R(s)}=\dfrac{\omega_n^2}{s^2+2\delta\omega_n s+\omega_n^2}=\dfrac{1}{3s^2+4s+1}$$

$$=\dfrac{\dfrac{1}{3}}{s^2+\dfrac{4}{3}s+\dfrac{1}{3}}$$

$\omega_n^2=\dfrac{1}{3}$, $\omega_n=\dfrac{1}{\sqrt{3}}$, $2\delta\omega_n=\dfrac{4}{3}$

제동비 $\delta=\dfrac{4}{3}\times\dfrac{1}{2}\times\sqrt{3}=1.15>1$, 과제동

77

$$G_C(s)=\dfrac{s^2+3s+5}{2s}=\dfrac{s^2}{2s}+\dfrac{3s}{2s}+\dfrac{5}{2s}=\dfrac{s}{2}+\dfrac{3}{2}+\dfrac{5}{2s}$$

$$=\dfrac{3}{2}\left(1+\dfrac{5}{3s}+\dfrac{1}{3}s\right)=K_p\left(1+\dfrac{1}{T_I s}+T_D s\right)$$

비례 제어 $K_p=\dfrac{3}{2}$

미분 제어 $T_D=\dfrac{1}{3}$

적분 제어 $T_I=\dfrac{3}{5}$

모두 포함하는 제어기이므로 비례미분적분 제어기이다.

78

전달함수 $G(s)=\dfrac{Y(s)}{X(s)}=\dfrac{\text{전향경로 이득}}{1-(\text{루프이득})}$

$$=\dfrac{ABC}{1-(-BCE)-(-ABD)}$$

$$=\dfrac{ABC}{1+BCE+ABD}$$

79

Routh – Hurwitz 표

s^4	1	1	2
s^3	2	4	0
s^2	$\dfrac{2\times 1-1\times 4}{2}=-\dfrac{2}{2}=-1$	$\dfrac{4\times 2-0\times 1}{4}=\dfrac{8}{4}=2$	0
s^1	$\dfrac{-1\times 4-2\times 2}{-1}=\dfrac{-8}{-1}=8$	$\dfrac{2\times 0-0\times 4}{2}=0$	
s^0	$\dfrac{8\times 2-0\times(-1)}{8}=\dfrac{16}{8}=2$	0	

제1열에서 s^3과 s^2, s^2과 s^1에서 부호가 바뀌었으므로 불안정하다.

80

$A=\begin{bmatrix}-1 & 1 & 0 \\ 0 & -1 & 0 \\ 0 & 0 & -2\end{bmatrix}$, $B=\begin{bmatrix}0 \\ 1 \\ 1\end{bmatrix}$, $C=[1\ 0\ 0]$

$A^2=\begin{bmatrix}-1 & 1 & 0 \\ 0 & -1 & 0 \\ 0 & 0 & -2\end{bmatrix}\begin{bmatrix}-1 & 1 & 0 \\ 0 & -1 & 0 \\ 0 & 0 & -2\end{bmatrix}=\begin{bmatrix}1 & -2 & 0 \\ 0 & 1 & 0 \\ 0 & 0 & 4\end{bmatrix}$

- 가제어 판별식

  $[B\ AB\ A^2B]$에서 행렬식이 0이 아니면 가제어 성립

  $[B\ AB\ A^2B]=\begin{bmatrix}0 & 1 & -2 \\ 1 & -1 & 1 \\ 1 & -2 & 4\end{bmatrix}$에서 행렬식이 0이 아니므로 가제어 성립

- 가관측 판별식

  $\begin{bmatrix}C \\ CA \\ CA^2 \\ \vdots\end{bmatrix}$에서 행렬식이 0이 아니면 가관측 성립

  $\begin{bmatrix}C \\ CA \\ CA^2\end{bmatrix}=\begin{bmatrix}1 & 0 & 0 \\ -1 & 1 & 0 \\ 1 & -2 & 0\end{bmatrix}$에서 행렬식이 0이므로 가관측 성립 안 함

5과목 전기설비기술기준

81
전기욕기의 시설
- 전로의 대지전압은 300[V] 이하일 것
- 욕탕 안 전극과 절연변압기 사이의 변압기 2차 측 전압은 10[V] 이하인 전원 변압기를 설치
- 유도코일을 시설할 경우 2차 측 전압의 파고치 30[V] 이하
- 욕조 전극 간의 거리는 1[m] 이상
- 전기욕기용 전원장치로부터 욕탕 안의 전극까지의 전선 상호 간 및 전선과 대지 사이의 절연저항치는 0.1[MΩ] 이상일 것

82
특별고압 가공전선로의 철주·철근콘크리트주 또는 철탑의 종류
- 직선형 : 전선로의 직선부분(3도 이하인 수평각도를 이루는 곳을 포함한다. 이하 이 조에서 같다.)에 사용하는 것(다만, 내장형 및 보강형에 속하는 것을 제외한다.)
- 각도형 : 전선로 중 3도를 초과하는 수평각도를 이루는 곳에 사용하는 것
- 잡아당김형 : 전가섭선을 잡아당기는 곳에 사용하는 것
- 내장형 : 전선로의 지지물 양쪽의 경간의 차가 큰 곳에 사용하는 것
- 보강형 : 전선로의 직선부분에 그 보강을 위하여 사용하는 것

83
피뢰기의 시설
고압 및 특별고압의 전로 중 다음 각 호에 열거하는 곳 또는 이에 근접한 곳에는 피뢰기를 시설하여야 한다.
- 발전소·변전소 또는 이에 준하는 장소의 가공전선 인입구 및 인출구
- 가공전선로에 접속하는 배전용 변압기의 고압 측 및 특별고압 측
- 고압 및 특별고압 가공전선로로부터 공급을 받는 수용장소의 인입구
- 가공전선로와 지중전선로가 접속되는 곳

84
회생제동
㉠ 전기철도차량은 다음과 같은 경우에 회생제동의 사용을 중단해야 한다.
- 전차선로 지락이 발생한 경우
- 전차선로에서 전력을 받을 수 없는 경우
- 선로전압이 장기 과전압보다 높은 경우

㉡ 회생전력을 다른 전기장치에서 흡수할 수 없는 경우에는 전기철도차량은 다른 제동시스템으로 전환되어야 한다.

85
피뢰기의 시설
고압 및 특별고압의 전로 중 다음 각 호에 열거하는 곳 또는 이에 근접한 곳에는 피뢰기를 시설하여야 한다.
- 발전소·변전소 또는 이에 준하는 장소의 가공전선 인입구 및 인출구
- 가공전선로에 접속하는 배전용 변압기의 고압 측 및 특별고압 측
- 고압 및 특별고압 가공전선로로부터 공급을 받는 수용장소의 인입구
- 가공전선로와 지중전선로가 접속되는 곳

86
금속덕트공사의 시설조건
- 전선은 절연전선(옥외용 비닐절연전선을 제외)일 것
- 금속덕트에 넣은 전선의 단면적(절연피복의 단면적을 포함)의 합계는 덕트의 내부단면적의 20[%](전광 표시장치 기타 이와 유사한 장치 또는 제어회로 등의 배선만을 넣는 경우에는 50[%] 이하일 것)
- 금속덕트 안에는 전선에 접속점이 없도록 할 것
- 폭이 40[mm] 이상, 두께가 1.2[mm] 이상인 철판 또는 동등 이상의 기계적 강도를 가지는 금속제의 것으로 견고하게 제작한 것일 것
- 덕트를 조영재에 붙이는 경우에는 덕트의 지지점 간의 거리는 3[m](취급자 이외의 자가 출입할 수 없도록 설비한 곳에서 수직으로 붙이는 경우에는 6[m]) 이하

87
조가선은 다음과 같이 시설한다.
- 조가선은 설비 안전을 위하여 전주와 전주 경간 중에 접속하지 말 것
- 조가선은 부식되지 않는 별도의 금구를 사용하고 조가선 끝단은 날카롭지 않게 할 것
- 말단 배전주와 말단 1경간 전에 있는 배전주에 시설하는 조가선은 장력에 견디는 형태로 시설할 것
- 조가선은 2조까지만 시설할 것
- 과도한 장력에 의한 전주손상을 방지하기 위하여 전주경간 50[m] 기준 0.4[m] 정도의 이도를 반드시 유지하고, 지표상 시설높이 기준을 준수하여 시공할 것

88
절연전선
- 저압 절연전선은 450/750[V] 비닐절연전선, 450/750[V] 저독성 난연 폴리올레핀 절연전선, 450/750[V] 저독성 난연 가교 폴리올레핀 절연전선, 450/750[V] 고무절연전선을 사용하여야 한다.
- 고압 · 특고압 절연전선은 KS에 적합한 또는 동등 이상의 전선을 사용하여야 한다.

89
전차선 등과 식물 사이의 간격
교류 전차선 등 충전부와 식물 사이의 간격은 5[m] 이상이어야 한다. 다만, 5[m] 이상 확보하기 곤란한 경우에는 방호벽 등 안전조치를 하여야 한다.

90
전력선과 건조물의 조영재 사이의 간격

91
조가선 시설기준
- 조가선은 단면적 38[mm²] 이상의 아연도강연선을 사용할 것
- 조가선의 시설높이, 시설방향 및 시설기준

구분	통신선 지상고
도로(인도)에 시설 시	5.0[m] 이상
도로 횡단 시	6.0[m] 이상

92
저압 및 고압 가공전선의 높이

장소	저 · 고압
지표상	5[m]
도로횡단	6[m]
철도횡단	6.5[m]
횡단보도교	3.5[m] 단, 450/750[V] 인입용 비닐절연전선 · 케이블 : 3[m]

93
저압 및 고압 가공전선의 높이

장소	저 · 고압
지표상	5[m]
도로횡단	6[m]
철도횡단	6.5[m]
횡단보도교	3.5[m] 단, 450/750[V] 인입용 비닐절연전선 · 케이블 : 3[m]

94
퓨즈는 과전류를 차단하여 전로나 기기를 보호한다.

95

사용전압	전선의 단면적
100[kV] 미만	단면적 55[mm²] 이상의 경동연선
100[kV] 이상 300[kV] 미만	단면적 150[mm²] 이상의 경동연선
300[kV] 이상	단면적 200[mm²] 이상의 경동연선

96

관등회로
방전등용 안정기 또는 방전등용 변압기로부터 방전관까지의 전로를 말한다.

97

두 개 이상의 전선을 병렬로 사용하는 경우에는 다음 각 목에 의하여 시설할 것
- 병렬로 사용하는 각 전선의 굵기는 구리선 50[mm²] 이상 또는 알루미늄 70[mm²] 이상으로 하고, 전선은 같은 도체, 같은 재료, 같은 길이 및 같은 굵기의 것을 사용할 것
- 같은 극의 각 전선은 동일한 터미널러그에 완전히 접속할 것, 같은 극인 각 전선의 터미널러그는 동일한 도체에 2개 이상의 리벳 또는 2개 이상의 나사로 접속할 것
- 병렬로 사용하는 전선에는 각각에 퓨즈를 설치하지 말 것
- 교류회로에서 병렬로 사용하는 전선은 금속관 안에 전자적 불평형이 생기지 않도록 시설할 것

98

도로 등의 전열장치의 시설
- 발열선에 전기를 공급하는 전로의 대지전압은 300[V] 이하일 것
- 발열선은 미네랄인슐레이션케이블 또는 정격전압 300/500[V] 이하 보온 및 방지용 케이블로서 노출하여 사용하지 아니하는 것은 제2종 발열선을 사용할 것
- 발열선은 그 온도가 80[℃]를 넘지 아니하도록 시설할 것 (단, 도로 또는 옥외주차장에 금속피복을 한 발열선을 시설할 경우에는 발열선의 온도를 120[℃] 이하로 할 수 있다)

99

절연내력시험 전압

구분		배수	최저전압
최대사용전압 (비접지식)	7,000[V] 이하	최대사용전압 ×1.5배	500[V]
	7,000[V] 초과	최대사용전압 ×1.25배	10,500[V]
중성점 비접지식	60,000[V] 초과	최대사용전압 ×1.25배	×
중성점 다중접지	25,000[V] 이하	최대사용전압 ×0.92배	×
중성점 접지식	60,000[V] 초과	최대사용전압 ×1.1배	75,000[V]
	170,000[V] 이하	최대사용전압 ×0.72배	×
중성점 직접 접지식	170,000[V] 초과	피뢰기가 설치되어 있는 경우 최대사용전압 ×0.72배	×
		피뢰기가 설치되어 있지 않은 경우 최대사용전압 ×0.64배	

$V = 69 \times 1.25 = 86.25[kV]$

100

순시트립에 따른 구분(주택용 배선용 차단기)

형	순시트립 범위
B	$3I_n$ 초과 ~ $5I_n$ 이하
C	$5I_n$ 초과 ~ $10I_n$ 이하
D	$10I_n$ 초과 ~ $20I_n$ 이하

[비고]
1. B, C, D : 순시트립전류에 따른 차단기 분류
2. I_n : 차단기 정격전류
3. 돌입전류에 대한 순시트립 범위를 말한다.

예 예배선용 차단기 명판에 D20A
차단기 정격전류 20[A], 돌입전류가 10배를 초과~20배 이하인 경우 0.1초에 차단한다.

정답 전기기사 2024년 1회 기출문제

01	02	03	04	05	06	07	08	09	10
①	①	④	④	①	②	①	②	④	③
11	12	13	14	15	16	17	18	19	20
②	③	④	④	③	③	③	③	①	①
21	22	23	24	25	26	27	28	29	30
④	④	②	③	①	④	②	④	②	③
31	32	33	34	35	36	37	38	39	40
③	④	②	③	①	①	①	②	③	①
41	42	43	44	45	46	47	48	49	50
④	②	①	④	③	②	②	③	②	④
51	52	53	54	55	56	57	58	59	60
②	④	②	④	③	③	③	④	②	①
61	62	63	64	65	66	67	68	69	70
②	②	③	④	①	③	①	④	④	③
71	72	73	74	75	76	77	78	79	80
④	④	④	④	②	②	①	②	①	②
81	82	83	84	85	86	87	88	89	90
③	④	②	③	③	③	④	①	②	③
91	92	93	94	95	96	97	98	99	100
③	③	③	①	②	①	②	②	①	①

1과목 전기자기학

01

동축 원통도체의 정전용량 $C = \dfrac{2\pi\varepsilon}{\ln\dfrac{b}{a}}[\text{F/m}]$ 이고,

$RC = \varepsilon\rho$ 임을 이용하면

$R = \dfrac{\varepsilon\rho}{C} = \dfrac{\varepsilon\rho}{\dfrac{2\pi\varepsilon}{\ln\dfrac{b}{a}}} = \dfrac{\rho\ln\dfrac{b}{a}}{2\pi}$ 이므로

$G = \dfrac{1}{R} = \dfrac{2\pi}{\rho\ln\dfrac{b}{a}} = \dfrac{2\pi\sigma}{\ln\dfrac{b}{a}}[\mho/\text{m}]$ $\left(\sigma = \dfrac{1}{\rho}\right)$

02

히스테리시스곡선
- 종축 : 자속밀도
- 횡축 : 자계의 세기
- 기울기 : 투자율

03

축적되는 에너지 $W = \dfrac{1}{2}CV^2[\text{J}]$ 이므로 2차 방정식에 해당하는 포물선 그래프가 된다.

04

전위계수 $V_1 = P_{11}Q_1 + P_{12}Q_2$, $V_2 = P_{21}Q_1 + P_{22}Q_2$ 에서 $Q_1 = +Q$, $Q_2 = -Q$로 대전시키고 전위계수 성질상 $P_{12} = P_{21}$ 임을 이용하면 전위계수는 아래와 같아진다.

$V_1 = P_{11}Q - P_{12}Q$

$V_2 = P_{21}Q - P_{22}Q$를 연립하여 빼면

$V_1 - V_2 = (P_{11} - P_{21} - P_{12} + P_{22})Q$ 이므로

$V_1 - V_2 = (P_{11} - 2P_{12} + P_{22})Q$ 가 된다.

05

경계면에 대해 a_x 성분만 법선성분이고 a_y, a_z 성분은 접선성분에 해당한다.

결국 경계면조건에 의해 법선성분 $D_{1a_x} = D_{2a_x}$ 이며, 접선성분 $E_{1a_y} = E_{2a_y}$, $E_{1a_z} = E_{2a_z}$

∴ $D_{1a_x} = D_{2a_x}$ 에 의해 $E_{1a_x}\varepsilon_{R1} = E_{2a_x}\varepsilon_{R2}$ 이므로

$E_{1a_x} = \dfrac{\varepsilon_{R2}}{\varepsilon_{R1}}E_{2a_x} = \dfrac{5}{3} \cdot 20a_x = \dfrac{100}{3}a_x$

$E_{1a_y} = 30a_y$, $E_{1a_z} = -40a_z$ 이다.

∴ $E_1 = E_{1a_x} + E_{1a_y} + E_{1a_z} = \dfrac{100}{3}a_x + 30a_y - 40a_z$

[tip]
전속밀도

$D_1 = \varepsilon_0\varepsilon_{R1}E_1 = \varepsilon_0 \times 3 \times \left(\dfrac{100}{3}a_x + 30a_y - 40a_z\right)$

$= (100a_x + 90a_y - 120a_z)\varepsilon_0$

06

$F = F_E + F_H = q[\vec{E} + (\vec{V} \times \vec{B})]$

1) $\vec{V} \times \vec{B} = \begin{vmatrix} a_x & a_y & a_z \\ 4 & -1 & -2 \\ -2 & 2 & -1 \end{vmatrix}$

$= a_x \begin{vmatrix} -1 & -2 \\ 2 & -1 \end{vmatrix} + a_y \begin{vmatrix} -2 & 4 \\ -1 & -2 \end{vmatrix} + a_z \begin{vmatrix} 4 & -1 \\ -2 & 2 \end{vmatrix}$

$= 5a_x + 8a_y + 6a_z$

2) $[\vec{E} + (\vec{V} \times \vec{B})] = (2a_x + a_y - 4a_z)$
$+ (5a_x + 8a_y + 6a_z)$
$= 7a_x + 9a_y + 2a_z$

3) $q[\vec{E} + (\vec{V} \times \vec{B})] = 2(7a_x + 9a_y + 2a_z)$
$= 14a_x + 18a_y + 4a_z$

$\therefore F = \sqrt{14^2 + 18^2 + 4^2} \fallingdotseq 23.15[\text{N}]$

07

정전계에서의 선적분은 적분경로에 관계없이 항상 0이다.

08

유전체의 표면전하밀도는 분극의 세기와 같으므로
$P = \varepsilon_0(\varepsilon_s - 1)E = \varepsilon_0(10-1) \times 5 = 45\varepsilon_0$

09

콘덴서 병렬 접속시 합성용량

$C = C_1 + C_2 = \dfrac{\varepsilon_1 S_1}{d} + \dfrac{\varepsilon_2 S_2}{d}$

$= \dfrac{1}{d}(\varepsilon_1 S_1 + \varepsilon_2 S_2)[\text{F}]$

$\therefore C = \dfrac{1}{d}(\varepsilon_0 \dfrac{1}{3}S + \varepsilon_0 4\dfrac{2}{3}S) = \dfrac{\varepsilon_0 S}{d}(\dfrac{1}{3} + \dfrac{8}{3}) = 3C_0$

10

구전하 = 점전하 $E = \dfrac{Q}{4\pi\varepsilon r^2}$

선전하 $E = \dfrac{\lambda}{2\pi\varepsilon r^2}$

전기쌍극자 $E = \dfrac{M}{4\pi\varepsilon r^3}\sqrt{1 + 3\cos^2\theta}$

11

A, B 두 개의 원형 코일에 전류가 같은 방향으로 흐르는 경우 중심자계는 합해지고, A코일만 있을 때의 2배가 되기 때문에 $H_A + H_B = 2H_A$, 즉 $H_A = H_B$ 의 관계가 성립된다.

이때, 각 코일의 중심자계 $H = \dfrac{NI}{2a}$ 를 정리하면 아래와 같다.

$H_A = \dfrac{1 \cdot I_A}{2 \cdot 1} = \dfrac{1}{2}I_A$, $H_B = \dfrac{2 \cdot I_B}{2 \cdot 2} = \dfrac{1}{2}I_B$

$\therefore \dfrac{I_B}{I_A} = 1$

12

맥스웰 제5방정식 $rot\, A = \nabla \times A = B$ 와 맥스웰 제2방정식 $\nabla \times E = -\dfrac{\partial B}{\partial t}$ 의 관계에서

$\nabla \times E = -\dfrac{\partial B}{\partial t} = -\dfrac{\partial}{\partial t}(\nabla \times A) = \nabla \times -\dfrac{\partial A}{\partial t}$ 이므로

$E = -\dfrac{\partial A}{\partial t}$ 이다.

13

자유공간에서의 파동고유임피던스 $\eta = \dfrac{E}{H} = \sqrt{\dfrac{\mu_0}{\varepsilon_0}}$

$H = \sqrt{\dfrac{\varepsilon_0}{\mu_0}}E = \dfrac{1}{377}E = \dfrac{1}{120\pi}E$ 임을 이용하면

$H = \dfrac{1}{120\pi}10^3\sin(wt - \beta z)[\text{A/m}]$이며, 전파의 방향이 $+a_y$, 전자파의 진행방향은 $+a_z$이므로 자파의 진행방향은 $-a_x$일 때 $E \times H = a_y \times -a_x = a_z$가 됨을 알 수 있다.

$\therefore H = -\dfrac{10^3}{120\pi}\sin(wt - \beta z)a_x[\text{A/m}]$

14

자기저항

$R_m = \dfrac{l}{\mu S} = \dfrac{l}{\mu_0 \mu_s S} = \dfrac{0.8}{4\pi \times 10^{-7} \times 20 \times 0.5}$

$= 6.37 \times 10^4 [\text{AT/Wb}]$

15
토로이드 코일의 자기인덕턴스
$L = \dfrac{\mu S N^2}{l} = \dfrac{\mu S N^2}{2\pi r} = \dfrac{N^2}{R_m}$[H]이므로 권선수의 자승 및 단면적에 비례하고 평균 반지름에 반비례한다.

16
도체가 받는 힘
$F = BIl\sin\theta = 0.3 \times 5 \times 2 \times \sin 60° = 2.6$[N]

17
전자파의 파동방정식(완전 절연체일 경우)
㉠ 전파방정식 $\nabla^2 E = \varepsilon\mu \dfrac{\partial^2 E}{\partial t^2}$

$\nabla^2 E + \omega^2 \varepsilon\mu \left(1 + \dfrac{k}{j\omega\varepsilon}\right) E = 0$ ➡ 헬름홀츠 페이저 방정식

㉡ 자파방정식 $\nabla^2 H = \varepsilon\mu \dfrac{\partial^2 H}{\partial t^2}$

$\nabla^2 H + \omega^2 \varepsilon\mu \left(1 + \dfrac{k}{j\omega\varepsilon}\right) H = 0$ ➡ 헬름홀츠 페이저 방정식

18
두 자극 사이에 작용하는 힘
$F = \dfrac{m_1 m_2}{4\pi\mu_0 r^2} = 6.33 \times 10^4 \dfrac{m_1 m_2}{r^2}$[N]이므로
자극 사이의 거리 $r = \sqrt{6.33 \times 10^4 \dfrac{m_1 m_2}{F}}$[m]가 된다.

19
원판, 지름 $D = 60$[cm], 극판 간격 $d = 0.1$[cm], 비유전율 $\varepsilon_s = 16$일 때 정전용량은 평행판 사이의 정전용량
$C = \dfrac{\varepsilon_0 \varepsilon_s S}{d} = \dfrac{\varepsilon_0 \varepsilon_s \pi a^2}{d}$[F]이므로
여기서, 반지름 $a = 0.3$[m]
주어진 수치를 대입하면
$C = \dfrac{8.855 \times 10^{-12} \times 16 \times \pi \times (0.3)^2}{0.1 \times 10^{-2}} \times 10^6 = 0.04$[μF]
이 된다.

20
상자성체는 비투자율 $\mu_s > 1$이므로
자화율 $x = \mu_0(\mu_s - 1) \geq 0$이 되고
반자성체는 비투자율 $\mu_s < 1$이므로
자화율 $x = \mu_0(\mu_s - 1) < 0$이 된다.

2과목   전력공학

21
망상(Network) 배전방식의 장단점
㉠ 장점
- 무정전 공급의 신뢰도가 높다.
- 기기의 이용률이 향상된다.
- 전압 변동이 적다.
- 부하 증가에 대한 적응성이 좋다.
- 전력손실이 적다.

㉡ 단점
- 건설비가 비싸다.
- 인축의 접촉 사고가 크다.

22
원선도에서 알 수 없는 것
코로나, 과도안정도, 도전율, 송전단역율

23
최소 동작 전류 값 이상이면 전류 값의 크기와 상관없이 일정한 시간에 동작하는 특성을 갖는 계전기는 정한시 계전기이다.

24
복수기는 진공상태를 만들어 증기터빈에서 일을 한 증기를 배기단에서 냉각응축시킴과 동시에 복수로서 회수하는 장치로 열손실이 가장 크게 나타난다.

25
유황곡선
- 갈수량 : 1년 365일 중 355일은 이 양 이하로 내려가지 않는 유량

- 저수량 : 1년 365일 중 275일은 이 양 이하로 내려가지 않는 유량
- 평수량 : 1년 365일 중 185일은 이 양 이하로 내려가지 않는 유량
- 풍수량 : 1년 365일 중 95일은 이 양 이하로 내려가지 않는 유량

26
화력발전과 비교해서 원자력발전은 출력밀도(단위체적당의 출력)가 크므로 같은 출력이라면 소형화가 가능하다.

27
화력발전소의 열효율

$$\eta = \frac{860\,W}{mH} \times 100\,[\%]$$

여기서, η : 열효율
m : 연료 사용량[kg]
H : 발열량
W : 전력량

$$\eta = \frac{860 \times 40,000}{(60 \times 10^3) \times 860} \times 100 = 66.67\,[\%]$$

28
정격 차단 용량 $P_s = \sqrt{3}\,VI_s$

정격 차단 전류 $I_s = \dfrac{P_r}{\sqrt{3}\,V} = \dfrac{100 \times 10^6}{\sqrt{3} \times 7.2 \times 10^3} \times 10^{-3}$
$= 8\,[kV]$

29
단로기(DS)
무부하시 회로를 개폐 및 회로 분리

30
복도체의 특징
- 인덕턴스는 감소하고 정전용량은 증가한다.
- 안정도가 증가한다.
- 코로나 임계전압(개시전압)이 높아진다.
- 전위경도가 저감된다.

31
전압강하율

$$\delta = \frac{e}{V_r} \times 100\,[\%] = \frac{P_r}{V_r^2}(R + X\tan\theta) \times 100\,[\%]$$

$$= \frac{1,000 \times 10^3}{(10 \times 10^3)^2} \times \left(8 + 12 \times \frac{0.6}{0.8}\right) \times 100\,[\%] = 17\,[\%]$$

32
전압강하율 $\delta = \dfrac{P}{V^2}(R + X\tan\theta) \times 100\,[\%]$ ➡ $\delta \propto \dfrac{1}{V^2}$

전력손실 $P_l = I^2 R = \left(\dfrac{P^2}{V^2 \cos^2\theta}\right) R$ ➡ $P_l \propto \dfrac{1}{V^2}$

33
4단자 정수
$E_s = AE_r + BI_r$
$I_s = CE_r + DI_r$ 에서

여기서, A : 전압비
B : 임피던스
C : 어드미턴스
D : 전류비

34
송전용량 $P = k\dfrac{V_r^2}{l}\,[kW]$

여기서, V_r : 수전단 선간 전압[kV]
l : 송전거리[km]
k : 송전 용량계수

35
순한시 특성
최소 동작 전류 이상의 전류가 흐르면 즉시 동작하는 특성

36
배전선로 보호방식

구분	방사선로	환상선로
전원이 한 군데인 경우	과전류 계전기	방향단락 계전기
전원이 두 군데인 경우	과전류 계전기, 방향단락 계전기	방향단락 계전기

37
전력이 동일할 경우
$VI_1\cos\theta = \sqrt{3}\,VI_3\cos\theta$ 에서
$\dfrac{I_3}{I_1} = \dfrac{1}{\sqrt{3}}$

38
부등률 $= \dfrac{\text{각 수용가의 최대 수용전력의 합}}{\text{합성 최대 수용전력}}$ 으로 1보다 크다.
부등률은 부하의 동시 사용 정도를 나타내는 척도가 된다.

39

수차종류	특유속도(비속도)의 한계	적용 낙차[m]
펠턴	12~23	300 이상
프란시스	50~350	50~300
사류	120~300	60~150
프로펠러, 카플란	200~900	50 이하

프로펠러 수차가 가장 높다.

40
직류송전방식 특징
- 비동기연계가 가능하다.
- 리액턴스 강하가 없어 안정도가 높다.
- 절연비가 저감되고 코로나에 유리하다.
- 유전체손이나 연피손이 없다.

3과목 전기기기

41
동기발전기의 병렬운전 중 기전력의 크기가 같아야 한다는 조건에서 한 쪽의 발전기의 계자전류(여자전류)가 변화하면 유기기전력이 변화하여 전위차가 생기면 기전력이 큰 쪽에서 작은 쪽으로 무효순환전류(무효횡류)가 흐르게 되면 역률이 조정되어 기전력을 같게 만든다.

42
동기기의 안정도 증진법
- 정상 임피던스(동기 임피던스)를 작게 한다.
- 영상 및 역상 임피던스를 크게 한다.
- 단락비가 큰 기기를 사용한다.
- 속응여자방식 채용
- 플라이휠 효과로 관성모멘트를 증대

43
반발 기동형 전동기는 직권 전동기처럼 기동하고 원심력 개폐기에 의하여 정격속도에 이르면 유도전동기로 운전하게 되는 전동기로 정류자와 브러시가 존재하며 브러시의 위치를 이동시켜 회전방향 및 속도를 조정할 수 있다.

44
전압변동률
$\varepsilon = \dfrac{V_{2o} - V_{2n}}{V_{2n}} \times 100 = \dfrac{240-230}{230} \times 100 \fallingdotseq 4.35[\%]$

여기서, V_{2o} : 2차 무부하 단자전압
V_{2n} : 2차 정격전압

45
직류직권전동기의 토크 $\tau \propto I_a^2 \propto \dfrac{1}{N^2}$ 관계에서 토크와 속도의 관계로 비례식으로 계산하면

$1 : \dfrac{1}{1,732^2} = \dfrac{3}{4} : \dfrac{1}{N'^2} \rightarrow \dfrac{1}{N'^2} = \dfrac{3}{4} \times \dfrac{1}{1,732^2}$

여기서, $N' = \sqrt{\dfrac{4}{3} \times 1,732^2} \fallingdotseq 2,000[\text{rpm}]$

46

단락비 $K_s = \dfrac{I_s}{I_n} = \dfrac{100}{\%Z} = \dfrac{1}{Z[p \cdot u]}$ 에서

$\%Z = \dfrac{100}{K_s} = \dfrac{100}{1.2} ≒ 83[\%]$

47

동기발전기에서 제동권선은 난조방지 목적으로 사용되며 동기전동기에서는 기동 토크가 없기 때문에 기동이 불가하다. 그래서 자체기동법(자기기동법)으로 제동권선을 이용하여 유도전동기처럼 회전하게 하는 역할을 한다.

48

3상 유도전동기의 2차 효율

$\eta_2 = \dfrac{P_o}{P_2} = (1-s) = \dfrac{N}{N_s}$

여기서, P_o : 기계적 출력(2차 출력)

P_2 : 2차 입력(회전자 입력)

N_s : 동기속도(회전자기장 속도)

N : 회전자속도

49

변압기의 단락시험을 통하여 임피던스 와트(동손), 임피던스 전압(전압강하)을 구할 수 있으므로 누설 리액턴스 및 전압변동률도 산출할 수 있다. 그러나 여자 어드미턴스는 무부하 시험으로 구할 수 있다.
무부하 시험을 통하여 구할 수 있는 것은 여자 어드미턴스, 무부하전류(여자전류), 철손 등이다.

50

유도발전기

동기속도 이상의 속도($s < 0$)로 회전시켜 발전하는 기기

㉠ 장점
- 동기 발전기에 비해 가격이 저렴하다.
- 기동과 취급이 간단하고 고장이 적다.
- 동기 발전기와 같이 동기화할 필요가 없어 난조 등 이상 현상이 없다.
- 선로에 단락이 생긴 경우에도 여자가 상실되므로 단락 전류는 동기기에 비해 적으며 지속 시간도 짧다.

㉡ 단점
- 병렬로 지속되는 동기기에서 여자전류를 취해야 한다.
- 공극의 치수가 작기 때문에 운전 시 주의해야 한다.
- 효율과 역률이 낮다.

51

부흐홀츠 계전기는 변압기 주 탱크와 콘서베이터 사이에 설치하는 계전기로 유증기를 검출하여 경보 또는 차단하는 내부고장 보호장치로서 기계적인 보호장치에 해당한다.
전기적인 보호장치로는 대표적으로 비율차동계전기나 차동계전기가 사용된다.

52

직류기에서 보극의 역할은 정류작용을 돕고 전기자 반작용을 약화시키는 데 사용한다.
보극이 없는 직류기에서는 전기자 반작용에 의하여 중성축이 이동되어 정류를 불량하게 하는데, 해결책으로는 브러시를 전기적 중성축으로 이동시켜 불꽃(섬락)을 방지할 수 있다.

53

3상 권선형 유도전동기의 이상현상
- 게르게스 현상 : 3상 권선형 유도전동기에서 회전자의 1상이 단선(결상)이 되어도 정지하지 못하고 계속 회전하게 되는 현상이고 무부하 또는 경부하 시 발생하게 된다. 이때 슬립은 약 50[%]에서 회전하게 되고 정격속도의 1/2 속도로 회전하게 되는 현상이다.
- 회전자 회로는 단상 유도전동기의 형태로 운전하게 되고 최대 토크도 감소한다.
- 장시간 운전 시 과열로 인한 회전자 코일이 소손될 우려가 있다.

54

직류 발전기의 유기기전력 $E = \dfrac{PZ\phi N}{60a} = K\phi N$ 에서

$E \propto \phi N$ 유기기전력은 자속과 회전수의 곱에 비례한다.
회전수가 8배로 증가되었을 때 기전력을 일정하게 유지하고자 한다면 자속을 $\dfrac{1}{8}$ 배로 낮추어 준다.

55
정류자형 주파수변환기의 특성
- 정류자형 주파수변환기는 유도전동기의 2차 여자법으로 속도제어하기 위한 교류여자기로 사용된다.
- 회전변류기의 전기자와 거의 같은 구조로 되어 있고 정류자와 3개의 슬립링이 구성되어 있다.
- 정류자상에는 한 쌍의 자극마다 전기각 $\frac{2\pi}{3}$ 간격으로 3조의 브러시로 구성되어 있다.

56
동기발전기의 병렬운전조건(같지 않아도 되는 조건 : 용량, 출력, 전류, 회전수)
- 기전력의 크기가 같을 것
- 기전력의 위상이 같을 것
- 기전력의 주파수가 같을 것
- 기전력의 파형이 같을 것
- 상회전 방향이 같을 것

57
3상 유도전동기의 2차 저항을 증가시키면 그에 비례하여 슬립이 증가하는데 이는 최대 토크가 항상 일정하기 때문이다. 즉 최대 토크는 2차 저항과 관계가 없다.

여기서, 최대 토크 $T_m = \dfrac{E_2^2}{2x_2}$

58
V결선 출력 $P_V = \sqrt{3}\,P_1 = 100[\text{kVA}]$

여기서 단상 변압기(P_1)를 증설하여 △결선하였을 때 출력은 $P_\triangle = 3P_1$이므로 V결선 출력에 $\sqrt{3}$을 곱하면 델타 결선 출력으로 변하게 된다.

$P_\triangle = \sqrt{3} \times P_V = \sqrt{3} \times 100 \fallingdotseq 173[\text{kVA}]$

59
전압변동률 $\varepsilon = p\cos\theta + q\sin\theta\,[\%]$
$\varepsilon = 2.3 \times 0.95 + 4.8 \times \sqrt{1-0.95^2} \fallingdotseq 3.7[\%]$

60
직류발전기 정류곡선
- 직선정류 : 가장 이상적인 곡선(불꽃이 발생하지 않는다.)
- 정현정류 : 양호한 정류 곡선(불꽃이 발생하지 않는다.)
- 과정류 : 정류 초기에 불꽃이 발생한다.(브러시 전단에서 불꽃)
- 부족정류 : 정류 말기에 불꽃이 발생한다.(브러시 후단에서 불꽃)

4과목 회로이론 및 제어공학

61
라플라스 변환표

$f(t)$	$F(s)$
$\sin\omega t$	$\dfrac{\omega}{s^2 + \omega^2}$
$\cos\omega t$	$\dfrac{s}{s^2 + \omega^2}$

62
$\left(\dfrac{R}{2L}\right)^2 - \dfrac{1}{LC}$ 의 값에 따라 과도현상은 다음과 같다.

- $\left(\dfrac{R}{2L}\right)^2 - \dfrac{1}{LC} > 0$: 비진동
- $\left(\dfrac{R}{2L}\right)^2 - \dfrac{1}{LC} < 0$: 진동
- $\left(\dfrac{R}{2L}\right)^2 - \dfrac{1}{LC} = 0$: 임계진동

63
T형 회로4단자 정수
- $A = 1 + \dfrac{Z_1}{Z_3}$
- $B = \dfrac{Z_1 Z_2}{Z_3} + Z_1 + Z_2 = \dfrac{Z_1 Z_3 + Z_3 Z_2 + Z_2 Z_1}{Z_3}$
- $C = \dfrac{1}{Z_3}$
- $D = 1 + \dfrac{Z_2}{Z_3}$

[tip]
문제에 따라 Z_2와 Z_3의 위치가 서로 바뀌는 경우가 있으므로 주의

64

평균전력 $P = VI\cos\theta [W]$

$P = 100 \times 10 + \dfrac{1}{2} \times 50 \times 3.54 \times \cos 45° = 1,062.57 [W]$

전압 순시값에서 100과 전류 순시값에서 10은 상수(직류)는 그 자체가 실횻값임

65

$\triangle$결선의 선전류 $I_l = \dfrac{\sqrt{3}\, V_l}{Z} = \dfrac{\sqrt{3} \times 400}{\sqrt{3^2 + 4^2}} = 80\sqrt{3}$

66

구동점임피던스는 2단자망의 한쌍의 단자에서 본 임피던스를 구동점 임피던스라 하며 jw를 S로 치환하여 사용하고 치환 후 합성 시

$\dfrac{(R+sL) \times \dfrac{1}{sC}}{R+sL+\dfrac{1}{sC}}$ 가 되고 주어진 값 $R=1$, $L=2$,

$C = \dfrac{1}{2}$ 를 대입 시 $\dfrac{(1+2s) \times \dfrac{2}{s}}{1+2s+\dfrac{2}{s}}$ 가 되며 분모와 분자에

S를 곱하여 정리하면 $\dfrac{2+4s}{2s^2+s+2} = \dfrac{2(2s+1)}{2s^2+s+2}$

67

전압 분배법칙에 의해

$V_a = \dfrac{j8}{6+j8} \times 100$이며 공액을 취하면

$\dfrac{j8(6-j8)}{(6+j8)(6-j8)} \times 100 = 64 + j48$

$V_b = \dfrac{j6}{8-j6} \times 100$이며 공액을 취하면

$\dfrac{j6(8+j6)}{(8-j6)(8+j6)} \times 100 = -36 + j48$

$V_{ab} = V_a - V_b = 64 + j48 - (-36 + j48) = 100 [V]$

68

5고조파 전류

$I_5 = \dfrac{V_5}{Z_5} = \dfrac{\dfrac{V_{m5}}{\sqrt{2}}}{\sqrt{R^2 + (5wL)^2}} = \dfrac{\dfrac{40}{\sqrt{2}}}{\sqrt{4^2 + (5 \times 1)^2}}$

$= \dfrac{20\sqrt{82}}{41} ≒ 4.41$

69

㉠ 극 좌표계 임피던스

$Z_\triangle = 5 - j2.4 = \sqrt{5^2 + 2.4^2} \angle \tan^{-1} \dfrac{-2.4}{5}$

$≒ 5.55 \angle -25.64° [\Omega]$

㉡ $\triangle - \triangle$ 결선에서 상전류 계산

상전류 $I_P = \dfrac{V_p}{Z_\triangle} = \dfrac{200 \angle 0°}{5.55 \angle -25.64°}$

$≒ 36.04 \angle 25.64° [A]$

㉢ $\triangle$결선 특징
- 선간전압 $V_t = V_p \angle 0°$
- 선전류 $I_l = I_p\sqrt{3} \angle -30°$

$\therefore I_a = I_p \sqrt{3} \angle -30°$
$= (36.04 \angle 25.64°) \times (\sqrt{3} \angle -30°)$
$= 36.04\sqrt{3} \angle (25.64° - 30°)$
$≒ 62.42 \angle -4.36° [A]$

소수점 둘째 자리는 근사값에 따른 오차이므로 가장 비슷한 ④번 선택

70

3상 교류발전기 기본식
- 영상분 $V_0 = -Z_0 I_0$
- 정상분 $V_1 = E_a - Z_1 I_1$
- 역상분 $V_2 = -Z_2 I_2$

71

$\lim\limits_{t \to 0} e(t) = \lim\limits_{z \to \infty} E(z)$		
$f(t)$	$f(s)$	$f(z)$
$\delta(t)$	1	1
$u(t)$	$\dfrac{1}{s}$	$\dfrac{z}{z-1}$

$\lim\limits_{t\to 0}e(t)=\lim\limits_{s\to\infty}E(z)$		
t	$\dfrac{1}{s^2}$	$\dfrac{T_z}{(z-1)^2}$
e^{-at}	$\dfrac{1}{s+a}$	$\dfrac{z}{z-e^{-st}}$

72

비례+적분+미분 동작(PID 동작)

$x_0 = K_p\left(x_i + \dfrac{1}{T_I}\int x_i dt + T_D \dfrac{dx_i}{dt}\right)$

$G(s) = \dfrac{s^2+3s+5}{2s} = \dfrac{1}{2}s + \dfrac{3}{2} + \dfrac{3}{2s}$

$= \dfrac{3}{2}\left(1 + \dfrac{5}{3s} + \dfrac{1}{3}s\right)$

$= \dfrac{3}{2}\left(1 + \dfrac{1}{\dfrac{3}{5}s} + \dfrac{1}{3}s\right)$

73

$|sI - A| = \begin{bmatrix} s & 0 \\ 0 & s \end{bmatrix} - \begin{bmatrix} 0 & 1 \\ -2 & -3 \end{bmatrix}$

$= \begin{bmatrix} s & -1 \\ 2 & s+3 \end{bmatrix}$

$= s(s+3) + 2$

$= s^2 + 3s + 2$

특성방정식은 $s^2 + 3s + 2 = 0$이므로
$s^2 + 2\delta\omega_n s + \omega_n^2 = 0$과 비교하면 $2\delta\omega_n = 3$, $\omega_n^2 = 2$

$\therefore \omega_n = \sqrt{2}$, $2\sqrt{2}\delta = 3$

따라서, $\delta = \dfrac{3}{2\sqrt{2}}$은 1보다 크므로 과제동 상태이다.

$\delta > 1$	과제동(Over Damped)
$\delta = 1$	임계제동(Critical Damped)
$\delta < 1$	부족제동(Under Damped)

74

부궤환 함수의 전달함수는 $\dfrac{G(s)}{1+G(s)H(s)}$이고,
개루프 전달에서 시스템은 $H(s) = 1$이기 때문에 특성방정식

$F(s) = 1 + G(s) = 1 + \dfrac{s+2}{(s+1)(s+3)} = 0$이다.

$1 + \dfrac{s+2}{(s+1)(s+3)} = 0$

$(s+1)(s+3) + s + 2 = 0$

$s^2 + 5s + 5 = 0$

75

n개의 플립플롭으로 셀 수 있는 가짓수 $= 2^n - 1$이므로 $9 \leq 2^n - 1$을 만족하는 조건은 $n \geq 4$이다.

76

블록선도의 변환

변환	본래의 선도	등가선도
직렬로 된 블록을 합하는 경우	$X_1 \to G_1 \to X_2 \to G_2 \to X_3$	$X_1 \to G_1G_2 \to X_3$ 또는 $X_1 \to G_2G_1 \to X_3$
합산점을 블록 앞으로 옮길 경우	$X_1 \to G_1 \to \pm \to X_3$, $\pm X_2$	$X_1 \to \pm \to G_1 \to X_3$, $\dfrac{1}{G_1} X_2$
합산점을 블록 뒤로 옮길 경우	$X_1 \to \pm \to G \to X_3$, $\pm X_2$	$X_1 \to G \to \pm \to X_3$, $\pm X_2$
합산점을 블록 앞으로 옮길 경우	$X_1 \to G \to X_3$, X_2	$X_1 \to G \to X_3$, $X_2 \to G$
합산점을 블록 뒤로 옮길 경우	$X_1 \to G \to X_2$, X_3	$X_1 \to G \to X_2$, $X_1 \to \dfrac{1}{G}$
피드백 루프를 제거하는 경우	$X_1 \to \pm \to G \to X_2$, H	$X_1 \to \dfrac{G}{1 \mp GH} \to X_2$

77

1) $R(s)$에 단위계단함수 라플라스 변환값을 넣어준다.

$G(s) = \dfrac{C(s)}{R(s)} = \dfrac{1}{s+1}$ 에서 입력에 단위 계산 $u(t)$

즉, $R(s) = \dfrac{1}{s}$ 일 때의 응답

$C(s) = \dfrac{1}{s+1} \cdot R(s) = \dfrac{1}{(s+1)} \cdot \dfrac{1}{s} = \dfrac{1}{s(s+1)}$

2) 헤비사이드 부분분수를 이용하여 쪼갠다.
$$\frac{1}{s(s+1)} = \frac{1}{s} - \frac{1}{s+1}$$
3) 라플라스 역변환을 한다.
$$\therefore C(t) = 1 - e^{-t}$$
4) 최종값을 구한다.
출력의 최종값 $\lim_{t \to \infty} C(t) = 1$이 된다.
$0.5 = 1 - e^{Td}$, $e^{-Td} = \frac{1}{e^{Td}} = 0.5$에서 $e^{Td} = 2$
$$\therefore T_d = \log_e 2 = \ln 2 = 0.693 ≒ 0.7[\sec]$$
5) 지연시간을 구한다.
지연시간 T_d는 최종값의 50[%]에 도달하는 데 소요되는 시간이므로,
$0.5 = 1 - e^{-Td}$, $e^{-Td} = \frac{1}{e^{Td}} = 0.5$에서 $e^{Td} = 2$
$$\therefore T_d = \log_e 2 = \ln 2 = 0.693 ≒ 0.7[\sec]$$

[tip]
지연시간(Delay Time, T_d)
최종값의 50[%]에 도달하는 시간

78
1) 특성 방정식
특성방정식 $1 + G(s)H(s) = 1 + \frac{K}{s(s+3)(s+4)} = 0$
$\to s^3 + 7s^2 + 12s + K = 0$

2) Routh-Hurwitz표(루스표)

s^3	1	12
s^2	7	K
s^1	$\frac{84-K}{7}$	0
s^0	K	

3) 보조방정식
임계안정조건 $\frac{84-K}{7} = 0$이므로
$$\therefore K = 84$$

79
1) 특성 방정식
$|sI - A| = 0$에서
$sI - A = \begin{bmatrix} s & 0 \\ 0 & s \end{bmatrix} - \begin{bmatrix} 3 & 1 \\ 1 & 3 \end{bmatrix} = \begin{bmatrix} s-3 & -1 \\ -1 & s-3 \end{bmatrix}$
$\therefore |sI - A| = (s-3)(s-3) - 1 = 0$

2) 특성 방정식 계산
$(s-3)(s-3) - 1 = s^2 - 6s + 8 = 0$
$\to (s-4)(s-2) = 0$이므로
$\therefore$ 고유값 $s = 2, 4$

80
이득여유계산
이득여유 $GM = 20\log \left| \frac{1}{G(j\omega)H(j\omega)} \right| [dB]$에서
$\left| \frac{1}{G(j\omega)} \right|_{w=0} = \frac{1}{K}$이므로
$GM = 20\log \frac{1}{K} = 20 \to \log \frac{1}{K} = 1$
$$\therefore K = \frac{1}{10}$$

5과목 전기설비기술기준

81
절연내력 시험
전로와 대지 간(다심케이블은 심선 상호 간 및 심선과 대지 간)에 연속하여 10분간 가하여 절연내력을 시험하였을 때 이에 견뎌야 한다. 다만, 직류인 경우 2배의 전압을 인가한다.

구분		배수	최저전압
최대 사용전압 (비접지식)	7,000[V] 이하	최대사용전압×1.5배	500[V]
	7,000[V] 초과	최대사용전압×1.25배	10,500[V]
중성점 비접지식	60,000[V] 초과	최대사용전압×1.25배	-
중성점 다중접지	25,000[V] 이하	최대사용전압×0.92배	-

$65[kV] \times 1.25 = 81.25[kV]$

82
풍력터빈 피뢰설비
㉠ 피뢰설비는 피뢰레벨(LPL : Lightning Protection Level) I 등급을 적용하여야 한다.
㉡ 풍력터빈의 피뢰설비는 다음에 따라 시설하여야 한다.
- 수뢰부를 풍력터빈 선단부분 및 가장자리 부분에 배치하되 뇌격전류에 의한 발열에 용손(溶損)되지 않도록 재질, 크기, 두께 및 형상 등을 고려할 것
- 풍력터빈에 설치하는 인하도선은 쉽게 부식되지 않는 금속선으로서 뇌격전류를 안전하게 흘릴 수 있는 충분한 굵기여야 하며, 가능한 한 직선으로 시설할 것

83
지지물의 기초안전율은 2 이상이어야 한다. 단, 철탑에 이상 시 상정하중이 가하여지는 경우에는 1.33 이상이어야 한다.

84
전력선과 건조물의 조영재 사이의 간격

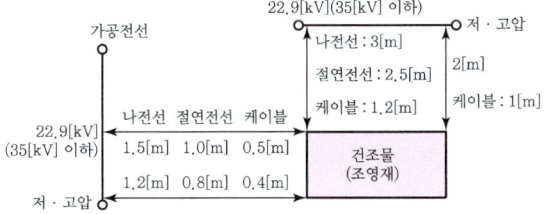

85
발전기, 변압기, 전력용 콘덴서, 무효전력 보상장치

기기	용량	사고내용	보호장치
발전기	모든 발전기	과전류 시	자동차단장치
	500[kVA] 이상	수차유압이 현저히 저하 시	
	2,000[kVA] 이상	베어링 온도 상승 시	
발전기	10,000[kVA] 이상	내부고장 및 베어링의 마모 시	자동차단장치
변압기	5,000[kVA] 이상 10,000[kVA] 미만	내부고장 시	경보장치 또는 자동차단장치
	10,000[kVA] 이상	내부고장 시	자동차단장치
	타냉식	냉각장치 고장 시	경보장치

기기	용량	사고내용	보호장치
전력용 콘덴서 · 분로리액터	500[kVA] 넘고 15,000[kVA] 미만	내부고장, 과전류 시	자동차단장치
	15,000[kVA] 이상	내부고장, 과전류, 과전압 시	자동차단장치
무효전력 보상장치	15,000[kVA] 이상	내부고장 시	자동차단장치

86
수력발전소, 풍력발전소, 내연력발전소, 연료전지발전소 및 태양전지발전소로서 그 발전소를 원격감시 제어하는 제어소(이하 "발전제어소"라 한다)에 기술원이 상주하여 감시하는 경우 발전소에 대하여는 발전 제어소에 다음의 장치를 시설할 것
- 원동기 및 발전기, 연료전지의 부하를 조정하는 장치
- 운전 및 정지를 조작하는 장치 및 감시하는 장치
- 운전 조작에 상시 필요한 차단기를 조작하는 장치 및 개폐상태를 감시하는 장치
- 고압 또는 특고압의 배전선로용 차단기를 조작하는 장치 및 개폐를 감시하는 장치

87
점멸기의 시설
- 관광진흥법과 공중위생법에 의한 관광숙박업 또는 숙박업에 이용되는 객실입구등은 1분 이내에 소등되는 것
- 일반주택 및 아파트 각 호실의 현관등은 3분 이내에 소등되는 것

88
전선 식별

상(문자)	색상
L1	갈색
L2	검정색
L3	회색
N	파란색
보호도체	녹색 – 노란색

89
전력보안통신선의 시설높이와 간격
- 도로, 철도 등의 높이

시설장소	가공통신선	첨가통신선	
		저압 및 고압	특고압
도로(위) 횡단 시	5[m] (교통에 지장이 없다. 4.5[m])	6[m] (교통에 지장이 없다. 5[m])	6[m]
철도 (레일면상) 횡단 시	6.5[m]	6.5[m]	6.5[m]

90
전기울타리의 시설
- 전기울타리는 사람이 쉽게 출입하지 아니하는 곳에 시설할 것
- 전기울타리를 시설한 곳에는 사람이 보기 쉽도록 적당한 간격으로 위험표시를 할 것
- 전선은 인장강도 1.38[kN] 이상의 것 또는 지름 2[mm] 이상의 경동선일 것
- 전선과 이를 지지하는 기둥 사이의 간격은 2.5[cm] 이상일 것
- 전선과 다른 시설물(가공 전선을 제외한다) 또는 수목 사이의 간격은 30[cm] 이상일 것

91
옥측전선로
- 애자공사(전개된 장소에 한한다.)
- 합성수지관공사
- 금속관공사(목조 이외의 조영물에 시설하는 경우에 한한다.)
- 버스덕트공사(목조 이외의 조영물에 시설하는 경우에 한한다.)
- 케이블공사(연피 케이블, 알루미늄피 케이블 또는 무기물절연(MI) 케이블을 사용하는 경우에는 목조 이외의 조영물에 시설하는 경우에 한한다.)

92
가공전선로의 유도장해 방지
㉠ 전력선과 기설 약전류 전선 간의 간격은 2[m] 이상이어야 한다.

㉡ 유도전류제한
- 12[km]마다 유도전류가 2[μA] 이하
- 40[km]마다 유도전류가 3[μA] 이하

93
옥외설비의 절연유 유출방지설비
㉠ 절연유 유출 방지설비의 선정은 기기에 들어 있는 절연유의 양, 우수 및 화재보호시스템의 용수량, 근접 수로 및 토양조건을 고려하여야 한다.
㉡ 집유조 및 집수탱크가 시설되는 경우 집수탱크는 최대 용량 변압기의 유량에 대한 집유능력이 있어야 한다.
㉢ 벽, 집유조 및 집수탱크에 관련된 배관은 액체가 침투하지 않는 것이어야 한다.
㉣ 절연유 및 냉각액에 대한 집유조 및 집수탱크의 용량은 물의 유입으로 지나치게 감소되지 않아야 하며, 자연배수 및 강제배수가 가능하여야 한다.
㉤ 다음의 추가적인 방법으로 수로 및 지하수를 보호하여야 한다.
- 집유조 및 집수탱크는 바닥으로부터 절연유 및 냉각액의 유출을 방지하여야 한다.
- 배출된 액체는 유수분리장치를 통하여야 하며 이 목적을 위하여 액체의 비중을 고려하여야 한다.

94
전기철도의 귀선로
- 귀선로는 비절연보호도체, 매설접지도체, 레일 등으로 구성하여 단권변압기 중성점과 공통접지에 접속한다.
- 비절연보호도체의 위치는 통신유도장해 및 레일전위의 상승의 경감을 고려하여 결정하여야 한다.
- 귀선로는 사고 및 지락 시에도 충분한 허용전류용량을 갖도록 하여야 한다.

95
전기철도의 급전선로
- 급전선은 나전선을 적용하여 가공식으로 가설을 원칙으로 한다. 다만, 전기적 이격거리가 충분하지 않거나 지락, 섬락 등의 우려가 있을 경우에는 급전선을 케이블로하여 안전하게 시공하여야 한다.
- 가공식은 전차선의 높이 이상으로 전차선로 지지물에 병가하며, 나전선의 접속은 접접접속을 원칙으로 한다.

- 신설 터널 내 급전선을 가공으로 설계할 경우 지지물의 취부는 C찬넬 또는 매입전을 이용하여 고정하여야 한다.
- 선상승강장, 인도교, 과선교 또는 교량 하부 등에 설치할 때에는 최소 절연이격거리 이상을 확보하여야 한다.

96
교통신호등의 사용전압
교통신호등 제어장치의 2차측 배선의 최대사용전압은 300[V] 이하이어야 한다.

97
절연내력시험
전로와 대지 간(다심케이블은 심선 상호 간 및 심선과 대지 간)에 연속하여 10분간 가하여 절연내력을 시험하였을 때 이에 견뎌야 한다. 다만, 직류인 경우 2배의 전압을 인가한다.

구분		배수	최저전압
최대 사용전압 (비접지식)	7,000[V] 이하	최대사용전압×1.5배	500[V]
	7,000[V] 초과	최대사용전압×1.25배	10,500[V]
중성점 비접지식	60,000[V] 초과	최대사용전압×1.25배	-
중성점 다중접지	25,000[V] 이하	최대사용전압×0.92배	-

22.9[kV]×0.92=21.068[kV]

98
전력선과 건조물의 조영재 사이의 간격

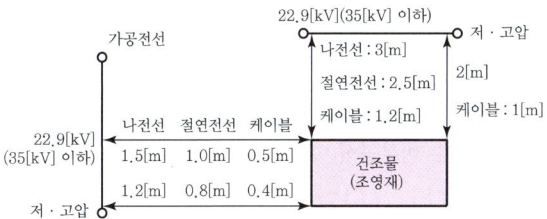

99
전기욕기의 시설
- 전로의 대지전압은 300[V] 이하일 것
- 욕탕 안 전극과 절연변압기 사이의 변압기 2차 측 전압은 10[V] 이하인 전원 변압기를 설치
- 유도코일을 시설할 경우 2차 측 전압의 파고치 30[V] 이하
- 욕조 전극 간의 거리는 1[m] 이상

100
저압 옥내배선의 사용전선 및 중성선의 굵기
저압 옥내배선은 단면적 2.5[mm^2] 이상의 연동선이어야 한다. 다만, 400[V] 이하의 것을 다음에 의하여 시설할 수 있다.
㉠ 전광표시장치 기타 이와 유사한 장치 또는 제어회로 등의 배선을 합성수지관공사, 금속관공사, 금속몰드공사, 금속덕트공사, 플로어덕트공사, 셀룰러덕트 공사에 의하는 경우 단면적 1.5[mm^2] 이상의 연동선
㉡ 전광표시장치 기타 이와 유사한 장치 또는 제어회로 등의 배선에는 단면적 0.75[mm^2] 이상인 다심케이블 또는 다심 캡타이어케이블
㉢ 진열장, 진열장 내부 0.75[mm^2] 이상인 코드 또는 캡타이어 케이블을 사용할 수 있다.

정답 전기기사 2024년 2회 기출문제

01	02	03	04	05	06	07	08	09	10
②	①	①	②	②	①	④	①	④	②
11	12	13	14	15	16	17	18	19	20
①	④	③	④	①	③	③	②	③	③
21	22	23	24	25	26	27	28	29	30
②	①	③	③	②	③	④	①	②	③
31	32	33	34	35	36	37	38	39	40
②	②	④	③	①	①	①	②	③	①
41	42	43	44	45	46	47	48	49	50
③	②	③	④	②	④	④	④	②	③
51	52	53	54	55	56	57	58	59	60
③	③	①	④	②	④	④	③	④	③
61	62	63	64	65	66	67	68	69	70
④	①	④	①	④	②	①	②	③	②
71	72	73	74	75	76	77	78	79	80
③	①	③	④	③	③	②	③	④	①
81	82	83	84	85	86	87	88	89	90
①	②	④	②	④	④	③	②	④	①
91	92	93	94	95	96	97	98	99	100
③	③	②	②	②	①	③	③	④	②

1과목 전기자기학

01
단위면적당 정전응력

$$W = \frac{1}{2}\varepsilon E^2 = \frac{D^2}{2\varepsilon}$$

$$= \frac{Q^2}{2\varepsilon S^2} = \frac{Q^2}{2\varepsilon(4\pi a^2)^2} = \frac{Q^2}{32\pi^2\varepsilon_0 a^4}$$

02
원통도체의 내부인덕턴스 $L_i = \dfrac{\mu}{8\pi}l\,[\mathrm{H}]$ 이므로

$$L_i = \frac{4\pi \times 10^{-7}}{8\pi} \times 25 \times 10^6 = 1.25\,[\mathrm{H}]$$

03
진공이 아닌 일반 공기는 자유공간이라 하여 무시할 수 있을 정도의 도전율을 가지고 있으나 비오는 날(습도가 많은 날)은 도전성이 증가하여 감쇠가 심하게 나타난다.

04
자화의 세기

$$J = \mu_0(\mu_s - 1)H = 4\pi \times 10^{-7} \times (350 - 1) \times 342$$
$$= 0.1499\,[\mathrm{wb/m^2}]$$

05

$$W = \frac{1}{2}\varepsilon E^2 = \frac{D^2}{2\varepsilon}$$

$$\varepsilon = \frac{D^2}{2W} = \frac{(4.8 \times 10^{-7})^2}{2 \times 5.3 \times 10^{-3}} = 2.17 \times 10^{-11}\,[\mathrm{F/m}]$$

06
가우스발산정리에 의해

$$\rho_v = div\,D = \nabla D$$
$$= \left(\frac{\partial}{\partial x}i + \frac{\partial}{\partial y}j + \frac{\partial}{\partial z}k\right)(x^2 i + y^2 j + z^2 k)$$
$$= 2x + 2y + 2z \text{ 이므로}$$

$x=1,\ y=2,\ z=3$을 대입하면 $2+4+6 = 12\,[\mathrm{C/m^3}]$

07
자석 주위로 자석재료, 즉 강자성체로 폐회로를 만들면 영구자석의 자성은 서서히 잃어버린다.

08
① 전계 $E = -grad\,V = -\nabla V$
② 분수함수 미분공식

$$= \left(\frac{f(x)}{g(x)}\right)' = \frac{f'(x)g(x) - f(x)g'(x)}{g(x)^2}$$

$$E = -\nabla V = -\left(\frac{\partial V}{\partial x}i + \frac{\partial V}{\partial y}j + \frac{\partial V}{\partial z}k\right)$$

- $\dfrac{\partial V}{\partial x} = \dfrac{\partial}{\partial x} \cdot \dfrac{10}{x^2 + y^2} = \dfrac{-20x}{(x^2+y^2)^2}$

- $\dfrac{\partial V}{\partial y} = \dfrac{\partial}{\partial y} \cdot \dfrac{10}{x^2 + y^2} = \dfrac{-20y}{(x^2+y^2)^2}$

$$E = -\nabla V = -\left(\frac{\partial V}{\partial x}i + \frac{\partial V}{\partial y}j\right)$$
$$= \frac{20x\,i + 20y\,j}{(x^2+y^2)^2} = \frac{40i + 20j}{(4+1)^2} = \frac{4}{5}(2i+j)$$

09

모든 전기장치를 접지시키는 근본적인 이유는 기계기구의 보호에 있으나 접지를 하는 곳이 대지라는 점을 착안하면 알 수 있다. 즉, 접지를 대지에 하는 이유는 대지의 용량이 커서 전위가 일정하기 때문이다.

10

동심구의 정전용량의 반지름을 각각 n배씩 증가시키면 $C[\text{F}]$도 n배로 증가한다.
수리적으로 본다면 동심구의 정전 용량은
$C = \frac{4\pi\varepsilon_0 ab}{b-a}[\text{F}]$이므로
내외 반지름을 각각 10배로 하면, $b' = 10b$, $a' = 10a$이므로
$C' = \frac{4\pi\varepsilon_0 a'b'}{b'-a'} = \frac{4\pi\varepsilon_0 10a \cdot 10b}{10b-10a} = \frac{100(4\pi\varepsilon_0 ab)}{10(b-a)}$
$= 10C$ 가 되므로 10배가 된다.

11

$Q_1 = C_1 V_1 = 2 \times 10^{-6} \times 1,000 = 2,000 \times 10^{-6}[\text{C}]$
$Q_2 = C_2 V_2 = 3 \times 10^{-6} \times 700 = 2,100 \times 10^{-6}[\text{C}]$
$Q_3 = C_3 V_3 = 4 \times 10^{-6} \times 600 = 2,400 \times 10^{-6}[\text{C}]$
$Q_4 = C_4 V_4 = 8 \times 10^{-6} \times 300 = 2,400 \times 10^{-6}[\text{C}]$이므로
전하량이 가장 작은 Q_1 즉, $1,000[\text{V}]\_2[\text{F}]$이 가장 먼저 파괴된다.

12

정n각형 도체의 중심 자계의 세기 $H = \frac{NI}{2\pi a}\tan\frac{\pi}{N}$이고
정사각형 도체의 한 변의 길이가 $l[\text{m}]$이면
중심점까지의 길이 $a = \frac{\sqrt{2}}{2}l$ 임을 대입하면
$H = \frac{4I}{2\pi\frac{\sqrt{2}}{2}l}\tan\frac{\pi}{4} = \frac{4I}{\sqrt{2}\,\pi l} = \frac{2\sqrt{2}\,I}{\pi l}$

13

접지도체구와 점전하에 의한 전기영상

- 영상전하 : $Q' = -\frac{a}{r}Q$
- 영상전하 위치 : $x = \frac{a^2}{d}$
- 정전력 : $F = \frac{QQ'}{4\pi\varepsilon_0\left(\frac{d^2-a^2}{d}\right)^2}[\text{N}]$

14

초전도체란 매우 낮은 온도에서 전기저항이 0에 가까워지는 초전도현상이 나타나는 도체를 말하며 내부에는 자기장이 들어갈 수 없고 내부에 있던 자기장도 밖으로 밀어내는 성질이 있어 자석 위에 떠오르는 자기부상현상을 보이는 도체를 말한다.

15

- 원판 회전 시 유기전압
$$e = \int_0^a B\omega r dr = \frac{B\omega a^2}{2} = B \times \frac{2\pi N}{60} \times \frac{a^2}{2}[\text{V}]$$
- 원판 회전 시 흐르는 전류
$$i = \frac{e}{R} = \frac{B\omega a^2}{2R}[\text{A}]$$
여기서, $\omega = \frac{2\pi N}{60}[\text{rad/sec}]$인 각 속도
$N[\text{rpm}]$: 분당 회전수
$a[\text{m}]$: 판의 반지름

16

- 원형도체 중심축상 자계의 세기
$$H = \frac{Na^2 I}{2(a^2+b^2)^{\frac{3}{2}}}[\text{AT/m}]$$
- 원형도체 중심 자계의 세기
$$H = \frac{NI}{2a}[\text{AT/m}]$$

17

무한평면 도체와 전하1개 사이에 작용하는 정전응력

$$F = \frac{-Q^2}{16\pi\varepsilon_0 a^2} = -\frac{1}{16\pi \times \frac{10^{-9}}{36\pi} \times 1^2} = -\frac{9}{4} \times 10^9 [\text{N}]$$

18

$e = -N\dfrac{d\phi}{dt}\,[V]$ 이므로 $1 = 1 \cdot \dfrac{d\phi}{0.1}$

$\therefore d\phi = 0.1[\text{wb}]$

19

- 가동결합시 합성인덕턴스

$$L_0 = L_1 + L_2 + 2k\sqrt{L_1 L_2}$$
$$= 10 + 10 + 2 \times 0.8 \sqrt{10 \times 10}$$
$$= 36[\text{H}]$$

- 축적되는 에너지

$$W = \frac{1}{2}LI^2 = \frac{1}{2} \times 36 \times 5^2 = 450[\text{J}]$$

20

$a = R[\text{m}]$, $b = \dfrac{R}{2}[\text{m}]$, $Q_1 = Q[\text{C}]$, $Q_2 = 0[\text{C}]$일 때

두 구를 접촉할 경우 병렬연결로 간주하므로

구도체의 정전용량 $C_1 = 4\pi\varepsilon_0 R[\text{F}]$,

구도체의 정전용량 $C_2 = 4\pi\varepsilon_0 \dfrac{R}{2} = \dfrac{C_1}{2}[\text{F}]$이므로

전하량 분배 법칙에 의하여 작은 구 C_2로 이동한 전기량은

$$Q_2' = \frac{C_2}{C_1 + C_2}Q = \frac{C_2}{C_1 + C_2}(Q_1 + Q_2)$$
$$= \frac{\frac{C_1}{2}}{C_1 + \frac{C_1}{2}}(Q + 0) = \frac{1}{3}Q[\text{C}] \text{이 된다.}$$

2과목 전력공학

21
- 한류 리액터 : 단락전류 제한
- 병렬 리액터 : 페란티 방지
- 직렬 리액터 : 제5고조파 제거

22

단로기는 소호장치가 없기에 무부하 시 개방한다.

23

재폐로 차단기는 차단, 투입 모두 자동으로 시행한다.

24

지락전류에 따른 접지저항 계산

- $I_g = \dfrac{V_n}{\sqrt{3}\,R_g} = \dfrac{6{,}600}{\sqrt{3} \times R_g} < 100[\text{A}]$

- $R_g < \dfrac{6{,}600}{\sqrt{3} \times 100} = 38.1[\Omega]$

25

전력용 콘덴서 용량

- 손실 최소 : 역률 80[%] → 100[%]

- $Q_c = P(\tan\theta_1 - \tan\theta_2) = 160 \times \left(\dfrac{0.6}{0.8} - \dfrac{0}{1}\right)$

  $= 120[\text{kVA}]$

  여기서, $\tan\theta = \dfrac{\sin\theta}{\cos\theta}$

26

- 반사 계수

$$\beta = \frac{Z_2 - Z_1}{Z_2 + Z_1}$$

- 반사 전압

$$e_2 = \beta e_1 = \frac{Z_2 - Z_1}{Z_2 + Z_1}e_1$$

- 투과 계수

$$r = \frac{2Z_2}{Z_2 + Z_1}$$

- 투과 전압

$$e_3 = re_1 = \frac{2Z_2}{Z_2 + Z_1}e_1$$

여기서, e_1 : 진행파

반사파 전압 $= \frac{1{,}500 - 300}{1{,}500 + 300} \times 600 = 400\,[\text{kV}]$

27
자동부하전환개폐기(ALTS)
상용전원 2회선에서 주회선 고장시 자동으로 예비회선으로 전환하여 무정전 공급을 한다.

28
(1) 내부 이상전압
 ① 차단기 개폐서지 : 대지전압 4배 이하
  - 무부하 송전선로의 개폐(충전 전류) → 재점호 발생 우려가 많다.
  - 대책 : 차단기 내에 저항기 설치 → 개폐저항기(SOV)를 설치한다.
 ② 1선 지락 사고 : 전위 상승
 ③ 중성점의 잔류전압 : 연가
 ④ 페란티 현상 : 병렬 리액터

(2) 외부 이상전압
 ① 직격뢰 : 뇌격이 직접 전선로에 내습
 ② 유도뢰 : 구름에 의해 유도되는 뇌격

29
매설지선
철탑의 접지저항을 작게 하여 역섬락을 방지한다.

30
코로나 방지 대책
- 복도체(다도체)방식 채용
- 가선 금구 개량
- 굵은 전선 사용

31
적산유량곡선
저수지 용량을 결정

32
비접지에서 지락전류는 전류의 위상이 90° 빠른 전류로 콘덴서의 충전전류와 같다.

33
SF6 가스는 고가이며, 온난화 지수가 크고, 추운 지방에서는 액화 방지설비가 필요하다.

34
비접지방식
- 저전압 단거리(20~30[kV] 미만), △−△ 결선을 이용한다.
- 1상 고장 시 V−V 결선이 가능하다.
- $\sqrt{3}$ 배의 전위가 상승한다.
- 유도장해가 적다.
- 지락전류가 적다.

35
전압 분담
- 최대 : 전선로에 가장 가까운 쪽
- 최소 : 철탑 → 철탑에서 3번째, 전선로에서 8번째

36
효율 $\eta = \dfrac{860PT}{mH} \times 100 = \dfrac{860 \times P \times 부하율 \times T}{mH} \times 100$

$m = \dfrac{800 \times 100{,}000 \times 0.9 \times 60 \times 24}{0.4 \times 0.85 \times 0.98 \times 5{,}500} \times 10^{-3}$

$= 60{,}818.50\,[\text{ton}]$

37
네트워크 방식의 단점
- 건설비가 비싸다.
- 특별한 보호장치를 필요로 한다.(네트워크 프로텍터 : 저압차단기, 퓨즈, 전력방향 계전기)
- 감전사고가 증가한다.

38
- 대지귀로 자기 인덕턴스(L_e) : 1상에서 발생되는 인덕턴스 (2.4[mH/km])

- 대지귀로 상호 인덕턴스(L_m) : 다른 상에 발생되는 인덕턴스(1.1[mH/km])
- 1선 작용 인덕턴스 = 자기 인덕턴스 − 상호 인덕턴스
  $= 2.4 - 1.1 = 1.3 [\text{mH/km}]$

39

(1) 백분율 임피던스(%Z)

$$\%Z = \frac{I_n Z}{E(\text{상})} \times 100 = \frac{PZ}{10V^2(\text{선간})}$$

(2) 단락전류(I_s)

① $I_s = \dfrac{100}{\%Z} I_n$

② $I_s = \dfrac{E}{Z} = \dfrac{V}{\sqrt{3}\,Z}$

(3) 차단기 용량(P_s)

① $P_s = \dfrac{100}{\%Z} P_n$

여기서, P_n : 기준용량

② $P_s = \sqrt{3} \times$ 정격전압 $\times$ 정격차단전류

③ 한류 리액터 : 단락전류 제한

40

배전선의 손실 계수(H)와 부하율(F)의 관계

$1 \geq F \geq H \geq F^2 \geq 0$

3과목 전기기기

41

3상 → 6상 결선법
- 2차 2중 Y결선
- 2차 2중 △결선
- 포크 결선
- 환상 결선
- 대각 결선

스코트 결선은 3상에서 2상 결선법이다.

42

직류 전동기 속도 $N = k\dfrac{E_c}{\phi}$ 에서 $N \propto E_c$ 속도는 역기전력에 비례하기에 $N : E_c = N' : E_c'$
비례식으로 본다면
무부하 상태의 속도 N'
$= \dfrac{NE_c'}{E_c} = \left(\dfrac{V - I_a' R_a}{V - I_a R_a}\right) N = \left(\dfrac{V}{V - I_a R_a}\right) N$

※ 무부하 상태의 역기전력 E_c'은 전기자 전류 I_a'가 미소하기에 전압강하 $I_a' R_a$를 무시

43

%저항 강하 %r
$= \dfrac{I_n r}{V_n} \times 100 = \dfrac{I_n r \times I_n}{V_n \times I_n} \times 100$
$= \dfrac{I_n^2 r}{V_n I_n} \times 100 = \dfrac{P_c(\text{동손})}{P_n(\text{정격용량})} \times 100$
$= \dfrac{150}{3{,}000} \times 100 = 5[\%]$

44

직류기의 보상 권선은 계자극 표면에 감은 코일을 의미하며 보상 권선의 전류 방향은 전기자 전류의 방향과 반대로 흐르게 만들어 전기자 전류의 자기장과 반대 방향의 자기장으로 전기자 반작용을 상쇄시키는 역할을 한다.

45

동기 전동기는 무효전력을 조정하여 위상을 조정하는 동기 조상기로 사용되며 역률을 개선하는 목적으로 사용된다. 부하로 사용하기에 기동 토크가 작아 별도 기동법이 필요하며 난조가 쉽게 일어나기에 제동권선을 사용하여 난조를 방지한다. 그리고 회전자가 계자이므로 계자 코일에 전원을 공급할 수 있는 직류 여자기가 필요하다.

46

발전기의 입력을 먼저 구하면, 발전기 효율 $\eta = \dfrac{\text{출력}}{\text{입력}}$에서

입력 $= \dfrac{100}{0.9} = 111.11 [\text{kW}]$

발전기에 전동기를 직결한 상태이기에 발전기 입력이 곧 전동기 출력과 같다.
이번엔 전동기의 입력을 구하면,

전동기 효율 $\eta = \dfrac{출력}{입력}$ 에서

입력 $= \dfrac{111.11}{0.9} = 123.45[\text{kW}]$

전동기의 입력에서 $P = \sqrt{3}\,VI\cos\theta$ 전류를 구하면

$I = \dfrac{P}{\sqrt{3}\,V\cos\theta} = \dfrac{123.45 \times 10^3}{\sqrt{3} \times 3{,}300 \times 0.9} = 23.997[\text{A}]$

47
유도 전동기 2차 효율

$\eta_2 = \dfrac{P_o}{P_2} = 1 - s = \dfrac{N(회전자속도)}{N_s(동기속도)} = \dfrac{w}{w_o} = \dfrac{2\pi n}{2\pi n_s}$

여기서, 동기 각속도 $w_o = 2\pi n_s$
회전자 각속도 $w = 2\pi n$

48
유기기전력

$E = \dfrac{PZ\phi N}{60a} = \dfrac{4 \times (48 \times 6) \times 0.08 \times 1{,}040}{60 \times 4}$
$= 399.36[\text{V}]$

a는 병렬회로 수이며 중권이기에 극수와 같다.
Z는 총 도체수이며 전체 슬롯 수×슬롯 내 도체 수와 같다.

49
3상 권선형 유도전동기의 이상현상

- 게르게스 현상 : 3상 권선형 유도전동기에서 회전자의 1상이 단선(결상)이 되어도 정지하지 못하고 계속 회전하게 되는 현상이고 무부하 또는 경부하 시 발생하게 된다. 이때 슬립은 약 50[%]에서 회전하게 되고 정격속도의 1/2 속도로 회전하게 되는 현상이다.
- 회전자 회로는 단상 유도전동기의 형태로 운전하게 되고 최대 토크도 감소한다.
- 장시간 운전 시 과열로 인한 회전자 코일이 소손될 우려가 있다.

50
반환부하법의 종류
- 카프법
- 홉킨스법
- 블론델법

※ 스코트 결선은 온도상승 시험법이 아니라 변압기 3상을 2상으로 변환하는 결선법이다.

51
유도전동기의 토크는 전압의 제곱에 비례한다. $\tau \propto V^2$
정격전압으로 기동 시 기동 토크가 225[%]이고 이것을 150[%]으로 하기 위해 필요한 전압이 얼마인지 묻는 것이니
비례식으로 세워보면 $225 : 200^2 = 150 : V'^2$

여기서 V'를 구해보면 $V' = \sqrt{\dfrac{200^2 \times 150}{225}} = 163.29[\text{V}]$

52
단상 반파 정류회로 직류 평균 전압
$E_d = 0.45 E_a - e[\text{V}]$
변압기 2차 전압 E_a
$= \dfrac{E_d + e}{0.45} = \dfrac{210 + 15}{0.45} = 500[\text{V}]$

53
회전 시 2차 주파수는 1차 주파수에 슬립을 곱한 값과 같다.
$f_2' = s f_1 = 0.0416 \times 60 = 2.496 \fallingdotseq 2.5[\text{Hz}]$
슬립을 먼저 구하면
$s = \dfrac{N_s - N}{N_s} = \dfrac{1{,}800 - 1{,}725}{1{,}800} = 0.0416$
동기속도 $N_s = \dfrac{120f}{p} = \dfrac{120 \times 60}{4} = 1{,}800[\text{rpm}]$

54
변압기 전일효율

η
$= \dfrac{\sum\left(P \times \dfrac{1}{m} \times T\right)}{\sum\left(P \times \dfrac{1}{m} \times T\right) + 24P_i + \sum\left(P_c \times \left(\dfrac{1}{m}\right)^2 \times T\right)} \times 100[\%]$
$= \dfrac{400 + 480}{400 + 480 + 24 + 2.5 + 7.5} \times 100$
$= 96.28[\%]$

$\frac{1}{2}$ 부하 시 출력 $= P \times \cos\theta \times \frac{1}{m} \times T$

$\qquad = 100 \times 1 \times \frac{1}{2} \times 8 = 400 [\text{kWh}]$

전부하 시 출력 $= P \times \cos\theta \times \frac{1}{m} \times T$

$\qquad = 100 \times 0.8 \times 1 \times 6 = 480 [\text{kWh}]$

$\frac{1}{2}$ 부하 시 동손 $= P_c \times \left(\frac{1}{m}\right)^2 \times T$

$\qquad = 1.25 \times \left(\frac{1}{2}\right)^2 \times 8 = 2.5 [\text{kWh}]$

전부하 시 동손 $= P_c \times \left(\frac{1}{m}\right)^2 \times T$

$\qquad = 1.25 \times 1^2 \times 6 = 7.5 [\text{kWh}]$

하루 동안 철손(무부하손) $= 24 \times P_i = 24 \times 1 = 24 [\text{kWh}]$

여기서, $P[\text{W}]$: 전부하 출력

$\qquad \frac{1}{m}$: 부하율

$\qquad P_i[\text{W}]$: 철손

$\qquad P_c[\text{W}]$: 전부하 동손

$\qquad T$: 시간

55

변압기유(절연유)의 구비조건

- 절연 내력이 클 것
- 인화점이 높고 응고점이 낮을 것
- 비열이 커서 냉각효과가 클 것
- 절연 재료와 화학작용을 일으키지 않을 것
- 고온에서 산화하지 않을 것
- 점도가 낮을 것

56

SCR 단상 전파 정류회로의 직류 평균 전류

$I_d = \frac{E_d}{R} = \frac{148.5}{10} = 14.85 [A]$

먼저 순저항 부하 시 직류 평균 전압

$E_d = 0.9 E_a \left(\frac{1+\cos\alpha}{2}\right) = 0.9 \times 220 \times \left(\frac{1+\cos 60}{2}\right)$

$\qquad = 148.5 [V]$

57

단락비가 큰 동기기의 특징

- 동기 임피던스가 작다.
- 전압 강하와 전압 변동률이 작다.
- 전기자 반작용이 작다.
- 계자 자속 및 계자 철심이 크고 공극이 크다.
- 철손이 커서 효율은 낮다.
- 충전용량과 과부하 내량이 크다.
- 안정도가 높다.
- 기계가 대형이며 중량이 무겁고 가격이 비싸다.

58

동기기의 제동권선은 주로 난조방지의 역할을 하며 동기전 동기에서는 한쪽 방향으로 기동 토크를 발생시켜 회전할 수 있게 만들어주는 역할을 수행한다.

59

출력비

$= \frac{P_V(\text{고장 후})}{P_\triangle(\text{고장 전})} = \frac{\sqrt{3} P_1}{3 P_1}$

$= \frac{\sqrt{3}}{3} \times 100 = 57.7 [\%]$

여기서, P_1 : 단상 변압기 1대 용량

60

- $\triangle - \triangle$ 결선에서 1대 고장 시 $V-V$ 결선으로 3상 부하에 전원 공급이 가능하다.
- $Y-Y$ 결선에서 1차, 2차 모두 중성점 접지가 가능하기에 지락사고 시 이상전압에 대한 보호가 가능하다.
- $Y-Y$ 결선에서 중성점 접지 시 제3고조파 전류가 흘러 통신선에 유도장해를 일으킨다.
- $Y-\triangle$ 결선에서 1상에 고장이 생기면 전원공급이 불가하다.

4과목 회로이론

61

영상임피던스 $\dfrac{Z_{01}}{Z_{02}} = Z_{01} \div Z_{02} = \dfrac{A}{D}$

62

전파속도 $V = \dfrac{w}{\beta}$ 을 이용하면,

위상정수 $\beta = \dfrac{w}{V} = \dfrac{2\pi f}{V}$ 이므로

$\dfrac{2 \times \pi \times 100 \times 10^6}{3 \times 10^8} = \dfrac{2}{3}\pi$

63

2전력계법에서 역률은

$\cos\theta = \dfrac{P}{P_a} = \dfrac{P}{\sqrt{P^2 + P_r^2}} = \dfrac{P_1 + P_2}{2\sqrt{P_1^2 + P_2^2 - P_1 P_2}}$

64

영상분 전류 $I_0 = \dfrac{1}{3}(I_a + I_b + I_C)$

$= \dfrac{1}{3}(16 + j2 - 20 - j9 - 2 + j10)$

$= -2 + j[A]$

65

전류의 5고조파 성분을 cos에서 sin으로 변경 시 위상 $+90°$을 더한다.

$i = 20\sin(wt - 30°) + 15\sin(3wt + 30°) + 10\sin(5wt + 30°)$

비정현파의 전력은 총 1고조파, 3고조파, 5고조파 성분이 있으므로 각각의 전력을 구하고 더한다.

$[W] P = V_1 I_1 \cos\theta_1 - V_3 I_3 \cos\theta_3 + V_5 I_5 \cos\theta_5$

이 때 전압에서 3고조파 성분은 $-$ 값이므로 전력에서도 $-$ 가 된다.

$P = \dfrac{1}{2} \times 100 \times 20 \times \cos 60°$

$- \dfrac{1}{2} \times 50 \times 15 \times \cos 30° + \dfrac{1}{2} \times 25 \times 10 \times \cos 30°$

$= 283.49 ≒ 283.5[W]$

66

Y결선에서 선간전압은 상전압보다 $\sqrt{3}$ 배 크며 위상은 $30°$ 앞선다.

$V_{ab} = \sqrt{3}\, V_a \angle 30°$

지수함수 형식의 $\sqrt{3}\, e^{j(\pi/6)}$ 은 지수함수를 삼각함수법으로 복소수와 극형식을 증명하면

$= \sqrt{3}(\cos 30 + j\sin 30) = \sqrt{3} \angle 30°$

67

$G(s) = \dfrac{Y(s)}{X(s)} = \dfrac{1}{S+1}$

인디셜함수 $X(s) = \dfrac{1}{S}$ 을 대입 시

$\dfrac{Y(s)}{\dfrac{1}{S}} = \dfrac{1}{S+1} \rightarrow Y(s) = \dfrac{1}{S(S+1)}$

부분분수법을 이용한다.

$\dfrac{A}{S} + \dfrac{B}{S+1} \rightarrow A = \dfrac{1}{S(S+1)} S \mid_{s=0} = 1$

$B = \dfrac{1}{S(S+1)}(S+1) \mid_{s=-1} = -1$

$Y(s) = \dfrac{1}{S} - \dfrac{1}{S+1}$

$= \mathcal{L}^{-1} \rightarrow 1 - e^{-t}$

68

전원과 부하에 저항만 존재 시, 최대전력이 되는 조건은 내부저항과 외부저항이 같은 경우이다.

69

전류의 초깃값은 대수함수에서

$\lim\limits_{s \to \infty} s I_{(s)} = \lim\limits_{s \to \infty} s \times \dfrac{12(s+8)}{4s(s+6)} = 3$

70

△ 결선이므로

- $V_l = V_p$
- $I_l = \sqrt{3}\,I_p \angle -30°$

상전류 $I_p = \dfrac{V_p}{Z} = \dfrac{200}{\sqrt{6^2+8^2}} = 20[\text{A}]$

$I_l = \sqrt{3}\,I_p = 20\sqrt{3}\,[\text{A}]$

71

$e_i(t) = L\dfrac{d}{dt}i(t) + Ri(t) + \dfrac{1}{C}\int i(t)d$ 초깃값을

0으로 하고 라플라스 변환하면,

$E_i(s) = LsI(s) + RI(s) + \dfrac{1}{Cs}I(s)$

$= \left(Ls + R + \dfrac{1}{Cs}\right)I(s)$

$\therefore\ G(s) = \dfrac{I(s)}{E_i(s)} = \dfrac{1}{R + Ls + \dfrac{1}{Cs}}$

$= \dfrac{Cs}{LCs^2 + RCs + 1}$

72

- 0형 : $\dfrac{1}{1+K_p}$ (위치 편차)
- 1형 : $\dfrac{1}{K_v}$ (속도 편차)
- 2형 : $\dfrac{1}{K_a}$ (가속도 편차)

73

이 계의 특성방정식은 $G(s)H(s) = \dfrac{K(s+4)}{s(s+2)}$ 이므로

$1 + G(s)H(s) = \dfrac{s(s+2) + K(s+4)}{s(s+2)} = 0$

또는

$s(s+2) + K(s+4) = 0$ ················· ㉠

㉠을 고쳐 쓰면

$K = -\dfrac{s(s+2)}{s+4}$ ················· ㉡

㉡ s에 관하여 미분하면

$\dfrac{dK}{ds} = \dfrac{-(2s+2)(s+4) + s(s+2)}{(s+4)^2} = 0$ ······ ㉢

㉢을 간단히 하면

$s^2 + 8s + 8 = 0$ ················· ㉣

㉣을 풀면 $s_1 = -1.172$, $s_2 = -6.828$

따라서 이탈점은 $s = -1.172$, $s = -6.828$이다.

74

이득 여유 $20\log\left|\dfrac{1}{GH}\right| = 20[\text{dB}]$이므로

$|GH| = \left|\dfrac{K}{1-2\omega^2 + j3\omega}\right|_{\omega=0} = K$에서

$20\log\dfrac{1}{K} = 20$

$\log\dfrac{1}{K} = 1$, $\dfrac{1}{K} = 10$ $\therefore\ K = \dfrac{1}{10}$

75

부동작 시간 요소
계단 응답이 입력신호와 같은 파형이고 시간만 지연

76

$\Delta_1 = 1$, $\Delta_2 = 1 - G_1H_1$

$\dfrac{C}{R} = \dfrac{G_1\Delta_1 + G_2\Delta_2}{\Delta} = \dfrac{G_1 + G_2(1 - G_1H_1)}{1 - G_1H_1}$

77

$F(s) = \dfrac{2s+3}{(s+1)(s+2)} = \dfrac{k_1}{s+1} + \dfrac{k_2}{s+2}$

$K_1 = \lim_{s \to -1}(s+1)F(s) = \dfrac{2s+3}{s+2}\bigg|_{s=-1} = 1$

$K_2 = \lim_{s \to -2}(s+2)F(s) = \dfrac{2s+3}{s+1}\bigg|_{s=-2} = 1$

$F(s) = \dfrac{1}{s+1} + \dfrac{1}{s+2}$

$f(t) = e^{-t} + e^{-2t}$

78
램프입력은 속도편차상수이므로
$$K_v = \lim_{s \to 0} S \frac{200(1+0.1s)}{s(s+1)(s+2)(1+0.2s)} = 100k$$
속도편차 $e_{ssv} = \frac{1}{K_v} = \frac{1}{100K} = 0.01$
∴ $K = 1$

79
출력 $X = A\overline{B} + \overline{A}B$ 이므로
EX-OR회로이다.

80
루스 판별법

S^5	1	8	4
S^4	1	6	2
S^3	2	2	0
S^2	5	2	0
S	1.2	0	
S^0	2		

우반평면의 근의 수=불안전근수
1열의 부호가 +값으로 우반평면의 근의 수는 0이다.

5과목 전기설비기술기준

81
울타리, 담 등의 높이는 최소 2[m] 이상이고 하단의 간격은 15[cm] 이하이어야 한다.

82
다중접지식 절연내력 시험전압은 0.92배이므로
22.9[kV]×0.92=21,068[V]

83
지중 전선로 매설방법
케이블 사용 - 직접매설식, 관로식, 암거식

84
전기철도 시설방법
가공방식(가공직류 전차선), 강체방식, 제3레일 방식

85
"제2차 접근상태"란 가공전선이 다른 시설물과 접근하는 경우에 그 가공전선이 다른 시설물의 위쪽 또는 옆쪽에서 수평거리로 3[m] 미만인 곳에 시설되는 상태를 말한다.

86
- 사용전압 : 400[V](교통신호등 300[V], 전기울타리 250[V]) 미만
- 대지전압 : 300[V] 이하

87
갑종 풍압하중 종류
- 목주, 원형철주, 원형철근콘크리트주 : 588[Pa]
  ※ 철주 : 삼각형마름모 1,412[Pa], 강관 1,117[Pa]
- 철탑(강관인 경우) : 1,255[Pa]
- 특고압 가공전선로의 애자장치 : 1,039[Pa]
- 다도체, 복도체 : 666[Pa]
- 단도체 : 745[Pa]
- 완금류 : 단일재 1,196[Pa]

88
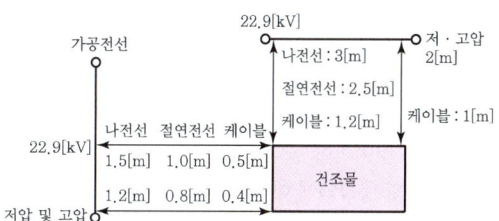

89
- 겸용도체는 고정된 전기설비에만 사용 가능
- 단면적 구리 10[mm²] 또는 알루미늄 16[mm²] 이상
- 중성선과 보호도체의 겸용도체는 전기설비의 부하 측으로 시설하면 안 됨
- 폭발성 분위기 장소는 보호도체를 전용으로 사용하여야 함

90
제1종 특고압 보안공사에는 목주, A종 지지물을 사용할 수 없다.

91
35.1[kV]를 초과하고 100[kV] 미만인 특고압과 저압 또는 고압과 병행간격
- 제2종 특고압 보안공사
- 단면적이 50[mm²] 이상인 경동연선
- 특고압가공전선과 저압고압가공전선의 간격은 2[m], 케이블 사용 시 1[m]
- 철주, 철근콘크리트주, 철탑의 지지물

92
절연유 누설에 대한 보호
① 옥내기기의 절연유 유출방지설비
  - 옥내기기가 위치한 구역의 주위에 누설되는 절연유가 스며들지 않는 바닥에 유출방지 턱을 시설하거나 건축물 안에 지정된 보존구역으로 집유한다.
  - 유출방지 턱의 높이나 보존구역의 용량을 선정할 때 기기의 절연유량뿐만 아니라 화재보호시스템의 용수량을 고려하여야 한다.
② 옥외설비의 절연유 유출방지설비
  - 절연유 유출방지설비의 선정은 기기에 들어 있는 절연유의 양, 우수 및 화재보호시스템의 용수량, 근접 수로 및 토양조건을 고려하여야 한다.
  - 집유조 및 집수탱크가 시설되는 경우 집수탱크는 최대용량 변압기의 유량에 대한 집유능력이 있어야 한다.
  - 벽, 집유조 및 집수탱크에 관련된 배관은 액체가 침투하지 않는 것이어야 한다.
  - 절연유 및 냉각액에 대한 집유조 및 집수탱크의 용량은 물의 유입으로 지나치게 감소되지 않아야 하며, 자연배수 및 강제배수가 가능하여야 한다.

93
추가적인 보호
다음에 따른 교류계통에서는 누전차단기에 의한 추가적 보호를 하여야 한다.
- 일반적으로 사용되며 일반인이 사용하는 정격전류 20[A] 이하 콘센트
- 옥외에서 사용되는 정격전류 32[A] 이하 이동용 전기기기

94
특별고압 가공전선과 지지물 등의 간격

사용전압	간격(cm)
15,000[V] 이상 25,000[V] 미만	20
25,000[V] 이상 35,000[V] 미만	25
60,000[V] 이상 70,000[V] 미만	40
130,000[V] 이상 160,000[V] 미만	90

95
전차선로의 충전부와 건조물 간의 절연간격

시스템 종류	공칭전압 [V]	동적[mm]		정적[mm]	
		비오염	오염	비오염	오염
직류	750	25	25	25	25
	1,500	100	110	150	160
단상교류	25,000	170	220	270	320

96
가공지선
뇌해방지 및 유도장해 방지 – 나전선
- 고압 : 4.0[mm] 이상 또는 5.26[kN]
- 특고압 : 5.0[mm] 이상 또는 8.01[kN]

97
특고압 지중전선과 유독성·가연성 유체를 내포하는 관과 접근 교차 시 1[m] 이상일 것. 다만 1[m] 이하이면 내화성(난연성, 불연성) 격벽을 시설한다.

98
나전선의 사용
① 애자사용공사에 의하여 전개된 곳에 다음의 전선을 시설하는 경우
  - 전기로용 전선
  - 전선의 피복 절연물이 부식하는 장소에 시설하는 전선
  - 취급자 이외의 자가 출입할 수 없도록 설비한 장소에 시설하는 전선
② 버스덕트 공사에 의하여 시설하는 경우
③ 라이팅덕트 공사에 의하여 시설하는 경우
④ 트롤리선과 같이 접촉 전선을 시설하는 경우

99

옥상전선로
- 저압 : 2.6[mm] 이상의 절연전선을 사용
- 15[m] 지지 : 식물과 접촉하지 않도록 한다.
- 고압 : 케이블 공사
- 특고압 : 시설할 수 없다.
- 전선과 조영재의 간격 : 2[m] 이상

100

전기저장장치의 접속점에는 쉽게 개폐할 수 있는 곳에 개방 상태를 육안으로 확인할 수 있는 전용의 개폐기를 시설하여야 한다.

정답 전기기사 2024년 3회 기출문제

01	02	03	04	05	06	07	08	09	10
②	②	①	③	①	②	①	③	③	③
11	12	13	14	15	16	17	18	19	20
②	③	④	④	③	①	②	②	②	①
21	22	23	24	25	26	27	28	29	30
④	③	④	④	④	②	①	①	③	④
31	32	33	34	35	36	37	38	39	40
③	③	④	②	①	③	④	③	②	④
41	42	43	44	45	46	47	48	49	50
④	④	①	②	③	④	①	④	①	①
51	52	53	54	55	56	57	58	59	60
③	④	①	②	①	④	④	①	④	③
61	62	63	64	65	66	67	68	69	70
①	①	③	②	③	②	①	②	②	①
71	72	73	74	75	76	77	78	79	80
④	④	①	④	②	①	④	④	④	②
81	82	83	84	85	86	87	88	89	90
①	②	②	③	②	④	②	①	②	④
91	92	93	94	95	96	97	98	99	100
④	②	①	③	①	③	③	③	②	①

1과목 전기자기학

01

누설전류

$$I = \frac{CV}{\varepsilon\rho} = \frac{20 \times 10^{-6} \times 500}{8.855 \times 10^{-12} \times 2.2 \times 10^{11}} \times 10^3$$

$$\fallingdotseq 5.13[\text{mA}]$$

02

유전체에 작용하는 힘(Maxwell 변형력)
- 유전율이 큰 쪽에서 작은 쪽으로 힘이 작용한다.
- 전속(밀도)선은 유전율이 큰 쪽으로 모이려는 성질이 있다.

03
환상솔레노이드 자속
$$\phi = \frac{\mu_0 \mu_s SNI}{l}$$
$$= \frac{4\pi \times 10^{-7} \times 800 \times 10 \times 10^{-4} \times 600 \times 1}{16\pi \times 10^{-2}}$$
$$= 1.2 \times 10^{-3} [\text{Wb}]$$

04
무한장 직선의 자계
$$H = \frac{I}{2\pi r} [\text{AT/m}]$$

05
대전도체 내부에는 전하가 존재하지 않으므로 도체 내부의 전계는 0이다.

06
정전응력
$$f = \frac{F}{S} = \frac{D^2}{2\varepsilon_0} = \frac{(2 \times 10^{-6})^2}{2 \times 8.855 \times 10^{-12}} \fallingdotseq 0.226 [\text{N/m}^2]$$

07
환상솔레노이드 자계의 세기
$$H = \frac{NI}{l} = \frac{NI}{2\pi r} = \frac{500 \times 4}{2\pi \times 20 \times 10^{-2}} \fallingdotseq 1,590 [\text{AT/m}]$$

08
$$T = mHl \sin\theta$$
$$= (8 \times 10^{-6}) \times 120 \times 0.03 \times \sin 30°$$
$$= 1.44 \times 10^{-5} [\text{N} \cdot \text{m}]$$

09
전계의 세기가 $E = \frac{3x}{x^2+y^2} i + \frac{3y}{x^2+y^2} j [\text{V/m}]$일 때 (4, 3, 0)을 지나는 전기력선의 방정식을 구하면

전기력선의 방정식 $\frac{dx}{Ex} = \frac{dy}{Ey}$이므로

$\frac{dx}{\frac{3x}{x^2+y^2}} = \frac{dy}{\frac{3y}{x^2+y^2}} \rightarrow \frac{1}{x} dx = \frac{1}{y} dy$에서

양변을 적분하면
$\ln x = \ln y + \ln c$, $\ln x - \ln y = \ln c$,
$\ln \frac{x}{y} = \ln c$, $\frac{x}{y} = c$가 되므로
$(x=4, y=3, z=0)$을 대입하면
$\frac{x}{y} = c = \frac{4}{3}$에서 $x = \frac{4}{3} y$가 된다.

10
환상솔레노이드의 자기인덕턴스는 $L \propto N^2$이므로 권선수를 $\frac{1}{2}$배로 하면 $\frac{1}{4}$배가 된다.

11
㉠ 법선(수직) 전속밀도 $D_{n1} = D_{n2}$만 존재
- $D_{n1} = D_{n2}$: 연속적이다.
- $E_{n1} \neq E_{n2}$: 불연속적이다.
  여기서, n은 법선(수직)성분을 의미한다.
- $D_1 \cos\theta_1 = D_2 \cos\theta_2$,
  $\varepsilon_1 E_1 \cos\theta_1 = \varepsilon_2 E_2 \cos\theta_2$ ·················· 식 ①

㉡ 접선(수평) = 경계면 전계 $E_{t1} = E_{t2}$만 존재
- $D_{t1} \neq D_{t2}$: 불연속적이다.
- $E_{t1} = E_{t2}$: 연속적이다.
  여기서, t는 접선(수평)성분을 의미한다.
- $E_1 \sin\theta_1 = E_2 \sin\theta_2$ ·················· 식 ②

㉢ 굴절각 : 굴절각은 $\varepsilon_1 \tan\theta_2 = \varepsilon_2 \tan\theta_1$이며 유전체에 비례한다.

※ 굴절하지 않을 경우
- $\varepsilon_1 = \varepsilon_2$
- $\theta_1 = 0$
- 전계와 전속밀도가 수직으로 입사할 때 전계는 불연속, 전속밀도는 불변

㉣ $\varepsilon_1 > \varepsilon_2$일 때 비례관계 : $\theta_1 > \theta_2$, $D_1 > D_2$, $E_1 < E_2$

12

내압

$$V = \frac{Q}{C} = \frac{CV}{\dfrac{1}{\dfrac{1}{C_1} + \dfrac{1}{C_2} + \dfrac{1}{C_3}}}$$

$$= \frac{0.01 \times 10^{-6} \times 2 \times 10^3}{\dfrac{1}{\dfrac{10^6}{0.01} + \dfrac{10^6}{0.02} + \dfrac{10^6}{0.04}}} = 3,500[\text{V}]$$

13

㉠ 맥스웰의 제1의 기본방정식

$$rot\, H = curl\, H = \nabla \times H = i_c + \frac{\partial D}{\partial t} = i_c + \varepsilon\frac{\partial E}{\partial t}$$
$$= i\,[\text{A/m}^2]$$

- 암페어의 주회적분 법칙에서 유도한 식이다.
- 전도전류, 변위전류는 자계를 형성한다(전류와 자계와의 관계).
- 전류의 연속성을 표현한다.

㉡ 맥스웰의 제2의 기본방정식

$$rot\, E = curl\, E = \nabla \times E = -\frac{\partial B}{\partial t} = -\mu\frac{\partial H}{\partial t}$$

- 자속 밀도의 시간적 변화는 전계를 회전시키고 유기기전력을 형성한다.
- 패러데이의 법칙에서 유도한 전계에 관한 식이다.

㉢ $div\, D = \nabla \cdot D = \rho\,[\text{C/m}^3]$

- 임의의 폐곡면 내의 전하에서 전속선이 발산한다.
- 가우스 발산 정리에 의하여 유도된 식이다.

㉣ $div\, B = \nabla \cdot B = 0$

- N, S극이 항상 공존한다.
- 자기력선은 연속적이다.

㉤ $rot\, \vec{A} = \nabla \times \vec{A} = B\,[\text{Wb/m}^2]$

벡터 퍼텐셜($\vec{A}$)의 회전은 자속 밀도를 형성한다.

14

공기 콘덴서에 판간격 반만 평행하게 채운 경우의 정전용량은

$$C = \frac{1}{\dfrac{1}{C_1} + \dfrac{1}{C_2}} = \frac{2C_0}{1 + \dfrac{\varepsilon_0}{\varepsilon}}$$

$$= \frac{2C_0}{1 + \dfrac{1}{\varepsilon_2}} = \frac{2\varepsilon_s}{1 + \varepsilon_s} C_0\,[\text{F}]$$

여기서, $C_0[\text{F}]$: 공기콘덴서 용량

15

- 펠티에 효과 : 두 종류의 금속 접합부에 흘리면 전류의 방향에 줄열 이외에 흡수 또는 발생현상이 생긴다(=전열현상).
- 제백효과 : 두 종류의 금속을 접속하고, 두 접속점에 온도차를 주면 기전력이 생겨 전류가 흐르게 된다. 이 기전력을 열기전력, 전류를 열전류, 이런 장치를 열전대(쌍) 이와 같은 효과를 제백효과(=열전효과)라 한다.

16

패러데이 법칙
유기기전력 크기를 결정

$$e = -N\frac{d\phi}{dt}\,[\text{V}]$$

17

전자파(= 평면파)

- 전계와 자계가 동시에 존재하고, 동상이다.
- 전계 에너지와 자계 에너지는 같다.
- 전자파의 진행방향은 $E \times H$이다.

18

- 영구자석 : 잔류자기, 보자력, 히스테리시스 곡선 면적 모두 큰 것
- 전자석 : 잔류자기는 크고 보자력 및 히스테리시스 곡선 면적이 작은 것

19

원형 코일 중심축 상의 자계의 세기는

$H = \dfrac{a^2 I}{2(a^2+x^2)^{\frac{3}{2}}}$ [AT/m]이다.

20

무한평면에 의한 영상전하와 영상전류의 크기는 같고 부호가 반대이므로 $-Q$, $-I$가 된다.

2과목 전력공학

21

소호리액터는 L-C병렬공진을 이용하여 지락전류가 아주 작으므로 차단기 차단능력을 가볍게 한다.

22

$D = \dfrac{WS^2}{8T} = \dfrac{2 \times 200^2}{8 \times \dfrac{4,000}{2}} = 5$

$\therefore \dfrac{8D^2}{3S} = \dfrac{8 \times 5^2}{3 \times 200} = 0.333 = \dfrac{1}{3}$

23

- 한류 리액터 : 단락전류 제한
- 병렬 리액터 : 페란티 방지
- 직렬 리액터 : 제5고조파 제거

24

- 가공 전선로는 선간거리가 커서 L값이 크고 C값이 작다.
- 지중 선로는 선간거리가 작아서 L값이 작고 C값이 크다.

25

승압 시 장점 : 2배 승압

- 전압강하 감소(반비례) : $\dfrac{1}{2}$ 배
- 전력손실 감소(제곱의 반비례) : $\dfrac{1}{4}$ 배
- 굵기 감소(제곱의 반비례) : $\dfrac{1}{4}$ 배
- 전력 증가(제곱의 비례) : 4배

26

$Z = \sqrt{6^2 + 8^2} = 10$

단락점은 2선이 되므로

단락전류 $I_S = \dfrac{V}{Z} = \dfrac{22,900}{2 \times 10} = 1,145$ [A]

따라서 단락용량

$P_S = VI = 22,900 \times 1,145 \times 10^{-3}$
$\quad\quad = 26,220.5$ [kVA]

27

플리커(전압강하율) 대책에서 공급 전원의 승압은 공급자측 대책이다.

28

$\begin{bmatrix} A\ B \\ C\ D \end{bmatrix} = \begin{bmatrix} 1\ Z_s \\ 0\ 1 \end{bmatrix} \begin{bmatrix} A\ B \\ C\ D \end{bmatrix} \begin{bmatrix} 1\ Z_r \\ 0\ 1 \end{bmatrix}$

$\quad\quad = \begin{bmatrix} A+Z_s C\ \ B+Z_s D \\ C\quad\quad\quad D \end{bmatrix} \begin{bmatrix} 1\ Z_r \\ 0\ 1 \end{bmatrix}$ 에서

$\therefore C_0 = C$

29

송전선로의 안정도 향상 대책

- 선로 또는 기기의 리액턴스를 작게 한다.
- 중간조상방식을 채용한다
- 재폐로방식을 채용한다.
- 계통을 연계시킨다.
- 발전기 단락비를 크게 한다.
- 속응 여자방식을 채용한다.
- 고속도차단방식 채용(중간 개폐소 설치)한다.
- 다회선방식이나 복도체방식을 채용한다.
- 불평형을 줄인다.
- 전압변동을 줄인다.
- 지락전류를 줄인다.

30
접지 비교

구분	직접접지	소호리액터 접지
전위상승	최저(1.3배 이하)	최대($\sqrt{3}$ 배 이상)
지락전류	최대	최소
유도장해	최대	최소
과도안정도	낮음	높음

31
무부하 선로를 차단하면 C회로가 차단되어 충전전류 차단 시 개폐 서지가 4배가 발생되며 재점호가 발생된다.

32
변압기 3대에서 1대를 증가하면 V결선 2뱅크가 되므로
$P_V = \sqrt{3}\, P_1 \times 2 = \sqrt{3} \times 1,000 \times 2 = 3,464.1\,[\text{kVA}]$

33
재폐로 차단기는 송전선로 고장 시 차단, 투입 모두를 자동으로 시행한다.

34
동기조상기
- 경부하 시 : 부족여자 운전하여 리액터 역할을 한다.
- 중부하 시 : 과여자 운전하여 전력용 콘덴서 역할을 한다.

35
단로기는 소호장치가 없으므로 부하전류를 개폐할 수 없다.

36
차단기 용량 결정
- 단락전류
- 공급측 전원용량

37

구분	설명
반한시성	정반비례(동작전류가 크면 동작시간이 짧아진다)
순한시성	즉시(순시)동작
정한시성	정해진 시간(일정시간) 동작
반한시 – 정한시성	반한시와 정한시성의 특징을 갖는다.

38
전력용 퓨즈는 고압퓨즈로 단락전류 차단을 목적으로 한다.

39
수조는 수로와 수압관 중간에 설치하여 수격작용을 방지한다.

40
$\eta = \dfrac{860\,W}{mH} \times 100 = \dfrac{860 \times 24,000}{10 \times 10^3 \times 5,500} \times 100 = 37.5\,[\%]$

3과목 전기기기

41
단락전류 $I_s = \dfrac{100}{\%Z} \times I_n$ 식에서

저압측 정격전류 $I_n = \dfrac{P_n}{\sqrt{3}\,V_2} = \dfrac{100 \times 10^3}{\sqrt{3} \times 200} = 288.68\,[\text{A}]$

단락전류 $I_s = \dfrac{100}{2.5} \times 288.68 = 11,547.2 \fallingdotseq 11,550\,[\text{A}]$

42
%저항 강하 $\%r = \dfrac{I_n r}{V_n} \times 100 = \dfrac{I_n r \times I_n}{V_n \times I_n} \times 100$
$= \dfrac{I_n^2 r}{V_n I_n} \times 100 = \dfrac{P_c(\text{동손})}{P_n(\text{정격용량})} \times 100$
$= \dfrac{200}{5,000} \times 100 = 4\,[\%]$

43
동기조상기의 위상특성곡선에서 역률이 1로 운전 중인 상태에서 여자전류를 증가하면 과여자하여 진상(앞선) 무효전류가 증가한다. 또한 반대로 여자전류를 감소하면 부족여자하여 지상(뒤진) 무효전류가 증가한다.

44
SCR 3상 반파정류회로 직류평균전압
$E_d = 1.17 E_a \cos\alpha = 1.17 \times 220 \times \cos 10° = 253.49\,[\text{V}]$

45
직류발전기 계자의 가변저항을 조정하여 계자저항을 조정하면 계자전류가 변하고 그에 따라 계자 자속의 크기도 변하게 되므로 유기기전력의 크기가 가감하게 될 것이고 단자전압의 크기도 변하게 된다.

46
V결선 출력 $P_V = \sqrt{3}\,P_1$ 식에서 P_V가 100[kVA]일 때 단상변압기 1대를 더 추가하여
델타결선 시 출력은 $P_\Delta = 3P_1$이므로
$\sqrt{3}\,P_V = \sqrt{3} \times \sqrt{3} \times P_1 = 3P_1$이 된다.

47
유도전동기 토크는 전압의 제곱에 비례하므로 $T \propto V^2$
200[V]일 때 기동 토크는 전부하 토크의 225[%]이고 이때 기동 토크를 전부하 토크의 1.5배, 즉 150[%]로 하고자 할 때 전압을 구하는 문제이다.
비례식으로 만들어보면 $225 : 200^2 = 150 : V^2$

여기서, $V = \sqrt{\dfrac{150 \times 200^2}{225}} = 163.3[V]$

48
유기기전력
$E = \dfrac{PZ\phi N}{60a} = \dfrac{4 \times (48 \times 6) \times 0.08 \times 1{,}040}{60 \times 4} = 399.36[V]$
a는 병렬회로수이며 중권이기에 극수와 같다.
Z는 총 도체수이며 전체 슬롯 수×슬롯 내 도체 수와 같다.

49
반발 기동형 단상 유도전동기는 브러시 이동으로 회전방향과 속도를 제어할 수 있다.

50
3상 유도전동기의 2차 효율 $\eta_2 = \dfrac{P_o}{P_2} = 1 - s = \dfrac{N}{N_s}$ 이므로
2차 효율은 $1-s$와 같다.

51
1차 환산 임피던스 $Z_{12} = r_{12} + jx_{12} = 5.4 + j6[\Omega]$

%저항강하 $p(\%r) = \dfrac{I_{1n}r_{12}}{V_{1n}} \times 100 = \dfrac{\dfrac{P_n}{V_{1n}}r_{12}}{V_{1n}} \times 100$

$= \dfrac{\dfrac{15 \times 10^3}{3{,}000} \times 5.4}{3{,}000} \times 100 = 0.9[\%]$

%리액턴스강하 $q(\%x) = \dfrac{I_{1n}x_{12}}{V_{1n}} \times 100 = \dfrac{\dfrac{P_n}{V_{1n}}x_{12}}{V_{1n}} \times 100$

$= \dfrac{\dfrac{15 \times 10^3}{3{,}000} \times 6}{3{,}000} \times 100 = 1[\%]$

52
동기기의 전기자 권선법
고상권, 폐로권, 이층권, 분포권, 단절권, 중권을 사용한다.
※ 집중권, 전절권은 사용하지 않는다.

53
회전 시 2차 주파수는 1차 주파수에 슬립을 곱한 값과 같다.
$f_2' = sf_1 = 0.0416 \times 60 = 2.496 ≒ 2.5[Hz]$
슬립을 먼저 구하면
$s = \dfrac{N_s - N}{N_s} = \dfrac{1{,}800 - 1{,}725}{1{,}800} = 0.0416$
동기속도 $N_s = \dfrac{120f}{p} = \dfrac{120 \times 60}{4} = 1{,}800[rpm]$

54
동기발전기의 병렬운전 중 기전력의 위상차가 생기면 유효순환전류(유효횡류, 동기화전류)가 흐른다.

55
유도전동기 토크는 동기와트와 정비례한다.
$\tau \propto P_2 = E_2 I_2 \cos\theta_2[W]$
여기서, $E_2 = 4.44 f\Phi N_2 K_{w2} \propto \Phi$이므로
토크 $\tau \propto \Phi \times I_2 \cos\theta_2$로 나타낼 수 있다.

56

맥동률(리플율) = $\dfrac{\text{교류실효전압}}{\text{직류평균전압}} \times 100$ 이라는 식에서

실효전압 $= 2{,}000 \times 0.03 = 60[\text{V}]$

57

동기 임피던스 $Z_s = r + jX_s = \sqrt{r^2 + (X_a + X_l)^2}$

여기서, 동기 리액턴스는 전기자 반작용 리액턴스와 누설 리액턴스의 합이다. 따라서 $X_s = X_a + X_l$

58

직류전동기의 속도제어
- 전압제어(워드레오나드 방식, 일그너 방식)
- 계자제어
- 저항제어

59

출력비 $= \dfrac{P_V(\text{고장 후})}{P_\Delta(\text{고장 전})} = \dfrac{\sqrt{3}\,P_1}{3P_1}$

$= \dfrac{\sqrt{3}}{3} \times 100 = 57.7[\%]$

여기서, P_1 : 단상 변압기 1대 용량

60

- 보극은 평균 리액턴스 전압을 감소시켜 정류를 양호하게 한다.
- 보상권선은 전기자 반작용을 가장 유효하게 방지하는 대책이다.
- 전기자 반작용에 의한 현상으로 주 자속이 감소하는 감자작용이 발생되는데 자속이 감소하면 속도는 반비례하여 증가한다.
- 정류기간은 정류자편 사이에 연결된 코일이 브러시에 의해 서로 단락되는 기간이다.

4과목 회로이론

61

n상 시 선전류와 상전류와의 관계식

$I_l = 2\sin\dfrac{\pi}{n} I_P \angle -\dfrac{\pi}{2}\left(1 - \dfrac{2}{n}\right)$

62

2전력계법 역률

$\cos\theta = \dfrac{P}{P_a} = \dfrac{P_1 + P_2}{2\sqrt{P_1^2 + P_2^2 - P_1 P_2}}$

$= \dfrac{500 + 300}{2\sqrt{500^2 + 300^2 - (500 \times 300)}} = 0.91766$

63

3상 불평형률 $= \dfrac{\text{역상전압}}{\text{정상전압}} \times 100$

64

cos과 sin은 위상이 90°가 차이나며 cos이 앞선다.
고로 cos을 sin으로 변경 시
$\cos = \sin(+90°)$이 되므로
$e = E_m \cos wt = E_m \sin(wt + 90°)$와 같으며 전압과 전류 순시값을 비교 시 전압의 위상이 90° 앞서므로(전류가 위상이 90° 뒤처진다) 지상전류가 흐르고 지상전류를 흐르게 하는 소자는 인덕턴스이다.

65

무손실 선로는 $(R = G = \alpha = 0)$이므로
감쇠정수 $\alpha = 0$,
위상정수 $\beta = \sqrt{ZY} = \sqrt{(R + jwL)(G + jwC)}$
$\qquad = w\sqrt{LC}$

66

극점(Pole)은 분모가 0이 되어 개방이 되는 형태이므로 분모가 0이 되는 값은 -3, -4이다.

67

- 각각 구동점임피던스로 변환한다.

  $jw = S$이므로 인덕턴스는 sL, 콘덴서는 $\dfrac{1}{sC}$, 저항은 R이다.

- R과 sL이 직렬이므로 먼저 합성 후 $\dfrac{1}{sC}$와 합성 시

  $\dfrac{(R+sL)\times \dfrac{1}{sC}}{R+sL+\dfrac{1}{sC}}$ 이며 위아래에 sC를 곱해 정리하면

  $\dfrac{R+sL}{sCR+s^2LC+1}$ 이고

  R에 1, L에 2, C에 $\dfrac{1}{2}$을 넣고 정리하면

  $\dfrac{1+2s}{\dfrac{1}{2}s+s^2+1} = \dfrac{2(2s+1)}{2s^2+s+2}$

68

초기에 인덕턴스는 개방이 되며, 콘덴서는 단락이 된다. 고로 $i_1(0^+)$는 R_1쪽으로 지나므로 $\dfrac{V}{R_1}$이 되며, $i_2(0^+)$는 인덕턴스가 개방이 되어 전류가 흐를 수 없으므로 0이다.

69

$i(t) = \dfrac{E}{R}(1-e^{-\frac{R}{L}t}) = 20(1-e^{-20\times 10^{-3}t})$이며

$E = 5[V]$이므로

$\dfrac{5}{R} = 20$을 통해 $R = 0.25[\Omega]$

또한 $-\dfrac{R}{L} = -20\times 10^{-3}$이므로

$L = \dfrac{0.25}{20\times 10^{-3}} = 12.5[H]$

저항의 2배 시 시정수라 했으므로

$\tau = \dfrac{L}{2R} = \dfrac{12.5}{2\times 0.25} = 25[\text{sec}]$

70

$A = 1+\dfrac{Z_1}{Z_3}$, $B = Z_1$이므로 $Z_3 = \dfrac{Z_1}{A-1} = \dfrac{B}{A-1}$

71

PID(비례, 적분, 미분) 제어

- 정상 특성 및 응답 속응성을 동시에 개선한다.
- 사이클링과 오프셋이 제거된다.
- 정정시간을 적게 하고 오버슈트를 감소시킨다.
- 연속선형 제어로서 최적제어이다.

72

초깃값

$\lim\limits_{s\to\infty} SI(s) = \lim\limits_{s\to\infty} S\times \dfrac{12}{2s(s+6)} = \dfrac{12}{\infty} = 0$

73

미분방정식을 라플라스 변환하면

$s^3 c(s)+4s^2 c(s)+5sc(s)+c(s) = 5R(s)$

$c(s)(s^3+4s^2+5s+1) = 5R(s)$

$\dfrac{c(s)}{R(s)} = \dfrac{5}{s^3+4s^2+5s+1}$

74

$\dfrac{c(s)}{R(s)} = \dfrac{\sum \text{전향경로이득}}{1-\sum \text{루프이득}}$

$= \dfrac{G_1 G_2}{1+G_1 G_2 + \left(G_1 G_2 \times \dfrac{1}{G_2}\right)} \times \dfrac{1}{G_1}$

$= \dfrac{G_1 G_2}{1+G_1+G_1 G_2} \times \dfrac{1}{G_1}$

$= \dfrac{G_2}{1+G_1+G_1 G_2}$

75

특성방정식 $s^2+6s+25 = 0$

$2\delta\omega_n = 6$, $\omega_n^2 = 25$, $\omega_n = 5$

- 제동비 : $\delta = \dfrac{6}{2\omega_n} = \dfrac{6}{2\times 5} = 0.6$

- 진동주파수 : $\omega_0 = \omega_n\sqrt{1-\delta^2} = 5\sqrt{1-0.6^2} = 4$

  여기서, ω_n : 고유주파수

76

$1 + G(s)H(s) = 1 + \dfrac{K}{s(s+4)(s+5)} = 0$

$K = -s(s+4)(s+5) = -s^3 - 9s^2 - 20s$

$\dfrac{dk}{ds} = -3s^2 - 18s - 20 = 0$

$\therefore s_1 = -1.47, \ s_2 = -4.53$

$k \geq 0$에 대한 실수상의 구간은 $(0 \sim -4), \ (-5 \sim -\infty)$이므로 $s_2 = -4.53$은 근이 될 수 없으므로 버린다.
따라서 분지점은 $s_1 = -1.47$이다.

77

$[sI - A] = \begin{bmatrix} s & 0 \\ 0 & s \end{bmatrix} - \begin{bmatrix} 0 & 1 \\ -2 & -3 \end{bmatrix} = \begin{bmatrix} s & -1 \\ 2 & s+3 \end{bmatrix}$

$\phi(s) = [sI - A]^{-1} = \dfrac{1}{\begin{bmatrix} s & -1 \\ 2 & s+3 \end{bmatrix}} \begin{bmatrix} s+3 & 1 \\ -2 & s \end{bmatrix}$

$= \dfrac{1}{s^2 + 3s + 2} \begin{bmatrix} s+3 & 1 \\ -2 & s \end{bmatrix}$

$= \begin{bmatrix} \dfrac{s+3}{(s+1)(s+2)} & \dfrac{1}{(s+1)(s+2)} \\ \dfrac{-2}{(s+1)(s+2)} & \dfrac{s}{(s+1)(s+2)} \end{bmatrix}$

$\therefore \phi(t) = \mathcal{L}^{-1}\{[sI - A]^{-1}\}$

$= \begin{bmatrix} 2e^{-t} - e^{-2t} & e^{-t} - e^{-2t} \\ -2e^{-t} + 2e^{-2t} & -e^{-t} + 2e^{-2t} \end{bmatrix}$

78

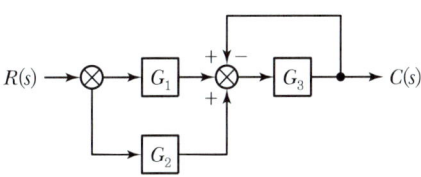

- 전향이득 : $G_3(G_1 + G_2)$
- 루프이득 : $-G_3$

$G(s) = \dfrac{\sum 전향경로이득}{1 - \sum 루프이득} = \dfrac{G_3(G_1 + G_2)}{1 - (-G_3)}$

$= \dfrac{G_3(G_1 + G_2)}{1 + G_3}$

79

안정조건
전체 전달함수의 모든 극점이 Z 평면의 원점에 중심을 둔 단위원 내부에 위치하여야 한다.

80

$C = \overline{\overline{A} + \overline{B}} = \overline{\overline{A}} \cdot \overline{\overline{B}} = A \cdot B$

5과목 전기설비기술기준

81

전기 저장장치의 이차전지를 자동으로 차단하는 장치
- 과전압 또는 과전류가 발생한 경우
- 제어장치에 이상이 발생한 경우
- 이차전지 모듈의 내부 온도가 급격히 상승할 경우

82

발전기, 변압기, 전력용 콘덴서, 무효전력 보상장치

기기	용량	사고내용	보호장치
발전기	모든 발전기	과전류	자동차단장치
	500[kVA] 이상	수차유압이 현저히 저하	
	2,000[kVA] 이상	베어링 온도 상승	
	10,000[kVA] 이상	내부고장 및 베어링의 마모	
변압기	5,000[kVA] 이상 10,000[kVA] 미만	내부고장	경보장치 또는 자동차단장치
	10,000[kVA] 이상	내부고장	자동차단장치
	타냉식	냉각장치 고장	경보장치
전력용 콘덴서 · 분로 리액터	500[kVA] 초과 15,000[kVA] 미만	내부고장, 과전류	자동차단장치
	15,000[kVA] 이상	내부고장, 과전류, 과전압	
무효전력 보상장치	15,000[kVA] 이상	내부고장	자동차단장치

83
고압 및 특고압 가공전선로의 가공지지선
- 가공지지선 : 뇌해 방지
- 고압 가공전선로 가공지지선은 지름 4[mm]의 나경동선
- 특고압 가공전선로 가공지지선은 지름 5[mm]의 나경동선, 22[mm²]의 나경동선

84
나전선의 사용
㉠ 애자사용공사에 의하여 전개된 곳에 다음의 전선을 시설하는 경우
- 전기로용 전선
- 전선의 피복 절연물이 부식하는 장소에 시설하는 전선
- 취급자 이외의 자가 출입할 수 없도록 설비한 장소에 시설하는 전선

㉡ 버스덕트공사에 의하여 시설하는 경우
㉢ 라이팅덕트공사에 의하여 시설하는 경우
㉣ 트롤리선과 같이 접촉 전선을 시설하는 경우

85
가공전선과 타 전력선, 약전선, 안테나, 삭도, 기타 시설물 간격

사용전압의 구분	간격
저압	0.6[m]
	케이블 0.3[m]
고압	0.8[m]
	케이블 0.4[m]
22.9[kV-Y]	나전선 2[m]
	특고압 절연전선 1.5[m], 삭도 1[m]
	케이블 0.5[m]
60[kV] 이하	2[m]

86
접지극은 다음의 방법 중 하나로 또는 복합하여 시설한다.
- 콘크리트에 매입된 기초 접지극
- 토양에 매설된 기초 접지극
- 토양에 수직 또는 수평으로 직접 매설된 금속전극(봉, 전선, 테이프, 배관, 판 등)
- 케이블의 금속외장 및 그 밖에 금속피복
- 지중 금속구조물(배관 등)
- 대지에 매설된 철근콘크리트의 용접된 금속 보강재(다만, 강화콘크리트는 제외한다.)

87
지중 전선로의 매설깊이
- 하중을 받는 경우 : 1.0[m] 이상
- 하중을 받지 않는 경우 : 0.6[m] 이상

88
저압전로의 보호도체 및 중성선의 접속방식에 따라 접지계통은 다음과 같이 분류한다.
- TN 계통
- TT 계통
- IT 계통

89
울타리, 담 등의 높이는 최소 2[m] 이상이고 하단의 간격은 15[cm] 이하로 시설한다.

90
주택 등 저압 수용장소 접지(TN-C-S 방식)
중성선 겸용 보호도체(PEN)는 고정 전기설비에만 사용할 수 있고, 그 도체의 단면적이 구리는 10[mm²] 이상, 알루미늄은 16[mm²] 이상일 것

91
7,000[V] 이하이므로 220×1.5=330[V] 최저 시험전압이 500[V]이다.

92
전차선
전기철도차량의 집전장치와 접촉하여 전력을 공급하기 위한 전선을 말한다.

93
두 개 이상의 전선을 병렬로 사용하는 경우
- 병렬로 사용하는 각 전선의 굵기는 구리선 50[mm²] 이상 또는 알루미늄 70[mm²] 이상으로 하고, 전선은 같은 도체, 같은 재료, 같은 길이 및 같은 굵기의 것을 사용할 것
- 병렬로 사용하는 전선에는 각각에 퓨즈를 설치하지 말 것
- 교류회로에서 병렬로 사용하는 전선은 금속관 안에 전자적 불평형이 생기지 않도록 시설할 것

94
전력선과 건조물의 조영재 사이의 간격

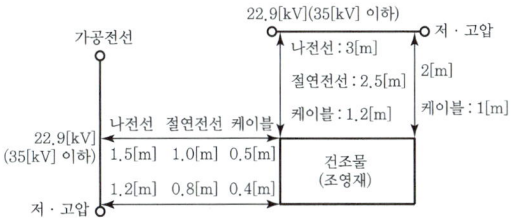

95
저·고압 가공전선의 안전율

경동선 또는 내열 동합금선은 2.2 이상, 그 밖의 전선은 2.5 이상이 되는 처짐정도로 시설하여야 한다.

96
전선의 굵기

사용전압	전선의 종류		보안공사
400[V] 이하 저압	나전선	• 3.2[mm] 이상 • 인장강도 3.43[kN] 경동선	인장강도 5.26[kN] 이상 4.0[mm] 경동선
	절연전선	• 2.6[mm] 이상 • 인장강도 2.3[kN] 경동선	
400[V] 초과 저압 또는 고압	시가지	• 5.0[mm] 이상 • 인장강도 8.01[kN] 경동선	인장강도 8.01[kN] 이상 5.0[mm] 경동선
	시가지 외	• 4.0[mm] 이상 • 인장강도 5.26[kN] 경동선	

97
사람이 상시 통행하는 터널 안의 배선 시설

공칭단면적 2.5[mm²]의 연동선과 동등 이상의 세기 및 굵기의 절연전선 및 애자공사로 노면상 2.5[m] 이상의 높이로 할 것

98
전기저장장치의 옥내전로의 대지전압 제한

주택의 옥내전로의 대지전압은 직류 600[V] 이하이어야 한다.

- 전로에 지락이 생겼을 때 자동적으로 전로를 차단하는 장치를 시설할 것
- 사람이 접촉할 우려가 없는 은폐된 장소에 합성수지관배선, 금속관배선 및 케이블배선에 의하여 시설하거나 사람이 접촉할 우려가 없도록 케이블배선에 의하여 시설하고 전선에 적당한 방호장치를 시설할 것

99
고압용 퓨즈

- 포장 : 정격전류의 1.3배에 견디고, 2배에서 120분 내 용단
- 비포장 : 정격전류의 1.25배에 견디고, 2배에서 2분 내 용단

100
고압애자공사

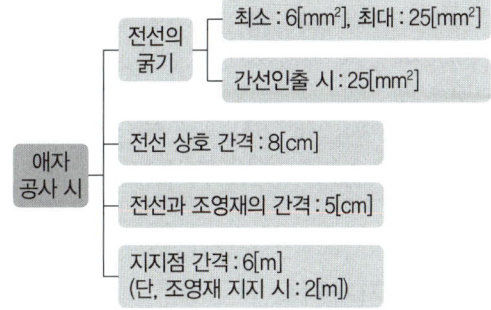

정답 전기기사 2025년 1회 기출문제

01	02	03	04	05	06	07	08	09	10
①	③	②	②	②	②	②	①	③	②
11	12	13	14	15	16	17	18	19	20
①	④	③	①	③	④	③	④	④	①
21	22	23	24	25	26	27	28	29	30
①	④	④	④	③	②	①	④	④	③
31	32	33	34	35	36	37	38	39	40
①	②	③	③	③	③	③	③	④	②
41	42	43	44	45	46	47	48	49	50
④	①	①	④	④	②	②	②	③	①
51	52	53	54	55	56	57	58	59	60
②	①	③	④	①	④	①	①	②	①
61	62	63	64	65	66	67	68	69	70
③	④	③	①	②	②	④	③	②	①
71	72	73	74	75	76	77	78	79	80
③	②	④	③	④	②	②	④	④	②
81	82	83	84	85	86	87	88	89	90
①	④	③	③	④	①	②	④	④	④
91	92	93	94	95	96	97	98	99	100
③	③	②	④	②	③	②	②	③	④

1과목 전기자기학

01

$$R_m = \frac{l}{\mu S} = \frac{5.6 \times 10^{-3}}{4\pi \times 10^{-7} \times 4.26 \times 10^{-2}}$$
$$\fallingdotseq 1.05 \times 10^5 [\text{AT/wb}]$$

02

전기량 $Q = It = ne$ [C]일 때 전류 $I = \dfrac{Q}{t} = \dfrac{ne}{t}$ [A]이고,

전자의 수 $n = \dfrac{I \cdot t}{e} = \dfrac{50 \times 1}{1.602 \times 10^{-19}}$
$=$ 약 31.25×10^{19} [개]

03

거리벡터 $\vec{r} = 3a_y + 4a_z$, 크기 $|\vec{r}| = \sqrt{3^2 + 4^2} = 5$

전계 $E = \dfrac{Q}{4\pi\varepsilon_0 r^2} = 9 \times 10^9 \times \dfrac{10^{-9}}{5^2} = \dfrac{9}{25}$ [V/m]이므로

벡터로 표현하면 $\vec{E} = n|E| = \dfrac{\vec{r}}{|\vec{r}|}|E| = \dfrac{3a_y + 4a_z}{5} \cdot \dfrac{9}{25}$
$$= 0.216 a_y + 0.288 a_z$$

04

접지 무한평판과 선전하 사이에 작용하는 힘은 다음과 같다.

선전하 ρ[C/m] $= \lambda$[C/m]

• 총 힘 $F = QE = -\lambda \cdot l \dfrac{\lambda}{4\pi\varepsilon_0 h} = \dfrac{\lambda^2 l}{4\pi\varepsilon_0 h}$ [N]

• 길이당 힘 $f = -\dfrac{\lambda^2}{4\pi\varepsilon_0 h}$ [N/m] $\propto \dfrac{1}{h}$

05

조건 : 커패시터 내의 전계 일정

에너지 밀도 $W = \dfrac{1}{2}\varepsilon E^2$ [J/m³]

ε(유전율)이 클수록 에너지 밀도가 크다.

06

강자성체 $\mu_s \gg 1$
상자성체 $\mu_s > 1$
역자성체(=반자성체) $\mu_s < 1$

07

단위면적당 정전응력

$$W = \dfrac{1}{2}\varepsilon E^2 = \dfrac{D^2}{2\varepsilon} = \dfrac{Q^2}{2\varepsilon S^2} = \dfrac{Q^2}{2\varepsilon(4\pi a^2)^2} = \dfrac{Q^2}{32\pi^2\varepsilon_0 a^4}$$

08

전기 쌍극자 전계 $E = \dfrac{M}{4\pi\varepsilon_0 r^3}\sqrt{1+3\cos^2\theta}$ [V/m]이므로

전계가 가장 높을 때는 $\cos^2\theta = 1$일 때이다. 따라서 $\theta = 0^0$일 때이다.

09
분극률 $\chi = \varepsilon_0(\varepsilon_s - 1)$

비분극률 $\dfrac{\chi}{\varepsilon_0} = \varepsilon_s - 1 = 3 - 1 = 2$

10
정n각형 코일에 의한 중심점에 작용하는 자계

- 정삼각형 : $H = \dfrac{9I}{2\pi l}$ [AT/m]
- 정사각형 : $H = \dfrac{2\sqrt{2}\,I}{\pi l}$ [AT/m]
- 정육각형 : $H = \dfrac{\sqrt{3}\,I}{\pi l}$ [AT/m]

11
자계 에너지 밀도

$$W = \dfrac{1}{2}\mu H^2 = \dfrac{B^2}{2\mu} = \dfrac{1}{2}BH \ [\text{J/m}^3]$$

12
1) 상호인덕턴스 $M = k\sqrt{L_1 L_2}$
2) 자기인덕턴스와 상호인덕턴스의 관계 $k=1$일 경우

$M = \sqrt{L_1 L_2}$, $L_1 = \dfrac{\mu S N_1^2}{l}$, $L_2 = \dfrac{\mu S N_2^2}{l}$ 을 대입하면

$M = \dfrac{\mu S N_1 N_2}{l} = \dfrac{N_1 N_2}{R_m} = L_1 \dfrac{N_2}{N_1} = L_2 \dfrac{N_1}{N_2}$ [H]

13
$F = \dfrac{\mu_0 I_1 I_2}{2\pi d} = \dfrac{2I^2}{d} \times 10^{-7}$ [N/m]에서 단위길이당 10^{-7} [N]
의 반발력(= 전류방향 반대)이 작용하므로
$I^2 \times 10^{-7} = 10^{-7}$ ∴ $I = \sqrt{1} = 1$ [A]
반발력은 두 도선의 전류가 반대방향으로 흐른다.

14
전기력선의 성질
- 전기력선은 정(+)전하에서 시작하여 부(-)전하에서 끝난다.
- 전기력선은 서로 반발하여 교차할 수 없다.
- 전기력선의 방향은 그 점의 전계의 방향과 일치한다.
- 전기력선의 밀도는 전계의 세기와 같다.
- 전기력선은 전위가 높은 점에서 낮은 점으로 향한다.
- 전기력선은 도체 표면(등전위면)에 수직으로 만난다.
- 도체에 주어진 전하는 도체 표면에만 분포한다.
- 전기력선은 대전도체 내부에는 존재하지 않는다.
- 전기력선의 수는 내부 전하량 Q[C]의 $\dfrac{1}{\varepsilon_0}$ 배이다.
- 전기력선은 그 자신만으로 폐곡선을 이룰 수 없다.

15
자기회로와 전기회로의 대응 관계

자기회로	전기회로
자속 ϕ [wb]	전류 I [A]
자계 H [AT/m]	전계 E [V/m]
기자력 F [AT]	기전력 E [V]
자속밀도 B [wb/m^2]	전류밀도 i [A/m^2]
투자율 μ [H/m]	도전율 $k = \sigma$ [℧/m]
자기저항 R_m [AT/wb]	전기저항 R [Ω]

16
㉠ 법선(수직) 전속밀도 $D_{n1} = D_{n2}$만 존재
- $D_{n1} = D_{n2}$: 연속적이다.
- $E_{n1} \neq E_{n2}$: 불연속적이다.
  여기서, n은 법선(수직) 성분을 의미한다.
- $D_1 \cos\theta_1 = D_2 \cos\theta_2$, $\varepsilon_1 E_1 \cos\theta_1 = \varepsilon_2 E_2 \cos\theta_2$
  ⋯⋯⋯⋯⋯⋯⋯⋯⋯⋯⋯⋯⋯⋯⋯⋯⋯⋯⋯⋯⋯⋯⋯⋯⋯ 식 (1)

㉡ 접선(수평) = 경계면 전계 $E_{t1} = E_{t2}$만 존재
- $E_{t1} = E_{t2}$: 연속적이다.
- $D_{t1} \neq D_{t2}$: 불연속적이다.
  여기서, t는 접선(수평) 성분을 의미한다.
- $E_1 \sin\theta_1 = E_2 \sin\theta_2$ ⋯⋯⋯⋯⋯⋯⋯⋯⋯⋯ 식 (2)

㉢ 굴절각
굴절각은 $\varepsilon_1 \tan\theta_2 = \varepsilon_2 \tan\theta_1$이며 유전체에 비례한다.

※ 굴절하지 않을 경우
- $\varepsilon_1 = \varepsilon_2$
- $\theta_1 = 0$
- 전계와 전속밀도가 수직으로 입사할 때 이때 전계는 불연속, 전속밀도는 불변

㉣ $\varepsilon_1 > \varepsilon_2$일 때 비례관계 : $\theta_1 > \theta_2$, $D_1 > D_2$, $E_1 < E_2$

17

① 볼타 효과 : 도체와 도체, 유전체와 유전체, 유전체와 도체를 접촉시키면 전자가 이동하여 양·음으로 대전되는 현상
② 전계 효과 : 전기를 흘릴 수 있는 도전성 채널을 만들어 주는 현상
③ 압전 효과 : 기계적인 변형력을 가질 때, 결정체 표면에 전위차가 발생하는 현상
④ 파이로 효과 : 열을 가하면 전기분극이 발생하는 현상

18

㉠ 맥스웰의 제1의 기본방정식
$$\mathrm{rot}H = \mathrm{curl}H = \nabla \times H$$
$$= i_c + \frac{\partial D}{\partial t} = i_c + \varepsilon \frac{\partial E}{\partial t} = i [\mathrm{A/m^2}]$$

- 암페어의 주회적분법칙에서 유도한 식이다.
- 전도전류, 변위전류는 자계를 형성한다(전류와 자계의 관계).
- 전류의 연속성을 표현한다.

㉡ 맥스웰의 제2의 기본방정식
$$\mathrm{rot}E = \mathrm{curl}E = \nabla \times E = -\frac{\partial B}{\partial t} = -\frac{\partial H}{\partial t}$$

- 자속밀도의 시간적 변화는 전계를 회전시키고 유기기전력을 형성한다.
- 패러데이의 법칙에서 유도한 전계에 관한 식이다.

㉢ $\mathrm{div}D = \nabla \cdot D = \rho [\mathrm{C/m^3}]$

- 임의의 폐곡면 내의 전하에서 전속선이 발산한다.
- 가우스 발산 정리에 의하여 유도된 식이다.

㉣ $\mathrm{div}B = \nabla \cdot B = 0$

- N, S극이 항상 공존한다.
- 자기력선은 연속적이다.

㉤ $\mathrm{rot}\vec{A} = \nabla \times \vec{A} = B [\mathrm{Wb/m^2}]$
벡터퍼텐셜($\vec{A}$)의 회전은 자속밀도를 형성한다.

19

정삼각형 정점의 힘의 세기
전하의 부호와 같고, 크기 동일한 경우

$$F = \sqrt{3}\, F_1$$
$$= \sqrt{3} \times 9 \times 10^9 \times \frac{2 \times 10^{-6} \times 2 \times 10^{-6}}{0.1^2}$$
$$= 6.23\ldots = 3.6\sqrt{3}$$

20

$$V = \frac{Q}{4\pi\varepsilon_0 r} = \frac{\lambda l}{4\pi\varepsilon_0 \sqrt{a^2 + h^2}} = \frac{\lambda a}{2\varepsilon_0 \sqrt{a^2 + h^2}} [\mathrm{V}]$$

2과목 전력공학

21

안정도 향상 대책
- 선로 또는 기기의 리액턴스를 작게 한다.
- 중간조상방식을 채용한다(송전선로 중간에 동기조상기를 연결).
- 재폐로방식을 채용한다.
- 계통을 연계시킨다.
- 발전기 단락비를 크게 한다.
- 속응여자방식을 채용한다.
- 고속도 차단방식을 채용한다(중간개폐소 설치).
- 다회선방식이나 복도체방식을 채용한다.

22

한류리액터
단락전류를 제한하여 차단기용량을 줄인다.

23

정전유도장해
지락 시 영상전압에 의하여 정전유도된 전압으로 선로 길이와 무관하며 영상전압(대지 사이 전압)에 비례한다.

24

저압네트워크방식(망상식)
- 무정전공급이므로 공급의 신뢰도가 좋음
- 부하가 밀집된 도시
- 인축의 접지사고가 많음

- 고장전류 역류 보호장치 설치(대책 : 차단기, 방향계전기, Fuse)

25
접지 비교

구분	직접접지	소호리액터 접지
전위상승	최저(1.3배 이하)	최대($\sqrt{3}$ 배 이상)
지락전류	최대	최소
유도장해	최대	최소
과도안정도	낮음	높음

26
$$I_g = \frac{E}{Z} = \frac{\frac{V}{\sqrt{3}}}{\frac{1}{j3\omega C_s}} = j3\omega C_s \frac{V}{\sqrt{3}} = j\sqrt{3}\,\omega C_s V [\text{A}]$$

여기서, I_g : 지락전류(충전전류)
C_s : 대지 정전 용량

27
저압네트워크방식(망상식)
- 무정전공급이므로 공급의 신뢰도가 좋음
- 부하가 밀집된 도시
- 인축의 접지사고가 많음
- 고장전류 역류 보호장치 설치(대책 : 차단기, 방향계전기, Fuse)

28
ALTS
2회선 중 주회선 정전 시 예비회선으로 전환하는 장치

29
SF_6가스는 한랭지, 산악 지방 등 저온에 대하여 액화방지설비를 갖추어야 한다.

30
$$\%Z = \frac{PZ}{10\,V^2} = \frac{100 \times 10^3 \times 8}{10 \times 154^2} = 3.37\,[\%]$$

여기서, P : [kVA]
V : [kV]

31
$$e_2 = \frac{Z_2 - Z_1}{Z_1 + Z_2} \times e = \frac{1,500 - 300}{300 + 1,500} \times 600 = 400[\text{V}]$$

여기서, e_2 : 투과파전압
e : 진행파전압

32
유황곡선
연간 발전 계획의 기초 자료

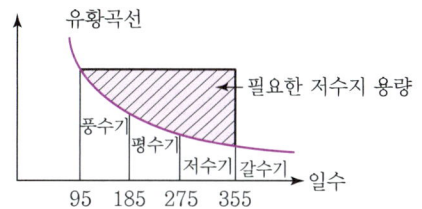

※ 유량이 많은 것부터 배열한다.

33
단락비를 크게 하여 리액턴스를 작게 한다.

34
애자의 구비조건
- 절연내력이 클 것
- 누설전류가 작을 것
- 정전용량이 적을 것
- 절연저항이 클 것
- 기계적 강도가 클 것

35

구분	설명
반한시성	정반비례(동작전류가 크면 동작시간이 짧아짐)
순한시성	즉시(순시) 동작
정한시성	정해진 시간(일정시간) 동작
반한시성 - 정한시성	반한시성 특성과 정한시성 특성을 가진 동작

36
특성 임피던스는 길이에 관계없이 크기가 같다.

37
복도체 사용목적
- 코로나 발생 방지
- 인덕턴스값 감소, 정전용량값의 증가로 송전용량 증가
- 임계전압 증가 및 전위경도 감소

38
재생 사이클은 터빈 팽창 중단에서 일단 증기를 일부만 추출하여 급수가열기에 공급한다.

39
계통 내의 각 기기, 기구 및 애자 등의 상호 간에 적정한 절연강도를 지니게 함으로써 계통 설계를 합리적·경제적으로 할 수 있게 한 것을 절연협조라고 한다. 피뢰기의 제한전압이 기본이 된다.

40
전력손실 $P_L = 3I^2 R$에서
$$P_L \propto I^2 = 2^2 = 4배$$

3과목 전기기기

41
복권 발전기의 단자전압(V)
$$V = E - I_a(R_a + R_s)$$
$$= \frac{PZ\phi N}{60a} - I_a(R_a + R_s)$$
$$= K(\phi_f - \phi_s)w_n - I_a(R_a + R_s)$$

여기서, 차동복권의 자속은 분권계자자속(ϕ_f)과 직권계자자속(ϕ_s)이 반대방향이다. $\phi = (\phi_f - \phi_s)$

각속도 $w_n = 2\pi \frac{N}{60}$ 이므로

유기기전력 $E = K(\phi_f - \phi_s)w_n$
$$= \frac{PZ}{2\pi a}(\phi_f - \phi_s)2\pi \frac{N}{60}$$
$$= \frac{PZ(\phi_f - \phi_s)N}{60a}$$

으로 표현할 수 있다.

42
동기발전기의 병렬운전조건 중 기전력의 크기가 같지 않을 때에는 무효순환전류가 흐르게 되므로 A기의 여자전류를 증대시키면 기전력이 B기보다 커지게 되며, 이때 A기는 무효분전류가 증가하여 역률이 감소하고 B기는 무효분이 감소하여 역률이 증가하게 된다.

43
직류 직권전동기는 무부하상태가 되면 출력이 급격히 감소하여 자속도 감소하게 된다. 자속과 회전수는 반비례이므로 벨트 운전 중 벨트가 벗겨지면 무부하상태가 되어 위험속도에 도달한다.

44
권수비 $a = \frac{V_{1n}}{V_{2n}} = \frac{V_{10}}{V_{20}}$ 식에서 전부하의 2차 전압은 V_{2n}이고 1차 단자전압은 무부하 시 1차 단자전압 V_{10}이다.

전압변동률 $\varepsilon = \frac{V_{20} - V_{2n}}{V_{2n}} \times 100[\%]$ 식에서 V_{20}를 구하고 권수비를 이용하여 1차 단자전압 V_{10}을 구한다.
$$V_{20} = V_{2n}(1+\varepsilon) = 120(1+0.02) = 122.4[\text{V}]$$
$$V_{10} = aV_{20} = 20 \times 122.4 = 2{,}448[\text{V}]$$

45
회전자속도 $N = N_s(1-s) = \frac{120f}{P}(1-s)$
$$= \frac{120 \times 60}{8}(1-0.028) = 874.8[\text{rpm}]$$

2차 동손 $P_{c2} = sP_2$에서

슬립 $s = \frac{P_{c2}}{P_2} = \frac{P_{c2}}{P_o + P_{c2} + P_m} = \frac{3}{100+3+2} = 0.028$

2차 입력 $P_2 = P_o + P_{c2} + P_m$

기계적 출력, 2차 동손, 기계손 모두 더한 것과 같다.

46
3상 유도전동기 2차 효율 $\eta_2 = \frac{P_o}{P_2} = 1 - s = \frac{N}{N_s}$

47
직류발전기의 계자저항을 조정하면 계자 전류의 크기가 변하게 되고, 계자 전류와 자속은 비례관계로 유기기전력의 크기가 변하게 되어 단자 전압의 크기가 조정된다.
$R_f(\uparrow) \to I_f(\downarrow) \to \phi(\downarrow) \to E(\downarrow) \to V(\downarrow)$

48
전압변동률 $\varepsilon = p\cos\theta + q\sin\theta$
$= 2 \times 0.8 + 3 \times 0.6 = 3.4[\%]$

49
제동권선의 주목적은 난조방지이나 동기전동기에서는 기동토크를 발생시켜 회전하는 자체 기동법으로 이용된다.

50
3상을 2상으로 변환하는 결선법
- 스코트 결선(T결선)
- 메이어 결선
- 우드 브릿지 결선

51
직류 분권전동기의 역기전력
$E_c = V - I_a R_a = 600 - 136.65 \times 0.22 ≒ 570[V]$

효율 $\eta = \dfrac{출력}{입력} = \dfrac{100 \times 746}{VI}$ 에서

부하전류 $I = \dfrac{74{,}600}{V\eta} = \dfrac{74{,}600}{600 \times 0.9} = 138.15[A]$

분권전동기의 계자전류 $I_f = \dfrac{V}{R_f} = \dfrac{600}{400} = 1.5[A]$,

전기자전류 $I_a = I - I_f$ 이므로
$138.15 - 1.5 = 136.65[A]$
※ $1[HP] = 746[W]$

52
동기전동기에서 공급전압보다 앞선 전류는 감자작용, 뒤진 전류는 증자작용을 한다.

53
게르게스 현상은 3상 권선형 유도전동기에서 생기는 이상 현상으로 무부하 또는 경부하 시 2차 회로의 한 상이 단선이 되어도 정지되지 못하고 계속 회전하는 현상이다. 이때 슬립은 약 50[%] 정도로 정격속도의 $\dfrac{1}{2}$ 배의 속도로 회전한다.

54
리니어모터(선형전동기)는 원운동이 아닌 직선운동을 하는 전동기이다.

55
단상 반파 정류회로의 첨두역전압
$PIV = \sqrt{2}\, E_a = \pi E_d = 3.14 \times 220 ≒ 691[V]$

56
트라이액(TRIAC)은 SCR을 역병렬로 접속한 것으로 양방향(2방향성) 3단자 사이리스터이다.

57
3상 전파 정류회로
직류 평균전압
$E_d = \dfrac{\sqrt{2}\sin\dfrac{\pi}{m}}{\dfrac{\pi}{m}} E_a \cos\alpha$

$= \dfrac{\sqrt{2}\sin\dfrac{\pi}{6}}{\dfrac{\pi}{6}} E_a \cos\alpha$

$= \dfrac{6\sqrt{2}}{2\pi} E_a \cos\alpha$

$= \dfrac{3\sqrt{2}}{\pi} E_a \cos\alpha [V]$

여기서, m : 상수
E_a : 교류 실효전압
α : 점호각

58
직류직권발전기는 전기자와 계자가 직렬로 연결되어 있으므로 전류 크기가 모두 같다. $I_a = I_f = I$

59
3상 유도전동기의 역회전 시 슬립
$s' = 2 - s = 2 - 0.03 = 1.97$
정회전 시 슬립
$s = \dfrac{N_s - N}{N_s} = \dfrac{1,800 - 1,750}{1,800} = 0.0277 ≒ 0.03$
동기속도(회전자기장 속도)
$N_s = \dfrac{120f}{P} = \dfrac{120 \times 60}{4} = 1,800 \text{[rpm]}$

※ 3상 유도전동기의 전원 3선 중 2선의 접속을 변경하면 회전자기장의 방향이 반대로 되어 역회전한다.

60
3상 변압기 병렬운전 조건
- 극성이 같을 것
- 1차, 2차 정격전압 및 권수비가 같을 것
- 내부 저항과 누설 리액턴스의 비가 같을 것
- 부하 분담 시 정격 용량에는 비례하고 임피던스에는 반비례할 것(퍼센트 임피던스가 같을 것)
- 상회전 방향 및 위상 변위가 같을 것

4과목 회로이론 및 제어공학

61
- 2[V]의 전압원을 단락하면 개방된 a, b 단자로 인해 3[Ω]에는 전류가 흐르지 않고 2[Ω]에 3[A]가 모두 흐르게 된다.
- 3[A]의 전류원을 개방하면 개회로가 되어 2[Ω]에는 전류가 흐르지 않는다.
- 결국 2[Ω]에 흐르는 전류는 총 3[A]이므로 단자전압 $V_{ab} = 3 \times 2 = 6$[V]이다.

62
전압과 전류의 순시값을 모두 sin 함수로 변형해야만 주파수 동일한 파형의 시간적 차이를 계산할 수 있으므로 다음과 같이 순시값을 변형하고 위상차를 계산할 수 있다.

$v = \sqrt{2}\, V \sin(\omega t - \phi + 90)$[V]
$i = \sqrt{2}\, I \sin(\omega t + \theta)$[A]
이때, 위상차 $\theta = \theta_1 - \theta_2 = -\phi + 90 - \theta = \dfrac{\pi}{2} - (\phi + \theta)$

63
전원과 부하가 다같이 Δ결선이므로, 상전류 I_p는
$I_p = \dfrac{V}{Z} = \dfrac{200}{\sqrt{6^2 + 8^2}} = 20$[A]
$\therefore I_l = \sqrt{3}\, I_p = 20\sqrt{3}$[A]

64
$P = VI\cos\theta$
$= \dfrac{170}{\sqrt{2}} \cdot \dfrac{8.5}{\sqrt{2}} \cos(30 - (-30))$
$= \dfrac{170 \times 8.5}{2} \times \cos 60$
$= 361.25$[W]

65
전파정수
$\gamma = \sqrt{ZY} = \sqrt{(R + j\omega L)(G + j\omega C)}$
$\quad = \sqrt{RG} + j\omega\sqrt{LC}$

66
A, B 저항과 코일을 $R_1, R_2, X_{L_1}, X_{L_2}$라 하면
$R_1 = 3$[Ω], $R_2 = 5$[Ω], $X_{L_1} = 5$[Ω], $X_{L_2} = 1$[Ω]
이때, 두 코일이 직렬이므로
$Z_t = (R_1 + R_2) + j(X_{L_1} + X_{L_2}) = 8 + j6$[Ω]
$\therefore I = \dfrac{V}{Z} = \dfrac{100}{8 + j6} = \dfrac{100}{10\angle 37} = 10\angle -37$[A]

67
$I_0 = \dfrac{1}{3}(I_a + I_b + I_c)$
$= \dfrac{1}{3}\{(15 + j2) + (-20 - j14) + (-3 + j10)\}$
$= \dfrac{1}{3}(-8 - j2) = -2.67 - j0.67$

68

1전력계

$P = \sqrt{3}\, VI = 2W$ 이므로 $I = \dfrac{2W}{\sqrt{3}\, V}$

69

RL 직렬회로의 시정수 $\tau = \dfrac{L}{R} = \dfrac{40 \times 10^{-3}}{20}$
$= 2 \times 10^{-3} [\sec]$

70

전파속도

$v = \dfrac{2\pi f}{\beta} = \dfrac{2\pi \times (1 \times 10^6)}{\dfrac{\pi}{8}}$

$= 16 \times 10^6 = 1.6 \times 10^7 [m/s]$

71

Nyquist 안정도 판별법
- 절대안정도에 관하여 루스-후르비츠 판별법과 같은 정보 제공
- 안정도를 개선할 수 있는 방법 제시
- 시스템의 주파수영역 응답에 대한 정보 제공

72

신호흐름선도의 종속접속을 3개 부분으로 나눈다.

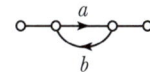 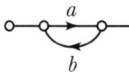 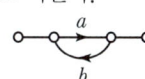

$G_1 = \dfrac{a}{1-ab}$ $G_2 = \dfrac{a}{1-ab}$ $G_3 = \dfrac{a}{1-ab}$

$G = G_1 \times G_2 \times G_3 = \dfrac{a}{1-ab} \times \dfrac{a}{1-ab} \times \dfrac{a}{1-ab}$
$= \dfrac{a^3}{(1-ab)^3}$

73

피드백 제어계의 특징
- 정확성의 증가
- 계의 특성변화에 대한 입력 대 출력비의 감도 감소
- 비선형 왜곡 감소
- 대역폭 증가
- 구조가 복잡하고 설치비가 고가
- 발진을 일으키고 불안정한 상태로 되어 가는 경향성

74

$|\lambda I - A|$의 행렬식

$|\lambda I - A| = \begin{bmatrix} x & 0 \\ 0 & x \end{bmatrix} - \begin{bmatrix} 1 & -2 \\ -3 & 2 \end{bmatrix} = \begin{bmatrix} \lambda - 1 & 2 \\ 3 & \lambda - 2 \end{bmatrix}$
$= (\lambda - 1)(\lambda - 2) - 6 = 0$

$\lambda^2 - 3\lambda - 4 = 0$
$(\lambda - 4)(\lambda + 1) = 0$
$\therefore \lambda = 4, -1$

75

2차 제어계 $G(s)H(s)$의 나이퀴스트 선도
- 부의 실수축과 교차하지 않으므로 교차량 $|GH_c|$는 0이다.
- 이득여유 $GM = 20 \log \dfrac{1}{|GH_c|} = 20 \log \dfrac{1}{6} = \infty$
- 모든 이득 $K < \infty$에 대해서 2차 시스템은 안정하다.

76

$f(t)$	$F(s)$	$F(z)$
$\delta(t)$	1	1
$u(t)$	1	$\dfrac{z}{z-1}$
t	$\dfrac{1}{s^2}$	$\dfrac{Tz}{(z-1)^2}$
e^{-at}	$\dfrac{1}{st_a}$	$\dfrac{z}{z-e^{-at}}$

77

$G(s)H(s) = \dfrac{1}{s(s+1)}$ 에서

$\lim_{s \to 0} G(s)H(s) = \dfrac{K}{s^\ell}$

- $\ell = 0$ 0형
- $\ell = 1$ 1형
- $\ell = 2$ 2형

78
제어계의 오차가 변화하는 속도에 비례하여 조작량을 가·감하도록 하는 동작이므로 오차가 커지는 것을 미연에 방지한다.

79
최소 위상함수의 상대안정도는 위상각 증가와 함께 커진다.

80
출력 $X = (A+B) \cdot B$
$= A \cdot B + B \cdot B = AB + B$
$= B(A+1) = B$

5과목 전기설비기술기준

81
전압
- 사용전압 : 400[V] 이하(교통신호등 300[V] 이하, 전기울타리 250[V] 이하)
  (단, 전광표시, 자동제어, 소세력회로 절연변압기의 1차 전압 300[V], 2차 사용전압 60[V])
- 대지전압 : 300[V] 이하
- 직류전압 : 60[V] 이하

82
배전주에 시설하는 통신설비의 설비표시명판은 다음에 따른다.
- 직선주는 전주 5경간마다 시설할 것
- 분기주, 인류주는 매 전주에 시설할 것

83
옥내의 네온 방전등공사
㉠ 방전등용 변압기는 네온 변압기일 것
㉡ 관등회로의 배선은 전개된 장소 또는 점검할 수 있는 은폐된 장소에 시설할 것
㉢ 관등회로의 배선은 애자사용공사에 의하여 시설하고 또한 다음에 의할 것
  - 전선은 네온전선일 것
  - 전선은 조영재의 옆면 또는 아랫면에 붙일 것
  - 전선의 지지점 간 거리는 1[m] 이하일 것
  - 전선 상호 간의 간격은 6[cm] 이상일 것

84
저압 옥측전선로는 다음의 공사방법에 의한다.
- 애자사용배선(전개된 장소에 한함)
- 합성수지관배선
- 금속관배선(목조 이외의 조영물에 시설하는 경우에 한함)
- 버스덕트배선[목조 이외의 조영물(점검할 수 없는 은폐된 장소는 제외)에 시설하는 경우에 한함]
- 케이블배선(연피 케이블·알루미늄피 케이블 또는 미네럴 인슐레이션 케이블을 사용하는 경우에는 목조 이외의 조영물에 시설하는 경우에 한함)

85
전차선로의 충전부와 차량 간의 절연간격

시스템 종류	공칭전압[V]	동적[mm]	정적[mm]
직류	750	25	25
	1,500	100	150
단상교류	25,000	170	270

86
병렬로 사용하는 각 전선의 굵기는 구리선 50[mm²] 이상 또는 알루미늄 70[mm²] 이상으로 하고, 전선은 같은 도체, 같은 재료, 같은 길이 및 같은 굵기의 것을 사용할 것

87
특별고압 가공전선로의 철주·철근콘크리트주 또는 철탑의 종류
- 직선형 : 전선로의 직선부분(3° 이하인 수평각도를 이루는 곳을 포함)에 사용하는 것(다만, 내장형 및 보강형에 속하는 것을 제외)
- 각도형 : 전선로 중 3°를 초과하는 수평각도를 이루는 곳에 사용하는 것
- 잡아당김형 : 전가섭선을 잡아당기는 곳에 사용하는 것
- 내장형 : 전선로의 지지물 양쪽의 지지물 간 거리의 차가 큰 곳에 사용하는 것
- 보강형 : 전선로의 직선부분에 그 보강을 위하여 사용하는 것

88
지지선의 시설
- 지지선의 안전율은 2.5 이상일 것
- 허용인장하중의 최저는 4.31[kN]
- 소선(素線) 3가닥 이상의 연선일 것
- 소선의 지름이 2.6[mm] 이상인 금속선을 사용한 것일 것
- 지중부분 및 지표상 30[cm]까지의 부분에는 내식성이 있는 것 또는 아연도금을 한 철봉을 사용
- 도로를 횡단하여 시설하는 지지선의 높이는 지표상 5[m] 이상

89
안전을 위해 과부하 보호장치를 생략할 수 있는 경우
- 회전기의 여자회로
- 전자석 크레인의 전원회로
- 전류변성기의 2차 회로
- 소방설비의 전원회로
- 안전설비(주거침입경보, 가스누출경보 등)의 전원회로

90
순시트립에 따른 구분(주택용 배선용 차단기)

형	순시트립 범위
B	$3I_n$ 초과~$5I_n$ 이하
C	$5I_n$ 초과~$10I_n$ 이하
D	$10I_n$ 초과~$20I_n$ 이하

* B, C, D : 순시트립전류에 따른 차단기 분류
* I_n : 차단기 정격전류
* 돌입전류에 대한 순시트립 범위를 말한다.

예 배선용 차단기 명판에 D20A
차단기 정격전류 20[A], 돌입전류가 10배를 초과~20배 이하인 경우 0.1초에 차단한다.

91
전선의 접속방법
- 접속부분의 전기저항을 증가시키지 말 것
- 전선의 인장하중을 20[%] 이상 감소시키지 말 것
- 코드 상호, 캡타이어케이블 상호, 케이블 상호 또는 이들을 상호 접속하는 경우에는 코드 접속기·접속함·기타의 기구를 사용할 것
- 도체에 알루미늄(알루미늄 합금을 포함)을 사용하는 전선과 동(동 합금을 포함)을 사용하는 전선을 접속하는 등 전기 화학적 성질이 다른 도체를 접속하는 경우에는 접속부분에 전기적 부식이 생기지 아니하도록 할 것

92

사용전압	전선의 종류	보안공사
400[V] 이하 저압	나전선 : 3.2[mm] 이상 인장강도 3.43[kN] 경동선	인장강도 5.26[kN] 이상 4.0[mm] 경동선
	절연전선 : 2.6[mm] 이상 인장강도 2.3[kN] 경동선	

93
전압
- 사용전압 : 400[V] 이하(교통신호등 300[V] 이하, 전기울타리 250[V] 이하)
  (단, 전광표시, 자동제어, 소세력회로 절연변압기의 1차 전압 300[V], 2차 사용전압 60[V])
- 대지전압 : 300[V] 이하
- 직류전압 : 60[V] 이하

94
시가지에 전선의 단면적
전선은 단면적이 표에서 정한 값 이상일 것

사용전압의 구분	전선의 단면적
100,000[V] 미만	인장강도 21.67[kN] 이상의 연선 또는 단면적 55[mm²] 이상의 경동연선
100,000[V] 이상	인장강도 58.84[kN] 이상의 연선 또는 단면적 150[mm²] 이상의 경동연선
170,000[V] 초과	240[mm²]의 강심알루미늄전선

95
비데용 콘센트는 접지극이 있는 방적형 콘센트를 사용하며 접지하여야 한다.

96
$6m + [(X - 16) \times 0.12] = 6m + [(34.5 - 16) \times 0.12]$
$= 6m + [19 \times 0.12] = 8.28[m]$
따라서, 거리는 $8.28 - 2.5 = 5.78[m]$

97

어레이 출력 개폐기는 다음과 같이 시설하여야 한다.
- 태양전지 모듈에 접속하는 부하 측의 태양전지 어레이에서 전력변환장치에 이르는 전로에는 그 접속점에 근접하여 개폐기 기타 이와 유사한 기구를 시설할 것
- 모듈을 병렬로 접속하는 전로에는 그 주된 전로에 단락전류가 발생할 경우에 전로를 보호하는 과전류차단기 또는 기타 기구를 시설할 것
- 어레이 출력개폐기는 점검이나 조작이 가능한 곳에 시설할 것

98

구분	철도, 궤도, 자동차도 전용터널	사람이 상시 통행하는 터널
저압	• 애자 공사 시 : 레일면상, 노면상 2.5[m] • 2.6[mm] 이상 경동선의 절연전선 • 합성수지관, 금속관, 가요전선관, 케이블 공사, 애자 공사	• 애자 공사 시 : 노면상 2.5[m] • 2.6[mm] • 합성수지관, 금속관, 가요전선관, 케이블 공사
고압	• 애자 공사 시 : 레일면상, 노면상 3[m] • 4[mm] 이상 경동선의 고압절연전선 또는 특고압절연전선 • 케이블 공사, 애자 공사	케이블 공사
특고압	케이블 공사	–

99

특고압 가공전선 높이 : 시가지 외

35[kV] 이하	160[kV] 이하	160[kV] 초과
• 지표상 : 5[m] • 도로횡단 : 6[m] • 횡단보도 : 4[m] • 철도횡단 : 6.5[m]	• 지표상 : 산지 : 5[m], 평지 : 6[m] • 도로횡단 : 6[m] • 횡단보도 : 5[m] • 철도횡단 : 6.5[m]	산지, 평지 : 6(5) + (전압 − 16) × 0.12[m]

100

"관등회로"란 방전등용 안정기 또는 방전등용 변압기로부터 방전관까지의 전로를 말한다.

정답 전기기사 2025년 2회 기출문제

01	02	03	04	05	06	07	08	09	10
④	①	④	①	①	②	③	②	④	②
11	12	13	14	15	16	17	18	19	20
①	④	④	④	①	④	①	①	④	②
21	22	23	24	25	26	27	28	29	30
④	②	④	②	④	②	④	④	④	④
31	32	33	34	35	36	37	38	39	40
②	③	④	④	③	④	②	②	④	②
41	42	43	44	45	46	47	48	49	50
①	①	①	②	①	②	④	④	③	②
51	52	53	54	55	56	57	58	59	60
②	①	①	③	②	③	②	④	③	③
61	62	63	64	65	66	67	68	69	70
①	②	④	②	③	④	②	②	②	③
71	72	73	74	75	76	77	78	79	80
②	③	④	③	①	②	①	③	④	④
81	82	83	84	85	86	87	88	89	90
③	②	④	③	④	②	④	②	④	③
91	92	93	94	95	96	97	98	99	100
④	④	②	③	④	①	③	②	④	④

1과목 전기자기학

01

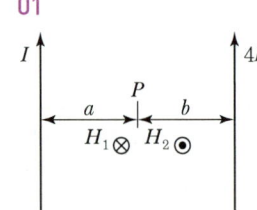

P점에 작용하는 자계의 세기는 2개이며 자계의 방향이 반대이므로 크기가 같으면 P점에서의 자계의 세기가 0이 된다.

$H_1 = \dfrac{I}{2\pi a}[\text{AT/m}]$, $H_2 = \dfrac{4I}{2\pi b}[\text{AT/m}]$이므로

$H_1 = H_2 \Rightarrow \dfrac{I}{2\pi a} = \dfrac{4I}{2\pi b} \Rightarrow \dfrac{a}{b} = \dfrac{1}{4}$ 이 된다.

02

전계 $E = E_o \cos\omega t \,[\text{V/m}]$ 이므로

변위전류밀도 $i_d = \dfrac{\partial D}{\partial t} = \dfrac{\partial E\varepsilon}{\partial t} = \varepsilon \dfrac{\partial}{\partial t} \cdot E_o \omega s\omega t$

$\qquad\qquad\qquad = -\omega\varepsilon E_o \sin\omega t \,[\text{A/m}^2]$

단, 크기이므로 $-$는 의미 없다.

03

자기저항 $R_m = \dfrac{l}{\mu_0 \mu_s S} = \dfrac{0.8}{4\pi \times 10^{-7} \times 20 \times 0.5}$

$\qquad\qquad\quad \fallingdotseq 6.37 \times 10^4 [\text{AT/Wb}]$

04

자속밀도 $B = \mu H$ 에서 $\mu = \dfrac{B}{H}$ 이므로 기울기는 투자율 μ와 같다.

05

인덕턴스 L에 저장되는 에너지만큼 저항 R이 소비할 수 있으므로 L에 저장되는 에너지 $W_L = \dfrac{1}{2} L I_0^2 [\text{J}]$을 [cal]의 단위로 변환하면 된다. 이때 $1[\text{J}] = 0.24 [\text{cal}] = \dfrac{1}{4.2} [\text{cal}]$이므로 $W_L = \dfrac{1}{2} L I_0^2 \times \dfrac{1}{4.2} = \dfrac{1}{8.4} L I_0^2 [\text{cal}]$

06

- 진공 시 전기력선 수 $N_0 = \dfrac{Q}{\varepsilon_0}$ [개]
- 유전체 내의 전기력선 수 $N = \dfrac{Q}{\varepsilon} = \dfrac{Q}{\varepsilon_0 \varepsilon_s}$ [개]

07

전하밀도(= 전속밀도)

$D = \dfrac{\psi}{S} = \dfrac{Q}{S} = \dfrac{Q}{4\pi r^2} = E\varepsilon = \rho_s = \sigma [\text{C/m}^2]$

$\therefore D = \rho_s = E\varepsilon_0$

$\qquad = \sqrt{3^2 + 4^2}\,\varepsilon_0 = 5 \times 8.855 \times 10^{-12}$

$\qquad = 4.42 \times 10^{-11} = 0.44 \times 10^{-10} [\text{C/m}^2]$

08

$Q' = -\dfrac{a}{d} Q = -\dfrac{0.01}{0.1} \times 10 = -1.0 [\mu\text{C}]$

09

지구의 정전용량이 매우 크므로 많은 전하가 축적되더라도 표면전위와 내부전위와 같아 지구의 전위가 거의 일정하기 때문이다. 모든 전기장치를 접지시키고 대지를 실용상 등전위(0[V])로 한다.

10

전자분극(다이아몬드 등)
단결정체에 전계를 가하면 양전하인 핵의 위치와 음전하인 전자운의 위치가 변화하는 분극현상

이온분극(NaCl 등)
이온결합의 특성을 가진 물질에 전계를 가하면 양극에 (+), (-) 이온이 나누어져 이동하여 상대적인 변위를 하는 분극현상

배향분극(물, 암모니아, 알코올 등)
전기 쌍극자를 가진 유극분자들이 전계와 같이 같은 방향으로 회전하여 발생하는 분극현상

11

$div E = \dfrac{\rho_v}{\varepsilon_0}$, $\rho_v = div E \varepsilon_0 = div D [\text{C/m}^3]$ 이므로

$\rho_v = div D = \nabla \cdot D$

$\qquad = \dfrac{\partial x^2}{\partial x} + \dfrac{\partial 2y^2}{\partial y} + \dfrac{\partial 3z}{\partial z} = 2x + 4y + 3 [\text{C/m}^3]$

여기에 원점의 좌표(0,0,0)을 각각 대입하면 3이 된다.

12

정사각형 도체에 전류가 흐를 때 중심점 자계

$H = \dfrac{2\sqrt{2}\,I}{\pi l} [\text{AT/m}]$

여기서, I : 전류
$\qquad\;\; l$: 한 변의 길이

13

체적당 에너지 $W_E = \dfrac{D^2}{2\varepsilon}$ 이므로

$\varepsilon = \dfrac{D^2}{2W_E} = \dfrac{(2.4 \times 10^{-7})^2}{2 \times 2 \times 10^{-3}} = 1.44 \times 10^{-11}[\text{F/m}]$

14

로렌츠의 힘

$F = qBv\sin\theta[\text{N}]$

$\sin 90 = 1$과 자속밀도 $B = \mu_0 H$를 대입하면

$F = q\mu_0 Hv = \mu_0 qvH[\text{N}]$

15

자기인덕턴스의 단위 $L = \dfrac{N\phi}{I}[\text{Wb/A} = \text{H}]$이며

유기기전력을 이용하면

$L = e\dfrac{dt}{di}\left[\text{V} \cdot \dfrac{\sec}{\text{A}} = \Omega \cdot \sec = \dfrac{\text{V} \cdot \text{A} \sec}{\text{A}^2}\right]$이다.

또한, 에너지 $\omega = \dfrac{1}{2}LI^2$이므로, $L = \dfrac{2\omega}{I^2}[\text{J/A}^2]$이 된다.

16

기자력 $F[\text{AT}]$은 전기회로의 기전력 $E[\text{V}]$에 대응하는 자기회로의 요소로 자속을 발생하는 힘이라고 볼 수 있다. 기자력의 단위인 [AT]은 권선수를 1로 보면 [A]와 같으며, 자속 $\phi = \dfrac{F}{R_m}$의 관계에서 $F = R_m\phi$로 정의할 수도 있다.

17

환상철심(= 환상솔레노이드) 내부 자계의 세기

$H = \dfrac{NI}{l} = \dfrac{NI}{2\pi r} = \dfrac{500 \times 4}{2\pi \times 20 \times 10^{-2}} ≒ 1{,}590[\text{AT/m}]$

18

공극의 자기저항

$R_m = \dfrac{l_g}{\mu_0 S} = \dfrac{5.66 \times 10^{-3}}{4\pi \times 10^{-7} \times 4.26 \times 10^{-2}}$

$= 105729.69... ≒ 1.05 \times 10^5$

단, μ_0는 진공 시 투자율, S는 단면적, l_g는 공극길이이다.

19

전계가 경계면에 수직(법선)으로 진행하면 $D_1 = D_2 = D$이며 $\varepsilon_1 > \varepsilon_2$라면

$f = \dfrac{1}{2}\left(\dfrac{1}{\varepsilon_2} - \dfrac{1}{\varepsilon_1}\right)D^2[\text{N/m}^2]$

20

$W_1 = \dfrac{1}{2}C_1V_1^2$

$= \dfrac{C_1}{2}\left(\dfrac{C_0}{C_p + (C_1 + C_2)}V\right)^2$

$= \dfrac{C_1V^2}{2}\left(\dfrac{C_0}{C_0 + (C_1 + C_2)}\right)^2[\text{J}]$

2과목 전력공학

21

차단기의 종류

명칭	약호	소호매질	비고
유입 차단기	OCB	절연유	• 부싱형변류기를 사용한다. • 방음설비가 필요 없다. • 화재위험이 있다.
공기 차단기	ABB	압축공기 (차단만)	• 15~30기압의 압축공기 • 소음이 크다(154, 345[kV]).

가스 차단기	GCB	SF$_6$	• SF$_6$의 특징
			  − 무색, 무취, 무해이다.
			  − 소호능력이 크고, 절연성이 높다.
			  − 최신형대용량(154 이상)이다.
			  − 소음이 적다.

진공 차단기	VCB	진공	• 최신형소용량(22.9)이다. • 개폐이상전압이 가장 크다(서지흡수기 설치).
자기 차단기	MBB	전자력	주파수와 차단성능은 관계없다.

22

변압기등 철심에서 발생하는 손실, 와류손과 히스테리시스손으로 구성된다.

23
- 경부하(무부하) 시 : 지상성분을 삽입하여 페란티현상을 방지한다.(리액터, 동기조상기의 부족여자운전)
- 중부하(전부하) 시 : 진상성분을 삽입하여 역률을 개선한다.(전력용 콘덴서, 동기조상기의 과여자운전)

24
- 1상 2선식 : $C = C_s + 2C_m$
- 3상 3선식 : $C = C_s + 3C_m$

  여기서, C_s : 대지정전용량, C_m : 선간정전용량

25
$$부하율 = \frac{평균전력}{최대전력} = \frac{평균전력}{\frac{설비용량 \times 수용률}{부등률}}$$

$$= \frac{평균전력 \times 부등률}{설비용량 \times 수용률}$$

26
환상선로(전원 양단) 계전방식
방향성 단락계전기 + 과전류 계전기

27
코로나 임계전압을 높게 하는 경우
- 날씨가 맑을수록
- 기압이 높을수록
- 상대공기밀도가 높을수록
- 전선의 반지름과 선간거리가 클수록

28
- 연간전력 : $Pt = I^2 Rt$
  $= 200^2 \times 0.25 \times 10 \times 365 \times 24$
  $= 8.76 \times 10^8 [\text{Wh}]$
- 손실계수 : $H = 0.3F + 0.7F^2$
  $= 0.3 \times 0.6 + 0.7 \times 0.6^2 = 0.432$
- 손실전력 : $w_{3\phi} = 3 \times H \cdot W \times 10^{-6}$
  $= 3 \times 0.432 \times 8.76 \times 10^8 \times 10^{-6}$
  $≒ 1,135 [\text{MWh}]$

29
송전전압 공식(still 식)

$$V_s = 5.5\sqrt{0.6l + \frac{P}{100}}$$

$$= 5.5\sqrt{0.6 \times 50 + \frac{5,000}{100}} = 49.19[\text{kV}] ≒ 50$$

30
$1\phi 3w$ 전기방식
- 2종의 전원을 얻을 수 있다.
- 중성선 단선 시 전압의 불평형이 생긴다.
  → 저압밸런서 설치
- 중성선에는 fuse를 설치하지 않는다.

31
연가의 효과
- 선로정수 평형
- 직렬공진 방지
- 유도장해 방지

32
- 고수량 : 매년 1~2회 발생하는 출수의 유량
- 홍수량 : 3~4년에 한 번 생기는 출수의 유량

33
중성점 접지방식 비교

구분	직접접지	소호리액터 접지
전위상승	최저(1.3배 이하)	최대($\sqrt{3}$배 이상)
지락전류	최대	최소
유도장해	최대	최소
과도안정도	낮음	높음

34
이도 시 추가되는 전선의 길이

$$L' = L - S = \frac{8D^2}{3S}[\text{m}]$$

35
진상전류(충전전류) 차단 시 개폐서지가 크게 발생된다.

36
송전전압의 승압 시 장점
- 전압강하 감소(반비례)
- 전압강하율 감소(제곱의 반비례)
- 손실 감소(제곱의 반비례)
- 전선의 굵기 감소(제곱의 반비례)
- 송전전력 증가(제곱의 비례)

37
단상 2선식 단락사고
- 단락전류 : $I_s = \dfrac{V}{2Z} = \dfrac{V}{2\sqrt{R^2+X^2}}$

  $= \dfrac{3{,}450}{2\sqrt{3^2+4^2}} = 345 \text{[A]}$
- 단락용량 : $P_s = I_s V$

  $= 3{,}450 \times 345 \times 10^{-3}$

  $= 1{,}190.25 \text{[kVA]}$

38
리액터의 종류
- 한류 리액터 : 단락전류 억제(차단용량 경감)
- 분로 리액터 : 페란티 현상 억제
- 직렬 리액터 : 제5고조파 제거

39
복도체 사용 목적
- 코로나 발생 방지
- L값 감소 C값 증가로 송전용량 증가
- 안정도 우수, 전위 경도 감소

40
섹셔널라이저는 고장전류 차단능력이 없다.

3과목 전기기기

41
변압기유(절연유)의 구비조건
- 절연 내력이 클 것
- 인화점이 높고 응고점이 낮을 것
- 비열이 커서 냉각효과가 클 것
- 점성도가 낮을 것
- 절연재료와 화학작용 일으키지 않을 것
- 고온에서 산화하지 않을 것

42
- 진상 역률, 콘덴서 역할 : 위상특성곡선에서 여자전류를 증가(과여자) → 진상(앞선)무효전류가 증가
- 지상 역률, 리액터 역할 : 여자전류를 감소(부족여자) → 지상(뒤진)무효전류가 증가

43
비례추이 원리
3상 권선형 유도전동기의 외부저항을 가변하면 2차 합성저항이 변하게 되고, 그에 비례하여 슬립이 변하는 현상

44
SCR 단방향 3단자 소자, GTO 단방향 3단자 소자, TRIAC 양방향 3단자 소자, SCS 단방향 4단자 소자

45
직류기의 기계손은 풍손, 마찰손(브러시, 베어링)이 있다.

46
2차 효율 $\eta_2 = \dfrac{P_o}{P_2} = (1-s) = \dfrac{N}{N_s}$ 식에서

$1 - 0.04 = 0.96 = 96\text{[\%]}$

47
직류 발전기 유기기전력 $E = \dfrac{PZ\phi N}{60a}$ 식에서

회전수 $N = \dfrac{E 60 a}{PZ\phi} = \dfrac{100 \times 60 \times 4}{4 \times 500 \times 0.01} = 1{,}200 \text{[rpm]}$

48

단락비가 큰 기계(철기계) 특징
- 동기 임피던스가 작다.
- 전압강하, 전압변동률이 작다.
- 계자 자속, 계자 전류, 공극이 크다.
- 전기자 반작용이 작다.
- 철손이 증가하여 효율이 낮다.
- 기계의 중량이 무겁고 가격이 비싸다.
- 안정도가 높다.
- 과부하 내량이 크고 송전선의 충전용량이 크다.

49

- 전압변동률
$$\varepsilon = p\cos\theta + q\sin\theta = 1.75 \times 0.8 + 2 \times 0.6 = 2.6[\%]$$

- 퍼센트 저항강하
$$p = \frac{I_{2n} r_{21}}{V_{2n}} \times 100 = \frac{\frac{5,000}{200} \times 0.14}{200} \times 100 = 1.75[\%]$$

- 퍼센트 리액턴스강하
$$q = \frac{I_{2n} x_{21}}{V_{2n}} \times 100 = \frac{\frac{5,000}{200} \times 0.16}{200} \times 100 = 2[\%]$$

- 2차 정격전류
$$I_{2n} = \frac{P_n}{V_{2n}} = \frac{5,000}{200} = 25[A]$$

50

전등부하전류(2차 전류) I_2가 10[A]일 때 1차 전류
$a = \dfrac{I_2}{I_1}$ 에서 $I_1 = \dfrac{I_2}{a} = \dfrac{10}{20} = 0.5[A]$

입력 $P_1 = V_1 I_1 = 6,000 \times 0.5 \times 10^{-3} = 3[kW]$

51

동기발전기의 구조에 따라 전기자와 계자를 고정시키고 회전자로 유도자를 사용한 발전기이며 수백~20,000[Hz] 정도 고주파를 만들어내는 발전기를 유도자형 동기발전기라고 한다.

52

동기조상기의 위상특성곡선(V 곡선)은 단자전압과 출력을 일정한 상태에서 계자전류(여자전류)를 변화시키면 전기자 전류의 크기와 위상이 변하는 특성을 말한다.

53

분권 전동기의 토크 $\tau = 0.975 \dfrac{P}{N} = 0.975 \dfrac{E_c I_a}{N}$ 에서
토크와 전기자 전류는 비례관계이므로
$50 : 100 = \tau' : 120$ 에서
$\tau' = \dfrac{120}{100} \times 50 = 60[\text{kg} \cdot \text{m}]$

54

최대 효율 조건 $P_i' = \left(\dfrac{1}{m}\right)^2 P_c$ 에서

최대효율 시 부하율 $\left(\dfrac{1}{m}\right)^2 = \dfrac{P_i}{P_c}$ 이므로

$\left(\dfrac{3}{4}\right)^2 = \dfrac{9}{16} = \dfrac{P_i}{P_c}$

즉, 철손과 동손의 비율은 9 : 16이다.

55

전부하 토크와 같은 토크로 기동하기 위한 외부저항
$R = \left(\dfrac{1}{s} - 1\right) r_2 = \left(\dfrac{1}{0.05} - 1\right) \times 0.5 = 9.5[\Omega]$

56

동기발전기의 병렬운전 조건 중 기전력의 위상차가 발생하면 유효순환전류(유효횡류=동기화전류)가 흐른다.

57

직류 직권 전동기의 토크 $\tau \propto I^2 \propto \dfrac{1}{N^2}$ 이므로 전류의 제곱에 비례하고 속도의 제곱에 반비례한다.

58

농형 유도전동기의 기동법 중 감전압기동법에서 단권변압기를 이용하여 전압을 낮추어 기동시키고 기동 후에는 다시 전전압을 가하는 방법으로 기동보상기법이라 한다.

59

1. 유도전동기 토크 $\tau = 9.55 \dfrac{P_o}{N}$ 식에서
   - 기계적 출력 : $P_o = P_2(1-s)$
   - 회전자 속도 : $N = N_s(1-s)$

2. 기계적 출력과 회전자속도를 대입하면

   토크 : $\tau = 9.55 \dfrac{P_2}{N_s}$

3. 2차 입력과는 비례하고 동기속도에는 반비례한다.

60

전기각 = 기계각 $\times \dfrac{P}{2}$ 식에서

기계각 = 전기각 $\times \dfrac{2}{P} = 180 \times \dfrac{2}{24} = 15°$

여기서, P : 극수

4과목 회로이론 및 제어공학

61

합성인덕턴스

$L_0 = L_1 + L_2 + 2M = L_1 + L_2 + 2k\sqrt{L_1 L_2}$ [H]이며, 결합계수 $k = 0.9$를 고려해야 합성인덕턴스의 최댓값과 최솟값을 구할 수 있다.

$L_0 = 20 + 20 \pm 2 \times 0.9 \sqrt{20 \times 20} = 40 \pm 36 = 76$ [H] 또는 4[H]이므로 최댓값과 최솟값의 비는 76 : 4 = 19 : 1과 같다.

62

$P = V_1 I_1 \cos\theta_1 + V_3 I_3 \cos\theta_3 + V_5 I_5 \cos\theta_5$

전압과 전류의 위상을 비교하기 위해 sin 함수로 바꾸면 아래와 같다.

$i = 20\sin(wt - 30°) + 15\sin(3wt + 30°) + 10\sin(5wt + 30°)$ [A]

$\therefore P = \dfrac{100}{\sqrt{2}} \times \dfrac{20}{\sqrt{2}} \cos 60 + \dfrac{-50}{\sqrt{2}} \times \dfrac{15}{\sqrt{2}} \cos 30$

$+ \dfrac{25}{\sqrt{2}} \times \dfrac{10}{\sqrt{2}} \cos(-30) = 283.5$ [W]

63

$I_l = \dfrac{\sqrt{3}\, V_l}{Z} = \dfrac{\sqrt{3} \times 200}{\sqrt{6^2 + 8^2}} = 20\sqrt{3}$ [A]

64

$P = \sqrt{3}\, V_l I_l \cos\theta \times \eta$ [W]

$I_l = \dfrac{P}{\sqrt{3} \times V_l \times \cos\theta \times \eta}$

$= \dfrac{3 \times 746}{\sqrt{3} \times 200 \times 0.8 \times 0.9} = 8.972$ [A]

(단, 1[HP] = 746[W]이다.)

65

최종값 정리에 의해서

$\lim\limits_{t \to \infty} f(t) = \lim\limits_{s \to 0} sF(s) = \lim\limits_{s \to 0} s \dfrac{2s + 15}{s^3 + s^2 + 3s} = \dfrac{15}{3} = 5$

66

비정현파의 실효값

각 고조파의 실효치의 제곱의 합의 제곱근

$V = \sqrt{\left(\dfrac{V_{m1}}{\sqrt{2}}\right)^2 + \left(\dfrac{V_{m2}}{\sqrt{2}}\right)^2 + \left(\dfrac{V_{m3}}{\sqrt{2}}\right)^2}$

$V = \sqrt{100^2 + 50^2 + 30^2} = 115.75$ [V]

67

영상전류

$I_0 = \dfrac{1}{3}(I_a + I_b + I_c)$

$= \dfrac{1}{3}(25 + j4 - 18 - j16 + 7 + j15)$

$= \dfrac{1}{3}(14 + j3) = 4.67 + j$ [A]

68

$Z_{01} = \sqrt{Z_{2s} \cdot Z_{2o}} = \sqrt{4 \times (4+5)} = 6$ [Ω]

$Z_{02} = \sqrt{Z_{1s} \cdot Z_{1o}} = \sqrt{\left(\dfrac{4 \times 5}{4 + 5}\right) \times 5} = \dfrac{10}{3}$ [Ω]

69

$$F_{(s)} = \frac{(s+5)(s+12)}{s(s+4)(s+6)} = \frac{A}{S} + \frac{B}{S+4} + \frac{C}{S+6}$$

- $A = F_{(s)} \cdot s|_{s=0} = \frac{60}{24} = 2.5$
- $B = F_{(s)} \cdot (s+4)|_{s=-4} = \frac{1 \times 8}{(-4) \times 2} = -1$
- $C = F_{(s)} \cdot (s+6)|_{s=-6} = \frac{(-1) \times 6}{(-6) \times (-2)} = -0.5$

$$\therefore F_{(s)} = 2.5 \times \frac{1}{S} - 1 \times \frac{1}{S+4} - 0.5 \times \frac{1}{S+6}$$
$$= 2.5 - e^{-4t} - 0.5e^{-6t}$$

70

2전력계법에서
유효전력 $P[\text{W}] = P_1 + P_2$
무효전력 $P_r[\text{Var}] = \sqrt{3}(P_1 - P_2)$
피상전력 $P_a[\text{VA}] = 2\sqrt{P_1^2 + P_2^2 - P_1 P_2}$
$\cos\theta = \dfrac{P}{P_a} = \dfrac{P_1 + P_2}{2\sqrt{P_1^2 + P_2^2 - P_1 P_2}}$

71

종류		특징
P	비례동작	• 정상오차를 수반 • 잔류편차 발생
I	적분동작	잔류편차 제거
D	미분동작	오차가 커지는 것을 미리 방지
PI	비례적분동작	• 잔류편차 제거 • 제어결과가 진동적으로 될 수 있음
PD	비례미분동작	응답 속응성의 개선
PID	비례적분 미분동작	• 잔류편차 제거 • 응답의 오버슈트 감소 • 응답 속응성의 개선

72

$\begin{bmatrix} x_1 \\ x_2 \end{bmatrix} = \begin{bmatrix} 0 & 1 \\ -3 & -2 \end{bmatrix} \begin{bmatrix} x_1 \\ x_2 \end{bmatrix} + \begin{bmatrix} 4 \\ 5 \end{bmatrix} r$

특성방정식
$|sI - A| \begin{bmatrix} s & 0 \\ 0 & s \end{bmatrix} - \begin{bmatrix} 0 & 1 \\ -3 & -2 \end{bmatrix} = \begin{bmatrix} s & -1 \\ 3 & s+2 \end{bmatrix}$
$= s(s+2) + 3 = s^2 + 2s + 3$

73

$C = (a + 2 + 3)R$
$\dfrac{C}{R} = a + 5$

74

이득 여유란 위상 선도가 $-180°$ 선을 끊는 점의 이득의 부호를 바꾼 g_m이다.

75

$X_3 = -a_1 X_1 - a_2 X_2$

76

교차점 $\sigma = \dfrac{\sum 극점 - \sum 영점}{P - Z}$에서 $P=3$, $Z=1$이고
- 영점 : -1
- 극점 : 0, -3, 4

$\sigma = \dfrac{(-3+4) - (-1)}{3-1} = 1$

여기서, P : 극점의 개수, Z : 영점의 개수

77

$V(s) = RI(s) + \dfrac{1}{Cs}I(s) = \left(R + \dfrac{1}{Cs}\right)I(s)$

$\therefore \dfrac{I(s)}{V(s)} = \dfrac{1}{R + \dfrac{1}{Cs}} = \dfrac{Cs}{RCs + 1} = \dfrac{s}{R\left(s + \dfrac{1}{RC}\right)}$

78

s^5	1	2	3
s^4	3	2	1
s^3	$\dfrac{4}{3}$	$\dfrac{8}{3}$	
s^2	-4	1	
s^1	3		
s^0	1		

1열의 부호가 2번 바뀌었으므로 불안정근 수는 2개이다.

79

제동계수 δ값을 작게 할수록 제동은 적게 걸린다.

80

$f(t)$	$F(s)$	$F(z)$
$\delta(t)$	1	1
$u(t)$	$\dfrac{1}{s}$	$\dfrac{z}{z-1}$
t	$\dfrac{1}{s^2}$	$\dfrac{Tz}{(z-1)^2}$
e^{-at}	$\dfrac{1}{s+a}$	$\dfrac{z}{z-e^{-at}}$

5과목 전기설비기술기준

81

병행, 공용, 삭도와 2차 접근상태인 경우 제2종 특고압 보안공사할 것

82

가공전선과 통신선의 사이의 간격
- 저·고압과 통신선 : 0.6[m](단, 케이블 : 0.3[m])
- 특고압과 통신선 : 1.2[m](단, 케이블 : 0.3[m])

83

케이블의 지지점
- 케이블 : 2[m]
- 수직인 경우 : 6[m]
- 캡타이어 케이블 : 1[m]

84

"관등회로"란 방전등용 안정기 또는 방전등용 변압기로부터 방전관까지의 전로를 말한다.

85

폭연성 먼지 위험장소 배선 공사
- 금속관 공사
- 케이블 공사(캡타이어 케이블 제외)

86

저압 옥상전선로 설치기준
- 2.6[mm] 이상 경동선
- 지지점 15[m] 이하
- 식물과는 접촉되지 말 것

87

특고압 가공전선과 지지물 등의 간격

단위 : [cm]

사용전압	간격
15[kV] 미만	15
15[kV] 이상 25[kV] 미만	20
25[kV] 이상 35[kV] 미만	25
35[kV] 이상 50[kV] 미만	30
50[kV] 이상 60[kV] 미만	35
60[kV] 이상 70[kV] 미만	40
70[kV] 이상 80[kV] 미만	45
80[kV] 이상 130[kV] 미만	65
130[kV] 이상 160[kV] 미만	90
160[kV] 이상 200[kV] 미만	110
200[kV] 이상 230[kV] 미만	130
230[kV] 이상	160

88

감전에 대한 기본보호
- 몸을 통해 전류가 흐르는 것을 방지
- 몸에 흐르는 전류를 위험하지 않은 값 이하로 제한

89

발전소 계측장치(베어링, 변압기, 발전기)
- 전압계
- 전류계
- 전력계
- 온도계

90

최대 사용전압 7,000[V] 이하인 경우,
$V \times 1.5$(최저 500[V])
$\therefore 380 \times 1.5 = 570[V]$

91
울타리·담 등의 시설
160[kV] 초과 시 6[m]에 10[kV]당 12[cm]를 더한다.
$6 + [(34.5 - 16) \times 0.12] = 8.28(m)$
→ 소수점 이하 절상

92
22.9[kV] 가공전선과 건조물 상부 조영재 사이의 간격
- 3[m] : 나전선
- 2.5[m] : 절연전선
- 1.2[m] : 케이블

93
옥내에 시설하는 전기시설물
- 대지전압 300[V] 이하
- 소비전력이 3[kW] 이상인 경우 기계기구는 전용 개폐기 및 과전류 차단기 설치

94
상시 통행하는 터널시설
- 저압인 경우 노면상 높이 : 2.5[m] 이상
- 저압인 경우 굵기 : 2.5[mm²] 이상

95
철탑의 종류
- 직선형 : 직선로의 직선부분(3도 이하)
- 각도형 : 전선로 중 3도를 넘는 수평각도를 이루는 곳에 사용하는 것
- 잡아당김 형 : 전가섭선을 인류하는 곳에 사용하는 것
- 내장형 : 전선로의 지지물 양쪽의 지지물간 거리의 차가 큰 곳에 사용하는 것
- 보강형 : 전선로의 직선부분에 그 보강을 위하여 사용하는 것

96
타 전력선 상호 간의 거리
- 저압 : 0.6[m](단, 케이블은 0.3[m], 저압에 고압 절연전선을 케이블로 본다.)
- 고압 : 0.8[m](단, 케이블은 0.4[m])

97
- 130[kV] 이하 : 110[%]
- 130[kV] 초과 : 105[%]

98
160[kV] 이하 특고압 가공전선의 지표상 높이
- 산지 : 5[m]
- 평지 : 6[m]

99
특고압 시가지 전선 굵기
- 66[kV] : 55[mm²]
- 154[kV] : 150[mm²]

100
농사용 저압 가공전선로의 시설
- 농사용 저압 가공전선로의 지지물 간 거리는 30[m] 이하일 것
- 목주 말구 지름은 9[cm] 이상
- 전선의 지름이 2[mm] 이상인 경동선 이상일 것

정답 전기기사 2025년 3회 기출문제

01	02	03	04	05	06	07	08	09	10
①	①	②	②	②	②	④	①	③	④
11	12	13	14	15	16	17	18	19	20
④	②	③	③	④	③	②	②	④	②
21	22	23	24	25	26	27	28	29	30
③	④	②	④	④	④	②	②	②	④
31	32	33	34	35	36	37	38	39	40
②	①	②	②	②	③	②	②	①	④
41	42	43	44	45	46	47	48	49	50
④	④	③	②	②	①	①	①	④	③
51	52	53	54	55	56	57	58	59	60
①	②	②	②	②	①	②	③	①	①
61	62	63	64	65	66	67	68	69	70
④	②	①	①	①	③	②	②	②	①
71	72	73	74	75	76	77	78	79	80
②	②	①	②	④	②	②	②	②	①
81	82	83	84	85	86	87	88	89	90
②	①	②	③	④	④	②	②	②	②
91	92	93	94	95	96	97	98	99	100
①	①	④	②	②	②	③	①	②	④

1과목 전기자기학

01
자계의 세기

$$H = \frac{m}{4\pi\mu_0 r^2} = 6.33 \times 10^4 \times \frac{m}{r^2}$$

$$= 6.33 \times 10^4 \times \frac{16}{4^2} = 6.33 \times 10^4 [\text{AT/m}]$$

02
자기저항

$$R_m = \frac{l}{\mu S} = \frac{l}{\mu_0 \mu_s S}$$

$$= \frac{0.8}{4\pi \times 10^{-7} \times 20 \times 0.5}$$

$$= 6.37 \times 10^4 [\text{AT/Wb}]$$

03
플레밍의 오른손 법칙

자계 내 도체 이동 시 도체에 전압이 유기되는 현상으로 자계 내 도체의 운동으로 인하여 발생되는 유기기전력의 방향을 결정

$$e = Blv\sin\theta = (\vec{v} \times \vec{B})l = \frac{F}{I}v [\text{V}]$$

여기서, B : 자속밀도[Wb/m²], l : 도체의 길이[m]
v : 이동속도[m/s], F : 전자력[N], I : 전류[A]

손가락 방향 → v : 엄지[m/s], B : 검지[Wb/m²]
e : 중지[V]

$e = Blv\sin\theta = 0.2 \times 0.3 \times 30 \times \sin 30° = 0.9[\text{V}]$

04
환상솔레노이드 $L = \frac{\mu S N^2}{l}$[H]이므로 권수를 2배로 늘이면

$L' = \frac{\mu S(2N)^2}{l} = \frac{\mu S 4N^2}{l}$[H]이므로 기존 값과 일정하게 하기 위해서는 길이를 4배로 하거나, 단면적을 1/4배로 또는 비투자율을 1/4배로 하면 된다.

05
전기력선의 성질

- 전하가 없는 곳에서는 전기력선의 발생 및 소멸이 없다.
- 정전하(+)에서 시작해서 음전하(−)에서 끝난다(불연속).
- 전기력선은 그 자신만으로 폐곡선을 이루지 않는다.
- 임의 점에서의 전계의 방향은 전기력선의 접선방향과 같다.
- 임의 점에서의 전계의 방향은 전기력선의 밀도와 같다(가우스의 법칙).
- 전기력선은 전위가 높은 점에서 낮은 점으로 향한다.
- 두 개의 전기력선은 서로 반발하며 교차하지 않는다.
- 대전 평형 상태 시 도체 내부의 전하는 0이다.
- 도체 내부 전위와 표면 전위는 같다.
- 전기력선은 도체 표면(등전위면)과 외부에만 존재하며 수직으로 출입한다.
- Q[C]에서 발생하는 전기력선의 총수는 $\frac{Q}{\varepsilon_0}$개다.
- 전하 밀도는 곡률이 큰 곳 또는 곡률 반경이 작은 곳에 밀도를 이룬다.
- 서로 다른 매질의 경계면에서는 굴절한다.

06
에너지밀도(= 체적당 에너지)
$$W_E = \frac{1}{2}E^2\varepsilon = \frac{1}{2} \times 100^2 \times 9 = 4.5 \times 10^4 [\text{J/m}^3]$$

07
1) 렌쯔의 법칙

   $e = -N\dfrac{d\phi}{dt}$ [V]에서 유도기전력은 자속의 증감을 방해하는 방향으로 유도됨을 의미한다.

2) 패러데이 법칙

   $e = -N\dfrac{d\phi}{dt}$ [V]에서 유도기전력의 크기는 시간에 변화에 따른 자속의 변화에 비례하는 크기로 결정됨을 의미한다.

3) 전자유도 현상에 따른 유도기전력

   $e = -N\dfrac{d\phi}{dt}$ [V]이므로 $e \propto N$의 관계가 있다.

4) 플레밍의 오른손법칙에 따른 유도기전력

   $e = Blv\sin\theta$ [V]이므로 자계가 일정한 공간이라도 폐회로가 v의 속도로 운동하면 기전력이 유도된다.

08
기울기는 x축(횡축)의 증가량 분에 y축(종축)의 증가량으로 히스테리시스 곡선에서는 횡축에 해당하는 자계의 세기와 종축에 해당하는 자속밀도의 비로 표현된다. 이때 자속밀도 $B = \mu H$이므로, 투자율 $\mu = \dfrac{B}{H}$로 기울기와 같다.

09
- 구전하(= 점전하) : $E = \dfrac{Q}{4\pi\varepsilon r^2}$
- 선전하 : $E = \dfrac{\lambda}{2\pi\varepsilon r}$
- 전기쌍극자 : $E = \dfrac{M}{4\pi\varepsilon r^3}\sqrt{1+3\cos^2\theta}$

10
도체 내부에는 전하가 존재하지 않으므로 내부 정전에너지는 없으며 정전에너지는 도체 표면과 외부 공간에만 존재한다.

11
1) 전자파의 진행방향 ($E \times H$)으로 자파의 방향을 찾을 수 있다. 전파의 방향은 a_y이고, 전자파의 진행방향이 a_z 방향 이므로 $E \times H = a_y \times (-a_x) = a_z$를 이용하면 자파의 방향은 $-a_x$ 임을 알 수 있다.

2) $E\sqrt{\varepsilon} = H\sqrt{\mu}$

   ∴ 자계의 크기 $H = \sqrt{\dfrac{\varepsilon_0}{\mu_0}}\,E = \dfrac{1}{377}E$

   $= \dfrac{10^3}{120\pi}\sin(wt - \beta z)$

3) 방향을 추가한 자계는 $H_{(z,t)} = -\dfrac{10^3}{120\pi}\sin(wt - \beta z)a_x$

12
유전체의 표면전하밀도(= 분극의 세기)
$P = \varepsilon_0(\varepsilon_s - 1)E = \varepsilon_0(10-1)5 = 45\varepsilon_0 [\text{C/m}^2]$

13
자기저항 $R_m = \dfrac{F}{\phi_m} = \dfrac{l}{\mu \cdot S} = \dfrac{l}{\mu_0\mu_s S}$ [AT/Wb]

14
$T = mHl\sin\theta$
$= (8 \times 10^{-6}) \times 120 \times 0.03 \times \sin 30°$
$= 1.44 \times 10^{-5} [\text{N} \cdot \text{m}]$

15
1) 맥스웰의 제1의 기본방정식

   $\text{rot}H = \text{curl}H = \nabla \times H = i_c + \dfrac{\partial D}{\partial t} = i_c + \varepsilon\dfrac{\partial E}{\partial t}$
   $= i [\text{A/m}^2]$

   - 암페어의 주회적분법칙에서 유도한 식이다.
   - 전도전류, 변위전류는 자계를 형성한다. (전류와 자계의 관계)
   - 전류의 연속성을 표현한다.

2) 맥스웰의 제2의 기본방정식

   $\text{rot}E = \text{curl}E = \nabla \times E = -\dfrac{\partial B}{\partial t} = -\mu\dfrac{\partial H}{\partial t}$

- 자속밀도의 시간적 변화는 전계를 회전시키고 유기기전력을 형성한다.
- 패러데이의 법칙에서 유도한 전계에 관한 식이다.

3) $\text{div} D = \nabla \cdot D = \rho [\text{C/m}^3]$
   - 임의의 폐곡면 내의 전하에서 전속선이 발산한다.
   - 가우스 발산 정리에 의하여 유도된 식이다.

4) $\text{div} B = \nabla \cdot B = 0$
   - N, S극이 항상 공존한다.
   - 자기력선은 연속적이다.

5) $\text{rot} \vec{A} = \nabla \times \vec{A} = B [\text{Wb/m}^2]$
   벡터퍼텐셜($\vec{A}$)의 회전은 자속밀도를 형성한다.

16

- 평행한 콘덴서의 정전용량 $C = \dfrac{\varepsilon_0 S}{d} [\text{F}]$
- 충전 후 정전에너지 $W = \dfrac{Q^2}{2C} = \dfrac{Q^2}{2 \cdot \dfrac{\varepsilon_0 S}{d}} = \dfrac{Q^2 d}{2\varepsilon_0 S} [\text{J}]$

17

$e = -\omega N \phi_m \cos \omega t = -\omega N B_m S \cos \omega t$
$= \omega N B_m S \sin\left(\omega t - \dfrac{\pi}{2}\right) [\text{V}]$

여기서, $\omega = 2\pi f = \dfrac{2\pi N'}{60} [\text{rad/sec}]$

N' : 분당 회전수[rpm]

- 유기기전력 e는 자속 ϕ에 지하여 위상이 $\dfrac{\pi}{2}$만큼 뒤진다.
- 유기기전력의 최댓값 $e_{\max} = \omega N \phi_m [\text{V}]$
- 유기기전력은 주파수 $f[\text{Hz}]$, 자속밀도 $B[\text{Wb/m}^2]$에 비례한다.

18

합성정전용량

$C_t = \dfrac{\varepsilon_0 \dfrac{2}{3} s}{d} + \dfrac{\varepsilon_0 4 \dfrac{1}{3} s}{d} = \dfrac{\varepsilon_0 s}{d}\left(\dfrac{2}{3} + \dfrac{4}{3}\right) = 2C_0$

19

$V_1 = P_{11}Q_1 + P_{12}Q_2 = P_{11}Q - P_{12}Q$
$V_2 = P_{21}Q_1 + P_{22}Q_2 = P_{21}Q - P_{22}Q$
$P_{12} = P_{21}$이므로 $V_1 - V_2$를 하면
전위차이므로
$V = V_1 - V_2 = (P_{11} - 2P_{12} + P_{22})Q = PQ[\text{V}]$

- 전위계수 $P = P_{11} - 2P_{12} + P_{22}$
- 정전용량 $C = \dfrac{1}{P} = \dfrac{1}{P_{11} - 2P_{12} + P_{22}} [\text{F}]$

20

$F = qBv \sin\theta = q(\vec{v} \times \vec{B})[\text{N}]$

$\vec{v} \times \vec{B} = \begin{vmatrix} a_x & a_y & a_z \\ 4 & -2 & 3 \\ 3 & -5 & -6 \end{vmatrix}$

$= (12+15)a_x + (9+24)a_y + (-20+6)a_z$
$= 27a_x + 33a_y - 14a_z$

$\therefore F = qBv \sin\theta = q(\vec{v} \times \vec{B})$
$= \dfrac{1}{2}(27a_x + 33a_y - 14a_z)[\text{N}]$

2과목 전력공학

21

- 수직하중 : 전선자중, 빙설하중
- 수평하중 : 풍압하중 → 이 중에서 풍압하중이 가장 크다.

22

열량과 전력량

- $mH\eta_H = 860Pt\eta_G$

- 석탄소비량 $m = \dfrac{860Pt\eta}{H \times \eta_G}$

$= \dfrac{860 \times 20,000 \times 24 \times 0.8}{5,500 \times (0.8 \times 0.35 \times 0.85 \times 0.76)}$

$\fallingdotseq 331,952[\text{kg}] \fallingdotseq 332[\text{ton}]$

23
분로 리액터(분로 리액터)
분로 리액터는 지상(90° 뒤진) 성분의 조상설비로, 동기조상기에 비해 손실이 적다. 주요 역할은 페란티 현상 방지이다.

24
소호 리액터의 용량
$$P_L = P_C = \omega CV^2 \times 10^3$$
$$= 2\pi f C (\sqrt{3} E)^2 \times 10^{-3}$$
$$= 6\pi f C E^2 \times 10^{-3}$$

25
통신선의 정전유도전압
C_{ab}와 C_b가 직렬회로이므로 C_b에 유도되는 전압
$$E_b = I \times X_b = \cfrac{E}{\cfrac{1}{\omega C_{ab}} + \cfrac{1}{\omega C_b}} \times \cfrac{1}{\omega C_b} = \cfrac{C_b}{C_{ab} + C_b} \cdot E$$

26
코로나 방지대책
- 임계전압을 크게 한다.
- 복(다)도체 방지(바깥지름을 크게)
- 가선금구개량

27
직렬 리액터의 용량(5~6%)
$$Q_L = P[\text{kVA}] \times (0.05 \sim 0.06) = 200 \times 0.06 = 12[\text{kVA}]$$

28
2도체(복도체)의 인덕턴스
- 등가반지름 : $r' = \sqrt{ra}$
- 복도체의 인덕턴스 : $L = \dfrac{0.05}{2} + 0.4605 \log_{10} \dfrac{D}{r'}$
$$= 0.4605 \log_{10} \dfrac{D}{\sqrt{ra}} + 0.025$$

29
직렬리액터
고조파를 제거하여 파형개선

30
④ 무효전력 변동분 흡수 : 역률개선

플리커 현상
전압강하로 인한 수전전압이 정격전압보다 부족하여 전등이 깜박이는 현상

31
$$부하율 = \dfrac{평균부하}{최대부하(첨두부하)}$$

32
단락전류(I_s)
$$I_s = \dfrac{V_l}{\sqrt{3}Z} = \dfrac{\sqrt{3}V_p}{\sqrt{3}Z} = \dfrac{V_p}{Z} = \dfrac{E}{Z}$$

33
투과파 전압(e_2)
$$e_2 = \dfrac{2Z_2}{Z_1 + Z_2} \times e_1 = \dfrac{2 \times 1{,}200}{400 + 1{,}200} \times 1{,}000 = 1{,}500[\text{kV}]$$

34
피뢰기에서 속류를 차단할 수 있는 최고전압을 피뢰기 정격전압이라 한다.

35
콘덴서형 계기용 변압기(CPD, 용량성 전압변성기)
CPD는 오차가 크므로 특성이 나쁘다.

36
화력발전사이클
급수펌프 → 절탄기 → 보일러 → 과열기 → 터빈 → 복수기 → 다시 급수펌프로

37
전력계통의 주파수 변동
부하(L 부하)가 증가하면 발전기 속도가 감소한다. 따라서 전압이 감소하고 주파수가 감소하므로 발전기 출력을 증가시켜야 한다.

38

지중전선로의 장점

- 기상조건에 대한 영향이 적다.
- 전선로의 누출 빈도가 적어 인축에 대한 감전사고가 감소한다.
- 전선로를 매설함으로써 환경에 조화를 이룰 수 있다.

39

접지비교

구분	직접접지	소호리액터 접지
전위상승	최저(1.3배 이하)	최대($\sqrt{3}$ 배 이상)
지락전류	최대	최소
유도장해	최대	최소
과도안정도	낮음	높음

40

전력원선도

- 횡축 : 유효전력
- 직축 : 무효전력

3과목 전기기기

41

토크(회전력)

$$\tau = \frac{P}{\omega} = \frac{P}{2\pi n} = \frac{P}{2\pi \frac{N}{60}} = \frac{60P}{2\pi N} = 9.55\frac{P}{N}[\text{N} \cdot \text{m}]$$

각속도 $\omega = 2\pi n = 2\pi \frac{N}{60}$

42

- 단락시험(동손, 동기임피던스), 무부하 시험(철손, 기계손)
- 무부하시험과 단락시험을 통하여 단락비를 구할 수 있다.

43

단절권 계수 $K_p = \sin\frac{\beta\pi}{2} = \sin\frac{\frac{12}{15}\pi}{2} = \sin\frac{12}{30} \times 180$
$= 0.951$

44

양호한 정류 대책

- 정류 주기를 크게 할 것
- 접촉저항이 큰 브러시를 사용할 것(탄소 브러시 사용)
- 평균 리액턴스 전압이 작을 것(보극 설치)
- 전기자 코일의 인덕턴스를 작게 할 것

45

각 병렬회로에 흐르는 전기자 전류 $I_a' = \frac{I_a}{a} = \frac{40}{4} = 10[\text{A}]$

중권에서 병렬회로수 $a = p$ 극수와 같다.

46

변압기 내부고장 보호 계전기

- 기계적 보호 : 부흐홀츠 계전기
- 전기적 보호 : 비율차동계전기, 차동계전기

47

권선형 유도전동기의 등가저항(외부저항, 기동저항)

$$R = \left(\frac{1}{s} - 1\right)r_2 = \left(\frac{1}{0.05} - 1\right)r_2 = 19\,r_2[\Omega]$$

48

- 3상을 2상으로 변환하는 결선법 : 스코트결선, 메이어결선, 우드브릿지 결선
- 3상을 6상으로 변환하는 결선법 : 포크결선, 환상결선, 대각결선, 2차 2중 Y결선, 2차 2중 △ 결선

49

직류 전동기 토크

$$\tau = \frac{PZ\phi I_a}{2\pi a} = \frac{4 \times 100 \times 0.628 \times 5}{2\pi \times 4} = 49.974 \fallingdotseq 50[\text{N} \cdot \text{m}]$$

50

동기전동기는 기동 토크가 없어서 기동 장치가 필요하다. 대표적으론 자체기동법과 타 기동법이 있고 회전자 극 표면에 설치된 제동권선은 난조방지 역할도 하지만 자체 기동법으로 기동 토크를 발생시켜 동기전동기를 기동시키는 역할도 수행한다.

51
동기전동기는 정속도 특징이 있기 때문에 속도변동이 원활하지 못하므로 정속도를 요구하는 부하에 주로 사용될 수 있다. 대표적으로는 분쇄기, 압연기, 송풍기 등이 있다.

52
유도전동기의 슬립 범위 $= 0 < s < 1$

53
유도기전력 $E = 4.44f\phi_m N = 4.44fB_m AN$[V] 식에서 최대자속밀도는 전압이 일정할 때 주파수와 반비례한다.

$B_m \propto \dfrac{E}{f}$

철손 P_i는 와류손과 히스테리시스손이 존재하는데 와류손은 주파수와 무관하여 제외하고

히스테리시스손 $P_h \propto B_m^{1.6} f$ 식에서 $f \propto \dfrac{1}{B_m^{1.6}}$ 조건으로 보아 주파수가 상승하면 최대자속밀도는 더 큰 폭으로 하락하여 철손이 감소한다. 즉, 전압이 일정한 조건에서 주파수와 철손은 반비례 관계이다.

54
직류기의 전기자권선법은 고상권, 폐로권, 이층권을 주로 사용한다.

55
변압기 정격 용량 $P_n = \sqrt{3}\,V_n I_n$에서

저압 측 선전류 $I_n = \dfrac{100 \times 10^3}{\sqrt{3} \times 200} = 288.68$[A]

이때 무효분 전류는 정격전류에 무효율을 곱한 값이므로
$288.68 \times 0.6 = 173.2 = 100\sqrt{3}$ [A]

※ 역률이 80[%]일 때 무효율은 60[%]이다.

56
동기발전기 병렬운전 조건
- 기전력의 크기가 같을 것
- 기전력의 위상이 같을 것
- 기전력의 주파수가 같을 것
- 기전력의 파형이 같을 것
- 상회전 방향이 같을 것

57
V결선 시 $\dfrac{\text{자기용량}}{\text{부하용량}} = \dfrac{2}{\sqrt{3}} \dfrac{V_2 - V_1}{V_2}$에서

자기용량$= \dfrac{2}{\sqrt{3}} \dfrac{V_2 - V_1}{V_2} \times$ 부하용량이므로

자기용량$= \dfrac{2}{\sqrt{3}} \dfrac{3{,}300 - 3{,}000}{3{,}300} \times 300 = 31.49$[kVA]

이때 단권변압기 1대 용량은 $\dfrac{31.49}{2} ≒ 15.7$[kVA]

58
변압기 병렬운전 조건
- 극성이 같을 것
- 1차, 2차 정격전압 및 권수비가 같을 것
- 내부 저항과 누설 리액턴스의 비가 같을 것
- 부하 분담 시 정격 용량에는 비례하고 누설 임피던스에는 반비례 할 것(%임피던스가 같을 것)
- 3상에서는 상회전 방향 및 위상 변위가 같을 것

59
유도전동기는 회전자기장에 의한 전자유도작용으로 발생되는 기전력에너지로 회전하는 원리이고 플레밍의 왼손 법칙에 의하여 한쪽 방향으로 힘이 발생하여 회전한다.

60
최대 전압변동률
$\varepsilon_{\max} = \sqrt{p^2 + q^2} = \%Z$ 조건에서
역률각(위상각)은
$\tan^{-1}\left(\dfrac{q}{p}\right) = \tan^{-1}\left(\dfrac{2}{1.75}\right) = 48.81°$

4과목　회로이론 및 제어공학

61

- 상전류 $I_p = \dfrac{V_p}{Z} = \dfrac{200}{5-2.4i}$

　　　　$= 32.51 + 15.6i = 36.06 \angle 25.64$

- 선전류 $I_l = \sqrt{3}\, I_p \angle -30$ 이므로

　　$I_l = 36.06\sqrt{3} \angle 25.64 - 30 = 62.46 \angle -4.36$

62

R-C 직렬 과도전류

$i(t) = \dfrac{E}{R} e^{-\frac{1}{RC}t}$ [A] 이므로 $t=0$을 대입하면

$i(t) = \dfrac{E}{R} = \dfrac{100}{1\times 10^3} = 0.1$ [A]

63

변압기 1개의 출력을 P라 하면

$\dfrac{P_V}{P_\Delta} = \dfrac{\sqrt{3}\,P}{3P} = \dfrac{\sqrt{3}}{3} \fallingdotseq 0.577$

64

R-C 병렬 회로의 임피던스

$Z = \dfrac{1}{Y} = \dfrac{1}{\dfrac{1}{R}+j\dfrac{1}{X_c}} = \dfrac{1}{\dfrac{1}{R}+jwC} = \dfrac{R}{1+jwCR}$ [Ω]

$e = 3e^{-5t} = |E|e^{j\theta} = |E|e^{jwt}$ 이므로 $jw = -5$이다.

$\therefore Z = \dfrac{R}{1+jwCR} = \dfrac{R}{1-5RC}$ [Ω]

65

전파속도를 v [m/s]라 하면 $\beta\lambda = 2\pi$이므로

$v = f\lambda = \dfrac{2\pi f}{\beta}$

　　$= \dfrac{2\pi \times 10^6}{\dfrac{\pi}{8}}$

　　$= 16 \times 10^6 = 1.6 \times 10^7$ [m/s]

66

- 전압원 단락 시 2[Ω]의 저항에 3[A]의 전류가 흐르기 때문에 $V_{ab} = 6$ [V]이다.
- 전류원 개방 시 2[Ω]의 저항에 전류가 흐리지 않기 때문에 $V_{ab}' = 0$ [V]이다.

$\therefore V_{ab} = 6$ [V]

67

무왜형선로의 조건

$RC = LG,\ R = \dfrac{LG}{C}$

68

출력 개방 시 $V_1 = iZ_1 + iZ_3 + iZ_4,\ V_2 = iZ_3$이므로

$A = \dfrac{V_1}{V_2} = \dfrac{iZ_1 + iZ_3 + iZ_4}{iZ_3}$

　$= \dfrac{i(Z_1+Z_3+Z_4)}{iZ_3} = \dfrac{Z_1+Z_3+Z_4}{Z_3}$

69

i를 변형하면 $i = 20\sin(\omega t + 60°) + 10\sin(3\omega t + 60°)$ [A]

$\therefore P = V_1 I_1 \cos\theta + V_3 I_3 \cos\theta_3$ [W]

　　$= \dfrac{100\times 20}{2}\cos 60° + \dfrac{50\times 60}{2}\cos 0° = 750$

70

$I_0 = \dfrac{1}{3}(I_a + I_b + I_c)$

　$= \dfrac{1}{3}\{30\sin\omega t + 30\sin(\omega t - 90°) + 30\sin(\omega t + 90°)\}$

　$= \dfrac{20}{3}(\sin\omega t + \sin\omega t\cos 90° - \cos\omega t\sin 90°$

　　$+ \sin\omega t\cos 90° + \cos\omega t\sin 90°)$

　$= 10\sin\omega t$ [A]

71

교차점 $\sigma = \dfrac{\sum 극점 - \sum 영점}{p - z}$ 에서

- 극점의 수 $p = 5$ (극점 : 0, 0, -1, -2, -4)
- 영점의 수 $z = 2$ (영점 : 2, 3)

교차점 $\sigma = \dfrac{(-1-2-4)-(2+3)}{5-2} = \dfrac{-12}{3} = -4$

72

폐루프 제어계의 구성도

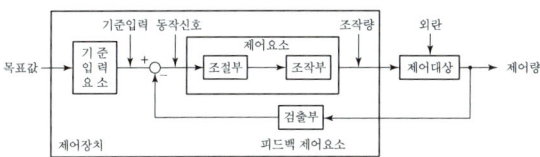

73

$$R(z) = \dfrac{(1-e^{-aT})z}{(z-1)(z-e^{-aT})}$$

$$= \dfrac{z(z-e^{-aT}) - z(z-1)}{(z-1)(z-e^{-aT})}$$

$$= \dfrac{z}{z-1} - \dfrac{z}{z-e^{-aT}}$$

따라서 $f(t)$는 $1 - e^{-aT}$가 된다.

74

드 모르간의 정리에 의해

$\overline{A} + \overline{B} \cdot \overline{C} = \overline{A} + \overline{(B+C)} = \overline{A(B+C)}$

일반화된 드 모르간의 정리

- $\overline{(X_1 + X_2)} = \overline{X_1} \cdot \overline{X_2}$
- $\overline{(X_1 \cdot X_2)} = \overline{X_1} + \overline{X_2}$

76

루스의 수열은

s^2	1	$2K-1$
s^1	K	
s^0	$2K-1$	

제1열의 부호 변화가 없어야 계가 안정하므로 $2K-1 > 0$, $K > 0$

$\therefore K > \dfrac{1}{2}$

77

$$G(s) = \dfrac{E_0(s)}{E_i(s)} = \dfrac{I(s)\dfrac{1}{Cs}}{I(s)\left(R + LS + \dfrac{1}{Cs}\right)}$$

$$= \dfrac{1}{LCs^2 + RCs + 1}$$

78

특성근은 $s_1 = -1+j$, $s_2 = -1-j$이므로
특성방정식은 $(s+1-j)(s+1+j) = 0$이다.

$s^2 + 2\delta\omega_n s + \omega_n^2 = (s+1-j)(s+1+j)$
$= (s+1)^2 + 1$
$= s^2 + 2s + 2 = 0$이므로

$\omega_n^2 = 2$

$\therefore \omega_n = \sqrt{2}$

79

영점과 극점에 의한 s의 경로를 s 평면상에 나타낸 것을 나이퀴스트 선도라고 한다.

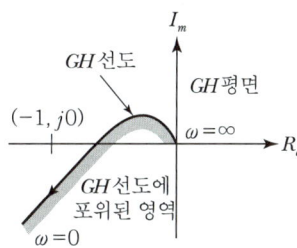

80

$\dfrac{C(s)}{R(s)} = \dfrac{전향경로의 합}{1 - 피드백} = \dfrac{G_1 + G_2}{1 - G_1 H_1}$

5과목　전기설비기술기준

81
전선 접속방법
- 접속 부분에는 부식이 생기지 말 것
- 기계적 강도는 20[%] 이상 감소되지 말 것
- 케이블 상호 간, 코드 상호 간 접속 시 접속함에서 할 것

82
특별저압 계통의 전압한계는 전압밴드 I의 상한값인 교류 50[V] 이하, 직류 120[V] 이하이어야 한다.

83
특별저압 계통에는 다음의 전원을 사용해야 한다.
- 안전절연변압기 전원
- 안전절연변압기 및 이와 동등한 절연의 전원
- 축전지 및 디젤발전기 등과 같은 독립전원
- 내부고장이 발생한 경우에도 출력단자의 전압이 교류 50[V] 이하, 직류 120[V] 이하 값을 초과하지 않도록 적절한 표준에 따른 전자장치
- 저압으로 공급되는 안전절연변압기, 이중 또는 강화절연된 전동발전기 등 이동용 전원

84
가공지선
- 목적 : 낙뢰 방지
- 굵기
  ㉠ 고압 : 4.0[mm]
  ㉡ 특고압 : 5.0[mm]

85
지속시간 $t = \left(\dfrac{KS}{I}\right)^2$ [초], 단면적 $S = \dfrac{\sqrt{t}}{K} I$ [mm²]

　여기서, t : 단락전류 지속시간[초]
　　　　　S : 도체의 단면적[mm²]
　　　　　I : 유효 단락전류[A, rms]
　　　　　K : 도체 재료의 저항률, 온도계수, 열용량, 해당 초기온도와 최종온도를 고려한 계수

86
무선통신용 안테나를 지지하는 안전율 : 1.5

87
옥내 조명설비
- 가정용은 등기구마다 점멸할 것
- 공장, 사무실 등은 6개 이내마다 점멸할 것
- 광 천장 조명등 또는 간접조명은 등기구 수의 적용을 받지 않음

88
저압 인입선의 높이
- 도로 : 5[m]
- 철도 : 6.5[m]
- 횡단보도 : 3[m]

89
발전소 공기압축기는 최고압력 1.5배의 유압, 수압 1.25배의 기압에 연속 10분간 견딜 것

90
태양전지 발전소 시설
- 전선 굵기 : 2.5[mm²]
- 충전부는 노출되지 말 것
- 접속점에는 장력이 가해지지 말 것

91
저·고압 보안공사 지지물 간 거리
- A종, 목주 : 100[m]
- B종 : 150[m]
- 철탑 : 400[m]

92
특고압 시가지 지지물 간 거리(2초 이내 차단장치 설치)
- A종, 목주 : 100[m]
- B종 : 150[m]
- 철탑 : 400[m]

93
- 사용전압 : 250[V] 이하
- 수목과의 간격 : 30[cm] 이상
- 전선과 기둥과의 거리 : 2.5[cm] 이상

94
가요전선관 두께 : 0.8[mm] 이상

95
철도(궤도)를 횡단하는 저·고압 가공전선은 레일면상 6.5[m] 이상에 위치하여야 한다.

96
절연변압기(정격용량 3[kVA] 이하인 것에 한한다)로 보호된 전로에 접속한다.

97
케이블 트레이 공사
- 안전율 1.5
- 난연성·내식성 재료를 사용할 것
- 개구부 등 연소방지설비를 할 것

98
- 지중 저·고압과 약전선 : 30[cm] 이상
- 지중 특고압과 약전선 : 60[cm] 이상

99
옥외배선용 변압기 시설
- 변압기 1차 전압은 35[kV] 이하이며, 변압기 2차 전압은 저압 또는 고압일 것
- 변압기 2차 전압이 고압인 경우 고압 개폐기시설

100
보호망 상호 간격 : 1.5[m]×1.5[m]

memo

전기기사 필기
3주 완성

발행일	2021. 1. 10	초판 발행
	2022. 1. 15	개정 1판1쇄
	2023. 1. 10	개정 2판1쇄
	2023. 2. 20	개정 2판2쇄
	2024. 1. 10	개정 3판1쇄
	2025. 1. 10	개정 4판1쇄
	2026. 1. 20	개정 5판1쇄

저 자 | 인천대산전기직업학교
발행인 | 정용수
발행처 | 예문사

주 소 | 경기도 파주시 직지길 460(출판도시) 도서출판 예문사
TEL | 031) 955-0550
FAX | 031) 955-0660
등록번호 | 11-76호

• 이 책의 어느 부분도 저작권자나 발행인의 승인 없이 무단 복제하여 이용할 수 없습니다.
• 파본 및 낙장은 구입하신 서점에서 교환하여 드립니다.
• 예문사 홈페이지 http://www.yeamoonsa.com

정가 : 43,000원
ISBN 978-89-274-6048-0 13560